Lehrbuch der Textilchemie

einschließlich der textilchemischen Technologie

Hermann Rath

Dritte neubearbeitete Auflage

Springer-Verlag Berlin Heidelberg New York 1972

Dr. Dr. h. c. *Hermann Rath*
em. o. Professor an der Universität Stuttgart

Mit 221 Abbildungen

ISBN-13:978-3-642-80650-6 e-ISBN-13:978-3-642-80649-0
DOI: 10.1007/978-3-642-80649-0

Softcover reprint of the hardcover 3rd edition 1971

Library of Congress Catalog Card Number: 72-86278

Vorwort

In dem vorliegenden Lehrbuch sollte das Gesamtgebiet der Textilchemie eine grundlegende Darstellung erfahren. Dabei wurde besonderer Wert auf die Zusammenhänge zwischen dem Chemismus von Fasern, Farbstoffen und Textilhilfsmitteln einerseits und den Textilveredlungsvorgängen andererseits gelegt.

Das Buch soll eine Brücke zwischen der Textilchemie und der Textilveredlung bilden. Die verfahrenstechnische, rezepturmäßige und maschinentechnische Seite der Textilveredlung, d.h. also die textilchemische Technologie, wurde insoweit berücksichtigt, als dies für eine geschlossene Darstellung des Stoffes und für das Verständnis der Arbeitsprozesse notwendig war.

Neben der *Faserstoffchemie* und der *Chemie der Textilveredlung* ist die *Farbstoffchemie* in einem besonderen Kapitel behandelt. Hierbei sind auch Beispiele für die Synthese und die Konstitution der Farbstoffe aufgeführt. Besonderer Wert wurde auf die Herausstellung der Zusammenhänge zwischen Konstitution und Eigenschaften der Farbstoffe einerseits und ihrer anwendungstechnischen Seite andererseits gelegt. Die Betrachtung dieser Zusammenhänge führt dann automatisch zu der Besprechung der Anwendung der Farbstoffe in der Färberei und Druckerei.

Eine solche Darstellung des Stoffes ist besonders deshalb gerechtfertigt, da bei einer ganzen Anzahl von Färbeverfahren die Synthese des Farbstoffes nicht in der Farbenfabrik, sondern in der Färberei und Druckerei, d.h. also auf der Faser, erfolgt. Darüber hinaus wird der auf die Faser gebrachte Farbstoff im Interesse der Echtheitserhöhung im Anschluß an den Färbeprozeß häufig chemisch verändert, bzw. er wird in chemischer Reaktion an die Faser gebunden. Das Kapitel über Farbstoffchemie ist demnach ganz auf die Belange der Textilchemie bzw. Textilveredlung abgestellt.

In Ergänzung der Textilchemie und Farbstoffchemie sind in besonderen Kapiteln die *textilen Hilfsstoffe*, also das *Wasser* und die *Textilhilfsmittel*, und in einem weiteren Abschnitt die *Werkstoffe* für Textilveredlungsmaschinen behandelt.

Das Ziel des vorliegenden Lehrbuchs soll sein, demjenigen, der sich im Rahmen der Berufsausbildung oder Berufsbetätigung mit der Textilveredlung befaßt, die Zusammenhänge zwischen der Chemie und der Textilveredlung aufzuzeigen, ihm also das Eindringen in das Wesen der textilchemischen Vorgänge zu erleichtern. Darüber hinaus soll es einen tieferen Einblick und ein Einfühlen in die Praxis der gesamten Textilveredlung vermitteln.

Seit der 2. Auflage haben sich die *Synthesefasern* weiter durchgesetzt, so daß die betreffenden Kapitel wesentlich erweitert werden mußten. Das gleiche gilt für die *chemische Modifizierung* von *Cellulosefasern* und *Proteinfasern*. Auch auf dem Gebiet der *Reaktivfarbstoffe* sind wesentliche Fortschritte erzielt worden, die eine entsprechende Berücksichtigung verlangten. Das Gebiet der Färberei und Druckerei hat eine ziemliche Ausweitung durch die für Synthesefasern und deren Mischungen mit klassischen Fasern gültigen Färbe- und Druckmethoden erfahren.

Im Sinne eines Lehrbuches ist es nicht angängig, die Verfahren entsprechend ihrer Anwendung bzw. Bedeutung ausführlicher oder weniger ausführlich zu behandeln. Die Beschreibung muß schließlich den Zweck erfüllen, die Verfahren so darzustellen, daß sie in chemischer und technologischer Beziehung verständlich werden. Aus diesem Grund sind daher manche Veredlungsverfahren für klassische Fasern manchmal ausführlicher beschrieben, als dies ihrer heutigen Bedeutung entspricht.

Eine sich für die nächsten Jahre abzeichnende grundlegende Neuerung in der Textilveredlung dürfte die Veredlung statt aus wäßriger diejenige *aus organischer Lösung* – mindestens auf bestimmten Gebieten – sein. Dieser Frage sind bei den in Betracht kommenden Kapiteln kurze Bemerkungen gewidmet.

Im Zuge der zunehmenden Verwendung von *radioaktiven Isotopen* und von *ionisierender Strahlung* für die Modifizierung von Fasern in der Veredlung und bei der Untersuchung von Textilien wurde ein kurzes Kapitel über diesen Gegenstand eingeschaltet.

Im Hinblick auf kommende Neuentwicklungen wurde auch ein Kapitel „*Hitzebeständige Fasern und Filme für die Weltraumfahrt*" aufgenommen und an mehreren Stellen Herstellungsprinzipien für *Raumfahrtkleidung* eingefügt.

Selbstverständlich war es nicht möglich, alle in den letzten Jahren angefallenen Forschungsergebnisse aufzunehmen, da dies den Umfang eines Lehrbuches weit überschritten hätte. Es mußte daher eine für ein Lehrbuch geeignete Auswahl getroffen werden.

Im Interesse der Raumersparnis wurden in der vorliegenden Auflage – wie dies auch in anderen Lehrbüchern der Fall ist – bei Neuentwicklungen die jeweiligen Autoren genannt, ohne die vielen Literaturstellen selbst anzuführen. Damit konnte der Preis für das Lehrbuch in erschwinglichem Rahmen gehalten werden.

Mit Rücksicht auf den Umfang des Buches wurde in der vorliegenden Auflage eine ganze Reihe von technischen Rezepturen gestrichen. Außerdem wurde auf die Wiedergabe einer größeren Anzahl von Farbstofformeln und Maschinenabbildungen verzichtet. Aus didaktischen Gründen wurden die aufgeführten Maschinenabbildungen in der ursprünglichen einfachen Form belassen.

Für die Korrekturarbeiten und wichtige fachliche Hinweise habe ich zu danken den Herren Prof. Dr. *A. Agster*, Dr. *D. Bechter*, Universitätsdozent Dr. *K. Bredereck*, Prof. Dr. *M. Bühler*, Dr. *H. Dolmetsch*, Akad. Oberrat Dr. *U. Einsele*, Dr. *D. Fiebig*, o. Prof. Dr. *H. Herlinger*, Akad. Oberrat Dr. *H. Jörder*, Dr. *V. Krentz*, Dr. *W. Möck*, Dr. *J. Rau*, Akad. Oberrat Dr. *H. Rauch* und Dr. *D. Wagner* sowie Frl. Dr. *U. Möck*. Mein besonderer Dank gilt Frl. *E. Fleischer* und Frau *E. Wursche* für ihre tatkräftige Unterstützung bei der Anfertigung des Manuskriptes zur dritten Auflage.

Ich habe weiterhin den Farbenfabriken, Chemischen Fabriken und Maschinenfabriken für die Überlassung entsprechender Unterlagen zu danken.

Tübingen, im Herbst 1972 **Hermann Rath**

Inhaltsverzeichnis

Einleitung 1

I. Die Cellulosefasern 5

A. Chemie und Physik der Cellulose und ihrer Begleitstoffe 5

1. Die Cellulose 5

a) Konstitution und Molekulargewicht der Cellulose (Molekulare Struktur) 6

α) Die Konstitution der Cellulose 6 – β) Bestimmung des Polymerisationsgrades bzw. des Molekulargewichts 9 – γ) Die Polymolekularität der Cellulose 13

b) Die Anordnung der Cellulosemoleküle in den Cellulosefasern (Übermolekulare Struktur) 14

c) Über den Unterschied zwischen nativer und regenerierter Cellulose 20

d) Eigenschaften und Reaktionsweise der Cellulose 21

e) Die Ester und Äther der Cellulose 28

f) Die chemische Modifizierung der Cellulose 29

2. Die Begleitstoffe der Cellulose 43

a) Hemicellulosen 43

b) Pektin 44

c) Lignin 45

B. Die natürlichen Cellulosefasern 45

1. Die Baumwolle 45

a) Allgemeines (Vorkommen, Gewinnung usw.) 45

b) Die Veredlung der Baumwolle 50

1. Das Sengen 50 – 2. Das Entschlichten 52 – 3. Das Beuchen und Abkochen (Brühen) 61 – 4. Die Mercerisation 67 – 5. Das Bleichen 73 – α) Das Bleichen mit Hypochloriten 74 – β) Das Bleichen mit Natriumchlorit 87 – γ) Das Bleichen mit Peroxid 93 – δ) Die kombinierte Bleiche 101 – 6. Das Bläuen 104 – 7. Das optische Aufhellen 104 – 8. Die Appretur der Baumwolle 105 – α) Chemische Appreturverfahren 106 – β) Entwässerung und Trocknung 155 – γ) Die mechanischen Appreturverfahren 165 – δ) Die Appretur der Trikotwaren 175 – ε) Systematischer Gang der Weißausrüstung 176 – ζ) Trockenausrüstung 177 – η) Die Ausrüstung von Mischungen aus Baumwolle und Synthesefasern 178

2. Kapok 178

3. Die Kokosfaser 178

4. Die Bastfasern 178

a) Der Flachs (Leinen) 178

α) Flachsgewinnung 182 – β) Veredlung der Flachsfaser 184

b) Das Cottonisieren (Herstellung von Flockenbast) 187

c) Der Hanf 190

d) Die Ramiefaser 191

e) Jute 191

5. Die Veredlung von Mischgespinsten aus nativen Cellulosefasern . . 192

C. Die künstlichen (regenerierten) Cellulosefasern Reyon (Kunstseide) und Zellwolle 192

1. Die Herstellung von Reyon (Kunstseide) und Zellwolle 193

a) Ausgangsmaterial 193

b) Die Gewinnung des Zellstoffs 195

c) Die Beurteilung der Zellstoffe 197
d) Die verschiedenen Verfahren der Reyon- und Zellwollherstellung . 198
α) Das Nitratverfahren 199 – β) Das Viscoseverfahren 200 – γ) Das Kupferverfahren 205 – δ) Das Acetatverfahren 206
e) Die Herstellung der Zellwolle 209
f) Die Spinnverfahren 210
g) Das Avivieren und Präparieren von Reyon und Zellwolle 216
h) Spezialverfahren 217

2. Die Eigenschaften von Reyon und Zellwolle 221
3. Die Veredlung von Reyon und Zellwolle 230
4. Spezielle Ausrüstungsverfahren 233
5. Die Veredlung von Mischgespinsten aus nativen Cellulosefasern und regenerierten Cellulosefasern (Viscose- und Kupferfasern) 236
6. Die Veredlung von Mischungen aus Cellulosefasern und Celluloseacetatfasern 240

Anhang: Die Alginatfaser 240

II. Die Eiweißfasern (Proteinfasern) 242

A. Chemie der Eiweißkörper (Proteine) 242

1. Die Bausteine der Eiweißkörper (Aminosäuren) 242
2. Der Aufbau der Eiweißkörper 245
3. Die amphotere Natur der Eiweißkörper 247

B. Die natürlichen (nativen) Eiweißfasern (Wollen, Haare, Seiden) . . . 249

1. Die Schafwolle 249
a) Wollsorten 249
b) Der Aufbau der Wollfaser 250
α) Der histologische Bau 250 – β) Das Keratin und seine Funktion beim Bau der Wollfaser 252 – γ) Die Querbindungen 254
c) Das Verhalten der Wolle bei chemischer Einwirkung 269
d) Das Filzen der Wolle 272
e) Das Filzen von Kaninhaaren 274
f) Die Veredlung der Wolle 274
α) Die Beschaffenheit der Rohwolle 275 – β) Das Waschen der Rohwolle 275 – γ) Das Schmälzen der Wolle 278 – δ) Das Waschen der Wollwaren 280 – ε) Das Bleichen 281 – ζ) Das Walken 282 – η) Fixierverfahren 285 – ϑ) Die Entfernung pflanzlicher Bestandteile 287 – ι) Das Trocknen und die mechanische Ausrüstung 289 – ϰ) Spezielle chemische Appreturmethoden 292 – λ) Die filzfreie Ausrüstung der Wolle 295 – μ) Ablauf der Wollausrüstung 299 – ν) Die Ausrüstung von Mischungen aus Wolle mit anderen Fasern (Synthesefasern) 300 – ξ) Ausrüstung in organischen Lösungsmitteln 300

2. Die Naturseide 301
a) Gewinnung 301
b) Die Chemie der Seide 302
c) Die Veredlung der Seide 304

3. Die Tussahseide 306

C. Die künstlichen (regenerierten) Eiweißfasern 306

1. Chemisches Verhalten der künstlichen Eiweißfasern 307
2. Die Herstellung der Caseinfaser 307
3. Die Herstellung der Zeïn- und Erdnußeiweiß-Faser 309

Anhang: 1. Die Veredlung von Mischungen aus natürlichen und künstlichen Proteinfasern 310
2. Die Veredlung von Mischungen aus Proteinfasern und Cellulosefasern 310
3. Die Veredlung von Mischungen aus Proteinfasern und Synthesefasern 310

III. Die synthetischen Fasern . . . 312

A. Die Polymerisatfasern . . . 314

1. Fasern aus Polyvinylchlorid . . . 314
2. Fasern aus Polyvinylidenchlorid . . . 316
3. Fasern aus Polyäthylen . . . 317
4. Fasern aus Polypropylen . . . 318
5. Fasern aus Polyacrylnitril . . . 319
6. Fasern aus Polyvinylidencyanid . . . 322
7. Fasern aus Polyvinylalkohol . . . 323
8. Fasern aus Poly-tetrafluoräthylen . . . 323
9. Fasern aus Polyvinylfluorid . . . 324
10. Fasern aus Polystyrol . . . 324

B. Die Polykondensatfasern . . . 325

1. Polyamidfasern . . . 325
   a) Herstellung der Polyamide . . . 325
   b) Die technische Verspinnung der Polyamide zur Faser . . . 335
   c) Eigenschaften und Verwendung der Polyamidfasern . . . 338
   d) Verhalten bei der Veredlung . . . 343
2. Polyaminotriazol-Fasern . . . 348
3. Polyester-Fasern . . . 349

C. Die Additionspolymerisatfasern . . . 356

1. Polyurethane . . . 356
2. Elastomerfäden . . . 357
3. Polyureide . . . 359

Anhang: 1. Nicht brennbare Faser (Kynol) . . . 360
2. Oligomere . . . 360
3. Weitere Polykondensate . . . 360

D. Vergleich der Eigenschaften von synthetischen, künstlichen und natürlichen Fasern . . . 361

E. Bleichen von Synthesefasern in Mischung mit anderen Fasern . . . 363

F. Hitzebeständige Fasern und Folien für die Weltraumfahrt . . . 363

IV. Anorganische Fasern . . . 366

A. Die Glasfaser . . . 366

B. Die Asbestfaser . . . 367

C. Die Metallfasern . . . 367

V. Die künstlichen organischen Farbstoffe . . . 367

Die Bedeutung der Farbstoffsynthese und Farbstoffkonstitution für die Färberei- und Druckereitechnik . . . 367

Geschichte der Farbstoffe und Färbereitechnik . . . 369

A. Konstitution und Synthese der organischen Farbstoffe und ihre Beziehungen zur Färberei- und Druckereitechnik . . . 371

1. Konstitution und Farbe . . . 371
2. Einteilung der Farbstoffe . . . 376
3. Azofarbstoffe . . . 379

a) Monoazofarbstoffe 384 – b) Disazofarbstoffe 398 – c) Polyazofarbstoffe 401 – d) Kupferbare Farbstoffe und Kupfer-Komplexfarbstoffe der Disazoreihe 403 – e) Reaktiv-Azofarbstoffe 405; Reaktiv-Oniumfarbstoffe, Fixierfarbstoffe 417 – f) Polykondensationsfarbstoffe 419 – g) Auf der Faser erzeugte Polyazofarbstoffe 420 – h) Pyrazolonfarbstoffe, Stilbenfarbstoffe 422 – i) Auf der Faser erzeugte unlösliche Azofarbstoffe (Entwicklungsfarbstoffe) 422 – k) Auf hydrophoben Fasern erzeugte oder modifizierte Azofarbstoffe (Dispersionsfarbstoffe) 432 – l) Kombinationen aus Naphtholen und nichtkuppelnden Diazoverbindungen 433 – m) Veresterte Azofarbstoffe 439 – n) Herstellung von Azofarbstoffen durch oxydative Kupplung 440 – o) Zusammenhang zwischen Konstitution und Farbton bei Azofarbstoffen 441 – p) Siliziumhaltige Azofarbstoffe 441 – q) Erzeugung von Azofarbstoffen auf der Faser aus „Aminocellulose" und Naphthol 442

4. Triphenylmethanfarbstoffe (Triarylmethanfarbstoffe) 443
a) Amino-triphenylmethanfarbstoffe 445 – b) Hydroxy-triphenylmethanfarbstoffe 448 – c) Phthaleine 449 – d) Rhodamine 451

5. Diphenylmethanfarbstoffe 451

6. Anthrachinonfarbstoffe 453
a) Hydroxy-anthrachinone (Beizenfarbstoffe) 454 – b) Anthrachinonsulfosäuren (Säure- und Chromierfarbstoffe) 457 – c) Amino-anthrachinone (Dispersionsfarbstoffe) 459 – d) Kationische (basische) Anthrachinonfarbstoffe 460 – e) Anthrachinon-Reaktiv-Farbstoffe 460 – f) Anthrachinoide Küpenfarbstoffe 462

7. Indigoide Farbstoffe 478

8. Thioindigoide Farbstoffe 482

9. Leukoküpenesterfarbstoffe (Indigosole) 482

10. Chinoniminfarbstoffe (Azine, Oxazine, Thiazine) 485
a) Die Azinfarbstoffe 485 – b) Die Oxazinfarbstoffe 488 – c) Die Thiazinfarbstoffe 489

11. Thiazolfarbstoffe 490

12. Schwefelfarbstoffe 491

13. Nitroso- und Nitrofarbstoffe 496

14. Chinolin- und Acridinfarbstoffe 496

15. Cyaninfarbstoffe (Polymethinfarbstoffe) 497

16. Phthalocyaninfarbstoffe 498

B. Eigenschaften der Farbstoffe 503

1. Das Verhalten der Farbstoffe in wäßriger Lösung 503

2. Die Wechselwirkung zwischen Farbstoff und Faser 505
a) Die Färbevorgänge bei Proteinfasern 506 – b) Die Vorgänge beim Färben der Polyamidfasern 510 – c) Die Vorgänge beim Färben der Polyurethanfasern 514 – d) Die Vorgänge beim Färben der sonstigen Synthesefasern 514 – e) Der Färbevorgang bei Cellulosefasern 514 – f) Aufnahme der Reaktivfarbstoffe durch Cellulosefasern 520 – g) Aufnahme der Farbstoffe durch Acetatfasern 521

3. Physikalisch-chemische Betrachtung der Färbevorgänge 522

4. Konstitution und Echtheit der Farbstoffe 526

VI. Die Anwendung der Farbstoffe in der Färberei 533

A. Das Färben der Cellulosefasern 538

1. Das Färben der Baumwolle 538
a) Die substantiven Farbstoffe 540 – b) Die Diazotierungsfarbstoffe 547 – c) Die Kupplungsfarbstoffe 548 – d) Die Entwicklungsfarbstoffe (Naphtol AS-Kombinationen und andere Handelsbezeichnungen) 548 – e) Phthalocyanin-Entwicklungsfarbstoffe (Phtalogene) 556 – f) Polykondensationsfarbstoffe 557 – g) Oniumfarbstoffe 557 – h) Die Küpenfarbstoffe 557 – i) Die Leukoküpenester-Farbstoffe (Indigosole) 568 – k) Die Schwefelfarbstoffe 571 – Die Hydronfarbstoffe 573 – l) Die Reaktivfarbstoffe; die Fixierfarbstoffe 575 – m) Die Beizenfarbstoffe 578 – n) Die Oxydationsfarbstoffe 579 – o) Metallisierbare Säurefarbstoffe 580 – p) Die kationischen (basischen) Farbstoffe 580 – q) Die Pigmentfarbstoffe 583 – r) Die Signierfarbstoffe 584 – s) Mineral-Färbeverfahren 584

2. Das Färben der Bastfasern und der sonstigen Pflanzenfasern . . . 584

3. Das Färben der künstlichen Cellulosefasern (Reyon und Zellwolle) . 585

4. Das Färben der Acetatfasern 588
a) Normalacetat 588
b) Triacetat 592
5. Das Färben der Mischgespinste aus Cellulosefasern 592
6. Das Färben der Mischgespinste aus Cellulosefasern und Acetatfasern 593
7. Das Immunisieren von Cellulosefasern 593
8. Das Abziehen von Färbungen auf Cellulosefasern 594
9. Das Färben der Alginatfasern 595

B. Das Färben der Proteinfasern 595
1. Das Färben der Wolle 595
a) Die anionischen Farbstoffe (Säurefarbstoffe) 601 – b) Die substantiven Farbstoffe 604 – c) Die kationischen (basischen) Farbstoffe 604 – d) Die 1:1-Chromkomplexfarbstoffe 604 – e) Die 2:1-Metallkomplexfarbstoffe 605 – f) Die Chromierungs- und Beizenfarbstoffe 605 – g) Die Küpenfarbstoffe 607 – h) Die Leukoküpenester-Farbstoffe (Indigosole) 608 – i) Die Reaktivfarbstoffe 609 – k) Die Entwicklungsfarbstoffe 609 – l) Die Schwefelfarbstoffe 610 – m) Mehrfarbeneffekte 610
2. Das Färben der sonstigen Tierhaare 610
3. Das Färben der Seide 610
4. Das Färben der künstlichen Proteinfasern 611
5. Das Färben von Proteinfaser-Mischungen 612
6. Das Immunisieren der Wolle 612
7. Das Abziehen von Färbungen auf Proteinfasern 612

C. Das Färben der Halbwolle und Halbseide 613
1. Mischungen aus Wolle und Cellulosefasern 613
2. Mischungen aus Wolle und Acetatfasern 615
3. Mischungen aus Wolle, Cellulosefasern und Acetatfasern 615
4. Mischungen aus Seide und Cellulosefasern (Halbseide) 616

D. Das Färben der synthetischen Fasern 616
1. Das Färben der Polyamidfasern 616
2. Das Färben von Mischungen aus Polyamidfasern mit anderen Faserstoffen 622
3. Das Färben der Polyurethanfasern 625
4. Das Färben der Polyureidfasern 625
5. Die Funktion der Carrier beim Färben von synthetischen Fasern . . 625
6. Das Färben der Polyesterfasern 626
7. Das Färben von Polyesterfasern in Mischungen mit Cellulosefasern . 628
8. Mischungen aus Polyesterfasern und Wolle 629
9. Das Färben von Fasern auf der Basis von Polyvinylchlorid 629
10. Das Färben der Polyacrylnitrilfasern 630
11. Das Färben von Mischungen aus Polyacrylnitril- und Cellulosefasern 633
12. Das Färben von Mischungen aus Polyacrylnitrilfasern und Wolle . 633
13. Das Färben von Acrilan (Modacrylfaser) 633
14. Mischungen aus Acrilan und Cellulosefasern 633
15. Mischungen von Acrilan und Wolle 634
16. Das Färben von Dynel (Modacrylfaser) 634
17. Das Färben von Polyvinyldencyanid (Darvan, Travis) 634
18. Das Färben von Verel, Creslan, Zefran (Modacrylfasern) 634
19. Das Färben von Fasern aus Polyvinylalkohol 634
20. Das Färben der Polyolefinfasern 634
21. Das Färben von Mischungen mit „Differential-Dyeing-Fasern" . . 635
22. Bicolor-Färberei 635
Anhang: Das Färben aus organischer Lösung 636

E. Das Färben der Glasfaser 636
F. Das Färben der Asbestfaser 636
G. Die Einrichtungen der Färberei 637
1. Das Färben in der Flocke 638
2. Das Färben des Kardenbands 641
3. Das Färben von Kammzug 642
4. Das Färben von Garn 642
a) Das Färben von Stranggarn 642 – b) Das Färben von Kreuzspulen 645 – c) Das Färben auf dem Kettbaum 651
5. Das Färben von Stückware 652
H. Die Automation in der Färberei 665

VII. Die Anwendung der Farbstoffe in der Druckerei 665
1. Musterungsmöglichkeiten 666
2. Die Farbstoffe für die Druckerei 668
3. Die Druckfarben 669
4. Die Verdickungsmittel 671
5. Die Fixierung der Druckfarbstoffe 673
A. Das Bedrucken der Cellulosefasern 673
1. Das Bedrucken der Baumwolle 673
a) Die substantiven Farbstoffe 674 – b) Die kationischen (basischen) Farbstoffe 676 – c) Die Küpenfarbstoffe 678 – d) Die Leukoküpenester-Farbstoffe (Indigosole) 686 – e) Die Entwicklungsfarbstoffe 690 – f) Die Reaktivfarbstoffe; die Fixierfarbstoffe 697 – g) Die Oxydationsfarbstoffe 699 – h) Die Beizenfarbstoffe 702 – i) Die Schwefelfarbstoffe 703 – k) Die Pigmentfarbstoffe 704 – l) Die Phtalocyaninfarbstoffe 708 – m) Die Begleitfarben 710 – n) Druck mit Farbstoffmischungen 710
2. Das Bedrucken von Leinen und Halbleinen sowie von Jute und Kokos 710
3. Das Bedrucken der regenerierten Cellulosefasern (Reyon und Zellwolle) 711
4. Das Bedrucken der Acetatfasern 712
a) Normalacetat 712 – b) Triacetat 713
B. Das Bedrucken der Proteinfasern 714
1. Das Bedrucken der Wolle 714
a) Die anionischen Farbstoffe (Säurefarbstoffe) 715 – b) Die Metallkomplexfarbstoffe 716 – c) Die Chromierungs- und Beizenfarbstoffe 716 – d) Die Reaktivfarbstoffe 716 – e) Die substantiven und kationischen (basischen) Farbstoffe 717 – f) Die Phthalocyanine 717 – g) Die Leukoküpenesterfarbstoffe (Indigosole) 717 – h) Die Entwicklungsfarbstoffe 717
2. Das Bedrucken der Naturseide 717
C. Das Bedrucken der Halbwolle und Halbseide 719
1. Wolle/Cellulosefasern 719
2. Wolle/Acetatfasern 720
3. Halbseide 720
D. Das Bedrucken der synthetischen Fasern 720
1. Das Bedrucken von Polyacrylnitrilfasern (und Fasermischungen) . . 720
2. Das Bedrucken von Polyesterfasern (und Fasermischungen) 722
3. Das Bedrucken von Polyamidfasern (und Fasermischungen) 724
4. Das Bedrucken von Polypropylenfasern 725
5. Das Bedrucken von Polyvinylchloridfasern (Rhovyl, Fibravyl, Thermovyl) 725
6. Transfer- oder Thermodruck (Sublistatic-Verfahren) 725
E. Das Bedrucken der Glasfaser 726
F. Spezielle Drucktechnik 726

Nachtrag: Druck aus organischem Medium 727

G. Die Einrichtungen der Druckerei 727
1. Der Gewebedruck 727
2. Der Garndruck (Stranggarn) 738
3. Der Kettdruck (Chinédruck) 738
4. Kammzugdruck (Vigoureuxdruck) 738
5. Die Dämpfeinrichtungen 739
6. Wascheinrichtungen 741
7. Vorrichtungen zur Herstellung der Druckfarbe 742

VIII. Die Textilhilfsmittel 742

A. Netz-, Dispergier- und Waschmittel (Tenside) 743
1. Die Seifen 748
2. Die sulfierten Öle (Türkischrotöle) 750
3. Die sulfierten Paraffine und Olefine (Alkylsulfonate) 752
4. Die Aralkylsulfonate 753
a) Alkylbenzolsulfonate 753 – b) Alkylnaphthalinsulfonate 754
5. Alkylsulfate 755
a) Primäre Alkylsulfate (Fettalkoholsulfate, Fettalkylsulfate, Fettalkoholsulfonate) 755 – b) Sekundäre Alkylsulfate 758
6. Fettsäurekondensationsprodukte 759
a) Kondensate mit aminogruppenhaltigen Körpern 759 – b) Kondensate mit hydroxygruppenhaltigen Körpern 761 – c) Kondensate mit aromatischen Kohlenwasserstoffen 763
7. Polyäthylenoxidverbindungen (Polyglykoläther) 763
8. Polypropylenoxidaddukte (Polypropylenglykole) 766
9. Alkylenoxid-Blockpolymerisate 767
10. Tenside auf Polysaccharidbasis (Zuckerseifen) 767
11. Hydroxyalkyl-sulfoxide 768
12. Aminoxide 768
13. Ampholyte (Amphotenside) 768
14. Fettlöserseifen (Technische Fettlöser) 769
15. Netzmittel für stark alkalische Flotten 769
16. Netzmittel für stark saure Flotten 770
17. Dispergiermittel auf heterocyclischer Basis 771
18. Sonstige grenzflächenaktive Mittel 773

B. Färbereihilfsmittel 773
1. Egalisier- und Durchfärbemittel 774
a) Die faseraffinen Egalisiermittel 774 – b) Die farbstoffaffinen Egalisiermittel 775 – c) Retarder 776
2. Mittel zur Erhöhung der Naßechtheit von Färbungen 776
a) Nachbehandlung mit kationaktiven Produkten 776 – b) Nachbehandlung mit Kunstharzvorkondensaten 778

C. Druckereihilfsmittel 779
1. Verdickungsmittel 779
a) Verdickungsmittel natürlicher Herkunft 779 – b) Verdickungsmittel künstlicher oder synthetischer Herkunft 780 – c) Mineralische Verdickungsmittel 780 – d) Emulsions-Verdickungen 781
2. Lösungs- und Dispergiermittel sowie hydrotrop wirkende Substanzen 781
3. Antischäummittel 786
4. Mittel zur Erzeugung von Transparenteffekten 787

D. Hilfsmittel zum Abziehen und Ätzen von Färbungen 787

E. Schlichtemittel 790

F. Appreturmittel 791

G. Mittel zum Avivieren und Präparieren der Chemiefasern 792
H. Mattierungsmittel 793
J. Wollschutzmittel 794
K. Mottenschutzmittel 794
L. Optische Aufhellungsmittel 797
M. Komplexbildner 801
N. Garnbefeuchtungsmittel 803
O. Radioaktive Isotope und ionisierende Strahlung als „Textilhilfsmittel" 803

IX. Das Wasser im Textilbetrieb 804
A. Das Betriebswasser 804
B. Das Kesselspeisewasser 807
C. Die Wasserreinigung 811
1. Klärung und Filtration 811
2. Die Enthärtungsverfahren 812
a) Die Fällungsverfahren 812 – b) Die Austauschverfahren 818
3. Die Enteisenung 823
4. Die Entmanganung 823
5. Entgasung 824
6. Entkieselung 825
7. Alkaliregulierung 826
8. Entölung des Kondenswassers 826
9. Das Kreislauf-Dejektorverfahren 826
10. Wasserreinigung durch kolloide Stoffe 827
D. Die Abwasserreinigung 827
E. Die Verwertung textiler Abwässer 829

X. Die Werkstoffe für Veredlungsmaschinen 830
A. Die metallischen Werkstoffe 830
B. Die nichtmetallischen Werkstoffe 832

Verzeichnisse der im Text erwähnten Handelsprodukte nebst Herstellern 835
I. Farbstoff-Handelssortimente 835
II. Farbstoff-Handelsprodukte 839
III. Textilhilfsmittel-Handelsprodukte 842
IV. Abkürzungen der Farben- und Textilhilfsmittel-Hersteller 851
V. Chemiefaser-Handelsprodukte 854
VI. Veredlungsmaschinen-Hersteller 858

Literaturverzeichnis 859

Namenverzeichnis 861

Sachverzeichnis 865

Einleitung

Die Textilchemie befaßt sich mit all den chemischen Problemen, die in der Textilindustrie, d.h. also bei der Verarbeitung der Faserstoffe auftreten. Dabei beginnen die chemischen Probleme schon bei den textilen Rohstoffen, da die Verarbeitungsverfahren weitgehend durch die Art und die chemische Zusammensetzung der zu verarbeitenden Textilfasern bestimmt sind. Der *Chemie der Faserstoffe* einschließlich ihrer Gewinnung und Herstellung kommt daher im Rahmen der Textilchemie eine wichtige Bedeutung zu.

Als eines ihrer Hauptgebiete hat die Textilchemie die *Textilveredlung* zu betreuen. Man faßt darunter alle diejenigen textilen Arbeitsprozesse zusammen, die geeignet sind, die Textilien zu veredeln, sie also in irgendeiner Richtung zu verschönern oder zu verbessern. Die Veredlung kann sich demnach einmal auf die vorteilhafte Gestaltung der äußeren Eigenschaften wie Farbe, Glanz, Geschmeidigkeit usw. beziehen, zum anderen kann sie die Hebung des Gebrauchswerts der betreffenden Textilware zum Ziel haben.

Zu den ersteren Veredlungsarbeiten gehört z.B. das Bleichen, Färben, Bedrucken, Mercerisieren, Mattieren usw.; zu den an zweiter Stelle genannten Verfahren sind u.a. das Wasserdichtmachen, Knitterfestmachen, Mottenechtmachen, die krumpfechte Ausrüstung usw. zu rechnen.

Als wesentlicher Faktor bei der Ausübung der Veredlungsverfahren ist zu beachten, daß die Ware durch die in der einen Richtung erfolgte Veredlung nicht in anderer Beziehung eine Veschlechterung erfährt. Die Bleichverfahren sind z.B. so zu lenken, daß zwar ein schönes Weiß resultiert, daß aber das Oxydationsmittel nach dem Ausbleichen der Faserverunreinigungen haltmacht und seine Oxydationswirkung nicht zusätzlich auf die Fasersubstanz überträgt.

Eine solche Forderung ist nicht immer leicht zu erfüllen; es gibt eine ganze Anzahl von Veredlungsverfahren, bei denen man eine Qualitätserhöhung nach der einen Seite mit einer gewissen Minderung in einer andern Richtung erkaufen muß. Eine wichtige Forderung ist daher die Anwendung einer scharfen *Verfahrenskontrolle* bei der Ausübung der Veredlungsverfahren, und eine wesentliche Aufgabe der Textilchemie ist es, solche Verfahren, die eine einwandfreie und faserschonende Veredlung ermöglichen, auszuarbeiten.

Neben der fachlich einwandfrei durchgeführten Veredlung darf aber die *Wirtschaftlichkeit* der angewandten Verfahren nicht außer acht gelassen werden. Zu der Qualitätssteigerung gesellt sich daher als weitere Aufgabe der Textilchemie die Verbilligung bestehender oder die Ausarbeitung neuer Arbeitsverfahren mit besserer Wirtschaftlichkeit.

Wie bei der Entwicklung der Farbstoffe sowie der Färbe- und Druckverfahren ein eindeutiger Fortschritt von den unechten zu den echten Farbstoffen bzw. Färbe- und Druckverfahren zu verzeichnen ist, so macht sich ganz allgemein bei der Textilveredlung in den letzten Jahren die Tendenz bemerkbar, die Veredlungsverfahren echter, d.h. *gebrauchstüchtig* zu gestalten. Während man früher von einem Appretureffekt gewohnt war, daß er nach den ersten Wäschen verschwand, so hat man heute Appreturverfahren an der Hand, die es erlauben, waschechte und gebrauchstüchtige Appretureffekte zu gewährleisten. Wenn man es früher als eine unumstößliche Tatsache hinnahm, daß Textilien in der Wäsche einliefen, so kennt man heute Verfahren, die das Einlaufen von Textilien vollkommen ausschalten. Wenn die wasserabweisende Imprägnierung eines Regenmantels früher im Gebrauch als nicht dauerhaft gegolten hat, so läßt sich eine permanente Imprägnierung jetzt leicht erreichen.

Eine wichtige Aufgabe ist der Textilchemie bzw. Textilveredlung bezüglich der Herstellung *leicht pflegbarer Textilien* gestellt worden. Es handelt sich dabei um solche Textilien, die in einfacher Weise gewaschen werden, schnell trocknen und ohne oder nach nur geringem Bügeln wieder getragen werden können.

Einen breiten Raum in der Textilveredlung nimmt das Färben und Drucken ein. Das Gebiet der Färberei und Druckerei ist in den letzten Jahrzehnten umfangmäßig ganz besonders angewachsen. Dies hat seine Ursache darin, daß die Entwicklung von den unechten zu den echten Farbstoffen eine tiefgreifende Umgestaltung und Variierung der Färbe- und Druckverfahren bewirkte und daß zum andern mit der Herstellung der künstlichen und synthetischen Fasern (Chemiefasern) neue und für diese Fasern passende Farbstoffe und Färbeverfahren entwickelt werden mußten. Im Rahmen der Anwendung der Färbeverfahren zeichnet sich ein deutliches Bestreben dahingehend ab, die Färbeverfahren in Richtung von zeitraubenden stationären Methoden nach *kontinuierlichen* Verfahren, die eine rasche Produktion ermöglichen, weiterzuentwickeln. Eine solche Entwicklung ist auch in den andern Veredlungssparten, z.B. in der Bleicherei, zu beobachten.

Die Technik des Färbens und Druckens wird nicht nur in der Weise ausgeübt, daß von der Farbenfabrik fertig vorgebildete Farbstoffe auf die Fasern aufgefärbt bzw. aufgedruckt werden, sondern häufig auch in der Art, daß der Farbstoff in chemischer Synthese aus entsprechenden Ausgangsstoffen erst auf der Faser erzeugt wird. Bei den künstlichen und synthetischen Faserstoffen gesellt sich als dritte Möglichkeit hinzu, den Farbstoff schon der Spinnlösung bzw. Spinnschmelze zuzufügen, so daß dann *spinngefärbte* oder *düsengefärbte* Fasern entstehen.

Zwischen den Faserstoffen und den Farbstoffen bestehen gewisse Wechselwirkungen teils chemischer, teils physikalischer Natur, die in Art und Umfang durch die Konstitution der Farbstoffe und durch die Eigenschaften der Fasern bestimmt sind. Die Konstitution der Farbstoffe ist daher sehr wesentlich für das anzuwendende Färbe- und Druckverfahren und namentlich für die mit dem Farbstoff erzielbaren Echtheitseigenschaften.

Eine besondere Bedeutung bei der Ausübung der Naßveredlungsverfahren kommt dem verwendeten *Wasser* zu, da sowohl der Ablauf der Veredlungsarbeiten als auch der Warenausfall von der Qualität des verwendeten Wassers wesentlich beeinflußt werden können. Darüber hinaus spielt die Wasserqualität hinsichtlich der Verwendung des Wassers für Kesselspeisezwecke eine ausschlaggebende Rolle.

Neben dem Wasser als Veredlungsbasis scheint den *organischen Lösungsmitteln* eine gewisse Bedeutung zuzukommen, eine Entwicklung, die sich erst im Versuchsstadium befindet, und deren Bedeutung daher noch nicht abzuschätzen ist.

Für die Ausübung der Textilveredlungsverfahren werden neben den üblichen Chemikalien wie Säuren, Basen, Salzen, Oxydationsmitteln, Reduktionsmitteln usw. solche mit speziellen Eigenschaften verwandt, die auf Grund ihrer Zusammensetzung geeignet sind, den Fasern bestimmte vorteilhafte Effekte zu verleihen, oder die Veredlungsverfahren in einer bestimmten Richtung zu beeinflussen, zu erleichtern, zu beschleunigen oder zu verbessern. Die betreffenden Substanzen werden unter dem Sammelbegriff *Textilhilfsmittel* zusammengefaßt und sind, soweit sie nicht im Rahmen der Textilveredlungsverfahren besprochen werden, systematisch in einem besonderen Kapitel behandelt.

Im Zuge der zunehmenden Verwendung von *radioaktiven Isotopen* und von *ionisierender Strahlung* für die Modifizierung von Fasern in der Veredlung und bei der Untersuchung von Textilien wurde ein kurzes Kapitel über diesen Gegenstand eingeschaltet.

Da es sich bei den in der Textilveredlung verwendeten Chemikalien teilweise um solche aggressiver Art handelt, spielt die Frage der *Werkstoffe* für den Bau der Textilveredlungsmaschinen eine wichtige Rolle. Die Kenntnis des Verhaltens der in Betracht kommenden Werkstoffe ist daher für den Textilchemiker eine unerläßliche Voraussetzung, so daß diesen Fragen ein spezieller Abschnitt gewidmet ist.

Während sich die *Textilchemie* mit den chemischen Grundlagen und Zusammenhängen der textilen Vorgänge und Veredlungsverfahren befaßt, beschreibt die *textilchemische Technologie* die technische bzw. fabrikatorische Ausführung der Textilveredlungsprozesse einschließlich der dazu erforderlichen maschinellen Einrichtungen.

Die zukünftige Entwicklung der Fasern[1]

Was die Faserentwicklung *mengenmäßig* anbelangt, so sei diese in den Abb. 1 und 2 wiedergegeben: Man sieht, daß die Baumwolle (BW) zusammen mit den regenerierten Cellulosefasern (RC) vorläufig mit 73 % noch weit an der Spitze liegt, daß aber im Jahre 1980 die synthetischen Fasern die Baumwolle voraussichtlich eingeholt haben werden. Zusammen wird der Verbrauch an Cellulosefasern für das Jahr 1980 schätzungsweise noch 56 % betragen.

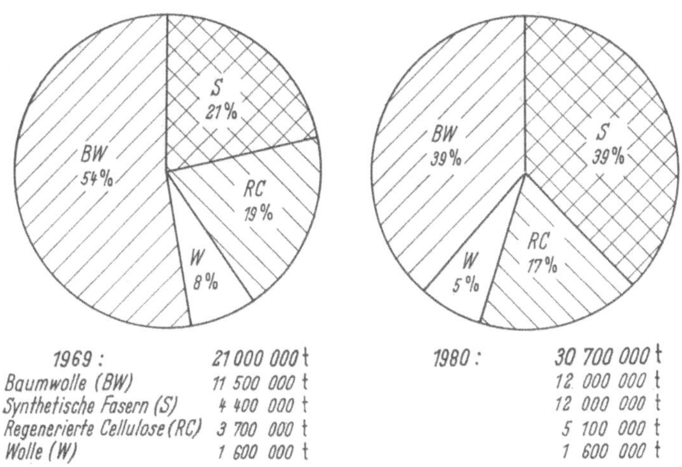

Abb. 1. Der Faserhaushalt der Welt in den 70er Jahren.

Unter den Synthesefasern wird die Polyesterfaser die Polyamidfaser einholen und dann überholen.

Zugrunde gelegt ist dabei eine Zunahme der Weltbevölkerung von 3,5 auf 4,3 Milliarden Menschen bis zum Jahre 1980.

[1] Aus der Zeitschrift „Chemiefasern" 1970, Heft 2, S. 87.

Die Baumwoll/Woll-Kapazitäten werden sich in dieser Zeit nicht wesentlich ändern, so daß die Chemiefasern und die künstlichen Cellulosefasern den Mehrbedarf der Weltbevölkerung decken müssen.

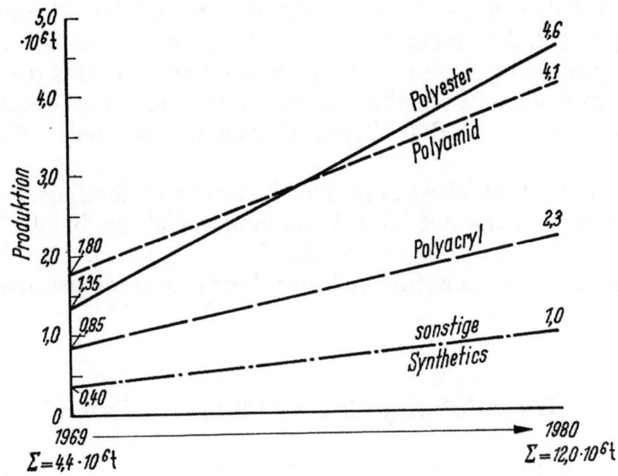

Abb. 2. Die Entwicklung der Chemiefasern in den 70er Jahren.

I. Die Cellulosefasern

Zu den Cellulosefasern gehören alle diejenigen Fasern, die ganz oder zu einem großen Teil aus Cellulose bestehen. Dies sind also

a) die *natürlichen* Cellulosefasern wie Baumwolle, Flachs, Hanf, Ramie, Jute usw.

b) die *künstlichen* oder *regenerierten* Cellulosefasern, also Reyon (Kunstseide) und Zellwolle.

Weiter gehören hierher die Acetatkunstseide und Acetatzellwolle[1], die ein künstliches Cellulosederivat darstellen.

Während die künstlichen Cellulosefasern nahezu vollkommen aus Cellulose oder im Falle der Acetatfaser aus einer Celluloseverbindung bestehen, sind die natürlichen Cellulosefasern und unter diesen namentlich die Bastfasern (Flachs, Hanf usw.) mehr oder weniger mit Begleitstoffen, wie Pektin, Lignin usw. vergesellschaftet.

Das chemische und physikalische Verhalten der Cellulosefasern, ihr Verhalten in der Veredlung und im Gebrauch ist – abgesehen von den durch den histologischen Bau bedingten Eigenschaften – ausschlaggebend durch den Celluloseanteil bestimmt. Unter diesen Umständen zeigen die für die verschiedenen Cellulosefasern üblichen Veredlungsverfahren weitgehende Analogien. Eine Sonderstellung nimmt naturgemäß die Acetatfaser ein, da diese als Essigsäureester der Cellulose besondere Veredlungsverfahren verlangt.

Unter diesen Gesichtspunkten ist die Kenntnis der chemischen und physikalischen Eigenschaften der Cellulose eine wichtige Voraussetzung für das Verständnis all der Vorgänge, die sich bei der Gewinnung, Herstellung und Veredlung der Cellulosefasern abspielen. Vor der Behandlung der Cellulosefasern und ihrer Veredlung soll daher die Cellulose als solche in ihren chemischen und physikalischen Eigenschaften erläutert werden. Weiterhin sollen in diesem Zusammenhang auch die *Begleitstoffe* der Cellulose, welche die Fasereigenschaften bis zu einem gewissen Grade mitbestimmen können, eine entsprechende Berücksichtigung erfahren.

A. Chemie und Physik der Cellulose und ihrer Begleitstoffe

1. Die Cellulose

Cellulose ist einer der verbreitetsten Naturstoffe und hat demgemäß eine eingehende Untersuchung in ihren verschiedensten Vorkommen erfahren. Wenn man in die Konstitution der Cellulose und in die Struktur der Cellulosefasern mit Hilfe chemischer und physikalischer Methoden im Laufe der Zeit einen guten Einblick bekommen hat, so ist doch eine Anzahl von Einzelfragen noch ungeklärt. Weit-

[1] Die Bezeichnungen haben wiederholt gewechselt. Die Bezeichnung „Zellwolle“ ist der Viscose-Faser vorbehalten, während nach dem Acetat- bzw. Kupfer-Verfahren hergestellte endliche Fasern Acetat-Spinnfasern bzw. Kupfer-Spinnfasern genannt werden.

gehend geklärt ist die Frage nach der Art der Kräfte, welche die Cellulosemoleküle in der Faser zusammenhalten oder die Frage nach der Existenz bzw. der Art und Größe einheitlicher aus einer Mehrzahl von Makromolekülen bestehenden Bauelementen (S. 14).

a) Konstitution und Molekulargewicht der Cellulose (Molekulare Struktur)

α) *Die Konstitution der Cellulose*

Die Elementaranalyse ergibt für die Cellulose die Bruttoformel $C_6H_{10}O_5$. Aus der Molekulargewichtsbestimmung resultiert indes ein Vielfaches des dieser Formel entsprechenden Molekulargewichts, wobei die Werte für die verschiedenen Cellulosepräparate große Unterschiede aufweisen können, wie dies unten ausgeführt wird.

Bei der hydrolytischen Spaltung der Cellulose erhält man über die verschiedensten Zwischenprodukte hinweg schließlich *Glucose.* Die bei der Spaltung auftretenden Zwischenprodukte besitzen naturgemäß ein niedrigeres Molekulargewicht als das Ausgangsprodukt. Die zunächst entstehenden höhermolekularen Spaltprodukte werden in Analogie zu den Stärke-Abbauprodukten Cellodextrine genannt, während die niedrigst-molekularen Abbauprodukte, wie die Cellohexaose, Cellopentaose, Cellotetraose, Cellotriose und Cellobiose als Oligosaccharide bezeichnet werden. Das vorletzte Spaltprodukt der Cellulose, die *Cellobiose,* zerfällt bei der Spaltung schließlich in 2 Mol Glucose. Die Glucose ist daher als der kleinste Baustein der Cellulose zu betrachten. Cellobiose entsteht in Form ihres Octaacetats bei der Acetolyse von Cellulose (Einwirkung von Essigsäureanhydrid und Schwefelsäure); auch beim Abbau der Cellulose mit konz. Salzsäure wurde Cellobiose als intermediäres Spaltprodukt aufgefunden.

Die bei der Spaltung entstehende Glucose tritt zunächst in ihrer β-Modifikation auf und wandelt sich dann zum Teil in die α-Modifikation um. Das resultierende konstante Gemisch beider Formen ist die „normale" d-Glucose. Bekanntlich existiert die d-Glucose (und auch andere Monosaccharide) in zwei verschiedenen Modifikationen, nämlich der α- und der β-Form. Die offene Glucoseformel läßt eine solche Isomeriemöglichkeit nicht zu, so daß man der Glucose vorteilhafter eine Halbacetalform zuordnet, welche die Existenz eines fünften asymmetrischen C-Atoms erklärt. Zwischen den beiden Formen herrscht Tautomerie bzw. Desmotropie, so daß die Glucose je nach der Art der einwirkenden Agenzien in beiden Formen reagieren kann. Die 1-ständige Gruppe kann sowohl verestert als auch veräthert werden und wirkt bei Einwirkung von Oxydationsmitteln als Aldehydgruppe unter Öffnung des Rings reduzierend.

Entsprechend einem Vorschlag von *Haworth* kann die ringförmige Glucose auf Grund ihrer Ähnlichkeit mit der Pyranstruktur auch als *Glucopyranose* bezeichnet werden, wobei sich für α- und β-Glucose die nachfolgende Schreibweise ergibt.

Die α- und die β-Form unterscheiden sich daher lediglich durch die Konfiguration am 1-ständigen C-Atom. Sie sind keine optischen Antipoden, sondern besitzen die gleiche Drehrichtung, und zwar ist der Drehwert für α-Glucose $= +109{,}6°$ und für β-Glucose $= +20{,}5°$. Die Erscheinung der Mutarotation führt nach einiger Zeit zu der normalen d-Glucose, welche eine Mischung aus α- und β-Glucose mit einem Drehwert von $+52{,}3°$ darstellt. Von beiden Formen leiten sich acetalartige Sauerstoffäther ab, die α- und β-Glucoside. Cellulose ist ein *β-Glucosid,*

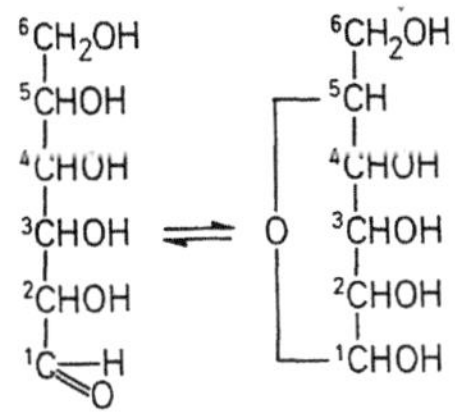

Glucose

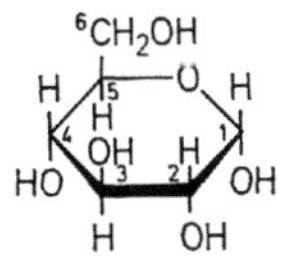

α-Glucopyranose
α-Glucose

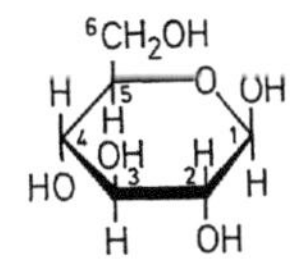

β-Glucopyranose
β-Glucose

so daß als letztes Abbauprodukt zunächst die β-Glucose auftritt, während es sich z.B. bei Stärke um ein α-Glucosid handelt; bei deren Abbau erscheint daher die Glucose in der α-Form (S. 53).

Die planare Darstellung des Pyranrings entspricht nicht seiner tatsächlichen Gestalt. Der Pyranring ist vielmehr nicht eben gebaut, sondern liegt in einer gewinkelten spannungsfreien *Konformation* vor, für welche entweder die *Sessel-* oder die *Wannenform* in Frage kommen:

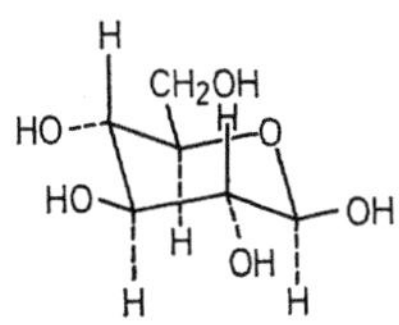

Sesselform

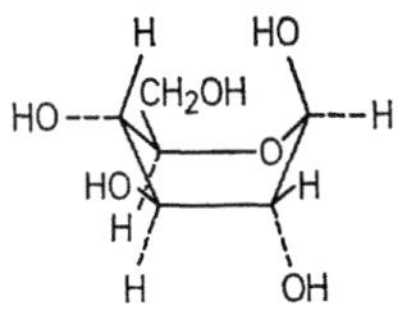

Wannenform

Aus energetischen Gründen wird im allgemeinen der *Sesselform* der Vorzug gegeben. Von den beiden vom Ringkohlenstoff nach außen gehenden Valenzen ist die eine parallel der Achse, also *axial* angeordnet, während die andere nahezu parallel der Äquatorialebene, also *äquatorial* verläuft.

Da unter den Abbauprodukten der Cellulose Cellohexaose, Cellotetraose, Cellotriose und Cellobiose gefaßt werden können, ist anzunehmen, daß die Glucosebausteine kettenförmig, und zwar in Glucosidbindung zu dem Cellulosemolekül zusammengefügt sind, eine Annahme, die u.a. durch den röntgenographischen Befund eine weitgehende Bestätigung gefunden hat. Der Cellobiose und weiterhin der Cellulose schreibt man daher die folgende Konstitution zu (*Haworth*):

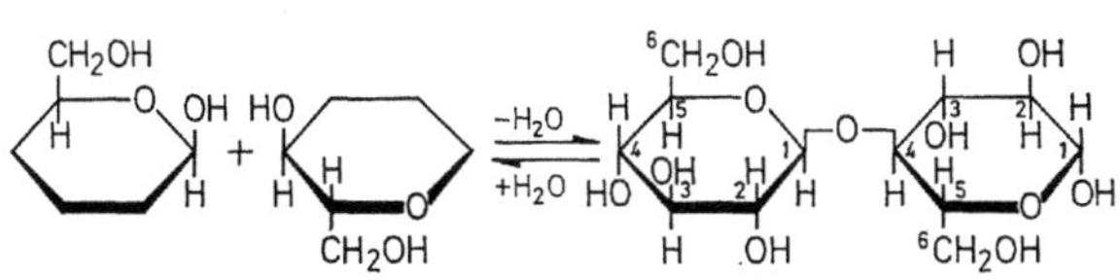

β-Glucose Cellobiose

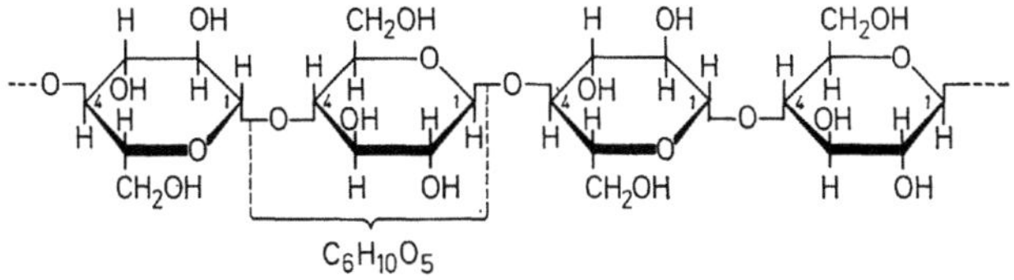

Cellulose

Die Mittelglieder besitzen die Zusammensetzung $C_6H_{10}O_5$, das eine Endglied $C_6H_{11}O_5$ und das andere Endglied $C_6H_{11}O_6$. Da die Mittelglieder im Vergleich zu den Endgliedern weit im Überschuß vorhanden sind, entspricht die Bruttozusammensetzung praktisch der Formel $C_6H_{10}O_5$.

Die „Sesselform" der Cellulose wäre folgendermaßen zu formulieren:

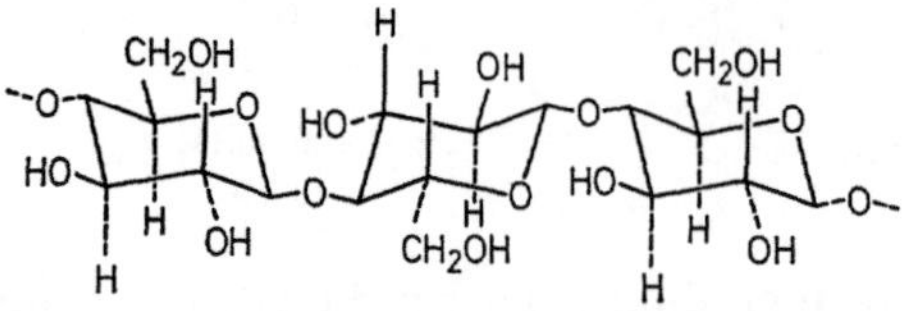

Im folgenden wird aus Gründen der Vereinfachung jeweils die planare Darstellung des Pyranrings gewählt.

Die Kette kann man sich nach beiden Seiten mehr oder weniger weit verlängert denken in der Weise, daß jeweils die Glucosebausteine β-glucosidisch in *1,4-Bindung* aneinandergefügt sind. Die Zahl der ein Cellulosemolekül aufbauenden Glucosebausteine, der *Polymerisationsgrad*, kann je nach Cellulosepräparat in weiten Grenzen schwanken; ja selbst in ein und demselben Cellulosepräparat besitzen die Moleküle im allgemeinen keine einheitliche Länge, so daß die Cellulosepräparate als *polymolekular* (*H. Staudinger*) zu bezeichnen sind (S. 13).

Daß die Glucosebausteine in 1,4-Bindung miteinander verbunden sind, läßt sich experimentell beweisen, und zwar in der Form, daß man die alkoholischen Hydroxylgruppen der Cellulose beispielsweise veräthert und den Celluloseäther anschließend der vollkommenen Hydrolyse durch Säure unterwirft. Eine Trimethylcellulose liefert hierbei aus dem einen Endglied 2,3,4,6-Tetramethylglucose, aus den Mittelgliedern und aus dem anderen Endglied 2,3,6-Trimethylglucose.

Hieraus geht hervor, daß jeweils die 1,4-ständigen Gruppen zur gegenseitigen Verknüpfung der Glucosebausteine gekuppelt sind:

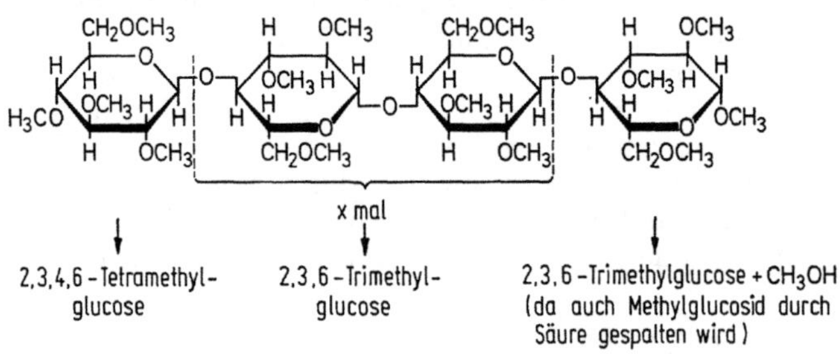

Funktionelle Gruppen. In der „Idealcellulose" ist die eine Endgruppe eine tautomere 1-ständige Aldehydgruppe, eine Konfiguration, die bei den technischen Cellulosen nicht immer gegeben ist. Die meisten Cellulosen enthalten Carboxylgruppen, welche durch Oxydation der primären alkoholischen Gruppen oder der Aldehydendgruppen entstanden sein können. In letzterem Fall würde der Endglucosebaustein eine offene Struktur zeigen, wobei aber auch eine Lactonform denkbar wäre (*H. Staudinger*):

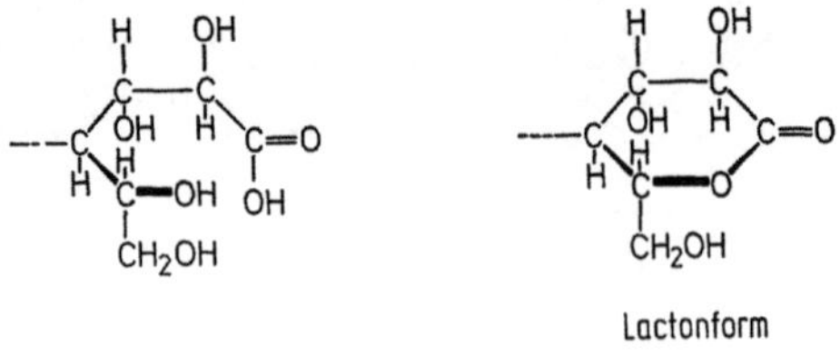

Oxydative Einwirkungen können weiterhin die primären alkoholischen Gruppen zu Aldehydgruppen und die sekundären zu Ketogruppen oxydieren (siehe S. 26 und 83).

Synthese der Cellulose. Eine Polykondensation von Mono- und Disacchariden, z.B. d-Glucose oder Cellobiose, gelingt, wenn man eine etwa 50%ige Saccharidlösung in etwa 5%iger Salzsäure unter vermindertem Druck rasch einengt (*Pacsu* u. *Mora*). *G. Schramm* und Mitarbeitern gelang eine Polykondensation von Zuckern zu celluloseartigen Produkten in inerten Lösungsmitteln bei Gegenwart von Polyphosphorsäureestern. Verzweigte Produkte erhielten *F. Micheel* und Mitarbeiter bei der Behandlung von Glucose und anderen Produkten in Dimethylsulfoxyd mit Chlorwasserstoff.

Biosynthetisch ist der Aufbau der Cellulose aus Sacchariden möglich, wenn man eine Saccharid-Nährlösung mit Bacterium xylinum impft (S. 27). Nach *O. P. Golowa* und *W. I. Iwanow* soll dieser Weg Polymerisationsgrade bis zu ca. 1250 ergeben. *E. Husemann* und *R. Werner* ist es gelungen, in Kulturen von Acetobacter xylinum aus Glucose eine Cellulose bis zum Polymerisationsgrad von 6000 aufzubauen.

Konstitution der Celluloseverbindungen. Die Celluloseverbindungen zeigen im Prinzip die gleiche Struktur wie die Cellulose selbst. Die alkoholischen Gruppen lassen sich acylieren und alkylieren, wobei die Zahl der eintretenden Acyl- bzw. Alkylreste je nach den Reaktionsbedingungen variieren kann. Bei völliger Acylierung bzw. Alkylierung treten in die Mittelglieder je 3, in Anfangs- und Endglied je 4 Alkyl- bzw. Acylreste ein. Bei der Größe des Moleküls entspricht die Substitution im Durchschnitt dann einem Trisubstitutionsprodukt. Unvollkommene Substitution führt zu „Mono-" bzw. „Disubstitutionsprodukten", die aber keine einheitlichen Substitutionsgrade besitzen.

Der Acetylcellulose liegt beispielsweise in völlig acetyliertem Zustande die nachfolgende Konstitution zugrunde:

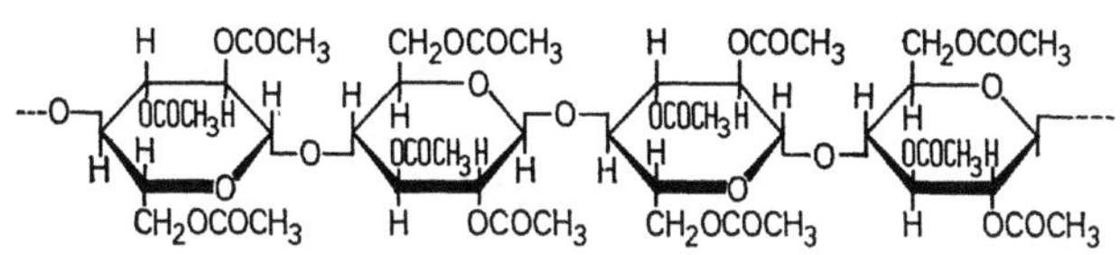

Acetylcellulose (Triacetat)

Bei nur unvollkommener Acetylierung können die einzelnen Glucosekerne einen unterschiedlichen Substitutionsgrad aufweisen, so daß z.B. das technische Celluloseacetat (Sekundäracetat) pro Glucoseeinheit im Durchschnitt $2^1/_2$ Acetylgruppen enthält (S. 207).

β) *Bestimmung des Polymerisationsgrades bzw. des Molekulargewichts*

Der Polymerisationsgrad ist die Zahl, die angibt, aus wieviel Monomeren sich ein Polymeres – im Falle der Cellulose also – aus wieviel Glucosebausteinen sich ein Cellulosemolekül zusammensetzt. Durch Multiplikation des Polymerisationsgrades mit der Zahl 162 erhält man das Molekulargewicht der Cellulose.

Für die Bestimmung des Polymerisationsgrades bzw. des Molekulargewichts steht eine ganze Reihe von Methoden zur Verfügung, und zwar

1. Osmotische Methoden – 2. Die Ultrazentrifugenmethode – 3. Die Endgruppenbestimmung – 4. Die Messung der Lichtstreuung – 5. Die Diffusionsmessung – 6. Die Viscositätsmessung.

1. Wegen des hohen Molekulargewichts der Cellulosen ergibt die Messung der Gefrierpunktserniedrigung (kryoskopische Methode) nur geringfügige Effekte und daher ungenaue Werte, besonders da man wegen der hohen Viscosität der Celluloselösungen in stark verdünnter Lösung arbeiten muß. Brauchbare Werte liefert

allenfalls die direkte Bestimmung des osmotischen Drucks nach der Steighöhen-Methode.

2. Die Messung der Sedimentation von Celluloseteilchen in Lösung in einem starken Zentrifugalfeld mit Hilfe der Ultrazentrifuge nach *Svedberg* ergibt recht brauchbare Werte. Dabei kann man entweder die Sedimentationsgeschwindigkeit messen oder das Sedimentationsgleichgewicht, wobei die Grenze zwischen sedimentierenden Teilchen und Lösungsmittel refraktometrisch bestimmt wird. Einer breiten Anwendung der Methode steht die Kostspieligkeit der erforderlichen apparativen Einrichtung im Wege.

3. Unter der Voraussetzung, daß alle Moleküle eines Cellulosepräparates die gleiche, quantitativ exakt bestimmbare Endgruppe tragen, läßt sich aus der Menge der Untersuchungssubstanz und der gefundenen Menge an Endgruppen die Moleküllänge berechnen. Bei hydrolytisch abgebauten Cellulosen ist die eine Endgruppe eine Aldehydgruppe, die nach verschiedenen Methoden quantitativ bestimmt werden kann. Die Bestimmung kann in der Weise erfolgen, daß die Aldehydgruppe durch sorgfältige Oxydation zur Carboxylgruppe oxydiert und der Oxydationsmittelverbrauch gemessen wird. Eine andere Möglichkeit ist die, daß die bei der Oxydation gebildeten Carboxylgruppen mit der Base Methylenblau in Reaktion gebracht werden und das aufgenommene Methylenblau nach der Wiederablösung kolorimetrisch bestimmt wird (*O. H. Weber*). Nach einer weiteren Methode können die gebildeten Carboxylgruppen durch Behandlung der Cellulose mit Silbersalz unter Ionenaustausch die äquivalente Menge Silber binden, welche titrimetrisch bestimmt wird (*Rath* und *Dolmetsch*).

4. Die Messung der Lichtstreuung, d.i. das Auftreten von Licht gleicher Wellenlänge, aber anderer Richtung gegenüber dem eingestrahlten Licht, ein Effekt, der von der Kettenlänge der Moleküle abhängig ist, wird ebenfalls mit Erfolg angewandt.

5. Da bei sehr großen Molekülen die Diffusion von verdünnten Lösungen in das reine Lösungsmittel hinein von der Größe und Form der diffundierenden Teilchen abhängt, kann das Molekulargewicht auch durch Messung der Diffusion bestimmt werden. Die Diffusionskonstante wird mit wachsendem Molekulargewicht und zunehmender Asymmetrie kleiner.

6. Die Viscositätsmethode nach *Staudinger* hat sich, wenn auch verschiedene Einwände gegen sie erhoben werden, sowohl für wissenschaftliche als auch für technische Zwecke als recht vorteilhaft erwiesen.

Sie beruht darauf, daß in verdünnten Lösungen bei kettenförmigen Makromolekülen mit gleicher Grundgruppe *die spezifische Viscosität gleichkonzentrierter Lösungen proportional dem Molekulargewicht, also proportional der Kettenlänge, ansteigt.*

Die Messung erfolgt in der Weise, daß man das Cellulosepräparat in einem geeigneten Lösungsmittel löst und die Viscosität der Lösung in einem Viscosimeter durch Messung der *Auslaufgeschwindigkeit* aus einer Capillare bestimmt. Die Berechnung des Polymerisationsgrades aus der Auslaufzeit bzw. der Viscosität erfolgt nach der *Staudingerschen Gleichung*

$$\frac{\eta_{sp}}{c} = K_m \cdot P \quad \text{bzw.} \quad P = \frac{\eta_{sp}}{K_m \cdot c},$$

worin bedeuten

η_{sp} = Spezifische Viscosität der Celluloselösung,
c = Konzentration der Lösung in Gramm absolut trockener Cellulose pro Liter Lösung,
K_m = Für jede polymerhomologe Reihe und jedes Lösungsmittel experimentell bestimmte Konstante,
P = Polymerisationsgrad.

Das Molekulargewicht ergibt sich aus dem Polymerisationsgrad durch Multiplikation mit 162. Es resultiert direkt nach der obigen Gleichung, wenn man für c nicht den Gehalt in Gramm pro Liter Lösung, sondern die Konzentration in Grundmolen c_{gm} (Glucosebaustein) einsetzt.

$$c_{gm} \text{ ist also } = \frac{c}{162}.$$

Unter *spezifischer Viscosität* wird das Verhältnis aus der Differenz der Viscositäten der Lösung und des Lösungsmittels zur Viscosität des Lösungsmittels verstanden. Sofern die Viscositätswerte nach der Auslaufzeitmethode gemessen werden, kann bei geeigneten Viscosimetern für die Festlegung von η_{sp} direkt das Verhältnis der Auslaufzeiten herangezogen werden. Beträgt die Auslaufzeit der Lösung η sec, die des Lösungsmittels η_0 sec, so ist

$$\eta_{sp} = \frac{\eta - \eta_0}{\eta_0}.$$

K_m kann mit Hilfe der *Staudingerschen* Viscositätsbeziehungen bzw. aus den Viscositätswerten und den direkt nach 1 bzw. 3 gemessenen Molekulargewichten einer Celluloseabbaureihe ermittelt werden. Die Größe von K_m wird nicht nur durch die Art der gelösten Makromoleküle (Cellulose oder Cellulosederivate), sondern auch durch den Umfang der Solvatation der Makromoleküle durch das jeweilige Lösungsmittel beeinflußt.

Für die Konzentration der Untersuchungslösung an Cellulose gilt die Bedingung, daß diese unter der sogenannten *Grenzkonzentration* liegt, d.h. daß in Sol-Lösungen gemessen wird, in denen keine merkliche gegenseitige Beeinflussung der Moleküle stattfindet. Diese Lösungen sind so verdünnt, daß ihre Viscosität gegenüber derjenigen des Lösungsmittels nur wenig erhöht ist. Neuerdings sind Möglichkeiten aufgezeigt worden, welche die Messung bei höheren Konzentrationen und daher mit größerer Genauigkeit auszuführen erlauben (*Signer, Mathes, Husemann, G. V. Schulz, F. Blaschke* u.a.). Die hierfür von *G. V. Schulz* und *F. J. Blaschke* vorgesehene Gleichung lautet:

$$P = \frac{1}{K_m} \cdot \frac{\eta_{sp}}{c} \cdot \frac{1}{1 + K_\eta \cdot \eta_{sp}}.$$

$K\eta$ ist eine für das Lösungsmittel charakteristische Konstante.

Als Lösungsmittel kann sowohl für native als auch für regenerierte Cellulosen *Cuoxam* verwendet werden, wobei Licht und Luftsauerstoff auszuschalten sind, damit während der Messung selbst kein Molekülabbau erfolgt. Nach einem von *E. Schwartz* modifizierten Verfahren wird der Cuoxamlösung zur Erhöhung der Lösefähigkeit Natronlauge und zur Vermeidung eines Abbaus Kupfer(I)-chlorid zugesetzt. Unter diesen Umständen können Viscosimeter ohne Luftausschluß Verwendung finden.

Regenerierte Cellulosen lösen sich bei Kühlung auch in 10%iger *Natronlauge* zu Lösungen, die ebenfalls für solche Viscositätsmessungen geeignet sind (*Eisenhut* und *Schwarz*). Diese Lösungen haben vor der Cuoxamlösung den Vorzug, daß sie während der Messung praktisch beständig gegenüber Licht und Luftsauerstoff sind.

Es wird auch *Kupferäthylendiamin* („Cuen") als Lösungsmittel angewandt, welches gegenüber Cuoxam den Vorteil bietet, daß in diesem Medium die Celluloselösungen weniger empfindlich gegenüber Luftsauerstoff sind (S. 197). Die hierbei erhaltenen Polymerisationsgrade sind um den Faktor 1,54 höher gegenüber den in Cuoxam ermittelten Werten (*M. Marx*).

Neben Cuoxam und Cuen lösen auch die entsprechenden Verbindungen von Co, Ni, Zn und Cd Cellulose auf (*G. Jayme*):

$[Co(en)_3](OH)_2$ Cooxen, (en = Äthylendiamin);
$[Ni(NH_3)_6](OH)_2$ Nioxam;
$[Ni(en)_3](OH)_2$ Nioxen;
$[Zn(en)_3](OH)_2$ Zinkoxen;
$[Cd(NH_3)_6](OH)_2$ Cadoxam;
$[Cd(en)_3](OH)_2$ Cadoxen.

Nach *G. Jayme* ist eine alkalische *Eisen-Weinsäure-Komplex-Lösung* $[C_4H_2O_6Fe]Na$, $[(C_4H_3O_6)_3Fe]Na_6$ ein vorteilhaftes Cellulose-Lösungsmittel. Die Lösungen zeigen eine hohe Stabilität gegenüber Luftsauerstoff.

Für Celluloseester können als Lösungsmittel *organische Lösungsmittel* wie Aceton, Butylacetat usw. dienen. Mit Hilfe der Cellulosenitrate kann auch die Polymerisationsgradbestimmung der Cellulose selbst erfolgen. Nach *Staudinger* lassen sich nämlich unter bestimmten Bedingungen die Cellulosen in *polymeranaloge* Cellulosenitrate, d.h. in Nitrate des gleichen Polymerisationsgrades wie die Ausgangscellulosen, überführen, so daß deren Polymerisationsgrad mit demjenigen der Ausgangscellulosen identisch ist. Als Nitrierungsgemisch verwendet man in diesem Falle rauchende Salpetersäure/Phosphorsäure/Phosphorpentoxid.

Die Tab. 1 bringt eine Zusammenstellung von viscosimetrisch ermittelten Polymerisationsgraden für native und regenerierte Cellulosefasern. (Bei letzteren

Tabelle 1. *Polymerisationsgrade für native und regenerierte Cellulosefasern*

	Durchschnitts-Polymerisationsgrad
Baumwolle	ca. 3000–6500
Ramie	2700 und höher
Flachs	2500–9200
Zellstoff	700–3000
Edelzellstoffe	1300–3000
Reyon und Zellwollen nach dem Viscoseverfahren	200–600
Reyon und Zellwollen nach dem Kupferverfahren[1]	400–600
Reyon und Zellwollen nach dem Acetatverfahren[1]	200–300
Nitrat-Kunstseide	170

besteht die Möglichkeit, daß bei einer gewissen Änderung der Herstellungsbedingungen oder des Ausgangsmaterials auch der Polymerisationsgrad gewissen Schwankungen unterworfen ist.) In Abhängigkeit von der Art der Reinigung der nativen Fasern und den experimentellen Bedingungen der Messung kann deren Wert für den Polymerisationsgrad ebenfalls in weiten Grenzen variieren. (Die hohen Werte der Tab. 1 wurden in Cuen gemessen [*M. Marx*].)

Die viscosimetrisch ermittelten Polymerisationsgrade werden zweckmäßig als Mindestwerte aufgefaßt, da die Möglichkeit einer Depolymerisation bei der Überführung der Faser in die Celluloselösung nicht ganz auszuschließen ist. *O. P. Golowa* und *W. I. Iwanow* erhielten für eine durch „Auswaschen" mit Helium von Sauerstoff befreite Baumwolle in Cuoxam einen Wert von 10000. Im allgemeinen erhält man mit Hilfe der Ultrazentrifuge wesentlich höhere Werte.

So hat *N. Gralén* folgende Werte gemessen:

Flachs	36000
Baumwolle	11000
Zellstoff	3100

Nach *M. Marx-Figini* und *E. Penzel* beträgt der Polymerisationsgrad der Baumwolle einer noch geschlosenen Kapsel (Absolutwert nach der Lichtstreuungsmethode) 14000 ± 10%. Erst nach Öffnung der Kapsel tritt allmählicher Abbau ein. Die Molekulargewichtsverteilung (Polymolekularität) ist praktisch einheitlich.

[1] Siehe Fußnote S. 193.

Die von anderer Seite für kalifornische Baumwolle gemessenen Werte sind 15300 und für Texasbaumwolle 12200 (*D. A. Goring* und *T. E. Timell*).

γ) *Die Polymolekularität der Cellulose*

Die technischen Cellulosen sind *polymolekulare* Gebilde (*H. Staudinger*). Ihre Moleküle sind nicht alle gleich groß, die Molekküllängen können vielmehr in weiten Grenzen schwanken. Durch die Art der Polymolekularität, d.h. durch die Verteilung der Molekküllängen, können die Eigenschaften eines Cellulosepräparats maßgeblich beeinflußt sein. Es ist denkbar, daß in den nativen Cellulosefasern die Moleküle von Natur aus einheitlich lang sind, daß aber durch die Reinigungsmethode eine Uneinheitlichkeit verursacht wird.

Durch die Polymolekularität bedingt kann der experimentell erfaßte Polymerisationsgrad naturgemäß nur ein Durchschnittswert sein. In Tab. 1 sind daher die Polymerisationsgrade als *Durchschnittspolymerisationsgrade* bezeichnet.

Bestimmung der polymolekularen Zusammensetzung. Die Methoden zur Bestimmung der Polymolekularität gründen sich darauf, daß die Löslichkeit der Cellulosemoleküle in Lösungsmitteln mit wachsendem Polymerisationsgrad abnimmt und umgekehrt. Durch sukzessiven Zusatz eines Nichtlösers zur Celluloselösung kann man daher die Cellulosemoleküle ausfällen, und zwar in der Weise, daß zunächst, d.h. bei geringem Nichtlöserzusatz, die großen Moleküle und bei allmählich stärker werdendem Zusatz schließlich immer kleinere Moleküle ausgefällt werden. Es gelingt auf diese Weise, ein Cellulosepräparat in beliebig viele Fraktionen von unterschiedlichen Polymerisationsgraden (Kettenlängen) zu unterteilen.

An Stelle des *fraktionierten Fällens* kann auch das *fraktionierte Lösen* treten (*H. Rath* und *H. Dolmetsch*). Dieses kann beispielsweise so erfolgen, daß man die Cellulosepräparate (regenerierte Cellulose) mit Natronlauge von verschiedener Konzentration und Temperatur behandelt. Natronlaugen von Konzentrationen

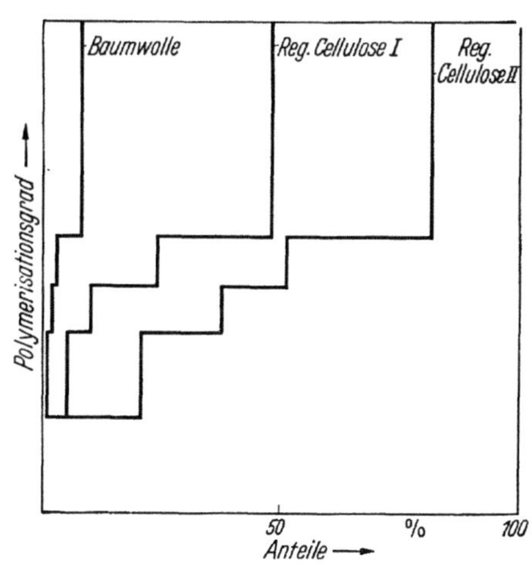

Abb. 3. Kettenlängendiagramm von Cellulosefasern (nach *Rath* und *Dolmetsch*).

mit geringer Lösewirkung lösen nur kleine Cellulosemoleküle, während Natronlaugen von starkem Lösevermögen auch die großen Moleküle in Lösung bringen können (über Abhängigkeit der Löslichkeit der regenerierten Cellulosen von Konzentration und Temperatur der Laugen vergleiche S. 23f., 225f.).

Eine modifizierte Methode des fraktionierten Lösens besteht darin, daß man die Cellulose in polymeranaloge Cellulosenitrate verwandelt und diese mit Alkohol/Essigester-Gemischen von verschiedenen Mischungsverhältnissen extrahiert (*H. Rath* und *H. Dolmetsch*). Gemische mit hohem Alkohol-, also Nichtlöser-Zusatz, vermögen nur die niedrigmolekularen Anteile in Lösung zu bringen, während stark essigesterhaltige Gemische auch die größeren Moleküle zu lösen vermögen.

Schließlich hat man auch in der Messung der *Sedimentationsgeschwindigkeit* mittels der Ultrazentrifuge eine gute Methode, um die Polymolekularität der Cellulose direkt zu untersuchen.

Die Abb. 3 zeigt ein Kettenlängendiagramm für Baumwolle und zwei verschiedene Viscosezellwollen. Man sieht, wie die Baumwolle zum größten Teil aus langen Molekülen besteht, während in der regenerierten Cellulose *II* die kurzkettigen Anteile vorherrschen. Dies rührt daher, daß die zur Herstellung der regenerierten Cellulosefaser verwandte ursprünglich hochmolekulare Cellulose im Rahmen des Herstellungsprozesses einen Abbau erfährt. Ein solcher ist bei der regenerierten Cellulose *I* als einer Spezialzellwolle durch eine bestimmte Lenkung des Fabrikationsverfahrens stark gemildert.

B. A. Pettersson und *E. Treiber* beschreiben ein Fraktionierungsverfahren für Regeneratcellulosen gelöst in Cadoxen mit Hilfe von Agarosegel (*Molekularsiebverfahren*).

Kettengliederzahl. Neben dem Polymerisationsgrad wird gelegentlich auch der Begriff *Kettengliederzahl* verwandt (*H. Staudinger*). Man versteht darunter die *Atomzahl der Hauptvalenzkette.* Da der Pyranosering zusammen mit dem Verbindungssauerstoff fünf Kettenglieder umfaßt, ergibt sich die Kettengliederzahl aus dem Polymerisationsgrad durch Multiplikation mit 5.

Die Kettengliederzahl ist von Bedeutung, wenn man Hochpolymere von verschiedenen Grundbausteinen miteinander vergleicht.

b) Die Anordnung der Cellulosemoleküle in den Cellulosefasern (Übermolekulare Struktur)

Während der Aufbau und die Form des Cellulosemoleküls schon seit längerer Zeit bekannt sind, wurde die gegenseitige Anordnung der Moleküle in der Cellulosefaser erst in jüngster Zeit geklärt. Manche Einzelheiten dieser komplizierten Überstruktur sind auch heute noch umstritten.

Der Cellulosekristallit. Die Cellulosefasern verhalten sich gegenüber verschiedenen Untersuchungsmethoden *anisotrop*; demnach können die Cellulosemoleküle in ihnen nicht regellos angeordnet sein. So zeigt die lichtoptische Untersuchung Doppelbrechung, eine Erscheinung, die nur mit einem anisotropen Bau zu erklären ist. Für eine kristallgitterartige Anordnung eines großen Teils der Cellulosemoleküle sprechen die Beugungsinterferenzen bei der Röntgendurchstrahlung; demnach besitzt die Cellulosefaser zumindest partiell einen kristallinen Aufbau. Die röntgenographische Untersuchung ergab das Vorliegen eines *monoklinen* Elementarkörpers als kleinsten Ausschnitt des Gitters, durch dessen Parallelverschiebung das ganze Raumgitter des Kristalls dargestellt werden kann.

Der Elementarkörper des Cellulosekristalls wird nicht – wie bei kleinmolekularen, zur Bildung großer Kristalle befähigter Substanzen – von vollständigen Molekülen gebildet, sondern von mehreren Celluloseketten durchzogen, wobei diese sowohl durch die Hauptachse (b-Achse = Faserachse) des monoklinen Elementarkörpers als auch durch seine vier dieser Achse parallelen Kanten laufen. Dieser Elementarkörper umfaßt Teile von mehreren Cellobioseresten, die zusammen zwei kompletten Cellobioseresten = vier Glucoseeinheiten entsprechen.

Die Cellulosefaser enthält als Grundelement der Überstruktur ihrer Moleküle *Mikrokristalle* (in der Literatur als Micelle, Kristallite oder Elementarfibrillen bezeichnet), in welchen die Cellulosemoleküle streng parallel geordnet sind. Da diese Moleküle wegen ihrer außerordentlichen Länge zur Verwirrung neigen, können nur sehr kleine kristalline Bereiche gebildet werden. *Kratky* maß die Interferenzen der an ihnen gebeugten Röntgenstrahlung im Kleinwinkelbereich und berechnete hieraus die seitlichen Abmessungen dieser bandförmigen Ordnungszonen zu 28 und 93 Å entsprechend einem Achsenverhältnis von ~1:3. *Rånby* konnte diese Ordnungsbereiche durch Säurehydrolyse der mindergeordneten Anteile der Faser als Micellsol isolieren und elektronenmikroskopisch abbilden. *Frey-Wyssling* und *Mühletaler* fanden nach Abdunkelung aller nicht kristallinen Bereiche durch Einlagerung stark elektronenstreuender Kontrastmittel noch kleinere fibrilläre Einheiten aus etwa 40 Kettenmolekülen, die „Elementarfibrillen", die zunächst einen einheitlichen quadratischen Querschnitt mit 35 Å Seitenlänge zu haben schienen. Neuerdings wurde jedoch beobachtet, daß die Breite der Elementarfibrillen doch erheblich von dem zunächst gefundenen Mittelmaß abweichen kann (von der doppelten Molekülbreite bei 15 Å bis zu 70 Å), und daß sie eher bändchenförmig ausgebildet sind. In der technisch wichtigen Sekundärwandcellulose sind die kristallinen Kerne der Elementarfibrillen in unregelmäßigen Abständen von etwa 500 Å von Störungszonen unterbrochen, die jedoch von den Celluloseketten in verminderter Ordnung durchlaufen werden.

In jüngster Zeit konnte *Dolmetsch* den Aufbau der flachen Spaltstücke, die als kleinste Zerfallsprodukte eines hydrolytischen Abbaus hinterbleiben, aus einer gleichlaufenden Reihung solcher Elementarfibrillen bzw. Kristallite abbilden. Aufeinandergeschichtete Pakete dieser „Kristallitbänder" bilden die ca. 250 Å breiten „Mikrofibrillen", die *Frey-Wyssling* und *Mühletaler* bei der ersten elektronenmikroskopischen Untersuchung der Cellulosefasern gefunden hatten. Im Laufe der koagulierenden Entwässerung der neugebildeten mikrofibrillären Faserstruktur, insbesondere bei der ersten Austrocknung der Faserzellwände, bilden sich langgestreckte Bündelungen dieser Mikrofibrillen aus. Diese wenig regelmäßigen und untereinander verflochtenen Makrofibrillen sind 1000–3000 Å breit und können daher großenteils schon lichtmikroskopisch abgebildet werden.

Umstritten ist noch, in welchem Ausmaß die Cellulose jene regelmäßigen zickzackförmigen *Kettenfaltungen* ausbildet, die bei synthetischen Polymeren sehr verbreitet sind. Gesichert ist, daß die regelmäßig ausgebildeten Kristalle, die aus Lösungen der Cellulose und ihrer Derivate abgeschieden werden können, nach diesem Prinzip aufgebaut sind. In Analogie zur Verstreckung synthetischer Polymerer ist anzunehmen, daß bei einer Abscheidung der Cellulose aus ihrer Lösung unter Einwirkung streckender mechanischer Kräfte wie dies beim Spinnen der Regeneratfasern der Fall ist, ein Teil der Ketten ungefaltet bleibt oder bereits gebildete Faltungen wieder ausgestreckt werden. Für gewachsene Cellulosefasern wird im allgemeinen eine gleichzeitige Polymerisation und Kristallisation angenommen, die nach den Erfahrungen mit synthetischen Polymeren *ohne Kettenfaltung* verläuft.

Wodurch der Zusammenhalt der Cellulosemoleküle in den Kristalliten, Fibrillen bzw. Mikrofibrillen und darüber hinaus im Faserverband bewirkt wird, ist weitgehend geklärt. Vermutlich sind es von den alkoholischen Hydroxylgruppen ausgehende Kohäsionskräfte (Wasserstoffbrücken), welche in Verbindung mit *van der Waalsschen* Kräften den Zusammenhalt bewirken. Experimentell ließen sich keinerlei Anhaltspunkte für Querbindungen kovalenter Art gewinnen. Die bisherigen Ergebnisse bestätigen vielmehr die geltenden Anschauungen eines unverzweigten Bauprinzips.

Die Gegenwart von Wasserstoffbrücken in der Cellulose konnte infrarotspektrographisch nachgewiesen werden. So wurde z.B. festgestellt, daß bei im Hochvakuum getrockneter Cellulose 99 % der OH-Gruppen H-Brücken bilden, wodurch ihre Reaktionsfähigkeit vermindert wird.

Die Lage der Kristallite (Micelle) in der Faser. Die Kristallite bzw. Fibrillen sind in der Cellulosefaser im allgemeinen nicht regellos verteilt, sondern besitzen eine mehr oder weniger ausgeprägte Ordnung, wobei die Lagerung der Kristallite parallel zur Faserachse oder wenigstens in Richtung der Faserachse bevorzugt ist. Über die Anordnung der Kristallite in der Faser (*Orientierung*) gibt die röntgenographische Untersuchung Aufschluß.

Bei einer regellosen Anordnung erhält man keine ausgeprägten Röntgeninterferenzen, so daß das Diagramm konzentrische Ringe zeigt (Kristallpulverdiagramm). Bei einer gewissen Orientierung in Richtung der Faserachse, wobei aber die Kristallite gewisse Winkel zur Faserachse bilden, erhält man sichelförmige

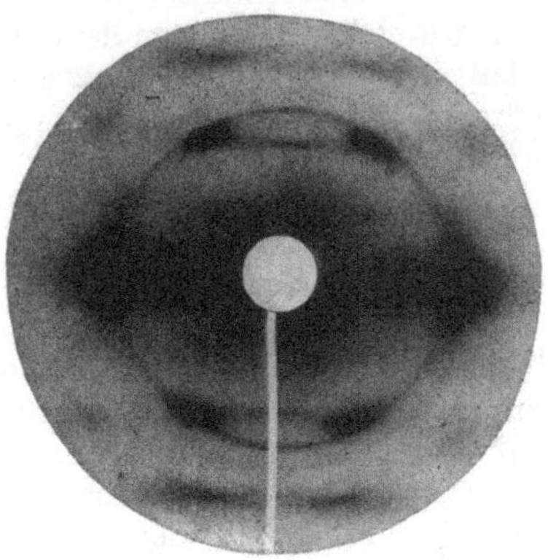

Abb. 4. Flachs (*B. v. Iyer*).

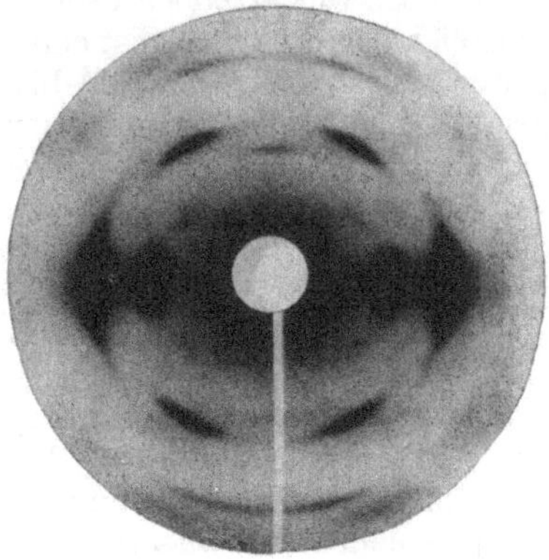

Abb. 5. Ramie (*B. v. Iyer*).

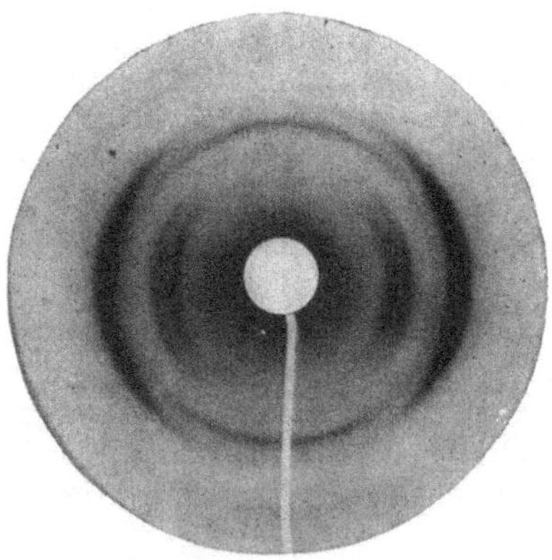

Abb. 6. Baumwolle (*B. v. Iyer*).

Interferenzen. Im Idealfall liegen die Kristallite alle parallel zur Faserachse, so daß ein Punktdiagramm resultiert. Von den Cellulosefasern zeigen Ramie und Hanf die größte Annäherung an die ideale Fasertextur, so daß man nahezu punktförmige Diagramme erhält, während die Baumwollfaser sichelförmige Interferenzen liefert (Abb. 4–6).

Bei den Kunstfasern trifft man alle möglichen Grade der Orientierung, da diese von dem Grad der Streckung beim Entstehungsprozeß weitgehend bestimmt wird. Dabei ist allerdings zu erwähnen, daß die Anordnung der Kristallite in den verschiedenen Bereichen der Faser verschieden ist. Üblicherweise zeigt der Fasermantel bei den künstlichen Cellulosefasern – namentlich Viscosefasern – einen höheren Orientierungsgrad als der Faserkern. Unter diesen Umständen ist die Fibrillenbildung im Fasermantel begünstigt. Wie sich die Orientierung auf die *Packungsdichte* auswirkt, ist nicht eindeutig geklärt (*Elöd, Hermans*).

Die zwischenmicellaren Räume. Die Kristallite sind nicht alle gleich groß und nicht alle scharf umgrenzt. Die Cellulosemoleküle sind in der Regel wesentlich länger als die Kristallite, so daß angenommen wird, daß die Ketten von einem Kristallit in den andern übergreifen (*H. Staudinger, Frey-Wyssling*). Unter diesen Umständen kann man lediglich von Bezirken mit gittermäßiger Anordnung sprechen, während in den Bereichen, in denen lediglich einzelne Moleküle in benachbarte Kristallite übergreifen, die gittermäßige Anordnung gestört ist (Abb. 7). Die Bereiche mit ungestörter Ordnung sind in der Abbildung durch gestrichelte Linien umgrenzt. (Eine solche „Kontinuum-Struktur" läßt sich allerdings mit der Existenz von isolierten Kristalliten bzw. Fibrillen schwerlich vereinbaren.) Möglicherweise verteilen sich die aus den geordneten Bezirken herausragenden Ketten

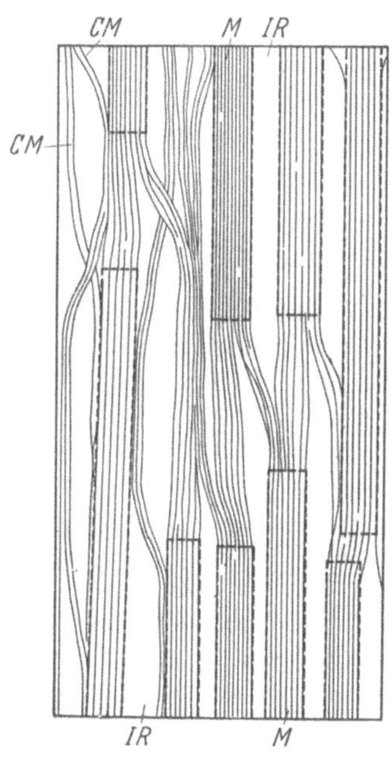

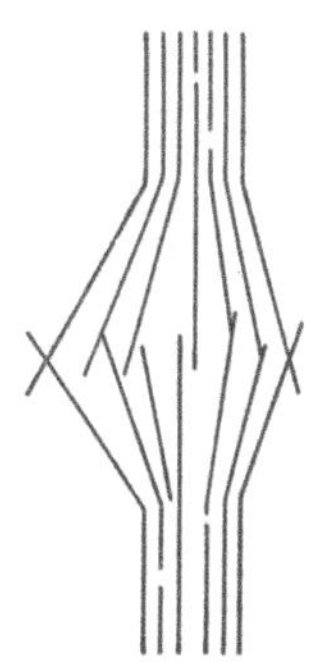

Abb. 8. Modell der Cellulosefaser (nach *Hermans*).

Abb. 7. Mikrofibrillen-Feinbau mit sich überschneidenden Micellarbereichen (nach *Frey-Wyssling*). *CM* = Cellulose-Moleküle; *M* = Micellarstränge; *IR* = Intermicellare Räume.

büschelartig oder fransenartig, also nicht parallel, in der Weise, daß die Fransen miteinander „verfilzt" sind (*Hermans*) und so den Zusammenhalt der Fasersubstanz bewirken (Abb. 8). Die zwischen den geordneten Bereichen (Kristallite, Micelle, Micellarstränge) befindlichen Räume werden als *zwischenmicellare* oder *intermicellare Räume* bezeichnet; sie enthalten minder geordnete, nach früherer Anschauung auch *amorphe* Cellulosesubstanz.

Auf Grund der herrschenden Anschauungen kann eine strenge Unterteilung in kristallin und amorph nicht gemacht werden. Vielmehr enthält die Fasertextur alle möglichen Ordnungszustände, welche zwischen diesen beiden Extremen liegen.

Teilweise wird angenommen, daß es sich bei der „amorphen" Substanz um Kristallite von so geringer Größe handelt, daß sie der röntgenographischen Erfassung entgehen. Nach *P. H. Hermans* betragen auf Grund röntgenographischer Untersuchungen die kristallinen Anteile in den nativen Fasern ca. 70 %, in den regenerierten Fasern 35–40 %. Die verschiedenen regenerierten Cellulosefasern zeigen unabhängig von ihrem Orientierungsgrad in dieser Beziehung nur geringe Unterschiede.

Da die Austauschgeschwindigkeit der H-Atome der alkoholischen Hydroxygruppen durch D-Atome in den kristallinen und amorphen Bereichen verschieden groß ist, kann man auch hieraus deren mengenmäßiges Verhältnis ermitteln, welches mit den obigen Werten nicht ganz übereinstimmt. Die Austauschgeschwindigkeit (mit Hilfe von D_2O) kann infrarotspektroskopisch verfolgt werden.

Auf Grund des fibrillären Faserausbaus kann man in entsprechender Weise von *interfibrillären Räumen* sprechen. Infolge des bei regenerierten Cellulosefasern verhältnismäßig geringen Orientierungsgrades der Kristallite bzw. Fibrillen sind hier die intermicellaren und interfibrillären Hohlräume größer und zahlreicher als bei den nativen Fasern, so daß die Packungsdichte gering und infolgedessen die Quellfähigkeit groß ist. Die zunächst in Natur- und Regeneratfasern nur sehr geringfügig vorhandene seitliche Ordnung der sich in Längsrichtung folgenden kristallinen und mindergeordneten Bereiche wird nach *H. Dolmetsch* durch die Mercerisation der Baumwollfaser bis zu einer ausgeprägten Periodizität verstärkt.

Kristallitstruktur und Reaktionsweise der Cellulose. Je nach den einwirkenden Agenzien und den jeweiligen Reaktionsbedingungen können die Agenzien entweder nur in die zwischenmicellaren Räume vordringen, oder sie dringen in die Kristallite (Micelle) selbst ein. Im ersten Falle spricht man von *zwischenmicellaren* (*intermicellaren*) Reaktionen, im zweiten Falle von *permutoiden* (*intramicellaren*) Reaktionen. Die letzteren lassen sich daran erkennen, daß dabei die röntgenographische Struktur eine Änderung erfährt, während sich bei den ersteren Reaktionen das Röntgendiagramm nicht ändert. So ist z. B. die Quellung in Wasser eine intermicellare Reaktion. Auch die Quellung in Alkalien verläuft bei Einwirkung verdünnter Alkalien zunächst intermicellar und geht bei höherer Laugenkonzentration in eine permutoide Reaktionsweise über (siehe unter Mercerisation). Auch die Nitrierung und Acetylierung der Cellulose verlaufen permutoid.

Die intermicellaren Reaktionen spielen sich also in den allein zugänglichen, mindergeordneten Faserbereichen – allenfalls an den Kristalloberflächen – ab, während die intramicellaren Reaktionen auch in die Kristallite hineingreifen. Infolge der stärkeren Betätigung der Nebenvalenzkräfte in den geordneten Bereichen ist der Zusammenhalt der Cellulosemoleküle im Kristallit besonders groß, so daß dieser Reaktionen schwerer zugänglich ist als die ungeordneten Bereiche.

Dekristallisation der Cellulose. Durch Behandlung von Baumwolle mit wasserfreiem Methyl- oder Äthylamin in Mischung mit Hexyl- oder Heptylamin läßt sich der kristalline Anteil vermindern, was u. U. für die Elastizität von Cordreifen sowie für die Reaktionsfreudigkeit und Farbstoffaufnahme von Bedeutung wäre. Eine solche Behandlung verläuft ohne wesentlichen Abbau (*K. Ward*, *C. M. Conrad* und *L. Segal*). Gleichartige Effekte erhält man auch mit Aethylendiamin.

Das anisotrope Verhalten der Cellulosefasern. Durch die anisotrope Anordnung der Cellulosekristallite werden die Fasereigenschaften *richtungsmäßig* beeinflußt. Wären die Kristallite regellos verteilt, so könnten die Fasereigenschaften – mindestens bei künstlichen Cellulosefasern – parallel zur Faserachse und quer zu dieser Richtung nicht differieren. Auf Grund der Anisotropie der Anordnung zeigen die Cellulosefasern eine geringere Festigkeit in Querrichtung als parallel zur

Faserachse. Auch die Quellung sowie die optischen Eigenschaften sind in den beiden Faserrichtungen verschieden groß.

Den *Zerreißvorgang* kann man sich so vorstellen, daß es entweder zu einem Bruch der Hauptvalenzketten kommt oder daß die Ketten bzw. Kristallite oder größere Bauelemente aneinander abgleiten. Da der Bruch der Hauptvalenzketten eine Sprengung von Hauptvalenzbindungen voraussetzt, ist die hohe Festigkeit parallel zur Faserachse verständlich. Da der Zusammenhalt sowohl der Kristallite als auch der einzelnen Hauptvalenzketten durch zwischenmicellare bzw. zwischenmolekulare Kohäsionskräfte bewirkt wird, ist andrerseits die geringere Festigkeit quer zur Faserachse einleuchtend. Auch wenn das Zerreißen durch Abgleiten der Ketten erfolgt, geht dieses parallel zur Faserachse schwieriger vonstatten, da die Zerreißfläche in diesem Fall eine größere ist als quer zur Faserachse (Abb. 9).

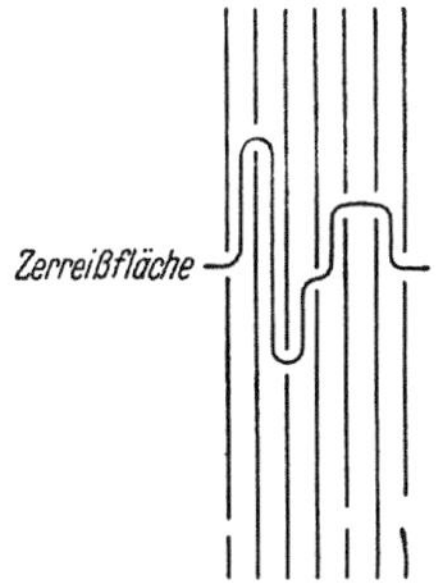

Abb. 9. Zerreißen durch Abgleiten der Ketten (nach *K. H. Meyer*).

Die *Festigkeit* wird durch den Orientierungsgrad stark beeinflußt, und zwar in der Richtung, daß die Festigkeit mit wachsendem Orientierungsgrad zunimmt. Dies kann man sich damit erklären, daß bei hoher Orientierung die Betätigung von zwischenmolekularen bzw. zwischenmicellaren Kräften verstärkt wird, so daß ein Abgleiten der Ketten bzw. Kristallite erschwert ist. Damit im Zusammenhang steht ein Rückgang der Dehnung mit wachsendem Orientierungsgrad, da die Ausbildung von Querbindungen das gesamte Fasergefüge fixiert. In diesem Zusammenhang sei auf die Festigkeitserhöhung verbunden mit Dehnungsrückgang bei der Mercerisation der Baumwolle (S. 67) und bei der Herstellung der Kunstseiden (Reyon) nach den Streckspinnverfahren (S. 212) verwiesen.

Festigkeit und Polymerisationsgrad. Bei langen Molekülen ist die gegenseitige Betätigung von Nebenvalenzkräften (Kohäsionskräften) erhöht, so daß ein Abgleiten bei Reißbeanspruchung erschwert ist. Zudem ist anzunehmen, daß sich bei langen Molekülen der Zerreißvorgang in einem Zerreißen der Ketten auswirkt, während bei kurzen Molekülen eher ein Abgleiten der Ketten aneinander erfolgt. Solange die Moleküllänge verhältnismäßig groß ist, wird sich ein Molekülabbau in einem bestimmten Intervall nicht besonders auf die Reißfestigkeit auswirken, da diese durch die Kraft bestimmt ist, die zum Zerreißen der Hauptvalenzbindung nötig ist. Erst wenn der Abbaugrad zu wesentlich kürzeren Molekülen führt, wird dies die Reißfestigkeit beeinflussen, da der Bruch dann durch Abgleiten der Ketten erfolgt.

Im Zusammenhang damit kann die Festigkeit einer Reyonfaser mit wachsender Moleküllänge der Cellulose von einem bestimmten Polymerisationsgrad ab (ca. 700) nicht mehr wesentlich erhöht werden, während dieser in niedrigeren Polymerisationsgradbereichen von wesentlicher Bedeutung für die Festigkeit ist (S. 224). Dabei ist aber zu betonen, daß auch dem *Orientierungsgrad* und der *Packungsdichte* eine ausschlaggebende Rolle für die Faserfestigkeit zukommt.

c) Über den Unterschied zwischen nativer und regenerierter Cellulose

Baumwolle, Hanf, Flachs usw. sowie Zellstoff werden als *native* Cellulosen und die Kunstseiden (Reyon) und Zellwollen als *regenerierte* Cellulosen (Hydratcellulosen) bezeichnet. Röntgenographisch unterscheidet sich Hydratcellulose von nativer Cellulose durch etwas größere Netzebenenabstände des Raumgitters. Sie unterscheiden sich, wie aus Tab. 1 zu ersehen, vor allen Dingen durch ihren Polymerisationsgrad in der Weise, daß die nativen Cellulosen wesentlich höhere Polymerisationsgrade besitzen als die regenerierten Cellulosen. Dies rührt daher, daß die zur Herstellung von Reyon und Zellwolle verwendeten nativen Celluloserohstoffe (Holzzellstoff, Baumwollinters) im Verlauf des Herstellungsprozesses einen Abbau erfahren.

Der Polymerisationsgrad ist aber nicht die einzige Größe, durch die sich die beiden Celluloseарten voneinander unterscheiden. Man kann z.B. eine Baumwolle vom ursprünglichen Polymerisationsgrad 2500 auf einen solchen von 400 abbauen und die Alkalilöslichkeit dieser abgebauten Baumwolle vom Polymerisationsgrad 400 mit einer regenerierten Cellulose vom gleichen Polymerisationsgrad vergleichen. Dabei wird man finden, daß die regenerierte Cellulose in 10%iger Natronlauge bei −5 °C quantitativ in Lösung geht, während die Baumwolle hierin nur teilweise löslich ist. Dies ist aber nicht nur eine Funktion ungleicher Kettenlängenverteilung.

Höherpolymere Acetate von nativen Cellulosen sind in organischen Lösungsmitteln (Chloroform) unlöslich, während Acetate von regenerierten Cellulosen des gleichen Polymerisationsgrades löslich sind (*H. Staudinger*).

Die mechanischen Eigenschaften wie Trockenfestigkeit, Naßfestigkeit, Scheuerfestigkeit usw. sind bei den nativen Fasern im allgemeinen besser als bei den regenerierten Cellulosen (s. S. 223).

Stellt man sich durch polymeranaloge Nitrierung abgebauter Baumwollfasern eine Abbaureihe nativer Cellulosenitrate her, so nehmen die Festigkeitseigenschaften dieser Nitrate mit fallendem Polymerisationsgrad ab, und die Fasern sind unterhalb eines Polymerisationsgrades von 500 vollkommen brüchig. Verspinnt man diese polymerhomologe Reihe nativer Nitrate aus Acetonlösung, dann erhält man eine polymerhomologe Reihe von regenerierten Nitratfasern von etwa dem gleichen Polymerisationsgrad, wie sie die nativen Nitrate besaßen. In dieser Abbaureihe trifft man aber nicht den gleichen Zusammenhang zwischen Polymerisationsgrad und Festigkeit wie in der nativen Reihe an. Die Festigkeitswerte der Abbauprodukte sind vielmehr einander weitgehend gleich (*H. Staudinger*). Sie liegen, besonders was die Knickfestigkeit anbelangt, wesentlich niedriger als bei den nativen Nitraten.

Die Eigenschaften der Naturfasern müssen demnach mit einem *durch das Wachstum bedingten besonderen Aufbau*, der durch das Lösen und Regenerieren verlorengeht, zusammenhängen. Diese Besonderheit liegt vor allem in der *spiraligen* Anordnung der Fibrillen, die sich bis zu den Makromolekülen fortsetzt. Die Konstruktion der nativen Faser ist also mit derjenigen eines Seils zu vergleichen. Damit findet die Tatsache eine Erklärung, daß die Festigkeit der nativen Fasern in nassem Zustand zunimmt oder mindestens nicht abnimmt, während letzteres gerade ein typisches Kennzeichen der regenerierten Fasern ist.

Das unterschiedliche Verhalten hängt vielleicht auch damit zusammen, daß beim Reißen der regenerierten Fasern die Moleküle bzw. Kristallite gegeneinander abgleiten, was durch Wasser als „Schmiermittel" gefördert wird (S. 223). Bei den nativen Fasern dagegen führt das Reißen zu einer Sprengung der Hauptvalenzbindung in der Cellulosekette, ein Vorgang, der durch Wasser nicht beeinflußt wird. Diese Ansicht wird jedoch mehrfach angezweifelt (*H. Mark, A. C. Nuessle*).

d) Eigenschaften und Reaktionsweise der Cellulose

Verhalten gegen Wasser. Das Eindringen von Wasser in die Cellulosefasern erfolgt in interkristalliner Reaktion und bewirkt dadurch eine *Quellung*. Die Wasserdipole werden durch von der Cellulose ausgehende Nebenvalenzkräfte (Dipolkräfte oder Wasserstoffbrückenbindungen), welche besonders auf die alkoholischen Hydroxygruppen zurückzuführen sind, gebunden.

Tabelle 2. *Längs- und Querquellung von Cellulosefasern in Wasser*

	Querschnittszunahme in %	Längenzunahme in %
Baumwolle	etwa 28	unter 1
Flachs und Hanf	–	0,05–0,1
Wolle	etwa 24	bis 2
Kupferreyon	41–53–61	3,6
Viscosereyon	35–52–66–95	4,8–5,4
Acetatreyon	9–11–14	0,14
Triacetatfaser	2–3	–

Als Folge der Kristallitanordnung erfolgt die Faserquellung anisotrop, d. h., der Betrag der Quellung quer zur Faserachse ist ein anderer als parallel dazu, wie dies aus der Tab. 2 hervorgeht. Die Zahl der Oberflächen ist parallel zur Faserachse auf Grund ihrer radialen Ausdehnung eine größere als senkrecht dazu, so daß die Erscheinung der *Quellungsanisotropie* ohne weiteres verständlich wird.

Da das Ausmaß der Anisotropie von dem Grad der Orientierung der Kristallite abhängig ist, wird die Differenz zwischen Quer- und Längsquellung mit wachsender Desorientierung immer kleiner. Zunahme der Orientierung vermindert den Absolutbetrag der Quellung, da infolge der erhöhten Betätigung von Kohäsionskräften das Auseinanderschieben der Kristallite durch eindringendes Quellwasser erschwert ist. Das gleiche gilt auch für den Zusammenhang zwischen Quellgrad und Polymerisationsgrad. Da bei langen Molekülen die Kohäsionskräfte stärker in Erscheinung treten, ist die Wasserquellung erschwert.

Quellung und Festigkeit. Durch die Quellung in Wasser werden die Fasereigenschaften teilweise maßgeblich beeinflußt. Dies gilt im Falle der regenerierten Cellulosefasern vor allem für die Reißfestigkeit, die in nassem Zustand stark absinkt, wie dies aus der Tab. 3 hervorgeht. Das eingedrungene Quellwasser vermindert den Zusammenhalt der Kristallite, so daß ein Abgleiten leichter eintreten kann als im trockenen Zustand (vgl. S. 223).

Tabelle 3. *Naßfestigkeit von Cellulosefasern*

	Naßfestigkeit in % der Trockenfestigkeit
Baumwolle	99,5–113,2
Wolle	78,0–96,5
Flachs	105,5
Ramie	116,0–118,5
Seide	86,5–94,5
Viscosezellwolle	50,0–65,1–75,0
Kupferzellwolle[1]	57,9–72,3
Acetatfaser	58,0–70,0

[1] Siehe Fußnote S. 209.

Das ganz andersartige Verhalten der nativen Cellulosefasern könnte man damit in Zusammenhang bringen, daß bei diesen der Reißvorgang ein Zerreißen der glucosidischen Bindungen bedingt, dieses aber durch das Quellwasser nicht beeinflußt wird. Vermutlich ist es aber darauf zurückzuführen, daß die nativen Fasern einen andersartigen histologischen Bau besitzen. So zeigt Baumwolle hinsichtlich ihres Feinbaus eine Spiralstruktur, die sich Wasser gegenüber anders verhält als die Struktur einer künstlichen Cellulosefaser, abgesehen davon, daß die bei regenerierten Fasern erhöhte Zahl und Ausdehnung der intermicellaren und interfibrillären Bereiche die Quellfähigkeit begünstigt.

Hygroskopisches Verhalten der Cellulosefasern. Die Cellulosefasern (und auch die anderen Faserstoffe) sind *hygroskopisch,* so daß sie auch in normaltrockenem Zustand (lufttrocken) wasserhaltig sind und sich damit in einem gewissen Quellzustand befinden. Dieser Quellzustand wirkt sich naturgemäß auch in normaltrockenem Zustand auf die gesamten Eigenschaften der Faser wie Reißfestigkeit, Knitterfestgikeit (S. 235), Geschmeidigkeit usw. aus. Der Feuchtigkeitsgehalt der Fasern ist abhängig von dem Feuchtigkeitsgehalt der Atmosphäre. Diese Tatsache ist bei exakten analytischen Arbeiten in Rechnung zu stellen; am besten nimmt man die Wägungen in absolut trockenem Zustand vor.

Tabelle 4. *Wassergehalt von Fasern bei 65% rel. Luftfeuchtigkeit und 20 °C*

	Wassergehalt in %
Baumwolle	7,3
Viscosereyon	13,0
Kupferreyon	12,5
Acetatreyon	6,0
Triacetat	3,2
Wolle	15,0
Seide	10,5
Polyamid	3,5
Polyester	0,3
Polyacrylnitril	1,5
Polyvinylchlorid	0,2
Polyvinylalkohol	3,4
Polytetrafluoräthylen	0
Polyolefine	0

Tabelle 5. *Prozentualer Feuchtigkeitszuschlag bei der Konditionierung*

	Feuchtigkeitszuschlag in % für die Konditionierung
Baumwolle	8,5
Reyon und Zellwolle (Kupfer- und Viscoseverfahren)	11
Acetatfasern (Normal-acetat)	6
Gespinste aus Leinen, Hanf, Ramie	12
Wolle gewaschen	17
Wollstreichgarn	17
Wollkammgarn	18,25
Seide	11
Polyamidfasern	4
Polyacrylnitrilfasern	2
Polyesterfasern	0

Der Wassergehalt verschiedener Fasern bei 65 % rel. Luftfeuchtigkeit und bei einer Temperatur von 20 °C ist der Tab. 4 zu entnehmen.

Auch für den Handel mit Cellulosefaserstoffen – und auch anderen Faserstoffen – ist die Tatsache des Wasserfesthaltens und damit die Bestimmung des Wassergehalts bzw. des absoluten Trockengewichts von Wichtigkeit (Konditionieren).

Man versteht unter *Konditionieren* die durch Trocknung bis zur Gewichtskonstanz vorgenommene *Ermittlung des absoluten Trockengewichts.* Durch konventionell festgelegte Zuschläge (Tab. 5) wird hieraus das *Handelsgewicht* errechnet.

Die Quellung der Cellulosederivate in Wasser. Da die Cellulosehydroxylgruppen für die Wasserbindung verantwortlich sind, geht die Quellung in dem Ausmaß zurück, als die Hydroxyl-Wasserstoffatome durch Acyl-, Alkyl- oder Aryl-Reste ersetzt sind. Celluloseester und gewisse Celluloseäther sind daher wasserfester als die Cellulose selbst. Aus der Tab. 2 ist zu ersehen, daß das Triacetat eine noch geringere Quellung zeigt als das normale Acetat, dessen Acetylgehalt einer zwischen dem Di- und Triacetat liegenden Stufe entspricht (S. 207).

Verhalten der Cellulose gegen Alkalien. Alkalien bewirken eine wesentlich stärkere Quellung als Wasser. In Natronlauge bleibt die Quellung zunächst zwischenmicellar, um bei steigender Konzentration dann in eine innermicellare Quellung überzugehen. Die Behandlung der Baumwolle mit starker Natronlauge ist wichtig für die Zwecke der *Mercerisation.* Dabei geht die native Cellulose über

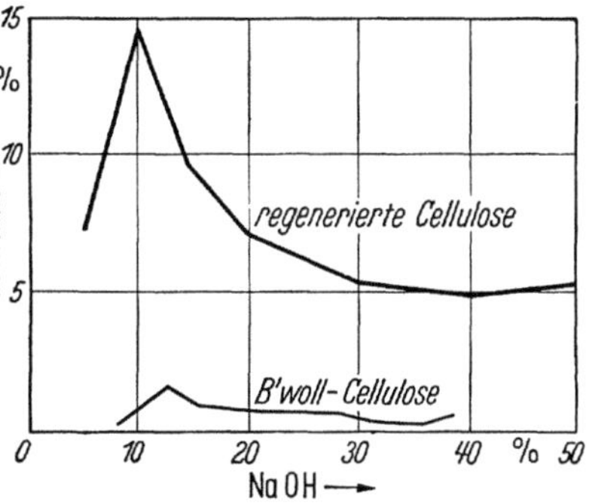

Abb. 10. Löslichkeit von regenerierter und nativer Cellulose in Natronlauge bei 19 °C (nach *Rath* und *ter Kuile*).

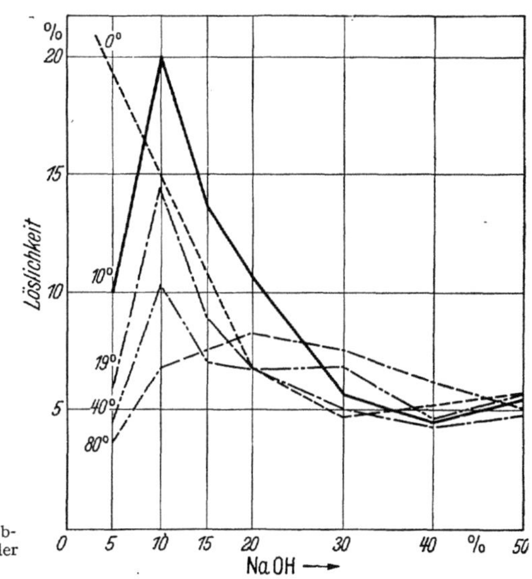

Abb. 11. Löslichkeit von regenerierter Cellulose in Abhängigkeit von Konzentration und Temperatur der Lauge (nach *Rath* und *ter Kuile*).

in die sogenannte *Hydratcellulose*, deren Raumgitter etwas andere Achsenabmessungen besitzt als dasjenige der nativen Cellulose. Diese Umwandlung ist irreversibel (*G. Centola*).

Mit wachsendem Atomvolumen bzw. Ionenradius des Alkaliions nimmt die quellende Wirkung auf die Cellulose ab, da mit wachsendem Atomvolumen die Solvathüllen der Alkaliionen kleiner werden. In Richtung Li-Na-K-Rb-Cs nimmt das Atomvolumen zu und die Quellwirkung daher ab.

Die Löslichkeit der Cellulose in Laugen ist konzentrationsabhängig. Was den Grad der Löslichkeit anbetrifft, so sind die regenerierten Cellulosen wesentlich stärker alkalilöslich als die nativen Cellulosen (vgl. S. 225). Die Abb. 10 zeigt die Abhängigkeit der Löslichkeit der nativen Baumwollcellulose und der regenerierten Cellulose von der Konzentration der Natronlauge bei 19 °C. Die Löslichkeit ist weiterhin abhängig von der Temperatur, eine Tatsache, die besonders bei den regenerierten Cellulosen kraß in Erscheinung tritt (Abb. 11). Auffallend ist, daß die regenerierten Cellulosen ein *Löslichkeitsmaximum* in etwa 10 %iger Natronlauge zeigen und daß die Löslichkeit mit fallender Temperatur stark wächst.

In 10 %iger Natronlauge von -5 °C lösen sich die regenerierten Cellulosen quantitativ auf. Die Baumwolle zeigt bei allen Konzentrationen und Temperaturen eine sehr geringe Löslichkeit. Dies trifft aber nur zu, solange die Baumwolle nicht chemisch geschädigt ist. Ist sie chemisch geschädigt, dann nimmt ihre Alkalilöslichkeit mit dem Grad der Schädigung zu, da die Alkalilöslichkeit mit abnehmendem Polymerisationsgrad wächst.

Die Kenntnis des Verhaltens der regenerierten Cellulosen gegenüber Laugen ist für den Textilveredler von großer Wichtigkeit, da eine Laugenbehandlung von Reyon und Zellwolle im Rahmen der Veredlung vielfach erfolgt. Hierbei ist die Abhängigkeit der Löslichkeit von der Konzentration und Temperatur sowie von der Art der angewandten Laugen genau zu beachten.

Eine Laugenbehandlung der regenerierten Cellulose kommt u.a. bei der Mercerisation der Mischgespinste aus Baumwolle-Zellwolle (S. 237) vor, beim Vorlaugieren von Mischungen aus nativen und regenerierten Cellulosefasern, um ein gleichmäßiges Anfärben zu ermöglichen (S. 592), beim Kreppen von Reyongeweben (S. 234), beim Küpenfärben (S. 557) usw.

Einwirkung von Ammoniak. Bei der Einwirkung von flüssigem Ammoniak auf Baumwolle entstehen „mercerisierähnliche“ Effekte (S. 73).

Einwirkung von Kupferoxidammoniak. Kupferoxidammoniak wirkt zunächst quellend und dann lösend, und zwar sowohl auf regenerierte als auch auf native Cellulose. Eine Lösung von Baumwoll-Linters oder Zellstoff in Cuoxam wird zur Herstellung des Kupferreyon verwendet. Cuoxam benutzt man weiterhin in der Baumwoll-Appretur, da es auf Grund seiner quellenden Wirkung bei dichten Geweben die Poren schließt und sie damit wasserundurchlässig macht. Weiterhin dient es als Lösungsmittel für Cellulosen bei der Bestimmung der Viscosität bzw. des Polymerisationsgrades.

Einwirkung von organischen Basen. Einige organische Basen wie z.B. Äthylendiamin wirken quellend auf Cellulose. Gewisse quartäre Basen wie Tetraäthylammoniumhydroxid und Benzyltrimethylammoniumhydroxid sind sogar imstande, Cellulose aufzulösen. Ebenso wirken Kupferäthylendiamin und Kobaltäthylendiamin lösend auf Cellulose (S. 197).

Einwirkung von Säuren. Da es sich bei der glucosidischen Bindung der Cellulose um eine Acetalbindung handelt, ist Cellulose H-Ionen gegenüber besonders empfindlich, während sie gegen OH-Ionen verhältnismäßig beständig ist, wenigstens solange Luftsauerstoff abwesend ist.

Bei der Einwirkung von Mineralsäuren werden die glucosidischen Bindungen gesprengt, was zu einer Molekülverkleinerung bzw. zu einem Polymerisationsgradabfall führt. Bei der Sprengung der Bindungen entsteht unter Wasseraufnahme an dem 4-ständigen C-Atom eine sekundäre alkoholische Gruppe und an dem 1-ständigen C-Atom eine CHOH-Gruppe, die in tautomerer Form nach Ringöffnung als Aldehydgruppe zu reagieren vermag. Unter diesen Umständen zeigen die mit Säuren abgebauten (hydrolysierten) Cellulosen (*Hydrocellulosen*) ein mit dem Abbaugrad zunehmendes Reduktionsvermögen:

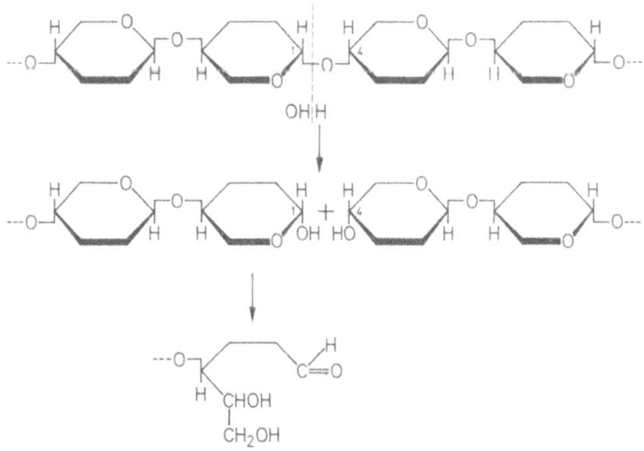

Organische Säuren sind entsprechend ihrer Acidität von wesentlich schwächerer Einwirkung. Am stärksten wirkt von den organischen Säuren die Oxalsäure, während in der Reihenfolge Oxalsäure → Weinsäure → Zitronensäure → Milchsäure eine Abnahme der Beeinflussung festzustellen ist. Schwache organische Säuren wie Milchsäure finden Verwendung zum Avivieren (S. 108) der Cellulosefasern.

Unter bestimmten Bedingungen wirken Säuren veresternd auf Cellulosefasern. So bilden sich mit Nitriersäure Cellulosenitrate, deren Stickstoffgehalt von der Konzentration der Nitriersäure abhängt. Die Cellulosenitrate dienen zur Herstellung des Kollodiums, der Nitratkunstseide, der Nitratfilme, der Schießbaumwolle usw.

Unter besonderen Bedingungen können Mineralsäuren eine grundlegende Veränderung der Baumwolle hervorrufen. So wirkt Schwefelsäure von 51–54 °Bé (ca. 50%ig) pergamentierend auf Cellulosen, wobei naturgemäß kurze Einwirkung bei tiefer Temperatur Voraussetzung ist (S. 150).

Konzentrierte Salpetersäure macht Baumwolle bei kurzer Einwirkung wollähnlich (Philanieren).

Einwirkung von Salzen auf Cellulose. Gewisse Alkali- und Erdalkalisalze wirken quellend und teilweise lösend auf Cellulosefasern. Dies gilt auch für manche Schwermetallsalze wie z.B. Zinkchlorid, welches bei der Herstellung von Vulkanfiber Verwendung findet.

Innerhalb der Reihe der Alkalien bzw. Erdalkalien nimmt das Lösevermögen für Cellulose mit steigendem Atomvolumen bzw. Ionenradius ab, d.h. also in Richtung

→ Li, Na, K, Rb, Cs bzw. → Ca, Sr, Ba

Für die Natur des Anions gilt, daß seine lösende Wirkung mit abnehmendem Atomvolumen bzw. Ionenradius zurückgeht, also in Richtung

→ CNS, J, Br, Cl, F

Am stärksten lösend wirken daher Salze aus kleinem Kation und großem Anion, wie z.B. Calciumrhodanid. Da regenerierte Cellulosen im Gegensatz zu nativen Cellulosen in solchen Salzen wie gerade in Calciumrhodanid quantitativ löslich sind, kann man diese Eigenschaft zu einer quantitativen Trennung der nativen von den regenerierten Cellulosen benutzen. Die Unlöslichkeit der nativen Cellulose in Calciumrhodanid ist aber nur dann eine vollkommene, wenn diese nicht abgebaut ist. In abgebauter Form löst sich auch Baumwolle in einem vom Abbaugrad abhängigen Prozentsatz in Calciumrhodanidlösung auf. Stark bleichgeschädigte Baumwolle läßt sich in Calciumrhodanidlösung unter den üblichen Arbeitsbedingungen der quantitativen Trennung vollkommen dispergieren bzw. in Lösung bringen (*Rath* und *Agster*).

Einwirkung von Oxydationsmitteln. Da Cellulose verschiedene oxydationsempfindliche Stellen und Gruppen (funktionelle Gruppen) besitzt, kann sie in verschiedener Richtung durch Oxydationsmittel verändert werden. Denkbar sind u. a. folgende Möglichkeiten (nach *Staudinger*):

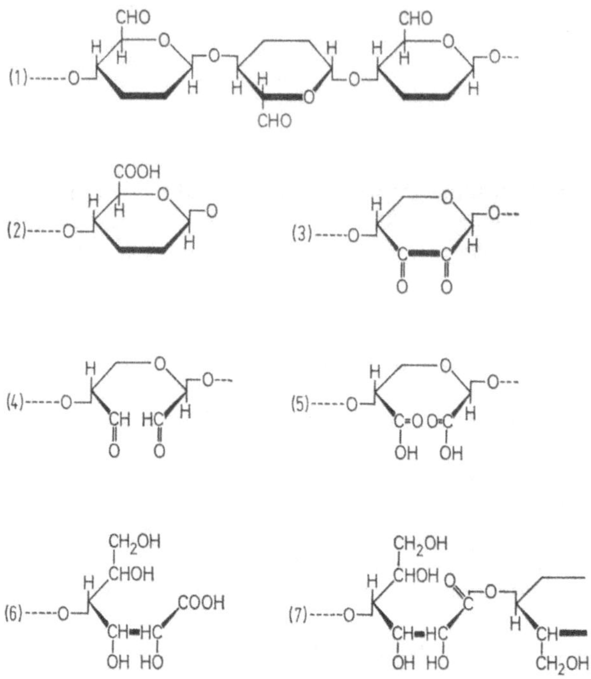

1. Oxydation von primären alkoholischen Gruppen zu Aldehydgruppen.
2. Oxydation primärer alkoholischer Gruppen zu Carboxylgruppen.
3. Oxydation sekundärer alkoholischer Gruppen am C-Atom 2 oder 3 oder an beiden zu Ketogruppen.
4. Oxydation der sekundären alkoholischen Gruppen am C-Atom 2 und 3 zu Aldehydgruppen unter Spaltung der C-C-Bindung.
5. Oxydation der nach 4. gebildeten Aldehydgruppen zu Carboxylgruppen.
6. Oxydation von tautomeren 1-ständigen Aldehydendgruppen zu Carboxylgruppen unter Aufspaltung des Pyranrings.
7. Oxydation der 1-ständigen Gruppe unter Spaltung des Pyranrings und Bildung einer sogenannten Estercellulose (S. 82f.).

Schließlich kann die Oxydation von einer Spaltung glucosidischer Bindungen begleitet sein.

Bei der Einwirkung der üblichen Oxydationsmittel können alle diese Möglichkeiten in Betracht gezogen werden. Je nach der Art der vor sich gegangenen Veränderungen wird die oxydierte Cellulose verschiedene Eigenschaften besitzen. Ist sie stark carboxylgruppenhaltig, dann läßt sie sich mit kationischen Farbstoffen gut anfärben; enthält sie viele Aldehydgruppen, dann entfaltet sie eine starke Reduktionswirkung.

Die oxydierte Cellulose, die üblicherweise als *Oxycellulose* bezeichnet wird, kann also ein sehr komplexes Gebilde sein (S. 83). Im Verein mit einem gewissen Abbaugrad kann sie neben halbacetalischen und freien Aldehydgruppen Carboxylgruppen und Ketogruppen enthalten. Da die Oxydation üblicherweise im heterogenen System, also topochemisch erfolgt, wird das Oxydationsmittel die Faser häufig nicht vollkommen durchdringen, so daß diese neben oxydierter Cellulose auch noch unveränderte Cellulose enthält.

Im Gegensatz zu den üblichen Oxydationsmitteln wie Hypochloriten und Wasserstoffperoxid, welche zum Bleichen der Cellulosefaser Verwendung finden, gibt es aber auch spezifische Oxydationsmittel, die nur bestimmte Molekülgruppen des Cellulosemoleküls angreifen, wobei kein größerer Abbau der Kette durch Hydrolyse stattfindet. Ein solches Mittel ist die *Perjodsäure*, welche die 2- und 3-ständigen sekundären alkoholischen Gruppen unter Sprengung des Pyranoserings in Aldehydgruppen verwandelt, so daß die auf diese Weise oxydierte Cellulose stark reduzierende Eigenschaften entwickelt. Nach *Rowen*, *Forziati* und *Reeves* sollen die Aldehydgruppen auf Grund infrarotspektroskopischer Untersuchungen nicht frei, sondern hydratisiert vorliegen. Ohne Sprengung des Pyranoserings oxydiert *Dimethylsulfoxid* Cellulose in 2- und 3-Stellung zu Ketocellulose (*K. Bredereck*). Ein anderes spezifisches Oxydationsmittel ist *Stickstofftetroxid* (N_2O_4); dieses setzt an den primären alkoholischen Gruppen an und oxydiert diese zu Carboxylgruppen, so daß die so behandelte Cellulose eine starke Affinität zu kationischen Farbstoffen erhält. In Analogie zu der Glucuronsäure werden solche Cellulosen als *Celluronsäuren* bezeichnet.

Über Veränderungen der funktionellen Gruppen bei der Chlorbleiche siehe S. 83.

Enzymatischer Abbau der Cellulose. Die Glucoside lassen sich enzymatisch abbauen. Dies gilt auch für Cellulose, deren Abbau durch ein Enzym (Cellulase), das aus dem Pankreassaft der Weinbergschnecke gewonnen werden kann (*P. Karrer*), bewirkt wird. Die enzymatische Spaltung führt zu einem Gleichgewicht, so daß der Prozeß reversibel ist und damit grundsätzlich eine Bio-Synthese der Cellulose aus Glucose möglich ist. So kann man durch Züchtung von Bacterium xylinum in einer Kohlehydratnährlösung Cellulose aufbauen (Bakteriencellulose, vgl. S. 9).

Mechanischer Abbau der Cellulose. Es wurde festgestellt, daß beim Mahlen von Cellulosepräparaten in der Schwingmühle eine Verringerung des Polymerisationsgrades eintritt (*H. Staudinger, E. Steurer*). Selbst bei der Verarbeitung der Cellulosefasern in der Spinnerei ist eine durch die mechanische Beeinflussung namentlich in den Schlagmaschinen (Batteur) ausgelöste Depolymerisation beobachtet worden (*J. G. Krieble* und *J. C. Whitwell*). Auch bei Behandlung von Cellulosederivatlösungen mit Ultraschall hat *G. Schmid* Kettenspaltung beobachtet.

Die Stereoisomerisierung der Cellulose. Bei den üblichen Cellulosereaktionen tritt normalerweise eine Substitution ohne Konfigurationsänderung ein. Es gibt aber Reaktionen, bei denen die Symmetrie an einem der Kohlenstoffatome vorübergehend aufgehoben wird und eine *Isomerisierung* erfolgt.

Oxydiert man z.B. Cellulose, in der zunächst alle primären Hydroxylgruppen durch Tritylierung blockiert sind, mit einer Mischung aus Dimethylsulfoxid und Essigsäureanhydrid zu Ketocellulose und reduziert anschließend, so entsteht eine stereoisomere „Cellulose“, die sich aus Glucose und Mannose aufbaut. Die Reduktion der enttritylierten Ketocellulose wird dabei mit Natriumborhydrid durchgeführt (*K. Bredereck*).

Eine Isomerisierung ist aber auch durch nucleophile Substitutionsreaktionen möglich. Führt man in C_2- und (oder) C_3-Stellung der Glucopyranoseringe Sulfonsäureestergruppen ein und tauscht diese durch Benzoat aus, so tritt eine Konfigurationsänderung ein. Der Austausch gelingt mit Hilfe von Tetrabutylammoniumbenzoat. Die Benzoylgruppen können mit Natriummethylat in Methanol abgespalten werden, wobei ein sich aus Glucose, Mannose und Altrose aufbauendes „Cellulosepräparat" resultiert (*K. Bredereck* und *K. Gyalog*).

e) Die Ester und Äther der Cellulose

Auf Grund des Gehalts an alkoholischen Hydroxylgruppen läßt sich Cellulose verestern und veräthern. Je nach den Reaktionsbedingungen kann man eine, zwei oder alle drei alkoholischen Gruppen der Glucosebausteine umsetzen. (Daß Anfangs- und Endglied der Cellulosekette vier alkoholische Gruppen enthalten, fällt in Anbetracht der überwiegenden Anzahl an Mittelgliedern nicht ins Gewicht.) Man spricht demgemäß von Mono-, Di- und Tri-Substitutionsprodukten. Hinsichtlich der Struktur, der Molekülgröße und der Polymolekularität gilt das für Cellulose Gesagte (s. S. 6ff.).

Celluloseester und Celluloseäther spielen als *Handelsprodukte* für viele technische Zwecke eine große Rolle. Die Veresterung bzw. Verätherung läßt sich aber auch in der Weise durchführen, daß die Reaktion mehr oder weniger auf die Faseroberfläche beschränkt bleibt, oder daß nur ein kleiner Teil der Hydroxylgruppen im Faserquerschnitt reagiert. Eine solche Art der Umsetzung, bei welcher die Faserform und der Fasercharakter weitgehend erhalten bleiben, nennt man die *chemische Modifizierung* der Cellulosefasern (topochemische Umsetzung).

Die Celluloseester. Die Herstellung der Celluloseester und Celluloseäther wird nach den üblichen präparativen Methoden der organischen Chemie vorgenommen. An Estern mit *anorganischen* Säuren ist der wichtigste der *Salpetersäureester*. Das Dinitrat findet Verwendung zur Herstellung der Kollodiumwolle, der Nitratseide, der Nitratfilme, der Nitrolacke für die Kunstleder- und Wachstuchfabrikation. Das Trinitrat ist die Schießbaumwolle. (Die Bezeichnung „Dinitrat" bzw. „Trinitrat" ist so aufzufassen, daß der N-Gehalt *etwa* einem Di- bzw. Trinitrat entspricht.) Auch der *Schwefelsäureester* in Gestalt des Natriumsalzes des sauren Esters ist ein technisches Handelsprodukt, z.B. für Schlichterei-Zwecke (S. 791).

Von den organischen Estern ist der technisch wichtigste der *Essigsäureester*. Die Acetylcellulose ist der Rohstoff für die Herstellung von Reyon und Zellwolle nach dem Acetatverfahren (S. 206), von wasserfesten Folien, von unbrennbaren Filmen, von celluloidartigen plastischen Massen, von Lacken, von Appreturmitteln und von Verdickungsmitteln für die Druckerei (Serikose). Auch andere Ester wie z.B. diejenigen der Laurin-, Palmitin- und Stearinsäure sowie der Benzoesäure sind bekannt. Der *Dithio-Kohlensäureester* der Cellulose spielt bei der Herstellung der Viscosefasern (S. 201) eine Rolle.

Die Celluloseäther. Der für textile Zwecke wichtigste Celluloseäther ist der Methyläther. Je nach Methylierungs- und Polymerisationsgrad sind die Eigenschaften der verschiedenen Methyläther namentlich hinsichtlich ihrer Löslichkeit in Wasser und Alkali verschieden. (Die Wasserlöslichkeit beruht vermutlich auf der Ausbildung einer Oxoniumstruktur.) Wasserlösliche Methyläther besitzen 1,5–2 Methoxygruppen pro Glucoserest. Die niedriger und höher verätherten Produkte sind nicht wasser-, sondern alkalilöslich. Die Cellulosemethyläther finden Verwendung in der Schlichterei, Appretur und Druckerei (Tylose- und Colloresin-Marken). Eine oberflächliche Verätherung unter Bildung hydrophober Celluloseäther spielt bei der Erzeugung der wasserabweisenden Imprägnierung eine Rolle (Velan-Verfahren, S. 126).

Hydroxyäthylcellulose, Cell · CHO $(C_2H_4O)_x$ C_2H_4OH, wird durch Umsetzung von Alkalicellulose mit Äthylenoxid gewonnen und kann zur Herstellung von Fasern und Folien sowie für Schlichtereizwecke Verwendung finden.

Die Celluloseäthercarbonsäuren. Durch Umsetzung von Natroncellulose mit monochloressigsaurem Natrium erhält man das Natriumsalz einer Celluloseäthercarbonsäure (Celluloseglykolat), das ebenfalls für Schlichterei- und Appreturzwecke Verwendung findet:

$$\text{Cell}\cdot\text{ONa} + \text{ClCH}_2\cdot\text{COONa} \rightarrow \underset{\text{Celluloseglykolat}}{\text{Cell}\cdot\text{O}\cdot\text{CH}_2\cdot\text{COONa}}$$

Silylcellulose. Bei der Umsetzung der Cellulose mit siliciumorganischen Verbindungen kann man silylierte Cellulose erhalten. Die erreichbaren Substitutionsgrade bewegen sich indes in verhältnismäßig engem Rahmen. An hochsubstituierten Cellulosepräparaten ist man interessiert, da diese besonders interessante Eigenschaften (Hydrophobie und Elektroisolationsvermögen) zeigen.

Die Herstellung einer *Trimethylsilylcellulose* gelingt durch Umsetzung der Cellulose mit Trimethylsilylacetamid (*K. Strunk*):

$$\text{Cell—OH} + (\text{H}_3\text{C})_3\text{Si—}\underset{\text{H}}{\text{N}}\text{—}\overset{\text{O}}{\overset{\|}{\text{C}}}\text{—CH}_3 \rightarrow \text{Cell—O—Si(CH}_3)_3 + \text{NH}_2\text{—}\overset{\text{O}}{\overset{\|}{\text{C}}}\text{—CH}_3$$

Halogenderivate der Cellulose. Halogenderivate der Cellulose sind von technischem Interesse, weil sie einmal als Zwischenprodukt für die Darstellung weiterer Cellulosederivate dienen können und zum andern, weil eine beträchtliche Verbesserung der *Flammfestigkeit* eintritt, wenn nur wenige Hydroxylgruppen der Cellulose durch Halogen ersetzt sind, und gleichzeitig eine geringe Menge Phosphor chemisch gebunden ist.

Eine Halogenierung gelingt durch Behandlung der Cellulose mit elementarem Halogen in Gegenwart von rotem Phosphor, wobei Dimethylformamid als Reaktionsmedium dient. Bei dieser Reaktion findet gleichzeitig ein Einbau von Phosphor statt, der vermutlich esterartig an die Cellulose gebunden ist (*G. Brink*):

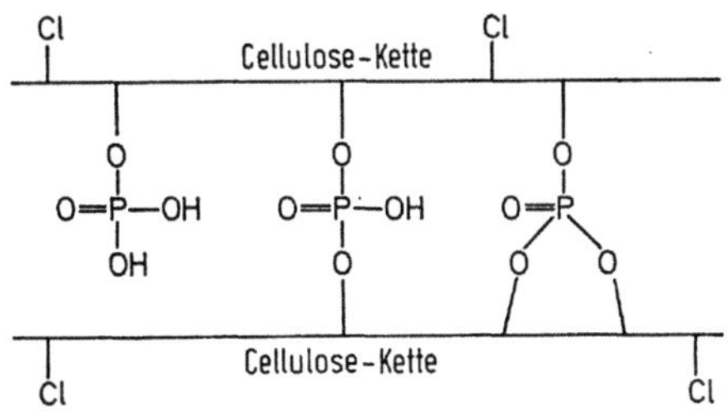

f) Die chemische Modifizierung der Cellulose

Umsetzungen an Cellulose können auch so gelenkt werden, daß die Faserstruktur erhalten bleibt. Sie finden daher Anwendung, wenn native oder regenerierte Cellulosefasern (meist in Form von Geweben) eine bestimmte Veredlung (Wasserabweisend-, Quellfest- und Flammfestausrüstung) erfahren sollen. Dabei findet je nach den einwirkenden Agenzien oder in Abhängigkeit von den Reaktionsbedingungen nur eine oberflächliche oder eine mehr oder weniger tiefgreifende Umsetzung statt. Meist werden hiervon nur verhältnismäßig wenige Hydroxylgruppen der Cellulose – vermutlich nur solche in den amorphen Räumen und an den Kristallitoberflächen – betroffen. Die Fasereigenschaften selbst können sich aber trotzdem erheblich ändern. So kann u. U. bei einem verhältnismäßig geringen Substitutionsgrad die Löslichkeit in Cuoxam verlorengehen, wenn die Quellfähigkeit der Faser durch eine vernetzende Blockierung der Hydroxylgruppen stark reduziert wird.

Da sich die Quellfähigkeit auf die *Krumpf-* und *Knitterechtheit* maßgeblich auswirkt, spielen solche Vernetzungsreaktionen eine außerordentlich wichtige Rolle (s. S. 129ff.).

Auch im Rahmen des Färbens der Cellulosefasern mit *Reaktivfarbstoffen* (S. 575) sind diese Reaktionen zum Teil von großer Bedeutung.

Da die Umsetzung der Cellulose in heterogener Phase erfolgt, ist die Reaktionsfähigkeit der Cellulose begrenzt. Bezüglich der Reaktionspartner und der Reaktionsbedingungen sind daher optimale Verhältnisse anzuwenden. Dies trifft sowohl für die *Alkylierung* (Verätherung) als auch *Acylierung* (Veresterung) zu.

Der Alkylierungsmechanismus. Bei der Alkylierung der Cellulose handelt es sich um eine *nucleophile* Substitution (in den meisten Fällen vermutlich S_N2-Mechanismus).

Erfolgt die Alkylierung auf dem Weg der Addition, dann liegt dieser eine *nucleophile* Addition zugrunde.

Die wichtigsten Alkylierungsmittel sind die Alkylhalogenide und die Dialkylsulfate, allgemein gesagt Ester starker Säuren, da diese bei der Alkoholyse so zerfallen, daß ein *alkylierend* wirkender Carbeniumrest frei wird. Bei den Estern schwacher Säuren, namentlich der Carbonsäuren, verläuft die Aminolyse bzw. Alkoholyse in der Weise, daß ein *acylierend* wirkender Carbeniumrest abgespalten wird (I). Die alkylierend wirkenden Ester, zu denen z. B. die aromatischen Sulfosäureester gehören, unterscheiden sich von den Carbonsäureestern dadurch, daß sie keine Doppelbindung, sondern nur einfache und semipolare Bindungen enthalten (II).

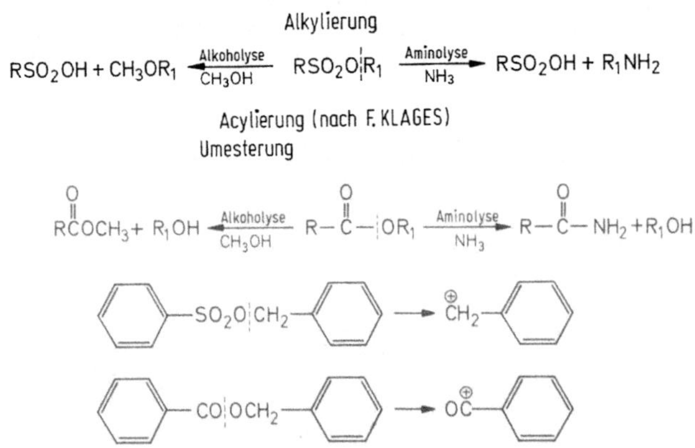

I

Die unterschiedliche Reaktionsweise ist darauf zurückzuführen, daß infolge Aufrichtung der Kohlenstoff-Sauerstoff-Doppelbindung bei den Carbonsäureestern ein instabiles orthoesterartiges Zwischenprodukt entsteht ((IIa), dessen Bildung bei den Estern von Säuren der linken Reihe (II) nicht möglich ist.

Die Ester der Salpetersäure wirken auf Grund der Mesomerie sowohl alkylierend als auch acylierend, wobei die alkylierende Wirkung im Vordergrund steht.

Die Alkylierung mit einem mono- bzw. bifunktionellen Alkylhalogenid führt gemäß III zu einem Gleichgewicht, dessen Lage durch die „Basizität" der beiden anionischen Liganden bestimmt ist. Die beiden „basischen" Reste konkurrieren

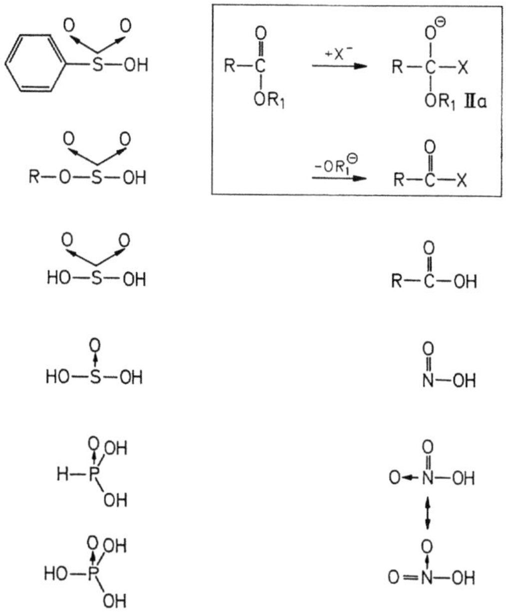

II

um den alkylierend wirkenden Kohlenwasserstoffrest R_1, und die Umsetzung verläuft um so mehr nach der Seite der Alkylierung, je geringer die „Basizität" des ursprünglich mit R_1 verbundenen Liganden und je größer die „Basizität" der zu alkylierenden Komponente ist.

$$R_1—Cl + R—O^- \rightleftharpoons R_1—O—R + Cl^-$$
$$R—O^- + Cl—R_1—Cl + {}^-O—R \rightleftharpoons RO—R_1—OR + 2\,Cl^-$$

III

Die Stärke der Alkylierungsmittel nimmt daher in der nachstehenden Reihenfolge ab:

Dialkylsulfat > Alkyljodid > Alkylbromid > Alkylchlorid > Arylsulfonsäureester > Alkylfluorid > Alkohol. Das wesentliche Kriterium für den quantitativen Verlauf der Umsetzung in Richtung Alkylierung ist demnach der Basizitätsunterschied oder das sich hieraus ergebende *Alkylierungspotential*. Dieses kann bei gegebenen Reaktionspartnern im Sinne der gewünschten Umsetzung dadurch erhöht werden, daß man in alkalischem Medium arbeitet, wobei der zu alkylierende Partner in einer anionischen, d.h. also nucleophileren Form vorliegt. In diesem Zusammenhang ist allerdings darauf hinzuweisen, daß Basizität und Nucleophilie in vielen Fällen wohl parallel verlaufen; es gibt jedoch auch Beispiele, bei welchen sich Nucleophilie und Basizität in verschiedener Weise ändern. Sowohl die Basizität als auch die Nucleophilie sind Begriffe, welche die Tendenz einer Verbindung zum Ausdruck bringen, ein freies Elektronenpaar abzusättigen und eine kovalente Bindung einzugehen. Beide Größen können quantitativ erfaßt und in Form von Zahlen, den sog. Basizitätskonstanten bzw. Nucleophiliekonstanten, ausgedrückt werden. Bei der Basizitätskonstante handelt es sich um eine *Gleichgewichtskonstante*, also um eine thermodynamische Größe, während die *Nucleophiliekonstante* die Reaktionsgeschwindigkeit betrifft und eine kinetische Größe darstellt. Hieraus erklärt sich das Auftreten von Abweichungen zwischen Nucleophilie und Basizität (*J. O. Edwards*).

In bestimmten Fällen wird demnach das Alkylierungspotential außer durch die Basizität noch durch das nucleophile Verhalten der zu alkylierenden Verbindung beeinflußt.

Die Verwendung der Ester starker Säuren als Alkylierungsmittel bietet nicht nur den Vorteil der geringen Basizität des Alkylierungsmittels und daher der Erhöhung des Alkylierungspotentials; sie wirkt sich auch vorteilhaft auf die *Reaktionsgeschwindigkeit* aus, da mit zunehmender Acidität der Säure bzw. abnehmender „Basizität" des Säurerests die Bindung zwischen Säurerest und Kohlenstoff polarer und daher reaktionsfähiger wird.

Der Acylierungsmechanismus. Im Vergleich zur Alkylierung verläuft die Acylierung sowohl bei niedermolekularen Alkoholen als auch bei der Cellulose wesentlich leichter. Dies ist darauf zurückzuführen, daß die Kohlenstoff-Halogenbindung in den Säurechloriden durch das benachbarte, stark elektronegative Sauerstoffatom wesentlich stärker aufgelockert ist als in den Alkylhalogeniden:

Ebenso wie die Alkylierung wird auch die Acylierungsreaktion von dem Unterschied der Basizität der beiden Reaktionspartner bestimmt.

Das *Acylierungspotential* spielt also die ausschlaggebende Rolle. Auch die Acylierung führt zu einem Gleichgewicht, das um so mehr nach der Seite des acylierten Produktes verlagert ist, je schwächer „basisch" die acylierende bzw. abzuspaltende und je stärker „basisch" die zu acylierende Komponente ist. Die Acylderivate starker „Säuren" sind daher die besten Acylierungsmittel, so daß die Acylierwirkung in der nachstehenden Reihenfolge abnimmt (nach *F. Klages*):

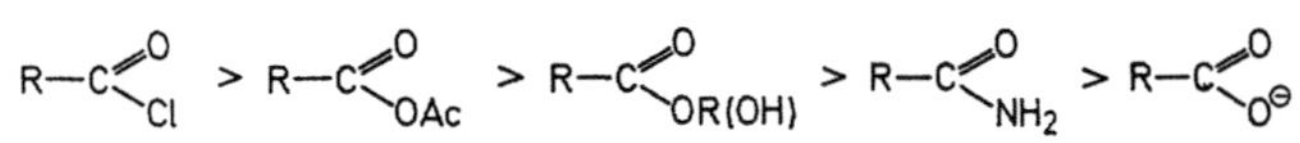

Die Reaktionsgeschwindigkeit und der Umfang der Acylierung lassen sich katalytisch beeinflussen. So erreicht man mit basischen Verbindungen (Natronlauge, Pyridin) eine größere Nucleophilie der zu acylierenden Verbindungen, die dadurch zustande kommt, daß der basische Stoff der zu acylierenden Substanz ein Proton entreißt, wodurch das Acylierungspotential erhöht wird. Mit Säuren und Komplexbildnern läßt sich die Polarität des Acylierungsmittels und damit seine Spaltungsgeschwindigkeit erhöhen. Auch die Polarität des angewandten Lösungsmittels spielt naturgemäß eine wesentliche Rolle.

1. Die chemische Modifizierung durch Veresterung (Acylierung)

Nachstehend seien die wichtigsten Veresterungsreaktionen formuliert, wobei bezüglich Einzelheiten der technischen Ausführung auf die entsprechenden Stellen in dem Kapitel „*Appretur*" verwiesen wird.

Verestert man z.B. mit *Stearinsäurechlorid*

$$\mathrm{Cell \cdot OH + ClOC \cdot C_{17}H_{35} \rightarrow Cell \cdot O\ \ CO \cdot C_{17}H_{35} + HCl},$$

dann verleiht die Stearinsäureesterauflage der Faser einen waschbeständigen wasserabweisenden Effekt (S. 125). Verestert man Baumwolle mit *p-Toluolsulfosäure* bzw. *p-Toluol-sulfosäurechlorid*, dann erhält man eine Faser, die sich mit den üblichen Cellulosefarbstoffen nicht anfärben läßt (*Immungarn*). Die mit p-Toluolsulfosäure veresterte Baumwolle läßt sich mit Ammoniak unter Abspaltung des p-Toluolsulfosäurerests amidieren (*Amingarn*), worauf sie sich im Gegensatz zu der nicht veresterten Baumwolle und zum Immungarn mit Säurefarbstoffen anfärbt (S. 594):

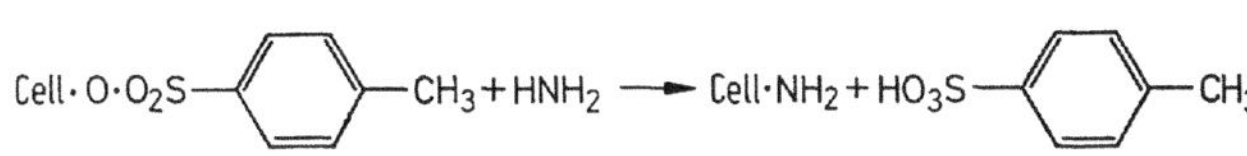

(P. KARRER und W. WEHRLI)

Carbaminsäureester der Cellulose sind für die wasserabweisende Imprägnierung von Wichtigkeit (S. 125):

$$\mathrm{Cell \cdot OH + C_{16}H_{33}\ \ NCO \rightarrow C{\Large\lt}^{O \cdot Cell}_{NH \cdot C_{16}H_{33}} = O}$$

Veresterung mit *Diisocyanaten*, wobei unter Addition Carbaminsäureester entstehen, macht quellfest:

$$\mathrm{Cell \cdot OH + OCN{-}R{-}NCO + HO \cdot Cell}$$

$$\mathrm{Cell \cdot O \cdot CONH{-}R{-}HNCO \cdot O \cdot Cell}$$

Durch *Acetylierung*

$$\mathrm{Cell \cdot OH + \begin{matrix} CH_3 \cdot CO \\ \diagdown \\ O \\ \diagup \\ CH_3 \cdot CO \end{matrix} \rightarrow Cell \cdot O\ \ CO \cdot CH_3 + CH_3COOH}$$

wird Baumwolle hitze- und mikrobenfest (S. 151).

Phosphatierung macht flammfest:

$$\mathrm{O{=}P{\Large\lt}\begin{matrix} O \cdot Cell \\ ONH_4 \\ ONH_4 \end{matrix}}$$

Veresterung mit *Cyanurchlorid* (Cyanurierung):

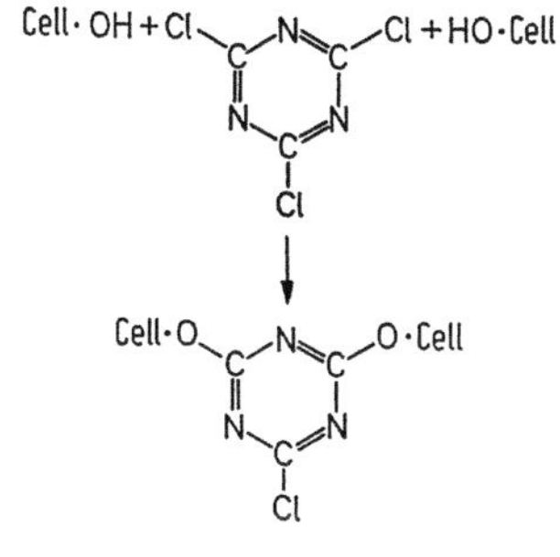

Man kann das Cyanurchlorid nicht nur zur Vernetzung der Cellulose verwenden, sondern es ist möglich, nur 1 Chlor mit der Cellulose reagieren zu lassen, während die anderen Cl-Atome z.B. durch Farbstoffreste (*Reaktivfarbstoffe*) oder sonstige „Veredlungsmittel" substituiert sind. In dieser Weise lassen sich die verschiedenartigsten Veredlungsmittel kovalent d.h. waschfest an die Faser binden.

Daß sich das Cyanurchlorid für diesen Zweck besonders gut eignet, hängt mit folgendem zusammen: Infolge des elektronenanziehenden Charakters des Stickstoffs auf der einen und des Halogens auf der anderen Seite nehmen die Ring-C-Atome elektropositiven Charakter an und können somit leicht mit nucleophilen Komponenten (OH- und NH_2-Gruppen) reagieren. Durch die Substitution wird der an den C-Atomen zunächst vorhandene Elektronenmangel immer mehr ausgeglichen, so daß der stufenweise Austausch des Halogens vom 1. bis zum 3. Chloratom erschwert wird.

2. Die chemische Modifizierung durch Verätherung (Alkylierung)

Alkylierung mit wasserlöslichen Dihalogeniden (S. 142):

$$\mathrm{Cell\cdot OH + ClCH_2—\underset{\displaystyle OH}{\underset{|}{C}H}—CH_2Cl + HO\cdot Cell}$$

1,3-Dichlorpropanol-(2) (α-Dichlorhydrin)

$$\downarrow$$

$$\mathrm{Cell\cdot OCH_2—\underset{\displaystyle OH}{\underset{|}{C}H}—CH_2O\cdot Cell}$$

Da die Reaktion mit der Faser in alkalischem Medium vorgenommen wird, ist die Bildung von Epichlorhydrin anzunehmen, welches ebenfalls vernetzend wirkt:

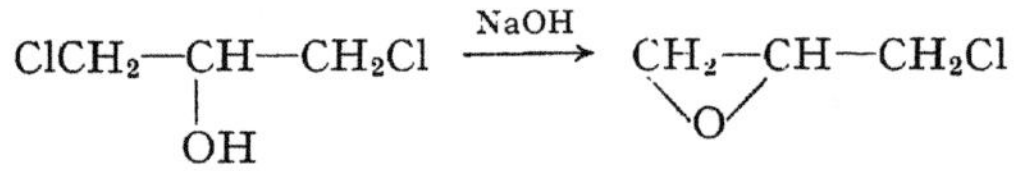

Epichlorhydrin

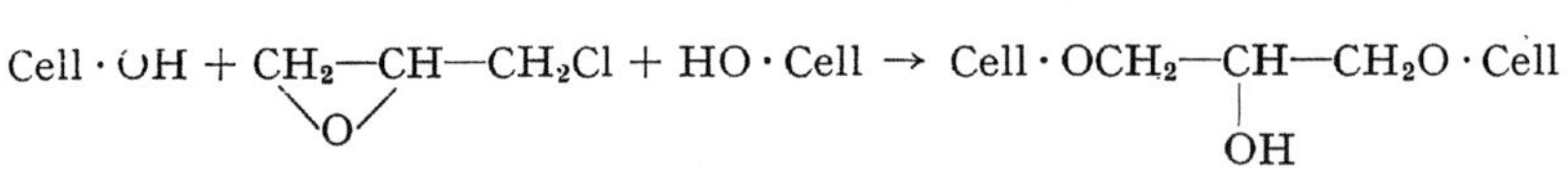

Dichlorhydrine reagieren wesentlich schneller als Dichlorverbindungen vom Typus des 1,3-Dichlorpropans oder des 1,4-Dichlorbutens-(2) (*D. Fiebig*).

Alkylierung mit spaltbaren Oniumkomplexen:

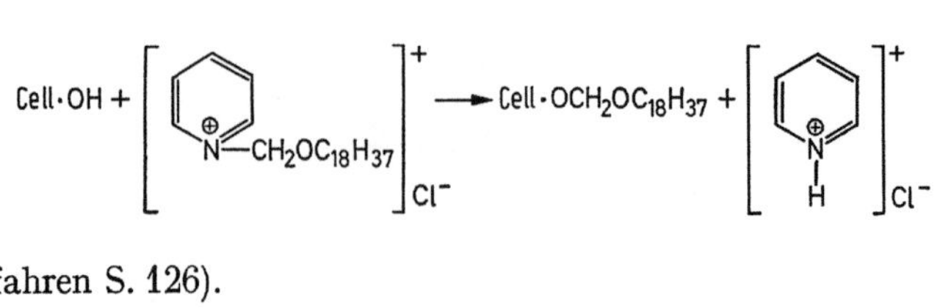

(Velan-Verfahren S. 126).

Alkylierung mit bifunktionellen spaltbaren Oniumkomplexen:
(*J. Harms* und *H. Wenderoth, H. Rath* und *U. Einsele, A. Geiger* u.a.)

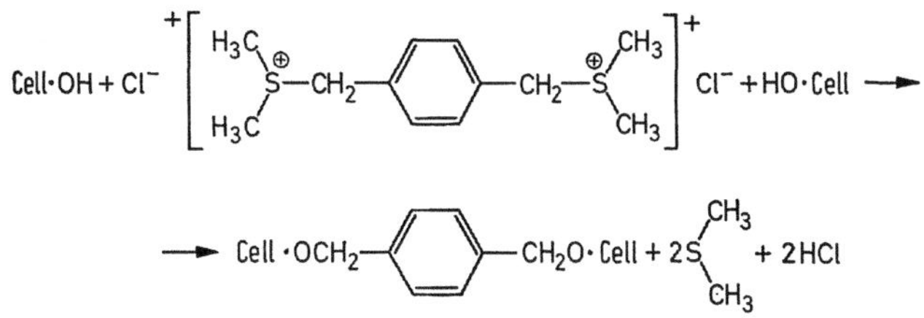

Voraussetzung für die Abspaltbarkeit des alkylierend wirkenden Liganden aus dem wasserlöslichen Oniumkomplex ist ein ganz bestimmtes Bauprinzip. Rein aliphatisch zusammengesetzte Ammoniumverbindungen spalten nur unter intensivsten Bedingungen. Wesentlich für eine leichte Spaltbarkeit ist die Gegenwart eines aromatischen Liganden in der der Ammoniumverbindung zugrunde liegenden tertiären Base sowie ein zur Mesomerie befähigtes System in der alkylierend wirkenden Komponente.

Durch den am Zentralstickstoff befindlichen Phenylrest wird die N—C-Bindung so weit gelockert, daß eine Aufspaltung verhältnismäßig leicht möglich ist. Diese verläuft jedoch noch nicht mit genügender Geschwindigkeit. Sie könnte zwar durch die Einführung zweier Phenylreste erhöht werden, jedoch stehen dieser Möglichkeit gewisse Schwierigkeiten experimenteller Art entgegen, und im Triphenylamin ist die N—C-Bindung so labil, daß quartäre Salze überhaupt nicht mehr existenzfähig sind.

Verwendet man als alkylierend wirkende Komponente einen Liganden, der infolge von Mesomeriestabilisierung energiearm und daher bevorzugt abgespalten wird, so verläuft die Alkylierungsreaktion nicht nur umfangmäßig, sondern auch mit großer Reaktionsgeschwindigkeit in dem gewünschten Sinne. Wird z.B. Dimethylanilin mit einem gesättigten Alkylhalogenid, beispielsweise Dichlorbutan, quaterniert, dann ist die Spaltungsgeschwindigkeit eines solchen Komplexes gering, während diese im Falle eines Butenrestes oder eines Benzylrestes sehr hohe Werte erreichen kann. Im Vergleich zu den *Dimethylaniliniumverbindungen* sind *Pyridiniumverbindungen* – da Pyridin stärker basisch ist als Dimethylanilin – schwerer spaltbar, so daß sie in wäßriger Lösung nur wenig reaktionsfreudig sind. Anders verhalten sich die *Sulfoniumverbindungen*. Thioäther sind verhältnismäßig schwache Basen, so daß die S—C-Bindung labil ist. Sulfoniumverbindungen spalten daher noch leichter als die entsprechenden Dimethylaniliniumverbindungen. Die Alkylierung mit Hilfe spaltbarer Oniumkomplexe birgt folgende Schwierigkeiten in sich: Vergleicht man die Alkylierungsbedingungen, wie sie der Alkylierung einer Substanz Y mit einem Alkyl- bzw. Aralkylhalogenid (1) zugrunde liegen, mit denjenigen, wie sie bei der Alkylierung mit Hilfe des entsprechenden Oniumkomplexes (2) vorliegen, so kommt man zu folgenden Feststellungen:

1. 

2. 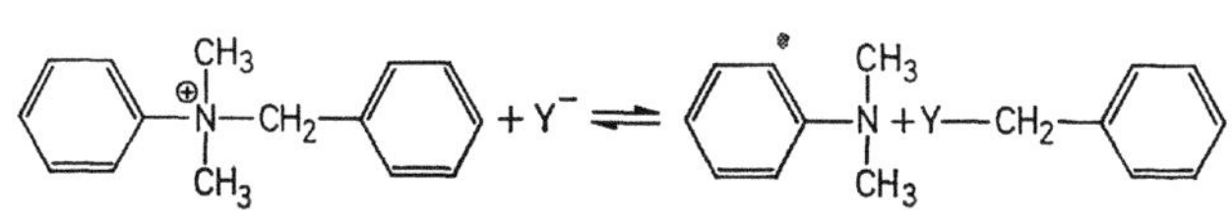

Im Falle 1 ist der Benzylrest mit dem nur ganz schwach „basischen“ Cl^- verbunden, während dieser im Fall 2 an dem wesentlich stärker basischen Dimethylanilin hängt. Das Alkylierungspotential wird demgemäß bei 1 unvergleichlich größer sein als bei 2.

Im Interesse der Verlagerung des Gleichgewichtes in Richtung der Alkylierung ist es daher notwendig, als tertiäre Base möglichst eine solche von geringer Basizität zu wählen und die Substanz Y in der ionoiden Form, d.h. also in alkalischem Medium der Reaktion zu unterwerfen. Trotzdem werden die Voraussetzungen für den Alkylierungsverlauf im Falle von 2 immer weniger günstig gegenüber 1 gelagert sein.

Alkylierung mit Acrylnitril (*Cyanäthylierung* S. 151):

$$\text{Cell}\cdot\text{OH} + CH_2{=}CHCN \rightarrow \text{Cell}\cdot OCH_2CH_2CN$$

macht bakterienfest.

Durch den positivierenden Einfluß (+F-Effekt) der C≡N-Gruppe wird die Aktivität des Carbenium-C-Atoms der aktiven Grenzstruktur der C=C-Bindung so weit erhöht, daß eine nucleophile Addition der Cellulose an die C=C-Doppelbindung möglich ist $\left(\overset{\delta+}{C}H_2{=}\overset{\delta-}{C}HCN\right)$. Der nucleophile Charakter der Cellulose wird durch eine alkalische Vorbehandlung erhöht.

Alkylierung mit Acrylamid (*Carbamoyläthylierung*):

$$\text{Cell}\cdot\text{OH} + CH_2{=}CH\cdot CO\cdot NH_2 \rightarrow \text{Cell}\cdot OCH_2\ CH_2\cdot CO\cdot NH_2$$

macht hitzebeständig.

Auch hier wirkt sich der positivierende Einfluß der CO-Gruppe günstig auf die Aktivität des Carbenium-C-Atoms der aktiven Grenzstruktur aus.

β-Propiolacton kann je nach den Reaktionsbedingungen zur Alkylierung oder Acylierung führen:

$$\text{Cell}\cdot\text{OH} + \begin{array}{l} O\text{---}CO \\ |\qquad\ \ | \\ CH_2\text{---}CH_2 \end{array} \begin{array}{l} \nearrow \text{Cell}\cdot OCH_2CH_2COOH \quad (\text{alkalisch}) \\ \searrow \text{Cell}\cdot OCO\cdot CH_2CH_2OH \quad (\text{sauer}) \end{array}$$

verbessert die Farbstoffaufnahme.

(Die gebildeten Produkte können mit β-Propiolacton unter Polymerenbildung weiter reagieren.)

Aminierung:

$$\text{Cell}\cdot\text{OH} + \begin{array}{l} CH_2NH_2 \\ | \\ CH_2OSO_3H \end{array} \xrightarrow{2\,\text{NaOH}} \text{Cell}\cdot OCH_2CH_2NH_2 + Na_2SO_4 + 2\,H_2O$$

Erhöhung der Reaktionsfähigkeit und Farbstoffaufnahme (Säurefarbstoffe).

Carboxymethylierung:

$$\text{Cell}\cdot\text{OH} + ClCH_2COONa \rightarrow \text{Cell}\cdot OCH_2COONa + HCl$$

macht hydrophiler.

Benzylierung:

$$\text{Cell}\cdot\text{OH} + ClCH_2C_6H_5 \rightarrow \text{Cell}\cdot OCH_2C_6H_5 + HCl$$

macht thermoplastisch.

Als weiteres Alkylierungsmittel (bifunktionell) sei das *Divinylsulfon* genannt:

$$\text{Cell}\cdot OH + CH_2{=}CH{-}SO_2{-}CH{=}CH_2 + HO\cdot\text{Cell} \rightarrow$$
$$\rightarrow \text{Cell}\cdot OCH_2CH_2{-}SO_2{-}CH_2CH_2O\cdot\text{Cell}$$

Die Aktivität des Carbenium-C-Atoms der aktiven Grenzstruktur wird durch den positivierenden Einfluß der SO_2-Gruppen erhöht. Der Nachweis einer chemischen Bindung des Divinylsulfons an die Cellulose bei der Knitterfestausrüstung wurde von *H. Zollinger* erbracht. Dabei wurde die mit Divinylsulfon knitterfrei ausgerüstete Baumwolle einem Säureabbau unterworfen, wobei im Hydrolysat mittels chromatographischer Methoden Divinylsulfonäther der Glucose nachgewiesen werden konnte.

An Stelle von Divinylsulfon können auch wasserlösliche in β-Stellung durch SO_2-Gruppen aktivierte Äthanderivate angewandt werden, die in alkalischem Medium in Divinylsulfon übergehen (*G. C. Tesoro, P. Linden* und *S. B. Sello*):

$$NaO_3S{-}S{-}CH_2{-}CH_2{-}SO_2{-}CH_2{-}CH_2{-}S{-}SO_3Na + 2\,NaOH \rightarrow$$
$$CH_2{=}CH{-}SO_2{-}CH{=}CH_2 + 2\,Na_2S_2O_3 + 2\,H_2O$$

Auf dieser Basis scheint das „Ganaloc"-Verfahren der General Aniline Works zu beruhen, bei dem es sich vermutlich um ein Diäthoxy-divinylsulfon handelt. Hierher gehört auch das Di-Na-[tris (β-sulfato-äthyl)-sulfonium]-betain (*Tootal-Sulfix A*, Fixapret S)

$$NaO_3SOCH_2CH_2{-}\overset{\oplus}{S}\begin{cases} CH_2CH_2OSO_3Na \\ CH_2CH_2OSO_3^{\ominus} \end{cases}$$

Eine im Rahmen der Knitter- und Quellfest-Ausrüstung (S. 129) viel angewandte Reaktion ist die Alkylierung mit *bifunktionellen Methylolen:*

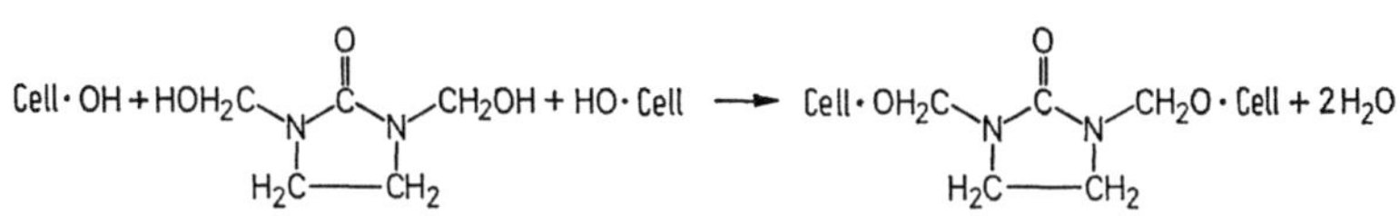

Dimethyloläthylenharnstoff
1,3-Dimethylol-imidazolidon-(2)
1,3-Bis(hydroxymethyl)-imidazolidon-(2)

Wahrscheinlich ist die Alkylierung nicht die einzige Reaktionsmöglichkeit. Vermutlich tritt zusätzlich eine Bindung über Protonbrücken ein. Auch eine Polykondensation zu linearen Polykondensaten gemäß

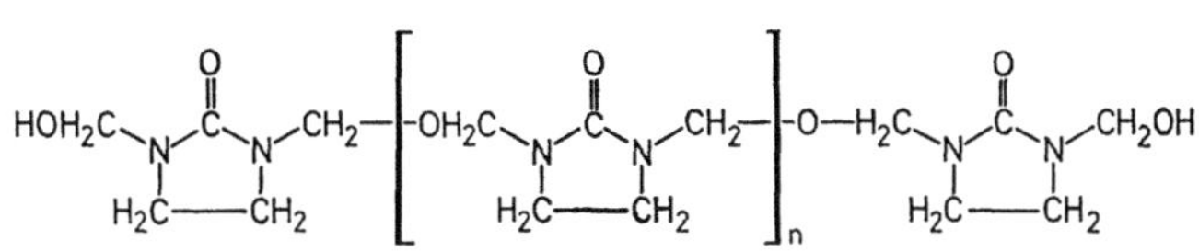

die ihrerseits bifunktionell an die Cellulose gebunden werden, ist anzunehmen. Infrarotspektroskopisch konnte – allerdings nur bedingt – eine kovalente Bindung nachgewiesen werden (*W. Bandel, R. T. O'Connor, E. F. Du Pré* sowie *E. E. Lineken* und *E. R. McCall*). Auch Reaktionen des bei der Kondensation sich teilweise abspaltenden Formaldehyds müssen in Betracht gezogen werden (*S. Stapf* sowie *P. C. Mehta* und *J. R. Mody*).

Neben dem Dimethylol des Äthylenharnstoffs sind auch die Dimethylole des Propylenharnstoffs und seiner Derivate von Bedeutung, desgleichen Dimethylolderivate von Triazinonen u. a.:

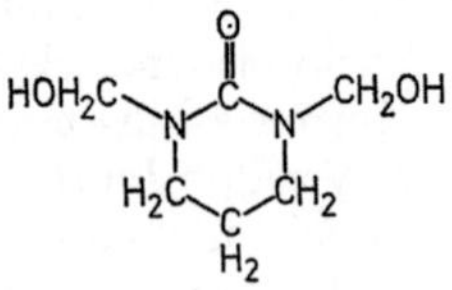

N,N'-Dimethylolpropylenharnstoff

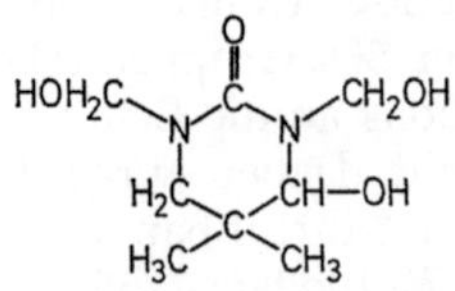

4-Hydroxy-5,5'-dimethyl-N,N'-dimethylolpropylenharnstoff

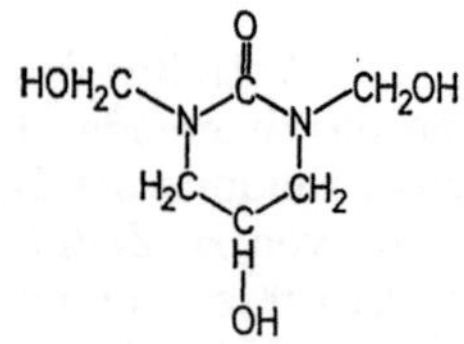

5-Hydroxy-N,N'-dimethylolpropylenharnstoff

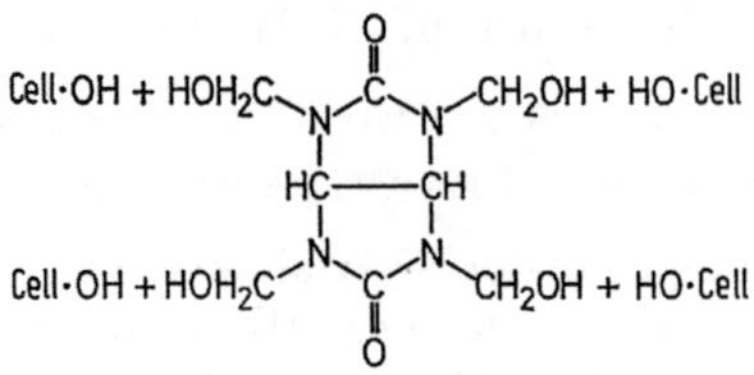

Tetramethylol-glykol-uril
Tetramethylol-acetylen-diharnstoff

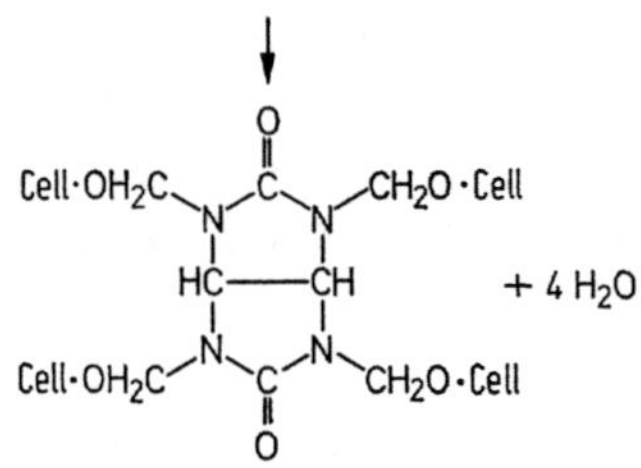

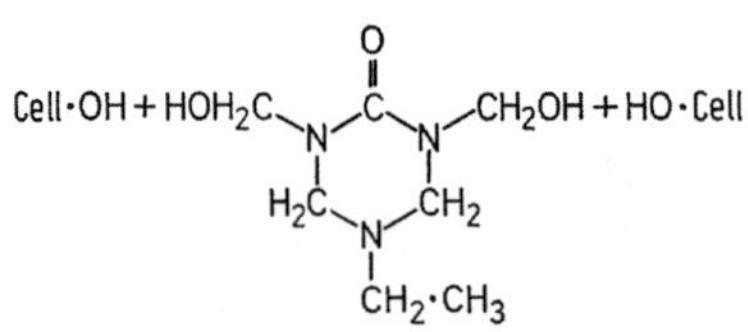

Dimethylloläthyl-triazinon

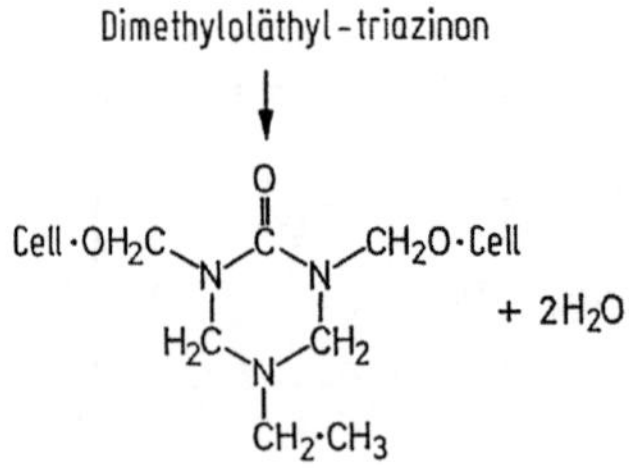

Auch *Tetramethylol-aceton* sowie *Dimethylol-adipinsäurediamid*

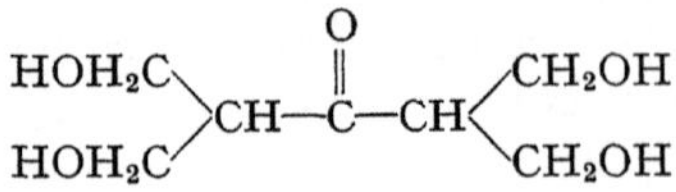

$HOH_2CNHCO(CH_2)_4CONHCH_2OH$

wurden für die Vernetzung der Cellulose vorgeschlagen, des weiteren Bis-(N-methylol-carbamate), wie z. B.

$$HOCH_2-NH-COO-CH_2-CH_2-OOC-NH-CH_2OH$$

Äthylen-bis-(N-methylol-carbamat)

An *Carbamaten* (Urethanen) kommen weiterhin die folgenden in Betracht:

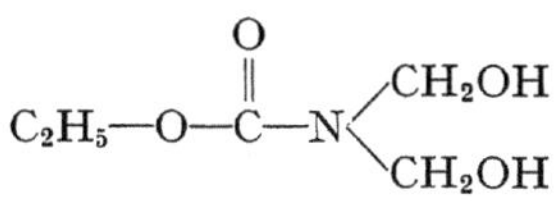
N,N-Dimethyloläthylcarbamat

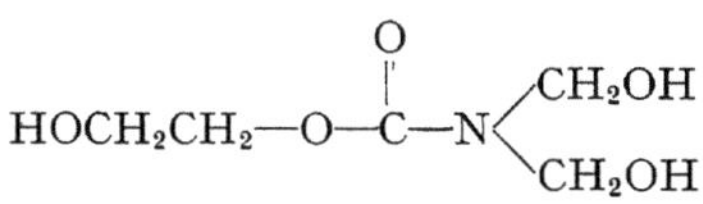
N,N-Dimethylol-2-hydroxyäthylcarbamat

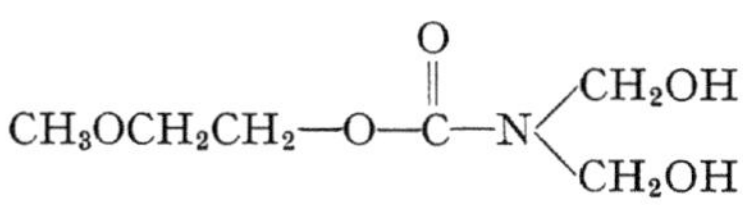
N,N-Dimethylol-2-methoxyäthylcarbamat

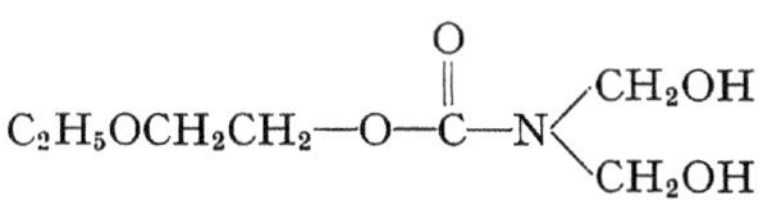
N,N-Dimethylol-2-äthoxyäthylcarbamat

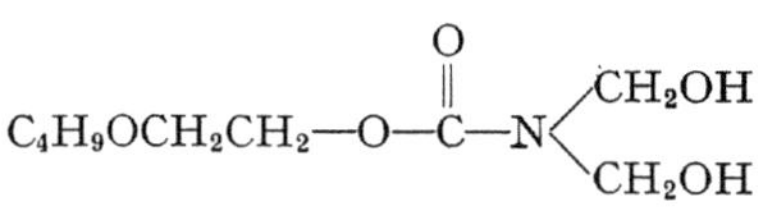
N,N-Dimethylol-2-butoxyäthylcarbamat

U. Möck und *W. Möck* schlagen als Vernetzungsmittel aktivierte *Säureamid-methylole* vor, z. B. das Dimethylol des β-Chlorpropionsäure-diamids:

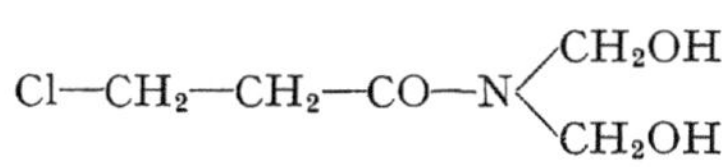

Von *W. Möck* und *D. Müller* werden Methylole des *Hydrazodicarbonamids* genannt:

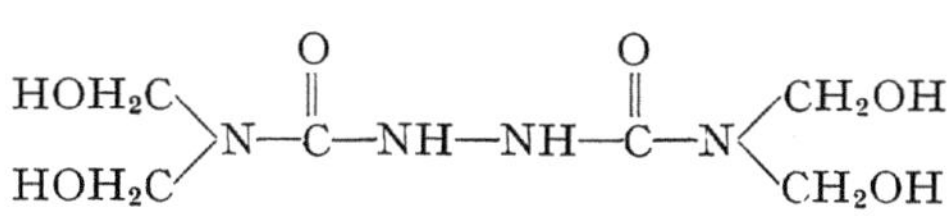

U. Möck, W. Möck und *I. Schilling* vernetzten Cellulose mit aliphatischen und aromatischen *Sulfonamiden in Kombination mit Formaldehyd:*

$$H-(CH_2)_n-SO_2NH_2$$

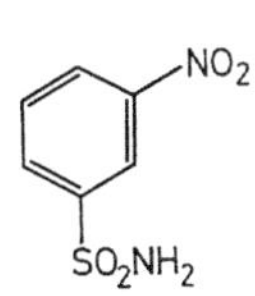

Für die knitterfeste Ausrüstung der Cellulosefasern werden auch bi- und trifunktionelle *Äthyleniminderivate*, die (neben der Bildung von Polyadditionsprodukten) ebenfalls zu einer Alkylierung führen, empfohlen:

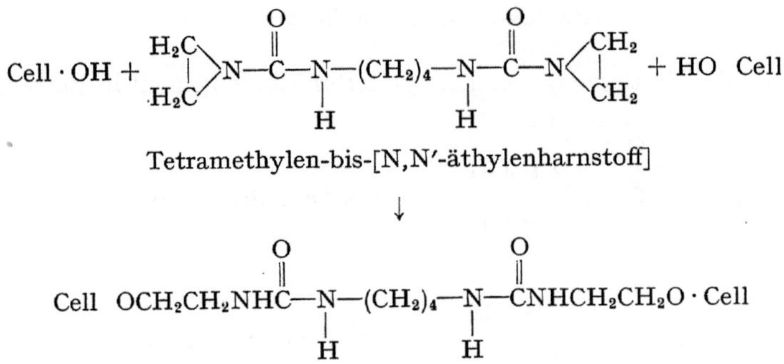

Tetramethylen-bis-[N,N'-äthylenharnstoff]

Bei der Öffnung des gespannten 3-Ring-Systems bildet sich ein aktives Carbenium-C-Atom, welches das Cellulose-Anion in einer nucleophilen Additionsreaktion addiert. An den negativen Stickstoff lagert sich das Proton an:

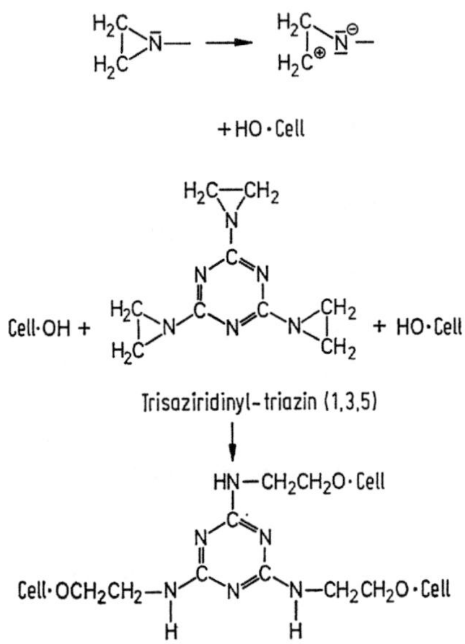

Trisaziridinyl-triazin (1,3,5)

Das *Trisaziridinyl-phosphin-oxid*

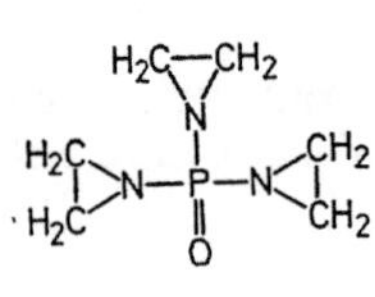

macht gleichzeitig quell(knitter)- und flammfest.

Umsetzungen mit *Epoxyverbindungen* (Katalysator: Zinkfluoborat $Zn(BF_4)_2$) führen ebenfalls unter Alkylierung zu quellbeständigen Produkten, wobei aber auch hierbei gleichzeitig Polyadditionsprodukte entstehen:

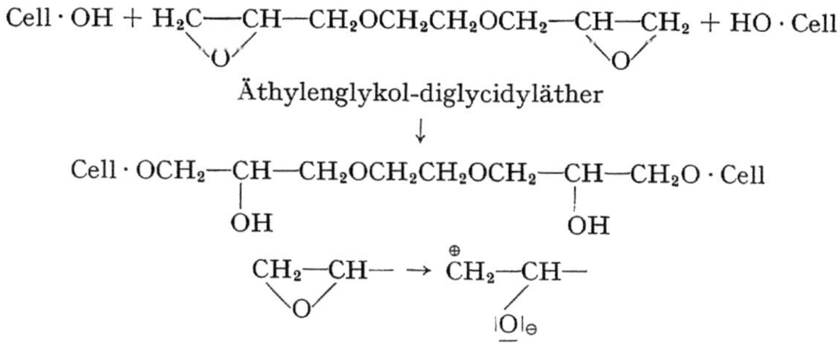

3. Die chemische Modifizierung durch Acetalisierung

Mit *Formaldehyd:*

$$\text{Cell} \cdot OH + HCHO + HO \cdot \text{Cell} \rightarrow \text{Cell} \cdot OCH_2O \cdot \text{Cell} + H_2O$$

Sicher bilden sich hierbei auch polymere Einlagerungen (Polyoxymethylene) sowie polymere kovalente Bindungen:

$$\text{Cell} \cdot OCH_2\text{—}(OCH_2)_n\text{—}O \cdot \text{Cell};$$

doch konnte die vorzugsweise Bildung von monomeren Methylenätherbrücken bei der Säurekatalyse durch *R. Steele* infrarot-spektroskopisch nachgewiesen werden.

Formalisierungen werden heute bevorzugt mit polymerem Formaldehyd (Polyoxymethylen) vorgenommen.

Um die Konstitution formalisierter Cellulose aufzuklären, wurde die mit Formaldehyd umgesetzte Cellulose mit Dimethylsulfat permethyliert, dann hydrolytisch abgebaut und die Hydrolyseprodukte nach weiterer Modifizierung gaschromatographisch getrennt. Es zeigte sich, daß die primären OH-Gruppen etwa dreimal reaktiver sind als die sekundären (*H. Zollinger*).

Bei einer Behandlung der Cellulose mit Formaldehyd in der Gasphase bei Abwesenheit eines Katalysotors wurde eine homogene Verteilung der Querbindungen erzielt (*G. K. Joarder, A. F. Brannan, S. P. Rowland* und *J. D. Guthrie*).

Setzt man Cellulose mit Formaldehyd, der das Sauerstoffisomere O^{18} enthält, in Gegenwart von H_2O^{18} um, dann kann die Länge der eingeführten Oxymethylenbrücken bestimmt werden (*J. D. Guthrie*).

Mit *Glyoxal* (*Sanforset-Verfahren*):

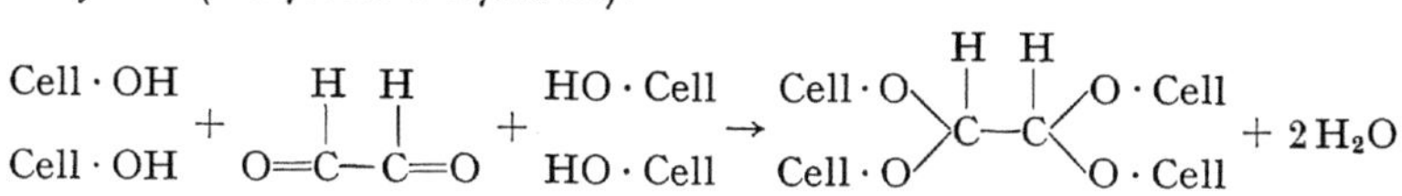

(Nachgewiesen durch *F. S. H. Head.*)

Mit *α-Hydroxy-adipinaldehyd:*

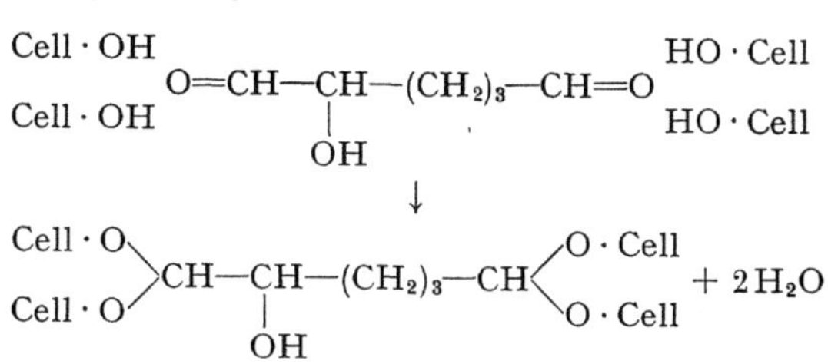

Mit *Acetalen,* wobei eine Umacetalisierung stattfindet. Die betreffenden Acetale fungieren daher als Formaldehydspender:

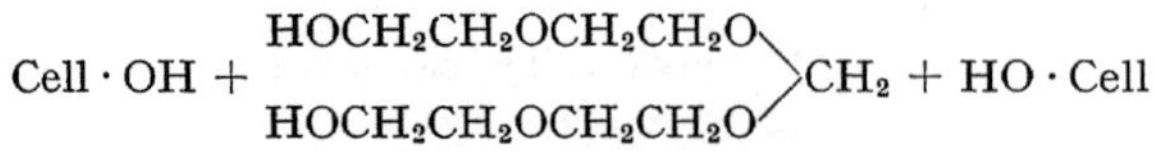

Diäthylen-glykol-acetal

$$\rightarrow \text{Cell}\cdot OCH_2O\cdot\text{Cell} + 2\,HOCH_2CH_2OCH_2CH_2OH$$

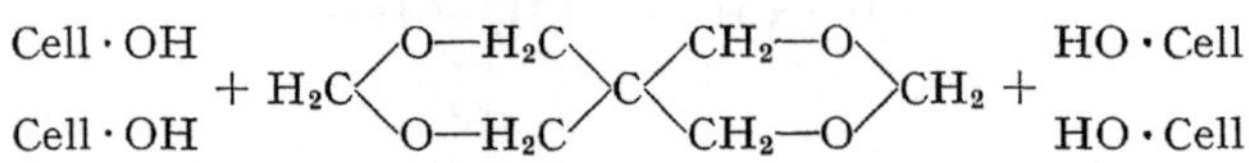

Pentaerythrit-bis-acetal

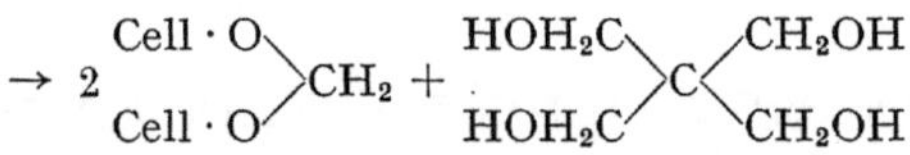

4. Reversible Querbindungen

Vernetzt man Cellulose z.B. mit disulfidhaltigen Querbindungen, dann läßt sich die Bindung durch Reduktion öffnen und durch Oxydation wieder schließen. Für diesen Zweck eignen sich u.a. disulfidhaltige Methylole von folgender Form (*K. Bredereck, M. Diamantoglou, W. Möck*):

$$HO—CH_2—NH—CO—CH_2—S—S—CH_2—CO—NH—CH_2—OH$$

N,N′-Dihydroxymethyl-dithio-diacetamid

$$HO—CH_2—NH—CO—CH_2—CH_2—S—S—CH_2—CH_2—CO—NH—CH_2—OH$$

N,N′-Dihydroxymethyl-dithio-dipropionamid

$$\text{Cell}—O—CH_2—NH—CO—CH_2—S—S—CH_2—CO—NH—CH_2—O—\text{Cell}$$

$$\text{red.}\ \downarrow\uparrow\ \text{oxyd.}$$

$$\text{Cell}—O—CH_2—NH—CO—CH_2—\underset{|}{\underset{H}{S}}\quad \underset{|}{\underset{H}{S}}—CH_2—CO—NH—CH_2—O—\text{Cell}$$

Bei der Reduktion geht die Knitterfestigkeit verloren, um bei Reoxydation wieder zurückzukehren.

Nachweis der Lokalisierung der Querbindungen. Reduziert man die disulfidgruppenhaltigen Querbindungen, dann erhält man bei Behandlung z.B. mit Bleiacetat eine Wiederverknüpfung über eine Mercaptidbindung:

$$\text{Cell}—O—CH_2—NH—CO—CH_2—S—Pb—S—CH_2—CO—NH—CH_2—O—\text{Cell}$$

Da die Bleimercaptidbindung im Elektronenmikroskop stark kontrastiert, lassen sich die vernetzten Stellen sichtbar machen.

W. Saur, O. A. Stamm und *H. Zollinger* haben als Vernetzungsmittel 4,4′-Bis(β-Sulfatoaethylsulfonyl)-diphenyldisulfid gewählt. Dabei zeigte sich, daß die Umsetzung im intermikrofibrillären Kapillarsystem erfolgt war.

K. Bredereck und *H. Dolmetsch* wählten für die Umsetzung der Cellulose das N,N'-Dihydroxymethyl-3,3'-dithiodipropionamid. Das Reduktionsprodukt ließ sich reduktiv spalten, wonach die Thiole mit Bleiacetat wieder vernetzt werden konnten.

5. Pfropfpolymerisate der Cellulose

Durch Bestrahlung von Cellulose mit energiereicher Strahlung oder durch Behandlung mit Cer'-Verbindungen entstehen an den Cellulosemolekülen aktive Zentren mit Radikaleigenschaften; an diesen ist eine Anlagerung und Weiterpolymerisierung von monomeren Verbindungen (wie Acrylnitril oder Styrol) möglich (*Heberlein*-Verfahren). Vgl. auch S. 219.

Es ist eine große Anzahl von Pfropfpolymerisaten der Cellulose bekannt. Je nach dem aufgepfropften Monomeren können der Cellulosefaser unterschiedliche Eigenschaften verliehen werden. Durch Aufpfropfen von Acrylnitril (*Mtilon-Faser*) wird die Cellulosefaser licht- und bakterienbeständiger und erhält wollähnlichen Charakter. Ein wasserabweisender Effekt läßt sich durch Aufpfropfen von Isopren oder fluorhaltigen Verbindungen erzielen (*S. A. Rogovin*).

Modifizierte Baumwolle als Grundgewebe für Ätzspitzen. Die Ätzspitzentechnik basiert darauf, daß auf ein lose eingestelltes Grund- bzw. Stützgewebe Spitzen aufgestickt werden und daß anschließend das Stützgewebe durch irgendeine Behandlung (Lösen) entfernt wird.

Für diesen Zweck kann u.a. eine alkalilösliche Baumwolle Verwendung finden. Man erhält eine solche z.B. durch *Nitrierung* mit einem Stickstoffgehalt von ca. 8% oder durch Umsetzung einer in Natronlauge gequollenen Baumwolle mit *Acrylnitril* in Tetrahydrofuranlösung und anschließende Verseifung der eingeführten Nitrilgruppen zu Carboxylgruppen mittels Chromsäure (Solvotex).

Ein anderer Weg ist der, daß man das Baumwoll-Stützgewebe mit *Aluminiumchloridlösung* tränkt, trocknet und nach dem Besticken einer Hitzebehandlung unterzieht, bei der das Baumwollgewebe völlig zerfällt.

Diese Technik kann natürlich auch mit Stützgeweben aus anderen Fasern bei entsprechender Arbeitsweise angewandt werden (vgl. S. 241).

2. Die Begleitstoffe der Cellulose

Die nativen Cellulosefasern wie Baumwolle, Flachs, Hanf usw. enthalten neben dem Hauptbestandteil Cellulose in wechselnden Mengen noch gewisse Begleitstoffe wie Hemicellulosen, Pektin und Lignin.

a) Hemicellulosen

Bei den Hemicellulosen handelt es sich ebenfalls um Polysaccharide, in denen die Bausteine glycosidisch miteinander verknüpft sind. In Betracht kommen Mannan, Galaktan, Araban und Xylan, die bei der Hydrolyse Mannose, Galaktose, Arabinose und Xylose liefern. Bei den erstgenannten Zuckern handelt es sich also um Hexosen, bei den beiden letztgenannten um Pentosen. Die Hemicellulosen sind im allgemeinen durch Säure leichter spaltbar und in Alkali leichter löslich als die Cellulose selbst. Teilweise sind die Hemicellulosen vermutlich mit der Cellulose irgendwie gekuppelt, z.B. im Holz, so daß sie sich sehr schwer vom Zellstoff abtrennen lassen. Rohholzzellstoff enthält daher gewisse Mengen an Hemicellulosen (Xylan, Mannan), vgl. S. 197.

b) Pektin

Pektin ist ebenfalls eine hochmolekulare Verbindung, und zwar sind hierbei *Galakturonsäurebausteine* in 1,4-glucosidischer Bindung zu einem großen Molekül verkettet (*Meyer* und *Mark*, *Henglein* und *Schneider*):

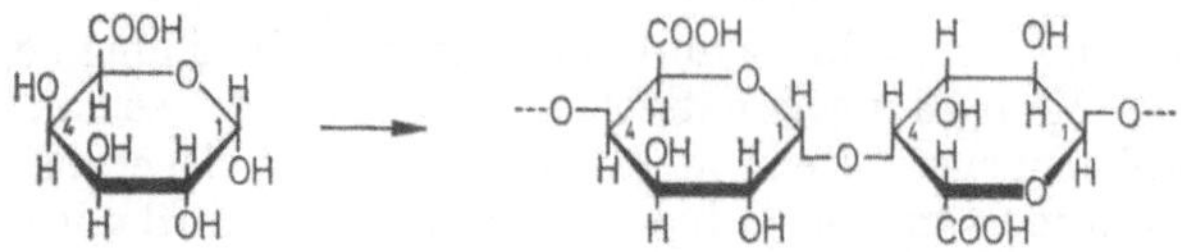

Galakturonsäure Pektin

Bei der Totalhydrolyse des Pektins entsteht die Galakturonsäure. Das Hydrolysat enthält gleichzeitig noch etwas Methylalkohol, da die Carboxylgruppen der Galakturonsäure teilweise mit Methylalkohol verestert sind. Vereinzelt sind die Wasserstoffatome der Carboxylgruppen im nativen Pektin durch Ca bzw. durch Mg ersetzt. Als weitere Hydrolysenprodukte der technischen Pektinstoffe fallen Arabinose und Galaktose an, die vermutlich als Begleitstoffe in Form des Arabans und Galaktans in den Pektinen vorliegen (*Schneider* und *Bock*).

Aus den Preßrückständen der Apfelmostbereitung gewonnenes Pektin findet unter anderem Verwendung als Schlichtemittel (Dormaschlichte). Bei der Flachsröste kommt dem enzymatischen bzw. hydrolytischen Abbau des Pektins eine wichtige Bedeutung zu. Auch beim Aufschluß von Flachs und Hanf zu Flockenbast (*Cottonisieren*) spielt das Pektin eine wesentliche Rolle.

(1)

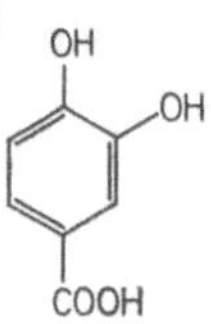

(2)

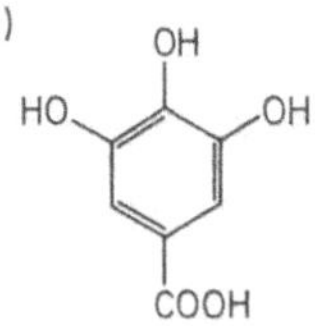

(6)

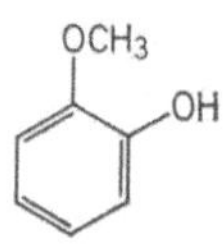

(3)

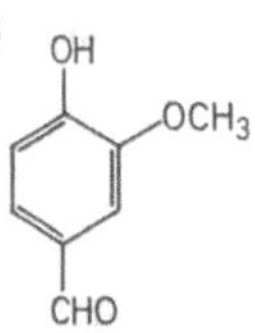

(4)

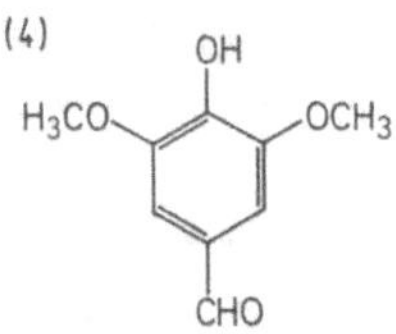

(5)

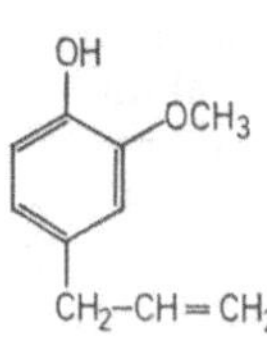

(7)

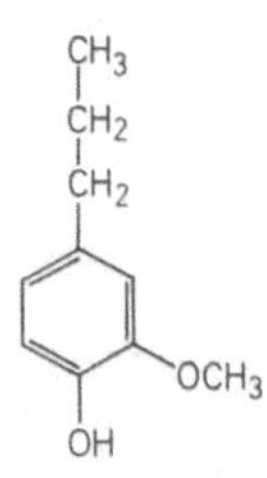

(8)

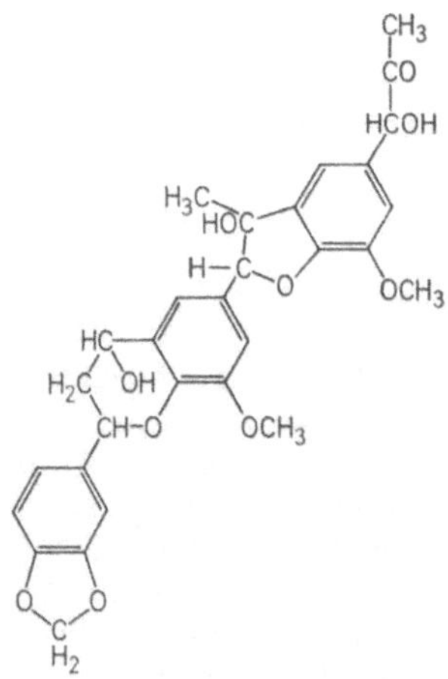

kombiniertes Benzofuran- und Benzopyransystem

c) Lignin

Die Konstitution des Lignins ist noch nicht restlos aufgeklärt. Beim Abbau des Lignins entstehen verschiedene aromatische Substanzen mit Phenolcharakter. Aus der Kalischmelze von Buchenholzlignin hat man neben Protokatechusäure (1), Gallussäure (2) isoliert sowie Vanilin (3) und Syringaaldehyd (4). Bei der Destillation von Lignin entstehen Eugenol (5) und Guajakol (6), bei der Zinkstaubdestillation n-Propyl-guajakol (7).

Auf Grund dieser Befunde hat *Freudenberg* ein Modell für einen Ligningrundkörper aus n-Propanderivaten entwickelt. Danach kondensieren sich mehrere Phenylpropanderivate unter Ätherbildung zu der unter (8) formulierten Kombination eines *Benzofuran-* und *Benzopyransystems.*

Neben der Annahme, daß das Lignin als Cellulosebegleiter im Holz und in den nativen Cellulosefasern vorgebildet ist, wird auch die These diskutiert, daß Holz eine einheitliche Substanz ist, und daß seine Komponenten, nämlich Cellulose, Lignin und Hemicellulosen, erst beim Aufschluß entstehen. Bei Fichtenholz soll Lignin schon weitgehend vorgebildet sein, während seine Bildung bei Buchenholz und vor allem bei Stroh erst beim Aufschluß vor sich gehen soll.

B. Die natürlichen Cellulosefasern

Die natürlichen Cellulosefasern teilt man üblicherweise ein in *Samenfasern* und *Bastfasern.* Bei den ersteren befinden sich die Fasern am Samen der Pflanze, bei den letzteren sind die Fasern in die Bastschicht des Stengels (Stengelbastfasern) oder des Blattes (Blattfasern) eingebettet.

Die Samenfasern. Zu den Samenfasern gehören Baumwolle und Kapok, von denen die wichtigste die Baumwolle ist.

1. Die Baumwolle

a) Allgemeines (Vorkommen, Gewinnung usw.)

Vorkommen. Die Baumwolle gedeiht in Ländern mit einer mittleren Jahrestemperatur von 20–30 °C. Die Baumwollproduktion der Saison 1967/68 verteilte sich auf die wichtigsten Produktionsländer etwa wie folgt:

	Mio Ballen		Mio Ballen
UdSSR	9,3	Brasilien	2,5
USA	7,4	Pakistan	2,3
VR China	6,5	Ägypten	2,0
Indien	5,2	Mexiko	2,0

Weitere nennenswerte Anbaugebiete kleineren Umfangs sind die Türkei, Nicaragua, Peru, Syrien und der Sudan.

Die Baumwollpflanze gehört zur Familie der *Malven* und kommt je nach Sorte als kraut- bzw. strauchartiges Gewächs von 1–2,5 m Höhe, seltener baumartig von 3–6 m Höhe vor. Die Ernte der Baumwolle beginnt im August und dauert bis Mitte Januar, da die Kapseln ungleich schnell reifen, ein einheitlicher Reifegrad aber für eine einwandfreie Verarbeitung Voraussetzung ist. Wenn die Baumwolle ihre Reife erlangt hat, dann springt die Fruchtkapsel auf, und die an den Samenkörnern haftenden Fasern quellen infolge ihrer natürlichen Elastizität heraus. Die Baumwollkapseln (Abb. 12) sind 3–5fächerig und enthalten pro Fach 3–5 Samenkörner.

Abb. 12. Baumwollkapseln, Maßstab 1:2,25 (Photo *Klenk*).

Gewinnung der Baumwolle. Während früher ausschließlich von Hand gepflückt wurde, kommen nunmehr auch produktivere Verfahren mechanischer Art zur Anwendung. Das Pflücken von Hand hat den Vorteil, daß eine sorgfältige Auslese hinsichtlich des Reifegrades erfolgen kann, und daß weiterhin eine reinere Baumwolle, die weniger Fruchtkapsel- und Blattreste enthält, gewonnen wird. Bei dem sogenannten *Sled-Verfahren* werden die Kapseln mit rechenartigen Schlitten abgestreift, so daß einmal eine Auslese der völlig ausgereiften Kapseln nicht möglich ist und zum andern große Mengen von Verunreinigungen in die Rohbaumwolle hineinkommen, die später besonders entfernt werden müssen. Die Ernte kann beim Sled-Verfahren erst verhältnismäßig spät erfolgen, damit bei allen Kapseln ein möglichst vollkommener Reifegrad erreicht ist. Auf Grund der größeren Produktion ist das Sled-Verfahren wirtschaftlicher als das Pflücken von Hand.

Das Sled-Verfahren ist inzwischen durch den *Stripper* abgelöst worden. Diese Maschine reißt bei einmaligem Durchgang durch das Feld die Kapseln ab.

Der *Picker* erntet nur die aus den aufgesprungenen Kapseln herausgequollenen Fasern und befährt daher üblicherweise mehrmals das Feld. Die Fasern werden dabei von kleinen rotierenden Spindeln erfaßt und mittels Ventilator in einen Vorratsbehälter geblasen.

Der *Vakuumpflücker von Thurmann* ist ein Traktor mit Vakuumpumpe und Vakuumtank, in welche die Baumwolle mit Hilfe von geeigneten Schläuchen, deren Mundstücke an die Kapsel geführt werden, angesaugt wird. Das Verfahren ergibt eine reinere Baumwolle als das Sled-Verfahren. Auch dieses Verfahren ist in den letzten Jahren zugunsten des Strippers bzw. Pickers aufgegeben worden.

Künstliche Entlaubung, welche durch Besprühen der Baumwollfelder mit Cyanamidlösungen vorgenommen werden kann, bewirkt eine weitgehend gleichmäßige Reife, so daß maschinelle Verfahren vorteilhafter anwendbar sind. Als Entblätterungsmittel können auch quartäre Ammoniumjodide wie z.B. $[(C_4H_9)_4N^{\oplus}]^+J^-$ Verwendung finden.

Die Fasern, die büschelartig an den Samenkörnern hängen, müssen auf besonderen Entkörnungsmaschinen (Egreniermaschinen) von den Samen abgetrennt werden (*Egrenieren*). Da die Samenkörner $^2/_3$ des Gewichts ausmachen, wird das Egrenieren an Ort und Stelle vorgenommen. Die Körner selbst werden auf Baumwollsaatöl (Cottonöl) verarbeitet. Letzteres kann z. B. für die Margarinefabrikation Verwendung finden. Mit der Entkörnungsmaschine sind noch verschiedene Reinigungsmaschinen gekoppelt, um die – namentlich beim Stripper-Verfahren – vorhandenen Verunreinigungen auszuscheiden.

Bei manchen Baumwolltypen bleiben nach dem Egrenieren kurze Fäserchen an den Samen hängen, welche durch Egrenieren auf enger gestellten Maschinen abgetrennt werden und unter der Bezeichnung *Linters* in den Handel kommen. Sie sind ein begehrtes Ausgangsmaterial für die Herstellung der künstlichen Cellulosefasern (S. 193).

Baumwollsorten. Die Qualität der Baumwolle wird nach verschiedenen Gütemerkmalen beurteilt. Hierzu gehören die Faserlänge (Stapellänge), der Glanz, die Weichheit, die Farbe und der Reinheitsgrad. Begehrt sind hohe Faserlänge, Glanz, Geschmeidigkeit und hoher Reinheitsgrad.

Unter den nordamerikanischen Baumwollsorten ist die begehrteste die *Sea Island-Baumwolle*, die eine Faserlänge bis zu 50 mm erreicht, fast weiß, glänzend und sehr geschmeidig ist. Sorten mit geringerer Stapellänge sind die *Lousiana-* und *Texas-*Baumwollen.

Unter den ägyptischen Sorten ist die *Sakellaridis* besonders gesucht, da sie ebenfalls langfaserig ist und einen seidenartigen Glanz und Griff besitzt. Sie kann daher zu hochwertigen Garnen verarbeitet werden. Eine Sakellaridis-Sorte ist die *Mako*-Baumwolle, die von bräunlicher Farbe ist und vielfach ungebleicht zu Trikotagen (Leibwäsche) verarbeitet wird. Die bräunliche Farbe ist ein Erkennungszeichen für die Makoqualität und damit eine Gütemerkmal, vorausgesetzt, daß es sich nicht um „Makoimitat" handelt, das aus hellfarbigen Baumwollen durch entsprechendes Färben erzeugt werden kann. Letzteres muß aber als „Makoimitat" deklariert werden. Weiterentwicklungen der Sakellaridissorten sind *Karnak* und *Giza*.

Die ostindische Baumwolle besitzt eine Faserlänge von 10–20 mm, ist glanzlos, rauh und spröde, so daß sie nur zur Herstellung gröberer Garne Verwendung findet. Eine kurzfaserige Baumwolle mit 15–18 mm Faserlänge ist auch die chinesische Baumwolle.

Tote und unreife Baumwolle. Gelegentlich finden sich in normaler Baumwolle *tote* Fasern, die vor der Reife abgestorben sind, sowie *unreife* Fasern, die vor Erreichung des Reifezustandes gepflückt wurden. Sie haben die Eigenschaft, sich zu Nestern, sogenannten Nissen, zusammenzuballen, so daß sie in Form von Knötchen in den Gespinsten vorhanden sind. Ihre Gegenwart macht sich beim Färben sehr nachteilig dadurch bemerkbar, daß sie sich mit einer ganzen Reihe von Farbstoffen, z. B. Indigo und Indanthrenrotviolett RRK, nicht anfärben, von anderen stärker oder schwächer angefärbt werden als normale Baumwolle. Die färberischen Unterschiede dieser Fasern gegenüber der normalen Baumwolle lassen sich durch eine vorhergehende Mercerisation weitgehend verwischen.

Mikroskopisch geben sich tote und unreife Baumwolle dadurch zu erkennen, daß sie sehr dünnwandig sind und daher unter dem Mikroskop transparent erscheinen. Die Unterscheidung toter und unreifer Baumwolle läßt sich nur polarisations-mikroskopisch durchführen.

Naturbunte Baumwolle. Züchtungsmäßig besteht eine hinsichtlich der Nuancenzahl allerdings sehr beschränkte Möglichkeit, die Baumwolle als farbige Faser wachsen zu lassen. Dies bedeutet insofern einen außerordentlichen Vorteil, als damit das für die Faserverarbeitung und den Gebrauch so wertvolle Baumwollwachs auf der Faser belassen werden kann, während dieses vor dem Färben der gewöhnlichen Baumwolle mehr oder weniger weitgehend entfernt werden muß, da es den Netzvorgang und damit den normalen Färbeprozeß stört. Vorläufig befindet sich diese Möglichkeit allerdings noch in einem kostspieligen Versuchsstadium.

Der histologische Bau der Baumwollfaser. Die Baumwolle ist eine einzellige Faser, deren Zellkanal (*Lumen*) in frischem Zustand mit Protoplasmaflüssigkeit ausgefüllt ist. In lebendem Zustand besitzt daher die Faser einen rundlichen Querschnitt. Nach dem Absterben, also nach dem Eintrocknen der Protoplasmaflüssigkeit, klappt der Schlauch zusammen, wobei gewisse Spannungszustände zu korkzieherartigen Verdrehungen der Faser führen und der Querschnitt eine etwa nierenförmige Form annimmt (Abb. 13, 14).

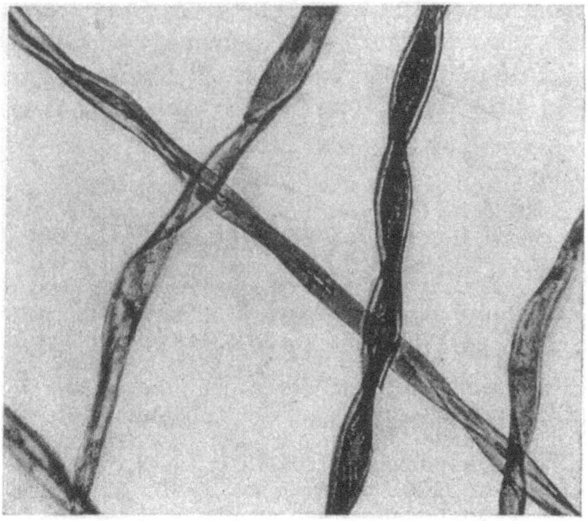

Abb. 13. Baumwollfaser, Vergrößerung 200:1.

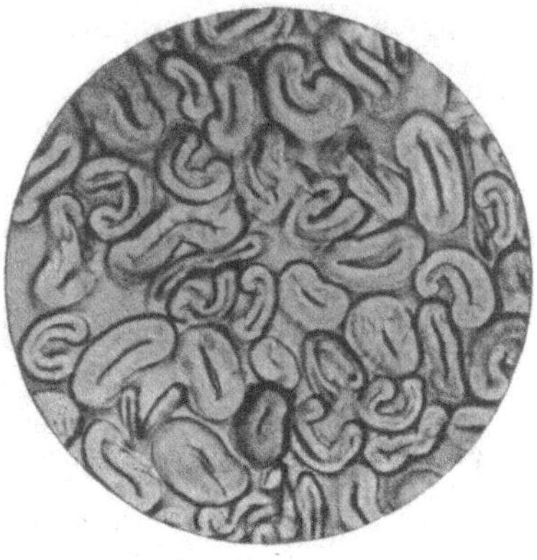

Abb. 14. Baumwollfaser im Querschnitt, Vergrößerung 500:1 (Photo *Klenk*).

Der Querschnitt der Baumwolle wird wie bei allen Pflanzenfaserzellen durch mehrere konzentrische Schichten gebildet. Die einzelnen Schichten (Primär-, Sekundär-, Tertiärwand), die sowohl chemisch als auch in ihrem Bauprinzip nicht völlig identisch sind, zeigen eine weitere Unterteilung in *Lamellen*, die ihrerseits in längliche *Fibrillen* aufteilbar sind. Eine weitere Unterteilung führt schließlich über die Kristallite und Cellulose-Hauptvalenzketten zu den Cellobiose- und Glucoseresten (S. 14).

Die äußere Schicht der Faser zeigt einen von den inneren Schichten abweichenden Polymerisationsgrad. Auch zwischen den verschiedenen Fasern einer Kapsel und eines Samens lassen sich gewisse Unterschiede im Polymerisationsgrad feststellen.

Die Zellwand der Baumwolle ist durch eine nicht aus Cellulose bestehende dünne Haut, die *Cuticula*, nach außen geschützt. Es scheint sich dabei um eine lipoide Absonderung der Primärwand zu handeln (*K. Hess*).

Bezüglich der stofflichen Zusammensetzung der *Primärwand* liegen keine einheitlichen Ergebnisse vor. Nach *W. Kling* und *H. Mahl* besteht die Primärwand aus einer etwa 10% Cellulose enthaltenden Pektin/Wachs-Schicht und die Sekundärwand zu 95% aus Cellulose. Andere Autoren (*Eripp*, *Moore* und *Rollins*) nennen für die Primärwand einen wesentlich höheren Cellulosewert. Nach Ablösen der Pektin/Wachs-Schicht (Cuticula) läßt sich in der elektronenmikroskopischen Aufnahme das Netzwerk der Cellulosefibrillen der Primärwand erkennen (Abb. 15). Auf Grund der Untersuchungen von *Kling* und *Mahl* ist die Cuticula nicht als eine getrennte Haut aufzufassen, sondern die Cellulosefibrillen der Primärwand sind in die Pektin/Wachs-Schicht eingebettet.

Die Abb. 16 zeigt elektronenmikroskopisch das Gefüge der Fibrillenbündel der *Sekundärwand*, wie es nach einem bakteriellen Faserabbau in Erscheinung tritt. *Kling* und *Mahl* bemessen die Dicke der Cellulosefibrillen der Primär- und Sekundärwand auf 100–200 Å, rund 1000 Cellulosemolekülen entsprechend.

Abb. 15. Cellulosefibrillen der Primärwand (nach *W. Kling* und *H. Mahl*).

Abb. 16. Cellulosefibrillen der Sekundärwand (nach *W. Kling* und *H. Mahl*).

Nachstehend folgt eine Zusammenstellung der Dicke der Bauelemente der Sekundärwand nach *Kling* und *Mahl*:

	Dicke etwa
Cellulosemoleküle	5 Å
Cellulosekristallite	100–150 Å
möglicherweise identisch mit:	
Cellulosefibrillen	100–200 Å
Fibrillenbündel	0,1–0,2 μm
Stränge oder Bänder der Fibrillenbündel	0,2–0,5 μm

Das gesamte chemische und physikalische Verhalten wird durch dieses spezifische Bauprinzip ausschlaggebend beeinflußt.

Chemische Zusammensetzung. Je nach Baumwollsorte und Wachstumsbedingungen zeigt die Zusammensetzung verschiedener Baumwollen gewisse Unterschiede, die nach Untersuchungen von *G. v. Hornuff* auf *unterschiedliche Reifegrade* zurückzuführen sind. Verschiedene Baumwollen gleicher Reife zeigen keine wesentlichen Unterschiede in ihrer Zusammensetzung. Die Untersuchung einer *Tennessee*-Baumwolle ergab folgende Werte:

Cellulose	83,71%	Fett- und Wachsstoffe	0,61%
Hemicellulosen und Pektine	5,79%	Asche	1,65%
Proteine	1,50%	Wasser	6,74%

Außerdem sind nach *G. v. Hornuff* und *H. Richter* *wasserlösliche Phosphate* in der Baumwolle anwesend. Daher ist bei der Veredlung die Verwendung von hartem

Wasser nicht ratsam, da durch die Bildung von wasserunlöslichen Erdalkaliphosphaten eine Erhöhung des Aschegehalts eintritt.

Der Wassergehalt ist abhängig von dem Feuchtigkeitsgehalt der umgebenden Luft und beträgt im Mittel 6–8%. Beim Baumwollhandel wird das Handelsgewicht errechnet durch Zuschlag von 8,5% auf das absolute Trockengewicht (S. 22).

Das spezifische Gewicht der Baumwolle beträgt 1,5 (vgl. S. 362).

b) Die Veredlung der Baumwolle

Unter der Bezeichnung *Veredlung* werden alle diejenigen Arbeitsverfahren zusammengefaßt, die die Textilwaren „veredeln", die also geeignet sind, das Textilgut entweder hinsichtlich seiner äußeren Eigenschaften oder in Beziehung auf seinen Gebrauchswert oder nach beiden Richtungen hin vorteilhafter zu gestalten. Veredlungsverfahren sind also das Bleichen, Färben, Bedrucken, Mercerisieren, wasserabweisend Imprägnieren, Krumpffreimachen, Knitterfestausrüsten usw.

Die einzelnen Veredlungsarbeiten können in den verschiedenen *Verarbeitungsstadien* der Textilien vorgenommen werden. Je nach Notwendigkeit bzw. Zweckmäßigkeit erfolgt die Veredlung in der Flocke, d.h. in unversponnenem Zustand, im Kardenband (Vorgespinst), im Garn, an Web-, Strick- und Wirkware. Die Veredlung der Flocke ist z.B. erforderlich bei der Erzeugung von Verbandwatte sowie bei der Herstellung von melangierten Garnen. In letzterem Fall kann auch das Kardenband veredelt und zur Melange dubliert und verstreckt werden. In der Spinnerei werden vorzugsweise rohweiße Fasern verarbeitet, da diese auf den Spinnmaschinen besser laufen als die veredelten Fasern, denen durch die Veredlung das Baumwollwachs entzogen wurde. Die Veredlung in der Flocke bzw. im Kardenband bietet aber die Möglichkeit, große Partien von einheitlichem Bleich- und Farbausfall herzustellen (S. 641).

Die Garnveredlung ist erforderlich für die Zwecke der Buntweberei; sie wird aber auch durchgeführt für die Herstellung von Uniware im Interesse guter Durchbleich- und Durchfärbeeffekte bei hartgedrehten Garnen und schwer durchzufärbenden Geweben. Die Veredlung im Stück, d.h. also als fertige Web-, Wirk- oder Strickware, wird üblicherweise bei Uniwaren vorgenommen. Sie stellt sich wirtschaftlich am vorteilhaftesten, da der Warentransport auf den Maschinen und von Maschine zu Maschine ohne wesentliche Handarbeit erfolgen kann. Trotzdem kann gelegentlich auch bei der Herstellung von Uniwaren aus technischen oder Qualitätsgründen die Veredlung in einem früheren Stadium erfolgen.

Die Veredlungsarbeiten. Die einzelnen Veredlungsarbeiten sollen an Hand der Gewebeveredlung näher beschrieben werden, da sie hier in der vielfältigsten Weise zur Anwendung kommen. Der Gang der Veredlung, d.h. die Art, die Zahl und die Reihenfolge der anzuwendenden Veredlungsverfahren ist sehr verschieden und richtet sich nach Warenart, gewünschten Veredlungseffekten und betriebsinternen Verhältnissen, wobei aber nicht zuletzt auch die für die Veredlung aufzuwendenden Kosten eine maßgebliche Rolle spielen.

1. Das Sengen

Auf Grund der Zusammensetzung des Baumwollgewebes aus endlichen kurzen Fasern – im Gegensatz zu einem Reyongewebe, das aus endlosen Fasern besteht – stehen aus der Gewebeoberfläche Faserenden ab, die das Warenbild nachteilig beeinflussen können. Dies ist z. B. der Fall bei Geweben, die eine besondere Musterung aufweisen, wie Damastgewebe für Bett- und Tischwäsche, bei denen das Muster durch die abstehenden Fäserchen verschleiert wird. Weiterhin stören die Faserenden bei Waren, die eine Veredlung auf Glanz erfahren sollen und bei denen der Glanz durch den Faserflaum eine Trübung erfährt. Beim Bedrucken von Geweben auf der Rouleaudruckmaschine können sich die abstehenden Fäserchen aus dem

Gewebe herausarbeiten und sich in den Gravuren oder an der Rakel festsetzen. Im ersteren Fall entstehen unscharfe Drucke, im letzteren Farbstreifen, die man als „Wischer" bezeichnet. In allen Fällen, in denen die abstehenden Fasern irgendwie stören, werden diese durch Absengen beseitigt. In besonderen Fällen muß die Beseitigung durch Abschneiden (*Scheren*) vorgenommen werden.

Für das Sengen kommen verschiedene Einrichtungen in Frage. Die am meisten angewandte Maschine ist die Gassenge, daneben findet auch die Plattensenge sowie die elektrische Senge Verwendung. Bei der *Gassengmaschine* passiert das Gewebe mit großer Geschwindigkeit (40–300 mm pro min) Gasflammen, die aus schlitzförmigen Brennern oder durch poröse Schamottsteine austreten, wobei die abstehenden Faserenden abgesengt werden. Als Gas benützt man üblicherweise ein Leuchtgas-Luft-Gemisch oder, wenn kein Leuchtgas zur Verfügung steht, Generatorkraftgas, Benzin- oder Benzolgas.

Das Prinzip einer Gassengmaschine geht aus der Abb. 17 hervor. Die Ware passiert üblicherweise – um die Leistungsfähigkeit der Maschine zu erhöhen – zunächst einen Trockenzylinder, der einen Teil der Naturfeuchtigkeit austreibt und anschließend nacheinander mehrere Brennstellen. Nach Passieren der Brennstellen wird die Ware im Interesse der Verhinderung des Anbrennens durch Funken zwischen Walzenpaaren (Funkentöter) hindurchgeführt. Meistens erfolgt dann eine Passage durch Wasser oder zweckmäßigerweise durch ein Bad, das die für die Entschlichtung notwendigen Mittel enthält. Das Sengen kann ein- oder beidseitig geschehen.

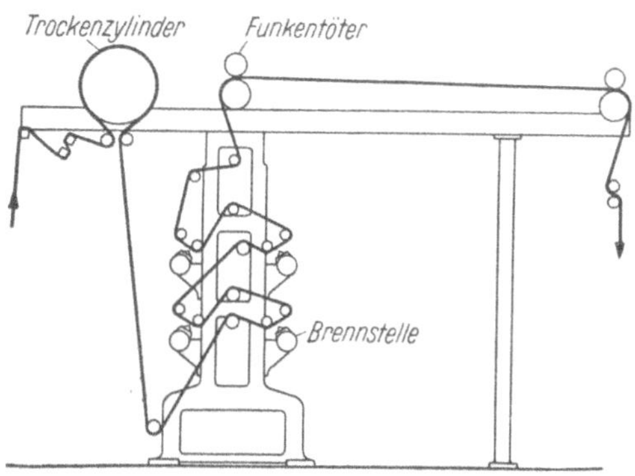

Abb. 17. Gassenge mit 4 Brennern, schematisch (Zittauer Maschinenfabrik).

Die Gassenge liefert den vollkommensten Sengeffekt, da ihre Wirkung auch in die Gewebeporen hineinreicht, was bei den andern Sengeinrichtungen nicht der Fall ist. Bei der *Plattensenge* führt man die Ware über Platten aus stark erhitztem Kupfermetall und bei der *elektrischen Senge* über auf elektrischem Wege zum Glühen gebrachte Metallstäbe.

In besonderen Fällen geht dem Sengen eine Vorreinigung voraus, und zwar das *Putzen* oder *Schmirgeln* der Gewebe. Diese Prozesse bezwecken das Entfernen der Noppen, Fadenenden sowie der Schalenreste von der Gewebeoberfläche. Die Arbeiten werden maschinell auf Gewebeputzmaschinen mittels sägeblattartiger Kämme oder glatter Messerklingen oder auf Schmirgelmaschinen mit rotierenden Schmirgelwalzen vorgenommen.

Garne, die auf Hochglanz mercerisiert werden sollen, werden auf Garn-Sengeinrichtungen (Gasiermaschinen) gesengt. Da bei Garnen nur ein Absengen in der Flamme in Frage kommt, wird hier das Sengen im allgemeinen als *Gasieren* bezeichnet. Das Sengen ist je nach Intensität des Effekts mit einem gewissen Gewichtsverlust, der sich bei Garnen zwischen 3 und 4 % bewegen kann, verbunden.

2. Das Entschlichten

Das Entschlichten bezweckt das Ablösen der auf die Kettfäden vor dem Weben aufgebrachten *Schlichte*. Die Schlichte hat die Aufgabe, dem Kettfaden, der beim Webprozeß einer starken mechanischen Beanspruchung unterworfen ist, einen gewissen Schutz zu verleihen.

Das Schlichten. Das Wesen des Schlichtens besteht darin, daß man die Kettfäden durch eine Dispersion von gequollener Stärke oder einem sonstigen Klebmittel wie Leim-, Celluloseäther usw. hindurchlaufen läßt, so daß die den Faden zusammensetzenden Einzelfasern innig miteinander verklebt, und namentlich die von der Garnoberfläche abstehenden Faserenden an den Fadenkern angeklebt werden. Dadurch erhält der Faden eine größere Reißfestigkeit und Scheuerfestigkeit, so daß der Webprozeß weniger oft eine Unterbrechung durch Kettfadenbrüche erfährt.

Die Basis der Baumwollschlichte ist meist *Kartoffelstärke*. Um den Faden trotz der Stärkeimprägnierung geschmeidig zu erhalten, werden beim Schlichten zusätzlich *weichmachende Mittel* wie Seife oder leicht emulgierbare Öle, Fette und Wachse verwendet. Mangelt es dem Kettfaden an Geschmeidigkeit, dann ist einmal die Fachbildung beim Webprozeß erschwert, zum anderen können bei Fadenbrüchen sich querlegende Fadenenden bei der Fachbildung zahlreiche weitere Fadenbrüche von benachbarten Kettfäden hervorrufen.

Bei buntgewebten Waren, die keine Naßveredlung mehr durchlaufen, sondern stuhlroh in den Handel kommen, gibt man der Schlichte häufig noch gewisse *Füll- und Beschwerungsmittel* wie Talkum, Bariumsulfat oder Kaolin bei, um den durch die Schlichte bewirkten Appretureffekt zu verstärken. Um solche Waren vor Bakterienbefall während des Lagerns zu schützen, setzt man der Schlichte gewisse *Konservierungsmittel* wie Formaldehyd oder Phenol zu. Auf Textilien befindliche Stärke kann nämlich unter bestimmten klimatischen Bedingungen einen günstigen Nährboden für Bakterien bilden, wobei die so befallenen Textilien einen modrigen Geruch und eventuelle Verfärbungen annehmen können („Stockigwerden").

In der Baumwollschlichterei ist das Hauptschlichtemittel die Kartoffelstärke. Der Stärkegehalt eines geschlichteten Kettfadens kann sich zwischen 2 und 8% bewegen. Damit die Stärke beim Schlichten in den Faden eindringt und nicht nur auf der Garnoberfläche sitzt, ist es empfehlenswert, diese vorher bis zu einem gewissen Grad abzubauen. Bei buntgewebten Waren, die nachher nicht mehr entschlichtet werden, ist ein *Abbau* der Stärke besonders notwendig, da durch nichtabgebaute Stärke Glanz und Farbe der Garne zu sehr getrübt werden. Ein milder Abbau kann durchgeführt werden mit gewissen malzamylatischen Produkten oder mit oxydierend wirkenden Substanzen, von denen sich u. a. Natriumchlorit sowie das p-Toluolsulfochloramidnatrium (Aktivin) gut eignen. Auch Produkte auf Perboratbasis (Stokotabletten) finden Verwendung.

Nach dem Passieren der Schlichte werden die Kettfäden entweder auf Trommeltrocken-Schlichtmaschinen oder auf den moderneren Lufttrocken-Schlicht-

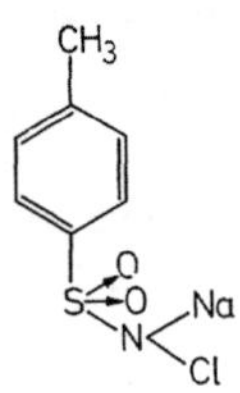

Aktivin

maschinen oder mit Hilfe von Infrarotstrahlen getrocknet und kommen von hier aus in die Weberei.

Gelegentlich wendet der Weber, wenn die Ketten nicht genügend laufen, sogenannte *Kettenglättemittel* an, die meist aus Paraffin bestehen und bei der Veredlung unter Umständen beträchtliche Schwierigkeiten hervorrufen können. Vorteilhafter wäre die Verwendung wasserlöslicher Polyglykole (Polywachs).

Es werden nicht alle Kettgarne geschlichtet, sondern nur diejenigen, die in ungeschlichtetem Zustand anormal viele Kettfadenbrüche ergeben würden. Dies sind besonders schwache ungezwirnte Garne, während Zwirnketten im allgemeinen ungeschlichtet verwebt werden können. Man muß sich also bei jedem einzelnen Gewebe überzeugen, ob die Kette geschlichtet ist oder nicht. Da für Baumwollketten fast ausschließlich Stärke als Schlichtemittel in Frage kommt, ist der Schlichtenachweis mit Hilfe der Jod-Stärke-Reaktion leicht zu führen. Besteht die Schlichte aus wasserlöslichen Schlichtesubstanzen, dann ist ein besonderer Entschlichtungsprozeß nicht erforderlich, da die Schlichte im Laufe der weiteren Veredlung abgelöst wird.

Bei Stärkeschlichte ist eine Ablösung vor der weiteren Veredlung notwendig, da die Stärke im Verein mit den sonstigen Schlichtezusätzen das Eindringen der Bleichmittel und Farbstoffe erschwert und so einen ungleichartigen Bleich- bzw. Farb- und Druckausfall der Kettfäden gegenüber den Schußfäden bewirken würde. Unvollkommen entschlichtete Gewebe zeigen daher nach dem Färben häufig einen streifigen Ausfall. Auch wird die Echtheit der Färbung durch Schlichtereste beeinträchtigt. Unter diesen Umständen ist dem Entschlichten vor der weiteren Veredlung ein besonderes Augenmerk zu schenken.

Auch bei *Druckwaren* ist die Entfernung stärkehaltiger Verdickungsmittel eventuell erforderlich, wenn die in dem Druckmuster verbleibenden Verdickungsmittel den Griff der Ware nachteilig beeinflussen („Ausmalzen").

Die Entfernung der Stärkeschlichte. Beim hydrolytischen Abbau der Stärke mit Säuren entsteht über die verschiedensten niedrigmolekularen Abbauprodukte (lösliche Stärke, Dextrine) hinweg letzten Endes *Glucose*. Bei der Einwirkung von stärkespaltenden Enzymen (Amylasen) erhält man als Endspaltprodukt *Maltose*. Die Maltose läßt sich ihrerseits sowohl enzymatisch (durch Maltase) als auch hydrolytisch mit Säuren in zwei Moleküle Glucose spalten. Hieraus wird gefolgert, daß die Stärke aus Maltosegruppen bzw. Glucoseresten aufgebaut ist. Bei den aufbauenden Glucoseresten handelt es sich um solche aus *α-Glucose*, die vorwiegend in 1,4-Stellung glucosidisch miteinander verknüpft sind. Stärke ist also ein α-Glucosid. Im Gegensatz hierzu ist die Cellulose aus β-Glucoseresten aufgebaut und zerfällt bei der Hydrolyse mit Säuren schließlich in Cellobiose und dann in Glucose. Cellulose ist also ein β-Glucosid (S. 6).

Durch spezifische Fermente (α,β-Glucosidasen) werden jeweils nur Stärke bzw. Cellulose aufgespalten.

Die Zusammensetzung der Stärkesubstanz ist keine einheitliche. Sie besteht zu etwa 80–85% aus *Amylopektin*, der kleisterbildenden Komponente, und zu 15–20% aus *Amylose*, welche sich an der Kleisterbildung nicht beteiligt. Die Amylose besteht aus unverzweigten, Amylopektin aus stark verzweigten glucosidischen Kettenmolekülen entsprechend dem Schema der Abb. 18. An den Verzweigungsstellen sind die Glucosereste in 6-Stellung miteinander verbunden (*Freudenberg, Myrbäck*) entsprechend dem Formelbild der Abb. 19. Demnach läge in der Stärke neben der Maltosebindung in gewissem Umfang auch die Isomaltosebindung vor.

Außerdem enthält das Amylopektin gewisser Stärkearten, namentlich Kartoffelstärke, eine *Phosphorsäurekomponente*, die gemäß Formulierung der Abb. 19 esterartig mit den Glucoseresten vermutlich in 6-Stellung verknüpft ist (*Samec*). Derartige Esterstellen sind äußerst gering, so daß der Phosphorsäuregehalt der Stärke etwa 0,2% (auf P_2O_5 berechnet) beträgt. Innerhalb der beiden Stärkekomponenten herrscht Poly-

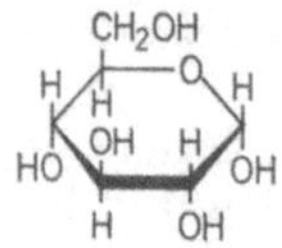

α-Glucopyranose
α-Glucose

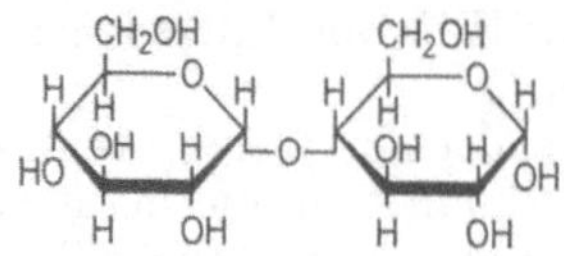

Maltose

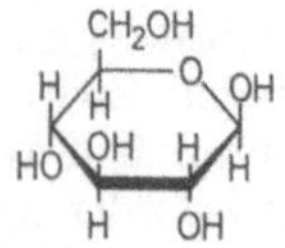

β-Glucopyranose
β-Glucose

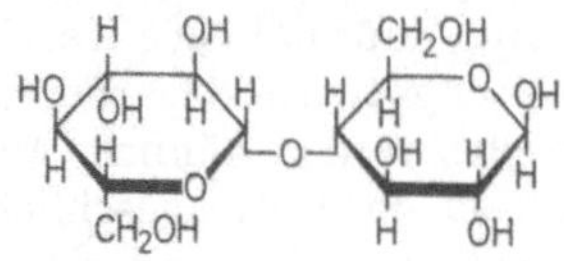

Cellobiose

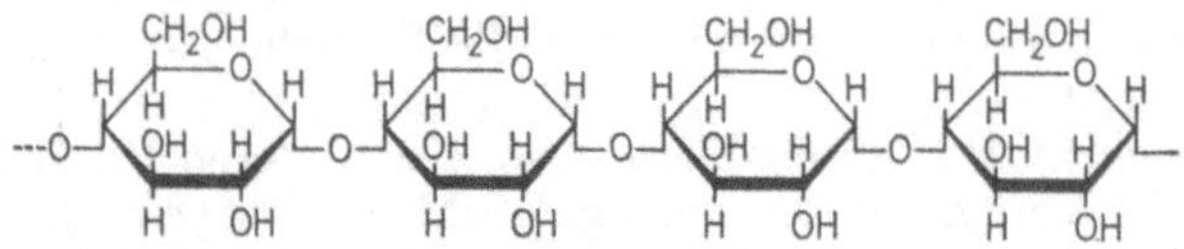

Stärke

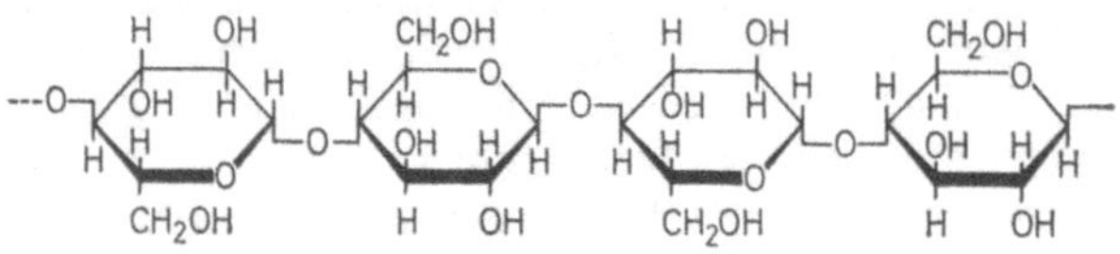

Cellulose

molekularität, d. h., es liegt ein Gemisch von Polymerhomologen vor, deren Polymerisationsgrade sich bei der Amylose zwischen 60 und 600 und beim Amylopektin zwischen 600 und 6000 bewegen.

Mittels eines besonderen Fraktionierverfahrens ist es möglich, Amylose und Amylopektin voneinander zu trennen (Avebe-Amylose und Avebe-Amylopektin). Letzteres ist auf Grund seiner guten Wasserlöslichkeit leicht aus geschlichteten Ketten auszuwaschen.

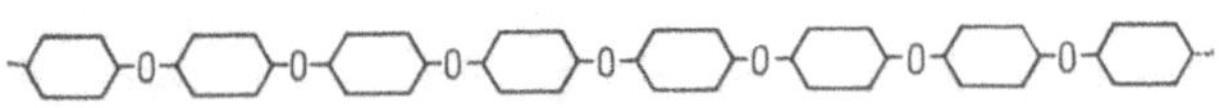

Amylose

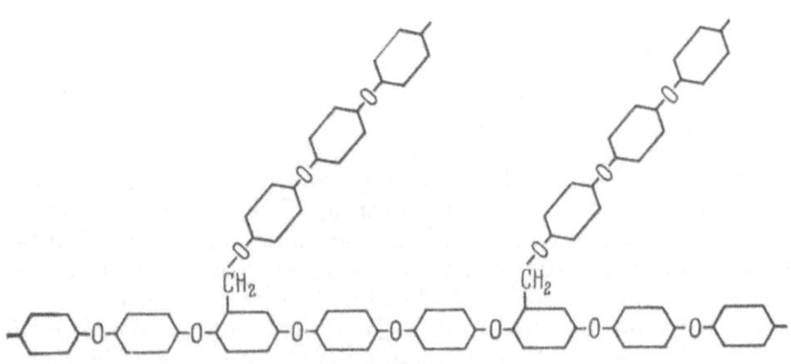

Amylopektin

Abb. 18. Amylose-Amylopektin.

Die Entfernung der Stärkeschlichte fußt auf der Tatsache, daß die durch Abbau erzeugten niedrigmolekularen Produkte leicht wasserlöslich sind. Ein Auswaschen der Schlichte ist also möglich, sobald diese entweder durch hydrolytischen oder durch enzymatischen Abbau in leichtwasserlösliche Produkte übergegangen ist.

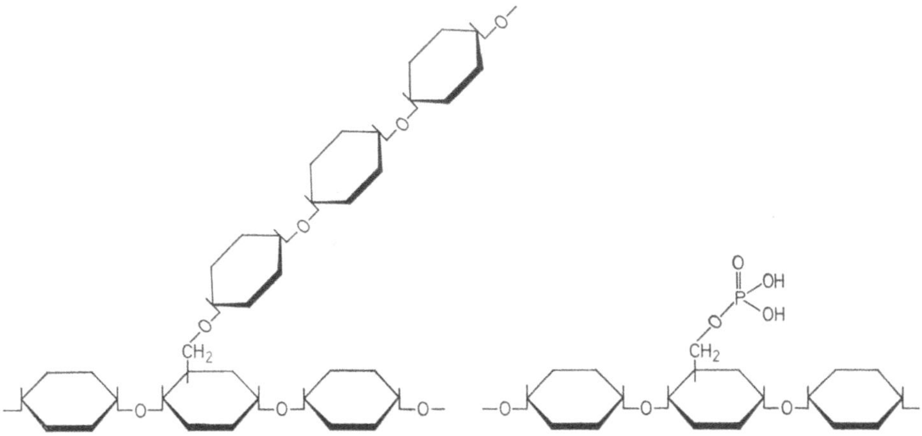

Abb. 19. Amylopektin.

Die enzymatischen Entschlichtungsmittel. Der Abbau der Stärke erfolgte früher ausschließlich durch Hydrolyse mit Säuren, durch Behandlung mit Laugen oder auch auf oxydativem Wege. Auf Grund der langen Dauer, die zum Abbau der Stärke nötig war, ließ sich hierbei eine Faserschädigung nicht immer vollkommen ausschließen. Man hat daher die bei biologischen Stärkeabbauprozessen sich abspielenden, durch Enzyme ausgelösten Vorgänge auf den Entschlichtungsprozeß übertragen. Diese Art der Entschlichtung führt zu einer raschen Entfernung der Stärke, ohne die Faser irgendwie in Mitleidenschaft zu ziehen. Mißt man den Polymerisationsgrad einer Zellwolle nach der Entschlichtung, so findet man, daß dieser keinen Abfall erfährt, wie dies die Tab. 6 zeigt.

Tabelle 6. *Polymerisationsgrad von Viscosezellwolle vor und nach der enzymatischen Entschlichtung* (nach *Rath*)

Entschlichtungsmittel	Polymerisationsgrad vor der Entschlichtung	Polymerisationsgrad nach der Entschlichtung
Biolase N extra	322	323
Degomma DK	322	321
Diastafor extra stark	322	319
Entschlichtungsmittel B4	322	319
Enzyferman flüssig	322	321

Die Enzyme. Enzyme sind „organische Katalysatoren“, die vom lebenden Organismus (Tier oder Pflanze) erzeugt werden und deren Funktion es ist, die chemischen Vorgänge im lebenden Organismus (Verdauung, Assimilation usw.) zu lenken. Ihre chemische Natur ist zum großen Teil nur andeutungsweise erfaßt. Sie gehören zu der Gruppe der Eiweißstoffe, und zwar ist der Eiweißkörper jeweils verbunden mit einer besonders wirksamen Gruppe, der sogenannten prosthetischen Gruppe. Teilweise scheinen sich die Grenzen zwischen den verschiedenen Gruppen von biologisch wirksamen Stoffen zu verwischen. So existieren in einigen Fällen Übergänge zwischen Vitaminen und Enzymen.

Die Enzyme besitzen spezifische Wirkungen und werden auf Grund dieser Spezifität in bestimmte Gruppen eingeteilt. Der Name eines Enzyms setzt sich normalerweise aus dem Stamm des zu spaltenden Substrats und der Endung -ase zusammen. Eiweißspaltende Enzyme heißen Proteasen, fettspaltende Lipasen, stärkespaltende *Amylasen* (amylum = Stärke) usw.

Gewinnung der Amylasen. Die zum Entschlichten verwendeten Enzyme entstammen zum Teil dem Tierreich (*Pankreas-Amylase*) und zum Teil dem Pflanzenreich (*Malzamylase, Bakterienamylase*). Beim Keimen der Gerste entsteht Amylase. Die gekeimte Gerste (Malz) wird mit Wasser extrahiert und der Extrakt im Vakuum konzentriert (Malzamylase). Die Pankreasamylase wird aus der Bauchspeicheldrüse (Pankreas) von Schlachttieren durch Extraktion mit Wasser oder Salzlösungen gewonnen. Bakterienamylase erhält man durch Züchtung geeigneter Bakterien auf entsprechenden Nährböden und Extraktion der durch die bakterielle Tätigkeit erzeugten Enzyme mit Wasser.

Die Enzyme werden entweder im Vakuum konzentriert oder durch Fällung zu Trockenpräparaten verarbeitet. In den handelsüblichen Produkten liegen nicht die reinen Enzyme vor, sondern Mischungen mit anderen Stoffen, beispielsweise mit indifferenten Salzen, Aktivatoren, Stabilisatoren usw. Amylaseprodukte enthalten teilweise neben Amylase in geringer Menge Lipasen und Proteasen, ein Umstand, der sich günstig auf die Entfernung von auf den Textilien gleichzeitig etwa vorhandenen Fett- bzw. Eiweißstoffen auswirkt. Die Tab. 7 bringt eine Eingruppierung handelsüblicher Entschlichtungsmittel in die drei Gruppen von Amylasetypen. (In Amerika spielen auch *Pilzamylasen* eine gewisse Rolle.)

Tabelle 7. *Handelsübliche Entschlichtungsmittel*

Pankreasamylasen	Bakterienamylasen	Malzamylasen
Degomma D-Marken	Biolase-Marken	Diastafor
Diaferman	Degomma HB	Terhyd MA
Viveral	Enzylase	Ferment D
Aglutan P extra	Terhyd B-Marken	Camalt
Dehazym P	Bactolase	
Quecozym E10	Rapidase	
Exocoll T		
Desamulon N		

Der enzymatische Stärkeabbau. Der Mechanismus des enzymatischen Stärkeabbaus ist noch nicht restlos geklärt. Über die verschiedensten Depolymerisationsprodukte hinweg erscheint als Endprodukt Maltose (teilweise auch Glucose) in einer von dem angewandten Enzympräparat abhängigen Ausbeute von 60–90%. Daß ein restloser Abbau zu Maltose nicht möglich ist, hängt vermutlich damit zusammen, daß die Enzymwirkung an gewissen Verzweigungsstellen des Amylopektins haltmacht.

Für die technische Entschlichtung ist ein Abbau zu niedrigstmolekularen Produkten oder sogar bis zur Maltose nicht erforderlich, da schon wesentlich höhermolekulare Abbauprodukte leicht in Wasser dispergierbar bzw. löslich sind.

Der Abbauvorgang gibt sich nach drei Richtungen hin zu erkennen, und zwar:

1. in einer Viscositätsverminderung des Stärkekleisters,
2. in der Zunahme der Reduktionskraft des Stärkeprodukts,
3. in der veränderten Reaktion der Abbauprodukte gegenüber Jodlösung, die zuerst noch eine Blaufärbung und dann eine Violettfärbung (Dextrine) gibt, um schließlich vollkommen negativ auszufallen. Man kann diese Veränderungen benützen, um die amylatischen Enzympräparate hinsichtlich ihrer Wirksamkeit zahlenmäßig zu charakterisieren.

Hinsichtlich der Geschwindigkeit der amylatischen Wirkung sind die Pankreas- und Bakterienprodukte den Malzprodukten überlegen, was z. B. für ein kontinuierliches Arbeiten von Wichtigkeit ist. (Die weniger rasch wirkenden Malzprodukte ermöglichen beim Stärkeaufschluß für Schlichte- und Appreturzwecke den Abbruch des Aufschlusses bei dem gewünschten Abbaugrad.)

Arbeitsbedingungen bei der Entschlichtung. Allen Enzymen gemeinsam ist die starke Abhängigkeit ihrer Wirksamkeit von der Wasserstoffionenkonzentration, von der Temperatur und anderen Bedingungen. Diese Abhängigkeit der Wirksamkeit ist auch bei den Amylasen in eindeutiger Weise vorhanden.

Abhängigkeit der Wirksamkeit vom pH-Wert. Alle Amylaseprodukte besitzen ein optimales pH-Wirkungsgebiet. Dieses Gebiet liegt für Pankreasamylasen bei etwa 6,8; die Grenzen jeglicher Wirksamkeit sind etwa 4,5 und 9–10. Für Bakterienamylasen liegt das optimale Gebiet bei pH 5,4–7,0; sie zeigen aber bei pH 4,6 immer noch etwa die halbe Wirksamkeit gegenüber dem Optimalgebiet. Malzamylasen wirken optimal bei pH 4,6–5,2; die Grenzen der Wirksamkeit liegen bei pH 2,1 und 8,1. Vor allem sind die Pankreaspräparate bezüglich ihres Wirkungsoptimums an ein engbegrenztes pH-Gebiet gebunden und arbeiten am besten in der Nähe des Neutralpunkts. Geringe Verschiebungen nach der sauren Seite hin beeinträchtigen ihre Wirksamkeit stark. Demgegenüber sind die Malz- und Bakterienprodukte wesentlich weniger säureempfindlich, so daß ihnen in besonders gelagerten Fällen gegenüber den Pankreasprodukten, obwohl die letzteren zu einer raschen völligen Stärkefreiheit führen, der Vorzug zu geben ist. Die angedeuteten Verhältnisse sind in der Tab. 8 zusammengefaßt.

Tabelle 8. *Wirkungsoptimum und Grenzen der Wirksamkeit von amylatischen Produkten*

	Wirkungsoptimum pH	Grenzen der Wirksamkeit pH
Malzprodukte	4,6–5,2	2,1 und 8,1
Pankreasprodukte	6,8	4,5 und 9
Bakterienprodukte	5,4–7,0	ca. 2 und 8–9

Abhängigkeit der Wirksamkeit von der Temperatur. Überschreitet man das für Pankreasprodukte optimale Temperaturgebiet von 50–55 °C, so geht deren Abbauwirkung rasch verloren. Die Malz- und Bakterienprodukte entfalten bei 65 °C ihre optimale Wirkung. Bei 75 °C fallen die Pankreasprodukte restlos aus, die Abbauwirkung der Bakterien- und Malzprodukte ist aber immer noch merklich, führt jedoch nur noch zu mittleren Abbaustufen, wie sie aber für das Herauslösen der Stärke ohne weiteres genügen. Die angeführten Verhältnisse sind in der Tab. 9 zusammenfassend wiedergegeben.

Tabelle 9. *Abhängigkeit der amylatischen Wirksamkeit von der Temperatur*

	Temperaturoptimum °C	Grenzen der Wirksamkeit °C
Malzprodukte	60–65	ca. 85
Pankreasprodukte	50–55	ca. 60–65
Bakterienprodukte	60–65	ca. 90 und höher

Bei 40 °C geht die enzymatische Wirkung der Pankreasprodukte gegenüber einer Arbeitstemperatur von 55 °C merklich zurück, um mit weiter fallender Temperatur an Wirksamkeit weiter einzubüßen. Ähnlich verhalten sich die Malzprodukte, während die Bakterienprodukte in dieser Richtung den beiden erstgenannten im allgemeinen überlegen sind, d.h. also auch bei mäßigen Temperaturen noch eine merkliche Wirkung entfalten.

Eine hohe Temperaturbeständigkeit des Entschlichtungsmittels kann in verschiedener Richtung von Vorteil sein. In Fällen, in denen vielleicht auf Grund einer schweren Gewebenetzfähigkeit nur ein langsames Eindringen des Entschlichtungsmittels in das Gewebe bzw. Garn möglich ist, führt die hohe Entschlichtungstemperatur zu einem Aufquellen und Verkleistern der Stärke, so daß ein Angriff durch das Entschlichtungsmittel erleichtert wird.

Auch im Interesse der Kombination eines Waschprozesses mit der Entschlichtung ist eine höhere *Temperaturbeständigkeit* von Nutzen, da bei der höheren Temperatur entsprechend vorteilhafter gewaschen werden kann. Will man einen Färbeprozeß beispielsweise mit substantiven Farbstoffen mit der Entschlichtung kombinieren, dann wirkt sich die hohe Temperaturstabilität des Entschlichtungsmittels ebenfalls günstig aus. Für die *kontinuierliche Dampfentschlichtung* (S. 59) ist ebenfalls eine hohe Temperaturresistenz notwendig. Eine solche erhält man namentlich durch Zumischen von Eiweiß-Schutzkolloiden zu den Bakterien-Enzympräparaten. Bei Verwendung solcher Produkte ist es möglich, sogar eine Dampfentschlichtung bei 125 °C vorzunehmen. Bei dieser Temperatur geht der Stärkeabbau so rasch vonstatten, daß trotz der ,,Kurzlebigkeit" der Enzyme eine einwandfreie Entschlichtung in Sekundenzeit gelingt.

Umgekehrt kommt es vor, daß ein Entschlichtungsmittel bei niederer Temperatur eine gute Wirkung entfalten soll. Dies ist dann erforderlich, wenn es sich z.B. darum handelt, eine Stärkeverdickung aus einer Druckware auszuwaschen, die mit Farbstoffen von geringer Waschechtheit bedruckt ist. Hier muß im Interesse der Schonung der Farben bei möglichst niederer Temperatur gearbeitet werden. In derartigen Spezialfällen sind namentlich die Bakterienprodukte auf Grund ihres breiten Temperaturwirkungsbereichs vorteilhaft anzuwenden (*O. Klemm*).

Einfluß von Metallionen. Durch die Gegenwart bestimmter Schwermetallionen, insbesondere Kupfer und Zink, sowie Quecksilber, Nickel und Kobalt, wird die enzymatische Wirkung der Amylasen praktisch unterbunden bzw. stark gehemmt. Hingegen wirken andere Ionen, insbesondere Erdalkaliionen, stabilisierend.

Einfluß von Netz- und Waschmitteln. Im Interesse einer etwaigen Kombination eines Netzeffekts oder eines Waschprozesses mit der Entschlichtung ist es von Wichtigkeit, die Beeinflussung der enzymatischen Wirkung durch Netz- und Waschmittel zu kennen. Ein großer Teil der üblichen Produkte hemmt die Enzymwirkung mehr oder weniger stark, während andere den Entschlichtungsprozeß nicht beeinträchtigen.

Seife unterbindet die Enzymwirkung stark; diese Wirkung scheint aber nicht nur auf der Verschiebung des pH-Wertes nach der alkalischen Seite hin zu beruhen, sondern ein Charakteristikum der Seife an sich zu sein. Sulfierte Öle, Fettalkoholsulfate sowie Fettsäurekondensationsprodukte beeinflussen die Enzymwirkung praktisch nur wenig nachteilig, besonders deshalb, da zu Beginn der Entschlichtung durch ihre Netzwirkung eine Beschleunigung des Abbaus ausgelöst wird. Nichtionogene Produkte beeinflussen den Entschlichtungseffekt in vorteilhafter Weise, da die Enzymwirkung nicht gehemmt, sondern durch den Netzeffekt sogar gefördert wird (*Rath*).

Einfluß von Oxydationsmitteln. Wasserstoffperoxyd und Kaliumbichromat sowie namentlich chlorhaltige Oxydationsmittel wie Aktivin rufen eine gewisse Hemmung der Enzymwirkung hervor.

Schlichtezusammensetzung und Entschlichtung. Neben den Entschlichtungsbedingungen spielt die Schlichtezusammensetzung für die Geschwindigkeit der Entschlichtung eine wesentliche Rolle, da die neben der Stärke in der Schlichte bzw. Druckfarbe eventuell vorhandenen Substanzen in das Entschlichtungsbad übergehen und dessen Wirksamkeit entsprechend beeinflussen können. Enthält die Schlichte (oder die Druckfarbe) neben Stärke *alkalische oder saure Bestandteile,* so kann der pH-Wert der Entschlichtungsflotte nach der sauren oder alkalischen Seite verschoben werden und so eine Hemmung der Enzymwirkung auslösen. Alkalien oder Säuren in der Schlichte können vom Stärkeaufschluß herrühren. Säuren können sich aus gewissen hygroskopischen Substanzen der Schlichte, wie beispielsweise Magnesiumchlorid, durch Zersetzung auf den heißen Trockentrommeln der Schlichtmaschine bilden. Derartige Beeinflussungen können besonders stark in Erscheinung treten beim kontinuierlichen Imprägnieren mit der Entschlichtungsflotte, da die während des Imprägnierens aus der Ware abgelösten Substanzen sich in der Entschlichtungsflotte anreichern und so den pH-Wert ausschlaggebend beeinflussen.

In der Schlichte vorhandene *Zinksalze,* wie sie noch hier und da angewendet werden, unterbinden die Entschlichtungswirkung praktisch völlig. Ebenso wirken sich Zinksalze, die beispielsweise aus Indanthrenreserven stammen, nachteilig auf die enzymatische Entfernung der Stärkeverdickung aus. Eine besonders schädliche Wirkung entfalten *Kupferionen.* Bei saurer Schlichte können Kupferionen leicht von den Kupfertrommeln der Schlichtmaschine in die Schlichte gelangen und im Entschlichtungsbad den Abbauprozeß unterbinden. Seife sollte als weichmachende Komponente oder als Emulgator für Öle und Fette in der Schlichte keine Verwendung finden, da sie die Enzymwirkung stört. Weniger störend wirken sulfierte Produkte, während z.B. Hostapal und vermutlich auch andere nichtionogene Produkte vollkommen unschädlich sind, so daß Produkte dieses Typs als geeignete Emulgatoren für Schlichtezwecke angesprochen werden können.

Einfluß von Stärkekonservierungsmitteln. Während sich Phenol und Formaldehyd als stärkekonservierende Zusätze in der Schlichte beim späteren Entschlichtungsprozeß nicht nachteilig auswirken, wurde eine solche Wirkung bei der Salicylsäure beobachtet (*Rath*). Diese Funktion scheint nicht nur durch die Verschiebung nach der sauren Seite bedingt zu werden, sondern ein Charakteristikum der Salicylsäure an sich zu sein.

Technische Ausführung der Entschlichtung. Die zu entschlichtenden Gewebe werden auf den entsprechenden maschinellen Einrichtungen unter den für das betreffende Entschlichtungsmittel optimalen Bedingungen bei einer Konzentration von 2–10 g des enzymatischen Produktes im Liter Entschlichtungsflotte behandelt und anschließend die löslich gewordene Stärke auf einer Waschmaschine ausgewaschen. Das Zusammenbringen mit dem Entschlichtungsmittel geschieht im Großbetrieb meist in der Weise, daß die Gewebe in Strangform auf einer Imprägniereinrichtung mit der Entschlichtungsmittellösung imprägniert und dann über Nacht abgelegt werden. Am andern Morgen wird auf der Strangwaschmaschine ausgewaschen. Wird das Gewebe vor dem Entschlichten gesengt, so ist die Imprägniervorrichtung meist mit der Sengmaschine kombiniert. Nach Passieren der Gasflammen wird das Gewebe in die Entschlichtungsflotte eingeführt, abgequetscht und dann sich selbst überlassen. Dadurch werden gleichzeitig in der Ware etwa vorhandene Funken abgelöscht. Das Entschlichten kann aber auch im Packsystem bei zirkulierender Flotte oder bei endlichen Geweben auf der Haspelkufe oder auf dem Jigger erfolgen.

Im Rahmen der *kontinuierlichen Gewebebehandlung* kann man auch so verfahren, daß man die mit der Entschlichtungsflotte foulardierte Ware durch einen Warenspeicher (J-Box, S. 64) passiert (Verweilzeit 15–60 min) und anschließend auswäscht. Es kann nach dem Foulardieren auch im Matherplatt gedämpft werden, wobei in diesem Fall auf die Verwendung dampfbeständiger Enzyme zu achten ist (Bakterienamylasen). „Halbkontinuierlich" kann man die Entschlichtung nach dem Foulardieren auch im „Dockenkasten" (S. 101) vornehmen. Im Interesse eines guten Netzeffekts ist es zweckmäßig, die Ware vor dem Foulardieren kurz vorzudämpfen oder vorzunetzen.

Bei Anwendung von oxydativ wirkenden Stärke-Abbaumitteln (Perborat, Persulfat) besteht die Möglichkeit, die Entschlichtung mit der alkalischen Abkochung zu kombinieren, indem man die Oxydationsmittel der Alkaliflotte, z.B. im Rahmen eines kontinuierlichen „Dämpf-Laugierverfahrens" zugibt. Der Oxydations-Alkali-Flotte fügt man noch Netzmittel und Faserschutzmittel zu.

R. Freytag empfiehlt *Natriumbromit* als Entschlichtungsmittel, das sich inzwischen wegen der kurzen und einfachen Arbeitsweise sehr bewährt hat. Auch Mischungen von *Natriumbromit und Natriumpersulfat* werden angewandt.

Der starke Abbaueffekt des Natriumbromits auf Stärke ist auf die kombinierte Wirkung der bromigen und unterbromigen Säure – eventuell verstärkt durch den Zerfall des intermediär gebildeten Bromdioxids in Brom und Sauerstoff – zurückzuführen (*A. Agster, G. Wirth, W. Peschke*).

Die oxydative Entschlichtung mit Natriumbromit eignet sich wegen ihrer kurzen Reaktionsdauer besonders für eine kontinuierliche Arbeitsweise (*H. Schaible*).

Nach der Bromitbehandlung folgt ein Abkochen mit Natronlauge. Das Entschlichten mit Natriumbromit kann auch mit dem ätzalkalischen Abkochen einbadig kombiniert werden.

Das Bromit oxydiert die alkoholischen Gruppen an den C-Atomen 2 und 3 der Stärke zu Aldehydgruppen unter Spaltung der C—C-Bindung. Die so oxydierte Stärke bleibt wasserunlöslich, ist aber sehr stark alkaliempfindlich. In alkalischem Medium spaltet sich die C—C-Bindung zwischen den C-Atomen 1 und 4, und das so erhaltene Kohlehydrat ist wasserlöslich (*R. Freytag*).

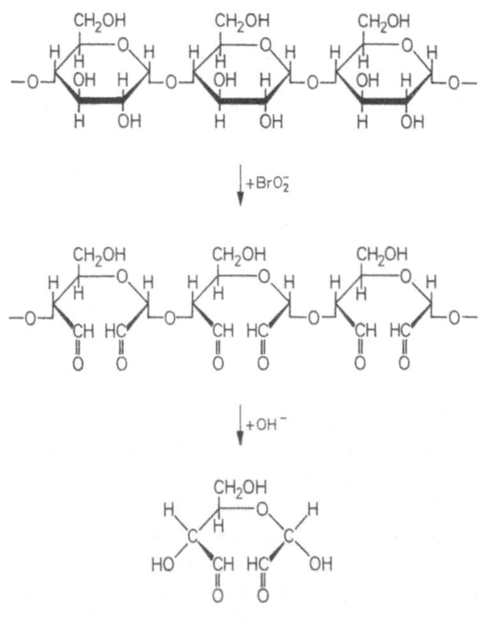

Auch ein Entschlichten mit *Kalium- oder Ammoniumpersulfat* ist möglich.

Wasserlösliche Schlichten wie Celluloseäther, Polyvinylalkohol oder Acrylate lassen sich durch einen Wasch- oder Abkochprozeß entfernen.

3. Das Beuchen und Abkochen (Brühen)

Wenn das Beuchen auch stark in den Hintergrund getreten ist, dann soll dieser Prozeß doch nachstehend kurz beschrieben werden, da er da und dort noch angewandt wird.

Die Rohbaumwolle enthält eine gewisse Menge Fett- und Wachsstoffe, *Baumwollwachs* genannt, die der Faser einen geschmeidigen und weichen Griff verleihen, die aber den Veredlungsprozeß insofern stören können, als dadurch das Netzen mit den Veredlungsflotten erschwert wird. Dies kann zu einem ungleichmäßigen Bleich- und Farbausfall sowie zu Färbungen und Drucken von mangelhafter Echtheit führen.

Weiterhin enthält die Rohbaumwolle Blatt-, Fruchtkapsel- und Samenschalenreste, die sich im fertigen Gespinst bzw. Gewebe mit dunkler Farbe von dem hellen Grund abheben und damit das Warenbild unansehnlich machen. Es ist daher namentlich bei Bleichwaren und hellen Farbwaren notwendig, diese Verunreinigungen zu entfernen. Sie stören um so weniger, je dunkler die Ware gefärbt wird.

Im Interesse eines guten Netzeffektes ist es erforderlich, die Fett- und Wachsstoffe so weit zu beseitigen, daß eine gute Saugfähigkeit und damit ein einwandfreier Bleich- und Farbausfall erzielt wird. Wo es aber irgendwie angeht, wird man die Arbeitsbedingungen so gestalten, daß wenigstens ein Teil der Fett- und Wachsstoffe erhalten bleibt, da diese Qualität und Griff der Ware vorteilhaft beeinflussen.

Loser Baumwolle sowie Kardenband wird man zweckmäßigerweise die Fett- und Wachsstoffe weitgehend belassen, da sich diese für den Spinnprozeß vorteilhaft auswirken. Ein dadurch etwa ausgelöster ungleichmäßiger Farbausfall wird im Rahmen des Spinnprozesses (Kardieren, Dublieren, Verstrecken) homogenisiert.

Druckwaren müssen, damit sie bei der kurzen Druckbehandlung den Farbstoff gut aufnehmen, eine besonders gute Saugfähigkeit besitzen und daher weitgehend von Fett- und Wachsstoffen befreit sein.

Die Entfernung der Fremdstoffe kann – sofern keine moderneren Methoden angewandt werden – durch das *Beuchen* (Druckkochung) oder durch ein Abkochen ohne Druck (*Brühen*) geschehen. Das Beuchen bzw. Abkochen besteht in einer kochenden Behandlung mit Alkalien; die Intensität der Kochung, d.h., ob mit Ätznatron oder mit Soda, ob mit oder ohne Druck gekocht werden soll, richtet sich nach dem Grad der Reinigung, die für den einzelnen Artikel im Hinblick auf eine einwandfreie Veredlung und ein sauberes Warenbild erforderlich ist.

Es sei betont, daß man in den letzten Jahren von der Druckbeuche fast ganz abgekommen ist und diese nur noch dort ausführt, wo mangels der notwendigen maschinellen Einrichtungen ohne eine Druckbeuche eine saubere und genügend saugfähige Ware nicht zu erhalten ist. Ist eine solche Einrichtung vorhanden, dann gelingt es, Baumwolle in jedem Verarbeitungsstadium auch ohne Druckbeuche sogar im Kontinuebetrieb einwandfrei zu bleichen. Solche Möglichkeiten sind z.B. eine Kontinue-Peroxid-Bleiche (S. 100) oder eine entsprechend geleitete Kontinue-Chloritbleiche (S. 92), die in vielen Fällen an die Stelle der früher üblichen Beuch-Chlorbleiche getreten sind. Es sei darauf hingewiesen, daß bei der Druckbeuche auch die *Cuticula* (S. 48) stark in Mitleidenschaft gezogen wird.

Im Rahmen des Abkochens werden auch Pektin- und Eiweiß-Substanzen abgelöst. Die Entfernung der letzteren ist bei Bleichwaren von Wichtigkeit, da sonst bei einer Chlorbleiche die Möglichkeit zur Bildung von *Chloraminen* besteht, die nur schwer aus der Bleichware entfernbar sind und auf Lager unter Zersetzung Anlaß zu einer Faserschädigung geben können (S. 85). Nicht zuletzt sollen auch die in der Spinnerei, Weberei usw. auf die Ware gelangten Schmutzstoffe, Maschinenölflecken usw. entfernt werden.

Das Baumwollwachs. Das Baumwollwachs ist ein komplexes Gebilde und besteht aus einer Mischung von hochmolekularen Alkoholen, hochmolekularen freien Fettsäuren und Estern aus solchen Alkoholen und Säuren sowie aus hochmolekularen Kohlenwasserstoffen und Fettsäureglyceriden.

Esterkomponenten bzw. freie Fettsäuren	Alkohole in freier Form und verestert
Cerotinsäure $C_{25}H_{51}COOH$	Cerylalkohol $C_{26}H_{53}OH$
Melissinsäure $C_{29}H_{59}COOH$	Carnaubylalkohol $C_{24}H_{49}OH$
Carnaubasäure $C_{23}H_{47}COOH$,	Gossypalkohol $C_{30}H_{61}OH$.

An Kohlenwasserstoffen ist z.B. das Triakontan $C_{30}H_{62}$ vertreten.

In einer neueren Untersuchung konnten *G. v. Hornuff* und *H. Richter* zeigen, daß alle geradzahligen, gesättigten Monocarbonsäuren von C_{16} (Palmitinsäure) bis C_{34} (Tetratriacontansäure) im Baumwollwachs vorliegen. Bezüglich der Wachsalkohole konnten die beiden Forscher nachweisen, daß niederere Alkohole als C_{24} nicht anwesend sind.

Die Vorgänge beim Beuchen und Abkochen. Durch die kochende alkalische Behandlung werden die in geringerer Menge vorhandenen Glyceride der Ölsäure, Palmitinsäure und Stearinsäure verseift; die gebildete Seife wirkt gleichzeitig im Verlauf der weiteren Kochung auf nicht verseifbare Bestandteile emulgierend. In geringerem Maß – da schwer verseifbar – werden die eigentlichen wachsartigen Substanzen, also die Ester der hochmolekularen Alkohole, verseift. Die unverseiften Anteile der betreffenden Ester werden emulgiert, ebenso die freien Wachsalkohole und die Kohlenwasserstoffe. Der Gehalt an unverseifbaren Stoffen beträgt im Baumwollwachs 50–55 %.

In Lösung gehen, da sie zu niedrigmolekularen Bestandteilen abgebaut werden, die Eiweiß- und Pektinstoffe, die dann als entsprechende Natriumverbindungen – da sie Carboxylgruppen enthalten – in der Beuchlauge vorhanden sind. Weiterhin lösen sich vorhandene Hemicellulosen sowie vermutlich auch geringe Mengen niedrigmolekularer Cellulosebestandteile namentlich dann, wenn solche bei nicht völligem Ausschluß von Luftsauerstoff durch oxydativen Abbau aus der Cellulose entstanden sind.

Gewichtsverlust beim Beuchen und Abkochen. Auf Grund der Entfernung der Fremdstoffe und Verschmutzungen verliert die Baumwolle teilweise erheblich an Gewicht. Der gewichtsmäßige Verlust ist von Fall zu Fall verschieden. Er hängt nicht nur von der Baumwollsorte und ihrer Reinheit, sondern auch von den Beuch- und Abkochbedingungen ab. Je schärfer die Reinigungsbedingungen sind und je unreiner die Baumwolle ist, um so höher wird der Gewichtsverlust sein. Dieser bewegt sich normalerweise etwa zwischen 3 und 7 %. In besonders gelagerten Fällen, d.h. wenn eine sehr unreine Baumwolle vorliegt, kann sich der angegebene Gewichtsverlust noch mehr oder weniger erhöhen. Bei Geweben, die Kettschlichte enthalten, kann der Gewichtsverlust nach dem Sengen, Entschlichten und Abkochen in extremen Fällen, d.h. bei stark verunreinigten Baumwollen, bis zu ca. 17 % betragen.

Die technische Ausführung des Beuchens. Die Baumwolle wird in großen eisernen Druckkesseln (Abb. 20), die bis zu 3000 Liter fassen können, mit verdünnter Natronlauge gekocht. Die verwendete Natronlaugenkonzentration schwankt zwischen etwa 9 und 19 g Ätznatron pro Liter Flotte, welch letztere daher etwa $1^1/_2$ –3 °Bé spindelt. Höhere Konzentrationen als 3 °Bé dürften im allgemeinen nicht in Frage kommen. Man kocht etwa 4–6 Stunden bei 2–3 atü Druck. Die Druckkochung hat den Vorteil, daß der Siedepunkt der Natronlauge 130–135 °C beträgt, so daß die Verunreinigungen schneller und vollkommener abgelöst werden als bei einer dem Normaldruck entsprechenden Siedetemperatur. Vorteilhaft ist die Verwendung von weichem Wasser, um störende Ausscheidungen zu vermeiden.

Um den Beucheffekt zu forcieren, kann man der Beuchlauge gewisse Netz- bzw. Dispergiermittel zusetzen, wie sulfierte Öle, Fettsäurekondensate oder Eiweißspaltprodukte, eventuell in Kombination mit Fettlösern, wie Hexalin, Tetralin oder Dekalin

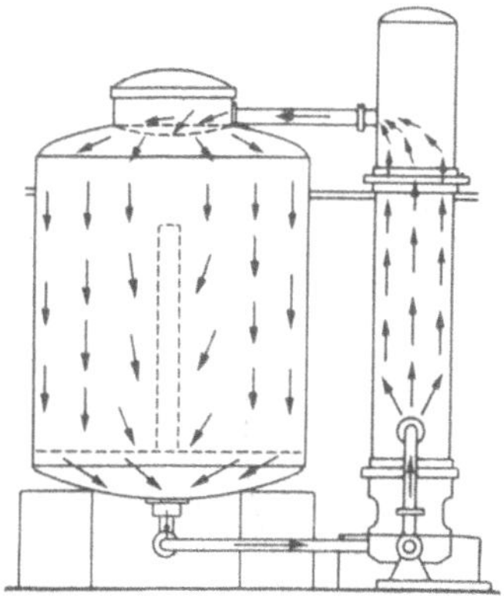

Abb. 20. Hochdruck-Kochkessel mit Laugenvorwärmer, schematisch (Zittauer Maschinenfabrik).

(S. 769). Um eine gewisse Vorbleiche zu erreichen, kann man der Beuchlauge weiterhin kochbeständige Oxydationsmittel beigeben. Als solche kommen z.B. das Aktivin und Peraktivin in Frage, die unter Entwicklung von NaOCl eine gewisse Bleichwirkung auslösen, wie sie z.B. für Baumwollen erforderlich ist, die in sogenannten Pastelltönen oder in lebhaften leuchtenden Farben gefärbt werden sollen.

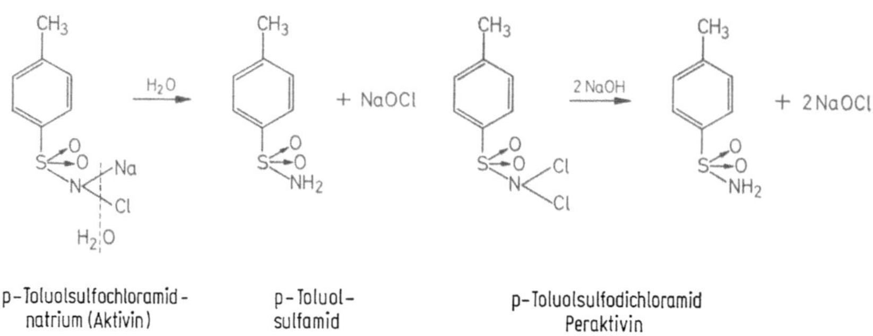

Auch Ondalon, ein Fettalkohol-pyrophosphorsäureester, an dessen Säurekomponente H_2O_2 angelagert ist, ist für diesen Zweck geeignet.

Die Beuchkessel finden bzw. fanden Verwendung zum Beuchen von losem Material (Flocke), Garnen, Webwaren sowie von Wirk- und Strickwaren. Bei der Beschickung der Kessel ist zu beachten, daß das Material gleichmäßig eingepackt wird, damit keine Kanalbildungen möglich sind. Im letzteren Falle würde die Beuchflotte, die mit Hilfe einer Pumpe durch das Material bewegt wird, den Weg des geringsten Widerstands wählen, so daß ein ungleichmäßiger Beuchausfall resultieren würde. Weiterhin ist darauf zu achten, daß der Luftsauerstoff völlig aus dem Kessel verdrängt wird, was in der Weise erreicht werden kann, daß das Entlüftungsventil nach der Dampfzufuhr noch einige Zeit lang geöffnet bleibt. Bei Gegenwart von Sauerstoff besteht im alkalischen Medium die Gefahr eines oxydativen Abbaus der Cellulose.

Nach dem Kochen wird mit heißem Wasser gespült, da kaltes Wasser die gebildete Emulsion stören würde. Anschließend wird noch kalt gespült und zur Entfernung der letzten Reste an NaOH mit Salz- oder Schwefelsäure *abgesäuert*. Die Säurekonzentration beträgt maximal 1 °Bé, wenn kalt gespült wird, und kann bei warmem Spülen auf $^1/_2$ °Bé reduziert werden bei gleichzeitiger Abkürzung der Behandlungsdauer.

In besonderen Fällen, d.h. bei sehr unreinen Baumwollen, die zu Vollweiß gebleicht werden sollen, ist unter Umständen eine zweimalige Druckkochung erforderlich. Umgekehrt wird man bei Waren, die in nicht empfindlichen und nicht sehr lebhaften Farbtönen gefärbt werden sollen, auf eine Druckbeuche verzichten und die Kochung bei Normaldruck vornehmen (Brühen). In gewissen Fällen bewirkt auch eine offene Kochung mit einer Mischung aus Natronlauge und Soda oder mit Soda allein eine genügende Vorreinigung für den Färbeprozeß. Bei sehr reinen Baumwollen kann man je nach der Art der Weiterveredlung auf eine alkalische Vorkochung verzichten und lediglich mit einem guten Netzmittel abkochen. In bestimmten Fällen kann man eine dem Färben vorausgehende Kochung überhaupt umgehen, wenn in das *kochende, netzmittelhaltige* Färbebad eingegangen wird (S. 539).

Laugenbehandlung in reduzierendem Medium. Eine intensive Reinigung der Baumwolle läßt sich erzielen, wenn man mit stärkeren Laugen bei ca. 100 °C arbeitet und den Reinigungseffekt durch solche spezifischen Mittel unterstützt, die die Fremdstoffe der Baumwolle zu lösen bzw. zu dispergieren vermögen. Dazu sind *Komplexbildner* erforderlich, welche die auf der Faser befindlichen unlöslichen Ca- und Mg-Pektinate zu löslichen Natriumpektinaten umwandeln.

Um bei der hohen Alkalikonzentration eine Schädigung der Baumwolle zu vermeiden, wird in reduzierendem Medium gearbeitet (*Lufibrol KB-Verfahren*). Man erzielt hierbei schon einen weitgehenden Vorbleicheffekt.

Das *Lufibrol KB-Verfahren* kann auch kontinuierlich durchgeführt werden, wobei die Behandlung bei Sattdampftemperaturen von 130 °C (2 atü) und 140 °C (3 atü) vorgenommen wird. Die Behandlung nimmt dann nur $^1/_2$ bis $1^1/_2$ min in Anspruch.

Zur Erzielung von Vollweiß wird eine Peroxid-Behandlung angeschlossen.

Kontinuierliche Behandlung. Im Gegensatz zu einer *stationären* Behandlung im Kessel kann die Laugenbehandlung auch *kontinuierlich* am laufenden Band erfolgen. Dazu wird eine große Anzahl von Stücken aneinandergenäht und die Ware (strangförmig oder in breitem Zustand) mit Lauge imprägniert, in einem Heizaggregat mit Dampf erhitzt und in gestautem Warendurchgang bei etwa 1stündiger Laufzeit durch einen Warenspeicher (*J-Box*) geführt, welcher gegen Wärmeverluste isoliert ist. Falls eine einmalige Behandlung nicht genügt, kann diese wiederholt werden.

Die in dieser Weise abgekochte Ware wird nach dem gleichen Prinzip der Chlor- bzw. Peroxidbleiche unterzogen (S. 86, 100), so daß – da die Entschlichtung ebenso erfolgt – die Ware völlig kontinuierlich ohne eine einzige stationäre Behandlung mit einer Laufgeschwindigkeit von ca. 100 m pro min die Fabrikation durchläuft. Diese Methode ist arbeit-, zeit- und dampfsparend, setzt aber die regelmäßige Veredlung größter Fabrikationspartien voraus, wenn die betreffenden Einrichtungen entsprechend ausgenützt werden sollen. Der Vorteil einer solchen Arbeitsweise gegenüber der stationären Methode liegt auch darin, daß keinerlei Filtrationserscheinungen bzw. Zirkulationsschwierigkeiten auftreten, welche sich auf den Bleich- und Farbausfall nachteilig auswirken können. Neuerdings werden auch kleinere und daher weniger kostspielige Anlagen für die kontinuierliche Bleiche kleinerer Fabrikationspartien gebaut.

Die Abb. 21 zeigt das Schema einer Kontinuebleichanlage nach dem *Du Pont-Verfahren*. Die Ware wird zunächst in einer Strangwaschmaschine (1) gewaschen bzw. genetzt oder entschlichtet, in einer Strangquetsche (2) ausgequetscht und in einem Laugensättiger (3) mit Lauge imprägniert. Anschließend passiert die Ware einen U-förmigen Dampferhitzer (4) und den wärmeisolierten Warenspeicher (J-Box, 5). Hierauf geht die Ware nacheinander durch Strangwaschmaschine, Strangquetsche, kleinen Warenspeicher (6), Strangwaschmaschine, Strangquetsche in einen Wasserstoffperoxid-Sättiger (7), Dampferhitzer, Warenspeicher (J-Box). Von hier aus passiert die Ware wieder kontinuierlich Strangwaschmaschine, Strangquetsche, kleinen Warenspeicher, Strangwaschmaschine und Strangquetsche.

Entsprechende Einrichtungen werden u. a. auch von den nachstehend genannten Firmen gebaut: Benteler, Bieger, Deutsche Steinzeugwerke, Kleinewefers, Farmer-Norton und Mather-Platt.

Das Abkochen bzw. Brühen kann vorteilhaft auch in breitem Zustand vorgenommen werden, z. B. auf der *Rotowa-Breitwaschmaschine* (Heberlein), bei der die Waschflotte mit hoher Geschwindigkeit durch das aufgewickelte Gewebe gepreßt wird (Abb. 22).

HTD-Einrichtungen (Hochtemperatur-Druck-Dämpfer). Neuerdings wird in kontinuierlicher Weise bei höheren Temperaturen und höherem Druck (140 °C, 3–4 atü) mit Alkali „abgekocht" (Lippendichtung!) und anschließend z.B. mit Wasserstoffperoxid gebleicht. Dadurch werden die Bleichzeiten stark verkürzt (HTD-Verfahren). Das HTD-Prinzip läßt sich naturgemäß auch für andere Veredlungsmethoden (Färberei und Appretur) einsetzen. Hierher gehört u.a. auch das Vaporloc-Verfahren (Mather und Platt).

Das Abkochen von buntgewebten Waren. Werden rohe Baumwollgarne zusammen mit bunten Garnen verwebt, dann müssen, falls diese Gewebe gebleicht werden sollen, die angewandten Farben *alkalikochecht* und *bleichecht* sein. Hierfür kommen nur bestimmte Küpenfarbstoffe, z.B. Indanthrene, sowie andere indanthrenechte Farbstoffe, wie gewisse Naphtol AS-Kombinationen oder Indocarbonschwarz CL usw. in Frage. Bei Küpenfarbstoffen besteht die Gefahr, daß sie in der alkalischen Flotte auslaufen bzw. abschmieren, wenn gleichzeitig ein *Reduktionsmittel* in der Kochlauge zugegen ist. Als solches können gewisse Stärkerückstände aus der Schlichte fungieren, die nicht ausgewaschen wurden und die in abgebautem Zustand eine kräftige Reduktionswirkung entfalten. Ebenso kommen kurzkettige Cellulosebestandteile in Frage, die während des Abkochens bei Gegenwart von Luftsauerstoff entstehen können. Unter diesen Umständen umgeht man eine ätzalkalische Abkochung und kocht vorteilhafter mit Soda ab.

Man nimmt die Kochung weiterhin nicht im Kessel vor, wo die dichte Packung ein Abschmieren erleichtert, sondern arbeitet zweckmäßig auf der Haspelkufe oder sonstigen Einrichtungen, in denen nicht große Warenmengen aufeinander zu liegen kommen. Um eine etwaige Reduktionswirkung zu eliminieren, setzt man der alkalischen Flotte beständige und mild wirkende Oxydationsmittel zu. Als ein solches wäre z.B. das *m-nitrobenzol-sulfosaure Natrium* zu nennen.

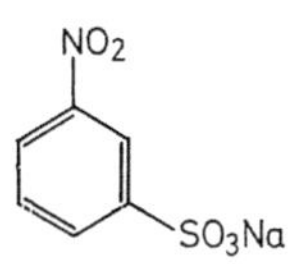

m-nitrobenzol-sulfosaures Natrium (Ludigol, Albatex BD, Revatol S, Solidol N, Resistsalz L, Sitol, Atco Reserve Salt L).

Am vorteilhaftesten ist es, bei der Buntbleiche auf eine alkalische Kochung überhaupt zu verzichten und die Ware einer heißen ätzalkalischen Bleiche mit Wasserstoffperoxid – gegebenenfalls nach vorausgegangener alkalischer Chlorung – zu unterziehen. Besonders geeignet ist die *saure Wasserstoffperoxid-Bleiche* (S. 99).

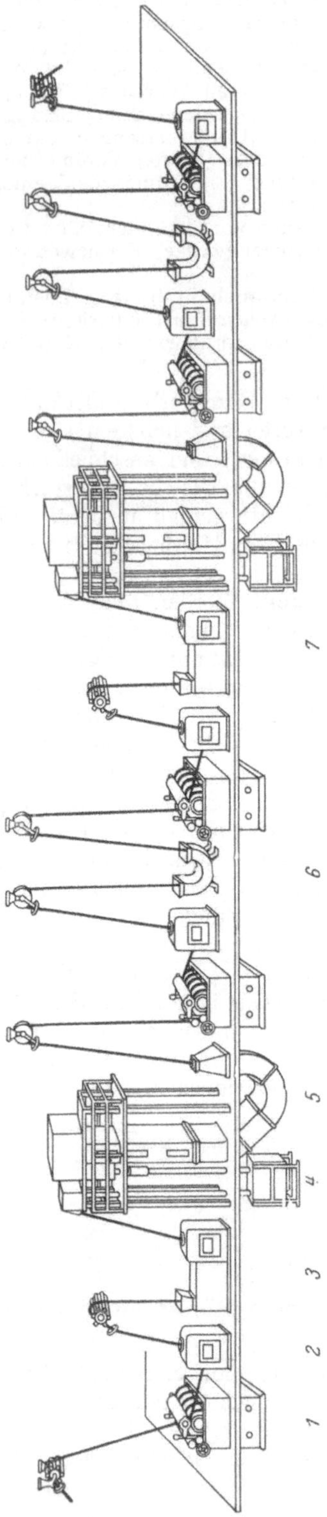

Abb. 21. Kontinue-Bleichanlage nach dem Du Pont-Verfahren, schematisch (Butterworth).

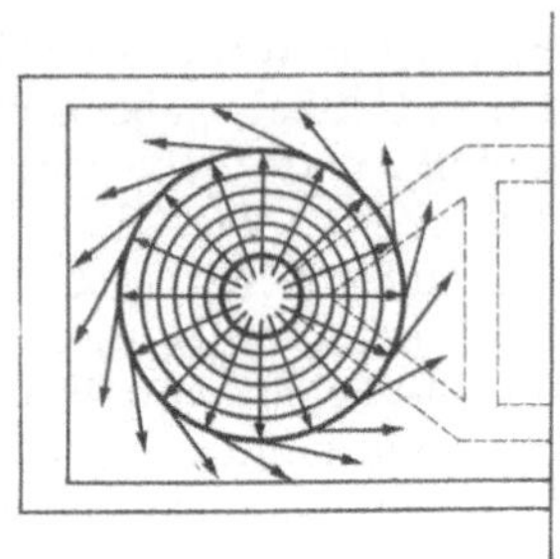

Abb. 22. Rotowa-Breitwaschmaschine (nach H. U. von der Eltz u. H. Walbrecht).

4. Die Mercerisation

Unter Mercerisation (erfunden von dem Engländer *Mercer* im Jahre 1844) versteht man die Behandlung der Baumwolle mit starker Natronlauge bei gleichzeitiger oder anschließender Ausübung eines Zugs auf das Garn oder das Gewebe. Wenn die Behandlung der Baumwolle ohne Spannung erfolgt, sollte man tunlichst nicht von Mercerisieren, sondern von Laugieren sprechen, da ohne Anwendung einer Spannung die für die Spannungsbehandlung typische Glanzerhöhung nicht eintritt.

Der Zweck der Mercerisation besteht in erster Linie darin, der Baumwolle, die von Haus aus im allgemeinen wenig Glanz, sondern eher ein stumpfes Aussehen besitzt, einen *seidenartigen Glanz* zu verleihen. Da diese Art der Veredlung das Aussehen der Baumwollwaren sehr vorteilhaft verändert, ist die Mercerisation ein sehr häufig angewandtes Veredlungsverfahren. Sie kommt insbesondere in Frage für die Veredlung von Bettwäsche, Tischwäsche, Herrenoberhemdenstoffen, Kleider- und Schürzenstoffen, Futterstoffen sowie Nähgarnen und Handarbeitsgarnen.

Erfolgt die Laugenbehandlung *ohne Spannung*, dann haben die Gespinste das Bestreben, stark zu schrumpfen, die Gewebe gehen dabei ein und werden dichter, während eine Glanzerhöhung ausbleibt. Man hat also in dem Laugieren ohne Spannung ein Mittel in der Hand, um bei Geweben die Fadendichte namentlich in Schußrichtung wesentlich zu erhöhen. Als Folge davon erhält man eine erhöhte Elastizität (Stretchartikel S. 73).

Veränderungen der Baumwolle durch die Mercerisation. In erster Linie tritt durch die Mercerisation eine beachtliche *Glanzerhöhung* ein, deren Umfang einmal von den Mercerisierbedingungen und zum andern von der Baumwollsorte abhängt. Bei Baumwollen, die von Haus aus schon etwas Oberflächenglätte und Glanz besitzen, läßt sich der Glanz wesentlich mehr steigern, als bei an und für sich glanzarmen Sorten (*Johannsen, O. Mecheels*). Weiterhin eignen sich besonders gut gekämmte, langstaplige Baumwollen, da bei diesen die Zahl der aus der Garnoberfläche abstehenden und damit den Glanz schwächenden Faserenden auf ein Minimum reduziert ist. Die Glanzerhöhung kommt vermutlich dadurch zustande, daß die Faseroberfläche ihre Unebenheiten weitgehend verliert und so zu einer für die Glanzbildung optimalen Reflexion geeignet wird.

Die Glanzerhöhung ist von einer Erhöhung der *Reißfestigkeit* begleitet, die einen beträchtlichen Umfang (bis zu 50% der ursprünglichen Festigkeit) annehmen kann, während die Dehnung zurückgeht (*W. Schramek* und *C. Schubert*). Die Tatsache der nach der Mercerisation erhöhten Reißfestigkeit läßt sich damit erklären, daß durch Zug im gequollenen Zustand eine höhere Orientierung der Kristallite in Richtung der Faserachse erfolgt, so daß sich die von den Cellulosemolekülen ausgehenden zwischenmolekularen bzw. zwischenmicellaren Kräfte besser gegenseitig absättigen können (S. 19f.). Die Erhöhung der Reißfestigkeit kann nicht ohne weiteres als eine Qualitätsverbesserung angesehen werden, da gleichzeitig die elastischen Eigenschaften eine Verminderung erfahren, was sich auf den Gebrauchswert nicht vorteilhaft auszuwirken pflegt.

Durch die Mercerisation erhält die Baumwolle ein erhöhtes Quellvermögen in Wasser und wäßrigen Lösungen und wird damit auch *aufnahmefähiger für Farbstoffe*. Mercerisierte Baumwolle läßt sich daher im Vergleich zu nicht mercerisierter bei gleicher Farbstoffkonzentration tiefer anfärben als letztere. Während der Laugeneinwirkung drehen sich die korkzieherartigen Windungen der Baumwolle auf, so daß die mercerisierte Faser je nach Intensität des Effekts (*Mercerisiergrad*) mehr oder weniger weitgehend frei von solchen Verdrehungen ist. Hand in Hand damit geht eine entsprechende Änderung des Querschnitts, der bei optimaler Mercerisation eine nahezu kreisrunde Form annimmt (Abb. 23–26).

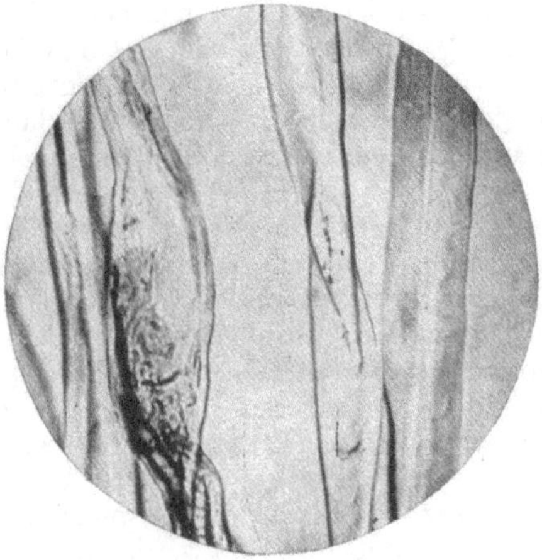

Abb. 23. Baumwollfasern, Längsansicht, nicht mercerisiert, Vergrößerung 500:1 (Photo *Klenk*).

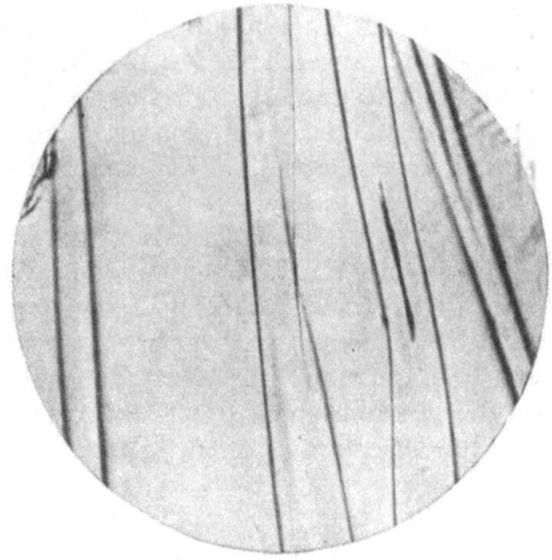

Abb. 24. Baumwollfasern, Längsansicht, mercerisiert. Vergrößerung 500:1 (Photo *Klenk*).

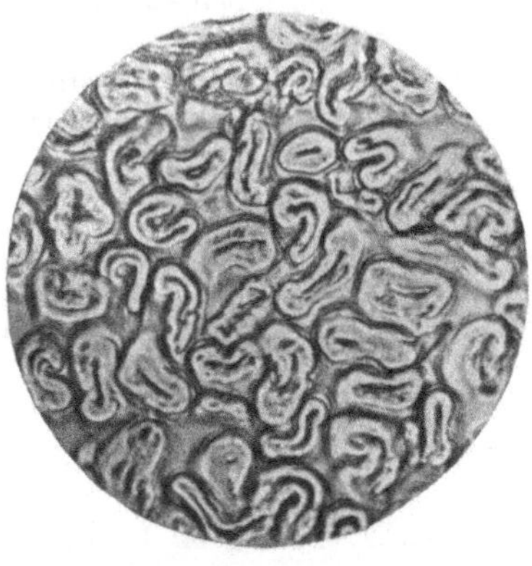

Abb. 25. Baumwollfasern im Querschnitt, nicht mercerisiert, Vergrößerung 500:1 (Photo *Klenk*).

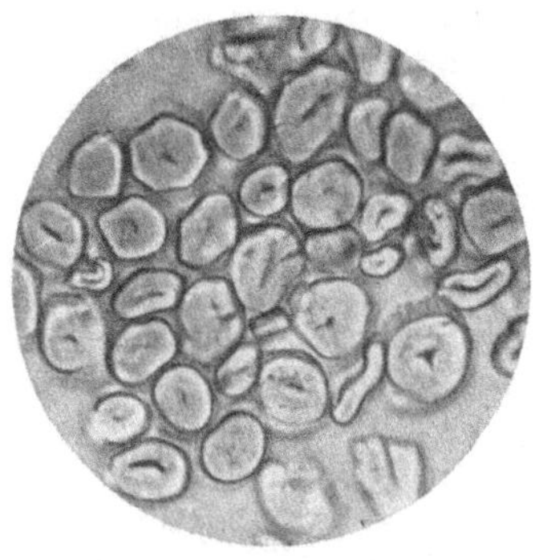

Abb. 26. Baumwollfasern im Querschnitt, mercerisiert, Vergrößerung 500:1 (Photo *Klenk*).

Hinsichtlich der Röntgenstruktur ist zu sagen, daß es sich bei der Einwirkung der Mercerisierlauge um eine *intramicellare* (permutoide) Reaktion handelt, die Röntgeninterferenzen daher eine entsprechende Veränderung erfahren. Es resultiert das Gitter der Hydratcellulose, deren Elementarkörper zwar der gleiche ist wie derjenige der nativen Cellulose, aber etwas andere Achsenabmessungen besitzt (S. 23).

Chemische Vorgänge bei der Einwirkung der Natronlauge auf Baumwolle. Daß bei der Einwirkung von Natronlauge auf Cellulose sich bestimmte chemische Vorgänge abspielen, dürfte unbestritten sein. Dies ist einmal aus dem Auftreten einer positiven Wärmetönung und zum andern aus der Konzentrationsabhängigkeit der Laugenaufnahme zu folgern. Auf Grund der Alkoholstruktur der Cellulose besteht die Möglichkeit, daß eine *Alkoholatbildung* erfolgt. Diese Annahme wird einmal durch die Tatsache gestützt, daß eine mit Natronlauge behandelte Cellulose sich mit Säurechloriden leicht verestern läßt und zum andern durch die

Reaktionsweise der mit Natronlauge behandelten Cellulose mit Schwefelkohlenstoff. Dabei bildet sich in Analogie zu der Umsetzung von Äthylalkohol mit Schwefelkohlenstoff das Cellulosexanthogenat, das als Zwischenprodukt bei der Herstellung der Viscosereyon Verwendung findet (S. 200):

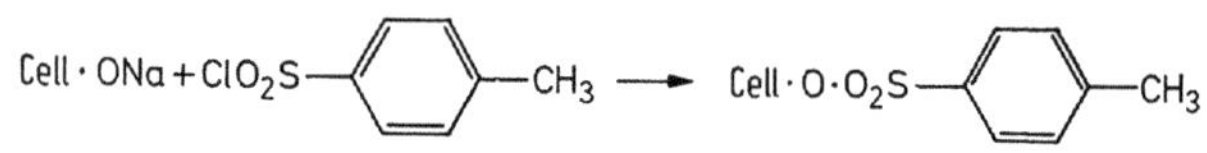

Immungarn (S. 33).

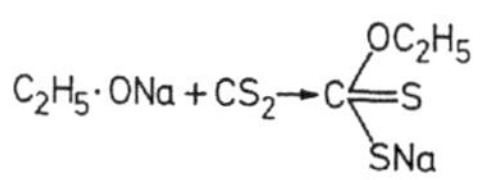

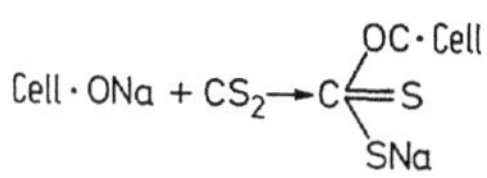

Cellulosexanthogenat.

Gegen eine Alkoholatbildung spricht jedoch die gemessene Wärmetönung, die wesentlich kleiner ist, als sie sonst bei Alkoholatbildungen beobachtet wird. Dieser Umstand deutet eher auf die Bildung von gewissen *Molekülverbindungen* zwischen Cellulose und NaOH hin, deren molekulares Verhältnis in Abhängigkeit von der NaOH-Konzentration wechselt. Solche Molekülverbindungen sind auch von niedrigmolekularen Alkoholen wie Methylalkohol, Glycerin, Erythrit und Hexit bekannt.

Dieser Widerspruch läßt sich am einfachsten mit der Annahme überbrücken, daß ein Gleichgewicht zwischen Alkoholat und Molekülverbindung vorliegt, welches stark in Richtung der Molekülverbindung verschoben ist. Bei der Xanthogenatbildung bzw. Veresterung wird das aus dem Gleichgewicht ausgeschiedene Alkoholat immer wieder aus der Molekülverbindung nachgeliefert, so daß die Reaktion reibungslos in der oben formulierten Weise vonstatten gehen kann.

Bei niedrigen NaOH-Konzentrationen bis etwa 10% NaOH wird NaOH lediglich an der Kristallitoberfläche adsorbiert, so daß keine Änderung des Röntgenbildes und auch kein Mercerisiereffekt beobachtet wird. Erst oberhalb einer Konzentration von 10% NaOH beginnt eine Veränderung der Röntgeninterferenzen einzutreten (S. 23).

Einwirkung anderer Basen auf Baumwolle. Wie bei der Quellung der Cellulose in Laugen bereits erwähnt, ist die Quellwirkung der Laugen um so stärker, je kleiner das Atomvolumen bzw. der Ionenradius des Kations und je größer damit seine Hydratationsfähigkeit ist (S. 23). Quellwirkungen und damit Mercerisiereffekte lassen sich daher auch mit Lithiumhydroxid sowie Kaliumhydroxid erreichen, während Rubidiumhydroxid und Cäsiumhydroxid nur gelinde Quellwirkungen hervorrufen. Aus preislichen Gründen wird üblicherweise mit dem billigen Ätznatron gearbeitet, während Kaliumhydroxid nur für Spezialzwecke, z.B. für die Mercerisation der Mischgespinste aus Zellwolle und Baumwolle in Frage kommt (S. 238). Mercerisation mit flüssigem Ammoniak siehe S. 73.

Die technische Ausführung der Mercerisation. a) *Garne.* Die Garne werden zunächst, wenn ein optimaler Glanz erreicht werden soll, gasiert (gesengt) und dann mit Lauge unter Druck bzw. offen mit Lauge oder Soda gekocht. Schließlich kann man auch nur mit Wasser unter Zusatz eines Netzmittels abkochen oder sogar in rohem Zustand mit dem trockenen Garn in die Mercerisierlauge eingehen (*Roh- oder Trockenmercerisation*). In diesem Falle ist allerdings im Interesse einer intensiven und gleichmäßigen Einwirkung der Lauge der Zusatz eines gut wirkenden Netzmittels zur Mercerisierlauge Voraussetzung (S. 769).

Der Nachteil der Rohmercerisation ist der, daß die Mercerisierlauge durch die von der Baumwolle abgelösten Fremdstoffe rasch verunreinigt wird. Als ein Vorteil ist der Umstand zu werten, daß das trockene Rohgarn die Lauge nicht mit Wasser verdünnt, wie dies bei der Mercerisation einer abgekochten und geschleuderten, also wasserhaltigen Baumwolle der Fall ist, was eine laufende Regulierung der Laugenkonzentration, die immer konstant bleiben soll, erforderlich macht. Wird roh mercerisiert oder vor der Mercerisation nur mild, d. h. mit Wasser und Netzmittel abgekocht, dann resultiert ein höherer Glanz, als dies bei einer alkalisch vorgekochten Ware der Fall ist (*O. Mecheels*).

Die *Garnmercerisiermaschinen* arbeiten in der Weise, daß das Garn in Strangform auf ein Walzenpaar aufgebracht wird, bei dem die eine Walze ortsfest, die andere aber beweglich gelagert ist (Abb. 27 und 28). Während das Garn mit der

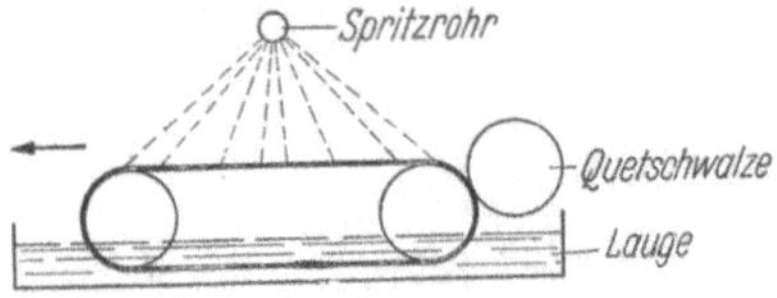

Abb. 27. Garn-Mercerisiermaschine, schematisch.

Abb. 28. Stranggarn-Mercerisiermaschine (Franksche Eisenwerke).

Lauge in Berührung ist, was etwa 60–90 sec in Anspruch nimmt, drehen sich die Walzen, so daß das Garn in der Lauge mitgedreht wird. Gleichzeitig wird die Entfernung der Walzen vergrößert, so daß das Garn eine Streckung erfährt. Die Streckung kann für kurze Zeit aufgehoben und wieder erneuert werden, sie bleibt dann schließlich bis zur Entfernung der Lauge aus dem Garn bestehen. Die Streckung der Garne beträgt üblicherweise 3–5 % über Weifenlänge; eine höhere Streckung führt zwar zu höherem Glanz, aber gleichzeitig zu einer Verminderung der Reißfestigkeit.

Die Konzentration der Lauge bewegt sich zwischen 20 und 26% NaOH (27 bis 33 °Bé). Unter- und oberhalb dieses Konzentrationsgebiets erhält man geringere Mercerisiereffekte. Die Lauge soll möglichst auf ca. 10 °C gekühlt sein, da die Umsetzung der Cellulose mit Lauge in exothermer Reaktion erfolgt und daher durch Kühlen gefördert wird.

Nach dem Laugieren wird die Ware, solange sie sich noch in Spannung befindet, durch Abspritzen mit zunächst heißem und dann kaltem Wasser von der Lauge befreit. Die letzten Reste an Lauge werden durch Absäuern entfernt. Anschließend wird mit Wasser gespült. Die ersten Anteile des Spritzwassers werden, da sie stark laugenhaltig sind, gesondert aufgefangen und entweder zur Herstellung von Mercerisierlauge oder für andere Zwecke verwendet, bei denen verdünnte Natronlauge benötigt wird (Beuchen, Küpenfärben).

Automatische Mercerisation

Eine Einrichtung, auf der der gesamte Mercerisierprozeß einschließlich Spülen *mit Programmsteuerung* automatisch vorgenommen werden kann, ist der *Neutromercer*.

Chevillieren und Lüstrieren. Im Interesse einer weiteren Glanzerhöhung kann auf die Mercerisation eine auf rein mechanischer Basis beruhende Glättung der Garnoberfläche durch das Lüstrieren oder Chevillieren folgen. Beim *Lüstrieren* werden die Garne auf glatte geheizte Metallwalzen aufgehängt, durch welche die gespannten Garne in Drehung versetzt werden, wobei gleichzeitig gedämpft wird. Im gequollenen Zustand erfährt die Garnoberfläche durch die Anpressung an die glatten Walzen eine Glättung, was zu einer zusätzlichen Glanzsteigerung führt.

Beim *Chevillieren* werden die auf einem Spulenpaar befindlichen Garnstränge unter Zug um ihre Längsachse gedreht, so daß sich die Garnwindungen gegenseitig glätten (Abb. 29).

Abb. 29. Chevilliermaschine (Gerber).

b) *Gewebe.* Die Vorbehandlung der Gewebe vor der Mercerisation kann eine verschiedene sein. Üblicherweise wird gesengt und entschlichtet, dann alkalisch abgekocht oder direkt nach dem Entschlichten mercerisiert. Schließlich kann aber auch im Rohzustand, also ohne vorausgegangene Entschlichtung, mercerisiert werden, eine Arbeitsweise, die allerdings die Mercerisierlauge durch die abgelöste Schlichte schnell verunreinigt, falls die Lauge nicht durch in den Laugenkreislauf eingebaute Separatoren kontinuierlich gereinigt wird. Ein Mercerisieren nach dem Bleichen kommt seltener in Frage.

Die *Gewebemercerisiermaschine* arbeitet meist in der Weise, daß die Gewebe zunächst mit Lauge imprägniert und dann einer Spannvorrichtung zugeführt werden. Die Spannvorrichtung besteht entweder aus Kluppenketten (Abb. 30) wie bei einem Trockenspannrahmen, oder in einer Breitstreckvorrichtung mit angeschlossenen Walzenserien, die teilweise mit einem Gummimantel versehen sind und das Gewebe während der Laugierung am Einschrumpfen hindern. Die letztere Ausführung (kettenlose Mercerisiermaschine) findet Verwendung beim Mercerisieren von empfindlichen Geweben, welche ein Spannen zwischen Kluppenketten nicht vertragen (Abb. 31). Bei diesem wird die Lauge vielfach erst in gespanntem Zustand auf die Ware gebracht. Durchschnittlich ist die Ware etwa 30 sec mit der Lauge in Berührung. Der Vorteil der *kettenlosen* Mercerisiermaschine liegt u. a. in dem gegenüber der Kluppenketten-Mercerisiermaschine verhältnismäßig kleinen Raumbedarf und dem geringen Kraftverbrauch.

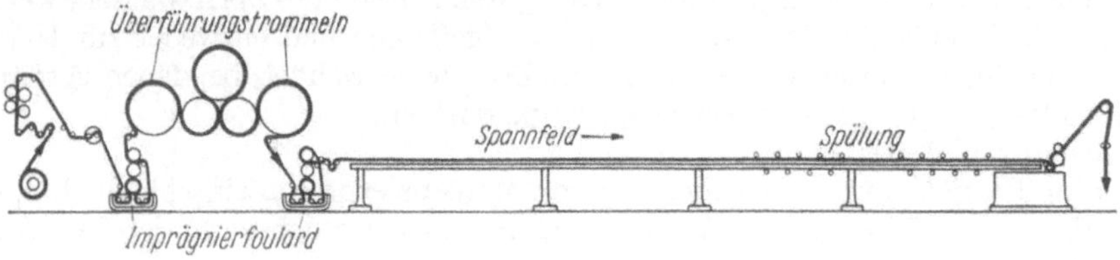

Abb. 30. Mercerisieranlage mit Kluppenkette, ohne Neutralisation, schematisch (Zittauer Maschinenfabrik).

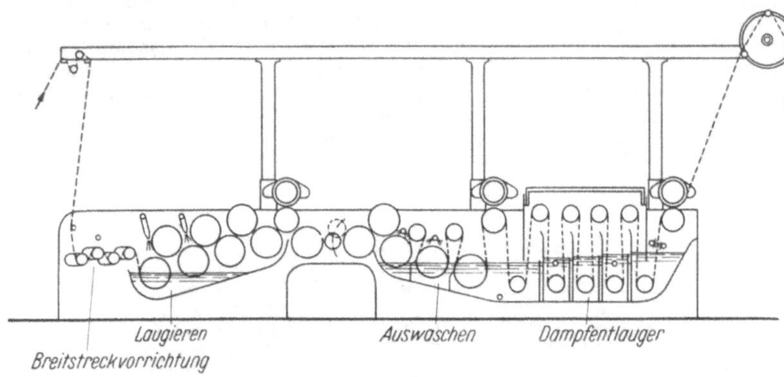

Abb. 31. Kettenlose Mercerisiermaschine, schematisch (Benninger).

Die mit Lauge gequollene und gespannte Ware wird nun, solange sie sich noch in Spannung befindet, durch Behandlung mit Wasser von der Lauge befreit. Dieses kann einmal durch Abspritzen mit warmem Wasser geschehen, ferner durch Hindurchsaugen von Wasser durch das Gewebe, oder schließlich durch Passieren des Gewebes durch Wasser. Da auf diese Weise die Lauge nicht ganz aus dem Gewebe entfernt werden kann, folgt eine weitere Behandlung auf entsprechenden *Entlaugern*, bei denen das Gewebe im Gegenstrom bei gleichzeitigem Dämpfen mit Wasser in Berührung kommt. Das anfallende laugenhaltige Spülwasser wird wieder weiterverwendet. Die letzten Reste an Lauge werden durch Säuern entfernt. Eine völlige Befreiung der Ware von Lauge ist allerdings nur dann erforderlich, wenn nach der Mercerisation keine alkalische Weiterbehandlung erfolgt.

Neben Webwaren lassen sich bei entsprechender maschineller Einrichtung auch *Trikotagen* mercerisieren. Außer der Glanzerhöhung erhält die Ware verbesserte Elastizität, Krumpffreiheit und Formbeständigkeit, Rückgang der Knötchenbildung (Pilling) und gesteigertes Farbstoffaufnahmevermögen.

Dura-Mercerisage. Diese stellt ein stark abgekürztes „Mercerisierverfahren" dar, und zwar dergestalt, daß man das Gewebe mit verdünnter Natronlauge klotzt und anschließend zwischen Kalanderwalzen auf höhere Temperatur erhitzt, trocknet, spült und wieder trocknet.

Spannungslose Mercerisation (Laugierung). Laugiert man ohne Spannung, dann tritt infolge Kräuselung der Fasern eine Schrumpfung der Garne ein, so daß diese voluminös und elastisch werden (*Stretch-Garne*).

Das gleiche erreicht man auch bei Webwaren sowie Strick- und Wirkartikeln, die durch die Laugierung voluminös und hochelastisch werden. Soll der Stretch-Effekt gebrauchs- und waschfest sein, so wird die Ware zusätzlich einer Fixierung durch eine die Cellulose vernetzende Behandlung unterzogen (S. 145).

Die Herstellung elastischer Textilien ist von Bedeutung für die Erzeugung elastischer Kleidung, die auch bei deformierender Bewegung ihre Paßform beibehält, die Bewegung aber nicht stört. Sie kommt daher für die verschiedensten Sport- und Freizeitartikel sowie Socken usw. in Betracht (vgl. Texturierung S. 145, 345, 352).

Mercerisation mit flüssigem Ammoniak

Baumwolle kann auch mit flüssigem Ammoniak (unterhalb −33 °C) mercerisiert werden. Das Verfahren ist billiger als die Mercerisation mit Natronlauge, da keine Abwasserprobleme auftreten und Ammoniak fast völlig zurückgewonnen werden kann.

5. Das Bleichen

Die Baumwolle enthält – wie auch alle anderen natürlichen Faserstoffe – gewisse Farbstoffe, die ihr ein gelbliches bis bräunliches Aussehen verleihen. Die Aufgabe des Bleichens besteht darin, diese Farbstoffe zu zerstören, damit die Faser ein rein weißes Aussehen bekommt.

Neben den Naturfarbstoffen soll die Bleiche auch alle anderen das Weiß störenden Verunreinigungen entfernen oder mindestens unsichtbar machen. Hierher gehören vor allen Dingen die in der Rohbaumwolle vorhandenen Reste von Blättern, Fruchtkapseln und Samenschalen, die teilweise die Spinnerei und Weberei passieren und demnach im Garn und Gewebe vielfach anzutreffen sind. Im Rahmen des Abkochens bzw. Beuchens wird der Naturfarbstoff schon teilweise beseitigt und auch die sonstigen Verunreinigungen so weit aufgelockert, daß eine nachfolgende Bleiche zu einer restlosen Beseitigung führt.

Das Bleichen spielt auf dem Baumwollsektor eine sehr große Rolle, da ein großer Teil der Baumwollwaren in gebleichter Form in den Handel kommt. Hier sind unter anderem zu nennen Stoffe für Bettwäsche, Tischwäsche und Leibwäsche sowie Nähgarne. Im Gegensatz hierzu spielt das Bleichen auf dem Wollsektor eine untergeordnete Rolle, da Wolle mit wenigen Ausnahmen auf farbige Waren, wie Anzug-, Mantel- und Kostümstoffe, Strickwaren usw. verarbeitet wird. Das Bleichen der Baumwolle wird im allgemeinen *mit oxydativ wirkenden Bleichmitteln* vorgenommen. Als solche kommen in Frage chlorhaltige Bleichmittel wie Natriumhypochlorit und Natriumchlorit sowie sauerstoffhaltige Bleichmittel wie Wasserstoffperoxid und Natriumperoxid. Für Spezialzwecke finden Aktivin und Peraktivin (S. 63) und in der Weißwäscherei namentlich Natriumperborat (Persil) Verwendung.

Die Bedeutung der einzelnen Bleichmittel hat sich in den letzten 50 Jahren stark verschoben. Während ursprünglich vorwiegend Chlorkalk angewandt wurde, und später NaOCl stark aufkam, ist heute zum NaOCl das $NaClO_2$ getreten. Wenn ursprünglich das H_2O_2 preislich im Hintertreffen stand, so hat sich sein Preis in den letzten Jahren so sehr gesenkt, daß es fast zum wichtigsten Bleichmittel geworden ist.

Dies hängt namentlich auch damit zusammen, daß eine alkalische Peroxidbleiche den gesamten Bleichprozeß insofern sehr vereinfacht, als die alkalische und die Bleichbehandlung zu *einem* Arbeitsprozeß vereinigt werden können, so daß das Beuchen stark in den Hintergrund getreten ist. Hinzu kam in den letzten Jahren der Umstand, daß an Hand des *HT-Bleichverfahrens* eine starke Beschleunigung der H_2O_2-Bleiche möglich geworden ist.

In der ursprünglich sehr langwierigen *Leinenbleiche* ist ein großer Fortschritt dadurch erzielt worden, daß durch eine kombinierte Anwendung von H_2O_2 und $NaClO_2$ der ursprünglich Tage und Wochen dauernde Bleichprozeß auf wenige Stunden abgekürzt werden konnte.

Das $NaClO_2$ wird vorwiegend bei der kontinuierlichen Bleiche von Baumwolldruck- und Farbware sowie Trikotstoffen angewandt.

Als wesentlicher Gesichtspunkt ist der Umstand zu werten, daß sich die Bleichprozesse von der *stationären Form* in großem Umfang zu *kontinuierlichen* Verfahren gewandelt haben. Dabei ist naturgemäß das Vorliegen größerer Arbeitspartien Voraussetzung.

α) *Das Bleichen mit Hypochloriten*

Während früher vor allen Dingen der *Chlorkalk* das Hauptbleichmittel in der Baumwollbleiche war, ist an seine Stelle als Chlorbleichmittel das *Natriumhypochlorit* in Gestalt der Natronbleichlauge getreten.

Der Chlorkalk. Chlorkalk wird hergestellt durch Überleiten von Chlor über gelöschten Kalk. Die Umsetzung verläuft nicht quantitativ, sondern führt zu einem Produkt, das neben drei Teilen Chlorkalk noch einen Teil gelöschten Kalk enthält. Der wirksame Bestandteil des Chlorkalks selbst ist als ein gemischtes Salz aufzufassen, in welchem das Calcium-Ion mit einem Hypochlorit-Ion und einem Chlor-Ion verbunden ist:

$$Ca(OH)_2 + Cl_2 = \underset{\text{Chlorkalk}}{Ca\begin{matrix}-OCl\\-Cl\end{matrix}} + H_2O$$

Dem technischen Chlorkalk kommt die folgende Zusammensetzung zu:

$$3\,Ca\begin{matrix}-OCl\\-Cl\end{matrix} \cdot Ca(OH)_2 \cdot 6\,H_2O$$

Der Gehalt an wirksamem Chlor (Aktiv-Chlor) beträgt in dem technischen Produkt etwa 35–40%. Man versteht unter dem *Aktivchlorgehalt* diejenige Menge an Chlor, die aus dem Chlorkalk bei der Einwirkung von Salzsäure in Freiheit gesetzt wird:

$$Ca\begin{matrix}-OCl\\-Cl\end{matrix} + 2\,HCl = CaCl_2 + H_2O + Cl_2$$

Da der Chlorkalk verhältnismäßig schwer löslich ist und weiterhin im Interesse der Entfernung von auf der Ware entstandenen Calciumverbindungen ein sehr gründliches Absäuern nach dem Bleichen notwendig macht, wird Natronbleichlauge heute allgemein bevorzugt.

Die Natronbleichlauge. Natronbleichlauge kann nach verschiedenen Verfahren gewonnen werden, und zwar:

1. Durch Einleiten von Chlor in kalte Natronlauge:

$$2\,NaOH + Cl_2 = NaCl + NaOCl + H_2O$$

Das Einleiten von Chlor muß unter Kühlung erfolgen, da sonst Bildung von Natriumchlorat eintritt:

$$3\,NaOCl \rightarrow 2\,NaCl + NaClO_3$$

2. Durch Einleiten von Chlor in Soda:

$$Na_2CO_3 + Cl_2 = NaOCl + NaCl + CO_2$$

3. Durch Elektrolyse von wäßrigen NaCl-Lösungen.
4. Durch Umsetzung von Chlorkalk mit Soda:

$$CaOCl_2 + Na_2CO_3 = CaCO_3 + NaOCl + NaCl$$

Die Natronbleichlauge kommt nicht in fester Form, sondern flüssig mit einem Gehalt von etwa 150 Gramm Aktivchlor p.l. in den Handel. Neben NaOCl enthält sie noch NaCl sowie etwas $NaClO_3$ und weiterhin ca. 3 Gramm NaOH p.l., wodurch die Haltbarkeit erhöht wird.

Ein *festes Natriumhypochlorit-Präparat* erhält man durch Vermengen einer wäßrigen Natriumhypochlorit-Lösung mit teilweise entwässertem Trinatriumphosphat ($Na_3PO_4 \cdot H_2O$), wobei das Wasser der Hypochloritlösung vom Trinatriumphosphat als Kristallwasser aufgenommen wird.

Teilweise wird die Bleichlauge nach Verfahren 3 an Ort und Stelle der Bleiche selbst hergestellt. Das damit ausgeübte Bleichen wird mitunter als „elektrische Bleiche" bezeichnet.

Die Überwachung der Hypochloritbleiche. Die bei der Bleiche mit Hypochloriten sich abspielenden chemischen Vorgänge lassen sich, da sie sehr komplexer Natur sind, nicht einfach erfassen. Einmal spielen sich in dem Bleichmittel selbst – auch bei Abwesenheit von Fasermaterial – gewisse Umsetzungen ab, die temperatur- und pH-abhängig sind. Zum anderen tritt das Bleichmittel mit den zu beseitigenden Fremdstoffen in Reaktion, und schließlich kann das Bleichmittel die Fasersubstanz selbst oxydativ beeinflussen. Im Sinne einer einwandfreien Bleiche liegt es, den Angriff des Bleichmittels auf die Fremdstoffe zu beschränken, ohne daß dieses in merklichem Umfange auf die Cellulosesubstanz übergreift. Die Trennung dieser beiden Funktionen erfordert eine *strenge Überwachung der Bleichbedingungen,* da bei einer stärkeren Beeinflussung der Fasersubstanz die Qualität des Textilmaterials empfindlich in Mitleidenschaft gezogen werden kann.

Das Bleichen mit Natronbleichlauge wird bei Baumwolle üblicherweise im schwach alkalischen Medium (pH 9–11,5) vorgenommen, während das Bleichen von Bastfasern auch vorteilhaft im schwach sauren Gebiet (pH 2,5–4,5) erfolgen kann (S. 186).

Hieraus ergibt sich einmal, daß die Wirkung der Bleichflüssigkeit stark pH-abhängig sein muß, und zum andern, daß es nicht einfach ist, den Chemismus des Bleichvorgangs (auch für einen bestimmten pH-Wert) eindeutig zu erfassen. Von pH zu pH ändert sich die Zusammensetzung der Bleichflüssigkeit und damit auch der Mechanismus der Bleiche selbst.

Einwirkung der Natronbleichlauge auf die Faserfremdstoffe. Im alkalischen Gebiet wirkt die Natronbleichlauge oxydierend auf die Verunreinigungen der Faser, wobei sich teilweise organische Säuren bilden, die zu einer Verschiebung des pH-Wertes nach kleineren Werten führen. Da im sauren Medium die Chlorbleichlauge neben unterchloriger Säure eine vom pH-Wert abhängige Menge an elementarem Chlor enthält, wirkt sie unter diesen Umständen *sowohl oxydierend als auch chlorierend.* Man macht hiervon beim Bleichen von Bastfasern (Flachs, Hanf) Gebrauch, die eine große Menge von pflanzlichen Verunreinigungen enthalten. Diese Verunreinigungen, wie z.B. das Lignin, bilden mit dem elementaren Chlor Chlorsubstitutionsprodukte, welche wie das *Chlorlignin* eine gute Alkalilöslichkeit besitzen und daher in einem angeschlossenen heißen Sodabad abgelöst werden können.

Es ist denkbar, daß sich unterchlorige Säure an ungesättigte Bindungen enthaltende Fremdstoffe anlagert unter Bildung ungefärbter Additionsprodukte.

Solche Additionsprodukte bilden sich auch bei der Einwirkung von unterchloriger Säure auf Alkylene unter Bildung von *Chlorhydrinen:*

$$\underset{\text{Butylen}}{CH_3 \cdot CH = CH \cdot CH_3} \xrightarrow{HOCl} \underset{\text{„Chlorhydrin"}}{CH_3 \cdot \underset{Cl}{\underset{|}{CH}} - \underset{OH}{\underset{|}{CH}} \cdot CH_3}$$

Es ist nicht ausgeschlossen, daß auch Bestandteile der Naturfärbung der Baumwolle in dieser Weise unter Bildung ungefärbter Additionsprodukte reagieren (*Schilow* und *Minajew*). Der Umstand, daß namentlich überbleichte Waren zu einer nachträglichen „Vergilbung" neigen, läßt eine solche Deutung zu, da das Additionsprodukt unter Umständen einem Zerfall unter Rückbildung der gefärbten Verbindung unterliegt. Im Gegensatz hierzu zeigen mit Wasserstoffperoxid gebleichte Waren die Erscheinung des Vergilbens nicht, da hier eine restlose oxydative Zerstörung der farbigen Substanzen anzunehmen ist.

Die Abnahme der Bleichenergie (Gehalt an Aktivchlor) während des Bleichens in Abhängigkeit vom pH-Wert. Unter den angeführten Umständen ist mit einer starken Abhängigkeit der Reaktionsweise und damit der Bleichwirkung der Natronbleichlauge von dem jeweiligen pH-Wert zu rechnen. Bleicht man Baumwolle vergleichsweise in Bleichbädern von verschiedenem pH-Wert so lange, bis der Gehalt an Aktivchlor jeweils auf die halbe Menge zurückgegangen ist und mißt die hierfür erforderliche Zeit, so findet man die in dem Kurvenbild (Abb. 32) wiedergegebenen Verhältnisse.

In dem pH-Gebiet zwischen 4,5 und 9 ist ein rascher Rückgang des Gehalts an Aktivchlor und damit der Bleichenergie der Bleichlösung festzustellen. Das Tempo des Rückgangs erreicht im *Neutralgebiet seinen Höhepunkt.* Im pH-Gebiet zwischen 2,5 und 4,5 einerseits sowie 9 und 11,5 andrerseits ist mit verändertem pH-Wert nur eine geringe Änderung zu beobachten. Unterhalb pH 2,5 nimmt die Geschwindigkeit des Rückgangs stark zu, während oberhalb pH 11,5 der Verlust an Aktivchlor immer langsamer erfolgt. Diese Verhältnisse spielen für die Technik eine ausschlaggebende Rolle. Mit zunehmender Aktivität des Bleichmittels und damit wachsender Bleichgeschwindigkeit erhöht sich die Gefahr, daß das Bleichmittel auf die Fasersubstanz übergreift und damit eine Faserschwächung bewirkt. Die Abhängigkeit der Faserschädigung vom pH-Wert der Bleichflotte zeigt daher einen analogen Verlauf (S. 81).

Die Reaktionsvorgänge in der Na-Hypochlorit-Lösung (nach *A. Agster*[1]). Das Hypochlorit ist ein außerordentlich starkes Oxydationsmittel. Sein *Redoxpotential* liegt zwischen 1400 und 1550 mV entsprechend rH-Werten zwischen 48 und 53. Da es außerdem seinen Sauerstoff sehr leicht abgibt, ist die Gefahr einer Faserschädigung ziemlich groß. Die Arbeitsbedingungen beim Bleichen müssen daher genauestens eingehalten werden. Man arbeitet normalerweise kalt bei einer Konzentration von 0,5–3 g/l aktivem Chlor und pH-Werten zwischen 9 und etwa 11,5.

Der Verbrauch an Aktivchlor richtet sich nach den in der Faser enthaltenen Verunreinigungen. Je höher der Verunreinigungsgrad, um so größer darf auch der zulässige Verbrauch an Aktivchlor sein. Man rechnet im allgemeinen mit folgenden Werten, bezogen auf das Warengewicht:

Rohbaumwolle	bis 1,8% Aktivchlor
offen abgekochte (gebrühte) Baumwolle	bis 0,6% Aktivchlor
gebeuchte Baumwolle	bis 0,3% Aktivchlor

[1] Textilveredlung 1, 276ff. (1966).

Die Bleichwirkung des Natriumhypochlorits ist darauf zurückzuführen, daß es seinen Sauerstoff abspaltet und dadurch die in der Baumwolle enthaltenen Naturfarbstoffe oxydiert und in farblose Verbindungen überführt. Die Sauerstoffabgabe wird in der Literatur meist wie folgt formuliert:

$$NaOCl \rightarrow NaCl + O \quad \text{oder}$$
$$OCl^- \rightarrow Cl^- + O \quad \text{oder}$$
$$HOCl \rightarrow HCl + O$$

Im Prinzip scheint alles auf dasselbe hinauszulaufen, und die Frage, ob nun das Hypochlorit oder das Hypochlorition oder die unterchlorige Säure das bleichende Agens darstellen, scheint mehr oder weniger eine akademische zu sein. In Wirklichkeit ist diese Frage aber für das Verständnis und insbesondere auch für die praktische Durchführung der Bleiche von entscheidender Bedeutung.

Das Natriumhypochlorit ist das Salz einer sehr starken Lauge (NaOH) mit einer sehr schwachen Säure (HOCl). Die Dissoziationskonstante dieser Säure beträgt ungefähr 10^{-8}. Die Säure liegt also in ihrer Stärke zwischen der Kohlensäure ($K_S \sim 10^{-7}$) und der Blausäure ($K_s \sim 10^{-10}$).

Löst man das Hypochlorit in Wasser, so wird es hydrolytisch gespalten und es resultiert eine Lösung, die stark alkalisch reagiert:

$$NaOCl + H_2O \rightleftharpoons NaOH + HOCl \quad (I)$$

Der Äquivalenzpunkt dieser Lösung liegt bei pH 11–11,5.

Der *Bleichvorgang* besteht nun darin, daß die entstandene unterchlorige Säure ihren Sauerstoff an die Faserverunreinigungen abgibt und in Salzsäure übergeht:

$$HOCl \rightarrow HCl + O \quad (Ia)$$

Aus der sehr schwachen HOCl bildet sich also die sehr starke HCl. Der pH-Wert des Bleichbades verschiebt sich dadurch nach unten, eine sehr wichtige und jedem Bleicher bekannte Tatsache.

Die Reaktion (I) ist eine Gleichgewichtsreaktion, wobei das Gleichgewicht zu 5–10% auf der rechten Seite liegt. Die HOCl-Konzentration ist also nicht sehr groß; sie reicht jedoch zum Bleichen völlig aus, denn durch die laufende Wegnahme wird die Säure immer wieder nachgeliefert.

Setzt man der Hypochloritlösung Natronlauge zu, so verschiebt sich das Gleichgewicht nach links, die HOCl-Konzentration wird kleiner, der Bleicheffekt geht zurück (siehe Abb. 32 und 33).

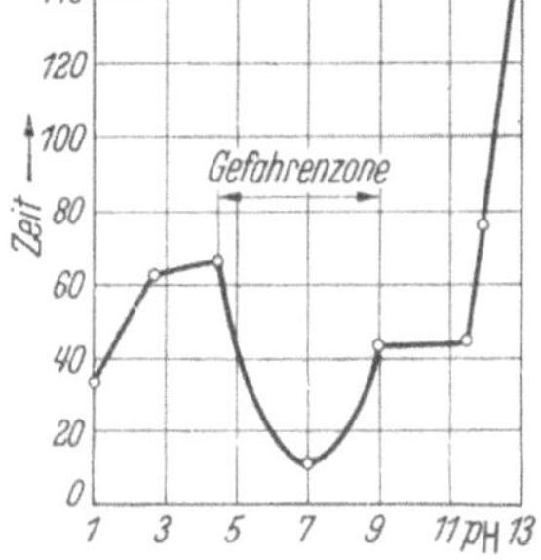

Abb. 32. Zersetzlichkeit von Natronbleichlauge in Abhängigkeit vom pH-Wert (nach *Clibbens* und *Ridge*).

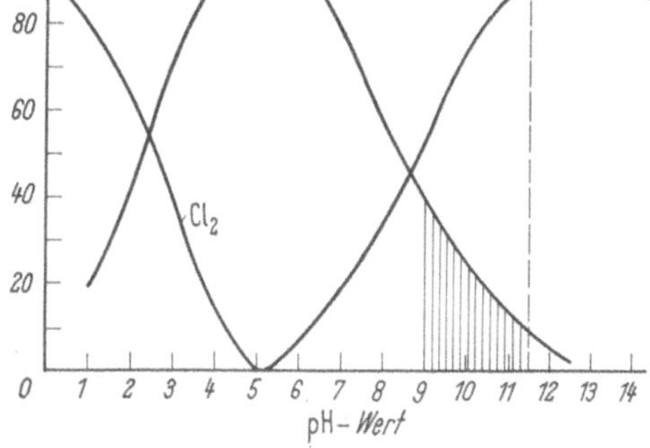

Abb. 33. Zusammensetzung der NaOCl-Bleichflotte in Abhängigkeit vom pH-Wert.

Bei Zugabe von Salzsäure ist es umgekehrt, die HOCl-Konzentration wird erhöht, und die höchste Konzentration an unterchloriger Säure ergibt sich dann, wenn man auf 1 Mol NaOCl 1 Mol Salzsäure zufügt:

$$NaOCl + HCl \rightarrow NaCl + HOCl \quad (II)$$

Der pH-Wert dieser Lösung wird durch die in Freiheit gesetzte HOCl bestimmt, d.h., er liegt bei 5–5,5. Gibt man der Hypochlorit-Lösung noch mehr Säure zu, so treten Zersetzungserscheinungen auf. Die unterchlorige Säure reagiert mit der Salzsäure, und es wird Chlor frei:

$$HOCl + HCl \rightleftharpoons Cl_2 + H_2O \quad (III)$$

Der Bleicheffekt geht dadurch zurück und macht einer mehr *chlorierenden* Wirkung Platz.

Parallel zu den Reaktionen (I) bis (III) verläuft auch noch eine *Disproportionierung* in Chlorid- und Chlorationen bzw. Salzsäure und Chlorsäure:

$$3\,HOCl \rightarrow 2\,HCl + HClO_3 \quad (IV)$$

Diese Reaktion macht sich aber praktisch nur im Gebiet höchster HOCl-Konzentration und nur bei etwas erhöhten Temperaturen bemerkbar; sie spielt daher bei der üblicherweise bei tieferen Temperaturen (14–18 °C) durchgeführten Bleiche keine wesentliche Rolle.

Hieraus geht hervor, daß sich die Zusammensetzung der Hypochloritbleichbäder und damit auch die Bleichwirkung und der Schädigungsgrad in Abhängigkeit vom pH-Wert stark ändern. Die Zusammenhänge sind aus der Abb. 33 ersichtlich.

Abb. 33 zeigt, daß die höchste Konzentration an Natriumhypochlorit – und da dieses als Natriumsalz stark dissoziiert, ist es auch die höchste *Hypochloritionenkonzentration* – im alkalischen Gebiet vorliegt, genauer gesagt im Äquivalenzpunkt (pH 11,5) und bei noch höheren pH-Werten. Je mehr man aber den pH nach unten drückt, d.h. Säure zugibt, um so stärker vermindert sich nach Gleichung (II) die NaOCl- und um so mehr erhöht sich die HOCl-Konzentration. Da die HOCl fast undissoziiert ist, nimmt die OCl^--Konzentration in gleichem Umfange ab wie die NaOCl-Konzentration.

Bei pH-Werten unter 4 kommt es dann nach Gleichung (III) auf Kosten der HOCl-Konzentration immer stärker zur Entwicklung von freiem Chlor.

Diese Vorgänge decken sich völlig mit der bekannten Hypochloritzersetzungskurve von *Clibbens* und *Ridge* (siehe Abb. 32).

Auf der Ordinate ist hier die Zeit aufgetragen, in welcher der Gehalt an aktivem Chlor beim Bleichen auf die Hälfte zurückgeht. Es ist zu ersehen, daß der stärkste Zerfall *im Neutralgebiet,* d.h. im Bereich sehr hoher HOCl-Konzentration erfolgt. Da die unterchlorige Säure das bleichende Agens darstellt, ist es einleuchtend, daß man zu ganz ähnlichen Kurven gelangt, wenn auf der Ordinate statt des Aktivchlorgehalts der Schädigungsgrad oder die Reißfestigkeit des Fasermaterials aufgetragen werden. Hohe HOCl-Konzentration ist immer gleichbedeutend mit hoher Bleichintensität, starker Faserschädigung und geringer Reißfestigkeit.

Wie schon erwähnt, wird die Hypochloritbleiche – von der nur noch vereinzelt bei Leinen anzutreffenden sauren Hypochloritbleiche sei hier abgesehen – meist bei pH-Werten zwischen 9 und 11,5, also einer ganz bestimmten und dem Verunreinigungsgrad des Fasermaterials angepaßten HOCl-Konzentration durchgeführt (siehe schraffierter Teil in Abb. 33); pH-Werte unter 9 sind wegen der großen Schädigungsgefahr zu vermeiden.

Das bleichende Agens bei der Hypochloritbleiche

Aus der Betriebspraxis ist bekannt, daß das Hypochlorit im alkalischen Medium vorzugsweise bleichend und weniger faserschädigend, im Neutralgebiet aber vorzugsweise schädigend und weniger bleichend wirkt. Dieser Umstand scheint darauf hinzudeuten, daß die Reaktionsvorgänge in den genannten pH-Bereichen zumindest nicht völlig identisch sind. Man nimmt deswegen vielfach an, daß der *Bleicheffekt* durch die Hypochloritionen bedingt ist, welche ihren Sauerstoff abgeben und in Chloridionen übergehen. In alkalischen Gebiet ist die Hypochloritionenkonzentration und damit auch der Bleicheffekt ziemlich groß, im Neutralgebiet hingegen ist diese Konzentration sehr klein und dementsprechend gering muß dann auch die Bleichwirkung sein.

Die erhöhte Schädigung im Neutralgebiet erklärte man sich durch die Tendenz zur Bildung von Chlorat und teilweise auch die intermediäre Bildung eines *Celluloseunterchlorigsäureesters* (*Schilow* und *Jasmikow*). Beide Argumente halten indes einer näheren Prüfung nicht stand. Bleichend wirkt in Wirklichkeit *nur die unterchlorige Säure* – das Hypochlorition und das NaOCl kommen aus denselben Gründen nicht in Frage wie das Chlorition und das $NaClO_2$ bei der Chloritbleiche. Die ganzen Differenzen im Bleich- und Schädigungsgrad sind nur auf die unterschiedliche HOCl-Konzentration zurückzuführen. Bei pH 9–11,5 ist diese Konzentration noch gering, und die vorhandenen HOCl-Moleküle reagieren zuerst mit den stärker reduzierend wirkenden Faserverunreinigungen. Erst wenn diese oxydiert sind, d.h., wenn man sehr lange einwirken läßt, kommt es zum Faserangriff.

Bei der hohen HOCl-Konzentration im Neutralgebiet reagiert die HOCl aber nicht nur mit den Verunreinigungen, sondern sofort auch mit dem Fasermaterial. Der Bleiche geht also von Anfang an eine „Faserschädigung" parallel. *Je höher die HOCl-Konzentration*, um so mehr steht die Schädigungswirkung im Vordergrund.

Bleichgeschwindigkeit und Temperatur. Mit wachsender Temperatur nimmt die Bleichgeschwindigkeit und damit die Gefahr einer eventuellen Faserschädigung zu. Man hält daher die Temperatur der Bleichbäder zweckmäßig nicht höher als 20 °C, so daß die Bäder im Sommer zu kühlen sind. Durch höhere Temperaturen sind gleichzeitig größere Verluste an Aktivchlor bedingt, da mit wachsender Temperatur die Umwandlungstendenz von Hypochlorit in nicht bleichendes Chlorat zunimmt.

Bleichgeschwindigkeit und Katalysatoren. Gewisse Metalle sowie deren Oxide und Salze bedingen eine Intensivierung der Bleichenergie von Chlorbleichflotten. Neben Edelmetallen, wie Platin, Osmium, Ruthenium, üben vor allem Kobalt, Nickel, Kupfer und Eisen sowie deren Ionen eine katalysierende Wirkung auf die Bleichlauge aus. Die katalytische Beschleunigung birgt die Möglichkeit zu einem Faserangriff in sich, namentlich dann, wenn die Metalle bzw. ihre Ionen sich nicht in der Flotte befinden, sondern auf dem Textilgut haften, so daß an diesen Stellen eine besonders energische lokale Einwirkung stattfindet.

Zu bleichende Waren sind daher vor der Bleiche von solchen Katalysatoren gründlich zu befreien; ebenso sind die in Frage kommenden Metalle als Werkstoffe für den Bau von Bleichapparaturen auszuschließen (s. Kapitel X „Die Werkstoffe für Veredlungsmaschinen" S. 820).

Die Funktion der Bleichmittelkonzentration. Bleichbäder mit hoher Konzentration an Bleichmittel haben eine hohe Bleichintensität und bergen daher die Gefahr der Faserschädigung in sich, namentlich dann, wenn entweder verhältnismäßig reine Fasern zur Bleiche gelangen oder wenn die zu entfernenden Fremdstoffe im Verlauf der Bleiche bereits ausgebleicht sind. Unter diesen Umständen greift das Bleichmittel mangels anderer Nahrung auf die Fasersubstanz über. Die Bleichmittelkonzentration ist daher *auf die Menge der auszubleichenden Verunreinigungen* abzustimmen. Eine gewisse Rolle für die Bemessung der Bleichmittelkonzentration spielt auch das Flottenverhältnis.

Noch wesentlicher als die Bleichmittelkonzentration des Ansatzes ist die Kontrolle des *Bleichmittelverbrauchs*. Sind die Fremdstoffe ausgebleicht, dann ist die Bleiche, wenn man eine Faserschädigung vermeiden will, unbedingt abzubrechen.

I. Die Auswirkungen der Bleiche auf die Fasersubstanz

1. pH-Wert und Reißfestigkeit der Bleichware. Die Bleiche soll so gelenkt werden, daß die Faserfremdstoffe selektiv zerstört werden, die Fasersubstanz durch das Bleichmittel aber nicht nachteilig beeinflußt wird. Die oben ausgeführten Zusammenhänge zwischen den Bleichfaktoren und der Bleichintensität der Bleichlauge sind daher genau zu beachten.

Hier ist in erster Linie dem pH-Wert ein besonderes Augenmerk zu schenken, da in bestimmten pH-Gebieten die Bleichgeschwindigkeit so groß wird, daß eine Faserschwächung unter Umständen nicht zu vermeiden ist. Das Kurvenbild der Abb. 34 zeigt den Zusammenhang zwischen der Festigkeit einer Bleichware (Baumwollgewebe) und dem pH-Wert des betreffenden Bleichbades (nach *Elöd* und *Vogel*). In weitgehender Analogie zu der Abhängigkeit des Rückgangs an Aktivchlor (S. 77) ist dem Kurvenverlauf zu entnehmen, daß die stärkste Faserbeeinflussung im pH-Gebiet 6–8,5 erfolgt. Im stark sauren Gebiet ist der Faserangriff wieder größer, da vermutlich eine gewisse hydrolytische Spaltung glucosidischer Bindungen eintritt. Im stark alkalischen Medium ist die Aktivität der Bleichlauge so gering, daß kein Bleicheffekt in einer angemessenen Zeit zu erhalten ist. Da sich durch das Auftreten saurer Oxydationsprodukte und unter dem Einfluß der Luftkohlensäure der pH-Wert der Bleichflotte und damit deren Bleichaktivität dauernd ändert, ist eine pH-Kontrolle während des Bleichens vorteilhaft, wenn man vermeiden will, daß die Reaktion der Bleichflotte in den gefährlichen pH-Bereich gelangt. Zu diesem Zweck können in die Zirkulationsleitung der Bleichflotte Elektroden eingebaut werden, die mit einem Ionometer verbunden sind, so daß der jeweilige pH-Wert automatisch registriert wird. Eine automatische Reguliervorrichtung setzt außerdem entsprechende Kontrollampen bzw. einen Alkali- oder Säurezufluß nach Bedarf in Gang, so daß der pH-Wert während der gesamten Bleiche konstant bleibt. Theoretisch bestünde auch die Möglichkeit, durch Zusatz von Puffersubstanzen den pH-Wert konstant zu halten, doch dürfte eine solche Methode im Vergleich zu einem geregelten Alkalizusatz preislich nicht tragbar sein.

2. Depolymerisationserscheinungen. Die bei unsachgemäßen Bleichbedingungen eintretende Faserschwächung ist vorwiegend auf eine durch das Bleichmittel bewirkte *Depolymerisation* der Cellulose zurückzuführen.

Je nach der Intensität der Bleichbedingungen wird eine mehr oder weniger große Zahl von glucosidischen Bindungen gesprengt, der Durchschnittspolymerisationsgrad also in kleinerem oder größerem Umfang erniedrigt. Die Abb. 35 gibt die Veränderung des Polymerisationsgrades wieder, wie sie in Abhängigkeit vom pH-Wert nach einer einstündigen Bleiche von Baumwolle beobachtet wurde. Aus dem Kurvenverlauf ist die Parallelität zu dem Rückgang des Aktivchlorgehalts und dem Abfall der Reißfestigkeit deutlich erkennbar. (Die Messung des Polymerisationsgrades erfolgte mit Hilfe der Bestimmung der Nitratviscosität.)

Neben der Aufspaltung der glucosidischen Bindungen, die sich in einem Abfall der Reißfestigkeit der Faser auswirkt, führt die Oxydation durch das Bleichmittel teilweise zu einer *latenten* Schädigung, welche die Reißfestigkeit der Faser zunächst nicht beeinflußt, aber dann in Erscheinung tritt, wenn das Fasermaterial einer alkalischen Behandlung z.B. in der Wäsche unterzogen wird. Vermutlich bilden

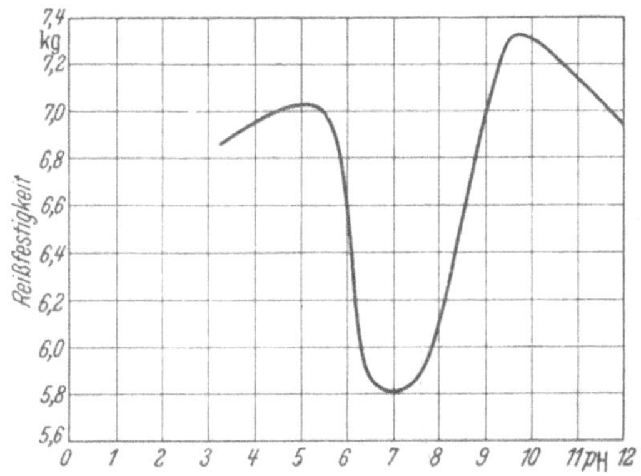

Abb. 34. Reißfestigkeit in Abhängigkeit vom pH-Wert der Bleichflotte (nach *Elöd* und *Vogel*).

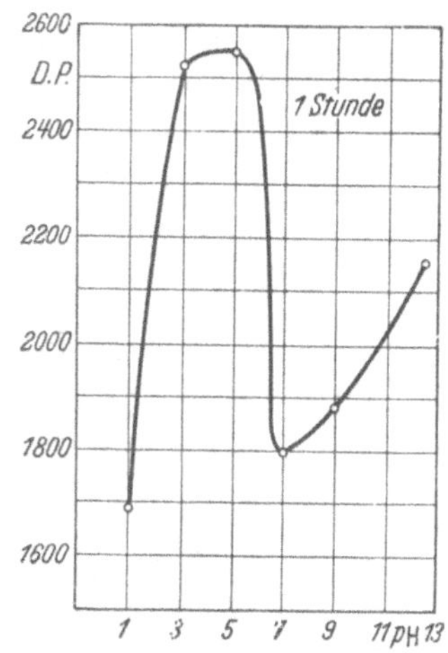

Abb. 35. Durchschnittspolymerisationsgrad (D. P.) gebleichter Baumwolle in Abhängigkeit vom pH-Wert nach 1 Std. (nach *Rath* und *Klink*).

sich gemäß dem Schema der Abb. 36 (S. 82) durch Oxydation der 1-ständigen Gruppe unter Spaltung des Pyranoserings *fehlerhafte* Cellulosen, sogenannte *Estercellulosen* (*H. Staudinger*), die *alkaliempfindlich* sind, so daß bei der Alkalibehandlung unter Verseifung eine Molekülspaltung eintritt. Erst dann ist ein derartiger Faserangriff an dem Abfall der Festigkeit zu erkennen (vgl. S. 26).

Ein Abfall des Polymerisationsgrades wirkt sich nachteilig auf die mechanischen Eigenschaften eines Cellulosematerials aus, wie dies die Tab. 10 zum Ausdruck bringt. Es handelt sich im vorliegenden Fall um ein Zellwollmaterial, das über verschiedene Zeiten (Bleichstufe 1–5) gebleicht wurde. Die Polymerisationsgrade wurden durch Messung der Cuoxamviscosität bestimmt.

Beurteilung der Faserschädigung. Eine erfolgte Faserschädigung kann man an dem Abfall der mechanisch-technologischen Faserkonstanten erkennen. Allerdings

Tabelle 10. *Polymerisationsgrad und mechanische Eigenschaften von Viscose-Zellwolle* (nach *Rath* u. *Meyer*)

	Polymerisationsgrad	Schädigungsfaktor	Trockenfestigkeit in Rkm	Schlingenfestigkeit in Rkm	Elastizitätsgrad bei 9,0 Rkm Belastung	Biege- und Verwindungszahl bei 2 Rkm Belastung
ungebleicht	300	–	15,0	8,5	0,476	8420
Bleichstufe 1	294	0,20	15,7	8,2	0,500	8490
Bleichstufe 2	280	0,54	14,3	7,4	0,400	7280
Bleichstufe 3	264	0,93	13,9	7,6	0,362	6860
Bleichstufe 4	251	1,18	12,8	6,7	0,328	6530
Bleichstufe 5	235	1,52	12,2	6,3	0,302	5630

gibt die mechanisch-technologische Prüfung den durch eine chemische Beeinflussung ausgelösten Faserabbau erst wieder, wenn dieser schon etwas weiter fortgeschritten ist. Hier spricht, wie aus der Tab. 10 zu ersehen, eine *Polymerisationsgradmessung* früher an, so daß diese die Auswirkung der Bleiche auf das Fasermaterial am sichersten erkennen läßt.

Durch Kombination zweier verschiedener Verfahren der Polymerisationsgradmessung kann man gleichzeitig feststellen, in welchem Ausmaß eine latente Schädigung durch Erzeugung alkaliempfindlicher Bindungen (Estercellulose) verursacht wurde (*H. Staudinger*). Führt man nämlich die Polymerisationsgradmessung in der Weise durch, daß man die Cellulose in das polymeranaloge Nitrat überführt

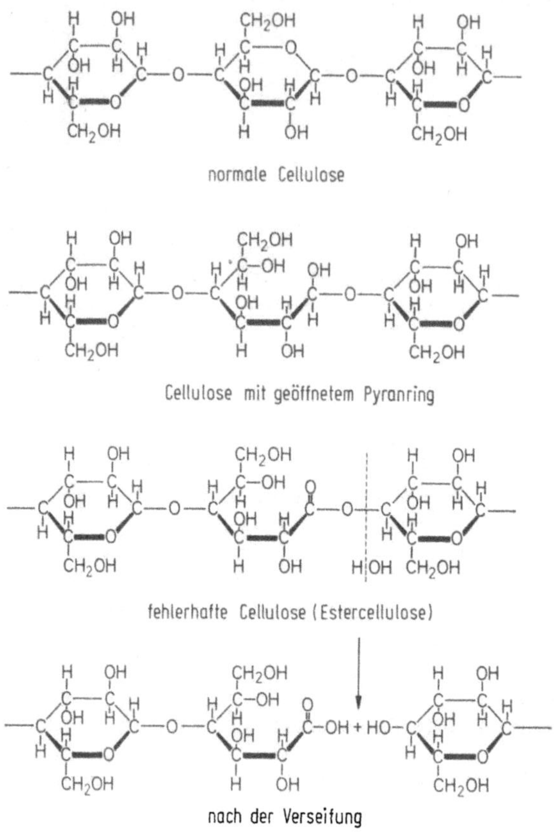

Abb. 36. Bildung und Verseifung von „Estercellulose".

(vgl. S. 12), dann erhält man bei der Messung der Nitratviscosität Aufschluß über die Gesamtlänge des Cellulosemoleküls, welches zwar fehlerhafte Cellulosen mit Esterbindungen enthalten kann, aber noch die für die Gesamtlänge des Moleküls charakteristische Festigkeit besitzt. Mißt man die Viscosität in Cuoxamlösung, dann werden in dem alkalischen Medium die Esterbindungen verseift, und es resultiert ein geringerer Polymerisationsgrad, als er der Länge der normal gebauten Cellulosekette entspricht und wie er sich auch nach einer alkalischen Wäsche einstellen würde. Auch die Festigkeit fällt dabei auf den dem geringeren Polymerisationsgrad entsprechenden Wert herab. (Selbstverständlich läßt sich eine solche Untersuchung auch in der Weise vornehmen, daß man vor und nach einer Sodakochung jeweils die Nitratviscosität bestimmt.)

Will man daher aus den Festigkeitswerten eines gebleichten Cellulosematerials Schlüsse auf dessen Güteeigenschaften ziehen, dann ist es erforderlich, die Festigkeit *auch nach einer Alkalibehandlung* zu messen, um damit die Resistenz des Materials gegenüber den Auswirkungen einer alkalischen Wäsche beurteilen zu können.

Der Schädigungsfaktor. Aus dem *Abfall* des Polymerisationsgrades gegenüber der nichtgebleichten Ware geht der Umfang einer eventuell eingetretenen Bleichschädigung hervor. Da im Hinblick auf den praktischen Gebrauch der Bleichware deren Alkalibeständigkeit von Wichtigkeit ist, wird die Polymerisationsgradmessung zweckmäßig in alkalischem Medium (native Fasern in Cuoxam, regenerierte Fasern mit Ausnahme der Acetatfaser in Natronlauge) vorgenommen. Aus der absoluten Größe des Polymerisationsgradabfalls, welchen das gebleichte Material gegenüber dem ungebleichten erleidet, läßt sich nicht ohne weiteres ein Schluß auf den Grad der Bleichschädigung ziehen. Dies rührt daher, daß sich bei Fasern von hohem Polymerisationsgrad ein Polymerisationsgradabfall bei weitem nicht in dem Maß nachteilig auf den Gebrauchswert des Fasermaterials auswirkt, wie dies bei Fasern von niedrigem Polymerisationsgrad der Fall ist (S. 19).

Man hat daher die Gesetzmäßigkeiten für die Zusammenhänge zwischen Polymerisationsgradabfall und Faserschädigung formelmäßig erfaßt, und diese Formel läßt die Errechnung eines *Schädigungsfaktors* aus dem Polymerisationsgrad der nicht gebleichten und der gebleichten Probe zu (*O. Eisenhut*). Danach ist der Schädigungsfaktor

$$s = \frac{\log\left(\frac{2000}{P_{tx}} - \frac{2000}{P_x} + 1\right)}{\log 2},$$

wobei P_x = Polymerisationsgrad vor der Bleiche,
P_{tx} = Polymerisationsgrad nach der Bleiche.

Als Bezugspunkt für den Schädigungsfaktor dient eine Baumwolle vom Polymerisationsgrad 2000.

Dem Schädigungsfaktor 1,0 entspricht ein Abfall des Polymerisationsgrades von 2000 auf 1000. Vergleichsweise entspricht ein Schädigungsfaktor von 1,0 dem Polymerisationsgradabfall einer Zellwolle von 250 auf 222,2. Auf Grund einer großen Anzahl von Untersuchungen konnte man feststellen, daß Schädigungsfaktoren bis 0,4 sich praktisch nicht nachteilig auf den Gebrauchswert eines Fasermaterials auswirken, daß aber Bleichwaren, die wesentlich über 0,4 liegende Schädigungsfaktoren aufweisen, zu beanstanden sind (vgl. Tab. 10).

Unter Berücksichtigung dieser Verhältnisse wurden entsprechende Nomogramme aufgestellt (*Vetter*), die eine direkte Ablesung des Schädigungsfaktors aus dem Polymerisationsgrad vor und nach der Bleiche mit genügender Genauigkeit ermöglichen, so daß die Berechnung nach der obigen Formel in Wegfall kommen kann.

3. Veränderungen der funktionellen Gruppen der Cellulose. Wie in dem Abschnitt „Einwirkung von Oxydationsmitteln auf Cellulose" (S. 26) ausgeführt wurde, können die funktionellen Gruppen der Cellulose durch die Oxydation eine Veränderung erfahren. So können z. B. primäre alkoholische Gruppen durch die oxydierende Wirkung des Bleichmittels in Aldehyd- und Carboxylgruppen und sekundäre alkoholische Gruppen in Ketogruppen übergehen. Eine solche Veränderung kann ohne gleichzeitige Depolymerisation erfolgen. Ist sie von einer starken Depolymerisation begleitet, dann bezeichnet man eine in dieser Weise veränderte Cellulose üblicherweise als *Oxycellulose*. Diese kann je nach der Art des einwirkenden Oxydationsmittels und je nach den angewandten Reaktionsbedingungen sehr verschieden beschaffen sein. Sie kann vorzugsweise Carboxylgruppen enthalten und färbt sich dann mit kationischen Farbstoffen intensiv an. Ist der Gehalt an Aldehydgruppen vorherrschend, dann wird sie eine starke

Reduktionskraft entfalten. Ermittelt man die Anzahl der nach einer Chlorbleiche von 6 Stunden in Abhängigkeit vom pH-Wert gebildeten Aldehyd- bzw. Carboxylgruppen, dann trifft man die in der Abb. 37 skizzierten Verhältnisse an. Man erkennt daraus, daß sich auch in diesem Fall die pH-Abhängigkeit analog den früher beobachteten Zusammenhängen verhält (S. 80, 81).

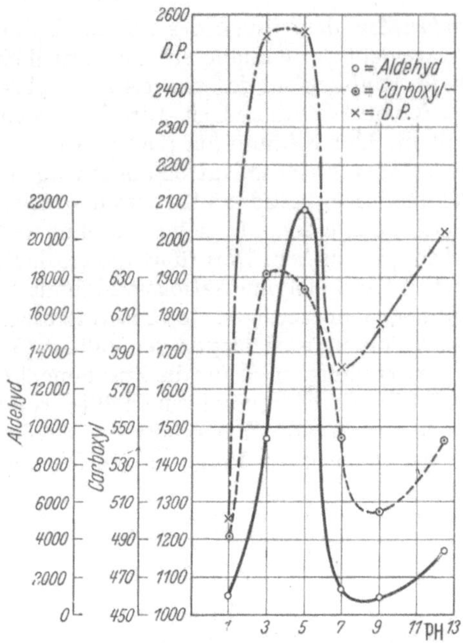

Abb. 37. Durchschnittspolymerisationsgrad (D. P.), Aldehyd- und Carboxylzahl gebleichter Baumwolle in Abhängigkeit vom pH-Wert nach 6 Std. (nach *Rath* und *Klink*).

Die *Aldehydzahl* bzw. *Carboxylzahl* ist definiert als die Anzahl Glucoseeinheiten, die auf eine Aldehyd- bzw. Carboxylgruppe entfallen. Hohe Aldehyd- bzw. Carboxylzahlen entsprechen daher einem niedrigen Aldehyd- bzw. Carboxylgruppengehalt und umgekehrt.

II. Technische Ausführung der Hypochloritbleiche

Bleichereirichtlinien. Unter Berücksichtigung sämtlicher das Bleichen beeinflussender Faktoren wurden sogenannte „*Richtlinien für das faserschonende Bleichen*" ausgearbeitet, aus denen nachstehend auszugsweise die wesentlichsten Punkte wiedergegeben sind. Dazu sei bemerkt, daß es sich bei diesen „Richtlinien" um Leitsätze handelt, deren Anwendung eine für die Fasersubstanz gefahrlose Bleiche mit gutem Weißgrad ermöglicht. Werden allerdings an das zu erzielende Weiß besonders hohe Anforderungen gestellt, dann wird sich eine Intensivierung der Bleichbedingungen in manchen Fällen nicht umgehen lassen.

Chlorverbrauch. Einer der wichtigsten Faktoren bei der Chlorbleiche ist der *Chlorverbrauch*, der auf die Menge der auszubleichenden Fremdstoffe abzustimmen ist. Auch schon beim Ansatz des Bleichbades ist hinsichtlich der Chlorkonzentration dem Grad der Faserverunreinigungen Rechnung zu tragen. Stark verunreinigte Fasern beanspruchen mehr Chlor im Ansatz und im Verbrauch als weniger verunreinigtes oder einer intensiven Reinigung unterzogenes Fasermaterial.

Je nach dem Grad der Vorreinigung ergeben sich die nachfolgend aufgeführten zulässigen *Höchstverbrauchsmengen an Aktivchlor*.

Tabelle 11. *Höchstverbrauchsmengen an Aktivchlor*

Art der Vorreinigung	Zulässiger Höchstverbrauch, bezogen auf das Warengewicht
genetzt oder entschlichtet	1,8% Aktivchlor
gebrüht	0,6% Aktivchlor
gebeucht	0,3% Aktivchlor
	Bei Makobaumwolle liegen die Werte um 0,2% höher

Für die Durchführung einer einwandfreien Chlorbleiche ist folgendes notwendig:

1. Vor der Bleiche: a) Genaue Festlegung des Bleichbadansatzes unter Berücksichtigung der Vorreinigung.

b) Titrimetrische Kontrolle des Ansatzbades auf richtigen Gehalt an wirksamem Chlor.

c) Kontrolle des Alkaligehalts bzw. der Alkalität des Bleichbades. Phenolphthaleinpapier muß sich rot färben. Besser pH-Kontrolle!

d) Kontrolle der Temperatur des Bleichbades, die 20 °C nicht übersteigen soll.

2. Während der Bleiche: a) Laufende titrimetrische Kontrolle des Bleichmittelverbrauchs in angemessenen Zeitabständen (Bleichmittel-Verbrauchsmenge = Bleichmittel-Ansatzmenge abzüglich Bleichmittel-Restmenge).

b) Laufende Kontrolle des Alkaligehalts bzw. der Alkalität des Bleichbades (pH). Phenolphthaleinpapier muß sich auch bei Abbruch des Bleichprozesses noch rot färben.

c) Abbruch des Bleichprozesses spätestens nach Verbrauch der zulässigen Bleichmittel-Höchstverbrauchsmenge (s. Tab. 11).

3. Nach der Bleiche: a) Nach Beendigung des Bleichprozesses ist gründlichst zu spülen.

b) Vor dem Absäuern ist zu entchloren (zweckmäßig mit Natriumbisulfit), da in der Ware verbliebene Chlorlaugenreste beim Absäuern unvermeidlich Faserschädigungen verursachen. Wird nach dem Bleichen nicht abgesäuert, so kann auch Natriumthiosulfat oder Wasserstoffperoxid als Antichlor verwendet werden.

Gelegentlich kann man beobachten, daß die „Chlorlauge" absichtlich nicht vollständig ausgespült wird, um beim Absäuern noch eine Verbesserung des Bleicheffektes zu erzielen. Diese Arbeitsweise führt zu einer Faserschädigung und ist daher zu verwerfen.

Die Funktion des Entchlorens und Absäuerns. Das Entchloren bezweckt die Entfernung von in der Ware noch vorhandenem Aktivchlor, das sonst beim Trocknen oder anschließenden Lagern eine Faserschwächung verursachen würde. Als *Antichlor* finden Natriumbisulfit, Natriumthiosulfat sowie Wasserstoffperoxid Verwendung.

Das Antichlor zerstört das Bleichmittel unter Reduktion; die Reaktionsprodukte werden durch Spülen ausgewaschen:

$$4\,HOCl + Na_2S_2O_3 + H_2O \rightarrow Na_2SO_4 + H_2SO_4 + 4\,HCl$$

Weiterhin hat das Entchloren die Aufgabe, eventuell vorhandene Chloreiweißverbindungen zu spalten. Solche Chloreiweißverbindungen (*Chloramine*) bilden sich bei der Einwirkung von Chlorbleichlauge auf Protoplasmareste (R):

$$RNH_2 + NaOCl = \underset{\text{Chloramin}}{RNHCl} + NaOH$$

Solche Chloramine neigen eventuell in feuchter Atmosphäre zu einer Zersetzung:

$$RNHCl + H_2O = RNH_2 + HOCl$$

Die frei werdende unterchlorige Säure kann auf Lager faserschädigend wirken, so daß eine Entfernung der Chloramine geboten erscheint. Die letzteren können sich auch unter Chlorwasserstoffbildung zersetzen, so daß eine Säureschädigung resultieren kann:

$$3\,NH_2Cl = N_2 + NH_3 + 3\,HCl$$

Nach dem Bleichen wird zweckmäßigerweise abgesäuert, um in der Faser verbliebenes Alkali, welches mit Wasser schwer auszuwaschen ist, zu entfernen und um weiterhin Antichlormittel sowie eventuelle letzte Reste von Bleichmitteln abzulösen. Nach dem Absäuern wird mit Wasser gründlich gespült.

Chloritgepufferte Chlorbleiche. Durch Zusatz von *Chlorit* kann das mit der Hypochloritbleiche verbundene Gefahrenmoment gemildert werden, da die freie unterchlorige Säure durch Chlorit in Chlorat umgewandelt wird. Das Hypochlorit reagiert nicht mit dem Chlorition und bleibt daher für den Bleichprozeß erhalten (*P. Ney*):

$$3\,NaClO_2 + 2\,HOCl \rightarrow 2\,ClO_2 + NaClO_3 + 2\,NaCl + H_2O$$

Bleichen mit Chlorderivaten der Isocyanursäure

Das Natrium- und Kaliumsalz der Isocyanursäure werden mit Wasser hydrolytisch gespalten, wobei unterchlorige Säure entsteht:

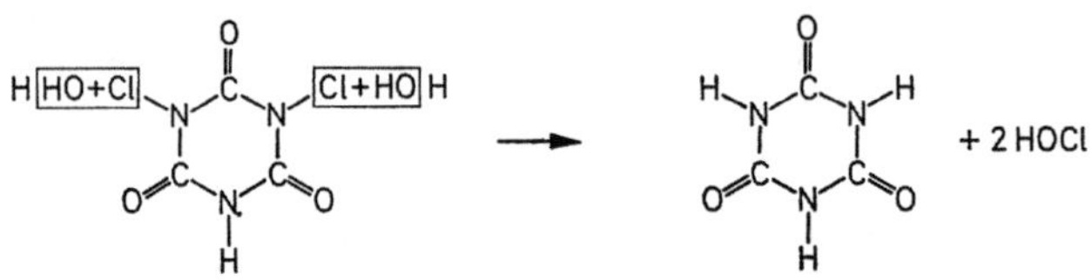

Je nach angewandtem pH-Wert können mit diesem Produkt Baumwolle, Acetat- und Polyesterfasern gebleicht werden.

Die Bleichbehandlung. Der Bleiche gehen je nach den Erfordernissen die Prozesse des Sengens, Entschlichtens, Beuchens, Abkochens, Netzens, Mercerisierens usw. voraus. Gegebenenfalls kann auch ohne jede Vorbehandlung gebleicht werden.

Die Behandlung des Fasermaterials mit dem Bleichmittel erfolgt meist in der Weise, daß das Fasergut (loses Material, Vorgespinst, Garn, Gewebe, Strick- und Wirkwaren) in einen Bottich bzw. Kessel eingepackt und von der Bleichflotte mit Hilfe einer Zirkulationspumpe durchströmt wird. An Stelle des losen Materials wird vielfach auch das Vorgespinst (Kardenband) auf besonderen Einrichtungen gebleicht. Garne können weiterhin in Strangform auf der Kufe, in Form von Kreuzspulen oder auf dem Kettbaum gebleicht werden. Das Bleichen von Kreuzspulen erfolgt entweder nach dem Aufstecksystem oder im Packsystem (vgl. S. 645). Je nach den Umständen kann man das Bleichen von Geweben, Strick- und Wirkwaren auch auf der Haspelkufe vornehmen. Für bestimmte Fälle der Gewebebleiche kommt die Breitbleiche auf dem Jigger in Frage.

Für den Großbetrieb hat sich eine bis zu einem gewissen Grad *kontinuierliche* Arbeitsweise bewährt, die in der Weise erfolgt, daß man die zu einer endlosen Bahn zusammengenähten Stücke in Strangform auf einer entsprechenden Einrichtung mit der Bleichflotte imprägniert und dann ablegt, um nach einer bestimmten Einwirkungszeit des Bleichmittels die Ware zu spülen. Noch flüssiger wird die Fabrikation, wenn die Ware nach dem Imprägnieren mit dem Bleichmittel fortlaufend einen Warenspeicher (Abb. 38) passiert, in dem ein Durchreagieren des Bleichmittels stattfindet. Nach kontinuierlicher Passage durch den

Warenspeicher wird auf Wascheinrichtungen ebenfalls kontinuierlich gespült, entchlort, abgesäuert und ausgewaschen. Auch das der Bleiche vorausgehende Abkochen kann kontinuierlich erfolgen (S. 64).

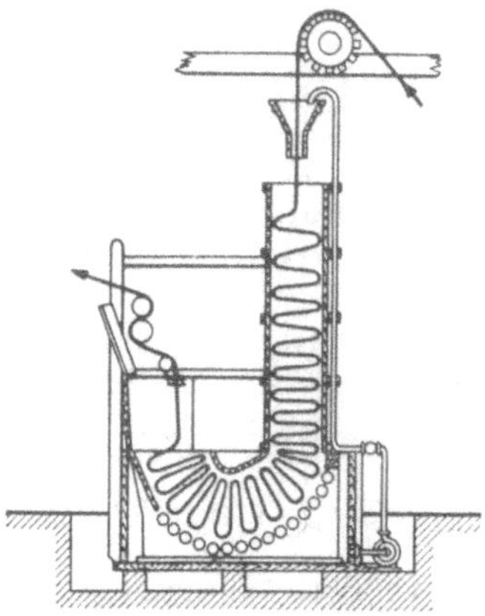

Abb. 38. Warenspeicher, schematisch (Zittauer Maschinenfabrik).

Entsprechende Anlagen sind auch für eine *Breitbleiche* vorhanden. Als Verweilaggregat können die üblichen Breitbleichstiefel Verwendung finden oder eine Verweilkammer System „*Holzhäuer*", in welcher die Ware in gefaltetem Zustand *horizontal* geführt und daher weniger zusammengestaucht wird.

Weiterhin wären zu nennen die kontinuierliche Breitbleichanlage „System Wendler" (Goller), die Kontinuebleichanlage TFA (Benninger) sowie die Breitbleichreaktionskammer „Blancomat" (Gerber).

Bei den halbkontinuierlichen Breitbleichverfahren, mit denen auch die Vorbehandlung (Entschlichten, Brühen) kombiniert werden kann, ist das *Pad-Roll-Verfahren* zu nennen, bei dem die Ware mit den Agentien getränkt, abgequetscht und in der Thermoverweilkammer mit Sattdampf erhitzt wird, auf Großdocken aufgewickelt verweilt und anschließend gewaschen wird (Artos, Deutsche Steinzeug AG., Benteler, Gerber, Goller, Küsters, Kleinewefers, Mezzera).

Für die halb- und vollkontinuierliche Bleiche kommen heute im wesentlichen Peroxid und Natriumchlorit in Betracht, während die Hypochloritbleiche mehr oder weniger als *Vorbleiche* fungiert.

β) *Das Bleichen mit Natriumchlorit*

Herstellung von Natriumchlorit. Durch Einwirkung von Chlordioxid auf Alkalihydroxid:

$$2\,ClO_2 + 2\,NaOH = NaClO_2 + NaClO_3 + H_2O$$

Aus ClO_2 und Peroxiden durch Mischen der wäßrigen Lösungen:

$$2\,ClO_2 + Na_2O_2 = 2\,NaClO_2 + O_2$$

Für die großtechnische Herstellung sind verschiedene Verfahren im Gebrauch. Das Ausgangsmaterial ist Natriumchlorat, das durch Einwirkung von Schwefelsäure und gleichzeitiger Reduktion mit schwefliger Säure oder Sulfiten in ClO_2 übergeführt wird. Dieses kann man dann nach der obigen Gleichung zusammen mit Natriumperoxid zu Natriumchlorit weiter umsetzen. Als billiges Reduktionsmittel findet heute die Sulfitablauge der Zellstoffindustrie (Zellpech) Verwendung (S. 195).

Natriumchlorit läßt sich in fester Form herstellen und kommt in Lösung (ca. 30%ig) oder als festes 70–80%iges Produkt in den Handel. Das handelsübliche

Produkt ist ebenso handhabungssicher wie Natriumchlorat; in beiden Fällen muß vermieden werden, daß die Salze mit organischen Substanzen zusammenkommen. Natriumchlorit unterliegt in Lösung einer allmählichen Zersetzung, wobei Chlordioxid, Chlorat und Chlorid entstehen. Alkalische Lösungen sind wesentlich stabiler als solche von saurer Reaktion.

Handelsprodukte: Bleichsalz Bayer, Natriumchlorit Hoechst (enthält zusätzlich $NaNO_3$ in mischkristalliner Form), Chlorit 80%, Natriumchlorit EWM, Cloritane, Textone.

Das Bleichen mit Natriumchlorit. Das Bleichen mit Natriumchlorit erfolgt vorteilhaft in saurem Medium *in dem pH-Gebiet 3–5*. Der *Reaktionsmechanismus* bei der Natriumchloritbleiche war lange Zeit umstritten. Nach *A. Agster* kommen als bleichende Agentien nicht, wie bisher angenommen, das Chlordioxid und auch nicht das Chlorition neben der chlorigen Säure in Frage, sondern allein die chlorige Säure. Diese gibt bei Gegenwart von Bleichgut ihren Sauerstoff ab und geht in Salzsäure über:

$$HClO_2 \rightarrow HCl + 2O$$

Der pH-Wert verschiebt sich also während der Bleiche nach niedrigeren Werten, da die Salzsäure stärker dissoziiert ist als die chlorige Säure.

Die Reaktionsvorgänge beim Bleichen mit $NaClO_2$ (nach *A. Agster*[1]). Experimentell konnte gezeigt werden, daß ClO_2 als bleichendes Agens nicht in Frage kommt und daß die Bleichwirkung nur von der $HClO_2$ ausgeht. Diese gibt ihren Sauerstoff ab und geht in Salzsäure über. Die Reaktionsvorgänge sind damit ganz ähnlich wie bei der Hypochloritbleiche.

Löst man Natriumchlorit in Wasser, so entsteht auch wieder eine alkalisch reagierende Lösung:

$$NaClO_2 + H_2O \rightleftharpoons NaOH + HClO_2 \quad (I)$$

Die Alkalität dieser Lösung ist allerdings geringer als beim Hypochlorit, denn die $HClO_2$ stellt eine viel stärkere Säure dar ($K_s \sim 10^{-2}$, entsprechend etwa der schwefligen Säure oder der Oxalsäure) als die HOCl. Der *Äquivalenzpunkt* des Natriumchlorits liegt deswegen wesentlich tiefer, und zwar etwa bei 8,5 gegenüber 11,5 beim Hypochlorit.

Die nach Gleichung I freigewordene $HClO_2$ wirkt dann bleichend nach:

$$HClO_2 \rightarrow HCl + 2O \quad (II)$$

Setzt man der Chloritlösung Natronlauge zu, so verschiebt sich das Gleichgewicht der Reaktion I nach links, die $HClO_2$-Konzentration und damit auch der Bleicheffekt gehen zurück.

Setzt man umgekehrt Säure zu, so erhöht sich die $HClO_2$-Konzentration, und der höchste Wert wird dann erreicht, wenn man auf 1 Mol $NaClO_2$ 1 Mol HCl zugibt:

$$NaClO_2 + HCl \rightarrow NaCl + HClO_2 \quad (III)$$

Diese Lösung reagiert schon ziemlich sauer; ihr pH-Wert liegt bei 2,5–3. Gleichzeitig und vor allem, wenn man noch mehr Säure hinzufügt, machen sich die *Hefti*'schen Reaktionen bemerkbar:

$$5ClO_2^- + 2H^+ \rightarrow 4ClO_2 + Cl^- + 2OH^-$$

$$3ClO_2^- \rightarrow 2ClO_3^- + Cl^-$$

[1] Textilveredlung 1, 276ff. (1966).

Diese Reaktionen darf man aber nicht in der Ionenform schreiben, denn sie spielen sich nur im sauren Medium ab, d. h., es reagieren jeweils nur die freien Säuren. Richtig ist deswegen:

$$5\,HClO_2 \rightarrow 4\,ClO_2 + HCl + 2\,H_2O$$

$$3\,HClO_2 \rightarrow 2\,HClO_3 + HCl$$

Trägt man die Zersetzungsprodukte bei der Chloritbleiche in Abhängigkeit vom pH-Wert graphisch auf, so resultieren Kurven gemäß Abb. 39, die denen bei der Hypochloritbleiche (s. Abb. 33) stark ähneln. (Die $HClO_3$-Kurve ist der Übersichtlichkeit wegen nicht eingezeichnet.) Ganz grob könnte man sagen, daß alle drei Kurven gegenüber der Hypochloritbleiche um etwa 3 pH-Einheiten nach links verschoben sind.

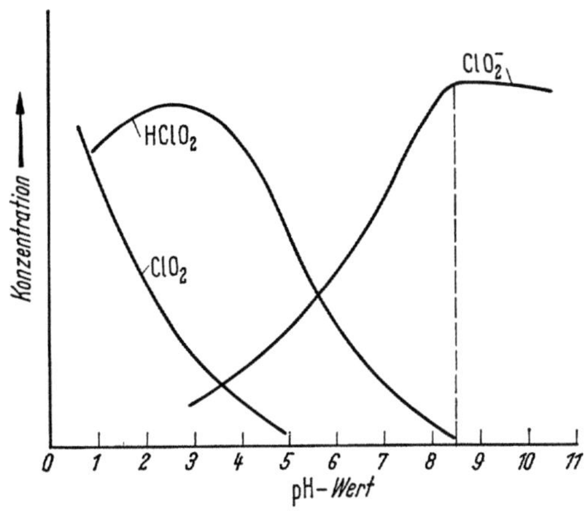

Abb. 39. Zersetzungsprodukte bei der Chloritbleiche in Abhängigkeit vom pH-Wert.

Nach Abb. 39 liegt die höchste $HClO_2$-Konzentration etwa bei pH 3 vor, die höchste Chloritionen-Konzentration aber bei pH 8,5 und darüber.

Das bleichende Agens bei der Chloritbleiche. Die bleichende Wirkung bei der Chloritbleiche geht von der chlorigen Säure ($HClO_2$) aus. Das Chlorition kommt aus folgenden Gründen nicht in Frage:

a) Wenn das Chlorition das bleichende Agens wäre, dann müßte die größte Bleichwirkung *im Gebiet höchster Chloritionen-Konzentration* resultieren, d. h. bei pH 8,5 und darüber. In diesem pH-Bereich ist aber die Bleichwirkung praktisch gleich Null. Der beste Bleicheffekt ist bei pH 3–4 festzustellen, d. h. im Gebiet höchster $HClO_2$-Konzentration.

b) Unterstellt man das Chlorition als bleichendes Agens, dann kann man sich die bei der Bleiche eintretende pH-Verschiebung nicht erklären. Legt man aber die Reaktion $HClO_2 \rightarrow HCl + 2\,O$ zugrunde, dann ist die pH-Verschiebung ohne weiteres verständlich.

In der Literatur wird zwar die pH-Verschiebung beim Bleichen von Baumwolle auf die Bildung saurer Oxydationsprodukte, z. B. Oxalsäure, und die Einwirkung der Luftkohlensäure zurückgeführt; aber einmal kann man selbst unter extremen Bleichbedingungen – auch bei der Hypochloritbleiche – keine Oxalsäure nachweisen, und zum anderen müßte dann die pH-Verschiebung bei der Peroxidbleiche auch auftreten, was aber nicht zutrifft.

c) Eine undissoziierte Verbindung besitzt nach den neuesten Anschauungen der chemischen Bindungslehre stets weniger Mesomerie- oder Grenzstrukturen als die dissoziierte Form. Weniger Mesomeriestrukturen sind aber gleichbedeutend mit geringerer Mesomerie-Energie und damit geringerer Stabilität. Die $HClO_2$ ist also instabiler und gibt ihren Sauerstoff leichter ab als das Chloritior.

Warum ist die Hypochloritbleiche so gefährlich, warum die Chloritbleiche so faserschonend? Wenn bei allen oxydativen Bleichverfahren der Sauerstoff bleicht, dann ist es nicht verständlich, daß die Hypochlorit- und Chloritbleiche hinsichtlich der Faserschädigung so stark differieren. Untersuchungen in dieser Richtung ergaben, daß die Ursache hierfür im *Redoxpotential und vor allem in der Aktivierungsenergie* zu suchen ist.

Hypochlorit hat ein extrem hohes Redoxpotential und eine sehr kleine Aktivierungsenergie. Es reagiert aus diesem Grund nicht nur mit den Faserverunreinigungen, sondern auch mit dem Fasermaterial selbst. Die Bleiche muß deswegen so gesteuert werden, daß stets nur eine kleine, dem Verunreinigungsgrad der Faser angepaßte HOCl-Konzentration vorliegt. Durch die starke hydrolytische Spaltung des Hypochlorits ist auch bei pH 9–11,5 schon eine für die Bleiche ausreichende Menge HOCl vorhanden. Eine weitere Erhöhung der HOCl-Konzentration, z.B. durch Verschieben des pH-Wertes in Richtung Neutralpunkt, ist wegen der Gefahr einer Faserschädigung zu vermeiden.

Infolge der kleinen Aktivierungsenergie ist bei der Hypochloritbleiche eine tiefe Temperatur unerläßlich. Temperatursteigerung bedeutet hier eine verstärkte Hydrolyse, erhöhte HOCl-Konzentration, größere Zerfallsgeschwindigkeit und damit auch größere Faserschädigung. Will man die Hypochloritbleiche bei höheren Temperaturen durchführen, so ist das nur möglich, wenn die HOCl-Konzentration entsprechend reduziert, d.h. das Gleichgewicht der Reaktion $NaOCl + H_2O \rightleftharpoons NaOH + HOCl$ durch Zusatz von Natronlauge nach links verschoben wird. Gleichzeitig ist auf eine gute Flottenzirkulation zu achten.

Im Vergleich zum Hypochlorit ist das *Redoxpotential des Natriumchlorits* wesentlich tiefer (rH $\sim$ 38 gegenüber rH $\sim$52). Es greift deswegen die Zellulose nicht oder doch nur sehr wenig an. *Wegen der viel größeren Aktivierungsenergie* des Chlorits ist aber beim Bleichen eine hohe Temperatur erforderlich. Außerdem muß die $HClO_2$-Konzentration durch Verschieben des pH-Wertes nach unten (Bleichvorgang sowie Zugabe von Säure oder säureabspaltenden Salzen) erhöht werden.

Selbstverständlich kann aber auch die Chloritbleiche bei tiefen Temperaturen durchgeführt werden, wenn man die geringere Reaktionsgeschwindigkeit durch eine starke Erhöhung der Bleichmittelkonzentration kompensiert.

Die Technik der Natriumchloritbleiche. Die Natriumchloritbleiche wird meist bei pH-Werten zwischen 3 und 5 durchgeführt. Dieser niedrige pH-Wert ist notwendig, wenn man gleich von Anfang an eine hohe $HClO_2$-Konzentration und damit eine hohe Bleichgeschwindigkeit erzielen will. Andrerseits gehen dabei aber auch schon Zersetzungs- und Disproportionierungsreaktionen folgender Art vor sich:

$$5\,HClO_2 \rightarrow 4\,ClO_2 + HCl + 2\,H_2O \quad \text{und}$$

$$3\,HClO_2 \rightarrow 2\,HClO_3 + HCl$$

Unangenehm bemerkbar macht sich vor allem die erstere Reaktion, da das hierbei in Freiheit gesetzte Chlordioxid abgesehen von seinem unangenehmen Geruch auch noch ziemlich giftig ist und deswegen abgesaugt werden muß.

Zur Einstellung der Acidität können Essigsäure, Ameisensäure, Oxalsäure, Salz- oder Schwefelsäure Verwendung finden. Zur Konstanthaltung des pH-Werts setzt man zweckmäßig puffernde Salze wie Phosphate oder Polyphosphate zu. Man bleicht vorteilhaft oberhalb 60 °C. Die Bleichkraft des Natriumchlorits wächst mit der Temperatur und der Konzentration und sinkt mit wachsendem pH-Wert.

Das Bleichen kann entweder so erfolgen, daß man in der Chloritflotte selbst bis zu dem gewünschten Bleichgrad behandelt oder in der Weise, daß man das mit der Chloritflotte imprägnierte Material nach dem Abquetschen einer Hitzebehandlung unterzieht.

Das Natriumchlorit kann als sehr vorteilhaftes Bleichmittel angesprochen werden, da es risikofrei, d.h. *ohne Fasergefährdung*, und zwar auch bei Gegenwart von Metallkatalyten, wie Eisen oder Kupfer, arbeitet. Man erzielt mit ihm weiterhin eine *rasche Bleichwirkung* auch bei schwer bleichbaren Waren, wie sie in solchen Fällen mit Natriumhypochlorit oder Wasserstoffperoxid sehr viel schwerer zu erreichen ist. Namentlich in der Bastfaserbleiche macht sich die hohe Bleichgeschwindigkeit vorteilhaft bemerkbar. Auf Grund seiner raschen Bleichwirkung ist das Natriumchlorit weiterhin ein ideales Bleichmittel für die Kontinuebleiche.

Störend bei der Ausführung wirkt die *Geruchsbelästigung* durch Freiwerden des Chlordioxids sowie eine gewisse *Aggressivität* der Bleichflotte gegen metallische Werkstoffe, selbst VA-Stähle. Der Angriff kann durch Zugabe von Dinatriumphosphat oder saurem Natriumpyrophosphat gemildert werden. Eine besonders gute Wirkung wird durch *Zusatz von Nitraten* erzielt. Unter den Edelstählen scheint V4A-Stahl die beste Widerstandsfähigkeit zu besitzen. Stähle mit hohem Molybdängehalt sind besonders resistent (*Meybeck*). Indifferent sind keramische Werkstoffe. Eine gute Schutzwirkung metallischer Werkstoffe erreicht man durch *kathodische Polarisation*. Diese wird praktisch in der Weise durchgeführt, daß man einen Aluminiumstreifen als Anode in die Flotte hängt und diesen außerhalb der Flotte durch einen Eisendraht mit dem Werkstoff des Bleichbottichs verbindet, wobei der letztere zur Kathode wird. Dabei geht Aluminium an Stelle des metallischen Werkstoffs (z.B. Edelstahl) in Lösung.

Es wird darauf hingewiesen, daß alle diese Mittel und Verfahren keine absolute Garantie für das Ausbleiben einer Korrosion durch heiße und saure Chloritflotten darstellen. Ganz indifferent haben sich nur keramisches Material und Steinzeug erwiesen.

Bei Anwendung von $NaClO_2$, welches einen Korrosionsschutz enthält, z.B. „Natriumchlorit Hoechst", erreicht man auch bei Edelstahl einen einwandfreien Korrosionsschutz.

Wegen der *gesundheitschädlichen Wirkung* des Chlordioxids müssen die Bleicheinrichtungen gut abgeschirmt und entlüftet sein. (Abziehendes Chlordioxid kann man in Natriumperoxidlösung einleiten und so Natriumchlorit zurückgewinnen.) Der Geruchsbelästigung kann auch sehr wirksam durch Zusatz von Wasserstoffperoxid zum sauren Chloritbad begegnet werden (Degussa).

Ein Bleichen im neutralen oder schwach sauren Medium ist wohl möglich, geht aber verhältnismäßig langsam vonstatten, auch wenn die Bleichwirkung durch bestimmte Zusätze *aktiviert* wird. Gegenüber katalytischen Einwirkungen von Schwermetallen ist Natriumchlorit wesentlich unempfindlicher als die anderen üblichen Bleichmittel (*V. Neveling* und *G. Rösch*). Man kann bei pH 5,0 bis 8,5 bleichen, wenn der Bleichflotte geringe Mengen von Co-, Ni- oder Mn-Salzen als Katalysatoren zugesetzt werden. Auch Zusätze an Aldehyden, z.B. Formaldehyd, Benzaldehyd, Furfurol, die auf $NaClO_2$ reduzierend wirken, sind in der Lage, Natriumchloritlösungen zu aktivieren, so daß im Neutralgebiet gebleicht werden kann. Mit Hexamethylentetramin lassen sich Chloritlösungen so stabilisieren, daß sie bei Raumtemperatur stabil sind und erst oberhalb 50 °C bleichend wirken (Böhme Fettchemie).

Nach dem Verfahren der *Rhodiaceta* arbeitet man mit Zusätzen von Estern der Weinsäure oder Milchsäure (*Tartrate, Lactate*), die der Chloritflotte zugesetzt werden und die bei erhöhter Temperatur (95–98 °C) infolge langsamer Hydrolyse die Chloritflotte aktivieren. In dieser Weise wird einerseits die Geruchsbelästigung durch Chlordioxid zurückgedrängt und andererseits die Korrosionsgefahr, da bei höheren pH-Werten gearbeitet werden kann, verringert. (Trotzdem ist der Zusatz eines besonderen Korrosionsschutzmittels [z. B. Natriumnitrat] zu empfehlen.)

Die Degussa empfiehlt als Aktivierungsmittel ihren Aktivator N, der ebenfalls bei höherer Temperatur Säure abspaltet. Ähnlich wirkt Axil C, welches ein aliphatisches Amid darstellt. Letzteres ist nur nach dem Imprägnierverfahren, nicht in der Flotte, anwendbar. Hierher gehört auch das Produkt Ateblanc NH.

In der Bleichereitechnik finden auch *Mischungen von Natriumchlorit mit Natriumhypochlorit* Verwendung. Natriumhypochlorit wirkt aktivierend auf Natriumchlorit, so daß unter diesen Bedingungen in alkalischem Medium gebleicht werden kann, wovon man dann Gebrauch macht, wenn die Einrichtungen ein Arbeiten im sauren Gebiet wegen der Korrosionsgefahr nicht zulassen.

Die durch Hypochlorit ausgelöste Aktivierung des Chlorits kann wie folgt formuliert werden:

$$3\,NaClO_2 + 2\,HClO \rightarrow 2\,ClO_2 + NaClO_3 + 2\,NaCl + H_2O$$

Da bei der Aktivierung mit Aldehyden Hypochlorit entsteht, ist die Aldehydwirkung durch eine Hypochloritaktivierung zu erklären (*H. Baier*). Auch Persulfate werden als Aktivierungsmittel genannt.

Grundsätzlich ist zu sagen, daß die Vorteile der Chloritbleiche (hohe Bleichgeschwindigkeit) besonders bei Bastfasern, Zellstoff, Reyon und Zellwolle ins Gewicht fallen, während sie bei Baumwolle nicht im gleichen Umfang in Erscheinung treten. Gewisse Vorteile bietet indes die Chloritbleiche bei schweren dichtgeschlagenen Baumwollstoffen, bei denen die Anwendung von Chlorit eine merkliche Verkürzung der Bleichdauer und unter Umständen sogar eine Behandlung in Strangform – gegenüber der sonstigen Breitbehandlung – zuläßt.

Weiterhin besteht die Möglichkeit, stark schalenhaltige Baumwolle ohne eine alkalische Vorkochung rein weiß und schalenfrei zu bleichen. Schließt man an die Chloritbehandlung eine alkalische Sodakochung an, dann erhält man eine Ware von guter Saugfähigkeit, die sich gut färben und bedrucken läßt (Degussa). Auch für die Kontinuebleiche von Baumwollgeweben ist die Chloritbleiche von Interesse.

Chloritgebleichte Ware gilbt – allerdings nicht so stark wie chlorgebleichte Ware – etwas nach, falls sie nicht eine heiße sodaalkalische Nachbehandlung erfährt. Vorteilhaft gestaltet sich der Effekt, wenn man die Nachbehandlung mit einer sodaalkalischen Wasserstoffperoxidlösung vornimmt, also praktisch eine *kombinierte Chlorit-Sauerstoff-Bleiche* durchführt.

Auf Grund der pH-Abhängigkeit der Bleichwirkung der beiden Bleichmittel, Chlorit und Wasserstoffperoxid, kann man eine Kombinationsbleiche *einbadig* vornehmen (Degussa), indem man durch Steuerung des pH-Wertes einmal das eine und dann das andere Bleichmittel zur Einwirkung veranlaßt, z. B. in der Weise, daß man zunächst bei unter 7 liegendem pH-Wert eine Chloritbleiche und anschließend oberhalb pH 7 eine Peroxidbleiche vornimmt.

Mit entsprechenden maschinellen Einrichtungen, wie sie auf S. 65 und 102 beschrieben sind, läßt sich die Chloritbleiche *kontinuierlich* durchführen.

Im Falle der *Breitbleiche* imprägniert man die Ware – nach der Entschlichtung – zunächst mit der Chloritlösung, führt durch einen Dämpfer oder über eine Infrarotheizung und anschließend in den „Rollenkasten", von wo aus die Ware nach der notwendigen Verweilzeit (70–75 °C) die nachfolgende Waschanlage passiert. Selbstverständlich müssen alle diese Einrichtungen aus korrosionsfreiem Werkstoff gearbeitet sein.

Die Chloritflotte selbst muß entsprechende korrosionsverhütende Schutzstoffe enthalten und darf erst nach dem Aufklotzen „aktiviert" werden.

Auch die Pad-Roll-Maschine (S. 102) ist hierfür anwendbar. Die *Strangbleiche* kann man z. B. nach dem System „Degussa" so ausführen, daß man nach dem Entschlichten mit der Chloritflotte imprägniert und nach dem Abquetschen in den

Bleichstiefel (J-Box) einlegt, wobei die Ware vor dem Einführen in die J-Box mit Dampf beströmt wird, so daß das Gewebe etwa 95 °C heiß in den Stiefel eingelegt wird. Nach dem Passieren der J-Box ($1^1/_2$–2 Std.) wird ausgewaschen. Soll das Gewebe besonders saugfähig sein, kann vor dem Auswaschen durch heiße Sodalösung passiert werden. Um jegliche Korrosion zu verhüten, ist die Anlage aus eisengepanzertem Steinzeug ausgeführt.

Neuerdings finden Anlagen aus chloritbeständigem *Titan* Verwendung.

HT-Bleiche mit Chlorit

Bei Anwendung von über 100 °C liegenden Temperaturen (Hochtemperatur-Verfahren) läßt sich die Bleichdauer stark abkürzen. Bei Anwendung von 1–3 atü betragen die Bleichzeiten 90–30 sec.

Anhang

Das Bleichen mit Chlordioxid

Chlordioxid ist ein sehr wirtschaftliches und schonend wirkendes Bleichmittel. Gefahrlos und zweckmäßig stellt man sich wäßrige Lösungen des Chlordioxids in geeigneten Apparaturen aus Natriumchloritlösung und Chlor her.

Das Chlordioxid kann nach *H. Martin* auch in einem geeigneten Generator an Ort und Stelle seiner Verwendung aus Chlorat, Chlorid und Säure erzeugt werden, wobei es in wäßriger Lösung anfällt:

$$NaClO_3 + NaCl + 2\,H_2SO_4 \rightarrow ClO_2 + 1/2\,Cl_2 + 2\,NaHSO_4 + H_2O$$

Die Bleichflüssigkeit fällt mit einem pH-Wert von 2,5 an und wird auf pH 6 gepuffert, bei 70–80 °C wird gebleicht.

γ) *Das Bleichen mit Peroxid*[1]

Das Wasserstoffperoxid. *Herstellung.* Die technische Herstellung des Wasserstoffperoxids basiert auf der Elektrolyse von Schwefelsäure der Dichte 1,3–1,4. Bei starker Verdünnung dissoziiert H_2SO_4 in SO_4'' und $2\,H^{\cdot}$, während sie bei mäßiger Verdünnung vorwiegend in HSO_4' und $H^{\cdot}$ dissoziiert. Bei der Elektrolyse verdünnter Schwefelsäure werden an der Anode vor allem SO_4''-Ionen entladen, die mit H_2O O_2 und H_2SO_4 bilden. Bei der Elektrolyse von mäßig verdünnter Schwefelsäure treten an der Anode HSO_4'-Ionen zu $H_2S_2O_8$ zusammen.

Die Perschwefelsäure setzt sich mit H_2O weiter um:

$$H_2S_2O_8 + H_2O \rightleftharpoons H_2SO_5 + H_2SO_4$$

$$H_2SO_5 + H_2O \rightleftharpoons H_2SO_4 + H_2O_2$$

Mit wachsender Temperatur wird die Reaktion nach rechts verschoben. Das Verfahren kann der technischen Ausführung 2 und 3 entsprechend variiert werden.

Technische Ausführung:

1. Ältestes Verfahren (Österreichische Chemische Werke und Degussa). Danach wird die Schwefelsäure zur Perschwefelsäure elektrolysiert und das hieraus entstehende H_2O_2 in der Wärme und im Vakuum abdestilliert. Der Destillationsrückstand wird wie-

[1] Im Zuge der Verbilligung des Wasserstoffperoxids konnte sich dieses zuungunsten des Natriumhypochlorits immer mehr durchsetzen.

der in den Prozeß zurückgeführt, so daß man es mit einem Kreisprozeß zu tun hat, für den im Prinzip nur H_2O und elektrische Energie notwendig sind:

$$\begin{array}{ccc} 2\,H_2SO_4 & \longrightarrow & H_2S_2O_8 + H_2 \\ \nwarrow & & \downarrow + 2\,H_2O \\ & & 2\,H_2SO_4 + H_2O_2 \end{array}$$

2. Verfahren der Elektrochemischen Werke München (*Adolph* und *Pietsch*). Nach diesem Verfahren wird schwefelsaure Ammoniumbisulfatlösung der Elektrolyse unterworfen und aus der Reaktionslösung, welche Ammoniumpersulfat enthält, das schwerlösliche Kaliumpersulfat mit Kaliumbisulfat ausgefällt. Aus diesem wird mit Schwefelsäure und Wasserdampf H_2O_2 mittels Vakuumdestillation gewonnen. Das Verfahren gibt größere Ausbeuten an H_2O_2 als die Elektrolyse von Schwefelsäure, ist aber an einen zweistufigen Prozeß gebunden:

$$(NH_4)_2S_2O_8 + 2\,KHSO_4 = K_2S_2O_8 + 2\,(NH_4)HSO_4$$

$$K_2S_2O_8 + H_2SO_4 = \underset{\text{Kalium-pyrosulfat}}{K_2S_2O_7} + H_2SO_5$$

$$H_2SO_5 + H_2O = H_2SO_4 + H_2O_2$$

$$K_2S_2O_7 + H_2O = 2\,KHSO_4 \quad \text{(fest)}$$

$KHSO_4$ wird durch Abzentrifugieren von der Schwefelsäure getrennt und geht wieder in den Kreisprozeß zurück.

Nach der Auffassung von *Pietsch* und *Adolph* geht die Bildung des H_2O_2 aus $K_2S_2O_8$ beim Erwärmen mit H_2SO_4 und H_2O-Dampf folgendermaßen vor sich:

$$K_2S_2O_8 + H_2O + (H_2SO_4) = KHSO_5 + KHSO_4 + (H_2SO_4)$$

$$KHSO_5 + H_2O + (H_2SO_4) = KHSO_4 + H_2O_2 + (H_2SO_4)$$

Demnach würde H_2SO_4 in dem Kreisprozeß lediglich als Katalysator fungieren.

3. Verfahren *Löwenstein* und *Riedel de Haen*. Nach diesem Verfahren wird ebenfalls schwefelsäurehaltige Ammoniumbisulfatlösung elektrolysiert und das Reaktionsgemisch direkt der Vakuumdestillation unterworfen. Auch dieses Verfahren stellt einen Kreisprozeß dar:

$$\begin{array}{ccccc} 2\,NH_4HSO_4 & \xrightarrow[\text{Elektrolyse}]{} & (NH_4)_2S_2O_8 + H_2 & & \\ \uparrow & & \downarrow & & \\ 2\,NH_4HSO_4 & \longrightarrow & (NH_4)_2S_2O_8 + 2\,H_2O & \xrightarrow{\text{Destill.}} & H_2O_2 \end{array}$$

(Außer auf elektrolytischem Weg läßt sich Wasserstoffperoxid auch aus Bariumperoxid durch Behandlung mit verdünnter Schwefelsäure gewinnen.)

4. **Anthrachinonverfahren.** Alkylanthrachinon wird in Lösung zum entsprechenden Anthrahydrochinon reduziert. Dieses reagiert mit Sauerstoff zu dem ursprünglichen Anthrachinon und H_2O_2, das aus der organischen Lösung mit Wasser extrahiert wird:

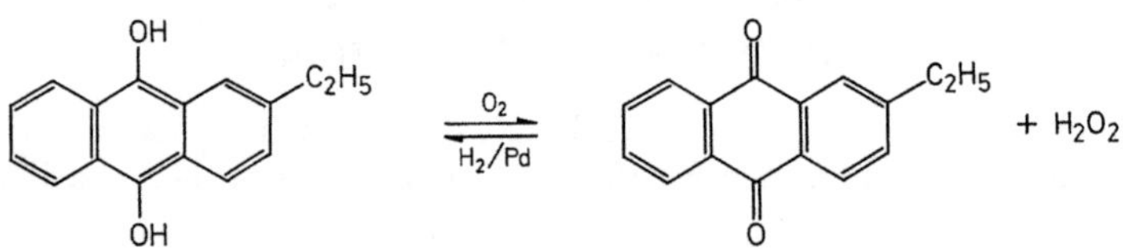

Das kontinuierliche Verfahren ist billig und verbraucht nur Wasserstoff und Sauerstoff. Es ist das heute wichtigste technische Herstellungsverfahren geworden.

Wasserstoffperoxid kommt als 30- und 40-Vol.-%iges Produkt für technische Zwecke und als 3%iges Produkt für medizinische und kosmetische Zwecke in den Handel.

Zersetzlichkeit von Wasserstoffperoxid. Wasserstoffperoxid hat die Tendenz, sich nach

$$2\,H_2O_2 \rightarrow 2\,H_2O + O_2$$

zu zersetzen. Je reiner und konzentrierter (bis zu ca. 60%) es vorliegt, desto haltbarer ist es. Das meiste H_2O_2 wird durch Destillation gewonnen und ist daher sehr rein. Durch Zusatz von Stabilisatoren wird es so stabil, daß es in die Tropen versandt werden kann. Licht ist abzuhalten, da es die Zersetzung beschleunigt.

Zersetzungskatalysatoren. Eine große Anzahl von Substanzen hat die Eigenschaft, die Zersetzung des Wasserstoffperoxids zu katalysieren. Schon Wasser wirkt als Katalysator, so daß die Beständigkeit des Wasserstoffperoxids mit wachsender Konzentration wächst. OH-Ionen beschleunigen besonders stark. Eine Ausnahme machen nur die alkalischen Pyrophosphatlösungen, die sogar stabilisierend wirken. Dieser Schutz ist aber nur innerhalb gewisser Alkalitätsgrenzen wirksam. Natriumsilikat wirkt nicht stabilisierend, sondern aktivierend. Stabilisierende Eigenschaften besitzt es nur in Gegenwart von Magnesiumionen, da Magnesiumsilikat als Stabilisator fungiert.

Besonders kräftige Katalyteigenschaften entfalten gewisse Metalle wie Silber, Gold, Platin, Palladium, Rhodium, Iridium, Osmium, Quecksilber, Mangan, Kobalt, Eisen und Kupfer sowie Oxide und Ionen dieser Metalle.

In alkalischer Wasserstoffperoxidlösung wirkt noch 1 Mol MnO_2 katalysierend in 10 Millionen Litern H_2O_2-Lösung. In saurer Lösung ist die Wirkung geringer.

Aktivatoren. Ist ein Katalysator zugegen, dann verstärkt ein zweiter dessen Wirkung mehr als der Summe der Einzelwirkungen entspricht. So wird z.B. die katalysierende Wirkung von Eisensalzen durch Kupfersalze aktiviert.

Stabilisatoren. Trotz peinlicher Sauberkeit bei der Herstellung ist H_2O_2 immer etwas katalysatorhaltig, so daß Lösungen beim Lagern immer etwas O_2 verlieren. Abwesenheit von Katalysatoren gibt die beste Gewähr für die Haltbarkeit. Zur Erhöhung der Haltbarkeit werden gewisse *Stabilisatoren* zugesetzt. Eine stabilisierte Lösung muß ihren Titer monatelang unverändert beibehalten.

Das Bleichen mit Wasserstoffperoxid wird in alkalischem Medium durchgeführt, und zwar liegen die pH-Werte des Bleichbades für Pflanzenfasern bei 12–12,5 und für tierische Fasern bei 8–8,5. Ohne Stabilisatorzusatz entstehen aber Sauerstoffverluste sowie Faserschädigungen, so daß die Bleichbäder gut stabilisiert zur Verwendung kommen.

Als Stabilisatoren kommt eine große Anzahl von Substanzen in Betracht. Vor allem sind hier verschiedene *Säuren* zu nennen, und zwar sowohl organische als auch anorganische Säuren. Für *medizinische* und *kosmetische* Zwecke finden Verwendung Harnsäure, Barbitursäure, Zitronensäure, Salicylsäure, Benzoesäure, Sulfanilsäure und Borsäure. Für *technische* Zwecke kommen in Frage: Schwefelsäure, Salzsäure, Phosphorsäure, Pyrophosphorsäure, Oxalsäure, Benzolsulfonsäure, Naphthalin- und Anthracensulfonsäuren.

Außer den Säuren wirken auch gewisse organische Substanzen stabilisierend, und zwar: Phenacetin, Acetanilid, Tannin, Phenol, Naphthalin, Amylose, Dextrin, Methylcellulose, Leim, Casein, Albumin und viele andere. Teilweise ist schon eine Konzentration von 0,1% für die Stabilisierung ausreichend. Allerdings sind diese Substanzen nicht so wirksam wie Säure, da sie wahrscheinlich im Laufe der Zeit oxydiert werden.

Weitere Stabilisiermittel sind: Magnesiumsilicat, Natriumpyrophosphat, Natriummetaphosphat sowie Polyphosphate. Eine gute Stabilisierwirkung besitzen auch die löslichen Salze der sauren Pyrophosphorsäureester mit Fettalkoholen (S. 758f.), z.B. Laurinalkohol, Myristinalkohol und Oleylalkohol (Viscavin LCN), sowie die Erdalkali- oder Aluminium-Fettalkoholsulfate. Auch Eiweiß-Fettsäure-Kondensate (Lamepon A, Stabilisator T, Stabilisator 9028, Stabilol D) wirken in dieser Richtung. Neuerdings wird als Stabilisiermittel ein Salz einer Polycarbonsäure (Perstabilisator BASF) empfohlen.

Zwei Stabilisatoren wirken besser als der Summenwirkung entspricht. Solche Mischungen sind z. B. Natriummetaphosphat und Phenacetin, Natriumpyrophosphat und Natriummetanilat.

Wirkung der Stabilisatoren. H_2O_2 dissoziiert vorwiegend nach

$$H_2O_2 \rightleftharpoons H^{\cdot} + {}'OOH$$

Durch Säurezusatz wird die Dissoziation zurückgedrängt, was eine Stabilisierung zur Folge hat. Bei pH 1–3 ist die Stabilisierwirkung optimal. In anderen Fällen, wie z. B. beim Natriumpyrophosphat, wird angenommen, daß gewisse stabile Additionsverbindungen mit H_2O_2 (Perverbindungen) entstehen. Worauf die Stabilisierwirkung des Magnesiumsilikats beruht, ist nicht eindeutig geklärt.

Lagerung und Transport des Wasserstoffperoxids. Bei Lagerung und Versand des Wasserstoffperoxids ist insofern Vorsicht geboten, als bei schadhaften Gefäßen das H_2O_2 mit oxydablen Körpern in Berührung kommt und damit Brände verursachen kann.

Als *Werkstoffe* für Gefäße kommen Glas, Ton, Steinzeug, Porzellan und Quarz in Frage. Der Inhalt ist kühl zu lagern und vor Licht zu schützen. Die Aufbewahrungsgefäße sind nicht vollkommen zu schließen, da durch die Gegenwart schon geringster Katalysatormengen eine Zersetzung möglich ist. Die Möglichkeit eines Druckausgleichs mit der Außenatmosphäre ist daher notwendig, was durch eine im Innern des Stöpsels befindliche rechtwinklige Bohrung erreicht werden kann.

In den gemäßigten Zonen ist ein gefahrloser Versand auch im Winter möglich, da der Gefrierpunkt von 30%igem H_2O_2 bei -30 °C liegt. 99–100%iges H_2O_2 ist ohne weitestgehende Vorsichtsmaßnahmen nicht transportfähig, da es sich schon beim Schütteln zersetzt. Die maximal transportfähige Konzentration ist 60%. Der Versand kann in Kesselwagen aus Aluminium, das durch Polierung und chemische Inaktivierung widerstandsfähig gemacht wurde, erfolgen. Gut geeignet sind auch Kesselwagen aus VA-Stahl.

Die Bleichapparaturen für die H_2O_2-Bleiche. In Verwendung sind Bottiche aus Hartholz, Zement, Steinzeug und Edelstahl. Holzbottiche werden zweckmäßigerweise mit Blei, Nickel, VA-Stahl oder Aluminium ausgeschlagen. Im letzteren Fall kann allerdings mit Rücksicht auf das Aluminium eine gewisse Alkalikonzentration nicht überschritten werden (S. 832). Eiserne Bottiche kommen in Frage, wenn sie emailliert oder mit einem Zementüberzug versehen sind. Als Überzug können auch Zement/Kalk- oder Zement/Magnesia-Mischungen verwendet werden, die durch einfaches Ausstreichen des Bottichs aufgebracht werden. Vor Gebrauch wird mit Wasserglas und Soda ausgekocht, um eine gewisse Härtung zu erreichen.

Heizschlangen bestehen aus Nickel, Hartblei, Bronze und VA-Stahl, ebenso Pumpen und Rohrleitungen. Letztere können auch aus eisenarmiertem Steinzeug bestehen. Direkter Dampf ist zu vermeiden, da dieser eventuell Rost mitführt und so Katalyseschäden verursacht.

Das Natriumperoxid Na_2O_2. Das Natriumperoxid wird durch Oxydation von metallischem Natrium mit Luft hergestellt. Sein Vorteil besteht darin, daß es als Trockensubstanz in den Handel kommt und daß es neben aktivem Sauerstoff eine entsprechende für die Alkalität des Bleichbads ebenfalls erforderliche NaOH-Menge liefert.

Beim Auflösen in Wasser entsteht H_2O_2 und NaOH:

$$Na_2O_2 + 2\,H_2O = 2\,NaOH + H_2O_2$$

Das Lösen kann in der Weise geschehen, daß man das Na_2O_2 unter Umrühren in überschüssige verdünnte Schwefelsäure oder in Wasser von 0 °C langsam einträgt, da die entstehende alkalische Reaktion zusammen mit der auftretenden Erwärmung eine rasche Zersetzung hervorrufen würde.

Die Vorgänge bei der Peroxidbleiche. In alkalischem Medium bildet sich aus H_2O_2 Na_2O_2, das in folgender Richtung dissoziiert (*Schöller*):

$$H_2O_2 + 2\,NaOH \rightleftharpoons Na_2O_2 + 2\,H_2O$$

$$Na_2O_2 \rightleftharpoons 2\,Na^{\cdot} + O_2''$$

$$Na_2O_2 \rightleftharpoons Na^{\cdot} + NaO_2'$$

Bleichend wirken nur die beiden Ionenarten O_2'' und NaO_2'; daher resultiert ein Bleicheffekt im allgemeinen nur im *alkalischen Gebiet*, abgesehen davon, daß saure H_2O_2-Lösungen weitgehend stabil sind.

Neutrales, die obigen Ionenarten also nicht enthaltendes H_2O_2 wirkt *faserschädigend*, während die beiden Ionenarten keine Faserschädigung verursachen. Womit die faserschädigende Wirkung des H_2O_2 im Neutralpunkt zusammenhängt, ist nicht geklärt. Bekannt ist lediglich, daß eine Faserschädigung nur eintritt, wenn kein geeigneter Stabilisator zugegen ist, der im neutralen Medium eine genügende Schutzwirkung besitzt. Ein solcher ist z. B. das Natriumpyrophosphat, bei dessen Gegenwart auch in neutralem Medium ohne Gefahr für die Faser mit H_2O_2 gebleicht werden kann, während das für die Cellulosebleiche üblicherweise angewandte Wasserglas bzw. Magnesiumsilikat hierfür nicht geeignet ist.

Auch im alkalischen Gebiet kann eine Faserschädigung eintreten, wenn elementarer Sauerstoff entsteht, was aber nur bei Abwesenheit eines Stabilisators der Fall ist. Bei höherer Alkalität (oberhalb pH 12) entsteht trotz Stabilisators elementarer Sauerstoff, der faserschädigend wirkt, so daß eine zu hohe Alkalität des Bleichbades unbedingt vermieden werden muß. In den für die Peroxidbleiche in Betracht kommenden Alkalitätsbereichen und bei Temperaturen unter 100 °C wird durch elementaren Sauerstoff keine praktisch ins Gewicht fallende Faserschädigung ausgelöst (*Baier* und *Hundt*). In stark sauren Bädern besteht die Gefahr des hydrolytischen Abbaus der Cellulosefaser.

Unter diesen Umständen kann man beim Bleichen mit Wasserstoffperoxid (Wasserglas als Stabilisator) eine ähnliche Abhängigkeit einer möglichen Faserschädigung vom pH-Wert beobachten wie bei der Chlorbleiche. Im *Neutralgebiet* kann der Faserangriff verhältnismäßig stark sein, während ein solcher im schwach alkalischen und schwach sauren Medium in den Hintergrund tritt. Stark sauer und stark alkalisch ist die Gefahr der Faserschädigung wieder groß. Bei Auswahl eines im Neutralgebiet wirksamen Schutzmittels ist auch die neutrale Wasserstoffperoxidbleiche gefahrlos.

Der Bleicheffekt ist im Neutralgebiet gering, im schwach alkalischen Gebiet bekommt man optimale Werte. Im Verlauf der Bleiche kann sich der pH-Wert ändern, da die Säurefunktion des Wasserstoffperoxids durch seine Zersetzung aufhört, dafür aber saure Oxydationsprodukte entstehen.

Um sowohl den energetischen Gesichtspunkten als auch den Erfahrungen der Praxis hinsichtlich der Abhängigkeit des Bleicheffekts und der Faserschädigung vom pH-Wert Rechnung zu tragen, schlägt *A. Agster* folgenden Reaktionsmechanismus vor:

Das H_2O_2 ist eine schwache zweibasische Säure ($K_S = 10^{-12}$) und dissoziiert vorwiegend nach

$$H_2O_2 \rightleftharpoons HO_2' + H^+ \quad (1)$$

Das dabei entstehende HO_2'-Ion ist wegen seiner unsymmetrischen Ladungsverteilung wesentlich unbeständiger als das undissoziierte H_2O_2-Molekül und gibt bei Gegenwart oxydierbarer Substanzen seinen Sauerstoff wie folgt ab:

$$HO_2' \rightarrow OH' + \langle O \rangle \quad (2)$$

Aus der Gleichung (1) ist leicht ersichtlich, daß bei Zugabe von H^+-Ionen das Gleichgewicht nach links, bei Zugabe von OH'-Ionen aber nach rechts verschoben wird.

H^+-Ionen wirken also bei der Peroxidbleiche ganz allgemein stabilisierend, OH'-Ionen beschleunigen den Zerfall.

Ein verstärkter Zerfall und erhöhter Faserangriff im Neutralgebiet treten aber nicht auf. Wenn dies bei mit Wasserglas stabilisierten Peroxidlösungen beobachtet wird, so ist die Ursache darin zu sehen, daß das Wasserglas im Neutralgebiet wegen des Ausfalls von Kieselsäure nicht mehr stabilisierend wirkt.

Die Vorgänge beim Bleichen mit Natriumperoxid sind analog, nur ist wegen der sonst zu schnellen Zersetzung darauf zu achten, daß das beim Auflösen des Salzes durch Hydrolyse freiwerdende überschüssige Alkali durch Säurezusatz kompensiert wird.

Vorbehandlung. Die Vorbehandlung erfolgt in der üblichen Weise. Gewebe werden eventuell gesengt, entschlichtet, alkalisch vorbehandelt und dann gebleicht. Da die Peroxidbleiche bei hoher Temperatur und im alkalischen Medium erfolgt, kann eine alkalische Vorkochung häufig umgangen werden, vorausgesetzt, daß nicht eine besondere Saugfähigkeit des Materials verlangt wird, wie dies beispielsweise für Verbandwatte und Druckwaren zutrifft.

Das Bleichen mit Wasserstoffperoxid bzw. Natriumperoxid. Nachstehend seien die wichtigsten Grundsätze aus den „Richtlinien für das faserschonende Bleichen" auszugsweise wiedergegeben (vgl. S. 84).

Ansatz und Verbrauch. Zum Unterschied von der Chlorbleiche sind bei der Peroxidbleiche die Bleichmittelansatzmengen praktisch gleich den Bleichmittelverbrauchsmengen, da bei diesem Verfahren nicht mit einem Bleichmittelüberschuß gearbeitet zu werden braucht. Für die Peroxidbleiche gelten daher die nachstehenden *Bleichmittelhöchstansatzmengen*, die, wenn eine Faserschädigung vermieden werden soll, nicht überschritten werden dürfen. Ansatz bzw. Verbrauch sind auf den Grad der Verunreinigung abzustimmen.

Art der Vorreinigung	Höchstansatzmenge in Liter H_2O_2 40%ig, bezogen auf 100 kg Ware (Flottenverhältnis 1:4 bis 1:6
genetzt oder entschlichtet	2,5 Liter
gebrüht	1,5 Liter
gebeucht	1,25 Liter

Ferner ist bei der Peroxidbleiche zu beachten:

1. Verunreinigungen auf dem Textilgut oder Bestandteile der Bleichapparatur, die einen zersetzenden Einfluß auf Peroxidbleichbäder ausüben (z.B. Cu, Fe) und damit Faserschädigungen hervorrufen können, müssen vor der Bleiche entfernt werden.
2. Wie bei der Chlorbleiche ist auch bei der Peroxidbleiche der Ansatz des Bleichbades sowie dessen Veränderung während des Bleichprozesses titrimetrisch genau zu kontrollieren.
3. Grundsätzlich sollen alle ätzalkalischen Peroxidbleichbäder auf der Basis der *Magnesiumsilikat-Stabilisierung* stabilisiert werden. Diese gewährleistet die beste Haltbarkeit und den größten Nutzeffekt der Bäder. Die Magnesiumsilikat-Stabilisierung ist

schon gegeben, wenn in dem zum Ansetzen verwendeten Wasser eine etwa 1 bis 2° deutscher Härte betragende Magnesiahärte enthalten ist, die sich mit einem Teil des angewandten Wasserglases zu kolloidalem Magnesiumsilikat umsetzt. Für Spezialzwecke kann die Stabilisierung auch mit Natriumpyrophosphat oder Magnesiumhydroxid erfolgen. Die in den nachstehenden Beispielen genannten Wasserglasmengen dürfen im Hinblick auf ihre allgemeine Schutzwirkung nicht unterschritten werden.

4. Es ist darauf zu achten, daß der Zusatz an Ätznatron nicht höher bemessen wird, als er in den verschiedenen Beispielen angegeben ist. Erhöhungen über diese Ansätze hinaus können Faserschädigungen hervorrufen. Es ist zu empfehlen, den Alkaligehalt der Peroxidbäder titrimetrisch zu kontrollieren.

5. Bei allen Peroxidbehandlungen können zu hohe Bleichbadtemperaturen zu Faserschädigungen führen. Die Temperatur von 90 °C darf daher bei Baumwolle nicht überschritten werden, sofern nicht *kurze* Behandlungen im Autoklaven angewandt werden.

6. Der Peroxidbleichprozeß ist normalerweise bei Einhalten der jeweils vorgeschriebenen Temperatur nach den in den Beispielen genannten Einwirkungszeiten beendet. Es ist daher zwecklos, die Bäder über die angegebene Bleichdauer hinaus einwirken zu lassen.

Hinsichtlich der Bleichbehandlung in den verschiedenen Verarbeitungsstadien sei bemerkt, daß die Wasserstoffperoxidbleiche ebenso wie die Chlorbleiche in der Flocke, im Kardenband, im Garn (Strang, Kettbaum oder Kreuzspule) und schließlich im Stück vorgenommen werden kann (S. 86).

Eine *einstufige* heiße alkalische Peroxidbleiche (Reinperoxidbleiche) ist dort zu empfehlen, wo schnell und faserschonend gebleicht werden muß (*H. Ehret*). Sie kommt für leichtere Baumwollwaren, z.B. Trikotstoffe, in Frage.

Als sehr vorteilhaft hat sich bei Wickelkörpern das Bleichen in *Hochtemperatur-Apparaten* bei Temperaturen von ca. 115 °C erwiesen. Mit dieser Methode wird eine sehr wesentliche Abkürzung des Bleichprozesses erreicht, da eine alkalische Vorkochung in Wegfall kommen kann.

Neuerdings wird auch die *Gewebebleiche*, z.B. eine kontinuierliche Breitbleiche, in besonders konstruierten Autoklaven durchgeführt. In einem 2-stufigen Alkali-Brüh-Peroxid-Verfahren kann man auf diese Weise in 2×60 sec bei 125 °C einen guten Bleicheffekt erzielen.

Umgekehrt ist auch eine „Kaltbleiche" bei entsprechender Führung des Verfahrens – Bleichzeiten 24–48 Std. – möglich. Die Kaltbleiche ist hauptsächlich für Großdocken üblich (*W. Hundt*). Sie eignet sich besonders für Textilien mit empfindlicher Oberflächenstruktur (*P. Ney*). Der Weißgrad von nach dem Kaltbleichverfahren behandelten Textilien bleibt hinter dem nach klassischen Verfahren behandelten Materialien etwas zurück, was durch optische Aufheller korrigiert werden kann (*G. Rösch*).

Besonders schnell vollzieht sich die H_2O_2-Bleiche kontinuierlich im *Druckdämpfer*, bei dem die Gewebe breit durchgeführt werden (Verweilzeit 120–90 sec bei 140–160 °C).

Zum Erreichen eines Vollweiß muß eine alkalische Vorbehandlung bei 140 bis 160 °C während 180–60 sec vorgenommen werden (vgl. auch S. 65, HTD-Verfahren).

Saure Peroxidbleiche (Peressigsäurebleiche) nach K. Prett[1]. Die Peressigsäure wird von einigen Firmen als 40%ige Lösung fertig in den Handel gebracht. In Deutschland ist jedoch der Transport auf der Bahn wegen Explosionsgefahr nicht gestattet (Verdünnungen unter 10% mit Wasser sind nicht explosiv). Sowohl der Preis der Peressigsäure als auch das Hantieren mit so hochkonzentrierten Lösungen machen jedoch eine praktische Verwendung von fertiger Peressigsäure unmöglich. Es mußte daher nach Möglichkeiten gesucht werden, diese aus einfach zugänglichen Stoffen im Bleichbad herzustellen. Diese Möglichkeit ergibt sich

[1] Textilveredlung 1, 288 (1966).

durch eine Wechselwirkung von Wasserstoffperoxid mit Essigsäureanhydrid in schwach alkalischem bzw. in schwach saurem Bereich. Die Bildung verläuft nach folgendem Schema:

$$\begin{array}{c} H_3C{-}C{=}O \\ | \\ O \\ | \\ H_3C{-}C{=}O \end{array} + H_2O_2 \rightarrow H_3C{-}CO \cdot OO \cdot OC{-}CH_3 + H_2O$$

Essigsäureanhydrid Diacetylperoxid

$$H_3C{-}CO \cdot OO \cdot OC{-}CH_3 + H_2O \rightarrow \underset{\text{Peressigsäure}}{H_3C{-}COOH} + H_3CCOOH$$

Der Bleichvorgang kann sowohl bei Raumtemperatur als auch bei höheren Temperaturen durchgeführt werden. Als günstige Bleichtemperatur hat sich eine solche von 60 °C bewährt. Bei höheren Temperaturen treten Verluste an Peressigsäure durch Verflüchtigung ein. Während bei einer Temperatur von 60–70 °C eine Reaktionszeit von 1–2 Std. ausreicht, ist bei Raumtemperatur ein Verweilen von 12–24 Std. erforderlich.

Man erreicht bei der Peressigsäurebleiche fast mit der halben Menge an aktivem Sauerstoff ungefähr den gleichen Weißton wie bei der alkalischen Peroxidbleiche, da die Peressigsäure ein wesentlich höheres Oxydationspotential besitzt. Man wird daher kostenmäßig, unter Berücksichtigung der zusätzlichen Kosten für das Essigsäureanhydrid, das preislich in den meisten Ländern dem Preis des Wasserstoffperoxids entspricht, kaum wesentlich teurer sein als bei einer alkalischen Peroxidbleiche.

Es läßt sich ein Weißton erzielen, der ungefähr dem einer Chloritbleiche entspricht. Führt man die saure Peroxidbleiche nach einem alkalischen Beuch- oder Brühprozeß durch, so gelangt man in den meisten Fällen zu einem Weiß, das einer Vollbleiche entspricht. Auch durch eine zweimalige saure Peroxidbleiche kann man zu einem Vollweiß gelangen.

Im Hinblick auf die Resistenz der Farbstoffe im Rahmen der *Buntbleiche* ist die saure Peroxidbleiche von Interesse.

Die Ausführung des Verfahrens ist auf V4A-Einrichtungen sowohl stationär als auch kontinuierlich möglich. Das Verfahren soll auch für das Bleichen von Leinen, von regenerierten Cellulosen sowie von synthetischen Fasern von Interesse sein.

A. Agster und *G. Wirth* konnten zeigen, daß auch in salzsaurem Medium ein Bleichen mit Wasserstoffperoxid möglich ist, daß also die Bleichwirkung nicht unbedingt an das Auftreten einer Persäure gebunden ist, da man von der Chlorwasserstoffsäure keine Persäure kennt.

Peroxidbleiche in neutralem bis schwach saurem Medium

Unter diesen Bedingungen erfordert die Peroxidbleiche einen geeigneten *Aktivator*, der eine Bleiche bei pH 5,5–8,0 ermöglicht. Ein solcher Aktivator ist Praestogen PS.

Ein ebenfalls hierher gehöriges Verfahren ist das Tyox-Verfahren.

Kontinuebleiche. Neben der üblichen stationären Behandlung kann die Wasserstoffperoxidbleiche bei Stückware auch kontinuierlich in der Weise vorgenommen werden, daß man die zu bleichenden Baumwollgewebe im Strang zunächst mit Natronlauge imprägniert, die Gewebe durch einen Dampferhitzer nimmt und anschließend einen wärmeisolierten Warenspeicher (*J-Box*) passieren läßt (S. 65). Anschließend wird nach dem Spülen in derselben Weise mit Wasserstoffperoxid imprägniert, erwärmt und durch den Warenspeicher in einer etwa einstündigen Passage geführt[1]. Entsprechende Anlagen sind auch für eine *Breitbleiche* vorhanden. Im Prinzip wird dabei so verfahren, daß das mit der jeweiligen Veredlungsflotte (Entschlichtungsmittel, Alkali, Wasserstoffperoxid) nach einem Vordämpfen imprägnierte Gewebe in einer besonderen Vorrichtung (Rollenkammer, Dockenkammer) aufgerollt je eine halbe Stunde der Einwirkung der Chemikalien unterliegt. Hiernach passiert die Ware evtl. einen Nachdämpfer und wird dann gespült.

Eine Breitbleichanlage, welche sich einer Dockenkammer bedient, zeigt die Abb. 40 (*Benteler*).

Auch *Hochdruckbreitbleichanlagen* finden Verwendung.

Die Abb. 41 zeigt schematisch eine universelle, für viele Veredlungsarbeiten geeignete Anlage. In dieser „Pad-Roll-Maschine" wird die Ware in breitem Zustand mit den betreffenden Chemikalien imprägniert, die abgequetschte Ware mit Infrarotstrahlen oder mit überhitztem Wasserdampf auf eine bestimmte Temperatur gebracht und dann aufgerollt. Auf der in einem geheizten Rollenkasten befindlichen Geweberolle kann die Einwirkung der Chemikalien zu Ende geführt werden.

Neben der kurzen Bleichzeit (ca. $2^1/_2$ Std.) bietet das Verfahren auf Grund seines kurzen Flottenverhältnisses die Möglichkeit einer beachtlichen Dampf- und Chemikalienersparnis.

δ) *Die kombinierte Bleiche*

Mit Vorteil wendet man beim Bleichen eine Kombination der Chlorbleiche mit der Peroxidbleiche an. Die Peroxidbleiche allein ist, namentlich wenn sie für die Erzielung eines hohen Bleichgrades zweimalig angewandt werden muß, kostspieliger; sie liefert aber ein *lagerbeständiges* Weiß. Die Chlorbleiche ist billiger, doch neigt das erzielte Weiß auf Lager unter Umständen zum Vergilben (S. 76). Hinsichtlich der Auswirkung auf das Textilmaterial ist zu sagen, daß die Peroxidbleiche die Ware voluminös und saugfähig macht, welch letzterer Punkt unter anderem für Frottierwaren, Verbandwatte und auch für Leibwäsche (schweißaufsaugend) von Vorteil ist.

Die kombinierte Bleiche wird in der Weise ausgeführt, daß man das Textilgut zunächst einer Chlorbleiche und anschließend einer Sauerstoffbleiche unterzieht. Man erhält dabei bei mäßigen Gestehungskosten ein lagerbeständiges Weiß und eine voluminöse, gut saugende Ware. Die kombinierte Bleiche kann naturgemäß auch kontinuierlich ausgeführt werden.

Ausführung. Für die Chlor-Peroxid-Bleiche gilt grundsätzlich das über die reine Chlorbleiche und über die reine Peroxidbleiche Gesagte. Die zulässigen Bleichmittel-Höchstverbrauchsmengen und Höchstansatzmengen sind jedoch für den einzelnen Teilprozeß geringer; sie sind der Tab. 12 zu entnehmen.

Tabelle 12. *Höchstansatz- und Höchstverbrauchsmengen bei der kombinierten Bleiche*

Art der Vorreinigung	Höchstverbrauch an wirksamem Chlor, bezogen auf das Warengewicht	Höchstansatzmenge in Liter H_2O_2 40 Vol.-%, bezogen auf 100 kg Ware (Flotte 1:4 bis 1:6)
genetzt oder entschlichtet	1,5%	0,8 Liter
gebrüht	0,5%	0,6 Liter
gebeucht	0,3%	0,5 Liter

[1] Mit einer Soda/Peroxid-Lösung ist auch eine Einbad-Kontinuebleiche möglich (*Solomatik-Verfahren* von *DuPont*).

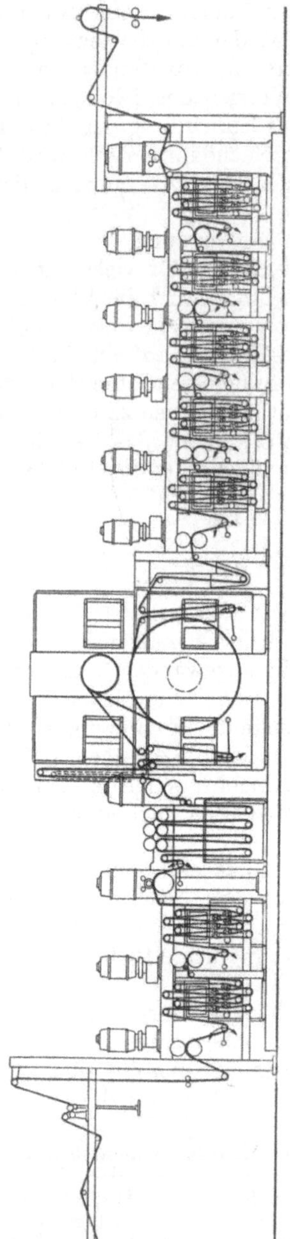

Abb. 40. Kontinue-Breitbleiche (*Benteler*).

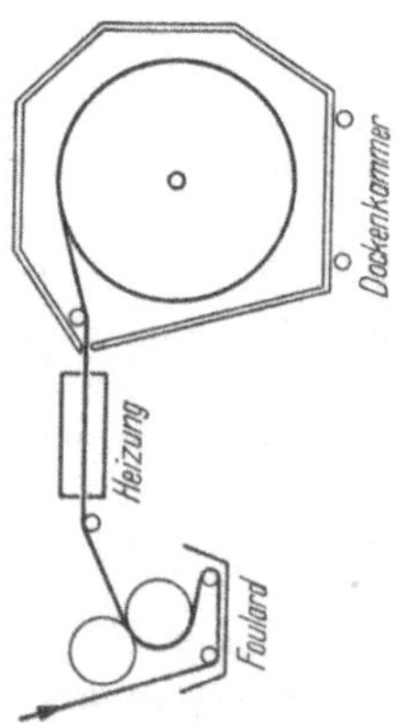

Abb. 41. Pad-Roll-Maschine, schematisch (Svenska Textilmaskinfabriken).

Das Ce-Es-Bleichverfahren. Das Ce-Es-Verfahren (*Butz, Deuschle, Simon*) ist eine Kombination zwischen der Chlor- und der Peroxidbleiche und wird im allgemeinen für Wirkwaren angewandt. Sein wesentliches Merkmal besteht darin, daß das Bleichgut *ohne alkalische Vorkochung* dem Bleichprozeß unterzogen wird. Dadurch wird erreicht, daß das die Ware weich und geschmeidig erhaltende Baumwollwachs weitgehend auf der Faser verbleibt. Die Cuticula (S. 48) wird, da keine alkalische Druckkochung stattfindet, geschont.

Das Verfahren wird im allgemeinen folgendermaßen durchgeführt: Die Bleichware wird in einem Aggregat von Wringmaschinen (Abb. 42) kontinuierlich mit einem guten Netzmittel bei etwa 60 °C genetzt und anschließend durch Spülen abgekühlt. Nach dem Spülen wird die Ware abgequetscht, mit einer alkalischen Natriumhypochloritlösung imprägniert, abermals gut abgequetscht und ohne besonderen Spülgang in den Bleichkessel für die Peroxidbleiche eingepackt. Die Peroxidbleiche erfolgt in der üblichen Weise. Das Bleichbad wird im Laufe von 1–2 Stunden auf 75–85 °C erwärmt. Der Bleichprozeß dauert insgesamt etwa 4–5 Stunden, die Ware kann jedoch nach Abstellen des Dampfes und der Zirkulation gegebenenfalls über Nacht im Peroxidbleichbad verbleiben. Nach beendeter Bleiche wird warm und zum Schluß kalt gespült und, sofern erwünscht, im letzten Spülbad aviviert.

Für den Spülprozeß wird die Wringmaschinenbatterie nach beendeter Peroxidbleiche durch einfaches Umschalten der Antriebsrichtung zum Auswaschen und Avivieren der fertiggebleichten Ware benutzt. Der Chlorimprägnierungsbottich dient dann als 1. Spülbad, dem die weiteren Spülbäder folgen.

Der Vorteil des Ce-Es-Verfahrens liegt einmal in der verhältnismäßig kurzen Zeitdauer, weiterhin in der Gewinnung einer weichen und geschmeidigen Ware und schließlich in einer optimalen Faserschonung dadurch, daß der alkalische Kochprozeß in Wegfall kommt. Der letztere Umstand führt auch zu einem geringeren

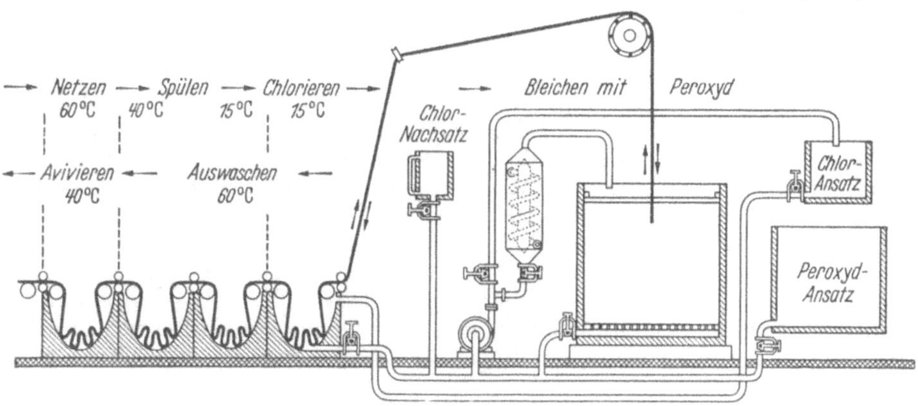

Abb. 42. Schema der Ce-Es-Bleiche (Böhme Fettchemie).

Gewichtsverlust im Vergleich zu solchen Bleichprozessen, die mit einer alkalischen Kochung verbunden sind (S. 62). Die Anwendung des Ce-Es-Verfahrens ist im allgemeinen auf die Trikotbleiche beschränkt, da Gewebe, namentlich wenn sie dicht geschlagen sind oder aus hart gedrehten Garnen bestehen, keinen einwandfreien Bleicheffekt unter diesen Umständen ergeben.

Anhang: *Ozonbleiche*

Verschiedentlich wurde auch das Ozon für die oxydative Bleiche von Textilien herangezogen, ohne indes eine größere Bedeutung erlangt zu haben, da die erzielten Effekte gering sind. Technisch wird die Behandlung in der Weise vorgenommen, daß man auf die Ware ozonhaltige Luft und Wasserdampf oder nach *E. Gminder* ozonisierten Wasserstaub einwirken läßt.

Vorbehandlung und Bleichen in unpolaren Lösungsmitteln

Eine entsprechende Behandlung läßt sich durch Entschlichten mit Bakterienamylasen und Bleichen mit H_2O_2 in unpolaren organischen Lösungsmitteln wie Trichloräthan oder Perchloräthylen durchführen.

6. Das Bläuen

Die Bleichwaren besitzen im allgemeinen noch einen gewissen Gelbstich, welcher durch das Bläuen korrigiert werden kann. Die zu bläuenden Waren werden in der Lösung eines rotstichigen blauen Farbstoffs behandelt. Das Rot und Blau des Farbstoffes ergänzen sich mit dem auf der Ware vorhandenen Gelb zu Grau (*subtraktive Farbenmischung*); da das Blau im Überschuß ist, nimmt die Ware einen Blaustich an, während die geringe Menge Grau praktisch nicht in Erscheinung tritt. Das blaustichige Weiß erscheint dem Auge erfahrungsgemäß weißer als das gelbstichige Weiß. Auch nicht gebleichte Waren kann man durch Bläuen aufhellen.

Als Bläufarbstoffe verwendet man mit Vorteil anionische Wollfarbstoffe (Alizarinirisol, Alizarinrubinol), da diese praktisch keine Affinität zur Cellulosefaser besitzen und demgemäß sehr gleichmäßig auf das Bleichgut aufgebracht werden können. Bei Farbstoffen mit großer Affinität zur Cellulosefaser besteht wegen der Schnelligkeit des Aufziehens und in Anbetracht der äußerst geringen Farbstoffkonzentration die Gefahr eines ungleichmäßigen Aufziehens. Auch feinstdisperse Indanthrenblaumarken (Indanthrenblau GPZ, RPZ), die mit Wasser praktisch kolloiddisperse Lösungen geben, finden zum Bläuen Verwendung. Die Bläufarbstoffe haben zur Cellulosefaser praktisch keine Affinität, so daß der Bläueffekt nicht waschbeständig ist.

Das Bläuen ist in den letzten Jahren durch das optische Aufhellen weitgehend abgelöst worden.

7. Das optische Aufhellen

Eine Ware erscheint weiß, wenn das auf sie auftreffende Licht unverändert, d.h. ohne selektive Absorption, in das Auge des Beschauers zurückgeworfen wird; die Ware erscheint noch weißer, wenn man dafür sorgt, daß der Betrag an reflektiertem weißem Licht durch irgendwelche Bedingungen erhöht wird. Dies ist z.B. möglich durch Behandlung der Bleichware mit wäßrigen Lösungen von solchen Substanzen, die das ultraviolette Licht in sichtbares Licht transformieren. Solche Substanzen sind z.B. gewisse *Stilbenderivate*, *Benzimidazole* und *Sulfonamide*. Handelsprodukte sind die Blankophor-, Ultraphor-, Hostalux-, Uvitex-, Leukophor-, Tinopal- und Fluolite-Marken (vgl. S. 798). Diese Körper erzeugen, auf die Ware gebracht, eine bläuliche bzw. bläulichrote Lumineszenz, die einen auf der Ware vorhandenen Gelbstich durch *additive Strahlenmischung*, also nicht durch Schwächung und Trübung wie beim Bläuen, sondern durch Verstärkung des Reflexionslichts, eliminieren. Auf diese Weise erhält man sehr starke Aufhellungseffekte. Die Anwendungsmenge bewegt sich zwischen 0,01 und 0,1 g/l Flotte.

Die betreffenden Präparate sind wasserlöslich und ziehen wie substantive Farbstoffe auf die Cellulosefaser auf. Salzzusatz steigert das Aufziehen beträchtlich. Auch die Naßechtheitseigenschaften entsprechen etwa denjenigen von gewöhnlichen substantiven Färbungen. Bei substantiven Färbungen kann man in der Weise einen Vorbleicheffekt erzielen, daß man das Aufhellungsmittel direkt dem Färbebad zugibt. Die *Lichtechtheit* der im Handel befindlichen Produkte ist zum Teil gering, so daß im Licht Vergilbungserscheinungen auftreten. Vereinzelt überträgt sich die Lichtempfindlichkeit auf manche Küpenfarbstoffe, so daß diese, wenn die Artikel mit optische Aufheller enthaltenden Waschmitteln öfter gewaschen werden, ausbleichen können.

Bei künstlichem Licht, das nur wenig ultraviolette Strahlen enthält, tritt der Aufhellungseffekt nur schwach in Erscheinung.

8. Die Appretur der Baumwolle

Zweck der Appretur. Die Appretur (apparare lat. = zurichten, ausrüsten, appretieren) ist die Gesamtheit aller derjenigen Arbeitsprozesse, die geeignet bzw. notwendig sind, der gebleichten, gefärbten, bedruckten oder buntgewebten Ware diejenigen Eigenschaften zu vermitteln, deren sie für den Gebrauch bedarf. Schon bevor die Ware in den Gebrauch kommt, werden an sie bestimmte Anforderungen im Hinblick auf ihre Verkaufsfähigkeit gestellt. Sie muß ein gefälliges Aussehen und einen angenehmen Griff besitzen bzw. ganz allgemein so beschaffen sein, daß sie die Kauflust weckt.

Wenn man in diesem Zusammenhang von einer „Appretur für den Ladentisch" spricht, so liegt eine solche eigentlich nicht im Interesse des kaufenden Publikums. Denn vielfach ist diese tatsächlich nur für den Ladentisch bestimmt und geht bei der ersten Wäsche oder nach mehreren Wäschen wieder verloren.

Das Ziel der Appretur soll sein, alle Appretureffekte, seien sie für den Ladentisch oder seien sie für den Gebrauch bestimmt, *in einer gebrauchstüchtigen Form* herauszubringen. Die Tendenz der modernen Appreturverfahren geht daher ganz allgemein dahin, der Ware *echte Appretureffekte* zu vermitteln. So wie man es im Laufe der Jahre gelernt hat, Färbungen und Drucke in einer den Gebrauchsanforderungen durchaus genügenden Echtheit herzustellen, so ist es in den letzten Jahren möglich geworden, eine ganze Anzahl von Appretureffekten in gebrauchsechter Ausführung zu erzeugen. Die Forderung nach einer gebrauchstüchtigen Appretur gilt insbesondere für alle diejenigen Appreturverfahren, die der Ware für den Gebrauch notwendige Eigenschaften verleihen sollen.

Zu den Appretureffekten, welche die Ware *verkaufsfähig* machen sollen, gehören z.B. Glanz, Weichheit, Geschmeidigkeit, Stand, Oberflächenmusterung usw. Auch für den Gebrauch sind diese Eigenschaften mehr oder weniger von Bedeutung.

Appreturverfahren, welche die *Gebrauchseigenschaften* vorteilhaft beeinflussen sollen, sind z.B. die wasserabweisende Imprägnierung, die wasserdichte Ausrüstung, die krumpffreie und die knitterfreie Ausrüstung usw.

Man kennt auch eine Appretur *für die Zwecke der Konfektion.* Wenn die Stoffe in vielen Lagen in der Konfektion nach Schablonen geschnitten werden, so ist das Schneiden nur möglich, wenn der Stoff nicht zu lappig ist, sondern einen gewissen Stand besitzt. Zu diesem Zweck wird das Gewebe in der Appretur mit einer Appreturmasse (Stärke, Dextrin) versehen, die ihm den erforderlichen Stand verleiht.

Im Rahmen der Bestrebungen, die Appretureffekte in einer gebrauchstüchtigen Form zu erzeugen, ist es heute möglich, an Stelle von Stärke die Ware mit Kunststoffen so zu appretieren, daß die Appretur waschbeständig oder wenigstens weitgehend waschbeständig ist. Während sich eine wasserabweisende Imprägnierung früher im Gebrauch mehr oder weniger bald verlor, kann man eine solche Imprägnierung heute in einer gebrauchsbeständigen Form herstellen. Während man sich daran gewöhnt hatte, daß Textilien in der Wäsche einlaufen, hat man heute Ausrüstungsverfahren an der Hand, die es erlauben, die Textilien so auf den Markt zu bringen, daß sie in der Wäsche nicht mehr einlaufen, also *krumpffrei* sind (S. 168).

Im Rahmen der Appretur hat die sogenannte *Pflegeleicht-Ausrüstung* eine besondere Bedeutung gewonnen. Dabei handelt es sich um eine Ausrüstung in der Form, daß aus der Ware gefertigte Textilerzeugnisse, z.B. Oberhemden, Blusen, Shorts usw. nach dem Waschen schnell trocknen und – ohne gebügelt werden zu müssen – wieder getragen werden können.

Der Begriff der Pflegeleicht-Ausrüstung schließt weiterhin die Forderung mit ein, daß die Kleidungsstücke in der Wäsche nicht einlaufen und daß beim Waschen und Trocknen keine besonderen Vorsichtsmaßnahmen zu beachten sind. Ausrüstungen dieser Art werden mit den Bezeichnungen „wash-and-wear, easy-care, mini-care“ usw. verbunden.

Die Verfahren der Appretur. Die Appretur basiert entweder auf chemischen oder auf mechanischen Verfahren. Vielfach werden beide Arten von Appreturverfahren an ein und derselben Ware vorgenommen. Bei der *chemischen Appretur* wird eine in bestimmter Weise zusammengesetzte Appreturmasse auf die Ware aufgebracht, wobei die Appreturbestandteile mehr oder weniger gebrauchstüchtig auf der Faser fixiert werden. Bei manchen Verfahren treten die Appreturmittel in Wechselwirkung mit der Faser, was im allgemeinen zu einer besseren Gebrauchsechtheit des Appretureffektes führt.

Die *mechanischen Appreturverfahren* werden teils selbständig angewandt, sind aber auch häufig der chemischen Appretur angeschlossen. Sie haben die Aufgabe, der Ware gewisse Oberflächeneffekte, wie Glanz und Glätte, zu erteilen, was durch Kalandern, Mangeln oder Pressen geschieht. Manche Artikel sollen eine „wollige“ und damit warmhaltende Oberfläche bekommen und werden daher gerauht. In anderen Fällen wird durch Pressen zwischen in bestimmter Weise geprägten Walzen der Ware eine besondere Oberflächenstruktur verliehen, was als Gaufrieren bezeichnet wird.

Appretiert werden je nachdem Garne, Gewebe, Strick- und Wirkwaren. Da die *Gewebeappretur* die vielseitigsten Appretureffekte erfordert, soll zuerst diese besprochen werden.

α) *Chemische Appreturverfahren*

I. Allgemeine Appreturverfahren

Die übliche Art der chemischen Appretur, die keinen Spezialzwecken dienen soll, besteht darin, daß man auf die Ware gewisse Substanzen aufbringt, die dieser je nach Bedarf einen gewissen Stand oder Weichheit und Geschmeidigkeit verleihen. Unter Umständen müssen beide Effekte miteinander kombiniert werden. Nach dem Bleichen bzw. Färben haben die Gewebe häufig einen etwas lappigen Charakter und eignen sich in diesem Zustand schlecht für Verkauf und Konfektion, so daß die Appretur ihnen etwas Stand vermitteln muß, ohne gegebenenfalls die Weichheit und Geschmeidigkeit nachteilig zu beeinflussen. In anderen Fällen muß ein beim Bleichen bzw. Färben im Griff hart ausgefallenes Gewebe unter Umständen weich und geschmeidig gemacht werden.

Je nach der Aufgabe, welche die Appreturmittel erfüllen sollen, teilt man sie in verschiedene Gruppen ein und spricht demgemäß von Stand- bzw. Steifungsmitteln, von Füll- und Beschwerungsmitteln, weichmachenden Mitteln, hygroskopischen Mitteln, antiseptischen Mitteln usw. (vgl. S. 791).

Stand- bzw. Steifungsmittel. Als solche kommen hochmolekulare Natur- und Kunststoffe in Frage, welche schon bei geringer Konzentration hochviscose Lösungen geben und damit bei billigem Preis einen kräftigen Appretureffekt bewirken. Es sind dies die verschiedenen Stärken in nicht abgebauter oder auch abgebauter Form. Die nicht abgebauten Stärken haben den Nachteil, daß sie Glanz und Farbe eines Gewebes verschleiern können, während dies abgebaute Stärken um so weniger tun, je mehr sie abgebaut sind. Abgebaute Stärken dringen weiterhin mehr in den Faden ein, während nicht abgebaute sich vorwiegend auf der Garn- bzw. Gewebeoberfläche ablagern. Der Abbau kann hydrolytisch, oxydativ oder enzymatisch vorgenommen werden (S. 53). Weiterhin kommen in Betracht: Eiweißkörper, wie Leim und Casein, Celluloseäther (Tylose), Celluloseäthercarbonsäuren (Horsil Z 25, Tylose). Die letzteren kann man herstellen durch Einwirkung von monochloressigsaurem Natrium auf Natroncellulose nach der Gleichung:

$$\text{Cell}\cdot\text{ONa} + \text{ClCH}_2\text{COONa} \rightarrow \text{Cell}\cdot\text{OCH}_2\text{COONa} + \text{NaCl}$$

Die genannten Mittel geben unter gewöhnlichen Umständen *keine waschbeständigen Appretureffekte*. Um solche zu erreichen, müssen die Gewebe mit gewissen *Kunststoffen* präpariert werden, welche meist in Form von wäßrigen Dispersionen in den Handel kommen (S. 110ff.). In Frage kommen u.a. Polyäthylen, Polyacrylsäureester und Polymethacrylsäureester. Weiterhin eignen sich Kunststoffe aus der Polyvinylreihe, beispielsweise Polyvinylacetat sowie Polyvinylalkohol in Verbindung mit Formaldehyd, wobei sich unlösliches Polyvinylacetal bildet. Mit unter bestimmten Bedingungen hergestellten Cellulosemethyläthern lassen sich ebenfalls waschbeständige Appretureffekte erzielen. Bei Tylose 4S z.B. handelt es sich um einen wasserunlöslichen aber alkalilöslichen Celluloseäther von niedrigem Alkylierungsgrad. Das zu appretierende Gewebe wird mit der natronalkalischen Lösung des Äthers geklotzt und dieser durch eine angeschlossene Säurepassage auf dem Gewebe koaguliert.

Kohlenhydratartige Appreturmittel wie Stärke, Dextrin, Tylose lassen sich in Kombination mit Dimethylolharnstoff, der auf der Faser zum Carbamidharz kondensiert wird (S. 130), einigermaßen waschbeständig fixieren. Dies ist auch durch eine gleichzeitige Verwendung von „reaktiven" Substanzen, z.B. Cyanurchlorid-Derivaten möglich (vgl. S. 33).

Füll- und Beschwerungsmittel. Um die Ware kräftig und voll erscheinen zu lassen, kann man der Appreturflotte Füll- und Beschwerungsmittel zusetzen. Es sind dies meist entweder lösliche oder unlösliche Mineralsalze, die durch das Steifungsmittel mehr oder weniger dauerhaft auf der Faser fixiert werden. Zu nennen sind hier Magnesiumsulfat, Natriumsulfat, Bariumsulfat, Calciumcarbonat, Kaolin, Talkum (Magnesiumsilikat).

Weichmachende Mittel. Um trotz des Gehaltes an Steifungs- und Füllmitteln der Ware einen weichen und geschmeidigen Charakter zu erhalten, kann man der Appreturmasse weichmachende Stoffe beigeben, wie Öle, Fette, Wachse, Paraffin, Seife, sulfierte Fette und sulfierte Öle. Damit eine homogene Appreturmasse entsteht, müssen unlösliche Fettkörper in eine einwandfreie Dispersion gebracht werden.

Seit kurzer Zeit werden auch *permanente Weichmacher* angewandt, und zwar in der Form von „fettsäuresubstituierten" Kunstharzen bzw. Kunststoffen oder von „fettsäuresubstituierten" chemischen Modifizierungsmitteln. Teilweise schließt dann der Weichmacher einen Hydrophobierungseffekt mit ein.

Hygroskopische Mittel. Der Zusatz an hygroskopischen Mitteln, wie Calciumchlorid, Magnesiumchlorid, Zinkchlorid, Glycerin usw., hält die Ware ebenfalls geschmeidig, da Feuchtigkeit ganz allgemein ein natürlicher Weichmacher für Textilfasern ist.

Farbstoffe. Bei starken Appreturmassen besteht die Gefahr, daß diese die Farbe gefärbter Gewebe verschleiern. Unter diesen Umständen wird der Appreturmasse ein Farbstoff zugesetzt, welcher der Farbe des Gewebes im Ton entspricht. Meist finden hierfür Pigmentfarbstoffe (S. 395) Verwendung. Bei Bleichware besteht die Möglichkeit, durch Farbstoffzugabe das Bläuen mit dem Appretieren zu verbinden.

Geruchsveredelnde Mittel. Um unerwünschte, den Textilien gelegentlich anhaftende, aus der Fabrikation stammende Gerüche (z.B. Formaldehyd) zu überdecken, werden diese mit geeigneten Riechstoffkompositionen behandelt (Dragotex).

Antiseptische Mittel. Stärkesubstanzen bilden einen guten Nährboden für Pilze, so daß sowohl die Appreturmasse bei längerem Stehen als auch die mit Stärke appretierte Ware bei längerem Lagern in einer für die Schimmelbildung günstigen Atmosphäre einem Schimmelbefall unterliegen können. Aus diesem Grund setzt man der Appreturmasse häufig antiseptische Mittel zu, wie Salicylsäure oder ihr Natriumsalz, Preventol (Pentachlorphenol), Formaldehyd, Phenol sowie Zink- und Kupfersalze.

Die Appretur der Garne. Bestimmte Garne, z. B. Nähgarne, verlangen im Interesse einer einwandfreien Verarbeitbarkeit (Vernähbarkeit) eine Appretur, welche dem Faden Schluß, Oberflächenglätte und Geschmeidigkeit verleiht. Ein solcher Effekt wird mit Stärke oder Leim in Verbindung mit Paraffin oder Wachs erzielt (vgl. S. 168).

Avivieren. Eine bestimmte Art der Garnappretur nennt man Avivieren. Das Avivieren dient dazu, den durch das Abkochen, Bleichen bzw. Färben verlorengegangen geschmeidigen Griff zu korrigieren, das Fasermaterial also wieder griffig bzw. geschmeidig zu machen. Hierzu dienen vorzugsweise sulfierte Öle und Fette sowie gewisse kationaktive oder nichtionogene Fettkörper. Zur Erreichung eines knirschenden Griffs verwendet man organische Säuren (Milchsäure) nach vorausgegangener Seifenbehandlung, wobei eine den Griff in dieser Richtung beeinflussende Fettsäureabscheidung eintritt.

Die technische Ausführung der Appretur. Damit die zu appretierenden Gewebe die Appreturmasse gut einsaugen, werden sie im allgemeinen vorgetrocknet. Das Aufbringen der Appreturmasse kann entweder beidseitig (*Vollappretur, Tauchappretur*) oder einseitig (*Linksappretur, Rückenappretur, Rakelappretur*) erfolgen.

Bei der Vollappretur wird das Gewebe in faltenfreiem Zustand durch einen die Appreturmasse enthaltenden Trog (Foulard) geführt, und zwar in der Art, wie dies der Abb. 43 zu entnehmen ist. Der Druck der Quetschwalzen ist verstellbar und

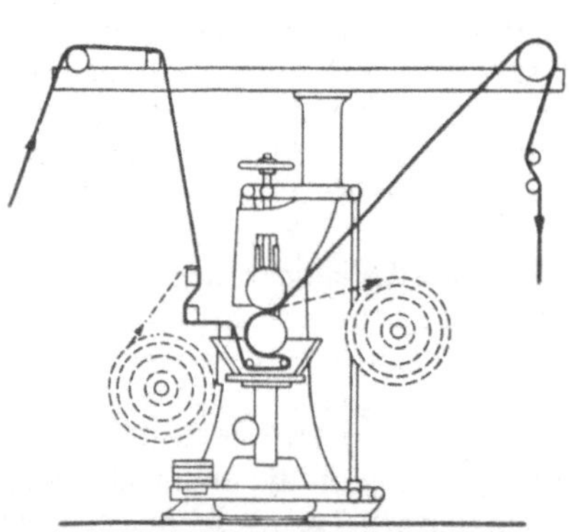

Abb. 43. Warenlauf für Tauchappretur, Vollappretur (Weisbach).

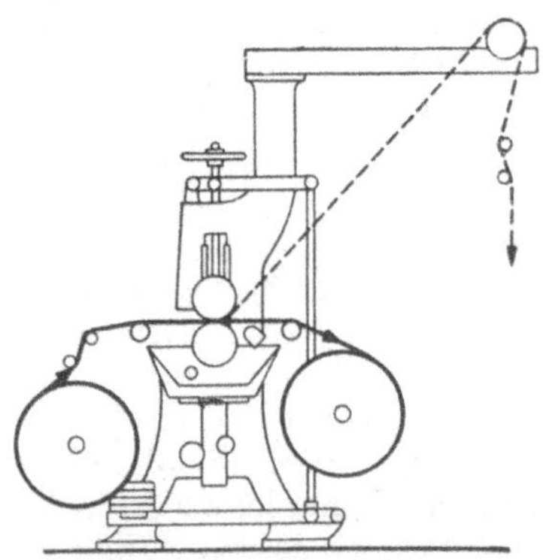

Abb. 44. Linksappretur, Rückenappretur (Weisbach).

hat die Aufgabe, die Appreturmasse in das Gewebe einzupressen und den Überschuß auszuquetschen. Bei den sogenannten Friktionsstärkmaschinen hat die obere der beiden Walzen eine größere Geschwindigkeit, so daß ein zäher Appret besser in die Ware eingepreßt werden kann. Die Walzenzahl ist nicht auf 2 beschränkt, sondern kann auch höher sein. Notfalls kann die Appretur auch auf dem Jigger aufgebracht werden.

In Fällen, in denen ein der Ware eigener Oberflächeneffekt durch die aufgebrachte Appretur eine nachteilige Beeinflussung erfährt, wird die Appretur nur einseitig (üblicherweise linksseitig) aufgebracht. Es kommt dies beispielsweise bei Jacquardgeweben in Betracht, wo die Musterung durch die Appretur verdeckt werden kann, bei glänzenden Geweben und Druckwaren, bei denen Glanz und Farbmuster verschleiert werden, sowie bei Rauhware, bei der das Appretieren ein Verkleben des Rauhflors zur Folge hätte. Ist die Appretur verhältnismäßig dünnflüssig, dann wird sie gemäß der Abb. 44 aufgebracht. Die in der Appreturmasse laufende Walze besitzt eine Stoffbombage und nimmt dadurch Appreturmasse mit, die sie an die Unterseite des zu appretierenden Gewebes abgibt. Bei dickflüssigeren Appreturen verfährt man in der Art, wie dies der Abb. 45 zu entnehmen ist. Das Abstreifmesser (Rakel) hat die Aufgabe, die überschüssige Appreturmasse abzustreifen und gleichzeitig die aufgetragene Appreturschicht gleichmäßig zu gestalten. Die Rakel ist verstellbar, so daß die Menge an aufgetragenem Appret variiert werden kann.

Besonders empfindliche Gewebe (manche Kreppartikel) werden in der Weise mit der Appreturmasse versehen, daß man diese in dünnflüssigem Zustand durch eine Zerstäubungsvorrichtung (Düsen-Appretiermaschine) ein- oder beidseitig auf die Ware aufsprüht.

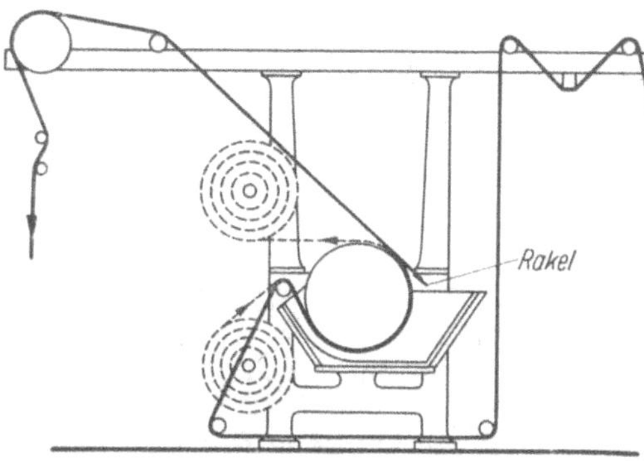

Abb. 45. Rakelappretur (Weisbach).

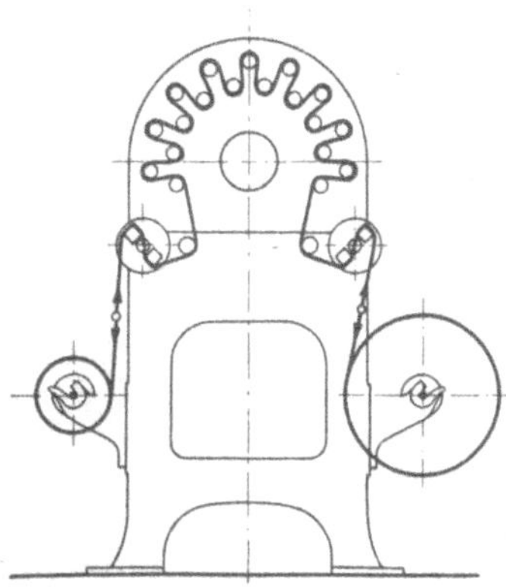

Abb. 46. Appret-Brechmaschine mit Spiralwalzen, schematisch (Olbersdorf).

Das Appretbrechen. In Fällen, in denen der Appretureffekt durch das Auftragen der Appreturmasse zu hart bzw. zu steif ausgefallen ist, muß dieser gemildert werden, was durch „Brechen" des Apprets geschieht. Dieses Brechen beruht darauf, daß das appretierte Gewebe über gerillte Walzen oder über ein System von Metallknöpfen gezogen wird, was zu einer zahlreichen Unterbrechung der vorher zusammenhängenden Appretschicht führt. Das Prinzip der Rillenwalzen-Brechmaschine (Spiralwalzen-Brechmaschine) ist der Abb. 46 zu entnehmen. Die gerillten Brechwalzen sind angetrieben, und die Ware läuft in der gleichen Drehrichtung mit, so daß das Brechen ohne wesentliche Reibung und daher unter Schonung der Ware trotz großer Arbeitsgeschwindigkeit erfolgen kann.

Das Appretbrechen gehört nicht in den normalen Arbeitsgang und erweist sich nur in Ausnahmefällen als notwendig.

II. Das Beschichten von textilen Substraten

Sollen auf Gewebe oder sonstige textile Substrate (Wirkwaren, Vliesstoffe) einseitig (oder auch beidseitig) große Appretmengen in Form einer geschlossenen mehr oder weniger dicken Schicht aufgetragen werden, wie dies für die Herstellung von Kunstleder, Wachstuch, Regenmantelstoffen, Bucheinbandstoffen (Kalikos) usw. in Frage kommt, dann macht man die Appreturmasse sehr hochviscos und bringt sie direkt auf die zu appretierende laufende Warenbahn auf. Eine Streichschiene (Rakel) streicht die Appreturmasse gleichmäßig auf das Gewebe auf und in dieses hinein.

Je nach dem Verwendungszweck des beschichteten Substrats ist die Zusammensetzung der Beschichtungsmasse verschieden. Sie kann, wenn keine Wasserfestigkeit der Schicht verlangt wird, aus Stärke, Leim oder Casein bestehen, wie dies z.B. bei der Herstellung billiger Bucheinbandstoffe möglich ist. In andern Fällen muß die aufgebrachte Schicht eine genügende Wasserfestigkeit besitzen, was nur mit bestimmten Natur- oder Kunststoffen zu erreichen ist.

Für die Herstellung von Wachstuch oder Kunstleder kommen als Beschichtungsmittel Nitratcellulose sowie die verschiedensten Kunststoffe in Betracht. Bei der Herstellung von Regenmantelstoffen, von Wind- und Wetterschutzkleidung spielen entsprechend geschmeidige Schichten eine Rolle, wie sie mit Hilfe von Naturkautschuk, synthetischem Kautschuk oder gewissen Kunststoffen wie Vinyl- und Acrylsäure-Polymerisaten usw. erzeugt werden können.

Die Herstellung von Kunstleder und ähnlichen Erzeugnissen. Als Trägermaterial für die Beschichtung verwendet man entweder Gewebe, Gewirke, Vliesstoffe oder eine Papierbahn. Kunstleder auf Basis von Vliesstoffen haben in ihrer Struktur und in ihren Eigenschaften die größte Ähnlichkeit mit Naturleder. Diese werden als Schuhoberleder, zur Innenausstattung von Schuhen, als Bekleidungsleder, Täschner- und Galanteriewaren eingesetzt.

Schließlich kann man Kunstleder ohne Faserbasis aus einer Plastikfolie erzeugen. Die Plastikfolie kann auch auf ein Gewebe unter Druck aufgeklebt werden (Folienkaschierverfahren).

Dem Kunstleder kann man durch entsprechendes Prägen der Deckschicht die Oberflächenstruktur von Naturleder geben.

Grundsätzlich können Beschichtungen auf Flächengebilden aus den verschiedensten Faserstoffen, also auch aus Synthesefasern und den entsprechenden Folien, ausgeführt werden. Im letzteren Fall spricht man auch von „Syntheseleder" (S. 117).

Die Beschichtungsmittel für Kunstleder und ähnliche Erzeugnisse. Das Hauptbeschichtungsmittel war früher die Nitratcellulose, an deren Seite bzw. an deren Stelle in den letzten Jahren verschiedene Kunststoffe wie Polyacrylsäureester und Polymethacrylsäureester (Plextol, Plexigum, Acronal, Acralen, Perapret, Dicrylan usw.), *Polyvinylchlorid* (Vestolit, Vinnol), Polyvinylacetat (Mowilith, Appretan EM, Vinnapas), Polyvinyläther (Lutonale), Polystyrole (Styrofan) und vor allem Polyurethane und noch andere getreten sind. Nachstehend seien einige dieser Kunststoffe formuliert.

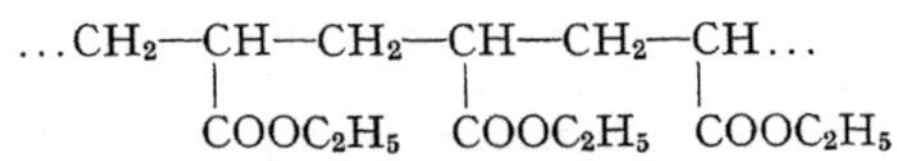

Polyacrylsäureäthylester

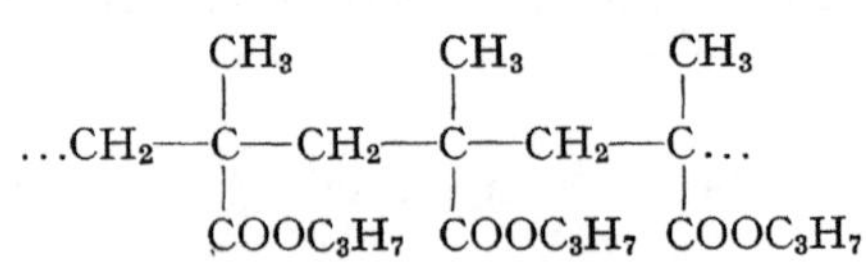

Polymethacrylsäurepropylester

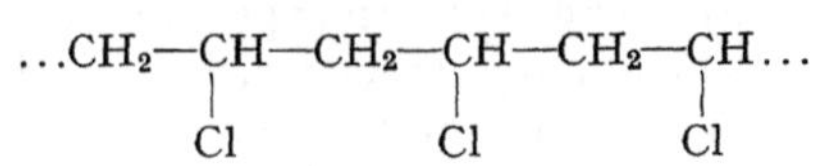

Polyvinylchlorid

Polyvinylchlorid ist heute zu dem wichtigsten Beschichtungsmittel geworden (S. 122).

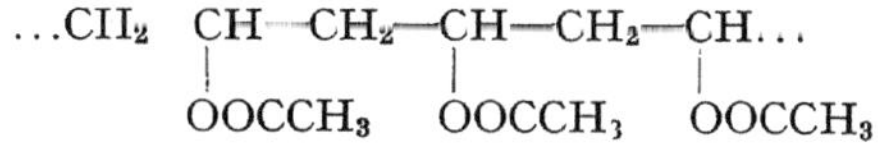

Polyvinylacetat

Die obigen Körper können neben dem durch die Polymerisation bedingten linearen Bau durch Nebenreaktionen bewirkte Verzweigungen aufweisen. Auch die Möglichkeit einer mäanderförmigen Krümmung der Makromoleküle ist in Betracht zu ziehen.

Acrylsäureester lassen sich aus Acetylen, Kohlenoxid und Alkohol bei Gegenwart geeigneter Katalysatoren direkt gewinnen (*W. Reppe*):

$$HC\equiv CH + CO + C_2H_5OH \rightarrow CH_2 = CH{-}COOC_2H_5$$

Acrylsäureäthylester

Geht man von Methylacetylen aus, dann erhält man auf diese Weise leicht *Methacrylsäureester. Vinylchlorid* gewinnt man durch Anlagerung von HCl an Acetylen und *Vinylacetat* entsprechend durch Addition von Essigsäure an Acetylen.

Alle diese Körper lassen sich unter geeigneten Bedingungen für sich oder in Mischung zu Polymerisaten bzw. Mischpolymerisaten polymerisieren.

Hierher gehört auch das polymere Isobutylen:

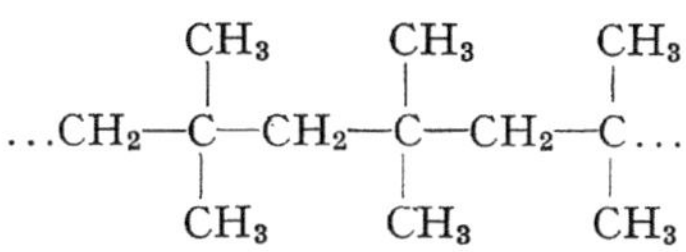

Polyisobutylen (Oppanol B)

Weiterhin finden *Polyamide, Polyurethane, Vulcollane* und *Silicone* Verwendung. Auch *Naturkautschuk* sowie *synthetischer Kautschuk* (Buna) und *Neopren* = Polymerisat aus 2-Chlor-butadien spielen eine Rolle. Neoprenbeschichtetes Nylongewebe findet in *Raumfahrtanzügen* in Form einer blasenartigen Hülle als Sperrschicht für den zur Pressurisierung des Anzugs erforderlichen Sauerstoff Verwendung.

Aluminisierte Polyamidfolie (Kapton) sowie aluminisierte Polyesterfolie (Mylar) dienen in *Raumfahrtanzügen* als reflektierende Isolierschichten.

Polyamide (z.B. Ultramide) entstehen durch Polykondensation von Aminosäuren bzw. von Diaminen und Dicarbonsäuren (S. 326). Sie entsprechen den allgemeinen Formulierungen:

$$H_2N(CH_2)_yCO[NH(CH_2)_xCO]_nNH(CH_2)_xCOOH$$

$$H_2N(CH_2)_xNH[CO(CH_2)_yCONH(CH_2)_xNH]_nCO(CH_2)_yCOOH.$$

Ultramid A wird durch Polykondensation von Adipinsäure und Hexamethylendiamin und Ultramid B durch Polymerisation von ε-Caprolactam gewonnen. Auch Mischpolykondensate aus verschiedenen polyamidbildenden Komponenten sind im Handel. Für Beschichtungszwecke, bei denen die Polyamide aus der Lösung aufgestrichen werden, verwendet man niedrigmolekulare Kondensate oder spezielle Produkte (z.B. Ultramid 6A), welche auch in niedrigsiedenden Lösungsmitteln löslich sind.

Die Polyamidlösungen ergeben außerordentlich widerstandsfähige, kratzfeste und temperaturbeständige Filme, so daß sie vorteilhaft zur Ausführung des Schlußstrichs bei beschichteten Geweben Verwendung finden. Auch als weichmacher-undurchlässige Zwischenschichten sind sie von Bedeutung.

Polyurethane (S. 356) entstehen durch Additionspolymerisation aus Diisocyanaten und polyfunktionellen Hydroxylverbindungen:

$$HO \cdot R \cdot OH + OCN \cdot R_1 \cdot NCO + HO \cdot R \cdot OH + OCN \cdot R_1 \cdot NCO + HO \cdot R \cdot OH$$

$$\downarrow$$

$$-O \cdot R \cdot O \cdot OC \cdot HN \cdot R_1 \cdot NH \cdot CO \cdot O \cdot R \cdot O \cdot OC \cdot HN \cdot R_1 \cdot NH \cdot CO \cdot O \cdot R \cdot O-$$

Verwendet man Hydroxylverbindungen mit mehr als zwei funktionellen Hydroxylgruppen, dann erhält man vernetzte Polyurethane (Desmophen/Desmodur-Kombinationen). Diese werden dem Verarbeiter nicht als fertige Kunststoffe geliefert, sondern aus den Komponenten, den Polyglykolen (Desmophen) und den Isocyanaten (Desmodur) bei der Verarbeitung erzeugt.

Besonders geeignet sind aus hydroxylgruppenhaltigen Polyestern hergestellte Polyurethane:

$$HO \cdot (CH_2)_2 \cdot O \cdot OC \cdot (CH_2)_4 \cdot CO \cdot [O \cdot (CH_2)_2 \cdot O \cdot OC \cdot (CH_2)_4 \cdot CO]_n \cdot O \cdot (CH_2)_2 \cdot OH$$

Polyester aus Adipinsäure und Äthylenglykol

Ein solcher Polyester stellt einen höhermolekularen Glykoltyp dar und kann in entsprechender Weise mit Diisocyanaten zu Polyurethanen umgesetzt werden. Verwendet man neben Diglykolen auch noch trifunktionelle Produkte, so entstehen in bestimmter Weise vernetzte Polyurethane mit elastischen Eigenschaften (Isocyanat-Gummi).

Bei Verwendung von Diisocyanaten der Naphthalinreihe im Überschuß erhält man Produkte, die am Ende der Kette Isocyanatgruppen enthalten. Letztere werden unter dem Einfluß von Wasser unter CO_2-Abspaltung zu einer Harnstoffbrücke verknüpft (*O. Bayer*):

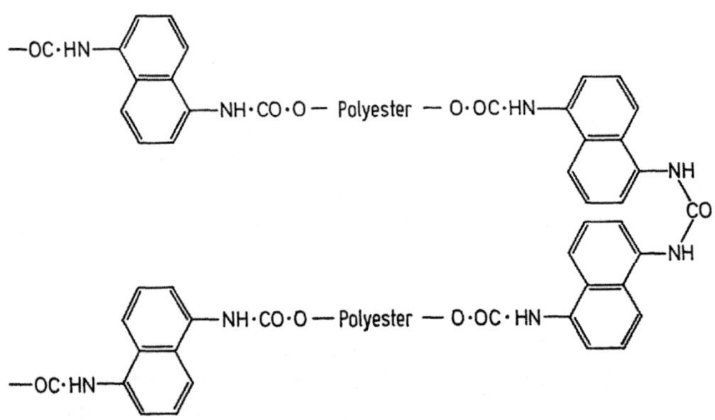

Die entstandenen linearen Produkte lassen sich über die vorhandenen Harnstoffglieder und endständigen Isocyanatgruppen zu dreidimensionalen Gebilden von hochelastischer Beschaffenheit (*Vulcollan*) verknüpfen (*O. Bayer*). *Polyurethan-Schaumstoff* (Moltopren) spielt für die Herstellung schaumstoffbeschichteter Textilien, welche leicht, elastisch und wärmehaltfähig sind, eine Rolle (A. Höchtlen u. W. Droste). Die „Schäumigkeit" entsteht durch CO_2-Entwicklung.

Polyurethan-Elastomere sind linear oder netzartig strukturierte ***aus weichen und harten Segmenten*** bestehende Kettengebilde (vgl. S. 357).

Für spezielle Einsatzgebiete werden die Polyester bzw. Polyäther durch Umsetzung mit Toluylendiisocyanat oder mit Adipinsäure zu „*Prepolymeren*" verlängert.

Impranile sind mit Diisocyanaten und sehr kleinen Zusätzen von trifunktionellen Alkoholen umgesetzte, noch lösliche plastische Polyester (isocyanat„vorverlängerte" Polyester (Desmoline), die vermöge freier Hydroxylgruppen mit Polyisocyanaten (*Imprafix*) auf der Faser vernetzt werden können. (Bei der Herstellung der Impranile wird die Isocyanatmenge im Unterschuß gehalten, so daß nach der Polyaddition noch freie Hydroxylgruppen vorhanden sind.) Impranile und Imprafix werden gemeinsam aus organischer Lösung auf das Gewebe aufgestrichen und entweder bei Raumtemperatur oder schneller bei 130–180 °C kondensiert. Ein gebräuchlicher Vernetzer ist das *Imprafix TH*, ein Umsetzungsprodukt aus 3 Mol Toluylen-diisocyanat und Trimethylolpropan:

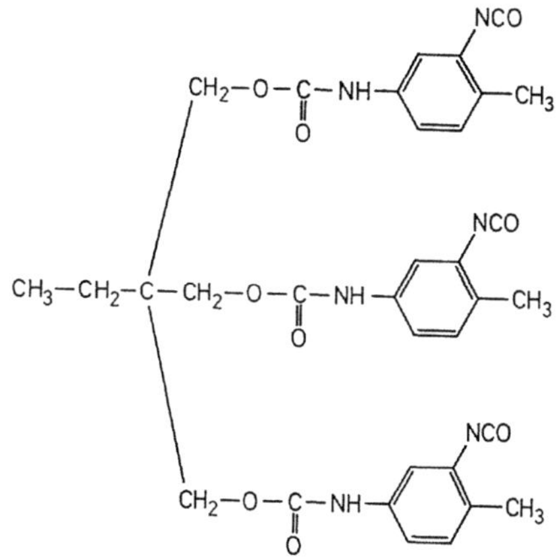

Der Vorteil der Polyurethan-Kunstleder liegt vor allem in ihrer Luft- und Wasserdampfdurchlässigkeit, die für hygienische Zwecke von großer Bedeutung ist, des weiteren in der Möglichkeit der chemischen Reinigung, da keine Weichmacher zugegen sind, die bei der chemischen Reinigung herausgelöst würden. (Ein den festgelegten Spezifikationen entsprechendes Polyurethankunstleder ist „Vistram".)

Wässerige Polyurethan-Dispersionen. In neuester Zeit sind *emulgatorhaltige* hochmolekulare wäßrige Polyurethan-Dispersionen entwickelt worden, die Vorpolymere aus Polyäthern bzw. Polyestern und Polyisocyanaten enthalten und gleichzeitig mit Wasser bzw. Diaminen zu hochmolekularen Elastomerteilchen ausreagieren. Es entstehen wässerige Dispersionen, die auf das Substrat aufgebracht, bei 100–150 °C zu weichen und elastischen Schichten aushärten (*E. Windemuth*):

$$OCN\text{-}[\text{-}R\text{—}NHCOO\cdots OCONH\text{—}R\text{—}NHCONH\text{—}R_1\text{—}NHCONH\text{-}]_n\text{-}R\text{—}NHCOO\cdots$$

Emulgatorfreie wässerige Dispersionen erhält man, wenn man ionische Zentren (z. B. Sulfoniumgruppen) in Polyurethane einbaut, z. B. durch Quaternierung eines basischen Polyurethans mit Dimethylsulfat:

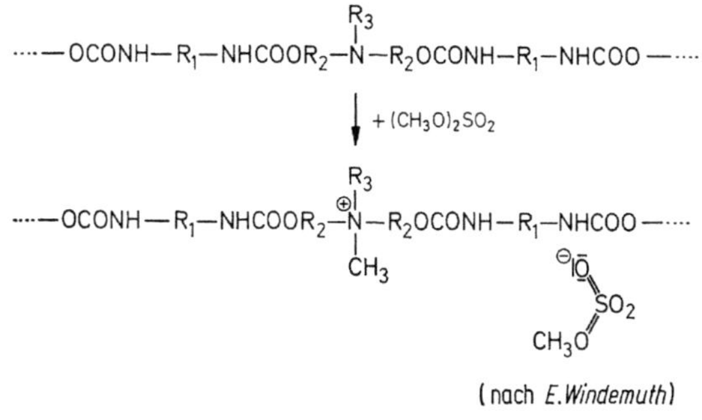

(nach *E. Windemuth*)

Die Physiologie am Arbeitsplatz und die Forderungen des *Umweltschutzes* werden in absehbarer Zeit die Anwendung von Polyurethan-Systemen aus organischen Lösungsmitteln von der Erstellung von Lösungsmittelverbrennungs- oder Rückgewinnungsanlagen abhängig machen. Ein Ausweichen auf wässerige Polyurethan-Dispersionen oder trockene Schmelz-, Sinter- und Reaktiv-Systeme wird eine zukünftige Alternative sein (*H. J. Koch*).

Von Bedeutung ist auch die *Selbstvernetzung von Polyacrylsäureestern*, die im Molekül reaktive Methylolacrylamidgruppen enthalten und durch diese zu Quervernetzungen oder zu Reaktionen mit dem Substrat bei Temperaturen von 130 bis 150 °C befähigt sind.

Lösungen und Dispersionen von Beschichtungsmitteln. Ursprünglich wurde für die Kunstlederherstellung Nitratcellulose, welche *in einem organischen Lösungsmittel* (Aceton, Amylacetat) *gelöst* war, verwendet. Auch die Kunststoffe können in dieser Weise auf das Gewebe aufgetragen werden, doch erfordert das Arbeiten mit Lösungsmitteln verhältnismäßig kostspielige Einrichtungen. Voraussetzung für ein wirtschaftliches Arbeiten ist u.a. eine möglichst vollkommene Rückgewinnung der Lösungsmittel.

Eine solche entfällt, wenn man als Beschichtungsmittel *wässerige Dispersionen* von Kunststoffen anwendet. Dies hat weiterhin den Vorteil, daß keine Brandgefahr mit der Verarbeitung verbunden ist und daß keine nachteilige Beeinflussung der Atemluft entsteht, so daß das Arbeiten mit den Kunststoffdispersionen eine große Verbreitung gefunden hat. Der Nachteil der Kunststoffdispersionen gegenüber den Lösungen ist der, daß sie keine so wasserfesten Effekte ergeben, wie sie mit Kunststofflösungen zu erreichen sind. Dies hängt damit zusammen, daß die Kunststoffschicht im Fall der Verwendung von Dispersionen geringe Mengen eines Dispergiermittels enthält, welches bei Einwirkung von Wasser eine gewisse Dispergier- und Netzwirkung entfaltet und so die Kunststoffschicht zum Quellen bringen kann.

Als erheblicher Vorteil der Dispersionen ist die Tatsache zu werten, daß sie auch bei hoher Kunststoffkonzentration keine hochviscosen und daher nicht mehr streichfähigen Massen ergeben, so daß man schon mit einem einzigen Strich eine ziemliche Schichtdicke erreichen kann. Kunststofflösungen sind dagegen schon bei niederer Konzentration so hochviscos, daß man selbst für eine geringe Schichtdicke mehrere Striche ausführen muß. Vinyl- und Butadienpolymerisate sowie Naturkautschuk geben so hochviscose Lösungen, daß sie nur schwer aus der Lösung heraus zu verarbeiten sind. Die Haftfestigkeit auf der Unterlage ist bei Anwendung von Dispersionen eine bessere als bei Verwendung von Kunststofflösungen. Aus diesem Grund wird auch beim Arbeiten mit Lösungen als erster Strich häufig ein Dispersionsstrich ausgeführt.

Als Nachteil der Dispersionen ist die Tatsache zu werten, daß sie gegen koagulierende Stoffe und gegen höhere Temperaturen empfindlich sind. Weiterhin lassen sich eingetrocknete Dispersionen nicht mehr ohne weiteres regenerieren, während ein Auflösen eingetrockneter Lösungsrückstände leicht durchführbar ist.

Als wäßrige Kunststoffdispersionen kommen u.a. Polyvinylacetat, Polyvinylchlorid sowie Copolymerisate aus Styrol und Butadien u.a. in Betracht. Bevorzugt finden Polyvinylchloridpasten in nichtflüchtigen Weichmachern Verwendung (S. 122).

Grundsätzlich kann man alle *thermoplastischen* Kunststoffe – ohne Lösungsmittel und ohne Wasser als Dispergiermittel – in warmem Zustand auf das Trägermaterial aufbringen. Dies ist heute wohl das wichtigste Beschichtungsverfahren geworden.

Die Zusammensetzung der Beschichtungsmasse. Neben dem *Kunststoff* bzw. hochmolekularen *Naturstoff* enthält die Appreturmasse (Streichmasse) noch kleinere oder größere Mengen von *Weichhaltungsmitteln*, *Farbkörpern* und *Füllmitteln*. Die Kunststoffe, insonderheit die Nitratcellulose, besitzen in Form einer zusammenhängenden Schicht keine besonders elastischen Eigenschaften, sondern sind mehr oder weniger hart und spröde. Ein Kunstleder soll aber in Analogie zum Naturleder weich, biegsam und geschmeidig sein.

Dies erreicht man durch Zusatz eines entsprechenden *Weichmachers*. Bei den Weichmachern handelt es sich um schwerflüchtige Lösungs- bzw. Quellmittel, die durch ihre Gegenwart den Kunststoff in einem gewissen Quellzustand halten, wodurch eine weitgehende Geschmeidigkeit bewirkt wird. Die Menge an zugesetztem Weichhaltungsmittel kann z.B. bei Nitratcellulose 60–160% betragen. Bei den Kunststoffen vom Typus der Polyacrylsäureester und Polymethacrylsäureester benötigt man entweder keine oder wesentlich geringere Weichhaltungsmittelmengen, da diese Kunststoffe von Haus aus eine größere Geschmeidigkeit besitzen, eine Eigenschaft, die durch die mit der Acrylsäure kombinierte Alkoholkomponente in der Richtung beeinflußbar ist, daß mit wachsendem Molekulargewicht des Alkohols die Weichheit zunimmt. Das harte Plexiglas ist die Methylverbindung. Dies ist insofern als ein Vorteil zu werten, als bei größeren Weichmacherzusätzen das Weichhaltungsmittel zum „Ausschwitzen" neigt, so daß entweder ein Klebrigwerden der Oberfläche oder bei völliger Verflüchtigung ein Hartwerden der Kunststoffschicht eintreten kann. Je nach angewandtem Kunststoff müssen die Weichmacher entsprechend ausgewählt werden.

Eine der Hauptaufgaben des Weichhaltungsmittels besteht darin, die *Einfriertemperatur*, d.h. den Temperaturpunkt der beginnenden Versprödung des Kunststoffes herabzusetzen, z.B. bei Polyvinylchlorid von etwa 90 °C auf −10 °C oder −30 °C. Da die Einfriertemperatur von den zwischenmolekularen Kräften abhängt, muß der Weichmacher diese vermindern, indem er selbst in das Gefüge der zwischen den Kunststoffmolekülen wirksamen Kräfte eingreift. Im Falle der Esterweichmacher z.B. sind es die Dipolkräfte, die mit den Dipolkräften z.B. des Polyvinylchlorids in Wechselwirkung treten (*Leuchs*).

Als Weichmachungsmittel kommen u.a. Phthalsäureester, Phosphorsäureester, Fettsäureester, Oxalsäureester, Adipinsäureester, Sulfosäureester in Frage. Als Alkoholkomponenten fungieren in diesen Estern ein- und mehrwertige aliphatische, alicyclische und aromatische Alkohole. Neben den Estern spielen Alkohole, Äther, Ketone sowie stickstoffhaltige Verbindungen, z.B. Sulfamide als Weichmacher eine Rolle.

Beispiele

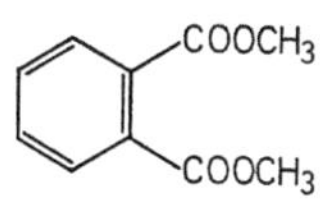

Dimethylphthalat

des weiteren: Diäthylphthalat, Dibutylphthalat (Palatinol C, Vestinol C), Phthalsäure-di-2-äthylhexylester (Palatinol AH, Vestinol AH), Diisononylphthalat (Vestinol N, Witamol 150), Phthalsäure-di-methoxyäthylester (Palatinol O), Dibutylglykolphthalat (Palatinol K).

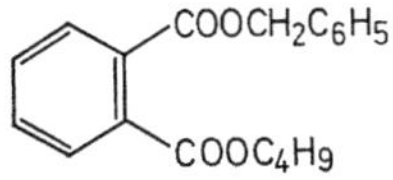

Benzylbutylphthalat

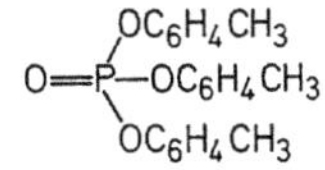

Trikresylphosphat

sowie Triphenylphosphat und Tributylphosphat.

Weiterhin spielen eine Rolle:

Glycerinätheracetat
Thiobuttersäure-di-(2-äthyl-hexyl-)ester
Butylstearat
Polyglykolfettsäureester (Witamol 60)
Pentaerythrit-carbonsäureester
Polyglykol-carbonsäureester
Mersolphenylester (Mesamoll)
Adipinsäure-dicyclohexylester (Sipalin AOC)
Adipinsäure-di-2-äthylhexylester (Plastomoll DOA, Witamol 320)
Polyvinylmethyläther (Lutonal M 40)
Polyvinyläthyläther (Lutonal A 50)
Polyvinylisobutyläther (Lutonal I 60)
Chlorparaffine (Witten K-Marken)

Dellatol, Plastol LB sind Weichmacher für Polyamide. Hier handelt es sich um Produkte auf der Basis von Dioxybenzoesäureestern, Dioxydiphenyl, Resorcinphosphat sowie Sulfonamiden.

Zu der Verwendung des technischen *Trikresylphosphats* ist zu sagen, daß dieses in physiologischer Beziehung nicht einwandfrei ist, so daß sowohl peroral als auch percutan hervorgerufene Vergiftungserscheinungen beobachtet wurden. Diese wirken sich in Störungen des Magens und Darmkanals sowie in vorübergehenden Lähmungen aus. Die Giftwirkung des technischen Trikresylphosphats beruht auf einem etwa 25%igen Gehalt an o-Trikresylphosphat, während die m- und p-Verbindungen ungefährlich sind. Vergiftungserscheinungen können bei Gebrauchsgegenständen beim Herauslösen des o-Trikresylphosphats durch organische Lösungsmittel sowie durch Öle und Fette auftreten. Unter diesen Umständen sollte die Verwendung des technischen Trikresylphosphats als Weichmacher auf ausgesprochen technische Artikel beschränkt sein. Gegen orthofreies Trikresylphosphat ist nichts einzuwenden.

Zu dem Weichhaltungsmittel treten als weitere Bestandteile zum Anfärben der Kunststoffschicht Pigmentfarbstoffe sowie als Füllmittel gewisse mineralische Pigmente wie Schiefermehl, Talkum, Kaolin, Zinkoxid, Ruß u. dgl. Die Weichmacher sind teilweise schon den Handelsprodukten der Kunststoffdispersionen beigemischt.

Aufbau der Beschichtung. Die Beschichtung besteht im allgemeinen aus drei Schichten, nämlich der *Grundierung*, der sog. *Farbschicht* und der *Oberflächenschicht*. Die für die verschiedenen Schichten verwendeten Kunststoffe können verschiedener Art sein. Die Grundierung hat die Aufgabe, eine innige Verbindung zwischen Beschichtungsmasse und Substrat herzustellen. Sie muß sehr geschmeidig sein, damit sie eventuelle Veränderungen des Substrats (Krumpfen) mitmachen kann. Die Grundierung wird üblicherweise weder mit Füllmitteln noch mit Farbkörpern vermischt, da durch diese die Haftfestigkeit gestört wird.

Die Farbschicht bildet mengenmäßig die Hauptschicht und ist mehr oder weniger stark mit Farbkörpern und Füllmitteln vermischt. Sie soll ebenfalls weich und geschmeidig sein, da durch ihren mengenmäßigen Umfang der Gesamtcharakter des Kunstleders bedingt ist. Auf der Farbschicht sitzt die Oberflächenschicht, die so bemessen wird, daß sie einen geschlossenen Überzug über die Farbschicht bildet. Sie hat die Aufgabe, die gesamte Deckschicht gegen mechanische Einwirkung von außen zu schützen und muß daher sehr widerstandsfähig sein. Sie enthält daher wenig Weichhaltungsmittel, damit sie kratzfest ist und wenig Füllmittel, damit sie eine gute Knickbruchfestigkeit besitzt.

Umkehrverfahren. Bei diesem Verfahren, das vornehmlich bei lose eingestellten gerauhten Geweben sowie bei Wirkwaren und Vliesstoffen wegen der Gefahr des Durchschlagens der Beschichtung üblich ist, wird die Kunststoffmasse zunächst auf ein Trägermaterial (z. B. silikonbeschichtetes Substrat) aufgebracht und dann auf die Textilbahn kaschiert. Anschließend wird das Trägermaterial abgezogen (*Transferbeschichtung*).

Schaumkunststoffe als Beschichtungsmittel. Schaumstoffe bzw. Schaumkunststoffe sind aus kleinen, runden mit Gas gefüllten Zellen aufgebaut, deren Wände aus Kunststoff bestehen. Da das Volumen des Zellinhalts das Volumen der Zellwände weit überwiegt (mitunter bis zu 95,5%), sind die Schaumkunststoffe verhältnismäßig leicht und zusätzlich weich, elastisch und schmiegsam. Die Anwendung der Schaumkunststoffe hat der Verarbeitung der Kunststoffe in der Kunstlederindustrie einen großen Auftrieb gegeben, da aus der „kompakten" Kunststoffschicht eine poröse und voluminöse Schicht entstanden ist, die damit dem Naturleder ähnlicher geworden ist. Durch die Einlagerung gasgefüllter Zellen (Poren) läßt sich die Porosität, d.h. also die Durchlässigkeit für Luft, Wasserdampf usw., beliebig variieren.

Schichten aus Schaumkunststoffen sind daher für die Herstellung von Täschnerwaren, Bodenbelägen und neuerdings namentlich für Schuhoberstoffe von besonderer Bedeutung geworden.

Im Prinzip kann man eine große Anzahl von Kunststoffen „verschäumen". In technischer Hinsicht haben sich jedoch nur verhältnismäßig wenige Typen eingeführt. Es sind dies neben den Polystyrol-Kunststoffen vor allem die *PVC*- und *Polyurethan-Kunststoffe.*

Die Polymerisat-Kunststoffe können aus polymerisierter Form verschäumt werden, da sie thermoplastisch sind. Im Gegensatz dazu wird die Verschäumung der Polykondensate und Polyadditionskunststoffe – da diese nicht thermoplastisch sind – während der Auskondensation bzw. Polyaddition vorgenommen.

Als *Treibmittel* zum Verschäumen der Kunststoffe dienen letzten Endes gas- bzw. dampfförmige Substanzen, die entweder als solche eingeführt oder aus Flüssigkeiten oder festen Substanzen erzeugt werden. Die Einführung der Treibstoffe bzw. Treibgase kann entweder unter Druck oder ohne Druck (Schlagsahnemethode) vorgenommen werden.

Eine gewisse Sonderstellung nehmen die *Polyurethane* ein, die auch ohne besondere Treibmittelzusätze geschäumt werden können, da sie bei ihrer Polyaddition CO_2 abspalten (S. 112).

Sonstige Treibmittel sind: flüchtige Lösungsmittel, wie Petroläther vom Siedepunkt 40–60 °C oder n-Pentan, Fluorkohlenwasserstoffe, Stickstoff aus Stickstoff abgebenden Substanzen. Als neueres Stickstoff abgebendes Mittel dient z.B. das Azodicarbonamid ($H_2NCO—N{=}N—CONH_2$).

Beim Beschichten wird im Prinzip so verfahren, daß zunächst ein treibmittelfreier Strich und anschließend eine treibfähige Schicht aufgetragen wird, an die sich dann wieder eine treibmittelfreie Deckschicht anschließt. Bei Anwendung einer treibmittelhaltigen PVC-Schicht läßt sich diese im Heißluftkanal schäumen und gelieren (Handelsprodukt: z.B. Skai).

Neuerdings wird auch „geschlagener" PVC-Schaum aufgetragen, dessen Schicht wasser- und luftdurchlässig ist.

Für die Herstellung von *Schuhoberstoffen* spielen Polyurethan-Schaumstoffe eine bevorzugte Rolle (Handelsprodukte: Skailen, Xylee, Corfam, Ortix, Quox, Clarino).

Als Substrate für die Kunststoffschicht können Web- oder Wirkwaren sowie Vliesstoffe Verwendung finden. Schließlich kann auch „substratfrei" in der Weise gearbeitet werden, daß das geschäumte Kunstleder aus den Grundsubstanzen zwischen heißen Kalanderwalzen zur Folie geformt wird. Schließlich kann man auch eine Folie aus Schaumkunststoff auf dem Kalander mit einer Textilschicht verbinden.

Das PVC-Schaumkunstleder umfaßt heute rund zwei Drittel der gesamten Kunstledererzeugung.

Koagulationsmethode. Diese Methode dient dazu, *wasserdampfdurchlässige* Kunstleder (*Syntheseleder*) herzustellen. Für diesen Zweck wird das Kunstleder mit Löchern oder Poren versehen, und zwar in der Weise, daß man den Kunststoff, beispielsweise Polyurethan in einem mit Wasser mischbaren Lösungsmittel, z.B. Tetrahydrofuran, Dimethylsulfoxid und Dimethylformamid, löst und diese Lösung auf das Trägermaterial aufstreicht. Anschließend wird das Lösungsmittel durch

Wasser verdrängt, wobei es zu einer Koagulation kommt, die einen zusammenhängenden wasserdampfdurchlässigen Film liefert.

Beschichten und Kaschieren mit Thermoplastpulver. In einfacher Weise kann man mit „Thermoplastpulver" beschichten und kaschieren. Der pulverförmige Kunststoff wird gleichmäßig aufgetragen und durch Hitze angeschmolzen und fixiert (*Heißsiegelausrüstung*).

In Betracht kommen Polyäthylen, Polyvinylacetat bzw. Mischpolymerisate aus diesen, Cellulosedi- und -triacetat sowie Polyamide und Polyurethane.

Das Verfahren kommt vorwiegend für Fußbodenbeläge und für die Rückenbeschichtung formbarer Automobilteppiche in Frage.

Beschichtungsmittel für Regenschutzkleidung, Wind- und Wetterschutzkleidung (Wasserdichte Ausrüstung, Gummierung). Das Herstellungsprinzip von Regenschutzstoffen ist von demjenigen des Kunstleders nicht sehr verschieden, da beide durch Beschichten von geeigneten Substraten mit Natur- oder Kunststoffen erzeugt werden. Das Kunstleder erhält nach der Beschichtung in der Regel noch eine durch Prägen erzeugte Narbung, um damit das Aussehen des Naturleders zu imitieren. Meist entfällt eine solche bei Regenschutzkleidung.

Bei den Regenschutzstoffen spielen indes der *Naturkautschuk* sowie der *synthetische Kautschuk* eine größere Rolle. Sie sind aber in den letzten Jahren in verstärktem Maße durch andere *hochpolymere Kunststoffe* zurückgedrängt worden. Dies hängt einmal damit zusammen, daß natürlicher und synthetischer Kautschuk nach der Beschichtung *vulkanisiert* werden müssen, während ein solcher Prozeß bei den Kunststoffen entfällt. Zum andern ist es darauf zurückzuführen, daß Natur- und synthetischer Kautschuk – im Gegensatz zu den meisten Kunststoffen – unter dem Einfluß von Licht, Luft und Wärme einer *Alterung* mit ihren Folgeerscheinungen (Brüchigwerden) unterliegen, welche durch Katalyte (Kupfer, Mangan, Säure) beschleunigt wird. In den elastischen Eigenschaften und namentlich in bezug auf die Temperaturempfindlichkeit (Kältefestigkeit) ist indes der Kautschuk vielen Kunststoffen vorzuziehen. Bei der Kautschukverarbeitung kann daher ein Weichmacherzusatz entfallen.

Durch Kaschieren (S. 123) kann die Widerstandsfähigkeit der Gummischicht gegenüber Licht und Witterungseinflüssen und damit die Alterungsbeständigkeit verbessert werden.

An die textilen Flächengebilde, die mit Kautschuk beschichtet werden sollen, wird eine ganze Reihe von Anforderungen gestellt. Diese dürfen höchstens je 0,002% *Kupfer und Mangan* und *keine Säure* enthalten, da die Gummischicht sonst vorzeitig altert und brüchig wird. Ferner muß das Substrat frei von Schlichteresten und Fettstoffen sein, da sonst keine genügende Haftung der Gummischicht erreicht wird.

Das Freihalten der Textilien von Kupfer stößt mitunter auf große Schwierigkeiten, da diese textilen Flächengebilde im Rahmen der Fabrikation häufig über Walzen bzw. Leitorgane aus Kupfer oder Messing geführt werden, welche bei geringer Oberflächenoxydation oder unter dem Einfluß von Säurespuren gewisse Kupfermengen an die Textilien abgeben können. Eine schnelle und vollkommene Entfernung von Kupfer und Mangan erreicht man durch eine Behandlung der Ware mit solchen Substanzen, welche diese Metalle in komplexer Form zu binden vermögen. Es kommen hierfür die Produkte Calgon oder Trilon in Frage, deren Wirkungsweise sich aus der nachstehend für Calgon formulierten Umsetzungsgleichung ergibt (vgl. S. 801):

$$Na_2[Na_4(PO_3)_6] + Cu^{\cdot\cdot} \rightarrow Na_2[Na_2Cu(PO_3)_6] + 2\,Na^{\cdot}$$

Natrium-hexametaphosphat
Calgon

Zu bemerken ist, daß in der Ware vorhandenes *komplex gebundenes Kupfer*, wie es z.B. in manchen gekupferten Farbstoffen (S. 389) oder in den Phthalocyaninen (S. 498) vorliegt, die Alterung nicht fördert.

Der Kautschuk kann entweder in *Benzin- oder Benzollösung* oder *in Form einer wässerigen Dispersion* auf das Textilmaterial aufgebracht werden. Die Verwendung der Lösung hat den Nachteil, daß diese schon bei verhältnismäßig geringem Kautschukgehalt hochviscose und daher wenig deckende Streichmassen ergibt. Unter diesen Umständen muß zur Erreichung einer genügenden Schichtdicke oft gestrichen werden, während die Dispersion auch noch bei hohem Kautschukgehalt verhältnismäßig dünnflüssig ist, und daher wenig Striche schon eine starke Deckkraft besitzen. Die Dispersionsbeschichtung besitzt aber gegenüber der Lösungsbeschichtung eine geringere Quellbeständigkeit. Die angedeuteten Verhältnisse sind nicht nur für Kautschuk maßgebend, sondern treffen auch – wie bereits auf S. 110 erwähnt – für die Verwendung der sonstigen Kunststoffe in gleicher Weise zu.

An Dispersionen finden Verwendung *Kautschukmilch* (*Latex*), die durch Zusätze von Füllmitteln und Farbkörpern entsprechend verdickt wird, sowie die eingedickte Kautschukmilch, die als *Revertex* im Handel ist, und schließlich das vulkanisierten Kautschuk enthaltende Präparat *Revultex*. Latex enthält 33–45%, Revertex 73–75% und Revultex 60% Trockensubstanz.

Zusammensetzung der Streichmasse. Neben Kautschuk und Wasser bzw. Lösungsmittel enthält die Streichmasse noch Farbkörper (Pigmentfarbstoffe) und Füllmittel (z.B. Kreide, Kaolin, Ruß), sowie *Vulkanisiermittel* und *Vulkanisationsbeschleuniger*. Die Vulkanisation hat die Aufgabe, die Kautschukschicht elastisch zu gestalten und ihr gleichzeitig ihre thermoplastischen Eigenschaften zu nehmen, damit sie in der Wärme nicht klebrig und in der Kälte nicht steif wird. Als Vulkanisiermittel verwendet man Schwefel oder S_2Cl_2 (letzteres nur bei Kautschuklösungen). Die *Heißvulkanisation* wird mit einer Beimischung von 1–10% Schwefel bei 125–180 °C vorgenommen. Eine Vulkanisation ist bei Temperaturen unterhalb 100 °C in wenigen Minuten möglich, sofern die Streichmasse entsprechende Vulkanisationsbeschleuniger enthält. Als solche sind sogenannte „Ultrabeschleuniger" (Vulkacite), denen hauptsächlich stickstoffhaltige Körper (Piperidin-, Hexamethylentetraminderivate, Dithiocarbamate usw.) zugrunde liegen, im Handel; sie ermöglichen in Verbindung mit Zinkoxid eine sehr rasche Vulkanisation auch ohne entsprechende Vulkanisiereinrichtungen, z.B. auf einer gewöhnlichen Heiztrommel.

Bei der *Kaltvulkanisation*, die im Vergleich zu der Heißvulkanisation weniger beständige Gummierungen liefert, findet Dischwefeldichlorid in Schwefelkohlenstoff gelöst als Vulkanisiermittel Verwendung, und zwar in der Weise, daß die Lösung aus einem Chassis mit Hilfe einer Auftragwalze auf die Kautschukschicht aufgetragen wird. Bei wäßrigen Dispersionen ist die Verwendung von Dischwefeldichlorid nicht möglich, da hier eine hydrolytische Abspaltung von Salzsäure, welche die Faser schädigt, eintreten würde.

Als Alterungsschutzmittel können Antoxydantien z.B. Phenyl-β-naphthylamin (1–2%), 2,6-Di-tert.-butyl-4-methylphenol (3–4%) zugesetzt werden. Wenn notwendig, kann die Streichmasse mit geeigneten Verdickungsmitteln (Casein, Celluloseäther, Polyacrylate) verdickt werden. Die Färbung der Ware muß „vulkanisierecht" sein, d.h., sie darf ihren Farbton beim Vulkanisieren nicht ändern.

Man nimmt an, daß bei der Vulkanisation des Kautschuks eine Vernetzung der Kautschukmoleküle durch Schwefelbrücken entsprechend dem nachstehenden Schema eintritt:

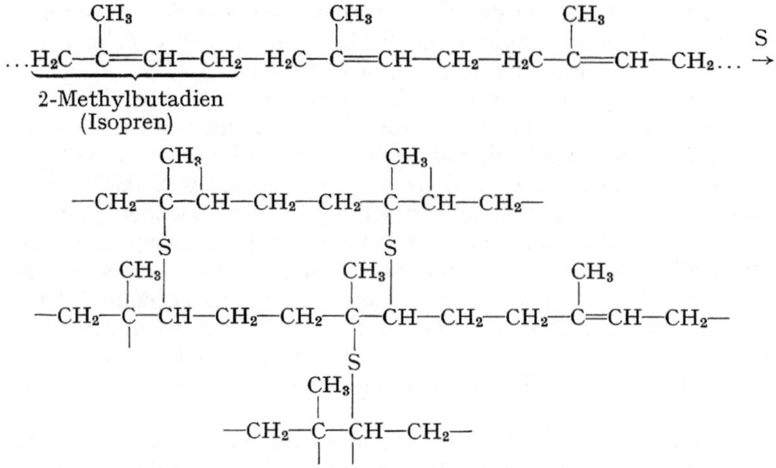

Neben Schwefel und Schwefelverbindungen scheinen sich auch Diisocyanate für die Vulkanisation gut zu eignen (*O. Bayer*).

Neben den Naturkautschuk ist in verstärktem Maß der *synthetische Kautschuk* (Buna) getreten. Es existieren verschiedene Bunasorten, die in ihren Eigenschaften gewisse Unterschiede aufweisen.

Bei dem gewöhnlichen Buna handelt es sich um ein Butadien-Polymerisat:

$$\ldots H_2C{-}CH{=}CH{-}CH_2{-}H_2C{-}CH{=}CH{-}CH_2\ldots$$

Buna S, welches hauptsächlich für Fahrzeugreifen verwendet wird, ist ein Mischpolymerisat des Butadiens mit Styrol:

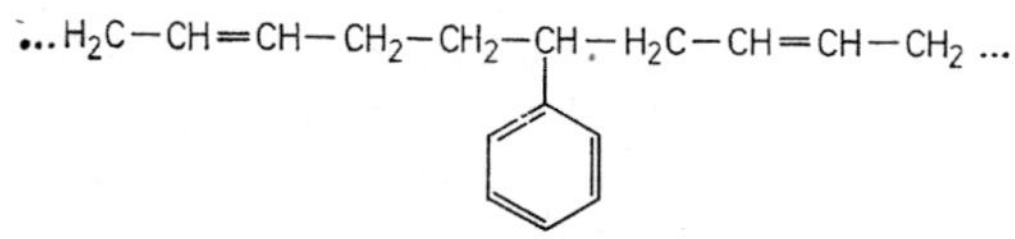

Bei *Buna N* (Baypren, früher Perbunan) handelt es sich um ein Mischpolymerisat von Butadien mit Acrylsäure-nitril:

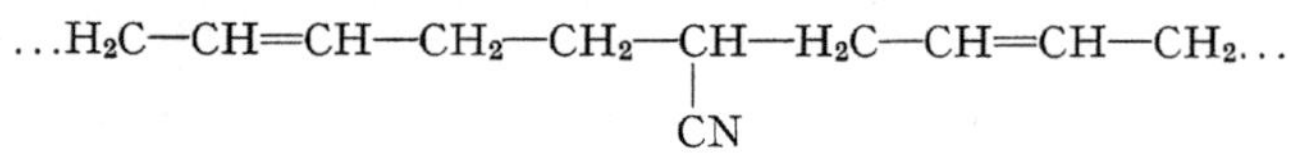

Buna läßt sich für Beschichtungszwecke sowohl in Lösung als auch in wäßriger Dispersion verwenden und ist ebenfalls vulkanisierbar. Da Buna bei Gegenwart von Kupfer und Mangan gleichfalls altert, muß für deren Entfernung aus den zu gummierenden Substraten Sorge getragen werden. Im Handel befindliche Emulsionen heißen Buna-Latex SS spez. 50 und Buna-Latex S 213, Merpigum S.

Neben der Beschichtung durch Streichen von Lösungen oder Dispersionen können Kautschuk und Buna nach dem Plastifizieren auch zwischen den Walzen eines Kalanders (Gummikalander) auf das Substrat aufgewalzt werden.

Eine große Bedeutung für die Beschichtung von Stoffen für Wasser- und Wetterschutzkleidung haben, wie bereits erwähnt, gewisse *Kunststoffe* erlangt. Zu nennen sind hier die Polyacrylsäureester, Polymethacrylsäureester, Polyvinylchlorid, Polyvinylacetat, Polyisobutylen. Sie haben u.a. gegenüber dem Kautschuk den Vorzug, daß sie *nicht kupfer- und manganempfindlich* sind, daß also der Vorbehandlung der Gewebe keine so große Sorgfalt zu schenken ist. Sie besitzen außerdem eine bessere Haftung auf dem Gewebe, während die Faserstoffe zum Kautschuk keine besondere „Gummifreundlichkeit" zeigen. Weiterhin sind diese Kunststoffe *ölfest*, so daß so beschichtete Kleidungsstücke sich beispielsweise für Motorradfahrer gut eignen.

Als Nachteil kann die Tatsache gewertet werden, daß die Kunststoffschichten nicht weitgehend temperaturunempfindlich sind und daher in der Kälte hart und steif und in der Hitze weich und klebrig werden. Man kann diesen Schwierigkeiten zwar durch entsprechende Zusätze an Weichhaltungsmitteln begegnen, sie aber nicht ganz ausschalten. Bei Kautschukschichten ist die Temperaturempfindlichkeit auch ohne Weichmacherzusatz minimal. Sie sind auch wesentlich elastischer als die Kunststoffschichten.

An Stelle von Kautschuk bewährt sich namentlich *Polyisobutylen*, das sich einerseits durch Geschmeidigkeit und Elastizität und andererseits durch eine gute Wärme- und Kältefestigkeit (bis – 50 °C) sowie Alterungsbeständigkeit auszeichnet.

Die technische Ausführung der Beschichtung. Die zu beschichtenden Substrate müssen eine gleichmäßige und saubere Oberfläche besitzen, damit ein einwandfreier und gut haftender Film entsteht. Die Gewebe werden daher vor dem Beschichten gesengt, gebürstet und kalandert. Das Kalandern bewirkt zudem eine Verdichtung des Gewebes, welche ein Durchschlagen der Streichmasse vermindert. Im Interesse der Haftung ist auch eine sorgfältige Entschlichtung notwendig. Um das Durchschlagen der Streichmasse bei Verwendung von Dispersionen zu verhindern, werden die Gewebe gelegentlich *wasserabweisend imprägniert*, eine Methode, die aber gleichzeitig die Haftfähigkeit von Dispersionsbeschichtungen beeinträchtigt.

Bei Reyon- und Zellwollgeweben ist unter Umständen eine vorhergehende *quellfeste Ausrüstung* (S. 235) angebracht, um die Gewebe krumpffest zu machen. Das Krumpfen von beschichteten Geweben birgt nämlich die Gefahr schlechter Haftung und des Blasigwerdens der Beschichtung in sich. Manche Dispersionen können mit den Quellfestmitteln kombiniert werden, so daß kein zusätzlicher Prozeß mit Ausnahme der Kondensation notwendig ist.

Die Beschichtungsmittel werden in Knet- und Mischmaschinen homogen gemischt und auf einem sogenannten *Streichstuhl* (Grundiermaschine, Streichmaschine, Abb. 47) auf das Gewebe aufgestrichen. Dies geschieht in der Weise, daß man die Streichmasse auf die laufende Stoffbahn aufbringt und diese mit Hilfe eines Streichmessers (Rakel) auf den Stoff gleichmäßig aufstreicht. Die Warenbahn kann entweder frei geführt sein (*Luftrakel*, Abb. 48) oder sie kann auf einem endlosen Gummituch aufliegen (*Gummirakel*, Abb. 49). Die Wahl der einen oder andern Rakelart ist von Fall zu Fall verschieden. Die Luftrakel erfordert eine starke Längsspannung des Gewebes, die ihrerseits einen Breiteneingang auslöst.

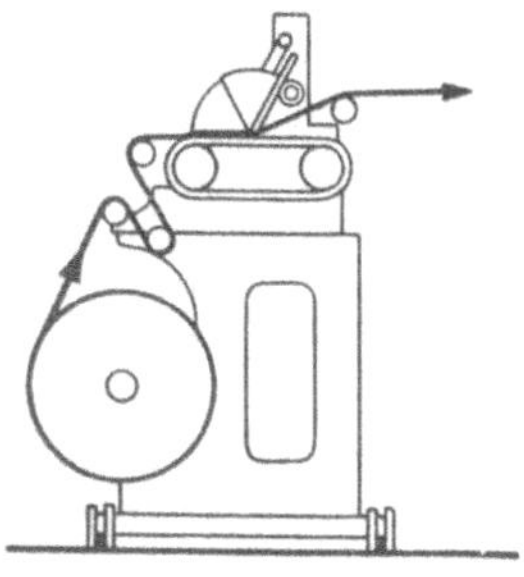

Abb. 47. Streichmaschine, schematisch (Weisbach).

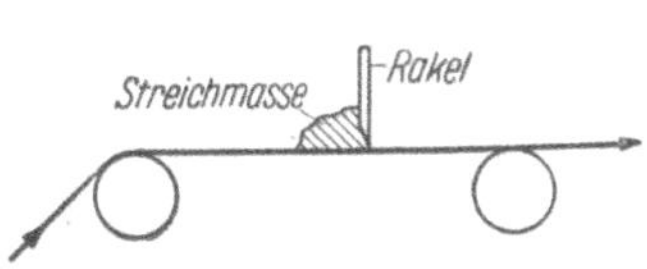

Abb. 48. Luftrakel.

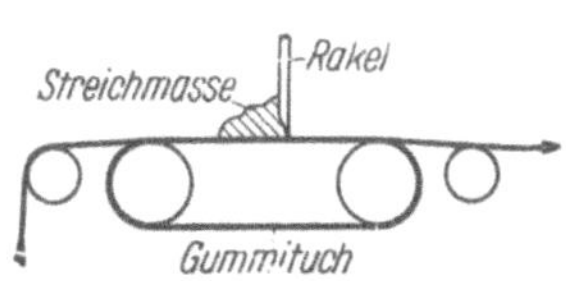

Abb. 49. Gummirakel.

Sie vermindert aber das Durchschlagen der Streichmasse bei wenig dichten Geweben.

Neben der in erster Linie angewandten Streichmaschine spielt für starke Beschichtungen oberhalb 250 g/m² (Autoverdeckstoffe, Faltbootstoffe) auch der *Gummikalander* eine Rolle. Hierbei wird die Masse, z. B. eine Kautschukmischung, in einem Walzwerk zunächst plastisch gewalzt und dann auf dem Gummikalander zu einer Folie ausgewalzt, welche auf das Gewebe aufgepreßt wird.

Die Beschichtung bzw. deren einzelne Schichten werden im allgemeinen nicht mit einem einzigen Strich, sondern mit einer Mehrzahl von dünnen Strichen ausgeführt. Im Interesse der Gleichmäßigkeit der Schichten ist es notwendig, daß die Lösungsmittel jeweils restlos verdampfen können, da sonst eventuell Blasenbildungen und sonstige nachteilige Veränderungen der Beschichtung resultieren. Eine solche Verdampfungsmöglichkeit ist aber nur bei dünnen Strichen gewährleistet, falls nicht besondere Trockenmethoden angewandt werden (Infrarot-, Hochfrequenz-Trocknung, S. 163 ff.).

Nach jedem Strich passiert die Ware eine Trockenvorrichtung. Falls mit organischen Lösungsmitteln gearbeitet wird, ist die Trockenvorrichtung mit einer Absaugeanlage kombiniert, welche die Lösungsmitteldämpfe in eine Rückgewinnungsanlage befördert. Die Rückgewinnung erfolgt vielfach in der Weise, daß man die Lösungsmitteldämpfe über Aktivkohle leitet, das Lösungsmittel mit Wasserdampf austreibt und das Gemisch Wasser/Lösungsmittel anschließend voneinander trennt. Bei sachgemäß arbeitenden Rückgewinnungsanlagen besteht die Möglichkeit, 90–95% der Lösungsmittel zurückzugewinnen.

Um die Narbung des Naturleders zu imitieren, wird das Kunstleder zum Schluß auf einem Prägekalander geprägt (S. 167). Durch Aufrakeln von Farbstoffdispersionen können die Prägestellen eine andere Farbe erhalten als die Umgebung.

Für *Polyvinylchlorid* ergibt sich eine besonders vorteilhafte Art der Beschichtung dadurch, daß Polyvinylchlorid durch Zusatz eines Weichmachers ohne Lösungsmittel bzw. Wasser zu einer streichfähigen Paste verarbeitet werden kann (*Plastisol*). Die Pasten enthalten im allgemeinen 35–50 Teile Weichmacher und 65–50 Teile Polyvinylchlorid. Die Beschichtung geschieht in der Weise, daß man das Gewebe zunächst mit einer Kunststoffdispersion grundiert, welche die Haftfestigkeit der anschließend aufzustreichenden PVC-Paste erhöht. Nach mehreren Dispersionsstrichen erfolgen mehrere Pastenstriche. Zur Fixierung des Polyvinylchlorids auf dem Gewebe erfolgt anschließend eine Gelierung bei 160–180 °C, wobei die Masse unter Bindung des Weichmachers lederartige Eigenschaften annimmt. (Da keine flüchtigen Lösungsmittel vorliegen, besitzt die Streichmasse hohe Viscosität.)

Wird die Viscosität durch Zugabe einer mischbaren organischen Flüssigkeit oder Wasser erniedrigt, spricht man von *Organosol* bzw. *Hydrosol*.

Wäßrige Dispersionen und Lösungen in organischen Lösungsmitteln aus Polyvinylchlorid sind für textile Zwecke im Vergleich zu dem obigen Verfahren von untergeordneter Bedeutung.

Eine weitere Variation in der Herstellung beschichteter Gewebe besteht darin, daß man Polyvinylchlorid auf einem Ziehkalander zwischen heißen Walzen zu einem Film (Fell) auswalzt und dieses Fell auf ein Gewebe aufwalzt. Auch Polyamidfolien können unter Verwendung von Klebstoffen auf Gewebe aufgewalzt werden.

Schließlich kann der Film als solcher zu Kunstleder (Folienkunstleder) bzw. zu Kleidungsstücken (Regenmäntel, Schürzen usw.) verarbeitet werden. Den Film bzw. die Folie kann man nachträglich bedrucken. Die Druckfarbe enthält neben einem als Farbstoff-Bindemittel fungierenden Vinylpolymerisat Lösungsmittel,

Pigmentfarbstoff und Weichhaltungsmittel. Das Lösungsmittel soll, um den Farbstoff gut zu fixieren, die Folie oberflächlich kurz anlösen und dann rasch verdampfen, damit der Film nicht beschädigt bzw. klebrig wird.

Das Kaschieren. Wenn die Deckschicht nach außen nicht in Erscheinung treten soll, sei es aus modischen Gründen oder, um sie vor mechanischer Einwirkung zu schützen, dann besteht die Möglichkeit, die Streichmasse auf ein dünnes Gewebe aufzustreichen und dieses anschließend mit einem zweiten Gewebe zwischen

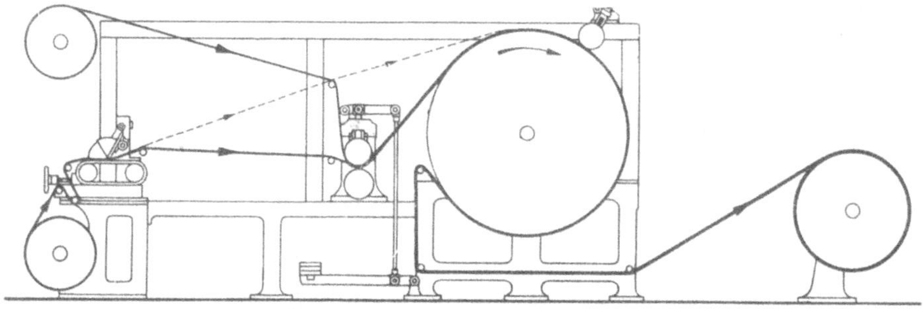

Abb. 50. Kaschiermaschine, schematisch (Weisbach).

Preßwalzen zusammenzukleben. Anschließend wird, wie dies die Abb. 50 zeigt, auf einem geheizten Zylinder getrocknet. Man kann aber auch zwei Gewebe mit einer Kunststoffolie zusammenwalzen.

Bondieren (*Bondings*) siehe S. 346!

Chintzappretur. Unter Chintz versteht man Baumwoll- oder Zellwollgewebe, die eine Glanzappretur erhalten und als Dekorationsstoffe, Lampenschirmstoffe usw. Verwendung finden. Sie werden durch Bestreichen von Geweben mit Stärke, Dextrin, Leim, Celluloseäthern in Kombination mit Paraffin oder Wachs mit angeschlossenem Kalandern gegebenenfalls unter Friktion hergestellt. Bei Verwendung von Kunststoffen an Stelle der genannten wasserquellbaren Appreturmittel erhält man eine wasserbeständige Ausrüstung, so daß im Gebrauch verschmutzte Artikel abgewaschen werden können.

III. Die wasserabweisende Imprägnierung

Es gibt zwei Möglichkeiten, ein Textilgut so zu behandeln, daß es einen Schutz gegen Regen bietet. Man kann einmal auf die Faser- bzw. Garnoberfläche eines Gewebes einen hauchdünnen Überzug von Fettsubstanzen (Paraffin oder Wachs) auftragen bzw. einen hydrophoben Körper in chemischer Reaktion an die Faser binden, und zwar so, daß die Poren des Gewebes vollkommen offen bleiben, durch die veränderten Oberflächeneigenschaften aber eine wasserabweisende Wirkung zustande kommt. Im andern Fall kann man durch Aufbringen einer geschlossenen Filmschicht auf die Gewebeoberfläche die Gewebeporen völlig verschließen, wie dies im vorstehenden Kapitel bereits beschrieben ist.

Im ersten Fall spricht man von einer *wasserabweisenden Imprägnierung* (Hydrophobierung), im zweiten Fall von einer *wasserdichten Ausrüstung*. Die wasserdichte Ausrüstung hat vor der wasserabweisenden Imprägnierung den Vorteil, daß sie einen dauerhaften Regenschutz, und zwar auch bei starkem Regen, bietet. Gleichzeitig kann sie in gewissem Umfang auch vor Wind und Kälte schützen. Sie hat aber den Nachteil, daß durch den Abschluß der Gewebeporen die Hautatmung des Körpers und der Schweißtransport nach außen erschwert sind. Im Gegensatz hierzu bleibt die Porosität bei der wasserabweisenden Imprägnierung und damit die Möglichkeit der Hautatmung und des Schweißtransports erhalten, so daß die wasserabweisende Imprägnierung der wasserdichten Ausrüstung gegenüber hygienische Vorteile in sich birgt. Ihr Nachteil ist aber der, daß ihr Wasserschutz beschränkt ist. Sie schützt nur eine gewisse Zeit gegen Regen und wird allmählich, namentlich bei stärkerer Regeneinwirkung, durchlässig, so daß sie kein wirksamer Schutz gegen Dauerregen, sondern nur ein solcher gegen Überraschungsregen ist.

Die Verfahren der wasserabweisenden Imprägnierung. *Zweibadverfahren.* Das Prinzip des Zweibadverfahrens besteht darin, daß man das Textilgut in zwei verschiedenen Bädern nacheinander mit einer Seifenlösung und einer Metallsalzlösung zusammenbringt, wobei durch Wechselwirkung zwischen den Fettsäure- und Metallionen auf der Faser eine unlösliche Metallseife mit wasserabweisenden Eigenschaften entsteht. Für die Seifenbehandlung kommen die Alkaliseifen in Frage und als Metallsalze vorwiegend Aluminium- und in besonderen Fällen Kupfersalze. Die Bildung der Aluminiumseife kann wie folgt formuliert werden:

$$\underset{\text{Na-palmitat}}{3\,C_{15}H_{31}COONa} + \underset{\text{Aluminium-triformiat}}{\left.\begin{matrix}HCOO\\HCOO\\HCOO\end{matrix}\right\rangle Al} \rightarrow \underset{\text{Al-palmitat}}{\left.\begin{matrix}C_{15}H_{31}COO\\C_{15}H_{31}COO\\C_{15}H_{31}COO\end{matrix}\right\rangle Al} + 3\,HCOONa$$

In Spezialfällen kann an Stelle der Aluminiumseife die ebenfalls wasserabweisende Kupferseife erzeugt werden, die gleichzeitig bactericide Eigenschaften besitzt. Die Kupferseife wird für Artikel angewandt, die stark der Einwirkung der Atmosphärilien ausgesetzt sind, wie z.B. Zeltbahnen, Wagenplanen, Faulstreifen für Zelte usw. Sie schützt dann gleichzeitig vor Wasser und vor Bakterienbefall.

Die Erzeugung der Metallseife auf der Faser geschieht üblicherweise in der Reihenfolge, daß zuerst Seife (ca. 10 g pro Liter) aufgebracht und nach dem Trocknen mit dem Metallsalz präpariert wird. In Sonderfällen wird auch umgekehrt verfahren.

Einbadverfahren. Die zweibadige Arbeitsweise wurde weitgehend durch eine einbadige Arbeitsmethode abgelöst. Diese beruht darauf, daß man das Fasermaterial mit einer Paraffin- oder Wachsemulsion behandelt, wobei sich das Wachs bzw. Paraffin auf der Garn- bzw. Gewebeoberfläche niederschlägt und bei einem angeschlossenen Trockenprozeß in gewissem Umfang in das Innere eindringt.

Die betreffenden Emulsionen enthalten neben dem zugehörigen Emulgator meist noch Aluminiumsalze, welche an sich schon einen gewissen Hydrophobierungseffekt erzeugen und außerdem die Aufgabe haben, die negative Ladung der Wachs- bzw. Paraffinteilchen abzustumpfen, da diese sonst von der ebenfalls ein negatives Grenzflächenpotential besitzenden Cellulose abgestoßen würden. Um ein Ausflocken der emulgierten Paraffinteilchen durch die zugesetzten Elektrolyte zu verhindern, werden den Emulsionen noch Schutzkolloide wie Leim, Casein oder Tylose zugegeben. Man kann die Emulsionen aber auch mit kationaktiven Emulgatoren erzeugen, so daß die positiv aufgeladenen Teilchen eine gute Affinität zur negativ geladenen Faser besitzen. Im Interesse der Haltbarkeit der Emulsion muß die Teilchengröße der emulgierten Teilchen besonders niedrig gehalten sein und liegt im allgemeinen zwischen $2\text{–}10 \cdot 10^{-5}$ cm. Die in Betracht kommenden Produkte sind u.a. unter den nachfolgenden Bezeichnungen im Handel:

Ramasit K konz.	Cappagen T, Sa
Imprägnol CDL	Supporter DE
Contraqua EN	Pluvion OL
Aversin T	Cerol T
Paralin N	Migasol PJK
Trocklin S	Aquaperle G
Anthydrin conc.	Solvaperle TD
Evoral	Dipsanil V

Für das Aufbringen der Imprägniermittel finden die verschiedensten Einrichtungen, wie Foulard, Haspelkufe, Jigger, Waschmaschine, Garnimprägniermaschine usw., Verwendung.

Trockenimprägnierung. Bei der sogenannten Trockenimprägnierung wird das Fasergut mit in organischen Lösungsmitteln gelösten Metallseifen (z. B. Aluminiumseife) behandelt. Man kann auch Paraffin- oder Wachsschmelzen auf die Ware aufspritzen.

Waschfeste Imprägnierung. Weder die Metallseife noch das Paraffin oder Wachs lassen sich nach den obigen Methoden so auf der Faser fixieren, daß die Effekte waschecht sind. Sie gehen auch in der chemischen Reinigung und allmählich auch im Gebrauch verloren, so daß ein auf diese Weise imprägniertes Kleidungsstück nach einer heißen Seifenwäsche, nach einer chemischen Reinigung oder nach längerem Gebrauch wieder neu zu imprägnieren ist.

Neben den genannten Verfahren existieren Methoden, die es erlauben, die wasserabweisende Imprägnierung in einer gegenüber der Wäsche, der chemischen Reinigung und dem Gebrauch beständigen Form zu erzeugen. Es kommen hierfür verschiedene Methoden in Frage, und zwar einmal die Bindung der Paraffin- bzw. Wachsteilchen unter Vermittlung gewisser Metallverbindungen an die Faser und zum andern die Veresterung bzw. die Verätherung der Faseroberfläche. Schließlich kann die Faser auch mit hydrophoben Kunststoffen präpariert werden. Eine besondere Rolle spielen in diesem Zusammenhang die *Silicone.*

1. Bindung der Paraffin- und Wachsteilchen an die Faser durch Metallhydrolysate. Die Hydrolysate von Zirkoniumsalzen ($ZrOCl_2$) werden sowohl von pflanzlichen als auch tierischen Fasern stark adsorbiert und schließen Paraffin- und Wachsteilchen sowie sonstige Fettkörper, z. B. Stearyl-p-aminosalicylsäure, in die Adsorption mit ein, so daß eine in der Wäsche, in der chemischen Reinigung und im Gebrauch weitgehend beständige Imprägnierung resultiert.

Im Handel befindliche Produkte dieser Art sind Persistolmarken, Perlit AC neu, Pluvion B, BA, Netumidpaste, Rotal M, Rotal Super, Hydrophobol Z-Marken, Apranal H 88, Estarfin GN, Cerol Z, Evoral FW, KW.

Auch mit Hilfe von basischen Aluminiumsalzen lassen sich hochmolekulare Wachse beständig an die Faser binden (Hydrophobol BWF).

Neuerdings sind auch *Hafniumverbindungen* für diesen Zweck vorgesehen.

2. Veresterung. Man erhält einen echten Effekt durch Veresterung der Faseroberfläche mit Fettsäuren, also z. B. durch eine Behandlung der Cellulose mit Stearinsäurechlorid in Pyridinlösung nach der Gleichung:

$$\mathrm{Cell \cdot OH + ClOCC_{17}H_{35} + C_5H_5N \rightarrow Cell \cdot OOCC_{17}H_{35} + C_5H_5N,\ HCl}$$

Da das Arbeiten in Pyridinlösung technisch mit Schwierigkeiten verbunden ist, konnte sich ein solches Verfahren nicht durchsetzen. Besser bewährt hat sich indes eine Methode, bei der die Cellulose mit höhermolekularen *Alkylisocyanaten* umgesetzt wird, wobei – abgesehen von der Polyharnstoffbildung – ein Carbaminsäureester der Cellulose entsteht nach der Gleichung:

$$\mathrm{Cell \cdot OH + R{-}N{=}C{=}O \rightarrow C\begin{cases} O \cdot Cell \\ {=}O \\ NHR \end{cases}}$$

Der hochmolekulare Alkylrest hat Fettcharakter, so daß die Faseroberfläche einen beständigen Wasserschutz erhält. Das Verfahren (*Inflos-Verfahren*) hat sich gut bewährt, besitzt aber den Nachteil, daß die Isocyanate in organischen Lösungsmitteln zu lösen sind, so daß geschlossene Apparaturen verwendet werden müssen.

Nach dem Tränken des Textilmaterials mit der Lösung wird das Lösungsmittel entfernt und auf höhere Temperatur (ca. 150 °C) erhitzt, wodurch die Umsetzung ausgelöst wird.

Mit Hilfe wasserlöslicher in der Hitze spaltbarer Fettisocyanat-Addukte läßt sich auch in wäßriger Lösung sehr vorteilhaft arbeiten.

3. Verätherung. Setzt man Cellulose mit Octadecyl-chlormethyläther in Gegenwart von Pyridin um, so entsteht nach der Gleichung:

$$\text{Cell}\cdot\text{OH} + \text{ClCH}_2\text{OC}_{18}\text{H}_{27} + \text{C}_5\text{H}_5\text{N} \rightarrow \text{Cell}\cdot\text{OCH}_2\text{OC}_{18}\text{H}_{37} + \text{C}_5\text{H}_5\text{N, HCl}$$

der Octadecyl-oxymethyläther der Cellulose. Da das Arbeiten mit Pyridin technische Schwierigkeiten verursacht, wird das Verfahren in der Weise ausgeführt, daß man die Cellulose mit Octadecyl-oxymethyl-pyridiniumchlorid in Gegenwart von Natriumacetat umsetzt, wobei man ebenfalls den Octadecyl-oxymethyläther der Cellulose erhält (*Velan PF-Verfahren*):

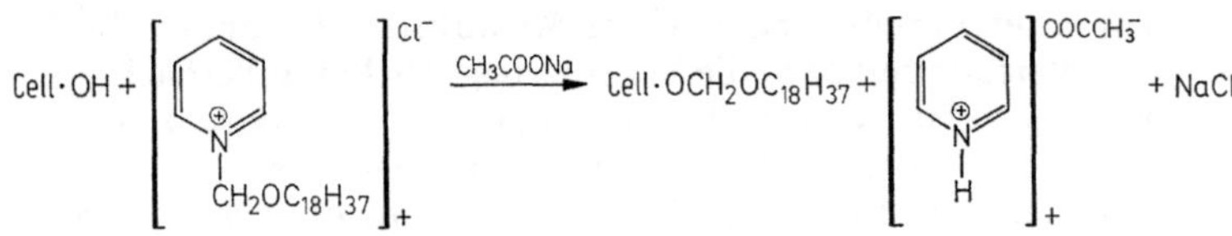

Octadecyl-oxymethyl-pyridiniumchlorid

Nach dem Tränken der Textilien und Trocknen wird auf höhere Temperatur (90–130 °C) erhitzt, um die Reaktion auszulösen.

Das Verfahren wird neuerdings auch in der Weise vorgenommen, daß man die Cellulosefaser mit Stearoylamido-methyl-pyridinium-chlorid behandelt. In der heißen wäßrigen Flotte spaltet sich das Produkt in Pyridinhydrochlorid und Stearoyl-methylolamid:

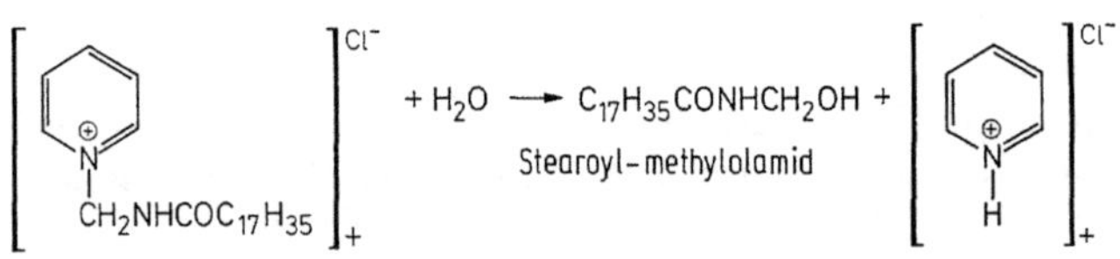

Stearoylamido-methyl-pyridiniumchlorid

Ein Teil des Methylolamids kondensiert sich mit der Cellulose zum Stearoylamido-methyläther der Cellulose:

$$\text{Cell}\cdot\text{OH} + \text{HOCH}_2\text{NHCOC}_{17}\text{H}_{35} \rightarrow \text{Cell}\cdot\text{OCH}_2\text{NHCOC}_{17}\text{H}_{35} + \text{H}_2\text{O}$$

Hierher gehört auch das Produkt Netumid.

Weitere auf der Basis spaltbarer Pyridiniumverbindungen basierende Produkte sind Cerol WB und Zelan.

Auch mit wäßrigen Dispersionen von Stearoyl-methylolamid erreicht man entsprechende Effekte.

Behandelt man Cellulose mit durch einen hochmolekularen Alkylrest substituierten Äthylenharnstoffen, dann erhält man ebenfalls unter Entstehung eines

Celluloseäthers eine gebrauchstüchtige wasserabweisende Imprägnierung:

$$\mathrm{Cell \cdot OH + C_{18}H_{37}NHCON}\begin{matrix} \diagup \mathrm{CH_2} \\ | \\ \diagdown \mathrm{CH_2} \end{matrix} \rightarrow \mathrm{Cell \cdot OCH_2CH_2NHCONHC_{18}H_{37}}$$

Octadecyl-äthylenharnstoff
(Primenit VS)

4. Einlagerung hydrophober Kunstharze. Behandelt man Cellulosematerialien z.B. mit Mono-dodecylharnstoff

$$\mathrm{C}\begin{matrix} \diagup \mathrm{NHC_{12}H_{25}} \\ = \mathrm{O} \\ \diagdown \mathrm{NH_2} \end{matrix}$$

und Formaldehyd und kondensiert bei höherer Temperatur, dann bildet sich auf und in der Faser ein hydrophobes, wasserabweisendes Carbamidharz. Auch fettsäure-substituierte Melaminharze, die auf der Faser erzeugt werden, finden Verwendung (Phobotex FT, Imprägnol 89, Hydrophobol OLU, Paraffion, Permel Resin B).

5. Organische Siliciumverbindungen (Silicone). In neuerer Zeit beanspruchen die organischen Siliciumverbindungen für die beständige Wasserabweisend-Imprägnierung und für die wasserdichte Ausrüstung ein gesteigertes Interesse.

Silane sind Siliciumwasserstoffe der allgemeinen Form:

$$\mathrm{Si_nH_{2n+2}} \quad \text{also} \quad \mathrm{SiH_4,\ Si_2H_6} \quad \text{usw.}$$

Durch Substitution der Wasserstoffatome durch Halogen bzw. Halogen und organische Radikale erhält man die Halogensilane bzw. die Organohalogensilane.

Bei der Hydrolyse der Halogensilane entstehen die *Siloxane*:

$$\mathrm{2\,H_3SiCl + H_2O \rightarrow H_3Si{-}O{-}SiH_3 + 2\,HCl}$$

„Disiloxan"

Bei der Hydrolyse von Organohalogensilanen bilden sich die *Organo-silanole* (*Silicole*):

$$\mathrm{(C_2H_5)_2SiCl_2 + 2\,H_2O \rightarrow (C_2H_5)_2Si(OH)_2 + 2\,HCl}$$

„Silanol"

Die Organo-silanole lassen sich zu *Organo-siloxanen* (*Silicone*) kondensieren:

$$\mathrm{n\,R_2Si(OH)_2} \rightarrow \mathrm{HO}{-}\begin{matrix}\mathrm{R}\\|\\\mathrm{Si}\\|\\\mathrm{R}\end{matrix}{-}\mathrm{O}{-}\begin{matrix}\mathrm{R}\\|\\\mathrm{Si}\\|\\\mathrm{R}\end{matrix}{-}\mathrm{O}{-}\begin{matrix}\mathrm{R}\\|\\\mathrm{Si}\\|\\\mathrm{R}\end{matrix}{-}\cdots\cdots\ \mathrm{O}{-}\begin{matrix}\mathrm{R}\\|\\\mathrm{Si}\\|\\\mathrm{R}\end{matrix}{-}\mathrm{OH}$$

$$\xrightarrow[-\,2\,\mathrm{H_2O}]{+\,2\,\mathrm{R_3SiOH}} \text{(Kettenabbruch)}$$

$$\mathrm{R}{-}\begin{matrix}\mathrm{R}\\|\\\mathrm{Si}\\|\\\mathrm{R}\end{matrix}{-}\mathrm{O}{-}\begin{matrix}\mathrm{R}\\|\\\mathrm{Si}\\|\\\mathrm{R}\end{matrix}{-}\mathrm{O}{-}\begin{matrix}\mathrm{R}\\|\\\mathrm{Si}\\|\\\mathrm{R}\end{matrix}{-}\mathrm{O}{-}\begin{matrix}\mathrm{R}\\|\\\mathrm{Si}\\|\\\mathrm{R}\end{matrix}{-}\cdots\cdots\ \mathrm{O}{-}\begin{matrix}\mathrm{R}\\|\\\mathrm{Si}\\|\\\mathrm{R}\end{matrix}{-}\mathrm{O}{-}\begin{matrix}\mathrm{R}\\|\\\mathrm{Si}\\|\\\mathrm{R}\end{matrix}{-}\mathrm{R}$$

Silicon

Die Kondensation kann je nach Art und Mischung der Reaktionsteilnehmer und der Reaktionsbedingungen zu ketten- oder ringförmigen Gebilden führen. Zwischen linearen Ketten können auch Brückenbildungen eintreten.

Je nach Struktur und Molekulargewicht der Silicone sind deren Eigenschaften verschieden. Den Siliconölen und -fetten liegen meist Kettenstrukturen, dem Siliconkautschuk und den Siliconharzen Netz- und Raumstrukturen zugrunde.

Die ursprünglich vorgeschlagenen Verfahren, bei denen monomere Silanderivate oder auch oligomere Verbindungen auf die Faser aufgebracht und auf der

Faser polykondensiert bzw. mit der Faser in Reaktion gebracht wurden, konnten sich in der Technik nicht durchsetzen.

Heute geht man von weitgehend kondensierten Polysiloxanen (Siliconen) aus, die auf der Faser zu einem noch höheren Kondensationsgrad auskondensiert werden.

Bei den im Handel befindlichen Siliconen handelt es sich teils um *H-Siloxane*, teils um *Organo-siloxane* (Dimethylpolysiloxane) hochpolymerer Art oder um eine Kombination aus diesen:

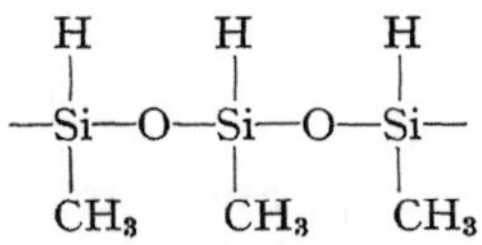

Methylhydrogenpolysiloxan
(H-Siloxan)

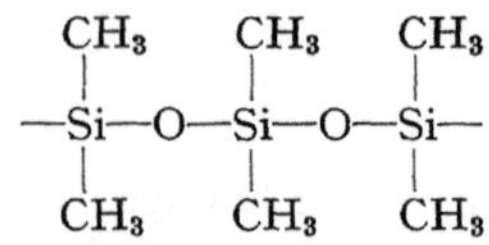

Dimethyl-polysiloxan

Auch Hydroxy-dimethyl-polysiloxane finden Verwendung.

Die Handelsprodukte stellen entweder Lösungen in einem organischen Lösungsmittel (Chlorkohlenwasserstoff) oder wäßrige Dispersionen dar. Nach dem Aufbringen der Lösung oder Dispersion zusammen mit einem geeigneten Katalysator auf das Textilmaterial müssen die Silicone noch weiterkondensiert werden, was durch ein Erhitzen bei 120–140 °C während einiger Minuten geschieht.

Die H-haltigen Siloxane sind auf Grund der Gegenwart beweglicher H-Atome zu Vernetzungsreaktionen befähigt, wobei Blei-, Zink- oder Zinnsalze als Katalysatoren dienen.

Im Interesse eines guten Hydrophobiereffektes müssen die hydrophoben Methylgruppen von der Faser abgewandt sein, d.h. das Silicon muß in *orientierter* Form an die Faser angelagert werden.

Eine solche Orientierung erreicht man – namentlich bei Verwendung der Dimethylpolysiloxane – in der Weise, daß man durch Mitverwendung von Zirkonsalzen einen Überzug von Zirkoniumhydroxid auf der Faser erzeugt, auf dem sich eine orientierte Adsorption des Polysiloxans ausbilden kann.

Wesentlich ist, daß das Silicon die Faser als geschlossener Film umgibt. Wo eine Lücke in dem Film klafft oder entsteht, tritt Benetzung und damit Unwirksamwerden der Imprägnierung ein.

Voraussetzung für eine einwandfreie Imprägnierung ist eine gründliche Vorreinigung der Faser, welche zweckmäßigerweise nicht mit nichtionogenen Mitteln vorgenommen wird, da diese zu stark an der Faser haften und dann die Imprägnierung durch ihren Netzeffekt beeinträchtigen.

Die Silicone können gemeinsam mit Kunstharzen für die Knitterfestausrüstung verwendet werden.

Handelsprodukte von Siliconen sind u.a.:
Baysilon, Perlit SI, P-Silicone, Silicon-Imprägniermittel WS, Rotal Si, Netumid E, Repelotex ST, GT, Persistol SIN, LWS, Syl-mer, Randare S, Sumipel Resin SE conc.

Gute Wasserabweisend-Effekte liefert auch eine Behandlung mit *Fettsäure-Chrom-Komplexen:*

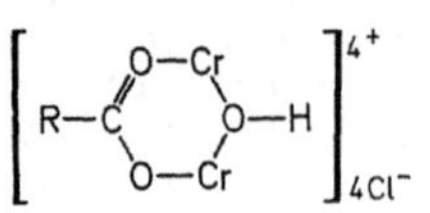

R = Fettsäurerest, z.B. $C_{17}H_{35}$

Die Produkte zerfallen mit Wasser beim Erwärmen oder bei Erhöhung des pH hydrolytisch unter Bildung eines basischen Komplexes:

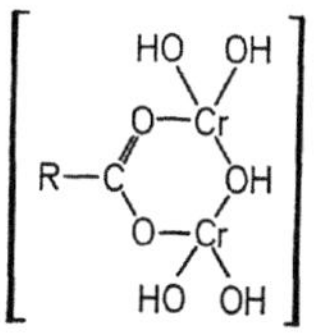

Bei weiterem Erhitzen tritt zusätzlich Dehydratation unter Kondensation ein:

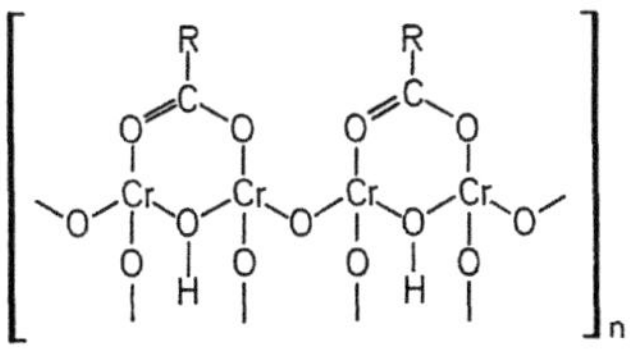

Bezüglich der Formulierungen s. S. 390, Fußnote.

Das vorstehende Reaktionsprodukt, welches durch den Cr-Gehalt schwach grünliche Färbung besitzt, zeigt starke Haftung auf negativ geladenen Faser-Oberflächen. Der Effekt ist besonders stabil gegen Trockenreinigung und weniger gegenüber den Beanspruchungen einer intensiven Naßwäsche.

Handelsprodukte auf dieser Basis sind u.a.:

Perlit DW	Hydrophobol L 1300
Phobotex CR	Ombrophob C
Perloryl G	Quintolan W
Quilon	Impermin CR
Rucon hydrophob CHR	

Die wasserabweisende Imprägnierung kann auch mit einer Füllappretur kombiniert werden, so daß praktisch eine „wasserdichte" Ausrüstung resultiert. Eine solche Arbeitsweise kommt indes nur für Schwergewebe wie Planen, Zeltstoffe usw. in Betracht.

IV. Knitterfest-, Quellfest- und Krumpfecht-Ausrüstung (Pflegeleichtausrüstung)

Die *Quellfähigkeit* der Cellulosefasern in feuchter Luft und in wäßrigen Medien spielt hinsichtlich ihrer Eigenschaften im Gebrauch eine wesentliche Rolle.

Die Quellung kommt dadurch zustande, daß Wassermoleküle in das innere Gefüge der Cellulose, d.h. also zwischen die Kristallite, eindringen und an den Kristallitoberflächen durch Wasserstoffbrücken festgehalten werden. Dies führt zu einer Volumenzunahme der Fasern und im Zusammenhang damit zu einem Krumpfen der Gewebe (S. 171). Auch die *Knitterneigung* wird durch die Quellung beeinflußt, doch sind diese Zusammenhänge bis jetzt noch nicht eindeutig geklärt.

Wenn man eine Cellulosefaser quellfest ausrüstet, dann kann man sie damit in verschiedener Weise verbessern. Einmal sind die daraus hergestellten Garne und Gewebe weitgehend *krumpfecht* und zum andern werden auf der Gewebeoberfläche durch Druck erzeugte Effekte, wie Glanz- und Prägeeffekte, *permanent*.

Da die Quellfestausrüstung meist auf einer Quervernetzung der Cellulosekristallite beruht, geht die Deformation der Cellulosefasern nur gegen den Widerstand dieser eingebauten Querbrücken vonstatten. Dies hat zur Folge, daß Deformationen bzw. Knitterbildungen erschwert sind und daß eine starke Tendenz zur Rückbildung der ursprünglichen Lage besteht, d.h., so behandelte Fasern bzw. Gewebe sind *knitterarm* bzw. *knitterfest*.

Erzeugt man in der Faser *wasser- und waschbeständige Querbindungen*, dann zeigen die so behandelten Textilien in der Waschflotte keine Knitterbildung, und sie nehmen auf Grund der geringeren Quellfähigkeit wesentlich weniger Wasser in sich auf, so daß sie nach dem Herausnehmen aus der Waschflüssigkeit schnell trocknen. Werden sie frei über einem Bügel hängend getrocknet („drip dry"), trocknen sie knitterfrei, d.h., sie brauchen nach dem Trocknen nicht – oder nur leicht – gebügelt zu werden. In besonderen Fällen, d.h. wenn die Faser neben einer guten Naßknitterfestigkeit eine ausgesprochen gute Trockenknitterfestigkeit besitzt, kann auch ohne eine solche Vorsichtsmaßnahme z.B. in einem Trommeltrockner („tumble dry") getrocknet werden, wobei nach kurzem Verhängen die faltenfreie Form hergestellt ist.

Ausrüstungen, die ein schnelles Trocknen und ein Nichtbügeln oder nur kurzes Bügeln erlauben, bezeichnet man als *No-iron-*, *Wash and wear-*, *rapid iron-*, *Minicare-*, *Easy care-*, *Cottonova-Ausrüstung* und dgl.

Die Mittel, die hierfür vorgeschlagen worden sind bzw. technisch angewandt werden, sind so vielfältig, daß sie weder bezüglich ihrer Konstitution noch bezüglich ihrer Reaktionsweise mit der Cellulose irgendwie in ein gemeinsames System gefaßt werden können. Gelegentlich wird zwischen „harzhaltiger", „harzarmer" und „harzfreier" Ausrüstung unterschieden. Diese Unterscheidung ist aber nicht in allen Fällen eindeutig, da sich bei den angewandten Verfahren meist verschiedenartige Reaktionen gleichzeitig abspielen.

Die ersten Produkte waren die *Phenol-Formaldehyd-Harze*. Die Faser wurde mit alkalischen Lösungen von Phenol und Formaldehyd bzw. mit entsprechenden Vorkondensaten getränkt, abgequetscht, getrocknet und einige Minuten auf Temperaturen von etwa 160 °C erhitzt, wobei die Kondensation zum Phenoplast in der Faser selbst stattfand. Vermutlich wurden dabei auch gewisse kovalente Bindungen zwischen reaktionsfähigen Gruppen des Harzes und der Cellulosefaser erzeugt. Da die so behandelten Fasern durch die entstehenden Phenoplaste gefärbt waren, wandte man sich schnell entsprechenden farblosen Harzen, den Aminoplasten, zu.

Hier spielte zunächst das aus *Harnstoff und Formaldehyd* erzeugte *Aminoplast* eine Rolle. Man kann das Fasermaterial mit wäßrigen Lösungen von Harnstoff und Formaldehyd imprägnieren und die Kondensation in Gegenwart von Säure bei erhöhter Temperatur auslösen. In der Praxis wird allerdings meist so vorgegangen, daß man von einem wasserlöslichen Addukt aus Harnstoff und Formaldehyd, einem sog. *Methylolharnstoff*, ausgeht, welches aus wäßriger Lösung auf die Faser aufgebracht und nach dem Abquetschen und Trocknen bei Gegenwart eines sauren Katalysators auf der Faser zum Aminoplast kondensiert wird.

Das Kondensationsmedium wird sauer gehalten (pH 4–5), was man durch Zugabe von in der Hitze Säure abspaltenden Substanzen (Ammoniumnitrat, Diammoniumphosphat, Ammoniumglykolat, Ammonacetat, Alkanolaminhydrochlorid) zur Tränkungsflüssigkeit erreicht.

Die Lösung des Vorkondensats wird meist auf dem Foulard (Abb. 51) auf das vormercerisierte Gewebe aufgebracht, dann wird getrocknet und einige Minuten bei ca. 130 °C kondensiert. (Grundsätzlich besteht auch die Möglichkeit, ohne Abquetschen, d.h. durch bloßes Tauchen, oder aber auch durch Aufsprühen der Vorkondensatlösung Knitterarm-Effekte zu erreichen. Dabei muß allerdings dann auf eine entsprechende Dosierung der Vorkondensatmenge geachtet werden.)

Es darf grundsätzlich nur so viel Vorkondensatlösung auf die Faser aufgebracht werden, daß sich nach der Kondensation der überwiegende Teil des Kunstharzes in dem Faserinnern und nicht auf der Faseroberfläche befindet. Im letzteren Falle

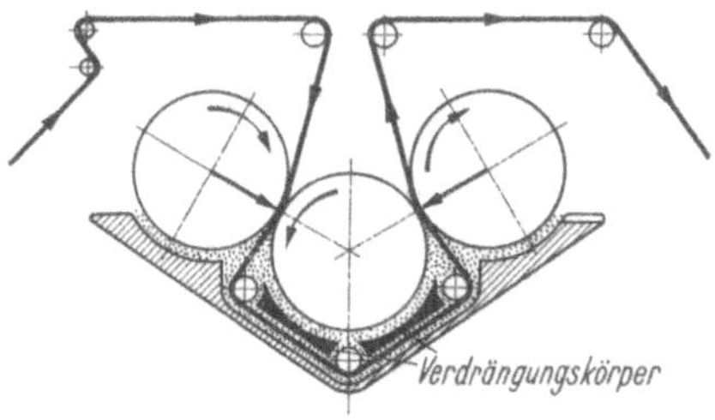

Abb. 51. 3-Walzenfoulard „Padmaster", schematisch (nach Kleinewefers).

würden unbrauchbare Ausrüstungseffekte entstehen. Da für einen guten Knitterfreieffekt etwa 8–10% Kunstharz eingelagert werden müssen, erhält das Gewebe gleichzeitig eine Beschwerung und einen volleren Griff.

Der *Chemismus der Kunstharzbildung* aus Harnstoff und Formaldehyd sei durch nachstehende Formulierung wiedergegeben[1]:

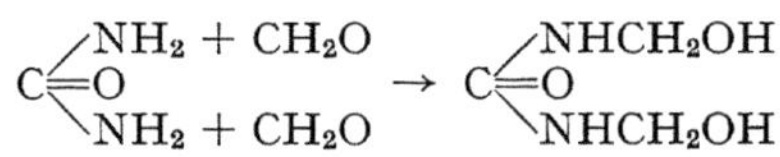

Dimethylol-harnstoff

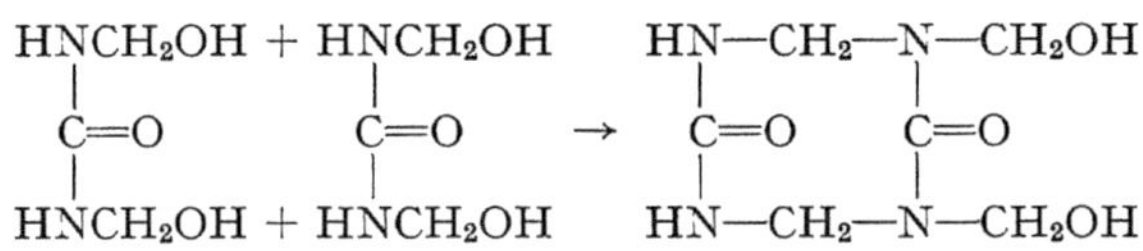

Methylol-methylenharnstoff

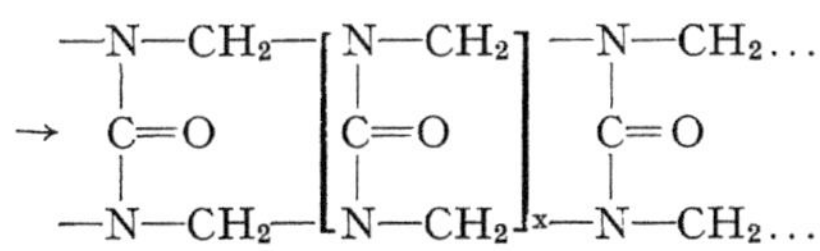

Poly-methylenharnstoff

[1] Neuerdings wird die Aminoplast-Kondensation in Parallele zur *Mannich-Kondensation* gesetzt. Demnach würde das mesomeriestabilisierte Ureidomethyl-(carbenium-imonium)-ion als ureidomethylierendes Agens in elektrophiler Substitutionsreaktion mit geeigneten nukleophilen Reaktionspartnern reagieren:

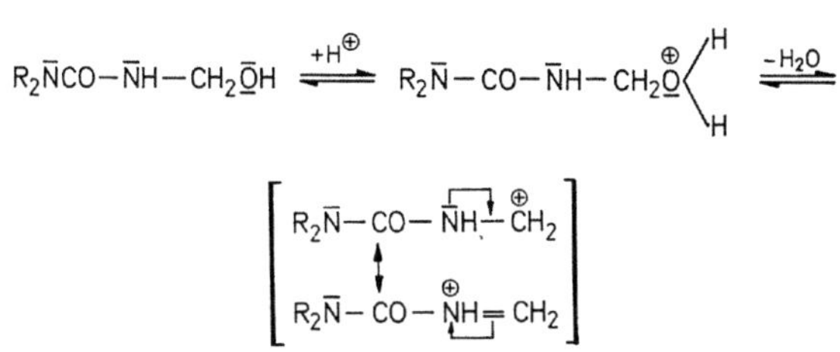

Solche Ureidomethylierungen lassen sich mit vielen H-aciden Verbindungen durchführen (*H. Petersen*).

Die Zusammensetzung des Endproduktes läßt sich nicht exakt angeben. Es dürfte sich aber im wesentlichen um einen methylolgruppenhaltigen *Polymethylenharnstoff* (Poly-methylol-methylenharnstoff) handeln, dessen Kondensationsgrad im einzelnen Fall von den eingehaltenen Kondensationsbedingungen abhängt. Der Typ solcher Reaktionsprodukte sei durch die nachstehende Formulierung wiedergegeben. (Dabei sei aber betont, daß auch die Entstehung von Methyloläther-brücken in Betracht gezogen werden muß.)

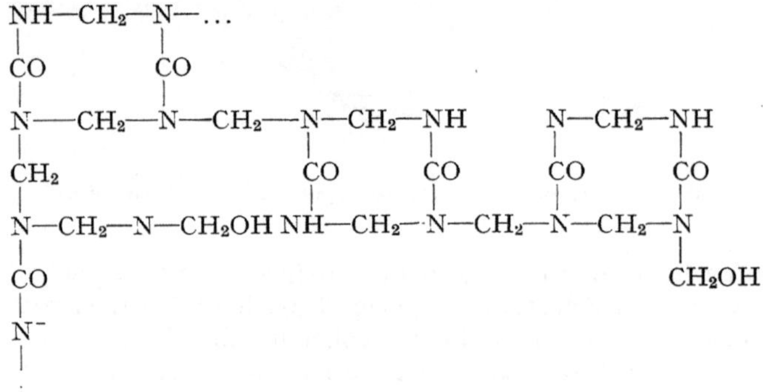

Poly-methylol-methylenharnstoff

Da bei der Kondensation freier Formaldehyd entsteht, ist in gewissem Umfang auch eine Vernetzung der Cellulosekristallite unter Acetalbildung anzunehmen (vgl. S. 41). Denkbar ist auch eine Reaktion von freien methylolischen Gruppen mit alkoholischen Gruppen der Cellulosefaser:

$$\text{Cell}\cdot\text{O}\underline{\text{H} + \text{HO}}\text{CH}_2\text{—}\overset{|}{\underset{|}{\text{N}}} \rightarrow \text{Cell}\cdot\text{OCH}_2\text{—}\overset{|}{\underset{|}{\text{N}}}$$

oder eine Adsorption über Wasserstoffbrücken:

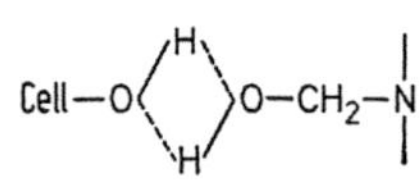

Letzten Endes wird die Art der Bindung des Kunstharzes an die Faser von den eingehaltenen Kondensationsbedingungen abhängen (*H. Tovey*).

In dieser Weise ausgerüstete Baumwolle zeigt eine geringere Quelltendenz und damit im Zusammenhang eine wesentlich geringere Neigung zum Krumpfen und, wenn eine genügende Menge Kunstharz (8–14%) eingelagert wurde, auch eine gegenüber der unbehandelten Ware wesentlich geringere Knitterneigung. Durch die Behandlung gehen die *Festigkeitseigenschaften* der Faser, und zwar sowohl die Zugfestigkeit als auch die Scheuerfestigkeit und Biegefestigkeit, mehr oder weniger stark zurück. Durch Aufbringen zusätzlicher Appreturmittel (Polyäthylene, Silicone) kann man einem solchen Rückgang in gewissem Umfang entgegenwirken.

Der Rückgang ist nur zu einem Teil auf eine effektive Faserschwächung zurückzuführen, welche durch die Wirkung der Katalysatoren ausgelöst wird. Ein erheblicher Teil der Schädigung wird aufgehoben, wenn die Ausrüstung durch „Ablösen" beseitigt wird. Die Erscheinung hängt mit folgendem zusammen:

In der nicht ausgerüsteten Faser besitzen die Bauelemente der Faser noch eine weitgehende Beweglichkeit, d.h., sie können sich bei Einwirkung eines Zugs „entknäueln" und dehnen und weitgehend in Richtung der Faserachse orientieren. Auf diese Weise kommt es bei einer Zugbeanspruchung zu einem weitgehend gleichzeitigen Reißen der Faserbauelemente. Bei der ausgerüsteten Faser sind die Bauelemente durch die Harzeinlagerung bzw. Vernetzung teilweise fixiert und damit immobil geworden. Eine Zugbeanspruchung führt daher bei den extrem immobilen Faserbauelementen, die auch nur eine geringe Dehnung besitzen, zu einem raschen Reißen, während die weniger fixierten Bereiche entsprechend ihrer Mobilität erst später zum Reißen kommen. Während also im ersteren Fall die Faserbauelemente *weitgehend gemeinsam* reißen, tun sie dies bei der ausgerüsteten Faser *in zeitlichen Abständen* und daher schon bei geringeren Belastungen. Werden die Fixiermittel entfernt, dann ist der alte Zustand wieder hergestellt, soweit nicht durch die Katalysatorsäure eine effektive Faserschwächung ausgelöst wurde.

Streckt man die Faser vor der eigentlichen Immobilisierung, d. h. vor der Kondensation, dann kann noch eine Ausrichtung erreicht werden, so daß der Festigkeitsschwund wesentlich reduziert wird. In diesem Zusammenhang wäre das *Mikro-Stretch-Verfahren* zu erwähnen (*A. Lauchenauer*).

Durch sogenannte *Additive* (S. 143) kann der Scheuerfestigkeitsabfall in bestimmtem Umfang gemildert werden.

Wird die Vernetzungsreaktion auf die *Kernzone* der Cellulosefaser beschränkt, so erhält man im Vergleich zu den üblichen Ausrüstungsverfahren, bei denen sich die Vernetzung auf den ganzen Faserquerschnitt erstreckt, eine verbesserte *Scheuerbeständigkeit.*

Eine solche Vernetzung läßt sich in der Weise erreichen, daß man mit einer Methylolverbindung unter Zusatz von sauren Katalysatoren imprägniert und nach einer Zwischentrocknung mit Ammoniak bedampft und anschließend kondensiert. Durch die Ammoniakbedampfung wird der Katalysator in der Faserrandzone unwirksam gemacht, so daß die Vernetzung nur in der Kernzone erfolgt (*H. Zollinger* und *P. Meier*).

Nebenreaktionen. Im Rahmen der Ausrüstung von Textilien mit Harnstoff/Formaldehyd-Kondensationsprodukten oder anderen stickstoffhaltigen Kunstharzen kann es gelegentlich vorkommen, daß der ausgerüsteten Ware ein widerwärtiger *Geruch nach Heringslake* hartnäckig anhaftet, der die Ware in diesem Zustand unverkäuflich macht. Dieser Geruch ist auf das Vorhandensein von Methylaminen, und zwar namentlich von *Trimethylamin* zurückzuführen, deren Bildung bei der Ausrüstung mit Harnstoff/Formaldehyd-Kondensationsprodukten folgendermaßen zustande kommt (*Rath*):

Bei der Umsetzung von Ammoniak bzw. Ammoniumsalzen mit Formaldehyd werden unter bestimmten Bedingungen die Wasserstoffatome des Ammoniaks nacheinander durch Methylreste nach folgenden Gleichungen ersetzt:

1. $2\,NH_3 + 3\,CH_2O = 2\,H_2N \cdot CH_3 + CO_2 + H_2O$
   Monomethylamin

2. $2\,NH_3 + 6\,CH_2O = 2\,HN(CH_3)_2 + 2\,CO_2 + 2\,H_2O$
   Dimethylamin

3. $2\,NH_3 + 9\,CH_2O = 2\,N(CH_3)_3 + 3\,CO_2 + 3\,H_2O$
   Trimethylamin.

Je größer der Formaldehydüberschuß ist, desto eher besteht die Möglichkeit einer Umsetzung nach Gleichung 3, also zur Bildung gesteigerter Mengen von Trimethylamin, während Mono- und Dimethylamin unter diesen Umständen mengenmäßig in den Hintergrund treten, da zunächst gebildetes Mono- bzw. Dimethylamin durch Formaldehyd zum Trimethylamin weitermethyliert werden.

Die genannten Methylamine sind farblose, ammoniakalisch riechende und in Wasser lösliche Gase, von denen das Dimethylamin einen schwachen und das Trimethylamin in starker Verdünnung einen typischen und außerordentlich starken Geruch nach Heringslake zeigt, welcher in Textilien hartnäckig haften bleibt. Alle drei Amine kommen in der Heringslake vor, deren charakteristischer Geruch vorwiegend durch Trimethylamin bedingt ist.

Zur Bildung dieser Methylamine und insonderheit des Trimethylamins ist demnach Ammoniak bzw. Ammonsalz und Formaldehyd im Überschuß erforderlich, eine Bedingung, welche bei der Kunstharzausrüstung ohne weiteres erfüllt sein kann. Der technische Harnstoff kann schon geringe Mengen Ammonsalz (Ammoniumcarbonat, Ammoniumbicarbonat, Ammoniumcarbaminat) enthalten, obwohl er im allgemeinen ziemlich ammonsalzfrei ist. Des weiteren besteht die Möglichkeit zur Bildung von Ammoniak beim Erhitzen von Harnstoff in saurem Medium (Kondensation zum Carbamidharz) oder auch im alkalischen Medium (Vorkondensation) dadurch, daß unter diesen Bedingungen Harnstoff unter Bildung von Kohlensäure und Ammoniak nach folgendem Schema verseift wird:

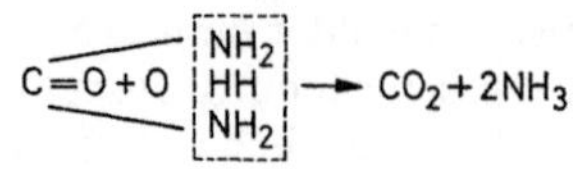

Schon beim Erhitzen mit Wasser über 170 °C zersetzt sich der Harnstoff teilweise in Kohlendioxid und Ammoniak. Auch beim Erhitzen für sich allein auf 150–170 °C tritt eine Abspaltung von Ammoniak ein. Darüber hinaus werden die Harnstoff/Formaldehyd-Lösungen bzw. die Lösungen der entsprechenden Vorkondensate vielfach mit Ammoniak stabilisiert und vor dem Imprägnieren wieder schwach angesäuert, so daß eine genügende, zur Methylaminbildung erforderliche Ammonsalzmenge ohne weiteres vorhanden ist. Aber auch ohne diese Arbeitsweise ist eine für die Methylaminbildung erforderliche Ammonsalzmenge unter Berücksichtigung der obigen Bildungsmöglichkeiten bei der Carbamidharzausrüstung gegeben.

Da die bei der Umsetzung vorhandene Ammonsalzmenge gegenüber den zur Verfügung stehenden Formaldehydmengen immer außerordentlich gering ist, namentlich wenn der bei der Kondensation vorhandene CH_2O-Überschuß nicht gut abgesaugt wird, so wird die Methylierung zweifelsohne so weit getrieben, daß das *Trimethylamin* gegenüber etwa vorhandenem Mono- und Dimethylamin stark überwiegt.

Zusammenfassend wird die Bildung von Methylaminen und insonderheit von Trimethylamin bei der Carbamidharzausrüstung durch folgende Faktoren begünstigt:

1. Gegenwart bzw. Bildung von viel Ammonsalz – 2. hohe Kondensationstemperatur – 3. lange Kondensationsdauer – 4. Formaldehydüberschuß – 5. geringe Acidität.

Da Harnstoff überschüssigen Formaldehyd bindet, wirkt Harnstoffzusatz der Trimethylaminbildung entgegen.

Zu beachten ist, daß die bei der Carbamidharzausrüstung sich bildenden Methylamine im allgemeinen – d.h., sofern die Ware nach der Fertigstellung nicht alkalisch reagiert, was nach einer normalen Ausrüstung nicht der Fall ist – nicht als freie Basen, sondern als Salze der zugesetzten bzw. bei der Kondensation entstehenden Katalysatorsäuren in der Ware zugegen sind, gemäß dem folgenden Schema:

$$2\,NH_4X + 9\,CH_2O = 2\,N(CH_3)_3 \cdot HX + 3\,CO_2 + 3\,H_2O$$
$$X = \text{Säurerest}$$

Die Salze selbst zeigen keinen unangenehmen Geruch, sondern entwickeln diesen erst, wenn unter geeigneten Bedingungen die entsprechenden Basen in Freiheit gesetzt werden. Dies geschieht bei Eintritt einer alkalischen Reaktion, wenn die Ware also mit stärkeren Alkalien, beispielsweise Natronlauge oder Soda, behandelt wird. Eine gewisse Basenmenge kann aber auch schon durch hydrolytische Zersetzung der Methylaminsalze auftreten. Da die in üblicher Weise ausgerüsteten Waren meist eine stärkere Acidität besitzen, kommt es auch bei Trimethylaminsalz-Gegenwart auf Grund der meist geringfügigen Mengen verhältnismäßig selten zur geruchlichen Wahrnehmung von Trimethylamin, wenigstens solange die Ware in ihrer Acidität keine Änderung erfährt, welche aber im Gebrauch bzw. bei der Wäsche ohne weiteres eintreten kann.

Da sich in einer Ware vorhandene Methylaminsalze mit Soda, also in der Gebrauchswäsche, zersetzen lassen, empfiehlt es sich, eine mit Carbamidharz ausgerüstete Ware nach der Kondensation einer schwachen Sodawäsche unter Zusatz eines Emulgators mit nachfolgendem gründlichem Spülen zu unterziehen, eine Arbeitsweise, welche schon mit Rücksicht auf die Scheuerfestigkeit der Ware geboten ist. Wird das Spülen nicht gründlich vorgenommen, dann kann leicht ein Trimethylamingeruch in der Ware zurückbleiben[1].

[1] Man kann natürlich auch ein kleineres Versuchsmuster auf Methylamin prüfen und gegebenenfalls eine Wäsche vornehmen.

Auch durch *Ozonisierung* sollen sich etwa vorhandene Methylamine entfernen lassen. Die Möglichkeit der Methylaminbildung ist auch bei Anwendung anderer stickstoffhaltiger Kunstharze oder Reactanttypen gegeben.

Neben dem Carbamidharz spielt auch das aus Melamin und Formaldehyd erzeugte *Melaminharz* eine Rolle. Die Ware wird ebenfalls mit einem wasserlöslichen Vorkondensat, der Methylolverbindung (Cassurit MKF, Lyofix) imprägniert und dieses anschließend auf bzw. in der Faser zum unlöslichen Melaminharz kondensiert. Der Mechanismus der Harzbildung verläuft im Prinzip analog der Bildung des Carbamidharzes. Auch Harze aus *Dicyandiamid* und *Formaldehyd* finden Verwendung.

Das *Acrisin*, mit dem ebenfalls Quellfest- und Knitterfesteffekte erzielt werden können, ist ein *Methylol-allylol-harnstoff*, welcher auf der Faser zu einem unlöslichen Kunstharz kondensiert werden kann. Es ist anzunehmen, daß die Kondensation auf Grund der Äthylenbindung von Polymerisationsprozessen begleitet ist.

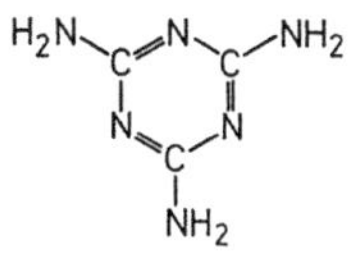

2,4,6-Triamino-1,3,5-triazin
Melamin

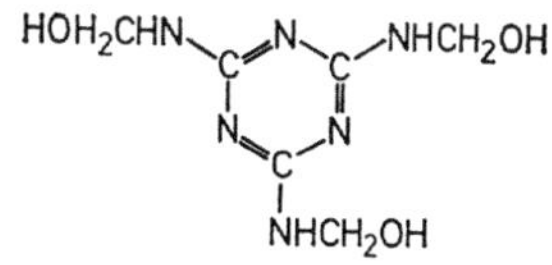

Trimethylol-melamin
Cassurit MKF
Lyofix A
Lanaset Resin

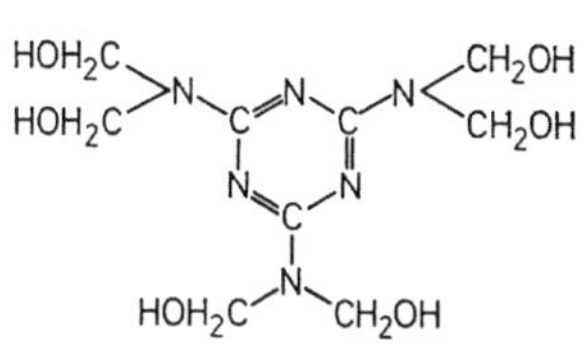

Hexamethylol-melamin
Lyofix CH

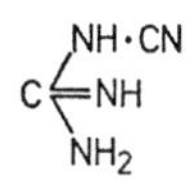

Dicyandiamid

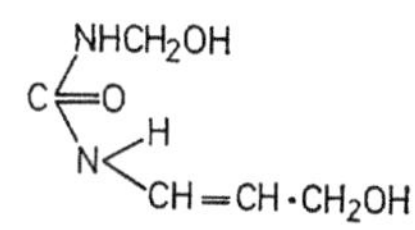

Methylol-allylol-harnstoff
Acrisin

Auch die Ausrüstung mit „Preska-Permanent", bei welchem Produkt an Stelle von Formaldehyd höhere Aldehyde Verwendung finden, wäre hier zu erwähnen.

Vorkondensate. Daß sich aus Formaldehyd und aminogruppenhaltigen Körpern stabile Vorkondensate herstellen lassen, ist mit der Annahme einer intramolekularen Wasserstoffbrücke und Ausbildung eines 6-gliedrigen Ringsystems zu erklären:

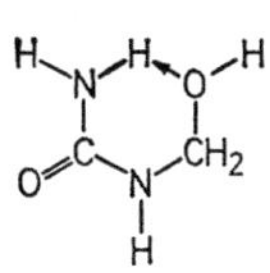

Methylol-harnstoff

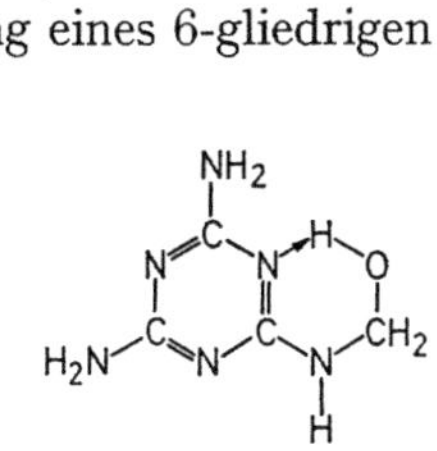

Methylol-melamin

Bei Gegenwart von H-Ionen tritt eine Spaltung der Protonbrücken ein, worauf die Kondensation in Gang kommt.

Auf Lager tritt jedoch eine langsame Kondensation ein, so daß die Vorkondensate im Laufe der Zeit unbrauchbar werden.

Besser lagerbeständig sind die *Methyläther* der Methylole wie z. B.:

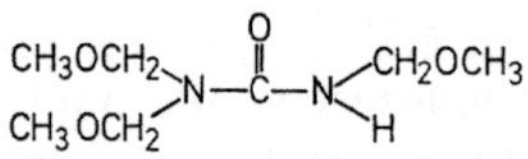

Tri-methoxymethyl-harnstoff

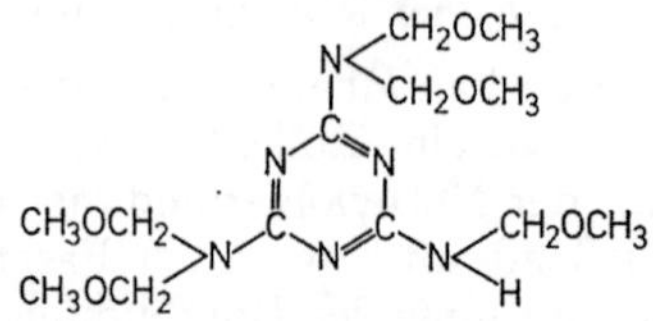

Penta-methoxymethyl-melamin

Die Harzbildung wird durch die Methylierung nicht gestört.

Handelsprodukte auf Basis *Harnstoff/Formaldehyd* sind:

Kaurit S
Durozell KN
Ukadan K 13
Preska Permanent PAG
Elastofix A
Quecodur B
Acrisin
Rucon PR
Knittex-Marken
Neuperm AP
Burapret H
Etadurin P
Finish EN
Diamonine AF, SPA
Calaroc UFB
Rhonite Resins
Beetle Textile Resin BT 325

Modifizierte Harnstoff/Formaldehyd-Verbindungen:

Kaurit W
Beetle Textile Resin BT 321
Panalon CR
Resloom E 50

Sonstige Methylolverbindungen:

Fixapret BU
Cassurit MLP
Kaurit M 90
Ureol P
Zeset MC
Aerotex Resin 23

Handelsprodukte auf Basis *Melamin/Formaldehyd* sind:

Cassurit MKF (Trimethylolmelamin)
Knittex M-Marken
Preska Permanent 540
Quecodur DM
Rottafix L 57
Elastofix M
Etadurin M
Lyofix DM (Dimethylolamin)
Lyofix A (Trimethylolamin)
Beetle Textile Resin BT 309
Aerotex Resin M-3

Chlorretention. Die methylierten Produkte, d. h. die aus ihnen gebildeten Harze, zeigen eine geringere Chlorretention, d. h., sie halten bei einer in manchen Ländern an die Wäsche angeschlossenen *Hypochloritbehandlung* weniger Chlor unter *Chloraminbildung* zurück. Im Falle einer solchen Chlorretention kann bei einer angeschlossenen Heißbehandlung (Bügeln) eine Zersetzung der Chloramine eintreten, welche zu einer hydrolytischen und oxydativen Schädigung der Faser und Vergilbung führt:

$$\gt C{-}N(R){-}Cl + H_2O \rightarrow \gt C{-}NH(R) + HCl + O$$

Reaktanttypen. Wegen der beschränkten Waschbeständigkeit der Harnstoff- und Melaminharze und wegen ihrer – auch im Falle der methylierten Produkte – verhältnismäßig starken Chlorretention ist man bei ausgesprochenen Waschartikeln zu *ringförmigen Harnstoffderivaten* übergegangen (vgl. S. 137). Unter ihnen spielen 5- und 6-Ringsysteme eine große Rolle (vgl. S. 37ff.):

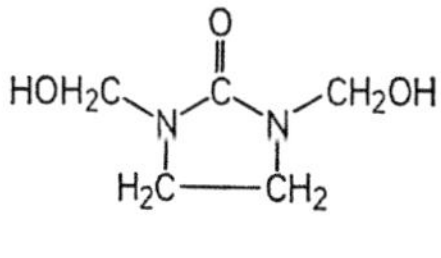

Dimethylol-äthylenharnstoff (DMEU)
1,3-Dimethylol-imidazolidon-(2)

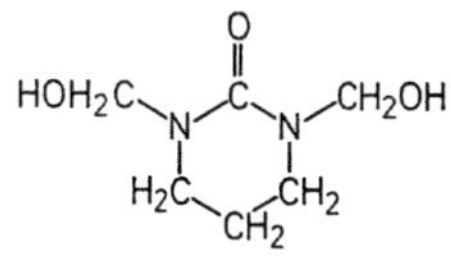

Dimethylol-propylenharnstoff
1,3-Dimethylol-hexahydro-pyrimidon-(2)

Im Gegensatz zu Dimethylolharnstoff und zu den Methylol-melaminen sind solche Produkte weniger zur Kunstharzbildung befähigt, sondern treten mehr mit der Faser selbst in Reaktion (*Reaktanttypen, Reaktantharze*). Die Lagerbeständigkeit sowie die Badstabilität sind daher besonders gut.

Handelsprodukte:

Fixapret AH, CP, PH
Cassurit RI
Knittex everfit
Preska Reactant
Neuperm GFN
Elastofix RF
Finish LCR
Rucon RH
Ukadan DH
Etadurin V 500, V 63
Quecodur TV konz.
Stabitex WW
Glazamine CC
Lyofix NC
Reaknitt AH extra
Calaroc EU
Zeset S
Rucon
Emboset
Beetle Textile Resin BT 324
Sumitex Resin-Marken

Die „Reaktion" mit der Faser kann neben einer Addition über Wasserstoffbrücken *eine kovalente Verknüpfung unter Alkylierung* sein (vgl. S. 37). Im Interesse einer optimalen Reaktion sind etwas höhere Kondensationstemperaturen gegenüber den Aminoplasten erforderlich.

Da die Methylolierung reversibel ist, können auch Methylenbrückendi- und -oligomere entstehen (*Frick, Andrews* und *Reid*):

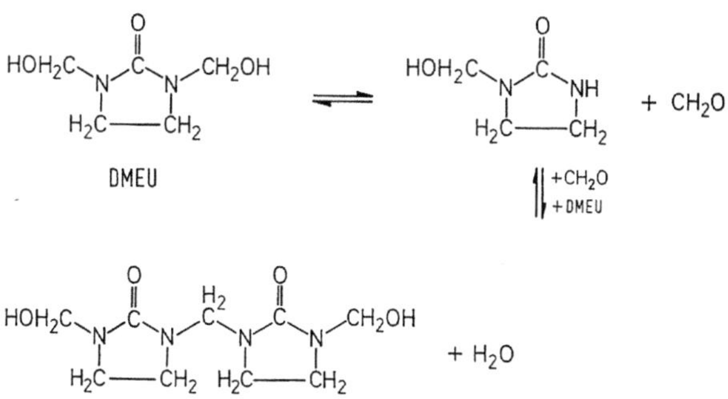

Das Verhältnis der Reaktionsprodukte zueinander und daher die Art der Vernetzung mit der Cellulose kann durch Wahl und Konzentration der Katalysatoren beeinflußt werden (*P. Rys* und *H. Zollinger*).

Das *Methylolierungsgleichgewicht* soll möglichst weit auf der Seite der Methylolverbindung liegen, damit freigesetzter Formaldehyd Cellulose nicht direkt vernetzt, und damit keine freien NH-Gruppen entstehen, die Chlorretentionsschäden verursachen können (*P. Rys* und *H. Zollinger*).

Bei wiederholter Wäsche können durch Formaldehydverlust der nicht umgesetzten methylolischen Gruppen wieder NH-Gruppen entstehen, die zur *Chlor-*

retention neigen. Da hiermit wieder die Gefahr einer *Vergilbung* verbunden ist, wird für weiße Wäsche

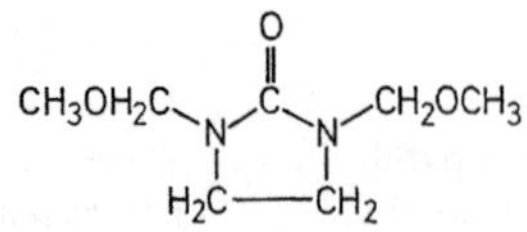

der *Dimethoxymethyl-äthylenharnstoff* empfohlen.

Als weitere cyclische Harnstoffe kommen in Betracht:

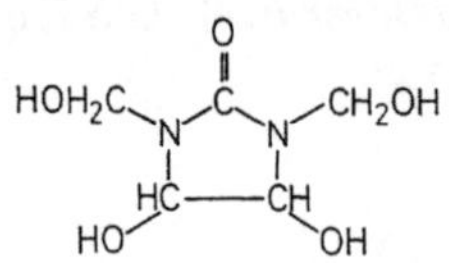

Dimethylol-dihydroxyäthylenharnstoff
1,3-Dimethylol-4,5-dihydroxy-imidazolidon-(2)

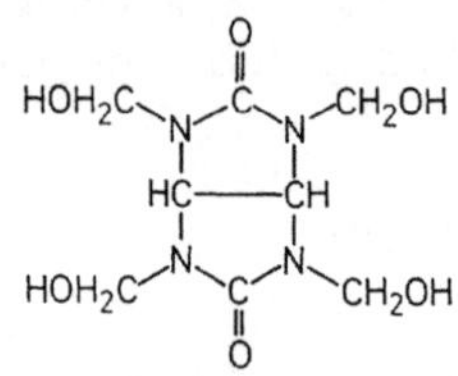

Tetramethylol-acetylen-diharnstoff
Tetramethylol-glykoluril
Fixapret 140

(Die beiden Produkte werden aus Harnstoff, Formaldehyd und Glyoxal in verschiedenen Mengenverhältnissen hergestellt.)

Handelsprodukte: Fixapret CPK, CPF, Knittex POM III R, Stabitex FRD, Etadurin V800.

Analysenmethoden für Kunstharzappreturen haben *G. Valk* u. Mitarb. ausgeführt.

Anhang

Konstitution und reaktives Verhalten von N-Methylolverbindungen (nach *H. Petersen*). Auf Grund der Bedeutung dieser Produkte soll kurz auf die Zusammenhänge zwischen Konstitution, Reaktivität und Ausrüstungseffekten eingegangen werden.

In saurem Medium bildet sich durch Addition eines Protons und anschließende Abspaltung von H_2O ein Carbeniumion, das mit dem entsprechenden Immoniumion ein mesomeres Gleichgewicht bildet. Das Ureidomethyl-carbenium-ion reagiert schließlich mit entsprechenden nucleophilen Substanzen:

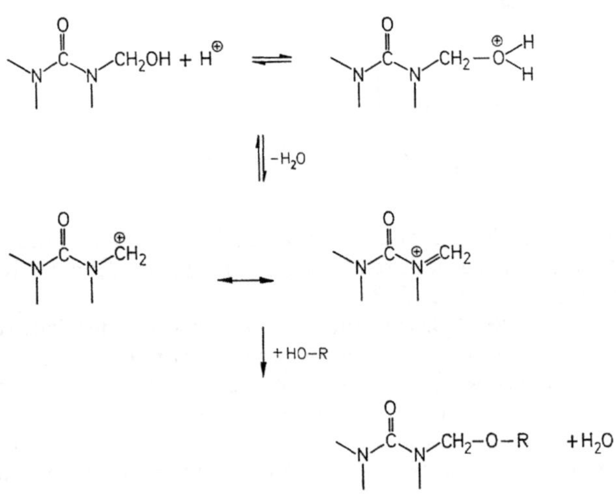

Das angegebene Formelbild ist als Reaktionsschema zu betrachten und soll nichts darüber aussagen, ob es sich bei der Reaktion zwischen Methylol und Cellulose um eine spezifische oder eine allgemeine Säure-Basen-Katalyse handelt (*H. Petersen, H. Zollinger* und Mitarbeiter).

Für die Bildungstendenz des Carbeniumions ist der durch die Mesomerie mit der Immoniumstruktur bedingte Energiegewinn maßgebend. Diejenige Methylolverbindung ist daher besonders reaktionsfähig, in der das Stickstoffatom eine hohe Elektronendichte besitzt. Aus diesem Grund reagiert der Dimethyloläthylenharnstoff (1) wesentlich rascher als der Dimethylol-dihydroxy-äthylenharnstoff (Glyoxalmonourein) (2):

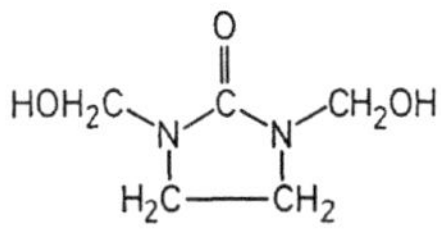

(1)

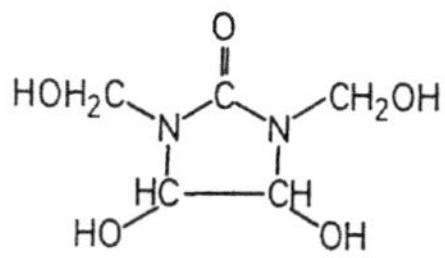

(2)

Die Reaktionsfähigkeit der Methylole wird auch durch die Koordinationsfähigkeit der Carbonyl-Gruppe für Protonen beeinflußt. Diese ist bei einer aufgerichteten Doppelbindung größer als bei einer nicht aufgerichteten. Im ersteren Fall wird daher das Proton primär an den Sauerstoff der Carbonyl-Gruppe unter Ausbildung eines Quasi-Sechsringsystems gebunden.

Aus IR-spektroskopischen Untersuchungen kann auf die mehr oder weniger starke Aufrichtung geschlossen werden. Diese ist z.B. im Falle des Propylenharnstoffs im Vergleich zum Äthylenharnstoff stärker ausgeprägt. Unter diesen Umständen reagiert daher trotz geringerer Elektronendichte an den Stickstoffatomen der Dimethylolpropylenharnstoff fast ebenso schnell wie der Dimethyloläthylenharnstoff.

Die geringere Elektronendichte am Stickstoff im Propylenharnstoff hängt mit dem ungestörten Mesomeriesystem zwischen den Elektronen des doppelt gebundenen Carbonylsauerstoffs und den freien Elektronenpaaren an den Stickstoffatomen zusammen. Diese Mesomerie vermindert die Elektronendichte am Stickstoff.

Wenn in der Methylolverbindung noch andere Koordinationszentren für Protonen vorhanden sind, so wird ein Teil der Katalysatorsäure an diesen Stellen gebunden. Aus diesem Grund zeigen z.B. die Dimethylolverbindungen der Urone und Hexahydrotriazinone eine im Vergleich zum Dimethylolpropylenharnstoff geringere Reaktivität:

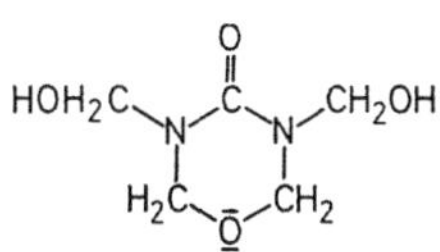

„Uron"

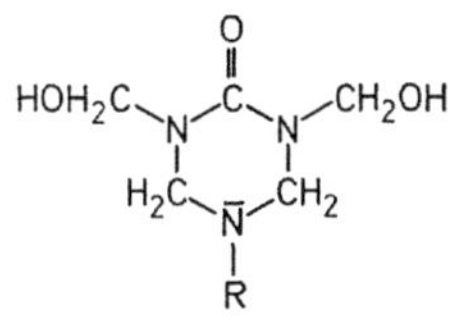

„Triazinon"

Hydrolysenbeständigkeit der Ausrüstungen in Abhängigkeit von der Konstitution des Ausrüstungsmittels. Auf Grund von Untersuchungen von *H. Petersen* ergeben sich drei Gruppen von Ausrüstungsmitteln, deren saure Hydrolysenbeständigkeit von 1 nach 3 abnimmt:

1. Dimethylol-glyoxal-monourein, permethylierte Carbamate
2. Dimethylole des 5,5-Dimethylolpropylenharnstoffs und des 5-Hydroxypropylenharnstoffs
3. Dimethylole des 5-Methylpropylenharnstoffs, des Propylenharnstoffs und des Äthylenharnstoffs

Für die Hydrolysenbeständigkeit ist neben der Elektronendichte an den Stickstoffatomen die Koordinationsfähigkeit sowohl der N-Alkoxymethylgruppen als auch der Carbonylgruppen (im Falle der Harnstoffderivate und Säureamide) für Protonen maßgebend. Auch sterische Einflüsse sowie weitere basische Zentren im Molekül können von Einfluß sein.

Der Ausrüstungseffekt in Abhängigkeit von der Konstitution des Ausrüstungsmittels. Die Methylole können je nach Konstitution und Anwendungsbedingungen in verschiedener Weise reagieren. Da die Methylole beim Erhitzen Formaldehyd abspalten, kommt es je nach der Gleichgewichtslage auch zu einer Cellulose-Acetalbildung:

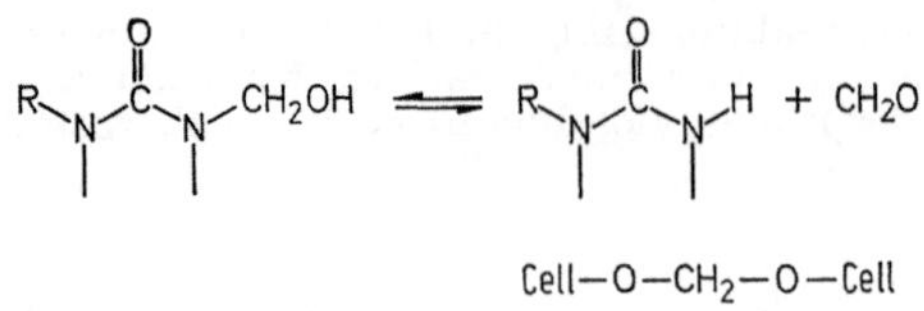

Bei der Abspaltung von Formaldehyd, die eine Gleichgewichtsreaktion darstellt, entstehen NH-Gruppen, die zu einer Selbstvernetzung führen können:

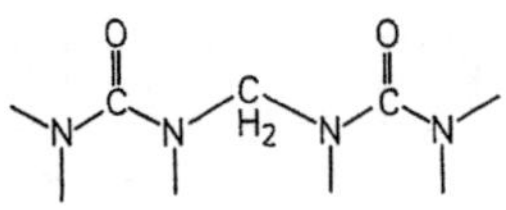

Die Hauptreaktion, d.h. die Vernetzung

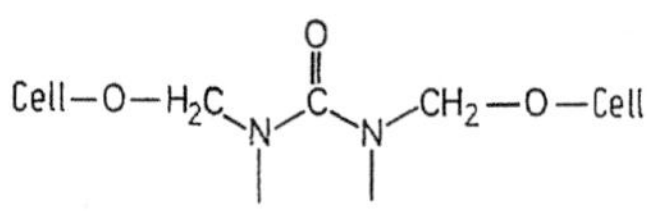

kann also in verschiedener Weise überlagert werden. Die Celluloseacetalbildung ist von der sich bildenden gleichgewichtsbestimmten Formaldehydmenge abhängig. Die Selbstvernetzung wird durch die Reaktivität der bei der Zersetzung sich bildenden NH-Gruppen bestimmt.

Für die Methylole des Propylenharnstoffs (1), des Äthylenharnstoffs (2) und des Dihydroxyäthylenharnstoffs (3) gilt folgendes:

Im Falle von (1) sind die freien NH-Gruppen reaktionsträge, so daß es kaum zu einer Eigenvernetzung kommt. Es liegt ein ausgesprochener Reaktanttyp vor. Auf Grund der Gleichgewichtslage und der großen Hydrolysiergeschwindigkeit der Methylolverbindung ist (1) jedoch ein guter Formaldehydspender, so daß die Acetalbildung besonders bei der Feuchtvernetzung wegen der langen Verweilzeit in saurem Medium begünstigt ist.

(2) zeigt ebenfalls eine große Hydrolysiergeschwindigkeit in saurem Medium bei gleichzeitiger großer Reaktivität der freien NH-Gruppen, so daß die Tendenz zur Eigenvernetzung begünstigt ist. Die Vernetzungsreaktion steht jedoch auf Grund der großen Reaktivität des Methylols im Vordergrund.

(3) ist in saurem Medium hydrolysierbeständig. Die freien NH-Gruppen sind in saurem Medium reaktionsträge, so daß trotz der verhältnismäßig geringen Reaktivität der Methylolgruppen ein ausgesprochener Reaktanttyp vorliegt. Das Produkt eignet sich daher u.a. besonders für das „Postcure-Verfahren".

Der N,N'-Dimethylol-4,5-dihydroxyäthylenharnstoff ist auch wegen der wirtschaftlichen Herstellung zum technisch wichtigsten Produkt geworden, obwohl er eine mangelhafte Chlorechtheit zeigt. Infolge Abspaltung von Formaldehyd entstehen NH-Gruppen, die zur Chlorsubstitution neigen. Im Gegensatz hierzu erhält man mit der entsprechenden N,N'-Dialkoxymethylverbindung über eine säurekatalysierte Umacetalisierung mit den Cellulose-Hydroxylgruppen chlorechte und hydrolysebeständige Ausrüstungen. Im Vergleich zu der Dimethylolverbindung ist das Produkt allerdings weniger reaktionsfähig.

Aus den Erkenntnissen zur Reaktivität und anderen Eigenschaften der Methylole ergab sich nach *H. Petersen* die Neuentwicklung eines Propylenharnstoffderivates, des

N,N'-Dimethylol-4-methoxy-5,5-dimethyl-propylenharnstoffes:

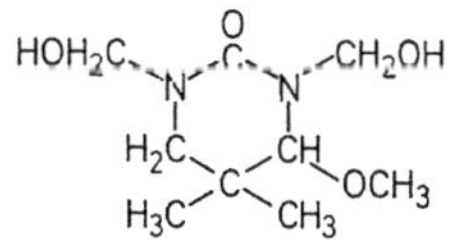

Die Alkylsubstituenten in Stellung 5 ergeben eine annehmbare saure Hydrolysenbeständigkeit, die jedoch für einige neuere Ausrüstungsverfahren nicht als ausreichend bezeichnet werden kann.

Durch Einführung einer Hydroxy- oder Alkoxygruppe in Stellung 4 wird die Reaktivität der rechten Methylolgruppe in ähnlich starkem Maße vermindert wie im Molekül des Dimethylol-4,5-dihydroxy-äthylenharnstoffes. Gleichzeitig wird durch den Einbau einer Hydroxy- oder Alkoxygruppe in Stellung 4 eine weitere Reaktivgruppe eingeführt, so daß dieses Molekül nunmehr drei Vernetzerstellen aufweist. Alle drei Gruppen haben auf Grund kinetischer und kernresonanzspektroskopischer Messungen eine unterschiedliche Reaktivität. Mit der Einführung der 4-Hydroxy- oder 4-Alkoxygruppe wird die Hydrolysenstabilität wegen der Veränderung der elektronischen Natur an den Stickstoffatomen in starkem Maße erhöht. Auf Grund der stark ausgeprägten mesomeren Wechselwirkungen ist die Elektronendichte an den N-Atomen der nach der Vernetzung vorliegenden N-Alkoxymethylgruppen sehr gering, so daß mit dieser Verbindung ähnlich wie bei einer Ausrüstung mit Dimethylol-propylenharnstoff eine gute Chlorechtheit erreicht werden kann.

Unter den cyclischen Harnstoffen haben sich bestimmte *Triazinone* als sehr geeignet erwiesen, da sie auf Grund eines tertiären Ringstickstoffs aus Chloraminen entstehende Salzsäure puffern.

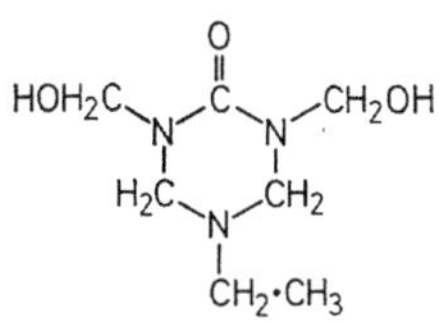

Dimethylol-äthyl-triazinon
(aus Harnstoff, Formaldehyd und Äthylamin)

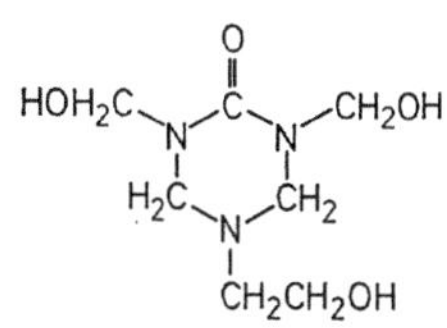

Dimethylol-hydroxyäthyl-triazinon

Handelsprodukte: Fixapret TN, Neuperm ON.

Wenn die Triazinone nichtumgesetztes Amin enthalten, besteht unter der Einwirkung freiwerdenden Formaldehyds die Gefahr der Fischgeruchbildung.

Von besonderer Bedeutung sind in den letzten Jahren verschiedene Produkte auf *Carbamatbasis* (S. 39) geworden.

Handelsprodukte: Arcofix CA, Fixapret BU, Knittex OC, Stabitex C 35, Ukadan NV.

An weiteren Produkten für die quell- und knitterfeste Ausrüstung wurden *Äthyleniminderivate* sowie *Epoxiverbindungen* vorgeschlagen (s. S. 40ff.), ebenso *stickstofffreie* Produkte wie *Formaldehyd* bzw. *Polyoxymethylene* und Derivate (POM), Tetraoxan (tetramerer Formaldehyd: 1,3,5,7-Tetraoxacyclooctan) und Reaknit F, *Glyoxal* sowie *Acetale* (Formale) von Poly-olen (vgl. S. 41).

Handelsprodukte: Epikote 812 (Epoxyverbindungen), Knittex POM I (Formaldehydspender), F-Donator 64 (Formaldehydspender).

Die stickstofffreien Produkte haben den Vorteil der nicht vorhandenen Chlorretention und des absoluten Ausbleibens von Fischgeruch, ergeben aber keine besonders gute Knitterfreiheit. Man verwendet daher häufig Mischungen der beiden Typen, wobei recht gute Effekte, die mehr als nur additiv sind, resultieren.

In einem *Zweistufenverfahren* wird mit Methylolacrylamid (Knittex AV) gearbeitet. Hierbei wird in der ersten Phase Cellulose in saurem Medium mit Methylolacrylamid kondensiert und anschließend in einer zweiten Stufe in alkalischem Medium die Additionsreaktion an die Doppelbindung ausgelöst:

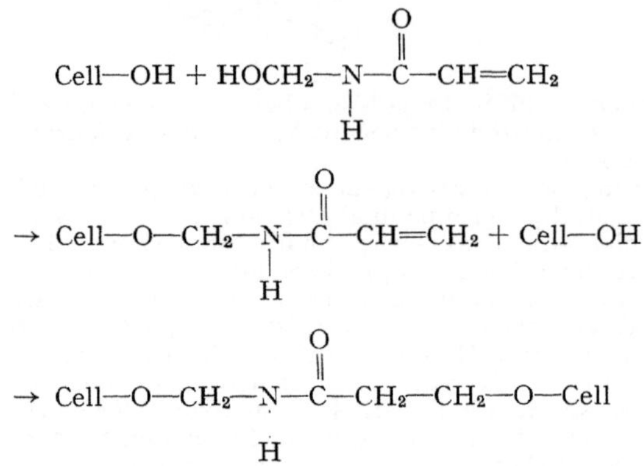

Auch *Chlorhydrine* wie z. B.

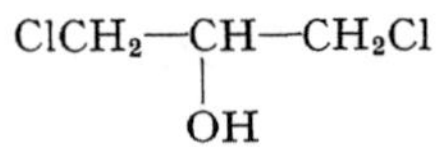

oder

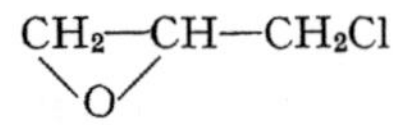

1,3-Dichlorpropanol-(2), α, γ-Dichlorhydrin — Epichlorhydrin

finden in Kombination mit einer ätzalkalischen Behandlung Verwendung (S. 34). Im Gegensatz zu den vorausgegangenen Verfahren findet die Umsetzung mit der Faser schon während der Naßbehandlung vor dem Trocknen statt.

Die betreffende Ausrüstung liefert nur Naßknitterechtheit, so daß Wäscheartikel wohl „auf dem Bügel" faltenfrei trocknen, aber keine gute Trockenknitterechtheit besitzen. Kombiniert man die obige Behandlung mit einer „Reaktantharzausrüstung", dann resultiert auch eine sehr gute Trockenknitterechtheit (*Bel-0-fast-Verfahren*).

Ein weiteres Kombinationsverfahren besteht darin, daß man zunächst mit einem im sauren Medium vernetzenden Präparat vorbehandelt und dann mit Di-Na-[tris-(β-sulfatoäthyl)-sulfonium]-betain nachbehandelt (Teb-X-Cell-Verfahren):

$$S^{\oplus}(CH_2{-}CH_2{-}OSO_3^{\ominus})_3 2\,Na^{\oplus}$$

Grundsätzlich scheint es so zu sein, daß die Modifizierung in *gequollenem Zustand* zu einer guten *Naßknitterechtheit* führt, während die Umsetzung in *entquollenem Zustand* (das ist Kondensation nach dem Trocknen) besonders die *Trockenknitterechtheit* günstig beeinflußt.

Neben den beiden Ausrüstungsmöglichkeiten (*Naßvernetzung*, *Trockenvernetzung*) wird auch die sogenannte „*Feuchtvernetzung*" angewandt, bei der die Vernetzung, d. h. also die Reaktion mit der Faser, weder naß noch trocken, sondern bei einem bestimmten Feuchtegrad – und höherer Acidität – erfolgt. Man erhält auf diese Weise mittlere Werte für die Trocken- und Naßknitterfestigkeit.

Von Nachteil ist, daß die Erzielung von Höchstwerten für die Trockenknitterfestigkeit mit einer ungünstigen Beeinflussung der Scheuerfestigkeit erkauft werden muß. Die Naßvernetzung ergibt hier wesentlich günstigere Werte, während die Werte für die „Feuchtvernetzung" in der Mitte liegen. Die Naßvernetzung liefert bei geringem Festigkeitsabfall nur einen hohen Naßknitterwinkel.

Die unterschiedliche Auswirkung hängt mit der unterschiedlichen Zugänglichkeit der Faserstruktur in gequollenem und entquollenem Zustand zusammen. Vermutlich reagieren die Vernetzungsmittel in entquollenem Zustand nur interfibrillär, während im gequollenen Zustand vorwiegend intrafibrilläre Umsetzungen – wenigstens an bzw. in der Peripherie der Fibrillen – stattfinden.

Weiterentwicklungen des Feucht-Vernetzungsverfahrens sind das *Mild-cure-* und das *Steam-cure-Verfahren.*

Katalysatoren bei der Vernetzung. Bei den hohen Temperaturen des *Trockenkondensationsverfahrens* sind freie Säuren auf Grund der hydrolytischen Schädigung der Cellulose nicht geeignet. Ammonium- und Aminsalze ergeben keinen stabilen Flotten-pH-Wert, da die Flotte auf Grund der Reaktion des Vernetzers mit im Gleichgewicht vorhandenem NH_3 des Katalysators saurer wird.

Da *Metallsalze* bei höheren Temperaturen wirksam werden, finden diese beim Trockenkondensationsverfahren Verwendung [$ZnCl_2$, $MgCl_2$, $Zn(NO_3)_2$, $Mg(NO_3)_2$]. Ob hierbei nur die auftretende Acidität eine Rolle spielt oder ob auch Komplexe zwischen Metallsalz und Vernetzer hereinspielen, ist nicht geklärt.

Da die Reaktion zwischen Cellulose und Vernetzer bei der *Feuchtausrüstung* bei Raumtemperatur abläuft, werden *freie Säuren* (HCl, H_2SO_4, Oxalsäure) als Katalysatoren eingesetzt. Wegen der hohen Flottenacidität kommen hierbei nur säurestabile Methylole als Vernetzer in Frage.

Bei der *Naßausrüstung*, die ebenfalls bei Raumtemperatur durchgeführt wird, werden ebenfalls freie Säuren als Katalysatoren angewandt.

Die Möglichkeit, daß Mg- und Zn-Salze durch *hydrolytische Spaltung* als Säurespender dienen, ist auszuschließen, da das Gleichgewicht dieser Metallsalze mit Wasser erst bei Temperaturen über 800 °C auf der Seite der Hydroxide und Oxide liegt (*P. Rys* und *H. Zollinger*). Das Wesen der Metallkatalyse ist vorläufig noch ungeklärt.

Zusätze zu den Klotzbädern. Je nach Bedarf können die Bäder für die Quell- bzw. Knitterfestausrüstung die verschiedensten Zusätze an Füllmitteln, Weichmachern, wasserabweisenden Substanzen usw. enthalten. Als besonders vorteilhaft haben sich – namentlich im Hinblick auf einen Oberflächenschutz – Polyäthylene, Polyacrylate und Silicone (Additive) erwiesen.

Beeinflussung von Färbungen. Viele substantive und reaktive Farbstoffe erleiden durch die Hochveredlung (Formaldehyd-Einwirkung) eine Verringerung der Lichtechtheit oder einen Tonumschlag. Hierauf ist bei der Farbstoffauswahl zu achten.

Photochromie. Bei manchen Farbstoffen (wasserlösliche Phthalocyanine sowie Küpenfarbstoffe) beobachtet man nach einer Knitterfestausrüstung mit stickstoffhaltigen Substanzen einen vorübergehenden Tonumschlag im Sonnenlicht. Bei Küpenfarbstoffen scheint es sich hierbei um eine Redoxreaktion zu handeln (*D. Fiebig*). Nach *G. Eisenmann* ist eine solche auch bei Phthalocyaninen anzunehmen.

Bei Auswahl entsprechender Ausrüstungsmittel und durch gutes Waschen nach der Hochveredlung läßt sich die Photochromie weitgehend vermeiden. Auch ein Zusatz von Hydrochinon zum Ausrüstungsbad bewährt sich gut.

Färben und Ausrüsten in einem Arbeitsgang. Bei Verwendung bestimmter Produkte in Kombination mit Reaktivfarbstoffen ist es möglich, beide Ausrüstungen zu *einem* Prozeß zu vereinigen. Dabei scheinen die Reaktivfarbstoffe in saurem Kondensationsmedium mit den basischen Gruppen der Reaktantharze zu reagieren, so daß, wenn die Reaktantharzausrüstung waschbeständig ist, auch waschbeständige Färbungen resultieren.

Permanent-Press-Verfahren — Durable-Press-Verfahren. Im Hinblick auf optimale Effekte wurden die Verfahren der chemischen Modifizierung zur Erzielung pflegeleichter Textilien („Glatttrockeneffekt") weiter ausgebaut.

Im Interesse der Formstabilität des Kleidungsstücks, der in der Konfektion eingebrachten Plissees usw., mußte die Knitterbeständigkeit noch weiter verbessert bzw. gegenüber den Einwirkungen des Gebrauchs und auch einer strapazierenden Wäsche erhöht werden.

Einer solchen Stabilitätsverbesserung standen aber auf der anderen Seite Schwierigkeiten von seiten der Konfektion entgegen. Wenn ein Gewebe höchste Knitterbeständigkeit besitzt, dann hat es immer das Bestreben, aus irgendeinem geformten Zustand wieder in den flachen Zustand überzugehen. Das Gewebe besitzt ein „Erinnerungsvermögen“ für den flachen Zustand („flat memory“). Die Verformung in der Konfektion stößt daher mitunter auf Schwierigkeiten, und andererseits sind die Effekte einer starken Gebrauchsbeanspruchung nicht immer gewachsen.

Zunächst versuchte man, die Kleidungsstücke erst nach dem Konfektionieren mit der Kunstharz- bzw. Vernetzerlösung zu tränken bzw. zu besprühen und anschließend durch Trocknen und Kondensation die Fixierung herbeizuführen. Begreiflicherweise stieß dieser Versuch auf mannigfache Schwierigkeiten besonders, da die diesbezüglichen Veredlungsverfahren aus dem Veredlungsbetrieb in den Konfektionsbetrieb übertragen werden mußten.

Unter diesen Umständen ging man dazu über, die Vernetzung bzw. Fixierung im Veredlungsbetrieb nicht bis zum Endzustand durchzuführen, sondern diesen nach dem Konfektionieren durch die Behandlung der Kleidungsstücke auf Heißpressen zu vervollständigen (*Precure-Verfahren*).

Schließlich besteht auch die Möglichkeit, die Gewebe in der Veredlung mit den Fixiermitteln lediglich zu imprägnieren und zu trocknen, um die gesamte Reaktion bzw. Kondensation erst nach dem Konfektionieren durch Heißpressen und weiteres Aushärten bei 170–190 °C auszulösen (*Postcure-Verfahren*). Das Kleidungsstück muß *ohne Auswaschen* gebrauchsfertig sein.

In beiden Fällen werden besonders *formtreue* Kleidungsstücke erzielt, da nunmehr ein „Erinnerungsvermögen“ an die in der Konfektion gegebene Form vorliegt („shape-memory“). In dieser Beziehung ist das Postcure-Verfahren dem Precure-Verfahren noch überlegen.

Die betreffenden Verfahren, für die sich auch die Bezeichnung „delayed curing“ bzw. „deferred curing“ eingebürgert hat, kommen vor allen Dingen für Freizeithosen, Arbeitskleidung sowie für Regenmäntel in Betracht. Da die Baumwollfaser durch die intensiven Härtebedingungen – namentlich beim Postcure-Verfahren – mehr oder weniger strapaziert wird, und auf der anderen Seite beim Precure-Verfahren eine gewisse Thermoplastizität des Fasermaterials vorausgesetzt wird, werden diese Verfahren vorwiegend für Mischungen aus Cellulose mit Synthesefasern angewandt.

Beim Postcure-Verfahren ist bezüglich der Auswahl des anzuwendenden Kunstharzes bzw. Vernetzungsmittels darauf zu achten, daß die betreffenden Produkte nicht während des Lagerns, d.h. schon vor der Konfektion kondensieren. Es kommen u.a. die folgenden Produkte in Betracht:

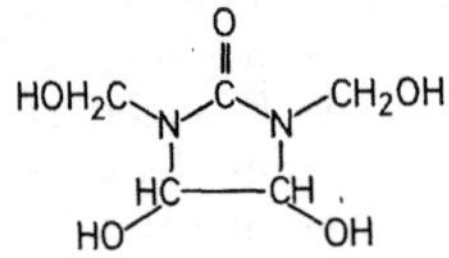

Dimethyloldihydroxy-äthylenharnstoff
Dimethylol-glyoxal-monourein

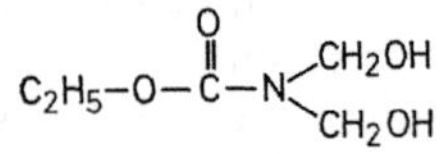

Dimethylol-äthylcarbamat

Beispiele für technische Verfahren sind u.a.: Koratron, Fixaform, Tootaprest, Duraset, Sanforset.

Es besteht auch die Möglichkeit, solche bi- bzw. polyfunktionellen Produkte auszuwählen, die unterschiedliche reaktive Gruppen im Molekül enthalten, so daß bei der Imprägnierung bzw. Trocknung wohl eine einseitige kovalente Bindung (*Partial-Kondensation*), aber noch keine Vernetzung stattfindet. Letztere kann dann nach der Konfektionierung durch intensive Härtung ausgelöst werden (*Zweistufen-Verfahren*).

Beispiele:

$$CH_2{=}CH{-}SO_2{-}CH_2{-}CH_2OH$$

Vinyl-sulfonyl-äthanol

Dieses Produkt reagiert in der ersten Stufe in Gegenwart von Alkali monofunktionell, um bei einer Thermokondensation zu einer Vernetzung zu führen:

$$\text{Cell}{-}OCH_2{-}CH_2{-}SO_2{-}CH_2{-}CH_2OH \rightarrow \text{Cell}{-}OCH_2{-}CH_2{-}SO_2{-}CH_2{-}CH_2O{-}\text{Cell}$$

(*H. B. Freyermuth* und *D. J. Randall*)

G. C. Tesoro et al. schlagen die folgenden Produkte vor:

$$CH_2{=}CH{-}SO_2{-}CH_2{-}CH_2{-}OCH_3$$

$$NaO_3SO{-}CH_2{-}CH_2{-}SO_2{-}CH_2{-}CH_2{-}OCH_3$$

Nach dem BASF-P2-Verfahren wird mit zwei Reaktionsprodukten imprägniert, und zwar mit Dimethyloläthylenharnstoff (1) und Dimethyloldihydroxyäthylenharnstoff (2). Nach dem Trocknen reagiert bei 125 °C zunächst Produkt 1, während Produkt 2 erst bei einem an das Konfektionieren angeschlossenen Heißbügelprozeß (160–180 °C) reagiert.

Das Verfahren kann auch mit Dimethylolpropylenharnstoff (1) und Dimethylol-4-methoxy-5,5-dimethylpropylenharnstoff (2) ausgeführt werden.

Recuring-Verfahren. Es wurde auch versucht, die knitterfrei ausgerüstete Ware zu konfektionieren und dann an den für Bügelfalten bzw. Plissees vorgesehenen Stellen mit Katalysatorlösung (die u.U. zusätzlich Vernetzer enthält) zu benetzen und in der Hitze zu pressen. Dabei hydrolysieren die Querbindungen und werden in der neuen Form (Falte) wieder fixiert. Das Verfahren konnte sich bis jetzt nicht durchsetzen.

Waschbeständige Glanz- und Prägeeffekte. (Seidenfinish – Chintz – Everglace.) Ist ein Gewebe quellfest ausgerüstet, dann sind auf ihm erzeugte Glanz- und Prägeeffekte gebrauchs- und waschbeständig (permanent). Im Prinzip wird so verfahren, daß man nach dem Imprägnieren mit einem geeigneten Vorkondensat trocknet, die Kalandrierung vornimmt (Seidenfinish-, Chintz- oder Prägekalander) und anschließend kondensiert (*Ch. Bener, Bancroft*). (Schwierigkeiten bereitet manchmal das Einsitzen des gebildeten Kunstharzes in die Gravuren, was entweder durch Auswechseln des Quellfestmittels oder durch geeignete Zusätze zur Imprägnierflotte vermieden werden kann.)

Fixierung der Garnkräuselung-Texturierung. Die Kräuselung von Garnen, wie sie z.B. durch eine lockere Mercerisation (S. 67) erreicht wird, kann durch eine *Quervernetzung* fixiert werden. Das gleiche ist auch bei spannungslos mercerisierten (laugierten) Geweben (Stretchartikel) möglich (S. 73).

Eine sehr wichtige Rolle spielt die Texturierung bei *Synthesefasern* (S. 345, 352).

V. Sonstige Spezialappreturverfahren

Flammsichere Ausrüstung. Für manche Stoffe, wie solche für Theater, Kinos, Museen, Feuerwehrkleidung usw., besteht die Vorschrift, daß sie flammsicher ausgerüstet werden. Die Ausrüstung basiert u. a. darauf, daß man die Textilien mit Ammoniumsalzen tränkt, welche in der Hitze Ammoniak abspalten und so den Brandherd in eine Ammoniakatmosphäre einhüllen, so daß die Flamme erstickt. Die Entflammbarkeit wird auch dadurch herabgesetzt, daß sich die beim Erhitzen der Cellulosefaser sich bildenden flammbaren „Teerdestillate“ durch die flammsichere Imprägnierung wesentlich vermindern (*Ulrich*). *Ideal* wäre der „Verbrennungsvorgang“ in der folgenden Form:

$$(C_6H_{10}O_5)_n \rightarrow 5\,nH_2O + 6\,nC$$

Vermutlich wirken die Flammschutzmittel in dieser Richtung „dehydratisierend“. Die Stoffe werden durch eine solche Behandlung nicht unbrennbar; es wird nur ein Aufflammen, welches den Brand ausweiten würde, verhindert.

Der eigentliche Vorgang der Celluloseverbrennung, der sich unter Einwirkung einer intensiven äußeren Hitzequelle abspielt, kann in zwei Hauptphasen aufgeteilt werden:

a) die Verbrennung der durch die anfängliche Pyrolyse gebildeten flüchtigen – gasförmigen oder flüssigen – Zersetzungsprodukte; daran schließt sich

b) die Verbrennung (Nachglimmen) des zurückbleibenden Kohlerestes an.

Dort, wo die äußere intensive Hitzequelle auf die Cellulose einwirkt, vollzieht sich ein Depolymerisationsvorgang unter Lösung der Glucosidbindungen.

Für die Pyrolyse der *reinen Cellulose* ist nach *U. Einsele* folgende Formulierung wahrscheinlich:

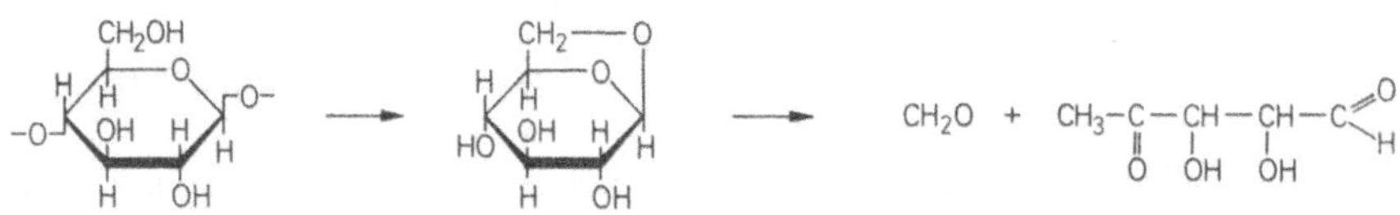

Als Primärprodukt entsteht Laevoglucosan, welches unter Abspaltung von Formaldehyd in einen Hydroxyketoaldehyd überführt wird. Diese Verbindung kann dann auf verschiedene Weise weiter zerfallen.

Bei der Pyrolyse *flammfest ausgerüsteter Cellulose* wird vermutlich die Bildung von Laevoglucosan zurückgedrängt, wobei die Wasserabspaltung als Primärstufe der Zersetzung an Bedeutung gewinnt. Die Bildung eines Kohlenstoffgerüstes und damit eines größeren Rückstandes wird dadurch begünstigt:

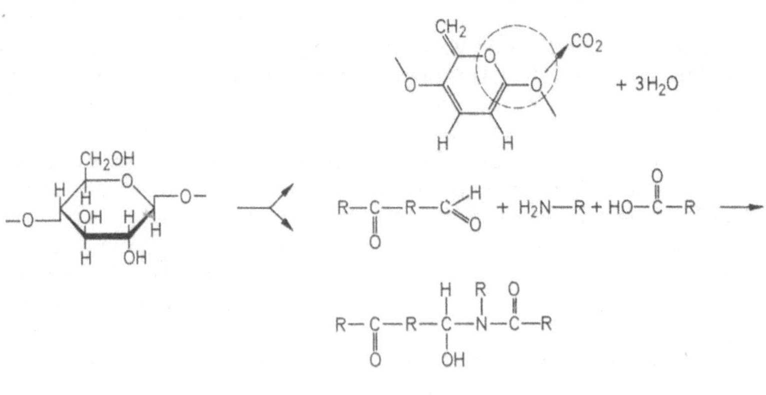

Neben der Wasserabspaltung werden sicher auch noch Pyrolysereaktionen wie bei der nicht ausgerüsteten Cellulosefaser auftreten, so daß auch noch aldehyd- und ketogruppenhaltige Verbindungen sowie Carbonsäuren entstehen. Diese können dann mit den Stickstoffverbindungen bzw. Aminen der Flammschutzmittel reagieren, um schwerflüchtige, evtl. vernetzte Produkte zu bilden.

Als besonders geeignetes Ammoniumsalz hat sich das *Diammoniumphosphat* erwiesen, welches unter der Bezeichnung Akaustan im Handel ist. Andere Ammoniumsalze wie Ammoniumsulfat und Ammoniumchlorid bergen die Gefahr der hydrolytischen Zersetzung und damit der Faserschädigung in sich. Neben Diammoniumphosphat kommt auch Ammoniumcarbonat für eine solche Ausrüstung in Frage. Bei der Anwendung von phosphorhaltigen Substanzen wird die Wirkung auf die Bildung einer schützenden Schicht von *polymerer Metaphosphorsäure* zurückgeführt.

Außer den Ammoniumsalzen eignen sich auch solche Salze für die flammsichere Ausrüstung, die in der Hitze leicht schmelzen und damit die Faser mit einer dünnen Schmelze umgeben, die ebenfalls vor einem Aufflammen schützt. Hier wäre Borax sowie Borsäure als geeignet zu erwähnen. Auch ein Imprägnieren mit Wasserglas wirkt in der gewünschten Richtung. Die vorteilhaftesten Effekte erreicht man allerdings, wenn man den Warencharakter durch zu große Substanzmengen nicht zu sehr verändern will, mit Ammoniumsalzen (*O. Mecheels*).

Die technische Ausführung gestaltet sich derart, daß man die Waren mit den wäßrigen Lösungen der betreffenden Salze imprägniert und anschließend trocknet.

Handelsprodukte an solchen Flammschutzmitteln sind u.a.

Akaustan A	Flovan PF, FD
Flacavon-Marken	Cubimet AH
Flammentin AS	Repel-O-Flame SP.

In vielen Fällen ist es notwendig, daß die Flammfestimprägnierung *wasser-* oder gar *waschbeständig* ist (Feuerwehrschutzkleidung, militärische Ausrüstungsartikel usw.). Für diese Zwecke wurde in den letzten Jahren eine große Anzahl von Produkten bzw. Verfahren ausgearbeitet.

So kann man z.B. *unlösliche Oxide* von Zinn, Antimon oder Titan durch Fällung aus den entsprechenden Salzen mit Alkali in und auf der Faser niederschlagen, wobei wasser- und waschbeständige Effekte resultieren (*Erifon*-Verfahren von DuPont).

Wasserbeständige Flammschutzeffekte kann man weiterhin erzielen, wenn man geeignete unlösliche Flammschutzmittel (Oxide oder Sulfide von Arsen, Antimon und Wismut, gegebenenfalls in Kombination mit Zinkoxid) mit Hilfe von Chlorkautschuk, Chlorparaffinen oder geeigneten Polymerisaten auf der Faser fixiert.

Nach *K. H. Krause* entstehen bei der Verbrennung eines Kunststoffes durch Pyrolyse *freie Radikale*, die brennbare Gase bilden. Den Halogenen wird eine blockierende Wirkung auf die Radikale zugeschrieben, wodurch die Vereinigung der letzteren zu brennbaren Gasen verhindert wird.

Durch Zugabe von z.B. Antimontrioxid wird dieser Effekt wesentlich erhöht. Antimontrioxid allein zeigt keine flammhemmende Wirkung.

Handelsprodukte sind u.a.: Nopyron-Marken
Aflamman

Saure *Phosphorsäureester der Cellulose* sind in Form ihrer Ammoniumverbindungen unbrennbar, so daß man durch *oberflächliche Veresterung der Cellulose z.B. mit Phosphorsäure bzw. Diammonphosphat* bei Gegenwart von Harnstoff einen Flammschutz bekommt. Je nach der angewandten Arbeitsweise können oberflächlich die folgenden Celluloseverbindungen entstehen:

Handelsprodukte bzw. Verfahren sind u.a.:

Pyroset
Pyrovatex Grund und Base
Banflame

Auch auf dem Weg der *Verätherung* (Alkylierung) läßt sich eine Phosphorkomponente in Cellulose einführen, z.B. durch Umsetzung von Cellulose mit Chlormethyl-phosphorsäure bei Gegenwart von Natronlauge (nach *G. L. Drake, W. A. Reeves* und *J. D. Guthrie*):

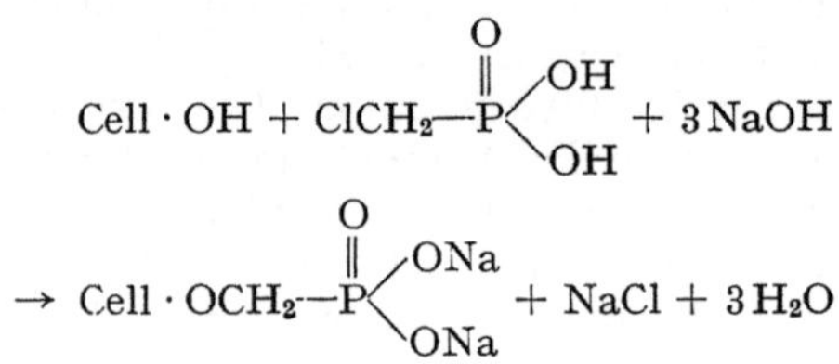

In Form des Ammoniumsalzes, welches man durch Behandlung der Faser mit verd. Salzsäure und (nach dem Spülen) mit verd. Ammoniaklösung erhält, ist eine so modifizierte Cellulose flammfest.

Ammoniumsalze der Phosphorsäureester von Cellulose sind allerdings Kationaustauscher, so daß die Effekte gegenüber *hartem Wasser* nicht stabil sind, da die entstehenden Ca- bzw. Mg-Verbindungen keine Flammschutzwirkung besitzen. Der Effekt kann durch Behandlung der Ware mit Ammoniumchlorid-Lösung wieder regeneriert werden.

Mit *Phosphornitrildichlorid* $(PNCl_2)_3$ lassen sich ebenfalls Flammfesteffekte bei Cellulosefasern erzielen (*U. Einsele*).

An weiteren Verfahren (wasser- bzw. waschbeständig) sind die folgenden vorgeschlagen worden bzw. werden praktisch ausgeübt:

Fixierung von Phosphat durch Kondensationsverfahren. Ammoniumphosphat kann z.B. mit Dicyandiamid-Formaldehyd auf der Faser durch Kondensation weitgehend wasserecht fixiert werden.

Fixieren von Phosphat durch Polymerisation. Durch Behandlung des Fasermaterials mit Lösungen oder Dispersionen von bromhaltigem Triallylphosphatpolymerisat (*G. L. Marton*) oder durch Polymerisation von bromhaltigem telomerem Triallylphosphat (BAP) auf der Faser erhält man einen guten Flammschutzeffekt.

THPC-Verfahren (*Proban*-Verfahren der *Proban Ltd.*) Tetrakishydroxymethylphosphoniumchlorid (aus Phosphin, Formaldehyd und Salzsäure erhältlich)

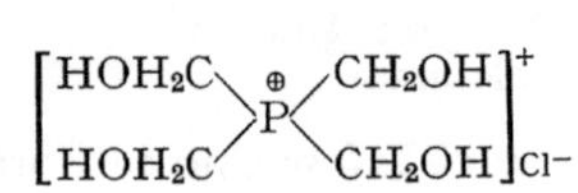

reagiert unter Substitution mit den Methylolen des Melamins oder des Harnstoffs, so daß das Produkt mit Hilfe der genannten Agenzien durch Polykondensation auf der Faser fixiert werden kann. Vermutlich reagiert es dabei mit den NH-Gruppen der Vorkondensate zu Produkten des folgenden Bauprinzips:

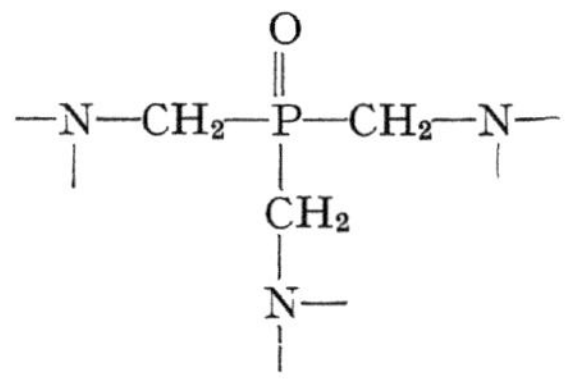

Man imprägniert das Gewebe mit einer THPC, Trimethylolmelamin, Harnstoff und Triäthanolamin enthaltenden Lösung, trocknet und kondensiert durch kurzes Erhitzen auf ca. 150 °C (Triäthanolamin stabilisiert die Imprägnierlösung, und Harnstoff puffert die bei der Reaktion austretende Salzsäure.)

Durch eine solche Behandlung wird das Gewebe nicht nur flammfest, sondern auch schrumpffest, knitterarm und bakterienfest. Der Effekt ist beständig gegen Naßwäsche und chemische Reinigung.

Besonders gute Effekte soll eine Kombination von BAP und THPC liefern.

Eine gleichzeitig *flammfeste* und *knitterfeste* Ausrüstung erhält man mit *Tris-aziridinyl-phosphinoxid* (S. 40), welches neben Polykondensationsreaktionen zu einer Vernetzung der Cellulose führt:

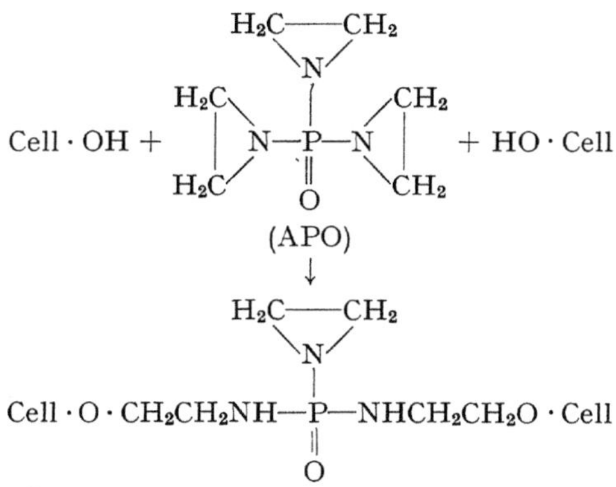

Dem *Bis-Aziridinyl-methylimino-phosphinoxid* kommt eine wichtige Bedeutung zu. Das Produkt führt neben einer Vernetzung auch zu einer Eigenpolymerisation (*F. Fuchs*):

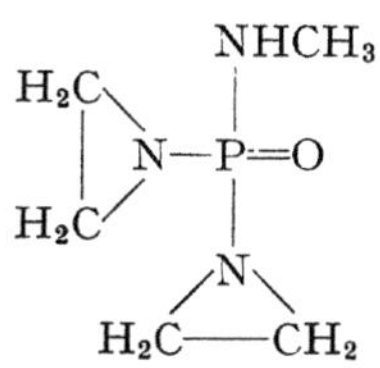

Weitere in diesem Zusammenhang vorgeschlagene Verbindungen (Hoechst) sind:

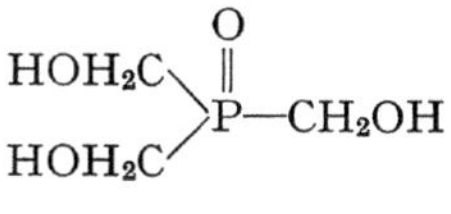

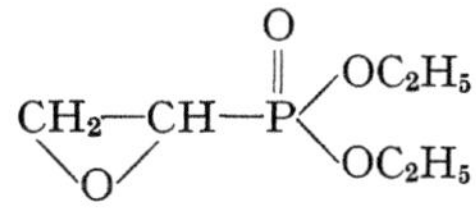

Neuerdings spielen *N-Methylol-Verbindungen von Dialkyl-phosphonocarbonsäureamiden* eine Rolle:

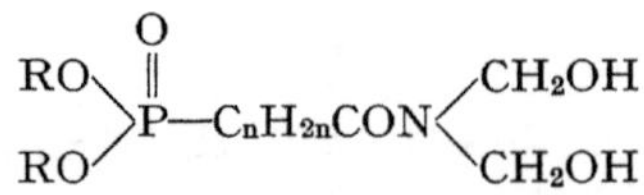

Hierher gehört *Pyrovatex CP.*

Eine nichtionogene organische Phosphorverbindung, die natürlichen und regenerierten Cellulosefasern einen wasch- und chemischreinigungsbeständigen Flammschutz erteilt, ist Akaustan PC.

Das Pergamentieren (die Erzeugung von Glasbatist und Organdy). Das Pergamentieren der Baumwollgewebe wird in Nachahmung der Pergamentierung des Papiers ausgeführt. Durch das Pergamentieren erreicht man bei Papier eine Transparenz, hohe Festigkeit sowie Fettundurchlässigkeit.

Bei Baumwollgeweben treten ähnliche Effekte ein, d.h., sie werden durchscheinend und erhalten eine dauerhafte Versteifung, welche waschbeständig ist. Die Festigkeitseigenschaften der Gewebe werden im allgemeinen nicht verbessert. Derartige Erzeugnisse werden als *Glasbatist* bzw. *Organdy* bezeichnet.

Eine übliche Art der technischen Ausführung des Pergamentierens von Baumwollgeweben ist die folgende: Ein Batistgewebe wird zunächst unter Spannung mercerisiert und anschließend mit stark gekühlter Schwefelsäure von etwas über 51 °Bé (ca. 64%ig) während weniger Sekunden behandelt, dann mit verdünnter Schwefelsäure und hierauf mit Wasser gespült; danach erfolgt eine nochmalige Mercerisation unter Spannung.

Das Pergamentieren kann auch lokal in der Weise erfolgen, daß die Schwefelsäure mustermäßig aufgedruckt wird. Man kann gegen die Pergamentierung auch reservieren, und zwar derart, daß man das Gewebe vor der Pergamentierung mit einer Reserve bedruckt und anschließend pergamentiert. Als Reserven, die bei den Pergamentierbedingungen und namentlich gegen die angeschlossenen Spülbäder beständig sind, kommen vor allen Dingen Nitratcellulose oder Acetylcellulose sowie andere Kunststoffe in Frage. Man löst das Reservierungsmittel in einem organischen Lösungsmittel, setzt der Reserve ein mineralisches Pigment wie Titandioxid, Zinkoxid oder Bariumsulfat zu, druckt die Reserve auf, trocknet und unterwirft der Pergamentierung. An den bedruckten Stellen wird das Gewebe nicht transparent, da der Kunststoffilm schwefelsäureundurchlässig ist. Durch das abgelagerte weiße Pigment wird der Kontrast zwischen den pergamentierten und nichtpergamentierten Stellen hinsichtlich Transparenz und Nicht-Transparenz wesentlich erhöht. Die gleichzeitige Auflage einer Filmschicht an den nicht pergamentierten Stellen bewirkt auch an diesen eine gewisse Versteifung, so daß die Versteifung des Gewebes eine durchgehende ist. Eine solche durchgehende Versteifung ist erwünscht, da sonst die konfektionierten Stoffe zu unerwünschten Faltenbildungen neigen.

In färberischer Hinsicht ist zu erwähnen, daß pergamentierte Gewebe sich mit Farbstoffen wesentlich stärker anfärben als nichtpergamentierte Gewebe, so daß man bei lokaler Pergamentierung sehr vorteilhafte Ton-in-Toneffekte erzielen kann. (Weiche Transparenteffekte s. S. 787!)

Der Opaleffekt. Für die Erreichung des Pergamentiereffektes ist eine Schwefelsäure von 51–54 °Bé (64–68%ig) erforderlich, während Konzentrationen unter 51 °Bé einen völlig andern Effekt ergeben. Man erreicht damit ein *milchiges* Aussehen des Gewebes (Opaleffekt) und einen handschuhlederartigen Griff. In diesem Fall wird das Gewebe unter Spannung mercerisiert, anschließend mit Schwefelsäure etwas unter 51 °Bé behandelt und daraufhin ohne Spannung mercerisiert.

Das Trubenisieren. Das Trubenisieren ist ein Spezialverfahren zur Herstellung von solchen Stoffen, die eine dauerhafte Versteifung erhalten sollen; es findet daher u. a. bei der Herstellung von Kragen- und Manschettenstoffen für Herrenoberhemden Verwendung.

Zu diesem Zweck bringt man eine aus einem Acetatgewebe oder einem Acetat-Mischgewebe bestehende Einlage zwischen Ober- und Unterstoff, nachdem man die Einlage zunächst mit einem Quellmittel für Acetylcellulose getränkt hat. Nach dem Einbringen zwischen Ober- und Unterstoff wird heiß gebügelt, so daß sich Einlage-, Ober- und Unterstoff fest miteinander verbinden. Ein solcher Stoff erhält nach dem Waschen durch Plätten in feuchtem Zustand seine ursprüngliche Versteifung wieder. Als „Quellmittel" verwendet man im allgemeinen ein Gemisch aus Lösungsmittel und Nichtlöser. Löser sind z. B. Aceton, Methylacetat, Nichtlöser bzw. Verdünnungsmittel sind Triacetin, Benzylalkohol, Äthanol, Methanol.

Verwendet man eine Einlage aus thermoplastischem Fasermaterial, z. B. *Polyäthylen*, dann läßt sich eine Verbindung mit Ober- und Unterstoff durch bloße Hitzeeinwirkung erzielen.

Eine Variation dieses Verfahrens besteht darin, daß man an Stelle eines Acetatgewebes ein Baumwollgewebe als Einlage benutzt, welches man zunächst mit einer Acetylcelluloselösung tränkt und anschließend durch heißes Bügeln mit dem Ober- und Unterstoff fest verbindet. An Stelle von Acetylcellulose können auch andere thermoplastische Massen, z. B. mit einem Weichmacher kombiniertes Polyvinylchlorid oder Polyvinylacetat, zur Präparation des Einlagestoffes Verwendung finden (*Kael-Verfahren*). Derartige Präparationen besitzen indes nicht die Waschbeständigkeit des eigentlichen Trubenisiereffekts.

Hitzebeständige Ausrüstung durch oberflächliche Acetylierung (S. 33). Man behandelt Baumwolle zunächst mit Eisessig und dann mit Essigsäureanhydrid und Perchlorsäure. So behandelte Gewebe sind weitgehend hitzebeständig und bakterienfest. Verwendung als Mangeltücher für Heißmangeln (*Crestin-Verfahren* von Sandoz).

Cyanäthylierung. Die Baumwolle wird zunächst mit verd. Natronlauge getränkt, abgequetscht und dann in flüssiges *Acrylnitril* bei ca. 55–60 °C eingebracht; dann Spülen mit Essigsäure und Auswaschen. So behandelte Baumwolle ist stabiler gegen Mikroorganismen, Säure, Hitze und Scheuerung.

Grundsätzlich muß man bestrebt sein, die mit den Hydroxylionen des Wassers ablaufende Konkurrenzreaktion:

$$2\,CH_2{=}CHCN + HOH \rightarrow O\begin{cases} CH_2{-}CH_2CN \\ CH_2{-}CH_2CN \end{cases}$$

β,β'-Oxy-dipropionitril

möglichst weitgehend zurückzudrängen, so daß man die notwendige Wassermenge auf das Mindestmaß beschränkt.

Schmutzabweisende Ausrüstung. Durch eine Präparation mit geeigneten hydrophoben Substanzen (z. B. Silicone oder andere Produkte) kann man eine abweisende Wirkung gegenüber wäßrigem Schmutz erzielen.

Durch eine Behandlung mit bestimmten *organischen Fluorverbindungen* (Bindemittel: Latex oder Kunstharz) erhält man eine gleichzeitige Abstoßung von öl- und wasserhaltigen Schmutzstoffen. Man kann die perfluorierten Fettsäuren (Perfluoroctan- oder -decansäure) auch in Form ihrer Aluminium- oder Zirkon-Salze an die Faser binden. Auch Polyacrylsäureester mit einer perfluorierten Alkoholkomponente finden Verwendung.

Permanente Oberflächeneffekte erhält man, wenn man polymerisierbare Verbindungen mit dem perfluorierten Acyl- oder Sulfonylrest koppelt und härtet, also

z. B. Verbindungen von der allgemeinen Form:

$$R_FSO_2N(R_1)RCOOCH{=}CH_2$$

R_F = Perfluoralkylgruppe mit 4–12 C-Atomen
R = Alkylengruppe mit 1–12 C-Atomen
R_1 = H-Atom oder Alkylgruppe mit 1–6 C-Atomen.

Das ölabweisende Mittel darf sich, wenn es eine gute Wirkung haben soll, nicht mit Öl mischen. Es müssen deshalb alle H-Atome der Fettsäuren substituiert sein. Dies läßt sich am leichtesten – wegen des kleinen Ionenradius – mit *Fluor* erreichen (*H. Enders*).

W. I. Connick und *S. E. Ellzey* schlagen für diesen Zweck das Poly(perfluorooctanoyl)äthylenimin vor. Die perfluorierten Verbindungen äußern nur geringe zwischenmolekulare Kohäsionskräfte (eine grundlegende Voraussetzung für die abweisende Wirkung gegenüber Fetten und fettartigen Substanzen). Mit wachsender Länge des perfluorierten Restes nimmt die Wirksamkeit zu (*W. Bernheim* und *H. Ruile*).

Handelsprodukte: Scotchgard, Scotchgard Oleophobol P 68.

Man kann das fluorhaltige Produkt auch kovalent an die Cellulose binden, indem man diese mit einem fluorsubstituierten Glycidyläther behandelt (*R. J. Berni*, *R. R. Benerito* und *F. J. Philips*):

$$R_FCH_2{-}O{-}CH_2{-}\underset{\diagdown O \diagup}{CH{-}CH_2} + HO\cdot Cell \rightarrow R_FCH_2{-}O{-}CH_2{-}\underset{\displaystyle OH}{\underset{|}{CH}}{-}CH_2O\cdot Cell + H_2O$$

Soil-release-Ausrüstung. Unter Soil-release-Ausrüstung wird eine Ausrüstung verstanden, die eine Schmutzentfernung in der Wäsche oder der chemischen Reinigung erleichtert. Wegen der hydrophoben bzw. lipophilen Eigenschaften der Synthesefasern bzw. entsprechender Mischungen mit Naturfasern ist für diese eine solche Ausrüstung u. U. wünschenswert (s. S. 355). (Neuerdings wird in den Begriff der Soil-release-Ausrüstung auch die übliche schmutzabweisende Ausrüstung [Anti-soil-, Repellent-Finish] miteinbezogen.)

Da bei Baumwolle im Falle einer Permanent-Press-Ausrüstung die Lipophilie zunimmt und damit das Waschproblem schwieriger wird, kann die Soil-release-Ausrüstung auch hier wesentlich werden. Hierzu bringt man auf die Baumwolle hydrophile Substanzen auf, z. B. Carboxymethylcellulosen, Acryl- und Methacrylsäuren, Äthylenoxidaddukte, Polyvinylalkohol u. a.

Baktericide (bakteriostatische) Ausrüstung, fungicide Ausrüstung. Durch Präparation z. B. von Unterwäsche mit geeigneten baktericiden bzw. fungiciden Mitteln kann man erreichen, daß z. B. keine bakterielle Zersetzung des Schweißes, welche den typischen Schweißgeruch erzeugt, eintritt (*Sanitized-*, *Sterilon-*, *Sterifast*-Ausrüstung). Als konservierende Mittel kommen u. a. bestimmte quartäre Ammoniumverbindungen, die mit filmbildenden Substanzen auf der Faser fixiert werden, in Betracht.

Hier wären auch das Raluben (Halogenphenol), das Irgasan DP 300 = 2,4,4′-Trichlor-2′-hydroxy-diphenyläther

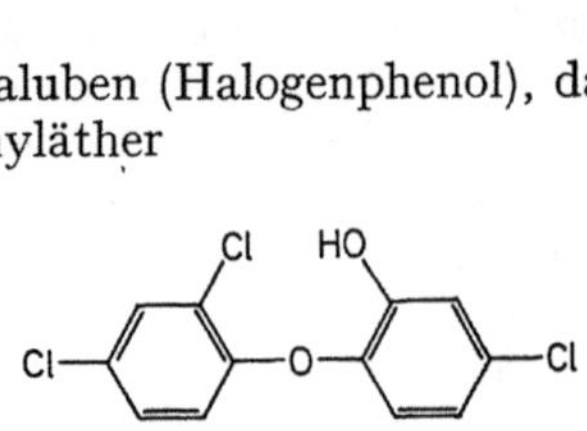

und das Germocid (quartäre Ammoniumverbindung) sowie Fungitex B und Eulan-Asept zu erwähnen.

Reaktivwirkstoffe zur antimikrobiellen Ausrüstung (*W. Paulus* u. *O. Pauli*). Bindet man antimikrobielle Substanzen reaktiv an die Faser, dann ist die antimikrobielle Ausrüstung wasser- und waschbeständig.

Für eine solche Ausrüstung eignen sich u. a. substituierte Dichlor-s-triazine, Chinoxaline und Pyrimidine, des weiteren Aminobenzoesäure-fluorid-derivate und Vinylsulfonsäure-phenylester.

Eine antimikrobielle Ausrüstung wird schon mit so geringen Mengen der Agentien erzielt, daß die Fasereigenschaften in anderer Richtung nicht verändert werden.

Beispiele:

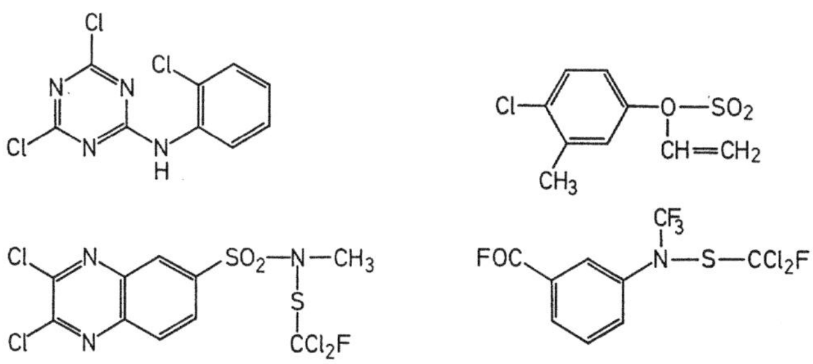

Eine begrenzte Beständigkeit des antimikrobiellen Effektes erreicht man mit dem nachstehenden Produkt:

$$\left[R-\overset{\oplus}{N}(CH_3)_2-CH_2-C_6H_5 \right]^+ Cl^-$$

Dodigen 226

Man kann in Cellulosefasern auch durch Aufpfropfen geringer Mengen von Acryl- bzw. Metacrylsäure Carboxylgruppen einführen und die so behandelte Cellulose mit Silber- oder Kupfersalzen behandeln, was ebenfalls zu einer waschfesten bactericiden Ausrüstung führt (S. A. Rogovin):

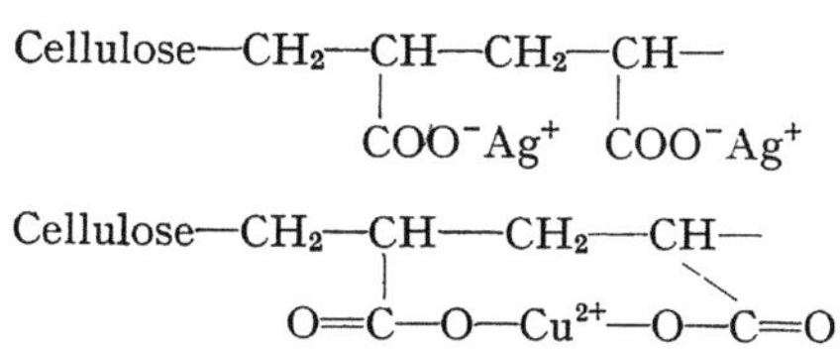

Wenn man die Cellulose (Baumwolle) zunächst „anionisiert" und anschließend mit einem kationaktiven Germizid behandelt, resultieren antimikrobielle Ausrüstungen von besonders guter Waschbeständigkeit mit breitem Wirkungsspektrum mit keimhemmender (germistatischer) und keimtötender (germizider) Wirksamkeit. Man kann z. B. mit Chloressigsäure vorbehandeln:

$$CellOH + ClCH_2COOH \xrightarrow{NaOH} CellOCH_2COO^-Na^+$$

und anschließend z.B. mit Dichlorbenzyl-dimethyl-dodecyl-ammoniumchlorid (Benzalkon B) nachbehandeln:

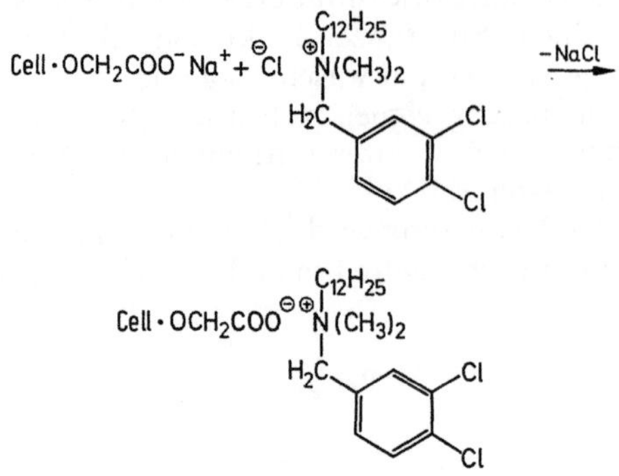

Das Kreppen. Unter einem Kreppgewebe versteht man ein solches, das entweder in einer Richtung oder in beiden Fadenrichtungen aus hochgedrehten Garnen, sogenannten Kreppgarnen besteht. Beim Einbringen solcher Gewebe in Wasser oder wäßrige Medien tritt ein unregelmäßiges Schrumpfen und damit Kringeln der Kreppgarne ein, was den Oberflächencharakter der Ware in bestimmter Weise verändert. Je nach der Gewebekonstruktion und der Art sowie der Anordnung der verwendeten Kreppgarne verliert das Gewebe seine glatte Oberfläche und nimmt je nachdem einen körnigen, furchigen oder sonstwie gearteten Oberflächencharakter an. Da Reyonwaren vielfach gekreppt werden, ist das Verfahren unter Reyon näher beschrieben (S. 234).

Metallisieren. Durch Überziehen von Textilgeweben mit einer feinen Metallschicht erhält man einen Schutz gegen Strahlung der verschiedensten Art, so gegen Wärmestrahlen und photochemische Strahlen. Das Wärmerückhaltevermögen wird ebenfalls verbessert. Das Metallisieren kann z.B. durch Aufdampfen im Hochvakuum erfolgen oder durch Fixierung feinstverteilter Metallpulver mit Hilfe von Kunststoffen. Aluminium ist auf Grund seiner Luftbeständigkeit und seines Reflexionsvermögens am besten geeignet.

Die Herstellung nicht gewebter textiler Flächengebilde (Textilverbundstoffe, Non-woven-fabrics). Die Erzeugung nicht gewebter textiler Flächengebilde wie Nadelfilze, Vliesstoffe, Nähwirkstoffe usw. hat in den letzten Jahren eine erhebliche Bedeutung erlangt und nimmt stetig zu. Dies ist vor allem auf die höhere Produktionsleistung bei diesen Technologien zurückzuführen.

Auf modernsten automatischen Webstühlen lassen sich pro Stunde etwa 9 Meter Gewebe herstellen. Bei der hydrodynamischen Vliesherstellung (Papiermaschinen-Verfahren) kann die Produktion dagegen etwa 6000 Meter pro Stunde betragen.

Zur Erzeugung von Textilverbundstoffen können grundsätzlich alle Faserarten und alle Fasermischungen herangezogen werden. Die Verfahren der Erzeugung sind sehr vielseitig. Es werden z.T. rein mechanische Methoden angewandt, z.B. bei der Herstellung von Nadelfilzen oder Nähwirkstoffen.

Bei der Nadelfilztechnik wird ein Faservlies durch wechselndes Einstechen und Ausziehen einer Vielzahl von Nadeln mit Widerhaken verfestigt. Bei der Nähwirktechnik (*Malimo-*, *Maliwatt-* oder *Malipol-*Verfahren) werden Fadenlagen oder Faservliese durch Übernähen mit einer Vielzahl gleichzeitig erzeugter Kettenstichnähte verfestigt. Bei der Vliesstoffherstellung erfolgt die Verfestigung der Faservliese, die auf mechanischem Wege (Kardierverfahren), oder auf aerodynamischem oder hydrodynamischem Wege erhalten werden, mit Hilfe eines Bindemittels durch Anlösen oder Verschweißen der Fasern.

Die bevorzugte Methode zur Vliesstoffherstellung beruht darauf, daß man das Faservlies mit einer Kunststoffdispersion imprägniert, z.B. mit einer Dispersion von selbstvernetzenden Acrylester-Copolymerisaten, und durch eine anschließende Hitzebehandlung verfestigt.

Verwendet man Faservliese, die ganz oder teilweise aus thermoplastischen Fasern bestehen, so kann die Verfestigung durch Hitzeeinwirkung, beispielsweise beim Durchgang durch beheizte Kalanderwalzen erfolgen. An Stelle von thermoplastischen Fasern kann man für die Vliesverklebung auch thermoplastische Kunstharze verwenden, die man als Pulver in das Vlies einstreut.

Wenn man dem Faservlies anquellbare, bzw. anlösbare Fasern beimischt, kann man die Verfestigung durch die Einwirkung eines Lösungsmittels erzielen. [Beispiele: Anlösen von regenerierten Cellulosefasern mit Natronlauge (*O. Eisenhut*) oder Polyvinylalkoholfasern mit Wasser.]

Beim *Spinnvliesverfahren* geht man nicht von Stapelfasern, sondern vom Kunststoffgranulat aus. Dieses wird geschmolzen, und die aus einer Vielzahl von Spinndüsen austretenden Endlosfasern werden mit Hilfe eines Heißluftstromes stark verstreckt und auf einem Siebband zu einem Vlies abgelegt. Die Verfestigung dieses Spinnvlieses wird nach den gleichen Methoden wie bei der Herstellung von Vliesstoffen aus Stapelfasern durchgeführt. Zur Zeit sind Spinnvliesstoffe aus Polyamiden, Polyester, Polypropylen und Polyäthylen im Handel.

Ein neueres, in der Entwicklung begriffenes Verfahren zur Vliesstoffherstellung geht von Kunststoffolien, insbesondere auf Basis von Polypropylen aus. Dabei wird die Folie monoaxial stark gereckt. Diese spaltet sich dabei in Fibrillen bzw. Kapillaren auf. Durch mechanische Einwirkung, z. B. mit gekerbten Spleißwalzen oder durch die Einwirkung von Nadel- oder Messerorganen, kann man das Aufspleißen in ein Netzwerk von Kapillaren begünstigen.

Schließlich kann man die Folie auch mit Musterprägungen versehen; bei dem anschließenden mono- oder biaxialen Recken werden die dünnen Prägestellen fibrilliert, und man erhält so ein netzähnliches Flächengebilde.

Die so erhaltenen Spaltfaservliese können nach den bei der Vliesstoffherstellung üblichen Verfahren zu Vliesstoffen verfestigt werden.

Verwendung: Die nach den verschiedenen Verfahren erzeugten Textilverbundstoffe haben sehr vielseitige Verwendungsgebiete. Die Vliesstoffe werden beispielsweise in großem Maße als Einlagestoffe in der Bekleidungsindustrie eingesetzt (z. B. *Vlieseline, Fifulon*). Weitere wichtige Verwendungsgebiete sind: Sanitäre und sonstige Wegwerfartikel, Haushaltartikel, Schuh- und Trägermaterial, Filterstoffe. Nähwirkstoffe finden auch in der Herstellung von Oberbekleidung Verwendung.

Selbstverständlich können die Textilverbundstoffe auch den üblichen Veredlungsprozessen wie Bleichen, Färben, Bedrucken, Appretieren usw. unterzogen werden.

Tuftings oder Nadelflortextilien: Die Herstellung erfolgt durch Einnadeln von Garn auf einer Vielnadelmaschine (Tuftingmaschine) in ein textiles Trägermaterial unter Ausbildung von Schlaufen, die aufgeschnitten werden können. Auf der Warenrückseite wird das Flormaterial durch eine Kunstharzbeschichtung fest mit dem Trägermaterial verbunden (Teppichboden-Herstellung).

β) *Entwässerung und Trocknung*

Vor der mechanischen Appretur (Trockenappretur) werden die naß veredelten Textilien meist entwässert und getrocknet. Ein Trockenprozeß ist aber unter Umständen schon im Rahmen der vorhergehenden Ausrüstung (Färben, Mercerisieren) oder vor der Naßappretur (S. 106) erforderlich. Da das Trocknen einen großen Energieaufwand beansprucht und außerdem ein nichtsachgemäßes (zu heißes) Trocknen die Qualität der Textilien nachteilig beeinflußt, ist dem Entwässern und Trocknen der Textilien ein Hauptaugenmerk zu schenken. Diese Fragen sollen hier eingeschaltet werden.

Das Entwässern. Da die Entfernung des Wassers aus den Textilien unter Anwendung von Wärme mit verhältnismäßig großen Kosten verbunden ist, ist darauf zu achten, daß der Großteil des Wassers vor dem eigentlichen Trocknen durch mechanische Entwässerungsmethoden beseitigt wird. Hierfür kommen das Auspressen, das Ausschleudern und das Absaugen in Frage. Die Entfernung des Wassers mit Hilfe von Wärmeenergie kostet etwa 40mal soviel wie die mechanische Entwässerung.

Das Textilgut hält das Wasser in verschiedener Weise und verschieden stark fest. Das in den Garn- und Gewebezwischenräumen lose haftende Wasser wird als *Haftwasser* bezeichnet. Es ist dadurch gekennzeichnet, daß es bei hängenden Textilien der Schwerkraft folgend sich am unteren Teil des Textilguts ansammelt. In den durch parallele Fasern gebildeten Kapillaren wird das Wasser wesentlich stärker festgehalten (*Capillarwasser*) und wird der Schwerkraft nicht folgen können. Ein dritter Teil des Wassers dringt schließlich in die zwischenmicellaren Faserräume (S. 17) ein und wird dort als *Quellwasser* besonders innig in der Weise gebunden, daß die Wasserdipole durch die alkoholischen Gruppen der Cellulose angezogen werden.

Beim mechanischen Entwässern (Abquetschen, Schleudern, Absaugen) wird vor allem das Haftwasser praktisch vollkommen entfernt und weiterhin der größte Teil des Capillarwassers, sofern die mechanischen Methoden entsprechend intensiv gestaltet sind. Das Quellwasser läßt sich nur durch Wärmeeinwirkung austreiben. Entwässerte Textilien besitzen je nach Art und Intensität der angewandten Einrichtung noch einen Wassergehalt von 50–150%, der sich vorwiegend aus dem Quellwasser zusammensetzt. Die Höhe des verbleibenden Wassergehalts hängt natürlich auch stark von der vorliegenden Faserart sowie der Garn- und Gewebekonstruktion ab. Synthetische wenig quellbare Fasern halten nur minimale Wassermengen zurück.

Loses Material, Garne und auch Stückware werden meist durch Schleudern entwässert. Für Garne auf Wickelkörpern und für Gewebe kommt aber auch ein Absaugen und für die letzteren auch ein Abpressen in Frage. Aus Wickelkörpern kann das Wasser auch durch Dampf ausgestoßen werden. Es können auch mehrere Entwässerungsmethoden miteinander kombiniert werden.

Das Abpressen von Geweben wird üblicherweise auf dem *Wasserkalander* vorgenommen. Der Wasserkalander besteht im einfachsten Fall aus drei übereinander liegenden Walzen, zwischen denen das Gewebe in der in Abb. 52 dargestellten Weise

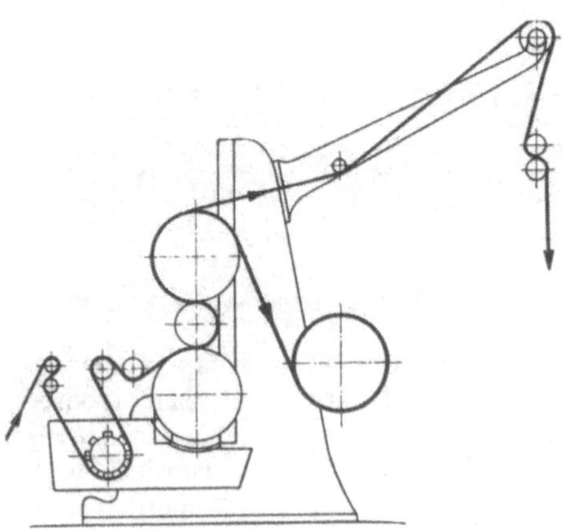

Abb. 52. Wasserkalander, schematisch (Weisbach).

hindurchgeführt wird. Die mittlere Walze ist meist eine Bronzewalze, während die beiden äußeren Stahlwalzen mit einer Bombage aus gepreßter Jute überzogen sind, um den Druck elastisch zu gestalten. Da die Garnquerschnitte unter dem Einfluß des Walzendrucks etwas abgeplattet werden, erhält die Ware einen gewissen Porenschluß, so daß der Wasserkalander gleichzeitig als Appretiermaschine betrachtet werden kann. (Vgl. S. 165.)

Eine besondere Art der Entwässerung ist die sog. *Kapillarentwässerung* (*K. Messik, T. Bonkáló* und *K. Szabó*).

Hierbei wird die zunächst normal entwässerte Ware mit trockener Rohware in eine J-Box eingeführt und dann getrennt abgelegt. Man erreicht hierbei durch „Konvektion" eine starke Entwässerung.

Das Trocknen. Eine für die Fasersubstanz vorteilhafte Art des Trocknens der Textilien besteht darin, daß man die Feuchtigkeit mit Warmluft austreibt. Dabei hat es sich gezeigt, daß man mit mäßigen Temperaturen arbeiten kann, wenn dabei die Trockenluft vielfach erneuert wird. Wenn ein Wäschestück bei absoluter Windstille in der Sonne hängt, dann trocknet es nicht so schnell, als wenn es ohne Sonne einem tüchtigen Wind ausgesetzt ist. Bei Windstille sättigt sich nämlich die umgebende Luft schnell mit Feuchtigkeit, so daß der Trockenprozeß zu einem gewissen Stillstand kommt. Bei Luftbewegung wird kontinuierlich ungesättigte Luft zugeführt, die den Trockenprozeß dauernd in Fluß hält.

Das Prinzip des modernen Trocknens besteht daher in der Anwendung *mäßiger Trockentemperatur und starker Luftumwälzung*. Die mäßige Trockentemperatur wirkt sich nicht nur vorteilhaft auf die Wirtschaftlichkeit des Trockenverfahrens aus, sondern liegt auch im Interesse einer schonenden Faserbehandlung, da sehr heiß getrocknete Textilien bezüglich Griff und Weichheit und in ihrer Haltbarkeit nachteilig beeinflußt werden. Je feuchter allerdings die Trockenatmosphäre ist, um so höher kann ohne Gefahr für die Faser die Trockentemperatur sein. Zweckmäßig trocknet man so, daß die Faser nicht übertrocknet wird, sondern die *Naturfeuchte* in der Faser verbleibt. Übertrocknete Fasern, d.h. solche, denen die Naturfeuchte entzogen wurde, können ihre Naturfeuchte beim Lagern nur in begrenztem Umfang „zurückholen". Dies wirkt sich nachteilig auf den Griff und die Gebrauchstüchtigkeit der Faser aus.

An den modernen Trockenmaschinen sind entsprechende Feuchtigkeitsprüfer angebracht, welche den Feuchtigkeitsgehalt der Ware laufend abtasten und den Trockeneffekt automatisch dirigieren.

Die *Trockeneinrichtungen* können in der verschiedensten Weise konstruiert sein. Meist bestehen sie aus einem Trockenkanal, durch den das Fasergut in vertikalem oder horizontalem Lauf geführt wird. Die Trockenluft kann in verschiedener Art mit dem Trockengut in Wechselwirkung gebracht werden.

Der Luftstrom kann die gleiche Richtung haben wie das Textilgut. Man spricht in diesem Fall von einem *Gleichstromtrockner*. Wird der Luftstrom dem Textilgut entgegengeschickt, dann ist es ein *Gegenstromtrockner*. Wird die Luft quer zur Laufrichtung des Textilguts eingeblasen, dann wird der Trockner als *Querstrom-* bzw. *Querlufttrockner* bezeichnet. Bei den modernen Trockenanlagen greifen allerdings die einzelnen Systeme, namentlich die Gegenstrom- und die Querstromtrocknung, teilweise ineinander, so daß die Luft den Trockner spiral- oder schraubenförmig im Gegenstrom durchzieht.

Die Gleichstromtrocknung ist dadurch charakterisiert, daß die Warmluft die gleiche Bewegungsrichtung hat wie das Trockengut, so daß die heißeste Luft mit dem feuchtesten Material in Berührung kommt, während schließlich gegen Ende des Trockenprozesses die abgekühlte und feuchtigkeitsgesättigte Luft auf die fast trockene Ware einwirkt. Hinsichtlich der Faserschonung ist daher dieses Verfahren als besonders vorteilhaft zu bezeichnen. Es ist aber sehr unwirtschaftlich, da die abgekühlte und feuchtigkeitsgesättigte Luft nur sehr langsam bzw. überhaupt nicht in der Lage ist, das Textilgut fertig zu trocknen. Auch wenn die Luft auf ihrem Trockenweg erneut angewärmt wird, läßt sich das Verfahren nicht rentabel gestalten und ist daher weniger in Anwendung.

Das meistangewandte Verfahren ist die Gegenstromtrocknung. Dabei kommt – bei ausschließlicher Vorerwärmung der Trockenluft – die heißeste und feuchtigkeitsarme Luft mit der fast trockenen Ware in Berührung, so daß diese schnell fertig getrocknet werden kann. Die den Trockner verlassende Luft ist stark feuchtigkeitsgesättigt und abgekühlt, so daß in dieser Form wärmewirtschaftlich besonders vorteilhaft getrocknet werden kann. Wendet man das Verfahren in der Weise an, daß die eingeblasene Luft eine mäßige Temperatur besitzt und daß die Lufttemperatur in dem Maße stufenweise gesteigert wird, wie die Luft mit feuchterem Material in Berührung kommt, dann ist ein solches Verfahren fasertechnisch und wärmewirtschaftlich als ideal zu bezeichnen.

Das Gegenstromverfahren in Kombination mit der Stufenheizung ist daher das in den modernen Trockenanlagen am meisten angewandte Prinzip. Häufig wird es mit einer Querbelüftung kombiniert, wodurch der Trockenprozeß vergleichmäßigt und wesentlich beschleunigt werden kann. Um die Wärme der Trockenluft restlos auszunutzen, führt man diese teilweise wieder in den Trockenweg zurück (*Umluft-Verfahren*), was sich besonders auch auf die Qualität des Fasermaterials günstig auswirkt, da die feuchtigkeitshaltige Luft das Textilgut weniger ausdörrt als bloße Frischluft.

Sehr vorteilhaft gestaltet sich der Trockenprozeß, wenn an Stelle der *laminaren* Luftströmung eine *turbulente* Luftbewegung tritt. Eine solche erreicht man nach

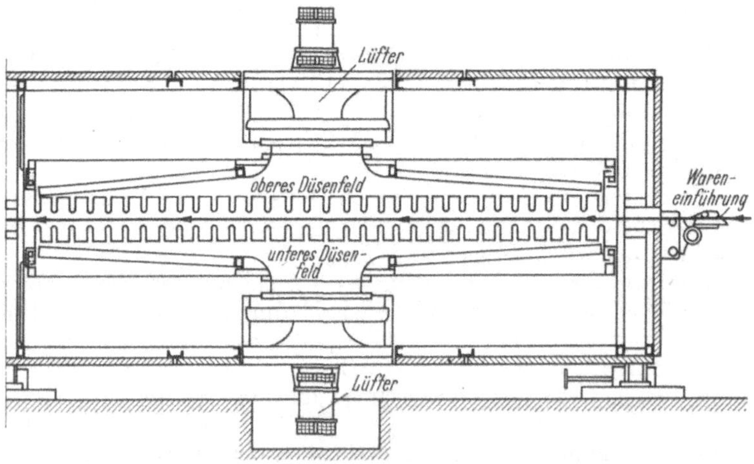

Abb. 53. Trockenfeld des Düsentrockners „Lay on Air", schematisch (nach Vits).

dem *Düsenprinzip*, d.h. in der Weise, daß man die Heißluft durch Düsen mit großer Geschwindigkeit auf bzw. durch das Trockengut bläst. Wird die Heißluft dabei verhältnismäßig feucht gehalten, dann kann ohne Gefahr für die Faser bei höherer Temperatur getrocknet werden. Die unter diesen Bedingungen rasch verlaufende Trocknung ermöglicht den Bau von Trockeneinrichtungen, welche bei geringem Platzbedarf eine hohe Leistung vollbringen (Abb. 53). Das Düsenprinzip tritt daher immer mehr in den Vordergrund. Die Düsentrocknung arbeitet mit *turbulenter senkrecht* auf das Gewebe auftreffender Luftströmung. Bei der *laminaren*, *parallel* zur Gewebeoberfläche verlaufenden Trocknung bildet sich am Gewebe infolge Bremswirkung eine Schicht mit verminderter Strömungsgeschwindigkeit, welche bei der Düsentrocknung schnell zerstört wird. Der Wärmeübergang erfolgt in letzterem Fall 5mal rascher als bei der laminaren Trocknung. Die Abb. 53 zeigt schematisch das Düsenprinzip.

Bei Geweben findet neben der Heißlufttrocknung (Konvektionstrocknung) auch diejenige Anwendung, die sich des Trocknens durch Führen der Ware über geheizte Metallwalzen bedient, wie dies bei den Zylindertrockenmaschinen der Fall ist (Leitungstrocknung). Da die Trockentemperatur solcher Walzen im Interesse einer raschen und wirtschaftlichen Trocknung verhältnismäßig hoch sein muß (100–150 °C), wirkt sich ein solches Trockenverfahren nicht besonders vorteilhaft auf die Warenqualität aus.

Neuerdings spielen auch das Trocknen mit überhitztem Wasserdampf sowie die Verfahren der Infrarot- (Strahlungstrocknung), Hochfrequenz- und Legierungs-Trocknung eine Rolle (S. 163ff.).

Die Trockeneinrichtungen. *Trockeneinrichtungen für loses Material, Garne, Strümpfe usw.* Loses Material trocknet man vorteilhaft auf einem *Bandtrockner*. Dieser besteht aus einem kanalartigen Trockenraum, durch den das Trockengut auf einem Transportband aufliegend dem Trockenluftstrom entgegengeführt wird. Eine breite Anwendung zum Trocknen von Garnen in Strangform, Strümpfen usw. besitzt der *Kanaltrockner*, bei dem das zu trocknende Material auf wagenartigen Vorrichtungen aufgehängt durch den Trockenkanal geführt wird. Das Trockenprinzip ist üblicherweise Gegenstromtrocknung mit Stufenheizung. Auch der mit zirkulierender Warmluft arbeitende *Kammertrockner*, in den das Trockengut in Horden oder Aufhängevorrichtungen eingebracht und während des Trocknens nicht bewegt wird, ist viel in Verwendung.

Das Trocknen von Kammzug kann auf der Lisseuse (S. 280) erfolgen. Kardenband wird mit Hilfe rotierender Leittrommeln durch einen heißluftdurchströmten Trockenraum geführt. Bei Vorhandensein entsprechender Einrichtungen werden Kreuzspulen vorteilhaft direkt auf dem Materialträger mit Hilfe durch die Spule zirkulierender Heißluft getrocknet.

Gewebetrockenmaschinen. *Die Zylindertrockenmaschine.* Sehr vielseitig sind die Einrichtungen zum Trocknen von Geweben. Bei der Zylindertrockenmaschine wird das zu trocknende Gewebe über eine Anzahl von dampfgeheizten Metallzylindern geführt. Je nach den örtlichen Verhältnissen können die Metallwalzen übereinander oder hintereinander angeordnet sein. Die Metallzylinder bestehen aus Kupferblech oder verzinktem Eisenblech und besitzen gußeiserne Verschlußböden. Der Durchmesser der Walzen beträgt 560–570 mm.

Da durch die Berührung mit der nassen Ware eine dauernde Kondensation des Dampfes im Inneren des Zylinders erfolgt, muß das Kondenswasser durch geeignete Vorrichtungen laufend entfernt werden. Da bei einer raschen Kondensation ein starker Unterdruck entsteht, ist jeder Zylinder mit einem sich nach innen öffnenden Luftventil versehen, welches einen Druckausgleich mit der Außenatmosphäre ermöglicht und so die Zylinder vor einem Einbeulen bzw. Zusammendrücken schützt.

Die zu trocknende Ware wird gemäß der Abb. 54 über die Zylinder geführt, so daß die Ware einmal mit ihrer linken und dann wieder mit ihrer rechten Seite mit den Metallwalzen in Berührung kommt. Bei Waren, die durch Berührung mit den heißen Metallwalzen nachteilig verändert werden können (Bleichware, Druckware, Jacquard-Gewebe), führt man die Ware in der Weise, daß sie die Trockenwalzen nur mit ihrer linken Seite berührt, wie dies die Abb. 55 wiedergibt.

Die Zylindertrockenmaschine ist billig in ihrer Anschaffung, wirtschaftlich beim Trocknen und verleiht der Ware gleichzeitig einen gewissen Appretureffekt

(Glanz, Glätte, Stand). Ihr Nachteil ist der, daß die Trockentemperatur im Interesse einer annehmbaren Trockengeschwindigkeit – um ein wirtschaftliches Trocknen zu ermöglichen – verhältnismäßig hoch gehalten werden muß (100–150 °C).

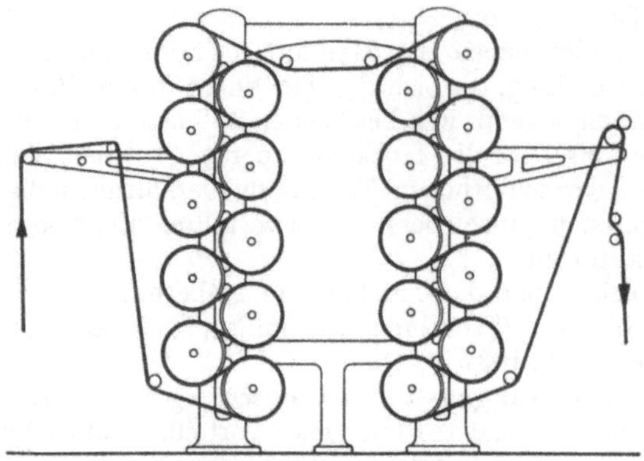

Abb. 54. Zylinder-Trockenmaschine für beidseitige Warenanlage (Weisbach).

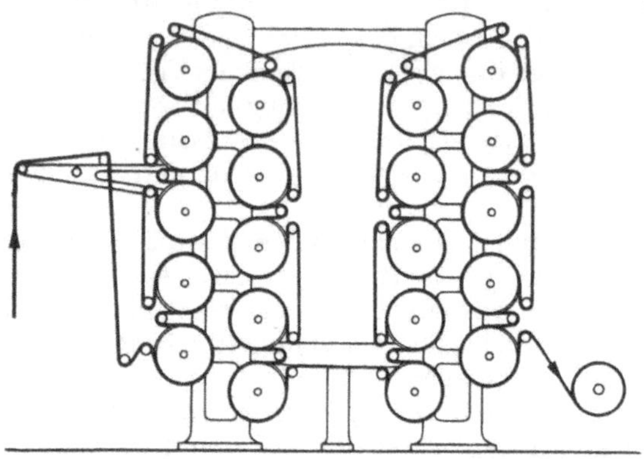

Abb. 55. Zylinder-Trockenmaschine für ein- und beidseitige Warenanlage (Weisbach).

Unter diesen Umständen kann das Fasermaterial hinsichtlich Griff und Geschmeidigkeit nachteilig beeinflußt werden. Als weiterer Nachteil ist zu erwähnen, daß die Zylindertrockenmaschine keine Möglichkeit bietet, eine bestimmte Fertigbreite der getrockneten Ware einzuhalten. Zu diesem Zweck muß die Maschine mit einer Breitstreckmaschine (S. 167) kombiniert werden.

Verwendet wird die Zylindertrockenmaschine in großem Umfang zum Trocknen von billiger Stapelware, bei der der ganze Fabrikationsprozeß, so auch der Trockenprozeß, mit möglichst niedrigen Kosten verbunden sein soll. Für hochwertige und empfindliche Waren, bei denen eine Benachteiligung der Faserqualität durch zu hohe Trockentemperaturen vermieden werden soll, kommt die Maschine nicht in Frage. So werden wollene und kunstseidene Textilien sowie solche aus Synthesefasern grundsätzlich nicht auf der Zylindertrockenmaschine getrocknet.

Die Spannrahmentrockenmaschine. Die Spannrahmentrockenmaschine, kurz Spannrahmen, ist dadurch gekennzeichnet, daß die Ware mittels Heißluft getrocknet wird und daß das Gewebe in einer vorgeschriebenen Fertigbreite die Trockeneinrichtung verläßt. Zu diesem Zweck wird es an beiden Leisten von einer Kette (je nach Art des Gewebes Taster-Kluppenkette oder Nadelkette) gefaßt und unter

Spannung durch den Trockenraum geführt. Die Entfernung des im Einlaßfeld konischen Kettenpaars kann je nach der gewünschten Fertigbreite variiert werden. Das Trocknen geschicht im allgemeinen bei mäßigen Temperaturen (unter 100 °C), so daß das Fasermaterial durch den Trockenprozeß nicht strapaziert wird.

Im Interesse der Erhaltung der Faserqualität wird die Trockenluft stufenweise angeheizt, so daß die mäßig warme Luft zunächst mit dem fast trockenen Material in Berührung kommt. Erst auf ihrem weiteren Weg wird die Trockenluft stufenweise höher erhitzt, bis sie schließlich, wenn sie ihre Höchsttemperatur erreicht hat, mit der feuchtesten Ware in Wechselwirkung tritt. Das Prinzip des Trocknens auf dem Spannrahmen ist daher üblicherweise die *Gegenstromtrocknung mit Stufenheizung*, mit der allerdings vielfach eine Querbelüftung und Umluftführung kombiniert ist. Neuerdings spielt das *Düsenprinzip* die wichtigste Rolle (S. 158).

Die Spannrahmen werden in verschiedenen Ausführungsformen gebaut. Bei dem sogenannten *Planrahmen* tritt die nasse Ware an der einen Seite des Trockenkanals ein, um diesen an der anderen Seite in trockenem Zustand zu verlassen. Um die Maschine mit einer rationellen Geschwindigkeit betreiben zu können, muß der Planrahmen eine entsprechende Länge besitzen, so daß die Aufstellung derartiger Maschinen lange Räume bedingt. Die Maschinenlänge kann verkürzt werden, wenn man die Ware in mehreren Hin- und Hergängen (Etagen) durch den Trockenraum führt. Bei nur einem Hin- und Hergang wird die Maschine als *1-Etagen-Spannrahmen*, bei zwei Hin- und Hergängen als *2-Etagen-Spannrahmen* usw. bezeichnet. Je mehr Etagen, um so mehr kann die Maschine in die Höhe statt in die Länge gebaut werden.

Der Planrahmen hat dem Etagenrahmen gegenüber einen wesentlichen Vorteil. Bei den Etagenrahmen muß das Gewebe in seiner Laufrichtung ein- oder mehrmals umgelenkt werden, was durch Führen über entsprechende Leitwalzen geschieht. Dieses Umkehren kann bei empfindlichen Geweben Druckstellen ergeben oder zu Verzerrungen des Gewebemusters führen. Bei einseitig stark mit Appreturmasse versehenen Geweben würde eine beidseitige Warenanlage an die Leitwalzen beim Mehretagenrahmen ein Abschmieren des Apprets auf die Leitwalzen bedingen.

Eine Modifikation des Planrahmens ist der *Doppelplanrahmen*, bei dem die Warenumkehr durch eine Umkehrhaspel oder Umkehrtrommel von großem Durchmesser erfolgt. Im übrigen arbeitet er nach dem Prinzip des 1-Etagen-Spannrahmens. Der große Durchmesser des Umkehrorgans drückt die Gefahr einer nachteiligen Veränderung des Warenbildes auf ein Minimum herab.

In sehr vielen Fällen sind naturgemäß die Etagenspannrahmen mit Vorteil verwendbar. Namentlich in der Wollindustrie ist der Mehretagenspannrahmen bei der Ausrüstung der Tuche fast die ausschließliche Trockenmaschine.

Das Prinzip des Planrahmens, des Doppelplanrahmens und der Etagenrahmen geht aus den Abb. 56 bis 59 hervor.

Abb. 56. Planrahmen.

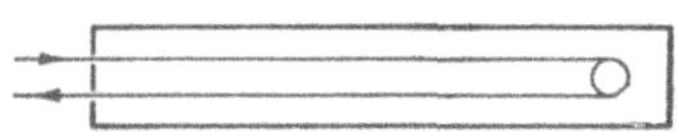

Abb. 57. 1-Etagen-Rahmen.

Abb. 58. Doppelplanrahmen.

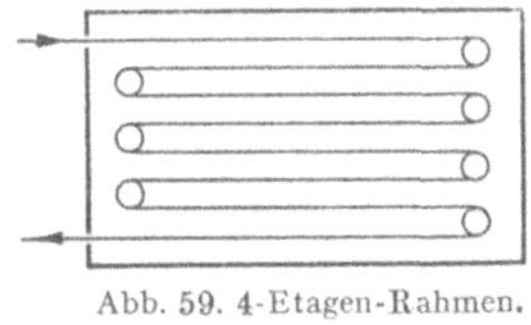

Abb. 59. 4-Etagen-Rahmen.

Im Interesse einer wirtschaftlichen und schnellen Trocknung kann man die Produktion des Spannrahmens erhöhen, indem man die nasse Ware zunächst über eine Anzahl von Trockenzylindern führt. Die hohe Temperatur der Trockenwalzen schadet der Ware nicht, solange sie feucht ist, so daß sie dann unbeschadet auf dem Spannrahmen fertig getrocknet werden kann.

Mechanische Trockenhänge (Wanderhänge). Sowohl die Zylindertrockenmaschine als auch die Spannrahmentrockenmaschine üben einen mehr oder weniger starken Zug auf die Ware aus, der für zugempfindliche Waren von Nachteil ist. Diese trocknet man daher vorteilhaft auf der mechanischen Trockenhänge. Bei dieser wird die Ware über Trockenstäbe, die von einer endlosen Kette geführt und transportiert werden, in Schleifen hängend durch den Trockenraum geführt, so daß die Ware nur dem Zug der jeweiligen Schleifenlänge ausgesetzt ist. Diese Trocknungsart wirkt sich, da sie spannungsarm arbeitet, vorteilhaft auf die Krumpffestigkeit der Ware aus (S. 168), namentlich wenn die Schleifen kurz gehalten werden („Kurzschleifentrockner").

Völlig spannungslos wird das Gewebe geführt, wenn es von einem aus Düsen kommenden Luftstrom beidseitig angeblasen „getragen" wird (*Schwebetrockner* System *Dungler* und *Artos*).

Heißlufttrockenmaschine (Hotflue). In der Heißlufttrockenmaschine wird das Gewebe meist in senkrechtem Auf- und Abgang über eine Vielzahl von feststehenden Leitrollen durch den Trockenraum geführt, welcher von Heißluft durchströmt ist. Die Maschine findet vorwiegend in der Färberei und Druckerei zum Zwischentrocknen im Rahmen des Färbe- und Druckprozesses Verwendung, so daß das vorgeschriebene Schußmaß, da es sich um keine Fertigware handelt, zunächst nicht eingehalten zu werden braucht. Die Führungswalzen sind vielfach aus Stahlrohr mit Gummiüberzug gearbeitet, um gegenüber den verschiedenen der Ware anhaftenden Behandlungsflotten widerstandsfähig zu sein. Um einen größeren Zug auf die Ware zu vermeiden, sind die Leitwalzen einzeln angetrieben. Auch hier wird heute das *Düsenprinzip* mit Zickzack-Warenführung angewandt.

Der Sauglufttrockner. Der Sauglufttrockner arbeitet in der Weise, daß das zu trocknende Gewebe über eine perforierte Trommel geführt wird, welche an den Saugstutzen eines Saugluftventilators angeschlossen ist (Rundtrockner). Das Gewebe wird dabei in spannungsfreiem Zustand von Warmluft durchströmt. Die perforierte Trommel ist in dem Saugluftplantrockner durch ein entsprechendes endloses perforiertes Transportband ersetzt. Auf Grund der spannungsfreien Trocknung eignet sich dieses Prinzip vorteilhaft zum Trocknen von zugempfindlichen Geweben, namentlich Reyongeweben und Kreppartikeln.

Der Filzkalander. Der Filzkalander (Abb. 60) ist eine Trockenmaschine, die gleichzeitig einen vorteilhaften Appretureffekt liefert. Er besteht im wesentlichen aus einer Kupfertrommel mit einem Durchmesser von 0,75–1 m, die mit Dampf beheizt wird. Um die Kupfertrommel wird ein endloser Filz geführt, welcher die auf der Kupfertrommel aufliegende Ware nach außen abdeckt. Der aus dem Gewebe durch die Hitze der Kupfertrommel ausgetriebene Wasserdampf kann daher

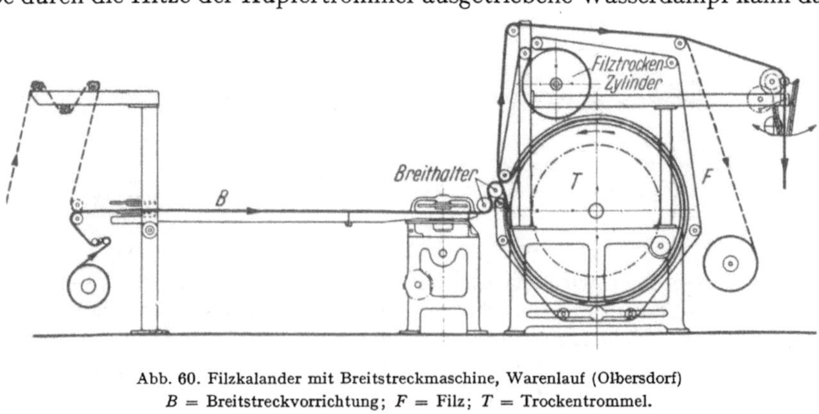

Abb. 60. Filzkalander mit Breitstreckmaschine, Warenlauf (Olbersdorf)
B = Breitstreckvorrichtung; F = Filz; T = Trockentrommel.

nicht sofort entweichen und bewirkt so ein Dekatieren der Ware. Unter diesen Umständen erreicht man mit dem Filzkalander nur eine geringe Trockenproduktion, erhält aber dabei durch die gleichzeitige Dekatur einen vollen und geschmeidigen Warencharakter.

Der Filzkalander eignet sich besonders gut zum Trocknen von solchen Waren, die wegen schwacher Leisten ein Trocknen auf dem Spannrahmen nicht vertragen, aber auch nicht dem strapazierenden Trockenprozeß auf der Zylindertrockenmaschine unterworfen werden sollen.

Soll die Ware auf eine bestimmte Fertigbreite gespannt werden, so ist dies auf einer dem Filzkalander vorgebauten Zusatzeinrichtung (Palmer) möglich. Durch das Anpressen des Gewebes an die Kupfertrommel mit Hilfe des Trockenfilzes wird ein Eingehen in Schußrichtung verhindert. Zur Produktionssteigerung kann der Filzkalander mit einer Anzahl von als Vortrockner dienenden Trockentrommeln kombiniert werden.

Trocknen mit überhitztem Wasserdampf. Die Wärme des überhitzten Wasserdampfes wird schneller an eine Textilware übertragen als diejenige von Heißluft, so daß man mit überhitztem Wasserdampf Textilien sehr vorteilhaft trocknen kann. Da immer genügend Feuchtigkeit in der Trockensphäre vorhanden ist, wird eine Übertrocknung vermieden.

Wasserdampf von ca. 130–160 °C wird durch Düsen gegen die linke und rechte Warenseite geblasen. Der abgekühlte Dampf wird durch Heizelemente aufgeheizt und mittels Ventilatoren umgewälzt. Ein Einblasen von Dampf in den Trockenraum ist nicht unbedingt erforderlich, da beim Einbringen feuchter Ware in die geheizte Trockenkammer Naßdampf entsteht, welcher durch Heizaggregate aufgeheizt und dann als überhitzter Wasserdampf durch Düsen gegen beide Gewebeseiten geblasen wird. Durch die große Dampfmenge wird die im Trockenraum befindliche Luft zum großen Teil verdrängt.

Da man auf diese Weise eine sehr hohe Trockengeschwindigkeit erzielt, nehmen die Trockeneinrichtungen einen wesentlich kleineren Raum ein, als dies bei der üblichen Heißlufttrocknung der Fall ist.

Die Infrarot-Trocknung. An das sichtbare Spektrum angrenzend folgt nach Rot das Spektralgebiet des Ultrarots oder Infrarots, wie umgekehrt nach der andern Seite des Spektrums, d.h. nach kürzeren Wellen hin, auf das Violett das Ultraviolett folgt.

Die Wellenlänge des sichtbaren Lichts liegt etwa innerhalb der Grenzen 4000 bis 8000 Å. Oberhalb 8000 Å liegt das Gebiet der infraroten Strahlen. Es handelt sich also bei den infraroten Strahlen wie bei den sichtbaren Strahlen um elektromagnetische Schwingungen, die beim Durchgehen durch einen Körper unter starker Wärmeentwicklung absorbiert werden. Für das Verdampfen von Wasser bewährt sich vor allem der zwischen 7000 und 140000 Ångström (0,7–14 μm) liegende Wellenlängenbereich.

Während bei der Trocknung mit geheizten Metallwalzen oder Heißluft das Trocknen durch *Leitung* bzw. *Konvektion* (Umwälzung) geschieht, findet bei der Infrarot-Trocknung eine *Durchstrahlung* des Trockengutes statt, so daß die inneren Schichten, sofern das Trockengut eine gewisse Dicke nicht überschreitet, genauso schnell erwärmt werden wie die äußere Schicht.

Da die Trocknung auf einer Absorption der Infrarotstrahlen beruht, ist der Trockeneffekt bei der gleichen spektralen Zusammensetzung für Weiß und Schwarz und damit auch für verschiedene Farben verschieden, jedoch sind für die Absorption mehr die Faserart und die Beschaffenheit der Gewebeoberfläche sowie namentlich auch die Gewebedichte maßgebend. Hierauf ist im Interesse einer wirtschaftlichen Trocknung Rücksicht zu nehmen.

Infrarotstrahlen der Wellenlänge 10000–20000 Å erzeugt man in entsprechenden Glühlampen, welche geeignete Metalle (Wolfram) oder Metall-Legierungen als Glühkörper enthalten. Für Wellenlängen über 20000 Å verwendet man meist Heizkörper aus feuerfestem Material, in welche die Heizelemente eingekittet sind. Gut geeignet sind Siliciumcarbidstäbe, Quarzrohrstrahler und Metallrohrstrahler.

Im Interesse eines verlustlosen Arbeitens ist es notwendig, die nicht absorbierten Infrarotstrahlen sorgfältig jeweils wieder auf das Trockengut zu reflektieren, was durch Anbringen von geeigneten Reflektoren, deren Belag aus Gold, Nickel, Goldlegierungen, Silber, Kupfer oder Aluminiumlegierungen besteht, geschehen kann. Um eine Wasserkondensation zu vermeiden, ist eine gleichzeitige Luftzirkulation unerläßlich.

Die Infrarot-Trockeneinrichtungen beanspruchen wenig Platz und lassen sich mit jedem beliebigen Trockenaggregat kombinieren. Die Leistung beträgt auch in Kombinations-Trocknung ein Mehrfaches der bisherigen Trocknung. Dem stehen allerdings die ebenfalls um ein Mehrfaches höheren Trockenkosten gegenüber, so daß die Infrarottrocknung nur dort wirtschaftlich erfolgen kann, wo billiger *Eigenstrom* zur Verfügung steht.

Die Infraroterhitzung kann vorteilhaft auch zur Entwicklung von nach dem Pigment- bzw. Küpensäureverfahren hergestellten Küpenfärbungen und beim Thermosolieren sowie zur Kondensation von Kunstharzen herangezogen werden. Auch für das Trocknen von beschichteten Geweben ist die Infrarottrocknung besonders geeignet, da eine die Verdunstung des Lösungsmittels bzw. Dispersionsmittels störende Hautbildung unterbleibt (S. 122).

Die Hochfrequenz-Trocknung. Der apparative Aufwand ist bei der Hochfrequenz-Trocknung größer als bei der Infrarottrocknung, erstere ist aber unabhängig von der Dicke des Trockengutes, so daß die Hochfrequenz-Trocknung vorwiegend für Wickelkörper (Spinnkuchen, Kreuzspulen, Kettbäume usw.) vorgesehen ist, während die Infrarottrocknung für die Gewebetrocknung in Frage kommt.

Im Prinzip geht die Hochfrequenz-Trocknung so vor sich, daß man das Trockengut zwischen 2 Kondensatorplatten einbringt, an welche eine hochfrequente Wechselstromspannung angelegt wird. Dies hat zur Folge, daß hochfrequente elektrische Schwingungen (5–30000 Millionen pro Sekunde) durch das als Dielektrikum fungierende Trockengut hindurchschwingen. Die entgegengesetzte aber in der Zeiteinheit vielfach wechselnde Ladung der Kondensatorplatten erzeugt eine Orientierung im Dielektrikum nach + und –, d.h. also eine Ausrichtung der Dipole, welche aber einem vielmaligen Wechsel in der Sekunde unterworfen ist und damit auf Grund der entstehenden Reibungskräfte eine Erwärmung des Wassers bewirkt. Temperaturunterschiede zwischen innen und außen sind nicht vorhanden.

Dielektrische Trocknung ist nur möglich, wenn das Dielektrikum asymmetrisch (polar) gebaut ist. Die polaren Moleküle stellen sich im Wechselfeld parallel zur Feldrichtung. Die Relaxationszeit muß im Verhältnis zur Periode des Wechselfeldes klein sein, was für Wasser – im Gegensatz zu den Faserstoffen – zutrifft. Da Wasser zudem eine Dielektrizitätskonstante von 80 und die meisten Textilfasern eine solche von etwa 3 aufweisen, wird praktisch nur das Wasser erwärmt und verdampft, so daß 100 °C nicht überschritten werden. Nach Verdampfen des Wassers fällt die Temperatur zurück.

Auch in diesem Falle ist gleichzeitige Luftumwälzung geboten. Weiterhin ist darauf zu achten, daß das Austrocknen nicht zu schnell erfolgt, da durch das plötzlich kochend austretende Wasser eventuelle Faserschädigungen möglich sind.

Die Trockenproduktion beträgt ein Mehrfaches bzw. Vielfaches der üblichen Trocknung, wobei aber auch gleichzeitig die Trockenkosten auf ein Mehrfaches ansteigen. Die hineingesteckte elektrische Energie wird nur zu 50–60 % in Trockenleistung umgewandelt.

Im Hinblick auf die Endphase der Trocknung ist die dielektrische Trocknung bei denjenigen Fasern am günstigsten, bei denen auf Grund ihrer dielektrischen

Eigenschaften eine zu starke Eigenerwärmung und damit eine Hitzeschädigung ausbleibt.

Die Legierungstrocknung. Führt man ein feuchtes Textilgewebe durch die Schmelze einer niedrig schmelzenden Metallegierung bei ca. 120 °C, dann wird die Feuchtigkeit sehr rasch ausgetrieben, und man erreicht eine hohe Trockenproduktion.

γ) Die mechanischen Appreturverfahren (Trockenappretur)

Waren, die einer Naßausrüstung unterzogen wurden, erfahren meist eine zusätzliche Behandlung in Gestalt einer chemischen oder mechanischen Appretur oder einer Kombination von beiden. Viele Artikel, namentlich manche buntgewebten Waren, bedürfen unter Umständen keiner Naßausrüstung, sondern erhalten nur noch eine mechanische Appretur, um ihnen Glanz, Glätte, Stand usw. zu vermitteln.

I. Das Kalandern und andere mechanische Verfahren

Im Rahmen der mechanischen Appretur spielt das Kalandern eine bevorzugte Rolle. Es hat die Aufgabe, die Ware zu glätten, d.h. alle eventuell vorhandenen Falten zu beseitigen. Meist soll das Kalandern auch einen gewissen Glanz auf der Ware erzeugen. Weiterhin wirkt sich der Kalanderdruck in der Richtung aus, daß die Ware mehr Schluß und damit mehr Stand erhält und so einen eventuell vorher vorhandenen lappigen Charakter verliert.

Das Prinzip des Kalanderns besteht darin, daß die Ware zwischen mehreren Walzen, die unter Pression stehen, hindurchgeführt wird. Je nach der Beschaffenheit der Walzenoberfläche und der Art der Warenführung kann der durch Kalandern erzielte Effekt in weiten Grenzen variieren.

Roll-, Matt- und Friktionskalander. Die Arbeitsweise des einfachsten Kalanders ist der Abb. 61 zu entnehmen. Die kleine mittlere Walze ist eine Hartgußwalze, die großen äußeren Walzen sind Stahlwalzen, die mit einer elastischen Bombage aus gepreßtem Papier, gepreßtem Baumwoll- oder Jutematerial versehen sind. Das zu kalandernde Gewebe wird unter mehr oder weniger großer Pression zwischen den Walzen hindurchgeführt. Je nach den Arbeitsbedingungen wird neben der Glättung ein mehr oder weniger hoher Glanz erzielt. Die mittlere Walze ist heizbar; bei Heizung entsteht ein hoher Glanz, der bei kalter Hartgußwalze wesentlich milder ausfällt. Diese Art von Kalander wird als *Rollkalander* bezeichnet, da die Gewebe einem rollenden Druck unterzogen sind. Kalander, bei denen die Ware nur zwischen *elastischen* Walzen gepreßt wird, ergeben eine Glättung, die praktisch frei von Glanz ist, und werden daher als *Mattkalander* bezeichnet. Läuft die Hartgußwalze mit größerer Geschwindigkeit als die anliegende untere Walze, dann entsteht an dem Berührungspunkt der beiden Walzen ein reibender Druck (Friktion), der einen hohen Glanzeffekt auslöst. Man spricht in diesem Fall von einem *Friktionskalander*.

Eine spezielle Kalanderart ist der *Simili-Mercerisierkalander*, bei dem das Gewebe die Walzen unter sehr hohem Druck und bei hoher Temperatur (Temperatur der Stahlwalze bis zu 300 °C) in feuchtem Zustand passiert. Dabei entsteht ein mercerisierähnlicher Glanz, der weitgehend wasserbeständig und in gewissem Umfang auch waschbeständig ist (vgl. S. 177).

Chasingkalander. Durchläuft das Gewebe die Kalanderwalzen in einfacher Lage, dann werden die vorher kreisrunden Garnquerschnitte mehr oder weniger plattgedrückt. Dies führt einerseits zu einem gewissen Porenschluß, wodurch das Gewebe mehr Stand erhält und seinen lappigen Charakter verliert, andererseits aber im Griff „mager“ ausfällt. Unterwirft man das Gewebe dem Kalanderdruck in mehreren Lagen, dann wird dieser wesentlich elastischer gestaltet, und die Fäden haben die Möglichkeit, dem Druck in gewissem Umfang auszuweichen. Unter diesen Umständen werden die Garne weniger plattgedrückt, und der Griff des Gewebes fällt voller und voluminöser aus. Man erreicht einen solchen Effekt auf dem Chasingkalander, bei dem das Gewebe in mehreren Lagen durch die Kalanderwalzen geführt wird in der Weise, wie dies in der Abb. 62 zum Ausdruck kommt. Der bei dieser Anordnung erhaltene Glanz ist wesentlich dezenter, so daß er nicht so auffallend in Erscheinung tritt wie der auf dem Roll- oder gar auf dem Friktionskalander erzeugte Glanz. Bei entsprechender Walzenzahl und -art kann ein Kalander universell als Roll-, Matt-, Friktions- und Chasingkalander verwandt werden.

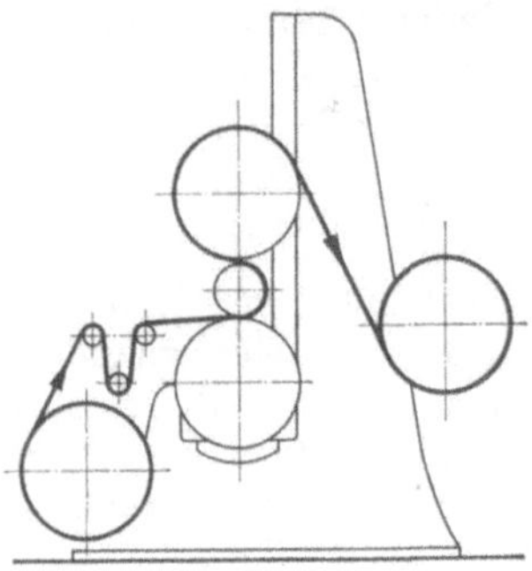

Abb. 61. Rollkalander mit 3 Walzen, schematisch (Weisbach).

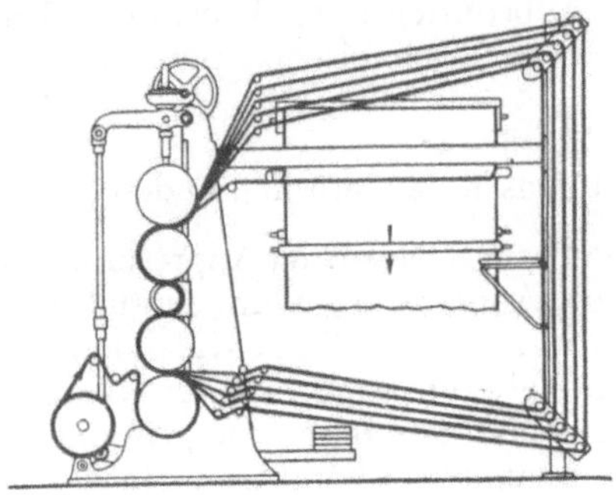

Abb. 62. Universalkalander mit Chasingvorrichtung, schematisch (Weisbach).

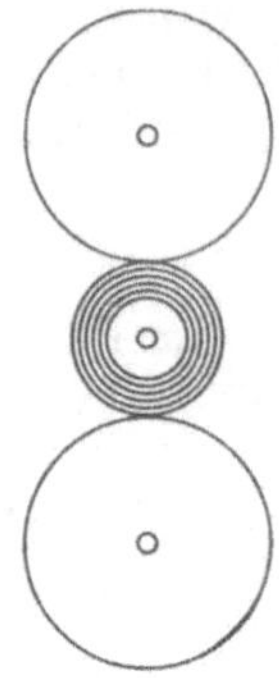

Abb. 63 Mangel-Prinzip.

Seidenfinishkalander (Riffelkalander). Der Seidenfinishkalander besteht üblicherweise aus einem Zweiwalzensystem, das mit sehr hohem Walzendruck arbeitet. Die obere Walze ist eine mit feinen Rillen versehene Stahlwalze und ist durch Gas oder elektrisch heizbar. Die Zahl der Rillen beträgt 10–22 oder mehr pro mm. Die untere Walze besitzt eine Bombage aus gepreßtem Papier. Die Ware erhält auf dem Seidenfinishkalander einen seidenartigen Glanz, der, wenn die Behandlung mit einer Quellfestausrüstung kombiniert wird, waschbeständig ist (S. 145). Vielfach findet der Seidenfinishkalander zur Nachbehandlung mercerisierter Gewebe Verwendung.

Moirierkalander. Führt man ein glänzendes Gewebe mit Rippenstruktur in Schußrichtung (Schußrips) gedoppelt und gut feucht zwischen Kalanderwalzen hindurch, dann drücken sich die einzelnen Rippen – da die Rippenlage beider Stoffbahnen nicht streng parallel ist – teilweise platt, was zu einer unregelmäßigen Lichtreflexion führt. Es entstehen dadurch eigenartige Glanz- und Musterungseffekte, die als Moiré-Effekte bezeichnet werden.

Will man die durch die Dopplung entstehende Bruchfalte vermeiden, dann stellt man ein doppeltbreites Gewebe mit Schnittkante her. Zwei Gewebebahnen zeigen, auch wenn sie am gleichen Stuhl oder an gleichartigen Stühlen gewebt sind, gewisse Differenzen in der Fadendichte und ergeben damit unregelmäßige Moiré-Effekte, sogenannten wilden Moiré. Moiré-Musterung erhält man auch bei der Behandlung von Schußrips in einfacher Lage auf einem Kalander, dessen eine Walze gerippt ist.

Das Mangeln. Das Mangeln ist dadurch charakterisiert, daß die Gewebe in auf eine Kaule aufgewickeltem und eventuell schwach angefeuchtetem Zustand der Pression unterworfen werden. Das Plattdrücken der Fäden wird dadurch weitgehend gedämpft, so daß eine volle Ware mit dezentem Glanz entsteht.

Das Mangeln wird auf hydraulischen Mangeln in der Weise ausgeführt, daß der Warenwickel zwischen zwei unter hydraulischem Druck stehenden Metallwalzen gerollt wird. Das Prinzip des Mangelns ist aus der Abb. 63 ersichtlich.

Die Beetle-Maschine (Stampfkalander). Bei der Beetle-Maschine wird der auf einer Kaule aufgewickelte Stoff mit Holz- oder Eisenstampfen geklopft. Der erzielte Effekt (Beetle-Effekt) bedeutet eine Steigerung des Mangeleffekts. Die Maschine findet hauptsächlich bei der Appretur von Leinengeweben (S. 186), vereinzelt auch in der Baumwollappretur Verwendung.

Beetle-Kalander. Der Beetle-Kalander soll die mit der Beetle-Maschine erzielbaren Effekte auf billigem Weg nachahmen. Es gibt verschiedene Ausführungsformen des Beetle-Kalanders, jedoch ist ihnen allen gemeinsam, daß die Hartgußwalzen lediglich zum Erwärmen der elastischen Walzen dienen und nicht mit der zu kalandernden Ware in Berührung kommen. Der Beetle-Kalander dient auch zum „Abziehen" eines eventuell zu stark ausgefallenen Glanzes.

Muldenkalander. Eine universell für alle Warenarten anwendbare Maschine ist der Muldenkalander, auf dem gedämpft, gespannt und gepreßt werden kann.

Prägekalander (Gaufrierkalander). Der Prägekalander dient zum Einprägen irgendwelcher Musterungen in die Gewebeoberfläche. Er besteht aus einer heizbaren Prägewalze, welche das Muster in erhabener Form enthält und aus einer elastischen Gegenwalze, in die vor Inbetriebnahme das Muster im Leerlauf vertieft eingepreßt wird.

Die Prägeeffekte sind mit Ausnahme derjenigen auf hydrophoben Fasern nicht wasser- und waschecht, da sie durch die Faserquellung verlorengehen. Wird die Faser vor der Prägung quellfest ausgerüstet (S. 145), dann läßt sich der Effekt in einer wasserechten und weitgehend waschechten Form erhalten (Everglace). Dabei werden die Kondensation zum Kunstharz bzw. die Vernetzung durch das heiße Gaufrieren bewirkt. Es soll also vor dem Prägen nach dem Imprägnieren mit dem Vorkondensat nicht kondensiert, sondern nur getrocknet werden. Besser ist allerdings eine von der Prägung getrennte Nachkondensation (S. 145).

Das Rauhen. Das Rauhen hat die Aufgabe, auf der Gewebeoberfläche einen mehr oder weniger starken Faserflor zu erzeugen, der einmal der Ware einen weichen Griff und zum andern wärmehaltfähige Eigenschaften verleiht. Die Wärmeisolation kommt dadurch zustande, daß das in dem Rauhflor enthaltene „Luftpolster" die Ableitung der Körperwärme nach außen vermindert.

Die in der Baumwollappretur verwendeten Rauhmaschinen sind meist sogenannte *Kratzenrauhmaschinen* (S. 290), bei denen das Aufrauhen durch mit Metallzähnen versehene Rauhorgane besorgt wird, welche Faserenden aus der Gewebeoberfläche herausziehen. Zu beachten ist, daß durch ein starkes Rauhen namentlich die Schußfestigkeit des Gewebes in Mitleidenschaft gezogen werden kann.

Das Schmirgeln oder Schleifen. Ein besonderer Oberflächeneffekt entsteht, wenn das Rauhen zwischen Walzen besorgt wird, die mit Schmirgel oder Bimsstein belegt sind. Sie spleißen vorwiegend die abstehenden Faserenden auf und erzeugen eine Gewebeoberfläche, wie sie für Wildlederimitationen, Velvets, Cords, Sportflanells und Handschuhstoffe benötigt wird. Wirkwaren werden für Wildlederimitationen zunächst laugiert (30 °Bé Natronlauge), dabei geschrumpft und anschließend geschliffen.

Das Schmirgeln wird auch ausgeführt, um bei Baumwollrohgeweben Noppen sowie Samenschalenreste zu entfernen.

Das Scheren. Buntgewebte Waren werden eventuell zur Reinigung ihrer Oberfläche geschoren, nicht gesengt, da die Farben durch Sengen unter Umständen leiden. Auf der Schermaschine werden die von der Gewebeoberfläche abstehenden Fäserchen, die das Gewebebild verschleiern könnten, durch ein rotierendes Schermesser abgeschoren (S. 291).

Das Einsprengen. Vor manchen Appreturprozessen (Kalandern, Mangeln) ist es vorteilhaft, die Ware mit feinem Wassernebel einzusprengen, was auf der Einsprengmaschine mit Hilfe von Düsen-Spritzvorrichtungen geschieht.

Breitstrecken, Egalisieren. Gewebe, die nach der Ausrüstung nicht die vorgeschriebene Fertigbreite besitzen, können auf entsprechenden Einrichtungen breitgestreckt werden. Diese Breitstreckeinrichtungen sind gegebenenfalls auch so eingerichtet, daß man ein im Laufe der Ausrüstung aus der rechtwinkligen Lage gekommenes Fadensystem durch Diagonalverzug wieder entsprechend einstellen (egalisieren) kann, sofern das Gewebebild (z.B. Karomuster) dies erfordert.

Die betreffenden Einrichtungen arbeiten entweder mit radialem (Egalisierrad, Palmer) oder horizontalem (Breitstreck- und Egalisierrahmen) Gewebelauf und sind gegebenenfalls mit einer Dämpfvorrichtung am Eingang und einer Trockeneinrichtung am Ausgang kombiniert.

Die Garnappretur. An Garnappreturmaschinen sind die *Lüstriermaschine* sowie die *Chevilliermaschine* (Abb. 29) zu nennen, welche bereits unter dem Kapitel Mercerisation (S.67) beschrieben wurden, fernerhin die Bürstmaschine, welche die Aufgabe hat, im Anschluß an die chemische Appretur durch Bürsten eine gewisse Glättung und Glanzwirkung zu erzeugen (Nähgarne, Eisengarne).

Eisengarne sind mit starken Appreturmassen präparierte Garne, die einen drahtigen Charakter besitzen und für Isolierwicklungen Verwendung finden.

II. Die krumpffreie Ausrüstung

Die Textilien, insonderheit die Webwaren aus Cellulosefasern, haben – wenn sie nicht krumpffrei ausgerüstet sind – die Neigung, in wäßrigem Medium, also im Regen oder in der Wäsche einzulaufen, zu *krumpfen.* An diese Eigenschaft der Textilien hat man sich im Laufe der Zeit gewöhnt, so daß man Textilien, die eine gewisse Paßform auch nach der Wäsche beibehalten sollen, in etwas größeren Maßen kauft bzw. konfektioniert. Da der in der Wäsche zu erwartende Einlaufbetrag (Krumpfbetrag) nicht in allen Fällen feststeht, sondern von der Faserart, der Garn- und Gewebekonstruktion sowie von der Art der Ausrüstung weitgehend abhängt, ist eine solche Schätzung immer mit einem gewissen Risiko verbunden.

Der krumpffreien Ausrüstung, d.h. also der Behandlung der Textilien in der Ausrüstung mit dem Ziel, sie krumpffrei in den Handel zu bringen, kommt demnach eine besondere Rolle im Rahmen der Appretur zu. Man kennt heute Verfahren, die es erlauben, die Textilien in der Form aus der Fabrikation zu bringen, daß sie ihre Paßform nach dem Einfluß von Regen oder einer mehrmaligen Seifenwäsche beibehalten.

Üblicherweise wird eine gewisse krumpffreie Ausrüstung durch die *Knitterfestausrüstung* erreicht, wenn die letztere in der waschbeständigen Form zur Anwendung gelangt. Es gibt aber eine große Zahl von Artikeln, die zwar krumpffest, aber nicht knitterfrei zu sein brauchen. Hier kann man rein mechanische Verfahren zur Anwendung bringen. Bei hochwertigen Artikeln, die völlig krumpfecht *und* knitterfrei sein sollen, werden beide Ausrüstungsarten angewandt, d.h., an die Knitterfreiausrüstung wird noch eine Sanforisierung angeschlossen.

Das Wesen des Krumpfens. Die Ursache für das Krumpfen liegt primär in den *Spannungen* begründet, die in ein Gewebe im Rahmen der Fabrikation hineingebracht werden. Das Gewebe unterliegt namentlich in Kettrichtung schon beim Webprozeß einem mehr oder weniger starken Zug. Auch während der gesamten Veredlung steht die Kette unter Spannung, da die Ware in Kettrichtung durch die Maschine bzw. durch die Flotte gezogen wird, während die Schußfäden meist ungespannt sind und so ihrem natürlichen Krumpfbestreben nachgeben können. Unter diesen Umständen neigen die Gewebe im allgemeinen in *Kettrichtung* zu einem mehr oder weniger starken Einlaufen, während die Schußmaße sich in der Wäsche üblicherweise wenig verändern.

Sobald den in der Ware vorhandenen latenten Spannungen, die durch den Fabrikationsprozeß – namentlich durch das Trocknen und Pressen – eine gewisse Fixierung erfahren haben, die Möglichkeit zu einer Auslösung gegeben wird, wird das Gewebe versuchen, in einen zwanglosen Zustand überzugehen. Diese Gelegenheit bekommen die Gewebe bei der Einwirkung von Wasser und wäßrigen Medien.

Die Einwirkung von Wasser führt zu einer *Quellung* der Fasern (S. 21) und weiterhin des aus den Fasern gebildeten Garns. Dadurch kommt Leben und Bewegung in das ganze Fadensystem; das Wasser wirkt gleichzeitig als Schmiermittel, so daß die Reibungswiderstände zwischen den einzelnen Fäden praktisch aufgehoben werden und die Auslösung der Spannungen dann spielend erfolgen kann.

Daß die Wasserquellung der eigentliche Anlaß zum Einlaufen ist, geht daraus hervor, daß Textilien *in der chemischen Reinigung*, d.h. also bei der Wäsche mit organischen Lösungsmitteln, die auf die Faser nicht quellend wirken, wenig oder gar nicht einlaufen, wie dies aus der Tab. 12a hervorgeht. Ein geringes Einlaufen nach mehreren chemischen Wäschen ist auf die rein mechanische Lockerung der Gewebe bei der Trommelreinigung zurückzuführen.

Tabelle 12a. *Krumpfbeträge bei der Naßwäsche und der chemischen Reinigung* (nach *Rath*)

Gewebe	Krumpfbetrag in %															
	bei der Naßwäsche								bei der chemischen Wäsche (Trommelreinigung)							
	Kette: Anzahl der Wäschen				Schuß: Anzahl der Wäschen				Kette: Anzahl der Wäschen				Schuß: Anzahl der Wäschen			
	1.	2.	3.	4.	1.	2.	3.	4.	1.	2.	3.	4.	1.	2.	3.	4.
Baumwolle A, Rohware	6,9	7,2	7,1	7,6	6,1	6,7	7,0	7,2	0	–	–	3,7	0,2	–	–	2,35
Baumwolle B, Rohware	6,8	7,1	7,4	7,6	5,7	6,2	6,3	6,4	1,1	–	–	4,5	0,2	–	–	2,5
Zellwolle-Baumwolle A 30/70 Rohware	7,0	7,4	7,5	7,8	7,6	7,3	8,4	7,9	0,6	–	–	2,9	0,2	–	–	3,2
Zellwolle-Baumwolle B 30/70 Rohware	9,1	9,3	9,7	9,8	5,5	5,5	6,0	6,15	0,7	–	–	3,6	0	–	–	1,5
Zellwolle A, Rohware	15,8	16,3	16,0	17,0	6,8	8,8	8,1	9,3	0,4	–	–	2,7	0,4	–	–	2,4
Zellwolle B, Rohware	13,4	14,5	14,5	15,4	6,6	8,7	8,3	8,8	0,4	–	–	1,9	0,6	–	–	2,9
Zellwolle-Baumwolle, Damast gebl.	4,6	5,4	6,2	6,3	1,2	–	1,6	1,8	0,3	0,6	1,8	2,3	+0,4	+0,2	0,1	0,7
Zellwollmusselin gebleicht	10,2	11,2	11,3	11,5	3,7	4,4	5,0	5,2	0,4	0,7	1,8	2,2	0	0,1	0,3	0,4

Die +-Werte stellen ein Auslaufen um den angegebenen Betrag dar.

Die Quellung der Cellulosefasern. Bei der Quellung in Wasser erfahren die Fasern eine Volumenzunahme, die sich im wesentlichen in einer Querschnittsvergrößerung und zu einem geringen Prozentsatz auch in einer Längung der Faser auswirkt. Die Verhältnisse gehen aus der Tab. 13 hervor.

Nach der Entquellung besitzen die Fasern wieder ihre ursprünglichen Maße. Trotzdem bleibt der Einlaufbetrag auch in trockenem Zustand erhalten, da die in feuchtem Zustand vorhandene Struktur des Gewebes durch den Trockenprozeß eine Fixierung erfährt. Die Quellbeträge variieren für die Chemiefasern in weiten Grenzen, da die Quelleigenschaften durch die Chemiefaserart und die jeweiligen Herstellungsbedingungen stark beeinflußt werden.

Tabelle 13. *Quer- und Längsquellung von Fasern in Wasser*

	Querschnittszunahme in %	Längenzunahme in %
Baumwolle	etwa 28	unter 1
Flachs und Hanf	–	0,05–0,1
Wolle	etwa 24	bis 2
Kupferreyon	41–53–61	3,6
Viscosereyon	35–52–66–95	4,8–5,4
Acetatreyon	9–11–14	0,14
Triacetatfaser	2–3	–
Synthesefasern	0	0

Aus der Tab. 13 ergibt sich, daß die Längsquellung nur einen Bruchteil der Querquellung darstellt, so daß es sich bei der Quellung um eine anisotrope Erscheinung handelt. Die Anisotropie der Faserquellung wird auf den anisotropen Bau der Faser zurückgeführt (vgl. S. 18).

Tabelle 14. *Krumpfbeträge nach einmaliger Wäsche von Geweben verschiedener Zusammensetzung* (nach *Rath*)

Gewebe	Krumpfbetrag in % nach einer einmaligen Wäsche Kette	Schuß
Baumwolle	5,2	5,2
Zellwolle/Baumwolle 8:92	6,2	6,6
Zellwolle/Baumwolle 25:75	8,8	7
Zellwolle	15,2	7,6

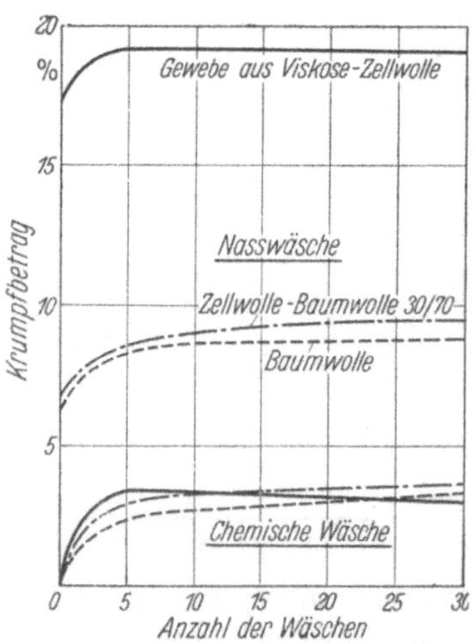

Abb. 64. Krumpftendenz von Geweben bei der Naßwäsche im Vergleich zu der chemischen Wäsche in Abhängigkeit von der Faserzusammensetzung (nach *Rath*).

Da die Polarität der Cellulosehydroxylgruppen eine Ursache für die Wasserbindung darstellt, geht in dem Maß die Quellung zurück, als die polaren Gruppen durch Acyl-, Alkyl- oder Arylreste ersetzt sind (S. 21). Celluloseester und bestimmte Celluloseäther sind daher wasserfester als die Cellulose selbst. Aus der Tab. 13 ist zu ersehen, daß das Triacetat eine noch geringere Quellung zeigt als das normale Acetat, dessen Acetylgehalt einer zwischen dem Di- und Triacetat liegenden Stufe entspricht (S. 207).

Daß sich die mehr oder weniger starke Querquellung der Fasern auf das Krumpfbestreben des daraus hergestellten Gewebes auswirkt, zeigt die Tab. 14. Die betreffenden Gewebearten sind konstruktionsmäßig gleich und nur hinsichtlich ihrer Faserzusammensetzung verschieden. Die Abb. 64 zeigt die Verhältnisse für drei andere Gewebe nach mehreren Wäschen sowie vergleichsweise die nach einer chemischen Reinigung sich ergebenden Krumpfbeträge.

Die Tab. 15 bringt eine Zusammenstellung von Krumpfwerten, wie sie einerseits bei einer Reihe von Acetatgeweben und andrerseits bei einer Anzahl von Geweben aus Viscosereyon beobachtet wurden.

Die Tab. 15 zeigt deutlich den Einfluß der Veresterung der alkoholischen Hydroxylgruppen der Cellulose. Dieser tritt in Kettrichtung sehr eindeutig in Erscheinung, während er bei den ganz allgemein sehr minimalen Schußkrumpfbeträgen naturgemäß unwesentlich ist.

Tabelle 15. *Krumpfbeträge von Geweben aus Acetat- bzw. Viscosereyon* (nach *Rath*)

	Krumpfbetrag in %	
	Kette	Schuß
Acetatgewebe 1	1,8	0,45
Acetatgewebe 2	1,7	1,9
Acetatgewebe 3	2,7	+0,4
Acetatgewebe 4	3,7	0
Viscosegewebe 1	9,4	1,6
Viscosegewebe 2	7,0	1,2
Viscosegewebe 3	11,1	0,4
Viscosegewebe 4	5,0	0,9
Viscosegewebe 5	12,8	2,8

Auch wenn man die Quellung der Cellulosefaser durch eine geeignete chemische Behandlung des fertigen Gewebes herabsetzt, geht die Tendenz zum Krumpfen zurück, wie dies bei den sogenannten Knitterfest- und Quellfestverfahren der Fall ist (S. 129ff.).

Wenn die Quellung der eigentliche Anlaß zum Einlaufen ist, dann erhebt sich die Frage, ob man der Ware nicht schon in der Ausrüstung Gelegenheit zum Quellen und Entspannen geben könnte, um die lästige Sorge des späteren Krumpfens los zu sein. Hierzu ist zu sagen, daß sich die Ausrüstungsarbeiten, wie bereits erwähnt, ohne eine gewisse Kettspannung nicht immer durchführen lassen. Abgesehen davon müßte sich einer Naßbehandlung häufig eine entsprechende Trocknung bzw. Trockenappretur anschließen, die ebenfalls wieder zwangsläufig mit einem mehr oder weniger starken Zug in Kettrichtung verbunden wäre. Beim Waschen eines Wäschestücks in der Waschtrommel oder im Waschkessel befindet sich dieses spannungsfrei in der Waschflotte; es kann daher den Quellkräften in jeder Weise nachgeben. Auch beim Trocknen ist das Wäschestück lediglich dem Zug des verhältnismäßig geringen Eigengewichts ausgesetzt.

Auch die Möglichkeit, die Stoffe vor dem Konfektionieren zu waschen, scheitert häufig daran, daß sie durch den bei der Wäsche erfolgenden Verlust ihres Appretureffekts unansehnlich werden und daß auch vorgewaschene Stoffe bei den späteren Wäschen noch weiter eingehen können, da der Endeinlaufbetrag eines Gewebes sich im allgemeinen erst nach etwa fünf Wäschen, wie dies die Abb. 64 zeigt, einzustellen pflegt.

Die Auswirkung der Faserquellung auf die Gewebestruktur. Kett- und Schußfäden liegen im Gewebe nicht vollkommen glatt, sondern beschreiben mehr oder weniger steile Wellenlinien um die einzelnen Bindungspunkte. Die bei der Einwirkung von Wasser bzw. wäßrigen Lösungen eintretende Querquellung der Fasern bringt eine beträchtliche Volumenzunahme der Garne mit sich, so daß die Wege, welche die beiden Fadensysteme um die Bindungspunkte zu beschreiben haben, länger werden. Da die Garne in ihrer Länge praktisch gleichbleiben bzw. sich nur wenig ändern, rücken die Bindungspunkte näher zusammen, die Wellenlinien werden steiler: das Gewebe läuft ein. Durch das Trocknen erfährt die bei der Quellung eingenommene Garn- und Gewebestruktur eine gewisse Fixierung (Abb. 65).

Je nach Faserart und Garndrehung kann auch das Garn selbst eine gewisse Verkürzung erfahren, die sich aber zahlenmäßig auf den Gesamtkrumpfbetrag nur wenig auswirkt. Dieser wird vorwiegend durch die bei der Quellung vor sich gehende Veränderung der Gewebestruktur bedingt. Die gegenüber der Faser*quer*quellung unbedeutende Faser*längs*quellung kann sich bei Reyon und Zellwolle dahingehend auswirken, daß die beim Trocknen eintretende Entquellung zu einer zusätzlichen Gewebeverkürzung führt, wie dies in der Abb. 65 schematisch zum Ausdruck gebracht ist.

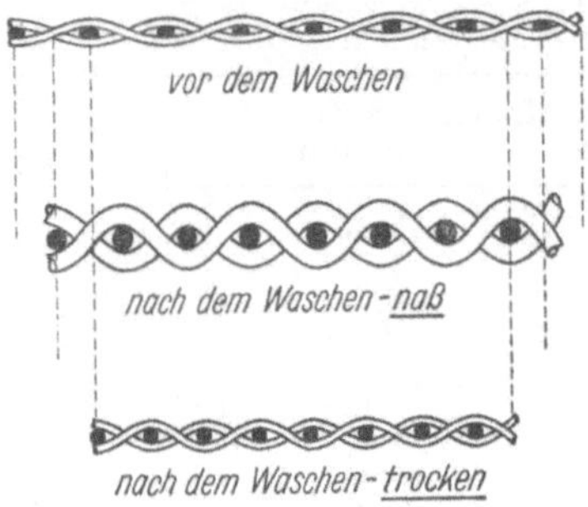

Abb. 65. Vorgang der Gewebekrumpfung, schematisch.

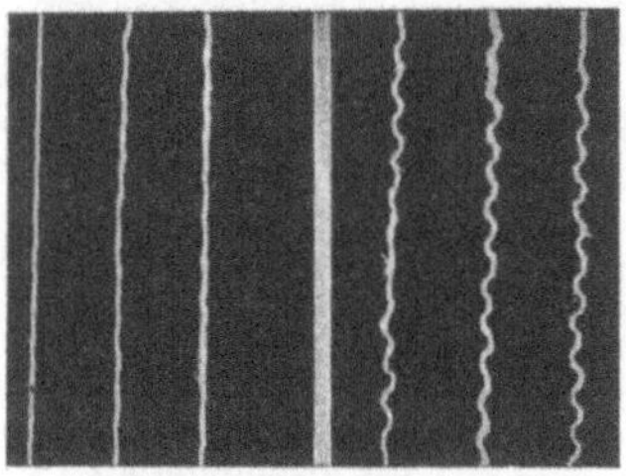

Abb. 66. Kettfäden eines Zellwollgewebes, gewaschen und ungewaschen (nach *Rath*).

Die Abb. 66 zeigt je drei Kettfäden aus einem ungewaschenen und einem gewaschenen Zellwollgewebe, welches bei der Wäsche in Kettrichtung um 19,1 % eingegangen war. Man sieht deutlich, wie die vor der Wäsche vorhandenen Wellenlinien sich nur schwach abzeichnen, und wie die Wellung durch das Waschen eine bedeutende Verstärkung erfährt, die durch das Trocknen fixiert wird.

Die Erzeugung krumpffreier Gewebe. Wie im Vorstehenden gezeigt wurde, sind als die primäre Ursache für das Einlaufen die Spannungszustände zu betrachten, die im Rahmen der Fabrikation, d. h. schon in der Spinnerei und Weberei und schließlich in der Veredlung in Garn und Gewebe hineingebracht werden. Fabrikationstechnisch ist eine Spannung naturgemäß nicht ganz auszuschalten; sie kann aber in der Veredlung mehr oder weniger gemildert werden. Wesentlich ist, daß die Ware in dem Endstadium der Veredlung, d. h. also beim Trocknen und Appretieren, eine *spannungsfreie* oder wenigstens *spannungsarme* Behandlung erfährt, wenn man eine krumpffreie oder krumpfarme Ware erzielen will. Auch wenn man im Endstadium der Veredlung irgendwelche Spannungen weitgehend ausschließt, so wird die Ware doch nicht vollkommen krumpffrei herauskommen, da eine restlose Ausschaltung aller Spannungszustände nicht möglich ist und das Gewebe freiwillig nicht so weit krumpft, wie dies nach einer mehrmaligen Wäsche der Fall sein würde.

Um eine völlig krumpffreie Ware zu erhalten, ist es notwendig, am Schluß der Fabrikation eine weitgehende Krumpfung zu *erzwingen* (kompressive Krumpfung), und zwar in dem Umfang, wie sie eine mehrmalige Gebrauchswäsche bewirken würde. Dies ist die Grundlage des *Sanforisierverfahrens*.

Das Sanforisieren. Das Verfahren hat seinen Namen nach dem Erfinder *Sanford Clouett*. Das Prinzip des Sanforisierens besteht darin, die Gewebekonstruktion am Schluß des Fabrikationsprozesses in der gleichen Weise zu verändern, wie dies eine mehrmalige Gebrauchswäsche tun würde. Ein sanforisiertes Gewebe kann daher seine Maße in der Wäsche nicht mehr ändern. Die Arbeitsweise des Verfahrens geht aus der Abb. 67 hervor.

Das zu sanforisierende Gewebe S wird zunächst vor dem Eintritt in einen Dämpfkasten durch die Befeuchtungsvorrichtung Bf mit feinstem Wassernebel besprengt und anschließend von der Stelle D aus gedämpft. Die gleichzeitig auf die Ware ausgeübte Kettspannung bewirkt im Quellzustand ein verhältnismäßig starkes Eingehen

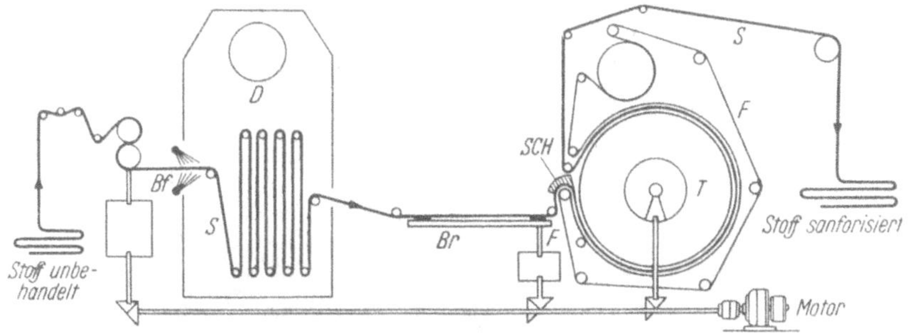

Abb. 67. Schematische Darstellung des Sanforisier-Verfahrens.
S = Stoffbahn; *Bf* = Befeuchtungseinrichtung; *D* = Dämpfkammer; *Br* = Breitenregler; *Sch* = Elektrisch geheizte Schiene; *F* = Filz; *T* = Geheizter Trockenzylinder.

in Schußrichtung. Auf dem Breitenregler Br, einem kleinen Spannrahmen, wird das Gewebe in Schußrichtung auf ein solches Maß wieder gestreckt, daß es in der Wäsche seine Schußmaße nicht mehr ändert. Da die Schußkrumpfung sowieso im allgemeinen minimal ist, bereitet die Erzielung der erforderlichen Schußmaße keine Schwierigkeiten.

Im Anschluß hieran erfolgt die erzwungene Krumpfung in Kettrichtung. Zu diesem Zweck wird das Gewebe über eine Führungswalze K (Abb. 68) auf die Trommel T eines Filzkalanders (S. 162) aufgeführt, wobei es durch den Kalanderfilz F fest an die Kupfertrommel angepreßt wird. Beim Laufen über die Führungswalze wird die Oberfläche des Filzes gedehnt; dieser wird bei der Änderung des Krümmungssinnes im Punkt B, an

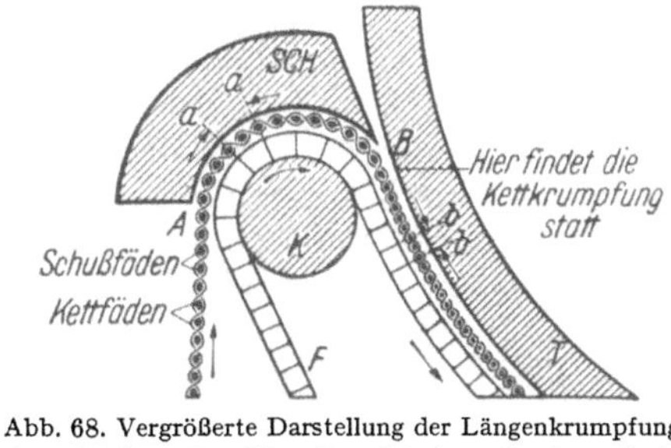

Abb. 68. Vergrößerte Darstellung der Längenkrumpfung.
Sch = Elektrisch geheizte Schiene; *F* = Filz; *T* = Geheizter Trockenzylinder; *K* = Krumpfwalze.

welchem das Auflaufen auf die Kupfertrommel stattfindet, wieder *zusammengeschoben*. Eine das Gewebe bis zum Punkt B begleitende, elektrisch geheizte Führungsschiene Sch sorgt dafür, daß dieses fest an die Führungswalze angepreßt wird, aber erst von dem Punkt ab, an dem der Filz in seiner Oberfläche bereits gedehnt ist. Von dem Punkt B ab erfährt der Filz ein Zusammenschieben seiner Oberfläche (Strecke bb $<$ aa), welches das Gewebe, da es nicht ausweichen kann, mitmachen muß.

Es findet also damit eine *erzwungene Krumpfung* statt, die in dem Maße variiert werden kann, daß ein späteres Krumpfen in der Gebrauchswäsche nicht mehr eintritt.

Die Abb. 69 zeigt je eine Anzahl von Kettfäden aus einem sanforisierten und aus demselben nicht sanforisierten Gewebe in gewaschenem und ungewaschenem Zustand. Man sieht deutlich, wie die Fäden der sanforisierten Ware stärker gewellt sind. Hierdurch rücken die Bindungspunkte näher zusammen: Faden und Gewebe zeigen bereits vor der Gebrauchswäsche diejenige Struktur, die sie in nicht sanforisiertem Zustand erst nach der Wäsche einnehmen würden.

Obwohl die Gewebestruktur in der auf dem Filzkalander eingenommenen Lage einigermaßen fixiert wird, sind die sanforisierten Gewebe – genauso wie beim Waschen gekrumpfte Waren – einem starken Zug gegenüber etwas weniger widerstandsfähig als solche, die sich in einem gewissen Spannungszustand befinden. Bei der Verarbeitung sanforisierter Gewebe in der Konfektion ist daher ein vorheriges starkes Strecken zu vermeiden, um den erzeugten Sanforisiereffekt nicht zu vermindern.

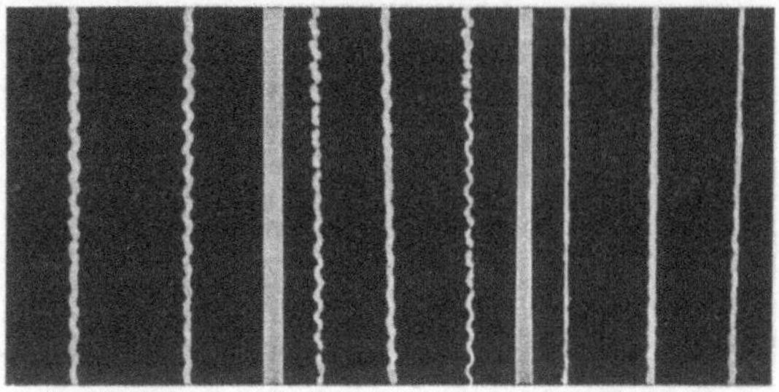

nicht sansforisiert ungewaschen — sanforisiert — nicht sansforisiert gewaschen

Abb. 69. Kettfäden eines sanforisierten und eines nicht sanforisierten Gewebes, gewaschen und ungewaschen (nach *Rath*).

Wird die erzwungene Krumpfung zu weit getrieben, d.h., wird die Ware über das bei der Gebrauchswäsche zu erwartende Krumpfmaß hinaus gekrumpft, dann besteht die Gefahr, daß sie im Gebrauch ausläuft und damit ihre Paßform ebenfalls verliert. Vor dem Sanforisieren ist daher jeweils vom Stückende eine kleine Warenprobe zu entnehmen und intensiv zu waschen. Nach den hierbei festgestellten Krumpfmaßen sind die maschinellen Bedingungen für die Krumpfung einzustellen. Nach dem Sanforisieren ist eine erneute Waschprobe vorzunehmen, um den erzeugten Effekt zu kontrollieren und im Bedarfsfall das Gewebe einer nochmaligen Sanforisierung zu unterwerfen. Sanforisierte Gewebe dürfen weder in Kette noch in Schuß mehr als 1 % ein- noch auslaufen und werden dann mit dem Sanforisieretikett ausgezeichnet. Ein nach einem ähnlichen Prinzip arbeitendes Verfahren, krumpffreie Gewebe zu erzeugen, ist das *Rigmel-Verfahren*.

An Stelle der in Abb. 68 gezeigten Anordnung läßt sich gemäß Abb. 70 ein in bestimmter Weise geführtes *Gummituch* verwenden. Auf das letztere (in gedehntem

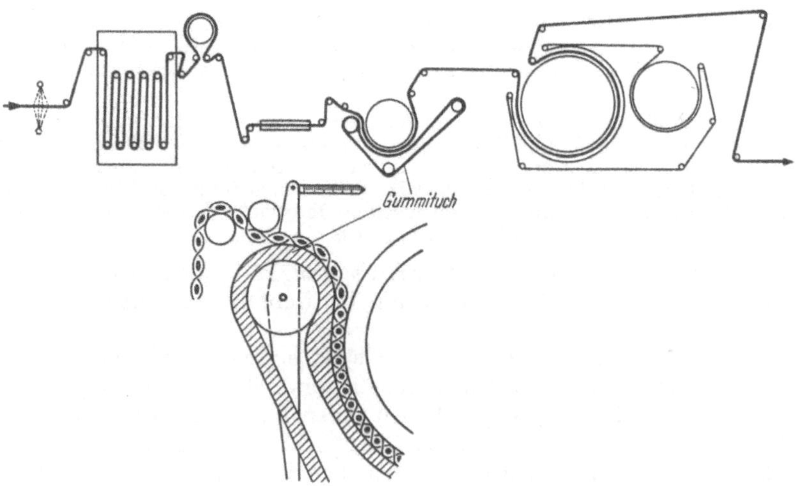

Abb. 70. Sanforisiereinrichtung mit Gummituch (Farmer Norton, Monforts).

Zustand) wird die zu krumpfende Ware aufgeführt. Im Augenblick der Änderung des Krümmungssinns werden Oberfläche des Gummituches und zwischen Zylinder und Gummituch eingeklemmte Ware „zusammengeschoben" (Clouett-Gummituch-Krumpfmaschine). Sie stellt praktisch eine Kombination der ursprünglichen Sanformaschine mit der *Rigmel-Maschine* dar und erlaubt es, neben der exakten kompressiven Krumpfung einen glänzenden plastischen Kalanderfinish zu erzielen.

Im übrigen entspricht das Maschinenaggregat der ursprünglichen Sanforanlage (Befeuchtung, Dämpfer, Egalisierrahmen, Filzkalander). Zwischen Egalisierrahmen und Filzkalander befindet sich die Gummituch-Krumpfeinrichtung.

Diese Einrichtung eignet sich besonders für die Behandlung feinerer kalandrierter Gewebe.

Die *Confining-Passage-Maschine* (*Bradford Dyers Ass.*) erzielt eine kompressive Schrumpfung durch drei mit verschiedener Geschwindigkeit laufende Walzen, durch welche das Gewebe (durch einen „Schuh" angepreßt) hindurchgeführt wird.

Das Monforisieren. Die Monforisieranlage besteht in der Kombination einer Appreturmaschine und einem *Dungler-Trockner* als Vortrockenaggregat mit einer Palmer-Breitstreckmaschine mit Vorrats-Aufnadelung und einem Filzkalander (S. 162).

Sowohl das Appretieren als auch das Vortrocknen auf dem Dungler-Trockner mit überhitztem, also ungesättigtem Wasserdampf, geschieht spannungslos, so daß das Gewebe seinem natürlichen Krumpfbestreben nachgeben kann. Dieses Krumpfen wird unterstützt durch eine zusätzliche Längskrumpfung, die durch Anwendung von Breithaltern sowie einer Vorrichtung zur losen Aufnadelung auf die Nadelkränze der Spannscheiben des Palmers (S. 163) erzielt wird. Die Gewebekonstruktion wird durch die Schlußtrocknung auf dem Filzkalander fixiert.

Das Monforisieren ermöglicht eine weitgehende Gewebeentkrumpfung, welche den praktischen Ansprüchen vielfach genügt, aber nicht in allen Fällen an die mit Hilfe der kompressiven Krumpfung erzielte absolute Entkrumpfung heranreicht. Die Arbeitsweise des Verfahrens wird durch das Schema der Abb. 71 veranschaulicht.

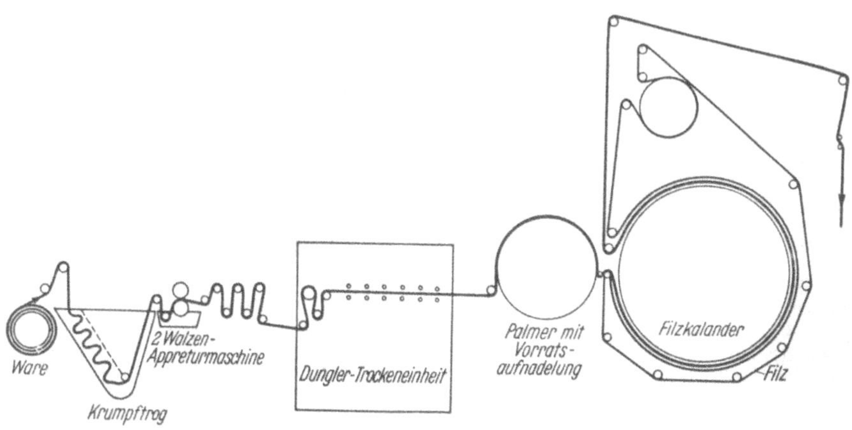

Abb. 71. Monforisieranlage, schematisch (Monforts).

δ) *Die Appretur der Trikotwaren*

Baumwollene Trikotwaren finden vielfach für die Herstellung von Unterwäsche Verwendung und müssen daher weich und geschmeidig sein. Dort, wo sie im Rahmen der Bleicherei oder Färberei durch den Verlust des Baumwollwachses ihren weichen Charakter verloren haben, müssen sie wieder mit Weichmachungsmitteln präpariert werden. Meist geschieht dies im Anschluß an das Bleichen und Färben, indem man die Ware mit einer wäßrigen Lösung von weichmachenden Substanzen behandelt, oder die Weichmacher werden direkt dem Färbebad zugesetzt. Als solche kommen u.a. Seife, sulfierte Öle, Fettalkoholsulfate sowie kationaktive Produkte in Frage.

Da Trikotstoffe stark zugempfindlich sind, kommt für das Trocknen von Schlauchware vor allem die mechanische Trockenhänge in Betracht (S. 162). *Kettenwirkware* (*Charmeuse*) neigt beim Trocknen wegen ihres asymmetrischen Maschengefüges zum Einrollen der Kanten, so daß sie tunlich auf dem Spannrahmen getrocknet wird.

Auch das Kalandern findet bei der Ausrüstung der Trikotstoffe ausgedehnte Anwendung. Die Trikotkalander sind im allgemeinen, da keine so hohe Pression erforderlich ist, leichter gebaut als diejenigen für die Gewebeappretur. Im Interesse der Geschmeidigkeit der Ware wird vor Einführung in die Kalanderwalzen gedämpft. Meist wird nur zwischen Filz und Walze gepreßt. Fertig konfektionierte Trikotartikel preßt man zweckmäßig auf einer hydraulischen Presse mit elektrisch heizbaren Platten. Trikotware, die gerauht werden soll (sogenannte Futterware) wird auf entsprechend leicht gebauten Metallkratzenrauhmaschinen gerauht.

Um eine formbeständige Ausrüstung zu erreichen, können die Maschenreihen nach vorherigem Dämpfen in einem System von mit verschiedener Geschwindigkeit laufenden Walzen „zusammengeschoben“ werden. Die neue Struktur wird beim Trocknen fixiert (*Krumpex*-Anlage).

Die *chemischen Verfahren* der Appretur, die bei Trikotagen seltener Anwendung finden, werden im Prinzip wie bei der Gewebeausrüstung durchgeführt.

ε) *Systematischer Gang der Weißausrüstung*

Die Weißausrüstung schließt alle diejenigen Verfahren ein, die im Rahmen der Veredlung einer Weißware, d.h. also einer Bleichware, notwendig sind. Die Art und Zahl der anzuwendenden Verfahren sowie ihre Reihenfolge kann sehr verschieden sein und hängt ab von der Warenart, von ihrem Verwendungszweck, sowie von dem vorhandenen Maschinenpark und schließlich von den Gewohnheiten und den Erfahrungen des ausführenden Veredlers. Nicht zuletzt spielt auch der Preis für Auswahl und Umfang der Veredlungsarbeiten eine wesentliche Rolle. Unter diesen Umständen kann der Veredlungsgang für ein und dieselbe Warenqualität in verschiedenen Veredlungsanstalten grundverschieden sein.

Nachstehend soll der Ausrüstungsgang für einen Bettwäschestoff (Damastgewebe) kurz skizziert werden: Die vom Webstuhl kommende Ware wird zunächst auf Unreinheiten wie Fadenenden, Fadenschleifen, Knoten usw. durchgesehen, welche mit Schere und Pinzette (Noppeisen) entfernt werden. Doppelfäden werden ausgezogen und fehlende Fäden eingezogen. Starke von Maschinenöl stammende Flecke werden vorteilhaft durch lokale Behandlung vor der Veredlung abgelöst. Das Reinigen kann auch zweckmäßig auf entsprechenden Gewebeputz- und Schermaschinen erfolgen.

Eine größere Anzahl von Stücken wird zu einer Ausrüstungspartie vereinigt, indem die Enden der Stücke sorgfältig zusammengenäht werden. Normalerweise werden 160 bis 200 Stücke zu je 60–70 m Länge mit einem Gesamtgewicht von 1500–2000 kg zu einer Partie zusammengefaßt. Jedes einzelne Stück erhält zur Kennzeichnung an beiden Enden einen Stempel.

Die Ware wird zunächst beidseitig auf der Gassenge gesengt. Nach dem Sengen wird mit einer enzymatischen Entschlichtungsflotte imprägniert und über Nacht abgelegt, um den Entschlichtungsprozeß zu vervollständigen. Man kann aber auch die Ware zum Entschlichten in einen entsprechenden Bottich packen und die Entschlichtungsflotte mehrere Stunden durch das Material hindurchzirkulieren lassen. Im Anschluß an das Entschlichten passiert das Gewebe in Strangform die Strangwaschmaschine, auf der die Schlichte restlos ausgewaschen wird. Bei Vorliegen entsprechend großer Warenmengen kann die Entschlichtung ohne stationäre Behandlung kontinuierlich am laufenden Band erfolgen.

Nach dem Waschen wird auf dem Wasserkalander möglichst weitgehend entwässert, um das Gewebe für die angeschlossene Mercerisation einigermaßen saugfähig zu machen. Eine vollkommene Trocknung ist nicht unbedingt notwendig und wäre auch zu kostspielig. Um einen guten Netzeffekt in der Mercerisierlauge zu gewährleisten, wird ein gut wirkendes laugenbeständiges Netzmittel zugesetzt. Auf diese Weise läßt sich eine vorhergehende Beuche umgehen, welche einerseits zu einem hohen Gewichtsverlust führt und auf der andern Seite der Ware durch den Entzug des Baumwollwachses ihre Geschmeidigkeit nimmt.

Im Anschluß an die Mercerisation wird – nach vorheriger alkalischer Abkochung – gebleicht, und zwar am vorteilhaftesten in Form einer kombinierten Chlor-Sauerstoff-Bleiche, die zu einem lagerbeständigen Weißeffekt führt. Die gebleichte Ware wird auf der Strangwaschmaschine leicht gebläut bzw. mit optisch wirkenden Mitteln aufgehellt, gut entwässert und mit einem leichten Appret versehen. Anschließend wird getrocknet und am vorteilhaftesten auf dem Chasing-Kalander kalandert.

Eine andere Ausführungsform des Veredlungsprozesses ist die folgende: Sengen, Entschlichten, Spülen, Abkochen, Entwässern, Mercerisieren, Bleichen, Appretieren. Auch eine direkte Mercerisation ohne vorausgehende Naßbehandlung kommt in Betracht (vgl. S. 71).

Bei billiger Ware kann die Mercerisation durch eine Behandlung auf dem Similikalander (S. 165) ersetzt werden (Similimercerisage, Similisieren). Der dabei erhaltene Effekt ist nicht so waschbeständig wie der echte Mercerisiereffekt.

Trockenausrüstung. Die Trockenausrüstung basiert auf der Behandlung *in organischen Lösungsmitteln* (Perchloräthylen, Trichloräthylen). Diese Art der Ausrüstung befindet sich noch im Entwicklungszustand. Beispielsweise können Appreturmittel aus organischer Lösung auf das Fasermaterial aufgebracht werden wie z. B. Hydrophobiermittel sowie Mittel für die schmutzabweisende Ausrüstung usw.

Die sich ergebenden Vorteile sind zum Teil wirtschaftlicher Art; zum anderen Teil bringt die Behandlung mit nicht quellend wirkenden Lösungsmitteln – im Gegensatz zum Wasser – auch qualitative Warenvorteile mit sich.

E. Kurz macht zu der Ausrüstung in organischen Lösungsmitteln etwa folgende Ausführungen:

Alle Fasern netzen sich in organischen Lösungsmitteln (Tri- bzw. Perchloräthylen) schneller als in Wasser – auch bei Anwendung von Netzmitteln und höheren Temperaturen. Die Diffusionsvorgänge sind in organischer Lösung gegenüber einer wäßrigen Lösung gesteigert.

Tri- und Perchloräthylen verdampfen 10mal so schnell wie Wasser, so daß der Energieaufwand entsprechend niedriger liegt.

Im gesamten gesehen (Rückgewinnung des Lösungsmittels) dürfte daher der Kostenaufwand für die „Trockenausrüstung“ nicht höher sein als die Ausrüstung in wäßrigen Medien.

Die Entfernung von Ölen, Fetten, Wachsen, Paraffinen und ähnlichen Substanzen läßt sich in organischen Lösungsmitteln schneller und gründlicher durchführen als in wäßriger Flotte. In Ausnahmefällen kann man den nichtpolaren Lösungsmitteln polare Hilfslösungsmittel bzw. Lösungsvermittler und auch Wasser in geringen Mengen zusetzen.

Durch Einwirkung von Lösungsmitteln findet in der Regel kein Quellen und Schrumpfen der Ware statt, wie dies in wäßrigem Medium der Fall ist. Bei spannungslosem Lauf werden die Dimensionen der Ware in Länge und Breite nicht geändert.

Bei in Wasser stark quellbaren Fasern stellt man nach der Lösungsmittelbehandlung keine Veränderung der Warenstruktur fest. Bei der Lösungsmittelausrüstung sind Griffverstärkungen auf den Fasern wesentlich vielseitiger. Für Füllappreturen werden in organischen Lösungsmitteln lösliche Polymerisate bzw. Polykondensate angewandt.

Für die Hydrophobierung bzw. wasserabweisende Ausrüstung können in organischen Lösungsmitteln lösliche Paraffine und Silikone eingesetzt werden.

Die Ausrüstung von Mischungen aus Baumwolle mit Synthese-Fasern. Baumwolle wird heute für hochwertige Artikel vielfach mit Synthesefasern, z.B. Polyesterfasern, gemischt. Die Ausrüstung solcher Artikel lehnt sich an die Baumwollausrüstung an, hat aber auf die Besonderheit der Synthesefaser, z.B. die Alkaliempfindlichkeit der Polyesterfasern, Rücksicht zu nehmen. Üblicherweise bildet die *Thermofixierung* der Synthesefaserkomponente den Abschluß der Ausrüstung vor dem Färben. Zum Färben werden z.B. Polyester/Cellulosefaser-Mischgewebe durch folgende Prozesse vorbereitet: Entschlichten – Waschen – Bleichen (falls notwendig) – Mercerisieren oder Laugieren (falls notwendig) – Trocknen – Thermofixieren.

Eine Knitterfestausrüstung der Baumwolle kann miteingeschlossen werden.

2. Kapok

Eine Samenfaser wie die Baumwolle ist die Kapokfaser, die von den Samen des Kapokbaums (Eriodendron anfractuosum) gewonnen wird und vorwiegend aus Cellulose besteht. Das wichtigste Produktionsland ist Indonesien. Auf Grund ihrer Weichheit, Geschmeidigkeit und großen Spannkraft eignet sich die lose Faser vorzüglich zur Füllung von Matratzen, Rettungsringen, Bandagen und wird teilweise auch zum Spinnen von Garnen verwendet.

3. Die Kokosfaser

Die Kokosfaser ist eine Faser, die als Fruchtfaser zu bezeichnen ist. Sie wird von der unreifen Kokosnuß losgelöst, nachdem diese einige Monate einen Röstprozeß in Seewasser durchgemacht hat. Durch Hecheln und Quetschen werden die Fasern isoliert und finden auf Grund ihrer Widerstandsfähigkeit gegen mechanische Beanspruchungen und Witterungseinflüsse hauptsächlich zur Herstellung von groben Schnüren, Stricken, Matten, Läufern, Teppichen und Fußabstreifern Verwendung. Es handelt sich um eine stark verholzte Cellulosefaser. Das Zentrum der Kokoserzeugung ist Ceylon.

4. Die Bastfasern

Während Fasern wie die Baumwolle oder Wolle von der Natur in praktisch spinnfertigem Zustand geliefert werden, ist dies bei den Bastfasern nicht der Fall. Sie befinden sich im Falle der *Stengelbastfasern*, welche ein besonderes textiles Interesse besitzen, in der Rindenschicht (Bastschicht) eingebettet und müssen aus dem Stengel durch einen zeitraubenden und daher kostspieligen Arbeitsprozeß isoliert werden. Zu den textilwichtigen Stengelbastfasern gehören Flachs, Hanf, Ramie und Jute. *Blattbastfasern* sind u.a. Manilahanf, Sisalhanf und Yucca.

a) Der Flachs (Leinen)

Der Flachs wird einmal angebaut, um daraus spinnfähige Fasern zu gewinnen (Faserflachs, Faserlein), und zum andern, um aus den Samen des Flachses das Leinöl zu erhalten (Ölflachs, Öllein). Anbaugebiete für *Faserflachs* sind in Europa vor allem Rußland, Belgien, Tschechoslowakei und Schlesien, während *Ölflachs* vorwiegend in warmen und trockenen Gebieten, vor allem in Südamerika kultiviert wird. Der in warmen Ländern gedeihende Ölflachs, dessen Stengel niedrig und stark verästelt sind, gibt gute Ölerträge, während die daraus gewonnenen Fasern stark verholzt und daher wenig geschmeidig sind, so daß sie sich für textile Zwecke nicht besonders eignen. Bei der Kreuzung von Faserflachs mit Ölflachs erhält man einen *Bastardflachs*, der eine mittelmäßige Faserqualität und einen mittleren Ölertrag liefert.

Der Aufbau des Flachsstengels. Schneidet man den Flachsstengel in halber Höhe durch, so kann man einen schichtenförmigen Aufbau des Querschnitts erkennen, wie dies in der Abb. 72 zum Ausdruck kommt. Die äußerste Schicht ist die Epidermis (E), die nach außen von einem dünnen Häutchen, der Cuticula (C), überzogen ist. Die Cuticula selbst besitzt eine feine oberflächliche Wachspräparation.

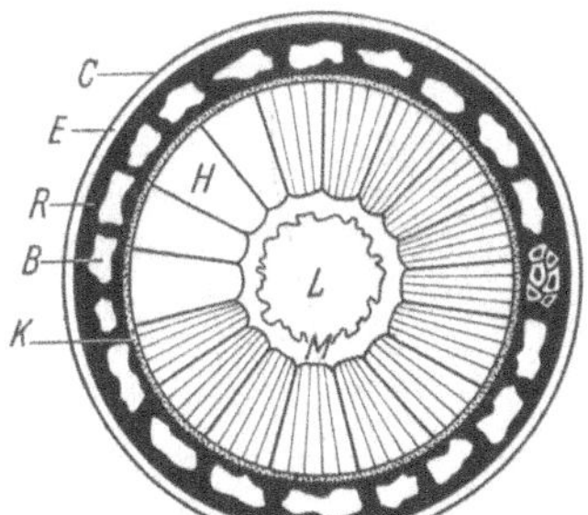

Abb. 72. Querschnitt des Flachsstengels, schematisch (nach *Schilling*).

An die Epidermis schließt sich das Rindengewebe (R) an, in das die Bastfasern (B) eingebettet sind. Das Rindengewebe besteht aus Parenchymzellen, die chlorophyllhaltig sind und verschiedene Zuckerarten, Protoplasma, Gerbstoffe sowie das Glucosid Linamarin enthalten. Die Zusammensetzung der die Rindenschicht bildenden Zellen ist nicht einheitlich. Die an die Bastfasern nach außen angrenzenden Schichten enthalten zusätzlich rundliche Stärkekörner; die sich an die Bastfasern nach innen anschließenden Parenchymzellen des Rindengewebes sind durch einen verhältnismäßig hohen Eiweißgehalt gekennzeichnet.

Das Rindengewebe wird von der nach innen folgenden Holzschicht (H), welche einen großen Raum einnimmt, durch eine dünne Schicht, das sogenannte Kambium (K) getrennt. Die Holzschicht besteht aus dickwandigen verholzten Zellen und geht nach innen zu in die Markschicht (M) über. Bei der Röste wird die Holzschicht so spröde, daß sie bei der angeschlossenen Weiterbehandlung des Brechens in kleine Bruchstücke zerfällt (Scheben), welche durch das Schwingen und Hecheln vom Fasermaterial abgetrennt werden können. An die Markschicht schließt sich der Luftraum (L) an, der als Hohlkanal den Stengel auf einem Großteil seiner Länge durchzieht. Die Abb. 73 zeigt einen mikroskopischen Schnitt durch das Rindengewebe, in welches die Faserzellbündel eingebettet sind.

Im Rahmen der Fasergewinnung ist es notwendig, die Bastfasern (Zellbündel) aus der Rindenschicht zu isolieren. Die Bastfasern sind durch die sogenannte Mittellamelle mit den Rindenzellen verbunden, so daß eine Hauptaufgabe der Röste darin besteht, die Mittellamelle zu zerstören und damit die Trennung zwischen Rindenzellen und Bastfasern zu bewerkstelligen. In den auf die Röste folgenden mechanischen Arbeitsprozessen des *Brechens*, *Schwingens* und *Hechelns* wird die Abtrennung der gesamten Stengelsubstanz von den Fasern auf mechanischem Wege weitgehend vervollständigt. Die letzten Anteile von anhaftender Rindensubstanz müssen durch eine Bleiche entfernt werden.

Die Langflachsfaser. Die Langflachsfaser besteht, wie dies die Abb. 74 schematisch veranschaulicht, aus einer Zusammenlagerung einer mehr oder weniger großen Anzahl von Einzelzellen. Sie hat eine Länge bis zu 800 mm, im Mittel von 500 mm. Die Einzelzellen, die vorwiegend aus Cellulose bestehen, sind durch eine Mittellamelle miteinander zu einem Zellbündel vereinigt. Sowohl die Mittellamellen, welche das Bastfaserzellbündel von den Rindenzellen trennen, als auch diejenigen, die als Bindeschicht zwischen den Einzelzellen fungieren, bestehen aus Pektin (S. 44). Aus dem verschiedenen Verhalten des Pektins der beiden Mittellamellen (Parenchymmittellamelle und Sklerenchymmittellamelle) ist zu folgern, daß die beiden Mittellamellen aus zwei verschiedenen Pektinarten zusammengesetzt sind.

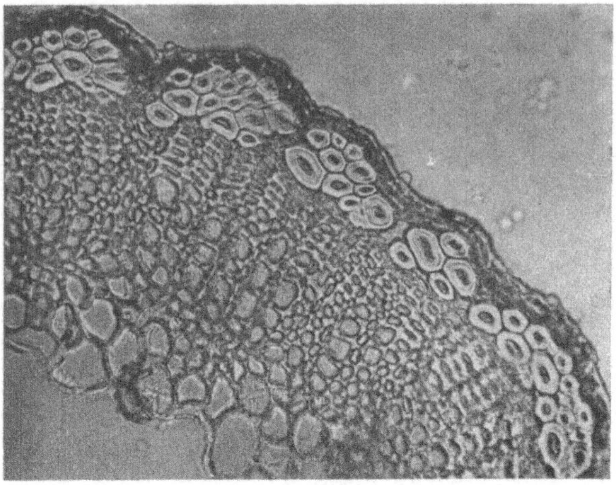

Abb. 73. Schnitt durch das Rindengewebe eines Flachsstengels mit eingebetteten Faser-Zellbündeln. Vergrößerung 160:1 (Photo *Klenk*).

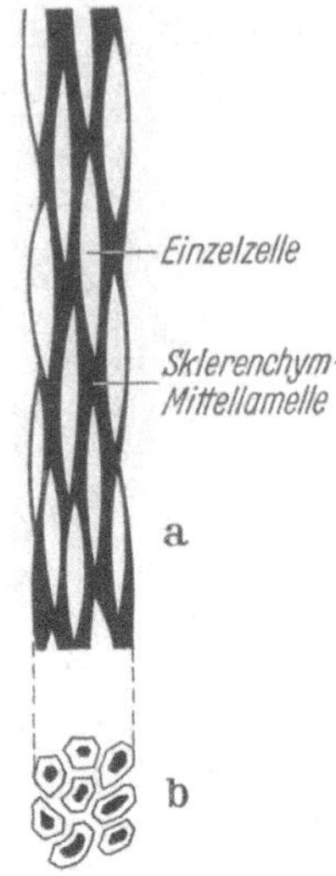

Abb. 74. Langflachsfaser, schematisch (a = Längsschnitt; b = Querschnitt).

Das Pektin der die Einzelzellen verbindenden Mittellamelle ist wesentlich resistenter gegenüber chemischer und enzymatischer Einwirkung, so daß es möglich ist, das Pektin der die Bastfasern von den Rindenzellen trennenden Mittellamelle im Rahmen der Röste zu zerstören, ohne gleichzeitig die Sklerenchymmittellamelle anzugreifen. Will man die Sklerenchymmittellamelle zerstören, so sind wesentlich stärkere Einwirkungsbedingungen erforderlich. Die Aufteilung der Bastfaserzellbündel in die Einzelzellen bzw. in kleinere Zellbündel führt zum *Flockenbast* (S. 187).

Die Faser-Einzelzelle. Während es sich bei der Baumwollfaser um eine einzellige Faser handelt, liegen in den Flachsfasern (*Langflachs*) mehrzellige Gebilde vor. Die einzelne Zelle stellt ein vielkantiges längliches Prisma dar, dessen Enden in eine scharfe Spitze auslaufen. Da die einzelnen Zellen in dem Bastfaserzellbündel wohl parallel, aber in verschiedener Höhe gelagert sind, zeigt ein Längsschnitt eine Anordnung entsprechend der Abb. 74. Die Länge der Einzelzellen schwankt zwischen 20 und 50 mm.

Im Rahmen der Flachsaufbereitung ist darauf zu achten, daß die Zellbündel ihren Zusammenhalt bewahren, damit eine gute Faserfestigkeit verbürgt ist. Eine nicht vorschriftsmäßig geleitete Röste (Überröste) kann zu einer gewissen Elementarisierung der Zellbündel führen, wodurch die Faserqualität merklich verschlechtert wird. Auch im Rahmen der Bleiche sowie der gesamten Veredlung der

Flachsfasern ist zu berücksichtigen, daß bei einer chemischen Zerstörung des Mittellamellenpektins der Zellverband mehr oder weniger gelockert und damit die Faserfestigkeit entsprechend verringert wird. Heißes Alkali baut das Pektin ab, so daß auch zahlreiche heiße Sodawäschen im Gebrauch allmählich zu einer Elementarisierung der Langflachsfaser führen können.

Bei der Herstellung der *Kurzflachsfaser* (Flockenflachs) wird die Mittellamelle bewußt zerstört, um kürzere und feinere Faserkomplexe bzw. die Einzelzellen bloßzulegen.

Im Innern der Einzelzelle befindet sich ein Zellkanal, Zellumen, dessen Inhalt zur Hauptsache aus Protoplasma besteht, welches sich in Form von eingetrockneten Klumpen bzw. feinen Körnern in dem Lumen vorfindet.

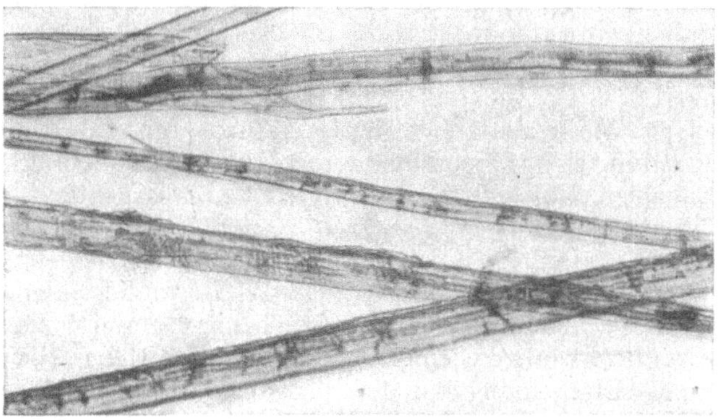

Abb. 75. Flachsfasern, Längsansicht. Vergrößerung 180:1 (Photo *Klenk*).

Das mikroskopische Bild der Einzelzelle und auch der Zellbündel läßt gewisse Querstrukturen (Abb. 75) erkennen, die als Folge von Verschiebungen aufzufassen sind, wie sie bei der technischen Verarbeitung der Flachsfaser, namentlich beim Brechen und Schwingen entstehen und für die Flachszellen allgemein charakteristisch sind.

Die Chemie der Flachsfaser. Der Hauptbestandteil der Flachsfaser (Flachslangfaser geröstet) ist die *Cellulose*, die zu etwa 65–89 % in der Flachsfaser enthalten ist. Der Cellulosegehalt differiert in Abhängigkeit von der Vollständigkeit der Abtrennung der Verunreinigungen. Je besser die Röste und die angeschlossene Reinigung der Faser ist, desto höher ist der Cellulosegehalt der Fertigfaser.

Neben Cellulose findet sich als weiterer Bestandteil das *Pektin*, dessen Menge bis zu 25 % betragen kann, in gut gerösteten Flachsen sich aber üblicherweise zwischen 2 und 7 % bewegt. Ein weiterer Bestandteil sind die *Ligninstoffe* (S. 45), deren Anteil ebenfalls variiert und zwischen 1 und 5 % liegt. Sowohl in der Rohfaser als auch in der reinen Faser befinden sich *Eiweißstoffe*, deren Menge schwankend ist und sich auf 2–5 % beläuft. Dem Gehalt an Eiweiß ist insofern eine besondere Bedeutung beizumessen, als die Eiweißkörper bei der Chlorbleiche Chloramine bilden, die zu einer Schädigung der Faser Anlaß geben können (vgl. S. 86).

Als weitere Verunreinigungen, die auf anhaftende Reste des Rindengewebes und der Stengeloberhaut zurückzuführen sind, sind *Stärke*, verschiedene *Zuckerarten*, *Gerb-* und *Wachsstoffe* zu nennen. Da die Flachsfaser hygroskopisch ist, enthält sie Wasser in wechselnder Menge, dessen Gehalt sich im Mittel um 10 % herum bewegt. Der Aschengehalt der Faser schwankt zwischen 0,5 und 1,3 %. Fast die Hälfte der Asche wird durch Calciumoxid gebildet. Der Calciumgehalt rührt davon her, daß das *Pektin* der Mittellamelle calciumhaltig ist (S. 44).

Eine wichtige Bedeutung kommt dem die Mittellamellen zusammensetzenden Pektin bzw. den Pektinarten zu. Das Pektin ist eine hochmolekulare Substanz, deren Einzelbausteine Galakturonsäureteilchen sind, die in 1,4-glucosidischer Bindung zu einem langen Molekül verkettet sind:

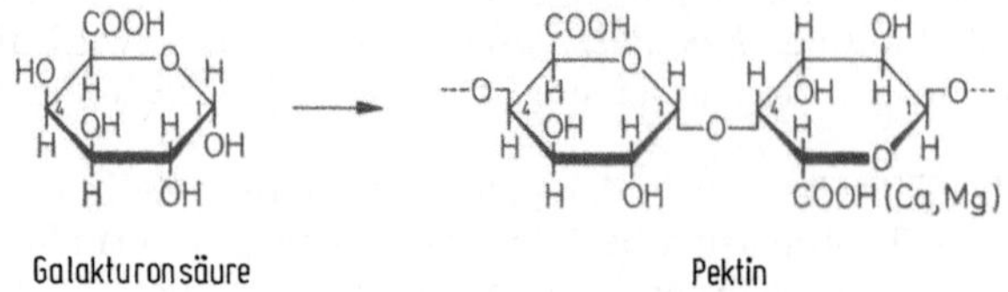

In der Natur kommen verschiedene Pektinsorten vor, die sich vor allen Dingen durch ihre Löslichkeit unterscheiden. Es ist denkbar, daß eine gewisse Bindung des Pektins an andere Zellwandbestandteile wie Lignin oder Cellulose eine gewisse Schwerlöslichkeit des Flachspektins bewirkt. Außerdem sind im Pektin der Flachsmittellamellen die Wasserstoffatome der Galakturonsäure-Carboxylgruppen teilweise durch Calcium bzw. Magnesium ersetzt, womit die Schwerlöslichkeit des Flachsmittellamellenpektins – z. B. im Vergleich zu Obstpektin – eventuell eine zusätzliche Erklärung findet.

Hinsichtlich des Verhaltens der in der Flachsfaser vorhandenen beiden Pektinarten ist bis jetzt die Tatsache ungeklärt, daß das Pektin der Sklerenchymmittellamellen, wie bereits erwähnt, eine größere chemische und biologische Widerstandsfähigkeit aufweist als dasjenige der Parenchymmittellamellen. Dieses Verhalten führt zu der Erscheinung, daß die Flachsröste nach dem Abbau des Pektins der Parenchymmittellamellen haltmacht und sich nicht ohne weiteres auf das Pektin der Sklerenchymmittellamellen ausdehnt. Letzteres ist dasjenige Pektin, das den Zusammenhalt der einzelnen Zellen im Bastfaserzellbündel vermittelt und bei der Aufteilung der Langflachsfaser zum Flockenflachs zerstört wird. Möglicherweise verdankt es seine größere Beständigkeit dem Umstand, daß es an andere Zellwandbestandteile innig gebunden ist.

α) *Die Flachsgewinnung*

Der gereifte Faserflachs wird von Hand aus dem Boden gezogen, was man als *Raufen* bezeichnet. Ein Mähen, wie dies beim Ölflachs üblich ist, ergibt ein minderwertiges Flachsstroh, da dabei Unterwuchs und Unkraut in das Material hineinkommen. Es sind auch Maschinen entwickelt worden, die das Raufen maschinell besorgen.

Der geraufte Flachs wird durch *Riffeln* von seinen Samenkapseln befreit. Das Riffeln geschieht teilweise von Hand auf der Handriffel, wobei die Flachspflanze durch einen aus eisernen Zähnen bestehenden Kamm hindurchgezogen wird, welcher die Kapseln abstreift. Das Handriffeln ist zwar sehr schonend, im Interesse einer rationellen Produktion ist man aber auch hier teilweise zu einer maschinellen Methode übergegangen.

Das Rösten des Flachses. Das Rösten verfolgt vor allen Dingen den Zweck, den Zusammenhalt der einzelnen Schichten des Stengels zu lockern und namentlich den Holzkern so weit zu verspröden, daß durch eine angeschlossene mechanische Behandlung die aufgelockerten und spröde gewordenen Inkrusten von dem Fasermaterial abgetrennt werden können.

Die allgemein übliche sog. *biologische Röste* wird mit Hilfe der zersetzenden Wirkung gewisser Mikroorganismen durchgeführt. Die Röstorganismen befinden sich schon von Haus aus auf dem Flachsstroh und vermehren sich während der

Röste in rascher Folge. Sie können auch zusätzlich von außen dem Flachsmaterial zugesetzt werden.

Das Rösten geschieht entweder in der Weise, daß man das Flachsstroh auf dem Feld auslegt (*Tauröste*) oder in der Form, daß der Flachs in Wasser eingelegt wird (*Wasserröste*). Die Art der die Zersetzung bewirkenden Bakterien bzw. Pilze ist in beiden Fällen verschieden, da die Lebensbedingungen für Mikroorganismen bei der Tauröste andere sind als bei der Wasserröste.

Die Wasserröste kann entweder in stehenden oder fließenden Gewässern (Gruben, Teichen oder Flußläufen) oder in geeigneten Bassins durchgeführt werden. Die Röste in entsprechend konstruierten Bassins ist als die vorteilhafteste und modernste zu betrachten, da bei ihr verschiedene Variationen des Röstprozesses vorgenommen werden können. Als solche kommen in Frage die *Kalt- und Warmwasserröste*, das Rösten mit und ohne Durchlüftung, da sowohl Ärobier als auch Anärobier am Röstprozeß beteiligt sind. Weiterhin kann das Rösten unter Zusatz von gewissen Bakterien oder den Röstprozeß begünstigenden Chemikalien, z.B. von Dolomit (*Lüdtke*) erfolgen.

Die Tauröste nimmt 3–6 Wochen und die Kaltwasserröste 2–4 Wochen in Anspruch. Bei 26 °C rechnet man mit einer Röstdauer von 85–95 Stunden, bei 30 bis 35 °C mit einer solchen von 50–65 Std. Bei höherer Temperatur kann die Röstdauer – allerdings auf Kosten der Faserqualität – eine weitere Verkürzung erfahren. Die Kaltwasserröste (in Flußläufen) wird heute praktisch nicht mehr ausgeübt.

Durch die bakterielle bzw. enzymatische Tätigkeit werden die bakteriell zersetzbaren Begleitsubstanzen des Flachses abgebaut und damit in mehr oder weniger lösliche Substanzen überführt, die sich im Röstwasser anreichern, falls nicht für einen regelmäßigen Wechsel des Wassers gesorgt wird. Bei dem Abbau tritt im Röstwasser eine Anzahl von organischen Säuren auf, die bei einer Anreicherung schließlich zu einer Fasergefährdung führen können. Es sind dies Essigsäure, Buttersäure, Valeriansäure, Capronsäure, Propionsäure und Ameisensäure. Um die Einwirkung der Säuren auf das Fasermaterial zu eliminieren, kann man gewisse Zusätze an Neutralisationsmitteln wie Hydrogencarbonat, Dolomit, Kreide oder Harnstoff machen (*Sicherheitsröste*). Der Harnstoffzusatz bewirkt gleichzeitig durch seinen Stickstoff eine starke Wachstumsförderung der Röstbakterien.

Durch die Tätigkeit der Röstorganismen wird vor allem das Pektin der Mittellamellen zersetzt, welche die Faserzellbündel von den Rindenzellen trennen. Wesentlich ist, daß der Zeitpunkt der Röstreife genau ermittelt wird, da bei einer *Überröste* die Zersetzung auch auf das Pektin der Sklerenchymmittellamellen übergreift, also auf dasjenige Pektin, welches die einzelnen Zellen zu Zellbündeln zusammenhält. Überrösteter Flachs besitzt naturgemäß eine mindere Festigkeit. Die Röste ist als beendet anzusehen, wenn sich bei entsprechenden Handproben (Knickprobe oder Schüttelprobe mit Wasser) das Fasermaterial in einwandfreier Weise aus dem aufgelockerten Stengel isolieren läßt.

Die chemische Röste. Die Zersetzung der Inkrusten, besonders des Pektins, läßt sich auch durch eine hydrolytische Spaltung mit verdünnter Schwefelsäure (0,5–0,9%ig) bei Temperaturen zwischen 90 und 100 °C erreichen. Nach etwa dreistündiger Behandlung wird gespült, mit Sodalösung neutralisiert, sorgfältig gewaschen und getrocknet. Das Verfahren konnte sich gegenüber der Tau- und Wasserröste nicht durchsetzen, da die Aufbereitungskosten zu hoch waren.

Neben Schwefelsäure wurde noch eine ganze Reihe von das Pektin hydrolysierenden oder lösenden Substanzen vorgeschlagen, ohne daß die Verfahren eine größere Bedeutung erlangt hätten. *F. A. Henglein* hat ein Verfahren vorgeschlagen, welches durch Extraktion des Flachsstrohs mit Ammoniumoxalatlösung charakterisiert ist und sowohl gutes Fasermaterial als auch technisch verwertbare Pektine liefert.

Mechanische Aufbereitung. Die auf das Rösten folgende Isolierung der Flachsfasern aus dem aufgelockerten Stengel wird durch die Prozesse des *Brechens, Schwingens* und *Hechelns* besorgt. Auf Grund der umständlichen und langwierigen Aufbereitung ist die Bedeutung des Flachses mit dem Erscheinen der Baumwolle stark zurückgegangen.

Grünflachs. Es besteht die Möglichkeit, nicht geröstetes Flachsstroh auf rein mechanischem Wege so weit zu zerteilen, daß nach dem Brechen, Schwingen und Hecheln des ungerösteten Flachsstengels spinnbare Fasern resultieren, welche als *Grünflachs* bezeichnet werden. Der Grünflachs unterscheidet sich von dem *Röstflachs* durch den Mangel einer gewissen Geschmeidigkeit und läßt sich nur zu verhältnismäßig groben Garnen verspinnen. Sollen feinere Garne gesponnen werden, so wird im Rahmen der Spinnerei das Kardenband einem leichten chemischen Aufschluß unterzogen.

Das Brechen. Das Brechen oder Knicken hat die Aufgabe, den Holzkern vielfach zu knicken und ihn damit in eine Vielzahl von Holztrümmern (Scheben) zu zerlegen, welche durch die nachfolgenden Prozesse des Schwingens und Hechelns vollends aus dem Fasermaterial entfernt werden.

Das Brechen geschieht entweder von Hand auf der Handbreche oder maschinell auf der Brech- oder Knickmaschine, bei der das Flachsstroh ineinandergreifende Riffelwalzenpaare passiert.

Das Schwingen. Das Schwingen hat den Zweck, die Holzscheben möglichst vollkommen abzusondern. Es geschieht dies auf dem Handschwingstock oder aber auf entsprechenden Schwingmaschinen. Neben den Scheben werden beim Schwingen weiterhin kurze verwirrte Faserbündel (Werg) ausgeschieden.

Das Hecheln. Nach dem Schwingen enthält das Material noch viele Holzteilchen und kurze Fasern, die durch das Hecheln vollends beseitigt werden. Weiterhin sind die Bastfasern infolge unvollkommener Auflösung der Bastschicht teilweise noch miteinander verbunden, so daß dem Prozeß des Hechelns auch die Aufteilung dieser zusammenhängenden Fasern zukommt.

Das Hecheln besteht in einem Durchziehen des Flachsmaterials durch schrägliegende Stahlkammfelder, wobei die kurzen Fasern (*Werg*) und die Holzteilchen (*Scheben*) herausgekämmt werden. Das Hecheln wurde früher auf dem Handhechelstand und wird nunmehr meist auf entsprechenden Hechelmaschinen vorgenommen.

Das anfallende Werg wird in der Wergspinnerei zu Werggarn verarbeitet; die Scheben werden üblicherweise verfeuert. Teilweise wurde versucht, sie auf Papierzellstoff oder Kunstfaserzellstoff zu verarbeiten (S. 190).

Von 100 kg Flachsstroh erhält man ca. 10–12 kg gehechelten Flachs. Das spez. Gewicht der Flachsfaser beträgt 1,5. Flachs ist ein besserer Wärmeleiter als Baumwolle, so daß sich Leinenstoffe kalt anfühlen.

Auf Grund ihrer etwas steifen Beschaffenheit läßt sich die Flachsfaser zu feinen Garnen nur nach vorherigem Einweichen des Vorgespinstes in heißem Wasser von ca. 55 °C verspinnen (Naßspinnen). Hierbei tritt ein Erweichen des Mittellamellenpektins ein, so daß beim Verziehen des Vorgespinstes ein gewisses Gleiten der Einzelzellen aneinander erfolgt, was ein Ausspinnen zu Garnen von höherer Feinheit ermöglicht.

β) *Die Veredlung der Flachsfaser*

Das Bleichen. Als Folge der starken Verunreinigung der Rohflachsfaser (Pektin, Lignin, Eiweiß- und Wachsstoffe) tritt beim Bleichen ein verhältnismäßig hoher Gewichtsverlust ein, der sich zwischen 20 und 40% bewegen kann. Die

Höhe des Gewichtsverlusts ist abhängig von dem angestrebten Bleicheffekt, der Menge an auszubleichenden Verunreinigungen sowie von der Intensität der Bleichbedingungen. Der Bleichverlust ist besonders hoch bei stark schebenhaltigen Werggarnen.

Bei der Alkalibehandlung der Flachsfaser im Rahmen der Bleiche und der sonstigen Veredlung ist besonders darauf zu achten, daß die Bäder nicht zu alkalisch und nicht zu heiß gehalten werden, namentlich, wenn Ätzalkalien als Alkali zugegen sind, da sonst eine Zerlegung der Zellbündel in kleinere Faserkomplexe bzw. in die Einzelzellen eintritt. Eine solche Aufteilung verändert einmal den Charakter der Faser bzw. der daraus hergestellten Textilien und führt weiterhin zu einem entsprechenden Gewichts- und Festigkeitsverlust.

Die Garnbleiche. Die Garnbleiche besteht üblicherweise in einem abwechselnden Behandeln mit heißer Sodalösung und Natronbleichlauge. Die Garne werden zunächst mit schwacher Sodalösung offen oder unter gelindem Druck gekocht und anschließend warm und dann kalt gespült. Ein auf das Kochen folgendes sofortiges kaltes Spülen hätte zur Folge, daß die in Lösung befindlichen Pektinstoffe wieder koagulieren und sich auf dem Fasermaterial niederschlagen, wo sie entsprechende Verklebungen bewirken.

Im Anschluß an die Sodakochung folgt das Bleichen mit Natriumhypochlorit im alkalischen Medium. Der Chlorgehalt kann im Verhältnis zur Baumwollbleiche im allgemeinen höher gewählt werden, da mehr Fremdstoffe auszubleichen sind. Die Zusammenhänge zwischen Bleichgeschwindigkeit bzw. Bleichschädigung und pH-Wert sind in gleicher Weise zu beachten, wie dies für Baumwolle beschrieben ist (S. 80). Auch für die Temperatur der Bleiche sowie für den Einfluß der Katalysatoren gelten im Prinzip die gleichen Richtlinien wie für Baumwolle.

Im Verlauf des Bleichprozesses nimmt als Folge entstandener saurer Oxydationsprodukte der pH-Wert der Bleichflotte ab, so daß dieser jeweils zu kontrollieren und im Bedarfsfall entsprechend zu korrigieren ist. Wie bei der Baumwolle, so spielt auch bei der Flachsfaserbleiche der *Chlorverbrauch*, welcher titrimetrisch zu verfolgen ist, eine ausschlaggebende Rolle.

Nach dem Chloren wird gespült, gesäuert, wieder gespült und anschließend mit *Antichlor* (S. 85), üblicherweise Natriumbisulfit, behandelt. Die Antichlorbehandlung ist nicht notwendig, wenn die Bleichprozedur wiederholt wird. Ein einmaliges Kochen und Chloren führt zu einem sogenannten $^1/_4$ Weiß, die Wiederholung zu einem $^2/_4$ Weiß, $^3/_4$ Weiß und schließlich zum $^4/_4$ Weiß.

Die Antichlorbehandlung braucht nur nach dem letzten Rundgang eingeschaltet zu werden. Sie ist bei der Flachsbleiche deshalb besonders wichtig, da hier wegen des hohen Gehalts an Eiweißkörpern die Möglichkeit zur Bildung von *Chloraminen* besonders groß ist, die beim Lagern zu einer Faserschädigung führen können.

Bei der zweiten und den weiteren Sodakochungen ist der Sodagehalt entsprechend zu reduzieren und ohne Druck zu kochen. Auch die Chlorbäder werden mit fortschreitender Reinigung schwächer gehalten.

Früher hat man beim 3. und 4. Rundgang nach dem Kochen jeweils eine mehrtägige *Rasenbleiche* eingeschaltet, die den Bleicheffekt wesentlich frischer gestaltet hat. Heute ist man von der Rasenbleiche, da diese sehr zeitraubend und namentlich witterungsabhängig ist, fast ganz abgekommen und ersetzt sie durch ein Bleichen mit Wasserstoffperoxid.

Im allgemeinen verfährt man so, daß man die beiden ersten Rundgänge ($^1/_4$ und $^2/_4$ Bleiche) mit Natronbleichlauge durchführt und bei den nächsten Rundgängen mit Wasserstoffperoxid bleicht. Die H_2O_2-Bäder sind schwach alkalisch gehalten und enthalten als Stabilisator Wasserglas.

Nach dem Bleichen wird üblicherweise gebläut (S. 104) oder optisch aufgehellt (S. 104). Zur Griffverbesserung kann mit Seife oder mit leicht emulgierbaren Fettkörpern nachbehandelt werden.

Das Prinzip der *Kortebleiche* besteht in der Anwendung von *sauren Chlorbädern*, deren pH-Wert unter 4,5 liegt, da oberhalb pH 4,5 die Gefahr der Faserschädigung gegeben ist (S. 80). Den pH-Wert stellt man üblicherweise durch Zugabe von 8 bis 15 g konzentrierter Salzsäure pro Liter Bleichflotte ein.

In saurem Medium wirkt Natriumhypochlorit wegen seines hohen Gehalts an elementarem Chlor (vgl. S. 80) vorwiegend *chlorierend*, während die oxydierende Wirkung zurücktritt. Unter diesen Umständen werden die Verunreinigungen in Chlorsubstitutionsprodukte verwandelt, welche in einem angeschlossenen alkalischen Bad leicht abgelöst werden können. Vor allem werden die Scheben chloriert und können so leichter aus der Ware isoliert oder mindestens so weit aufgehellt und aufgeweicht werden, daß sie nicht mehr nachteilig in Erscheinung treten. Vor dem Chlorieren empfiehlt sich ein schwaches Brühen mit Sodalösung, um die Verunreinigungen aufzuweichen und damit das Chlorieren zu erleichtern. Das Verfahren wird vorteilhaft mit einer Wasserstoffperoxidbehandlung kombiniert.

Chloritbleiche. Wegen der Langwierigkeit des Bleichprozesses bewährt sich gerade bei der Flachsbleiche das Bleichen mit *Natriumchlorit* sehr gut, da es die Bleichzeiten wesentlich abzukürzen gestattet (vgl. S. 88).

Im allgemeinen wendet man heute eine *kombinierte Behandlung* mit Natriumchlorit und Wasserstoffperoxid *ohne eine Vorkochung* an und kann auf diese Weise Kreuzspulen während 7–8 Stunden *auf Vollweiß* bleichen.

Gewebebleiche. Gewebe werden, wenn notwendig, vor dem Bleichen gesengt und entschlichtet. Das Bleichen selbst erfolgt im Prinzip wie bei Flachsgarn und besteht in einer Kombination aus Sodakochungen und Behandlungen mit Natronbleichlauge. Auch bei der Gewebebleiche ist die Rasenbleiche durch die Wasserstoffperoxidbleiche ersetzt worden. Da Gewebe, namentlich wenn sie dicht geschlagen sind, schwer durchbleichen, wird meist im Garn schon vorgekocht bzw. vorgebleicht und im Gewebe nur noch nachgebleicht.

Eine besondere Bedeutung kommt dem Bleichen mit *Natriumchlorit* zu, da dieses auch schwere und dicht geschlagene Gewebe in verhältnismäßig kurzer Zeit durchzubleichen ermöglicht.

Bei der *Buntbleiche* ist der Gefahr des Abschmierens von Küpenfärbungen beim alkalischen Kochen durch entsprechende Maßnahmen zu begegnen (S. 65). Die Möglichkeit der Reduktion ist hier besonders gegeben, da Rohflachs mehr oder weniger große Mengen an reduzierend wirkenden Begleitkörpern enthält.

Mercerisieren. Das Mercerisieren von Flachsgarnen und -geweben wurde gelegentlich schon angewandt, ist aber von ganz untergeordneter Bedeutung, da die gebleichte Flachsfaser schon von Haus aus einen sehr schönen Glanz besitzt, so daß sie durch eine Mercerisation im Verhältnis zu dem Kostenaufwand nur noch unbedeutend veredelt werden kann.

Appretieren. Die Appreturverfahren decken sich im Prinzip weitgehend mit der Baumwollappretur. Für das Kalandern wird bei Leinengeweben namentlich der Stampfkalander (S. 167) in Anwendung gebracht (Beetlen), welcher der Ware einen vorteilhaften Griff bei dezentem Glanzeffekt verleiht.

Quellfeste Ausrüstung. Bei der Veredlung der Langfaser fällt namentlich bei der Bleiche die unliebsame Erscheinung ins Gewicht, daß das Fasermaterial einen beträchtlichen Gewichtsverlust erleidet, und zwar dadurch, daß die Faser neben Cellulose eine beträchtliche Menge von Cellulosebegleitstoffen, namentlich Pektin und Lignin enthält, die bei alkalischen Veredlungsprozessen (Bleichen, Färben) abgelöst werden. Auch bei der Gebrauchswäsche tritt allmählich eine Ablösung der Pektinstoffe ein, die zu einer Lockerung des Zusammenhalts der Einzelzellen führt, wodurch die Ware neben einem Gewichtsverlust auch eine Qualitätseinbuße erleidet.

Es besteht grundsätzlich die Möglichkeit, das Pektin, welches die Einzelzellen zu Zellbündeln zusammenhält, durch eine chemische Behandlung so zu verändern, daß es *quell- und alkalifest* wird (*F. Dittmar, H. Rath* u. *A. Agster*). Im Prinzip lassen sich hierfür die gleichen Methoden anwenden, wie sie für die quellfeste Ausrüstung der Baumwollfasern üblich sind (S. 129ff.). Man kann demnach die alkoholischen Hydroxylgruppen von Pektinmolekülen durch Brückenbindungen miteinander vernetzen und erhält bei der Einwirkung von Formaldehyd das der Methylencellulose bzw. dem Dimethylenäther der Cellulose (vgl. S. 41) entsprechende Methylenpektin bzw. den Pektindimethylenäther, wie dies in nachstehenden Formelbildern wiedergegeben ist:

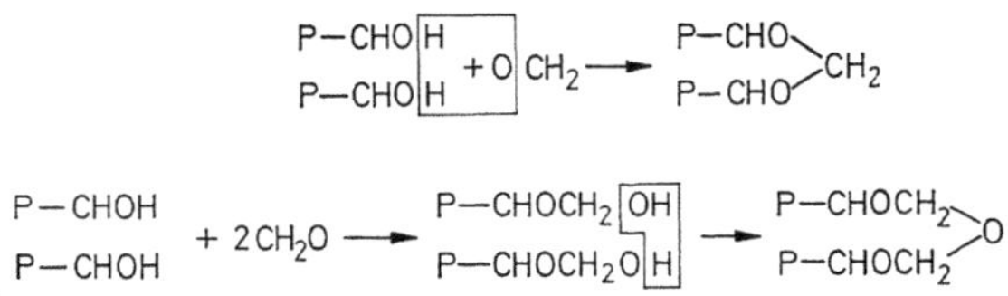

(P = Pektinrest)

Da bei der Formalisierung auch die Cellulose gleicherweise reagieren kann, hat man die Formalisierungsbedingungen so zu lenken, daß vorzugsweise das Pektin und weniger die Cellulose formalisiert wird, was auf Grund der größeren Reaktionsfähigkeit des Pektins möglich ist.

Auch eine Veresterung des Pektins (z.B. Acetylierung) läßt sich ohne eine gleichzeitige Umsetzung der Cellulose vornehmen, wobei das Pektin ebenfalls einen gewissen Schutz erhält (*H. Rath*). In analoger Weise wie bei der quellfesten Ausrüstung der Baumwollfasern erreicht man auch mit gewissen bifunktionellen Produkten (Glyoxal, Diisocyanate) eine Vernetzung des Pektins und damit eine erhöhte Quell- und Alkalifestigkeit (vgl. S. 141).

Knitterfeste Ausrüstung. Wie bei Baumwolle, Reyon und Zellwolle, so besteht auch bei Leinen die Möglichkeit der knitterfesten bzw. knitterarmen Ausrüstung durch Einlagerung von Kunstharzen bzw. durch eine chemische Modifizierung. Allerdings mußte man auch hierbei die Erfahrung machen, daß das Fasermaterial eine gewisse Schädigung erleidet. Indes erhält man mit modifizierten Behandlungen befriedigende Effekte, ohne die Faser allzusehr zu strapazieren. Auch die Krumpfechtheit kann bei Leinengeweben durch eine solche Behandlung verbessert werden (vgl. S. 129).

b) Das Cottonisieren (Herstellung von Flockenbast)

Das Cottonisieren bezweckt eine weitgehende Aufteilung der Bastfaser-Zellbündel in die Einzelzellen. Es spielt namentlich in rohstoffarmen Ländern in gewissen Notzeiten eine Rolle und ist aus dem Bestreben herausgewachsen, aus den Bastfasern bzw. deren Abfällen eine baumwollähnliche Faser zu erzeugen, so daß diese in Mischung mit Baumwolle oder mit anderen Kurzfasern (Zellwolle) versponnen werden kann. Das Produkt der Cottonisierung wird *Cottonin, Flockenbast* bzw. nach dem verwendeten Ausgangsmaterial *Flockenflachs* oder *Flockenhanf* genannt. Auf dem Gebiet der Herstellung des Flockenbasts hat vor allem *E. Gminder* Pionierarbeit geleistet.

Für den Aufschluß der Langbastfaser zur Kurzbastfaser kommen im Prinzip zwei verschiedene Verfahren zur Anwendung, und zwar einmal der *chemische Aufschluß* und zum andern die *mechanische Aufbereitung*. Im Prinzip besteht auch die Möglichkeit zu einem Aufschluß mit *Enzymen*.

Chemischer Aufschluß. Als Rohstoff für den chemischen Aufschluß kommt meist *Hanf- und Flachs-Grünwerg* in Frage. Im Kriege wurden allerdings auch ganze Faserpflanzen von geringerer Sorte sowie Ölflachs verarbeitet. Man verfährt im letzteren Fall in der Weise, daß die grünen Flachs- und Hanfstengel einer Vorentholzung unterzogen werden. Die grünen Stengel werden zunächst getrocknet, dann gebrochen und geschwungen, wobei das dem Aufschluß als Rohstoff dienende Grünwerg entsteht, das schon gut entholzt ist. Bei einer guten Vorentholzung ist der Laugenverbrauch entsprechend geringer und der Gehalt an Holzteilchen (Scheben) wesentlich niedriger als bei nicht vorentholztem Ausgangsmaterial. Der Schebengehalt beeinflußt den Spinnprozeß insofern nachteilig, als die Scheben Anlaß zu Fadenbrüchen geben.

Der chemische Aufschluß wird üblicherweise nach *Menzel* und *Schneider* so vorgenommen, daß das Material mehrere Stunden einer Druckkochung mit einer ca. 2–2½ %igen Natronlauge unterzogen wird. Durch die Laugeneinwirkung wird das die Einzelzellen zusammenhaltende Mittellamellenpektin gelöst und das Bastfaserzellbündel weitgehend in die Einzelzellen zerlegt. Eine völlige Aufteilung ist nicht notwendig, da im Zuge der nachfolgenden mechanischen Aufbereitung eine zusätzliche Aufteilung erfolgt.

Bei dem auf die Kochung folgenden Spülprozeß tritt eine teilweise Koagulation des abgebauten Pektins bzw. der Pektinbegleitstoffe (Araban, Galaktan) ein, was zu einer lästigen Verklebung des getrockneten Fasermaterials führt. Die Auflösung des verklebten Fasermaterials erfordert eine verhältnismäßig langwierige mechanische Aufbereitung auf Reißmaschinen (Wölfen) und Kardiereinrichtungen, was gleichzeitig ein häufiges Zerreißen von Fasern bewirkt. Dadurch wird die Faserlängenzusammensetzung (Stapeldiagramm) ungünstig verändert. Die Abb. 76 zeigt vergleichsweise die Stapeldiagramme von Zellwolle, Baumwolle und von einem chemisch aufgeschlossenen Flockenbast.

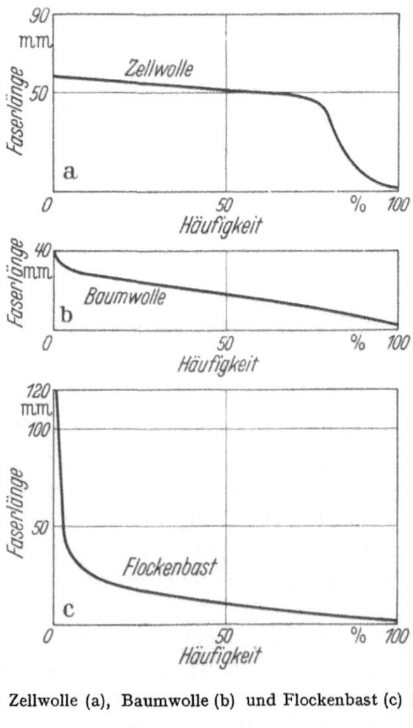

Abb. 76. Stapeldiagramme von Zellwolle (a), Baumwolle (b) und Flockenbast (c) (nach *Johannsen, Walz, Meyer*).

Man sieht, daß der Flockenbast gegenüber der Baumwolle und namentlich gegenüber Zellwolle außerordentlich schlecht abschneidet, da einer gewissen Anzahl von längsten Fasern (Prügelfasern) ein größerer Prozentsatz von kurzen

Fasern gegenübersteht, so daß das Material demnach sehr *inhomogen* zusammengesetzt ist (*O. Johannsen, F. Walz, W. Meyer*). Dies führt einerseits zu Verarbeitungsschwierigkeiten und andererseits zu einem starken Faserabfall beim Spinnprozeß.

Ein besonderes Augenmerk ist daher auf eine möglichst weitgehende Vermeidung von *Verklebungserscheinungen* zu richten. Diese Forderung setzt zunächst einen Rohstoff voraus, der möglichst wenig Holzteile (Scheben) enthält, da mit wachsendem Schebengehalt des Rohstoffes die Verklebungen wegen der in den Scheben enthaltenen Klebstoffe sich vermehren. Auch der auf die Kochung folgende Spülprozeß ist sorgfältig durchzuführen, und zwar ist zunächst heiß zu spülen und anschließend möglichst auf einer Langwaschmaschine mit Schlageinrichtung zu waschen. Das Schlagen fördert einerseits eine Aufteilung der noch zusammenhaftenden Faserbündel und führt weiterhin zu einer vorteilhaften Entfernung klebender Substanzen.

Da durch die Kochung und durch die eintretenden Verklebungen die Faser hart und störrisch wird, ist zur Fertigstellung eine entsprechende *Avivage* mit Fettprodukten angebracht, welche namentlich auch das Öffnen bei der angeschlossenen mechanischen Aufbereitung fördert.

Neben dem Verfahren der Laugenkochung besitzt das *Korte-Verfahren* Bedeutung, welches in einer Kombination einer Vorhydrolyse mit verdünnter Salzsäure und einer sauren Chlorierung mit Chlorwasser mit einer anschließenden Natronlaugekochung besteht. Der Vorteil des Korte-Verfahrens liegt unter anderem darin, daß die Chlorierung zu einer Chlorsubstitution des Lignins führt und die Chlorlignine bei der alkalischen Kochung leicht in Lösung gehen (S. 75). Auf diese Weise werden die Holzbegleitstoffe weitgehend entfernt.

Neuerdings scheint auch der Verwendung von Natriumchlorit in saurem Medium mit einer angeschlossenen Laugenkochung eine Bedeutung für den Aufschluß zuzukommen.

Im Hinblick auf einen besonders faserschonenden Aufschluß hat *E. Gminder* modifizierte chemische und mechanische Aufschlußverfahren entwickelt, deren Produkt den Rohstoff zu dem bekannten *Gminderlinnen* bildete, welches aus Baumwolle/Flockenbast-Mischungen hergestellt wurde. Die Grundlage des Gminderverfahrens bestand in einem Laugenaufschluß.

Enzymatischer Aufschluß. Grundsätzlich besteht die Möglichkeit, den Aufschluß auch *enzymatisch* vorzunehmen, da die hochmolekularen Begleitkörper der Flachsfaser durch enzymatischen Abbau in lösliche Produkte überführt werden können (*Stroink, Bendel* u. *Beerens*). Neben Pektin sind auch Stärke- und Eiweißkörper gerade in der Umgebung der Zellbündel vorhanden, so daß eine kombinierte enzymatische Einwirkung mit Proteasen, Amylasen und Pektinasen vorzunehmen ist.

Der Vorteil der enzymatischen Arbeitsweise besteht darin, daß der Aufschluß sehr schonend erfolgt, da der enzymatische Abbau sich auf die Faserinkrusten beschränkt, die Faser selbst aber in keiner Weise angreift. Da die Inkrusten stark abgebaut werden und daher niedrigmolekular in Lösung gehen, besitzen sie keine Klebkraft, so daß das getrocknete Material wieder leicht aufgeteilt werden kann, was sich vorteilhaft auf das Stapeldiagramm auswirkt. Ein weiterer Vorzug ist der, daß die Scheben hart und glasig und nicht weich und elastisch wie bei der Alkalikochung anfallen, so daß sie bei der mechanischen Aufbereitung leicht abgetrennt werden können. Die enzymatische Aufteilung ist indes nicht immer ausreichend, so daß man sie zweckmäßig mit einer leichten alkalischen Kochung kombiniert. Wirtschaftlich gesehen ist das Verfahren den andern Methoden zur Zeit noch unterlegen, da immerhin beträchtliche Konzentrationen an enzymatischen Produkten zur Anwendung kommen müssen.

Mechanische Aufbereitung. Die mechanische Aufbereitung geht von Röstflachsabfällen als Rohstoff aus und schließt diese durch eine rein mechanische Auflösung zur Kurzbastfaser auf. Die Aufteilung bzw. Kürzung erfolgt in einem vielfachen Durchgang durch Schlag- und Reißmaschinen.

Verwendung des Flockenbastes. Der Flockenbast dürfte nur in Notzeiten (Baumwollmangel) Bedeutung haben. Auf Grund seiner mangelhaften spinnereitechnischen Eigenschaften (Inhomogenität des Stapels, mangelnde Oberflächenstruktur) kann der Flockenbast im allgemeinen nicht für sich allein versponnen werden, sondern wird üblicherweise in Mischungen mit Baumwolle oder Zellwolle verarbeitet. Im allgemeinen werden Mischungsverhältnisse von 50:50 bzw. 40:60 (Flockenbast/Zellwolle bzw. Baumwolle) angewandt (*O. Johannsen*). In Zellwollmischgespinsten erreicht man durch die Flockenbastkomponente eine erhebliche Verbesserung der Trocken- und namentlich der Naßfestigkeit.

Eine grundsätzliche Frage bei der Gewinnung des Flockenbastes ist der Herstellungspreis. Der verhältnismäßig hohe Preis wird neben der teuren Aufbereitung des Rohstoffes namentlich durch eine ungenügende Ausnützung des Rohstoffes hinsichtlich der Faserausbeute verursacht. Die Faserausbeute beträgt bei Anwendung von Hanfgrünwerg 45–48% und bei Anwendung von Flachsgrünwerg 33–40%. Unter diesen Umständen versuchte man die Flockenbastgewinnungsverfahren rentabler zu gestalten, und zwar unter anderm durch eine möglichst vorteilhafte Verwendung der dabei auftretenden Abfallprodukte. In dieser Beziehung spielen die *Scheben* eine gewisse Rolle. Diese wurden früher meist zur Kesselfeuerung oder als Streumittel für Ställe verwandt, während man später versuchte, Zellstoff für Papier und Reyon daraus zu erzeugen. Wie aus der Tab. 16 hervorgeht, welche die Zusammensetzung der Scheben zeigt, schwankt der Cellulosegehalt zwischen 35 und 45%. In seinen Eigenschaften entspricht der gewonnene Zellstoff etwa dem Strohzellstoff (*P. S. Eckert, G. Jayme*).

Tabelle 16. *Zusammensetzung der Scheben*

Zusammensetzung	%
Cellulose	35–45
Lignin	25–28
Pentosane	17–27
Wasser	10
Asche	2

Auf der andern Seite ist man an einer Gewinnung der in der Kochlauge enthaltenen *Kohlenhydrate* (Pektine) interessiert. Diese könnten, wenn eine vorteilhafte Gewinnungsmöglichkeit bestünde, als Futtermittel eingesetzt werden. Die Gewinnung stößt allerdings auf Schwierigkeiten, wenn der Aufschluß wie üblich mit Natronlauge ausgeführt wird, läßt sich aber eventuell leichter erreichen, wenn das Pektin weniger auf dem Wege des Abbaus als durch einen Lösungsprozeß herausgelöst wird. Falls das Pektin wenig abgebaut und damit in gut gelierfähigem Zustand gewonnen werden könnte, stünden ihm weitere Anwendungsmöglichkeiten offen, wie dies beispielsweise für das aus Obsttrestern gewonnene Pektin der Fall ist. Letzteres wird in großem Umfang in der Marmeladen- und Konfitürenindustrie eingesetzt und findet auch als Schlichtemittel Verwendung.

c) Der Hanf

Es gibt eine ganze Anzahl von Bastfasern, die unter der Bezeichnung *Hanf* laufen. Der gewöhnliche Hanf ist die Gattung cannabis sativa, die in fast allen Ländern mit gemäßigtem und tropischem Klima kultiviert wird. Die Gewinnung der Hanffaser aus dem Hanfstengel erfolgt analog der Isolierung des Flachses durch die Prozesse des Riffelns, Röstens, Brechens und Hechelns. Der Ligningehalt ist im Hanf größer als in der Flachsfaser.

Verwendung. Da die Hanffaser grob, rauh, steif und nicht genügend biegsam ist, wird sie weniger für Bekleidungszwecke als für technische Artikel eingesetzt.

Die Faser findet zur Herstellung von Seilen, Bindfäden, Schiffstauen, Segeltuch, Zelttuch, Gurten, Schläuchen usw. Verwendung. In Form der Kurzbastfasern (Flockenhanf) kann die Faser wie Flockenflachs verarbeitet werden (vgl. S. 187).

d) Die Ramiefaser

Ramie ist eine Nesselart, die in China, Indien und Amerika (Florida) kultiviert wird. Die Gewinnung ist nicht einfach, da ein Rösten, wie es bei Flachs und Hanf üblich ist, die Faser angreift, und daher nicht durchgeführt werden kann. Die Stengel werden in Wasser getaucht und die zusammenhängenden Bastbündel meist durch *Abschälen* von Hand oder auch maschinell entfernt. Nach dem Schälen sind die Fasern durch Klebstoffe (Kohlenhydrate) bandartig zusammengehalten. Die Entfernung der Klebstoffe, die zu einem Aufteilen der Bänder führt, wird durch eine heiße Behandlung mit Seife oder Alkali vorgenommen (*Degummieren*). Ramie wird in geschältem Zustand aus den Erzeugungsländern exportiert, so daß der Verarbeiter die Faser nur noch zu degummieren braucht. In der degummierten Faser liegt eine mit nur wenig Lignin durchsetzte Cellulosefaser vor.

Verwendung. Ramie ist die stärkste und haltbarste Cellulosefaser, die auch nicht unter dem Einfluß von Wasser und Luft verrottet. Die Faser besitzt einen seidenartigen Glanz und ist von fast weißer Farbe, so daß sie gar nicht oder nur mild gebleicht zu werden braucht. Verwendet wird sie u.a. zur Herstellung von Segeltuch, Wagenplanen, Fischernetzen sowie von hochwertiger Tischwäsche.

Die Festigkeit liegt um 20–25 % höher als bei Flachs. Die Veredlung lehnt sich eng an diejenige der Flachsfaser an.

e) Jute

Das Haupterzeugungsland für Jute ist Indien; neuerdings wird die Faser aber auch in China, Japan, Amerika und Australien angebaut. Die Gewinnung der Faser erfolgt durch eine Wasserröste und anschließendes Abschälen von Hand. Der abgeschälte Bast, in dem die Fasern bandartig zusammenhängen, muß für Spinnereizwecke weich und geschmeidig gemacht werden, was als *Batschen* bezeichnet wird. Das Batschen besteht in einem Imprägnieren mit einer Öl-Wasser-Emulsion zwischen Quetschwalzen, wodurch das Bastband weich und schlüpfrig wird, so daß nach dem Aufweichen des Pflanzenleims das Aufteilen der zusammenhängenden Faserbänder beim Kardieren erleichtert ist. Als Batschöle finden tierische und pflanzliche Öle sowie Mineralöle in emulgiertem Zustand Verwendung. Die Cellulose ist in der Jutefaser stark mit Lignin durchsetzt. Auf Grund des hohen Ligningehalts (ca. 50 %) neigt die Faser in der Nässe leicht zum Verrotten. Durch geeignete Formalisierungsverfahren läßt sich Jute chemisch modifizieren, wodurch die Faser fester und widerstandsfähiger gegen Mikroorganismen wird (*H. Zahn* und *P. C. Das*).

Die Jutefaser findet vorzugsweise für die Herstellung von technischen Erzeugnissen, z.B. Sackleinwand, Wandbespannungsstoffe, Matten, als Grundgewebe für die Linoleumherstellung usw. Verwendung.

Als Ersatz für Jute kommt die in Rußland, Indien, Irak, Iran, auf Kuba sowie in Mittelamerika angebaute *Kenaf-Faser*, eine Stengelbastfaser, in Betracht, die in ähnlicher Weise wie die anderen Bastfasern gewonnen werden kann.

5. Die Veredlung von Mischgespinsten bzw. Mischgeweben aus nativen Cellulosefasern

Bei der Veredlung ist jeweils auf die gegenüber den Veredlungsflotten empfindliche Komponente Rücksicht zu nehmen; die Veredlung ist daher auf diese abzustellen. So ist bei der Veredlung von Mischgeweben aus Baumwolle und Leinen (Halbleinen) auf die Empfindlichkeit der Flachsfaser gegenüber Alkalien zu achten, damit nicht bei stärkerer Alkalibehandlung eine *Cottonisierung* (S. 187) der Flachsfaser eintritt. Die Veredlung solcher Mischungen wird daher weitgehend analog der Flachsveredlung durchgeführt.

Im Gegensatz hierzu kann eine Mischung aus Baumwolle-Cottonin (Flockenbast) auch mit stärkerem Alkali behandelt werden, da das Cottonin eine Alkalikochung bereits hinter sich hat. Die Veredlung von Baumwoll-Cottonin-Mischungen deckt sich daher im großen und ganzen mit der Veredlung von baumwollenen Gespinsten. Gewisse Schwierigkeiten bereiten hierbei vielleicht die im Cottonin enthaltenen Scheben, die zu ihrer Entfernung einer intensiven Bleichbehandlung bedürfen.

C. Die künstlichen (regenerierten) Cellulosefasern Reyon (Kunstseide) und Zellwolle

Neben die natürlichen Cellulosefasern sind in den letzten Jahrzehnten in verstärktem Maß die künstlichen Cellulosefasern getreten. Obwohl sie in ihrer Strapazierfähigkeit im allgemeinen an die nativen Cellulosefasern nicht heranreichen, so sind sie trotzdem nicht etwa als ein Ersatzprodukt anzusehen, sondern nehmen auf Grund ihrer besonderen Eigenschaften neben den anderen Fasern eine selbständige Stellung ein. Sie zeichnen sich namentlich durch Glanz, Weichheit, Geschmeidigkeit und vor den Synthesefasern durch Preiswürdigkeit aus, so daß sie zur Herstellung von billigen Damenkleidern, Damenwäsche, Dekorationsstoffen usw. besonders geeignet sind. Für die gleichen Artikel ist – neben den synthetischen Fasern – auch die wesentlich teurere Naturseide geeignet, die aber für Massenartikel nicht in Betracht kommt. Obwohl in den letzten Jahren die synthetischen Fasern einen starken Aufschwung erfahren haben, ging trotzdem die Produktion der regenerierten Cellulosefasern in die Höhe. Dies hängt damit zusammen, daß die Fasern auf Grund ihres verhältnismäßig niedrigen Preises für billige modische Artikel und als Beimischfaser für billige Woll- und Baumwoll-Artikel eine große Bedeutung besitzen.

Das *Herstellungsprinzip* ist für beide Fasern (Reyon und Zellwolle) weitgehend das gleiche. Die Fasern unterscheiden sich vor allen Dingen dadurch, daß es sich bei Reyon um eine *endlose* Faser handelt, welche nur noch zum Garn verzwirnt zu werden braucht, während die Zellwolle aus *endlichen* Fasern (Stapel) besteht, welche wie Baumwolle oder Wolle zu einem Garn versponnen werden müssen. Die Zellwolle erzeugt man aus den zunächst endlosen Fasern durch Schneiden in endliche Faserlängen.

Auf Grund der Herstellung aus endlichen Fasern ist der Charakter eines Zellwollgarns ein ganz anderer als derjenige eines Reyongarns, welches aus der gleichen Fasersubstanz, aber aus endlosen Fasern besteht. Durch die aus der Garnoberfläche abstehenden Faserenden werden die Lichtreflexion, der Griff und das Wärmehaltevermögen entsprechend beeinflußt. Ein Reyongewebe ist glanzreicher und fühlt sich kälter an als das entsprechende Zellwollgewebe. Vor allen Dingen eignet sich die geschnittene Kunstfaser (Stapelfaser, Zellwolle) zum Verspinnen mit andern Fasern von endlicher Stapellänge.

1. Die Herstellung von Reyon (Kunstseide) und Zellwolle[1]

Herstellungsprinzip. Aus cellulosehaltigen Rohstoffen gewonnene Cellulose bzw. Cellulosederivate werden in einem geeigneten Lösungsmittel zu einer hochviscosen Lösung gelöst und diese durch feine Düsen in ein Medium eingespritzt, in dem die Bedingungen zur Lösung nicht mehr gegeben sind, so daß die in Lösung befindliche Cellulose in Faserform ausgeschieden wird.

Historisches. Das Jahr 1884 dürfte als das Geburtsjahr der Kunstseide angesehen werden. In diesem Jahre machte *Chardonnet* im französischen Patent 165349 und etwas später im DRP. 38368 aus dem Jahre 1885 Angaben über die Herstellung von Kunstseide nach dem Cellulosenitratverfahren und wurde somit zum Begründer der Kunstseidenindustrie. *Chardonnet* gründete seinerzeit das Unternehmen „Société anonyme pour la fabrication de la soie de Chardonnet" in Besançon. Etwa um dieselbe Zeit machte *I. W. Swan* in Bromley ebenfalls Spinnversuche mit Cellulosenitratlösungen, ohne aber sein Verfahren bis zur industriellen Reife zu entwickeln. Mit dem Aufkommen der anderen Kunstseidensorten hat die Nitratseide an Bedeutung so sehr verloren, daß nach 1929 nur noch einige wenige ausländische Betriebe Nitratseide herstellten.

Im Jahre 1892 konnte zum ersten Male durch *M. Fremery* und *I. Urban* Kupferkunstseide hergestellt werden. Dieses Verfahren wurde erst später mit dem DRP. 98642 vom Jahre 1897 geschützt. Im Jahre 1898 gelang es *Ch. H. Stearn*, aus Viscoselösungen Kunstfasern, das heutige Viscose-Reyon, herzustellen (DRP. 108511). Als letzte der Kunstseiden auf Cellulosebasis ist die Acetatkunstseide zu erwähnen, als deren Geburtsjahr etwa das Jahr 1900 zu nennen ist (*Eichengrün*).

Bis zum Jahre 1916 wurde die Kunstseide ausschließlich als endlos lange Faser verarbeitet. Ab 1916 faßte die Stapelfaser – eine in kurze Stücke geschnittene Kunstseide – langsam Fuß. Seit 1934 wird die Stapelfaser unter der Bezeichnung Zellwolle in großem Umfange hergestellt. Die Bezeichnung *Kunstseide* wurde inzwischen in *Reyon* umgeändert.

a) Ausgangsmaterial

Als Rohstoff für die Herstellung von Reyon und Zellwolle kommt grundsätzlich Cellulose in Frage. Zur Gewinnung der Cellulose dienen cellulosehaltige Hölzer bzw. Pflanzen, sofern sie in genügendem Umfang zur Verfügung stehen und einen mengen- und gütemäßig befriedigenden Zellstoff liefern, der sich gleichzeitig auch in einfacher Weise aus den Pflanzen isolieren läßt. Der hochwertigste Cellulose-Rohstoff ist die Baumwolle, die in Form von Baumwollabfällen (Linters) für die Reyonfabrikation zur Verwendung kommt.

Linters, Fichtenholz. Für die Herstellung von Nitrat-Reyon, Acetat-Reyon und auch Kupfer-Reyon hat man lange Zeit nur Linters verwendet, während für das Viscoseverfahren von Anfang an der billigere Holzzellstoff eingesetzt werden konnte. Man hat schon frühzeitig versucht, auch bei der Herstellung der erstgenannten Reyonfasern die Linters durch Holzzellstoff zu ersetzen. Nach anfänglichen Schwierigkeiten ist dies auch fabrikationsmäßig so weit gelungen, daß seit einer Reihe von Jahren alle Kunstseiden und Zellwollen aus Holzzellstoff hergestellt werden können. Damit soll aber nicht gesagt sein, daß die Qualität der Cellulose für die Faserqualität ohne jeden Belang sei; denn es ist in der Reyonindustrie seit langem bekannt, daß man aus Linters oder aus veredelten Zellstoffen im allgemeinen eine in gewisser Beziehung hochwertigere Kunstfaser bekommt als aus normalen Zellstoffen (vgl. S. 197).

Für die Gewinnung des Holzzellstoffes kommen verschiedene Holzarten in Frage. Ursprünglich war man der Meinung, daß hochwertige Kunstseide nur aus *Fichtenholz*zellstoff erzeugt werden könnte, und zwar speziell aus Fichtenholz, welches in nordi-

[1] Die Nomenklatur hat sich im Laufe der Jahre mehrfach geändert. Die Bezeichnung „Zellwolle" ist heute der Viscose-Spinnfaser vorbehalten, während die Kupfer-Stapelfaser „Kupfer-Spinnfaser" und die Acetat-Stapelfaser „Acetat-Spinnfaser" genannt werden.

schen Ländern (Finnland, Schweden, Norwegen und Kanada) gewachsen war. Das kalte Klima bewirkt ein langsameres und daher regelmäßiger verlaufendes Wachstum, was sich auf die Gleichmäßigkeit des Holzes vorteilhaft auswirkt. Man bevorzugte einseitig ein Holz, das langsam, also eng gewachsen war, während man inzwischen gelernt hat, daß die Engwüchsigkeit des Holzes keinen entscheidenden Faktor für die Qualität eines Kunstfaserholzes darstellt. Im Zuge des steigenden Bedarfs an Zellstoff war man gezwungen, auch einheimische Fichtenhölzer und andere Holzsorten für die Herstellung von Reyon und Zellwolle einzusetzen.

Buchenholz. Im Laufe der Zeit ist es gelungen, Buchenholz zur Herstellung von Zellstoff heranzuziehen. Für die Papierindustrie stellt der Buchenholzzellstoff keinen idealen Rohstoff dar, da die Zellstoffasern der Laubhölzer nur eine minimale Länge besitzen und daher das daraus hergestellte Papier wenig reißfest ist. Im Gegensatz hierzu spielt die Faserlänge des Zellstoffs für die Kunstfaserindustrie keine Rolle, da der Zellstoff im Rahmen der Fabrikation vollkommen gelöst wird und dann in Fasern von beliebiger Länge umgeformt werden kann.

Bei der Umstellung von Fichtenholz auf Buchenholz waren teilweise beträchtliche Schwierigkeiten zu überwinden, vor allem wegen des höheren spezifischen Gewichtes des Buchenholzes (0,70) gegenüber Fichtenholz (0,43). Dieser Umstand machte es notwendig, das Aufschlußverfahren für Buchenholz entsprechend umzustellen. Grundsätzlich kann aber das für Fichtenholz übliche Sulfitverfahren auch für Buchenholz verwendet werden. Wegen der geringen Faserlänge der Buchenholz-Zellstoffäserchen mußte man mit Rücksicht auf eintretende Faserverluste die Sieborgane engporiger gestalten und wesentlich feinere Siebgewebe bzw. Zellenfilter zur Anwendung bringen.

Kiefer, Aspe, Pappel, Stroh, Scheben. Neben Fichten- und Buchenholz wird auch *Kiefernholz* zur Erzeugung von Kunstfaserzellstoff herangezogen. Das Kiefernholz läßt sich allerdings nach dem üblichen *Sulfitverfahren* nicht aufschließen, wenigstens soweit dies den Kiefernkern betrifft, während das Splintholz sich sehr ähnlich dem Fichtenholz verhält. Beim Aufschluß des Kiefernholzes ist man daher auf das *Sulfatverfahren* angewiesen.

Auch mit *Birken-*, *Aspen-* und *Pappelholz* wurden umfangreiche Versuche durchgeführt. Der Vorteil der Pappel liegt darin, daß sie auch auf schlechtesten Böden gedeiht und schon nach kurzer Wachstumszeit gute Zellstofferträge liefert. Das Pappelholz besitzt seinen Höchstcellulosegehalt zwischen 9 und 17 Jahren, während beispielsweise das langsam wachsende Buchenholz seine maximale Celluloseausbeute erst zwischen 60 und 100 Jahren erreicht.

Als Ergänzung zum Rohstoff Holz trat zeitweise das *Stroh*. Während der Strohzellstoff zunächst nur für die Verarbeitung auf geringe und mittlere Papiersorten (vor allem zu Pappen) in Betracht kam, ist es schließlich gelungen, den Strohaufschluß so zu lenken, daß ein hochwertiger, für die Faserstoffherstellung brauchbarer Zellstoff gewonnen werden konnte. Neben Stroh wurden gelegentlich auch *Kartoffelkraut*, *Schilf*, *Sonnenblumenstengel* sowie die bei der Bastfaseraufbereitung anfallenden *Scheben* (S. 190) als Celluloserohstoffe ausgenützt.

Zusammensetzung der Hölzer. Die Zusammensetzung der einzelnen Hölzer zeigt keine allzu großen Unterschiede; sie ist bei ein und demselben Holz in Abhängigkeit von den verschiedenen Schichten (Kern-, Splint-, Astholz) etwas variierend und wird auch vom Alter und Standort beeinflußt. Die Zusammensetzung eines schwedischen Fichtenholzes und eines deutschen Kiefernholzes ist den Tab. 17 und 18 zu entnehmen.

Bei den Hemicellulosen (S. 43) handelt es sich um Pentosane und Hexosane (Araban, Xylan, Galaktan, Lävulan). Ein Teil von ihnen ist leicht hydrolysierbar und geht bei der Zellstoffherstellung mit den Ligninstoffen in der Kochlauge in Lösung, während ein anderer Teil, der vermutlich mit der Cellulose irgendwie verknüpft ist, schwer hydrolysierbar ist und damit nach der Isolierung des Zellstoffes in diesem verbleibt.

Eine möglichst weitgehende Entfernung der Hemicellulosen aus dem Zellstoff ist erwünscht, da diese zu Verarbeitungsschwierigkeiten und Qualitätsminderungen der Fertigfaser Anlaß geben. Namentlich Acetatzellstoffe müssen eine besonders hohe Reinheit besitzen (*Jayme*).

Tabelle 17. *Zusammensetzung eines schwedischen Fichtenholzes* (nach *Hägglund*)

Cellulose	41,0%	
Hemicellulosen		Sulfitzellstoff = 47,1%
a) Schwer hydrolysierbare Polysaccharide	6,1%	
b) Leicht hydrolysierbare Polysaccharide	20,6%	
Lignin	30,0%	
Harz, Fett, Protein, Asche	2,3%	

Tabelle 18. *Zusammensetzung von Kiefernholz*

	ca. %	
Cellulose	45	
Pentosane (Araban, Xylan)	10	
Hexosane: Mannan	10	Hemicellulosen
Hexosane: Galaktan	0,5	
Lignin	26,5	
Harz, Fett, Wachs	3–6	

b) Die Gewinnung des Zellstoffs

Die üblichen Herstellungsverfahren beruhen darauf, daß man das zu Hackspänen zerkleinerte Holz mit solchen Mitteln behandelt, welche die Nichtcellulosestoffe aufzulösen vermögen, die Cellulose aber nicht angreifen. Ein gewisser Anteil der Hemicellulosen verhält sich allerdings sehr widerstandsfähig gegen das Ablösen, so daß besondere Methoden der Vorbehandlung des Holzes bzw. der Nachbehandlung der Zellstoffe erforderlich sind, um die Cellulosebegleiter restlos zu entfernen.

Das Sulfitverfahren. Das Holz wird mehrere Stunden in Druckkochern mit SO_2-haltiger Calciumbisulfitlösung gekocht. Das Calciumbisulfit wird an Ort und Stelle erzeugt. In 30 m hohen Türmen rieselt über Kalksteine Wasser, dem SO_2 (aus Pyrit hergestellt) entgegenströmt. Oben entweicht CO_2, unten fließt eine Lösung von Calciumsulfit in schwefliger Säure ab. Die sogenannte Turmlauge ist 4–4,5 °Bé stark. Die Kocher bestehen aus Eisen und sind säurefest ausgemauert.

Bei der Sulfitkochung werden die Grundkörper des Lignins bei gleichzeitiger Sulfierung hydrolytisch gespalten, wodurch in der Sulfitlauge lösliche Bruchstücke entstehen.

Der in der Sulfitlauge befindliche faserige Zellstoff wird nach der Isolierung gewaschen, im Mahlholländer gemahlen, eventuell gebleicht, entwässert, auf Langsiebmaschinen getrocknet und zu Pappen geformt.

Das Sulfitverfahren eignet sich vor allem zur Verarbeitung von Fichten- und Buchenholz.

Ein besonderes Problem stellt dabei die *Verwertung der Sulfitablauge* dar. Diese kann nicht in die Flußläufe abgelassen werden, da sie stark reduzierend wirkt und damit jegliches Leben ersticken würde. Teilweise wird die Sulfitablauge an Ort und Stelle eingedickt und als konzentrierte Flüssigkeit in die Feuerung gespritzt, um wenigstens die in ihr enthaltene Verbrennungsenergie der organischen Substanzen auszunützen. Zu einem andern Teil wird sie auf *Klebstoffe* verarbeitet, die allerdings sehr dunkel gefärbt sind und daher nur begrenzt, beispielsweise für die Herstellung von Dachpappe, Verwendung finden können.

Eine große Rolle spielt die Aufarbeitung der Sulfitablauge auf Äthylalkohol (*Sulfitsprit*), welcher aus den enthaltenen Polysacchariden (Mannose und Glucose) durch Hefegärung entsteht. Aus 1 cbm Sulfitablauge erhält man 10–14 l, pro Tonne Zellstoff 60 bis 120 l Alkohol.

Auch zur Herstellung von plastischen Massen, Gerbstoffen und *Textilhilfsmitteln* (Protectol, Dekol) findet die Sulfitablauge Verwendung (vgl. S. 794). Weiterhin stellt die Sulfitablauge ein billiges Reduktionsmittel für die Herstellung des Natriumchlorits (S. 87) dar. Eine Druckhydrierung bei 350 °C führt zu einer Reihe technisch verwertbarer Produkte wie Phenol, Carbonsäuren usw. Auch *Vanillin* und p-Cymol können aus der Sulfitablauge gewonnen werden.

Eine besondere Verwertungsmethode besteht bzw. bestand darin, daß man die in der Sulfitablauge enthaltenen Kohlenhydrate *biosynthetisch* in Fett und namentlich in Eiweißkörper (Nährhefe) umsetzt. Für die Biosynthese kann der Stickstoff in anorganischer Form (Ammoniumsalze) zugegeben werden.

Aus den Abgasen der Sulfitkochung kann *Furfurol* gewonnen werden.

Das Natronverfahren. Das Holz wird drei bis sechs Stunden bei 170–180 °C (7–10 atü) mit 6–8%iger Natronlauge gekocht, wobei die Holzinkrusten in Lösung gehen. Das Verfahren eignet sich besonders für die Verarbeitung von Kiefernholz und Stroh. Auch Buchenholz wird vorteilhaft aufgeschlossen. An Nebenprodukten aus den Kocherabgasen und beim Eindampfen der Schwarzlauge fallen u.a. Methylalkohol, Aceton, Terpentinöl und bei harzreichen Hölzern Tallöl an.

Das Sulfatverfahren. Das Sulfatverfahren ist eine gewisse Modifikation des Natronverfahrens insofern, als dabei eine sulfidhaltige Natronlauge verwendet wird. Man stellt die Kochlauge durch Zusatz von *Natriumsulfat* zur Altlauge (Schwarzlauge) her. Das Sulfat wird beim Verbrennen der eingedampften Schwarzlauge durch die organischen Verunreinigungen zu Sulfid reduziert:

$$Na_2SO_4 + 4\,C = Na_2S + 4\,CO$$

gleichzeitig entsteht Soda, die durch $Ca(OH)_2$ kaustifiziert wird.

Die sulfidhaltige Kochlauge ergibt gegenüber dem Natronverfahren eine um etwa 10% höhere Zellstoffausbeute.

Das Salpetersäureverfahren. Nach dem seinerzeit von der I. G. Farbenindustrie ausgearbeiteten Verfahren wird das Holz mit mindestens 4%iger Salpetersäure mehrere Stunden erhitzt und alkalisch nachbehandelt. Das Verfahren liefert den reinsten Zellstoff, welcher dem Linterszellstoff äquivalent ist. Es eignet sich vor allen Dingen für die Verarbeitung von Buchenholz.

Die Herstellung von Edelzellstoffen. Eine Kunstseide bzw. Zellwolle von erhöhtem Gebrauchswert (z.B. Reifenkordseide, Kupferfasern) erfordert als Ausgangsmaterial einen Zellstoff, welcher weitestgehend frei ist von niedrigmolekularen Cellulosen sowie Cellulosebegleitstoffen (Hemicellulosen).

Im allgemeinen geht man bei der Herstellung besonders reiner Zellstoffe, sogenannter Edelzellstoffe, so vor, daß man den bei der Sulfitkochung anfallenden Zellstoff einer Nachbehandlung mit kochender verdünnter Natronlauge unter Druck unterwirft. Die Reinigung kann aber auch kalt mit höherprozentigen Laugen erfolgen. Durch die alkalische Nachreinigung der Zellstoffe – eventuell in Kombination mit einer Bleiche – gelingt es, den Wert für den α-Cellulosegehalt auf 96–98% zu erhöhen.

Pentosanarme Zellstoffe kann man erhalten, wenn man das Holz vor der Kochung (Sulfatverfahren) einer Vorhydrolyse mit heißer verdünnter Salzsäure oder einer Wasserdruckkochung unterwirft. Aus den Sacchariden des Hydrolysats läßt sich vorteilhaft nach Zusatz von Ammoniak, Kalisalz und Phosphorsäure auf biosynthetischem Weg *Nährhefe* gewinnen.

Bei der Nachreinigung der Zellstoffe werden die niedrigmolekularen Bestandteile herausgelöst, so daß Edelzellstoffe zwischen 1300 und 1750 liegende Polymerisationsgradwerte aufweisen (vgl. S. 224).

c) Die Beurteilung der Zellstoffe

Die Qualität des Zellstoffs spielt im Hinblick auf die Wirtschaftlichkeit sowie den reibungslosen Verlauf der Herstellungsverfahren für Reyon und Zellwolle und nicht zuletzt im Interesse der Eigenschaften des Fertigproduktes eine wichtige Rolle. Aus diesem Grund wird der Zellstoff in der Zellstoffabrik sowie in der Reyon- und Zellwollefabrik einer eingehenden Kontrolle unterzogen. Im Laufe der Zeit hat sich eine ganze Anzahl Untersuchungsmethoden für Zellstoff eingebürgert, deren jeweilige Anwendung in gewissem Umfang auf das Verfahren abgestimmt ist, für das der betreffende Zellstoff eingesetzt wird.

α-Cellulosegehalt. α-Cellulose ist die bei der Behandlung mit 18%iger Natronlauge unter vorgeschriebenen Bedingungen unlösliche Cellulose. Diese Konstante ist besonders wichtig für Viscosezellstoffe, da bei der Viscosefabrikation der Zellstoff in 18%iger Natronlauge getaucht wird, die hierin löslichen Anteile demnach verlorengehen. Die α-Cellulose ist durch einen verhältnismäßig hohen Polymerisationsgrad gekennzeichnet.

β- und γ-Cellulose. Säuert man das von der α-Cellulose stammende alkalische Filtrat mit Essigsäure an, dann scheidet sich die β-Cellulose aus, bei der es sich um Cellulosebestandteile handelt, deren Durchschnittspolymerisationsgrad unter 200 liegt. Die γ-Cellulose fällt aus dem Filtrat der β-Cellulose auf Alkoholzusatz aus und besteht aus Kohlehydraten (Pentosane und Hexosane), deren Durchschnittspolymerisationsgrad unter 10 liegt.

Viscosität. Die Charakterisierung eines Zellstoffes auf Grund der Viscosität seiner Lösungen spielt eine sehr wichtige Rolle im Rahmen der Zellstoffbeurteilungsmethoden, da die Viscosität über den Zustand des Zellstoffes hinsichtlich eines mehr oder weniger starken Abbaugrades wesentliche Aussagen machen kann. (Aus der Viscosität kann unter bestimmten meßtechnischen Voraussetzungen auf den Polymerisationsgrad des Zellstoffs geschlossen werden.) Die Viscosität kann entweder nach der Cuoxammethode bestimmt werden (S. 11) oder in der Weise, daß man den Zellstoff nach einer konventionellen Vorschrift mit Natronlauge tränkt, überschüssige Lauge abpreßt, die Alkalicellulose mit Schwefelkohlenstoff zu Cellulosexanthogenat (S. 200) umsetzt und dieses in Natronlauge auflöst. Die Viscosität des Cellulosexanthogenats in Natronlaugelösung wird dann gemessen (*Xanthogenatviscosität*).

Neben Cuoxam wird neuerdings vorteilhaft Kupferäthylendiamin als Lösungsmittel angewandt, da in diesem der Zellstoff unempfindlich gegenüber Luftsauerstoff ist.

Polymerisationsgrad. Der Polymerisationsgrad der Zellstoffe, welcher über die durchschnittliche Molekülgröße Auskunft gibt, wird vorteilhaft auf viscosimetrischem Wege nach *Staudinger* bestimmt (S. 10). Die im Holz enthaltene Cellulose ist vermutlich hochmolekular und wird bei der technischen Isolierung aus dem Holz stark abgebaut, so daß die Polymerisationsgrade der technischen Zellstoffe etwa zwischen 600 und 1000 liegen. Bei Edelzellstoffen (S. 224) kann dieser Wert bis auf 1700 ansteigen.

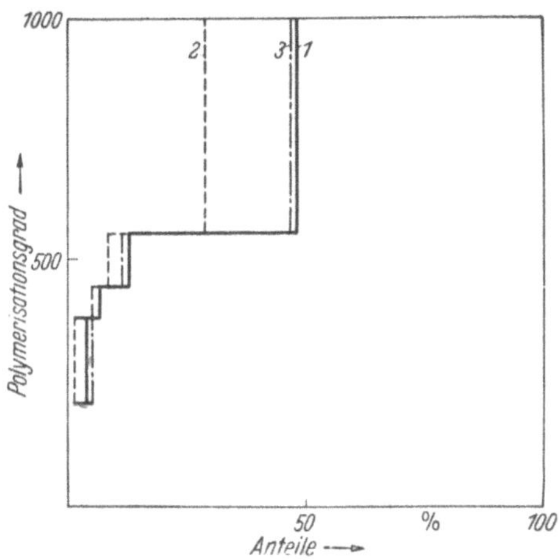

Abb. 77. Moleküllängen-Verteilung in Zellstoffen (nach *Rath* und *Dolmetsch*).

Wichtig für die Beurteilung eines Zellstoffes ist in gewissem Umfang auch die Art der *polymolekularen Verteilung* der Cellulosemoleküle (S. 13), da niedrigmolekulare Cellulosen eine größere Alkalilöslichkeit besitzen als solche von hochmolekularer Zusammensetzung. Die Abb. 77 zeigt die Moleküllängenverteilung in drei technischen Zellstoffen, wie sie durch fraktioniertes Lösen der Zellstoffnitrate in Alkohol-Essigester-Gemischen erhalten wurde. Bei 1 handelt es sich um einen Sulfitzellstoff und bei 2 und 3 um nach dem Salpetersäureverfahren hergestellte Zellstoffsorten.

Die **Kupferzahl** wird vielfach als Kennzahl für Zellstoffe angewandt und bildet ein Maß für den Gehalt an reduzierend wirkenden Polysacchariden (Hemicellulosen und abgebaute Cellulosen).

Der **Ligningehalt** soll möglichst niedrig sein, da er die Filtrierfähigkeit der Spinnlösung und die Güte der Faser in ungünstiger Weise beeinflußt.

Der **Aschengehalt** soll niedrig sein; unerwünscht ist das Vorkommen von Eisen, Mangan und Kupfer, da diese einen nachteiligen Einfluß auf die Vor- und Nachreife bei der Viscosefabrikation ausüben (Herabsetzung der Viscosität).

Von Wichtigkeit ist weiterhin die Bestimmung des *Harzgehalts, Feuchtigkeitsgehalts,* der *Saughöhe* sowie die *Farbe* des Zellstoffes.

Die Analysenwerte normaler Holzzellstoffe (Sulfitzellstoffe aus Fichtenholz) sind der Tab. 19 zu entnehmen.

Tabelle 19. *Analysenwerte normaler Holzzellstoffe* (nach *Götze*)

	%		%
α-Cellulose	87,5	bis	89,5
β-Cellulose	3,5	bis	6,0
γ-Cellulose	4,5	bis	7,0
Asche	0,10	bis	0,20
Harz (benzollöslich)	0,40	bis	0,70
Lignin	0,05	bis	0,10
Pentosane	1,8	bis	2,50
Kupferzahl nach *Braidy*	1,6	bis	3,0

Der α-Cellulosegehalt beträgt bei Linters bezogen auf Gesamtcellulose 98,5 bis 99%. Durch eine geeignete Nachbehandlung des Holzzellstoffs kann sein α-Cellulosegehalt entsprechend erhöht werden.

Wichtig für die Verarbeitung des Zellstoffs auf Fasern ist eine möglichst hohe *Gleichmäßigkeit* und *Kontinuität* seiner Eigenschaften, da hiervon die Gleichmäßigkeit der erzeugten Faserstoffe über einen größeren Produktionszeitraum u. a. auch hinsichtlich ihres *färberischen Verhaltens* abhängt (s. S. 586). So sollen die Zellstoffblätter neben anderen Konstanten z. B. gleiche Dicke, Saugfähigkeit, Quellfähigkeit und Feuchtigkeit besitzen, da durch diese Faktoren die Reaktionsfähigkeit mit beeinflußt wird.

d) Die verschiedenen Verfahren der Reyon- und Zellwollherstellung

Es existieren grundsätzlich vier verschiedene Reyonarten, die sich einmal durch das Herstellungsverfahren und zum andern durch ihre Eigenschaften voneinander unterscheiden. Es sind dies *Nitratreyon, Viscosereyon, Kupferreyon* und *Acetatreyon.* Da man alle vier Typen in endliche Stapel schneiden kann, existieren im Prinzip auch vier entsprechende Zellwollarten[1]. Die verschiedenen im Handel befindlichen Kunstseiden und Zellwollen lassen sich alle in den vier genannten Gruppen unterbringen, wobei allerdings bestimmte Modifikationen im Herstellungsverfahren gewisse spezielle Eigenschaften der jeweiligen Handelsmarke bedingen.

Das älteste Verfahren ist das Nitratverfahren, welches heute keine praktische Bedeutung mehr besitzt, da das billigere Viscosereyon dem Nitratreyon mindestens

[1]) Die Nomenklatur hat sich im Laufe der Jahre mehrfach geändert (S. 193).

ebenbürtig ist. Die billigste Reyonfaser ist Viscosereyon, welches mengenmäßig rund 80–90% der Gesamtproduktion an Kunstseide ausmacht. Die restlichen 10 bis 20% verteilen sich auf Kupferreyon und Acetatreyon. Kupferreyon liegt preislich höher als Viscosereyon, besitzt aber z.T. bessere Festigkeitseigenschaften als letzteres, so daß es für hochwertige und strapazierfähige Artikel Anwendung findet. Allerdings ist der qualitative Vorsprung von Kupferreyon durch nach dem Viscoseverfahren hergestellte Spezialfasern (Streckspinnfasern S. 213) zu einem Teil aufgeholt worden. Die Acetatfaser ist – wenigstens für europäische Verhältnisse – die teuerste regenerierte Cellulosefaser. Ihre Bedeutung liegt vor allem in der Tatsache, daß sie von allen andern Cellulosefasern abweichende färberische Eigenschaften besitzt und daher eine ausgedehnte Anwendung als Effektfaser findet. Für die Zellwollproduktion gilt im großen und ganzen die gleiche mengenmäßige Verteilung.

α) *Das Nitratverfahren*

Zur Herstellung werden Baumwoll-Linters in gebeuchtem und gebleichtem Zustand oder entsprechender Zellstoff mit Nitriersäure von folgender Zusammensetzung behandelt:

17% konz. Salpetersäure, 63–64% konz. Schwefelsäure, 19–20% Wasser.

Die Nitrierungstemperatur beträgt 30–40 °C, die Nitrierdauer ca. 2 Stunden. Auf 11 Teile Cellulose werden 500 Teile Säure gerechnet.

Unter den angegebenen Nitrierungsbedingungen entsteht das Cellulosedinitrat[1] mit einem *Stickstoffgehalt* von 11,5% (S. 28). Die Nitrierung ist von einem Abbau und einer gewissen Oxydation der Cellulose begleitet. Die Nitrierung verläuft *topochemisch*, d.h., die äußere Form der Cellulosefaser bleibt dabei erhalten, so daß die Säure von dem Cellulosedinitrat durch Abzentrifugieren entfernt werden kann. Die abzentrifugierte Säure wird dann mit hochkonzentrierter Säure wieder auf die Ausgangskonzentration gebracht und läßt sich 5–6mal verwenden. Anschließend wird mit Wasser gewaschen und einige Zeit mit 2%iger Salzsäure erhitzt, um eventuell gebildete Schwefelsäureester zu verseifen. Hierauf wird gewaschen bis zu einem Säuregehalt von unter 0,1%.

Herstellung der Spinnlösung. 18 Teile Cellulosedinitrat (Kollodiumwolle) werden unter Rühren in einer Mischung von 60 Teilen Alkohol und 40 Teilen Äther bei 20–25 °C gelöst. Zum Zweck der Entlüftung läßt man die Lösung 24 Std. stehen (Evakuierung ist nicht möglich) und filtriert durch Filter aus Baumwolltuch. Grundsätzlich dürfen Kunstfaserspinnlösungen weder Gasbläschen noch feste Partikelchen enthalten, da sonst Fabrikationsstörungen, z.B. Reißen des Fadens, Verstopfen der Düsen, eintreten können und weiterhin die Faserqualität nachteilig beeinflußt wird.

Das Spinnen. Die Spinnlösung (Kollodium) wird nach dem Trockenspinnverfahren (S. 211) versponnen in der Weise, daß sie durch Glasdüsen in Warmluft ausgepreßt wird. Die Zirkulationsluft wird zur Rückgewinnung der Lösungsmittel in Adsorptionsanlagen weitergeführt.

Denitrierung. Da die gebildete Cellulosedinitratfaser leicht entzündlich ist, muß der Ester verseift werden (Denitrierung), so daß das in den Handel kommende Produkt aus Cellulose besteht. Die Denitrierung wird mit milden Alkalien wie Natriumsulfhydrat, Natriumsulfid oder Calciumsulfhydrat vorgenommen. Durch

[1] „Dinitrat" ist so zu verstehen, daß der Stickstoffgehalt etwa einem Dinitrat entspricht.

die Denitrierung erleidet die Faser einen empfindlichen Gewichtsverlust, welcher je nach dem Stickstoffgehalt des angewandten Nitrats bis zu 30% betragen kann.

Mit Rücksicht auf die teuren Lösungsmittel und auf den großen Wasserverbrauch (ca. 1000 Liter pro kg Fasermaterial) ist das Nitratverfahren teurer als die Konkurrenzverfahren und daher heute ohne Bedeutung.

β) *Das Viscoseverfahren*

Ausgangsmaterial für die Herstellung von Viscose-Reyon und -Zellwolle sind Linters oder üblicherweise Zellstoff. Das Prinzip der Herstellung besteht in folgendem:

Die Cellulose wird durch Behandlung mit Natronlauge in die *Natroncellulose* übergeführt und diese mit Schwefelkohlenstoff sulfidiert. Das dabei entstehende *Cellulosexanthogenat* löst man in verdünnter Natronlauge und spinnt es durch Düsen in saure Fällbäder ein.

Gang der Herstellung. Alkalisierung. Der Zellstoff wird in Blattform etwa 2 Std. mit 18%iger Natronlauge bei 20 °C zusammengebracht (getaucht) und die überschüssige Lauge abgepreßt. Das Alkalisieren kann auch kontinuierlich geschehen (S. 203). Sowohl die „Tauchlauge" als auch die „Preßlauge" werden nach entsprechender Reinigung (Dialyse) und Auffrischung auf die erforderliche Konzentration wieder dem Tauchprozeß zugeführt. (Über die bei der Einwirkung von Natronlauge auf Cellulose sich abspielenden Reaktionen s. S. 23 und 68.)

Die Natroncellulose wird in Zerfaserern zerfasert, damit sie dem später einwirkenden Schwefelkohlenstoff eine möglichst große Angriffsfläche bietet. Man kann das Zerfasern auch an den Anfang verlegen und nimmt die Alkalisierung an dem bereits zerfaserten oder flockenförmigen Zellstoff vor. Ist mit der Kunstfaserfabrik eine Zellstoffabrik verbunden, dann kann man den Zellstoffbrei direkt alkalisieren und spart damit einen Trockenprozeß.

Vorreife. Auf das Zerfasern folgt die Vorreife, die in einer Lagerung der Alkalicellulose über Stunden bis Tage besteht, wobei durch einen oxydativen bzw. hydrolytischen Abbau eine „Alterung" eintritt. Die Vorreife wirkt sich nämlich in einer Molekülverkleinerung und damit in einer Viscositätserniedrigung der aus der Cellulose hergestellten Spinnlösung aus. Unterläßt man die Vorreife, dann sind einmal außerordentlich hohe Drücke zum Durchpressen der Spinnlösung durch die Spinnvorrichtung notwendig, zum andern muß man im Interesse einer noch gangbaren Spinnviscosität den Cellulosegehalt der Spinnlösung niedrig halten, wodurch das Spinnverfahren wenig wirtschaftlich wird. Der Abbau der Cellulose ist von einer entsprechenden Änderung der funktionellen Gruppen begleitet in der Weise, daß sich die Zahl der Aldehyd- und Carboxylgruppen vermehrt (*H. Rath, H. Rademacher* und *H. Klink*). Die Vorreife kann durch Temperaturerhöhung und Oxydationsmittelzusatz beschleunigt werden (chemisch-thermische Reife).

Schränkt man die Vorreife und damit den Abbau der Cellulose ein, dann spinnt man die hochviscose Lösung zweckmäßig durch Düsen hoher Lochweite nach dem *Streckspinnverfahren* (S. 212), wobei man sehr gebrauchstüchtige Fasern erhält (Lanusa-Verfahren).

Die Sulfidierung. Zum Zwecke der Sulfidierung wird die Natroncellulose in sich langsam drehenden Trommeln (Baratten) bei 20–25 °C etwa 2 Std. mit Schwefelkohlenstoff zusammengebracht, wobei auf 100 kg Natroncellulose ca. 40 kg Schwefelkohlenstoff gerechnet werden.

Es entsteht ein einwandfrei lösliches Cellulosexanthogenat, wenn 1 CS_2 auf 2 $C_6H_{10}O_5$ entfällt.

Das Cellulosexanthogenat bildet sich nach der schematischen Formulierung entsprechend der Bildung des Äthylxanthogenats aus Natriumäthylat und Schwefelkohlenstoff (vgl. S. 69):

$$C_2H_5 \cdot ONa + CS_2 = C\begin{matrix} \diagup OC_2H_5 \\ = S \\ \diagdown SNa \end{matrix}$$

$$Cell \cdot ONa + CS_2 = C\begin{matrix} \diagup O \cdot Cell \\ = S \\ \diagdown SNa \end{matrix}$$

Natroncellulose Cellulose-Xanthogenat

Bei der Umsetzung verschwindet die faserige Eigenschaft der Natroncellulose. Das entstehende krümlige Cellulosexanthogenat besitzt an und für sich eine grüngelbe Farbe, ist aber durch nebenbei sich bildendes orange gefärbtes Natriumtrithiocarbonat verfärbt:

$$3\,CS_2 + 6\,NaOH = 2\,Na_2CS_3 + Na_2CO_3 + 3\,H_2O\,.$$

Bei der Reaktion der Natroncellulose mit Schwefelkohlenstoff handelt es sich um eine zwischenmicellare Reaktion, so daß nur ein Teil der Cellulosemoleküle reagiert. Neben der Hauptreaktion verlaufen noch verschiedene Nebenreaktionen, die einmal auf Umsetzungen des Schwefelkohlenstoffs mit dem überschüssigen Ätznatron der Natroncellulose beruhen und zum andern sich zwischen dem Cellulosexanthogenat und dem Ätznatron abspielen.

Zu den ersteren gehören u.a. die folgenden (*Berzelius, Götze*):

$$CS_2 + 4\,NaOH = Na_2CO_3 + 2\,NaSH + H_2O$$

$$3\,CS_2 + 6\,NaOH = 2\,Na_2CS_3 + Na_2CO_3 + 3\,H_2O$$

$$2\,CS_2 + 4\,NaOH = Na_2CO_3 + Na_2CS_3 + H_2S + H_2O\,.$$

Auf Grund der Instabilität des Cellulosexanthogenats zeigt dieses während und nach Abschluß der Sulfidierung Umsetzungen, wie sie durch nachstehende Formulierungen wiedergegeben werden können (*Ragg, Götze*):

$$C\begin{matrix} \diagup O \cdot Cell \\ = S \\ \diagdown SNa \end{matrix} + NaOH \rightarrow C\begin{matrix} \diagup ONa \\ = S \\ \diagdown SNa \end{matrix} + Cell \cdot OH$$

$$C\begin{matrix} \diagup O \cdot Cell \\ = S \\ \diagdown SNa \end{matrix} + 2\,NaOH \rightarrow C\begin{matrix} \diagup ONa \\ = S \\ \diagdown ONa \end{matrix} + NaSH + Cell \cdot OH$$

$$C\begin{matrix} \diagup O \cdot Cell \\ = S \\ \diagdown SNa \end{matrix} + NaSH \rightarrow C\begin{matrix} \diagup SNa \\ = S \\ \diagdown SNa \end{matrix} + Cell \cdot OH\,.$$

Die sulfidierte Cellulose ist demnach ein sehr heterogen zusammengesetztes Gemisch. Neben unveränderter Natroncellulose enthält sie Cellulosexanthogenat und dessen Zersetzungsprodukte sowie Umsetzungsprodukte des Schwefelkohlenstoffs mit dem von der Cellulose adsorptiv gebundenen Ätznatron. Die aufgeführten Umsetzungen setzen sich teilweise in der Nachreife fort.

Die Herstellung der Spinnlösung. Das Xanthogenat wird mit Natronlauge in eine Lösung überführt, die üblicherweise 8% Cellulose und 4–7% NaOH enthält. Ein Zusatz von ca. 0,6% Türkischrotöl fördert die Homogenisierung und wirkt sich günstig auf das Filtrieren, Spinnen und die Faserfestigkeit aus.

Die Viscoselösung wird im Rahmen der Nachreife durch Filterpressen gedrückt, die mit Baumwollgeweben und Schichten von Baumwollwatte belegt sind. Neuerdings finden auch Gewebe aus Polyvinylchlorid-Fasern Verwendung. Zur Beseitigung von Luftbläschen wird die Spinnlösung evakuiert. (Die Entlüftung kann auch durch Beschallung mit Ultraschallwellen vorgenommen werden.) An und für sich ist das Xanthogenat wasserlöslich, doch ist die wäßrige Lösung durch eine eintretende Hydrolyse so unbeständig, daß sie für Spinnzwecke ungeeignet ist.

Die Nachreife. Mit der Herstellung der Spinnlösung ist diese noch nicht spinnfertig. Sie wird noch der sogenannten Nachreife bei niederer Temperatur unterzogen, deren Dauer zwischen 50 und 80 Std. variiert. Während dieser Zeit wird die Spinnlösung filtriert und entlüftet. In Einrichtungen, in denen ein gleichmäßiges Anheizen der Viscoselösung möglich ist, kann bei höherer Temperatur entsprechend kürzere Zeit gereift werden (Thermische Reife).

Das Wesen der Nachreife besteht darin, daß das in der Spinnlösung gelöste Cellulosexanthogenat einer fortschreitenden Zersetzung (Alterung) anheimfällt, welche durch eine Verarmung des Xanthogenats an Schwefelkohlenstoff bzw. Dithiocarbonatresten gekennzeichnet ist. Dies hat zur Folge, daß das Cellulosexanthogenat im Spinnbad leicht koaguliert. Vor allen Dingen wird die Nachreife eingeschaltet, um eine *Konstanz der Spinnlösung* zu gewährleisten. Mit zunehmender Reifedauer tritt nämlich eine starke Verlangsamung der Reife, d.h. also der Xanthogenatzersetzung, ein, so daß die gleichartige Zusammensetzung einzelner Spinnpartien bei fortgeschrittener Reife leichter eingehalten werden kann, als dies bei einer frisch hergestellten und sich zeitlich stark ändernden Viscoselösung der Fall ist. Will man gereifte (gealterte) Spinnlösung „verjüngen", so erreicht man dies durch Zusatz von Schwefelkohlenstoff.

Die Konstanz der Spinnlösung ist eine für die Viscosefabrikation wichtige Voraussetzung, da Spinnlösungen von verschiedenem Zustand Fasern von abweichenden Eigenschaften ergeben, die sich namentlich durch ein unterschiedliches Anfärbevermögen unterscheiden (s. S. 586). Die *Spinnreife* wird daher jeweils exakt kontrolliert in der Weise, daß man der Spinnlösung Proben entnimmt und feststellt, wieviel Milliliter einer 10%igen Ammonchloridlösung nötig sind, um die Cellulose zu koagulieren. Die verbrauchte Milliliteranzahl ist die *Reifezahl* (Chlorammonreife). Der Untersuchung werden 20 g der mit 30 ml destilliertem Wasser versetzten Viscoselösung zugrunde gelegt. Üblicherweise besitzt die zum Spinnen kommende Viscoselösung eine Chlorammonreife zwischen 7 und 11.

Ein sehr genaues Verfahren zur Untersuchung des Xanthogenats arbeitet in der Weise, daß man die mit Wasser verdünnte Xanthogenatlösung mit Essigsäure neutralisiert und anschließend mit Diäthylchloracetamid umsetzt, wobei eine beständige Verbindung ausfällt, die nach dem Auswaschen durch ihren Stickstoffgehalt charakterisiert werden kann. Aus dem Stickstoffwert kann das Verhältnis Cellulose: Schwefelkohlenstoff (*γ-Wert*) errechnet werden:

$$\mathrm{S{=}C{<}^{O\cdot Cell}_{SNa}} + \mathrm{ClCH_2CON{<}^{C_2H_5}_{C_2H_5}} \rightarrow \mathrm{S{=}C{<}^{O\cdot Cell}_{SCH_2CON{<}^{C_2H_5}_{C_2H_5}}} + \mathrm{NaCl}.$$

Die normale Spinnreife ist durch das Verhältnis $3\,C_6H_{10}O_5 : CS_2$ bis $4\,C_6H_{10}O_5 : CS_2$ charakterisiert.

Chemische Vorgänge bei der Nachreife. Im Rahmen der Nachreife tritt keine Moleküllängenänderung ein; sie ist aber durch eine Abspaltung von Schwefel aus dem Cellulosekörper gekennzeichnet. Das Abspalten des Schwefels ist teils auf eine Hydrolyse und zum andern auf eine Verseifung des Xanthogenats, wobei die hydrolytischen Vorgänge im Vordergrund stehen, zurückzuführen. Die Umsetzungen können wie folgt formuliert werden (*Klauditz, Götze*):

Verseifung des Xanthogenats

$$\mathrm{C(=S)(O \cdot Cell)(SNa)} + H_2O \rightarrow \mathrm{C(=S)(OH)(SNa)} + \mathrm{Cell \cdot OH}$$

$$3\,\mathrm{C(=S)(OH)(SNa)} + 3\,NaOH \rightarrow 2\,Na_2CS_3 + Na_2CO_3 + 3\,H_2O$$

Hydrolyse des Xanthogenats

$$\mathrm{C(=S)(O \cdot Cell)(SNa)} + H_2O \rightarrow \mathrm{C(=S)(O \cdot Cell)(SH)} + NaOH$$

Cellulosexanthogensäure, unbeständig

$$3\,\mathrm{C(=S)(O \cdot Cell)(SH)} \rightarrow 3\,CS_2 + 3\,\mathrm{Cell \cdot OH}.$$

Das Fällbad. Das Fällbad enthält üblicherweise Schwefelsäure und ein Sulfat oder eine Kombination von Sulfaten (*Müllerbad*). Als Sulfate kommen Natriumsulfat, Zinksulfat, Magnesiumsulfat und Ammoniumsulfat in Frage. Durch die Säure wird das Xanthogenat völlig gespalten und die Cellulose regeneriert. Aus den in der Viscoselösung gleichzeitig enthaltenen Salzen (Na_2SO_3, Na_2S, NaSH, Na_2CS_3 und Na_2CO_3) werden die entsprechenden Gase in Freiheit gesetzt, z.B.:

$$Na_2CS_3 + H_2SO_4 = Na_2SO_4 + H_2S + CS_2$$

$$Na_2CO_3 + H_2SO_4 = Na_2SO_4 + CO_2 + H_2O.$$

Das im Fällbad enthaltene Sulfat hat die Aufgabe, eine rasche Koagulation der Cellulose zu bewirken, so daß sich um den noch flüssigen Faden ein schützendes Häutchen bildet, welches die Fällbadsäure nur langsam eindiffundieren läßt. Unter diesen Bedingungen erfolgt die Gasentwicklung allmählich und stetig, so daß der sich bildende Faden durch sie nicht nachteilig beeinflußt wird.

Das wäßrige Fällbad enthält beispielsweise 240–280 g/l Natriumsulfat und 100 g/l Schwefelsäure neben anderen Sulfaten, z.B. Magnesiumsulfat, Zinksulfat. Temperatur 45 °C. Die Aufenthaltsdauer des Fadens im Fällbad ist nur gering; bei 60 m pro min Spinngeschwindigkeit und 20 cm Tauchstrecke beträgt sie 0,2 sec. Für besondere Zwecke wird die Ausfällung zweibadig in der Weise vorgenommen, daß im ersten Bad koaguliert und im zweiten Bad mit Säure zersetzt wird. Die durch die Spinnanlage zirkulierenden Spinnbäder werden kontinuierlich gereinigt und regeneriert.

Entschwefeln. Nach dem Spinnen wird das Fasermaterial sorgfältig gewaschen und entschwefelt. Bei der Ausfällung der Faser entsteht im Fällbad und in der Faser elementarer Schwefel, welcher der Faser ein mattes und opaleszierendes Aussehen gibt und daher entfernt werden muß. Das Entschwefeln wird z.B. mit einer Lösung von Natriumsulfid oder Natriumsulfit vorgenommen, wobei der Schwefel in Form von Polysulfiden bzw. Thiosulfat ausgewaschen wird.

Anschließend wird gewaschen und eventuell gebleicht. Einen Aufhellungseffekt erhält man auch in der Weise, daß man schon der Spinnlösung optische Aufhellungsmittel (S. 797) zusetzt.

Abgekürzte Verfahren. Man ist bestrebt, die an und für sich langwierige Fabrikation der Viscosefaser durch *kontinuierliche Gestaltung* der einzelnen Prozesse, z.B. des Alkalisierens und der Vorreife, sowie durch *Zusammenlegen einzelner*

Arbeitsgänge wie des Sulfidierens und Lösens abzukürzen. Auch die Nachbehandlung konnte, namentlich im Rahmen der Zellwollherstellung, weitgehend kontinuierlich gestaltet werden.

Die kontinuierliche Alkalisierung geht entweder in der Weise vor sich, daß man Zellstoffbahnen kontinuierlich laugiert, abpreßt, der Vorreife unterzieht und dann zerfasert, oder so, daß man Zellstoffpappen kontinuierlich zerfasert, laugiert, abpreßt und vorreift.

Technisch wichtig geworden ist die Zusammenlegung der Sulfidierung und des Xanthogenatlösens in *eine* Einrichtung, den *Vacuum-Xanthat-Kneter* und die *Simplex-Xanthat-Maschine* der Fa. Werner und Pfleiderer, Cannstatt.

Während die Sulfidierung und das Lösen des Xanthats nach dem alten Verfahren in getrennten Einrichtungen vorgenommen wurden, wird in dem Xanthat-Kneter zunächst sulfidiert, dann der überschüssige Schwefelkohlenstoff abgesaugt und anschließend das Xanthat in Lauge gelöst. Der Xanthat-Kneter und die Simplex-Xanthat-Maschine bringen ihrer Ausmaße wegen gleichzeitig die Möglichkeit der Verarbeitung großer Chargen mit sich, so daß damit größere in sich homogene Faserpartien erzeugt werden können.

Ein weiteres Verfahren arbeitet in der Weise, daß man den Zellstoff im Rahmen der Herstellung oder der Verarbeitung chemisch oder mechanisch (Schwingmühle) so weit abbaut, daß er gleichzeitig mit der Alkalisierung mit emulgiertem Schwefelkohlenstoff in Lösung gebracht werden kann („Direktviscose").

Chemikalienrückgewinnung. Im Interesse der Wirtschaftlichkeit der Produktion ist es notwendig, die in die Fabrikation hineingesteckten Chemikalien sowie die während des Prozesses entstehenden Nebenprodukte möglichst weitgehend wieder nutzbar zu machen.

Bei der Zersetzung des Xanthogenats entstehen an der Spinnmaschine H_2S und CS_2. Mit Rücksicht auf die Atemluft sind die Spinnmaschinen daher eingekapselt. Die Gase werden aus der Spinneinrichtung abgezogen und in einer Rieselanlage mit Abfallnatronlauge behandelt. Die entstehende Sulfidlösung kann zum Entschwefeln Verwendung finden. Die Rückgewinnung des Schwefelkohlenstoffs aus der Abluft ist wegen der geringen Konzentration sehr schwierig. Leichter gestaltet sich die Regeneration des Schwefelkohlenstoffs aus den bei der Wäsche der gesponnenen Fasern anfallenden Bädern.

Handelsprodukte von Viscosereyon: Glanzstoff-Reyon, Phrix, Rotwyla, Avisco, Albula, Celta, Cetea, Delustra, Sobreta.

Mantel/Kern-Differenzierung. Je nach angewandtem Spinnverfahren (konzentrierte Säure – milde Säure – Säure plus Salz – Salz allein – als Fällbäder) ist die Anordnung der Cellulose und die Dichte in den Fasern verschieden.

Fasern mit Mantel/Kern-Differenzierung sind alle in *salzhaltigen* Säurebädern gesponnenen Fasern. Nach anderen Verfahren gesponnene Fasern (konzentrierte Säurebäder, milde Säurebäder), die eine gleichförmige Beschaffenheit über den ganzen Querschnitt aufweisen, können als Kern- bzw. Mantelfasern (Vollmantelfasern) bezeichnet werden.

Wodurch die Unterschiede gegeben sind, ist nur teilweise geklärt.

Neuere Entwicklungen des Viscoseverfahrens. In den letzten Jahren ist es gelungen, durch verschiedenartige Abänderungen der Zusammensetzung von Spinnmasse und Spinnbad und Variation der Spinnbedingungen die Qualität der Viscosefasern beträchtlich zu verbessern. So konnten sowohl die Trocken- und Naßfestigkeit erhöht als auch die Quellfähigkeit erheblich gesenkt werden.

Supercord-Reyon. Supercord-Reyon ist eine Faser von hoher Festigkeit und hohem Ermüdungs-Widerstand (*Vollmantelfaser*).

Grundlagen des Herstellungsverfahrens sind die folgenden (nach *F. Hilgers*):

Für die Herstellung der Viscose wird ein Zellstoff mit möglichst hohem Gehalt an α-Cellulose und möglichst hohem gleichmäßigem Polymerisationsgrad verwendet. Die Alkalicellulose wird nur schwach gereift, und der Sulfidierungsgrad ist höher als üblich. Die Viscose wird möglichst unreif versponnen. Das Spinnbad enthält bedeutend weniger Schwefelsäure, dagegen erheblich mehr Zinksulfat als üblich. Die Spinngeschwindigkeit ist gering, Koagulation und Zersetzung werden *nacheinander in getrennten Bädern* vorgenommen. Während des Ablaufs der Koagulation wird kein Zug auf den entstehenden Faden ausgeübt. Der koagulierte Faden wird während seiner Zersetzung stark verstreckt.

Wesentlich ist die Mitverwendung von *Modifizierungsmitteln* (Modifier, Dop-Mittel), welche der Viscose und dem Spülbad zugesetzt werden.

Als Modifizierungsmittel kommen u.a. Amine, Polyamine sowie quartäre Ammoniumverbindungen in Betracht; weiterhin Amide und heterocyclische Stickstoffverbindungen (Pyridin, Chinolin). Ferner spielen stickstofffreie Verbindungen wie Polyäthylenglycole und Mischpolymere aus Polyäthylenoxid und Polypropylenoxid eine Rolle. Schließlich wären noch oxäthylierte stickstoffhaltige und stickstofffreie Verbindungen zu nennen.

Die Funktion der Modifizierungsmittel während des Spinnvorgangs hat bis jetzt keine einheitliche Klärung gefunden. Modifier „bremsen" die Koagulation, da sie mit den im Fällbad vorhandenen Zinkionen ($ZnSO_4$) eine „Komplex-Membran" bilden.

Die hochfesten „Baumwolltypen" lehnen sich in ihrer Herstellung an das Supercord-Spinnverfahren an.

Fasern mit hohem Naßmodul (*Polynose-Fasern* und *Modalfasern*). Bei den hochfesten Typen ist die progressive Schrumpfung die Folge eines zu niedrigen „Naßmoduls". Unter dem Modul wird die Dehnung verstanden, die eine Faser bei einer bestimmten geringen Belastung erleidet.

Die Vorläufer solcher Hochmodulfasern sind die *Lilienfeldseide* sowie die nach dem *Tachikawa-Verfahren* hergestellten Fäden.

Neuerdings werden im Prinzip nach dem genannten Verfahren hergestellte Fasern als *Modalfasern* bzw. *Polynose-Fasern* bezeichnet (abgeleitet von „polymère non synthétique").

Die Fasern haben einen kreisrunden Querschnitt, hohe Festigkeit und besitzen eine gute Formbeständigkeit, die sie für Waschartikel geeignet macht. Es wird angenommen, daß die hohe Stabilität dieser Fasern durch die hohe Orientierung und die große Packungsdichte der Moleküle bedingt ist. Die Fasern haben außerdem einen höheren Polymerisationsgrad als normale Viscosefasern.

Das Kraft-Dehnungs-Diagramm in nassem Zustand geht weitgehend demjenigen der Baumwollfaser parallel (Medifil-, Meryl-Faser).

Handelsprodukte an solchen *Modalfasern* sind u.a.: Colvera, Danulon, Phryon, Viscolan, Airon PL, Polynosic Z 54, Polynosic BX, Vincel Type 28, Hipolan.

γ) *Das Kupferverfahren*

Kupferreyon wird auch *Bembergseide* genannt, da diese Faser von der I. P. Bemberg AG zum erstenmal hergestellt wurde. Zu ihrer Herstellung werden entweder Linters oder Edelzellstoff eingesetzt, da eine Reinigung, wie sie der Tauchprozeß in der Viscosefabrikation (S. 200) darstellt, hier nicht vorgenommen wird. Das *Herstellungsprinzip* ist folgendes: Linters oder Zellstoff oder eine Mischung aus beiden werden in Kupferoxidammoniak (Cupritetrammoniumhydroxid) gelöst und die tiefblau gefärbte hochviscose Lösung durch feine Düsen in ein wäßriges Fällbad eingepreßt, in welchem der Cellulose das Lösungsmittel entzogen wird, so daß der Flüssigkeitsstrahl allmählich zur Faser erstarrt.

Technisch wird das Lösen in verschiedener Weise durchgeführt. Man arbeitet z.B. so, daß man gebeuchte und gebleichte Linters in eine Mischung von basischem Kupfersulfat ($CuSO_4 . Cu(OH)_2$) und Ammoniak einträgt und dann noch Natronlauge hinzurührt, wobei die Cellulose in dem gebildeten Kupferoxidammoniak als Kupfer/Ammoniak-Komplex in Lösung geht.

Die fertige Lösung, die in der Regel 8–9 % Cellulose enthält, wird filtriert und entlüftet und muß vor Lichteinwirkung geschützt werden, da diese einen Abbau der Cellulosemoleküle bewirkt. Zum Schutz gegen oxydativen Abbau werden Reduktionsmittel wie Natriumsulfit Na_2SO_3, Natriumdithionit $Na_2S_2O_4$ oder Glucose zugesetzt. Ein gewisser Abbau ist erwünscht, um eine niedrige Spinnviscosität zu erhalten.

Das Verspinnen der Lösung. Als Fällbäder kommen verdünnte Schwefelsäure sowie Wasser in Betracht. Bei dem heute allgemein üblichen *Kupferstreckspinnverfahren* (S. 212) wird Wasser als Fällbad angewandt. Das Streckspinnverfahren beruht darauf, daß man die Spinnlösung durch Nickeldüsen von verhältnismäßig hoher Lochweite auspreßt und den sich bildenden Faden auf ein Vielfaches seiner ursprünglichen Länge auszieht. Dieses Ausziehen wird vor allen Dingen durch ein strömendes Fällbad bewirkt.

Da als Fällbadflüssigkeit Wasser verwandt wird, tritt keine plötzliche Koagulation der Cellulose ein, sondern diese vollzieht sich nur ganz allmählich in dem Maß, als der aus den Düsen ausgepreßte Flüssigkeitsstrahl an Lösungsmittel verarmt. Unter diesen Umständen ist ein weitgehendes Ausziehen des lange Zeit plastisch bleibenden Fadens möglich. Der die Spinnapparatur verlassende Faden ist noch klebrig und kupferhaltig und wird durch Waschen mit verdünnter Schwefelsäure auskoaguliert und entkupfert.

Rückgewinnung der Chemikalien. Im Interesse der Wirtschaftlichkeit des Verfahrens ist die Rückgewinnung der verwendeten Chemikalien von großer Wichtigkeit. Das Kupfer fällt sowohl im Fällbad als auch in der Waschschwefelsäure an. Treibt man aus dem Fällbad Ammoniak mit Dampf aus, so fällt das Kupfer als Oxid aus und wird durch Absitzen und Filtration gewonnen. Den Niederschlag löst man in der ebenfalls kupferhaltigen Waschschwefelsäure und scheidet das Kupfer elektrolytisch aus. Ausgetriebenes Ammoniak kann man in Wasser absorbieren; es wird teilweise auch durch Fällung mit Magnesiumphosphat regeneriert.

Besonders rentabel gestalten sich die Kupfer-Rückgewinnungsverfahren durch die Anwendung von Austauschharzen (Lewatit, Wofatit). Man arbeitet in der Weise, daß man die sauren und ammoniakalischen kupferhaltigen Abwässer so vereinigt, daß etwa Neutralisation resultiert. Dabei fällt basisches Kupfersulfat aus, das zur Bereitung der Spinnlösung Verwendung finden kann. Durch das Austauschharz wird der Flüssigkeit das restliche Kupfer entzogen und dieses im Rahmen der Regeneration des Austauschharzes mit H_2SO_4 als $CuSO_4$ extrahiert. (Vgl. S. 820.)

Kontinuierliches Verfahren. Man war auch bei dem Kupferreyon bestrebt, den an und für sich diskontinuierlichen Arbeitsgang zu einem kontinuierlichen Verfahren auszugestalten. Beim *Dureta-Verfahren* wird der Faden von der Düse kommend in einem kontinuierlichen Arbeitsprozeß nach dem Absäuern und Waschen aviviert, getrocknet und aufgewickelt. Kettmaterial wird gleichzeitig kontinuierlich geschlichtet und auf einen Kettbaum gewickelt. Das ungezwirnte, aber stark geschlichtete Fadenmaterial zeigt eine vorteilhafte Verwebbarkeit.

Handelsprodukte von Kupferreyon: Cupresa, Regan, Bemberg.

δ) *Das Acetatverfahren*

Im Prinzip wird Acetatreyon in der Weise erzeugt, daß man den Cellulosetohstoff acetyliert, die entstandene Acetylcellulose löst und die gebildete Spinnlösung nach dem Trockenspinnverfahren (S. 210) verspinnt. Für Spezialfasern kann auch ein Naßspinnverfahren angewandt werden.

Ausgangsmaterial. Das beste Ausgangsmaterial sind Linters, welche ursprünglich ausschließlich zur Verwendung gelangten. Seitdem man aber gelernt hat, durch entsprechende Veredlung Edelzellstoffe mit hohem Cellulosegehalt (97 bis 98%) zu erzeugen, läßt sich auch Holzzellstoff zur Fabrikation der Acetatfaser verwenden. Sehr gut eignet sich mit verdünnter Natronlauge veredelter Sulfitzellstoff sowie der nach dem Salpetersäureverfahren hergestellte Zellstoff. Die Verwendung von Linters oder von teuren Edelzellstoffen ist mit ein Grund für den hohen Preis der Acetatfasern.

Die Herstellung der Acetylcellulose. Im Gegensatz zu der topochemischen Reaktionsweise bei der Herstellung des Cellulosenitrats ist ein vollkommenes Durchreagieren der Cellulose bei der Acetylierung im heterogenen System nicht ohne weiteres möglich, so daß die Reaktionsbedingungen so gehalten werden, daß am Schluß der Reaktion die gebildete Acetylcellulose in Lösung vorliegt.

Die Veresterung führt zunächst zu einer Triacetylcellulose mit einem Acetylgehalt von 62,5%. Diese wird als solche für die Herstellung der *Triacetatfaser* (S. 209) angewandt.

Bei der sog. „*Normal-Acetatfaser*" wird indes eine teilweise rückwärtige Verseifung durchgeführt, wobei ein Acetat mit einem zwischen 53 und 55% liegenden Acetylgehalt anfällt.

Die teilweise Entacetylierung des Triacetats wird durch eine Verseifung mit verdünnter Säure vorgenommen. Der Acetylgehalt dieser technischen Acetylcellulose („$2^1/_2$-*Acetat*") liegt etwa in der Mitte zwischen demjenigen des Triacetats (62,5%) und des Diacetats (48,8%).

Daß man nicht unmittelbar durch Acetylieren zu der Zwischenstufe des acetonlöslichen Acetats kommen kann, so wie dies bei der Nitratcellulose der Fall ist, hängt damit zusammen, daß die Acetylierung nicht in wässerigem Medium wie die Nitrierung erfolgt, bei welch letzterer durch Zusatz verschiedener Wassermengen zur Nitriersäure nach Einstellung des Gleichgewichts jeder beliebige Nitrierungsgrad möglich ist. Bei der Acetylcellulose entsteht dagegen bei der unvollkommenen Acetylierung, die unter Wasserausschluß und daher ohne Einstellung eines Gleichgewichts vor sich geht, ein völlig inhomogenes, auch nichtacetylierte Cellulose enthaltendes, ungeeignetes Produkt.

Acetylierung. Die Cellulose wird bei Temperaturen unter 50 °C mit Essigsäureanhydrid bei Gegenwart von Eisessig und konz. Schwefelsäure umgesetzt. Letztere dient als Katalysator, während Eisessig als Quellungs-, Verdünnungs- und Lösungsmittel fungiert. Neben Eisessig werden als Lösungsmittel zusätzlich Methylenchlorid oder Äthylenchlorid zugesetzt, die in einfacher Weise durch Destillation regeneriert werden können und außerdem eine Überhitzung der Reaktionsmasse vermeiden. Im Rahmen der Acetylierung tritt ein starker Polymerisationsgradabfall ein, der die Herstellung einer spinnfähigen Lösung auch bei höheren Konzentrationen ermöglicht. Das gebildete Triacetat (*Primäracetat*) wird im Falle der Normalacetatfaser durch Zusatz einer Mischung von 10%iger Schwefelsäure und Eisessig oder von 50%iger Essigsäure zur Reaktionslösung zum technischen sogenannten *Sekundäracetat* verseift. Das Sekundäracetat wird durch Eintragen der Lösung in warme verdünnte Essigsäure ausgefällt.

Bei der Acetylierung entstehen in gewissem von den Reaktionsbedingungen abhängigem Umfang Mischester, sogenannte Sulfoacetate, deren Menge bei der Weiterverarbeitung, namentlich bei der Verseifung, stark zurückgeht. Die letzten Reste an Sulfoacetat werden durch eine Kochung des Sekundäracetats mit 0,02%iger Schwefelsäure entfernt. Sulfoacetathaltige Fasern besitzen auf Lager eine schlechte Stabilität, da sie zur Essigsäureabspaltung neigen, doch ist eine restlose Entfernung des Sulfoacetats nur für Röntgenfilme notwendig.

$2^1/_2$-Acetat löst sich auf Grund der noch vorhandenen polaren OH-Gruppen in polaren Lösungsmitteln, also z.B. Aceton. Sinkt der Acetylgehalt unter 51%, dann ist Zusatz des stark polaren Wassers notwendig. Das nur schwach polare Triacetat löst sich nur in unpolaren Lösungsmitteln, z. B. Chloroform oder Methylenchlorid (*Highfield*).

Das Spinnen der Normalacetatfaser. Zum Verspinnen löst man die Acetylcellulose in Aceton. Zur Verminderung der Spinnviscosität werden einige Prozent Wasser oder Alkohol zugesetzt. Nach mehrmaliger Filtration wird die Lösung vorzugsweise nach dem *Trockenspinnverfahren* versponnen. Die Spinndüsen bestehen aus Nickel, Tantal oder V4A-Stahl. Der Vorteil des Trockenspinnverfahrens gegenüber dem *Naßspinnverfahren* liegt einmal in der großen Abzugsgeschwindigkeit (400 m pro min) und zum andern darin, daß die entstandene Faser keiner weiteren Nachbehandlung bedarf. Das Lösungsmittel Aceton muß zurückgewonnen werden, was z. B. durch Leiten des Aceton/Luft-Gemisches über Aktivkohle und anschließendes Ausblasen des absorbierten Acetons mit Wasserdampf mit darauffolgender Rektifizierung geschehen kann. Auch die Isolierung mit Hilfe azeotroper Gemische wird angewandt. Aus 100 kg Cellulose werden ca. 130 kg Acetatfaser gewonnen. Interessant ist das Verfahren von *Schreiber-Gastell* und *Formhals*, bei dem ein Acetylcellulose-Lösungsstrahl in einem elektrischen Hochspannungsfeld zu Stapelfasern zersprüht wird.

Beim *Naßspinnverfahren* wird in eine Mischung von Wasser und Aceton oder Alkohol/Aceton eingesponnen.

Verwertung der Abfälle. Vor den anderen Spinnverfahren hat das Acetatverfahren den Vorzug, daß alle entstandenen Acetylcelluloseabfälle und Fehlpartien ohne weiteres wieder in Aceton gelöst und versponnen werden können. Bei den anderen Verfahren ist dies nicht möglich, da im Rahmen der Aufarbeitung von Celluloseabfällen wieder ein erneuter starker Polymerisationsgradabfall eintritt, wodurch das entstehende Endprodukt keine für Faserzwecke brauchbare Beschaffenheit zeigen würde. Beim Lösen und Verspinnen der Acetylcellulose tritt keine Molekülverkleinerung mehr ein.

Im Interesse der Wirtschaftlichkeit des Herstellungsprozesses ist die Regenerierung der anfallenden verdünnten Essigsäure von besonderer Wichtigkeit.

Handelsprodukte von Acetatreyon: Lonzona, Rhodiafil, Acetat, Albene, Setilose, Seraceta, Novalene, Avisco-Acetat, Celanese, Estron.

Nachbehandlung der Acetatfaser. Durch Behandlung mit Diisocyanaten (*O. Bayer*) können die in der gewöhnlichen Acetatfaser noch enthaltenen Hydroxylgruppen miteinander vernetzt werden, wobei man eine unlösliche und unschmelzbare Faser bekommt.

Streckspinnverfahren. Infolge der eingebauten Acetylgruppen ist das Acetylcellulsemoolekül sehr sperrig, was eine dichte Packung der Moleküle bzw. Kristallite erschwert (spez. Gew. 1,3). Auch die Möglichkeit zur Bildung von H-Brükken ist beschränkt. Dadurch ist die Festigkeit begrenzt. Auf der andern Seite ist aber eine Parallelorientierung durch Verstrecken auf Grund der abschirmenden Wirkung der Acetylgruppen gut möglich (*A. Sippel*).

Durch Verstrecken und anschließende Verseifung, wonach sich H-Brücken bilden können, läßt sich daher die Festigkeit beträchtlich erhöhen. Dies kann sowohl im Rahmen des Trocken- als auch des Naßspinnens geschehen. Die Verseifung wird mit Ammoniak oder Aminen vorgenommen. Die Festigkeit liegt zwischen 4 und 9 g/Denier und damit rund doppelt so hoch wie diejenige der Baumwolle. Dehnung 6–10%.

Anwendung finden solche Fasern für technische Artikel, bei denen hohe Festigkeit verlangt wird, wo aber die geringe Dehnung keine Rolle spielt, sich im Gegenteil vorteilhaft auf die *Formbeständigkeit* auswirkt (Reifencord).

Handelsprodukte sind: Fortisan, Celcos.

Triacetatfaser. Die billige Erzeugung von Methylenchlorid durch direkte Chlorierung von Methan ermöglicht die rationelle Herstellung der Triacetatfaser, welche ein erhöhtes technisches Interesse besitzt.

Die Acetylierung wird mit Essigsäureanhydrid und Schwefelsäure bei Gegenwart von Methylenchlorid als Verdünnungs- und Lösungsmittel vorgenommen. Als Spinnlösung dient eine 20%ige Lösung des Triacetats in Methylenchlorid mit Zusatz von Alkohol.

Eigenschaften: In kochendem Wasser erleidet die Faser keine Hydrolyse und keine Mattierung, daher ist ein Färben bei Siedehitze und darüber möglich.

	Normales Acetat ($2^1/_2$)	Triacetat
Schmelzpunkt °C	240	300
Wasseraufnahme nach Zentrifugieren in %	25%	15%
Feuchtigkeitsaufnahme bei 20 °C in %	6–6,5%	3–4%

Triacetat ist im Gegensatz zu $2^1/_2$-Acetat unlöslich in Aceton und Tetrahydrofuran, aber löslich in Chloroform.

Triacetat-Handelsprodukte: Tri-A-faser, Trialbene, Seraceta JPS, Tricel, Arnel, Trilan.

Topochemische Acetylierung. Die Acetylierung kann auch in der Weise erfolgen, daß z.B. Viscosefasern und -fäden topochemisch mit Essigsäureanhydrid in der Dampfatmosphäre acetyliert werden.

Handelsprodukt: Tohalon.

Anhang

Ester der Cellulose mit anderen Monocarbonsäuren

Versuche, die Essigsäure durch andere Säuren wie Propionsäure, Buttersäure, Valeriansäure usw. zu ersetzen, fanden keine größere praktische Auswertung, da mit wachsender Kettenlänge des Säurerests die Festigkeit der Faser stark abfällt. Lediglich das *Propionat* findet als *Forticel* technische Anwendung.

Künstliche Fasern aus Celluloseäthern

Methyl- und Äthylcellulose können ebenfalls zu Fasern versponnen werden, welche aber bis heute keine technische Bedeutung erlangt haben.

e) Die Herstellung der Zellwolle

Während es sich bei der Reyonfaser um eine endlos lange Faser handelt, wird bei der Herstellung der Zellwolle die zunächst endlose Faser auf Schneidemaschinen in endliche Faserlängen, sogenannte Stapel, geschnitten. Grundsätzlich lassen sich alle vier Reyonarten in Zellwollen schneiden[1].

---

[1] Es sei darauf hingewiesen, daß auf Grund einer konventionellen Nomenklatur die Bezeichnung „Zellwolle" der nach dem *Viscoseverfahren* hergestellten Stapelfaser zukommt. „Kupfer-Spinnfaser" ist die Kupfer-Stapelfaser und „Acetat-Spinnfaser" die Acetat-Stapelfaser. Die entsprechenden Endlos-Fasern werden als Viscose-, Kupfer- und Acetat-Reyon bezeichnet.

Die endlos aus der Spinnmaschine kommenden Fasern werden zu einem Band (Kabel) vereinigt, dieses meist im Interesse der Festigkeitserhöhung zunächst verstreckt, dann in einem Fließverfahren durch die erforderlichen Wasch- und Nachbehandlungsbäder genommen und auf einer Schneidemaschine geschnitten. Man kann aber auch das Schneiden direkt an das Spinnen anschließen und die Nachbehandlung erst in geschnittenem Zustand (in der Flocke) durchführen. Im letzteren Fall lassen sich die Wasch- und Nachbehandlungszeiten abkürzen, da das Material in offener Form vorliegt. Man erhält außerdem ein günstigeres Stapeldiagramm. Das Kabelwaschverfahren vermeidet eine Vernoppung und liefert daher bei geringerem Abfall reinere Garne.

Die *Schnittlängen* bewegen sich je nach Verwendungszweck zwischen 30 und 60 mm. Ist die Zellwolle für Wollmischgarne bestimmt, dann wählt man Schnittlängen von ca. 60–120 mm. Die handelsüblichen Titer (S. 221) liegen zwischen 1 und 7 Denier, für Teppichgarntypen bei 14 Denier.

Handelsbezeichnungen für Viscosezellwolle: Vistra, Flox, Phrilan, Plavia, Colva, Kelheimer Zellwolle, Danufil, Danuflor, Zehla, Iriden, Alastin, Avisco, Fibrana, Fibro, Fibrenka.

Handelsbezeichnungen für Kupferzellwolle: Cuprama, Bemberg.

Handelsbezeichnungen für Acetatzellwolle (Normalacetat): Acetat, Celairese, Celafil, Lanese, Rhodia.

Spinnbandreißmaschine, Pacific-Converter. An und für sich ist es widersinnig, durch Schneiden des Kabels und Weiterbehandlung der entstehenden Flocke die ursprünglich im Kabel vorhandene parallele Lagerung der Fasern zu zerstören, um diese nachher in einem komplizierten Spinnprozeß (Öffnen des Zellwollballens, Kardieren) wieder in eine parallele Lagerung in Form des Kardenbands oder Kammzugs zu bringen.

Man hat daher versucht, ohne Zerstörung der Parallellage der Fasern im Kabel (Spinnband) diese in der Spinnerei auf einer sogenannten *Spinnbandreißmaschine* zu reißen und direkt weiterzuverspinnen. Mehr Erfolg scheint indes das Schneiden auf dem sogenannten *Pacific-Converter* zu versprechen, welcher aus dem aus endlosen Fasern bestehenden Kabel ein Band aus parallel liegenden endlichen Stapelfasern herstellt. In beiden Fällen entfällt das Öffnen des Zellwollballens und das Kardieren, so daß damit der Spinnprozeß eine wesentliche Abkürzung erfährt. Neuerdings werden feine endlose Bändchen zwischen den Streckwalzen der Ringspinnmaschine gerissen oder in einem Schneidezeug geschnitten (Rieter).

Da bei einem derartigen Spinnverfahren – im Gegensatz zum normalen Spinnverfahren – keine Durchmischung des Fasermaterials erfolgt, ist die Erzeugung von färberisch sich völlig gleichmäßig verhaltenden Garnen nicht immer gewährleistet. Der Vorteil des Bandspinnens (*Direktspinnverfahren*) liegt in der Erzielung eines bezüglich Nummerschwankungen sehr gleichmäßigen Garns.

f) Die Spinnverfahren

Die Erzeugung eines Fadens aus der Spinnlösung kann technisch in verschiedener Weise vorgenommen werden. Die Auswahl des Verfahrens, nämlich ob Trockenspinnverfahren, Naßspinnverfahren oder ein modifiziertes Naßspinnverfahren, das sog. Streckspinnverfahren, hängt einerseits von der Zusammensetzung der Spinnlösung und andererseits von den gewünschten Fasereigenschaften ab.

Trockenspinnverfahren. In Fällen, in denen der Cellulosekörper in organischem Lösungsmittel gelöst ist, spinnt man vorteilhaft nach dem Trockenspinnverfahren. Dieses findet daher Verwendung bei der Herstellung von Nitratreyon und von Acetatreyon. Die Spinnlösung wird durch Düsen in einen heißluftdurchströmten Raum (Schacht) eingespritzt, wobei das Lösungsmittel aus dem Flüssigkeitsstrahl verdunstet, so daß sich der Cellulosekörper als Faser abscheidet, welche dann aufgespult werden kann. Aus der geschlossenen Apparatur wird das Lösungsmittel/Luft-Gemisch in die Lösungsmittelrückgewinnungsanlage weitergeführt. Die Arbeitsweise geht aus der Abb. 78 hervor.

Die Düse bzw. „Brause" (S. 213) besitzt eine mehr oder weniger große Anzahl von Löchern. Die austretenden Einzelfasern werden zusammengeführt und bilden in ihrer Gesamtheit den eigentlichen Reyonfaden.

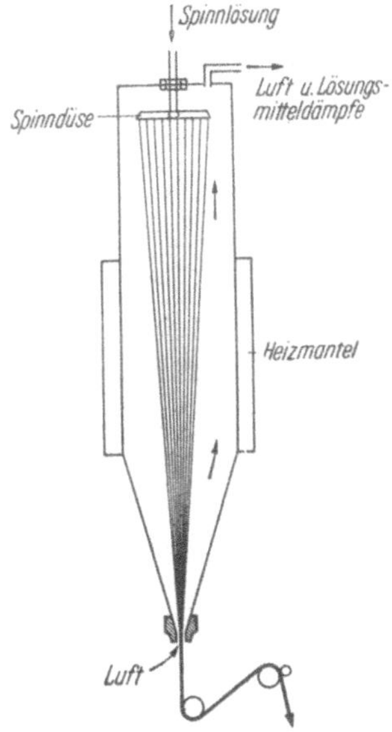

Abb. 78. Trockenspinnverfahren, schematisch (Rhodiaceta).

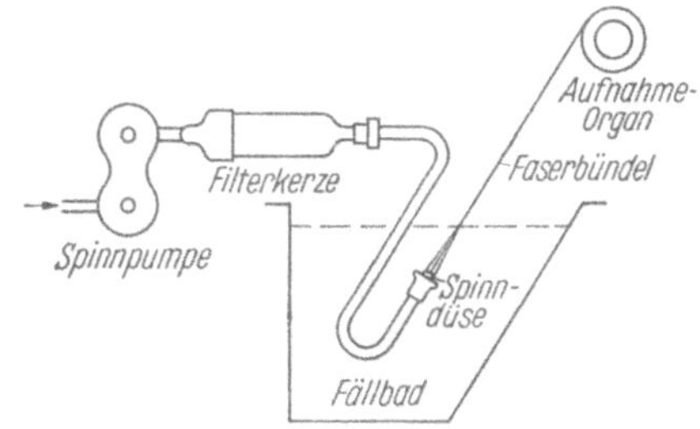

Abb. 79. Normales Naßspinnverfahren, schematisch (nach *Bodenbender*).

Naßspinnverfahren. Bei Viscosereyon sowie bei Kupferreyon ist man auf das Naßspinnverfahren angewiesen, bei dem die aus der Spinndüse kommenden Strahlen der Spinnflüssigkeit wäßrige Bäder (Fällbäder) passieren, in denen die in den Fällbädern enthaltenen Chemikalien oder das Wasser selbst eine Koagulation zur Faser bewirken. Die Spinnlösung wird mit Hilfe einer Zahnradpumpe nach Passieren einer letzten Filtriervorrichtung (Filterkerze) durch ein Glasrohr der Spinndüse zugeführt. Das Prinzip des Naßspinnens ist der Abb. 79 zu entnehmen.

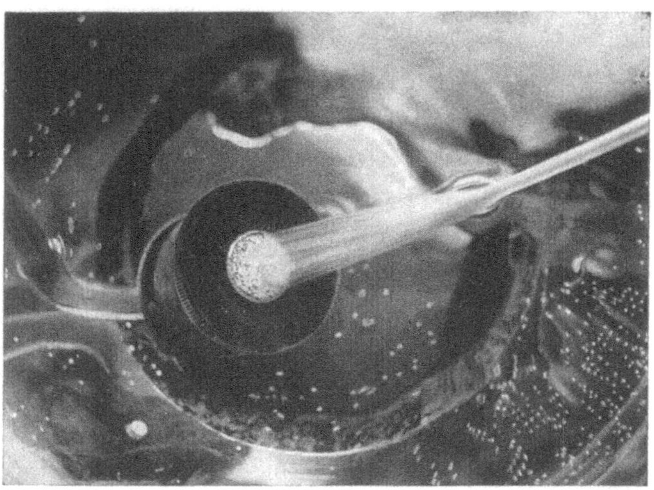

Abb. 80. Zellwoll-Spinndüse mit austretendem Faserbündel (Vereinigte Glanzstoff-Fabriken).

Abb. 80 und 81 zeigen Ausschnitte aus der Zellwollherstellung (Viscoseverfahren).

Abb. 81. Vereinigung der aus den einzelnen Düsen austretenden Faserbündel zum Zellwoll-Kabel (Vereinigte Glanzstoff-Fabriken).

Streckspinnverfahren. Das Naßspinnen wird in der Form des Streckspinnverfahrens vorgenommen, wenn es sich darum handelt, Fasern von hoher Festigkeit zu bekommen. Es geschieht dies im Prinzip in der Weise, daß man den Flüssigkeitsstrahl aus Düsen größerer Lochweite austreten läßt und den sich bildenden Faden dann auf ein Mehrfaches seiner usprünglichen Länge auszieht. Bedingung hierfür ist, daß die sich bildende Faser über einen längeren Zeitraum hin plastisch bleibt und während dieser Zeit gestreckt werden kann. Als Fällbäder kommen daher solche Flüssigkeiten zur Verwendung, welche die Zersetzung bzw. Koagulation nur allmählich vor sich gehen lassen. Bei der Kupferseide besteht das Fällbad üblicherweise aus Wasser, während bei der Viscose *Zinksulfat* und Magnesiumsulfat als Koagulationsmittel verwandt werden. Die hemmende Wirkung des Zinksulfats kommt dadurch zustande, daß dieses mit dem Natrium-Cellulosexanthogenat eine Zink/Natrium-Doppelverbindung bildet, die sich durch die Fällbadsäure schwerer zersetzen läßt als das Natriumxanthogenat. Das Strecken kann zwischen zwei Abzugsorganen (Galetten), welche mit verschiedener Drehzahl laufen, vorgenommen werden.

Eine spezielle Form des Streckspinnens ist das üblicherweise bei der Herstellung von Kupferreyon angewandte Verfahren, das heute teilweise auch bei der Viscose Verwendung findet. Hierbei wird die Spinnlösung entsprechend der Abb. 82 in einen sogenannten *Spinntrichter*, welcher das strömende Fällbad enthält, eingesponnen. Der aus der Düse austretende Flüssigkeitsstrahl, welcher im Fällbad (üblicherweise Wasser) allmählich koaguliert, wird von dem Spinnbad mitgenommen und infolge der in dem Trichter anwachsenden Strömungsgeschwindigkeit zu einem immer feineren Faden ausgezogen. Die Koagulation wird außerhalb des Spinntrichters durch Behandlung in einem Schwefelsäure und Natriumsulfat enthaltenden Bad vervollständigt.

Das Strecken bewirkt eine weitgehende Ausrichtung der Cellulosekristallite in Richtung der Faserachse, wodurch die Trocken- und Naßfestigkeit erhöht werden. Dies hängt damit zusammen, daß mit wachsender Orientierung der Zusammenhalt

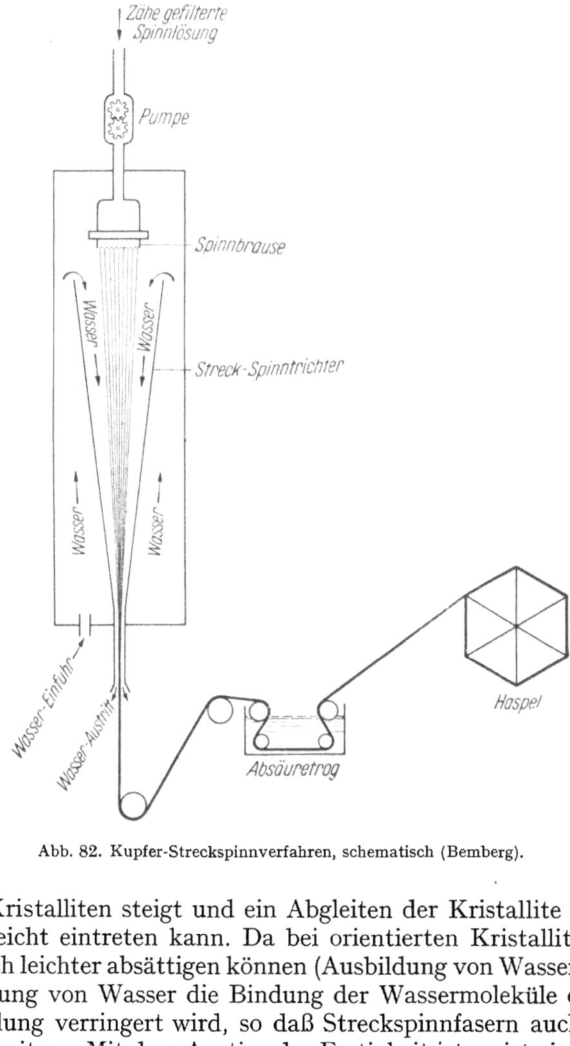

Abb. 82. Kupfer-Streckspinnverfahren, schematisch (Bemberg).

zwischen den Kristalliten steigt und ein Abgleiten der Kristallite beim Reißvorgang weniger leicht eintreten kann. Da bei orientierten Kristalliten die Nebenvalenzkräfte sich leichter absättigen können (Ausbildung von Wasserstoffbrücken), ist bei Einwirkung von Wasser die Bindung der Wassermoleküle erschwert, wodurch die Quellung verringert wird, so daß Streckspinnfasern auch eine erhöhte Naßfestigkeit besitzen. Mit dem Anstieg der Festigkeit ist meist ein gewisser Dehnungsrückgang verbunden (vgl. S. 19).

Handelsprodukte an typischen Streckspinnfasern sind neben den Kupferfasern u. a. Vistra hochnaßfest, Lanusa, Colvadur, Duraflox, Viscor, Tenasco. (Teilweise wurden diese allerdings nur zeitweise erzeugt.)

Die Spinndüsen. Die Spinndüsen (Spinnbrausen) besitzen die Form kleiner Hütchen bzw. Näpfchen (Abb. 83), in welche die Düsenlöcher eingebohrt sind. Die Bohrungszahl für Reyonspinnbrausen bewegt sich etwa zwischen 15 und 72. Durch die Zahl der Bohrungen in der Brause ist die Zahl der Einzelfasern des Reyonfadens bestimmt. Bei der Zellwollherstellung haben die Spinnbrausen zwischen 800 und 3000, vereinzelt bis zu 12000 und höher liegende Lochzahlen. Bei Acetat liegen die Lochzahlen mit Rücksicht auf die Vermeidung von Verklebungen wesentlich niedriger. Die Löcher sind, wie dies schematisch die Abb. 84 zeigt, vielfach strahlenförmig angeordnet.

Da die Düsen teilweise mit aggressiven Chemikalien in Berührung kommen, müssen sie – besonders beim Viscoseverfahren – aus chemisch widerstandsfähigem Material bestehen. Neben Glasdüsen kommen aus Edelmetallen bestehende Metalldüsen zur Verwendung. Üblich sind Legierungen aus Gold-Platin, Gold-Palladium,

Abb. 83. Reyon- und Zellwolle-Spinndüsen (Heräus).

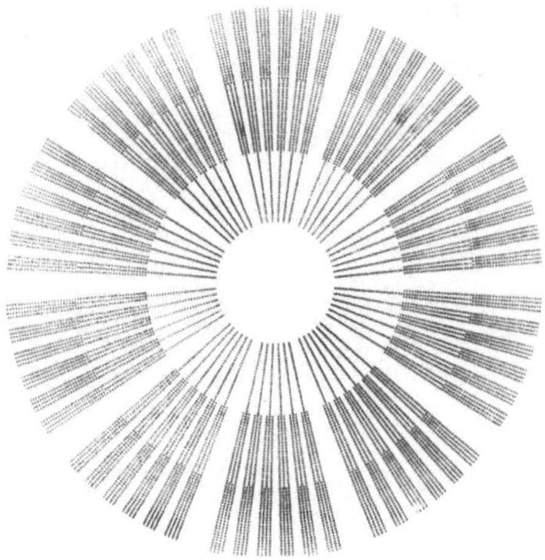

Abb. 84. Strahlendüse. 12000 Loch. 0,08 mm Loch-Durchmesser. 74 mm Boden-Durchmesser (Heräus).

Gold-Platin-Rhodium und Platin-Iridium. Allmählich setzt sich vor allem des Preises wegen das billigere und weitgehend widerstandsfähige Tantal immer mehr durch. Tantal-Düsen neigen allerdings verhältnismäßig leicht zum Verkrusten. Die Lochweite der Düsen liegt zwischen 0,06 und 0,09 mm und erreicht bei den Streckspinnverfahren zwischen 0,1 und 1 mm liegende Werte. Bei der Herstellung der Kupferfaser werden meist Düsen aus Nickel angewandt.

Fadenaufnahmeorgane. Für die Aufnahme des gesponnenen Reyonfadens sind – besonders bei der Viscosereyonerzeugung – verschiedene Einrichtungen im Gebrauch. Ursprünglich diente hierzu eine *Walze* aus Glas, die inzwischen, da sie viele Fadenbrüche ergab, durch die *Spinnspule* (Spinnhülse) und durch die *Spinnzentrifuge* (Spinntopf) ersetzt wurde. Stärkere Gespinste wie z.B. solche für Cordzwirne werden indes noch auf aus bakelitisiertem Aluminiumblech bestehende Walzen aufgewickelt. Bei der Spinnzentrifuge (Abb. 85) wird der Faden in einen sich drehenden Spinntopf eingeführt, wo das Fadenmaterial gleichzeitig eine Zwirnung erhält und sich zu einem kompakten Gebilde, dem *Spinnkuchen*, ansammelt. Die Reyonfaser kann in dieser Aufmachung gefärbt werden (s. S. 645). Da beim Zentrifugenverfahren Spannungsunterschiede (innen – außen) ausgeschaltet sind, läßt sich Zentrifugenseide gleichmäßiger anfärben.

Während die Walze und die Spule gleichzeitig als Fadenabzugs- und Fadenaufnahmeorgane fungieren können, ist bei der Spinnzentrifuge als besonderes Abzugsorgan eine Glasrolle notwendig, die als *Galette* bezeichnet wird. Von der Galette aus wird der Faden in den Spinntopf geführt. Während also Zentrifugengespinste nicht mehr verzwirnt zu werden brauchen, ist dies bei Walzen- und Spulengespinsten erforderlich.

Der im Spinnbad entstandene Faden wird durch geeignete Fadenführer den Abzugs- und Aufnahmeorganen zugeleitet. Die Fadenführer haben bei den Streckspinnverfahren gleichzeitig eine Bremswirkung auszuüben, weshalb sie hier auch Bremsstäbe genannt werden. Die Fadenführer bestehen meist aus Glas oder aus hartgebranntem glasiertem Ton.

Bei *Kupferreyon* wird als Aufnahmeorgan für die gesponnenen Fäden meist eine Haspel angewandt, da das Spülen des Fadenmaterials in Strangform, nament-

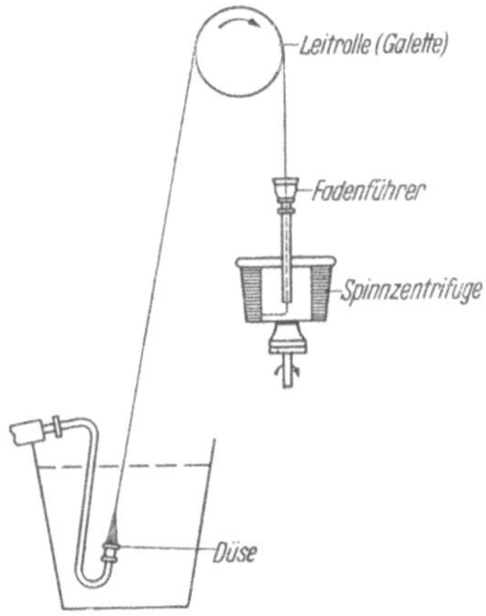

Abb. 85. Zentrifugen-Spinnvorrichtung (nach *Oertel*).

lich zur Entfernung des Kupfers, auf Grund der lockeren Aufmachung leichter möglich ist als in Spulen- oder Spinnkuchenform; doch findet auch das Zentrifugenverfahren Anwendung.

Zur Aufnahme der *Zellwolle* dienen endlose Transportbänder aus Gummi oder flüssigkeitsdurchströmte Rinnen, welche die von den Spinndüsen kommenden Faserbündel zur Nachbehandlung weitertransportieren.

Die Nachbehandlung der Zellwolle (entsäuern, waschen, avivieren usw.) erfolgt, je nachdem, ob sauer oder neutral geschnitten wird, im Kabel oder in der Flocke.

Konstanz der Fadenspannung, Ausschrumpfen. Beim Aufwickeln des frisch gesponnenen Fadens ist es von größter Wichtigkeit, daß die auf den Faden ausgeübte Spannung konstant bleibt, da ungleiche Fadenspannungen zu unterschiedlichen Eigenschaften, namentlich zu unterschiedlicher Anfärbbarkeit führen. Es ist daher notwendig, die durch das allmähliche Größerwerden der Wickelkörper anwachsende Spannung durch entsprechende Vorrichtungen (Konoidantrieb, PIV-Regelgetriebe) auszugleichen.

Ungleiche Spannungen können sich aber auch auf den bereits fertig koagulierten Faden entsprechend auswirken, so daß auch beim Spulen und Zwirnen von Reyon auf gleichmäßige Fadenspannungen zu achten ist (s. S. 586).

Während die Nachbehandlung des gesponnenen Viscosereyons (entsäuern, entschwefeln, waschen, avivieren) ursprünglich in Strangform vorgenommen wurde, geschieht dies heute – um das Haspeln zum Strang zu umgehen – bei der Viscosefaser meist in der Wickelform (Walze, Spule, Spinnkuchen). Dies hat einerseits den Vorteil der Arbeitsersparnis und schont zum andern das Fasermaterial, dem eine Behandlung im Strang weniger zuträglich ist. Der Nachteil ist aber der, daß das „*Ausschrumpfen*" der Reyonfaser beim Entsäuern und Trocknen nicht so gleichmäßig und vollkommen möglich ist, wie dies in der Strangform geschieht. Ein ungleichmäßiges Ausschrumpfen führt aber zu unterschiedlichen Fadenspannungen, die ihrerseits Glanzunterschiede und färberische Unterschiede im Gefolge haben.

Um solche Schrumpfungsdifferenzen zu beheben, kann man verschiedene Wege einschlagen. Man kann z. B. auf besonders konstruierte nachgiebige Spulen spinnen oder aber – wie dies meist üblich ist – das Spulengespinst zwirnen, und zwar in der Weise, daß man auf elastische Blechmanschetten mit Schlauchnetzen, die nachher herausgenommen werden, aufspult. Anschließend werden die Wickel in einem Netzbad ausgeschrumpft.

Bei der Herstellung von Viscosereyon ist gerade auf Grund der schwierigen Schrumpfungsverhältnisse eine fortlaufende ununterbrochene Arbeitsweise, wie sie z.B. das in der Kupferseidenherstellung ausgeübte *Duretaverfahren* (S. 206) zeigt, erstrebenswert. Ein solches „*Fließverfahren*" gelingt mit „Förderhaspeln", welche den aus der Düse kommenden Faden einzeln den verschiedenen Reinigungsoperationen und schließlich der Zwirnspule zuleiten. Die Laufzeit von der Düse bis zur Zwirnung beträgt 4–5 Minuten. Das *Nelsonverfahren* arbeitet mit „Förderwalzen". Beim *A.K.U.*-Verfahren werden große Fadenscharen mit nur wenigen Millimetern Abstand mit Hilfe von angetriebenen Walzen bzw. Leitorganen durch die einzelnen Bäder hindurchgeführt. Ein weiteres hierher gehöriges Verfahren ist das *Kuljian*-Verfahren, welches durch eine kontinuierliche Fadenbehandlung vom Austritt aus dem Spinnbad bis zur Zwirnmaschine gekennzeichnet ist und eine 2–3fache Spinngeschwindigkeit gegenüber der diskontinuierlichen Arbeitsweise erlaubt.

Auf diese Weise ist es möglich, längste, nicht durch Knoten unterbrochene Fäden herzustellen, ein Faktor, der die Verarbeitung von Reyon wesentlich fördert.

g) Das Avivieren und Präparieren von Reyon und Zellwolle

Die bei der Fabrikation anfallenden Kunstseiden und Zellwollen sind zunächst nicht weich und geschmeidig, sondern besitzen einen spröden und strohigen Griff, so daß sie in diesem Zustand nicht ohne weiteres in der Spinnerei und Weberei sowie in der Strickerei und Wirkerei verarbeitet werden können. Sie müssen daher zunächst *aviviert* bzw. *präpariert* werden. Es ist zweckmäßig, zwischen Avivieren und Präparieren einen gewissen Unterschied zu machen in der Richtung, daß man unter Avivieren das allgemein übliche Weich- und Geschmeidigmachen versteht, welches mit mäßigen Mengen an Aviviermittel erreicht werden kann. Im Gegensatz dazu werden bei der Präparation wesentlich größere Mengen an Aviviermittel bzw. Präpariermittel aufgebracht, um das Fasermaterial für einen ganz bestimmten Verarbeitungszweck geeignet zu machen. Ist z.B. ein Reyongarn für Wirkereizwecke bestimmt, dann bedarf es einer zwischen 1,5 und 3% liegenden Präparation, um die für die Verarbeitung (leichte Maschenbildung) erforderliche Geschmeidigkeit zu bekommen, während die üblichen Avivagemengen unter 1% liegen. Unpräparierte Acetatfasern haben die Eigenschaft, sich bei der Verarbeitung so stark elektrisch aufzuladen, daß eine Weiterverarbeitung ohne eine entsprechende Präparation nicht möglich ist (vgl. S. 340f.).

Das Avivieren von Reyon und Zellwolle wird im Rahmen der Wäsche, das Präparieren üblicherweise in einem besonderen Arbeitsprozeß vorgenommen.

Im Hinblick auf ihre spinnereitechnische Eignung kommt dem *Avivieren der Zellwollen* eine ganz besondere Bedeutung zu, da die Kunstfasern im Gegensatz zu den Naturfasern in nichtaviviertem Zustand in spinntechnischer Beziehung keine besonders vorteilhaften Eigenschaften besitzen. Die Baumwollfaser zeigt auf Grund ihrer Struktur eine gute Haftung im Gespinstverband und auf Grund ihres Wachsgehalts gute Verzugseigenschaften. Die Zellwolle dagegen ist strukturlos, besitzt also wenig Haftung und ließe sich ohne eine entsprechende Avivage schlecht verziehen. Die Avivage hat also die Aufgabe, die Faser im Interesse einer einwandfreien Verzugsfähigkeit geschmeidig und glatt zu machen, ihr aber andererseits auch eine gewisse Haftung zu verleihen, eine Aufgabe, die manchmal nicht einfach zu erfüllen ist und daher eine sorgfältige Auswahl des Aviviermittels verlangt.

An *Produkten für das Avivieren und Präparieren* kommen solche auf Fettbasis in Frage. In Verwendung sind Seifen sowie partiell verseifte Öle und Fette (Softenings), sulfierte und sulfitierte Öle, Fettalkoholsulfate, Fettsäurekondensate, kationaktive Fettkörper, Polyglykolderivate und mineralölhaltige Kompositionen. Letztere werden vor allen Dingen für Kunstseiden angewandt, die für die Wirkerei bestimmt sind, da diese im Interesse der leichten Maschenbildung besonders weich und geschmeidig sein müssen. Vielfach werden die Kunstseidengarne vom Verarbeiter beim Spulen nochmals präpariert.

Erwähnt sei noch, daß eine gewisse Weichheit der Fasern auch durch Zusätze von Fettsubstanzen zur Spinnlösung erreicht werden kann.

h) Spezialverfahren

Die Herstellung von Mattseiden. Die Kunstseiden und Zellwollen fallen üblicherweise bei der normalen Fabrikation in glänzendem Zustand an, werden aber vom Verarbeiter mit Rücksicht auf modische Belange häufig in mehr oder weniger mattem Zustand verlangt. Das Mattieren kann in jeder gewünschten Abstufung im Rahmen der Herstellung der Kunstfaser erfolgen (*Spinnmattierung*); es kann aber auch an der Fertigfaser vom Veredler durch *Nachmattieren* (S. 223) erreicht werden. Kupferstreckseide besitzt von Hause aus auch ohne Mattieren einen gewissen Mattglanz.

Das Spinnmattieren geschieht grundsätzlich in der Weise, daß man der Spinnlösung gewisse mattierend wirkende Körper zusetzt. Als solche kommen im Prinzip sowohl flüssige als auch feste Substanzen in Frage. In Verwendung sind z.B. Toluol, Xylol, Chlorbenzol, β-Naphthol, Anthrachinon, Infusorienerde, Zinkoxid und vor allen Dingen das *Titandioxid*, welches die größte praktische Bedeutung erlangt hat. Auf Grund seiner Lichtbrechungseigenschaften kann man schon mit den geringsten Mengen (0,5%) einen hellmatten und mit ca. 2% einen tiefmatten Effekt erreichen. Es kann in außerordentlich feiner Teilchengröße erzeugt werden, so daß es die Düsen der Spinnbrausen einwandfrei passiert.

Allerdings besitzt das Titandioxid auch gewisse Nachteile, welche aber seine breite Verwendung praktisch nicht einzuschränken vermochten. Es hat nämlich die Eigenschaft, den Abbau der Cellulose im Licht zu beschleunigen. Unter diesen Umständen sollen mit TiO_2 mattierte Fasern nicht zu Gardinen verarbeitet werden. Das Ausbleichen gewisser substantiver Farbstoffe in feuchtem Zustand im Licht wird ebenfalls durch TiO_2 katalysiert. Weiterhin neigen titanmattierte feuchte Fasern im Licht zu einem gewissen Nachbleichen, was insofern zu Komplikationen führen kann, als die Lichteinwirkung nicht immer gleichmäßig ist und daher schipprige bzw. wolkige Effekte entstehen können. Die noch feuchte titanmattierte Faser muß daher vor starker Lichteinwirkung geschützt werden.

Durch besondere Methoden der Nachbehandlung des Titandioxids bei seiner Herstellung (z.B. Behandlung mit Chromverbindungen) läßt sich diese katalytische Auswirkung weitgehend aufheben (Luxantholmattweiß). Vorteilhaft wirkt sich auch die Zugabe von Salzen des zweiwertigen Mangans zur Spinnlösung oder eine Behandlung der gesponnenen Faser mit solchen Salzen aus. Bei titanmattierter Acetatfaser kann man hierdurch die nachteilige Auswirkung des Mattierungsmittels völlig ausschalten.

Auf Grund seiner Härte und Scharfkantigkeit kann sich das Titandioxid auch in rein mechanischer Beziehung nachteilig auswirken. So werden Fadenführer der Spinnmaschinen rascher eingeschnitten und Platinen und Nadeln von Wirk- und Strickmaschinen stärker abgenutzt.

Acetatfasern ($2^1/_2$-Acetat) lassen sich leicht durch Nachbehandlung mit heißem Wasser (oberhalb 80 °C) mattieren. Durch Einlagerung von Pigmenten in die Spinnlösung erhält man zwar Effekte, die im Gegensatz zu den mit Wasser erzeugten gegenüber einem Feuchtbügeln beständig sind, die mechanischen Eigenschaften der Faser aber etwas nachteilig beeinflussen.

Die Herstellung düsengefärbter Fasern. Es besteht die Möglichkeit, die Kunstfasern farbig aus der Düse entstehen zu lassen in der Weise, daß man die Spinnlösung mit Farbstoffzusätzen versieht. Das Düsenfärben hat bei der Acetatfaser eine besondere Bedeutung erlangt, da es hier die Möglichkeit gibt, völlig waschechte Färbungen herzustellen. Düsengefärbte Kunstseide hat vor der garngefärbten den Vorteil, daß sie sich leichter spulen läßt als letztere, da beim Färben im Garn ein gewisses Verwirren des Kunstseidenmaterials nicht immer ganz zu vermeiden ist. Auch für Wollmelangen in der Tuchindustrie ist die düsengefärbte Zellwolle beliebt.

Das Düsenfärben bietet weiterhin die Möglichkeit, größte Farbpartien in völlig einheitlichem Farbton herauszubringen. An Farbstoffen können sowohl anorganische als auch organische Pigmentfarbstoffe (S. 396) verwandt werden. Unter den letzteren spielen namentlich die Küpenfarbstoffe eine Rolle. Für die Düsenfärbung geeignete Sortimente an hochdispersen Farbstoffen sind z.B. die Tinofil-, Viscofil-, Mikrosol- und Luxantholfarbstoffe. In neuerer Zeit sind die Indigosole von Bedeutung geworden, die der Viscoselösung zusammen mit Natriumnitrit zugemischt werden, so daß die Entwicklung ohne weiteres im sauren Fällbad erfolgt. Da ein Wechsel der Farben in der Kunstfaserfabrik mit großen Schwierigkeiten verbunden ist, werden nur sogenannte Stapelfarben düsengefärbt in den Handel gebracht.

Setzt man den Farbstoff allerdings nicht dem Ansatz der Spinnlösung zu, sondern gibt diesen mittels einer entsprechenden Dosiervorrichtung (Mischschnecke) erst kurz vor der Spinndüse in die Viscosezuleitung, dann läßt sich ein Nuancenwechsel verhältnismäßig leicht vornehmen.

Farbstoffsortimente für Düsenfärbungen von Acetatfasern sind u.a. die Luracet-, Irgacet-, Acetofil- und Telasolfarbstoffe.

Das Animalisieren. Beim Färben von Zellwollen zusammen mit Proteinfasern steht der Umstand hindernd im Wege, daß die beiden Faserarten zu den verschiedenen Farbstoffen eine unterschiedliche Affinität besitzen. Dieses Verhalten kompliziert den Färbeprozeß namentlich dann, wenn waschechte Färbungen hergestellt werden sollen. In solchen Fällen ist es notwendig, kombinierte Färbeverfahren anzuwenden, die einmal den Farblohn stark erhöhen und zum andern wegen der langen Dauer des Färbeprozesses eine Gefährdung des Fasermaterials bedingen. (Vgl. S. 613ff.)

Aus diesem Grund hat man versucht, der für Mischungen mit Wolle bestimmten Zellwolle die gleichen färberischen Eigenschaften zu vermitteln, wie sie die tierischen Fasern besitzen, sie zu „*animalisieren*". Man erreicht dies grundsätzlich auf verschiedenen Wegen, und zwar kann man einmal der Spinnlösung gewisse Zusätze einverleiben, die der Fertigfaser Affinität zu Wollfarbstoffen verleihen, und zum andern besteht die Möglichkeit, der Fertigfaser durch eine entsprechende Nachbehandlung die färberischen Eigenschaften der Wollfaser zu geben. Schließlich kann die Nachbehandlung mit der wohl ausgesponnenen, aber noch nicht restlos koagulierten Faser vorgenommen werden.

Mit der Entwicklung der Halbwollfarbstoff-Sortimente ging die Bedeutung des Animalisierens zurück, zumal es bis jetzt nicht möglich war, nach allen Richtungen hin befriedigende Effekte zu erreichen. Namentlich ist die Lichtechtheit vieler Farbstoffe auf den animalisierten Fasern unzureichend.

An Zusätzen zur Spinnlösung kommen vor allen Dingen aminogruppenhaltige natürliche organische Substanzen, so Eiweißkörper wie Casein, Leim, Gelatine, Fischeiweiß (*O. Mecheels*), in Frage. Die Eiweißkörper können durch eine Nachbehandlung der Faser mit Formaldehyd gehärtet und damit unlöslich gemacht werden. Auch Zusätze von sonstigen stickstoffhaltigen Substanzen, wie Aminen, quaternären Ammoniumsalzen sowie von Kunstharzen zur Spinnlösung, wie solchen aus Harnstoff, Melamin, Dicyandiamid einerseits und Formaldehyd andrerseits, wirken in dieser Richtung. Besonders bewährt haben sich aus Äthylenimin und Phenylisocyanat sich bildende Kondensationsprodukte (Äthylenharnstoffe) – eventuell in Verbindung mit Casein – als Zusätze zur Spinnlösung.

Eine Animalisierung tritt auch ein, wenn man auf bzw. in der Faser nachträglich stickstoffhaltige Kondensationsprodukte aus den Komponenten erzeugt.

Die Cellulose kann auch nachträglich mit Äthylenharnstoffen umgesetzt werden. Diese bilden sich bei der Reaktion zwischen Äthylenimin und Isocyanaten:

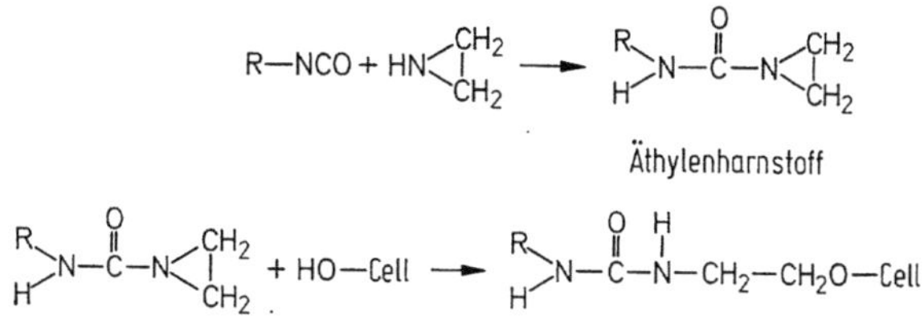

Das sehr reaktionsfähige Äthylenimin setzt sich mit der Cellulose um, wenn diese in nicht ganz auskoaguliertem, noch xanthogenatgruppenhaltigem Zustand oder aber während bzw. nach der Xanthogenierung in der Spinnlösung der Einwirkung von Äthylenimin oder dessen Homologen unterzogen wird, wobei sich Mercapto-thiazolidinderivate der Cellulose bilden.

Man erreicht eine Animalisierung auch in der Weise, daß man die Fertigfaser nacheinander mit Äthylenimin und Schwefelkohlenstoff behandelt und das Unlöslichwerden des Reaktionsproduktes auf und in der Faser durch Hitze oder verdünnte Säure bewirkt.

Eine weitere Methode besteht darin, daß man die Cellulosefaser mit 25%iger Natronlauge, die β-Aminoäthylschwefelsäure enthält, behandelt:

$$\text{Cell}\cdot OH + H_2N\cdot CH_2\cdot CH_2\cdot O\cdot SO_3Na + NaOH$$
$$\rightarrow \text{Cell}{-}O{-}CH_2{-}CH_2{-}NH_2 + Na_2SO_4 + H_2O$$

Handelsprodukte an animalisierten Fasern sind u.a.: Cisalfa, Lanabeta, Seresa.

Pfropfung von Viskosefasern. Eine nach dem Viskoseverfahren hergestellte Faser besteht z.B. aus 60–70% Cellulose und 30–40% aufgepfropftem Polyacrylnitril (*S. A. Rogovin, M. Schubutija, A. Monastyrskij*). Diese Faser (Mtilon) besitzt erhöhte Licht- und Bakterienbeständigkeit (vgl. auch S. 43).

Flammfeste Cellulosefasern erhält man nach *S. A. Rogovin* durch Aufpfropfen phosphorhaltiger Verbindungen, z.B. von 2-Methyl-5-vinylpyridin-phosphat auf Cellulosefasern, insbesondere auf Zellwolle. Man erhält dabei eine modifizierte Cellulosefaser der folgenden Zusammensetzung:

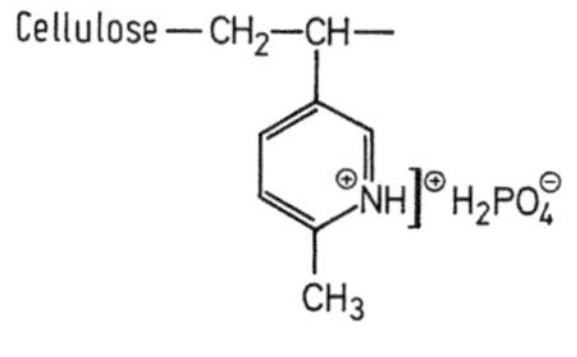

Die Herstellung gekräuselter Zellwollen. Die natürlichen Fasern besitzen gegenüber den Kunstfasern auf Grund ihrer natürlichen Struktur vorteilhafte spinnereitechnische Eigenschaften, die man bei den Kunstfasern nachzuahmen bestrebt ist. Hierher gehört u.a. die Erzeugung einer gewissen Kräuselung bei den Zellwollfasern, die einmal eine bessere Haftung im Gespinstverband bedingt und zum andern eine gewisse Pufferung gegenüber mechanischen Beanspruchungen vermittelt. Namentlich werden die für Wollmischungen bestimmten Typen gekräuselt, um den Gespinsten eine gewisse Voluminosität zu gewährleisten.

Eine gewisse Kräuselung kann man erreichen durch eine nachträgliche Behandlung der Fasern mit heißen Lösungen von Aluminiumsulfat oder Calciumrhodanid und anschließendes rasches Abkühlen. Auch eine Vorquellung mit Natronlauge und darauffolgende Entquellung mit Säure führt zum Ziel. Allerdings ist eine so erzeugte Kräuselung nicht beständig und geht namentlich in feuchtem Zustand rasch wieder verloren.

Beim Viscoseverfahren wird meist so verfahren, daß man die noch formbare Faser in heißem Wasser stark verstreckt, in saurem Zustand schneidet und die Flocke in ein leicht alkalisches heißes Bad einfallen läßt.

Bei der Herstellung einer beständigen Kräuselung muß der Spinnvorgang eine gewisse Modifikation erfahren, welche entweder in einer Bewegung der Spinndüsen oder in einer Erschütterung des Spinnbades besteht. Auch durch eine unterschiedlich starke Ausbildung des Fasermantels erzielt man bei nachträglicher Schrumpfeinwirkung eine beständige Kräuselung.

Die Herstellung der Luftseide (Hohlfaser). Gegenüber den tierischen Fasern besitzen die künstlichen Cellulosefasern ein wesentlich größeres Wärmeleitvermögen, so daß daraus hergestellte Kleidungsstücke wenig wärmehaltfähig sind. Durch Einlagerung von wärmeisolierenden Gasräumen in die Faser läßt sich die Wärmeleitfähigkeit verringern. Man erhält einen solchen Effekt z.B. in der Weise, daß man beim Viscoseverfahren Natriumcarbonat oder Natriumhydrogencarbonat der Spinnlösung zusetzt, so daß durch die Fällbadsäure Kohlensäure in Freiheit gesetzt und in Form von Bläschen in die Fasern eingelagert wird. Die Herstellung solcher Fasern ist nicht einfach und erfordert eine gewisse Variierung des Spinnprozesses. Der Fasermantel muß rasch koagulieren, damit die gebildeten Gase nicht entweichen können. Außerdem muß darauf geachtet werden, daß große zusammenhängende Gasräume vermieden werden, das Gas vielmehr in Form kleinster Bläschen gleichmäßig verteilt wird, da sonst nachteilige Auswirkungen auf die Faserfestigkeit zu befürchten sind.

Es besteht auch die Möglichkeit, eine Kanalbildung mit Hilfe eines in das Düsenloch hineinragenden feinen Dorns (mit oder ohne Zusatz gasentbindender Mittel) zu erreichen.

Die Verfahren sind mehr oder weniger im Versuchsstadium steckengeblieben und finden keine größere praktische Anwendung.

Die Herstellung quellfester Fasern. Bei der Besprechung des Streckspinnverfahrens (S. 212) wurde darauf hingewiesen, daß durch eine gewisse Ausrichtung der Cellulosekristallite in Richtung der Faserachse eine erhöhte Quellfestigkeit erzielt wird. Man kann auch durch eine chemische Behandlung die Faser so verändern, daß sie eine geringere Quelltendenz zeigt. Es beruht dies darauf, daß man im Rahmen der Herstellung die bereits gebildete Faser z.B. einer Quellfestausrüstung unterzieht (*Corval und Topel*).

Die Herstellung knitterfester Fasern. Da Gewebe aus Reyon und Zellwolle stark zum Knittern neigen, wäre die Herstellung einer knitterfreien Faser von größtem Interesse. Man hat hierzu zwei Wege eingeschlagen, und zwar hat man einmal ölartige Substanzen und zum anderen Stoffe von hoher Eigenelastizität der Spinnlösung zugesetzt, ohne daß die Verfahren bis jetzt zu befriedigenden praktischen Erfolgen geführt hätten. Man ist daher auf eine geeignete Nachbehandlung der fertigen Gewebe angewiesen (S. 129). Es sei erwähnt, daß man schon durch geeignete Faserauswahl (feine Titer) und namentlich durch die Art der Gewebebindung die Knitterneigung mehr oder weniger stark reduzieren kann. *Elöd* hat gewisse Hinweise gegeben, um durch Variation der Spinnbedingungen, z.B. Erhöhung der Konzentration der Spinnlösung, knitterarme Fasern zu gewinnen. Eine Erhöhung der Packungsdichte der Cellulosekristallite in der Faser vermindert die Knitterneigung.

Fasern mit Flammschutz. Zellwollen werden heute auch flammfest in den Handel gebracht, wobei man allerdings ca. 20% Flammschutzmittel einspinnen muß, wodurch die physikalischen Eigenschaften nachteilig beeinflußt werden. Der Griff ist unverändert (*W. Albrecht*).

Godfrey, L. E. A., entwickelte ein Verfahren zum Spinnen von flammfester Viscosefaser durch Einverleibung von Hexapropoxiphosphazen in die Spinnlösung:

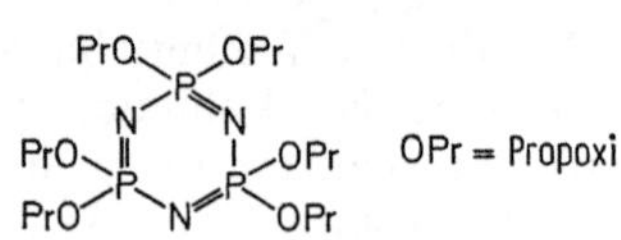

Hexapropoxi-phosphazen

Van Krevelen, D. W., beschreibt ein Verfahren zur Herstellung eines Flammfestmittels für Viscose von folgender Form:

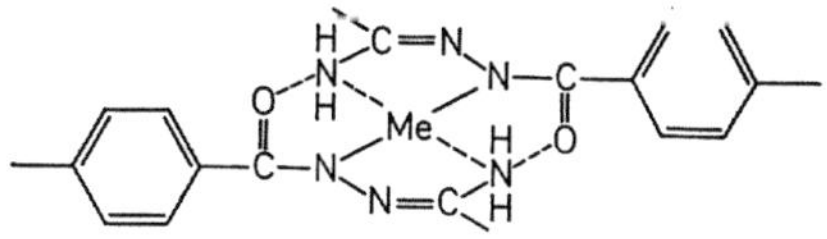

Es handelt sich um ein metallisiertes (z.B. Zn) Polykondensat aus Terephthalsäurechlorid und Oxamidrazon (aus Dicyan und Hydrazin). Das metallfreie Produkt wird der Xanthogenatlösung zugesetzt und die Fertigfaser nach der Koagulation metallisiert. Die Faser ist stabil gegen Flammeinwirkung bis zu 1500 °C und waschfest (vgl. S. 353).

Fasern mit optischen Aufhellern. Um hochweiße Fasern zu bekommen, kann man *optische Aufheller* (S. 797) der Spinnmasse zusetzen.

Die Herstellung einer fäulnisfesten Viscosefaser. Setzt man während oder nach der Sulfidierung der Spinnmasse Acrylnitril zu, so erfolgt ein Einbau der Cyanäthylgruppen in die Cellulose, wobei eine fäulnisfeste Faser entsteht (*K. Heidrich* und *W. Wagner*).

Die Herstellung von Cellulosefasern aus Filmen. Die Cellulosespinnlösungen können auch zu Filmen gegossen werden. Von diesen spielen der Nitratfilm und der Acetylcellulosefilm eine Rolle für photographische Zwecke, während der Viscosefilm (Cellophan) und der Kupferfilm (Cuprophan) u.a. für Verpackungszwecke Verwendung finden. Die letzteren können aber auch in feine Faserbändchen geschnitten werden und kommen in dieser Form als Effektfasern (*Fliro*) für modische Zwecke zur Verwendung.

2. Die Eigenschaften von Reyon und Zellwolle

Der Querschnitt. Charakteristisch für die künstlichen Cellulosefasern sind ihre Querschnittformen, und zwar nicht nur für die einzelnen Herstellungsverfahren, sondern auch für die verschiedenen Modifikationen ein und desselben Verfahrens.

Die Form des Querschnitts ist vor allem abhängig von dem Zustand der Spinnlösung und den Koagulationsbedingungen; sie wird maßgeblich beeinflußt durch die Geschwindigkeit der Koagulation. Im allgemeinen kann man feststellen, daß die Viscosefasern eine etwas unruhige, häufig gezackte oder fein gelappte Querschnittsform zeigen, während die Acetat- und die Nitratfaser als trocken gesponnene Fasern ruhigere (gelappte) Konturen aufweisen. Die nach dem Strömungsprinzip hergestellten Streckspinnfasern (S. 212) besitzen meist eine sehr ausgeglichene Form und zeigen im allgemeinen einen annähernd kreisrunden Querschnitt. Daß die nach dem üblichen Viscoseverfahren erzeugten Fasern unruhige Querschnittskonturen besitzen, hängt mit der verhältnismäßig raschen Koagulation sowie auch mit der dabei auftretenden Gasentwicklung zusammen, die eine gewisse Zerklüftung des Fasermaterials bedingt. Die Abb. 86–91 geben eine Anzahl Querschnittsformen nebst Längsbildern für die verschiedenen Verfahrensgruppen wieder. Mattierungsmittel geben sich durch eine Pigmentierung von Längsbild und Querschnitt zu erkennen. Eine unruhige Querschnittsform drückt sich auch in der Oberfläche und damit im Längsbild der Fasern entsprechend aus, wie dies schematisch die Abb. 88 veranschaulichen soll.

Faserfeinheit. Die Faserfeinheit (der Titer) wird in *Denier* angegeben. (Baumwollen und Wollen werden üblicherweise durch die *Faser-* bzw. *Garnnummer* charakterisiert.) Eine Faser hat den Titer 1 Denier, wenn 9000 m 1 g wiegen. Die Feinheit der Einzelfaser kann den technischen Bedürfnissen entsprechend in weiten Grenzen bis herunter zu 1 Denier oder noch weiter variiert werden. Die Einzeltiter der handelsüblichen Kunstseiden liegen etwa zwischen 1,2 und 5 Denier und diejenigen für Zellwollen etwa zwischen 1,5 und 3,75 Denier, wobei die feinen Titer für die Baumwollspinnerei und die gröberen für die Wollspinnerei bestimmt sind.

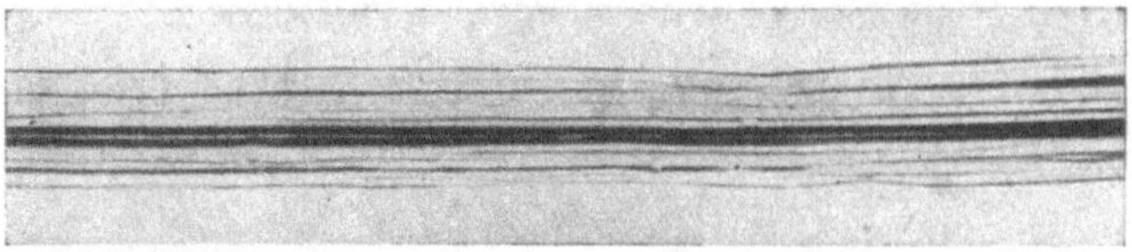

Abb. 86. Viscose-Zellwolle, Längsansicht, Vergrößerung 500:1 (Photo *Klenk*).

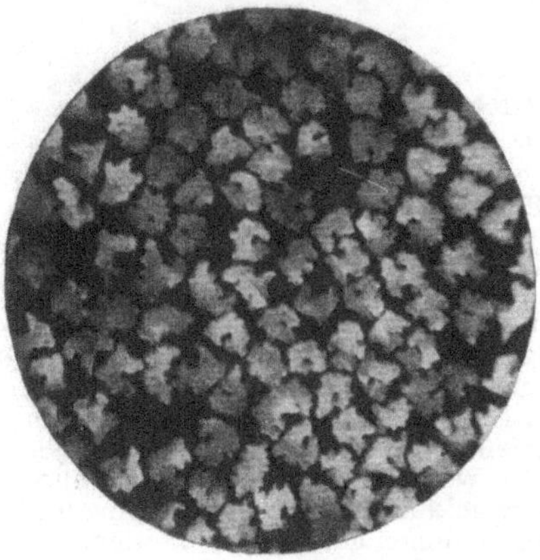

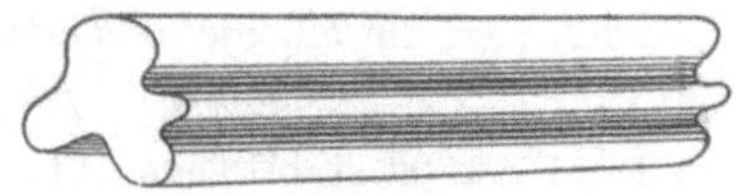

Abb. 88. Schematische Ansicht einer künstlichen Cellulosefaser.

Abb. 87. Viscose-Reyon (Querschnitt), Vergrößerung 180:1.

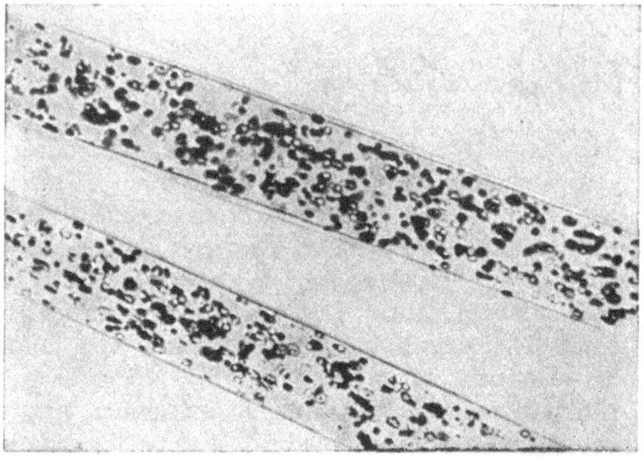

Abb. 89. Kupfer-Zellwolle mattiert, Längsansicht, Vergrößerung 500:1 (Photo *Klenk*).

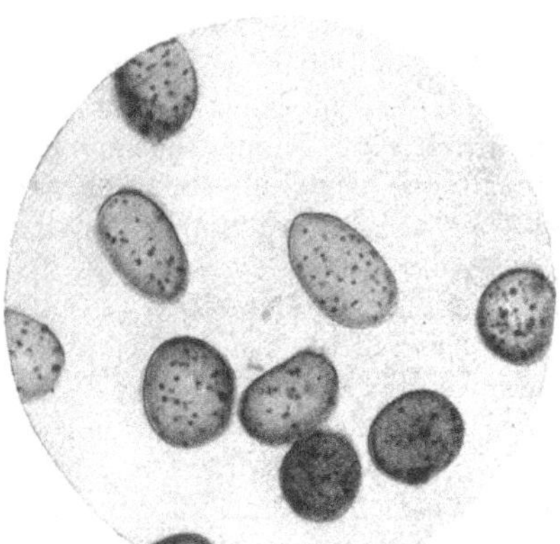

Abb. 90. Kupfer-Zellwolle mattiert (Querschnitt), Vergrößerung 500:1 (Photo *Klenk*).

Abb. 91. Acetat-Reyon (Querschnitt), Vergrößerung 125:1.

Für die Teppichherstellung bestimmte grobe Fasern besitzen zwischen 10 und 30 Denier liegende Titer.

Für Kunstseidengarne wird üblicherweise der Gesamttiter des aus einzelnen Fasern bestehenden Fadens angegeben. So besitzt z. B. ein aus 24 Einzelfasern vom Einzeltiter 5 Denier bestehendes Garn den Titer 120 Denier, da 9000 m des Garns 120 g wiegen.

Als internationales Einheitssystem dient das *tex-System.* Hiernach wird das Gewicht z.B. eines 1 km langen Garnes in Gramm ausgedrückt:

$$1 \text{ tex} = \frac{1 \text{ g}}{1 \text{ km}}$$

Trocken- und Naßfestigkeit. Im Rahmen der Beurteilung der Kunstfasern spielt die Festigkeit, und zwar neben der Trockenfestigkeit auch die Naßfestigkeit, eine wichtige Rolle. In der Tab. 20 sind diese Werte für die künstlichen Cellulosefasern im Vergleich mit natürlichen und synthetischen Fasern wiedergegeben. Was die aufgeführten Werte anbelangt, so sei bemerkt, daß diese für das einzelne Verfahren in Abhängigkeit von den Handelsmarken stark variieren und zudem fortlaufend in der Entwicklung begriffen sind, so daß die Zahlenwerte nicht als konstante Größen angesehen werden können.

Darüber hinaus sei festgestellt, daß die Reißfestigkeit (Zugfestigkeit) kein alleiniges Kriterium für die Güte eines Fasermaterials darstellen kann, da eine Faser im Gebrauch nicht immer bis zum Reißen beansprucht wird und daher die Reißprüfung allein den Gebrauchswert nur unvollständig wiedergibt. Da ein Textilmaterial im Gebrauch auch auf Dehnung, Scheuerung, Biegung usw. beansprucht wird, sind die Dehnung, die Elastizität, die Scheuer- und Biegefestigkeit zusätzliche wichtige Konstanten für die Beurteilung des Gebrauchswerts einer Textilfaser. Aus der Tab. 20 ist beispielsweise ersichtlich, daß die Wolle eine verhältnismäßig geringe Reißfestigkeit zeigt und trotzdem einen guten Gebrauchswert aufweist, da sie auf Grund ihrer elastischen Eigenschaften Zugbeanspruchungen gegenüber ausweichen kann, um dann wieder in ihre alte Lage zurückzukehren.

Die Tab. 20 soll zeigen, daß es mit der Naßfestigkeit bei den herkömmlichen künstlichen Cellulosefasern im Vergleich zu den andern Faserstoffen mangelhaft bestellt ist, daß also die Naßfestigkeit der wunde Punkt bei den regenerierten Cellulosefasern ist. (Neuerdings werden Viscosefasern erzeugt, deren Trocken- und Naßfestigkeit nahe an die Baumwolle heranreichen oder ihr sogar gleichkommen

Tabelle 20. *Trocken- und Naßfestigkeit von Faserstoffen*

	Trockenreißfestigkeit in Rkm	Naßreißfestigkeit in % der Trockenreißfestigkeit
Baumwolle	15–35 (–50)[1]	100–113
Wolle	10–16	78–96
Flachs	30–45	105
Seide	40–45	86–94
Nylon	37–54 (–75)[1]	85–90
Perlon	33–54 (–75)[1]	85–90
Viscosefasern	21–29 (–40)[1]	50–65 (–80)[1]
Kupferfasern	16–23	58–72
Acetatfasern	13–17	58–70
Fortisan	55–72	75–80
Caseinfasern	10–11	45–60
Polyacrylnitrilfasern	18–27 (–50)[1]	95–100
Polyesterfasern	41–60 (–68)[1]	100
Polyvinylchloridfasern	8–40	100

[1] Die in Klammern befindlichen Werte sind normalerweise nicht, sondern nur bei spezialgezüchteten Baumwollen bzw. Spezialfasern anzutreffen.

[S. 204].) Der Naßfestigkeit kommt insofern eine Bedeutung zu, als Beschädigungen der Kunstseiden und Zellwollen bei mechanischer Beanspruchung in feuchtem Zustand in der Veredlung und im Gebrauch leicht eintreten können, so daß namentlich aus diesen Fasern hergestellte Waschartikel einem frühzeitigen Verschleiß unterliegen.

Der Polymerisationsgrad. Im Vergleich zu den Ausgangsmaterialien (Linters, Zellstoff) besitzen die künstlichen Cellulosefasern verhältnismäßig niedrige Polymerisationsgrade (vgl. S. 12). Dies rührt daher, daß die Cellulose im Rahmen der Faser-Herstellung einen mehr oder weniger großen Abbau erleidet. Die Verhältnisse sind der Tab. 21 zu entnehmen.

Tabelle 21. *Polymerisationsgrade von Zellwollen und Kunstseiden* (nach *Gruber*)

	Polymerisationsgrad (DP) (viscosimetrisch)
Normale Zellstoffe	600–1000
Edelzellstoffe (S. 196)	1300–1750
Linters gebleicht	1600–1800
Normale Viscosefasern	250–350
Spezialviscosefasern	450–800
Nitratfasern	200–250
Kupferfasern	500–600
Acetatfasern	250–300

Bei gewissen Viscoseverfahren (Lanusa) wird die Vorreife stark eingeschränkt (S. 200), so daß das Cellulosemolekül nur wenig abgebaut wird. Man benötigt daher sehr hohe Drucke, um die hochviscose Lösung verspinnen zu können. Sie wird durch weite Düsen nach dem Streckspinnverfahren versponnen, wobei Wasser als Fällbad dient. Damit die Cellulose in dem wäßrigen Fällbad gut koaguliert, muß die Nachreife (S. 202) sehr weit fortgeschritten sein.

Hinsichtlich der *Auswirkung des Polymerisationsgrades auf die Fasereigenschaften* ist zu sagen, daß man aus niedrigmolekularen Cellulosen (Polymerisationsgrad unter 150) keine brauchbaren Faserstoffe herstellen kann. Für die Erzielung guter Festigkeitseigenschaften ist ein Mindestpolymerisationsgrad erforderlich. Auch im Hinblick auf die leichte Löslichkeit von niedrigmolekularer Cellulose in alkalischen Bädern ist ein höherer Polymerisationsgrad anzustreben. Vom Polymerisationsgrad 200 bis 700 steigen die Festigkeitswerte entsprechend an, doch bewirkt eine weitere Steigerung des Polymerisationsgrads keine wesentliche Festigkeitserhöhung (*Staudinger*), abgesehen davon, daß solche Cellulosen technisch schwer zu verarbeitende, sehr hochviscose Spinnlösungen liefern (vgl. S. 19).

Der eigenartige Zusammenhang zwischen Polymerisationsgrad und Festigkeit ist vermutlich darauf zurückzuführen, daß der Reißvorgang bei kurzen Molekülen bzw. Micellen in einem gegenseitigen Abgleiten der Ketten beruht (S. 19), welches bei kurzen Ketten leichter als bei längeren erfolgt, und daß bei einer Moleküllänge oberhalb 700 der Zusammenhalt zwischen den Molekülen so groß ist, daß ein Reißen der Faser nur möglich ist, wenn die Hauptvalenzketten gesprengt werden. Die hierfür notwendige Energiemenge ist unabhängig von der Höhe des Polymerisationsgrads.

Der Polymerisationsgrad kann durch die Auswahl des Rohstoffes (Edelzellstoff) sowie durch eine entsprechende Lenkung der Herstellung in günstigem Sinne beeinflußt werden. Neben dem Polymerisationsgrad sind die *Orientierung* und die *Packungsdichte* der Cellulosekristallite für die Festigkeit von ausschlaggebender Bedeutung (s. S. 17).

Quellung in Wasser. Bei der Einwirkung von Feuchtigkeit lagern sich die Wassermoleküle in die zwischen den Kristalliten liegenden Räume ein und bewirken damit eine Ausweitung (Quellung) der Faser. Die Bindung des Wassers ist auf die Funktion der alkoholischen Hydroxylgruppen der Cellulose (Wasserstoffbrücken) zurückzuführen; mit der Verminderung der alkoholischen Hydroxylgruppen durch Veresterung nimmt die Quellfähigkeit ab, so daß diese beispielsweise für die Acetatfaser und besonders für die Triacetatfaser nur geringe Werte erreicht (vgl. S. 22). Mit Rücksicht auf den Gebrauchswert der Kunstseiden und Zellwollen versucht man häufig, die Quellfestigkeit dieser Fasern im Rahmen der Veredlung zu verbessern (S. 235).

Verhalten gegen Alkalien. Das Verhalten der Cellulose gegenüber Alkalien wurde bereits auf S. 23 erörtert. Die regenerierten Cellulosen (Viscose- und Kupferfaser) zeigen *eine wesentlich größere Alkalilöslichkeit* als die nativen Cellulosefasern. Bei der Einwirkung von Laugen werden die niedrigmolekularen Anteile aus der Faser herausextrahiert, so daß der Polymerisationsgrad des Rückstandes ansteigt, wie dies die Tab. 22 für eine Viscosefaser zum Ausdruck bringt.

Tabelle 22. *Polymerisationsgrade alkalibehandelter Viscosefasern* (nach *Rath*)

Polymerisationsgrad der unbehandelten Probe: 293

% NaOH	Behandlungstemperatur		
	20 °C	50 °C	80 °C
	Polymerisationsgrade nach der Behandlung		
6	318	305	310
10	333	319	320
20	320	304	312
30	328	326	312

Aus der Tatsache der Polymerisationsgraderhöhung kann aber selbstverständlich nicht auf eine Erhöhung des Gebrauchswerts geschlossen werden, da die Faser durch die Alkalibehandlung eine nachteilige Veränderung ihrer mechanischen Eigenschaften erfährt.

Daß die Löslichkeit der regenerierten Cellulosen in Ätzalkalien von deren Konzentration und Temperatur abhängt, wurde bereits auf S. 23f. gezeigt. Die Abhängigkeit der Löslichkeit von diesen Faktoren soll an Hand der Abbildungen 92–106 illustriert werden. Die Abbildungen zeigen jeweils den Querschnitt einer normalen Viscosezellwolle, welche mit den entsprechenden Laugen behandelt und anschließend mit Wasser gespült worden war.

Abb. 92 zeigt die unbehandelte Zellwolle, Abb. 93, 94, 95 und 96 die gleiche Zellwolle nach der Einwirkung von 5-, 10-, 20- und 30%iger Natronlauge. Bei der mit 10%iger Natronlauge behandelten Zellwolle sind die Querschnittskonturen vollständig verdeckt von Cellulosesubstanz, die unter dem Einfluß des Alkalis in Quellung bzw. Lösung geriet und durch das Spülwasser wieder koaguliert wurde. Bei den übrigen Laugenkonzentrationen ist die Löslichkeit im Vergleich zu derjenigen in 10%iger Natronlauge wesentlich geringer, so daß das Zellwollmaterial darin eine beträchtlich geringere Beeinflussung erfahren hat.

Die Funktion der Temperatur der Natronlauge (10%ig) wird durch Abb. 98–102 wiedergegeben (Abb. 97 stellt die unbehandelte Zellwolle dar.) Man sieht, wie niedrige Laugentemperaturen zu einer starken Beeinflussung des Fasermaterials führen, und wie die Einwirkung mit wachsender Temperatur immer mehr nachläßt und bei 80 °C praktisch ganz aufhört.

Daß Kalilauge in keinem Konzentrationsgebiet der Natronlauge vergleichbare Veränderungen hervorruft, ist aus den Abb. 103–106 ersichtlich.

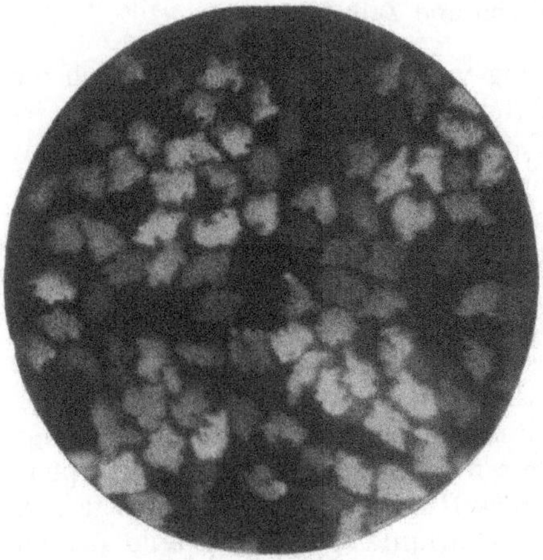

Abb. 92. Zellwolle unbehandelt (nach *Rath* und *Kubitzky*).

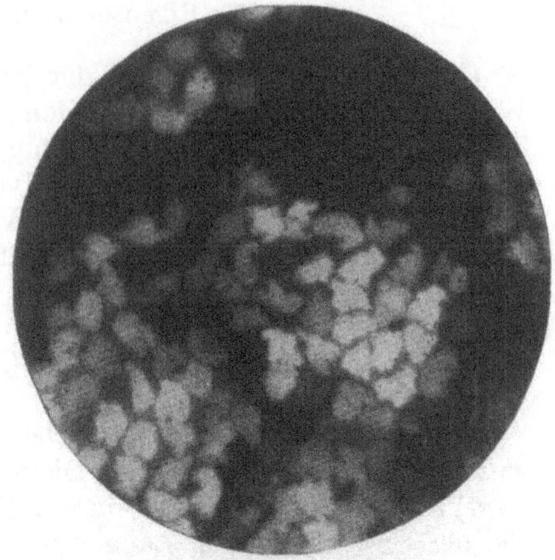

Abb. 93. Nach Behandlung mit 5%iger Natronlauge bei 20 °C (nach *Rath* und *Kubitzky*).

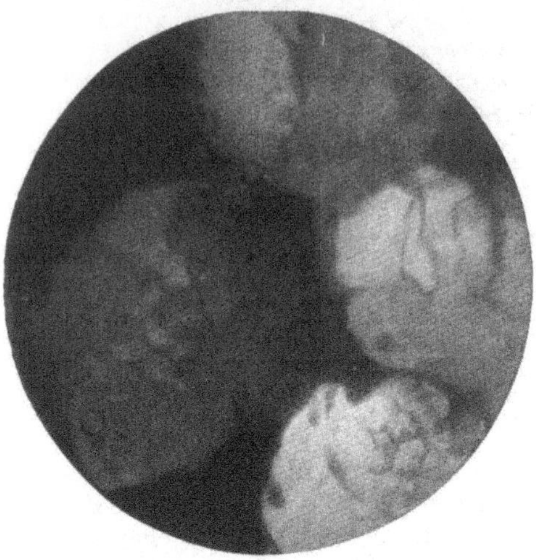

Abb. 94. Nach Behandlung mit 10%iger Natronlauge bei 20 °C (nach *Rath* und *Kubitzky*).

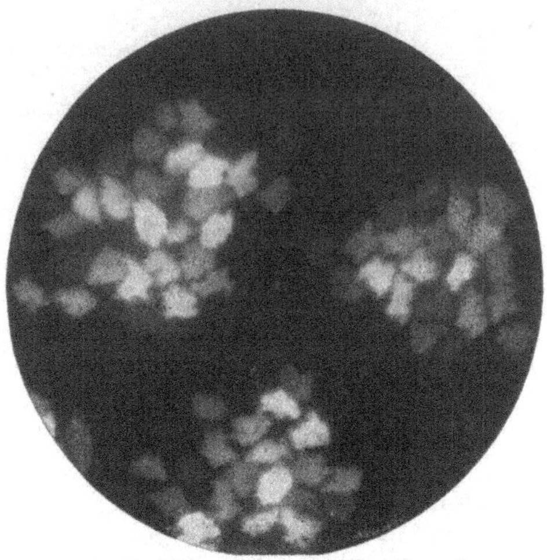

Abb. 95. Nach Behandlung mit 20%iger Natronlauge bei 20 °C (nach *Rath* und *Kubitzky*).

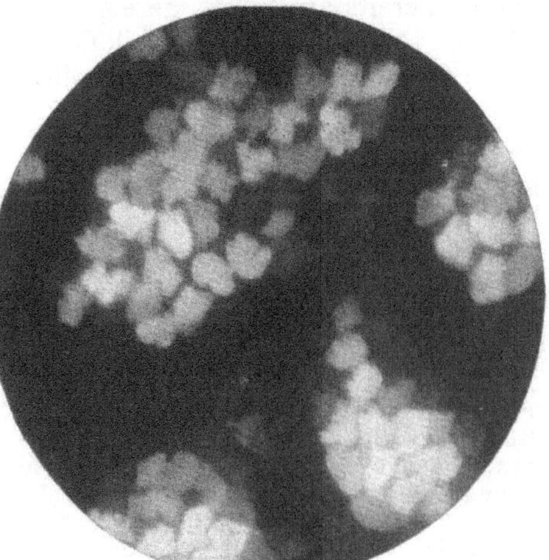

Abb. 96. Nach Behandlung mit 30%iger Natronlauge bei 20 °C (nach *Rath* und *Kubitzky*).

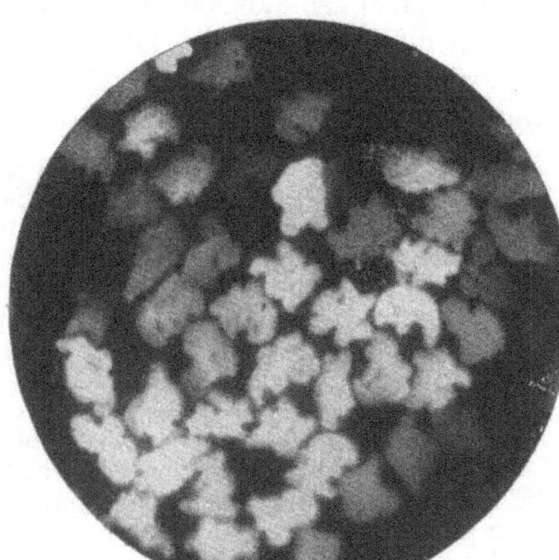

Abb. 97. Zellwolle unbehandelt (nach *Rath* und *Kubitzky*).

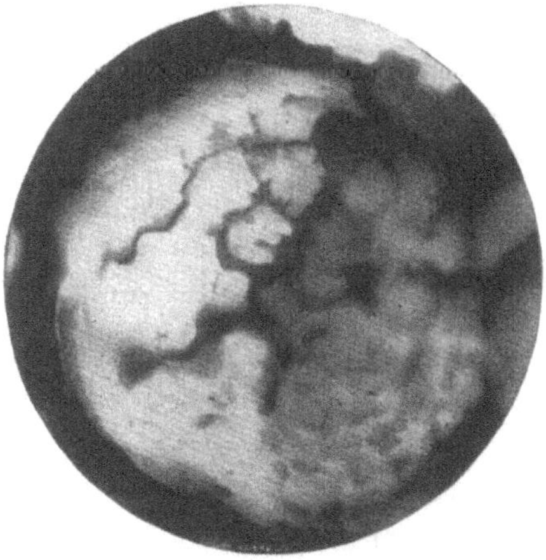

Abb. 98. 10% NaOH 5 °C (nach *Rath* und *Kubitzky*).

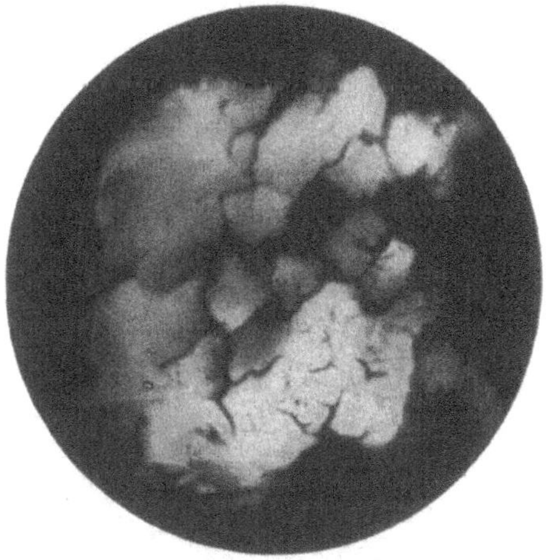

Abb. 99. 10% NaOH 15 °C (nach *Rath* und *Kubitzky*).

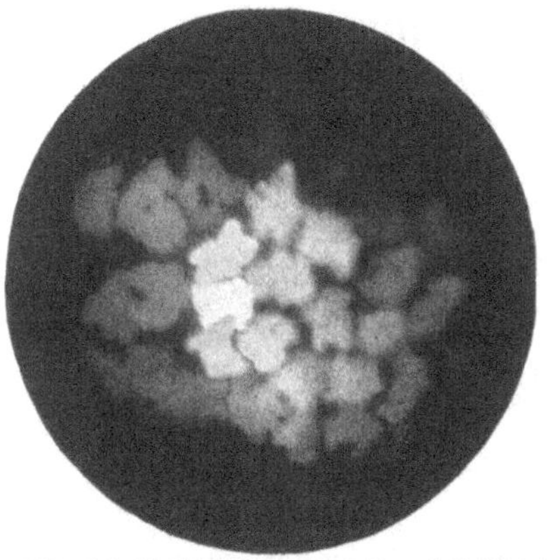

Abb. 100. 10% NaOH 30 °C (nach *Rath* und *Kubitzky*).

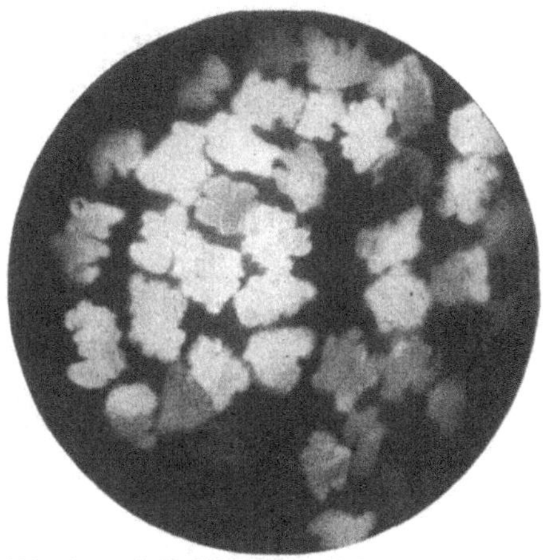

Abb. 101. 10% NaOH 50 °C (nach *Rath* und *Kubitzky*).

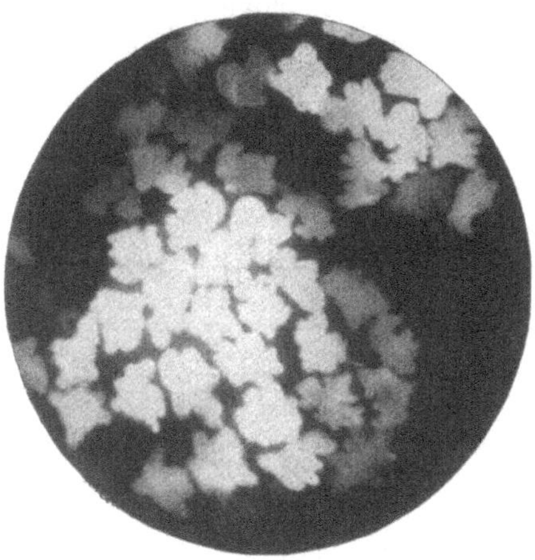

Abb. 102. 10% NaOH 80 °C (nach *Rath* und *Kubitzky*).

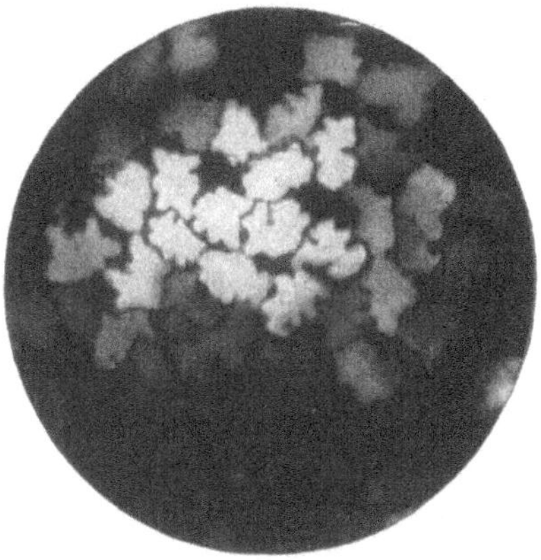

Abb. 103. 5% KOH 20 °C (nach *Rath* und *Kubitzky*).

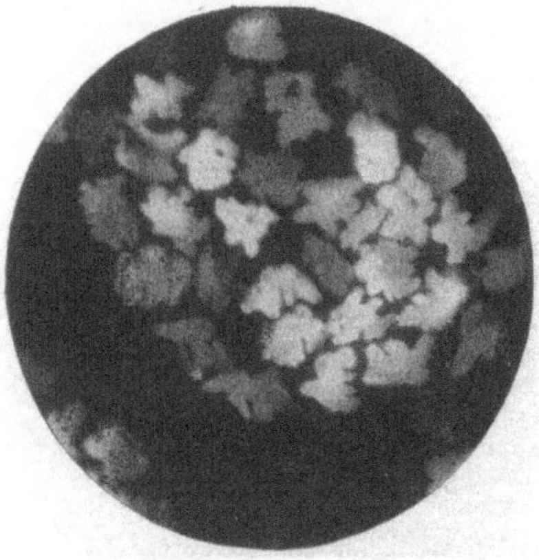

Abb. 104. 10% KOH 20 °C (nach *Rath* und *Kubitzky*).

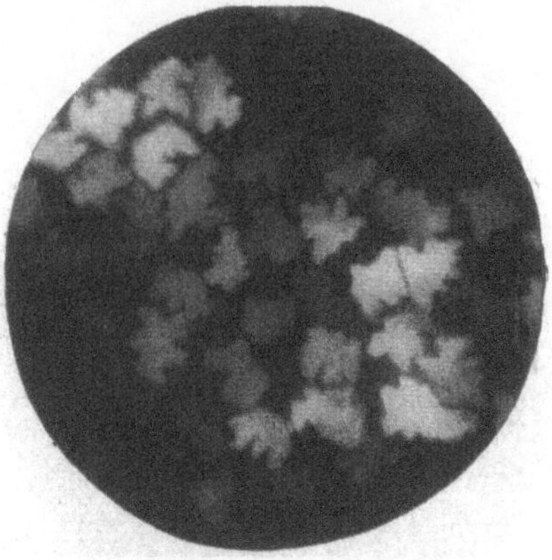

Abb. 105. 20% KOH 20 °C (nach *Rath* und *Kubitzky*).

Abb. 106. 35% KOH 20 °C (nach *Rath* und *Kubitzky*).

Die angedeuteten Verhältnisse sind bei der Veredlung der regenerierten Cellulosefasern in alkalischem Medium sorgfältig zu beachten, wenn man Faserschädigungen vermeiden will. Solche alkalischen Veredlungen kommen in Frage beim Laugieren der Zellwollen und Kunstseiden, beim Kreppen, beim Mercerisieren von Zellwoll/Baumwoll-Mischgespinsten.

Tabelle 23. *Depolymerisation der regenerierten Cellulose durch Hitze* (nach *Rath*)
Polymerisationsgrad der unbehandelten Probe (*Viscosezellwolle*) *: 288*

Behandlungs-temperatur	Behandlungsdauer in Stunden		
	6	12	24
	Polymerisationsgrad nach der Behandlung		
80 °C	275	273	267
100 °C	273	273	262
120 °C	273	270	252
150 °C	262	241	207

Das Verhalten der Kunstseiden und Zellwollen gegenüber *Säuren, Salzen* und *Oxydationsmitteln* ist den Ausführungen der Seiten 24–27 zu entnehmen. Es ist zu bemerken, daß die regenerierten Cellulosen chemischen Einflüssen gegenüber grundsätzlich zugänglicher sind als native Cellulosefasern.

Das Verhalten gegenüber Wärme. Beim Erhitzen erleiden die Fasern bei längerer Einwirkung höherer Temperaturen eine Depolymerisation, die von einem Abfall der mechanischen Eigenschaften begleitet ist (Tab. 23).

Das Verhalten der Normal-Acetatfaser. Auf Grund der Tatsache, daß die Acetatfaser einen Celluloseester darstellt, verhält sie sich in chemischer und physikalischer Hinsicht wesentlich anders als die aus Cellulose bestehenden Viscose- und Kupferfasern.

a) Verhalten gegenüber Lösungsmitteln

Infolge ihrer Esternatur zeigt sie eine gute Löslichkeit in verschiedenen organischen Lösungsmitteln wie beispielsweise in Eisessig, Aceton, Chloroform, Essigsäure-methyl- und äthylester, Dioxan, Glykolmethyläther usw. Bemerkenswert ist auch, daß bestimmte Lösungsmittelgemische, deren Einzelkomponenten Nichtlöser für Acetylcellulose sind, diese auflösen, wie dies z.B. für Benzol/Alkohol-Gemische zutrifft.

Auf diese Verhältnisse ist namentlich bei der Behandlung von acetathaltigen Textilien mit Fleckenwasser zu achten. Unbedingte Nichtlöser sind u.a. Äther, Petroläther, Benzin, Benzol, Toluol, Tetralin, Dekalin, Trichloräthylen und Tetrachlorkohlenstoff. Es ist empfehlenswert, vor der Anwendung von Lösungsmittelgemischen die Auswirkung auf die Faser auszuprobieren, da sie, wenn nicht gerade lösend, so doch unter Umständen quellend wirken können.

(Durch eine Behandlung der Faser mit Halogeniden zwei- oder mehrwertiger Carbonsäuren z.B. Oxalylchlorid in Tetrachlorkohlenstoff $^1/_2$–1 Std. bei Raumtemperatur kann man die Löslichkeit verringern oder beseitigen.)

b) Einwirkung von Wasser

Da in der Acetatfaser die alkoholischen Hydroxylgruppen der Cellulose zum großen Teil blockiert sind, zeigt sie in Wasser eine wesentlich geringere Quellung als die übrigen Cellulosefasern (s. S. 21). Bei der Einwirkung von Wasser höherer Temperatur verliert die Faser allmählich an Glanz und nimmt matten Charakter an. Ein solcher Mattierungseffekt tritt bei reinem Wasser erst oberhalb 80 °C ein; die Wirkung des Wassers kann aber durch bestimmte Zusätze (Seife, Phenol) so forciert werden, daß eine Mattierung schon bei wesentlich niedrigeren Temperaturen erreicht wird (s. S. 233). Bei der Veredlung der Acetatfaser sind daher Temperaturen über 80 °C zu vermeiden, wenn keine Glanzminderung eintreten soll.

c) Einwirkung von Alkalien, Säuren und Oxydationsmitteln

Als Ester wird die Acetatfaser durch *Alkali* verseift, so daß bei einer eventuell notwendigen alkalischen Behandlung hierauf Rücksicht zu nehmen ist. In bestimmten Fällen führt man eine oberflächliche Verseifung der Acetatfaser absichtlich durch, beispielsweise wenn es sich darum handelt, die Faser für gewöhnliche Cellulosefaserfarbstoffe aufnahmefähig zu machen (S. 589). Die Verseifung ist mit einer Qualitätsminderung verbunden.

Säuren gegenüber ist die Acetatfaser wesentlich beständiger als die anderen Cellulosefasern, so daß man Wolle/Acetat-Mischungen z.B. mit Aluminiumchlorid carbonisieren kann (S. 289), ohne die Acetatfaser zu schädigen. Auch von *Oxydationsmitteln* wird die Faser weniger angegriffen.

d) Verhalten gegenüber höheren Temperaturen

Oberhalb 100 °C beginnt die Acetatfaser zu erweichen, worauf beim Kalandern und Bügeln Rücksicht zu nehmen ist. Die Temperatur von Kalanderwalzen und Bügeleisen soll 120 °C nicht überschreiten, da sonst durch das Plastischwerden der Faser eine starke Veränderung der Gewebeoberfläche eintreten kann (Speckigwerden).

e) Elektrische Aufladung

Bei der mechanischen Verarbeitung erfährt die Acetatfaser eine die Verarbeitung störende elektrostatische Aufladung, welcher durch geeignete Präparationen (S. 216) zu begegnen ist.

Das Verhalten der Triacetatfaser. Das unterschiedliche Verhalten der Triacetatfaser im Vergleich zur Normalacetatfaser gegenüber Feuchtigkeit, Hitze und Lösungsmitteln wurde bereits auf S. 209) beschrieben. In Tab. 24 wird eine vergleichende Zusammenstellung des Verhaltens der beiden Fasern gegenüber organischen Lösungsmitteln gegeben.

Tabelle 24. *Lösungsmittelverhalten von Normalacetat und Triacetat*

Lösungsmittel	Normalacetat	Triacetat
Aceton	löslich	quillt
Eisessig	kalt löslich	löslich
Essigester	löslich	quillt
Chloroform	quillt, teilweise löslich	löslich
Methylenchlorid	quillt	löslich
Methylenchlorid/Alkohol (9:1)	löslich	löslich
Tetrachlorkohlenstoff	unlöslich	unlöslich
Trichloräthylen	unlöslich	quillt oberhalb 50 °C
Perchloräthylen	unlöslich	unlöslich
Dioxan	löslich	löslich
Dimethylformamid	löslich	kochend löslich
Dimethylsulfoxid	löslich	löslich
Tetrahydrofuran	löslich	quillt

3. Die Veredlung von Reyon und Zellwolle (Viscose- und Kupferfasern)

Im Vergleich zu der Veredlung der nativen Cellulosefasern muß bei der Veredlung der regenerierten Cellulose auf deren geringere mechanische Widerstandsfähigkeit namentlich in nassem Zustand sowie auf ihre größere Empfindlichkeit gegenüber den Chemikalien der Veredlungsflotten Rücksicht genommen werden. Je nach den Fabrikationsbedingungen wird die Veredlung in der Flocke, im Vorgespinst, im Garn oder im Stück vorgenommen.

Das Waschen. Vor dem Bleichen bzw. Färben müssen die kunstseidenen und zellwollenen Textilien einer gründlichen Reinigung unterzogen werden, um eventuell störende Verunreinigungen auszuwaschen.

Im Gegensatz zu den nativen Cellulosefasern, die eine unter intensiven Bedingungen arbeitende Reinigung erfordern, wird die Reinigung der aus regenerierten Cellulosen bestehenden Textilien wesentlich milder vorgenommen, und zwar einmal mit Rücksicht auf die Empfindlichkeit des Fasermaterials und zum andern, weil eine Reinigung in diesem Fall auch wesentlich leichter möglich ist. Neben der Entfernung von Avivier- und Präparationsmitteln handelt es sich dabei um das Auswaschen von im Laufe der Verarbeitung auf das Material gelangten Staub- und Schmutzteilchen und eventuellen Maschinenölflecken.

Das Waschen erfolgt im allgemeinen mit Seife oder einem andern waschaktiven Körper ohne oder mit Zusatz von wenig Alkali (Ammoniak oder Soda) bei Temperaturen bis zu 70 °C. Acetatfasern werden ohne Alkali gewaschen.

Bei der Gewebeveredlung werden solche aus Zellwolle, wenn notwendig, vorher *gesengt*. Enthalten die Gewebe Kettschlichte, dann werden sie vor dem Waschen *entschlichtet*, vorausgesetzt, daß keine wasserlösliche und damit in der Wäsche entfernbare Schlichte vorliegt.

Beim *Schlichten der Kunstseidenketten* werden vielfach wasserlösliche Schlichten verwendet, da auf Grund der Beschaffenheit des Kunstseidengarns die Schlichte teilweise andere Funktionen zu erfüllen hat als bei einem aus endlichen Fasern gesponnenen Garn. Bei letzterem muß die Schlichte u.a. die aus der Fadenoberfläche abstehenden Faserenden an den Fadenkern ankleben, um ein zu rasches Aufscheuern des Kettfadens beim Webprozeß zu verhindern. Diese Funktion entfällt beim Kunstseidenschlichten; hier hat die Schlichte vor allen Dingen die Aufgabe, den aus vielen endlosen Einzelfasern bestehenden Kunstseidenfaden in sich zusammenzukleben, um ein Aufspleißen beim Webprozeß zu verhindern.

An *wasserlöslichen* Schlichten kommen für Reyon in Frage solche auf der Basis von Leimabbauprodukten (Silkovan) sowie Celluloseäther und Celluloseäthercarbonsäuren (Tylose, Hortol) und weiterhin der Polyvinylalkohol (Vinarol), der trotz seines hohen Molekulargewichts auf Grund der zahlreichen Hydroxylgruppen wasserlöslich ist.

Eine große Rolle in der Kunstseidenschlichterei spielte das *Leinöl*, das entweder aus der Lösung in organischen Lösungsmitteln oder aus der wäßrigen Emulsion auf das Kettfadenmaterial aufgebracht wird. Webtechnisch eignet sich die Leinölschlichte für Spezialzwecke in besonders ausgezeichneter Weise, während sie in der Veredlung hinsichtlich ihrer Auswaschbarkeit gelegentliche Schwierigkeiten verursacht, und zwar dann, wenn sie nach längerer Lagerung auf dem Wege der Oxydation in weitgehend unlösliche Körper übergegangen ist. Neben den genannten Produkten finden auch Stärke und ihre Abbauprodukte Verwendung.

Das *Schlichten der Zellwollketten* wird üblicherweise in der gleichen Art vorgenommen wie das Schlichten von Baumwollketten, doch können in der Zellwollschlichterei auch weitgehend Kunstseidenschlichtemittel verwendet werden. Die Art der Entfernung der Kettschlichte richtet sich ganz nach der Natur des vorhandenen Schlichtemittels.

Stärkeschlichten entfernt man auf enzymatischem Weg (S. 55), während Leinölschlichten eine alkalische Seifenbehandlung eventuell unter Zusatz von Fettlösern erfordern. Auch ein Zusatz von Natriumperborat oder Wasserstoffperoxid bewährt sich gut. Schlichten auf Eiweißbasis werden mit Seife eventuell unter Zusatz von Soda abgelöst.

Das Bleichen. Das Bleichen von Reyon und Zellwolle wird im Prinzip wie das Bleichen der Baumwolle durchgeführt. Da das Fasermaterial jedoch von Hause aus wesentlich reiner ist als die Baumwolle, ist darauf zu achten, daß der Bleichmittelverbrauch auf den verhältnismäßig geringen Gehalt an auszubleichenden Verunreinigungen abgestimmt wird, da sonst leicht Faserschädigungen auftreten können. Man bleicht entweder mit chlorhaltigen Bleichmitteln oder mit Wasserstoffperoxid; Kombinationsbleichen sind im allgemeinen nicht notwendig und auch für die Faser nicht zuträglich. Für eine rasche und schonende Bleiche, namentlich für die Kontinuebleiche, bewährt sich Natriumchlorit besonders gut.

Wie bei der Baumwollbleiche, so sind auch hier alle die Bleichgeschwindigkeit bzw. die Gefahr der Faserschädigung bestimmenden Faktoren wie Bleichmittelkonzentration, Bleichmittelverbrauch, Bleichtemperatur und pH-Wert streng zu beachten. Nach dem Bleichen sind die Bleichmittel, namentlich die chlorhaltigen Produkte, sorgfältig aus der Faser auszuwaschen.

Wegen eines eventuellen Gehalts an Kupfer, welches katalytisch wirkt, ist bei Kupfer-Reyon und -Zellwolle die Chlorbleiche der Wasserstoffperoxidbleiche vorzuziehen.

Da Natriumchlorit eine rasche Bleichwirkung entfaltet, kann vorteilhaft damit kontinuierlich gearbeitet werden.

Nach dem Bleichen können die Kunstseiden und Zellwollen zur Hebung des Weißeffekts noch gebläut oder mit optischen Aufhellungsmitteln nachbehandelt werden (s. S. 104, 797).

Das Laugieren. Eine Laugierung der Kunstseiden und Zellwollen (Viscose- und Kupferfasern) kommt in manchen Fällen in Frage, z.B. als gelegentliche Vorbehandlung vor dem Färben, um damit eine Gleichmäßigkeit der Farbaufnahme zu gewährleisten (S. 588). Eine Laugierung unter Spannung, wie dies bei Baumwolle üblich ist, bringt bei den von Hause aus schon glänzenden Kunstseiden und Zellwollen keine Glanzsteigerung; es ist jedoch unter bestimmten Bedingungen durch eine Laugeneinwirkung unter Spannung möglich, die Orientierung der Cellulosekristallite in Richtung der Faserachse zu erhöhen, wodurch die Festigkeit verbessert wird (*Rath*).

Eine Laugierung von Reyon und Zellwolle wird weiterhin im Interesse der Fixierung der Struktur von Wirk- und Strickwaren sowie beim Kreppen (S. 234) vorgenommen.

Im Hinblick auf die Faserschonung ist auf die Abhängigkeit der Celluloselöslichkeit von Konzentration, Temperatur und Art der Lauge gut zu achten (s. S. 23, 225).

Das Appretieren. Die Gesichtspunkte für die Appretur von Zellwollgeweben sind im großen und ganzen grundsätzlich die gleichen wie bei Baumwolle, und zwar namentlich dann, wenn die Zellwolle die Baumwolle ersetzen und daher Baumwollcharakter annehmen soll. Es gelangen daher praktisch gleichartige Appreturmittel zur Verwendung wie bei der Baumwollappretur. Soll der Charakter der Zellwolle erhalten bleiben, dann wird man hinsichtlich der Anwendung der Appreturverfahren darauf achten, daß die Weichheit und Geschmeidigkeit der Faser nicht verlorengeht. Dies gilt insbesondere für die Appretur von Reyon, dessen Glanz und Geschmeidigkeit nicht nachteilig beeinflußt werden darf.

Da im Rahmen der Veredlung die weichmachende Avivage ausgewaschen wird, das Fasermaterial daher einen spröden und strohigen Griff annimmt, ist ein Avivieren bzw. Weichmachen nach dem Bleichen und Färben erneut erforderlich.

Die mechanischen Appreturverfahren werden im Prinzip wie bei Baumwolle angewandt, jedoch ist der geringeren Widerstandsfähigkeit der regenerierten Cellulose gegen mechanische Beanspruchungen entsprechend Rechnung zu tragen.

Die Veredlung der Acetatfasern

Acetatfasern bleicht man zweckmäßig mit Hypochlorit oder Chlorit in saurem Medium, um eine Verseifung zu vermeiden.

Fixierung. In Analogie zu Fabrikaten aus Synthesefasern werden solche aus Triacetat unter Umständen einem Fixierprozeß unterworfen. Da die Faser bei der Herstellung nicht oder nur unbedeutend verstreckt wird, tritt bei der Fixierung kein wesentlicher Schrumpf ein. Die Hitzefixierung führt aber zu einer Reihe wesentlicher Vorteile, so z. B. zur Erhöhung des Trocken- und Naßknitterwinkels und der möglichen Bügeltemperatur. Die Erweichungstemperatur des Triacetats wird durch die Fixierung von 170–180 °C auf 230–240 °C erhöht (*P. Kerres*).

Die Fixierung mit Heißluft wird bei Temperaturen zwischen 180 und 220 °C vorgenommen. Sie kann auch durch Anwendung von Sattdampf oder Wasser unter Druck erreicht werden.

S-Finish. Hierunter wird eine Alkalibehandlung (NaOH) der Faser verstanden, die zu einer oberflächlichen Verseifung des Triacetats zu Cellulose führt. Dadurch wird die Faseroberfläche hydrophil, wodurch die Faser eine permanente antistatische Ausrüstung erhält. Die Anschmutzbarkeit wird vermindert und die thermische Beständigkeit wird erhöht. Durch die erhöhte Wasseraufnahme der Oberfläche wird der Warengriff weicher (*H. Leube*).

4. Spezielle Ausrüstungsverfahren

Das Mattieren. Gelegentlich erweist es sich als notwendig, eine glänzend gesponnene Kunstseide oder Zellwolle nachträglich zu mattieren (*Nachmattierung*). Bei der Acetatfaser ($2^1/_2$ Acetat) erreicht man einen solchen Effekt durch Erhitzen mit Wasser oberhalb 80 °C, eventuell unter Zusatz von Seife oder quellend wirkendem Phenol (S. 229). Dieser Effekt ist nicht beständig gegen *trockene* Hitze, so daß beim Bügeln wieder Glanz entsteht. Bei den anderen regenerierten Cellulosefasern wird ein Matteffekt in der Weise erzeugt, daß man ein *weißes Pigment* auf der Faseroberfläche ablagert.

Ursprünglich hat man das unlösliche Pigment auf der Faser selbst erzeugt, indem man lösliche Salze nacheinander auf der Faser unter Bildung von unlöslichen Körpern in Reaktion brachte. Man präparierte z.B. das Fasermaterial zunächst mit Natriumsulfat und anschließend mit Bariumchlorid oder erzeugte entsprechende Niederschläge von Bariumwolframat, Bariummolybdat, Zinnphosphat oder Zinnwolframat. Da sich die Niederschläge nicht feinkörnig genug abscheiden und daher die Gebrauchstüchtigkeit der Faser nachteilig beeinflussen, ist diese Arbeitsweise inzwischen verlassen worden.

Man arbeitet heute im Prinzip in der Weise, daß man weiße Pigmente wie Titandioxid, Zinkoxid usw. zusammen mit löslichen oder emulgierten Fettkörpern in Wasser bei Gegenwart von Schutzkolloiden suspendiert und die zu mattierende Ware mit einer solchen Pigmentsuspension behandelt (Foulardmattierung). Nach dem Trocknen wird das Pigment auf der Faser durch den Fettkörper festgehalten. Bei Schwarzfärbungen muß man, um eine Vergrauung zu vermeiden, mit schwarzen Pigmenten arbeiten.

Vereinzelt sind auch mit Hilfe von *kationaktiven Körpern* hergestellte Pigmentsuspensionen im Handel, die auf Grund der positiven Ladung der Pigmentteilchen eine gute Affinität zu der negativ geladenen Cellulosefaser besitzen (vgl. S. 793).

Auf diese Weise hergestellte Mattierungen sind nicht waschecht. Weitgehend waschbeständige Matteffekte kann man erreichen, wenn man auf dem Fasermaterial unlösliche *Zirkonium-* oder *Aluminiumverbindungen* erzeugt. Zu diesem Zweck tränkt man das Fasermaterial z.B. mit basischen Aluminiumphthalaten, welche bei Erhöhung der Badtemperatur in unlösliche Phthalate übergehen (vgl. S. 794).

Auch durch Ablagerung von *Kunstharz-Dispersionen* (*Aminoplaste*) eventuell unter Mitverwendung von weißen Pigmenten erreicht man einen Mattierungseffekt. Dabei ist das Kunstharz in größerer Menge als bei der Knitterfestausrüstung aufzubringen.

Die Schiebefestausrüstung. Manche Reyongewebe, namentlich solche von geringer Fadendichte und langflottender Bindung, neigen bei mechanischer Beanspruchung zum „Schieben", d.h. die beiden Fadensysteme gleiten aufeinander ab, so daß das Gewebebild mehr oder weniger stark gestört wird. Durch eine Behandlung mit Substanzen, welche der Fadenoberfläche eine gewisse Haftung bzw. Rauhigkeit erteilen, läßt sich dieser Übelstand beheben. An *Handelsprodukten*, bei denen es sich vorwiegend um Kieselsäuresole handelt, seien genannt:

Siligen B 25	Lamepon HZ (Eiweiß-Kondensat)
Syntharesin K 30, S 15, S 30	Netumid S extra
Fixan	Chemisap MR
Fornax 80 (koll. Kieselsäureverbindung)	Vibatex-Marken
Flexin D	Calatac MMP (Methylmetacrylat)
Soltex 28 (SiO_2)	Syton 2-X
Silkofix KH	Finish NSW
Bedafin	Rigidan S
Schiebefest-Appretur GH hochkonz., LD	Schiebefest-Appretur ATB

Die Produkte eignen sich auch zum „*Laufmaschenfestmachen*" von Wirk- und Strickwaren. Die erzielten Effekte sind nicht waschfest. Die Knitterfestausrüstung mit Kunstharzen führt gleichzeitig zu einer schiebefesten Ware mit weitgehend waschechtem Effekt.

Das Kreppen. Im Gegensatz zu den Phantasiekrepps, deren Kreppcharakter webtechnisch erzeugt wird, wird der Kreppeffekt von echten Krepps in der Veredlung bewirkt. Kreppgewebe sind solche, die in Kette oder Schuß oder in beiden Fadenrichtungen aus hochgedrehten bzw. hochgezwirnten sogenannten Kreppgarnen bestehen, welche sich beim Einbringen in quellend wirkende Bäder kringeln und dadurch eine mehr oder weniger starke Veränderung der Gewebeoberfläche auslösen.

Die für das Kreppen bestimmten Garne werden vor dem Zwirnen *geschlichtet*, um ihnen einmal einen Schutz gegenüber den Beanspruchungen des Zwirnprozesses zu erteilen und zum andern den Kreppprozeß im Gewebe langsam und damit gleichmäßiger vonstatten gehen zu lassen, da sonst sogenannte „Ameisengänge" entstehen. Zusammen mit den Schlichten werden die Garne vielfach mit wasserlöslichen Signierfarbstoffen (S. 584) *signiert*, um gegebenenfalls Rechtsdraht von Linksdraht einwandfrei unterscheiden zu können. Die Drehung bzw. Zwirnung wird anschließend durch Dämpfen *fixiert*, damit nicht schon beim Ablaufenlassen der Spulen ein Kringeln eintritt. Auch die fertig gekreppten Gewebe werden vielfach durch Dämpfen auf der Finish-Dekatiermaschine (S. 286) fixiert.

Grundsätzlich kann man Gewebe aus allen Faserarten kreppen. Das Kreppen spielt aber eine Hauptrolle bei der Veredlung kunstseidener und seidener Gewebe. Die verwendeten Kreppgarne können teils links-, teils rechtsgedreht sein und serienweise miteinander abwechseln, so daß ein mehr oder weniger stark gekörntes oder gefurchtes Warenbild entsteht.

Cloqués oder Blasenkrepps sind Doppelgewebe mit einem oberen aus glatten Fäden bestehenden Fadensystem und einem unteren System aus Kreppgarnen. Beim Kreppen bilden sich im Obergewebe, welches an der Kreppung nicht teilnimmt, Blasen, deren Form bindungsabhängig ist. *Klebcloqués* werden durch Zusammenkleben eines glatten Gewebes mit einem Kreppgewebe hergestellt. Dabei wird der Klebstoff (z.B. Acetylcellulose) mustergemäß aufgedruckt, so daß die Klebstellen die Bindungspunkte zwischen Ober- und Untergewebe ersetzen.

Als Kreppbäder benutzt man bei Viscose- und Kupferfasern vor allen Dingen solche aus Seife, eventuell unter Zusatz von Soda, deren Wirkung man durch die Temperatur variieren kann. Auch natron- oder kalilaugehaltige Bäder werden angewandt. Gewebe aus Acetatfasern werden in ameisensäurehaltigen Bädern gekreppt. Manche Gewebe werden vor dem Kreppen im Interesse eines gleichmäßigen Kreppeffektes auf dem Prägekalander „fixiert", um das darauffolgende Kreppen gleichmäßig bzw. in einer bestimmten Richtung vonstatten gehen zu lassen.

Das Kreppen hat nach Möglichkeit breit zu erfolgen, um Unregelmäßigkeiten der Kreppung („Ameisengänge") auszuschließen. Die Gewebe werden aufgehaspelt und auf Stöcken hängend (in Buchform) gekreppt. Statt der Stöcke kann man auch Schnüre in die Webkanten einführen und die Behandlung hängend durchführen (en ficelle). Vielfach wird das Kreppen auch auf dem Liege- oder Hängestern (S. 664), der im Gegensatz zum „Färbestern" nur *einen* Stern enthält, vereinzelt auch auf der Haspelkufe, vorgenommen.

Bei großen Warenmengen arbeitet man zweckmäßig auf entsprechenden Kontinueeinrichtungen, in denen die Ware unter geringstmöglicher Spannung durch Haspel oder auf endlosen Transportbändern liegend transportiert wird. Zu beachten ist grundsätzlich, daß in der zu kreppenden Fadenrichtung keinerlei Spannung einwirkt, damit sich die Krepptendenz entsprechend auswirken kann. Meist wird das Kreppen mit dem Entschlichten kombiniert.

Die quellfeste und knitterfeste Ausrüstung. Die Kunstseiden und Zellwollen (Viscose- und Kupferfasern) neigen zu einer verhältnismäßig starken Quellung in Wasser und wäßrigen Medien. Diese Quelltendenz hat verschiedene Nachteile im Gefolge. Einmal wird der Zusammenhalt zwischen den einzelnen Kristalliten durch die eingedrungenen Wassermoleküle gelockert, so daß die Festigkeit stark absinkt, zum andern führt die durch die Quellung bedingte Vergrößerung der Garnquerschnitte zu einem *Einlaufen* (*Krumpfen*) der Gewebe (S. 168). Auch das *Knittern* wird durch Quellwasser begünstigt. Absolut trockene Reyongewebe knittern nicht, knittern aber wieder, sobald sie an der feuchten Luft Gelegenheit zur Feuchtigkeitsaufnahme haben.

Daß das Quellen die Knitterneigung begünstigt, hängt damit zusammen, daß bei Gegenwart von Wassermolekülen zwischen den Kristalliten ein Abgleiten dieser gegeneinander leicht möglich ist, so daß die Faser in „feuchtem" Zustand ein *plastisches* Verhalten besitzt, welches durch die quellfeste Ausrüstung in ein *elastisches* Verhalten umgewandelt werden kann.

Mit der Reduzierung der Quellung kann man daher die Eigenschaften von Reyon und Zellwolle sehr vorteilhaft verändern, so daß der quellfesten und knitterfreien Ausrüstung eine große Bedeutung zukommt. Die Art der anzuwendenden Produkte und Verfahren hängt allerdings davon ab, ob vorwiegend in Richtung Knitterfreiheit oder in Richtung Krumpffreiheit gearbeitet werden soll. Dabei sei betont, daß zur Erzielung gut krumpffreier Gewebe eine bloße Quellfestausrüstung nicht genügt, sondern daß einer solchen eine mechanische Entkrumpfung, die durch die Quellfestbehandlung eine Fixierung erfährt, vorausgehen muß.

Im Prinzip kann man bei der Knitterfestausrüstung gleichartig wie bei der Baumwolle (vgl. S. 129ff.) arbeiten. Im allgemeinen benötigen jedoch die regenerierten Cellulosefasern etwas höhere Mengen an Vorkondensaten. Die Festigkeitseigenschaften werden im Vergleich zur Baumwolle weniger in Mitleidenschaft gezogen.

Die quellfeste Ausrüstung wird grundsätzlich *nach dem Färben* vorgenommen, da die quellfeste Ware die Farbstoffe unvollkommen und ungleichmäßig aufnimmt. Es ist darauf zu achten, daß gegen die Einflüsse der Quellfestausrüstung beständige Farbstoffe ausgewählt werden. Bei der Aufbereitung von *Altmaterial*, welches quellfeste Fasern enthält, ist mit entsprechenden färberischen Schwierigkeiten zu rechnen.

Knitterfreie Ausrüstung auf anderer Basis

Auch durch Einlagerung komplexer *Zinkborosilikate* erreicht man Knitterfesteffekte, die aber auf Grund der Löslichkeit der betreffenden Salze nicht wasser- und waschbeständig sind und daher für Artikel Verwendung finden, welche nicht gewaschen werden, z.B. Krawattenstoffe.

Handelsprodukt: Preska.

Erhöhung der Quellfestigkeit durch hohe Temperatur. Das Quellvermögen von regenerierten Cellulosefasern kann auch durch Erhitzen des Fasermaterials während kurzer Zeit in einem indifferenten Gas oder in einer Flüssigkeit auf eine Temperatur von über 150 °C vermindert werden.

Stretch-Artikel aus Viscosezellwolle. Will man Web- oder Wirkwaren eine hohe Elastizität verleihen, so ist dies durch eine spannungslose Laugierung möglich (Stretchartikel, vgl. S. 73). Wie bei der Baumwolle können die Effekte durch eine angeschlossene vernetzende Ausrüstung fixiert werden.

Soll unter Bedingungen laugiert werden, die auf Grund der stärkeren Laugenlöslichkeit der Viscosefaser zu einer Schädigung führen können, so ist eine vernetzende Behandlung vor der Laugierung vorzunehmen. Die Vernetzung drängt die Quellfähigkeit bzw. die Löslichkeit der Viscosezellwolle in Natronlauge so weit zurück, daß eine gefahrlose Laugierung möglich ist.

Die Veredlung aus organischen Lösungsmitteln (vgl. S. 177). Diese Art der Veredlung befindet sich noch im Entwicklungszustand, dürfte aber im Hinblick auf Wasser- und Abwasserfragen sowie namentlich auf qualitative Warenvorteile einem breiten Interesse begegnen. Regenerierte Cellulosefasern sind in Wasser stark quellbar, während die Quellung in organischen Lösungsmitteln (Trichlor- und Perchloräthylen) weitgehend ausbleibt.

So können aus organischer Lösung Präparationen und Weichmacher sowie Schiebefest- und Mattierungsmittel aufgebracht werden, desgleichen Hydrophobierungs- und schmutzabweisende Mittel.

5. Die Veredlung von Mischgespinsten aus nativen Cellulosefasern und regenerierten Cellulosefasern (Viscose- und Kupferfasern)

Für derartige Fasermischungen gilt grundsätzlich, daß bei der Veredlung auf die geringere chemische und mechanische Widerstandsfähigkeit der künstlichen Cellulosefasern, namentlich in feuchtem Medium, entsprechend Rücksicht genommen werden muß. Übermäßige Spannungen, Quetschungen und Scheuerungen sind daher zu vermeiden. Die Prozesse des Sengens und Entschlichtens sind im Prinzip gemäß den für Baumwolle gemachten Ausführungen (S. 50ff.) durchzuführen. Alkalische Behandlungen sind unter den eine Schädigung der künstlichen Cellulosefaser ausschließenden Gesichtspunkten vorzunehmen (s. S. 225ff.).

Diese Gesichtspunkte gelten u. a. für das *Reinigen* und *Bleichen* solcher Mischungen. Für das Abkochen gelten die Alkalihöchstmengen bezogen auf das Warengewicht der Tab. 25.

Tabelle 25. *Höchstalkalimengen für das Abkochen von Zellwoll/Baumwoll-Mischungen*

Fasermaterial	% Soda	% Ätznatron
100% Baumwolle	–	3
$^1/_3$ Zellwolle bis $^2/_3$ Baumwolle	1,0	2,0
$^1/_2$ Zellwolle bis $^1/_2$ Baumwolle	1,5	1,5
$^2/_3$ Zellwolle bis $^1/_3$ Baumwolle	2,0	1,0
100% Zellwolle	3	–

Die Kochungen dürfen *nicht unter Druck* vorgenommen werden; bei reiner Zellwolle darf die Temperatur von 80 °C nicht überschritten werden.

Entsprechend der geringeren Menge an auszubleichenden Verunreinigungen werden bei solchen Mischungen die Höchstverbrauchsmengen an wirksamem Chlor bzw. Höchstansatzmengen an H_2O_2 gegenüber Baumwollgespinsten entsprechend reduziert (Tab. 26 und 27).

Auch das *Natriumchlorit* bewährt sich recht gut, da es namentlich auch bei intensiver Bleiche die bleichempfindliche Zellwolle nicht angreift.

Ein zusätzlicher Weißeffekt kann durch Bläuen oder mit Hilfe von optischen Aufhellungsmitteln erzielt werden (S. 104f., 797).

Tabelle 26. *Höchstverbrauchsmengen an wirksamem Chlor*

Art des Bleichguts	Art der Vorreinigung	Höchstverbrauchsmenge an wirksamem Chlor, bezogen auf das Warengewicht in %
Mischungen aus		
$^1/_3$ Zellwolle bis $^2/_3$ Baumwolle	genetzt oder entschlichtet	1,3
	gebrüht	0,5
$^1/_2$ Zellwolle bis $^1/_2$ Baumwolle	genetzt oder entschlichtet	1,1
	gebrüht	0,4
$^2/_3$ Zellwolle bis $^1/_3$ Baumwolle	genetzt oder entschlichtet	0,8
	gebrüht	0,35
Kupfer- und Viscosezellwolle	genetzt oder entschlichtet	0,3
oder -reyon	gebrüht	0,2

Tabelle 27. *Höchstansatzmengen an Wasserstoffperoxid*

Art des Bleichguts	Art der Vorreinigung	Höchstansatzmenge in Liter H_2O_2 40%ig, bezogen auf 100 kg Ware
Mischungen aus		
$^1/_3$ Zellwolle bis $^2/_3$ Baumwolle	genetzt oder entschlichtet	2,0
	gebrüht	1,25
$^1/_2$ Zellwolle bis $^1/_2$ Baumwolle	genetzt oder entschlichtet	1,75
	gebrüht	1,0
$^2/_3$ Zellwolle bis $^1/_3$ Baumwolle	genetzt oder entschlichtet	1,5
	gebrüht	0,75
Kupfer- und Viscosereyon	genetzt oder entschlichtet	1,2
und Zellwolle	gebrüht	0,65

Die Mercerisation von Mischungen aus Baumwolle und Zellwolle sowie von Mischgeweben aus Baumwolle und Reyon (Viscosefasern, Kupferfasern). Will man Baumwolle in Gegenwart von Reyon oder Zellwolle mercerisieren, so ist die gegenüber der Baumwolle erhöhte Alkalilöslichkeit (S. 23, 225) dieser Fasern in Rechnung zu stellen. Mercerisiert wird üblicherweise mit einer zwischen 27 und 33 °Bé starken Natronlauge (20,6–26,6%). Beim Herausspülen der Natronlauge mit Wasser werden kontinuierlich alle Natronlaugekonzentrationen bis auf 0 durchlaufen, d.h. bis die Lauge quantitativ herausgespült ist. Beim Spülen wird demnach das *Gebiet der maximalen Zellwollöslichkeit*, welches zwischen einer 8- und 12%igen Natronlauge liegt, durchschritten. Da unter diesen Umständen die regenerierten Cellulosefasern momentan in Quellung bzw. Lösung geraten, sind diese beim Spülen außerordentlich gefährdet.

Da die Löslichkeit mit wachsender Temperatur stark abfällt, ist im Interesse der Schonung der Kunstseiden und Zellwollen bei höherer Temperatur (60–70 °C) zu spülen.

Genügt diese Vorsichtsmaßnahme nicht, dann ist an Stelle von Natronlauge *Kalilauge* anzuwenden, welche eine wesentlich geringere Lösungswirkung ausübt. Auch aus Kalilauge und Natronlauge bestehende *Mischungen* wirken weit weniger lösend, so daß derartige Mischungen preislich vorteilhaft angewandt werden, da Kalilauge wesentlich teurer ist als Natronlauge. Die Verhältnisse gehen aus der Abb. 107 hervor.

Wird unter ungeeigneten Mercerisierbedingungen gearbeitet, dann tritt einmal ein verhältnismäßig hoher Gewichtsverlust auf, zum andern werden die Fasern bzw. Fäden durch in Quellung und Lösung geratene und beim Spülen wieder koagulierte Cellulose miteinander verklebt, so daß das Gespinst nicht mehr verarbeitet werden kann.

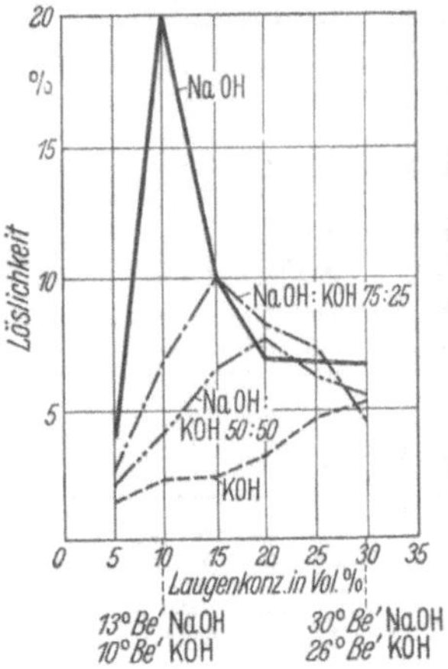

Abb. 107. Löslichkeit der Zellwolle in NaOH, KOH und Mischlaugen in Abhängigkeit von der Konzentration bei 20 °C (nach *Rath* und *Jäger*).

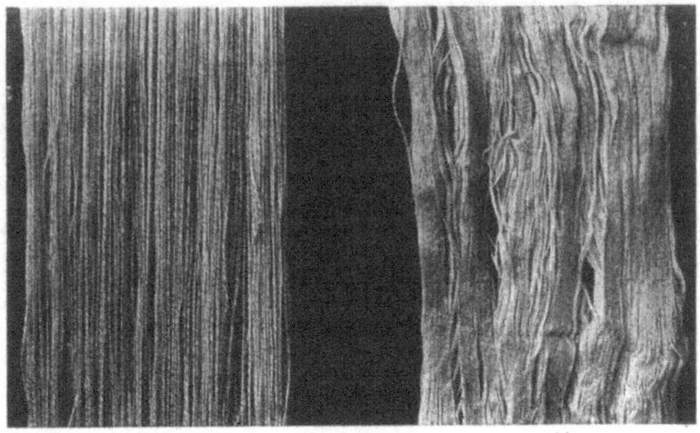

Abb. 108. a) Mischgarn mercerisiert, heiß gespült
b) Mischgarn mercerisiert, kalt gespült
(nach *Rath* und *Kubitzky*).

Die Abb. 108 zeigt rechts ein aus Baumwolle und Viscosezellwolle bestehendes Mischgarn (50:50), welches unter ungünstigen Bedingungen, d.h. mit Natronlauge bei angeschlossenem kaltem Spülen mercerisiert wurde. Die Fasern und Fäden sind bandartig miteinander verklebt im Gegensatz zu dem Garn links, welches unter optimalen Bedingungen (heißes Spülen) mercerisiert wurde.

Die Abb. 109 zeigt das nichtmercerisierte Mischgarn im Querschnitt, während der Abb. 110 ein Querschnitt des nicht sachgemäß mercerisierten Materials (kalt gespült) zugrunde liegt. Die Baumwollfasern zeigen das Bild normal mercerisierter Fasern, während die Zellwollquerschnitte miteinander verklebt und daher stark verschwommen sind.

Im Gegensatz hierzu zeigt die Abb. 111 die mit Natronlauge unter günstigeren Bedingungen mercerisierte Ware (heißes Spülen). Abb. 112 entstammt der mit einer Natronlauge/Kalilauge 75:25 mercerisierten Probe; die durch den Kalilaugezusatz bewirkte Zurückdrängung der Quellung und Löslichkeit ist deutlich zu erkennen. Dieser Einfluß der Kalilauge kommt in der Abb. 113 (Natronlauge/Kalilauge 50:50) und Abb. 114 (reine Kalilauge) ganz klar zum Ausdruck. Irgendwelche Verklebungen oder Verquellungen fehlen ganz, die charakteristischen Querschnittskonturen der Zellwolle sind völlig erhalten geblieben.

Die Löslichkeit der regenerierten Cellulose in Natronlauge läßt sich auch durch einen Elektrolytzusatz zurückdrängen. Die Abb. 115 zeigt die Löslichkeit einer Viscosezellwolle in Natronlauge bei Gegenwart von 50 g Natriumchlorid pro Liter bei 19 °C. Empfehlenswert ist es, bei der Mercerisation unter diesen Bedingungen dem Spülwasser ebenfalls Kochsalz zuzusetzen.

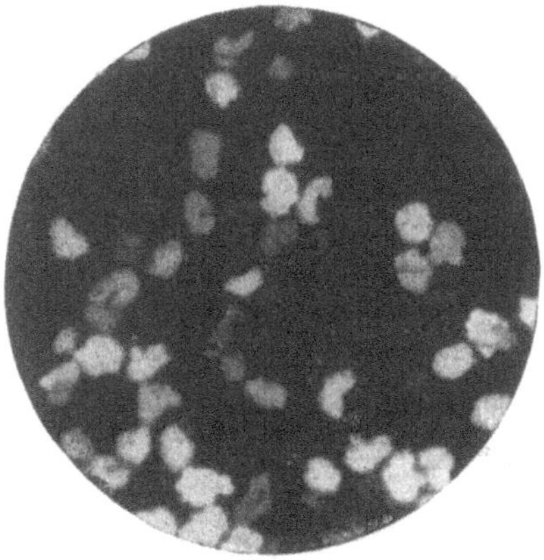

Abb. 109. Mischgarn aus Baumwolle und Zellwolle (50:50), nicht mercerisiert (nach *Rath* und *Kubitzky*).

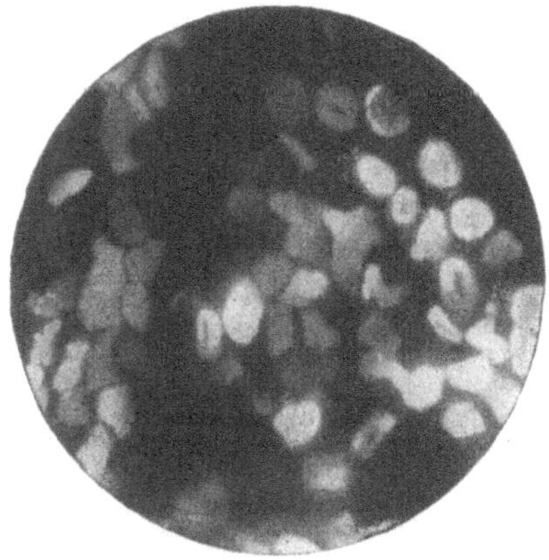

Abb. 110. Mischgarn mercerisiert, kalt gespült (nach *Rath* und *Kubitzky*).

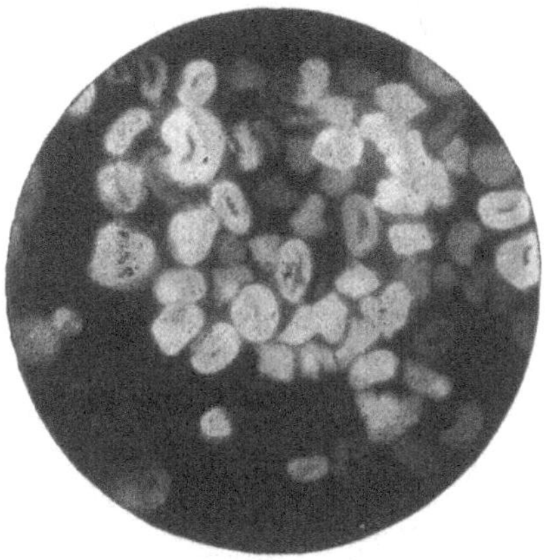

Abb. 111. Mischgarn merc., heiß gespült (nach *Rath* und *Kubitzky*).

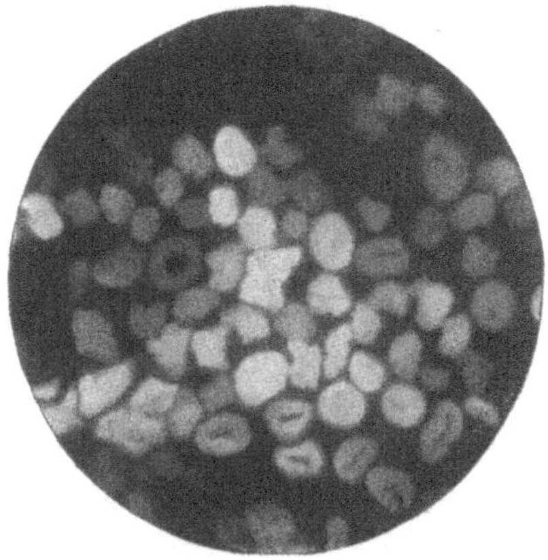

Abb. 112. Mischgarn merc. mit NaOH/KOH 75:25 (nach *Rath* und *Kubitzky*).

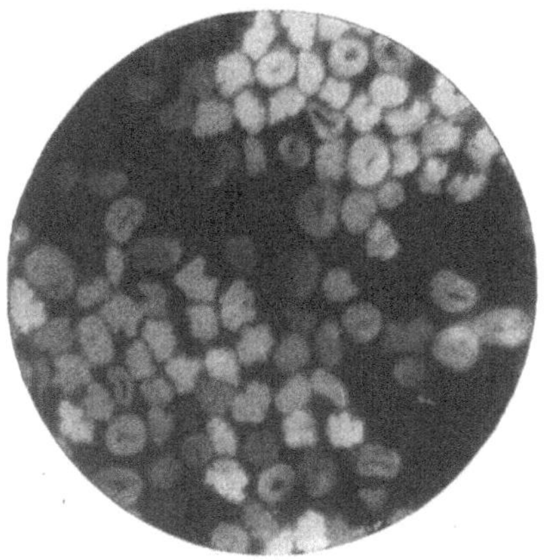

Abb. 113. Mischgarn merc. mit NaOH/KOH 50:50 (nach *Rath* und *Kubitzky*).

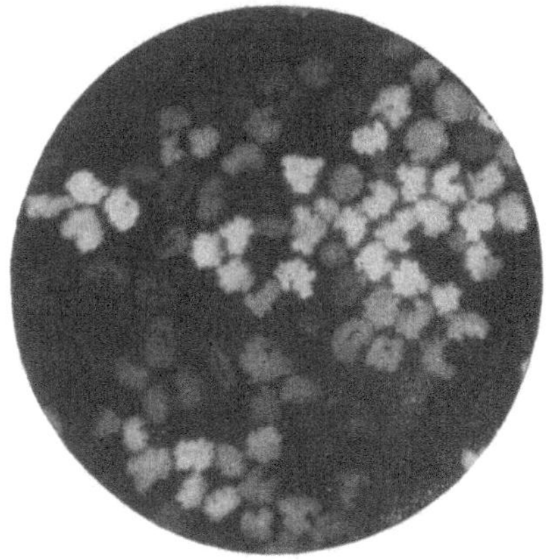

Abb. 114. Mischgarn merc. mit KOH (nach *Rath* und *Kubitzky*).

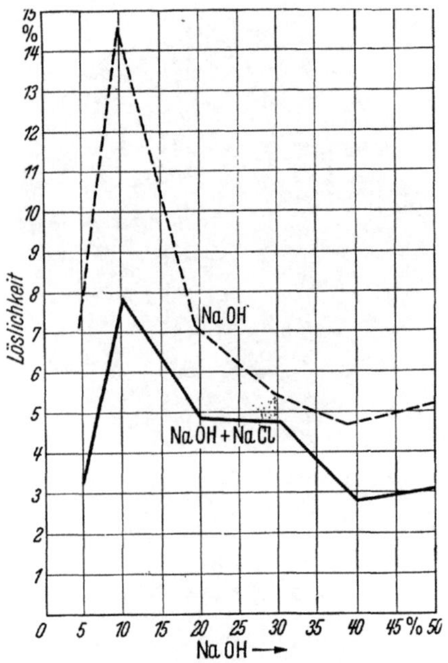

Abb. 115. Löslichkeit in NaOH und in NaOH + NaCl (50 g/l) bei 19 °C (nach *Rath* und *ter Kuile*).

6. Die Veredlung von Mischungen aus Cellulosefasern und Celluloseacetatfasern

Die Veredlungsverfahren sind bei diesen Mischungen im allgemeinen auf die Acetatfaser abzustimmen, so daß hinsichtlich der Anwendung hoher Temperaturen und von Alkali sehr vorsichtig zu verfahren ist, um eine Verseifung der Acetylcellulose und eine damit verbundene Glanztrübung sowie Festigkeitseinbuße zu vermeiden. Wird allerdings in saurem oder oxydativem Medium gearbeitet, dann ist der gegenüber der Acetatfaser größeren Empfindlichkeit der Viscose- und Kupferfasern Rechnung zu tragen.

Anhang

Die Alginatfaser

Zur Herstellung der Alginatfaser wird die Lösung der Alginsäure in Natriumcarbonat in einem Fällbad koaguliert, das verdünnte Schwefelsäure und Natriumsulfat enthält. Vorteilhafter arbeitet man jedoch in der Weise, daß man die Alginatlösung in eine salzsaure Calciumchloridlösung einspinnt, wobei die lagerbeständigere *Calciumalginatfaser* entsteht.

Man kann das Alginat auch in ein saures formaldehydhaltiges Bad einspinnen, wonach beim Trocknen eine Härtung eintritt und eine alkalibeständige Faser resultiert. Auch eine Vernetzung mit Hilfe von Diisocyanaten wirkt sich in dieser Richtung aus.

Die Alginsäure ist eine Poly-d-mannuronsäure von nachfolgender Konstitution:

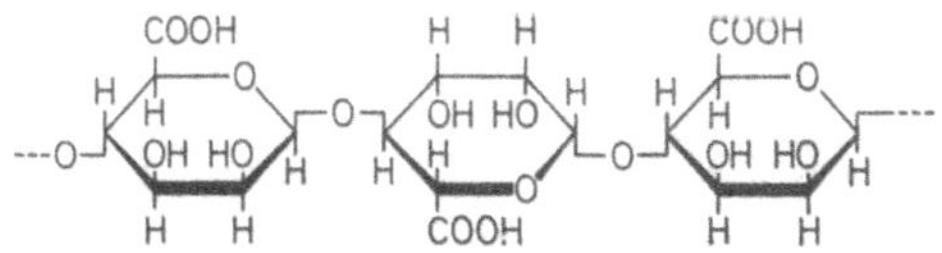

Die Alginsäure wird aus Seealgen durch Extraktion mit Soda in Form des Natriumalginats isoliert. Auf den Hebriden werden jährlich 400000 Tonnen Seealgen gewonnen. Die Alginsäure ist alkali- und seifenempfindlich. Beständig gegen Alkali sind gewisse Salze der Alginsäure, wie z.B. die Berylliumsalze, so daß man durch eine entsprechende Nachbehandlung der Alginsäurefaser diese waschfest machen kann. Auch Chromalginat ist unlöslich.

Infolge des hohen, durch die Metallsalznachbehandlung bedingten mineralischen Gehalts ist die Alginatseide feuer- bzw. flammfest. Calciumalginatfasern sind alkalilöslich, so daß sie aus Grundgeweben für die Ätzspitzenherstellung leicht herausgelöst werden können. Alginatfasern sind lichtempfindlich, in Form des Chromalginats aber weitgehend lichtbeständig.

Die Verwendung der Alginatfaser konzentriert sich fast ausschließlich auf solche Artikel, bei denen die Faser lediglich ein Hilfsmaterial für die Erzeugung darstellt, welches vor der Fertigstellung des betreffenden Artikels wieder herausgelöst wird.

II. Die Eiweißfasern (Proteinfasern)

Wie bei den Cellulosefasern unterscheidet man auch bei den Proteinfasern zwischen *natürlichen* (nativen) und *künstlichen* (regenerierten) Proteinfasern. Zu den ersteren gehören die Wollen und Haare sowie die Seiden, zu den letzteren diejenigen, die durch Auflösen eines natürlichen tierischen oder pflanzlichen Eiweißstoffs und Regenerieren gewonnen werden.

Als Eiweißkörper für die Herstellung künstlicher Eiweißfasern kommt sowohl tierisches als auch pflanzliches Eiweiß in Frage, so das Eiweiß der Milch (Casein), der Sojabohne, der Erdnuß, des Mais (Zeïn) usw. Auch Abfälle der Naturseide können als Eiweißrohstoff dienen. Die Kunstfaserbildung gelingt in der Weise, daß man den Eiweißkörper in einem geeigneten Lösungsmittel löst und durch Düsen in ein Medium einpreßt, in welchem die Bedingungen zum Inlösungbleiben des Eiweißkörpers nicht mehr gegeben sind, so daß sich aus dem Flüssigkeitsstrahl das Eiweiß in Faserform abscheidet. Beim Keratin ist es bis jetzt technisch noch nicht befriedigend gelungen, dieses ohne Abbau in spinnbare Lösungen überzuführen, eine Möglichkeit, die für die Verwertung von Wollabfällen von Bedeutung wäre.

Die natürlichen und künstlichen Proteinfasern sind in ihrem Verhalten durch ihre Eiweißnatur gekennzeichnet. Im Vergleich zu den Cellulosefasern sind die Proteinfasern wesentlich alkaliempfindlicher, während sie auf der andern Seite eine größere Säureresistenz besitzen. Gemeinsam ist den Proteinfasern das gegenüber den Cellulosefasern grundsätzlich bessere Wärmeisolationsvermögen.

Während das Verhalten der Cellulose durch die Gegenwart der glucosidischen Bindungen sowie durch das Vorhandensein von alkoholischen Hydroxylgruppen (teilweise auch Aldehyd- und Carboxylgruppen) bestimmt ist, ist für die Proteine die Peptidbindung und das durch die Gegenwart von Carboxyl- und Aminogruppen bedingte *amphotere* Verhalten charakteristisch. Letzteres bestimmt neben dem übermolekularen und histologischen Aufbau die Reaktionsweise der Proteinfaser bei der Veredlung in weitem Umfang.

Für das Verständnis der Reaktionsweise und des Verhaltens der Proteinfasern ist die Kenntnis der allgemeinen chemischen Eigenschaften und Umsetzungsmöglichkeiten der Eiweißstoffe von Wichtigkeit, so daß hierauf zunächst eingegangen werden soll.

A. Chemie der Eiweißkörper (Proteine)

1. Die Bausteine der Eiweißkörper (Aminosäuren)

Die elementare Zusammensetzung der meisten Eiweißkörper zeigt eine weitgehende Übereinstimmung und schwankt meist nur innerhalb enger Grenzen. Die Elementaranalyse ergibt einen Gehalt von

50 –55 %	Kohlenstoff,
21 –24 %	Sauerstoff,
15 –18 %	Stickstoff,
6,5– 7,3 %	Wasserstoff,
0 – 4 %	Schwefel.

Die auf dem Faserstoffgebiet wichtigen Eiweißkörper sind das *Keratin* der Wollen und Haare, das *Fibroin* der Seiden sowie einige Eiweißrohstoffe, wie sie zur Herstellung künstlicher Eiweißfasern Verwendung finden, wie z.B. das *Casein* und *Zein*. Zu den Eiweißkörpern gehören weiterhin u.a. das Kollagen der Haut, die Albumine, Globuline usw. In ihren Löslichkeitseigenschaften zeigen die Eiweißkörper große Unterschiede. Während z.B. die Albumine in Wasser kolloidal löslich sind, sind das Keratin und Fibroin durch völlige Wasserunlöslichkeit gekennzeichnet.

Wie bei den meisten organischen Naturstoffen, handelt es sich auch bei den Eiweißkörpern um hochmolekulare Produkte, deren niedrigmolekulare Einzelbausteine aber im Gegensatz zur Cellulose nicht einheitlich sind. Die die Eiweißkörper aufbauenden Einzelbausteine sind die *Aminosäuren*, deren Art und Zahl in den einzelnen Eiweißkörpern sehr verschieden sein kann. Die in den natürlichen Eiweißkörpern vorkommenden Aminosäuren – es handelt sich dabei um α- bzw. α,ω-Aminosäuren – sind die folgenden:

a) Monoamino-monocarbonsäuren

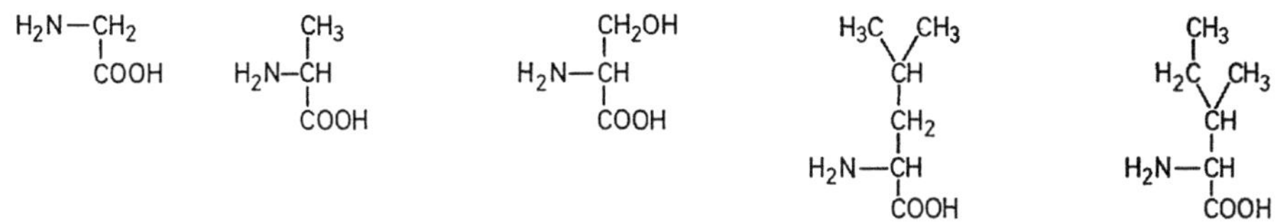

Aminoessigsäure Glykokoll

α-Amino-propionsäure Alanin

α-Amino-β-oxy-propionsäure Serin

α-Amino-isocapronsäure Leucin

α-Amino-β-methyl-valeriansäure Isoleucin

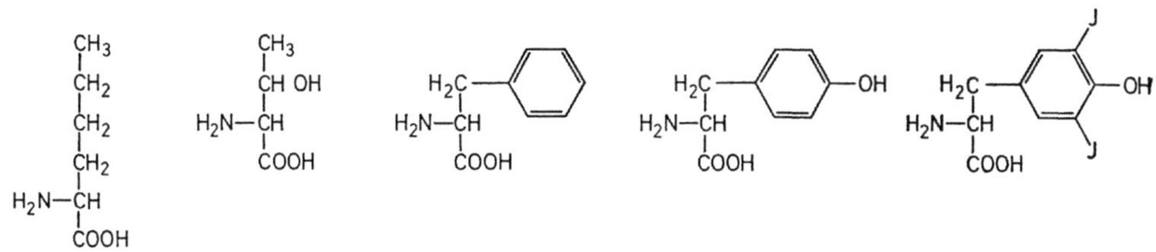

α-Amino-n-capronsäure Norleucin

Threonin

Phenyl-alanin

p-Oxyphenyl-alanin Tyrosin

Jodgorgosäure (Dijod-tyrosin)

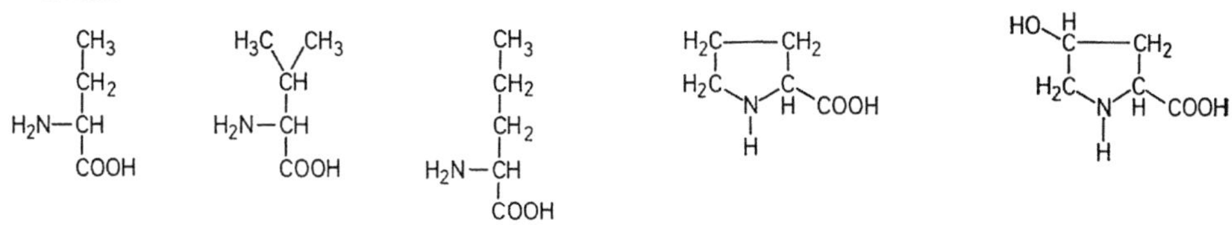

α-Amino-buttersäure

α-Amino-iso-valeriansäure Valin

α-Amino-n-valeriansäure Norvalin

Pyrrolidin-α-carbonsäure Prolin

Hydroxy-prolin

Bei Prolin und Hydroxyprolin liegen Aminosäuren mit sekundärer Aminogruppe vor.

b) Diamino-monocarbonsäuren

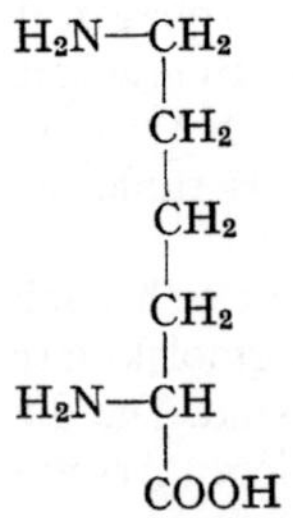

α,ε-Diamino-capronsäure
Lysin

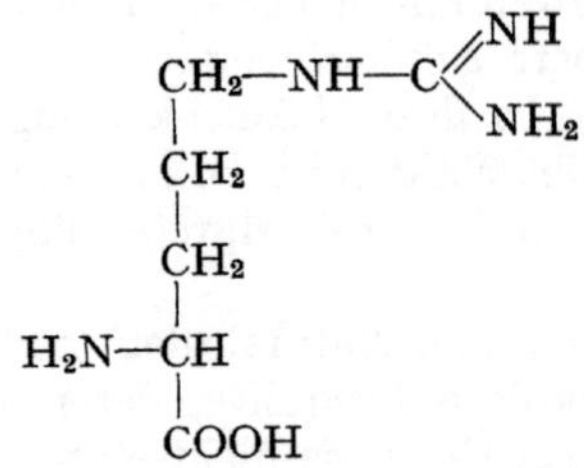

α-Amino-δ-guanido-valeriansäure
Arginin

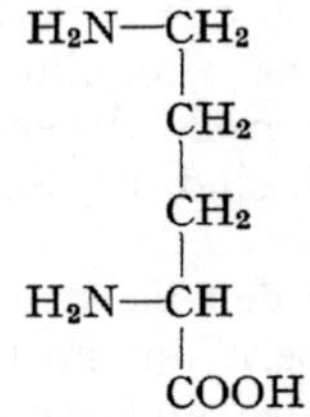

α,δ-Diamino-valeriansäure
Ornithin
(entsteht aus Arginin durch Verseifung)

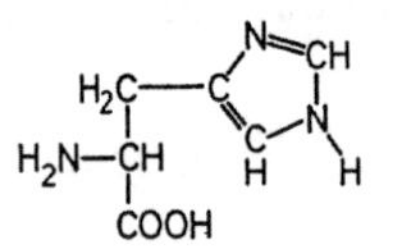

β-Imidazolyl-alanin
Histidin

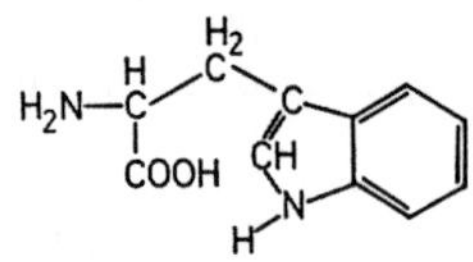

β-Indolyl-alanin
Tryptophan

Histidin und Tryptophan enthalten neben einer primären eine sekundäre Aminogruppe.

c) Monoamino-dicarbonsäuren

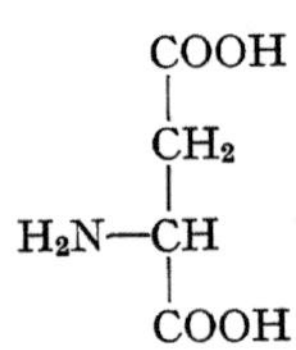

Amino-bernsteinsäure
Asparaginsäure

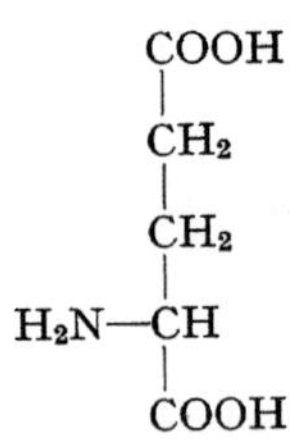

α-Amino-glutarsäure
Glutaminsäure

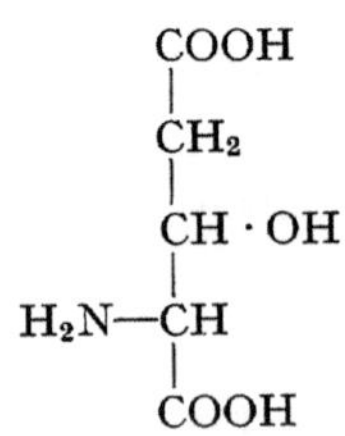

Hydroxy-glutaminsäure

d) Schwefelhaltige Aminosäuren

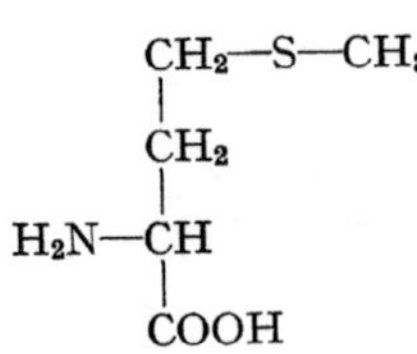

Methionin

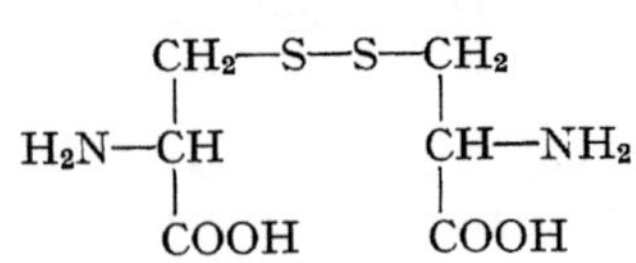

Cystin

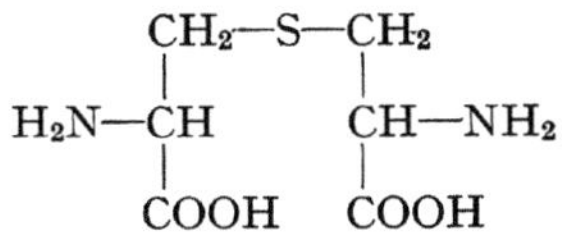

Lanthionin

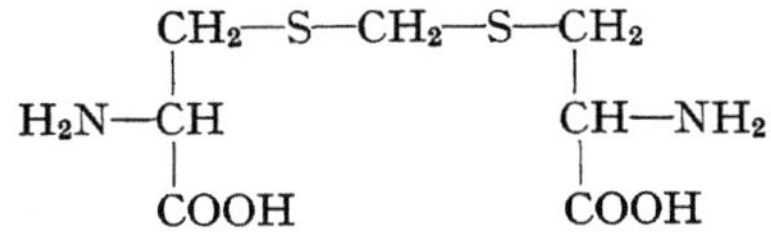

Djenkolsäure

Bei Cystin, Lanthionin und Djenkolsäure liegen Diamino-dicarbonsäuren vor, während Methionin zu den Monoamino-monocarbonsäuren gehört.

Cystin geht bei der Reduktion in Cystein über (S. 256):

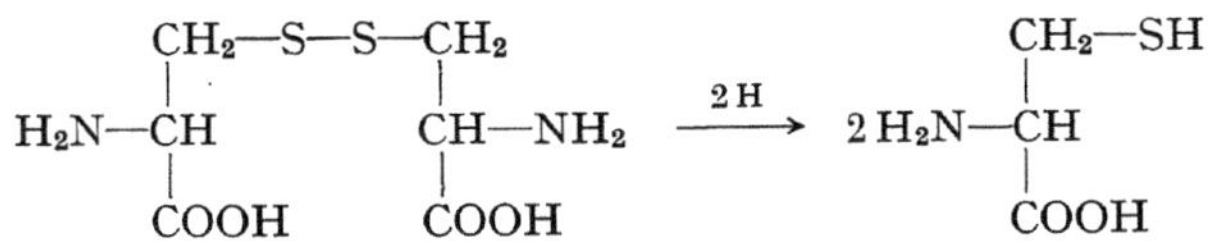

Cystin Cystein

Alle α-Aminosäuren mit Ausnahme des Glykokolls enthalten asymmetrische Kohlenstoffatome und sind daher optisch aktiv. In wäßriger Lösung zeigen sie, sofern sie pro Carboxylgruppe eine Aminogruppe enthalten, annähernd neutrale Reaktion, da sie innere Salze bilden:

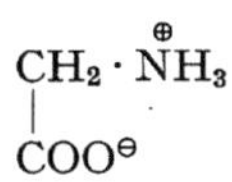

Die Aminosäuren verhalten sich *amphoter* und bilden sowohl mit Säuren als auch mit Basen Salze:

Beim isoionischen Punkt (S. 248), der für die einzelne Aminosäure eine charakteristische Konstante ist, liegen die Aminosäuren als Zwitterionen, im sauren Bereich dagegen als Kationen und im alkalischen Bereich als Anionen vor:

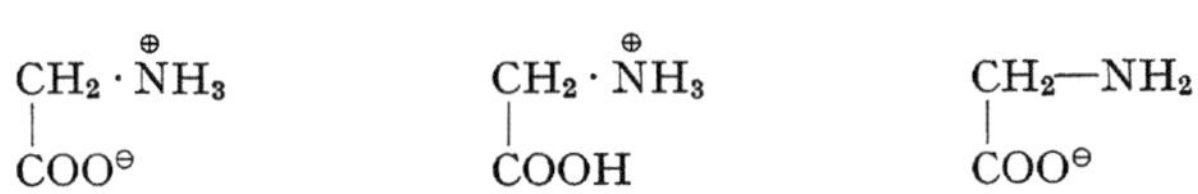

2. Der Aufbau der Eiweißkörper

In den verschiedenen Eiweißkörpern sind die Aminosäuren in wechselnder Menge vertreten, wie dies die Tab. 28 zum Ausdruck bringt. Man erreicht eine Zerlegung der Eiweißkörper in die einzelnen Aminosäuren durch hydrolytische Spaltung mit Säuren oder Laugen oder auf enzymatischem Weg. Die Trennung des Aminosäuregemisches und die analytische Erfassung der Einzelkomponenten ist nicht einfach, gelingt aber z. B. durch fraktionierte Destillation der Aminosäureester (*E. Fischer*) sowie mit Hilfe von chromatographischen und elektrophoretischen Methoden.

Die Aminosäuren lassen sich synthetisch zu *Peptiden* bzw. *Polypeptiden* verknüpfen in der Weise, daß sich die Aminogruppe eines Aminosäuremoleküls mit der Carboxylgruppe eines anderen unter Wasseraustritt kondensiert nach der schematischen Formulierung:

$$H_2N \cdot CH_2 \cdot COOH + HNH \cdot CH_2 \cdot COOH \rightarrow H_2N \cdot CH_2 \cdot CO \cdot NH \cdot CH_2 \cdot COOH$$

Dipeptid

$$H_2N \cdot R_1 \cdot CO \cdot NH \cdot R_2 \cdot CO \cdot NH \cdot R_3 \cdot CO \cdot NH \cdot R_1 \cdot CO \cdot NH \cdot R_2 \cdot CO \cdot NH \cdot R_3 \cdot COOH$$

Polypeptid

In der gleichen Weise können beliebig viele und auch verschiedenartige Aminosäuremoleküle unter Ausbildung einer Polypeptidkette miteinander reagieren, wobei die Säureamidgruppe (CONH) das charakteristische Bindeglied darstellt (*Peptidbindung*). *E. Fischer* gelang es, nach diesem in einer bestimmten Weise modifizierten Prinzip ein aus 18 Aminosäurebausteinen bestehendes Polypeptid, und *E. Abderhalden*, ein solches aus 19 Aminosäuren darzustellen. Auf Grund moderner Synthesen (*Carothers, Schlack*) lassen sich mehrere hundert Aminosäurebausteine zu langen Fadenmolekülen vereinigen (*Polyamide*). Diese sind heute für die Herstellung der synthetischen Fasern (Perlon, Nylon) von größter Bedeutung (vgl. S. 325ff.).

Tabelle 28. *Zusammensetzung verschiedener Eiweißkörper*

(Auf Grund der analytischen Schwierigkeiten läßt sich die Erfassung der einzelnen Bausteine nicht lückenlos vornehmen. Je nach Provenienz schwankt die Zusammensetzung der einzelnen Proteine in mehr oder weniger weiten Grenzen, was namentlich für das Wollkeratin zutrifft.)

Aminosäuren	Wollkeratin %	Seidenfibroin %	Milchcasein %	Erdnußprotein %	Gelatine %	Hämoglobin (Pferd) %
Glykokoll	6,5	43,8	1,9	4,1	25,5	–
Alanin	4,1	26,4	1,5	4,1	8,7	4,19
Valin	4,8	3,2	7,2	4,8	–	–
Leucin und Leucinisomere	11,3	2,5	9,35	8,0	7,1	29,04
Asparaginsäure	6,6	2,0	6,7	5,2	3,4	4,43
Glutaminsäure	14,1	2,03	15,55	16,7	5,8	1,73
Hydroxyglutaminsäure	–	–	3,81	–	–	1,04
Arginin	10,3	1,0	2,50	13,5	8,2	5,42
Lysin	2,7	0,9	1,5	5,0	5,9	4,28
Histidin	0,7	0,8	5,9	1,9	0,9	10,96
Prolin	6,8	1,0	10,5	5,3	19,4	2,34
Tryptophan	1,8	–	0,7	0,7	–	3,6
Phenylalanin	3,8	1,5	3,2	2,6	1,4	4,24
Tyrosin	4,7	13,2	4,5	5,7	–	1,33
Serin	10,3	1,8	0,5	5,2	0,4	0,56
Threonin	6,4	1,5	4,5	2,6	–	–
Cystin	11,9	–	0,23	1,5	–	0,31
Methionin	0,7	–	3,50	0,7	1,0	–
Lanthionin	0,5	–	–	–	–	–
Cystein	0,1	–	–	–	–	–

Aus den Untersuchungen, die man an einer ganzen Reihe von Eiweißkörpern gemacht hat, ist zu folgern, daß diese *nach dem Prinzip der Polypeptidketten* zusammengesetzt sind, und zwar in der Weise, daß die α-ständigen Aminogruppen oder Iminogruppen (Prolin, Oxyprolin) die Verknüpfung mit den Carboxylgruppen bewirken. Bei der vorsichtigen Spaltung von Eiweißkörpern können sowohl Dipeptide als auch Tripeptide gefaßt werden.

In welcher Reihenfolge die einzelnen Aminosäuren aneinander geknüpft sind, läßt sich für die verschiedenen Eiweißkörper nicht mit Sicherheit angeben. Immerhin kann man – namentlich auf Grund röntgenographischer Untersuchungen – sagen, daß die Verknüpfung eine periodische ist, daß also die einzelnen Bausteine nach einer bestimmten zahlenmäßigen Ordnung wiederkehren.

Eine der ersten Eiweiß-Synthesen ist vor kurzem *H. Zahn* u. a. mit der Synthese des *Insulins* gelungen. Das Insulin enthält Cystinbrücken, wie sie auch im Wollprotein angenommen werden.

Molekülgröße und Molekülbau. Bei den *Faserproteinen* (Keratin, Fibroin, Kollagen) lassen sich die üblichen osmotischen Methoden der Molekulargewichtsbestimmung nicht anwenden, da sich diese Eiweißkörper nicht ohne Abbau auflösen lassen. Im Gegensatz dazu kann man solche Bestimmungen bei den *Sphäroproteinen* vornehmen. Zu den Sphäroproteinen (globuläre Eiweißkörper) gehören die in den tierischen und pflanzlichen Körperflüssigkeiten vorhandenen Eiweißkörper wie z. B. die Albumine, Globuline und Hämoglobine. Ihre Lösungen zeigen eine geringe Viscosität und verraten damit die Abwesenheit langgestreckter Moleküle, während die Faserproteine gerade durch einen langgestreckten Molekülbau ausgezeichnet sind. Als Strukturelemente werden für die Sphäroproteine Peptidringe (Peptole) angenommen.

In genetischer Beziehung ist es wahrscheinlich, daß die Faserproteine (Kettenproteine) durch Kettenentfaltung aus Sphäroproteinen hervorgegangen sind (Denaturierung). Auch bei der Herstellung der Caseinfaser wird das in der Milch ursprünglich vorhandene globuläre Molekül in ein Fadenmolekül umgewandelt.

Die Bestimmung der Molekulargewichte wurde bei Sphäroproteinen in erster Linie mit Hilfe der Sedimentationsgeschwindigkeit und des Sedimentationsgleichgewichts in starken Zentrifugalfeldern (Ultrazentrifuge) von *Svedberg* durchgeführt. Die gefundenen Molekulargewichte bewegen sich zwischen mehreren Tausend und einigen Millionen Einheiten. Sie sind häufig ganzzahlige Vielfache von 17500 bzw. 35000.

3. Die amphotere Natur der Eiweißkörper

Auf Grund der über den Bau der Eiweißkörper gemachten Vorstellungen besitzen diese an dem einen Molekülende eine freie Aminogruppe und an dem andern eine freie Carboxylgruppe. Außerdem befinden sich innerhalb des Moleküls an denjenigen Stellen freie Amino- bzw. Carboxylgruppen (Extragruppen), an denen Diaminocarbonsäuren (Arginin, Lysin) und Aminodicarbonsäuren (Asparaginsäure, Glutaminsäure) als Bausteine fungieren. Auf Grund der gleichzeitigen Gegenwart von Amino- und Carboxylgruppen zeigen daher die Eiweißkörper ein *amphoteres Verhalten* und entsprechen hierin den Peptiden und Aminosäuren. Unter diesen Umständen liegt dem Verhalten der Eiweißkörper in gewissem Sinne dasjenige seiner Bausteine, nämlich der Aminosäuren, zugrunde.

In elektrisch neutralem Zustand kann man bei den Aminosäuren und bei den Eiweißkörpern die Gegenwart zweier Formen annehmen, und zwar einer ungeladenen Form H_2NCH_2COOH sowie einer Form, in der beide Gruppen zu dem Zwitterion $H_3\overset{\oplus}{N}CH_2COO^{\ominus}$ aufgeladen sind. Wahrscheinlich liegt ein Gleichgewicht zwischen den beiden Formen vor gemäß

$$H_2NCH_2COOH \rightleftharpoons H_3\overset{\oplus}{N}CH_2COO^{\ominus},$$

welches stark nach rechts verschoben ist.

Mit zunehmender H-Ionenkonzentration verändern sich die Dissoziationsverhältnisse in der Weise, daß die Dissoziation der COOH-Gruppe zurückgedrängt wird. Mit zunehmender OH-Ionenkonzentration ist das Umgekehrte der Fall: die Aufladung der Aminogruppe wird zurückgedrängt:

$$H_3\overset{\oplus}{N} \cdot CH_2 \cdot COO^{\ominus} + H^{\oplus} \rightleftharpoons H_3\overset{\oplus}{N} \cdot CH_2COOH$$

$$H_3\overset{\oplus}{N} \cdot CH_2 \cdot COO^{\ominus} + OH^{\ominus} \rightleftharpoons H_2N \cdot CH_2 \cdot COO^{\ominus} + H_2O.$$

Das Säurebindevermögen der Eiweißkörper äußert sich also in der Zurückdrängung der Dissoziation der Carboxylgruppen; umgekehrt beruht die Bindung der Alkalien auf einer Reduzierung der Aufladung der Aminogruppen:

$$H_3\overset{\oplus}{N} \cdot CH_2 \cdot COO^{\ominus} + HCl \rightleftharpoons H_3\overset{\oplus}{N} \cdot CH_2 \cdot COOH + Cl^{\ominus}$$

$$H_3\overset{\oplus}{N} \cdot CH_2 \cdot COO^{\ominus} + NaOH \rightleftharpoons H_2N \cdot CH_2 \cdot COO^{\ominus} + Na^{\oplus} + H_2O.$$

Isoionischer Zustand der Eiweißkörper, Peptide und Aminosäuren. Innerhalb eines bestimmten für den betreffenden Eiweißkörper charakteristischen pH-Gebiets ist die Zahl der dissoziierten Amino- und Carboxylgruppen gleich groß. Die entgegengesetzt geladenen Gruppen bilden dabei ein inneres Salz. Daneben sind ungeladene Teilchen vorhanden.

Der pH-Punkt des isoionischen Zustandes (isoionischer Punkt) ist für die verschiedenen Eiweißstoffe verschieden und hängt ab von dem zahlenmäßigen Verhältnis der freien Amino- und Carboxylgruppen sowie von den jeweiligen Dissoziationskonstanten dieser Gruppen. Er beträgt z. B. für

Wolle	4,9 (*Elöd*),	Hämoglobin	6,8,
Seide	5,0 (*Elöd*),	Protamine	9–12.
Haut	5–6,		

Daß der isoionische Punkt für die Protamine im alkalischen Gebiet liegt, hängt damit zusammen, daß diese fast ganz aus Diaminocarbonsäuren, besonders Arginin, bestehen und daher eine ziemliche OH-Ionenkonzentration notwendig ist, um die Aufladung der Aminogruppen so weit zurückzudrängen, daß ein Gleichgewicht zwischen dissoziierten Amino- und Carboxylgruppen zustande kommt.

Der isoionische Zustand eines Eiweißkörpers ist dadurch gekennzeichnet, daß der Eiweißkörper hierbei ein Minimum an Reaktionsfähigkeit und ein Maximum an Stabilität besitzt. So ist namentlich die Quellung der unlöslichen Eiweißkörper auf ein Minimum beschränkt.

Isoelektrischer Punkt oder Zustand. Man versteht darunter denjenigen Zustand, bei dem zwischen dem Protein und dem Lösungsmittel keine Potentialdifferenz herrscht. (Bei Aminosäuren fallen der isoionische und der isoelektrische Punkt zusammen.) Bei unlöslichen Proteinen (Wolle, Seide) bestimmt jedoch die *Oberflächenladung* den isoelektrischen Punkt. Er liegt nach *A. M. Sookne* und *M. Harris* für Wolle (in Abhängigkeit von dem angewandten Medium bzw. Puffersystem) zwischen pH 3,4 und 4,5 und für Seidenfibroin zwischen pH 3,6 und 4,3 (elektrophoretisch bestimmt), so daß man zweckmäßig von einer *isoelektrischen Zone* spricht.

B. Die natürlichen (nativen) Eiweißfasern (Wollen, Haare, Seiden)

1. Die Schafwolle

a) Wollsorten

Die Kennzeichnung der Wolle kann nach verschiedenen Gesichtspunkten erfolgen, z. B. nach der *Herkunft*: Australwolle, Kapwolle, Süddeutsche Landwolle usw.

Nach der *Schafrasse:* Merinowolle, Crossbredwolle, Cheviotwolle.

Das Merinoschaf liefert feine, kurze und gekräuselte Wolle, während die Wolle des Cheviotschafes lang und schlicht oder meist nur leicht gewellt ist. Die Crossbredwolle stammt von einer Kreuzzucht zwischen dem Merino- und Cheviotschaf und zeigt eine zwischen der Merino- und Cheviotwolle liegende Beschaffenheit.

Da sich *Alter* und *Geschlecht* auf die Qualität der Wolle auswirken, unterscheidet man gegebenenfalls zwischen Lammwolle, Mutterwolle und Hammelwolle.

Nach der Art der *Gewinnung: Schurwolle,* ist die vom lebenden Schaf durch Scheren gewonnene Wolle, *Sterblingswolle* ist Wolle von verendeten Schafen und in der Qualität daher geringwertiger als Schurwolle. Wird die Wolle von geschlachteten Tieren abgeschoren, dann spricht man von *Haut-* oder *Fellwolle*; wird sie im Rahmen des Gerbprozesses entfernt, dann wird sie als *Gerberwolle* bezeichnet. Letztere ist ebenfalls von geringerer Qualität als die Schurwolle, da in der Gerberei mehr auf die Qualität der Haut bzw. des Leders als auf die Beschaffenheit der Wolle geachtet wird. Bei der Gewinnung der Gerberwolle wird auf die Fleischseite ein aus gelöschtem Kalk und Natriumsulfid bestehender Brei aufgestrichen, welcher das Haar zum Ablösen bringt (Äschern). Die Entfernung des Haars kann auch in der Weise erfolgen, daß man die Haut einem Schwitzprozeß unterwirft (Schwöde).

Reißwolle ist eine aus getragenen wollenen Kleidungsstücken durch mechanisches Öffnen und Zerfasern zurückgewonnene Wolle. Man unterscheidet dabei zwischen *Shoddy* (aus Wirk- und Strickwaren), *Tybet* (aus ungewalkten Tuchen) und *Mungo* (aus gewalkten Tuchen). Die erstere Reißsorte ist die hochwertigste, da Wirk- und Strickwaren sich verhältnismäßig leicht wieder in einzelne Fasern auflösen lassen, während namentlich bei der Öffnung von gewalkten Tuchen ein vielfaches Zerreißen der Wollfasern nicht zu verhindern ist. Wird die Reißwolle aus Konfektionsabfällen der Wirk- und Strickwarenindustrie gewonnen, dann resultiert eine sehr hochwertige Reißwolle, welche von manchen Schurwollen nicht leicht zu unterscheiden ist.

Nach dem *Fabrikationszweck* unterscheidet man zwischen Streichwollen und Kammwollen. Die Faserlänge der ersteren liegt etwa zwischen 36 und 250 mm Länge. Sie ist stark gekräuselt und wird nach dem *Sreichgarnverfahren* versponnen. Die Kammwollen sind mehr schlicht bzw. nur leicht gewellt; sie besitzen eine etwa zwischen 170 und 550 mm liegende Faserlänge und werden nach dem *Kammgarnverfahren* versponnen. Beim Kammgarnspinnverfahren wird auf eine parallele Lagerung sämtlicher Fasern im Garn geachtet, die kurzen Fasern werden herausgekämmt (Kämmlinge), so daß nur wenige Faserenden aus der Fadenoberfläche herausragen, das Garn daher im Gegensatz zum Streichgarn eine verhältnismäßig glatte Oberfläche besitzt. Die Faserkräuselung wird weitgehend beseitigt (S. 280). Das Streichgarn ist durch eine wirre Lagerung der Fasern charakterisiert, woraus eine moosige Oberfläche resultiert.

Nach der *Feinheit* unterscheidet man:

	Faserfeinheit in µm		Faserfeinheit in µm
AAAA-Wolle	–17	C-Wolle	25–27
AAA-Wolle	17–18	D-Wolle	29–31
AA-Wolle	18–19	E-Wolle	32–34
A-Wolle	19–20	EE-Wolle	35–37
B-Wolle	23	F-Wolle	über 60

Das Vlies des Schafes ist hinsichtlich Faserlänge und Feinheit nicht einheitlich beschaffen und wird auf Grund dieser Konstanten entsprechend unterteilt bzw. sortiert.

Chemische „Schafschur". Eine solche läßt sich durch orale oder intravenöse Applikation von N,N-Bis-(β-chloräthyl)-N'-0-propylen-phosphorsäureesterdiamid (Cyclophosamid) erreichen. Nach einer Woche läßt sich die Wolle von Hand abnehmen. Die Haut des Schafes ist durch während dieser Zeit nachwachsende Fasern wieder bedeckt.

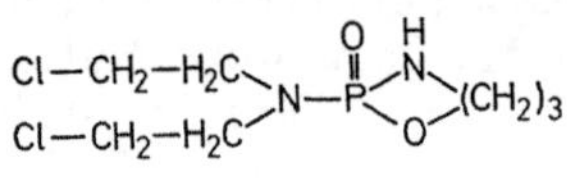

Das Verfahren befindet sich noch in der Entwicklung und Prüfung.

b) Der Aufbau der Wollfaser

α) *Der histologische Bau*

Die Abb. 116 zeigt das mikroskopische Längsbild einer Wollfaser und die Abb. 117 Wollfaserquerschnitte. Querschnittsmäßig sind drei verschiedene Schichten zu unterscheiden, und zwar die äußere Deckschicht (*Schuppenschicht, Cuticula*), die aus schindelförmigen Zellen besteht, weiterhin die aus fibrillären Spindelzellen aufgebaute *Rindenschicht*, die den Hauptbestandteil der Faser darstellt, und schließlich die innerste aus zylindrischen Zellen aufgebaute *Markschicht*, die nur

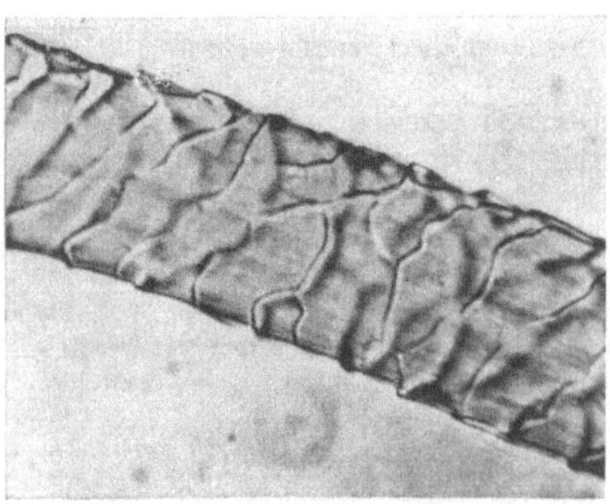

Abb. 116. Austral-Wolle C Längsansicht, Vergrößerung 500:1 (Photo *Klenk*).

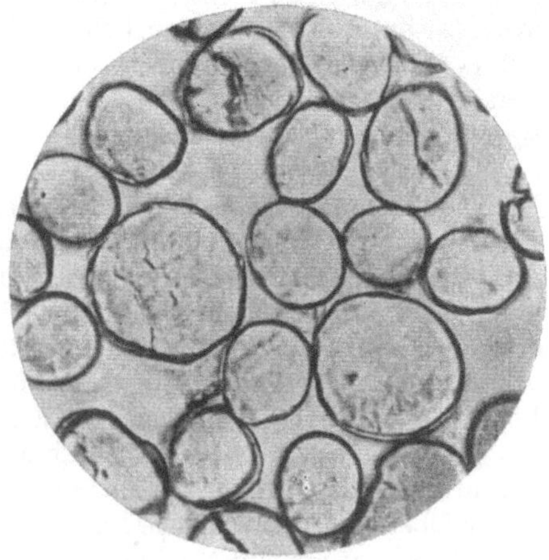

Abb. 117. Wollfasern im Querschnitt, Vergrößerung 300:1 (Photo *Klenk*).

bei gröberen Haaren (Grannenhaare) vorhanden ist und bei den feineren Fasern fehlt. Besonders stark markhaltige Haare sind die Stichelhaare.

Die Rindenschicht setzt sich aus zwei verschiedenartigen „Halbzylindern", nämlich dem *Orthokortex* und dem *Parakortex* zusammen (*M. Horio, E. T. Kondo, E. H. Mercer*). Diese bilaterale Struktur ist dadurch gekennzeichnet, daß die beiden Halbzylinder wie die Drähte eines elektrischen Kabels zusammengedreht sind. Der Orthokortex ist den verschiedenartigsten Einwirkungen gegenüber empfindlicher als der Parakortex. Anionischen Farbstoffen gegenüber zeigt der auf der Innenseite der Faserkrümmung liegende Orthokortex eine größere Affinität (acidophiler Teil), während der auf der Außenseite der Krümmung liegende Parakortex kationischen Farbstoffen gegenüber leichter zugänglich ist (basophiler Teil). Das unterschiedliche Verhalten beruht auf der Verschiedenheit der isoionischen Punkte der beiden Schichten.

Die Cuticula selbst soll aus drei chemisch und mechanisch sich verschieden verhaltenden Komponenten bestehen, nämlich der ganz außen befindlichen Epicuticula, der als Zwischenschicht fungierenden Exocuticula und schließlich der resistenten Gerüstsubstanz der Schuppenzellen, der Endocuticula (*E. H. Mercer, J. Lindberg* und *B. Philip*). Bei der von *H. Reumuth* entdeckten und von *Lehmann, Elöd* und *Zahn* sowie von *Geiger* präparierten Subcutis ist die Frage noch offen, ob diese ein Bestandteil der Cuticula ist oder eine selbständige Zwischenmembran zwischen Schuppendecke und Rindenschicht darstellt. Nach neueren Untersuchungen von *H. Zahn* scheint letzteres zuzutreffen.

Die die einzelnen Schichten zusammensetzenden Zellen besitzen jeweils noch feinere Strukturelemente; so wurden in den Spindelzellen auf elektronenoptischem Weg *Fibrillen* und *Mikrofibrillen* festgestellt, die durch enzymatische Behandlung isoliert werden konnten (*Elöd*). *D. J. Johnson* und *P. T. Speakman* stellten die Existenz einer *Protofibrille* fest, welche kleiner ist als die Mikrofibrille.

Der die verschiedenen Schichten aufbauende Eiweißkörper wird *Keratin* genannt, ist aber für die verschiedenen Schichten nicht vollkommen gleichartig. So ist z.B. die Schuppenschicht schwefelreicher als die übrigen Schichten. Den geringsten Schwefelgehalt scheint die Markschicht aufzuweisen. Die Schuppenschicht ist tyrosinfrei, während in der Rindenschicht Tyrosin als Baustein vorhanden ist. Aus diesem Grund kuppelt nur eine solche Wolle mit diazotierter Sulfanilsäure unter Bildung eines roten Azofarbstoffs (S. 272), bei der die Schuppenschicht fehlt oder durch chemische oder mechanische Einwirkung defekt geworden ist (*Paulysche Diazoreaktion*). Auch die Spitzen, die mit Licht und Luft mehr in Berührung kommen, besitzen namentlich bezüglich der Cystinkomponente, die einen oxydativen Abbau erfährt, eine von den Wurzeln abweichende Zusammensetzung.

Haller hat zwischen den Rindenzellen als Kittsubstanz einen Eiweißkörper (*Lanain*) nachgewiesen, dessen Molekül Tryptophan, Tyrosin und Histidin enthält, aber frei von Cystin ist.

Unter diesen Umständen ist die Deutung der Reaktionsweise der Wollfaser mit Vorsicht vorzunehmen; allerdings stellt die Rindenschicht die Hauptmasse des Wollhaares dar, so daß die mechanischen und chemischen Eigenschaften weitgehend durch diese bestimmt sind. Die in der Tab. 28 wiedergegebene Zusammensetzung der Wolle entspricht derjenigen der Gesamtfaser und damit – gemäß ihrem mengenmäßigen Anteil – in erster Linie der Rindenschicht.

Wenn auch die mechanischen und chemischen Eigenschaften der Wolle durch den histologischen Bau der Faser mitbeeinflußt sind, so werden sie doch weitgehend durch die Eigenschaften der die Faser zusammensetzenden Keratinsubstanz bedingt. Was den molekularen Bau des Keratins und seine übermolekulare Struktur anbelangt, so wurden hierfür – namentlich auf Grund röntgenographischer Untersuchungen – Hypothesen entwickelt, die dem chemischen und physikalischen Verhalten der Wollfaser gerecht zu werden versuchen, aber teilweise noch nicht als abgeklärt gelten können, da eindeutige bzw. einheitliche Anschauungen bis jetzt nicht vorliegen.

β) *Das Keratin und seine Funktion beim Bau der Wollfaser*

Die Tab. 28 zeigt die Zusammensetzung des Wollkeratins. In Abhängigkeit von Rasse, Ernährung und Umweltfaktoren können die Werte in gewissen Grenzen schwanken. Dies trifft insbesondere für den Cystingehalt zu, so daß der Schwefelgehalt der Wolle zwischen 3 und 4% variiert.

Es ist zu ersehen, daß neben *Monoamino-monocarbonsäuren* auch *Diaminocarbonsäuren* (Arginin, Lysin) und *Aminodicarbonsäuren* (Asparaginsäure, Glutaminsäure) vorhanden sind, denen beim Bau des Keratingerüsts sowie für die Reaktionsfähigkeit der Wollsubstanz eine besondere Bedeutung zukommt. Für den Zusammenhalt der Polypeptidketten bzw. der Micelle untereinander sowie für die Reaktionsweise der Wollfaser ist weiterhin die schwefelhaltige Aminosäure *Cystin* von wesentlichem Einfluß. Eine große Bedeutung für die Verknüpfung der Polypeptidketten kommt im β-Keratin den zwischen den einzelnen Peptidbindungen benachbarter Polypeptidketten vorhandenen *Wasserstoffbrücken* zu. Vermutlich sind auch die Oxyaminosäuren (Serin, Threonin) durch die Ausbildung von Wasserstoffbrücken an der Haftung der Polypeptidketten aneinander beteiligt.

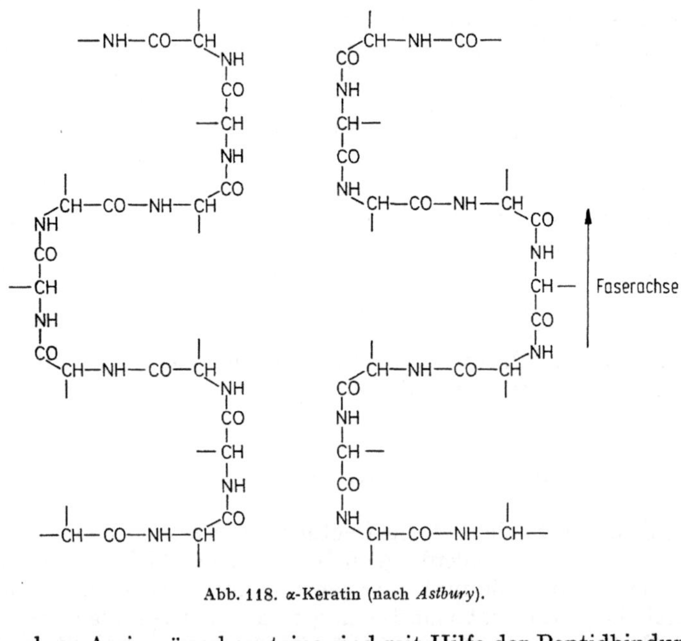

Abb. 118. α-Keratin (nach *Astbury*).

Die einzelnen Aminosäurebausteine sind mit Hilfe der Peptidbindung zu langgestreckten Kettenmolekülen polypeptidartig verbunden (S. 246f.). Für die Reihenfolge der Aminosäurebausteine wurde der Nachweis einer gewissen Periodizität erbracht (*Astbury*). Neuerdings haben *T. Heylett* und *L. S. Swart* eine Aminosäuresequenz für Wollprotein angegeben.

Auf Grund röntgenographischer Untersuchungen zeigen die Ketten allerdings in der normalen ungedehnten Wollfaser nicht die einfache Gestalt eines Faserproteins, wie es der gedehnten Wollfaser und dem Seidenfibroin zugrunde liegt;

vielmehr sind die Ketten in einer bestimmten Art gewunden bzw. gedrillt und dadurch verkürzt. Ursprünglich hatte *Astbury* angenommen, daß die Ketten gefaltet seien, wie dies für zwei parallele Ketten die Abb. 118 zum Ausdruck bringen soll.

Aus dieser Vorstellung, die aber inzwischen überholt ist, ergab sich dann das folgende Bild: Durch Dehnung kann die ungefaltete Kettenstruktur (β-Keratin) erhalten werden. Alle Keratine mit Ausnahme des Federkaratins zeigen diese beiden Strukturformen (*Astbury, Street, Woods* und *Sisson*). Sie sind auch bei dem Protein Myosin, das der Träger der elastischen Eigenschaften des Muskels ist, sowie bei anderen biologisch wichtigen Proteinen vorhanden. Die gefaltete, verkürzte Form wird *α-Struktur* und die gedehnte β-Struktur genannt. Für den Dehnungs- und Entdehnungsmechanismus der Wollfaser ist die Umlagerung der α- in die β-Struktur und umgekehrt von ausschlaggebender Bedeutung (Abb. 119). Die Fältelung (nach *Astbury*) der Polypeptidketten in der ungedehnten Faser ist durch die verschiedenartigen Querbindungen fixiert.

Diese bei der Dehnung der Wolle vor sich gehende Strukturänderung erklärt die auffallende Tatsache, daß Wolle in Wasser um mehr als 70 % ihrer ursprünglichen Länge gedehnt werden kann und bei der Entlastung auf ihre Ursprungslänge zurückgeht, während andere Fasern nicht mehr als einige Prozente gedehnt werden können, ohne daß eine dauerhafte Dehnung auftritt.

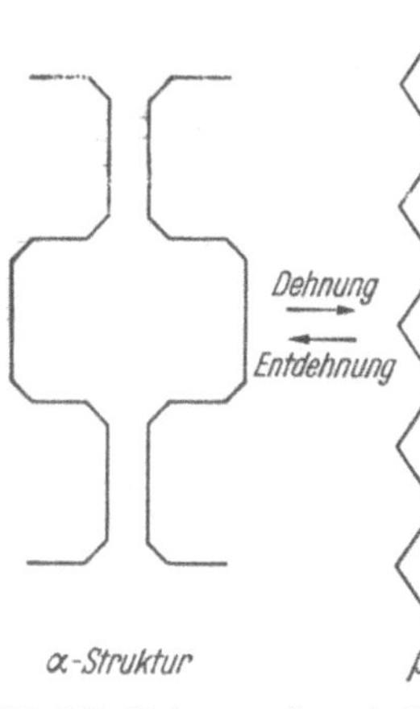

Abb. 119. Umlagerung der α- in die β-Struktur (nach *Astbury*).

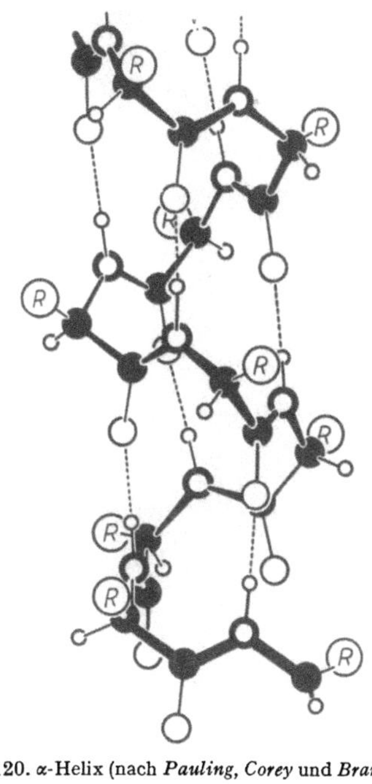

Abb. 120. α-Helix (nach *Pauling, Corey* und *Branson*).

Durch parallele Zusammenlagerung der Polypeptidketten entstehen Polypeptidroste bzw. -gitter, in denen die Ketten durch Querbindungen miteinander verknüpft sind. Durch Aufeinanderlegen von Polypeptidrosten entstehen Polypeptidbündel (*Micelle*), deren Kohäsion ebenfalls durch zwischen den Gittern vorhandene Querbindungen bewirkt wird. Die die Spindelzellen aufbauenden Fibrillen bestehen aus Micellbündeln.

Nur ein Teil der Wollsubstanz ist in dieser Weise gitterartig geordnet, während daneben noch intermicellare Bereiche von geringerer Ordnung bzw. völliger Unordnung (amorphe Bereiche) zugegen sind.

Die *Austbury*sche Vorstellung der in einer Ebene gefalteten Polypeptidketten wurde inzwischen durch das von *L. Pauling, R. B. Corey* und *H. R. Branson* aufgestellte Modell einer *spiral-* bzw. *schraubenförmig gewundenen Polypeptidkette* (α-Helix) abgelöst. In unverstrecktem Zustand enthalten die spiralförmigen Windungen etwa 3,7 Aminosäurereste pro Windung, wobei eine Wasserstoffbrücke von jeder NH-Gruppe jeweils zur Carbonylgruppe des dritten Aminosäurerests reicht und damit die Windungen in ihrer Lage fixiert (Abb. 120). Da ein Dehnen der Wollfaser nur gegen den Widerstand dieser Protonbrücken möglich ist, wird das ausgeprägte elastische Verhalten der Wolle verständlich.

Die einzelnen schraubenförmigen Polypeptidketten sind wie die einzelnen Drähte eines elektrischen Kabels zu den nächst höheren Bauelementen miteinander verdreht. An die Stelle der Peptid-Roste bzw. Gitter von *Astbury* ist eine hexagonale Packung der Peptid-Schrauben getreten. Die einzelnen Schrauben sind durch die verschiedenartigen Querbindeglieder (H-Brücken, Cystin-Bindung und Salzbindeglieder) zusammengehalten.

γ) *Die Querbindungen*

Als Bindeglieder zwischen den Polypeptidketten einerseits und den Micellen andrerseits kommen verschiedene Möglichkeiten in Betracht. Einmal ist anzunehmen, daß entgegengesetzt geladene Amino- und Carboxylgruppen elektro-

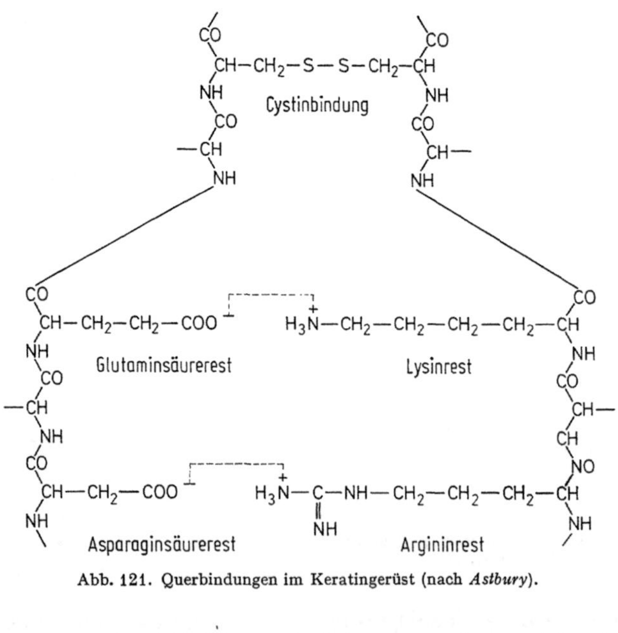

Abb. 121. Querbindungen im Keratingerüst (nach *Astbury*).

statische Bindungen bilden (*Salzbindeglieder*). Zum andern gehört der Cystinbaustein wahrscheinlich gleichzeitig zwei Polypeptidketten an (*Speakman* und *Astbury*) so daß die *Cystinbrücke* als Bindeglied fungiert, wie dies aus der Abb. 121 ersichtlich ist. Als weitere Brücken kommen *Wasserstoffbrücken* in Frage, welche sich namentlich in der β-Keratinform zwischen den Peptidbindungen der Hauptvalenzketten sowie zwischen anderen funktionellen Gruppen, z. B. den Hydroxylgruppen der Oxyaminosäuren (Serin, Threonin), ausbilden können (Abb. 122). Zu diesen gesellen sich noch die *apolaren* Bindungen (hydrophobe Wechselwirkungen). Diese sind auf die Wirkung der hydrophoben Seitenketten der Aminosäuren zurückzu-

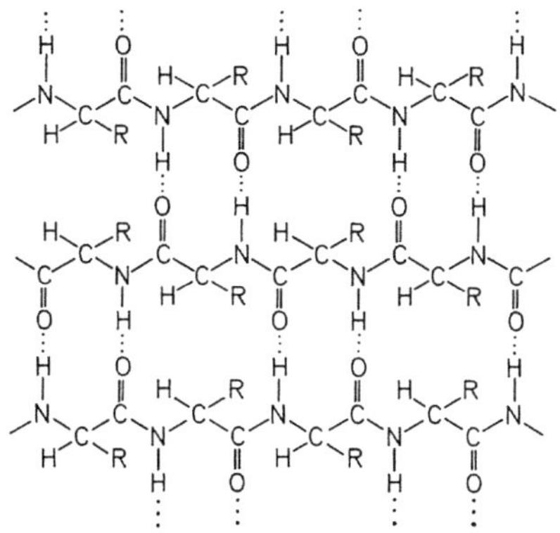

Abb. 122. Struktur des β-Keratins (nach *Astbury*).

führen, die besonders in wäßrigem Medium auftreten. Die hydrophoben Gruppen suchen sich einer Hydratisierung durch gegenseitige Annäherung zu entziehen, wodurch die Kohäsion des Keratingerüstes zunimmt (*H. Zahn*). Alle diese Querbindungen sind für das gesamte chemische und mechanische Verhalten der Wollfaser von wesentlicher Bedeutung.

Veränderungen der physikalischen Eigenschaften wie z.B. Dehnung, Superkontraktion, Fixierung usw. können sowohl durch intermicellare als auch intramicellare Umlagerungen ausgelöst werden (*P. Alexander*).

Die Funktion der Cystinbindung. Wenn im folgenden ein für den Reaktionsmechanismus der Wollfaser besonders wichtiges Problem behandelt wird, so sei darauf hingewiesen, daß gerade über die Rolle der im Keratin vorhandenen Cystingruppen die Forschung noch zu keinem einheitlichen Ergebnis gelangt ist. Diese Lücke ist naturgemäß auf den komplizierten Bau der Eiweißkörper im allgemeinen und des Keratins im besonderen zurückzuführen.

Für den Einbau des Cystins in die Struktur des Keratins bestehen grundsätzlich verschiedene Möglichkeiten. Einmal kann das Cystin mit seiner Disulfidbindung als normales Glied in einer Polypeptidkette fungieren, so daß die zwei verschiedenen C-Atomen angehörende Carboxyl- und Aminogruppe als Extragruppen fungieren (a); zum andern kann das Cystin nur mit seinem einen Ende in die Peptidkette eingebaut sein, so daß die freien Extragruppen am gleichen C-Atom haften (b). Schließlich kann das Cystinmolekül Bestandteil zweier Polypeptidketten sein, so daß es die Peptidketten miteinander verbindet (c). (Eine solche Cystinbrücke ist nach *E. Elöd* und *P. Alexander* vorwiegend *inter*micellarer und weniger *intra*micellarer Art, da Reaktionen, welche die Disulfidbrücke spalten, keine Änderung des Röntgenbildes verursachen. Die intermicellaren Bereiche sind *cystinreicher* als die Micellarsubstanz.)

Auch die Möglichkeit der Verbindung von 4 Polypeptidketten durch 1 Cystinmolekül (d) ist denkbar (*H. Zahn*). Diese Möglichkeiten sind in dem Schema der Abb. 123 zum Ausdruck gebracht (nach *E. Elöd*).

Aus dem chemischen und mechanischen Verhalten der Wolle kann man folgern, daß das Cystin in der Wollfaser nicht nur als Brückenglied zwischen den Polypeptidketten innerhalb eines Micells fungiert, sondern vornehmlich die Micelle

(Makromolekülbündel) miteinander vernetzt (*Elöd, Nowotny, Zahn, Alexander*). Unter diesen Umständen vermittelt das Cystin neben anderen Querbindegliedern einen Zusammenhalt der Keratinstruktur und ist daher für das mechanische und

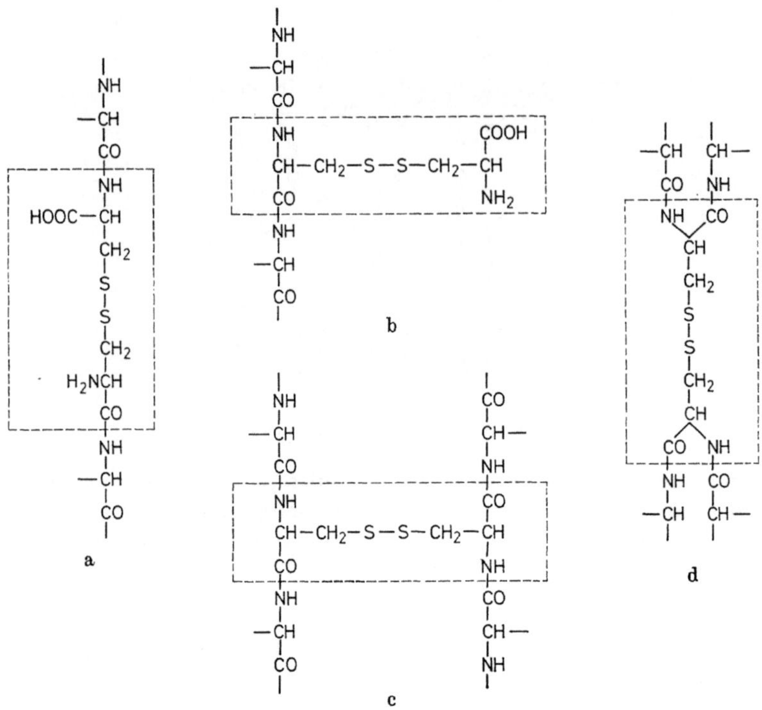

Abb. 123. Möglichkeiten des Einbaus des Cystinbausteins in das Keratingerüst.

chemische Verhalten des Keratins von wesentlicher Bedeutung. Da sich die Cystinbindung schon bei Einwirkungen, welche die Peptidbindungen nicht beeinflussen, aufspalten läßt, können Umsetzungen an der Disulfidbrücke vorgenommen werden, ohne die Polypeptidketten abzubauen.

Die Spaltung der Disulfidbrücken kann reduktiv, hydrolytisch und auch oxydativ erfolgen.

Reduktive Spaltung. Durch reduktive Behandlung kann man die Cystinkomponente in die Cysteinkomponente überführen (S. 245):

$$R \cdot CH_2 \cdot S \,\vdots\, S \cdot CH_2 \cdot R \xrightarrow{+H_2} R \cdot CH_2 \cdot SH + HS \cdot CH_2 \cdot R$$

R = Polypeptidkette

Mit Thioglykolsäure:

$$R \cdot CH_2 \cdot S \cdot S \cdot CH_2 \cdot R + 2\,HS \cdot CH_2 \cdot COOH \rightarrow$$

$$R \cdot CH_2 \cdot SH + HS \cdot CH_2 \cdot R + HOOC \cdot CH_2 \cdot S \cdot S \cdot CH_2 \cdot COOH$$

Di-thioglykolsäure

Mit schwefliger Säure bzw. Bisulfiten und Sulfiten:

$$R \cdot CH_2 \cdot S \cdot S \cdot CH_2 \cdot R + H_2SO_3 \rightarrow R \cdot CH_2 \cdot SH + R \cdot CH_2\ S \cdot SO_3H.$$

Mit H_2S bzw. Sulfiden:

$$R \cdot CH_2 \cdot S \cdot S \cdot CH_2 \cdot R + 2\,H_2S \rightarrow 2\,R \cdot CH_2 \cdot SH + H_2S_2.$$

Dieser letztere Prozeß spielt eine Rolle in der Gerberei bei der Entfernung des Haares von der Haut, wo durch eine Behandlung mit Sulfiden das Haar gelockert und aus der Haut, die sulfidbeständig ist, abgehoben werden kann (Äschern). Zur Haarentfernung gebräuchliche Kosmetika arbeiten ebenfalls auf dieser Basis. Für den letzteren Zweck kommen aber namentlich bestimmte Mercaptoverbindungen, insbesondere Thioglykolate, in Betracht, die bei pH-Werten zwischen 10 und 13 depilierend wirken.

Mit HCN:

$$R \cdot CH_2 \cdot S \cdot S \cdot CH_2 \cdot R + HCN \rightarrow R \cdot CH_2 \cdot SH + R \cdot CH_2 \cdot SCN.$$

$$RCH_2SH + NCSCH_2R \rightarrow \underset{\text{Lanthioninkomponente}}{RCH_2{-}S{-}CH_2{-}R} + HCNS\ (KCNS)$$

(Nebenbei sei erwähnt, daß als Reduktionsmittel auch Natriumborhydrid $NaBH_4$ verwendet werden kann.)

Hydrolytische Spaltung. Wasser von höherer Temperatur oder Alkali führen zur Bildung von Sulfhydryl- (Cystein-) und Sulfensäurekomplexen (*Schöberl*):

$$R \cdot CH_2 \cdot S \cdot S \cdot CH_2 \cdot R + H_2O \rightarrow R \cdot CH_2 \cdot SH + R \cdot CH_2 \cdot SOH.$$

Die Sulfensäuren sind sehr reaktionsfähig und zersetzen sich nach:

$$R \cdot CH_2 \cdot SOH \rightarrow R \cdot CHO + H_2S.$$

Der gebildete Aldehyd kann sich mit dem gebildeten Sulfhydryl weiter umsetzen gemäß der Gleichung:

$$R \cdot CH_2 \cdot SH + OHC \cdot R \rightarrow R \cdot CH_2 \cdot S \cdot \overset{\displaystyle H}{\underset{\displaystyle OH}{C}} \cdot R.$$

Lanthioninbildung. Neuere Untersuchungen über den Spaltungsmechanismus in alkalischem Medium legen im Zusammenhang mit dem als Spaltprodukt auftretenden *Lanthionin* (S. 245) die Möglichkeit nahe, daß sich die Spaltung primär nicht zwischen den Schwefelatomen, sondern zwischen Schwefel und Kohlenstoff abspielt. So fanden *Cuthbertson, Lindley* und *Phillips*, daß das Cystin bei der Einwirkung von Alkali sowohl eine Lanthionin- als auch eine α-Aminoacrylsäurekomponente liefert:

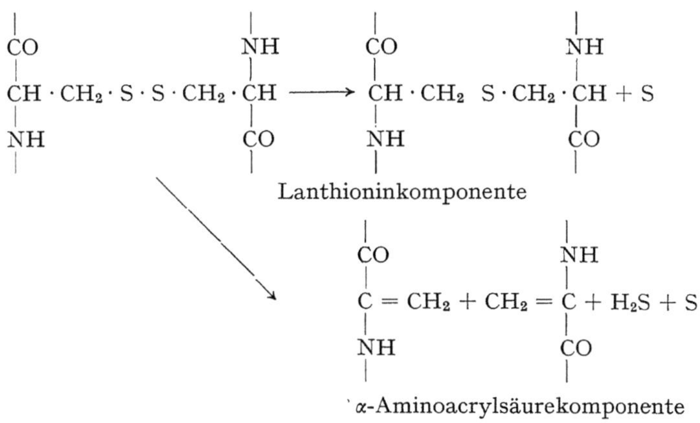

Das Lanthionin kann sich durch Addition von Cystein an Aminoacrylsäure bilden (*A. Schubert* und *B. H. Nicolet*):

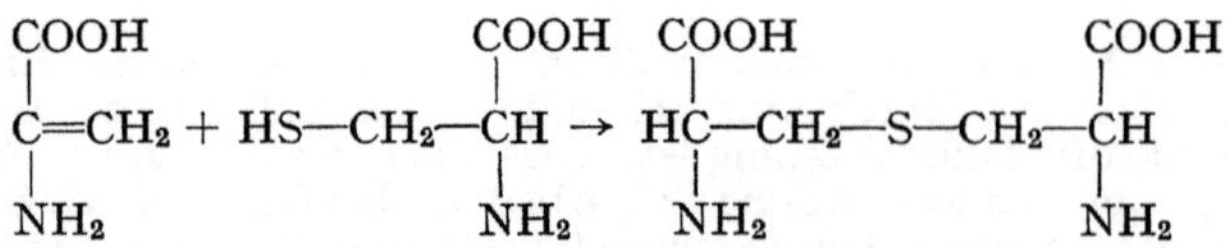

Lanthionin

Nach *A. J. Parker* und *N. Kharasch* sowie *H. Zahn, D. Hildebrand* und *H. W. Keuper* kann die Lanthioninbildung aber auch ohne das Zwischenprodukt Aminoacrylsäure gedeutet werden.

H. Zahn und *H.-J. Kessler* konnten aus lanthioninhaltiger Wolle mit Alkalien aus dem Lanthioninmolekül stammenden Schwefel abspalten, woraus zu schließen ist, daß Lanthionin nicht Endprodukt, sondern Zwischenprodukt beim alkalischen Cystinabbau ist.

H. Zahn und *F. Osterloh* gelang es, Wollcystin durch eine Behandlung mit organischen Lösungsmitteln (Dioxan, Propanol) in Gegenwart von Alkali (Borax, Soda) bei pH 9–11 und 65 °C in Lanthionin umzuwandeln. Die Autoren konnten weiterhin in Hydrolysaten von trocken auf Temperaturen von über 150 °C erhitzter Wolle Lanthionin nachweisen.

K. Ziegler fand im Totalhydrolysat alkalibehandelter Wolle N^{ε}-[2-Amino-2-carboxy-äthyl]-L-lysin. Diese Aminosäure entsteht wahrscheinlich durch Anlagerung einer ε-Aminogruppe von peptidgebundenem Lysin an den Dehydroalaninrest. Letzterer geht durch β-Eliminierung aus Cysteinresten hervor. *H. Zahn* und *T. Okuda* gelang eine Synthese dieses Produktes.

B. Milligan und *N. C. Corfield* isolierten nach der enzymatischen Spaltung von Wolle nicht spaltbares ε-(γ-Glutamyl-)lysin und ε-(β-Asparagyl-)lysin

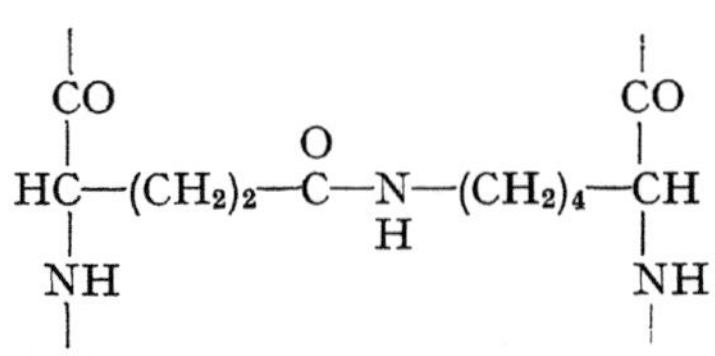

ε-(γ-Glutamyl-)lysin

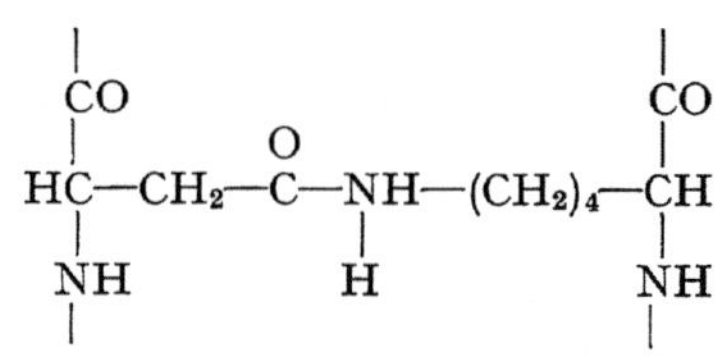

ε-(β-Asparagyl-)lysin

Ornithinoalanin und β-Aminoalanyl-alanin. Weitere Querbrücken, die sich nach unterschiedlicher Behandlung der Wolle bilden können, sind die Ornithinoalanin-Brücke (*H. Zahn*) und die β-Aminoalanyl-alanin-Brücke (*J. J. Garcia-Dominguez*).

Lysinoalaninbildung. Erhitzt man gedehnte Wollfasern mit 0,05 molarer Boraxlösung (pH 9,2) 60 Minuten auf 100 °C, so läßt sich im Hydrolysat einer solchen Wolle neben Lanthionin *Lysinoalanin* nachweisen (*H. Zahn* und *K. Ziegler*):

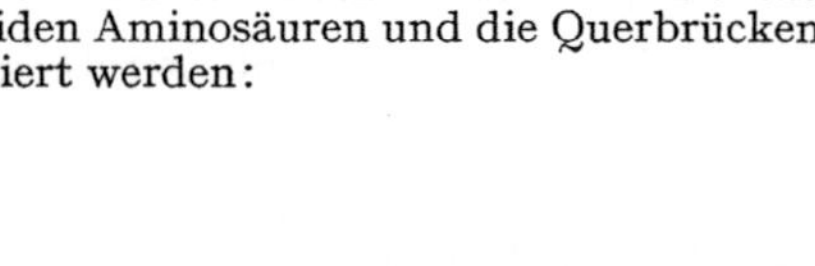

Lysinoalanin

Vermutlich bilden beide Aminosäuren inter- bzw. intra-chenare Querbrücken aus.

Die Bildung der beiden Aminosäuren und die Querbrückenbildung können schematisch, wie folgt, formuliert werden:

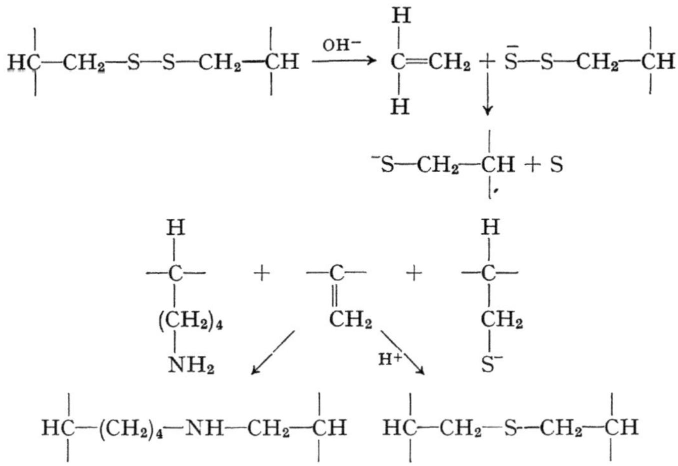

Lysinoalanin-Brücke Lanthionin-Brücke

Die Bildung von solchen Querbindungen, welche zu einer gewissen Stabilisierung der Wollfaser führen, kann bei der Wollwäsche, beim Dekatieren sowie beim Färben der Wolle in schwach alkalischem Medium eintreten („Selbstvernetzung" des Keratins).

R. S. Asquith und *J. J. Garcia-Dominguez* stellten bei der Behandlung von Wolle mit 0,1 n NaOH die Bildung von Lysinoalanin als Brückenglied fest.

Selbstvernetzung von Wolle bei Umsetzungen mit Fluordinitrobenzol (FDNB) nach *H. Zahn.* FDNB reagiert annahmegemäß nicht nur mit Amino-, Sulfhydryl- und Hydroxylgruppen, sondern auch mit Carboxylatanionen unter Bildung von reaktiven Dinitrophenylestern. Diese Ester sind besonders reaktive Acylierungsmittel für nucleophile Gruppen, so daß sie mit ε-Aminogruppen sogar in schwach saurem Milieu unter Bildung von ε-(γ-Glutamyl-)lysinresten reagieren:

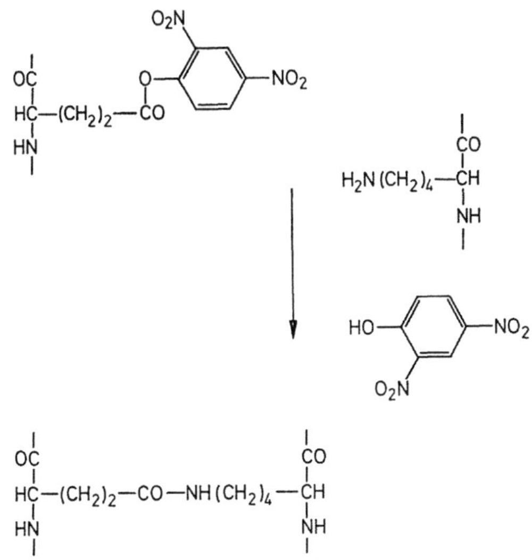

Bildung von ε-(γ-Glutamyl-)lysin durch Reaktion zwischen 2,4-Dinitrophenylestern von Glutamylresten.

Selbstvernetzung von Wolle bei der Umsetzung mit Carbonsäurechloriden (nach *H. Zahn*). Behandelt man Wolle z. B. mit Buttersäurechlorid in Dimethylsulfoxid in Gegenwart von Pyridin, dann reagiert Buttersäurechlorid vermutlich mit den Carboxylatanionen unter Ausbildung eines gemischten Anhydrids. Dieses ist so reaktiv, daß es anschließend sogar protonierte ε-Aminogruppen von räumlich benachbarten Lysylresten acyliert, wobei ε-(γ-Glutamyl-)lysinbrücken entstehen:

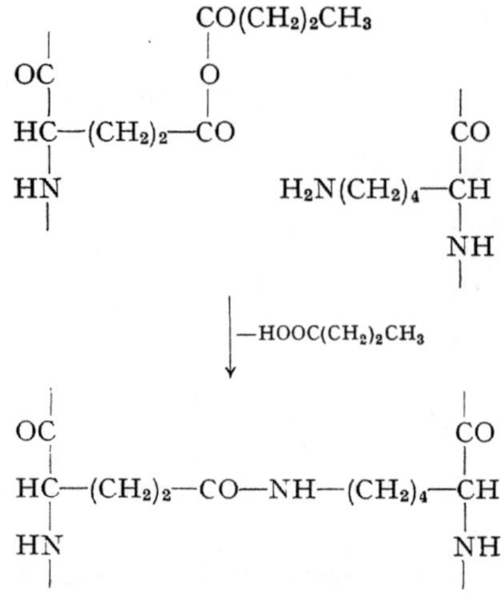

Bildung von ε-(γ-Glutamyl-)lysinbrücken durch Reaktion von ε-Aminogruppen mit dem gemischten Anhydrid aus Buttersäure und γ-COOH-Gruppen von Glutamylresten.

Der endgültige Beweis der vermuteten ε-(γ-Glutamyl-)lysin-Querbrücke kann nur ihre Isolierung in Substanz sein.

Cysteingehalt. Nach *H. Zahn* ist der *Cysteingehalt* der Wolle keine Konstante, sondern verändert sich in Abhängigkeit von der Art des Veredlungsprozesses. In Rohwollen und Kammzügen wurden 0,2–0,4% Cystein gefunden.

Oxydative Spaltung. Bei der Einwirkung von Oxydationsmitteln wie Wasserstoffperoxid, Halogen, Permanganat usw. werden die Cystinkomplexe über Sulfoxide und Sulfone in Sulfonsäuren (Cysteinsäure) übergeführt:

$$R \cdot CH_2 \cdot S \cdot S \cdot CH_2 \cdot R + 5\,H_2O_2 \rightarrow 2\,R \cdot CH_2 \cdot SO_3H + 4\,H_2O.$$

Disulfid-Austausch-Reaktion (*R. W. Burley*). Daß im Wollkeratin Cystin auch in die Polypeptidkette selbst gemäß Abb. 124 eingebaut ist, geht aus der sog. *Disulfid-Austausch-Reaktion* hervor, die bei gelinder alkalischer Einwirkung (pH 7–10) eintritt. Dabei bilden sich vermutlich aus intramolekularen Cystinbindungen und Cystein-anionen solche intermolekularer Art nach dem Schema der Abb. 124.

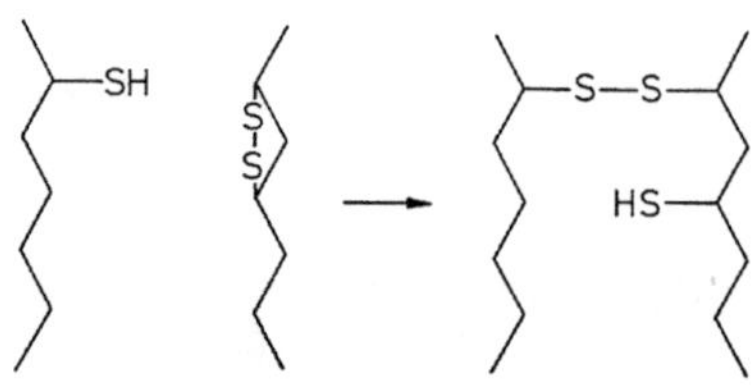

Abb. 124. Disulfid-Austausch-Reaktion (nach *H. Zahn*).

Für diese Disulfid-Austausch-Reaktion, die nach *H. Zahn* von einer Lanthioninbildung begleitet ist, sprechen sowohl ein gewisser Rückgang der Löslichkeit der Wolle in verschiedenen Reagenzien als auch eine deutliche Änderung gewisser Eigenschaften der Wolle bei konstantem Cystingehalt nach neutraler oder gelinder alkalischer Einwirkung. Neuere Untersuchungen von *J. M. Swan* stehen dieser Hypothese entgegen.

Querbindungen und mechanisches Verhalten. In der ungedehnten Wolle sind die Windungen der α-Struktur durch Protonbrücken fixiert und die Ketten selbst durch verschiedenartige Querbindungen zusammengehalten, so daß die Dehnung, also die Überführung in die β-Struktur, gegen den Widerstand dieser Bindungen vor sich geht. Neben den in der Kette selbst vorhandenen Protonbrücken der α-Struktur, die den Dehnungsmechanismus der Kettenmoleküle bedingen, dürften für die Dehnung des gesamten Keratingerüsts auch die verschiedenartigen zwischenmolekularen Querbindungen eine maßgebliche Rolle spielen. Ein Lösen von Querbindungen erleichtert somit den Dehnungsmechanismus. In der isoionischen Zone (S. 248) ist daher die Dehnung erschwert und geht außerhalb dieser sowohl im sauren als auch im alkalischen Gebiet leichter vonstatten, da ein Teil der Salzbindeglieder aufgespalten ist.

Durch das Lösen von Querbindungen wird u.a. die *Superkontraktion* ermöglicht, worunter man die Erscheinung versteht, daß gedehnte Keratinfasern, welche man kurz dämpft und im Dampf entspannt, sich um 30% gegenüber der ursprünglichen Länge zusammenziehen. Da durch die Einwirkungen des Wasserdampfs die Salzbindeglieder gespalten, die Wasserstoffbrücken aufgehoben und die Cystinbrücken hydrolysiert werden, kann die Faser unter diesen Umständen nach der Entspannung ungehemmt den Krümmungs- und Faltelungskräften nachgeben und sich zusammenziehen.

Ungestreckte Wolle ergibt beim Kochen mit Natriumbisulfit oder Cyankali Superkontraktion, welche vermutlich ebenfalls auf die Spaltung der Disulfidbindung zurückzuführen ist. Es wurde allerdings auch Superkontraktion unter Bedingungen beobachtet, unter denen eine Spaltung der Disulfidbrücken nicht eintreten kann, so daß in diesen Fällen lediglich die *Aufhebung der Wasserstoffbrücken* für die Superkontraktion verantwortlich gemacht werden dürfte (*Elöd, Zahn, Phillips, Rudall, Alexander*).

Neuerdings bringt *R. W. Burley* die Superkontraktion z.B. in Phenol mit der Disulfid-Austausch-Reaktion in Zusammenhang.

Das Lösen von Querbindungen durch Wasser in der Hitze ist für eine ganze Reihe von Wollverarbeitungsprozessen eine wesentliche Voraussetzung. Überall dort, wo es sich darum handelt, die Wolle dehnbar und damit formbar zu machen, läßt man Feuchtigkeit und Wärme einwirken, so daß man die Faser in eine bestimmte Lage bringen kann, in der sie nach der Entfernung von Wasser und Wärme verbleibt, so daß der so erreichte Zustand fixiert wird. Dieser Mechanismus kommt in Betracht für die Zwecke des Brennens, Dekatierens, Bügelns usw. (s. S. 286).

Was den Dehnungsmechanismus betrifft, so ist darauf hinzuweisen, daß nach *Peters* und *Speakman* das Keratin querbindungsarme und querbindungsreiche Anteile enthält, so daß bei der Dehnung die querbindungsarmen Anteile überstreckt werden, während sich die querbindungsreichen Anteile an dem Dehnungsvorgang nur unvollständig beteiligen. Bei längerer Fixierung der Dehnung kontrahieren die überstreckten Anteile, während sich die unterstreckten weiter dehnen.

Diese gewisse innere Spannungen hervorrufende *Disproportionierung* bewirkt eine Schwächung des Fasergefüges, die bei genügender Erholungszeit wieder aufgehoben wird. Dieser Gesichtspunkt ist für die Rolle der Lagerung und damit Erholung der Wollfaser zwischen den einzelnen Verarbeitungsprozessen – und zwar sowohl im Rahmen der mechanischen Verarbeitung, wie Spinnen und Weben, als auch bei der Veredlung – von wesentlicher Bedeutung. Die Erholung wird durch eine Warmwasserbehandlung stark forciert.

Neubildung von Querverbindungen. Durch kurze Einwirkung von Feuchtigkeit in der Hitze (Wasserdampf) werden neben der Lösung anderer Querbindungen (Salzbindeglieder, Wasserstoffbrücken) Cystinbrücken hydrolytisch gespalten. An ihre Stelle treten bei längerer Einwirkung neu sich bildende Brückenglieder. Dämpft man nämlich eine gedehnte Wolle kurz, dann zeigt sie nach der Entspannung Superkontraktion, dämpft man sie dagegen lang, dann behält sie eine bleibende Dehnung, da der Dehnungszustand durch Entstehen neuer Querbindungen eine gewisse Fixierung erhalten hat.

Solche Querbindungen können z. B. entstehen durch Wechselwirkung von Sulfensäurekomplexen mit freie Aminogruppen enthaltenden Komplexen nach dem Schema:

$$R \cdot CH_2 \cdot SOH + HNH \cdot CH_2 \cdot R \rightarrow R \cdot CH_2 \cdot S \cdot NH \cdot CH_2 \cdot R + H_2O \quad (\textit{Speakman})$$

Daß Aminogruppen an einer Neubildung von Quergliedern beteiligt sind, geht daraus hervor, daß desaminierte (S. 271) Fasern nach längerem Dämpfen trotzdem noch eine Superkontraktion zeigen.

Eine weitere Möglichkeit der Neubildung von Querbrücken, wie sie in alkalischem Medium entstehen können, ist durch nachstehende Formulierung wiedergegeben:

$$R \cdot CHO + H_2N \cdot CH_2 \cdot R \rightarrow R \cdot CH = N \cdot CH_2 \cdot R.$$

Auch Querbindungen von der Art des Lanthioninkomplexes (S. 258)

$$R \cdot CH_2 S \cdot CH_2 \cdot R$$

müssen in Betracht gezogen werden, nachdem die Bildung von Lanthionin bei der Einwirkung von heißen Alkalien auf Wolle nachgewiesen wurde (*Cuthbertson* und *Phillips*).

H. Zahn und Mitarbeiter konnten zeigen, daß auch unter milderen Bedingungen *Lanthionin* entsteht. Die Lanthioninkomponente ist als Thioäther stabiler als die Disulfidgruppierung, so daß hieraus die große Stabilität der fixierten Wolle ebenfalls abgeleitet werden kann.

Nach *R. Condsen, A. H. Gordon* und *A. J. P. Martin* enthalten die Spitzen *unbehandelter* Wolle Lanthionin, welches sich auf dem Rücken des lebenden Schafes unter der atmosphärischen Einwirkung gebildet hat. *H. Zahn* und Mitarbeiter fanden zwischen 0,2 und 0,6% liegende Lanthioningehalte. Dabei war der Lanthioningehalt um so höher, je höher der jeweilige Gehalt an alkalischen Schweißsalzen der Wollprobe war. Hieraus geht hervor, daß Lanthionin kein normaler Bestandteil der Wolle, sondern ein Sekundärprodukt ist. Der Lanthioningehalt einer alkalischen Schweißwolle nimmt nach *H. Zahn* beim Lagern zu.

Wollfixierung. Durch die Neubildung von Querbindungen erhalten längere Zeit mit Dampf behandelte Wollfasern eine *Fixierung* in einem bestimmten Zustand, so daß die Dampfbehandlung in der Wollausrüstung für die bereits angeführten Arbeitsprozesse eine ausschlaggebende Funktion besitzt. Durch sie wird die gesamte Struktur von Gewebe, Garn und Faser in dem von der Ausrüstung bezweckten Zustand fixiert; Wolltuche werden dadurch unter anderem *krumpfecht* (S. 168) und tropfenecht gemacht. Auch für die Beständigkeit von Bügeleffekten (Bügelfalten) spielen diese Zusammenhänge eine wesentliche Rolle.

Wichtig ist dabei, daß die die Verformung bedingenden Faktoren (Wasser und Hitze) vor der Entspannung beseitigt werden, d. h., daß erst entspannt wird, wenn sich die durch das Wasser getrennten Salzbindeglieder und Wasserstoffbrücken wieder zurückgebildet haben, da sonst die Verformung nur mangelhaft stabil ist und nur durch die als Folgereaktionen der Cystinspaltung entstandenen neuen Brücken fixiert ist.

Beständige Bügelfalten, Plissees usw. kann man erhalten, wenn man die Falten durch eine Behandlung mit spezifischen Reduktionsmitteln für Cystin (Thioglykolate) mit nachfolgendem Dämpfen fixiert (*SI-RO-SET-Verfahren*). Auch Monoäthanolaminsulfit wird für diesen Zweck empfohlen (Siroset NS s. u.).

Eine permanente Oberflächenfixierung von Wolle und Wollmischgeweben sowie die Erzeugung dauerhafter Bügelfalten kann man mit einer Sulfonium-Reaktant-Verbindung (Lanapress PW) erreichen.

Beim *Immacula*-Verfahren (z.B. *Speakman*) wird die Ware schon in der Ausrüstung mit dem Reduktionsmittel (Natrium-bisulfit) behandelt (*Vorsensibilisierung*). Die ausgelöste latente chemische Veränderung ermöglicht dem Konfektionär bzw. Schneider durch eine entsprechende Hitzebehandlung (Pressen, Bügeln, Dämpfen) die Erzeugung dauerhafter Falten und Plissees.

Nicht alle Farbstoffe sind gegen die reduzierende Behandlung resistent.

H. Zahn und *F.-W. Kunitz* konnten zeigen, daß auch bei der chemischen Fixierung der Wolle *Lanthionin* entsteht, da sich dieses grundsätzlich bei der Einwirkung von thiophilen Agenzien auf cystinhaltige Substanzen unter Freisetzung von Cystein in einem weiten pH-Bereich bildet. (Da Wolle immer eine gewisse Menge Cysteingruppen enthält [ca. 0,1 %], ist eine Lanthioninbildung auch möglich, ohne daß von außen thiophile Agenzien zugeführt werden.)

Eine besondere Bedeutung für die Wollfixierung, und zwar sowohl für die „Flächenfixierung" als auch für die Fixierung von Falten, Plissees usw., besitzen seit einiger Zeit Produkte auf der Basis von *Monoäthanolaminsulfit* (1) und *Monoäthanolamin-carbamat* (2):

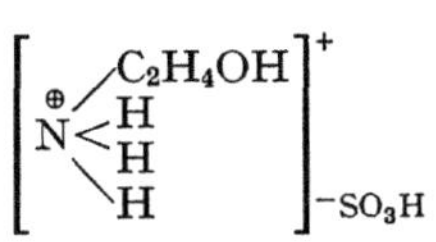

(1)
Siroset NS
MEAS

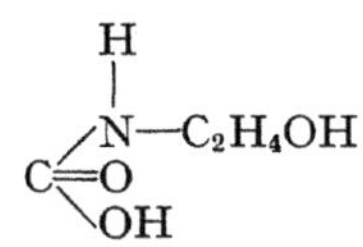

(2)
Siroset NC
MEAC

Auf Grund der geringeren Dissoziation der organischen Sulfitverbindung (1) gegenüber den bisher gebräuchlichen anorganischen Sulfiden werden Farbstoffe weniger angegriffen, die Geruchsbildung ist gering und eine Schädigung der Wolle unter üblichen Bedingungen praktisch ausgeschlossen (*H. E. Schiecke*).

Ein dem MEAS entsprechendes Produkt ist Wollperman SM. Hierher gehört auch Ukafix M.

Stretchgewebe. Auf der Basis einer Behandlung mit Siroset NS oder NC zusammen mit Harnstoff (als Protonbrücken-Brecher) lassen sich *Stretcheffekte* erzielen, wenn das Gewebe nach der Foulardierung abgequetscht und auf dem Spannrahmen mit 8–10 % über Naßbreite und mit viel Voreilung getrocknet wird. Anschließend wird zur Fixierung auf der Finishdekatiermaschine gedämpft, gespült und getrocknet (*H. E. Schiecke*).

Solche Stretchgewebe sind u.a. für die Herstellung von elastischer Ski- und Apres-Ski-Kleidung von Interesse.

Da das menschliche Haar ebenfalls aus Keratin besteht, ist die Verformung und Fixierung durch Dampf (Dauerwellen) ebenfalls eine Funktion der Querbindungen. Allerdings wird hierbei das Lösen der Querbindungen durch Anwendung einer ammoniakalischen Sulfitlösung (Dauerwellenwasser) reduktiv unterstützt. Auch Natriumborhydrid $NaBH_4$ wird hierbei angewandt.

Einbau von Querbindungen. Sowohl die normalen im Keratin vorhandenen Querbindungen als auch die bei der Dampfbehandlung selbsttätig sich bildenden Querbindungen sind nicht besonders stabil. Die Stabilität der Wolle z.B. gegenüber alkalischer Einwirkung ist aber von großem Interesse mit Rücksicht auf ihre Widerstandsfähigkeit gegenüber den Beanspruchungen der Wäsche. Beim Waschen der Wolle in stärker alkalischem Medium werden die mechanischen Fasereigenschaften verschlechtert, die Wolle neigt zum Filzen und bei höherer Temperatur zu einem allmählichen Verspröden und Vergilben, wobei gleichzeitig ein entsprechendes Inlösunggehen von Wollanteilen eintritt.

Wenn es gelingt, die Wollfaser *alkaliresistent* zu machen, dann besteht die Möglichkeit, wollene Textilien einer intensiven – auch heißen alkalischen – Wäsche zu unterziehen, ohne befürchten zu müssen, daß die Qualität des Faserguts nachteilig beeinflußt wird. Wie die vorangehenden Ausführungen gezeigt haben, sind die in der Wollfaser vorhandenen normalen Querbindungen (S. 254ff.) mangelhaft beständig gegen Wasser und Alkali, namentlich bei höherer Temperatur; Salzbindeglieder werden gesprengt, Wasserstoffbrücken aufgehoben und die Cystinbrücke gelöst. In einem solchen unvernetzten Zustand ist die Wolle besonders alkaliempfindlich und auch alkalilöslich.

Soll die Wolle alkaliresistent werden, dann müssen neue alkalibeständige Querbindungen in das Keratin eingebaut werden. Eine solche Möglichkeit besteht z.B. darin, daß man die Cystinbrücke durch Behandlung mit Reduktionsmitteln zur Thiolgruppierung aufspaltet und die beiden Thiolreste durch eine alkalibeständige Brücke wieder miteinander vernetzt. Als Reduktionsmittel kommen vor allen Dingen die Salze der Thioglykolsäure, wie z. B. Calciumthioglykolat in Frage (s. S. 256).

Die Vernetzung der Thiolreste kann durch Umsetzung mit *bifunktionellen* oder *polyfunktionellen* Körpern bewerkstelligt werden (*M. Harris*):

$$R \cdot CH_2 \cdot SH + Cl \cdot X \cdot Cl + HS \cdot CH_2 \cdot R \rightarrow R \cdot CH_2 \cdot S \cdot X \cdot S \cdot CH_2 \cdot R + 2HCl$$

(X kann z.B ein Alkylenrest sein).

Speakman hat ein Verfahren beschrieben, bei dem die reduzierte Wolle durch Behandlung mit Salzen mehrwertiger Metalle vernetzt wird:

$$R \cdot CH_2 \cdot SH + (CH_3COO)_2Hg + HS \cdot CH_2 \cdot R \rightarrow R \cdot CH_2 \cdot S \cdot Hg \cdot S \cdot CH_2 \cdot R + 2CH_3COOH.$$

Zu den genannten Umsetzungsmöglichkeiten ist folgendes zu sagen: Die Vernetzung durch Einwirkung von Metallsalzen setzt die Gegenwart einer entsprechenden Menge von Sulfhydrylgruppen (Thiolgruppen) voraus und ist daher an eine vorhergehende Reduktion des Keratins zum Thiolkomplex gebunden.

Bei der Umsetzung mit bifunktionellen Körpern, namentlich Alkylen-dihalogeniden, ist eine vorherige Reduktion der Cystinbindung nicht unbedingt erforderlich, da die Halogenatome mit verschiedenen im Keratin vorhandenen funktionellen Gruppen unter Ausbildung von Querbindungen in Wechselwirkung treten können (*W. Kirst*). Als funktionelle Gruppen kommen hierbei in Frage: NH_2-, NH- und OH-Gruppen. Da schon beim Waschen der Rohwolle durch Hydrolyse der Cystingruppe in geringer Menge SH-Gruppen entstehen können (*A. Schöberl*), kann die SH-Gruppe in der Wolle auch in nicht reduziertem Zustand in geringem Umfang zugegen sein und mit bifunktionellen Produkten reagieren.

Dabei ist allerdings festzustellen, daß der Austausch der alkaliunbeständigen Cystinbindung gegen eine alkaliresistente Brücke im Hinblick auf die Verhinderung der Vergilbungserscheinung bei Wolle durch die Wäsche von großer Wichtigkeit ist. Reduktiv vorbehandelte und anschließend vernetzte Wollfasern zeigen eine verringerte Alkalilöslichkeit, ein geringeres Filzvermögen und vergilben nicht, während solche Wollen, die lediglich mit bifunktionellen Produkten vernetzt wurden, wohl hinsichtlich Alkalilöslichkeit und Verfilzen ebenso günstig verändert werden, ihre Neigung zum Vergilben aber bleibt. Für das Vergilben in der alkalischen Wäsche sind nämlich die alkaliunbeständigen Cystingruppen verantwortlich zu machen, da die aus den Hydrolyseprodukten des Cystinkomplexes hervorgehenden Spaltprodukte in Folgereaktionen gefärbte Reaktionsprodukte liefern (*A. Schöberl*). Die Cystingruppen können nur durch Vorreduktion in Kombination mit einer Vernetzung ausgeschaltet werden.

An bi- bzw. polyfunktionellen Produkten kommen für die Vernetzung ohne oder mit Vorreduktion nach dem angegebenen Prinzip u.a. die folgenden in Betracht:

Dihalogenverbindungen (*M. Harris*) wie Dijodmethan, Dibrommethan, Dibromäthan, Dichloräthan, Dibrompropan, Dichlordiäthyläther usw.

Bei der Einwirkung solcher Dihalogenverbindungen entstehen aus den Thiolkomplexen alkalibeständige *Thioätherkomplexe*. *H. Zahn* konnte aus einer mit Äthylendihalogenid behandelten Wolle Äthylenbiscystein isolieren, wodurch die eingetretene Vernetzung eine analytische Bestätigung erfährt. In analoger Weise haben *H. Zahn* und Mitarbeiter noch weitere Brücken-bis-aminosäuren aus modifizierter Wolle isoliert und identifiziert.

Als weitere bifunktionelle Produkte können nach *W. Kirst* Verwendung finden: gewisse Chlormethyläther, z.B. der Butandiol-bis-chlormethyläther

$$Cl \cdot CH_2 \cdot O \cdot CH_2 \cdot CH_2 \cdot CH_2 \cdot CH_2 \cdot O \cdot CH_2 \cdot Cl,$$

wobei vermutlich Methylen- oder Polymethylengruppen in das Wollkeratin eingebaut werden; Bisdiazohexamethylen

$$\overset{\ominus}{\underline{N}} = \overset{\oplus}{N} = CH—CH_2—CH_2—CH_2—CH_2—CH = \overset{\oplus}{N} = \overset{\ominus}{\underline{N}}$$

und Diäthylenharnstoffe, wie Hexamethylen-diäthylenharnstoff, Toluylen-diäthylenharnstoff usw. Auch die Diisocyanate kommen für die Herstellung einer Brückenbindung in Frage (*O. Bayer*).

An aromatischen Verbindungen eignet sich u.a. das 1,3-Bis-chlormethyl-4,6-dimethylbenzol:

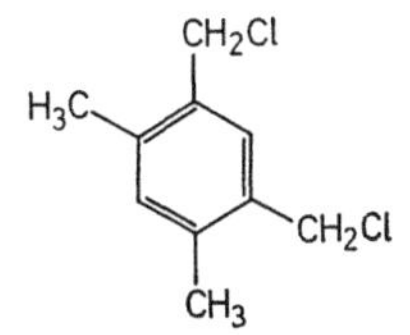

H. Zahn hat Wolle durch Vernetzung mit 1,5-Difluor-2,4-dinitrobenzol (e) stabilisiert (Alkali-, Säure- und Mikroben-Resistenz). *H. Zahn* hat weiterhin Wolle mit 4,4'-Difluor-3,3'-dinitrodiphenylsulfon (f) umgesetzt und aus dem Hydrolysat als schwerlösliche Produkte das Sulfon-bis-tyrosin (a), das Sulfon-bis-lysin (b), ein F-Sulfon-monolysin (c) und die gemischte Brücke Lysin/Tyrosin (d) erhalten:

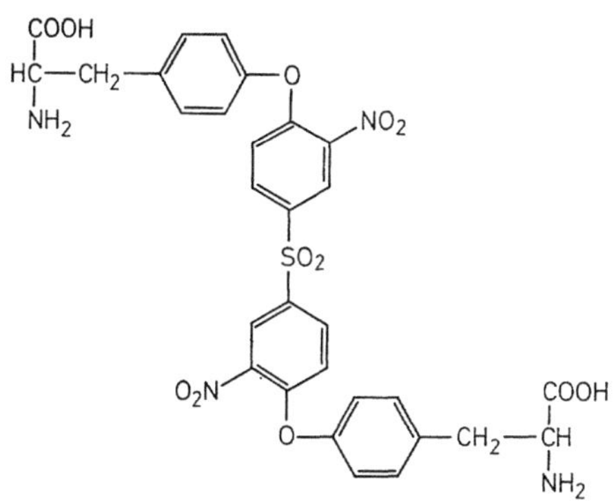

a

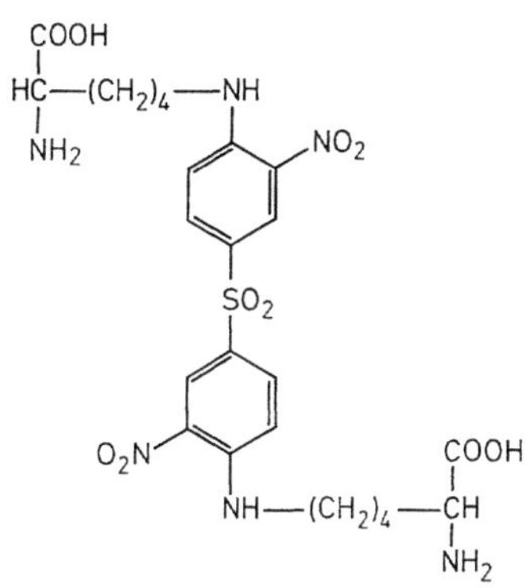

b

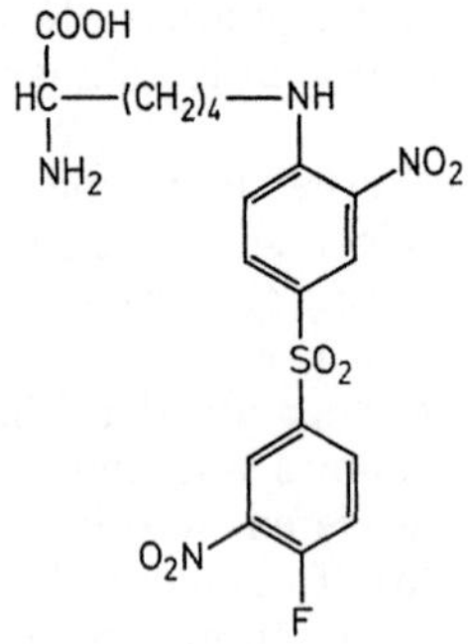

c

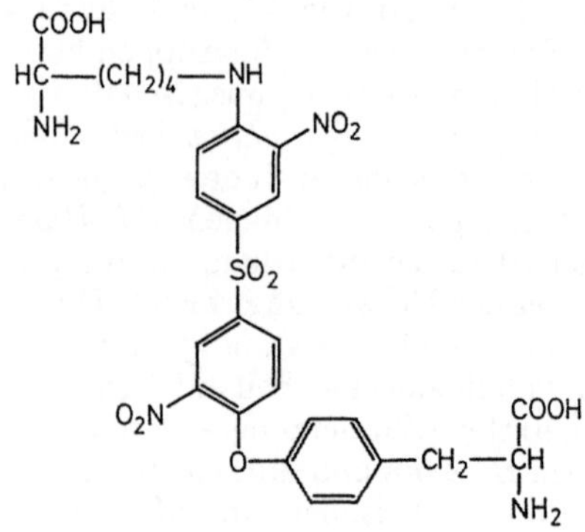

d

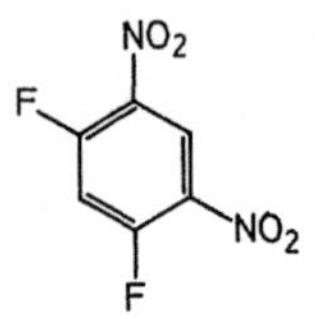

e

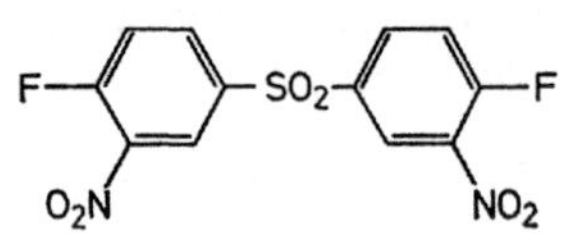

f

Eine Keratinvernetzung gelingt auch mit wasserlöslichen Dithiosulfaten (The Procter & Gamble Co., Cincinnati):

$$\begin{array}{c} \mathrm{K{-}\underset{\textstyle H}{\underset{|}{S}}\quad \underset{\textstyle H}{\underset{|}{S}}{-}K} + n\,\mathrm{R(SSO_3Na)_2} \\ \downarrow \\ \mathrm{K(-S-S-R-S-S-)_nK'} + 2\,n\,\mathrm{NaHSO_3} \end{array}$$

K-S-H = Keratin (reduziert) R = org. Rest

Die technische Durchführung der Verfahren erfordert teilweise die Mitverwendung organischer Lösungsmittel, so daß in diesen Fällen entsprechende geschlossene Einrichtungen und Lösungsmittel-Rückgewinnungsanlagen erforderlich sind. Es besteht aber auch die Möglichkeit, mit wäßrigen Dispersionen zu arbeiten.

Die Reduktion und Vernetzung kann auch einbadig in der Weise ausgeführt werden, daß man als Reduktionsmittel Natriumdithionit und als Querverbindungsmittel Äthylendihaloide einbadig anwendet (*A. E. Brown* und *M. Harris*). Auch die gleichzeitige Einwirkung von Natriumsulfoxylat und Formaldehyd führt zum Ziel.

Vorteilhaft erweist sich die von *H. Rath* und Mitarbeitern vorgeschlagene Methode des Einbaus von Alkylen- bzw. Aralkylendihalogeniden in einen wasserlöslichen *Oniumkomplex* gemäß dem nachfolgenden Beispiel (vgl. S. 35):

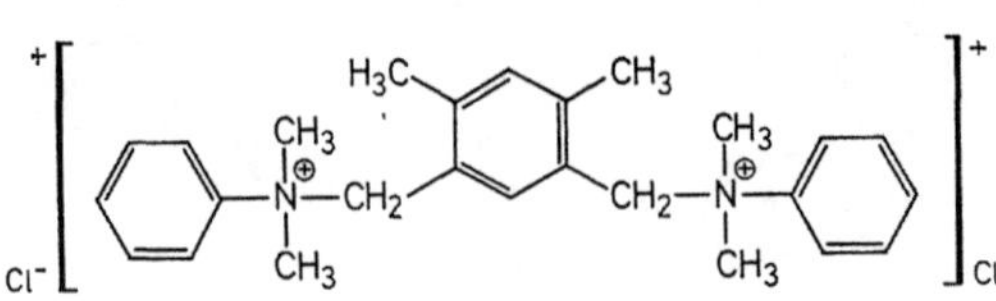

quartäres Diammoniumsalz des 1,3-Bis-(chlormethyl)-4,6-dimethylbenzol

Die Komplexe sind so gebaut, daß sie in wäßriger Lösung bei Raumtemperatur stabil sind, bei erhöhter Temperatur aber durch Spaltung das vernetzend wirkende Di-carbeniumkation freigeben. Durch den aromatischen Rest ist die N-C-Bindung so weit gelockert, daß das mesomeriestabilisierte Dicarbeniumkation herausgespalten wird:

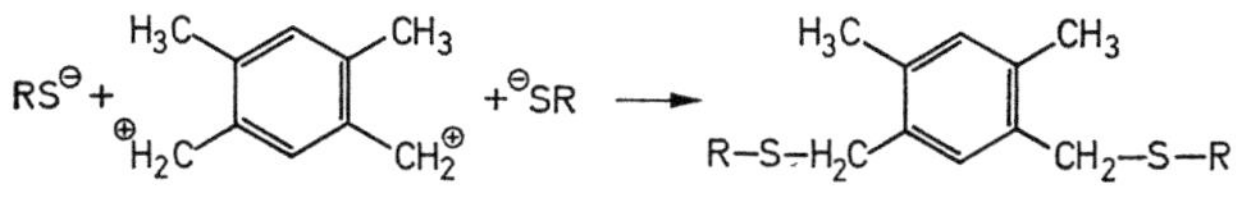

$RS^{\ominus}$ = Cystein-anion des reduzierten Wollkeratins

Die Wolle wird in wäßriger Lösung nach vorheriger oder gleichzeitiger Reduktion mit der spaltbaren Oniumverbindung bei 70–80 °C (pH 8–9) behandelt, gespült und getrocknet.

H. Zahn und *H. K. Rouette* verwenden *aktivierte Dicarbonsäureester*, z.B. Sebacinsäureester, zur acylierenden Wollvernetzung:

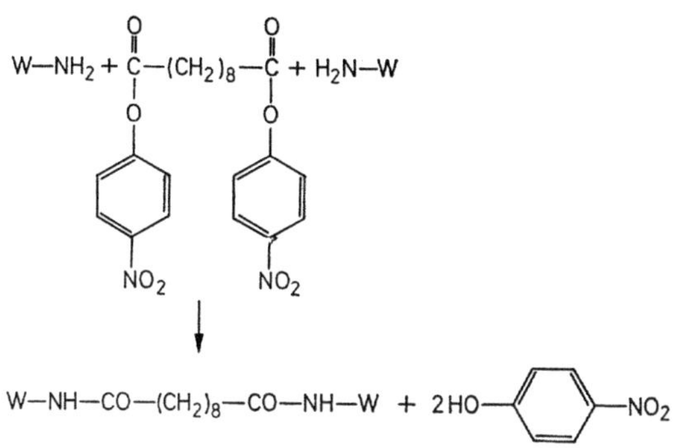

Durch die hohe Elektronenaffinität der aromatischen Alkoholkomponente wird der Carbonylkohlenstoff stark positiviert, so daß sich das freie Elektronenpaar des Stickstoffs der Aminogruppe leicht an dem Carbonylkohlenstoff unter Verdrängung des Nitrophenols anlagert.

Ein schon lange bekanntes Mittel, um Wolle alkaliresistent zu machen, ist der *Formaldehyd* (vgl. S. 794), der gemäß der folgenden Formulierung vernetzend wirken kann:

$$R \cdot CH_2 \cdot NH \quad H + H \quad HN \cdot CH_2 \cdot R \;+\; \underset{CH_2}{\overset{O}{\|}} \rightarrow R \cdot CH_2 \cdot NH \cdot CH_2 \cdot HN \cdot CH_2 \cdot R$$

Wirkt Formaldehyd auf reduzierte Wolle, dann tritt eine Methylengruppe auch zwischen die Schwefelatome:

$$R \cdot CH_2 \cdot SH + \underset{CH_2}{\overset{O}{\|}} + HS \cdot CH_2 \cdot R \rightarrow R : CH_2 \cdot S \cdot CH_2 \cdot S \cdot CH_2 \cdot R + H_2O$$

Djenkolsäurebindung (S. 245)

Weiterhin bilden sich bei der Einwirkung von Formaldehyd auf Wolle bei 70 °C und innerhalb eines pH-Bereichs von 5 bis 7 auch Thiazolidinderivate. Auf jeden Fall wurde die Thiazolidin-4-carbonsäure in Hydrolysaten formalinbehandelter Wolle nachgewiesen:

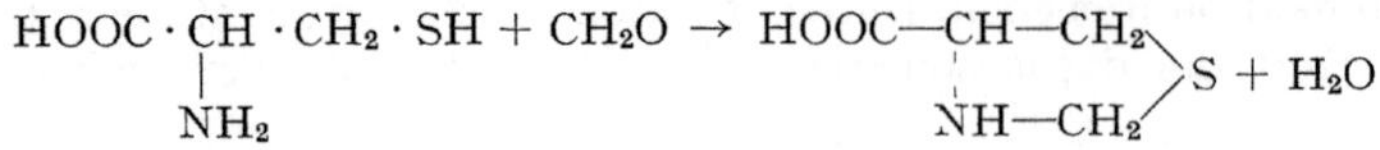

Cystein

Auch *Glyoxal* läßt sich für die Wollvernetzung verwenden:

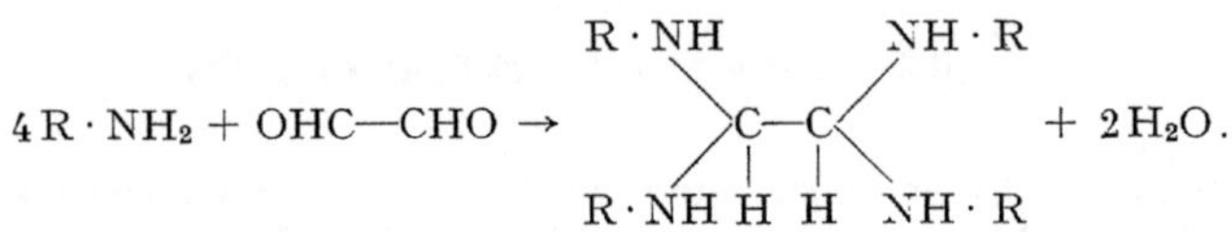

W. F. Happich, W. Windus und *J. Naghski* stellten fest, daß *Glutaraldehyd* feste Querbindungen mit Wolle eingeht und daß so behandelte Wolle widerstandsfähig gegen Schrumpfung ist.

Der Vorteil des Einbaus von alkalibeständigen Querbindungen in das Wollkeratin besteht nicht nur darin, daß so behandelte Textilien, ohne Schaden zu leiden, einer heißen alkalischen Gebrauchswäsche unterzogen werden können, sondern er liegt auch darin, daß die Möglichkeit besteht, alkalifest gemachte Wollen in alkalischem Medium zu veredeln, was für das Färben und Drucken der Wolle mit Küpenfarbstoffen und Naphtol-AS-Farbstoffen von Bedeutung wäre.

Auch für die Zwecke der Wollausrüstung bietet sich die Möglichkeit, ein bestimmtes Gewebebild (Florlage) dauerhafter zu fixieren, als dies durch eine bloße Dekatur (S. 286) gegeben ist. Für stückfarbige wollene Artikel bedeutet der Einbau von stabilen Querbindungen im Rahmen der Appretur einen wesentlich besseren Schutz gegenüber den Beanspruchungen des Färbeprozesses, als dieser bis jetzt durch das übliche Einbrennen (S. 286) und Dekatieren gegeben war. Gegenüber einer Reduktionsätze verleiht der Einbau von Querbindungen der Wollfaser eine weitgehende Resistenz (*Elöd* und *Zahn*).

Weiterhin sind so behandelte Wollen unempfindlich gegen biologische Zersetzung, d.h. gegen die Einwirkung von Insekten (Mottenlarven), Bakterien, Pilzen und Enzymen.

Wiewohl durch solche Quervernetzungen die Wollfaser eine erhöhte Stabilität gegenüber den verschiedensten Einflüssen (Säuren, Alkalien, Mikroorganismen) erhält, konnten sie sich in der Technik nur wenig durchsetzen, da die Wollfaser dabei an Geschmeidigkeit einbüßt. Für die Stabilisierung *technischer Filze*, die strapazierenden Behandlungen ausgesetzt sind, wird indes eine Behandlung mit *Benzochinon* angewandt, wobei ebenfalls eine Vernetzung zwischen aminogruppenhaltigen Gliedern neben einer Polymerisateinlagerung anzunehmen ist.

Reduziert man die Wolle mit Thioglykolsäure bzw. ihren Salzen, dann läßt sich eine so behandelte Faser leicht verformen und durch eine angeschlossene Oxydation in der neuen Lage fixieren, da die ursprünglichen Querbindungen wiederhergestellt werden (vgl. auch S. 262):

$$R \cdot CH_2 \cdot S \cdot S \cdot CH_2 \cdot R + H_2 \rightarrow 2\,R \cdot CH_2 \cdot SH$$

$$R \cdot CH_2 \cdot SH + H_2O_2 + HS \cdot CH_2 \cdot R \rightarrow R \cdot CH_2 \cdot S \cdot S \cdot CH_2 \cdot R + 2\,H_2O.$$

Diese Methoden sind u.a. auch für kosmetische Zwecke von besonderer Bedeutung, da sie sich bei niederen Temperaturen durchführen lassen und daher eine beständige Verformung und Wellung der Haare auf kaltem Wege erzielt werden kann (Kaltdauerwelle).

Im Gegensatz dazu beruht die Heißdauerwelle (S. 263) auf einer Spaltung von Querbindungen (auch Cystinbrücken) mit Hilfe von Wasser bei erhöhter Temperatur in Kombination mit einem Reduktionsprozeß, wobei eine selbsttätige Neubildung von Querbindungen dem Dekaturprozeß entsprechend eintritt.

c) Das Verhalten der Wolle bei chemischer Einwirkung

Einwirkung von Wasser. In Berührung mit Wasser dringt dieses unter Hervorrufung einer Quellung in die zwischenmicellaren Räume der Faser ein. Im Vergleich zu anderen Eiweißkörpern, wie Albumin oder Gelatine, ist die Wasserquellung des Keratins verhältnismäßig gering, da die Micelle und die Einzelmoleküle durch die verschiedenartigen Brückenbindungen zusammengehalten werden. Werden die Brückenbindungen gesprengt, dann wächst damit die Quellfähigkeit der Wollfaser. Salzbrücken werden beim Einlegen von Wolle in Wasser gespalten, so daß die Faser dann eine geringere Naßfestigkeit hat.

Schon bei der Behandlung mit kaltem Wasser gehen Spuren von Wollsubstanz in Lösung; nach dem Kochen mit Wasser erhält man eine deutlich positive Reaktion auf Aminosäuren in dem Abkochwasser. Beim Kochen mit Wasser werden Cystinbindungen hydrolytisch gespalten (vgl. S. 257f.); mit Wasserdampf unter Druck kann bei entsprechend langer Einwirkung eine starke Schädigung der Wollfaser eintreten.

Die Quellung in Wasser ist stark pH-abhängig und erreicht außerhalb der isoionischen Zone (pH 5–7) auf Grund der Sprengung von Querbindungen wesentlich höhere Werte als im isoionischen Gebiet.

Das Verhalten gegen Säuren. Durch die Gegenwart von Aminoextragruppen im Keratinmolekül, welche von den Diaminocarbonsäuren Lysin, Histidin und Arginin herrühren, fungiert die Wolle Säuren gegenüber als Base. Beim Zusammenbringen mit Säuren nimmt die Wolle von einem bestimmten pH-Wert ab Wasserstoffionen auf und erhält damit unter Zurückdrängung der Dissoziation der Carboxylgruppen, d.h. unter Sprengung der die benachbarten Moleküle bzw. Kristallite miteinander verbindenden Salzbindeglieder eine positive Aufladung:

$$R \cdot \overset{\oplus}{N}H_3 \cdots\cdots {}^{\ominus}OOC \cdot R + H^{\oplus} \rightarrow R \cdot \overset{\oplus}{N}H_3 + HOOC \cdot R .$$

In dem pH-Intervall zwischen 5 und 7 werden weder H-Ionen noch OH-Ionen aufgenommen, ein Gebiet, das als isoionische Zone der Wolle (S. 248) bezeichnet

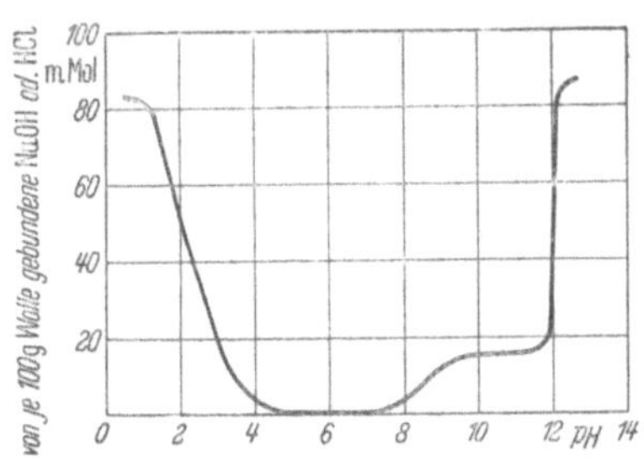

Abb. 125. Säure- und Alkalibindung der Wolle in Abhängigkeit vom pH-Wert (nach *Speakman* und *Stott*).

wird. In diesem Gebiet besitzt die Wollfaser die geringste Quellung und die größte Reaktionsträgheit. Erst außerhalb dieses Intervalls setzt die Aufnahme von H- bzw. OH-Ionen und damit die Quellung ein (Abb. 125).

Der *isoionische Zustand* ist dadurch gekennzeichnet, daß die Anzahl von positiv und negativ geladenen Gruppen, d.h. also $\overset{\oplus}{N}H_3$- und $COO^{\ominus}$-Gruppen gleich groß ist. Die benachbarten entgegengesetzt geladenen Gruppen bilden Salzbindeglieder aus, so daß die Wolle im isoionischen Zustand ihre größte chemische und mechanische Stabilität besitzt.

Bei der Einwirkung von Säuren außerhalb des isoionischen Bereichs werden die Salzbindeglieder in mit abnehmendem pH-Wert steigendem Ausmaß gelöst, so daß die Wollfaser damit leichter quellbar und dehnbar wird. Da außer den Salzbindegliedern noch Wasserstoffbrücken sowie die in saurem Medium weitgehend beständigen Cystinbindungen vorhanden sind, kommt es zu keiner Sprengung der Keratinkristallite. Nach dem Ausspülen der Säure mit Wasser können sich die Salzbindeglieder wieder zurückbilden, ohne daß mit der Wolle eine wesentliche Veränderung vor sich gegangen wäre, solange keine allzu hohen Säurekonzentrationen, und auch diese nur bei mäßiger Temperatur, eingewirkt haben. Beim Färben in sauren Bädern, wobei nur verhältnismäßig geringe Säurekonzentrationen vorliegen, wird daher die Wollfaser unter den üblichen Bedingungen, abgesehen von einem minimalen Substanzverlust, praktisch nicht geschädigt.

Auch gegenüber höheren Säurekonzentrationen ist die Wollfaser im Gegensatz zu den pflanzlichen Fasern weitgehend beständig, so daß diese Eigenschaft zu einer Trennung der beiden, sowohl für die Zwecke der Analyse als auch der Carbonisation (S. 287), benutzt werden kann.

Bei höheren Temperaturen wirken konz. starke Säuren spaltend auf die Peptidbindungen, so daß Molekülgröße und Festigkeit der Faser schnell absinken, und diese schließlich ihren Zusammenhalt völlig verliert und in der Säure in Lösung geht. So läßt sich Wolle in hochkonzentrierter Schwefelsäure in der Hitze vollkommen auflösen.

Gemäß der Formulierung

$$R \cdot \overset{\oplus}{N}H_3 \cdots\cdots \overset{\ominus}{O}OC \cdot R + HCl \rightarrow R \cdot \overset{\oplus}{N}H_3 \cdots\cdots \overset{\ominus}{Cl} + HOOC \cdot R$$

liegt der Säurebindung eine *Salzbildung* zugrunde, so daß die Aufnahme von verschiedenen Säuren in äquivalenten Mengenverhältnissen erfolgt. So nehmen 100 g Wolle unter optimalen Bedingungen, d.h. zwischen pH 1 und 2, im Mittel 0,085 Grammäquivalente Säure unabhängig vom Molekulargewicht und im allgemeinen auch unabhängig von der Basizität der Säure auf. Hieraus errechnet sich

das Äquivalentgewicht der Wolle als Base zu etwa 1200.

Zwischen pH 1,3 und 0,8 erreicht die Säureaufnahme einen gewissen Stillstand, um unterhalb pH 0,8 erneut anzusteigen (*Elöd* und *Fröhlich*). Dieser Anstieg ist vermutlich mit der Aufladung der Iminogruppen der Peptidbindung und der dadurch ausgelösten Säurebindung in Zusammenhang zu bringen:

$$\cdots R \cdot NH \cdot CO \cdot R \cdots + HCl \rightarrow \cdots R \cdot \overset{\oplus}{N}H_2 \cdot CO \cdot R \cdots \overset{\ominus}{Cl}$$ [1]

Bei schwachen Säuren, die in entsprechend hohen Konzentrationen nicht vollkommen dissoziiert sind, ist neben der elektrostatischen Bindung der Anionen eine adsorptive Bindung der nicht dissoziierten Säuremoleküle an die Peptidgruppen anzunehmen (*Speakman, Harris, Elöd* u. *Fröhlich*). Solange der Anteil an nichtdissoziierter Säure klein ist, unterscheiden sich die schwachen Säuren praktisch nicht von dem Verhalten der starken Säuren.

Daß für die Säurebindung oberhalb pH 1,3 die Aminogruppen verantwortlich zu machen sind, läßt sich experimentell durch die Beobachtung des Säurebinde-

---

[1] Auf Grund der Mesomerieverhältnisse kann auch der Sauerstoff Träger der positiven Ladung sein (*Eistert*).

vermögens desaminierter Wolle beweisen. Man erreicht eine teilweise *Desaminierung* durch eine Behandlung mit salpetriger Säure gemäß der Umsetzung:

$$R{-}NH_2 + HNO_2 \rightarrow R{-}OH + H_2O + N_2.$$

Die Desaminierung verläuft unter normalen Bedingungen nicht vollständig, da nur Lysin eine normale primäre Aminogruppe besitzt, während es sich bei Histidin um eine sekundäre Aminogruppe und bei Arginin um eine Guanidingruppe handelt. Dementsprechend läßt sich durch Desaminierung etwa $^1/_3$ der Stickstoffmenge entfernen, wonach das Säurebindevermögen der Wolle ebenfalls um $^1/_3$ abfällt. Nur unter intensivsten Arbeitsbedingungen läßt sich eine annähernd vollständige Desaminierung erzielen.

Bei der Einwirkung von salpetriger Säure auf Wolle scheinen sich noch weitere Vorgänge abzuspielen, da eine so behandelte Wolle mit Phenolen und Naphtholen orange bis rote Farbtöne liefert, sich also wie eine „diazotierte" Wolle verhält.

Auch die Acetylierung der Wolle setzt deren Säurebindevermögen herab. Eine solche kann z.B. mit Keten vorgenommen werden (*H. Rath* und *G. Fröb*):

$$R{-}NH_2 + CH_2{=}C{=}O \rightarrow R{-}NH \cdot CO \cdot CH_3$$

Das Verhalten gegenüber Alkalien (vgl. auch S. 257f.). Infolge der Gegenwart von Carboxyl-Extragruppen, welche von den Aminodicarbonsäuren, z.B. Asparaginsäure und Glutaminsäure, herrühren, verhält sich die Wolle Basen gegenüber wie eine Säure und bildet mit diesen Salze, wobei gleichzeitig die Dissoziation der Aminogruppen zurückgeht:

$$R \cdot \overset{\oplus}{N}H_3 \cdots \overset{\ominus}{O}OC \cdot R + OH^{\ominus} \rightarrow R \cdot NH_2 + {}^{\ominus}OOC \cdot R + H_2O$$

$$R \cdot \overset{\oplus}{N}H_3 \cdots \overset{\ominus}{O}OC \cdot R + NaOH \rightarrow R \cdot NH_2 + \overset{\oplus}{Na} \cdots \overset{\ominus}{O}OC \cdot R + H_2O$$

Ein Äquivalentgewicht der Wolle als Säure kann nicht exakt festgestellt werden, da die Alkalieinwirkung mit wachsender OH-Ionenkonzentration gleichzeitig zu einer gewissen hydrolytischen Spaltung der Peptidbindungen führt, so daß laufend weitere reaktionsfähige Carboxylgruppen hinzutreten.

Es ist denkbar, daß sich mit zunehmender Alkalität auch die phenolische Gruppe des Tyrosins sowie die Peptidbindung an der Alkalibindung beteiligen, und zwar letztere entweder unter Enolisierung oder – was wahrscheinlicher ist – unter direkter Addition des Alkalis an die CO-Gruppe gemäß

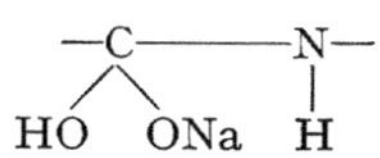

Infolge der Aufnahme von OH-Ionen werden die Salzbindeglieder gesprengt und die Quellung der Wolle daher vergrößert. Neben der Sprengung der Salzbindeglieder werden schließlich auch Cystinbrücken gelöst (S. 257f.), was bereits einen empfindlichen Eingriff in das Keratingefüge bedeutet.

Bei höheren pH-Werten und entsprechend hoher Temperatur werden die Peptidbindungen in zunehmendem Maße hydrolytisch gespalten, was eine völlige Auflösung der Wolle zur Folge hat. So läßt sich Wolle in 3%iger Natronlauge – und auch schon in verdünnteren Lösungen – durch kurzes Kochen in Lösung bringen. Das Verhalten kann zur analytischen Trennung der Wolle von den Pflanzenfasern herangezogen werden. Auch Soda wirkt bei höheren Temperaturen und längerer Einwirkung lösend auf die Wollfaser.

Die schädigende und lösende Wirkung des Alkalis wirkt sich zunächst auf die Schuppenschicht aus, so daß diese abgelöst wird. Ist die Schuppenschicht einer

Wollfaser durch alkalische oder auch mechanische Einwirkung defekt geworden, dann kommt die Rindenschicht zum Vorschein, die sich durch eine deutliche Reaktion mit diazotierter Sulfanilsäure zu erkennen gibt (*Pauly*sche *Diazoreaktion*). Diese beruht darauf, daß die Rindenschicht im Gegensatz zur Schuppenschicht Tyrosin enthält, welch letzteres mit diazotierter Sulfanilsäure unter Bildung eines roten Azofarbstoffs reagiert (vgl. S. 251):

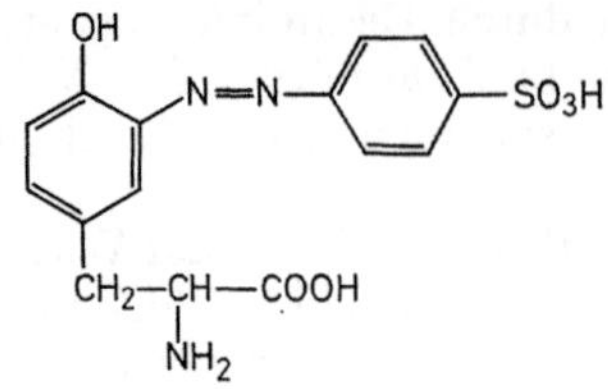

Das Verhalten gegen Oxydations- und Reduktionsmittel. Solange unter milden Bedingungen gearbeitet wird, üben Oxydations- und Reduktionsmittel keinen schädlichen Einfluß auf die Wollfaser aus, so daß man die Wolle sowohl oxydativ als auch reduktiv bleichen kann. Bei intensiver Einwirkung indes können erhebliche Faserschädigungen auftreten, deren Umfang von der Konzentration, Temperatur, pH-Wert, Dauer der Einwirkung sowie Art des einwirkenden Mittels abhängt. Der Angriff des Oxydations- bzw. Reduktionsmittels richtet sich zunächst gegen die Disulfidbrücke (S. 256f.) bleibt aber, solange nur wenige dieser Bindungen gesprengt werden, verhältnismäßig harmlos. Bei zahlreicher Eliminierung der Disulfidbrücken steigt die Quellbarkeit und Löslichkeit stark an. Die Oxydation kann schließlich zu einer Sprengung der Peptidbindungen und damit zu einer völligen Zerstörung der Wollfasern führen.

d) Das Filzen der Wolle

Unterwirft man Wollfasern in wäßrigem Medium einer mechanischen Beanspruchung durch Druck, Schub oder Zug, so tritt ein inniges Verschlingen der Fasern miteinander ein (Filzen). Die Tendenz zum Filzen ist in der isoionischen Zone verhältnismäßig schwach ausgeprägt, zeigt sich aber deutlich in alkalischem und besonders auffällig in saurem Medium.

Das Filzvermögen der Wolle wird in der Technik zur Herstellung von Filzen aller Art verwertet sowie in der Tuchfabrikation, um den Tuchen eine mehr oder weniger geschlossene Struktur zu erteilen (Walken, S. 282f.). Die Filztendenz kann sich störend auswirken beim Waschen der Rohwolle, da sich eine verfilzte Wolle schlecht verspinnen läßt. Wollene Strick- und Wirkwaren sollen in der Wäsche ebenfalls nicht filzen, damit sie nicht kleiner werden, sondern ihre Paßform behalten, und damit ihr Maschenbild nicht verschleiert wird. In solchen Fällen wäscht man vorteilhaft im Gebiet der isoionischen pH-Zone (S. 245, 276).

Der Vorgang des Filzens. Der Filzvorgang ist sehr komplexer Art, da eine ganze Reihe von Faktoren daran beteiligt ist. Eine besondere Funktion kommt der Schuppenstruktur zu. Wollen mit mangelhaft ausgebildeter Schuppenstruktur filzen wenig, während andererseits solche Wollen, die viele Schuppen besitzen, wie z.B. die feinen Merinowollen, ein vorzügliches Filzvermögen aufweisen. Die durchschnittliche Schuppenzahl der Wollfaser beträgt pro mm ca. 100 Schuppen. Bei der Herstellung von Filzen und Tuchen ist der Filztendenz der verwendeten

Wollen entsprechend Rechnung zu tragen; die Wollen sind so zu manipulieren, daß der beabsichtigte Filzeffekt bei guter Strapazierfähigkeit des Filzes oder Tuches erreicht wird.

Da die Schuppenenden spitzenwärts gerichtet sind, die Schuppen in Richtung zur Faserspitze daher gleichsam als Sperrklinken fungieren, wirkt sich eine mechanische Behandlung der Wolle (Drücken, Stoßen, Reiben usw.) in der Weise aus, daß die Fasern zu einer einseitigen Bewegung bzw. Wanderung *wurzelwärts* veranlaßt werden. Diese einseitige Bewegung führt schließlich als Folge des Ineinanderwanderns zu einem vielfachen und innigen gegenseitigen Verschlingen der Wollfasern, wobei ein Filz entsteht, dessen Dichte von der Intensität der Filzbedingungen abhängt. Das Verschlingen der Wollfaser wird durch die *bilaterale* Struktur der Wolle, d.h. durch das unterschiedliche Quellverhalten von Ortho- und Parakortex erleichtert.

Damit die Wollfasern zu dieser Wanderung und vielfachen Verschlingung leicht befähigt sind, müssen sie einmal gut *gleitfähig* und zum andern *geschmeidig* sein; steife und wenig gleitfähige Fasern besitzen eine geringe Filztendenz (*H. Rath* und *G. Fröb*). Daß gekräuselte Wollen besser filzen, hängt damit zusammen, daß die gekräuselten Wollen durchweg feiner und damit geschmeidiger sind als die weniger gekräuselten groben Sorten.

Für den Filzeffekt spielt das Filz- bzw. Walkmedium (S. 283) eine ausschlaggebende Rolle. Die Wanderungsfähigkeit wird durch Wasser, dem Gleitmittel wie Seife und sonstige ähnlich wirkende Produkte zugesetzt sind, gefördert. In einem solchen Medium ist die Wollfaser außerdem geschmeidig und setzt einem innigen Verschlingen keinen Widerstand entgegen, wie dies bei steifen Fasern der Fall ist. In trockenem Zustand oder auch in organischen Lösungsmitteln tritt ein Filzen nicht ein, da die Fasern unter diesen Umständen wesentlich steifer sind als in wäßrigem Medium.

Da die Verschlingungsfähigkeit der Wollfaser, also auch die Geschmeidigkeit, durch Aufhebung von Querbindungen verbessert werden (*Speakman*), zeigt die Wolle im isoionischen Gebiet keine große Filztendenz, um aber im alkalischen und noch mehr im sauren Medium ausgesprochen filzfreudig zu werden. Oberhalb pH 11 nimmt die Filzfähigkeit der Wolle aber ab, da hier die Oberflächenstruktur der Wolle eine grundlegende für den Filzprozeß ungeeignete Veränderung erfährt. Da mit wachsender Temperatur die Spaltung von Querbindungen, namentlich von Wasserstoffbrücken, zunimmt, wird der Filzprozeß durch Temperaturerhöhung gefördert, sofern nicht zu alkalisch gearbeitet wird.

Durch eine Behandlung der Wolle mit *Propiolacton* kann die Elastizität der Wolle und damit ihre Filzfähigkeit verbessert werden (*Lundgren*-Verfahren).

Baut man dagegen in das Keratingerüst stabile Querbindungen ein (S. 264), dann geht damit die Filzkraft der Wollfasern in mehr oder weniger großem Umfang zurück, da die Fasern durch die Quervernetzung eine Versteifung bzw. eine Einbuße ihrer Geschmeidigkeit erfahren (*H. Rath* und *G. Fröb*).

Nach *Speakman* scheint der Cystinbindung eine wesentliche Rolle beim Filzprozeß zuzukommen, da es sich gezeigt hat, daß Reagenzien, welche die Cystinbindung spalten, die Filztendenz der Wollfasern meist herabsetzen. Da aber in manchen Fällen die reduktive oder oxydative Spaltung der Cystinbrücke das Filzvermögen nicht beeinflußt oder sogar fördert (Reduktion der Wolle mit Thioglykolsäure oder Oxydation mit Wasserstoffperoxid), ist die Rolle der Cystinbrücke beim Filzvorgang nicht eindeutig geklärt. Es scheint ganz davon abzuhängen, wie sich die Cystinspaltung auf die Funktion der Schuppen auswirkt. Werden diese durch eine eingetretene Cystinspaltung stark in Mitleidenschaft gezogen, dann ist das Filzen unterbunden.

Nach *P. Alexander* genügt eine bloße Spaltung der Cystinbindung nicht, um das Filzen zu beseitigen; neben der Cystinbrücke müssen dazu noch andere Gruppen, z.B. das Tyrosin, angegriffen sein.

Zusammenfassend sind demnach für das Filzen die folgenden Gesichtspunkte maßgebend:

Voraussetzung für ein gutes Filzen ist zunächst eine *intakte*, die wurzelwärtige Bewegung normal ermöglichende *Schuppenschicht*. Fehlen die Schuppen oder sind sie verletzt oder sonstwie in ihrer normalen Funktion behindert (S. 295f.), dann bleibt das Filzen aus. Eine solche Behinderung tritt z.B. ein, wenn man die Schuppenenden durch eine Kunstharzbehandlung auf ihrer Basis fixiert bzw. die Schuppen durch einen Kunststoffüberzug „maskiert" (s. S. 297).

Eine weitere Vorbedingung ist neben einer gewissen guten *Gleitfähigkeit* die *Geschmeidigkeit* der Faser, da diese Eigenschaften das Ineinanderwandern und damit das gegenseitige Verschlingen und Verknoten erleichtern. Büßt die Faser durch irgendwelche Behandlungen an Geschmeidigkeit oder Gleitfähigkeit ein, dann geht auch das Filzvermögen zurück.

e) Das Filzen von Kaninhaaren

Obwohl es sich bei den Kaninhaaren ebenfalls um Keratinfasern mit einer Schuppenstruktur handelt, besitzen sie im Gegensatz zur Wolle, ohne eine entsprechende Vorbehandlung, kein ausgeprägtes Filzvermögen. Dies dürfte einmal mit den von Haus aus andersartigen Dehnungs- und Kontraktionseigenschaften der Kaninhaare sowie mit dem Fehlen der Kräuselung zusammenhängen. Durch eine Vorbehandlung (*Beizen, Carrotieren*) kann man die Kaninhaare gut filzfähig machen, was im Interesse ihrer Verwendung zur Herstellung von Filzhüten sehr wichtig ist. Das Beizen wird mit Oxydationsmitteln in Gegenwart von Säuren vorgenommen. Während früher vorwiegend Quecksilbernitrat und Salpetersäure Verwendung fanden, sind der quecksilberhaltigen Haarbeize wegen der nachteiligen physiologischen Auswirkungen eines Quecksilbergehalts der Haarhüte *quecksilberfreie Beizen* vorzuziehen, die neben Wasserstoffperoxid und Säuren noch katalytisch wirkende Metallsalze enthalten (Argyrofelt EL).

Das Beizen wird auf dem Kaninfell vorgenommen, und zwar in der Weise, daß durch Bestreichen mit der Beize nur die Spitzen (etwa $^1/_3$ der Haarlänge) der Einwirkung unterliegen. Dies ist für den Filzprozeß von Wichtigkeit, da hierbei die Spitzen im Hinblick auf das Verschlingungsvermögen weich und die Haarenden im Interesse einer guten Durchstoßresistenz hart sein sollen (*Berg*).

Das Beizen verändert den Dehnungs- und Kontraktionsmechanismus sowie die Schuppenfunktion in der Weise, daß ein gutes Filzen resultiert. Bei der Walkbehandlung entsteht eine sogenannte *Spontankräuselung* (*Berg*), d.h. eine schlingenförmige Bewegung der Haarspitzen, die schließlich zu einer Verfilzung führt. Die Spontankräuselung ist nach *Elöd* das äußere Kennzeichen und die Endstufe einer durch den Beizprozeß ausgelösten *Superkontraktion* (S. 261). Auf Grund der anisotropen Beschaffenheit der Rindenschicht findet eine ungleichmäßige Einwirkung des Beizmittels statt, was beim Walken zu einer örtlich ungleichen Kontraktion unter Auslösung einer Verschlingung und Verkräuselung führt.

f) Die Veredlung der Wolle

Die für Wolle in Frage kommenden Veredlungsverfahren müssen den speziellen physikalischen Eigenschaften der Faser sowie ihrer chemischen Reaktionsweise entsprechend Rechnung tragen. Beim Arbeiten in alkalischem Medium ist daher besonders vorsichtig zu verfahren, da schon schwach alkalische Bäder bei höheren Temperaturen zu empfindlichen Faserschädigungen führen können.

Grundsätzlich ist jede stärkere mechanische Beanspruchung wie Ziehen, Quetschen, Drücken, Reiben usw. von wollenen Textilien in wäßrigen Medien zu vermeiden, da sonst ein Verfilzen der Wollfasern eintritt. Das bewußte Filzen der Wollfasern (Walken, S. 282f.) spielt im Rahmen der Appretur der Wollwaren eine besonders wichtige Rolle, da hierdurch sowohl der Warencharakter als auch die Warenqualität in weitgehendem Umfang variiert werden können. Dort, wo jedoch lose Wolle spinnbar, Garne offen und gut spulbar bleiben und Web- sowie Strick- und Wirkwaren ein offenes Warenbild behalten sollen, ist der Filztendenz der Wolle durch entsprechend vorsichtige Behandlung zu begegnen.

Das Bleichen der Wolle (S. 281) tritt im Gegensatz zu der Baumwollveredlung umfangmäßig weit in den Hintergrund, da Wolle viel weniger auf Weißware als vielmehr auf Buntware (Anzug-, Mantel-, Kostüm- und Uniformtuche sowie Strick- und Wirkwaren) verarbeitet wird.

α) *Die Beschaffenheit der Rohwolle (Schweißwolle)*

Da die Rohwolle eine mehr oder weniger große Menge von Verunreinigungen enthält, welche den Spinnprozeß stören, muß diese vor dem Verspinnen gewaschen werden. Der Gehalt der Rohwolle an Verunreinigungen und Fremdstoffen schwankt in weiten Grenzen und wird durch folgende Zusammenstellung wiedergegeben (*G. Ulrich, D. Krüger*):

15–72% Wollfaser
12–47% Wollfett und Wollschweiß
3–24% pflanzliche Bestandteile, Schmutz usw.
4–24% Feuchtigkeit.

Das *Wollfett* ist ein Gemenge von wachsähnlichen Estern höherer Alkohole mit höheren Fettsäuren und freien wasserunlöslichen höheren Alkoholen und Fettsäuren sowie Kohlenwasserstoffen. Bei den betreffenden Fettsäuren handelt es sich um Palmitinsäure $C_{15}H_{31}COOH$, Stearinsäure $C_{17}H_{35}COOH$, Myristinsäure $C_{13}H_{27}COOH$, Carnaubasäure und Cerotinsäure, bei welch letzteren wahrscheinlich Gemische mehrerer homologer Säuren und nicht eigentliche chemische Individuen vorliegen. An Alkoholen sind beteiligt der Cerylalkohol und Carnaubylalkohol, welche ebenfalls nicht einheitlich, sondern Gemische höherer Wachsalkohole sind, sowie das Cholesterin. Das Wollfett ist teilweise verseifbar und zu 40–45 % unverseifbar. Auf Grund seiner Zusammensetzung wäre die Bezeichnung Wollwachs zutreffender als Wollfett.

Bei dem *Wollschweiß* handelt es sich um gewisse eingetrocknete Ausdünstungen des Tierkörpers, welche sich durch Wasser ausziehen lassen und die hauptsächlich aus Kaliumsalzen von Fettsäuren (Essigsäure, Stearinsäure, Ölsäure), Oxysäuren (Glykolsäure, Milchsäure), Aminosäuren (Glykokoll, Leucin), zweibasischen Säuren (Oxalsäure, Bernsteinsäure, Äpfelsäure, Weinsäure) sowie Harnsäure, Benzoesäure usw. bestehen. Auch Anionen anorganischer Säuren wie Schwefelsäure, Salzsäure, Phosphorsäure wurden nachgewiesen. Neben Kalium sind Natrium, Ammonium, Calcium, Magnesium sowie Eisen als Kationen vertreten.

Bei den pflanzlichen Verunreinigungen handelt es sich um Stroh, Kletten und Futterteile, die, vom Lager bzw. von der Weide herrührend, sich in dem Wollvlies verfangen haben.

β) *Das Waschen der Rohwolle (Schweißwolle)*

Das Waschen der Rohwolle geschieht üblicherweise auf der Wollwaschmaschine (Leviathan) durch eine Behandlung mit Seife unter Zusatz von wenig Alkali (Ammoniak oder Soda) bei Temperaturen zwischen 40 und 50 °C, wobei die Wolle in schonender Weise mittels gabelartiger Vorrichtungen durch die Waschflotte bewegt wird. (Neben der herkömmlichen Wollwaschmaschine gewinnen die Düsen-Waschmaschine, die Siebtrommel-Waschmaschine sowie die Stern-Waschmaschine an Bedeutung.) Vor dem eigentlichen Waschen wird zweckmäßig ein Einweichen in kaltem Wasser eventuell unter Zusatz von wenig Soda zur Entfernung des gröbsten Schmutzes vorgenommen, wobei auch ein Ablösen des Wollschweißes erfolgt. Enthält die Wolle „Pechspitzen" – das sind von der Signierung der Schafe herrührende Rückstände –, dann ist der Zusatz einer Fettlöserseife empfehlenswert.

Gerberwolle enthalten vom Äschern her Kalksalze ($CaCO_3$), welche vor dem Waschen mit verdünnter Salzsäure abzulösen sind.

Wird die Wolle vor dem Scheren auf dem lebenden Schaf gewaschen, dann spricht man von *rückengewaschener Wolle,* bei welcher der Hauptteil der Verunreinigungen entfernt ist.

Wenn Wolle schonend bezüglich Alkali und Temperatur gewaschen wird, dann tritt keine merkliche Spaltung von Carbonamid- oder Cystinbindungen ein. In bezug auf das Löslichkeitsverhalten (z.B. in Alkali oder Harnstoff-Bisulfit) konnten *H. Zahn, D. Hildebrand* und *H. J. Kessler* sogar eine Verbesserung feststellen, welche die Autoren mit einer „Selbstvernetzung" des Wollkeratins im Rahmen des Disulfidaustausches (S. 260) eventuell in Verbindung mit einer gewissen *Lanthioninbildung* (S. 257) in Zusammenhang bringen.

In beiden Fällen entstehen alkalistabilere Strukturen.

Die Gewinnung von Wollfett aus Wollwaschwässern. Da das Wollfett einen für Pharmazie und Kosmetik wichtigen Rohstoff darstellt, wird dieses in Großwollwäschereien aus den Waschwässern isoliert.

Zur Gewinnung des Wollfetts aus den Wollwaschwässern entfernt man die groben Verschmutzungen zunächst in Absetzbehältern. Das Waschwasser wird anschließend erhitzt und durch Zentrifugieren ein Rahm angereichert, der in einem zweiten Arbeitsgang mit Hilfe von Separatoren oder Superzentrifugen in Fett und Wasser geschieden wird.

Es besteht aber auch die Möglichkeit, durch Schwefelsäurezusatz aus den seifenhaltigen Waschlaugen die Fettsäuren abzuscheiden, welche das emulgierte Wollfett einschließen. Der ausgeschiedene „Fettschlamm", der schmutzhaltig ist, wird vom Säurewasser abgetrennt und durch Extraktion mit organischen Lösungsmitteln von Fettsäuren und Wollfett befreit. Der das Wollfett und die Fettsäuren enthaltenden Lösung werden durch Alkalibehandlung die Fettsäuren entzogen, während das Wollfett im Lösingsmittel verbleibt.

Beim Durchkneten des raffinierten Wollfetts mit Wasser entsteht eine weiße bis hellgelbe Salbe, die als *Lanolin* eine wichtige Grundlage für die Herstellung von Salben und Kosmetika bildet. Das Lanolin des deutschen Arzneibuches besteht aus 13 Teilen Wollfett, 4 Teilen Wasser und 3 Teilen flüssigem Paraffin und besitzt den Vorteil, daß es keinen Nährboden für Bakterien bildet und von der Haut besonders leicht resorbiert wird.

Die saure bzw. isoelektrische[1] Wollwäsche. Da die Wollfaser im *isoionischen Gebiet* (S. 248) die geringste Quellbarkeit und Filztendenz besitzt, erscheint das Waschen der Wolle im pH-Gebiet zwischen 5 und 7 besonders vorteilhaft. Hierzu sind die gewöhnlichen Seifen, da sie säureempfindlich sind, nicht zu gebrauchen. Auch mit den säurebeständigen Fettalkoholsulfaten (S. 755ff.) und Fettsäurekondensaten (S. 759ff.) hat man keine besonders guten Erfahrungen gemacht, da sie einmal in saurem Medium nicht ihre höchste Waschkraft entfalten und zum andern die Wolle einen Teil des Waschmittels bindet, welcher für den Waschprozeß praktisch verlorengeht. Der Anteil gebundenen Waschmittels ist um so größer, je niedriger der pH-Wert der Waschflotte ist. Diese Bindung kommt dadurch zustande, daß die Wolle bei niedrigeren pH-Werten mehr zur Anionenbindung befähigte $\overset{\oplus}{N}H_3$-Gruppen besitzt, als dies bei höheren pH-Werten der Fall ist.

Die in stark saurem Medium besonders auffallende Beeinträchtigung der Waschwirkung von anionischen Waschmitteln ist weiterhin auf folgenden Umstand zurückzuführen: Die durch das Waschmittel abgelösten Wollfetteilchen und sonstigen Verschmutzungen, die durch Adsorption von Waschmittelanionen nega-

[1] Müßte eigentlich „isoionische" heißen. (Vgl. S. 248, 269.)

tiv geladen und daher in der Waschflotte fein dispergiert sind, werden durch die in saurem Medium positiv aufgeladene Wolle teilweise wieder angezogen, wodurch die Waschwirkung der anionaktiven Waschmittel in saurem Medium vermindert ist.

Im isoionischen Gebiet machen sich diese Faktoren weniger bemerkbar, da hier keine oder mindestens keine wesentliche Anziehung von Waschmittel- bzw. Schmutzteilchen stattfindet.

Verwendet man *nichtionogene* Waschmittel vom Typus der Polyglykoläther (S. 763), so treten diese Erscheinungen nicht auf, so daß man einen einwandfreien Wascheffekt erhält.

Besonders vorteilhaft wirkt sich die Tatsache aus, daß die Wolle beim Waschen im isoionischen Gebiet eine geringe Filztendenz zeigt.

Trotzdem hat sich die saure bzw. isoionische Wollwäsche nicht allgemein durchsetzen können, da anscheinend eine sauer gewaschene Wolle gewisse Verarbeitungsschwierigkeiten in der Spinnerei verursacht, welche bei einer schwach alkalisch gewaschenen Wolle nicht festgestellt werden können. Dies hängt vermutlich damit zusammen, daß beim Waschen in alkalischem Medium gewisse Brückenbindungen gelöst werden, wodurch die Verzugsfähigkeit der Wollfaser in der Spinnerei erhöht wird. Im isoionischen Medium unterbleibt eine solche Sprengung von Querbindungen, so daß so gewaschene Wollen dem Verzug einen größeren Widerstand entgegensetzen.

Eine gewisse Schwierigkeit bildet außerdem der Umstand, daß die für das Arbeiten in alkalischem Medium vorgesehenen Maschinen in saurem Medium zur Korrosion neigen, was aber durch einen entsprechenden Anstrich mit Chlorkautschuklack oder durch Auskleidung mit säurefesten Kunststoff-Folien vermieden werden kann.

Alles in allem konnte die saure Wollwäsche die neutrale oder schwach alkalische Wäsche nicht verdrängen, was wohl in erster Linie mit den gegenüber der neutralen oder schwach alkalischen Wäsche höheren Kosten zu erklären ist. Zweckmäßig wird man möglichst nahe an den Neutralpunkt (pH 6–7) heranrücken, um allen vorteilhaften Faktoren Rechnung zu tragen.

Spezial-Wollwaschverfahren. Dem *Duhamelverfahren* liegt das Prinzip zugrunde, daß „Schweißlaugen" eine ausgezeichnete und namentlich faserschonende Waschwirkung besitzen. Die Schweißlauge erhält man beim Waschen der Wolle in Wasser, wobei der Schweiß in Lösung geht. Wird durch mehrmaliges Waschen in ein und derselben Flotte die Konzentration an gelösten Schweißsubstanzen entsprechend erhöht, so steigt damit die Waschwirkung der Schweißlauge. Die Konzentrationserhöhung erreicht man durch ein Waschen im geschlossenen Kreislauf, wobei die festen Schmutzteilchen in besonderen Schlammablaßvorrichtungen automatisch entfernt werden und das Wollfett in zwischengeschalteten Zentrifugen abgetrennt wird. Die auf diese Weise gereinigte Wolle wird zur Nachreinigung einer gelinden Seifenwäsche unterzogen.

Auf Grund des geringen Verbrauchs an Waschmitteln und Wasser stellt das Duhamelverfahren ein sehr wirtschaftlich arbeitendes Waschverfahren dar, abgesehen davon, daß es die Faser schont und außerdem die Gewinnung eines verhältnismäßig reinen Wollfetts ermöglicht. Die Waschwirkung der Schweißlauge beruht vor allen Dingen auf ihrem Gehalt an fettsauren Alkalisalzen (S. 275); ihre faserschonende Arbeitsweise ist auf den günstigen pH-Wert sowie auf eine gewisse Anreicherung von stickstoffhaltigen Substanzen in der Waschflotte zurückzuführen.

Es besteht die Möglichkeit, das Wollfett mit *organischen Lösungsmitteln* zu extrahieren. Da die Schmutzstoffe durch das Wollfett auf der Faser festgehalten werden, lassen sie sich nach der Extraktion auf mechanischem Wege abtrennen. Zur vollständigen Entschweißung und Reinigung wird man allerdings meist nicht ohne eine zusätzliche Naßwäsche auskommen.

Das gleiche Prinzip liegt auch der chemischen Reinigung von Kleidungsstücken zugrunde, bei der die Fettstoffe, die den Schmutz und Staub an die Faser binden, durch organische Lösungsmittel extrahiert werden, so daß sich die Schmutzteilchen automatisch ablösen.

Die Extraktion der Wolle erfordert allerdings ein Arbeiten in geschlossenen Apparaturen, um einmal Lösungsmittelverluste auszuschalten und zum andern Geruchsbelästigungen zu vermeiden. Das Lösungsmittel muß jeweils durch Destillation gereinigt und zurückgewonnen werden. Auch bei diesem Verfahren resultiert ein weitgehend reines Wollfett, welches nicht mit fetthaltigen Waschmitteln verunreinigt ist.

Ein gewisses Interesse kommt der Reinigung in *Perchloräthylen* zu. Der zur Verdampfung nötige Energieaufwand beträgt etwa nur $^1/_{10}$ im Vergleich zur Wasserverdampfung.

Beim *Sover-Waschverfahren* wird mit einer Kombination von organischen Lösungsmitteln (Hexan, Isopropylalkohol) und Wasser gewaschen.

Das *Gefrierverfahren* arbeitet in der Weise, daß man die Rohwolle auf Temperaturen von −40 bis −50 °C abkühlt, wobei das Wollfett hart und spröde wird und dann auf mechanischem Weg zusammen mit den Verunreinigungen in Staubform abgeschieden werden kann. Der Vorteil dieses Verfahrens liegt darin, daß man das Carbonisieren umgehen kann, da auch die pflanzlichen Verunreinigungen mit ausgeschieden werden.

Was den *Entfettungsgrad* der Wolle beim Waschen anbelangt, so ist hier grundsätzlich zu sagen, daß das Wollfett ziemlich weitgehend entfernt werden soll (mindestens unter 1% Restgehalt), da es auf Grund seiner klebenden Eigenschaften den Spinnprozeß stört. Andererseits soll die Entfettung aber auch keine restlose sein, da sonst die elastischen Eigenschaften der Faser beeinträchtigt werden.

Die gewaschene Wolle gelangt nun in die Spinnerei, muß aber für das Spinnen vorher entsprechend präpariert (*geschmälzt*) werden.

γ) *Das Schmälzen der Wolle*

Auf Grund ihrer Struktur läßt sich die Wollfaser ohne eine entsprechende Fettung (Schmälzen) nicht einwandfrei verspinnen. Das Schmälzen wird mit geeigneten Ölen vorgenommen und hat die Aufgabe, die Wollfaser einerseits gleitfähig zu machen und andererseits die Haftung der einzelnen Fasern aneinander zu erhöhen. Ist die Wollfaser nicht genügend gleitfähig, dann tritt ein vielfaches Zerreißen der Fasern z.B. auf der Krempel ein; ist keine genügende Haftung vorhanden, dann ist die Fadenbildung erschwert, und die Flugbildung wird begünstigt. Die Schmälze übt gleichzeitig eine antistatische Wirkung aus (S. 341).

Bei *Kammgarnen* (S. 249) hat das Schmälzmittel vor allem die Aufgabe, die Gleitfähigkeit zu erhöhen, während es bei *Streichgarn* sowohl die Gleitfähigkeit als auch namentlich die Haftung steigern muß, da bei letzterem wegen der kurzen Faserlängen die Neigung zur Flugbildung eine größere ist und die andersartige Spinntechnik eine besondere Faserhaftung erforderlich macht.

Infolgedessen ist nicht nur die Art der verwendeten Schmälzöle bei beiden Verfahren verschieden, sondern auch deren Menge. Für Kammgarne verwendet man vorzugsweise Oliven- und Erdnußöl, während Olein das Standardmittel für die Streichwollen darstellt. Für Kammwollen rechnet man 0,5–1,5% Schmälzöl, während sich die für Streichgarn erforderliche Menge etwa zwischen 5 und 12% bewegt und bei Reißwollen noch höhere Beträge erreicht. Für die Dosierung der Schmälzmittelmenge spielt naturgemäß die Gesamtheit der Faseroberflächen eine Rolle, welche bei feinen Wollen wesentlich größere Werte erreicht als bei gröberen Sorten.

Um das Öl möglichst gleichmäßig aufbringen zu können, wird es meist in Verbindung mit Wasser, d.h. als *Emulsion* auf die Wolle aufgespritzt. Das Auftragen kann entweder mit Gießkannen oder mit Hilfe von Sprühvorrichtungen erfolgen.

Anschließend wird zur Homogenisierung der aufgebrachten Schmälze im Mischwolf gut gemischt.

An das Schmälzmittel werden hinsichtlich Preis und Eignung entsprechende Anforderungen gestellt. Für Streichwollen und Reißwollen kommen billige Mittel in Frage, während für Kammwollen auch hochwertigere Mittel zur Anwendung kommen können. Das Öl muß gut emulgierbar sein, um ein gleichmäßiges Schmälzen zu ermöglichen, und es muß einerseits die erforderliche Gleitfähigkeit und andererseits die gewünschte Haftung vermitteln. Es darf weiterhin die Spinnmaschinenorgane wie Kratzenbeschläge, Nitschelhosen usw. nicht angreifen und muß in der späteren Veredlung gut auswaschbar sein.

Eine wesentliche Forderung ist die, daß das Öl nicht zur *Selbstoxydation* neigt, da dies einerseits zum „Verharzen" der Schmälze auf der Faser und andererseits zur Selbstentzündung der geschmälzten Wolle führen kann. Zur Autoxydation neigen namentlich Öle von ungesättigtem Charakter, d.h. solche von hoher Jodzahl und hohem *Mackey-Test*[1]. Die Selbstoxydation derartiger Öle kann durch Zugabe von Antoxydantien wie z.B. β-Naphthol hintangehalten werden, allerdings nur so lange, wie das betreffende Mittel nicht selbst durch Luftoxydation verbraucht ist.

Für die Zwecke der Streichgarnspinnerei stellt das *Olein* ein brauchbares und billiges Schmälzmittel dar. Sein Hauptvorteil liegt indes darin, daß es auf Grund seiner Zusammensetzung (das technische Olein besteht zu rund 90% aus freier Ölsäure) besonders leicht auswaschbar ist. Schon kalte Sodalösung führt es infolgedessen in Natriumseife über, die ihrerseits eine kräftige Waschwirkung entfaltet. Das Schmälzmittel Olein kann daher bei der späteren Walke und Wäsche als Walk- und Waschmittel fungieren.

Der hohe Gehalt an freien Fettsäuren bringt andrerseits den Nachteil mit sich, daß das Olein die Maschinenteile (Kratzenbeschläge) angreifen kann und somit fettsaure Eisensalze bildet, die einerseits zu einer Verschmierung der Maschinenteile führen, und andrerseits die Selbstoxydation des Oleins katalysieren können. Es ist daher zweckmäßig, die Acidität der Emulsionen abzustumpfen.

Um Brandgefahr zu vermeiden, sollen geschmälzte Wollen grundsätzlich nicht hochgestapelt gelagert werden, da sonst die bei der Oxydation sich bildende Wärme nicht abgeführt wird. Alle diejenigen Öle, die auf Grund einer mehrfachen Zahl von Doppelbindungen eine große Oxydationstendenz besitzen, wie Leinöl, Rüböl usw., sind als Schmälzmittel ungeeignet.

Neben pflanzlichen und tierischen Ölen spielen *Mineralöle* für Schmälzzwecke eine Rolle. Sie vermitteln nämlich eine gute Gleitwirkung und greifen die Maschinenteile in keiner Weise an. Wenn sie unter Verwendung eines guten Emulgiermittels zur Anwendung kommen, dann besteht keine Gefahr für eine nicht restlose Auswaschbarkeit, da dann der Emulgator von innen heraus die Ablösung des Öls durch das von außen herangebrachte Waschmittel unterstützt. *Handelsprodukte* dieser Art sind u.a. Servital SGW, Spirazol-Marken, Cellana-Schmälze, Ziturol D konz., Limanol EM, Isomerpin-S, Thianol-Marken, Schmälze M-55-E. Auch rein synthetische Produkte wie z.B. Polyglykole sind als Schmälzmittel vorgeschlagen worden (Präparol AS).

Vorteilhaft sind Produkte, die sowohl als Schmälzmittel als auch später als Wasch- und Walkmittel fungieren (*Waschschmälzen, Spinnwaschmittel*), ohne indes die Nachteile der Oleinschmälze zu besitzen (z.B. Praeparol LA).

---

[1] Beim Mackey-Test wird eine mit dem zu prüfenden Öl geschmälzte Faserprobe im Wasserbad erwärmt und die in dem Fasermaterial eintretende Temperaturerhöhung beobachtet. Die Temperatur soll innerhalb $1^1/_2$ Std. 100 °C nicht wesentlich übersteigen.

Die Entfernung der Schmälze. Soll ein schmälzehaltiges Wollgespinst gebleicht oder gefärbt oder sonstwie veredelt werden, dann muß die Schmälze im Interesse eines einwandfreien Bleich- bzw. Farbausfalls vorher ausgewaschen werden. Bei diesem Waschprozeß werden gleichzeitig auch andere während des Spinn- oder Webprozesses auf die Ware gelangte Verschmutzungen entfernt.

δ) *Das Waschen der Wollwaren*

Das Waschen des Kammzugs. Kammzug wird bereits auf der Lisseuse (Plättmaschine) im Rahmen des *Lissierens* einem gewissen Waschprozeß unterzogen. Da Kammgarne einen glatten Charakter besitzen sollen, wirken sich in den Fasern vorhandene Kräuselungen störend aus und müssen durch Plätten (Lissieren) beseitigt werden, soweit dies nicht schon im Rahmen der Herstellung des Kammgarns (Strecken, Dublieren) geschehen ist. In letzterem Fall ist aber eine Fixierung in dem glatten Zustand erforderlich. Dies erfolgt in der Weise, daß man die Kammzugbänder in einem lauwarmen Seifenbad einweicht, wodurch die Wollfaser plastisch wird, so daß vorhandene Kräuselungen beim Durchführen des Kammzugs in gestrecktem Zustand zwischen heißen Metallwalzen beseitigt werden, und die gesamte Faser eine Fixierung ihres glatten Zustands erhält. Mit dem Verformen ist eine gewisse Wäsche automatisch verbunden.

Das Waschen von Wollgarn. *Streichgarne* müssen vor dem Bleichen oder Färben gründlich gewaschen werden, da die aufgebrachte Schmälze den Veredlungsprozeß stört; auch die sonstigen auf das Garn gekommenen Verschmutzungen sind zu beseitigen. *Kammgarne* bedürfen, da sie einerseits nur geringe Schmälzmittelmengen enthalten, zum andern auf der Lisseuse meist vorgewaschen sind, nur einer gelinden Wäsche.

Das Waschen erfolgt bei vorsichtigem Hantieren mit Seife oder sonstigen milden Waschmitteln eventuell unter Zusatz von Ammoniak bei Temperaturen zwischen 40 und 50 °C.

Stückwäsche. Wollene Stückwaren, die aus der Weberei kommen, müssen einer gründlichen Wäsche unterzogen werden, um die Schmälze und alle während der Fabrikation aufgebrachten Verschmutzungen zu entfernen. Werden die Stücke gewalkt, dann wird üblicherweise erst nach dem Walken gewaschen, um einen Arbeitsprozeß zu sparen. Waren, die im Stück gefärbt werden sollen und Schlichte (S. 52) enthalten, müssen vorher oder gleichzeitig mit dem Waschen entschlichtet werden. Als Schlichtemittel für Wollketten finden Kartoffelstärke oder auch Mischungen aus Kartoffelstärke und Leim Verwendung. Beim gleichzeitigen Waschen und enzymatischen Entschlichten verwendet man vorteilhaft Waschmittel auf Polyglykoläther-Basis, welche die Enzymwirkung nicht stören (*H. Rath*). Beim Waschen garn- oder flockengefärbter Stückwaren, welche nicht besonders echt gefärbt sind, hat die *isoionische Wäsche* (S. 276) den besonderen Vorzug, daß ein Ausbluten der Farben hintangehalten wird, da Säurefarbstoffe bei Säuregegenwart auf die Faser gedrängt werden.

Das Waschen von Stückwaren kann auf verschiedenen Einrichtungen vorgenommen werden. Meist dient hierzu die Strangwaschmaschine und in gewissen Fällen die Breitwaschmaschine. Auf der *Strangwaschmaschine* wird die Ware in endlosem Strang durch die Waschflotte und zwischen schweren Waschwalzen (*e, d*) hindurchgeführt, welche die Ware nicht nur pressen, sondern auch eine Reibung der einzelnen Warenteile aneinander bewirken, wodurch der Wascheffekt erhöht wird (Abb. 126).

In Fällen, in denen das Arbeiten auf der Strangwaschmaschine zu einer unliebsamen Knitterbildung führen würde – namentlich bei Mischungen aus Wolle mit Synthesefasern –, bedient man sich vorteilhaft der *Breitwaschmaschine*, bei der die Ware in breitem, also faltenfreiem Zustand die Waschwalzen passiert. Der Wascheffekt ist, da die gegenseitige Reibung fehlt, ein geringerer als bei der Strangwaschmaschine. In

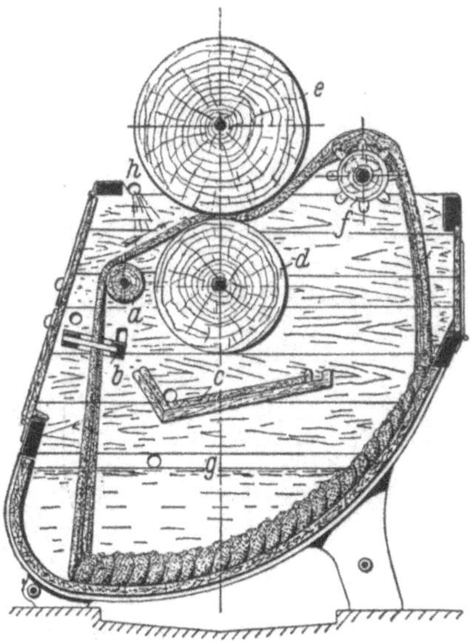

Abb. 126. Strangwaschmaschine, schematisch (Quade).

kontinuierlichem Prozeß arbeitet die „*Newi-Stranglos-Waschmaschine*", bei der die Ware in *breitem* Zustand nach dem Prinzip der „Waschglocke" unter Bearbeitung mit einem System von Tauchglocken gewaschen und gespült wird.

Waren, die im Stück auf der Haspelkufe (S. 653) gefärbt werden sollen, werden vorteilhaft auch auf der Haspelkufe gewaschen.

ε) *Das Bleichen*

Gegenüber dem Baumwollsektor tritt das Bleichen auf dem Wollgebiet stark in den Hintergrund, da Wolle viel mehr zu Farbwaren (Anzug-, Mantel-, Kostüm-, Uniformtuche, Strick- und Wirkwaren, Hüte, Teppiche usw.) als zu Bleichwaren verarbeitet wird. Wohl werden in der Tuchfabrikation namentlich zur Herstellung von weißhaltigen Melangen vielfach weiße Wollen verarbeitet, die aber meist ungebleicht beigemischt werden. Auch bei der Verwendung für weiße Effektgarne in Anzugstoffen stört die Naturfarbe der Wolle häufig nicht und kann notfalls durch Bläuen oder optisches Aufhellen überdeckt werden (vgl. S. 104).

Das Bleichen kommt vorwiegend für die Herstellung weißfarbiger Strickwaren in Frage sowie in Form der Vorbleiche für die Herstellung von zarten bzw. lebhaften Farbtönen, bei denen der naturfarbene Grund empfindlich stören würde. Auch bei Druckwaren wird im Interesse weißer Böden vielfach vorgebleicht.

Als Bleichmittel kommen entweder Reduktionsmittel oder heute in erster Linie Wasserstoffperoxid in Betracht.

Die *Reduktionsbleiche* wird mit wäßriger schwefliger Säure, mit angesäuerter Bisulfitlösung oder mit gasförmigem Schwefeldioxid vorgenommen. In letzterem Fall wird die zu bleichende Ware in feuchtem Zustand in einer „Schwefelkammer" dem Einfluß von durch Verbrennen von Schwefel sich bildendem Schwefeldioxid ausgesetzt. Vorteilhaft wird die Reduktionsbleiche mit Natriumdithionit (Blankit, Blancolen) vorgenommen.

Bei den Reduktionsbleichen entstehen lockere Additionsprodukte aus Naturfarbstoff und schwefliger Säure, welche durch gründliches Spülen von der Faser restlos entfernt werden müssen, um eine Rückbildung des Farbstoffes (*Vergilben*) durch Zersetzung des Additionsproduktes zu vermeiden.

Das Bleichen mit Wasserstoffperoxid. Eine völlige Zerstörung des Naturfarbstoffes und daher ein lagerbeständiges Weiß erhält man bei der *Oxydationsbleiche* mit Wasserstoffperoxid oder Natriumperoxid.

Für die Wasserstoffperoxidbleiche gelten im Prinzip die gleichen Grundsätze, wie sie für die Baumwollbleiche herausgestellt wurden (S. 93). Im Interesse der Schonung der Wollfaser wird allerdings schwach alkalisch (pH 8–10) sowie bei mäßigen Temperaturen (40–50 °C) gebleicht. Zu hohe Bleichmittelkonzentrationen schädigen die Wollfaser ebenso, wie dies bei der Cellulosefaser der Fall ist. Auch für die Abwesenheit von Katalysatoren ist in entsprechender Weise Sorge zu tragen (s. S. 95). Als Stabilisator benutzt man vorteilhaft Natriumpyrophosphat.

Es kann z.B. nach folgendem Rezept gebleicht werden:

100 kg Wolle
2000 l Wasser
2,6 l Wasserstoffperoxid 30 Gew.-%
mit Ammoniak schwach alkalisch stellen.
Stabilisator: Natriumpyrophosphat.

Man geht mit der vorgereinigten Ware ein, erwärmt allmählich auf 50 °C und beläßt über Nacht im Bleichbad. Anschließend wird gespült und abgesäuert.

Die Wasserstoffperoxidbleiche wird, wenn ein Vollweiß verlangt wird, üblicherweise mit einer Reduktionsbleiche (Na-Dithionit) kombiniert. Notfalls kann gebläut oder mit optischen Mitteln aufgehellt werden.

Schnellbleichverfahren. Die übliche Wollbleiche mit H_2O_2 wird in schwach alkalischem Gebiet vorgenommen. Es kann daher nur bei mittleren Temperaturen (50 °C) gearbeitet werden, was eine lange Bleichzeit erfordert.

Eine *Schnellbleiche* auf oxydativer Basis ist in schwach saurem Medium möglich, wobei die Perameisensäure das bleichende Agens ist, die sich im Bleichbad aus Wasserstoffperoxid und Formaldehyd bildet:

$$HCHO + 2\,H_2O_2 \rightarrow HC\begin{matrix}\nearrow O \\ \searrow O{-}OH\end{matrix} + 2\,H_2O$$

In dieser Weise kann bei 80 °C – und trotzdem faserschonend – gearbeitet werden, was die Bleichdauer stark abkürzt.

Ein Verfahren, das im Prinzip auf der gleichen Basis arbeitet, aber gewisse Vorteile beinhaltet, ist das *Lufibrol*-W-Verfahren. An die Stelle des Formaldehyds tritt hier das Lufibrol W, das einen Formaldehydspender enthält. Der pH-Wert des Bleichbades liegt bei etwa 5,5 bis 6.

Da die Bleiche sauer erfolgt, kann sie mit dem Färben mit Säurefarbstoffen kombiniert werden [einbadiges oxydatives Bleichen (Vorbleiche) und Färben].

Reduktive Vollbleiche mit Blankit D und DA. Eine reduktive Vollbleiche der Wolle ist mit Blankit D und DA möglich (A = optischer Aufheller). Gebleicht wird bei pH 2,5–2,7 (Ameisensäure).

ζ) *Das Walken*

Das Walken ist einer der wichtigsten oder gar der wichtigste Prozeß im Rahmen der Tuchausrüstung. Durch das Walken läßt sich die Ware sowohl in ihrem äußeren Warenbild als auch in ihrer Qualität in weiten Grenzen beeinflussen. Das

Walken verleiht der Faser nicht nur eine moosige oder verfilzte Oberfläche, sondern erlaubt es, die Ware in einem Ausmaß zu verdichten, wie dies webereitechnisch überhaupt nicht möglich ist. Dadurch erhält man äußerst strapazierfähige Tuche, die auf Grund ihrer Geschlossenheit sowohl außerordentliche Festigkeitseigenschaften zeigen als auch einen idealen Wind- und Wetterschutz darstellen.

Die Grundlage des Walkens bildet die *Filztendenz* der Wolle, welche durch entsprechende Maßnahmen gefördert wird. Das Verdichten des Gewebes wird indes nicht nur durch das Filzen bedingt, sondern auch das durch den Quellprozeß ausgelöste Einlaufen des Gewebes (Krumpfen, S. 168) trägt seinen Teil zu der Verdichtung bei. Auch der Krumpfbetrag ist bei Wollgeweben pH-abhängig und erreicht außerhalb der isoionischen Zone (S. 248) größere Beträge als innerhalb des isoelektrischen Gebiets (*H. Rath* und *G. Fröb*).

Die Ursachen des Filzens der Wollfasern sind bereits auf S. 272ff. eingehend dargelegt. Innerhalb der isoionischen Zone ist die Filztendenz geringfügig, so daß entweder in schwach saurem oder schwach alkalischem Gebiet gewalkt wird. Der Walkeffekt bzw. die Walkgeschwindigkeit werden weiterhin von der Temperatur beeinflußt, und zwar in der Richtung, daß mit steigender Temperatur die Filztendenz merklich zunimmt.

Was die Wollsorte anbelangt, so ist zu sagen, daß feine und stark gekräuselte Wollen besser filzen als grobe und schlichte Sorten. Der Filzgrad ist weiterhin abhängig von der Garndrehung und der Gewebebindung. Hart gedrehte Garne besitzen ein geringeres Filzvermögen als solche von weichem Draht bzw. offenem Charakter; Gewebe mit langflottender Bindung walken leichter als solche mit Tuchbindung.

Das Filzvermögen wird durch Zusätze von solchen Mitteln zur Walkflüssigkeit erhöht, welche die Geschmeidigkeit und Gleitfähigkeit der Wolle verbessern, da unter diesen Umständen ein Wandern der Fasern und ein inniges Verschlingen und Verknoten in optimaler Weise möglich ist.

Als Walkmittel kommen für die *alkalische Walke* Seife, gegebenenfalls in Verbindung mit Soda, in Frage, und zwar werden üblicherweise 10 %ige Seifenlösungen angewandt, denen, wenn notwendig, geringe Sodazusätze gegeben werden. Der pH-Wert wird hierdurch nicht wesentlich erhöht und liegt noch unter dem pH 10, da die Sodalösung durch die Seife eine gewisse Pufferung erfährt. Oberhalb pH 10 bis 11 läßt der Walkeffekt ziemlich nach, da durch das Alkali die Wollfaser infolge einer Verminderung der Gleitwirkung in einer für den Filzprozeß ungeeigneten Weise verändert wird. Eine zu hohe Seifenkonzentration muß vermieden werden, da sonst ein filmartiger die Schuppen maskierender Überzug entsteht, wodurch die wurzelwärtige Bewegung der Fasern verhindert wird.

Neuerdings wird Seife nur noch für stark zu walkende Artikel, z.B. Loden, eingesetzt, während sonst synthetische Mittel, z.B. Alkylsulfate, Verwendung finden.

Die *Säurewalke* wird mit Schwefelsäure, Ameisensäure oder Essigsäure unter Zusatz geeigneter Gleitmittel durchgeführt. Sie ist in der Tuchindustrie nicht so beliebt wie die alkalische Walke, da der Griff der sauer gewalkten Ware etwas hart ist, während die alkalische Walke eine weichere Ware liefert. Die saure Walke hat den Vorzug, daß sie einen Kernfilz erzeugt, während der Filz der alkalischen Walke, namentlich wenn das Filzen rasch erfolgt, mehr oder weniger auf die Oberfläche beschränkt bleibt. Aus diesem Grund wird die saure Walke dort gerne angewandt, wo eine durchgehende schnelle und starke Verfilzung erforderlich ist, wie z.B. bei Filzen und Filzhüten. Abgesehen davon wird die Wollfaser in schwach saurem Medium weniger angegriffen, als dies bei einer alkalischen Walke namentlich bei langer Walkdauer der Fall ist.

Nicht walkechte Säurefärbungen widerstehen einer Säurewalke besser als einer alkalischen Walke. Neben der Verkürzung der Walkzeit bringt die Säurewalke weiterhin einen geringeren Anfall an Walkflocken (abgescheuerte Fasern) mit sich. Im Hinblick auf das saure Walkmedium müssen die mit dem Walkmedium in Berührung kommenden Maschinenteile aus säurefesten Werkstoffen gearbeitet bzw. mit solchen überzogen sein. Wegen der gegenüber der alkalischen Walke höheren Kosten hat sich die saure Walke in der Tuchfabrikation verhältnismäßig wenig durchgesetzt.

Arbeitsweise. Das Walken wird in der Weise vorgenommen, daß die zu walkende Ware auf der Walkmaschine mit so viel Walklösung genetzt wird, daß eine eben feuchte Ware entsteht (Nagelprobe), die keine überschüssige Walkflotte enthalten darf, da sonst die Gefahr des Schleifens zwischen den Walkorganen gegeben ist. Die Ware darf andrerseits auch nicht zu trocken laufen, da sonst durch zu starke Reibung ein zu großer Faserverlust entsteht. Die Zeitdauer des Walkens richtet sich nach dem gewünschten Walkeffekt und kann sich je nachdem zwischen wenigen Minuten und mehreren Stunden bewegen.

Je nach dem gewünschten Verdichtungsgrad muß die Rohware von der Weberei aus entsprechend breit eingestellt sein. Stark zu walkende Gewebe walken z.B. in Schußrichtung um ca. 30% und in Kettrichtung um etwa 15% ein, so daß ein Gewebe, welches eine Fertigbreite von 1,40 m besitzen soll, mit etwa 2,05 m Rohbreite angeliefert werden muß.

Einen geringen Verfilzungsgrad erreicht man auch schon beim Waschen von wollenen Stückwaren auf der Strangwaschmaschine, so daß in Fällen, in denen nur eine ganz leichte Verfilzung gewünscht wird, von einem direkten Walken abgesehen werden kann.

Das Walken wird üblicherweise ohne eine vorherige Wäsche vorgenommen (Walken im Schmutz oder Walken im Fett), um einen Arbeitsgang zu sparen, da nach dem Walken die Walkmittel sowieso wieder aus der Ware vollkommen herausgespült werden müssen und dabei die Walkmittel selbst als zusätzliche Waschmittel fungieren können.

Die Walkeinrichtungen. Die ältere Art der Walkmaschine ist die *Hammer- oder Kurbelwalke* (Abb. 127), bei der die Ware durch hin- und hergehende Holzhämmer (b) stark geknetet bzw. gestaucht wird. Die treppenartige Form der Hämmer bringt es mit sich, daß die Ware unten angestoßen jeweils vornüber fällt und damit eine kreisende Bewegung ausführt, was zu einer Vergleichmäßigung des Walkeffekts führt. Da die Hammerwalke eine einfache Kontrolle des Walkeffekts bzw. des Längen- und Breiteneingangs nicht ermöglicht, ist sie in der Tuchfabrikation heute praktisch verlassen und kommt im allgemeinen nur noch für solche Waren, welche besonders zugempfindlich sind, sowie für die Hutwalke in Anwendung.

An die Stelle der Hammerwalke ist die *Zylinderwalke* (Abb. 128) getreten, die eine größere Produktion ermöglicht und die Veränderung der Walkmaße laufend kontrollieren und einstellen läßt. Die zu walkende Ware wird zwischen Holzzylindern stark gepreßt, wobei der Walkeffekt in Kett- und Schußrichtung durch zusätzliche Walkorgane (Einlaßkanal E und Stauchkanal S) beeinflußt werden kann. Die Ware wird an beiden Enden zusammengenäht und als endloser Strang (eventuell mehrfach) zwischen den Walkzylindern hindurchgeführt, nachdem sie mit der Walklösung genetzt ist. Die Länge der zu walkenden Stücke bewegt sich im allgemeinen zwischen 50 und 60 Metern.

In bestimmten Fällen, d.h. wenn die Gefahr der Bildung von Walkfalten gegeben ist, werden außerdem die Leisten zusammengenäht und „im Schlauch" bzw. „in der Blase" gewalkt, wobei die eingeschlossene Luft ein kontinuierliches Entfalten bewirkt.

Bei Waren, die wollarm sind, kann man durch Zugabe von wollenen Scherhaaren (S. 290) in den Schlauch ein Anfilzen dieser an die Gewebeoberfläche erreichen.

Nach dem Walken müssen die Walkmittel aus der Ware entfernt werden, was durch Waschen auf der Strangwaschmaschine oder der Breitwaschmaschine (S. 281) unter Anwendung entsprechender Waschmittel (üblicherweise Seife und Soda) geschieht.

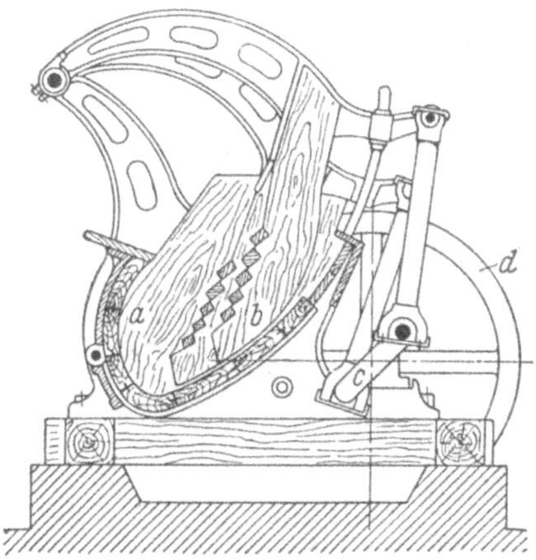

Abb. 127. Hammerwalke, schematisch (Quade).

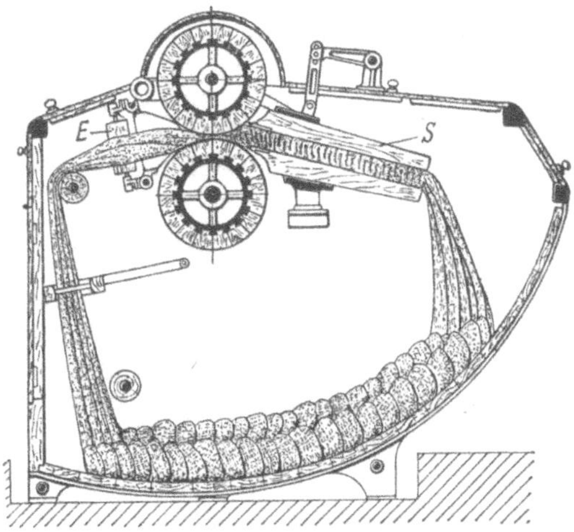

Abb. 128. Zylinderwalke, schematisch (Quade).

Kombinierte Wasch- und Walkmaschine. Im Interesse der Abkürzung des Ausrüstungsverfahrens hat man neuerdings Maschinen entwickelt, welche die Durchführung der beiden Arbeitsgänge des Waschens und Walkens auf ein und derselben Einrichtung gestatten.

η) *Fixierverfahren* (*Brennen, Dekatieren*)

Die Wolle besitzt neben den andern Keratinfasern (Haaren) die Eigenschaft, daß sie in feuchtwarmem Medium *formbar* wird und daß die Verformung durch genügend lange Einwirkung des Verformungsmittels eine dauernde wird. Dies hängt damit zusammen, daß beim Dämpfen sowie bei der Behandlung mit heißem Wasser die Querbindungen in gewissem Umfang gespalten werden, so daß die Verformung erleichtert wird. Bei längerer Einwirkung von Feuchtigkeit und Hitze bilden sich neue Querbindungen, wodurch der Verformungszustand eine Fixierung erhält. Nach der Entfernung der Feuchtigkeit bilden sich die durch das Wasser gelösten Salzbindeglieder und Wasserstoffbrücken wieder zurück, so daß die Fixierung erhöht wird, wenn die verformenden Kräfte erst nach Trocknung und Abkühlung beseitigt werden (vgl. S. 261).

Von dieser Verformungs- und Fixiermöglichkeit macht man im Rahmen der Appretur wollener Textilien gerne Gebrauch, sei es, daß dadurch eine bestimmte Faserlage (Strichlage) fixiert werden soll, sei es, daß Gewebe eine krumpffreie Ausrüstung erhalten sollen. Ganz allgemein dienen solche Verfahren dazu, wollene Gewebe zu Beginn der Ausrüstung gegenüber den weiteren Naßveredlungsoperationen widerstandsfähiger zu machen oder eventuell im Rahmen der Veredlung eingetretene Faltenbildungen zu beseitigen.

Unter diesen Umständen stellen die Fixierverfahren Ausrüstungsmethoden dar, die es erlauben, einerseits die Ware schonend durch die weitere Veredlung zu führen und zum andern wollenen Textilien weitgehend gebrauchsbeständige Veredlungseffekte zu vermitteln.

Das Brennen (Krabben). Beim Brennen werden die Gewebe auf eine Holzwalze aufgewickelt, welche in heißem Wasser läuft, während eine zweite Walze als Druckwalze darüber angeordnet ist (*Brennbock*). Nach dem Rotieren in heißem Wasser wird das Gewebe von der ersten Walze auf eine „Verkühlwalze" abgezogen. Die Ware kann aber auch durch kaltes Wasser abgezogen und dann aufgewickelt werden. Die Temperatur des Heißwassers soll möglichst hoch sein, richtet sich aber bei Farbwaren nach der Echtheit der vorhandenen Färbungen.

Der Brennbock (Abb. 129) findet allgemein zur Fixierung der Tuche Verwendung. Bei im Stück zu färbenden Geweben hat das Brennen vor allen Dingen die Aufgabe, ein im Zusammenhang mit dem Färben etwa auftretendes stärkeres Ein-

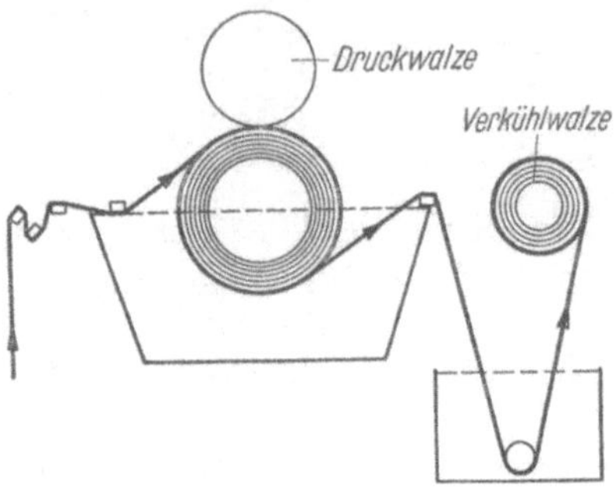

Abb. 129. Brennbock, schematisch.

laufen zu verhindern sowie der Filztendenz der Wollfasern und der Knitterbildung des Gewebes entgegenzuwirken. Sind bei irgendeinem Veredlungsprozeß (Waschen, Walken) Falten und Knitter in die Ware gelangt, so besteht die Möglichkeit, diese auf dem Brennbock zu beseitigen, da das formbar gewordene Fasermaterial unter dem Einfluß der Druckwalze geglättet werden kann.

Unter Berücksichtigung der oben gemachten Ausführungen (S. 268) läßt sich das Formen und Fixieren auch bei niederer Temperatur vornehmen, wenn man beispielsweise die Wolle zunächst reduktiv behandelt und anschließend zum Zweck der Fixierung die Disulfidbindung durch Oxydationsmittel (H_2O_2) wieder regeneriert. An Stelle von Oxydationsmitteln können auch Salze mehrwertiger Metalle oder bifunktionelle Produkte (S. 264f.) Verwendung finden, wobei an die Stelle der ursprünglichen Disulfidbindung eine neuartige Querbindung tritt (*Speakman*). Praktisch haben sich diese Methoden bis jetzt – vor allem aus wirtschaftlichen Gründen – nicht durchgesetzt.

Das Dekatieren. Das Dekatieren dient im Prinzip den gleichen Zwecken wie das Brennen und wird in verschiedener Form ausgeführt.

Bei der *Naßdekatur*, welche die intensivste Fixiermethode darstellt, wird das Gewebe auf einen perforierten Zylinder aufgewickelt und anschließend heißes oder kochendes Wasser durch Zylinder und Ware gedrückt bzw. gesaugt, worauf mit kaltem Wasser abgeschreckt wird. Bei der *Trockendekatur* (Kesseldekatur) wird durch die auf einem perforierten Zylinder aufgewickelte Ware im geschlossenen Kessel trockener Dampf hindurchgepreßt, während bei der *Finishdekatur* eine Dekatur mit Feuchtdampf erfolgt.

Neuerdings wird die Dekatur auch auf *Kontinue-Einrichtungen* vorgenommen.

Die verschiedenen Dekaturmethoden werden ähnlich wie das Brennen in den Veredlungsprozeß eingeschaltet, wenn es sich darum handelt, eine wollene Ware in einem bestimmten Zustand zu fixieren. Die Finishdekatur stellt meist den Abschluß der Appretur von Wollgeweben dar, um sie krumpfecht zu machen, um einen etwaigen auf der Muldenpresse erzeugten „Speckglanz" zu mildern oder um den Preßeffekt zu fixieren und damit „tropfenecht" zu machen.

Bei Farbwaren ist hinsichtlich der Art und der Temperatur des Fixierverfahrens der vorhandenen Farbechtheit Rechnung zu tragen.

Fixierung von Mischungen aus Wolle mit Polyester. Für leichte Sommerkleidung werden vielfach Tuche aus Wolle/Synthesefasern (Polyester) verwandt, deren Polyesterkomponente einer Fixierung bei höherer Temperatur bedarf. Üblicherweise wird die Fixierung auf dem Planrahmen mit Fixiereinrichtung bei ca. 185 °C während 30 sec ausgeführt.

ϑ) Die Entfernung pflanzlicher Bestandteile

Die Rohwolle enthält häufig pflanzliche Bestandteile wie Kletten, Stroh- und Futterteile (vgl. S. 275) sowie evtl. aus den Spinnmaschinen stammende Rückstände und „Flug" pflanzlicher Fasern, die den normalen Fabrikationsprozeß bzw. das endgültige Warenbild insofern stören, als sie sich beim Färben der Wolle mit Wollfarbstoffen nicht anfärben und damit den Warenausfall nachteilig beeinflussen können. Dies trifft insbesondere für in hellen Pastellfarben und in dunklen Tönen uni gefärbte Stückwaren zu, während es sich bei weniger empfindlichen Farben und namentlich bei gemusterten Waren nicht im gleichen Maß nachteilig auswirkt.

Die Entfernung der pflanzlichen Bestandteile spielt auch eine Rolle für die Verarbeitung von wollenen, mit Pflanzenfasern vermengten Spinnereiabfällen sowie bei der Aufarbeitung reißwollener Altmaterialien, die mit pflanzlichen Fasern (Nähte, Besätze usw.) vielfach durchsetzt sein können. Schwierig werden die Verhältnisse allerdings, wenn wollenes Altmaterial, das carbonisiert werden soll, gleichzeitig neben Pflanzenfasern auch synthetisches Fasermaterial enthält (vgl. S. 300).

In allen Fällen, in denen das Vorhandensein der pflanzlichen Bestandteile stört, müssen diese durch besondere Methoden entfernt werden. Dies kann entweder in der Flocke oder im fertigen Stück (bei Altmaterial in Form der Lumpen) geschehen, und zwar sowohl auf mechanischem als auch auf chemischem Wege. Bei loser Wolle ist eine mechanische Entklettung angebracht, wenn diese verhältnismäßig wenig klettenhaltig ist und zusätzlich einem Kämmprozeß (S. 249) unterworfen wird. Das Kämmen beseitigt die pflanzlichen Beimengungen weitgehend, so daß Kammgarnartikel seltener carbonisiert zu werden brauchen. Das mechanische Entkletten geschieht auf besonderen Klettenwölfen und wird sonst von der Krempel- und Kämm-Maschine besorgt. Für stark klettenhaltige Wollen kommt nur die chemische Abtrennung (*Carbonisation*) in Frage. Das gleiche gilt naturgemäß auch für Reißwollen und für die Aufarbeitung von Spinnereiabfällen.

Bei Stückwaren, die nur wenig verunreinigt sind und die weiterhin einen Carbonisierprozeß in preislicher Hinsicht nicht vertragen, behilft man sich in der Weise, daß man die gröbsten Partikelchen mit der Pinzette (Noppeisen) entfernt und die übrigen Verunreinigungen mit Nopptinktur, Noppkreide oder mit dem Noppstift anfärbt. Bei stärker verunreinigten Geweben, die preislich eine besondere Prozedur vertragen und sorgfältigst gereinigt werden müssen, erfolgt die Entfernung auf chemischem Wege durch die Carbonisation.

Die Carbonisation. Das Carbonisieren beruht darauf, daß man die zu reinigenden Wollen einer Säurebehandlung unterwirft, nach welcher die abgebauten und zu Pulver zerfallenen Cellulosebestandteile auf mechanischem Wege abgetrennt werden können (vgl. S. 270). Die Wolle selbst wird bei dieser Behandlung praktisch nur wenig beeinflußt, sofern nicht zu scharfe Carbonisierbedingungen – dies gilt namentlich für die Schwefelsäurekonzentration sowie die Brenntemperatur und Brenndauer – angewandt werden. Man bemißt die Carbonisierbedingungen so, daß die Cellulosebestandteile so weit hydrolytisch abgebaut werden, daß sie ausgeklopft oder ausgebürstet werden können.

Von den für die Carbonisation in Frage kommenden Säuren übt Schwefelsäure einen geringeren Einfluß auf die Wollfaser aus als Salzsäure, welch letztere ihrerseits wieder eine schnellere Einwirkung auf die pflanzlichen Bestandteile entfaltet.

Bei der Schwefelsäurecarbonisation tritt manchmal durch die wasserentziehende Wirkung der Schwefelsäure eine gewisse Verkohlung (Carbonisation) der Pflanzenbestandteile ein; die ausgeschiedenen Kohleteilchen können aber durch Ausbürsten entfernt werden.

Das Carbonisieren mit Schwefelsäure. Die zu carbonisierende Ware wird in einer Schwefelsäure von 4–6 °Bé (4,5–6,7 %ig) bei Raumtemperatur getränkt. Die Zeitdauer des Tränkens kann zwischen $^1/_2$ und 3 Std. betragen und hängt davon ab, ob lose Wolle, leichtere oder schwerere Stückware carbonisiert werden. Setzt man der Carbonisierflotte ein säurebeständiges Netzmittel zu (S. 770), so kann deren Konzentration auf $2^1/_2$–3 °Bé (ca. 3–3,5 %ig) herabgesetzt und ihre Einwirkungsdauer beträchtlich vermindert werden. Nach dem Tränken wird die überschüssige Schwefelsäure abgeschleudert und anschließend wird „gebrannt". Das Brennen geschieht in einer entsprechenden Trockenvorrichtung bei etwa 100 °C, wobei die Zerstörung der pflanzlichen Bestandteile erfolgt. Nach dem Brennen wird lose Wolle auf dem *Klopfwolf* (Shaker) behandelt, wobei die Pflanzenteile pulverförmig herausfallen. Stückware wird durch eine *Rumpel*, welche nach Art einer Zylinderwalke gebaut, zusätzlich aber mit Riffelwalzen versehen ist, genommen, wobei die Celluloseanteile zu Staub zerrieben werden. Anschließend wird gewaschen, neutralisiert und gründlich gespült. Starkes Rauhen ersetzt das Rumpeln, ebenso ein Färben nach dem Carbonisieren. Neutralisieren kann entfallen, wenn anschließend stark sauer gefärbt wird; liegt das pH allerdings unter 2, stumpft man mit Natriumacetat ab.

Das Carbonisieren von Stückwaren kann entweder „im Strang" erfolgen in der Weise, daß man das an beiden Enden zusammengenähte Gewebe endlos auf der Haspelkufe behandelt, anschließend die überschüssige Schwefelsäure durch Abquetschen und Zentrifugieren entfernt und im *Carbonisierofen* brennt. Das Tränken und die Entfernung der überschüssigen Säure kann – wenn wegen eventueller Knitterung notwendig – auch *in breitem Zustand* kontinuierlich vorgenommen werden. Die Einrichtungen für die Carbonisation müssen aus säurefestem Werkstoff bestehen oder mindestens mit solchem ausgekleidet sein.

Manche Gewebe, namentlich Kammgarnstoffe, besitzen „Zierleisten" aus pflanzlichen Fasern, welche bei der Carbonisation zerstört würden. Zu ihrem Schutz werden diese vor dem Einlaufen in den Carbonisierofen mit Kombinationen aus Sodalösung, Wasserglas und Schlämmkreide von Hand bestrichen, was aber auch maschinell durch sogenannte Leisten-Neutralisiervorrichtungen geschehen kann.

Das Carbonisieren von Stückwaren kann *vor oder nach dem Färben* erfolgen. Im letzteren Falle müssen *carbonisierechte* Farbstoffe ausgewählt werden. Carbonisiert man vor dem Färben, dann ist sorgfältigst darauf zu achten, daß die Carbonisation *völlig gleichmäßig* erfolgt, da das Carbonisieren die Affinität der Wollfaser zu den Farbstoffen verändert und eine ungleiche Einwirkung daher zu ungleichmäßigem Anfärben führen würde. Es ist mit eine Aufgabe des Carbonisiernetzmittels, ein gleichmäßiges Netzen und Durchdringen der zu carbonisierenden Waren zu gewährleisten. Auch stellenweises Antrocknen säuregetränkter Ware oder lokale Sonnenbelichtung ist zu vermeiden.

H. Zahn und *E. Hille* stellten fest, daß die Wolle beim Carbonisieren durchschnittlich 20% des Tryptophan-Bausteins verliert. Die beiden Autoren fanden weiterhin, daß beim Brennen einige Peptidgruppen des eingebauten Serins und Threonins in Esterbindungen umgelagert werden, daß sich die Ester beim Neutralisieren aber wieder teilweise (zu $^2/_3$) in Peptidbindungen zurückverwandeln (*N,O-Peptidyl-Verschiebung*):

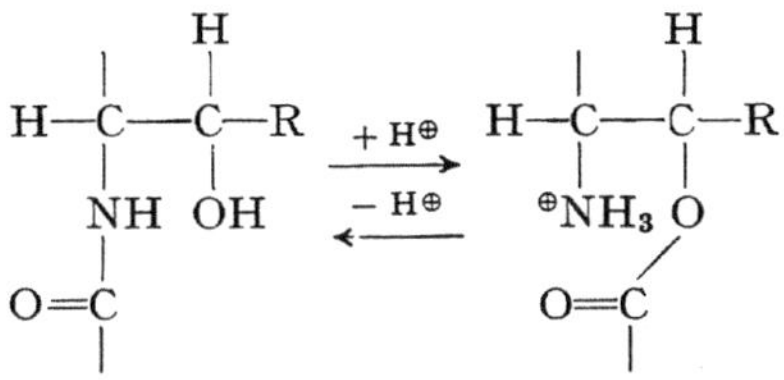

N-Peptidyl O-Peptidyl

Bei intensiver Schwefelsäureeinwirkung – namentlich bei höherer Temperatur – können Sulfaminsäuren entstehen, welche die Affinität der Wolle zu Säurefarbstoffen herabsetzen:

$$W \cdot NH_2 + H_2SO_4 \rightarrow W \cdot NH \cdot SO_3H + H_2O$$

Die Salzsäure-Carbonisation (Trockencarbonisation). Das Carbonisieren mit Salzsäure wird nicht mit wäßrigen Lösungen, sondern mit Chlorwasserstoffdämpfen ausgeführt, da die ersteren die Wollfasern zu sehr angreifen. Der Vorteil der Salzsäurecarbonisation besteht darin, daß sie verhältnismäßig rasch arbeitet, die Farbe gefärbter Wolle nicht verändert, keine Verkohlung bewirkt und bei Altmaterialien vor allem die Nähte rasch und vollkommen durchdringt. Sie ist weiterhin mit geringeren Kosten verbunden, so daß sie namentlich für die Aufbereitung von Altmaterial in Frage kommt. Fasern aus Acetylcellulose widerstehen der Carbonisation mit Chlorwasserstoff.

Das Carbonisieren mit Aluminiumchlorid. Die Aluminiumchloridcarbonisation erfolgt durch Tränken mit 6–8 °Bé starken Lösungen (6–8%ig), Schleudern, Brennen bei 80–100 °C, Waschen, Neutralisieren und Spülen. Bei der Carbonisation bildet sich Aluminiumhydroxid auf der Faser, woran die mit Aluminiumchlorid carbonisierten Wollen erkannt werden können. Der Vorteil dieser Carbonisiermethode liegt einmal darin, daß sie die Farben nicht verändert, und beruht zum andern darauf, daß Acetatfasern gegen die Carbonisierflotte beständig sind, so daß auf diese Weise auch acetatzellwollhaltige Artikel carbonisiert werden können.

Von dem Prinzip der Aluminiumchloridcarbonisation macht man auch bei der Herstellung der *Luftspitzen* Gebrauch. Hierbei werden die Stickereien auf einem aus Pflanzenfasern bestehenden Grundgewebe, welches mit Aluminiumchloridlösung imprägniert wurde, ausgeführt. Nach Fertigstellung der Stickerei wird das Grundgewebe durch „Ausbrennen" entfernt. (Neuerdings verwendet man als Grundgewebematerial auch die leicht alkalilösliche *Alginatfaser* [S. 240].)

ι) Das Trocknen und die mechanische Ausrüstung

Das Trocknen. Das Trocknen wollener Textilien kann grundsätzlich in gleicher Weise geschehen, wie dies für die Pflanzenfasern beschrieben ist (S. 157ff.). Es ist lediglich zu beachten, daß Wolle gegen höhere Temperaturen empfindlich ist und durch heißes Trocknen in ihrer Qualität nachteilig beeinflußt wird. Unter diesen Umständen wird bei mäßigen Temperaturen im Warmluftstrom getrocknet. Wollene Gewebe werden grundsätzlich nicht auf Zylindertrockenmaschinen, sondern auf Warmlufteinrichtungen (Spannrahmen) getrocknet. Vor dem Trocknen wird die Hauptmenge der enthaltenen Feuchtigkeit durch Schleudern oder Absaugen entfernt (s. S. 156).

Das Rauhen (vgl. S. 167). Das Rauhen ist ein bei wollenen Geweben vielfach angewandter Ausrüstungsprozeß, da man damit den Warencharakter in weiten Grenzen variieren kann. Das Rauhen erzeugt eine mehr oder weniger moosige oder flaumige Oberfläche, welche dem Tuch einen weichen Griff verleiht und außerdem dessen Wärmeisoliervermögen erhöht. Streichgarnartikel werden mehr gerauht als solche aus Kammgarn, da letztere meist mit glatter Oberfläche, welche die Bindung klar erkennen läßt, in den Handel kommen. Besonders stark gerauht werden Flauschmantelstoffe, Loden sowie Schlafdecken. Der aufgerauhte Faserflor kann entweder in vertikaler Lage verbleiben oder er wird an die Gewebeoberfläche angebürstet bzw. angestrichen und in horizontaler Lage fixiert (Strichtuche S. 285).

Bei starken Rauheffekten strapaziert das Rauhen die Ware besonders in Schußrichtung. Im Interesse eines leichteren Rauhens wird daher vielfach in nassem Zustand gerauht, so daß die Faserenden leichter aus dem Gespinstverband herausschlüpfen, ohne abgerissen zu werden.

Als Rauhorgane benutzt man entweder sogenannte *Rauhkarden* (eine hierfür besonders geeignete Distelart) oder *Metallkratzen* in Form gewinkelter Drahthäkchen, welche widerstandsfähiger sind als die einem großen Verschleiß unterliegenden Kardendisteln. Namentlich für starke Rauheffekte wird man vorteilhaft die Kratzenrauhmaschine verwenden.

Beim Trockenrauhen können die Metallkratzen aus Stahl gearbeitet sein, während solche zum Naßrauhen zweckmäßigerweise aus Kupfer, Messing oder einem sonstigen korrosionsbeständigen Metall bestehen.

Bei den *Kardenrauhmaschinen* sind die Karden entweder auf Spindeln drehbar auf dem Rauhtambour angebracht (Rollkardenrauhmaschine), oder sie können fest auf den Stäben des Rauhtambours montiert sein (Stabkardenrauhmaschine). Die ersteren erzeugen, da die Rauhkarden schräg arbeiten und daher auch den Kettfaden anrauhen, eine stehende, gleichmäßig wirre Haardecke, während die letzteren für die Erzeugung einer im Strich liegenden Haardecke bestimmt sind (Strichtuche).

Die *Kratzenrauhmaschine* kann als Rollkratzenrauhmaschine konstruiert sein oder in der Weise, daß der Tambour abwechselnd mit rotierend gelagerten Kratzenwalzen und fest verankerten Rauhstäben besetzt ist, so daß der erzeugte Flor jeweils sofort in Strich gelegt wird (Strichkratzenrauhmaschine).

Das Rauhen wollener Gewebe wird auch angewandt, wenn diese anschließend gewalkt werden sollen, ohne einen Rauhflor aber keinen genügenden Walkeffekt liefern würden. Weiterhin ist das Rauhen notwendig, wenn auf einer Ware sogenannte Ratiné-Effekte (S. 292) erzeugt werden sollen.

Das Scheren. Die aus der Gewebeoberfläche abstehenden Faserenden sind meist ungleich lang, was ein unschönes und unregelmäßiges Gewebebild verursacht. Die Faserenden werden daher durch Scheren auf die gleiche Länge gestutzt oder völlig abgeschoren (Kahlscheren), welch letzteres vielfach für Kammgarngewebe in Frage kommt, bei denen die Musterung unverschleiert in Erscheinung treten soll. Auch bei Rauhwaren dient das Scheren dazu, sämtliche Fasern des Rauhflors auf die gleiche Länge zu kürzen.

Als Scherorgan findet ein schnell rotierender Zylinder Verwendung, auf dem die Schermesser spiralförmig angeordnet sind. Das zu scherende Gewebe läuft über einen keilförmigen Schertisch, wobei die Haare zwischen Scherzylinder und Untermesser abgeschnitten werden (Abb. 130). Das Führen über den keilförmigen Schertisch hat in Verbindung mit einem vorhergehenden Bürsten den Zweck, die Haare in aufgerichteter Form den Scherorganen anzubieten. Im Interesse eines gleichmäßigen Schnitts wird die erforderliche Schertiefe nicht in einer Passage, sondern in mehreren Schnitten erreicht. Die in der Tuchindustrie meist angewandten Schermaschinen sind *Längs-*

schermaschinen, bei denen das Scheren kontinuierlich in Kettrichtung erfolgt im Gegensatz zu der Arbeitsweise der *Querschermaschinen*, welche diskontinuierlich in Schußrichtung arbeiten und meist zum Scheren von kleineren Musterstücken verwandt werden.

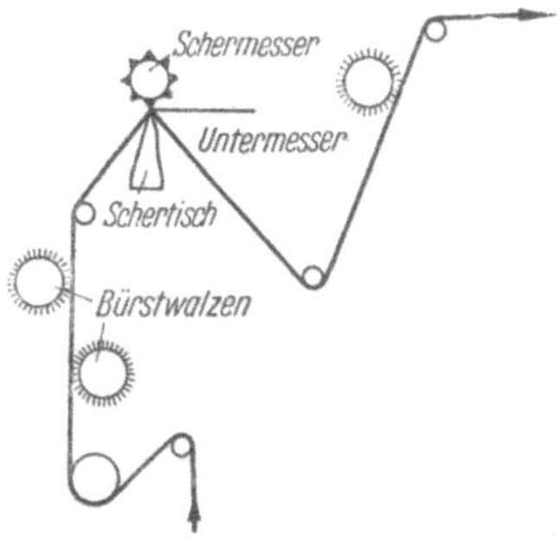

Abb. 130. Längsschermaschine, schematisch.

Das Sengen. Soll der aus der Gewebeoberfläche abstehende Faserflaum vollständig entfernt werden, dann kann dies durch Sengen geschehen (S. 50), falls eine nichtgefärbte Ware vorliegt bzw. die Farbe des Gewebes das Sengen verträgt.

Das Pressen. Das Pressen hat die Aufgabe, wollenen Geweben einen gewissen Glanz und Glätte zu geben sowie eventuell vorhandene Falten zu beseitigen. Gleichzeitig verschwindet ein etwaiger lappiger Charakter, und das Gewebe bekommt „Stand". Die in der Baumwollausrüstung üblichen schweren Kalander (S. 165) kommen für die Ausrüstung wollener Gewebe im allgemeinen nicht in Frage, da diese einen voluminösen Charakter behalten sollen.

Die beiden für das Pressen üblichen Einrichtungen sind die *Muldenpresse* und die *Spanpresse*. Bei der Muldenpresse wird die Ware zwischen einer heizbaren Stahlwalze und einer ebenfalls heizbaren Mulde (meist aus Messing bestehend) hindurchgeführt. Der Druck zwischen Walze und Mulde kann variiert werden. Da die Mulde fest steht, erhält die gegen die Mulde zugekehrte Warenseite auf Grund des reibenden Drucks (Friktion) Glanz. Vor den Preßorganen ist, um den Preßeffekt zu erhöhen, eine Dämpfvorrichtung angebracht (Abb. 131).

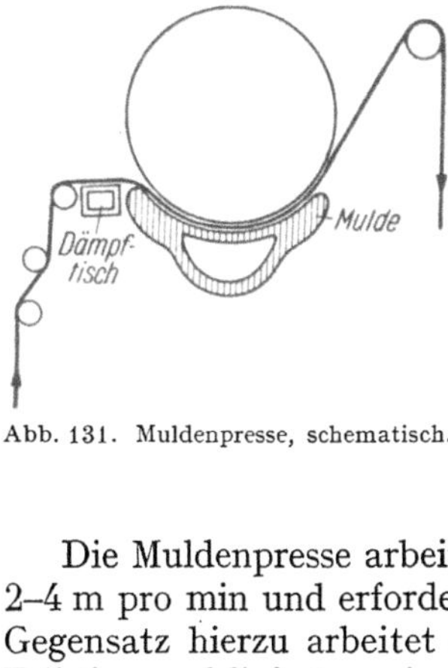

Abb. 131. Muldenpresse, schematisch.

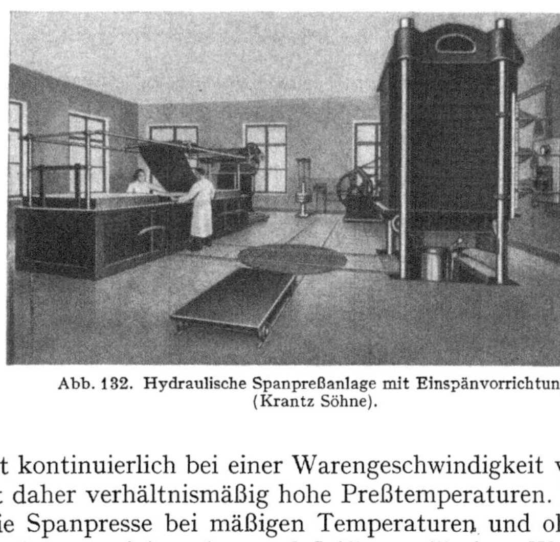

Abb. 132. Hydraulische Spanpreßanlage mit Einspänvorrichtung (Krantz Söhne).

Die Muldenpresse arbeitet kontinuierlich bei einer Warengeschwindigkeit von 2–4 m pro min und erfordert daher verhältnismäßig hohe Preßtemperaturen. Im Gegensatz hierzu arbeitet die Spanpresse bei mäßigen Temperaturen und ohne Friktion und liefert so eine in bezug auf Aussehen und Griff vorteilhaftere Ware.

Sie arbeitet aber diskontinuierlich und macht eine lange Preßdauer notwendig, so daß sie im allgemeinen nur für feine, hochwertige Artikel in Betracht kommt. Das Pressen geschieht in der Weise, daß die Tuche in Lagen getafelt werden, wobei man zwischen die einzelnen Lagen Preßspäne einführt; der Preßstapel wird anschließend einem hohen hydraulischen Druck unterworfen (Abb. 132). Da an den Kanten der einzelnen Lagen keine Pression stattfindet und diese daher keinen Glanz annehmen, muß zwischendurch „umgespänt" und nochmals gepreßt werden. Das Pressen nimmt etwa 2mal 8 Std. in Anspruch.

Um die Preßwirkung zu forcieren, kann man die Preßspäne in Preßspan-Wärmemaschinen vorwärmen oder diese durch in den Span selbst eingeführte elektrische Heizelemente während des Pressens erwärmen.

Das Shrinken. Das Shrinken ist ein in der englischen Tuchausrüstung beliebter Arbeitsprozeß und besteht in einem Eintafeln bzw. Einhängen der wollenen Gewebe zwischen nasse Tücher während 12–24 Std., wobei die Wolle Gelegenheit hat, ihre im Laufe der Ausrüstung teilweise entzogene Naturfeuchtigkeit wieder aufzunehmen und so in ihren natürlichen Zustand wieder zurückzukehren. Das Shrinken kann auch in kontinuierlicher Weise oder auch durch ein Einnebeln mit feinstzerteiltem Wassernebel geschehen.

Im Interesse einer *optimalen Wollausrüstung* empfiehlt es sich, ein solches Einnebeln oder Shrinken nach jedem Trocken- und Heiß-Ausrüstungsprozeß (Trocknen, Pressen) von Wollgeweben einzuschalten und dann die Ware einige Zeit sich selbst zu überlassen, bis sie ihre Naturfeuchte wieder eingeholt hat. Die Ausrüstung wollener Gewebe beansprucht daher, wenn sie optimal sein soll, viel Zeit; die Ware erhält aber dadurch einen vorteilhaften Griff und eine bessere Gebrauchstüchtigkeit. Die geshrinkte Ware hält 3–4% mehr Feuchtigkeit fest als ein Tuch, welches ohne Shrinken ausgerüstet wurde.

Das Ratinieren. Soll ein durch Rauhen erzeugter Faserflor in bestimmter Weise zu Knötchen, Wellen oder Locken zusammengedreht werden, so geschieht dies durch Ratinieren. Das Gewebe wird hierzu zwischen einer festliegenden „Tischplatte" und einer darüber angebrachten beweglichen „Frottierplatte" hindurchgeführt. Die letztere besitzt auf ihrer Unterseite einen Überzug aus Sandpapier, Plüsch oder Gummi und kann je nachdem in kreisende, hin- und hergehende oder diagonale Bewegungen versetzt werden, wobei die abstehenden Fasern sich zu bestimmten wellen- oder lockenartigen Gebilden zusammendrehen.

κ) Spezielle chemische Appreturmethoden

Im Gegensatz zu der Baumwollappretur werden wollene Gewebe nur selten mit chemischen Appreturmassen versehen, um ihnen Stand, Fülle und Beschwerung zu erteilen. Man beschränkt sich meist darauf, die erforderlichen Effekte mit mechanischen Methoden, welche der Wollfaser ihre vorteilhaften Eigenschaften belassen, zu erreichen. Lediglich bei leichten Damenkleiderstoffen kommen Gelatine, Leim oder Celluloseäther zur Verwendung, um diesen Artikeln ihren lappigen Charakter zu nehmen und ihnen etwas Stand zu geben. Gelegentlich werden diese auch durch hygroskopische Mittel (Glycerin, Glucose, Calciumchlorid, Zinkchlorid) enthaltende Appreturmassen beschwert.

Für spezielle Fälle, wie z.B. die wasserabweisende Imprägnierung, finden ebenfalls entsprechende chemische Methoden Verwendung. Für die Fixierung von Falten, Plissees usw. sowie für die filzfreie Ausrüstung von wollenen Textilien werden ebenfalls chemische Methoden angewandt.

Die wasserabweisende Imprägnierung. Die wasserabweisende Imprägnierung spielt bei wollenen Geweben, namentlich bei der Ausrüstung von Regenmantelstoffen, eine große Rolle. Grundsätzlich kommen hierfür die gleichen Produkte und Methoden in Betracht, wie sie für Baumwolle angegeben sind. Man kann also nach dem Zweibadverfahren wasserabweisende Aluminiumseife erzeugen oder das Imprägnieren mit Paraffinemulsionen einbadig vornehmen (s. S. 124).

Auch die Verfahren der waschbeständigen Imprägnierung (z.B. Persistol-, Silikon-, Hydrophobol-, Velan-, Inflosverfahren) lassen sich anwenden. Während bei Anwendung des Velan- und Inflosverfahrens bei der Cellulose die alkoholischen Hydroxylgruppen reagieren, treten bei der Wolle die Aminogruppen gemäß nachstehenden Formulierungen in Reaktion, wobei sich allerdings auch vom Serinbaustein herrührende Oxygruppen beteiligen können:

Reaktion mit Velan (Umsetzung der Wolle mit Octadecyl-oxymethyl-pyridiniumchlorid in Gegenwart von Natriumacetat):

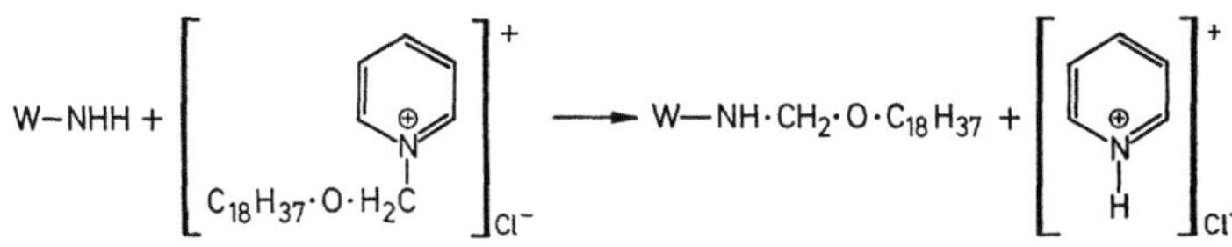

W = Wolle

Reaktion mit Isocyanaten (Inflosverfahren):

$$R{-}N{=}C{=}O + HNH{-}W \rightarrow C(NHR)(=O)(NHW)$$

Während bei der Cellulose Urethane entstehen, bilden sich bei der Wolle Harnstoffabkömmlinge. (Da nicht unter Wasserausschluß gearbeitet wird, ist allerdings vorwiegend die Bildung von Polyharnstoffderivaten anzunehmen.)

Die wasserdichte Ausrüstung einschließlich der *Beschichtungen* kann man nach den für Baumwolle beschriebenen Methoden vornehmen (s. S. 109f.).

Das Mottensichermachen (vgl. S. 794). Einen beschränkten Mottenschutz bieten solche Mittel, welche auf Grund ihres hohen Dampfdrucks eine toxisch wirkende Gasatmosphäre erzeugen. Als solche kommen Naphthalin, Kampfer sowie gewisse Halogenkohlenwasserstoffe wie p-Dichlorbenzol (Globol), Perchloräthan, Trichlorbenzol usw. in Frage. Der Schutz ist aber nur dann ein zuverlässiger, wenn in der Gasatmosphäre eine genügend hohe Konzentration herrscht. Neben diesen Atemgiften spielen gewisse Kontaktgifte eine Rolle.

Ein dauernder und sicherer Schutz kann durch eine chemische Bindung geeigneter Mottenschutzmittel an die Faser, z.B. durch „*Eulanisieren*" erzielt werden. In historischer Beziehung sind verschiedene Eulantypen zu nennen, so das Eulan neu, bei welchem es sich um ein Triphenylmethanderivat handelt, sowie das Eulan NK, in welchem als wirksamer Bestandteil ein Phosphoniumhalogenid vorliegt:

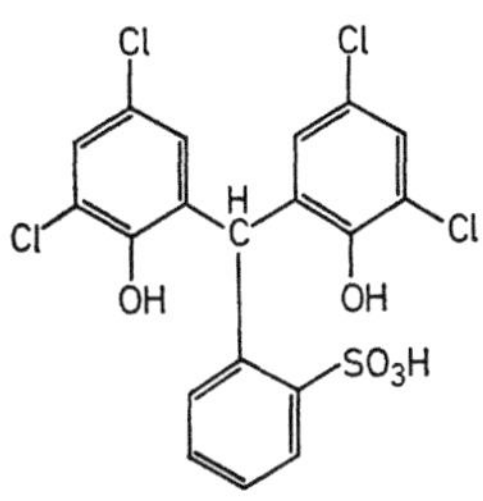

Eulan neu
Tetrachlor-dioxy-sulfo-triphenylmethan

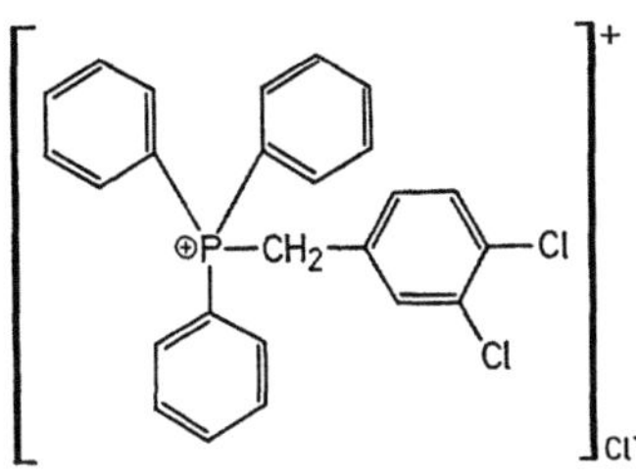

Eulan NK
Triphenyl-3,4-dichlorbenzyl-phosphoniumchlorid

Das Eulan neu verhält sich der tierischen Faser gegenüber wie ein Säurefarbstoff und wird daher aus kochenden Flotten in einer Menge von 3% pro Warengewicht auf die Wollfaser „aufgefärbt", wobei es praktisch vollkommen auszieht. Die Echtheitseigenschaften entsprechen damit einer sauren Wollfärbung. Das Eulanisieren kann gleichzeitig mit dem Färben erfolgen.

Eulan neu übt auf die Wollfaser gleichzeitig eine gewisse Gerbwirkung aus, so daß eulanisierte Fasern einen gewissen Schutz gegen hydrolytische Einflüsse besitzen.

Das Eulan NK wird von tierischen Fasern auch schon bei gewöhnlicher Temperatur aufgenommen und eignet sich daher besonders zur Nachbehandlung bereits gefärbter wollener Textilien. Die optimale Anwendungstemperatur, welche zu einer guten Waschechtheit führt, liegt indes bei 60–70 °C.

Zur mottenechten Ausrüstung von Fertigwaren oder Kleidungsstücken, die eine Naßbehandlung nicht vertragen, ist das Eulan BL vorgesehen, bei welchem die wirksame Substanz (3,4-Dichlor-benzolsulfo-methylamid) in einem organischen Lösungsmittel gelöst ist, so daß dieses Produkt für den Chemisch-Reiniger von erhöhter Bedeutung ist.

Neuere Eulanmarken sind auf *Sulfonamid-* und *Sulfanilidbasis* aufgebaut (S. 797), so das Eulan WA neu, das Eulan BLS konz. und das Eulan U 33.

Ein in seiner Wirkung und Anwendungsart dem Eulan neu entsprechender Körper ist das *Mitin FF*, ein substituiertes Harnstoffderivat der nachstehenden Form (S. 796):

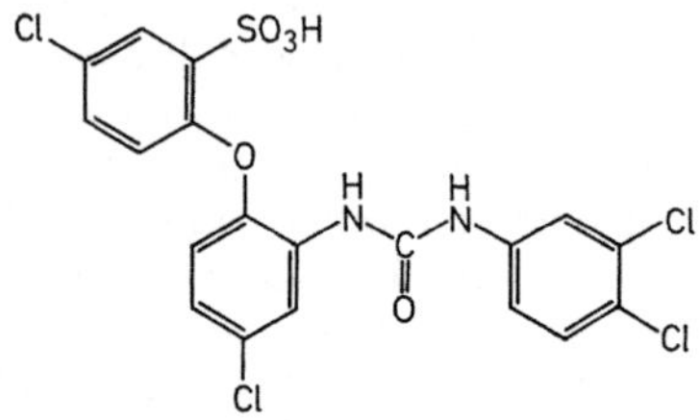

Mitin FF

Sehr wirksam hat sich auch das *Dieldrin* (Mischung aus chlorierten Kohlenwasserstoffen) erwiesen (S. 797).

Farbstoffe mit Mottenschutzwirkung. Man hat versucht, Mottenschutzmittel mit Farbstoffen zu kombinieren, um der Wolle durch einfaches Färben Mottenschutz zu erteilen (*H. Stötter*). So kann man z.B. ein aminogruppenhaltiges Eulan, nämlich die 3,3',5,5'-Tetrachlor-2,2'-dihydroxy-4''-amino-triphenylmethan-2''-sulfosäure diazotieren und mit entsprechenden Komponenten zu Azofarbstoffen kuppeln:

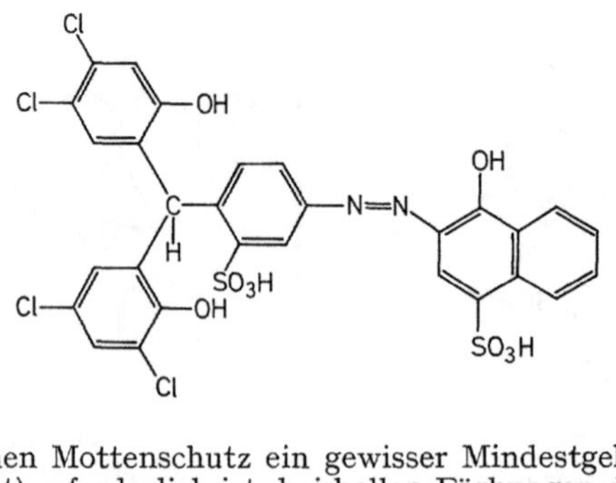

Da für einen wirksamen Mottenschutz ein gewisser Mindestgehalt an Schutzmitteln (3% pro Warengewicht) erforderlich ist, bei hellen Färbungen demnach nur ein mangelhafter Schutz besteht, werden die betreffenden Farbstoffe praktisch nicht verwendet.

Mottenschutz durch Einbau von Querbindungen. Auch durch Ersatz bzw. Ergänzung der Cystinbrücken durch beständige Brückenglieder läßt sich ein Mottenschutz erreichen (S. 268). Die Wirkung beruht vermutlich darauf, daß die Verdauung des Keratins durch die Mottenlarve unter vorausgehender Reduktion zur Thioalkoholverbindung (S. 257) unter Brückensprengung erfolgt, welch letztere bei einer beständigen Brücke nicht möglich ist. Die Mottenlarve produziert ein Fermentsystem, das aus einer Protease und einem reduzierend wirkenden Enzym besteht, deren Zusammenwirken eine Verdauung des Keratins auslöst.

Schmutzabweisende Ausrüstung. Im Prinzip können bei der Wolle die für Baumwolle üblichen Methoden der schmutzabweisenden Ausrüstung Verwendung finden (vgl. S. 151).

λ) *Die filzfreie Ausrüstung der Wolle*

Da wollene Artikel in der Wäsche zum Filzen neigen und solche Artikel daher ihre Paßform und ihr äußeres Warenbild verlieren, ist man bestrebt, bei der Wäsche stark beanspruchte wollene Textilien (z. B. Strümpfe) filzfrei auszurüsten.

Nach den über das Filzen der Wolle erörterten Zusammenhängen (s. S. 272) wird das Filzvermögen vermindert bzw. ganz ausgeschaltet, wenn die Schuppen entfernt bzw. ihrer normalen Funktionsfähigkeit beraubt sind, oder wenn Fasersteifigkeit oder Faserreibung so groß werden, daß ein Veschlingen und Verknoten oder ein Gleiten der Fasern stark behindert ist.

Eine solche Beeinflussung der Wollfaser erreicht man u.a. durch eine Behandling mit Oxydationsmitteln wie Chlor, Brom, Hypochloriten und Kaliumpermanganat sowie mit Sulfurylchlorid, alkoholischer Kalilauge usw. Auch eine Behandlung mit Kunststoffen führt zu einem Filzfreieffekt, da durch den filmartigen Kunststoffüberzug eine „Maskierung" der Schuppen eintritt und die Fasern gleichzeitig eine gewisse Versteifung erfahren. Da teilweise auch eine Verklebung von Fasern aneinander erfolgt, wird dadurch weiterhin die Beweglichkeit, d.h. die wurzelwärtige Wanderung der Wollfasern, behindert.

Nach neuesten Untersuchungen von *H. Meichelbeck* über die *chemischen Zusammenhänge* des Filzens und Nichtfilzens der Wolle ist die Erzeugung von ionisierten (hydrophilen) Gruppen (durch Cystinspaltung) in der Schuppenschicht für die Wirksamkeit einer Antifilzausrüstung entscheidend, da die Wollfasern durch die ionischen und dadurch wasserbindenden Gruppen voneinander getrennt werden und so die Filzfähigkeit einbüßen.

Durch die Hydrophilierung wird die Faseroberfläche hydratisiert und gleichzeitig plastifiziert. Dadurch nimmt die Differenz der Reibung in beiden Faserrichtungen ab bzw. verschwindet ganz.

Ist die Wolle in hydrophobem Zustand, dann können in Wasser die Einzelfasern eng aneinanderliegen; nur in diesem Zustand können sich die das Filzen auslösenden Faktoren auswirken.

Das Chloren (Chlorieren). Das für die filzfreie Ausrüstung meist angewandte Verfahren besteht in einem Chloren der Wollfaser. Dieses kann entweder mit wäßrigen Hypochloriten in saurem oder schwach alkalischem Medium oder mit Chlorwasser vorgenommen werden. Schließlich ist auch eine Behandlung mit gasförmigem Chlor (5%ige Mischungen von Chlor mit Luft) mit Erfolg anwendbar. Die saure Naßchlorierung führt leichter zu Unegalitäten der angeschlossenen Färbung als die alkalische Behandlung, wohingegen die saure Behandlung eine gegenüber der alkalischen geringere Verfärbung (Gelbstich) der Wolle auslöst.

Neben einer gewissen Substitution der Wasserstoffatome der Aminoextragruppen durch Chlor unter Bildung von Chloraminen führt die Behandlung zu einer

Spaltung eines Teils der Disulfidbrücken, die nach dem Schema:

$$R{-}CH_2{-}S{-}S{-}CH_2{-}R \rightarrow R{-}CH_2{-}SO_3H + HO_3S{-}CH_2{-}R$$

verlaufen kann (vgl. S. 256).[1]

Nach der Chlorbehandlung wird zur Entfernung des restlichen Chlors mit Natriumbisulfit gespült. Bei vorsichtiger Chlorierung tritt keine wesentlich nachteilige Veränderung der Fasereigenschaften ein. Unter intensiveren Bedingungen wird allerdings durch die teilweise Eliminierung der Disulfidbrücken die Quellfähigkeit sowie die Löslichkeit in Alkalien und Säuren erhöht, so daß die Naßfestigkeit eine gewisse Abnahme erfährt. Durch eine Nachbehandlung mit Chromsalzen, welche eine gerbende Wirkung ausüben, kann diese nachteilige Beeinflussung einigermaßen behoben werden. Bei sehr intensiven Chlorierungsbedingungen kann die Oxydation zu einer Spaltung der Peptidbindungen und damit zu einer mehr oder weniger großen Faserschädigung führen.

Da das Chloren das Quell- und Netzvermögen der Faser erhöht, zeigt die gechlorte Wolle eine erhöhte Aufnahmefähigkeit für Farbstoffe. Auf Grund des schnellen Aufziehvermögens ist somit beim Färben gechlorter Wolle Vorsicht geboten und daher mit möglichst gut egalisierenden Farbstoffen zu färben. Es scheint indes so zu sein, daß lediglich die Initialadsorption eine größere ist, daß aber bei längerem Kochen auf Grund der loseren Bindung der Farbstoffe ein besseres Ausegalisieren möglich ist als bei nichtchlorierter Wolle. Damit im Zusammenhang steht auch die geringere Naßechtheit der Färbungen auf gechlorter Wolle. Wird nach dem Färben gechlort, dann müssen die verwendeten Farbstoffe chlorecht sein. Wollwaren, die für den Druck bestimmt sind, werden grundsätzlich gechlort, um sie für den Druckprozeß farbaufnahmefähiger zu machen (s. S. 714).

Bei entsprechender Lenkung der Chlorierungsbedingungen erhält die Wolle einen seidenartigen Glanz und einen knirschenden Griff (*Seidenwolle*).

Eine schwache Chlorierung, wie sie für die Vorbehandlung von wollenen Druckwaren genügt, läßt sich auch mit Hilfe von p-Toluolsulfochloramidnatrium (Aktivin, S. 52) oder p-Toluolsulfodichloramid (Peraktivin) vornehmen. Auch durch Behandlung mit Chloramiden (Chloracetamid, Chlorsulfaminsäure) in saurem Medium erhält man eine filzarme Wolle (*P. Alexander*).

Ebenso kann eine Behandlung mit *Natriumchlorit* das Filzen der Wolle verhindern.

Eine filzfreie Ausrüstung der Wolle gelingt auch mit *Sulfurylchlorid* (*Dry-Solverfahren*), und zwar durch eine etwa $^1/_2$stündige Behandlung bei gewöhnlicher Temperatur mit $1^1/_2$–2%igen Lösungen von SO_2Cl_2 in indifferenten organischen Lösungsmitteln, z.B. Schwerbenzin.

Eine besondere Bedeutung kommt den Produkten auf *Dichlorisocyanursäure*-Basis zu (Basolan DC), bei denen durch hydrolytische Spaltung unterchlorige Säure entsteht.

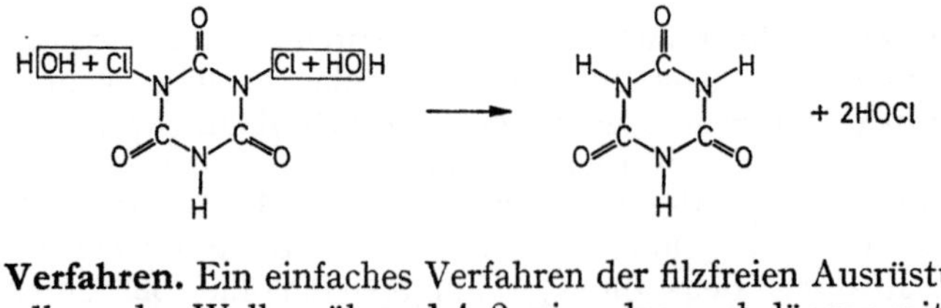

Diverse Verfahren. Ein einfaches Verfahren der filzfreien Ausrüstung besteht in der Behandlung der Wolle während 1–2 min oder auch länger mit 0,75%iger *alkoholischer Kalilauge* bei Raumtemperatur und anschließendem Absäuern. Der

[1] Siehe auch die diesbezüglichen Arbeiten von *G. Valk*.

besondere Vorteil dieses Verfahrens liegt in der kurzen Behandlungszeit, so daß die Behandlung kontinuierlich, also z. B. auf der Lisseuse (S. 280), vorgenommen werden kann.

Dem *Sanforlan-Verfahren*, welches einen sehr beständigen Filzfreieffekt liefert, liegt eine kombinierte Behandlung mit alkalischem Permanganat und Hypochlorit zugrunde.

Das *Sironized-Verfahren* ist ein auf der Behandlung mit Kaliumpermanganat beruhendes Verfahren, das Wolle so weit wasch- und formbeständig macht, daß Kleidungsstücke nach dem Waschen in der Waschmaschine, ohne zu bügeln, wieder getragen werden können.

Auf die Möglichkeiten des *Einbaus von stabilen Querbindungen* in das Keratingerüst und den hiermit verbundenen Filzfreieffekt wurde bereits auf S. 263ff. verwiesen.

Auch durch *Einwirkung von Proteasen* (Papain) in Verbindung mit einer Bisulfitbehandlung kann man einen Filzfreieffekt erzielen. Das Papain kann direkt der Bisulfitlösung, die mindestens 1 %ig sein muß, zugegeben werden.

Ein Chloren mit einer angeschlossenen Papainbehandlung wird als *Chlorcymprozeß* und die Kombination einer Wasserstoffperoxidbehandlung mit einer enzymatischen Nachbehandlung als *Percymprozeß* bezeichnet.

Behandelt man Wolle mit *Formaldehyd* bzw. mit Formaldehyd abgebenden Mitteln, dann tritt ebenfalls – vermutlich unter Bildung von Methylenbrücken – ein Filzfreieffekt ein.

Das *Dylan*-Verfahren (Stevenson) arbeitet mit Peroxymonoschwefelsäure (Carosche Säure) enthaltenden Bädern und anschließend mit Alkalisulfit.

Das *Lanfix*-Verfahren besteht in einer Behandlung mit alkalischer Wasserstoffperoxidlösung nach vorausgegangener Imprägnierung mit einer sehr verdünnten Kupfersulfat-Lösung.

Die verschiedenen Verfahren bewirken die verschiedensten chemischen Veränderungen. So haben *H. Zahn, J. F. Diehl* und *K. Ziegler* bei oxydativ behandelter Wolle festgestellt, daß sowohl der Gehalt an Cystin und Tyrosin als auch namentlich derjenige an Tryptophan abnehmen, daß mit der Intensität der oxydativen Behandlung die Menge gebildeter Cysteinsäure ansteigt und daß die Löslichkeit in Alkali, Säure und in Harnstoff zunimmt. Nach *H. Kersten* sollen noch weitere Aminosäuren in Mitleidenschaft gezogen werden. Nach *E. Elöd* und *H. Rudolf* wird parallel zur Schrumpffestigkeit die Farbsäureaufnahme erhöht.

Auf der Tatsache, daß für das Filzen eine intakte Schuppenoberfläche Voraussetzung ist, basiert ein rein *mechanisches Verfahren*, bei dem durch eine Behandlung der Wolle mit Aufschlämmungen harter Substanzen (Kaolin, Carborundum) in Öl die Schuppen abgeschliffen und damit ihrer normalen Funktion beraubt werden.

Interessant ist die Beobachtung, wonach die Wollfaser durch eine Behandlung mit *Ultraschall* bestimmter Frequenz ihr Filzvermögen verliert (*P. Alexander*). Da Ultraschall Makromoleküle abbauen kann (*G. Schmid*), ist es nicht ausgeschlossen, daß die Schuppenschicht durch Aufspaltung von gewissen Bindungen ihre normale Funktion einbüßt.

Kunstharzverfahren. Durch Erzeugung unlöslicher Kunstharze auf der Wollfaser erzielt man die Bildung eines filmartigen Überzugs über den Schuppen (Maskierung) und weiterhin neben einer gewissen Faserversteifung ein stellenweises Verkleben der Fasern aneinander. Es sind dies alles Faktoren, die das Filzvermögen behindern.

Die Kunststoffe erzeugt man meist aus den löslichen Monomeren, die erst auf der Faser unter der Einwirkung von Katalysatoren zum Polykondensat oder Polymerisat umgewandelt werden. Für die Ausrüstung kommen in Betracht Vorkondensate aus Harnstoff und Formaldehyd sowie Melamin und Formaldehyd (*Lana-*

set-, *Nikrulan-Verfahren*). Es ist anzunehmen, daß hier zusätzlich chemische Reaktionen mit dem Keratin (z. B. Vernetzungen mit Formaldehyd) hineinspielen. Der Nachteil dieser Verfahren besteht darin, daß zur Erzielung eines guten Effekts größere Harzmengen aufgebracht werden müssen, welche die elastischen Eigenschaften der Fasern verschlechtern. Teilweise wird daher die applizierte Kunstharzmenge stark reduziert und dafür mit einer Chlorung kombiniert (*Nikrulan-*, *Melafix-* und *Chloregal*-Verfahren). In diesem Fall wirkt das Melamin-Vorkondensat als Puffer, so daß die Gleichmäßigkeit der Chlorung erhöht wird. Bei Anwendung von Vinylpolymeren (z. B. Polymethylmethacrylat in Verbindung mit Weichmachern) erreicht man einen Effekt mit wesentlich geringerer Kunststoffmenge, so daß die Wolle ihre Geschmeidigkeit nicht verliert.

Bei der Behandlung von Wolle mit auf der Basis von 1,6-Hexamethylendiisocyanat erzeugtem *prepolymerem Polyurethan* (Synthappret LKF) entsteht ein hochpolymeres Polyurethan, welches zu einer praktisch vollständigen Umhüllung der Wollfasern und dadurch zu einem guten Filzfreieffekt führt.

Das *Si-Ro-Fix-Verfahren* arbeitet mit einer Lösung von N-Methoxymethylpolyamid, welches die Wollfasern durch eine gewisse Verklebung fixiert.

Beim *Hercosett-Verfahren* wird die Wolle nach einer Vorchlorierung mit einem Polyamid-Epichlorhydrinharz behandelt (Superwash-Ausrüstung).

Kondensiert man Anhydro-carboxyglykokoll auf der Faser zu Polyglykokoll (*Speakman*), dann erhält man bei einer Ablagerung von 3% Polyglycin ebenfalls eine nichtfilzende Wolle:

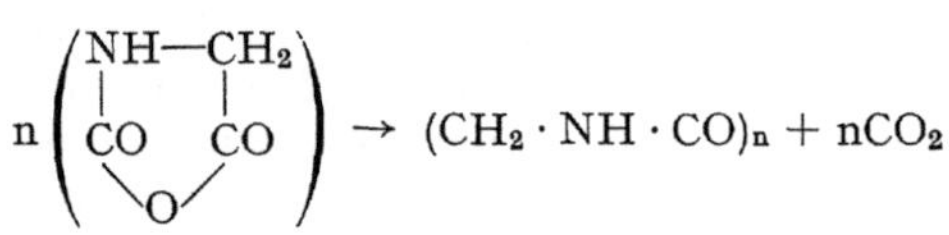

Auf dem Prinzip der *Grenzflächenpolymerisation* beruhen das *Wurlan-* und *Bancora*-Verfahren, bei dem die Ware zunächst mit der wäßrigen Lösung eines Diamins (Hexamethylendiamin) und anschließend mit einem Dicarbonsäurechlorid (Sebacinsäurechlorid) in organischer Lösung (Benzol) getränkt wird. Hierbei wird die Faser mit einem feinen Polyamidfilm überzogen.

R. E. Whitfield, *L. A. Miller* und *W. L. Wasley* empfehlen eine Grenzflächenpolymerisation in der Weise, daß man Wolle zunächst mit der wäßrigen Lösung eines α,ω-Diamins, z. B. Hexamethylendiamin, pfropft und dieses anschließend mit einem α,ω-Bis-chlorameisensäureester zu einem dünnen Film von Polyurethan kondensiert.

Nach einem Verfahren von *H. Zahn* und *M. Bahra* (DWI-Verfahren) wird Wolle mit einem in Wasser emulgierten aktivierten Sebacinsäureester (Sebacinsäure-bis-nitrophenylester, Sebacinsäure-bis-thiokresylester) zusammen mit einer Lösung von Hexamethylendiamin in Wasser getränkt und die Polykondensation durch Dämpfen ausgelöst, wobei Nitrophenol abgespalten wird (siehe Formel). Die Reaktionsgeschwindigkeit richtet sich nach dem Grad der Positivierung des Carbonylkohlenstoffs, welche ihrerseits von dem Elektronenzug der Alkoholkomponente des Esters abhängt.

Da das Diamin in großem Überschuß angewandt werden muß, besteht die Gefahr einer Wollschädigung beim nachfolgenden Dämpfen. Diese Schwierigkeit läßt sich beseitigen, wenn das Verfahren *in organischer Lösung* ausgeführt wird (*P. Kusch*). Als Lösungsmittel kommen Trichloräthylen, Benzol und Dioxan in Betracht.

Eigenartigerweise hat sich gezeigt, daß man bei der Anwendung von Dimethylformamid als Lösungsmittel schon bei der alleinigen Anwendung von Diamin in

Dimethylformamid (ohne Ester) auch Filzfreieffekte erhält (*P. Kusch*). Allgemein lassen sich hierzu aliphatische Amine, besonders gut Äthylendiamin, verwenden. (Über den Mechanismus der Reaktion ist noch nichts bekannt.)

Bei der Behandlung der Wolle mit einem aliphatischen Diamin und einem Diisocyanat entsteht ebenfalls Filzfreiheit (*R. E. Whitfield*).

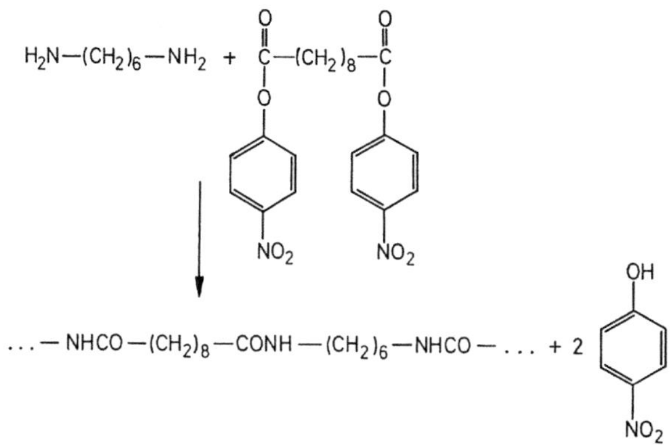

Auch eine Behandlung mit *Siliconen* führt zu einem Verlust des Filzvermögens, wobei allerdings wieder die Gefahr einer gewissen Faserverhärtung besteht. Die Silicone werden auf der Faser durch Hydrolyse von Alkyl- oder Aryl-chlorsilanen und Kondensation der entstehenden Silanole erzeugt (vgl. S. 127):

$$\begin{array}{c} R \\ | \\ Cl{-}Si{-}Cl \\ | \\ R \end{array} + 2\,H_2O = \begin{array}{c} R \\ | \\ HO{-}Si{-}OH \\ | \\ R \end{array} + 2\,HCl$$

Silanol

$$\begin{array}{c} R \\ | \\ HO{-}Si{-}OH \\ | \\ R \end{array} + \begin{array}{c} R \\ | \\ HO{-}Si{-}OH \\ | \\ R \end{array} + \begin{array}{c} R \\ | \\ HO{-}Si{-}OH \\ | \\ R \end{array} + \cdots\cdots$$

$$\rightarrow \cdots\cdots\; O{-}\begin{array}{c} R \\ | \\ Si \\ | \\ R \end{array}{-}O{-}\begin{array}{c} R \\ | \\ Si \\ | \\ R \end{array}{-}O{-}\begin{array}{c} R \\ | \\ Si \\ | \\ R \end{array}{-}O \;\cdots\cdots$$

Silicon.

Meist finden indes „Teilkondensate" Verwendung, die auf der Faser noch weiterkondensiert werden.

Es hat sich allerdings gezeigt, daß nur dreidimensionale, also auf der Basis von Trichlorsilanen erzeugte Silicone einen ausreichenden Effekt liefern, daß aber dadurch die Faser an Geschmeidigkeit verliert.

μ) *Ablauf der Wollausrüstung*

Die Anwendung der einzelnen Veredlungsarbeiten hängt von der Warenart bzw. von den zu erzielenden Ausrüstungseffekten ab. Da es unzählige Qualitäten gibt und die vielseitigsten Ausrüstungseffekte verlangt werden, existieren auch die verschiedenartigsten Möglichkeiten hinsichtlich Art und Reihenfolge der anzuwendenden Ausrüstungsverfahren. Nachstehend sei für zwei Beispiele der Ausrüstungsgang in seinen hauptsächlichen Arbeitsprozessen kurz skizziert.

Mantelstoff wollfarbig. Die Rohwolle wird gewaschen und in der Flocke chrom- oder küpenfarbig gefärbt. Anschließend wird geschmälzt, versponnen und gewoben. Das Rohgewebe kommt zunächst zur Beseitigung von Webfehlern und sonstigen Unregelmäßigkeiten in die Stopferei (Vornoppen, Ausnähen) und dann in die Ausrüstung. Die Reihenfolge der Ausrüstungsprozesse ist folgende:

Walken	Noppen
Waschen	Bürsten
Imprägnieren	Scheren
Entwässern	Pressen
Rauhen	Dekatieren
Spannen und Trocknen	

Herrenanzugstoff aus Kammgarn stückfarbig. Nach dem Vornoppen und Ausnähen kommt die Ware zunächst in die *Vorappretur*. Die Vorappretur soll ein Verfilzen und Einlaufen während des Färbeprozesses weitgehend ausschalten.

Vorappretur	Färben	*Nachappretur*
Bürsten	mit Chromfarbstoffen	Entwässern
Scheren bzw. Sengen		Spannen und Trocknen
Entschlichten und Waschen		Noppen
Brennen		Bürsten
Carbonisieren		Scheren
		Pressen
		Dekatieren

Der vorgezeichnete Ausrüstungsgang stellt keine feste Norm dar, sondern kann in Abhängigkeit von dem gewünschten Warencharakter und den betriebsinternen Gepflogenheiten vielfach variiert werden. Selbstverständlich können mit der vorstehenden Behandlung auch noch andere Ausrüstungsmethoden wie die wasserabweisende oder schmutzabweisende Behandlung usw. kombiniert werden.

ν) *Die Ausrüstung von Mischungen aus Wolle mit anderen Fasern* (vgl. S. 310)

Diese Ausrüstung lehnt sich eng an die Ausrüstung der Wolle an, wobei die Wahl der Ausrüstungsverfahren aber zusätzlich auf die Mischungskomponente abzustimmen ist. Der Carbonisierprozeß entfällt z. B. bei säureempfindlichen Fasern.

Bei Mischungen mit Synthesefasern spielt der *Thermofixierprozeß* eine wesentliche Rolle. Bei Synthesefasern mit hoher Pillingneigung (S. 343) ist eine Kahlausrüstung zu empfehlen.

ϰ) *Ausrüstung in organischen Lösungsmitteln*

Die Ausrüstung in geeigneten organischen Lösungsmitteln (Perchloräthylen, Trichloräthylen) wird z. Z. eingehend diskutiert. Diese Art der Ausrüstung würde nicht nur die Wasser- und Abwasserverhältnisse entlasten, sondern in verschiedener Beziehung Vorteile bringen (z. B. schnellere Ausrüstung sowie namentlich das Ausbleiben von Quell- und Schrumpfeffekten).

Für die Ausrüstung in organischen Lösungsmitteln kommen nicht nur die üblichen Reinigungsverfahren wie die Wollwäsche, sondern auch die Walke in Betracht, des weiteren Appreturmethoden wie die Hydrophobierung, die schmutzabweisende Ausrüstung sowie die „Wollfixierung" auf chemischer Basis.

Anhang

Neben der Schafwolle besitzen auch andere Haare wie Kamel-, Ziegen-, Hasen-, Kuh-, Kälber- und Roßhaare u. a. für spezielle textile Zwecke eine gewisse Bedeutung.

2. Die Naturseide

a) Gewinnung

Die Naturseide ist das Produkt des Seidenspinners (bombyx mori), eines Nachtschmetterlings, der hauptsächlich in Ostasien (Japan und China) sowie in einigen Mittelmeerländern (z. B. Italien, Spanien und Südfrankreich) gezüchtet wird. Seine Raupe, die nur von Maulbeerblättern lebt, preßt bei der Verpuppung aus einer Doppeldrüse, indem sie dabei achterförmige Bewegungen ausführt, ein flüssiges Sekret aus, das an der Luft zu einem festen Faden erstarrt. Der Inhalt der Drüse ist an und für sich wasserlöslich, und es ist anzunehmen, daß das Unlöslichwerden auf einen rein mechanischen, durch Zug und Reibung ausgelösten Denaturierungsprozeß zurückzuführen ist. Das in Wasser gelöste Protein, das Fibrinogen, ist nämlich dadurch charakterisiert, daß seine Moleküle stark geknäuelt und daher kaum durch Wasserstoffbrücken verbunden, sondern *hydratisiert* sind. Beim Austreten des „Fadens" aus der Drüse wird dieser gestreckt, wobei sich die Ketten parallel orientieren, so daß dann die Wasserstoffbrücken „einschnappen" können. Dadurch werden die hydratisierenden Wassermoleküle verdrängt, und das entstehende Produkt (Fibroin) wird wasserunlöslich.

Von dem etwa 1000–3000 Meter langen Faden des Kokons (Abb. 133) ist nur ein Teil regelmäßig gewickelt und unverklebt, so daß dieser Teil abgehaspelt werden kann. Das Haspeln geschieht in der Weise, daß man die Kokons nach dem Ab-

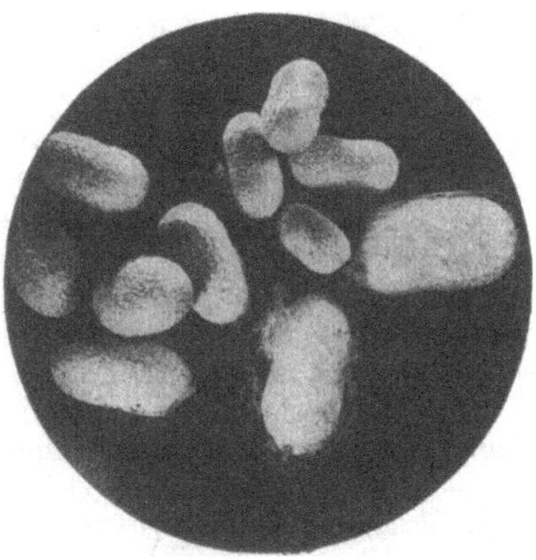

Abb. 133. Seiden-Kokons, Maßstab 1:2,7 (Photo *Klenk*).

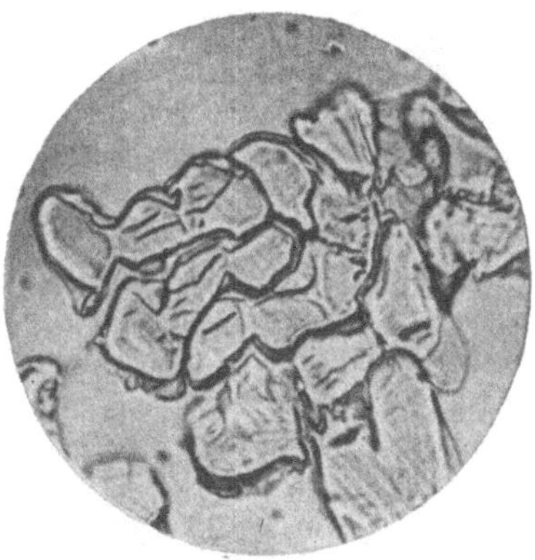

Abb. 134. Rohseidenfaser im Querschnitt, Vergrößerung 550:1 (Photo *Klenk*).

töten der Raupen durch Hitze in warmem Wasser einweicht und leicht bürstet, wobei die Anfänge der Fäden an den Borsten hängenbleiben. Die bloßgelegten Fadenanfänge werden dann gebündelt, zum Haspeln geführt und durch Haspeln und Zwirnen die *Grègeseide* gewonnen.

Der die verklebten Schichten des Kokons bildende Teil des Fasermaterials ist nicht haspelbar. Zur Gewinnung dieser als *Florette* oder *Chappe* bezeichneten Seide werden die verklebenden Substanzen zunächst entfernt, ein Prozeß, der als *Desintegrieren* oder *Degummieren* bezeichnet wird. Da es sich hierbei um die Beseitigung von Bastsubstanzen handelt, ist dieser Prozeß dem Entbasten der Rohseide (S. 304) gleichzustellen.

Das Degummieren geschieht durch eine Behandlung mit heißer Seife, eventuell unter Zusatz von Soda oder auch auf enzymatischem Wege mit Pankreaspräparaten. Hierauf kann eine mechanische Trennung mit anschließendem Kardieren, Kämmen und Spinnen erfolgen.

Die Abfälle aus der Florettspinnerei, namentlich Kämmlinge, werden auf *Bourettegarne* verarbeitet.

Die Rohseidenfaser bildet einen aus *Fibroin* bestehenden Doppelfaden, welcher in den Seidenbast (*Sericin*) eingehüllt ist (Abb. 134). Das spez. Gewicht der Rohseide beträgt 1,30–1,37, dasjenige der entbasteten Faser 1,25. Wie alle Textilfasern ist auch Naturseide hygroskopisch und kann bis zu 30 % Wasser aufnehmen, ohne sich feucht anzufühlen. Der handelsübliche Feuchtigkeitszuschlag beträgt 11 % des Trockengewichts. An Festigkeit wird die Naturseide nur von einigen synthetischen Fasern übertroffen.

b) Die Chemie der Seide

Zusammensetzung. Die Zusammensetzung der Rohseide schwankt in Abhängigkeit von der Provenienz und zeigt folgende Werte:

72 –81 %	Fibroin
19 –28 %	Sericin
0,5– 1 %	Fett
1,0– 1,4 %	Farbstoffe und mineralische Bestandteile

Der Sericingehalt beträgt durchschnittlich 23 %; Fett- und Farbstoffe sowie mineralische Bestandteile sind nahezu ausschließlich in der Bastschicht enthalten.

Das Sericin könnte wohl in chemischer Reaktion durch Oxydation aus dem Fibroin entstehen; es ist aber festgestellt, daß es schon in der austretenden Sekretflüssigkeit geschichtet vorhanden ist, so daß es wahrscheinlich die Funktion einer Schutzhülle um den eigentlichen Seidenfaden auszuüben hat. Da die Sericinauflage den Seidenfaden hart und glanzlos macht, wird diese vielfach durch *Entbasten* entfernt. Die beim Entbasten anfallenden Bastseifenbäder finden in der Seidenfärberei Verwendung (S. 610f.). Aus den Entbastungsflotten kann das Sericin gewonnen werden und dient als Leimsubstanz oder als Ersatz für Agar-Agar mikroskopischen Zwecken.

Das *Sericin* ist ebenso wie das Fibroin ein aus Aminosäurebausteinen aufgebauter Eiweißkörper. Im Gegensatz zum Fibroin, das große Mengen Glykokoll aufweist (Tab. 28), enthält das Sericin nur 0,1–0,2 % Glykokoll, dafür aber größere Mengen Serin, also eine Oxyaminosäure. Fibroin ist zum großen Teil gittermäßig geordnet, während das Sericin amorph ist. Letzteres ist im Gegensatz zum Fibroin in heißem Wasser löslich. Der isoionische Punkt (S. 248) liegt für Sericin mit pH 4,1 etwas niedriger als derjenige für Fibroin (pH 5,0).

Gemäß der Tab. 28 (S. 246) besteht das *Seidenfibroin* zum größten Teil aus Glykokoll, Alanin und Tyrosin und ist im Gegensatz zum Wollkeratin cystinfrei. (Nach *K. Ziegler* enthält Seide eine geringe Menge *Cystin*, so daß die Möglichkeit des Vorliegens von Disulfidbrücken diskutiert wird.) Weiterhin ist zu bemerken, daß Seidenfibroin im Vergleich zum Wollkeratin einen wesentlich geringeren Prozentsatz an Diaminocarbonsäuren wie Arginin, Lysin und Histidin sowie an Aminodicarbonsäuren, wie Asparaginsäure und Glutaminsäure aufweist. Die einzelnen Aminosäuren sind ebenfalls peptidartig aneinandergebunden.

Das Seidenfibroin ist zum größeren Teil gittermäßig geordnet. In den Kristalliten (ca. 60 %) sind die parallel gelagerten Fibroinmoleküle durch Salzbindeglieder und Wasserstoffbrücken zusammengehalten, die im Verein mit den *van der Waals*-

schen Kräften die Reißfestigkeit bedingen. Die Kristallite sind zu größeren Komplexen, den Fibrillen, zusammengelagert. Das Molekulargewicht des Seidenfibroins wurde von *G. Prati*, *P. Moruzzi* und *G. Contola* zu 270000 ermittelt.

Nach *K. H. Meyer*, *M. Fueld* und *O. Klemm* kommen in den amorphen Bereichen des Fibroins alle 18 im Fibroin enthaltenen Aminosäuren vor, während in den kristallinen Bereichen nur die Aminosäuren mit kleinen Seitenketten (Glycin, Alanin, Serin) in alternierender Folge angeordnet sind.

Oligomere. *H. Zahn* und *E. Schnabel* isolierten aus Naturseide ein lineares Hexapeptid der folgenden Zusammensetzung:

$$\underset{\text{HO—CH}_2}{\text{H}_2\text{NCHCO}}\text{—NHCH}_2\text{CO—}\underset{\text{CH}_3}{\text{NHCHCO}}\text{—NHCH}_2\text{CO—}\underset{\text{CH}_3}{\text{NHCHCO}}\text{—NHCH}_2\text{COOH}$$

Seryl- glycyl- alanyl- glycyl- alanyl- Glycin

Verhalten des Seidenfibroins gegenüber Säuren und Alkalien. Wie das Wollkeratin, so ist auch das Seidenfibroin eine *amphotere* Substanz, die sowohl ein Bindevermögen für Säuren als auch ein solches für Basen besitzt.

Seidenfibroin enthält weniger Diaminocarbonsäuren als Wollkeratin, so daß 100 g Seidenfibroin im Maximum nur etwa 0,024 Grammäquivalente Säure zu binden vermögen (Wolle 0,085). Das Äquivalentgewicht der Seide als Base ergibt sich hieraus zu etwa 4200 (*K. H. Meyer* und *Fikentscher*).

Die Größe der Säurebindung ist ebenso wie bei der Wolle unabhängig vom Molekulargewicht der Säure sowie von deren Basizität (vgl. S. 269).

Was den Verlauf des *Säurebindevermögens* in Abhängigkeit vom pH-Wert betrifft, so liegen hier die Verhältnisse gleichartig wie bei Wolle, d. h. mit fallendem pH-Wert nimmt das Säurebindevermögen zu, um zwischen pH 1,3 und 0,8 zunächst einen Sättigungswert zu erreichen (*E. Elöd*). Erst unterhalb 0,8 steigt die Säureaufnahme wieder rasch an, eine Erscheinung, die mit der Aufladung und dem dadurch bedingten Säurebindevermögen der Amidogruppen der Peptidbindung zusammenhängt.

Die Bestimmung des maximalen *Basenbindevermögens* stößt auf Schwierigkeiten, da mit zunehmender OH-Ionenkonzentration ein Angriff auf das Fibroin erfolgt. Nach *Elöd* und *Fröhlich* ist das Basenbindevermögen für Seide etwa gleich groß wie dasjenige der Wolle. Es ist wahrscheinlich, daß für das Basenbindevermögen neben den Carboxylgruppen der Aminosäurebausteine und den phenolischen Gruppen des Tyrosins ebenfalls die Peptidbindung eventuell unter Enolisierung oder durch Addition des Alkalis an die CO-Gruppe gemäß

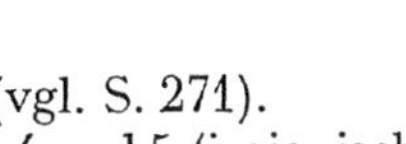

verantwortlich zu machen ist (vgl. S. 271).

In dem pH-Gebiet zwischen 4 und 5 (isoionische Zone, S. 248) zeigt das Fibroin ein Quellungs- und Reaktionsminimum. Außerhalb dieses Gebiets nimmt die Quellung entsprechend zu, da durch Lösen der Querbindungen ein vermehrtes Eindringen von Wassermolekülen gegeben ist. Gegenüber stärkeren Säuren verhält sich Fibroin etwas weniger resistent als Wolle, läßt sich also mit konzentrierten starken Säuren in Lösung bringen. Gegenüber Alkalien ist Fibroin widerstandsfähiger als Wolle, geht aber bei Kochtemperatur schon mit verdünnten Alkalien ebenfalls in Lösung.

c) Die Veredlung der Seide

Das Entbasten. In der gehaspelten Seide ist der Fibroindoppelfaden von einer Sericinhülle umgeben, welche den Glanz der Fibroinfaser verdeckt und diese verhältnismäßig spröd erscheinen läßt. Sericin ist häufig gefärbt, so daß die gehaspelte Rohseide hellgelb bis dunkelgelb gefärbt sein kann. Dort, wo eine glänzende und geschmeidige Faser gewünscht wird, ist es notwendig, den Bast zu entfernen, was allerdings mit einem Volumenschwund und einem im Durchschnitt 23 % betragenden Gewichtsverlust verbunden ist.

Das Entbasten wird in kochenden konzentrierten Seifenbädern vorgenommen, in welchen sich das Sericin ablöst. Die anfallenden Bastseifenlösungen können in der Seidenfärberei als Egalisiermittel Verwendung finden, namentlich dann, wenn

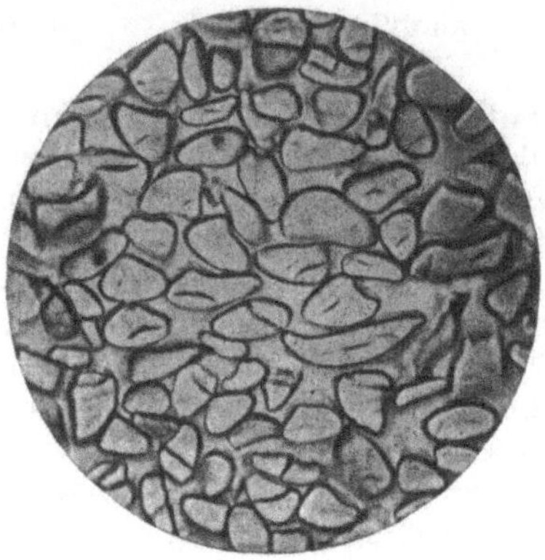

Abb. 135. Entbastete Seidenfasern im Querschnitt, Vergrößerung 550:1 (Photo *Klenk*).

das Bastseifenbad durch Säurezusatz „gebrochen" wurde. In dem gebrochenen Bastseifenbad werden die ausgeschiedenen Fettsäuren durch die gelösten Eiweißkörper in feinster Dispersion gehalten. Das Entbasten kann auch auf enzymatischem Wege mit proteolytisch wirkenden Produkten vorgenommen werden. Die entbastete Seide läuft unter der Bezeichnung *Cuite*. Abb. 135 zeigt entbastete Seidenfasern im Querschnitt.

Souplieren. Bei der Herstellung der *Souple* wird der Bast nur teilweise entfernt und weichgemacht, was durch eine Behandlung in einem mäßig warmen Seifenbad – gegebenenfalls in Kombination mit einer Säurenachbehandlung – geschehen kann. Der Soupliervertust beträgt etwa 8–10 %. Das Fasermaterial bleibt also voller und schwerer als beim Entbasten, besitzt aber im Gegensatz zu der Cuite einen beschränkten Glanz.

Ecru- oder Hartseiden sind solche, bei denen der Bast möglichst weitgehend auf der Faser belassen bzw. gegebenenfalls „gehärtet" wird.

Für bestimmte Zwecke ist es nämlich vorteilhaft, den Bast so weit zu erhalten, daß er gegenüber den Einwirkungen der weiteren Veredlung (Färben) und des Gebrauchs widerstandsfähig ist. Dies geschieht nach dem Prinzip des Gerbens von Eiweißkörpern durch eine Behandlung mit Formaldehyd, wobei vermutlich die funktionellen Gruppen des Sericins mit dem Formaldehyd unter Ausbildung von Methylenbrücken zwischen den einzelnen Sericinmolekülen reagieren.

Ecru- oder Hartseiden dienen zur Herstellung von Spitzen, Tüllgeweben, Schleiern sowie Flugzeug- und Ballonstoffen. (Für diesen Zweck werden heute naturgemäß weitgehend Synthesefasern eingesetzt.)

Die Methoden des Entbastens, Souplierens und Härtens kommen nur für die gehaspelte Seide (Grège) in Frage und sind für Chappe- und Bourette-Seide ohne Bedeutung, da diese schon bei der Aufbereitung (Degummieren) ihren Bast verloren haben.

Das Bleichen. Das Bleichen der Seide ist von untergeordneter Bedeutung, wenigstens soweit es die entbastete Seide betrifft, da diese schon im ungebleichten Zustand von weitgehend weißer Farbe ist. Das ältere Verfahren ist dasjenige des Bleichens mit gasförmigem Schwefeldioxid, welches wie bei der Wolle praktisch durch die Wasserstoffperoxidbleiche verdrängt wurde. Für diese gelten im großen und ganzen die für die Wollbleiche aufgezeigten Richtlinien (s. S. 281).

Das Erschweren. Das Erschweren ist ein bei der Seidenausrüstung beliebter Prozeß, da es auf diesem Wege möglich ist, mit einfachen Mitteln eine starke Volumenvergrößerung bzw. Materialvermehrung neben einer gewissen Glanzerhöhung zu erreichen. Das Erschweren wird selten bei Rohseide und häufig bei Cuite, Ecru und Souple vorgenommen. Es besteht in einer Behandlung mit solchen Substanzen, namentlich Metallverbindungen, welche von der Seidensubstanz in chemischer Reaktion gebunden werden. Diese Tatsache der chemischen Bindung soll durch die Bezeichnung *Erschwerung* gegenüber der durch die Appretur bewirkten *Beschwerung* herausgestellt werden.

Das meist angewandte Verfahren ist die *Zinn-Phosphat-Silikat-Erschwerung*, welche in einer aufeinanderfolgenden Behandlung des Fasermaterials mit Zinntetrachlorid, sekundärem Natriumphosphat und Wasserglas besteht. Die Behandlung kann mehrmals wiederholt werden (mehrere Züge oder Gänge), bis die erwünschte Erschwerungshöhe erreicht ist. Die Erschwerung kann auch mit Zinnsalz und Phosphat allein erfolgen; da aber die Zinn-Phosphat-Erschwerung außerordentlich leicht große Mengen Silikat binden kann, bedingt eine zusätzliche Wasserglasbehandlung eine rasche und einfache Volumenvergrößerung. Abgesehen davon fördert die Wasserglasnachbehandlung das gleichmäßige Anfärben erschwerter Seiden.

Bei der Zinnsalzbehandlung wird Zinn(IV)-hydroxid auf der Faser fixiert, welches bei der Phosphatbehandlung in basisches Zinnphosphat übergeht. Bei der Wasserglasbehandlung scheint sich aus dem Zinnphosphat Zinntrisilikat zu bilden.

Die *Erschwerungshöhe* wird folgendermaßen beziffert: Werden 100 kg Rohseide entbastet und so erschwert, daß das Gewicht der erschwerten Seide ebenfalls wieder 100 kg beträgt, dann spricht man von einer pari (p.) erschwerten Seide. Resultieren hierbei nur 90 kg, so ist die Seide 10 % unter pari (u. p.) und bei 150 kg 50 % über pari (ü. p.) erschwert.

Mit der Erschwerungshöhe nimmt die Haltbarkeit der Seidenfaser ab, so daß die Erschwerung nicht übertrieben werden darf und eine Höhe von 60 % ü. p. möglichst nicht übersteigen soll. Wesentlich für die Haltbarkeit ist, daß die Erschwerung im Faser-, Garn- und Gewebequerschnitt homogen verteilt und nicht vorwiegend in den Randzonen konzentriert ist, was durch entsprechende Lenkung der Arbeitsbedingungen erreicht werden kann.

Bei Schwarzfärbungen, namentlich bei der Verwendung von Blauholzschwarz, verwendet man gerne eine kombinierte Erschwerung mit Gerbstoffen und geeigneten Metallverbindungen, welche bei farbigen Seiden wegen der Beeinflussung des Farbtons nicht angewandt werden können.

Die Appretur der Seide. Seidengarne können in ihrem Griff durch Avivieren (S. 108) und Chevillieren beeinflußt werden. Der Glanz läßt sich durch Lüstrieren (S. 71) steigern. Für die Gewebeappretur können im Prinzip gleichartige Methoden in Anwendung kommen, wie sie für Kunstseide üblich sind.

Vernetzen des Seidenfibroins. *H. Zahn* und *H. Zuber* vernetzten Seidenfibroin mit 4,4′-Difluor-3,3′-dinitrodiphenylsulfon, wobei über 70 % der Tyrosinphenylgruppen mit dem Brückenreagens reagierten. Aus dem Totalhydrolysat wurde 0,0′-Sulfon-bis-tyrosin in guter Ausbeute isoliert:

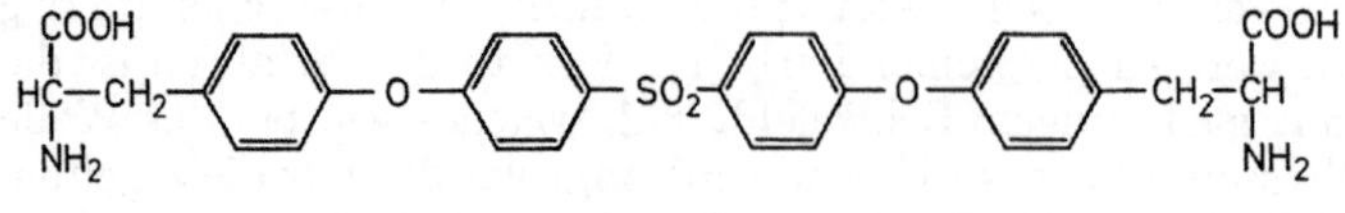

Der Abstand zwischen den meisten Tyrosinphenyl-gruppen dürfte daher kleiner als 10 Å sein, da sonst die überwiegend bifunktionelle Reaktion des Sulfons mit Tyrosin nicht verständlich wäre. Dies ist ein zusätzlicher Beweis für die Häufung von Tyrosin in bestimmten Bereichen des Seidenfibroins.

Die mit dem Sulfon vernetzte Seide löst sich nicht mehr in Lösungsmitteln für Seide und besitzt eine erhöhte Salzsäurebeständigkeit.

3. Die Tussahseide

Bei der Tussah handelt es sich um eine Seide, die von den in ostasiatischen Ländern wild lebenden Tussahspinnern stammt. Sie ist gelb bis braun gefärbt und läßt sich häufig nur schwer haspeln.

Die Faser verhält sich weitgehend analog der Maulbeerseide, ist aber widerstandsfähiger gegenüber Alkali und Säuren und auch in mechanischer Beziehung strapazierfähiger. Der Bast der Tussah ist schwieriger zu entfernen als bei der Maulbeerseide, so daß man hier mit kochender Sodalösung arbeiten muß.

C. Die künstlichen (regenerierten) Eiweißfasern

Die Aufgabe, analog der Erzeugung künstlicher Cellulosefasern Eiweißkörper in geeignete Lösungen überzuführen und daraus künstliche Fasern zu spinnen, hat schon immer gereizt, da solche Fasern die günstigen wärmeisolierenden Eigenschaften der tierischen Fasern besitzen und sich mit Wollfarbstoffen anfärben lassen, so daß sie sich für eine gemischte Verarbeitung mit Wolle gut eignen. Aber auch als Alleinfaser ist die künstliche Eiweißfaser wegen ihrer Geschmeidigkeit und Wärmehaltfähigkeit geschätzt. Sie hat vor der Wolle den Vorteil, daß sie auch von solchen Personen direkt auf der Haut getragen werden kann, die gegenüber Wolle empfindlich sind. Auch für das Mischen mit Baumwolle sind die Fasern geeignet, wobei volle, weiche und warme Artikel erzeugt werden können.

Als Rohstoffe hat man die verschiedensten Eiweißkörper wie Abfälle der Naturseide und Wolle sowie Gelatine und Fischeiweiß (*O. Mecheels*) angewandt. Bei Wolle und Seide stößt die Herstellung geeigneter Lösungen auf Schwierigkeiten, da die in Frage kommenden Lösungsmittel, meist alkalisch reagierende Substanzen, gleichzeitig einen starken Abbau des Eiweißmoleküls bedingen. (Aus Keratinlösungen läßt sich durch Einspinnen in eine Elektrolytlösung und anschließendes Härten mit Formaldehyd eine Faser regenerieren.) Bei der Verwendung von Milchcasein hat man zum erstenmal eine Faser erhalten, die großtechnisch hergestellt werden konnte. Aber auch andere Eiweißkörper finden für die Faserherstellung Verwendung, so das Eiweiß der Erdnuß (Arachin), der Sojabohne, des Mais (Zeïn), des Baumwollsamens usw. Die Fasern sind unter den folgenden Bezeichnungen im Handel:

Caseinfaser: Lanital, Merinova
Erdnußfaser: Ardil
Maisfaser: Zycon

Die Herstellung der Eiweißfasern geht im Prinzip in der Weise vor sich, daß man das Eiweiß alkalisch löst und die Lösung in ein saures Bad einspinnt. Die entstehende Faser ist dann meist noch stark in Wasser quellbar, so daß sie in einem folgenden Gerbprozeß (meist mit Formaldehyd durchgeführt) gehärtet werden muß. Sollen aus der Langfaser entsprechende endliche Fasern (Stapelfasern) hergestellt werden, dann wird das Faserkabel vor dem Härten geschnitten.

1. Chemisches Verhalten der künstlichen Eiweißfasern

Auf Grund ihrer Eiweißnatur zeigen die künstlichen Eiweißfasern ein den nativen Proteinfasern ähnliches Verhalten. Durch die Quervernetzung mit Formaldehyd sind die Fasern meist alkalibeständiger als die Wolle. In saurem Medium läßt sich die Querbindung, bei der es sich vermutlich um eine Methylenbrücke handelt, aufspalten.

Entsprechend ihrer amphoteren Natur sind sie befähigt, sowohl Säuren als auch Basen unter Salzbildung zu binden. So besitzt z.B. die *Ardilfaser* einen größeren Prozentsatz an Diaminocarbonsäuren und Aminodicarbonsäuren. Sie bindet infolgedessen ungefähr die gleichen Säuremengen wie die Wolle (S. 269), dies allerdings nur, sofern die Methylenbrücken aufgespalten sind. In vernetztem Zustand sind die Aminogruppen teilweise durch die Brückenbindung blockiert, so daß die Säurebindung nur geringere Werte erreicht (*Elöd* und *Fröhlich*).

Im pH-Gebiet zwischen 1,3 und 0,8 tritt zunächst wie bei Wolle und Seide ein Stillstand der Säureaufnahme ein, um unterhalb pH 0,8 wieder rasch anzusteigen, da sich dann auch die positiv aufgeladenen Amidogruppen der Peptidbindung an der Säurebindung beteiligen. Die Bestimmung der Alkalibindung stößt wegen des mit wachsender Alkalität zunehmenden Abbaus auf Schwierigkeiten.

Die *Zeïnfaser* besitzt nur einen geringen Gehalt an Diaminocarbonsäuren, so daß ihr Säureaufnahmevermögen verhältnismäßig klein ist (*Elöd* und *Fröhlich*).

Die Veredlung der künstlichen Eiweißfasern hat deren chemischer Natur Rechnung zu tragen und lehnt sich daher eng an die Veredlung der nativen Proteinfasern an. Da die Fasern in nassem Zustand teilweise eine stark verminderte Festigkeit und eine sehr hohe Dehnung besitzen, ist die Anwendung starker Spannungen bei der Veredlung zu vermeiden.

Nachstehend sei als Beispiel zunächst die Caseinfaser näher beschrieben, die als erste der künstlichen Eiweißfasern in den Handel kam, inzwischen aber namentlich zugunsten der Erdnuß- und Maiseiweißfaser (Ardil, Zycon) an Bedeutung verloren hat.

2. Die Herstellung der Caseinfaser

Herstellung. Nachdem schon *Todtenhaupt* im Jahre 1904 Versuche angestellt hatte, Casein auf Spinnfasern zu verarbeiten, welche aber mangels genügender Festigkeit der Faser keine technische Bedeutung erlangten, hat sich *Ferretti* vom Jahre 1924 ab erneut mit diesem Problem beschäftigt. Durch Anwendung eines der Ledergerbung analogen Gerbprozesses gelang es ihm, die Festigkeit der Faser so weit zu verbessern, daß diese im Jahre 1935 von der Snia-Viscosa großtechnisch hergestellt werden konnte

(*Lanital*). Später wurde auch in anderen Ländern die Produktion der Caseinfaser aufgenommen. In Deutschland kam die Faser unter der Bezeichnung *Tiolan* und *Thiozell*, in Amerika als *Aralac* in den Handel.

Das Prinzip der Herstellung ist folgendes: Das aus der Magermilch gewonnene Casein wird in verdünnter Natronlauge gelöst und durch Düsen in koagulierend wirkende Bäder eingesponnen und anschließend einem Härtungsprozeß (Gerbung) unterworfen.

Die Magermilch hat etwa folgende Zusammensetzung:

Wasser	90,35%	
Fett	0,2 %	
Gesamtprotein	4,0 %	(davon über 3% Casein)
Milchzucker	4,7 %	
Mineralsalze	0,75%	

Gemäß der Tab. 28 (S. 246) enthält das Casein neben Aminodicarbonsäuren auch Diaminocarbonsäuren und Cystin, so daß das Casein analog dem Keratin ausgeprägte amphotere Eigenschaften zeigt. Weiterhin enthält das Casein eine phosphorhaltige Komponente, wobei anzunehmen ist, daß der Phosphor als Phosphorsäure an die OH-Gruppen des Serins gebunden ist.

Bei Casein handelt es sich um einen *globulären* Eiweißkörper (Sphäroprotein), welcher zunächst keine Kettenform besitzt; beim Spinnprozeß tritt durch das Ziehen der viscosen Lösung ein Entrollen der kompakten Form zu *Kettenmolekülen* ein.

Gang der Herstellung. Aus der Magermilch wird das Casein durch Säure ausgefällt oder durch Labferment in Form des Paracaseins abgeschieden, anschließend ausgepreßt und getrocknet. Das Trockencasein wird in Natronlauge gelöst und die Lösung zunächst einem Reifeprozeß unterzogen, welcher eine Viscositätserhöhung der Spinnlösung bewirkt, da dadurch vermutlich eine zunächst im alkalischen Medium eingetretene Desaggregierung wieder rückläufig wird. Die gereifte Spinnlösung (Casinose) wird durch Düsen in saure Fällbäder gedrückt, anschließend in Salzbädern entquollen und nach der Verstreckung in einem Aluminiumsulfatbad schließlich einem Härtungsprozeß unterworfen. Aus 1 kg Casein kann rund 1 kg Faser gewonnen werden.

Die *Härtung* geschieht in der Weise, daß man die aus dem Entquellungsbad kommende Faser zunächst 8–12 Std. bei 30 °C und einem pH-Wert von 1,5–2,5 in einem Formalinbad beläßt und eine gleichartige Behandlung während 7 bis 8 Std. bei 70 °C anschließt. Entquellung und Härtung kann man kombiniert in einem Bad mit 10% $Al_2(SO_4)_3$, 10% Na_2SO_4, 5% Formaldehyd bei 60 °C, 2 min vornehmen, wobei ca. 2% Formaldehyd gebunden werden. Dabei setzt sich der Formaldehyd in verschiedener Weise mit den funktionellen Gruppen des Caseins um, was im wesentlichen zu einer Vernetzung der Caseinmoleküle bzw. -micelle untereinander führt, ein Vorgang, welcher die Beständigkeit des Fasermaterials gegenüber wäßrigen Medien sowie dessen Festigkeitseigenschaften wesentlich vorteilhaft beeinflußt.

Es können mit dem Formaldehyd nicht nur die Aminoextragruppen und etwa vorhandene Säureamidgruppen des Caseinmoleküls reagieren, sondern auch die Iminogruppen der Peptidbindung sowie die Hydroxygruppen des Serins, wobei es im wesentlichen zur Ausbildung von Methylenbrücken kommen dürfte. Da die verschiedenen Reaktionen verschiedene Reaktionstemperaturen bedingen, wird die Formalisierung in 2 temperaturverschiedenen Phasen vorgenommen.

Vorteilhaft gegenüber den Beanspruchungen in sauren Färbebädern hat sich eine zusätzliche Acetylierung der Caseinfaser erwiesen. Auch eine Desaminierung mit Nitrit/Eisessig erhöht die Hydrolysenbeständigkeit.

Andere Vernetzungsmethoden. Im Keratin bedingen die Cystinbrücken eine gute Vernetzung der Einzelmoleküle, da der Cystinbaustein teilweise zwei benachbarten Keratinketten bzw. -micellen gemeinsam angehört (S. 255). Im Casein scheinen die Cystinbausteine nur in der Kette selbst zu liegen, so daß es gegeben erscheint, im Interesse einer Verbesserung der Caseinfaser die Caseinmoleküle und -micelle ebenfalls durch Schwefelbrücken zu vernetzen. Eine solche Vernetzung gelingt durch Zugabe von Schwefelkohlenstoff zur alkalischen Spinnlösung, wobei entsprechend der Umsetzung zwischen Schwefelkohlenstoff und primärem Amin eine analoge Reaktionsweise anzunehmen ist. Die so gewonnene Faser (*Thiozell*) besitzt gute Festigkeitseigenschaften, hat aber den Nachteil, daß die Schwefelbrücke nicht kochbeständig ist, sondern hydrolytisch aufgespalten wird, wodurch Festigkeitsverluste und bei Gegenwart von Schwermetallionen entsprechende Verfärbungen eintreten können.

Auch bei Zusatz von 1% Benzochinon zu alkalischer Labcaseinlösung erhält man Fasern, die eine stark verminderte Quellung besitzen, so daß auch hier entsprechend der Reaktionsweise primärer Amine mit Benzochinon eine Vernetzung anzunehmen ist.

Eine Gerbung und damit eine Verbesserung der Quellfestigkeit und der mechanischen Eigenschaften läßt sich auch mit geeigneten Chrom- und Aluminium-, Titan-, Zirkon- sowie Lanthan-Verbindungen erzielen (*Brintzinger* u. *Wolf*).

Eigenschaften der Caseinfaser. Die Caseinfaser besitzt auf Grund der Gegenwart von Amino- und Carboxyl-Gruppen ein amphoteres Verhalten, wobei allerdings berücksichtigt werden muß, daß ein Teil der Aminogruppen durch die Vernetzung blockiert ist. Sie verhält sich demnach Säuren und Basen gegenüber grundsätzlich ähnlich wie die anderen Eiweißfasern. Im Vergleich zu Wolle ist sie empfindlicher gegen Säuren, da durch diese die Brückenglieder hydrolytisch allmählich gesprengt werden; gegenüber Alkali zeigt sie aber eine etwas größere Widerstandsfähigkeit als die Wollfaser, läßt sich aber wie diese in verdünnten Alkalien bei Kochtemperatur ohne weiteres in Lösung bringen.

Während Casein verdaulich ist, ist das mit Formaldehyd vernetzte Fasercasein unverdaulich, wird aber nach Aufspaltung der Querbindungen, was durch eine Säurebehandlung gelingt, für Pepsin-Salzsäure verdaulich. Diese Eigenschaft läßt sich zu einer *quantitativen Trennung* der Faser von der Wolle ausnützen, indem man aus dem Fasergemisch nach einer Säurebehandlung die Caseinfaser mit Pepsin-Salzsäure herauslöst (*Hartung*).

Was den Gebrauchswert der Caseinfaser anbelangt, so ist zu sagen, daß die Festigkeitseigenschaften nicht besonders gut sind und daß manchen Verwendungszwecken die übergroße Naßdehnung hindernd im Wege steht. Auch die Empfindlichkeit gegenüber heißen wäßrigen Bädern ist im Hinblick auf die Veredlung und die Wäsche von Nachteil. Besonders günstig ist das für Eiweißfasern typische Wärmeisoliervermögen und weiterhin die Tatsache, daß die Faser in Mischungen mit Wolle deren Filzvermögen nicht stört und daher vorteilhaft in Form solcher Mischungen auf Filzhüte verarbeitet werden kann. Das spez. Gewicht ist wie bei Wolle 1,3.

Handelsnamen der Caseinfaser: Casein, Merinova, Enkasa, Fibrolane, Wipolan.

3. Die Herstellung der Zeïn- und Erdnußeiweiß-Faser

Diese Fasern können im Prinzip gleichartig wie die Caseinfaser erzeugt werden. Zur Herstellung der *Zeïnfaser* (*Vicara*[1], *Zycon*) wird das bei der Maisstärkegewinnung anfallende Maismehl mit wäßrigen Isopropylalkohollösungen extrahiert. Das aus der Lösung isolierte Zeïn wird in verdünnter Natronlauge gelöst. Die mit Harnstoff versetzte, gereifte, gut filtrierte und entlüftete Spinnlösung wird durch Düsen in ein wäßriges, Schwefelsäure, Essigsäure und Zinksulfat enthaltendes Fällbad eingepreßt. Die Härtung erfolgt ebenfalls mit Formaldehyd. Anschließend wird die Faser in einem warmen Wasserbad um 200–300% verstreckt.

[1] heute nicht mehr im Handel

Zur Gewinnung der *Erdnußfaser* (*Ardil*[1], *Sarelon*) werden die vom Öl befreiten Erdnußpreßkuchen mit verdünnten Sodalösungen extrahiert und auf diese Weise die alkalilöslichen Eiweißkörper ausgezogen. Durch Zusatz von Säure zu der alkalischen Lösung wird das Eiweiß ausgefällt und dieses nach dem Waschen und Trocknen in verdünnter Natronlauge zur Spinnlösung gelöst. Die zunächst gereifte, filtrierte und entlüftete Spinnlösung wird in natriumsulfathaltige 1%ige Schwefelsäure eingesponnen. Die Härtung geschieht ebenfalls mit Formaldehyd.

In ähnlicher Weise aus dem Eiweiß der *Sojabohne* erzeugte Fasern sind *Silkool* und *Soybean-Fibre*. Die ölfreien Preßkuchen werden mit Alkali extrahiert und mit Säure ausgefällt. Das Eiweiß wird in Ammoniak gelöst, versponnen und gehärtet.

Aus ölfreiem *Baumwollsamenmehl* kann man das Eiweiß mit Natronlauge extrahieren, dieses durch Schwefeldioxid ausflocken und nach dem Waschen und Trocknen in Natronlauge auflösen. Dann Einspinnen in Schwefelsäure/Natriumsulfat mit angeschlossener Formaldehyd-Härtung.

Die regenerierten Eiweißfasern haben in normalen Zeiten nur eine beschränkte Bedeutung.

Anhang

1. *Die Veredlung von Mischungen aus natürlichen und künstlichen Proteinfasern*

Die Veredlung solcher Mischungen lehnt sich grundsätzlich an die Wollveredlungsmethoden an. Dabei ist aber der gegenüber der Wolle geringeren *mechanischen* Widerstandsfähigkeit dieser Fasern in alkalischem Medium entsprechend Rechnung zu tragen, was bei der Walke und Wäsche von Tuchen aus solchen Mischungen zu berücksichtigen ist. Man walkt und wäscht daher zweckmäßig in neutralem Medium.

Die Filztendenz der Wolle nimmt auch bei hohen Zusätzen an künstlichen Proteinfasern praktisch nicht ab, da diese Fasern in wäßrigem Medium plastische Eigenschaften besitzen.

2. *Die Veredlung von Mischungen aus Proteinfasern und Cellulosefasern*

Die Veredlung dieser Mischungen deckt sich weitgehend mit derjenigen reiner Wollgespinste, so daß die dort für das Waschen, Bleichen usw. angegebenen Richtlinien (S. 280ff.) auch hier gelten; insonderheit ist auf die Alkaliempfindlichkeit und die Filztendenz der Wolle Rücksicht zu nehmen und andererseits zu beachten, daß die Cellulosefasern wesentlich säureempfindlicher sind als die Proteinfasern.

Was die Filztendenz solcher Mischungen betrifft, so ist zu vermerken, daß diese gegenüber derjenigen reiner Wollartikel teilweise vermindert ist, was besonders bei Acetat/Wollmischungen stark in Erscheinung tritt. Im letzteren Fall empfiehlt es sich – falls starke Filzeffekte verlangt werden –, der Walkflotte die Acetatfaser plastifizierende Agenzien, wie Ameisen- oder Essigsäure in Verbindung mit etwas Aceton zuzusetzen. Andererseits verhalten sich solche Artikel bei der Hauswäsche, wo ein Filzen vermieden werden soll, besonders günstig.

3. *Die Veredlung von Mischungen aus Proteinfasern und Synthesefasern*

Bei solchen Mischungen werden die für Proteinfasern üblichen Veredlungsverfahren mit denen für Synthesefasern kombiniert (S. 300). Die Filztendenz geht mit

[1] heute nicht mehr im Handel

zunehmendem Gehalt an Synthesefasern stark zurück, da die letzteren nur eine schwache Quellbarkeit und damit geringe Filztendenz besitzen.

Allgemein stören stark quellende Fasern (künstliche Cellulosefasern und künstliche Proteinfasern) das Filzen der Wolle nicht, da sie der Wollfaser durch ihre plastische Oberfläche einen Halt für ihre wurzelwärtige Wanderung (S. 273) geben und außerdem unter Druck zu einer gewissen gegenseitigen Verklebung neigen. Auf der anderen Seite beeinträchtigen Fasern mit geringer Quellbarkeit und daher von in wäßrigem Medium harter Oberfläche (Synthesefasern, Acetatfasern) das Filzvermögen einer Wollmischung mehr oder weniger stark. Will man daher bei Mischungen aus Wolle und hydrophoben Fasern einen guten Filzeffekt erreichen, setzt man der Walkflüssigkeit entsprechende *Quellmittel*, bei Polyamidfasern z. B. Ameisensäure oder Phenole, zu.

III. Die synthetischen Fasern[1]

Bei der Herstellung von Reyon und Zellwolle sowie von künstlichen Proteinfasern werden natürliche Rohstoffe zu Fasern umgeformt, so daß für diese die Bezeichnung *künstliche* Fasern zutrifft, während man unter einer *synthetischen* Faser eine solche versteht, deren Ausgangsmaterial aus einfachsten Bausteinen synthetisch erzeugt wird. (Die Sammelbezeichnung für künstliche und synthetische Fasern ist *Chemiefasern.*)

Schon im Jahre 1927 konnte *Staudinger* zeigen, daß man aus Polyoxymethylenen unter bestimmten Bedingungen eine Faser herstellen kann, welche ähnlich wie die natürliche Cellulosefaser gebaut ist, in der also die Kristallite in bestimmter Weise um die Faserachse angeordnet sind. Die Kristallite bestanden aus Bündeln von langen Polyoxymethylen-Fadenmolekülen. Später gelang es *Staudinger,* auch das Polyäthylenoxid aus der Schmelze heraus zu einer Faser auszuziehen. Durch die Herstellung dieser Fasern war gezeigt worden, daß ein *makromolekularer Bau* Voraussetzung für die Erzeugung einer synthetischen organischen Faser ist.

Das Problem der Herstellung gebrauchstüchtiger synthetischer Fasern ist inzwischen in verschiedenster Weise gelöst worden. Einige dieser Produkte übertreffen in manchen Gebrauchseigenschaften die natürlichen Faserstoffe, so daß ihnen für bestimmte Zwecke eine überragende Bedeutung zukommt. Theoretisch ist die Erzeugung einer fast unendlichen Zahl von synthetischen Fasern möglich, doch wird diese Zahl durch die Möglichkeiten der Rohstoffbeschaffung und die Gebrauchseigenschaften des Fertigproduktes sehr wesentlich eingeschränkt.

Je nach dem Herstellungsverfahren unterteilt man die synthetischen Fasern auf organischer Basis in *Polymerisat-*, *Polykondensat-* und *Additionspolymerisat-Fasern.*

Die Fasern können entweder in endloser Form wie die Reyonfaser oder in Stapelform wie die Zellwolle in den Handel gebracht werden.

Zusammenhänge zwischen Moleküllänge, Molekülstruktur, Orientierung, Kristallinität und Packungsdichte bei faserbildenden Hochpolymeren. Nicht alle Hochpolymeren sind zur Faserbildung befähigt. Sie ist an ganz bestimmte Bedingungen geknüpft.

Eine der ersten Voraussetzungen ist das Vorliegen einer bestimmten *Kettenlänge,* die nach *W. H. Carothers* und Mitarbeitern für Polyamide und Polyester mit etwa 1000 Atomen in der Molekülkette zu beziffern ist. Sind die Moleküle hinreichend lang, dann lassen sie sich durch Zug in Richtung der Faserachse *orientieren,* was die Vorbedingung für eine ganze Reihe von vorteilhaften Fasereigenschaften ist.

Eine hohe *Kristallinität* ist nicht unbedingte Voraussetzung für gute Fasereigenschaften. Sowohl Polyvinylchlorid als auch Polyacrylnitril sind nur ganz wenig kristallin und liefern doch brauchbare Fasern. Möglicherweise wären diese Fasern noch besser, wenn man sie in einen ausgesprochen kristallinen Zustand bringen könnte, wie ihn z. B. Polyamidfasern und Polyesterfasern aufweisen.

Der Umstand, daß Polyvinylchlorid und Polyacrylnitril bei mangelhafter Kristallinität gute Fasern liefern, hängt damit zusammen, daß durch die Einfüh-

[1] Auf die vielen Copolymerisate bzw. Copolykondensate, Propfcopolymerisate und Bikomponentenfasern kann jeweils nur kurz verwiesen werden, z. B. Seite 334 und 337.

rung von Cl- bzw. CN-Gruppen in die aliphatische Kette eine den Zusammenhalt der Ketten bedingende Polarität erzeugt wird.

Sicher ist das Vorliegen einer hohen Kristallinität im Hinblick auf die Fasereigenschaften von Vorteil. Die Kristallinität wird durch die Symmetrie des Moleküls begünstigt, wie dies die Beispiele des Polyäthylens, der Polyester und der Polyamide zeigen.

Im kristallinen Teil des hochpolymeren Gefüges wurden „Gitterbaufehler" sog. „Kinken" nachgewiesen. Es handelt sich dabei um Knicke, wie sie in der Abb. 136 schematisch dargestellt sind.

Diese Kinken besitzen nach *W. Pechhold* eine starke gegenseitige Anziehung, die zu Ansammlungen und „Versetzungen" führt. Diese sind es, die in scheinbar „nicht kristallinen Bereichen" vorherrschen. Es besteht daher auch keine scharfe Grenze zwischen den beiden Bereichen.

Die Möglichkeit einer dichten Packung der Moleküle ist nicht eine unbedingte Voraussetzung für die Kristallinität, wohl aber für die optimale Auswirkung der *zwischenmolekularen Anziehungskräfte*, die für das thermische Verhalten sowie für die Festigkeitseigenschaften maßgebend sind.

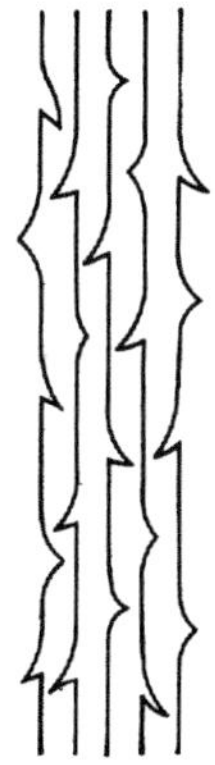

Abb. 136. Gitterbaufehler.

Funktion der zwischenmolekularen Kräfte

Starke zwischenmolekulare Kräfte ergeben einen guten Zusammenhalt des Molekülgefüges und daher hohe Hitzebeständigkeit und Festigkeit. Als zwischenmolekulare Kräfte kommen Dispersionskräfte, Dipolkräfte und Wasserstoffbrücken in Betracht.

Das Verhalten der synthetischen Fasern gegenüber *Quell- und Lösungsmitteln* ist bedingt durch die Art der zwischenmolekularen Kräfte bzw. die Natur der Einwirkungsmittel. Handelt es sich bei den einwirkenden Agenzien um Wasserstoffbrückenbrecher, dann werden solche Fasern gequollen bzw. gelöst, deren zwischenmolekulare Bindung durch Wasserstoffbrücken bedingt ist (Phenole und Polyamide). H-Brückenbildner sind dagegen nicht in der Lage, unpolare oder schwach polare Fasermoleküle in Quellung zu versetzen. Polare Bindungen zwischen den Fasermolekülen werden durch polare Mittel angegriffen. Die letzteren finden aber keine Angriffspunkte bei unpolaren Fasermolekülen.

Als Dipol bzw. Wasserstoffbrückenbildner wird Wasser von Fasermolekülen polarer Struktur oder Neigung zur Wasserstoffbrückenbildung leicht aufgenommen, während Fasermoleküle unpolarer Natur wasserresistent sind (vgl. Tab. 31).

Oligomere und Pleionomere von synthetischen faserbildenden Polymeren

Oligomere sind molekulareinheitliche polymerhomologe Substanzen von niederem Molekulargewicht, die sich in ihren physikalischen Eigenschaften noch genügend unterscheiden, um sich in chemische Individuen trennen zu lassen.

Eine Trennung der Homologen ist ab Molekulargewichten von etwa 1000 nicht mehr möglich. Diese höheren Glieder können nicht mehr als Oligomere, d.h. als aus einigen wenigen Grundbausteinen aufgebaut, bezeichnet werden. Sie werden daher als *Pleionomere* bezeichnet. Pleionomere sind also molekulareinheitliche polymerhomologe Substanzen, die sich in ihren physikalischen Eigenschaften nicht mehr genügend unterscheiden (*H. Zahn*).

Die in den Synthesefasern enthaltenen Oligomere können unter Umständen zu erheblichen technischen Schwierigkeiten führen (S. 352, 360).

Struktur und thermisches Verhalten (vgl. S. 363)

Für bestimmte extreme Beanspruchungen genügt die thermische Stabilität der bekannten Synthesefasern nicht, so z. B. für Textilien in *Weltraumfahrzeugen*. Hier wird eine thermische Stabilität von über 400–500 °C verlangt.

Neben den zwischenmolekularen Kräften spielt auch die chemische Struktur des Polymeren für die thermischen Eigenschaften eine ausschlaggebende Rolle. So sind auf Grund des starren Verhaltens aromatischer Ringsysteme Polymere aus den letzteren den aliphatischen Polymeren überlegen (vgl. S. 325).

Grundsätzlich ergeben Polymere mit vorzugsweise CH-Bindungen weniger thermostabile Produkte als Polymere mit Heteroatomen. So ist z. B. die *Bornitridfaser* besonders thermostabil, besitzt aber nicht die notwendigen textilen Eigenschaften.

Hohe thermische Beständigkeit zeigen z. B. Polyoxadiazole (über 400 °C), aromatische Polyimide, Polybenzimidazole, cyclisiertes Polyacrylnitril, Polyphenylpyrazole, Polybenzoxazole, Polychinoxaline, Polypyrone (über 425 °C), Polyphenyltriazole (ca. 300 °C) u. a. (S. 363 ff.). *H. Herlinger* hat grundsätzliche Voraussetzungen für die Temperaturbeständigkeit von Fasern erarbeitet.

A. Die Polymerisatfasern

1. Fasern aus Polyvinylchlorid

Herstellung. An Acetylen wird Chlorwasserstoff angelagert, wobei auf Bimsstein oder Koks niedergeschlagenes Quecksilberchlorid als Katalysator fungiert. Dabei entsteht das Vinylchlorid, welches auch durch Chlorierung von Äthylen gewonnen werden kann:

$$CH{\equiv}CH \xrightarrow[HgCl_2]{HCl} CH_2{=}CHCl$$

$$CH_2{=}CH_2 + Cl_2 \rightarrow CH_2{=}CHCl + HCl$$

Das Vinylchlorid ist eine bei gewöhnlicher Temperatur gasförmige Substanz, welche sich bei −13,9 °C zu einer farblosen Flüssigkeit verdichten läßt. Das Vinylchlorid läßt sich in Gegenwart radikalbildender Katalysatoren, wie Dibenzoylperoxid oder Acetylbenzoylperoxid zu dem farblosen festen Polyvinylchlorid polymerisieren (Kettenreaktion nach dem Radikal-Mechanismus). Die Polymerisation erfolgt meist in wäßriger Emulsion; durch Vakuumdestillation der flüssigen Phase wird das Polymerisat ausgefällt und in fester Form gewonnen.

Polyvinylchlorid ist im allgemeinen nur in einigen hochsiedenden Lösungsmitteln löslich. Durch Nachbehandlung mit sauren Mitteln wird es in niedrigsiedenden Lösungsmitteln löslich. Noch leichter löslich wird es durch Chlorieren in der Weise, daß man in die Suspension des Chlorids in Tetrachlorkohlenstoff bei 60–70 °C Chlor einleitet. Auf je 3 Vinylchloridmonomere entfällt dabei ein weiteres Cl-Atom, so daß das nachchlorierte Polyvinylchlorid üblicherweise einen Chlorgehalt von 64–66 % besitzt.

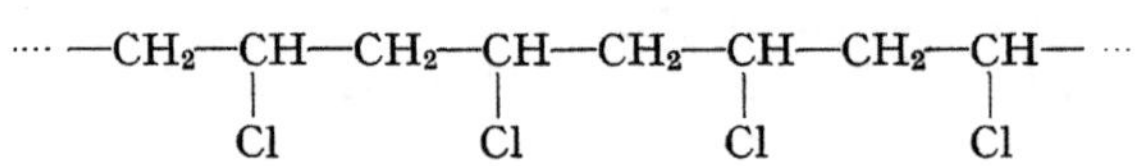

Polyvinylchlorid (nicht nachchloriert).

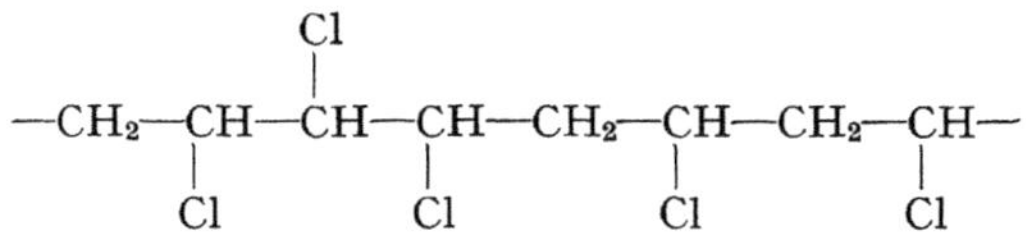

Polyvinylchlorid (nachchloriert)

Aus diesem letzteren Produkt erzeugte Fasern bezeichnet man als *PeCe-Fasern.*

Das Verspinnen geschieht entweder aus dem Schmelzfluß oder aus einer Lösung in organischem Lösungsmittel nach dem Trocken- oder Naßspinnverfahren. Durch Verstrecken kann die Festigkeit der Faser erhöht werden. Die entstehende Faser ist nahezu farblos; soll sie nachträglich gebleicht werden, dann kann dies vorteilhaft mit Natriumchlorit geschehen.

Die Polyvinylchlorid-Faser besitzt einen Polymerisationsgrad von 1500–2000. Da die viscosimetrisch bestimmten Polymerisationsgrade wesentlich kleinere Werte ergeben als die osmotisch ermittelten, ist es wahrscheinlich, daß die Polyvinylchloridmoleküle verzweigt oder mäanderförmig gekrümmt sind (*Staudinger*).

Eigenschaften. Die Faser ist thermoplastisch und beginnt oberhalb 80 °C zu erweichen, so daß eine Verwendung für allgemeine Bekleidungszwecke nicht in Frage kommt. Auf Grund spezifischer Eigenschaften eignet sie sich aber für besondere technische Artikel und spezielle Verwendungszwecke. Die Faser ist hydrophob und vollständig unempfindlich gegen Wasser, so daß sie in trockenem und nassem Zustand die gleiche Festigkeit besitzt (s. S. 361). Sie ist weitestgehend beständig gegen Säuren, Alkalien und sonstige aggressive Chemikalien jeder Konzentration und ist praktisch fäulnis- und verrottungsfest. Weiterhin besitzt sie ein ausgezeichnetes Wärme- und Elektro-Isoliervermögen.

Auf Grund ihrer *Wasserunempfindlichkeit* und *Fäulnisfestigkeit* ist die Faser daher ein idealer Rohstoff für die Herstellung von Fischereigeräten, Tauwerk, Segeltuchen, Faulstreifen, Zeltböden, Geweben und Seilen für Feuchtbetriebe wie Badeanstalten, Molkereien usw. Ihre *Chemikalienfestigkeit* wird ausgenutzt für die Herstellung von Filtertüchern, Diaphragmen, Dichtungsschnüren, Separatoren in Akkumulatoren sowie von Schutzkleidung für chemische Betriebe usw.

Beschränkt beständig ist die Faser gegen Chlor und schweflige Säure in hohen Konzentrationen. Von organischen Verbindungen sind Benzin, aliphatische Alkohole sowie Öle und Fette indifferent gegen die Polyvinylchlorid-Faser. Chlorkohlenwasserstoffe, Ester, Ketone sowie viele aromatische Verbindungen wirken dagegen vielfach quellend bzw. lösend.

Handelsprodukte aus nachchloriertem Polyvinylchlorid: Piviacid (PeCe-Faser), Clevyl T, Crinovyl, Movil, Ternel, Khlorin.[1]

Nicht nachchloriertes Polyvinylchlorid wird entweder aus dem Schmelzfluß oder aus einer Lösung in Aceton/Schwefelkohlenstoff oder aus Tetrahydrofuran trocken oder naß versponnen. In Aceton allein löst sich das Produkt nicht auf. Die Faser schmilzt bei 180–190 °C. Sie ist ausgezeichnet licht- und wetterbeständig und u. a. beständig gegen Benzin, Alkohol und Tetrachlorkohlenstoff. Sie wird in Mischung mit anderen Fasern für Kleider und Unterwäsche eingesetzt. Die Abb. 137 zeigt eine solche Faser im Querschnitt.

Handelsprodukte aus nicht nachchloriertem Polyvinylchlorid: Rhovyl, PCU-Draht, Isovyl, Envilon, Talon, Teviron.

Copolymerisation von Vinylchlorid mit anderen Komponenten führt meist zu leichter löslichen Produkten. Durch die Fremdkomponente wird die Symmetrie des Moleküls und damit die Kristallisationsfähigkeit gestört, so daß der Schmelzpunkt erniedrigt wird.

[1] Eine Spezialfaser aus Polyvinylchlorid ist Leavil.

Bei der *MP-Faser* liegt ein Mischpolymerisat aus 85% Vinylchlorid und 15% Vinylacetat vor.

Bei der *Vinyon*-Faser (HH, ST) handelt es sich um ein aus 90% Vinylchlorid und 10% Vinylacetat bestehendes Mischpolymerisat. Sie ist der PeCe-Faser in

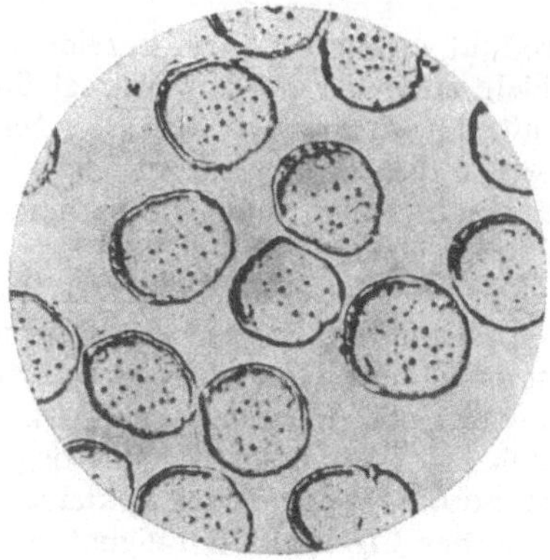

Abb. 137. Rhovyl-Fasern, pigmentiert (Querschnitt), Vergrößerung 225:1 (Photo Rhodiaceta).

ihrer chemischen Widerstandsfähigkeit unterlegen. Durch die Vinylacetatkomponente wird die Löslichkeit des Polymerisats erhöht, so daß das Mischpolymerisat aus Aceton versponnen werden kann.

$$\cdots -CH_2-\underset{\displaystyle Cl}{\underset{|}{CH}}-CH_2-\underset{\displaystyle OOCCH_3}{\underset{|}{CH}}-CH_2-\underset{\displaystyle Cl}{\underset{|}{CH}}-CH_2-\underset{\displaystyle Cl}{\underset{|}{CH}}- \cdots$$

Mischpolymerisat aus Vinylchlorid und Vinylacetat

Die gesponnene Faser wird um 200% verstreckt, um die mechanischen Eigenschaften vorteilhafter zu gestalten.

Bei der Vinyon N-Faser handelt es sich um ein Mischpolymerisat aus Acrylnitril und Vinylchlorid, welches man aus Acetonlösungen verspinnt und das gegen Hitze und Lösungsmittel unempfindlicher ist als Vinyon HH.

Dynel ist die entsprechende Stapelfaser.

$$\cdots -CH_2-\underset{\displaystyle Cl}{\underset{|}{CH}}-CH_2-\underset{\displaystyle CN}{\underset{|}{CH}}-CH_2-\underset{\displaystyle Cl}{\underset{|}{CH}}-CH_2-\underset{\displaystyle Cl}{\underset{|}{CH}}-CH_2-\underset{\displaystyle CN}{\underset{|}{CH}}- \cdots$$

Mischpolymerisat aus Vinylchlorid und Acrylnitril (60:40)

Vinylchlorid-Copolymerisate werden auf Grund ihrer Chemikalienbeständigkeit und Mikrobenresistenz meist für technische Zwecke wie Filterstoffe, Arbeitsschutzkleidung usw. eingesetzt.

2. Fasern aus Polyvinylidenchlorid

Bei der Einwirkung von Chlor auf Acetylen entsteht das Tetrachloräthan, welches sich in Gegenwart von Acetylen und Eisen(III)-chlorid als Kontaktsubstanz bei 135 °C in 2 Mol Vinylidenchlorid disproportioniert:

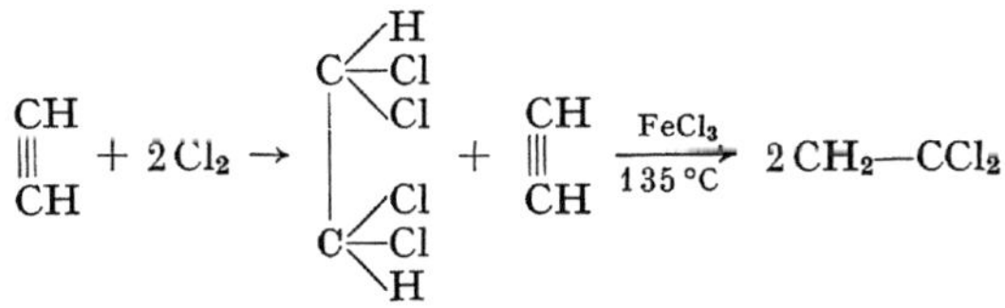

Tetrachlor-äthan Vinylidenchlorid as-Dichloräthylen

Das Produkt kann auch aus Vinylchlorid über Trichloräthan durch HCl-Abspaltung gewonnen werden:

$$CH_2{=}CHCl + Cl_2 \rightarrow CH_2Cl{-}CHCl_2 \rightarrow CH_2{=}CCl_2 + HCl$$

In Gegenwart von Dibenzoylperoxid kann das Vinylidenchlorid polymerisiert und dann aus dem Schmelzfluß zu Fasern versponnen werden. Meist werden jedoch Mischpolymerisate mit Vinylchlorid auf Fasern verarbeitet. Diese sind unter den Bezeichnungen *Saran, Velon, Clorene, Harlan, Sowiden, Dawbarn, Rovana* im Handel.

Die Copolymerisate haben etwa folgende Zusammensetzung:

85% Vinyliden-chlorid
13% Vinyl-chlorid
2% Vinyl-cyanid

Die Fasern sind wasser- und chemikalienbeständig. Sie sind jedoch ebenfalls nicht hitzebeständig und beginnen bei 65 °C zu schrumpfen und zwischen 90 und 120 °C zu erweichen. Meist handelt es sich um monofile Fäden, die für technische Zwecke, wie z.B. Autoschonbezüge, Filterstoffe, aber auch für Dekorationsstoffe, Polsterungen, Vorhänge, Flechtartikel usw. in Betracht kommen.

3. Fasern aus Polyäthylen

Polymeres Äthylen wird oberhalb seines Erweichungspunktes in kaltes Wasser zu Fasern ausgespritzt und kalt verstreckt. Die Faser zeigt eine gute Chemikalienbeständigkeit. Mit dem spez. Gewicht von 0,92 (S. 362) stellt die Faser das *leichteste* Textilmaterial dar:

$$\cdots\cdots{-}CH_2{-}CH_2{-}CH_2{-}CH_2{-}CH_2{-}CH_2{-}\cdots\cdots$$

Als Ausgangsmaterial wird vorzugsweise Niederdruck- und teilweise Hochdruck-Polyäthylen verwendet. Niederdruck-Polyäthylen liefert Fasern mit wesentlich höherer Festigkeit und höherem Schmelzpunkt.

Handelsprodukte aus *Hoch-* und *Niederdruckpolyäthylen:* Hostalen G, Trofil H, Vestolen A, Nymplex, Courlene X3, Reevon-Polyethylene, Norfil, Fortiflex, Courlene.

Mangels geringer innerer Kohäsion – keine Polarität, keine Wasserstoffbrükken! – ist die Faser nicht besonders hitzebeständig (Schmelzbereich 107–112 °C). Verwendung namentlich für technische Gewebe (Bezüge, Schutzkleidung). Auf Grund ihres niedrigen spez. Gewichts und ihrer Hydrophobie (die Faser schwimmt auf Wasser) besitzt sie z.B. Bedeutung für die Herstellung von Fischereinetzen.

4. Fasern aus Polypropylen

Stereospezifität und Fasereigenschaften. Die Polymerisation von Monomeren kann so geleitet werden, daß bestimmte *stereospezifische Strukturen* entstehen (*G. Natta, K. Ziegler*):

Bei einer unregelmäßigen Anordnung der Substituenten erhält man die *ataktische*, bei einer regelmäßigen Anordnung die *isotaktische* bzw. *syndiotaktische* Form (Abb. 138).

Die Möglichkeit einer regelmäßigen Anordnung ist durch die Verwendung geeigneter Katalysatoren (*Ziegler-Katalysatoren*) gegeben. Üblicherweise werden bei der stereoregulären Polymerisation von Olefinen kombinierte Katalysatorsysteme angewendet, so z.B. eine Mischung aus Aluminiumtriäthyl mit Titantetrachlorid.

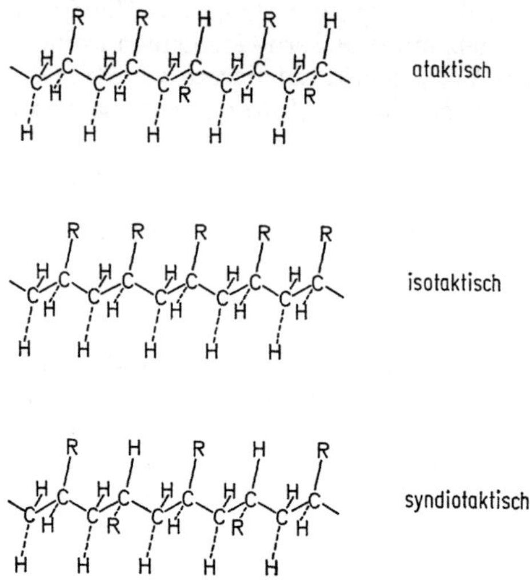

Abb. 138. Stereospezifische Strukturen.

Die Stereospezifität wirkt sich auf die Eigenschaften des Polymerisats entscheidend aus. Während die ataktische Form im allgemeinen niedrigere Schmelzpunkte und eine geringe Kristallisationsneigung aufweist, sind die stereoregulären Formen thermostabiler und neigen mehr zu einer kristallinen Anordnung. Auf Grund dessen erhält man mit den *stereoregulären Polymeren* Fasern von hohen Festigkeitseigenschaften und guter Temperaturbeständigkeit.

Isotaktisches Polypropylen (*G. Natta*) eignet sich wegen seiner vorzüglichen Kristallisationsfähigkeit sehr gut als Faserrohstoff, der nach dem Schmelzspinnverfahren versponnen wird. Nach dem Spinnen wird die Faser im Verhältnis 1:7 bis 1:10 verstreckt.

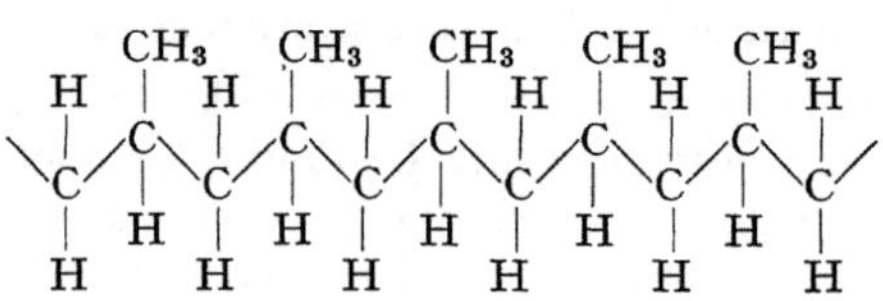

Isotaktisches Polypropylen.

Das Kettenmolekül bildet Spiralen von 3 Monomeren pro Windung, die sich beim Spinnen und Strecken sehr regelmäßig nebeneinander lagern, so daß eine hohe Kristallinität resultiert.

Die Dichte der Faser beträgt 0,92, ihr Schmelzpunkt 160–170 °C. Die Festigkeit übertrifft diejenige der Polyamide. Sie ist gegenüber Chemikalien weitestgehend indifferent, aber anfällig gegen intensive Lichteinwirkung.

Es handelt sich hierbei um eine *Autoxidation*, der durch geeignete Stabilisatoren entgegengewirkt werden kann. Als solche werden Phenole und Benzophenone sowie organische Nickelkomplexe genannt.

Für färberische Zwecke wird die Faser durch Beimischen von stickstoffhaltigen Basen (Heterocyclen) zur Schmelze oder durch Zugabe von Metallverbindungen (s. S. 635) entsprechend modifiziert.

Handelsprodukte: Hostalen PP, HD, Vestolen P, Trofil P, Meraklon, Reevon-Polypropylene, Jägatex, Prolene, Royalene, Ulstron, Durastran FTA.

5. Fasern aus Polyacrylnitril

Acrylnitril ist eine Flüssigkeit vom Siedepunkt 78 °C und läßt sich synthetisch aus Acetylen und Blausäure gewinnen (*O. Bayer* und *P. Kurtz*) und anschließend zum Polyacrylnitril vom Mol.-Gewicht 40000–150000 polymerisieren. Das Polymerisat läßt sich zur Faser ausspinnen (*H. Rein*).

$$CH{\equiv}CH + HCN \rightarrow CH_2{=}CHCN$$

$$\cdots -CH_2-\underset{\displaystyle CN}{\underset{|}{CH}}-CH_2-\underset{\displaystyle CN}{\underset{|}{CH}}-CH_2-\underset{\displaystyle CN}{\underset{|}{CH}}-CH_2-\underset{\displaystyle CN}{\underset{|}{CH}}- \cdots$$

Polyacrylnitril.

Die großtechnische Herstellung des Monomeren gelingt auch aus Äthylenoxid und Blausäure über Äthylencyanhydrin als Zwischenprodukt:

$$O\left\langle\begin{matrix}CH_2\\ |\\ CH_2\end{matrix}\right. + HCN \rightarrow HOCH_2CH_2CN \xrightarrow{\text{Dehydratisierung}} CH_2{=}CHCN + H_2O$$

Man kann auch Acetaldehyd mit Blausäure umsetzen und das entstehende Nitril dehydratisieren:

$$CH_3CHO + HCN \rightarrow CH_3 \cdot C\left\langle\begin{matrix}H\\ OH\\ CN\end{matrix}\right. \xrightarrow[\text{Dehydratisierung}]{H_3PO_4} CH_2{=}CHCN + H_2O$$

(Diese Reaktion liefert höhere Ausbeuten und ein reineres Produkt.)

Schließlich besteht die Möglichkeit, Acrylnitril durch direkte Umsetzung von Propylen mit Ammoniak und Sauerstoff zu erhalten (*Sohio-Prozeß*). Dies ist das heute wichtigste großtechnische Verfahren:

$$CH_2{=}CH{-}CH_3 + 3\,O + NH_3 \rightarrow CH_2{=}CH{-}CN + 3\,H_2O$$

Ein weiteres Verfahren arbeitet in der Weise, daß man Allylamin in Gegenwart von Luft katalytisch oxydiert:

$$CH_2{=}CH{-}CH_2 \cdot NH_2 + O_2 \rightarrow CH_2{=}CH{-}CN + 2\,H_2O$$

Polymerisation des Acrylnitrils. Die Polymerisation des Acrylnitrils zum Polyacrylnitril wird in wäßriger Suspension mit Hilfe von Redoxkatalysatoren (Ammonpersulfat/Natriumbisulfit u. a.) durchgeführt.

Die großtechnische Herstellung der Faser scheiterte zunächst daran, daß kein geeignetes Lösungsmittel gefunden werden konnte. Die Schwerlöslichkeit hängt damit zusammen, daß die innere Kohäsion auf Grund der Auswirkung starker zwischenmolekularer Kräfte sehr groß ist.
Heute dienen zur Herstellung einer geeigneten Spinnlösung Dimethylformamid $\mathrm{HCON}\begin{smallmatrix}\diagup \mathrm{CH_3}\\ \diagdown \mathrm{CH_3}\end{smallmatrix}$ sowie cyclisches Glykolcarbonat als vorteilhafte Lösungsmittel.
Die Faser wird nach dem Trockenspinnverfahren gesponnen, wozu auf Grund des hohen Siedepunktes von Dimethylformamid (150 °C) besondere Einrichtungen notwendig sind. Man spinnt heute auch naß in der Weise, daß man in Dimethylformamid/Wasser oder Glycolcarbonat/Wasser einspinnt. (In purem Wasser würde eine zu rasche und daher für die Qualität der Faser nachteilige Koagulation erfolgen.) Auch Lösungen des Polymeren in konz. Salpetersäure, die man in salpetersäurehaltiges Wasser einspinnt, finden Verwendung.

Als Lösungsmittel für das Naßspinnverfahren finden auch Dimethylacetamid, Natriumrhodanid, Zinkchlorid u.a. Verwendung, wobei Fällbäder verschiedener Zusammensetzung in Betracht kommen. Nach dem Ausspinnen wird der Faden auf das 8–12fache verstreckt.[1]

Bifasern. Für spezielle Zwecke stellt man Fasergebilde her, die z.B. aus zwei Fasern verschiedenen Querschnitts zusammengesetzt sind und eine unterschiedliche Schrumpftendenz zeigen. Beim Schrumpfen entstehen dann stark füllige Gespinste (*Orlon-Sayelle*).

Mischpolymerisation. Um namentlich die färberischen Eigenschaften, die auf Grund des hydrophoben Verhaltens der Faser nicht günstig sind, zu verbessern, werden dem Acrylnitril vielfach etwa 6–10% der verschiedensten Monomeren zugemischt. Als Beispiele seien genannt: Vinylchlorid, Vinylacetat, Metacrylsäureester, Acrylamid, N-Vinyl-imidazol, 2-Vinyl-pyridin, 2-Vinylpyrazin. Dabei ist zu bemerken, daß *saure Comonomere* das Anfärben mit *kationischen* und *basische Monomere* das Anfärben mit *anionischen* Farbstoffen fördern.

Um die Faser für kationische Farbstoffe besonders gut zugänglich zu machen, kann man sulfogruppenhaltige, polymerisierbare Monomere, z.B. Styrolsulfonsäure, Vinylsulfonsäure oder Allyloxy-natriumbenzolsulfonat zusetzen (*I. C. Masson*):

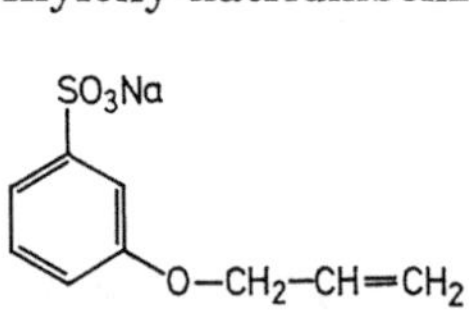

Durch den Zusatz, der zu einem statistischen Einbau in die Polymerkette führt, wird allerdings die Erweichungstemperatur herabgesetzt und werden auch andere Fasereigenschaften verändert. Mischpolymerisate des Acrylnitrils mit anderen Monomeren in höheren Prozentsätzen werden als „*Modacrylfasern*" bezeichnet (S. 322).

Durch *Block- oder Pfropfpolymerisation*, d.h. durch Copolymerisieren größerer vorgebildeter Polymerisatstücke, ist man in der Lage, das Polymerisat für den Färbeprozeß wohl „aufzulockern", die Eigenschaften des reinen Polymerisats aber weitgehend zu belassen (*Verel*).

---

[1] Über Veränderungen der Struktur naßgesponnener Fasern bei der angeschlossenen thermischen Behandlung hat *H.-J. Flath* berichtet.

Ein Anbau von polymerisationsfähigen Monomeren an die Hauptkette des Polymeren – analog dem Pfropfpolymerisat – kann auch dadurch erreicht werden, daß man an der Polymerkette durch energiereiche Strahlung reaktionsfähige Stellen schafft, an die sich die Monomeren anpolymerisieren. Man erhält dann Gebilde der nachstehenden Form:

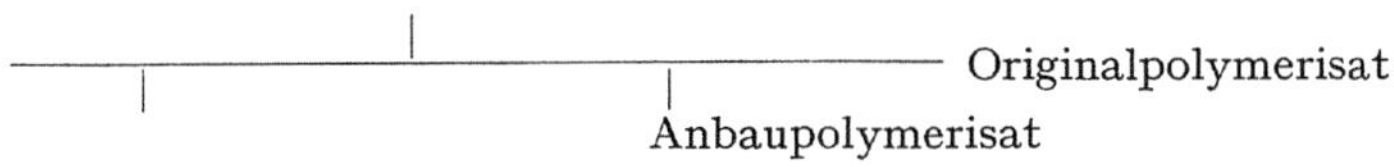

Der Polymerisationsgrad der Faserhandelsprodukte liegt bei 1000–2000.

Eigenschaften. Die Polyacrylnitril-Faser läßt sich besonders billig erzeugen. In ihr sind die Eigenschaften der Polyvinylchlorid-Faser und der Polyamidfaser vereinigt, so daß sie neben guten mechanischen Eigenschaften (namentlich hohe Elastizität) und guter Hitzebeständigkeit eine weitgehende Resistenz gegen chemische Einwirkungen und Fäulnis besitzt. Kochende Alkalien wirken verseifend und damit lösend. In ihrer Licht- und Wetterbeständigkeit übertrifft sie alle bis jetzt bekannten Textilfasern. Ihr spez. Gewicht beträgt 1,16 (S. 362).

Auf Grund ihrer speziellen Eigenschaften findet sie u.a. Verwendung zur Herstellung von Kleiderstoffen, Schlafdecken, Strick- und Wirkwaren (auf Grund ihrer „Fülligkeit"), Wollmischungen, Filtertüchern, Stoffen für Markisen, Autoverdecken, Zelten sowie für Fischereinetze und Taue. Aber auch für die Fabrikation von anderen Artikeln wie Gardinen, Regenmantel- und Regenschirmstoffen sowie für Sportkleidung bringt die Faser Vorteile.

Veredlung. Im Interesse einer einwandfreien Verarbeitung und guter Gebrauchseigenschaften müssen Gewebe, Strick- und Wirkwaren im Rahmen der Veredlung zum Ausgleich der inneren Spannungen *fixiert* werden, was z.B. auf dem Spannrahmen bei 190 °C während 30–45 sec geschehen kann.

Die Spannungen rühren von folgendem her: Die Faser wird bei der Herstellung um ein Vielfaches ihrer ursprünglichen Länge verstreckt, wodurch sie die unerwünschte Plastizität verliert und eine hohe Festigkeit und Elastizität gewinnt. Dies kommt dadurch zustande, daß das Strecken eine weitgehende Parallelorientierung der Ketten in Richtung der Faserachse bewirkt, so daß sich zwischenmolekulare Kräfte auswirken können. Die zwischenmolekularen Kräfte besitzen nicht immer einen optimalen Abstand, d.h. spannungsfreien Zustand. Sie können sich spannungsfrei einspielen, wenn sie infolge der durch Hitzeeinwirkung erhöhten Molekülschwingungen gespalten werden und sich bei der anschließenden Abkühlung neu formieren und dabei spannungsfrei anordnen können.

Im Falle des Fehlens eines solchen spannungsfreien Zustands würden Krumpf- und Knittererscheinungen in der Veredlung und im Gebrauch die Folge sein.

Das *Waschen* vor dem Bleichen bzw. Färben oder Drucken kann mit den üblichen Reinigungsmitteln (ohne Alkali) vorgenommen werden. Ist ein *Bleichen* notwendig, so kann dies mit Natriumchlorit geschehen.

Über *antistatische Präparation* siehe S. 341.

Polyacrylnitril-Faser-Handelsprodukte:

Dralon	Nitron
Dolan	Orlon
Redon	Acrybel
Wolpryla	Tacryl
Courtelle	Vonnel
Crylor	Cashmilon
Nymcrylon	Beslon
Krilion	Pulon

Fasern aus Polyacrylnitril mit größeren Zusätzen an Fremdmonomeren (*Modacrylfasern*):

Dynel, Vinyon N[1]	40% Acrylnitril, 60% Vinylchlorid
Kanekalon K	40% Acrylnitril, 60% Vinylchlorid
Saniv	40% Acrylnitril, 60% Vinylidenchlorid
Kanekalon N	60% Acrylnitril, 40% Vinylchlorid
Verel	80% Acrylnitril, Vinylchlorid + Vinylidenchlorid
Acrilan	85% Acrylnitril, 15% Vinylacetat
Exlan	85% Acrylnitril, 15% Vinylacetat
Creslan	85% Acrylnitril, 15% Vinylacetat
Leacril	85% Acrylnitril, 15% Vinylderivate
Zefran	Acrylnitril, Vinylidencyanid
GE-Faser	70% Acrylnitril, 25% Äthylacrylat, 5% Äthylmethacrylat
Teklan	49% Acrylnitril, 49% Vinylidenchlorid, 2% weitere Monomere

Differential-Dying-Fasern (*Multicolor-Technik*) vgl. S. 635. Die normale Polyacrylnitril-Faser wird von kationischen und Dispersionsfarbstoffen angefärbt, während anionische Farbstoffe nicht aufgenommen werden. Der mit kationischen Substanzen modifizierte Typ läßt sich ebenfalls mit Dispersionsfarbstoffen färben, besitzt aber eine ausgesprochene Affinität zu anionischen Farbstoffen, während er von kationischen Farbstoffen nur wenig angefärbt wird (*Chr. Schork*).

6. Fasern aus Polyvinylidencyanid

Herstellung von Vinylidencyanid (Methylenmalodinitril) durch Umsetzung von Keten mit Blausäure. Hierbei läuft eine Reihe von Reaktionen nacheinander ab:

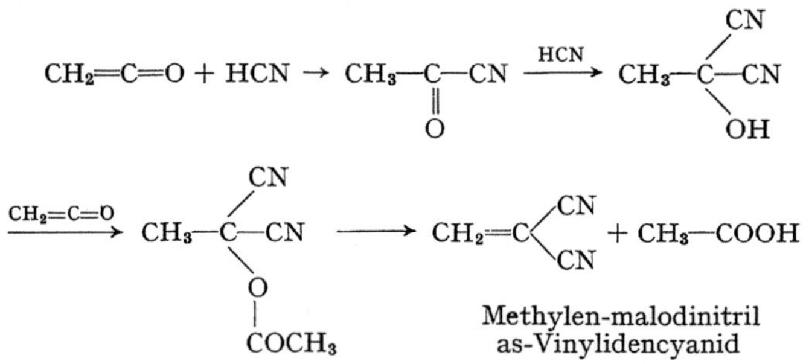

Das Monomere wird in geeigneten Lösungsmitteln, z.B. Dimethylformamid, zusammen mit anderen Monomeren wie Vinylacetat oder Acrylsäuremethylester mischpolymerisiert.

Im Vergleich zu Polyacrylnitril besitzt Polyvinylidencyanid infolge der gesteigerten Betätigung von zwischenmolekularen Kohäsionskräften noch eine dichtere Packung, so daß das Polymerisat im Hinblick auf das Anfärben durch Zusatz von Fremd-Monomeren „aufgelockert" werden muß.

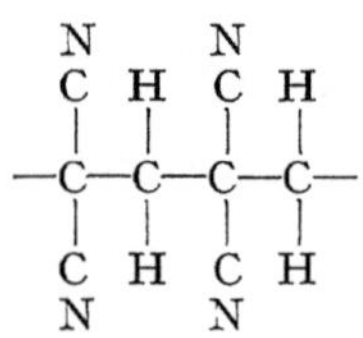

Polyvinyliden-cyanid

[1] Vinyon N ist nicht mehr im Handel.

Trotz der Auflockerung der „Packungsdichte" durch die Mischpolymerisation läßt sich die Faser schwieriger anfärben als die Polyacrylnitrilfaser.

Handelsprodukte: Darvan (50% Vinylidencyanid und 50% Vinylacetat), Travis (nicht mehr im Handel), Darlan.

7. Fasern aus Polyvinylalkohol

Polyvinylalkohol – aus Polyvinylacetat durch Verseifung gewonnen – wird aus wäßriger Lösung (12–18%) in ein wäßriges Spinnbad, welches Natriumsulfat oder Ammoniumsulfat und Zinksulfat enthält, versponnen, dann einer Trockenstabilisierung bei 210–230 °C während 15 sec bis 5 min unterzogen und anschließend mit Formaldehyd oder anderen Aldehyden oder Ketonen „gehärtet". Die bei der Hitzestabilisierung ausgelöste Verringerung der Wasserlöslichkeit wird durch die Härtung vollkommen. Dabei bilden sich die entsprechenden Acetale bzw. Ketale. Im Falle des Formaldehyds:

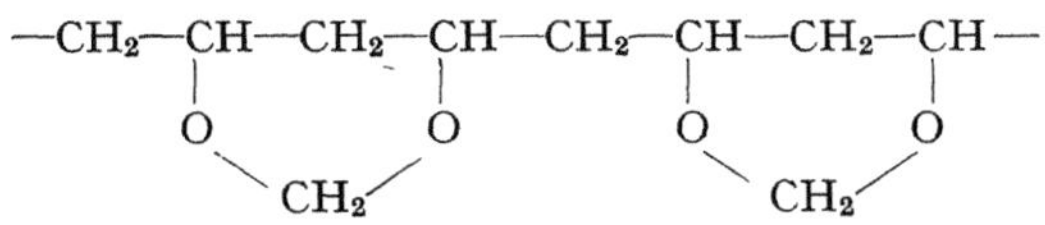

Polyvinyl-formal

Die Reaktion erfaßt ca. 40% aller OH-Gruppen. Vermöge der zahlreichen restlichen OH-Gruppen läßt sich die Faser mit vielen substantiven Farbstoffen anfärben und lädt sich nur wenig elektrostatisch auf. Auf Grund ihrer Eigenschaften besitzt die Faser eine vielseitige Verwendungsmöglichkeit.

Handelsprodukte:

Synthofil	Vinylon
Cremona	Vinylan
Mewlon	Woolon
Kuralon	Vilon
	Biolan

8. Fasern aus Poly-tetrafluoräthylen

Eine nur aus den Elementen Kohlenstoff und Fluor aufgebaute Faser ist die *Polytetrafluoräthylen-Faser* (Teflon, Fluon).

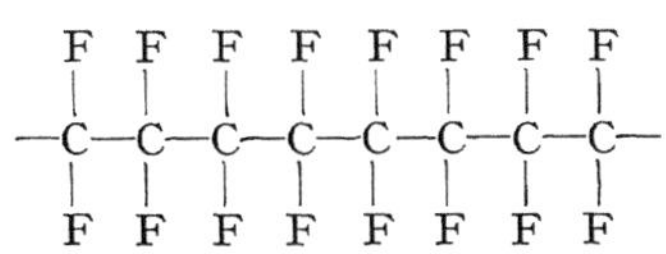

Poly-tetrafluoräthylen.

Herstellung des Tetrafluoräthylens und des Polymerisats. Man setzt Chloroform mit Antimon-pentafluorid SbF_5 und Flußsäure zu Difluormonochlormethan ($CHClF_2$) um, welches durch Pyrolyse unter HCl-Abspaltung Tetrafluoräthylen liefert:

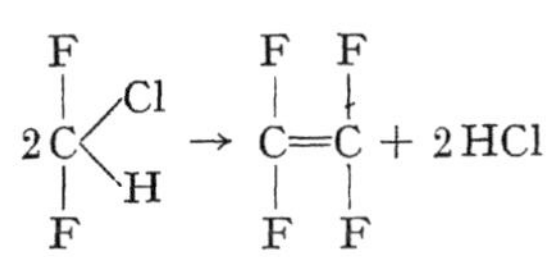

Die Polymerisation erfolgt mit Hilfe von Niobium-pentafluorid (NbF_5) als Katalysator.

Feinstdisperse Teilchen des Polymerisats werden mit Mineralöl als „Schmiermittel" vermischt und dieses Gemisch unter hohem Druck durch Düsen gepreßt. Nach der Extraktion des Schmiermittels führt man die Fäden durch einen mindestens 350 °C heißen Ofen, wobei die Teilchen sintern und sich kompakt zusammenlagern. Nach dem Verstrecken (kalt) sind die Fäden chemisch und mechanisch außerordentlich resistent. Die Faser ist sogar gegen kochendes Königswasser beständig.

Die zunächst dunkel aus der Düse kommende Faser läßt sich mit einer Mischung von Salpetersäure/Schwefelsäure oder Salpetersäure/Salzsäure bleichen.

Handelsprodukte: Teflon, Fluon, Algoflon, Polyfen.

Fasermaterialien für *Raumfahrtanzüge* (S. 363) bestehen zum Teil aus Teflon. Andere Bestandteile des Raumfahrtanzuges sind β-Glasfasergewebe mit einer Teflonbeschichtung.

9. Fasern aus Polyvinylfluorid

Polyvinylfluorid kann ebenfalls zu Fasern versponnen werden. Diese sind noch beständiger gegen Licht und chemische Einwirkung als diejenigen aus Polyvinylchlorid.

10. Fasern aus Polystyrol

Aus gut kristallisierendem *isotaktischem Polystyrol* lassen sich durch Recken sehr feste Fasern erzeugen.

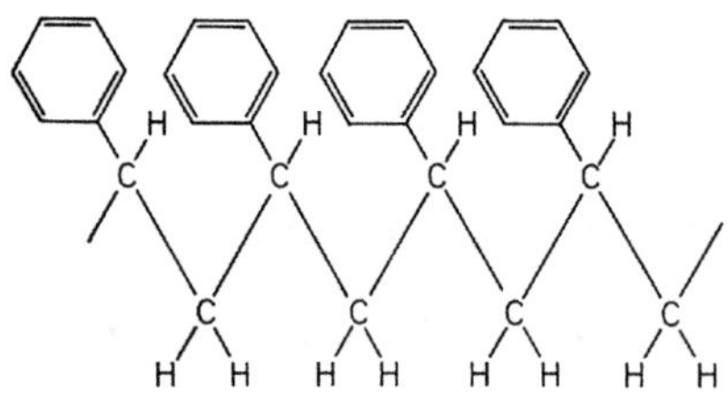

isotaktisches Polystyrol

Spez. Gew.: 1,05. Durch die *stereospezifische* Polymerisation läßt sich der Erweichungspunkt, der für gewöhnliches Polystyrol bei ca. 80 °C liegt, auf etwa 230 °C erhöhen.

Verwendung z. B. als Isoliermaterial für elektrische Leitungen.

Handelsprodukte: Styroflex, Durabass, Polyfiber, Polyfluff, Shalon.

Mischpolymerisat: Algil (Styrol + Acrylnitril).

Außer den genannten Fasern ist noch eine größere Zahl weiterer Vorschläge für die Herstellung synthetischer Polymerisatfasern gemacht worden, so daß im Lauf der Zeit unter Umständen mit weiteren Handelsprodukten auf diesem Gebiet zu rechnen ist. Auch „Polymermischungen" kommen in Betracht (*W. Berger* und *J. Mellentin*).

B. Die Polykondensatfasern

Verfahrensmäßig besitzen die Polykondensate gegenüber den Polymerisaten den großen Vorteil, daß sie grundsätzlich nach dem *Schmelzspinnverfahren* versponnen werden können. Dies ist bei den Polymerisaten – mit Ausnahme von Polyäthylen und Polypropylen – nicht der Fall, da sie als thermoplastische Massen über einen großen Temperaturbereich erweichbar, d. h. also nicht plötzlich abkühlbar sind.

Ein wesentlicher Vorteil des Schmelzspinnverfahrens besteht in der höheren Arbeitsgeschwindigkeit beim Spinnprozeß (1000–1500 m/min).

1. Polyamidfasern

a) Herstellung der Polyamide

Polyamide lassen sich durch Polykondensation von Aminocarbonsäuren bzw. den entsprechenden Lactamen oder aus Diaminen und Dicarbonsäuren gewinnen (*Carothers, Schlack*). Hierbei entstehen Fadenmoleküle von großer Länge, welche sich zu besonders wertvollen, sehr strapazierfähigen Fasern verspinnen lassen. Sie sind, da sie Säureamidbindungen besitzen, ähnlich konstituiert wie die Proteinfasern mit dem Unterschied, daß sie im Gegensatz zu den Proteinfasern aus gleichartigen Bausteinen bestehen. Man erhält besonders brauchbare Fasern, wenn der aliphatische Rest in den Ausgangskomponenten eine Länge von 4–10 Kohlenstoffatomen besitzt.

Dieses Prinzip gilt allerdings nur für Polykondensationen, bei denen bei Temperaturen oberhalb des Schmelzpunkts des entstehenden Polykondensats gearbeitet wird.

Kondensiert man indes Säurechlorid mit Diamin in einem geeigneten Lösungsmittel nach Schotten-Baumann bei normaler Temperatur, so kann man auch zu solchen Polyamiden gelangen, die bei der thermischen Polykondensation auf Grund von Ringschluß- oder Zersetzungserscheinungen nicht erhältlich sind. Die Reaktion wird als *Grenzflächenpolykondensation* bezeichnet, da sie in zwei miteinander nicht mischbaren Lösungsmitteln (z. B. Diamin in Wasser, Säurechlorid in Benzol) an der Grenzfläche verläuft (*Wittbecker, Morgan* u. a.).

Auf diese Weise lassen sich Polyamide aus solchen Komponenten erzeugen, die weniger als vier CH_2-Gruppen in der Kette besitzen, also z. B. aus Malonsäure und Glutarsäure und Äthylendiamin.

Für die Eigenschaften der erhaltenen Polykondensate gelten folgende Gesetzmäßigkeiten:

Polyamide aus Monomeren mit geradzahliger Kohlenstoffkette haben höhere Schmelzpunkte als solche mit ungerader Kohlenstoffzahl. Die Polyamide besitzen um so höhere Schmelzpunkte, je mehr die Säureamidgruppen in der Kette gehäuft sind, da in diesem Fall die Möglichkeit zur Ausbildung einer vermehrten Wasserstoffbrückenzahl gegeben ist.

Mit wachsender Kohlenstoffzahl in der Kette nehmen daher die Schmelzpunkte ab. Die Schmelzpunkte rücken somit immer mehr an denjenigen des Polyäthylens heran, je weiter die Säureamidgruppen auseinanderrücken.

Sind die Aminogruppen der Komponenten alkylsubstituiert, dann sinken die Schmelzpunkte der Polykondensate, da die Möglichkeit zur Ausbildung von Protonbrücken erschwert ist.

Durch die Einführung *aromatischer Kerne* werden die Schmelzpunkte – sofern sich die funktionellen Gruppen in p-Stellung befinden – wesentlich erhöht. So schmilzt das Polyamid aus Adipinsäure und Hexamethylendiamin bei ca. 250 °C und dasjenige aus Terephthalsäure und Hexamethylendiamin bei ca. 350 °C, was auf die Starrheit des aromatischen Systems zurückzuführen ist. Der Schmelzpunkt des Polyamids aus Terephthalsäure und Äthylendiamin liegt bei 453 °C (vermehrte Zahl der Protonbrükken infolge der geringen Zahl von Methylengruppen in der Diaminkomponente).

Aromatische Polyamide aus Terephthalsäure und z. B. p-Phenylendiamin haben ebenfalls über 360 °C liegende Schmelzpunkte.

Neben der chemischen Konstitution sind selbstverständlich auch übermolekulare Gesichtspunkte (Ordnungsgrad, Kristallinität, Symmetrie) für das thermische Verhalten maßgebend.

Als Ausgangsmaterial für die erste der oben genannten Methoden verwendet man z. B. ε-Aminocapronsäure bzw. besser deren Lactam und für die zweite Adipinsäure und Hexamethylendiamin.

$$H_2N\cdot(CH_2)_5\cdot COOH + HNH\cdot(CH_2)_5\cdot COOH + HNH\cdot(CH_2)_5\cdot COOH$$

ε-Aminocapronsäure

$$\downarrow$$

$$\cdots HN\cdot(CH_2)_5\cdot CO\cdot NH\cdot(CH_2)_5\cdot CO\cdot NH\cdot(CH_2)_5\cdot CO\cdots$$

$$H_2N\cdot(CH_2)_6\cdot NHH + HOOC\cdot(CH_2)_4\cdot COOH + HNH\cdot(CH_2)_6\cdot NH_2$$

Hexamethylendiamin Adipinsäure

$$\downarrow$$

$$\cdots HN\cdot(CH_2)_6\cdot NH\cdot CO\cdot(CH_2)_4\cdot CO\cdot NH\cdot(CH_2)_6\cdot NH\cdots$$

Handelsprodukte der Polyamidfaser aus Hexamethylendiamin und Adipinsäure (Nylon 66): Nylon Deutsche Rhodiaceta, Nylon, Neva-Nylon, Nylon-Viscosuisse, Fabelta-Nylon, Fefesa, Poliafil, Tynex, BNS-Nylon, Luron, Ducilon, Anid, Du Pont-Nylon, Chemstrand-Nylon.

Handelsprodukte von Fasern aus Hexamethylendiamin und Sebazinsäure (Polyamid 6,10): Brulon, Decalon, Hyten, Survon.

Handelsprodukte der Polyamidfasern aus ε-Caprolactam (Nylon 6): Perlon, Neva-Perlon, Siks Perlon, Dederon, Grilon, Akulon, Enkalon, Lilion, Dayan, Tecron, Silon, Steelon, Kapron, Caprolan, Enka-Nylon, IRC-Nylon, Amilan.

Die Gewinnung des Nylon-Polyamids (Nylon 66). Adipinsäure (6C) kann aus Phenol durch katalytische Hydrierung und Dehydrierung des entstehenden Cyclohexanols gewonnen werden, wobei letzteres über Cyclohexanon unter Ringspaltung Adipinsäure bildet. Cyclohexanol kann auch durch Luftoxydation von Cyclohexan erhalten werden. Adipinsäure läßt sich über das Chlorid und das Säureamid in ihr Nitril überführen, welches durch katalytische Hydrierung am Co-Kontakt in Hexamethylendiamin übergeht:

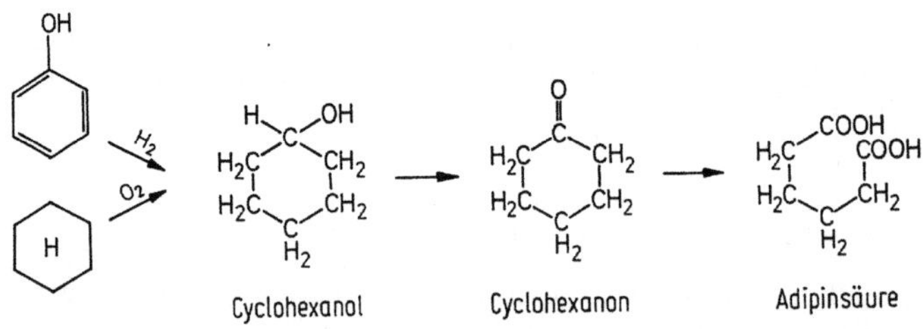

$$HOOC\cdot CH_2\cdot CH_2\cdot CH_2\cdot CH_2\cdot COOH \quad \text{Adipinsäure}$$

$$\downarrow$$

$$ClOC\cdot CH_2\cdot CH_2\cdot CH_2\cdot CH_2\cdot COCl$$

$$\downarrow$$

$$H_2NOC\cdot CH_2\cdot CH_2\cdot CH_2\cdot CH_2\cdot CONH_2$$

$$\downarrow$$

$$N\equiv C\cdot CH_2\cdot CH_2\cdot CH_2\cdot CH_2\cdot C\equiv N$$

$$\downarrow$$

$$H_2N\cdot CH_2\cdot CH_2\cdot CH_2\cdot CH_2\cdot CH_2\cdot CH_2\cdot NH_2 \quad \text{Hexamethylendiamin}$$

Im technisch angewandten Verfahren wird vorzugsweise ein Gemisch aus Adipinsäure und Ammoniak über Aluminiumoxid/Borphosphat in der Gasphase dehydratisiert:

$$(CH_2)_4\left\langle\begin{matrix}COOH\\COOH\end{matrix}\right. + 2\,NH_3 \longrightarrow (CH_2)_4\left\langle\begin{matrix}COOH\cdot NH_3\\COOH\cdot NH_3\end{matrix}\right. - 4\,H_2O$$

$$\longrightarrow \underset{\text{Adipinsäuredinitril}}{(CH_2)_4\left\langle\begin{matrix}CN\\CN\end{matrix}\right.} \xrightarrow{H_2} \underset{\text{Hexamethylendiamin}}{(CH_2)_4\left\langle\begin{matrix}CH_2NH_2\\CH_2NH_2\end{matrix}\right.}$$

Andere Herstellungsmethoden für das Adipinsäuredinitril beruhen auf der Umsetzung von 1,4-Dichlorbutan oder 1,4-Dichlorbuten-(2) mit Natriumcyanid.

Zum Teil hat man heute die Phenolbasis verlassen und stellt die Ausgangsstoffe aus Acetylen und Formaldehyd bzw. aus Furfurol her, welch letzteres als Nebenprodukt bei der Sulfitzellstoff-Fabrikation anfällt oder auch aus pentosanhaltigen Stroh-, Gersten- oder Maisabfällen gewonnen werden kann. Der Reaktionsweg ist aus dem Schema der Abb. 139 ersichtlich (*W. Reppe*).

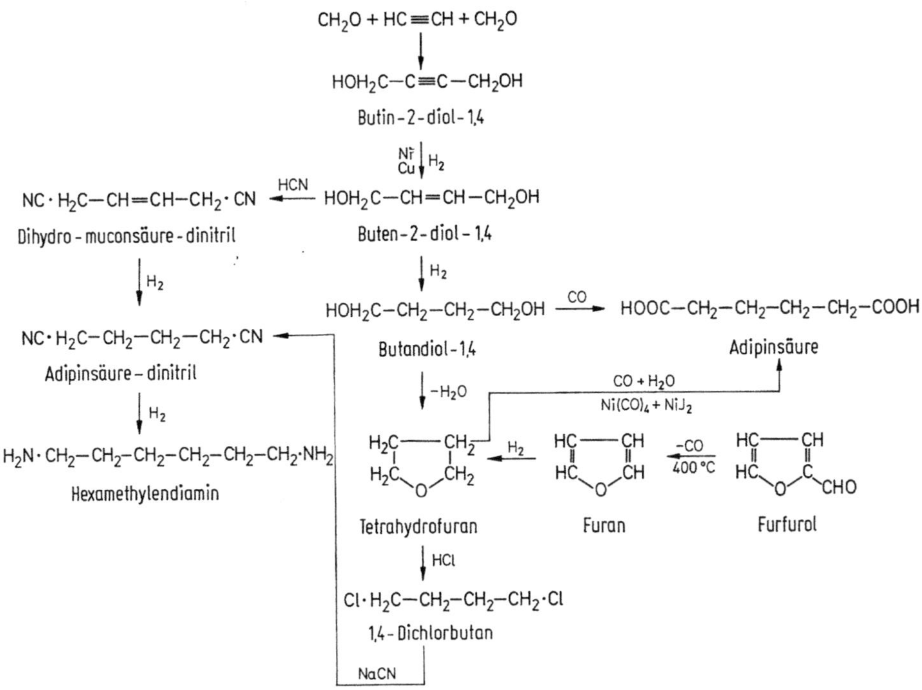

Abb. 139. Synthese von Adipinsäure und Hexamethylendiamin (nach *Reppe*).

Für die Zwecke der Kondensation zum Polyamid kann man so verfahren, daß man die Ausgangsmaterialien in hochsiedenden Lösungsmitteln (Kresole, Xylenole), die sowohl das Ausgangsmaterial als auch die gebildeten Polyamide lösen, im Stickstoffstrom auf zwischen 200 und 300 °C liegende Temperaturen erhitzt. Anschließend werden Wasser und Phenole im Vakuum abdestilliert. Das gebildete Polyamid wird oberhalb 200 °C im geschmolzenen Zustand unter Stickstoffdruck aus Düsen versponnen.

Bei der technischen Herstellung des Nylonpolyamids (*W. H. Carothers*) werden die beiden Komponenten Adipinsäure und Hexamethylendiamin üblicherweise zunächst zu einem Salz (AH-Salz) vereinigt, dieses durch Umkristallisieren aus Methanol gereinigt und dann in wäßriger Lösung (60:40) der Polykondensation unterworfen. (Für die Zwecke der Perlonherstellung kann das Lactam einfacher durch Destillation gereinigt werden.)

Die Polykondensation erfolgt bei 280–290 °C in Autoklaven, wobei das Wasser abdestilliert wird. Aus dem geschmolzenen Polykondensat wird ein Band gegossen, welches anschließend geschnitzelt wird. Die wieder aufgeschmolzenen Schnitzel werden unter Stickstoffdruck aus Düsen versponnen.

Zur *Konstanthaltung der Kettenlänge* werden als *Kettenabbrecher* entweder Hexamethylendiamin oder Adipinsäure im Überschuß zugegeben. Auch ein Säure- oder Alkalizusatz wirkt in der gleichen Weise. Man kann z.B. 1/150 Mol Essigsäure je Mol AH-Salz zusetzen, welche NH_2-Gruppen acetyliert. Man kann aber auch solche Substanzen verwenden, die nur Salze bilden, also z.B. HCl, H_3PO_4, NaOH. Diese Kettenabbrecher können nachher wieder ausgewaschen werden, so daß die Zahl der funktionellen Gruppen keine Verminderung erfährt. Die Konstanz der Kettenlänge ist für die Konstanz der Fasereigenschaften, namentlich für das färberische Verhalten von Wichtigkeit (S. 511).

Außer Hexamethylendiamin und Adipinsäure lassen sich auch andere Kombinationen aus Diaminen und Dicarbonsäuren polykondensieren. Über die technische Verwendbarkeit für spinnfähige Kombinationen entscheiden einmal die Rohstoffbasis und zum andern die Fasereigenschaften, die bei den Polyamiden in erster Linie von der *Ausbildung von Wasserstoffbrücken*, welche die innere Kohäsion bedingen, abhängen. So schmelzen die Polyamide aus ω-Aminosäuren mit ungerader C-Zahl sowie diejenigen aus Dicarbonsäuren mit Diaminen von ungerader C-Zahl, z.B. Pentamethylendiamin und Adipinsäure (Nylon 56), tiefer als solche mit gerader C-Zahl (Nylon 66), weil eine Ausbildung von Wasserstoffbrücken im ersten Fall stark beeinträchtigt ist (*P. Schlack*). Allerdings kann eine zu große Zahl von Wasserstoffbrücken das Material auch verspröden, wie z.B. im Falle des Polyanhydroglykokolls (*P. Schlack*).

Daß für die Festigkeit der Polyamidfasern die Wasserstoffbrücken verantwortlich sind, geht aus der Abhängigkeit der Festigkeit von dem Grad der N-Alkylierung hervor, mit dessen Zunahme die Festigkeit stark absinkt.

Beim *Zweiphasen-Kondensationsspinnen* werden zwei besonders reaktionsfähige Polyamidkomponenten, z.B. Diamin und Dicarbonsäurechlorid, in einem zylindrischen Gefäß miteinander in Kontakt gebracht. Der hierbei an der Grenzfläche sich bildende Film kann vom Zentrum des Films her als „Faden" abgezogen werden.

Die Gewinnung des Perlon-Polyamids. Eine vorteilhafte Möglichkeit zur Bildung der Polyamide besteht nach *P. Schlack* in der Polykondensation von mindestens 7gliedrigen Lactamen, z.B. *ε-Caprolactam:*

$$2\,(CH_2)_5\!\left\langle\begin{matrix}NH\\ |\\ CO\end{matrix}\right. \rightarrow -NH\cdot(CH_2)_5\cdot CO\cdot NH\cdot(CH_2)_5\cdot CO-$$

Prinzipiell besteht die Möglichkeit, ω-Amino-α-carbonsäuren in einem Polykondensationsverfahren in Polyamide überzuführen. Wegen der Neigung der niederen ω-Amino-α-carbonsäuren zur Ringbildung sind nur die Aminocarbonsäuren mit 6 C-Atomen und mehr für die unter diesen Bedingungen durchgeführte Reaktion geeignet.

Die Bildung des Poly-caprolactams kann als ein Polykondensationsprozeß aufgefaßt werden, wobei unter dem Einfluß des zum Lösen des monomeren Lactams verwendeten Wassers intermediär ε-Aminocapronsäure entsteht. Nach einer neueren Anschauung handelt es sich um eine *Radikaladdition* (*Matthes*), bei der geöffnete Lactamradikale zum Polymeren zusammentreten.

Auch ε-Amino-capronsäure läßt sich polykondensieren. Die Reaktion ist aber ohne weiteres Interesse, da diese Säure aus dem Lactam hergestellt wird und daher vorteilhafter das Lactam direkt verarbeitet wird.

Die ε-Aminocapronsäure kann auch aus Adipinsäure über deren Nitril durch partielle Hydrierung und Verseifung gewonnen werden:

$$HOOC \cdot (CH_2)_4 \cdot COOH \rightarrow NC \cdot (CH_2)_4 \cdot CN \rightarrow H_2N \cdot (CH_2)_5 \cdot CN \rightarrow H_2N \cdot (CH_2)_5 \cdot COOH$$

Ein gangbarer Weg zum Lactam führt über das Cyclohexanon und dessen Oxim mit nachfolgender Beckmannscher Umlagerung:

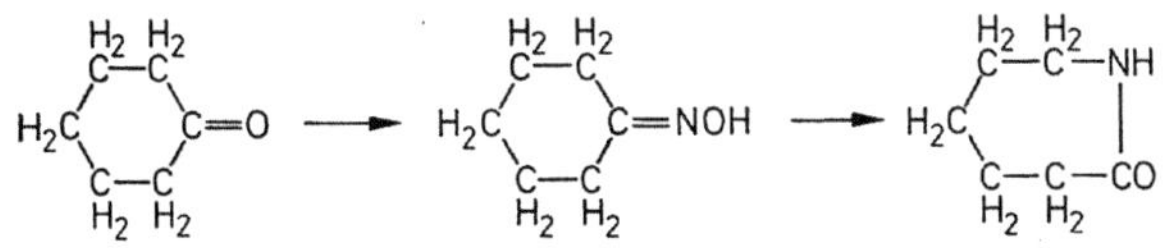

Nach *E. Müller* erhält man Cyclohexanonoxim bei der Einwirkung von NO, Cl_2 und HCl bzw. von Nitrosylchlorid auf Cyclohexan im UV-Licht:

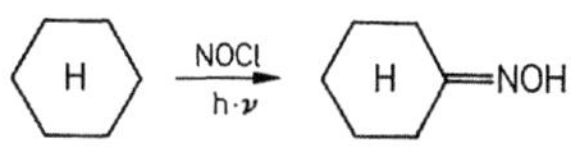

Vorteilhaft läßt sich das Lactam auch aus Tetrahydrofuran gemäß dem nachstehenden Schema gewinnen (*W. Reppe*):

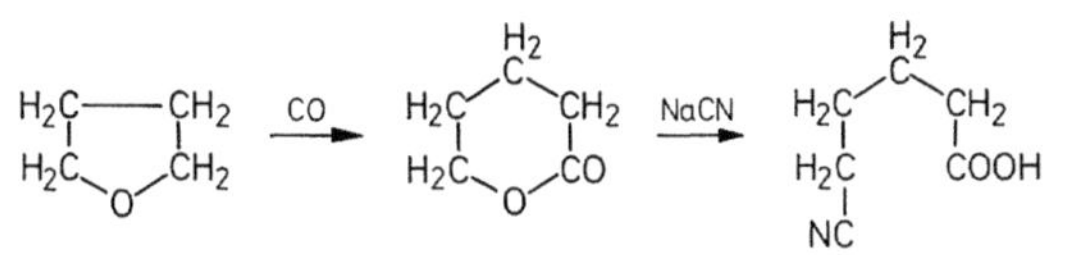

Das für die Polykondensation verwendete Lactam muß sehr rein sein, was durch seinen Erstarrungspunkt (68–69 °C) kontrolliert werden kann. Die Reinigung geschieht durch Destillation. Die Polykondensation bzw. Polymerisation kann unter verchiedenen Bedingungen vorgenommen werden, und zwar entweder unter Druck im Autoklaven oder ohne Druck im sogenannten VK-Rohr. In letzterem wird die Polymerisation *kontinuierlich* ausgeführt, wobei als Initiatoren AH-Salz oder ε-Aminocapronsäure dienen. Aus dem VK-Rohr wird das flüssige Polyamid direkt der Spinnpumpe zugeleitet, wobei die „Monomerenwäsche" umgangen wird. Bei Einhaltung genau festgelegter Temperatur- und Feuchtigkeitsbedingungen und Wahl einer entsprechenden Präparation kann auch ohne Extraktion der Monomeren eine einwandfreie Perlonseide gewonnen werden.

Im Gegensatz zum Poly-caprolactam kann das Poly-hexamethylendiamin-adipat nicht kontinuierlich versponnen werden, da es nicht genügend hitze- und luftstabil ist.

Für die bei ca. 250 °C unter Ausschluß von Luftsauerstoff (N_2- oder CO_2-Atmosphäre) bei Gegenwart von Katalysatoren bzw. Initiatoren durchgeführte Polykondensation wird das Lactam mit wenig heißem Wasser versetzt, welches nach der Kondensation abgedampft wird, wobei ein Polyamid vom Polymerisationsgrad 150–200 mit etwa 10% monomerem Lactam hinterbleibt. (Unter „monomerem Lactam" ist ein Gemisch von monomerem Lactam mit linearen und cyclischen Oligomeren zu verstehen.)

Die Polyamidschmelze wird bei diskontinuierlicher Arbeitsweise durch eine Schlitzdüse in eine Wasserrinne gedrückt, wobei Erstarrung zu einem Band eintritt, welches anschließend zu Schnitzeln geschnitten wird. Aus diesen werden mit kochendem Wasser die niedrigmolekularen Anteile extrahiert und das Polylactam sorgfältig getrocknet (unter 0,1% Wassergehalt), da sonst beim Spinnen Wasserdampfbläschen in der Faser entstehen. (Da zwischen dem polymeren und dem monomeren Lactam ein Gleichgewicht besteht, bildet sich beim Schmelzen des Polyamids vor der Spinnstelle wieder etwas monomeres Lactam zurück, welches aus der Fertigfaser ausgewaschen werden muß.) Eine Herabsetzung des Monomerengehalts erreicht man durch Einschaltung einer Vakuumstufe vor der Spinndüse. Die Oligomeren stören bei Stapelfasern weniger als bei Endlos-Fasern.

Die Gleichgewichtsschwierigkeit würde z.B. bei Önantho-lactam (Polyamid 7) nicht vorliegen (*P. Schlack*). Aus Rohstoffgründen kommt es aber nicht in Betracht. (In der UdSSR inzwischen industriereif entwickelt, ebenso wie das Polyamid 9: Pelargon.) Der Vorteil des Önantholactams gegenüber dem Caprolactam hängt damit zusammen, daß die Bildungstendenz eines 8gliedrigen Ringsystems wesentlich geringer ist als diejenige eines 7gliedrigen Ringsystems. In der Hitze wird sich demnach das monomere Önantholactam kaum aus dem Polykondensat zurückbilden, während dies bei Caprolactam der Fall ist.

$$\begin{array}{l} CH_2 \cdot CH_2 \cdot CH_2 \cdot CO \\ | \qquad\qquad\qquad\qquad | \\ CH_2 \cdot CH_2 \cdot CH_2 \cdot NH \end{array}$$

Önantho-lactam

Das aus den Schnitzeln extrahierte Lactam wird durch Eindampfen des Extraktwassers zurückgewonnen. Das von der gesponnenen und präparierten Faser anfallende Extraktionswasser enthält neben Lactam noch Präparationsmittel. Man kann hieraus das Lactam entweder durch Adsorption an Kohle und nachheriges Herauslösen mit organischen Lösungsmitteln gewinnen oder durch Adsorption an Kunstharzfilter, aus denen das Lactam mit Lauge isoliert werden kann.

Bei der „*Schnellpolymerisation*" wird das wasserfreie zum Sieden erhitzte Lactam unter Zugabe von etwas festem Ätznatron in wenigen Minuten polymerisiert.

Die Polyamidschmelze wird bei ca. 250 °C unter Stickstoffdruck aus Düsen versponnen, wobei der Faden an der Luft erstarrt und aufgespult wird. Dabei wird, um das Erstarren zu beschleunigen, der austretende Schmelzstrahl mit Luft oder Stickstoff angeblasen. Anschließend wird vorgezwirnt, verstreckt, nachgezwirnt, ausgewaschen und getrocknet.

Das Vorzwirnen verhindert Einzelfaserbrüche beim Streckprozeß. Da beim Strecken der erzeugte Drall stark zurückgeht, muß nach dem Strecken nachgezwirnt werden. Auf das Vorzwirnen kann man verzichten, wenn die Kombination von Strecken und Nachzwirnen über Doppeldrahtspindeln unter Zwischenschaltung eines Streckwerks und der nachträglichen Aufwicklung des gestreckten Fadens auf eine der üblichen Nachzwirnspulen durchgeführt wird. Mit dem Auswaschen des monomeren Lactams, das mit heißem Wasser (annähernd 100 °C) auf Lochspulen nach dem Prinzip der in der Viscoseindustrie durchgeführten Druck- bzw. Saugwäsche geschieht, ist gleichzeitig eine weitgehende Fixierung des Polyamidfadens verbunden (*Ausschrumpfen*). Anschließend wird die Faser mit einer Avivage bzw. Präparation versehen (S. 216, 341, 792).

Weitere Lactamkondensationen. In entsprechender Weise lassen sich auch andere Lactame zu Polyamiden kondensieren, so das Butyrolactam (Pyrrolidon) und das Valerolactam (Piperidon). Da die Herstellung von Önantholactam umständlich ist, wird Aminoönanthsäure für die Gewinnung des Polyamids eingesetzt.

Konstanz des Molekulargewichts. Im Interesse einer risikofreien Verarbeitung namentlich in färberischer Hinsicht ist die *Konstanthaltung des Molekulargewichts* bzw. Polymerisationsgrades eine wie bei Nylon gleich wichtige Bedingung. Auch bei der Herstellung des Polycaprolactams müssen daher „Kettenabbrecher" zugesetzt werden. Als solche kommen aliphatische primäre und sekundäre Amine (*Schlack* und *Kurz*) sowie Monocarbonsäuren (z.B. 1/200 Mol Essigsäure pro Mol Lactam) in Betracht.

Das Molekulargewicht liegt bei technischen Polyamiden üblicherweise zwischen 10000 und 20000. Bei höheren Molekulargewichten wird das Schmelzspinnen erschwert.

Das Molekulargewicht kann entweder endgruppenmäßig oder viscosimetrisch bestimmt werden, wobei im letzteren Fall die K_m-Konstante osmotisch zu ermitteln ist. Auch die Polyamide sind – wie alle Polymerisate und Polykondensate – *polymolekulare Gebilde,* so daß die Molekulargewichte als Durchschnittswerte aufzufassen sind.

Im Prinzip lassen sich unbeschränkt viele Polyamide herstellen, doch ist ihre Verwendbarkeit für Faserzwecke an eine ganze Reihe von Voraussetzungen gebunden. In erster Linie muß eine wirtschaftlich vorteilhafte Rohstoffbasis vorhanden sein. Dann müssen die Eigenschaften den Verarbeitungsbedingungen entsprechen. Viele Polyamide, namentlich Mischpolyamide, haben zu niedrige Schmelzpunkte. Einfache Aminosäuren, wie z.B. Aminoessigsäure, geben Polypeptide von zu spröden Eigenschaften.

Polyamid aus ω-Amino-undecansäure (Nylon 11, Rilsan). Ausgangsmaterial ist *Ricinusöl.* Der aus diesem gewonnene Ricinolsäure-methylester wird der Vacuumdestillation unterworfen, wobei eine Spaltung in Undecylensäure und Önanthol erfolgt. Die Undecylensäure wird mit Bromwasserstoff in die ω-Bromundecansäure und diese mit Ammoniak in die *ω-Amino-undecansäure* übergeführt. Letztere wird polykondensiert (siehe nächste Seite).

Der Vorteil der Rilsanfaser liegt in dem durch den billigen Rohstoff bedingten verhältnismäßig niedrigen Preis, der Nachteil in dem niedrigen Schmelzpunkt.
Da die üblichen Polyamidfasern (Nylon 6, Nylon 66) heute billiger als Rilsan hergestellt werden, wurde die Fabrikation des letzteren teilweise eingestellt.

Nylon 13 läßt sich aus Erucasäure ($C_{21}H_{41}COOH$), welche u.a. im Rüböl und in der Sulfitablauge vorkommt, herstellen. Dazu wird die Säure ozoniert und durch reduktive Aminierung zu der ω-Aminosäure gespalten, die dann polykondensiert wird.

Zur Herstellung von *Nylon 1313* wird Erucasäure durch Ozonierung und Hydrolyse zu einer zweibasischen Säure gespalten. Ein Teil der zweibasischen Säure wird in das Diamin umgewandelt und die beiden Komponenten zum Polyamid kondensiert.

	Fp. °C
Rilsan	185
Perlon	215
Nylon 6,6	250

$$CH_3 \cdot (CH_2)_5 \cdot \underset{\displaystyle OH}{\underset{|}{CH}} \cdot CH_2 \cdot CH{=}CH(CH_2)_7COO \frac{Gl}{3}$$

$$\downarrow \qquad Gl = \text{Glycerinrest}$$

$$CH_3(CH_2)_5 \cdot \underset{\displaystyle OH}{\underset{|}{CH}} \cdot CH_2 \cdot CH{=}CH(CH_2)_7COOCH_3$$

$$\downarrow \text{Destillation}$$

$$CH_2{=}CH \cdot (CH_2)_8COOH + CH_3(CH_2)_5C\begin{matrix} \diagup H \\ \diagdown\!\!\!\diagdown O \end{matrix}$$

$$\downarrow HBr \qquad \text{Önanthol Heptanal}$$

$$BrCH_2{-}CH_2(CH_2)_8COOH$$

$$\downarrow NH_3$$

$$NH_2(CH_2)_{10}COOH$$

$$\downarrow \text{kondensieren}$$

$$-NH(CH_2)_{10} \cdot CO \cdot NH(CH_2)_{10} \cdot CO \cdot NH(CH_2)_{10} \cdot CO-$$

Neben den vorgenannten Polyamiden zeigen verschiedene andere Polyamide der ω-Amino-α-carbonsäurereihe technisch interessante Eigenschaften. Ihre technische Verwendung wird aber häufig durch die schwierige Zugänglichkeit der Rohstoffe erschwert. Im folgenden seien einige technisch herstellbare Ausgangsprodukte für weitere Polyamide besprochen.

Caprylactam. Die Herstellung des Caprylactams erfolgt analog der Herstellung des Caprolactams durch Beckmann-Umlagerung des entsprechenden cyclischen Ketonoxims, hier des Cyclooctanonoxims. Letzteres erhält man durch Photonitrosierung des Cyclooctans, das seinerseits durch Hydrierung von Cyclooctadien-1,5 (*G. Wilke*) oder Cyclooctatetraen (*W. Reppe*) erhalten werden kann:

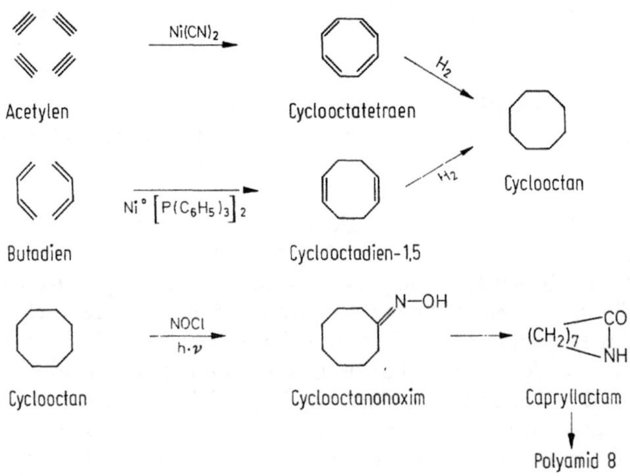

Laurinlactam. Als Basis für das C_{12}-Lactam dient das Cyclododecan. Diese Verbindung ist erhältlich durch Trimerisierung von Butadien an donatorfreien Ni°-Katalysatoren zum Cyclododekatrien (*Ziegler* und *Wilke*), das dann zum Cyclododecan hydriert wird. Anschließend erfolgt die Oxydation zum Cyclododecanol bzw. Cyclododecanon, Herstellung des Oxims und Beckmann-Umlagerung zum Laurinlactam.

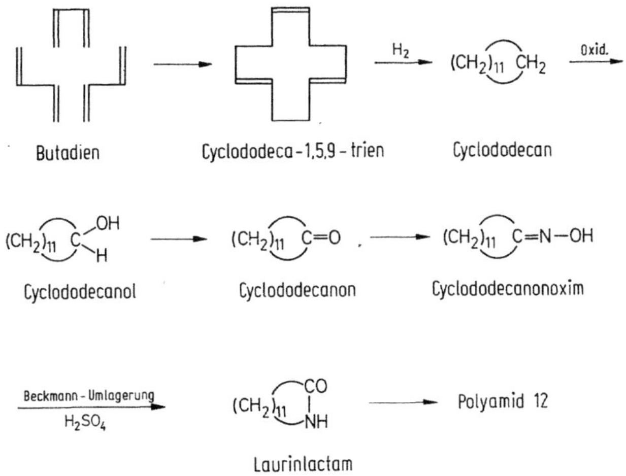

Die Kettenlänge läßt sich durch Zusatz entsprechender Kettenabbrecher (z.B. Sebazinsäure oder Benzylamin) einstellen. Der Feuchtigkeitsgehalt beträgt 0,15%, das spezifische Gewicht 1,02.

Während sich Polyamid 6 und Polyamid 6,6 in konz. Ameisensäure lösen, bleibt Polyamid 12 hierin ungelöst.

Polyamid 12 bildet im Gegensatz zu Polyamid 6 in der Schmelze kein „Monomeres" zurück, da der Gleichgewichtszustand zwischen Polyamid 12 und Laurinlactam auch bei sehr hoher Temperatur ganz auf der Seite des Polymeren liegt (*H. Gude*).

Auf Grund ihrer längeren Paraffinkette nehmen die Polyamide aus diesen Monomeren weniger Feuchtigkeit auf als kurzkettige Polyamide.

Handelsprodukte: Toray-Nylon 12, Grilamid 12, Vestamid.

Aus der Reihe der niederen Lactame bieten sich vor allem die C_4- und C_3-Lactame an, so z.B. Methylderivate des β-Lactams.
Die Polymeren auf dieser Basis müssen aber Molekulargewichte von mindestens 200000 besitzen, um gute Fasereigenschaften zu erhalten (*H. Bestian*), während sie für Perlon und Nylon nur zwischen 15000 und 20000 liegen.

Die betreffenden *β-Lactame* lassen sich nach *R. Graf* durch Umsetzung von α-Olefinen mit N-Carbonyl-sulfamidsäurechlorid ($ClO_2S{-}N{=}CO$) synthetisieren. In letzterem ist die Reaktionsfähigkeit der Isocyanatgruppen durch die Sulfonylchloridgruppe wesentlich erhöht, so daß sich das Isocyanat leicht an olefinische Doppelbindungen anlagert, wobei N-Chlorsulfonyl-β-lactame entstehen, aus denen sich durch Abspaltung der Sulfonylchloridgruppe die freien Lactame bilden:

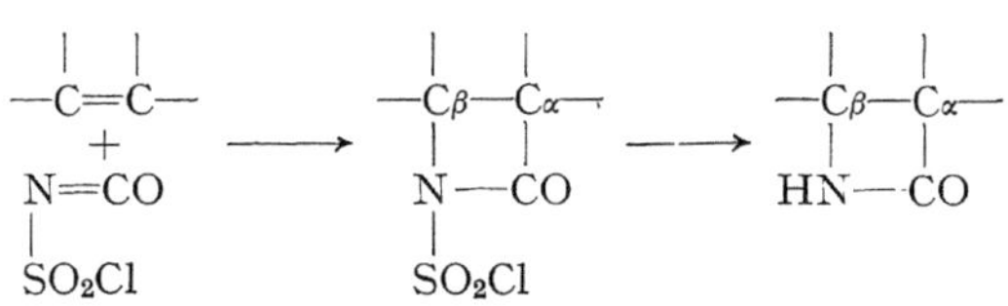

Die durch Säure eingeleitete Polymerisation erfolgt als schrittweise Polyaddition.

In den Poly-β-amiden sind die Amidgruppen so sehr angehäuft, daß sie durch Betätigung von Wasserstoffbrücken ein enges Kristallgitter besitzen (*H. Bestian*) und daher hohe Schmelzprodukte aufweisen. Sie können somit nicht aus der Schmelze versponnen werden, da sie sich bei der Schmelztemperatur bereits zersetzen. Die Löslichkeit in Ameisensäure oder in einer Mischung aus Calciumisothiocyanat/Methanol ermöglicht aber ein Naßspinnverfahren, wobei Wasser als Fällbad dient. Die entstehenden Fäden werden auf das Fünffache verstreckt.

Das Polyamid-4 erhält man durch anionische Polymerisation des Pyrrolidons. Auf Grund der bevorzugten Bildung des Fünfringes erfolgt hier leicht eine Rückspaltung zum Monomeren, so daß hier besondere Stabilisierungsmethoden anzuwenden sind. Das als Ausgangsmaterial verwendete Pyrrolidon kann durch Aminolyse des Butyrolactons erhalten werden:

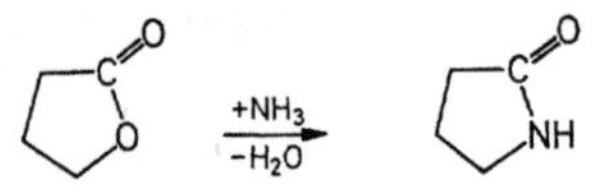

Butyrolacton Pyrrolidon

Qiana ist eine neu entwickelte Polyamidfaser von Du Pont, in der eine ganze Reihe vorteilhafter Eigenschaften kombiniert sind. Das spezifische Gewicht beträgt 1,02. Als Aminkomponente fungiert das 4,4′-Diamino-dicyclohexyl-methan (a) und als Dicarbonsäure die Decandicarbonsäure (b).

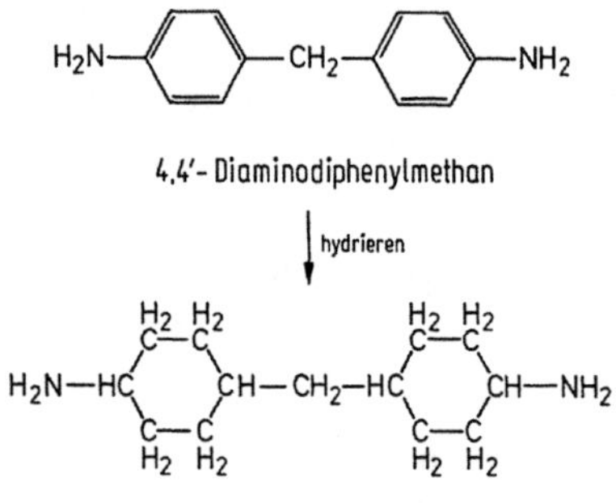

a

b $HOOC\cdot(CH_2)_{10}\cdot COOH$

Die Feuchtigkeitsaufnahme beträgt 2,5 %, die maximale Bügeltemperatur 185 °C.

Als „Aminocarbonsäure“ läßt sich die Faser mit anionischen, kationischen, Dispersions- und Reaktivfarbstoffen anfärben. In erster Linie werden Dispersionsfarbstoffe angewandt, die einen Carrier oder hohen Druck beim Färben verlangen. Durch die verhältnismäßig starren Aminkettenglieder zeigen derartige Fasern ein seideähnliches Verhalten.

Die Decandicarbonsäure gewinnt man analog der Adipinsäure durch Oxydation des entsprechenden Ketons, also hier des Cyclododecanons:

$$\overbrace{(CH_2)_{11}C}=O \xrightarrow{+\,HNO_3} (CH_2)_{10}\begin{cases}COOH\\COOH\end{cases}$$

Mischpolyamide. *Eftrelon* ist ein Handelsprodukt aus AH-Salz (Hexamethylendiamin-adipat) und 10% Caprolactam (Fp. 238 °C), *Wetrelon* ein solches aus 43% Caprolactam und 57% Hexamethylendiaminterephthalat (Fp. 245 °C) (*H. Ludewig*).

Die *Adimin*-Faser ist ein Mischpolyamid aus Hexamethylendiammoniumadipat und ε-Caprolactam.

Polyamide lassen sich mit bi- bzw. polyfunktionellen Agenzien vernetzen, wobei Fasern mit besserer thermischer Beständigkeit resultieren (*A. Konkin*). Am geeignetsten hierfür erweisen sich Diisocyanate.

Die bisher beschriebenen aliphatischen bzw. araliphatischen Polyamide konnten durch Polykondensation von Diaminen mit Dicarbonsäuren oder ringöffnende Polymerisation von Lactamen erhalten werden.

Zur Herstellung *aromatischer* Polyamide eignen sich diese Verfahren nicht. Hierzu ist es erforderlich, die Carbonsäurekomponente in Form des Säurechlorids mit dem Diamin in Lösung oder nach dem Grenzflächenpolykondensationsverfahren umzusetzen (*Morgan*).

Aus der Reihe der aromatischen Polyamide hat besonders das Kondensationsprodukt von m-Phenylendiamin mit Isophthalsäurechlorid technische Bedeutung erlangt (*Nomex*):

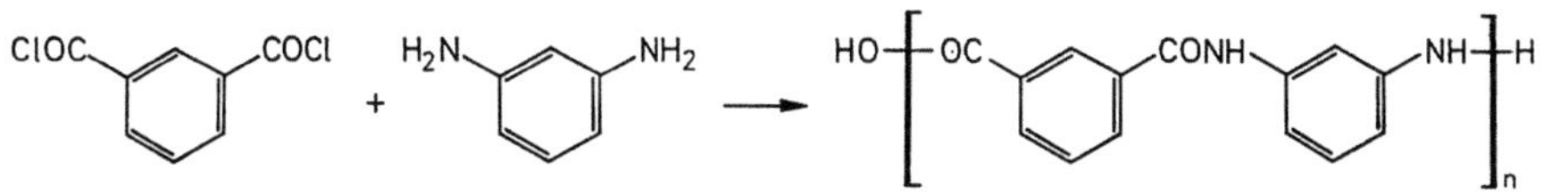

Die Polymeren lösen sich in Dimethylformamid oder Dimethylacetamid in Gegenwart von 5% Lithiumchlorid und können aus diesem Lösungsmittel nach dem Trocken- oder Naßspinnverfahren versponnen werden. Die hierdurch erhältlichen Fasern schmelzen nicht und zersetzen sich erst bei ca. 400 °C. Besonders bemerkenswert ist die hohe Dauerwärmebeständigkeit bei 300 °C und die Beständigkeit gegen Röntgenstrahlung. Andererseits sind die aromatischen Polyamide wegen ihrer Eigenabsorption relativ unbeständig gegen UV-Licht.

Nomex ist eine Polyamidfaser, die sich auf Grund ihrer ausgeprägten Temperaturbeständigkeit für Hitzeschutzkleidung sowie für Heißmangelbezüge, Heizgasfilter usw. eignet. In der *Raumfahrtkleidung* findet Nomex eine ausgedehnte Anwendung.

b) Die technische Verspinnung der Polyamide zur Faser

Gemäß der Abb. 140 geht das bei der Perlon- und Nylonherstellung ziemlich gleichartige Verspinnen der Polyamide im einzelnen folgendermaßen vor sich:

Das feste Polyamid wird in Schnitzelform in den Zylinder a gefüllt, an dessen Boden sich ein Heizrost b befindet, durch den eine hocherhitzte Flüssigkeit (das bei 257 °C siedende „Diphyl-Gemisch" = Diphenyl/Diphenyläther) kreist. Durch Stickstoffdruck werden die Schnitzel gegen den Heizrost gedrückt, die entstehende Schmelze wird nach Passieren durch das Sandfilter d mittels der Spinnpumpe c durch die Düsen e gepreßt. Die Düse bzw. Brause stellt eine Platte aus V4A-Stahl mit 50–100 mm Durchmesser dar. Sie besitzt eine Stärke von 5–10 mm, damit sie dem hohen Spinndruck der Schmelze standhält. Die Lochweite der Düsen bewegt sich zwischen 0,25 und 0,47 mm. Die an der Luft sich abkühlenden und erstarrenden Fäden werden nach dem Präparieren bei der Rolle f auf die Spule g aufgewickelt. Die Abzugsgeschwindigkeit ist sehr hoch und kann bis zu 1200 m pro Minute, also rund das 10fache der Reyonherstellung, erreichen. Nylon wird seinem gegenüber Perlon höheren Schmelzpunkt entspechend bei um 35–50° höheren Temperaturen als Perlon gesponnen.

Der Einzeltiter der Perlonfaser liegt bei 2,0–5 denier, der Gesamttiter der Perlonseide bei 15–90 denier. Die feinen Fäden (15 und 20 denier) werden vielfach *monofil*, die stärkeren *multifil* gesponnen.

Normalerweise müßte man die Isolierung des festen Polyamids umgehen und die nach der Kondensation erhaltene Polyamidschmelze direkt verspinnen können, was aber mit gewissen technischen Schwierigkeiten verbunden ist, so daß man meist das feste Polyamid an der Spinnstelle schmilzt und verspinnt. Bei der Herstellung der Perlon-Borsten und Perlon-Stapelfasern wird indes teilweise unter Umgehung der festen Phase gearbeitet (siehe oben!).

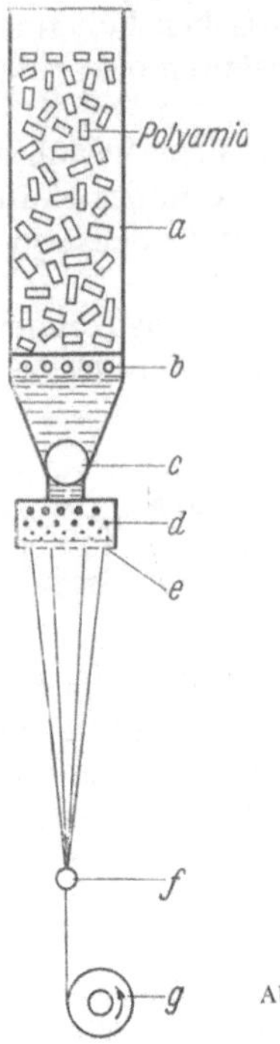

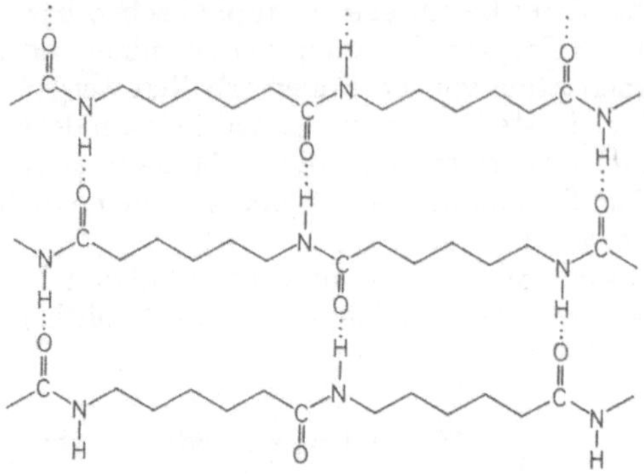

Abb. 141. Wasserstoffbrücken zwischen Polyamidketten (*Brill*).

Abb. 140. Spinnvorrichtung zur Herstellung von Polyamidfasern, schematisch (nach *Zart*).

Neben dem vorstehend beschriebenen „Rostverfahren", welches sich der Polyamid-Schnitzel bedient und das Hauptverfahren darstellt, sind noch andere Ausführungsformen bekannt, so das Arbeiten mit profilierten *Polyamid-Bändern*, eine Methode, die namentlich für das Caprolactam-Verfahren in Betracht kommt und vor allem eine einfache Art der Dosierung erlaubt. Die konstante Dosierung der Spinnmasse ist für die Konstanthaltung des Fasertiters von Wichtigkeit. Auch mit exakt *kalibrierten Polyamid-Stäben* wird gearbeitet.

Der gesponnene Faden wird sowohl bei der Perlon- als auch der Nylonherstellung nach dem *Vorzwirnen* kalt um ein Mehrfaches der ursprünglichen Länge (etwa das 4–6fache) verstreckt, wodurch die Fasern eine außerordentlich hohe Festigkeit erhalten, was auf eine Zunahme kristalliner Substanz bzw. die erhöhte Orientierung der Fasermoleküle bzw. Kristallite zurückzuführen ist, da bei guter Orientierung die Ausbildung von Wasserstoffbrücken zwischen den CO- und NH-Gruppen benachbarter Moleküle in optimaler Weise gegeben ist (*Brill*), wie dies in der Abb. 141 zum Ausdruck kommt. (Ohne eine Verstreckung könnte die Faser wegen ihrer anomal hohen Dehnung nicht verarbeitet werden.) Heißverstreckung ergibt höhere Festigkeit (bis zu 70 Rkm), allerdings auf Kosten der Dehnung, die absinkt.

Da der Drall beim Strecken zurückgeht, muß nach dem Strecken noch *nachgezwirnt* werden.

Durch eine entsprechende Nachbehandlung, z. B. mit Formaldehyd, wobei Vernetzungen eintreten, können gewisse Eigenschaften der Polyamidfasern, z. B.

Hitzebeständigkeit, verbessert werden. Durch Zusätze an Weiß- oder Farbpigmenten zu den Monomeren oder Polymeren lassen sich mattierte oder düsenfarbige Fasern gewinnen.

An Stelle der endlosen Faser kann man entsprechend der Zellwollherstellung (S. 209) die entstehenden „Faserkabel" mit Hilfe von Schneidevorrichtungen in endliche Stapel schneiden und nach den üblichen Spinnverfahren verspinnen. Die Verstreckung wird bei der Stapelfaser im Kabel vorgenommen, so daß Perlon*fasern* weniger gut orientiert sind als Perlon*seide*. Nach dem Schneiden wird das Fasermaterial gegebenenfalls gekräuselt, gewaschen und präpariert. Die Kabel können auch vom Verarbeiter auf dem *Pazific-Converter* (S. 210) geschnitten werden. Das Kräuseln kann durch eine Heißwasserbehandlung, Säurebehandlung oder durch mechanische Einwirkung (Stauchkräuselung) erfolgen. Kräuselung und Präparation machen die völlig glatte und sonst schwer verspinnbare Faser für Spinnzwecke geeignet.

Die Abb. 142 bzw. 143 zeigen Perlon- und Nylonfasern im Längsbild bzw. Querschnitt.

Wie andere Faserstoffe, so sind auch die Polyamidfasern aus kristallinen und amorphen bzw. geordneten und weniger geordneten Gefügeanteilen aufgebaut. Das Schema des micellaren Baus von Polykondensatfasern wird durch die Abb. 144

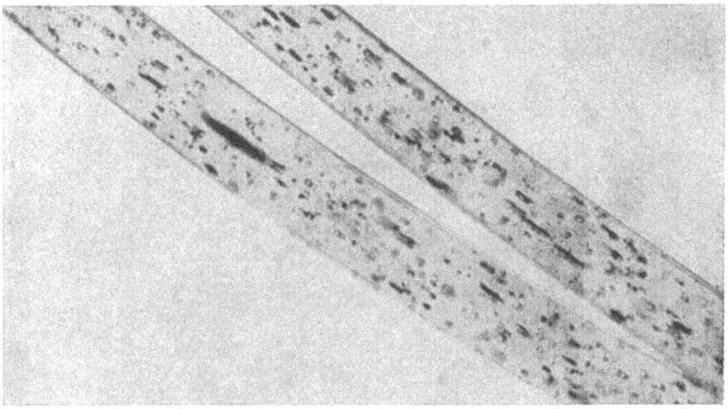

Abb. 142. Perlonfasern mattiert, Längsbild, Vergrößerung 500:1 (Photo *Klenk*).

Abb. 145. Normale Düse.

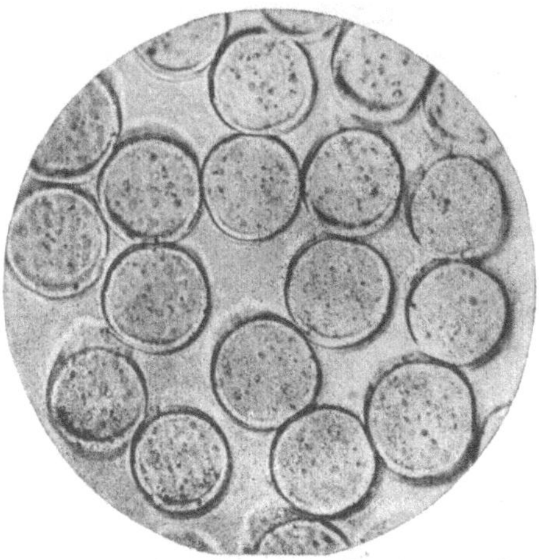

Abb. 143. Nylonfasern (Querschnitt), Vergrößerung 550:1 (Photo *Klenk*).

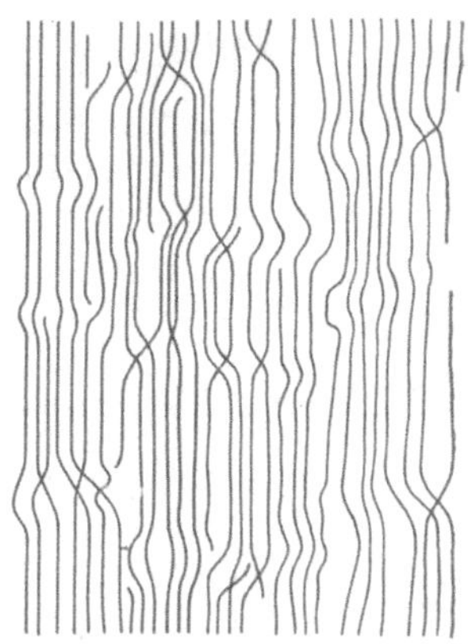

Abb. 144. Micellarer Bau von Polykondensatfasern, schematisch (nach *K. Hess*).

wiedergegeben. (Neben den Kristalliten sind allerdings auch noch ring- bzw. schalenartig gelagerte *Sphärolite* vorhanden.)

Neuerdings wird angenommen, daß die Makromolekülketten *gefaltet* sind, und zwar so, daß die Ketten in den amorphen Bereichen unregelmäßige Verschlaufungen, in den kristallinen Bereichen dagegen regelmäßige Faltungen aufweisen.

Profilierte Polyamidfasern. Durch Verwendung entsprechend profilierter Düsen lassen sich nach *H. Böhringer* und *F. Bolland* entsprechend *profilierte* Fasern erzeugen (Abb. 146a, b), die gegenüber den Normalfasern bestimmte Vorteile aufweisen, z.B. eine geringere Laufmaschen- und Pillingneigung besitzen und auch schiebefestere Gewebe liefern.

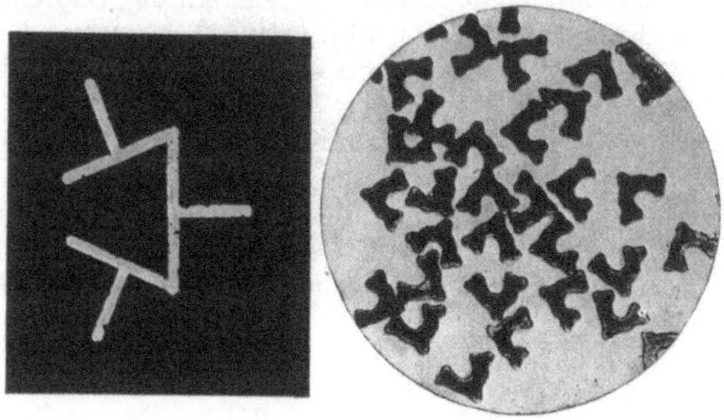

a

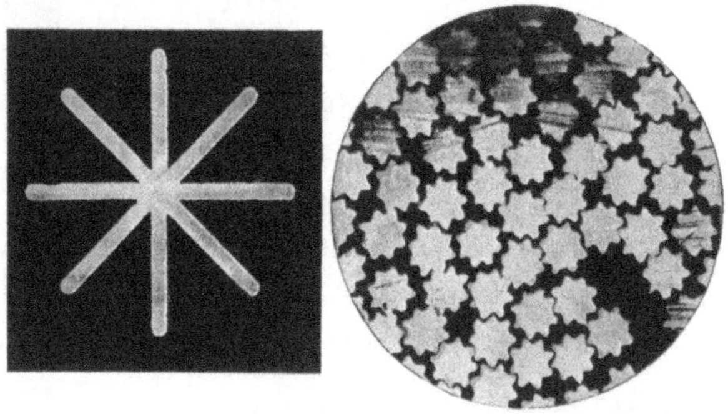

b

Abb. 146a u. b. Profilierte Düsen bzw. Perlonfasern (nach *Böhringer* und *Bolland*).

Das Spinnen mit profilierten Düsen wird nicht nur bei Polyamidfasern, sondern auch z.B. bei Polyesterfasern angewandt. Die aus den Fasern hergestellten Gespinste werden auf diese Weise voluminöser.

Handelsprodukt: Antron.

c) Eigenschaften und Verwendung der Polyamidfasern 6,6 und 6

Die Polyamidfasern enthalten im Gegensatz zu den Proteinfasern nur endständige Amino- und Carboxylgruppen und *keine Extragruppen*, so daß bei diesen die Basen- und Säureeigenschaften nicht in dem Maße ausgeprägt sind wie bei den Proteinfasern. Der Zusammenhalt zwischen den einzelnen Molekülen wird daher nicht durch Salzbindeglieder, sondern lediglich durch Wasserstoffbrücken bedingt. Ihr Molgewicht liegt bei 10000–20000.

Die Fasern zeigen bei guter Alkalibeständigkeit eine gewisse Säureempfindlichkeit namentlich bei höherer Temperatur. Sie lösen sich in Phenolen, konzentrierten Mineralsäuren sowie in Ameisensäure (in letzterer nicht Polyamid 12!) und in Eisessig. Weitere Lösungsmittel sind u. a. Säureamide, 70 %ige wäßrige Chloralhydratlösung, Methanol mit 20 % festem Calciumchlorid. Lösend wirken auch heißer Benzylalkohol, Formamid sowie Lösungsmittelmischungen wie Methylalkohol + Methylenchlorid.

Die Polyamide sind empfindlich gegen gewisse Oxydationsmittel, namentlich Peroxide, was beim Bleichen und bei der Gebrauchsbleichwäsche zu berücksichtigen ist. Als Bleichmittel finden Kaliumpermanganat oder Natriumchlorit Verwendung. Die Fasern sind fäulnisbeständig und werden von Insekten nicht angegriffen.

Polyamide neigen zur *Autoxydation*, die mit wachsender Temperatur zunimmt. Unter diesen Umständen müssen die Polyamide im Stickstoffstrom zur Faser versponnen werden. Aber auch schon bei gewöhnlicher Temperatur findet eine, wenn auch sehr langsame Autoxydation statt, so daß Polyamidfasern nicht absolut licht- und luftbeständig sind. Durch eine Behandlung mit Tanninlösung sowie mit Bichromat und angeschlossener Reduktion (Thiosulfat) kann man die Lichtbeständigkeit bedeutend verbessern (vgl. S. 621).

Je nach Ausgangsmaterial liegt der *Schmelzpunkt* zwischen 160 und 270 °C. So liegt z.B. der Schmelzpunkt der Perlonfaser bei 210–215 °C, die Grenze der Temperaturbeständigkeit bei 110 °C im Dauerbetrieb und bei 160–170 °C bei kurzfristiger Einwirkung. Nylon erweicht später als Perlon; der Schmelzpunkt von Nylon liegt bei ca. 250 °C. Die maximale Bügeltemperatur beträgt für Perlon ca. 150 °C und für Nylon 205 °C (für Acetat 160 °C). Der *Plastizitätsbereich* (S. 363), der für die Heißfixierung der Polyamide von Wichtigkeit ist, liegt für Perlon zwischen 160 und 195 °C und für Nylon zwischen 220 und 240 °C (*Hees*). Beim Vernähen von Polyamidfäden auf hochtourigen Nähmaschinen müssen die Nadeln gekühlt werden, da die Polyamidfasern sonst erweichen.

Besonders hervorzuheben sind die vorteilhaften *Festigkeitseigenschaften* der Polyamidfasern. Auf Grund ihrer hervorragenden Festigkeitswerte werden sie daher überall dort eingesetzt, wo eine besonders gute Strapazierfähigkeit verlangt wird, so z.B. für Nähfäden, Schnürriemen, Fallschirmstoffe, Autoreifen, Faltbootstoffe, Strümpfe usw. Aber auch für Unterwäsche sowie Herren- und Damen-Oberbekleidung finden die Fasern vorteilhafte Verwendung. Die geringe Quellung in wäßrigen Medien gewährleistet eine ausgezeichnete *Formbeständigkeit* in der Wäsche. Auf Grund ihrer *Fäulnis-* und *Bakterienbeständigkeit* eignen sie sich gut für die Zwecke der Fischerei (Netze) sowie für Zeltbahnen, Wagenplanen usw. Das niedrige spez. Gewicht (S. 362) sowie die *geringe Wasseraufnahme* (S. 362) machen sie für die Herstellung von Regenmantelstoffen sowie solchen für Badebekleidung geeignet. Die *chemische Beständigkeit* wird u.a. für die Herstellung von Filtertüchern ausgenutzt.

Man kann aber auch lediglich durch Beimischen von Polyamidfaseranteilen zu anderen Fasern erhebliche Festigkeitserhöhungen des Fasergemischs erreichen. So besitzt z.B. ein Mischgarn aus 75 % Wolle und 25 % Nylon oder Perlon eine etwa doppelt so hohe Festigkeit wie das entsprechende Wollgarn der gleichen Nummer, so daß sich solche Mischgarne u.a. vorzüglich für die Herstellung von Strümpfen, Badeanzügen usw. eignen. Für die letztere Verwendung wirkt sich namentlich auch die geringe Quellbarkeit und damit rasche Trockengeschwindigkeit der Polyamidfaser vorteilhaft aus.

Die für Wollmischungen bestimmten Polyamidfasern erhalten meist eine *Spinnkräuselung*, die mit Hilfe eines thermischen Prägeverfahrens auf geheizten Riffelwalzen oder zwischen feinen Zahnrädern erreicht wird. Für Wollmischungen werden halbmatte, mit Titandioxid spinnmattierte Fasern bevorzugt.

Neoprenbeschichtetes Nylongewebe findet in *Raumfahrtanzügen* in Form einer blasenartigen Hülle als Sperrschicht für den zur Pressurisierung des Anzugs erforderlichen Sauerstoff Verwendung. Aluminisierte Polyamidfolie (Kapton) sowie aluminisierte Polyesterfolie (Mylar) dienen in *Raumfahrtanzügen* als reflektierende Isolierschichten.

Elektrostatische Aufladung und antistatische Präparation von synthetischen Fasern. Im Hinblick auf die allgemeine Bedeutung dieses Problems für die synthetischen Fasern seien nachstehend einige grundsätzliche Ausführungen gemacht:

Elektrostatische Aufladungen sind schon bei den klassischen Fasern – namentlich bei Woll- und Acetatfasern – geläufig, halten sich aber bei Anwendung bestimmter Verarbeitungsmaßnahmen in erträglichen Grenzen. Bei den hydrophoben synthetischen Fasern pflegen sie indes in so starkem Umfang aufzutreten, daß teilweise beträchtliche Schwierigkeiten bei der Verarbeitung entstehen. Diese Schwierigkeiten beginnen bei der Karde und Krempel und setzen sich über Strecke und Flyer bis zum Webprozeß und schließlich in die Veredlung hinein fort. Auch im Gebrauch kann sich die statische Aufladung dadurch unangenehm bemerkbar machen, daß die Kleidungsstücke am Körper „kleben" und häufig auch zu einem stärkeren Verschmutzen neigen.

Bei der Reibung zweier verschiedenartiger Körper tritt ein Platzwechsel von Elektronen oder Ionen ein, d. h. also eine gewisse Trennung von positiver und negativer Elektrizität, was zur Entstehung eines elektrischen Feldes führt. Das bei der bloßen Berührung zweier Körper entstehende *Kontaktpotential* (*Helmholtz*) ist die eigentliche Ursache zu einem Übergang von Ladungsträgern zwischen zwei sich berührenden Körpern. Die Reibung erhöht die Zahl der Berührungspunkte und damit die Kontaktfläche.

Bezüglich des Vorzeichens der Aufladung leistet die *Coehn*sche Regel gute Dienste. Sie besagt, daß bei der Berührung zweier Körper mit anschließender Trennung derjenige mit der höheren Dielektrizitätskonstante sich positiv, der andere negativ auflädt. Da die Dielektrizitätskonstante ein Maß für die Dipolstärke einer Substanz und damit in gewissem Sinne auch für die Elektronenbeweglichkeit ist, wird die Abwanderung von Elektronen in dem angegebenen Sinne verständlich.

Dem reinen Kontaktpotential – und damit auch den Gesetzmäßigkeiten der *Coehn*schen Regel – überlagern sich die Einflüsse der Reibung auf die elektrostatische Aufladung:

1. Reibung erzeugt Wärme. Diese erhöht die Beweglichkeit der Ladungsträger – Elektronen oder Ionen – und beschleunigt deren Übergang von einer zur anderen Oberfläche.

2. Reibung führt zur lokalen Zersetzung organischer Materie. Die Zahl der Ionen auf der Oberfläche wird dadurch unübersichtlich erhöht.

3. Reibung erzeugt ein Temperaturgefälle zwischen den beiden in Kontakt befindlichen Substanzen, wenn die Dimensionen der sich berührenden Oberflächen verschieden sind (asymmetrisches Reiben nach *P. S. H. Henry*). Der Fluß der Ladungsträger wird in Richtung dieses Temperaturgefälles verstärkt.

Der letztgenannte Punkt macht es verständlich, daß auch – entgegen der *Coehn*schen Regel – chemisch identische Körper durch gegenseitige Reibung zur Aufladung gebracht werden können, z. B. im Falle einer verschiedenartigen Oberflächenbeschaffenheit (rauh – glatt).

Das Kontaktpotential kann also durch die Reibung eine Veränderung oder gar eine Umkehrung des Vorzeichens erfahren, ein Umstand, der die Anwendbarkeit der *Coehn*schen Regel bzw. die aus ihr sich ergebenden Gesetzmäßigkeiten für die Praxis in Frage stellt.

Verhinderung der elektrostatischen Aufladung. Es ist schon vorgeschlagen worden, im Interesse der Verhinderung der elektrostatischen Aufladung jeweils zwei solche Faserarten zu Mischungen zu verarbeiten, die sich in Berührung mit einem bestimmten Reibkörper entgegengesetzt aufladen. Dies hätte zur Voraussetzung, daß der Reibkörper nicht gewechselt wird, was praktisch nicht möglich ist. Liegt der Reibkörper in der Potentialreihe nicht *zwischen* den beiden Komponenten, dann versagt die Methode ganz. Da außerdem die Funktion der Dielektrizitätskonstante von den Auswirkungen der Reibung (asymmetrische Reibung) überlagert wird, sind Potentialreihen in dieser Beziehung nur mit Vorbehalt anwendbar.

Die Dielektrizitätskonstante ist eine für das gesamte Faservolumen charakteristische Größe, während die Aufladung das Resultat eines Oberflächeneffekts ist, welcher durch auf der Oberfläche vorhandene Fremdsubstanzen (Feuchtigkeit, Schmutz, Fett) ausschlaggebend verändert werden kann (Funktion der Antistatika).

Eine vielfach angewandte Methode der Ladungsverhinderung besteht in der Ionisation der Luft durch Spitzenentladung oder mit Hilfe radioaktiver Substanzen. Da die Reichweite dieser Maßnahmen gering ist, müssen die entsprechenden Geräte an jeder einzelnen Verarbeitungsstelle, welche als Quelle für die Aufladung in Frage kommt, angebracht werden. Die physiologischen Auswirkungen derartiger Maßnahmen auf den Organismus des Arbeitspersonals sind noch ungeklärt.

Eine weitere Möglichkeit, entstehende Ladungen abfließen zu lassen, ist in der Anwendung einer erhöhten Luftfeuchtigkeit gegeben, was allerdings eine verstärkte Korrosionstendenz der Maschinenaggregate mit zur Folge hat, ohne aber bei der Verarbeitung der ausgesprochen hydrophoben synthetischen Fasern einen vollen Erfolg zu gewährleisten.

Bei Teppichen aus Synthesefasern bewährt sich der Zusatz einer *nichtrostenden Stahlfaser* (vgl. S. 367) in einer Menge von 0,3–0,6%. Die Metallfasern leiten die Aufladung zur Unterseite des Teppichs, von wo sie dann weiter abfließt.

Der Vorteil einer solchen Behandlung besteht weiterhin in einer geringeren Anschmutzung und Schmutzhaftung, so daß die Teppiche leichter gereinigt werden können.

Die antistatische Präparation. Das wirksamste bzw. universellste Mittel ist in der antistatischen Präparation gegeben. Es befinden sich schon viele als antistatisch wirksam deklarierte Produkte auf dem Markt (S. 792). Ihre Entwicklung erfolgte im allgemeinen auf rein empirischer Basis.

Im Prinzip kann ein Antistatikum auf drei Wegen der elektrostatischen Aufladung entgegenwirken:

1. Durch Erniedrigung des Reibungskoeffizienten der Faser. Es entsteht weniger Reibungswärme, welche die Beweglichkeit der Ladungsträger steigern bzw. zusätzliche Ladungsträger erzeugen könnte.
2. Durch Erhöhung der Oberflächenleitfähigkeit der Faser. Entstehende Ladungen können in gewissem Umfang abfließen.
3. Durch Erhöhung der Dielektrizitätskonstante des zwischen den beiden reibenden Körpern befindlichen Mediums, wobei man das System Faser-Reibkörper als Kondensator betrachtet.

Im Falle der unpräparierten Faser stellt die Luft das Dielektrikum dar, während dieses im Falle der präparierten Faser aus der Mischung Luft-Präparationsmittel besteht. Je höher nun die Dielektrizitätskonstante des Zwischenraums ist, um so mehr wird das durch die Aufladung entstandene elektrische Feld reduziert, da im Dielektrikum ein Gegenfeld induziert wird, dessen Höhe von der Dielektrizitätskonstante abhängig ist.

Wesentlich für die antistatische Wirksamkeit einer Präparation sind demnach neben ihrer gleitendmachenden Wirkung und einer gewissen Leitfähigkeit vorwiegend ihre dielektrischen Eigenschaften. Die letzteren hängen einerseits von dem Molekülbau und andererseits von der – ebenfalls molekülbedingten – Art der Einlagerung zwischen den beiden Kondensatorplatten, also zwischen Faser und Reibkörper, ab.

Da sich grenzflächenaktive Substanzen in einer senkrecht zur Faserachse orientierten Schicht an die Faseroberfläche anlagern (*Langmuir* und *Harkins*), ist die Möglichkeit zu einer starken dielektrischen Wirkung gegeben, wenn diese grenzflächenaktiven Substanzen gleichzeitig polare bzw. polarisierbare Atomgruppierungen besitzen oder wenn sie durch eine Ionenbeziehung charakterisiert sind. Letzteres ist bei den anion- und kationaktiven grenzflächenaktiven Produkten der Fall und in gewissem Umfang auch bei den „nichtionogenen" Polyäthylenoxiden und Polyäthylenoxid-Addukten.

Auf Grund der orientierten Adsorption der anionischen und kationischen grenzflächenaktiven Produkte vermögen diese sich mit ihren Dipolen so in das Erregerfeld einzuordnen, daß sich dieses in der Polarisation des Dielektrikums und damit in der Kompensation des induzierten Feldes weitgehend erschöpft. Besitzt die grenzflächenaktive Substanz außer ihrer ionoiden Gruppierung zusätzlich zur Ausbildung von Dipolen geeignete Gruppierungen, dann wird die Gegenwirkung wesentlich verstärkt (*M. Bühler*).

Grenzflächenaktive anionische und kationische Produkte wirken daher um so mehr antistatisch, je ausgeprägter ihr polarer bzw. polarisierbarer Charakter und je länger die Fettkette ist, welche den Produkten zugrunde liegt.

Bei den Polyäthylenoxid-Addukten können die Zusammenhänge auf Grund der orientierten Adsorption senkrecht zur Faserachse und der in feuchtem Medium vorhandenen Ladungserscheinungen ähnlich gedeutet werden.

Waschechte antistatische Präparation. Das schwierigste Problem bei der antistatischen Präparation ist ihre waschbeständige Fixierung auf der Faser. Da die Aufladung eine reine Oberflächenerscheinung ist, muß eine Präparation, um wirksam zu bleiben, auf der Faseroberfläche haften. Eine Diffusion des Antistatikums ins Faserinnere, analog einem Farbstoff, ist gleichbedeutend mit einer Entfernung von der Faser und daher gleichbedeutend mit einem Verlust an Wirksamkeit.

Produkte dieser Art basieren z.B. darauf, daß polymere Körper, welche durch die Gegenwart hydrophiler Seitengruppen wasserlöslich sind, auf die Faser gebracht werden, wonach die wasserlösliche Gruppe durch Salzbildung oder durch Veresterung blockiert wird.

Beispiel:

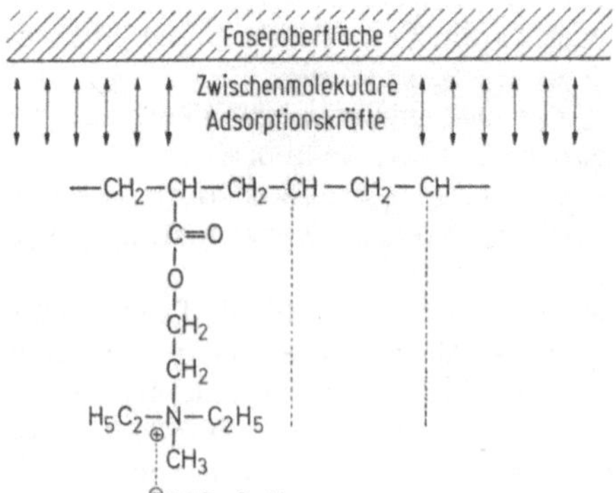

Auch geeignete polykondensierbare Produkte finden Verwendung, z.B. Diamine, welche mit Dihalogeniden vernetzt werden (*E. Valkó*). Antistatische Präparationsmittel s. S. 792ff.

Pillingeffekt und Antipilling-Ausrüstung. Viele synthetische Fasern (Stapelfasern) und entsprechende Mischtextilien neigen leicht zu einer permanenten Knötchenbildung (*Pilling-Effekt*). Dieser kann durch eine entsprechende Präparation, welche ein gewisses Ankleben abstehender Faserenden an den Fadenkern bewirkt, entgegengetreten werden.

Entsprechende Handelsprodukte sind je nach Faserart auf der Basis von Polyvinyl-, Polyacryl- oder Polyamid-Verbindungen aufgebaut.

In der Veredlung kann man durch Sengen und Scheren sowie durch Thermofixieren der Pillingneigung entgegenwirken. Das Sengen muß wegen der Gefahr der Bildung von Schmelzkügelchen sehr vorsichtig geschehen. Stark temperaturempfindliche Polymerisate werden nicht gesengt.

Auch die klassischen Fasern zeigen Pillingeffekte, doch werden die Knötchen auf Grund der geringeren Reiß- und Scheuerfestigkeit im Gebrauch allmählich wieder abgestoßen. Sind synthetische Fasern zugegen, dann haften die Knötchen permanent.

Antisnag-Appretur. Unter „Snag" versteht man sog. „Zieher", die in den feinen Gespinsten dadurch entstehen, daß einer oder mehrere Kapillarfäden, z.B. bei Strümpfen, aus der Masche gezogen oder verletzt werden. Bei monofilen Fäden sind solche Zieher nicht möglich. Einen Schutz erreicht man durch Präparation mit geeigneten Kunststoff-Dispersionen, welche die einzelnen Kapillarfäden zusammenhalten.

Säure- und Alkalibindung der Polyamidfasern 6 und 6,6. Da auf Grund des Fehlens von Extragruppen normalerweise nur die Endgruppen für die Säure- und Alkalibindung in Betracht kommen, liegen die Werte für das Säure- und Alkalibindevermögen wesentlich tiefer als bei den Proteinfasern.

Während 100 g Wolle bzw. Seide im Maximum 0,085 bzw. 0,023 Grammäquivalente Säure unabhängig von deren Molekulargewicht und Basizität aufnehmen (S. 270, 303), liegt dieser Wert für Polyamidfasern etwa zwischen 0,004 und 0,008 Grammäquivalenten. Die Höhe der Aufnahme hängt naturgemäß von dem Molekulargewicht der untersuchten Faser ab, welches bei den Handelsprodukten zwischen 10000 und 20000 schwanken kann.

Das Säurebindevermögen wächst mit abnehmenden pH-Werten, um zwischen pH 3,0 und 2,4 zunächst zu einem gewissen Stillstand zu kommen (*Peters, Elöd* und *Fröhlich*). Unterhalb pH 2,4 tritt dann ein erneutes starkes Ansteigen ein, da sich nunmehr auch die geladenen Amidogruppen an der Säurebindung beteiligen. In diesem Stadium reicht das Säurebindevermögen an dasjenige der Wolle heran.[1]

Auch bei der Alkalibindung, die zunächst durch die Carboxylendgruppen erfolgt, ist bei Ansteigen der OH-Ionenkonzentration eine Addition des Alkalis an die CO-Gruppe der Peptidbindung anzunehmen (vgl. S. 271).

d) Verhalten bei der Veredlung

Die Fixierung der Polyamidfasern 6 und 6,6. Bei der Ausrüstung in warmen wäßrigen Bädern oder auch in der Gebrauchswäsche neigen die Polyamidfasern, da die bei der Herstellung im Rahmen der Verstreckung erzeugten Spannungen nach einem Ausgleich drängen, zum Schrumpfen und Knittern; die Fasern müssen

[1] Nach *W. Luck* wird diese Erscheinung als eine Überlagerung einer Reaktion mit den Aminoendgruppen und einer reinen Verteilung gedeutet.

daher vorher durch eine Dampfbehandlung – eventuell unter Druck – oder durch trockene Hitze fixiert werden (*Thermofixierung, Heat-Setting*). Die Temperatur der nachfolgenden Behandlungsbäder soll, um die Fixierung nicht rückgängig zu machen, mindestens 15 °C unter der Fixierungstemperatur liegen (vgl. S. 619). Diese Art der Vorbehandlung kann mit dem Brennen von wollenen Webwaren (S. 286) verglichen werden, die damit ebenfalls einen Schutz gegen Falten- und Knitterbildung erfahren.

Im Hinblick auf die allgemeine Bedeutung des *Fixierprozesses* für synthetische Fasern werden nachstehend einige grundsätzliche Ausführungen gemacht:

Die Notwendigkeit der Fixierung ergibt sich aus gewissen inneren Spannungszuständen, welche durch die Verstreckung in die Fasern gelangt sind und welche entsprechende Schwierigkeiten in der Verarbeitung und im Gebrauch bedingen. Vermutlich sind es anomale Wasserstoffbrückenabstände, welche zu diesen latenten Spannungen führen und die sich mit Hilfe des Fixierprozesses auf optimale Abstände bzw. optimale Bindungsenergiebeträge einspielen sollen. Möglicherweise wird bei der Verstreckung bzw. Verarbeitung auch die normale Zickzackstruktur der Polyamidkette „verzogen" (Vergrößerung von Valenzwinkeln), was ebenfalls zu inneren Spannungen führt.

Der durch die Fixierung ausgelöste Schrumpfprozeß, welcher die latenten Spannungen beseitigt, führt gleichzeitig zu einem gewissen Abfall der Reißfestigkeit und zu einer Zunahme der Bruchdehnung. Diese Änderungen sind vermutlich mit einer durch die Quellung bzw. Schrumpfung verursachten Desorientierung in Zusammenhang zu bringen.

Die Aufgabe der Fixierung besteht darin, eine vorübergehende Lockerung der Querbindungen bzw. der Querkräfte zu bewirken, so daß sich diese umorientieren und spannungslos anordnen können.

Diese Lockerung der Querbindungskräfte kann entweder in Heißluft geschehen, wobei bei entsprechend hoher Temperatur die Molekülschwingungsenergie die Querbindungsenergie übertrifft. Sie kann aber auch bei Gegenwart von Feuchtigkeit (in Sattdampf) oder direkt in Wasser von höherer Temperatur (*Hydrofixierung*) vorgenommen werden, d.h. also unter Bedingungen, unter denen eine Hydratisierung der für die Querbindungen verantwortlichen Gruppen und damit eine Abschirmung der Bindungskräfte stattfindet. Wasser als Quellmittel erleichtert daher die Heißfixierung. Bei Anwendung stärkerer Quellmittel läßt sich die Temperatur entsprechend verringern, so daß eine Fixierung bei Raumtemperatur möglich erscheint, wenn genügend stark wirkende Quellmittel, d.h. solvatisierende Agenzien, Anwendung finden.

Die Thermofixierung mit Heißluft wird innerhalb des Plastizitätsbereichs bzw. innerhalb der Thermofixierungszone vorgenommen, welche für Perlon bei 170 bis 195 °C und für Nylon bei 210–240 °C liegt. Das Temperaturoptimum der Fixierung ist für Perlongewebe etwa 190 °C, für Nylongewebe ca. 225 °C und für Rilsangewebe 145 °C (*Hees*). Die Fixierdauer richtet sich nach der Art des Gewebes und bewegt sich bei der Heißluftfixierung zwischen 3 und 15 sec. Die Heißluftfixierung, – evtl. in Verbindung mit überhitztem Dampf – ist das wichtigste Verfahren bei Stückwaren aus synthetischen Fasern und entsprechenden Mischungen geworden.

Eine vollkommene Fixierung erreicht man durch eine Heißdampffixierung, da durch das eindringende Wasser die Querbindungskräfte schnell gelockert werden. Unter diesen Umständen läßt sich auch die Fixiertemperatur entsprechend senken (ca. 30 min bei 130 °C).

Während des Fixierens soll die Ware die Möglichkeit des Ausschrumpfens haben, da sie nur unter diesen Umständen einwandfrei fixiert werden kann, d.h. ohne daß bei einer späteren Heißbehandlung Schrumpf- und Knitterbildungen eintreten.

Auch *Infrarot-Strahlung* läßt sich für die Fixierung verwenden. Bei Anwendung von Selektivstrahlen, die in ihren Wellenlängen der Absorption des Materials angepaßt sind, genügen Temperaturen zwischen 80 und 120 °C. Teilweise wird auch bei wesentlich höheren Infrarottemperaturen fixiert, wobei die Fixierdauer auf 1 sec beschränkt werden kann (*Schock-Verfahren*). Wegen gewisser technischer Schwierigkeiten ist das Infrarotverfahren heute ohne große Bedeutung.

In der *Schlichterei* und *Appretur* zeigen sich insofern Schwierigkeiten, als die Schlichte- und Appreturmittel keine genügende Haftung zeigen. Man kann diesen Schwierigkeiten durch Zusatz gewisser Quellmittel begegnen. Als Schlichtemittel finden neben den üblichen Substanzen namentlich synthetische Produkte, wie Polyvinylalkohol sowie Polyacrylate in Verbindung mit Glycerin bzw. Glykol Verwendung. Letztere sollen die Tendenz zur elektrostatischen Aufladung herabsetzen.

Falls die Fasern ein *Bleichen* erfordern, kann dies mit Kaliumpermanganat oder Natriumchlorit geschehen. Gut geeignet sind auch Reduktionsbleichmittel auf der Basis von Natriumdithionit oder Formaldehydsulfoxylat in Verbindung mit optischen Aufhellern.

Vorteilhaft ist auch eine saure Wasserstoffperoxidbleiche in Verbindung mit *Lufibrol W* in Analogie zu dem entsprechenden Wollbleichverfahren (vgl. S. 282).

Grundsätzlich ist zu beachten, daß von der Veredlung zurückgebliebene Säurerückstände zu einer Faserschädigung führen können, da Polyamidfasern nicht indifferent gegenüber höheren Säurekonzentrationen sind. *Säuren sind daher gründlichst auszuwaschen.*

Eine waschbeständige *Nachmattierung* läßt sich in der Weise erzeugen, daß man das Fasermaterial mit einer salzsäurehaltigen Antimontrichloridlösung präpariert und in einer angeschlossenen Passage durch Wasser hydrolytisch Antimontrioxid ausscheidet.

Durch eine Präparation mit sauren Substanzen (Oxalsäure, Phosphorsäure, Ammonchlorid) und anschließende Behandlung mit Formaldehyddämpfen kann man die Beständigkeit gegen Knittern, gegen Hitze und gegen Phenole erhöhen.

Das Aufbringen der verschiedenen Appreturmassen auf Substrate aus Polyamid- und anderen Synthesefasern lehnt sich eng an die entsprechenden Verfahren der Baumwollveredlung an.

Auf Grund ihrer lipophilen Eigenschaften halten die Polyamidfasern Fettkörper sehr fest, so daß Fett- und Ölverschmutzungen nur durch eine intensive Reinigung zu entfernen sind.

Texturierte Garne – Hochbauschgarne – High bulk yarn. Die thermische Fixierbarkeit der synthetischen Fasern in einem bestimmten Zustand gibt die Möglichkeit, die Drehung oder Wellung eines Garnes permanent zu fixieren. Das Garn wird in stark gedrehtem oder gebauschtem bzw. gestauchtem Zustand durch Erhitzen (Plastizitätszone S. 363) und Wiederabkühlen fixiert, dann wieder aufgedreht bzw. entlastet, so daß es latente Drehungen bzw. Stauchungen behält, die daraus hergestellten Artikeln einen stark fülligen, bauschigen und elastischen Charakter verleihen.

Handelsprodukte: Helanca, Ban-Lon, Agilon, Taslan, Astralene C bzw. Crimplene.

Wichtiger als das Texturieren von Polyamidfäden ist das Texturieren von *Polyesterfäden* geworden (S. 352).

Mit dem Texturieren wurde ein wesentliches Problem bei der Verarbeitung der Chemiefasern gelöst, nämlich die Aufgabe, den aus der Spinndüse kommenden glatten Fäden einen mehr *textilen Charakter* zu geben, damit diese, ohne sie in Stapelfasern zu schneiden und dann wieder verspinnen zu müssen, verarbeitet werden können.

Das Texturieren ist ein sehr diffiziler Prozeß, da die hohe Temperatureinwirkung die Fasereigenschaften verändert, und zwar namentlich auch in *färberischer* Hinsicht. *G. v. Hornuff* bemerkt dazu etwa folgendes:

Jede Temperatureinwirkung, die in der *Plastizitätszone* (S. 363) einer Synthesefaser liegt, verändert die physikalischen und chemischen sowie die färberischen Eigenschaften der Faser. In der Plastizitätszone werden die Nebenvalenzen bzw. die Kohäsionskräfte zwischen den Fasermolekülen gelockert, und je nach Temperatur und Dauer der Einwirkung ändern sich auch die *färberischen Eigenschaften*. Daraus geht hervor, daß die Texturierung temperaturmäßig sehr gleichmäßig durchzuführen ist. Nur Temperaturintervalle von ± 1 °C sind zugelassen, die aber technisch schwer einhaltbar sind.

Bekanntlich bildet sich bei der Faserherstellung ein Monomer-Oligomer- und Polymer-Gleichgewicht aus. Die Monomerenwäsche soll die niedermolekularen Anteile herauswaschen. Die extraktarme Polyamidseide ist aber metastabil. Bei der Texturiertemperatur bilden sich mono- und oligomere Anteile wieder nach.

Bei höherer Temperatur als der vorgeschriebenen Fixiertemperatur setzt der thermische Abbau ein (Kettencrackung), der zeitlich voranschreitet. Ein Maß für diesen Abbau ist die Festigkeitsabnahme, die an jeder Texturseide gegenüber der untexturierten Faser nachzuweisen ist.

Eine solche Reaktion ist immer mit einer Molekulargewichtsveränderung verbunden und beeinflußt das spätere färberische Verhalten der Polyamidseide. Bei mäßigen Texturierungstemperaturen werden die H-Brücken, bei höherer Temperatur die Hauptvalenzketten gespalten. Nach *H. Zollinger* werden bei Polyamiden durch die Texturiertemperatur die Aminoendgruppen verändert, so daß färberische Änderungen auftreten.

Knit-Deknit-Verfahren (vgl. S. 738). Wenn man ein Gestrick aus Synthesefasern im Autoklaven dämpft (fixiert) und dann „aufzieht", dann erhalten die Garne eine bleibende Verformung, da die Maschenform fixiert wird. Die Garne können daher als „*texturiert*" bezeichnet werden.

Bauschige Garne erhält man auch aus sogenannten *Bifasern*, bei denen durch besondere spinntechnische Kniffe, z.B. Doppeldüsen, Fasern unterschiedlicher Beschaffenheit „zusammengeklebt" werden. Eine solche Faser ist z.B. die Polyacrylnitrilfaser „Orlon Sayelle". Sie besitzt nach einer Heißwasserbehandlung dauerhafte reversible Kräuselung und liefert daher sehr elastische Gespinste von hohem Bausch und Volumen. Es sind dies also Eigenschaften, wie sie bisher nur durch gemeinsame Verwendung von hoch- und niedrig-schrumpfenden Gespinsten erzielt werden konnten (Hochbauschgarne).

Bondieren – Bondings. Leichte Web- oder Strick- und Wirkwaren, die wegen ihrer Feinheit für die Herstellung von Oberbekleidung nicht geeignet sind, sich aber wegen ihres interessanten Warenbildes und ihrer modischen Optik anbieten, werden durch Bondieren (Bonding) verarbeitbar und tragfähig.

Bei der Bondierung werden zwei Stoffbahnen (Gewebe, Gewirke, Gestricke) durch bestimmte Klebtechniken miteinander vereinigt (*H. Bergs*). Bondiert (geklebt) wird entweder durch Verwendung äußerst dünner Polyurethan-Schaumfolien, die beidseitig angeschmolzen als Binder fungieren (*Schaumbindung*) oder mit einem Binder ohne Schaumstoff (*Klebebindung*).

Im fertigen Kleidungsstück zeichnet sich die gebondete Ware durch eine besondere *Formhaltung* aus („Shape keeping").

Ein Vorteil der gebondeten Stoffe ist der, daß sie ohne Futterstoffe verarbeitet werden können.

An Synthesefasern kommen vor allen Dingen Polyamid- und Polyacrylfasern und an regenerierten Cellulosefasern Acetat in Betracht.

Differential-Dying-Fasern (*Multicolortechnik*), vgl. S. 635 (nach *H. Beutler*). Das Farbstoffaufnahmevermögen der Polyamidfasern kann durch „Chemische Modifizierung" verändert werden. Dabei wird die Zahl der Aminoendgruppen gegenüber den Normalfasern entweder erhöht (deep-dying-Typen) oder erniedrigt (light-dying-Typen).

Die Erhöhung der Zahl der Aminoendgruppen erreicht man bei Nylon 6,6 durch gleichzeitige Zugabe von Phosphorsäure oder Phosphorsäureester wie z.B. Cyclohexylphosphorsäureester bei der Polykondensation (*H. Beutler*).

Bei Nylon 6 muß zusätzlich eine Diaminverbindung zugefügt werden (Hexamethylendiamin).

Zur Herstellung der light-dying-Typen wird die Endaminogruppenzahl durch einen Kettenabbruch und gleichzeitige Blockierung, z.B. durch Umsetzung mit Butyrolacton, erniedrigt:

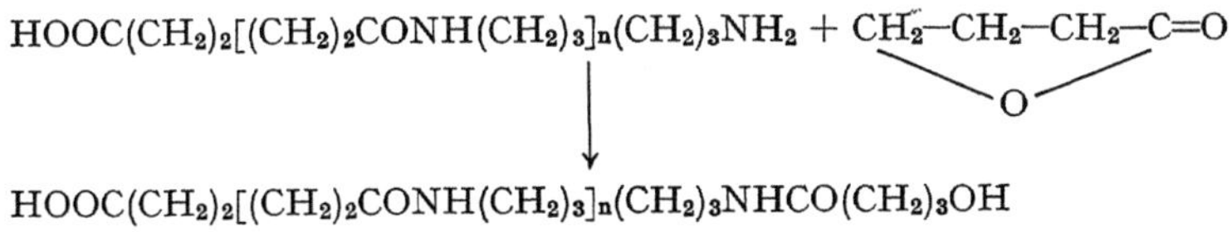

Ersetzt man bei der Herstellung von Nylon 6,6 zu einem kleinen Prozentsatz die Adipinsäure durch die Sulfoisophthalsäure, dann entsteht eine *kationisch* färbbare Nylon-Faser:

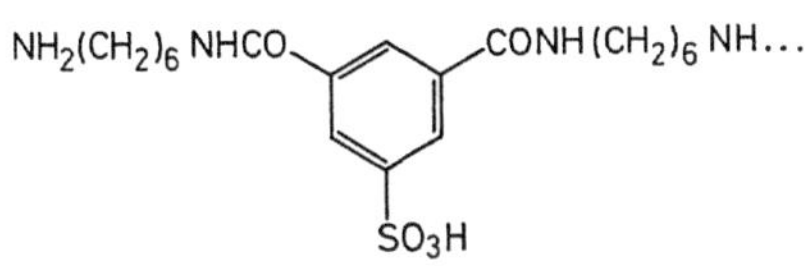

Sandospace R. Sandospace R ist ein technisches Produkt zur Blockierung der Aminogruppen in Polyamidfasern und der gleichzeitigen Einführung von Sulfogruppen (J. Frauenknecht, D. Speer).

Pfropfcopolymerisate bzw. -kondensate, z.B. mit Styrol, sind von Bedeutung (*G. Bouillon*), ebenso „Mehrkomponentenfaserstoffe" (*D. Buskies* und *H. Kern*).

Anhang

Weitere Synthesen von Polyamiden

In Japan laufen Synthesen von seidenähnlichen Fasern wie z.B. *Poly-β-alanin* (Nylon 3), das man durch H-Transfer-Polymerisation von Acrylamid erhält:

$$CH_2{=}CH{-}CO{-}NH_2 \rightarrow {-}CH_2{-}CH_2{-}CO{-}NH{-}$$

Eine Faser aus *Polyglutaminsäure-methylester* wird schon technisch hergestellt, und zwar durch Polykondensation des Glutaminsäure-γ-methylesters:

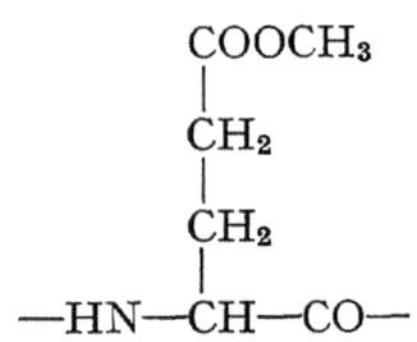

Bei der Polykondensation einer Mischung aus Leucin und wenig Cystein erhält man bei der Verspinnung wollähnliche Fasern.

Schwefel kann auch durch Co-Polykondensation von Leucin bzw. Glutaminsäuremethylester mit Methionin eingeführt werden. Um die färberischen Eigenschaften zu verbessern, wird mit Dimethylsulfat nachbehandelt (J. Noguchi):

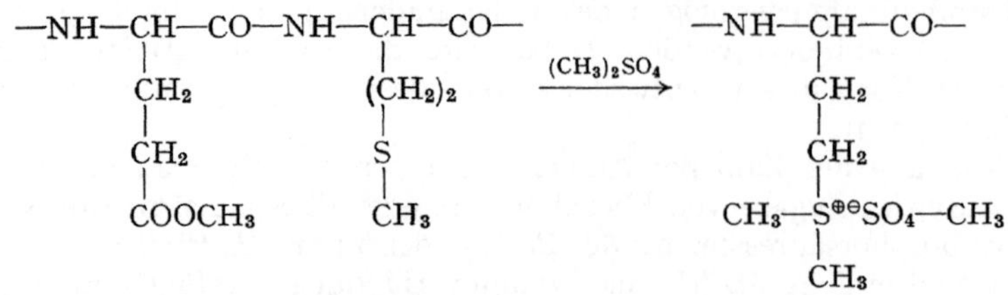

2. Polyaminotriazol-Fasern

Es liegt nahe, als Diamin für die Herstellung der Polyamide des Nylon-Typs das einfachste Diamin, nämlich das *Hydrazin,* zu wählen:

$$\text{—OC} \cdot \text{R} \cdot \text{CO} \cdot \text{NH} \cdot \text{NH} \cdot \text{CO} \cdot \text{R} \cdot \text{CO} \cdot \text{NH} \cdot \text{NH} \cdot \text{CO} \cdot \text{R} \cdot \text{CO} \cdot \text{NH—}$$

Die Polykondensation verläuft aber nicht in dieser einfachen Weise. Es bilden sich vielmehr Verzweigungen zwischen Carbonyl- und freien Aminogruppen aus, die bei Gegenwart von überschüssigem Hydrazin zu N-haltigen Ringsystemen (Triazolen) führen:

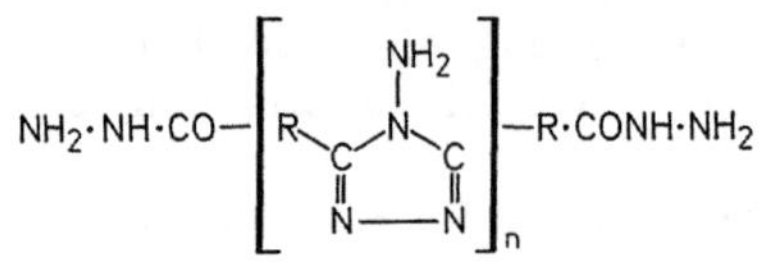

(Die Reaktion verläuft über die Bildung von Dihydrotetrazinen als Zwischenprodukte.)

Als Dicarbonsäure kann z.B. die *Sebacinsäure* Verwendung finden, die aus Undecylensäure (S. 331) durch Oxydation entsteht:

$$CH_2{=}CH(CH_2)_8COOH \rightarrow HOOC(CH_2)_8COOH$$

Man erhitzt Sebacinsäure-hydrazid in Gegenwart von Hydrazin auf 270 bis 280 °C, wobei ein bei 256 °C schmelzendes Poly-octamethylen-amino-triazol entsteht, welches unter Stickstoffdruck versponnen wird und kalt verstreckbare Fäden liefert.

Die Festigkeit liegt etwa so hoch wie diejenige der Nylonfaser. Vermutlich ist die hohe Kohäsion auf die Ausbildung von Protonbrücken zurückzuführen:

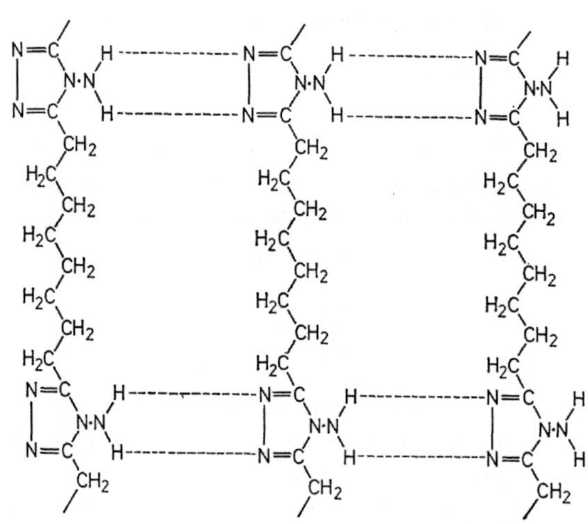

nach *H. Rinke*

Die Faser besitzt auf Grund des Gehalts an freien Aminogruppen eine gute Affinität zu Säurefarbstoffen.

3. Polyester-Fasern

Polyester werden grundsätzlich durch Polykondensation von Dicarbonsäuren mit Diolen hergestellt. In erster Linie kommt als Dicarbonsäure die Terephthalsäure in Betracht. Copolyester werden z.B. aus Terephthalsäure, Isophthalsäure und Äthylenglykol erzeugt oder aus Terephthalsäure, Adipinsäure, Sebacinsäure und Äthylenglykol, wobei neben der Terephthalsäure die zweite Dicarbonsäure im Hinblick auf Thermostabilität und Festigkeit nur in kleinen Mengen zugesetzt wird. Die Copolymerisate lassen sich leichter anfärben als das Homopolymerisat.

Bei der üblichen Polyesterfaser handelt es sich um einen *Polyester*, welcher durch Kondensation von Terephthalsäure mit Glykol entsteht (*Whinfield* und *Dickson*):

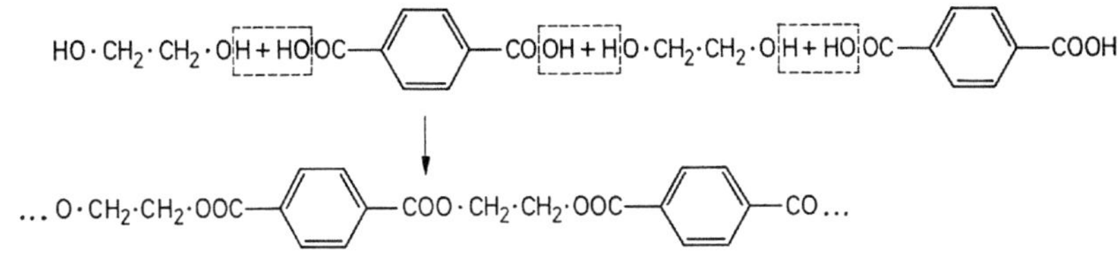

(Zweckmäßig verwendet man für die Reaktion den leicht zu reinigenden und nicht sublimierenden Methylester der Terephthalsäure, wobei durch Umesterung der Polyester entsteht.) Dimethylterephthalat wird mit einem Überschuß von Äthylenglykol bei Gegenwart von Katalysatoren (z.B. Natriummethylat) auf 195 °C erhitzt. Dabei destilliert Methylalkohol ab. Der gebildete Terephthalsäurediäthylenglykolester wird im Vakuum bei 280 °C polykondensiert, wobei Äthylenglykol abdestilliert:

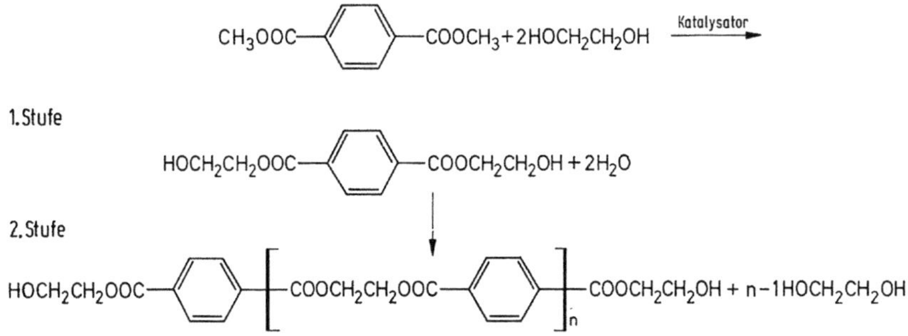

Da seit einigen Jahren Terephthalsäure preisgünstig hergestellt werden kann, läßt sich auch diese einsetzen. Bei gleichem Einsatzgewicht erhält man infolge des Wegfalls der Methoxygruppe eine um 15 % höhere Ausbeute (*K. Riggert*).

Als *Kettenabbrecher* kann Benzoesäure Verwendung finden. Die Polykondensatschmelze wird mit Stickstoff aus der Düse gepreßt und der gebildete Faden auf das 4–6fache gereckt.

Die Herstellung der Terephthalsäure kann u.a. auf Acetylenbasis durch oxydierende Behandlung von Cyclo-octatetraen erfolgen (*W. Reppe*):

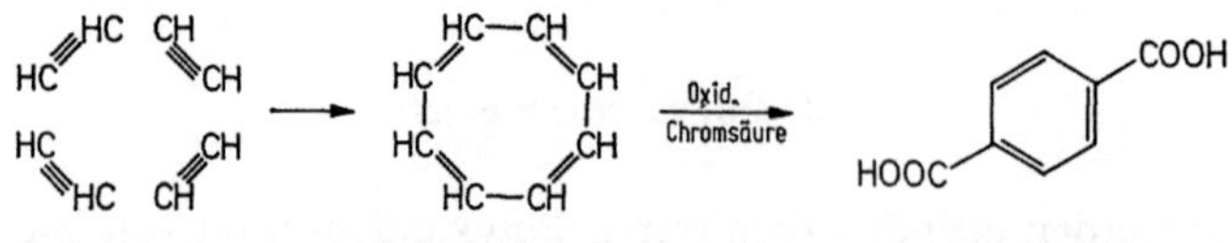

Cyclo-octatetraen Terephthalsäure

Die großtechnische Herstellung erfolgt z.Zt. durch Oxydation von p-Xylol. Die *Chlormethylierung von Toluol* ergibt unter bestimmten Bedingungen fast ausschließlich die p-Verbindung, die mit Kaliumpermanganat oxydiert wird:

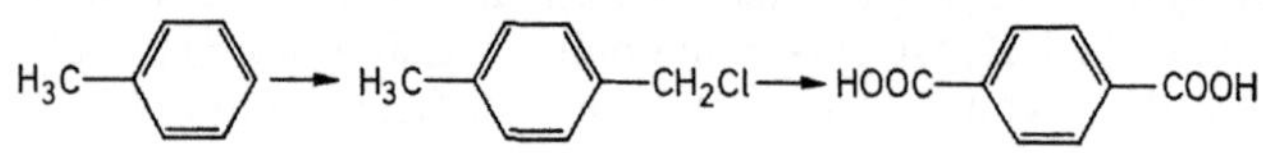

Eine gleichzeitige Oxydation von p-Xylol und Veresterung zu Terephthalsäuredimethylester gelingt in einem Methanol/Luft-Gemisch bei 200 °C und 10–15 min. in Gegenwart von katalysierend wirkenden Kobaltsalzen (*N. Meffezzioni* und *E. Alneri*):

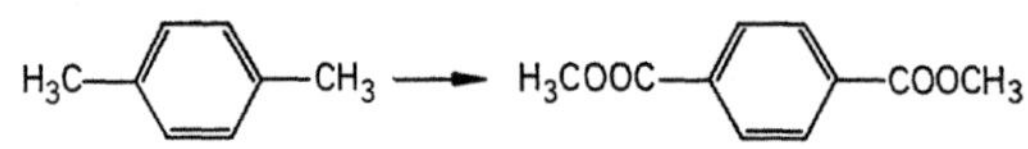

o-Kaliumphthalat läßt sich bei höherer Temperatur zur p-Verbindung *isomerisieren:*

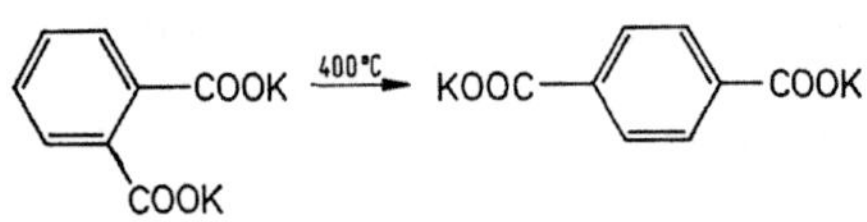

An Glykolen eignet sich speziell das Äthylenglykol, während das Butylenglykol schlechtere Fasern liefert. Isophthalsäure oder Phthalsäure lassen sich nicht an Stelle der Terephthalsäure verwenden, da sonst keine geradlinige Kette entsteht.

Die Kondensation kann auch in der Weise vor sich gehen, daß man die beiden Reaktionspartner in einem indifferenten Medium bei Gegenwart von Chlorwasserstoff als Katalysator erhitzt. Das Polykondensat ist von weißer Farbe, schmilzt bei 256 °C und besitzt ein Molekulargewicht von 8000–10000. Wie die Polyamidfasern wird es aus der Schmelze zur Faser versponnen und anschließend verstreckt. Die Abb. 147 zeigt Terylenefasern im Querschnitt.

Der Schmelzpunkt des Polyesters aus Terephthalsäure und Äthylenglykol liegt bei 256 °C, während die Polyester aus aliphatischen Dicarbonsäuren Schmelzpunkte um nur 100 °C herum aufweisen. Mit zunehmender Länge des aliphatischen Diols nimmt der Schmelzpunkt ab (*H. Batzer*).

Schaltet man zwischen die Carbonylgruppen und den aromatischen Ring der Terephthalsäure eine aliphatische CH_2-Gruppe

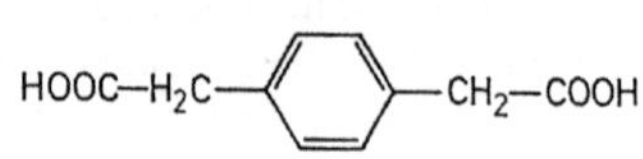

p-Phenylen-diessigsäure

so zeigt der Polyester mit Äthylenglykol einen Schmelzpunkt von nur 137 °C (nach *H. Rinke*). Dies hängt damit zusammen, daß die starre aromatische Komponente durch Wärmeenergie nur schwer in Schwingungen zu versetzen ist, daß

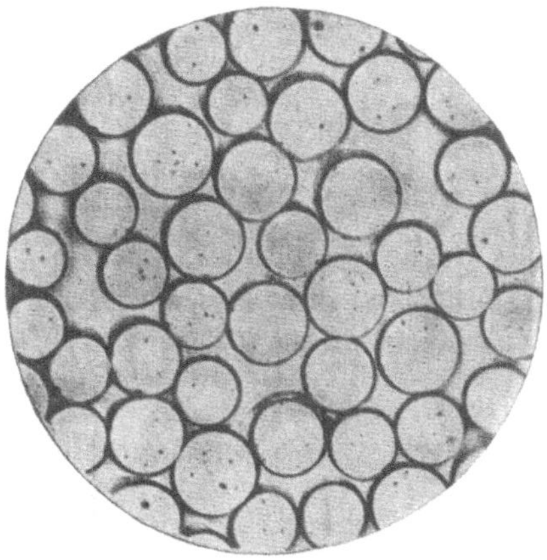

Abb. 147. Terylenefasern (Querschnitt), Vergrößerung 500:1 (Photo *Klenk*).

aber die Starrheit durch die leichtbewegliche kleine Methylengruppe aufgelockert ist. Man muß also den Polyestern mit einer starren symmetrischen aromatischen Komponente mehr Wärmeenergie zuführen, wenn man sie zum Schmelzen bringen will. So schmilzt der Polyester aus Äthylenglykol und 4,4'-Diphenyl-dicarbonsäure erst oberhalb 300 °C (nach *H. Rinke*).

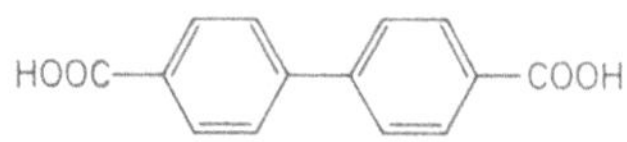

4,4'-Diphenyl-dicarbonsäure

Vollkommen aromatische Polyester haben über 400 °C liegende Schmelzpunkte, wie z.B. das Poly-(hydrochinon)-terephthalat.

Polyäthylenglykol-terephthalat besitzt eine durch die Symmetrie des Moleküls bedingte ausgezeichnete *Kristallisationsfähigkeit*, woraus eine hohe Packungsdichte resultiert, die ein spezifisches Gewicht von 1,4 ergibt. Die hohe Packungsdichte bedingt ihrerseits eine starke Ausnutzung bzw. Auswirkung der zwischenmolekularen Kräfte (*Van der Waals*sche Kräfte, Dipolkräfte), was einmal die guten Festigkeitseigenschaften und zum anderen den hohen Schmelzpunkt verstehen läßt.

Die gute Kristallisationsfähigkeit und die damit verbundene starke innere Kohäsion sind auch für die ausgezeichneten elastischen Eigenschaften der Äthylenglykol-terephthalatfaser verantwortlich zu machen. Die hohe Packungsdichte ist auf der anderen Seite der Grund für die *schlechte Anfärbbarkeit*, so daß beim Färben vielfach Carrier (S. 625) und Hochtemperaturverfahren (S. 626) angewendet werden müssen.

Man hat mit Erfolg versucht, die Faser dadurch hydrophiler und damit leichter anfärbbar zu machen, daß man dem Polyester Polyglykole beigemischt hat, welche die Kristallisationsfähigkeit – da sie sich anscheinend nur in den amorphen Räumen anordnen – nicht stören (*Coleman*). Obwohl Hydrophilie und Anfärbbarkeit wesentlich verbessert wurden, war ein Rückgang des Schmelzpunktes um nur 2° festzustellen.

Oligomere. In der Faser enthaltene Oligomere können zu einer Reihe von Störungen führen. So verursachen z.B. auf der Faser erfolgende Oligomer-Ablagerungen färberische Schwierigkeiten (S. 313, 360).

Die normale Polyesterfaser könnte man durch *Aufpfropfen* von hydrophilen Verbindungen „seidenähnlicher" machen. Entsprechende Versuche sind in Japan im Gang.

Eigenschaften und Verarbeitung

Die Faser ist bei 200 °C wärmeresistent, hoch reißfest und unempfindlich gegen die meisten Chemikalien (mit Ausnahme von Phenolen), Feuchtigkeit und bakterielle Einwirkung[1].

Während die Faser weitgehend säurebeständig ist, *ist bei Verwendung von Alkalien Vorsicht geboten*, da stärkere Alkalien bei höherer Temperatur verseifend wirken. Polyesterfasern sind *nicht beuchbeständig*; Mischungen mit Baumwolle können aber *mercerisiert* werden, wobei nach Versuchen von *G. v. Hornuff* die Polyesterfaser einen verhältnismäßig geringen, je nach Type in seiner Höhe unterschiedlichen Festigkeitsabfall erleidet.

Bei vorsichtiger Verseifung mit Alkali kann man recht vorteilhafte Veredlungseffekte der Faser- bzw. Gewebeoberfläche erzielen. Wenn ein *Bleichen* notwendig ist, kann dieses mit Natriumchlorit ($NaClO_2$) bei pH 3–4 geschehen.

Durch die starken zwischenmolekularen Kräfte bedingt, ist die Faser außerordentlich *formstabil*, und zwar auch bei Einwirkung von Feuchtigkeit. Kleidungsstücke aus Polyesterfasern und auch solche aus Mischungen mit Wolle oder Baumwolle behalten daher – eine gute Hitzefixierung vorausgesetzt – ihre Paßform sowie Plissées usw. auch beim Waschen bei, so daß sie nach dem Trocknen – ohne zu bügeln – wieder getragen werden können (wash-and-wear-Artikel).

Diese Formstabilität wirkt sich recht nachteilig auf die Entfernbarkeit von Falten aus, die während des Verarbeitungsprozesses (Strangfalten) auftreten können (*D. Fiebig, A. A. Rezk*).

Als *Schlichtemittel* verwendet man vorteilhaft Kombinationen aus Casein und Paraffin.

Da die Faser im Rahmen der Herstellung verstreckt wird, muß sie vor der Heißveredlung – wie bei den Polyamidfasern üblich – *fixiert* werden (bis maximal 220 °C).

Eine große Bedeutung kommt heute dem *Texturieren* (S. 345) zu, d.h. der Aufgabe, den aus der Spinndüse kommenden Endlosfäden bzw. -fasern – ohne sie in Stapel zu schneiden und dann zu verspinnen – einen „textilen Charakter" zu geben.

Durch besondere Texturierverfahren (z.B. Stauchen in Verbindung mit einer thermischen Fixierung) soll der glatte Charakter der aus der Düse kommenden Endlosfaser in eine kräuselige bzw. bauschige Form umgewandelt werden. (Über Veränderungen der Fasereigenschaften beim Texturieren s. S. 345.)

Handelsprodukte: Diolen, Trevira, Grisuten, Grilene, Terylene, Tergal, Terlenka, Dacron, Lavsan, Tetoron, Fortrel, Terital, Sillook, Silpearl, Avitron.

Veredlung von Mischungen aus Polyester/Baumwolle. Die Ausrüstung lehnt sich eng an die Veredlung der Baumwolle an, wobei aber heiße alkalische Kochungen (Beuche) zu vermeiden sind. Als zusätzlicher Prozeß kommt das Fixieren hinzu. Über „Permanentpress" vgl. S. 143.

[1] Mit der Photooxydation haben sich *G. Valk* und Mitarbeiter und mit der Thermooxydation *W. Berger* und *C. Otto* befaßt.

Mischgewebe aus Polyester/Baumwolle werden häufig mercerisiert und zwar in der für Baumwolle üblichen Weise, wobei allerdings im Dampfentlauger mit Rücksicht auf die Schonung der Polyesterfaser nur sehr kurz behandelt wird. Wenn notwendig, wird mit Peroxid oder Chlorit gebleicht.

Veredlung von Mischgeweben aus Polyester/Wolle. Im Interesse einer optimalen Fixierung müssen beide Komponenten eine entsprechende Behandlung erfahren: Der Wollanteil wird durch eine Heißwasserbehandlung (Einbrennen) und der Polyesteranteil durch eine Heißluftbehandlung (Thermofixierung) stabilisiert.

Modifizierung des Polyesters

Durch Polykondensation von Terephthalsäure mit dem durch Hydrierung des Dimethyl-terephthalats erhältlichen Diol

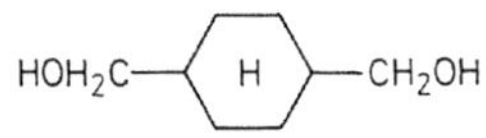

1,4-Bis-[hydroxymethyl]-cyclohexan

erhält man den folgenden Polyester:

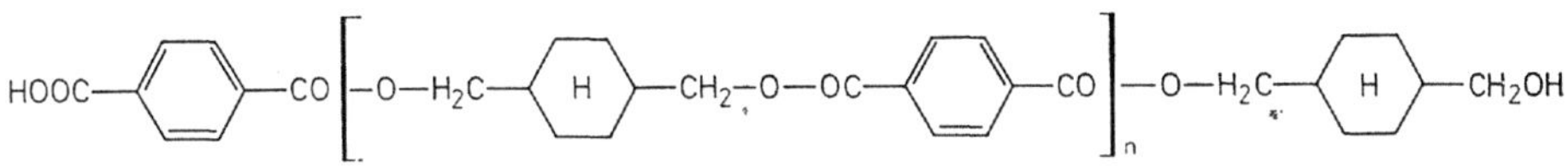

Die aus diesem Polyester durch Schmelzspinnen dargestellte Faser besitzt ein spez. Gewicht von 1,22; sie enthält nur etwa 0,2 % Feuchtigkeit, knittert nur wenig und ist gegen Säuren und Laugen gut beständig. Falls ein Bleichen notwendig ist, kann dieses mit Natriumchlorit geschehen.

Handelsprodukte: Kodel, Vestan.

Eine *Copolyesterfaser* mit Isophthalsäure ist *Vycron*; eine *Polyätheresterfaser* mit p-Hydroxybenzoesäure wird ebenfalls hergestellt. Hierbei handelt es sich um anionisch modifizierte Polyesterfasern, die sich mit kationischen Farbstoffen anfärben lassen (Grilene, A-Tell):

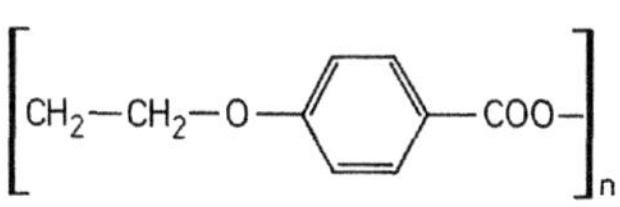

Das Produkt entsteht durch Erhitzen von p-Hydroxybenzoesäure-methylester und Äthylenglykol auf 200–240 °C.

Eine gut flammfeste Faser erhält man (nach *E. Siggel, D. Frank* und *H. Grotjahn*) durch Verspinnen eines metallisierten (z. B. Zn) Polykondensats aus Terephthalsäurechlorid und Oxamidrazon (vgl. S. 221).

Das Produkt wird aus natronalkalischer Lösung in ein Säurebad eingesponnen. Die Faser (Enkatherm) ist stabil gegen Flammeinwirkung bis zu 1500 °C.

Differential-Dying-Fasern (Multicolortechnik, vgl. S. 635) (nach *H. Beutler*). Das Farbstoffaufnahmevermögen der Polyesterfaser kann durch chemische Modifizierung verändert werden. Durch Einbau von sauren Gruppen, z. B. Sulfoisophthalsäure zu einem kleinen Anteil, erreicht man eine Anfärbbarkeit mit *kat-*

ionischen Farbstoffen:

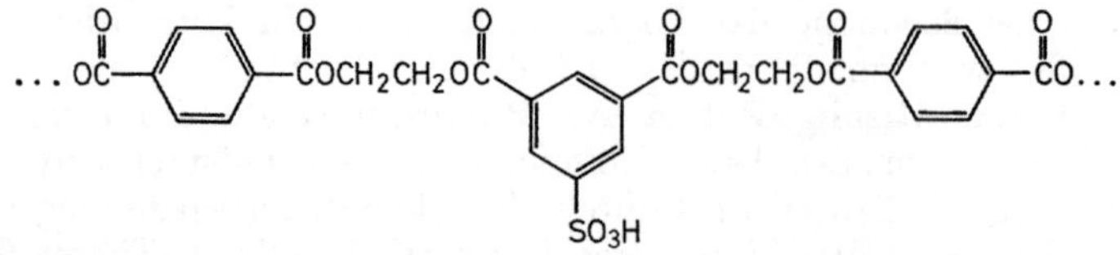

Anionisch färbbare Polyesterfasern erhält man z.B. durch Einbau von N-haltigen aromatischen Dicarbonsäuren:

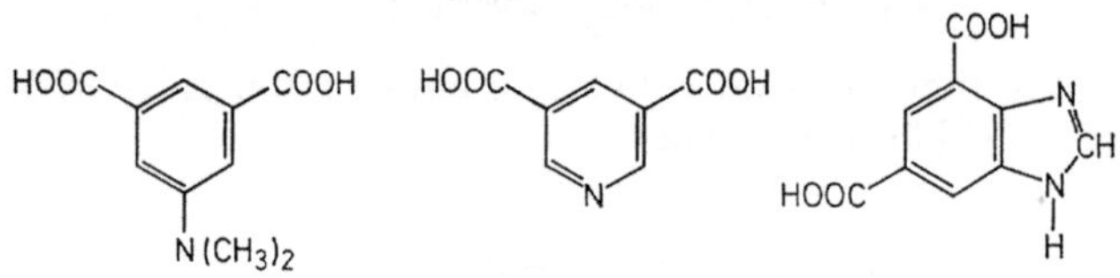

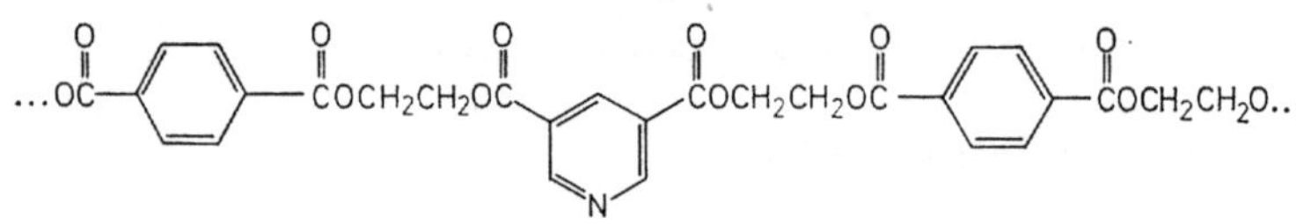

Deep-Dying-Typen kann man durch teilweisen Ersatz der Diol- bzw. Dicarbonsäurekomponente erreichen. In diesen Fällen wird eine Strukturauflockerung erzielt, die zu Deep-dying-Typen führt; z.B. kann man Adipinsäure-, Sebacinsäure- oder Korksäure-Ester zusetzen, die in das Polykondensat eingebaut werden:

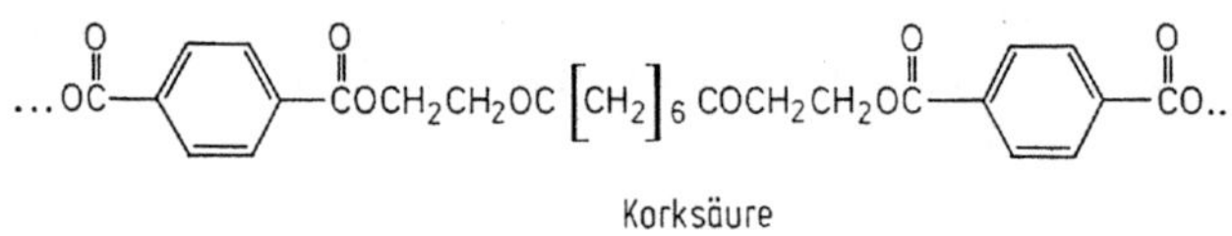

Polyester auf Polycarbonat-Basis. Behandelt man z.B. Diphenylol-propan in Gegenwart von Alkalien mit Phosgen, so findet folgende Kondensation statt (*H. Schnell*):

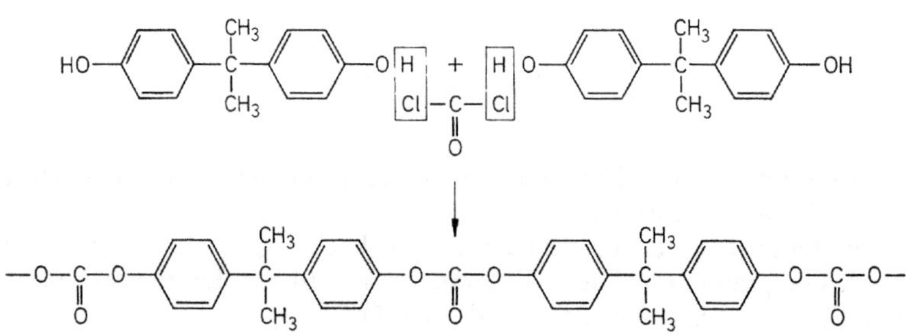

Man erhält hierbei – je nach Wahl des Diphenylols – Polykondensate mit Erweichungspunkten bis zu 300 °C, so daß diese Produkte für die Erzeugung von Fasern geeignet sind. Das Polykondensat wird aus Lösung versponnen. Gefärbt wird mit Dispersionsfarbstoffen, wobei allerdings Carrier und höhere Temperatur (HT) anzuwenden sind (*B. von Falkai* und *F. Werner*).

Aromatische phosphorhaltige Polyester-Fasern

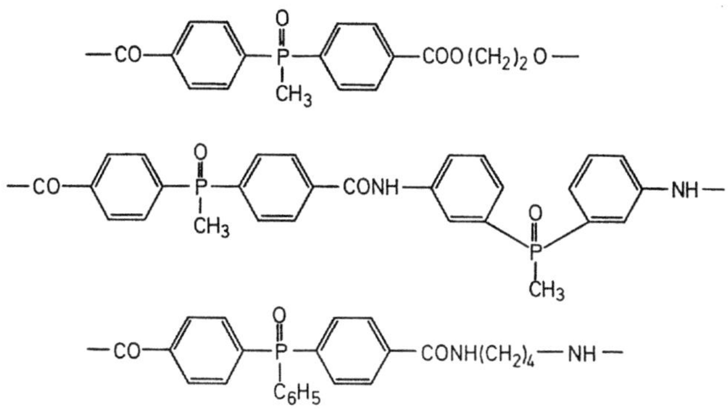

Nach diesem Prinzip gebaute Polyesterfasern zeichnen sich durch gute *Flammbeständigkeit* aus.

Soil-Release-Ausrüstung (vgl. S. 152). Für Synthesefasern bzw. Mischungen aus solchen mit klassischen Fasern ist u. U. eine Ausrüstung wünschenswert, welche die Schmutzentfernung in der Wäsche bzw. in der chemischen Reinigung erleichtert.

Die betreffenden Verfahren bezwecken im Prinzip eine *Hydrophilierung* der Faseroberfläche, damit die Waschflüssigkeit die Faseroberfläche benetzen und den Schmutz ablösen kann.

In diesem Zusammenhang wäre eine Behandlung mit *Carboxymethylcellulose* zu erwähnen, die aber nicht waschbeständig ist. Bessere Beständigkeit erzielt man mit Produkten auf der Basis von Polyacrylsäure bzw. ihren Estern (*Soil-Releaser*).

In diesem Zusammenhang seien einige weitere Begriffsdefinitionen gegeben:

Soil-Release = SR = Auswaschbarkeit von Schmutz und Flecken. Bei so ausgezeichneten Textilien sollten Schmutz und Flecken einwandfrei auswaschbar sein, auch nach wiederholtem Waschen.

Stain-Release = Auswaschbarkeit von Flecken (Unterbegriff von Soil-Release).

Soil-Redeposition = Wiederaufziehen von Schmutz aus der Wasch- oder Chemisch-Reinigungsflotte auf die Ware = Naßanschmutzung.

Soil-Repellancy = Schmutzabweisung
Hierbei muß man unterscheiden zwischen Abweisung gegenüber
Trockenanschmutzung (z.B. Staub)
Feuchtanschmutzung (z.B. Obstsäfte, Tinte, verschmutztes Wasser) und
Ölanschmutzung (z.B. Maschinenöl, Wagenschmiere, Hautfett usw.)

Derartig gekennzeichnete Textilien dürfen keine bzw. nur eine geringe Tendenz zum Anschmutzen zeigen.

Handelsprodukte: Perapret D, Cassapret SR, Coraclin, Polappret CS, Feran-Marken, Arristan SR 300, Rhoplex SR 488, Permalose-Marken, Antisoil-Agent A, Cirrasol PT.

Die *schmutzabweisende Ausrüstung* (vgl. S. 151) wird teilweise in den obigen Begriff miteinbezogen. In diesem Zusammenhang sei erwähnt, daß eine *antistatische Ausrüstung* (S. 341) einer Verschmutzung durch Staub entgegenwirkt.

C. Die Additionspolymerisatfasern

1. Polyurethane

Durch Additionspolymerisation von Glykolen und Diisocyanaten erhält man *Polyurethane* (O. *Bayer*), welche sich für die Faserherstellung ebenfalls eignen. Doch werden nach diesem Verfahren vorwiegend Borstenmaterial oder Fasern bzw. Fäden für besondere technische Zwecke erzeugt. Besonders vorteilhafte Reaktionskomponenten für die Herstellung der Faser sind das 1,4-Butandiol und Hexamethylen-diisocyanat. Letzteres entsteht durch Umsetzung von Hexamethylendiamin mit Phosgen:

$$H_2N \cdot (CH_2)_6 \cdot NH_2 + 2\,ClCOCl \rightarrow O{=}C{=}N \cdot (CH_2)_6 \cdot N{=}C{=}O + 4\,HCl$$

Hexamethylen-diisocyanat.

$$HO \cdot (CH_2)_4 \cdot OH + O{=}C{=}N \cdot (CH_2)_6 \cdot N{=}C{=}O + HO \cdot (CH_2)_4 \cdot OH$$

1,4-Butandiol

$$\downarrow$$

$$—O \cdot (CH_2)_4 \cdot O \cdot CO \cdot NH \cdot (CH_2)_6 \cdot NH \cdot CO \cdot O \cdot (CH_2)_4 \cdot O—$$

Man erhitzt 1 Mol Hexamethylendiisocyanat und 1 Mol 1,4-Butandiol in Monochlorbenzollösung, wobei sich nach etwa 1stündiger Dauer das Polyurethan vom Mol-Gewicht 8000–9000 in Form eines farblosen Pulvers abscheidet. Die Polyaddition kann auch in der Schmelze ohne Lösungsmittel vorgenommen werden. Die Schmelze des Polymerisats wird aus Düsen zu Fasern ausgepreßt, wobei Luftabschluß nicht notwendig ist wie bei den Polyamidfasern, deren Schmelze sich bei Luftzutritt braun färbt. Trotzdem ist ein geringer Zusatz von Antioxydantien von Vorteil. Durch anschließendes Strecken werden die Moleküle orientiert. Der Erweichungspunkt der Polyurethan-Faser liegt bei 170 °C (derjenige von Perlon bei 160 °C). Die Polyurethan-Faser ist sehr gut säure- und auch verhältnismäßig gut alkalibeständig.

Hinsichtlich ihres Säurebindevermögens verhält sich die Urethangruppierung ähnlich wie die Carbonamidgruppe in den Proteinen und Polyamiden. Von pH-Werten unter 2 ab lädt sich die NH-Gruppe positiv auf und ist damit zu einer elektrostatischen Bindung von Säureanionen befähigt (*Elöd* und *Fröhlich*). Oberhalb pH 2 findet keine Säurebindung statt, da im Gegensatz zu den Polyamiden keine Aminogruppen vorhanden sind (vgl. S. 625).

Auf Grund ihrer hohen Säurebeständigkeit eignet sich die Polyurethan-Faser zur Herstellung von säurefesten Filtertüchern, wegen ihrer ausgezeichneten mechanischen Eigenschaften in trockenem und nassem Zustand zur Fabrikation von Fischereigeräten, Treibriemen usw.

Im Vergleich zu den Polyamiden besitzt die Polyurethanfaser eine höhere Steifheit, so daß sie als grobes Monofil vorwiegend als Borstenmaterial Verwendung findet.

Handelsprodukt: Dorlon.

Polyurethan spielt auch für die Herstellung von *Schaumfäden* (aus Polyurethan-Schaumstoff [Moltopren] geschnittene Fäden bzw. Bänder) eine Rolle.

Handelsprodukte: Aerolen, Ceolon.

2. Elastomerfäden

Der Bedarf an elastischer Sportkleidung (*Stretch-Artikel*) regte eine intensive Forschungstätigkeit zur Erzeugung von elastischen Fasern auf synthetischem Wege an (Elastomerfasern bzw. -fäden).

Eine besondere Bedeutung kommt hier den Elastomerfäden auf Polyurethanbasis zu (Spandexfäden). Die Polyurethan-Elastomerfäden besitzen nicht nur eine hohe Elastizität, sondern sind auch durch sehr gute Reißfestigkeitswerte gekennzeichnet. Die Fäden lassen sich auf 500–800 % dehnen, ehe sie reißen. Nach Aufhebung der Zugbeanspruchung geht der Faden wieder weitgehend vollständig auf

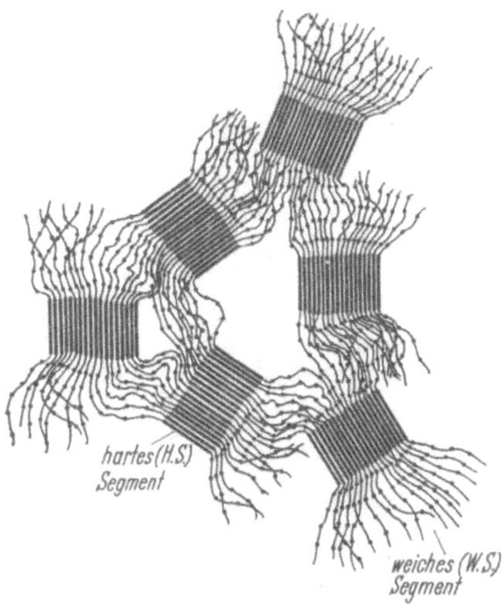

Abb. 148 a. Ungedehnte Faser (nach *H. Rinke*).

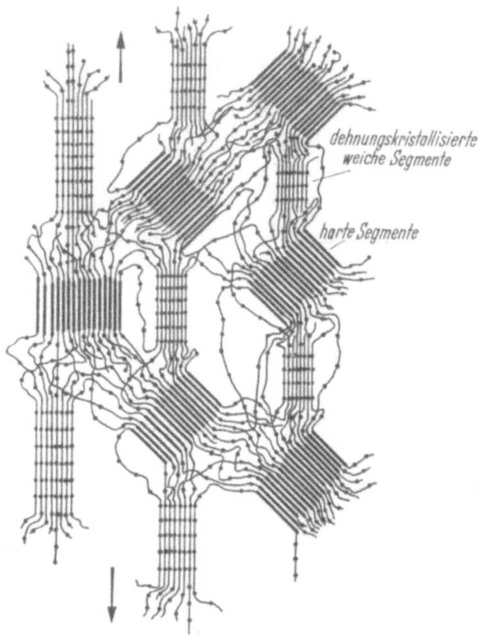

Abb. 148 b. Etwa 200 % gedehnte Faser (nach *H. Rinke*).

die ursprüngliche Länge zurück. Im Vergleich zu den unter dem Einfluß von Wärme und Wiederabkühlen durch mechanische Methoden (z.B. Überdrehen und Rückdrehen) erzeugten Fäden des „Helancatyps", die dadurch einen stabilen Drall bzw. eine Kräuselung erhalten, besitzen die Elastomerfäden wesentlich höhere Elastizitätsgrade. Dieser Unterschied ist auf die Form der Kettenmoleküle im Elastomerfaden zurückzuführen.

Voraussetzung für ein solches Verhalten ist ein Aufbau, der dadurch gekennzeichnet ist, daß längere, amorph bewegliche „weiche" Kettensegmente mit hochkristallinen, starke Nebenvalenzbindungen ausbildenden „harten" Segmenten abwechseln. Der Anteil an weichen Segmenten beträgt etwa 80 % (*H. Rinke*).

Die Abb. 148a zeigt die Anordnung von harten und weichen Segmenten in der ungedehnten Faser und die Abb. 148b diejenige der um etwa 200 % gedehnten Faser.

Herstellung der Polyurethan-Elastomerfäden. Ersetzt man bei der Umsetzung von Diglykolen mit Isocyanaten (Polyadditionsreaktion) einen großen Anteil des kurzkettigen Diols (Butandiol) durch langkettige Dihydroxy-Verbindungen mit Molekulargewichten von etwa 2000, dann wird das kristalline Gefüge des Polyurethans durch die amorphen Segmente der höhermolekularen Dihydroxyverbindungen so weit aufgelockert, daß ein Verziehen um mehrere 100% möglich ist.

Die hochmolekularen Hydroxyverbindungen erhält man durch Kondensation von Dicarbonsäuren mit Dialkoholen, wobei der Dialkohol in geringem Überschuß zur Verwendung gelangt. In Betracht kommen z. B. Polyester aus Adipinsäure und Äthylenglykol oder 1,2-Propylenglykol bzw. 1,4-Butandiol:

$$HO{-}CH_2{-}CH_2\left[{-}O{-}\overset{\overset{\displaystyle O}{\|}}{C}{-}(CH_2)_4{-}\overset{\overset{\displaystyle O}{\|}}{C}{-}O{-}CH_2{-}CH_2{-}\right]_nOH \quad \text{Molekulargewicht ca. 2000}$$

Setzt man diese langkettigen Hydroxyverbindungen mit einem Überschuß von aromatischen Diisocyanaten um (z.B. Diphenylmethan-4,4'-diisocyanat oder Toluolendiisocyanat), so erhält man Makrodiisocyanate mit endständigen Diisocyanatgruppen:

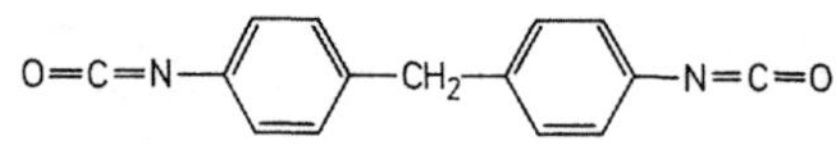

Diphenylmethan-4,4'-diisocyanat

OCN—R—NCO + HO————OH + OCN—R—NCO

↓

OCN—R—NH—CO—O————O—CO—HN—R—NCO

Makrodiisocyanat

Diese Diisocyanate lassen sich nun mit den verschiedensten niedrigmolekularen Verbindungen, welche reaktive Wasserstoffatome besitzen, z.B. Dialkohole oder Diamine, unter Kettenverlängerung zum hochmolekularen Elastomeren umsetzen.

So erhält man z.B. durch Einrühren von äquivalenten Mengen an 1,4-Butandiol in eine Makrodiisocyanatschmelze ein elastisches Polyurethan, das auf Grund seiner thermoplastischen Eigenschaften bei 200 °C zu Fäden extrudiert werden kann. Bei Diisocyanatüberschuß ist eine Vernetzung möglich:

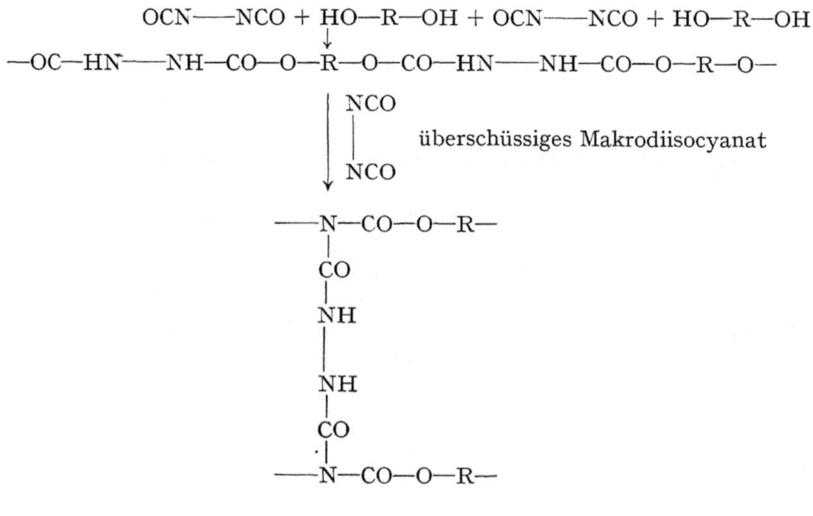

Höherschmelzende Elastomere sind durch eine Kettenverlängerungsreaktion der Makrodiisocyanatschmelzen mit organischen *Diaminen* zugänglich, wobei *Polyharnstoff-urethane* entstehen, die sich auf Grund von starken Wasserstoffbrückenbindungen durch hohe Festigkeitseigenschaften auszeichnen. Da die Harnstoffgruppierungen jedoch bei den zum Aufschmelzen erforderlichen hohen Temperaturen nicht mehr stabil sind, lassen sich die Produkte nicht mehr durch Extrudieren oder Schmelzspinnprozesse zur Faser verformen.

Die Kettenverlängerungsreaktion läßt sich aber auch in hochpolaren organischen Lösungsmitteln, wie Dimethylformamid, durchführen (*W. Brenschede*), wobei viscose Elastomerlösungen entstehen, die sowohl im Naß- als auch im Trockenspinnprozeß zu hochelastischen Fäden ausgesponnen werden können.

Als Kettenverlängerungsmittel werden vorwiegend Diamine, Hydrazine oder Dihydrazine verwendet, da diese besonders schnell mit den Isocyanaten reagieren, so daß die Umsetzung bei Raumtemperatur vorgenommen werden kann:

$$\mathrm{OCN{-\!\!-\!\!-}NCO + H_2N{-}R{-}NH_2 + OCN{-\!\!-\!\!-}NCO + H_2N{-}R{-}NH_2}$$
$$\downarrow$$
$$\mathrm{{-}OC{-}HN{-\!\!-\!\!-}NH{-}CO{-}HN{-}R{-}NH{-}CO{-}HN{-\!\!-\!\!-}NH{-}CO{-}NH{-}R{-}NH{-}}$$

Die „Elastomerlösungen“ werden durch Mehrlochdüsen in geheizte Spinnschächte gedrückt, wobei unter Verdampfung des Lösungsmittels Fadenbildung resultiert.

Die schnell ablaufende Umsetzung zwischen Makroisocyanaten und aliphatischen Polyaminen zum hochmolekularen Polyurethan kann direkt mit der Verformung zum Elastomerfaden verbunden werden (Reaktiv-Spinnverfahren von *E. Windemuth*).

Baut man in die Polyurethane durch Verwendung von ungesättigten Dialkoholen Doppelbindungen ein, dann lassen sich solche Polyurethane mit Schwefel – analog der Kautschukvulkanisation – *vulkanisieren*, eine Behandlung, die zu Elastomermaterialien bestimmter technischer Eigenschaften führt.

Handelsnamen für Elastomerfäden: Dorlastan, Hoechst-Elastomer, Glanzstoff-Elastomer, Sarlane, Rhodastic, Spanzelle, Lycra, Numa, Uralon, Vyrene, Lastex S, Espa, Opelon.

3. Polyureide

Bei der Polyaddition von Diaminen an Diisocyanate entstehen Polyureide (Polyharnstoffe), die ebenfalls faserbildende Eigenschaften besitzen:

$$\mathrm{HHN{-}R{-}HNH + OCN{-}R{-}NCO + HNH{-}R{-}NHH}$$
$$\downarrow$$
$$\mathrm{{-}HN{-}R{-}HNOCNH{-}R{-}NHCONH{-}R{-}NH{-}}$$

Als Amin wird das Nonamethylendiamin verwendet. Das polymere Produkt schmilzt bei 235–240 °C und wird aus dem Schmelzfluß versponnen und entsprechend verstreckt. Das spezifische Gewicht der Faser beträgt 1,07. Die Faser ist ausgezeichnet chemikalienbeständig.

Ein Faser-Handelsprodukt auf dieser Basis ist *Urylon*.

Anhang

1. Nichtbrennbare Faser (Kynol)

Kynol ist ein hochvernetztes Phenol/Formaldehyd-Kondensat. Das Produkt ist bis zu Temperaturen von 2500 °C unbrennbar und sehr gut beständig gegen Chemikalien der verschiedensten Art.

Die Faser ist zur Herstellung nicht brennbarer Vorhangstoffe, Feuerschutzkleidung usw. vorgesehen.

2. Oligomere

Oligomere – besonders cyclischer Natur – kommen in den meisten faserbildenden Kondensationspolymeren vor. Aus Polyestern, Polyamiden, Polycarbonaten und Polyurethanen wurden 0,5–12% cyclische Monomere und Oligomere isoliert (*H. Zahn* und *G. B. Gleitsmann*). Der Anteil linearer Oligomerer in den leichter löslichen Bestandteilen ist gering. *H. Zahn* und *G. B. Gleitsmann* geben den in der Tab. 29 enthaltenen Monomeren- und Oligomerengehalt an.

Tabelle 29. *Monomeren- und Oligomerengehalt von Polyamiden und Polyestern* (nach *H. Zahn* und *G. B. Gleitsmann*)

Polymeres	Extrakt	Extraktionsmittel
Nylon 6	11–12	Alkohol
Nylon 11	7	Eisessig oder Alkohol
Nylon 6,6	2,0–2,2	Eisessig oder Alkohol
Terylene	1,3–1,7	Dioxan
Kodel	0,4–0,5	Dioxan

3. Weitere Polykondensate

An weiteren für die Faserbildung geeignet erscheinenden Polykondensaten kommen die folgenden in Betracht (nach *R. J. W. Reynolds*):

Polyanhydride
Polyoxymethylene und Polyformale
Polyäther
Polythioäther und Polysulfide
Polythioester
Polysulfone
Polythioureide und Polythioamide
Polysulfonamide
Polyimide und ringförmige Amide
Polypeptide

Ausrüstung der Synthesefasern aus organischer Lösung (S. 636). Diese Art der Ausrüstung einschließlich Färben wird in den letzten Jahren eingehend diskutiert (S. 177, 300) und kommt namentlich auch für synthetische Fasern in Betracht, so z.B. für die antistatische, die Antipilling- und die schmutzabweisende Ausrüstung, sowie für die „Volumenentwicklung“ von texturierten Artikeln.

Der *Markal-Prozeß* (Trichloräthylenbasis) ist bereits ein technisches Verfahren, das für Polyester und Polyester-Baumwollmischungen für eine schnelle Breitbehandlung (gleichzeitiges Waschen, Entschlichten und Bleichen) vorgesehen ist (*A. J. Shipman*).

Die Herstellung nicht gewebter textiler Flächengebilde (Textilverbundstoffe, Non-woven-fabrics siehe S. 154.

Das Beschichten von textilen Substraten S. 109ff.

Die Herstellung von Syntheseleder S. 117.

D. Vergleich der Eigenschaften von synthetischen, künstlichen und natürlichen Fasern

Gegenüber den künstlichen Cellulosefasern besitzen die synthetischen Fasern sehr hohe *Trocken- und Naßfestigkeitswerte*, welche teilweise sogar, wie dies die Tab. 30 zeigt, diejenigen der Naturseide übertreffen (nach *L. Kollek*).

Tabelle 30. *Festigkeitswerte von Faserstoffen*

	Zugfestigkeit trocken Rkm	Zugfestigkeit naß in % der Zugfestigkeit trocken
Polyvinylchlorid	8–40	100
Polyacrylnitril	18–27 (–50)[1]	95–100
Nylon 6,6	37–54 (–75)[1]	85–90
Perlon	33–54 (–75)[1]	85–90
Polyurethan	36–41	95
Polyester	41–60 (–68)[1]	100
Baumwolle	15–35 (–50)[1]	100–113
Wolle	10–16	78–96
Seide	40–45	86–94
Viscose	21–29 (–40)[1]	50–65 (–80)[1]
Kupferreyon	16–23	58–65
Acetatreyon	13–17	58–70

[1] Es sei betont, daß die eingeklammerten Werte normalerweise nicht, sondern nur bei Spezialzüchtungen bzw. Spezialfasern anzutreffen sind.

Besonders hoch liegen z.B. bei Perlon und Nylon 6,6 die Werte für die *Schlingenfestigkeit* und *Scheuerfestigkeit*, die etwa das Zehnfache der für Wolle bzw. Baumwolle gültigen Werte betragen.

Bemerkenswert sind auch die Werte für die *Knickbruchfestigkeit* (Tab. 31).

Tabelle 31. *Knickbruchzahlen von Faserstoffen* (nach *H. Böhringer*)

Flachs	880
Jute	1050
Baumwolle	65000
Schafwolle	155000
Naturseide	75000
Zellwolle	800–14000
Viscosereyon	2500–7000
Kupferreyon	20000
Acetatreyon	3000
Nylon 6,6	245000
Perlon	500000

Tabelle 32. *Wasseraufnahme von Faserstoffen nach dem Einlegen in Wasser und Abschleudern* (*z.T.* nach *G. Satlow*)

	%
Baumwolle	35–75
Wolle	28–42
Naturseide	54
Viscosefasern	80–125
Perlon	10–14
Nylon 6,6	8
Orlon	2,5–3,0
Teflon	0,01
Polyäthylen	0,01
Polyalkylenaminotriazolfasern	5–6

Interessant ist auch ein Vergleich der *hygroskopischen Eigenschaften* (Tab. 32 und 33), welcher erkennen läßt, daß die synthetischen Fasern weitgehend hydrophob sind, eine Eigenschaft, die sich z.B. für ein schnelles Trocknen besonders vorteilhaft auswirkt, dagegen in physiologischer Beziehung (Schweißaufsaugevermögen) von Nachteil ist. Durch „Nylonisieren" bzw. „Perlonisieren" – das ist ein oberflächliches Präparieren mit der Emulsion eines niedrigmolekularen Polyamids, welches hydrophile Gruppen, z.B. Methoxymethylgruppen, enthält – kann man das Wasseraufsaugevermögen der Polyamidfasern erhöhen (hydrophilieren).

Handelsprodukte dieser Art sind z.B.: Lurotex A 25 u.a.

Hierher gehört auch das sog. *Fabulized*-Verfahren. Die Frage des Schweißaufsaugevermögens gehört in das Gebiet der *Bekleidungsphysiologie* (*O. Mecheels, J. Mecheels, F. W. Behmann*).

Die *spezifischen Gewichte* der synthetischen Fasern liegen z.T. sehr niedrig, was insofern von Bedeutung ist, als daraus gefertigte Kleidungsstücke trotz hoher Faserfülle ein geringes Gewicht besitzen (Tab. 34).

Tabelle 33. *Feuchtigkeitsgehalt verschiedener Fasern bei 65% relativer Luftfeuchtigkeit*

	Feuchtigkeitsgehalt in % bei 65% relativer Luftfeuchtigkeit, 20 °C
Caseinfaser	14,0
Wolle	13–15
Viscosereyon	13,0
Acetatfaser (normal)	6,0
Baumwolle	7–8
Nylon 6,6, Perlon	4
PeCe	0,2
Orlon	0,9–2
Saran	0
Vinyon	0
Polyvinylalkoholfaser	4,5–5,0
Polyäthylenfaser	0
Polypropylenfaser	0
Polyvinylidenchloridfaser	0
Polyesterfaser (Terylene-Typ)	0,4–0,8
Polyesterfaser (Kodel-Typ)	0,2

Tabelle 34. *Spez. Gewichte der Faserstoffe*

	Spez. Gewicht		Spez. Gewicht
Polyäthylenfaser	0,92	Acetatfaser	1,32
Polypropylenfaser	0,92	Vinyon ST	1,35
Polystyrol	1,06	Terylene	1,38
Orlon	1,14	Dacron	1,39
Perlon	1,15	Polyvinylchlorid	1,40
Nylon 6,6	1,15	Verseifte Acetatfaser (Fortisan)	1,50
Vinyon N	1,20	Flachs	1,50
Kodel-Polyester	1,22	Viscose- und Kupferreyon	1,52
Seide und Zeïn-Eiweißfaser	1,25	Baumwolle	1,52
Polyvinylalkoholfaser	1,25	Alginatfaser	1,56
Dynel	1,28	Polyvinylidenchloridfaser	1,72
Caseinfaser	1,29	Asbestfaser	2,30
Soja-Eiweißfaser	1,31	Glasfaser	2,54
Wolle	1,32		

Tab. 35 bringt eine Zusammenstellung des Verhaltens der synthetischen Faserstoffe gegenüber *Hitze-Einwirkung* (Erweichungs-, Zersetzungs- und Schmelzpunkte nach *P.-A. Koch*).

Tabelle 35. *Erweichungs- und Schmelzpunkte von Synthesefasern*

Faser	Erweichungsbereich °C (Plastizitätszone)	Schmelzpunkt °C
Polyvinylchlorid	77–90	etwa 180° zersetzt
Polyvinylchlorid, nachchloriert	80	200–210
Polystyrol	70	
Polyacrylnitril	190–250	zersetzt sich
Mischpolymerisat aus Acrylnitril + Vinylacetat (Acrilan)	150–160	235
Polyvinylalkohol	220–225	218–233
Polyvinylidenchlorid	115	150–160
Polyvinylidencyanid	171–176	175
Mischpolymerisat 60/40% Vinylchlorid + Acrylnitril (Dynel)	125–135	190–200
Polyäthylen	104–135	110–138
Polypropylen	150–155	165–170
Poly-Tetrafluoräthylen (Teflon)	327	400
Polyester (Terylene, Diolen)	230–240	256
Polyamid Nylon 6,6	235	250
Polyamid Nylon 6 (Perlon)	>170	215
Nylon 11 (Rilsan)		185
Mischpolymerisat aus Nylon 6 und Nylon 6,6 (Eftrelon)		237
Polyurethan	170	183

E. Bleichen von Synthesefasern in Mischung mit anderen Fasern

Fasermaterial	Bleichmittel
Cellulose – Polyamid	Natriumchlorit
Wolle – Polyamid	Reduktionsmittel (Blankit)
Cellulose – Polyester	Natriumchlorit
Wolle – Polyester	Wasserstoffperoxid + optischer Aufheller
Cellulose – Polyacrylnitril	Natriumchlorit
Wolle – Polyacrylnitril	Wasserstoffperoxid oder Reduktionsbleichmittel + optischer Aufheller
Polyester – Polyacrylnitril	Natriumchlorit

F. Hitzebeständige Fasern und Filme für die Weltraumfahrt[1]

I. Die Anforderungen an Fasern und Filme für die Weltraumfahrt sind sehr hoch. Raumflüge dürfen thermische Stabilitäten bis 550 °C über 80 Stunden verlangen. Eine solche Temperaturbeständigkeit erreicht man nur durch Polymere, die aromatische bzw. cyclische Bausteine enthalten.

Beispiele für hochtemperaturbeständige Fasern und Filme:

Poly-(p-xylylen) Fp. 395–405 °C
A. C. Farthing und *A. A. Vansheidt* et al.

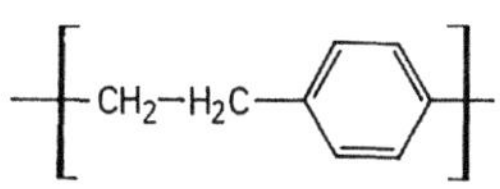

[1] Teil I nach *F. T. Wallenberger*, Angewandte Chemie 76 (1964), 484.

Polyterephthalamide zeigen Schmelzpunkte bis zu 455 °C (*V. E. Shashoua* und *W. M. Eareckson*).

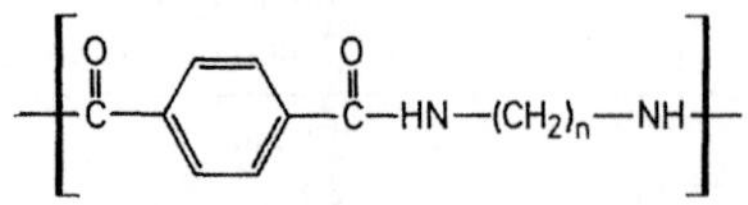

Fasern aus 4,4′-Sulfonyl-dibenzoesäure und 2,5-Dimethylpiperazin zeigen Schmelzpunkte über 350 °C (*W. C. Stephens*):

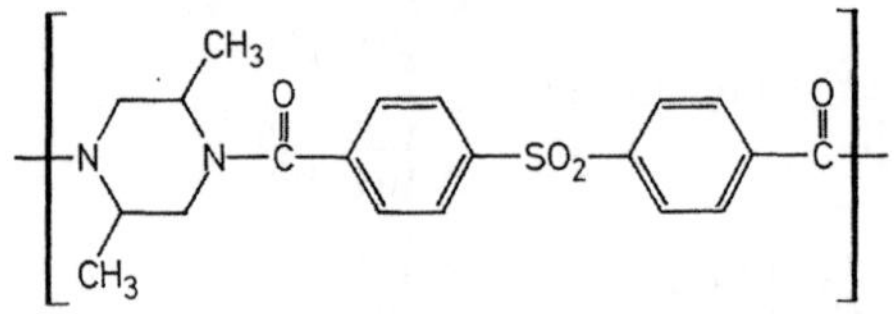

Aromatische Polyhydrazide liefern ebenfalls hohe Schmelzpunkte bis über 400 °C (*A. H. Frazer* und *F. T. Wallenberger*):

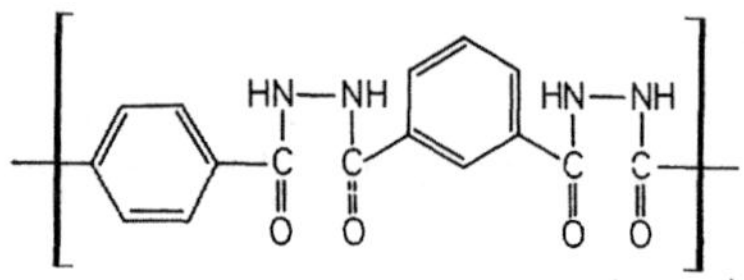

Aromatische Polyoxalsäureamide liefern ebenfalls Schmelzpunkte bis über 400 °C (*H. K. Hall* und *J. W. Berge*):

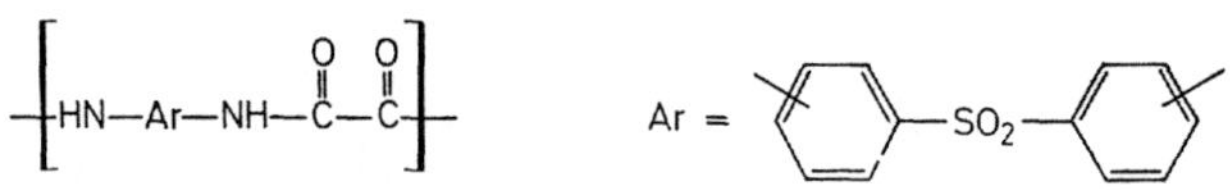

Poly-(hydroxybenzoesäuren) haben Schmelzpunkte über 450 °C (*R. Gilkey* und *J. R. Caldwell*):

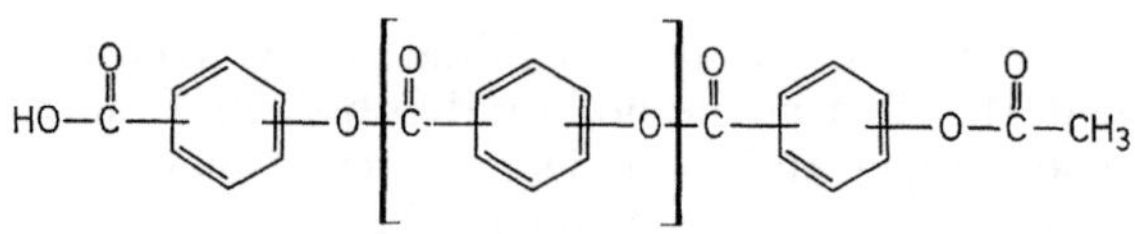

Polyterephthalsäureanhydrid schmilzt bei ca. 400 °C (*A. Conix*):

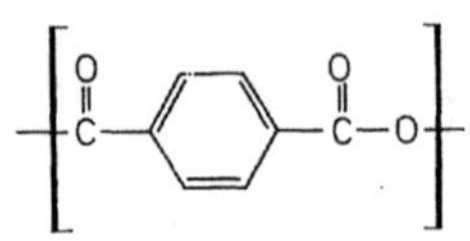

Poly-(1,3,4-oxadiazol-diphenyläther) ist bei 420 °C stabil (*V. V. Korshak, E. S. Kronganz, A. L. Rusanov, G. H. Berestnova:*

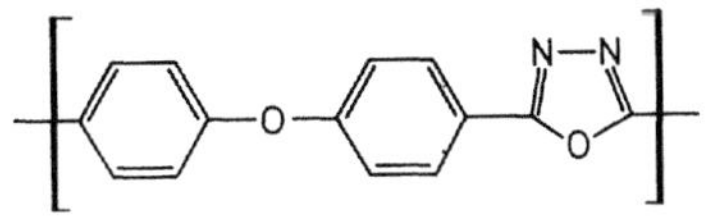

Feuerfeste (schwarze) Fasern aus *cyclisiertem Polyacrylnitril*:

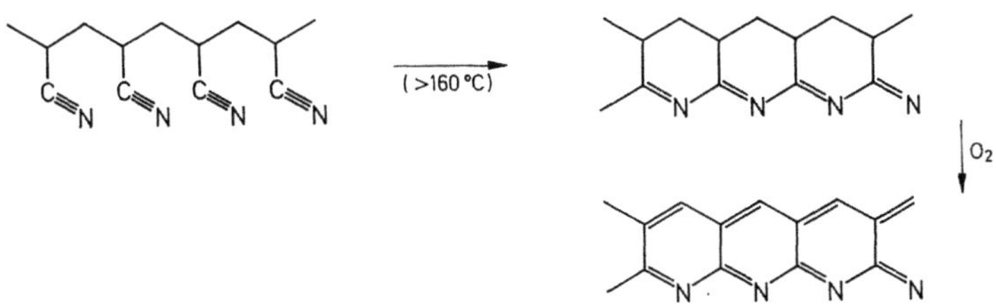

Erhitzen von Polyacrylnitrilfasern in Luft über 160 °C (*W. G. Vosburgh*). Die Faser ist feuerfest und eignet sich zur Herstellung feuerfester Kleidung. Schmelzpunkt >900 °C.

II. *Polyphenylpyrazole* (Fasern und Filme) ergeben ebenfalls hohe Schmelzpunkte (*V. V. Korshak* und Mitarbeiter). Das Polypyrazol aus Bisdiazoxylol und 1,4-Diäthinylbenzol hat einen Schmelzpunkt von über 500 °C:

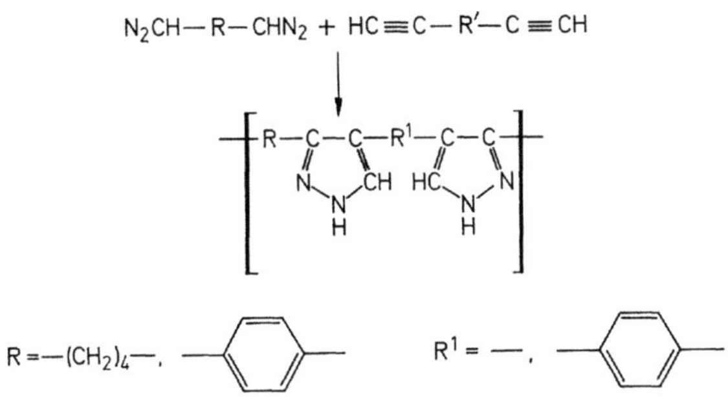

Polythiazole und Polybenzothiazole liefern Schmelzpunkte über 500 °C (*J. E. Mulvaney* und *C. S. Marvel, W. L. Sheehan* und Mitarbeiter):

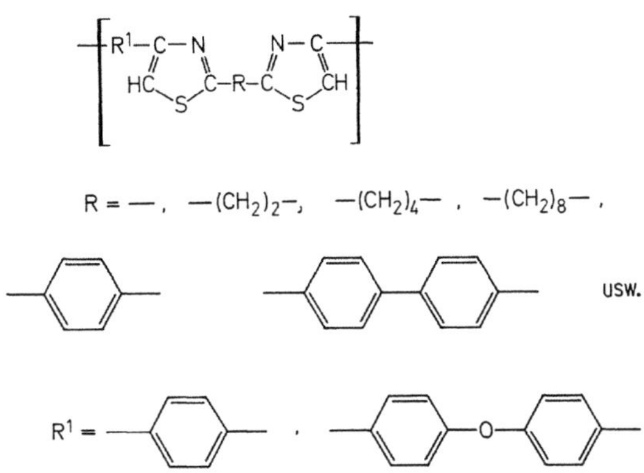

Polychinoxaline sind in Luft bis 500 °C und in Stickstoff bis 800 °C beständig (*G. P. De Gaudemaris* und *J. B. Sillion*):

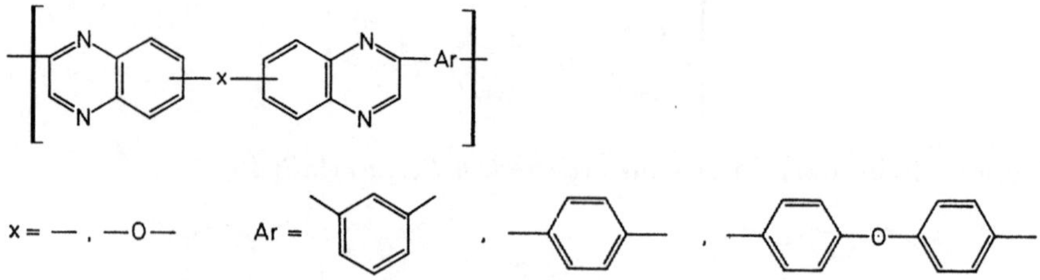

Polybenzoxazinone zersetzen sich in Luft ab ca. 450 °C (*N. Yoda, M. Kurihara, K. Ikeda, S. Tohyama* und *R. Nakanishi*):

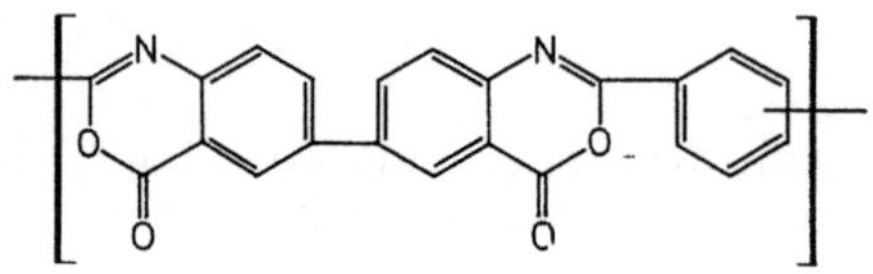

Oxadiazol-Benzimidazol-Copolymeres
Schmelzpunkt: 530 °C (J. Preston und W. B. Black):

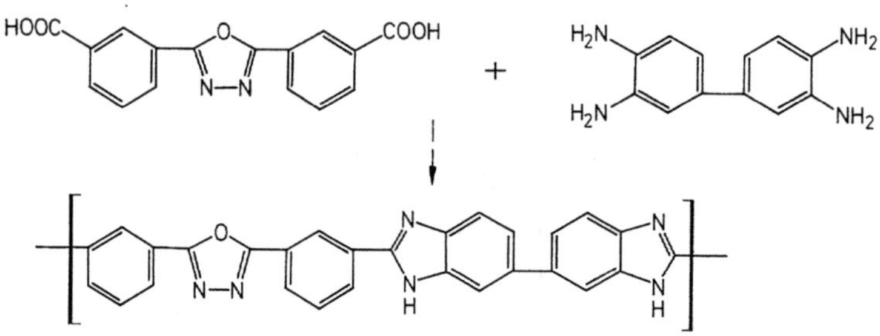

IV. Anorganische Fasern

A. Die Glasfaser

Die Glasfaser kann ebenfalls als synthetische Faser angesprochen werden, da das Glas auf synthetischem Wege aus einfachen Grundstoffen erzeugt wird. Zu ihrer Herstellung wird entweder die Schmelze aus Düsen ausgepreßt, oder es werden Glasstäbe zu feinen Fasern ausgezogen. Wie bei jeder künstlich erzeugten Faser kann die Glasfaser entweder endlos (Glasseide) oder endlich (Glasstapelfaser) hergestellt werden.

Da die Faser verhältnismäßig spröde ist, bedarf sie zum Spinnen und Weben einer gewissen Präparation. Als besonders vorteilhaft bewährt sich eine Präparation mit Siliconen, namentlich Methylsilicon, welches die Faser weich und geschmeidig macht. Sie findet Verwendung als Isoliermaterial für thermische und elektrische Zwecke und, da sie unbrennbar und gegen hohe Temperaturen beständig ist, in gewissem Umfang als Ersatz für die Asbestfaser, welch letztere die Glasfaser aber an Temperaturbeständigkeit übertrifft. Der Erweichungspunkt der Glasfaser liegt zwischen 500 und 700 °C.

B. Die Asbestfaser

Das Mineral Asbest, welches ein Verwitterungs- und Zerfallsprodukt von Hornblende, Serpentin und Glimmer darstellt, läßt sich zu feinen Fasern aufteilen, welche sich unter Zuhilfenahme von Pflanzenfasern verspinnen und verweben lassen. Brennt man die Pflanzenfasern aus, dann erhält man Textilien, welche ihrer Unbrennbarkeit wegen als Feuerschutzkleidung dienen. Der Schmelzpunkt liegt zwischen 1200 und 1550 °C.

Der faserförmige Aufbau beruht auf einer kettenförmigen Anordnung der Si-Atome der Orthokieselsäure. Die Bruttoformel für den textilwichtigen Amiant wird mit $Ca_2(FeII, Mg)_5(Si_8O_{22})(OH)_2$ angegeben. Spezifisches Gewicht: 2,2 bis 3,6.

Lagerstätten sind: Kanada, Rußland, Afrika, USA, Großbritannien, Irland, Cypern, Finnland, Australien, China, Brasilien, Venezuela, Indien, Tschechoslowakei und Neuseeland.

C. Die Metallfasern

Zieht man Metalle z.B. Silber, Gold zu feinen Drähten aus, so kann man diese verweben. Solche Gewebe (Brokatgewebe) finden zur Herstellung von Dekorationsstoffen, Damenkleidern und -schuhen Verwendung. Im Gebrauch solcher Artikel ist folgendes zu beachten: Bilden die betreffenden Metalle gefärbte Sulfide, so verfärben sich diese bei den geringsten in der Luft befindlichen Schwefelwasserstoffspuren. In solchen Fällen gelingt eine leichte Reinigung durch eine Behandlung mit Cyankaliumlösung mit angeschlossenem sorgfältigstem Spülen.

In den letzten Jahren wurde eine Faser aus nichtrostendem Stahl entwickelt, die entweder endlos hergestellt wird oder in einem weiteren Verfahren für das Spinnen in Stapelform gebrochen werden kann (*Brunsmet*-Faser).

Die Bedeutung dieser Faser liegt vorwiegend darin, daß sie in geringen Zusätzen den synthetischen Fasern beigemischt, die Tendenz zur elektrostatischen Aufladung herabsetzt.

Es hat sich gezeigt, daß für Teppiche ein Zusatz von etwa 1,6% der Metallfaser genügt, um eine elektrostatische Aufladung zu verhindern, da die Metallfaser eine sofortige Ableitung der statischen Elektrizität ermöglicht. Für Arbeitskleidung sind Zusätze von etwa 1,3–1% vorgesehen.

Ebenso kann auch die Pilling-Bildung, die ebenfalls mit der elektrostatischen Aufladung zusammenhängt, durch Zusätze an Metallfasern vermindert werden.

Metallisierte Fäden und Garne, z.B. *Lurex*, werden durch beidseitiges Aufkaschieren einer transparenten Folie, z.B. einer Polyesterfolie, auf eine Aluminiumfolie hergestellt. An Stelle der Aluminiumfolie kann auch eine im Hochvakuum mit Aluminium bedampfte Polyesterfolie verwendet werden. Durch Einfärben des Klebers für die Laminierung ist eine Farbgebung möglich. Das Laminat wird in Bändchen von der gewünschten Breite geschnitten, die zu Garnen verarbeitet werden können.

Textilien aus diesen metallisierten Fäden oder Garnen sind wasch- und reinigungsbeständig.

V. Die künstlichen organischen Farbstoffe

Die Bedeutung der Farbstoffsynthese und Farbstoffkonstitution für die Färberei- und Druckereitechnik

Die Anwendungsweise der Farbstoffe in der Färberei und Druckerei steht in engem Zusammenhang mit deren Konstitution. Sowohl die Löslichkeit der Farbstoffe als auch die Methoden des Inlösungbringens unlöslicher Farbstoffe sowie die Art der Wechselwirkung zwischen Fasern und Farbstoffen und weiterhin der Grad der erzielten Echtheitseigenschaften sind mit eine Funktion der Farbstoffkonstitution.

In manchen Fällen erfolgt die *Synthese* des Farbstoffes aus nichtfarbigen Komponenten *auf der Faser*, oder das Farbstoffmolekül wird im Interesse der Verbesserung der Echtheitseigenschaften auf der Faser vergrößert bzw. verändert. Auch bei der Überführung von Farbstoffen in ungefärbte Substanzen zum Zweck des Abziehens oder Ätzens von Färbungen spielt die Konstitution des Farbstoffes eine ausschlaggebende Rolle. Unter diesen Umständen ist die Kenntnis der konstitutionellen Zusammenhänge für das Verständnis der färberei- und druckereitechnischen Vorgänge erforderlich. Die nachfolgenden Beispiele sollen diese Zusammenhänge beleuchten.

Die *Eisfarben* bzw. *Naphtol AS-Farben* sind in wäßrigen Medien unlösliche Farbkörper von ausgezeichneten Echtheitseigenschaften. Wegen ihrer Unlöslichkeit können sie in fertig vorgebildeter Form nicht auf die Faser aufgefärbt werden, so daß man ihre Synthese aus Naphthol und Diazoniumsalz auf der Faser selbst vornimmt. Das gleiche Prinzip liegt den in der Druckerei vielfach angewandten Kombinationen wie z.B. *Rapidecht-*, *Rapidogen-* und *Rapidazol*-Farbstoffen zugrunde.

Phthalocyaninfarbstoffe können aus Derivaten des Phthalodinitrils und Metallverbindungen auf der Faser erzeugt werden (Phtalogenfarbstoffe).

Auch das *Anilinschwarz* wird, da es sich um einen unlöslichen Farbkörper handelt, durch Oxydation von salzsaurem Anilin auf der Faser erzeugt.

Bei Einführung mehrerer Azogruppen in ein Farbstoffmolekül sinkt die Wasserlöslichkeit mit wachsender Azogruppenzahl bzw. Molekülgröße. Gleichzeitig nimmt aber auch die Waschechtheit solcher Farbstoffe zu, so daß sie für die Färbereitechnik von großer Bedeutung sind, ihrer Anwendung aber auf Grund der Schwerlöslichkeit Schwierigkeiten entgegenstehen. Man färbt daher zunächst beispielsweise einen Disazofarbstoff, welcher noch diazotierbare Aminogruppen enthält, auf die Faser auf und kuppelt diesen nach der Diazotierung auf der Faser mit Phenolen, Naphtholen oder Aminen zu einem größeren, wasserunlöslichen und damit aber auch waschechteren Farbstoffaggregat. Dieses Prinzip liegt der Anwendung der *Diazotierungsfarbstoffe* zugrunde.

Man kann auch in der Weise vorgehen, daß man einen solchen Farbstoff auf die Faser aufbringt, welcher zu einer Kupplung mit Diazoniumsalzen auf der Faser befähigt ist. Auch in diesem Falle bewirkt die Molekülvergrößerung eine Erhöhung der Waschechtheit (*Kupplungsfarbstoffe*).

Küpenfarbstoffe sind in Wasser unlöslich und erfordern zum Zweck des Färbens die Überführung in eine geeignete Lösung, welche durch Reduktion in alkalischem Medium erfolgt. Der Farbstoff wird in der löslichen Form auf die Faser aufgefärbt und dort auf dem Wege der Oxydation in den unlöslichen und damit echten Farbkörper zurückverwandelt.

Die Farbenfabrik kann die Küpenfarbstoffe aber auch in einer löslichen Form in den Handel bringen in der Weise, daß sie den Farbstoff in Substanz reduziert, mit Schwefelsäure bzw. Chlorsulfonsäure verestert und aus dem Sulfierungsprodukt das wasserlösliche Natriumsalz herstellt (*Indigosole, Anthrasole*). Dieses färbt man auf die Faser auf und bildet durch Verseifung und Oxydation den ursprünglichen wasserunlöslichen und damit waschechten Farbkörper zurück.

Im Prinzip ähnlich kann bei den Entwicklungsfarbstoffen verfahren werden, indem man die Hydroxygruppen des Naphtholrests mit m-Sulfobenzoesäure verestert und das wasserlösliche Sulfonat (*Neocoton*) auf die Faser aufbringt. Durch alkalische Verseifung kann der löslich machende Sulfobenzoesäure-Rest wieder abgespalten und damit der unlösliche Farbstoff auf der Faser zurückgebildet werden. (Diese Farbstoffgruppe befindet sich nicht mehr im Handel.)

Nach einem besonderen Prinzip werden die *Reaktivfarbstoffe* fixiert. Sie besitzen eine reaktive Gruppierung, vermöge derer sie in der Lage sind, z. B. mit den Cellulosefasern unter Alkylierung oder Acylierung zu reagieren.

Eine gewisse Erhöhung der Wasser- bzw. Waschechtheit von substantiven Farbstoffen durch eine Vergrößerung bzw. Hydrophobierung des Farbstoffmoleküls erreicht man in der Weise, daß man einen auf der Faser befindlichen anionischen Farbstoff mit einem *kationaktiven Hilfsmittel* umsetzt, wobei das Kation des Hilfsmittels mit dem Farbstoffanion zu einem schwerer löslichen Farbkörper zusammentritt.

Auch durch eine auf der Faser erfolgende *koordinative Bindung von Metallatomen* an hierfür geeignete wasserlösliche Farbstoffe kann man deren Wasserlöslichkeit verringern. Farbstoffe, die konstitutionsmäßig zu einer Reaktion mit *Formaldehyd* befähigt sind, können auch damit auf der Faser in ihrer Löslichkeit beeinflußt werden.

Wenn im folgenden die einzelnen Farbstoffklassen behandelt werden, so kann im Rahmen des vorliegenden Lehrbuchs deren Synthese und Konstitution naturgemäß nur an Hand weniger Beispiele erläutert werden. Dabei ist es nicht möglich, auf technische Einzelheiten der Darstellung einzugehen, so daß meist nur das Herstellungsprinzip herausgestellt ist.

Aus didaktischen Gründen werden hierfür häufig verhältnismäßig einfach gelagerte Fälle herausgegriffen, auch wenn der eine oder andere Farbstoff durch die neuere Entwicklung mehr oder weniger überholt sein sollte. Was die Farbstoff-Handelsbezeichnungen betrifft, so sei betont, daß häufig ein und derselbe Farbstoff von mehreren Fabriken unter verschiedenen Namen in den Handel gebracht wird und daß auch die Handelsbezeichnungen selbst im Laufe der Zeit unter Umständen gewisse Änderungen erfahren haben.

Der Colour-Index ist ein Standardwerk, das neben den Strukturformeln sämtliche Handelsbezeichungen der Farbstoffe einschließlich Eigenschaften enthält (The Socyety Dyers & Colourists).

Geschichte der Farbstoffe und Färbereitechnik

a) Die Naturfarbstoffe

Die Herstellung künstlicher organischer Farbstoffe setzte etwa in der Mitte des vergangenen Jahrhunderts ein, so daß man bis dahin auf die Naturfarbstoffe angewiesen war, welche dem Pflanzen-, Tier- oder Mineralreich entstammten.

Einer der bekanntesten Naturfarbstoffe des *Pflanzenreichs* war der *Indigo*, der aus Indigoferaarten sowie aus dem europäischen Waid gewonnen wurde. Er ist dort als Glucosid des Indoxyls (Indican) enthalten. Die Pflanzen wurden mit Wasser angesetzt, wobei das Indican enzymatisch in Indoxyl und Glucose gespalten wird. Durch Lufteinwirkung wird Indoxyl zu Indigo oxydiert. Nachdem die erste Indigosynthese im Jahre 1870 durch *Baeyer* erfolgte, sind später die erfolgreichen *Heumannschen Synthesen* entwickelt worden (S. 479, welche den Naturindigo vom Markt rasch verdrängen konnten, da er preislich nicht mehr konkurrenzfähig war.

Ein weiteres Beispiel aus der Reihe der Naturfarbstoffe ist das *Krapprot*, das in der Krappwurzel als Glucosid enthalten ist und heute synthetisch als *Alizarinrot* oder *Türkischrot* (1,2-Dioxyanthrachinon) in den Handel kommt. Die erste Alizarinrotsynthese erfolgte im Jahre 1868 durch *Gräbe* und *Liebermann* (siehe S. 454).

Auch aus einer größeren Zahl von Holzarten konnten brauchbare Farbstoffe gewonnen werden, unter denen dem *Blauholzschwarz* (Hämatein) noch bis in die jüngste Zeit hinein eine große Bedeutung zukam.

An aus dem *Tierreich* stammenden Farbstoffen ist u.a. der *Purpurfarbstoff* zu nennen, welchem der 6,6′-Dibromindigo (S. 481) zugrunde liegt und der von *Friedländer* im Jahre 1908 synthetisiert wurde. Das Färben mit dem Purpurfarbstoff stellte sich insofern besonders teuer, als dieser aus einer im Ägäischen Meer vorkommenden Schneckenart gewonnen wurde, wobei zur Herstellung von 1,5 g Farbstoff rund 12000 Schnecken benötigt wurden.

Ein weiterer wertvoller Naturfarbstoff war das *Cochenillerot*, welchem ein Hydroxyanthrachinonderivat (Karminsäure) zugrunde liegt (S. 456) und der aus den Weibchen einer Schildlausart extrahiert werden konnte. Die letzteren wurden in großem Umfang auf einer Kaktusart in Mexiko gezüchtet. Aus 140000 Läusen gewinnt man durch Trocknen und Mahlen 1 kg eines 10% Farbstoff enthaltenden Produkts.

Die Farbstoffe des *Mineralreichs*, wie Chromgelb ($PbCrO_4$), natürlicher Zinnober, Schweinfurter Grün (Kupferarsenit), Ultramarin usw. besaßen als Pigmentfarbstoffe keine Affinität zur Faser und wurden üblicherweise auf dem Wege des Drucks mit Hilfe eines Bindemittels (Eiweiß) auf der Faser fixiert. Für die Zwecke der Färberei wurden die Mineralfarben, wie Chromgelb oder Berliner Blau, direkt auf der Faser in chemischer Reaktion erzeugt, wo sie allerdings mitunter wenig reibecht fixiert wurden.

Gewisse Braun-, Oliv- und Khakitöne werden gelegentlich heute noch in der Weise auf der Faser hergestellt, daß man das Textilgut mit Chrom- und Eisensalzen tränkt, dämpft und in einem alkalischen Bad die Metalloxide zur Abscheidung bringt. Der entstandene Farbton hängt von dem angewandten Mischungsverhältnis ab. Die Färbungen zeichnen sich bei billigstem Preis einerseits durch eine hervorragende Lichtechtheit und zum andern durch eine weitgehende Verrottungsfestigkeit des Fasermaterials aus, so daß sich derartige Artikel für Zeltbahnen, Wagenplanen usw. gut eignen. Der Nachteil ist der, daß das Fasermaterial durch die Pigmentauflage an Geschmeidigkeit verliert.

Für das Pigmentfärben und Pigmentdrucken sowie für das Anfärben von Beschichtungsmassen werden ebenfalls mitunter mineralische Farbstoffe herangezogen.

b) Die historische Entwicklung der künstlichen organischen Farbstoffe

Nachstehend seien einige wichtige Daten der Entwicklungsgeschichte der künstlichen organischen Farbstoffe wiedergegeben.

1849 wurde Pikrinsäure in die Seidenfärberei eingeführt.

1856 stellte *Perkin* einen violetten Farbstoff, das Mauvein, her, welcher bei der Behandlung von unreinem Anilin mit sauren Oxydationsmitteln entsteht. Es handelt sich um einen basischen[1] Farbstoff der Azinreihe.

1859 fand *Verguin* in dem Fuchsin einen basischen[1] roten Triphenylmethanfarbstoff.

1860 entdeckte *Girard* in Form des Anilinblau einen basischen[1] blauen Triphenylmethanfarbstoff. Anschließend wurde eine ganze Reihe von basischen[1] Triphenylmethanfarbstoffen entdeckt.

An basischen[1] Azofarbstoffen folgte 1863 das Bismarckbraun (*Martius*), 1876 das Chrysoidin (*Witt*). Diese Entdeckungen waren erst möglich, nachdem *Peter Griess* vorher die Herstellung der Diazoverbindungen aufgezeigt hatte (1858).

Das Jahr 1868 ist das Geburtsjahr des Alizarinrots (*Gräbe* u. *Liebermann*) und das Jahr 1870 dasjenige des Indigos (*Baeyer*).

1876 gewann *Caro* den basischen[1] Thiazinfarbstoff Methylenblau.

Um das Jahr 1880 herum wurden die ersten Benzidinfarbstoffe, wie z.B. das Congorot, von *Böttiger* (1884) entdeckt.

Die Herstellung der ersten Schwefelfarbstoffe gelang gegen Ende des vergangenen Jahrhunderts.

1901 Indanthrenblau RS (*René Bohn*).

1905 Thioindigo (*Friedländer*).

1908 Hydronblau (*Cassella*).

1922 Indigosole (*Bader, Sünder, Vaucher*).

1949 Alcianblau (ICI).

---

[1] Die Bezeichnung „basisch" wird gebraucht, wenn die Farbstoffe als „Basen" vorliegen. Bei „Salzen" spricht man von „kationischen" Farbstoffen.

Die Erzeugung von Azofarbstoffen auf der Faser wird seit dem Jahre 1880 ausgeübt (Pararot).

1913 wurde von der Firma Griesheim Elektron das Naphtol AS als Naphtholkomponente eingeführt.

1951 Auf der Faser erzeugte Phthalocyanine (Phtalogenfarbstoffe von *Bayer*).

1956 Reaktivfarbstoffe.

In der Anfangszeit der Entdeckung der künstlichen organischen Farbstoffe kannte man die Gesetze nicht, die eine *systematische Herstellung der Farbstoffe* erlaubten. Die Farbstoffsynthesen waren mehr oder weniger Zufallsentdeckungen oder entsprangen irgendwelchen empirisch gemachten Erfahrungen. Allmählich lernte man die Zusammenhänge kennen, welche zwischen der Konstitution einer organischen Verbindung und dem Auftreten von Farbigkeit bestehen. Schließlich fand man Gesetzmäßigkeiten zwischen Konstitution und Farbnuance, Konstitution und Faseraffinität, Konstitution und Löslichkeit und lernte schließlich die konstitutionellen Gesichtspunkte kennen, welche für bestimmte Echtheitseigenschaften eines Farbstoffes maßgebend sind.

Heute ist man in der Lage, die Farbstoffsynthese nach weitgehend systematischen Gesichtspunkten vorzunehmen, da sich auf Grund des reichhaltigen experimentellen Materials die Zusammenhänge zwischen der chemischen Konstitution und den Farbstoffeigenschaften teilweise recht klar definieren lassen.

Seit der Entdeckung des ersten synthetischen organischen Farbstoffes (1856) sind etwa 500000 verschiedene Farbstoffindividuen hergestellt worden, von denen aber nur 4000–5000 in den Handel gebracht wurden. In den Handel kommen nur diejenigen Produkte, die sowohl in wirtschaftlicher als auch in technischer Beziehung den Ansprüchen gewachsen sind.

Es wäre also reizlos, irgendeinen beliebigen Farbstoff zu synthetisieren, um die Zahl der bekannten Farbstoffe weiter anwachsen zu lassen. Die Farbstoffsynthese muß daher gezielt arbeiten, d.h. sie muß Lücken schließen, die in den vorhandenen Farbstoffsortimenten da und dort noch zu finden sind. Diese Lücken betreffen entweder die Echtheitseigenschaften oder wirtschaftliche Gesichtspunkte.

Im Interesse einer gezielten Farbstoffsynthese ist die Kenntnis der Zusammenhänge zwischen Farbstoffkonstitution und Echtheitseigenschaften sowie zwischen Konstitution und Farbe bzw. Nuance von besonderem Interesse.

A. Konstitution und Synthese der organischen Farbstoffe und ihre Beziehungen zur Färberei- und Druckereitechnik

1. Konstitution und Farbe

Im Interesse der Synthese der Farbstoffe ist es von außerordentlicher Wichtigkeit, die Zusammenhänge zwischen der Konstitution organischer Verbindungen und ihrer Farbigkeit bzw. ihrem Farbstoffcharakter exakt herauszustellen, da dann die Synthese der Farbstoffe systematisch erfolgen kann und nicht nur an empirisch gefundenes Tatsachenmaterial gebunden ist. Auf Grund der umfangreichen experimentellen Erfahrungen, welche auf farbstoffsynthetischem Gebiet vorliegen, weiß man zwar heute genau, wie eine organische Verbindung beschaffen sein muß, um farbig und zugleich Farbstoff zu sein; man kennt auch weiterhin bestimmte Gesetzmäßigkeiten, die feinere Nuancierungsmöglichkeiten des Farbtons bedingen, die Zusammenhänge sind aber letzten Endes nicht soweit geklärt, daß die Farbstoffsynthese in abstrakter Systematik erfolgen könnte. Das Ziel der Forschung wird also u.a. sein, Gesetzmäßigkeiten aufzuzeigen, welche es ermöglichen, aus der

Konstitution einer organischen Verbindung das *Absorptionsspektrum* und damit deren Farbcharakter exakt herauszulesen.

Wohl hat man vom physikalischen Standpunkt aus einigermaßen konkrete Vorstellungen über das Zustandekommen der Farbe als einem Wechselspiel der eingestrahlten Lichtenergie mit Elektronen des Farbstoffmoleküls. Es fehlen aber noch ins einzelne gehende Zusammenhänge zwischen der physikalischen Erscheinung der Farbe und der chemischen Konstitution. Lediglich für bestimmte Farbstoffe sind Ansätze in dieser Richtung vorhanden (*H. Kuhn*).

Physikalische Grundlagen der Farbe. Farbigkeit in weiterem Sinne tritt auf, wenn von den auf einen Körper auffallenden Strahlen ein Teil absorbiert wird (*selektive Absorption*). Die selektive Absorption braucht nicht unbedingt im sichtbaren Spektralgebiet zu erfolgen, sondern kann sich auch im ultravioletten oder ultraroten Bereich abspielen, um „Farbigkeit" im weiteren Sinne hervorzurufen.

Für die Entstehung der Farbigkeit im engeren Sinne, also derjenigen Erscheinung, die auf das normale menschliche Auge als Farbe wirkt, ist eine *selektive Absorption im sichtbaren Spektralbereich* Voraussetzung. Wird die Gesamtheit der auftreffenden Lichtstrahlen unverändert reflektiert, dann erscheint der bestrahlte Körper weiß; werden sämtliche Lichtstrahlen absorbiert, dann wirft der Körper keinerlei Strahlung in das Auge des Beschauers zurück; er erscheint schwarz. Da bei der selektiven Absorption im sichtbaren Spektralbereich ein Teil der sich in ihrer Gesamtheit zu weiß ergänzenden Farbstrahlen herausgenommen (absorbiert) wird, erscheint die restliche, die reflektierte Farbe, als die Komplementärfarbe zur absorbierten Farbe. Die Tab. 36 stellt die reflektierte Farbe der absorbierten jeweils gegenüber.

Tabelle 36. *Absorption und Reflexion* (nach *Mohler*)

Wellenbereich in mμ	Absorbierte Spektralfarbe	Reflektierte Komplementärfarbe
400–435	violett	gelbgrün
435–480	blau (indigo)	gelb
480–490	grünblau	orange
490–500	blaugrün	rot
500–560	grün	purpur
560–580	gelbgrün	violett
580–595	gelb	blau
595–605	orange	grünblau
605–750	rot	blaugrün

Das Wesen der Lichtabsorption. Lichtabsorption setzt grundsätzlich eine Wechselwirkung zwischen der eingestrahlten elektromagnetischen Energie (Frequenz) und den Anregungsmöglichkeiten der Elektronen voraus.

Die von dem System aufgenommene Energie kann entweder chemische Umsetzungen (Photoreaktionen) auslösen oder sich, was meistens der Fall ist, in kinetische Energie und damit in Wärmeenergie umwandeln. Ein durch Energieaufnahme angeregtes Elektron kann aber auch beim Zurückfallen in energieärmere Zustände Licht der gleichen oder einer größeren Wellenlänge als der eingestrahlen emittieren, je nach dem Energieniveau, durch welches sich die beiden Bahnen voneinander unterscheiden (*Fluoreszenz*).

Auf Grund der quantentheoretischen Vorstellung kann eine Absorption durch die Elektronen nur dann eintreten, wenn die eingestrahlte Frequenz den Anregungsmöglichkeiten der Elektronen entspricht. Fehlt eine solche Frequenz im eingestrahlten Licht, dann kann keine Elektronenanregung und damit auch keine selektive Absorption eintreten. Je größer die zur Anregung des Elektrons benötigte Energie ist, desto kürzerwelliges Licht wird absorbiert.

Von den für die Lichtabsorption in Frage kommenden Elektronen sind die *π-Elektronen* einer Doppelbindung besonders leicht anregbar. In der Doppelbindung halten vier Elektronen (zwei Elektronenpaare) die Atome zusammen. Die beiden Paare sind aber nicht gleichartig; die einen mit einer um die Bindungsrichtung symmetrischen Ladungsverteilung bezeichnet man als σ-Elektronen, die andern, keine symmetrische Ladungsverteilung besitzenden, als π-Elektronen. (Die σ-Elektronen sind diejenigen Elektronen, welche die einfache Bindung bewirken.) Die π-Elektronen sind auf Grund ihrer leichten Beweglichkeit für die chemischen, physikalischen und optischen Eigenschaften, also auch für die Lichtabsorption, in erster Linie verantwortlich.

Chemische Grundlagen für die Lichtabsorption. Da die π-Elektronen der Doppelbindung besonders leicht, d. h. durch geringe Energiemengen angeregt werden können, ist für eine Absorption im sichtbaren Spektralbereich die Gegenwart von *Doppelbindungen* erforderlich. Die π-Elektronen eines Systems mit *einer* Doppelbindung sind noch verhältnismäßig schwer anregbar, so daß solche Verbindungen nur im kurzwelligen Ultraviolett absorbieren. Durch Häufung von Doppelbindungen werden die π-Elektronen immer leichter anregbar, so daß die Absorption immer mehr in das sichtbare Spektralgebiet verschoben wird. Konjugierte Doppelbindungen sind in optischer Beziehung besonders aktiv. Mit wachsender Kettenlänge, d. h. mit der Zunahme der konjugierten Doppelbindungen, wird daher die Absorption nach kleineren Frequenzen bzw. längeren Wellen verschoben, so daß sich diese bei genügender Kettenlänge im sichtbaren Spektralbereich abspielt.

Die *gesättigten* Paraffinkohlenwasserstoffe besitzen nur σ-Bindungen und absorbieren daher im äußersten Ultraviolett, so daß sie farblos sind. Auch das nur *eine* Doppelbindung besitzende Äthylen absorbiert ebenfalls im Ultraviolett, während die *Polyene* mit mindestens fünf Doppelbindungen auf Grund der gehäuften konjugierten Doppelbindungen im sichtbaren Bereich absorbieren. Die Ausgangsmaterialien der organischen Farbstoffe enthalten alle Doppelbindungen und daher π-Elektronen. Sie absorbieren aber meist nur im ultravioletten Bereich. Man kommt von diesen Körpern zu Farbstoffen, wenn man neue ungesättigte Gruppen einführt. Dadurch wird die Absorption in das sichtbare Spektralgebiet verlagert. Für die Lichtabsorption ist das Zusammenwirken der π-Elektronen des Gesamtmoleküls einschließlich derjenigen der Substituenten maßgebend (*B. Eistert*).

Über die Zusammenhänge zwischen *Farbe und Konstitution* von organischen Verbindungen existieren verschiedene Theorien, welche die Absorptionsverhältnisse durch den Molekülbau bzw. durch die Art der Substituenten zu erklären versuchen.

So hat bereits *O. N. Witt* (1876) darauf hingewiesen, daß bei der Einführung bestimmter Gruppen in das Molekül einer organischen Verbindung, welche Doppelbindungen enthält, die Absorption in das sichtbare Spektralgebiet verschoben wird. In dieser Richtung sind nach *Witt* die von ihm als *Chromophore* bezeichneten Gruppen wirksam, zu denen u. a. die folgenden gehören:

—N=N—	Azogruppe,	>C=C<	Äthylengruppe,
>C=O	Carbonylgruppe,	>C=NH	Carbiminogruppe,
—N(=O)(O)[1]	Nitrogruppe,	>C=N—	Carbimgruppe.
—N=O	Nitrosogruppe,		

[1] Die Bindung der beiden Sauerstoffatome ist nicht gleichartig, da es sich im einen Fall um eine Doppelbindung und im anderen um eine semipolare Bindung handelt, so daß die Nitrogruppe auf Grund der Mesomerie wie folgt zu formulieren wäre:

Auch die chinoide Gruppe, eine Kombination der Äthylengruppe mit der Carbonyl- oder Carbiminogruppe, gehört hierher.

Die chromophoren Gruppen enthalten durchweg Doppelbindungen, sind also ebenfalls durch π-Bindungen charakterisiert, so daß durch die Gegenwart solcher Gruppen die Anregungsmöglichkeit des gesamten Elektronensystems gefördert wird. Man erreicht daher durch Einführung chromophorer Gruppen in aromatische Systeme eine Verlagerung der Absorption aus dem Ultraviolett in das benachbarte sichtbare Spektralgebiet, wie dies aus den folgenden Beispielen hervorgeht:

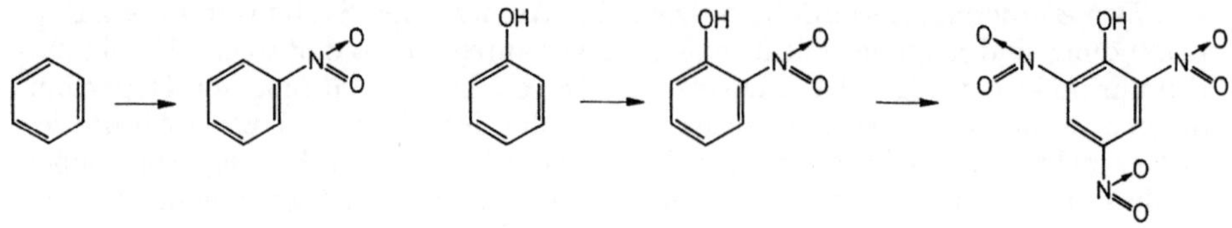

farblos schwach gelb farblos gelb stark gelb

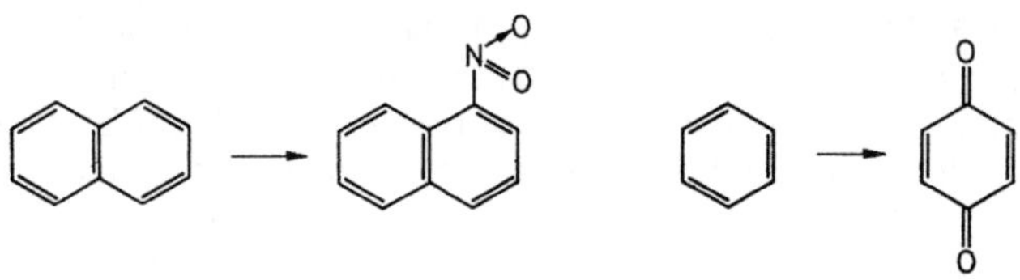

farblos gelb farblos gelb

Chromophorhaltige aromatische Ringsysteme wurden von *Witt* als *Chromogene* bezeichnet.

Nach *Witt* sind für den Farbstoffcharakter noch wesentlich die von ihm als

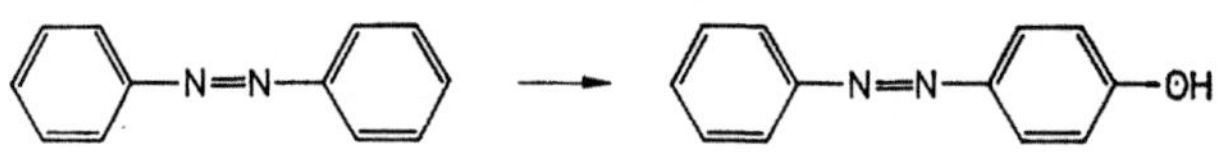

Azobenzol
schwach gefärbt
kein Farbstoff

p-Hydroxy-azobenzol
stark gefärbt
Farbstoff

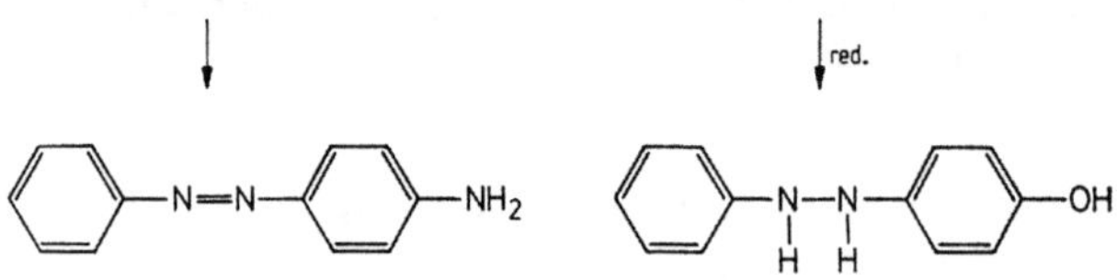

p-Amino-azobenzol
stark gefärbt
Farbstoff

p-Hydroxy-hydrazobenzol
farblos

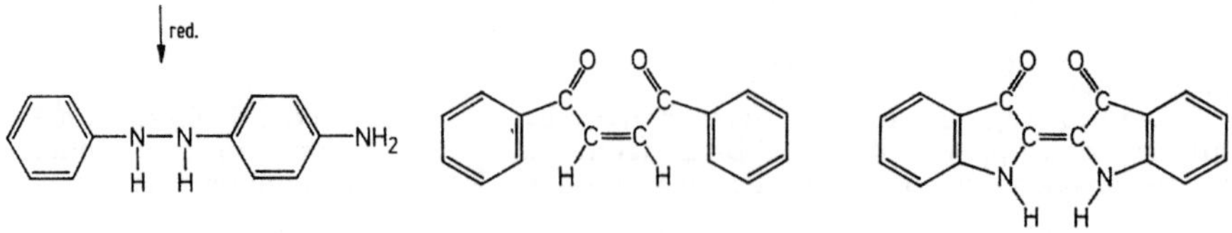

p-Amino-hydrazobenzol
farblos

Dibenzoyl-äthylen
farblos

Indigo
blau

Auxochrome bezeichneten Gruppen, zu denen die OH-Gruppe und die NH_2-Gruppe, die substituierte OH- und NH_2-Gruppe sowie in gewissem Umfang die SO_3H- und COOH-Gruppe – also meist salzbildende Gruppen – gehören. Sie wirken einerseits farbvertiefend und vermitteln andererseits dem farbigen Körper Affinität zur Faser, so daß er damit seinen eigentlichen Farbstoffcharakter bekommt. Die vorstehenden Beispiele sollen diese Wechselwirkungen beleuchten.

W. Dilthey und *R. Wizinger* bezeichnen als gemeinsames Merkmal der Farbigkeit bzw. der Farbstoffeigenschaft das Vorhandensein *koordinativ ungesättigter Einzelatome*. Durch den Eintritt bestimmter Gruppen, die auf das Elektronensystem induzierend wirken, geht das koordinativ ungesättigte Atom in den Ionenzustand über. Dadurch tritt eine Verstärkung der Lichtabsorption ein, wie dies besonders deutlich bei den kationischen Triphenylmethanfarbstoffen (Carbeniumsalzen) zum Ausdruck kommt. Diese Farbstoffe werden daher von *Dilthey* und *Wizinger* wie nachstehend formuliert:

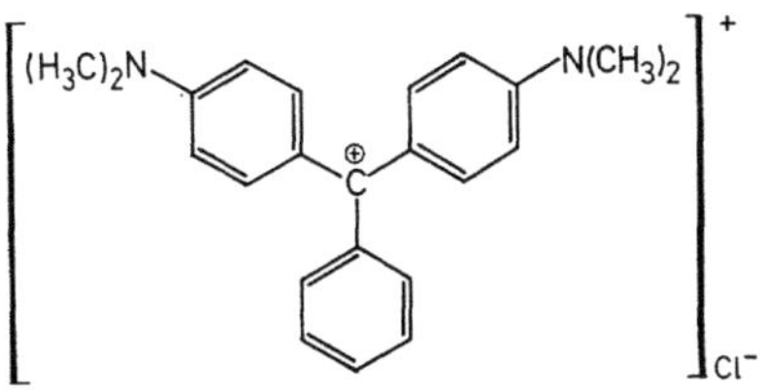

Malachitgrün

Hierbei formulierte *R. Wizinger* zwei verschiedene Arten von auxochromen Gruppen, nämlich auf der einen Seite die schon von *Witt* als *Auxochrome* bezeichneten gesättigten Gruppen wie OH— und NH_2 und die entsprechend substituierten Gruppen. Sie wirken in Verbindung mit Carbenium-Ionen farbvertiefend. Auf der andern Seite sind es die ungesättigten Gruppen wie $—NO_2$, =CO usw., die in Verbindung mit einem Carbeniat-Ion die Farbe beeinflussen. Sie werden von *Wizinger* als „*Antiauxochrome*" bezeichnet und entsprechen den *Witt*schen Chromophoren. *W. König* erweiterte diese Zusammenhänge derart, daß er als Voraussetzung der Farbigkeit das Zusammenwirken von auxochromen und antiauxochromen Gruppen über das chromogene System hinweg erblickte.

Nach *W. Theilacker*, *W. Schmid*, *W. Berger* und *P. Popper* spielt die Carbeniumstruktur für die Farbigkeit nur eine untergeordnete Rolle, was aber nicht ausschließt, daß sie für das *reaktive Verhalten* in manchen Fällen ausschlaggebend sein kann. Die Ursache der Farbe ist jedoch in der Mesomerie zwischen den chinoiden Ammoniumstrukturen zu suchen.

So münden alle aufgestellten Theorien über Konstitution und Farbe letzten Endes in die durch die *Mesomerielehre* gegebenen Vorstellungen hinein (*C. R. Bury*, *F. Arndt*, *B. Eistert*).

Die Gegenwart des ungesättigten Systems (Chromogen) bildet die Voraussetzung für das Vorhandensein von beweglichen π-Elektronen, also für das Auftreten der Mesomerie, welche einerseits durch die auxochromen (*elektronenliefernden*) Gruppen und andrerseits durch die antiauxochromen (*elektronensaugenden*) Gruppen verstärkt wird (−E- bzw. +E-Effekt).

Mit der Ausschaltung solcher funktioneller Gruppen wird das mesomere System je nachdem gekürzt oder unterbrochen, was entweder eine Farbänderung oder ein völliges Verschwinden der Farbe hervorruft (vgl. S. 447, 452f.). Neben der Größe bzw. Länge des mesomeren Systems spielt auch die geometrische Form des schwingenden π-Elektronensystems eine wesentliche Rolle. Anellierungen von Benzolringen bewirken durch „Mesomeriekurzschluß" (*E. Müller*) ausgelöste Änderungen der Farbe.

Über die rein qualitativen Zusammenhänge zwischen Konstitution und Farbe hinausgehende Beziehungen hat *H. Kuhn* entwickelt.

Mit Hilfe der Quantentheorie ist es, wie dies *Th. Förster* für eine Reihe von aromatischen Kohlenwasserstoffen gezeigt hat, möglich, die Lage der Absorptionsbande rechnerisch zu erfassen. *H. Kuhn* hat für eine ganze Reihe von Farbstoffen ein brauchbares Verfahren zur Absolutberechnung der Lage der Absorptionsbande entwickelt, wobei er seinen Berechnungen die Vorstellung zugrunde legte, daß sich die π-Elektronen des mesomeren Systems über seine ganze Ausdehnung hinweg frei bewegen können (*Elektronengasmodell*).

B. Eistert formulierte als allgemeines Prinzip intensiver Farbigkeit das *merichinoide* Prinzip, d.h. also die Verteilung des chinoiden Zustands auf die ganze Verbindung. Durch den Wechsel zwischen benzoider und chinoider Bindung ist die normale Gruppierung von 6π-Elektronen unvollständig, da auf jeden Benzolring durchschnittlich nur 5π-Elektronen entfallen. Die unvollständige Besetzung einer abgeschlossenen Elektronengruppierung ist mit leichter Anregbarkeit und damit Absorption im sichtbaren Gebiet verbunden.

Die Farbnuance einer organischen Verbindung kann durch entsprechende Substitution beeinflußt werden. Gruppen, welche die Lichtabsorption nach längeren Wellen verschieben und damit eine Farbvertiefung bedingen, nennt man *bathochrome* Gruppen; Substituenten, die eine Änderung in entgegengesetzter Richtung auslösen, werden als *hypsochrome* Gruppen bezeichnet. Die bathochrome Gruppe verschiebt also die Absorption von violett nach rot und die Reflexion, also die Farbigkeit, von gelb nach grün (Tab. 36, S. 372).

Als bathochrome Gruppen wirken vielfach die Alkylgruppen und die Halogene, während z.B. die Acetylierung von Aminogruppen eine hypsochrome Funktion auslöst. Eine Molekülvergrößerung wirkt sich im allgemeinen in einer bathochromen Veränderung aus. Beispiele sind jeweils bei den einzelnen Farbstoffgruppen aufgeführt.

2. Einteilung der Farbstoffe

Je nach den Erfordernissen kann man die Farbstoffe nach verschiedenen Gesichtspunkten einteilen. In der *Farbstoffchemie*, d.h. also bei der Behandlung der Farbstoffsynthesen sowie der Zusammenhänge zwischen Konstitution und Eigenschaften ist es zweckmäßig, die Einteilung auf Grund konstitutioneller Gesichtspunkte vorzunehmen.

In der *Färberei- und Druckereichemie* wird man Farbstoffe von gleichartigem Verhalten gegenüber der Faser unabhängig von bestimmten Konstitutionsmerkmalen zu einer Gruppe zusammenfassen. So kommt es, daß beim Einteilungsprinzip der Färberei- und Druckereichemie in ein und derselben Gruppe von Farbstoffen Vertreter der verschiedensten Konstitutionen vereint sind, und umgekehrt, daß in einer Farbstoffklasse, in der Farbstoffe gleichartiger Konstitution zusammengefaßt sind, Vertreter der verschiedensten färberei- und druckereitechnischen Anwendung und von ganz unterschiedlichen Echtheitseigenschaften rangieren.

In der Gruppe der *Azofarbstoffe* sind z.B. alle Farbstoffe vereinigt, welche eine oder mehrere Azogruppen besitzen, welche demnach alle nach dem gleichen Prinzip, d.h. durch Kupplung von Diazoniumsalzen mit Phenolen, Aminen oder Naphtholen hergestellt werden. Je nach der Art der in dem Azofarbstoff vorhandenen Substituenten kann dieser z.B. als kationischer (basischer) oder anionischer (Säurefarbstoff) fungieren; er kann wasserlöslich oder wasserunlöslich sein. Durch solche an und für sich geringfügige strukturelle Unterschiede werden aber färbereitechnisch und echtheitsmäßig sehr große Verschiedenheiten ausgelöst.

Die Einteilung der Farbstoffchemie. Die Einteilung geschieht teilweise auf Grund des Gehalts einer bestimmten chromophoren Gruppe (Azofarbstoffe, Nitrofarbstoffe), teils auf Grund der Zugehörigkeit zu einer bestimmten Körperklasse (Triphenylmethanfarbstoffe, Anthrachinonfarbstoffe, indigoide Farbstoffe usw.). Das Einteilungsprinzip wird allerdings von verschiedenen Autoren unterschiedlich gehandhabt.

Man kann demnach unterscheiden:

Azo-Farbstoffe	Schwefel-Farbstoffe
Diphenylmethan-Farbstoffe	Thiazol-Farbstoffe
Triphenylmethan-Farbstoffe	Nitro-Farbstoffe
Anthrachinon-Farbstoffe	Nitroso-Farbstoffe
Indigoide Farbstoffe	Chinolin-Farbstoffe
Indigosole	Acridin-Farbstoffe
Chinonimin-Farbstoffe	Cyanin-Farbstoffe
(Azine, Oxazine, Thiazine)	Phthalocyanin-Farbstoffe

Einteilung der Farbstoffe in der Färberei- und Druckereitechnik. In der Färbereichemie bzw. Färbereitechnik faßt man diejenigen Farbstoffe zu Gruppen zusammen, denen das gleiche Anwendungsverfahren und vielfach auch gleichartige Echtheitseigenschaften gemeinsam sind. Da ein großer Teil der Farbstoffe zu den verschiedenen Faserstoffen unterschiedliche Affinität besitzt, werden die einen unter Umständen nur auf pflanzliche Fasern und die anderen nur auf tierische Fasern gefärbt. In manchen Fällen bedingt auch das Färbemedium den Ausschluß der Anwendung bestimmter Farbstoffe auf bestimmte Faserarten. So können Wolle und Acetatfasern nicht in stark alkalischem Medium gefärbt werden, wie dies für die Cellulosefasern vielfach der Fall ist.

Cellulosefaser-Farbstoffe

Kationische (basische) Farbstoffe	Entwicklungsfarbstoffe
Substantive Farbstoffe	Küpenfarbstoffe (Indanthrene)
Diazotierungsfarbstoffe	Indigosole (Leukoküpenesterfarbstoffe)
Schwefelfarbstoffe	Reaktivfarbstoffe
Oxydationsfarbstoffe	Pigmentfarbstoffe
Beizenfarbstoffe	

Eine scharfe Abgrenzung gegenüber den für andere Fasern bestimmten Farbstoffen ist nicht möglich, da manche Cellulosefarbstoffe z. B. auch zum Färben der Wolle oder Seide oder für synthetische Fasern geeignet sind.

Proteinfaser-Farbstoffe

Kationische (basische) Farbstoffe	Chromierungsfarbstoffe
Substantive Farbstoffe	Wollküpenfarbstoffe
Anionische (Säure-) Farbstoffe	Indigosole (Leukoküpenesterfarbstoffe)
Chromkomplexfarbstoffe	Reaktivfarbstoffe

Acetatfaser-Farbstoffe. Zum Färben der Acetatfasern kommen die obengenannten Farbstoffklassen üblicherweise nicht in Frage, so daß die Farbenfabriken hierfür spezielle Produkte (z. B. Dispersionsfarbstoffe) in den Handel bringen.

Unter den *synthetischen Fasern* zeigen die Polyamidfasern in ihrem färberischen Verhalten weitgehende Parallelen zu den Proteinfasern, so daß sie grundsätzlich mit den gleichen Farbstoffklassen gefärbt werden können. Auch mit Dispersions-Farbstoffen färben sie sich gut an. Das Färben der Polymerisatfasern (z. B. Polyvinylchlorid-Faser) stößt auf gewisse Schwierigkeiten, da nur wenige Farbstoffe eine genügende Affinität zu diesen besitzen. Auf Grund ihrer kompakten Struktur setzt die Polyesterfaser dem Eindringen der Farbstoffe ebenfalls einen gewissen Widerstand entgegen.

Unter diesen Umständen war die Farbstoffindustrie bemüht, neue, für synthetische Fasern geeignete Farbstoffe zu finden, was zur Herstellung einer ganzen Reihe von speziellen Dispersionsfarbstoffen und auch kationischen Farbstoffen für Polyacrylnitrilfasern geführt hat, welch letztere gerade für Polyacrylnitrilfasern eine große Bedeutung erlangt haben.

Kurze Charakteristik der einzelnen Farbstoffgruppen der Färberei- und Druckereitechnik

Bei den *basischen* Farbstoffen handelt es sich um solche, welche auf Grund ihrer Konstitution als Basen fungieren können (kationische Farbstoffe) und daher zu solchen Fasern Affinität besitzen, welche saure Eigenschaften bzw. anionische Gruppen aufweisen. Sie färben daher Proteinfasern direkt an, Cellulosefasern dagegen nur nach einer entsprechenden Vorbeize, so daß man sie auch als *adjektive* Farbstoffe bezeichnet. Die Farbstoffe sind wasserlöslich und besitzen daher nur beschränkte Naßechtheitseigenschaften. Als eigentliche „Farbbasen" sind die Farbstoffe üblicherweise nicht wasserlöslich, nur als „Farbsalze" (kationische Farbstoffe).

Die *substantiven* Farbstoffe ziehen ohne Vermittlung einer Vorbeize selbständig (substantiv) auf Cellulosefasern und auch teilweise auf Proteinfasern auf und ergeben auf Grund ihrer Wasserlöslichkeit Färbungen von ebenfalls nur begrenzter Naßechtheit. Bestimmte substantive Farbstoffe kann man durch Diazotieren und Kuppeln (Molekülvergrößerung) wesentlich waschechter machen (*Diazotierungsfarbstoffe*).

Den *Schwefelfarbstoffen* liegt in ihrer Gesamtheit das gleiche Herstellungsprinzip und das gleiche Färbeverfahren zugrunde. Sie sind in Wasser unlöslich und müssen zum Zweck des Färbens auf dem Wege der Reduktion in eine geeignete Lösung übergeführt werden, aus welcher sie auf die Faser aufgefärbt werden. Dort erfolgt die Rückoxydation zum ursprünglichen unlöslichen, und damit waschechten Farbstoff. Neben den unlöslichen Schwefelfarbstoffen haben die wasserlöslichen Produkte Bedeutung erlangt.

Die *Oxydationsfarbstoffe* werden aus löslichen ungefärbten Komponenten auf der Faser erzeugt (Anilinschwarz). Die früher viel angewandten *Beizenfarbstoffe*, die heute ohne große Bedeutung sind, haben die Eigenschaft, nur auf vorgebeizte Fasern aufzuziehen.

Bei den *Entwicklungsfarbstoffen* handelt es sich um solche, die aus löslichen ungefärbten oder wenig gefärbten Komponenten in chemischer Reaktion auf der Faser erzeugt werden.

Die in Substanz unlöslichen *Küpenfarbstoffe* werden auf dem Wege der Reduktion gelöst (verküpt) und in reduziertem Zustand auf die Faser aufgefärbt, wo sie zum unlöslichen und damit waschechten Farbkörper zurückoxydiert werden. *Indigosole* sind *lösliche* Küpenfarbstoffe (Schwefelsäureester der reduzierten Küpenfarbstoffe), die auf der Faser durch Verseifung und Oxydation in den unlöslichen Küpenfarbstoff zurückverwandelt werden.

Reaktivfarbstoffe sind Farbstoffe, die vermöge einer reaktiven Gruppierung kovalent an die Faser gebunden werden.

Pigmentfarbstoffe sind in den gebräuchlichen Färbemedien unlösliche Farbkörper (anorganische Farbkörper, Azofarbstoffe, welche keine wasserlöslichmachenden Gruppen enthalten, verlackte Azofarbstoffe, Phthalocyanine usw.). Sie besitzen keinerlei Affinität zu den Faserstoffen und müssen durch besondere Bindemittel auf der Faser fixiert werden.

Säurefarbstoffe sind Farbstoffe, denen auf Grund ihrer Konstitution Farbsäureeigenschaften bzw. anionische Natur zukommen, welche daher die Fähigkeit haben, sich mit den basischen Aminogruppen der Protein- und Polyamidfasern zu Farbsalzen zu vereinigen. Eine ganze Anzahl dieser Farbstoffe besitzt die konstitutionsbedingte Eigenschaft, mit Chromsalzen schwerlösliche bzw. unlösliche Komplexverbindungen einzugehen (*Chromkomplex- und Chromierungsfarbstoffe*).

Dispersionsfarbstoffe sind dadurch gekennzeichnet, daß sie aus wässeriger Dispersion auf hydrophobe Fasern aufziehen.

3. Azofarbstoffe

Farbstoff-Formulierungen. Im Hinblick auf die Farbstoff-Formulierungen sei darauf hingewiesen, daß die Ausbildung von *Wasserstoffbrücken* zwischen Azogruppe bzw. Carbonylgruppe und entsprechenden Substituenten nicht besonders formuliert wird, obwohl die Wasserstoffbrücke die Löslichkeit und die Echtheitseigenschaften der Farbstoffe wesentlich beeinflussen kann (vgl. S. 423).

Des weiteren ist folgendes zu betonen:

Azoverbindungen treten in einer cis- und normalerweise in der trans-Form auf:

cis-Form

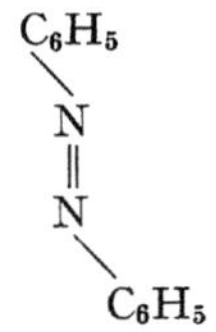

trans-Form

Aus Gründen einer vereinfachten Schreibweise wird auf diese Differenzierung in den Farbstofformeln verzichtet.

Rund die Hälfte aller künstlichen organischen Farbstoffe gehört der Azogruppe an, so daß diesen färberei- und druckereitechnisch eine große Bedeutung zukommt. Auf Grund der Vielgestaltigkeit ihrer Konstitution unterscheiden sie sich hinsichtlich ihrer Eigenschaften und Anwendung teilweise erheblich, so daß sie in den verschiedensten färberei- und druckereitechnischen Gruppen vertreten sind. Je nach der Anzahl der im Molekül vorhandenen Azogruppen bezeichnet man sie als Monoazofarbstoffe, Disazo-, Trisazo-, Tetrakisazo- und Polyazofarbstoffe.

Die Herstellung der Azofarbstoffe. Die Azofarbstoffe werden durch Kupplung von Diazoniumsalzen mit Phenolen, Naphtholen sowie primären, sekundären und tertiären Aminen hergestellt. *Diazoniumsalze* erhält man durch Einwirkung von salpetriger Säure (Natriumnitrit und Salzsäure oder Schwefelsäure) auf primäre aromatische Amine. Im allgemeinen zieht man Salzsäure der Schwefelsäure vor, da diese meist leichter lösliche Diazoniumsalze liefert als die Schwefelsäure:

$$C_6H_5NH_2 + NaNO_2 + 2\,HCl \rightarrow C_6H_5N_2 \cdot Cl + NaCl + 2\,H_2O$$

$$C_6H_5NH_2 + NaNO_2 + 2\,H_2SO_4 \rightarrow C_6H_5N_2 \cdot HSO_4 + NaHSO_4 + 2\,H_2O$$

Man verwendet im allgemeinen pro 1 Äquivalent Amin 2,5–3 Äquivalente Salzsäure und etwas mehr als 1 Äquivalent Natriumnitrit. Da die Diazoniumsalze in der Wärme zur Zersetzung neigen, wird meist bei Temperaturen zwischen 0 und 5 °C diazotiert.

In fester Form sind die Diazoniumsalze leicht zersetzlich und explodieren bei Schlag oder Erhitzen, so daß sie im allgemeinen aus der Reaktionslösung nicht isoliert, sondern in gelöster Form auf Farbstoffe weiterverarbeitet werden. Im Hinblick auf ihr kryoskopisches Verhalten und ihre elektrolytische Leitfähigkeit schreibt man den Diazoniumsalzen eine ammoniumsalzartige Struktur zu:

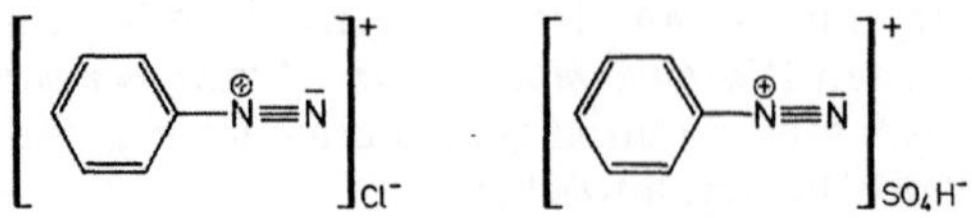

Das Stickstoffatom 1 ist formal Träger der positiven Ladung und entspricht daher dem koordinativ 4wertigen Stickstoff, wie er den Ammoniumverbindungen zugrunde liegt. Im Sinne einer Mesomerie läßt sich das Phenyldiazoniumion durch die beiden wichtigsten Grenzformen a und b beschreiben:

$$\underset{a}{[C_6H_5—\bar{N}=\bar{N}^{\oplus}]} \leftrightarrow \underset{b}{[C_6H_5—\overset{\oplus}{N}\equiv\bar{N}]}$$

Auf Grund seiner elektrophilen Eigenschaften reagiert das Diazoniumion der Form a mit nucleophilen Agenzien, u.a. also mit primären, sekundären und tertiären Aminen, sowie mit Phenolen, Naphtholen usw.

Außer den vorgenannten Verbindungen eignen sich zur Kupplung mit Diazoniumsalzen Verbindungen mit enolisierbarer Ketogruppierung und reaktionsfähiger Methylengruppe (S. 426), die einer offenen Kette oder einem iso- oder heterocyclischen Ring angehören; weiterhin sind Pyrrole, Indole und ähnliche Ringsysteme zur Kupplung befähigt.

Die große Variationsmöglichkeit in der Wahl einerseits der Diazotierungskomponente und andererseits der Kupplungskörper macht es verständlich, daß die Zahl der Azofarbstoffe fast unbegrenzt ist. Aus der Fülle der Produkte können nur verhältnismäßig wenige Beispiele wiedergegeben werden.

Die Kupplung mit Phenolen bzw. Naphtholen findet im allgemeinen in alkalischem Medium statt. Dabei läßt sich gelegentlich ein den Diazoaminokörpern entsprechendes Zwischenprodukt, das „Diazooxid" fassen:

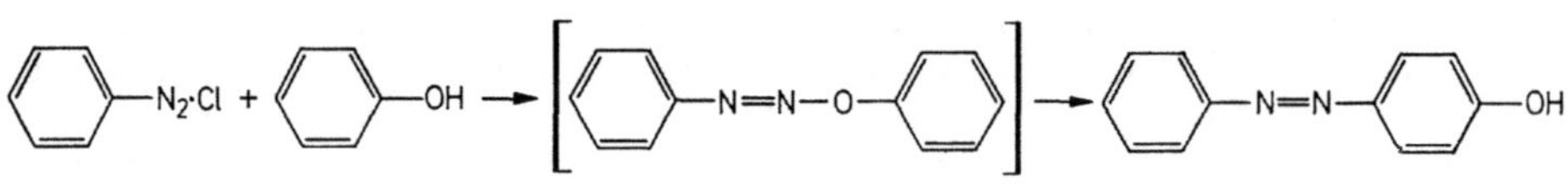

Diazo-oxid p-Hydroxy-azobenzol

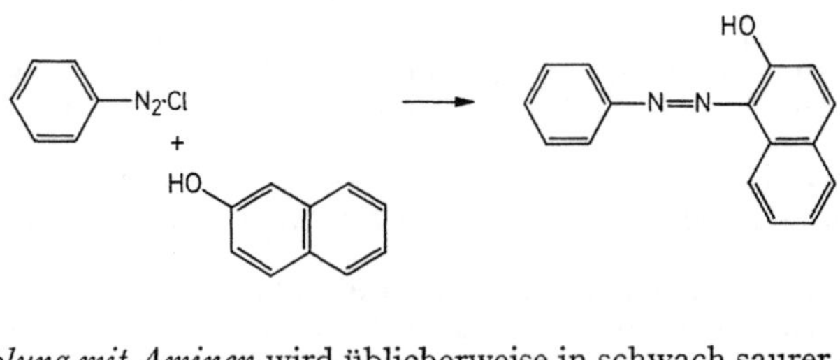

Die Kupplung mit Aminen wird üblicherweise in schwach saurer oder neutraler Lösung vorgenommen. Beim Kuppeln von *primären* und *sekundären aromatischen Aminen* mit Diazoniumsalzen entstehen zunächst *Diazoaminoverbindungen,* welche sich beim Erhitzen mit salzsauren Aminen oder überschüssiger Mineralsäure in

Aminoazokörper umlagern:

$$C_6H_5N_2 \cdot Cl + H_2NC_6H_5 \longrightarrow C_6H_5N{=}N \cdot NHC_6H_5 + HCl$$

Diazoaminobenzol p-Amino-azobenzol

(Führt man die Amine in ihre Methyl-ω-sulfosäuren oder in Arylsulfoderivate über

$$(R \cdot NH \cdot CH_2 \cdot SO_3Na, \quad R \cdot NH \cdot SO_2 \cdot C_6H_4 \cdot CH_3),$$

so kuppeln diese direkt zu p-Aminoazokörpern, aus denen die Azofarbstoffe durch Verseifung gewonnen werden.)

Manche der primären Amine zeigen ein hiervon abweichendes Verhalten. So bilden beispielsweise m-Toluidin, p-Xylidin, 1-Naphthylamin direkt Aminoazokörper. In diesen ist die Nucleophilie des Kerns durch die Substituenten bzw. durch das annellierte Ringsystem erhöht, so daß die Kupplung am C-Atom diejenige am N-Atom überwiegt, die N-Azokörper daher nicht gefaßt werden können.

Die *Kupplungsgeschwindigkeit* hängt – abgesehen vom pH-Wert – einerseits von der Art der in der Diazokomponente vorhandenen Substituenten und andrerseits auch von denjenigen der Kupplungskomponente ab.

So wird die Kupplungstendenz, d. h. also die Elektrophilie der Diazokomponente durch positivierende Substituenten (z. B. die Nitrogruppe) erhöht, da dann das „äußere" Stickstoffatom leicht Azeniumcharakter annimmt. Auf der anderen Seite verringern Kupplungskomponenten mit positivierenden Substituenten infolge der Verringerung der Elektronendichte an den kupplungsfähigen Stellen des aromatischen Systems die Kupplungsgeschwindigkeit. Negativierende Gruppen (z. B. NHR) in der Kupplungskomponente wirken sich vorteilhaft auf die Kupplungsgeschwindigkeit aus.

Tertiäre aromatische Amine bilden grundsätzlich sofort Aminoazoverbindungen:

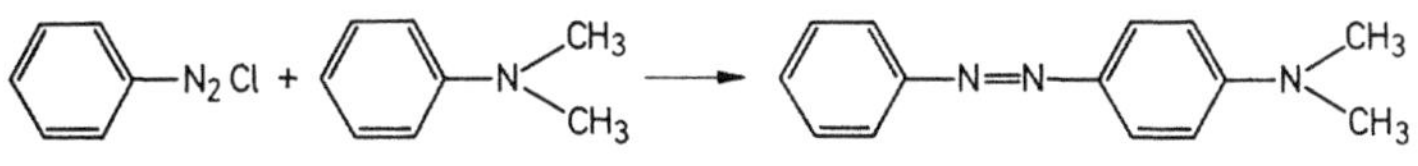

p-Dimethylamino-azobenzol

Da auf der Seite der Diazokomponente das Diazoniumion die elektrophilste Form und auf der Seite der Kupplungskomponente das Amin bzw. Phenolatanion die nucleophilste Form darstellen, wäre zweckmäßig zu formulieren:

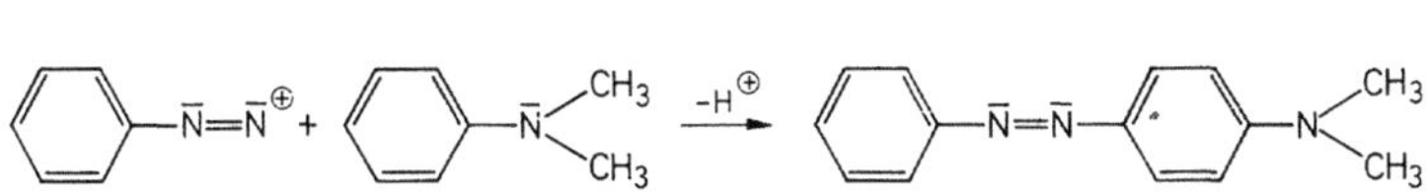

In den beiden mesomeren Grenzstrukturen

a b

besitzt das β-ständige N-Atom in b ein Elektronensextett und ist daher besonders elektrophil.

Was das kuppelnde Amin anbelangt, so stellt die freie Base im Vergleich zum Ammoniumion die nucleophilste Form der Kupplungskomponente dar:

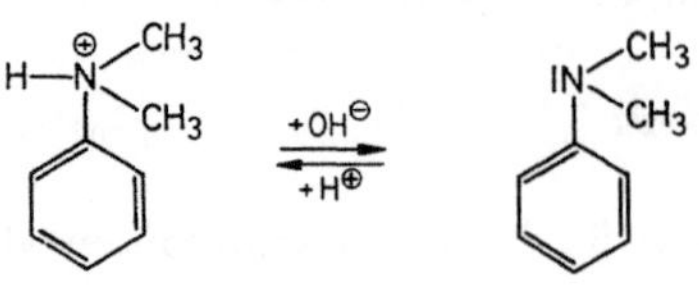

Aus diesem Grund wird die Kupplung mit Aminen üblicherweise in neutraler bzw. schwach saurer und *nicht in stark saurer Lösung* vorgenommen. Alkalisches Medium wäre zwar für die Reaktionsfähigkeit des Amins noch vorteilhafter, das Diazoniumion wäre aber unter diesen Bedingungen nicht beständig.

Aus den mesomeren Grenzformeln des Phenols a, b bzw. des Phenolatanions c, d (nach *H. Zollinger*)

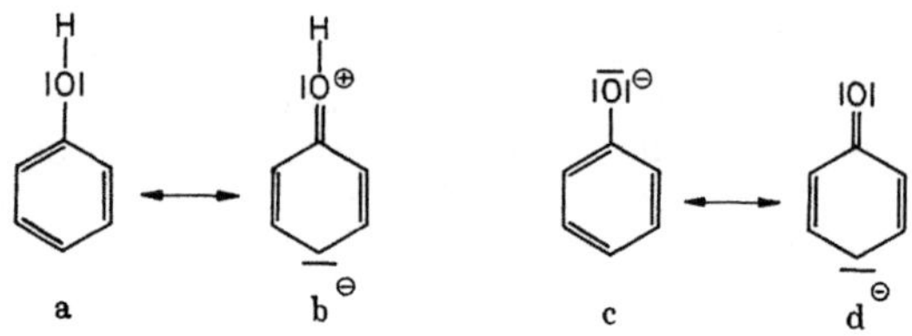

geht hervor, daß das Phenolatanion der Form d und nicht das freie Phenol der Form b die nucleophilste Form darstellt, da es sich bei der letzteren um ein Zwitterion handelt.

Es wäre also zu formulieren:

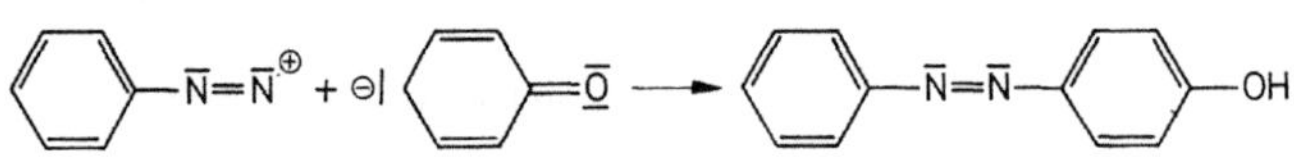

Aus diesen Gründen wird die Kupplung mit Phenolen und Naphtholen üblicherweise im alkalischen Medium vorgenommen. Auf Grund der geschilderten Verhältnisse nimmt die Kupplungstendenz der Kupplungskomponente in Abhängigkeit von der Art der vorhandenen Substituenten in der Reihenfolge $O^{\ominus} > NR_2 > NHR > OR > OH > CH_3$ ab (abnehmende Elektronendonator-Funktion).

Wohl ist das Diazonium in stark alkalischem Medium nicht besonders stabil; die Kupplungsgeschwindigkeit des Phenolatanions ist aber so groß, daß diese die Zersetzungsgeschwindigkeit überwiegt.

Die Kupplungsgeschwindigkeit wird pH-mäßig nicht nur durch die Kupplungskomponente, sondern auch durch die Diazokomponente beeinflußt, so daß der eigentlichen Kupplungsreaktion *zwei* pH-abhängige Gleichgewichtsreaktionen vorgelagert sind:

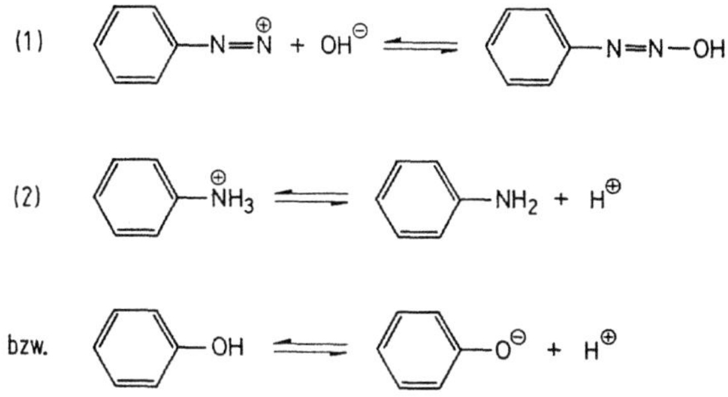

Die Kupplung von *Aminophenolen* bzw. *Aminonaphtholen* kann, je nachdem an welcher Stelle die Kupplung erfolgen soll, entweder in saurer oder in alkalischer Lösung vorgenommen werden. Will man den Azorest zweimal einführen, dann kuppelt man zuerst in saurer Lösung, wobei die Aminogruppe den Eintritt der Azogruppe dirigiert (1), und dann in alkalischer Lösung, wobei sich der eintretende Azorest nach der Hydroxylgruppe richtet (2).

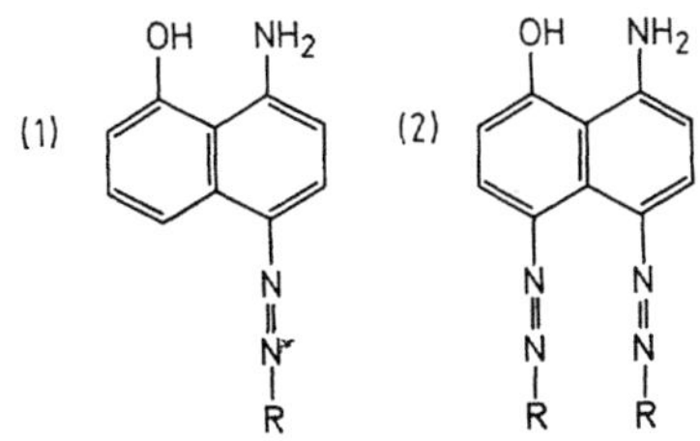

Substitutionsregeln. Sowohl bei *Phenolen* als auch bei *Aminen* tritt der Azorest in p-Stellung zur OH- bzw. NH_2-Gruppe. Meist bildet sich jedoch bei unbesetzter o-Stellung in geringem Umfang auch der o-Azofarbstoff, dessen Menge je nach den Arbeitsbedingungen variiert. Bei besetzter p-Stellung tritt die Azogruppe in o-Stellung.

Locker haftende Gruppen (COOH-Gruppen) in o-Stellung werden beim Eintritt der Azogruppe manchmal beseitigt, wenn die p-Stellung besetzt ist.

Die Kupplung gehorcht den üblichen Substitutionsregeln der aromatischen Chemie, wonach die OH- und NH_2-Gruppe als negative Substituenten die Elektronendichte und daher die Nucleophilie des aromatischen Systems in p- und o-Stellung erhöhen. Da Diazoniumverbindungen verhältnismäßig schwach elektrophil sind, kuppeln sie nur an Stellen mit hoher Elektronendichte.

1-Naphthol kuppelt in p-Stellung (4-) zur Hydroxylgruppe; ist diese besetzt, dann erfolgt o-Substitution (2-). Sind o- und p-Stellung besetzt, dann tritt keine Kupplung ein. So ist 1-Hydroxynaphthalin-2,4-disulfosäure zu einer Kupplung mit Diazoniumsalzen nicht befähigt.

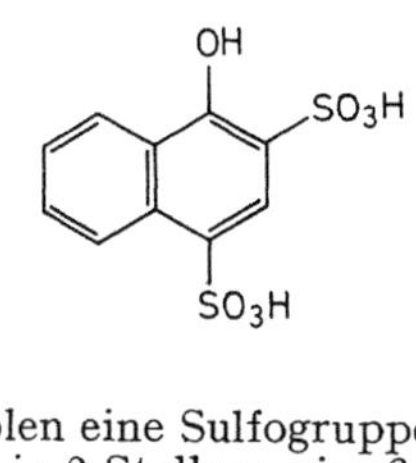

kuppelt nicht

Befindet sich in 1-Naphtholen eine Sulfogruppe in 3- oder 5-Stellung, so tritt die Azogruppe nicht in 4-, sondern in 2-Stellung ein. *2-Naphtholderivate* kuppeln in 1-Stellung. Ist diese besetzt, dann tritt keine Kupplung ein, oder es findet eine Verdrängung des Substituenten mit angeschlossener Kupplung statt.

Für Naphthylamine gelten die gleichen Substitutionsregeln wie für Naphthole. Bei *Aminonaphtholen* dirigiert den Eintritt der Azogruppe die NH_2-Gruppe, wenn sauer, und die OH-Gruppe, wenn alkalisch gekuppelt wird.

a) Monoazofarbstoffe

In der Gruppe der Monoazofarbstoffe sind – durch Unterschiede in der Konstitution bedingt – Vertreter der verschiedensten färberei- und druckereitechnischen Anwendung enthalten.

Mengenmäßig im Vordergrund stehen die *anionischen Säurefarbstoffe*, und zwar gehören diese hauptsächlich der Gruppe der stark sauer ziehenden Wollfarbstoffe an. Daneben ist eine große Anzahl von „*metallisierbaren*" Farbstoffen vorhanden, welche durch eine Metallsalzbehandlung eine Erhöhung ihrer Echtheitseigenschaften erfahren (*Chromierungs-* und *Beizenfarbstoffe*). Gewisse aminogruppenhaltige Monoazofarbstoffe fungieren als *kationische* bzw. *basische Farbstoffe*. Reagieren die Farbstoffe auf Grund der Gegenwart einer reaktiven Gruppe kovalent mit der Faser, dann handelt es sich um *Reaktivfarbstoffe*.

Enthalten die Farbkörper keine wasserlöslich machenden Gruppen, so dienen sie einerseits als *Pigmentfarbstoffe*, zum anderen können sie aus den löslichen Zwischenprodukten auf der Faser erzeugt werden (*Entwicklungsfarbstoffe*). Werden von Hause aus lösliche Monoazofarbstoffe z.B. durch Ausfällen mit Erdalkaliverbindungen unlöslich gemacht (verlackt), dann spricht man von *Lackfarbstoffen*.

Farbstoffe, welche *substantiv* auf Cellulosefasern aufziehen, sind in der Monoazogruppe nur spärlich enthalten; sie besitzen gegenüber den übrigen Farbstoffen dieser Gruppe spezielle Konstitutionsmerkmale. Einige Aminoazofarbstoffe finden in Form ihrer Basen bzw. ihrer oxyäthylierten Basen *zum Färben der Acetatfasern* und der *synthetischen Fasern* Verwendung. Eine ganze Anzahl von Aminoazofarbstoffen und Hydroxyazofarbstoffen, welche keine wasserlöslich machenden Gruppen besitzen, sind *fettlöslich* und dienen zum Färben von technischen Fettstoffen und von Nahrungsmitteln.

α) *Kationische (basische) Farbstoffe*

Bei den kationischen Farbstoffen der Monoazoreihe handelt es sich meist um *Aminoazofarbstoffe*, welche durch Kuppeln von Diazoniumsalzen mit Aminen entstehen. Teilweise liegen auch basische Gruppen enthaltende *Hydroxyazokörper* vor.

Die Aminoazofarbstoffe sind, sofern sie keine löslich machenden Gruppen enthalten, *wasserunlösliche Basen*, die lediglich in Form ihrer Salze Wasserlöslichkeit besitzen. Als Basen sind sie dagegen häufig fett- bzw. alkohollöslich und finden u.a. zum Färben von Schuhwichsen, Kerzen, Nahrungsmitteln usw. Verwendung, während sie in Salzform (Chloride, Acetate) als kationische (basische) Farbstoffe in der Textilfärberei angewandt werden.

Das in der wäßrigen Lösung vorhandene Farbkation verbindet sich mit den anionischen Gruppen der Faser zu einem Farbsalz, so daß die Proteinfasern eine ausgesprochene Affinität zu den basischen Farbstoffen besitzen, während sich die Cellulosefasern diesen gegenüber praktisch indifferent verhalten. Will man die kationischen Farbstoffe daher auf Cellulosefasern fixieren, dann muß man diese mit solchen Substanzen vorbeizen, welche der Cellulose anionische Eigenschaften vermitteln. Auf Grund ihres „anionischen" Charakters (S. 630) besitzt auch die Polyacrylnitrilfaser eine ausgesprochene Affinität zu den kationischen Farbstoffen.

Die Wechselwirkung zwischen der Proteinfaser und einem kationischen Farbstoff kann schematisch wie folgt wiedergegeben werden:

$$\underset{\text{Wollanion}}{[W \cdot COO]^-} + \underset{\text{Farbkation}}{[Fb \cdot NH_3]^+} \rightarrow \underset{\text{Farbsalz}}{[W \cdot COO]^{-\cdots}\,{}^+[H_3N \cdot Fb]}$$

W = Wollrest Fb = Farbstoffrest

Beispiele

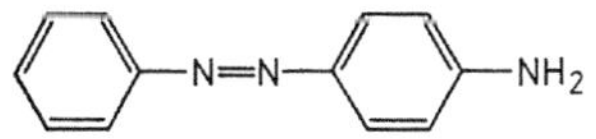

p-Amino-azobenzol
Anilingelb, Azonin R

Der Farbstoff findet, da zu unecht (sehr säureempfindlich), in der Textilfärberei keine Verwendung mehr, wohl aber als Zwischenprodukt für andere Farbstoffe sowie wegen seiner Fettlöslichkeit zum Färben von Nahrungsmitteln und auf Grund seiner Alkohollöslichkeit zum Färben von Spritlacken.

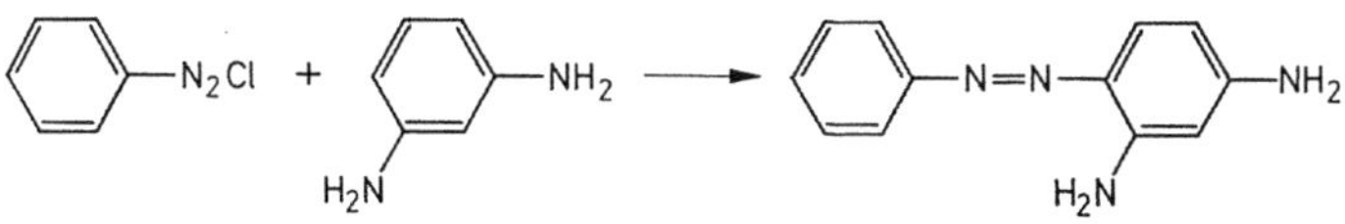

m-Phenylendiamin　　Chrysoidin

Chrysoidin kommt für Färberei- und Druckereizwecke als Hydrochlorid in den Handel und ergibt orangefarbene Töne.

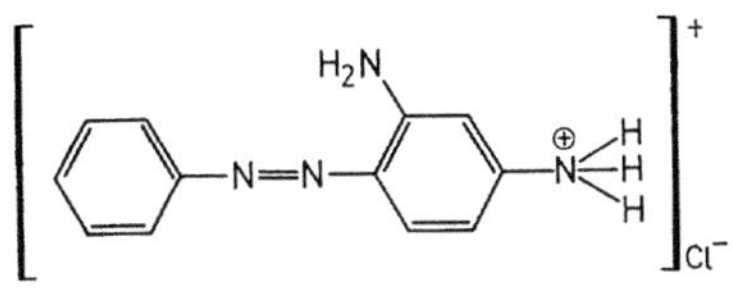

Chrysoidin-hydrochlorid

Bei der Diazotierung von m-Phenylendiamin entsteht durch Kupplung der diazotierten Base mit nicht diazotierter Base eine aus einem Monoazo- und einem Disazofarbstoff bestehende Mischung, das *Bismarckbraun*; dabei bildet der Disazofarbstoff das Hauptprodukt und der Monoazofarbstoff (Triaminoazobenzol) das Nebenprodukt. Als Hydrochlorid findet der Farbstoff in der Textilfärberei und in Form der Base als Fettfarbe Verwendung.

Für das Färben von Polyacrylnitrilfasern werden u. a. kationische Monoazofarbstoffe mit einer Phosphoniumgruppe vorgeschlagen:

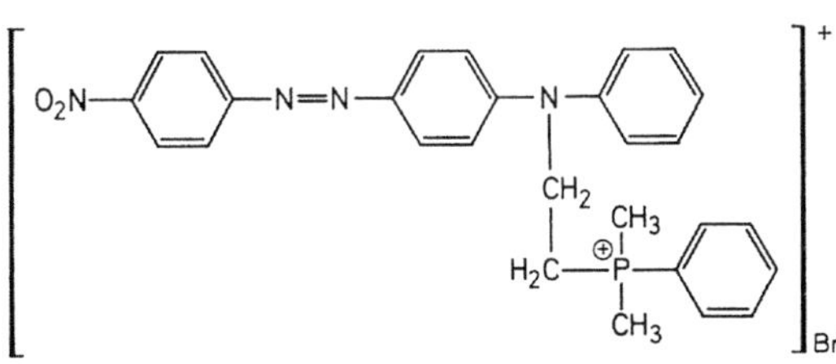

β) Dispersionsfarbstoffe

Bestimmte p-Amino-azofarbstoffe finden als sog. *Dispersionsfarbstoffe* Verwendung, d.h. sie sind in der Lage, aus wäßriger Dispersion heraus *hydrophobe* Fasern, wie Acetylcellulose (S. 590) und synthetische Fasern (S. 622), anzufärben. Um die Dispergierbarkeit zu erhöhen, werden in die Farbkörper gegebenenfalls Oxyäthylgruppen eingeführt, was z. B. durch Umsetzung mit Äthylenchlorhydrin geschehen kann.

Beispiele

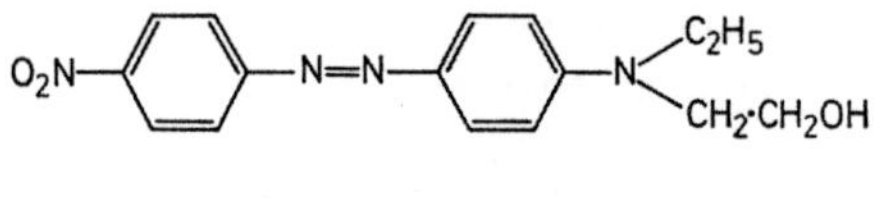

Cellitonscharlach B
Setacyldirektrot 5 GBN

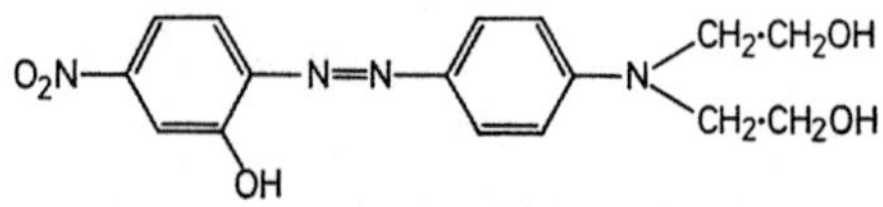

Cellitonrubin BF

(Als Kupplungskomponenten finden u. a. auch Hydroxychinoline [*Cellitonechtgelb, Cellitonätzblau RRF*] und als Diazokomponenten u. a. Aminoarylthiazole [*Cellitonätzblau 5 G*] Verwendung.)

Dispersionsfarbstoffe, die eine halogenierte phenolische Gruppe enthalten, färben im allgemeinen hydrophobe Fasern gut an, z. B.

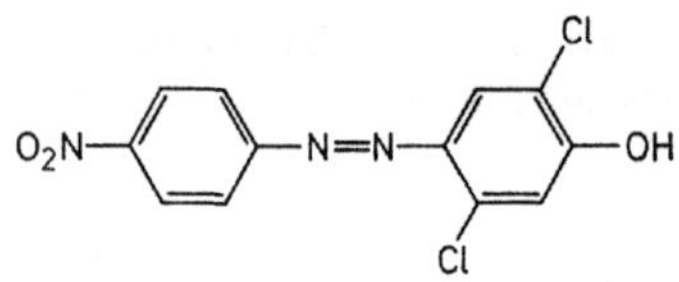

Dies ist einmal auf das hohe Dipolmoment und zum andern auf die Eigenschaft der Carrierwirkung zurückzuführen (*B. Kramer*). Gewisse Co- und Cr-Komplex-Dispersionsfarbstoffe von Azofarbstoffen haben Bedeutung für das Färben von Polyamidfasern (Perlitonfarbstoffe):

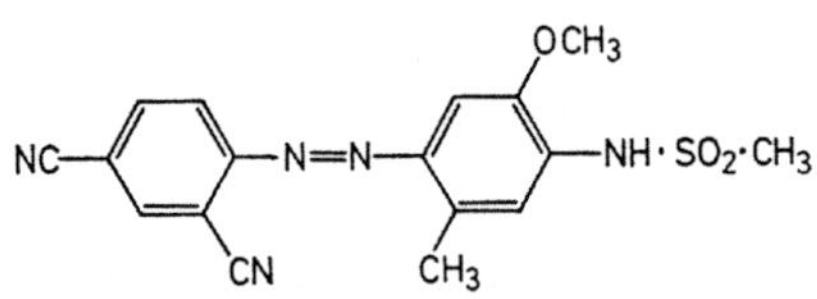

Neben Monoazofarbstoffen spielen auch *Disazofarbstoffe* eine Rolle, so z. B.:

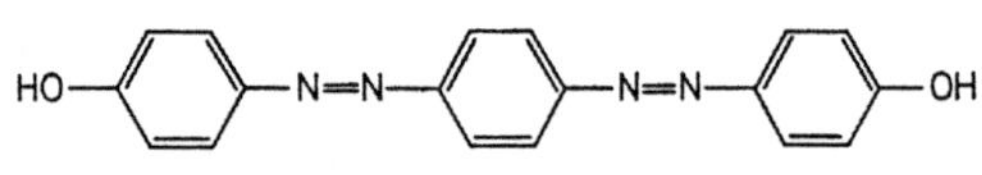

p-Aminoazofarbstoffe mit *heterocyclischem* Diazoteil besitzen wegen ihrer Brillanz und ihrer hohen Ausgiebigkeit große koloristische Bedeutung (*H. G. Wippel*). So erhält man z. B. mit 3-Amino-benzisothiazol als Diazokomponente blaue p-Aminoazofarbstoffe mit sehr guten Echtheitseigenschaften.

γ) *Solacetfarbstoffe* sind in bestimmter Weise wasserlöslich gemachte Acetatfarbstoffe, z. B. *oxyäthylierte Aminoazokörper*, die mit Schwefelsäure verestert sind, oder geeignete Komplexe aus Aminoazokörpern mit Aminoanthrachinonsulfosäuren. Sie ziehen aus wäßriger Lösung bei 80–85 °C unter Zusatz von Natriumsulfat gut auf die Acetatfaser auf (siehe S. 591); dabei wird der erstere Typ hydrolysiert.

Beispiel

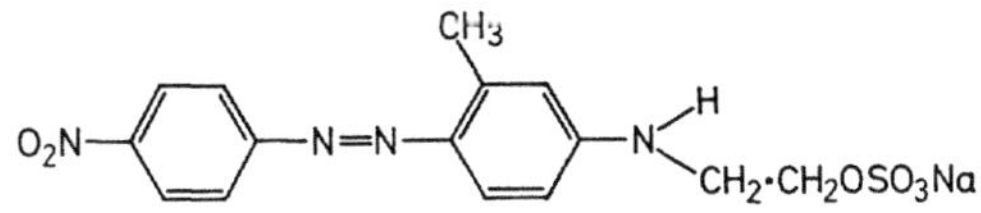

Solacetechtrubin 3 BS

An Stelle von Schwefelsäure kann man auch mit Oxalsäure verestern und bekommt damit in Form der Ammoniumsalze ebenfalls wasserlösliche Farbstoffe:

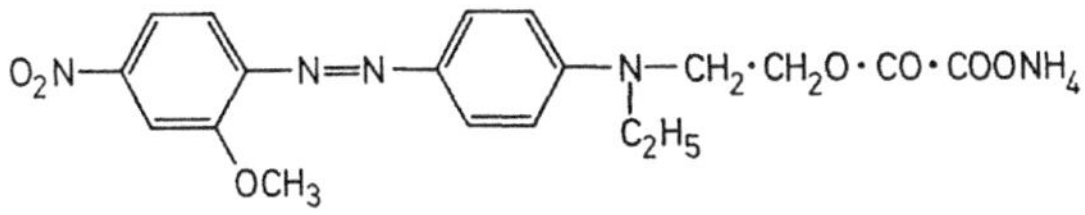

δ) *Säurefarbstoffe* (*anionische Farbstoffe*)

Bei den Säurefarbstoffen der Monoazoreihe handelt es sich meist um *Hydroxyazofarbstoffe*, welche durch Kuppeln von Diazoniumsalzen mit Phenolen oder meist Naphtholen bzw. Naphtholsulfosäuren entstehen. Hauptsächlich sind die Farben Gelb, Orange und Rot vertreten, während die Farbtöne Blau, Grün, Braun und Schwarz mehr den Gruppen der Disazofarbstoffe und der Anthrachinonfarbstoffe angehören. Bei der überwiegenden Anzahl liegen stark sauer ziehende Farbstoffe vor; die schwach sauer ziehenden Farbstoffe sind mehr in der Disazogruppe enthalten.

Um wasserlösliche Farbstoffe zu bekommen, muß mindestens in einer der beiden Komponenten eine löslichmachende Gruppe (COOH, OH oder meist SO_3H) zugegen sein. Durch die Gegenwart solcher saurer Gruppen wird der Farbkörper zum *anionischen* Farbstoff und besitzt Affinität zur Protein- und Polyamidfaser, während er Cellulosefasern meist nicht anfärbt. Die betreffenden Farbstoffe sind in überwiegender Zahl als Natriumsalze (Natriumsulfonate) im Handel. Ihre Aufnahme durch die Proteinfaser kann in Form einer Salzbildung schematisch wie folgt wiedergegeben werden:

$$[W \cdot NH_3]^+ + [Fb \cdot SO_3]^- \rightarrow [W \cdot NH_3]^{+\cdots -}[O_3S \cdot Fb]$$

Wollkation Farbanion Farbsalz

Beispiele

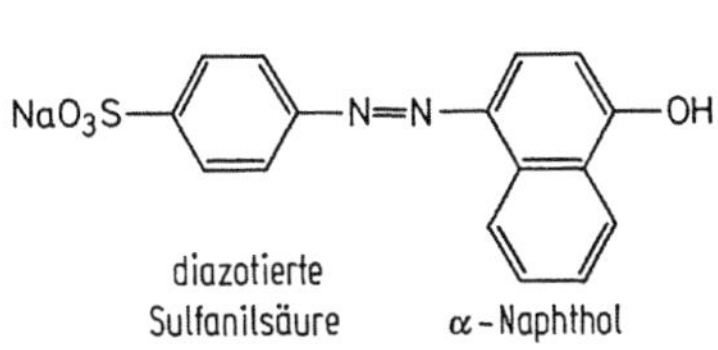

Orange I
stark sauer ziehender Säurefarbstoff; als Barytlack auch zur Herstellung von Pigmentfarben geeignet

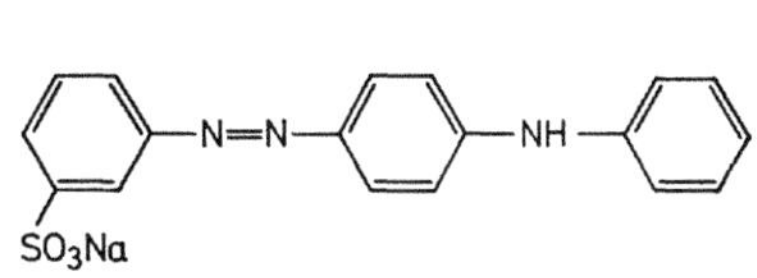

Metanilgelb (Aminoazofarbstoff)
aus diazotierter Metanilsäure und Diphenylamin; stark sauer ziehender Wollfarbstoff und Lackfarbstoff (als Baryt- und Tonerdelack)

Als Diazokomponenten können an Stelle von Sulfanilsäure z. B. Naphthylamin-sulfosäuren Verwendung finden:

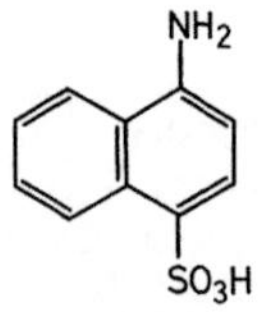

1-Naphthylamin-4-sulfosäure
1,4-Naphthionsäure

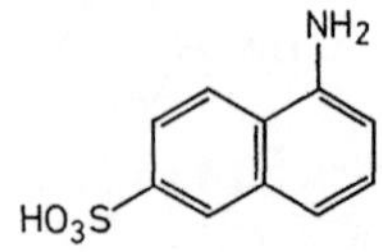

1-Naphthylamin-6-sulfosäure
Clevesäure

An Stelle der Naphthole kann man als Kupplungskomponenten die verschiedensten Naphtholsulfosäuren oder Aminonaphthol-sulfosäuren benutzen, so daß eine reichhaltige Variation gegeben ist:

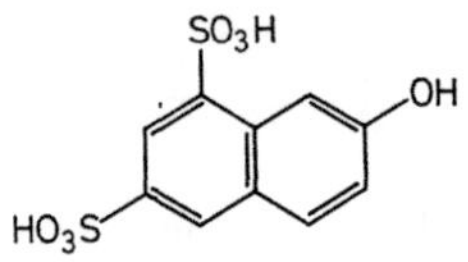

2-Naphthol-6,8-disulfosäure
G-Säure (gibt gelbstichige Rottöne)

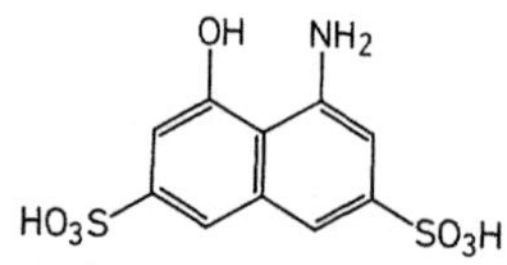

1-Amino-8-hydroxy-3,6-disulfosäure
H-Säure

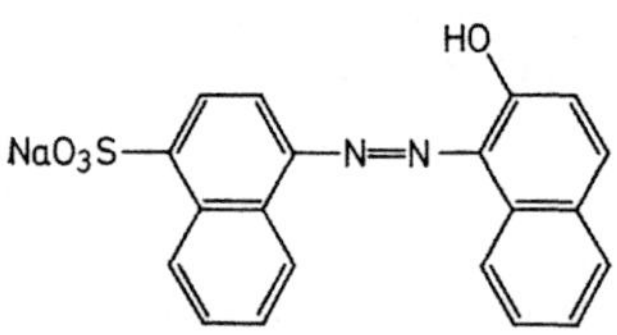

Echtrot A
stark sauer ziehender Säurefarbstoff

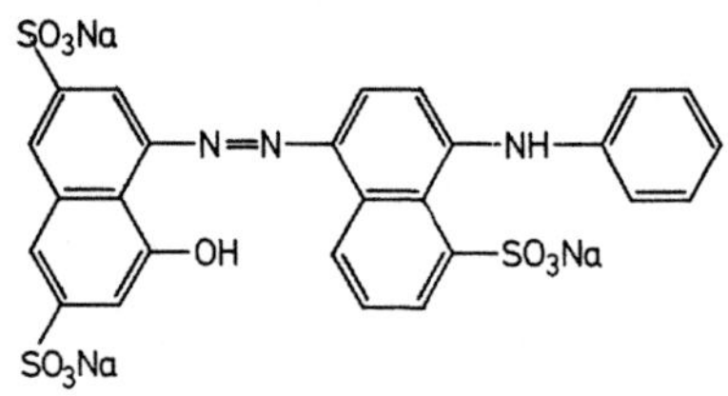

H-Säure Phenyl-1-naphthylamin-8-sulfosäure

Sulfonsäureblau R, Acilanechtmarineblau R
schwach sauer ziehender Säurefarbstoff

Durch die Anfügung eines hydroaromatischen Rings erhält man besonders brillante Farbtöne:

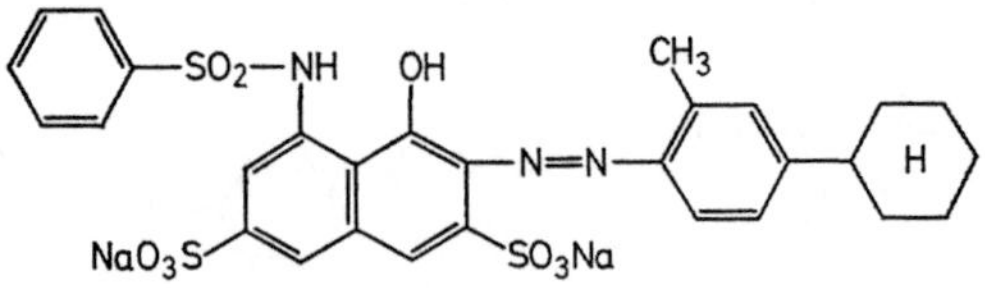

Supranolbrillantrot 3B

Für die Stabilität der Nuance gegenüber pH-Änderungen ist wichtig, daß die Hydroxid- bzw. Amino-Gruppen der Azogruppe benachbart (o-ständig) sind, um

eine Wasserstoffbrücke

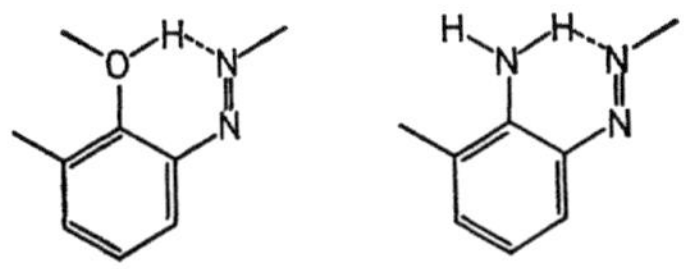

bilden zu können. Damit ist die Möglichkeit des Übergangs in die ionoide Form $-O^{\ominus}$ bzw. $-\overset{\oplus}{N}{\lt}^{H}_{H}{\!}^{H}$ bei mäßigen pH-Änderungen unterbunden. Nicht o-ständige Gruppen müssen acyliert bzw. alkyliert werden.

Von den beiden Farbstoffen Orange I und II spielt der erstere färbereitechnisch keine Rolle mehr, da er zu alkaliempfindlich ist. Im Orange II dagegen ist das Proton durch eine Wasserstoffbrücke stärker beansprucht und erst bei höheren pH-Werten abspaltbar (*H. Zollinger*).

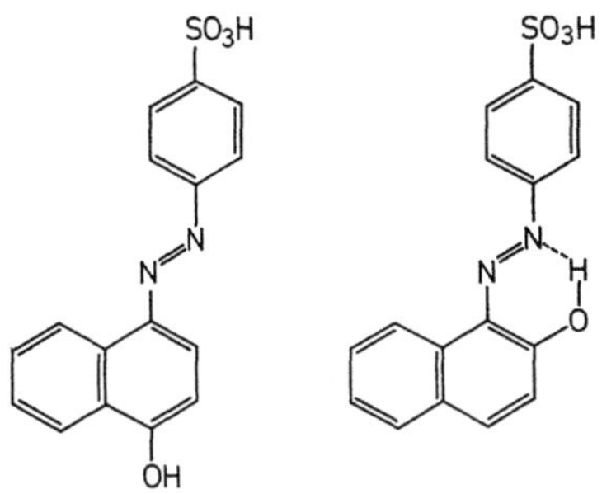

Orange I Orange II

Es ist noch zu erwähnen, daß namentlich aus spektroskopischen Untersuchungen zu folgern ist, daß den Azofarbstoffen teilweise ein *Tautomerie-Gleichgewicht zwischen der Hydroxyazo- und der Hydrazonform* zugrunde liegt:

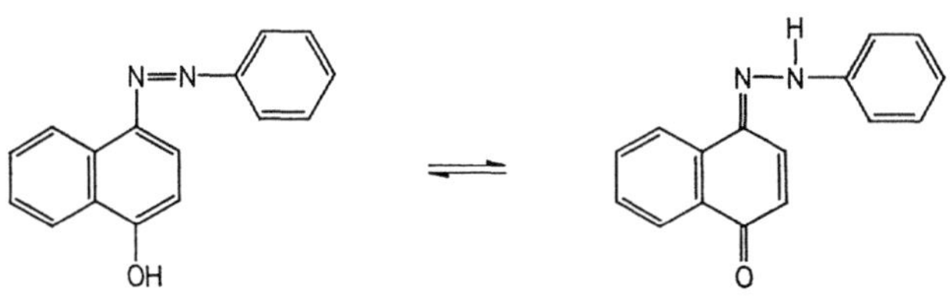

ε) *Metallisierbare Farbstoffe* (*Chrom- und Kupferkomplexe*)

Unter bestimmten konstitutionellen Voraussetzungen läßt sich ein Azofarbstoff durch eine Metallsalzbehandlung (z. B. Chromsalz) schwerer löslich und damit wasser- und waschechter machen (siehe S. 545). Das Metall wird dabei koordinativ an bestimmte Gruppen des Farbstoffs gebunden. Auch durch eine Kupfersalz behandlung kann man bei hierfür konstitutionsmäßig geeigneten Farbstoffen, besonders Disazofarbstoffen (S. 403), die Echtheitseigenschaften, ebenfalls unter komplexer Bindung des Metalls, günstig beeinflussen. Neben einer Verbesserung der Naßechtheit führt die Kupferung eines Farbstoffs vor allem zu einer erhöhten Lichtechtheit.

Je nach der Art des angewandten Farbstoffs und der Faserart kann die Chromsalzbehandlung vor, während oder nach dem Färben erfolgen (vgl. S. 605 f.). Farbstoffe, die nur auf die metallvorgebeizte Faser aufziehen, nennt man *Beizenfarbstoffe* (S. 578); solche, die sich durch eine Chrombehandlung während oder nach dem Färben echter machen lassen, werden als *Chromierungsfarbstoffe* bezeichnet. Die Kupferbehandlung wird meist nach dem Färben vorgenommen.

Färbt man Chromierungs- oder Chrombeizenfarbstoffe auf Wolle, dann verbindet sich das Chrom nicht nur koordinativ mit dem Farbstoff, sondern auch mit den Aminogruppen der Wollsubstanz (S. 597), so daß eine sehr waschechte Färbung entsteht. Im Gegensatz hierzu führt die Nachchromierung eines auf der Cellulosefaser befindlichen wasserlöslichen Farbstoffes nur zu einer mäßigen Erhöhung der Wasser- und Waschechtheit, da keine bzw. keine sehr feste Bindung des Metalls an die Faser zustande kommt, die Erhöhung der Wasserechtheit der Färbung daher in der Hauptsache durch das Maß der Löslichkeitsverringerung des Farbstoffes bedingt ist. Färbt man allerdings einen typischen Beizenfarbstoff, also einen wasserunlöslichen Farbstoff, auf die mit Metallsalzen vorgebeizte Cellulosefaser, wobei eine innigere Bindung der Metallhydrolysate eintritt, so resultieren auch hier waschechte Färbungen (*Alizarinrot*).

Manche Farbstoffe liefern bei einer außerhalb der Faser vorgenommenen Chromsalzbehandlung Chromkomplexe, ohne daß der sich bildende Chromkomplex wasserunlöslich wird. Solche Chromkomplexe kommen u.a. als *Palatinecht*- und *Neolanfarbstoffe* bzw. Ortolan- und Isolanfarbstoffe (S. 605) in den Handel und ermöglichen in einfacher Weise die Herstellung von verhältnismäßig waschechten Wollfärbungen. Entsprechende Kupferkomplexe sind ebenfalls im Handel (vereinzelte *Siriuslicht*- und *Chlorantinlichtfarbstoffe*, siehe S. 404).

Konstitutionelle Voraussetzungen. Die Möglichkeit der koordinativen Bindung von Metallatomen an Azofarbstoffe (und auch an anderen Klassen angehörige Vertreter) ist an bestimmte konstitutionelle Voraussetzungen geknüpft. Das Metallatom wird koordinativ, d.h. zu einem *inneren Komplexsalz*, gebunden (*A. Werner*), wobei fünf- bzw. sechsgliedrige Ringsysteme entstehen (*P. Pfeiffer*).[1]

Hierfür eignen sich z.B. alle Farbstoffe, welche eine *o-Hydroxycarbonyl-Gruppierung* enthalten:

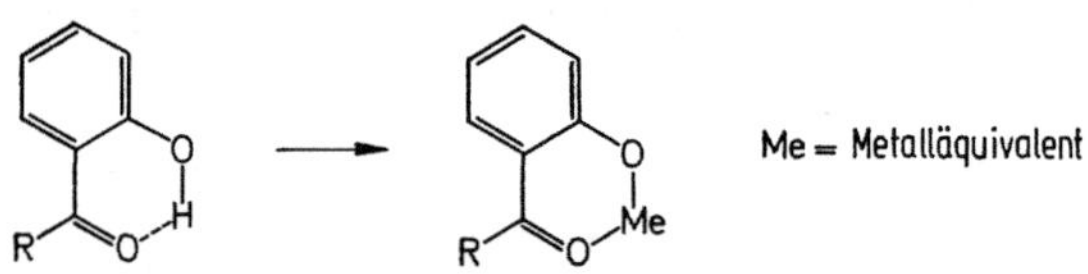

Es tritt also ein Metalläquivalent an die Stelle eines in Scherenbindung (Chelatbindung) stehenden Wasserstoffatoms.

Steht an Stelle von R eine OH-Gruppe, dann liegt die für die Salicyl- bzw. Kresotinsäure charakteristische o-Hydroxycarbonsäure-Gruppierung vor. In diesem Fall kann auch eine doppelte hauptvalenzmäßige Bindung angenommen werden:

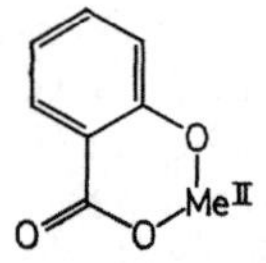

[1] In diesen Komplexen bestätigen die Metalle über ihre stöchiometrische Wertigkeit hinaus noch weitere sog. koordinative Bindungen. Da die Frage hinsichtlich des Bindungscharakters noch nicht in allen Fällen eindeutig beantwortet werden kann, werden in den aufgeführten Komplexformeln gemäß einem Vorschlag von *H. Zollinger* beide Bindungen, also auch die koordinative, mit dem üblichen Valenzstrich geschrieben, wobei aber die Frage nach der Natur dieser Bindungen bzw. ihrer Gleichheit offen gelassen werden soll.

Weiterhin sind zur Metallkomplexbildung Farbstoffe befähigt, welche die *o-Hydroxyazo-Gruppierung* enthalten, also Farbstoffe vom Typus

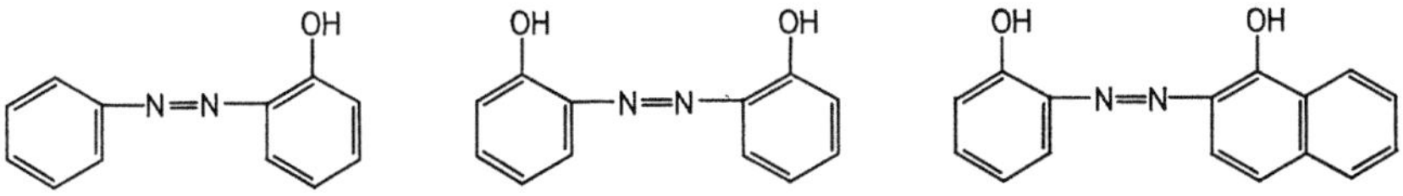

Diese Farbstoffe binden das Metall ebenfalls unter Ausbildung eines Ringsystems, in dem das Metalläquivalent die Stelle des Wasserstoffatoms einnimmt:

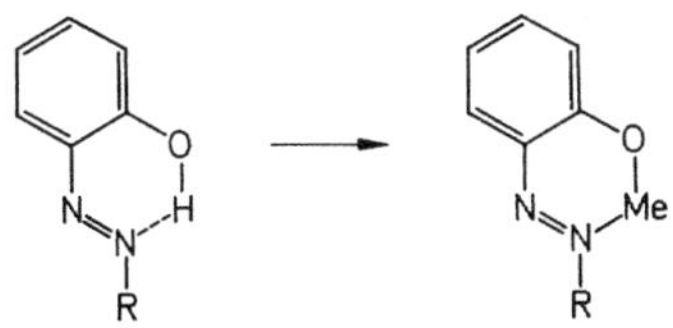

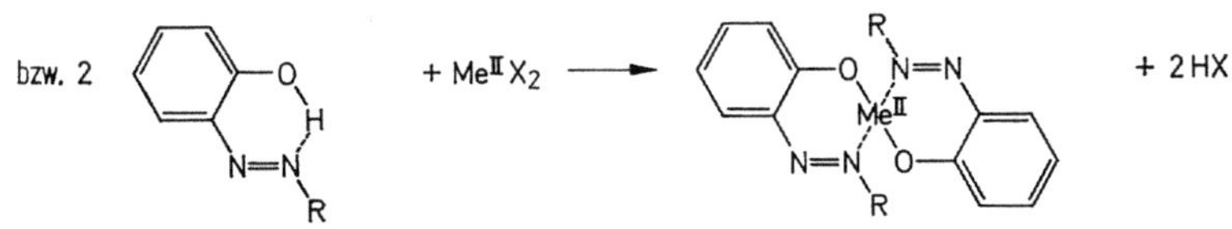

In entsprechender Weise sind auch o-Aminoazokörper zur Komplexbildung befähigt:

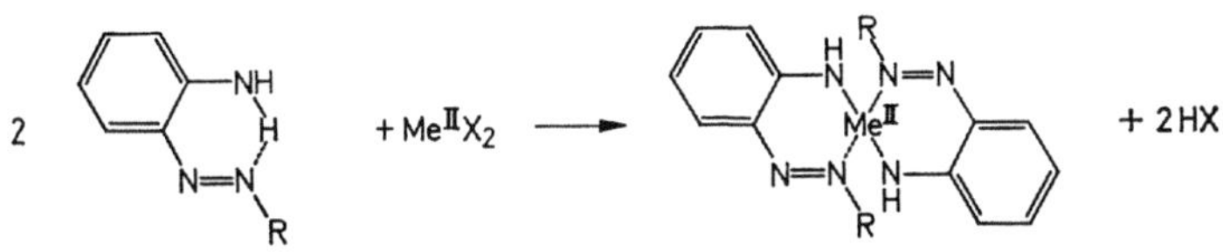

Bei der Einwirkung von Kupfer(II)-salzen auf o-Aminoazokörper bei erhöhter Temperatur treten jedoch gleichzeitig unerwünschte Oxydationsreaktionen auf, die für die technische Verwendung störend sind.

Beispiele

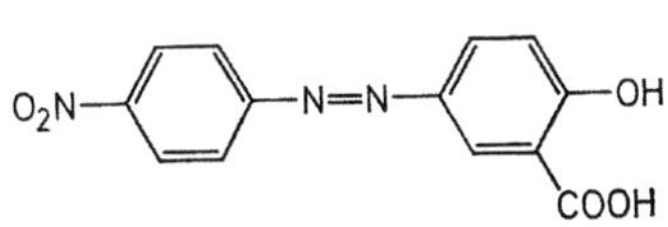

Alizaringelb R

wasserunlöslich, Chrombeizenfarbstoff für Wollfärberei und Baumwolldruck.

Na-Salz des Farbstoffs ist wasserlöslich und kann als Chromierungsfarbstoff angewandt werden (*Metachromorange R*)

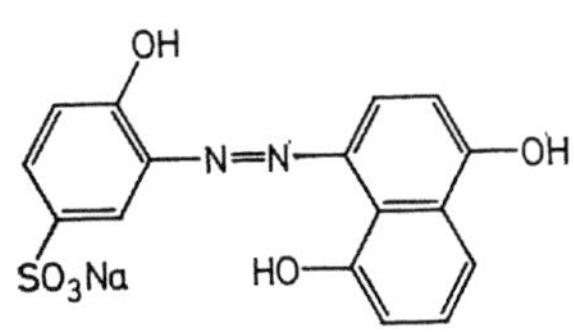

1-Hydroxy-2-aminobenzol-4-sulfosäure 1,5-Dihydroxynaphthalin

Diamantschwarz PV

Wollchromierungsfarbstoff

Beim Diamantschwarz PV tritt bei der Chromierung eine Oxydation zum Naphthochinon ein:

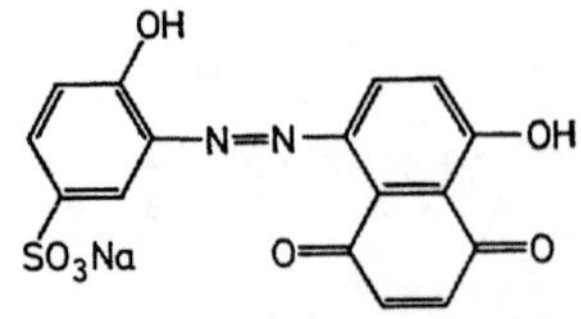

Bei den *o,o'-Dihydroxyazokörpern* verbinden sich beide Sauerstoffatome des gleichen Farbstoffmoleküls mit demselben Metallatom, so daß ein doppelt o-kondensiertes Ringsystem (Sechserring und Fünferring) entsteht, wobei der Azostickstoff als dritter Komplexligand fungiert:

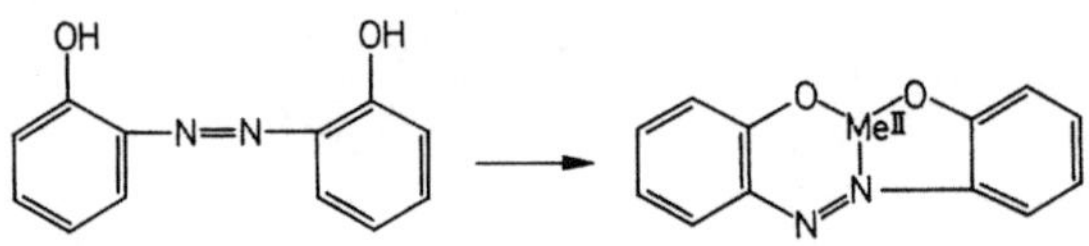

Bei den *o-Carboxy-o'-hydroxyazo-Körpern* entstehen kondensierte Systeme aus zwei Sechserringen:

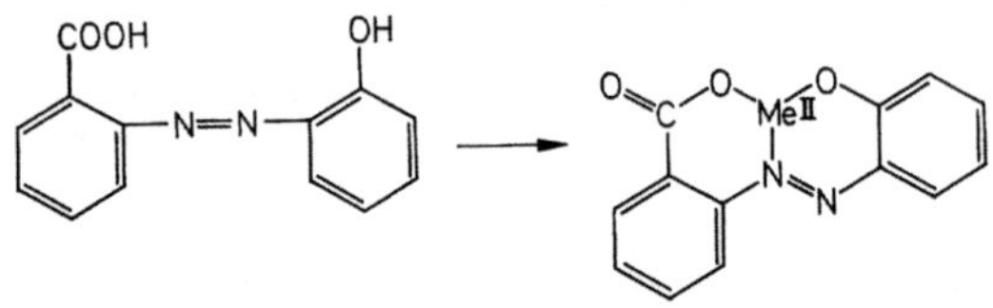

Solche Systeme liegen namentlich in den lichtechten Kupferkomplexen vor (S. 404).

Die Bindung dreiwertiger Metalle durch die Salicylsäuregruppierung kann folgendermaßen formuliert werden:

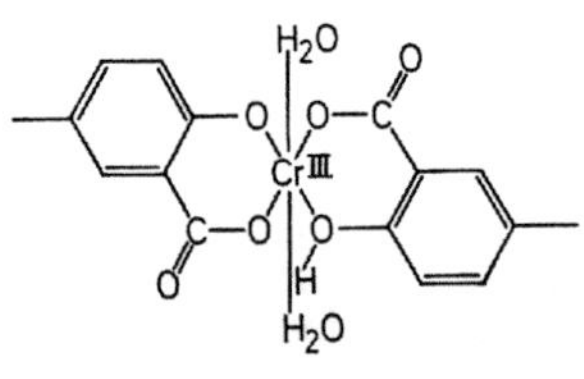

Die beiden am Chrom an und für sich freien Koordinationsstellen sind durch Wasser abgesättigt, an dessen Stelle bei Gegenwart von Proteinfasern der Faser angehörige Aminogruppen treten können, wodurch die feste Bindung von Chromierungsfarbstoffen an Proteinfasern eine Erklärung findet.

In den als Chromkomplexe im Handel befindlichen Azofarbstoffen (*Palatinechtfarbstoffe, Neolanfarbstoffe,* S. 598) bildet das Chromatom mit einer vorhandenen Sulfogruppe ein inneres Salz, so daß die Farbstoffe zwitterionische Körper gemäß dem folgenden Schema darstellen:

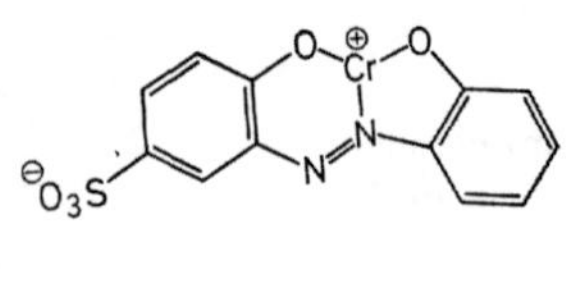

Das koordinativ nicht abgesättigte Chromatom kann mit Aminogruppen der Proteinfasern weitere, die waschbeständige Fixierung des Farbstoffs fördernde Bindungen eingehen (S. 604).

Beispiele

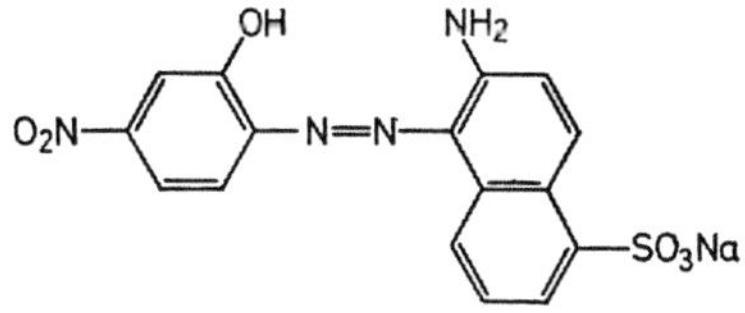

als Chromkomplex
Palatinechtgrün BLN

Die Verwendung von Chromkomplexfarbstoffen ermöglicht eine einfache Arbeitsweise und schließt eine durch Chromat mögliche Schädigung der Wolle aus. Bei der auf der Faser erfolgenden Nachchromierung von Chromierungsfarbstoffen treten wahrscheinlich zwei Farbstoffmoleküle mit einem Chromatom in komplexe Bindung.

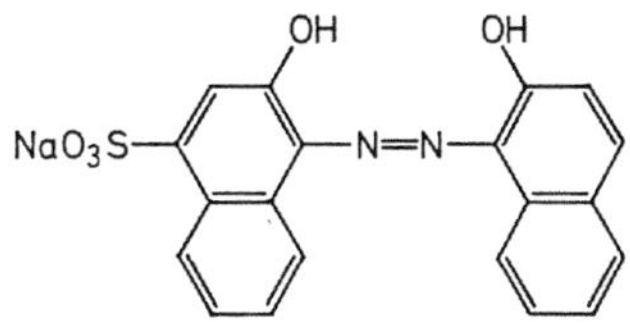

1-Amino-2-naphthol-4-sulfosäure β-Naphthol
als Chromkomplex
Neolanblau B
(Chromkomplex des Eriochromblauschwarz R)

Die Anwendung der obigen Chromkomplexfarbstoffe (Palatinecht- und Neolanfarbstoffe) ermöglicht ein einfaches Färben und Abmustern, bedingt aber das Arbeiten mit verhältnismäßig hohen Säurekonzentrationen, die namentlich bei längerem Färben nicht ganz ohne Einfluß auf die Wollqualität sind. Die Nachchromierungsfarbstoffe erfordern eine umständliche und langwierige Arbeitsweise.

Seit einiger Zeit sind nun Metallkomplexfarbstoffe im Handel, die *keine Sulfogruppen als hydrophile Gruppen* enthalten und aus schwach saurem bzw. neutralem Bad auf Proteinfasern gefärbt werden können. Die Löslichkeit ist bei diesen Farbstoffen durch andere hydrophile Gruppen, und zwar durch $—SO_2NH_2$, $—SO_2CH_3$, $—SO_2NHCH_3$-Gruppen usw. bedingt. Die hydrophile Funktion, z.B. die Methylsulfongruppe, ist durch die Möglichkeit der Anlagerung von Wassermolekülen über Wasserstoffbrücken gegeben. Durch die Methylgruppe werden die einsamen Elektronenpaare der O-Atome aktiviert, so daß es zur Bindung von Wassermolekülen kommt (*G. Schetty*):

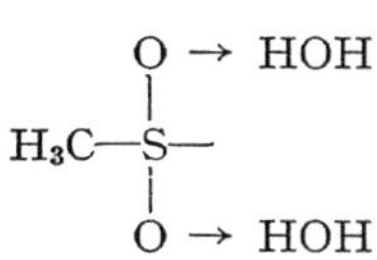

Arylsulfongruppen kommen nicht in Betracht, da bei diesen infolge der elektronensaugenden Wirkung der Aromaten die protonbindende Funktion der O-Atome stark herabgesetzt ist.

Als Beispiel für diesen Farbstofftyp sei der folgende genannt:

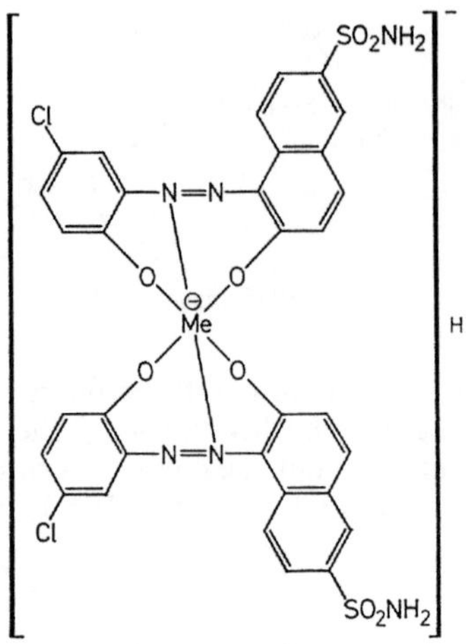

Im Gegensatz zu den bisherigen Metallkomplexen, die pro Farbstoffmolekül 1 Metallatom enthalten, beträgt dieses Verhältnis im vorliegenden Fall 2:1.

Hierher gehörige *Handelsprodukte* sind:

Irgalan-, *Cibalan-*, *Ortolan-*, *Isolan-*, *Remalanecht-*, *Lanasyn-*, *Capracyl*-Farbstoffe usw. Über die Art der Bindung an die Faser siehe S. 599.

2:1-Metallkomplexfarbstoffe mit Sulfogruppen – anstelle von z. B. Sulfonamidgruppen – sind die Acidol M-Farbstoffe, die eine besonders gute Wasserlöslichkeit besitzen.

Neben dem obigen Typ sind noch Metallkomplex-Farbstoffe zu nennen, die frei von löslichmachenden Gruppen sind (z.B. *Neopalatinfarbstoffe*, *Vialonechtfarbstoffe*, *Avilonlichtfarbstoffe*). Diese sind auf Grund ihrer ionoiden Natur wasserlöslich.

Als eine weitere Gruppe von Komplexfarbstoffen sind die *Formacylkomplexe* zu erwähnen (*R. Wizinger*):

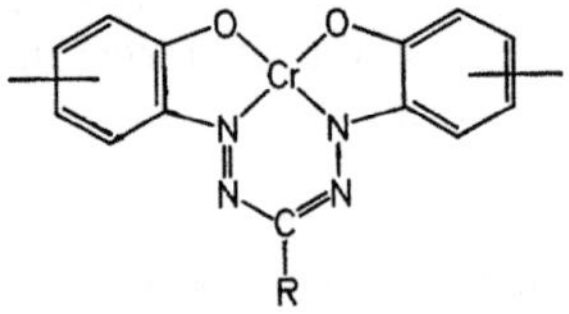

Handelsprodukte: Formalan-Farbstoffe.

Außer den Monoazofarbstoffen sind auch Disazofarbstoffe und anderen Farbstoffgruppen angehörige Vertreter, soweit sie die konstitutionellen Voraussetzungen erfüllen, zu einer Metallkomplexbildung befähigt. Während bei den Azofarbstoffen hierfür die o-Hydroxycarbonsäure- und die o-Hydroxyazogruppierung eine bevorzugte Rolle spielen, ist für Anthrachinonderivate (S. 457) die o-Hydroxycarbonylgruppierung eine wichtige komplexbildende Konfiguration.

Zu bemerken ist, daß nicht alle für eine koordinative Bindung von Metall befähigten Farbstoffe in der Technik auch tatsächlich in dieser Weise Verwendung finden. In Fällen, in denen einerseits mit der Metallisierung unerwünschte Tonumschläge verbunden sind und andererseits die durch die Metallisierung erzielbare

Echtheitserhöhung von untergeordneter Bedeutung ist, macht man von der Metallisierbarkeit keinen Gebrauch.

ζ) *Substantive Farbstoffe*

Die substantiven Farbstoffe (S. 540) sind in der Monoazogruppe nur spärlich vertreten, während sie bei den Disazofarbstoffen das Hauptkontingent stellen. Die wasserlöslichen Monoazofarbstoffe neigen weniger zur Assoziation, eine durch Nebenvalenzkräfte bedingte Eigenschaft, die gerade vielen Disazofarbstoffen von langgestrecktem Molekülbau zukommt und welche diesen Körpern eine ausgegeprägte Affinität zur Cellulosefaser verleiht (siehe S. 504).

Die substantiven Monoazofarbstoffe sind durch spezielle Konstitutionsmerkmale gekennzeichnet, durch welche sie sich von den übrigen wasserlöslichen Monoazofarbstoffen unterscheiden. Meist enthalten sie neben dem isocyclischen Ringsystem einen Thiazol- oder Imidazolring oder sind durch das Vorhandensein von Carbonamidgruppen gekennzeichnet. Charakteristisch ist auch die Verwendung von Derivaten der 2-Amino-5-hydroxy-naphthalin-7-sulfosäure (*I-Säure*) als Kupplungskomponente.

Beispiel

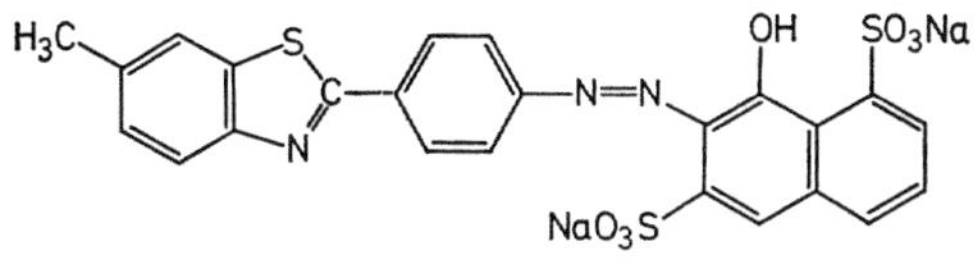

Diaminrosa GN (Erika 2 GN)
aus diazotiertem Dehydrothio-p-toluidin und 1-Naphthol-3,8-disulfosäure

η) *Pigmentfarbstoffe*

Den Pigmentfarbstoffen liegen meist Hydroxyazofarbstoffe ohne löslichmachende Sulfo- oder Carboxyl-Gruppen zugrunde, z.T. sind die Farbstoffe identisch mit gewissen Beizenfarbstoffen und Entwicklungsfarbstoffen.

Beispiele

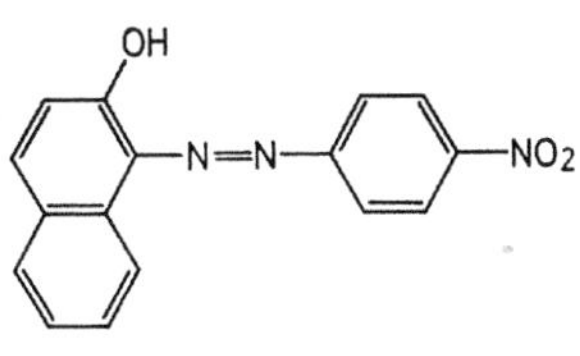

Pararot
Pigmentfarbstoff und
Enwicklungsfarbstoff

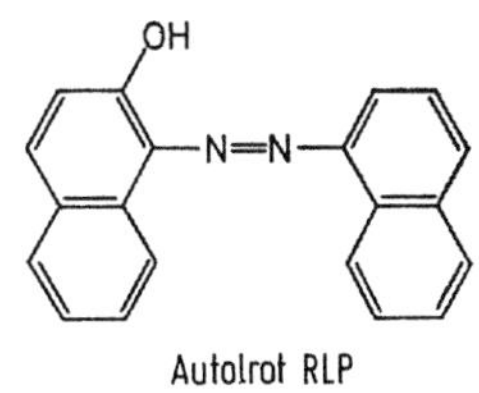

Autolrot RLP
Pigmentfarbstoff und
Entwicklungsfarbstoff

ϑ) *Lackfarbstoffe*

Lackfarbstoffe sind von Hause aus wasserlösliche Farbstoffe, werden aber für die Zwecke der Pigmentfarbenherstellung in unlösliche Verbindungen umgewandelt (verlackt). Hauptsächlich kommen hierfür Säurefarbstoffe der Monoazoreihe in Frage.

Beispiel

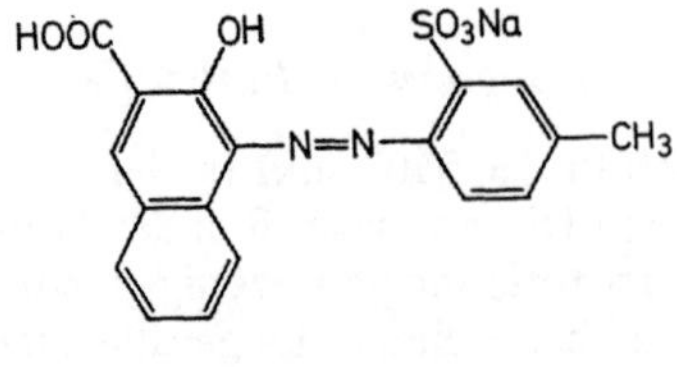

Litholrubin B
wird mit Ba- oder Ca-salzen verlackt

Um die Eigenschaften und den Verwendungszweck der Pigment- und Lackfarbstoffe aufzuzeigen, seien nachstehend einige grundsätzliche Ausführungen über das Gebiet der Pigmentfarbstoffe, Lackfarbstoffe und Pigment- oder Körperfarben gemacht.

Pigmentfarbstoffe, Lackfarbstoffe, Pigmentfarben (Körperfarben)

Pigmentfarbstoffe sind wasserunlösliche Farbstoffe, welche den verschiedensten Farbstoffgruppen angehören. So kann es sich um Mineralfarben handeln wie Mennige, Chromgelb, Berlinerblau, Ultramarin, oder um künstliche organische Farbstoffe wie unlösliche Azokörper, Küpenfarbstoffe, Anilinschwarz, Phthalocyanine usw. Die Pigmentfarbstoffe besitzen zur Faser keine Affinität und müssen auf ihr mit Hilfe geeigneter Bindemittel fixiert werden. Auch die Fixierung auf anderen Substraten (Papier, Holz, Metall usw.) erfordert entsprechende Bindemittel.

Lackfarbstoffe sind an und für sich in Wasser lösliche Farbstoffe, die durch ein geeignetes Fällungsmittel in wasserunlösliche „Farblacke" übergeführt werden. Dabei werden sie meist gleichzeitig auf einem geeigneten mineralischen *Substrat* niedergeschlagen. Als solche kommen u.a. in Frage: Bleicarbonat, Zinkoxid, Calciumcarbonat, Bariumsulfat, Calciumsulfat, Kaolin, Aluminiumhydroxid.

Kationische Farbstoffe werden gefällt durch Gerbstoffe, komplexe Phosphorwolframsäuren (Fanalfarben), Phosphormolybdänsäuren und durch Säurefarbstoffe.

Säurefarbstoffe werden mit Calciumchlorid oder Bariumchlorid als Calcium- bzw. Bariumsalze gefällt:

$$2\,FbSO_3Na + BaCl_2 \rightarrow (FbSO_3)_2Ba + 2\,NaCl$$

Mit der Ausfällung in Form unlöslicher Salze verlieren die Farbstoffe ihre Affinität zur Textilfaser und entsprechen dann in Eigenschaften und Verwendungszweck weitgehend den Pigmentfarbstoffen.

Die Farblackbildung erfolgt meist in Gegenwart oder bei gleichzeitiger Bildung des Substrats.

Beispiel

Aluminiumsulfatlösung wird mit der äquivalenten Menge Soda umgesetzt:

$$Al_2(SO_4)_3 + 3\,Na_2CO_3 + 3\,H_2O = 2\,Al(OH)_3 + 3\,Na_2SO_4 + 3\,CO_2$$

Zu dieser Suspension fügt man den in Wasser gelösten Farbstoff und anschließend Bariumchlorid. Hierdurch wird der Farbstoff als Bariumsalz und Na_2SO_4 als $BaSO_4$ ausgefällt. Der sich bildende Farblack wird an die Substrate $Al(OH)_3$ und $BaSO_4$ adsorbiert und bildet in dieser Form die sogenannte *Pigmentfarbe.*

Man kann auch *Reaktivfarbstoffe* mit Harzvorkondensaten oder polykondensationsfähigen Monomeren umsetzen und dann kondensieren bzw. polymerisieren.

Pigmentfarben (Körperfarben). Sowohl die Pigmentfarbstoffe als auch die Lackfarbstoffe dienen zur Herstellung der Pigment- oder Körperfarben. Diese sind weiße, schwarze (Zinkoxid, Bariumsulfat, Ruß) oder bunte Substanzen (auch Metallpulver), welche auf Grund ihrer Unlöslichkeit keine Affinität zu den Textilfasern besitzen und daher mit Hilfe eines Bindemittels auf diesen fixiert werden müssen. Man verwendet sie vielfach auch zum Anfärben solcher Materialien, bei denen eine Wechselwirkung mit der zu färbenden Substanz nicht notwendig ist, sondern bei denen die Färbung einfach durch Beimischen der Pigmentfarbe erzeugt wird. So werden z.B. Beschichtungsmassen für die Gewebebeschichtung vielfach durch Vermischen mit Pigmentfarben gefärbt (S. 116f.).

Da die Pigmentfarben mit Hilfe eines Bindemittels auf der Unterlage fixiert werden, lassen sie sich an jedes beliebige Substrat binden und besitzen daher für die verschiedensten Zwecke der technischen Farbgebung Bedeutung. *Durch ihre Unlöslichkeit und ihre Fixierung mit Hilfe eines Bindemittels unterscheiden sie sich von den eigentlichen Farbstoffen.*

Für die Zwecke der Textilfärberei und -druckerei sind die Pigmentfarbstoffe und Pigmentfarben auf Grund technischer und wirtschaftlicher Gesichtspunkte von Interesse (S. 583f., 704).

Als *Bindemittel* kommen je nach der technischen Anwendung in Frage:

1. In wäßriger Lösung: Leim, Tragant, Stärke, Dextrin, Casein, Cellulosederivate (für Wasserfarben, Buntpapier- und Tapetenteigfarben).
2. Mit Sikkativen versetztes Leinöl (Firnis) für Ölfarben, Buch- und Steindruckfarben.
3. Lacke, d.h. in organischen Lösungsmitteln gelöste Natur- und Kunststoffe für Pigmentdruck, Autospritzlacke, Lederlacke usw.
4. Wäßrige Dispersionen von Kunststoffen für Pigmentdruck und Pigmentfärben.
5. Auf der Faser erzeugte Kunststoffe (Pigmentdruck, Pigmentfärben).

Zur Herstellung der Pigment- oder Körperfarben brauchen die Pigmentfarbstoffe nur mit den geeigneten Substraten vermischt zu werden, während die Lackfarbstoffe unlöslich ausgefällt und dabei meist gleichzeitig auf dem Substrat niedergeschlagen werden. Das Mischen mit den Substraten gibt den Farbstoffen hohe Deckkraft und läßt ihre Nuance kräftig zur Geltung kommen. *Hohe Deckkraft, Wasserunlöslichkeit* und *Lichtbeständigkeit* sind die wichtigsten Eigenschaften und Voraussetzungen für eine Pigmentfarbe.

ι) *Fettfarbstoffe*

Neben einigen Aminoazokörpern finden auch eine ganze Anzahl von Hydroxyazofarbstoffen als Fettfarben Verwendung.

Beispiele

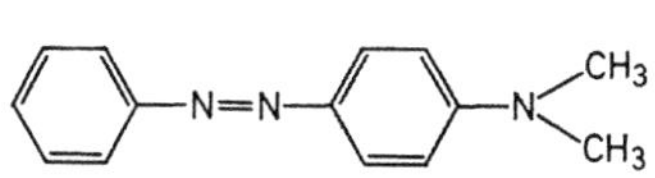

p-Dimethylamino-azobenzol
Buttergelb
früher zum Färben von Kunstbutter angewandt (wirkt krebserzeugend)

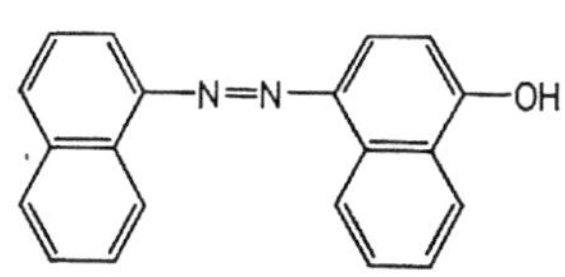

Sudanbraun
(Pigmentbraun)

b) Disazofarbstoffe

Je nach dem Herstellungsprinzip unterscheidet man zwischen *primären* und *sekundären* Disazofarbstoffen und versteht unter den letzteren solche, welche man aus Monoazokörpern mit einer diazotierbaren Aminogruppe durch Diazotieren und Kuppeln erzeugt. Die primären Disazofarbstoffe werden entweder durch Einwirkung von zwei gleichen oder verschiedenen Diazokomponenten auf eine Kupplungskomponente mit zwei kupplungsfähigen Stellen oder durch Kupplung eines tetrazotierten Diamins mit zwei gleichen oder verschiedenen Kupplungskomponenten hergestellt.

Die verschiedenen Möglichkeiten lassen sich schematisch wie folgt darstellen, wobei D die Diazotierungskomponente und K die Kupplungskomponente bedeuten:

1. D → K ← D 2. K → D ← K 3. DK ← K

primäre Disazofarbstoffe sekundäre Disazofarbstoffe

Von den drei Gruppen ist die Gruppe 2 die umfangreichste. Sie enthält in überwiegender Zahl Cellulosefarbstoffe und auch Halbwollfarbstoffe, d.h. Farbstoffe, die sowohl Cellulosefasern als auch Proteinfasern anfärben.

α) *Primäre Disazofarbstoffe Typ D → K ← D*

Sie entstehen durch aufeinanderfolgendes Kuppeln zweier gleicher oder verschiedener Diazoverbindungen mit einer Komponente, die an zwei Stellen mit Diazoverbindungen reagieren kann. Je nach Konstitution handelt es sich um Säurefarbstoffe, kationische Farbstoffe, Chromkomplex- und Chromierungsfarbstoffe sowie um substantive Cellulosefarbstoffe. Hauptsächlich sind braune und blauschwarze Töne in dieser Gruppe vertreten.

Beispiel

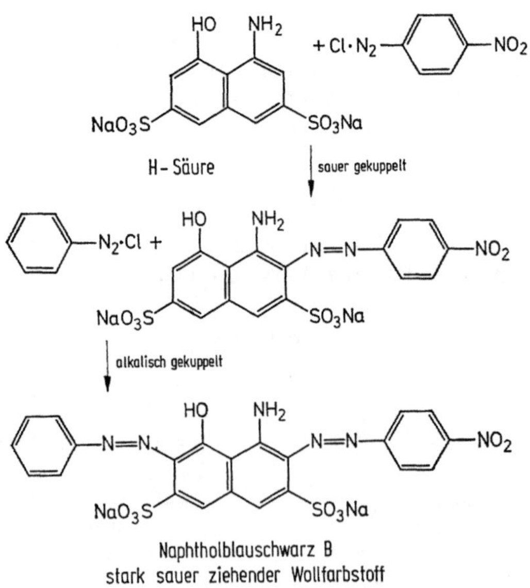

Für die Herstellung von Cellulosefarbstoffen spielen als Kupplungskomponenten die I-Säure (2-Amino-5-naphthol-7-sulfosäure) sowie deren Derivate eine wichtige Rolle (z.B. für Benzoechtscharlachmarken).

β) *Primäre Disazofarbstoffe Typ K → D ← K*

Diese Gruppe bildet das Hauptreservoir für die *substantiven Cellulosefarbstoffe.* Sie besitzen meist eine langgestreckte Molekülstruktur und damit ein langes unverzweigtes System von konjugierten Doppelbindungen, eine Konfiguration, die den Farbstoffen eine gute Affinität zur Cellulosefaser verleiht (siehe S. 517).

Neben den substantiven Cellulosefarbstoffen sind Säurefarbstoffe, Halbwollfarbstoffe, Chromfarbstoffe sowie kationische Farbstoffe vertreten. Die Säurefarbstoffe dieser Gruppe gehören im Gegensatz zu denjenigen der Monoazogruppe meist zu dem schwach sauer ziehenden Sortiment (S. 602). Die Farbstoffe leiten sich von Diaminen (vorzugsweise von Benzidin und o-Tolidin) ab, welche tetrazotiert und dann mit zwei gleichen oder zwei verschiedenen Komponenten gekuppelt werden.

Tetrazotierbare Diamine

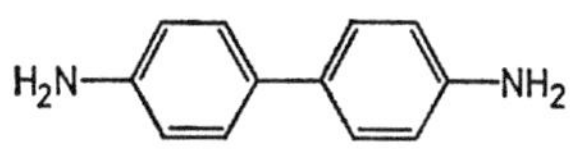

Benzidin

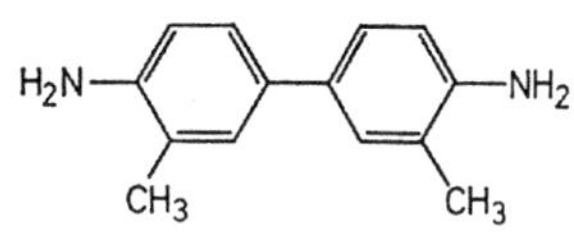

o-Tolidin

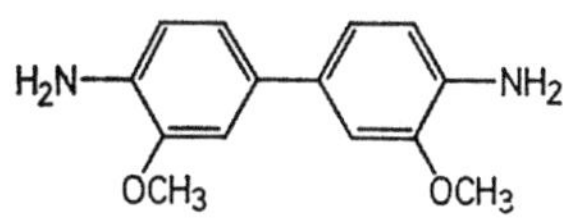

o-Dianisidin

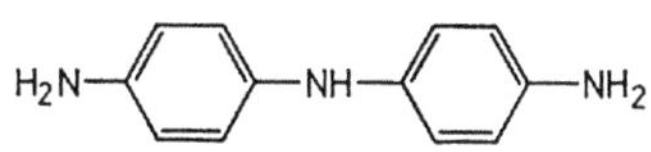

4,4'-Diamino-diphenylamin

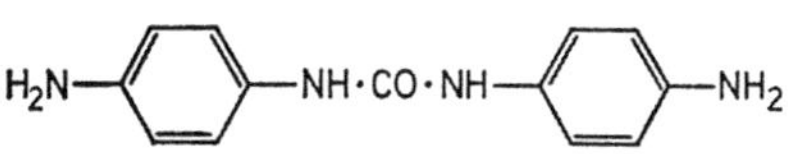

4,4'-Diamino-diphenylharnstoff

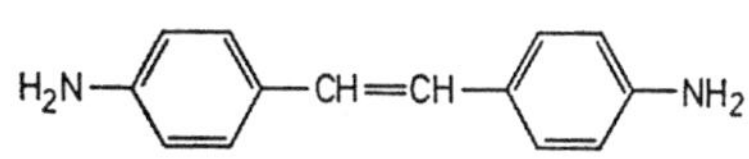

4,4'-Diamino-stilben

Die p-Stellung der NH_2-Gruppe ist wichtig; m-Verbindungen z.B.

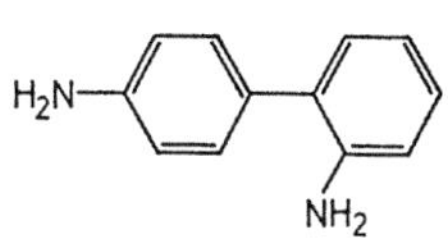

geben keine auf Cellulose substantiv ziehenden Farbstoffe, da diese nicht planar gebaut sind (vgl. S. 517f.). Planare Farbstoffe können sich sehr dicht an die Cellulose anlagern, so daß sich die Bindekräfte (*van der Waals*sche Kräfte, Wasserstoffbrücken) auswirken können.

Beispiele

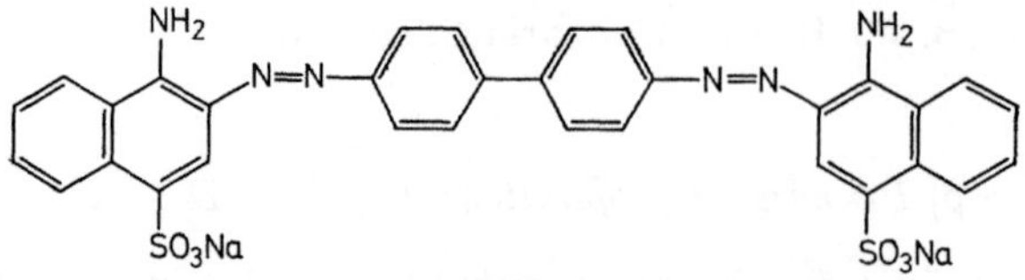

Congorot

billiger substantiver Baumwollfarbstoff; sehr säureempfindlich, als Indikator geeignet

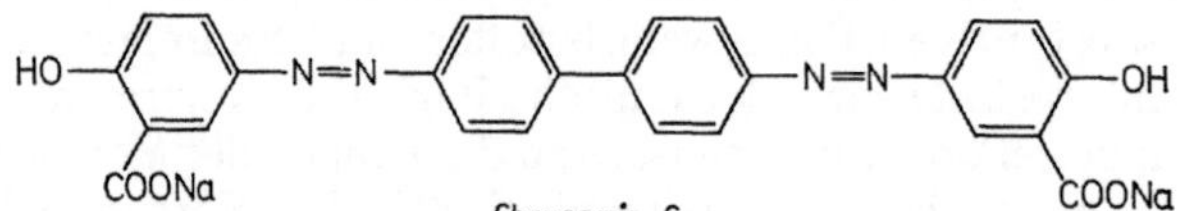

Chrysamin G

chromierbarer Baumwollfarbstoff, auch für Wolle geeignet

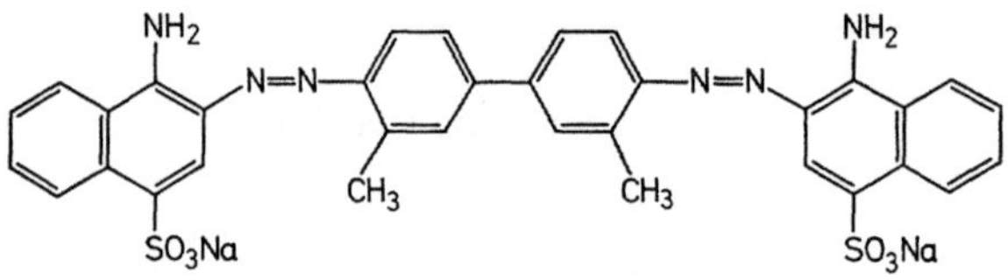

Benzopurpurin 4B
substantiver Baumwollfarbstoff, auch für Wolle geeignet

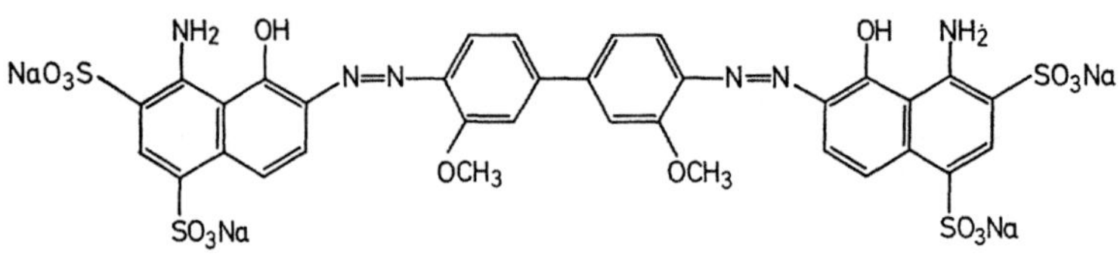

1-Amino-8-naphthol-2,4-disulfosäure o-Dianisidin
Chicagoblau 6B, Diaminreinblau FF
Baumwollfarbstoff, auch für Wolle geeignet
Lichtechtheit kann durch Nachbehandlung mit $CuSO_4$ gesteigert werden

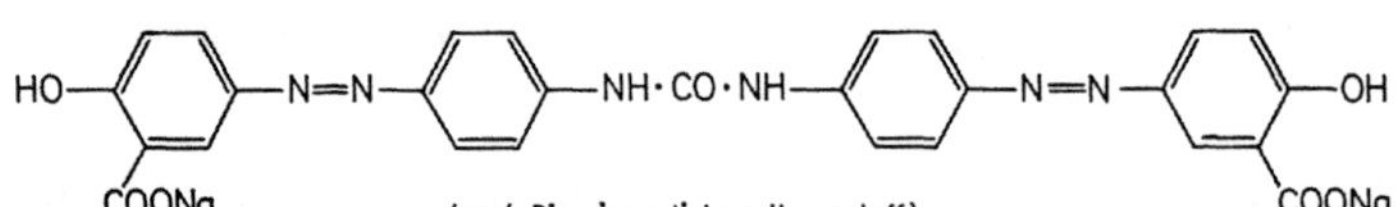

(p,p'-Diamino-diphenylharnstoff)
Benzoechtgelb 5GL
substantiver Baumwollfarbstoff

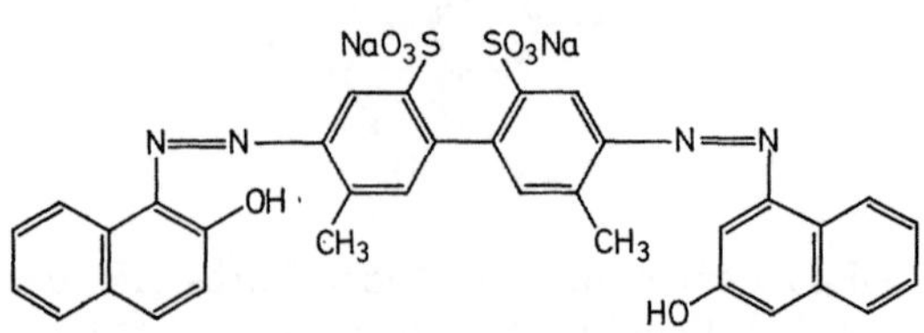

Säureanthracenrot 3B, Acilanrot 3BS
walkechter Säurefarbstoff

γ) *Sekundäre Disazofarbstoffe Typ DK ← K*

Sie entstehen durch Diazotieren und Kuppeln eines Aminoazokörpers mit einer geeigneten Kupplungskomponente. Neben Säure- und Chromierungsfarbstoffen enthält die Gruppe auch substantive, kationische und Entwicklungsfarbstoffe.

Beispiel

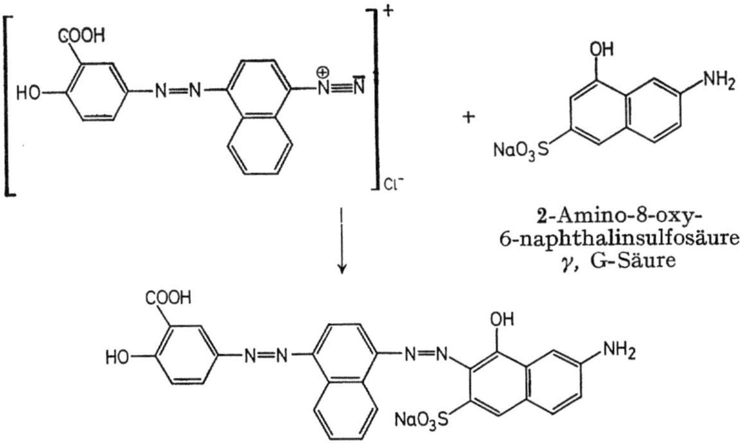

Benzoechtschwarz L
substantiver Baumwollfarbstoff, diazotierbar

Hierher gehört auch der chromierbare Wollfarbstoff Diamantschwarz F.

c) Polyazofarbstoffe

Da sich eine Molekülvergrößerung bathochrom (S. 376) auswirkt, liegt die Bedeutung der Polyazofarbstoffe vorwiegend bei den grünen und schwarzen Marken; ihre Herstellung bereitet insofern gewisse Schwierigkeiten, als mit wachsender Molekülgröße die Reaktionen immer träger verlaufen. Die Polyazofarbstoffe stellen in der Mehrzahl substantive Cellulosefarbstoffe dar.

Beispiel

Benzotiefschwarz E: Benzidin tetrazotieren, mit 1 Mol H-Säure sauer kuppeln, dann mit diazotiertem Anilin alkalisch und mit m-Phenylendiamin sauer kuppeln.

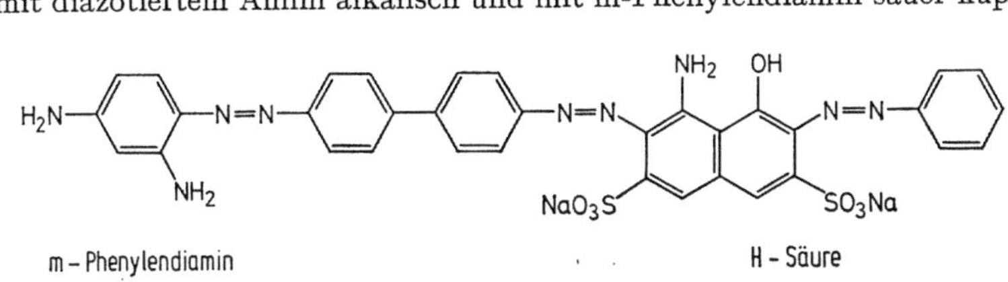

Benzotiefschwarz E (Trisazofarbstoff, substantiver Baumwollfarbstoff) kann mit Formaldehyd nachbehandelt werden. Waschechtheit wird besonders durch Kupplung mit diazotiertem p-Nitranilin erhöht.

Hierher gehört auch der auf der Faser diazotierbare Baumwollfarbstoff Benzobraun B (Tetrakisazofarbstoff).

Mit zunehmender Länge des konjugierten Bindungssystems wird die Absorption wohl nach längeren Wellen verschoben, so daß damit Grün- und Blautöne erzeugt werden können; die resultierenden Töne sind aber gedeckt, da gleichzeitig eine Verbreiterung der Absorption eintritt. Verknüpft man mit Hilfe von Cyanurchlorid zwei lebhafte Azokomponenten, z. B. Blau und Gelb miteinander, so erhält man klare Farbtöne, wie es das Beispiel des *Chlorantinlichtgrün BLL* zeigt.

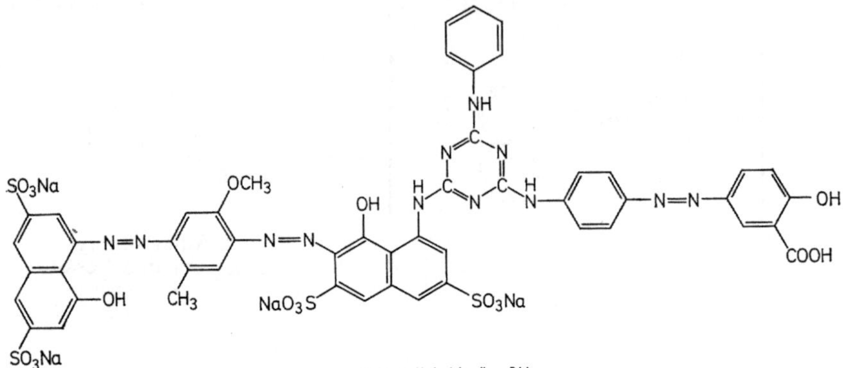

Chlorantinlichtgrün BLL

Man kann auch eine Azokomponente mit Hilfe des Cyanurrings mit einer Anthrachinonkomponente kombinieren (*Chlorantinlichtgrün 5GLL*):

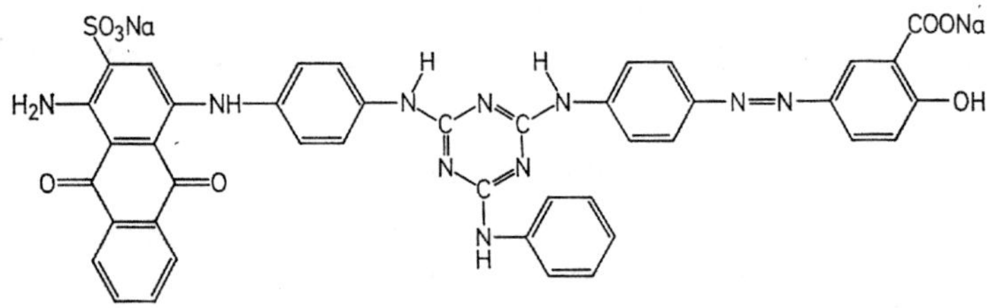

Chlorantinlichtgrün 5 GLL

Bei Diaminkatechin 3G handelt es sich um einen Oktakisazofarbstoff. Auf Grund des Gehalts an 6 hydrophilen Gruppen ist der Farbstoff noch wasserlöslich.

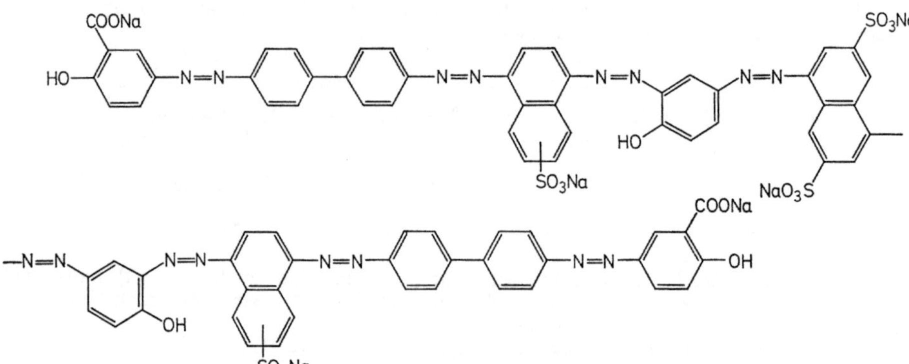

Diaminkatechin 3 G

d) Kupferbare Farbstoffe und Kupfer-Komplexfarbstoffe der Disazoreihe

Farbstoffe, welche eine *o-Hydroxyazo-Gruppierung* enthalten (S. 391), lassen sich, wie z.B. das Chikagoblau 6B (S. 400), durch eine Kupfernachbehandlung in ihrer Lichtechtheit wesentlich verbessern. Diese Lichtechtheitsverbesserung ist allerdings mit einem gewissen Farbtonumschlag verbunden.

Man nimmt an, daß das Kupfer koordinativ an den Farbstoff gebunden wird, wie dies das nachstehende Schema zum Ausdruck bringt:

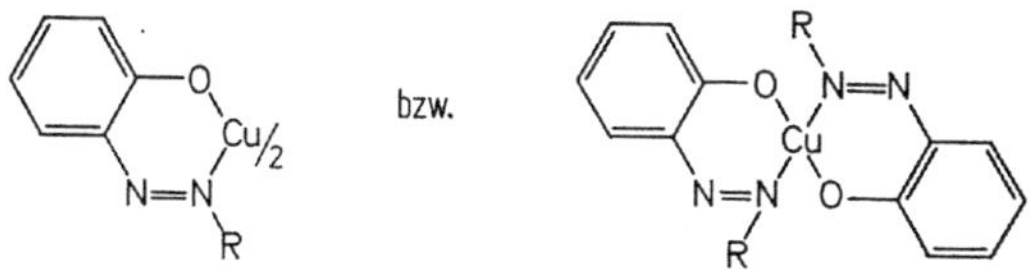

Von den eine o-Hydroxyazo-Gruppierung enthaltenden Farbstoffen werden nur diejenigen einer Nachkupferung unterzogen, bei denen eine beträchtliche Lichtechtheitserhöhung erreicht wird und bei denen die Kupferung keinen zu krassen Tonumschlag hervorruft.

Die Farbstoffe vom Typ des Chikagoblaus 6B, d.h. solche, die nur *eine* zur Azogruppe o-ständige Hydroxygruppe besitzen, erfahren durch eine Kupfernachbehandlung wohl eine Verbesserung der Lichtechtheit, die Waschechtheit nimmt aber nur wenig zu.

Verwendet man Farbstoffe vom Benzidintyp, welche nicht nur eine, sondern *zwei* zur Azogruppe benachbarte Hydroxygruppen besitzen, oder Farbstoffe, bei denen in Nachbarschaft zur Azogruppe sowohl eine Hydroxygruppe als auch eine Carboxygruppe steht, dann erhält man durch Nachkupfern Färbungen, welche neben einer stark verbesserten *Lichtechtheit* auch eine wesentlich erhöhte *Waschechtheit* aufweisen, da diese Kupferkomplexe eine gegenüber dem nichtgekupferten Farbstoff stark verminderte Wasserlöslichkeit besitzen.

Den hier in Frage kommenden Farbstoffen, z.B. *Coprantinfarbstoffen*, liegen Strukturen der nachfolgenden Art zugrunde (nach *E. Krähenbühl*):

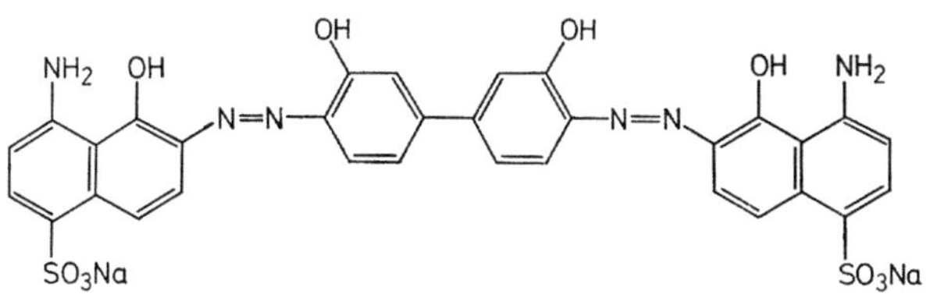

Die komplexe Bindung des Kupfers kann wie folgt formuliert werden (vgl. S. 391):

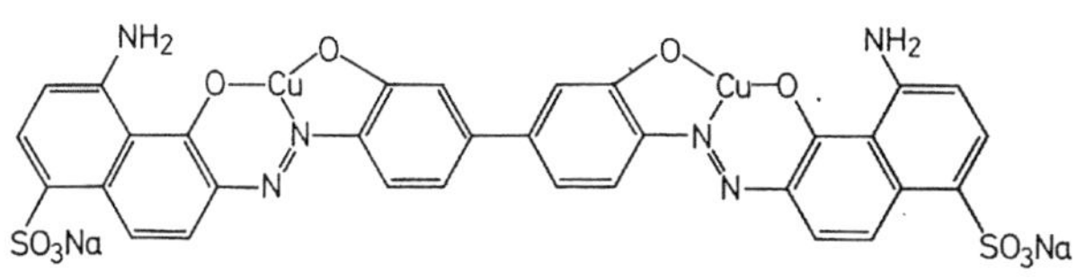

Bezüglich der Formulierung vgl. S. 390, Fußnote.

Neben den erwähnten Gruppierungen scheint sich auch die in o-Stellung zur Azogruppe stehende *Glykolsäuregruppe* vorteilhaft auszuwirken, eine Konfiguration, wie sie vermutlich einigen *Benzoechtkupferfarbstoffen* zugrunde liegt.

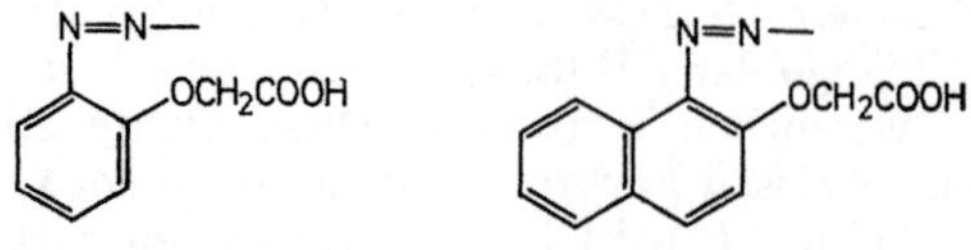

Sofern die Kupferkomplexe sich in Substanz herstellen lassen und als solche eine genügende Wasserlöslichkeit besitzen, besteht die Möglichkeit, sie – in Analogie zu den Chromkomplexfarbstoffen – als solche zum Zweck des Färbens und Druckens in den Handel zu bringen. Damit wird der Färbeprozeß wesentlich vereinfacht und vor allen Dingen das „nach Muster Färben" erleichtert.

Solche *löslichen Kupferkomplexe* erhält man vor allen Dingen bei der Kupplung von Abkömmlingen des o-Aminophenols in diazotierter Form mit Derivaten der I-Säure in Kombination mit einer Kupferung. Als Beispiel sei der nachfolgende Farbstoff genannt (nach *Krähenbühl*):

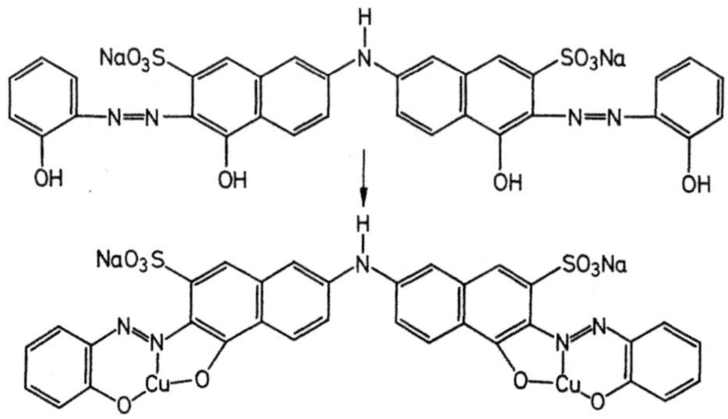

Derartige Konstitutionen liegen vermutlich einem Teil der *Chlorantinlichtfarbstoffe* zugrunde. Da das Kupfer doppelt an den Farbstoff gebunden wird, ist diese Bindung wohl weitgehend beständig; da sich aber der Kupferkomplex in seiner Löslichkeit von dem kupferfreien Farbstoff nicht wesentlich unterscheidet, tritt keine besondere Erhöhung der Waschechtheit der Färbung ein, wie dies in ausgesprochener Form bei den Coprantinfarbstoffen der Fall ist.

Auch manchen *Siriuslichtfarbstoffen* liegen fertige Kupferkomplexe zugrunde; z.B. ist das Siriuslichtblau 3RL ein solcher Cu-Komplex (Lichtechtheit 6).

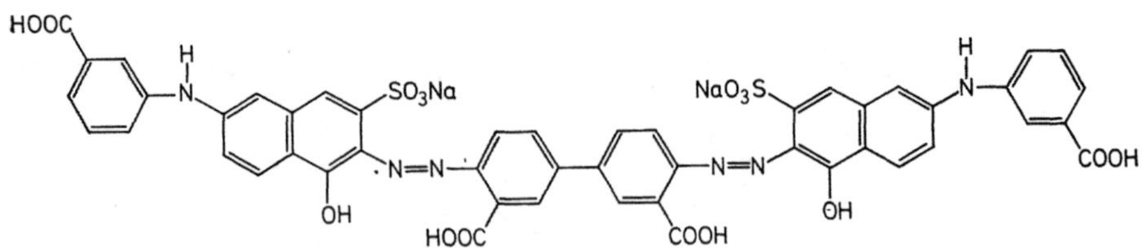

Siriuslichtblau 3RL
(als Cu-Komplex)

e) Reaktiv-Azofarbstoffe (S. 575, 697)

Zunächst sei darauf hingewiesen, daß im Prinzip die verschiedensten Farbstofftypen mit Reaktivsystemen kombiniert werden können. Praktisch kommen allerdings vorwiegend nur die Azo-, Anthrachinon- und Phthalogentypen in Betracht. Im folgenden sind zunächst die allgemeinen Reaktivprinzipien, wie sie für die verschiedenen Farbstoffklassen angewandt werden, erwähnt. Daran anschließend werden Reaktiv-Azofarbstoffe besprochen. Anthrachinon- und Phthalocyanintypen finden sich auf den Seiten 460 bzw. 499.

Reaktivfarbstoffe sind Farbstoffe, die mit der Faser reagieren, d.h. eine kovalente Bindung mit ihr eingehen. Sie werden hauptsächlich zum Färben und Drucken von Cellulosefasern, aber auch von Protein- und Polyamidfasern angewandt. Sie enthalten eine reaktive Gruppe, die z.B. mit der Cellulose unter Veresterung oder Verätherung der alkoholischen Gruppen, d.h. also unter Substitution, oder auch unter Addition reagieren kann. Sind zwei reaktionsfähige Gruppen vorhanden, können die Produkte mit der Cellulose bifunktionell unter Vernetzung reagieren. Um die Cellulose besonders nucleophil zu machen, färbt man in alkalischem Medium:

$$\text{CellOH} + \text{HO}^{\ominus} \rightarrow \text{CellO}^{\ominus} + H_2O$$

An reaktiven Systemen bzw. Gruppen kommen u.a. die folgenden in Betracht:

1. *Heterocyclische Ringsysteme* mit leichtbeweglichem Halogen, (oder anderen beweglichen Substituenten, z.B. —CN oder —F):

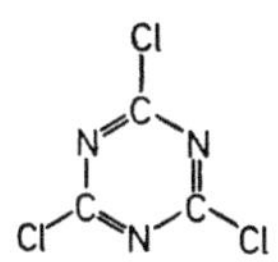

Cyanurchlorid

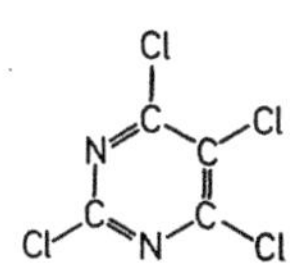

2,4,5,6-Tetrachlor-pyrimidin

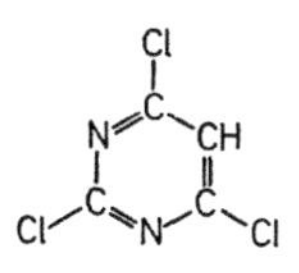

2,4,6-Trichlor-pyrimidin

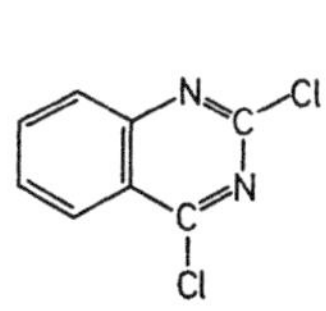

2,4-Dichlor-chinazolin

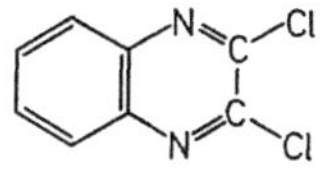

2,3-Dichlor-chinoxalin

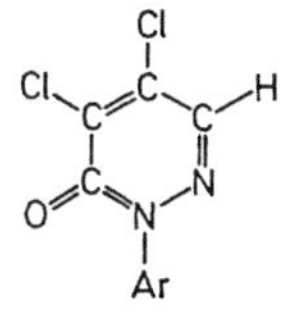

1-Aryl-4,5-dichlor-pyridazon-6

Reaktionsfähige Fluoratome besitzt das 2,6-Difluor-3-chlorpyrimidin.

Das substituierte Cyanurchlorid[1] als reaktive Komponente ist das meist angewandte Prinzip. Durch die gegenüber dem Kohlenstoff höhere Elektronegativität des Stickstoffs bedingt, besitzt der (1,3,5)-Triazinring einen Unterschuß an negativer Ladung (π-Elektronenmangel). Die Substituenten an den drei Kohlenstoffatomen sind daher nucleophilen Reaktionen leicht zugänglich. Da durch die Substitution der Elektronenmangel schließlich ausgeglichen wird, nimmt die Reaktivität der drei Halogene vom 1. bis zum 3. sehr stark ab, so daß Monochlortriazinfarbstoffe wesentlich schwerer mit der Cellulose reagieren als Dichlortriazinfarbstoffe. An die Stelle von Halogen kann auch die Rhodanid-Gruppe oder die Gruppierung

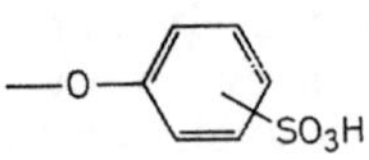

treten.

Im Pyrimidinsystem (1,3-Diazin) ist die Reaktionsfähigkeit gegenüber dem (1,3,5)-Triazinsystem beträchtlich geschwächt, da die drei Stickstoffatome des Triazins einen größeren Elektronenmangel an den 3 C-Atomen bedingen als die 2 Stickstoffatome an den 4 C-Atomen des 1,3-Diazins.

Aus der unterschiedlichen relativen Elektronenaffinität zwischen N und C ergeben sich folgende Mesomeriemöglichkeiten:

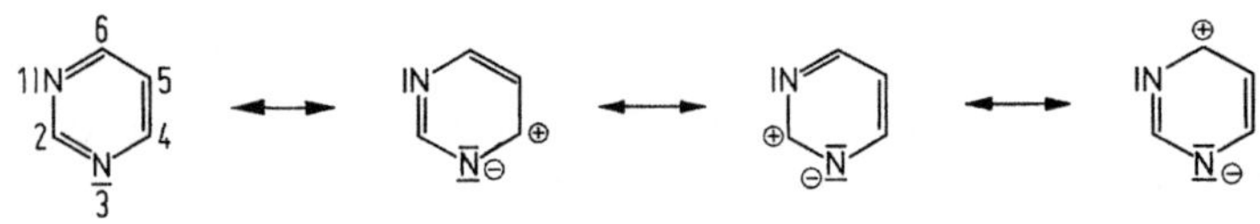

An den C-Atomen 2,4 und 6 herrscht ein Elektronenmangel, während das C-Atom 5 auf Grund seiner größeren Entfernung vom Stickstoff eine Sonderstellung einnimmt. Ein nucleophiler Angriff erfolgt daher vorwiegend in 2,4- und 6-Stellung. Im 2,4,5,6-Tetrachlorpyrimidin ist daher in 5-Stellung eine nucleophile Substitution nicht möglich, allenfalls eine elektrophile. Das Verhalten von Halogen in 2,4- und 6-Stellung entspricht daher demjenigen aliphatisch, in 5-Stellung demjenigen aromatisch gebundenen Halogens. Das Halogen in 2-Stellung ist das beweglichste, während diejenigen in 4- und 6-Stellung einander entsprechen. Während die Halogenpyrimidylfarbstoffe erst bei gegenüber den Triazinylfarbstoffen höheren Temperaturen zur Reaktion mit der Cellulose gebracht werden können, sind sie auf der anderen Seite, namentlich in saurem Medium, hydrolysenbeständiger als die Triazinylfarbstoffe (*J. Benz*).

Im 2,4,5,6-Tetrachlorpyrimidin wird der Farbstoff in 4- oder 6-Stellung gebunden, während das 2- oder 4-ständige Chlor mit der Cellulose reagiert. Das 5-ständige Chlor ist nicht austauschbar, da es auf Grund seiner größeren Entfernung vom Stickstoff und der Mesomerieverhältnisse nicht unter Elektronenmangel leidet und daher nicht als Anion abgespalten werden kann.

Als weitere heterocyclische Ringsysteme kommen Derivate des Imidazols, Thiazols, Isothiazols, Benzthiazols, Thiadiazols und des Benzoxazols in Betracht, sowie solche des Pyridins, Phthalazins, Chinolins, Isochinolins, Pyridazins und des Pteridins (*D. Fiolka, W. Möck*).

[1] Cyanurchlorid wird großtechnisch durch Trimerisation von Chlorcyan (Cl—C≡N) gewonnen. 2,4,6-Trichlor-pyrimidin erhält man durch Einwirkung von Phosphoroxychlorid auf Barbitursäure, 2,4,5,6-Tetrachlor-pyrimidin durch vorherige Chlorierung der Barbitursäure und anschließende Behandlung mit Phosphoroxychlorid.

Als Reaktivkomponenten sind weiterhin zu nennen Bis-(chlormethyläther) des Monochlorhydroxy-1,3,5-triazins:

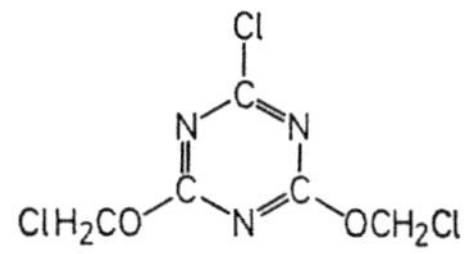

sowie das 2,4,6-Tris-(trichlormethyl-s-triazin) (*W. Möck*):

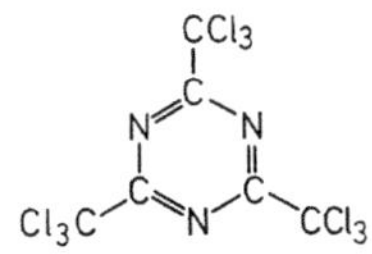

2. *β-Substituierte Äthanderivate* von der allgemeinen Form:

$$Fb—X—CH_2—CH_2—Y$$

Dabei bedeuten:

$X = O, SO_2, CO, NH, SO_2NH, NHSO_2, CONH, NHCO, CH_2—S$

$Y = Cl, Br, OSO_3H, OPO_3H_2, OSO_2CH_3, OSO_2—C_6H_4—CH_3$

Aus solchen Gruppierungen wird durch Alkali Säure abgespalten, wobei eine Vinylverbindung entsteht:

$$—SO_2—CH_2—CH_2—OSO_3H \rightleftharpoons —SO_2—CH{=}CH_2 + H_2SO_4$$
$$—SO_2—CH_2—CH_2—Cl \rightleftharpoons —SO_2—CH{=}CH_2 + HCl$$
$$—CO—CH_2—CH_2—Cl \rightleftharpoons —CO—CH{=}CH_2 + HCl$$
$$—NH \cdot CO—CH_2—CH_2—Cl \rightleftharpoons —NH \cdot CO—CH{=}CH_2 + HCl$$

In diesen Gruppierungen ist durch den elektronenziehenden β-Substituenten die CH-Azidität erhöht (+F-Effekt), so daß sowohl die Säureabspaltung unter Umwandlung in die Vinylverbindung als auch die Additionsneigung der entstandenen Vinylverbindung begünstigt sind. Die Abspaltung geht um so leichter vor sich, je stärker die Säure ist, die bei der Abspaltung entsteht. Y ist also jeweils der Rest einer starken Säure.

$$R \cdot SO_2—CH_2—CH_2—OSO_3Na \xrightarrow{NaOH} \underset{\text{Vinylsulfon}}{R \cdot SO_2—CH{=}CH_2} + Na_2SO_4 + H_2O$$

$$R \cdot SO_2—\overset{\delta-}{C}H{=}\overset{\delta+}{C}H_2 + HO \cdot Cell \longrightarrow R \cdot SO_2—CH_2—CH_2—O \cdot Cell$$

$$R \cdot SO_2NHCH_2CH_2OSO_3Na \xrightarrow{NaOH} \underset{\text{Sulfovinylamid}}{R \cdot SO_2NHCH{=}CH_2}$$

$$R \cdot SO_2NH\overset{\delta-}{C}H{=}\overset{\delta+}{C}H_2 + HO \cdot Cell \longrightarrow R \cdot SO_2NHCH_2CH_2O \cdot Cell$$

Die Eliminierungsreaktion führt zu einem Gleichgewicht, welches durch Wegnahme der abgespaltenen Säure aus dem Gleichgewicht (Zusatz basischer Stoffe) ganz nach rechts verschoben werden kann.

Die obige Formulierung von Eliminierung und Addition schließt die Möglichkeit einer direkten nucleophilen Substitution am β-Kohlenstoffatom ohne die intermediäre Bildung einer Vinylverbindung nicht aus.

Im Falle der Gruppierungen

$$-SO_2-NH-CH_2-CH_2-Y \quad \text{und} \quad -NH-CH_2-CH_2-Y$$

wird auch die intermediäre Bildung des Äthyleniminrings diskutiert (*H. Zollinger*).

Auch Farbstoffe, welche N-substituierte β-Aminoäthyl-sulfonylreste enthalten, kommen in Betracht:

$$-SO_2-CH_2-CH_2-N\begin{matrix}R\\R\end{matrix} \rightarrow -SO_2-CH=CH_2 + N\begin{matrix}H\\R\\R\end{matrix}$$

Manchen Farbstoffen liegen auch direkt die *Vinylsulfonverbindungen* zugrunde.

3. Epoxy-, Äthylenimin- und Sultongruppe

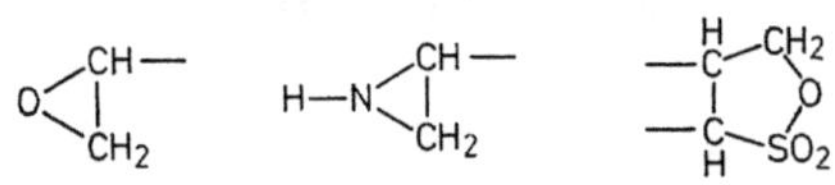

Diese Gruppen sind entweder direkt oder über SO_2, CO usw. an die Farbstoffkomponente gebunden.

Hierher gehören auch Gruppierungen, die mit Alkali Epoxygruppen bilden:

$$-SO_2-\underset{\displaystyle OH}{\underset{|}{CH}}-CH_2-X \quad X=Cl, Br, OSO_3H, OSO_2-$$ 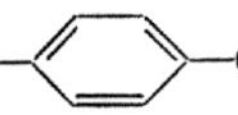 $$-CH_3 \qquad -\overset{\displaystyle Cl}{\overset{|}{C}}-CH_2-Cl$$

4. Halogencarbonsäurederivate

$Fb^1-NH-CO-CH_2-Cl$
Chloressigsäuretyp (*Cibalanbrillant-Farbstoffe*)

$Fb-NH-CO-CH_2-CH_2-Cl$
Chlorpropionsäuretyp (*Primazinfarbstoffe*)

$$Fb-NH-CO-CH=\underset{\displaystyle Cl}{\underset{|}{C}}-CH_3$$

β-Chlorcrotonsäuretyp

$$Fb-NH-CO-CH=\underset{\displaystyle Cl}{\underset{|}{C}}-CO-NH-Fb$$

Chlorfumarsäuretyp

$$Fb-NH-CO-CH=\underset{\displaystyle Cl}{\underset{|}{CH}}$$

β-Chloracrylsäuretyp

[1] Die Gruppe Fb stellt in der Regel ein aromatisches System mit einer bzw. mehreren Sulfogruppen dar.

5. Farbstoffe auf Isocyanat- bzw. Isothiocyanat-Basis

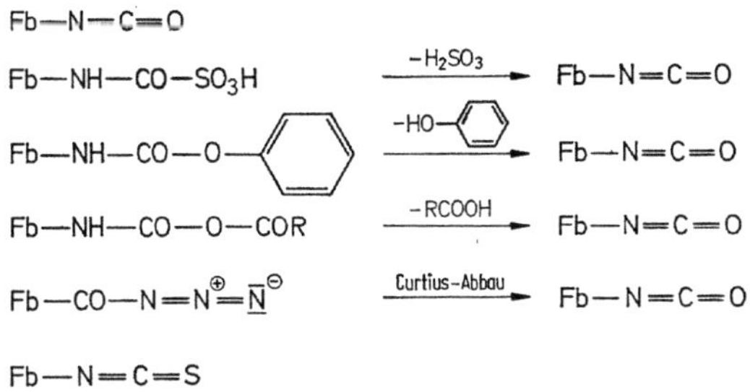

Die Farbstoffe dürften vermutlich nicht unter Urethan- bzw. Thiourethanbildung mit der Faser, sondern auch unter sich selbst unter Bildung von Polyharnstoff bzw. Polythioharnstoff reagieren. Das letztere trifft namentlich für Isothiocyanate zu.

6. Methylole von Farbstoffen, die unter sich kondensieren oder mit der Cellulose reagieren:

$$R(CH_2OH)_x$$
(*Calcobond-Farbstoffe*)

7. Weitere in Betracht kommende Gruppierungen sind

a) die *Sulfofluoridgruppe* —SO_2F, welche zu Sulfosäureestern mit der Cellulose führt. Sulfofluoride sind wesentlich hydrolysenbeständiger als Sulfochloride.

b) Farbstoffe mit *Halogenmethylgruppen* Fb—CH_2—Hal und *Epichlorhydringruppen*

$$Fb—CH_2—CH—CH—CH_2Cl \quad (\text{CH—CH über } O \text{ verbrückt})$$

c) Farbstoffe mit *Halogenbutingruppen* Fb—CH_2—CH_2—C≡C—Cl.
Farbstoffe mit *Chloracrylgruppen* Fb—CH_2—NH—CO—C(Cl)=CH_2 (Lanasynreinfarbstoffe).

d) Farbstoffe auf *Acrylsäureamidbasis*, die unter Addition zu einer Alkylierung der Cellulose führen:

$$Fb—NH—CO—CH{=}CH_2 + HO—Cell \rightarrow Fb—NH—CO—CH_2—CH_2—O—Cell$$

Den Primazinfarbstoffen liegt die *Acroylaminogruppe* bzw. eine ihrer Vorstufen zu Grunde:

$$Fb—NH—CO—CH{=}CH_2$$
$$Fb—NH—CO—CH_2—CH_2—OSO_3Na$$
$$Fb—NH—CO—CH_2—CH_2—Cl$$

Die Hostalanfarbstoffe enthalten ein durch N-Methyltaurin substituiertes *β-Äthansulfon-Reaktivsystem*:

$$Fb—SO_2—CH_2—CH_2—N(CH_3)—CH_2—CH_2—SO_3H$$

Beim Färben in schwach saurem Medium (pH 5) wird Methyltaurin abgespalten und es resultiert das reaktive Vinylsulfon:

$$\mathrm{Fb{-}SO_2{-}CH{=}CH_2 + HN(CH_3){-}CH_2{-}CH_2{-}SO_3H}$$

Die Bromacrylamidgruppe ($\mathrm{Fb{-}NH{-}CO{-}C(Br){=}CH_2}$) fungiert ebenfalls als Reaktivteil (Lanasolfarbstoffe).

e) Farbstoffe mit *aromatisch gebundenem aktiviertem Halogen.*

f) *β-Sulfonylpropionylamino-Farbstoffe* (Solidazol-Farbstoffe)

$$\mathrm{Fb{-}NH{-}CO{-}CH_2{-}CH_2{-}SO_2{-}R}$$

g) Farbstoffe mit einer *Tetrafluorcyclobutangruppe*

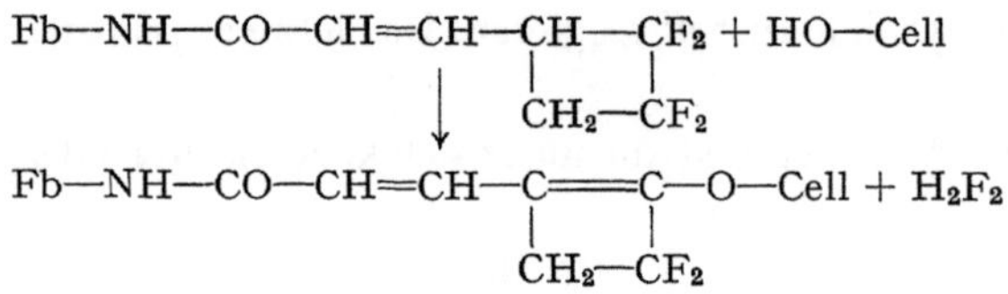

h) Es können auch mehrere Reaktivgruppierungen in einem Farbstoff gleichzeitig enthalten sein.

Die reaktiven Systeme sind u. a. über —N-, —N—CO-, —SO_2NH-, —SO_2-Gruppen usw. an die Farbstoffkomponente gebunden.

Beispiele

Farbstoffe mit Heterocyclen:

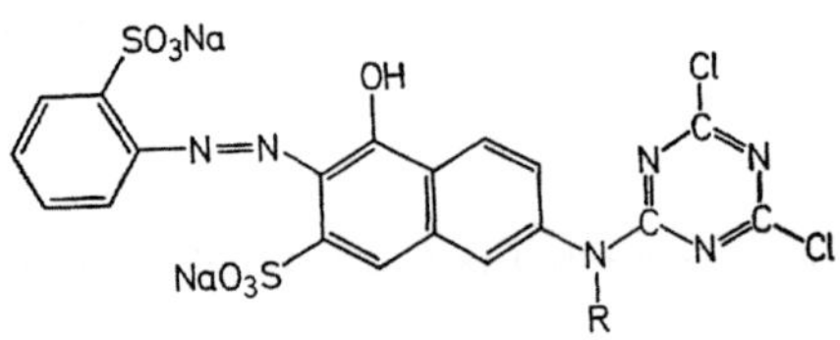

Handelsprodukte: Procion M, Mikacionfarbstoffe.

Diese enthalten noch *zwei* reaktionsfähige Cl-Atome und reagieren daher schon bei Raumtemperatur mit der Cellulose. Ist nur *ein* Halogen frei, dann muß zur Fixierung erhitzt werden.

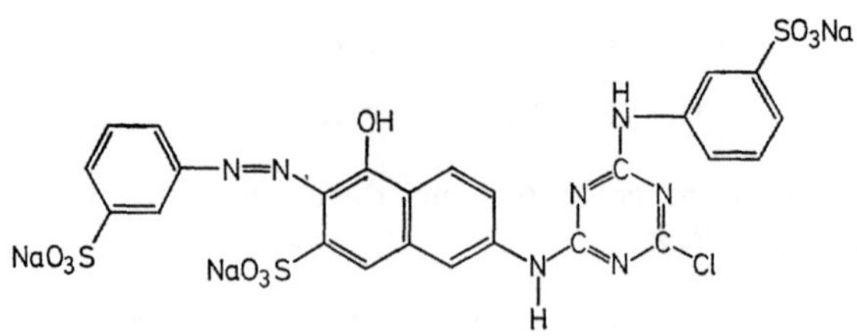

Handelsprodukte: Procion H-Farbstoffe, Cibacronfarbstoffe.

Vorwiegend finden *Mono*azofarbstoffe Verwendung, da sich Disazofarbstoffe nach der Hydrolyse auf Grund ihrer größeren Substantivität schlechter auswaschen lassen als Monoazofarbstoffe.

Auch Metallkomplexe lassen sich in Reaktivfarbstoffe umwandeln:

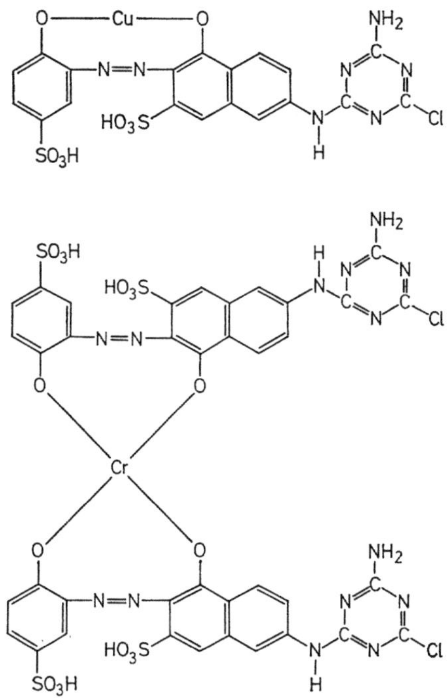

(nach *J. Wegmann*)

Zur Herstellung der Farbstoffe kann man so verfahren, daß man einen aminogruppenhaltigen Azofarbstoff mit Cyanurchlorid im Verhältnis 1:1 bzw. 2:1 umsetzt. Man kann aber auch so vorgehen, daß man zunächst eine Kupplungskomponente mit Cyanurchlorid kondensiert und das Reaktionsprodukt mit einem diazotierten Amin zum Azofarbstoff reagieren läßt. (Für graue und schwarze Töne werden teilweise Metallkomplexfarbstoffe angewandt.)

(Die Synthese der Farbstoffe kann auch auf der Faser vorgenommen werden.)

Analoge Reaktionen können unter Anwendung von *Trichlor-* bzw. *Tetrachlorpyrimidinen* ausgeführt werden.

Handelsprodukte: Drimaren-, Reactonfarbstoffe.

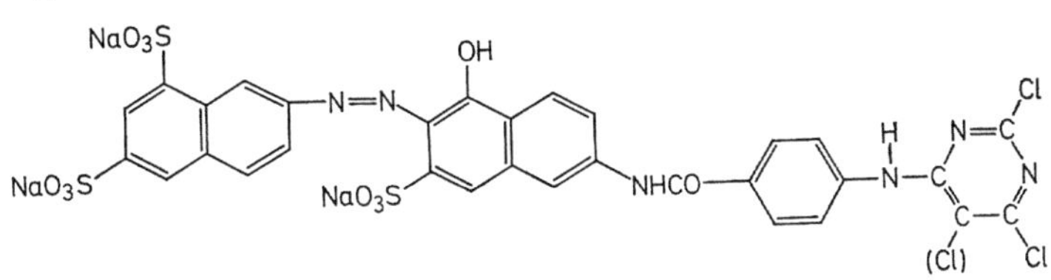

Den Levafix P-Farbstoffen liegen Alkylsulfonyl-pyrimidine zugrunde.

Dispersionsfarbstoffe, wie sie für hydrophobe Fasern Anwendung finden, können nach dem gleichen Prinzip in Reaktivfarbstoffe verwandelt werden (z. B. Procinylfarbstoffe):

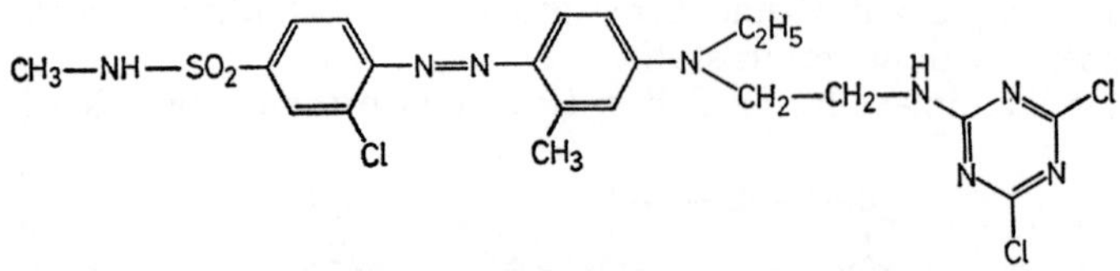

Grundsätzlich besteht auch die Möglichkeit der Erzeugung des reaktiven Farbstoffs beim Färben oder Drucken selbst in der Weise, daß man gleichzeitig oder in getrennten Bädern eine wasserlösliche Verbindung, die einen Cyanurring mit zwei freien Cl-Atomen und einen Farbstoff mit mindestens einer reaktionsfähigen Aminogruppe enthält, bei Gegenwart von Alkali auf die Faser einwirken läßt (ICI):

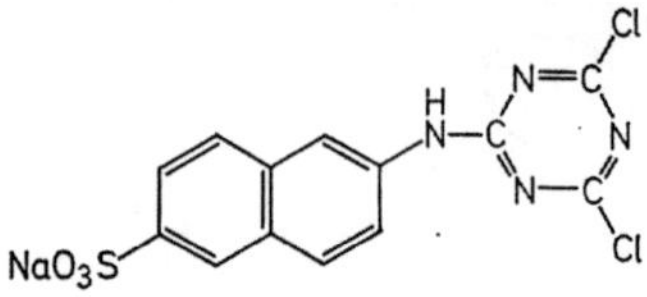

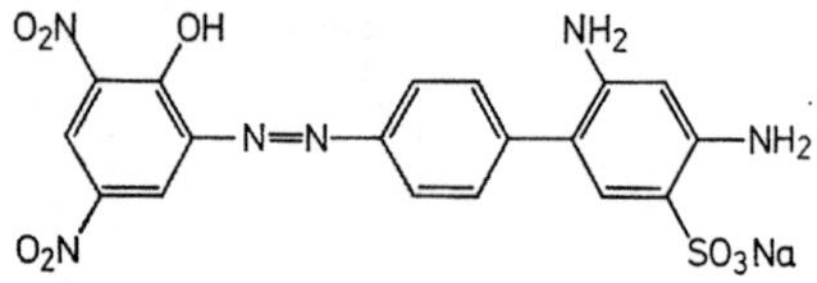

vgl. S. 417 *Fixierfarbstoffe*

Thiocyano-triazine („Pseudohalogen-triazine"):

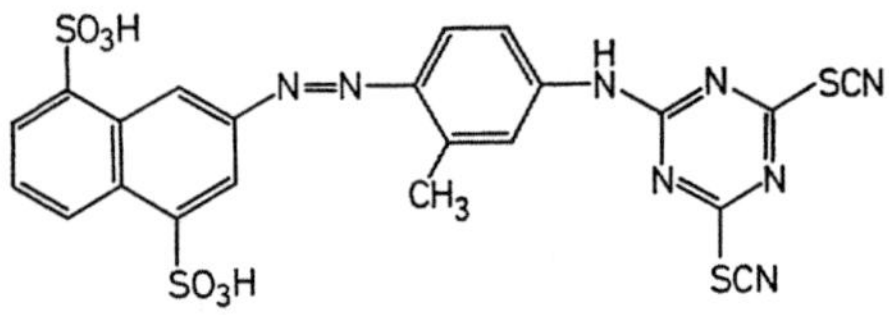

Reaktiv-Pyridazonfarbstoffe (*Primazin P-Farbstoffe*)

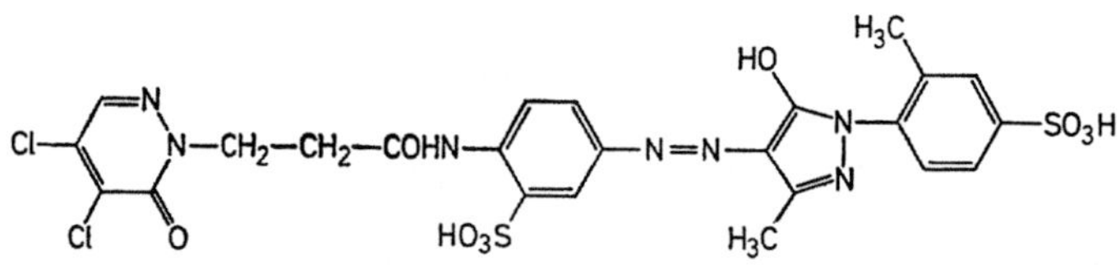

gelber Dichlor(4,5)-pyridazon(6)-farbstoff

2,3-Dichlor-chinoxalin als reaktive Komponente liegt den *Levafix E*- sowie den *Cavalitefarbstoffen* zugrunde:

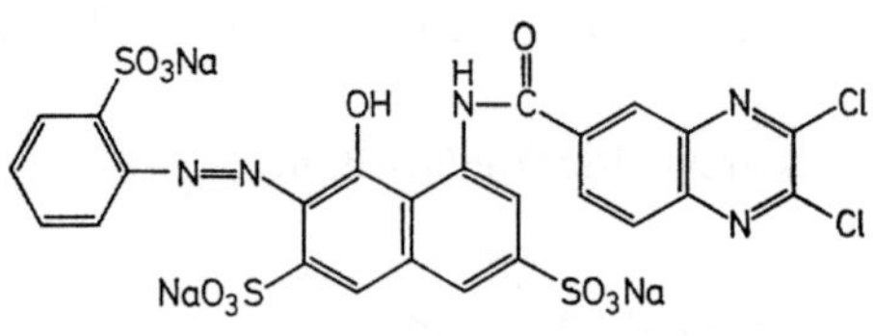

Den *Reatex- und Elisianefarbstoffen* liegt als reaktive Komponente u.a. das *1,4-Dichlorphthalazin-6-carbonsäurechlorid* zugrunde:

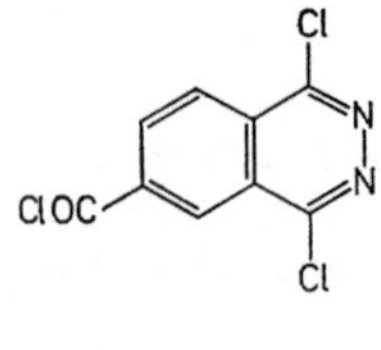

Reaktivfarbstoffe mit *Benzthiazol* (Reatexfarbstoffe):

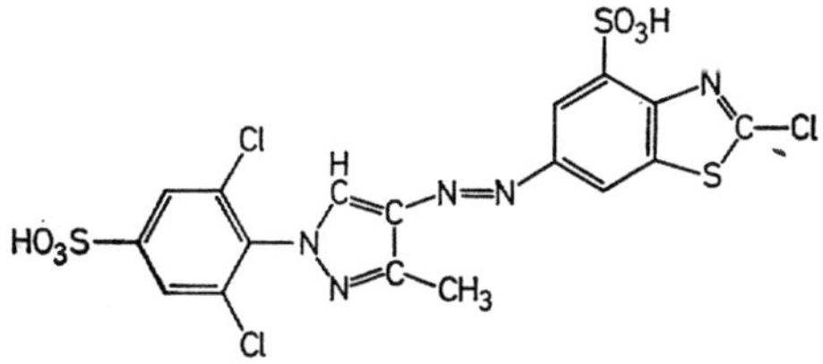

Reaktivfarbstoffe mit *2,6-Difluor-3-chlorpyrimidin* (Verofix-, Reactolan-, Drimalan-F-Farbstoffe)
Reaktivfarbstoffe mit *5-Chlortrifluorpyrimidin:*

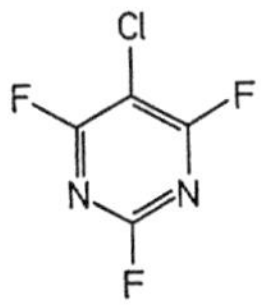

β-Substituierte Äthanderivate:

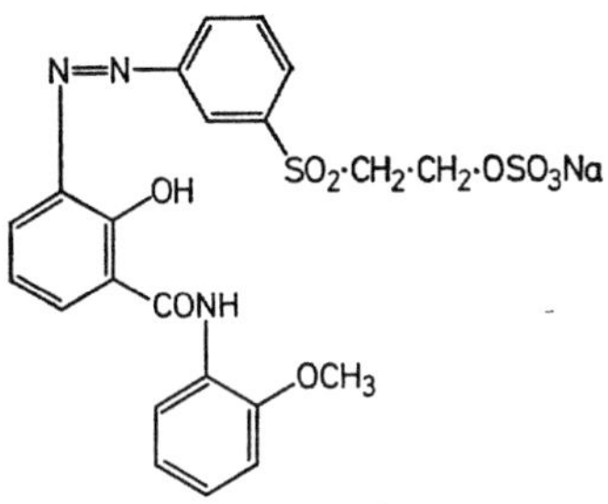

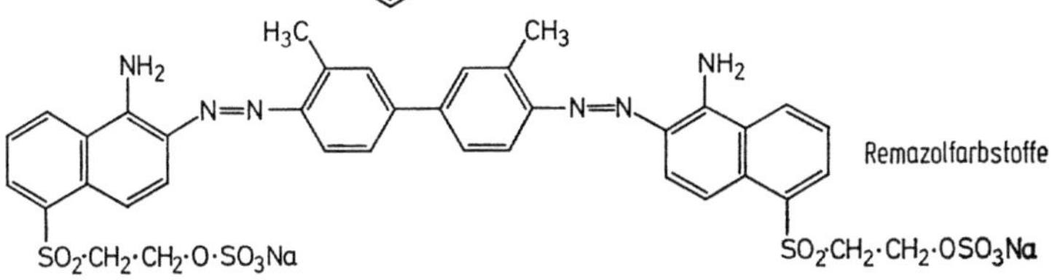

Remazolfarbstoffe

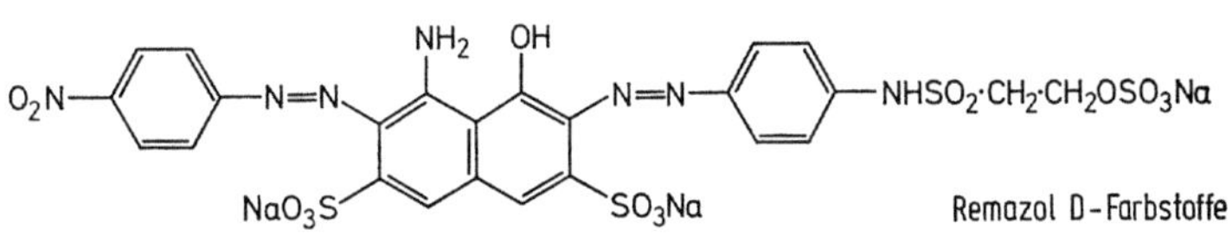

Remazol D-Farbstoffe

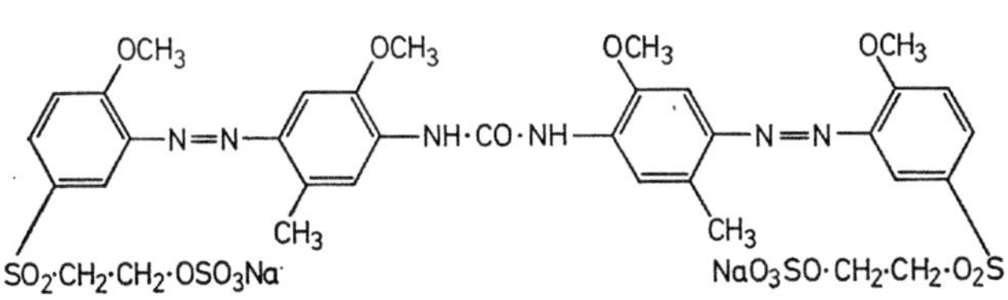

(*J. Heyna* und *W. Schumacher*)

Man stellt die Farbstoffe in der Weise her, daß man einen Azofarbstoff oder ein Vorprodukt in die Sulfinsäure bzw. ihr Natriumsalz überführt und mit β-Chloräthylalkohol oder Äthylenoxid umsetzt. Dabei bildet sich die Gruppe

$$—SO_2—CH_2—CH_2—OH$$

An Stelle von β-Chloräthylalkohol bzw. Äthylenoxid können auch entsprechend substituierte Verbindungen wie β-Chlorpropanol, Propylenoxid, 1,2-Butylenoxid oder deren Derivate Verwendung finden. *Handelsprodukte: Remazolfarbstoffe, Remazolanfarbstoffe.*

Den Farbstoff-Handelsprodukten liegen teilweise direkt die Vinylsulfonverbindungen zugrunde (Remalanfarbstoffe).

Die Farbstoffbildung kann auch auf der Faser vorgenommen werden, und zwar in der Weise, daß man z.B. die Salze der β-Hydroxyäthylschwefelsäureester von 2,3-Hydroxynaphthoesäure-arylid-Verbindungen in neutraler oder saurer Lösung auf Wolle aufziehen läßt, anschließend mit schwachen Alkalien, z.B. Natriumacetat, behandelt und dann mit Diazoniumverbindungen kuppelt.

Beispiel

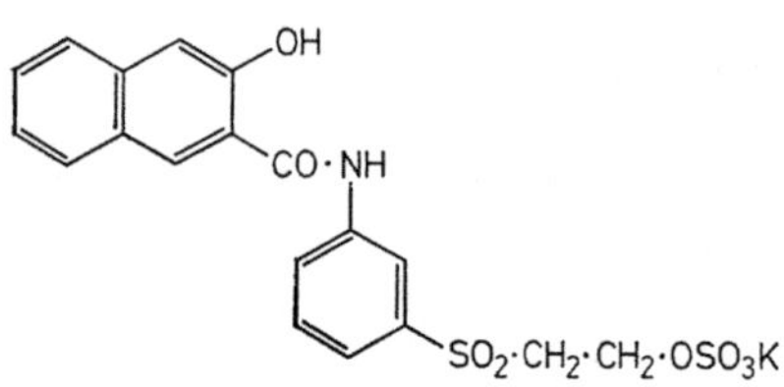

Diazokomponente: z.B.

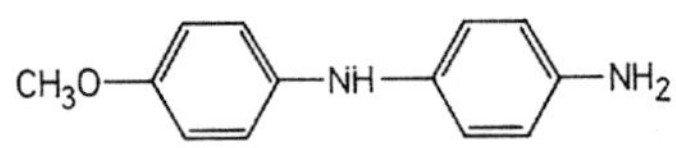

N-substituierter β-Aminoäthyl-sulfonyl-Farbstoff:

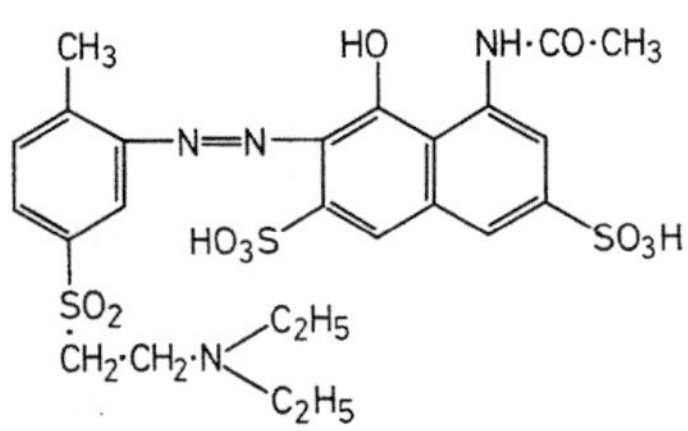

Remazol H - Prinzip

blau

Sulfonamidfarbstoff:

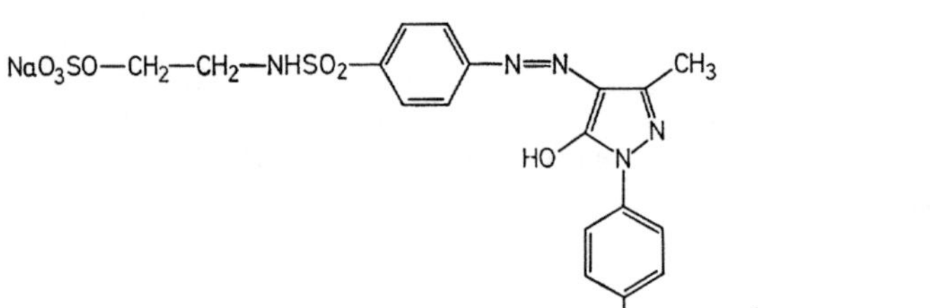

Levafixfarbstoff

Die Farbstoffe lassen sich aus einem Sulfochlorid und β-Aminoäthylschwefelsäure herstellen:

$$R{-}SO_2Cl + H_2N{-}CH_2{-}CH_2{-}OSO_3H \rightarrow R{-}SO_2{-}NH{-}CH_2{-}CH_2{-}O{-}SO_3H$$

Farbstoffe mit einer β-Chlorvinylsulfongruppe:

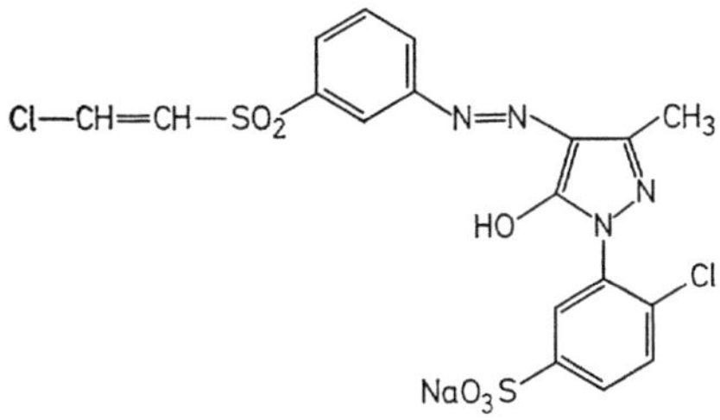

β-Chlorvinyl-arylsulfon-Farbstoff
(*F. Wolf* und *S. Stefaniak*)

Farbstoffe mit einer Epoxygruppe:

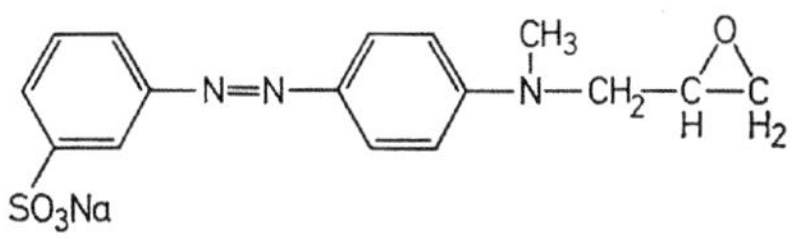

gelber Farbstoff

Farbstoffe mit einer Hydroxychloralkylgruppe:

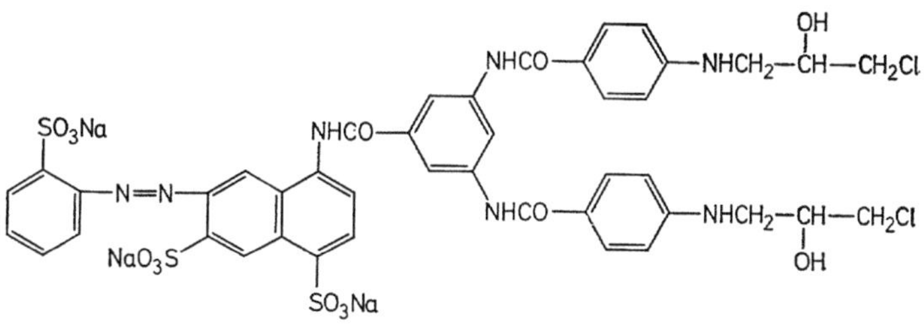

roter Farbstoff

Diese Farbstoffe bilden bei der alkalischen Fixierung intermediär vermutlich Epoxyverbindungen.

Farbstoffe mit einer Äthylenimingruppe:

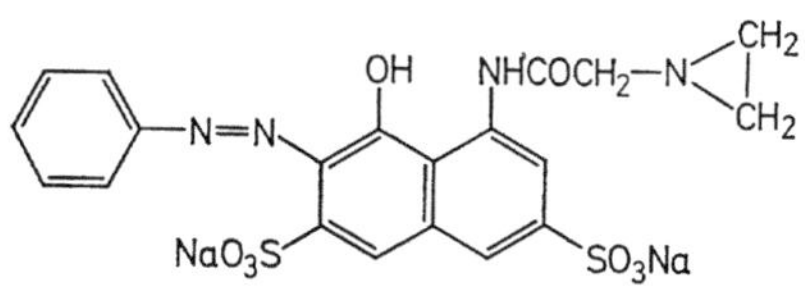

karminrot

Halogencarbonsäure-Typ:

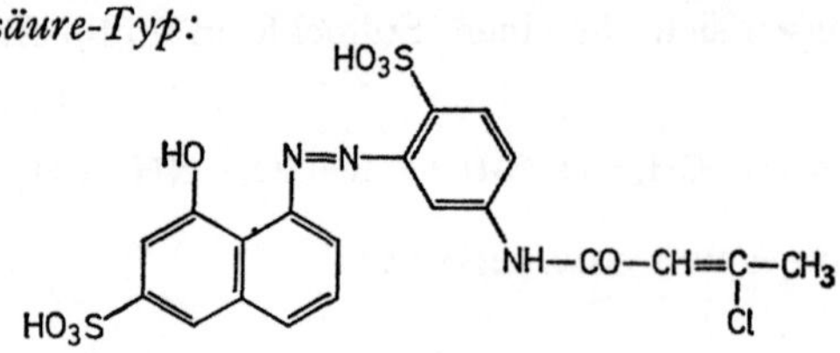

Isocyanat-Typ:

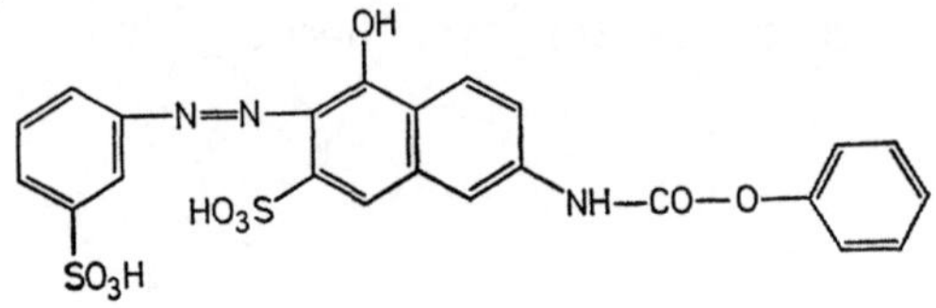

orange

Isothiocyanat-Typ:

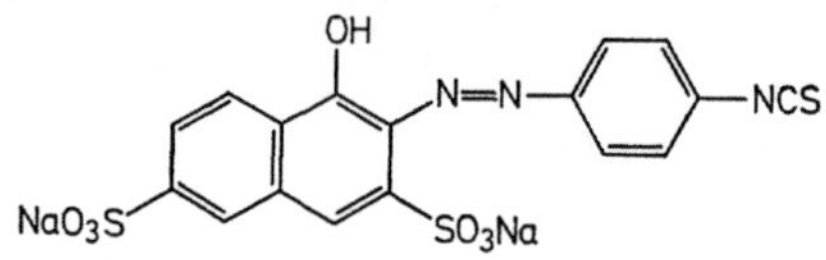

Farbstoffe mit Methylolgruppen:

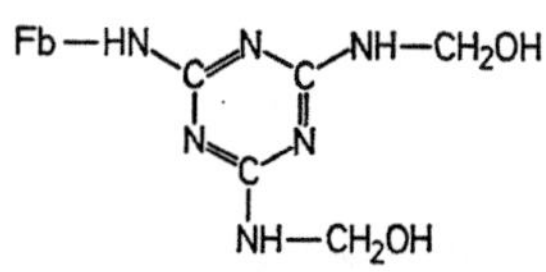

Die Farbstoffe werden sauer fixiert (vermutlich durch Polykondensation), da eine Fixierung auf inerten Substraten ebenso gut möglich ist wie auf Baumwolle (*J. Wegmann*).

Farbstoffe mit einer Sulfofluoridgruppe:

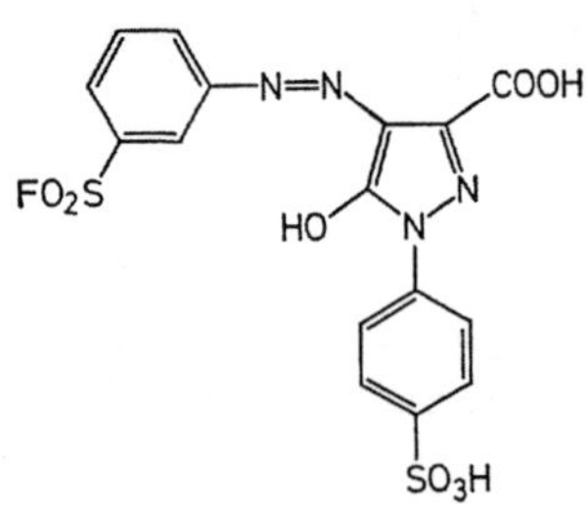

Farbstoffe mit einer Halogenmethylgruppe:

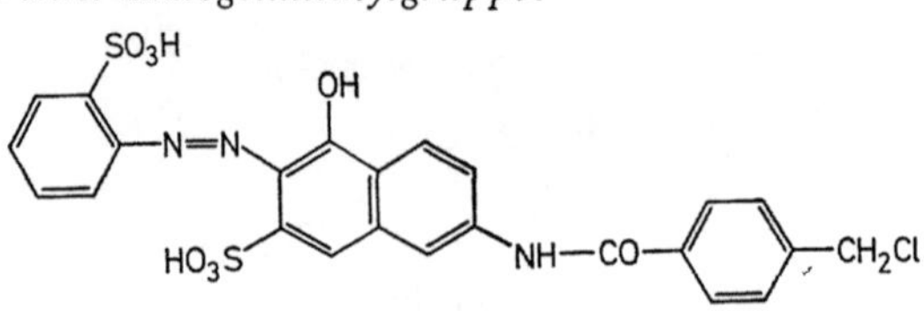

Farbstoffe mit aromatisch gebundenem, z.B. durch eine Nitrogruppe aktiviertem Halogen:

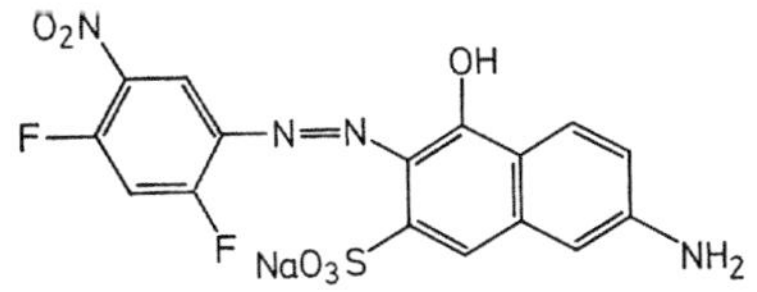

In der vorgeschriebenen Weise lassen sich nicht nur Azo-Reaktivfarbstoffe erzeugen, sondern man kann dieses Prinzip grundsätzlich auch für alle anderen Farbstoffe zur Anwendung bringen (vgl. S. 460).

Reaktiv-Oniumfarbstoffe

Reaktiv-Oniumfarbstoffe sind wasserlösliche Farbstoffe, die beim Erhitzen den Oniumrest abspalten und mit der Faser kovalent reagieren.

1. *Reaktiv-Alkyl-Oniumfarbstoffe*

Beispiel

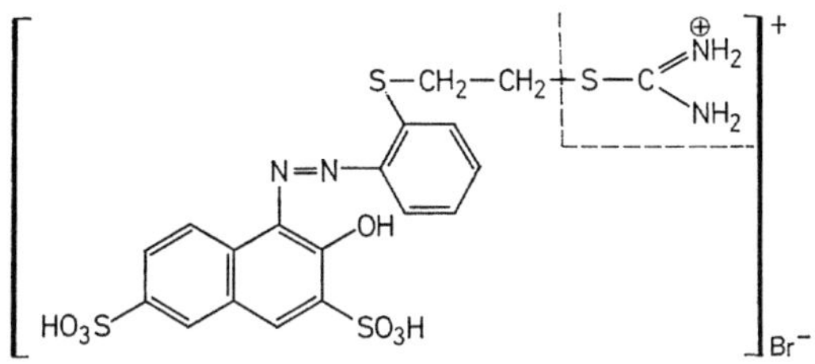

Reaktiv-Isothiouronium-Farbstoff (blaurot)

2. *Reaktiv-Acyl-Oniumfarbstoffe*

Beispiel

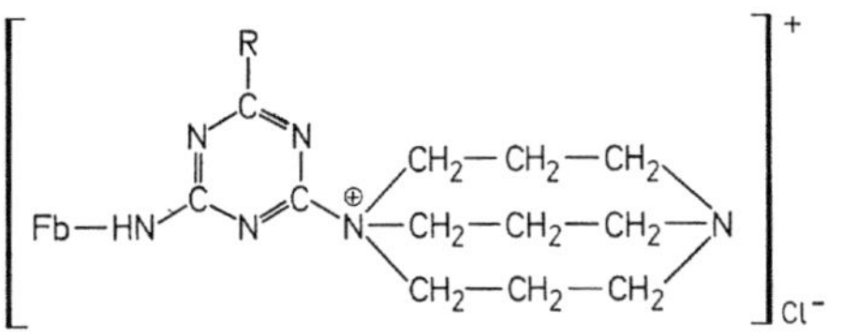

Die C—N-Bindung ist polar und daher sehr labil. Der Farbstoff ist sehr reaktionsfähig.

Fixierfarbstoffe (*Basazolfarbstoffe*). Eine besondere Art der Erzeugung von Reaktivfärbungen besteht darin, daß man einen nicht-reaktiven Farbstoff, der z.B. eine reaktionsfähige Aminogruppe besitzt, zusammen mit einem „Brückenbildner" auf die Faser einwirken läßt. Der Brückenbildner muß mindestens zwei reaktive Gruppen enthalten, so daß er einerseits mit dem Farbstoff und andererseits mit der Faser reagieren kann.

Der Vorteil dieses Verfahrens ist darin zu sehen, daß bei der Hydrolyse durch das Wasser des Färbebades nicht der Reaktivfarbstoff als solcher, sondern das billigere Brückenglied hydrolysiert wird. Im Interesse der Erzielung guter Ausbeuten an auf der Faser fixiertem Farbstoff kann man die Konzentration des Fixierers entsprechend erhöhen, so daß man grundsätzlich sehr gute Farbstoffausbeuten erzielen kann.

Als Fixierer (Brückenglieder) kommen grundsätzlich mehrfunktionelle Verbindungen in Betracht, die mindestens zwei für einen nucleophilen Angriff zugängliche positivierte C-Atome enthalten. Es sind dies u. a. Verbindungen mit polarisierten Kohlenstoff-Doppelbindungen, mit additionsfähigen heterocyclischen Dreiringen oder mit aktivierten Halogenatomen (*H. R. Hensel* und *G. Lützel*).

Beispiele

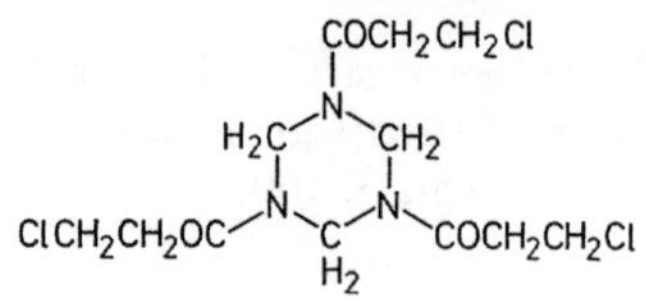

1,3,5-Tris-(β-chlorpropionyl)-hexahydro-s-triazin

$$H_2C\,(NHCOCH{=}CH_2)_2$$

Methylen-bis-acrylsäureamid

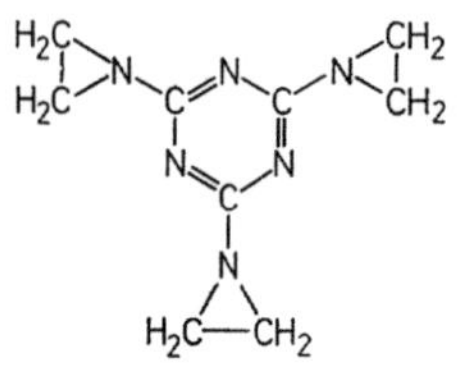

2,4,6-Triäthylenimino-s-triazin
Triäthylenmelamin

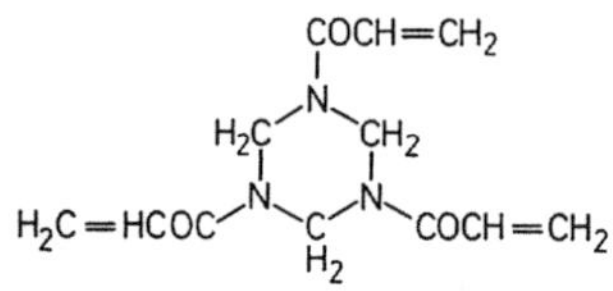

Triacryloyl-hexa-hydrotriazin (Fixierer P)

Die besten Farbausbeuten werden mit *Triacrylhexahydro-s-triazinen* erhalten, da die Bindung zwischen Halogen und Kohlenstoff durch die Nachbarschaft der Carbonylgruppe stark polarisiert, das Halogen demnach leicht beweglich ist. Im Gegensatz zum aromatischen Trichlor-s-triazin, bei welchem durch die Substitution eines Halogenatoms die Reaktivität der restlichen Halogenatome vermindert wird, zeigen die Halogene des nicht aromatischen Hexa-hydro-s-triazins keine wesentlichen Unterschiede in Abhängigkeit vom Substitutionsgrad.

Die Umsetzung von Cellulose und Farbstoff mit einem Triacylhexahydro-s-triazin sei nachstehend wiedergegeben:

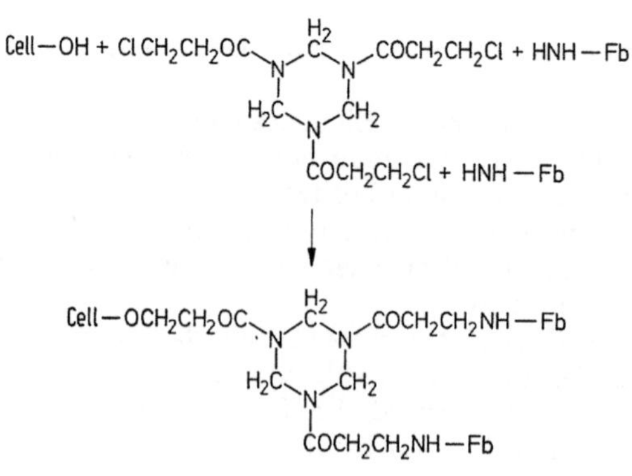

Fb = Basazolfarbstoff

Das Färben der Cellulosefasern geschieht in alkalischem Medium, wobei die Cellulose in Form des nucleophilen Cellulosealkoholatanions vorhanden ist (S. 577).

f) Polykondensationsfarbstoffe

Bei der Umsetzung der Faser mit Reaktivfarbstoffen vermindert die Konkurrenzreaktion mit dem Wasser die Farbausbeute. Eine andere Möglichkeit der Farbstoffbindung besteht darin, den Farbstoff mit sich selbst reagieren zu lassen, um damit zu größeren unlöslichen und somit echten Farbstoffpartikeln zu kommen, die durch Adsorption bzw. Inklusion auf bzw. in der Faser fixiert werden.

Solche Reaktionen können entweder Polykondensationen, Polyadditionen oder Polymerisationen sein. Je nach der reagierenden Farbstoffgruppe sowie in Abhängigkeit von der Faserart kann eine Überschneidung der Polykondensation mit der Faserreaktion eintreten, so daß die Begriffe „Reaktivfarbstoff" und „Polykondensationsfarbstoff" nicht immer eindeutig auseinandergehalten werden können. Der Vorteil dieses Prinzips ist weiterhin der, daß es – da nicht faserspezifisch – auf alle Fasern und Fasermischungen anwendbar ist (*J. Wegmann*).

Technisch angewandt wird bis jetzt vorwiegend die Polykondensation von *Thiosulfatoestern* (*Buntesalzen*), wobei Sulfide bzw. Polysulfide entstehen.

Die Polykondensation kann mit Natriumsulfid oder Natriumsulfhydrat ausgelöst werden:

$$2\,Fb{-}SSO_3Na + Na_2S \rightarrow Fb{-}S_3{-}Fb + Na_2SO_3$$

$$Fb{-}S_3{-}Fb + Na_2SO_3 \rightarrow Fb{-}S{-}S{-}Fb + Na_2S_2O_3$$

Beispiele

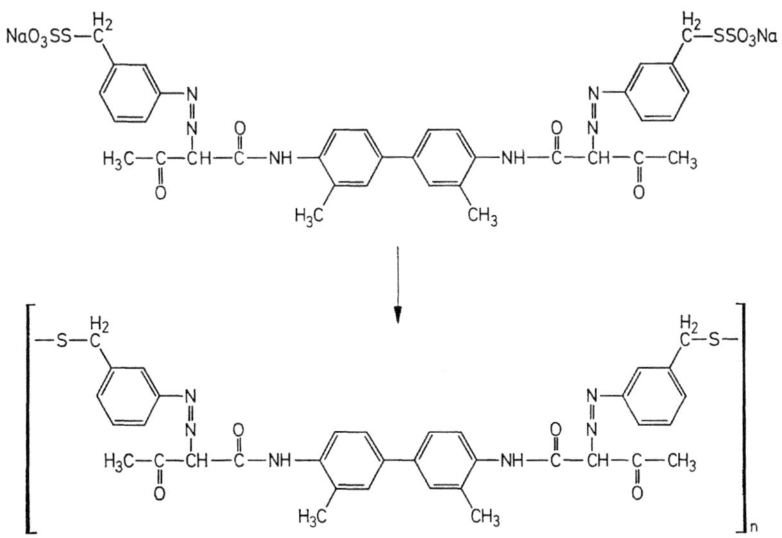

(*K. Schimmelschmidt, H. Hoffmann, E. Baier*)

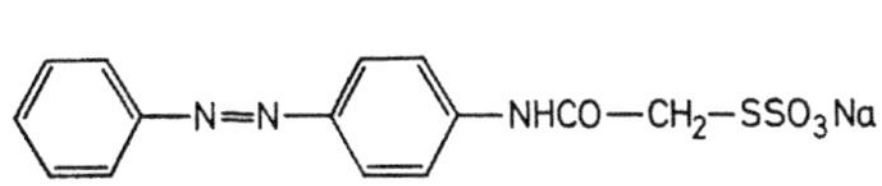

(*B. Milligan* u. *J. M. Swah*)

Im Gegensatz zu den wasserlöslichen Schwefelfarbstoffen (S. 495) auf Buntesalzbasis handelt es sich hier um Buntesalze definierter Konstitution, bei denen sich der Schwefel nicht direkt am aromatischen Kern befindet.

Neben Azofarbstoffen haben Buntesalze auf Phthalocyaninbasis praktische Bedeutung erlangt (*Inthionfarbstoffe*).

Hierher gehören auch die *Dycolitefarbstoffe*, die ebenfalls unter der Einwirkung von Na_2S polykondensieren.

Beispiel

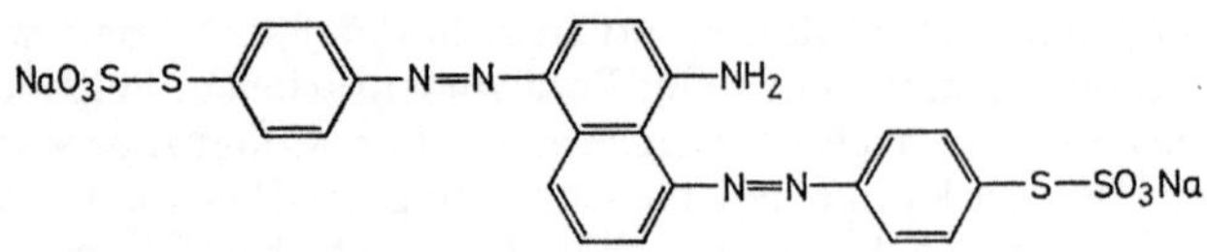

g) Auf der Faser erzeugte Polyazofarbstoffe

Da die Polyazofarbstoffe mit wachsender Molekülgröße verhältnismäßig schwer wasserlöslich werden, erzeugt man sie vielfach auf der Faser (Cellulosefaser), und zwar in folgender Weise:

1. Färben mit Disazofarbstoffen, welche eine geeignete freie Aminogruppe enthalten, anschließend diazotieren und kuppeln auf der Faser (*Diazotierungsfarbstoffe*, S. 547):

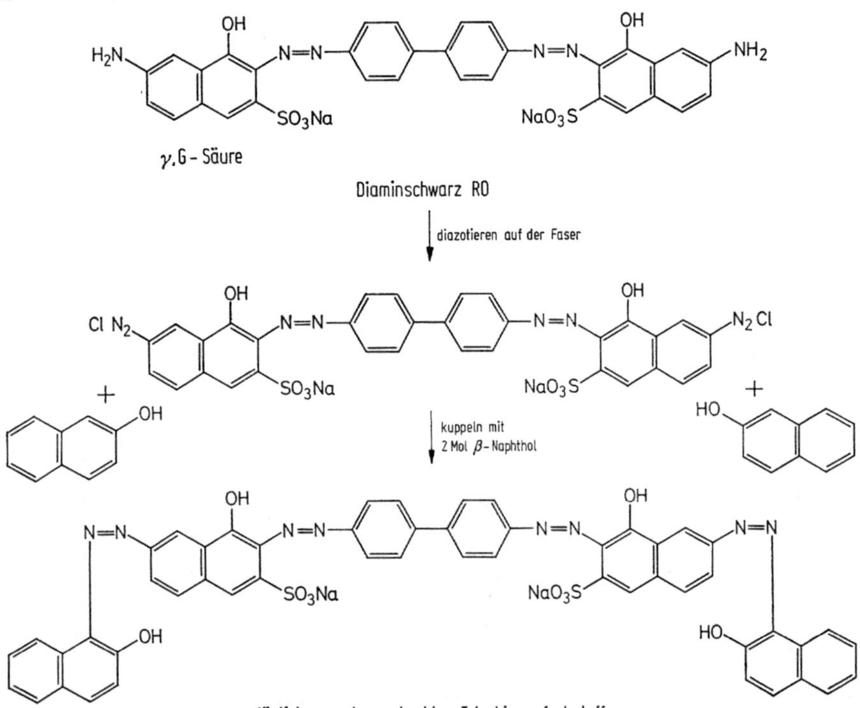

unlöslicher und waschechter Tetrakisazofarbstoff

In Farbstoffen mit einer NH_2-Gruppe in o-Stellung zur Azogruppe läßt sich diese Aminogruppe nicht diazotieren, da eine Protonbrückenbindung (Chelatbindung) das Reaktionsvermögen beeinträchtigt (nach *A. Schaeffer*):

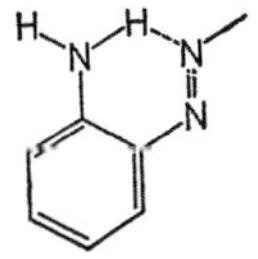

Entwickler für Diazotierungsfarbstoffe. Die Art der Kupplungskomponente (Entwickler) kann je nach den Bedürfnissen hinsichtlich Nuance und Echtheit variiert werden. Es kommen u.a. die folgenden in Betracht:

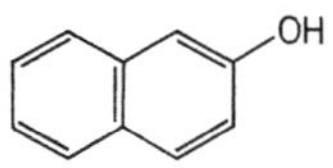

β-Naphthol
Développeur NB
Amanil Developer

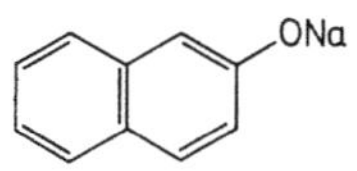

Entwickler A
Développeur A

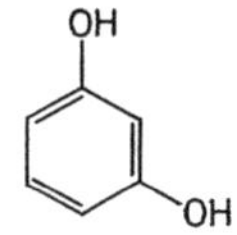

Entwickler F
Développeur NO

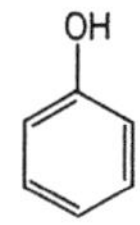

Entwickler J
Développeur NJ
Fixiersalz VII

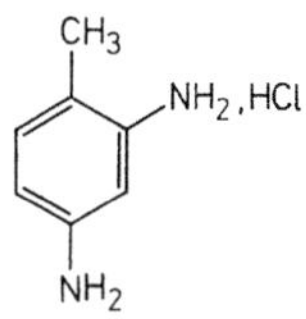

m-Toluylendiamin-hydrochlorid
Entwickler H
Développeur NMC
Pontamine Developer TN

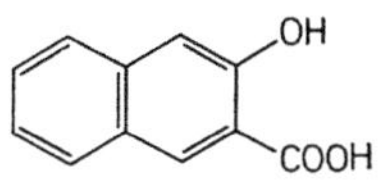

2-Hydroxy-3-naphthoesäure
Entwickler ONL
Développeur NON

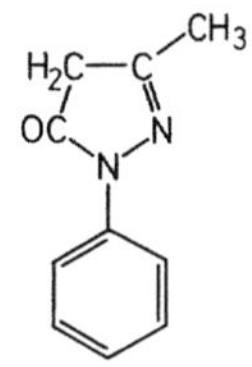

1-Phenyl-3-methyl-pyrazolon-5
Entwickler Z
Pontaminentwickler ZN
(kuppelt in der Enolform in 4-Stellung)

2. Kuppeln des Farbstoffes auf der Faser mit einer Diazoverbindung (*Kupplungsfarbstoffe*, S. 548). Dieses Verfahren hat eine geringere Bedeutung, da es sich praktisch nur mit diazotiertem p-Nitranilin ausführen läßt. Dieses kommt in stabilisierter Form (Nitrazol, Parazol, Nitrosaminrot) in den Handel (S. 431).

Beispiel

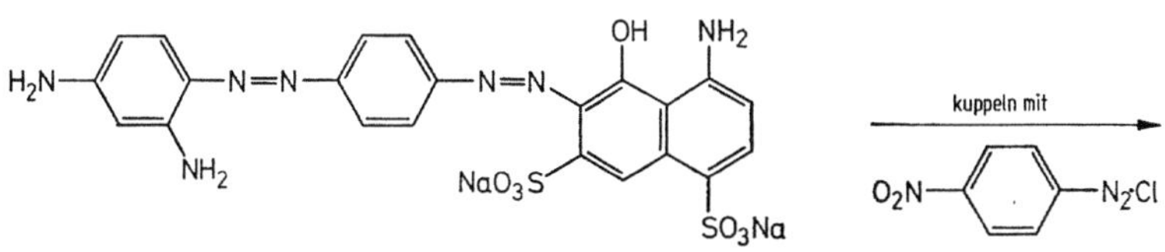

K-Säure

Paraschwarz R

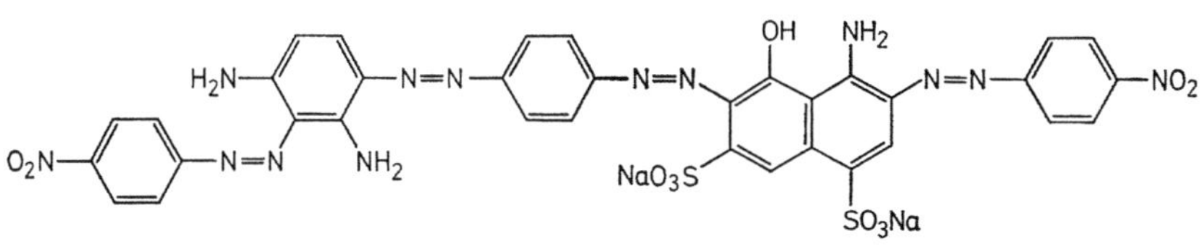

h) Pyrazolonfarbstoffe, Stilbenfarbstoffe

Pyrazolonfarbstoffe sind Azofarbstoffe, bei denen die Azogruppe mit einem Pyrazolonkern verbunden ist. Sie werden durch Kuppeln von Diazoniumsalzen mit 1-Phenyl-3-methyl-pyrazolon oder ähnlichen Komponenten hergestellt. Die Gruppe enthält hauptsächlich saure Wollfarbstoffe und substantive Cellulosefarbstoffe.

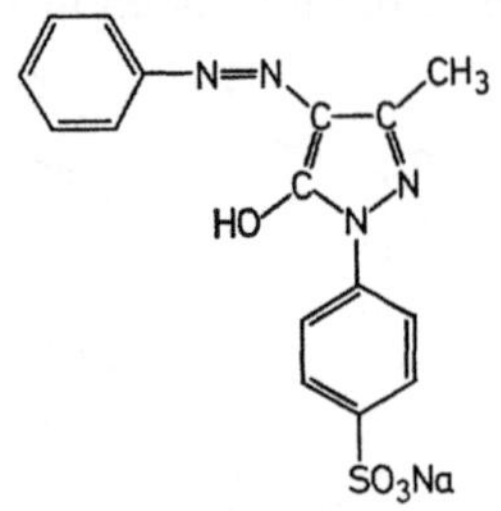

Echtlichtgelb G (Flavazin L), stark sauer ziehender Säurefarbstoff.
(Durch Kuppeln von diazotiertem Anilin mit 1-p-Sulfophenyl-3-methyl-pyrazolon-5)

Stilbenfarbstoffe sind Azo-Stilbenfarbstoffe, die neben der chromophoren Azogruppe die —CH=CH-Gruppe als Chromophor enthalten. Die Gruppe umfaßt größtenteils substantive Cellulosefarbstoffe.

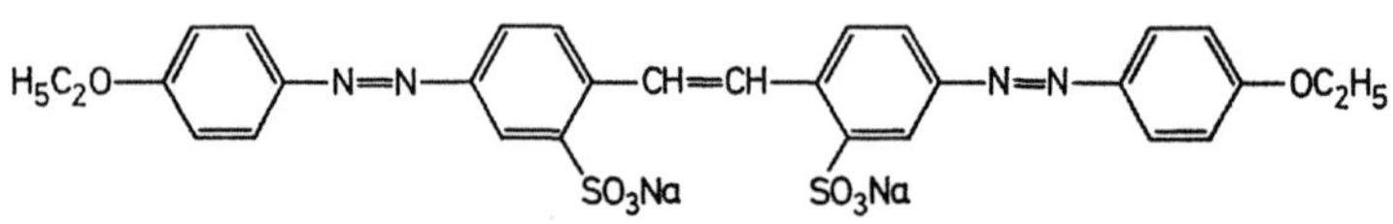

Chrysophenin G (Benzolichtgelb G, Cotolangelb G)

(Durch Kuppeln von 1 Mol diazotierter Diaminostilbendisulfosäure mit 2 Mol Phenol und anschließender Äthylierung mit Äthylbromid.) Färbt Baumwolle gelb, auch zum Färben von Wolle und Halbwolle geeignet.

Thiazolazofarbstoffe siehe unter Thiazolfarbstoffe (S. 491).

i) Auf der Faser erzeugte unlösliche Azofarbstoffe (Entwicklungsfarbstoffe)

(vgl. S. 548, 690)

Stellt man Azofarbstoffe aus solchen Komponenten her, die wasserlöslichmachende Gruppen enthalten (SO_3H-, COOH-Gruppen), so erhält man Farbstoffe, welche man wohl aus wäßriger Lösung auf Textilfasern auffärben kann, die aber wegen der Gegenwart der hydrophilen Gruppen im Farbstoffmolekül keine besondere Waschechtheit besitzen.

Azofarbstoffe, denen die löslichmachenden Gruppen fehlen, sind wasserunlöslich und damit vollkommen waschecht, sie lassen sich aber wegen ihrer Unlöslichkeit in wäßrigen Färbemedien nicht auf die Faser auffärben, sondern können allenfalls als Pigmentfarbstoffe mit Hilfe eines Bindemittels auf der Faser fixiert werden.

Es besteht aber die Möglichkeit, die Farbstoffe aus zwei löslichen Komponenten in unlöslicher Form auf der Faser zu erzeugen, und zwar in der Weise, daß man die

Faser mit einer Naphtholatlösung, hergestellt durch Lösen des Naphthols in Natronlauge, tränkt und die so präparierte Faser in eine Diazoniumsalzlösung einbringt, wo die Kupplung zum Azofarbstoff erfolgt:

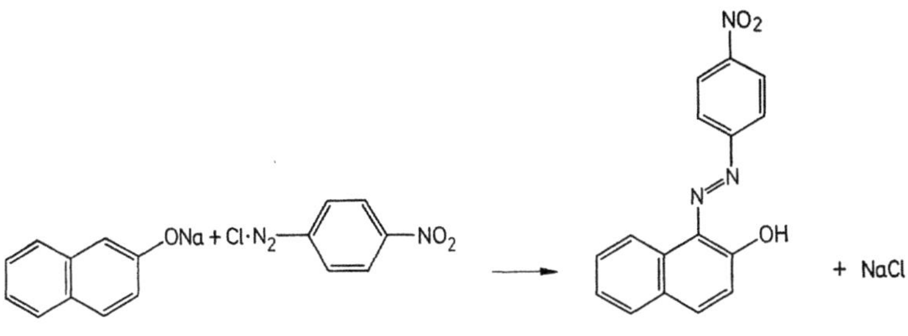

Pararot

Da die Hydroxygruppe des Naphthols in o-Stellung zur Azogruppe steht, bildet sich zwischen der ersteren und dem β-ständigen Azostickstoff eine *Wasserstoffbrücke*. Die Hydroxygruppe ist damit in ihrer Acidität stark abgeschwächt, so daß die Farbstoffe praktisch wasserunlöslich sind und sehr gute Naßechtheiten besitzen (P. Rys und H. Zollinger):

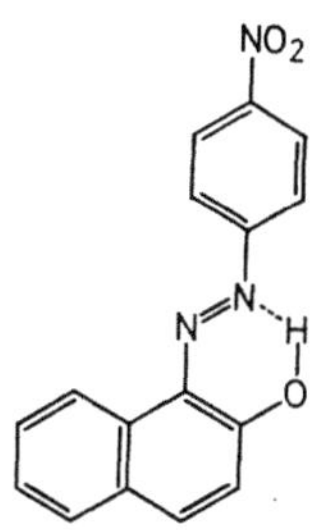

Ursprünglich wurde nur *β-Naphthol* (α-Naphthol liefert trübe Töne) als Naphtholkomponente angewandt (Eisfarben). Seit dem Jahr 1913 ist eine ganze Anzahl von *Naphtholderivaten* im Handel, die sich färbereitechnisch günstiger verhalten und mit den verschiedensten Diazoniumsalzen zu einer großen Anzahl brauchbarer Nuancen kombiniert werden können. Neben Naphtholderivaten kommen auch andere sich nicht vom Naphthol ableitende Substanzen als Kupplungskomponenten in Frage, welche aber ebenfalls unter der Handelsbezeichnung „Naphtole" laufen. (Dabei wird Naphtol im Gegensatz zur chemischen Schreibweise ohne h geschrieben.)

Mit diesen Naphtholen lassen sich praktisch alle Nuancen von Gelb über Orange, Rot, Blau, Grün bis Schwarz erzeugen. Die erzielte Farbnuance hängt einerseits von dem angewandten Naphthol und andererseits auch von der zur Kupplung benutzten diazotierten Base ab.

Naphthole. Als geeignete „Naphthole"[1] kommt eine ganze Anzahl von *Arylamiden aromatischer Hydroxycarbonsäuren* in Frage. Daneben spielen auch *Arylamide von Ketosäuren* namentlich für Gelbkombinationen eine Rolle.

[1] Hierunter seien ganz allgemein Kupplungskomponenten verstanden.

Abkömmlinge der 2-Hydroxy-3-naphthoesäure

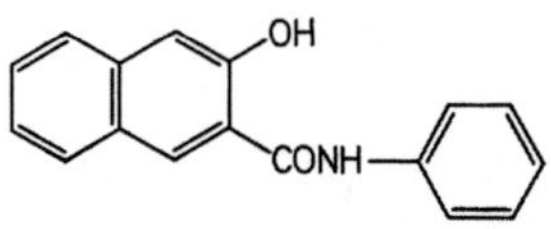

2-Hydroxy-3-naphthoesäure-anilid

Naphtol AS	Naphtazol NA, A
Cibanaphtol RF	Brenthol AS
Celcot RF	Naphthanil AS—SH
Irganaphthol RF	Naftolo Acna C

Herstellung: Durch Kondensation von 2-Hydroxy-3-naphthoesäure mit Anilin bei Gegenwart von $POCl_3$ oder PCl_3.

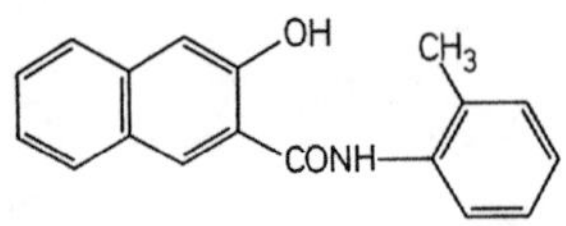

2-Hydroxy-3-naphthoesäure-o-toluidid Naphtol AS-D
(und entsprechende andere Handelsbezeichnungen)

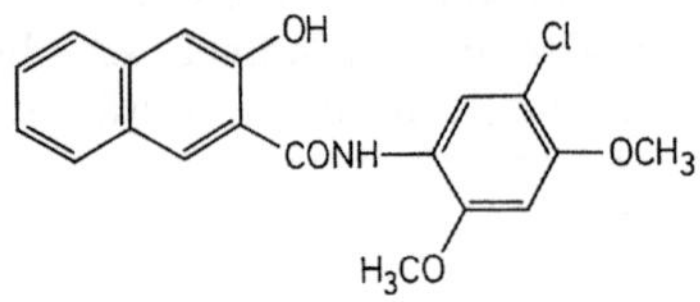

2-Hydroxy-3-naphthoesäure-4,6-dimethoxy-3-chloranilid Naphtol AS-ITR
(liefert mit der Echtrot-ITR-Base ein indanthrenechtes Rot, welches nuancenmäßig dem Türkischrot entspricht)

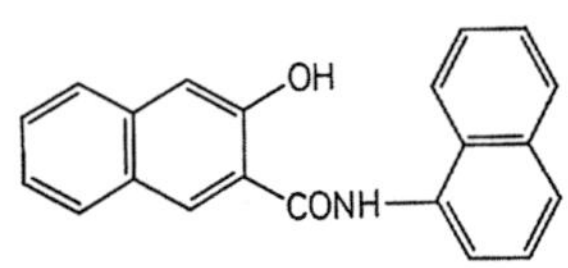

2-Hydroxy-3-naphthoesäure-α-naphthylamid Naphtol AS-BO

Auch 2-Hydroxy-3-naphthoesäure-Verbindungen, die als Arylidreste Aminopyren und Aminochrysen enthalten, kommen in Betracht. (Pyren und Chrysen sind im Steinkohlenteer enthalten.)

Die Kupplung erfolgt bei diesen Naphtholen in entsprechender Weise wie bei β-Naphthol in 1-Stellung:

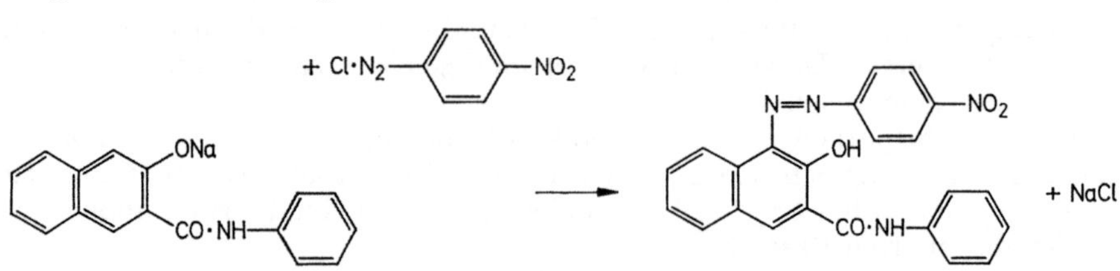

Das entstehende Farbstoffmolekül ist in alkalischen wäßrigen Medien unlöslich. Die hydrophile OH-Gruppe ist durch Chelatbindung mit dem Stickstoff der Azogruppe blockiert (*Hoyer*).

Vermutlich entsteht beim Auflösen des Naphthols in Natronlauge ein Enolat der folgenden Form, aus welchem die Ketoform bei der Kupplung hydrolytisch wieder zurückgebildet wird (vgl. S. 549):

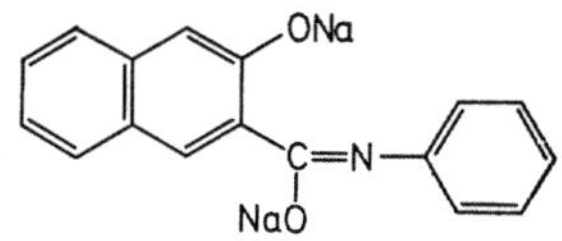

Auch Naphthole der nachfolgenden Art finden Verwendung:

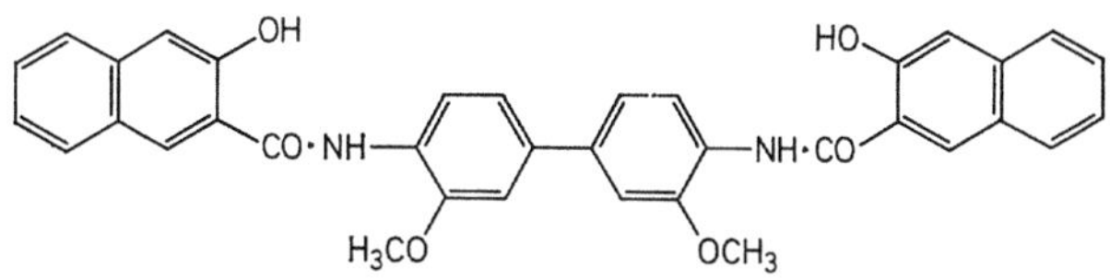

[Bis-2-hydroxy-3-naphthoesäure]-dianisid (Naphtol AS-BR)

Neben den 2-Hydroxy-3-naphthoesäure-Derivaten, welche mit einfachen Aminen meist Orange-, Rot- und Bordotöne ergeben und daher „Rotnaphtole" genannt werden, eignen sich auch andere hydroxygruppenhaltige Körper zur Kupplung mit Diazoniumsalzen auf der Faser, so z. B. Abkömmlinge des Anthracens, des Carbazols und des Diphenylenoxids:

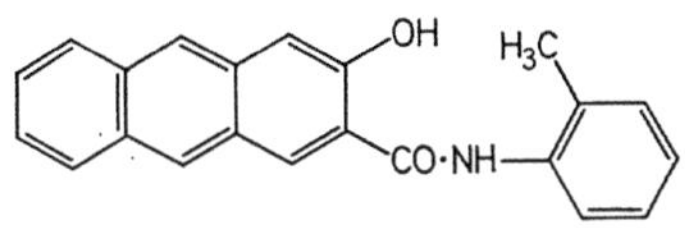

2-Hydroxy-3-anthracen-carbonsäure-o-toluidid
Naphtol AS-GR (Grünnaphtol)

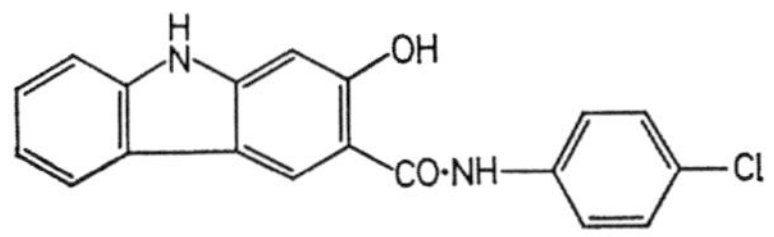

2-Hydroxycarbazol-3-carbonsäure-4'-chloranilid
Naphtol AS-LB (Braunnaphtol)

Mit Hydroxybenzo-carbazolcarbonsäure-arylamiden (Naphtol AS—SG, Naphtol AS—SR) lassen sich Schwarzkombinationen erzeugen.

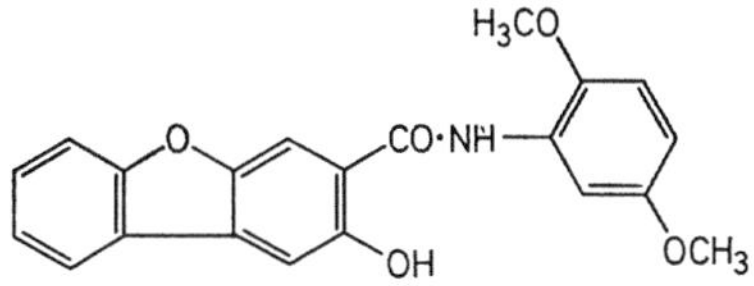

3-Hydroxy-diphenylenoxid-2-carbonsäure-2',5'-dimethoxy-anilid
Naphtol AS-BT (Braunnaphtol)

Arylamide von Ketosäuren

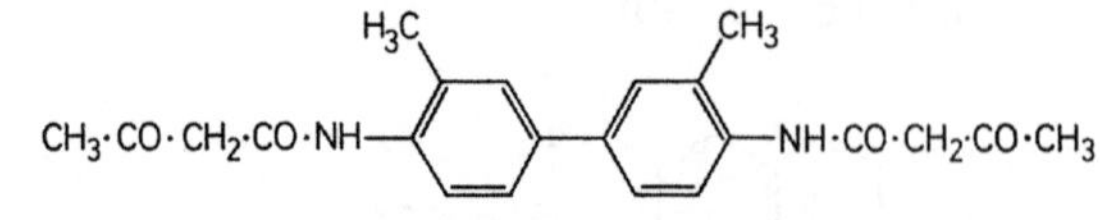

Diacetessigsäure-o-tolidid Naphtol AS-G

erhältlich durch Erhitzen von o-Tolidin mit Acetessigester.

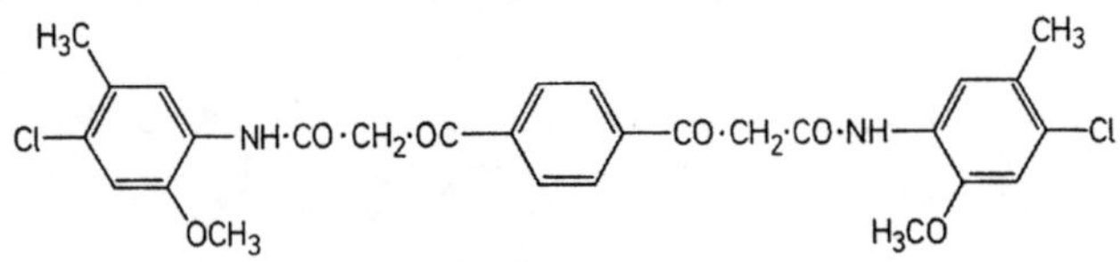

Terephthaloyl-bis-essigsäure-bis-[2-methoxy-4-chlor-5-methyl-anilid]
Naphtol AS-L3G
(gibt lichtechtere Gelbtöne als Naphtol AS-G)

Diese „Naphthole" lösen sich unter Enolisierung in Natronlauge auf (vgl. S. 549):

$$—NH \cdot CO \cdot CH_2 \cdot CO— \rightleftarrows —NH \cdot CO \cdot CH{=}\underset{\displaystyle ONa}{\underset{|}{C}}—$$

Sie kuppeln mit einem Diazoniumsalz gemäß dem Schema:

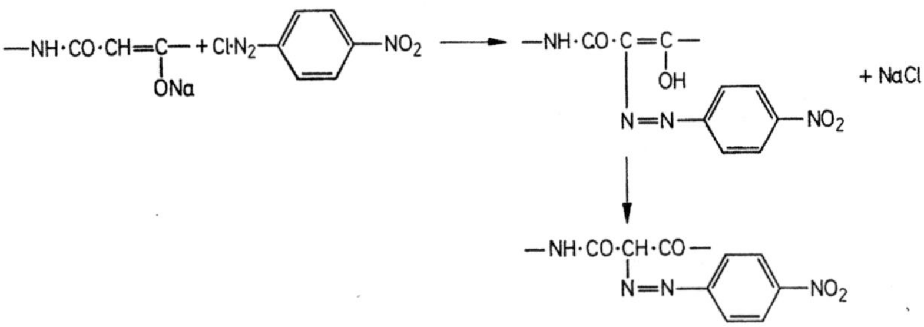

Ein hierher gehöriges, ebenfalls von einer Ketosäure sich ableitendes Naphtol ist das Naphtol AS—FGGR. Bei diesem handelt es sich um einen Phthalocyaninkörper, der eine in Natronlauge lösliche Komponente (Pyrazolon-Gruppierung) enthält:

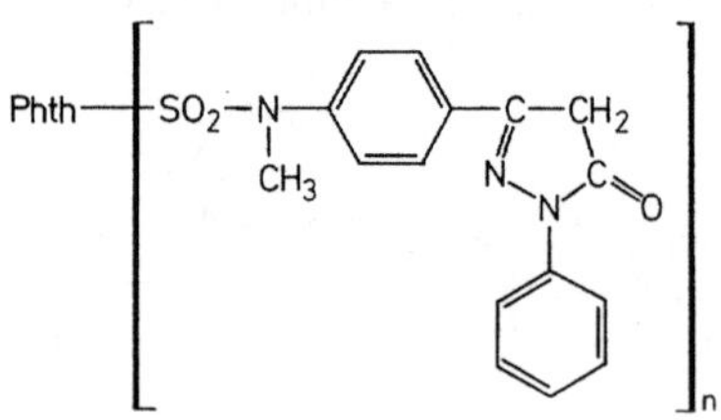

Phth = Phthalocyaninkomponente siehe S.

In den Ketosäure-Arylamiden und dem Pyrazolon-Ring sind die Wasserstoffatome der Methylengruppe durch die Carbonylgruppe aktiviert (+F-Effekt), so daß der elcktrophile Angriff des Diazoniumions an dieser Stelle erfolgen kann. Hierbei tritt die gemeinsame konjugate Base von Enol und Keton des Gleichgewichts in die Substitutionsstufe ein (P. Rys und H. Zollinger):

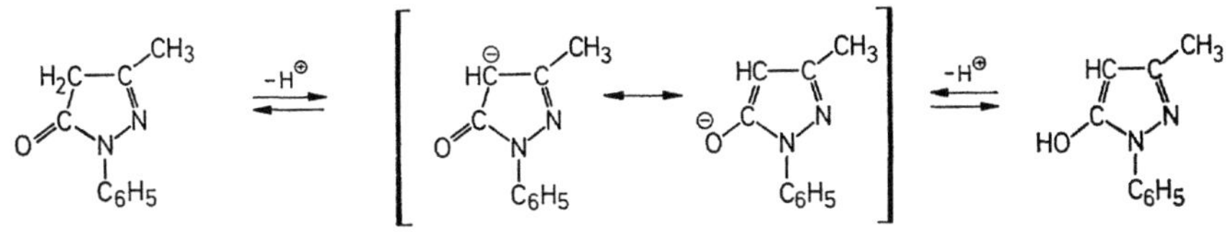

Ketoform konjugate Base Enolform

Neben den Arylamiden von Hydroxycarbonsäuren und Ketosäuren liegen den Naphtholen noch weitere Substanzen, u.a. Hydroxynaphthylketone (Cibanaphtol RP), zugrunde.

Zum Färben alkaliempfindlicher Materialien (S. 609) werden *säurelösliche* Naphthole der nachstehenden Konstitution empfohlen:

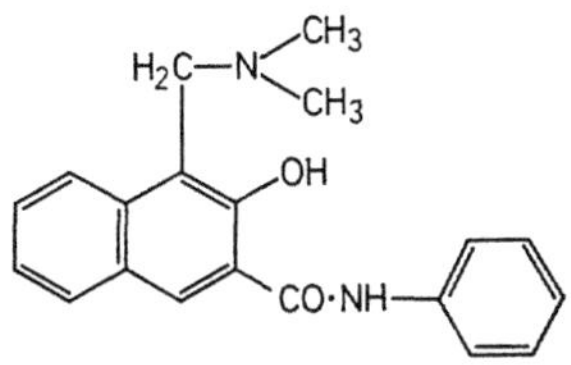

Die 1-ständige, die Säurelöslichkeit bedingende Gruppe, wird bei der Kupplung durch den eintretenden Azorest verdrängt.

Mit Formaldehyd lassen sich die Naphtholate in ammoniaklösliche Methylole überführen (*P. Neber* und *P. Kubitzky*):

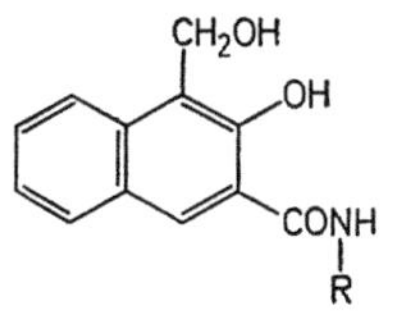

Bei der Kupplung wird Formaldehyd wieder abgespalten, so daß Kupplung in 1-Stellung erfolgen kann (vgl. S. 609).

Nach *H. Rath* und *E. Feess* erhält man durch „*Glucosidieren*" der Naphthole wasserlösliche Produkte, die ohne Gefahr für die Faser auf Protein-, Acetat- und Polyamidfasern aufgefärbt werden können. Aus den Glucosiden wird das Naphthol auf der Faser mit Säuren oder enzymatisch regeneriert und mit Diazoniumsalzen gekuppelt:

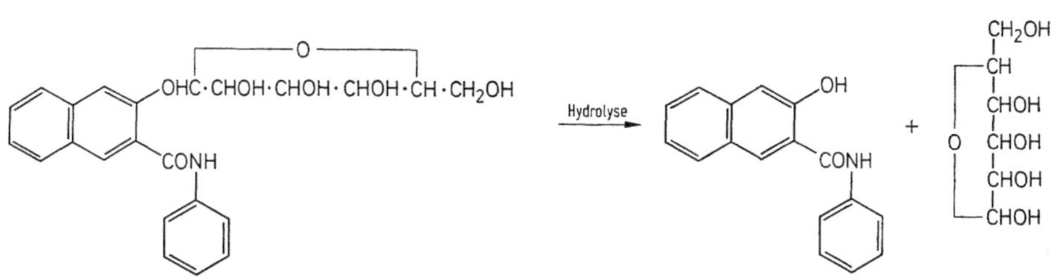

Glucosid von Naphthol AS

Auch *Schwefelsäureester* der Naphthole, die aus Naphtholen und Chlorsulfonsäure entstehen, lassen sich aus wäßriger Lösung auf die Faser aufbringen und nach Säurespaltung zum Azofarbstoff kuppeln (*H. Rath* und *E. Feess*):

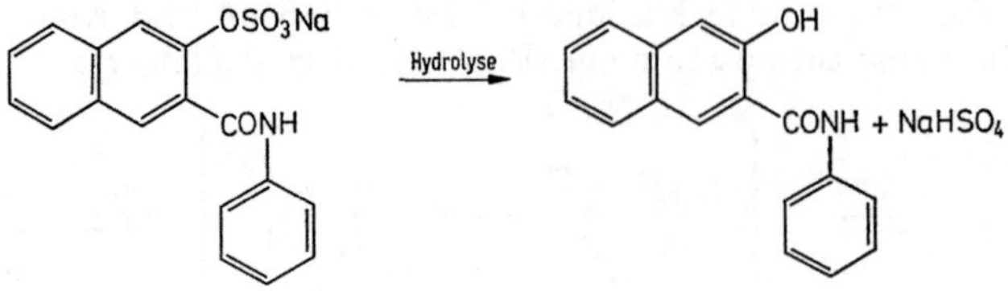

(vgl. S. 610)

Reaktivnaphthole. Die Echtheitseigenschaften von Entwicklungsfärbungen, namentlich die Reib- und Lösungsmittelechtheit, können in der Weise verbessert werden, daß man die „Naphthole" reaktiv an die Faser bindet, das nicht echt gebundene Naphthol durch kochendes Seifen entfernt und anschließend mit einem Diazoniumsalz kuppelt. Als reaktive Gruppen können grundsätzlich die gleichen wie bei der Erzeugung von Reaktivfarbstoffen angewandt werden.

Beispiele für Reativnaphthole
(*B. Bröcker* und *D. Fiolka*):

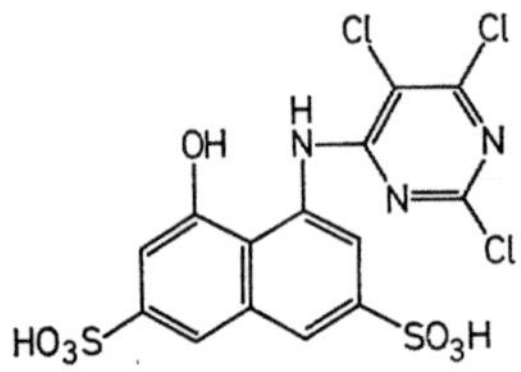

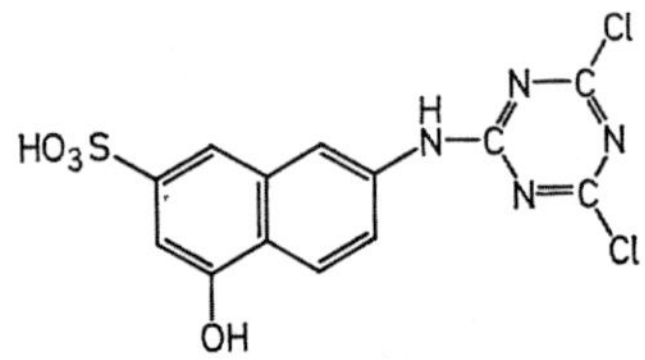

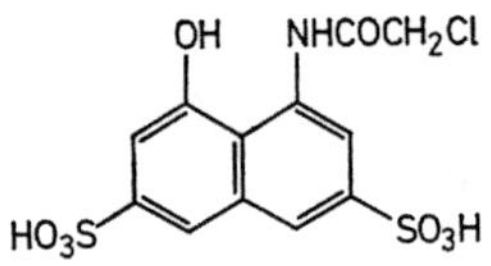

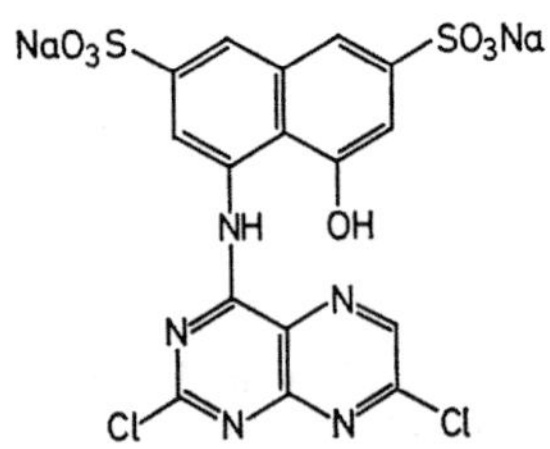

Für die Kupplung in Betracht kommende Basen

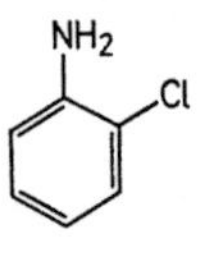

o-Chloranilin
Echtgelb GC Base
Gelbbase Ciba I
Azogene Jaune solide G

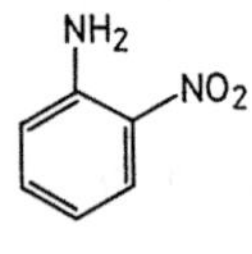

o-Nitranilin
Echtorange GR Base
Devolorange B
Orangebase Irga II
Fast Orange GR Base

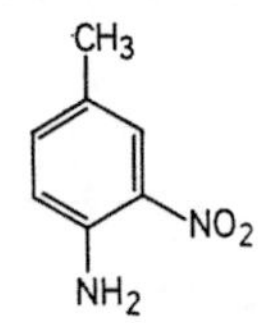

m-Nitro-p-toluidin
Echtrot GL Base
(und andere Handelsbezeichnungen)

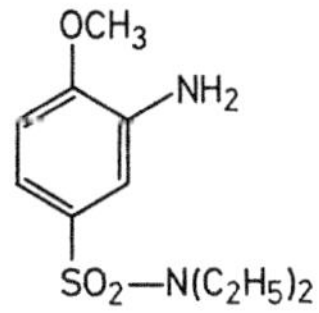

4-Diäthylsulfamido-2-amino-1-methoxy-benzol
Echtrot ITR Base

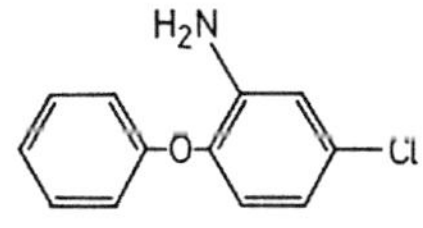

4-Chlor-2-amino-diphenyläther
Echtrot FG Base

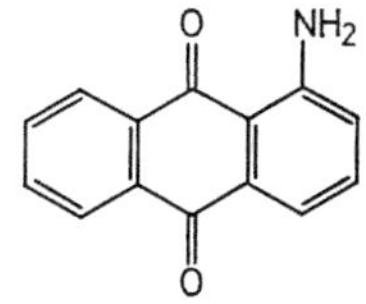

α-Amino-anthrachinon
Echtrotsalz AL
(in Form der stabilisierten Diazoniumverbindung)

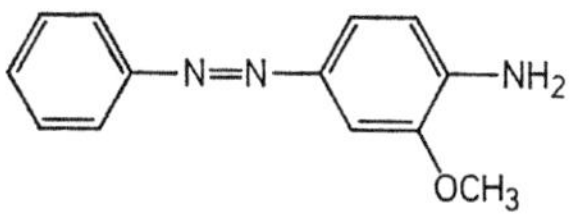

4-Amino-3-methoxy-azobenzol
Bordobase Ciba III

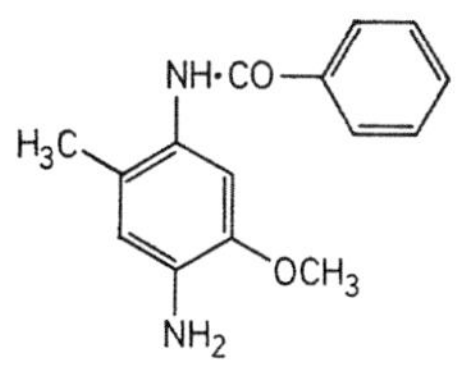

4-Amino-1-benzoylamino-3-methoxy-6-methylbenzol
Echtviolett B Base

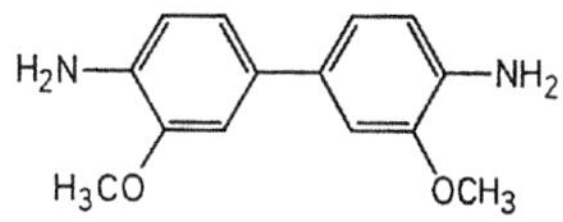

o-Dianisidin
Echtblau B Base

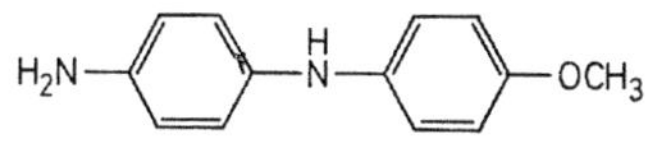

4-Amino-4'-methoxy-diphenylamin
Variaminblau B Base
(als Sulfat)

Da die Variaminblau B-Base eine sekundäre Aminogruppe besitzt, entsteht bei der Diazotierung leicht eine *N-Nitrosoverbindung*:

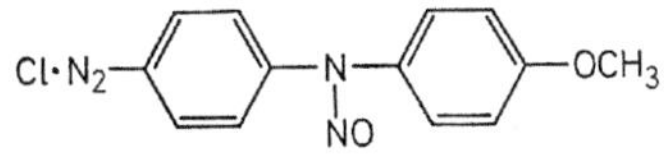

Dies verschiebt den Farbtonausfall nach Rot, was durch eine reduzierende Nachbehandlung z.B. mit Natriumsulfid oder -sulfit korrigiert werden kann. Unter bestimmten Diazotierungsbedingungen wird die nitrosofreie Diazoverbindung erhalten, welche eine Nachbehandlung überflüssig macht. Auch das im Handel befindliche Färbesalz ist nitrosofrei.

Der Ersatz des Wasserstoffs gegen die Nitrosogruppe hat außerdem zur Folge, daß durch die Einführung des negativen Substituenten die Kupplungsenergie wächst, was z.B. für die Erzeugung von *Weiß- und Buntreserven* (S. 696) unerwünscht ist, da diese gerade auf der geringen Kupplungsenergie des nitrosofreien Diazoniumsalzes basiert.

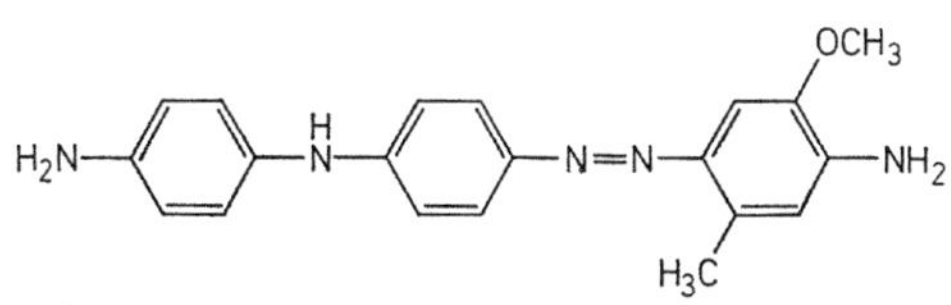

2-Methyl-4-amino-5-methoxy-4'-(4''-aminophenylamin)-azobenzol
Echtschwarzsalz G
(wegen schwerer Diazotierbarkeit als stabilisiertes Diazoniumsalz im Handel).

Eine wichtige Rolle spielen auch solche Amine, die eine oder mehrere Trifluormethylgruppen (CF_3) oder Sulfofluoridgruppen (SO_2F) im Molekül enthalten. Als Beispiele seien die folgenden Basen genannt:

3,5-Bis-trifluormethyl-anilin
Echtorangesalz GGD
(als stabilisiertes Diazoniumsalz)

3-Fluorsulfonyl-anilin

Vergleicht man die mit den einzelnen Basen erzielbaren Farbtöne mit deren Molekulargewicht, so zeigt sich auch hier wieder die *bathochrome Wirkung der Molekülvergrößerung* (S. 376). Die Absorption im langwelligen Spektralgebiet, d. h. also die Reflexion kurzwelliger sichtbarer Strahlen ist an ein hohes Molekulargewicht (größere Anzahl von Doppelbindungen) gebunden.

Bestimmte heterocyclische Basen, die eine für Metallkomplexbildung befähigte Gruppierung enthalten bzw. im fertigen Farbstoff zu bilden vermögen, lassen sich nach der Diazotierung mit Naphtholaten und Metallsalzen (Co, Cu) zu sehr beständigen Metallkomplexen auf der Faser entwickeln (*Variogene*). Als Basen kommen vor allem 3-Amino-indole in Betracht:

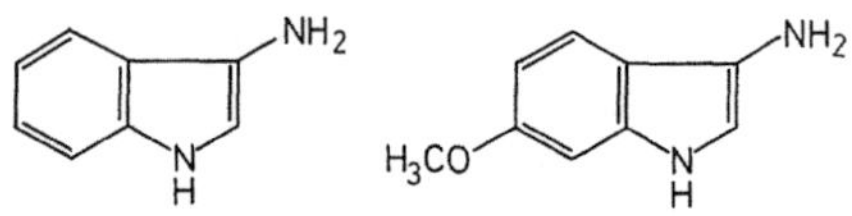

Das Diazotieren. Was die Diazotierung der verschiedenen Amine betrifft, so verläuft diese um so schwieriger, je mehr die Basizität der Amine durch negativierende Substituenten geschwächt ist. Grundsätzlich ist ein Säureüberschuß und ein solcher von Nitrit erforderlich, da unter diesen Umständen die Tendenz zur Bildung von Diazoaminoverbindungen, wie sie besonders bei schwach basischen Aminen besteht, zurückgedrängt und weiterhin die Kupplung von Diazoniumsalz mit noch nicht diazotierter Base vermieden wird.

Wird an Stelle von Salz- oder Schwefelsäure eine organische Säure verwendet, dann ist hiervon ein sehr großer Überschuß notwendig, um die Diazotierung in Gang zu bringen.

Das Diazotieren erfordert eine genaue Beachtung der hierfür geltenden Vorschriften, wenn der Kupplungsvorgang normal verlaufen und die Base voll ausgenützt werden soll (siehe S. 553ff.). Bei manchen Basen gestaltet sich die Diazotierung so schwierig, daß sie grundsätzlich in der Farbenfabrik vorgenommen und nur das fertige stabile Diazoniumsalz in den Handel gebracht wird.

Der Kupplungsvorgang. Je nach der Art der im Amin vorhandenen Substituenten verläuft der Kupplungsvorgang verschieden energisch. Unter der „*Kupplungsenergie*" wird die pH-abhängige Reaktionsfreudigkeit der Diazoverbindung verstanden. Je größer der pH-Bereich – namentlich nach der sauren Seite hin – ist, innerhalb dessen die Kupplung mit befriedigender Geschwindigkeit verläuft, desto größer ist die Kupplungsenergie (*W. Hees*). Eine große Kupplungsenergie im sauren Gebiet ist für die Technik des Färbens von Vorteil, da die Diazoniumsalzlösungen (Entwicklungsbäder) dann zum Abfangen des mit der naphthol-präparierten Ware eingeschleppten Alkalis sauer gehalten werden können, ohne die Kupplungsgeschwindigkeit allzusehr zu beeinträchtigen.

Bei den die Kupplungsenergie beeinflussenden Substituenten unterscheidet man zwischen solchen, welche die Kupplungsenergie erhöhen, und solchen, die diese vermindern. In der ersten Richtung wirken bei den Basen die *positivierenden* und in der zweiten die *negativierenden* Substituenten (vgl. S. 381 ff.).

Hinter den Einfluß der Base, die für die Kupplungsgeschwindigkeit in erster Linie bestimmend ist, tritt derjenige des Naphthols[1], vor allem der Rotnaphthole und des Grünnaphthols zurück. Im Gegensatz zu diesen Naphtholen können die Abkömmlinge heterocyclischer Basen und die Ketosäurearylamide, also die Gelb-, Braun- und Schwarznaphthole, den Kupplungsvorgang ebenfalls mitbestimmen. Bei den Naphtholen wird aber die Kupplungsgeschwindigkeit in umgekehrter Weise beeinflußt, nämlich durch negativierende Substituenten erhöht und durch positivierende vermindert. (Vgl. S. 381).

Stabile Diazoniumsalze (Färbesalze). Um dem Färber das Diazotieren zu ersparen, haben die Farbenfabriken schon frühzeitig versucht, fertig vorgebildete Diazoniumsalze, sog. *Färbesalze* (S. 555), in den Handel zu bringen. Dies ist insofern mit Schwierigkeiten verbunden, als sich die Diazoniumsalze teilweise nicht einfach aus ihren Lösungen abscheiden lassen und zum andern im trockenen Zustand sehr zersetzlich bzw. mitunter sogar explosiv sind.

Es gibt eine ganze Reihe von Methoden, um die Diazoniumsalze aus ihren Lösungen abzuscheiden und in trockener und stabiler Form in den Handel zu bringen. Zunächst hat man die Diazoniumsalze in *Trans-Diazotate* (Nitrosamine) übergeführt, die wohl einigermaßen beständig sind, sich aber nicht recht einführen konnten. Besser bewährt hat sich eine beständige Mischung von Diazoniumsulfat und Natriumhydrogensulfat, welche heute noch für das Diazoniumsalz des p-Nitranilins eine Rolle spielt und als *Nitrazol* im Handel ist.

In manchen Fällen eignen sich zur Isolierung und Stabilisierung Umsetzungen der Diazoniumsalze mit sauren Estern aliphatischer Alkohole, wie zum Beispiel Methylschwefelsäure, welche zur Bildung von Diazo-methylsulfaten führen:

$$[\text{Aryl—}\overset{\oplus}{\text{N}}\equiv\text{N}]^{+}[\text{SO}_3\cdot\text{OCH}_3]^{-}$$

In vielen Fällen bewährt sich die Fällung des Diazoniumsalzes mit Hilfe von *Arylsulfonaten*. In den Fällungsprodukten ist die Stelle des anorganischen Säurerests der Diazoniumverbindung durch einen aromatischen Sulfosäurerest ersetzt, welcher eine gute stabilisierende Wirkung ausübt. Die entstehenden Produkte entsprechen beispielsweise der Formel:

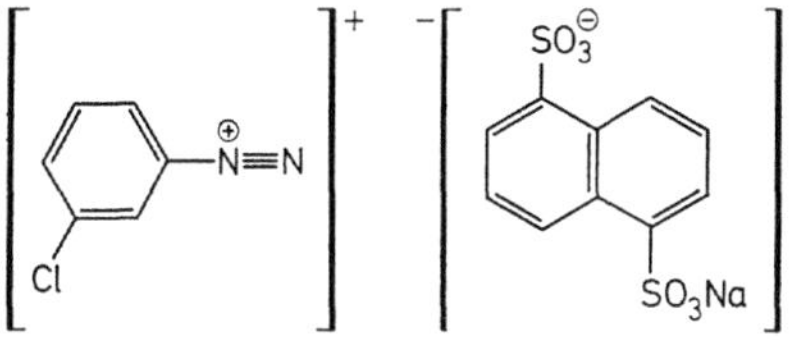

Für die Abscheidung und Stabilisierung eignen sich weiterhin *komplexe Diazoniumsalze* wie z.B. Diazoniumchlorid-Zinkchloriddoppelsalze von der Form der

[1] Unter „Naphthol" sei ganz allgemein die Kupplungskomponente verstanden.

Bis-diazoniumtetrachlorozinkate, z. B.

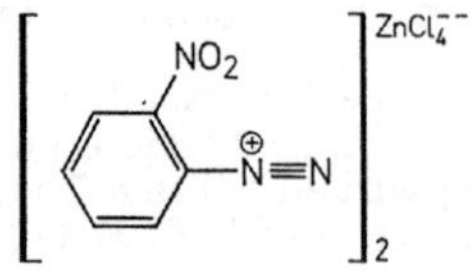

An Stelle von Zinkchlorid lassen sich auch andere Metallchloride verwenden. In die Gruppe der in Frage kommenden Komplexverbindungen gehören weiterhin die Diazoniumfluoborate, z. B.

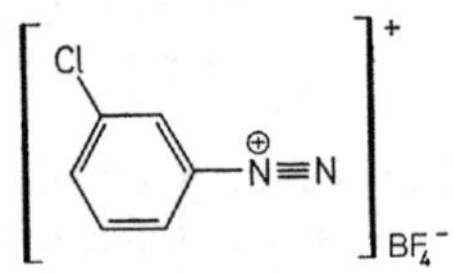

welche ebenfalls stabile Diazoniumprodukte darstellen. Auch durch Einführung einer Trifluormethylgruppe (CF_3) in das Amin lassen sich die Beständigkeit des Diazoniumsalzes und seine Kupplungsenergie steigern.

Durch Zusatz geeigneter *Stellmittel* (S. 534) werden die Präparate jeweils auf konstante Stärken eingestellt, so daß die Produkte meist nur 20% diazotierte Base enthalten. Stellmittel sind u. a. saure Salze, welche zusätzlich die Aufgabe haben, das mit der naphtholgrundierten Ware in die Diazolösung eingeschleppte Alkali abzufangen, um den für die Kupplung erforderlichen optimalen pH-Wert sicherzustellen. Als Stellmittel kommen Aluminiumsulfat, Zinksulfat, Magnesiumsulfat, Kochsalz und Glaubersalz in Frage, denen außerdem noch die Funktion eines Verdünnungsmittels zukommt, um eine etwaige, bei ungünstiger Lagerung oder Hantierung sich ergebende Tendenz zur Zersetzung hintanzuhalten.

Manche Diazoniumsalze lassen sich unter geeigneten Arbeitsbedingungen verhältnismäßig leicht in fester Form abscheiden und isolieren und sind ohne besondere Zumischungen haltbar wie z. B. dasjenige des 4-Methoxy-4′-aminodiphenylamins (Variaminblau B).

Beispiele für „Färbesalze"

Echtscharlachsalz GG = stabilisiertes Diazoniumsalz des 2,5-Dichloranilins.
Echtorangesalz GR = stabilisiertes Diazoniumsalz des o-Nitranilins.

Andere *Handelsbezeichnungen*:

Diazoechtsalze, Devolsalze, Cibasalze, Brentamine, Fast Salts.

k) Auf hydrophoben Fasern erzeugte oder modifizierte Azofarbstoffe (Dispersionsfarbstoffe)

Beim Färben von hydrophoben Fasern, z. B. Acetatfasern, werden im Interesse der Herstellung echterer Färbungen solche aminogruppenhaltige Körper, z. B. α-Naphthylamin, Dianisidin oder auch Aminoazofarbstoffe auf die Acetatfaser gebracht, welche sich anschließend diazotieren und zu einem unlöslichen Farbstoff kuppeln lassen.

Handelsprodukte dieser Art sind die Cellitazol-, Cibacetdiazo-, Setacyldiazo-, Artisildiazofarbstoffe usw. Als Kupplungskomponenten kommen u. a. β-Naphtholnatrium (Entwickler A) und 2-Hydroxy-3-naphthoesäure (Entwickler ONL) in Frage.

α-Naphthylamin = Cellitazol 5 R

Dianisidin = Cellitazol B

l) Kombinationen aus Naphtholen und nichtkuppelnden Diazoverbindungen (vgl. S. 692ff.)

Bei der Verwendung der Entwicklungsfarbstoffe in der Druckerei kann man so verfahren, daß man das Gewebe mit einer Naphtholatlösung tränkt und auf das so präparierte Gewebe eine verdickte Diazoniumsalzlösung aufdruckt. Man kann aber auch eine verdickte Naphtholatlösung aufdrucken und das so bedruckte Gewebe durch eine Diazoniumsalzlösung passieren, wobei Entwicklung zum Azofarbstoff erfolgt. In diesen Fällen ist die an die nicht zu bemusternden Stellen gebrachte Naphtholatlösung bzw. Diazoniumsalzlösung nutzlos aufgebracht, so daß diese Verfahren nicht immer besonders wirtschaftlich sind. Beide Komponenten nacheinander so aufzudrucken, daß die Konturen der aufeinanderfolgenden Drucke scharf aufeinanderfallen, ist zwar technisch möglich, erfordert aber die Herstellung einerseits zweier gravierter Druckwalzen und andererseits zweier Druckfarben für ein und dieselbe Druckfläche.

Man hat daher den sehr vorteilhaften Ausweg beschritten, das Naphthol mit dem Diazoniumsalz in einer Form zu kombinieren, in der dieses zunächst, d. h. also in Substanz und in der Druckfarbe, zu einer Kupplung nicht befähigt ist. *Erst durch eine geeignete Nachbehandlung wird die nichtkuppelnde Form in die kupplungsfähige Form umgewandelt,* so daß dann momentan Azofarbstoffbildung eintritt. Es bestehen verschiedene Möglichkeiten zur Herstellung solcher Kombinationen.

α) *Mischungen aus Naphtholaten mit trans-Diazotaten*[1] (vgl. S. 692)

Rapidechtfarbstoffe	Citazinfarbstoffe
Cibagenfarbstoffe	Printosolfarbstoffe
Momentogenfarbstoffe	Naphthazoldirektfarbstoffe

Trans-Diazotate werden hergestellt durch Einlaufenlassen von Diazoniumsalzen in kalte oder heiße Alkalien, wobei die Arbeitsbedingungen von der angewandten Base abhängen. Im Gegensatz zu den isomeren *cis-Diazotaten* sind die *trans-Diazotate nicht kupplungsfähig,* d. h. der Unterschied ist kein prinzipieller, sondern nur ein gradueller insofern, als die cis-Diazotate schnell kuppelndes Diazoniumion

[1] Da sich trans-Diazotate unter bestimmten Bedingungen in Nitrosamine umlagern:

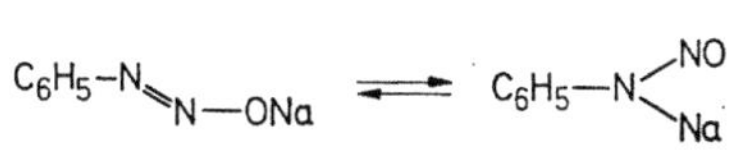

werden sie fälschlicherweise auch als Nitrosamine bezeichnet.

(An Stelle von „cis- und trans-Diazotate" wurden früher die Bezeichnungen „Syn- und Anti-diazotate" angewandt.)

bilden, während dies bei der trans-Form nur ganz langsam der Fall ist. Mit Säure lassen sich die trans-Diazotate wieder in die kupplungsfähige (meist aber nicht faßbare) cis-Form und weiterhin in die normalen Diazoniumsalze zurückverwandeln:

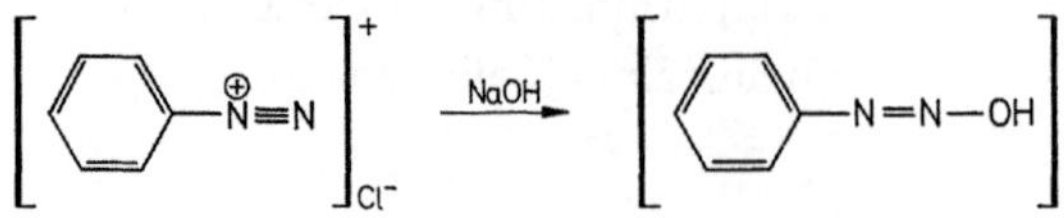

Diazoniumsalz Diazohydroxyd

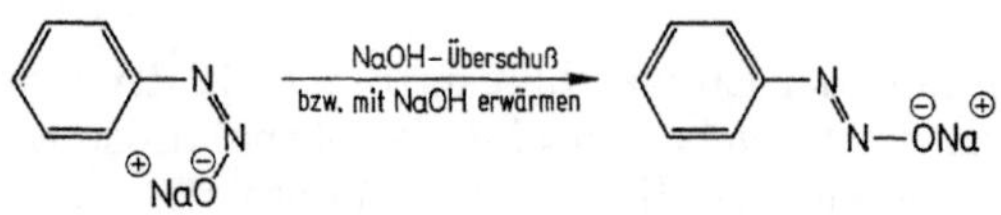

cis-Diazotat kuppelt trans-Diazotat kuppelt nicht

Was die Struktur der isomeren cis- bzw. trans-Diazotate betrifft, so wurde an Stelle einer Stereoisomerie auch eine Strukturisomerie diskutiert (*A. Angeli*, *E. Müller*), welche auf Grund neuerer Arbeiten aber nicht in Betracht kommt:

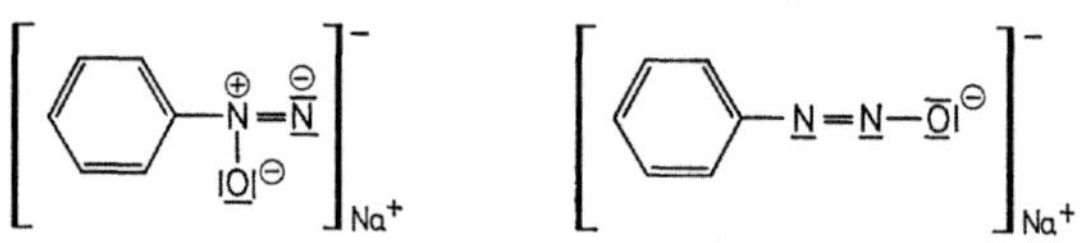

cis-Form trans-Form

Da die *Beständigkeit* des trans-Diazotats an die Gegenwart überschüssiger Natronlauge gebunden ist, diese aber andererseits wegen ihrer ausfällenden Wirkung auf die trans-Diazotate und die gleichzeitig anwesenden Naphtholate nicht unbeschränkt erhöht werden kann, sind Kombinationen aus trans-Diazotat und Naphtholat in der Druckfarbe verhältnismäßig *labil*, da aus der nicht kuppelnden trans-Form leicht die kuppelnden cis-Formen entstehen können. Schon die Luftkohlensäure ist zu einer solchen Umwandlung befähigt. Die Kupplung darf aber, wenn der Druck echt fixiert sein soll, erst auf dem Gewebe erfolgen.

Die Beständigkeit der Druckfarben ist in hohem Maße von der Art des verwandten Amins abhängig, da dieses je nach der Natur seiner Substituenten eine mehr oder weniger große Kupplungsenergie zeigt. So besitzen namentlich nitrosubstituierte Amine eine ausgeprägte große Kupplungstendenz, während z.B. CF_3-, CN- und SO_2-alkyl-substituierte Amine weniger rasch kuppeln. Die unter Verwendung der letzteren hergestellten Kombinationen besitzen daher in der Druckfarbe eine wesentlich bessere Haltbarkeit (*H-Marken* der Rapidechtfarbstoffe).

Die Kombinationen enthalten bereits in Substanz eine gewisse Menge Ätznatron und sind infolgedessen hygroskopisch. Außerdem sind sie kohlensäureempfindlich und daher vor Feuchtigkeit und Luftzutritt zu schützen.

Die Entwicklung der aufgedruckten Kombination gelingt in einfacher Weise durch eine Behandlung mit organischer Säure, kann aber auch durch Verhängen an der Luft (Einwirkung von Kohlensäure) oder durch Dämpfen erfolgen:

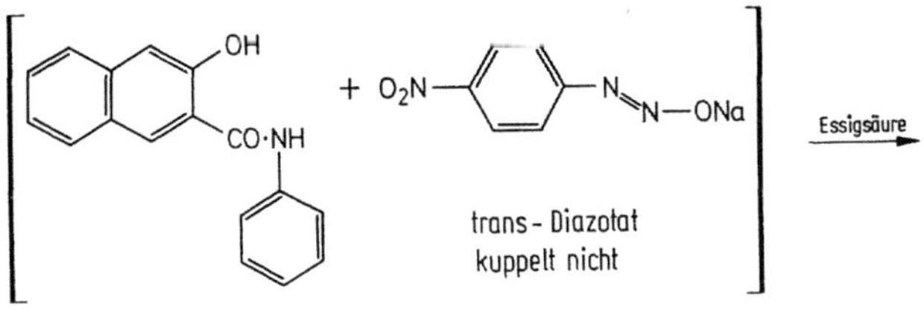

Rapidechtrot GG

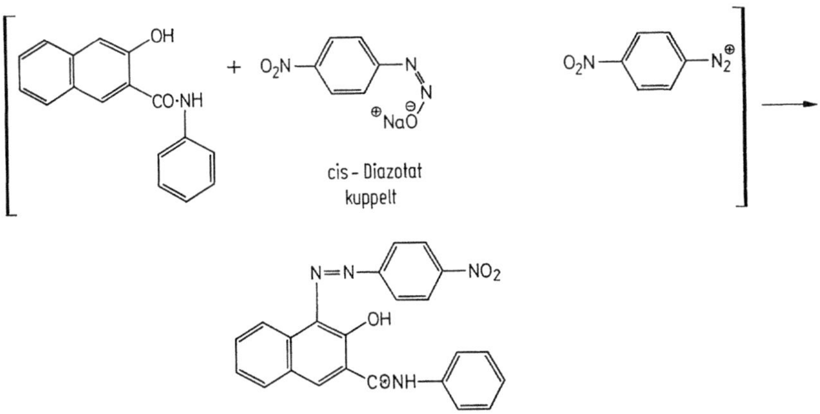

β) Kombinationen von Naphtholen mit trans-Diazosulfonaten (Rapidazole, Citazen-Farbstoffe). (Vgl. S. 693)

Bei den unter α) genannten Kombinationen herrscht eine Lücke in den Blau- und Schwarztönen, welche durch die Rapidazolfarben geschlossen wird. Dies rührt daher, daß sich einige für Blau- und Schwarztöne in Betracht kommende Diazoverbindungen von 4-Amino-diphenylaminen nicht in stabile trans-Diazotate oder Diazoaminoverbindungen umwandeln lassen. Stabil sind dagegen die trans-Diazosulfonate, welche durch Umsetzung der Diazoniumsalze mit Natriumsulfit erzeugt werden. *Das trans-Diazosulfonat ist zur Kupplung nicht befähigt, wohl aber das cis-Diazosulfonat,* welches sich aus ersterem durch Umlagerung unter dem Einfluß von Licht und Wärme bzw. von Wasserdampf bildet:

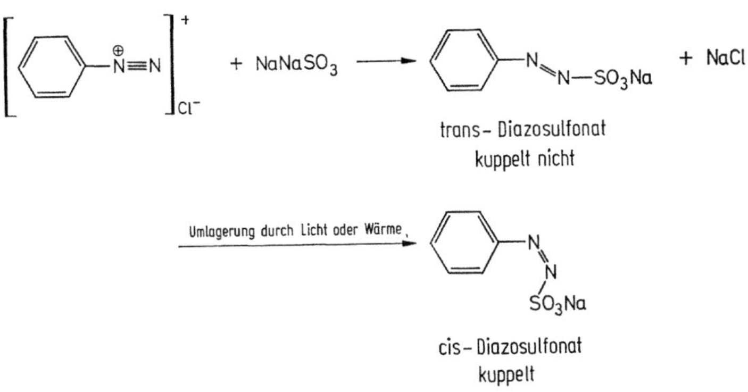

Auch für die Diazosulfonate gilt, daß die cis-Form schnell und die trans-Form nur langsam kuppelndes Diazoniumion bilden.

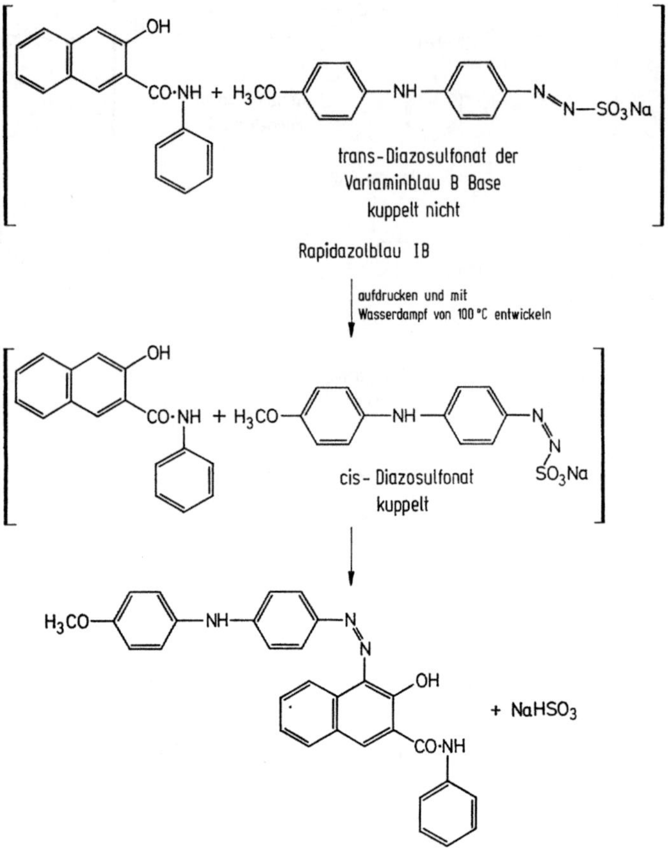

γ) Kombinationen von Naphtholen mit Diazoaminoverbindungen (Rapidogene, Iragene, Cibanogene, Sandogene, Ronagene, Brentogene, Colorants Naphthazogènes) (Vgl. S. 693f.)

Diazoaminokörper kuppeln nicht mit Naphtholen; sie lassen sich aber mit Säure in kupplungsfähige Diazoniumsalze spalten:

$$R—N{=}N—NH—R_1SO_3Na$$

$$\downarrow \text{Säure}$$

$$R—N{=}N^{\oplus}X^{\ominus} + H_2N—R_1SO_3Na$$

Für die Herstellung geeigneter Diazoaminokörper ist folgendes zu beachten: Die Diazoaminoverbindung muß, um eine gute Reaktionsfähigkeit zu gewährleisten, wasserlöslich sein. Das abgespaltene Amin darf zur Kupplung mit dem entstehenden Diazoniumsalz nicht befähigt sein. Man verwendet daher für den als Amin abzuspaltenden Bestandteil wasserlösliche aromatische oder aliphatische (sekundäre) Amine wie z. B. das sulfanthranilsaure Natrium oder das Sarkosin:

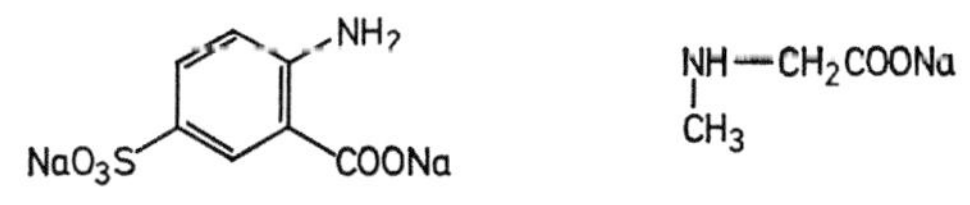

sulfanthranilsaures Natrium Sarkosin

Das wasserlösliche Amin soll durch das Vorhandensein positiver Substituenten *schwach* basischen Charakter und das für die Diazotierung in Frage kommende Amin *stark* basischen Charakter besitzen, damit die Iminogruppe der Diazoaminoverbindung immer mit derjenigen Base verbunden ist, welche nicht kuppeln, sondern lediglich die Wasserlöslichkeit verbürgen soll. Die Kupplung bleibt zwar im Falle der aromatischen Amine wohl nicht ganz aus; die Nucleophilie der wasserlöslichen aromatischen Amine ist aber durch die positivierenden Gruppen so sehr geschwächt, daß die Kupplung bevorzugt mit dem nucleophileren „Naphthol" erfolgt.

Im Gegensatz zu den Kombinationen mit trans-Diazotaten sind diejenigen aus Diazoaminoverbindungen und Naphtholen fast *unbegrenzt haltbar*, da es zu ihrer Entwicklung einer Säure bedarf und nicht schon Luftkohlensäure die Entwicklung auslöst.

Als Schema einer solchen Kombination und der Azofarbstoffbildung in saurem Medium sei das folgende Beispiel aufgeführt:

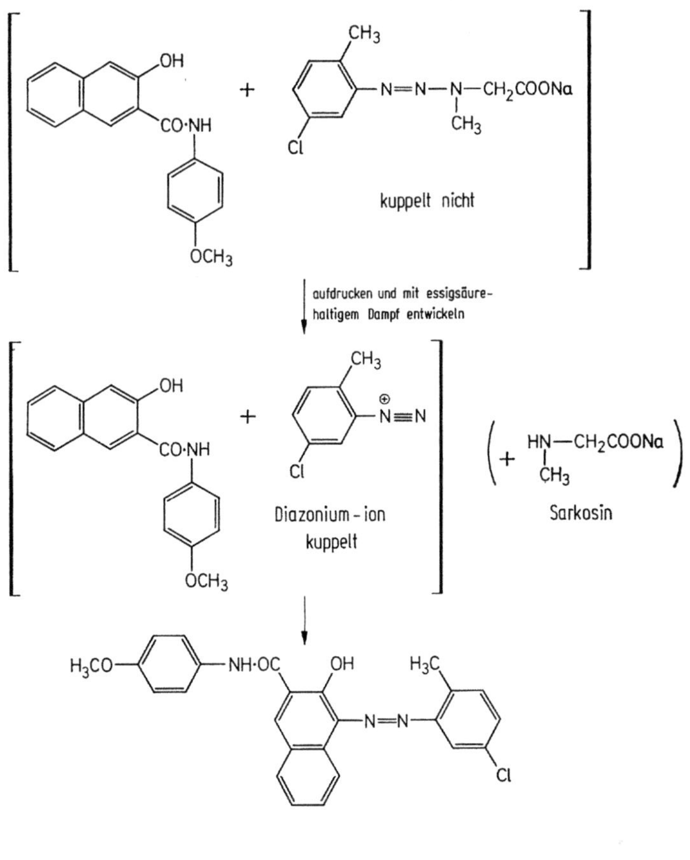

An Stelle von Sarkosin kann auch die Sulfanthranilsäure Verwendung finden, so daß auch die folgende Kombination einer Diazoaminoverbindung möglich ist:

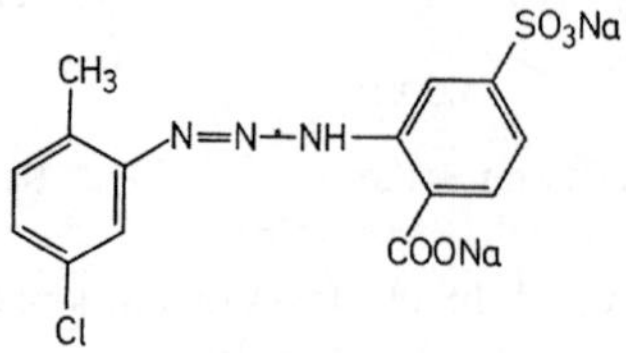

Beispiele

Rapidogenmarineblau IB = Diazoaminoverbindung aus Variaminblau B Base und Sarkosin in Mischung mit Naphtol AS

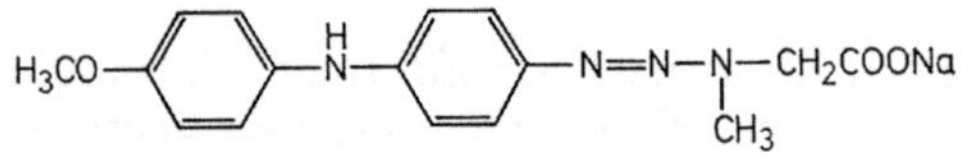

Rapidogenrot G = Diazoaminoverbindung aus Echtrot KB Base und p-Sulfanthranilsäure in Mischung mit Naphtol AS—D

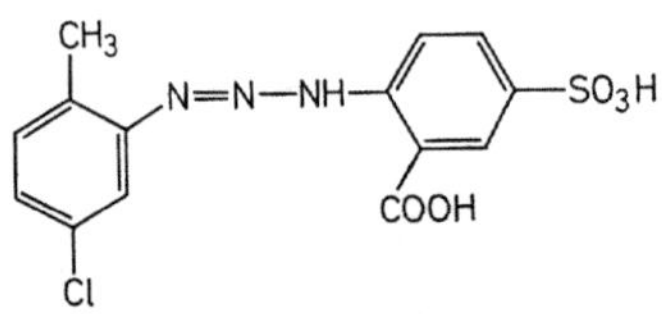

Für die *Neutralentwicklung* (S. 694) kommen als wasserlöslich machende Amine u.a. die N-Phenylglycin-o-carbonsäure und ihre Derivate

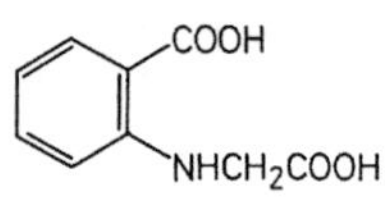

in Betracht (Neutrogene, Rapidogene, Cibaneutren-, Neutroprint- und Iratral-Farbstoffe). Auch Kombinationen mit Anthranil- und Phenylaminoessigsäure-Derivaten sind zur Neutralentwicklung geeignet:

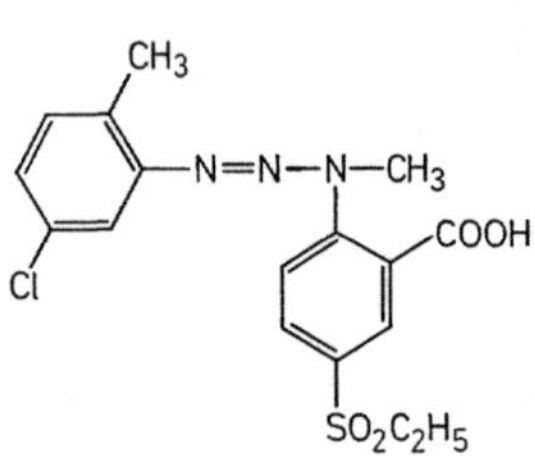

(Bayer)

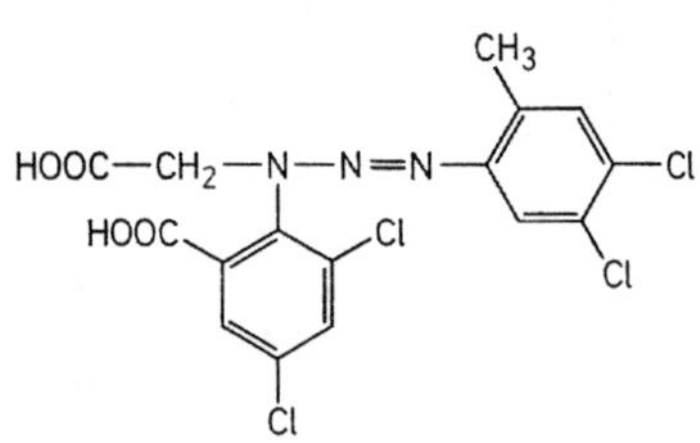

(Francolor)

Für den Wolldruck (S. 717) sind Rapidogene und Rapidechtfarbstoffe vorgesehen, in denen das Naphthol durch dessen sodalösliche 1-Naphtholsulfosäure ersetzt ist. Die Sulfogruppe wird beim sauren Dämpfen abgespalten, so daß Kupplung erfolgen kann:

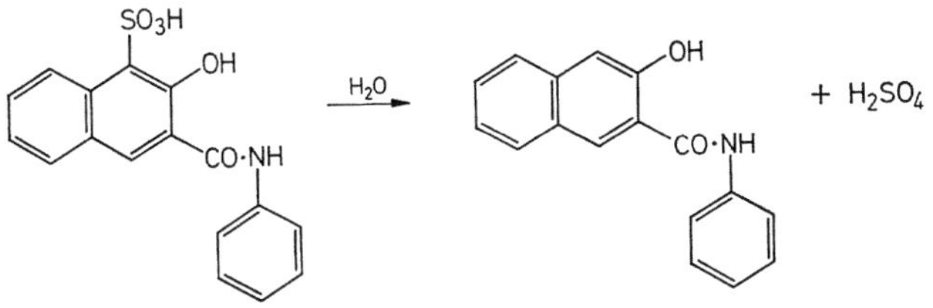

Auch wasserlösliche Glucoside und Schwefelsäureester der Naphthole, die vor der Kupplung hydrolytisch gespalten werden, sind geeignet (*H. Rath* und *E. Feess*, vgl. S. 427f.).

δ) *Kombinationen von Naphthol, Base und Nitrit* (vgl. S. 694)

Es besteht auch die Möglichkeit, die Base erst auf der Faser zu diazotieren und mit dem Naphthol zum Farbstoff zu kuppeln. Dabei kann die Base entweder als solche in der Druckfarbe dispergiert enthalten sein oder aus löslichen Nitraminaten mit Säure regeneriert werden (einige Cibagen-, Momentogen- und Tinogenfarben).

Nitraminate erhält man durch Behandlung von Aminen mit höchstkonzentrierter Salpetersäure und Essigsäureanhydrid und Umsetzung der entstehenden *Nitranilide* mit Natronlauge zu den wasserlöslichen Nitraminaten:

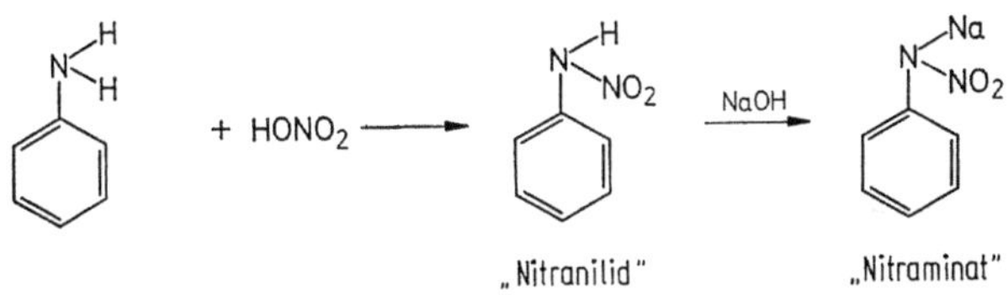

Nitraminate liefern mit verdünnter Salzsäure und Natriumnitrit kuppelndes Diazoniumsalz, da das Nitraminat unter Hydrolyse in das Amin übergeht:

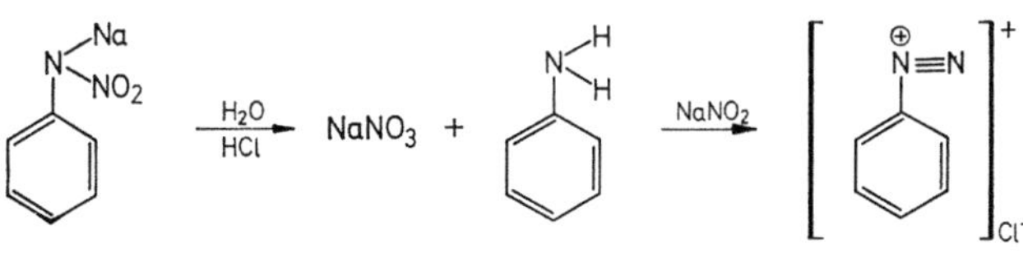

Man druckt daher eine aus Naphthol, Nitraminat und Natriumnitrit bestehende Kombination auf das Gewebe auf und entwickelt den Azofarbstoff durch eine Passage in verdünnter Salzsäure.

m) Veresterte Azofarbstoffe (vgl. S. 695)

(Neocotone, Neogenale, Tinogenale, heute nicht mehr im Handel)

Prinzip: Man führt eine fertiggebildete Naphtol AS-Kombination in eine wasserlösliche Verbindung über und spaltet die wasserlöslichmachende Komponente auf der Faser wieder ab.

Derartige Farbstoffe erhält man z. B. durch Umsetzung von unlöslichen Azofarbstoffen mit m-Chlorsulfonyl-benzoesäure in Pyridinlösung. Dabei entsteht wahrscheinlich intermediär durch die chlorierende Wirkung der SO_2Cl-Gruppe ein m-Sulfobenzoylchlorid, welches die naphtholische Hydroxylgruppe verestert:

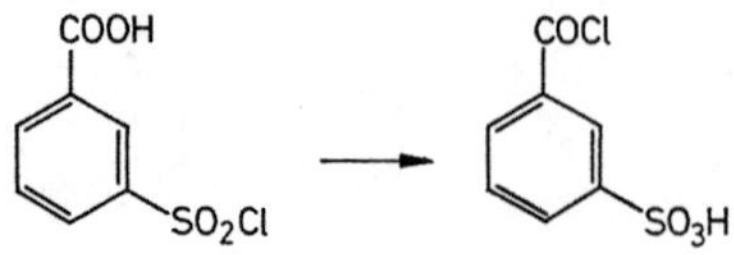

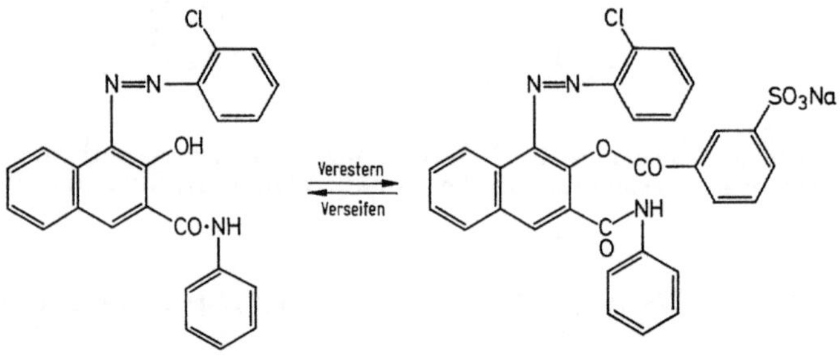

(Es besteht die Möglichkeit, daß auch das Wasserstoffatom der Anilidgruppe durch einen m-Sulfobenzoesäurerest substituiert wird.)

Die Farbstoffe können z. B. für Druckzwecke Verwendung finden. Nach dem Druck wird durch eine Behandlung mit Natronlauge aus dem wasserlöslichen Farbstoff die wasserlöslich machende Gruppe wieder abgespalten und damit der unlösliche und waschechte Farbstoff regeneriert. Damit bei der Passage des Drucks durch die Natronlauge kein Auslaufen des Farbstoffs stattfindet, setzt man der Natronlauge etwas Bariumchlorid zu. Unter diesen Umständen entsteht zunächst das schwerlösliche *Bariumsulfonat* des Farbstoffs (Ionenreaktion), während die Verseifung wesentlich langsamer verläuft (Zeitreaktion).

Die Farbstoffe konnten sich in der Praxis nicht durchsetzen und sind inzwischen wieder aus dem Handel gezogen worden.

Ein anderes Prinzip, Azofarbstoffe wasserlöslich zu machen, besteht darin, daß man als Kupplungskomponenten Ketosäurearylamide benutzt, welche die Atomgruppierung der Leukoschwefelsäureester von Anthrachinonen enthalten, z. B.:

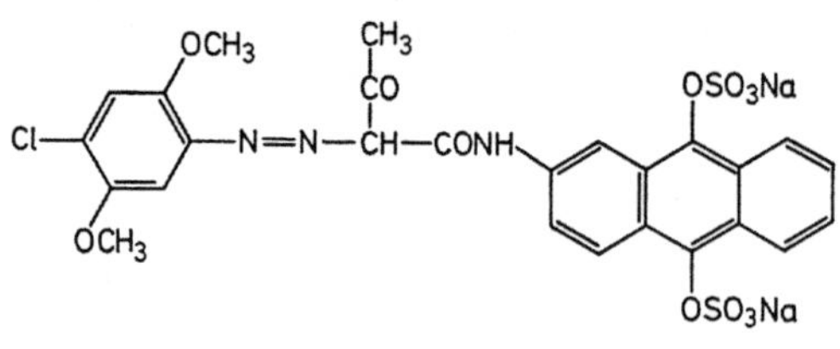

Die Farbstoffe werden wie die Indigosole zum unlöslichen Azofarbstoff entwickelt und eignen sich zum Färben und Bedrucken von pflanzlichen und tierischen Faserstoffen. Auf Grund der Azogruppierung sind die Färbungen verhältnismäßig leicht ätzbar. Handelsprodukte dieser Art sind u. a. Anthrasoldruckgelb I3G und Indigosolrot AB (Cibantinrot B).

n) Herstellung von Azofarbstoffen durch oxydative Kupplung

Durch oxydative Kupplung von heterocyclischen Hydrazonen mit Aminen oder Naphtholen kann man ebenfalls Azofarbstoffe erhalten (*S. Hünig*):

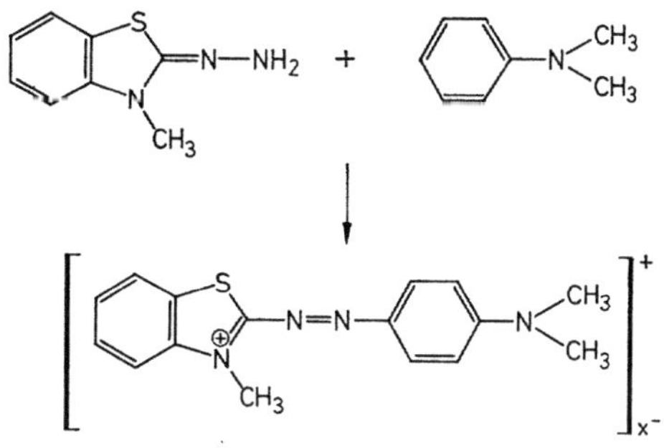

o) Zusammenhang zwischen Konstitution und Farbton bei Azofarbstoffen

Eine Molekülvergrößerung wirkt sich deutlich bathochrom aus (S. 376), wie dies in der Tab. 37 zum Ausdruck kommt.

Mit wachsendem Molekulargewicht tritt eine deutliche Farbvertiefung ein. Durch den Übergang von Benzolazo- zu Naphthalinazo-Farbstoffen erhält man rote, violette und blaue Farbtöne. Grüne und schwarze Azofarbstoffe sind meist Polyazofarbstoffe.

Tabelle 37. *Molekulargewicht und Farbton bei Azofarbstoffen* (nach *Schiemann*)

Molekulargewicht des Amins	Kombination	Farbstoff	Färbung
93	Anilin/R-Salz	Ponceau 2G	gelbrot
121	m-Xylidin/R-Salz	Ponceau 2R	hellrot
135	Cumidin/R-Salz	Ponceau 4R	ziegelrot
143	α-Naphthylamin/R-Salz	Echtrot B	bordorot
223	Naphthionsäure/R-Salz	Naphtholrot O	tiefrot
225	o-Amino-azotoluol/R-Salz	Tuchrot O	dunkelrot

Aber nicht nur die Molekülgröße, sondern auch die Art der Substituenten sowie namentlich die Stellung der Substituenten spielt eine wesentliche Rolle. So gelang die Herstellung blauer bis violetter Farbstoffe erst, als man die peri(1,8)-Derivate der Naphthalinreihe herstellen konnte. Solche sind z. B. Chromotropsäure, H-Säure (S. 388) und K-Säure.

p) Siliziumhaltige Azofarbstoffe

Durch Kupplung von diazotierten Aminen mit Arylamino-alkylsilanen erhält man beispielsweise:

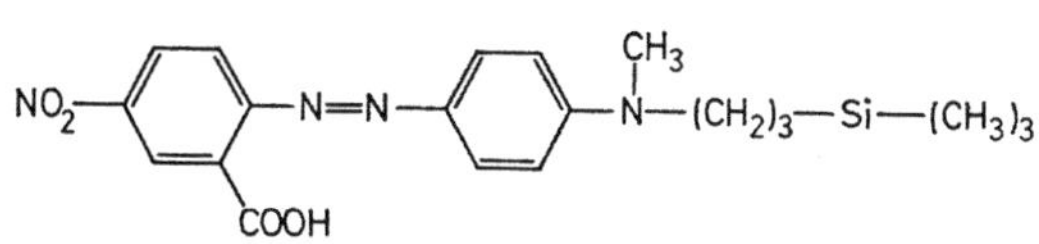

Di- bzw. Polysiloxan-Farbstoffe mit folgenden Einheiten:

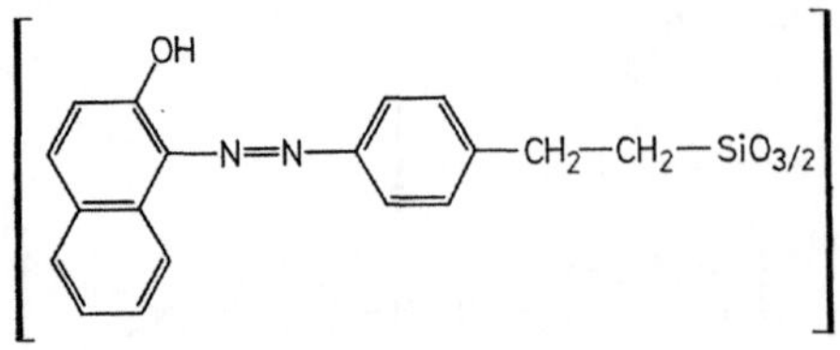

Die Farbstoffe können auch auf der Faser aus Naphtholen durch Kuppeln mit dem Diazoniumsalz eines Arylamino-alkoxy-silans erzeugt werden:

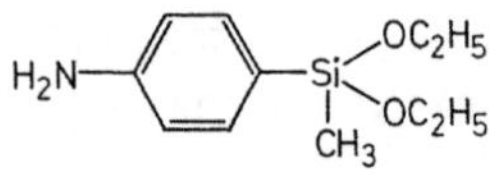

Solche Färbungen machen die Faser gleichzeitig hydrophob.

q) Erzeugung von Azofarbstoffen auf der Faser aus „Aminocellulose" und Naphthol

Theoretisch interessant ist die Möglichkeit, auf Cellulosefasern eine waschechte Azofärbung in folgender Weise herzustellen:

Cellulose wird mit p-Nitrobenzylchlorid in ihren Nitrobenzyläther übergeführt, dieser reduziert, die Aminogruppe diazotiert und mit β-Naphthol gekuppelt:

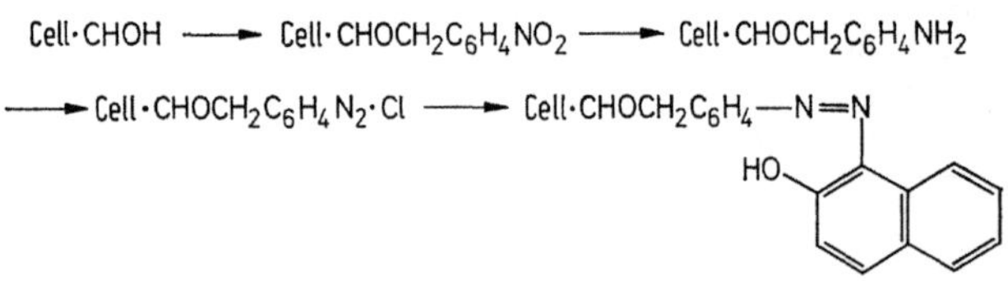

Die Naphtholkomponente ist dabei in Form eines Azofarbstoffes waschecht an die Faser gebunden. Praktisch ist das Verfahren naturgemäß ohne Bedeutung.

Anhang

Thermochromie

Manche Azofarbstoffe bzw. damit ausgeführte Färbungen haben die Eigenschaft, beim Erwärmen einen Tonumschlag zu erleiden. Der ursprüngliche Farbton kehrt nach verschiedenen Zeiten wieder zurück. Je nach Konstitution wird hierfür eine temperaturabhängige trans $\rightleftarrows$ cis-Isomerisierung bzw. eine Verschiebung der Azo $\rightleftarrows$ Hydrazon-Tautomerie angenommen (*D. Bechter, D. Fiebig, H. Ilg*).

4. Triphenylmethanfarbstoffe (Triarylmethanfarbstoffe)

Unter der Gruppe der Triphenylmethanfarbstoffe faßt man Farbstoffe zusammen, die sich in ihrer Konstitution auf das Triphenylmethan zurückführen lassen. Sie werden nicht aus Triphenylmethan oder seinen Derivaten, sondern meist aus Amino- bzw. Hydroxybenzolen durch Kondensation erzeugt.

Je nach den speziellen Konstitutionsmerkmalen kann man die Triphenylmethanfarbstoffe in verschiedene Gruppen einteilen, und zwar:

a) *Amino-triphenylmethanfarbstoffe* – b) *Hydroxy-triphenylmethanfarbstoffe* – c) *Phthaleine* – d) *Rhodamine.*[1]

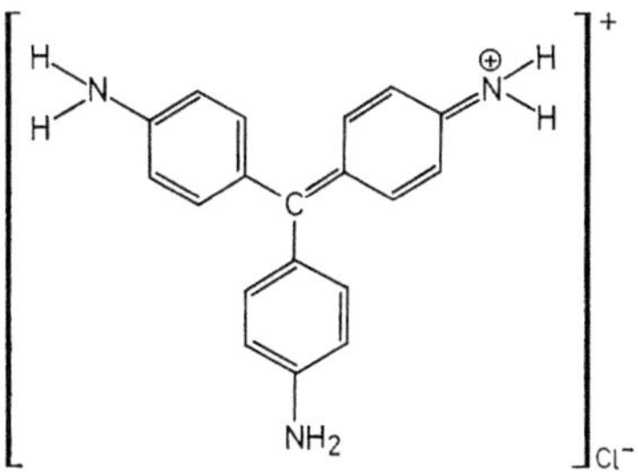

Typ der Amino-triphenylmethanfarbstoffe

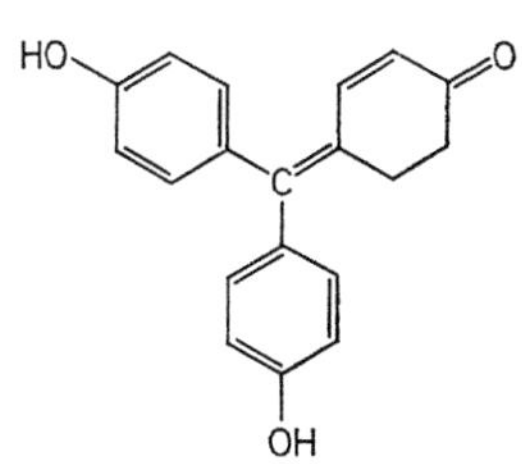

Typ der Hydroxy-triphenylmethanfarbstoffe

Phthaleine und Rhodamine enthalten – mit Ausnahme des Phenolphthaleins – eine Sauerstoffbrücke zwischen zwei Arylresten:

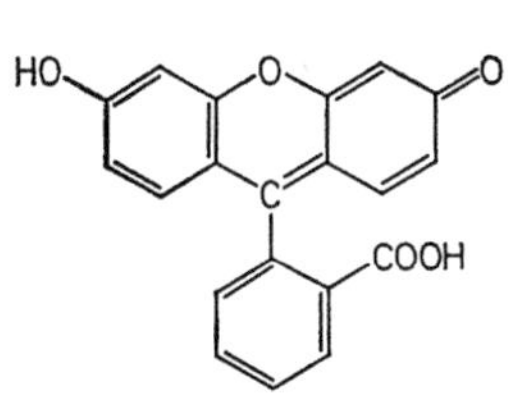

Phthalein-Typ

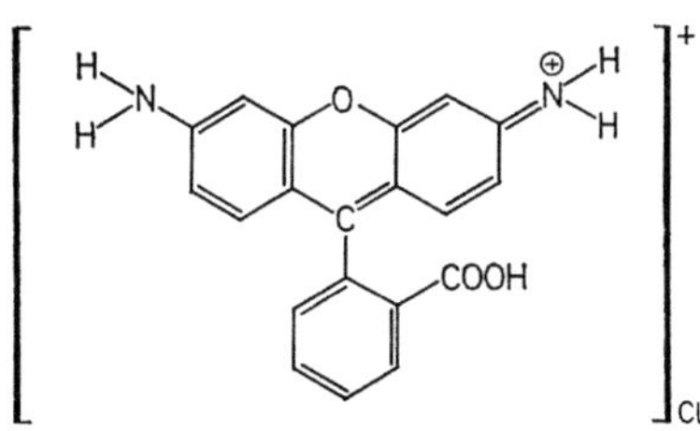

Rhodamin-Typ

Hinsichtlich der *Verwendung der Triphenylmethanfarbstoffe* ist folgendes zu sagen:

Die Triphenylmethanfarbstoffe stehen, was sowohl ihre Anzahl als auch ihre textile Bedeutung betrifft, weit hinter den Azofarbstoffen zurück. Die Gruppe enthält teils kationische (basische) Farbstoffe, teils anionische (Säurefarbstoffe). Sofern sie die konstitutionellen Voraussetzungen (S. 389) erfüllen (Salicylsäure-

---

[1] Selbstverständlich ist das Einteilungsprinzip nicht starr. Vielfach werden die Phthaleine und Rhodamine nicht in der Gruppe der Triphenylmethane geführt, sondern werden, da sie sich vom Xanthen ableiten lassen, als *Xanthenfarbstoffe* bezeichnet.

und Kresotinsäure-Derivate), finden sie als Chromierungs- bzw. Beizenfarbstoffe Verwendung. Nur ganz vereinzelt liegen substantive Farbstoffe vor, die sich durch die Lebhaftigkeit ihrer Farbtöne auszeichnen, aber wenig lichtecht sind. Sie werden im Gegensatz zu dem Gros der substantiven Farbstoffe unter Zusatz von Essigsäure gefärbt (z.B. Brillantreinblau 8G extra).

Wie bei den Azofarbstoffen sind es je nachdem Ammonium-, Sulfo- oder Carboxylgruppen, welche die Wasserlöslichkeit bedingen.

Eine wichtige Rolle spielen die Triphenylmethanfarbstoffe als Lackfarbstoffe für die Erzeugung von Pigmentfarben. Sie sind weiterhin von Bedeutung für die Herstellung von Tinten, Stempelfarben und zum Färben von Lebensmitteln, Ölen, Fetten und Wachsen. Für die letzteren Zwecke kommen die fettlöslichen Farb*basen* in Betracht, während für textile Zwecke die *Salze* solcher Basen Verwendung finden, um ein Arbeiten in wäßrigem Medium zu ermöglichen.

Die Triphenylmethanfarbstoffe geben Färbungen und Drucke von außerordentlicher Lebhaftigkeit und Klarheit, wie sie mit anderen Farbstoffen kaum erzeugt werden können. Unter diesen Umständen sind sie trotz ihrer sehr *geringen Lichtechtheit* von erheblichem technischem Interesse, besonders aber auch auf Grund ihres *billigen Preises* und ihrer großen *Ergiebigkeit.*

Eine ganze Reihe der Triphenylmethanfarbstoffe wird mit Phosphormolybdän-Wolframsäure zu Komplexen von erhöhter Lichtbeständigkeit verarbeitet. Diese kommen unter der Bezeichnung *Fanalfarben* in den Handel und finden als Pigmentfarben u.a. für graphische Zwecke (Buntpapier und Tapeten) Verwendung.

Konstitution der Triphenylmethanfarbstoffe. Um die Farbigkeit und das Verhalten der Triphenylmethanfarbstoffe formelmäßig zu motivieren, wurden verschiedenartige Konstitutionsformeln herangezogen (vgl. S. 375f.). Der älteren *chinoiden* Formulierung mit Immoniumstruktur wurde von *Dilthey* und *Wizinger* eine *Carbenium*-Formel entgegengestellt. Gemäß der modernen Elektronenformulierung faßt *Eistert* die Farbstoffe als *mesomere Systeme* auf, welche in mehreren Grenzformen formuliert werden können. Diese wären z.B. für das Malachitgrün u.a. die folgenden:

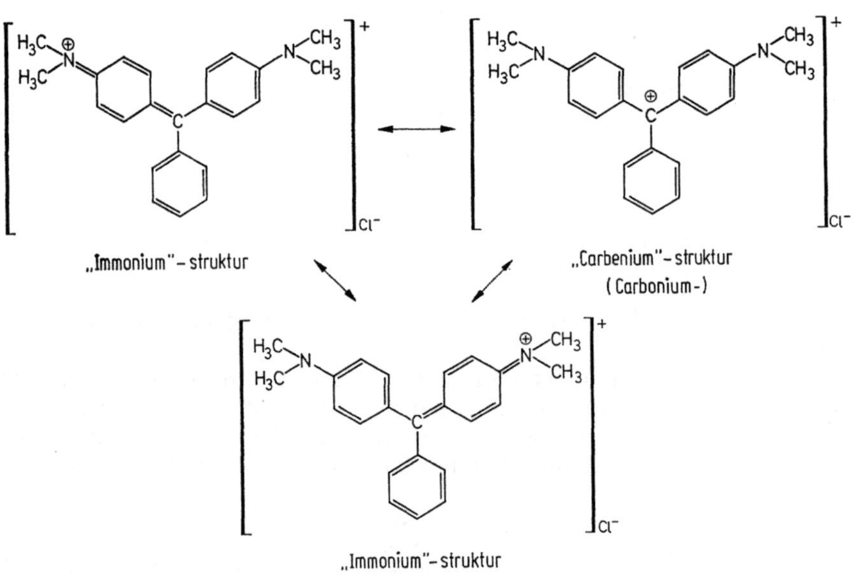

Unter diesen Umständen ist die Frage, ob diesen Farbstoffen eine benzoide oder eine chinoide Struktur zukommt bzw. ob der Stickstoff oder der Kohlenstoff Träger der positiven Ladung ist, gegenstandslos geworden, da man sich den eigentlichen Molekülzustand zwischen den verschiedenen Grenzstrukturen liegend denken muß. Das eigentliche reale Farbstoffmolekül vereinigt in sich die Eigenschaften der verschiedenen Grenzstrukturen (allgemeiner Mesomeriebegriff). Im folgenden soll jeweils eine chinoide Schreibweise gewählt werden.

a) Amino-triphenylmethanfarbstoffe

α) *Kationische (basische) Farbstoffe*

Herstellung: Durch Kondensation von 3 Benzolderivaten oder von 1 Diphenylmethanderivat mit 1 Benzolderivat bzw. Naphthalinderivat.

Beispiele

Malachitgrün. Aus 2 Mol Dimethylanilin und 1 Mol Benzaldehyd durch Erwärmen mit kondensierenden Mitteln (Zinkchlorid, Salzsäure, Schwefelsäure) und Oxydation der entstehenden Leukobase in saurer Lösung mit Braunstein oder Bleidioxid:

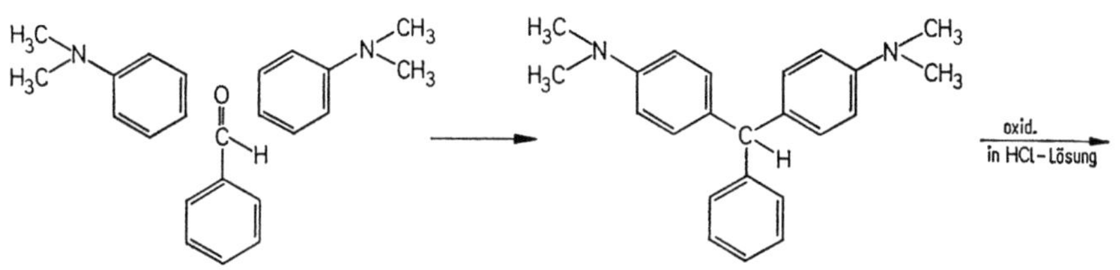

Leukobase des Malachitgrüns

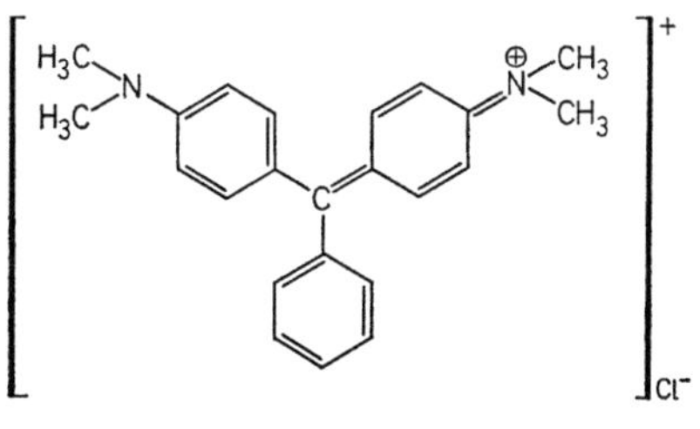

Malachitgrün

Der Farbstoff befindet sich als Zinkchlorid-Doppelsalz des Chlorids im Handel. Für die Zwecke der Druckerei verwendet man möglichst zinkchloridfreie Produkte, da unter den Bedingungen des Dämpfens auf Grund hydrolytischer Spaltung des Zinkchlorids Faserschwächungen auftreten können. *Neuviktoriagrün O* ist das Malachitgrün in Form des Oxalats.

(Interessant sind Farbstoffe, die an Stelle eines Benzolrings einen heterocyclischen Ring enthalten [*O. F. Ginsburg*]:

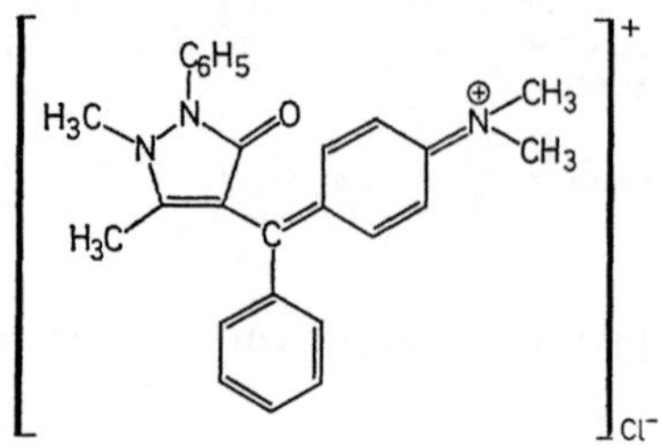

Farbstoff ist hydrolysenbeständiger als Malachitgrün)

Kristallviolett. Aus 1 Mol Michlerschem Keton und 1 Mol Dimethylanilin durch Erwärmen mit Phosphoroxychlorid:

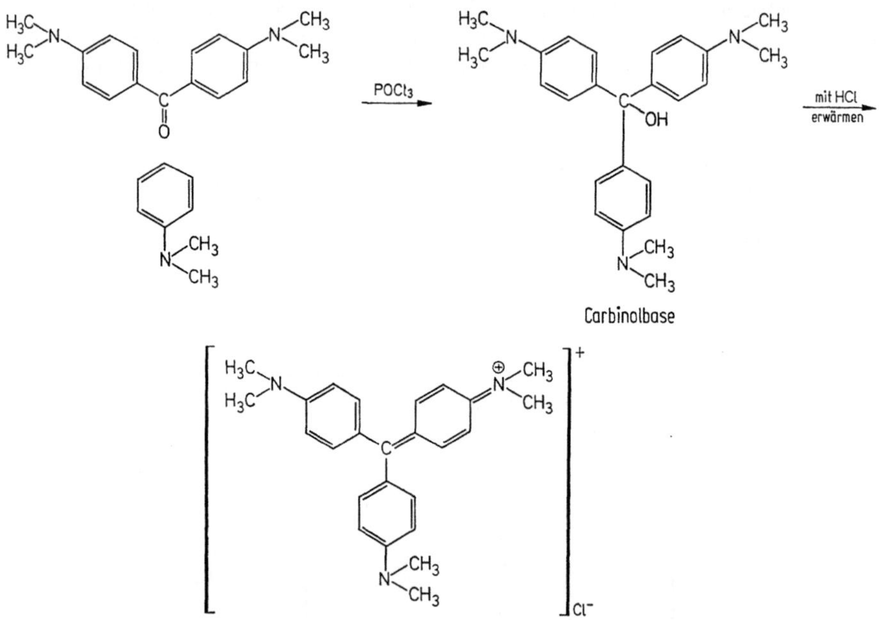

Neben der Textilfärberei und -druckerei besitzt Kristallviolett Bedeutung für das Färben von Papier und Leder, zur Herstellung von Tinten, Tintenstiften und Stempelfarben.

Weitere Vertreter dieser Reihe sind u. a. Rhodulinblau 6G, Türkisblau B, Methylviolett B, Methylgrün, Brillantgrün, Fuchsin.

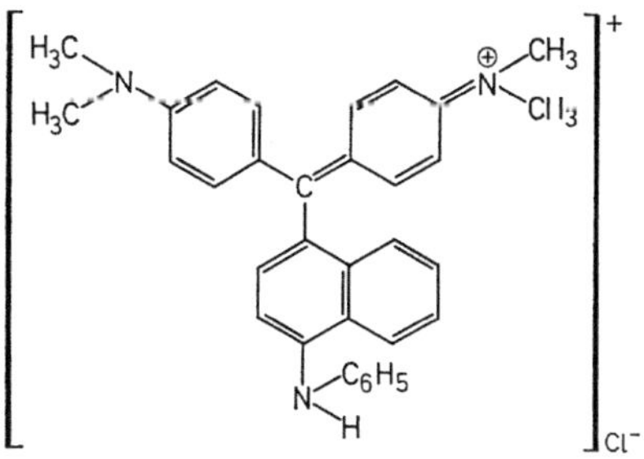

Viktoriablau B

(Diphenyl-naphthyl-methanfarbstoff)
Durch Kondensation von 1 Mol N-Phenyl-α-naphthylamin und Michlerschem Keton mit Hilfe von Phosphoroxychlorid

Verhalten der Amino-triphenylmethanfarbstoffe gegenüber Alkalien

Die gefärbten Immoniumsalze werden durch Alkali über die sehr unbeständige und noch gefärbte Farbbase in die *farblose Carbinolbase* übergeführt. Diese letztere läßt sich mit Säure wieder in das gefärbte Immoniumsalz zurückverwandeln. Dieser Eigenschaft bedient man sich bei der Erkennung der kationischen Amino-triphenylmethanfarbstoffe in Substanz und auf der Faser. Die betreffenden Färbungen sind auf Grund dieses Verhaltens verhältnismäßig alkaliunecht:

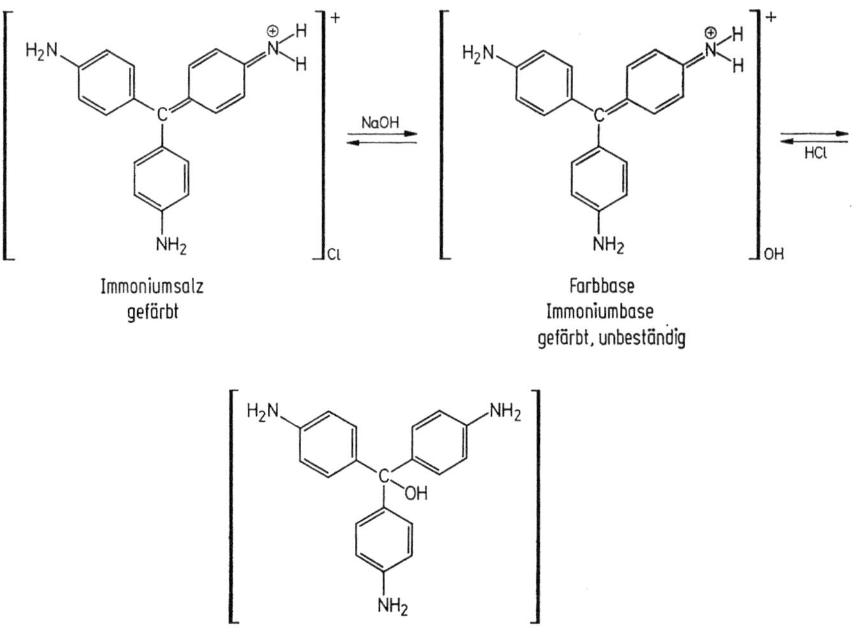

Immoniumsalz
gefärbt

Farbbase
Immoniumbase
gefärbt, unbeständig

Carbinolbase
farblos, beständig

Legt man Wolle oder Seide in die farblose Lösung der Carbinolbase des Fuchsins (oder eines anderen kationischen Amino-triphenylmethanfarbstoffs), so färbt sich die Faser rot, eine Erscheinung, die damit erklärt werden kann, daß die farblose Carbinolbase mit den carboxylgruppenhaltigen Bestandteilen des Seidenfibroins bzw. des Wollkeratins ein gefärbtes Immoniumsalz bildet (*Jacqueminsches Phänomen*).

β) Sulfogruppenhaltige Amino- (bzw. Aminohydroxy-) triphenylmethanfarbstoffe (Säurefarbstoffe)

Die Farbstoffe sind *zwitterionischer* Natur und der Sulfanilsäure entsprechend als innere Salze aufzufassen gemäß der Formulierung:

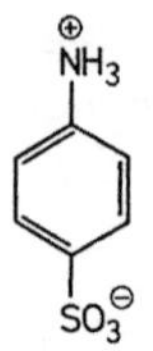

Beispiele

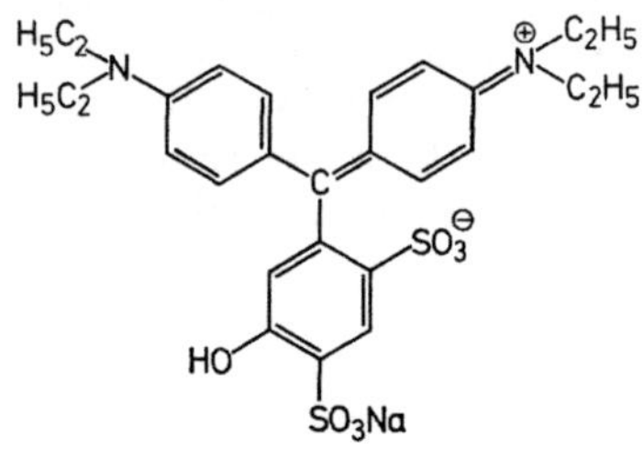

Patentblau V

Weitere Vertreter dieser Reihe sind u. a.: Säureviolettmarken, Echtsäureblau B, Patentblau A, Wollgrün S.

b) Hydroxy-triphenylmethanfarbstoffe

Bei den Hydroxy-triphenylmethanfarbstoffen handelt es sich vorwiegend um Säure- bzw. Chromierungsfarbstoffe.

Beispiel

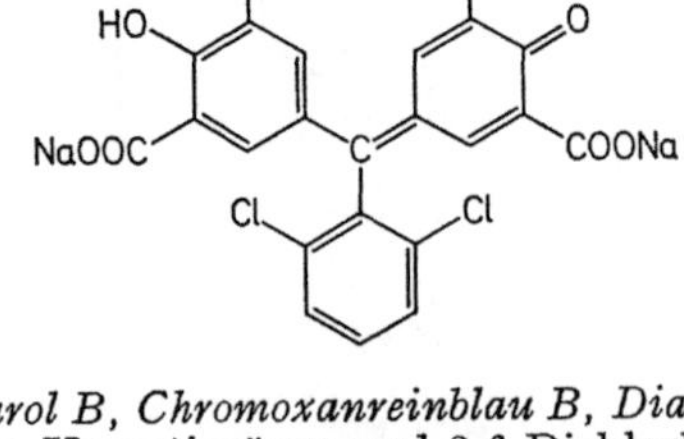

Eriochromazurol B, Chromoxanreinblau B, Diamantreinblau B
Aus 2 Mol o-Kresotinsäure und 2,6-Dichlorbenzaldehyd.
Färbt Wolle aus stark saurem Bade bordorot, beim Nachchromieren reinblau.

c) Phthaleine

Die Phthaleine sind Derivate der Triphenylcarbinol-carbonsäure bzw. der Triphenylmethan-carbonsäure; sie werden, da sie sich vom Xanthen ableiten lassen, auch als Xanthenfarbstoffe bezeichnet.

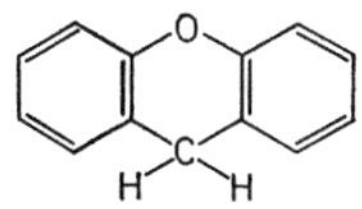

Xanthen

Beispiele

Phenolphthalein entsteht beim Erhitzen von Phthalsäureanhydrid mit Phenol unter Zusatz wasserentziehender Mittel. Die freie Säure ist farblos, wasserunlöslich und alkohollöslich; ihr Natriumsalz ist rot gefärbt, so daß sie als Indikator Verwendung findet. Das Natriumsalz könnte auf Wolle gefärbt werden, ist aber auf Grund seiner Säureempfindlichkeit schweißunecht.

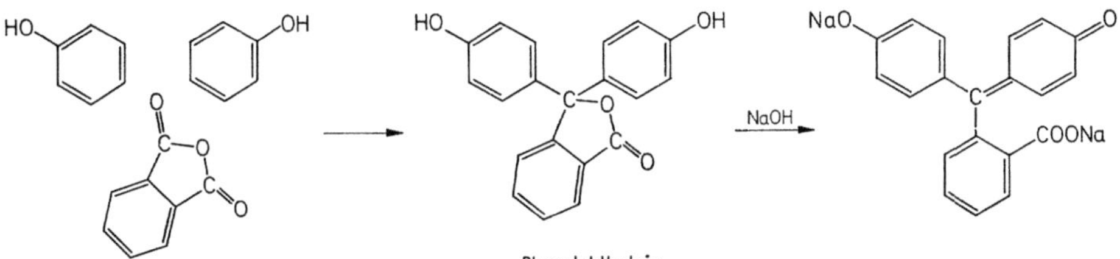

Phenolphthalein
„Lacton"

Versetzt man eine rote alkalische Phenolphthaleinlösung mit *konzentrierter Lauge,* dann tritt Entfärbung ein, da unter Entstehung der Carbinolform die Chinonstruktur bzw. das mesomere System verschwinden:

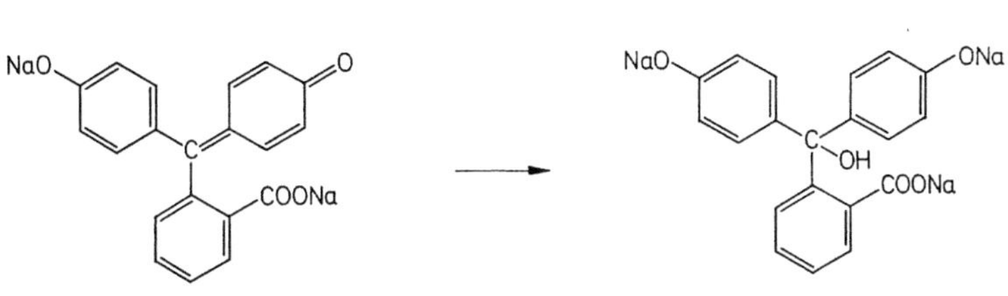

Fluorescein entsteht durch Erhitzen von Resorcin mit Phthalsäureanhydrid für sich oder bei Gegenwart eines Kondensationsmittels. Das wasserlösliche Na-Salz ist der Handelsfarbstoff *Uranin.*

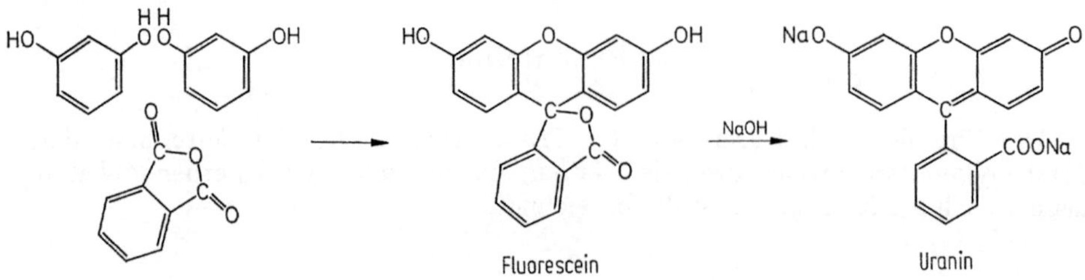

Die freie Säure ist ein gelbbraunes, in Wasser unlösliches Pulver, während sich das Natriumsalz (Uranin) mit gelber Farbe in Wasser löst und gelbgrün fluoresciert. Die Fluorescenz ist so stark, daß sie noch in einer Verdünnung von 1:40 Millionen sichtbar ist, wovon man zur Kennzeichnung kommunizierender Wasseradern Gebrauch macht. Früher fand der Farbstoff im Wolldruck Verwendung.

Fluorescein besitzt Bedeutung für die Herstellung von anderen Farbstoffen, z.B. der *Eosine*.

Eosin A entsteht durch Bromieren von Fluorescein und Überführen in das Alkalisalz. Es ist ein Säurefarbstoff, der besonders auch zur Herstellung von roter Tinte Verwendung findet.

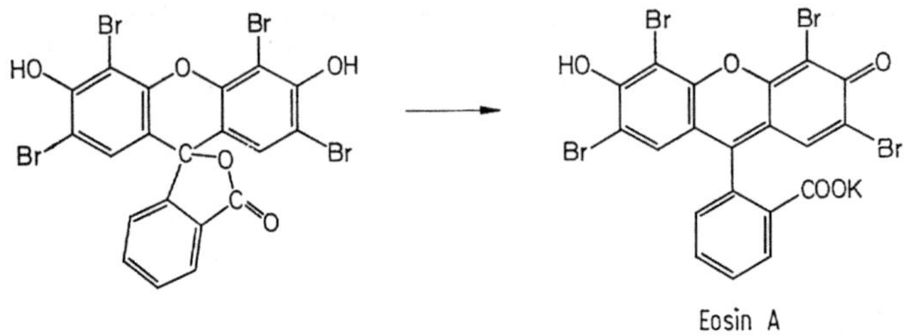

Eosin S entsteht bei der Veresterung von Eosin A mit Alkohol und Schwefelsäure; als Säurefarbstoff färbt er Proteinfasern gelblichrot.

Erythrosin J entsteht beim Jodieren von Fluorescein und färbt als Säurefarbstoff Proteinfasern in bläulichrotem Ton.

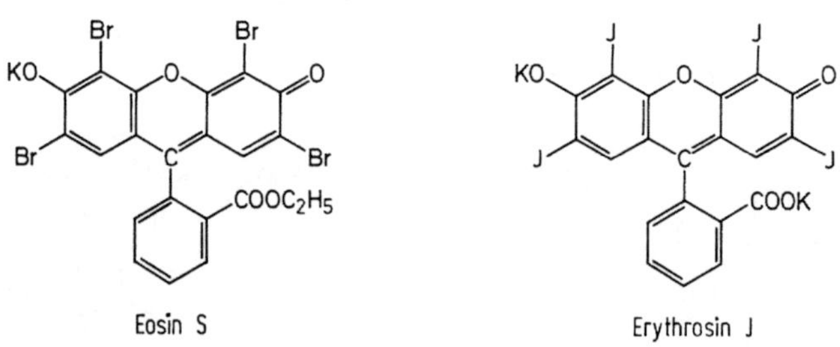

Eosine und Erythrosine ziehen aus kochsalzhaltigem Bad auch auf Cellulosefasern auf, werden aber hierfür wegen mangelnder Licht- und Waschechtheit nur beschränkt angewandt, d.h. nur dann, wenn besonders lebhafte Töne verlangt und keinerlei Ansprüche an die Echtheit gemacht werden.

d) Rhodamine

Die Rhodamine sind ebenfalls Abkömmlinge der Triphenylcarbinol- bzw. Triphenylmethan-carbonsäure; sie werden, da sie sich vom Xanthen ableiten lassen, auch als Xanthenfarbstoffe bezeichnet. Ihre Alkalibeständigkeit ist wesentlich besser als diejenige des Malachitgrün- und Fuchsintyps.

Beispiele

Rhodamin B wird hergestellt durch Kondensation von Phthalsäureanhydrid und Diäthyl-m-aminophenol und anschließendes Überführen in das Hydrochlorid. Bläulichroter kationischer Farbstoff.

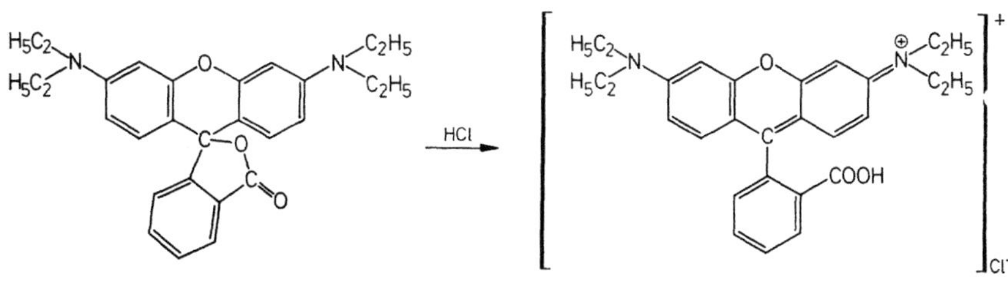

Rhodamin B

Beim Verestern von Rhodamin B mit Äthylalkohol entsteht das *Rhodamin 3B*, welches ein noch blaustichigeres Rot liefert als Rhodamin B. Ein ähnlich konstituierter Farbstoff ist das ätzbeständige *Rhodamin 6GP*.

Die Rhodamine sind besonders ergiebige basische Farbstoffe und färben Wolle, Seide und tannierte Baumwolle in lebhaften Tönen an.

Beim Einführen von Sulfogruppen in die Rhodaminstruktur entstehen Säurefarbstoffe vom Typus des *Sulforhodamin B* (Xylenrot B):

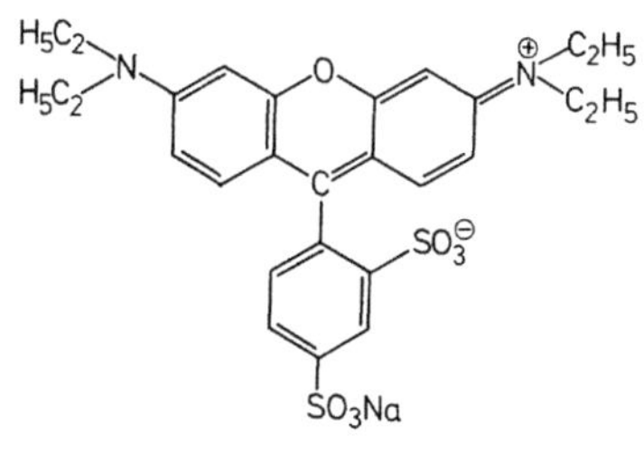

Sulforhodamin B

5. Diphenylmethanfarbstoffe

Diphenylmethanfarbstoffe existieren nur wenige. Als Beispiel sei das *Auramin* genannt, welches aus Michlerschem Keton durch Erhitzen mit Ammoniumchlorid entsteht. Technisch wird es heute nach Sandmeyer hergestellt durch Einwirkung von Ammoniumchlorid, Ammoniak, Natriumchlorid und Schwefel auf Tetramethyl-diamino-diphenylmethan. Das Hydrochlorid ist ein gelber kationischer Farbstoff, welcher auch in der Papier- und Lederfärberei Verwendung findet. Der Farbstoff ist unbeständig gegen kochendes Wasser oder Dampf, da hierbei die

Iminogruppe abgespalten und das Michlersche Keton zurückgebildet wird. Auramin ist daher in der Druckerei mit Vorsicht anzuwenden.

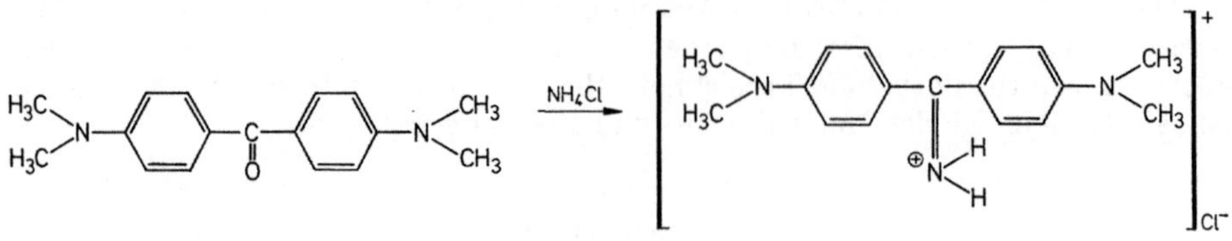

Michlersches Keton Auramin

Anhang

Molekülgröße und Nuance bei Diphenyl- und Triphenylmethanfarbstoffen

Eine Molekülvergrößerung wirkt wie üblich *bathochrom* (S. 376), d.h. der Ersatz von Wasserstoffatomen der Amino- bzw. Hydroxy-Gruppen durch Methyl-, Äthyl-, Phenyl-Gruppen erzeugt eine Farbvertiefung; ebenso wirkt sich eine Vermehrung der Zahl der Amino- bzw. Hydroxy-Gruppen aus. Die Verhältnisse seien durch die nachfolgende Reihe veranschaulicht:

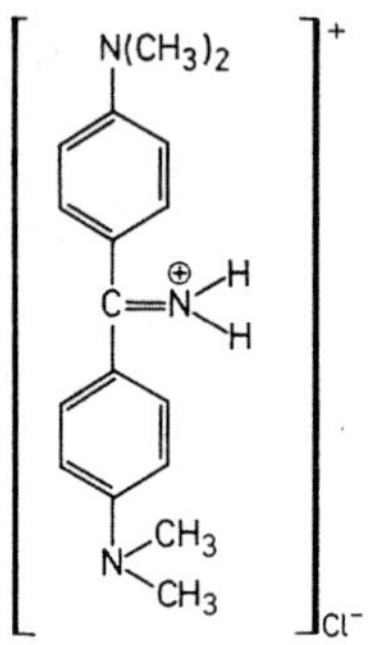

gelb

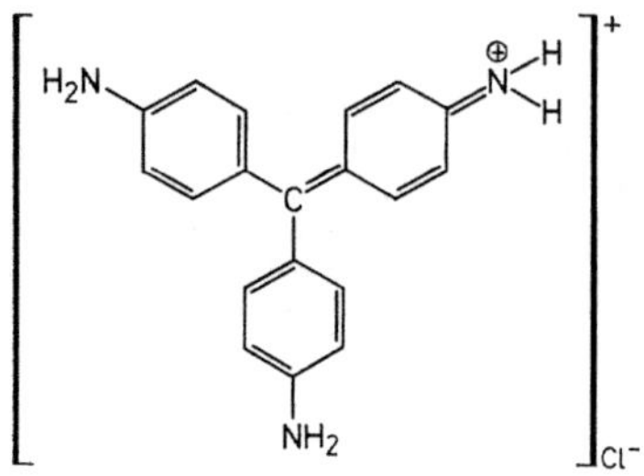

rot

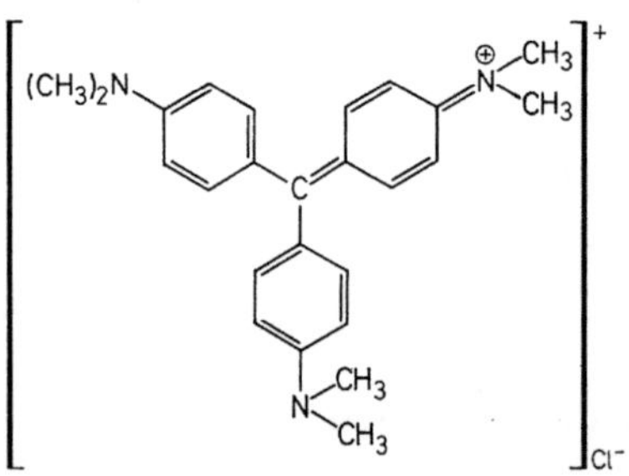

violett

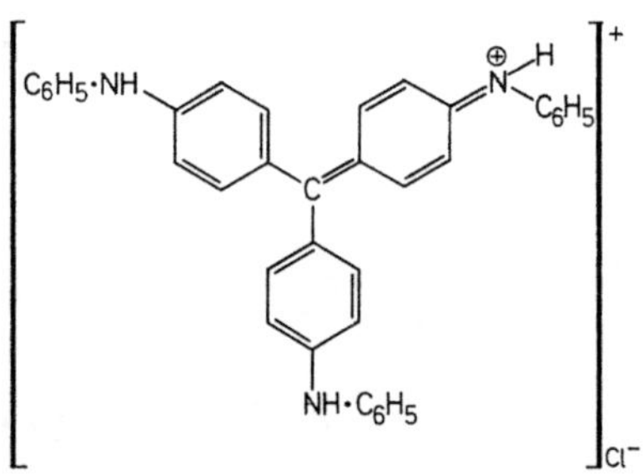

blau

Interessant sind die Farbtonänderungen, welche das *Kristallviolett* bei Einwirkung von Salzsäure erfährt. Die *violette* Farbe schlägt mit einem Mol Salzsäure in *Grün* um, da das sekundäre Salz entsteht. In ihm hat das Proton der Säure das einsame Elektronenpaar eines der N-Atome besetzt, so daß es das mesomere System nicht mehr beeinflussen kann (*Eistert*). Damit ist ein Auxochrom ausgeschaltet, und es entsteht der *Malachitgrüntyp*. Ein weiteres Mol Salzsäure schaltet unter Entstehung des

Fuchsonimintyps eine weitere auxochrome Gruppe aus. Das tertiäre Salz ist daher entsprechend dem gelben Fuchsonimin *gelb* gefärbt.

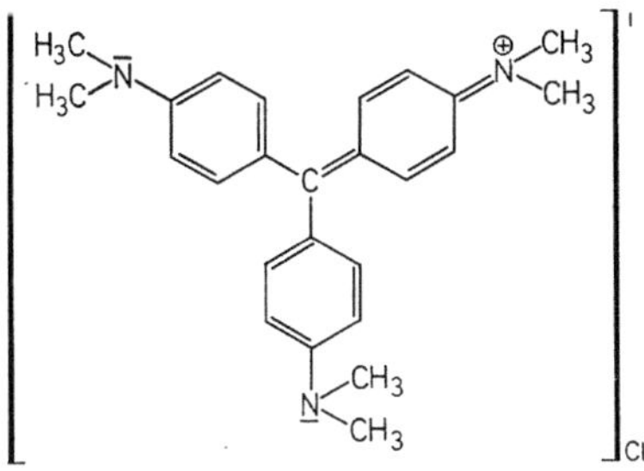

violett

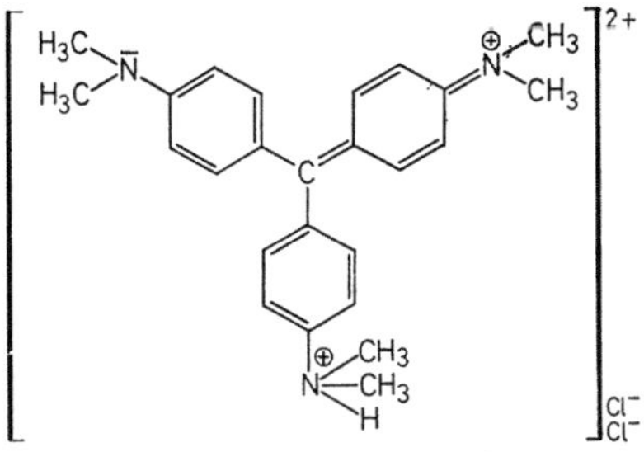

grün

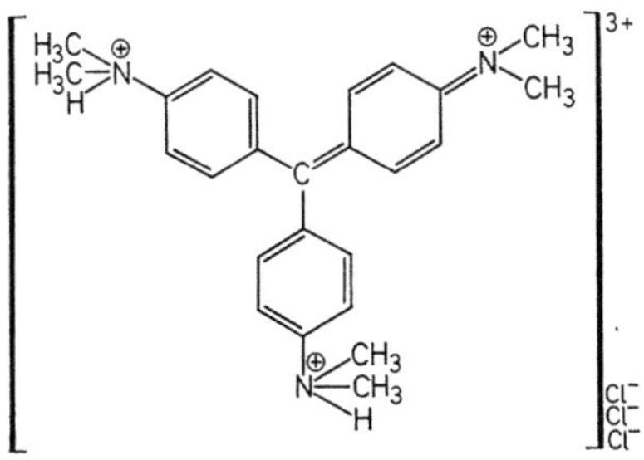

gelb

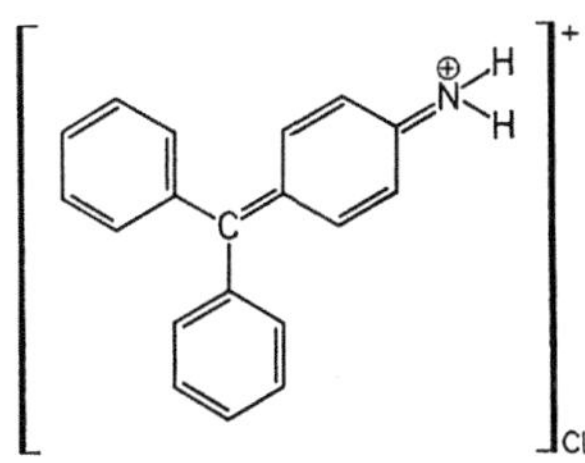

Fuchsonimin
gelb

In derselben Weise wirkt sich eine Quaternierung der Dimethylaminogruppe mit Methylchlorid aus:

Der Farbstoff I

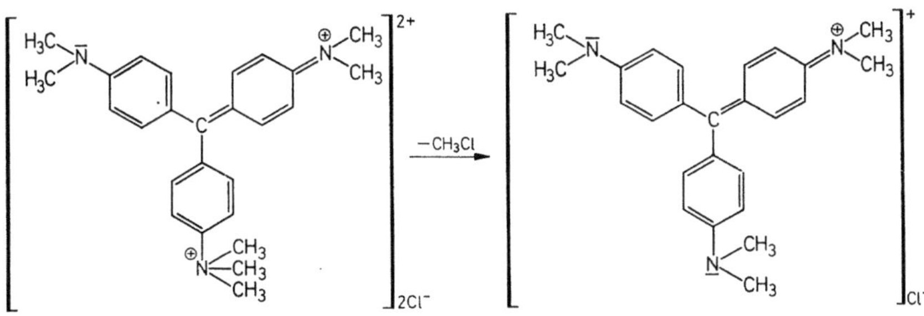

I
Methylgrün

II
Kristallviolett

ist grün. Beim Erhitzen, z.B. Bügeln, wird CH_3Cl abgespalten, wobei er in den Farbstoff II (Kristallviolett) übergeht.

6. Anthrachinonfarbstoffe

Die Anthrachinonfarbstoffe leiten sich vom Anthrachinon ab und werden je nach ihren konstitutionellen Eigenschaften färbereitechnisch in verschiedener Weise verwendet. Man unterscheidet:

a) Hydroxy-anthrachinone. Diese sind wasserunlöslich, so daß sie nur auf vorgebeizte Cellulose- und Proteinfasern aufziehen können. Sie werden daher als

Beizenfarbstoffe bezeichnet. Als Beizen werden vorzugsweise Chrom- und Aluminiumverbindungen angewandt. Halogenhaltige Hydroxyanthrachinone sind für das Färben von synthetischen Fasern von Interesse.

b) Anthrachinon-sulfosäuren bzw. deren Na-Salze. Diese sind wasserlöslich und finden als *Säurefarbstoffe* zum Färben und Drucken der Protein- und Polyamidfasern Verwendung. Unter bestimmten konstitutionellen Voraussetzungen (S. 389) lassen sie sich als *Chromierungsfarbstoffe* verwenden. Man unterteilt die Anthrachinonsulfosäuren in

Hydroxy-anthrachinon-sulfosäuren,
Amino-anthrachinon-sulfosäuren,
Hydroxy-amino-anthrachinon-sulfosäuren.

c) Anthrachinoide Dispersionsfarbstoffe. Eine ganze Anzahl von Aminoanthrachinonen und Aminoanthrachinonderivaten ist zum Färben der Acetatfasern und der synthetischen Fasern geeignet (siehe S. 521).

d) Kationische Anthrachinonfarbstoffe. Sie sind als wasserlösliche Salze im Handel und eignen sich gut zum Färben der Polyacrylnitrilfasern.

e) Anthrachinoide Reaktivfarbstoffe. Diese werden vermöge reaktiver Gruppen kovalent an die Faser gebunden.

f) Anthrachinoide Küpenfarbstoffe. Bei diesen handelt es sich um unlösliche Farbstoffe, die zum Zweck der Fixierung auf der Faser intermediär in eine lösliche, zum Färben und Drucken geeignete Form übergeführt werden müssen.

Rohstoff für die Herstellung der Anthrachinonfarbstoffe ist nicht nur das aus Anthracen gewonnene Anthrachinon, sondern auch synthetisch aus Phthalsäureanhydrid und Derivaten erzeugtes Anthrachinon:

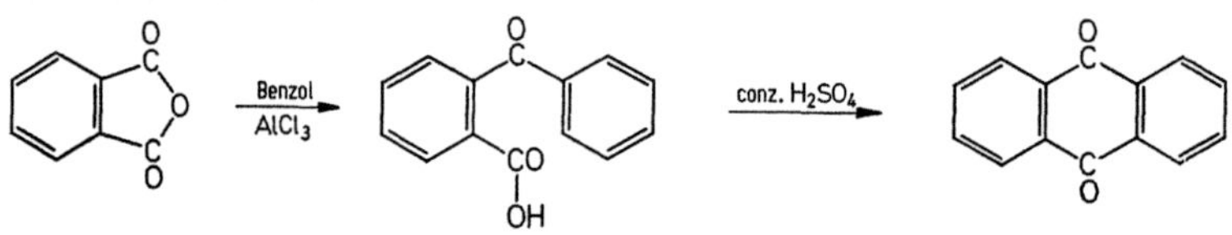

o-Benzoyl-benzoesäure

Durch Variation der beiden Reaktionskomponenten kann man die verschiedensten Anthrachinon-Derivate gewinnen.

a) Hydroxy-anthrachinone (Beizenfarbstoffe)

Die Farbstoffe sind meist wasserunlöslich und kommen daher vorzugsweise als in Wasser leicht dispergierbare Teigmarken in den Handel. Pulvermarken werden zweckmäßig in Alkali gelöst und zum Zweck des Färbens und Druckens mit Säure in feindisperser Form ausgefällt. Manchen Pulvermarken liegen die Natriumverbindungen zugrunde. Trotz der sehr guten Echtheitseigenschaften haben die Hydroxy-anthrachinone wegen der nicht einfachen Fixierung ihre ursprüngliche große technische Bedeutung heute fast gänzlich verloren.

In verlackter Form finden die Farbstoffe für die Pigmentfarbenherstellung Verwendung.

Dihydroxy-anthrachinone. Der wichtigste Farbstoff dieser Reihe ist das in der Krappwurzel als Glucosid enthaltene und im Jahre 1868 von *Gräbe* und *Liebermann* hergestellte *Alizarinrot* (*Türkischrot, Krapprot*). Es entsteht beim Verschmelzen von β-anthrachinon-monosulfosaurem Natrium mit Ätznatron unter Zusatz von

Kaliumchlorat:

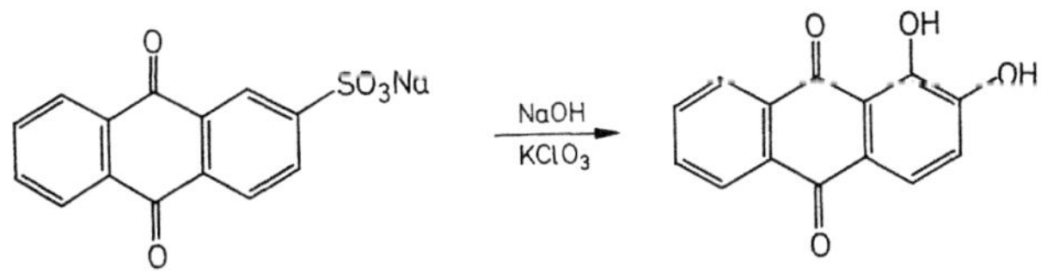

Alizarinrot ist wasserunlöslich und kommt meist als 20%ige, ein Dispergiermittel enthaltende Paste (Teig) in den Handel, um so eine feine Verteilung des unlöslichen Farbstoffes in der Flotte bzw. Druckfarbe zu gewährleisten. Der Farbstoff färbt nur die mit Metallsalzen (meist Aluminium- und Calciumsalz) gebeizte Faser an.

Über „Wasserstoffbrücken" bei Anthrachinonderivaten vgl S. 379.

Grundsätzlich sind Anthrachinonfarbstoffe mit einer zur Carbonylgruppe o-ständigen Hydroxygruppe zur *Metallackbildung* befähigt (S. 394), wobei das Metall teils haupt-, teils nebenvalenzmäßig gebunden wird. Im Falle des Alizarinrots, bei dem neben Aluminiumsalz auch Calciumsalz als Beize verwendet wird, kann die Bindung der Metalle in nachstehender Weise formuliert werden:

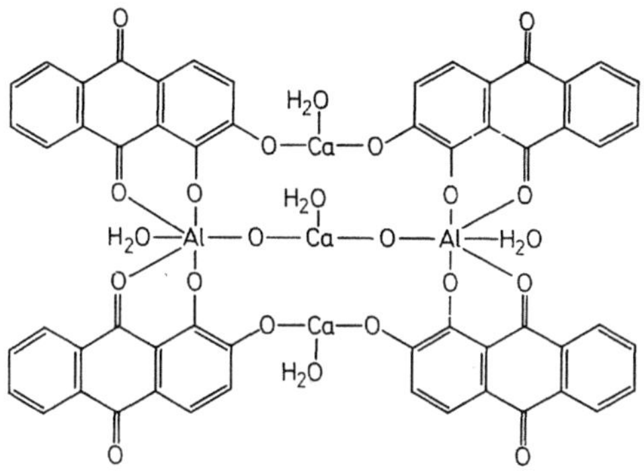

Bezügl. der Formulierung vgl. S. 390, Fußnote.

Nach neueren Untersuchungen von *E. G. Kiel* bilden sich 1:2-Metallkomplexe von der Form

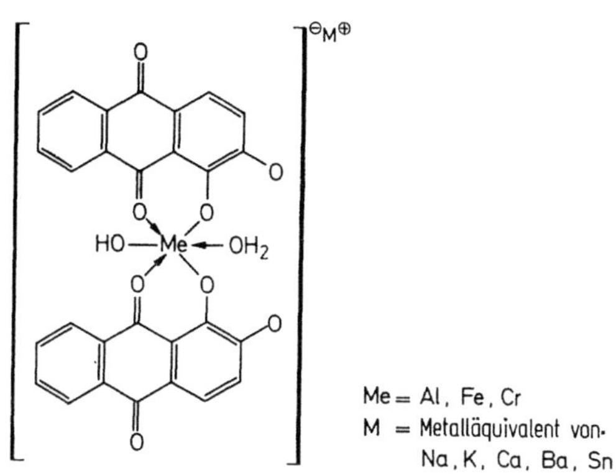

die zusätzlich noch H_2O-Moleküle enthalten, z.B. $CaAl(OH)Az_2 \cdot 6\,H_2O$.

Bei 100 °C entsteht daraus das Trihydrat $CaAl(OH)Az_2 \cdot 3H_2O$, dessen UV-Spektrum mit der auf der Faser hergestellten Türkischrotfärbung identisch ist (Az = Alizarin).

Alizarinrot ist ein besonders wasch- und lichtechter Farbstoff, der auf Grund seiner Eigenschaften früher eine große technische Bedeutung besaß, heute aber wegen der Umständlichkeit der Fixierung an Bedeutung stark verloren hat (S. 578). Das gleiche trifft in verstärktem Maß auch für die anderen Vertreter der Hydroxy-anthrachinone zu, welche nahezu ganz aus der Textilveredlung verschwunden sind. Als Farbstoffzwischenprodukte für die Herstellung von Säurefarbstoffen der Anthrachinonreihe sind eine ganze Anzahl von Dihydroxy-anthrachinonen von Wichtigkeit, so das Hystazarin, Chinizarin, Anthrarufin und Chrysazin.

Tetrahydroxy-anthrachinone

Alizarinbordo B entsteht aus Alizarin durch Erhitzen mit rauchender Schwefelsäure und Borsäure.

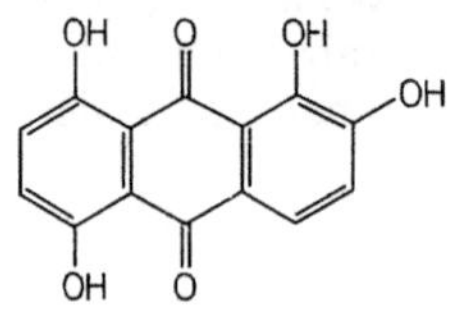

1,2,5,8-Tetrahydroxy-anthrachinon
Chinalizarin
Alizarinbordo B

In die Reihe der Tetrahydroxy-anthrachinone gehört auch die Karminsäure (färbender Bestandteil des Cochenillefarbstoffes, S. 370).

Hydroxy-anthrachinone als Dispersionsfarbstoffe. Halogenhaltige Hydroxy-anthrachinone eignen sich als Dispersionsfarbstoffe zum Färben von hydrophoben Fasern z.B. Polyesterfasern:

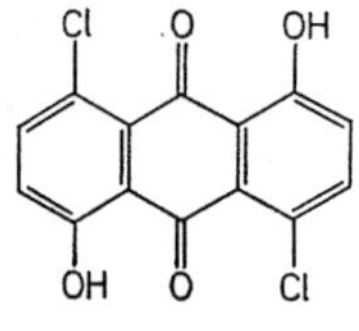

Auf Grund ihres hohen Dipolmoments und ihrer Carrierwirkung färben die Farbstoffe solche Fasern gut an (*B. Kramer*).

Anhang: Auch einige *Naphthochinonderivate* fungieren als Beizenfarbstoffe, so das *Naphthazarin* (Alizarinschwarz S):

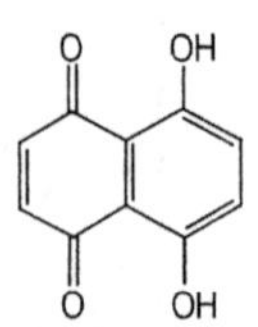

b) Anthrachinonsulfosäuren (Säure- und Chromierfarbstoffe)

Diese erhält man durch Sulfieren entsprechender Anthrachinonderivate. Sie finden meist als Säurefarbstoffe (anionische Farbstoffe) zum Färben und Drucken der Protein- und Polyamidfasern Verwendung. Vor den Triphenylmethan-Säurefarbstoffen haben sie den Vorteil der wesentlich *besseren Lichtechtheit* und reichen in der Lebhaftigkeit der Farbtöne teilweise an diese heran; sie übertreffen hierin meist die sauren Azofarbstoffe. Sofern die konstitutionellen Voraussetzungen (o-Hydroxycarbonyl-Gruppierung) vorliegen, können die Färbungen durch eine Chromsalzbehandlung waschecht gemacht werden (S. 394).

Die Farbstoffe finden vielfach als Lackfarbstoffe zur Herstellung von Pigmentfarben Verwendung (S. 395 f.).

Beispiele

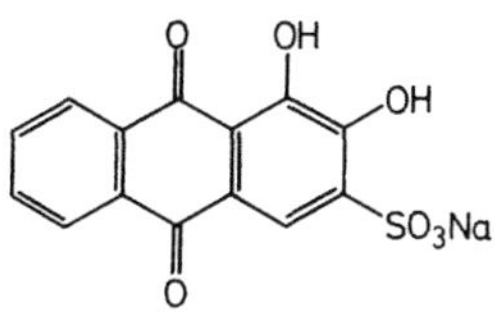

3-Sulfosäure des Alizarinrots
Alizarinrot S
chromierbar

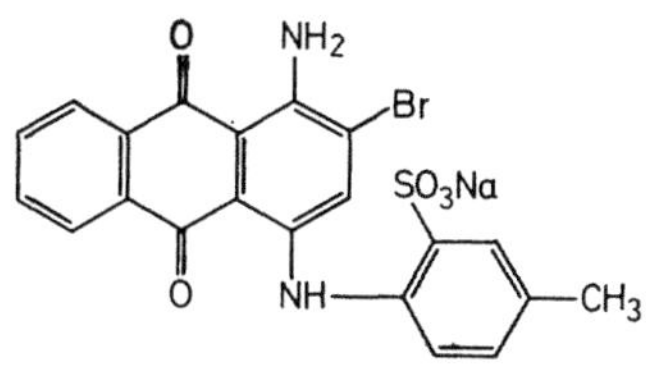

Alizarinreinblau B
chromierbar

Die *Brillanz* der Farbstoffe kann gesteigert werden, wenn man einen Arylrest durch einen Cycloalkylrest ersetzt:

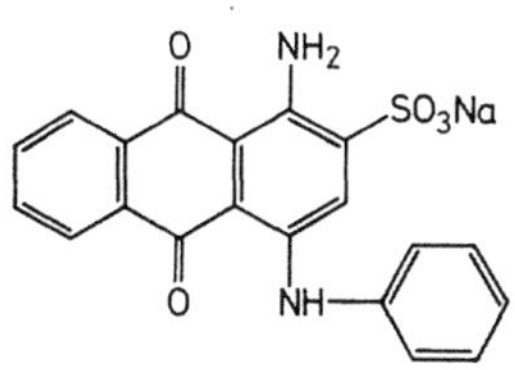

Alizarinsaphirol A

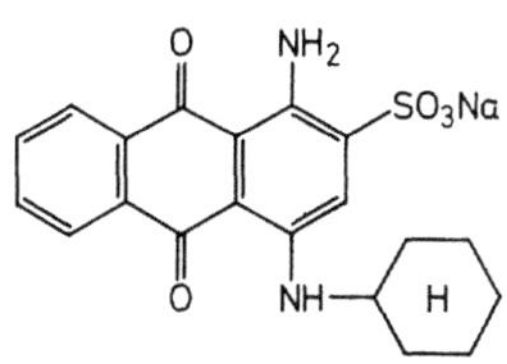

Alizarinbrillantreinblau R

Die Einführung von hochmolekularen Alkylresten erhöht die Walkechtheit:

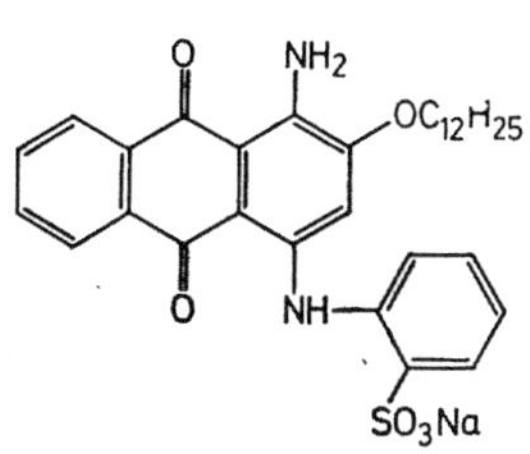

Hierher gehören u. a. auch die chromierbaren Wollfarbstoffe Alizarinsaphirol B, Alizarinwalkblau SL sowie Alizarinblauschwarz B (Diamantchromblauschwarz B).

Manche der Farbstoffe enthalten in 1,9-Stellung des Anthrachinons ein heterocyclisches Ringsystem (Anthrapyridon z. B. im Falle des Alizarinrubinol, Anthrapyrimidin in anderen Fällen).

Interessant sind Versuche der ICI, löslichmachende Gruppen der Farbstoffe durch eine Lactambildung auf der Faser auszuschalten, um dadurch die Naßechtheiten zu steigern:

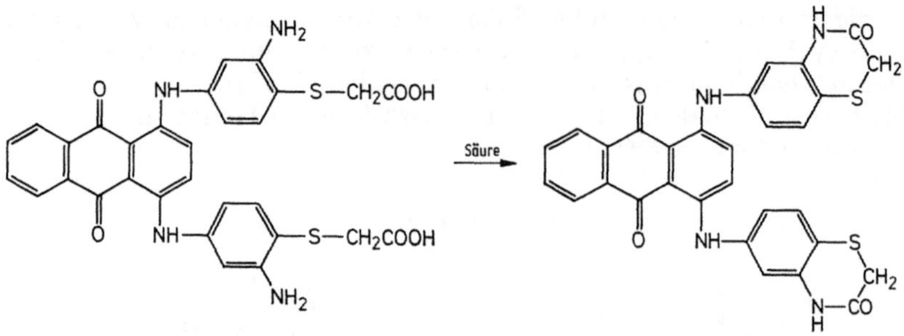

Durch Angliederung celluloseaffiner Reste an anthrachinoide Säurefarbstoffe sucht man die hohe Leuchtkraft und Lichtechtheit dieser Körper auch für das Färben der Cellulosefasern nutzbar zu machen:

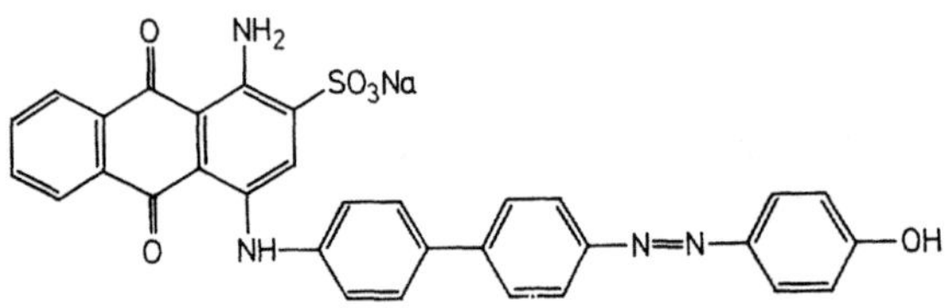

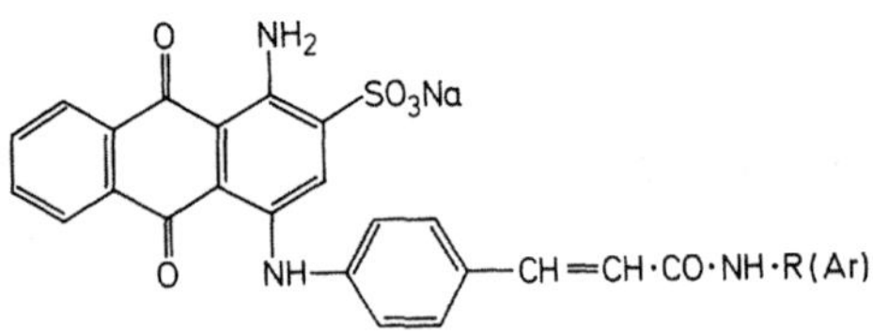

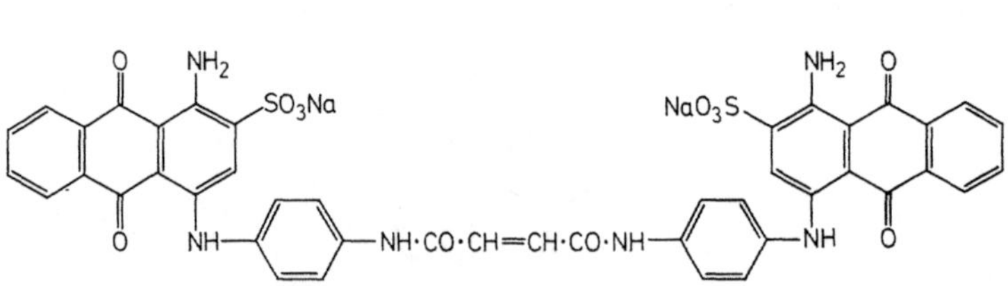

Handelsprodukte: Chlorantinlichtgrün FGLL und 5GLL, Solargrün 3LB.

Heute hat man die Möglichkeit, Anthrachinonfarbstoffe über *reaktive Gruppen* an Cellulose zu binden (S. 460).

c) Amino-anthrachinone (Dispersionsfarbstoffe)

Amino-anthrachinone sind farbig und können aus wäßriger Dispersion auf hydrophobe Fasern gefärbt werden.

1-Amino-anthrachinon	färbt gelb
1-Methylamino-anthrachinon	färbt rot
1,4-Diamino-anthrachinon	färbt violett
1,4,5,8-Tetraamino-anthrachinon	färbt blau
1,4-Aminohydroxy-anthrachinon	färbt scharlach
4,8-Diamino-1,5-dihydroxy-anthrachinon	färbt blau

Die betreffenden unlöslichen Körper werden zusammen mit Dispergiermitteln auf der Kugelmühle gemahlen, so daß sie in Wasser feinste Dispersionen ergeben. Um die Dispergierbarkeit zu erhöhen, werden in die Farbkörper gegebenenfalls Hydroxyäthylgruppen eingeführt, was z.B. durch Umsetzung mit Äthylenchlorhydrin geschehen kann. (Dadurch wird allerdings die Affinität zur Faser abgeschwächt.)

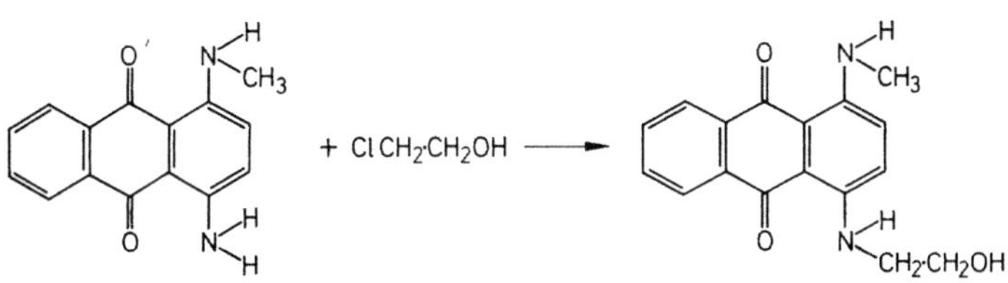

Cellitonechtblau FFR

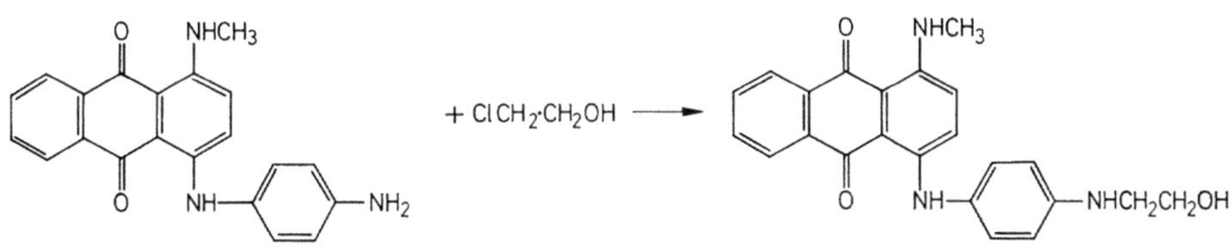

Cellitonechtgrün 5B

Auch der folgende Typ von Anthrachinonkörpern, der durch eine Carbonsäureglykoläthergruppe gekennzeichnet ist, läßt sich als Dispersionsfarbstoff verwenden:

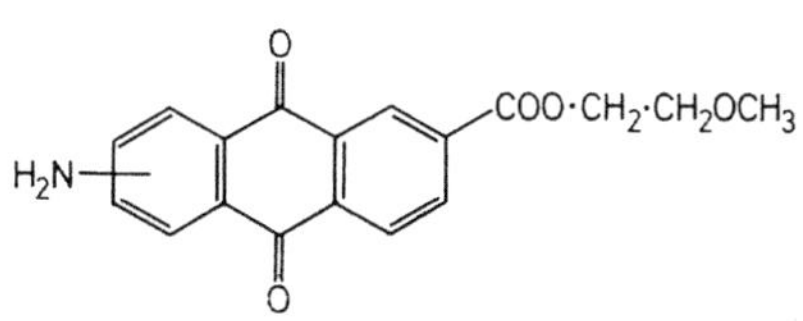

In vielen Fällen ist an das Anthrachinonsystem noch ein iso- oder heterocyclischer Ring angefügt (Benzanthrachinon, Benzanthron, Anthrapyrimidin usw.).

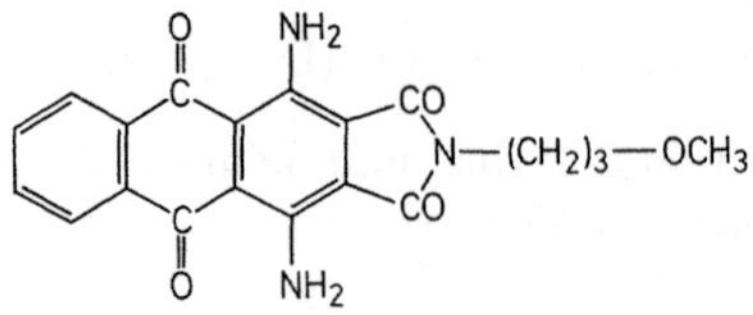

1,4-Diaminoanthrachinon - N-γ-methoxypropyl-2,3-dicarbonsäureimid
Brillanter Blaufarbstoff

Durch *intramolekulare Kombination* eines blauen Anthrachinonfarbstoffs mit einem gelben Azofarbstoff resultiert ein grüner Farbstoff (nach *F. Meininger*):

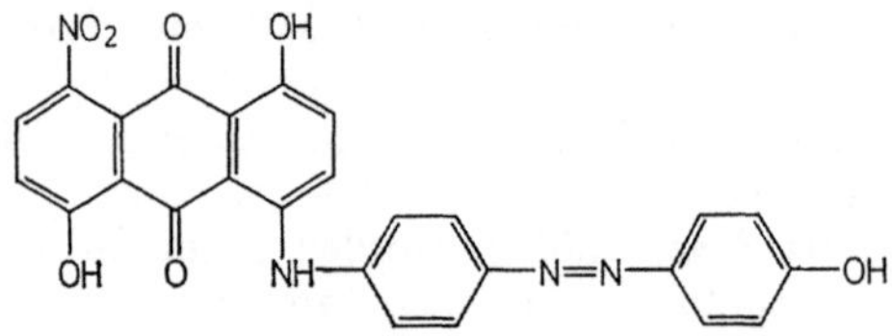

d) Kationische (basische) Anthrachinonfarbstoffe

Man erhält solche Farbstoffe z.B., wenn man Benzaza- und Benzdiazabenzanthrone quaterniert:

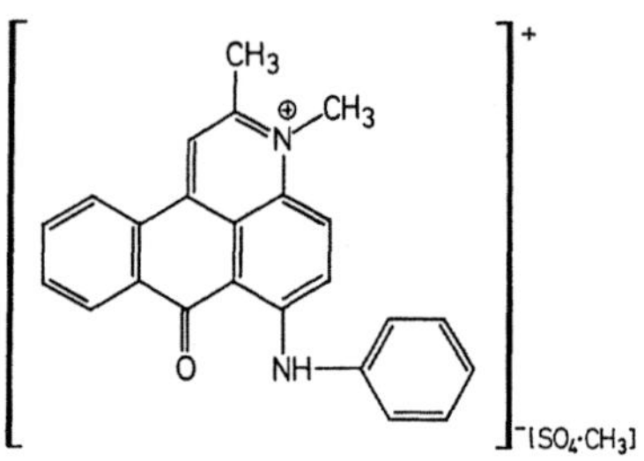

Anthra-pyridin
bläulichrot

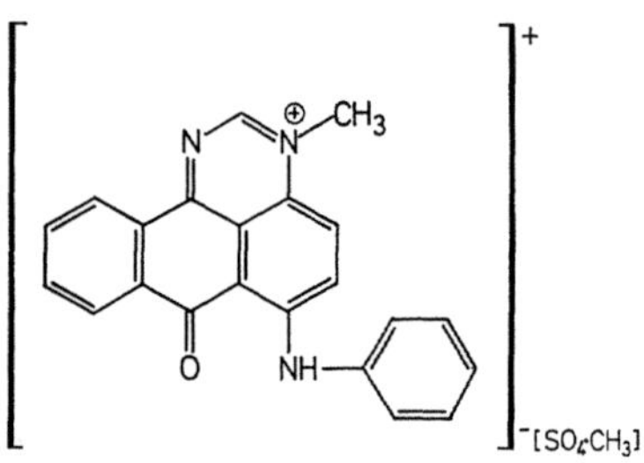

Anthrapyrimidin
rotviolett

Die Farbstoffe färben z.B. Polyacrylnitrilfasern licht- und waschecht an.

e) Anthrachinon-Reaktiv-Farbstoffe

Anthrachinonfarbstoffe können auch über die üblichen reaktiven Gruppen an die Faser gebunden werden (vgl. S. 405ff.).

Beispiele

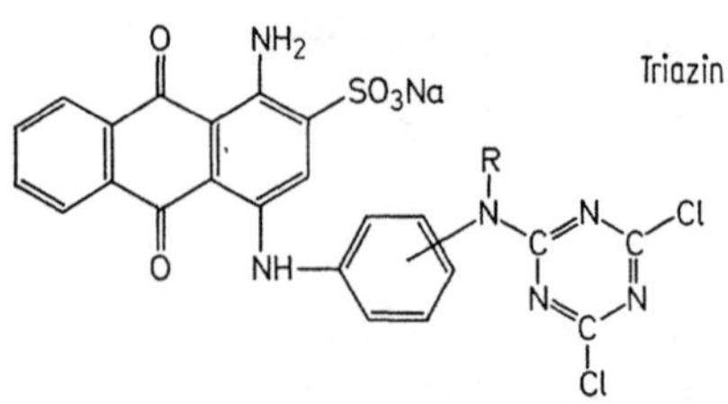

Triazin-typ

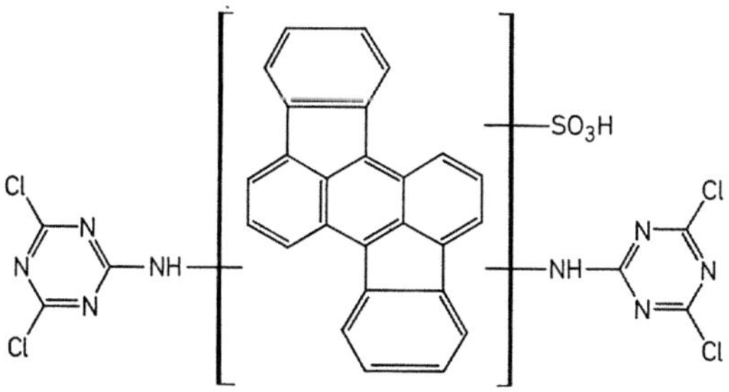

Triazin-typ

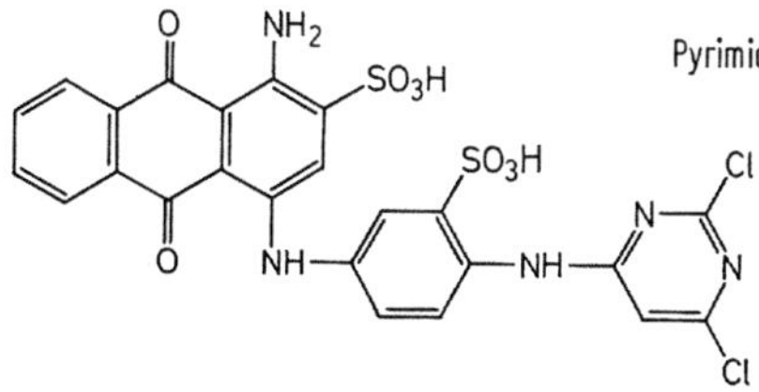

Pyrimidin-typ

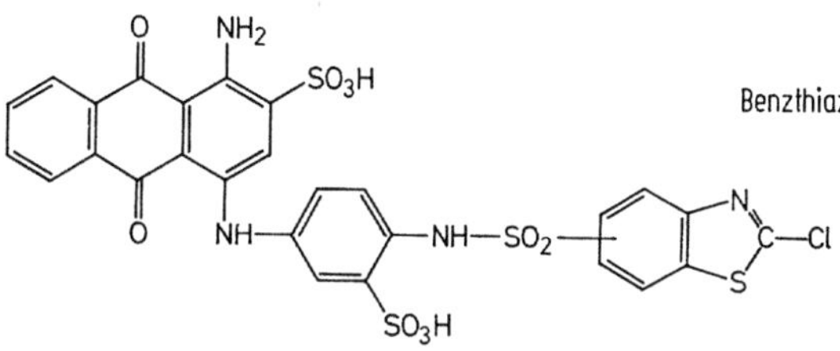

Benzthiazol-typ

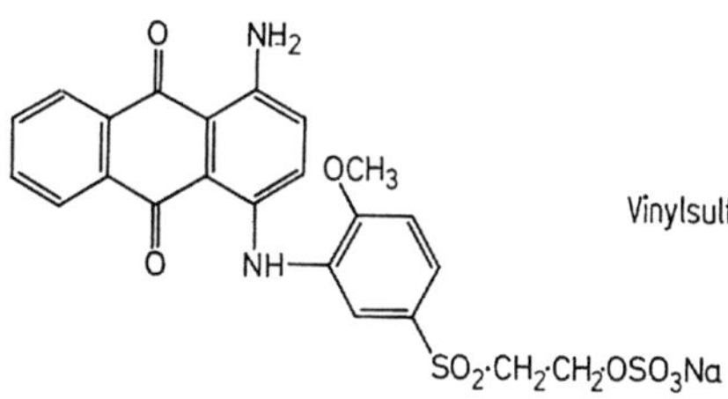

Vinylsulfon-typ

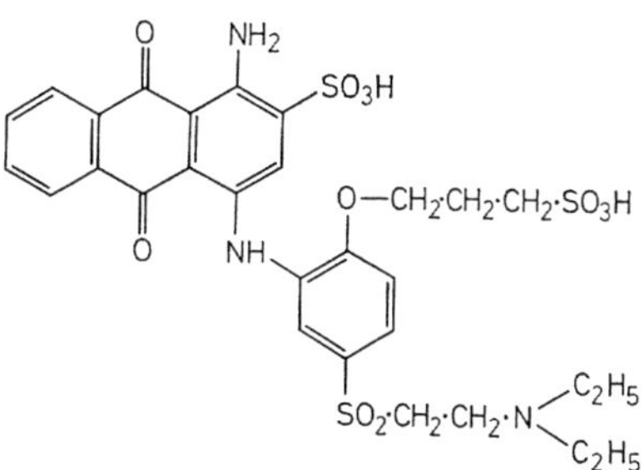

Vinylsulfon-typ

blau

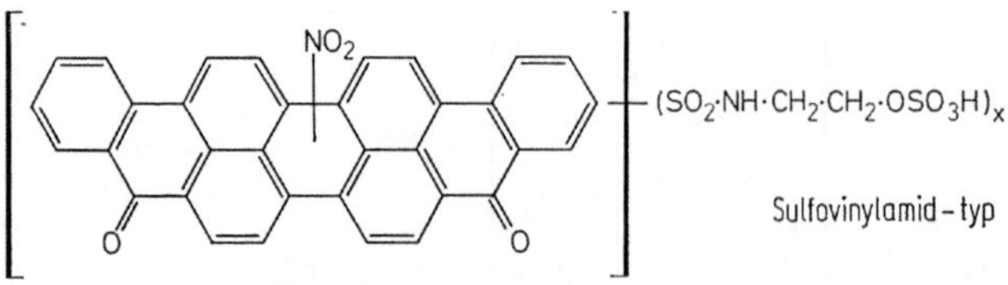

Sulfovinylamid-typ

Nitrodibenzanthron
brauner Farbstoff

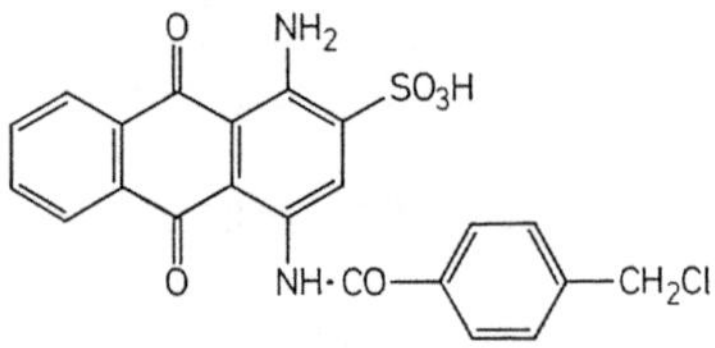

Halogenmethyl-typ

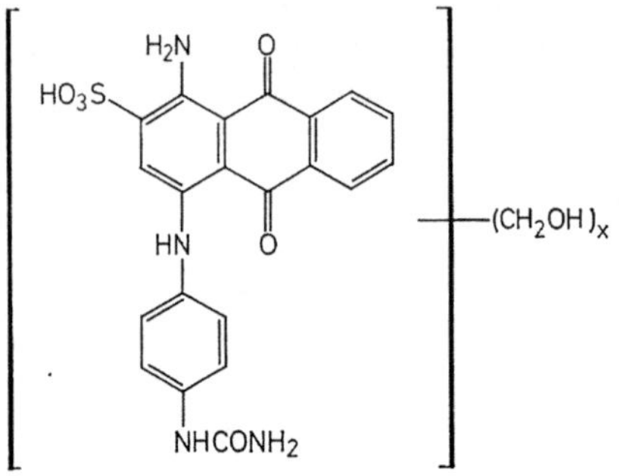

Methylol-typ

blauer Farbstoff

Dispersionsfarbstoffe, wie sie für hydrophobe Fasern Anwendung finden, können nach dem gleichen Prinzip in Reaktivfarbstoffe verwandelt werden (Procinylfarbstoffe):

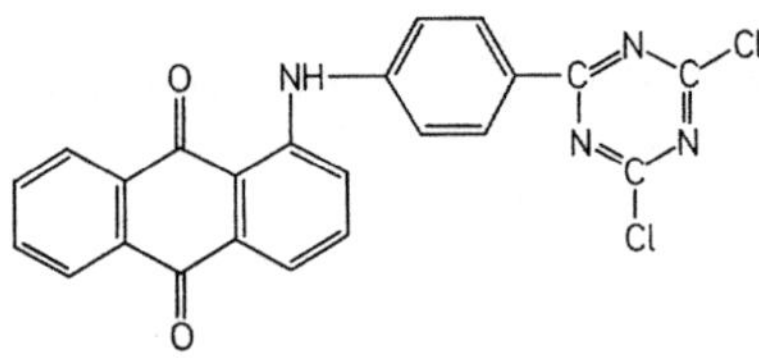

f) Anthrachinoide Küpenfarbstoffe

Unter einem Küpenfarbstoff versteht man einen in Wasser unlöslichen Farbstoff, der als solcher keine Affinität zur Faser besitzt. Zum Färben und Drucken müssen diese Farbstoffe daher in eine wasser- bzw. alkalilösliche Form gebracht („*verküpt*") werden, was durch Überführen in ein Reduktionsprodukt geschieht. Aus diesem wird auf dem Wege der Oxydation der unlösliche und daher waschechte ursprüngliche Farbstoff auf der Faser zurückgebildet (siehe S. 557 ff.).

Die Reduktion wird in der Färberei üblicherweise mit Natrium-dithionit (Hydrosulfit) und Natronlauge und in der Druckerei mit Rongalit und Pottasche vorgenommen. Dabei entsteht das wasserlösliche Alkalisalz der wasserunlöslichen „*Küpensäure*", ein Anthrahydrochinon, welches auf der Faser unter Hydrolyse und Oxydation in den ursprünglichen unlöslichen Küpenfarbstoff übergeht. Die Hydrolyse tritt in Gegenwart von Wasser ein, während die Oxydation entweder durch Luftsauerstoff oder mit Hilfe einer wäßrigen Oxydationsmittellösung vorgenommen wird:

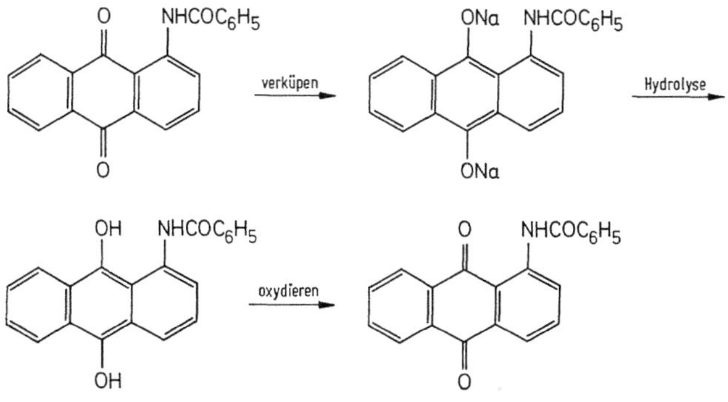

Die Reduktion der Küpenfarbstoffe ist häufig von einem intensiven *Tonumschlag* begleitet. So schlagen z.B. Gelbmarken nach Rot, Violett oder Blau um. Die Küpensäure zeigt meist eine andere Farbe als ihr Alkalisalz.

Bei dem normalen Färbeverfahren wird der Farbstoff zunächst unter Reduktion in Lösung gebracht und dann auf die Faser aufgefärbt; anschließend wird oxydiert und gespült. In speziellen Fällen wird der *ungelöste* Farbstoff auf die Faser gebracht (*Pigmentklotzverfahren*) und dieser erst nachträglich durch Reduktion und anschließende Oxydation auf der Faser fixiert. In ähnlicher Weise kann auch die unlösliche Küpensäure, welche zur Faser ebenfalls keine Affinität besitzt, auf die Faser aufgebracht und dann fixiert werden (*Küpensäureverfahren*) (vgl. S. 564f.).

Neben den anthrachinoiden Küpenfarbstoffen spielen als Küpenfarbstoffe die indigoiden und thioindigoiden Vertreter eine große Rolle. Des weiteren gehören Abkömmlinge der Naphthalin-tetracarbonsäure, der Perylen-tetracarbonsäure und anderer mehrkerniger Ringsysteme sowie einige Chinonderivate (Helindonmarken) und Phthalocyanine (S. 499) in diese Reihe.

Handelsbezeichnungen der Küpenfarbstoffe (vgl. S. 558). Die Küpenfarbstoffe gehören zu den echtesten Farbstoffen. Innerhalb der Küpenfarbstoffgruppe existieren hinsichtlich der verschiedenen Echtheitseigenschaften der einzelnen Farbstoffe beträchtliche Unterschiede. Daher haben die Farbenfabriken ihre Küpenfarbstoffe namentlich hinsichtlich der Lichtechtheit in echtere und weniger echte Sortimente unterteilt.

So gehören zu den echteren Sortimenten u.a. die *Indanthren-*, *Sandothren-*, *Romanthren-Farbstoffe*. An diese reichen in ihrer Gesamtechtheit nicht heran die *Anthra-*, *Tinon-*, *Tetra-Farbstoffe* usw.

Teilweise wird bei den Handelsprodukten auch nach ihrer Zugehörigkeit zur anthrachinoiden oder indigoiden Gruppe unterschieden. So sind z.B. Cibanon-, Tinon-, und Romanthren-Farbstoffe *anthrachinoider* und Ciba-, Tina-, Sulfanthren-Farbstoffe *indigoider* bzw. *thioindigoider* Abstammung.

Mitunter tragen auch die für die Wollfärberei anwendbaren Farbstoffe besondere Bezeichnungen wie z. B. *Helindon-* und *Antinol-Farbstoffe*. Diese sind dadurch gekennzeichnet, daß sie mit verhältnismäßig wenig Alkali verküpbar sind, so daß in einer solchen Küpe Wollfasern ohne Schädigung gefärbt werden können.

Zu diesen gehören allerdings nur wenige anthrachinoide Küpenfarbstoffe, da diese im allgemeinen stark alkalische Küpen erfordern und infolgedessen fast nur auf Cellulosefasern und in gewissem Umfang auf Naturseide anwendbar sind. Die meisten Wollküpenfarbstoffe rekrutieren sich indessen aus der Reihe der indigoiden und thioindigoiden Farbstoffe. Auch auf Synthesefasern können ausgesuchte Küpenfarbstoffe nach besonderen Verfahren gefärbt werden.

Es sei betont, daß nicht alle Färbungen und Drucke, die als *indanthrenecht* bezeichnet werden, mit Indanthrenfarbstoffen oder analogen Handelsprodukten hergestellt sind. Voraussetzung für diese Bezeichnung ist lediglich, daß die betreffenden Färbungen und Drucke die gleichen Echtheiten besitzen wie die eigentlichen Indanthrenfärbungen. Unter diesen Umständen lassen sich auch Färbungen und Drucke, die mit Türkischrot, Anilinschwarz, bestimmten Naphtol-AS-Kombinationen und Indocarbon CL hergestellt sind, als indanthrenecht bezeichnen (S. 568). Ein dem Indanthren-Gütezeichen der I.G.-Nachfolge-Firmen entsprechendes internationales Echtheitszeichen ist das „*Felisol*"-Zeichen (*Fé*dération du *L*abel *I*nternationale de *Sol*idité).

Die Gruppe der anthrachinoiden Küpenfarbstoffe hat in den vergangenen Jahren einen umfangreichen und namentlich sehr vielseitigen Ausbau erfahren. Es ist daher bei der Aufzählung eine gewisse Systematik angebracht, die aber nicht streng durchgeführt werden kann, da vielfach Überschneidungen vorhanden sind. Neben anthrachinoiden Körpern werden auch andere mehrkernige bzw. kondensierte Ringsysteme zum Aufbau von Küpenfarbstoffen verwandt, wie sie im Anhang aufgeführt sind (S. 477 f.).

Wenn im folgenden Beispiele für die verschiedenen Gruppen von anthrachinoiden Küpenfarbstoffen genannt werden, so können bei der großen Reichhaltigkeit nur ganz wenige Vertreter – und zwar solche von verhältnismäßig einfacher Konstitution – herausgegriffen werden. Dabei sei darauf hingewiesen, daß im Handel befindliche Farbstoffe gelegentlich aus dem Handel gezogen und durch neue ersetzt und daß weiterhin auch die Handelsbezeichnungen häufig gewechselt werden, so daß die aufgeführten Produkte nicht in jedem Fall dem augenblicklichen Stand entsprechen.

Einteilung der anthrachinoiden Küpenfarbstoffe

1. Acylamino-anthrachinone
2. Anthrachinon-imine
3. Anthrachinon-acridone und Anthrachinon-thioxanthone
4. Anthrachinon-thiazole
5. Gruppe des Indanthren, Flavanthren, Pyranthron
6. Anthrone

   α) Benzanthrone
   β) Dibenz-pyren-chinone
   γ) Anthanthrone
   δ) Dianthrone
   ε) Anthronderivate mit heterocyclischen Ringsystemen.

Als Anhang (S. 477 f.) sind die *Perylen-tetracarbonsäure-* und *Naphthalin-tetracarbonsäure-Derivate* sowie *Chinonfarbstoffe* aufgeführt, da diese teils strukturmäßig und namentlich auch in ihrem Verhalten Analogien zu den anthrachinoiden Küpenfarbstoffen zeigen.

1. Acylamino-anthrachinone

Die Acylamino-anthrachinone entstehen durch Acylierung von Amino-anthrachinonen mit meist α-ständigen Aminogruppen. Da der Acylrest durch Alkali leicht abgespalten wird, muß beim Verküpen und Färben vorsichtig verfahren werden, so daß diese Farbstoffe in der Regel bei Raumtemperatur verküpt und gefärbt werden (Indanthren-Kaltverfahren, S. 561). Die bei der Verseifung entstehenden Amino-anthrachinone sind, da sie keine Affinität zur Faser besitzen, für das Färben nicht brauchbar. Für die Affinität ist die NHCO-Gruppe verantwortlich (S. 518f.):

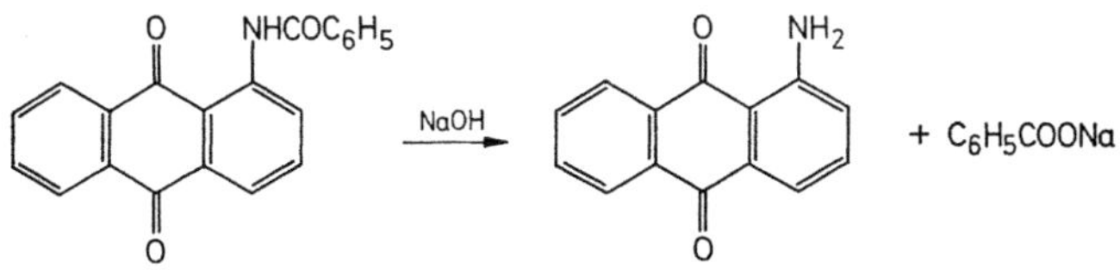

1 Benzoylamino-anthrachinon
Algolgelb WG

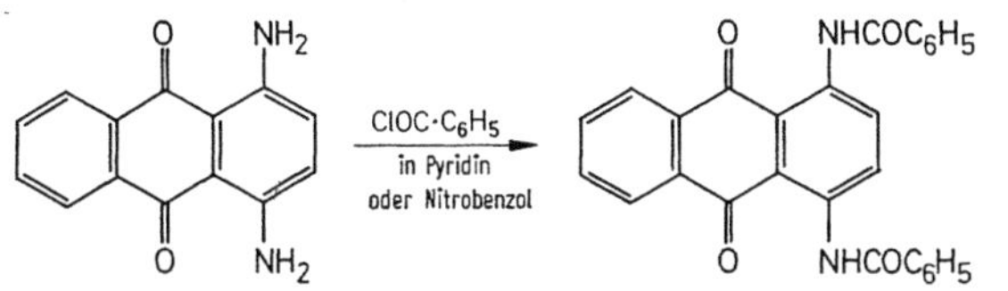

1,4-Dibenzoylamino-anthrachinon
Indanthrenrot 5 GK

Zur Acylierung lassen sich auch Dicarbonsäuren verwenden, so z.B. die Isophthalsäure:

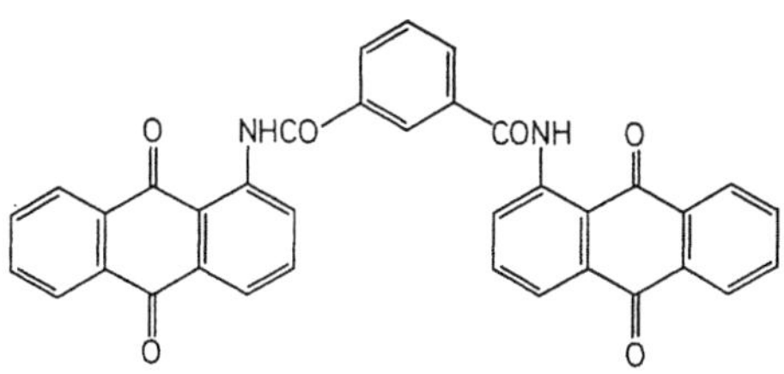

Indanthrengelb 5 GK

Hierher gehört auch das Indanthrengelb 3GF.

Normalerweise handelt es sich bei den Acylamino-anthrachinonen um 1- oder 4- bzw. 1,4-Substitutionsprodukte, da 2- bzw. 3-Substitutionsprodukte nicht genügend waschecht sind. Dies hängt vermutlich damit zusammen, daß im Falle der Nachbarschaft der Acylaminogruppe zur Carbonylgruppe eine Chelatbindung vorhanden ist, welche eine Enolisierung in alkalischem Medium verhindert. Eine solche ist aber bei 2- bzw. 3-Substitutionsprodukten nicht möglich.

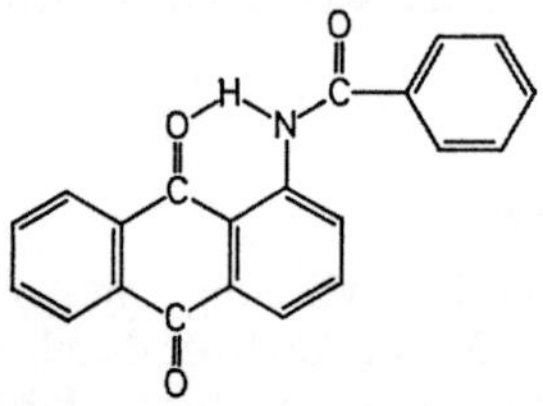

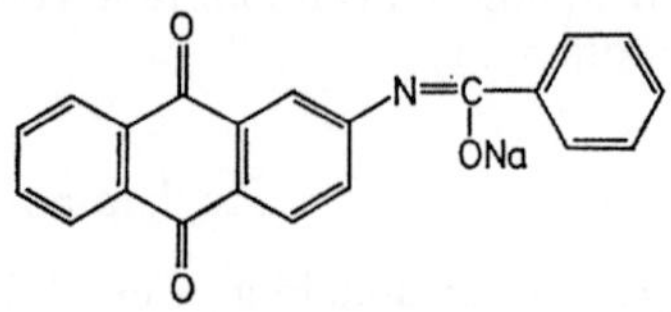

Auch *trifluormethyl* (CF_3)*-substituierte* Acylamino-anthrachinone sind im Handel, nachdem man den für Echtheit und Nuance vorteilhaften Einfluß dieser Gruppe kennengelernt hatte.

Bei der Umsetzung von Aminoanthrachinonen mit *Cyanursäure-chlorid* resultieren sehr echte orange bis rote Küpenfarbstoffe, die 1–3 Anthrachinonreste enthalten und als Cibanonfarbstoffe im Handel sind.

Beispiel

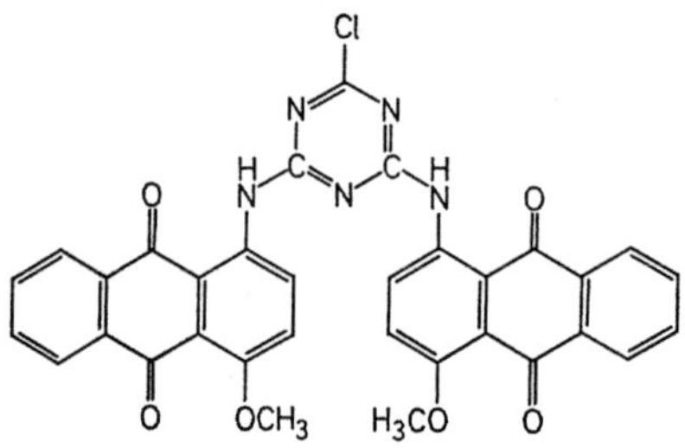

Cibanonorange 6R
Sandothrenorange N6R
Tinonorange 6R

Ein Farbstoff, der gleichzeitig eine Azogruppe enthält, ist das Indanthrengelb GGF. (Bei der Verküpung des Farbstoffs tritt keine Spaltung der Azobrücke ein.)

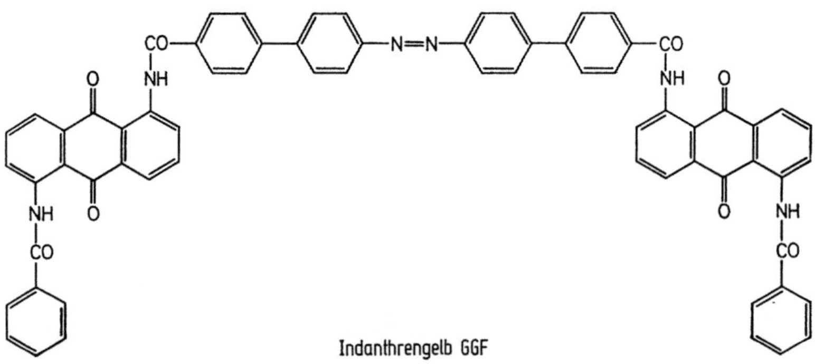

Indanthrengelb GGF

2. Anthrachinon-imine (Anthrimide)

α) *Di- und Poly-anthrimide*

Die Anthrachinon-imine bestehen aus mindestens zwei durch eine Iminogruppe verbundenen Anthrachinonresten. Sie entstehen durch Kondensation von Amino-anthrachinonen mit Halogen-anthrachinonen bei Gegenwart von Kupfer, Kupferoxid oder Kupfersalzen z. B. in Nitrobenzollösung. Geeignete Farbstoffe resultieren nur, wenn mindestens *eine* Verbindungsstelle die β-Stellung ist:

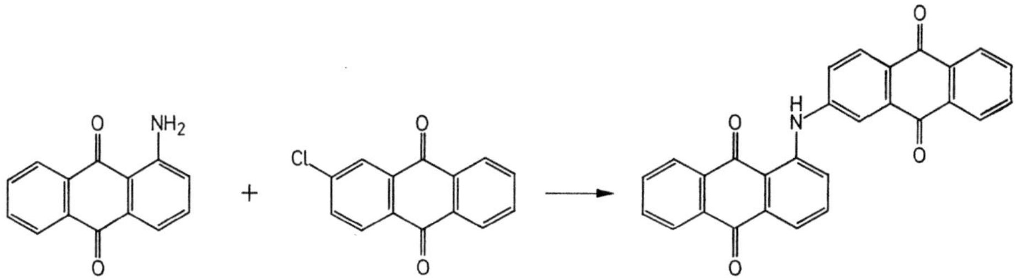

Indanthrenorange 6RTK

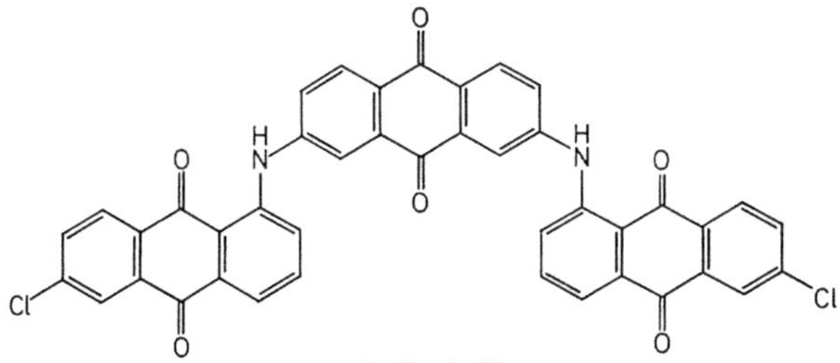

Algolbordo RT
(früher Indanthrenbordo B extra)
aus 2 Mol 1-Amino-6-chlor-anthrachinon und
1 Mol 2,7-Dichlor-anthrachinon

Weiter gehören hierher die Farbstoffe Indanthrengrau K und Indanthrenkorinth RK.

Ein Farbstoff von sehr hohem Molekulargewicht (über 1700), der sich durch besondere Echtheitseigenschaften auszeichnet, ist das Indanthrendirektschwarz RB (vgl. S. 529f.):

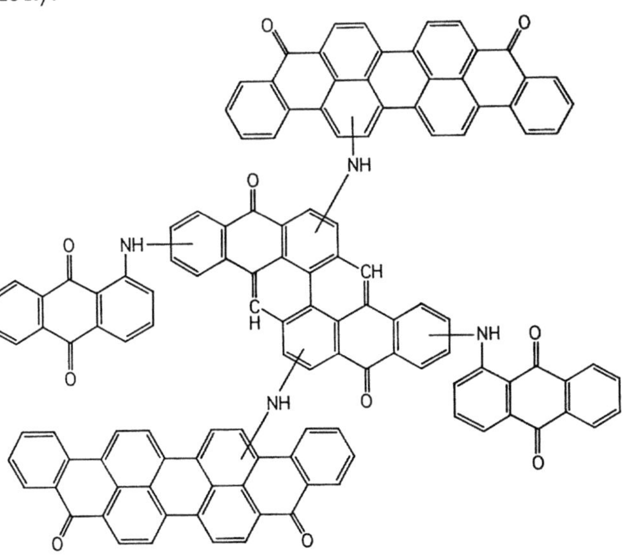

Indanthrendirektschwarz RB
aus Tetrachlorpyranthron, 2 Mol Aminoanthrachinon und
2 Mol Aminodibenzanthron

β) *Carbazolderivate*

In α-Stellung verknüpfte Anthrimide lassen sich unter geeigneten Bedingungen (z.B. mit $AlCl_3$) zu sehr echten Carbazolderivaten kondensieren (Indanthrenoliv R, Indanthrenbraun R, Indanthrengoldorange 3G, Indanthrenkhaki GG, Indanthrenbraun BR). Die Farbstoffe zeichnen sich namentlich durch ein gutes Egalisiervermögen aus und besitzen z.T. sehr gute Lichtechtheit (7–8).

Beispiel

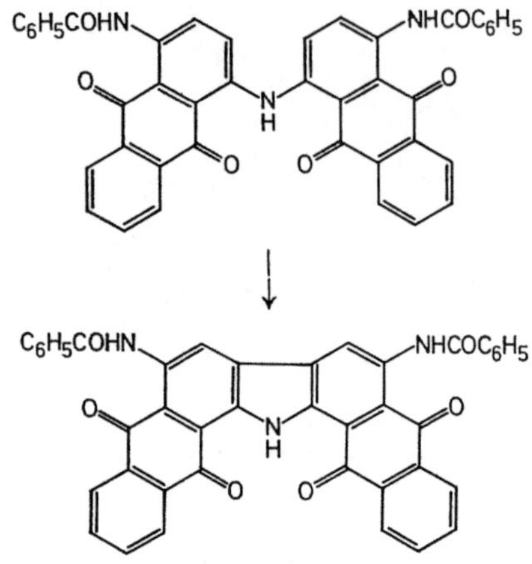

Indanthrenoliv R

3. Anthrachinon-acridone und Anthrachinon-thioxanthone

Die Anthrachinon-acridone werden meist durch Ringschluß von o-Methylimiden oder o-Imidocarbonsäuren gewonnen.

Bei der Kondensation von 1-Chloranthrachinon-2-carbonsäure und β-Naphthylamin in Gegenwart von Kupferpulver erhält man die 1-Naphthanilidoanthrachinon-2-carbonsäure, welche beim Behandeln mit Phosphorpentachlorid das Indanthrenrot RK liefert. Dieses ist als ein *Anthrachinon-acridon* aufzufassen:

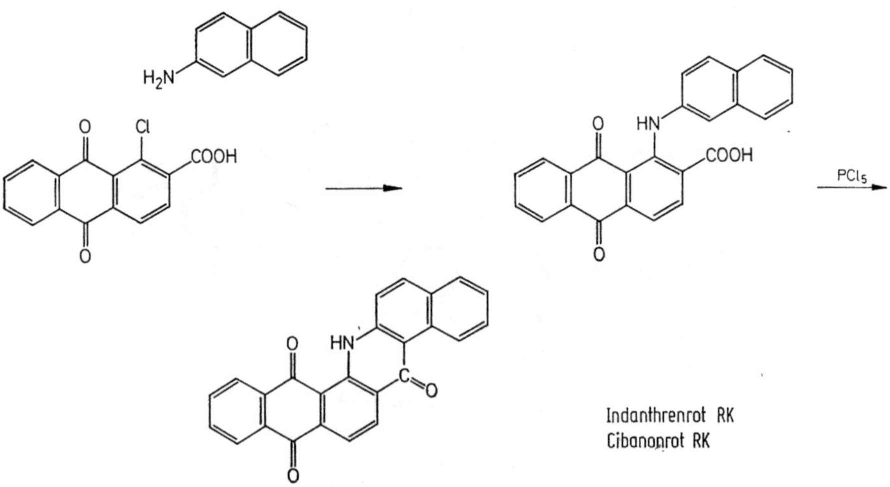

Indanthrenrot RK
Cibanonrot RK

Weitere Vertreter dieser Reihe sind Indanthrenviolett FFBN, Indanthrentürkisblau 3GK, Indanthrenrotviolett RRK sowie das Indanthrendruckblau FG, welches ein CF_3-haltiges Anthrachinonderivat darstellt.

Bei den Anthrachinon-acridonen handelt es sich meist um hervorragend lichtechte Farbstoffe (7–8).

In analoger Weise wie die Anthrachinon-acridone entstehen die *Anthrachinon-thioxanthone,* z.B. das *Indanthrengoldorange GN.*

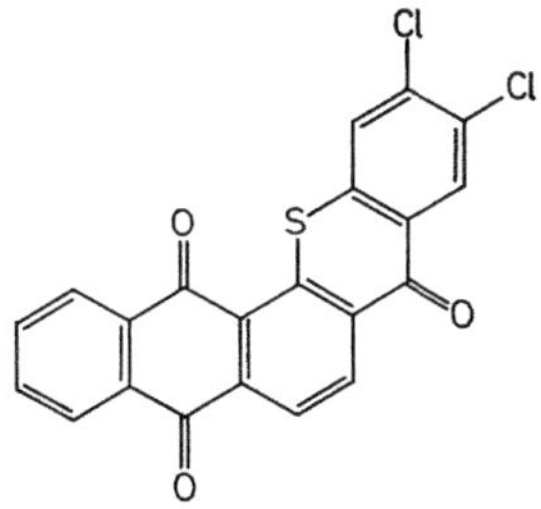

Indanthrengoldorange GN
Durch Kondensation von 1-Chloranthrachinon-2-carbonsäure
und 3,4-Dichlor-thiophenol

4. Anthrachinon-thiazole und weitere Kombinationen mit Heterocyclen

Küpenfarbstoffe, die neben dem Anthrachinonsystem einen Thiazolring enthalten, sind z.B. Indanthrengelb GF sowie das eine Trifluormethylgruppe enthaltende Indanthrenblau CLB.

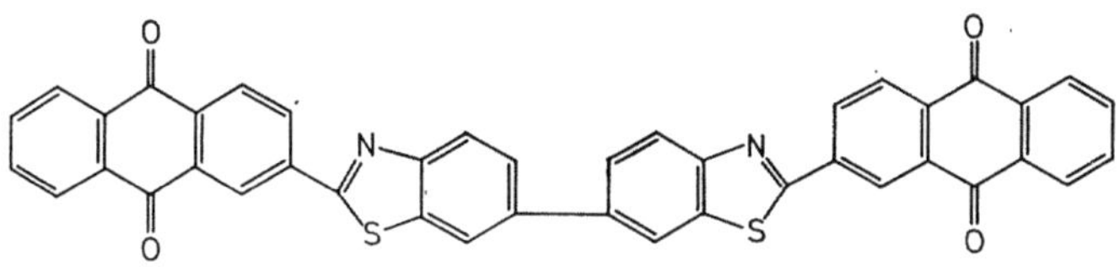

Indanthrengelb GF
Solanthrengelb JF
(entsteht beim Zusammenschmelzen von 1 Mol Benzidin und 2 Mol 2-Methylanthrachinon
mit Schwefel)

An weiteren mit heterocyclischen Ringsystemen kombinierten Anthrachinonderivaten sind u.a. die *Anthrachinon-thiazine, Anthrachinon-imidazole* und *Anthrachinon-oxazole* (z.B. Indanthrenrot FBB) zu nennen. Spezielle Kombinationen von Anthracenkernen und Heterocyclen (vgl. S. 476) sind die *Anthrapyridon-* und *Anthrapyrimidinderivate* (z.B. Indanthrengelb 4GK).

5. Gruppe des Indanthren, Flavanthren (Flavanthron), Pyranthron

Das *Indanthrenblau RS* wurde im Jahre 1901 von *R. Bohn* als erster Indanthrenfarbstoff hergestellt und hat der ganzen Gruppe der Indanthrene den Namen gegeben. Es entsteht beim Verschmelzen von 2 Mol β-Aminoanthrachinon mit Ätzkali bei 200–250 °C unter Zusatz von Kaliumnitrat (oder Kaliumacetat):

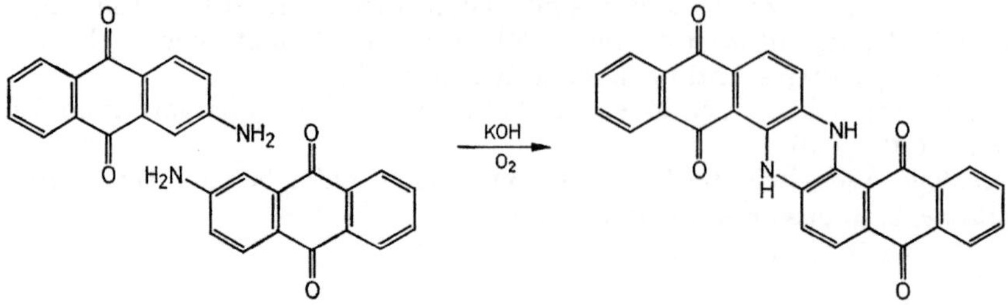

(N-Dihydro-anthrachinonazin)
Indanthrenblau RS, Sandothrenblau NRS, Tinonchlorblau RS, Cibanonblau RS, Caledonblau X2N, Caleosolblue RS

Indanthrenblau RS kann auch entsprechend der Darstellung der Anthrimide aus 2-Brom-1-amino-anthrachinon durch Erhitzen in Nitrobenzol bei Gegenwart von Kupfer hergestellt werden (nicht wirtschaftlich!). Eine Reihe von Derivaten des Indanthrenblau RS wird nach diesem Verfahren hergestellt (Indanthrenblau 5G, Indanthrengrün BB).

Bei der normalen Reduktion (Verküpen) des Indanthrenblau RS werden zwei Carbonylgruppen unter Entstehung einer *blauen* Küpe reduziert. Diese Form des Reduktionsproduktes ist wieder leicht zum ursprünglichen Farbstoff oxydierbar.

Bei intensiveren, von der normalen Arbeitsweise abweichenden Reduktionsbedingungen entstehen unter *Überreduktion braun* gefärbte Körper, und zwar zunächst die Tetrahydro-Leukoverbindung und schließlich die Dihydro-dianthranol-azinform bzw. Dihydro-dianthron-azinform. Da die Anthronform nicht mehr reoxydabel ist, fallen die Färbungen mit zunehmender Überreduktion immer trüber aus (siehe Formel auf nebenstehender Seite).

Unter diesen Umständen sind die Reduktionsbedingungen so einzuhalten, daß nur das blaue Küpenprodukt entsteht. Die Gefahr der Überreduktion ist bei Gegenwart von Dextrin vermindert.

Claasz und *Kuhn* schreiben der Dihydro-Leukoverbindung – in der Annahme, daß beide Anthrachinonkerne von der Reduktion erfaßt werden – eine Betainstruktur der folgenden Form zu:

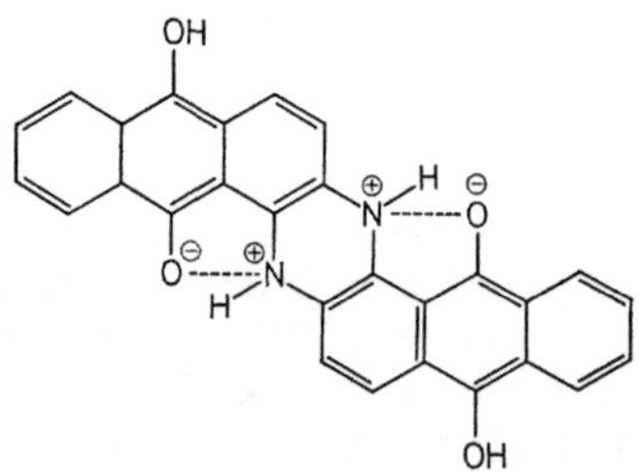

Bei Halogenderivaten kann die Überreduktion von einer reduktiven *Dehalogenierung* begleitet sein, welche die Eigenschaften der Farbstoffe in manchen Fällen ebenfalls ausschlaggebend beeinflußt.

Die Einhaltung der vorgeschriebenen Arbeitsbedingungen gilt grundsätzlich für das Verküpen und Färben aller Küpenfarbstoffe, da sonst einen einwandfreien

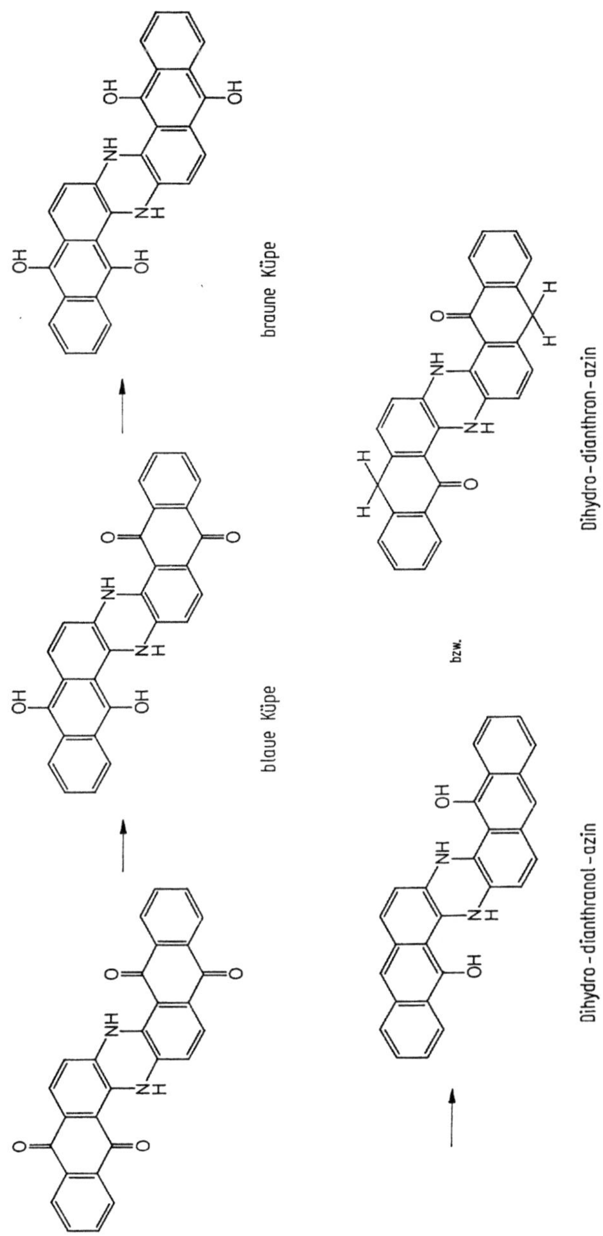

Farbausfall störende Überreduktionen, Verseifungen, Abspaltung von Halogenen usw. eintreten können (siehe S. 559).

Während Indanthrenblau RS nicht besonders chlorecht ist (Chlorechtheit ist wichtig für Buntbleichartikel, S. 65), zeigen seine Halogenderivate eine wesentlich bessere Chlorechtheit.

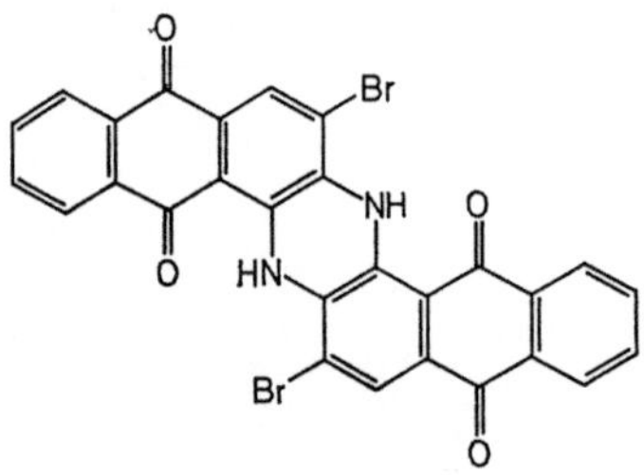

Indanthrenblau GC

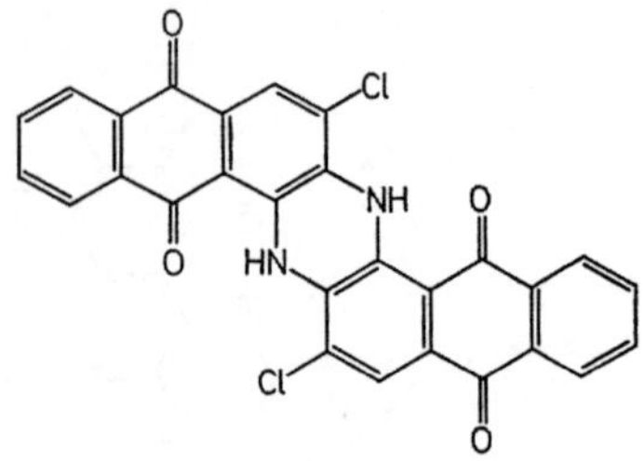

Indanthrenblau BC, Caledonblau RC

Bei der Einwirkung von Hypochloriten geht nämlich das Indanthrenblau RS durch Oxydation in das entsprechende gelbe *Anthrachinonazin* über, aus dem sich durch Reduktionsmittel das Blau zurückbilden läßt. In dieser Weise veränderte Färbungen nehmen einen in seiner Intensität von dem Azingehalt abhängigen Grünstich an, der mit Hydrosulfit-Soda korrigiert werden kann (wichtig für Buntbleiche). Peroxidische Mittel bewirken eine solche Oxydation nicht.

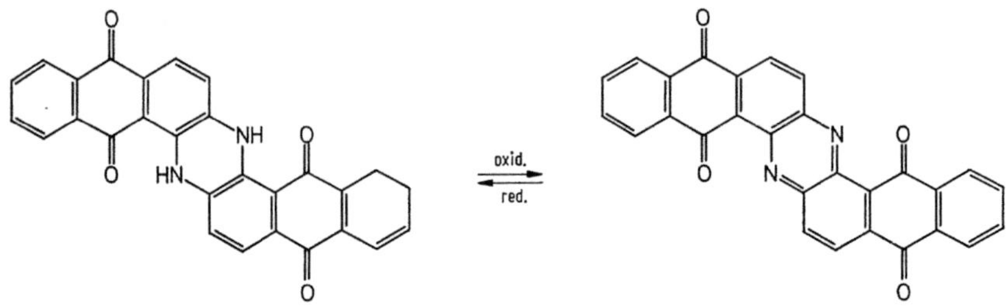

„Hydro-azin" blau „Azin" grün

Indanthrenblau GCD ist eine Mischung von Indanthrenblau RS und Indanthrenblau BC im Verhältnis 1:1. Dieser Mischfarbstoff neigt in der Küpe bei Temperaturerniedrigung weniger zum Auskristallisieren (er hat eine größere „Lösungskonstanz") als die Komponenten (*J. Müller*).

Als Nebenprodukt bei der Herstellung von Indanthrenblau RS bildet sich das *Indanthrengelb G* (*Flavanthren*), dessen Menge bei Temperaturen oberhalb 270 °C stark erhöht wird, so daß auf diese Weise Indanthrengelb G technisch gewonnen

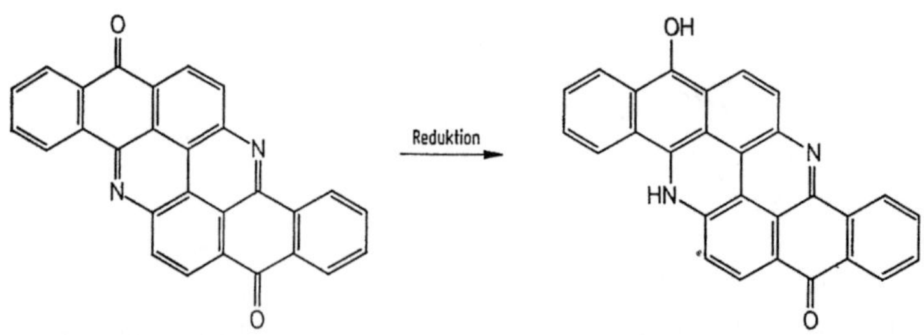

Flavanthren, Flavanthron
Indanthrengelb G
Cibanongelb G
Caledongelb G

Dihydro-flavanthren

werden kann. Vorteilhafter arbeitet man aber in der Weise, daß man β-Amino-anthrachinon in Nitrobenzollösung mit Antimonpentachlorid behandelt. Beim Verküpen geht das Flavanthren in die blaue Dihydroverbindung über.

Indanthrengoldorange G (*Pyranthron*) bildet sich beim Erhitzen von 1-Chlor-2-methyl-anthrachinon mit Kupferpulver und Erwärmen des entstehenden Reaktionsproduktes mit wasserentziehenden Mitteln (KOH oder $ZnCl_2$). Auch aus Dibenzoylpyren läßt sich Pyranthron gewinnen.

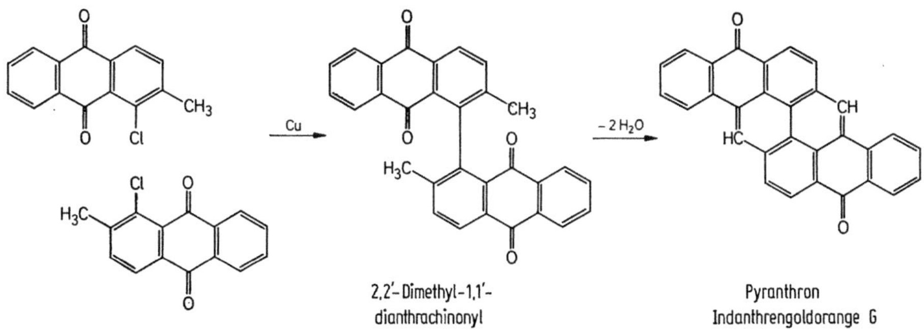

Der Farbstoff ist ein charakteristischer Vertreter der bei starker Belichtung faserschädigenden Küpenfarbstoffe (S. 566f.). Halogenderivate des Pyranthrons sind von oranger bis scharlachroter Farbe (Indanthrenorange RRT = Dibrompyranthron).

6. Gruppe der Anthrone

In den Anthronen enthält das einzelne Anthracenmolekül infolge Angliederung eines iso- oder heterocyclischen Ringsystems in 1,9-Stellung nur noch *eine* Ketogruppe wie die Grundsubstanz, das *Anthron*. Gemäß dieser Definition gehören auch das Flavanthren (Flavanthron) sowie das Pyranthron hierher. Im Gegensatz zu den niedrigmolekularen offenkettigen Farbstoffen der Gruppen 1 und 2 besitzen die hochmolekularen und kompakten Vertreter dieser Gruppe eine große Affinität zur Cellulosefaser und werden daher meist ohne Salz gefärbt (IN-Farbstoffe, S. 561).

α) *Benzanthrone*

Benzanthron läßt sich herstellen durch Behandlung von Anthron oder Anthrachinon mit Glycerin und konz. Schwefelsäure. Aus Benzanthron lassen sich wichtige echte Küpenfarbstoffe gewinnen.

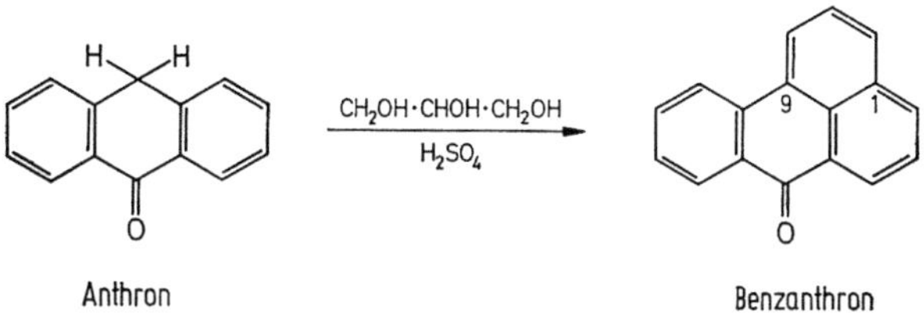

So entsteht bei der Kalischmelze des Benzanthrons unter Abspaltung von 2 Mol Wasser das *Dibenzanthron*:

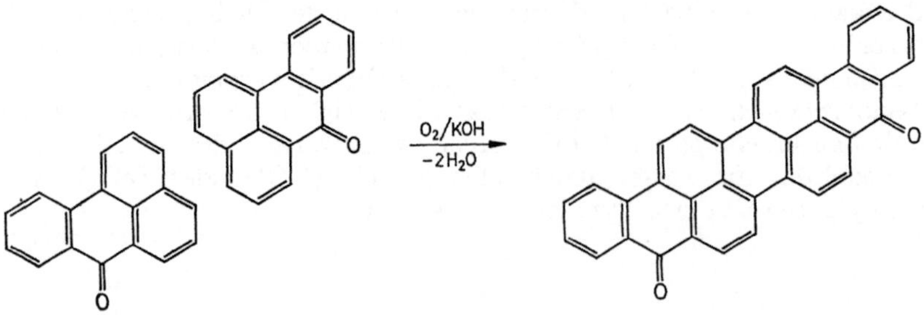

Dibenzanthron
Violanthron
Indanthrendunkelblau BO

Ein Isomeres des Dibenzanthrons ist das *iso-Dibenzanthron*, von dem sich ebenso wie vom Dibenzanthron eine große Anzahl wertvoller Küpenfarbstoffe ableitet.

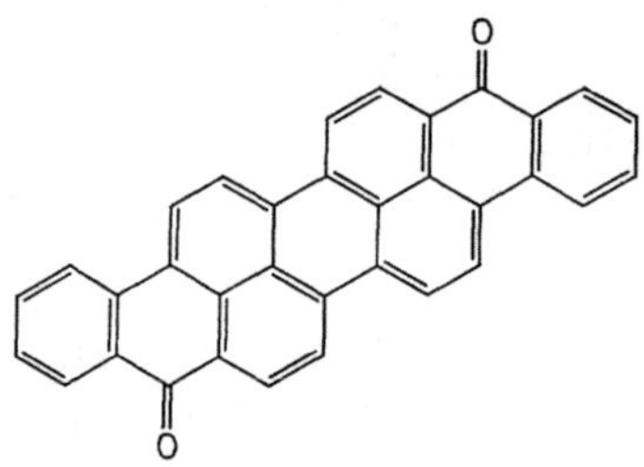

iso-Dibenzanthron
Indanthrenviolett R extra
Cibanonviolett R

Weitere Vertreter der Dibenzanthron- und Isodibenzanthronreihe sind u. a. Indanthrengrün G, Indanthrenbrillantgrün GG, Indanthrenbrillantviolett 2R und Indanthrenschwarz 2B (Cibanonschwarz 2B).

Einige violette Halogenderivate des iso-Dibenzanthrons, die sonst außerordentlich echt sind, haben die Eigenschaft, beim Betropfen mit Wasser oder beim feuchten Bügeln nach Blau umzuschlagen. Nach dem Trocknen kehrt der ursprüngliche Farbton wieder zurück.

Stickstoffhaltige Vertreter (*Azaverbindungen*) dieser Gruppe sind u. a. die einen Lichtechtheitsschutz bedingenden Farbstoffe Indanthrenolivgrün B sowie Indanthrenmarineblau R (*J. Müller*, vgl. S. 567). Ein schwefelhaltiges Derivat (Thiophen-benzanthron) ist das besonders lichtechte Cibanonblau 3G (Indanthrenblaugrün FFB).

β) Dibenz-pyrenchinone (*G. Kränzlein*)

Beim Verbacken von Benzoyl-benzanthron mit Aluminiumchlorid entsteht ein Pyrenderivat, das Dibenz-pyrenchinon:

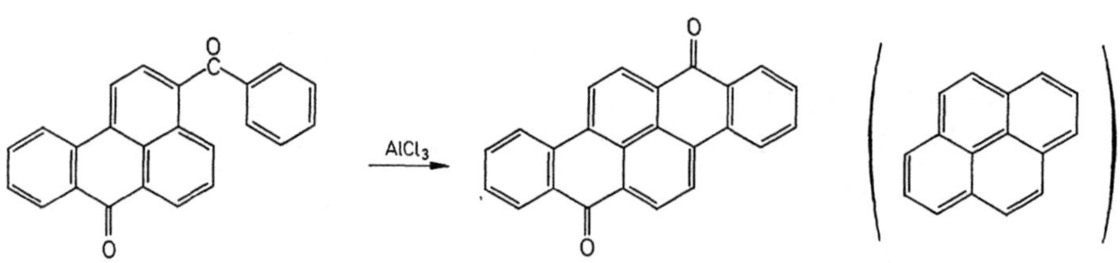

Benzoyl-benzanthron

Dibenz-pyrenchinon
Indanthrengoldgelb GK
Sandothrengoldgelb NGK

Pyren

Ein Dibromderivat des Dibenz-pyrenchinons ist das Indanthrengoldgelb RK. Dibenz-pyrenchinone besitzen eine besondere Bedeutung für Druckereizwecke, da sie leicht in der Dampfatmosphäre verküpbar sind.

Es existieren auch Farbstoffe, in denen zwei Dibenz-pyrenchinone durch eine Thiophen- oder Furan-Brücke miteinander verknüpft sind.

γ) *Anthanthrone*

Das *Anthanthron* bildet sich bei der Dehydratation der 1,1'-Dinaphthyl-2,2'-dicarbonsäure mit konz. Schwefelsäure:

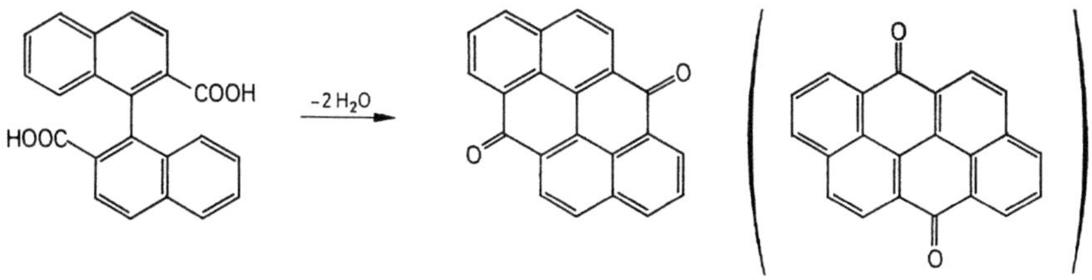

Anthanthron

Anthanthron hat eine geringe Affinität zur Cellulosefaser, während seine Halogenderivate als lebhafte und lichtechte orange Küpenfarbstoffe Bedeutung besitzen, so das Dibromderivat als Indanthrenbrillantorange RK und das Dichlorderivat als Indanthrenbrillantorange GK.

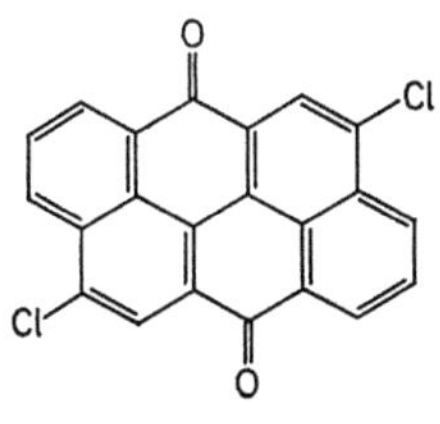

Dichlor-anthanthron
Indanthrenbrillantorange GK
Cibanonbrillantorange GK

δ) *Dianthrone*

Vom meso-Dianthron bzw. seinen Derivaten leiten sich Küpenfarbstoffe mit hervorragenden Echtheitseigenschaften ab (*M. Kunz* und *K. Köberle*).

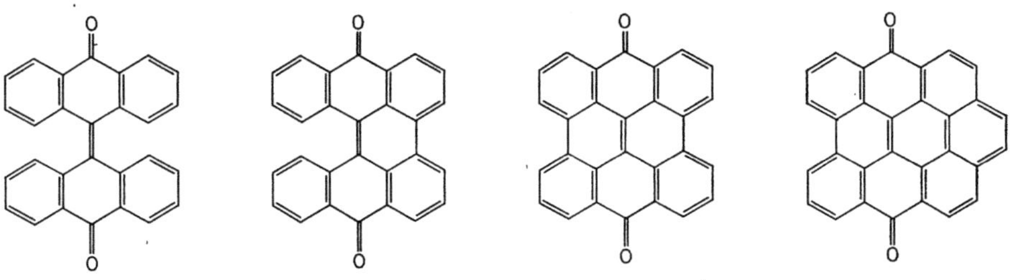

meso-(ms-) Dianthron — ms-Benzo-dianthron — ms-Naphtho-dianthron — ms-Anthra-dianthron

Das *meso-Benzodianthron* besitzt nur eine geringe Affinität zur Faser, während seine Halogenderivate brauchbare gelbe Küpenfarbstoffe liefern. Aus meso-Benzodianthron erhält man mit Aluminiumchlorid oder durch Belichtung das *meso-Naphtho-dianthron,* dessen Derivate rotviolette bis grüne Küpenfarbstoffe darstellen. Das *meso-Anthra-dianthron* ist ein geldgelber Küpenfarbstoff, der den Vorteil besitzt, daß er auch ohne Ludigol praktisch vollkommen beuchecht ist (S. 65). Seine Halogenderivate sind als gelbe oder orange Küpenfarbstoffe mit großer Lichtechtheit und Leuchtkraft von Bedeutung.

ε) *Anthronderivate mit heterocyclischen Ringsystemen*

Pyrazol-anthrone (S. 567) und *Thiazol-anthrone* enthalten neben der Anthronstruktur noch ein heterocyclisches (Pyrazol- oder Thiazol-) Ringsystem. Auch die *Anthrapyrimidine* sind hier aufzuführen:

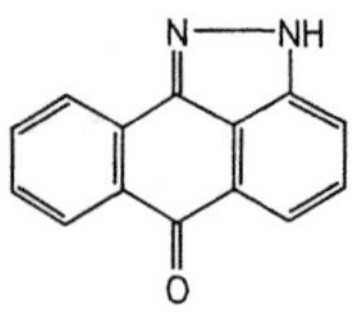

Pyrazol-anthron

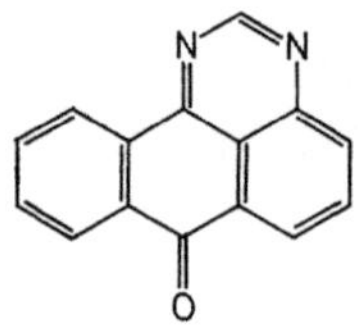

Anthra-pyrimidin

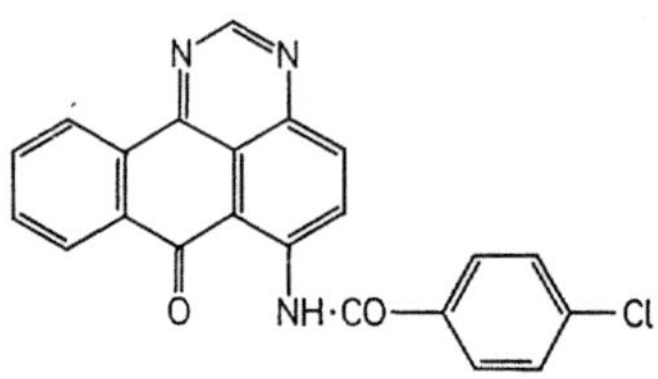

Indanthrengelb 7GK

Konstitution und Nuance bei Anthrachinonfarbstoffen. Neben dem Molekulargewicht, dessen Höhe für die Nuance des Farbstoffes allgemein wesentlich ist, spielt bei den Anthrachinonfarbstoffen die Art der Substituenten sowie deren Stellung eine ganz bestimmte Rolle. In der Reihenfolge

$$H, Cl, Br, NO_2, OH, SH, NH_2, NHCH_3, NHC_6H_5$$

bewirken die Substituenten eine immer stärkere Farbvertiefung. Die Wirkungsweise der Substituenten ist bereits bei einfachen Anthrachinonderivaten ersichtlich:

Anthrachinon	farblos
1-Chloranthrachinon	ganz schwach gelb
1-Bromanthrachinon	schwach gelb
1-Nitroanthrachinon	schwach gelb
1-Hydroxyanthrachinon	gelb
1-Mercaptoanthrachinon	orangegelb
1-Aminoanthrachinon	ziegelrot
1-Methylaminoanthrachinon	gelbstichig rot
1-Phenylaminoanthrachinon	rot

Aus den letzten 3 Beispielen geht die farbvertiefende Wirkung der Molekülvergrößerung hervor. Meist gehören die Gelb- und Rottöne den Gruppen der Acylaminoanthrachinone und der Anthrachinonimine an, während die blauen, grünen und schwarzen Töne höhere Molekulargewichte besitzen (Anthronfarbstoffe).

Konstitution und Ziehvermögen. Die niedrigmolekularen offenkettigen Vertreter der anthrachinoiden Küpenfarbstoffe haben eine verhältnismäßig geringe Affinität zur Cellulosefaser. Sie werden kalt unter Zusatz von Salz gefärbt. Höhermolekulare und vor allem kompakt gebaute (anellierte) Ringsysteme sind stark faseraffin und werden heiß gefärbt. Die Bäder ziehen bei den letzteren besser aus (80–100%) als bei den niedrigmolekularen Farbstoffen (ca. 75%).

Anhang

1. Perylen-tetracarbonsäure-Derivate

Bei der Kondensation von Perylen-3,4,9,10-tetracarbonsäure bzw. deren Anhydrid entstehen mit Aminen rote bis blaue Farbstoffe von beispielsweise nachstehender Form:

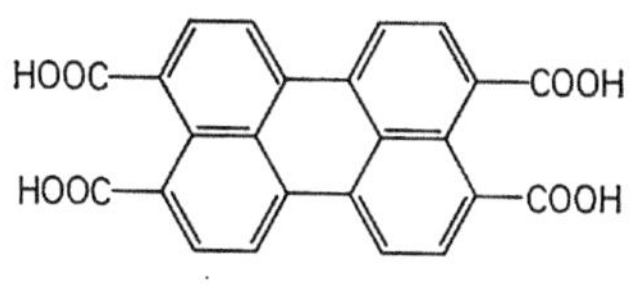

Perylen-3,4,9,10-tetracarbonsäure

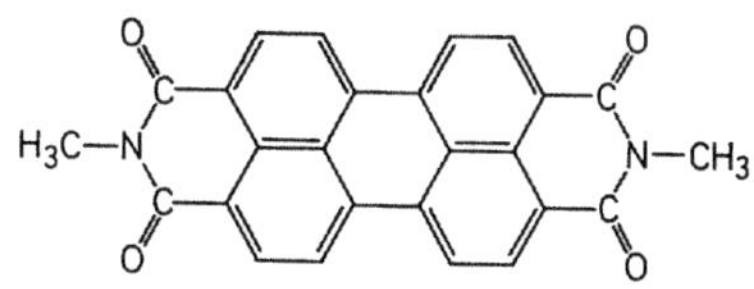

Indanthrenrot GG
(aus Perylen-3,4,9,10-tetracarbonsäure
und Methylamin)

Ein weiterer Vertreter dieser Reihe ist das Indanthrenscharlach R.

2. Küpenfarbstoffe aus Naphthalin-tetracarbonsäure

Kondensiert man die Naphthalin-1,4,5,8-tetracarbonsäure bzw. deren Anhydrid mit o-Diaminen, dann entstehen durch Cyclisierung technisch wichtige Farbstoffe mit einem Imidazolringsystem gemäß nachstehendem Beispiel:

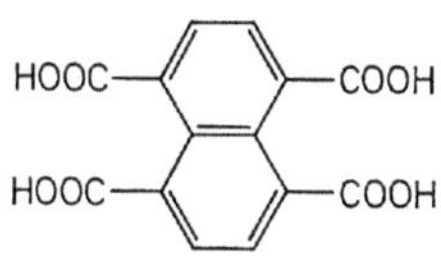

Naphthalin-1,4,5,8-tetracarbonsäure

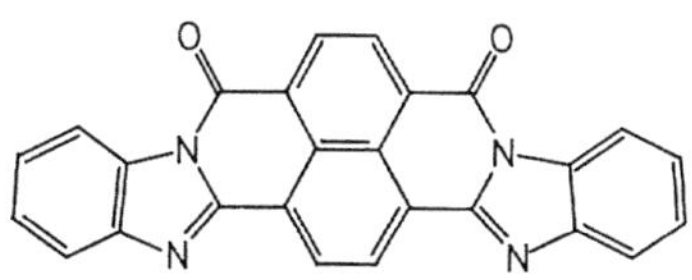

cis-Form =
Indanthrenbordo RR
trans-Form =
Indanthrenbrillantorange GR

Indanthrenscharlach GG (Gemisch aus roter cis- und oranger trans-Form)
(aus Naphthalin-1,4,5,8-tetracarbonsäure und o-Phenylendiamin)

Bei Verwendung von Äthoxy-o-phenylendiamin bildet sich das Indanthrendruckbraun 5R.

Auch Kombinationen aus Naphthalintetracarbonsäure-diarylamiden mit Anthrachinoniminen sind synthetisiert worden.

Die Synthese der Tetracarbonsäurefarbstoffe kann auch auf der Faser aus den Ausgangsstoffen bei Gegenwart eines Kondensationsmittels vorgenommen werden (*Bayer*).

3. Benzo- und Naphtho-Chinonfarbstoffe

Einigen Wollküpenfarbstoffen liegen *Benzochinon-* bzw. *Naphthochinonderivate* zugrunde, so z. B. dem *Helindongelb CG*:

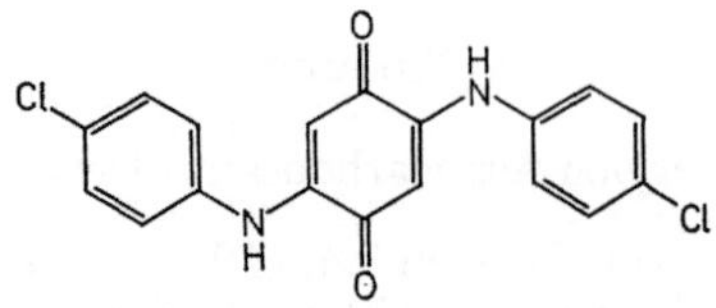

Di-(γ-chloranilido-)chinon. (Durch Addition von 2 Mol p-Chloranilin an Chinon und Luftoxydation des entstehenden Hydrochinons zum Chinon)

Ein Naphtho-chinon-Derivat ist das Indanthrengelb 6GD.

4. Weitere Ringsysteme

Neben den vorstehend aufgeführten Ringsystemen werden noch andere, wie z. B. Chrysenchinon, Fluoranthen, Rubicen, Coronen, zur Synthese von Küpenfarbstoffen herangezogen. Auch ringstickstoffhaltige Isologe bekannter Kohlenwasserstoffe, wie Azabenzanthron, Azaphenanthren sowie Pyranthrachinon, finden Verwendung.

Eine neuere Gruppe von Küpenfarbstoffen sind die *Dinaphthofurandionfarbstoffe.*

7. Indigoide Farbstoffe

Der früher wichtigste indigoide Farbstoff ist der *Indigo* (vgl. S. 562), welcher vor seiner synthetischen Erzeugung aus den in Ostasien gedeihenden Indigoferaarten sowie dem europäischen Waid gewonnen wurde. In diesen ist der Farbstoff in Form des Glucosids *Indican* enthalten, welches durch Hydrolyse mit Säuren oder Fermenten in Indoxyl und Glucose zerfällt. Indoxyl geht durch Luftoxydation in Indigo über:

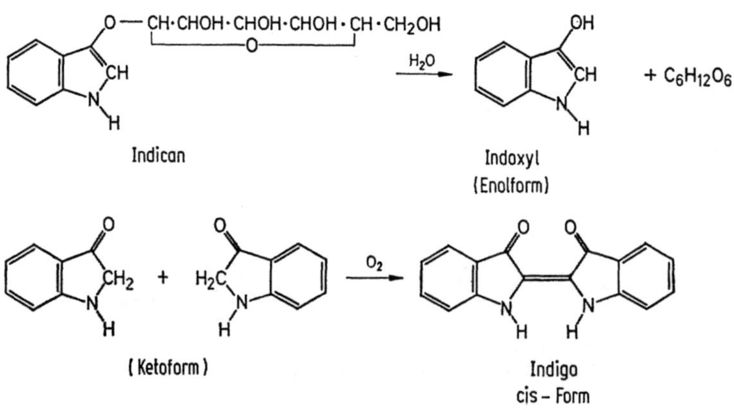

Die stabile Form des Indigos ist indes die trans-Form

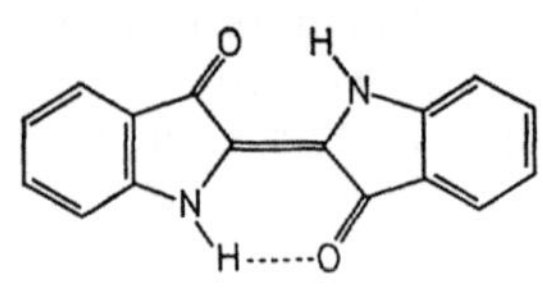

die durch Röntgenstrukturanalyse nachgewiesen wurde. Die Stabilität wird durch das Vorhandensein von Wasserstoffbrücken motiviert. Die cis-Form konnte noch nicht nachgewiesen werden, wohl aber bei Indigoderivaten, bei welchen das H am Stickstoff z.B. durch eine Methylgruppe substituiert ist. Diese können keine Wasserstoffbrücken ausbilden und sind daher zur Bildung der cis-Form befähigt.

Indigosynthesen

Die ersten, heute allerdings technisch wertlosen Indigosynthesen gehen auf *v. Baeyer* zurück, welcher im Jahre 1870 Indigo aus Isatin herstellte; 1880 folgte die Synthese aus o-Nitrophenyl-propiolsäure und 1882 diejenige aus o-Nitrobenzaldehyd. Die letzteren beiden Verfahren hatten insofern eine druckereitechnische Bedeutung, als nach diesen Indigo auf der Faser erzeugt wurde, solange noch keine haltbaren Reduktionsmittel vorhanden waren.

Die technisch wichtigen Indigosynthesen verdanken wir *Heumann*, der den Farbstoff im Jahre 1890 aus Phenylglycin bzw. Anilin herstellen konnte:

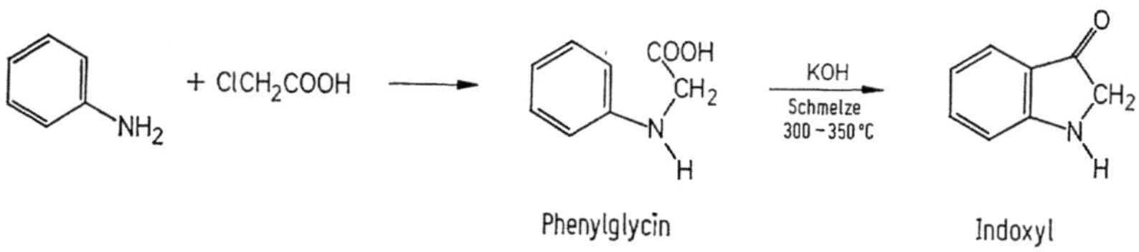

Phenylglycin kann auch aus Anilin, Kaliumcyanid und Formaldehyd hergestellt werden.

Da die Ausbeute bei diesem Verfahren minimal war – sie betrug nur 4–10 % –, entwickelte *Heumann* eine weitere Synthese, die sich der Anthranilsäure, d.h. letzten Endes des Naphthalins als Ausgangsmaterial bediente und bei welcher vorteilhaftere Ausbeuten erzielt werden konnten:

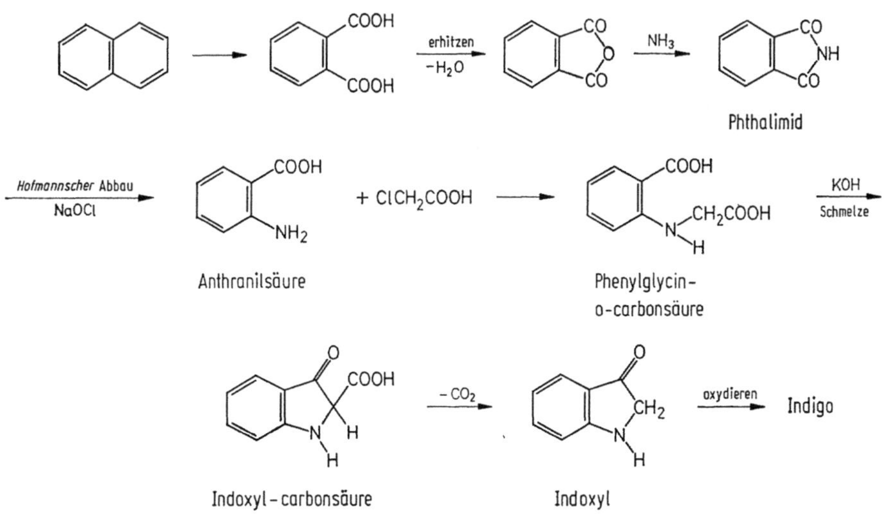

Im Jahre 1901 konnte *Pfleger* zeigen, daß man die Ausbeuten nach der ersten *Heumannschen Synthese* um ein Vielfaches steigern kann, wenn man der Kalischmelze *Natriumamid* zusetzt. Das Natriumamid bindet das entstehende Wasser, welches auf Phenylglycin bei hoher Temperatur verseifend wirkt:

$$NaNH_2 + H_2O = NH_3 + NaOH$$

Die ursprünglich erforderliche hohe Schmelztemperatur von 300–350 °C wirkte außerdem auf das gebildete Indoxyl zerstörend; bei Natriumamid-Zusatz kann die Reaktionstemperatur auf 180–210 °C gesenkt werden. An Stelle von Natriumamid erzielt man auch mit Mischungen von Ätznatron und Calciumoxid Ausbeuten von 75–80% und mit Mischungen aus Ätznatron und Bariumoxid solche von 90–95%. Heute wird Indigo allgemein nach der *Heumann-Pflegerschen Synthese* unter Zusatz von Natriumamid erzeugt.

Indigo gehört zu den Küpenfarbstoffen und muß zum Zweck des Färbens reduziert (verküpt) werden, wobei der Farbstoff in die alkalilösliche Leukoform (Indigweiß) übergeht. Auf der Faser erfolgt Rückoxydation zum unlöslichen Indigo:

In saurem Medium ist der reduzierte Indigo farblos (Leukoindigo), während die Natriumverbindung eine gelbgrüne Farbe zeigt.

Das Natriumsalz der Indigo-Leukoverbindung ist als stabiles Produkt (*Indigoküpe*) im Handel und erlaubt eine einfache Handhabung beim Färben der Wolle, da sich dieses in Wasser löst und daher nicht mit Alkali verküpt zu werden braucht. Auch von einigen anderen Küpenfarbstoffen sind solche für die Wollfärberei vorteilhafte Produkte auf dem Markt (siehe S. 607).

Eine ganze Anzahl von leicht verküpbaren indigoiden und thioindigoiden Küpenfarbstoffen kommt in Mischung mit den erforderlichen Verküpungsmitteln in den Handel, so daß die Kombination praktisch nur mit heißem Wasser angesetzt zu werden braucht, um nach einigem Stehen gebrauchsfertige Küpen zu bekommen (*Helindonküpenpulver* für die Wollfärberei, S. 607).

Während der Indigo früher eine überragende Stellung besaß, ist er heute durch echtere Blaufarbstoffe (anthrachinoide Küpenfarbstoffe) verdrängt worden und spielt nur noch in Entwicklungsländern auf Grund seines billigen Preises eine Rolle.

Es sei darauf hingewiesen, daß die Echtheiten des Indigos auf Wolle wesentlich besser sind als auf Baumwolle.

Synthesen des Indigos auf der Faser. Solange noch keine haltbaren Reduktionsmittel zur Verfügung standen, war die Fixierung von Indigo auf dem Druckwege erschwert. Man bediente sich daher einiger älterer Methoden der Indigosynthese, die sich auf druckereitechnischem Wege auf der Faser durchführen ließen.

So druckte man eine neben o-Nitrophenyl-propiolsäure Reduktionsmittel (Na-Xanthogenat) und Alkali enthaltende Druckfarbe auf und entwickelte zum Indigofarbstoff durch Verhängen während 48 Stunden bei 30 °C:

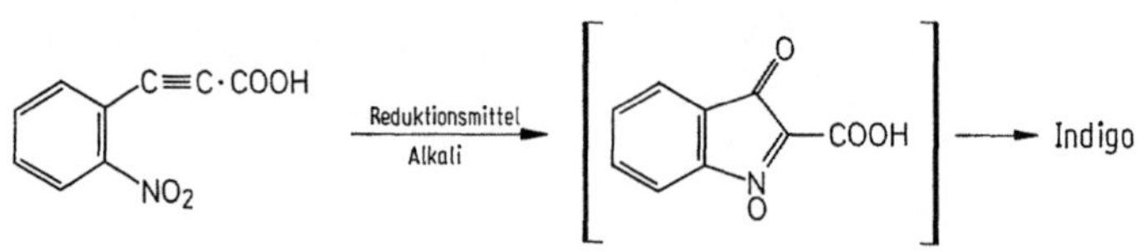

o-Nitrophenyl-propiolsäure (aus Zimtsäure hergestellt) Isatogensäure (vermutliches Zwischenprodukt)

Ein anderer Weg basierte auf der Synthese aus o-Nitrobenzaldehyd. Man löste o-Nitrophenylmilchsäure-methylketon mit Natriumhydrogensulfit und druckte dieses auf. Durch Dämpfen und eine anschließende Passage durch heiße Natronlauge konnte der Farbstoff entwickelt werden. Eine lösliche Hydrogensulfitverbindung war unter der Bezeichnung *Indigosalz T* im Handel. Diese war aber nicht besonders stabil.

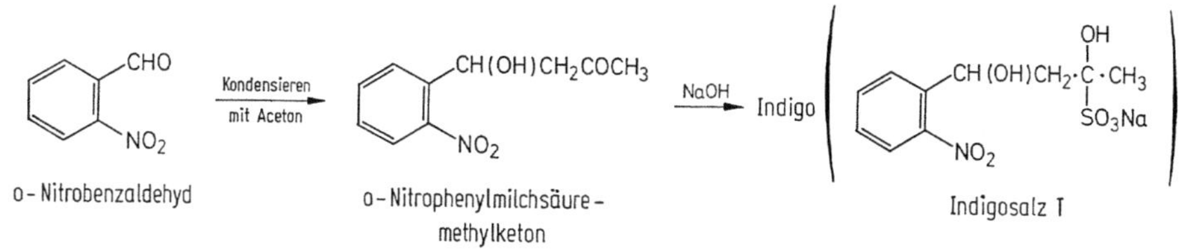

Schließlich druckte man auch Indoxylcarbonsäure (*Indophor*) auf, welche durch Luftsauerstoff oder ein Oxydationsbad in Indigo übergeführt wurde.

Die Verfahren waren alle, da die Farbstoffausbeute schlecht war, verhältnismäßig kostspielig und wurden mit dem Aufkommen geeigneter beständiger Reduktionsmittel (Rongalit) verlassen.

Indigoabkömmlinge

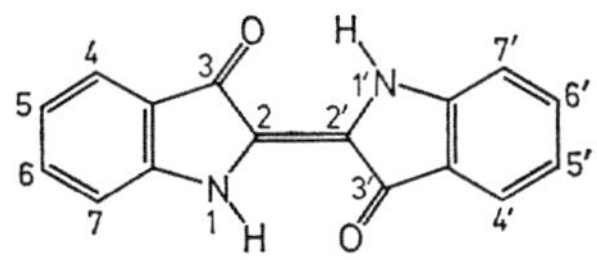

2,2'-Bis-indolindigo
Indigo MLB (gewöhnlicher Indigo)

Das Na-Salz der Indigo-5,5'-disulfosäure (Indigocarmin, Sächsischblau) ist ein früher viel gebrauchter Wollfarbstoff, der heute wegen geringer Lichtechtheit ohne Bedeutung ist.

Die Mehrzahl der anderen Indigoderivate sind Küpenfarbstoffe.

Beispiele

7,7'-Dimethyl-indigo (Indigo MLB/T) ist chlorechter als MLB.
5,7, 5',7'-Tetrabromindigo (Indigo MLB/4B, Brillantindigo 4B, Cibablau 2B).
5,7, 5',7'-Tetrachlorindigo (Brillantindigo BASF/B).
6,6'-Dibromindigo (Farbstoff der Purpurschnecke).

Die Halogenderivate des Indigo sind wesentlich chlorechter als Indigo selbst und haben zum Teil auch eine bessere Affinität zur Faser als dieser.

Cibagelb 3G ist ein benzoylierter Indigo.

Unsymmetrische Indigoide und Hetero-Indigoide. Indolderivate lassen sich auch in 2,3-Stellung und mit andersartigen Ringsystemen zu Küpenfarbstoffen kombinieren.

Durch Kondensation von Isatin-α-chlorid mit Oxindol oder Isatin mit Indoxyl entsteht das Indirubin, welches als Farbstoff wertlos ist, aus welchem aber durch Bromieren das *Cibaheliotrop B* hergestellt werden kann.

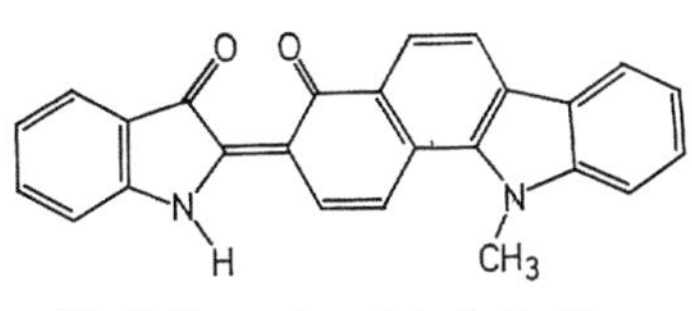

Naphthocarbazol-indolindigo
ist ein schwarzer Küpenfarbstoff, der die bekannten Zusammenhänge zwischen Molekülvergrößerung und Nuance erkennen läßt.

8. Thioindigoide Farbstoffe

Wichtige Küpenfarbstoffe liegen im *Thioindigo* und seinen Derivaten vor.

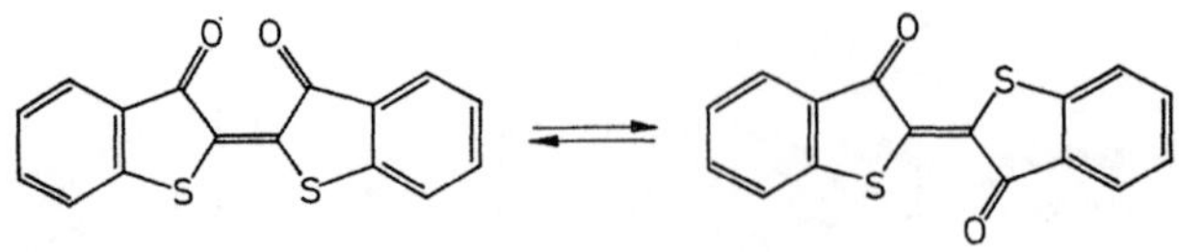

2,2′-Bis-thionaphthen-indigo
Thioindigo
Algolrot 5B (*Küpenrot 5B*)
Helindonrot BB
Cibarosa B

Im Gegensatz zum Indigo sind vom Thioindigo sowohl die trans- als auch die cis-Form bekannt (*Brode*), da eine Wasserstoffbrückenbildung nicht möglich ist.

Thioindigo kann aus Thiosalicylsäure über Phenyl-thioglykol-o-carbonsäure in analoger Weise wie Indigo gemäß nachstehendem Reaktionsschema hergestellt werden:

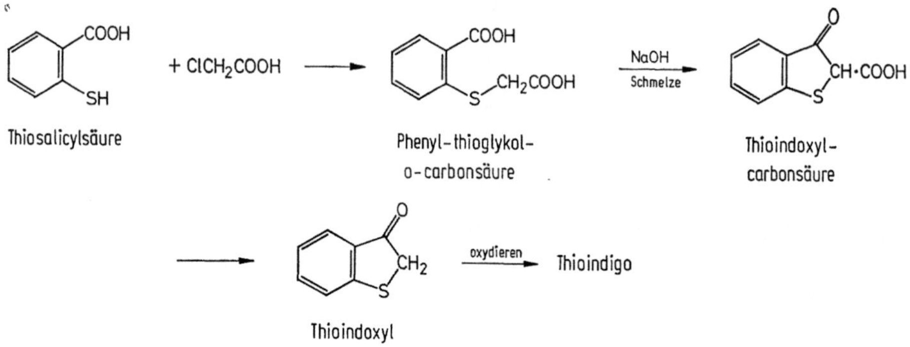

An Abkömmlingen des Thioindigos sind u.a. zu nennen:

6,6′-Diäthoxy-thioindigo = Algolorange RF oder Helindonorange R,
6,6′-Dichlor-thioindigo = Cibarosa BG, Indanthrenbrillantrosa R,
7,7′-Diamino-thioindigo = Indanthrengrau 6B,
5,5′-Dibrom-thioindigo = Cibabordo B.

Ein Naphtho-thioindigo liegt dem Farbstoff Indanthrenbraun RRD zugrunde.

Die Küpenfarbstoffe der Indigo- und Thioindigo-Reihe eignen sich u.a. auch gut für die Wollfärberei, da sie sich mit wenig Alkali verküpen lassen und teilweise eine recht gute Affinität zu der Wollfaser besitzen (siehe S. 607).

9. Leukoküpenesterfarbstoffe (Indigosole) (vgl. S. 568f.)

Auf Grund ihrer Wasserunlöslichkeit bringen die Küpenfarbstoffe gewisse färberische Schwierigkeiten mit sich, welche sich gelegentlich auch in einem unvollkommenen Farbausfall hinsichtlich Egalisierung bzw. Durchfärbung äußern können. Es bedeutete daher einen großen Fortschritt, als *M. Bader* einen Weg zur Herstellung *wasserlöslicher* Derivate der Küpenfarbstoffe (Indigosole) aufzeigte. Es handelt sich bei diesen um die Natriumsalze der sauren Schwefelsäureester der Leukoverbindungen von Küpenfarbstoffen.

Als ein Vorläufer der Indigosole kann die wasserlösliche Hydrogensulfitverbindung des Dehydroindigo aufgefaßt werden, die man in folgender Weise erhält:

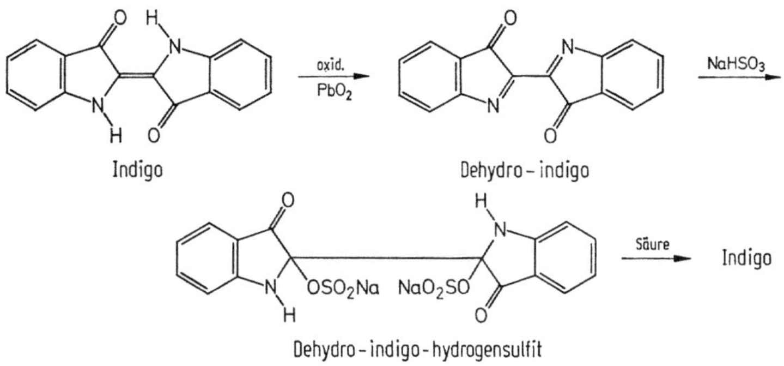

Aus diesem läßt sich durch Einwirkung von Alkalien oder Säuren der Indigo regenerieren. Dieses Verfahren hatte früher druckereitechnische Bedeutung, da man das aufgedruckte Dehydroindigohydrogensulfit durch eine Säurepassage bei 80 °C zum Indigo entwickeln konnte. Das Verfahren ist, da es eine schlechte Farbausbeute liefert, inzwischen verlassen worden.

Herstellung der Indigosole. Man erhält Indigosole durch Einwirkung von Chlorsulfonsäure auf die Reduktionsprodukte der Küpenfarbstoffe bei Gegenwart von Pyridin. Das entstehende Ester-Pyridiniumsalz wird hierauf mit Natronlauge zum Natriumsalz umgesetzt. In dieser Weise lassen sich indigoide, thioindigoide und – allerdings schwieriger – anthrachinoide Küpenfarbstoffe und auch solche anderer Abstammung wasserlöslich machen. Aus den Indigosolen wird auf der Faser *durch Verseifung und Oxydation* der unlösliche Farbstoff regeneriert (vgl. auch S. 568):

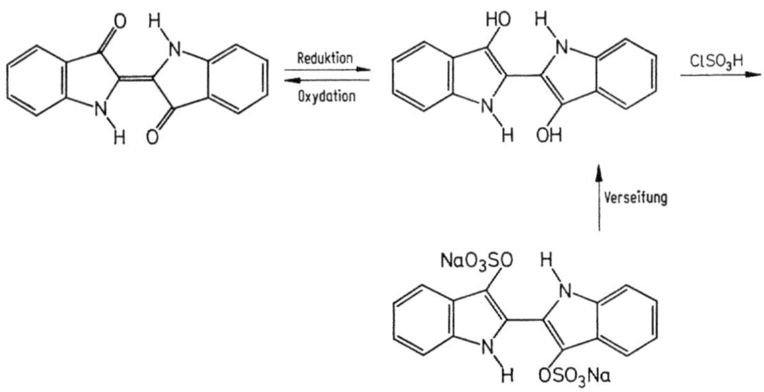

Indigosol

Nach dem heute allgemein üblichen Herstellungsverfahren wird die Isolierung der Leukokörper in der Weise umgangen, daß man den Farbstoff in Pyridin suspendiert und unter Rühren ein Metallpulver (Kupfer, Zink, Eisen oder Aluminium) zusetzt. Unter Kühlung wird Chlorsulfonsäure zugegeben und dann auf 50–60 °C erwärmt.

Leichter löslich und daher für Druckzwecke geeignet sind die Triäthanolaminsalze gewisser Indigosole. Sie werden gewonnen durch Behandlung der Pyridiniumsalze der Schwefelsäureester mit Triäthanolamin.

Die Farbstoffe aus der Gruppe des *Indanthren* und *Flavanthren* lassen sich schwer in obiger Weise verestern, so daß man bei diesen teilweise auf Umwege angewiesen ist. So erhält man das dem Indanthrenblau BC entsprechende *Indigosolblau IBC* (*Anthrasolblau IBC*) durch Oxydation des Schwefelsäureesters des 3-Amino-2-chloranthrahydrochinons:

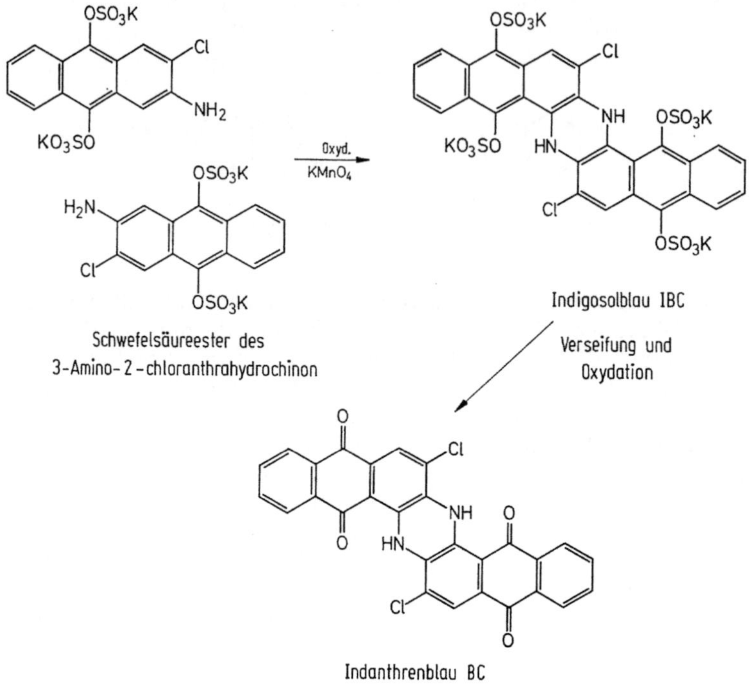

Neben der Schwefelsäure bzw. Chlorsulfonsäure sind auch andere Mittel, wie z. B. die m-Sulfochlorbenzoesäure, zur Veresterung von Leukokörpern vorgeschlagen worden. Auch Phosphorsäureester spielen eine Rolle.

Die Indigosole sind unter den Bezeichnungen *Anthrasol-*, *Indigosol-*, *Sandozol-*, *Soledon*-Farbstoffe usw. im Handel.

Den nachfolgend genannten Indigosolen liegen die entsprechenden Küpenfarbstoffe zugrunde, zu denen sie auf der Faser regeneriert werden.

Anthrasol O	= Indigo MLB
Anthrasolrotviolett IRH	= Indanthrenrotviolett RH
Anthrasolbrillantrosa I 3 B	= Indanthrenbrillantrosa 3 B
Anthrasolbraun IRRD	= Cibabraun G, Indanthrenbraun RRD
Anthrasolgoldgelb IGK	= Indanthrengoldgelb GK
Anthrasol O 4 B	= Brillantindigo 4 B, Cibablau 2 B
Anthrasolgrün IB	= Indanthrenbrillantgrün B
Soledon Jade Green	= Caledon Jade Green
Soledon Brilliant Purple RR	= Caledon Brilliant Purple R

Über „*Azo-Indigosole*" siehe S. 440.

Die Indigosole sind sowohl für die Zwecke der Färberei als auch namentlich für die Druckerei von großer Bedeutung. In der Färberei zeichnen sie sich dadurch aus, daß sie sich auf Grund ihrer leichten Egalisierbarkeit und Durchfärbung sowie ihrer raschen Fixierbarkeit für kontinuierliche Färbemethoden bevorzugt eignen.

In druckereitechnischer Beziehung ist u.a. ihre Kombinierfähigkeit mit anderen Farbstoffklassen sowie ihre leichte Reservierbarkeit von großem Interesse.

10. Chinoniminfarbstoffe (Azine, Oxazine, Thiazine)

Die in diese Gruppe gehörenden Farbstoffe lassen sich auf die nachfolgenden Grundkörper zurückführen:

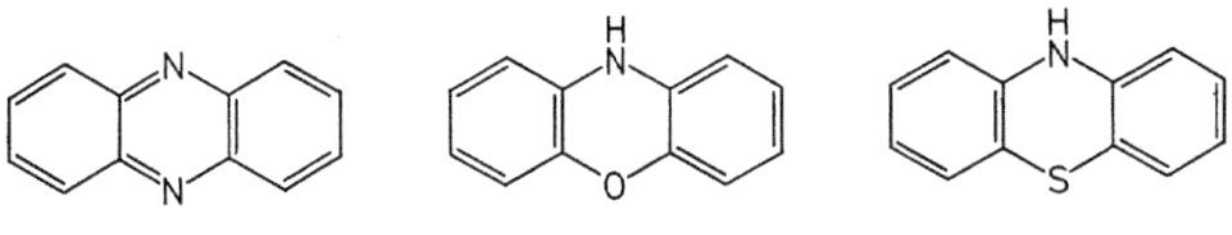

Phenazin — Phenoxazin — Thio-diphenylamin

bzw. auf die entsprechenden Salze:

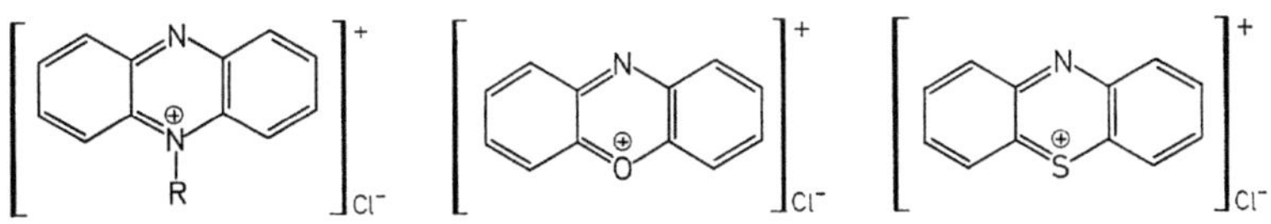

Phenazinsalz (Phenazonium-chlorid) — Phenoxazinsalz (Phenazoxonium-chlorid) — Phenthiazinsalz (Phenazthionium-chlorid)

Die Farbstoffe werden nachstehend o- oder p-chinoid formuliert, wobei man sich im Sinne der Mesomerie den eigentlichen Molekülzustand zwischen verschiedenen Grenzstrukturen liegend zu denken hat. Beispiel: 3,7-Diaminophenazinhydrochlorid:

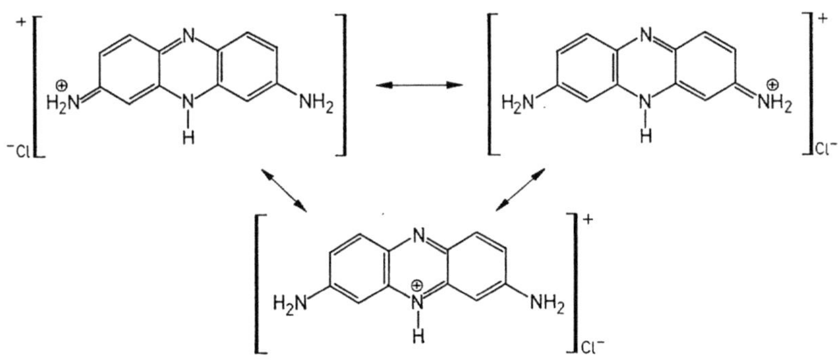

Alle drei Gruppen besitzen sowohl umfangmäßig als auch hinsichtlich ihrer technischen Bedeutung – von einigen Einzelindividuen abgesehen – eine weit geringere textile Bedeutung, als sie z.B. den Azofarbstoffen oder den Anthrachinonfarbstoffen zukommt.

a) Die Azinfarbstoffe

Je nach speziellen Konstitutionseigenheiten werden die Azinfarbstoffe unterteilt in

Eurhodine, Eurhodole, Aposafranine, Safranine, Induline und Nigrosine.

Teils liegen kationische oder, wenn es sich um sulfierte Körper handelt, Säurefarbstoffe vor. Die einzelnen Farbsalzen zugrunde liegenden Basen (Indulin, Nigrosin) finden für die Herstellung von Spritlacken sowie auf Grund ihrer Fett- bzw. Öllöslichkeit für den Zeitungsdruck und zur Herstellung von Schuhwichsen Verwendung. Die Lichtechtheit der Farbstoffe ist besser als diejenige der Triphenylmethanfarben.

Es seien folgende Beispiele genannt:

Phenosafranin

Herstellung: Durch Oxydation von 1 Mol p-Phenylendiamin und 2 Mol Anilin in saurer Lösung oder
durch Oxydation von 1 Mol p,p'-Diamino-diphenylamin und 1 Mol Anilin in saurer Lösung:

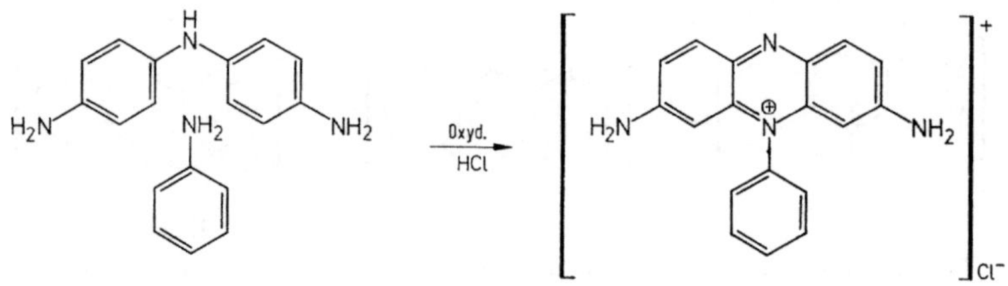

Phenosafranin
Safranin B extra
färbt als kationischer Farbstoff mit
Tannin gebeizte Baumwolle rot

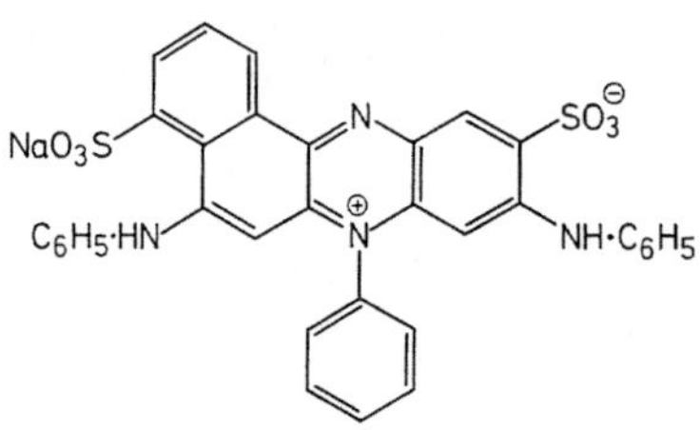

Wollechtblau BL (Naphthophenazin)
lebhaft blau färbender Säurefarbstoff

Weitere Vertreter der Azinreihe sind u.a.: Methylenviolett BN, Neutralrot extra, Rhodulinviolett B, Wollechtviolett B, die Novazolsäureblau- bzw. Polarblau-Marken.

Diazotiert man Farbstoffe vom Safranintyp und kuppelt man die Diazoniumsalze mit Aminen oder Naphtholen, so gelangt man zu kationischen *Janus*-Farbstoffen, die dadurch charakterisiert sind, daß sie Cellulosefasern auch ohne Vorbeize anfärben.

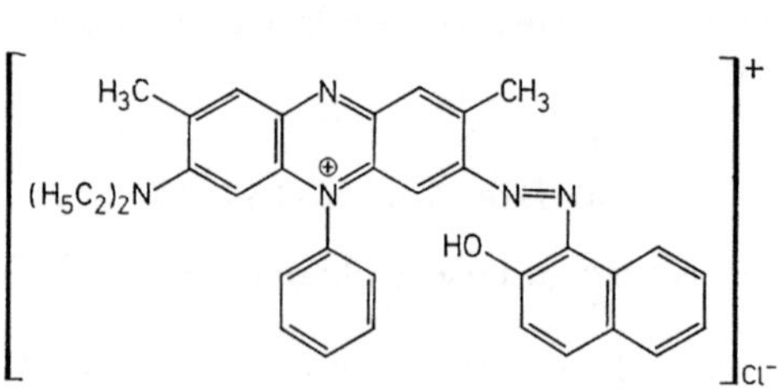

Janusblau G

Anilinschwarz (vgl. S. 579, 699). Auch das Anilinschwarz kann als Azinfarbstoff aufgefaßt werden. In färberei- bzw. druckereitechnischer Beziehung gehört das Anilinschwarz in die Gruppe der *Oxydationsfarbstoffe*, d.h. es wird aus einer zunächst ungefärbten Komponente, dem salzsauren Anilin, auf der Faser durch Oxydation erzeugt. Als Oxydationsmittel finden Natriumchlorat bzw. Kaliumbichromat Verwendung.

Die Bildung des Anilinschwarzes führt über mehrere Zwischenstufen (Emeraldin, Nigranilin, Pernigranilin). Je nach den Arbeitsbedingungen können gewisse Anteile solcher Zwischenprodukte in dem Endprodukt enthalten sein. Der Hauptbestandteil dürfte als ein Gebilde mit 11 Anilinresten und 3 Phenazinringen zu formulieren sein:

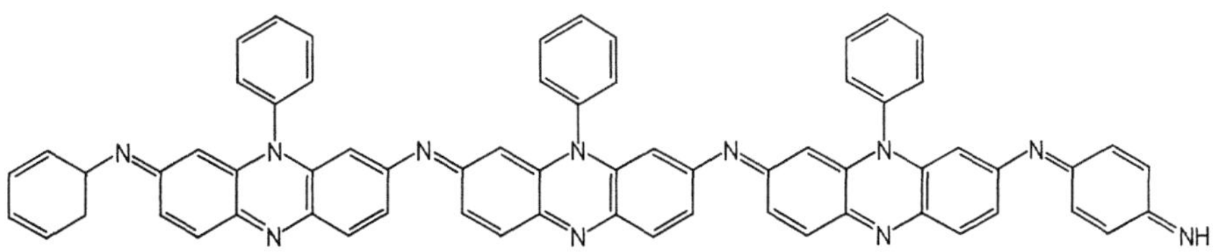

Anilinschwarz ist bzw. war sowohl färberei- als auch druckereitechnisch von großer Bedeutung, da es in einfacher und billiger Weise erzeugt werden kann und ein sehr echtes und schönes Schwarz darstellt. Da seine Bildung an die Oxydation in mineralsaurem Medium gebunden ist, ist eine gewisse *Faserschwächung* dabei nicht ganz zu vermeiden (vgl. S. 580). Für die Druckerei bietet es den besonderen Vorteil, daß es sich in einfacher Weise, nämlich mit Hilfe von Reduktionsmitteln bzw. Säurebindemitteln, *reservieren* läßt. Anilinschwarz findet auch als fertig vorgebildeter Farbstoff im Pigmentdruck (S. 704) Verwendung.

Neben Anilinschwarz können auch andere Amine oder Aminophenole zu braunen bis schwarzen Farbtönen oxydiert werden, wobei ebenfalls die Bildung azinartiger Farbkörper anzunehmen ist. So bildet sich bei der Oxydation von p-Amino-diphenylamin (Diphenylschwarzbase) das *Diphenylschwarz*, welches gegenüber dem Anilinschwarz den Vorteil besitzt, daß es, da es fast ohne Mineralsäure (bei Gegenwart von wenig Aluminiumchlorid) entwickelt werden kann, die Faser kaum angreift, so daß es in der Druckerei namentlich dort Verwendung findet, wo große Decker auf feine Gewebe gedruckt werden. Im Vergleich zum Anilinschwarz hat es den Nachteil, daß es teurer und weniger chlorecht ist.

Brauntöne können unter Anwendung von p-Phenylendiamin (*Paramin*) hergestellt werden.

Pelzfarbstoffe. Da die Oxydationsfarbstoffe auf kaltem Wege erzeugt werden können, spielen sie in der *Pelzfärberei* eine große Rolle (*Ursole, Furreine*). Die betreffenden Basen werden dabei in Form ihrer Lösungen unter Zusatz entsprechender Oxydationsmittel (Chromsäure, Wasserstoffperoxid, Kupfersalze) auf die Pelze aufgebürstet und zum Farbstoff entwickelt.

Als Beispiele seien genannt:

		Farbe
Ursol D, Furrein D	= p-Phenylendiamin	braun
Ursol DD	= p,p'-Diamino-diphenylamin	schwarzbraun
Ursol SC	= m-Diamino-anisol	blauschwarz
Ursol GG	= o-Aminophenol	fuchsig braun

Die gleichen Körper finden auch als *Haarfärbemittel* Verwendung; jedoch besteht hier die Schwierigkeit, daß sich als Zwischenprodukte Chinondiimine bilden, welche stark hautreizend wirken. Man begegnet dieser Komplikation einmal dadurch, daß man unter Sulfitzusatz arbeitet, wodurch die Farbstoffbildung nicht gestört wird, oder dadurch, daß man sulfogruppenhaltige Grundkörper verwendet, wodurch die toxische Wirkung stark zurückgedrängt wird.

b) Die Oxazinfarbstoffe

Bei den Oxazinfarbstoffen handelt es sich um kationische, substantive, Säure- und Beizenfarbstoffe sowie Reaktivfarbstoffe.

Beispiele

Der kationische Farbstoff *Capriblau* entsteht durch Umsetzung von salzsaurem p-Nitrosodimethylanilin mit m-Diäthylamino-p-kresol:

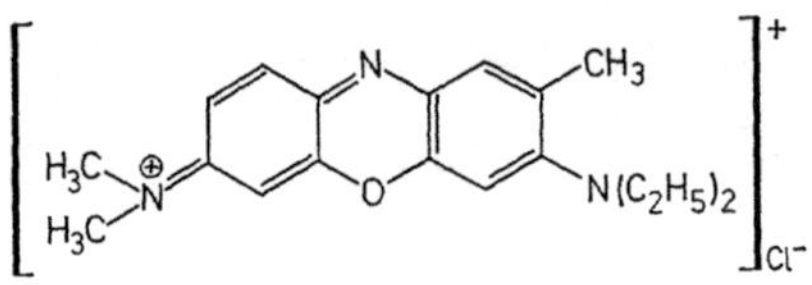

Capriblau

Weitere Vertreter der Oxazinfarbstoffe sind u.a. die kationischen Farbstoffe Neublau R und Nilblau A sowie die *Gallocyanine*. Bei letzteren handelt es sich um Beizenfarbstoffe.

Bei der Kondensation von Chloranil (Tetrachlor-p-benzochinon) mit geeigneten Aminen (meist mehrkernige Amine wie Aminocarbazol und Aminopyren) und anschließender Sulfierung gelangt man zu lebhaften blauen substantiven und Säurefarbstoffen des Oxazintyps, von denen als Beispiel das Remastralblau F3GL (Siriuslichtblau FFRL) erwähnt sei.

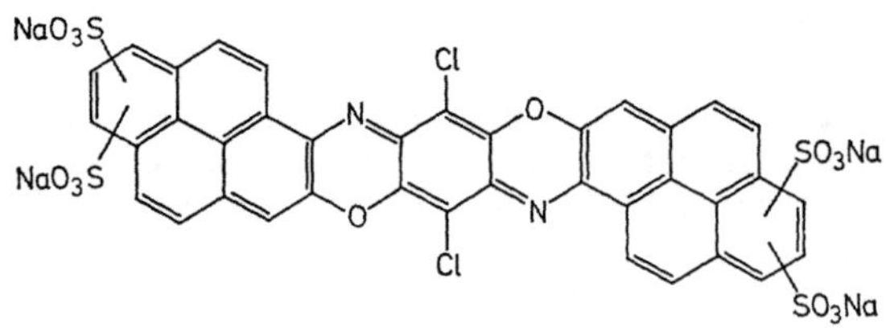

Dioxazinfarbstoff aus Chloranil und Aminopyren

Reaktivfarbstoffe der Oxazinreihe

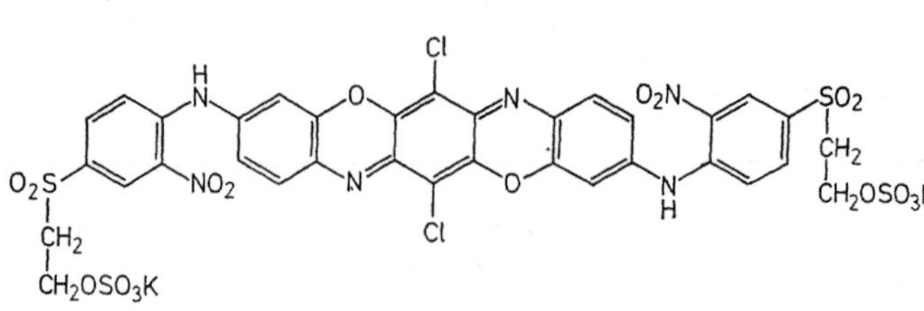

Remazolfarbstoff

c) Die Thiazinfarbstoffe

Je nach Konstitutionseigenheiten finden die Thiazinfarbstoffe als kationische, Säure- oder Beizenfarbstoffe Verwendung.

Neben Methylenblau B sind an technisch wichtigen Thiazinfarbstoffen u. a. zu nennen das Methylengrün B sowie einige Beizenfarbstoffe (Brillantalizarinreinblau D).

Methylenblau wird heute nach *Bernthsen* hergestellt durch Oxydation von Dimethyl-p-phenylendiamin (Hydrochlorid) in Gegenwart von Natriumthiosulfat und Weiteroxydation der entstehenden Zwischenverbindung bei Gegenwart von Dimethylanilin gemäß nachstehender Formulierung:

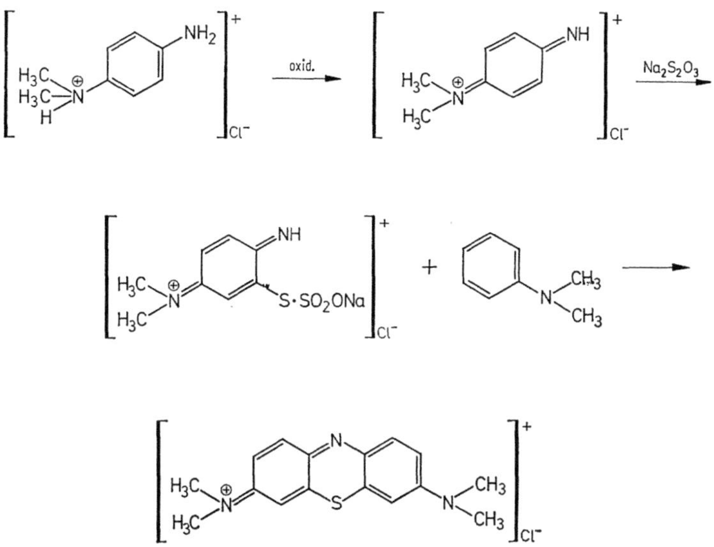

Methylenblau, kationischer Farbstoff

Methylenblau kommt für Färbereizwecke als Zinkchlorid-Doppelsalz und für Druckzwecke, um eine durch Salzsäureabspaltung mögliche Faserschädigung beim Dämpfen zu vermeiden, zinkchloridfrei in den Handel.

Auch die Thiazinreihe enthält Beizenfarbstoffe, von denen als Beispiel das *Brillantalizarinreinblau D* genannt sei, welches als inneres Thioniumsalz aufzufassen ist.

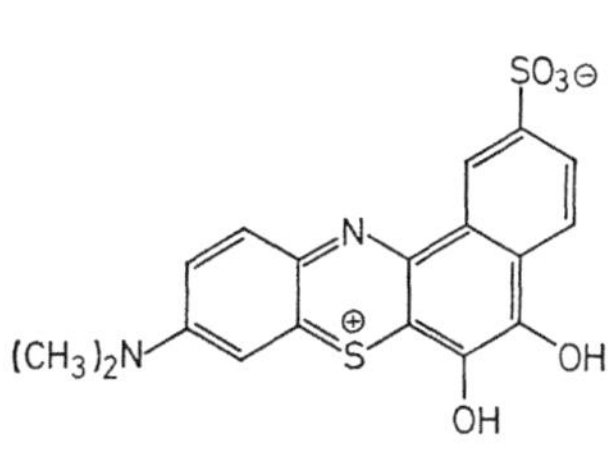

Brillantalizarinreinblau D

11. Thiazolfarbstoffe

Die Thiazolfarbstoffe umfassen nur einige wenige kationische, substantive und Säurefarbstoffe.

Beispiele

Primulingelb bildet sich beim Erhitzen von p-Toluidin mit Schwefel. Dabei entsteht zunächst bei etwa 175 °C über das Mercaptan das Dehydro-thio-p-toluidin, welches sich bei Erhöhung der Reaktionstemperatur mit weiterem p-Toluidin zu einem Gemisch von Di- und Trithiazolverbindungen kondensiert nach dem Schema:

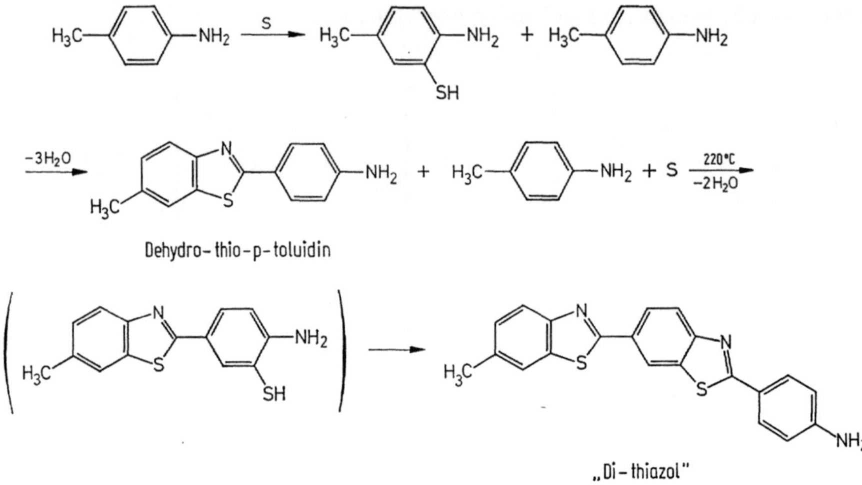

Die zunächst unlöslichen Körper werden sulfiert, wobei der substantive Farbstoff *Primulin* entsteht, welcher geringe Echtheitseigenschaften besitzt und üblicherweise durch eine Nachbehandlung mit Hypochlorit oder durch Diazotieren und Kuppeln echter gemacht wird. Beim Diazotieren und Kuppeln mit β-Naphthol entsteht das *Primulinrot*, welches zwar gut waschecht, aber lichtempfindlich ist.

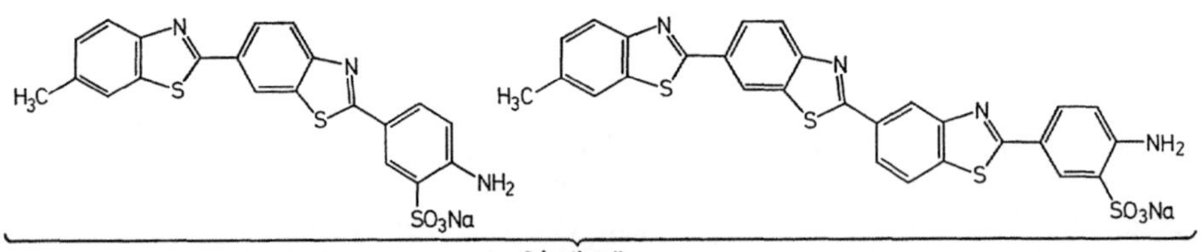

Primulingelb, substantiver Farbstoff

Durch Methylierung von Dehydro-thiotoluidin gelangt man zu dem gelb färbenden kationischen Farbstoff *Thioflavin T, Rhodulingelb T.*

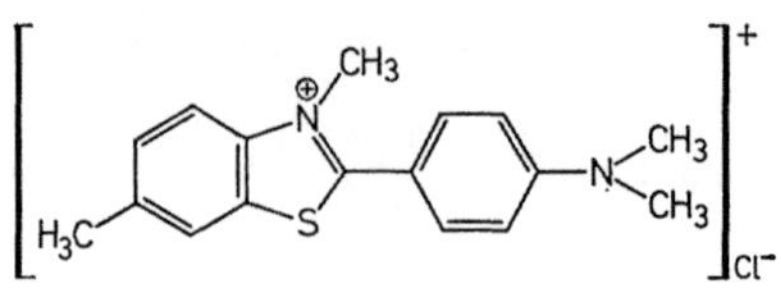

Rhodulingelb T

Thioflavin S entsteht durch Methylierung von Dehydro-thiotoluidinsulfosäure. Es handelt sich dabei um einen gelbfärbenden substantiven Farbstoff.

Durch unmittelbare Oxydation von sulfiertem Dehydro-thio-p-toluidin gelangt man zum *Chloramingelb C*, welches einen substantiven Azofarbstoff darstellt. Ähnliche Körper entstehen auch durch Oxydation von auf der Faser befindlichem Primulingelb mit Hypochlorit.

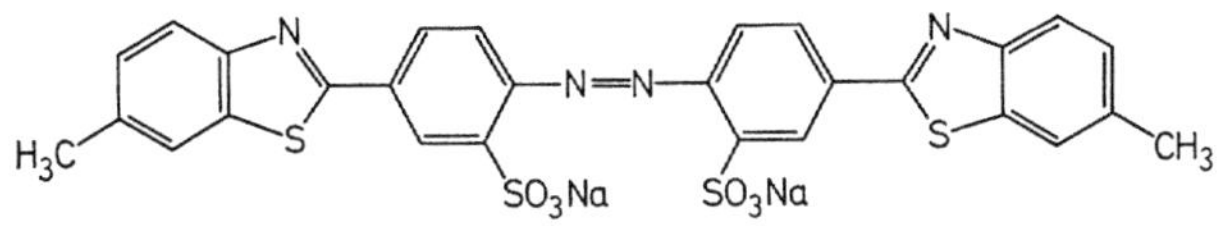

Chloramingelb GG

Bei der Chlormethylierung des sulfogruppenfreien Chloramingelb und anschließender Umsetzung mit 2 Mol Tetramethyl-thioharnstoff erhält man folgende quartäre wasserlösliche Verbindung:

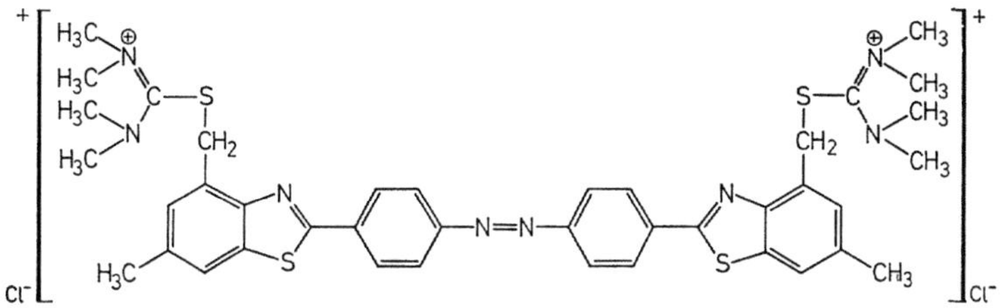

Alciangelb GX

Aus dem Farbstoff kann nach der Applikation auf der Faser durch Dämpfen das tertiäre Amin wieder abgespalten werden, wonach ein unlöslicher chlormethylierter Farbstoff hinterbleibt.

Durch Kupplung von diazotiertem Dehydro-thio-p-toluidin bzw. seiner Sulfosäure mit geeigneten Komponenten gelangt man zu substantiven Farbstoffen, wie Diaminrosa B extra, Erika 2GN, Thiazinrot R usw. Neben diesen enthalten auch noch andere Farbstoffklassen wie z. B. anthrachinoide Küpenfarbstoffe und Schwefelfarbstoffe das Thiazolringsystem (S. 469, 493).

12. Schwefelfarbstoffe (vgl. S. 571)

Unter der Gruppe der Schwefelfarbstoffe faßt man Farbstoffe des gleichen Herstellungsprinzips und der gleichen Färbeweise zusammen, deren Konstitution in den meisten Fällen nicht mit Sicherheit bekannt ist. Die Schwefelfarbstoffe entstehen durch Verschmelzen der verschiedensten organischen Substanzen mit Schwefel, Schwefelalkali oder Alkalipolysulfiden. Die Schmelze wird in Wasser eingetragen und dann Luft eingepreßt, wobei der Farbstoff, welcher häufig ein Substanzgemisch darstellt, ausfällt. Die Produkte sind meist in Wasser unlöslich und müssen zum Zweck des Färbens unter Reduktion in alkalischem Medium in eine geeignete Lösung übergeführt werden. Auf der Faser erfolgt dann die Rückoxydation zum ursprünglichen unlöslichen Farbstoff.

Die Schwefelfarbstoffe haben daher in ihrem Verhalten Ähnlichkeit mit den Küpenfarbstoffen. Sie unterscheiden sich von diesen dadurch, daß sie mit dem billigen *Natriumsulfid* gelöst werden können, während die Küpenfarbstoffe zur

Verküpung des *Natrium-dithionits* (Hydrosulfit) bedürfen. Eine Mittelstellung nehmen die *Hydronfarbstoffe* (S. 573) ein, welche in analoger Weise wie die Schwefelfarbstoffe entstehen, aber mit einer Mischung von Hydrosulfit und Natriumsulfid gelöst werden können.

Die Herstellung der Schwefelfarbstoffe. Man kann die Schwefelfarbstoffe in zwei verschiedene Gruppen einteilen, welche sich durch die Art ihrer Herstellung, durch ihre Konstitution sowie durch ihr Verhalten voneinander unterscheiden. Zu der einen Gruppe gehören die *gelben* und *braunen* Farbstoffe, welche nach dem sogenannten *Backverfahren* erzeugt werden, d.h. durch Verbacken von aromatischen Aminen und Nitroverbindungen mit Schwefel oder in manchen Fällen mit Natriumsulfid bei Temperaturen zwischen 180 und 300 °C. Als Ausgangsbasen kommen u.a. m-Toluylendiamin, Dehydrothio-p-toluidin, Benzidin und Aminoanthracene in Frage.

In die zweite Gruppe gehören die *violetten, blauen, grünen* und *schwarzen* Farbstoffe, welche durch Umsetzung von geeigneten Verbindungen mit Polysulfid in wäßrigem oder alkoholischem Medium bei 80–150 °C entstehen. Als Ausgangsmaterialien dienen vorwiegend Derivate des p-Hydroxy-diphenylamins bzw. Dinitrophenols, wobei als Zwischenprodukte *Indophenole* auftreten. Auf Grund dieser chinoniminartigen Zwischenprodukte wird dieser Typ von Schwefelfarbstoffen auch als *Chinoniminschwefelfarbstoffe* bezeichnet. Neben den für die beiden Gruppen als Ausgangskörper genannten Produkten werden weiterhin Phenanthren, Pyren, Chrysen, Coronen, Decacyclen und Fluoranthen bzw. deren Derivate sowie polycyclische Azaverbindungen geschwefelt. Auch Phenolphthalein und Fluorescein kommen als Ausgangsprodukte für die Schwefelung in Gegenwart von Kupferverbindungen in Betracht.

Hierher gehören auch die *Hydronfarbstoffe,* welche sich durch lang andauerndes Schwefeln mit schwefelreichen Polysulfiden in alkoholischer Lösung bilden. Deren Löslichkeit in Natriumsulfid ist stark vermindert, so daß sie mit einer Mischung von Hydrosulfit und Natriumsulfid oder Hydrosulfit allein zu färben sind.

Die *Hydronblaumarken R* und *G* entstehen beim Kochen von Carbazol bzw. seinem N-Äthylderivat mit Na_2S_6 über die als Zwischenprodukte auftretenden Indophenole. Die Farbstoffe sind sehr gut licht- und chlorecht.

Die *Indocarbonschwarz*-Marken bilden sich unter von der Hydronblauherstellung abweichenden Bedingungen bei Gegenwart von Kupfersalzen aus dem aus Carbazol- und p-Nitrosophenol entstehenden Indophenol bzw. aus p-Hydroxyphenylnaphthylamin.

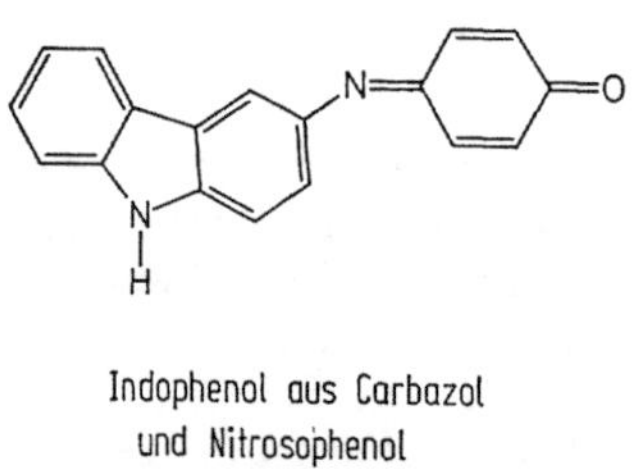

Indophenol aus Carbazol und Nitrosophenol

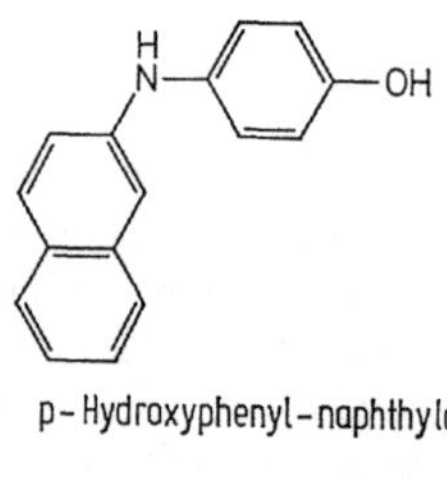

p-Hydroxyphenyl-naphthylamin

Die Konstitution der Schwefelfarbstoffe. Daß Konstitutionsaufklärungen bei Schwefelfarbstoffen besonders schwierig sind, hängt vor allem damit zusammen, daß in der Reaktionsschmelze Gemische verschiedener Farbkörper vorliegen, die in allen Lösungsmitteln praktisch unlöslich sind.

Auf Grund der vorliegenden experimentellen Untersuchungen (*A. v. Weinberg, W. Zerweck, H. Ritter, M. Schubert*) scheint das Skelett der *gelben* und *braunen*

Schwefelfarbstoffe durch eine Verkettung der Ausgangsstoffe mit Hilfe von *Thiazolringen* gebildet zu sein, entsprechend dem Bauprinzip der *Primulinbase* (S. 490).

Das *Immedialgelb GG*, welches durch Verschmelzen eines Gemisches von Dehydrothiotoluidin und Benzidin mit Schwefel erhalten wird, besteht aus einer Mischung der nachfolgend formulierten Farbkörper 1–4, von denen der Körper 1 das Hauptprodukt bildet. Über die beiden Disulfidbrücken wiederholt sich die Gruppierung (1) einige Male, bis dann einmal links und einmal rechts das S-Atom fehlt, was mit der Gegenwart der Produkte 3 und 4 als Nebenprodukte in Einklang steht. Die Löslichkeit der Körper beruht auf der Gegenwart der Disulfidgruppe, welche bei der Reduktion die Bildung alkalilöslicher Sulfhydrylkörper zuläßt. Unter diesen Umständen könnten diese Farbstoffe auch in der Gruppe der Thiazolfarbstoffe untergebracht werden.

(1)
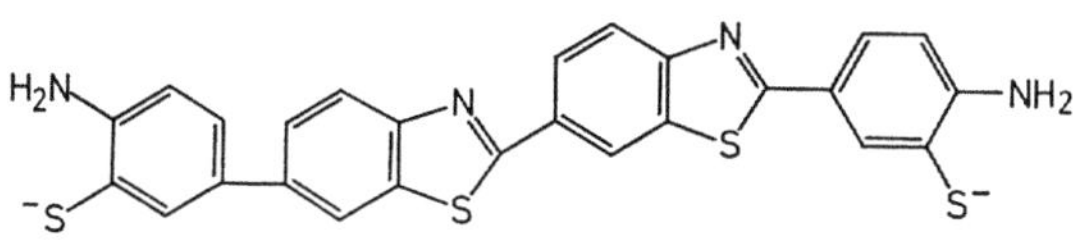

(2)
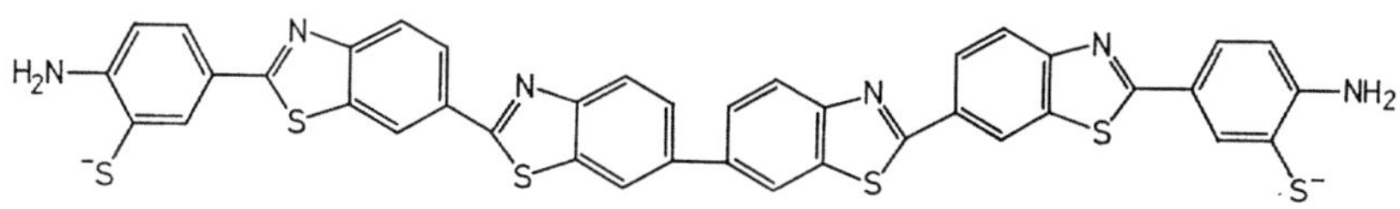

(3)
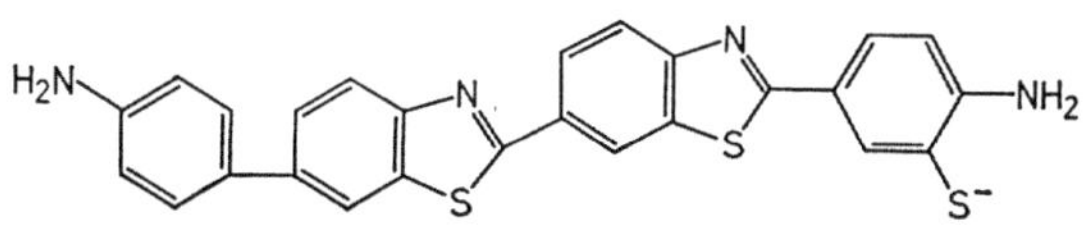

(4)
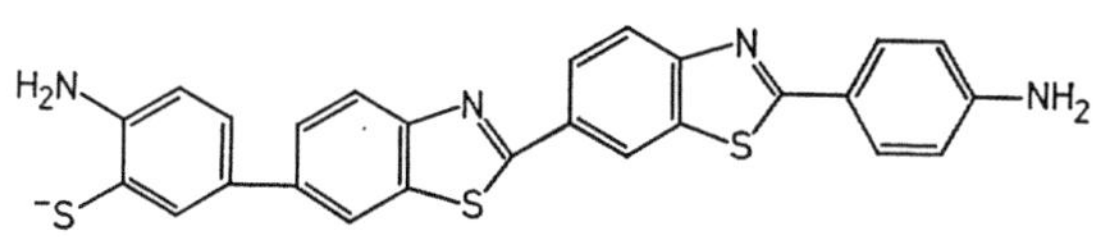

Den *blauen*, *grünen* und *schwarzen* Schwefelfarbstoffen dürfte auf Grund zahlreicher Untersuchungen eine *Thiazin-* bzw. *Thiazonstruktur* zukommen, wie sie namentlich für das *Immedialreinblau* erwiesen wurde (*Gnehm* und *Kaufler*). Dieser Farbstoff entsteht beim Erhitzen von 4-Dimethylamino-4′-hydroxydiphenylamin mit Schwefel und Alkalisulfid über das entsprechende Indophenol. Dem Farbstoff liegt vermutlich folgende Struktur zugrunde:

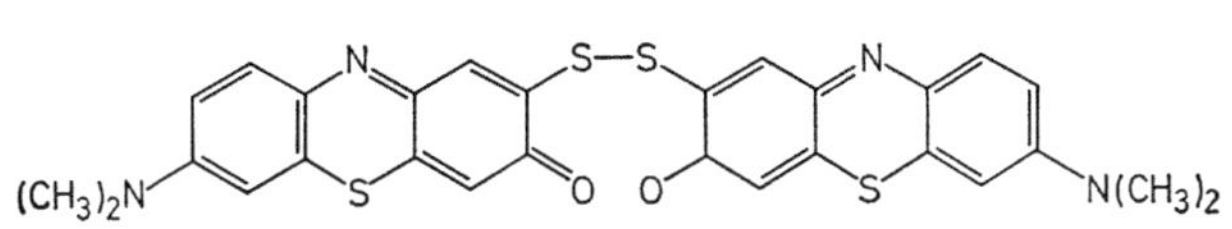

Immedialreinblau B

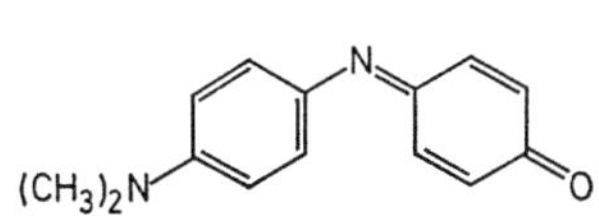

Indophenol

Auf Grund der Untersuchungen von *Zerweck, Ritter* und *Schubert* soll die Thiazonstruktur bei dem Chinonimintyp mit einer *Thianthrenstruktur* kombiniert sein, so daß diese Farbstoffe in ihrem Aufbau mehr Ähnlichkeit mit den Küpenfarbstoffen als mit den Backprodukten besitzen.

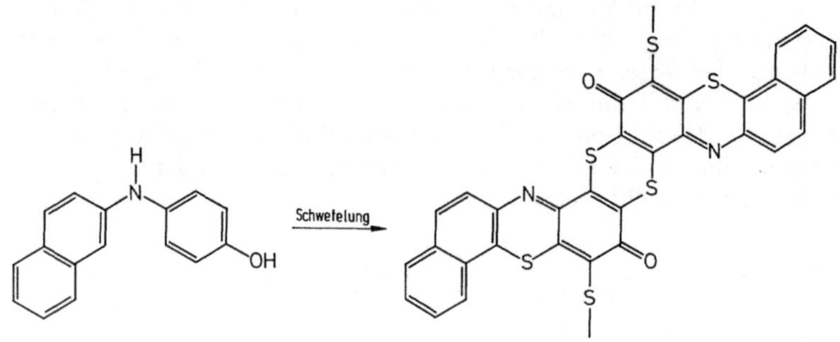

N-β-Naphthyl-4-oxyphenylamin   Indocarbon CL

Neben Farbstoffen mit der Phenthiazonstruktur gehören hierher auch solche mit einer Phenazon- bzw. Phenoxazonstruktur, z.B. Immedialpurpur C:

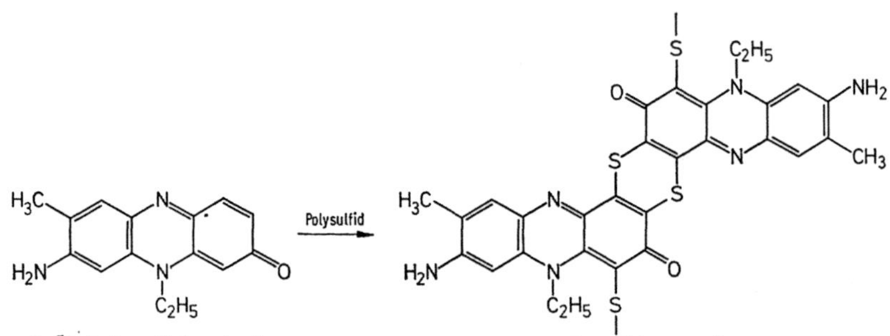

N-Äthyl-2-methyl-safraninon   Immedialpurpur C

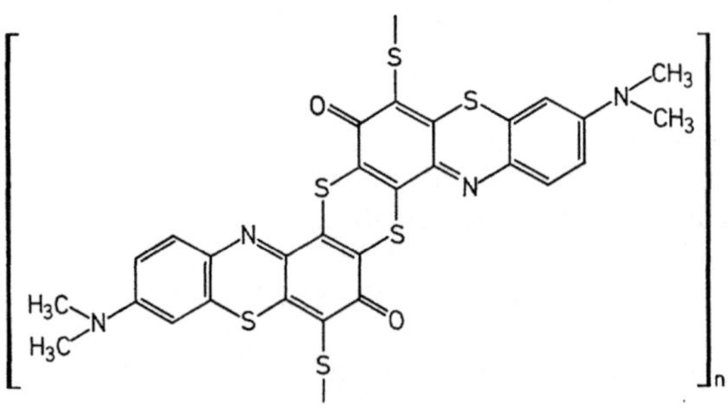

Formel für Immedialreinblau nach *Zerweck, Ritter* und *Schubert*

Für das Lösen durch Reduktion spielt nach *Zerweck, Ritter* und *Schubert* bei diesen Farbstoffen die Umwandlung des chinoiden in ein benzoides System neben der Aufspaltung der Disulfidgruppe vermutlich ebenfalls eine wesentliche Rolle:

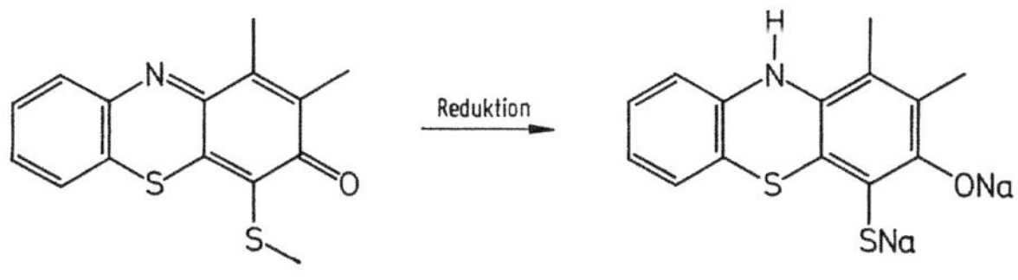

Verhalten der Schwefelfarbstoffe bei der Reduktion. Zum Zweck des Färbens werden die Schwefelfarbstoffe mit Hilfe von Natriumsulfid reduziert. Dabei tritt vermutlich Spaltung von Disulfidbindungen unter Entstehung von Sulfhydrylen ein, welche auf die Faser aufziehen. Nach der Hydrolyse treten die Sulfhydryle durch Oxydation vermutlich wieder zur unlöslichen Disulfidverbindung zusammen:

$$\text{R—S—S—R} \underset{\text{Oxydation}}{\overset{\text{alk. Reduktion}}{\rightleftarrows}} 2\,\text{R—SH} \underset{\text{Hydrolyse}}{\rightleftarrows} 2\,\text{R—SNa}$$

Behandelt man die noch nicht oxydierte Färbung mit mono- oder bifunktionellen Körpern, wie z.B. Halogenalkylen, Alkylen-dihalogeniden, Äthylenharnstoffen oder aromatischen Körpern wie z.B. Benzylchlorid, dann tritt bei Anwendung monofunktioneller Produkte Kondensation unter Entstehung von Thioäthern ein (vgl. S. 572). Mit bifunktionellen Produkten bilden sich vermutlich doppelseitige Kondensate:

$$\text{R—SNa} + \text{ClCH}_2\text{C}_6\text{H}_5 \rightarrow \text{R—S—CH}_2\text{C}_6\text{H}_5$$

$$2\,\text{RSNa} + \text{ClCH}_2\cdot\text{CH}_2\text{Cl} \rightarrow \text{R—S—CH}_2\cdot\text{CH}_2\text{—S—R}$$

Die betreffenden Halogenide werden zweckmäßig in Form wasserlöslicher spaltbarer Oniumverbindungen zur Einwirkung gebracht, z.B.

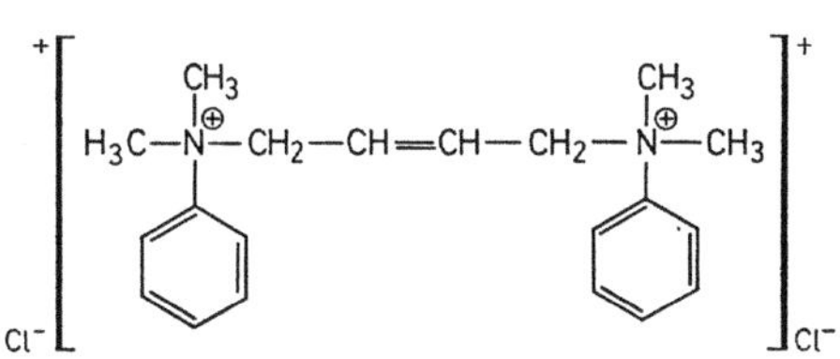

Die auf diese Weise erzeugten Färbungen zeichnen sich durch besonders gute Echtheitseigenschaften aus (*H. Rath* und *B. Krabbe*).

Lösliche Schwefelfarbstoffe (vgl. S. 574f.). Durch entsprechende Modifizierung lassen sich Schwefelfarbstoffe in eine wasserlösliche Form bringen. Sie eignen sich besonders gut zum Klotzen, da die Farbstoffe praktisch affinitätslos sind und erst durch eine Behandlung mit Natriumsulfid bzw. Natriumhydrogensulfid fixiert werden:

Handelsprodukte: Hydrosol- und Hydrosollichtfarbstoffe, Thionol M-Farbstoffe.

Man erhält solche Farbstoffe durch Umwandlung der Merkaptide mit Hilfe von Natriumhydrogensulfit in die löslichen Thioschwefelsäureester, welche mit Natriumsulfid bzw. Natriumhydrogensulfid auf der Faser wieder zum unlöslichen Schwefelfarbstoff regeneriert werden. Der Prozeß entspricht demnach dem Indigosolprinzip (*C. Heid*):

Indigosol	Hydrosol	
↓ FbCO FbCOH FbCOSO$_3$Na ↑	↓ FbS FbSH FbSSO$_3$Na ↑	vgl. S. 574 f.

13. Nitroso- und Nitrofarbstoffe

Die *Nitrosofarbstoffe* sind durch die Gegenwart der chromophoren Nitroso- und die *Nitrofarbstoffe* durch diejenige der chromophoren Nitrogruppe gekennzeichnet. Die Nitrosofarbstoffe sind heute praktisch ohne textile Bedeutung. Auch unter den Nitrofarbstoffen, von denen früher die Pikrinsäure sowie das Martiusgelb eine Rolle spielten, sind nur wenige Vertreter, nämlich einige saure Wollfarbstoffe sowie einige Dispersionsfarbstoffe von Interesse.

Beispiele

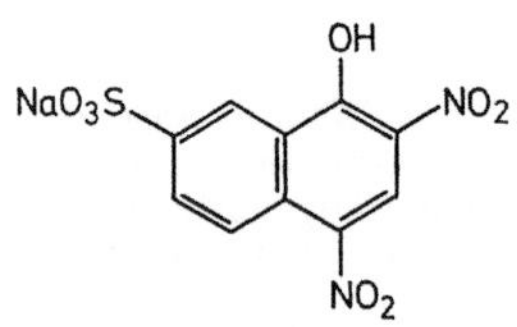

Naphtholgelb S, Säurefarbstoff

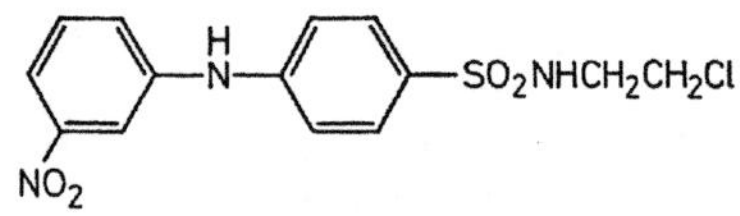

gelber Reaktiv-Dispersionsfarbstoff

(Entsprechende sulfogruppenhaltige Farbstoffe lassen sich als Reaktivfarbstoffe für Cellulosefasern verwenden.)

14. Chinolin- und Acridinfarbstoffe

Einigen Farbstoffen liegen die heterocyclischen Ringsysteme des Chinolins bzw. Acridins zugrunde. Hier ist vor allen Dingen das *Chinolingelb* zu nennen, welches durch Sulfieren von Chinophthalon, einem Kondensationsprodukt aus Chinaldin und Phthalsäureanhydrid, entsteht.

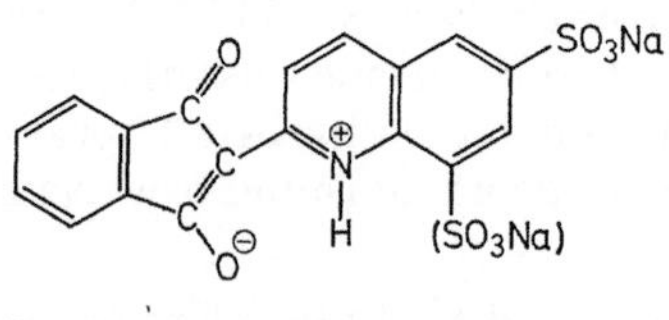

Chinolingelb (Säurefarbstoff). In dem Farbstoff liegt ein Gemisch der Mono- und Disulfosäure vor.

Andere Chinolinfarbstoffe spielen als Sensibilisatoren im Rahmen der Cyaninfarbstoffe eine Rolle.

Acridinorange NO (*Rhodulinorange N*) ist ein kationischer Farbstoff von nachfolgender Konstitution:

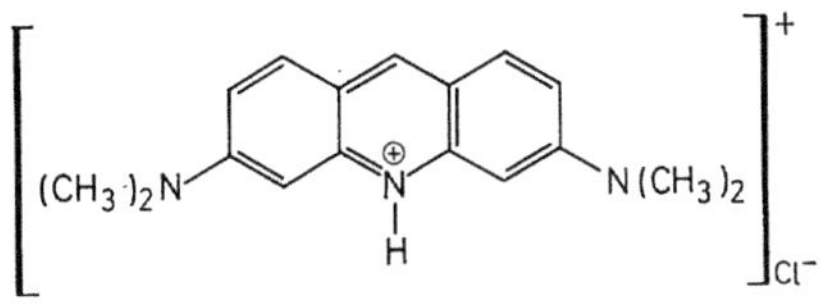

Acridinorange NO, Rhodulinorange N

Hierher gehören weiterhin die kationischen Farbstoffe Benzoflavin, Phosphin, Rheonin A sowie Acridingelb G.

Im Interesse der Löslichkeit kommen die Farbstoffe für färberische Zwecke in der obigen Form der Chloride bzw. Zinkchlorid-Doppelsalze oder in alkylierter Form in den Handel, so daß sie als Acridiniumverbindungen anzusprechen sind.

15. Cyaninfarbstoffe (Polymethinfarbstoffe)

Unter der Bezeichnung *Cyaninfarbstoffe* bzw. *Polymethinfarbstoffe* faßt man eine Gruppe von Farbstoffen zusammen, in denen zwei basische Reste, z. B. Chinolin-, Indolenin- oder Thiazolreste, durch eine Methinkette oder Polymethinkette miteinander verknüpft sind. Als Beispiel sei der kationische rote Farbstoff Astraphloxin FF (*W. König*) genannt, welcher Färbungen von geringer Lichtechtheit ergibt.

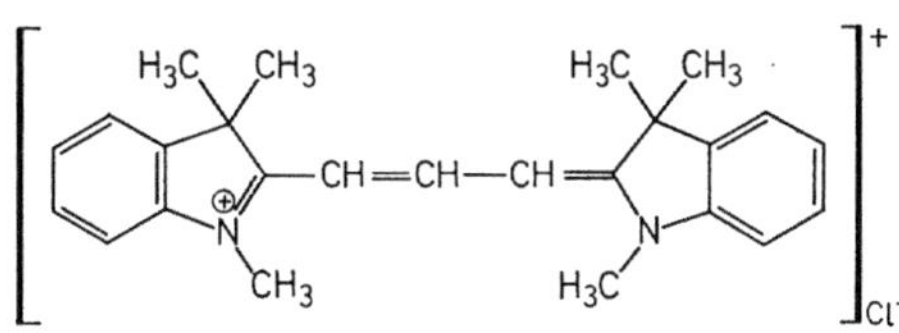

Astraphloxin FF

Die *symmetrischen* Cyaninfarbstoffe sind außerordentlich *lichtunecht*, so daß sie textiltechnisch ohne Bedeutung sind, dafür aber als *Sensibilisatoren* in der Photographie eine um so größere Rolle spielen. Die normale Silberbromid/Gelatine-Schicht ist nur im UV, Violett und Blau empfindlich; sie absorbiert langwelliges Licht nicht. Sensibilisatoren verleihen der Schicht Empfindlichkeit in den gewünschten Spektralbereichen, da sie die aufgenommene Lichtenergie in Form von chemischer Energie auf das Silberbromid übertragen. Sensibilisatoren für den Rot-Grün-Bereich ergeben „panchromatische" Schichten.

Symmetrische Farbstoffe mit langer Polymethinkette (11 und mehr Methin-Gruppen) absorbieren nur im Infrarot (Sensibilisatioren für *Infrarotphotographie*).

Dagegen besitzen gewisse *asymmetrische* Vertreter eine *befriedigende Lichtechtheit*, so daß sie textiltechnisch verwendet werden können und vor allem beim Färben und Bedrucken der Acetatfaser und der Polyacrylnitrilfaser eine Rolle spielen (*Astrazonfarbstoffe*, S. 712).

Beispiel

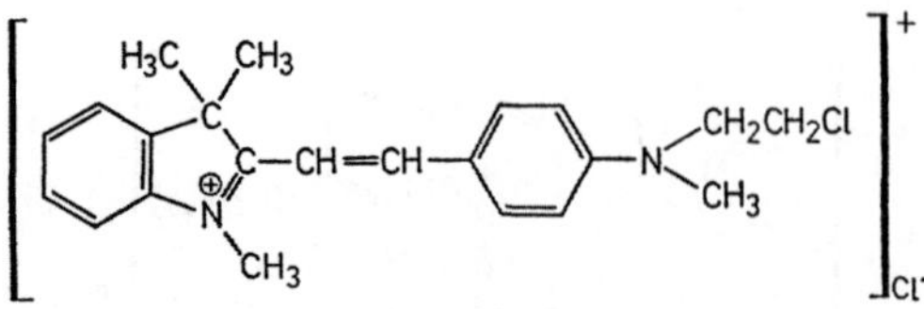

Astrazonrosa FG

Eine der beiden Methingruppen kann durch Stickstoff ersetzt werden. Auch ein Ersatz *beider* Methingruppen durch Stickstoff unter Verwendung von 2-Aminobenzthiazolen als Kupplungskomponenten und Quaternierung der Triazenzwischenstufe ist möglich:

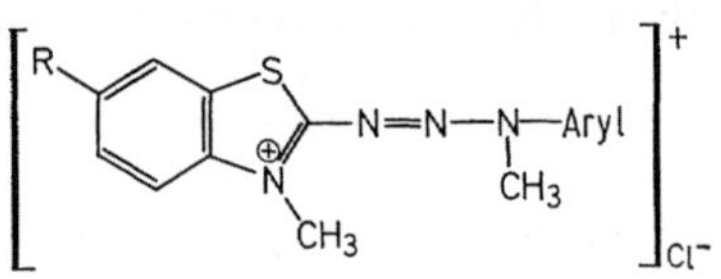

In diesem Fall liegt allerdings kein Polymethin-, sondern ein Triazen-Farbstoff (Azamethin) in der kationischen Form vor, der sich gut zum Färben der Polyacrylnitrilfaser eignet.

Grundsätzlich gilt bezüglich der Lichtechtheit, daß diese in ihrem Absolutwert *substratabhängig* ist. So ergibt gerade eine ganze Anzahl von kationischen Farbstoffen auf *Polyacrylnitrilfasern* gute Lichtechtheitswerte, während die gleichen Farbstoffe auf *Cellulose-* und *Proteinfasern* im allgemeinen recht mangelhafte Lichtechtheiten liefern.

16. Phthalocyaninfarbstoffe

Die Phthalocyanine können als Isoindol-Abkömmlinge aufgefaßt werden, welche sich z.B. bei der Einwirkung von Metallen oder Metallsalzen (Mg, MgO, Cu, Cu_2Cl_2, Ni, Co) auf o-Cyanbenzamid oder Phthalodinitril als Metallkomplexe bilden:

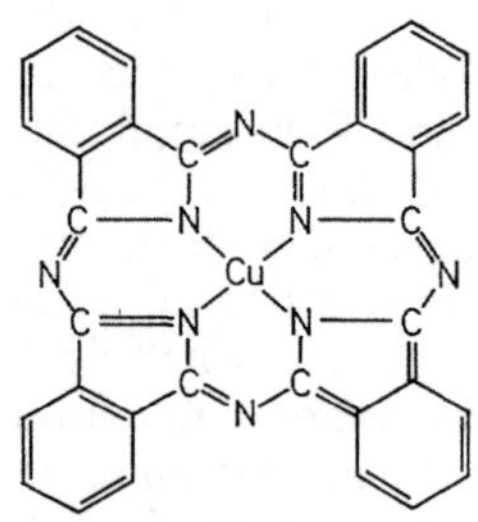

„Phthalocyanin"
Tetrabenzo-tetra-aza-porphin

Bezügl. der Formulierung vgl. S. 389.

Es handelt sich besonders um blau- und grünstichige Farbtöne, die sich namentlich durch Klarheit und Lichtechtheit auszeichnen. Die intensive Farbe der Phthalocyanine ist auf das ausgedehnte π-Elektronen-System zurückzuführen.

Die unlöslichen Farbkörper finden vorwiegend als *Pigmentfarbstoffe* (Heliogenblau B, Monastral Fast Blue) für den Pigmentdruck (S. 704) und zur Düsenfärbung (S. 218) Verwendung. Durch Einführung von Sulfogruppen gelangt man zu *wasserlöslichen Farbkörpern* (Siriuslichttürkisblau GL, Chlorazol Fast Blue 8GS). *Schwerlösliche Chromkomplexfarbstoffe* erhält man durch Einbau einer komplexbildenden Gruppe, z.B. Amino-salicylsäure in das Phthalocyanin (Pandurantürkisblau).

Wird nur schwach sulfiert („ansulfiert"), dann gelangt man zu *Küpenfarbstoffen*, wie z.B. Indanthrenbrillantblau 4G, welches Kobalt als Zentralatom enthält. Auch *Schwefelfarbstoffe* können aus Phthalocyaninen hergestellt werden (Merkapto-phthalocyanine wie z.B. Thionol Ultragreen B und Sulfogen-Brilliant-Green sowie Immediallichtbrillantgrün BBL). Führt man das Phthalocyanin in einen quartären Ammonium- oder Sulfoniumkomplex über, dann gelangt man zu wasserlöslichen Farbstoffen, welche auf der Faser durch Dämpfen zu unlöslichen Phthalocyaninen regeneriert werden können (Alcian Blue 8GS):

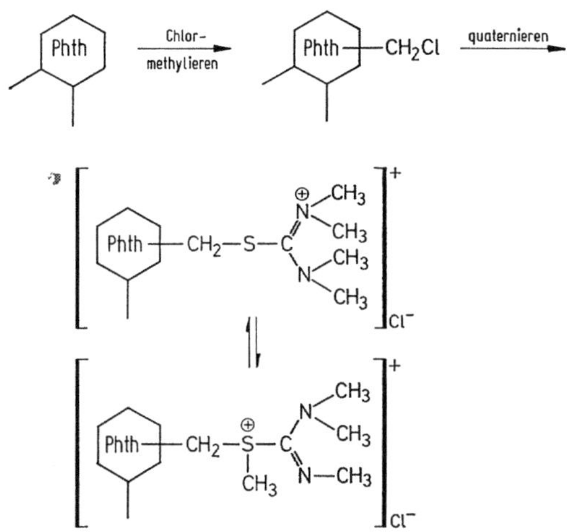

Bei der Chlormethylierung werden 3 CH_2Cl-Gruppen in das Phthalocyaninmolekül eingeführt. Beim Dämpfen des auf die Faser applizierten wasserlöslichen Farbstoffs wird das unlösliche Pigment unter Abspaltung des Alkylthioharnstoffs wieder regeneriert.

Hierher gehört auch der kationische Farbstoff Bafixantürkis BL, der auf der Faser in Gegenwart von Carbonatalkali fixiert wird. *Inthionfarbstoffe* sind Buntesalze auf Phthalocyaninbasis, die durch Polykondensation unlöslich fixiert werden (S. 420).

Bezüglich der Verwendung eines Phthalocyaninderivates als „Naphthol-Komponente" bei der Herstellung von Azofarbstoffen auf der Faser siehe S. 426.

Phthalocyanin-polysulfosäuren können in wasserlösliche *Reaktivfarbstoffe* übergeführt werden, und zwar in der Weise, daß man sie in Sulfochloride verwandelt, die Sulfochloridgruppe z.T. mit einer Reaktivkomponente über eine Aminogruppe kondensiert und die restlichen Sulfochloridgruppen wieder zur Sulfogruppe regeneriert (*J. Wegmann*):

$$Cu—Phth—SO_2—NH—CH_2—CH_2Cl$$

Als Reaktivkomponenten kommen natürlich auch andere in Betracht:

$Phth—(CH_2SSO_3K)_3$

Wollechttürkisblau SW

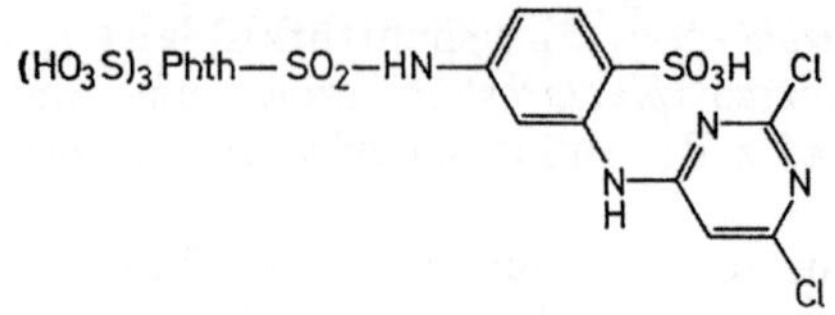

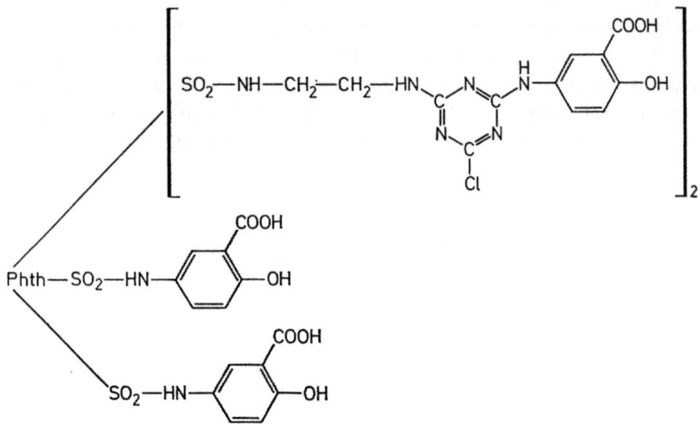

Die Synthese der Farbstoffe kann auch auf der Faser auf dem Druckweg oder in der Färberei, z.B. aus einem Derivat des o-Phthalodinitrils (Amino-imino-isoindolenin) und Metallverbindungen erfolgen (Phthalogenbrillantblau IF3G, S. 556f.).

Beim Erhitzen von o-Phthalodinitril in flüssigem Ammoniak bei Gegenwart von Harnstoff im Autoklaven bildet sich:

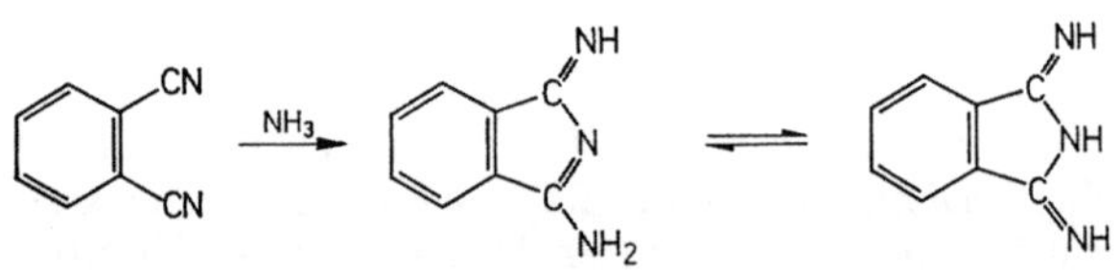

1-Amino-3-imino-isoindolenin

Diimino-isoindolin

Das Imino-isoindolenin läßt sich in Gegenwart von Cu-Verbindungen und bestimmten Alkoholen, die sowohl als Lösungsmittel als auch als Reduktionsmittel dienen, auf der Faser leicht in einen Phthalocyaninkomplex (Phtalogenbrillantblau IF3G) überführen, während dessen Bildung aus o-Phthalodinitril wesentlich höhere Temperaturen und längere Zeit beansprucht, Bedingungen, die der Faser nicht zuträglich wären.

Mit Wasser erleidet das 1-Amino-3-imino-isoindolenin Hydrolyse, was sich auf seine Verwendung in der Färberei und Druckerei ausbeutemäßig nachteilig auswirkt, da hierbei nicht mehr reaktionsfähiges Phthalimid entsteht:

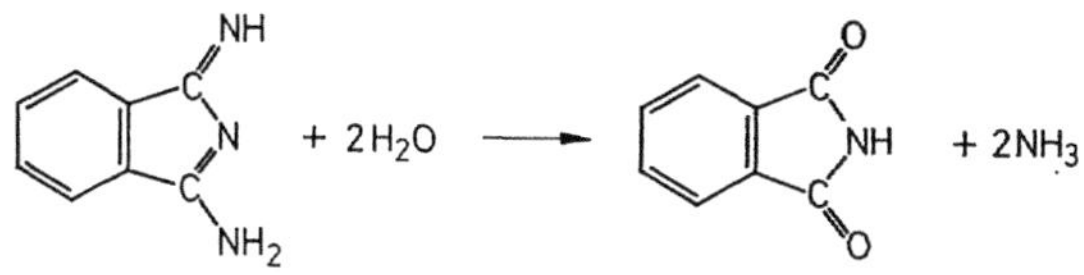

Das entsprechende 5-Phenylderivat führt zu einem grünen Phthalocyaninfarbstoff (Phtalogenbrillantgrün IFFB):

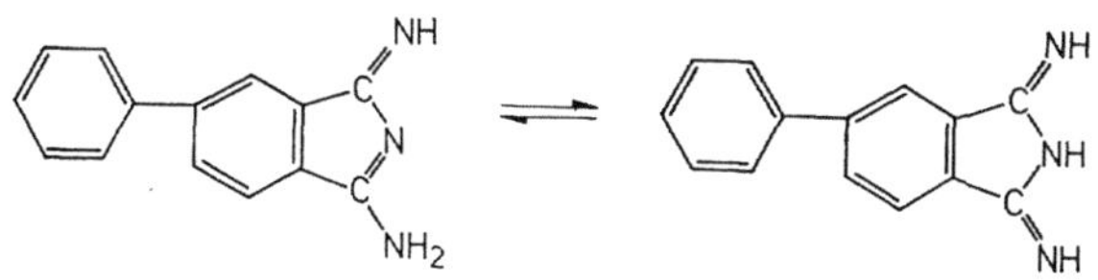

Man kann z. B. in der Druckerei eine Mischung beider Isoindolenine verwenden, wobei Mischkomplexe entstehen.

An Stelle der *monomeren* Isoindolenine sind auch offenkettige *höhermolekulare Zwischenprodukte* (Polymerisationsgrad 5–6) der Phthalocyaninbildung als Metallkomplexe (Cu, Co, Ni) im Handel. Sie haben vor den Monomeren den Vorteil der größeren Hydrolysenbeständigkeit, aber den Nachteil der geringeren Reaktionsfreudigkeit.

Beispiele: Phtalogenbrillantblau IF2GK, Phtalogenblau IB und Phtalogentürkis IFBK.

Unter dem Einfluß des Reduktionsmittels werden die Metallkomplexe der Poly-isoindolenine zum Phthalocyanin ringgeschlossen, wobei die über vier hinausgehenden Glieder der Poly-isoindoleninketten abgespalten werden.

[Diamino-phthalocyanino-Co^{III}]-Halogenide eignen sich zum Bedrucken von Baumwollgeweben, da ihre wäßrigen Lösungen schon bei kurzem Erhitzen auf über 80 °C das zugrunde liegende Kobaltphthalocyanin in feinst verteilter Form abscheiden (*H. Vollmann* und *P. Mertens*).

Anhang

Schwefelhaltige Tetra-aza-porphinfarbstoffe

Bei der Umsetzung von Alkalicyanid mit Schwefelkohlenstoff erhält man über Cyano-dithio-formiate die Alkalisalze des 1,2-Dimercapto-1,2-dicyanoäthens (Dimercapto-maleinsäure-dinitril):

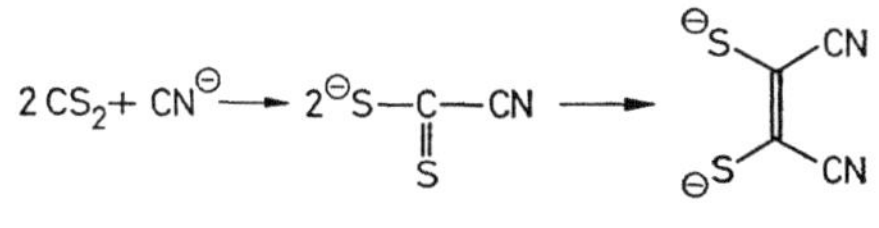

Bei der Umsetzung der letztgenannten Verbindung mit Äthylenchlorid erhält man das 1,2-Dicyano-3,6-dithia-cyclohexen-(1)

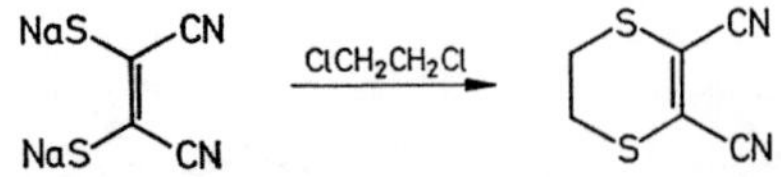

Aus dem letzteren entsteht durch Anlagern von Ammoniak in Methanol das 1-Amino-3-imino-4,7-dithia-4,5,6,7-tetrahydro-isoindolenin, welches sich mit und ohne Metall durch Erhitzen in Tetraaza-porphin überführen läßt:

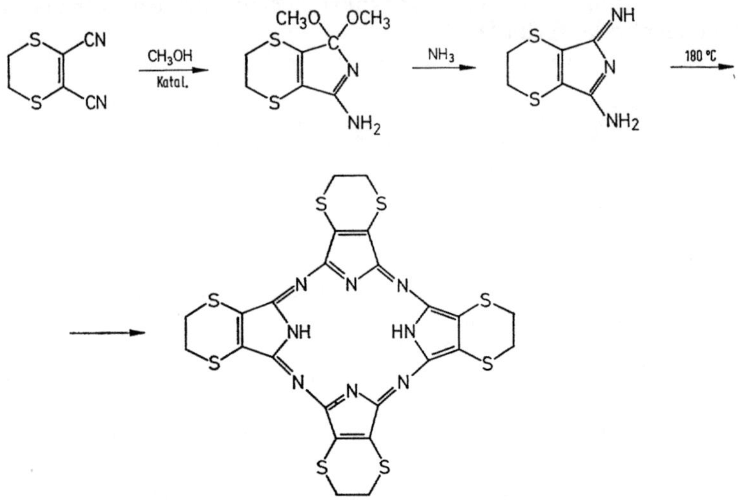

Die Kupfer- und Nickelkomplexe dieses Tetraaza-porphins sind stumpfviolett und koloristisch wertlos. Man kann aber das schwefelhaltige Isoindolenin mit dem 1-Amino-3-imino-isoindolenin in jedem Verhältnis mischen und auf der Faser echte Mischkondensate erhalten:

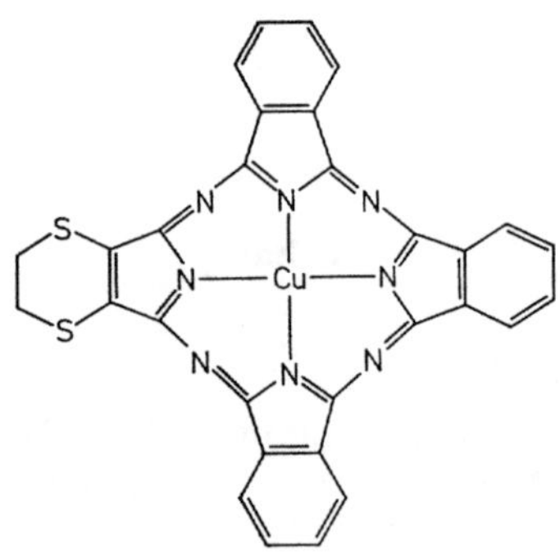

In dieser Weise lassen sich leuchtend grünstichige Blautöne, Königsblau und Marineblau erzielen. Mit Nickel im Komplex erhält man eine Skala von Türkis über Grau bis Blauschwarz.

Phtalogenbrillantblau IFGM, Phtalogenblau IRM, Phtalogenmarineblau IRM und Phtalogenblauschwarz IVM sind solche Mischungen zusammen mit komplex gebundenem Kupfer bzw. Nickel. Diese können beliebig weiter gemischt werden, wobei Blau-, Grau- und Schwarztöne erhalten werden.

B. Eigenschaften der Farbstoffe

1. Das Verhalten der Farbstoffe in wäßriger Lösung

Vermöge der in den Farbstoffen enthaltenen bzw. im Rahmen des Färbeprozesses entstehenden löslichmachenden Gruppen können die meisten Farbstoffe unter solchen Bedingungen auf die Fasern aufgefärbt werden, daß sie während des Färbens in gelöster Form vorliegen. Als *wasserlöslichmachende Gruppen* kommen bei den anionischen Farbstoffen die SO_3H-(SO_3Na-), OSO_3H-(OSO_3Na-), COOH-(COONa-), und die OH-(ONa-) Gruppe in Frage. Bei den kationischen Farbstoffen sind es die Aminogruppen und substituierten Aminogruppen, welche in Salzform (Ammonium-, Immonium-Gruppen) dem Farbstoff Wasserlöslichkeit verleihen. Diese können primärer, sekundärer, tertiärer oder quartärer Art sein.

Eine große Rolle spielt dabei allerdings auch die Molekülgröße in der Richtung, daß mit zunehmendem Molekulargewicht die Wasserlöslichkeit abnimmt, so daß z.B. trotz der Gegenwart von Sulfogruppen keine genügende Wasserlöslichkeit vorhanden sein kann (Polyazofarbstoffe, S. 420).

Die Farbstoffe sind in Wasser und wäßrigen Medien ionogen gelöst, wobei als ionogene Gruppen die oben aufgeführten in Frage kommen:

$$[FbSO_3]^-Na^+ \qquad \left[Fb{-}\overset{\oplus}{N}H_3\right]^+ Cl^-$$

Fb = Farbstoffrest

Farbion und Gegenion bilden das *Farbsalz*. Je nach der Natur der Farbionen unterscheidet man zwischen *kationischen* und *anionischen* Farbstoffen:

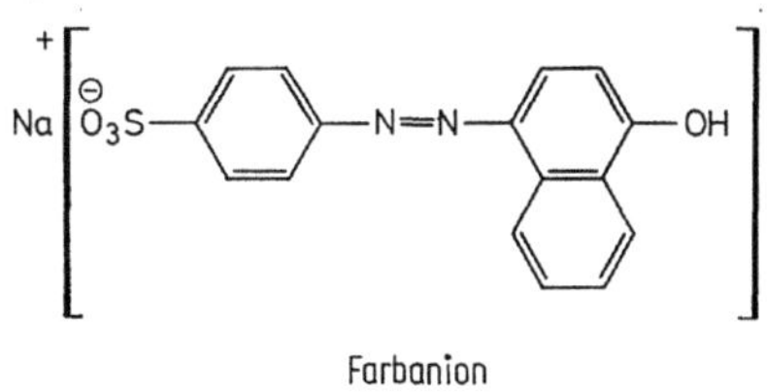

Farbanion
Orange I
Anionischer Farbstoff

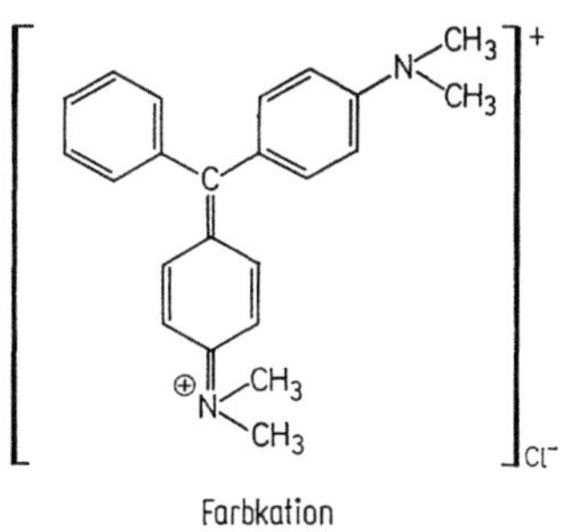

Farbkation
Malachitgrün
Kationischer Farbstoff

Sind in einem Farbstoffkomplex sowohl saure als auch basische Gruppen gleichzeitig in dissoziierter Form vorhanden, so liegt ein *zwitterionischer* Farbstoff vor. Dabei kann das Zwitterion entweder isoelektrisch sein oder einen Überschuß an positiven oder negativen Ladungen besitzen. Der Ladungssinn hängt von dem gegenseitigen Verhältnis der ionoiden Gruppen und deren Dissoziationsgrad sowie von dem herrschenden pH-Wert ab:

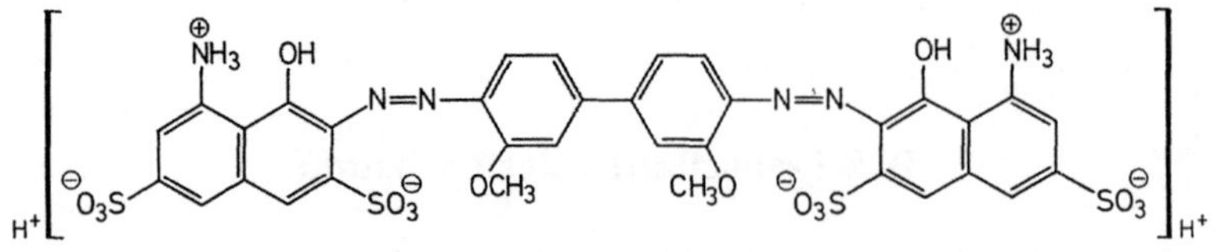

Gegenion · Anionisches Zwitterion · Gegenion
Diaminreinblau
Zwitterionischer Farbstoff

Auch bei Küpenfarbstoffen und Schwefelfarbstoffen ist eine gewisse Dissoziation der im Färbebad vorhandenen löslichen Formen des Farbstoffes anzunehmen, da die Küpenfarbstoffe als Natriumsalze der Leukoverbindungen (Küpensäuren) und die Schwefelfarbstoffe als Natriumsalze der Sulfhydrylform vorliegen, welche durch Hydrolyse und Oxydation auf der Faser wieder in die unlöslichen Körper übergehen, wie dies nachstehend für einen Küpenfarbstoff formuliert sei:

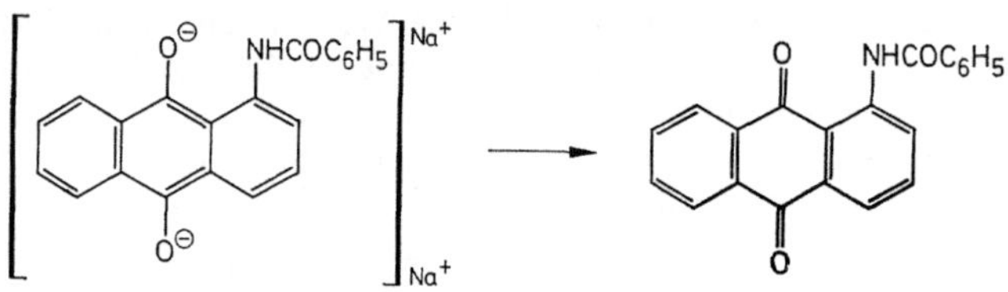

Küpenfarbstoff in alkalischer Küpe

Assoziation. Bei Leitfähigkeitsmessungen verhalten sich die Lösungen von typischen *Säurefarbstoffen* sowie von *kationischen* Farbstoffen wie Salze, d.h. die Farbstoffe sind in wäßriger Lösung praktisch vollkommen dissoziiert. Andersartige Verhältnisse trifft man bei der Untersuchung von *substantiven Cellulosefarbstoffen* an, die sich wohl *in verdünnten Lösungen* leitfähigkeitsmäßig ähnlich verhalten wie die kationischen und sauren Farbstoffe, mit zunehmender Konzentration aber ein abweichendes Verhalten zeigen, d.h. die Leitfähigkeit zeigt mit zunehmender Konzentration vielfach niedrigere Werte, da dann eine *Assoziation* der Einzelionen (bzw. Moleküle) zu größeren Aggregaten eintritt. Abweichungen vom *Lambert-Beer*schen Gesetz!

Die Größe der Assoziation läßt sich aus der Leitfähigkeit errechnen, kann aber am besten mit Hilfe der Diffusion durch semipermeable Membranen bestimmt werden. Die Assoziation nimmt bei substantiven Farbstoffen mit steigender Temperatur ab und mit wachsendem Elektrolytgehalt der Lösung zu.

Der *Assoziationsgrad* bewegt sich z.B. bei Benzopurpurin 4B bei 25 °C in Abhängigkeit von Konzentration und NaCl-Gehalt zwischen 6 und 800, bei Chikagoblau 6B zwischen 3 und 37 und bei Congorot zwischen 9 und 45 (*Valkó*). Im Vergleich dazu wurde für kationische und typische Säurefarbstoffe ein Assoziationsgrad von 1,1–2,6 gemessen. Die schwach sauer ziehenden Wollfarbstoffe sind stärker assoziiert als die stark sauer ziehenden, so daß sich die ersteren in ihrem Verhalten den substantiven Farbstoffen nähern, was auch mit ihrer Konstitution gut im Einklang steht.

Je nach der Art der Meßmethode erhält man verschiedene Werte für den Assoziationsgrad.

Weitere eingehende Untersuchungen von Diffusion und Assoziation von Farbstoffen in Abhängigkeit von den verschiedenen Bedingungen haben u.a. *Robinson, Moilliet, Lenher* und *Smith* durchgeführt.

Bei den Naphtholen kann man feststellen, daß in der Reihenfolge Hydroxynaphthoesäure-naphthalid → Hydroxynaphthoesäure-anilid → β-Naphthol der Assoziationsgrad und damit im Zusammenhang auch die Substantivität abnehmen.

Als Ursache der Assoziation kommen Dipolkräfte sowie koordinative Bindungskräfte (Wasserstoffbrücken) in Frage. Im Interesse der Assoziation müssen die Abstoßungskräfte der gleichnamig geladenen Ionen überwunden werden. So bewirkt Elektrolytzusatz eine Erhöhung der Assoziation. Diese Wirkung der Elektrolyte nimmt mit der Wertigkeit des Kations zu.

Zwischen dem *Assoziationsgrad* und der *Substantivität* der Farbstoffe besteht insofern ein Zusammenhang, als Farbstoffe von starker Assoziationstendenz eine gute Substantivität zur Cellulosefaser zeigen, was damit erklärbar ist, daß die Assoziationskräfte vermutlich die gleichen sind, welche auch die Substantivität bedingen. Beim Färbevorgang dringen die Ionen- bzw. Molekülaggregate indes nicht in die submikroskopischen Kanäle der Faser ein, sondern dienen als Reservoir für die Inganghaltung des Färbevorgangs. Von der Faser werden letzten Endes nur die Einzelmoleküle adsorbiert. (Vgl. indes die Ausführungen von *E. Pfeil*, S. 519.)

Chrysophenin G (S. 422) hat weder OH- noch NH_2-Gruppen, kann also keine Wasserstoffbrücken bilden und aggregiert daher auch nicht. Der Farbstoff ist aber substantiv, da der Stickstoff der Azogruppe zur Wasserstoffbrückenbildung mit den OH-Gruppen der Cellulose befähigt ist.

Die Bildung von Assoziaten läßt eine Konzentrierung der Farbstoffe in der Nähe der Faser zu, wie sie bei Vorhandensein von nicht assoziierten Teilchen auf Grund des osmotischen Drucks nicht möglich wäre. Eine solche Assoziation in Fasernähe ist für das „Aufziehen" der Cellulosefarbstoffe von Wichtigkeit.

Da die Bindung der anionischen Farbstoffe durch die *Wollfaser* zunächst *elektrostatisch* durch die geladenen Aminogruppen erfolgt, ist für den Wollfärbevorgang die Assoziationstendenz der Farbstoffe keine Voraussetzung für ein gutes Aufziehen. Die Säurefarbstoffe sind im Gegensatz zu den substantiven Cellulosefarbstoffen schwach oder gar nicht assoziiert.

2. Die Wechselwirkung zwischen Farbstoff und Faser

Die Kräfte, welche das Aufziehen und die Bindung der Farbstoffe an die Fasern bewirken, scheinen bei den Proteinfasern grundsätzlich anderer Natur zu sein als bei den Cellulosefasern. Während bei den Proteinfasern chemische (elektrostatische) Bindungen die Fixierung des Farbstoffes einleiten, dürften beim Anfärben der Cellulosefasern physikalische Vorgänge im Vordergrund stehen. Eine Sonderstellung nimmt die Acetatfaser ein, da bei ihr der größte Teil der alkoholischen Gruppen acetyliert ist und daher farbstoffbindende Kräfte, welche von den alkoholischen Hydroxylgruppen der Cellulose ausgehen, nur in ganz vermindertem Umfang in Erscheinung treten können. Spezielle Verhältnisse liegen bei den synthetischen Fasern vor, welche je nach ihrer chemischen Struktur gewisse Analogien zu dem Verhalten der übrigen Faserstoffe zeigen.

Bei der Betrachtung der Färbevorgänge darf indes der *histologische* Bau der Naturfaser und der durch die Herstellungsbedingungen bestimmte Bau der künstlichen und synthetischen Fasern, der namentlich für die Diffusionsvorgänge von großer Bedeutung ist, nicht außer acht gelassen werden. Häufig lassen sich chemisch-physikalische und histologische Einflüsse nicht streng abgrenzen.

Chemisch oder pathologisch veränderte Fasern zeigen von den normalen Fasern abweichende Eigenschaften.

a) Die Färbevorgänge bei Proteinfasern

Die Aufnahme der Farbstoffe ist bei den Proteinfasern, insonderheit der Wolle, weitgehend durch ihre amphotere Natur bestimmt. Die Bindung der für die Wolle wichtigsten Farbstoffgruppe, nämlich der *Säurefarbstoffe*, kann folgendermaßen gedeutet werden (vgl. S. 596):

Im isoionischen Gebiet sättigen sich die geladenen Amino- und Carboxylgruppen des Keratins gegenseitig unter Salzbildung ab. In dem unterhalb des isoionischen Bereichs liegenden pH-Gebiet wird durch zugeführte Wasserstoffionen die Dissoziation der Carboxylgruppen zurückgedrängt:

$$R \cdot \overset{\oplus}{N}H_3 \cdots \overset{\ominus}{O}OC \cdot R_1 \xrightarrow{H^{\oplus}} R \cdot \overset{\oplus}{N}H_3 + HOOC \cdot R_1$$

$$R \text{ bzw. } R_1 = \text{Proteinrest}$$

Dadurch werden die geladenen Aminogruppen frei und sind so zur Bindung von Farbsäureanionen befähigt:

$$R \cdot \overset{\oplus}{N}H_3 + [Fb \cdot SO_3]^- \longrightarrow R \cdot \overset{\oplus}{N}H_3 \cdots {}^-[O_3S \cdot Fb]$$

Daß die Bindung der Farbsäureanionen zunächst durch die geladenen Aminogruppen erfolgt, kann experimentell dadurch belegt werden, daß man durch Entfernung (Desaminierung) bzw. durch Blockierung (Acetylierung) von Aminogruppen die Aufnahme von Säurefarbstoffen zurückdrängen kann (vgl. S. 271).

Im einzelnen liegen die Verhältnisse beim Färben mit Säurefarbstoffen folgendermaßen: Die Färbung wird bei Gegenwart von Schwefelsäure, Ameisensäure oder Essigsäure durchgeführt, so daß die geladenen Aminogruppen zur Bindung der Farbanionen befähigt sind. Im Interesse der Elektroneutralität befindet sich in der Nähe der geladenen Aminogruppen eine entsprechende Anzahl Säureanionen, die auf Grund ihrer geringen Molekülgröße rascher zu der Faser und in diese hinein diffundieren können, als die größeren schwerbeweglichen Farbsäureanionen. Da aber das aus den Säureanionen mit der Wolle gebildete Salz leichter dissoziiert als das aus Wolle und Farbsäureanion entstehende Wollfarbsalz, werden die Säureanionen allmählich durch die Farbsäureanionen von der Wolle verdrängt. Diese Verdrängung wird nur verständlich, wenn man über die Ionenbindung hinaus eine *zusätzliche spezifische Bindung* der Farbstoffanionen durch Dipolkräfte, Wasserstoffbrücken oder *van der Waals*sche Kräfte annimmt. Diese Kräfte nehmen mit wachsendem Molekulargewicht zu (*D. R. Lemin* und *T. Vickerstaff*).

C. Preston konnte zeigen, daß sich Säurefarbstoffe vom *Carbolantyp* (mit längerer aliphatischer Seitenkette) beim sauren Färben mit den Sulfogruppen und beim neutralen Färben mit den hydrophoben Gruppen an die Faser anlagern, während die hydrophile Gruppe in die Lösung hineinragt. Dies ließ sich in der Weise zeigen, daß die neutral gefärbte Wolle in einer Wasser-/Benzol-Mischung in die wäßrige Phase, die sauer gefärbte aber in die organische Phase ging.

Nach *D. R. Lemin* nimmt die Affinität in einer homologen Reihe eines Säurefarbstofftyps mit der Zahl der CH_2-Glieder einer aliphatischen Seitenkette zu.

Diese Erscheinung erklärt auch den Umstand, daß die Affinität, d.h. Haftung der Säurefarbstoffe in Richtung der hydrophoberen Faser, also Wolle → Seide → Polyamidfaser zunimmt.

Arbeiten von *A. N. Derbyshire* deuten darauf hin, daß es sich bei diesen zusätzlichen Bindekräften um *van der Waals*sche Kräfte handelt.

Zwischen der absoluten Aufnahme von Mineralsäuren (S. 270) und Farbsäuren bzw. Farbsäureanionen besteht Analogie insofern, als die maximale Aufnahme in beiden Fällen im allgemeinen gleich groß ist, d.h. also *für* 100 g *Wolle rund* 0,085 *Gramm-Äquivalente* beträgt. Ein ähnlicher Wert (0,08 bis 0,083) wurde für die *Ardilfaser* festgestellt (*E. Elöd* und *H. G. Fröhlich*). Bei *Seide* beträgt die Farbstoffaufnahme, da diese weniger Aminoextragruppen enthält, im Maximum nur 0,022 *bis* 0,025 *und bei Vicara nur* 0,015 *Gramm-Äquivalente pro* 100 g *Fasermaterial*. Diese Werte sind jeweils unabhängig von der Art und dem Molekulargewicht der verwendeten Mineralsäure bzw. Farbsäure, auch wenn die Molekulargewichte sich über einen Bereich von 36,5–600 ausdehnen. Diese Beziehung ist im allgemeinen auch unabhängig von der Basizität der verwendeten Säuren bzw. Farbsäuren, so daß sich z.B. zweibasische Farbsäuren tatsächlich auch zweibasisch verhalten.

Das Maximum der durch die Gegenwart der geladenen Aminogruppen bedingten Säure- und Farbsäureaufnahme ist an einen bestimmten pH-Bereich gebunden, welcher für Mineralsäuren bei Wolle, Seide und Ardil zwischen pH 1,3 und 0,8 liegt (*E. Elöd*). Bei unter 0,8 liegenden Werten tritt eine erneute starke Zunahme der Säurebindung ein, da dann auch die Amidogruppen der Peptidbindung eine Aufladung erfahren und sich an der Farbstoffbindung beteiligen.

Stark sauer ziehende Säurefarbstoffe erreichen ebenfalls bei pH 1–2 ein Maximum, um mit weiter fallenden pH-Werten abzusinken. Das Maximum der Farbstoffaufnahme verschiebt sich nach etwas höheren pH-Werten, je weniger leicht die gebildeten Wollfarbsalze dissoziieren. Die Lage des Maximums hängt also von dem Dissoziationsgleichgewicht

$$\text{Proteinfarbsalz} \rightleftarrows \text{Farbsäure} + \text{Protein}$$

ab (*W. Ender* und *A. Müller, E. Elöd* und *H. G. Fröhlich*). Unter diesen Umständen liegt das Maximum der Farbsäureaufnahme bei den schwach sauer ziehenden, also wasserechteren Farbstoffen bei etwas höheren pH-Werten als bei den stark sauer ziehenden bzw. weniger wasserechten Farbstoffen.

Auch im isoionischen Gebiet und selbst oberhalb desselben findet noch eine gewisse Aufnahme von Farbsäureanionen statt, um bei weiterem Ansteigen des pH-Wertes stark abzufallen. Die Bindung dürfte hier neben elektrostatischen Kräften vornehmlich durch zwischen Faser und Farbstoff vorhandene van der Waalssche Kräfte und Wasserstoffbrücken bedingt sein. Daher ist die Aufnahme in diesem Fall bei Farbstoffen mit ausgeprägtem kolloidem Verhalten größer als bei solchen von molekularem Dispersitätsgrad. Die Wasserechtheit der Färbung sinkt um so mehr, je höher der pH-Wert des Färbebades liegt.

Während für die *Aufnahme* der Säurefarbstoffe die geladenen Aminogruppen verantwortlich zu machen sind, gesellen sich zu der elektrostatischen Bindung *im Rahmen der endgültigen Fixierung* noch weitere Kräfte, wie *van der Waals*sche Kräfte bzw. Wasserstoffbindungen, welche um so mehr in den Vordergrund treten, bei je höheren pH-Werten gefärbt wird und je kolloider der Charakter des betreffenden Farbstoffs ist.

Nach *T. Iijima* und *H. Zollinger* liefert ein Ionen-Austausch-Modell eine einfache Erklärung dafür, daß dem Färbevorgang mit anionischen Farbstoffen – sowohl bei Wolle als auch bei Polyamiden – eine thermodynamische Funktion der protonisierten Aminogruppen *auf der Basis des Donnanschen Membran-Gleichgewichts* zugrunde liegt.

Die Coulombschen Kräfte dirigieren das Farbanion an seinen Platz, wo es durch *van der Waals*sche Kräfte festgehalten wird.

Die Salzbildung hätte demnach aus thermodynamischer Sicht nur eine kinetische bzw. katalytische Funktion. Die Salzbildung hilft dem Farbanion, schneller seinen Platz für eine endgültige Fixierung durch die *van der Waals*schen Kräfte zu finden.

H. Zollinger und *B. G. Ferrini* empfehlen, den Begriff des Salzbildungsmechanismus durch „*Ionenaustauschmechanismus*" zu ersetzen.

Der Aufnahme von *substantiven Farbstoffen* durch Proteinfasern (S. 599) dürften weitgehend ähnliche Verhältnisse wie bei den Säurefarbstoffen zugrunde liegen, welche jedoch im einzelnen durch die Konstitution und das kolloide Verhalten des Farbstoffs bestimmt sind. Man beobachtet auch hier eine mit fallendem pH-Wert steigende Farbstoffaufnahme, ohne daß hier im allgemeinen ein Maximum durchschritten wird. Dies gilt namentlich für die Farbstoffe mit ausgeprägtem kolloidem Verhalten, während bei solchen, welche den Säurefarbstoffen nahestehen, eine Maximumbildung beobachtet wird (*E. Elöd* und *H. G. Fröhlich*). Die Farbstoffaufnahme selbst erreicht aber nur bei Seide die aus der Säurebindung maximal zu erwartenden Werte, während sie bei Wolle und Ardil hinter diesen zurückbleibt (*E. Elöd* und *H. G. Fröhlich*).

Die Aufnahme der *kationischen Farbstoffe* durch Proteinfasern (S. 599) ist wohl so zu erklären, daß die Farbkationen durch die dissoziierten Protein-Carboxylgruppen zum Farbsalz gebunden werden:

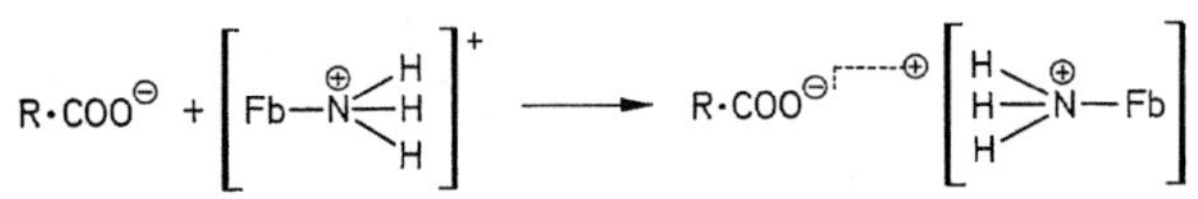

Im Gegensatz zu den anionischen Farbstoffen (Säurefarbstoffe und substantive Farbstoffe) sinkt bei den kationischen Farbstoffen (basische Farbstoffe) die Aufnahme mit wachsendem Säuregrad. Im schwach alkalischen Gebiet durchläuft die Aufnahme ein Maximum. Daß zunehmende Acidität eine verminderte Farbstoffaufnahme bedingt, hängt damit zusammen, daß mit wachsender Wasserstoffionenkonzentration die Dissoziation der für die Bindung der Farbkationen verantwortlichen Carboxylgruppen zurückgedrängt wird und dafür die zur Bindung der kationischen Farbstoffe nicht befähigten ungeladenen Aminogruppen aktiviert werden. Der im stärker alkalischen Gebiet eintretende Abfall der Farbstoffaufnahme ist vermutlich darauf zurückzuführen, daß die Dissoziation der Farbstoffe mit wachsender Alkalität zurückgeht.

Daß die Bindung der kationischen Farbstoffe durch die dissoziierten Protein-Carboxylgruppen erfolgt, kann experimentell durch folgenden Versuch veranschaulicht werden: Legt man eine Proteinfaser, z.B. Naturseide, in die farblose Lösung einer einem Triphenylmethanfarbstoff zugrunde liegenden Carbinolbase, so tritt Farbstoffbildung auf der Faser ein. Dies kann nur damit erklärt werden, daß die Carbinolbase mit den Carboxylgruppen der Seide das gefärbte Salz der Immoniumbase bildet (siehe S. 444).

Ein weiterer Beweis für die Bindung der kationischen Farbstoffe durch die Carboxylgruppen ist der, daß – im Gegensatz zu dem Verhalten von Säurefarbstoffen – die Farbstoffaufnahme nach einer Desaminierung (S. 271) ansteigt, da hierdurch Aminogruppen eliminiert und dafür Carboxylgruppen aktiviert werden.

Bei den 1:1-*Chromkomplexfarbstoffen* (S. 390, 598), welche einwertig basisches Chrom im Molekül enthalten, tritt zu der elektrostatischen Bindung zwischen den Farbsäureanionen und den geladenen Aminogruppen der Wollsubstanz noch eine solche *koordinativer* Art zwischen dem Chrom des Farbstoffs und den nicht geladenen Aminogruppen der Wollsubstanz hinzu, so daß eine sehr innige Bindung zustande kommt. In quantitativer Beziehung liegen daher der Aufnahme dieser Farbstoffe andere Verhältnisse zugrunde als der Aufnahme der gewöhnlichen Säurefarbstoffe. Die *2:1-Metallkomplexfarbstoffe* (S. 599) werden weniger elektrostatisch als vielmehr adsorptiv an die Wollfaser gebunden. Infolgedessen sprechen sie weniger auf pH-Änderungen an, da ihre negative Ladung sterisch abgeschirmt ist.

Reaktivfarbstoffe werden auf Wolle nicht nur reaktiv (kovalent), sondern im Falle des Vorhandenseins von anionischen Gruppen (Sulfogruppen) im Farbstoff auch elektrostatisch (salzartig) gebunden.

Acetylierte oder desaminierte Wolle färbt sich schwächer an als die Ausgangsfaser (*U. Einsele, F. Osterloh*). Nach *G. von Hornuff* und *H.-J. Flath* sind es hauptsächlich die end- und seitenständigen Amino- und die phenolischen Hydroxidgruppen des Wollkeratins, welche in Reaktion treten. Nach *H. Baumgarte* und *F. Osterloh* sind auch SH-Gruppen an der Bindung beteiligt.

Nach *H. Zollinger* ist das entscheidende Kriterium für die Eignung von Reaktivfarbstoffen für Wolle die *Fixierungsquote*, d.h. der kovalent gebundene Anteil des gesamten auf die Faser aufgezogenen Farbstoffs.

Ein besonderes Verhalten zeigen die *Hostalan-Farbstoffe*. Sie werden in der inaktiven Form appliziert und setzen sich bei pH-Werten zwischen 4,5 und 5,5 unter Bildung der reaktiven Vinylsulfonform mit der Wollfaser in chemischer Reaktion um (*F. Osterloh*):

$$\mathrm{Fb{-}SO_2{-}CH_2{-}CH_2{-}\overset{\displaystyle CH_3}{\overset{|}{N}}{-}CH_2{-}CH_2{-}SO_3H}$$

$$\rightarrow \mathrm{Fb{-}SO_2{-}CH{=}CH_2 + H{-}\overset{\displaystyle CH_3}{\overset{|}{N}}{-}CH_2{-}CH_2{-}SO_3H}$$

Ähnlich verhalten sich die *Remazolanfarbstoffe*, die man zweckmäßig bei pH 5 bis 6 appliziert, wobei sich langsam aus dem Sulfatoaethylsulfon-Farbstoff, der elektrostatisch gebunden wird, der reaktive Vinylsulfonfarbstoff bildet (*F. Osterloh*):

$$\mathrm{Fb{-}SO_2{-}CH_2{-}CH_2{-}OSO_3H \xrightarrow{OH^-} Fb{-}SO_2{-}CH{=}CH_2 + H_2SO_4}$$

Im Gegensatz zu der weitgehend geklärten Umsetzung der *Cellulose* mit Reaktivfarbstoffen (S. 520) liegen die Verhältnisse bei *Wolle* verhältnismäßig kompliziert, da die Wollfaser aus 19 verschiedenen Aminosäuren mit 10 verschiedenen funktionellen Seitenkettengruppen aufgebaut ist (*H. Zahn, P. F. Rouette*).

H. Zahn und *P. F. Rouette* konnten durch Hydrolyse von mit Reaktivfarbstoffen gefärbter Wolle zeigen, daß neben der geringen Zahl anwesender Thiolgruppen fast nur ε-Aminogruppen der *Lysylreste* Vinylsulfon- und Acrylamidfarbstoffe binden:

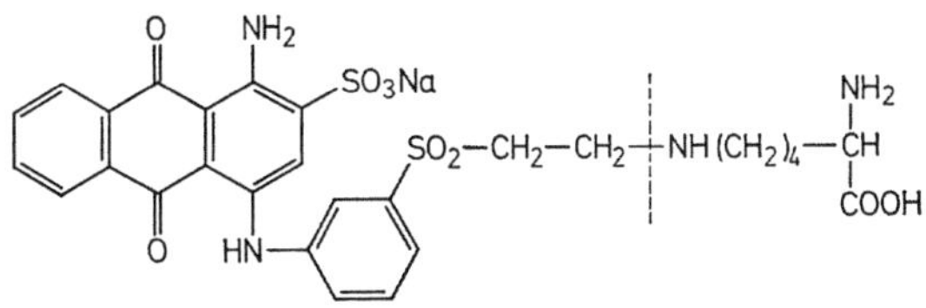

Vinylsulfonfarbstoff Lysin

Eine Erhöhung der Reaktivität der Wolle gegenüber Reaktivfarbstoffen ist durch Spaltung von Cystingruppen auf reduktiver Basis möglich, wobei allerdings eine solche Behandlung, wenn sie zu weit getrieben wird, die Gefahr der Faserschädigung in sich birgt:

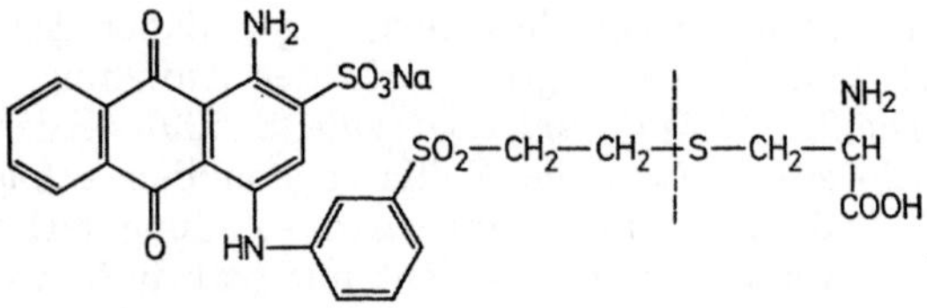

Vinylsulfonfarbstoff Cystein

H. Baumann fand eine zusätzliche Beteiligung des Histidins an der Farbstoffbindung sowie eine solche der 7 N-terminalen Aminosäuren.

Die Ansichten, welche der Bausteine und welche der Seitenkettengruppen in Reaktion treten, sind nicht einheitlich (*F. Osterloh, E. Hille, A. D. Wirnik* und *M. A. Tschekalin*). Wie weit Thiolgruppen in Reaktion treten, ist noch umstritten (*K. Mella, A. Schöberl, U. Baumgarte, A. N. Derbyshire* und *G. R. Tristram*).

Reaktivfarbstoffe werden vom Seidenfibroin vorwiegend über die Diaminocarbonsäure Lysin gebunden (*H. Zahn*):

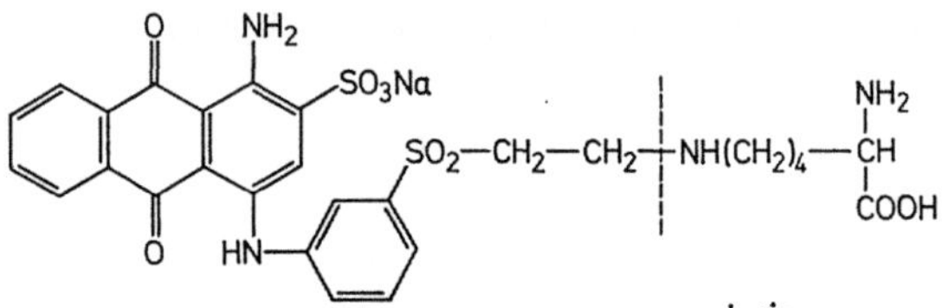

Lysin

b) Die Vorgänge beim Färben der Polyamidfasern (vgl. S. 617)

Zum Färben der Polyamidfasern werden vorteilhaft Dispersionsfarbstoffe (S. 385f.) angewandt, wie sie auch zum Färben der Acetatfasern Verwendung finden und welche in Form einer festen Lösung von der Faser gebunden werden. Diese zeichnen sich dadurch aus, daß die Egalisierung keine Schwierigkeiten bereitet, und daß es auch ohne weiteres möglich ist, satte Farbtöne zu erreichen. Beides stößt bei willkürlicher Anwendung von Säurefarbstoffen auf gewisse Schwierigkeiten, welche nachstehend näher begründet werden sollen.

Die Aufnahme von Säuren und Farbsäuren (vgl. S. 344)

Die Aufnahme von Säuren ist bei Polyamidfasern ebenfalls pH-abhängig, da die Säureanionen durch die geladenen Aminogruppen der Faser aufgenommen werden. Die pH-Abhängigkeit verläuft allerdings etwas anders als bei den Proteinfasern. Letztere zeigen bei pH-Werten zwischen 1,3 und 0,8 ein Maximum der Säurebindung durch die Aminogruppen, während ein solches für die Polyamide in einem pH-Bereich von 3,0–2,4 liegt.

Sowohl bei Proteinfasern als auch bei Polyamidfasern tritt ein erneutes starkes Ansteigen der Säureaufnahme ein, wenn die pH-Werte unter 0,8 bzw. unter 2,4 gesenkt werden, da nunmehr eine zusätzliche Säurebindung *durch die geladenen Amidogruppen der Peptidbindung* erfolgt:

$$\mathrm{HOOC{-}R{-}NHCO{-}R_1{-}\overset{\oplus}{N}H_3 \xrightarrow{H^{\oplus}} HOOC{-}R{-}\overset{\oplus}{N}H_2CO{-}R_1{-}\overset{\oplus}{N}H_3}$$

$$\mathrm{R\ bzw.\ R_1 = Polyamidrest}$$

In ähnlicher Weise zeigt auch die Aufnahme von Farbsäureanionen bei Polyamidfasern eine pH-Abhängigkeit (Abb. 149). Die Aufnahme steigt mit fallendem pH an, um in dem pH-Gebiet zwischen 5,0 und 2,5 zunächst nicht mehr weiter zuzunehmen. Erst unterhalb 2,5 tritt ein weiterer starker Anstieg ein (*R. H. Peters*, *E. Elöd* und *H. G. Fröhlich*). Acetyliertes Nylon nimmt Säurefarbstoffe nur in stark saurem Medium auf.

In dem für das Färben der Polyamidfasern in Betracht kommenden pH-Gebiet oberhalb 2,5 ist die Aufnahme von Säurefarbstoffen wesentlich geringer, als dies

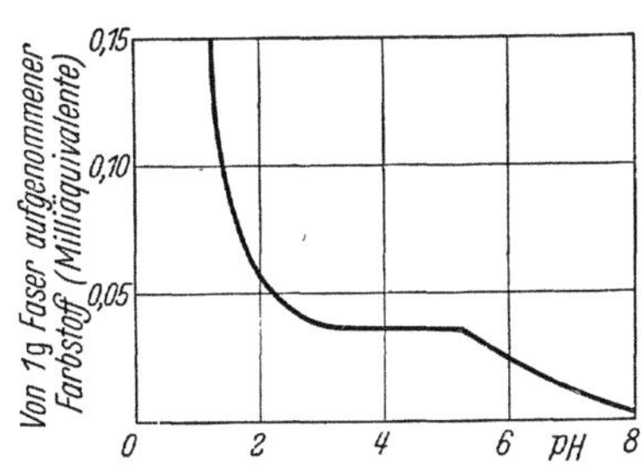

Abb. 149. Farbstoffaufnahme in Abhängigkeit vom pH-Wert (nach *R. H. Peters*)

bei den Proteinfasern der Fall ist, da bei ersteren für die Farbstoffaufnahme wesentlich weniger Aminogruppen zur Verfügung stehen. Die Proteinfasern, namentlich Wolle, besitzen neben den Aminoendgruppen noch eine größere Anzahl von *Aminoextragruppen* (S. 269), welche sie zu einer gesteigerten Farbstoffaufnahme befähigen, während solche bei den Polyamiden vollständig fehlen, die Aufnahme der Farbsäureanionen daher nur durch die geladene Aminoendgruppe erfolgen kann, solange die pH-Werte nicht unter 2,5 zu liegen kommen.

Da die Zahl der Aminoendgruppen pro Gewichtseinheit bei den Polyamiden mit wechselndem Molekulargewicht variiert, ist für die mengenmäßige Aufnahme das Molekulargewicht der Faser bestimmend. Daneben spielen aber auch gewisse Faktoren der Faserstruktur, wie z. B. der Verstreckungsgrad, eine Rolle.

Während 100 g Wolle bzw. Seide im Maximum 0,085 bzw. 0,023 Gramm-Äquivalente eines Säurefarbstoffs unabhängig von Molekulargewicht und Basizität der Farbsäure aufnehmen (S. 270, 303), liegt dieser Wert für Polyamidfasern wesentlich tiefer, und zwar zwischen 0,004 und 0,008 Gramm-Äquivalenten. Der Wert kann nur in diesem weiten Bereich angegeben werden, da die Molekulargewichte der handelsüblichen Fasern zwischen 10000 und 20000 schwanken und die Farbsäureaufnahme auch noch durch andere Faktoren, z. B. den Verstreckungsgrad, beeinflußt wird.

Der *Sättigungswert* für Polyamidfasern liegt daher bedeutend tiefer als für Wolle, welch letztere bis zu 30% Säurefarbstoff binden kann, während der Sättigungswert für die Polyamidfasern sich zwischen 1 und 5% Farbstoff bewegt. Bei ein und derselben Faser werden die Farbstoffe etwa in äquivalenten Mengen aufgenommen, so daß die Aufnahme bei hohen Farbstoff-Molekulargewichten entsprechend hohe Werte erreicht und zweibasische Farbstoffe nur etwa in der halben Menge gegenüber den einbasischen gebunden werden.

Dieser Umstand führt, da die Zahl der Aminogruppen beschränkt ist, dazu, daß bei Anwendung von Farbstoffen, denen *Di-* und *Polysulfosäuren* zugrunde liegen, der Sättigungswert der Faser sehr schnell erreicht ist, da die Disulfosäuren zwei Aminogruppen zur Bindung an die Faser benötigen (*L. T. Whittaker*). Der absolute Sättigungswert ist naturgemäß nicht nur vom Molekulargewicht der Faser, sondern auch von demjenigen des Farbstoffs abhängig. Der Sättigungswert ist um so höher, je kleiner das Molekulargewicht der Faser und je größer dasjenige des Farbstoffs ist. Außerdem spielt die Haftfestigkeit des Farbstoffs, d.h. also der Dissoziationsgrad des entstandenen Faserfarbsalzes eine maßgebliche Rolle. Eine besonders gute Farbstoffaufnahme zeigen solche Säurefarbstoffe, welchen *Monosulfosäuren von hohem Molekulargewicht* zugrunde liegen. Die Farbstoffaufnahme erreicht bei entsprechenden Disulfosäuren höchstens die halben Werte (*K. Anacker, J. P. Niederhauser*).

Nach *H. Zollinger* et al. wird anionischer Farbstoff zusätzlich *über Löseeffekte* aufgenommen. Der Färbevorgang läuft über die Aminoendgruppen als *ionische Einweisungsorgane* ab. Sobald der Farbstoff über die Aminoendgruppen in das Faserinnere gelangt ist, wird er durch *van der Waals*sche Kräfte gebunden.

Farbstoffkombinationen. Diese Umstände sind sehr zu beachten, wenn man zum Färben der Polyamide *Farbstoffkombinationen* anwendet (S. 620), da es nur bei geeigneter Auswahl der Farbstoffe möglich ist, einwandfreie Resultate zu erhalten. Während bei der Wollfaser die für die Farbstoffaufnahme zur Verfügung stehenden Aminogruppen so zahlreich sind, daß beim Färben mit Farbstoffmischungen keine große Konkurrenz um die Aminogruppen entsteht, liegen die Verhältnisse bei den Polyamidfasern anders, da hier die Aminogruppenzahl sehr beschränkt ist. *Monosulfonate* können in wesentlich größerem Umfang als Polysulfonate aufgenommen werden und werden vermutlich auf Grund einer geringeren Dissoziationstendenz ihrer Faserfarbsalze auch stärker von der Faser gebunden. *Polysulfierte Farbstoffe besitzen ein durchweg schlechtes Ziehvermögen auf Polyamidfasern.*

Daß Disulfonate in wesentlich geringerem Umfang auf Polyamidfasern aufziehen, dürfte nicht nur mit der Basizität zusammenhängen, also damit, daß sie zur Fixierung zwei Aminogruppen benötigen, sondern ist vermutlich auch darauf zurückzuführen, daß die beiden den Farbstoff bindenden Amino- bzw. Ammoniumgruppen in einem bestimmten gegenseitigen Abstand vorhanden sein müssen. Bei gleichzeitiger Anwesenheit eines Monosulfonats wird diese optimale Konfiguration aber häufig gestört. Auch die *Haftfähigkeit* ist bei einem Disulfonatfarbstoff auf Grund seiner stärkeren Dissoziationstendenz verhältnismäßig gering. Unter diesen Umständen werden namentlich beim Färben tiefer Farbtöne die Monosulfonate selektiv von der Faser aufgenommen. Disulfonate werden dann nicht mehr bzw. in geringerem Umfang gebunden, auch wenn sie im Überschuß vorhanden sind.

Im allgemeinen geben Kombinationen aus Monosulfonaten befriedigende Resultate. Kombinationen aus Mono- und Disulfonaten sind bei mittleren bis dunklen Tönen nicht zu empfehlen. Auch Mischungen aus Disulfonaten bewähren sich namentlich bei mittleren und dunkleren Nuancen nicht immer, da sie sich, durch Unterschiede des Molekulargewichts und der Dissoziation ihrer Farbsalze bedingt, gegenseitig beeinflussen.

Nuancieren. Diese Verhältnisse sind bei der Auswahl der Nuancierfarbstoffe zu beachten. Versucht man mit Monosulfonaten hergestellte Färbungen mit Polysulfonaten zu nuancieren, dann tritt eventuell gar kein Aufziehen der letzteren ein. Verwendet man zum Nuancieren von Di- bzw. Polysulfonatfärbungen Monosulfonatfarbstoffe, dann verdrängen die Monosulfonate auf Grund ihrer größeren Affinität die Di- und Polysulfonate von der Faser.

Das Färben der Polyamidfasern bei pH-Werten unter 2,5. Mit Hilfe der bei niederen pH-Werten ebenfalls aufgeladenen Amidogruppen der Peptidbindungen lassen sich zwar größere Farbstoffmengen auf der Polyamidfaser fixieren; der so gebundene Farbstoff ist aber nicht so naßecht fixiert, wie dies für den durch die geladenen Aminogruppen gebundenen Anteil zutrifft. Zum anderen wird durch diese Art der Farbstoffbindung namentlich bei tiefen Nuancen und bei Verwendung hochmolekularer Farbstoffe die Faserfestigkeit nachteilig beeinflußt. Eine solche Beeinflussung tritt natürlich nur ein, wenn über die Absättigung der Aminogruppen hinaus noch eine zusätzliche Farbstoffbindung durch die Amidogruppen erfolgt. Die Schädigung ist um so größer, je mehr Farbstoff eingelagert wird und je höher das Molekulargewicht des betreffenden Farbstoffs ist (*P. W. Carlène, A. S. Fern* und *T. Vickerstaff*).

Die Schädigung wird vermutlich dadurch ausgelöst, daß die zwischen den Peptidgruppen benachbarter Polyamidketten vorhandenen Wasserstoffbrücken durch die Absättigung der Amidogruppen entweder aufgespalten oder deformiert werden, was eine Lockerung der inneren Kohäsion bewirkt. Daß Wasserstoffbrücken die innere Kohäsion zwischen Polyamidketten bedingen, geht u. a. daraus hervor, daß für die Synthese von Polyamiden benutzte N-alkylierte oder N-arylierte Diamine solche Polyamide ergeben, welche infolge der Unfähigkeit zur Ausbildung von Wasserstoffbrücken eine verminderte innere Kohäsion und damit einen niedrigeren Schmelzpunkt besitzen.

Gegenüber *substantiven* und *kationischen Farbstoffen* verhalten sich die Polyamide weitgehend ähnlich wie die Proteinfasern. Die Maxima der Farbstoffaufnahme liegen für die kationischen Farbstoffe bei etwa den gleichen pH-Werten, doch sind die aufgenommenen Mengen wesentlich geringer als bei den Proteinfasern (*E. Elöd* und *H. G. Fröhlich*).

Die Aufnahme der *Dispersionsfarbstoffe* durch Polyamidfasern dürfte ähnlich derjenigen bei Acetylcellulose erfolgen. Nach *Vickerstaff* wird der Farbstoff durch Wasserstoffbrücken an die Amidgruppen des Polyamids gebunden.

Der Aufnahme von 1:2-Metallkomplexfarbstoffen liegt nach *G. Back* und *H. Zollinger* eine Überlagerung eines Ionen- und Lösungsmechanismus zugrunde.

Das Färben der Polyamidfasern mit Reaktivfarbstoffen. Beim Färben von Polyamiden mit Vinylsulfon-Reaktivfarbstoffen konnte durch Untersuchung der gefärbten Hydrolysate gezeigt werden, daß der Farbstoff kovalent an die Endaminogruppen der ε-Aminocapronsäure bzw. des Hexamethylendiamins gebunden wird (*H. Zahn, G. Reinert, K. Mella, P. F. Rouette*).

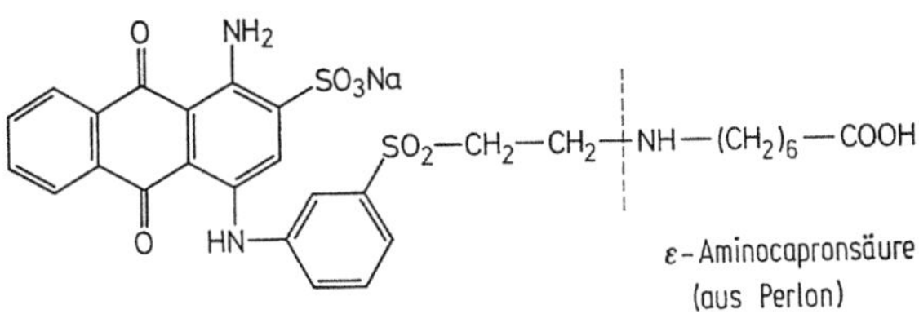

ε-Aminocapronsäure
(aus Perlon)

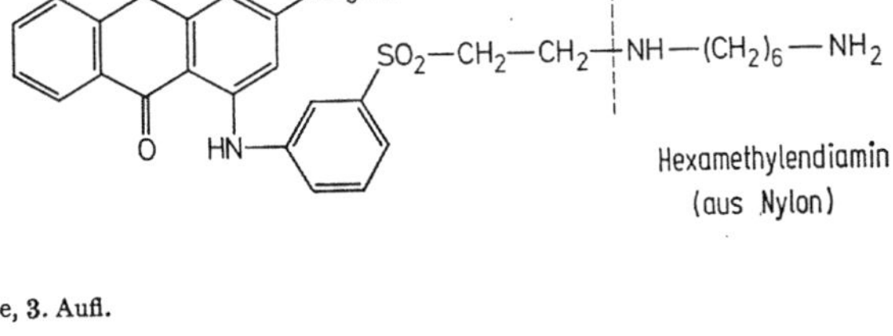

Hexamethylendiamin
(aus Nylon)

c) Die Vorgänge beim Färben der Polyurethanfasern (vgl. S. 625)

Polyurethanfasern färbt man zweckmäßig mit *Dispersionsfarbstoffen*, welche von der Faser in analoger Weise wie von der Acetatseide in Form einer festen Lösung aufgenommen werden. Da die Polyurethanfaser keine primären Aminogruppen enthält, ist ein Färben mit Säurefarbstoffen unter normalen Umständen nicht möglich. Erst bei pH-Werten unter 2 tritt eine Aufladung der NH-Gruppen ein, welche dann zur Aufnahme der Farbsäureanionen befähigt sind. Vermutlich wirkt sich aber auch hier der in dieser Weise gebundene Farbstoff nachteilig auf die Kohäsion der Fasersubstanz aus.

d) Die Vorgänge beim Färben der sonstigen Synthesefasern

Polyacrylnitrilfasern. Auf Grund ihrer organophilen Natur ist eine Anzahl *Dispersionsfarbstoffe* geeignet. Eine recht gute Affinität haben bestimmte *kationische* Farbstoffe, die auch beträchtliche Echtheitseigenschaften liefern. Diese Affinität hängt damit zusammen, daß die CN-Gruppe einen acidifizierenden Einfluß auf die Methylenkette ausübt, so daß die Faser einen anionischen Charakter annimmt. Eine besonders leichte Aufnahme von kationischen Farbstoffen erreicht man durch Zusätze von anionischen Copolymeren zur Spinnmasse.

Polyesterfasern. Die Polyesterfaser ist sehr kompakt gebaut, so daß das Eindiffundieren von Farbstoffen erschwert ist. Man benötigt daher vielfach Carrier (S. 625) sowie HT-Färbeverfahren. Bei der Bindung des Farbstoffes (Dispersionsfarbstoff) finden wohl keine chemischen Reaktionen statt, die Farbstoffe werden vielmehr zu einer festen Lösung aufgenommen. Die Verteilung des Farbstoffs zwischen Flotte und Faser entspricht dem Henryschen Verteilungsgesetz, vgl. Aufnahme der Dispersionsfarbstoffe durch Acetatfasern (S. 521).

Polyvinylfasern. Bei diesen Fasern sind die Färbevorgänge recht unübersichtlich, da kaum chemische Bindungen des Farbstoffs an die Fasersubstanz zu erwarten sind. Vielfach werden Dispersionsfarbstoffe angewandt, die zu einer festen Lösung aufgenommen werden.

e) Der Färbevorgang bei Cellulosefasern (vgl. S. 539 ff.)

Die typischen Säurefarbstoffe und kationischen Farbstoffe haben zu den Cellulosefasern keine Affinität, es sei denn, daß man entsprechende basische oder saure Gruppen in das Cellulosemolekül einführt. So läßt sich das aus dem *Immungarn* durch Ammoniakbehandlung entstehende *Amingarn* (S. 33) mit Säurefarbstoffen anfärben. Ein solches Amingarn kann man auch erhalten, wenn man Baumwolle mit einer wäßrigen Lösung von 2-Aminoäthylschwefelsäure behandelt und dann trocknet. Zweckmäßig wird die Behandlung mit einer 25 %igen Natronlauge, welche 10 % 2-Aminoäthylschwefelsäure enthält, vorgenommen:

$$\text{Cell—CHOH} + H_2N \cdot C_2H_4 \cdot OSO_3H \rightarrow \underset{\text{Amingarn}}{\text{Cell—CH} \cdot O \cdot C_2H_4 \cdot NH_2} + H_2SO_4$$

Derartige Methoden, welche die Einführung von Stickstoff in Cellulosefasern bezwecken, spielen bei der *Animalisierung* der Zellwollen (S. 218 f.) eine wichtige Rolle.

Behandelt man Cellulosefasern oxydativ, dann werden primäre alkoholische Gruppen oder auch Aldehydendgruppen zu Carboxylgruppen oxydiert, wodurch die Fasern Affinität zu kationischen Farbstoffen erlangen, so daß man aus der Intensität der Aufnahme von kationischen Farbstoffen auf den Grad der oxydativen Beeinflussung bzw. Schädigung schließen kann (S. 27). Beizt man Cellulosefasern mit Substanzen, welche diesen Fasern saure Eigenschaften vermitteln (Tanninbeize), so erhalten sie ebenfalls Affinität zu kationischen Farbstoffen (S. 581). Die letzteren werden, da sie nur mit Unterstützung einer Beize aufziehen, auch als *adjektive* Farbstoffe bezeichnet. Viscosefasern, die als Folge der oxydativen Vorreife mehr Carboxylgruppen enthalten als andere Cellulosefasern (*H. Rath* und *H. Klink*), nehmen kationische Farbstoffe bis zu einem gewissen Umfang auch ohne Vorbeize auf.

Eine große Anzahl anionischer Farbstoffe aus der Gruppe der Azofarbstoffe und einiger anderer Gruppen ziehen auf Cellulosefasern *ohne Vermittlung einer Beize selbständig* auf und werden daher als *substantive* Farbstoffe bezeichnet (S. 540). Den Begriff der *Substantivität* charakterisiert die Erscheinung, daß Farbstoffe aus ihren Lösungen durch die Cellulosefaser in größerem Umfang aufgenommen werden, als der gleichzeitig mit herausgenommenen Lösungsmittelmenge entspricht, und daß der auf die Faser aufgezogene Farbstoff eine mehr oder weniger große Widerstandsfähigkeit gegen ein Ablösen mit Wasser besitzt.

Wenn in der Gruppe der substantiven Farbstoffe an und für sich alle diejenigen Farbstoffe zusammengefaßt werden, welche wasserlöslich sind und auf Cellulosefasern ohne Vermittlung einer Vorbeize selbständig aufziehen, so wird der Begriff substantiv teilweise auch für andere Farbstoffe oder Farbstoffkomponenten, welche die gleiche Erscheinung zeigen, angewandt (z.B. für Naphtholate).

Das Wesen der Substantivität. Da zwischen den Farbstoffen und den Cellulosefasern normalerweise keine Salzbildungen auftreten können, scheiden elektrostatische Bindungskräfte für die Haftung des Farbstoffes aus, und es müssen hier andere Kräfte angenommen werden, welche die Bindung des Farbstoffs an die Faser bedingen. Bei der Besprechung der Assoziation der substantiven Farbstoffe wurde bereits darauf hingewiesen, daß die Farbstoffmoleküle gewisse Kräfte äußern, welche sich gegenseitig absättigen und so zu einer Zusammenballung zu größeren Aggregaten führen. Da Farbstoffe, welche zu einer starken Assoziation neigen, gleichzeitig auch gut substantiv sind, muß man annehmen, daß die die Assoziation und die Substantivität bedingenden Kräfte die gleichen sind. Als solche Kräfte kommen *Dipolkräfte, van der Waalssche Kräfte* sowie ***koordinative Bindungskräfte*** (*Wasserstoffbrücken*) in Frage. Sowohl auf der Seite der Farbstoffe als auch auf seiten der Cellulose sind solche Kräfte vorhanden, die nach gegenseitiger Absättigung drängen und so eine Bindung des Farbstoffes bewirken.

Es lassen sich – z.B. aus Messungen der Wärmetönung – experimentelle Argumente für und gegen die Theorie der Farbstoffbindung durch Wasserstoffbrücken erbringen. *Van der Waals*sche Kräfte können sich dann gut auswirken, wenn die Farbstoffmoleküle planar gebaut sind und sich damit innig an die Cellulose anlagern können.

Bei der Aufnahme substantiver Farbstoffe durch Cellulosefasern handelt es sich um einen *Adsorptionsvorgang*, bei dem die anionischen Farbstoffe als ganzes Molekül adsorbiert werden, während die Farbsalzbildung bei den Proteinfasern nur eine Aufnahme des Farbstoffanions bedingt. Aus diesem Grunde bewirkt der Zusatz von Natriumsalzen (NaCl, Na_2SO_4) ein erhöhtes Aufziehen auf Cellulosefasern, da hierdurch die Dissoziation der Natriumsulfonate und das negative Grenzflächenpotential der Cellulosefaser zurückgedrängt werden. Die Wirkung nimmt mit der Ladung des Kations zu. Zudem wird das Verteilungsgleichgewicht zwischen dem Farbstoff in der Flotte und auf der Faser zugunsten der letzteren verschoben (vgl. S. 524).

Beim Einbringen der Faser in die Lösung eines substantiven Farbstoffs werden die Farbstoffteilchen zunächst an der Faseroberfläche (Micelloberfläche) adsorbiert, diffundieren dann in die amorphen Zonen der Faser ein und werden durch gewisse Bindungskräfte, u. a. durch zwischen den alkoholischen Cellulosehydroxylgruppen und dem Farbstoffmolekül sich ausbildende Wasserstoffbrücken, so an die Cellulose gebunden, daß die Längsachse des Moleküls parallel zu den Celluloseketten liegt. Entsprechend den kleinen Dimensionen der Faserhohlräume können nur die einzelnen *Farbstoffmoleküle* und *keine Molekülaggregate* eindringen. Die durch den Adsorptionsvorgang aus dem Gleichgewicht mit den größeren Aggregaten ausscheidenden Einzelmoleküle werden laufend nachgeliefert. Während die Adsorption sehr schnell erfolgt, geht die *Diffusion* verhältnismäßig langsam vonstatten (*Boulton* und *Whittaker*). Der Farbstoff wird so adsorbiert, daß bei substantiven Farbstoffen die Sulfogruppen der Faser abgekehrt sind – Abstoßung durch negative Ladung der Cellulose-Carboxylgruppen! –; substantiv gefärbte Fasern sind daher hydrophiler als z.B. küpengefärbte Fasern.

Je höher die Temperatur, desto rascher stellt sich das Gleichgewicht ein. Mit zunehmendem Flottenverhältnis verschiebt sich die Gleichgewichtslage zuungunsten der Faser. Zunehmende Temperatur verschiebt das Gleichgewicht, da die Adsorption zurückgeht, ebenfalls zum Nachteil der Faser. Bei der Adsorption der substantiven und der meisten anderen Farbstoffe handelt es sich um einen exothermen Prozeß.

Kalt würde die Flotte am besten ausgenützt; da sich das Gleichgewicht aber zu langsam einstellt, würde der Färbevorgang zu lange dauern. Die praktische Färbetemperatur stellt daher immer eine Konzession an die Zeit auf Kosten der Farbstoffausnützung dar.

Die Annahme von Protonbrücken für die Haftung der substantiven Farbstoffe an der Cellulosefaser wird u.a. durch den Umstand in Frage gestellt, daß die Gesamtoberfläche der Cellulosemoleküle durch Hydratwasser blockiert ist (*C. H. Giles* und *A. S. A. Hassan*). *E. Pfeil* und Mitarbeiter sind daher der Ansicht, daß die monomolekularen Farbstoffteilchen, die in die Faser eindringen, in der Faser aggregieren, und daß diese Molekülaggregate die Faser nicht als Ganzes verlassen können. Erst bei der Einwirkung von desaggregierenden Agenzien (z.B. kochendem Wasser) tritt eine Solvatisierung und ein Herauswandern der Einzelmoleküle ein (s. S. 519f.).

Es wäre außerordentlich wertvoll, die Farbstoffe bezüglich ihrer Wechselwirkung mit der Faser *auf thermodynamischer Basis* exakt charakterisieren zu können. Man könnte dann die Farbstoffe hinsichtlich ihrer Affinität unter variablen Bedingungen (Konzentration, Temperatur, Druck, Elektrolytgehalt) oder bezüglich des Verhaltens in Mischung entsprechend klassifizieren.

Dazu wäre es notwendig, das chemische Potential der Farbstoffe, ihre Aktivität in Lösung und in der Faser, die Entropie und Enthalpie des Färbesystems usw. exakt zu erfassen. Ansätze in dieser Richtung sind wohl vorhanden, doch ist es fraglich, inwieweit die klassischen Anschauungen der Thermodynamik auf ein so heterogenes System, wie es das System Farbstoff/Faser darstellt, übertragen werden können. Es sind in diesem Zusammenhang vor allem die Arbeiten der englischen Schule (*Th. Vickerstaff, R. H. Peters, H. A. Turner, L. Peters, A. N. Derbyshire* u.a.) zu nennen. Auf Seite 522ff. wird auf die physikalisch-chemische Seite der Färbevorgänge eingegangen, soweit dies auf kurzem Raum überhaupt möglich ist. *W. Luck* hat darauf hingewiesen, daß bei einem technischen Färbeprozeß eine ganze Reihe von Einzelreaktionen miteinander gekoppelt sind, so daß es z.T. sehr schwer ist, die nebeneinander ablaufenden Teilprozesse einzeln zu erfassen.

Auch die Adsorption von in alkalischer Lösung befindlichen Küpenfarbstoffen und Schwefelfarbstoffen scheint analog der Adsorption der substantiven Farbstoffe zu verlaufen. Bei anthrachinoiden Küpenfarbstoffen nimmt die Affinität – gleichartige Strukturen vorausgesetzt – mit wachsendem Molekulargewicht zu (*R. H. Peters, H. H. Sumner, Th. Vickerstaff*).

Die Diffusionsgeschwindigkeit wird u.a. durch die Molekülgröße des Farbstoffs in der Richtung beeinflußt, daß diese mit wachsendem Molekulargewicht kleiner wird. Die Geschwindigkeit der Adsorption nimmt im Laufe des Färbevorgangs allmählich ab, bis ein völlig *reversibles Gleichgewicht* zwischen dem adsorbierten und dem in Lösung befindlichen Farbstoff erreicht ist, das sich auch von seiten der gefärbten Faser beim Einbringen in die entsprechende farbstofffreie Lösung einstellt. Die Lage des Gleichgewichts ist durch die Farbstoffnatur sowie durch die Färbebedingungen wie Salzkonzentration, Temperatur und Flottenverhältnis bestimmt.

Konstitution und Substantivität. Daß die Hydroxylgruppen der Cellulose für die Farbstoffbindung verantwortlich zu machen sind, geht unter anderem daraus hervor, daß bei der Veresterung dieser Gruppen die Substantivität verschwindet. So färbt sich Acetylcellulose mit den substantiven Cellulosefarbstoffen nicht mehr an.

Wenn man die Konstitution derjenigen Farbstoffe betrachtet, die substantiv auf Baumwolle aufziehen, dann kann man in vielen Fällen gewisse gemeinsame Merkmale erkennen, ohne hieraus allerdings eine für alle Fälle gültige Regel ableiten zu wollen.

Die Farbstoffe mit einer besonders hohen Substantivität sind im allgemeinen durch das Vorhandensein einer *langen ununterbrochenen Kette von konjugierten Doppelbindungen* charakterisiert (*Schirm*). Diese Konfiguration erhöht die Neigung der elektronegativen Atome (N, O, S) zum Eingehen von koordinativen Bindungen in Gestalt von Wasserstoffbrücken. Da die betreffenden Farbstoffe gleichzeitig einen langgestreckten Bau besitzen, sind sie für eine Anlagerung an die langgestreckten Cellulosemoleküle besonders geeignet. Unter diesen Umständen sind u.a. die Benzidinabkömmlinge fast ausnahmslos gut ziehende substantive Cellulosefarbstoffe.

Im *Benzopurpurin 4B* z.B. liegt zwischen den beiden auxochromen Aminogruppen eine ununterbrochene Reihe von 8 konjugierten Doppelbindungen:

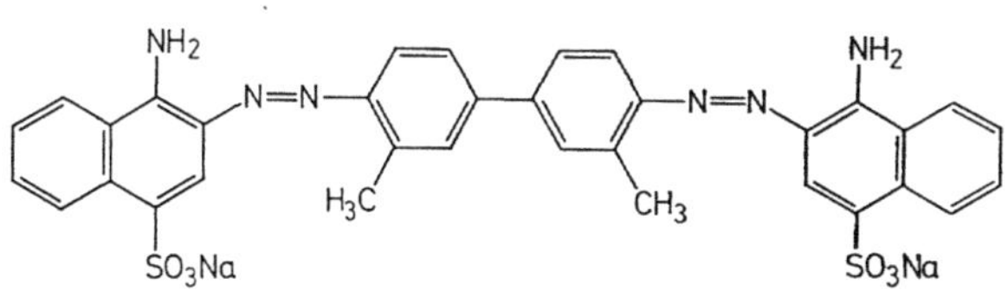

Als Kupplungskomponente sind u.a. namentlich die I-Säure (S. 395) sowie ihre Abkömmlinge zur Ausbildung eines langen ununterbrochenen Systems konjugierter Doppelbindungen befähigt, so daß sich die sogenannten I-Säure-Farbstoffe durch eine besonders hohe Substantivität auszeichnen.

Verlängert man das System der konjugierten Doppelbindungen, dann nimmt damit die Substantivität zu. So bewirkt z.B. die Einführung einer *Acylaminogruppe* in das Farbstoffmolekül eine bedeutende Steigerung der Substantivität zu Cellulosefasern (S. 543). Dies trifft nicht nur für die substantiven Farbstoffe, sondern auch für andere Cellulosefarbstoffe zu.

Die Substantivität wird demnach gefördert durch

linearen Bau

Koplanarität (m-Toluidin gibt keine substantiven Farbstoffe!)

zur Wasserstoffbrückenbildung befähigte Gruppen

konjugiertes System

geringe Zahl an hydrophilen Gruppen.

(Disazofarbstoffe mit tetrazotierten Mittelkomponenten, die in Metastellung substituiert sind, z.B. solche der Benzidin-m,m'-disulfosäure, sind *Wollfarbstoffe* ohne Affinität zur Cellulose, da sie nicht planar gebaut sind.)

β-Naphthol ist z.B. nicht substantiv, während Naphtol AS eine gute und Naphtol AS-BO eine noch bessere Substantivität zeigen, entsprechend der Einführung der CONH-Gruppierung und der damit verbundenen Verlängerung des Systems der konjugierten Doppelbindungen. Beim Lösen der Naphtol AS-Körper in Natronlauge gehen diese unter Enolisierung in Lösung (vgl. S. 422f., 549):

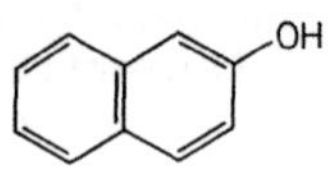

β-Naphthol

Naphthol AS

Ist das H-Atom der CONH-Gruppe substituiert, dann ist eine Enolisierung nicht möglich, und die entsprechenden Naphthole sind nicht substantiv (*Krzikalla* und *Eistert*).

Aminoanthrachinone besitzen zur Cellulosefaser keine Affinität, sie erhalten aber eine solche und werden (in verküptem Zustand) zu substantiv aufziehenden Küpenfarbstoffen, wenn sie acyliert werden:

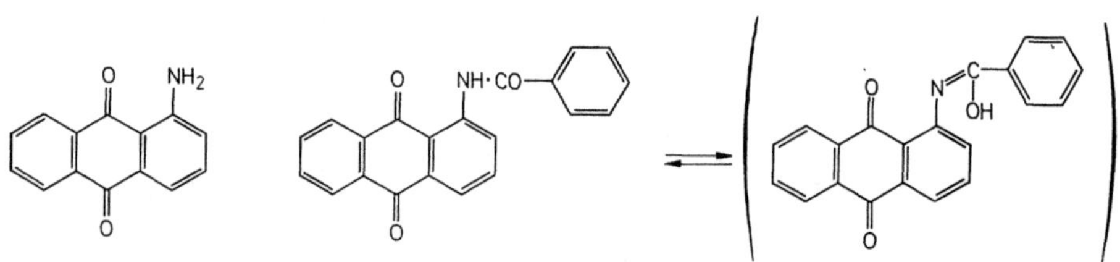

1-Amino-anthrachinon 1-Benzoylamino-anthrachinon (Küpenfarbstoff)

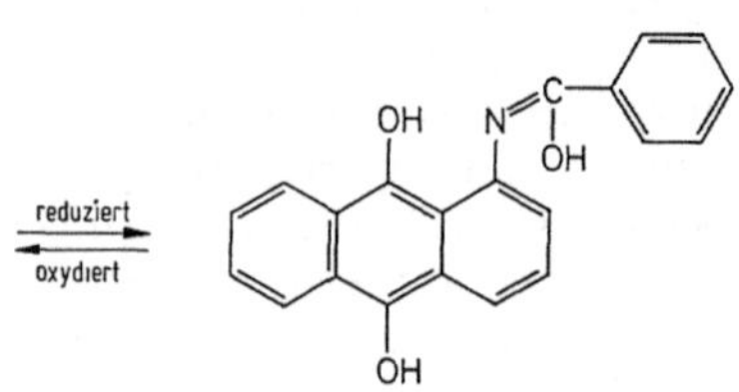

R. H. Peters und *H. H. Sumner* stellten fest, daß bei gleichartig gebauten anthrachinoiden Küpenfarbstoffen gute Affinität vorhanden ist, wenn

das Molekül planar gebaut ist,

ein möglichst langes konjugiertes System zur Auswirkung *van der Waals*scher Kräfte zugegen ist,

wenn eine zur Ausbildung einer Wasserstoffbrücke mit der Faser geeignete Amido- oder Aminogruppe vorhanden ist:

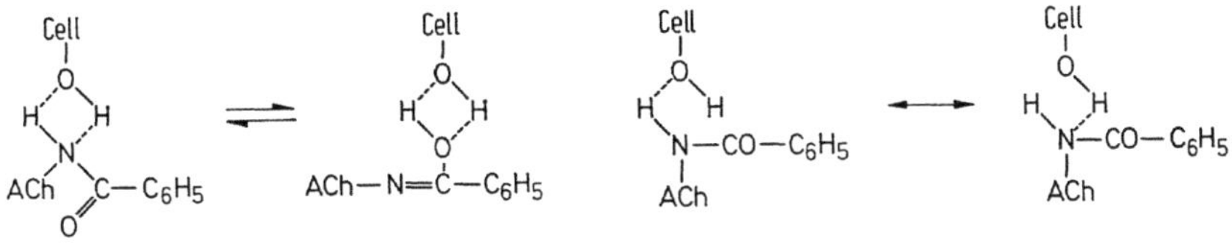

ACh = Anthrachinon

Das Aufziehen der Aminoanthrachinone auf Acetatfasern und synthetische Fasern ist als ein *Lösungsvorgang* zu betrachten.

Typisch für substantive Farbstoffe ist häufig auch eine gewisse Ausgeglichenheit der zur Dissoziation befähigten Gruppen, so daß substantive Farbstoffe neben Sulfogruppen vielfach auch Aminogruppen enthalten und als solche dann *zwitterionische* Natur besitzen (S. 503f.). Ob hierdurch allerdings eine salzartige Verbindung zwischen dissoziierten Aminogruppen und auf der Cellulose vorhandenen Carboxylgruppen zustande kommt, erscheint sehr fraglich, da einerseits die Zahl der Carboxylgruppen auf der Cellulosefaser im allgemeinen sehr gering ist und zum andern die Aminogruppen des Farbstoffs in dem üblicherweise schwach alkalischen Färbebad praktisch nicht dissoziiert sind.

Mit den vorstehenden Argumenten sind wohl einige Grundzüge der Substantivität aufgezeichnet, sie genügen aber nicht, um das Wesen der Substantivität in allen Teilen klarzustellen.

Die bisher existierenden Theorien über die Haftung substantiver Farbstoffe in Cellulosefasern wurden von *E. Pfeil* einer kritischen Betrachtung unterzogen, wobei sich ganz neue Gesichtspunkte über das Wesen der Substantivität ergaben.

Die Ansicht, daß der *planare Bau* der substantiven Farbstoffe die Haftung in der Cellulose bedingt, weil *eben* gebaute Moleküle besser auf die Oberfläche der Cellulose „passen", wird dadurch widerlegt, daß die Oberfläche der Cellulosemicelle keineswegs eben in dem Sinne ist, daß dies für die Anlagerung der sicherlich plan gebauten Farbstoffmoleküle von Bedeutung sein könnte. Die Ausbildung von Wasserstoffbrücken zwischen Cellulose und Farbstoffen wird für unwahrscheinlich gehalten, weil die zugängliche Oberfläche der Celluloseketten fest von Hydratwasser umhüllt ist. Wechselwirkungskräfte zwischen der Faser und den Doppelbindungen der Farbstoffe werden in Zweifel gezogen, da diese physikalisch-chemisch wenig sinnvoll sind.

E. Pfeil konnte auf Grund der in wäßrigen Lösungen und auf Cellophan bestimmten Absorptionsspektren von substantiven Farbstoffen nachweisen, daß innerhalb der Cellulose eine *Aggregation* der Farbstoffe stattfindet. Auch der Verlauf der Adsorptionsisothermen der Farbstoffe weist auf eine Aggregation innerhalb der Cellulose hin. Die Bindung von Farbstoffaggregaten auf der Faser durch Wasserstoffbrücken wird als unwahrscheinlich angesehen, da kein Zusammenhang zwischen der Substantivität und der Fähigkeit zur H-Brückenbildung festgestellt werden konnte.

Die Versuchsergebnisse von *E. Pfeil* zeigen, daß die substantiven Farbstoffe nicht eigentlich auf der Cellulose haften, sondern lediglich im Innern der Cellulose aggregieren. Die Auswaschbarkeit des Farbstoffes wird dadurch stark beeinflußt. Je stärker ein Farbstoff aggregiert, um so besser ist auch seine Naßechtheit. Die Farbstoffe wandern vermutlich in monomolekularem Zustand in die Faser ein und bewegen sich auch in dieser Form innerhalb der Faser. In den Micellhohlräumen werden die Farbstoffe ihres Solvatwassers beraubt, wodurch eine Aggregation verursacht wird.

Die Koplanaritätshypothese und die Doppelbindungstheorie lassen sich durch diese Anschauung zwanglos deuten. Der ebene Bau der Farbstoffmoleküle ist nicht zur Anpassung an die nachweisbar unebene Celluloseoberfläche erforderlich, sondern er fördert die zur Aggregation notwendigen Anziehungskräfte. Dasselbe trifft auch für die Doppelbindungen zu.

Ein stark aggregierender Farbstoff ist nun im färberischen Sinne nicht unbedingt auch ein gut substantiver Farbstoff. Der Begriff Substantivität schließt ein gutes Aufziehen der Farbstoffe auf die Faser ein. Bei stark aggregierenden Farbstoffen werden das Einwandern und der Transport innerhalb der Cellulose durch die Aggregationsneigung stark gehemmt, so daß sie schlecht aufziehen, d. h. als wenig substantiv bezeichnet werden, obwohl sie in Wirklichkeit gut auf der Cellulose haften.

f) Aufnahme der Reaktivfarbstoffe durch Cellulosefasern

Wie bereits auf S. 405 ff. beschrieben, werden die Reaktivfarbstoffe kovalent an die Cellulose-Hydroxylgruppen unter Bildung von Estern oder Äthern gebunden. Es handelt sich also um eine Acylierung bzw. Alkylierung der Cellulose, die mit derjenigen der Hydroxylgruppen des Wassers im Wettbewerb steht. Derjenige Anteil des Farbstoffs, der mit dem Wasser reagiert hat, wird nicht mehr echt an die Faser gebunden und muß im Interesse der Echtheitseigenschaften sorgfältig ausgewaschen werden.

Reaktivfarbstoffe reagieren bevorzugt mit der Cellulose auf Grund der größeren Nucleophilie des Cell-$O^{\ominus}$-Anions im Vergleich zum $OH^{\ominus}$-Anion.

Untersuchungen darüber, ob die Reaktivfarbstoffe vorwiegend an die primären oder die sekundären OH-Gruppen der Cellulose gebunden sind, ergaben am Beispiel von Sulfofluoridfarbstoffen, daß ca. 75 % des Farbstoffes über primäre und 25 % über sekundäre OH-Gruppen gebunden sind (*H. Zollinger*).

Die Kinetik der Hydrolyse von Reaktivfärbungen auf Cellulose gibt Aufschluß über die Bindungsfestigkeit zwischen Faser und Farbstoff. Je nach der Art der vorliegenden Reaktivgruppe im Farbstoff zeigen die Färbungen unterschiedliche Alkali- und Säurebeständigkeit. So sind z. B. Vinylsulfon-, Pyrimidin- und veresterte β-Hydroxyäthylsulfonamid-Farbstoffe im sauren Medium stabiler an die Cellulose gebunden als z. B. Cyanurchloridfarbstoffe (*H. Zollinger*).

Untersuchungen von *Th. Vickerstaff, J. Wegmann, H. Zollinger, K. Schwertassek* u. a. bestätigen experimentell die angenommene kovalente Bindung des Farbstoffs an die Fasersubstanz.

E. Elöd und *Y. Nakahara* konnten durch reaktionskinetische Untersuchungen der Farbstoff-Desorption feststellen, daß diese eine Reaktion 1. Ordnung darstellt, was auf die kovalente Natur der Bindung schließen läßt.

H. Rath und *M. Pässler* gelang es, durch an „Modellfarbstoffen" vorgenommene *infrarotspektroskopische* Untersuchungen zu zeigen, daß tatsächlich eine kovalente Bindung der „Triazin-Modellfarbstoffe" an die Cellulose eintritt (Auftreten der C-O-C-Valenzschwingung und gleichzeitige Abnahme der Intensität der OH-Valenzschwingung der Cellulose).

Bei β-substituierten Äthanderivaten (Remazolen) konnte die gefärbte Cellulose ohne wesentliche Spaltung der Bindung Faser/Farbstoff mit Säure hydrolysiert und die erhaltene Verbindung Glucose/Farbstoff als identisch mit der präparativ erzeugten Substanz identifiziert werden (*E. Bohnert*).

H. Zollinger gelang bei der gleichen Farbstoffgruppe eine fermentative Spaltung der gefärbten Cellulose und die Identifizierung der Spaltstücke.

Die Hydrolyse der Reaktivfärbungen ist genau so wie die Fixierung eine nukleophile aromatische Substitution nach dem Additionsmechanismus bzw. S_N2-Mechanismus (*H. Zollinger, O. A. Stamm* und *R. Senn.*)

Die *Hydrolysegeschwindigkeit* der Reaktivfarbstoffe soll im Interesse der Farbausbeute gegenüber der Fixiergeschwindigkeit so sehr zurücktreten, daß sie praktisch vernachlässigt werden kann, und zwar gilt dies sowohl für die alkalische Hydrolysegeschwindigkeit im Hinblick auf alkalische Waschoperationen als auch für die saure Hydrolysegeschwindigkeit mit Rücksicht auf die Kunstharzausrüstung reaktiv gefärbter Cellulosegewebe (*P. Rys* und *H. Zollinger*).

g) Aufnahme der Farbstoffe durch Acetatfasern

Die Aufnahme der Farbstoffe durch Acetatfasern stellt man sich in der Weise vor, daß die Acetatfaser als *Lösungsmittel* für die Farbstoffe fungiert und diese zu einer festen Lösung bindet (S. 589). Bringt man z.B. Aminoanthrachinone in trockenem Zustand mit der Acetatfaser zusammen, so ziehen diese bei 60 °C in einigen Stunden auf die Faser auf, was als Zustandekommen einer festen Lösung gedeutet werden kann. Da es sich bei vielen wasserunlöslichen Acetatfarbstoffen ebenfalls um Aminoanthrachinone handelt, dürfte der Färbevorgang auf der gleichen Erscheinung beruhen.

Mißt man das *Verteilungsgleichgewicht*, d.h. die Menge Farbstoff in den beiden Mitteln (wäßrige Flotte und Faser), so findet man die für die Verteilung eines Stoffes zwischen zwei Lösungsmitteln gültige Gesetzmäßigkeit (*Henry*sches Gesetz) erfüllt, daß nämlich im Gleichgewicht das Verhältnis der Farbstoffkonzentration in beiden Lösungsmitteln konstant sein muß. Bei der Erhöhung der Farbstoffkonzentration in der Flotte um z.B. das 3fache muß auch diejenige auf der Faser den 3fachen Wert annehmen.

Dies ist bei der Adsorption nicht der Fall. Diese nimmt nicht proportional der Farbstoffkonzentration in der Flotte, sondern langsamer zu, da die an der Faseroberfläche zur Verfügung stehenden Adsorptionskräfte immer weniger werden.

Nach *R. Clavel, C. L. Bird, F. Manchester* und *P. Harris* erfolgt die Aufnahme – trotz der geringen Farbstofflöslichkeit – über eine wäßrige molekulardisperse Lösung.

Auch die Tatsache der Löslichkeit der Acetatfarbstoffe in Essigsäure-äthylester weist auf die Möglichkeit der Lösung in Essigsäure-celluloseester hin.

Ein weiterer Beweis für die Funktion der Acetylcellulose als Lösungsmittel ist der, daß man der Faser, also dem „Lösungsmittel" den Farbstoff quantitativ entziehen kann, wenn man die gefärbte Faser mit einer heißen wäßrigen Aufschlämmung von Aktivkohle behandelt.

Nach neueren Untersuchungen sind die zur Lösung drängenden Kräfte Dipolkräfte bzw. Wasserstoffbrückenbindungen, wobei allerdings – mindestens bei Triacetat – der Farbstoff als Protonendonator fungieren müßte.

E. H. Daruwalla, S. S. Rao und *B. D. Tilak* konnten zeigen, daß auch bei Dispersionsfarbstoffen hinsichtlich ihrer Affinität zur Acetatfaser ein konstitutioneller Zusammenhang in der Richtung besteht, daß die Affinität durch die *Koplanarität* des Farbstoffs positiv beeinflußt wird.

Der Aufnahme der Dispersionsfarbstoffe durch *synthetische Fasern* dürften gleichartige Vorgänge zugrunde liegen. Bei dem System Polyesterfaser/Farbstoff in der Flotte ist im Verteilungsgleichgewicht ebenfalls das *Henry*sche Gesetz erfüllt.

3. Physikalisch-chemische Betrachtung der Färbevorgänge

Während im vorangegangenen Abschnitt (B.2.) die Wechselwirkung zwischen Farbstoff und Faser auf vorwiegend chemischer Basis diskutiert wurde, sollen nachstehend einige kurze Betrachtungen über die physikalisch-chemische Seite dieser Vorgänge angestellt werden.

Die folgenden Ausführungen sollen nur einen Hinweis auf die Bedeutung physikalisch-chemischer Gesetzmäßigkeiten für den Färbeprozeß darstellen. Eine ausführliche Besprechung dieses komplexen Gebietes ist im Rahmen dieses Lehrbuches nicht möglich. Zum weiteren Studium sei verwiesen auf *Th. Vickerstaff*, The Physical Chemistry of Dyeing, *H. Zollinger*, Chemie der Azofarbstoffe, *E. J. Valko*, Encyclopedia of Polymer Science and Technology Bd. 5 und *P. Rys, H. Zollinger*, Leitfaden der Farbstoffchemie.

Einleitend sei zunächst bezüglich der Schwierigkeiten der physikalisch-chemischen Probleme der Färbevorgänge auf die Ausführungen der Seite 516f. verwiesen. Des weiteren werden nachstehend folgende Bemerkungen vorausgeschickt:

P. Rys und *H. Zollinger* stellen fest, daß die exaktere Beschreibung der Färbesysteme äußerst schwierig ist, und – falls sie sich ausschließlich auf die drei fundamentalen Theorien der physikalischen Chemie stützt (Quantenmechanik, statistische Mechanik und Thermodynamik) – auch sehr abstrakt ist. „Zur Interpretation der experimentell erfaßten Phänomene braucht man Modelle, die in Wirklichkeit Hypothesen sind und deshalb nur im weitesten Sinne des Wortes als Färbetheorien bezeichnet werden."

Weiterhin sind nach *P. Rys* und *H. Zollinger* die Anteile der für die Sorption in einem konkreten System verantwortlichen, verschiedenen zwischenmolekularen Wechselwirkungen (elektrostatische Kräfte, *van der Waals*sche Kräfte, Wasserstoffbrücken, hydrophobe Wechselwirkung) erst unvollkommen bekannt, da es schwierig ist, zwischen verschiedenen Wechselwirkungskräften zu differenzieren.

Nach *W. McDowell* und *R. Weingarten* kann die Anwendung der klassischen Thermodynamik zu Fehlresultaten führen, die darin u. a. begründet sind, daß nicht alle Faktoren, die zum Zustandekommen einer Färbung beitragen, genügend bekannt sind und in der rechten Weise berücksichtigt werden. Dies gilt z. B. für Veränderungen des Faserzustandes von Synthesefasern während des Färbens („Inneres Volumen").

Man ist in zunehmendem Maße bemüht, den Färbevorgang quantitativ zu beschreiben und auf eine physikalisch-chemische Basis zu stellen. Die färberischen Eigenschaften eines Farbstoffes sind in erster Linie durch die *Färbegeschwindigkeit*, durch das *Färbegleichgewicht* und die *Haftfestigkeit* des Farbstoffes auf dem Substrat charakterisiert.

Die *Färbegeschwindigkeit* hängt eng mit der Diffusionsgeschwindigkeit der Farbstoffe im Färbebad und mit der Diffusion innerhalb der Faser zusammen. Die Erfahrung zeigt, daß die Diffusion innerhalb der Faser im allgemeinen der langsamste und deshalb für den Gesamtvorgang des Aufziehens von Farbstoffen auf Textilfasern der geschwindigkeitsbestimmende Schritt ist. Zur Charakterisierung von Diffusionsvorgängen wird im allgemeinen das *Ficksche Gesetz* herangezogen. Es hat sich jedoch gezeigt, daß bei Färbevorgängen dieses Gesetz keine exakte Gültigkeit besitzt. Vielmehr sind die Diffusionskoeffizienten von der Konzentration des Farbstoffes im Färbebad abhängig. Man bestimmt daher die scheinbaren Diffusionskoeffizienten bei verschiedenen Farbstoffkonzentrationen und extrapoliert dann auf die Konzentration c = 0. Der Zusammenhang zwischen dem scheinbaren Diffusionskoeffizienten und dem wirklichen Diffusionskoeffizienten ist durch folgende Gleichung gegeben:

$$D_{\text{app}} = V \frac{d\,c_i}{d\,c_a} \cdot D$$

Hierin bedeuten:
D_{app} = scheinbarer Diffusionskoeffizient
D = Diffusionskoeffizient
c_i = Konzentration der Farbstofflösung in den Poren der Faser
c_a = adsorbierte Farbstoffmenge
V = relatives Porenvolumen der Faser

Bei der Ableitung der Gleichung geht man davon aus, daß der Farbstoff nur in den mit Wasser gefüllten Poren der Faser transportiert wird, nicht aber oder nur zum geringeren Teil im Festkörper bzw. den kristallinen oder hochgeordneten Bereichen.

Die bisher gemessenen Diffusionskoeffizienten von Farbstoffen liegen sämtlich im Bereich von 10^{-7} bis 10^{-13} cm²/sec (*H. Zollinger*). Farbstoffe, die relativ rasch aufziehen, wie z.B. Säurefarbstoffe auf Wolle, Direkt- und Naphtol-AS-Farbstoffe auf Cellulosefasern, weisen Diffusionskoeffizienten von etwa 10^{-7} bis 10^{-9} cm²/sec auf, während Farbstoffe, die ohne Quellmittel oder sonstige Hilfsmittel relativ langsam auf Synthesefasern aufziehen, Diffusionskoeffizienten von 10^{-10} bis 10^{-13} cm²/sec besitzen.

Die Diffusion der Farbstoffe in das Faserinnere kommt zum Stillstand, wenn das Färbegleichgewicht erreicht ist. Thermodynamisch ausgedrückt ist dies dann der Fall, wenn das chemische Potential des Farbstoffes in der Lösung gleich dem chemischen Potential des Farbstoffes in der Faser geworden ist (*Th. Vickerstaff*):

chemisches Potential des Farbstoffes in der Lösung (L)	$\mu_L = \mu_L^\circ + RT \ln a_L$
chemisches Potential des Farbstoffes in der Faser (F)	$\mu_F = \mu_F^\circ + RT \ln a_F$
Färbegleichgewicht	$\mu_L = \mu_F$

Hierin bedeuten μ° die Grund- bzw. Standardpotentiale, R die Gaskonstante, T die absolute Temperatur und a die Aktivität der Farbstoffe.

Die *Thermodynamik* der Färbevorgänge wird maßgeblich beeinflußt durch das Vorliegen ionischer Gruppen in Fasern und Farbstoffen. Hierbei ist für die Wechselwirkung Farbstoff-Faser zwischen folgenden Möglichkeiten zu unterscheiden (*E. J. Valko*):

1. Nichtionische Farbstoffe – nichtionische Fasern
2. Ionische Farbstoffe – nichtionische Fasern
3. Ionische Farbstoffe – ionische Fasern

1. Nichtionische Farbstoffe – nichtionische Fasern:

Beim Färben von Acetatfasern oder Polyamid- bzw. Polyesterfasern mit Dispersionsfarbstoffen haben eventuell vorhandene ionogene Gruppen der Faser keinen Einfluß auf den Färbevorgang. Unter der Voraussetzung, daß die Farbstoffe in beiden Phasen (Lösung und Faser) monomolekular verteilt vorliegen, gilt in bezug auf das Färbegleichgewicht der *Henry-Nernstsche Verteilungssatz*:

$$[F]_F = K \cdot [F]_L$$

worin $[F]_F$ die Farbstoffkonzentration in der Faser und $[F]_L$ die Farbstoffkonzentration in der Lösung und K den Verteilungskoeffizienten darstellen. In Übereinstimmung mit dieser Gleichung nimmt bei konstanter Temperatur die Farbstoffkonzentration in der Faser linear mit der Konzentration in der Lösung zu, bis in beiden Phasen ein Sättigungszustand erreicht ist.

2. Ionische Farbstoffe – nichtionische Fasern:

Dieser Fall liegt vor beim Färben von Cellulosefasern mit Direktfarbstoffen, Naphtol-AS- oder Küpenfarbstoffen. Farbstoffionen können nicht von einer Phase in eine andere wandern, ohne auch eine äquivalente Menge an Gegenionen zu transportieren. Im anderen Falle würde ein beträchtliches elektrisches Potential entstehen. Die Anwesenheit eines Gegenions stellt einen zusätzlichen gleichgewichtsbeeinflussenden Faktor dar. Die Gleichgewichtslage und damit die Farbstoffmenge auf der Faser wird durch das Gegenion mitbeeinflußt. Unter der Voraussetzung, daß außer den Farbstoffanionen keine anderen Anionen am Färbegleichgewicht beteiligt sind, gilt für das Färbegleichgewicht folgende Beziehung:

$$[F]_F = K \cdot [F]_L^{1/(n+1)} \cdot [\mathrm{Kat}]_L^{n/(n+1)}$$

Hierin bedeuten: $[F]_F$ = Farbstoffkonzentration auf der Faser
$[F]_L$ = Farbstoffkonzentration in der Lösung
$[\mathrm{Kat}]_L$ = Kationenkonzentration in der Lösung
n = Zahl der negativen Ladungen des Farbstoffes
K = Konstante

Die Gleichung zeigt, daß mit zunehmender Zahl der elektrischen Ladungen des Farbstoffes der Einfluß des Gegenions auf das Färbegleichgewicht wächst. Durch die Zugabe von zusätzlichen Salzmengen z.B. NaCl oder Na_2SO_4 zum Färbebad kann das Färbegleichgewicht günstig beeinflußt werden[1]. Dieser Salzeffekt ist darauf zurückzuführen, daß die erhöhte Konzentration an Gegenionen im Färbebad die Adsorption von Farbstoffionen in der Faser nach dem Gesetz der Elektroneutralität erleichtert. Die Ionenkonzentration in der Faser wird nun durch das sogenannte *Donnansche Membrangleichgewicht* beeinflußt (*Th. Vickerstaff*). Diese Art von Ionengleichgewichten tritt dann auf, wenn ein Elektrolyt mit Ionen sehr ungleicher Größe (z.B. Na-Salze von Farbstoffen) in eine Membran eingeschlossen ist, die von einer Lösung kleinioniger Salze, z.B. NaCl, umspült wird. Ist die Membran für das Lösungsmittel und alle Ionen, außer den großen Anionen (Farbstoffionen), durchlässig, so können sich die Na^+- und Cl^--Ionen nicht gleichmäßig auf beide Seiten der Membran verteilen, denn sonst würde die Elektroneutralität nicht gewahrt bleiben. Das Gleichgewicht ist dann erreicht, wenn das Ionenprodukt von Na^+ und Cl^- auf beiden Seiten das gleiche ist. Die Gesamtkonzentration ist aber innen stets größer als außen.

Analoges gilt für den Färbevorgang. Dabei kommt der Faser die Rolle der Membran zu. Die gefärbte Cellulose enthält eine Anzahl nicht mehr diffundieren-

[1] Durch „Konstanthalten" des Kations entsteht so aus der obigen Beziehung ein Ausdruck, der einer Adsorptionsisotherme nach *Freundlich* entspricht.

der Farbstoffanionen, die eine äquivalente Anzahl von beweglichen Na^+-Ionen am Austausch mit der äußeren Phase hindern. Von der äußeren Phase diffundieren so lange Na^+- und Cl^--Ionen in das Faserinnere, bis das Ionenprodukt aus Na^+ und Cl^- in der Faser und in der Lösung gleich ist. Auf diese Weise entsteht ein Konzentrationsgefälle zwischen Faser und Lösung. Die Natriumionenkonzentration innerhalb der Faser wird also durch das Donnansche Membrangleichgewicht beeinflußt, während andererseits die Adsorption von Farbstoffanionen und damit das Färbegleichgewicht durch die Konzentration dieser Gegenionen mitbestimmt wird.

3. Ionische Farbstoffe – ionische Fasern:

Wiederum andere Gesetzmäßigkeiten gelten für den Fall, daß nicht nur Farbstoffe, sondern auch Fasern ionische Gruppen enthalten. Dies trifft beim Färben von Proteinfasern oder Polyamiden mit Säurefarbstoffen zu. Die Farbstoffaufnahme ist – wie bereits ausgeführt – stark vom pH-Wert der Farbstofflösung abhängig, da durch den pH-Wert wiederum die Zahl der ionogenen Gruppen in der Faser beeinflußt wird. Das Färbegleichgewicht kann durch eine *Langmuir-Isotherme* dargestellt werden:

$$[F]_F = k \cdot A \cdot [F]_L / (k \cdot [F]_L + 1)$$

$[F]_F$ = Auf der Faser adsorbierte Farbstoffmenge
$[F]_L$ = Farbstoffkonzentration in der Lösung
A = Gesamtzahl der austauschbaren Anionen
k = Adsorptionskonstante

Die Langmuir-Isotherme gilt für Färbungen, bei denen eine stöchiometrisch reversible Reaktion zwischen Farbstoff und Faser eintritt (*H. Zollinger*), wobei die Faser eine beschränkte Anzahl von reaktionsfähigen Stellen aufweist. Beim Färben von Polyamidfasern mit Säurefarbstoffen entspricht z. B. die Anzahl der farbstoffbindenden Gruppen der Zahl der in der Faser vorhandenen Amino- bzw. Ammoniumgruppen. Der anionische Säurefarbstoff wird also über eine beschränkte Anzahl von kationischen Gruppen in der Faser gebunden.

Die Adsorption von Farbstoffen an der Faser steigt nur bei kleinen Konzentrationen linear mit der Konzentration. Mit zunehmender Farbstoffkonzentration erreicht die Adsorption asymptotisch einen Sättigungswert. Bei polyvalenten Farbstoffionen wird die adsorbierte Farbstoffmenge naturgemäß auch von der Zahl der ionischen Gruppen im Farbstoff beeinflußt. Bei Proteinfasern und Polyamiden kann auch in Abhängigkeit vom pH-Wert eine innere Absättigung der ionogenen Gruppen stattfinden. In diesem Falle folgt die Adsorption ionogener Farbstoffe der Gesetzmäßigkeit, wie sie für nichtionische Fasern vorliegt.

Ein Maß für die *Haftfestigkeit des Farbstoffes* auf dem Substrat ist die *thermodynamische Affinität* (*J. Wegmann*). Die Affinität eines Farbstoffes zur Faser ist thermodynamisch definiert durch die Differenz der chemischen Grundpotentiale μ_L° und μ_F° der Farbstoffe in Lösung bzw. in der Faser.

$$\text{Affinität} = -\Delta\mu^\circ = \text{RT} \ln \frac{a_F}{a_L}$$

Um die Affinität zu bestimmen, ist es notwendig, die Aktivität des Farbstoffes in der Faser und in der Lösung zu ermitteln. Dies bereitet in vielen Fällen erhebliche Schwierigkeiten. Die für verschiedene ionogene Farbstoffe gemessenen Affinitätswerte liegen zwischen 3 und 6 kcal/mol (*E. J. Valkó*). Die Ursachen der Affinität liegen in der Natur der zwischenmolekularen Kräfte wie elektrostatische Kräfte, Dispersions-, Dipolkräfte und H-Brückenbindungen. Die Adsorption der Farbstoffe an die Faser aus einer wäßrigen Lösung stellt einen leicht exothermen Prozeß dar.

Auf Grund der bei Färbevorgängen gemessenen *Wärmetönungen* wird gefolgert, daß Wasserstoffbrückenbindungen keine Hauptrolle bei der Bindung von Farbstoffen an das Fasersubstrat spielen können (*H. Zollinger*). Dies gilt auch für substantive Farbstoffe. Es ist anzunehmen, daß *Dispersionskräfte* eine wesentlich größere Bedeutung für die Faser-Farbstoffbindung besitzen (*H. Zollinger*). Dies setzt wiederum voraus, daß den Farbstoffmolekülen eine optimale Annäherung an das Fasermolekül möglich ist, da die Dispersionskräfte nur auf sehr kurze Entfernungen wirksam sind. Während die Ausbildung von H-Brücken für die Faser-Farbstoffbindung substantiver Farbstoffe von untergeordneter Bedeutung ist, soll die Planarität der Farbstoffe und die Zahl konjugierter Doppelbindungen im Farbstoffmolekül eine wichtige Rolle für die Haftung der Farbstoffe spielen.

Es ist bis jetzt noch nicht möglich, einen Färbeprozeß sowohl in bezug auf die Diffusion des Farbstoffes als auch in bezug auf die Gleichgewichtslage und die Affinitätswerte exakt mathematisch zu erfassen. Die bis jetzt angewandten mathematischen Formulierungen gelten zum Teil nur für vereinfachte Verhältnisse, wie sie in der Praxis in den seltensten Fällen vorliegen. Der in der Praxis übliche Färbevorgang wird von einer so großen Zahl von Faktoren beeinflußt, daß eine mathematische Erfassung recht schwierig ist. So wird z.B. der Färbevorgang u.a. durch die Assoziation der Farbstoffe, durch die Wechselwirkung mit dem Wasser und vorhandenen Hilfsmitteln, durch die Einwirkung von Hilfsmitteln auf die Faseroberfläche und durch die gegenseitige Beeinflussung der Hilfsmittel untereinander sowie durch die Änderung von Salz- und Farbstoffkonzentration und Temperatur während des Färbens beeinflußt (*W. Luck*).

Unter diesen Umständen können die vorstehenden Ausführungen nur Hinweise geben, ohne ein schlüssiges Bild zu zeichnen.

4. Konstitution und Echtheit der Farbstoffe

Für die Zwecke der Farbstoffsynthese ist es naturgemäß von größter Wichtigkeit, Gesetzmäßigkeiten zu finden für die Abhängigkeit der Echtheitseigenschaften von der Konstitution der Farbstoffe. Der Farbstoffsynthetiker hat dann die Möglichkeit, streng systematisch zu Farbstoffen der gewünschten Echtheit zu gelangen. Obwohl ein umfangreiches experimentelles Material vorliegt, sind die diesbezüglichen Zusammenhänge nur teilweise geklärt.

An die Echtheit der Farbstoffe bzw. der Färbungen werden entsprechende Ansprüche nicht nur im Gebrauch, sondern auch schon während der Fabrikation gestellt. Man unterscheidet daher zwischen *Fabrikationsechtheitseigenschaften* und *Tragechtheits- bzw. Gebrauchsechtheitseigenschaften*. Zu den ersteren gehören beispielsweise die Beuchechtheit, Chlorechtheit, Mercerisierechtheit, Peroxidechtheit, Walkechtheit, Dekatierechtheit usw. Werden gefärbte Waren diesen Veredlungsarbeiten unterzogen, dann müssen die Farbstoffe eine genügende Widerstandsfähigkeit gegen diese Prozesse aufweisen. Zu den Tragechtheitseigenschaften gehören die Lichtechtheit, Schweißechtheit, Waschechtheit, Reibechtheit, Bügelechtheit usw. (vgl. S. 537).

Bewertung der Echtheitseigenschaften. Die Lichtechtheit wird mit acht, die übrigen Echtheitseigenschaften werden mit fünf Stufen bewertet. Dabei ist

für die *Lichtechtheit*	für die *sonstigen Echtheiten*
1 = sehr gering	1 = gering
2 = gering	2 = mäßig
3 = mäßig	3 = ziemlich gut
4 = ziemlich gut	4 = gut
5 = gut	5 = sehr gut
6 = sehr gut	
7 = vorzüglich	
8 = hervorragend	

Zu bemerken ist, daß der Grad der Echtheit bei vielen Echtheitseigenschaften von der *Tiefe der Färbung* abhängt. So ist die Waschechtheit einer Färbung bei nicht waschechten Farbstoffen um so geringer, je tiefer die Färbung ist. Bei der Lichtechtheit liegen die Verhältnisse gerade umgekehrt, so daß eine Färbung um so weniger lichtecht ist, je niedrigprozentiger die Ausfärbung ist. Die Echtheiten werden in ihrer absoluten Höhe auch durch die der Färbung zugrunde liegende Faserart sowie durch auf bzw. in der Faser eventuell befindliche Fremdstoffe beeinflußt.

Nachstehend sollen einige Gesichtspunkte für den Zusammenhang zwischen Konstitution und Echtheitseigenschaften an Hand von Beispielen erläutert werden, ohne daß die aufgezeigten Richtlinien eine für alle Fälle gültige Gesetzmäßigkeit darstellen. Auf weitere Faktoren ist bereits bei der Beschreibung der einzelnen Farbstoffe jeweils hingewiesen worden.

Konstitution und Naßechtheit. Löslich machende Gruppen in den Farbstoffen bewirken eine geringe Beständigkeit der Färbung gegenüber Wasser und wäßrigen Medien, also eine geringe Wasserechtheit, Waschechtheit, Schweißechtheit, Walkechtheit usw. (solange keine Reaktivfarbstoffe vorliegen).

Wenig waschecht sind daher:

	Waschechtheit
Substantive Farbstoffe	1 bis 2–3
Kationische Farbstoffe	1 bis 2
Säurefarbstoffe	1 bis 4

Die Naßechtheiten können durch Metallkomplexbildung, Vergrößerung des Moleküls usw. erhöht werden. Das Fehlen von löslich machenden Gruppen hat gute Naßechtheitseigenschaften zur Folge (vgl. S. 537):

	Waschechtheit
Küpenfarbstoffe	3–4 bis 5
Schwefelfarbstoffe	3 bis 5
Entwicklungsfarbstoffe	4 bis 5
Oxydationsfarbstoffe	4 bis 5

Neben den löslich machenden Gruppen spielen für die Beständigkeit der Färbungen gegenüber wäßrigen Lösungen auch spezielle Konstitutionseigentümlichkeiten eine wesentliche Rolle. So verleiht z.B. eine *Acylaminogruppe* einem substantiven Farbstoff eine gute Affinität und Fixierung auf der Cellulosefaser (s. S. 542f.). Wollfarbstoffe, in denen ein gewisser Ausgleich zwischen basischen und sauren Gruppen vorhanden ist, werden vielfach fester an die Wollfaser gebunden als solche, die nur saure Atomgruppierungen aufweisen.

Einige spezielle konstitutive Konstellationen wirken sich besonders günstig auf die *Walkechtheit* aus. Hierzu gehört vor allem die —O-SO_2-Aryl-Gruppe, welche die Walkechtheit erhöht und oft überhaupt bedingt (*Polarfarbstoffe*).

So erhält man z. B. durch Verestern der phenolischen Gruppe in Congoorange *G* mit p-Toluolsulfosäure den walkechten Säurefarbstoff *Polarorange R*:

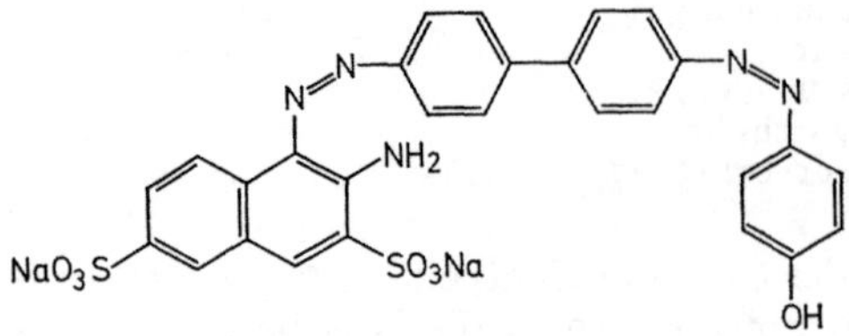

Congoorange G substantiver Farbstoff

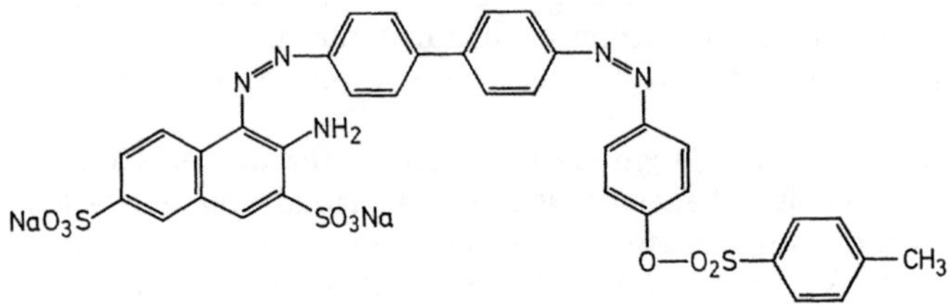

Polarorange R walkechter Säurefarbstoff

Farbstoffe mit der Gruppierung —O-SO_2-Aryl sind zwar gut walkecht, egalisieren aber oft nicht besonders gut. Durch Einführung der Gruppen —NH-SO_2-Aryl und $-\underset{\text{Alkyl}}{\underset{|}{N}}-SO_2$-Aryl erhält man *gut walkechte Farbstoffe bei gleichzeitig guter Egalisierung*. Auch die Sulfofluoridgruppe (—SO_2F) ist in dieser Richtung wirksam.

Beispiel

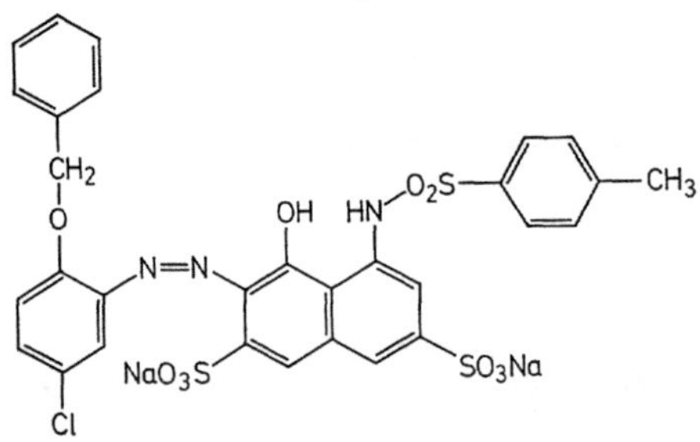

Polarbrillantrot 3 B

Ersetzt man in einem Azofarbstoff einen Sulfamidrest durch einen langkettigen Alkylsulfonrest, z. B. in der Diazokomponente

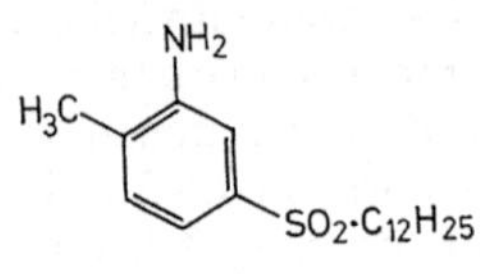

so erhält man unter dem Einfluß der *hydrophoben* Dodecylgruppe sehr gut wasser-, walk- und waschechte Säurefarbstoffe. Auch Gruppierungen, in denen Aminogruppen oder Carboxylgruppen einer Diazokomponente durch einen hochmolekularen aliphatischen Rest substituiert sind, wie z. B.

$$—NHCO \cdot C_{17}H_{35} \quad \text{bzw.} \quad —COO \cdot C_{12}H_{25},$$

wirken sich in dieser Richtung aus.

Der Gedanke der Einführung hydrophober Komponenten wird nicht nur für die Herstellung von Säurefarbstoffen, sondern auch für diejenige von Cellulosefarbstoffen ausgewertet.

Auch die Einführung der *m-Aminobenzaldehydgruppe* in Azofarbstoffe ist geeignet, die Walkechtheit zu erhöhen. Möglicherweise findet hier eine Umsetzung der Aldehydgruppe des Farbstoffs mit den Aminogruppen der Wolle statt. Auch Disazofarbstoffe, die sich von m-substituierten Benzidinen ableiten, besitzen eine gute Walkechtheit.

Konstitution und Beuchechtheit bei Küpenfarbstoffen. Küpenfarbstoffe werden in der Beuche (S. 65) und alkalischen Wäsche bei Gegenwart von Reduktionsmitteln um so leichter reduziert, je weniger Carbonylgruppen reduziert werden müssen, um den Farbstoff in Lösung zu bringen. Allerdings spielt auch das Molekulargewicht eine Rolle, da bei hohem Molekulargewicht und gleicher Carbonylgruppenzahl durch die gleiche Zahl von Reduktionsäquivalenten mehr Farb-

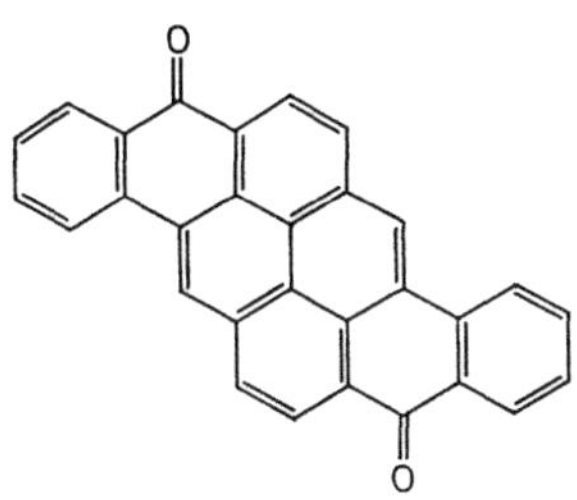

Pyranthron

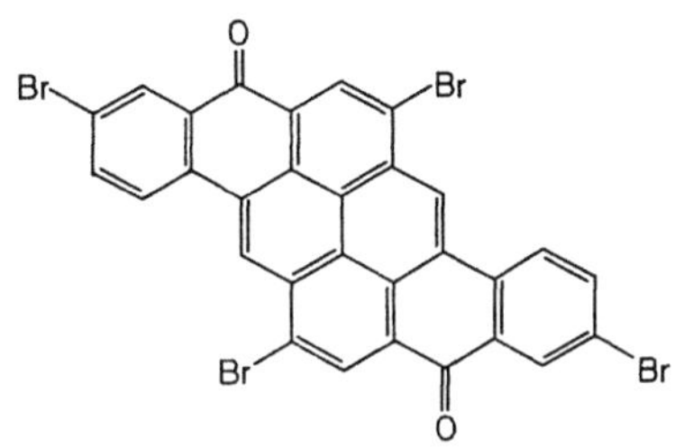

Tetrabrom-pyranthron

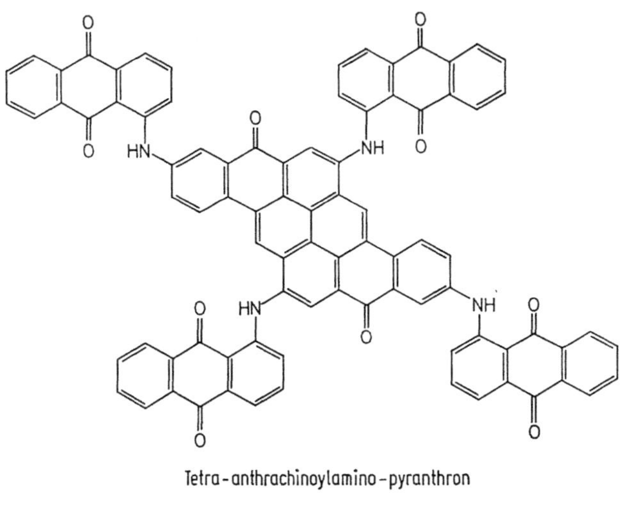

Tetra-anthrachinoylamino-pyranthron

stoff reduziert wird, als bei niedrigem Molekulargewicht (*M. A. Kunz*). So ist z.B. das Pyranthron beuchunecht und das Tetrabrompyranthron noch beuchunechter, da letzteres bei gleicher Carbonylgruppenzahl ein wesentlich höheres Molekulargewicht besitzt als das Pyranthron. Im Gegensatz dazu ist das Tetra-anthrachinoylamino-pyranthron trotz hohen Molekulargewichts ein absolut beuchechter Farbstoff (schwarz), da dieses fünfmal so viel Carbonylgruppen besitzt wie das Pyranthron.

Konstitution und Lichtechtheit. Das Ausbleichen der Farbstoffe ist ein oxydativer Vorgang, welcher namentlich durch kurzwellige und daher chemisch aktive Strahlen beschleunigt wird. Möglicherweise entsteht hierbei in Wechselwirkung mit dem Sauerstoff und dem Wasserdampf der Luft bleichend wirkendes Wasserstoffperoxid.

Neben der Konstitution spielt auch der Verteilungszustand des Farbstoffes auf der Faser für den Grad der Lichtechtheit eine Rolle. So kann man bei manchen waschechten Färbungen durch kochendes Seifen eine Kristallisation des Farbstoffs und damit eine Erhöhung der Lichtechtheit erzielen (S. 556), da durch die Kristallisation eine Verkleinerung der spezifischen Oberfläche eingetreten ist (*E. Kornreich, E. Valkó*). Dabei ordnet sich der Farbstoff nadelförmig weitgehend parallel zur Faserachse an die Fasern an (*H. Sumner, Th. Vickerstaff, E. Waters, J. O. Warwicker*). *J. Wegmann* ist der Ansicht, daß beim Seifen von Küpenfarbstoffen diese nicht aus dem amorphen in den kristallinen Zustand, sondern von einer kristallinen Modifikation in die andere übergehen (*Desmotrope Modifikation*).

Für den Zusammenhang zwischen Konstitution und Lichtechtheit existieren wenig allgemeine Gesetzmäßigkeiten. Als eine von diesen gilt z.B. die Regel, daß Azofarbstoffe mit den folgenden Gruppierungen im allgemeinen wenig lichtecht sind:

Als eine der Ausnahmen von diesen Regeln ist das Variaminblau zu nennen, das sich durch eine besonders gute Lichtechtheit auszeichnet.

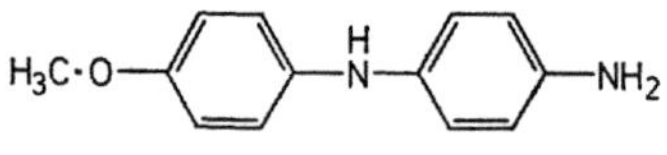

4-Methoxy-4'-aminodiphenylamin
Variaminblau B Base

Für die Herstellung lichtechter Azofarbstoffe spielt namentlich die γ-Säure eine besondere Rolle. Acylierung einer NH_2-Gruppe verbessert bei Azofarbstoffen die Lichtechtheit; ebenso wirken verbessernd die SO_2NR_2-, OSO_2Ar-, CF_3- und Alkoxygruppe.

Eine weitere Möglichkeit zur Herstellung lichtechter Azofarbstoffe besteht in der Kombination mit *Cyanurchlorid*[1]. Man kann die Chloratome des Cyanurchlorids stufenweise durch einen Azofarbstoffrest ersetzen nach dem Schema:

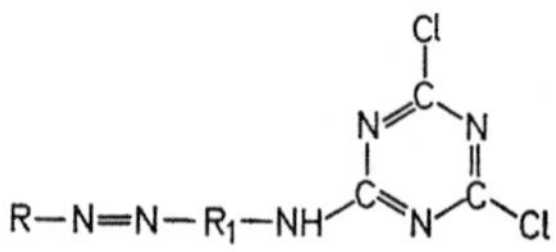

[1] Dieses Prinzip wurde erst später als Reaktivprinzip erkannt (S. 405f.).

Auch die beiden anderen Chloratome können in dieser Weise ausgetauscht werden. Als Beispiel für solche Farbstoffe sind zu nennen: Chlorantinlichtblau 8GL, Chlorantinlichtrot 5GL, Chlorantinlichtgrün BL, Diazoechtgelb 3GLL, Diazoechtgrün BL. Das gleiche Prinzip ist auch wichtig für die Herstellung lichtechter Küpenfarbstoffe (S. 466).

In der Reihe der anthrachinoiden Küpenfarbstoffe wurde festgestellt, daß solche Vertreter eine besonders gute Lichtechtheit aufweisen, welche einen *Ringstickstoff* im Molekül enthalten (*M. A. Kunz*).

Als Diazokomponente für sehr gut lichtechte Säurefarbstoffe bewähren sich das *2- und 4-Amino-thioxanthon*:

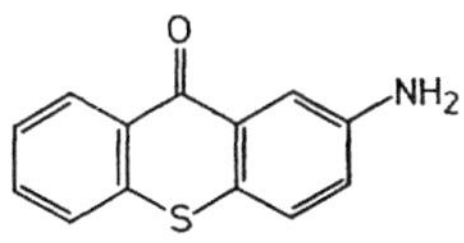

2-Amino-thioxanthon

Lichtechtheitsschutz. Beim Belichten nimmt das Farbstoffmolekül elektromagnetische Energie auf und geht dabei vom stabilen Grundzustand in den labilen *Anregungszustand* über, in welchem es chemischen Reaktionen (Oxydations- und Reduktionsprozessen) leicht zugänglich ist: es bleicht aus. Geht die *Desaktivierung* des Moleküls z.B. durch Umwandlung der aufgenommenen Lichtenergie in kinetische Energie sehr rasch vonstatten, dann ist der Farbstoff nur kurze Zeit instabil. Dauert die Instabilität länger in der Weise, daß die aufgenommene Lichtenergie in Form von *längerwelligem Licht* emittiert wird (Fluoreszenz), dann ist der Farbstoff länger reaktionsfähig und weniger lichtecht.

Substanzen, welche die Fluoreszenz verringern oder ganz auslöschen, werden *Fluoreszenzlöscher* genannt. Bringt man solche Fluoreszenzlöscher (z.B. aromatische Hydroxyverbindungen) echt auf die Faser, dann kann man die Lichtechtheit der Farbstoffe verbessern. Man kann die Fluoreszenzlöscher z.B. mit Hilfe von Cyanurchlorid an die Faser binden (*H. Brielmaier, H. Rath, Ch. Rückert*):

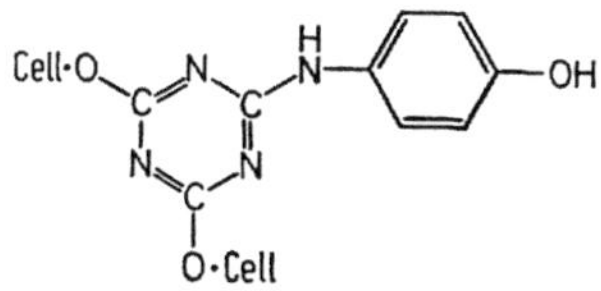

Je nach dem Spektrum des betreffenden Farbstoffs können auch *UV-Absorber* in dieser Richtung wirksam sein.

Konstitution und Ätzbarkeit. Das Ätzen von Färbungen ist wichtig für Drukkereizwecke, um auf farbigem Grund weiße oder bunte Effekte zu erzeugen sowie zum Abziehen von Färbungen für den Fall, daß eine Färbung mißraten oder zu dunkel ausgefallen ist, oder daß eine Farbe in eine andere umgefärbt werden soll.

Das Ätzen bzw. Abziehen erfolgt möglichst reduktiv, da beim oxydativen Arbeiten eine gewisse Schädigung des Fasermaterials meist nicht zu umgehen ist. Als Ätzmittel kommen vor allem die Salze der dithionigen Säure in Betracht (S. 788ff.).

Nachstehend sei das Verhalten der einzelnen Farbstoffklassen bei der Reduktion charakterisiert. Dies kann nur in großen Zügen geschehen, da innerhalb ein und derselben Farbstoffklasse oft weitreichende Unterschiede in dem Verhalten der einzelnen Vertreter vorhanden sind.

Azofärbungen lassen sich zum größten Teil abziehen bzw. ätzen, da die für die Farbe verantwortliche Azogruppe bei der Reduktion in die Hydrazogruppe übergeht und Hydrazoverbindungen im Gegensatz zu Azoverbindungen nicht gefärbt sind. Bei weiterer Reduktion zerfällt die Hydrazoverbindung in 2 Mol Amin:

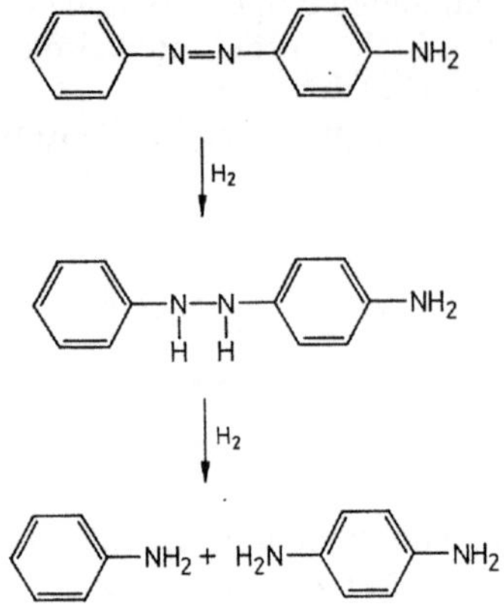

Als Ausnahme sind solche Azofarbstoffe zu nennen, welche gleichzeitig einen Thiazolring tragen, also sowohl der Azo- als auch der Thiazolgruppe angehören. Diese sind teils nicht, teils schwer ätzbar. Als Beispiele seien das Thiazolgelb sowie das Baumwollbraun R genannt, bei denen im Verlauf der Reduktion wohl die Azogruppe zerstört wird, ein farbiger Thiazolkomplex aber erhalten bleibt.

Stilbenazofarbstoffe (S. 422) lassen sich ebenfalls nicht oder sehr schwer ätzen, wie z. B. Naphthamingelb G, Mikadogelb G und Mikadoorange G.

Von den unlöslichen *Naphtol-AS-Kombinationen* sind alle weiß ätzbar mit Ausnahme der Kombinationen von AS-G, AS-L3G, AS-LG und AS-BR. Die ersten drei Produkte besitzen eine von der üblichen Naphtol-AS-Struktur abweichende Konstitution und sind als Ketosäurearylamide aufzufassen (S. 426), wodurch das abweichende Verhalten verständlich wird. Bei dem Naphtol-AS-BR handelt es sich um ein Dinaphthoyl-dianisidid (S. 425), in dem zwei Hydroxynaphthoesäurereste mit o-Dianisidin gekuppelt sind, eine Konfiguration, die von den üblichen Naphtol-AS-Körpern ebenfalls abweicht.

Während die Azofarbstoffe größtenteils ätzbar und abziehbar sind, stößt die Entfärbung in den meisten anderen Fällen auf Schwierigkeiten. *Diphenyl- und Triphenylmethanfarbstoffe* werden reduktiv teils nicht, teils schwer entfärbt, teils kehrt die ursprüngliche Farbe an der Luft oder durch Oxydationsmittel wieder zurück. Unter den *Anthrachinonfarbstoffen* lassen sich die Hydroxyanthrachinone nur in den wenigsten Fällen weiß ätzen, ebenso die Anthrachinonsulfosäuren.

Die Anthrachinonküpenfarbstoffe erleiden bei der reduktiven Behandlung einen mehr oder weniger starken Tonumschlag; an der Luft kehrt der ursprüngliche Farbton wieder zurück. Dort, wo es gelingt, das oxydationsempfindliche Reduktionsprodukt schnell in ein sauerstoffbeständiges und alkalilösliches Produkt umzuwandeln, lassen sich Weißätzen erzielen. Eine solche Umwandlung gelingt durch Bildung des sauerstoffbeständigen Benzyläthers mit Hilfe von quartären Ammoniumsalzen vom Typ des *Leukotrop W* (S. 683, 790). In dieser Weise lassen sich nur die Acylamino-anthrachinone und Anthrachinon-imine weiß ätzen. Nicht ätzbar sind die Anthronfarbstoffe, also Indanthren, Flavanthren, Benzanthrone, Dianthrone usw.

VI. Die Anwendung der Farbstoffe in der Färberei

Die verschiedenen Farbstoffe ziehen auf die verschiedenen Textilfasern nicht gleichartig auf, da das Aufziehen als ein Wechselspiel zwischen der Konstitution des Farbstoffs einerseits und der chemischen Zusammensetzung sowie der histologischen Beschaffenheit der Fasern andererseits zu betrachten ist. So zeigen beispielsweise anionische und kationische Farbstoffe (S. 503), denen typische Farbsäuren bzw. Farbbasen zugrunde liegen, eine einseitige Affinität zu Proteinfasern, während anionische Farbstoffe von mehr indifferentem Charakter ein gutes Aufziehvermögen auf Cellulosefasern besitzen. Eine ganze Anzahl von anionischen Farbstoffen (substantive und Halbwollfarbstoffe) läßt sich praktisch sowohl auf Cellulosefasern als auch auf Proteinfasern und Polyamidfasern auffärben. Eine besondere Bedeutung kommt den Reaktivfarbstoffen zu, die sich, sofern die entsprechenden konstitutionellen Bedingungen vorliegen, mit den Fasern in chemischer Reaktion kovalent verbinden.

Manche Farbstoffklassen, welche zu Wolle zwar Affinität besitzen, wie z.B. Schwefelfarbstoffe, Küpenfarbstoffe, Entwicklungsfarbstoffe, können auf Wolle – nach den normalen Verfahren – nicht gefärbt werden, da bei der erforderlichen hohen Alkalität des Färbebades die Wollfasern geschädigt würden. Es gibt allerdings auch solche Küpenfarbstoffe, die man mit so wenig Alkali lösen und färben kann, daß unter bestimmten Vorsichtsmaßregeln eine Schädigung der Wollfaser praktisch ausbleibt. Auch Schwefelfarbstoffe und Entwicklungsfarbstoffe lassen sich bei spezieller Anwendung auf Wolle färben.

Eine besondere Gruppe von Farbstoffen sind die *Pigmentfarben*, welche zu den Faserstoffen keinerlei Affinität haben und daher mit Hilfe eines Bindemittels auf diesen fixiert werden müssen. Ihr färberischer Vorteil liegt besonders darin, daß sie auf allen Faserstoffen ohne Rücksicht auf deren chemische Zusammensetzung und histologischen Bau in technisch einfacher Weise zu fixieren sind.

Daß manche Farbstoffe die eine Faserart anfärben und die andere weiß lassen, ist als technischer Vorteil zu werten, wenn es sich darum handelt, in Fasermischungen Farbeffekte zu erzeugen, so daß die Möglichkeit besteht, in einer Fasermischung in *einem* Färbeprozeß die einzelnen Komponenten in verschiedenen Farbtönen anzufärben. Auf der anderen Seite bringt aber das unterschiedliche färberische Verhalten der Faserstoffe insofern technische Schwierigkeiten mit sich, als die *tongleiche* Anfärbung von Fasermischungen, namentlich in waschechten Tönen, mitunter ein umständliches Arbeiten erfordert.

Das Färben der verschiedenen *Cellulosefasern* kann bei allen Cellulosefasertypen mit den gleichen Farbstoffgruppen erfolgen. Gewisse Rohfasern, welche größere Mengen an Fremdstoffen, wie Pektin und Eiweiß, enthalten, wie z.B. Flachs, Hanf, Kokos, haben auf Grund dieses Fremdstoffgehalts im Gegensatz zu der reinen Cellulosefaser eine gewisse Affinität zu ausgesprochen kationischen und anionischen Farbstoffen (Säurefarbstoffen).

Färbt man verschiedene Cellulosefasern mit dem gleichen Farbstoff im gleichen Färbebad, dann ist die erzielte Farbtiefe und eventuell auch der erzielte Farbton nicht für alle Fasern gleich, da das färberische Verhalten der einzelnen Cellulosefasern durch ihre spezifische Eigenart (histologischer Bau, native oder regenerierte Cellulose, Provenienz, Fremdstoffgehalt, Vorbehandlung usw.) bestimmt ist. Unter diesen Umständen bestehen graduelle Unterschiede zwischen den nativen und regenerierten Cellulosefasern sowie innerhalb dieser beiden Fasertypen selbst. Diese Faktoren sind bei der Verarbeitung der Fasern entsprechend zu berücksichtigen.

Abgesehen von der Faser als solcher wird das Anfärbevermögen von Garnen und Geweben auch durch deren Struktur (Garnnummer, Fadendichte usw.) beeinflußt. In einem Gewebe vorhandene Schwankungen in der Garnnummer, der Fadenspannung, der Gewebedichte oder in sonstigen rein technologischen Konstanten können daher zu Ungleichmäßigkeiten in der Anfärbung führen.

Die verschiedenen *Proteinfasern* werden ebenfalls in grundsätzlich gleichartiger Weise gefärbt, da der im Prinzip gleichartige chemische Bau ein weitgehend übereinstimmendes Verhalten zu den Farbstoffen bedingt. Auf Grund ihres amphoteren Charakters besitzen die Proteinfasern eine ausgesprochene Affinität zu anionischen Säure- und kationischen Farbstoffen, können aber auch mit gewissen anderen Farbstoffgruppen, wie sie für Cellulosefasern üblich sind, angefärbt werden. Innerhalb der Proteinfasergruppe sind ebenfalls durch verschiedene Faktoren bedingte graduelle färberische Unterschiede vorhanden. Schon die einzelnen Wollsorten zeigen in Abhängigkeit von ihrer Provenienz und sogar in ein und demselben Wollvlies ein unterschiedliches färberisches Verhalten. Auf Grund ihrer im Vergleich zur Wolle größeren Beständigkeit gegenüber Alkalien kann Naturseide auch mit solchen Farbstoffen gefärbt werden, die eine verhältnismäßig hohe Alkalität im Färbebad erfordern.

Grundsätzlich gleichartig, aber graduell von den natürlichen Proteinfasern verschieden, verhalten sich die *künstlichen Proteinfasern*. Allgemein ist zu bemerken, daß Verschiedenheiten im färberischen Verhalten sich nicht nur auf Farbtiefe und Farbton auswirken, sondern in manchen Fällen auch zu unterschiedlichen Echtheitseigenschaften führen.

Animalisierte Cellulosefasern (S. 218f.) zeigen in ihrem färberischen Verhalten, namentlich, was die Aufnahme von anionischen Farbstoffen betrifft, weitgehende Parallelen mit den Proteinfasern, so daß man Mischungen der beiden Typen in einem Bad tongleich anfärben kann. Dabei können die auf den beiden Faserarten erzielten Echtheitseigenschaften der Färbung aber mehr oder weniger starke Unterschiede gegeneinander aufweisen.

Für *Acetatfasern* verwendet man im allgemeinen besondere Farbstoffklassen. In bestimmten Fällen färbt man sie nach einer oberflächlichen Verseifung mit den üblichen Cellulosefarbstoffen. Da die Acetatfaser gegen viele Cellulosefaser- und Proteinfaser-Farbstoffe immun ist, liegt ihre besondere technische Bedeutung u. a. in der Verwendung als Effektfaser.

Die *synthetischen Fasern* bereiten auf Grund ihres hydrophoben Verhaltens z.T. Schwierigkeiten beim Färben, so daß man das Eindiffundieren der Farbstoffe durch Anwendung höherer Temperaturen oder mittels das Fasergefüge auflockernder Substanzen (Carrier) unterstützen muß. Vielfach lassen sie sich mit Dispersionsfarbstoffen befriedigend anfärben. Auf Grund der Gegenwart von Aminogruppen zeigen die Polyamidfasern weitgehende Parallelen mit den Proteinfasern und lassen sich mit einer ganzen Anzahl von Wollfarbstoffen gut anfärben.

Die *Glasfaser* nimmt als anorganische Faser die üblichen Farbstoffe nicht ohne weiteres auf, so daß zu deren Fixierung gewisse Vorbehandlungen oder geeignete Bindemittel erforderlich sind.

Die Farbstoff-Handelsprodukte. Die Handelsprodukte der Farbstoffe stellen nicht immer einheitliche Individuen dar, sondern enthalten häufig im Interesse der einfachen Erzielung eines bestimmten Farbtons Farbstoffe von verschiedener Nuance. Dem Farbstoff sind meist noch sogenannte *Stellmittel* beigemischt, welche eine Konstanz der zu erzielenden Farbtiefe mit aus verschiedenen Fabrikationspartien stammenden Produkten des einzelnen Farbstoffes gewährleisten sollen. Diese Forderung nach der *Konstanz der Handelsprodukte* ist für den Färber von ausschlaggebender Bedeutung, da er seine Farbrezepte zahlenmäßig festlegt, und daher Schwankungen in der Farbstärke Rezepturschwierigkeiten bedingen. Durch einen geringeren oder stärkeren Zusatz an Stellmitteln zum in der Fabrikation in unterschiedlicher Farbstärke anfallenden Farbprodukt können derartige Schwankungen ausgeglichen werden. An Stellmitteln kommen indifferente Substanzen wie Natriumchlorid, Natriumsulfat, Dextrin usw. in Frage. Schwankungen in der Farb*nuance* können durch Farbstoffzusätze reguliert werden. In gewissen Fällen ist es notwendig, den Farbstoffen bestimmte Stabilisiermittel zuzusetzen, um sie vor einer frühzeitigen Zersetzung zu bewahren (Echtfärbesalze, S. 431, 555). Neben diesen absichtlichen Zusätzen kann der Farbstoff bei der Herstellung in wechselnder Menge entstandene Nebenprodukte enthalten.

In den *Handelsbezeichnungen* der Farbstoffe deuten die zusätzlichen Buchstaben- und Zahlenangaben auf bestimmte Eigenarten des Farbtons, der Echtheit oder der Färbemethode hin. So ist z.B. ein Rot 3B blaustichiger als ein Rot B und ein Indocarbonschwarz CL *c*hlorecht und *l*agerecht. Ein Indanthrenfarbstoff mit der Bezeichnung IK wird nach dem „*I*ndanthren-*K*altverfahren" gefärbt. Die Farbstoffbezeichnungen selbst sind meist Phantasienamen, aus denen wohl die Zugehörigkeit zu einer färbereitechnisch zusammengehörigen Gruppe bzw. zu einem bestimmten Sortiment, in den wenigsten Fällen aber etwas über die Konstitution der Farbstoffe herausgelesen werden kann.

Lagern und Lösen der Farbstoffe. Die Farbstoffe sollen in trockenen Räumen gelagert werden, damit keine Zersetzung durch Feuchtigkeit oder ein Zusammenklumpen bzw. Anbacken erfolgen kann, was sich auf die Löslichkeit nachteilig auswirkt. Feuchtigkeit im Farbstofflager führt außerdem zum Rosten der Farbstoffbüchsen. Um alle schädlichen Einflüsse von den Farbstoffen fernzuhalten, müssen die Behältnisse immer gut verschlossen sein. Immedialleukofarbstoffe sind z.B. besonders empfindlich gegen Feuchtigkeit und Indigosole gegen Licht, Luft und Säuredämpfe, da diese Einflüsse bei den letzteren eine vorzeitige Verseifung und Oxydation bedingen. Unter diesen Umständen sind getrennte Räume zum Lagern und Lösen der Farbstoffe erforderlich.

Manche wasserunlöslichen Farbstoffe kommen als *Teigmarken* in den Handel; diese enthalten den Farbstoff, um seine Handhabung einfacher zu gestalten, in feindisperser Form in wäßrigem Medium. Um die Farbstärke nicht zu beeinflussen, darf kein Verdunsten und kein Gefrieren des Wassers und namentlich kein Eintrocknen eintreten, da hierdurch der Dispersitätsgrad und damit die Verarbeitungsfähigkeit nachteilig beeinflußt wird. Da während des Lagerns eine Enthomogenisierung eintreten kann, ist vor Entnahme sorgfältig zu rühren.

Zum *Lösen der Farbstoffe* verwendet man möglichst *weiches* Wasser, da viele Farbstoffe mit den Härtebildnern des Wassers reagieren, wobei unlösliche Ausscheidungen und Tonänderungen die Folge sein können. Das verwendete Wasser soll weiterhin klar, d.h. frei von Trübungsstoffen sein, da solche namentlich beim Färben von Wickelkörpern (S. 645ff.) infolge Filterwirkung Schwierigkeiten auslösen. Das Lösen der Farbstoffe hat mit Sorgfalt zu geschehen, damit keine ungelösten Partikelchen zurückbleiben. Bei sich mit Wasser schwer netzenden Farbstoffen erleichtert man das Inlösunggehen durch Zugabe eines Netzmittels. Grundsätzlich passiert man die Farbstofflösungen sicherheitshalber, um jedwede ungelösten Teilchen zurückzuhalten, durch ein Bronzesieb oder durch einen Baumwollappen.

Das Lösen der Farbstoffe hat möglichst in einem von der eigentlichen Färberei getrennten Raum zu erfolgen, da durch Luftzug trockenes Farbstoffpulver weggeweht wird und sich auf irgendwelchen in der Färberei befindlichen Textilien absetzen kann (*Farbstoffflug*).

Die Auswahl der Farbstoffe zum Färben. Dem Färber stehen zum Färben eines Textilmaterials in einer bestimmten Nuance jeweils Farbstoffe verschiedener Farbstoffgruppen zur Verfügung. Die Auswahl des geeigneten Farbstoffes hat er nach verschiedenen Gesichtspunkten vorzunehmen, und zwar hängt die Wahl vor allen Dingen von den *Echtheitsansprüchen* ab, die an die Färbung sowohl während der weiteren Fabrikation als auch im Gebrauch gestellt werden (*Fabrikationsechtheit, Tragechtheit*).

Er muß sich also darüber im klaren sein, welchen weiteren Verarbeitungsprozessen das zu färbende Gut unterliegt und welche Echtheitseigenschaften es im Gebrauch aufweisen muß. So kann er beispielsweise ein Garn, welches für einen Buntbleichartikel bestimmt ist, nur mit solchen Farbstoffen färben, welche den Beanspruchungen des Bleichprozesses gegenüber widerstandsfähig sind. Eine Wolle, die gewalkt wird, muß walkecht und eine solche, die nach dem Färben carbonisiert wird, carbonisierecht gefärbt sein. Ein Möbelbezug- oder Wandbespannstoff braucht z.B. nicht waschecht, er soll aber dagegen weitgehend lichtecht gefärbt sein. (Vgl. S. 526.)

Für manche – namentlich militärische Zwecke – spielt auch die Wechselwirkung (Reflexion bzw. Absorption) einer Färbung mit den infraroten Strahlen eine Rolle. Für Tarnzwecke z.B. soll sich die Färbung von der Umgebung nicht abheben, so daß die *Infrarot-Absorptionseigenschaften* etwa denjenigen der Umgebung (Ackerbraun, Blattgrün) angepaßt sein müssen. Für Tropenkleidung ist eine möglichst weitgehende Reflexion der Infrarotstrahlung (Wärmestrahlung) von Vorteil. Schwefelfarbstoffe zeigen z.B. sehr niedrige Infrarot-Reflexionswerte, sind also für Tropenkleidung weniger geeignet.

Wenn üblicherweise die erforderlichen Echtheiten das ausschlaggebende Prinzip für die Farbstoffauswahl sind, so gibt es andererseits Fälle, in denen von diesem Prinzip *aus kalkulatorischen Erwägungen heraus* abgewichen wird, so daß unter Umständen besonders billige Waren den an die Tragechtheit der Färbung gestellten Ansprüchen nicht immer gerecht werden, da Preis und Echtheit der Farbstoffe in der Regel parallelgehen.

Gelegentlich kann die Art der zu färbenden *Nuance* insofern bestimmend für die Farbstoffauswahl sein, als nicht in allen Farbstoffklassen lebhafte und feurige Töne vorhanden sind.

Enthält eine Textilware neben alkalibeständigen Fasern Wolle, so ist ein Färben in stark alkalischem Bade (viele Küpenfarbstoffe, Schwefelfarbstoffe) mit Rücksicht auf die alkaliempfindliche Wollfaser nicht möglich.

Schließlich kann die Forderung nach einer *gleichmäßigen* Färbung bzw. nach einer einwandfreien *Durchfärbung* die Farbstoffauswahl insofern beeinflussen, als bestimmte Farbstoffe bei schwer egalisierenden Waren ein einwandfreies Egalisieren ermöglichen, und manche Farbstoffe beim Färben von Wickelkörpern eine besonders gute Durchfärbung gewährleisten.

Um eine Übersicht über die Echtheitsunterschiede zu geben, seien in der Tabelle 38 die Werte für die Wasch- und Lichtechtheit einiger Farbstoffgruppen herausgestellt. Aus der Gegenüberstellung geht u.a. hervor, daß die Echtheitseigenschaften, namentlich die Lichtechtheit, innerhalb der einzelnen Gruppen über einen weiten Bereich streuen. Die in der Tabelle aufgeführten Echtheitseigenschaften beziehen sich auf Färbungen auf Cellulose- und Wollfasern. Das Substrat, auf dem sich der Farbstoff befindet, spielt unter Umständen für die Echtheitseigenschaften eine ausschlaggebende Rolle, wie dies drastisch durch das Verhalten der kationischen Farbstoffe auf der *Polyacrylnitrilfaser* demonstriert wird.

Tabelle 38. *Wasch- und Lichtechtheit von Farbstoffgruppen*

	Waschechtheit	Lichtechtheit
Substantive Farbstoffe	1 bis 2–3	1 bis 7–8
Kationische Farbstoffe	1 bis 2	1 bis 2
Anionische Farbstoffe	1 bis 4	1 bis 7–8
Anionische Küpenfarbstoffe	3–4 bis 5	3–4 bis 8
Schwefelfarbstoffe	3 bis 5	3 bis 7
Entwicklungsfarbstoffe	4 bis 5	1–2 bis 7–8
Oxydationsfarbstoffe	4 bis 5	2–3 bis 7
Woll-Chromierungs-Farbstoffe	3–4 bis 5	4 bis 7–8
Reaktivfarbstoffe	2–3 bis 5	3–4 bis 7–8

(Über die Bewertung der Echtheiten s. S. 527f.)

Die Färberrezepturen. Wenn im folgenden bei den einzelnen Färbeverfahren Rezepturbeispiele gegeben werden, so können diese nur als Richtlinien gewertet werden, da die betriebsmäßige Ausführung durch die verschiedensten Faktoren bestimmt wird und daher von Fall zu Fall mehr oder weniger stark variiert. Die jeweiligen Färbebedingungen hängen einerseits von der Warenart und der Warenaufmachung ab, d.h. ob loses Material, Stranggarn, Wickelkörper, Stückware usw. gefärbt wird, und andererseits von der betrieblichen Ausführung, d.h. ob z.B. auf der Haspelkufe oder dem Jigger, ob diskontinuierlich oder kontinuierlich gearbeitet wird usw. Schließlich spielt die Farbtiefe für die Variation der Rezeptur unter Umständen eine Rolle.

Das Musterfärben. Meist hat der Färber nach irgendeiner Farbvorlage zu färben. Falls ihm hierfür kein ausgearbeitetes Rezept zur Verfügung steht, wird er zunächst durch Auswahl des bestpassenden Farbstoffs eventuell unter Zusatz entsprechender Nuancierfarbstoffe an den gewünschten Farbton möglichst nahe heranzukommen versuchen. Nach einer gewissen Färbedauer wird er abmustern und je nachdem die Färbung in Ordnung befinden oder gegebenenfalls nuancieren oder aufhellen müssen. Das *Nuancieren* besteht in einer gewissen Korrektur von Farbton und Farbtiefe, um eine gute Übereinstimmung mit der Farbvorlage zu erreichen.

Da das Nuancieren, wenn es sich um eine Korrektur des Farbtons handelt, eine subtraktive Farbenmischung darstellt, wird dieses den Farbton immer mehr oder weniger trüben. Unter diesen Umständen verwendet der Färber zweckmäßig tonverwandte Farbstoffe zum Nuancieren, sofern dies die Farbtiefe noch zuläßt. Nur wenn die Färbung eine Abtrübung vertragen kann bzw. die erforderliche Farbtiefe bereits erreicht ist, wird er zu Komplementärfarbstoffen greifen, welche in geringster Menge unerwünschte Farbtöne auslöschen, dabei aber den Graugehalt merklich vergrößern. Ganz klare lebhafte Töne können im allgemeinen nur mit den dazu passenden Einzelfarben gefärbt werden, da ein Nuancieren die Farbtöne trübt.

Bei der Herstellung gedeckter Farbtöne, also von Grau, Braun, Beige, Khaki, Mode, Tabak, Olive usw., ist es in der Wollfärberei vielfach üblich, den Farbton durch Mischen der drei Farben Rot, Blau und Gelb zu erzeugen, da auf diese Weise praktisch alle Töne gefärbt werden können, eine vielseitige Lagerhaltung also nicht erforderlich ist. Da die meisten Wollfarbstoffe praktisch vollständig aus der Flotte auf die Faser ziehen, resultiert ein der angewandten Mischung entsprechender Farbton. Beim Färben der Cellulosefasern ist dies nicht immer möglich, da sich die Farbstoffe einer Mischung in Lösung häufig gegenseitig in ihrem Aufziehvermögen beeinflussen. Dieser Umstand kann, da die Cellulosefarbstoffe nicht ganz ausziehen, dazu führen, daß eine Komponente in gegenüber den anderen Partnern erhöhtem Umfang im Färbebad zurückbleibt, so daß man vorteilhaft die der verlangten Nuance am nächsten kommenden Farbstoffe auswählt, damit aber an ein nuancenmäßig reichhaltiges Farbstofflager gebunden ist.

Der Ton einer Färbung ist durch die spektrale Zusammensetzung des auffallenden und des reflektierenden Lichtes definiert. Wird ein und dieselbe Färbung bei verschieden zusammengesetzten Lichtquellen betrachtet, so kann sie verschiedenartig erscheinen. Ein Wechsel der Lichtquelle sowie eine farbige Umgebung (z.B. eine rote Backsteinwand) beeinflussen den Farbton. Das Abmustern sollte daher jeweils bei neutralem und bei während des ganzen Tages weitgehend gleichbleibendem Licht, also von Norden kommendem Licht, oder mit Hilfe einer geeigneten Tageslichtlampe erfolgen. Ein Vergleich der Farbpartie mit der Vorlage kann auch mit geeigneten optischen Geräten vorgenommen werden, z.B. mit dem „*Spektromat*", welcher das von einem farbigen Körper reflektierte Licht in eine Anzahl Strahlenimpulse zerlegt und diese in elektrische Energie transformiert.

Da die Zusammensetzung des künstlichen Lichts eine andere ist als diejenige des Tageslichts, zeigen viele Färbungen eine von der „*Tagesfarbe*" abweichende „Abendfarbe". Zur Herstellung von bei verschiedenen Belichtungen gleichbleibendem Farbton wählt man vorteilhaft solche Farbstoffe aus, die nicht einseitig, sondern in einem möglichst breiten Spektralbereich absorbieren, damit die Absorption bei einem Wechsel der Lichtquelle nicht zu sehr verändert wird.

Rezeptieren auf Grund optischer Messungen (Färberezept-Vorausberechnung). Es besteht auch die Möglichkeit, das „Nachstellen" einer Vorlage auf Grund photometrischer Messungen der Farbvorlage und der in Betracht kommenden Farbstoffe vorzunehmen. Zu diesem Zwecke werden die Remissionswerte der Vorlage sowie diejenigen der auf dem betreffenden Substrat aufgefärbten zu kombinierenden Farbstoffe gemessen und aus diesen Werten die Konzentration der anzuwendenden Farbstoffe mit Hilfe eines graphischen Verfahrens oder eines Rechenautomaten errechnet.

Wenn die Färbung mit einer Farbstoffmischung hergestellt wird, die in ihren Remissionseigenschaften weitgehend mit denen der Vorlage übereinstimmt, dann ist die Farbe auch weitgehend unabhängig von der Beleuchtungsart, d.h. sie zeigt nicht die Erscheinung der „*Metamerie*" und damit der „Abendfarbe".

Die auf photometrischer bzw. farbmetrischer Basis aufgebaute Methode der Färberezept-Vorausberechnung macht daher unabhängig von Umwelt- und subjektiven Einflüssen.

Neben den *photometrischen* Methoden werden auch verschiedene *farbmetrische* Verfahren angewandt.

Verschiedene Farbenfabriken fügen den Angaben in den Musterkarten *Remissionskurven* der Farbstoffe bei. Zum Teil übernehmen sie selbst die Ausmessung von Farbvorlagen mit elektronischer Auswertung der Meßwerte zur Aufstellung der Färberezeptur.

A. Das Färben der Cellulosefasern

1. Das Färben der Baumwolle

Vorbehandlung. Auf Grund ihres Gehalts an Wachs- und Fettkörpern netzt sich Rohbaumwolle schwer im Färbebad, was zu Ungleichmäßigkeiten im Farbausfall und zu mangelnder Durchfärbung der Textilien führt.

Ein einwandfreies Netzen mit der Färbeflotte kann in verschiedener Weise bewerkstelligt werden. In manchen Fällen, z.B. beim Färben von Stranggarn mit Schwefelfarbstoffen, erreicht man beim Eingehen mit der Ware in die kochende alkalische Färbeflotte ein rasches Netzen, so daß auch ohne ein besonderes Vornetzen ein einwandfreier Farbausfall mindestens bei dunklen Tönen resultiert.

In anderen Fällen wird man die zu färbende Ware in einem netzmittelhaltigen Bad vorbehandeln oder ein geeignetes Netzmittel dem Färbebad zusetzen. Ein besonders gutes Netzen wird durch eine alkalische Vorkochung der Baumwolle bewirkt (S. 61), wodurch allerdings die für die Fasern so wertvollen Wachs- und Fettstoffe weitgehend entfernt werden. Eine solche Behandlung, sogar eine Druckkochung mit Natronlauge, ist in manchen Fällen nicht zu umgehen, wenn es sich z. B. darum handelt, sämtliche Verunreinigungen des Fasermaterials wie Blattreste, Fruchtkapselreste usw. zu entfernen, da diese auf Grund ihrer dunklen Farbe das Warenbild namentlich bei hellen und zarten Färbungen stören können. Im letzteren Fall ist meist, da die Naturfarbe der Baumwolle den verlangten Farbton nachteilig beeinflußt, zusätzlich vor dem Färben noch zu bleichen. Bei der Verwendung von bleichechten Farbstoffen kann das Bleichen auch nachträglich erfolgen. Da die Echtheitseigenschaften einer Färbung im allgemeinen um so besser ausfallen, je gründlicher eine Ware vorgereinigt ist, ist auch im Hinblick hierauf eine alkalische Vorbehandlung häufig zweckmäßig. Bei Kontinue-Färbeverfahren (S. 543f.) ist auf eine intensive Vorbehandlung zu achten, damit die Ware bei der kurzen Färbedauer eine gute Netz- und Saugfähigkeit zeigt.

Lose Baumwolle und *Kardenband* kocht man vor dem Färben meist nicht alkalisch ab, da das Baumwollwachs das Verspinnen günstig beeinflußt und entwachste bzw. entfettete Baumwolle auf der Karde schlecht läuft und sich auf der Strecke schwer verziehen läßt. Beim Färben auf Grund ungenügenden Netzens sich einstellende Unegalitäten werden in diesem Fall im Verlauf des Spinnprozesses (Mischen, Kardieren, Dublieren und Strecken) homogenisiert.

Wenn ein Gewebe eine sich im Rahmen der üblichen Vorreinigung nicht automatisch ablösende Schlichte enthält, z. B. Stärke, dann ist diese, um ein ungleiches Anfärben zu vermeiden, zunächst auf enzymatischem Weg zu entfernen (Entschlichten).

Neben den genannten Reinigungsarbeiten werden manche Waren vor dem Färben gesengt, mercerisiert oder sonstwie vorbehandelt. Neben der Glanzerhöhung bringt das Mercerisieren noch eine beträchtliche Steigerung des Farbstoffaufnahmevermögens mit sich.

Die bei der Vorbehandlung der Baumwollwaren eintretenden *Gewichtsverluste* hängen von dem Grad der Verunreinigungen und von der Intensität der Vorbehandlung ab (S. 62f.). Bei Garnen kann sich der Gewichtsverlust etwa zwischen 2 und 7% bewegen, dieser kann bei Geweben entsprechend dem Gehalt an Kettschlichte und sonstigen aus der Fabrikation stammenden Verunreinigungen wesentlich höhere Beträge, mitunter bis zu 15%, erreichen. Beim Färbeprozeß selbst tritt im allgemeinen keine wesentliche Gewichtsverminderung mehr ein, falls die Verunreinigungen im Rahmen der Vorbehandlung abgelöst wurden.

Wechselwirkung zwischen Cellulosefasern und Farbstoffen (vgl. S. 514). Während die Wollfarbstoffe auf der Wolle vorwiegend durch eine *chemische* bzw. *elektrostatische Bindung* eingewiesen werden, liegen dem Aufziehen der Farbstoffe auf Cellulosefasern Bindungen dieser Art nicht zugrunde. Nur ausnahmsweise ist das Haften von Farbstoffen auf Cellulosefasern durch eine Salzbildung zu erklären. So färbt sich z. B. oxydierte Cellulose mit kationischen Farbstoffen ohne Beize an, was wohl damit zusammenhängt, daß das Farbkation mit den bei der Oxydation der Cellulose gebildeten Carboxylgruppen unter Salzbildung reagiert. Werden Cellulosefasern mit Tannin gebeizt, dann liegt der Bindung des kationischen Farbstoffs an die tannierte Faser vermutlich ebenfalls eine chemische Bindung zugrunde. Die Reaktivfarbstoffe werden *kovalent* an die Cellulose gebunden.

Das Aufziehen von substantiven Farbstoffen, Küpen- und Schwefelfarbstoffen ist als ein *Adsorptionsvorgang* aufzufassen, welcher durch zwischen der Cellulose und den Farbstoffen wirksame zwischenmolekulare Kräfte bzw. durch Ausbildung von Wasserstoffbrücken ausgelöst wird. Die Cellulosefaserfarbstoffe sind dadurch charakterisiert, daß sie im Gegensatz zu den meisten Wollfarbstoffen, welche in Lösung molekular zerteilt sind, zu einer mehr oder weniger starken *Assoziation* (S. 504) neigen. Der Grund für die Assoziation ist ebenfalls in der Funktion von zwischenmolekularen Kräften bzw. Wasserstoffbrücken zu suchen, welche sich nicht nur zwischen den Farbstoffmolekülen, sondern auch zwischen Faser und Farbstoff auswirken.

Ausgeprägte Assoziationstendenzen zeigen namentlich die langgestreckten Benzidinfarbstoffmoleküle, welche sich zudem auf Grund ihrer Molekülgestalt für eine Anlagerung an das langgestreckte Cellulosemolekül besonders gut eignen. Bei der Adsorption wird wahrscheinlich nicht das Farbstoffassoziat, sondern das Einzelmolekül fixiert. Neben der Assoziation spielt die *Dissoziation* der einzelnen Farbstoffmoleküle eine Rolle. Da die Cellulosefarbstoffe undissoziiert von der Faser aufgenommen werden, zeigen die wenig dissoziierten Farbstoffe die beste Substantivität; bei Wolle liegen die Verhältnisse gerade umgekehrt.

Der Adsorptionsvorgang führt zu einem Gleichgewicht, welches dadurch gekennzeichnet ist, daß in der Zeiteinheit ebenso viele Farbstoffmoleküle an die Faser adsorbiert wie von ihr abgelöst werden. Auf Grund dessen wird die Farbstoffaufnahme durch das *Flottenverhältnis* (S. 541) beeinflußt, d.h. mit zunehmendem Flottenverhältnis werden die Farbstoffe weniger gut ausgenutzt. Im Gegensatz dazu spielt das Flottenverhältnis beim Färben der Wolle mit anionischen Farbstoffen insofern eine untergeordnete Rolle, als hier auf Grund der chemischen Bindung weitgehend unabhängig vom Flottenverhältnis eine völlige oder eine nahezu völlige Erschöpfung der Farbbäder eintritt.

Die Reaktivfarbstoffe werden in chemischer Reaktion von der Cellulose aufgenommen und fixiert.

a) Die substantiven Farbstoffe

Die substantiven Farbstoffe sind für das Färben der Baumwolle und ganz allgemein für das Färben der natürlichen und künstlichen Cellulosefasern von größter Bedeutung, da sie sich durch eine besonders einfache und billige Färbeweise auszeichnen. Sie können überall da angewandt werden, wo an die Waschechtheit der Färbung keine besonderen Anforderungen gestellt sind.

Konstitutionsmäßig gehören die substantiven Farbstoffe nahezu ausschließlich den Dis- und Polyazofarbstoffen an; nur ganz wenige von ihnen rekrutieren sich aus den Gruppen der Monoazofarbstoffe, Chinonimin- und Thiazolfarbstoffe. Die Handelsprodukte tragen meist irgendwelche Phantasiebezeichnungen vor oder nach der Farbstoffnuance, wie z.B.

Benzo-	Chloramin-	Eliamin-
Diamin-	Trisulfon-	Chlorazol-
Columbia-	-diazol	Pontamine
Diphenyl-	Triantin-	Erie-
Direkt-		

Farbstoffe von besonders guter Lichtechtheit haben die Farbenfabriken zu besonderen Sortimenten zusammengefaßt, wie z.B.

Sirius-	Solamin-	Solar-
Siriuslicht-	Solaminlicht-	-diazole lumière
Siriuslicht-LL-	Chlorantinlicht-	Eliaminlicht-
Lurantinlicht-	Diphenylecht-	Durazol-
Remastral-	Solophenyl-	Solantine
Diaminlicht-	Chloraminlicht-	Sumilight-

Die substantiven Farbstoffe sind dadurch charakterisiert, daß sie sich in Wasser lösen und aus der wäßrigen Lösung ohne Vermittlung einer Beize, also selbständig (substantiv) auf die Faser aufziehen. Sie stehen damit im Gegensatz zu den kationischen (*basischen*) Farbstoffen (S. 580f.), welche sich auf Cellulose nur unter Zuhilfenahme einer Beize fixieren lassen, so daß man die letzteren auch als *adjektive* Farbstoffe bezeichnet.

Die Wasserlöslichkeit der substantiven Farbstoffe ist meist durch die Gegenwart von Sulfogruppen und vereinzelt auch durch Carboxylgruppen bedingt. Demgemäß handelt es sich bei den substantiven Farbstoffen um *anionische* und bei gleichzeitiger Gegenwart von Aminogruppen um *zwitterionische* Farbstoffe (S. 503f.). Da die substantiven Farbstoffe üblicherweise aus schwach alkalischem oder neutralem Medium gefärbt werden, sind die Dissoziationserscheinungen vorwiegend durch das Verhalten der Sulfo- bzw. Carboxylgruppe bedingt, da die Aminogruppe nur in saurem Medium eine merkliche Dissoziation zeigt.

Das Aufziehen der Farbstoffe auf die Cellulosefaser wird durch zwischen dieser und den Farbstoffen wirksame Kräfte verursacht und führt zu einem Gleichgewicht, dessen Lage je nach den Färbebedingungen und der Farbstoffart wechselt. Manche Farbstoffe ziehen weitgehend aus der Flotte auf die Faser, während viele zu einem Viertel bis zu einem Drittel im Färbebad verbleiben. Unter diesen Umständen wird, wenn möglich, „auf stehenden Bädern" gefärbt, d.h. die Bäder werden nach entsprechendem Nachsetzen des Farbstoffs wiederverwandt.

Das Färben mit den substantiven Farbstoffen. Man löst die Farbstoffe in der Weise, daß man sie mit wenig heißem Weichwasser anteigt und sie dann unter Umrühren und Zugießen von kochendem Wasser in Lösung bringt. Das Färben geschieht üblicherweise in schwach alkalischem Bad unter Zusatz von Soda, in vereinzelten Fällen neutral oder schwach sauer. Außerdem enthält das Färbebad Glaubersalz oder Gewerbesalz (NaCl) und im Bedarfsfall Netzmittel oder Egalisierhilfsmittel.

Der übliche, für die meisten Farbstoffe gültige Ansatz des Färbebades bei einem Flottenverhältnis von ca. 1:20 ist der folgende:

Für helle Färbungen	*Für mittlere und dunkle Färbungen*
0,5–1% Soda calc.	0,5–2% Soda calc.
2–3% Glaubersalz calc. (Na_2SO_4)	10–20% Glaubersalz calc.

(Die Prozentsätze beziehen sich auf das Warengewicht.)

An Stelle von Glaubersalz calc. kann auch die entsprechende Menge Glaubersalz krist. oder Gewerbesalz verwendet werden.

Bei anomal kurzem Flottenverhältnis werden die Zusatzmengen entsprechend abgeändert. Unter „Flottenverhältnis" wird das Verhältnis des Warengewichts in Kilogramm zu der Flottenmenge in Kilogramm bzw. Liter verstanden. Das Flottenverhältnis ist abhängig von den technischen Arbeitsbedingungen (Maschinen- und Apparatfärberei) und bewegt sich etwa zwischen 1:25 und 1:3. Ein kurzes Flottenverhältnis wirkt sich im Hinblick auf die Ersparnis an Farbstoffen, Chemikalien und Dampf vorteilhaft aus, ein Gesichtspunkt, der die Konstruktion der Färbemaschinen und Färbeapparate grundlegend beeinflußt hat (S. 637).

Funktion der Zusätze und Arbeitsbedingungen. Soda begünstigt im allgemeinen die Löslichkeit bzw. das Inlösungbleiben der Farbstoffe sowie das Egalisieren. Dies rührt daher, daß durch OH-Ionen die Dissoziation der Cellulose-Carboxylgruppen ansteigt, die Farbstoffsulfonatanionen von der negativ geladenen Faser somit abgestoßen werden. Der Färbeprozeß wird daher mit wachsendem pH verlangsamt.

Sollte ein unterschiedlicher Carboxylgruppengehalt zu ungleicher Anfärbung führen, färbt man zweckmäßig *ameisensauer*, um die Dissoziation der Carboxylgruppen zurückzudrängen.

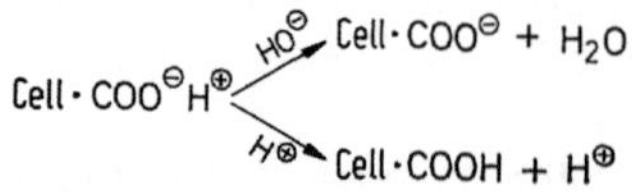

Glaubersalz bzw. Gewerbesalz haben die Aufgabe, die elektrolytische Dissoziation der Farbstoffe (meist Natriumsulfonate) zurückzudrängen, da nicht die dissoziierten Anionen, sondern die nicht dissoziierten Farbstoffteilchen von der Faser gebunden werden (S.515). Weiterhin verschiebt der Elektrolytzusatz das Verteilungsgleichgewicht des Farbstoffs zwischen Flotte und Faser zugunsten der letzteren. Gleichzeitig werden durch einen im Färbebad vorhandenen Überschuß an Natriumionen auf der Cellulose eventuell vorhandene, durch dissoziierte Carboxylgruppen bedingte negative Ladungen, welche der Aufnahme des anionischen Farbstoffs entgegenwirken, aufgehoben.

Temperaturerhöhung wirkt sich meist in einer Beschleunigung des Aufziehens aus. Bei hellen Färbungen arbeitet man im allgemeinen $^1/_2$ Std. lang bei 50–80 °C, während dunkle Färbungen ein Färben während $^3/_4$–1 Std. nahe der Kochtemperatur erfordern. Manche Farbstoffe besitzen auch bei mäßiger Temperatur ein vorteilhaftes Aufziehvermögen. Die Aufziehgeschwindigkeit ergibt sich aus zwei verschiedenen Größen, nämlich einmal aus der mit zunehmender Temperatur *abnehmenden Adsorption* und zum andern aus der mit wachsender Temperatur *ansteigenden Diffusionsgeschwindigkeit* (vgl. S. 515).

Die Aufziehgeschwindigkeit läßt sich daher durch die Temperatur und den Elektrolytzusatz regeln. Im Interesse einer gleichmäßigen Anfärbung sind die Färbebedingungen so einzustellen, daß der Farbstoff allmählich und nicht sprunghaft auf die Faser aufzieht, so daß man im allgemeinen bei mäßigen Temperaturen mit dem Färben beginnt und den Elektrolytzusatz erst dann gibt, wenn ein Teil des Farbstoffes schon aufgezogen ist.

Steigert man die Färbetemperatur durch Anwendung entsprechender Einrichtungen (*Hochtemperatur-Färbeapparate*, S. 651) bis auf 120 °C, so erreicht man eine starke Zunahme der Aufziehgeschwindigkeit, wobei allerdings die Farbstoffausbeute wegen der bei höherer Temperatur geringeren Adsorption zurückgeht. Da die Farbstoffe teilweise unter diesen Bedingungen verändert werden, ist auf eine entsprechende Auswahl zu achten. Die Zunahme der Aufziehgeschwindigkeit ist auf eine erhöhte Diffusion in Verbindung mit einem Rückgang des Assoziationsgrades zurückzuführen.

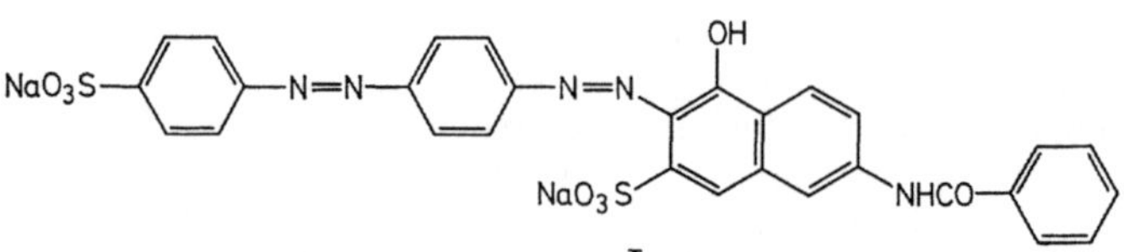

I

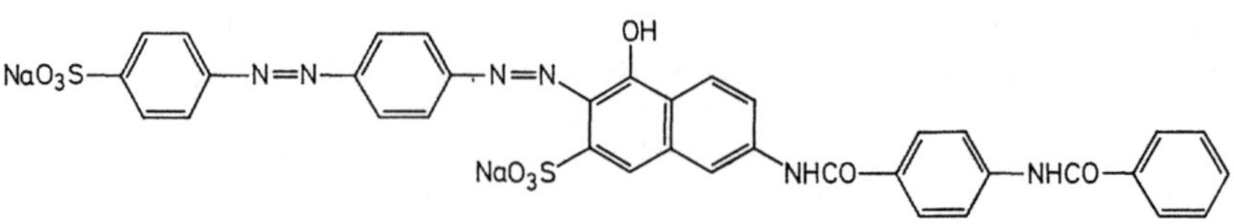

II

Neben den Färbebedingungen spielt für das Egalisieren die *Farbstoffauswahl* eine wesentliche Rolle. Farbstoffe von einer besonders starken Affinität zur Cellulosefaser egalisieren weniger gut als solche von geringerer Affinität, da bei den ersteren ein nachträgliches Abwandern von Stellen höherer zu solchen niederer Farbstoffkonzentration nicht oder nur sehr schwer möglich ist. Die schlechter egalisierenden Farbstoffe besitzen auf Grund ihrer größeren Haftfestigkeit bessere Naßechtheitseigenschaften. So zeigt der Farbstoff II gegenüber dem Farbstoff I auf Grund zweier Benzoylaminogruppen eine höhere Substantivität und eine dadurch bedingte bessere Naßechtheit bei gleichzeitig schlechterem Egalisiervermögen (vgl. S. 517f.).

Färben auf stehenden Bädern. Beim Färben der Cellulosefasern ist es üblich, wenn mehrere Partien derselben Farbe nacheinander gefärbt werden, die Bäder wieder auf den ursprünglichen Stand zu bringen und hierin die nächste Partie zu färben. Es muß also sowohl die ursprüngliche Konzentration an Farbstoff sowie diejenige an den sonstigen Komponenten wieder aufgefrischt werden; desgleichen ist auch der Flottenspiegel wieder auf das ursprüngliche Niveau zu bringen.

In der Wollfärberei ist eine solche Handhabung nicht notwendig, da die Bäder zumeist ganz ausziehen.

Kontinuierliches Färben und Klotzen. Das Färben von Stückware (S. 652ff.) mit substantiven Farbstoffen wird gewöhnlich auf der Haspelkufe oder auf dem Jigger – in bestimmten Fällen (bei zugempfindlichen Waren) auf dem Sternreif – vorgenommen. Dabei wird die Ware $^1/_2$–1 Std. im Färbebad bis zur Erreichung des gewünschten Farbtons bewegt. Um in einer wesentlich kürzeren Zeit eine verhältnismäßig hohe Produktion zu bewältigen, arbeitet man *kontinuierlich* in der Weise, daß man das zu färbende Gewebe mehrere hintereinandergeschaltete Rollenkufen oder Williamseinheiten in einer einzigen Passage bei einer Warendurchgangszeit von 3–6 min passieren läßt. Um in dieser kurzen Zeit die gewünschte Farbtiefe zu erreichen, muß die Farbflotte entsprechend konzentriert angesetzt sein. Meist entfällt dabei, um Egalisierungsschwierigkeiten zu vermeiden, ein Zusatz von Kochsalz oder Glaubersalz. Um die Echtheiten zu verbessern, kann anschließend eine Behandlung in einem heißen Salzbad erfolgen.

Das kontinuierliche Verfahren hat den Vorteil der schnellen und billigen Arbeitsweise, ist aber dafür mit dem Nachteil der geringeren Naßechtheit der Färbung behaftet, so daß eine solche Ausführung nur in denjenigen Fällen in Frage kommt, in welchen der betreffende Artikel nur mäßigen Beanspruchungen in nassem Medium ausgesetzt ist, und wenn es sich um helle bis mittlere Ausfärbungen handelt, deren Naßechtheit an sich einer tiefen Färbung überlegen ist (S. 527).

Um beim kontinuierlichen Färben eine gleichbleibende Farbtiefe zu erzielen, ist nicht nur das Flottenniveau, sondern auch die *Farbstoffkonzentration* in der Flotte durch entsprechende Nachsätze konstant zu halten. Hält man das Flottenverhältnis sehr klein, so daß die zu klotzende Ware einen großen Teil der Farbflotte laufend entnimmt, dann gestaltet sich der Zulauf im Verhältnis zur Flotte entsprechend groß, so daß die Konzentrationsänderung an Farbstoff in der Flotte auf ein Minimum beschränkt bleibt.

Die Kontrolle bzw. Konstanthaltung der Farbstoffkonzentration kann u.a. dadurch geschehen, daß man den Farbstoff durch radioaktive Isotope „markiert". Die Strahlung trifft auf einen *Geiger-Müller-Zähler*, durch welchen die Farbstoffdosierung automatisch gesteuert wird.

Eine weitere wesentliche Abkürzung der Färbedauer wird durch die Methode des *Klotzens* erreicht. Unter Klotzen versteht man im Gegensatz zum Färben ein kurzes Tränken bzw. Imprägnieren mit der sehr konzentrierten elektrolytfreien Farbstofflösung bei kürzestem Flottenverhältnis und meist nur einmaliger, seltener mehrmaliger, Warenpassage auf dem *Foulard* (S. 657). Man kann die Wasserechtheit einer solchen Färbung in der Weise erhöhen, daß man sie nach dem Klotzen und Trocknen einem Dämpfprozeß unterwirft, welcher eine innigere Fixierung des Farbstoffs auslöst. Im Interesse einer gleichmäßigen Anfärbung ist beim Klotzen der Zusatz eines Egalisiermittels erforderlich und eventuell die Gegenwart eines Verdickungsmittels zweckmäßig, welch letzteres namentlich Wanderungserscheinungen der Klotzflotte verhindert. Das Klotzen ist u.a. von Interesse für Druckwaren, wenn es sich darum handelt, weißbödige Ware nach dem Drucken in hellen Tönen zu überfärben.

Man kann entweder nach dem *Klotz/Dämpf-Verfahren* (Pad-Steam-Verfahren) so vorgehen, daß man die Ware auf dem Foulard mit der konz. Farbstofflösung klotzt und die Fixierung anschließend in einem Salzbad oder besser in einem Dämpfer vornimmt, oder daß man die Ware nach dem Klotzen einer Infrarotbeheizung aussetzt, dann auf eine Rolle aufwickelt und diese in einem dampfbeheizten Kasten rotieren läßt (*Klotz/Roll-Verfahren, Pad-Roll-Verfahren*). Anschließend wird in beiden Fällen auf der Breitwaschmaschine nachbehandelt.

Auch eine Fixierung durch Trockenhitze ist möglich, wenn man unter Mitverwendung von Levalin SR fixiert (Thermo SR-Verfahren.)

Ein Hauptvorteil des Kontinuefärbens liegt darin, daß unter den Klotzbedingungen (Raumtemperatur, kürzeste Tauchzeit) praktisch keine Farbstoffkonzentrationsänderung der Flotte eintritt und daher größte Metragen „endengleich" gefärbt werden können, ein Umstand, auf den die Konfektion allergrößten Wert legt, da sie einzelne Teile der Kleidung u.U. aus verschiedenen Stücken schneidet, der Ton daher völlig einheitlich sein muß.

Der *Vorbehandlung* der kontinuierlich zu färbenden Artikel ist ein besonderes Augenmerk zu schenken, damit die Ware bei der kurzen Klotzdauer von nur wenigen Sekunden eine gute Saugfähigkeit für die Farbstofflösung zeigt.

Gelegentlich ist die Tatsache, daß das Warenbild, der Glanz der Ware usw. bei der kurzen Färbedauer besser erhalten bleiben als bei einer langen Färbedauer, als besonderer Vorteil der Kontinueverfahren zu werten.

Eine besondere Art des Klotzens ist das Färben im Appret, bei welchem der Farbstoff zusammen mit der Appreturmasse auf die Ware aufgebracht wird.

Kaltverweilverfahren: Im Interesse der Energieersparnis kann man substantive Farbstoffe auch bei Raumtemperatur in aufgewickeltem Zustand färben, Färbedauer 12 Std., am besten über Nacht.

Beim *Klotz-Kaltverweilverfahren* wird bei 25 °C geklotzt, anschließend läßt man 24 Std. kaltverweilen.

Anwendung der substantiven Farbstoffe. Gemäß ihren beschränkten Naßechtheitseigenschaften werden die substantiven Farbstoffe dort eingesetzt, wo keine besonderen Ansprüche an die Naßechtheit gestellt werden. Da die Naßechtheit bzw. Waschechtheit mit abnehmender Farbtiefe zunimmt, können helle Töne in substantiven Farben auch dann gefärbt werden, wenn die Artikel öfters einer milden Wäsche unterworfen werden. So werden u.a. Damenunterwäsche und Damenkleiderstoffe vielfach mit substantiven Farbstoffen gefärbt. Da es eine große Anzahl von lichtechten substantiven Farbstoffen gibt, können diese auch zum Färben von Möbelstoffen, Wandbespannstoffen u. dgl. verwendet werden.

Nachbehandlungsmethoden für substantive Farbstoffe. Für manche Zwecke genügen die Echtheitseigenschaften einer substantiven Färbung nicht ganz den Anforderungen, denen diese im Laufe der weiteren Fabrikation oder während des Gebrauchs gewachsen sein muß. So können z.B. substantiv gefärbte Kettgarne beim Schlichten auslaufen und benachbarte weiße Fäden anschmutzen. Regenschirmstoffe sind, substantiv gefärbt, unter Umständen nicht genügend wasserecht, andere Färbungen nicht ausreichend widerstandsfähig gegen feuchtes Bügeln, und wieder andere substantive Farbstoffe neigen beim Trocknen zu einem „Wandern", d.h. der nicht wasserecht fixierte Farbstoff wandert dem Gefälle nach, so daß schattierte Färbungen entstehen.

In solchen Fällen ist es meist nicht notwendig und aus preislichen Gründen auch nicht zweckmäßig, zu einer waschechten Farbstoffklasse überzugehen. Es genügt in solchen Fällen vielfach, durch eine geeignete Nachbehandlung die Echtheit der substantiven Färbung so weit zu verbessern, daß sie den jeweiligen Erfordernissen hinsichtlich Wasserechtheit, Waschechtheit, Schweißechtheit, Überfärbeechtheit, Lichtechtheit usw. gerecht wird.

Unter bestimmten konstitutionellen Voraussetzungen nehmen substantive Farbstoffe Metallatome in komplexer Form auf, wodurch die Wasserlöslichkeit des Farbstoffs vermindert und seine Naßechtheit, eventuell auch Lichtechtheit (Kupferkomplex), erhöht wird. Für die Metallkomplexbildung eignen sich Farbstoffe, denen bestimmte Atomgruppierungen zugrunde liegen (S. 389, 403).

Durch eine Nachbehandlung mit Kaliumbichromat werden die Wasser-, Wasch- und Schweißechtheit erhöht. Man arbeitet in der Weise, daß man die Färbung $^1/_2$ Std. bei 70–80 °C in einem Bad behandelt, welches je nach Farbtiefe 2–3% Kaliumbichromat oder sonstige Chromverbindungen und 2–4% Essigsäure 30%ig oder die entsprechende Menge Ameisensäure enthält. Da der Chromkomplex einen von dem ursprünglichen Farbstoff etwas abweichenden Farbton besitzt, löst die Nachbehandlung einen gewissen Tonumschlag aus, welcher das Nachmusterfärben etwas erschwert. Geeignete Farbstoffe sind unter folgenden Bezeichnungen im Handel: Benzochrom-, Diazolchrom-, Trimal-Farbstoffe usw.

Eine Nachbehandlung mit Kupfersulfat (z.B. Benzocuprolsalz) verbessert vor allem die Lichtechtheit (teilweise um 4–5 Stufen), kann sich aber auch vorteilhaft auf die Naßechtheitseigenschaften auswirken (S. 403). Man behandelt die Färbung $^1/_2$ Std. bei 50–60 °C in einem Bad, welches je nach Farbtiefe 1–3% Kupfersulfat, 2–3% Essigsäure 30%ig oder die entsprechende Menge Ameisensäure enthält. Auch das Nachkupfern löst einen Tonumschlag aus.

Die für die Kupfernachbehandlung besonders geeigneten Farbstoffe sind von den Farbenfabriken unter folgenden Handelsbezeichnungen zu Sortimenten zusammengefaßt: Benzocuprol-, Benzocupren-, Cupramin-, Cuproxon-, Coprantin-, Cuprophenyl-, Cuprofix-, Resofixfarbstoffe.

Während die Kupfernachbehandlung üblicherweise auf neuem Bad vorgenommen wird, kann eine solche bei Verwendung gut ausziehender Farbstoffe (*Coprantinfarbstoffe*) nach erfolgtem Ausziehen im gleichen Bad erfolgen, wenn eine in dem sodaalkalischen Färbebad beständige Kupferverbindung zur Anwendung gelangt. Als solche kommen Kupferkomplexverbindungen, z.B. Glykokollkupfer und Kupfersalze von Hydroxy- und Polyhydroxyverbindungen, z.B. von Weinsäure, in Frage (Coprantinsalz = Natriumkupfertartrat).

Zu bemerken ist, daß einige *Chlorantinlichtfarbstoffe* und *Siriuslichtfarbstoffe* bereits im ursprünglichen Molekül Kupfer in komplexer Form gebunden enthalten, so daß die Lichtechtheit derartiger Färbungen auch ohne eine Kupferbehandlung hohe Werte erreicht (S. 404).

Die Nachbehandlung kann auch mit einer Mischung von Kaliumbichromat und Kupfersulfat geschehen, wobei eine wesentliche Erhöhung der Wasser- und Lichtechtheit erreicht wird.

Substantive Farbstoffe bestimmter Konstitution lassen sich in ihrer Wasser- und Waschechtheit *durch eine Nachbehandlung mit Formaldehyd* verbessern. Es handelt sich hier um Farbstoffe, welche freie Hydroxy- oder Aminogruppen tragen (S. 401); vermutlich treten dabei Amino- oder Hydroxygruppen in Reaktion, wodurch eventuell eine

Verknüpfung zweier Farbstoffmoleküle stattfindet:

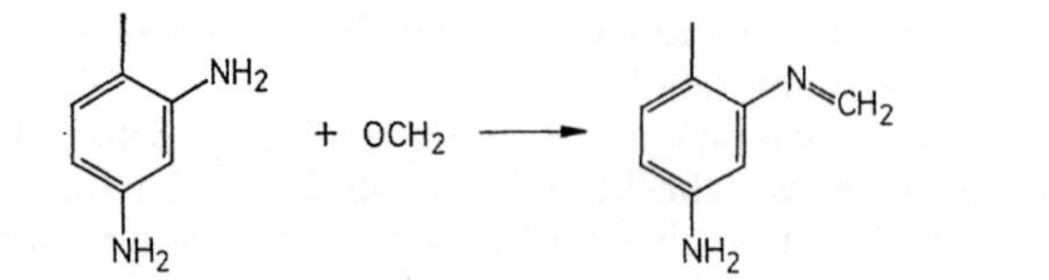

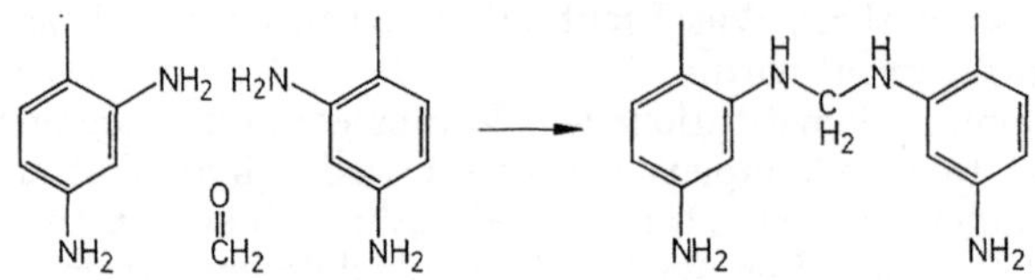

Bei der letzteren Reaktion treten vermutlich Methylole als Zwischenprodukte auf.

Man arbeitet in der Weise, daß man die Färbung 1/2 Std. bei 50–60 °C in einem Bad behandelt, welches je nach Farbtiefe 1–2% Formaldehyd (Formalin) und 1–2% Essigsäure 30%ig oder die entsprechende Menge Ameisensäure enthält. Tonumschläge treten hierbei praktisch nicht ein.

Handelsbezeichnungen für geeignete Farbstoffe dieser Art sind u.a. Carbid-, Formal-, Formalecht-, Neraldol-Farbstoffe.

Durch eine Nachbehandlung von *Primulin* mit *Chlorkalk* werden dessen Wasch- und Lichtechtheit wesentlich verbessert (S. 490).

Nachbehandlung mit kationaktiven Hilfsmitteln (vgl. S. 778). Eine universell anwendbare Möglichkeit der Verbesserung der Naßechtheiten substantiver Färbungen besteht in der Nachbehandlung mit kationaktiven Hilfsmitteln. Es kommen hierfür Produkte in Frage, welche im Kation einen hydrophoben Rest (R) enthalten und welche mit den anionischen Farbstoffen unter Bildung schwerlöslicher bzw. hydrophober Verbindungen reagieren nach dem Schema:

$$[\mathrm{Fb}\cdot\mathrm{SO_3}]^{-}\mathrm{Na}^{\oplus} + \left[\mathrm{R}\cdot\overset{\oplus}{\mathrm{N}}\begin{matrix}\diagup\mathrm{H}\\ -\mathrm{H}\\ \diagdown\mathrm{H}\end{matrix}\right]^{+}\mathrm{Cl}^{\ominus} \rightarrow \left[\mathrm{R}\cdot\overset{\oplus}{\mathrm{N}}\begin{matrix}\diagup\mathrm{H}\\ -\mathrm{H}\\ \diagdown\mathrm{H}\end{matrix}\right]^{+}{}^{\ominus}\mathrm{O_3S}\cdot\mathrm{Fb} + \mathrm{NaCl}$$

Fb = Farbstoffrest

Als Beispiele für solche Produkte seien genannt die Solidogenmarken, Sapaminmarken, Levogen WW, Sandofix WE, Repellat und Fixanol C.

Vielfach beeinflussen diese kationaktiven Nachbehandlungsmittel die Lichtechtheit der Färbungen in ungünstigem Sinn. Kombiniert man nun eine solche Behandlung mit einer Kupfernachbehandlung, dann kompensieren sich häufig die beiden entgegengesetzten Lichtechtheitsbeeinflussungen, so daß man die Naßechtheitseigenschaften von für diese Behandlungsart geeigneten Farbstoffen bei gleichzeitiger Erhaltung der Lichtechtheit verbessern kann. Farbstoffe dieser Art sind z.B. die *Cuprofixfarbstoffe*, die mit *Cuprofix SL* nachbehandelt werden. Cuprofix SL ist eine Mischung eines kationaktiven Mittels (Sandofix WE) und einer Kupferverbindung. Hierher gehört auch das Produkt Coprantex B.

Nachbehandlung mit kationischen Kunstharzvorkondensaten. Es besteht auch die Möglichkeit, substantive Färbungen mit kationischen Vorkondensaten von Aminoplasten zu behandeln, wobei vermutlich salzartige Verbindungen zwischen Farbstoff und Vorkondensat entstehen. Damit werden ebenfalls die Naßechtheitseigenschaften verbessert. In Frage kommen Präparate auf Basis Harnstoff/Formaldehyd oder Melamin/Formaldehyd sowie auf der Grundlage Dicyandiamid/Formaldehyd (vgl. S. 778). Um gleichzeitig die Lichtechtheit zu erhöhen, kann auch eine kombinierte Behandlung mit Kunstharz-Vorkondensat und Kupfersalz vorgenommen werden.

Ein auf der Basis einer *Reaktant-Verbindung* fungierendes Nachbehandlungsmittel ist Siriogen WK, das bei bestimmten substantiven Farbstoffen (Siriogen-Farbstoffe) die Naßechtheit beträchtlich erhöht.

b) Die Diazotierungsfarbstoffe (vgl. S. 420)

Die Diazotierungsfarbstoffe sind im Prinzip substantive Farbstoffe, welche durch eine besondere Art der Nachbehandlung, nämlich durch *Diazotieren und Kuppeln* in ihren Naßechtheitseigenschaften sehr wesentlich verbessert werden können. Im Gegensatz zu einer gewöhnlichen substantiven Färbung, welche nicht waschecht ist, erhält man auf diese Weise bei billigem Preis weitgehend waschechte Färbungen. Ihre Waschechtheit steht allerdings hinter derjenigen von Küpen- und Reaktivfärbungen, Naphtol-AS-Färbungen und Schwefelfärbungen merklich zurück.

Der eine oder mehrere diazotierbare Aminogruppen enthaltende substantive Farbstoff wird nach dem Auffärben auf die Faser auf neuem Bad diazotiert und das Diazoniumsalz mit einem Phenol, Naphthol oder Amin gekuppelt (entwickelt). Dabei tritt meist eine gewisse Veränderung und zum Teil Vertiefung des Farbtons ein. Durch die Molekülvergrößerung sind die erhöhten Naßechtheitseigenschaften bedingt.

Die *Handelsprodukte* haben u. a. folgende Bezeichnungen: Benzamin-, Naphthogen-, Rosanthren-, Diazo-, Diazophenyl-, Diazophenylecht-, Diazamin-, Diazaminlicht-, Giuba-, Chlorazol Diazo-, Pontamine Diazo-.

Arbeitsweise. Nach dem Färben und Spülen behandelt man die Ware 15–20 min kalt in einem Diazotierungsbad, welches je nach Tiefe der Färbung

1,5–2,5% Natriumnitrit,
5 –7,5% Salzsäure 20 °Bé oder
3 –5 % Schwefelsäure 66 °Bé

enthält. Anschließend wird gut gespült und entwickelt.

Als Entwickler kommen Phenole, Naphthole und Amine in Frage, die mit dem diazotierten Farbstoff unter Molekülvergrößerung kuppeln.

Das Entwickeln hat sofort zu erfolgen, da Diazoniumsalze nicht stabil sind und sich unter der Einwirkung von Licht und beim Antrocknen zersetzen, so daß bei lokaler Beeinflussung des diazotierten Materials fleckige und ungleichmäßige Färbungen die Folge sind. Auch vor Alkali ist die diazotierte Ware zu schützen, da hiermit nichtkuppelnde *trans-Diazotate* entstehen (S. 433).

Das Entwickeln geschieht während $^1/_4$–$^1/_2$ Std. kalt mit dem geeigneten Entwickler oder einer Entwicklermischung. Die Entwickler sind teils wasser-, teils alkali-, teils säurelöslich. So kann der Entwickler A (β-Naphtholnatrium) in warmem Wasser gelöst werden, während β-Naphthol mit Natronlauge heiß zu lösen ist. Entwickler N wird mit heißer Salzsäure gelöst.

Bei Stückware kann das Diazotieren und Entwickeln vorteilhaft in kontinuierlicher Weise erfolgen, falls größere Warenposten zu verarbeiten sind. Dabei wird, um lästige Stickoxidentwicklung zu verhindern, mit Natriumnitrit und Salzsäure getrennt nacheinander behandelt.

c) Die Kupplungsfarbstoffe (vgl. S. 421)

Substantive Farbstoffe, welche eine freie Amino- oder Hydroxygruppe in einer für die Kupplung geeigneten Gruppierung enthalten, können durch eine Nachbehandlung mit Diazoniumsalzen, wobei Kupplung auf der Faser erfolgt, in ihren Naßechtheitseigenschaften bei gleichzeitiger Vertiefung des Farbtons wesentlich verbessert werden.

Als Kupplungskomponente kommt praktisch nur das diazotierte p-Nitranilin in Frage, welches als stabilisiertes Diazoniumsalz (Nitrazol CF, Parazol FB extra) oder als trans-Diazotat (Nitrosaminrot Teig) in den Handel kommt. Letzteres wird vor dem Kuppeln durch Salzsäurezusatz in das Diazoniumchlorid übergeführt. Die Kupplung erfolgt in kaltem neutralem Bade.

Handelsprodukte sind die Para-, Benzopara-, Parasulfon-, Nitramin-Farbstoffe usw.

d) Die Entwicklungsfarbstoffe (Naphtol AS[1]-Kombinationen und andere Handelsbezeichnungen) (vgl. S. 422)

Infolge der hohen Molekülgröße der diazotierten und entwickelten Farbstoffe besitzen die Diazofärbungen eine verhältnismäßig gute Waschechtheit. Die Waschechtheit ist aber noch keine vollkommene, da die Farbstoffe jeweils Sulfogruppen enthalten. Azofarbstoffe ohne löslichmachende Gruppen sind färbereibzw. druckereitechnisch nur als Pigmentfarbstoffe (S. 395) verwendbar.

Nimmt man die Kupplung zum Azofarbstoff aus löslichen Komponenten auf der Faser vor, so hat man eine Möglichkeit, einen Azofarbstoff auf der Faser zu fixieren, welcher keine löslichmachenden Sulfogruppen enthält und daher eine optimale Waschechtheit besitzt. In den Vorläufern der Naphtol AS-Farben, den *Eisfarben*, wurde dieses Prinzip erstmalig verwirklicht. Man präparierte das Fasermaterial mit einer Lösung von β-Naphthol und brachte das so behandelte Material in eine Diazoniumsalzlösung ein, wobei auf der Faser Kupplung zum unlöslichen Azofarbstoff erfolgte. Da das Diazotieren Eiskühlung erfordert, wurden die Farben als „Eisfarben" bezeichnet.

Der Nachteil des β-Naphthols als Grundierungskomponente bestand darin, daß es keine Substantivität zur Faser besitzt und daher nur auf rein mechanischem Wege durch Trocknen des damit präparierten Fasermaterials fixiert werden konnte. Es bedeutete daher einen wesentlichen Fortschritt, als in dem *2-Hydroxy-3-naphthoesäureanilid* (Naphtol AS) eine Grundierungskomponente gefunden wurde, welche eine verhältnismäßig gute Substantivität zur Faser besitzt. Weitere gut substantive Naphtol AS-Körper folgten, so daß man sich das Trocknen nach dem Grundieren vielfach ersparen kann.

Substantivität der Grundierungskomponenten. Durch die Einführung der CONH-Gruppierung in das β-Naphthol wird das System der konjugierten Doppelbindungen wesentlich verlängert, womit die gesteigerte Substantivität erklärt werden kann (S. 518). Die Affinität der Naphthole zur Faser zeigt starke Unterschiede. Aus den Bädern von Naphtol AS und Naphtol AS-D ziehen nur etwa 10 bis 20% des Naphtholats auf die Faser, während die Affinität bei Naphtol AS-SG, AS-SR, AS-S und AS-GR so groß ist, daß die Bäder fast vollkommen ausgezogen werden. Bei Naphtholen von verhältnismäßig geringer Substantivität arbeitet man zweckmäßigerweise auf stehendem Bad, d.h. die gebrauchten Bäder werden nach dem Nachsetzen der ausgezogenen Naphtholatmenge wiederverwandt. Die gut sub-

---

[1] Die Naphtol AS-Handelsprodukte werden ohne h nach dem t geschrieben, während die eigentliche chemische Schreibweise th anwendet. Man muß sich darüber im klaren sein, daß den „Naphtolen" nicht nur Naphth*h*ole, sondern auch ganz andersartige chemische Individuen zugrunde liegen (S. 424f.).

stantiven Naphthole sind wichtig für das Färben *auf langer Flotte,* während für die *Kontinuefärberei* sowie für *Klotzungen* in der Druckerei wenig substantive Naphthole bevorzugt werden, da man im ersten Fall möglichst affinitätslos arbeitet und im zweiten Fall das Naphtholat an den nicht bedruckten Stellen wieder ausgewaschen werden muß.

Prinzip der Farbstoffbildung. Man löst das Naphthol[1] mit Natronlauge zum Naphtholat und grundiert damit das Fasermaterial. Nach der Entfernung überschüssiger Naphtholatlösung wird der Farbstoff in einer Diazoniumsalzlösung entwickelt, wobei Farbstoffbildung nach folgendem Schema eintritt:

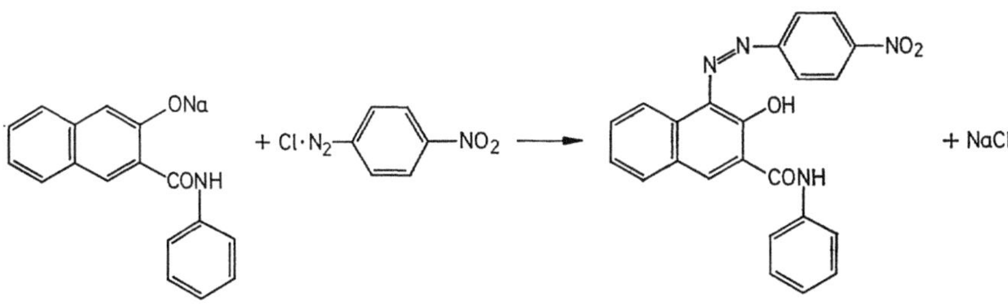

Für das Zustandekommen einer einwandfreien Färbung und im Interesse einer vollen Ausnutzung der Farbkomponenten ist eine genaue Beachtung und Einhaltung der vorgeschriebenen Arbeitsbedingungen erforderlich.

Lösen der Naphthole. Man kann nach zwei verschiedenen Methoden verfahren. Beim *Heißlöseverfahren* werden die Naphthole mit einem Netzöl bzw. Schutzkolloid und Natronlauge angeteigt. Das hierbei sich bildende Naphtholat wird dann durch Übergießen mit heißem Wasser in Lösung gebracht. Beim *Kaltlöseverfahren* wird das Naphthol mit Alkohol (denaturiert) angeteigt und durch Zusatz von Natronlauge und Weichwasser gelöst. Bei letzterem Verfahren findet eine raschere Lösung statt, doch ist es im Hinblick auf den Alkoholverbrauch mit höheren Kosten verbunden.

Je nach dem angewandten Naphthol weichen die Lösebedingungen teilweise etwas voneinander ab.

Beim Lösen der Naphthole in Natronlauge entstehen *Naphtholate,* bei denen grundsätzlich zwei verschiedene Typen zu unterscheiden sind. Bei der größeren Gruppe von Grundierungskomponenten handelt es sich um *Arylamide aromatischer Hydroxycarbonsäuren,* während beim kleineren Teil, namentlich bei den Gelbnaphtholen, *Arylamide von Ketosäuren* vorliegen.

Die Arylamide der Hydroxycarbonsäuren verbrauchen pro Hydroxycarbonsäurerest 2 Mol Natronlauge gemäß dem Schema:

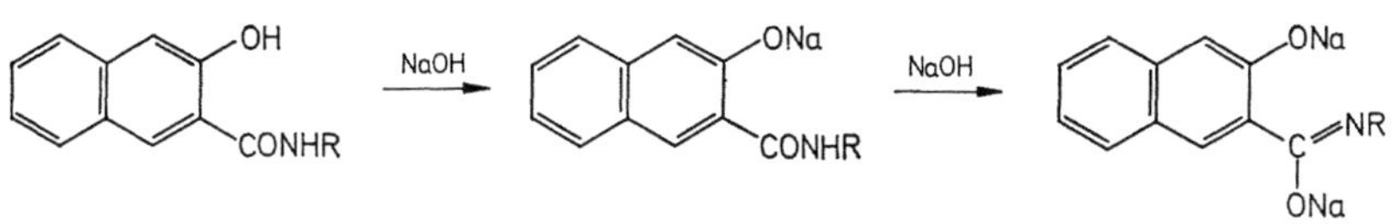

Ketoform Enolform

Die Acidität der „phenolischen“ Gruppe ist gering, die der enolischen noch geringer, so daß sich ein Gleichgewicht einstellt, welches sich bei Natronlaugeüber-

[1] Unter „Naphthol“ sei ganz allgemein die Kupplungs- bzw. Grundierungskomponente verstanden.

schuß zugunsten der Enolform verlagert. Unter diesen Umständen wirkt sich ein Natronlaugeüberschuß günstig auf das Inlösungbleiben des Naphthols aus. Die technisch anzuwendenden Natronlaugemengen bewegen sich je nach Naphthol zwischen 2,4 und 16 Mol NaOH pro Mol Naphthol (*W. Seidenfaden*).

Die Arylamide von Ketosäuren reagieren mit Natronlauge nach dem Schema:

$$-NH \cdot CO \cdot CH_2 \cdot CO \cdot CH_3 \xrightarrow{NaOH} -NH \cdot CO \cdot CH{=}\underset{\displaystyle ONa}{\underset{|}{C}}-CH_3$$

Aus diesem Grund ist pro Arylamidgruppe theoretisch 1 Mol NaOH erforderlich. Die gebildeten Enolate werden hydrolytisch weniger leicht gespalten, so daß ein kleiner Überschuß an Natronlauge genügt, um das Naphtholat in Lösung zu halten. Die anzuwendenden NaOH-Mengen bewegen sich zwischen 2 und 5 Äquivalenten pro Mol Naphthol.

Die LL-Marken im Naphtol AS-Sortiment. In den LL-Marken liegt eine Reihe der normalen Naphtol AS-Marken in einer besonders leicht löslichen Form vor. Sie sind ohne Verwendung von Alkohol, Netzmittel und Schutzkolloid in verdünnter heißer NaOH löslich. Die Grundierungsbäder besitzen eine hohe Stabilität und Klarheit und weisen nur geringe Schaumbildung auf. Der Naphtolgehalt beträgt die Hälfte des Gehaltes der normalen Naphtol AS-Marken.

Das Grundieren mit den Naphtholaten. Zum Zweck des Grundierens wird das Fasermaterial im allgemeinen bei 30 °C ca. $^1/_2$ Std. behandelt; hierauf wird die überschüssige Naphtholatlösung entfernt und die Färbung in der Diazoniumsalzlösung entwickelt. In manchen Fällen arbeitet man bei erhöhter Temperatur. Das kontinuierliche Grundieren von Stückware (Klotzen) erfolgt im Interesse der Gleichmäßigkeit der Grundierung bei Temperaturen zwischen 90 und 100 °C.

Wirkung der Zusätze und Arbeitsbedingungen. *Formaldehydzusatz.* Viele Naphtholate sind luftempfindlich und verändern sich durch Einwirkung des Luftsauerstoffs und der Luftkohlensäure in einer für den Färbeprozeß ungeeigneten Weise. So können sich durch Oxydation *Dinaphthole* bilden (*W. Seidenfaden*):

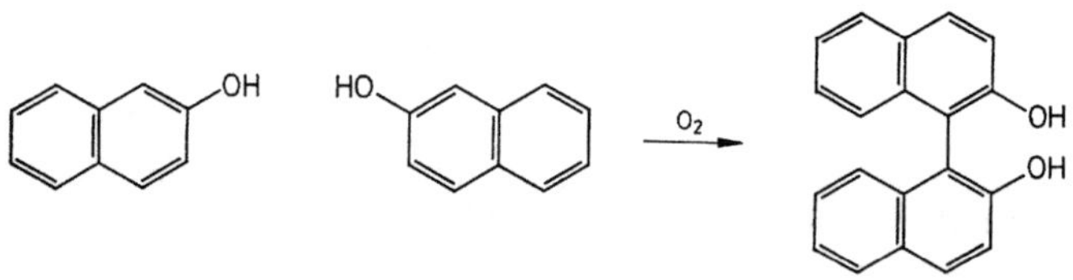

Luftkohlensäure macht aus dem Naphtholat schlechtkuppelndes Naphthol frei. Um die auf der Faser befindlichen Naphtholate luftbeständig zu machen, setzt man den Grundierungsbädern mit Ausnahme einiger wie z.B. Naphtol AS-BR, Naphtol AS-G und Naphtol AS-GR *Formaldehyd* zu. Die letzteren sind auch ohne Formaldehydzusatz luftbeständig. Bei Naphtol AS-G würde der Formaldehydzusatz zu einer unlöslichen Methylenverbindung führen nach dem Schema:

$$\begin{array}{ccc} -NH \cdot CO \cdot CH_2 \cdot CO \cdot CH_3 & & -NH \cdot CO \cdot CH \cdot CO \cdot CH_3 \\ & & \quad\;\; | \\ + CH_2O & \rightarrow & \quad\;\; CH_2 \\ & & \quad\;\; | \\ -NH \cdot CO \cdot CH_2 \cdot CO \cdot CH_3 & & -NH \cdot CO \cdot CH \cdot CO \cdot CH_3 \end{array}$$

Bei den ohne Formaldehydzusatz luftempfindlichen Naphtholen entstehen gemäß der nachstehenden Formulierung *1-Methylole*, welche das Zustandekommen von Dinaphtholen und die hydrolytische Spaltung des Naphtholats verhindern (*P. Neber* und *P. Kubitzky*). Bei der Kupplung wird der Formaldehyd unter Freigabe der Kupplungsstelle wieder abgespalten:

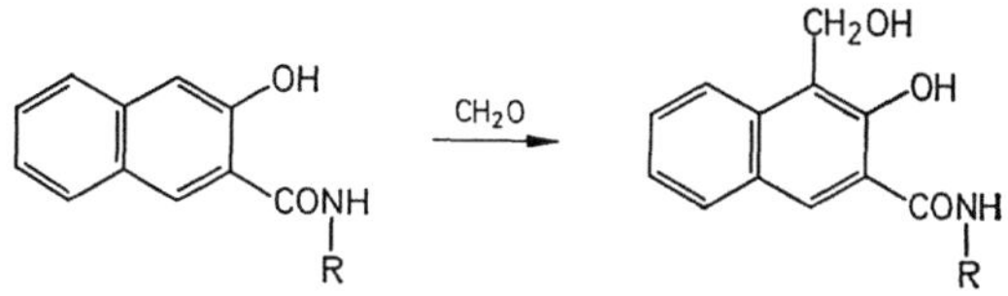

Beim kontinuierlichen Grundieren von Stückware, welche nach dem Grundieren und vor dem Entwickeln zwischengetrocknet wird, arbeitet man, wenn die Grundierung bei erhöhter Temperatur erfolgt, ohne Formaldehydzusatz, da sonst unlösliche Ausscheidungen (vermutlich Methylenverbindungen) entstehen:

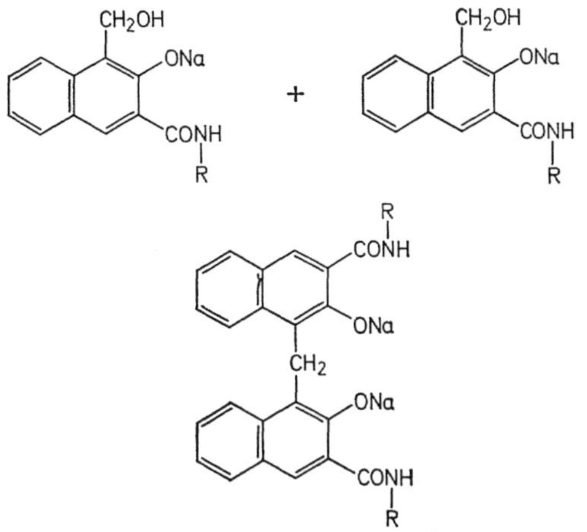

„Methylenverbindung"
„Dinaphthyl-methan"

Da die grundierte Ware sofort getrocknet wird und das Naphtholat nur in feuchtem Medium luftempfindlich ist, ist hier ein Formaldehydzusatz auch nicht erforderlich.

Salzzusatz. Den Grundierungsbädern wird Kochsalz oder Glaubersalz zugesetzt, deren Menge sich je nach der Substantivität und der Löslichkeit des Naphthols zwischen 10 und 50 g pro Liter Grundierungsflotte bewegt. Der Salzzusatz hat die Aufgabe, die Substantivität und damit das Aufziehen der Naphthole zu verbessern. Je weitgehender die Bäder ausgezogen sind, desto weniger wird mechanisch anhaftendes Naphtholat von der Faser mitgenommen und in das Entwicklungsbad übertragen, und um so weniger wird die Reibechtheit der fertigen Färbung nachteilig beeinflußt. Naphtol AS-SG, AS-SR und AS-GR besitzen eine so gute Substantivität, daß sie auch ohne Salzzusatz fast vollkommen ausziehen und man sich daher einen solchen sparen kann.

Temperatur. Die Substantivität der Naphthole nimmt mit Ausnahme von Naphtol AS-BR mit wachsender Temperatur ab, so daß im allgemeinen bei 30 °C grundiert wird. Diese Temperaturabhängigkeit rührt daher, daß der Temperaturkoeffizient der Diffusion im Vergleich zu demjenigen der Adsorption sehr klein ist.

Damit bestimmt die Adsorption das Temperaturverhalten des Naphtholats. Im Interesse einer guten Durchfärbung und Egalisierung erhöht man namentlich bei Arbeiten auf Apparaten die Grundierungstemperatur auf 40–45 °C. Bei Überschreiten dieser Temperatur treten bei Gegenwart von Formaldehyd unlösliche Ausscheidungen ein. Beim kontinuierlichen Grundieren (Klotzen) auf dem Foulard empfiehlt sich eine Arbeitstemperatur von 90–100 °C, da auf Grund der stark verringerten Substantivität nur eine geringe Konzentrationsabnahme des Naphtholats erfolgt und daher die Gleichmäßigkeit des Farbausfalls über die ganze Warenlänge hinweg besser gewährleistet ist. Aus dem gleichen Grund wählt man für das Klotzverfahren Naphthole von möglichst geringer Substantivität.

Entwässern. Nach dem Grundieren muß das Textilgut sorgfältig von der überschüssigen Naphtholatlösung befreit werden, da diese zur Bildung von unlöslichem Azofarbstoff in der Entwicklungsflotte führt. Der sich dort abscheidende Farbstoff setzt sich teilweise auf der Faser mechanisch fest und bewirkt eine *mangelhafte Reibechtheit* der Färbung. Je nach Aufmachung des Fasermaterials erfolgt das Entwässern durch Abquetschen, Absaugen oder Schleudern. Die Abquetsch- bzw. Schleuderflotten fängt man zweckmäßig auf. Sie können den gebrauchten Bädern wieder zugesetzt werden. Um beim Zentrifugieren eine lokale Veränderung der naphtholierten Ware auszuschließen, wird die Zentrifuge vor dem Einbringen der Garne mit Naphtholatflotte ausgespült. Außerdem beläßt man die Ware sowohl während des Schleuderns als auch nachher in naphtholgetränkte Tücher eingeschlagen, um sie gegen jedwede lokale Beeinflussung zu schützen.

Naphtholierte Ware ist grundsätzlich *empfindlich gegen hydrolytische Einflüsse*, d.h. also gegen Wasser und Säuren, da hierdurch freies und schlechter kuppelndes Naphthol entsteht. Wassertropfen oder Säuredämpfe dürfen daher nicht auf das Material gelangen, da sonst an den getroffenen Stellen eine mangelhafte Kupplung erfolgt. Auch ein stellenweises Antrocknen führt, da hierdurch das Hydrolysengleichgewicht in Richtung des Naphtholats verschoben wird, ebenfalls zu ungleichmäßigem Farbausfall.

Zwischenspülen. Es besteht die Möglichkeit, ohne besondere Entwässerungseinrichtungen das überschüssige Naphtholat durch ein Spülen mit einer natronalkalischen Kochsalzlösung weitgehend zu entfernen, wodurch meist eine befriedigende Reibechtheit resultiert. Dabei ist, da sich ein Gleichgewicht einstellt, auf eine möglichst kurze Flotte zu achten.

Zwischentrocknen. Beim kontinuierlichen Grundieren von Stückware wird vorteilhaft bei höherer Temperatur und daher ohne Formaldehydzusatz gearbeitet, so daß nach dem Grundieren sofort zu trocknen ist, um einerseits das Naphtholat besser auf der Faser zu fixieren und es andrerseits luftbeständig zu machen. Das Zwischentrocknen kann auf der Hotflue, der Zylindertrockenmaschine oder dem Spannrahmen erfolgen. Beim Trocknen auf der Zylindertrockenmaschine arbeitet man mit beidseitiger Warenanlage, um einen auf beiden Seiten gleichartigen Farbausfall zu gewährleisten. Falls beim Arbeiten auf dem Spannrahmen die Kluppen sich markieren, ist die Trocknung auf einer der anderen Maschinen vorzunehmen.

Beim Färben von losem Material und von Garnen ist ein Zwischentrocknen nicht erforderlich, da hier bei gewöhnlicher Temperatur und daher unter Formaldehydzusatz gearbeitet wird.

Handelsprodukte von Naphtholen und Basen. a) *Naphthole:* Naphtol AS, Cibanaphtol, Naphtanilide, Celcot, Naphthazol, Acna-Naphthol-, Brenthole, Naphthanile u.a. b) *Basen:* Echtbasen, Ciba-Basen, Devolbasen, Acna-Basen, Brentamine u.a.

Praktisch angewandt werden diejenigen Kombinationen, welche die besten Echtheitseigenschaften liefern. Zu beachten ist, daß beim Kombinieren von ein und demselben Naphthol mit verschiedenen Basen ganz verschiedene Farbtöne entstehen können, während sich der Wechsel des Naphthols bei gleichbleibender Base im allgemeinen weniger auswirkt.

Das Entwickeln (vgl. S. 430). Das mit dem Naphtholat[1] grundierte Material wird zur Erzeugung des Farbstoffs mit einer hinsichtlich Nuance und Echtheit dazu passenden Diazoniumverbindung behandelt (entwickelt). Die Diazoniumverbindung kann man sich entweder selbst aus der entsprechenden Base erzeugen oder man verwendet von der Farbenfabrik fertig vorgebildete Diazoniumsalze in stabilisierter Form (Färbesalze, S. 431). Um alles auf der Faser befindliche Naphtholat zu kuppeln, wird ein Überschuß an Diazoniumsalz angewandt.

Das Diazotieren. Salzsäurelösliche Basen werden in der Form diazotiert, daß man zu ihrer Lösung eine Natriumnitritlösung zufließen läßt. Salzsäureunlösliche Basen teigt man mit Natriumnitritlösung an und trägt den Teig in verdünnte Salzsäure ein. Die Diazotierungstemperatur bewegt sich bei den einzelnen Basen zwischen 10 und 15 °C, da die Diazoniumsalze bei höherer Temperatur zur Zersetzung neigen. Die vollständige Diazotierung gibt sich dadurch zu erkennen, daß eine Probe der Diazolösung beim Abstumpfen der überschüssigen Salzsäure mit Natriumacetat keine Ausscheidung von unlöslicher nichtdiazotierter Base ergibt. Bei salzsäureunlöslichen Basen ist das Ende der Diazotierung daran zu erkennen, daß eine klare Lösung eingetreten ist. Nach beendigter Diazotierung wird die Mineralsäure abgestumpft bzw. neutralisiert und das Bad auf einen für die Kupplung optimalen pH-Wert eingestellt.

Das Diazotieren wird vorteilhaft mit Salzsäure vorgenommen, doch können, wenn dies aus irgendwelchen Gründen zweckmäßig erscheint, auch andere Säuren Verwendung finden. Häufig wird verdünnte Schwefelsäure, in manchen Fällen werden organische Säuren, diese aber dann in größerem Überschuß, angewandt.

Es ist immer ein Säureüberschuß notwendig, um die Bildung von unlöslichen Diazoaminoverbindungen auszuschließen, wie sie bei schwach basischen Aminen leicht einzutreten pflegt (vgl. S. 430). Der Säureüberschuß wirkt außerdem stabilisierend auf die Diazoniumsalze. Da die Diazotierung exotherm verläuft, ist das Reaktionsmedium zu kühlen, um eine Zersetzung zu vermeiden. Je nach den Bedingungen verläuft die Zersetzung in verschiedener Richtung, nämlich unter Bildung von Phenolen oder Arylhalogeniden bei gleichzeitiger Stickstoffentwicklung:

$$[C_6H_5{-}N{\equiv}N]Cl \xrightarrow{H_2O} C_6H_5OH + N_2 + HCl$$

$$[C_6H_5{-}N{\equiv}N]Cl \longrightarrow C_6H_5Cl + N_2$$

Eine eingetretene Zersetzung macht sich durch Gasbläschen und Schaumabscheidung bemerkbar. Die Zersetzung wird durch Licht und Wärme sowie durch katalytisch wirkende Metalle gefördert. Als solche kommen Kupfer, Zinn und Eisen in Frage, so daß Behältnisse aus diesen Metallen für das Ansetzen und Aufbewahren von Diazoniumsalzlösungen ungeeignet sind.

Bereitung des Entwicklungsbades. Die vorbereiteten Diazolösungen werden in die zur Entwicklung notwendige Flottenmenge (kaltes Wasser) eingebracht. Die Flotte wird zusätzlich mit 20–50 g im Liter Kochsalz und eventuell mit 1–2 ccm im Liter Diazopon A versetzt.

Wirkung der Zusätze und Arbeitsbedingungen. *Abstumpfen.* Da in mineralsaurem Medium keine oder nur eine unvollständige Kupplung erfolgt, muß die Mineralsäure durch Neutralisieren oder Abstumpfen beseitigt werden, was durch Zusatz von Natriumacetat, basischem Aluminiumsulfat, Schlämmkreide, Zink-

---

[1] Unter „Naphtholat" sei jeweils die Kupplungs- bzw. Grundierungskomponente verstanden.

oxid oder Natriumhydrogencarbonat geschieht. Während im allgemeinen das Zusatzmittel beliebig gewählt werden kann, ist in einigen Fällen ein bestimmtes Abstumpf- bzw. Neutralisationsmittel rezeptmäßig vorgeschrieben. Da die Diazoniumsalze in mineralsaurem Medium die beste Haltbarkeit besitzen, nimmt man das Abstumpfen bzw. Neutralisieren erst kurz vor dem Gebrauch der Bäder vor.

Alkalibindemittel. Die mit dem Naphtholat grundierte Ware enthält überschüssige Natronlauge, so daß beim Einbringen des grundierten Materials in die Entwicklungsflotte letztere ihre Reaktion ändert und alkalisch werden kann, namentlich dann, wenn, wie bei Stückware, kontinuierlich gearbeitet wird.

Eine Reaktionsänderung muß vermieden werden, da die Kupplungstendenz der Basen pH-abhängig ist und bei für die betreffende Base ungeeigneten pH-Werten deren volle Ausnutzung nicht möglich ist bzw. bei einer pH-Änderung die resultierende Farbtiefe nicht konstant bleibt. Das Alkalischwerden des Entwicklungsbades löst Kupplungsschwierigkeiten aus, da die Diazoniumsalze in alkalischem Medium eine Neigung zur Bildung *nichtkuppelnder Transdiazotate* besitzen (S. 433). Unter diesen Umständen muß das eingeschleppte Alkali durch das Entwicklungsbad abgefangen werden, was durch Zusatz von Essigsäure, Aluminiumsulfat, Zinksulfat oder Magnesiumsulfat geschieht. Die Auswahl des Alkali-Bindemittels richtet sich nach der vom pH-Wert abhängigen Kupplungstendenz des Diazoniumsalzes.

pH-Wert. Grundsätzlich würde die Kupplung optimal bei etwas höheren pH-Werten als den technisch angewandten vonstatten gehen (vgl. S. 380ff.). Die technische Verwirklichung stößt aber insofern auf Schwierigkeiten, als mit der grundierten Ware Alkali in das Entwicklungsbad geschleppt wird, so daß das Bad zum Abfangen des Alkalis üblicherweise schwach sauer eingestellt wird. Die Einhaltung eines bestimmten pH-Wertes – eventuell durch Puffersysteme – über den ganzen Färbeprozeß hinweg spielt namentlich bei der kontinuierlichen Arbeitsweise eine Rolle, da die Kupplungsintensität mit wechselndem pH variiert und damit die Herstellung „endengleicher“ Färbungen, d.h. von über die ganze Stücklänge einheitlichem Farbton in Frage gestellt ist.

Hinsichtlich des einzuhaltenden pH-Bereiches kann man die Basen in 4 Gruppen einteilen (*W. Hees*), und zwar:

	Kupplungsbereich in pH	Einstellungsmittel
I. Gruppe	4–5	Essigsäure, Aluminiumsulfat
II. Gruppe	5,5–6,5	Essigsäure/Acetat-Puffer, Aluminiumsulfat
III. Gruppe	6–7	Zinksulfat
IV. Gruppe	7–8,2	Magnesiumsulfat, Triäthanolamin-hydrochlorid

Die Gruppen I und II umfassen vorzugsweise die Gelb-, Orange- und Rotbasen, die Gruppen III und IV die Violett- und Blaubasen.

Während im allgemeinen die *Base* für den einzuhaltenden pH-Kupplungsbereich bestimmend ist, ist die Reaktionsfähigkeit mancher *Naphthole* so sehr pH-abhängig, daß demgegenüber das Verhalten der Base zurücktritt. Dies trifft für eine Anzahl von Braun-, Schwarz- und Gelbnaphtholen zu. Bei ihrer Anwendung ist der Kupplungsbereich zweckmäßig auf deren optimale Reaktionsfähigkeit abzustellen.

Entwicklungsdauer und Temperatur. Die Entwicklung erfolgt im allgemeinen während 20–30 min bei Raumtemperatur. Beim kontinuierlichen Arbeiten auf dem Foulard oder sonstigen Einrichtungen reicht die hierbei kürze Passage zur Auskupplung nicht aus, so daß man diese in einem „Luftgang" vervollständigt, ehe die Ware gespült wird (S. 660 f.).

Kochsalzzusatz. Beim Einbringen der naphtholatgrundierten Ware in das Entwicklungsbad hat das Naphtholat eine gewisse Tendenz sich abzulösen, wodurch die Bildung von unlöslichem Azofarbstoff im Färbebad ausgelöst wird, was zur Entstehung *reibunechter Färbungen* führt. Um dies weitgehend zu verhindern, setzt man dem Entwicklungsbad 20–50 g Kochsalz pro Liter zu. Bei einigen Basen unterbleibt der Kochsalzzusatz wegen der Gefahr einer Ausfällung; ebenso entfällt er bei der Entwicklung von zwischengetrockneter Ware, bei welcher das Naphtholat so gut fixiert ist, daß ein Auslaufen des Naphtholats nicht eintritt.

Dispergiermittel. Die Bildung von unlöslichem Farbstoff im Entwicklungsbad kann nicht immer vollkommen unterbunden werden, so daß in solchen Fällen die Reibechtheit der Färbung, welche bei den Entwicklungsfärbungen sowieso ein gewisses Schmerzenskind darstellt, gefährdet ist. Unter diesen Umständen wirkt sich der Zusatz eines Dispergiermittels (Diazopon A, Dispersogen AZ, Remol AS, Kuppal A konz.) sehr vorteilhaft aus, da dann die Bildung des unlöslichen Farbstoffes in so feindisperser Form erfolgt, daß dieser sich nicht auf der Faser absetzt, sondern im Bad dispergiert bleibt. Auch die Haltbarkeit der abgestumpften Diazoniumsalzlösungen wird durch solche Zusätze begünstigt.

Sodaentwicklungsverfahren. Manche Diazoniumsalze, wie z.B. dasjenige der Variaminblau B Base (S. 429) sowie Variaminblausalz RT werden in ihrer Kupplungstendenz durch ein saures Medium beeinträchtigt, so daß man die grundierte Ware zunächst durch das essigsaure Entwicklungsbad nimmt und anschließend durch ein Sodabad passiert, in welchem die Kupplung schnell zu Ende kommt. Diese Arbeitsweise ist namentlich für die Foulardentwicklung von Interesse (S. 657 f.).

Variogene. Bestimmte Kombinationen aus „Naphthol" und Base sind zu einer Metallkomplexbildung (Co, Cu) befähigt. Die Metallkomplexbildung kann entweder im Entwicklungsbad oder in einem Nachbehandlungsbad erfolgen. Es resultieren Grün-, Braun- und Grautöne.

Färbesalze (vgl. S. 431). Die meisten Basen sind in Form stabilisierter wasserlöslicher Diazoniumsalze (Färbesalze, Echtsalze) im Handel, so daß die umständliche Bereitung des Entwicklungsbades, wie sie für die Basen notwendig ist, entfällt. Sie sind weiterhin so eingestellt, daß bei der Bereitung des Entwicklungsbades der für die Kupplung erforderliche pH-Wert resultiert. Das Arbeiten mit den Färbesalzen stellt sich daher einfacher, aber weniger wirtschaftlich, da sie im allgemeinen nur etwa 20% Base enthalten.

Man rührt die Färbesalze mit wenig lauwarmem Wasser an und bringt den Teig mit kaltem Wasser in Lösung. Der Entwicklungsflotte wird ebenfalls die erforderliche Kochsalzmenge beigesetzt.

Naphtol-AS-Einbadverfahren. Für bestimmte Kombinationen ist ein Einbadverfahren mit hochsubstantiven Naphtolen möglich, bei welchem die für die Entwicklung vorgesehenen Diazoniumverbindungen direkt dem Naphtholierungsbad zugegeben werden. Die betreffenden Diazoniumverbindungen liegen allerdings nicht in einer direkt kupplungsfähigen, sondern in der verkappten Form der Diazoaminoverbindungen (Triazene) vor (vgl. S. 436ff.).

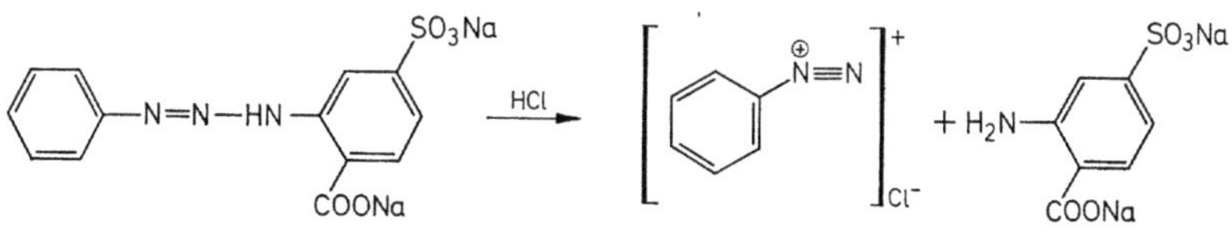

Nach dem Grundieren setzt man Essigsäure oder ein Gemisch aus Essigsäure/Salzsäure zu und stellt auf einen pH-Wert zwischen 5 und 5,5 ein, wobei unter Bildung des kupplungsfähigen Diazoniumsalzes Farbstoffbildung eintritt.

An geeigneten Triazenen sind z.B. verschiedene „Azanilsalze" im Handel.

An Stelle von Naphtholat + Diazoaminoverbindung kann auch die fertige Handelsmischung (*Rapidogenfarbstoff*) Verwendung finden.

Man klotzt die natronalkalische Rapidogenfarbstofflösung auf die Ware, trocknet und entwickelt in Thermosolanlagen oder auf dem Spannrahmen bei Temperaturen zwischen 130 und 210 °C. Mit steigender Temperatur verkürzen sich dabei die Fixierzeiten von 5 min auf 45–40 sec.

Nachbehandlung. Da die Bildung von unlöslichem Farbstoff im Färbebad und eine damit verbundene rein mechanische Fixierung solchen Farbstoffs auf der Faser nicht vollkommen vermieden werden kann, muß die entwickelte Färbung nach gutem Spülen unter Zusatz von Soda möglichst heiß geseift werden. Man arbeitet $^1/_2$ Std. lang mit Bädern, welche 2–3 g Seife oder andere Dispergiermittel und 1–2 g Soda pro Liter Flotte enthalten. Das kochende Seifen löst den mechanisch anhaftenden Farbstoff ab und erhöht damit die Reibechtheit. Der auf der Faser fest fixierte Farbstoff erfährt ebenfalls eine gewisse Veränderung, welche sich in der Regel in einem Lebhafter- oder Vollerwerden des Farbtons oder in einer Verbesserung der Licht- und Chlorechtheit auswirkt. Diese Veränderungen können damit erklärt werden, daß das Seifen zu einer Aggregation der Farbstoffteilchen führt, welche die Gesamtoberfläche des Farbstoffs verringert (vgl. S. 530).

Bei Wickelkörpern (Kettbäume, Kreuzspulen) stößt die Entfernung des mechanisch anhaftenden Farbstoffes mitunter auf Schwierigkeiten, so daß die Garne häufig ungeseift verwebt werden und die Nachbehandlung erst am fertigen Stück erfolgt. Gegebenenfalls muß in Strangform nachgeseift werden.

Echtheitseigenschaften und Anwendung. Da die auf der Faser gebildeten Entwicklungs-Farbstoffe keine löslich machenden Gruppen enthalten, sind sie gegenüber wäßrigen Flotten beständig und damit waschecht, alkaliecht, mercerisierecht und teilweise bleichecht. Eine ganze Anzahl von ihnen kann unter diesen Umständen für die Herstellung von Buntbleichartikeln Verwendung finden. Manche Kombinationen besitzen Indanthrenechtheiten. Ihr besonderer Vorteil liegt, abgesehen von den sehr leuchtenden Farbtönen, in der Möglichkeit des raschen Arbeitens, was sie insbesondere für eine kontinuierliche Arbeitsweise geeignet macht. Zu erwähnen ist, daß manche Naphtholkombinationen gegenüber Trichloräthylen, Paraffin und Wachs sowie gegenüber manchen Kunststoffweichhaltungsmitteln unbeständig sind.

Die Entwicklungsfarbstoffe finden insbesondere Verwendung für die Herstellung lebhafter Töne, welche echtheitsmäßig stark beansprucht sind. Das Hauptanwendungsgebiet sind Waschkleider- und Schürzenstoffe, Fahnentuch, Inletts usw.

e) Phthalocyanin-Entwicklungsfarbstoffe (Phtalogene)

Die Phtalogene (S. 500) werden auf der Faser aus monomeren Amino-imino-isoindoleninen oder aus polymeren Metallkomplexen der Amino-imino-isoindolenine entwickelt (Phtalogen K- und Phtalogen M-Farbstoffe).

Die betreffenden Produkte sind wasserunlöslich und müssen durch Zugabe bestimmter Lösungsmittel (Levasole) in Lösung gebracht werden. Die Levasole sind (reduzierend wirkende) Gemische aus Glykolen, Amiden (z.B. Dimethylformamid) und tertiären Aminen. (Sie sind physiologisch zum Teil nicht ganz indifferent und greifen Kupfer und Zink an.) Zu der Lösung der Amino-iminoisoindolenine gibt man im Falle kupferfreier Präparate eine geeignete Kupferkomplexverbindung zu, z. B. den Kupferkomplex der Äthylen-bis-imino-diessigsäure, und klotzt diese Flotte nach dem Einstellen auf den vorgeschriebenen pH-Wert (7–8) z. B. auf dem Foulard auf die Ware auf. Nach dem Trocknen bei 70–80 °C wird der Farbstoff durch Erhitzen auf 140 °C während einiger Minuten entwickelt. Die Entwicklung der Polyiso-indolenine kann auch durch eine Heißbehandlung mit Hydrogensulfitlösung geschehen.

Zur Entfernung von Nebenprodukten und Pigmentüberschuß erfolgt zunächst eine Säurepassage und nach dem Spülen ein Seifen bei Kochtemperatur.

Die Naßechtheiten sind denjenigen der besten Küpenfärbungen ebenbürtig. Auch Licht- und Reibechtheiten sind sehr gut.

f) Polykondensationsfarbstoffe

Polykondensationsfarbstoffe sind solche, die als wasserlösliche niedrigmolekulare Körper (Buntesalze) in den Handel kommen (z. B. Inthionfarbstoffe vgl. S. 420) und auf der Faser polykondensiert werden. Im Falle der Buntesalze kann die Fixierung z. B. mit Schwefelnatrium erfolgen (vgl. S. 419).

g) Oniumfarbstoffe (Alcian-Farbstoffe)

Die Alcianfarbstoffe (S. 499) sind durch „Oniumsalzbildung" wasserlöslich gemachte Farbstoffe, aus denen das unlösliche „Farbstoff-Aralkylhalogenid" durch Erhitzen wieder abgespalten werden kann und somit in unlöslicher und daher echter Form in und auf der Faser fixiert wird.

Die Entwicklung kann entweder durch Trocknen auf der Hotflue oder durch Dämpfen bei ca. 100 °C geschehen.

h) Die Küpenfarbstoffe (vgl. S. 462f., 478)

Unter einem Küpenfarbstoff versteht man einen Farbstoff, der sich im Wasser nicht löst und zum Zweck des Färbens in eine hierfür geeignete Lösung übergeführt (verküpt) wird. Es geschieht dies durch Reduktion in alkalischem Medium, womit meist eine mehr oder weniger starke Farbtonänderung verbunden ist. Das lösliche Reaktionsprodukt wird auf die Faser aufgefärbt und aus diesem der unlösliche Farbstoff auf dem Weg der Hydrolyse und Oxydation zurückgebildet. Die Küpenfarbstoffe sind teils indigoider, teils anthrachinoider Natur. Der Chemismus des Verküpens und Oxydierens sei nachstehend für beide Klassen schematisch wiedergegeben.

Der auf der Faser durch Oxydation zurückgebildete Farbstoff ist in den üblichen wäßrigen Medien völlig unlöslich, woraus sich die besondere Widerstandsfähigkeit der Küpenfarbstoffe gegenüber wäßrigen Flotten ergibt. So sind die Küpenfarbstoffe unübertroffen waschecht und besitzen vielfach eine ausgezeichnete Sodakochechtheit und Bleichechtheit, so daß man die Färbungen für Buntbleichartikel verwenden kann. Auch die Lichtechtheit erreicht bei vielen Vertretern höchste Werte und bewegt sich bei der ganzen Gruppe zwischen 3 und 8.

Teilweise haben die Farbenfabriken diejenigen Küpenfarbstoffe, welche in ihren Echtheitseigenschaften, namentlich bezüglich der Lichtechtheit, besser zu bewerten sind als die üblichen Vertreter dieser Gattung, in besonderen Handelssortimenten zusammengefaßt (*Indanthrenfarbstoffe*).

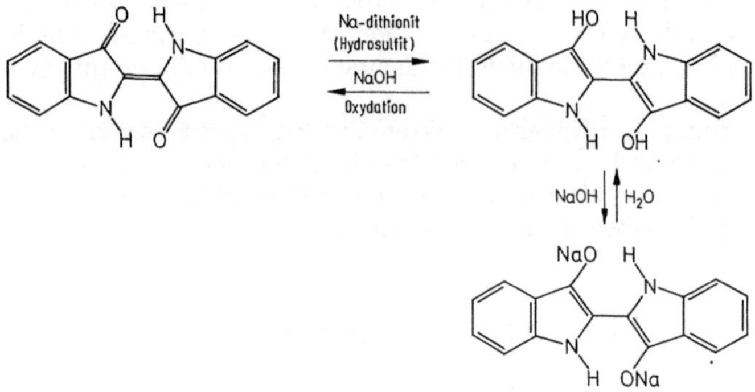

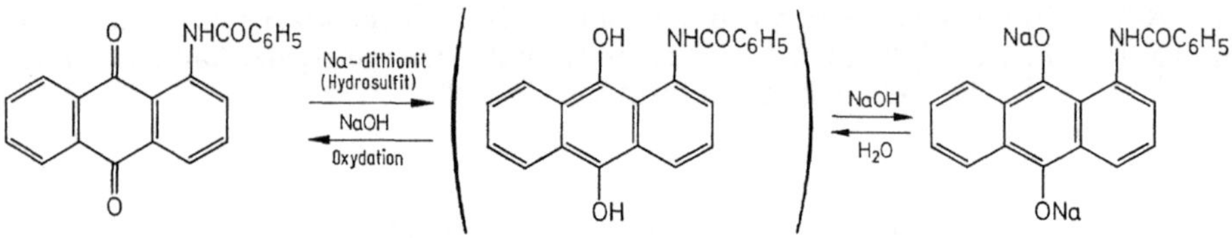

Die Küpenfarbstoffe tragen u.a. folgende Handelsbezeichnungen:

Indanthren-	Drimaren-	Carbindon-
Anthra-	Tetra- (1)	Durindon-
Ciba- (1)	Pernithren-	Ponsol-
Cibanon- (2)	Solanthrène	Sulfanthrene (1)
Tina- (1)	Solinden- (1)	Pharmanthren-
Tinon- (2)	Romanthren- (2)	Armanthren-
Sandothren-	Caledon	

Teilweise sind die einzelnen Sortimente einheitlich entweder aus *anthrachinoiden* oder *indigoiden* Farbstoffen zusammengesetzt, teilweise rekrutieren sie sich aus beiden Farbstoffklassen. So sind z.B. die mit (1) bezeichneten Farbstoffe indigoider Natur, während es sich bei den mit (2) bezeichneten Farbstoffen um Vertreter der Anthrachinonreihe handelt. Im Indanthrensortiment sind beide Typen vertreten.

Die Küpenfarbstoffe kommen als *Pulver*- oder als *Teigmarken* in den Handel. Letztere haben den Vorteil, daß sie sich leicht verküpen lassen, da sie den Farbstoff in feindisperser Form in Gegenwart eines Dispergiermittels enthalten. Die Teigmarken wurden z.T. durch die „*Pulver fein für Färbung*"-Marken oder „*Mikropulver*" bzw. durch die „Colloisol"- und „Colloisol Teig"-Marken ergänzt, welche auf Grund ihrer besonderen Herstellungsart sowie infolge des Gehalts an Dispergiermitteln ebenfalls leicht verküpbar sind. Je höher der *Dispersitätsgrad* der zum Verküpen gelangenden Farbstoffe ist, desto größer ist die den Reduktionsmitteln sich bietende Oberfläche und desto geringer ist die Verküpungsdauer, ein Gesichtspunkt, der namentlich bei den in der Druckerei verwendeten Farbstoffen eine besondere Rolle spielt (S. 668).

Die Arbeitsmethoden für Küpenfarbstoffe. Die Arbeitsweise wird im einzelnen durch die jeweils vorliegende Warenart und Warenaufmachung sowie durch die jeweilige maschinelle Einrichtung und nicht zuletzt durch Farbstofftyp und Farbtiefe bestimmt. Unter diesen Umständen kann die nachstehende Darstellung nur gewisse Richtlinien geben, die auf den Einzelfall abgestimmt werden müssen.

Das Verküpen der Farbstoffe. Die einzelnen Küpenfarbstoffe weisen in ihrem Verhalten gegenüber den Verküpungsmitteln – üblicherweise Natriumdithionit („Hydrosulfit“) und Natronlauge – teilweise recht beträchtliche Unterschiede hinsichtlich der Verküpungsgeschwindigkeit und namentlich in ihrer Beständigkeit gegenüber den Verküpungsmitteln auf. Dieser unterschiedlichen Reaktionsfähigkeit muß durch spezifizierte Rezepturen Rechnung getragen werden, welche, um Fehlfärbungen zu vermeiden, streng eingehalten werden müssen. So sind die erforderlichen Zusätze an Reduktionsmitteln und Alkali sowie die optimalen Verküpungs- bzw. Färbetemperaturen von Fall zu Fall verschieden, so daß praktisch jeder Küpenfarbstoff individuell zu behandeln ist. Bei Anwendung von Farbstoffmischungen müssen eventuell gewisse Konzessionen an die für die Einzelkomponente optimale Arbeitsweise gemacht werden.

Die Arbeitsbedingungen sind so zu lenken, daß keine *Überreduktion* (S. 471) eintreten kann, da überreduzierte Farbstoffe entweder schwer oder gar nicht mehr reoxydabel sind. Bei halogensubstituierten Farbstoffen können auch reduktiv ausgelöste *Dehalogenierungen* Komplikationen verursachen.

Die Messung des *Redoxpotentials* (mV) läßt eine genaue Kontrolle zu, da dieses vom Hydrosulfitgehalt, von der Laugenkonzentration und von der Temperatur abhängig ist.

Das Potential kommt dadurch zustande, daß beim Übergang von $Na_2S_2O_4$ in Na_2SO_3 (Valenzwechsel des Schwefels) Elektronen abgegeben werden (Reduktionsmittel sind Elektronenspender und Oxydationsmittel Elektronennehmer). Die freigegebenen Elektronen werden auf den Farbstoff übertragen:

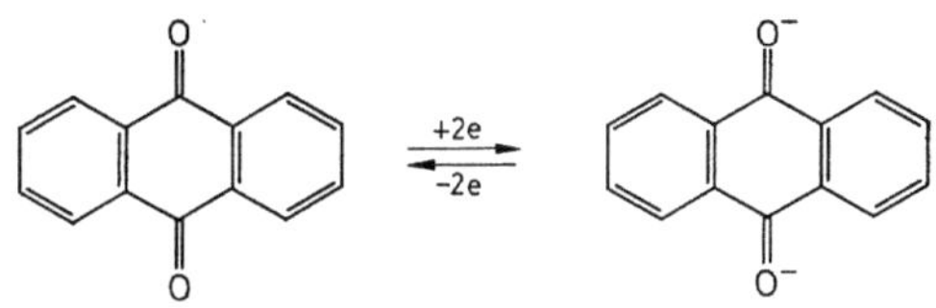

Aus der Größe des „Leuko-Potentials“ eines Küpenfarbstoffs kann man auf seine Reduktionsfähigkeit und damit z.B. auf seine Eignung in der Druckerei schließen. Das Leukopotential der Küpenfarbstoffe ist dasjenige Potential, bei dem der Küpenfarbstoff einwandfrei verküpt. Je nach Farbstoff liegt es zwischen 700 und 1000 mV.

Aus der gemessenen mV-Zahl läßt sich unter Berücksichtigung des herrschenden pH-Werts der *rH-Wert* errechnen, das ist der negative dekadische Logarithmus des Wasserstoffdrucks in atü, der die betreffende Redoxwirkung ausüben würde. Ein Druck von 10^{-5} atü (rH = 5) entspricht einem starken Reduktionsmittel, während ein solcher von 10^{-30} atü (rH = 30) einem starken Oxydationsmittel zukommt (Grenze zwischen Reduktions- und Oxydationsmittel etwa 22,5).

Für das Verküpen sind rH-Werte zwischen 0,8 und 4,0 erforderlich. Es ist jedoch zweckmäßiger, das direkt gemessene Redoxpotential in mV der Badeinstellung zugrunde zu legen. (Nach P. Senner und P. Schmitz ist eine Redoxmessung auch unter HT-Bedingungen möglich.)

Zu hohe Alkalizusätze oder eine zu hohe Arbeitstemperatur können zu unerwünschten *Verseifungen* führen, welche zu Fehlfärbungen Anlaß geben. So sind namentlich gewisse Acylamino-anthrachinone (S. 465f.) empfindlich gegen Alkalieinwirkung bei höherer Temperatur, da unter diesen Bedingungen die Acylreste abgespalten werden:

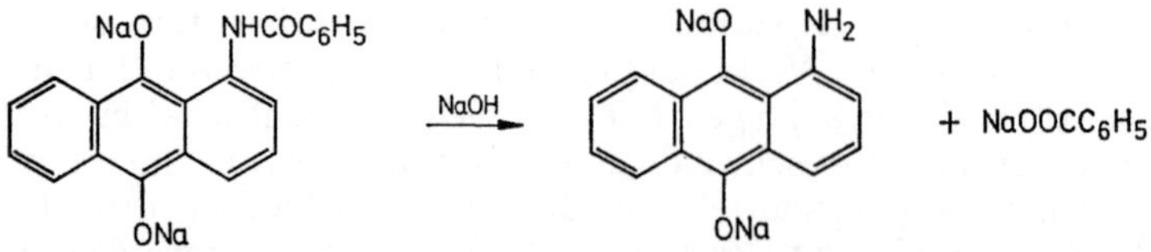

Da die Acylderivate optisch heller sind als die entsprechenden Grundkörper, tritt bei der Verseifung eine Verschiebung des Farbtons nach der optisch tieferen Seite ein. Außerdem nimmt durch den Ausfall der Acylgruppe die Substantivität ab (S. 517). Was den Alkalibedarf in Abhängigkeit von der Konstitution des Farbstoffs anbelangt, so benötigen – abgesehen von der Zahl der zu reduzierenden Carbonylgruppen – die kompakt gebauten Farbstoffe mit kondensierten bzw. annelierten Ringsystemen mehr Alkali als solche mit offener Struktur. Je höher die Zahl der Carbonylgruppen, desto mehr Alkali wird benötigt.

Um färberische Schwierigkeiten zu vermeiden, ist der rezepturmäßig festgelegte Natronlaugezusatz nicht nur nach oben, sondern auch nach unten einzuhalten. So neigen z.B. die anthrachinoiden Küpenfarbstoffe bei Unterschreitung der für die normale Löslichkeit notwendigen Laugenmenge (*Ketozone*) dazu, sich aus der normalen *Enolform* in die *Ketoform* (Hydroxyanthronform) umzulagern (*J. Müller*). Die Ketoformen sind stabile Reduktionsformen und daher weitgehend oxydationsbeständig, so daß sie sich mit einfachen Mitteln nur schwer zur Enolform regenerieren lassen.

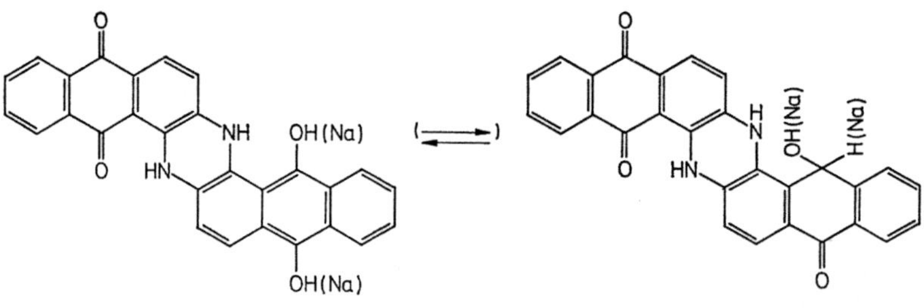

Enolform (Anthrahydrochinonform) Ketoform (Hydroxyanthronform)

Es ist daher sowohl beim Verküpen als auch beim Färben darauf zu achten, daß ein der Ketozone entsprechender niederer Laugengehalt vermieden wird, da bei Bildung der Ketoform wegen mangelnder Rückoxydation schwächere Färbungen sowie Unegalitäten die Folge sein können. Auch beim Ansetzen der Küpensäurebäder (S. 564) kann diese Erscheinung Schwierigkeiten auslösen.

Was die Umlagerungstendenz der einzelnen Küpenfarbstoffklassen anbelangt, so ist diese u.a. bei den Anthrachinoniminen, unsubstituierten Carbazolen, bei Indanthrenblau RS und dessen Halogenderivaten sowie bei Pyranthron und bei Thiazolen im allgemeinen als stark zu bezeichnen, während sie bei den Derivaten des Dibenzpyrenchinons, Anthanthrons, Dibenzanthrons und iso-Dibenzanthrons, den Acridonen, dem Flavanthren sowie bei den Perylen- und Naphthalin-tetracarbonsäurederivaten sehr gering ist und praktisch vernachlässigt werden kann.

Das *Verküpen* kann entweder so geschehen, daß der Farbstoff außerhalb der Färbeflotte in einem kleineren Volumen, d.h. also mit einer konzentrierten Reduktionsmittellösung, verküpt wird (Verküpen in der Stammküpe) oder so, daß die Verküpung in der eigentlichen Färbeflotte erfolgt.

Während die indigoiden Farbstoffe in den meisten Fällen ein Verküpen in der Stammküpe erfordern, werden die anthrachinoiden Farbstoffe vorzugsweise in der Färbeflotte verküpt; ihre Verküpung kann jedoch auch in der Stammküpe vorgenommen werden.

Nachstehend sei die Arbeitsweise für das Arbeiten in der Stammküpe und für das Verküpen in der Färbeflotte in großen Zügen wiedergegeben, wobei die Arbeitsweise für die verschiedenen Farbstoffe bzw. Farbstoffgruppen im einzelnen rezeptmäßig variiert.

Das Arbeiten in der Stammküpe. Teigfarbstoffe werden mit warmem Wasser angerührt, Pulvermarken nach Zusatz eines Netzmittels mit Wasser angeteigt; der Aufschlämmung wird die vorgeschriebene Warmwassermenge zugesetzt. „Pulver fein"-Marken und Mikropulver können direkt in heißes Wasser eingerührt werden.

Zu der Dispersion gibt man bei zwischen 25 und 80 °C liegenden Temperaturen die vorgeschriebene Menge Natronlauge 38 °Bé zu und streut unter Umrühren langsam Hydrosulfit ein. Nach etwa 10–15 min ist die Verküpung beendet. Die zur Verküpung von 1 kg Farbstoff notwendigen Mengen an Natronlauge und Hydrosulfit bewegen sich etwa zwischen 2 und 5 Liter Natronlauge bzw. 1 und 2 kg Hydrosulfit.

Der verküpte Farbstoff wird zu der vorbereiteten Färbeflotte gegeben. Diese muß, um ein bei der starken Verdünnung infolge Hydrolyse eventuell eintretendes Ausscheiden des Farbstoffs zu vermeiden, mit etwas Natronlauge und Hydrosulfit „vorgeschärft" werden. Hierdurch wird auch der im Wasser gelöste Sauerstoff eliminiert und weiterhin einer möglichen Umwandlung der Enolform in die für das Färben unbrauchbare Ketoform bei anthrachinoiden Farbstoffen vorgebeugt.

Das Verküpen in der Färbeflotte. Man erwärmt das Färbebad je nach angewandtem Farbstoff auf 25–60 °C und setzt je nach Farbstoff und Flottenverhältnis 4–30 ccm Natronlauge 38 °Bé und 1–8 g Hydrosulfit pro Liter Flotte unter Umrühren zu. Der so vorbereiteten Flotte wird der vorschriftsmäßig in Wasser aufgeschlämmte Farbstoff durch ein Sieb oder Filtertuch zugegeben. Unter Umrühren geht die Verküpung in 10–15 min vor sich. Je höher der Dispersitätsgrad des angewandten Farbstoffes, um so rascher ist die Verküpung beendet.

Eine größere Anzahl von Farbstoffen, namentlich solche anthrachinoider Natur, lassen sich gruppenweise bei unter sich bezüglich Temperatur und Zusätzen gleichartigen Bedingungen verküpen und färben (IN-, IW- und IK-Verfahren; Verfahren CI, CII, CIII). Für einige Schwarzmarken gelten bezüglich der Zusätze sowie der Verküpungs- und Färbetemperaturen Sondervorschriften, welche höhere Alkali- und Hydrosulfitmengen sowie erhöhte Färbetemperaturen vorsehen.

Die Verküpung kann durch Zusatz von Aminoanthrachinonsulfosäure, z.B. 1,5-Diamino-anthrachinon-2-sulfosäure, beschleunigt werden.

Es sei erwähnt, daß neuerdings auch dem *Natriumborhydrid* ($NaBH_4$) eine Bedeutung als Reduktionsmittel für Küpenfarbstoffe zukommt.

Das Färben. Das Färben erfolgt bei den jeweils vorgeschriebenen Temperaturen, welche sich zwischen 25 und 80 °C bewegen. Mit wachsender Temperatur nimmt das Aufziehvermögen zu, so daß man bei Egalisierungsschwierigkeiten zweckmäßig bei niederer Temperatur mit dem Färben beginnt und das Färbebad erst allmählich – eventuell stufenweise – anwärmt. Das Egalisieren und Durchfärben (S. 775) kann durch Zusätze von Leim, Peregal ON, Levegal K, Solidegal KN, Remol OK, Albatex PO u. a. gefördert werden.

Färbt man zur Herstellung von Mischtönen mit verschiedenen Farbstoffen im gleichen Bad, dann wählt man zweckmäßig solche Farbstoffe aus, welche hinsichtlich der anzuwendenden Rezepturen gleichartig oder nahe beieinander liegen.

Je nach Vorschrift wird dem Färbebad zu Beginn oder erst nach $^1/_4$–$^1/_2$stündigem Färben Kochsalz oder Glaubersalz (10–50 g/Liter Flotte) zugesetzt; Farbstoffe, welche bei höherer Temperatur gefärbt werden (IN- und CI-Verfahren) haben ein so gutes Ziehvermögen, daß ein Salzzusatz entfällt. Die Färbedauer beläuft sich auf $^3/_4$–1 Std. Die Leukoverbindungen mancher Küpenfarbstoffe sind lichtempfindlich, so daß direkte Sonnenbestrahlung, um wolkige Färbungen zu vermeiden, auszuschließen ist.

Das Hochtemperatur-Färbeverfahren (HT). Das HT-Färbeverfahren kann bestimmte Vorteile bringen bezüglich Färbegeschwindigkeit sowie namentlich Durchfärbevermögen von Kreuzspulen und sonstigen Wickelkörpern.

Dem HT-Färben mit Küpenfarbstoffen steht einmal die Empfindlichkeit eines Teiles der Farbstoffe gegenüber höheren Temperaturen im Wege (da unter diesen Umständen unerwünschte Nebenreaktionen wie Verseifung, Dehalogenierung, Überreduktion usw. eintreten können). Auf der anderen Seite zeigt sich, daß Dithionit nicht ohne weiteres geeignet ist, da es sich unter diesen Umständen zu rasch zersetzt.

Es ist also notwendig, einmal die in Betracht kommenden Farbstoffe auszuwählen und zum anderen Reduktionsmittel anzuwenden, die unter den HT-Bedingungen günstige Ergebnisse liefern.

Es besteht die Möglichkeit, entweder Natriumdithionit durch bestimmte Zusätze, z.B. Formaldehyd, zu stabilisieren oder für die HT-Färberei speziell geschaffene Produkte zu verwenden, wie z.B. *Rongal HT* (Sulfinsäurepräparat).

Eine Überreduktion kann man durch Zusatz von Halbacetalen aus Formaldehyd und Glykolen, insbesondere Äthylenglykol, verhindern.

Indigo (S. 478). Da Indigo verhältnismäßig schlecht auf Cellulosefasern aufzieht, wird dieser häufig „in mehreren Zügen" gefärbt, d.h. nach einer gewissen Färbedauer wird der Färbeprozeß unterbrochen, die Färbung oxydiert, weitergefärbt, wieder oxydiert und diese Prozedur so oft wiederholt, bis die gewünschte Farbtiefe erreicht ist.

Nachbehandlung. Nach dem Färben wird die überschüssige Färbeflotte durch Abwringen oder Abquetschen entfernt; anschließend wird die Färbung oxydiert, was je nachdem mit Luftsauerstoff oder mit wäßrigen Oxydationsbädern geschehen kann. Letztere finden dann Verwendung, wenn der Farbstoff schwer oxydabel ist oder wenn die Einwirkung des Luftsauerstoffs erschwert ist, was besonders bei Wickelkörpern oder auch bei Stückware der Fall ist. Als Oxydationsmittel kommen Wasserstoffperoxid, Bichromat, Perborat, Persulfat, Percarbonat sowie Natriumchlorit in Frage. Bei Wickelkörpern kann die Oxydation auch mittels Durchsaugen von Luft im Vakuum bewerkstelligt werden. Einige Marken können ohne Oxydation sofort gespült werden.

Nach der Oxydation wird gegebenenfalls gesäuert, anschließend gespült und kochend geseift. Letzteres verfolgt in erster Linie den Zweck, den nur mechanisch fixierten Farbstoff abzulösen, da dieser Anlaß zu mangelnder Wasch- und Reibechtheit gibt. Außerdem wird dadurch häufig der Farbton lebhafter und die Lichtechtheit erhöht. Oxydation und Seifen können bei Anwendung geeigneter Produkte (z.B. Ondalon) in *einem* Arbeitsgang vereinigt werden. Ondalon ist der Pyrophosphorsäureester eines Alkylsulfats, an dessen Pyrophosphorsäurekomponente Wasserstoffperoxid angelagert ist. Einige Schwarzmarken erfordern eine Nachbehandlung mit Hypochlorit oder salpetriger Säure, um bei der Verküpung etwa zu Aminogruppen reduzierte Nitrogruppen im Interesse des gewünschten Farbtons wieder zurückzubilden.

Klotzen und Kontinuefärben (S. 543ff.). Zur Beschleunigung des Färbeprozesses kann bei leichterer Stückware an Stelle des diskontinuierlichen Arbeitens auf der Haspelkufe oder dem Jigger auch eine kontinuierliche Arbeitsweise in Form des Klotzens auf dem Foulard oder des Färbens auf der Kontinuefärbemaschine – letzteres insbesondere für Indanthrenblau RS – zur Anwendung kommen. Diese Verfahren eignen sich besonders zur Herstellung von Färbungen auf mit Reserven bedruckter Ware, da letztere bei der kurzen Behandlung geschont werden.

Beim Klotzverfahren entfällt der Salzzusatz; im Interesse der Egalität arbeitet man zweckmäßig unter Zusatz eines Egalisiermittels und bei Gegenwart eines Verdickungsmittels. Das letztere verhindert namentlich auch Wanderungserscheinungen der Klotzflotte. Nach dem Verlassen des Klotzbades und Abquetschen der überschüssigen Flotte passiert die Ware zur Fertigfixierung einen Luftgang und wird dann wie üblich weiterbehandelt.

Für das Arbeiten auf der Kontinuefärbeeinrichtung empfiehlt sich der Beständigkeit wegen die Anwendung der Hydrosulfit/Glucose-Küpe.

Da die Echtheitseigenschaften einer so hergestellten Küpenfärbung, namentlich auf Reyon und Zellwolle, vielfach nicht genügen, haben diese Verfahren heute zugunsten der im Abschnitt „Spezialverfahren" beschriebenen Methoden an Bedeutung stark verloren.

Vat Craft-Verfahren. Auf photochemischem Weg ist eine Entwicklung des Farbstoffs möglich, wenn man den verküpten Farbstoff zusammen mit einem Sensibilisator auf die Ware aufklotzt bzw. aufpflatscht und dann durch starke Lichteinwirkung entwickelt. Als Sensibilisatoren finden Kombinationen aus Cyaninfarbstoffen mit Uranverbindungen Verwendung.

Spezialverfahren. In Fällen, in denen nach dem normalen Färbeverfahren (Färben mit dem reduzierten Farbstoff in alkalischer Lösung) eine gleichmäßige Anfärbung oder eine einwandfreie Durchfärbung in Frage gestellt ist, verwendet man gewisse Spezialverfahren, welche von der normalen Ausführung grundsätzlich abweichen. Das Prinzip dieser Verfahren besteht darin, daß man den Küpenfarbstoff in einer solchen Form mit der Ware zusammenbringt, in der er *keine Affinität zur Faser* besitzt. In einem solchen Zustand läßt sich der Farbstoff durch entsprechendes Hantieren der Ware oder Zirkulieren der Farbflotte zunächst ohne feste Bindung gleichmäßig auf dem Textilmaterial ablagern und anschließend durch Überführen in die faseraffine Form fixieren.

Derartige abgewandelte Verfahren erleichtern das Durchfärben dichtgeschlagener Gewebe sowie hartgedrehter Garne und ermöglichen eine gleichmäßige Anfärbung auch von schwer egalisierenden Waren. Selbstverständlich hat man auch bei Anwendung des normalen Verfahrens in der Auswahl geeigneter gut egalisierender Farbstoffe und in der Mitverwendung von Egalisier- bzw. Durchfärbemitteln sowie in der Variierung der Färbetemperatur Möglichkeiten in der Hand, färberische Schwierigkeiten zu beheben. In den nachstehend aufgeführten Verfahren stehen aber Methoden zur Verfügung, welche auch in schwierigsten Fällen, und zwar namentlich auch beim Färben von Zellwolle und Reyon, einen einwandfreien Farbausfall gewährleisten.

Pigmentverfahren. *1. Pigment-Färbeverfahren.* Das Verfahren beruht darauf, daß das Färbebad den Farbstoff in *unverküpter Form* enthält und dieser durch ein entsprechendes Dispergiermittel in guter Dispersion gehalten wird. Die für dieses Verfahren in Betracht kommenden Handelsprodukte müssen bereits in Substanz in feinstdispersem Zustand vorliegen (Teigmarken, Pulver fein für Färbung-Marken, Pulver ultrafein für Färbung-Marken, Mikropulver, Colloisol-Farbstoffe, Cibanone mikrodispers, Supra-Pulver, Sol-Marken) und in langer Flotte verküpbar sein. Nach etwa $^1/_2$stündigem Behandeln des Textilmaterials mit der Pigmentdispersion bei 80–90 °C wird Natronlauge und Hydrosulfit (letzteres in mehreren Anteilen) zugegeben, worauf Verküpung und Fixierung auf der Faser erfolgt. Die Weiterbehandlung entspricht der beim Normalverfahren angegebenen Arbeitsweise. In dieser Form kann man z. B. Gewebe auf der Haspelkufe färben oder loses Zellwollmaterial in Packapparaten sowie Zellwollgarne auf Kreuzspulen und Kettbäumen.

Dadurch, daß Natronlauge zunächst abwesend ist, ist die Faserquellung reduziert, was in der Apparatefärberei bei verhältnismäßig niedrigem Pumpendruck einen höheren *Flottendurchsatz* ermöglicht (Anzahl der Liter Flotte, die 1 kg Material pro Stunde durchströmen). Zu hoher Pumpendruck führt zur Kanalbildung und unter Umständen zum Platzen von Wickelkörpern.

Das *Abbot-Cox-Verfahren* ist eine Variation des Pigmentfärbeverfahrens, wobei zum völligen „Ausziehen" des Pigments Na_2SO_4 zugesetzt wird. Falls der Elektrolytgehalt das anschließende Fixieren und Egalisieren stört, wird auf frischer Flotte gefärbt.

2. Pigment-Klotzverfahren. Das Verfahren ist dadurch charakterisiert, daß man die Farbstoffdispersion in einer kurzen Passage auf dem Foulard auf das Gewebe aufklotzt und das Pigment anschließend auf dem Jigger mit Natronlauge und Hydrosulfit bei Gegenwart von Glaubersalz verküpt und auf der Faser fixiert (*Pad-Jig-Verfahren*).

Die Entwicklung des aufgeklotzten Pigments kann auch *kontinuierlich* (S. 658 ff.) erfolgen, und zwar in der Weise, daß die geklotzte Ware nach dem Trocknen durch eine Rollenkufe genommen wird, in der das Gewebe auf einem längeren Weg ein Bad mit Hydrosulfit und Natronlauge passiert. Als sehr vorteilhaft für die kontinuierliche Entwicklung hat sich die *Williams-Einheit* erwiesen; dies ist eine Art Rollenkufe, in der die Ware nach dem Prinzip der Flottenverdrängung bei kleinstem Flottenverhältnis auf einem langen Weg mit der Entwicklungsflotte in Berührung kommt. Bei dieser Arbeitsweise kann ein Zwischentrocknen entfallen.

Die Entwicklung kann auch vorteilhaft in einem heißen *Metallbad* erfolgen (Standfast-Maschine). An Stelle des Metallbades kann ein Bad mit heißem *Paraffinöl* oder *Siliconöl* treten. Dabei wird die mit der Pigmentdispersion präparierte Ware auf der Hotflue getrocknet, dann auf der *Williams*-Einheit durch Hydrosulfit/Lauge genommen und auf einer mit Paraffinöl oder Siliconöl von 103–105 °C beschickten zweiten *Williams*-Einheit entwickelt. Da hierbei Wasser aus der Ware verdampft, wird das Paraffinöl abgestoßen und kann nicht eindringen. Paraffinölreste werden beim kochenden Nachseifen entfernt (Abb. 198).

Beim *Klotz-Dämpfverfahren* (Pad steam process) wird das Gewebe mit der Pigmentsuspension geklotzt, getrocknet, mit Hydrosulfit/Natronlauge oder Rongalit/Pottasche geklotzt und anschließend zur Reduktion und Fixierung des Farbstoffes kurz gedämpft. Zweckmäßig setzt man der Verküpungsflotte im Interesse der Einstellung des Gleichgewichts etwas Klotzflotte und Salz zu, damit infolge Auslauferscheinungen keine Endenungleichheit oder Nuancenschwächung eintreten.

Man kann auch nach dem sog. *Naß-Dampf-Verfahren* in der Weise entwickeln, daß man die mit dem Pigment geklotzte Ware in einer geeigneten Einrichtung wechselweise einen Dampfraum und ein mit blinder Küpe und Klotzflottenzusatz gefülltes kühlbares Chassis passieren läßt.

Entsprechend der Arbeitsweise beim Direktdruck von Küpenfarbstoffen nach dem Rongalit C/Pottasche-Verfahren (S. 680) kann man auch den unverküpten Farbstoff unter Zusatz von Pottasche und Rongalit C aufklotzen und durch Dämpfen im Matherplatt entwickeln, ein Verfahren, das die Herstellung leicht reservierbarer bzw. leicht ätzbarer Färbungen ermöglicht.

An Stelle von Rongalit C kann vorteilhaft auch Rongal A Verwendung finden.

Küpensäureverfahren. Das Prinzip dieses von *J. Müller* entwickelten Verfahrens besteht darin, daß man den Farbstoff in der Stammküpe verküpt und aus dem gelösten Küpenfarbstoff durch Essigsäure oder Ameisensäure bei Gegenwart eines Dispergiermittels (Setamol WS, Solegal A) die unlösliche bzw. schwerlösliche *Küpensäure* (Diol) in feinstdisperser Form zur Abscheidung bringt. Die Umwandlung ist meist mit einem mehr oder weniger starken Tonumschlag verbunden.

Die Küpensäuredispersion wird in das Färbebad gegeben und darin das Textilgut behandelt. Die unlösliche Küpensäure hat *keine Affinität* zur Faser und läßt sich vollständig gleichmäßig auf dem Textilgut ablagern. Das Verfahren eignet sich besonders gut für die Apparatfärberei, wobei man nach einiger Zirkulation in kleinen Anteilen die erforderliche Menge Natronlauge gemeinsam mit etwas

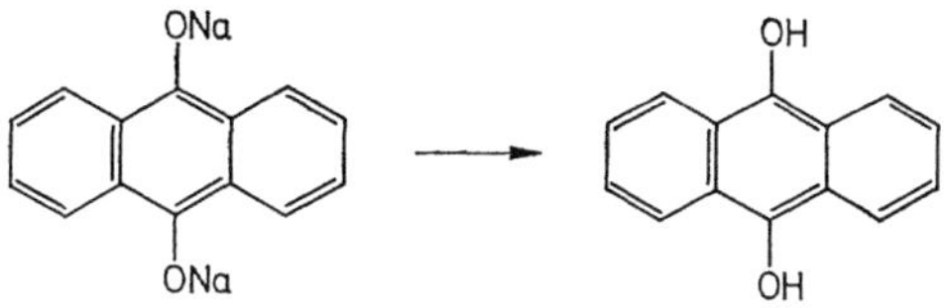

„Küpensäure"

Hydrosulfit zusetzt. Der Vorteil des Küpensäureverfahrens gegenüber dem Pigmentverfahren besteht darin, daß der Farbstoff, da er bereits als Reduktionsprodukt auf der Faser vorliegt, eine kürzere Entwicklungsdauer benötigt und in manchen Fällen eine bessere Durchfärbung und Egalisierung ermöglicht. Man ist weiterhin unabhängig vom Dispersitätsgrad des Handelsfarbstoffes. Beim Pigmentklotzverfahren kann auf Grund unterschiedlicher Teilchengröße ein *Sedimentieren* stattfinden, was beim Küpensäureverfahren auf Grund durchweg geringster Teilchengröße nicht der Fall ist. Als Nachteil ist die kompliziertere Bereitung des Färbebades beim Küpensäureverfahren zu werten.

Bei Geweben wird die Küpensäuredispersion auf dem Foulard aufgeklotzt und anschließend auf dem Jigger mit Natronlauge und Hydrosulfit entwickelt. Die Entwicklung kann auch *kontinuierlich* erfolgen in der Form, daß man das mit der Küpensäuredispersion bei Gegenwart eines Verdickungsmittels geklotzte Gewebe in der Hotflue oder – allerdings weniger vorteilhaft – auf der Zylindertrockenmachine trocknet, auf dem Foulard oder in einem sogenannten V-Trog (S. 659) durch Natronlauge/Hydrosulfit bei 55–60 °C in Gegenwart von Glaubersalz passiert und anschließend in einem geeigneten Heizaggregat (Elektrofixierer) oder durch Dämpfen die Färbung entwickelt. Nach längerem Luftgang wird auf der Breitwaschmaschine gewaschen. Die Entwicklung kann auch in der Weise geschehen, daß man die mit der Küpensäuredispersion geklotzte Ware nach eventueller Zwischentrocknung in einer Rollenkufe mit Dampfhaube durch Hydrosulfit/Natronlauge passiert, wobei die Ware abwechslungsweise der Einwirkung der Flotte bzw. der Dampfatmosphäre unterliegt. Vorteilhafter arbeitet man in einem Dämpfer, welcher eine zusätzliche mehrmalige Passage durch blinde Küpe bei kleinstem Flottenverhältnis gestattet (Indanthren-Naßdampf-Kontinueentwicklungsverfahren nach *W. Dietrich*). Auch die Williams-Einheit ist für die Entwicklung geeignet.

Eine gewisse Variation des Küpensäureverfahrens besteht darin, daß man den Farbstoff mit den geringstmöglichen Mengen an Hydrosulfit und Natronlauge verküpt und die so vorbereitete Küpe dem Färbebad zusetzt, wo auf Grund der starken Verdünnung eine mehr oder weniger weitgehende Hydrolyse der Natriumverbindung der Küpensäure eintritt. Die sich zum Teil abscheidende Küpensäure muß durch ein vorhandenes Dispergiermittel in Suspension gehalten werden. Das Verfahren eignet sich hauptsächlich zum Färben loser Materialien, namentlich Zellwolle, auf Apparaten. Das Textilgut wird mit der die Küpensäuredispersion enthaltenden Flotte gleichmäßig durchtränkt und nach einiger Zeit Natronlauge portionsweise zusammen mit etwas Hydrosulfit zugegeben.

Der Nachteil dieser Variation besteht darin, daß die Alkalität des Färbebades sich unter Umständen in der Ketozone bewegt, so daß bei anthrachinoiden Farbstoffen gelegentlich eine Umwandlung der Enolform in die färberisch unerwünschte Ketoform eintritt (S. 560).

Elektrolytisches Färbeverfahren. Bei dem elektrolytischen Färbeverfahren wird die Reduktion des Küpenfarbstoffes in der Weise gefördert, daß man die Ware zunächst mit dem Farbstoff, Hydrosulfit und Alkali klotzt und anschließend zwischen Elektroden aus Eisen und Nickel einer Gleichstrombehandlung (6–120 Volt) unterzieht. Da die Reduktion sehr rasch erfolgt, kann kontinuierlich gearbeitet werden. Als Elektroden dienen die beiden äußeren Walzen eines 3-Walzen-Foulards, welche durch eine Hartgummiwalze voneinander getrennt sind.

Faserschädigung und Faserschutz durch Küpenfarbstoffe. Eine ganze Anzahl von gelben, orangefarbenen, roten und rosaroten Anthrachinonküpenfarbstoffen lösen im Licht eine gewisse Schwächung der damit gefärbten Faser aus. Der Farbstoff wirkt dabei als Oxydationskatalysator. Blaue und violette Farbstoffe sind keine Faserschädiger, da diese nicht im kurzwelligen, d. h. im chemisch besonders aktiven Spektralbereich absorbieren. Im Gegensatz dazu absorbieren gelbe Farbstoffe speziell in diesem Spektralbereich.

Für die Erklärung der Faserschwächung nimmt man eine vielleicht auf Kosten der Cellulose zunächst vor sich gehende Reduktion des Küpenfarbstoffes zur Leukoverbindung an, welche unter Aufnahme von Luftsauerstoff in eine peroxydartige Verbindung übergeht, wobei die letztere unter Sauerstoffabgabe zerfällt und eine oxydative Schädigung der Cellulosefaser auslöst. Möglicherweise entsteht bei der Oxydation des Leukofarbstoffes direkt die Anthrachinonform neben Wasserstoffperoxid nach dem Schema:

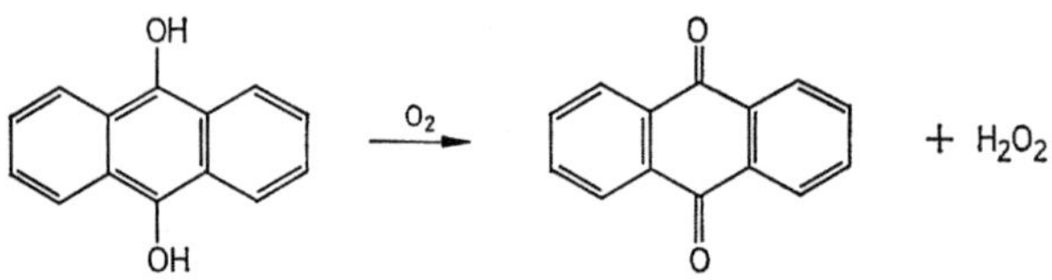

Das sich bildende Wasserstoffperoxid konnte experimentell nachgewiesen werden, u. a. damit, daß die Polymerisation von anwesendem Methylacrylat gestartet wurde (Radikalkettenpolymerisation auf Grund durch Wasserstoffperoxid gebildeter freier Radikale).

Auf Grund dessen wirken die Leukoverbindungen der entsprechenden Farbstoffe, wie sie zunächst beim Färben auf der Faser vorliegen, stärker schädigend als der Farbstoff der fertiggestellten Färbung. Um bei manchen Farbstoffen eventuell mögliche Faserschädigungen während des Färbens zu vermeiden, setzt man dem Färbebad geeignete reduktionsmittelhaltige Schutzmittel (aromatische Polyoxyverbindungen) wie Tannin oder Sustinol FS zu. (Auch die Nachtschädiger entwickeln bei der Oxydation Wasserstoffperoxid, katalysieren aber nicht.)

Lichtechte und nicht faserschädigend wirkende Farbstoffe werden in Mischung mit katalytisch wirkenden Farbstoffen durch diese in ihrer Lichtechtheit verschlechtert. Sie vertreten in diesem Fall die Cellulose als Sauerstoffacceptoren.

Bei der Sichtung der Anthrachinonküpenfarbstoffe hat sich herausgestellt, daß diejenigen Farbstoffe Nichtschädiger sind, *welche ein ringförmig gebundenes basisches Stickstoffatom im Molekül enthalten* (*Kunz* und *Köberle*). Dies gilt aber nur so lange, als der basische Charakter dieser Azaverbindungen (S. 474) nicht durch negative Substituenten (Chlor, Phenyl) übertönt ist, womit das Produkt zum Faserschädiger wird.

Während das Pyranthron (Indanthrengoldorange G) als ringstickstofffreie Substanz zu den Faserschädigern gehört (S. 473), ist das Flavanthren (Indanthrengelb G) ein Nichtschädiger.

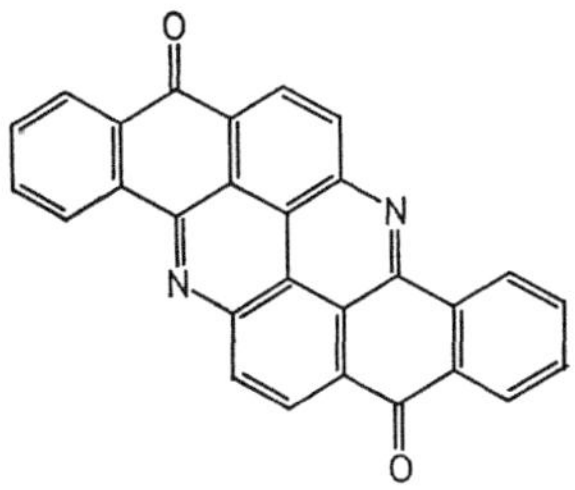

Flavanthren

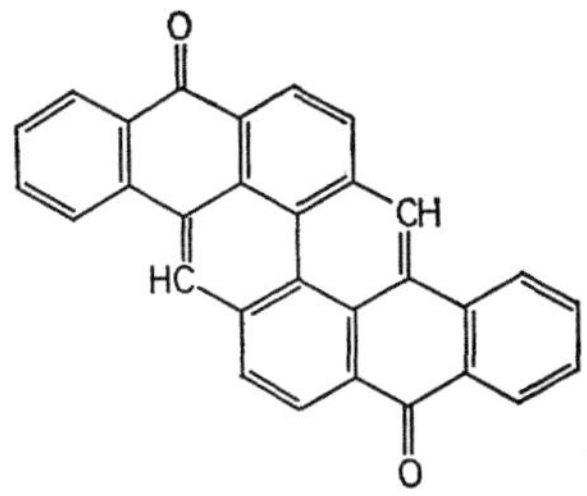

Pyranthron

Acylamino-anthrachinone sind vielfach Faserschädiger; sie werden zu Nichtschädigern, wenn an Stelle der üblichen Benzoylreste ringstickstoffhaltige Säurereste eingeführt werden:

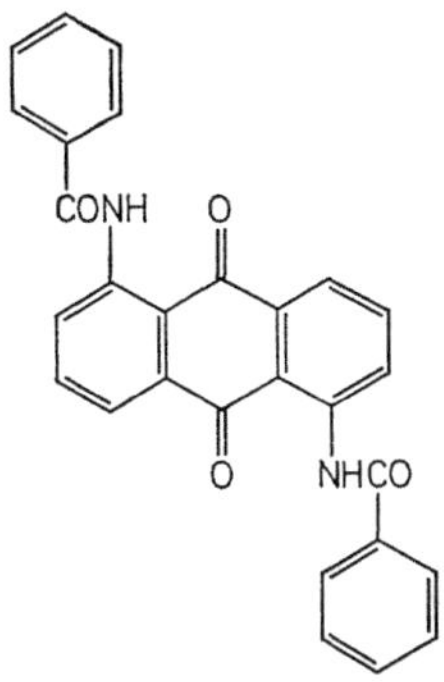

„Schädiger"

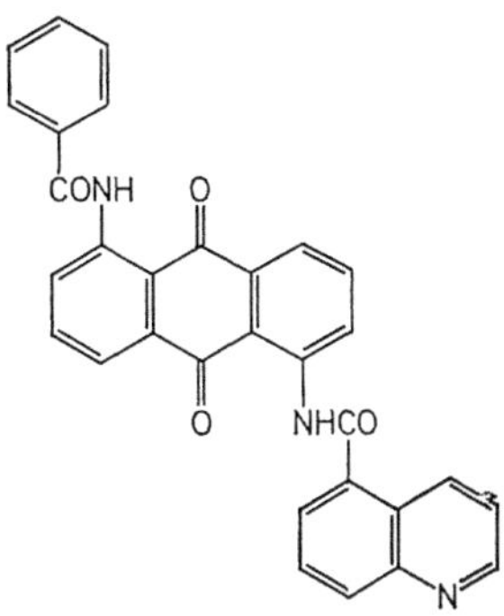

„Nichtschädiger"

Für das Färben von stark belichteten Artikeln (Gardinen, Markisen, Fahnentuch usw.) sollen möglichst nichtfaserschädigende Farbstoffe verwendet werden.

Im Gegensatz zu denjenigen Anthrachinonküpenfarbstoffen, welche eine Faserschwächung auslösen, existieren auch solche, die der Faser einen *Lichtschutz* erteilen, d. h. die damit gefärbte Faser verliert beim Belichten weniger an Festigkeit als die ungefärbte Faser. Die gleichen Farbstoffe bilden auch für mitverwandte

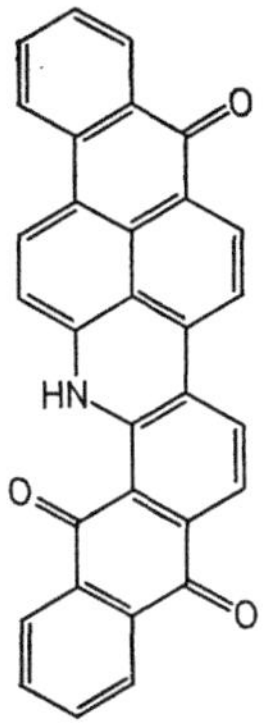

Indanthrenolivgrün B

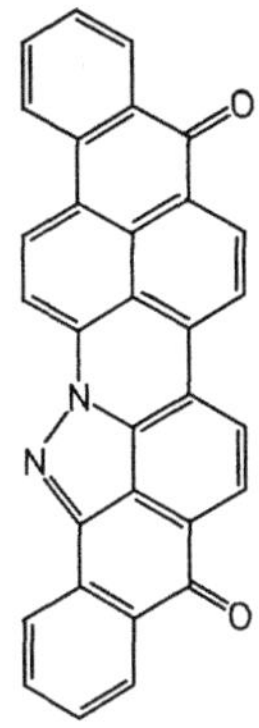

Benzanthron-pyrazolanthron
Indanthrenmarineblau R

Farbstoffe einen Lichtechtheitsschutz, d.h. sie steigern die Lichtechtheit der Mischung weit mehr als ihrem mengenmäßigen Anteil entspricht. Diese Erscheinung ist wichtig für die Herstellung von lichtechten Farbtönen in Mischung mit Gelb. Der Lichtechtheitsschutz besteht auch für Mischungen mit anderen Farbstoffklassen, z.B. substantive Farbstoffe und Naphtol AS. Als Beispiele für ausgesprochene *Faserschützer* sind u.a. zu nennen das Indanthrenolivgrün B (S. 474) sowie das Cibanongrün B und das Indanthrenmarineblau R (*J. Müller*).

Einen gewissen Faserschutz gegenüber lichtschädigenden Farbstoffen erhält man auch durch eine Nachbehandlung der Färbung mit stickstoffhaltigen Kondensationsharzen, wie Melamin- oder Dicyandiamid-Harzen.

Photochromie. Bei manchen Farbstoffen schlägt der Farbton beim Belichten um, z.B. bei Indanthrengelb G von Gelb nach Grün. Im Dunkeln geht die Farbtonverschiebung zurück. Es handelt sich dabei um eine lichtinduzierte Reduktion des Farbstoffs, die nach spektroskopischen Untersuchungsergebnissen zur Küpensäure führt (*D. Fiebig*).

Anwendung der Küpenfarbstoffe. Auf Grund ihrer hervorragenden Echtheitseigenschaften werden die Küpenfarbstoffe und insbesondere die echtesten Spezialsortimente überall dort eingesetzt, wo höchste Anforderungen an die Fabrikations- und Gebrauchsechtheitseigenschaften der Färbung gestellt werden. Sie kommen daher in Betracht für Buntbleichartikel, für ausgesprochene Waschartikel sowie für Gardinen, Markisen, Fahnentuch, hochwertige Möbelbezugstoffe usw.

Die mit Indanthrenfarbstoffen hergestellten Färbungen können bei Beachtung der hierfür vorgeschriebenen Bedingungen hinsichtlich Farbtiefe usw. mit dem „*Indanthren-Etikett*" versehen werden, wodurch die Färbung als besonders echt deklariert ist. Die Bezeichnung „indanthrenecht" kann auch mit anderen Farbstoffklassen hergestellten Färbungen gegeben werden, sofern solche den Echtheiten der Indanthrenfärbungen gleichwertig sind. Hierfür kommen in Frage: Anilin-Oxydationsschwarz, Türkischrot, Indocarbon CL, bestimmte Naphtol AS-Kombinationen, Phtalogene und Reaktivfarbstoffe.

Als internationale dem Indanthrenzeichen entsprechende Echtheitsmarke wurde die Bezeichnung „*Felisol*" gewählt (*Fé*dération du *L*abel *I*nternationale de *Sol*idité).

i) Die Leukoküpenester-Farbstoffe (Indigosole) (vgl. S. 482)

Indigosole sind die Natriumverbindungen der Schwefelsäureester von Leukoküpenfarbstoffen indigoider oder anthrachinoider Abstammung. Im Gegensatz zu den Küpenfarbstoffen sind sie wasserlöslich und lassen sich auf dem Weg der Verseifung und Oxydation auf der Faser in unlösliche Küpenfarbstoffe umwandeln:

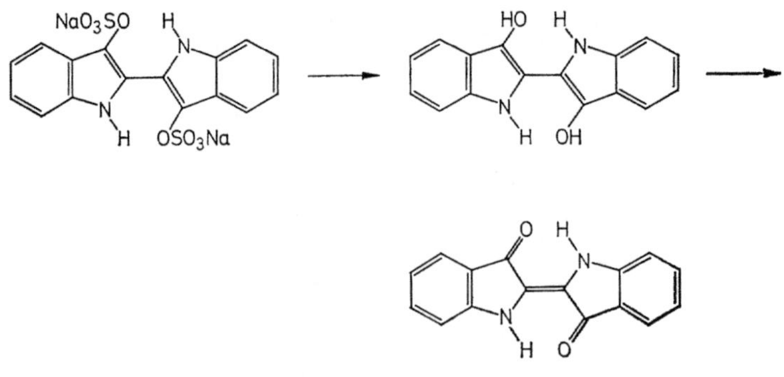

Auf Grund der Untersuchungen von *A. Johnsen* und *A. P. Lockett* scheint der Regeneration des Indigosols zum unlöslichen Küpenfarbstoff ein etwas komplizierterer Reaktionsmechanismus zugrunde zu liegen:

Während nämlich in Abwesenheit von Sauerstoff der Ester nur hydrolysiert und dann von der salpetrigen Säure oxydiert wird, findet in Gegenwart von Sauerstoff eine Kettenreaktion statt, bei der der Ester überwiegend direkt, d.h. ohne vorherige Hydrolyse, oxydiert wird, und zwar durch das Hydroxylradikal HO·.

Die Reaktionskette beginnt mit der Bildung von H_2O_2 aus Leukoküpenfarbstoff, der durch Hydrolyse entstanden ist, und Sauerstoff. Das H_2O_2 reagiert dann mit salpetriger Säure zu persalpetriger Säure HOONO (Start-Reaktion), die in das wirksame Hydroxylradikal HO· und NO_2 zerfällt. Das NO_2 setzt die Reaktionskette fort, indem es mit salpetriger Säure wieder persalpetrige Säure und NO bildet. Ein Kettenabbruch ist möglich, wenn das NO_2 mit dem HO·-Radikal zu Salpetersäure reagiert. Dieser Abbruchreaktion geht eine Elektronenumlagerung ($|O—\overline{N}=O \rightarrow O=\overline{N}=O$) im NO_2 voraus, so daß nicht persalpetrige Säure zurückgebildet wird, sondern Salpetersäure entsteht.

Die praktische Nutzanwendung dieser Erkenntnis ist folgende: Man kann die Entwicklungsgeschwindigkeit erhöhen, indem man die Startreaktion durch Zusatz von H_2O_2 begünstigt. Ein Vorteil ergibt sich jedoch nur dann, wenn man das H_2O_2 (z.B. 1 Molprozent des Nitrits) mit dem Nitrit dem Klotzbad zusetzt und nicht dem Entwicklungsbad.

Auf Grund ihrer Wasserlöslichkeit und ihrer teilweise geringen Affinität zur Faser bieten die Indigosole die Möglichkeit der einfachen Arbeitsweise bei gleichzeitigem gutem Durchfärbe- und Egalisiervermögen. Ein Hauptanwendungsgebiet der Indigosole ist daher das Färben von hellen Tönen auf Stückware.

Die *Handelsprodukte* tragen folgende Bezeichnungen: Anthrasol-, Indigosol-, Sandozol-, Solasol-, Solindol-, Soledone, Algosol-, Ponsol-Soluble-Farbstoffe.

Arbeitsweise. Als Verseifungsmittel findet grundsätzlich Schwefelsäure und als Oxydationsmittel Natriumnitrit (teilweise Bichromat oder Eisen-(III)-salz) Verwendung. Die Farbstoffe werden mit höchstens 70 °C warmem Wasser – um vorzeitige Verseifung zu vermeiden – gelöst und dem Färbebad zugegeben.

Nitritverfahren. Man beschickt das Färbebad je nach Farbstoff und Farbtiefe mit 5–50 g Natriumsulfat und 3–15 g Natriumnitrit pro Liter Flotte und behandelt je nach der Eigenart des Indigosols bei 60–20 °C, wobei man zweckmäßig während des Färbens erkalten läßt, $^1/_2$–1 Std. lang. Hierauf wird abgequetscht und in einem Bad entwickelt, welches je nach Indigosolart und Farbtiefe 20–35 ccm Schwefelsäure 66 °Bé pro Liter enthält (Entwicklungsdauer etwa 10 min, Temperatur 40–70 °C). Nach dem Entwickeln wird sofort gespült, mit Soda neutralisiert, nochmals gespült und kochend geseift. Einer bei manchen Indigosolen bestehenden Gefahr der „*Überoxydation*", welche zu trüben Tönen und geringeren Echtheiten führt, kann durch Zusätze von reduzierend wirkenden Substanzen wie Harnstoff, Thioharnstoff (Anthrasolsalz NO, Unipan A) begegnet werden. Auf diese Weise wird die Oxydation oxydationsempfindlicher Gruppen, welche unverändert bleiben sollen, vermieden.

Bei der Kaltentwicklung setzt man das Natriumnitrit der schwefelsäurehaltigen Entwicklungsflotte zu. Bei dieser Arbeitsweise treten in geringerem Ausmaß lästige NO_2-Dämpfe auf; sie läßt sich aber nur bei wenigen, leicht verseifbaren Indigosolen mit Erfolg anwenden und gibt sonst gegenüber den üblichen Entwicklungsverfahren schwächere Ausfärbungen.

Bei Verwendung gut ausziehender Indigosole können solche auch *einbadig* gefärbt werden, indem man nach dem Ausziehen dem Färbebad zunächst Essigsäure und dann Schwefelsäure zusetzt. Im Bad sich bildender unlöslicher Farbstoff wird durch Zusätze an Dispergiermitteln in feinster Dispersion gehalten, damit er sich nicht auf der Ware absetzen kann. Unter diesen Bedingungen werden nur 0,3 bis 1 g/Liter Natriumnitrit benötigt. Im allgemeinen sind die Anthrachinonderivate den indigoiden Vertretern hinsichtlich der Substantivität überlegen.

Mit fallenden Temperaturen nimmt die Affinität der Indigosole zur Faser zu. Um bei stark substantiven Indigosolen ein Egalisieren und gutes Durchfärben zu gewährleisten, färbt man zunächst bei höheren Temperaturen und läßt dann allmählich abkühlen.

Bei Auswahl affinitätsarmer Marken und Einhaltung entsprechender, das Aufziehen hemmender Arbeitsbedingungen bieten die Indigosole die Möglichkeit, den Farbstoff aus hoher Flottenkonzentration praktisch ohne Konzentrationsänderung auf das laufende Gewebe aufzubringen, so daß sie sich in idealer Weise für ein *kontinuierliches Färben* eignen. Dabei wird die nitrithaltige Indigosolflotte bei ca. 60 °C auf dem Foulard bei Gegenwart eines Verdickungsmittels und von etwas Soda bei Abwesenheit von Salz aufgeklotzt und die Ware nach dem Abquetschen durch das schwefelsaure Entwicklungsbad bei einer Laufzeit von wenigen Sekunden geführt. Nach einem angeschlossenen Luftgang wird kontinuierlich gespült, neutralisiert, wieder gespült und kochend geseift (siehe S. 659f.).

Bichromat-Verfahren, Eisen(III)-salz-Verfahren. Diese beiden Verfahren werden – ihre Eignung für das betreffende Indigosol vorausgesetzt – dann angewandt, wenn bei höheren Farbstoffkonzentrationen die Gefahr des Aussalzens durch das im Färbebad vorhandene Natriumnitrit besteht. Sie haben gleichzeitig den Vorteil, daß keine lästigen Dämpfe auftreten, dafür aber den Nachteil, daß die Töne etwas stumpfer ausfallen als beim Nitritverfahren.

Das Färbebad wird wie beim Nitritverfahren, jedoch ohne Zusatz an Oxydationsmittel, angesetzt. Entwickelt wird mit 8–15 g Kalium- oder Natriumbichromat pro Liter bei Gegenwart von Schwefelsäure bzw. mit 15–30 g Eisen(III)-chlorid oder Eisen(III)-sulfat pro Liter und Schwefelsäure.

Pad-Thermofix-Verfahren. Im Prinzip wird in der Weise gearbeitet, daß die Ware bei Raumtemperatur mit der Farbstofflösung geklotzt und nach dem Zwischentrocknen thermofixiert und anschließend gewaschen und getrocknet wird.

Die Klotzlösung enthält neben dem Farbstoff Harnstoff sowie Natriumchlorat, Ammoniumvanadinat und Ammoniumrhodanid. Das Thermofixieren geschieht während 1–2 min bei 180–190 °C oder entsprechend länger bei niedrigeren Temperaturen.

Vat Craft-Verfahren. Auf *photochemischem* Weg ist eine Entwicklung der Indigosole in der Weise möglich, daß man die Farbstoffe aufklotzt bzw. aufpflatscht, dann die Ware durch ein Sensibilisatorbad nimmt und anschließend durch eine starke Belichtung entwickelt. Verseifung und Oxydation werden hierbei durch Wasser und Luftsauerstoff ausgelöst. Bei dem Verfahren werden wohl Chemikalien eingespart, aber dafür viel Lichtenergie verbraucht. Als Sensibilisatoren finden Kombinationen aus Cyaninfarbstoffen und Uranverbindungen Verwendung. Diese werden in der Nachbehandlung aus der Ware wieder ausgewaschen.

Anwendung der Indigosole. Da die Indigosole verhältnismäßig teuer sind, werden sie vornehmlich dort eingesetzt, wo sich die spezifischen Vorteile des leichten Egalisierens und guten Durchfärbens entsprechend bezahlt machen, d.h. also vorwiegend beim Färben von Stückware in zarten Farbtönen. Bei dunkleren Tönen wird man aus kalkulatorischen Gründen zweckmäßig zu den Küpenfarbstoffen greifen. Echtheitsmäßig entsprechen sie, da es sich bei den fertigen Färbungen um Küpenfärbungen handelt, diesen weitgehend.

Von besonderer Bedeutung sind die Indigosole für das Färben von auf dem Druckweg zu bemusternden Geweben, da sich diese durch Aufdruck einer säure- bzw. oxydationsmittelbindenden Reserve gegen ein Anfärben mit Indigosolen leicht reservieren lassen (S. 688).

k) Die Schwefelfarbstoffe (vgl. S. 491)

1. Wasserunlösliche Schwefelfarbstoffe

Bei den gewöhnlichen Schwefelfarbstoffen handelt es sich um eine Gruppe von Farbstoffen, welche durch ein im Prinzip gleiches Herstellungsverfahren und die gleichartige Färbeweise charakterisiert sind. Es sind zum größten Teil in Wasser unlösliche Körper, welche zum Zweck des Färbens durch Reduktion in eine lösliche Form gebracht werden müssen. Die löslichen, in ihrem Farbton von dem ursprünglichen Farbstoff vielfach abweichenden Reduktionsprodukte haben Affinität zur Faser und werden nach dem Aufziehen zum unlöslichen Farbkörper zurückoxydiert. Das Verfahren gleicht also der bei Küpenfarbstoffen üblichen Arbeitsweise.

Man erzielt mit den Schwefelfarbstoffen bei billigem Preis Färbungen von guter Licht- und Waschechtheit, doch reichen diese in der Regel nicht ganz an diejenigen der Küpen- und Entwicklungsfärbungen heran. Da die Farbtöne meist stumpf sind, finden die Schwefelfarbstoffe Verwendung zur Herstellung billiger und echt zu färbender Stapelartikel in Dunkelblau, Braun, Schwarz, Grün, Oliv, Khaki usw.

Arbeitsweise. Man löst die Farbstoffe durch Zugabe von Natriumsulfid und heißem Wasser und anschließendes Aufkochen mit Wasser. Die erforderliche Menge Natriumsulfid ist für die einzelnen Farbstoffe verschieden und beträgt im Mittel das $1^1/_2$–2fache des Farbstoffgewichts. Einige Farbstoffe lösen sich in heißem Wasser und bedürfen keines Schwefelnatriumzusatzes.

Den gelösten Farbstoff gibt man dem sodahaltigen Färbebad, welches außerdem Na_2SO_4 oder NaCl enthält, zu und färbt $^3/_4$–1 Std. nahe der Kochtemperatur. Manche Farbstoffe zeigen allerdings auch in kalten oder lauwarmen Bädern ein gutes Ziehvermögen. Bei hellen Tönen beginnt man im allgemeinen bei niedriger Temperatur mit dem Färben und läßt zweckmäßig im Interesse eines guten Egalisierens den Salzzusatz weg.

Funktion der Zusätze. Natriumsulfid dient als Reduktionsmittel und gleichzeitig als Lösungsmittel für den reduzierten Farbstoff. Soda soll die Alkalität erhöhen, damit keine Zersetzung des Schwefelnatriums und damit Entwicklung von Schwefelwasserstoff eintreten kann. Die Sodamenge (calc.) bewegt sich je nach Farbtiefe zwischen 1 und 10 % vom Warengewicht. An Elektrolyten, welche das Aufziehen fördern, setzt man je nach Farbtiefe und Flottenverhältnis 5–40 % vom Warengewicht Glaubersalz calc. oder Kochsalz zu. Bei zu befürchtenden Egalisierungs- und Durchfärbeschwierigkeiten verzichtet man auf den Elektrolytzusatz.

Nach dem Färben muß die überschüssige Flotte durch Abquetschen entfernt und die Ware gut gespült werden, da sich sonst auf der Faser rein mechanisch haftender Farbstoff durch Oxydation ablagert, was zu mangelhaften Echtheitseigenschaften der Färbung Anlaß gibt. Der rein mechanisch sich festsetzende Farbstoff schlägt sich überdies häufig in metallisch glänzender Form auf der Faser nieder, so daß die Färbung „bronziert". Das Bronzieren kann vorteilhaft durch rasche Entfernung überschüssiger Farbflotte in einem Spülbad, welches 1–2 g Natriumsulfid pro Liter enthält, vermieden werden. Auch Zusätze von geeigneten Dispergiermitteln, wie z. B. Eulysin A, sowie von Trilon verhindern das Bronzieren.

Nachbehandlung. Dunkle Färbungen und Schwarztöne benötigen eine Nachbehandlung mit säurebindenden Mitteln (Soda oder Natriumacetat), da auf Lager, namentlich unter dem Einfluß von Wärme und Feuchtigkeit, die Möglichkeit zur Bildung von freier Schwefelsäure aus dem Schwefel des Farbstoffes besteht, welche das Fasermaterial zerstört. Lagerechte Marken, z. B. Indocarbon CL, bedürfen einer solchen Nachbehandlung nicht. Bei hellen Färbungen ist die Gefahr einer Faserschwächung auf Grund des geringen Farbstoffgehalts weniger groß.

Die Nachbehandlung von Schwefelschwarzfärbungen mit Soda oder Natriumacetat liefert keinen wasserbeständigen Schutz. Ein solcher läßt sich aber mit dem Produkt Fibradurit FSN erreichen. Derart nachbehandelte Färbungen sind in ihrem Effekt weitgehend waschbeständig.

Wie bei den anderen waschechten Färbungen erreicht man auch bei den Schwefelfärbungen durch eine Heißbehandlung mit Seife und Soda eine Erhöhung der Lebhaftigkeit und der Echtheit der Färbung. Bei manchen Blautönen läßt sich die Lebhaftigkeit durch Dämpfen unter Luftzutritt erhöhen oder durch eine Nachbehandlung mit Natriumperborat oder Wasserstoffperoxid steigern. Eine Nachbehandlung mit Kaliumbichromat und Kupfersulfat in saurem Bade ergibt bei den meisten Färbungen eine Erhöhung der Licht- und Waschechtheit. Eine beträchtliche Erhöhung der Waschechtheit kann man mit bestimmten Hilfsmitteln (z.B. Solidogen FFL) erreichen.

Führt man die Nachbehandlung der Färbung im *Reduktionszustand* mit geeigneten Produkten durch, dann erreicht man eine sehr wesentliche Verbesserung der Echtheitseigenschaften (*H. Rath* und *B. Krabbe*). In Betracht kommen hierfür Halogenalkyle oder -aryle, die entweder aus wäßriger Dispersion oder in Form wasserlöslicher Ammonium- oder Pyridiniumverbindungen aufgebracht werden (vgl. S. 495).

Ein besonders wirksames Produkt für die Nachbehandlung ist *Solidurit IH*, das sich im leicht alkalischen Bad bei etwa 80 °C mit den Mercaptogruppen des auf die Faser aufgezogenen Schwefelfarbstoffs unter Alkylierung umsetzt. Hierdurch erhalten Schwefelfärbungen und auch Hydronblau nicht nur eine Verbesserung der Mercerisierbarkeit und der soda-alkalischen Kochwaschechtheit, sondern auch der Peroxid-Waschechtheit (sauerstoffhaltige Waschmittel).

Die so nachbehandelten Färbungen sind auch gegenüber einer reduktiven Wäsche stabil. Berufskleiderstoffe werden ja vielfach mit einer Stärke- bzw. Dextrinappretur versehen. Wird nun ein solches Kleidungsstück ohne vorherige Entfernung dieser stark reduzierend wirkenden Appretur mit Seife und Soda (d.h. nicht mit sauerstoffabgebenden Waschmitteln) kochend gewaschen, so kann sich eine solche reduktive Wäsche bei einigen Schwefelfarbstoffen und auch bei Hydronblau und Küpenfarbstoffen bekanntlich recht ungünstig – insbesondere hinsichtlich Anblutens mitgewaschener, andersfarbiger oder gar weißer Wäschestücke – auswirken.

Auch hier bringt die Behandlung mit Solidurit IH eine ganz erhebliche Verbesserung (*E. Krusche*).

Zu betonen wäre noch, daß eine Solidurit IH-Behandlung im Verhältnis zum Effekt keine ins Gewicht fallende Verteuerung ergibt, da in der Regel kein zusätzlicher Arbeits- bzw. Materialaufwand anfällt. Die Solidurit-Behandlung bewirkt gleichzeitig die sowieso notwendige Oxydation, für die man bisher zusätzlich Wasserstoffperoxid oder Bichromat aufwenden mußte. Nur bei Schwefelfarbstoffen vom Chinonimintyp ist eine zusätzliche Oxydation erforderlich. Bei geeigneter Arbeitsweise genügt hierfür Luft (Absaugen bzw. Abquetschen der Färbungen).

Bei einer Reihe von Immedial- und Hydrosolfarbstoffen sowie bei Hydronblau wird mit Hilfe von Solidurit IH ein Echtheitsniveau erreicht, das dem vieler Küpenfarbstoffe entspricht.

Rongalit-Soda-Verfahren. Die meisten Schwefelfarbstoffe lassen sich auch mit Rongalit C und Soda kochend lösen und nahe der Kochtemperatur färben. Das Verfahren hat namentlich für das Färben von Reyon und Zellwolle Interesse, da es ohne Schwefelnatrium arbeitet, welch letzteres die regenerierten Cellulosefasern griffmäßig verschlechtert.

Chlorechtheit. Während die meisten Schwefelfarbstoffe nicht chlorecht sind, besitzen einige von ihnen, wie z.B. Indocarbon CL und Indocarbon CLG, eine gute Chlorechtheit, so daß die betreffenden Färbungen mit dem Indanthrenetikett ausgezeichnet werden können.

Färben auf stehenden Bädern. Die Schwefelfarbstoffe ziehen nicht vollständig aus, was sich besonders bei tiefen Tönen und namentlich bei Schwarz empfindlich bemerkbar macht, so daß es geboten erscheint, die Bäder mit den notwendigen Zusätzen aufzufrischen und sie weiterzuverwenden.

Kontinuierliches Färben. Da die Schwefelfarbstoffe keine sehr große Aufziehgeschwindigkeit besitzen, tritt beim Arbeiten mit hohen Farbstoffkonzentrationen und kurzer Warenpassage keine wesentliche Konzentrationsänderung ein, so daß sich die Farbstoffe für das *kontinuierliche Färben* in mittleren bis tiefen Tönen recht gut eignen. Man klotzt mit der Farbstofflösung auf dem Foulard oder färbt auf der Rollenkufe bei 90–100 °C, während neue Flotte dauernd nachläuft, quetscht ab und spült. Vorteilhafter arbeitet man in der Weise, daß man den feinstdispersen Farbstoff, z.B. „Indocarbon CL für Sol" zusammen mit Natriumsulfid und Soda aufklotzt und durch Dämpfen mit angeschlossenem Luftgang entwickelt.

Werkstoffe. Das Arbeiten auf Einrichtungen aus Kupfer oder Messing ist wegen der Korrosion durch das Natriumsulfid nicht möglich. Die Einrichtungen müssen daher aus Holz, Eisen, Blei oder VA-Stahl bestehen.

Handelsprodukte. Die Schwefelfarbstoffe sind unter folgenden Handelsbezeichnungen auf dem Markt:

Immedial-	Sulfanol-
Immediallicht-	Redon-
Indocarbon-	Sulfer-
Schwefel-	Thionol-
Pyrogen-	Sulfogen-
Eclips-	Thionon-
Thional-	

Manche Schwefelfarbstoffe werden bzw. wurden in Kombination mit Reduktionsmitteln in einer solchen Form in den Handel gebracht, daß sie ohne Zusatz von Schwefelnatrium mit heißem oder kochendem Wasser gelöst werden können. Sie finden insbesondere Interesse zum Färben der regenerierten Cellulosefasern, da sie diese – im Gegensatz zu den gewöhnlichen Schwefelfarbstoffhandelsmarken – nicht hart machen. Da kein Schwefelnatrium notwendig ist, kann man die Farbstoffe auch zum Decken der Cellulosefasern in Mischung mit Wolle verwenden.

Handelsprodukte dieser Art sind bzw. waren: Immedialleuko-, Neosol-, Sulfanosol-, Sulfatin-Farbstoffe.

Die Hydronfarbstoffe (S. 492). Die Hydronfarbstoffe nehmen färbereitechnisch eine Zwischenstellung zwischen den Schwefelfarbstoffen und den Küpenfarbstoffen ein. Sie sind billig und ergeben eine gute Licht- und Waschechtheit, so daß sie namentlich zur Herstellung von Stapelartikeln besonders in Marineblau (Berufskleiderstoffe) Verwendung finden. Man färbt sie, indem man sie entweder mit einer Mischung von Hydrosulfit und Natriumsulfid oder mit Hydrosulfit allein jeweils bei Gegenwart von Natronlauge in Lösung bringt. Die erstere Methode ermöglicht infolge der Hitzebeständigkeit des Natriumsulfids ein Färben bei Kochtemperatur, so daß auch dichtgeschlagene Gewebe und hartgedrehte Garne durchgefärbt werden. Das Arbeiten mit Hydrosulfit allein gibt ganz klare Lösungen und eignet sich daher besonders gut für Apparatfärberei. Es ist allerdings teurer als das erstgenannte Verfahren. Da die Hydronblau-Marken gut egalisieren, lassen sie sich vorteilhaft zum *kontinuierlichen Färben* von Stückware verwenden. Die bei den Küpenfarbstoffen angeführte Variation des Pigmentklotzens (S. 564) läßt sich auch hier durchführen, namentlich wenn feindisperse Produkte wie z.B. Hydronblau f. Sol und Hydronblau-Stabilosol Verwendung finden. Die Dispersion des Farbstoffs wird zusammen mit Natronlauge und Natriumdithionit aufgeklotzt, anschließend wird gedämpft und nach einem Luftgang gespült und oxydiert.

Handelsprodukte: Hydron-, Thiotinon-, Sandon-Farbstoffe, Bleu solane, Sulfanthrene, Tinalden-Farbstoffe.

2. Wasserlösliche Schwefelfarbstoffe. Der Nachteil der *wasserunlöslichen* Schwefelfarbstoffe ist der, daß die mit Natriumsulfid hergestellten Lösungen eine starke Faserquellung auslösen, die zu Schwierigkeiten beim Färben von Wickelkörpern und sonstigen schwer durchzufärbenden Warentypen führt. Dies tritt bei Verwendung der *wasserlöslichen* Farbstoffe nicht ein.

Da die *wasserlöslichen* Schwefelfarbstoffe gleichzeitig affinitätslos sind, eignen sie sich besonders gut für kontinuierliche Färbemethoden.

Es besteht die Möglichkeit, die Schwefelfarbstoffe in wasserlösliche *Thiosulfate* (Buntesalze Fb—S—SO_3Na) überzuführen (S. 495) und aus der wäßrigen Lösung zu färben (Hydrosol- und Hydrosollichtfarbstoffe, Thionol M-Farbstoffe). Das Färben geschieht mit Reduktionsmitteln (Natriumhydrogensulfid/Soda). Anschließend wird an der Luft oder mit Bichromat/Essigsäure, Wasserstoffperoxid oder Natriumperborat oxydiert. Hierbei ist darauf zu achten, daß eine *Überoxydation* vermieden wird, da sonst auf Grund der Bildung von —SO_3Na-Gruppen eine Verschlechterung der Naßechtheitseigenschaften eintritt (*C. Heid*):

$$2\,\text{Fb—SNa} \xrightarrow{\text{oxyd.}} \text{Fb—S—S—Fb} \xrightarrow{\text{überoxyd.}} 2\,\text{FbSO}_3\text{Na}$$

Diese Umsetzung tritt allerdings nur bei der Oxydation mit H_2O_2 oder $NaBO_4$ ein. Vorgeschriebene Temperatur und Konzentration des Oxydationsbades dürfen daher nicht überschritten werden.

Die *Herstellung* der wasserlöslichen Schwefelfarbstoffe (2) geschieht formal analog den wasserlöslichen Küpenfarbstoffen (Leukoküpenester-Farbstoffe, Indigosole (1):

$$1.\quad \text{FbCO} \xrightarrow[\text{Alkali}]{\text{Red. Mittel}} \text{FbCONa} \xrightarrow{\text{Sulfatierung}} \text{FbCOSO}_3\text{Na}$$

$$2.\quad \text{Fb—S—S—Fb} \xrightarrow[\text{Alkali}]{\text{Red. Mittel}} 2\,\text{FbSNa} \xrightarrow{\text{Thiosulfatierung}} \text{Fb—S—S—SO}_3\text{Na}$$

Die bei 1. und 2. entstehenden Fertigprodukte unterscheiden sich voneinander dadurch, daß die ersteren Affinität zur Faser haben und die letzteren nicht. Diese erhalten eine solche erst nach Zusatz eines Reduktionsmittels und Soda (NaSH, Na_2CO_3):

$$\text{FbSSO}_3\text{Na} + \text{NaSH} + \text{Na}_2\text{CO}_3 \rightarrow \text{FbSNa} + \text{Na}_2\text{S}_2\text{O}_3 + \text{NaHCO}_3$$

Die *Fixierung* der Farbstoffe geschieht durch Oxydation der auf die Faser aufgezogenen „Leukoverbindung“:

$$2\,\text{FbSH} + \text{O} = \text{Fb—S—S—Fb} + \text{H}_2\text{O}$$

Die Oxydation erfolgt mit Luftsauerstoff oder mit wäßrigen Oxydationsmitteln.

Bei der in der Stückfärberei fast ausschließlichen Oxydation mit Bichromat-Essigsäure erfolgt keine Überoxydation, die bei der in der Garnfärberei mit Wasserstoffperoxid bzw. Natriumperborat in alkalischem bzw. neutralem Medium durchgeführten Oxydation dann eintreten kann, wenn mit zu hohen Oxydationsmittelmengen und bei zu hoher Temperatur oxydiert wird. Die entstandenen SO_3Na-Gruppen lösen geringere Naßechtheitseigenschaften aus. Durch eine Oxydation in saurem Medium, die träger verläuft, kann eine Überoxydation weitgehend ausgeschaltet werden (*C. Heid*).

Die bei der alkalischen Oxydation mit Wasserstoffperoxid bzw. Natriumperborat verschlechterte Naßechtheit kann durch Nachbehandlung mit Solidurit IH bzw. Solidogen FFL behoben werden (*C. Heid*).

Behandelt man die Färbungen *vor der Oxydation* mit *Solidurit IH* (S. 572) nach, dann werden bei ausgewählten Farbstoffen Echtheitseigenschaften erzielt, die etwa denen von Küpenfarbstoffen entsprechen.

Die Farbstoffe eignen sich, da sie in der Ausgangsform affinitätslos sind, gut für kontinuierliche bzw. halbkontinuierliche Färbeverfahren (Pad-Steam- und Pad-Jig-Verfahren).

Eine weitere Möglichkeit der Fixierung von wasserlöslichen Schwefelfarbstoffen beruht darin, daß man cellulosehaltige Gewebe mit einer Farbstoffflotte imprägniert, die zur Fixation ein bi- bzw. polyfunktionelles Hilfsmittel, evtl. zusammen mit Katalysatoren, enthält. Weitere Zusätze, wie z.B. Reduktionsmittel, sind nicht erforderlich. Die Fixierung des Farbstoffs erfolgt nach dem Trocknen durch kurzes Dämpfen oder Trockenhitzebehandlung. Bei Verwendung geeigneter N-Methylolverbindungen kann man gleichzeitig Ausrüstungseffekte erhalten.

Bei der Fixierung tritt vermutlich die Bildung von Bis-thioäther-Brücken ein, die wesentlich hydrolysen-, oxydations- und reduktionsbeständiger sind als die beim üblichen (reduktiven) Fixierverfahren entstehenden Disulfid-Brücken:

$$\text{Fb—S—SO}_3\text{Na} \xrightarrow{\text{Reduktion}} \text{Fb—S—Na} \xrightarrow{\text{Oxydation}} \text{Fb—S—S—Fb}$$

$$\text{Fb—S—SO}_3\text{Na} \xrightarrow{\text{X—R—X}} \text{Fb—S—R—S—Fb}$$

Man erhält infolgedessen wesentlich verbesserte Echtheitseigenschaften, namentlich auch hinsichtlich der Peroxidechtheit.

Eine andere vorteilhafte Methode der *reduktionsmittelfreien Fixierung* von wasserlöslichen Schwefelfarbstoffen besteht in der Verwendung von *Hydrosolfixierer KT* (*C. Heid*). Es handelt sich hierbei um ein harzfreies Produkt, das eine Zubereitung aus einem Säurespender und einem schwefelhaltigen Fixierbeschleuniger darstellt. Vermutlich wird bei der Fixierung folgender Prozeß katalysiert:

$$2\,\text{Fb—S—SO}_3\text{Na} \rightarrow \text{Fb—S—S—Fb}$$

Hydrosolfixierer KT ermöglicht eine reduktionsmittelfreie Fixierung von wasserlöslichen Schwefelfarbstoffen auf Cellulosefasern nach dem Klotz-Thermofixier-(KT-)Verfahren. Bemerkenswert ist vor allem das gute Warenbild, das auch bei Anwesenheit toter Baumwolle erhalten wird. Die Naßechtheiten der Färbungen können durch eine Nachbehandlung mit Solidurit IH noch verbessert werden.

l) Die Reaktivfarbstoffe

Bei den Reaktivfarben (S. 405ff., 460, 499) handelt es sich um Farbstoffe, die mit der Faser unter Veresterung oder Verätherung der Cellulose (Alkylierung bzw. Acylierung) *eine kovalente Bindung* eingehen.

In Abhängigkeit von ihrer Konstitution sind die verschiedenen Gruppen von Reaktivfarbstoffen durch eine mehr oder weniger große Reaktionsgeschwindigkeit gekennzeichnet. Dabei spielt *die reaktive Gruppe* die ausschlaggebende Rolle.

Darüber hinaus kann ein- und derselbe Reaktivfarbstoff durch eine Variation der Entwicklungsbedingungen (Temperatur und Alkali) ganz verschieden schnell fixiert werden, da die Entwicklungsbedingungen die *Spaltungsgeschwindigkeit* beeinflussen.

Ist die Reaktionsfähigkeit der reaktiven Gruppe so, daß sie schnell abgespalten wird und schnell reagiert, dann eignen sich die Farbstoffe vornehmlich für *Kontinue-*

Verfahren und für die Druckerei. Auf der anderen Seite neigen solche schnell reagierenden Farbstoffe leicht zur Hydrolyse, so daß eine ausreichende Flottenstabilität nur mit schwächeren Alkalien garantiert ist.

Weiterhin spielt die *Substantivität* des nach der Abspaltung der reaktiven Gruppe anwesenden Farbstoffrests eine wesentliche Rolle, da sie in hohem Maße die Fixierausbeute bestimmt.

Schließlich kommt dem *Diffusionsvermögen* des nach der Spaltung vorliegenden Farbstoffrests eine wesentliche Rolle zu. Je größer und sperriger das abgespaltene Farbstoffion ist, um so schlechter wird es diffundieren (*P. Elzer*).

Parallel mit dem Diffusionsvermögen geht die Auswaschbarkeit des Farbstoffrests, der bei hohem Diffusionsvermögen gut und schnell ausgewaschen werden kann. Solche Farbstoffe eignen sich daher besonders gut für *Kontinueprozesse*.

Die aufgezeigten Zusammenhänge können nur als Richtlinien gewertet werden, da die Reaktivität, das Diffusionsvermögen und die Substantivität bei den einzelnen Gruppen sehr verschiedene Werte zeigen.

Grundsätzlich wird die Reaktion in alkalischem Medium durchgeführt, da die Cellulose dann in nucleophilerem Zustand vorliegt und außerdem (bei manchen Farbstoffgruppen) sich abspaltender Chlorwasserstoff gebunden wird. Die Entwicklungstemperatur richtet sich bei den halogenhaltigen Reaktivfarbstoffen nach der Beweglichkeit der in Reaktion tretenden Halogenatome. So können z.B. Dichlor-triazinylfarbstoffe (Procion-farbstoffe) bei Raumtemperatur entwickelt werden, während Monochlor-triazinylfarbstoffe (Cibacron- und Procion H-farbstoffe) eine höhere Entwicklungstemperatur benötigen. (Allerdings können die letzteren auch bei Raumtemperatur in der Weise entwickelt werden, daß man mit der natronlaugehaltigen Farbflotte klotzt und anschließend aufgedockt längere Zeit stehen läßt [*Kalt-Verweil-Verfahren*].)

Im Rahmen der Umsetzung treten die Hydroxylionen des Wassers in Konkurrenz mit den Cellulose-Hydroxylgruppen. Derjenige Anteil des Farbstoffs, der mit Wasser reagiert hat und damit keine mit der Cellulose reaktionsfähige Gruppe mehr besitzt, wird nicht echt fixiert und muß durch ein gründliches Nachseifen ausgewaschen werden.

Das Lösen der Farbstoffe geschieht mit kaltem, warmem oder heißem Wasser je nach der Hydrolysenbeständigkeit des betreffenden Produkts. (Manche Typen müssen unter Zusatz von Alkali gelöst werden.) Die Löslichkeit kann durch Zusatz von Harnstoff (Hydrotropie, vgl. S. 783ff.) erhöht werden. Falls die Lösungen kein Alkali enthalten, sind sie über einen längeren Zeitraum beständig.

Die Farbstoffe können sowohl *diskontinuierlich* als auch namentlich *kontinuierlich* gefärbt werden. Sie eignen sich besonders gut für die Kontinuemethode, da sie affinitätsarm sind und daher eine egale und endengleiche Ware liefern.

Für das *kontinuierliche* Färben kommen die üblichen Methoden in Betracht wie

das Klotz-Roll-Verfahren (S. 544)
das Klotz-Dämpf-Verfahren (S. 544)
das Klotz-Thermofixier-Verfahren.

(Bei letzterem erfolgt das Fixieren mit trockener Hitze.)

An Alkali kann je nach Reaktionsfähigkeit des Farbstoffs Natriumbicarbonat, Trinatriumphosphat, Soda oder Natronlauge Verwendung finden. Je nach Reaktionsfähigkeit des Farbstoffs kann stärkeres Alkali (Natronlauge) zusammen mit der Farbstofflösung aufgeklotzt werden (*Einbad-Klotz-Verfahren*), oder das Alkali muß in einem zweiten Klotz-Prozeß auf die mit Farbstofflösung imprägnierte Ware aufgeklotzt werden. In diesem Fall enthält das Bad neben Alkali noch Natriumchlorid (*Zweibad-Klotz-Verfahren*).

Vorteilhaft wird die Ware nach dem Klotzen zwischengetrocknet.

Bei der diskontinuierlichen Arbeitsweise, bei der sich das Alkali im Färbebad befindet, fördert man das Ausziehen durch Elektrolytzusatz. Eine katalytische Beschleunigung des Färbeprozesses bei Monochlortriazinfarbstoffen ist durch Zusatz von bestimmten tertiären Aminen, z.B. „*Triäthylendiamin*" (1,4-Diazabicyclo-2,2,2-octan/Cibacron-Katalysator CCB) möglich:

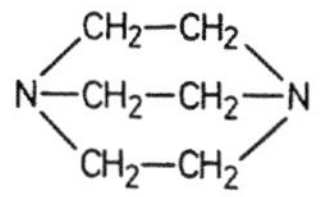

Vermutlich entstehen damit labile quartäre Triazinyl-oniumverbindungen, aus denen der Triazinylrest verhältnismäßig leicht abgespalten wird (*H. P. Schaub, P. Ulrich*).

Nach der Entwicklung muß zur Entfernung nicht fixierten Farbstoffs gründlich geseift und gespült werden.

Handelsprodukte: Procion-, Procion H-, Solidazol-, Reatex-, Cavalite-, Xiron-, Cibacron-, Cibacron-Pront-, Remazol-, Levafix-, Drimaren-Y-, Reacton-, Reactofil-, Diact-Color-, Uhopid-, Primazin-, Mikacion-, Sumifix-Farbstoffe.

Die Reaktivfarbstoffe liefern außerordentlich brillante Färbungen von hohen Echtheitseigenschaften. Im Falle von Azofarbstoffen sind sie leicht ätzbar, so daß waschechte Druckeffekte auf waschechtem Grund erzeugt werden können.

Die Faser selbst erfährt durch die Blockierung von Hydroxylgruppen eine Verminderung ihrer Quellungseigenschaften, so daß z.B. die Cuoxamlöslichkeit der Baumwolle mehr oder weniger stark absinkt.

Die Fixierfarbstoffe. Die *Bildung* des Reaktivfarbstoffs und seine Bindung an die Faser kann auch in *einem* Arbeitsgang in der Färberei ausgeführt werden in der Weise, daß man in das einen geeigneten Farbstoff enthaltende Färbebad die Cellulosefaser bei Gegenwart eines „Brückenbildners" einbringt. Der Brückenbildner (S. 418) stellt eine mehrfunktionelle Verbindung dar, die auf Grund leicht beweglicher Substituenten bzw. additionsfähiger Stellen sowohl mit dem Farbstoff als auch mit der Faser reagieren kann, so daß letzten Endes eine kovalente Bindung zwischen Faser und Farbstoff resultiert.

Die Farbstoffaufnahme, d.h. das Färben, geschieht in alkalischem Medium. Die Fixierung kann je nach der Reaktivität des Brückenglieds und des Farbstoffs bei verschiedenen Temperaturen vorgenommen werden, im Prinzip wird wie bei der Fixierung der Reaktivfarbstoffe selbst gearbeitet (Einbad-Klotz-Dämpf- und Thermofixierverfahren).

Der Vorteil der Fixierfarbstoffe (*Basazolfarbstoffe*) besteht darin, daß bei einer etwaigen Hydrolyse durch das Wasser des Färbebads nicht der kostspielige Farbstoff, sondern das billigere Brückenglied hydrolysiert wird. Das Verfahren wird vorwiegend in der Druckerei angewandt (S. 698).

Nachtrag

Procionresin-Prozeß

Dichlortriazin-Farbstoffe werden zusammen mit einem Aminoplast und einem sauren Katalysator thermisch auf Baumwolle fixiert, wobei der Farbstoff vorwiegend mit dem sich bildenden Aminoplast reagiert. Hauptvorteil dieses Verfahrens ist die Kombination von Färbe- und Appreturprozeß.

Resacron-Farbstoffe. Bei diesem Verfahren werden u.a. *Monochlortriazinfarbstoffe* mit Kunstharz fixiert.

Die beiden Verfahren werden heute nicht mehr angewandt.

m) Die Beizenfarbstoffe (vgl. S. 454)

Durch die auf der Faser erzeugten Azofarbstoffe sind die Beizenfarbstoffe, nachdem sie vorher eine große Bedeutung besaßen, fast vollständig verdrängt worden. Mit den Beizenfarbstoffen, namentlich mit Alizarinrot (Türkischrot), erzielt man Färbungen von hervorragender Licht- und Waschechtheit, so daß Alizarinrotfärbungen nach Maßgabe der hierfür vorgesehenen Richtlinien mit dem Indanthrenetikett (S. 568) ausgezeichnet werden können.

Die Ursache für das Verschwinden der Beizenfarbstoffe aus der Färberei ist darin zu suchen, daß sie, besonders das wertvolle Türkischrot, eine außerordentlich komplizierte und langwierige Färbeweise benötigen, so daß sie mit den sehr einfach zu färbenden Naphtol AS-Kombinationen nicht mehr konkurrieren können.

Die wichtigsten Beizenfarbstoffe gehören der Gruppe der Hydroxyanthrachinone an und sind wasserunlöslich. Sie haben also zur Faser keine Affinität und können diese erst nach einer entsprechenden Vorbeize anfärben. Auf Grund ihrer Konstitution sind sie zu einer Metallkomplexbildung befähigt und werden in dieser Form auf der metallvorgebeizten Faser fixiert. Je nach Art der Metallbeize ist die Nuance des Metallkomplexes verschieden.

Färbeweise. Die wichtigen Alizarinmarken kommen üblicherweise in Wasser dispergiert als Teige in den Handel, so daß sie in einfacher Form im Färbebad in feine Verteilung gebracht werden können. Pulvermarken müssen zunächst alkalisch gelöst und mit Säure in feindisperser Form zur Ausscheidung gebracht werden.

Bei dem sogenannten *Altrotverfahren* für Türkischrot wird das Textilmaterial zunächst mit einer Emulsion von Tournantöl (künstlich ranzig gemachtes Olivenöl) präpariert und anschließend getrocknet, um das Öl fest auf der Faser zu fixieren. Die Ölung und Trocknung wird mehrmals wiederholt, um eine genügende Basis für die Bindung der Metallbeize zu schaffen. Die Metallbeize, welche meist aus Aluminiumsulfat und Calciumverbindungen besteht und vermutlich in der Form fettsaurer Salze fixiert wird, wird vor dem Färben aufgebracht. Nach dem Färben wird in besonderer Weise aviviert.

Das *Neurotverfahren* arbeitet gegenüber dem Altrotverfahren verkürzt, indem nur eine einmalige Ölung mit sulfiertem Ricinusöl (Türkischrotöl) vorgenommen und auch die Nachbehandlung einfacher durchgeführt wird.

Türkischrotgefärbte Garne sind meist daran zu erkennen, daß das Garninnere nicht angefärbt ist, was damit zusammenhängt, daß der Farbstoff in ungelöster Form zur Verwendung gelangt und daher nur schwer in das Garninnere hineindiffundieren kann. Die Echtheiten der Altrotfärbungen sind denen des Neurotverfahrens überlegen. So sind Altrotfärbungen im Gegensatz zu Neurotfärbungen beuch- und bleichecht.

Anwendung der Beizenfarbstoffe. Die Beizenfarbstoffe spielten früher eine hervorragende Rolle. Namentlich das Alizarinrot (Türkischrot) fand für Artikel Verwendung, die höchsten Echtheitsansprüchen zu genügen hatten, wie z.B. Fahnentuch, Inlett, Matratzendrell usw. Heute sind sie durch die einfacher zu färbenden Entwicklungsfarbstoffe und Küpenfarbstoffe verdrängt worden und besitzen nur noch in der Druckerei auf Grund ihres billigen Preises und der drucktechnisch verhältnismäßig einfachen Arbeitsweise eine gewisse, allerdings beschränkte Bedeutung.

n) Die Oxydationsfarbstoffe

Einleitend sei erwähnt, daß die Oxydationsfarbstoffe wegen der Gefahr der Faserschwächung in ihrer Bedeutung stark zurückgegangen sind. In der Druckerei spielen sie jedoch wegen ihrer leichten Reservierbarkeit noch eine gewisse Rolle.

Das Färben mit den Oxydationsfarbstoffen beruht darauf, daß man geeignete aromatische Amine auf die Faser aufbringt und diese durch Oxydation zu farbigen Körpern entwickelt. Der Hauptvertreter der Oxydationsfarbstoffe ist das *Anilinschwarz* (S. 487), welches durch Oxydation von salzsaurem Anilin in mineralsaurem Medium auf der Faser entsteht. Ein anderer schwarzer Farbstoff ist das *Diphenylschwarz*, das sich aus p-Amino-diphenylamin durch Oxydation bildet.

Anilinschwarz. Das Anilinschwarz ist bzw. war deshalb besonders begehrt, da es ein sehr schönes blaustichiges Schwarz darstellt, welches hohe Echtheitseigenschaften besitzt und preislich billig erzeugt werden kann. Sein besonderer Vorteil liegt darin, daß es sich in ausgezeichneter Weise für eine *kontinuierliche* Arbeitsmethode eignet. Durch die verhältnismäßig hohe Farbstoffeinlagerung, welche die Faser erhält, erzielt man gleichzeitig einen vollen Griff und eine gewisse Beschwerung der gefärbten Ware, welche sich auf bis zu 10% des Warengewichts belaufen kann.

Ein gewisser Nachteil der Färbemethode besteht darin, daß die Fasersubstanz durch die sich entwickelnden Chlorwasserstoffdämpfe in Mitleidenschaft gezogen wird, so daß beim Färben von Anilinschwarz jeweils mit einer gewissen *Faserschwächung* zu rechnen ist, welche aber durch eine entsprechende Lenkung des Verfahrens und durch geeignete Zusätze auf ein Mindestmaß reduziert werden kann.

Bei der Erzeugung von Anilinschwarz ist darauf zu achten, daß dieses bis zur höchstmöglichen Oxydationsstufe ausoxydiert wird, da sonst im Laufe der Zeit eine Farbtonänderung nach Grün eintritt (Vergrünen). Möglicherweise handelt es sich hier um einen rückläufigen Vorgang, bei welchem sich ein grünes Zwischenprodukt des Oxydationsprozesses, nämlich das *Emeraldin*, zurückbildet.

Arbeitsweise. Die Anilinschwarzbildung kann nach drei Verfahren erfolgen: 1. Einbadschwarz – 2. Oxydationsschwarz – 3. Dampfschwarz.

Beim *Einbadschwarz* behandelt man das zu färbende Material mit einer wäßrigen Lösung von salzsaurem Anilin bei Gegenwart von Bichromat und Mineralsäure. Der Farbstoff bildet sich nicht nur in und auf der Faser, sondern auch im Färbebad, so daß die so erzeugte Färbung keine besonders gute Reibechtheit besitzt. Das Einbadschwarz wird üblicherweise auf Baumwollgarn zur Anwendung gebracht.

Für Stückware kommt die Hauptbedeutung dem *Oxydationsschwarz* zu, bei welchem das Gewebe zunächst mit einer Lösung von salzsaurem Anilin bei Gegenwart eines Oxydationsmittels und eines Sauerstoffüberträgers geklotzt und dann einem Trocken- und Oxydationsprozeß unterworfen wird. Anschließend wird zur vollkommenen Ausoxydation mit Bichromat in schwefelsaurem Medium nachbehandelt.

Die Klotzflotte, welche kalt aufgebracht wird, enthält neben salzsaurem Anilin Natriumchlorat als Oxydationsmittel und Kupfersalz oder Ammoniumvanadat als Oxydationskatalysator. Im Interesse der Gleichmäßigkeit der Färbung und zur Verhinderung des „Wanderns" der Klotzflotte gibt man außerdem einen geringen, die Viscosität kaum beeinflussenden Verdickungsmittelzusatz. Mit dieser Flotte wird möglichst mehrmals geklotzt und anschließend in einer Trocken- und Oxydationsmaschine entwickelt. Es ist auf gute Durchlüftung der Anlage zu achten, damit die chlorwasserstoffgesättigte Luft laufend beseitigt wird. Die Oxydationsmaschine ist üblicherweise in mehrere Kammern unterteilt, so daß zunächst bei etwa 80 °C getrocknet und anschließend, wenn der Oxydationsprozeß in Gang kommt, bei niedrigeren Temperaturen – um die Faserschwächung möglichst zu mildern – entwickelt werden kann.

Nach der Oxydation wird in einem Bad nachoxydiert, welches 5 g Bichromat und 1 g Schwefelsäure konz. im Liter enthält. Eine Sodabehandlung mit einem angeschlossenen kochenden Seifen vervollständigt die Prozedur.

Beim *Dampfschwarz*, welches namentlich für Druckartikel in Frage kommt (S. 699), wird die Ware mit einer Anilinsalzlösung geklotzt, welche neben Natriumchlorat Kaliumferrocyanid [Kaliumhexacyanoferrat(II)] als Oxydationskatalysator enthält. Nach dem Klotzen wird in der Hotflue getrocknet, durch Dämpfen im Mather-Platt entwickelt und anschließend mit Bichromat nachoxydiert.

Maßnahmen zur Verminderung der Faserschwächung. Um eine Faserschwächung möglichst weitgehend zu verhindern, ist in erster Linie für eine gute Entlüftung des Oxydationsraumes zu sorgen; weiterhin kann man einen Teil der Salzsäure durch eine organische Säure ersetzen. Gut bewährt sich auch der Zusatz von Puffersubstanzen (z. B. Kollamin), welche zwar die freiwerdende Salzsäure binden, das Reaktionsmedium aber weitgehend konstant halten. Kollamin besteht aus einer Mischung von p-Phenylendiamin, Weinsäure und Ammoniumsulfat.

Diphenylschwarz. Das Diphenylschwarz zeichnet sich dadurch aus, daß es vollkommen unvergrünlich und weniger faserschädigend ist als das Anilinschwarz.

Arbeitsweise. Diphenylschwarzbase (p-Amino-diphenylamin) wird mit Milchsäure und Essigsäure unter Erwärmen gelöst und zusammen mit Natriumchlorat und Kupferchlorid oder Ammoniumvanadinat als Oxydationskatalysator auf das Gewebe aufgeklotzt. Nach dem Trocknen in der Hotflue wird durch Dämpfen im Mather-Platt entwickelt. Anschließend wird gewaschen und geseift.

(*Solanilschwarz* und *Aminosolschwarz* siehe S. 701.)

Anwendung. Anilinschwarz findet auf Grund seiner Billigkeit und Echtheit zur Herstellung von tiefen Schwarzfärbungen in echter Ausführung auf Stapelartikeln Verwendung. Seiner leichten Reservierbarkeit wegen besitzt es eine besondere Bedeutung für Druckereizwecke. Das gleiche gilt auch für Diphenylschwarz (S. 701), welches sich jedoch preislich etwas teurer stellt.

o) Metallisierbare Säurefarbstoffe

Die Säurefarbstoffe sind im allgemeinen affinitätslos zur Cellulosefaser, so daß sie in einem Klotzprozeß sehr gleichmäßig auf ein Gewebe aufgebracht werden können. Verwendet man solche Säurefarbstoffe, die mit Chromsalzen Chromkomplexe bilden, und färbt in Gegenwart von Chromacetat, so erhält man nach entsprechender Fixierung (Heißluft oder Dampf) sehr gleichmäßige und echte Färbungen.

p) Die kationischen (basischen) Farbstoffe

Die basischen Farbstoffe rekrutieren sich aus den verschiedensten Farbstoffklassen. So entstammen sie teils der Azogruppe oder der Diphenylmethan- und Triphenylmethanklasse; teils gehören sie zu den Thiazin-, Oxazin- und Azinfarbstoffen oder stellen Thiazol- und Chinolinderivate sowie Polymethinkörper dar. Es handelt sich in allen Fällen um basische Körper, welche für textile Zwecke in Form ihrer Salze (Chloride, Acetate, Zinkchlorid-Doppelsalze) in den Handel kommen. Die Basen selbst sind wasserunlöslich, lösen sich aber in Alkohol oder anderen organischen Lösungsmitteln sowie in Fetten und Ölen, so daß sie vielfach als Spritfarben sowie zum Färben von Fettstoffen Verwendung finden (vgl. S. 384, 397).

Die Farbstoffe sind abgesehen vom Färben der Polyacrylnitrilfasern ohne große textile Bedeutung, da sie mit Ausnahme der Oxazinderivate eine *mangelhafte Lichtechtheit* besitzen; wo diese aber keine Rolle spielt, macht man gern von ihnen Gebrauch, da sie besonders billig sind. Sie haben zudem den Vorteil, daß sie außerordentlich *lebhafte* und *feurige Färbungen* liefern, wie sie mit anderen Farbstoffen kaum zu erzielen sind. Man färbt sie daher vorteilhaft auf solche Artikel, welche dem Tageslicht nicht oder nur wenig ausgesetzt sind und welche bei großer Lebhaftigkeit des Farbtons besonders billig sein sollen. Unter diesen Umständen kommen sie besonders in Betracht zum Färben von Theaterdekorationsstoffen, Faschingskostümstoffen, Faschingsdekorationsstoffen usw.

Die Gestehungskosten stellen sich beim Arbeiten mit kationischen Farbstoffen, abgesehen von dem billigen Preis, auch deshalb besonders niedrig, da die Farbstoffe außerordentlich ergiebig sind und schon bei geringen Farbstoffprozentsätzen satte Ausfärbungen liefern.

Die Anwendungsmöglichkeiten der kationischen Farbstoffe haben dadurch eine gewisse Verbreiterung erfahren, daß man bei vielen Vertretern die Lichtechtheit durch eine Nachbehandlung mit Natrium-phosphormolybdän-wolframaten beträchtlich steigern kann; der Effekt ist jedoch nicht wasserecht. Die Waschechtheit der kationischen Färbungen ist als mäßig zu bezeichnen, übertrifft aber bisweilen diejenige von substantiven Farbstoffen, namentlich dann, wenn die Färbungen gut gebeizt sind.

Eine besondere Bedeutung kommt den kationischen Farbstoffen für die Zwecke des *Übersetzens* (Schönen) von Färbungen zu. Erreicht man bei Anwendung einer anderen Farbstoffklasse (z.B. Substantiv, Küpen- oder Schwefel-) nicht die verlangte Lebhaftigkeit des Farbtons, so kann die Übereinstimmung mit einer lebhaften Vorlage durch Übersetzen mit einer geringen Menge kationischen Farbstoffs spielend erreicht werden. Da es sich üblicherweise nur um einen geringen Aufsatz handelt, wird die Echtheit solcher Färbungen nicht wesentlich beeinträchtigt.

Handelsbezeichnungen: Astra-, Astrazon-, Rhodamin-, Acridin-, Acronal-, Calcozine-, Indoin-, Du Pont Basic usw.

Bei den basischen Farbstoffen handelt es sich um Produkte kationischer Natur, welche wohl zur Proteinfaser Affinität haben (S. 508), die Cellulosefaser aber nur mit Unterstützung einer Beize anfärben. Man bezeichnet sie daher auch im Gegensatz zu den *substantiven* Farbstoffen als *adjektive* Farbstoffe. Als Beizmittel verwendet man Tannin, welches auf Grund der Wechselwirkung seiner Hydroxylgruppen mit den alkoholischen Gruppen der Cellulose eine gewisse Affinität zur Faser besitzt. Die Farbbasen bzw. die entsprechenden Farbkationen sind dann in der Lage, mit den phenolischen Gruppen unter „Salzbildung" zu reagieren. (Da die phenolischen Gruppen des Tannins in dem meist sauren Medium des Färbebades nur wenig dissoziiert sind, ist zusätzlich eine Bindung der Farbstoffe durch *Van der Waals*sche Anziehungskräfte oder durch Wasserstoffbrücken in Betracht zu ziehen.)

Die verschiedenen Tannine sind unterschiedlich zusammengesetzt; so liegt dem *türkischen* Tannin eine Pentagalloyl-glucose zugrunde, während es sich beim *chinesischen* Tannin um eine Galloyl-tetradigalloyl-glucose handelt.

Auf Grund der vielen phenolischen Hydroxylgruppen wirkt Tannin wie eine schwache Säure (Gerbsäure) und kann sich mit den kationischen Farbstoffen zu schwer löslichen Verbindungen vereinigen. So kann man kationische Farbstoffe mit Tannin als „Tanninlacke" ausfällen.

Das Tannin wird jedoch auf der Faser nicht genügend wasserecht fixiert, so daß es beim Einbringen der gebeizten Faser in die Farbstofflösung zum Teil in diese auslaufen würde. Dies verhindert man durch eine an das Tannieren angeschlossene Behandlung mit *Brechweinstein* (Kaliumantimontartrat), welcher mit Tannin eine schwer lösliche Verbindung (Antimonyltannat) bildet.

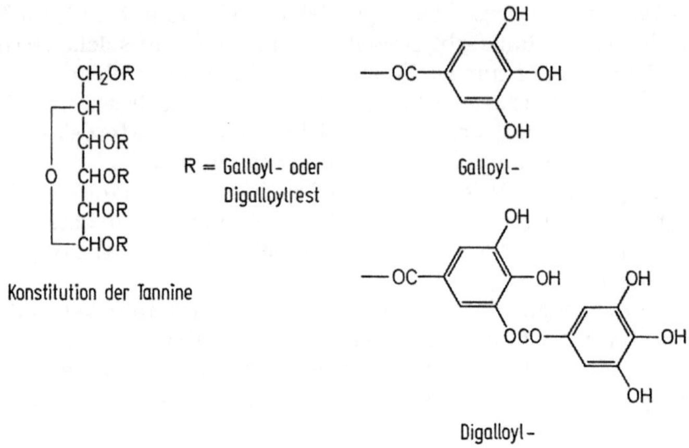

Die Tannin-Brechweinstein-Beize kann durch eine solche mit Katanol ON oder Thiotan MS in einbadiger Arbeitsweise ersetzt werden. In gleicher Weise finden die Produkte Taninol BMN, Depsoline S, RL Verwendung. Bei diesen Produkten handelt es sich um schwefelhaltige künstliche Gerbstoffe. Die phenolischen Gruppen des Gerbstoffs vermitteln einerseits dessen Fixierung auf der Cellulose und zum andern die Affinität des Farbstoffs zur Faser.

Arbeitsweise. Man löst die kationischen Farbstoffe am besten durch Anteigen mit Essigsäure und anschließendes Übergießen mit kochendem Wasser. Durch die Essigsäuregegenwart wird eine eventuelle hydrolytische Spaltung der Farbstoffe und damit eine Abscheidung der Farbbasen verhindert. Eisenhaltiges Wasser darf weder zum Lösen noch zum Beizen und Färben verwendet werden, da sonst dunkelfarbige Eisengallusverbindungen entstehen. Bei Schwarz und Dunkelblau stört dieser Umstand nicht. Hier wird teilweise absichtlich aus Farbstoffersparnisgründen unter Zusatz von Eisensalzen gearbeitet.

Beizen. Man beizt je nach Tiefe der Färbung $^1/_2$ Std. mit 1–6% Tannin in heißer wäßriger Flotte, welche man während weiterer 2–4 Std. erkalten läßt. Anschließend wird abgequetscht oder geschleudert und $^1/_2$ Std. mit der halben Menge Brechweinstein – bezogen auf das Tanningewicht – in kalter wäßriger Lösung nachbehandelt und gespült. Brechweinstein kann durch andere Antimonsalze (Calciumantimonlactat) ersetzt werden.

Beim Arbeiten mit Katanol ON löst man dieses in heißer Sodalösung, gibt Kochsalz zu und beizt während 1 Std. bei 60–70 °C, worauf man noch $^1/_2$ Std. im erkalteten Bade nachziehen läßt. Je nach Tiefe der Färbung benötigt man 3–6% Katanol ON, 1,5–3% Soda calc. und 20–40% Kochsalz vom Warengewicht. Nach dem Beizen wird abgequetscht oder geschleudert und gespült.

Das Beizen kann auch auf dem Foulard kontinuierlich vorgenommen werden; ein anschließendes kontinuierliches Färben ist wegen der starken Affinität der kationischen Farbstoffe zur gebeizten Faser nicht zu empfehlen.

Abgesehen davon, daß die Katanolbeize vielfach eine gegenüber der Tanninbeize bessere Waschechtheit liefert und nicht eisenempfindlich ist, besitzt sie vor allen Dingen den Vorteil der einbadigen Arbeitsweise.

Färben. Man beschickt das Färbebad mit 2–3% Essigsäure und dem gelösten Farbstoff, geht kalt mit dem gebeizten Material ein und färbt bei allmählich auf 50–70 °C ansteigender Temperatur. Nach dem Färben wird gespült und eventuell zur Erhöhung der Naßechtheitseigenschaften auf den gebrauchten Beizbädern nachbehandelt.

Die im Färbebad vorhandene Essigsäure hat die Funktion eines Egalisiermittels. Durch sie wird die hydrolytische Entstehung der Farbbase, welche zu der gebeizten Faser eine ausgesprochene Affinität besitzt, zurückgedrängt. Außerdem wird die Dissoziation in Richtung undissoziierten Farbstoffes verschoben, wodurch ebenfalls das Aufziehen gebremst wird. Ist trotz Essigsäuregegenwart ein unegales Aufziehen zu befürchten, so setzt man den Farbstoff in mehreren Anteilen dem Färbebad zu.

Übersetzen. Übersetzt man substantive und Schwefelfärbungen mit kationischen Farbstoffen, so fungieren die Grundfarbstoffe als Beize, so daß man den kationischen Farbstoff ohne eine zusätzliche Beize bei Gegenwart von etwas Essigsäure fixieren kann.

q) Die Pigmentfarbstoffe (vgl. S. 396)

Das Färben mit Pigmentfarbstoffen ist dadurch charakterisiert, daß unlösliche Farbkörper oder sonstige Pigmente anorganischer oder organischer Natur auf der Faser mit Hilfe eines Bindemittels fixiert werden. Da also irgendwelche Affinitätsverhältnisse zwischen Faser und Farbstoff keine Rolle spielen, die Fixierbarkeit demnach nur von dem Bindemittel abhängt, lassen sich solche Färbungen auf allen Fasern und Fasermischungen nach dem gleichen Prinzip erzeugen.

Das Pigmentfärbeverfahren hat verschiedene Vorzüge: Die Flotte wird in einer kurzen Passage aufgeklotzt, ohne daß eine Konzentrationsänderung eintritt. Infolgedessen eignet sich das Verfahren besonders zum *kontinuierlichen Färben* von Stückware. Die Fertigstellung ist ebenfalls einfach, da die Fixierung des Farbstoffes auf der Faser durch das aufgebrachte Bindemittel bewirkt wird, ein Trocken- bzw. Kondensationsprozeß also zur Fixierung genügt. Da sich unterschiedliche Affinitätsverhältnisse des Fasermaterials nicht auswirken, egalisieren die Färbungen leicht und man erhält auch bei Fasermischungen farbtongleiche Anfärbungen.

Da das Bindemittel gleichzeitig als Appreturmittel fungieren kann, läßt sich mit dem Färben eine in beliebigen Grenzen sich bewegende Appretur verbinden. Ein Nachteil der Pigmentfärbungen ist der, daß diese teilweise eine beschränkte Waschechtheit besitzen, namentlich wenn das Waschgut gleichzeitig stark mechanisch bearbeitet wird.

Um feinste Dispersionen, wie sie im Interesse einer gleichmäßigen Ablagerung auf der Faser notwendig sind, zu erhalten, werden die Farbstoffe auf der Schwingmühle unter Zusatz guter Dispergiermittel gemahlen. An Bindemitteln kommen neben hochmolekularen Naturstoffen wie Albumin und Casein in erster Linie Kunststoffe in Frage, und zwar finden die letzteren nicht nur in fertig vorgebildeter Form Verwendung, sondern werden häufig auf der Faser durch Kondensation oder Polymerisation erzeugt. Zu erwähnen sind hier vor allem Polyvinyl- und Polyacrylderivate sowie Buna und Harnstoff-Formaldehyd-Kondensate.

Je nach dem gewünschten Appretureffekt können die Bindemittel sowie deren Menge entsprechend variiert werden, so daß die Warenqualität entweder praktisch nicht geändert wird oder eine mehr oder weniger starke Griffbeeinflussung resultiert.

Im Prinzip lassen sich auch die für den Pigmentdruck üblichen Fixierverfahren verwenden, so das *Acramin-*, *Imperon-*, *Helizarin-*, *Oremasin-*, *Sherdye*-Verfahren (S. 704ff.), wobei bei den nach dem Emulsionsprinzip arbeitenden Verfahren allerdings die Emulsionsverdickung entfällt und die Farbflotte durch eine geringe Menge eines üblichen Verdickungsmittels (Tragant) auf eine gegenüber Wasser wenig erhöhte Viscosität gebracht wird.

Die Pigmentfarbstoffe spielen wegen ihrer hohen Lichtechtheit u.a. auch für die Herstellung von sehr lichtechten Färbungen in zarten Tönen, wie sie z.B. für Gardinen in Frage kommen, eine nicht unbedeutende Rolle. Auch für die Herstellung von zarten, lichtechten und ätzbaren Fondfärbungen kommen die der Azogruppe zugehörenden Vertreter (z.B. aus der Acraminreihe) in Betracht. Das Ätzen kann mit Hilfe von Na-Formaldehyd-sulfoxylat und Natronlauge vorgenommen werden.

Bei entsprechender Anwendung des Bindersystems lassen sich Färbe- und Knitterfreieffekte gleichzeitig erreichen.

Handelsprodukte sind u.a. Helioecht-, Heliogen-, Hostaperm-, Indazin-, Irgazin-, Lutetia-, Monastral-, Oralith-, Sandoren-Farbstoffe.

r) Die Signierfarbstoffe

Für manche Zwecke der Verarbeitung ist es üblich, die Garne durch vorübergehendes Anfärben mit solchen Farbstoffen, die sich nachher wieder leicht entfernen lassen, zu kennzeichnen (signieren). In dieser Weise werden namentlich bei kunstseidenen Kreppgarnen rechts und links gedrehte Garne auseinandergehalten (S. 234).

Man verwendet als Signierfarbstoffe für Baumwolle, Reyon und Zellwolle leicht auswaschbare Säurefarbstoffe (anionische Farbstoffe) und zum Signieren von Acetatfasern ebenfalls Säurefarbstoffe sowie eine Anzahl von substantiven Farbstoffen. Auch feinst disperse mineralische Farbstoffe wie Ultramarin sind zum Signieren geeignet. Die Farbstoffe können später durch eine Behandlung mit heißer Seifenlösung wieder entfernt werden.

s) Mineral-Färbeverfahren

Billige, licht- und wetterechte Färbtöne in Khaki und Oliv können durch Erzeugung von Eisen- bzw. Chromhydroxid auf der Faser hergestellt werden. Man klotzt das Gewebe mit einer Lösung von Chrom- bzw. Eisensalzen oder einer entsprechenden Mischung, trocknet, klotzt mit Natronlauge und spült. Die Chromsalzbehandlung bedingt gleichzeitig einen Schutz gegen Bakterien- und Schimmelbefall.

2. Das Färben der Bastfasern und der sonstigen Pflanzenfasern

Das Färben dieser natürlichen Cellulosefasern wird im großen und ganzen in der gleichen Weise und mit den gleichen Farbstoffklassen, wie für Baumwolle beschrieben, vorgenommen. Bei den Rohfasern ergibt sich durch die Gegenwart verschiedener Begleitstoffe ein von der Baumwolle teilweise abweichendes Verhalten.

Leinen. Die Leinenfaser enthält eine größere Menge von Fremdstoffen, welche im Interesse einer einwandfreien Fixierung der Farbstoffe vor dem Färben entfernt werden müssen. Man erreicht dies durch Auskochen mit Sodalösungen und, wenn nötig, durch eine angeschlossene Bleiche.

Beim Färben ist dem Umstand Rechnung zu tragen, daß eine Durchfärbung der Leinengarne und Gewebe wegen der Härte der Fasern teilweise auf Schwierigkeiten stößt. Man arbeitet daher vorteilhaft unter Zusatz von geeigneten Durchfärbemitteln bzw. verlangsamt die Aufziehgeschwindigkeit durch entsprechende Farbstoffauswahl bzw. Lenkung des Färbeverfahrens. Bei dichtgeschlagenen unifarbenen Geweben verfährt man im Interesse einer guten Durchfärbung vielfach in der Weise, daß man im Garn färbt und das gefärbte Garn verwebt. Beim Arbeiten mit Küpenfarbstoffen wählt man vorteilhaft solche Methoden, welche das Durchfärben und Egalisieren erleichtern, also Pigment- und Küpensäureverfahren (siehe S. 563ff.).

Stärkere ätzalkalische Bäder von höherer Temperatur sollten bei Leinen möglichst vermieden werden, da sonst das die Einzelzellen zum Zellbündel zusammenhaltende Pektin abgebaut und damit die Faser cottonisiert wird (S. 187). Bei der Verarbeitung von Flockenbast, welcher eine ätzalkalische Kochung bereits hinter sich hat, entfällt dieser Gesichtspunkt.

Für das Färben von *Hanf* und *Ramie* gelten weitgehend die unter Leinen aufgeführten Gesichtspunkte.

Jute und *Kokos* können im Prinzip wie Leinen und Hanf gefärbt werden. Da die Fasern meist in rohem Zustand zur Verarbeitung gelangen (Wandbespannstoffe, Läufer und Matten), enthalten sie größere Mengen von Fremdstoffen (Pektin und Eiweißstoffe), welche die Fasern auch für die Aufnahme von sauren und basischen (kationischen) Farbstoffen geeignet machen, wobei bei den letzteren eine Beize entfällt.

3. Das Färben der künstlichen Cellulosefasern (Reyon und Zellwolle)[1]

Bei der Naßveredlung von Reyon und Zellwolle ist grundsätzlich der *geringen Naßfestigkeit* (S. 223) dieser Fasern Rechnung zu tragen. Beim Färben sind also übermäßige Spannungen sowie ein Quetschen oder Scheuern im Interesse der Faserschonung zu vermeiden. Diese Forderung gilt naturgemäß schon für die Reinigungsarbeiten sowie für die Entwässerung und Trocknung solcher Textilien. So kann man beispielsweise kunstseidene und zellwollene Gewebe nicht, wie bei Baumwolle üblich, auf dem Wasserkalander entwässern; man entwässert vielmehr durch Schleudern oder Absaugen. Alle mit dem Fasermaterial in Berührung kommenden Einrichtungen müssen so beschaffen sein, daß kein Aufrauhen erfolgt, welches im nassen Zustand sehr leicht eintreten kann. Färbestöcke und Färbewannen dürfen nicht rauhflächig sein, so daß man kunstseidene Gewebe vorteilhaft auf Haspelkufen färbt, welche mit glatten Porzellanplättchen oder mit VA-Stahlblech ausgekleidet sind. Bei Jiggerfärbungen kommen nur Spezialjigger in Frage, welche weitgehend spannungsarm arbeiten. Besonders empfindliche Gewebe werden auf dem Sternreif (S. 664) gefärbt.

Das *Trocknen* von Reyon und Zellwolle soll nicht heißer als bei 50–60 °C erfolgen, da die Fasern bei höherer Temperatur an Geschmeidigkeit verlieren.

Die *starke Quellung* der Kunstseiden und Zellwollen kann zu färberischen Schwierigkeiten insofern führen, als durch das Quellen der Fasern das Durchdringen der Garne und Gewebe für die Färbeflotte erschwert ist. Vor allem läßt sich Kunstseidengarn nur schwierig auf Kreuzspulen färben, da ein Eindringen der Farbstofflösung in den durch die Quellung fest und hart gewordenen Wickelkörper nicht in ausreichendem Umfang möglich ist, es sei denn, daß man sehr lose wickelt und die Schichtdicke entsprechend gering wählt. Der losen Wicklung sind aber wegen des durch die Glätte des Fadenmaterials bedingten Abrutschens gewisse Grenzen gesetzt. In dieser Richtung liegen die Verhältnisse günstiger bei Zellwollgarn, welches man ohne die Gefahr des Abgleitens recht lose spulen kann, so daß hier ein Durchfärben von Kreuzspulen namentlich beim Färben mit substantiven Farbstoffen in befriedigendem Umfang möglich ist. Auch auf Kettbäumen ist das Färben der Zellwollgarne im Gegensatz zur Kunstseide gangbar, da das Zellwollgarn auf Grund seiner andersartigen Struktur einen in nassem Zustand leichter passierbaren Wickelkörper liefert, als dies bei Reyon der Fall ist.

Auch beim Färben von loser Zellwolle in Packapparaten treten Schwierigkeiten auf, da der in nassem Zustand sehr dichte Materialblock von der Flotte nur schwer durchdrungen werden kann. Man hilft sich hier durch Unterteilen des Material-

---

[1] Wegen der Nomenklatur vgl. S. 209.

blocks durch Zwischenlegen von Metallsieben u. dgl., so daß eine mehrschichtige Lagerung gegeben ist. Auch das Färben von Zellwolle im Kammzug auf der Bobine ist möglich, wenn die Bobinen einmal nicht zu dick und zum anderen lose gewickelt sind.

Bei Durchdringungsschwierigkeiten von Wickelkörpern oder Materialblocks von Reyon und Zellwolle kann man das Durchzirkulieren der Farbflotte durch Erhöhung des Pumpendrucks meist nicht verbessern, da das Material hierdurch zusammengepreßt und damit für die Flotte noch schlechter passierbar wird.

Vorbehandlung. Reyon ist zwar sehr rein, enthält aber gewisse Avivagen (S. 216) auf Öl- oder Fettbasis (mengenmäßig unter 1 %), die eine gleichmäßige Anfärbung unter Umständen beeinträchtigen können, so daß eine Vorreinigung zu empfehlen ist. Man nimmt eine solche in einem etwa 70–75 °C heißen Bade vor, welches ein geeignetes Waschmittel in der üblichen Konzentration enthält. Kunstseidene Wirkwaren erfordern eine besonders gründliche Reinigung, da die Kunstseidengarne für den Wirkprozeß im Interesse einer leichten Maschenbildung mit einer Mineralöl- oder Paraffinpräparation in Höhe von 1,5–3 % versehen werden.

Bei Geweben ist eine einwandfreie Entschlichtung Voraussetzung für ein einwandfreies Anfärben. Die Art der Entschlichtung richtet sich nach der Natur der vorhandenen Schlichte (S. 231). In besonderen Fällen, d.h. beim Färben von sehr zarten und lebhaften Tönen ist unter Umständen ein Bleichen vor dem Färben erforderlich.

Färberisches Verhalten der künstlichen Cellulosefasern. Kunstseiden und Zellwollen zeichnen sich beim Färben grundsätzlich durch eine verhältnismäßig *hohe Affinität* zu den Cellulosefarbstoffen aus, welchem Umstand im Interesse der Vermeidung von Ungleichmäßigkeiten entsprechend Rechnung zu tragen ist. Das rasche Aufziehen der Farbstoffe führt zu erheblichen Farbstoff-Konzentrationsänderungen in der Nähe der Faser, so daß das Hantieren der Ware bzw. Bewegen der Flotte manchmal nicht ausreicht, um einen genügend schnellen und namentlich an allen Stellen gleichartigen Konzentrationsausgleich, wie er für ein egales Anfärben Voraussetzung ist, zu gewährleisten. Man hat daher die Färbebedingungen so zu lenken, daß die Aufziehgeschwindigkeit entsprechend dem Ziehvermögen der Faser verlangsamt wird.

Hinzu kommt noch folgendes:

Bei der Herstellung der Kunstseiden und Zellwollen ist es nicht ohne weiteres möglich, über einen langen Zeitraum hinweg Fasern von völlig einheitlichen färberischen Eigenschaften zu erzeugen, was teilweise schon mit Ungleichmäßigkeiten im Holz bzw. in dem hieraus gefertigten Zellstoff zusammenhängt und durch kontrollierbare und nichtkontrollierbare bzw. nicht erklärbare Einflüsse während der Herstellung weiter begünstigt wird.

Auch innerhalb kürzerer Zeiträume und einer enger begrenzten Produktion können Abweichungen auftreten, da die künstliche Cellulosefaser in färberischer Beziehung eine besonders empfindliche Faser ist. Die im Rahmen der Herstellung auftretenden Unterschiede sind u.a. durch das Arbeitenmüssen mit verhältnismäßig *kleinen Chargen* bedingt, da die Dimensionen der Behältnisse umfangmäßig naturgemäß beschränkt sind. Hier können nun die einzelnen Chargen gewisse Abweichungen zeigen, die man teilweise noch nicht genügend in der Hand hat, die aber das färberische Verhalten entsprechend beeinflussen können.

Die Verhältnisse liegen hier im Prinzip gleichartig wie beim Färben. Wenn der Färber eine 1000 kg-Partie in fünf Partien unterteilen muß, dann hat er auch nicht die Gewähr, daß alle fünf Partien in der Nuance vollkommen übereinstimmen.

An speziellen Faktoren, welche das färberische Verhalten beeinflussen können, sind u.a. der Einfluß des Reifegrades der Viscose, Änderungen der Fällbadzusammensetzung sowie *unterschiedliche Spannungsverhältnisse* (S. 215) zu nennen, die sich namentlich auf den frisch gefällten Faden, aber auch noch nach völliger Regeneration empfindlich auf das färberische Verhalten auswirken können.

Auch auf die Gleichmäßigkeit des Ausschrumpfens (S. 215), der Waschprozesse sowie der Spannungsverhältnisse beim Spulen und Zwirnen ist zu achten, wenn Differenzen im färberischen Verhalten vermieden werden sollen.

Die Chemiefaserindustrie hat es verstanden, die erwähnten Schwierigkeiten in den letzten Jahren weitgehend zu mildern bzw. ganz auszuschalten.

Beim Verspinnen der Zellwolle ist darauf zu achten, daß entweder jede einzelne Partie vollkommen getrennt verarbeitet wird oder – wenn verschiedene Partien gemischt werden – daß eine völlig homogene Mischung entsteht.

Im Interesse der Vermeidung von durch unterschiedliches Fasermaterial bedingten färberischen Schwierigkeiten ist auf eine entsprechende *Auswahl der Farbstoffe*, der Färbeverfahren sowie auf eine zweckmäßige Lenkung der Arbeitsbedingungen zu achten.

Was z.B. die substantiven Farbstoffe anbelangt, so sind von den Farbenfabriken zusammengestellte Sortimente (*Benzoviscosefarbstoffe, Riganfarbstoffe, Icylfarbstoffe*) im Handel, welche ein gleichmäßiges Anfärben bei Rohstoffunterschieden begünstigen, während andere Farbstoffe wiederum auf Ungleichmäßigkeiten des Materials und der Gewebekonstruktion besonders leicht ansprechen.

Die gleichmäßig färbenden Farbstoffe sind dadurch gekennzeichnet, *daß sie das Gleichgewicht der Farbstoffaufnahme schnell erreichen.* Dieses liegt für verschiedene künstliche Cellulosefasern praktisch auf der gleichen Höhe, so daß, wenn im Rahmen der normalen Färbezeit das Gleichgewicht erreicht wird, alle Fasern weitgehend gleichmäßig angefärbt sind. Durch ein Vorbehandeln mit Natronlauge tritt eine Nivellierung von in dieser Richtung vorhandenen Unterschieden ein.

Die Schwierigkeit ist aber die, daß die gleichmäßig färbenden Farbstoffe geringe Echtheiten, namentlich eine vielfach *ungenügende Naßechtheit* besitzen, so daß das egale Anfärben häufig mit einer geringeren Echtheit erkauft werden muß. Selbstverständlich kann man in solchen Fällen eine geeignete Nachbehandlung der Färbung vornehmen (S. 546), was aber mit entsprechend höheren Veredlungskosten verbunden ist, abgesehen davon, daß die Lichtechtheit der Färbung dadurch häufig eine Verschlechterung erfährt.

Was die verschiedenen regenerierten Cellulosefasern betrifft, so ist dazu folgendes zu sagen: Das Gleichgewicht der Farbstoffaufnahme wird bei der *Kupferfaser* und bei den nach einem ausgesprochenen Streckspinnverfahren hergestellten Fasern rascher erreicht als bei der gewöhnlichen *Viscosefaser*, so daß es bei der Kupferseide meist in der normalen Färbedauer zur Einstellung des Gleichgewichts kommt und daher durch Faserabweichungen bedingte Farbungleichmäßigkeiten bei der Kupferfaser an und für sich weniger zu befürchten sind als bei der Viscose, bei welcher das Gleichgewicht während der üblichen Färbezeit häufig nicht erreicht wird.

Auf der anderen Seite erfordert aber das rasche Ziehvermögen der Kupferfaser ein so schnelles Hantieren der Ware bzw. Bewegen der Farbflotte, daß die Gefahr einer unegalen Anfärbung aus rein mechanischen Gründen manchmal noch größer ist als bei der Viscose. Allerdings ist im Verlauf des weiteren Färbeprozesses wieder ein Ausegalisieren möglich.

Das verschiedenartige Verhalten der beiden Faserarten ist auf den unterschiedlichen Bau bzw. die verschiedene *Dichteverteilung* (S. 18) der Fasern zurückzuführen (*Weltzien* und *Windeck-Schulze, Elöd* und *Fröhlich*). Die Viscosefaser besitzt eine äußere Schicht von größerer Dichte, einen sogenannten *Mantel*, welcher der Kupferfaser fehlt und der die Färbevorgänge abbremst. Weiterhin besitzt der Mantel einen gegenüber dem Kern höheren Orientierungsgrad, was sich ebenfalls bremsend auf die Farbstoffaufnahme auswirkt (vgl. S. 204).

Neben der Dichteverteilung spielen auch *elektrische Ladungserscheinungen* der Faseroberfläche eine Rolle, die vermutlich auf einen verschiedenen Gehalt an

Carboxylgruppen zurückzuführen sind. So enthalten Viscosefasern als Folge der oxydativen Vorreife mehr Carboxylgruppen als Kupferfasern (*Rath* und *Klink*). Die dadurch bedingte negative Aufladung wirkt abstoßend auf die anionischen Farbstoffe und anziehend auf kationische Farbstoffe, so daß sich Viscose mit den letzteren ohne Beize in hellen und mittleren Tönen färben läßt.

Durch Laugieren wird der Mantel der Viscose aufgelockert, so daß seine Bremswirkung verlorengeht. Hohe Verdehnungen in nassem Zustand, z.B. beim Schlichten, können ebenfalls zu einer Lockerung des Mantels und damit zu einer verstärkten Farbstoffaufnahme führen.

Beim Färben mit *substantiven* Farbstoffen arbeitet man vorteilhaft unter Zusatz von Seife oder eines sonstigen Produktes, welches das Egalisieren erleichtert. Beim Arbeiten mit *kationischen* Farbstoffen kann im Falle der Viscosefaser, wenn helle Töne ohne besondere Echtheitsanforderungen gefärbt werden, die Beize in Wegfall kommen (S. 515), während Kupferfasern grundsätzlich vorgebeizt werden müssen. Die *Schwefelfarbstoffe* spielen in der Kunstseidenfärberei keine Rolle. Beim Färben mit Schwefelfarbstoffen beeinflußt die Schwefelnatriumalkalität den Griff der regenerierten Cellulosefasern nachteilig. Man verwendet daher vorteilhaft besondere Schwefelfarbstoffe, welche man ohne einen Schwefelnatriumzusatz färben kann (S. 573). Gut eignen sich die *wasserlöslichen Schwefelfarbstoffe*, die an Stelle von Natriumsulfid bei Gegenwart von *Natriumhydrogensulfid* gefärbt werden.

Im Interesse des guten Egalisierens und Durchfärbens macht man bei den für *Küpenfarbstoffe* üblichen Verfahren vorteilhaft von den Pigment- und Küpensäureverfahren Gebrauch (S. 563ff.). Besonders gut eignen sich auf Grund ihrer färberischen Eigenschaften die *Indigosole* sowie die *Entwicklungsfarbstoffe*. Da die Naphthole auf Reyon und Zellwolle wesentlich stärker aufziehen als auf Baumwolle, kommt man im allgemeinen mit den gegenüber Baumwolle halben Ansatzmengen aus.

Gut eignen sich auch die *Reaktivfarbstoffe*, wobei die zum Entwickeln der Farbstoffe notwendige Alkalimenge gegenüber dem Baumwollfärbeverfahren auf die Hälfte reduziert wird. Beim kontinuierlichen Färben arbeitet man möglichst zweibadig, wobei man die Farbstoffklotzung ohne Alkali durchführt und die Alkalientwicklung erst in einem zweiten Bad vornimmt.

4. Das Färben der Acetatfasern (vgl. S. 521)

a) Normalacetat

Da das Aufziehen der Cellulosefarbstoffe auf einer Wechselwirkung zwischen den alkoholischen Hydroxylgruppen der Cellulose und gewissen, von dem Farbstoff ausgehenden Kräften beruht (Wasserstoffbrücken), verhält sich die Acetatfaser solchen Farbstoffen gegenüber indifferent, da die alkoholischen Hydroxylgruppen zum größten Teil acetyliert sind. Als daher die Acetatseide auf den Markt kam, hatte man zunächst keine Möglichkeit, sie befriedigend zu färben, da nur die basischen Farbstoffe sowie eine Anzahl von Säurefarbstoffen eine gewisse Affinität zu ihr besaßen. Man verfiel daher auf den Ausweg, die Faser oberflächlich zu verseifen und ihr damit die färberischen Eigenschaften einer gewöhnlichen Cellulosefaser zu erteilen. Diese Methode hat aber den Nachteil, daß der Glanz der Faser getrübt und ihre Festigkeit gemindert wird. Man macht von diesem Verfahren daher nur in Ausnahmefällen Gebrauch, z.B. um mit substantiven Azofarbstoffen leicht herstellbare „Ätzböden“ zu erzeugen, da ein gewisser Mangel an ätzbaren Acetatfarbstoffen besteht, oder beim Färben von kunstseidenen *Altmaterialien*.

Kunstseidenes und zellwollenes Altmaterial, welches zum Reißen und Wiederauffärben bestimmt ist, kann vereinzelt Acetatabfälle enthalten, welche beim Färben an und für sich ein Decken mit Acetatfarbstoffen verlangen würden. Da dies zu kostspielig wäre, reinigt man die Lumpen durch eine heiße Behandlung mit Soda, wobei die Acetatfaser oberflächlich verseift und für Cellulosefarbstoffe aufnahmefähig wird, so daß das ganze Material in einfacher und billiger Weise gereinigt und gefärbt werden kann. Färbt man mit Schwefelfarbstoffen, dann ist eine alkalische Vorbehandlung nicht erforderlich, da die Verseifung im Färbebad eintritt.

Für das Färben der Acetatfasern ist heute eine größere Anzahl von Farbstoffen im Handel, welche ein Färben in allen Tönen und in allen Echtheitseigenschaften gestatten, ohne die Fasersubstanz in Mitleidenschaft zu ziehen. Dabei sind aber grundsätzlich über 75 °C liegende Färbetemperaturen zu vermeiden, da sonst die Faser an Glanz und Festigkeit einbüßt.

Neben einer Anzahl von kationischen und Säurefarbstoffen spielen hier namentlich in Wasser dispergierbare farbige Körper (z.B. Aminoazokörper und Aminoanthrachinone) eine Rolle, welche von der Faser in Form einer festen Lösung aufgenommen werden. Die so erzielten Färbungen besitzen auf Grund der Unlöslichkeit des Farbkörpers eine gute Waschechtheit. Noch waschechtere Färbungen erhält man, wenn man auf die Faser geeignete aromatische Amine aufbringt und diese durch Diazotieren und Kuppeln auf der Faser zu einem echten Farbstoff entwickelt. Auch gewisse Entwicklungsfarbstoffe lassen sich in besonderer Weise fixieren.

Hinsichtlich der Echtheit gewisser blauer und violetter Acetatfärbungen hat man die Beobachtung gemacht, daß diese unter der Einwirkung von nitrosen Gasen ausbleichen. Es genügen dazu schon Spuren nitroser Gase, wie sie in den Verbrennungsgasen des Leuchtgases oder in anderen Abgasen enthalten sind. In dieser Beziehung sind die Anthrachinonderivate besonders empfindlich. Die diesen Einwirkungen gegenüber vorhandene Echtheit wird als *Abgasechtheit* oder *Gasfadingechtheit* bezeichnet.

Stickoxide werden von Acetat absorbiert und können daher ihre oxydierende Wirkung auf die Färbung entfalten. Empfindlich sind besondere *Anthrachinonderivate* (weniger Azokörper), und zwar solche, die Aminogruppen, besonders primäre Aminogruppen tragen.

Bei der Oxydation der Farbstoffe entstehen nach Untersuchungen von *M. Couper* Hydroxygruppen am Anthrachinonkern, Umwandlung von NH_2- zu NH-, Austausch von NH_2- oder $NHCH_3$- durch OH-Gruppen, Entalkylierung am Stickstoff, Entaminierung usw. Die Veränderungen sind etwa die gleichen, wie sie auch im Licht auftreten (*J. Eisele* und *W. Federkiel*).

Andere Farbstoffe auf anderen Fasern sind nur unter extremen Bedingungen, die – da die Fasern nicht absorbieren – praktisch kaum eintreten, nicht abgasecht. Polyamid- und Wollfasern fangen die nitrosen Gase vermöge der NHCO-Gruppierung ab. (Aminogruppe ist anscheinend unwirksam!)

Durch *Inhibitoren*, welche entweder während oder nach dem Färben aufgebracht werden, werden mittels basischer N-haltiger Gruppen die nitrosen Gase abgefangen. Die Wirkung hört auf, wenn die basischen Gruppen verbraucht sind.

Sehr gute Inhibitorwirkung hat z.B.

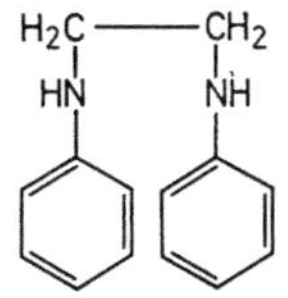

N, N'-Diphenyläthylendiamin

Auch *Benz-imidazolidine* sind für diesen Zweck vorgeschlagen worden (*BASF*), z.B.:

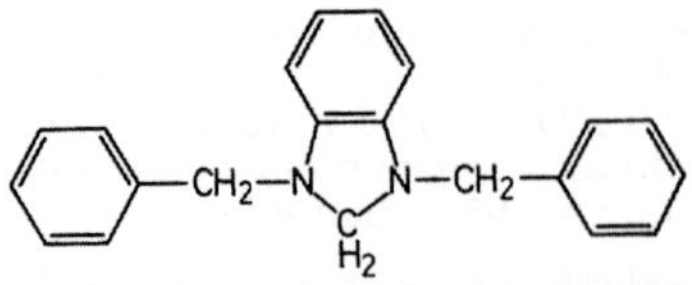

Die meisten Inhibitoren sind wasserunlöslich und werden in dispergierter Form angewandt und aufgenommen. Sie können auch der Spinnlösung zugesetzt werden.

Was den Zusammenhang zwischen der Abgasechtheit eines Anthrachinonfarbstoffs und seiner Konstitution anbelangt, so konnten *V. S. Salvin* und *R. A. Walker* feststellen, daß die Beständigkeit gegenüber elektrophilen Agenzien, welche für die chemischen Veränderungen des Farbstoffs bei der Abgaseinwirkung verantwortlich sind, um so mehr zunimmt, je mehr die *Elektronendichte* an der Amino- bzw. substituierten Aminogruppe des Anthrachinons durch entsprechende Substituenten *zurückgedrängt* wird.

So ist z.B. der Farbstoff

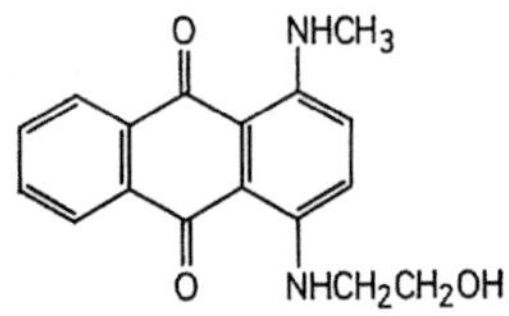

abgasunecht, während der Farbstoff

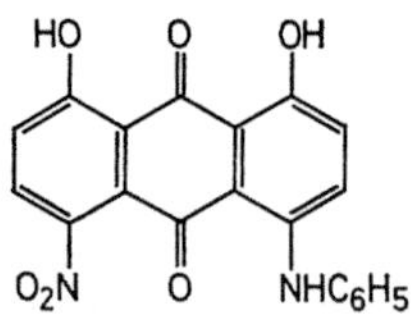

abgasecht ist.

In Wasser dispergierbare Farbstoffe (vgl. S. 385f.). Die Farbstoffe, welche feinstgemahlen und schon in Substanz mit geeigneten Dispergiermitteln vermengt sind, werden mit Wasser von 40–50 °C angeteigt und im Färbebad bei Gegenwart von Seife oder anderen Dispergiermitteln in feine Verteilung gebracht. Man färbt $^1/_2$–1 Std. bei 60–75 °C. Die Echtheitseigenschaften entsprechen etwa denjenigen von guten substantiven Färbungen. Die Farbstoffe sind deshalb von besonderer Bedeutung, da sie sowohl Cellulosefasern als auch tierische Fasern reservieren und daher zur Herstellung von Effektfärbungen verwendbar sind.

Handelsmarken: Celliton-, Cellitonecht-, Polysynthren-, Cibacet-, Setacyl-, Artisil-, Acetoquinon-, Triacetol STN, Delfacet-, Microsetil-, Dispersol-, Duranol-, Serisol-, Acetamin-, Celanthren-, Latyl-, Celatene, Nacelan-, Supracet- usw.

Diazotierbare Aminokörper (S. 432). Zum Färben werden diazotierbare Basen, welche von der Acetatfaser aufgenommen werden, je nachdem in Wasser bei Gegenwart von Seife dispergiert oder in kochendem Wasser und Salzsäure in Lösung gebracht. Wieder andere lösen sich in Ameisensäure oder in kochendem Wasser. Einige Vertreter können auch durch Aufkochen mit Tetralin, Seife und Soda in

Lösung gebracht werden. Die Färbetemperatur bewegt sich je nach angewandtem Farbstoff zwischen 50 und 75 °C.

Anschließend wird auf frischem Bad bei Raumtemperatur $^1/_2$ Std. mit 2 g Natriumnitrit und 5ccm Salzsäure 20 °Bé pro Liter diazotiert, gespült und sofort entwickelt. Zum Entwickeln kommen neben Spezialentwicklern Phenole, Naphthole oder Amine in Frage, wie sie auch zum Entwickeln von Cellulose-Diazotierungsfärbungen verwendet werden. Die betreffenden Entwickler sind teils wasser-, teils alkali-, teils säurelöslich. Man entwickelt im allgemeinen in mäßig warmem Bade und erhöht durch ein angeschlossenes Seifen die Reibechtheit und Lebhaftigkeit der Färbung.

Färbungen dieser Art besitzen Echtheitseigenschaften, wie sie etwa den diazotierten substantiven Färbungen zugrunde liegen. Färbungen mit höchsten Echtheitseigenschaften, wie sie die Indanthrene besitzen, lassen sich auf Acetatfasern unter den üblichen Bedingungen nicht ausführen. Sind solche für bestimmte Zwecke verlangt, dann empfiehlt es sich, *düsengefärbte* Fasern zu verwenden.

Handelsmarken: Cellitazol-, Cibacetdiazo-, Setacyldiazo-, Artisildiazo-, Diazomicrosetil-, Serisol Diazo u. a.

Naphtol AS-Kombinationen (S. 548f., 422f.). Einige Naphtol AS-Kombinationen können nach folgendem Prinzip auf Acetatfasern fixiert werden: Man bringt eine Mischung von Naphthol und Base (letztere meist als Hydrochlorid) zusammen mit Natriumnitrit und Natronlauge auf die Faser auf. Nach längerem Hantieren gibt man dem Bad Ameisensäure zu, wobei Diazotierung und Kupplung auf der Faser eintritt.

Es kann auch unter Ausschluß von Natronlauge mit einer Naphthol-Suspension unter Zusatz einer organischen Base (Rapidogenentwickler N, S. 694) gearbeitet werden.

Ein weiteres Verfahren, welches namentlich zum tongleichen Anfärben von Acetat/Woll-Mischungen geeignet ist, arbeitet in der Weise, daß man das Naphtholat in *Guanidin-carbonat* löst und die Lösung zusammen mit einer Basendispersion auf das Fasermaterial aufbringt. Anschließend wird in einem Bad mit Nitrit und Schwefelsäure bei 60 °C entwickelt.

Intramin-Farbstoffe sind Kombinationen aus Naphthol und Base, welche mit Hilfe organischer Amine (Intraminlöser) gelöst und aus ammoniakalischer Lösung aufgefärbt werden. Nach Diazotierung auf der Faser wird in einem heißen natriumacetathaltigen Bad gekuppelt. Hierher gehören auch die *Brentacet-Farbstoffe*. Die *Ofnacetfarbstoffe* sind heute nicht mehr im Handel.

Glucoside sowie *Schwefelsäureester* von Naphtholen lassen sich aus wäßriger Lösung auffärben und nach der hydrolytischen oder enzymatischen Spaltung mit Diazoniumsalzen kuppeln (*H. Rath* u. *E. Feess*). Vgl. S. 427, 610.

Küpenfarbstoffe. Unter besonderen Bedingungen (geringe Natronlaugekonzentration bzw. Ersatz der Natronlauge durch mildere Alkalien und Zugabe von Quellmitteln, z. B. Äthylalkohol, zum Färbebad) ist ein Färben der Acetatfaser mit Küpenfarbstoffen und daher mit höchster Echtheit möglich.

Kationische Farbstoffe. Die kationischen Farbstoffe besitzen eine genügende Affinität zur Acetatfaser, besonders dann, wenn man den Färbebädern Produkte zusetzt, die quellend auf Acetatfasern wirken. Als solche kommen Celloxan, Setacylsalz, Acetan[1] in Frage, deren wirksame Substanz ein Zinksalz (namentlich Zinknitrat) ist. Setacylsalz enthält zusätzlich noch Dipiperidylnitrat. Ebenso wirken Pyridin und Pyridiniumnitrat. Man färbt etwa $^3/_4$ Std. bei 70 °C. Man kann auch in der Weise verfahren, daß man die Acetatfaser mit einer geeigneten Beize (Natriumphenolat), welche ebenfalls quellend wirkt, vorbehandelt und anschließend mit kationischen Farbstoffen färbt. Die kationischen Farbstoffe finden dann Verwendung, wenn es sich um die Erzeugung besonders lebhafter Farbtöne handelt.

Ein für Druckzwecke besonders geeignetes Sortiment ist dasjenige der *Astrazonfarbstoffe* (S. 497), bei denen es sich um kationische Farbstoffe der Cyaninreihe (Polymethinfarbstoffe) handelt.

Solacetfarbstoffe (S. 386). Eine besondere Gruppe von wasserlöslichen Acetatfarbstoffen sind die Solacetfarbstoffe, welche bei 80–85 °C unter Zusatz von

[1] Diese Produkte sind nicht mehr im Handel.

Glaubersalz leicht aufziehen. Es handelt sich bei diesen z.B. um Aminoazokörper, welche durch Oxäthylierung und Veresterung mit Schwefelsäure wasserlöslich gemacht wurden, oder um Kombinationen von Aminoazokörpern mit Aminoanthrachinonsulfosäuren.

Gewisse *Säurefarbstoffe* (anionische Farbstoffe), die unter den Bezeichnungen Cellit- und Cellitecht-Farbstoffe im Handel waren, sind heute mangels genügender Echtheitseigenschaften auf Acetatfasern ohne Bedeutung.

b) Triacetat

Das färberische Verhalten der Triacetatfaser steht auf Grund der im Vergleich zu der Normalacetat-Faser stärker ausgeprägten Hydrophobie etwa in der Mitte zwischen dieser letzteren und den Polyesterfasern.

Die Hauptfarbstoffe sind die *Dispersionsfarbstoffe*, deren Diffusion durch Anwendung von hoher Temperatur und von Quellmitteln (Carriern, z.B. Diäthylphthalat) erhöht werden kann.

Ein brauchbares Verfahren zum Färben mit Dispersionsfarbstoffen ist das *Vapocol-Verfahren*. Hierbei wird mit Dispersionsfarbstoffen geklotzt und dann in eine Dampfatmosphäre von chlorierten aliphatischen Kohlenwasserstoffen (Trichloräthylen) eingebracht. Dabei kondensiert Trichloräthylen auf der Faser und bringt diese zum Quellen, so daß der Farbstoff eindiffundieren kann.

Für echtere Färbungen spielen *diazotierbare Aminokörper* sowie die *Entwicklungsfarbstoffe* eine Rolle, und zwar nach den für Normalacetat bzw. synthetische Fasern modifizierten Methoden (S. 590f.).

Küpenfarbstoffe lassen sich teilweise besonders nach der Küpensäuremethode fixieren. Auch Indigosole sind beschränkt anwendbar.

5. Das Färben der Mischgespinste aus Cellulosefasern

Beim Färben von Mischungen aus Baumwolle und Viscosezellwolle oder Kupferzellwolle färben sich die Zellwollen meist tiefer an als die Baumwolle. Wenn eine homogene Durchmischung der Fasern im Garn vorliegt, dann stören solche Unterschiede nicht, da sie meist nur mikroskopisch erkennbar sind. Handelt es sich aber darum, in einem Zwirn, welcher z.B. aus einem Baumwoll- und einem Reyonfaden besteht, oder in einem Gewebe, welches in Kette aus Baumwolle und im Schuß aus Reyon besteht, beide Fasern tongleich anzufärben, dann muß man, abgesehen von einer entsprechenden Farbstoffauswahl, die Färbebedingungen hinsichtlich Temperatur, Seifen- und Salzzusatz sowie Färbedauer so lenken, daß ein gleichmäßiges Aufziehen des Farbstoffes auf beide Fasern erfolgt. Erhöhte Temperatur und Salzmenge treiben die substantiven Farbstoffe stärker auf Reyon, während sie bei niedriger Temperatur und bei Gegenwart von wenig Seife kräftiger auf Baumwolle aufziehen. Arbeitet man mit Küpenfarbstoffen, dann sind solche Verfahren zu empfehlen, die sich der Pigment- oder Küpensäuredispersion bedienen (S. 563ff.).

Einen gewissen Ausgleich der unterschiedlichen Affinität von Baumwolle und Reyon kann man durch eine *Laugenvorbehandlung* erzielen, durch welche das Ziehvermögen der Baumwolle stark erhöht und dasjenige von Reyon verhältnismäßig wenig beeinflußt wird. Beim Laugieren ist auf die Empfindlichkeit von Reyon gegenüber Laugen bestimmter Konzentration und Temperatur Rücksicht zu nehmen (siehe S. 23f., 225f.).

6. Das Färben der Mischgespinste aus Cellulosefasern und Acetatfasern

Soll die Acetatfaser weiß bleiben, dann färbt man die Cellulosefasern mit solchen substantiven Farbstoffen, welche die Acetatfaser rein weiß lassen. Über 75 °C liegende Färbetemperaturen sowie Alkalizusätze sind zu vermeiden, da sonst die Acetatseide leidet bzw. verseift wird und damit Affinität zu den substantiven Farbstoffen erhält. Bei Eignung können die substantiven Farbstoffe auch diazotiert werden. Auch mit bestimmten, die Acetatfasern weiß lassenden Küpenfarbstoffen und Schwefelfarbstoffen kann man die Cellulosefasern färben, wenn man dem Färbebad z. B. *Cellex* zusetzt, ein Produkt, das die Acetatfaser vor der Verseifung und damit vor dem Anfärben schützt.

Soll die Acetatfaser gefärbt, die Cellulosefaser ungefärbt sein, dann deckt man die erstere mit dispergierbaren Acetatfarbstoffen, welche die letztere reservieren. Werden hierbei die Cellulosefasern eventuell etwas angefärbt, dann kann man die Färbung durch eine schwache Behandlung mit Hydrosulfit (Natriumdithionit) oder etwas Chlorbleichlauge wieder beseitigen.

Will man beide Fasern in verschiedenen Tönen färben, dann färbt man mit dispergierbaren Acetatfarbstoffen und solchen substantiven Farbstoffen, welche Acetatfasern weiß lassen, in einbadiger Färbeweise. Sollen beide Fasern tongleich angefärbt sein, dann kann man in der gleichen Weise mit dispergierbaren Acetatfarbstoffen und substantiven Farbstoffen arbeiten, und zwar kann das Ausfärben ein- oder zweibadig geschehen. Für echtere Färbungen kann man auch diazotierbare substantive Farbstoffe und diazotierbare, zur Acetatfaser Affinität besitzende Amine einbadig auffärben, diazotieren und ebenfalls einbadig entwickeln.

7. Das Immunisieren von Cellulosefasern

Für die Erzeugung weißer bzw. farbiger Effekte spielte das Immunisieren der Fasern eine gewisse Rolle. (Mit dem Aufkommen der „*immunen*“ Acetatfaser ist die Bedeutung des Immunisierens stark zurückgegangen.) Man versteht darunter eine Behandlung mit dem Ziel, die Faser immun gegen ein Anfärben mit bestimmten Farbstoffklassen zu machen. Beim Färben eines Gewebes, welches neben normalen Fäden immunisierte Kettfäden enthält, treten diese als weiße Effektstreifen in Erscheinung. Meist verlieren die Fasern beim Immunisieren die Anfärbbarkeit für gewisse Farbstoffgruppen, um gleichzeitig Affinität zu anderen Farbstoffklassen zu erlangen.

Eine Immunisierung gegenüber substantiven Farbstoffen, wobei gleichzeitig Affinität zu Acetatfarbstoffen auftritt, erreicht man durch eine oberflächliche Veresterung der Cellulosefasern. Das Verestern kann im Prinzip nach den üblichen Verfahren durch Umsetzung mit Säurechloriden oder Säureanhydriden geschehen. Zweckmäßig führt man, um die Faser reaktionsfähiger zu machen, zunächst eine Vorbehandlung mit Natronlauge durch. Als Säurechloride kommen u. a. Benzoylchlorid und p-Toluolsulfochlorid, als Anhydrid Essigsäureanhydrid in Frage.

Die Acetylierung kann auch in der Weise vorgenommen werden, daß man die Faser mit gasförmigem Keten behandelt:

$$\text{Cell}\cdot\text{CHOH} + \text{CH}_2{=}\text{CO} \rightarrow \text{Cell}\cdot\text{CHO}\cdot\text{CO}\cdot\text{CH}_3$$

Dieses Verfahren besitzt den Vorteil, daß die Veresterung ohne jede nachteilige Faserbeeinflussung erfolgt, während eine solche bei den anderen Verfahren nicht ganz auszuschließen ist.

Eine Immunisierung erhält man auch bei der Einwirkung von Isocyanaten auf Cellulosefasern, wobei Carbaminsäureester der Cellulose entstehen:

$$\text{Cell}\cdot\text{CHOH} + \text{R—N}{=}\text{C}{=}\text{O} \rightarrow \text{C}\begin{cases}\text{OHC}\cdot\text{Cell}\\ {=}\text{O}\\ \text{NHR}\end{cases}$$

Auch bei der Umsetzung der Cellulose mit Cyanurchlorid erhält man Immunisierungseffekte.

Das Immunisieren gegenüber substantiven Farbstoffen, wobei die Cellulosefasern gleichzeitig Affinität zu Säurefarbstoffen erhalten, spielt auch im Hinblick auf das *Animalisieren* (S. 218f.) von Reyon und Zellwolle eine Rolle. Für die Bindung von Säurefarbstoffen durch die Cellulosefaser ist die Einführung von Amino- oder Imino-Gruppen oder von sonst in irgendeiner Form organisch gebundenem Stickstoff erforderlich.

Man kann z.B. Cellulose mit p-Toluolsulfochlorid behandeln (S. 33) und die Faser anschließend amidieren (*P. Karrer*):

$$\text{Cell}\cdot\text{CHOH} \xrightarrow[\text{Pyridin}]{\text{ClO}_2\text{S}\cdot\text{C}_6\text{H}_4\cdot\text{CH}_3} \underset{\text{Immungarn}}{\text{Cell}\cdot\text{CHO}\cdot\text{O}_2\text{S}\cdot\text{C}_6\text{H}_4\cdot\text{CH}_3}$$

$$\text{Cell}\cdot\text{CHO}\cdot\text{O}_2\text{S}\cdot\text{C}_6\text{H}_4\cdot\text{CH}_3 + \text{NH}_3 \rightarrow \underset{\text{Amingarn}}{\text{Cell}\cdot\text{CHNH}_2} + \text{HO}_3\text{S}\cdot\text{C}_6\text{H}_4\cdot\text{CH}_3$$

An die Stelle von Ammoniak können aliphatische, aromatische und heterocyclische Amine treten.

Unter bestimmten Bedingungen erreicht man eine Einführung von Stickstoff auch durch direkte Behandlung mit geeigneten Aminen, namentlich aber mit Iminen, unter welchen das Äthylenimin eine besondere Rolle spielt (vgl. S. 219).

Man behandelt z.B. Baumwolle oder Viscosereyon mit einer 25%igen Natronlauge, die 10% 2-Amino-äthylschwefelsäure enthält, erhitzt während 40 min auf 100 °C und spült. Auf diese Weise lassen sich ca. 0,6% Stickstoff einführen, wodurch das Material für Säurefarbstoffe aufnahmefähig wird (vgl. S. 514):

$$\text{Cell}\cdot\text{CHOH} + \underset{\text{2-Amino-äthylschwefelsäure}}{\text{H}_2\text{N}\cdot\text{C}_2\text{H}_4\cdot\text{O}\cdot\text{SO}_3\text{H}} \rightarrow \text{Cell}\cdot\text{CH}\cdot\text{OC}_2\text{H}_4\cdot\text{NH}_2 + \text{H}_2\text{SO}_4$$

8. Das Abziehen von Färbungen auf Cellulosefasern

Das Abziehen von Färbungen (oder Drucken) ist vorzunehmen bei Fehlfärbungen, welche ungleichmäßig oder zu voll ausgefallen sind; im letzteren Fall begnügt man sich zweckmäßig mit einem teilweisen Abziehen (Aufhellen). In der Kleiderfärberei kann ein Abziehen notwendig sein, wenn die vorgesehene Farbe durch die ursprüngliche Farbe in ihrer Nuance gestört wird. Soll verschiedenfarbiges Altmaterial in einheitlichen hellen oder mittleren Farbtönen gefärbt werden, ist ebenfalls ein vorhergehendes Abziehen erforderlich. Die Abziehfähigkeit hängt von der Natur, d.h. von der Konstitution des Farbstoffes ab (S. 531).

Substantive Färbungen können mit warmem Wasser eventuell unter Zusatz von Seife oder Alkali aufgehellt und reduktiv oder oxydativ, d.h. mit Hydrosulfit bzw. Hypochlorit (Vorsicht wegen Faserschädigung!) oder Chlorit abgezogen werden. Falls es sich bei substantiven Farbstoffen nicht um Azokörper handelt, stößt mindestens das reduktive Abziehen auf Schwierigkeiten.

Diazotierungsfärbungen lassen sich wegen ihrer Schwerlöslichkeit schwieriger aufhellen, aber grundsätzlich mit Hydrosulfit wie substantive Azofarbstoffe abziehen.

Kationische Farbstoffe können mit heißem Wasser, besser mit Wasser unter Zusatz von Essigsäure oder Ameisensäure aufgehellt werden. Reduktiv sind sie meist schwer entfernbar, lassen sich aber teilweise auf oxydativem Wege durch Chloren beseitigen.

Entwicklungs-Färbungen können auf reduktivem Wege mit Hydrosulfit, jedoch schwerer als wasserlösliche Azofarbstoffe, abgezogen werden. Meist hinterbleibt ein gewisser Gelbton. Gelbkombinationen lassen sich nur schwer entfärben.

Schwefelfärbungen lassen sich mit Natriumsulfid, Natronlauge und Soda oder mit blinder Küpe, am besten unter Zusatz von Albigen A (S. 787), aufhellen und, sofern sie chlorempfindlich sind, mit Chlorlösungen abziehen.

Küpenfärbungen kann man mit blinder Küpe, besser mit Rongalit oder Decrolin in alkalischem bzw. saurem Medium, aufhellen. Das Abziehen kann durch Zugabe von geeigneten Hilfsmitteln (Peregal, Ultravon, Albigen, Repellat, Lissolamin) unterstützt werden. Besonders vorteilhaft wirkt sich ein Zusatz von Albigen A aus. Ein völliges Abziehen ist ohne eine gewisse Fasergefährdung nicht immer möglich.

Indigosolfärbungen verhalten sich ähnlich wie Küpenfärbungen, lassen sich aber vermutlich auf Grund ihres größeren Dispersitätsgrades meist leichter aufhellen als diese.

Reaktivfärbungen lassen sich im Falle von Reaktiv-Azofarbstoffen meist abziehen. Wenn allerdings bei der reduktiven Spaltung des Farbstoffs eine farbige Kupplungskomponente auf der Faser verbleibt, ist das völlige Abziehen erschwert.

Anilinschwarz ist sowohl reduktiv als auch oxydativ nur ganz unvollkommen abziehbar.

Beizenfärbungen kann man, sofern Azokörper vorliegen, reduktiv verhältnismäßig leicht entfärben. Bei Gegenwart anderer Farbstoffklassen stößt das Abziehen auf Schwierigkeiten.

Acetatfärbungen lassen sich, soweit es sich um Azokörper handelt, mit Hilfe von Decrolin in saurem Medium abziehen, während die anthrachinoiden Farbstoffe weitgehend beständig sind. Eine vielfach gut geeignete Methode des Abziehens von Acetatfärbungen besteht darin, daß man die Färbungen mit einer Aufschlämmung von Tierkohle in Seifenlösung kochend behandelt.

Manche Acetatfärbungen lassen sich durch eine aufeinanderfolgende Behandlung in einem Seifenbad bzw. Natriumhypochloritbad weitgehend aufhellen bzw. abziehen.

9. Das Färben der Alginatfasern

Alginatfasern können sowohl mit substantiven als auch mit basischen (kationischen) Farbstoffen sowie mit Chromierungs- und Metachromfarbstoffen gefärbt werden.

B. Das Färben der Proteinfasern

1. Das Färben der Wolle

Das Färben der Wolle ist vorzugsweise auf die Wechselwirkung der Farbstoffe mit den basischen Gruppen der Wollsubstanz abgestimmt, so daß hauptsächlich anionische oder auch zwitterionische Farbstoffe zur Verwendung kommen, welche mit der Wolle unter Farbsalzbildung reagieren. Die maximal aufnehmbaren Farbstoffmengen stehen daher in stöchiometrischen Verhältnissen zueinander. In geringem Umfang macht man auch von den basischen (kationischen) Farbstoffen Gebrauch, welche vermutlich durch Bindung des Farbkations an das Woll-Carboxylanion fixiert werden. Für die Bindung der Farbstoffe kommen neben den Amino- und Carboxylendgruppen in erster Linie auch die freien Amino- und Carboxylextragruppen in Betracht. Neben der chemischen ist in gewissem Umfang auch eine adsorptive Bindung anzunehmen, welche die Haftung der durch die elektrostatischen Kräfte aufgenommenen Farbstoffe erhöht.

Bei der Betrachtung der Färbevorgänge darf indes der *histologische Bau* der Wollfaser, der für die Diffusion des Farbstoffs in die Faser von großer Bedeutung ist, nicht außer acht gelassen werden.

Stark alkalische Färbeverfahren, wie sie in der Echtfärberei der Cellulosefasern üblich sind, scheiden bei Wolle mit Rücksicht auf ihre Alkaliempfindlichkeit aus. Die übrigen tierischen Fasern (Seiden, Haare) sowie die künstlichen Eiweißfasern werden grundsätzlich in gleicher oder ähnlicher Weise gefärbt wie die Wollfaser.

Die Wechselwirkung zwischen Wolle und Farbstoff (vgl. S. 506)

Säurefarbstoffe (S. 601 f.). Färbt man die Wollfaser in saurem Medium mit einem anionischen Farbstoff, dann ist unter diesen Bedingungen die Dissoziation der Carboxylgruppen zurückgedrängt und die Aufladung der Aminogruppen zu Ammoniumgruppen erhöht, so daß die Aminogruppen in einem vom herrschenden pH-Wert abhängigen Prozentsatz als reaktionsfähige Ammoniumgruppen vorliegen. Der Farbstoff selbst ist in Wasser ebenfalls dissoziiert; sein Anion wird elektrostatisch durch die Ammoniumgruppen der Wolle angezogen. Unter diesen Umständen steigt die Farbstoffaufnahme mit fallendem pH-Wert an und erreicht bei einem von der Farbstoffnatur abhängigen pH-Wert ein Maximum.

$$^{\ominus}OOC{-}W{-}\overset{\oplus}{N}H_3 + H^{\oplus} \rightarrow HOOC{-}W{-}\overset{\oplus}{N}H_3$$

$$\underset{\text{Wollkation}}{HOOC{-}W{-}\overset{\oplus}{N}H_3} + \underset{\text{Farbstoffanion}}{[Fb \cdot SO_3]^{\ominus}} \rightarrow \underset{\text{Wollfarbsalz}}{HOOC{-}W{-}\overset{\oplus \cdot\cdot \ominus}{N}H_3[O_3S \cdot Fb]}$$

W = Wollrest Fb = Farbstoffrest

Da bei Säuregegenwart (Schwefelsäure, Ameisensäure, Essigsäure) gefärbt wird, sind auch solche Säureanionen zugegen, welche mit den Farbanionen um die Besetzung der positiv geladenen Plätze an der Wollfaser konkurrieren. Auf Grund der geringeren Molekülgröße diffundieren die kleineren Säureanionen schneller in die Wollfaser hinein, so daß sie zunächst die vorhandenen kationischen Gruppen in Beschlag nehmen. Auf Grund ihrer größeren Affinität zu den geladenen Aminogruppen verdrängen die Farbsäureanionen allmählich die kleineren Anionen und setzen sich an deren Stelle:

$$HOOC{-}W{-}\overset{\oplus \cdots \ominus}{N}H_3HSO_4 + [Fb \cdot SO_3]^{\ominus}Na^{\oplus}$$

$$\rightarrow HOOC{-}W{-}\overset{\oplus \cdots \ominus}{N}H_3[O_3S \cdot Fb] + NaHSO_4$$

Das Diagramm der Abb. 150 bringt diese Verhältnisse zum Ausdruck: Beim Einbringen der Wolle in eine mit Salzsäure angesäuerte Farbstofflösung steigt der pH-Wert der Lösung momentan an, um dann konstant zu bleiben. Die Chlorionenkonzentration erreicht auf der Faser zu Beginn einen Höchstwert, um dann nach Maßgabe der Farbstoffaufnahme wieder abzufallen (*E. Elöd* und *Köhnlein*). Die Chlorionenkonzentration in der Flotte nimmt den entgegengesetzten Verlauf, wie dies in dem Kurvenverlauf für p_{Cl} (= negativer dekadischer Logarithmus der Chlorionenkonzentration) zum Ausdruck kommt.

(Die Natriumsulfonate der Farbstoffe werden durch die zugesetzte Säure je nach Stärkeverhältnis der Sulfosäure und der Badsäure mehr oder weniger in ihre freien Sulfosäuren überführt. Die Farbstoffbindung kann daher auch als Säure-Basen-Umsetzung formuliert werden:

$$HOOC{-}W{-}NH_2 + FbSO_3H = HOOC{-}W{-}\overset{\oplus}{N}H_3FbSO_3^{\ominus})$$

Nach einer *Desaminierung* (S. 271) geht das Aufnahmevermögen für Säurefarbstoffe (anionische Farbstoffe) zurück, während dasjenige für basische (kationische) Farbstoffe ansteigt. Dies hängt damit zusammen, daß die vorher salzartig mit den Aminogruppen verbundenen Carboxylgruppen der Wollsubstanz durch die Beseitigung der Aminogruppen freigelegt werden.

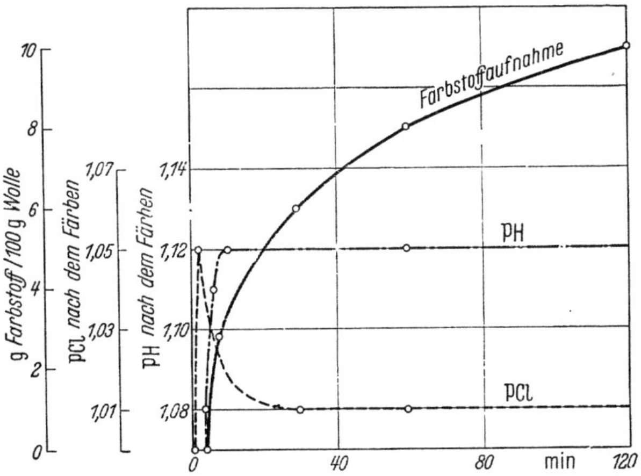

Abb. 150. Zeitlicher Verlauf der Farbstoffaufnahme (Kristallponceau) durch Wolle (nach *Elöd* und *Köhnlein*).

Neben der *elektrostatischen* Farbstoffbindung kommt auch gewissen *adsorptiven*, von der Konstitution des Farbstoffs abhängigen Kräften eine Bedeutung für die Haftung des Farbstoffs auf der Faser zu (vgl. S. 506).

Die Haftung der Säurefarbstoffe auf der Wolle nimmt ab, wenn die Färbung alkalisch behandelt wird, weil dann die Dissoziation der Carboxylgruppen zunimmt und aus den Ammoniumkationen die ungeladenen Aminogruppen zurückgebildet werden, so daß das Farbstoffanion nicht mehr durch elektrostatische Kräfte gebunden, sondern auf Grund der mit der Faser gleichnamigen Ladung abgestoßen wird. In alkalischem Medium laufen daher saure Wollfärbungen mehr oder weniger leicht aus. Umgekehrt bewirkt eine saure Nachbehandlung von neutral ausgeführten Säurefärbungen eine Erhöhung der Naßechtheitseigenschaften.

Chromierungsfarbstoffe (S. 605). Beim Arbeiten mit solchen anionischen Farbstoffen, welche in der Lage sind, beim Chromieren auf der Faser Chrom in komplexer Form zu binden (S. 389), kommt zu der elektrostatischen Bindung der Farbsäureanionen an die Ammoniumgruppen der Wolle noch eine solche hinzu, welche durch eine *koordinative* Bindung des Farbstoff-Chrom-Komplexes an die nichtdissoziierten Aminogruppen der Wolle bedingt ist. Dadurch wird der Farbstoff besonders echt auf der Faser fixiert, so daß solche Färbungen eine sehr gute Waschechtheit besitzen.

Schon die Komplexbildung mit dem Chrom bewirkt eine Löslichkeitsverringerung des Farbstoffs in Wasser, welche sich auf die Waschechtheit der Färbung günstig auswirkt. Durch die doppelte Bindung an die Wollfaser wird der schwerlösliche Farbstoffchromkomplex innig mit der Faser verbunden. Vergleicht man die Waschechtheit einer solchen Chromierungsfärbung mit einer nachchromierten substantiven Färbung, wie sie auf Cellulosefasern üblich ist, so muß man feststellen, daß die Waschechtheit der letzteren wesentlich geringer ist, da hier im Gegensatz zur Wolle eine koordinative Bindung des Farbstoff-Chrom-Komplexes an die Faser nicht erfolgt, die Echtheitserhöhung daher nur auf die geringere Wasserlöslichkeit des Farbstoff-Chrom-Komplexes zurückzuführen ist.

Den Chrombeizenfarbstoffen liegt, falls es sich um solche handelt, die Anionen bilden können, das gleiche Prinzip zugrunde; bei den unlöslichen Beizenfarbstoffen vom Alizarintyp entfällt vermutlich die elektrostatische Bindung.

Die Chrombehandlung der Wolle löst bei dieser gleichzeitig einen gewissen Gerbprozeß aus, so daß chromierte Wollen weitgehend bakterienbeständig sind. (Auch Protectol II N wirkt, da es gerbende Eigenschaften besitzt, in dieser Richtung [S. 794].)

1:1-Chromkomplexfarbstoffe (S. 392f., 604). Beim Arbeiten mit 1:1-Chromkomplexfarbstoffen wird der Farbstoff einerseits *elektrostatisch* entsprechend der Bindung der Säurefarbstoffe und andererseits *koordinativ* durch das Chrom an das Wollkeratin gebunden (*W. Ender* und *A. Müller*), wie dies schematisch durch die nachstehende Formulierung wiedergegeben wird:

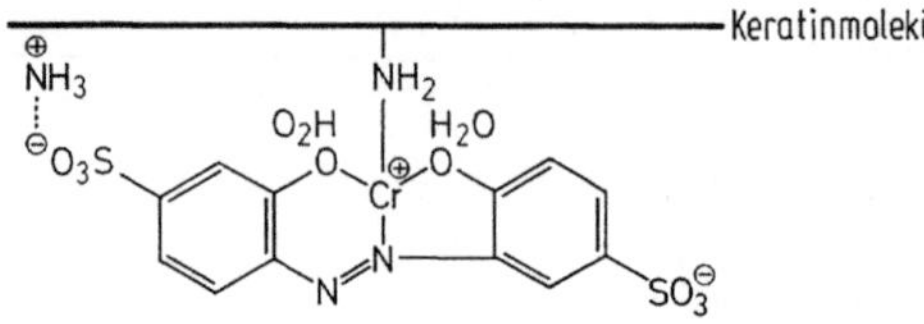

Die praktisch zur gleichen Zeit eintretende doppelte Verankerung des Farbstoffs auf der Faser erschwert ein gutes *Egalisieren* aus folgenden Gründen:

Ein Farbstoff egalisiert um so leichter, je weniger fest er an die Faser gebunden ist, da er dann im Laufe des weiteren Färbeprozesses von Stellen höherer Konzentration zu solchen niederer Konzentration abwandern kann. Durch eine gleichzeitige doppelte Bindung des Farbstoffchromkomplexes an die Faser wird der Farbstoff sofort so fest fixiert, daß ein Ausgleich von Farbtiefenunterschieden nicht mehr oder sehr schwer möglich ist.

Um nun beim Arbeiten mit Chromkomplexfarbstoffen (z.B. Palatinechtfarbstoffe, Neolanfarbstoffe) ein gleichmäßiges Anfärben zu ermöglichen, muß man dafür sorgen, daß die Bindung des Farbstoffs an die Faser zunächst weniger fest ist, so daß während des Färbeprozesses noch ein Abwandern möglich ist. Man erreicht dies durch einen verhältnismäßig *hohen Säurezusatz*, welcher einmal eine weitgehende Aufladung der Aminogruppen zu Ammoniumgruppen auslöst, so daß nur sehr wenig ungeladene Aminogruppen zur koordinativen Bindung des Farbstoffchromkomplexes an die Wolle zur Verfügung stehen. Außerdem bewirkt die hohe Säurekonzentration eine vorübergehende Sprengung etwa schon eingetretener koordinativer Bindungen. Unter diesen Umständen ist auf Grund einer hydrolytischen Spaltung des Faser-Farbsalzes die Möglichkeit zu einem Abwandern und daher Egalisieren des Farbstoffes gegeben. Beim Spülen der Färbung tritt dann eine Umwandlung der freien Ammoniumgruppen in Aminogruppen ein, welch letztere mit dem Chrom die koordinative Bindung eingehen.

Daß die Waschechtheit der eigentlichen *Chromierungsfärbungen*, bei denen der nicht chromhaltige Farbstoff auf die Faser aufgefärbt und der Chromkomplex erst auf der Faser erzeugt wird, im Vergleich zu den Chromkomplexfarbstoffen eine bessere ist, hängt damit zusammen, daß einmal die Chromkomplexe der Palatinecht- und Neolanfarbstoffe eine größere Wasserlöslichkeit besitzen und zum anderen bei diesen eine koordinative Bindung des Chroms an die Wolle vermutlich in geringerem Umfang eintritt.

Da sich der hohe Säurezusatz auf die Qualität der Wollfaser nicht vorteilhaft auswirkt und bei Gegenwart pflanzlicher Fasern diese geschädigt würden, hat man versucht, eine Egalisierung auch bei mäßigem Säurezusatz zu erreichen, was durch Zugabe entsprechender, das Aufziehen hemmender Produkte geschehen kann (Palatinechtsalz O, Neolansalz P, Dispersogen AZ). Diese Produkte verzögern das Aufziehen dadurch, daß sie mit den Farbstoffteilchen schwerbewegliche und daher nur langsam diffundierende Komplexe bilden, welche in Berührung mit der Faser wieder zerfallen (vgl. S. 764, 775).

2:1-Metallkomplexfarbstoffe. Bei den 2:1-Metallkomplexfarbstoffen spielen nach *H. Zollinger* und *G. Back* neben der elektrostatischen Bindung auch gewisse Lösungsvorgänge, wie sie bei Acetatfasern diskutiert werden, eine Rolle. Das Metallatom scheint beim Zustandekommen der Faser/Farbstoff-Bindung unbeteiligt zu sein.

Reaktivfarbstoffe. Reaktivfarbstoffe werden in Abhängigkeit vom p_H-Wert sowohl kovalent (Substitution an den NH_2- und SH-Gruppen) als auch elektrostatisch an die Wolle gebunden (vgl. S. 509).

Kationische (basische) Farbstoffe (S. 604). Färbt man mit kationischen Farbstoffen, dann treten wahrscheinlich die dissoziierten *Carboxylgruppen* der Wolle mit den *Farbkationen* in Reaktion und binden den Farbstoff elektrostatisch an die Faser (S. 508). Man arbeitet in diesem Fall in neutralem Medium, um die Dissoziation der Wollsubstanz zugunsten der Carboxylanionen zu verlagern, da in saurem Medium vorwiegend Ammoniumkationen vorliegen. Nur in Einzelfällen setzt man im Interesse einer guten Egalisierung Säure zu, welche die Dissoziation der Carboxylgruppen zurückdrängt.

$$\underset{\text{Wollanion}}{H_2N{-}W{-}COO^-} + \underset{\text{Farbstoffkation}}{[Fb\cdot NH_3]^{\oplus}} \rightarrow \underset{\text{Wollfarbsalz}}{H_2N{-}W{-}COO^{\ominus}\cdots{}^{\oplus}[H_3N{-}Fb]}$$

Substantive Farbstoffe (S. 604). Die auf Wolle ziehenden substantiven Farbstoffe sind hinsichtlich ihrer Wechselwirkung mit der Wollfaser den Säurefarbstoffen grundsätzlich gleichzustellen. Neben der chemischen Bindung ist hier in vermehrtem Maß noch eine solche adsorptiver Art in Betracht zu ziehen, wodurch die verhältnismäßig guten Naßechtheitseigenschaften der substantiven Farbstoffe auf Wolle eine Erklärung finden.

Die Küpenfarbstoffe (S. 607f.). Da die Küpenfarbstoffe beim Färben als Natriumverbindungen der Leukokörper vorliegen, letztere aber als schwache Säuren fungieren, besteht in der Küpe ein Gleichgewicht zwischen dem Natriumsalz und der „Küpensäure". Diese verbindet sich entsprechend den Verhältnissen beim Färben mit Säurefarbstoffen mit den basischen Gruppen der Wolle zum „Farbsalz". Daher nimmt die Affinität mit zunehmender Alkalität der Küpe ab, da die Hydrolyse der Natriumverbindung zurückgedrängt wird. Der Vorgang kann auch in der Weise formuliert werden, daß in der Küpe Farbstoffanionen vorliegen, die sich mit den auf der Wolle befindlichen Ammoniumkationen (deren Zahl zwar in alkalischem Medium sehr gering ist) zum Farbsalz verbinden. Zunehmende Alkalität drängt die Ladung der Aminogruppen auf der Wolle zurück und setzt damit die Farbstoffaufnahme herab.

Nach der Hydrolyse des Farbsalzes und der Oxydation des hierbei entstehenden Leukokörpers zum unlöslichen Küpenfarbstoff werden die basischen Gruppen der Wolle wieder freigegeben und stehen für eine weitere Küpensäurebindung erneut zur Verfügung. Dieser Reaktionsmechanismus wurde experimentell für Indigo aufgezeigt (*O. Leupin* und *B. Hartmark*); er dürfte grundsätzlich auch für die anderen Wollküpenfarbstoffe gegeben sein.

Unter diesen Umständen ist es verständlich, daß Wolle beim Färben mit Indigo in verschiedenen Zügen sehr große Mengen Farbstoff bis zur Sättigung aufnehmen kann. Eine solche ist bei 60% Farbstoff noch nicht erreicht.

Voraussetzung für das Aufziehen der Küpenfarbstoffe auf Wolle ist das Vorliegen von *molekulardispersen* Farbstoffteilchen in der Küpe, wie dies für eine ganze Anzahl von indigoiden und thioindigoiden Farbstoffen der Fall ist, während die hochmolekularen Anthrachinonküpenfarbstoffe mehr oder weniger stark *assoziiert* sind und daher schlecht oder gar nicht auf Wolle aufziehen.

Die Vorbehandlung der Wolle

Vor dem Färben muß die Wolle sorgfältig gereinigt werden, um eine gleichmäßige Anfärbung zu ermöglichen. Für zarte und lebhafte Töne ist ein Vorbleichen oder ein mit dem Färben kombiniertes optisches Aufhellen erforderlich. Soll die Farbstoffaufnahme erhöht werden, wie dies bei Druckartikeln notwendig ist, dann wird die Wolle gechlort (S. 295f.).

Rohwolle wird vor dem Färben gewaschen, um das Wollfett und die sonstigen Verunreinigungen zu entfernen. *Wollgarne* werden ebenfalls einer Wäsche unterzogen, um die in der Spinnerei aufgebrachte Spinnschmälze (S. 278) und andere während des Spinnens auf die Wolle gekommenen Verunreinigungen (Staub, Maschinenöl) zu beseitigen. Kammgarne bedürfen dabei einer gegenüber Streichgarnen milderen Wäsche, da sie einmal weniger Schmälze enthalten und zum anderen auf der Lisseuse (S. 280) bereits eine Vorwäsche durchgemacht haben. Bei *Stückwaren* kommt zu der Wäsche eine eventuelle Entschlichtung hinzu. Letztere können vor dem Färben unter Umständen gewalkt oder, wenn notwendig, carbonisiert werden.

Bei hochwertigen und empfindlichen Geweben geht dem Färben eine *Vorappretur* voraus (S. 300). Der verhältnismäßig lange Kochprozeß beim Arbeiten mit Säure- und Chromierungsfarbstoffen beeinträchtigt die Wollqualität und vor allem den Griff des Materials. Weiterhin neigt die Wolle zum Einlaufen und Filzen und gelegentlich zur Bildung sogenannter Hitzefalten. Zum Schutz gegen diese nachteiligen Einwirkungen werden die Stückwaren einer Vorappretur unterzogen, welche Fasern, Garn und Gewebe in ihrer gesamten Struktur so weit fixieren soll, daß die Stücke den Färbeprozeß ohne wesentliche Beeinflussung überdauern.

Die Ware wird daher zunächst entschlichtet, gewaschen und eventuell gewalkt und daran anschließend auf dem Brennbock fixiert. An die Stelle des Brennens kann auch eine Naßdekatur treten, welche eine noch stärkere Fixierung bewirkt. Nach dem Fixieren und Trocknen wird geschoren, um die auf der Faseroberfläche abstehenden Fäserchen, die besonders filzfreudig sind, zu entfernen. Anschließend wird gepreßt und auf der Finishdekatiermaschine dekatiert (vgl. S. 286). Das so vorbereitete Stück ist so weit fixiert, daß es die Beanspruchungen des Färbeprozesses wesentlich besser übersteht als die nicht vorappretierte Ware.

Die Wollfaser ist grundsätzlich gegen ein langes, heißes Färben empfindlich, so daß man darauf achten muß, daß der Färbeprozeß nicht zu lange dauert. Man bevorzugt daher, wenn irgend möglich, schnell ziehende Farbstoffe, z.B. stark sauer ziehende Säurefarbstoffe, sofern deren Echtheitseigenschaften ausreichen. In der Tuchfabrikation erzeugt man gerne *melangierte Garne* (S. 638) aus verschiedenfarbigen Wollen. Dies macht ein absolut mustergetreues Färben weitgehend entbehrlich, da die Mustergetreuheit durch eine entsprechende Variierung der einzelnen Farbkomponenten in der Spinnerei erreicht werden kann (*Manipulieren*).

Unter diesen Umständen braucht der Färber den Farbton der Einzelkomponenten nur annähernd zu erreichen, so daß er mit einer kurzen Färbedauer, ohne nuancieren zu müssen, auskommt. So erzeugt man die vielen in der Tuchfabrikation benötigten Grautöne vielfach durch Mischen von Schwarz und Weiß in verschiedenen Prozentsätzen. Durch Zumischen von bunter Wolle kann entsprechend nuanciert werden.

Das Färben mit den Wollfarbstoffen

a) Die anionischen Farbstoffe (Säurefarbstoffe)

Der größte Teil der Säurefarbstoffe entstammt der Azofarbstoff-Gruppe, ein anderer Teil der Anthrachinon- und Triphenylmethanreihe, der Rest rekrutiert sich aus anderen Farbstoffgruppen. Die Handelsprodukte führen u. a. folgende Bezeichnungen:

Basolan-	Benzyl-	Alizarin-	Carbolane-
Basolanecht-	Benzylecht-	Aquamin-	Coomassie
Acilan-	Erio-	Lanasynrein-	Lissamine
Supracen-	Erioanthracen-	Xylen-	Naphthalin-
Supramin-	Erionyl-	(Sandolan-)	Pontacyl-
Supranol-	Irganol S-	-acide	Du Pont Anthraquinone
Anthralan-	Polar-	-supracide	Calcocid-
Kiton-	Novazol-	Java-	Duramine-
Alphanol-	Alizarinlicht-	Ciren-	

Die Säurefarbstoffe zeigen hinsichtlich ihrer Affinität zur Wollfaser starke Unterschiede. Diejenigen, die eine große Affinität zur Wolle besitzen, muß man, um Unegalitäten zu vermeiden, sehr vorsichtig, d. h. zu Beginn des Färbeprozesses bei geringer Acidität färben (*schwach sauer ziehende Wollfarbstoffe*), damit die Zahl der Ammoniumkationen keine hohen Werte erreicht (S. 506, 596). Bei solchen mit geringerer Affinität kann man das Färben bei größerer Acidität beginnen, ohne Ungleichmäßigkeiten befürchten zu müssen (*stark sauer ziehende Farbstoffe*). Eine strenge Unterteilung ist nicht möglich, da durchaus fließende Übergänge bestehen. Die Anfangs-pH-Werte der Färbebäder bewegen sich dem jeweiligen Affinitätsgrad entsprechend etwa zwischen 1,8 und 6. Die Anfangsacidität richtet sich allerdings nicht nur nach den Affinitätsverhältnissen des Farbstoffes, sondern ist mitunter auch durch andere Faktoren, z. B. die Rücksichtnahme auf ein einwandfreies Durchfärben bei Kreuzspulen usw., bestimmt.

Bei der größeren Acidität verläuft der Färbeprozeß zwar schneller, da mehr Ammoniumkationen vorliegen; die elektrostatische Bindung der stark sauer ziehenden Farbstoffe ist aber nicht besonders innig, d. h. das Farbsalz läßt sich im Verlauf des Färbeprozesses hydrolytisch spalten, wodurch sich Ungleichmäßigkeiten in der Anfärbung durch Abwandern des Farbstoffs wieder ausgleichen können. Man bezeichnet daher die stark sauer ziehenden Farbstoffe auch als *Egalisierungsfarbstoffe*.

Auf Grund ihrer stärkeren Bindung an die Wollfaser egalisieren die schwach sauer ziehenden Farbstoffe weniger leicht, so daß man vorsichtig färben muß, sie liefern dafür aber Färbungen von besseren Naßechtheitseigenschaften als die Egalisierungsfarbstoffe. Die letzteren haben aber vor den schwach sauer ziehenden Farbstoffen teilweise den Vorteil der größeren Lichtechtheit (Anthralanfarbstoffe).

Die stark sauer ziehenden Farbstoffe gehören vorwiegend der Gruppe der Monoazo- und Anthrachinonklasse an, während die schwach sauer ziehenden Farbstoffe vorwiegend zu den Disazofarbstoffen gehören. Diese letzteren besitzen in ihrer Struktur eine weitgehende Ähnlichkeit mit den Cellulosefarbstoffen und ziehen häufig auch auf Cellulosefasern auf. Sicher kommt die gute Haftung dieser Farbstoffe auf der Wollfaser dadurch zustande, daß zu der elektrostatischen Bindung noch eine zusätzliche Bindungsart tritt, wie sie in ähnlicher oder gleichartiger Form zwischen Cellulosefarbstoffen und Cellulosefasern vorhanden ist.

Arbeitsweise. Man löst die Farbstoffe durch Übergießen mit heißem Wasser, am besten nach vorherigem Anteigen mit kaltem Wasser, um Klumpenbildung zu vermeiden. Je nachdem, ob man mit stark oder schwach sauer ziehenden Farbstoffen arbeitet, ist die Färbeweise hinsichtlich der einzuhaltenden Acidität verschieden.

Stark sauer ziehende Farbstoffe (Egalisierungsfarbstoffe). Man arbeitet mit stark sauer ziehenden Farbstoffen, wenn im Interesse der Schonung der Wollfaser der Färbeprozeß kurz sein soll und wenn Egalisierungs- oder Durchfärbeschwierigkeiten die Verwendung solcher Farbstoffe empfehlenswert erscheinen lassen. Voraussetzung ist allerdings, daß die erreichten Naßechtheitseigenschaften genügen. Sie kommen daher hauptsächlich zum Färben solcher Wollen in Frage, die leicht zum Filzen neigen und denen im Interesse der Qualität ein langer Färbeprozeß nicht gut bekommt. Auch für die Apparatefärberei, insbesondere für das Färben von Wickelkörpern sind sie gut geeignet, da sie ein einwandfreies Durchfärben gewährleisten.

Man geht mit der zu färbenden Ware in das mit 10–20% Glaubersalz krist. und 3–4% Schwefelsäure 96%ig beschickte Färbebad ein (Anfangs-pH-Wert: ca. 1,8), bringt zum Kochen und färbt $^3/_4$–$1^1/_2$ Std. im kochenden Bad. Die aufgeführten Prozentsätze beziehen sich jeweils auf das Gewicht der zu färbenden Ware.

Glaubersalz befördert das Egalisieren, da es einmal die zwischen der Wollfaser und dem Farbanion wirksamen Kräfte vermindert, bzw. da durch die hohe Zahl der Natriumionen die Dissoziation des Farbstoffsalzes zurückgedrängt wird, wodurch der Farbstoff länger in Lösung bleibt und nicht aufzieht. Unter der Annahme, daß die Schwefelsäure aus dem Farbstoff-Natriumsulfonat die Sulfosäure frei macht, kann die Funktion des Natriumsulfats auch damit erklärt werden, daß die Bildung der Sulfosäure durch die hohe Zahl anwesender Natriumionen erschwert ist. Den pH-Wert der Färbebäder beeinflußt Natriumsulfat praktisch nicht. Möglicherweise beruht die egalisierende Wirkung des Natriumsulfats auch darauf, daß durch die große Anzahl an SO_4-Ionen die Konkurrenz um die kationischen Gruppen der Wolle vergrößert wird (vgl. S. 774).

Beim Färben in neutraler oder alkalischer Lösung *fördert* Natriumsulfat das Aufziehen und verschlechtert die Egalisierung, da die Wolle negativ geladen ist und die Funktion des Natriumsulfats daher mit derjenigen beim Färben der Cellulose mit substantiven Farbstoffen verglichen werden kann.

Im allgemeinen ziehen die Säurefarbstoffe, namentlich die schwach sauer ziehenden, fast quantitativ aus dem Färbebad auf die Faser, so daß man auf ein Weiterfärben auf stehenden Bädern an und für sich nicht angewiesen ist. Letzteres hat aber gewisse Vorteile insofern, als beim Färben Eiweißsubstanz aus der Wolle in Lösung geht, welche einerseits als Egalisiermittel und andererseits als Faserschutzmittel wirkt.

Die im Färbebad vorhandene Säure zieht zunächst ebenfalls auf die Wollfasern auf und wird im Verlauf des Färbeprozesses durch die Farbsäureanionen nicht vollkommen verdrängt (es sei denn, daß man die Wolle mit anormal hohen Farbstoffmengen belädt und den Färbeprozeß entsprechend lange ausdehnt), so daß Säurefärbungen auch nach gründlichem Spülen noch chemisch gebundene Säure enthalten.

Die stark sauer ziehenden Farbstoffe finden für solche Artikel Verwendung, an deren Naßechtheitseigenschaften keine allzu großen Anforderungen gestellt werden, also z.B. für Strick- und Wirkwaren in hellen bzw. mittleren Tönen sowie wegen ihrer guten Lichtechtheit für Möbelbezugsstoffe.

Schwach sauer ziehende Farbstoffe. Die betreffenden Farbstoffe zeichnen sich durch eine große Affinität zur Wollfaser aus, so daß, wenn sie nicht vorsichtig, d.h. langsam gefärbt werden, leicht unegale Färbungen entstehen können. Sie haben gegenüber den Egalisierungsfarbstoffen den Vorteil der besseren Naßechtheitseigenschaften, so daß sie für solche Artikel in Anwendung kommen, an deren Naßechtheitseigenschaften größere Ansprüche gestellt werden (Strick- und Wirkwaren in dunkleren Tönen, Badebekleidung, Damenkleiderstoffe, Walkartikel usw.).

Man beschickt das Färbebad mit 10–20% Glaubersalz krist. und 3–5% Essigsäure 30%ig (Anfangs-pH-Wert: ca. 3,5), geht bei 40–50 °C ein, bringt allmählich zum Kochen und färbt $^1/_2$–$^3/_4$ Std. kochend weiter. Wenn notwendig, d.h. wenn das Bad nicht ausgezogen bzw. die Färbung nicht voll genug ist, setzt man 3–5% Essigsäure 30%ig oder 1–2% Ameisensäure 85%ig oder 1–2% Schwefelsäure 96%ig nach und färbt $^1/_2$–$^3/_4$ Std. bei Kochtemperatur weiter. (Im Ansatz kann die Essigsäure durch den 4. Teil Ameisensäure 85%ig ersetzt werden.)

Färbt man auf Apparaten (Kreuzspulen oder Kettbäumen), dann ist es vorteilhaft, einen Teil der Essigsäure durch Ammonacetat zu ersetzen, um ein vollkommenes Durchfärben zu erzielen. Bestimmte Farbstoffe werden zweckmäßig nur bei Gegenwart von Ammoniumacetat oder Ammoniumsulfat gefärbt (Anfangs-pH-Wert: ca. 6) und durch Zusatz von Essigsäure ausgezogen.

Ist die Färbung nach beendetem Färben nicht mustergetreu, so daß der gleiche oder ein anderer Farbstoff nachgesetzt werden muß, dann kühlt man, damit der Nachsatz nicht zu schnell und damit ungleichmäßig aufzieht, das Färbebad vor der Zugabe des Nachsatzes bzw. des Nuancierfarbstoffes ab und bringt allmählich wieder zum Kochen. Handelt es sich um geringe Farbstoffmengen, dann nuanciert man – ohne die Naßechtheit wesentlich zu verschlechtern – vorteilhaft mit stark sauer ziehenden Farbstoffen, da diese, ohne daß Unegalitäten zu befürchten sind, direkt in das kochende Färbebad gegeben werden können.

Nach dieser Methode können naturgemäß auch stark sauer ziehende Farbstoffe gefärbt werden, wobei das Aufziehen verlangsamt und das Egalisieren noch weiter begünstigt wird.

Einige Farbstoffe (Sulfoncyanine, Indocyanine) werden nicht kochend, sondern nur bei etwa 90 °C bei geringer Acidität gefärbt.

Färben bei Gegenwart organischer Lösungsmittel. L. Peters und *C. B. Stevens* haben gezeigt, daß man durch Zusätze von bestimmten organischen Lösungsmitteln zum Färbebad eine sehr rasche Erschöpfung des Färbebades erreicht. Besonders geeignet ist *Benzylalkohol* (Wasser/Benzylalkohol-Zweiphasensystem). Auf dieser Basis beruht das *Irgasolventverfahren* (*H. R. Hirsbrunner*).

Vermutlich hängt die Wirkung des organischen Lösungsmittels damit zusammen, daß sich ein *Verteilungsgleichgewicht* des Farbstoffs zwischen der wäßrigen und der organischen Phase einstellt. Liegt nun das Verteilungsgleichgewicht stark auf der Seite des Lösungsmittels, das auf der Faser einen „Oberflächenfilm" bildet, dann ist die Diffusionsgeschwindigkeit des Farbstoffs in die Wollfaser größer als die Diffusionsgeschwindigkeit des Farbstoffs aus einem rein wäßrigen Bad (*H. Zollinger* und *G. Back*). Die erhöhte Diffusion kann allerdings auch damit motiviert werden, daß Farbstoffassoziate in der organischen Lösung zu kleineren und daher rascher diffundierenden Partikeln abgebaut werden.

Kontinuefärben. Eine Möglichkeit, Wolle mit Säurefarbstoffen kontinuierlich zu färben, besteht darin, daß man die mit einer hochkonzentrierten *neutralen* Farbstofflösung geklotzte Wolle 2–10 min durch eine kochende verd. Säurelösung nimmt (*Casty* u. *Krähenbühl*). Der zunächst affinitätslose Farbstoff wird erst in dem sauren Medium fixiert. Vorteilhafter arbeitet man nach *H. Ris* und Mitarbeitern in der Weise, daß man nach dem Klotzen trocknet und anschließend in einem heißen Säurebad fixiert (*Irga-Pad-Kammzug-Verfahren* und *Irga-Pad-Gewebe-Verfahren*). Wesentlich bei diesen Verfahren ist der Umstand, daß das Klotzbad Verdickungsmittel enthält, die den Farbstoff beim anschließenden Trocknen so weit fixieren, daß er im Säurebad nicht ausläuft.

R. Casty beschreibt ein Verfahren zum kontinuierlichen Färben mittels eines wäßrigen 2-Phasen-Systems (*Cibaphasol-Verfahren*). Das Verfahren beruht auf folgendem: Der Farbstoff wird unter Zusatz von Cibaphasol C (Kondensat aus Fettsäure und Alkylolamin) gelöst und die Lösung durch Wasserzusatz in zwei wäßrige Phasen unterteilt, deren Entmischung durch Alginatzusatz verhindert wird. Die eine Phase („ölige

Phase") ist hilfsmittelreich und enthält den Farbstoff in gelöster Form (Koazervatschicht); die andere („wäßrige Phase") enthält wenig Hilfsmittel und möglichst keinen Farbstoff (Gleichgewichtsflüssigkeit).

Mit dieser Emulsion wird das Gewebe foulardiert, anschließend gedämpft und ausgewaschen. Beim Foulardieren wird die wäßrige Phase in die Faser eingesaugt, während die ölige Phase einen weitgehend homogenen Film um die Faser bildet. Da das farbstoffhaltige Koazervat unter diesen Umständen keine Affinität zur Wollfaser zeigt, ist eine gleichmäßige Beladung der Faser mit Farbstoff gewährleistet. Beim Dämpfen wandert der gleichmäßig abgelagerte Farbstoff in das Faserinnere. (Neuerdings werden an Stelle von Cibaphasol C das Cibaphasol AS und Cibaphasol 8526 angewandt.) Inzwischen sind noch weitere Verfahren dieser Art entwickelt worden.

Das *Hochtemperaturverfahren* (*Robinson* und *Zimmermann*), bei dem wollene Stückware zunächst bei niederer Temperatur mit einem Säurefarbstoff geklotzt und anschließend in einem Entwicklungsbad vom pH-Wert 4–6 bei 150 °C behandelt wird, läßt eine Fixierung des Farbstoffs in wenigen Sekunden zu.

b) Die substantiven Farbstoffe

Eine ganze Anzahl von substantiven Farbstoffen, wie sie für Cellulosefasern geeignet sind, zieht auch auf Wolle gut auf, da es sich ebenfalls um anionische Farbstoffe handelt, also kein grundsätzlicher Unterschied zu den Säurefarbstoffen besteht. Da sie auf Grund ihrer starken Haftung namentlich bei zarten Färbungen leicht zu Unegalitäten neigen, färbt man sie aus schwach saurem Bade in vollen Tönen. Sie ergeben Färbungen von guten Naßechtheitseigenschaften, spielen aber [mit Ausnahme der Halbwollfärberei (S. 613)] im Vergleich zu den eigentlichen Säurefarbstoffen eine unwesentliche Rolle.

Man geht in das 10–20% Glaubersalz krist. und 3–6% Ammonacetat enthaltende Bad bei 40–50 °C ein, bringt langsam zum Kochen und färbt 1–$1^1/_2$ Std. kochend weiter. Wenn notwendig, kann man 2–4% Essigsäure 30%ig nachsetzen.

Durch eine Behandlung mit Chrom- bzw. Kupfersalzen können die Echtheitseigenschaften bestimmter substantiver Farbstoffe auf Wolle wesentlich verbessert werden (S. 545).

c) Die kationischen (basischen) Farbstoffe

In geringem Umfang, d.h. wenn sehr lebhafte Färbungen bei billigstem Preis verlangt werden, wird mit kationischen Farbstoffen gefärbt. Man geht bei 50 °C in das Färbebad ein und färbt bei 80–90 °C. Sollten Egalisierungsschwierigkeiten auftreten, so setzt man dem Färbebad Essigsäure zu, welche einerseits die Dissoziation der Carboxylgruppe zurückdrängt und zum anderen den Farbstoff länger in Lösung hält (vgl. S. 599).

d) Die 1:1-Chromkomplexfarbstoffe (S. 392, 598)

Die 1:1-Chromkomplexfarbstoffe sind dadurch charakterisiert, daß sie als *Chromkomplexe* in den Handel kommen, während im Gegensatz dazu bei den Chromierungsfarbstoffen und Beizenfarbstoffen die Chromkomplexbildung erst auf der Faser erfolgt. Es sind solche zur Komplexbildung befähigte Säurefarbstoffe, deren Chromkomplex noch so leicht wasserlöslich ist, daß sie ohne Schwierigkeiten verarbeitet werden können. Im Interesse einer guten Egalisierung müssen sie mit verhältnismäßig hohen Schwefelsäuremengen bzw. bei Gegenwart eines entsprechenden Egalisiermittels gefärbt werden. Da die Bindung des Farbstoffes an die

Wollfaser einerseits elektrostatisch und andererseits mit Hilfe des Chroms koordinativ erfolgt, besitzen die Chromkomplexfarbstoffe wesentlich höhere Echtheitseigenschaften als die Säurefarbstoffe, reichen aber hierin nicht ganz an die Chromierungsfarbstoffe heran.

Man verwendet sie zum Färben solcher Artikel, an deren Naßechtheitseigenschaften höhere Ansprüche gestellt werden, also z.B. zum Färben von Tuchen in mittleren Tönen, von dunkelfarbigen Strickgarnen für Badeanzüge usw. Ihr Hauptvorteil gegenüber den Chromierungsfarbstoffen besteht darin, daß nicht in einem besonderen Prozeß chromiert werden muß, so daß sich das Nachmusterfärben einfach gestaltet, während der Färber beim Nachchromieren einen damit verbundenen Tonumschlag der Färbung einkalkulieren muß.

Handelsprodukte sind u.a. die Palatinecht-, Neolan-, Vitrolan-, Inochrom-, Chromintra-, Stenamin-, Novamin-, Ultralan-, Chromacyl-Farbstoffe.

Arbeitsweise. Das Färbebad enthält neben dem Farbstoff je nach Farbtiefe und Flottenverhältnis 5–10% Schwefelsäure 96%ig. Man geht bei 40 °C ein, bringt langsam zum Kochen und hält etwa $1^1/_2$ Std. auf Kochtemperatur. Bei Gegenwart von Palatinechtsalz O (Anlagerungsprodukt von Äthylenoxid an Dodecylalkohol) oder Neolansalz P (substituiertes Benzimidazol) kann man die Schwefelsäuremenge auf das bei gewöhnlichen Säurefarbstoffen erforderliche Maß herabsetzen, was im Hinblick auf die Wollqualität und die Schonung von gleichzeitig vorhandenen Cellulosefasern von Vorteil ist. Ein für diese Zwecke ebenfalls geeignetes Produkt ist Dispersogen AZ.

Die *Neopalatinfarbstoffe* liegen sowohl bezüglich ihrer chemischen Konstitution als auch in ihrem Verhalten zwischen den 1:1-Metallkomplexfarbstoffen und den 1:2-Metallkomplexfarbstoffen, so daß sie schwach sauer gefärbt werden können.

e) Die 2:1-Metallkomplexfarbstoffe

Die 2:1-Metallkomplexfarbstoffe lassen sich schwach sauer (pH 6–7) färben. Sie sprechen weniger auf pH-Änderungen an als die sulfosäuregruppenhaltigen Farbstoffe, da in den ersteren die negative Ladung sterisch abgeschirmt ist.

Man färbt bei Gegenwart von Essigsäure oder Ammonacetat (pH 5–6,5). Ein Zusatz von Natriumsulfat ist nicht erforderlich. In zu stark sauren Bädern können unegale Färbungen entstehen. Dies hängt damit zusammen, daß die den Farbstoffkomplexen zugrunde liegenden Komplexsäuren ziemlich schwache Säuren sind und bei Unterschreitung eines pH-Minimums ausfallen.

Echtheitsmäßig kommen die 2:1-Metallkomplexfarbstoffe weitgehend an die Nachchromierungsfarbstoffe heran. In der Säurekoch- und Potting-Echtheit sind sie unterlegen. Sie besitzen den Chromierungsfarbstoffen gegenüber den Vorteil der einfachen und schonenden Arbeitsweise. Sie zeichnen sich besonders durch eine gute Egalisier- und Durchfärbefähigkeit aus.

Handelsprodukte: Isolan-, Levalan K-, Ortolan-, Acidol M-, Remalanecht-, Wofalan-, Cibalan-, Irgalan-, Lanasyn-, Sandolan-, Neutrilan-, Stenolan-, Capracyl-Farbstoffe.

f) Die Chromierungs- und Beizenfarbstoffe (S. 597)

Für die Erzeugung der echtesten Wollfärbungen, wie sie in der Tuchfabrikation für die Herstellung von Anzug- und Mantelstoffen, Uniformtuchen usw. erforderlich sind, kommen die Chromierungsfarbstoffe in Betracht. Das Chromieren kann in verschiedener Weise vorgenommen werden. Man behandelt die Wolle mit

Chromverbindungen vor und färbt anschließend (*Vorchromierverfahren*), oder man färbt zuerst mit einem chromierbaren Säurefarbstoff und chromiert im gleichen Bade nach (*Nachchromierverfahren*). Schließlich kann das Chromieren auch gleichzeitig erfolgen (*Chromat-Verfahren, Metachrom-Verfahren, Synchromat-Verfahren*). Von den in Frage kommenden Farbstoffen lassen sich manche nach allen drei Methoden, andere nach zwei und wieder andere nur nach einer Methode chromieren.

Handelsprodukte für das *Vor-* bzw. *Nachchromierungsverfahren* sind u.a.: Alizarin-, Diamant-, Chromecht-, Basolanchrom-, Salicinchrom-, Naphthochrom-, Eriochrom-, Omegachrom-, Javachrom-, Solochrom-, Diacrom-, Verilan-, Pantochrome, Calcochrome.

Gleichzeitig chromierbar sind: Monochrom-, Metachrom-, Synchromat-, Eriochromal-, Metomegachrom-, Unichrom-, Diacromat-, Solochromat-, Autochrom-Farbstoffe.

Bei der Behandlung der Wolle mit Chromsalzen wird das Chrom in der 3wertigen Stufe aufgenommen. Werden Chromate bzw. Bichromate angewandt, so müssen diese zu Chrom(III)-Verbindungen reduziert werden. Eine solche Reduktion besorgt entweder die Wolle selbst, wie dies für das Nachchromierungsverfahren zutrifft, oder eine dem Chromierungsbad zugesetzte reduzierend wirkende organische Säure, wie es beim Arbeiten mit Chrombeizenfarbstoffen meist der Fall ist. Bei diesen letzteren reicht nämlich die Reduktionswirkung der Wolle häufig nicht aus, da die Wolle mit einer Chrombeize vorchromiert wird, um die Farbstoffe aufzunehmen und binden zu können und dazu größere Chrommengen notwendig sind als im umgekehrten Fall, d.h. wenn zuerst mit einem chromierbaren sauren Farbstoff gefärbt und anschließend oder gleichzeitig chromiert wird.

Bei den Chrombeizenfarbstoffen (Vorchromierungsverfahren) handelt es sich teils um Beizenfarbstoffe vom Alizarintyp, welche meist als Teigmarken in den Handel kommen und nur durch Vorchromieren auf der Faser fixiert werden können; teils liegen zur Chromkomplexbildung befähigte sauer ziehende anionische Farbstoffe der verschiedensten Klassen vor. Die gleichzeitig oder nachträglich zu chromierenden Farbstoffe sind ebenfalls sauer ziehende anionische oder auch zwitterionische Produkte. Manche der hierher gehörenden Farbstoffe können auch als gewöhnliche Farbstoffe ohne eine zusätzliche Chrombehandlung Verwendung finden, während ein anderer Teil ohne eine solche Metallkomplexbildung keine ausreichenden Echtheitseigenschaften besitzen würde, um den technischen Erfordernissen zu genügen.

Chromierte Wolle ist weitgehend resistent gegen Mikroorganismen.

Vorchromierverfahren (Chrombeizenfarbstoffe). Das Vorchromierverfahren kommt teilweise für typische Beizenfarbstoffe vom Typus der Anthrachinonbeizenfarbstoffe in Betracht, da solche nur auf die vorgebeizte Wollfaser aufziehen. Zum anderen lassen sich aber auch chromierbare sauer ziehende Farbstoffe in dieser Weise fixieren. Da das Verfahren eine lange Beiz- und Färbedauer benötigt, ist es durch die anderen Methoden nahezu verdrängt worden. In der Reißwollverarbeitung wird es vorteilhaft angewandt, da beim kochenden Vorchromieren nicht kochechte Färbungen auslaufen und damit buntfarbiges Altmaterial einen einheitlichen Fond erhält, auf welches anschließend eine dunklere Farbe aufgefärbt werden kann. Mit dem Vorchromieren ist also gleichzeitig ein Ausgleich von Farbunterschieden verbunden.

Nachchromierverfahren. Das Nachchromierverfahren ist dadurch charakterisiert, daß man zunächst einen geeigneten chromierbaren Säurefarbstoff auf die Wolle auffärbt und diesen nach dem Ausziehen im gleichen Bade chromiert. Da es für sehr viele Farbstoffe anwendbar ist und die besten Echtheitseigenschaften liefert, ist es als das wichtigste Chromierverfahren anzusprechen.

Einbadchromierverfahren. Eine ganze Anzahl von Chromierungsfarbstoffen läßt sich gleichzeitig mit dem Färben chromieren, ohne daß sich der Chromkomplex in unlöslicher Form im Färbebad abscheidet. Durch Einhaltung bestimmter Färbe- und Chromierungsbedingungen (pH: ca. 6) verläuft der Färbeprozeß so, daß das Chrom mit dem Farbstoff erst reagiert, nachdem dieser auf die Faser aufgezogen ist. Als Beize verwendet man z.B. eine Mischung von Ammoniumsulfat und Kaliumchromat. Während des kochenden Färbens bleibt die Acidität des Färbebades trotz Hydrolyse des Ammonsulfats weitgehend konstant, da die freiwerdende Schwefelsäure teils durch die Wolle, teils durch das Kalium des Chromats gebunden wird, so daß ein allmähliches und gleichmäßiges Aufziehen des Farbstoffes zustande kommt, welcher durch die entstehenden Chrom(III)-Verbindungen sofort chromiert wird. In gleicher Weise eignet sich *Metachrombeize, Monochrombeize, Eriochromalbeize, Synchromatbeize, Solochrombeize, Autochrombeize* sowie das *Chromosol* (Chromnatriumoxalat).

g) Die Küpenfarbstoffe (S. 599)

Eine ganze Anzahl von Küpenfarbstoffen, namentlich indigoider und thioindigoider Natur, läßt sich mit so wenig Alkali verküpen, daß man in der Küpe Wolle färben kann, ohne sie zu schädigen. Dadurch, daß der Färbeprozeß bei mittleren Temperaturen vor sich geht und außerdem nur kurze Zeit dauert, wird die Wollfaser sogar weniger beansprucht als bei dem stundenlang dauernden Kochprozeß, wie er für Chromierungsfarbstoffe erforderlich ist. Unter diesen Umständen behält die Wolle ihre Geschmeidigkeit und filzt weniger beim Färben, so daß sie offen und daher sehr gut spinnfähig bleibt. Ein weiterer Vorteil ist der, daß man mit den Küpenfarbstoffen lebhafte Töne in echten Nuancen färben kann, während das Chromieren immer zu einer gewissen Trübung des Farbtons führt. Die verhältnismäßig hohen Farbstoffkosten der Küpenfarbstoffe werden durch den geringen Dampfverbrauch (ca. $^1/_8$ gegenüber Chromierungsfarbstoffen) sowie durch die wesentlich kürzere Arbeitszeit wieder ausgeglichen. Die Echtheiten der beiden Färbungsarten sind sich weitgehend ebenbürtig; in manchen Echtheitseigenschaften (namentlich Lichtechtheit) dürften die Küpenfarbstoffe den Chromierungsfarbstoffen überlegen sein.

Das *Verküpen* und *Färben* deckt sich im großen und ganzen mit der bei Cellulosefasern üblichen Arbeitsweise. Es ist aber darauf zu achten, daß nur so wenig Natronlauge zur Anwendung gelangt, als zum Reduzieren und Lösen des Farbstoffs eben notwendig ist. Damit der Farbstoff bei der verhältnismäßig geringen Alkalikonzentration in Lösung bleibt, ist der Zusatz eines Schutzkolloids, welches gleichzeitig als Faserschutzmittel fungieren kann, erforderlich.

Da mit Rücksicht auf die Schonung der Wollfasern die Färbungen nicht wie bei Cellulose-Küpenfärbungen kochend geseift werden können, sind besondere Arbeitsbedingungen anzuwenden, um eine einwandfreie Reibechtheit zu gewährleisten. In erster Linie muß, falls der Farbstoff nicht vollkommen auszieht, die Farbstofflösung weitestgehend durch Abquetschen aus dem gefärbten Material entfernt werden. Restliche Alkalimengen sind gründlich durch Absäuern zu beseitigen.

Einige der Wollküpenfarbstoffe, z.B. Indigo, kommen als lösliche Küpenverbindungen in den Handel („*Küpen fest*"-*Marken*) und ermöglichen so ein einfaches und für die Wolle gefahrloses Arbeiten. „*Küpenpulver*" sind Mischungen, welche den Küpenfarbstoff neben den notwendigen Verküpungsmitteln enthalten. Die für die Wollfärberei geeigneten Küpenfarbstoffe sind teilweise zu Handelssortimenten zusammengefaßt (Helindon-, Antinol-Farbstoffe, Helindonküpenpulver).

Arbeitsweise. Die Farbstoffpulver werden zunächst, eventuell unter Zusatz eines Netzmittels, mit heißem Wasser angeteigt, in weiterem Wasser aufgeschlämmt und die erforderlichen Mengen Natronlauge und Hydrosulfit zugesetzt. Man rechnet pro 1 kg Farbstoffpulver 30 Liter Wasser, je nach Farbstoff und Farbtiefe 0,9 bis 1,5 kg Hydrosulfit konz. Pulver und 1,5–3,1 kg Natronlauge 32,5%ig. Das Verküpen hat in kleinem Volumen (Stammküpe) bei zwischen 55 und 80 °C liegenden Temperaturen zu geschehen (Dauer ca. 15 min).

Das 50–55 °C warme Färbebad beschickt man mit 3% gelöstem Leim, 0–3% Ammoniak 25%ig und 2% Hydrosulfit konz. Pulver vom Warengewicht. Anschließend gibt man die Küpenlösung zu (das fertige Bad soll Phenolphthalein nur schwach röten) und beginnt mit dem Färben. Färbetemperatur: je nach Farbstoff 50–65 °C, Färbedauer: 20–30 min. Leim hat als Schutzkolloid die Aufgabe, den Farbstoff in Lösung zu halten und schützt gleichzeitig die Wollfaser gegen einen alkalischen Angriff.

Nach dem Färben wird die überschüssige Farbflotte, wenn möglich, gut abgequetscht; anschließend wird oxydiert und mit Essigsäure oder Schwefelsäure abgesäuert.

Wo eine weitgehende Entfernung der überschüssigen Färbeflotte nicht möglich ist, arbeitet man, sofern sich der betreffende Farbstoff dazu eignet, vorteilhaft nach dem sogenannten „*Ausziehverfahren*", welches dadurch charakterisiert ist, daß man nach einer gewissen Färbedauer die Natronlauge durch Zusatz von 1–4% Ammoniumsulfat abstumpft, wodurch der Farbstoff aus der Lösung heraus auf die Faser gedrängt wird. Die Färbedauer verlängert sich damit etwa auf 1 Std. Ammonsulfat kann – namentlich bei dunklen Farbtönen – auch schon von vornherein dem Färbebad zugesetzt werden.

In Fällen, in denen die Bäder nur unvollkommen ausziehen, ist es im Hinblick auf die Farbstoffersparnis zweckmäßig, das Bad entsprechend aufzufrischen und wieder neu zu verwenden.

„*Küpen fest*" und „*Küpenpulver*" (S. 480) werden in etwas Leim und Hydrosulfit enthaltendem kochendem Wasser gelöst und dem Färbebad zugesetzt.

h) Die Leukoküpenester-Farbstoffe (Indigosole) (S. 482)

Eine Anzahl von Indigosolmarken ist zum Färben von Wolle geeignet. Sie verhalten sich ihr gegenüber wie anionische Farbstoffe und lassen sich aus saurem kochendem Bad auf die Wolle auffärben und, wie bei der Cellulosefaser üblich, in einem angeschlossenen Entwicklungsbad mit Kaliumbichromat oder Natriumnitrit und Schwefelsäure durch Verseifung und Oxydation in den unlöslichen Küpenfarbstoff verwandeln. Die Verseifung erfolgt jedoch, da die Bindung des Farbstoffs an die Wollfaser eine andere ist, wesentlich schwieriger, als man dies bei entsprechenden Färbungen auf Cellulosefasern gewöhnt ist, ein Umstand, der neben dem hohen Preis der Verwendung der Indigosole in der Wollfärberei entgegensteht.

Arbeitsweise. Der Farbstoff wird mit höchstens 80 °C heißem Wasser gelöst und der Färbeflotte, welche 5% Ammoniumsulfat enthält, zugegeben. Man beginnt bei 40 °C mit dem Färben, bringt langsam zum Kochen und hält $^1/_2$ Std. auf Kochtemperatur. Zum Ausziehen des Farbstoffes wird je nach Farbstofftyp und Farbtiefe 1–10% Essigsäure 30%ig zugesetzt und noch $^1/_2$–1 Std. weitergekocht und gespült.

Das Entwicklungsbad enthält je nach Farbtiefe 0,7–3,5% *Kaliumbichromat*, 10 g Schwefelsäure 96%ig im Liter und 1–2% Ammoniumrhodanid (letzteres um eine Überoxydation zu vermeiden). Man entwickelt etwa 1 Std. bei bis auf 85–90 °C ansteigender Temperatur. Anschließend wird mit 2 g Soda calc. pro Liter neutralisiert und gespült.

Beim *Nitritverfahren* enthält das Färbebad 10% Glaubersalz krist., 1% Rongalit C und je nach Farbtiefe 3–8% Essigsäure 30%ig. Man beginnt bei 40 °C mit dem Färben, bringt zum Kochen und kocht $^1/_2$ Std. weiter. Anschließend setzt man 2% Schwefelsäure 96% ig nach, kocht $^3/_4$ Std. weiter und entwickelt.

Das Entwicklungsbad enthält je nach Farbtiefe 0,3–2,7% Natriumnitrit und 7 g Schwefelsäure 96%ig im Liter. Die Entwicklung erfolgt bei gewöhnlicher bis mäßiger Temperatur. Anschließend wird neutralisiert und gespült. Das Nitritverfahren wird für Indigosol O und OR angewandt.

i) Die Reaktivfarbstoffe (S. 405)

Reaktivfarbstoffe können mit den Aminogruppen und den SH-Gruppen der Wolle eine kovalente Bindung eingehen. Zu dieser gesellt sich in Abhängigkeit vom pH-Wert noch eine solche elektrostatischer Art zwischen den Sulfogruppen des Farbstoffs und den geladenen Aminogruppen der Wolle. Man färbt bei pH-Werten zwischen 4,5 und 7 unter Beachtung bestimmter Spezialrezepte.

Handelsprodukte: Cibalanbrillant-, Cibacron- und Cibacrolan-, Remalanecht-, Verofix-, Remazolan-, Hostalan-, Procilan-, Lanasol-, Drimalan F-Farbstoffe.

Die Entwicklung und Fixierung der *Remazolanfarbstoffe* erfolgt mit Trinatriumphosphat. (S. 414).

Die *Hostalanfarbstoffe* werden in der inaktiven Form appliziert; ihre reaktive Gruppe bildet sich erst langsam während des Färbens (S. 409f.).

Procilanfarbstoffe sind reaktive 1:2-Metallkomplexe. Sie werden im Prinzip wie die schwach sauer ziehenden Wollfarbstoffe gefärbt und können daher auch mit diesen kombiniert werden.

k) Die Entwicklungsfarbstoffe (vgl. S. 422)

Da die Entwicklungsfarbstoffe sehr lebhafte Nuancen liefern und auch auf Wolle aufziehen, hat man versucht, diese auf Wolle zur Anwendung zu bringen. Im Weg steht die zum Lösen und Inlösungbleiben der Naphthole erforderliche hohe Alkalimenge. Man kann die Alkalität der Naphtholatlösungen durch Abstumpfen mit Natriumbicarbonat wohl reduzieren, läuft aber dann Gefahr, daß das Naphtholat sich abscheidet und eine schlechte Reibechtheit der Färbung resultiert. Der Abscheidung kann durch Zusätze an guten Dispergiermitteln entgegengewirkt werden (*Kirst*). Man hat auch versucht, zum Grundieren solche Naphthole zu verwenden, welche durch die Gegenwart von Sulfogruppen wasserlöslich sind, mußte aber damit eine geringere Waschechtheit der Färbung in Kauf nehmen.

In der Wollfärberei konnten sich beide Verfahren nicht durchsetzen, sie haben allenfalls Interesse für das Färben von Halbwolle, weil damit eine Möglichkeit gegeben ist, solche Gespinste in einfacher Weise in lebhaften Tönen und echt anzufärben. Es muß allerdings darauf hingewiesen werden, daß die Farbtöne durch die Eigenkupplung der Wollsubstanz mit Diazoniumsalzen etwas getrübt werden.

Man kann auch die Naphthole in Natronlauge lösen, sie durch Zusatz von Formaldehyd in die *Methylole* (S. 427) überführen und diese mit Salzsäure aus der alkalischen Lösung ausfällen (*P. Neber* und *P. Kubitzky*). Die Methylole lassen sich in verdünntem Ammoniak lösen, auf die Wolle aufbringen und mit Diazoniumsalzen kuppeln (*H. Rath* und *P. Kubitzky*). Abgesehen davon, daß die Methylole nur eine beschränkte Haltbarkeit besitzen, ist die Löslichkeit der Naphthole in der ammoniakalischen Lösung gefährdet, was sich auf die Reibechtheit nachteilig auswirkt. Unter diesen Umständen konnte sich dieses Verfahren in der Praxis nicht einbürgern. Die Bildung und Lösung des Methylols geht aus den nachstehenden Formulierungen hervor:

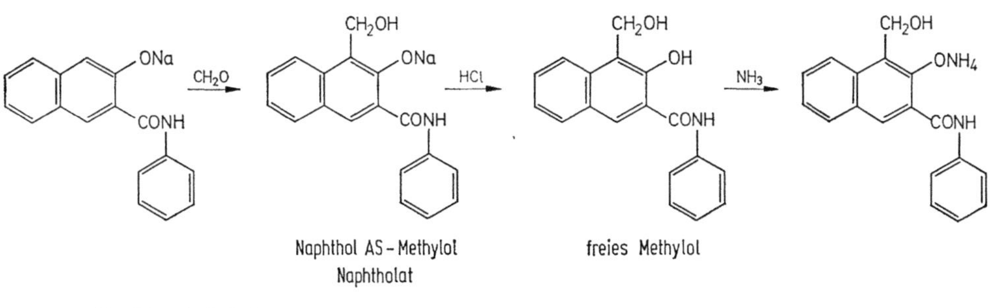

Ofnalan-Farbstoffe sind wasserlösliche Naphtholate, die aus sodaalkalischem Medium auf Proteinfasern gefärbt werden können.

Spezielle wasserlösliche Naphthole erhält man, wenn man die Naphthole in geeignete Acetale, z. B. *Glucoside,* überführt (*H. Rath* und *E. Feess*). Die wäßrige Lösung kann auf Proteinfasern gefahrlos aufgebracht werden. Aus dem löslichen Glucosid wird mit Säure oder enzymatisch das Naphthol regeneriert und dieses mit Diazoniumsalz gekuppelt. In dieser Weise lassen sich auch Acetat- und Polyamidfasern färben.

Wasserlösliche und damit auf Wolle auffärbbare Produkte bilden sich auch bei der *Veresterung* der 2-ständigen Hydroxygruppe mit Chlorsulfonsäure; auch aus diesen kann das Naphtholat auf der Faser mit Säure regeneriert und mit Diazoniumsalz gekuppelt werden (*H. Rath* und *E. Feess*). Vgl. S. 428.

l) Die Schwefelfarbstoffe

Schwefelfarbstoffe können auf Wolle und andere tierische Fasern und Fasermischungen gefärbt werden, wenn man sie an Stelle von Natriumsulfid mit sulfhydrierten Äthanolaminen auflöst und die erforderliche Alkalität des Bades mit organischen Basen, z. B. Triäthanolamin einstellt.

m) Mehrfarbeneffekte

Mehrfarbeneffekte können auf Wolle durch Vorbehandlung mit Contrastol W erzielt werden. Die mit Contrastol vorbehandelte Wolle färbt sich mit anionischen Farbstoffen ungleich tiefer an als die nicht vorbehandelte Wolle (Bayer-Color-Contrast-Verfahren).

2. Das Färben der sonstigen Tierhaare

Kamelhaare, Hasenhaare, Ziegenhaare, Roßhaare, Kuh- und Kälberhaare können nach entsprechender Vorbehandlung mit den üblichen Wollfarbstoffen gefärbt werden.

3. Das Färben der Seide

Für das Färben der Seide kann man der Proteinnatur der Faser entsprechend im großen und ganzen die gleichen Methoden anwenden, wie sie für Wolle gültig sind. Darüber hinaus kann man aber auch mit den für Cellulosefasern üblichen echten Farbstoffen wie Naphtol AS- und Küpenfarbstoffen färben, da die Naturseide wesentlich besser *alkalibeständig* ist als die Wolle. Bei diesem Verfahren ist darauf zu achten, daß die Alkalikonzentration im Interesse der Faserschonung so niedrig wie möglich gehalten wird. Meist gibt man zum Schutz der Seide noch ein geeignetes Faserschutzmittel zu.

Der *Seidenbast* ist alkaliempfindlich, so daß beim Färben der Rohseide mit Küpenfarbstoffen oder Naphtol AS-Kombinationen der Bast abgelöst wird, wenn er nicht durch vorheriges Härten mit Formaldehyd alkalifest gemacht wurde (s. S. 304).

Kennzeichnend für die Seidenfärberei, namentlich beim Arbeiten mit Säurefarbstoffen, substantiven, kationischen und Chromierungsfarbstoffen, ist die Verwendung von aus der Seidenentbastung stammender *Bastseife* im Färbebad, welche als Egalisierungsmittel fungiert und sich vorteilhaft auf die Qualität der Faser auswirkt. Vielfach wird die Bastseife durch Zusatz von Säure gebrochen und „im gebrochenen Bastseifenbad“ gefärbt, in welchem die aus der Seife ausgeschiedene

Fettsäure durch das Sericin in feindispersem Zustand gehalten wird. Mangels Bastseife lassen sich auch andere entsprechende Hilfsmittel verwenden.

Vor dem Färben wird das Material namentlich im Falle der Rohseide mit Seife genetzt und, wenn notwendig, gebleicht bzw. erschwert (S. 305).

Säurefarbstoffe färbt man meist aus gebrochenem Bastseifenbad, welches man sich durch Zusatz von Bastseife und überschüssiger Essig-, Ameisen- oder Schwefelsäure herstellt. Auch aus neutralem Bad, welches Seife und eventuell Glaubersalz enthält, lassen sich viele Säurefarbstoffe auf Seiden färben.

Chromkomplexfarbstoffe werden am besten aus dem mit Essigsäure gebrochenen Bastseifenbad bei etwa 90 °C gefärbt.

Substantive Farbstoffe färbt man aus Essigsäure und Glaubersalz enthaltendem Bad oder aus essigsaurem Bastseifenbad. Bei Eignung kann die Echtheit der substantiven Farbstoffe nach den bei Baumwolle beschriebenen Nachbehandlungsmethoden erhöht werden (S. 545). Auch eine Diazotierung substantiver Färbungen (S. 547) ist möglich, jedoch ist hierbei teilweise ein mehr oder weniger starker Farbtonumschlag in Kauf zu nehmen.

Beizen- und Chromierungsfarbstoffe lassen sich in ähnlicher Weise wie in der Wollfärberei anwenden. Auch hierbei arbeitet man vorteilhaft im gebrochenen Bastseifenbad.

Küpenfarbstoffe sind in größerer Zahl geeignet. Es ist darauf zu achten, daß die Alkalizusätze möglichst niedrig bemessen werden und daß die Temperatur von 50 °C nicht überschritten wird.

Indigosole eignen sich ebenfalls für Seide und werden im großen und ganzen nach den für Wolle geltenden Richtlinien gefärbt und vorzugsweise mit Kaliumbichromat und Schwefelsäure entwickelt.

Beim Arbeiten mit *Naphtol AS-Kombinationen* verfährt man grundsätzlich nach den für Baumwolle angegebenen Methoden, hat aber streng darauf zu achten, daß die Natronlauge im Grundierungsbad so gering wie möglich bemessen wird. Es ist außerdem der Zusatz eines Schutzkolloides zu empfehlen. Im Interesse der Faserschonung kommen auch die bei Wolle angegebenen Methoden in Betracht.

Blauholzschwarz wird teilweise für Seide noch angewandt, da es die Möglichkeit bietet, mit dem Färben gleichzeitig eine Erschwerung zu verbinden. Das Schwarz wird auf Eisen-, Chrom- oder Zinnbeize bei gleichzeitiger Anwendung von Catechu als Erschwerungsmittel gefärbt.

Kationische Farbstoffe lassen sich aus mit Essigsäure oder Schwefelsäure gebrochenem Bastseifenbad gut auf Seide färben.

Schwefelfarbstoffe werden selten auf Seide gefärbt. Man kann entweder nach dem gewöhnlichen Schwefelnatriumverfahren arbeiten oder an Stelle von Schwefelnatrium Hydrosulfit und Soda als Lösungsmittel verwenden. Zweckmäßigerweise setzt man dem Färbebad ein geeignetes Faserschutzmittel zu.

Reaktiv-Farbstoffe werden vom Seidenfibroin vorwiegend über die Diaminkarbonsäure Lysin gebunden (*H. Zahn*).

Auch *Polykondensationsfarbstoffe* und *Phthalocyanine* sind anwendbar.

4. Das Färben der künstlichen Proteinfasern

Die künstlichen Eiweißfasern lassen sich im Prinzip nach den gleichen Methoden färben wie die Wolle. Die Fasern besitzen teilweise, wie z.B. die Caseinfaser, ein wesentlich größeres Aufnahmevermögen für Wollfarbstoffe als die Wolle, so daß beim Färben, um Egalisierungsschwierigkeiten zu vermeiden, Vorsicht geboten ist. Man färbt bei nicht zu hoher Temperatur, was auch im Interesse der Erhaltung der Faserqualität zu empfehlen ist. Auch stärkere mechanische Beanspruchungen sind zu vermeiden, da die Fasern in nassem Zustand verhältnismäßig empfindlich sind. Ein Zusatz von Formaldehyd zum Färbebad übt eine gewisse Schutzwirkung aus (*Rath* und *Essig*). Die Echtheit der Färbungen läßt im Vergleich zu den entsprechenden Wollfärbungen mitunter zu wünschen übrig.

Zum Färben der Caseinfaser besonders geeignete Säurefarbstoffe sind die Kasealfarbstoffe. Tetrakaseal- und Neosolfarbstoffe sind schwefelnatriumfreie lösliche Schwefelfarbstoffe, die ebenfalls vorteilhaft für Caseinfasern und andere künstliche Proteinfasern angewandt werden können.

Manche künstlichen Proteinfasern sind verhältnismäßig gut alkalibeständig, so daß sie z. B. in Mischung mit Cellulosefasern mit Schwefel- und Küpenfarbstoffen gefärbt werden können.

5. Das Färben von Proteinfaser-Mischungen

Für solche Mischungen kommen grundsätzlich die üblichen Wollfärbemethoden in Frage, wobei man die Verfahren, Farbstoffe und Färbebedingungen so auszuwählen hat, daß tongleiche Färbungen entstehen.

6. Das Immunisieren der Wolle

Durch eine Behandlung der Wollfaser mit gerbend wirkenden Produkten (Tannin, Phenol/Schwefel-Kondensate usw.) läßt sich diese gegen ein Anfärben mit substantiven Farbstoffen weitgehend immun machen. Solche Produkte finden daher namentlich beim Färben von Mischgespinsten aus Wolle und Cellulosefasern Verwendung, wenn es darauf ankommt, reine Farbtöne auf Wolle zu erhalten (siehe S. 614).

Unterzieht man Wolle einer kombinierten Behandlung mit Tannin und Metallsalzen (Zinn- oder Antimonsalzen), so verliert diese ihr Anfärbevermögen für Säure- und Chromierungsfarbstoffe weitgehend.

Eine völlige Reservierung erreicht man durch eine Acetylierung mit Essigsäureanhydrid und Eisessig bei Gegenwart saurer Katalysatoren (*Cassella*). Nach *H. Rath* kann die Acetylierung ohne die Gefahr einer Faserschwächung vorteilhaft mit *Keten* vorgenommen werden:

$$HOOC{-}W{-}NH_2 + \begin{matrix} CH_3CO \\ CH_3CO \end{matrix}\!\!>\!O \rightarrow HOOC{-}W{-}NH \cdot COCH_3 + CH_3COOH$$

$$HOOC{-}W{-}NH_2 + \underset{\text{Keten}}{CH_2{=}CO} \rightarrow HOOC{-}W{-}NH \cdot COCH_3$$

Mit Kohlensuboxid (C_3O_2) erreicht man unter Entstehung eines Malonsäurederivats (*G. Hagelloch*) eine Verknüpfung von Aminogruppen und damit eine Immunisierung gegenüber Säurefarbstoffen (*H. Rath, E. Feess* und *H. Meyer*):

$$R{-}NH_2\ H_2N{-}R_1 + C_3O_2 \rightarrow R{-}NH \cdot CO \cdot CH_2 \cdot CO \cdot NH{-}R_1$$

7. Das Abziehen von Färbungen auf Proteinfasern

Bei *Säurefarbstoffen* gelingt ein Aufhellen in kochendem Wasser, eventuell unter Zusatz von Glaubersalz, welches die Abziehwirkung erhöht. Auch schwefelsaure Glaubersalzbäder sind manchmal von gutem Erfolg. Man kann auch in mäßig warmem Medium unter Zugabe von Seife oder Ammoniak arbeiten. Eine gute Abziehwirkung besitzen schwefelsaure Kaliumbichromatlösungen, welche namentlich zum Abziehen von Altmaterial angewandt werden (S. 606). So vorbehandelte Wolle ist dann gleichzeitig zur Aufnahme von Chromfarbstoffen geeignet. Sofern Azokörper vorliegen, ist ein völliges Entfärben mit Decrolin bei Gegenwart von Faserschutzmitteln, z. B. eines Eiweißspaltproduktes, möglich, während ein Entfärben anderer Wollfärbungen meist mit Schwierigkeiten verbunden ist.

Für *Chromierungsfarbstoffe* gelten hinsichtlich des Abziehens bzw. Entfärbens mit Reduktionsmitteln die gleichen Gesichtspunkte wie für Säurefarbstoffe; ein einwandfreies gleichmäßiges Aufhellen ist praktisch wegen der Unlöslichkeit der Chromkomplexe nur schwer möglich; ein solches kommt allenfalls bei Chromkomplexfarbstoffen in Frage. In manchen Fällen gelingt ein Abziehen durch eine Behandlung mit Oxalsäure in Verbindung mit einer alkalischen Nachbehandlung.

Küpenfärbungen können mit Hilfe von Decrolin bei Gegenwart von Faserschutzmitteln aufgehellt werden.

Das reduktive Abziehen von Wollfärbungen kann grundsätzlich faserschonend erfolgen, wenn gleichzeitig vernetzende Substanzen, z. B. Alkyl-dihalogenide, zugegen sind oder wenn dem Abziehen ein Brückeneinbau vorausging (s. S. 268).

C. Das Färben der Halbwolle und Halbseide

1. Mischungen aus Wolle und Cellulosefasern

Die Vorbehandlung hat auf die empfindliche Wollfaser Rücksicht zu nehmen, so daß grundsätzlich die bei Wolle angegebenen Reinigungsmethoden in Frage kommen (S. 280).

Das Färben solcher Fasermischungen gestaltet sich einfach, wenn keine besonderen Echtheitsansprüche gestellt werden, wird aber bei höheren Anforderungen an die Echtheit verhältnismäßig umständlich und daher kostspielig. Dies rührt daher, daß die für Cellulosefasern üblichen echten Farbstoffe hauptsächlich im alkalischen Medium gefärbt werden und bei anderen Methoden (z. B. Indigosole) ein tongleiches Anfärben erschwert ist.

Es stehen die verschiedensten Färbemethoden zur Verfügung, von denen nachstehend die wichtigsten kurz skizziert seien.

Färben mit substantiven Farbstoffen. Es gibt eine ganze Anzahl von substantiven Farbstoffen, welche beide Fasern tongleich anfärben. Man färbt in neutralem Glaubersalzbad, wobei die Farbstoffe bei Kochtemperatur stärker auf Wolle und unterhalb Kochtemperatur besser auf Cellulosefasern aufziehen. Man hat daher in der Temperaturvariierung ein Mittel in der Hand, das tongleiche Anfärben der beiden Komponenten zu fördern. Auch mit dem Glaubersalzzusatz kann man das Aufziehen regulieren, da mit wachsendem Zusatz die Farbstoffe mehr auf die Cellulosefasern gedrängt werden. Hält man die Bäder durch Zugabe von Ammoniumacetat schwach sauer, dann wird der Farbstoff zu einem stärkeren Aufziehen auf die tierische Faser veranlaßt.

Üblicherweise wird man danach trachten, daß die Cellulosefaser nicht heller, sondern eher etwas dunkler angefärbt wird als die Wollfaser, damit sie als die weniger wertvolle Faser nach außen hin möglichst wenig in Erscheinung tritt.

Daß die Farbstoffe bei hoher Temperatur mehr auf Wolle und bei niederer Temperatur mehr auf Cellulosefasern aufziehen, hängt damit zusammen, daß wachsende Temperatur sowohl den Dispersitätsgrad als auch den Dissoziationsgrad der Farbstoffe erhöht, für das Aufziehen auf Cellulose aber ein geringer Dispersitäts- und Dissoziationsgrad vorteilhaft ist, während die Verhältnisse für Wolle gerade umgekehrt liegen (S. 504f.).

Färben mit substantiven Farbstoffen und neutral ziehenden Wollfarbstoffen. Um den Wollanteil zu decken, kann man auch so verfahren, daß man neben einem substantiven Farbstoff, welcher beide Fasern anfärbt, zusätzlich einen im neutralen Glaubersalzbad ziehenden sauren Wollfarbstoff verwendet. Diese neutral ziehenden Wollfarbstoffe zeichnen sich vor den substantiven Wollfarbstoffen durch eine größere Lebhaftigkeit aus, so daß die Wollkomponente kräftiger zur Geltung kommt. Die im Handel befindlichen *Halbwollfarbstoffe* enthalten vielfach neben dem substantiven Farbstoff noch einen gewissen Anteil eines neutral ziehenden sauren Wollfarbstoffes.

Um die Echtheiten zu verbessern, können die mit Halbwollfarbstoffen hergestellten Färbungen in geeigneter Weise nachbehandelt werden. Hierfür kommt neben einer Metallsalzbehandlung eine Formaldehydbehandlung sowie eine Behandlung mit kationaktiven Hilfsmitteln in Frage. Für eine Kupfernachbehandlung geeignete Farbstoffe sind z. B. die Cotolankupfer-, Vegancuproxon-, Halbwollcuprofix- und Halbwollcuprophenyl-Farbstoffe.

Die Halbwollfarbstoffe führen folgende *Handelsbezeichnungen:* Cotolan-, Cotolanecht-, Vegan-, Veganecht-, Halbwoll-, Halbwollecht-, Tetramin-, Tetraminlicht-, Viscolanecht-, Difibranecht-, Alfanil-, Lanavisco-, Mezzalan-Farbstoffe.

Manche substantiven Azofarbstoffe werden durch in Lösung gegangene Eiweißabbauprodukte der Wolle reduziert („*Verkochen der Farbstoffe*"), was man z.B. durch Zusätze oxydierend wirkender Substanzen (Bichromat, Perborat) verhindern kann. Geeignete Hilfsmittel sind weiterhin Vegansalz A (Harnstoff + Ammoniumsulfat), Irgasalz AP (Ammoniumphosphat + Ammoniumsulfat).

Zweibadverfahren mit substantiven und Säurefarbstoffen. Man färbt die Wolle in saurem Bade mit solchen *Säurefarbstoffen* vor, welche die Cellulosefaser nicht anfärben und deckt die Cellulosefasern bei mittleren Temperaturen mit solchen *substantiven* Farbstoffen nach, welche die Wolle weiß lassen. Letzteres erreicht man im allgemeinen nur, wenn man dem Färbebad ein entsprechendes Reservierungsmittel zusetzt, welches die Wolle gegen ein Anfärben mit substantiven Farbstoffen schützt. Als Reservierungsmittel kommen neben Tannin synthetische Gerbstoffe wie Schwefel/Phenol-Kondensate sowie Kondensate aus aromatischen Sulfosäuren mit Benzoin in Betracht (Katanol SLN, Mesitol WL, Albatex WS, Erional L neu, Thiotan RS, Resistone KW, Taninol WR).

In umgekehrter Weise kann man auch die Cellulosefaser mit *substantiven* Farben vorfärben und die Wolle mit *Säurefarbstoffen* nachdecken. Zur Erhöhung der Echtheitseigenschaften der substantiven Färbung auf der Cellulosefaser stehen die üblichen Nachbehandlungsmethoden zur Verfügung (S. 545).

In vielen Fällen, namentlich bei dunklen Farbtönen, genügt die Echtheit der nach vorstehenden Methoden vorgenommenen Färbungen nicht, so daß eines der nachstehend aufgeführten Verfahren anzuwenden ist.

Halbwoll-Einbadchromierverfahren. Dieses besteht darin, daß man solche substantiven Farbstoffe, deren Naßechtheit man mit Chromsalzen erhöhen kann, und die im chromsalzhaltigen Färbebad nicht ausfallen, zusammen mit Woll-Einbadchromfarbstoffen in Gegenwart einer geeigneten Chrombeize (z. B. Monochrombeize), Ammoniumsulfat und Natriumsulfat auf die Fasermischung auffärbt.

Fertige Farbstoffmischungen sind: Cotolanchrom-, Veganmetachrom-, Halbwollechtchrom-, Halbwolleriochrom-, Halbwollchrom-Farbstoffe.

Diazo-Zweibadverfahren. Man färbt die Cellulosefaser mit Diazotierungsfarbstoffen bei Gegenwart von Katanol SLN vor, diazotiert und entwickelt und deckt die Wolle mit waschechten Säurefarbstoffen, Einbadchromfarbstoffen oder Chromierungsfarbstoffen nach.

Beim *Diazo-Einbadverfahren* wird der Diazotierungsfarbstoff gemeinsam mit einem neutral ziehenden Wollfarbstoff aufgefärbt und anschließend der erstere diazotiert und entwickelt. Es besteht auch die Möglichkeit, an Stelle des neutral ziehenden Wollfarbstoffes einen Einbadchromfarbstoff zusammen mit Chrombeize zu verwenden.

Indigosole. Unter bestimmten Bedingungen – namentlich bei Beachtung der Temperaturverhältnisse – kann man mit Indigosolen tongleiche Anfärbungen erzielen (*Durand* und *Huguenin*).

Autazolchromfarbstoffe. Die Autazolchromfarbstoffe sind dadurch charakterisiert, daß sie sowohl Wolle als auch Cellulosefasern aus neutralem Bad weitgehend tongleich anfärben. Es handelt sich um anionische bzw. zwitterionische Azofarbstoffe, welche sowohl eine diazotierbare Aminogruppe als auch eine mit Diazoniumsalzen kupplungsfähige Gruppierung enthalten: Die nachstehende Formel gibt diesen Farbstofftyp wieder (*A. Schaeffer*):

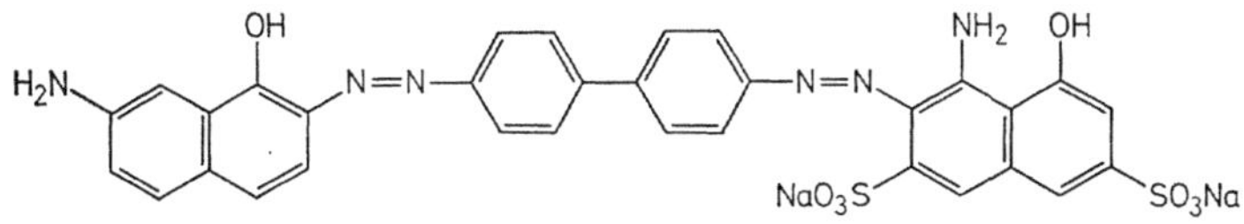

Man färbt die Farbstoffe kochend bei Gegenwart von Glaubersalz, Ammoniumsulfat und Essigsäure. Anschließend wird diazotiert und mit verdünntem Ammoniak behandelt, wobei der diazotierte Farbstoff entweder in sich selbst oder mit einem anderen Molekül unter Bildung eines wesentlich echteren Farbstoffs kuppelt. Zusätzlich werden die Farbstoffe, da sie zur Komplexbildung befähigt sind, noch mit Chromsalz nachbehandelt.

Zweifarbeneffekte. Sollen die beiden Fasern nicht tongleich, sondern verschiedenfarbig angefärbt werden, dann kann man teilweise nach den vorstehend beschriebenen Methoden verfahren, muß aber bei der Farbstoffauswahl sorgfältig darauf achten, daß der für die eine Komponente bestimmte Farbstoff die andere Faser vollkommen weiß läßt.

2. Mischungen aus Wolle und Acetatfasern

Zum tongleichen Anfärben solcher Mischungen verwendet man üblicherweise in Wasser dispergierbare Acetatfarbstoffe in Kombination mit schwach sauer ziehenden Wollfarbstoffen. Bei dunklen Tönen empfiehlt es sich, zum Decken der Acetatfaser diazotierbare Amine zu verwenden, die auf der Faser diazotiert und entwickelt werden.

Bei der Herstellung von Zweifarbeneffekten ist die Auswahl der Farbstoffe so zu treffen, daß diese nur die für sie bestimmten Fasern anfärben.

3. Mischungen aus Wolle, Cellulosefasern und Acetatfasern

Solche Mischungen lassen sich entweder tongleich oder bei der Auswahl entsprechender Farbstoffe auch dreifarbig anfärben. Man färbt z. B. tongleich durch Verwendung einer Mischung von Acetatfarbstoffen und Halbwollfarbstoffen. Zur Erzielung von Dreifarbeneffekten kann man alle drei Komponenten mit den entsprechenden Farbstoffen im neutralen Glaubersalz anfärben oder auch mehrbadig arbeiten.

Fertige *Handelsprodukte*, welche alle drei Fasern gleichzeitig anfärben, sind u. a. Pluramin- und Acetanil-Farbstoffe.

4. Mischungen aus Seide und Cellulosefasern (Halbseide)

Grundsätzlich läßt sich Halbseide wie Halbwolle färben. Da Seide wesentlich alkalibeständiger ist als Wolle, können auch alkalische Färbeverfahren Anwendung finden, so daß man Halbseide bei entsprechender Farbstoffauswahl auch vorteilhaft mit Küpenfarbstoffen und eventuell mit Schwefelfarbstoffen färben kann.

Sollen Effektfärbungen hergestellt werden, dann stimmt man die Färbeverfahren auf das unterschiedliche Verhalten der beiden Fasertypen ab.

Für Mischungen aus *Seide* und *Acetatfasern* kommen die bei Wolle/Acetat-Mischungen üblichen Verfahren in Frage.

D. Das Färben der synthetischen Fasern

Das färberische Verhalten der synthetischen Fasern ist einerseits durch ihre chemische Konstitution und zum anderen durch ihren physikalischen Bau bestimmt, so daß zwischen den verschiedenen Typen zum Teil grundlegende Unterschiede bestehen. Ein vielen synthetischen Fasern gemeinsames Merkmal ist ihre Anfärbbarkeit durch in Wasser dispergierbare Farbstoffe (Dispersionsfarbstoffe), welche vermutlich durch einen Lösungsprozeß – in Analogie zu der Wechselwirkung zwischen der Acetatfaser und den Dispersionsfarbstoffen – aufgenommen werden.

Die Polyamidfasern zeigen weitgehende Analogien zu den Proteinfasern, so daß mit Erfolg auch Wollfarbstoffe Anwendung finden können. Auf Grund der guten Alkaliresistenz der Polyamide lassen sich auch Echtfärbungen ausführen, welche im alkalischen Medium vonstatten gehen (Entwicklungsfarbstoffe, Küpenfarbstoffe).

1. Das Färben der Polyamidfasern

Die Polyamidfasern (S. 325). Die Polyamidfasern (Perlon, Nylon, Rilsan) besitzen auf Grund ihrer grundsätzlich gleichartigen Konstitution ein im großen und ganzen untereinander übereinstimmendes färberisches Verhalten, welches mit demjenigen der Wolle und Seide im Prinzip große Ähnlichkeit hat, im Vergleich zu diesen aber doch gewisse deutliche, durch die verschiedene Konstitution und den andersartigen Aufbau dieser Fasertypen bedingte Unterschiede aufweist.

Der *Perlonfaser* kann als einem Kondensationsprodukt aus ε-Aminocapronsäure (bzw. deren Lactam) die nachfolgende Konstitution zugeschrieben werden:

$$H_2N(CH_2)_5CO[NH(CH_2)_5CO]_xNH(CH_2)_5COOH$$

Perlon

Einen ähnlichen Aufbau zeigt die *Nylonfaser 66*, welche aus Hexamethylendiamin und Adipinsäure durch Polykondensation gewonnen wird:

$$H_2N(CH_2)_6NH[CO(CH_2)_4CONH(CH_2)_6NH]_xCO(CH_2)_4COOH$$

Nylon 66

Die Ähnlichkeit der Polyamidstruktur mit den Proteinfasern ist darin zu sehen, daß kleine Bausteine durch die Peptidbindung (–NHCO–) zu vielgliedrigen, vermutlich geradlinigen Systemen verkettet sind. Ein wesentlicher Unterschied zwischen den beiden Fasertypen besteht darin, daß bei den Proteinfasern zwischen den einzelnen Peptidbindungen Kettenglieder mit nur *einem Kohlenstoffatom* stehen, da jeweils die

α-ständige Aminogruppe für die Peptidbindung verbraucht wird. Im Gegensatz dazu sind die Peptidgruppen in den Polyamiden durch mehrere *Kohlenstoffatome* voneinander getrennt.

Ein weiterer wesentlicher Unterschied ist der, daß die Proteinfasern *Seitengruppen* enthalten, welche durch die Anwesenheit von Aminodicarbonsäuren und Diaminocarbonsäuren bedingt sind, so daß neben den endständigen Amino- und Carboxylgruppen noch sogenannte *Extragruppen* vorhanden sind.

Im Gegensatz dazu besitzen die Polyamidfasern *nur endständige funktionelle Gruppen*. Die zwischen den beiden Typen (Proteinfasern und Polyamidfasern) bestehenden Unterschiede können daher durch die schematischen Strukturbilder der Abb. 151 herausgestellt werden, welche das unterschiedliche Verhalten hinsichtlich des Bindevermögens von Säuren und Basen sowie von anionischen und kationischen Farbstoffen erklären. Selbstverständlich spielen für das sonstige Verhalten spezielle Verhältnisse der übermolekularen Struktur und des histologischen Baues eine wesentliche Rolle. So sind z.B. Polyamid*fasern* bezüglich der Farbstoffaufnahme den Polyamid*seiden* überlegen, da die ersteren auf Grund des geringeren Verstreckungsgrades eine weniger ausgeprägte Orientierung besitzen und daher den Farbstoffen die Diffusion erleichtern.

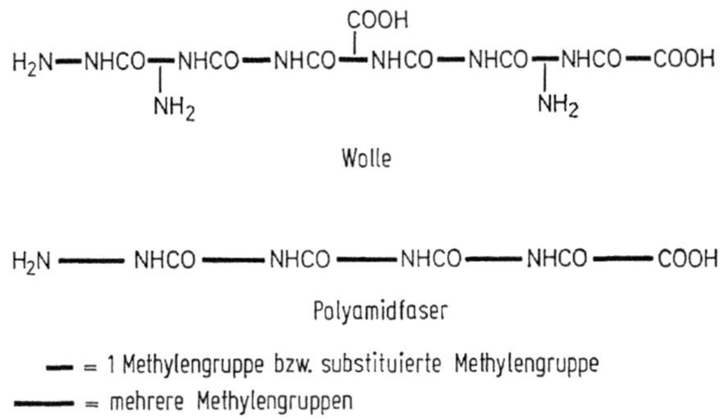

Abb. 151. Woll- und Polyamidstruktur schematisch

Im allgemeinen ist das Aufnahmevermögen für anionische Farbstoffe bei Polyamidfasern auf Grund der kleineren Aminogruppenzahl mengenmäßig geringer als bei Wolle; die Farbstoffe werden – vermutlich durch zusätzliche adsorptive Bindung – fester fixiert. Auch zu den kationischen Farbstoffen besitzen die Polyamide, da nur wenig Carboxylgruppen vorhanden sind, eine geringe Affinität.

Die Wechselwirkung der Polyamide mit anionischen Farbstoffen (Säurefarbstoffe, substantive Farbstoffe) (vgl. S. 510 f.). Entsprechend den für Proteinfasern geltenden Anschauungen sind auch bei Polyamidfasern für die Aufnahme von Säuren und Farbsäuren die zu Ammoniumionen aufgeladenen Aminogruppen und für die Bindung von Basen die dissoziierten Carboxylgruppen verantwortlich zu machen, so daß die im Gleichgewichtszustand aufgenommenen Säure- und Farbsäuremengen in äquivalenten Verhältnissen zueinander stehen. Durch Säure wird die Dissoziation der Carboxylgruppen zurückgedrängt und damit die Aufladung der Aminogruppen gefördert. Bei steigender Alkalität ist das Gegenteil der Fall:

$$\overset{\oplus}{N}H_3RCOO^- + H^\oplus \rightarrow \overset{\oplus}{N}H_3RCOOH$$

$$\overset{\oplus}{N}H_3RCOO^- + OH^\ominus \rightarrow NH_2RCOO^\ominus + H_2O$$

Unter diesen Umständen zeigen Wolle und Seide ein Säurebindevermögen, welches mit abnehmenden pH-Werten ansteigt und zwischen pH 1,3 und 0,8 weitgehend konstant bleibt (*Elöd*). Ähnlich liegen die Verhältnisse bei den Polyamidfasern, deren Säurebindevermögen mit fallendem pH ebenfalls wächst und in dem pH-Intervall 5–2,5 gleichbleibende Werte besitzt (*Peters, Elöd* und *Fröhlich*). Das pH-unterschiedliche Verhalten ist wahrscheinlich darauf zurückzuführen, daß die Polyamidfasern weniger reaktionsfähige Aminogruppen enthalten als die Proteinfasern und daher bei ersteren eine Absättigung bzw. elektrostatische Aufladung dieser Gruppen schon bei höheren pH-Werten vollkommen möglich ist. (Vgl. S. 270, 303, 343.)

In saurem Bad geht der Aufnahme der *Säurefarbstoff*-Anionen an die Ammoniumkationen eine solche der *Badsäure*-Anionen voraus, welche anschließend durch die Farbstoffanionen verdrängt werden (S. 596); die Farbsäureaufnahme ist daher in ähnlicher Weise pH-abhängig (Abb. 150).

Daß die Aufnahme der Säure- und Farbsäureanionen durch die Aminogruppen der Polyamide erfolgt, konnten *Elöd* und *Fröhlich* dadurch beweisen, daß sie zeigten, daß bei einem hydrolytischen Abbau der Polyamide das Farbstoffbindevermögen entsprechend der hydrolytisch bedingten Zunahme der Aminogruppen anwächst. Die diesbezügliche Parallelität ist so eindeutig, daß unter bestimmten Voraussetzungen (Umfällen der Polyamide aus m-Kresollösung) aus der Farbstoffaufnahme der abgebauten Fasern auf deren Molekulargewicht geschlossen werden kann, welches mit dem viscosimetrisch ermittelten Molekulargewicht übereinstimmt. Daß die Aminogruppen für die Bindung der Farbsäureanionen verantwortlich zu machen sind, geht weiterhin daraus hervor, daß nach einer vorgenommenen Acetylierung oder Desaminierung das Farbstoffbindevermögen abfällt.

Nach *H. Zollinger* et al. wird anionischer Farbstoff zusätzlich über Löseeffekte aufgenommen. Der Färbevorgang läuft über die Aminoendgruppen als ionischer Einweisungsvorgang ab. Sobald der Farbstoff über die Aminoendgruppen in das Faserinnere gelangt ist, wird er durch *Van der Waals*sche Kräfte gebunden.

Zu der Funktion der *Aminogruppen* scheint bei niedrigen pH-Werten eine gleichartige der *Amidogruppen* zu treten. Reduziert man nämlich die pH-Werte auf unterhalb 0,8 bzw. 2,4, so kann man bei beiden Fasertypen ein erneutes starkes Ansteigen der Säureaufnahme und bei Polyamiden auch ein solches der Farbsäureaufnahme feststellen, welches durch eine Bindung dieser Anionen an die Amidogruppe der Peptidgruppen, welche elektrisch aufgeladen wird, erklärt werden kann (*Carlene, Fern, Vickerstaff, Elöd*):

$$\text{—CONH—}\underset{\substack{|\\R_1}}{\text{CH}}\text{—CONH—}\underset{\substack{|\\R_2}}{\text{CH}}\text{—CO—} \rightarrow \text{CO}\overset{\oplus}{\text{N}}\text{H}_2\text{—}\underset{\substack{|\\R_1}}{\text{CH}}\text{—CO}\overset{\oplus}{\text{N}}\text{H}_2\text{—}\underset{\substack{|\\R_2}}{\text{CH}}\text{—CO—}$$

Wolle

$$\text{—CONH—(CH}_2)_x\text{—CONH—(CH}_2)_x\text{—CO—}$$

$$\rightarrow \text{—CO}\overset{\oplus}{\text{N}}\text{H}_2\text{—(CH}_2)_x\text{—CO}\overset{\oplus}{\text{N}}\text{H}_2\text{—(CH}_2)_x\text{—CO—}$$

Perlon

Daß die Amidogruppen der Peptidbindung sich bei niedrigen pH-Werten an der Anionenbindung beteiligen, konnten *Elöd* und *Fröhlich* dadurch bekräftigen, daß sie zeigten, daß die *Polyurethanfaser* erst bei pH-Werten unterhalb 2,0 zu einer Säurebindung in der Lage ist. In Übereinstimmung damit werden Säurefarbstoffe von dieser Faser nur aus stärker sauren Bädern aufgenommen (s. S. 514).[1]

Die Polyurethanfaser (S. 356f.) ist ein Polykondensationsprodukt von 1,4-Butandiol und Hexamethylendiisocyanat, welchem folgende Struktur zukommt:

$$\text{HO(CH}_2)_4\text{O[CONH(CH}_2)_6\text{NHCOO(CH}_2)_4\text{OCONH(CH}_2)_6\text{NHCO]}_x\text{O(CH}_2)_4\text{OH}$$

Polyurethan

---

[1] *W. Luck* diskutiert die Säureaufnahme von Polyamiden als Überlagerung einer Reaktion mit den Aminoendgruppen und einer reinen Verteilung.

Die Faser enthält daher keinerlei primäre Aminogruppen, sondern nur der Urethanbindung zugehörige Amidogruppen, welche erst bei pH-Werten unterhalb von 2,0 zu einer Säurebindung befähigt sind.

Vorbehandlung. Da die Polyamidfasern im Interesse der Festigkeitserhöhung bei ihrer Herstellung stark verstreckt werden, neigen sie in heißen Bädern zum Schrumpfen, Kräuseln und Knittern. Unter diesen Umständen ist es notwendig, das Material vor dem Färben – zumindest, wenn nicht breit gefärbt wird – zu *fixieren,* was entweder durch eine Heißluftbehandlung oder durch Dämpfen geschehen kann. Vorteilhaft nimmt man das Dämpfen unter Druck ($1^1/_2$–3 atü), d.h. also bei etwa 120–145 °C liegenden Temperaturen vor, obwohl häufig auch ein Dämpfen mit gewöhnlichem Dampf genügt. Dabei ist so zu verfahren, daß die Ware ihrem natürlichen Schrumpfbestreben nachgeben kann. Strümpfe z.B. werden zu diesem Zweck auf entsprechende Metallformen aufgebracht. Zu erwähnen ist, daß die Dampfbehandlung auch die *Farbstoffaufnahme* namentlich bei Küpenfarbstoffen wesentlich erhöhen kann. Vorteilhaft wird das Fixieren von Geweben auch auf heißen Zylindern vorgenommen. Auch Passagen durch Heißluftkammern sind vielfach üblich. Das Fixieren kann entweder vor oder nach dem Waschen geschehen (vgl. S. 343f.). Bei Geweben geht dem Waschen evtl. ein Entschlichten voraus. Wird vor dem Färben nicht fixiert, dann muß dies nach dem Färben geschehen, damit bei einer evtl. späteren heißen Wäsche kein Einschrumpfen bzw. keine Knitterbildung eintreten kann. In diesem Fall müssen die Farbstoffe *sublimierecht* sein, wenn eine Heißluftfixierung durchgeführt wird. Dies trifft für eine Anzahl von Dispersionsfarbstoffen nicht zu.

Die auf den Fixierprozeß folgenden Behandlungen sollen hinsichtlich ihrer Temperatur mindestens 10–15 °C *unter* der Temperatur des Fixierungsprozesses liegen, damit ein Kräuseln bzw. Schrumpfen unter allen Umständen vermieden wird. Das *Waschen* bzw. Abkochen der Polyamidfaser-Artikel kann man mit den üblichen Waschmitteln eventuell unter Zusatz von Alkali vornehmen, da die Fasern weitgehend alkalibeständig sind. Ein *Bleichen* ist meist nicht erforderlich. Ist ein solches notwendig, dann kann es mit Kaliumpermanganat oder mit Natriumchlorit geschehen, da Hypochlorit und Wasserstoffperoxid ungeeignet sind und keine oder nur eine mangelhafte Bleichwirkung auslösen. Auch saure Sulfoxylat-Formaldehydbäder (Decrolin, Hydrosulfit BZ) leisten gute Dienste. Zusätzlich können *optische Aufheller* Verwendung finden.

Säurefarbstoffe (vgl. S. 510ff.). Entsprechend der Basennatur der Polyamide lassen sich diese mit Säurefarbstoffen färben, und zwar können dazu sowohl stark sauer als auch schwach sauer und neutral ziehende Farbstoffe benutzt werden. Die Bindung der Säurefarbstoffe an die Fasern ist sehr innig, so daß im Interesse der Egalisierung ein vorsichtiges Färben geboten ist. Es ist daher vorteilhaft, wenn man zunächst nur in Gegenwart von Ammoniumacetat anfärbt und erst allmählich Essigsäure, Ameisensäure oder Schwefelsäure nachsetzt, wobei aber bemerkt sei, daß die letztere zu einer Faserschwächung führen kann. Man färbt daher zweckmäßig bei oberhalb 2,5 liegenden pH-Werten.

Auf Grund der festen Bindung der Farbstoffe zeigen die Färbungen Naßechtheitseigenschaften, welche teilweise den entsprechenden Färbungen auf Wolle überlegen sind. Auch die Lichtechtheit ist bei vielen Farbstoffen als sehr gut zu bezeichnen. Wesentlich ist, daß man diejenigen Farbstoffe auswählt, welche sich zum Färben der Polyamide hinsichtlich Egalisiervermögen und erzielbaren Echtheitseigenschaften besonders eignen, z.B. *Telonecht- bzw. Telonlichtfarbstoffe* sowie *Perlamin-, Lanaperl-, Acidol-, Dimacide N-, Nylosan-, Nylomin-, Neonyl-, Tectilon-* und *Erionylfarbstoffe.*

Da die Polyamidfasern nur ein beschränktes Bindevermögen für Säurefarbstoffe besitzen, ist auf eine sorgfältige Auswahl zu achten, namentlich dann, wenn man tiefe Nuancen färben will und wenn überdies eine Farbstoffkombination angewandt werden soll. Grundsätzlich tritt das Ziehvermögen von *Polysulfonaten* hinter dasjenige von *Monosulfonaten* bei Zugrundelegung gleichartiger Konstitution bzw. ähnlichen Molekulargewichts zurück. Dies führt dazu, daß aus Mischungen, welche Mono- und Polysulfonate enthalten, die Monosulfonate bevorzugt aufgenommen werden (*Blockierungseffekt*).

Bei der Anwendung von Farbstoffkombinationen ist daher auf eine strenge *Trennung von Mono- und Disulfonaten* zu achten. Trisulfonate und höhere Sulfonate besitzen auf Grund ihres geringen Ziehvermögens keine praktische Bedeutung für das Färben der Polyamidfasern.

Nachbehandlung. Durch eine Nachbehandlung mit Mesitol NBS oder Tannin-Brechweinstein können die Naßechtheiten der Färbungen verbessert werden.

Streckungsunterschiede bei der Faserherstellung wirken sich in einer unterschiedlichen Farbstoffaffinität aus. Bei Gefahr des Streifigwerdens färbt man Gewebe in der Weise, daß man sie mit Säurefarbstoffen aus ammoniakalischer Lösung klotzt, anschließend dämpft und sauer fixiert.

Das *Abziehen* von Säurefärbungen auf Polyamidfasern kann mit Natriumchlorit in saurer Lösung (Ameisensäure) vorgenommen werden.

Substantive Farbstoffe. Entsprechend der bei Wolle üblichen Färbemethode kann man eine Anzahl von substantiven Farbstoffen auf die Polyamidfasern auffärben. Im Interesse eines einwandfreien Egalisierens färbt man zunächst bei Gegenwart von Ammoniumacetat und Glaubersalz und kann erforderlichenfalls zum Ausziehen Essigsäure nachsetzen. Die erzielbaren Echtheitseigenschaften entsprechen bei geeigneter Farbstoffauswahl denjenigen, wie sie für Protein- bzw. Cellulosefasern charakteristisch sind.

Bei Vorliegen der erforderlichen konstitutionellen Voraussetzungen lassen sich die substantiven Farbstoffe in der üblichen Weise nachbehandeln (S. 545), wobei allerdings die Kupfernachbehandlung nur bei Zusatz geeigneter Hilfsmittel normal verläuft (*Köster*). Auch das Diazotieren (S. 547) kann im Prinzip gleichartig, hinsichtlich der Arbeitsbedingungen jedoch etwas verschärft, vorgenommen werden.

Metallkomplexfarbstoffe. Die 1:1-Chromkomplexfarbstoffe, welche z.T. gut auf Polyamidfasern ziehen, werden bei 90 °C aus schwefelsaurem oder besser ameisensaurem Bad gefärbt. Die bei den Säurefarbstoffen skizzierten Schwierigkeiten treten hier weniger auf.

Gut geeignet sind auch die *2:1-Metallkomplexfarbstoffe*.

Handelsprodukte: Neonyl-, Isolan-, Ortolan-, Remalanecht-, Cibalan-, Irgalan-, Lanasyn-, Sandolan-, Neutrilan-, Capracyl-Farbstoffe.

Für das Färben von Wirkwaren aus Polyamiden werden spezielle Farbstoffmischungen in den Handel gebracht, die besonders egale Färbungen liefern. Die *Novalonecht-* und *Elanylfarbstoffe* sind solche Mischungen, die vermutlich neben 2:1-Metallkomplexfarbstoffen Säurefarbstoffe und Dispersionsfarbstoffe enthalten.

Sehr gut geeignet und gute Echtheiten liefernd sind auch bestimmte 2:1-Metallkomplexfarbstoffe, die aus wäßriger Dispersion auf die Faser aufziehen (Vialonecht-, Avilonlicht-, Telogen-, Irgatron-, Agoron-, Amichromlicht-Farbstoffe).

Chromierungsfarbstoffe. Die Chromierungsfarbstoffe liefern nur zum Teil einwandfreie Resultate; in manchen Fällen geht die Chromierung anomal bzw. unvollständig vonstatten, was vermutlich damit zusammenhängt, daß für die komplexe Bindung des Chroms an die Faser im Gegensatz zur Wolle außer den endständigen Aminogruppen keine Aminoextragruppen zur Verfügung stehen, so daß hierfür nur die Amidogruppen der Peptidbindungen in Frage kommen. Möglicherweise hängt die mangelhafte Chromierbarkeit auch damit zusammen, daß die Polyamidfasern im Gegensatz zur Wolle praktisch kein Reduktionsvermögen besitzen. Vorteilhaft wirkt sich daher ein Reduktionsmittelzusatz z. B. in Form von Natriumdithionit oder Natriumthiosulfat in der fünffachen Menge bezogen auf Chromat aus. Namentlich durch ein mit dem Färben verbundenes Dämpfen wird die Chromierung vervollständigt. Chromierung in Verbindung mit Reduktion begünstigt auch die Lichtbeständigkeit der Polyamidfasern (S. 339). Geeignete Chromierungsfarbstoffe sind z. B. die *Telonchrom-*, *Erionylchrom-*, *Eriochrom-*, *Chromecht-*, *Naphtochrom-*, *Omegachrom-*, *Solochrom-*, *Verilan-*, *Pontachrome*-Farbstoffe.

Da die Aufziehgeschwindigkeit der Chromierungsfarbstoffe sehr groß und das Ausgleichsvermögen gering ist, muß vorsichtig gefärbt werden, was zweckmäßig durch Anwendung eines Ammoniak-Ammonacetat-Puffergemisches geschieht. Das Bad wird durch Ameisensäurezugabe erschöpft. Mit der Temperatur geht man allmählich hoch und färbt dann bei Kochtemperatur. Auch das Chromieren wird bei Kochtemperatur vorgenommen.

Entwicklungsfarbstoffe. Auf Grund der Alkalibeständigkeit der Polyamide lassen sie sich mit Entwicklungsfarbstoffen (Naphtol AS-Kombinationen) färben, wobei allerdings ein Spezialverfahren anzuwenden ist, welches darin besteht, daß man das Naphtholat zusammen mit der Base auf die Faser aufbringt und anschließend auf frischem Bad durch Diazotieren entwickelt. Das Verfahren entspricht dem für das Färben der Acetatfasern mit Naphtol AS-Kombinationen beschriebenen Verfahren (S. 591).

Man kann auch so verfahren, daß man Kombinationen aus Naphthol und Diazoaminoverbindungen (*Ofna-perl-Salze*) auf die Faser aufbringt und in einem verdünnten Säurebad heiß entwickelt.

Auch wasserlösliche *Glucoside* sowie *Schwefelsäureester* von Naphtholen lassen sich auf Polyamide auffärben und nach hydrolytischer Spaltung mit Diazoniumsalzen kuppeln (s. S. 427, 610).

Küpenfarbstoffe. Eine ganze Anzahl von Küpenfarbstoffen sind zum Färben der Polyamidfasern geeignet. Die Farbstoffe zeigen jedoch nur eine befriedigende Affinität, wenn man die Färbetemperatur auf 80–85 °C erhöht oder die Fasern einem Vordämpfen unter Druck ($1^1/_2$ atü) unterzieht. Die höhere Färbetemperatur bedingt eine frühzeitige Zersetzung des Hydrosulfits, so daß die Verwendung von Rongalit vorzuziehen ist. Bei der hohen Temperatur scheiden überreduktionsempfindliche (S. 470f.) Farbstoffe (z. B. Indanthrenblaumarken) aus. Behandelt man in einer Tanninlösung bei etwa 90 °C vor, dann ist die Aufnahme auch bei niedrigeren Temperaturen erleichtert. Auch die Echtheitseigenschaften sollen auf diese Weise verbessert werden (*Carter*, *Neale*, *Wearmoreland*).

Das Ausgleichsvermögen während des Färbeprozesses ist geringer als bei den Cellulosefasern (*J. Müller*), so daß im Interesse einer guten Egalisierung die Färbebedingungen entsprechend zu lenken sind (Egalisiermittelzusatz, Temperaturstufenverfahren, S. 561).

Die *Oxydation* zu unlöslichen Küpenfarbstoffen vollzieht sich nicht so leicht wie bei den Cellulosefasern, so daß Luftoxydation nicht genügt, sondern mit Natriumperborat oder sonstigen Perverbindungen bei höheren Temperaturen (80 °C) oxydiert werden muß. Auch Natriumchlorit scheint sich gut zu eignen.

Mit vielen Küpenfarbstoffen resultiert eine mangelhafte Reibechtheit und Lichtechtheit, so daß die Farbstoffe sorgfältigst auszuwählen sind. Die Lichtechtheit kann durch eine Nachbehandlung mit aromatischen Hydroxy- oder Carbonsäureverbindungen verbessert werden (Phenol, Kresol, Salicylsäure, Hydroxybenzoesäure, Zimtsäure). Die Gruppe der indigoiden und thioindigoiden Farbstoffe scheidet mit wenigen Ausnahmen wegen ungenügender Echtheiten aus.

Indigosole. Indigosolfarbstoffe sind teilweise ebenfalls geeignet und werden ähnlich wie bei Wolle aus heißem Bade, vorteilhaft unter Essigsäurezusatz, gefärbt. Entwickelt wird mit Nitrit und Schwefelsäure oder Kaliumbichromat und Schwefelsäure. Auch hier ist eine sorgfältige Farbstoffauswahl zu treffen, da nur wenige Vertreter den gestellten Ansprüchen genügen.

Schwefelfarbstoffe. Die Schwefelfarbstoffe sind ohne große Bedeutung für das Färben der Polyamide, da nur wenige Vertreter ein normales Verhalten zu diesen Fasern zeigen und auch meist keine genügenden Echtheitseigenschaften, namentlich Lichtechtheit, resultieren. Eine gewisse Bedeutung haben die *wasserlöslichen Schwefelfarbstoffe* (S. 574).

Dispersionsfarbstoffe. Besonders geeignet ist eine größere Anzahl von in Wasser dispergierbaren Dispersionsfarbstoffen (Cellitone), welche entsprechend der für Acetatfasern üblichen Färbeweise gefärbt werden können, besonders gut egalisieren und normale Echtheitseigenschaften liefern. Die Blautöne sind im Gegensatz zu den entsprechenden Acetatfärbungen „gasfadingecht" (S. 589). Die Färbetemperatur kann nach entsprechender Vorbehandlung bis zu Temperaturen von 90 °C und noch höher gesteigert werden. Die Farbstoffaufnahme kann hier ebenfalls als ein Lösungsvorgang gedeutet werden. Auf Grund ihres egalen Anfärbens werden die Dispersionsfarbstoffe den Säurefarbstoffen meist vorgezogen, obwohl die letzteren bessere Echtheitseigenschaften liefern. Geeignete Sortimente von Dispersionsfarbstoffen sind die *Perlitone*, die *Resolin P-*, die *Novalon-*, die *Nyloquinone-* und *Serinyl*-Farbstoffe u. a.

Zur Herstellung echterer Färbungen sind auch einige Dispersions-diazofarbstoffe (*Perlitazole*) gut geeignet.

Reaktivfarbstoffe. Eine gewisse Bedeutung besitzen auch die Reaktivfarbstoffe. Bestimmte Dispersionsfarbstoffe, die strukturgemäß zu den Reaktivfarbstoffen zählen, lassen sich ebenfalls auf Polyamidfasern verwenden. Sie werden kovalent an die Faser gebunden (*Th. Vickerstaff, U. Einsele*).

Handelsprodukte für Reaktiv-Dispersionsfarbstoffe: Procinylfarbstoffe (S. 412).

Pigmentfarbstoffe. Auch Pigmentfarbstoffe können mit den entsprechenden Bindern auf Polyamidfasern fixiert werden.

Rilsan. Die Polyamidfaser *Rilsan* (Nylon 11) läßt sich im Prinzip ähnlich anfärben wie Perlon und Nylon (Nylon 6 und Nylon 66). Auf Grund des hydrophoberen Verhaltens (lange aliphatische Kohlenstoffkette) ist das Anfärben etwas erschwert, so daß das Aufziehen durch höhere Temperaturen, längere Färbezeit und die Anwendung von Carriern (S. 625) zu unterstützen ist.

2. Das Färben von Mischungen aus Polyamidfasern mit anderen Faserstoffen

Das Färben der Mischgespinste, welche neben Polyamidfasern Wolle oder Cellulosefasern enthalten, kann entsprechend dem vorbeschriebenen färberischen Verhalten in verschiedener Weise vorgenommen werden. Mischungen aus Wolle mit Polyamidfasern kann man mit geeigneten Säure- bzw. Metallkomplexfarbstoffen färben oder sie gegebenenfalls wie Mischungen aus Wolle/Acetat behandeln. Kombinationen aus Polyamid- und Cellulosefasern lassen sich z. B. substantiv oder nach einem Halbwollfärbeverfahren oder auch mit Kombinationen aus Dispersionsfarbstoffen und substantiven Farbstoffen färben. Für höhere Echtheiten färbt man den Celluloseanteil mit Küpen-, Indigosol-, Reaktiv- oder Naphthol-Entwicklungsfarbstoffen und die Polyamidfasern mit 1:2-Metallkomplexfarbstoffen oder Chromierungsfarbstoffen. Dies kann teils einbadig, muß aber meist zweibadig geschehen. Es können sowohl Uni- als auch Effektfärbungen vorgenommen werden.

Was die Verwendung von Säurefarbstoffen für die Herstellung von Unitönen auf *Polyamid/Woll-Mischungen* anbelangt, so sind im Interesse tongleicher Anfärbungen folgende Gesichtspunkte zu beachten:

Die *pH-Abhängigkeit* der Farbstoffaufnahme ist bei Polyamiden und Wolle nicht gleich groß (S. 506f.). Eine gute Übereinstimmung erhält man im allgemeinen in essigsaurem Medium, während Schwefelsäure leicht zu Farbtonunterschieden führt. Bei Verwendung von Schwefelsäure (pH-Werte unter 2,5) besteht außerdem die Gefahr einer Schwächung der Polyamidfasern. Einwandfreie Ton-in-Ton-Effekte sind aber nur in helleren bis mittleren Ausfärbungen zu erzielen, da das Farbstoffaufnahmevermögen bei Polyamiden beschränkt ist und daher, wenn deren Sättigungswert erreicht ist, der im Bad noch vorhandene Farbstoff nur noch auf die Wollfaser aufzieht.

Was den Einfluß der *Färbedauer* anbelangt, so ist hervorzuheben, daß mit zunehmender Dauer die Farbstoffe von der Wolle – da sie dort weniger gut fixiert sind als auf den Polyamiden – allmählich abwandern und auf die Polyamidfaser aufziehen, solange letztere noch nicht gesättigt ist.

Gute Ton-in-Ton-Effekte erzielt man am besten mit *Monosulfonaten*; mit *Disulfonaten* ist dies im allgemeinen nur in hellen Nuancen möglich. Bei Verwendung einer aus Monosulfonaten und Disulfonaten bestehenden Mischung ziehen die Monosulfonate selektiv auf die Polyamidfaser auf. Da bei der Wollfaser viel mehr Aminogruppen zur Bindung der Farbstoffe zur Verfügung stehen, ist bei dieser Faser eine Anfärbung leichter möglich.

Die Säurefarbstoffe der Triphenylmethan- und Azinreihe scheinen für die Erzielung tongleicher Effekte grundsätzlich ungeeignet zu sein (*W. Hees*).

Am besten geeignet für eine tongleiche Anfärbung sind Säurefarbstoffe von guter „*Neutralaffinität*" (*W. Hees*), d.h. die in einer gewissen, allerdings begrenzten Farbtiefe (1–2,5%) *ohne Säurezusatz* ein tongleiches Anfärben ermöglichen. Oberhalb dieser Prozentsätze ist ein Säurezusatz erforderlich. Man färbt daher solche Farbstoffe in hellen Tönen ohne und in mittleren bis dunklen Tönen mit Säurezusatz.

Da die Säurefarbstoffe mit größerer Geschwindigkeit auf die Polyamidfaser aufziehen, diese aber im Vergleich zur Wolle verhältnismäßig früh gesättigt ist, färbt sich bei schwachen Ausfärbungen die Polyamidkomponente meist tiefer an als die Wolle, während sich bei tiefen Ausfärbungen die Verhältnisse häufig umkehren. Bei mittlerer Farbtiefe (etwa 2%) erhält man im allgemeinen eine gute Tongleichheit.

Durch *Zugabe von farblosen Monosulfosäuren* (z.B. Monosulfomersolat, Nekal BX, Fettalkoholsulfat), die von der Polyamidfaser bevorzugt aufgenommen werden, kann man bei hellen Ausfärbungen das bevorzugte Aufziehen auf die Polyamidfaser bremsen und damit auch hier ein tongleiches Anfärben erzielen. Ein weiteres Retardiermittel ist Edolan A extra. Die beste Farbtonübereinstimmung wird bei Kochtemperatur erhalten.

Farbstoffgruppen, die sich für das Unifärben von Mischungen aus Polyamiden mit Wolle eignen, sind u.a. die folgenden:

Ausgewählte Säurefarbstoffe
ausgewählte Metallkomplexfarbstoffe
ausgewählte Reaktivfarbstoffe.

Für das tongleiche Anfärben von Wolle/Polyamid-Mischungen ausgesuchte Säurefarbstoffe sind unter der Bezeichnung *Telonlicht-*, *Telonecht-*, *Perlamin W-*, *Lanaperl-*, *Neonyl-*, *Erionyl-*, *Nailan-*, *Tertroxyl-*, *Unilon*-Farbstoffe im Handel.

Selbstverständlich besteht auch die Möglichkeit, die Einzelkomponenten in der Flocke bzw. im Kammzug zu färben und sie anschließend zu mischen.

Reservierungseffekte. Auf Grund der unterschiedlichen Affinität der Mono- bzw. Polysulfonate zur Polyamidfaser lassen sich Reservierungseffekte dadurch erzielen, daß man Kombinationen aus Wolle und Polyamiden mit einem Polysulfonatfarbstoff anfärbt, welcher mit einer farblosen, auf die Polyamidfaser gut aufziehenden Monosulfosäure kombiniert ist (*Whittaker*).

Zweifarbeneffekte. Verwendet man zum Färben Kombinationen aus einem Mono- und einem andersfarbigen Poly-Sulfonatfarbstoff, so zieht der Monosulfonatfarbstoff auf Wolle und auf die Polyamidfaser auf, welche letztere bei entsprechender Konzentration an Farbstoff gesättigt wird, so daß der Polysulfonatfarbstoff von der Polyamidfaser nicht, sondern nur von der Wolle aufgenommen wird. Führt die Konzentration an Monosulfonatfarbstoff nicht zu einer Sättigung der Polyamidfaser, so läßt sich der gewünschte Zweifarbeneffekt durch Zusatz einer entsprechenden Menge eines farblosen Monosulfonats trotzdem erreichen.

Die Eigenschaft des selektiven Aufziehens von farblosen Monosulfonaten in Kombination mit gefärbten Monosulfonaten kann man auch dazu benutzen, das Aufziehen des Farbstoffmonosulfonats entsprechend zu begrenzen. Man kann weiterhin auf Polyamidfasern fixierte Polysulfonatfarbstoffe mit Hilfe von farblosen Monosulfonaten, da diese eine größere Affinität zur Faser besitzen, teilweise oder ganz verdrängen, also abziehen.

Mischungen von Polyamidfasern und Acetatfasern (Normal- und Triacetat) färbt man für Unitöne zweckmäßig mit Dispersionsfarbstoffen.

Mischungen aus Wolle und Rilsan färbt man vorteilhaft unter Verwendung von Carriern, um die Diffusion der Farbstoffe in die Rilsanfaser zu erleichtern.

Anhang

Färben spezieller Polyamidfasern

Polyamid 3, 4 und 12 (*S.* 333). Polyamid 3 zeigt ein gegenüber Polyamid 6,6 und 6 geringeres Farbstoffaufnahmevermögen. Es kommen daher nur ausgewählte Säure- und Metallkomplexfarbstoffe in Betracht.

Polyamid 4 kann mit den gleichen Färbemethoden gefärbt werden wie Polyamid 6 und 6,6.

Für Polyamid 12 kommen ausgewählte anionische Farbstoffe und für dunklere Nuancen dispergierte 2:1-Metallkomplexfarbstoffe in Betracht.

Färben von aromatisch-aliphatischen Polyamidfasern (*Qiana*, *S.* 334). Als „Aminocarbonsäure“ läßt sich die Qiana-Faser mit anionischen, kationischen, Dispersions- und Reaktivfarbstoffen anfärben. Am geeignetsten sind die Dispersionsfarbstoffe. Man färbt die letzteren entweder unter HT-Bedingungen oder mit Carriern (Butylbenzoat). Nach dem Färben wird wie bei Polyesterfasern reduktiv nachbehandelt.

Färben von aromatischen Polyamidfasern (*Nomex*, *S.* 335). Die für aliphatische Polyamide üblichen Färbemethoden sind für Nomex nicht anwendbar. Ein Anfärben gelingt mit kationischen Farbstoffen unter Verwendung geeigneter Carrier, z. B. Benzaldehyd. Die Lichtechtheit der Färbungen ist schlechter als bei Polyacrylnitrilfasern.

3. Das Färben der Polyurethanfasern (S. 517)

Auf Grund der von den Polyamiden abweichenden Konstitution läßt sich die Polyurethanfaser mit Säurefarbstoffen nur aus stärker saurem Bade unterhalb pH 2 färben. Nach einem Vordämpfen der Faser kann man die erforderliche Säuremenge wesentlich reduzieren. Bei entsprechender Auswahl läßt sich die Faser auch mit Chromierungsfarbstoffen färben und chromieren. Mit Küpenfarbstoffen erhält man, wenn man die bei Polyamiden übliche Arbeitsweise anwendet, nur teilweise befriedigende Resultate.

Besonders geeignet sind bestimmte Dispersionsfarbstoffe, welche durch einen Lösungsvorgang von der Faser aufgenommen werden. Auch die auf der Faser diazotierbaren Basen lassen sich mit Erfolg verwenden.

Daß durch ein vorheriges Dämpfen die Aufnahmefähigkeit für anionische und kationische Farbstoffe erhöht wird, erklären *Elöd* und *Fröhlich* damit, daß die Isocyanat-Endgruppe durch Wasseranlagerung in eine Carbaminsäureendgruppe übergeht. Beim Dämpfen unter Druck tritt eine teilweise Decarboxylierung und damit Bildung von Aminogruppen ein:

$$R{-}N{=}C{=}O + H_2O \rightarrow R{-}N(H){-}C(OH){=}O$$

$$R{-}N(H){-}C(OH){=}O \xrightarrow{-CO_2} R{-}NH_2$$

Technisch wichtig geworden ist das Färben von *Elastomerfasern auf Polyurethanbasis* (Spandexfasern vgl. S. 357). Für diese kommen neben Dispersions- und Säurefarbstoffen auch Chromkomplex- und Küpenfarbstoffe in Betracht.

4. Das Färben der Polyureidfasern (S. 359)

Auf Grund ihres basischen Charakters (Imino- und Aminogruppen) läßt sich die Polyureidfaser mit Säurefarbstoffen gut anfärben.

5. Die Funktion der Carrier beim Färben von synthetischen Fasern

Carrier (Schlepper, Träger) haben die Aufgabe, die kompakt gebauten synthetischen Fasern beim Färben aufzulockern und so ein Eindiffundieren der Farbstoffe zu erleichtern. Vermutlich werden durch den Carrier zwischenmolekulare Bindungen gespalten, so daß eine Auflockerung des Fasergefüges eintritt (*E. Elöd* und *H. Hendrix, P. Rochas*).

Als Carrier kommen für Polyesterfasern hauptsächlich Phenol- und Benzolderivate in Betracht wie Phenol, o- und p-Phenylphenol, Benzoesäure, Salicylsäure, chlorierte Benzole, Xylole, Benzalkohol, aromatische Ester und Äther und noch zahlreiche andere organische Verbindungen. Für andere synthetische Fasern finden auch aliphatische Carrier Verwendung wie Aceton, Äthylacetat, Trichloräthylen. Die wasserunlöslichen Carrier sind den wasserlöslichen Carriern in ihrer Wirkung überlegen.

Nach *P. Senner* sind sowohl Molekülgröße als auch Molekülform für die Wirkungsweise der Carrier bestimmend. Sperrigkeit des Moleküls erschwert das Eindringen des Carriers in die Faser. (Je nach angewandtem Carrier können gewisse Strukturveränderungen der Faser auftreten.)

Handelsprodukte: Levegal ON (o-Phenylphenolat), Levegal TBE (Chlorbenzole), Levegal PT, Palanilcarrier A, B, PE, Remol PeCe, TRF, Invalon PR, Dilatin DB (Dichlorbenzol), Tumescal D (Diphenyl), Tumescal OP (o-Phenylphenolat), Tumescal PH, Latyl Carrier A, Dowicide A (o-Phenylphenolat), Dowicide I, Solvant FT, Depco Carrier P, Lanaestrol CAR, CHT-Carrier GR, Rotta-Carrier, Rucocarrier POL.

Die Vorteile der Carrierverwendung sind:

größere Farbtiefe
bessere Baderschöpfung
bessere Reibechtheit
bessere Sublimierechtheit
bessere Naßechtheit.

Von den Carriern muß verlangt werden, daß sie restlos ausgewaschen werden können, da sie z.T. hautreizend sind. Durch manche Carrier wird die Lichtechtheit der Färbungen mehr oder weniger verschlechtert.

6. Das Färben der Polyesterfasern

Wie auf S. 351 dargelegt, besitzt die Polyesterfaser eine sehr kompakte Anordnung, so daß das Eindiffundieren von Farbstoffen erschwert ist. Das Verhältnis der Diffusionskoeffizienten für Polyester, Acetat und Nylon beträgt etwa 1:500:700 Generell kommen daher Farbstoffe mit kleinem Molekül in Betracht. Häufig muß die Diffusion durch Anwendung *hoher Temperatur und von Carriern* gefördert werden.

Vorbehandlung. Vor dem Färben sind die entsprechenden Vorbehandlungen wie Entschlichten, Waschen, Fixieren, Bleichen (mit Natriumchlorit) usw. vorzunehmen.

Für das Fixieren kommt entweder – weniger vorteilhaft – die Heißwasserfixierung oder besser die Heißluftfixierung (3–15 sec bei 210–220 °C) in Betracht. Sattdampffixierung ist wegen der Gefahr der hydrolytischen Spaltung weniger üblich.

Grundsätzlich ist die Fixierung bei all den synthetischen Fasern notwendig, bei deren Herstellung eine starke Verstreckung angewandt wurde. Die Fixiertemperatur hat sich nach den thermischen Eigenschaften des jeweiligen Fasermaterials zu richten.

An Farbstoffgruppen kommen die folgenden in Frage:

a) Dispersionsfarbstoffe (wichtigstes Verfahren)

Die Dispersionsfarbstoffe eignen sich besonders für helle und mittlere Farbtöne. Sie werden entweder unter Anwendung höherer Temperatur (HT-Verfahren [S. 651], Thermosolverfahren) oder unter Mitverwendung von Carriern auf die Fasern gefärbt. Auch der *Vapocol*-Prozeß (S. 592) ist geeignet. Das Thermosolverfahren ist eine Trockenhitzeentwicklung bei 180–220 °C, 30 sec.

Dunklere Färbungen werden häufig mit alkalischer Dithionitlösung im Interesse der Erhöhung der Farbechtheiten nachbehandelt.

Beim HT-Verfahren sollte die Temperatur von 125 °C nicht überschritten werden, da sonst *oligomere Polyesteranteile* (vorwiegend cyclische Trimere) aus der Faser herausgelöst werden, die sich sowohl auf dem Textilgut als auch im Färbeapparat absetzen.

Dispergiermittel im Färbebad wirken einer Agglomeration der Oligomeren entgegen. In gewissem Umfang können diese auch durch eine Nachbehandlung mit Natriumdithionit und 2–3 ml/l Natronlauge 38 °Bé bei Temperaturen um 80 °C entfernt werden.

Nach *R. Klitzsch* gelingt eine Ablösung auch durch Behandlung mit Perchloräthylen.

Wichtig ist, daß für Dispersionsfarbstoffe *sublimierechte* Farbstoffe angewandt werden, wenn die Färbungen auf Polyesterfasern *thermofixiert* werden sollen.

Geeignete *Farbstoffsortimente* sind: Palanil-, Polysynthren-, Resolin-, Samaron-, Terasil-, Setaron-, Foron-, Esteroquinone-, Serilene-, Latyl-, Dispersol- und Duranol-Farbstoffe. Esterophil-Farbstoffe sind Dispersionsfarbstoffe für HT-Färbung.

b) Azo-Entwicklungsfarbstoffe (besonders für dunklere Töne)

Nach einem modifizierten Verfahren kann man mit Azo-Entwicklungsfarbstoffen arbeiten, und zwar in der Weise, daß man z.B. β-Hydroxynaphthoesäure und eine diazotierbare Base auf die Faser aufträgt. Anschließend wird heiß diazotiert. Auch Salicylsäurearylamide sind als Kupplungskomponenten geeignet (ICI):

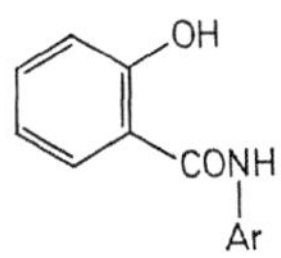

Bei Anwendung des HT-Verfahrens sind auch die Anilide der 2,3-Hydroxynaphthoesäure anwendbar, die bei der Temperatur um 100 °C nur langsam in Polyesterfasern eindiffundieren (*H. Kirner*).

Handelsprodukte: Intramin-, Ronasyn-, Brentosyn-Farbstoffe.

c) Oxydationsfarbstoffe

Ein Abkömmling der Diphenylschwarzbase ist das *Azanilschwarz*, das auf Polyester echte Schwarz- und Grautöne liefert.

d) Küpenfarbstoffe und Indigosole

Mit Hilfe des Thermosolverfahrens oder durch Anwendung von Carriern gelingt es, Küpenfarbstoffe und Indigosole auf Geweben in hellen bis mittleren Tönen zu applizieren.

Polyestrenfarbstoffe: Bei diesen handelt es sich um spezielle Küpenfarbstoffe, die auf das Gewebe aufgeklotzt, zwischengetrocknet und nach dem Thermosolverfahren fixiert (in der Faser gelöst) werden. Hierbei wird das Gewebe gleichzeitig fixiert. Anschließend wird zunächst mit blinder Küpe überschüssiger Farbstoff entfernt und dann kochend geseift.

Andere Farbstoffgruppen mit Ausnahme der *Pigmentfarbstoffe* kommen nicht in Betracht.

Modifizierte Polyesterfasern

Durch Einbau von *sulfogruppenhaltigen Monomeren*, z. B. 5-Sulfoisophthalsäure, ist es möglich, eine copolymere Polyesterfaser zu erhalten, die Affinität zu kationischen Farbstoffen besitzt, so daß sie in ihrem Verhalten der Polyacrylnitrilfaser ähnlich wird (S. 353).

Die Faser aus 1,4-Dimethylolcyclohexan und Terephthalsäure (*Vestan, Kodel II*) kann im Prinzip wie die übliche Polyesterfaser gefärbt werden. Gut geeignet sind die Dispersionsfarbstoffe, die man entweder nach dem HT-Verfahren bei ca. 120 °C oder in Gegenwart von Carriern bei etwa 100 °C färbt.

7. Das Färben von Polyesterfasern in Mischungen mit Cellulosefasern

In solchen Mischungen wird die Polyesterfaser vorwiegend mit *Dispersionsfarbstoffen* sowie mit *Küpenfarbstoffen* gefärbt. Die Cellulosekomponente kann mit substantiven Farbstoffen, Küpenfarbstoffen, Indigosolen und Reaktivfarbstoffen gefärbt werden. Das Färben geschieht entweder ein- oder zweibadig. Es können sowohl Uni- als auch Effektfärbungen ausgeführt werden.

Für echte Färbungen erweist sich als besonders gut die Kombination Dispersions- und Küpenfarbstoffe. Dabei färbt man zuerst die Polyesterfaser mit Dispersionsfarbstoffen und deckt die Baumwollkomponente mit Küpenfarbstoffen nach. Das Verfahren kann diskontinuierlich oder kontinuierlich vorgenommen werden, kontinuierlich z. B. in der Weise, daß man zunächst den Dispersionsfarbstoff auf das Gewebe aufklotzt, nach dem Thermosolverfahren 30 sec bei 180–220 °C fixiert und dann die Baumwolle mit Küpenfarbstoffen in der üblichen Weise nachdeckt.

Polyestrenfarbstoffe sind ausgesuchte spezielle Küpenfarbstoffe, die man auf das Gewebe aufklotzt und nach dem Zwischentrocknen durch „Thermosolieren" auf der Polyesterfaser fixiert. Anschließend wird in einem alkalischen Reduktionsbad (blinde Küpe) der Farbstoff auf der Cellulosefaser fixiert. Schließlich wird kochend geseift.

Vorteilhaft arbeitet man auch in der Weise, daß man Dispersions- und Reaktivfarbstoffe einbadig oder zweibadig aufklotzt und zur Fixierung nach dem Zwischentrocknen in einem Heißluftaggregat ca. 4 min auf 180 °C erhitzt. Auch das Pad-Roll-Verfahren kann hierzu Verwendung finden.

Ebenso können mit Erfolg wasserlösliche Schwefelfarbstoffe und Dispersionsfarbstoffe zwei- oder einbadig angewandt werden.

Bei hellen Nuancen kann man Indigosole aufklotzen und diese nach dem Nitritverfahren entwickeln. Wenn notwendig, kann man mit Dispersionsfarbstoffen den Polyesteranteil nachdecken.

Farbstoffmischsortimente für Polyester/Cellulosefaser-Mischungen sind z. B. *Cottestren-Farbstoffe* sowie die *Dekatyl-*, *Foronthren-* und *Teracoton-Farbstoffe*. Bei diesen Mischsortimenten handelt es sich um Mischungen aus Dispersions- und Küpenfarbstoffen. Man färbt z. B. nach einem *Einbad-Zweistufen-Verfahren* in der Weise, daß man zunächst den Polyesteranteil in einem Temperaturbereich zwischen 120 und 135 °C anfärbt. Anschließend wird auf etwa 80 °C abgekühlt und Natronlauge/Hydrosulfit zur Verküpung des Küpenfarbstoffs zugesetzt und bei bis zu 50 °C fallenden Temperaturen die Cellulosefaser gefärbt.

Beim *Thermosol-Verfahren* wird bei Temperaturen zwischen 200 und 215 °C zunächst ebenfalls der Polyesteranteil mit Dispersionsfarbstoffen gedeckt und daran anschließend der Küpenfarbstoff (bei Geweben z.B. nach dem Pad-Steam-Verfahren) entwickelt.

Beim *Pad-Thermosol/Kaltverweilverfahren einbadig* wird das Gewebe mit Reaktiv- und Dispersionsfarbstoffen ohne Alkali geklotzt, zwischengetrocknet und thermosoliert. Anschließend wird nach dem Kühlen auf Raumtemperatur mit einer Alkali/Salzlösung bei 25 °C foulardiert und zur Entwicklung des Reaktivfarbstoffes (Cibacronfarbstoff) bei Raumtemperatur ca. 20 Std. gelagert. Bei der *zweibadigen* Arbeitsweise wird der Polyesteranteil vorgefärbt und die Cellulosefaser nach dem Kaltverweil-Verfahren nachgedeckt (M. Haelters).

Die *Terindosol-Farbstoffe* sind Mischungen aus Indigosolen und Dispersionsfarbstoffen, die einbadig auf Polyester/Baumwolle-Mischungen gefärbt werden können. Dabei wird zunächst der Dispersionsfarbstoff durch Thermosolieren fixiert, wobei sich das Indigosol schon zu spalten beginnt. Die völlige Abspaltung der Estergruppe wird anschließend mit Nitrit/Schwefelsäure vorgenommen.

8. Mischungen aus Polyesterfasern und Wolle

Mit einer Kombination von Säurefarbstoffen bzw. 1:2-Metallkomplexfarbstoffen und solchen Dispersionsfarbstoffen, die Wolle wenig anschmutzen, lassen sich befriedigende Resultate erzielen, besonders, wenn man Carrier mitverwendet, die ein Anschmutzen der Wolle weitgehend verhindern.

Beim HT-Färbeverfahren kann man zum Schutz der Wolle Formaldehyd zusetzen.

Bei hellen Tönen kann man einbadig arbeiten; bei mittleren und dunklen Tönen ist ein zweibadiges Arbeiten zweckmäßig.

Nach *H. Ris* und Mitarbeitern arbeitet man in der Weise, daß man nach dem Klotzen mit Dispersionsfarbstoffen zwischentrocknet und anschließend thermofixiert (185–205 °C). Die Wolle wird auf der Haspelkufe nachgedeckt.

Für das Färben und Drucken solcher Fasermischungen aus Polyester und Wolle stehen auch Spezialsortimente zur Verfügung, z.B. Mischungen von Dispersionsfarbstoffen mit 1:2-Metallkomplexfarbstoffen und/oder sauren Wollfarbstoffen (*Lanestren-*, *Resolamin-*, *Remacen-*, *Setarolen-*, *Forosyn-* und *Teralan-Farbstoffe*). Lanestren M-Farbstoffe sind solche, die als 1:2-Metallkomplexfarbstoffe Acidol M-Farbstoffe (S. 394) enthalten.

9. Das Färben von Fasern auf der Basis von Polyvinylchlorid

Die Polyvinylfasern (S. 314ff.). Die Polyvinylchloridfasern (Rhovyl, Fibravyl, Talon, PeCe-Faser) lassen sich auf Grund ihrer mangelnden Quellbarkeit und des Fehlens geeigneter funktioneller Gruppen nur schwer anfärben. Eine gewisse Affinität zu diesen Fasern besitzen Dispersionsfarbstoffe, welche besonders bei Gegenwart von Carriern in verstärktem Maße aufziehen, so daß man helle bis mittlere Töne damit befriedigend färben kann, wobei allerdings im Interesse einer ausreichenden Lichtechtheit die Farbstoffe entsprechend auszuwählen sind. Als Carrier kommen u.a. Butylphthalat, Benzol und chlorierte Benzole, Äthylacetat, Diphenylamin, Aceton usw. in Betracht.

Carrier-Handelsprodukte: Dilatin DB, Remol PeCe, Solvant FT u.a.

In beschränktem Maße können auch *kationische* Farbstoffe sowie *Entwicklungsfarbstoffe* und *Indigosole* angewandt werden.

Für dunklere Töne kommt ein Anfärben mit *Pigmentfarbstoffen* unter Verwendung eines geeigneten Bindemittels oder die Herstellung *düsengefärbter* Fasern in Frage.

Grundsätzlich darf bei der Veredlung der Polyvinylchloridfasern eine Badtemperatur von 70 °C nicht überschritten werden, da sonst die Fasersubstanz erweicht, was beim Abkühlen zu einem Hartwerden und eventuellen Verkleben führt. Das gleiche gilt auch für den Trocken- und Appreturprozeß sowie für die Behandlung im Gebrauch (Waschen und Bügeln).

10. Das Färben der Polyacrylnitrilfasern

Der Zusammenhalt zwischen den einzelnen Polyacrylnitrilketten, der für die Festigkeit und für das färberische Verhalten der Faser maßgebend ist, wird u. a. durch die Ausbildung zwischenmolekularer Kohäsionskräfte bewirkt.

Die Stärke der vorhandenen Kohäsionskräfte hängt vermutlich von dem Orientierungsgrad der Kettenmoleküle bzw. Kristallite ab, so daß die weniger stark verstreckten *Stapelfasern* gegenüber den stärker verstreckten *endlosen Fasern* wahrscheinlich eine geringere Anzahl „Querbindungen" besitzen. Dies wirkt sich dahingehend aus, daß sich Stapelfasern leichter anfärben lassen als endlose Fasern, da die Diffusion der Farbstoffmoleküle in den letzteren erschwert ist. Durch Zusatz von Carriern zum Färbebad können die „Querbindungen" aufgebrochen und damit den Farbstoffmolekülen der Zugang in das Faserinnere geöffnet werden.

Infolge des acidifizierenden Einflusses der CN-Gruppe (+F-Effekt) auf die Methylenkette neigt der Wasserstoff am α-ständigen C-Atom zum Addissoziieren, so daß die Faser einen anionischen Charakter annimmt, der sich in dem Verhalten der Faser gegenüber den verschiedensten kationischen Substanzen, z. B. auch gegenüber kationischen Farbstoffen auswirkt. Die besonders leichte Aufnahme von kationischen Farbstoffen scheint indes auf das Vorhandensein saurer Gruppen, z. B. Sulfogruppen, zurückzuführen zu sein, welche im Rahmen der Herstellung bzw. Verarbeitung des Polymerisats auftreten (*Beckmann, Glenz*).

Auf Grund ihrer hydrophoben Eigenschaften färbt sich die Polyacrylnitrilfaser mit manchen Farbstoffen nach den herkömmlichen Verfahren nur verhältnismäßig schwierig bzw. gar nicht an, so daß es nicht einfach ist, tiefe Töne bei guten Echtheiten zu erzielen.

Infolge ihrer „organophilen" Natur sind eine Anzahl *Dispersionsfarbstoffe* geeignet und liefern gute Naßechtheiten, wobei die Farbtiefe durch die Anwendung von Carriern oder durch das Hochtemperaturverfahren gesteigert werden kann.

Durch den anionischen Charakter der Polyacrylnitrilfaser bedingt, zeigen kationische (*basische*) *Farbstoffe* eine natürliche Affinität zu dieser Faser, so daß diese ohne jede Vorbeize gefärbt werden können. *Anionisch modifizierte Polyacrylnitrilfasern* zeigen eine besonders gute Aufnahmefähigkeit für kationische Farbstoffe.

Unter den *Küpenfarbstoffen* sind neben indigoiden und thioindigoiden Farbstoffen auch Anthrachinonderivate geeignet. Dabei wird die alkalische Küpe zur Schonung der Faser mit Kalium- oder Natriumhydrogencarbonat abgepuffert. Bei einer ganzen Anzahl dieser Farbstoffe hat sich das Küpensäureverfahren als besonders geeignet erwiesen.

Für die Anwendung der *Indigosole* beschreibt *J. Müller* eine besonders für Stückware geeignete Färbemethode, die darin besteht, daß die hydrophilen Indigosole durch Zusatz eines kationischen Körpers z. B. Polysynthrensalz M (Pyridiniumverbindung) zum Färbebad in ein „organophiles" Produkt umgewandelt werden, welches Affinität zur Polyacrylnitrilfaser besitzt:

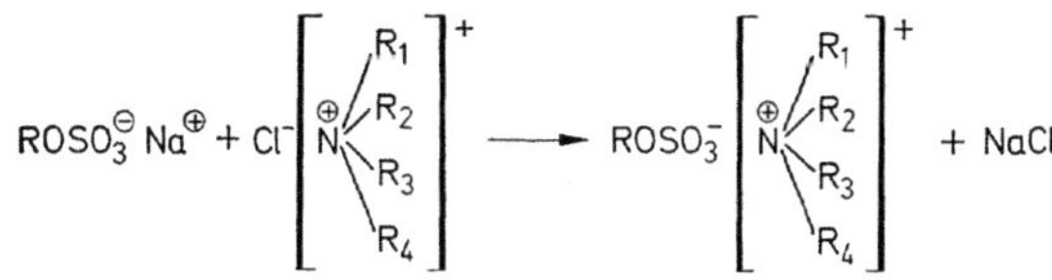

Die Regeneration des Farbstoffes erfolgt dabei in der üblichen Weise.

Mit *Naphtol AS-Farbstoffen* und *Oxydationsfarbstoffen* lassen sich nur schwache Farbtöne erzielen.

Säurefarbstoffe haben als typisch „anionische" Farbstoffe keine Affinität zur Polyacrylnitril-Faser, da die Faser selbst einen anionischen Charakter zeigt und daher anionische Farbstoffe eher abstößt als anzieht.

Mit Hilfe der Beladung der Polyacrylnitril-Faser mit Kupfer(I)-ionen ist es nach dem von *T. A. Feild* und *G. H. Fremon* entwickelten Verfahren möglich, ausgewählte Säurefarbstoffe und auch bestimmte substantive Farbstoffe an die Polyacrylnitrilfaser zu binden. Da die Kupfer(I)-salze entweder unbeständig oder wasserunlöslich sind, werden für die „Kupferung" der Faser Kupfer(II)-salze, z.B. Kupfer(II)-sulfat in Verbindung mit einem Reduktionsmittel, wie Hydroxylaminsulfat, angewandt. Die dabei entstehenden Kupfer(I)-ionen werden von der Faser vermutlich koordinativ gebunden. Der kationische Kupferkomplex ist dann in der Lage, Farbstoffanionen elektrostatisch zu binden. Kupfer(II)-salze sind hierbei ohne jede Wirkung. Was die für das Verfahren in Betracht kommenden Farbstoffe anbelangt, so ist deren Eignung konstitutionsbedingt.

Das einwertige Kupfer wird von den Cyangruppen des Polyacrylnitrils koordinativ gebunden, wobei das Kupfer die Koordinationszahl 4 betätigen kann.

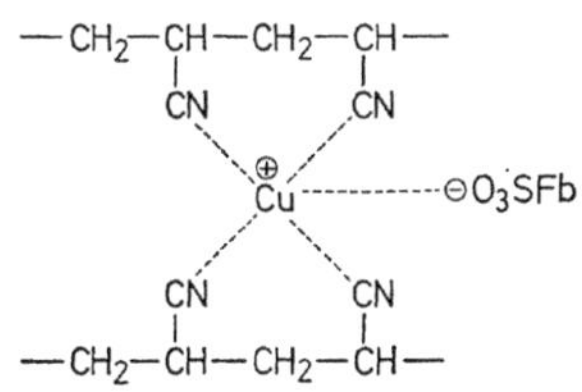

Fb = Farbstoffrest

Für die Gegenwart einwertigen Kupfers der Koordinationszahl 4 spricht die Tatsache, daß Kupferkomplexe mit der Koordinationszahl 4 sehr beständig sind, da sie Edelgaskonfiguration besitzen.

Als Reduktionsmittel haben sich in erster Linie das Hydroxylaminsulfat sowie das Hydrazinsulfat bewährt.

Die Reduktion der Kupfer(II)-Verbindung kann nach *H. Rath* und *H. Rehm* mit Eisen(II)-sulfat sowie auf elektrolytischem Wege erfolgen. Gemäß dem Sandocryl-Verfahren (*Sandoz*) wird mit metallischem Kupfer reduziert.

Die ursprünglich stark gepflegte Kupfer(I)-Methode ist heute verlassen worden, da sie mit Schwierigkeiten behaftet ist. Das wichtigste Verfahren ist heute das Färben mit *kationischen Farbstoffen*, von denen eine ganze Anzahl licht- und waschechte Färbungen liefern. Die Frage, warum – im Gegensatz zu der Anwendung der kationischen Farbstoffe auf Baumwolle – auf der Polyacrylnitrilfaser teilweise eine gute Lichtechtheit resultiert, ist nicht geklärt. Nach *J. Wegmann* ist die Lichtechtheit um so besser, je mehr sich die Bindungsart von der reinen elektrostatischen Bindung einer kovalenten Bindung nähert, d.h. je geringer die Basizität des angewandten Farbstoffs ist.

Das Ziehvermögen der kationischen Farbstoffe ist so groß, daß man im Interesse einer gleichmäßigen Anfärbung häufig mit kationaktiven Bremsmitteln (Retarder) arbeiten muß (Kompensierung der negativen Faserladung bzw. Konkurrenzreaktion zwischen farbigem und farblosem Kation um die anionischen Plätze auf der Faser). Retardermenge sowie Färbetemperatur und Färbegeschwindigkeit sind so einzustellen, daß Ungleichmäßigkeiten vermieden werden. Bei Farbstoffkombinationen ist darauf zu achten, daß nur „kombinierbare" Farbstoffe gemischt werden, da bei unterschiedlicher Aufziehgeschwindigkeit der Farbstoffe Unegalitäten eintreten können.

Da die Zahl der anionischen Gruppen in der Faser beschränkt ist, nimmt die Acrylfaser im Färbegleichgewicht maximal nur eine bestimmte berechenbare Farbstoffmenge auf, die Sättigungsmenge (*W. Beckmann*).

Kationische Retarder sind u.a.: Levegal PAN, Astragal PAN, Remol AC, Rucoegalisierer PAN, Retarder A, Du Pont Retarder LAN, Depco Retarder, Retargal A.

Auch *anionische Retarder*, die den kationischen Farbstoff im Färbebad binden und diesen erst bei höherer Temperatur wieder freigeben, können Verwendung finden z.B. Ebrolin RE. Um eine Ausfällung zu verhindern, ist der Zusatz eines entsprechenden Schutzmittels erforderlich (ITW-Verfahren mit Irgasol DAM und Tinegal W).

Defitherm-Verfahren. Bei diesem Verfahren handelt es sich um ein solches zum Färben von Polyacrylnitrilfasern mit kationischen Farbstoffen, wobei der Färbeprozeß bei *definierten Temperaturen* vorzunehmen ist. Das Defitherm-Verfahren ermöglicht eine definierte Baderschöpfung und ein egales Anfärben, ohne daß ein Zusatz von Retardern erforderlich ist. Es ist lediglich auf eine präzise Temperaturführung während des Färbens zu achten.

Schnellfärbemethode für Astrazonfarbstoffe. Um den steigenden Anforderungen der Praxis hinsichtlich Gleichmäßigkeit und Reproduzierbarkeit der Färbungen sowie Wirtschaftlichkeit der Verfahrensweise gerecht zu werden, wurden die Verfahrensvorschriften für das Färben der Polyacrylnitrilfasern mit *Astrazon-Farbstoffen* weiterentwickelt und neu gestaltet.

Farbstoffart und Auswahl geeigneter Kombinationsfarbstoffe werden in der Praxis durch Berücksichtigung der *Kombinationskennzahl K* der Astrazon-Farbstoffe bestimmt. Astrazon-Farbstoffe mit gleicher oder naheliegender Kombinationskennzahl weisen ähnliche Affinität und Aufziehgeschwindigkeit auf und erfüllen somit die Bedingungen des optimalen färberischen Verhaltens in *Farbstoffkombinationen*. Bei Kombinationsfärbungen mit Farbstoffen unterschiedlicher Kombinationskennzahlen zieht der Farbstoff mit der höheren Zahl stets nach und erfordert hierdurch naturgemäß eine längere Färbedauer.

In Abhängigkeit von der Zusammensetzung des Polymerisates, dem Spinnverfahren, dem Verstreckungs- und Fixierungsgrad unterscheiden sich die einzelnen Acrylfasern des Handels in ihrem Farbstoffbindungsvermögen und ihrer Färbegeschwindigkeit.

Farbstoff-Handelsprodukte: Basacryl-, Astra-, Astrazon-, Remacryl-, Deorlin-, Maxilon-, Sevron-, Genacryl-, Calcozine, Sandocryl B-, Lycraminlicht-Farbstoffe u.a.

Mit ausgesuchten *Metallkomplexfarbstoffen* lassen sich ebenfalls sehr gute Echtheiten erzielen.

Modacrylfasern. Modacrylfasern sind mit höheren Zusätzen an Fremdmonomeren modifizierte Polyacrylnitrilfasern, deren färberisches Verhalten je nach der

Art des Monomeren verschieden ist. Es gibt sowohl kationisch als auch anionisch modifizierte Acrylfasern, die sich mit anionischen oder mit kationischen Farbstoffen anfärben lassen.

11. Das Färben von Mischungen aus Polyacrylnitril- und Cellulosefasern

Es kommen folgende Kombinationen in Betracht (ein- bzw. zweibadig):

Dispersions- und Küpenfarbstoffe
Dispersions- und Reaktivfarbstoffe
Kationische und Direktfarbstoffe
Kationische und Küpenfarbstoffe
Kationische und Reaktivfarbstoffe
Indigosole

Man färbt z.B. zweibadig in der Weise, daß die Polyacrylnitrilfaser mit kationischen Farbstoffen vorgefärbt und die Cellulosefaser mit Direkt-, Schwefel-, Reaktiv-, Küpen-, oder Naphtol AS-Farbstoffen nachgedeckt wird. Teilweise kann auch *einbadig*, aber zweistufig, gearbeitet werden. Die Brillanz der kationischen Farbstoffe kann aber auf der Polyacrylnitrilfaser unter diesen Umständen nicht immer erreicht werden.

Bedingt durch die gute saure Überfärbeechtheit der Remazolfarbstoffe (Reaktiv-) wird der Celluloseanteil zuerst mit Remazolfarbstoffen und Natronlauge bei 60 °C vorgefärbt. Anschließend stellt man das Färbebad mit Essigsäure neutral, gibt den kationischen Farbstoff (Remacryl-) zu und färbt die Polyacrylnitrilfaser bei pH 5 unter HT-Bedingungen (108 °C) oder bei Kochtemperatur.

12. Das Färben von Mischungen aus Polyacrylnitrilfasern und Wolle

Folgende Kombinationen können Verwendung finden (ein- bzw. zweibadig):

Dispersions- und Säure- bzw. 2:1-Metallkomplexfarbstoffe
Kationische und Säure- bzw. 2:1-Metallkomplexfarbstoffe

13. Das Färben von Acrilan (Modacrylfaser)

Das Mischpolymerisat Acrilan ist gegenüber der Polyacrylnitrilfaser durch eine etwas leichtere Anfärbbarkeit gekennzeichnet.

Neben kationischen und Dispersionsfarbstoffen können Säurefarbstoffe und Metallkomplexfarbstoffe appliziert werden. Küpenfarbstoffe und Indigosole sind beschränkt anwendbar.

14. Mischungen aus Acrilan und Cellulosefasern

Folgende Kombinationen können angewandt werden (ein- bzw. zweibadig):

Dispersions- und Direktfarbstoffe
Kationische und Direktfarbstoffe
Säure- bzw. Metallkomplexfarbstoffe und Direktfarbstoffe
Dispersions- und Reaktivfarbstoffe
Kationische und Reaktivfarbstoffe
Indigosole

15. Mischungen von Acrilan und Wolle

Folgende Farbstoffklassen finden Verwendung:

Säurefarbstoffe
Metallkomplexfarbstoffe
Chromierungsfarbstoffe

16. Das Färben von Dynel (Modacrylfaser)

Ähnlich wie bei Acrilan liegt das färberische Verhalten von Dynel so, daß diese Faser im Prinzip mit den gleichen Farbstoffgruppen angefärbt werden kann. Säurefarbstoffe und Metallkomplexfarbstoffe können allerdings nur nach der Kupfer(I)-Methode – evtl. unter Zusatz von Carriern – angewandt werden.

17. Das Färben von Polyvinylidencyanid (Darvan, Travis)

Darvan ist ein Mischpolymerisat aus 50% Vinylidencyanid und 50% Vinylacetat.

Auf Grund der zahlreichen Protonbrücken zwischen den einzelnen Ketten (S. 322f.) färbt sich die Faser schwieriger an als die Polyacrylnitrilfaser. Im Prinzip kann sie mit Dispersionsfarbstoffen und mit kationischen Farbstoffen angefärbt werden. Bei den letzteren arbeitet man zweckmäßig unter Zusatz von Carriern.

18. Das Färben von Verel, Creslan, Zefran (Modacrylfasern)

Verel, ebenfalls ein Polyacrylnitril-Mischpolymerisat, kann weitgehend analog wie Dacron gefärbt werden.

Andere Polyacrylnitril-Mischpolymerisate wie *Creslan* und *Zefran* können neben Dispersions- und kationischen Farbstoffen auch mit Säurefarbstoffen, Metallkomplexfarbstoffen, substantiven Farbstoffen, *Zefran* auch mit Küpenfarbstoffen und Entwicklungsfarbstoffen gefärbt werden.

19. Das Färben von Fasern aus Polyvinylalkohol

Die Faser läßt sich mit einer ganzen Reihe von Farbstoffklassen färben. Geeignet sind Dispersionsfarbstoffe, substantive und Säurefarbstoffe. Für echte Töne kommen Metallkomplexfarbstoffe sowie Küpenfarbstoffe und Entwicklungsfarbstoffe in Betracht.

20. Das Färben der Polyolefinfasern

Polyolefinfasern (*Polyäthylen, Polypropylen*) sind auf Grund ihres aliphatischen und apolaren Charakters weitgehend hydrophob, so daß sie aus wäßrigen Bädern nur verhältnismäßig schwer angefärbt werden können. Wo irgend möglich, verwendet man daher zweckmäßigerweise spinngefärbte Fasern.

Für das Färben kommen neben *Dispersionsfarbstoffen Entwicklungsfarbstoffe* in Betracht, welche wie bei den anderen synthetischen Fasern nach dem Heißdiazotierungsverfahren entwickelt werden. Bei Dispersionsfarbstoffen, die zur Metallkomplexbildung befähigt sind, färbt man in Gegenwart von Metallsalzen (Ni, CO, Cr, Fe, V, Cu, Al, Sr, Zn).

Das Metallsalz (Zn-stearat, Al-stearat, Ni-stearat) kann aber auch schon in der Faser selbst enthalten sein. Für helle Töne eignen sich auch ausgesuchte *Küpenfarbstoffe*, die unter solchen Bedingungen gefärbt werden, daß ein Teil des Farbstoffes als Küpensäure vorliegt (pH 6–9). *Küpensäureester* lassen sich in der Weise färben, daß man das Material zunächst in einem Reduktionsbad behandelt, den Küpensäureester zugibt und auf Kochtemperatur geht. Anschließend wird Essigsäure zugesetzt, so daß die färbende Verbindung ebenfalls wieder die Küpensäure ist.

Ein Färben mit *Oxydationsfarbstoffen* ist ebenfalls möglich, und zwar in der Weise, daß man z.B. Aminodiphenylamine aus der Dispersion auf die Fasern aufbringt und die Oxydation mit Hypochlorit durchführt, wobei sehr lichtechte Schwarzfärbungen resultieren. Ein Einbau von basischen Gruppen in die Faser ermöglicht das Anfärben mit anionischen Farbstoffen.

Erschwerend wirkt sich beim Färben der Umstand aus, daß die Fasern auf Grund ihres niedrigen spez. Gewichts auf Wasser schwimmen.

21. Das Färben von Mischungen mit „Differential-Dyeing-Fasern" (Multicolortechnik) vgl. S. 322

Das färberische Verhalten der Synthesefasern kann durch Copolymerisation oder durch chemische Modifizierung mehr oder weniger variiert werden (S. 347, 353).

Mischt man z.B. Polyacrylnitrilfaser von regulärer Zusammensetzung mit einer entsprechenden modifizierten Polyacrylnitrilfaser, so lassen sich in einfacher Weise *Mehrfarbeneffekte* erzielen. Entsprechende Möglichkeiten bieten sich auch bei Verwendung von Polyamidfasern oder Polyesterfasern verschiedener färberischer Eigenschaften.

So kann man z.B. in Polyamiden die Aminoendgruppen durch OH-Gruppen ersetzen, so daß mit anionischen Farbstoffen wenig färbbare Typen entstehen. Umgekehrt kann durch geeignete Zusätze die Anfärbbarkeit mit anionischen Farbstoffen erhöht werden. Vgl. auch S. 628: modifizierte Polyesterfasern.

Je nach dem färberischen Verhalten spricht man von folgenden Typen:

Regular-Dyeing-Typ
Deep-Dyeing-Typ
Non-Dyeing-Typ (Basic-Dyeable-Typ)
Low-Dyeing-Typ

Die Differential Dyeing-Technik hat eine große Bedeutung erlangt, weil man aus Gründen der einfacheren Disposition möglicht erst im Stück als schon im Garn färbt. Eine farbige Musterung im Stück ist bei Stückware aus Differential-Dyeing-Fasern bzw. -Garnen möglich. In ungefärbtem Zustand sind die verschiedenen Fasern häufig durch Signierfarbstoffe gekennzeichnet.

22. Bicolor-Färberei

Beim Bicolor-Verfahren erreicht man gleichartige Effekte wie beim Färben von Differential-Dyeing-Fasern dadurch, daß Stückware aus Mischungen zweier Faserarten (Polyester/Polyamid, Polyester/Polyacrylnitril) mit Kombinationen verschiedener Farbstoffklassen gefärbt wird (*H. Beutler*).

Das Färben aus organischer Lösung. Nach *E. Brunschweiler* kommt das Färben in organischen Lösungsmitteln vorläufig nur für synthetische Fasern mit Dispersionsfarbstoffen in Betracht, weil die letzteren in organischen Lösungsmitteln (z.B. Perchloräthylen) löslich sind.

Nach *H. Zahn* und Mitarbeitern lassen sich Polyesterfasern mit kationischen Farbstoffen in organischen Lösungsmittelsystemen befriedigend anfärben, wenn man als Lösungsmittel besonders Perchloräthylen, als Lösungsvermittler Aethanol und als Färbebeschleuniger Natriumrhodanid verwendet.

J. Mecheels betont, daß die organischen Lösungsmittel eine weit niedrigere Oberflächenspannung aufweisen als Wasser, was eine schnellere und vollständigere Benetzung des Fasermaterials bei der Lösungsmittelbehandlung erwarten läßt. Die Netzschwierigkeiten bei wäßrigen Flotten sind meist auf die fettigen Verunreinigungen der Faser zurückzuführen, die durch das Lösungsmittel leicht entfernt werden.

P. Senner und *O. Stoll* wählten hydroxygruppenhaltige Lösungsmittel z.B. Glycerin bei höheren Temperaturen.

E. Das Färben der Glasfaser

Die Glasfaser besitzt zu den üblichen organischen Farbstoffen keine Affinität, so daß Sonderverfahren zur Anwendung kommen müssen.

Man kann die Faseroberfläche z.B. durch eine Vorbehandlung mit Flußsäure und Alkali (*H. Freytag*) so verändern, daß organische Farbstoffe adsorptiv aufgenommen werden.

Vorteilhafter arbeitet man in der Weise, daß man die Faser vor dem Färben mit Kunststoffen oder Eiweißkörpern bei zusätzlicher Härtung präpariert, welche als Farbträger fungieren und das Aufziehen vermitteln. Man kann auch in der Weise verfahren, daß man *Pigmentfarbstoffe* mit Hilfe von als Bindemitteln fungierenden Kunststoffen nach dem Prinzip des Pigmentfärbens auf der Faser fixiert. In Frage kommen dafür alle nach einem solchen Prinzip fixierbaren farbigen Substanzen.

F. Gund schlägt vor, die Faser zunächst mit Tylose 4S in natronalkalischer Lösung zu präparieren, den Celluloseäther anschließend mit Säure zu koagulieren und dann zu färben. Alkalibeständige Farbstoffe können zusammen mit dem Celluloseäther aufgebracht werden, wonach Koagulierung mit Säure erfolgt.

Durch eine Säurevorbehandlung kann man die Faser für *kationische* Farbstoffe aufnahmefähig machen, was vermutlich auf einen Ionenaustausch zurückzuführen ist, welcher der Glasfaser saure Eigenschaften vermittelt (*F. Gund*). Durch eine Vorbehandlung mit Natronlauge erhält man eine Aufnahmefähigkeit für *Schwefel-* und *Küpenfarbstoffe* (*R. Schäfer*).

Nach *F. Gund* und *R. Lang* kann man die Farbstoffaffinität auch in der Weise erzeugen, daß man die Faser mit kationaktiven Hilfsmitteln – evtl. nach einer vorausgegangenen Alkalibehandlung – vorbehandelt. Für das anschließende Färben eignen sich alle wasserlöslichen Farbstoffe, welche mit den kationaktiven Produkten schwerlösliche Verbindungen eingehen (S. 546). Auch eine Vorbehandlung mit Metallbeizen (Chrom- und Aluminiumverbindungen) führt nach *F. Gund* zu einer anschließenden Fixierung insbesondere von *substantiven* Farbstoffen und *Beizenfarbstoffen*.

F. Das Färben der Asbestfaser

Asbest läßt sich mit den verschiedensten Farbstoffgruppen anfärben. Nach einer Vorpräparation mit Aluminiumsalzen kann man die Faser mit substantiven und Säurefarbstoffen färben. Kationische Farbstoffe ziehen nach der üblichen Vorbeize gut auf. Echte Färbungen mit Küpen-, Schwefel- und Entwicklungsfarbstoffen werden in der herkömmlichen Weise erzeugt.

G. Die Einrichtungen der Färberei

Während das Färben der Textilmaterialien früher in der Weise erfolgte, daß das Material mittels Handarbeit durch die Färbeflotte bewegt wurde, ging die Entwicklung in den letzten Jahrzehnten in der Richtung vonstatten, daß die Bewegung des Färbeguts bzw. der Färbeflotte immer mehr maschinell vorgenommen wurde. Diese Entwicklung war nicht nur durch das Prinzip der Arbeitskräfteersparnis diktiert, sondern ist der Ausfluß gewisser technischer Vorteile, welche mit dem maschinellen bzw. apparativen Färben verbunden sind. Dazu kommt noch, daß in den letzten Jahren der Färbeprozeß immer mehr zu einem *kontinuierlichen Verfahren* ausgebaut wurde. Auch die Einstellung der Färberezeptur wird durch die Ausmessung von Farbvorlagen *mit elektronischer Auswertung* der Meßwerte vorgenommen (S. 538).

Auch die gesamte Bedienung der Veredlungseinrichtungen geht heute mehr oder weniger automatisch vonstatten (lochkartengesteuerte Automatik). Diese Gesichtspunkte gelten nicht nur für die Prozesse des Färbens, sondern naturgemäß für die gesamten Textilveredlungsverfahren.

Grundsätzlich kann zwischen *Färbemaschinen* und *Färbeapparaten* unterschieden werden. Man versteht unter den ersteren solche Einrichtungen, bei denen die Ware durch die ruhende Flotte bewegt wird, während bei den letzteren ein Bewegen der Flotte durch die ruhende Ware erfolgt. Neben der Einsparung von Arbeitskräften gewährleistet das Arbeiten auf Maschinen bzw. Apparaten eine sehr gleichmäßige Einwirkung der Färbeflotte und daher einen egalen Farbausfall. Beim Färben der Wolle (loses Material oder Garne) in Apparaten, in denen die Wolle während des Färbeprozesses nicht bewegt wird und daher nicht filzt, bleibt die Wolle offen und somit spinn- bzw. spulfähiger.

Ein Gesichtspunkt, der beim Arbeiten auf Maschinen und Apparaten besonders ins Gewicht fällt, ist das dabei vorhandene günstige *Flottenverhältnis*, welches sich besonders bei den Färbeapparaten sehr vorteilhaft auswirkt. Unter dem Flottenverhältnis oder der Flottenlänge wird das Verhältnis des Textilguts in Kilogramm zu dem Volumen der Veredlungsflotte in Litern verstanden. Je kleiner dieses Verhältnis ist, d.h. je weniger Flotte benötigt wird, desto rentabler gestaltet sich der Veredlungsprozeß, da damit vor allen Dingen die Dampfkosten gesenkt und weiterhin Farbstoffe und Chemikalien entsprechend eingespart werden können.

Färbt man z.B. loses Material in der Weise, daß man es in einer Kufe mit Stöcken oder Gabeln von Hand bewegt, dann benötigt man ein verhältnismäßig langes Flottenverhältnis, welches etwa 1:40 betragen kann. Packt man dagegen das Fasermaterial fest in einen Kessel ein und preßt die Färbeflotte durch den dichten Materialblock, dann läßt sich dies mit wesentlich weniger Flotte bewerkstelligen, so daß sich das Flottenverhältnis beispielsweise auf nur 1:4 beläuft.

Auf den jeweiligen Einrichtungen der Färberei wird nicht nur gefärbt, sondern es können auch alle notwendigen Vor- und Nachbehandlungsarbeiten wie Abkochen, Bleichen, Seifen, Avivieren usw. vorgenommen werden.

Die *Werkstoffe für die Färbereieinrichtungen* (S. 830ff.) werden zweckmäßig der Flottenaggresivität und den mechanischen Beanspruchungen angepaßt. In Betracht kommen Edelstahl, Haveg, keramische Werkstoffe, Hartgummi und Kunststoffe. Die Verwendung von Holz und Eisen ist wegen der mangelnden Widerstandsfähigkeit gegenüber aggressiven Veredlungsflotten stark zurückgegangen. Häufig werden aus chemisch empfindlichen Werkstoffen bestehende Einrichtungen mit chemisch widerstandsfähigen Materialien ausgekleidet bzw. überzogen.

Die Verarbeitungsstadien in der Färberei. Das Färben wird, den technischen Erfordernissen entsprechend, in jedem Verarbeitungsstadium, d.h. also *im losen*

Material (Flocke), *im Vorgespinst* (Kardenband, Kammzug), *im Garn* oder *im Stück* (Webware, Strick- und Wirkware) vorgenommen. Am rationellsten gestaltet sich die Veredlung im allgemeinen im fertigen Stück, da hier der Warentransport durch die Maschine sowie von einer Maschine zur anderen in verhältnismäßig einfacher Weise vonstatten geht. Es besteht vor allen Dingen die Möglichkeit einer kontinuierlichen Arbeitsweise, da eine mehr oder weniger große Anzahl von Stükken aneinandergenäht und als „endloses" Band durch die Veredlung geführt werden kann. Färbt man dagegen Garne in irgendeiner Form z. B. auf der Kreuzspule, dann erfordert dies durch das einzelne Aufstecken der Kreuzspulen auf die Spindeln, das Anbringen der Verschlußköpfe bzw. -scheiben, das Abnehmen der Spulen usw., eine umständliche Handarbeit.

Ein Färben der Flocke ist notwendig, wenn eine Farbmelange verlangt wird. Letztere kann allerdings, wenn das Garn aus verschiedenen Faserkomponenten besteht, welche sich färberisch verschieden verhalten, auch durch Färben im Garn erzeugt werden.

Werden Buntwebwaren hergestellt, dann hat das Färben des Textilgutes spätestens in Garnform zu erfolgen.

Ein Färben im Stück ist nur bei Unifärbungen möglich, falls die Ware nicht aus unterschiedliche färberische Eigenschaften zeigenden Fasern besteht (z.B. Mischgewebe aus Viscose- und Acetatreyon), so daß die beiden Fasern bei der Stückfärbung verschieden angefärbt werden können. Heute spielt in diesem Zusammenhang die *Multicolortechnik* eine wichtige Rolle (S. 347, 353, 635).

Nicht immer werden unifarbige Waren im Stück gefärbt. Die technischen Erfordernisse können es mit sich bringen, daß z.B. an Stelle der Stückfärbung eine Garnfärbung vorgenommen und das einheitlich gefärbte Garn verwebt wird. Eine solche Arbeitsweise ist beispielsweise notwendig, wenn das Gewebe auf Grund seiner Konstruktion (hohe Gewebedichte, hartgedrehte Garne und Zwirne) eine einwandfreie Durchfärbung im Stück nicht zuläßt, eine solche aber im Hinblick auf die Erfordernisse des Gebrauchs notwendig erscheint, da beim Scheuern der Ware nicht angefärbte weiße Stellen zum Vorschein kommen. Selbst in der Flocke bzw. im Kardenband oder Kammzug wird Fasermaterial für unifarbige Stückware gefärbt, wenn besondere technische Vorteile dies ratsam erscheinen lassen.

1. Das Färben in der Flocke

Meist zieht man das Verspinnen von rohweißem Fasermaterial demjenigen von bereits veredelten Fasern vor. Dies gilt insbesondere für Baumwolle, welcher durch die verschiedenen Veredlungsoperationen das die Geschmeidigkeit und Weichheit bedingende Baumwollwachs entzogen wird. Namentlich bei einem dem Bleichen bzw. Färben vorausgehenden alkalischen Kochen wird die Faser strohig und spröde und läßt sich wesentlich schlechter in der Spinnerei verarbeiten (Kardieren, Verstrecken), als dies bei einer Rohbaumwolle der Fall ist. Dies gilt in ähnlicher Weise auch für die anderen Faserstoffe. Auch Wolle wird namentlich beim Färben mit Chromierungsfarbstoffen durch den langen Kochprozeß in ihrer Geschmeidigkeit nachteilig beeinflußt und neigt außerdem zum Filzen, so daß der Spinnprozeß erschwert ist. Die Geschmeidigkeit kann durch entsprechende Präparationen (Schmälzen, Avivieren) wieder verbessert werden.

Ein Färben in der Flocke kommt namentlich dann in Betracht, wenn *melangefarbige Garne* hergestellt werden. Solche Garne werden vielfach in der wolleverarbeitenden Industrie für die Zwecke der Tuchfabrikation erzeugt. Man will damit folgendes bezwecken (vgl. S. 600):

Wolle ist eine gegenüber der Einwirkung heißer Veredlungsflotten empfindliche Faser, so daß man das Färben möglichst abkürzt. Ein kurzes Färben ist im allgemeinen nur dann möglich, wenn nicht exakt nach Muster gefärbt zu werden braucht, da das Nuancieren (S. 537f.) den Färbeprozeß mehr oder weniger stark verlängert.

Verschiedene Graustufen z. B. erzeugt man sich daher in einer für die Wollfaser schonenden Weise in der Art, daß man schwarz gefärbte Wolle mit rohweißer Wolle in den entsprechenden Prozentsätzen mischt. Falls das Grau nach irgendeiner Richtung nuanciert werden soll, so lassen sich noch andere Farbkomponenten in der Spinnerei beimischen. Das Mustern wird also hier aus der Färberei in die Spinnerei verlegt. Diese Arbeitsweise besitzt den weiteren Vorteil, daß durch das Mischen verschieden gefärbter Fasern gedeckte Farbtöne entstehen, wie sie für die Zwecke der Tuchfabrikation vielfach erforderlich sind.

Auch bei der Herstellung unifarbiger Garne nimmt man das Färben eventuell schon in der Flocke oder im Kardenband vor, weil damit die Möglichkeit gegeben ist, *ganz große Farbpartien in vollkommen gleichmäßiger Färbung* herzustellen. Die maschinellen bzw. apparativen Einrichtungen der Färberei besitzen nur ein beschränktes Fassungsvermögen, da letzterem in technischer Beziehung (Pumpendruck usw.) gewisse Grenzen gesetzt sind, so daß eine große Garnpartie, welche in sich tongleich beschaffen sein soll, in verschiedene kleinere Farbpartien unterteilt werden muß. Dies hat zur Folge, daß die einzelnen Teilpartien unter sich gewisse Farbtonabweichungen zeigen.

Färbt man das *lose Material* in verschiedenen Farbpartien, dann spielen Unegalitäten innerhalb ein und derselben Partie sowie Farbabweichungen zwischen den verschiedenen Partien keine Rolle, da der Spinner die Möglichkeit hat, die verschiedenen Farbpartien zu *einer* Spinnpartie zu verarbeiten, wobei durch die Prozesse des Öffnens, Kardierens, Streckens usw. eine völlige Homogenisierung erreicht wird.

Auch für die Verwendung von Schußgarnen empfiehlt es sich häufig, das Material anstatt in der Kreuzspule in der Flocke oder im Kardenband zu färben, da die Kreuzspule in vielen Fällen nicht durch ihre ganze Wicklung hindurch völlig homogen angefärbt wird und so zu Schußbanden Anlaß geben kann. Das Färben des losen Materials beseitigt diese Schwierigkeit und gewährleistet weiterhin die Herstellung in sich homogen durchgefärbter Garne.

Der Nachteil der Verspinnung gefärbter Baumwolle besteht darin, daß sie auf der Karde schlechter läuft und daß unreinere Garne resultieren, da in dem Material vorhandene Verunreinigungen wie Staub, Sand, Blattreste, Fruchtkapseltrümmer usw. durch den Färbeprozeß fest auf der Faser fixiert werden, während solche aus rohweißem Material leichter ausgeschieden werden können.

Gegenüber dem Färben in der Flocke wird das Färben *im Kardenband* bevorzugt, da letzteres den Prozeß des Kardierens bereits hinter sich hat und daher reinere Garne anfallen. Der Nachteil der Flockenfärberei besteht weiterhin darin, daß die Beschläge der Karden durch gefärbtes Material mehr abgenutzt werden als durch rohweiße Fasern. Außerdem ist beim Wechseln der Farbe eine sorgfältige und sehr zeitraubende Reinigung der Kardengarnitur erforderlich.

Im Interesse eines einwandfreien Spinnprozesses ist beim Färben loser Baumwolle darauf zu achten, daß keinerlei Abscheidungen in der Flotte entstehen, welche die Faser rauh und daher schwer verspinnbar machen. Es ist daher nach Möglichkeit weiches Wasser zu verwenden und auch dafür zu sorgen, daß nicht durch Wechselwirkung zwischen den im Färbebad vorhandenen Chemikalien bzw. Farbstoffen das Verziehen der Fasern behindernde Ausscheidungen eintreten. Wenn irgend möglich, unterläßt man eine alkalische Abkochung, welche das Baumwollwachs entzieht. Durch ungleichmäßiges Netzen im Färbebad hervorgerufene Unegalitäten werden im Verlaufe des Spinnprozesses ausgeglichen. Falls das Material nicht einwandfrei läuft, ist ein Avivieren im letzten Spülbad erforderlich.

Loses Material färbt man üblicherweise in der Art, daß man es in einen Behälter einpackt und die Flotte mit Hilfe einer Zirkulationspumpe oder eines Propellers durch den Materialblock wechselseitig hindurchpreßt. Da Baumwolle in nassem Zustand einen wesentlich dichteren Materialblock liefert als Wolle, müssen die Baumwollfärbeapparate mit stärkeren Pumpen versehen sein als die Wollfärbeeinrichtungen. Man verwendet daher bei Baumwolle im allgemeinen Zentrifugalpumpen, während Wollfärbeapparate mit Propellerpumpen versehen sind. In Abb. 152 ist die Arbeitsweise eines Baumwollfärbeapparates schematisch wiedergegeben.

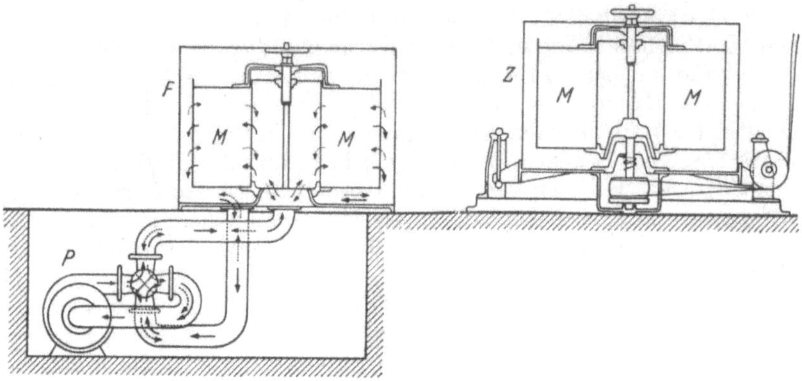

Abb. 152. Färbeapparat, Packsystem mit Zentrifuge, schematisch, zum Färben von losem Material (Zittauer Maschinenfabrik)

M = Materialträger mit eingepacktem Material; F = Flottenbehälter; P = Pumpe; Z = Zentrifuge; → = Flotten-zirkulation

Die für *Cellulosefasern* vorgesehenen Apparate sind meist zylindrisch gearbeitet, damit der perforierte Materialträger nach dem Färben aus dem Flottenbehälter genommen und geschleudert werden kann. Dies hat bei Schwefel- und Küpenfarbstoffen den Vorteil, daß eine Oxydation überschüssiger Farbstoffe und damit eine rein mechanische Ablagerung von Farbstoffen, welche zu reibunechten Färbungen führt, vermieden wird. Bei Entwicklungsfärbungen kann die überschüssige Grundierung ebenfalls abgeschleudert und der Materialblock anschließend in der Entwicklungsflotte behandelt werden. Die Einrichtungen sind aus Eisen oder Edelstahl gearbeitet.

Apparate zum Färben *loser Wolle* besitzen in der Regel wegen der Voluminosität der Wolle größere Dimensionen; sie bestehen im allgemeinen aus einem quadratischen bzw. rechteckigen Behälter (Holz oder Edelstahl), der einen perforierten Boden und einen abnehmbaren perforierten Deckel besitzt. Die Flotte wird durch das zwischen Boden und Deckel eingepackte Material gepreßt und läuft durch einen Überlaufschacht zur Pumpe zurück. Neuerdings finden auch in der Wollfärberei Rundapparate Verwendung. Die Arbeitsweise eines Wollfärbeapparates geht aus der Abb. 153 hervor.

Die entsprechenden Einrichtungen zum Färben der losen Wolle mit *Küpenfarbstoff* besitzen einen hebbaren, perforierten Einsatz sowie eine Abquetschvorrichtung, welche die gefärbte Wolle passiert. Da die Küpenfarbstoffe im Gegensatz zu den Säurefarbstoffen nicht ganz ausziehen, muß die überschüssige Farbflotte einmal aus wirtschaftlichen Gründen in den Flottenbehälter zurückbefördert und zum anderen mit Rücksicht auf die Echtheit der Färbung aus der Ware ausgequetscht werden (S. 607).

Das Färben von losem Material in *kontinuierlicher* Form wird in der Weise durchgeführt, daß man dieses zwischen Maschengebilden aus Fasermaterial oder Metall durch die Flotte transportiert (*Fleissner*).

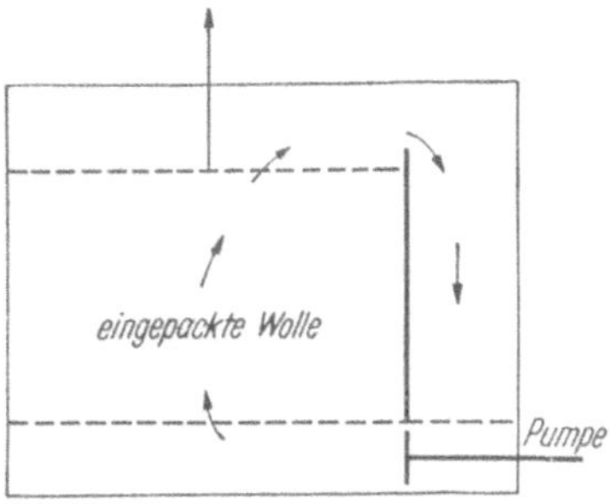

Abb. 153. Färbeapparat zum Färben von loser Wolle, schematisch.

2. Das Färben des Kardenbands

Das Färben im Kardenband hat den Vorteil, daß das Fasermaterial bereits einen Teil des Spinnprozesses hinter sich hat, so daß Verarbeitungsschwierigkeiten nur noch auf der Strecke auftreten können. Kardenband wird in verschiedener Weise gefärbt. Man kann den Inhalt einer Spinnkanne zusammenpressen und

Abb. 154. Kardenband-Zettelmaschine (Thies).

kreuzweise zu einem Paket verschnüren, wonach die einzelnen Pakete in einen Packapparat eingepackt und ähnlich wie loses Material nach dem „Packsystem" gefärbt werden. Ein weiteres Verfahren besteht darin, daß man das Kardenband auf perforierte Kettbäume aufbäumt (Abb. 154) und diese nach dem Prinzip des Kettbaumfärbens färbt. Eine dritte Methode arbeitet in der Weise, daß das Kardenband ähnlich wie in der Kammzugfärberei auf gelochte Spindeln aufgebracht wird, durch welche die Zirkulation der Farbflotte erfolgt.

3. Das Färben von Kammzug

Auch beim Färben des Kammzuges hat man die Möglichkeit, große Spinnpartien in einheitlicher Farbe herauszubringen, da verschiedene Kammzugfärbepartien zu einer großen Spinnpartie durch Dublieren und Strecken vereinigt werden können. Durch Dublieren verschieden gefärbter Kammzüge lassen sich Melangen erzeugen. Für Kammgarne bestimmte Wollen werden nicht in der Flocke, sondern im Kammzug gefärbt, da sonst beim Kämmprozeß gefärbtes Material ausgekämmt wird und somit zu dem Abfall kommt. Die Kammzugapparate arbeiten meist in der Weise, daß die Kammzugbobinen auf perforierte Spindeln aufgesteckt werden, durch welche die Flotte mittels Zirkulationspumpe hindurchgepreßt wird. Auch Kontinueeinrichtungen werden angewandt.

4. Das Färben von Garn

Garne werden je nach den technischen Erfordernissen und Gegebenheiten in Form des Strangs, der Kreuzspule oder des Kettbaums gefärbt. Während früher das Färben der Kopse weit verbreitet war, ist dieses heute durch das Färben der Kreuzspule praktisch abgelöst worden.

a) Das Färben von Stranggarn

Die einfachste Art des Garnfärbens ist diejenige des Färbens in Strangform, bei der die Garnstränge auf Stöcken hängend in Färbekufen von Hand bewegt bzw. ungezogen werden. Vorteilhaft arbeitet man auf *Stranggarnfärbemaschinen*, welche einerseits Arbeitskräfte sparen und zum anderen ein gleichmäßiges, das

Abb. 155. Stranggarn-Färbemaschine (Gerber).

Egalisieren förderndes Umziehen gewährleisten und ein Verwirren namentlich bei Reyongarnen ausschließen. Die Garne werden auf Porzellan- oder Metallträger aufgehängt, welche sich um ihre Achse drehen, nach Bedarf aber auf Grund eines exzentrischen Antriebs gleichzeitig auch eine auf- und abgehende Bewegung ausführen, so daß neben dem Kreisen ein gleichzeitiges Heben und Senken der Garne in der Färbeflotte erfolgt (Abb. 155).

Für das Färben von Wollstranggarn findet hauptsächlich der *Stranggarnfärbeapparat* Verwendung, bei welchem nicht die Ware, sondern die Flotte durch die ruhende Ware bewegt wird. Eine solche Arbeitsweise ist bei Wolle mit Rücksicht auf die Verhinderung des Filzens und die damit gewährleistete Spulbarkeit der Garne von Wichtigkeit. Die Garne werden dabei auf Metallschienen aufgehängt, welch letztere in einem Materialträger herausnehmbar montiert sind. Der beschickte Materialträger wird in den Flottenbehälter eingesetzt, wie dies Abb. 156

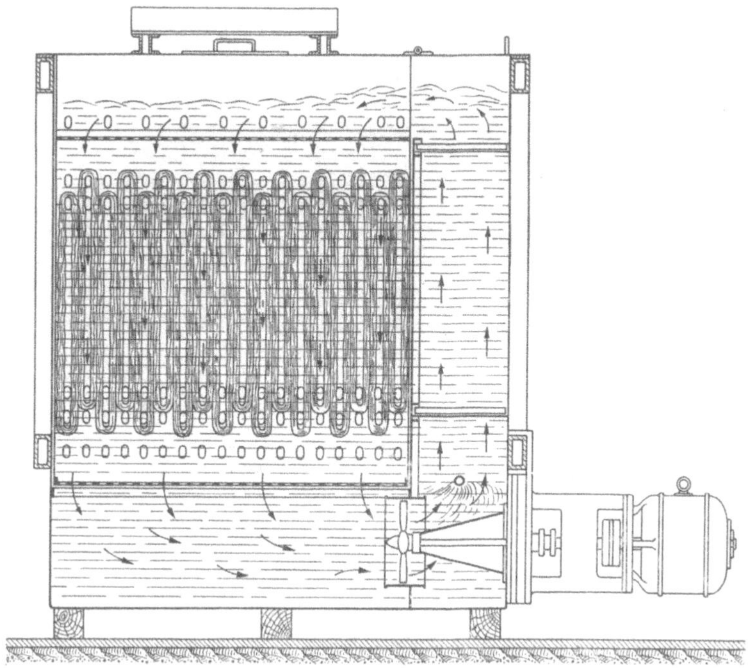

Abb. 156. Stranggarn-Färbeapparat, Schnitt (Krantz).

schematisch zum Ausdruck bringt. Um ein gleichmäßiges Anfärben an den Auflagestellen zu erreichen, werden die Garne nicht straff, sondern mit etwas Spielraum aufgehängt, so daß sie sich beim Wechseln der Flottenzirkulation von den Auflagestellen abheben können. Für das Färben bei oberhalb 100 °C liegenden Temperaturen (HT-Verfahren) kommt eine Einrichtung gemäß Abb. 157 in Betracht.

Für Garne aus Cellulosefasern eignen sich solche Stranggarnfärbeapparate weniger gut, da diese sich im Gegensatz zu Wolle stark mit Wasser vollsaugen und so fest auf den Stäben aufliegen, daß ein Abheben und damit ein gleichmäßiges Anfärben an den Auflagestellen schlecht möglich ist, vorausgesetzt, daß nicht sehr stark wirkende Zirkulationspumpen Verwendung finden. Grundsätzlich ist daher bei Cellulosefasergarnen die Stranggarnfärbemaschine vorzuziehen, da überdies das Beschicken mit den Garnen sowie das Abnehmen der gefärbten Garne einfacher und weniger zeitraubend ist als bei den Stranggarnfärbeapparaten.

Eine besondere Konstruktion eines Garnfärbeapparats ist in Abb. 158 dargestellt. Bei dieser Maschine wird die Flotte bei ruhendem Material durch die perforierten Rohre der einzelnen Garnträger gepumpt; die Flotte läuft von den herabhängenden Strängen in den Flottenbehälter zurück. In bestimmten Zeitabständen werden die Garne mit Hilfe einer Drehvorrichtung gedreht bzw. hochgehoben, wobei der Durchfluß der Flotte unterbrochen wird. Die geschlossene Bauweise verhindert Wärmeverluste sowie eine Badoxydation beim Küpenfärben. Die Einrichtung ist hauptsächlich zum Färben von Reyon- und Seidengarnen vorgesehen. Ein Verwirren des Fasermaterials ist bei dieser Arbeitsweise unterbunden.

Unter bestimmten Voraussetzungen – namentlich maschineller Art – kann man Stranggarn auch *im Packsystem* färben in der Weise, daß man die Garne in

Abb. 157. Hochtemperatur-Strangfärbeapparat (Scholl).

einen Färbeapparat einpackt, wie er im Prinzip für loses Material üblich ist, und die Färbeflotte durch den Materialblock hindurchpumpt. Während eine solche Arbeitsweise früher lediglich bei nicht zu Unegalitäten neigenden Farbtönen und

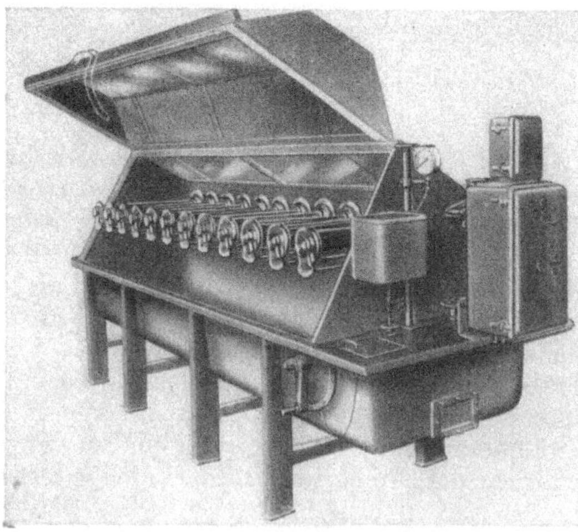

Abb. 158. Stranggarn-Färbeapparat geschlossener Bauart (Mezzera).

Farbstoffen möglich war, so daß sie im allgemeinen nur für das Färben von Baumwollgarnen mit substantiven und Schwefelfarbstoffen in Schwarz, Marineblau und Dunkelbraun in Frage kam, werden heute Einrichtungen gebaut, auf denen auch empfindliche Farbtöne, und zwar auch küpenfarbig im Packsystem gefärbt werden können. Diese Einrichtungen sind dadurch charakterisiert, daß die perforierte Achse im Verhältnis zu dem Flottenbehälter besonders große Dimensionen besitzt. Der Vorteil des Färbens im Packsystem liegt in dem verhältnismäßig kurzen Flottenverhältnis und in der guten Spulbarkeit der gefärbten Garne.

Reyon-Spinnkuchen (S. 214) bzw. *-Spulkränze* werden ebenfalls nach diesem Prinzip gefärbt, können aber auch im Aufstecksystem gefärbt werden. Spulkränze sind von der Spinnspule abgenommene Wickel. Zwirnwickel sind nach dem Spulen gezwirnte Wickel.

Neuerdings werden auch *Kreuzwickel aus texturierten* Garnen nach dem Packsystem gefärbt.

b) Das Färben von Kreuzspulen

Das Färben von Kreuzspulen ist für webereitechnische Zwecke von größtem Interesse. Da der Weber das vom Spinner in Kopsform gelieferte Garn in Form von Kreuzspulen benötigt, wird dieses vom Kops direkt auf die Kreuzspule umgespult und auf dieser gefärbt, braucht also zum Zweck des Färbens nicht erst zum Strang gehaspelt und dann wieder auf Kreuzspulen gespult zu werden.

Die kreuzförmige Wicklung der Kreuzspule ergibt einen verhältnismäßig lockeren Wickelkörper, welcher für die Farbflotte gut durchlässig ist. Eine Ausnahme bilden jedoch Reyon und Zellwolle, welche in Wasser stark quellen, so daß auch bei lockerer Wicklung die Spule so hart wird, daß sie von der Farbflotte nur noch schwierig durchdrungen wird. Eine Erhöhung des Pumpendrucks bringt hier im allgemeinen keine Abhilfe, da eine solche die Pression des Materials noch weiter verstärkt. Bei zellwollenen Kreuzspulen behilft man sich in der Weise, daß man einmal die Spule sehr locker wickelt und zum andern nur eine geringe Schichtdicke wählt, so daß man zellwollene Kreuzspulen in einzelnen Farben befriedigend färben kann. Bei Reyon sind auf Grund der Glätte des Fadens dem lockeren Spulen, um ein Abgleiten zu vermeiden, gewisse Grenzen gesetzt, so daß das Färben von kunstseidenen Kreuzspulen namentlich in stark quellenden alkalischen Bädern noch nicht befriedigt gelöst ist (vgl. S. 585).

Grundsätzlich ist darauf zu achten, daß die Stärke der Wicklung bei den einzelnen Kreuzspulen und innerhalb jeder Kreuzspule die gleiche ist, damit die Flotte überall den gleichen Durchdringungswiderstand vorfindet, da sie sonst durch diejenigen Kreuzspulen bzw. Kreuzspulpartien stärker zirkuliert und diese intensiver anfärbt, welche loser gewickelt sind.

Die Kreuzspulen können entweder nach dem *Packsystem* oder nach dem *Aufstecksystem* gefärbt werden. Beim *Packsystem* packt man die Spulen in Färbeapparate ein, wie sie auch für loses Material üblich sind, wobei man die Zwischenräume, um eine Kanalbildung zu vermeiden, mit losem Material abdichtet. Baumwollkreuzspulen kann man in dieser Form nur in leicht egalisierbaren Farben färben, so daß diese Methode im allgemeinen nur für dunkle Farbtöne in Substantiv und Schwefelfarben in Betracht kommt. Eine größere Bedeutung kommt dem Packsystem in der Wollfärberei zu, da auf Grund des voluminösen Charakters der Wolle die Spule weicher und für die Flotte durchlässiger ist.

Das Aufstecksystem. Für empfindlichere Farbtöne und Farbstoffklassen besser geeignet ist das Aufstecksystem, bei welchem die Spulen auf perforierte Metallspindeln (Abb. 159 und 160) oder Dreikantspindeln (Abb. 161 und 162) aufgesteckt werden, in welche die Flotte hineingepreßt wird. Die Spule selbst befindet sich auf einer perforierten Hülse (Abb. 163), so daß der Wickelkörper von der Flotte durchströmt wird. Das Schema der Flottenzirkulation nach dem Aufstecksystem (Färbeplatte) zeigt die Abb. 164. Um ein gleichmäßiges Durchfärben zu gewährleisten, arbeitet die Pumpe wechselseitig, d.h. die Flotte wird einmal von innen nach außen gedrückt und zum anderen von außen angesaugt und durch die Hülse bzw. die Spindel zur Pumpe zurückgeführt. Die Hülsen bestehen ent-

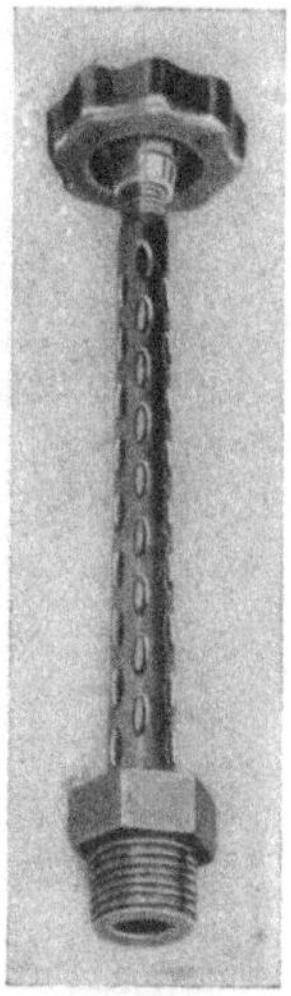

Abb. 159. Perforierte Spindel aus Edelstahl für zylindrische Kreuzspulen (Geidner).

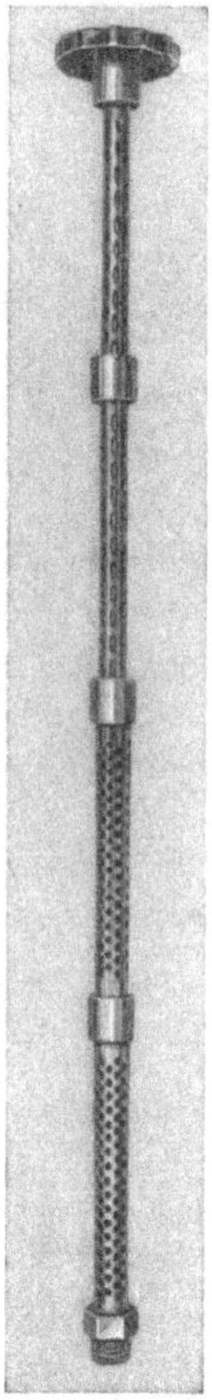

Abb. 160. Perforierte Spindel mit 2 Hülsen (Geidner).

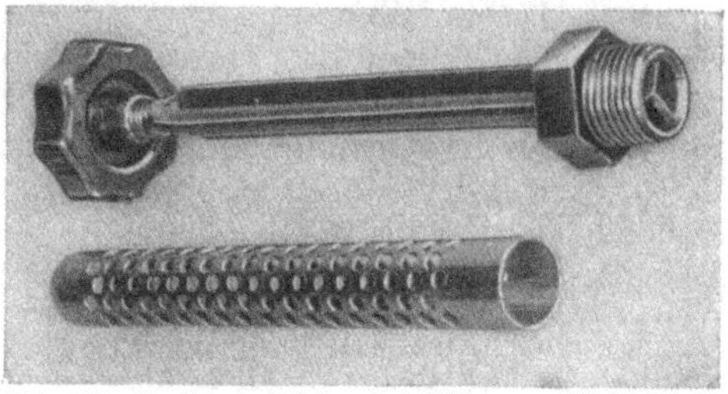

Abb. 161. Dreikantspindel nebst Hülse aus Edelstahl für zylindrische Kreuzspulen (Geidner).

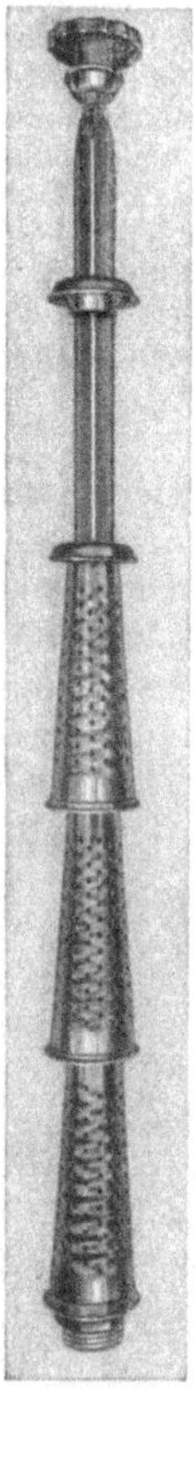

Abb. 162. Dreikantspindel mit 3 konischen Hülsen (Geidner).

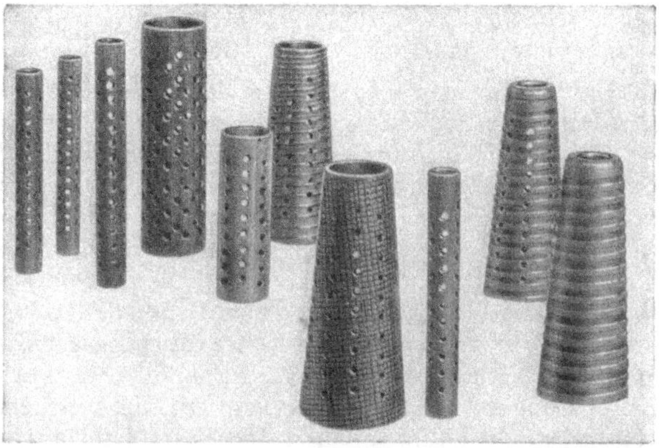

Abb. 163. Zylindrische und konische Kreuzspulhülsen aus Papier, perforiert und präpariert; rechts außen konische Einsteckhülse zum Auswechseln von Metall-Färbehülsen (Adolff).

weder aus Zellstoffpappe oder aus Metall und neuerdings aus Polypropylen. Im ersteren Fall sind sie mit Rücksicht auf die Haltbarkeit meist mit oxydiertem Leinöl oder mit Kunstharzen präpariert. Je größer der Durchmesser von Hülsen und Spindeln und damit auch der Perforationen gehalten wird, um so leichter geht die Zirkulation vonstatten und um so weniger treten Verstopfungen der Perforationen ein.

Auch flexible Drahthülsen sind im Handel (Abb. 165 und 166). Diese ermöglichen ein höheres Fassungsvermögen der Apparate und erleichtern die Zirkulation und damit die Durchfärbung. Zwischenstücke zwischen den einzelnen Spulen einer

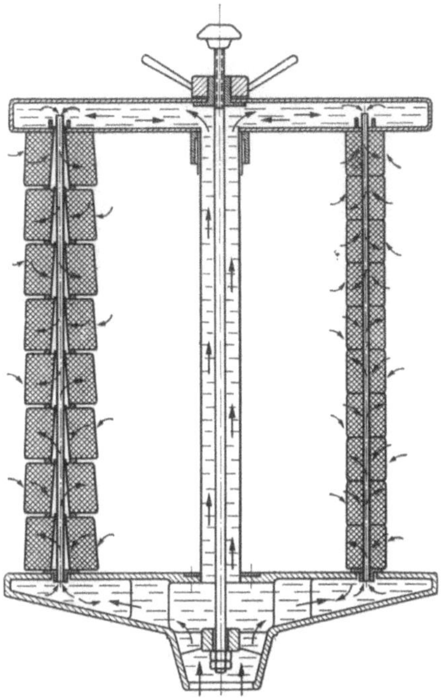

Abb. 164. Flottenzirkulation beim Kreuzspul-Aufstecksystem (Thies).

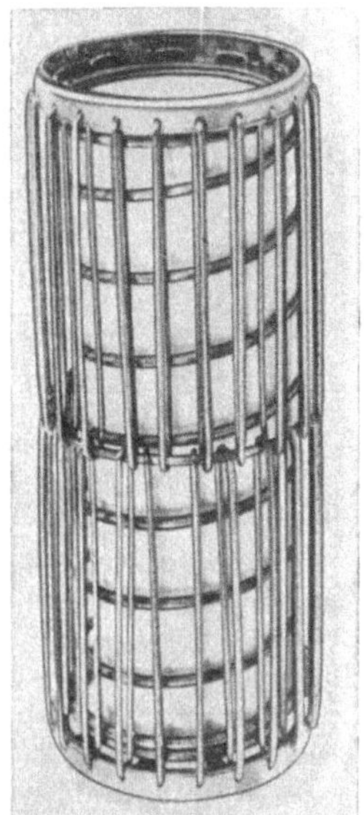

Abb. 165. Flexible Drahthülse für zylindrische Kreuzspule (Scholl).

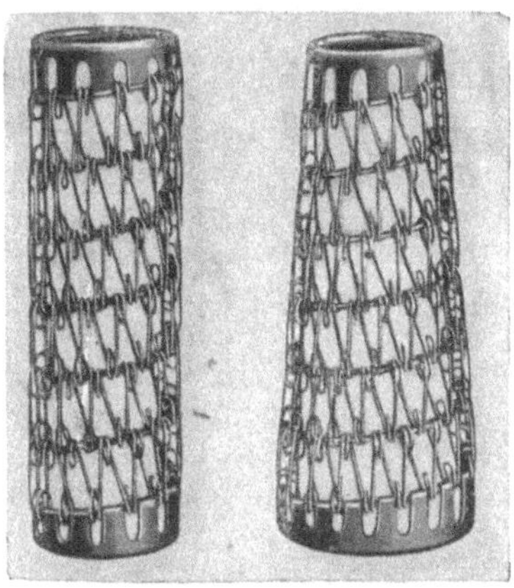

a b

Abb. 166. Flexible Drahthülsen für zylindrische (a) und konische (b) Kreuzspulen (Frauchinger).

Spindel kommen dabei in Wegfall, da die Spulen einer Säule dicht aufeinandergepreßt werden können.

Die Kanten der Kreuzspulen – namentlich der zylindrischen – erhalten durch den Spulprozeß meist eine etwas festere Wicklung, so daß ein gleichmäßiges Anfärben erschwert ist, falls man die Kanten nicht vorher abrundet bzw. entsprechende Vorrichtungen an der Spulmaschine anbringt, die eine lose Kantenwicklung besorgen. Auch die an der Kante auftretende *Flottenstauung*, die durch den hier aus zwei Richtungen rechtwinklig einwirkenden Flottendruck zustande kommt, ist für die hellen Kanten verantwortlich zu machen.

Neben der *zylindrischen* Kreuzspule (Abb. 167) findet heute immer mehr die *konische* Kreuzspule (Abb. 168) Verwendung, da bei ihr die Fadenspannung und

Abb. 167. Zylindrische Kreuzspule, Maßstab 1:4,5 (Photo *Klenk*).

Abb. 168. Konische Kreuzspule, Maßstab 1:4,5 (Photo *Klenk*).

damit die Wicklung durch den ganzen Wickelkörper hindurch wesentlich gleichmäßiger ist als bei der zylindrischen Spule. Sie hat weiterhin den Vorteil, daß das Fadenmaterial über den Kopf abgezogen werden kann, so daß Fadenbrüche auch bei schwachem Material praktisch ausbleiben, während bei der zylindrischen Kreuzspule, bei welcher der Faden seitlich abgezogen wird, der Faden einer größeren Zugbeanspruchung ausgesetzt ist.

Um diese Zugbeanspruchung zu mildern, wird die Materialmenge einer zylindrischen Kreuzspule im allgemeinen 350–400 g nicht überschreiten, während das Gewicht der konischen Kreuzspulen bis zu 1,5 kg betragen kann. Unter diesen Umständen ist der Kreuzspulfärbeapparat bei der konischen Kreuzspule besser ausgenutzt und das Flottenverhältnis daher günstiger als bei der zylindrischen Kreuzspule.

Beim Färben nach dem Aufstecksystem hat man zwei Typen von Materialträgern zu unterscheiden, und zwar einmal die *Färbeplatte* (Abb. 169 und 170) und zum anderen den *Färbeigel* (Abb. 171). Bei der Färbeplatte, welche heute bevorzugt wird, werden mehrere Spulen übereinander auf die Spindel gesteckt, wobei die einzelnen Spulen durch Zwischenstücke (Doppelkonus) getrennt und abgedichtet sind und die oberste Spule mit einem Verschlußkopf versehen wird. Die Färbeigel werden pro Spindel mit nur einer Spule beschickt, haben aber den Vorteil, nach dem Färben direkt zentrifugiert werden zu können, falls die Apparate nach dem Prinzip der „Innenaufsteckung“ arbeiten oder die Spulen durch entsprechende Verschraubungen auf den Spindeln verschraubbar anzubringen sind. Das „Igelsystem“ hat gegenüber dem „Plattensystem“ an Bedeutung verloren, nachdem man die Spule auf der Platte im Vakuum entwässern und mit warmer Druckluft trocknen kann.

Bei dem System „*hülsenlos*“ werden die Spulen nach vorherigem Abstreifen der Hülse auf die Spindeln aufgesetzt, so daß die Spulen ohne Zwischenräume aufeinandersitzen und daher ein sehr günstiges Flottenverhältnis resultiert, abgesehen davon, daß die Hülsen, welche im Falle von Papphülsen beim Färben sehr strapaziert werden, geschont bleiben. Nach dem Färben werden die Wickelkörper wieder auf die Hülse aufgestreift. Das Verfahren hat sich inzwischen nicht durchgesetzt.

Das System *„spindellos“* arbeitet in der Weise, daß man die Hülsen reihenweise übereinandersetzt, wobei perforierte Porzellanteller oder perforierte Leisten die Verbindung zwischen den Spulenenden herstellen, so daß die Hülsen einen fortlaufenden Kanal bilden. Das Verfahren, welches sich besonders für das Färben von Woll-Kreuzspulen eingebürgert hat, besitzt den Vorteil, daß durch den Wegfall der Spindel der Flottenkanal weiter geworden und dadurch die Möglichkeit einer guten und gleichmäßigen Flottenzirkulation verbessert ist. Auch dieses Verfahren konnte sich nicht durchsetzen.

Die mit den Spulen beschickten Materialträger werden bei den verschiedenen Systemen in die Flottenbehälter eingebracht und die Flotte mit Hilfe der Zirkula-

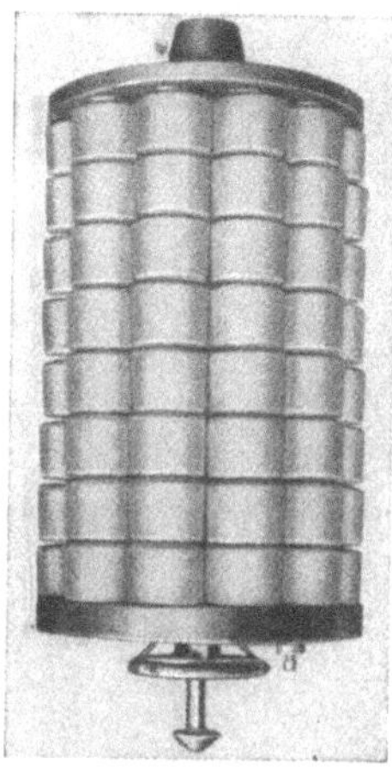

Abb. 169. Materialträger für konische Kreuzspulen (Thies).

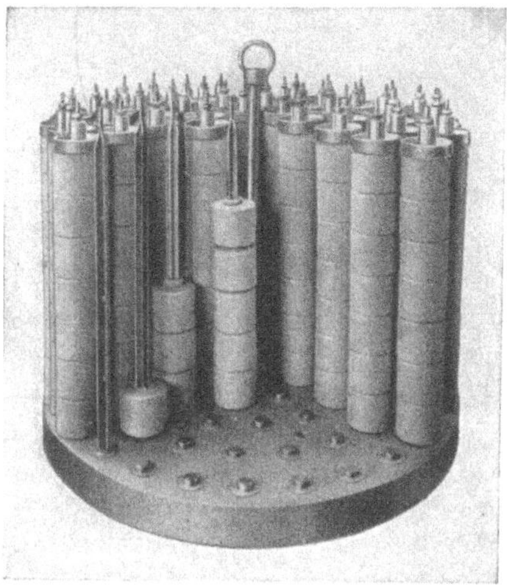

Abb. 170. Kreuzspulenträger (Färbeplatte) für zylindrische Spulen auf Drahthülsen und Dreikantspindeln (Scholl).

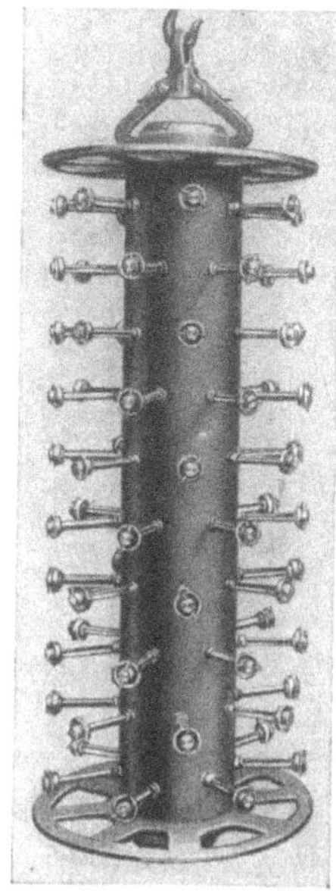

Abb. 171. „Färbeigel“ (Krantz).

tionspumpe durch die Wickelkörper gepreßt bzw. gesaugt. Nach dem Färben wird gespült und auf einem Schnelltrockner mittels durchgepreßter bzw. -gesaugter Heißluft getrocknet. Heute werden die Färbeapparate so gebaut, daß sie auch bei höheren Temperaturen (bis 140 °C) verwendet werden können (Autoklaven, HT-Apparate).

Die neuen Apparate sind z.B. mit einer *Turbo-Pumpe* ausgerüstet, die nach beiden Richtungen arbeitet, so daß keine Umsteuerung des Flottenstromes durch Drehschieber, Klappe und sonstige Elemente notwendig ist. Hierdurch können für die automatische Umsteuerung der Flotte einfachere Automatiken verwendet werden (Abb. 172).

Das Färben von *Kopsen* (Abb. 173), welches früher viel ausgeübt wurde, ist heute nicht mehr üblich, da es auf Grund der kleinen Garnkörper viel Handarbeit erfordert und ein im Verhältnis zu anderen Wickelkörpern ungünstiges Flottenverhältnis bedingt. In färberischer Beziehung sind insofern Schwierigkeiten aufgetreten, als die Kopswicklung vielfach nicht gleichmäßig ist, und außerdem wegen der kleinen Löcher in Hülsen und Spindeln ein leichtes Verstopfen eintreten kann. Auf Grund dieser Momente ist das Färben der Kreuzspule der Kopsfärberei überlegen. Die Kreuzspule liefert auch infolge der gekreuzten Fadenlage eine lockere und daher durchlässigere Wicklung als die parallele Kopswicklung.

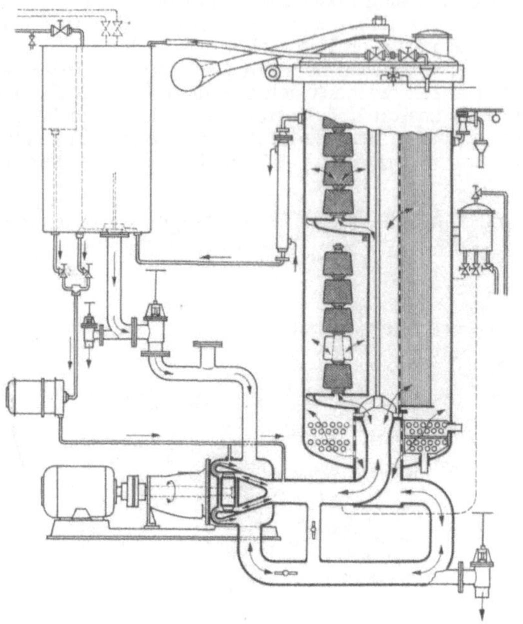

Abb. 172. HT-Färbeapparat „Turbostat" (Obermaier).

Raketenspule (Flaschenspule). Die Raketenspule oder Flaschenspule (Abb. 174) hat gegenüber der herkömmlichen Kreuzspule verschiedene Vorteile: hohes Materialgewicht, bessere Ausnützung des Färbeapparates und gute Egalität sowie gleichmäßige Durchfärbung des Spulkörpers durch die ganze Schichtdicke. Auf

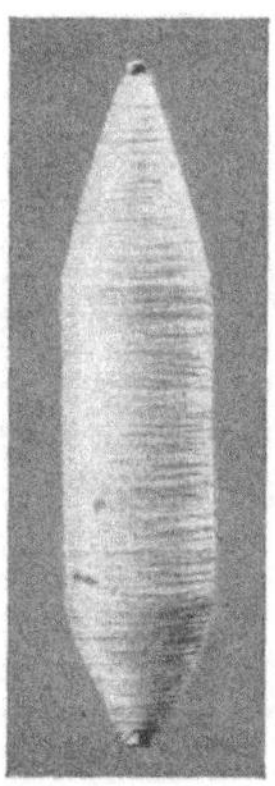

Abb. 173. Kops, Maßstab 1:4,5 (Photo *Klenk*).

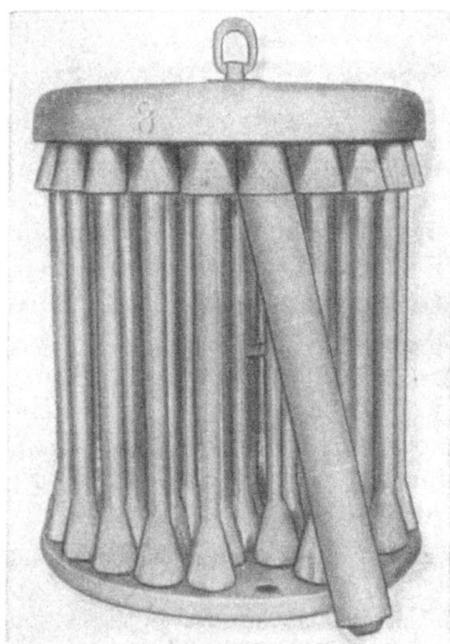

Abb. 174. Materialträger für Flaschenspulen (Jagri).

Grund der *wechselnden Fadenverlegung von innen nach außen* wird auch in schwierigen Fällen optimale Egalität erzielt.

Den Vorteilen steht eine ganze Reihe von Nachteilen gegenüber. Raketenspulen sind nicht formstabil, sie sind schlechter zu entwässern als Kreuzspulen (ein Zentrifugieren ist nur bedingt möglich); außerdem benötigen sie längere Trockenzeiten.

Für den Weber bedeutet die Flaschenspule den Vorteil, daß diese direkt auf der *Webmaschine* (schützenloser Webstuhl) eingesetzt werden kann, der Umspulprozeß auf Schußkops demnach eingespart wird. (Dies gilt im Prinzip auch für Kreuzspulen.)

HT-Apparate. In vielen Fällen soll der Färbeprozeß bei höheren Temperaturen als bei 100 °C durchgeführt werden (*HT-Verfahren*). Die höhere Temperatur erreicht man durch Arbeiten in geschlossenen Geräten (unter Druck). Bei der höheren Temperatur wird die Diffusion des Farbstoffs gesteigert, so daß der Färbeprozeß mehr oder weniger abgekürzt werden kann. Auch die Egalisierung und Durchfärbung wird gefördert. Bei synthetischen Fasern ist man zu dieser Methode häufig gezwungen, um tiefe Farbtöne zu erreichen. Die angewandten Färbetemperaturen liegen zwischen 105 °C und 140 °C. Bei Wolle wird man 100 °C im Hinblick auf eine Schädigungsmöglichkeit nicht allzusehr überschreiten. Auch in die *Bleicherei* haben die HT-Einrichtungen im Interesse der Abkürzung der Bleichdauer Eingang gefunden.

c) Das Färben auf dem Kettbaum

Da der Kettbaum große Materialmengen faßt, bietet er den Vorteil der großen Produktion und des gleichmäßigen Ausfalls großer Garnmengen (Abb. 175). Da die Apparate für die gleichzeitige Aufnahme mehrerer Bäume eingerichtet sind (Abb. 176), können bis zu 1000 kg Garn auf einmal und daher tongleich gefärbt werden. Die Kettbaumfärberei besitzt namentlich große Vorteile für die Buntweberei, da sich bunte Schärmuster auf billigste Weise erzeugen lassen. Da der Kettbaum der Schlichtemaschine in entwässertem Zustand (nicht getrocknet)

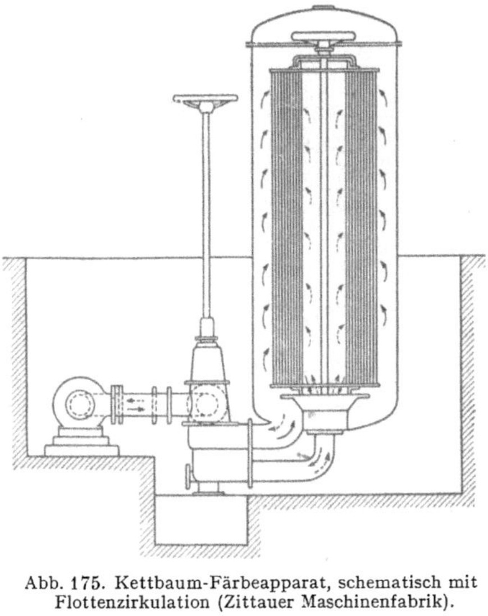

Abb. 175. Kettbaum-Färbeapparat, schematisch mit Flottenzirkulation (Zittauer Maschinenfabrik).

Abb. 176. Kettbaum-Materialträger (Thies).

vorgelegt werden kann, kann ein Trockenprozeß eingespart werden. Infolge der großen Materialmenge ist auch die erforderliche Handarbeit wesentlich geringer als bei der Kreuzspule und weiterhin das Flottenverhältnis ebenfalls ein günstigeres. Das Färben von Reyon stößt in dieser Aufmachung wegen der starken Faserquellung auf Schwierigkeiten.

Die Abb. 175 zeigt das Prinzip des Kettbaumfärbens, bei welchem die Farbflotte in die perforierte Achse des Kettbaums eingepreßt und durch den Wickel – bzw. auch in umgekehrter Richtung – hindurchgepreßt wird. Das Arbeiten von außen nach innen hat den Vorteil, daß der Garnwickel gleichmäßig zusammengedrückt und eine Kanalbildung vermieden wird. Beim Arbeiten von innen nach außen tritt eine das Durchfärben fördernde Lockerung der Wicklung ein, so daß eine wechselseitige Zirkulation von Vorteil ist. Je größer der Achsendurchmesser des Kettbaums ist, um so vorteilhafter ist die Zirkulation und damit die Gleichmäßigkeit der Färbung. Die Flottenbewegung kann sowohl mit Zirkulationspumpen als auch mit Hilfe einer Vakuum- und Drucklufteinrichtung erfolgen. Die Abb. 176 zeigt einen Kettbaumvierling. Heute besitzen HT-Anlagen eine besondere Bedeutung.

Beim Färben mit Naphtholkombinationen kann man entweder Grundierung und Entwicklung auf dem Kettbaum durchführen oder so arbeiten, daß man auf dem Kettbaumfärbeapparat grundiert und die Entwicklung in der Weise vornimmt, daß man den Kettbaum umbäumt und dabei die Kettfäden die dazwischen geschaltete Entwicklungsflotte passieren läßt. Das letztere Verfahren ergibt reibechtere Färbungen.

Im Interesse eines einwandfreien Durchfärbens dürfen die Bäume nicht zu fest gewickelt sein. Um gleichmäßige Färbungen zu bekommen, muß die Fadenspannung durch die ganze Wicklung hindurch konstant gleiben.

Das Färben der Kettgarne kann auch *in der Schlichte* vorgenommen werden in der Weise, daß man der Schlichteflotte entsprechende Farbstoffe zusetzt. Das Verfahren kommt, da es keine echten Färbungen liefert, nur für billige Färbungen in Frage.

Eine andere Variation besteht darin, daß man die Kette vor dem Schlichten zunächst durch eine die Farbflotte enthaltende Rollenkufe passiert und dann in die Schlichtmaschine einführt. Das Verfahren ist ebenfalls nur beschränkt anwendbar, ermöglicht aber etwas bessere Echtheiten als das Färben in der Schlichte.

5. Das Färben von Stückware

Für das Färben von Stückware stehen verschiedene Einrichtungen zur Verfügung, deren Anwendung von der Warenqualität, von der Faserart sowie von dem Färbeverfahren dirigiert wird. So färbt man wollene Gewebe sowie alle Strick- und Wirkwaren – mit Ausnahme solcher aus Synthesefasern – grundsätzlich auf der *Haspelkufe*, während für Baumwollgewebe, falls es sich nicht um sehr leichte Qualitäten handelt, vorwiegend Breitfärbemaschinen, wie *Jigger* und *Färbefoulard*, in Frage kommen. Für ganz empfindliche Gewebe, welche auf den übrigen Maschinen in ihrer Struktur nachteilig verändert würden, ist das Färben auf dem *Sternreif* vorgesehen. Manche Färbeverfahren, wie z.B. Indigosole, Anilinschwarz und Entwicklungsfärbungen (Naphtol AS-Kombinationen), lassen sich vorteilhaft mit Hilfe von kontinuierlich arbeitenden Einrichtungen durchführen.

Die Haspelkufe. Die Haspelkufe besteht aus einer die Farbflotte enthaltenden Kufe, über welche eine für den Warentransport bestimmte Haspel angebracht ist, deren Querschnitt entweder kreisrund oder oval sein kann. Die Kufe ist in einen Hauptschacht und in einen kleineren Nebenschacht unterteilt, in welch letzterem sich die Heizrohre befinden und sämtliche Zusätze gemacht werden. Der Hauptschacht ist von dem Nebenschacht durch eine perforierte Wand getrennt, so daß die Zusätze nicht direkt, sondern erst nach gründlicher Durchmischung der Flotte zu der Ware gelangen können (Abb. 177). Die Kufe besteht entweder aus Holz, Edelstahl oder Steinzeug. Hölzerne Kufen werden vorteilhaft mit einem chemisch widerstandsfähigen Werkstoff (Porzellan, VA-Stahl) ausgekleidet. Holz ist heute weitgehend durch Edelstahl abgelöst.

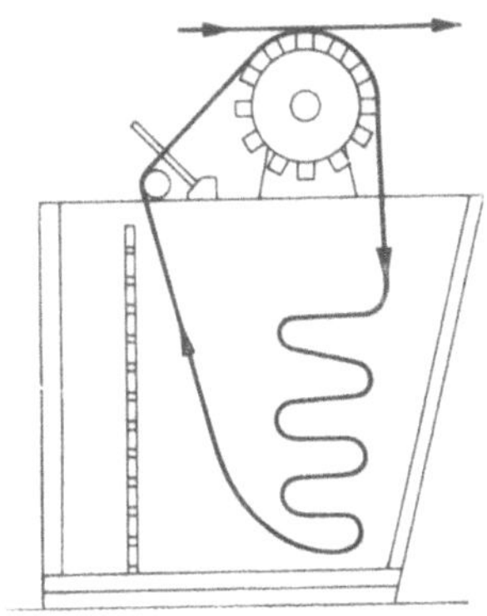

Abb. 177. Haspelkufe, schematisch (Zittauer Maschinenfabrik).

Abb. 178. Haspelkufe aus Edelstahl (Biegerwerke).

Die Ware selbst wird an den Enden zusammengenäht und mit Hilfe der Haspel in Strangform durch die Färbeflotte geführt. Je nach Größe von Kufe und Haspel können mehrere Stücke nebeneinander gefärbt werden (Abb. 178 und 179).

Haspelkufen geschlossener Bauart (Abb. 179) haben den Vorteil, daß die Nebelbildung in der Färberei verhindert und Wärmeenergie gespart wird. Für zugempfindliche Waren (Reyongewebe) verwendet man vorteilhaft Haspelkufen von verhältnismäßig niedriger bzw. flacher Konstruktion. Das Flottenverhältnis gestaltet sich in der Haspelkufe *„System Schetty"* (Abb. 180) besonders günstig (etwa 1:15). Farbmischraum, Dampf- und Wasserzuleitung sind in die vordere Trogumrandung eingebaut.

Abb. 179. Haspelkufe geschlossener Bauart aus Edelstahl mit Schiebefenster (Then).

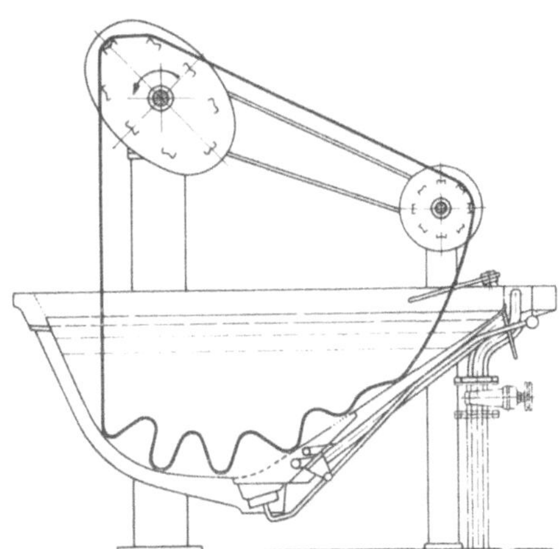

Abb. 180. Haspelkufe System Schetty, Warenlauf (Benninger).

Die Haspelkufe eignet sich besonders gut zum Färben von Strick- und Wirkwaren sowie von Reyon- und Zellwollgeweben und leichteren Baumwollgeweben, welche auf dem Jigger, bei dem die Ware in breitem gespanntem Zustand durch die Flotte geführt wird, zu sehr verzogen würden. Schwerere Baumwollgewebe und auch schwerere Qualitäten aus Reyon und Zellwolle färbt man dagegen vorteilhaft auf dem *Jigger* in faltenfreiem Zustand, da diese in Strangform auf Grund der wenig wechselnden Faltenlage zu ungleichmäßigen Anfärbungen neigen würden. Wollene Artikel sowie Strick- und Wirkwaren sind so elastisch und voluminös, daß die auf der Haspel vorhandenen Falten beim Einlaufen in die Flotte verschwinden bzw. sich verlagern, so daß die Ware beständig in wechselnder Faltenlage die Haspel bzw. Flotte passiert. Der Nachteil der Haspelkufe gegenüber dem Jigger besteht hauptsächlich darin, daß die erstere mit einem Flottenverhältnis von üblicherweise 1:30 bis 1:40 arbeitet, während dasjenige auf dem Jigger 1:4 bis 1:8 beträgt.

Niederdruck- und Hochtemperatur-Haspelkufe (HT). Für das Färben bei oberhalb 100 °C liegenden Temperaturen verwendet man Haspelkufen geschlossener Bauart, und zwar für Mischungen aus Wolle und Synthesefasern die Niederdruck-Haspelkufe (bis 110 °C) und für Synthesefasern bzw. Mischungen aus Baumwolle und Synthesefasern die Hochtemperatur-Haspelkufe (Abb. 181). Die Hoch-

Abb. 181. Hochtemperatur-Haspelkufe (Obermaier).

temperatur-Färberei (bis ca. 140 °C) ergibt grundsätzlich kürzere Färbezeiten, Farbstoffeinsparungen, höhere Egalitäten, bessere Durchfärbeverhältnisse und gleichzeitige Hydrofixierung von synthetischen Fasern (*P. Senner*).

Jet-Dye-Maschine. In der Jet-Dye-Maschine (HT-Düsenfärbemaschine) wird die Bewegung der Ware (Web- oder Wirkware) durch die strömende Flotte in den

Abb. 182. Jef-Dye-Düsenfärbemaschine (Thenjet, Then).

sogenannten Jets besorgt (Sogwirkung strömender Flüssigkeit wie in einer Wasserstrahlpumpe). Hohe Waren- und Flottengeschwindigkeit gewährleisten ein egales Färben. Falten prägen sich bei der in Strangform laufenden Ware nicht ein. Die Maschine eignet sich besonders zum Färben von Synthesefaser-Stückware (Gaston-County).

Auch die Thies-Jet-Stream-Färbemaschine bedient sich des Düsen-Prinzips, ebenso u.a. die Thenjet-Düsenfärbemaschine, die eine horizontale Warenführung besitzt (Abb. 182).

Die Jet-Dye-Maschine bringt gegenüber dem HT-Stückbaum-Färbeapparat (S. 657) den Vorteil, daß Waren mit erhabener Musterung nicht flachgedrückt werden.

Der Jigger. Der Jigger besteht im wesentlichen aus einer kleinen, einige Leitwalzen (Führungswalzen) enthaltenden Kufe (VA-Stahl), über der zwei Aufwickelwalzen angebracht sind, welche den Warentransport besorgen. Die Ware läuft von der einen Walze (Ablaufwalze), welche gebremst wird, ab und wird von der Auflaufwalze (Zugwalze) über Führungswalzen in faltenfreiem gespanntem Zustand durch die Flotte geführt und aufgewickelt (Abb. 183 und 184). Die Laufrichtung der Ware wird so oft gewechselt, bis die genügende Farbtiefe erreicht ist. Um eine

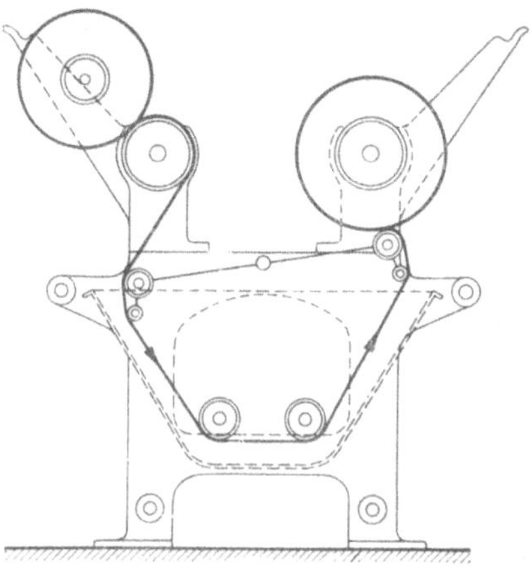

Abb. 183. Jigger, Schnittzeichnung (Olbersdorf).

Abb. 184. Automatischer Jigger (Poensgen).

gleichmäßige Anfärbung über die ganze Stücklänge hinweg zu bekommen, wird der Farbstoff zunächst nur zur Hälfte und vor Änderung der Laufrichtung die zweite Hälfte zugesetzt. Auch den Salzzusatz gibt man in zwei Teilen, und zwar üblicherweise vor dem dritten und vierten Warendurchgang. Da sich jeweils nur der kleinere Teil der Ware in der Flotte befindet, ist die Gleichmäßigkeit der Färbung über die ganze Länge hinweg trotzdem mitunter in Frage gestellt. Je nach Form und Größe des Jiggers kann man Warenbahnen färben, welche mehrere tausend Meter lang sein können. Beim Arbeiten mit Schwefel- und Küpenfarbstoffen ist streng darauf zu achten, daß die Ware *kantengleich* auf die Walzen aufläuft, da sonst durch eine vorzeitige Oxydation eine anomale Art der Farbstoffablagerung entsteht, welche das sogenannte Bronzieren bedingt (s. S. 571).

Zur Verhütung der Dampfschwadenbildung und im Interesse der Dampfersparnis werden auch Jigger geschlossener Bauart angewandt (Abb. 185). Jigger *geschlossener Bauart* (Abb. 186) mit der Möglichkeit des Färbens bei Temperaturen oberhalb 100 °C finden namentlich Verwendung bei Geweben aus solchen synthetischen Fasern, die sich bei Temperaturen unterhalb 100 °C nur schwierig in dunklen Nuancen anfärben lassen.

Eine andere Einrichtung zum Färben von Stückware unter Druck ist der *Barotor* (DuPont). Bei diesem wird die Ware schleifenartig auf eine Trommel aufgebracht, welche dann in einen Autoklaven eingeführt wird. Es handelt sich ebenfalls um eine *HT-Stückfärbemaschine*, bei der die Ware auf einem geeigneten Materialträger in Schlaufen hängend durch die Flotte bewegt wird.

Abb. 185. Jigger mit Abdeckhaube (Gerber).

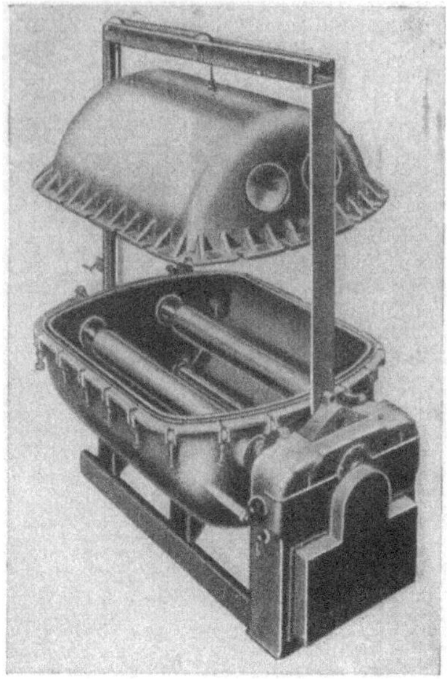

Abb. 186. Beuch- und Färbe-Jigger (Gerber).

Auch Einrichtungen, bei denen die auf eine perforierte Walze aufgewickelte Ware unter Druck gefärbt werden kann, finden Verwendung (z.B. die *Colorfix-Maschine* [Bellmann]). Vgl. den nachfolgenden Absatz!

Stückbaum-Färbeapparate. Web- und Wirkware aus allen Faserarten können in der Weise gefärbt werden, daß man die Ware auf einen Färbebaum aufwickelt und in horizontalem oder vertikalem Zustand in einem Färbeapparat mit Zentrifugal- oder Axialpumpe färbt.

Abb. 187. HT-Baumfärbeapparate, davor ein mit Teppich bewickelter HT-Baum auf Transportwagen (Then).

Der Vorteil gegenüber dem Jigger und der Haspelkufe ist der, daß keine Endenungleichheit resultiert. Da die Färbetemperatur auf der gesamten Ware gleichmäßig gehalten werden kann, entsteht auch ein durchweg ruhiges Warenbild. Das Flachdrücken von gemusterten Wirkwaren kann durch *Luftinjektion* vermieden werden (*H. Koch*). Jet air!

Bei entsprechender Einrichtung kann bei oberhalb 100 °C liegenden Temperaturen gearbeitet werden (*HT-Stückbaum-Färbeapparat*). Synthesefasern und Mischungen aus diesen mit Baumwolle kann man bei ca. 130 °C färben, während man bei Wolle mit Synthesefasern 108 °C nicht überschreiten darf. Die Einrichtung eignet sich auch gut für Artikel aus texturierten Garnen und Teppichen (Abb. 187).

Bei Verwendung eines Kreuzspuleinsatzes können die Spulen ebenfalls unter Druck gefärbt werden.

Der Färbefoulard. Das Arbeiten auf dem Foulard ist dadurch charakterisiert, daß *bei kürzester Flotte* (*ca. 1:1*) *und geringster Färbedauer* gearbeitet wird. Im allgemeinen passiert die Ware die Färbeflotte nur in einem einzigen Durchlauf bei einer Durchlaufgeschwindigkeit von 15–40 m pro Minute. Um trotzdem eine genügende Farbtiefe zu erreichen, muß die Farbstoffkonzentration verhältnismäßig hoch sein.

Der Foulard besteht aus einem kleinen Trog (Chassis), in bzw. über welchem mehrere Quetschwalzen angebracht sind, welche zweckmäßigerweise eine Gummibombage besitzen. Die Ware wird mittels Führungswalzen durch die Flotte und anschließend durch die Abquetschwalzen geführt (Abb. 188). Der Flottenüberschuß

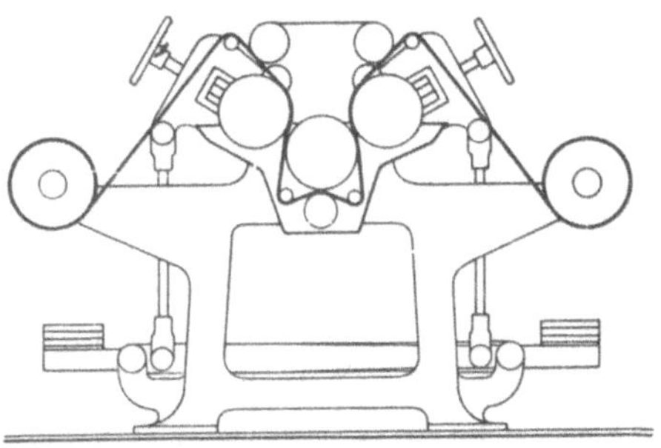

Abb. 188. 4-Walzenfoulard mit Warenlauf, Schnittzeichnung (Erckens & Brix).

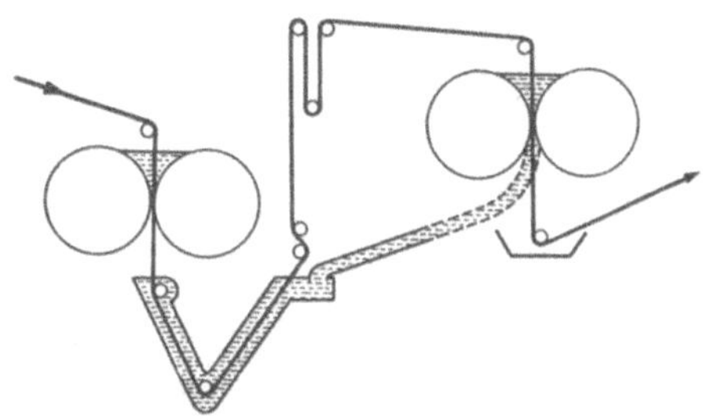

Abb. 189. Warenlaufschema für Doppelfärbefoulard, System *Cellarius* (Dornier).

wird einmal im Interesse der Echtheit der Färbung und zum anderen, um Verluste an konzentrierter Farbflotte zu vermeiden, möglichst weitgehend abgequetscht. Der Warendurchlauf erfolgt ebenfalls in faltenfreiem, gespanntem Zustand. Damit die Ware jeweils sich gleich lang in der Flotte befindet, muß der Flottenspiegel durch kontinuierlichen Flottennachsatz konstant gehalten werden.

Bei schwer durchzufärbenden Geweben benutzt man vorteilhaft eine Kombination zweier Foulards mit einem dazwischengeschalteten V-Trog, um den Tauchweg zu verlängern (Abb. 189).

Für die Foulardfärbung eignen sich besonders solche Färbeverfahren, bei denen der Farbstoff oder die farbstoffbildende Substanz keine oder nur eine untergeordnete Affinität zur Faser besitzen, bei denen also eine erhöhte Färbedauer sowieso zu keiner größeren Farbtiefe führen würde. Als Prototyp kann die Anilinschwarzfärbung gelten, bei der das keinerlei Affinität zur Faser besitzende Anilinhydrochlorid in *einer* Passage auf die Ware aufgeklotzt und anschließend durch Oxydation zum Schwarz entwickelt wird (S. 579). Gut geeignet sind weiterhin die eine geringe Affinität besitzenden Indigosole sowie die Naphtol AS-Körper, deren Substantivität man durch Temperaturerhöhung stark reduzieren kann.

Bei Farbstoffen mit stärkerer Affinität zur Faser bleiben bei der kurzen Passage die Affinitätskräfte weitgehend unausgenutzt, so daß die Ware mit der konzentrierten Farbstofflösung praktisch nur durchtränkt wird.

Unter diesen Umständen gibt das Foulardfärben häufig die Möglichkeit, bei Mischungen aus Fasern unterschiedlicher Affinität ein tongleiches Anfärben zu erreichen. Auch durch sonstige Faktoren bedingte Egalisierungsschwierigkeiten lassen sich auf diese Weise meist beheben.

Die Foulardfärbung ermöglicht auf Grund ihrer kurzen Färbedauer eine *große Produktion* und eignet sich in vielen Fällen für eine *kontinuierliche Arbeitsweise.* Beim Arbeiten mit substantiven Farbstoffen erzielt man in dieser Form nur mangelhafte Naßechtheitseigenschaften, so daß das Verfahren nur für solche Artikel in Betracht kommt, an deren Naßechtheiten keinerlei Anforderungen gestellt werden. Es besteht die Möglichkeit, durch nachträgliches Dämpfen die Naßechtheit der substantiven Färbung zu verbessern (vgl. S. 544).

Beim Färben mit Küpenfarbstoffen nach dem *Pigment-* oder *Küpensäureverfahren* (S. 563ff.) bedient man sich ebenfalls gerne des Klotzens auf dem Foulard, da die Farbstoffteilchen keine Affinität zur Faser besitzen und so die Zeitdauer der Einwirkung keine besondere Rolle spielt. Es resultiert eine gleichmäßige Färbung, falls die mechanischen Bedingungen des Auftragens der Flotte eine gleichmäßige Imprägnierung über die gesamte Warenbreite und -länge gewährleisten.

Für die Zwecke der Druckerei *klotzt* man vorteilhaft die Küpenfarbstoffe in verküptem Zustand auf, wenn die Ware mit Reserven bedruckt ist, welche die Ware an den bedruckten Stellen vor einem Anfärben schützen sollen. In diesem Fall würde eine längere Behandlung in der Färbeflotte die Reserven zum Auslaufen bzw. Abschmieren bringen, so daß unscharfe Drucke entstehen (s. S. 685).

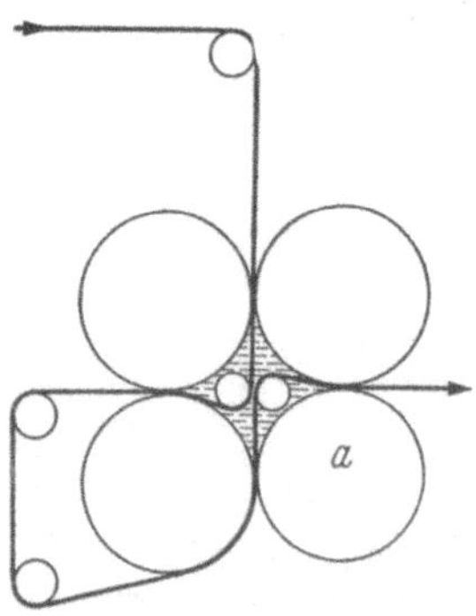

Abb. 190. „Fibe“ Breitfärbemaschine, schematisch (Benninger).

Eine besondere Art der Foulardkonstruktion (*Fibe-Breitfärbemaschine*) ist in Abb. 190 dargestellt. Die Farbflotte befindet sich hier lediglich zwischen gummierten Quetsch- bzw. Zugwalzen, so daß ein sehr vorteilhaftes Flottenverhältnis resultiert.

Die angetriebene Zugwalze a ist ortsfest gelagert, während die anderen drei Zugwalzen mittels regulierbarem Hebeldruck an die angetriebene Zugwalze angepreßt werden. Die seitliche Abdichtung des Flottenraums geschieht durch geschliffene Metallplatten, die gegen die Weichgummiränder der Walzen leicht angepreßt werden. Die Flotte zirkuliert mittels Zirkulationspumpe durch den Flottenraum. Aus dem Gewebe wird vor dem zweimaligen Eintritt in die Flotte die Luft jeweils ausgepreßt, so daß es von der Farbflotte gut durchtränkt wird.

Kontinue-Färbeanlagen

Der Foulard kann mit anderen Einrichtungen so kombiniert werden, daß eine ganze Anzahl von Färbungen *kontinuierlich* fertiggestellt werden kann. Die Abb. 191 zeigt das Schema einer kontinuierlichen Färbeanlage für Indigosole

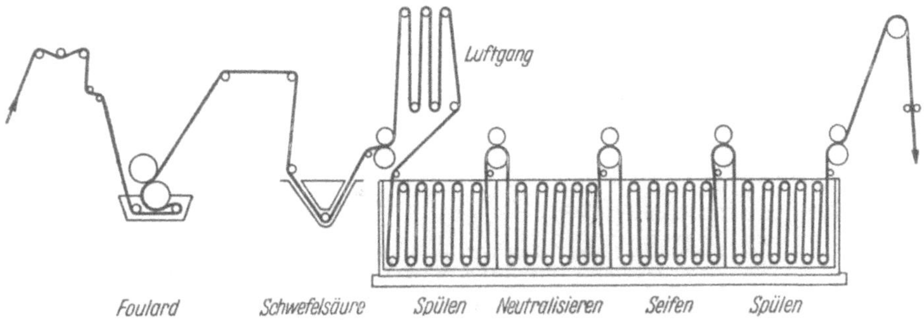

Abb. 191. Kontinuierliche Färbeanlage für Indigosole, schematisch (I. G.-Ratgeber).

(S. 570). Die Ware wird zunächst auf dem Foulard mit der Indigosolflotte geklotzt, passiert anschließend das Entwicklungsbad und nach einem Luftgang nacheinander die verschiedenen Bäder, die zum Spülen, Neutralisieren, Seifen usw. erforderlich sind (Abb. 191 und 192).

Abb. 192. Kontinue-Färbeanlage zum Färben mit Indigosolen und nach dem Küpensäureverfahren (Gerber).

Die Entwicklungsflotte befindet sich zweckmäßig, damit sie von der Ware rasch verbraucht und abgeführt wird, in einem kleinen V-förmigen Chassis, dem laufend frische Entwicklerflotte zufließt. Eine stagnierende Entwicklungsflotte würde zu Konzentrationsänderungen und damit zu nicht endengleichen Färbungen führen, da das Säurebad durch die meist nicht zwischengetrocknete Ware laufend verdünnt würde. Außerdem würde im Entwicklungsbad eine Anreicherung der entstehenden salpetrigen Säure eintreten, wodurch Farbtiefe und Farbton beeinflußt werden. Manche Indigosole sind überdies gegen Überoxydation empfindlich (S. 569).

Beim kontinuierlichen Färben mit Entwicklungsfarbstoffen (Naphtol AS-Kombinationen) wird der Abb. 193 entsprechend das Naphtholat auf dem Foulard aufgeklotzt (bei mittleren und dunklen Tönen), auf der Hotflue zwischengetrocknet und anschließend entwickelt und geseift (vgl. S. 552ff.).

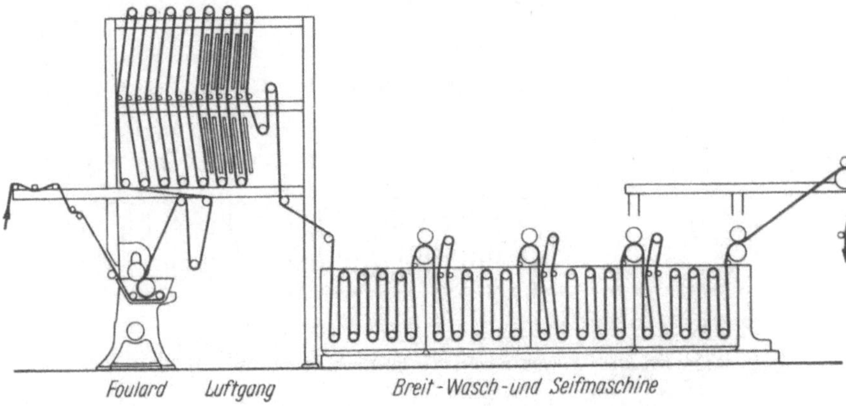

Abb. 193. Kontinue-Entwicklungsanlage für naphtholatgrundierte Ware (Zittauer Maschinenfabrik).

Klotz-Dämpf-Verfahren (Pad-Steam-Verfahren). Bei diesem kontinuierlichen Verfahren wird nach dem Foulardieren (Klotzen) und eventuellem Zwischentrocknen auf der Hotflue gedämpft. Eine mehrstufige Behandlung ist in der Abb. 194 wiedergegeben.

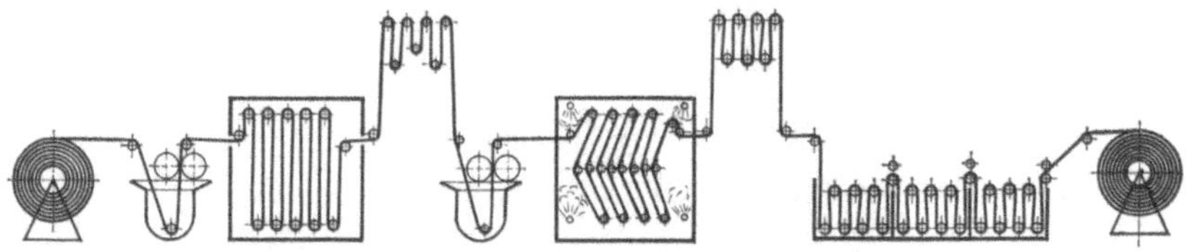

Abb. 194. Kontinue-Klotz-Dämpf-(Pad-Steam-)Anlage, schematisch; Farbstoff-Foulard, Hotflue mit Luftgang, Chemikalienfoulard, Dämpfer mit Luftgang, Breitwaschmaschine (aus: P. Senner, Verfahrenstechnik II).

HT-Dämpfer. Foulardierte Stückware aus Synthesefasern oder solche aus Polyester/Cellulosefaser-Mischungen wird häufig kontinuierlich unter Druck gedämpft, wobei Sattdampf von ca. 130 °C zur Anwendung gelangt (HTD-Verfahren).

Thermosolieranlagen. Thermosolieranlagen werden vorwiegend zum Färben von Stückware aus synthetischen Fasern oder solchen aus Mischungen mit Cellu-

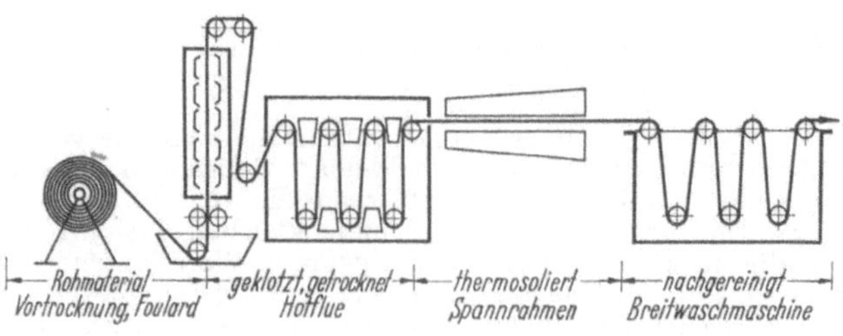

Abb. 195. Kontinue-Thermosolanlage, schematisch (nach P. Senner).

losefasern eingesetzt. Man benötigt hierzu zwischen 190 und 220 °C liegende Temperaturen und eine Behandlungszeit von 40–60 sec. Die Thermosolierung geschieht meist auf Großkaulen.

Vielfach wird die farbstoffgeklotzte Ware zur Thermosolierung auch über mit entsprechenden Fixierfeldern versehene Spannrahmen geführt (Abb. 195).

Neuerdings werden auch *Hochtemperatur-Färbeanlagen* zum kontinuierlichen Färben von Stückware verwendet (Abb. 196).

Abb. 196. Artos Hochtemperatur-Färbeanlage (Artos Maschinenbau D-2 Hamburg 1).

Die Rollenkufe. Soll die Fixierung solcher Farbstoffe, welche eine gewisse Substantivität zur Faser besitzen, zwar kontinuierlich, aber zeitlich länger geschehen, als dies bei der kurzen Passage auf einem Foulard möglich ist, dann arbeitet man zweckmäßig auf der Kontinuefärbemaschine, welche aus einer Anzahl hintereinander angeordneter Rollenkufen besteht. Letzteres sind Kufen, durch welche die Ware mit Hilfe einer Anzahl von Leitrollen hindurchgeführt wird. Man hat so die Möglichkeit, in einem gegenüber der Foulardklotzung etwas länger dauernden

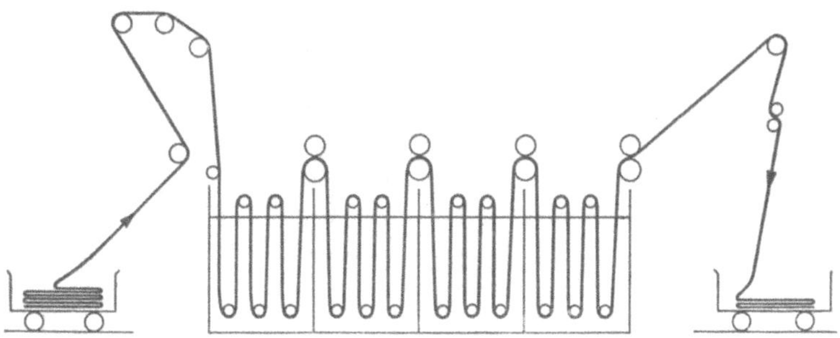

Abb. 197. Kontinuefärbemaschine, schematisch.

Färbeprozeß (3–4 min) eine Färbung zu erhalten, welche bei *hoher Produktion* (15 bis 20 m pro min) befriedigende Echtheitseigenschaften liefert, welche aber an diejenigen einer zeitlich länger dauernden Färbung auf dem Jigger oder der Haspelkufe meist nicht heranreichen. Diese Art der Färbemethode eignet sich besonders für Stapelartikel in dunklen, d. h. unempfindlichen Farbtönen in substantiver sowie Schwefel- und Küpenfärbung. Die Arbeitsweise geht aus dem Schema der

Abb. 197 hervor. Je nach Färbeverfahren können ein oder mehrere Abteile zum Färben einschließlich Vorreinigen, die anderen zum Entwickeln und Nachbehandeln der Färbung dienen.

Die Williams-Einheit. Eine besonders vorteilhafte Art der Rollenkufe ist die Williams-Einheit, welche dadurch charakterisiert ist, daß sie *trotz kleinstem Flottenverhältnis eine Warenpassage auf langem Flottenweg ermöglicht.* Dies wird durch einerseits feststehende und andererseits versenkbare (schraffiert) Zwischenwände bewerkstelligt, so daß die Ware die Flotte praktisch nur durch Flottenschlitze passiert. Das Prinzip dieser Vorrichtung ist durch die Abb. 198 wiedergegeben.

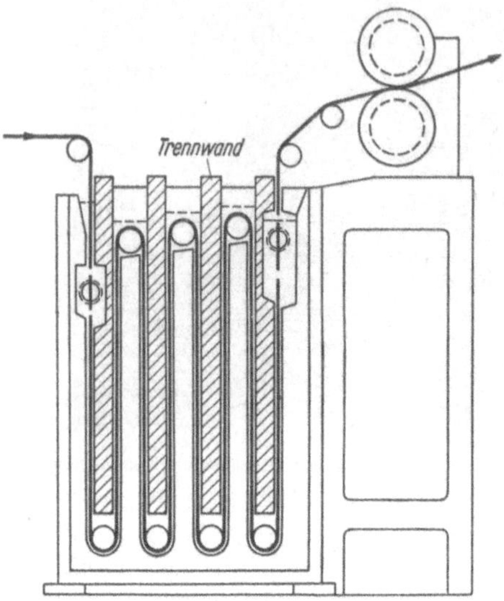

Abb. 198. Williams-Einheit, schematisch (Morrison).

Die Höhe der feststehenden Trennwände und die Lage der Leitrollen zeigen eine in Richtung der Quetschwalzen steigende Tendenz, wodurch eine im Gegenstrom vor sich gehende Flottenbewegung ausgelöst wird.

Die Williams-Einheit findet für die verschiedenartigsten kontinuierlichen Veredelungsprozesse, wie Färben und Bleichen, Verwendung. Als Beispiel sei das *Pigmentklotzverfahren für Küpenfarbstoffe* (Abb. 199) genannt, bei dem die Ware auf dem Foulard (1) mit der Küpenfarbstoffdispersion geklotzt, nach dem Trocknen auf der Hotflue (2) auf einer Williams-Einheit (3) mit Hydrosulfit/Lauge imprägniert und auf einer zweiten mit heißem Paraffinöl (102–104 °C) beschickten Williams-Einheit (4) reduziert wird. Die Fertigstellung (Spülen, Oxydieren, Spülen Seifen, Spülen) geschieht in weiteren Aggregaten von Williams-Einheiten (5–9). Anschließend wird auf der Zylindertrockenmaschine (10) getrocknet.

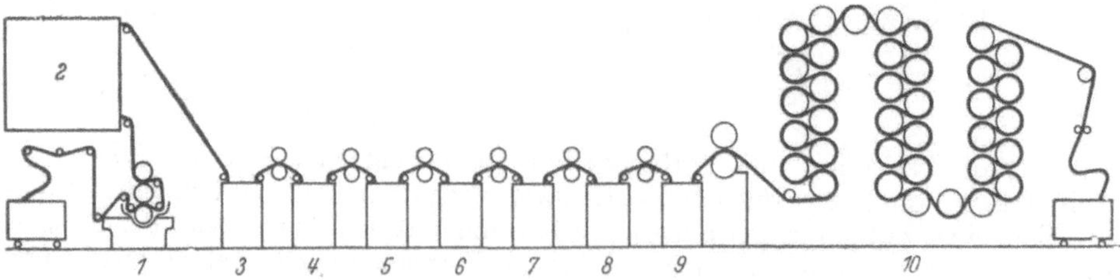

Abb. 199. Pigment-Klotz-Verfahren für Küpenfarbstoffe mit Entwicklung auf der Williams-Einheit in heißem Paraffinöl (Morrison Machine Co. and General Dyestuff Corporation).

Die Standfast-Maschine. Die Standfast-Maschine wird vorwiegend für Küpenfarbstoffe verwendet. Die zu färbende Stückware passiert zunächst die Farbstoffküpe oder die Küpenfarbstoffdispersion mit angeschlossenem Reduzierbad. Von hier aus durchläuft die Ware eine Schmelze aus Woodschem Metall (Wismut, Cadmium, Zinn, Blei) bei 95–105 °C auf einem Laufweg von etwa 3 m, wobei die Entwicklung und Fixierung erfolgt. Bei hoher Warengeschwindigkeit erreicht man eine ausgezeichnete Egalität und Durchfärbung (Abb. 200).

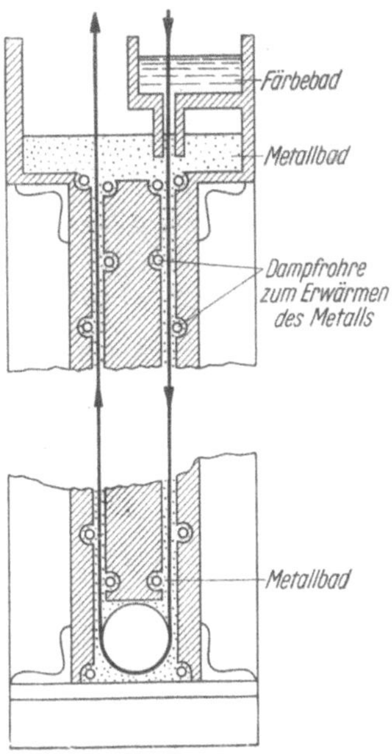

Abb. 200. Standfast-Maschine, schematisch (Standfast Dyers & Printers Ltd. Lancaster/England).

Zu beachten ist, daß die Ware immer in heißem Zustand (auf Heizzylindern vorerhitzt) in das Metallbad gelangt, damit kein Erstarren und somit kein Absetzen des Metalls auf der Ware erfolgt.

Das gleiche Prinzip kann auch zur Entwicklung von Küpendrucken, zur Kondensation im Rahmen der Quellfest- und Knitterfestausrüstung, zur Trocknung usw. benutzt werden.

In der *Fluid-bed-Anlage* wird die foulardierte Ware durch heißlufterhitzte Glaskugeln (0,1–1 mm Durchmesser) geführt. Die Anlage ist vielseitig verwendbar (Kondensieren, Thermosolieren usw.).

Artos-Hydro-Dry-Färbeanlage. Die Artos-Hydro-Dry-Färbeanlage eignet sich u.a. zum *kontinuierlichen Färben* von Geweben aus Cellulosefasern sowie aus Mischungen von Cellulose- und Polyesterfasern.

Auf der Anlage wird die Ware nach dem Foulardieren in stark feuchtem Zustand einer Heißdampf-Behandlung ausgesetzt. Dabei wird durch den Heißdampf sowohl eine Trocknung als auch eine Farbstoff-Fixierung erreicht. Auch die üblichen Thermosol-, Kondensier- und Trocknungsprozesse können auf dieser Anlage durchgeführt werden.

Die *Reaktormaschine* (*Monforts*) eignet sich ebenfalls für die Ausführung von Kontinuefärbemethoden und andere kontinuierlich auszuführende Veredlungsverfahren. Im Prinzip handelt es sich dabei um das „Filzkalander-Prinzip", bei dem die mit der Klotzlösung präparierte Ware zwischen einer endlosen Abdeckbahn aus einem beschichteten (Neopren-) Gewebe und der Heiztrommel (teflonüberzogen) hindurchgeführt wird.

Halbkontinuierliche Färbeverfahren. Hier wird der Farbstoff kontinuierlich auf die Ware aufgebracht und daran anschließend diskontinuierlich – da eine längere Fixierzeit notwendig ist – entwickelt. Die betreffenden Anlagen sind im Vergleich zu den vollkontinuierlichen Anlagen auch bei der Verarbeitung kleiner Partien wirtschaftlich.

Auf der *Pad-Roll-Anlage* (Artos) wird die Ware bei kleinster Flottenlänge foulardiert und kontinuierlich durch einen Infrarotschacht geführt. Anschließend wird diskontinuierlich in der Thermoverweilkammer zu Ende fixiert.

Färben in organischen Lösungsmitteln. Für das Färben in organischen Lösungsmitteln sind geschlossene Anlagen mit Lösungsmittel-Rückgewinnung erforderlich (Abb. 201).

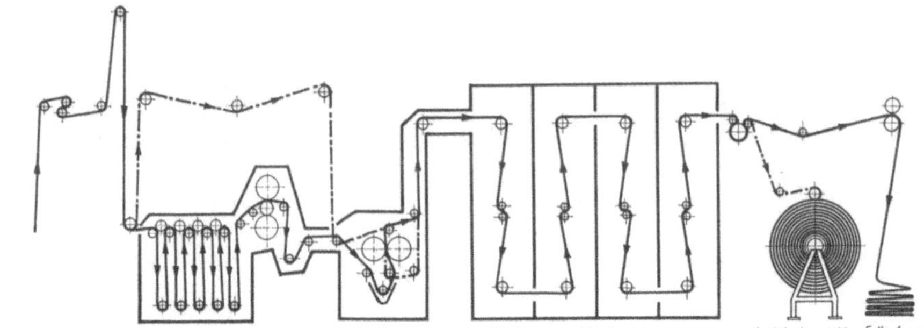

Abb. 201. Böwe. Kontinue-Reinigungs- und Färbemaschine in organischen Lösungsmitteln (Böhler & Weber K.G.)

Der Sternreif. Zug- und scheuerempfindliche Ware, wie namentlich Krepp- und Plüschartikel, vertragen ein Färben auf den vorbeschriebenen Maschinen nicht und müssen spannungs- und scheuerungsfrei gefärbt werden. Dies geschieht in der Weise, daß man die Ware an ihren Leisten auf einen sternförmigen mit Häkchen besetzten Materialträger spiralförmig aufnadelt („einsternt"), welcher in der Farbflotte entweder gehoben und gesenkt (vertikaler Färbestern) oder horizontal um seine Achse bewegt wird. Die beiden Sterne sind der Warenbreite entsprechend gegeneinander verstellbar. Bei ganz empfindlichen Waren müssen Schutzleisten

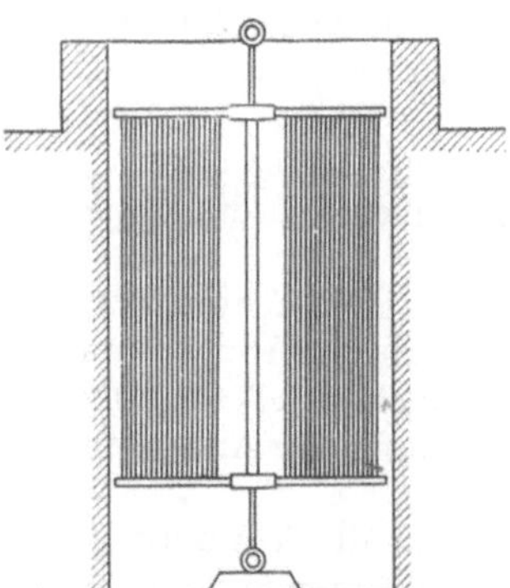

Abb. 202. Vertikaler Färbestern, Schnittzeichnung (Zittauer Maschinenfabrik).

Abb. 203. Doppelstern-Färbemaschine mit herausnehmbarer Schotte (Gerber).

angenäht werden. Das Einnadeln in den Stern erfordert eine langwierige Handarbeit, so daß die Produktion verhältnismäßig gering ist. Die Arbeitsweise geht aus den Abb. 202 und 203 hervor.

Die Automation in der Färberei. Im Interesse einer rationellen Arbeitsweise arbeiten die modernen Färbeapparaturen automatisch, d.h. der gesamte Ablauf der nacheinanderfolgenden Färbeoperationen wird maschinell gesteuert und ist daher unabhängig von menschlicher Zuverlässigkeit bzw. Unzuverlässigkeit. Da die automatische Steuerung exakt reproduzierbar ist, ist auch der Farbausfall weitgehend exakt reproduzierbar.

Die automatische Steuerung der Färbebedingungen Computersteuerung bezieht sich sowohl auf die Temperaturführung als auch auf die Regelung des gesamten Arbeitsablaufes, wie Flottenzusatz, Regelung des Flottenniveaus, der Flottenzirkulation, das Ablassen der Flotte und die üblichen Nachbehandlungsmethoden, wie Spülen und Seifen. Auch alle Dosierungsprozesse und eventuelle pH-Wert-Regelung sind mit eingeschlossen.

Das Programmieren. Zunächst muß der gesamte Arbeitsablauf exakt programmiert werden, um anschließend auf die Programm-Steuerorgane übertragen zu werden. Hierfür kommt entweder die *Programmkarten-Steuerung* oder die *Diagrammscheiben-Steuerung* in Betracht.

VII. Die Anwendung der Farbstoffe in der Druckerei

Das Wesen der Druckerei besteht in der mustergemäßen örtlichen Anfärbung oder Farbzerstörung. Die Herstellung eines einfarbig oder mehrfarbig bemusterten Gewebes ist *druckereitechnisch* einfacher und billiger als *webereitechnisch* vorzunehmen, da in letzterem Fall die entsprechende Anzahl gefärbter Garne hergestellt werden muß, welche bei komplizierten Mustern (Gobelin) auf dem Jacquardstuhl verwebt werden. Bei der druckereitechnischen Musterung wird ein Rohgewebe in einfacher Bindung erzeugt und dieses in *einem* Arbeitsgang vielfarbig mustergemäß bedruckt, eine Methode, welche eine wesentlich raschere Produktion ermöglicht, als dies bei einem vielfarbig bemusterten Jacquardgewebe der Fall ist.

Aber auch bei einfachen Musterungen ist produktions- und kostenmäßig die druckereitechnische Musterung der webereitechnischen überlegen, so daß die Druckerei im Laufe der Zeit an Bedeutung stark zugenommen und damit namentlich die Jacquardweberei in merklichem Umfang zurückgedrängt hat. Der Nachteil der druckereitechnischen Musterung besteht allerdings darin, daß bei starken und dichten Geweben der Druck nicht durch die ganze Ware hindurchgeht, so daß die linke Warenseite überhaupt nicht oder nur schwach und unansehnlich bedruckt ist, während die webtechnische Musterung eine, wenn auch verschiedene, so doch beidseitige Musterung ermöglicht. Die Forderung einer beidseitigen Musterung ist z.B. bei Vorhang- bzw. Gardinenstoffen gegeben, bei denen beide Seiten gleichermaßen der Sicht unterliegen.

Um dieser Forderung zu genügen, hilft sich der Drucker in der Weise, daß er nur die Kettfäden bedruckt (S. 682, 738), worauf ein bunter Schuß eingeschossen wird (*Kettdruck, Chinédruck*). Beim Bedrucken der Kettfäden hat die Druckfarbe die Möglichkeit, sich um den gesamten Faden herumzulegen, so daß dieser auf seiner ganzen Oberfläche angefärbt wird und das Fertiggewebe daher auf beiden Seiten gleichartig bemustert ist. Bei der Führung der bedruckten Kette über die Druckmaschine und weiterhin beim Verweben der Kette entstehen gewisse Verschiebungen der Kettfäden gegeneinander, so daß die Muster nicht durch ruhige linienförmige Konturen begrenzt sind, sondern etwas gezackt erscheinen, wodurch die webtechnische Musterung in sehr vorteilhafter Weise imitiert wird.

Der hierbei erhaltene Effekt wurde so günstig aufgenommen, daß der Weber, um konkurrenzfähig zu bleiben, den Effekt des Kettdrucks webereitechnisch nachzuahmen versuchte (Chinéimitat).

Es besteht natürlich auch die Möglichkeit, beide Warenseiten in zwei aufeinanderfolgenden Passagen zu bedrucken oder sich der Duplexdruckmaschine (S. 732) zu bedienen, welche in einem einzigen Arbeitsgang beidseitig bedruckt. Abgesehen von dem andersartigen Effekt sind diese Verfahren naturgemäß gegenüber dem Kettdruck mit höheren Kosten verbunden.

Die Stärke der webereitechnischen Musterung liegt grundsätzlich darin, daß das Muster wesentlich plastischer zur Geltung kommt als ein Druckmuster. Sie ist dem Druckmuster vor allem dort überlegen, wo der Druck nur zu einem oberflächlichen Anfärben führt, das Warenbild im Gebrauch daher durch Abscheuern und Abwaschen allmählich unansehnlich wird, was bei einer aus gut durchgefärbten Garnen webtechnisch gemusterten Ware weit weniger der Fall ist.

1. Musterungsmöglichkeiten

Die einfachste Art des Drucks ist der *Direktdruck*, bei dem der Farbstoff mustergemäß auf die nicht gefärbte Ware örtlich aufgedruckt wird. In bestimmten Fällen kann der Aufdruck auch auf gefärbte Ware erfolgen, sofern die Farbe des Musters durch die Grundfärbung nicht zu sehr beeinflußt wird. Diese Beeinflussung läßt sich praktisch ganz ausschalten, wenn für den Aufdruck stark deckende Pigmentfarbstoffe Verwendung finden, so daß bei Anwendung eines Weißpigments sogar weiße Effekte direkt auf einen schwarzen Grund gedruckt werden können, wobei allerdings die Gebrauchstüchtigkeit des Musters hinsichtlich seiner Reibechtheit namentlich in nassem Zustand in Frage gestellt ist (S. 705).

Ein Druck kann auch überfärbt bzw. überdruckt werden, wobei die Überfärbung im allgemeinen wesentlich heller als der Druck gehalten wird, während der Überdruck auch dunkler als der Vordruck gewählt werden kann.

Eine weitere Möglichkeit der Musterung besteht in der mustergemäßen lokalen Zerstörung eines gefärbten Grundes, eine Druckmethode, die man als *Ätzdruck* bezeichnet. Wird an Stelle des zerstörten Farbstoffes gleichzeitig ein anderer Farbstoff fixiert, so spricht man von einem *Buntätzdruck*. Bei zarten Bunttönen auf kräftigem Grund kann der weiße Ätzfond auch in der Weise angetönt werden, daß man das Ätzmuster leicht überfärbt.

Der *Reservedruck* ist dadurch gekennzeichnet, daß man auf eine ungefärbte Ware mustergemäß eine Reserve lokal aufdruckt, welche bei einem nachherigen Färben die Ware an den zu bemusternden Stellen vor dem Anfärben schützt (*Weißreserve*). Wird gleichzeitig mit der Reserve ein Farbstoff aufgedruckt, so daß die reservierten Stellen bunt erscheinen, dann spricht man von einem *Buntreservedruck*.

Hat die Reserve gleichzeitig eine ätzende Funktion, so spricht man von einer *Ätzreserve*. Aufgedruckte Reserven sollen nicht nur gegen ein Überfärben, sondern auch gegen ein Überdrucken schützen (*Überdruckreserven*).

Konversionseffekte entstehen durch besondere Kombinationen von Drucken und Überdrucken.

Der *Direktdruck* ist die einfachste und billigste Druckmethode, so daß von ihr ausgiebig Gebrauch gemacht wird. Ausschließlich dieser Druckmethode bedienen sich häufig kleinere Druckereien, welche nicht über ein druckereitechnisch besonders geschultes Personal und die erforderlichen Einrichtungen verfügen, um kompliziertere Druckverfahren sachgemäß auszuführen.

Der *Ätzdruck* wird angewandt, wenn es sich darum handelt, weiße oder farbige Muster auf buntem Grund zu erzeugen und der Grund eine leichte Ätzbarkeit besitzt. Der Buntätzfarbstoff muß in diesem Fall ätzbeständig sein.

Besonders leicht ätzbar sind die Azofarbstoffe, welche durch Reduktion in die ungefärbten Hydrazokörper bzw. Amine übergehen:

$$R{-}N{=}N{-}R_1 \xrightarrow{H_2} R{-}\underset{H}{N}{-}\underset{H}{N}{-}R_1 \xrightarrow{H_2} R{-}NH_2 + H_2N{-}R_1$$

Meist setzt man dem Ätzmittel noch ein weißes Pigment (Zinkoxid, Titandioxid, Bariumsulfat, Kaolin) zu, welches die Aufgabe hat, einerseits eventuell nicht restlos geätzte Farbe mechanisch abzudecken und andererseits den Ätzeffekt plastisch zum Vorschein kommen zu lassen. Weiße Ätzmuster können auch durch eine Nachbehandlung mit optischen Aufhellungsmitteln zusätzlich aufgehellt werden. Das Aufhellungsmittel kann aber auch direkt der Ätzfarbe zugegeben werden.

Das Ätzen kann nicht nur reduktiv, sondern auch oxydativ geschehen. Es wurde in dieser Weise namentlich bei Indigo ausgeübt, wobei der Indigo zu dem gelben, in alkalischen Bädern ablösbaren Isatin umgewandelt wurde:

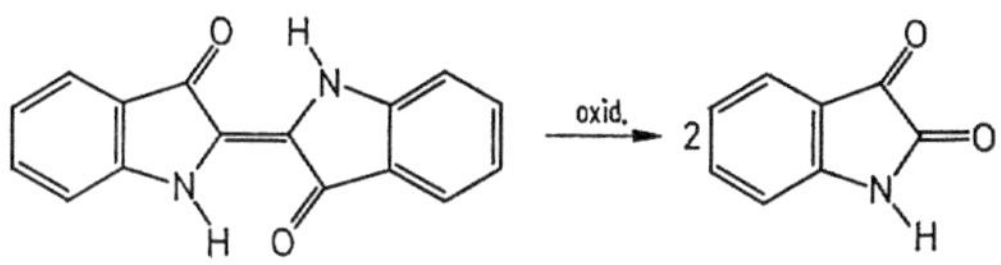

Diese Verfahren sind heute verlassen, da hierbei eine Faserschwächung nicht ganz zu vermeiden ist. Man hat inzwischen Methoden kennengelernt, welche es erlauben, Indigo und auch andere Küpenfärbungen auf reduktivem Weg befriedigend weiß und bunt zu ätzen (S. 683).

Der *Reservedruck* wird dann angewandt, wenn eine Bemusterung auf dem Ätzweg wegen der Ätzbeständigkeit der Färbung nicht möglich ist, oder das Reservieren einfacher bzw. billiger zum Ziele führt als das Ätzen. Die Reservierungsmittel haben teils eine rein mechanische und zum anderen eine chemische Funktion. Bei den mechanisch wirkenden Mitteln verwehrt die Reserve dem Farbstoff des Färbebads den Zutritt zur Faser, während die chemische Reserve die Färbebedingungen an den zu reservierenden Stellen auf chemischem Wege so beeinflußt, daß ein Aufziehen des Farbstoffs unterbleibt.

Als Beispiel sei das Prinzip einer Indanthrenreserve beschrieben. Man bedruckt die ungefärbte Ware mit einer Reserve von folgender qualitativer Zusammensetzung (vgl. S. 685):

Mangan(II)-chlorid	Kaolin
Zinkchlorid	Verdickungsmittel
Pikrinsäure	Wasser
Ludigol (S. 676)	

Die so bedruckte Ware wird in der Lösung eines verküpten Farbstoffs ausgefärbt. Um die Reserve vor einem Auslaufen zu schützen, wird ein kurzdauerndes Färbeverfahren (Klotzverfahren) angewandt. Die im Färbebad enthaltene Natronlauge setzt sich an den bedruckten Stellen mit den vorhandenen Schwermetallsalzen unter Bildung gallertartiger Hydroxide um, welche dem Farbstoff den Zutritt zur Faser verwehren und ihm andererseits das zum Inlösungbleiben erforderliche Alkali entziehen. Gleichzeitig wird durch die anwesenden Oxydationsmittel (Pikrinsäure, Ludigol) der reduzierte Farbstoff oxydiert, so daß er an den reservierten Stellen keine Affinität zur Faser besitzt, sondern sich in unlöslicher Form mechanisch auf der Faser ablagert und bei der Nachbehandlung abgelöst werden kann. Kaolin wirkt als rein mechanisches Reservierungsmittel.

Der Direktdruck ist das meist angewandte Druckverfahren, da es sich in unkomplizierter Weise und daher am billigsten ausführen läßt. Nur wenn sich das auszuführende Dessin nicht im Direktdruck herstellen läßt, wird man den Ätzbzw. Reservedruck anwenden (E. Feess).

2. Die Farbstoffe für die Druckerei

Grundsätzlich können in der Druckerei die gleichen Farbstoffgruppen Verwendung finden, wie sie in der Färberei üblich sind. Da jedoch an die Druckfarbstoffe besondere Anforderungen gestellt werden, ist eine bestimmte Auswahl zu treffen. So ist vor allem Bedingung, daß die Farbstoffe eine gute *Löslichkeit* besitzen, da in dem verhältnismäßig geringen Volumen der Druckfarbe neben dem Verdickungsmittel und anderen Reaktionspartnern größere Farbstoffmengen unterzubringen sind. Es ist weiterhin darauf zu achten, daß die Farbstoffe unter den beim Druck vorliegenden Bedingungen, welche von denjenigen des Färbeprozesses stark abweichen, in einwandfreier Weise fixiert werden. Unlösliche Farbstoffe, wie z.B. Küpenfarbstoffe, sollen *in feinstdisperser Form* vorliegen, damit sie beim Drucken und namentlich beim Dämpfen den Reaktionspartnern eine größtmögliche Oberfläche bieten und eine Fixierung in kürzester Zeit ermöglichen. Im Interesse einer leichten Verteilung der Farbstoffe in der „Druckfarbe" bevorzugt man Farbstoffe in Teigform oder konzentrierte Lösungen.

Wenn im großen und ganzen die in der Färberei üblichen Farbstoffgruppen auch für die Zwecke der Druckerei Verwendung finden, so ist doch darauf hinzuweisen, daß manchen Farbstoffgruppen in der Druckerei eine gegenüber der Färberei erhöhte Bedeutung zukommt, da sie für bestimmte Zwecke der Druckerei (Reservedruck, Ätzdruck) besonders geeignet sind. So spielen z.B. die Indigosole und die Oxydationsfarbstoffe in der Druckerei eine größere Rolle als in der Färberei. Als Schwarzfarbstoff findet gelegentlich noch Blauholzschwarz (noir réduit) Verwendung. Eine große Bedeutung kommt den Reaktivfarbstoffen zu. Mit diesen lassen sich u.a. waschbeständige Ätzartikel erzeugen, wenn Farbstoffe auf Azobasis vorliegen.

Über die in der Färberei verwendeten Farbstoffe hinaus finden in der Druckerei noch gewisse Spezialpräparate Verwendung. Solche sind insbesondere Mischungen von Kupplungskomponenten mit Diazoniumverbindungen, bei welchem die letzteren in einer Form vorliegen, in welcher sie zunächst zu einer Kupplung nicht befähigt sind. Solche Kombinationen bieten die Möglichkeit, in einfacher und wirtschaftlicher Weise echte Azofarbstoffe auf der Faser zu erzeugen.

Eine gewisse, in den letzten Jahren stark zunehmende Bedeutung kommt den *Pigmentfarbstoffen* zu, da sich diese auf dem Druckwege in sehr einfacher Weise fixieren lassen. Man bedient sich dabei solcher Methoden, wie sie auch im Papierdruck, Tapetendruck und Buchdruck üblich sind, wo Pigmentfarbstoffe mit Hilfe eines Bindemittels auf dem Substrat fixiert werden. Man benötigt für diese Zwecke mit Rücksicht auf die Schonung der Substrate solche Druckverfahren, die meist auf nicht wäßriger Basis arbeiten und zur Fixierung des Drucks einer Nachbehandlung in wäßrigen Bädern oder eines Dämpfprozesses nicht bedürfen.

Grundsätzlich ist zu bemerken, daß die nicht waschechten Farbstoffe in der Druckerei gegenüber ihrer Verwendung in der Farberei stark zurücktreten. Dies hängt damit zusammen, daß Uni-Farbware vielfach in hellen Tönen (z.B. Unterwäsche) gefärbt wird und darüber hinaus Farbware nicht zusammen mit Weißware gewaschen wird. Druckware wird dagegen vielfach mit satten Farben bedruckt, die waschempfindlicher sind als helle Töne und die, wenn sie beim Waschen auslaufen, den weißen oder farbigen Fond anschmutzen, wodurch die Ware verdorben wird.

Selbstverständlich hängt die mengenmäßige Verwendung der verschiedenen Farbstoffklassen auch von den verwendeten Fasern ab, unter denen die Synthesefasern heute stark im Vormarsch sind. Zur Zeit liegen die Verhältnisse etwa wie folgt:

Cellulose-Fasern werden in erster Linie mit Reaktiv-, Küpen- und Pigment-Farbstoffen bedruckt. Dann folgen Naphtole und substantive Farbstoffe, an die sich die Indigosole, Schwefel-, Oxydations- und Beizen-Farbstoffe anschließen.

Für Wolle und Seide kommen neben Säure- und Metallkomplex-Farbstoffen die Reaktivfarbstoffe in Betracht. *Acetatfasern* werden vornehmlich mit Dispersions-Farbstoffen bedruckt.

Polyamidfasern bedruckt man vorwiegend mit Säure- und Metallkomplexfarbstoffen, aber auch mit substantiven, Pigment-, Dispersions- und Reaktivfarbstoffen.

Für *Polyester-Fasern* spielen in erster Linie die Dispersionsfarbstoffe und dann die Pigmentfarbstoffe eine Rolle. *Polyacrylnitril-Fasern* werden vorwiegend mit kationischen, vereinzelt aber auch mit Dispersions- und Küpenfarbstoffen bedruckt.

Andere Farbstoff-Klassen werden ebenfalls – wenn auch in geringerem Umfang – angewandt und sind im Text beschrieben, da ein Lehrbuch sowohl die bedeutenden als auch die weniger bedeutenden Verfahren beschreiben und lehren muß.

Für Mischungen aus Cellulose-Fasern und Wolle finden vor allem Reaktiv- und substantive Farbstoffe Verwendung, für Cellulose/Polyestermischungen Pigmentfarbstoffe sowie Kombinationen aus Reaktiv- und Dispersionsfarbstoffen und auch solche aus Küpen- und Dispersionsfarbstoffen.

Cellulose/Polyamid-Gemische bedruckt man mit Pigment-, Reaktiv- oder Küpenfarbstoffen und *Celluloseacetat/Polyamid-Gemische* und *Celluloseacetat/Polyester-Gemische* mit Dispersionsfarbstoffen. Über weitere Kombinationen mit Synthetikfasern s. Textteil S. 720ff.

Mischungen aus Cellulose und Polyacrylnitril druckt man vornehmlich mit Küpenfarbstoffen sowie mit Kombinationen aus Reaktiv- und Dispersionsfarbstoffen.

Für Wolle/Polyester kommen Kombinationen aus Reaktiv- und Dispersionsfarbstoffen sowie solche aus Metallkomplex- und Dispersionsfarbstoffen in Betracht. *Wolle/Polyacrylnitril* wird mit Kombinationen aus Metallkomplex- und Dispersionsfarbstoffen sowie aus Dispersions- und Reaktivfarbstoffen sowie mit kationischen Farbstoffen bedruckt.

3. Die Druckfarben

Unter einer Druckfarbe wird eine fertige zum Drucken geeignete Kombination eines Farbstoffes mit den zum Druck notwendigen weiteren Komponenten verstanden. An solchen Komponenten ist in erster Linie das *Verdickungsmittel* zu nennen, welchem in der Druckfarbe und für den gesamten Druckprozeß wesentliche Aufgaben zukommen. Daneben werden in der Druckfarbe noch weitere Substanzen untergebracht, welche verschiedene Funktionen zu erfüllen haben. So enthält die Druckfarbe u. a. Mittel, welche den Farbstoff in Lösung bzw. in feiner Dispersion halten, und weiterhin solche, welche für eine gleichmäßige und gute Fixierung auf der Faser notwendig sind.

Auch nicht farbstoffhaltige Druckpasten werden als Druckfarben bezeichnet. Sie finden u. a. Verwendung zur Herstellung von Weißätz- und Weißreservedrukken. Werden ungefärbte Druckfarben auf weiße Ware gedruckt, so werden sie vorteilhaft, um Unregelmäßigkeiten des Aufdrucks schneller erkennen zu können, mit geringen Mengen später leicht auswaschbarer Farbstoffe markiert (*Blenden* der Druckfarben). Man kann in diesem Falle der Druckfarbe aber auch eine kleine Menge einer im Ultraviolettlicht fluoreszierenden Substanz (Fluoreszenzsalz GD oder RD) zusetzen und die bedruckte Ware mit einer UV-Lampe bestrahlen, um den Verlauf des Drucks sichtbar zu machen.

Jede Druckfarbe enthält eine gewisse Menge eines Verdickungsmittels, welches der Druckfarbe eine für den Druck geeignete Viscosität verleihen soll, da dünnflüssige wäßrige Farbstofflösungen zum Auslaufen neigen und die Konturen des Musters daher nicht scharf eingehalten werden können. Die Viscosität der Druckfarben ist verschieden und wird in erster Linie durch das Druckverfahren bestimmt, d. h. sie richtet sich danach, ob auf der Rouleauxdruckmaschine, im Film- oder Spritzdruck gearbeitet wird. Weiterhin spielen für die Bemessung der Viscosität die Art des zu bedruckenden Gewebes, die Faserart sowie das Druckmuster eine Rolle. Soll das Gewebe bis zur linken Seite durchgedruckt werden, dann wird man die Viscosität der Druckfarbe niedriger zu bemessen haben, als wenn ein Durchdruck nicht erforderlich ist.

Die Viscosität der Druckfarbe soll gleichzeitig mit einer gewissen *Zügigkeit* kombiniert sein, d. h. mit der Fähigkeit, „langfädig" abzufließen und nicht schnell „abzubrechen".

Voraussetzung für einen einwandfreien Druck ist eine völlige *Homogenität* der Druckfarbe, d. h. alle Reaktionspartner, auch die unlöslichen Substanzen, müssen gleichmäßig in der Druckfarbe verteilt sein, was durch gutes Durchrühren erreicht wird. Falls unlösliche Farbstoffe oder Pigmente in der Druckfarbe anwesend sind, dürfen diese nicht zu Klümpchen zusammengeballt vorliegen, sondern müssen feinst zerteilt sein. Ein sorgfältiges Mahlen der Verdickung bzw. der Druckfarbe auf einer Teller- oder Walzenmühle ist daher zweckmäßig (S. 742).

Um gröbere oder nicht zerteilbare Partikelchen auszuscheiden, wird die Druckfarbe zum Schluß sorgfältig durch feine Drahtsiebe oder Baumwolltücher passiert (S. 742). Gröbere Teilchen geben beim Druck insofern Anlaß zu Schwierigkeiten, als sie sich unter der Rakel festsetzen, so daß diese farbdurchlässig wird, wodurch die gefürchteten *Rakelstreifen* entstehen. Scharfkantige harte Partikelchen können zu einem Anreißen der Druckwalzen führen, was ebenfalls einen fehlerhaften Druck auslöst.

Falls die Druckfarbe zum Schäumen neigt, muß dieses durch Zusatz geeigneter Mittel (z. B. Terpentinöl) ausgemerzt werden, da schäumende Druckfarben Anlaß zu einem unregelmäßigen Druckausfall geben (s. S. 786).

Verschnitte. Die auf diese Weise hergestellte Druckfarbe wird als *Stammfarbe* bezeichnet. Aus ihr können durch Verschneiden hellere Farben (*Verschnitte, Coupuren*) hergestellt werden. Zu diesem Zweck wird die Stammfarbe mit einer *Coupureverdickung* vermischt. Neben der in der Stammfarbe enthaltenen Verdickung enthält die Coupureverdickung auch noch entsprechende Prozentsätze der in der Stammfarbe sonst enthaltenen Reagenzien mit Ausnahme des Farbstoffs.

4. Die Verdickungsmittel

Dem Verdickungsmittel kommt eine sehr wichtige Funktion in der Druckfarbe zu. Es hat die Aufgabe, dem durch die Capillarkräfte des Gewebes bedingten Ausfließen der Farbstofflösung entgegenzuwirken. Beim Rouleauxdruck verhindert es die Tendenz der Druckfarben, dem Gesetz der Schwere folgend aus den Gravuren der rotierenden Druckwalze auszulaufen. Das Verdickungsmittel bietet weiterhin die Möglichkeit, verschiedene Reaktionspartner in der Druckfarbe unterzubringen, welche bei Abwesenheit des Verdickungsmittels vorzeitig, d. h. schon in der Druckfarbe und nicht erst auf der Faser, miteinander reagieren würden. Das Verdickungsmittel wirkt daher als Distanzator und verhindert die verfrühte Wechselwirkung reaktionsfreudiger Komponenten. So kann man z. B. in der Druckfarbe eines kationischen Farbstoffs den Farbstoff neben Tannin unterbringen, ohne daß die Bildung des Tanninlacks, welche erst beim Dämpfen auf der Faser erfolgen soll, eintritt.

Werden in der Druckfarbe unlösliche Pigmente wie Kaolin oder Zinkoxid untergebracht, so hat das Verdickungsmittel weiterhin die Aufgabe, solche Substanzen in homogener Dispersion zu halten und dafür zu sorgen, daß sich das Pigment nicht in den Gravuren der Walzen festsetzt, sondern homogen mit der Druckfarbe auf die Ware gelangt.

Als *Verdickungsmittel* finden überwiegend solche Substanzen Verwendung, welche bei verhältnismäßig geringer Konzentration Lösungen von hoher Viscosität ergeben, eine Bedingung, die vor allem von hochmolekularen Natur- und Kunststoffen erfüllt wird. Eine große Bedeutung kommt unter den Verdickungsmitteln der *Stärke* sowie ihren verschiedenen Abbauprodukten, z. B. Dextrin, zu. Am besten geeignet ist die *Weizenstärke*, deren Kleister verhältnismäßig gut haltbar ist, während derjenige der Kartoffelstärke seine Viscosität rasch ändert und stark gallertartig wird. U. a. wird Kartoffelstärke schon von organischen Säuren leicht beeinflußt. *Stärkeäther* sind durch Veräthern von Maisstärke mit Monochloressigsäure hergestellte kaltwasserlösliche Produkte.

Um eine Zersetzung des Verdickungsmittels (Stärke usw.) durch Bakterien auszuschalten, wird ein Konservierungsmittel zugesetzt (z. B. Halogenphenole).

Britisch-Gummi, welches man durch Erhitzen von Maisstärke erhält, ist, da alkalibeständig, zum Verdicken stark alkalischer Druckfarben besonders geeignet. Die verschiedenen *Gummisorten* (Gummi arabicum, Kristallgummi) werden vorteilhaft da angewandt, wo es sich darum handelt, großflächige Muster (Decker) gleichmäßig zu drucken. Sie haben weiterhin die Eigenschaft, unlösliche Pigmente in guter Suspension zu halten, so daß sie das geeignete Verdickungsmittel bzw. Zusatzmittel für stark pigmenthaltige Druckfarben sind.

Ein breites Anwendungsgebiet besitzt *Tragant*, ein Ausscheidungsprodukt gewisser Leguminosen, welches namentlich in Kombination mit Weizenstärke sehr vorteilhafte Druckverdickungen liefert, da Weizenstärke allein einen harten Griff hinterläßt und bei großen Deckern gerne zu unegalen Effekten führt. Außerdem neigt Weizenstärkeverdickung allein dazu, in kaltem Zustand einen gallertartigen, für den Druck wenig geeigneten Zustand anzunehmen.

Im Küpendruck spielt ein *Cellulosemethyläther* mittleren Methylierungsgrades[1] eine Rolle. Auf Grund seiner Eigenschaften findet er namentlich beim Zweiphasen-Druckverfahren mit Küpenfarbstoffen Verwendung.

Für den Druck mit Reaktivfarbstoffen sowie für das Zweiphasen-Druckverfahren mit Küpenfarbstoffen eignen sich besonders gut *Alginsäurepräparate*. Eine be-

[1] Tylose DKL, heute Tylose MH 300.

sondere Bedeutung kommt im Rahmen des Zweiphasen-Druckverfahrens den *Johannisbrotkernmehl-Präparaten* (Johannisbrotkernmehläther) und für das Bedrucken von synthetischen Fasern namentlich dem *Polyvinylalkohol* zu.

Für die Zwecke des Pigmentdrucks wählt man vielfach solche Verdickungsmittel, welche gleichzeitig eine möglichst gebrauchstüchtige Fixierung des Drucks ermöglichen. Neben den früher viel benützten *Eiweißkörpern* wie Albumin und Casein finden namentlich *Acetylcellulose* sowie *Kunststoffe* aus der Reihe der Aminoplaste und Polyvinylkörper sowie Acrylverbindungen und Copolymere Verwendung. An anorganischen Verdickungsmitteln spielen zum Strecken der Verdickung kolloidale *Kieselsäurepräparate* eine gewisse Rolle. In letzter Zeit gehen die Bestrebungen dahin, die Verdickungsmittel auf Basis von Naturstoffen durch *synthetische Produkte* zu ersetzen bzw. zu ergänzen (vgl. S. 780). Auf diese Weise sollen die Möglichkeiten zur Verbesserung von Farbausbeute, Brillanz und Laufeigenschaften der Pasten erweitert werden.

Die Verdickungsmittel werden in gelöster bzw. gequollener oder verkleisterter Form (Verdickung) der Druckfarbe zugesetzt. Das Verdickungsmittel soll durch eine einfache Nachbehandlung des Drucks (Spülen mit Wasser, enzymatischer Abbau) aus der Ware entfernbar sein, da es die bedruckten Stellen versteift erscheinen läßt, was sich namentlich bei großflächigen Mustern nachteilig auswirken kann. Bei Pigmentdrucken, bei welchen das Verdickungsmittel häufig gleichzeitig die Rolle des Bindemittels ausübt, muß dieses erhalten bleiben; es ist daher darauf zu achten, daß hier solche Mittel angewandt werden, welche bei der für die Bindung an das Substrat erforderlichen Konzentration keine wesentliche Versteifung der bedruckten Stellen bewirken (vgl. S. 705). In diesem Rahmen spielt die „*Emulsionsverdickung*" eine wesentliche Rolle. Diese ist jedoch auch beim Druck mit anderen Farbstoffen von gewissem Interesse.

Die Auswahl des Verdickungsmittels. Die Auswahl des Verdickungsmittels wird durch verschiedene Faktoren dirigiert. Sie wird bestimmt durch die Art des Druckverfahrens, durch die Zusammensetzung der Druckfarbe, durch die Tiefe der Walzengravur und die Farbtiefe des Drucks, durch die Warenqualität, namentlich wenn die Forderung nach einem Durchdruck besteht, und letzten Endes durch die Art der Musterung, d. h. ob klein- oder großflächige Muster (Passer oder Decker), gedruckt werden.

Für zarte Farben wählt man vorteilhaft Gummi oder Dextrin, während satte Drucke zweckmäßigerweise unter Verwendung von Stärke oder Stärke-Tragant als Verdickungsmittel ausgeführt werden. Enthält die Druckfarbe wesentliche Mengen an unlöslichen Pigmenten, dann ist im Interesse der Homogenität der Druckfarbe eine Gummiverdickung anzuwenden. Liegen stark alkalische Druckfarben vor, dann wird mit Vorteil Britisch-Gummi oder Dextrin herangezogen, während z. B. Johannisbrotkernmehlpräparate ungeeignet sind. Bei Gegenwart von Diazoverbindungen sind reduzierend wirkende Verdickungsmittel wie Dextrin oder Britisch-Gummi auszuschließen.

Bei Gegenwart von Chromsalzen oder anderen Metallbeizen sind Gummi arabicum und Produkte auf der Basis von Celluloseäthercarbonsäuren nicht zu gebrauchen, da diese sich mit den Metallverbindungen zu unlöslichen Substanzen umsetzen, was zu einem Hartwerden der bedruckten Stellen führt.

In Fällen, in denen die Verdickung nicht ausgewaschen wird, die Druckstellen aber trotzdem keine merkliche Versteifung erfahren sollen, wählt man Verdickungsmittel, welche einen geringen *Trockensubstanzgehalt* besitzen. Hierher gehören namentlich Tragant, Alginate sowie Johannisbrotschleime. Tragant eignet sich daher auch besonders gut zum Verdicken von Klotzbrühen für Klotzfärbungen (S. 543, 570, 658).

Die Emulsionsverdickung. Im Laufe der vergangenen Jahre wurden praktisch „*substanzfreie*" Emulsionen eingeführt. Sie bestehen aus einer Emulsion von organischen Lösungsmitteln in Wasser oder umgekehrt („Öl-in-Wasser"- bzw. „Wasser-in-Öl"-Emulsion). Diese Emulsionen stellen pastöse Massen dar, welche druckfähige Pasten liefern und beim Trockenprozeß mit Ausnahme des notwendigen Emulgators verdampfen.

Die Emulsionsverdickung läßt sich mit Ausnahme der Indigosole und Oxydationsfarbstoffe für alle Farbstoffe im Direktdruck verwenden, wobei allerdings die Emulsionsverdickung meist mit einer üblichen Verdickung, z. B. Alginat, kombiniert wird („Halbemulsion").

5. Die Fixierung der Druckfarbstoffe

Bei der kurzen Dauer des eigentlichen Druckvorgangs werden viele Farbstoffe nicht genügend auf der Faser fixiert, so daß sie einer besonderen Nachbehandlung bedürfen. Namentlich solche Farbstoffe, welche beim Färben eine längere Färbedauer bei höheren Temperaturen benötigen, bedürfen nach dem Aufdruck einer entsprechenden Nachbehandlung, welche die zunächst nur rein mechanisch aufgetragenen Farbstoffe in die Faser hineindiffundieren läßt und fixiert. Zu diesem Zweck werden die Drucke nach dem Trocknen einem *Dämpfprozeß* unterzogen, bei dem die Faser in Quellung versetzt und ein Aufziehen des Farbstoffs ausgelöst wird. Die Fixierung der Drucke durch Dämpfen kommt hauptsächlich für substantive und kationische Farbstoffe, Reaktiv-, Küpen-, Beizen- und Säurefarbstoffe in Frage.

Solche Farbstoffe, die in der Färberei in einer kurzen Passage bei Raumtemperatur oder mäßiger Temperatur gefärbt werden können (Naphtol AS-, Indigosol-Farbstoffe), lassen sich eventuell ohne Dämpfen oder in einem kurzen Dämpfprozeß fixieren. An das Trocknen bzw. Fixieren schließen sich die auch in der Färberei üblichen Nachbehandlungsmethoden, wie heißes Seifen usw. an. Falls sich das Verdickungsmittel auf den Griff der Ware nachteilig auswirkt und im Rahmen der normalen Nachbehandlung nicht abgelöst wird, muß dieses durch einen besonderen Prozeß entfernt werden.

A. Das Bedrucken der Cellulosefasern

1. Das Bedrucken der Baumwolle

Vorbehandlung. Die für den Druck bestimmten Gewebe bedürfen einer sorgfältigen Vorbereitung, um eine einwandfreie Aufnahme und Fixierung der Farbstoffe zu gewährleisten. Die Gewebe werden zunächst *gesengt*, um alle abstehenden Fäserchen zu entfernen, da diese einmal das Warenbild nachteilig beeinflussen und zum anderen zu druckereitechnischen Schwierigkeiten Anlaß geben würden. Sie lösen sich beim Druckprozeß ab und setzen sich in den Gravuren der Walzen fest, so daß unscharfe Drucke entstehen. Weiter können sie sich unter der Rakel ansammeln und damit fehlerhafte Drucke verursachen (*Wischer*). Man kann sich bei zum Flusen neigenden Waren durch Anbringen einer Kontrerakel gegen solche Störungen weitgehend sichern.

Im Anschluß hieran ist die Ware so weiter zu behandeln, daß sie eine gute *Saugfähigkeit* bekommt, um die Farbstoffe bei dem kurzen Druckvorgang gut aufnehmen zu können. Außer der Schlichte ist das Baumwollwachs gründlich zu entfernen, was üblicherweise durch eine Druckbeuche nach vorausgegangener Entschlichtung oder durch eine sonstige intensiv wirkende Vorreinigung zu geschehen hat. Zur Erhöhung der Farbstoffaufnahme und zur Glanzerzeugung kann eine Mercerisation erfolgen. Um den nicht bedruckten Fond sowie Weißätz- und Weißreservemuster rein weiß und lebhafte Töne klar erscheinen zu lassen, wird die Ware anschließend gebleicht.

Um die Netzfähigkeit für den Druckprozeß zu erhöhen, kann die Ware mit einem Netzmittel imprägniert werden. Das Trocknen hat, um die Druckwarenoberfläche nicht zu „verhornen" und damit schwer quellbar zu machen, bei mäßigen Temperaturen zu geschehen, was insbesondere bei Geweben aus regenerierter Cellulose zu beachten ist.

a) Die substantiven Farbstoffe

Die substantiven Farbstoffe spielen ihrer geringen Naßechtheit wegen in der Druckerei eine untergeordnete Rolle, wenigstens soweit dies den Direktdruck betrifft. Sie werden im allgemeinen nur auf solche Artikel gedruckt, an deren Naßechtheit keine besonderen Anforderungen gestellt werden, wie z. B. billige Möbelstoffe, Wandbespannstoffe usw. Auf Grund ihrer leichten *Ätzbarkeit* sind sie jedoch für den Ätzdruck sehr wichtig, und zwar besonders die *Diazotierungsfarbstoffe,* mit denen Färbungen von befriedigender Waschechtheit erzielt werden. Bei der Auswahl der substantiven Farbstoffe für den Direktdruck ist auf eine gute Löslichkeit zu achten. Die betreffenden Farbstoffe müssen weiterhin der Einwirkung des Dämpfens widerstehen, da dieses zusammen mit einem reduzierend wirkenden Verdickungsmittel eine Reduktion der Azogruppe auslösen kann.

Direktdruck. Eine Druckfarbe für den Direktdruck kann folgendermaßen angesetzt werden[1]:

20 g	(maximal) substantiven Farbstoff lösen mit
310 g	heißem Wasser und
50 g	Glycerin oder Glyezin A. Farbstofflösung einrühren in eine Lösung von
20 g	Natriumphosphat in
500 g	Stärke/Tragant-Verdickung. Nach dem Erkalten gegebenenfalls
100 g	Albumin (1:1) zufügen
1000 g	

Glycerin bzw. Glyezin A wirken als *Farbstofflösemittel* und gleichzeitig als *Hygroskopika,* so daß die bedruckten Stellen nicht zu trocken zum Dämpfen gelangen. Als Verdickungsmittel wählt man vorteilhaft solche, welche leicht auswaschbar sind und, falls sie nicht ausgewaschen werden, die bedruckten Stellen nicht zu sehr versteifen. Oft wird im Hinblick auf die Gefahr des Auslaufens auf ein Spülen der Drucke verzichtet. Gut geeignet für den substantiven Druck ist Tragant oder eine Stärke-Tragant-Mischung.

Natriumphosphat fördert die Fixierung sowie die Farbstoffausnutzung. Bei tiefen Farbtönen empfiehlt sich ein *Albuminzusatz,* da letzteres in der Dampfatmosphäre koaguliert und so eine gegen Naßbeanspruchung schützende Schicht über dem Aufdruck bildet.

Nach dem Drucken und Trocknen wird $^3/_4$–1 Std. gedämpft. Beim Dämpfen wird die Verdickung dünnflüssig, so daß die Farbstoffe nun zu der in Quellung befindlichen Faser vordringen und in sie hineindiffundieren können. Nach dem

[1] Für die jeweils aufgeführten Druckfarbenrezepte gilt grundsätzlich folgendes: Selbstverständlich variieren die Farbstoffmengen sowie die Mengenverhältnisse der anderen Komponenten der Druckfarbe je nach Farbstoffart, Farbtiefe, Druckverfahren Warenart usw. in weiten Grenzen. (Den folgenden Rezepten liegen meistenteils die maximalen Farbstoffansätze zugrunde.) Auch in qualitativer Hinsicht ist oft ein gewisser Spielraum gegeben. Die aufgeführten Rezepte sind daher als modifizierbare Verfahrensbeispiele zu werten.

Dämpfen kann je nach der Widerstandsfähigkeit des Drucks kalt oder lauwarm – eventuell unter Zusatz von Seife – gespült werden, wobei für dunkle Drucke ein Spülen mit elektrolythaltigem Wasser zweckmäßig ist. Gegebenenfalls kann man die Wasserechtheit des Drucks nach den in dem Kapitel Färberei angegebenen Nachbehandlungsmethoden für substantive Färbungen erhöhen (S. 544).

Bei Verwendung von *Coprantinfarbstoffen* (S. 403) besteht die Möglichkeit, das Coprantinsalz (Natrium-Kupfer-tartrat) der Druckfarbe einzuverleiben, doch ist die Haltbarkeit der Druckfarbe beschränkt, und die Ergiebigkeit der Druckfarbe läßt zu wünschen übrig. Vorteilhafter behandelt man daher mit Coprantinsalz nach. Man kann auch das stabile Cu(I)-rhodanid der Druckfarbe beigeben und erhält auf diese Weise ebenso gute Effekte wie durch Nachbehandlung.

Durch die Verwendung von *Harnstoff* zur Druckfarbe gelingt es, die substantiven Farbstoffe besser zu fixieren und sattere sowie gleichmäßigere Drucke zu erhalten. Die Funktion des Harnstoffs ist einmal auf dessen *hydrotrope* Eigenschaft zurückzuführen und andererseits auf die Möglichkeit, bei Anwesenheit von Harnstoff bis zu einer genügenden Fixierung dämpfen zu können, ohne daß der Farbstoff durch eine eventuelle Reduktionswirkung der Verdickung eine Veränderung erfährt.

Setzt man der Druckfarbe neben Harnstoff ein säureabgebendes Mittel, z.B. Ammoniumsulfat, zu und dämpft den Druck mit formaldehydhaltigem Dampf, dann gelingt es, die substantiven Farbstoffe mit Hilfe des gebildeten Harnstoffharzes ziemlich waschecht auf der Faser zu fixieren.

Ätzdruck. Dem Ätzdruck substantiver Färbungen kommt insofern eine größere Bedeutung zu, als sich sehr viele substantive Farbstoffe auf reduktivem Wege leicht ätzen lassen. Besonders beliebt ist das *Ätzen von diazotierten Färbungen*, da an die Waschechtheit solcher Artikel höhere Anforderungen gestellt werden können. Ätzbar sind unter den substantiven Farbstoffen weitaus die Mehrzahl der normalen Azokörper, welche durch Reduktion in ungefärbte Hydrazokörper übergehen. Nicht ätzbar sind z.B. Thiazolazo- und Stilbenazo-Derivate (vgl. S. 532).

Als Reduktionsmittel verwendet man z.B. *Rongalit C*[1], ein Natriumsalz der Hydroxymethan-sulfinsäure (S. 789), welches gegenüber Hydrosulfit[2] den Vorteil der größeren Beständigkeit bietet. Die Beständigkeit des Reduktionsmittels ist für die druckereitechnische Verwendung eine grundsätzliche Voraussetzung, da das Reduktionsmittel seine Wirkung während des Dämpfens entfalten muß und sich daher nicht schon beim Drucken, Trocknen oder während des Lagerns zersetzen darf, wie dies bei Anwendung von Hydrosulfit der Fall wäre.

Die Ätzfarbe enthält daher neben Stärke-Tragant-Verdickung Rongalit C in der erforderlichen Wassermenge gelöst. Zur Verstärkung des Ätzeffekts kann Zinkoxid zugesetzt werden, welches, um ein Absetzen des Pigments zu verhindern, eine zusätzliche Verwendung von Gummi arabicum in der Druckfarbe erfordert.

Nach dem Drucken wird getrocknet, 3–5 min im Schnelldämpfer gedämpft und anschließend gespült.

Falls das Ätzen auf Schwierigkeiten stößt, setzt man als *Reduktionskatalysator* Anthrachinon zu, welches bei Gegenwart von Rongalit C in Anthrahydrochinon übergeht, sich aber jeweils unter Wasserstoffabgabe zurückbildet:

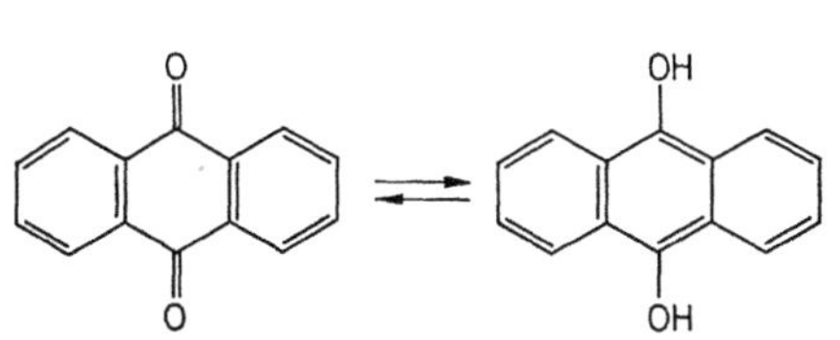

[1] Dem Rongalit C entsprechende Handelsprodukte sind u.a. Brüggolit C, Hydrosulfit RF, Rongeol C usw.

[2] „Hydrosulfit" ist die Praxisbezeichnung für Natriumdithionit ($Na_2S_2O_4$).

Die Ätzwirkung kann weiterhin durch Zusatz von Leukotrop W (S. 790) verstärkt werden. Eine kräftige Aufhellung der Weißätzeffekte tritt ein, wenn man der Ätzfarbe optische Aufhellungsmittel (S. 797) zusetzt.

Bei kupferhaltigen Fondfärbungen kann insofern eine Komplikation entstehen, als sich mit Dithionit bzw. Na-Formaldehyd-Sulfoxylat braunes Kupfersulfid (CuS) bildet. Zweckmäßig nimmt man daher die Cu-Nachbehandlung erst nach dem Ätzen vor.

Da die substantiven Farbstoffe zum Teil außerordentlich leicht ätzbar sind, können schon die geringsten von der Rakel durchgelassenen Ätzmittelspuren die Fondfärbung an den nicht zu bemusternden Stellen beeinflussen. Zum Schutz gegen solche Fehlererscheinungen klotzt bzw. pflatscht (S. 689) man die Ware vor bzw. nach dem Drucken – aber vor dem Dämpfen – z. B. mit Ludigol, welches die Rongalitspuren oxydativ beseitigt, an den Druckstellen aber auf Grund des großen Rongalitüberschusses sich praktisch nicht auswirken kann. Ludigol ist das m-nitrobenzolsulfosaure Natrium, welches als wasserlösliches beständiges Oxydationsmittel fungiert:

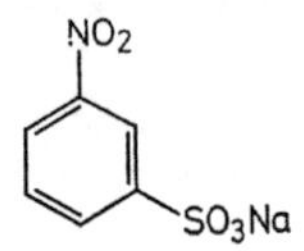

Ludigol
Revatol S
Albatex BD
Solidol N
Resistsalz L

Als Buntfarbstoffe für *Buntätzeffekte* werden neben Küpenfarbstoffen vielfach basische Farbstoffe angewandt, da diese sich auf Grund ihrer Lebhaftigkeit besonders gut von einem farbigen Fond abheben. Als Beispiele für ätzbeständige basische Farbstoffe seien die folgenden genannt: Auramin O, Rhodulinorange NO, Rhodamine, Rhodulinreinblau 3 G.

An Stelle der basischen Farbstoffe können auch rongalitbeständige substantive Farbstoffe Verwendung finden.

Bei *diazotierten Färbungen* benutzt man als Buntätzfarbstoffe mit Vorteil Küpenfarbstoffe, um die Echtheit des Buntätzfarbstoffes mit derjenigen der Fondfärbung in Einklang zu bringen. Die Küpenfarbstoffe werden nach dem Rongalit-Pottasche-Dämpfverfahren (S. 680) fixiert, welches gleichzeitig ein Ätzen der substantiven Fondfärbung auslöst.

Reservedruckverfahren haben im allgemeinen keine Bedeutung, da die meisten substantiven Färbungen (Azofarbstoffe) leicht durch Ätzen bemustert werden können.

b) Die kationischen (basischen) Farbstoffe

Auf Grund ihrer mangelhaften Echtheitseigenschaften spielen die kationischen Farbstoffe für Cellulosefasern nur eine untergeordnete Rolle und werden nur noch vereinzelt für ganz billig und lebhaft zu druckende Artikel, bei denen die Echtheitseigenschaften keine besondere Rolle spielen, angewandt.

Direktdruck. Wie in der Färberei, so kann auch in der Druckerei die Fixierung der kationischen Farbstoffe entweder auf Tannin- oder auf Katanolbeize vorgenommen werden. Im ersteren Fall kann das Tannin direkt der Druckfarbe zugesetzt werden, während bei der Katanolbeize ohne Katanol gedruckt und anschließend in einem Katanolbad nachbehandelt wird.

Die Druckfarbe für das *Tanninverfahren* wird folgendermaßen bereitet:

20 g	Farbstoff werden in
70 g	Essigsäure 30%ig,
50 g	Acetin N und
160 g	Wasser unter Erwärmen gelöst; anschließend wird mit
600 g	essigsaurer Stärke/Tragant-Verdickung verdickt und nach dem Erkalten
100 g	Tannin-Essigsäure (1:1) zugesetzt.
1000 g	

Arbeitsweise: Drucken, trocknen, 1 Std. dämpfen, brechweinsteinieren, gegebenenfalls entschlichten, spülen. Falls hierbei ein gewisses Auslaufen des Drukkes stattfinden sollte, kann die Anschmutzung durch gelindes Chloren beseitigt werden.

Im Gegensatz zu der in der Färberei üblichen Arbeitsweise kann das Tannin in der Druckfarbe untergebracht werden, ohne daß man eine vorzeitige Farblackbildung zu befürchten hat, da das Verdickungsmittel durch seine Distanzwirkung einer solchen entgegenwirkt. Voraussetzung hierfür ist allerdings die Gegenwart eines Farbstofflösemittels (Acetin N oder ähnlich wirkende Produkte) sowie eine völlig gleichmäßige Durchsetzung der Druckfarbe mit Essigsäure. Letztere verflüchtigt sich beim Dämpfprozeß, so daß dann die Tanninlackbildung erfolgen kann. Ein Vorklotzen mit Tannin ist nicht zu empfehlen, da dieses sich von den nicht bedruckten Stellen schlecht entfernen läßt und daher zu einer Bräunung des Weißfonds führt.

Um beim Dämpfen eine Faserschwächung durch Zinkchlorid zu verhindern, verwendet man möglichst kationische Farbstoffe, welche nicht als Zinkchlorid-Doppelsalze im Handel sind (S. 445). Ist die Anwendung eines solchen Farbstoffs nicht zu umgehen, dann ist namentlich bei satten Drucken ein Zusatz von Natriumacetat zur Druckfarbe zweckmäßig. Dem Brechweinsteinbad setzt man vorteilhaft Soda oder Schlämmkreide zu, da durch die Anreicherung der mit der bedruckten Ware eingeschleppten Säure die Bildung der Farblack-Antimon-Verbindung erschwert wird.

Beim *Beizen mit Katanol ON* kann dieses nicht der Druckfarbe zugesetzt werden, da sich der Farblack zu leicht bilden würde; man druckt daher ohne Katanol und beizt nach dem Dämpfen durch eine Breitbehandlung in einem Katanolbad. Da das Katanol indes den Weißfond etwas anschmutzt, wird dieses Verfahren im allgemeinen nur für den Buntätzdruck auf substantivem Grund angewandt.

Als Beizmittel können auch Kunstharze auf Basis Phenol/Formaldehyd oder Harnstoff/Formaldehyd Verwendung finden.

Ätzdruck. Das Ätzen kationischer Färbungen stößt insofern auf gewisse Schwierigkeiten, als die *Oxydationsätze*, welche wohl gute Weißeffekte liefert, die Faser gefährdet, die *Reduktionsätze* aber nur in wenigen Fällen die Erzeugung eines reinen Weißeffekts ermöglicht, so daß die Reduktionsätze namentlich für Buntätzen in Frage kommt. Als Buntätzfarbstoffe finden rongalitbeständige kationische Farbstoffe Verwendung. Für die Fondfärbung kommen z.B. nachstehende Farbstoffe in Betracht: Chrysoidin, Fuchsin, Kristallviolett, Viktoriablau B, Brillantgrün N.

Ätzen des Tannin-Antimongrundes. Während die Erzielung eines reinen Weißeffekts auf der fertigen Färbung auf Schwierigkeiten stößt, ist ein solcher beim Ätzen des Tannin-Antimongrundes leicht erhältlich. Man druckt bei diesem für kationische Färbungen wichtigsten Ätzverfahren eine stark alkalische Druckfarbe auf, welche die Tannin-Antimon-Verbindung beim Dämpfen spaltet, so daß die Beize in einem angeschlossenen Spülbad entfernt werden kann. Beim nachherigen Färben mit kationischen Farbstoffen wird an den geätzten Stellen kein Farbstoff aufgenommen.

Man arbeitet mit folgender Druckfarbenzusammensetzung:

600 g	Natronlauge 38 °Bé (32,5%ig)
100 g	Britisch-Gummi } als laugenbeständige Verdickungsmittel
120 g	Dextrin } als laugenbeständige Verdickungsmittel
130 g	Wasser
50 g	Natriumhydrogensulfitlösung 38 °Bé (um eine eventuell sich zeigende Bräunung zu beseitigen)
1000 g	

Verwendet man an Stelle von Natronlauge schwächer alkalische Mittel, wie Alkalicarbonate oder Alkalisilicate, dann erhält man Halbätzen.

Da der Verlauf des Druckes auf der Druckmaschine schwer zu verfolgen ist (Ware und Druckfarbe sind ungefärbt), wird die Druckfarbe durch Zusatz eines später leicht entfernbaren Säurefarbstoffs oder von Phenolphthalein „geblendet" oder durch Fluoreszenzsubstanzen im UV-Licht leuchtend gemacht.

Arbeitsweise. Die Ware wird mit Tannin geklotzt, in der Hotflue getrocknet, anschließend mit Brechweinstein geklotzt und wieder getrocknet. Hierauf wird die Ätze aufgedruckt, getrocknet, kurz gedämpft, in einem 5 g Schwefelsäure 96%ig pro Liter enthaltenden Bad gespült, gewaschen und gefärbt.

Im Interesse der Erzielung reiner Weißeffekte enthält das Färbebad in Abweichung von der üblichen Arbeitsweise Leimlösung, Brechweinstein sowie Aluminiumsulfat. Die Farbstoffauswahl muß so getroffen werden, daß ein Antönen der Weißeffekte nicht eintritt; aus dem gleichen Grund muß die Farbstoffzugabe so bemessen werden, daß das Bad vollkommen auszieht. Nach dem Färben wird gespült und zur Entfernung einer eventuellen Antönung der Weißeffekte leicht gechlort.

Für den *Buntätzartikel* eignen sich am besten alkalibeständige Küpenfarbstoffe, welche bei Gegenwart von Rongalit C aufgedruckt werden. Die in der Druckfarbe vorhandene Natronlauge bewirkt in Verbindung mit Rongalit beim Dämpfen eine Fixierung des Küpenfarbstoffs.

Reservedruck. Der Reservedruck spielt eine untergeordnete Rolle und wird namentlich zum Reservieren von Überdrucken angewandt. Vorgedruckte Antimonverbindungen verhindern beim Überdruck einer kationischen tanninhaltigen Druckfarbe die Fixierung des kationischen Farbstoffes, da dieser, bevor er zu der Faser gelangt, durch die Antimonverbindung in Form des Tannin-Antimon-Farblacks abgefangen und „abgeworfen" wird.

Beim angeschlossenen Dämpfen kann sich der Farblack wegen seiner Unlöslichkeit nicht mehr auf der Faser fixieren, während an den nicht reservierten Stellen eine normale Fixierung eintritt. Nach dem Überdrucken wird getrocknet, gedämpft, mit Brechweinstein fixiert und wie üblich fertiggestellt.

c) Die Küpenfarbstoffe

Nicht alle in der Färberei angewandten Küpenfarbstoffe eignen sich in gleicher Weise für die Zwecke der Druckerei, da hier wesentlich andere Verhältnisse hinsichtlich der Fixierung der Farbstoffe vorliegen als in der Färberei. Meist geht das Drucken so vor sich, daß die Farbstoffe in *unreduziertem* oder nur teilweise reduziertem Zustand auf die Faser aufgedruckt und erst in der Dampfatmosphäre reduziert und damit fixiert werden. Das Druckverfahren hat daher eine weitgehende Ähnlichkeit mit dem in der Färberei mitunter angewandten *Pigment-Klotz-Dämpfverfahren* (S. 564).

Das Drucken von reduziertem Farbstoff ist nicht besonders wirtschaftlich, da während des Druckens und Trocknens eine gewisse Oxydation eintritt und daher ein Mehrverbrauch an Reduktionsmittel, das beim Dämpfen in Aktion treten soll, bedingt ist. Bei Farbstoffen, deren Leukoverbindung nur eine beschränkte Löslichkeit in der Druckfarbe besitzt, soll die Reduktion ebenfalls möglichst lange hintangehalten werden, da das teilweise Ausfallen der Leukoverbindung zu stippigen Drucken führt.

Die Herstellung der Küpen-Druckfarbstoffe. Damit die unlöslichen Farbpigmente einerseits homogen in der Druckfarbe dispergiert bleiben und andererseits in der Dampfatmosphäre den Reduktionsmitteln eine große Reaktionsoberfläche bieten, werden die für den Druck bestimmten Küpenfarbstoffe durch Mahlen auf der Kugel- oder Schwingmühle in möglichst feindisperse Form übergeführt und mit Dispergiermitteln bzw. hydrotropen Substanzen kombiniert in den Handel gebracht. Mit solchen Produkten erhält man gleichmäßige und satte Drucke bei verhältnismäßig kurzer Dämpfdauer und ist weitgehend unabhängig von der Dampfqualität.

Die speziellen Küpendruckfarbstoffe kommen als *Teigmarken* sowie als *feindisperse Pulvermarken* „Colloisol-", „Colloisol Teig"-Marken in den Handel. Bei der Herstellung solcher Produkte spielen Zusätze von besonderen Dispergiermitteln und von *hydrotropen* Substanzen eine große Rolle, welche die Aufgabe haben, die Zerteilung, Homogenität und Beständigkeit der wäßrigen Aufschlämmung auf ein Höchstmaß zu steigern.

Als *Dispergiermittel* bzw. *hydrotrope Substanzen* (S. 781 ff.) können u. a. fungieren: Betaine und Sulfobetaine, Benzoate, Salicylate, Benzolsulfonate, sulfanilsaure Salze, Harnstoff, Hexamethylentetramin, Sulfamide, Sulfitablauge, Methylcellulose. Besonders geeignet sind die Salze und Derivate der Dimethylmetanilsäure, der Dimethyl-sulfanilsäure und der p-Diäthylamino-benzoesäure:

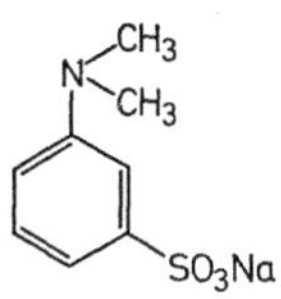

N-Dimethyl-metanilsaures Natrium

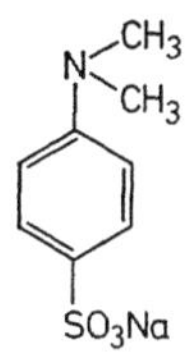

N-Dimethyl-sulfanilsaures Natrium

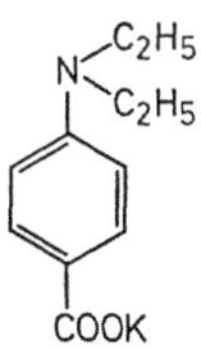

p-Diäthylamino-benzoesaures Kalium

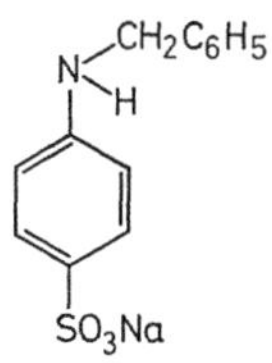

N-Benzyl-sulfanilsaures Natrium
Solutionssalz B

So kann eine *Suprafix-Teigmarke* beispielsweise folgendermaßen zusammengesetzt sein:

20 Teile	Farbstoff
15 Teile	Natrium-dimethyl-sulfanilat
40 Teile	Glycerin
25 Teile	Wasser
100 Teile	Teig

Glycerin sowie Glykolderivate haben in den Teigen die Funktion des Frostschutzmittels und sollen weiterhin einem Eintrocknen entgegenwirken. Neben den obengenannten Substanzen vermögen Zusätze an Metallsalzen (Eisen-, Kupfer-,

Zinksalze) sowie Anthrachinonderivate die Fixierbarkeit der Küpenfarbstoffe zu verbessern. Teilweise enthalten die Küpenfarbstoff-Teige den Farbstoff in der *Küpensäureform* (S. 463f.), was eine weitere Fixationsbeschleunigung bedeutet.

Die *feindispersen Pulvermarken* kann man aus den Teigen durch Trocknen im Vakuum oder durch Zerstäuben in einem heißen Luftstrom erzeugen. Zur Herstellung feindisperser Druckfarbstoffe kann man auch so verfahren, daß man den Farbstoff zunächst verküpt und ihn anschließend mit Säure in feinster Form zur Abscheidung bringt. Es besteht weiterhin die Möglichkeit, den Farbstoff in konz. Schwefelsäure zu lösen und ihn durch Eintragen in gekühlte Sodalösung oder Eiswasser feindispers abzuscheiden. Die abgeschiedenen Produkte werden dann mit den üblichen Zusätzen an Dispergiermitteln bzw. hydrotropen Substanzen kombiniert. Letztere kann man zusätzlich auch der fertigen Druckfarbe zufügen, was den Druckausfall hinsichtlich Farbtiefe und Egalität günstig beeinflußt und eventuell die Dämpfdauer verkürzen läßt.

Feinstdisperse Küpenfarbstoffteige, welche eine rasche Fixierung der Drucke ermöglichen, führen folgende Handelsbezeichnungen:

Suprafix-, Optima-, Ultrafix-, Mikroteig, Leucosole.

Um die Versandspesen bei langen Transportwegen zu senken, wurden die besonders feindispersen Trockenpräparate geschaffen („*Pulver fein für Druck*"-*Marken*, „*Mikropulver*"-*Marken*).

Direktdruck. 1. *Einphasen-Druckverfahren, Rongalit C-Pottasche-Verfahren*[1]. Das Prinzip dieses heute nur noch selten angewandten Verfahrens besteht darin, daß man den meist unverküpten oder nur teilweise verküpten Farbstoff zusammen mit Rongalit C[1] (Na-Formaldehyd-Sulfoxylat) und Pottasche auf die Ware aufdruckt, trocknet und durch Dämpfen entwickelt. Beim Dämpfen tritt Reduktion des Küpenfarbstoffes und damit Aufziehen auf die Faser ein. An Stelle von Pottasche werden seltener andere Alkalien angewandt.

Arbeitsweise. Man rührt die Farbstoffteige oder feindispersen Pulvermarken – letztere eventuell nach vorherigem Anteigen mit Wasser – in die entsprechende Menge des nachfolgenden Stammansatzes ein:

Stammansatz		*Druckfarbe*	
550 g	Stärke/Tragant-Verdickung	25– 60 g	Farbstoff (Feinpulver)
100 g	Glycerin	600–800 g	Stammansatz
150 g	Pottasche	375–140 g	Wasser
100 g	Rongalit C	1000 g	
100 g	Wasser		
1000 g			

Als hydrotrop wirkende Substanz kann z.B. Solutionssalz B zugesetzt werden.

Die so zubereitete Druckfarbe wird aufgedruckt, getrocknet und im *luftfreien* Dämpfer 5–10 min mit gesättigtem Dampf von 100–102 °C gedämpft; anschließend wird oxydiert, gespült und kochend geseift.

Rongalit C und Pottasche wirken in der Dampfatmosphäre reduzierend auf den Farbstoff; Glycerin oder geeignete Glykolderivate sollen ein zu starkes Austrocknen des Drucks vor dem Dämpfen verhindern sowie die Löslichkeit der entstehenden Leukoverbindungen fördern. Die reduzierende Wirkung des Rongalits kann durch Nitroarylsulfonsäuren katalysiert werden.

Beim *Filmdruck* empfiehlt sich an Stelle von Rongalit C u.U. die Verwendung des beständigeren Rongalit FD [Gemisch von $N(CH_2—SO_2Na)_3$ und $HN(CH_2—SO_2Na)_2$].

[1] Rongalit C entsprechende Handelsprodukte sind Brüggolit C, Hydrosulfit RF, Rongeol C, Sulfoxit C usw.

Als für die Reduktion notwendiges Alkali bevorzugt man Pottasche vor Soda, da erstere eine gegenüber Soda wesentlich bessere Wasserlöslichkeit besitzt. Die Verwendung von Soda ist allenfalls beim Arbeiten mit sehr feuchtem Dampf möglich.

Natronlauge wird selten und nur, wenn unbedingt nötig, angewandt, da die Druckfarben bei deren Gegenwart in ihrer Konsistenz nicht besonders stabil sind und da manche Farbstoffe (Acylaminoanthrachinone) durch Natronlauge in der Dampfatmosphäre gespalten werden (S. 465, 559). Weiterhin werden Gummi-Drucktuch, Mitläufer und Farbauftragbürsten durch Natronlauge zu sehr strapaziert. Das Alkali muß in der Dampfatmosphäre an der Verküpung mitwirken und die Leukoform lösen. Von diesen Funktionen hängt die Auswahl des Alkalis ab, so daß in manchen Fällen auch Natronlauge angewandt werden muß. Nach *Diserens* bewährt sich auch eine Kombination aus Pottasche und Natronlauge recht gut.

Zusätze an hydrotropen Substanzen zur Druckfarbe begünstigen die homogene Verteilung und den Dispersitätsgrad des Farbpigments, was sich auf den Verlauf des Dämpfprozesses und den Ausfall des Drucks hinsichtlich Egalität und Ergiebigkeit der Druckfarbe vorteilhaft auswirkt.

Als Verdickungsmittel bewährt sich am besten die Stärke/Tragant-Verdickung, da sie die sattesten Töne liefert. Enthält die Druckfarbe Natronlauge, dann ist an Stelle von Stärke-Tragant das alkalibeständige Verdickungsmittel Britisch-Gummi zu wählen. Bei großflächigen Mustern und hellen Tönen verwendet man im Hinblick auf die Egalisierung mit Vorteil Gummi arabicum als Verdickungsmittel.

Die mit *feinstdispersen Teigmarken* hergestellten Druckfarben können sofort nach ihrer Bereitung gedruckt werden, auch wenn keine besonders günstigen Dampfverhältnisse vorliegen. Die Zerteilung der Farbpigmente in der Druckfarbe ist so optimal, daß sie eine leichte Reduzierbarkeit in der Dampfatmosphäre besitzen.

Bei denjenigen Druckfarben, welche *gewöhnliche Teigmarken* oder *Feinpulvermarken* enthalten, ist es zweckmäßig, den Ansatz vor dem Drucken mehrere Stunden stehenzulassen, da hierbei eine gewisse Vorverküpung eintritt, welche den Druckprozeß begünstigt. Ist man gezwungen, die Druckfarbe sofort zu verarbeiten oder liegen keine vorteilhaften Dampfverhältnisse vor, dann empfiehlt sich bei manchen Farbstoffen eine besondere Vorreduktion mit Hydrosulfit, wodurch die Ergiebigkeit solcher Farbstoffe erhöht wird, deren Leukoverbindung in der Druckfarbe genügend löslich ist. Ist die Löslichkeit der Leukoverbindung beschränkt, dann wird die Verküpung in der Druckfarbe tunlichst vermieden, da ungelöste Leukofarbstoffteilchen Anlaß zu stippigen Drucken geben.

Gewöhnliche Pulvermarken können grundsätzlich nur in *vorreduziertem* Zustand gedruckt werden, da sonst bei dem groben Dispersitätsgrad eine einwandfreie Reduktion im Dampf und damit eine genügende Fixierung auf der Faser nicht möglich ist. Da das Verfahren einen Mehrverbrauch an Reduktionsmitteln erfordert und die Druckfarbe sehr oxydationsempfindlich ist, wird es heute praktisch kaum mehr angewandt.

Das Rongalit C/Pottasche-Verfahren hat an Bedeutung stark eingebüßt, was vor allem mit beim Dämpfen auftretenden Schwierigkeiten zusammenhängt. Durch die exothermen chemischen Vorgänge während der Farbstoff-Fixierung werden Wärmemengen frei, die besonders bei schwerer Ware zu Überhitzungen des umgebenden Dampfes führen (*E. Feess*). Bei Zufuhr eines Überschusses von gesättigtem Dampf kühlt sich die Ware ab und gleichzeitig wird der aus dem Rongalit freigewordene und störende Formaldehyd aus dem Reaktionsraum und damit aus dem Gleichgewicht abgeführt:

Die Anreicherung des Formaldehyds im Dämpfer würde dem Zerfall des Rongalits nach dem Massenwirkungs-Gesetz durch Verschiebung des obigen Gleichgewichts nach links entgegenwirken und dadurch zu Fehlausfällen führen (*E. Feess*).

2. Beim *Zweiphasen-Druckverfahren* (früher Colloresin-Verfahren), welches heute am meisten angewandt wird, wird der Farbstoff ohne Alkali und Reduktionsmittel nur mit Verdickungsmittel verdickt aufgedruckt. Infolge der Abwesenheit des Reduktionsmittels sind die Druckfarben unbeschränkt haltbar, so daß das Verfahren u.a. auch dort in Frage kommt, wo die Drucke vor der Entwicklung längere Zeit lagern, d.h. also bei einer kleineren Produktion, wo man für die Entwicklung eine größere Warenmenge zusammenkommen läßt, oder beim Kettdruck (S. 665, 738), wo nach dem Bedrucken der Kette diese zuerst verwebt und der Druck erst im fertigen Stück entwickelt wird. Aber auch sonst kann das Verfahren vorteilhaft angewandt werden, da es eine schnelle und wirtschaftliche Produktion ermöglicht. Infolge der Abwesenheit von Alkali werden Gummitücher, Mitläufer und Farbauftragbürsten geschont.

Die Entwicklung des Drucks kann in verschiedener Weise erfolgen. Je nach dem angewandten Verfahren kommen verschiedene Verdickungsmittel in Betracht. Die Schwierigkeit ist die, daß das Verdickungsmittel u.U. die Tendenz hat, in einer alkalischen Entwicklerflotte zu quellen und damit auszulaufen, so daß der Druck schlecht steht. In einem solchen Fall verwendet man in alkalischem Medium koagulierbare Verdickungsmittel, wie bestimmte Celluloseäther (Tylose DKL[1]) oder Johannisbrotkernmehlpräparate evtl. in Kombination mit üblichen Verdickungsmitteln, damit nicht durch eine völlige Koagulation der Verdickung das „Durchreagieren" und das Fixieren des Farbstoffs erschwert wird.

Tylose DKL (früher Colloresin DK) ist ein Cellulosemethyläther bestimmten Methylierungsgrades, welcher die Eigenschaft hat, sich in kaltem Wasser zu lösen, in der Wärme, in konzentrierten Salzlösungen und in starken Ätzalkalien aber zu koagulieren, um sich bei einer Kaltwasserbehandlung wieder aufzulösen (vgl. S. 780).

An Stelle von Tylose werden heute z.B. auch *Diagum D* (Johannisbrotkernmehl) sowie Alginat oder Vinarol (Polyvinylalkohol) sehr vorteilhaft angewandt.

Nach dem Drucken und Trocknen wird der Druck in verschiedener Weise entwickelt:

Rongalit C-Entwicklung. Man klotzt die Druckware auf dem Foulard bei 20 °C mit einer Lösung von Rongalit C, Pottasche[2] und Borax und dämpft im luftfreien Schnelldämpfer. Anschließend wird zur Entfernung des Verdickungsmittels in kaltem Wasser gewaschen, oxydiert und kochend geseift.

Nach *H. Ilg* und *V. Krentz* kann die Wirkung des Rongalits durch einen Zusatz von katalytisch wirkendem Dimethylglyoximkobalt-(III)-Komplex so sehr beschleunigt werden, daß eine Fixierung innerhalb von 30–50 sec möglich ist.

Beim *Alkaprintverfahren* (*Diamalt AG*), welches als eine Variante des vorstehenden Verfahrens anzusprechen ist, wird die Druckfarbe zusammen mit Alkali und Alkaprint (veräthertes Johannisbrotkernmehl) als Verdickungsmittel aufgedruckt. Alkaprint ist gegen Alkali unempfindlich, wird aber von Borax koagu-

---

[1] Heute Tylose MH 300.

[2] Zweckmäßig ersetzt man einen Teil des Alkalicarbonats durch Natronlauge.

liert. Nach dem Drucken und Trocknen wird die Ware auf dem Foulard durch ein borax- und alkalihaltiges Na-Formaldehyd-Sulfoxylat-Bad geführt und dann gedämpft.

Hydrosulfit-Entwicklung. Die Druckware wird nach dem Trocknen auf dem Foulard bei 20 °C mit Hydrosulfit[1] und Natronlauge evtl. unter Boraxzusatz bei Gegenwart von Glaubersalz oder Kochsalz geklotzt und ohne Zwischentrocknung kurz (etwa 20 sec) mit überhitztem Dampf von 115–120 °C gedämpft. Anschließend wird kalt gewaschen, abgesäuert, oxydiert und kochend geseift („flash method"). An Stelle von Hydrosulfit kann auch *Rongal A* Verwendung finden. Es handelt sich hierbei um ein während des Dämpfprozesses ebenfalls sehr schnell wirkendes Reduktionsmittel aus Basis von stabilisierter Sulfinsäure, das jedoch in wäßrig-alkalischer Lösung bei Raumtemperatur stabiler ist als Hydrosulfit. Als Reduktionsmittel werden für den Zweiphasendruck auch Alkali- und Ammoniumsalze der Benzaldehydsulfoxylsäure empfohlen.

Im Prinzip gleichartig arbeitet das *Küpendruck-Fixierverfahren-Du Pont.* Bei diesem ebenfalls dem Pad-Steam-Verfahren der Färberei nachgebildeten Verfahren druckt man den Küpen-Pigmentfarbstoff auf, überdruckt mit einer 1000-Punkt-Walze mit Reduzierverdickung (Hydrosulfit/Natronlauge) und dämpft.

Verwendet man als Verdickung eine „Wasser in Öl-Emulsion", dann wird das Durchreagieren gar nicht gehindert, da sich die Verdickung beim Trocknen verflüchtigt (*Savagraph*-Verfahren von *Du Pont*).

Ätzdruck. Die Küpenfarbstoffe setzen je nach ihrer Konstitution dem Ätzen einen mehr oder weniger großen Widerstand entgegen (S. 532). So sind indigoide und thioindigoide Farbstoffe sowie Acylaminoanthrachinone reduktiv ätzbar, während sich z.B. die Gruppen des Indanthrens (Indanthrenblau RS einschl. Derivate) und Flavanthrens sowie die Abkömmlinge des Benzanthrons nicht ätzen lassen. Bei den ätzbaren Küpenfarbstoffen hängt die Möglichkeit der Erzielung eines reinen Weißeffekts von der Farbtiefe und dem Färbeverfahren ab. Färbungen, welche nach einem durch kürzeste Färbezeit charakterisierten Klotzverfahren oder nach einem Kontinueverfahren hergestellt wurden, lassen sich leichter ätzen als normale Jiggerfärbungen; ebenso sind helle Töne leichter ätzbar als dunkle Färbungen. Im allgemeinen wird der Ätzdruck selten angewandt.

Das Ätzen von Küpenfärbungen stößt insofern auf Schwierigkeiten, als der beim reduktiven Ätzen entstehende Leukofarbstoff in Berührung mit Luftsauerstoff sich sofort wieder zum unlöslichen Küpenfarbstoff oxydiert, bevor ein Ablösen von der Faser möglich ist. Die Wiederoxydation kann verhindert werden, wenn man den Leukokörper im Augenblick des Entstehens in ein oxydationsbeständiges Produkt überführt. Man gibt zu diesem Zweck der Ätzfarbe ein geeignetes *Benzylierungsmittel* zu, welches mit dem Leukokörper einen oxydationsbeständigen Benzyläther bildet. Als Benzylierungsmittel kommen *Leukotrop O* und *Leukotrop W* in Frage (S. 790).

Leukotrop O ist das Dimethyl-phenyl-benzyl-ammoniumchlorid, welches mit Leukofarbstoffen unter Aralkylierung gemäß dem nachstehenden Schema reagiert.

Beim Dämpfen führt das Ätzmittel (Rongalit C) den Küpenfarbstoff in den Leukokörper über; gleichzeitig tritt unter Zerfall des Leukotrop in Benzylchlorid und Dimethylanilin Benzylierung ein. Vermutlich tritt bei Gegenwart von Zinkoxid, wie es in Ätzfarben häufig vorhanden ist, nur 1 Benzylrest ein, während das zweite Wasserstoffatom durch ein Äquivalent Zn ersetzt wird (*Reinking*).

Die mit Leukotrop O entstehenden Benzylierungsprodukte sind *wasserunlöslich* und teils gefärbt, teils ungefärbt. Mit Indigo bildet sich ein unlösliches gelbes Produkt, so daß man damit Gelbätzen auf Indigo erzeugen kann.

[1] „Hydrosulfit" ist die Praxisbezeichnung für Natriumdithionit ($Na_2S_2O_4$).

Leukotrop W liefert grundsätzlich solche Benzyläther, welche in Alkalien *leicht löslich* sind, so daß auf diesem Weg in einfacher Art Weißätzeffekte zu erzielen sind.

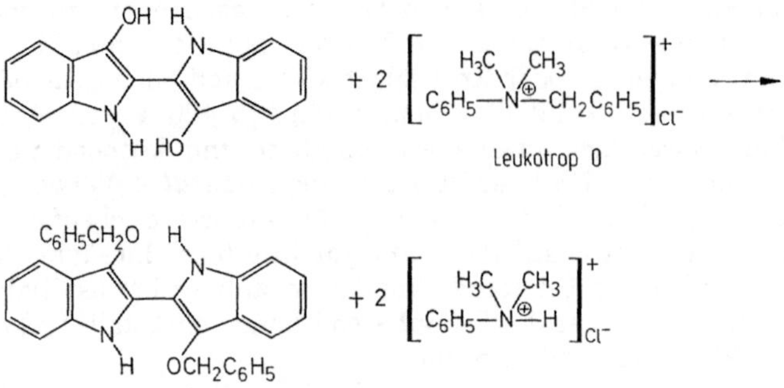

Leukotrop W ist ein sulfiertes Leukotrop O der nachstehenden Zusammensetzung, welches in analoger Weise als Benzylierungsmittel fungiert, wobei die entstehenden Benzyläther auf Grund der Gegenwart von Sulfogruppen alkalilöslich sind.

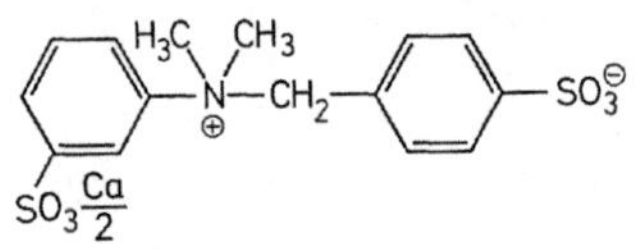

Leukotrop W (und andere Bezeichnungen)

Nachstehend sei ein Beispiel für die Zusammensetzung einer Leukotrop W-haltigen Weißätzfarbe angegeben:

125 g	Britisch-Gummi-Verdickung
300 g	Rongalit CL
100 g	Leukotrop W
175 g	Natronlauge 38 °Bé
200 g	Bariumsulfat Teig 1:1
50 g	Anthrachinon Teig 30%ig
50 g	Wasser
1000 g	

Anthrachinon fungiert als Reduktionskatalysator (S. 675), Rongalit CL ist eine Mischung von Rongalit C und Leukotrop W im Verhältnis 1:1. Entsprechende Produkte sind: Rongeol NCL und Arostit RFL. Der Bariumsulfatzusatz läßt den Ätzfond rein weiß und plastisch in Erscheinung treten. Der Natronlaugezusatz kann bei leicht ätzbaren Färbungen entfallen. Bei schwer ätzbaren Farbstoffen kann man zusätzlich die Ware vor dem Aufdruck der Ätze mit einer Leukotrop W-Lösung klotzen, was das Ätzen wesentlich erleichtert.

Nach dem Drucken und Trocknen dämpft man 5–7 min feucht im Schnelldämpfer bei 100–102 °C, spült zur Entfernung überschüssigen Ätzmittels mit Wasser auf der Breitwaschmaschine und zieht den geätzten Farbstoff in einem kochenden wasserglashaltigen Bad (10 ccm pro Liter) ab. Anschließend wird gespült und kochend geseift.

Zur Erzeugung von *Buntätzeffekten* mischt man der Ätzfarbe solche Küpenfarbstoffe bei, welche gegenüber dem Ätzmittel beständig sind. Auch Indigosole kann man der Ätzfarbe einverleiben. Sie werden im Anschluß an die beim Dämpfen erfolgte Zerstörung des Küpenfarbstoffes auf nassem Wege oxydativ entwickelt.

Reservedruck. Der Reservedruck wird – selten beim Illuminieren von nicht ätzbaren Färbungen – angewandt. Das Prinzip des Reservierens von Küpenfärbungen besteht darin, daß man auf die zu färbende Ware eine Reserve aufdruckt, welche dem gelösten Leukofarbstoff die Lösungsbedingungen entzieht und außerdem auf mechanischem Weg dem Farbstoff den Zutritt zur Faser verlegt. Da der Küpenfarbstoff sich bei Gegenwart von Alkali und Reduktionsmittel in Lösung befindet, läßt er sich durch Alkalibindung und Oxydation unlöslich ausfällen. Als Reservierungsmittel fungieren Metallsalze, welche mit der Natronlauge des Färbebads unter Bildung unlöslicher gallertartiger Hydroxide reagieren. Man verwendet bevorzugt Zinkchlorid und in manchen Fällen Mangan(II)-chlorid oder eine Kombination aus beiden Salzen.

Eine Reservierung wird auch durch Oxydationsmittel wie Ludigol (S. 676) oder Reservol B[1] – eventuell in Mischung mit Metallsalzen – bewirkt. Bei Reservol B handelt es sich um ein schwerlösliches Salz (Ca- oder Zn-) der m-Nitrobenzolsulfosäure, das auf Grund seiner Schwerlöslichkeit den Vorteil bietet, daß die Reserven nicht ausfließen, die Bildung von Höfen (Aureolen) daher unterbunden ist.

Eine übliche Weißreserve ist folgendermaßen zusammengesetzt:

400 g	Gummiverdickung 1:1
300 g	Zinkchlorid
150 g	Mangan(II)-chlorid
50 g	Ludigol
100 g	Kaolin 1:1
1000 g	

Nach dem Aufdruck der Reserve darf nicht zu scharf getrocknet werden, da sonst das Zinkchlorid infolge hydrolytischer Spaltung die Faser angreift. Das angeschlossene Färben muß in der Weise geschehen, daß die Reserven möglichst wenig in Mitleidenschaft gezogen werden, damit die Drucke scharf stehen. Man bevorzugt daher Klotz- bzw. Kontinueverfahren von kürzester Färbedauer (S. 562).

Die Metallsalze entziehen der Farbstofflösung an den bedruckten Stellen die zur Lösung des Leukokörpers notwendige Natronlauge, so daß dieser unter dem Einfluß des Oxydationsmittels (Ludigol) in unlöslicher oxydierter Form sich ausscheidet. Die an den bedruckten Stellen sich bildenden gallertartigen Hydroxide bilden gleichzeitig mit dem dort vorhandenen Kaolin einen mechanischen Schutz gegen das Zudringen der Farbstofflösung zur Faser.

Da beim kontinuierlichen Klotzen bzw. Färben laufend metallchloridhaltige Ware das Färbebad passiert, ist es erforderlich, den Laugenverbrauch entsprechend zu ergänzen, da sonst der Bestand der Küpe namentlich bei großflächigen Druckmustern gefährdet ist. Mit Rücksicht auf die Resistenz der Reserve darf die Laugenkonzentration auch nicht zu hoch sein, da das gebildete Zinkhydroxid sonst als Natriumzinkat in Lösung geht. Bei Verwendung von Mangansalzen muß zur Entfernung gebildeten braunen Mangan(IV)-hydroxids abgesäuert werden. Als Oxydationsmittel können außer Ludigol Albatex BD, Reservesalz G, Revatol S sowie Solidol N Verwendung finden. Den betreffenden Produkten liegen Salze der m-Nitrobenzolsulfosäure zugrunde.

Buntreserven stellt man vorteilhaft mit Naphtol AS-Kombinationen in der Weise her, daß man die Druckware mit einer Naphtholatlösung grundiert, trocknet und mit einer Reserve bedruckt, welcher man ein entsprechendes Diazoniumsalz beigefügt hat. Anschließend wird gefärbt und wie üblich fertiggestellt. Bei der Grundierung ist zu beachten, daß die Natronlaugenmenge höher als sonst bemessen wird, da durch die aufgedruckten Metallsalze eine Bindung des Ätznatrons erfolgt, wodurch das Naphtholat in schlecht kuppelndes Naphthol übergeht.

[1] Nicht mehr im Handel.

Außer den in obiger Weise angewandten Naphtol AS-Kombinationen finden auch Rapidogen- und Rapidechtfarbstoffe sowie Küpenfarbstoffe und Indigosole zur Erzeugung von Buntreserveeffekten unter Küpenfärbungen Verwendung. Sowohl der *Ätzdruck* als auch der *Reservedruck* sind wegen gewisser technischer Schwierigkeiten im Rahmen der Küpenfarbstoffe ohne größere Bedeutung.

Grundsätzlich ist die Bedeutung der Küpenfarbstoffe und auch der nachfolgend behandelten Indigosole in der Druckerei zu Gunsten der *Reaktivfarbstoffe* zurückgegangen, da deren Fixierung in einfacher Weise möglich ist und mit diesen zudem sehr brillante Nuancen erzielt werden können.

d) Die Leukoküpenester-Farbstoffe (Indigosole) (S. 482, 568)

Die Indigosole sind in der Druckerei von gewisser Bedeutung, da sie schnell und in einfacher Weise auf der Faser fixiert werden können. Für das Fixieren existieren eine ganze Anzahl von Variationsmöglichkeiten, so daß das Fixierverfahren auf die Eigenart des verwendeten Farbstoffes abgestimmt werden kann. Besondere Vorteile bieten die Indigosole durch ihre leichte Reservierbarkeit. Da sie durch Oxydation in stark saurem Medium entwickelt werden, lassen sie sich durch Aufdruck von Säurebindemittel und Reduktionsmittel reservieren. Die Indigosole lassen sich weiterhin mit den verschiedenen Begleitfarben in vorteilhafter Weise kombinieren, ein Umstand, der sie für Druckereizwecke besonders wertvoll erscheinen läßt.

Das Fixieren kann durch Dämpfen, durch eine Naßentwicklung oder durch Verhängen bei mittleren Temperaturen vorgenommen werden. Es ist darauf zu achten, daß die indogosolbedruckte Ware vor der Entwicklung nicht der lokalen Einwirkung von direktem Licht oder sauren Dämpfen ausgesetzt wird, da sonst ein ungleichmäßiger Druckausfall die Folge ist.

Direktdruck. 1. *Dämpfverfahren.* Nach dem Dämpfverfahren kann man bei entsprechender Variation alle Indigosole entwickeln. Es wird vor allen Dingen dann angewandt, wenn Begleitfarben mitgedruckt werden, welche zur Entwicklung ein Dämpfen erfordern.

Das Prinzip des Dämpfverfahrens ist folgendes: Man gibt der Druckfarbe neben dem Farbstoff ein säureabspaltendes Mittel, ein Oxydationsmittel und einen Oxydationskatalysator zu, welche in der Dampfatmosphäre die Verseifung und Oxydation des Indigosols auslösen.

Als beim Dämpfen *säureabspaltende Mittel* kommen Ammoniumrhodanid, Ammoniumsulfat sowie Ammoniumoxalat in Frage. Auch Ester organischer Säuren, z.B. Diäthyltartrat (Solentwickler D, Soledonentwickler T), spalten beim Dämpfen Säure ab und werden mit Vorteil bei solchen Indigosolen angewandt, welche mit Ammoniumsalzen auf Grund der Bildung schwer löslicher Ammoniumverbindungen Ausscheidungen in der Druckfarbe ergeben würden. Ammoniumrhodanid zeichnet sich dadurch aus, daß es auf Grund seiner gelinden Reduktionseigenschaften den Farbstoff vor einer Überoxydation schützt.

Ammoniumnitrat sowie Ammoniumchlorat finden ebenfalls als säureabgebende Mittel Verwendung. Letzteres hat den Vorteil, daß die entstehende Chlorsäure gleichzeitig als Oxydationsmittel fungieren kann. Werden neben Indigosolen Rapidecht- bzw. Rapidogenfarbstoffe gedruckt, so wird vorteilhaft das Säuredampfentwicklungsverfahren angewandt, bei welchem die zur Verseifung notwendige Säure in Form eines Essigsäure-Ameisensäure-Gemisches dem Dampf beigemischt wird.

Das für die Indigosoloxydation am meisten angewandte *Oxydationsmittel* ist das Natriumchlorat; neben diesem hat auch das Ammoniumchlorat Bedeutung, welches die Vorteile bietet, daß es gleichzeitig Oxydationsmittel und Säurespender ist, daß die Dämpfdauer sehr kurz bemessen werden kann und daß weiterhin das Dämpfen durch ein längeres Verhängen bei 40–50 °C ersetzbar ist. Als *Oxydationskatalysator* kommt in erster Linie Ammoniumvanadat und vereinzelt Natriumferrocyanid [Natriumhexacyanoferrat (II)] in Betracht.

Arbeitsweise. Eine Druckfarbe für das Dämpfverfahren hat beispielsweise die nachfolgende Zusammensetzung, wobei betont sei, daß sich die Indigosole individuell verschieden verhalten, so daß die Rezeptur von Farbstoff zu Farbstoff mengenmäßig variiert:

60 g	Indigosolfarbstoff
50 g	Glycerin
340 g	Wasser
450 g	Stärke/Tragant-Verdickung
40 g	Ammoniumrhodanid 1:1
40 g	Natriumchlorat 1:2
10 g	Ammoniumvanadat 1:100
10 g	Ammoniak 25%ig
1000 g	

Der Ammoniakzusatz soll eine vorzeitige Entwicklung des Indigosols verhindern. Da Indigosoldruckfarben meist wenig gefärbt sind, werden sie mit lebhaften und leicht entfernbaren Säurefarbstoffen geblendet.

Nach dem Drucken wird 5–10 min gedämpft, gespült und kochend geseift.

2. *Naßentwicklungsverfahren.* Die Naßentwicklungsverfahren spielen dort eine Rolle, wo keine geeigneten Dämpfeinrichtungen zur Verfügung stehen, bzw. werden mit Vorteil in solchen Fällen angewandt, in denen die Begleitfarben ein Dämpfen nicht erfordern.

a) Nitritverfahren. Das am meisten angewandte Nitritverfahren besteht darin, daß man der Druckfarbe Natriumnitrit zusetzt und die Entwicklung des Druckes in einem Schwefelsäurebad vollzieht.

Die Druckfarbe hat z.B. folgende Zusammensetzung:

60 g	Indigosolfarbstoff
50 g	Glycerin
378 g	Wasser
450 g	Stärke/Tragant-Verdickung
60 g	Natriumnitrit 1:2
2 g	Soda calc. (als Stabilisiermittel für den Farbstoff)
1000 g	

Nach dem Drucken und Trocknen wird in einem 20 ccm/l Schwefelsäure 96%ig enthaltenden Bad bei Gegenwart von Glaubersalz entwickelt. Temperatur 60–70°C, Dauer 6–10 sec. Die Behandlung hat, um ein Abschmieren des nicht entwickelten Indigosols zu vermeiden, in breitem Zustand zu erfolgen. Zur Bindung entweichender nitroser Gase setzt man dem Entwicklungsbad vorteilhaft Harnstoff oder Ameisensäure zu:

$$O{=}C(NH_2)_2 + 2\,HNO_2 \rightarrow O{=}C(OH)_2 + 2\,N_2 + 2\,H_2O$$

$$3\,HCOOH + 2\,HONO \rightarrow 3\,CO_2 + N_2 + 4\,H_2O$$

Nach der Entwicklung wird gespült, neutralisiert und kochend geseift. Wenn man vor der Säureentwicklung kurz dämpft, erhält man in vielen Fällen sattere Drucke.

Bei Indigosolen, bei denen eine Entwicklungstemperatur von 30 °C genügt, kann man auch so verfahren, daß man die Druckfarbe ohne Natriumnitrit ansetzt und das Nitrit dem Entwicklungsbad zugibt (bei höherer Temperatur würde die Entwicklung der salpetrigen Säure zu rasch erfolgen, so daß starke Oxydationsmittelverluste und Geruchsbelästigung auftreten). Das Weglassen des Nitrits aus der Druckfarbe bietet den Vorteil, daß auch bei hohem Farbstoffgehalt kein Aussalzen erfolgt.

Manche Indigosole werden bei der Entwicklung leicht *überoxydiert* (S. 569), was durch einen Zusatz von Harnstoff oder Anthrasolsalz NO zur Entwicklungsflotte vermieden werden kann. Der wirksame Bestandteil im Anthrasolsalz NO ist Thioharnstoff.

Nitritdruckfarben können außerdem auch in einer stark essigsauren oder ameisensauren Dampfatmosphäre entwickelt werden.

b) *Chromatverfahren, Eisenchloridverfahren.*[1] Entsprechend den in der Indigosolfärberei üblichen Entwicklungsverfahren können die Indigosoldrucke auch in einem Schwefelsäurebad entwickelt werden, welches Natriumbichromat oder Eisen(III)-chlorid enthält. Das Natriumbichromat bzw. neutrales Natriumchromat können auch der Druckfarbe zugesetzt werden, wobei der Zusatz zum Entwicklungsbad entfällt. Im letzteren Fall wird, da das Chromat nur an den Druckstellen verbraucht wird, Chromat gespart. Das Eisenchloridverfahren ist nur bei einem Teil der Indigosole anwendbar und besitzt außerdem den Nachteil, daß es den *Weißgrund* beeinträchtigt.

3. *Aluminiumchloratverfahren.* Das Aluminiumchloratverfahren, welches für spezielle Zwecke Verwendung findet, besitzt den Vorteil, daß die Entwicklung schon durch ein längeres Verhängen bei mittlerer Temperatur oder durch 24–48stündiges bloßes Liegenlassen bei gewöhnlicher Temperatur erfolgen kann. Vor dem Drucken muß die Ware mit Ammoniumvanadinat-Lösung 1:1000 eventuell unter Zusatz von Weinsäure geklotzt werden. Die Druckfarbe enthält als Oxydationsmittel Aluminiumchlorat und als verseifend wirkende Säure Weinsäure. Mit Rücksicht auf die Haltbarkeit der Druckfarben – Aluminiumchlorat ist bei gewöhnlicher Temperatur zersetzlich – darf der Katalysator nicht der Druckfarbe zugegeben werden.

Reserverdruck. Die Indigosole zeichnen sich durch eine leichte Reservierbarkeit aus; sie verdanken diesem Umstand neben anderen Vorteilen ihre Bedeutung in der Druckerei. Da die Entwicklung der Indigosole an eine Oxydation in stark saurem Medium gebunden ist, lassen sie sich durch Aufdruck von Säurebindemitteln oder von Reduktionsmitteln reservieren. Als Säurebindemittel kommen Alkalien oder Natriumacetat und als Reduktionsmittel Hydrosulfit, Rongalit C und Thiosulfat in Betracht.

Man kann so verfahren, daß man die Reserve auf die nicht präparierte Ware aufdruckt (*Vordruckreserve*), anschließend mit einer Indigosollösung für das Dämpfverfahren klotzt und dann entwickelt. Die Reserve kann aber auch nach dem Klotzen aufgedruckt werden (*Überdruckreserve*), wobei das Klotzen und Entwickeln nach dem Nitrit-, Chromat- oder Dämpfverfahren geschehen kann. An den mit Reserve bedruckten Stellen bleibt die Bildung des Indigosols beim Entwickeln aus. Die Überdruckreserve ist gebräuchlicher als die Vordruckreserve.

Das Klotzen nach dem *Nitritverfahren* entspricht im Prinzip der in der Färberei üblichen Arbeitsweise. Die Klotzflotte enthält also Farbstoff und Natriumnitrit sowie etwas Tragant als Verdickungsmittel. Beim *Chromatverfahren* ist Natriumnitrit durch neutrale Chromatlösungen ersetzt. Das Entwickeln wird im Prinzip nach der in der Färberei bzw. beim Direktdruck üblichen Arbeitsweise vorgenommen.

Eine Klotzlösung für das *Dämpfverfahren* enthält neben dem Farbstoff Ammoniumrhodanid, Natriumchlorat und Ammoniumvanadat sowie etwas Tragant. Zum Schutz gegen eine vorzeitige Entwicklung kann dem Klotzbad etwas Ammo-

[1] Heute nicht mehr angewandt.

niak zugesetzt werden. Da die meisten Bunteffekte einen Dämpfprozeß erfordern, ist das Dämpfverfahren die für Buntreserven gebräuchlichste Arbeitsmethode. Die Entwicklung geschieht entsprechend der beim Direktdruck üblichen Arbeitsweise durch Dämpfen.

Im Prinzip entsprechen die Klotzlösungen der Zusammensetzung einer Direktdruckfarbe für die Nitrit-, Chromat- bzw. Dampfentwicklung, nur daß die Klotzlösungen infolge ihres geringen Gehalts an Verdickungsmittel dünnflüssig sind und eine gegenüber einer Färbeflotte nur wenig erhöhte Viscosität zeigen. Auch die in der Druckfarbe üblichen Farbstofflösemittel können entfallen bzw. werden nur bei schwerlöslichen Farbstoffen angewandt.

Falls man die Klotzlösung auf die mit Reserve bedruckte Ware aufbringt, passiert die Ware nicht die Klotzflotte, da sonst die Gefahr des Auslaufens der Reserve

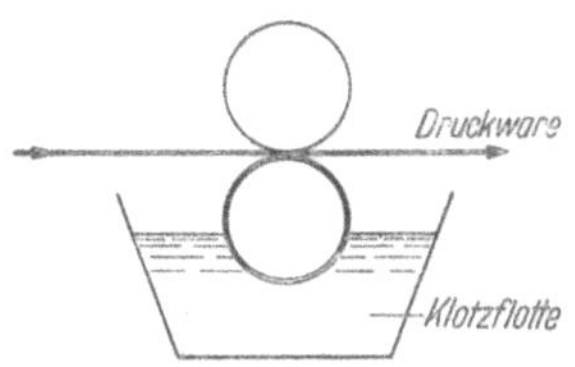

Abb. 204. „Pflatschen".

besteht; man arbeitet vielmehr in der Weise, daß man die Ware lediglich die Quetschwalzen einer Klotzmaschine passieren läßt, wobei die untere mit einer Bombage versehene Quetschwalze in der Klotzflotte läuft und somit Klotzflotte an die bedruckte Ware, deren Druckseite der Bombage zugekehrt ist, abgibt. Das in dieser Weise erfolgte Aufklotzen wird als *Pflatschen* bezeichnet (Abb. 204).

Als Beispiele für *Weißreserven* seien die folgenden genannt:

1.	600 g	Britisch-Gummi-Verdickung 1:1
	200 g	Natriumthiosulfat
	200 ccm	Wasser
	1000 g	

2.	500 g	Britisch-Gummi-Verdickung 1:1
	150 g	Rongalit C 1:1
	50 g	Leukotrop W konz.
	100 g	Zinkoxid 1:1
	150 g	Natriumacetat
	50 ccm	Wasser
	1000 g	

Die unter 2. genannte Reserve besitzt die breiteste Verwendungsmöglichkeit; man wendet sie vorteilhaft bei indigosolvorgeklotzter Ware an, da diese bei längerem Lagern, namentlich unter dem Einfluß des Lichts, zu vorzeitiger Farbstoffbildung neigt, welche an den bedruckten Stellen durch Rongalit C und Leukotrop W vermieden wird.

Zur Entfernung des an den bedruckten Stellen nicht entwickelten Indigosols muß die Ware nach der Entwicklung gut gewaschen werden, was durch eine kochende Behandlung in einem alkalischen Bad geschieht. Anschließend wird gespült und kochend geseift. Verbleiben Indigosolreste an den reservierten Stellen, dann kann auf Lager eine allmähliche Entwicklung eintreten.

Zur Herstellung von *Buntreserven* eignen sich vorteilhaft Küpenfarbstoffe sowie Rapidogen- und Rapidechtfarbstoffe. Für die Fixierung der Küpenfarbstoffe notwendiges Alkali und Reduktionsmittel fungieren gleichzeitig als Reservierungsmittel für das Indigosol, für dessen Entwicklung man bei Buntreserven mit Küpenfarbstoffen zweckmäßigerweise das Dämpfverfahren wählt. Bei der Verwendung von Rapidecht- und Rapidogenfarbstoffen als Buntreservierungsfarbstoffe dient das Alkali der Druckfarbe als Reservierungsmittel.

Auch quartäre Ammoniumsalze bzw. Pyridiniumsalze wurden als Reservierungsmittel vorgeschlagen. Man verwendet Körper vom Typus des Velan PF, welche die zu reservierende Stelle hydrophobieren bzw. immunisieren, so daß eine Aufnahme des Indigosols nicht stattfinden kann. Manche quartären Ammoniumverbindungen bilden mit Indigosolen schwerlösliche Niederschläge, so daß bei deren Gegenwart die Verseifung und Oxydation des Indigosols unterbleibt. Auch einen hydrophoben Rest enthaltende Isocyanate, z.B. Heptadecyl-isocyanat, werden zur Reservierung herangezogen. Schließlich besteht die Möglichkeit, als Reservierungsmittel Metallsalze zu verwenden, welche mit den Indigosolen unlösliche und damit nicht mehr reaktionsfähige Verbindungen eingehen.

Ätzdruck. Im Vergleich zum Reservedruck ist der Ätzdruck von Indigosolen ohne große Bedeutung. Da bei fertigen Indigosolfärbungen Küpenfarbstoffe auf der Faser vorliegen, wird das Ätzen der Indigosolfärbungen in gleicher Weise vorgenommen wie das Ätzen küpengefärbter Ware (S. 683).

e) Die Entwicklungsfarbstoffe (S. 422, 548)

Die Entwicklungsfarbstoffe spielen auf Grund ihrer lebhaften Farbtöne sowie wegen der einfachen und raschen Fixierung auf der Faser, welche ein Dämpfen nicht erfordert, eine große Rolle in der Druckerei. Die Kombinationen mit β- und α-Naphthol werden wegen der umständlichen Art der Fixierung sowie im Hinblick auf die gegenüber Naphtol AS und entsprechenden anderen Handelsprodukten unterlegenen Echtheitseigenschaften kaum mehr angewandt.

Direktdruck. Für die Erzeugung der Azokörper auf der Faser aus den beiden Komponenten Naphtholat[1] und Diazoniumsalz stehen verschiedene Verfahren zur Verfügung.

I. Getrenntes Aufbringen von Naphtholat[1] und Diazoniumsalz

1. Basenaufdruck auf naphtholierte Ware. Die Ware wird mit einer Naphtholatlösung grundiert und mit einem verdickten Diazoniumsalz mustergemäß bedruckt. Zu beachten ist, daß für die Grundierung nur solche Naphthole angewandt werden, welche sich wieder vollkommen von den nicht zu bemusternden Stellen der Ware entfernen lassen und daher einen reinweißen Fond liefern (z.B. Naphtol AS und AS-D). Es sind also diejenigen Naphthole, welche durch eine geringe Substantivität charakterisiert sind.

Die Naphtholatgrundierungsbäder werden zweckmäßig ohne Formaldehydzusatz bereitet, da nur so eine einwandfreie Auswaschbarkeit des Naphtholats gewährleistet ist. Für die Bereitung der verdickten Diazolösung kann man entweder Färbesalze (S. 555, 431) wählen und deren wäßrige Lösung in eine geeignete Verdickung einrühren, oder man diazotiert die entsprechenden Basen mit Natriumnitrit und Salzsäure, stumpft ab und rührt die Lösung in die Verdickung ein. Man kann aber auch bei manchen Basen so verfahren, daß man die salzsaure Lösung der Base zunächst verdickt, anschließend eine wäßrige Nitritlösung zugibt und nach beendeter Diazotierung abstumpft. Es ist zu beachten, daß die Diazoniumsalze in der Druckfarbe nicht besonders lang haltbar sind, so daß die Druckfarben nach dem Abstumpfen der Mineralsäure möglichst rasch zu verarbeiten sind.

Bei der Auswahl der Verdickungsmittel ist zu berücksichtigen, daß reduzierend wirkende Substanzen wie Britisch-Gummi oder Dextrin im Hinblick auf die Halt-

[1] Unter „Naphthol" bzw. „Naphtholat" sei ganz allgemein die Kupplungs- bzw. Grundierungskomponente verstanden.

barkeit der Diazolösung vermieden werden. Als geeignete Verdickungsmittel sind Stärke-Tragant, Tylose MH 300 und Johannisbrotkernmehlpräparate zu nennen.

Arbeitsweise. Die gut vorgereinigte Ware wird auf dem Foulard bei 80–90 °C mit der Naphtholatlösung grundiert, abgequetscht und getrocknet. Anschließend wird die Diazodruckfarbe aufgedruckt.

Beispiel *für die Druckfarbe*

64 g	Echtorangesalz RD in
436 g	Wasser lösen und die Lösung einrühren in
500 g	Stärke-Targant-Verdickung
1000 g	

Nach dem Drucken und Trocknen wird die Ware zur Entfernung des an den nicht bedruckten Stellen vorhandenen Naphtholats breit durch heiße Sodalösung genommen. Die Behandlung hat breit zu geschehen, damit nicht eine Kupplung zwischen unverbrauchtem Diazoniumsalz und Naphtholatgrundierung an nicht zu bemusternden Stellen stattfindet. Falls dabei kein rein weißer Fond resultiert, wird zusätzlich in einem heißen Hydrogensulfitbad nachbehandelt. Anschließend wird kochend geseift.

Der Basenaufdruck auf naphtholierte Ware hat vor dem Naphtholataufdruck mit anschließender Entwicklung in einer Diazoniumsalzlösung den Vorzug, daß beim Mehrfarbendruck größere Variationsmöglichkeiten gegeben sind, da die Diazoniumsalze für die Nuance bestimmend sind. Bei kleinflächigen Mustern hat das Verfahren den Nachteil, daß große Naphtholatmengen ungenutzt verlorengehen. Man arbeitet daher bei kleinflächigen Mustern vorteilhafter nach dem Naphtholat-Aufdruckverfahren, da die Diazoniumsalzlösung keine Affinität zur Faser besitzt und daher nur kleinere Mengen an Diazoniumsalz ungenutzt bleiben.

Variogene sind Echtfärbebasen bzw. -salze, die nach dem Aufdruck auf naphtholatgrundierte Ware durch eine zusätzliche Metallsalzbehandlung (Kupfer- oder Kobaltsalze) echte Grüntöne ergeben.

2. Naphtholataufdruck mit angeschlossener Entwicklung. Man verfährt in der Weise, daß man eine verdickte Naphtholatlösung auf die Ware aufdruckt und die bedruckte Ware auf dem Foulard durch eine Diazoniumsalzlösung passiert. Das Verfahren kommt nur für solche Basen in Frage, welche ungefärbte Diazoniumsalze liefern, so daß ein reinweißer Fond zurückbleibt. An Naphtholen wählt man, um satte Drucke zu bekommen, vorteilhaft solche von hoher Substantivität. Der Nachteil gegenüber dem unter 1. genannten Verfahren besteht darin, daß die Erzeugung von Mehrfarbendrucken beschränkt ist.

Man druckt die verdickte Naphtholatlösung auf, trocknet und passiert die Ware auf dem Foulard durch die Diazoniumsalzlösung. Nach der Entwicklung wird in einem heißen Natriumhydrogensulfitbad behandelt, anschließend gespült und kochend geseift.

3. Naphthol-Nitrit-Klotzverfahren mit Basenaufdruck. Das Verfahren ist eine Variation der unter 1. beschriebenen Methode. Da die ein Diazoniumsalz enthaltenden Druckfarben von beschränkter Haltbarkeit sind, verlegt man die Diazotierung der Base – sofern dies möglich ist – in den Druckprozeß in der Weise, daß man die Ware unter Zusatz von Natriumnitrit naphtholiert und die verdickte Base in Form ihres Hydrochlorids zusammen mit organischen Säuren (Ameisensäure, Milchsäure, Weinsäure) aufdruckt. Unter diesen Umständen erfolgt die Diazotierung erst im Augenblick des Aufdrucks. Die Methode ist nur für solche Basen anwendbar, deren Hydrochloride leicht wasserlöslich sind. Sie besitzt den Vorteil der unbeschränkten Haltbarkeit der Druckfarbe.

4. Naphthol-Nitrit-Druckverfahren. Das unter 2. beschriebene Verfahren des Naphtholataufdrucks mit angeschlossener Entwicklung läßt sich in der Weise modifizieren, daß man eine Naphtholat und Nitrit enthaltende Druckfarbe aufdruckt und die Ware nach dem Trocknen und Dämpfen durch eine Basenlösung (Hydrochlorid) bei

Gegenwart organischer Säuren passiert. Das Verfahren wird nur bei kleinen Druckmustern angewandt und besitzt den Vorteil unbeschränkt haltbarer Entwicklungsbäder.

II. Direktdruck mit Mischungen aus Naphtholat[1] und Diazoniumverbindung (S. 433ff.)

Das getrennte Aufbringen von Naphtholat und kuppelndem Amin, wie es bei den vorstehenden Verfahren beschrieben wurde, hat den Nachteil, daß entweder große Mengen Naphtholat oder Diazoniumsalz ungenutzt verlorengehen, da auch die nicht zu bemusternden Stellen mit einer der beiden Komponenten präpariert werden. Ein aufeinanderfolgendes Drucken mit einer verdickten Naphtholat- und Diazoniumsalzlösung in der Weise, daß die Konturen vollkommen aufeinanderfallen, ist technisch zwar möglich, macht aber für *eine* Farbe *zwei* Druckwalzen erforderlich. Unter diesen Umständen war man bestrebt, beide Komponenten in ein und derselben Druckfarbe unterzubringen, und zwar in einer Form, in der eine Kupplung zum unlöslichen Azofarbstoff erst nach dem Aufdruck durch eine geeignete Nachbehandlung erfolgt.

Nicht kupplungsfähige Formen von Diazoniumverbindungen sind die *trans-Diazotate*[2], die *trans-Diazosulfonate*[2] sowie die *Diazoaminoverbindungen*, welche durch eine geeignete Behandlung in kuppelnde Diazoverbindungen umgewandelt werden können.

Man kann auch in der Weise verfahren, daß man die Erzeugung des kuppelnden Diazoniumsalzes erst nach dem Aufdruck aus dem Amin vornimmt in der Form, daß man eine Mischung von Naphtholat, diazotierbarem Amin und Natriumnitrit aufdruckt und den Druck durch Säure passiert, wobei aufeinanderfolgend Diazotierung und Kupplung eintritt.

Schließlich besteht die Möglichkeit, fertige „Entwicklungsfarbstoffe" in wasserlöslicher Form aufzudrucken und anschließend die wasserlöslich machende Gruppe durch eine geeignete Nachbehandlung wieder abzuspalten.

1. Mischungen aus Naphtholaten und trans-Diazotaten (S. 433) **(Rapidecht-, Cibagen-, Momentogen-, Citazina-, Brentaminecht-, Printosol-Farbstoffe).** Die Kombinationen, welche in Teig- oder meist in Pulverform in den Handel kommen, enthalten neben dem Naphtholat und trans-Diazotat noch Ätzalkali, da schon Luftkohlensäure eine Umwandlung des nicht kuppelnden trans-Diazotats in das kuppelnde cis-Diazotat hervorruft. Da der Alkalizusatz jedoch nur beschränkt möglich ist, sind die fertigen Druckfarben trotzdem nicht besonders stabil, so daß eine allmähliche Kupplung erfolgt, weswegen sie rasch verarbeitet werden müssen. Die *H-Marken* der Rapidechtfarbstoffe besitzen in der Druckfarbe eine besonders gute Stabilität.

Arbeitsweise. Teigmarken werden mit Wasser angerührt in die Verdickung eingetragen. Pulvermarken teigt man zunächst mit Netzöl, Wasser und Natronlauge an und gibt sie dann der Verdickung zu. Mit Rücksicht auf das trans-Diazotat darf die Druckfarbe keine reduzierend wirkenden Substanzen enthalten, so daß man als Verdickungsmittel vorteilhaft Stärke-Tragant wählt, während Britisch-Gummi oder Dextrin nicht in Frage kommen.

Die Entwicklung zum unlöslichen Azofarbstoff, d.h. also die Umwandlung des nichtkuppelnden trans-Diazotats in die kupplungsfähige Diazoniumverbindung kann in verschiedener Weise erfolgen, und zwar:

a) Durch längeres Verhängen in einer feuchtwarmen Atmosphäre mit anschließender Passage durch ein 70–80 °C heißes, Essigsäure (Ameisensäure) und Glaubersalz

---

[1] Unter „Naphthol" bzw. „Naphtholat" sei ganz allgemein die Kupplungs- bzw. Grundierungskomponente verstanden.

[2] Früher wurden die betr. Produkte als Anti- bzw. Syn-Verbindungen bezeichnet.

enthaltendes Bad. Bei entsprechend langem Verhängen kann die Säurepassage entfallen, da die Umwandlung des trans-Diazotats in die kupplungsfähige Diazoniumform schon durch die Luftkohlensäure ausgelöst wird. Die Entwicklung kann auch durch Verhängen mit angeschlossenem Dämpfen ohne Säure vorgenommen werden.

b) Durch Dämpfen im Schnelldämpfer mit anschließender Nachbehandlung in einem 70–80 °C heißen, Essigsäure und Glaubersalz enthaltenden Bad.

c) Nach der Säuredampf-Entwicklungsmethode, wobei die Ware in einer Essigsäure- oder Ameisensäuredämpfe enthaltenden Dampfatmosphäre im Schnelldämpfer behandelt wird. Für diese Entwicklungsart eignen sich besonders die H-Marken der Rapidechtfarbstoffe.

d) Durch Klotzen der bedruckten Ware mit einer Essigsäure-Ameisensäure-Mischung und anschließendes Trocknen auf der Zylindertrockenmaschine.

Nach der Entwicklung wird zur Fertigstellung gespült und kochend geseift.

Bei Verwendung von RZ-Löser B in der Druckfarbe ist Natronlauge zum Teil oder ganz entbehrlich. Die Drucke können dann im Neutraldampf ohne Säurenachbehandlung entwickelt werden.

2. Mischungen von Naphthol mit trans-Diazosulfonaten (Rapidazolfarbstoffe) (S. 435). Nicht alle Diazoniumsalze lassen sich in beständige trans-Diazotate überführen, so daß man in diesen Fällen in anderer Weise stabilisierte Diazoniumverbindungen, z. B. trans-Diazosulfonate oder Diazoaminoverbindungen (Rapidogene) mit den Naphtholaten kombiniert.

Die Erzeugung stabiler trans-Diazosulfonate ist nur bei ganz wenigen Basen in befriedigender Weise möglich, so vor allen Dingen bei der Variaminblau B-Base. Immerhin wird dadurch eine im Rapidecht- und Rapidogensortiment bestehende Lücke geschlossen, da hier eine Blau- und Schwarzkombination fehlt.

Rapidazolblau IB ist eine Mischung von Naphtol AS mit dem trans-Diazosulfonat der Variaminblau B-Base, das Rapidazolschwarz B enthält neben diesen beiden Komponenten zusätzlich nach Naphtol AS-G.

Die Umwandlung des nichtkuppelnden trans-Diazosulfonats in das kuppelnde cis-Diazosulfonat erfolgt durch kurzes Dämpfen ohne Säuregegenwart.

3. Mischungen aus Naphtholen und Diazoaminoverbindungen (S. 436). **(Rapidogene, Cibanogene, Iragene, Ronagene, Sandogene, Colorants Naphthazogenes, Citazol, Rapidol-, Brentogene, Calconyl-, Pharmasole, Diagene.)** Diese Produkte enthalten Naphthol und als stabile Diazokomponente eine Diazoaminoverbindung, welche durch eine Säurebehandlung die kuppelnde Diazoniumverbindung liefert. Im Gegensatz zu den Mischungen mit trans-Diazotaten besitzen die Mischungen mit Diazoaminoverbindungen sowohl in Substanz als auch in der Druckfarbe eine fast unbegrenzte Haltbarkeit.

Beispiele für Handelsprodukte:

Rapidogenscharlach R	= Naphtol AS-RL	+ Diazoaminoverbindung der Echtrot KB Base.
Rapidogenrot G	= Naphtol AS-D	+ Diazoaminoverbindung der Echtrot 3GL Base.
Rapidogenblau B	= Naphtol AS	+ Diazoaminoverbindung der Echtblau BB Base.

Arbeitsweise. Die Produkte werden mit Spiritus bzw. Netzöl und Natronlauge angeteigt und in die Verdickung eingerührt.

Zusammensetzung der Druckfarbe:

80 g	Rapidogenscharlach R
30 g	Natronlauge 32,5%ig
20 g	Netzöl
150 g	Wasser
500 g	Stärke/Tragant-Verdickung mit
220 g	Wasser einstellen auf
1000 g	

Die Entwicklung kann erfolgen:

a) Durch Dämpfen in einer eine Mischung von Ameisensäure und Essigsäure oder Ameisensäure allein enthaltenden Dampfatmosphäre im Schnelldämpfer (3–5 min).

b) Durch Klotzen der bedruckten Ware mit einer Essigsäure/Ameisensäure-Mischung und anschließendes Trocknen auf der Zylindertrockenmaschine.

c) Durch Behandlung in einem 80 °C heißen Bad, welches Essigsäure/Ameisensäure und Glaubersalz enthält, während 20 sec. (Zur Erzielung satterer Drucke kann vor der Naßentwicklung kurz gedämpft werden.)

Nach dem Entwickeln wird jeweils gespült und kochend geseift.

Neutralentwicklungsverfahren. Bei der Säuredampfentwicklung ist der Dämpfer der Korrosion ausgesetzt, sofern er nicht mit einer säurefesten Auskleidung versehen ist. Eine Entwicklung in einer neutralen Dampfatmosphäre ist dann möglich, wenn man die Natronlauge der Druckfarbe durch ein solches Alkali ersetzt, welches in der Dampfatmosphäre flüchtig ist. Eine solche Base (Diäthylmonoäthanolamin) liegt dem *Rapidogenentwickler N* zugrunde. Weitere Produkte für diesen Zweck sind Ronagenentwickler N sowie Naphthazogenentwickler N.

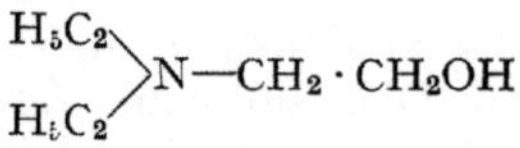

Rapidogenentwickler N

Voraussetzung ist die Möglichkeit der Spaltung der Diazoaminoverbindung in der Nähe des Neutralpunktes, so daß nicht alle Produkte in dieser Weise entwickelt werden können. Empfehlenswert ist der Zusatz eines geeigneten Lösungsmittels (Monoäthylglykol) zur Druckfarbe.

Man arbeitet beispielsweise mit folgendem Druckansatz:

80 g	Rapidogenfarbstoff
50 g	Solentwickler GAN (Monoäthylglykol)
120 g	Rapidogenentwickler N
250 g	Wasser
500 g	Stärke/Tragant-Verdickung
1000 g	

Nach dem Drucken und Trocknen 5 min neutral dämpfen, spülen und kochend seifen.

Da die Dämpfe des leicht flüchtigen Rapidogenentwicklers N gesundheitsschädigend wirken können, ist auf eine gute Entlüftung der Arbeitsräume zu achten. (Teilweise wird für die Entwicklung das Rapidogensalz A angewandt.)

Es sind auch Kombinationen im Handel, die ohne Rapidogenentwickler bzw. entsprechende Produkte im *Neutraldampf* entwickelt werden können. Auch eine *Heißluftfixierung* kommt in Betracht. Man benötigt zum Ansatz der Druckfarbe an Stelle der sonst üblichen großen Menge an Rapidogenentwickler nur eine kleinste Menge an Natronlauge (10–20 g Natronlauge 38 °Bé pro kg Druckfarbe).

Als „Stabilisatoren“ für neutral spaltbare Diazoaminoverbindungen kommen u. a. Phenylglycin-o-carbonsäure und Derivate sowie N-alkylierte Anthranilsäuren in Betracht (siehe S. 438).

Neutral entwickelbare *Handelsprodukte* sind u. a.: Rapidogen N-Marken, Cibaneutrene, Neutroprint-, Iratralfarbstoffe, Neutrogene, Sinagene usw.

Die *Rapidogen NA-Serie* bedarf zur Lösung keiner Natronlauge mehr.

Neutrosels sind neutral entwickelbare Diazoaminoverbindungen (ohne Naphthol).

4. Mischungen aus Naphtholat, Nitraminat und Natriumnitrit (S. 439). Bestimmten Cibagen- und Momentogenmarken liegt eine Kombination aus Naphtholat, Nitraminat und Natriumnitrit zugrunde.

Aus Nitraminaten werden mit Säure diazotierbare Amine regeneriert, welche mit Naphtholen unter Azofarbstoffbildung kuppeln. Die Regenerierung der Amine aus den Nitraminaten geschieht mit verdünnter Salzsäure oder mit Ameisensäure, worauf anschließend die Diazotierung erfolgt. Zum Zweck der Kupplung muß mit Säurebindemitteln abgestumpft werden.

Nach dem Drucken und Trocknen klotzt bzw. pflatscht (S. 689) man am Foulard mit einer mit etwas Tragant nur leicht verdickten und etwas Formaldehyd enthaltenden verdünnten Salzsäure oder Ameisensäure und passiert nach einem kurzen Luftgang durch eine 30%ige Sodalösung bei 50 °C. Hierauf wird gespült und kochend geseift. Der Formaldehydzusatz wirkt sich insofern günstig aus, als dieser überschüssige Stickoxide, welche den Farbton beeinflussen, bindet.

5. Mischungen aus Naphtholaten und dispergierten Aminen. Während in den Nitraminaten wasserlösliche und damit gut reaktionsfähige Umwandlungsprodukte der Amine vorliegen, kann man die Naphthole auch mit unlöslichen Basen und Nitrit bei Gegenwart von Ätznatron kombinieren; man erhält auch bei solchen Mischungen eine gute Reaktionsfähigkeit, sofern die Amine in besonders feindisperser Form vorliegen. Solche Kombinationen scheinen einigen Cibagenen zugrunde zu liegen.

Nach dem Drucken und Dämpfen wird durch ein kochsalzhaltiges Säurebad bei 25 °C passiert, woran sich nach einem Luftgang eine Behandlung in einem 30%igen Sodabad bei 50 °C anschließt. Hierauf wird gespült und kochend geseift.

Wasserlösliche fertige „Entwicklungsfarbstoffe" (S. 439). **(Neocotone, Neogenale, Tinogenale.)** Durch Veresterung der naphtholischen Hydroxylgruppe eines unlöslichen Naphtol AS-Farbstoffes mit einer wasserlöslich machenden Komponente erhält man Farbstoffe, aus denen man durch eine nachträgliche Verseifung die wasserlöslich machende Gruppe unter Regenerierung des unlöslichen Azofarbstoffes wieder abspalten kann:

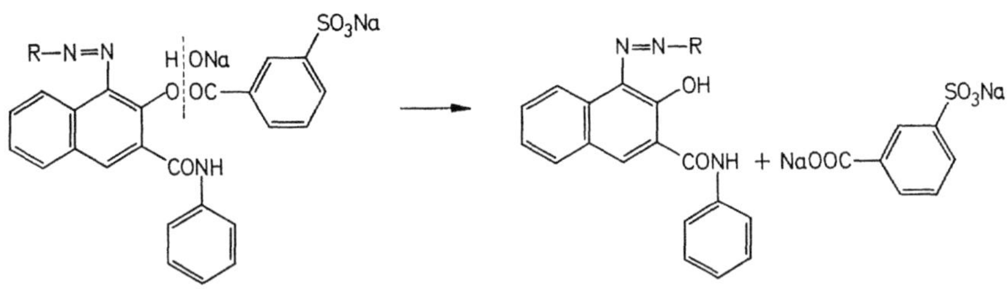

Neocoton

Als Verseifungsmittel findet vorteilhaft bariumchloridhaltige Natronlauge Verwendung, so daß im ersten Moment das Natriumsulfonat in das schwerlösliche Bariumsalz übergeht, welches anschließend verseift wird. Dadurch wird ein Auslaufen des Drucks in die Natronlauge vermieden. In der gleichen Richtung ist auch ein Zusatz von Natriumchlorid wirksam, welcher die Dissoziation und damit das Inlösunggehen des Farbstoffnatriumsulfonats zurückdrängt.

Wegen in der Praxis aufgetretener Schwierigkeiten konnten sich die Farbstoffe nicht durchsetzen und wurden daher aus dem Handel gezogen.

Ätzdruck. Als Azofarbstoffe lassen sich Naphtol AS-Kombinationen grundsätzlich ätzen. Da es sich jedoch um unlösliche Farbkörper handelt und die Naphtholkomponente außerdem teilweise eine sehr gute Substantivität besitzt, ist die Erzeugung von Weißätzen mitunter schwieriger, als dies bei substantiven Azofarbstoffen der Fall ist. Namentlich gewisse Gelbkombinationen, wie solche von Naphtol AS-G, AS-LG, AS-L3G lassen sich nicht weiß ätzen, ebenso nicht Kombinationen mit Naphtol AS-BR. In chemischer Beziehung gehören die drei Gelbnaphthole zu den Ketosäurearylamiden, während Naphtol AS-BR ein Dinaphthoylderivat darstellt, so daß diese Naphthole von den übrigen Arylamiden der Hydroxycarbonsäuren konstitutionell abweichen (S. 424 ff.).

Als Ätzmittel verwendet man üblicherweise Rongalit C, zu dessen Verstärkung, wenn notwendig, Anthrachinon und eventuell Alkali sowie Leukotrop W beigegeben werden können. Anthrachinon kommt für diesen Zweck als Teigmarke in den Handel und liegt in der Druckfarbe in dispergierter Form vor. Es fungiert als Reduktionskatalysator, indem es nach intermediärer Bildung von Anthrahydrochinon Wasserstoff zur Reduktion des Azofarbstoffes liefert. Merkwürdigerweise ergeben wasserlösliche Anthrachinonsulfosäuren keine besseren Resultate:

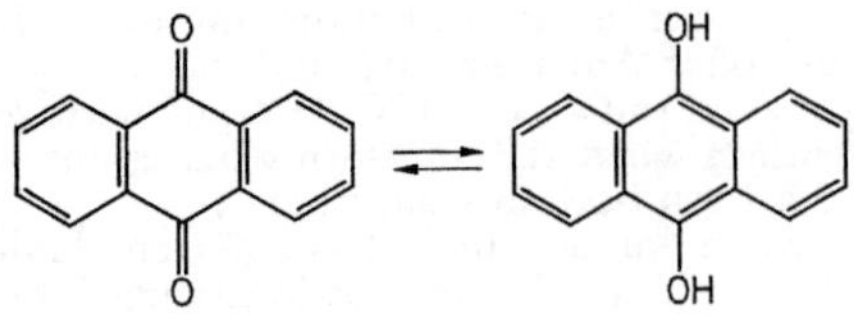

Als Beispiel für eine Weißätze sei die nachfolgende Druckfarbe genannt:

250 g	Rongalit C
200 g	Zinkoxid 1:1
80 g	Solutionssalz B 1:1 (Dispergiermittel)
60 g	Pottasche
40 g	Anthrachinon Teig 30%ig
370 g	Stärke/Tragant-Verdickung
1000 g	

Arbeitsweise: Drucken, trocknen, 5 min im Schnelldämpfer dämpfen und in einem kochenden Soda-Seifenbad nachbehandeln.

Als *Buntätzfarbstoffe* verwendet man vorteilhaft Küpenfarbstoffe, wobei die Druckfarbe die für einen Küpenfarbstoff-Direktdruck typische Zusammensetzung besitzt. Die für die Fixierung des Küpenfarbstoffes notwendigen Mittel, Rongalit C und Pottasche, dienen gleichzeitig als Ätzmittel, so daß man die Rongalitmenge zweckmäßig verstärkt bzw. Anthrachinon als Reduktionskatalysator zusetzt.

Reservedruck. Prinzip: Man druckt auf die naphtholierte Ware ein saures Salz (meist Aluminiumsulfat) auf, welches bei einer nachfolgenden Behandlung in einem Diazoniumsalzbad, namentlich bei langsam kuppelnden Diazoniumsalzen, die Kupplung verhindert. Als Diazoniumkomponenten, welche in saurem Medium nicht kuppeln, sind u.a. zu nennen Variaminblau B und Echtviolett B. Da namentlich Orange- und Rotentwickler auch bei Säuregegenwart kuppeln, lassen sich auf diesem Wege sehr schöne Buntreserveeffekte erzeugen.

Arbeitsweise: Man druckt auf einen Naphtol AS-Grund folgende Weißreserve auf:

200 g	Aluminiumsulfat 1:1
300 g	Wasser
500 g	Stärke/Tragant-Verdickung
1000 g	

Nach dem Drucken und Trocknen wird mit Variaminblausalz B entwickelt.

Auch Reduktionsmittel wie Sulfite und Zinnsalze sind als Reservierungsmittel geeignet, da sie die Diazoniumsalze unter Reduktion in Phenylhydrazinderivate überführen, wobei mit Sulfiten intermediär vermutlich trans-Diazosulfonate entstehen:

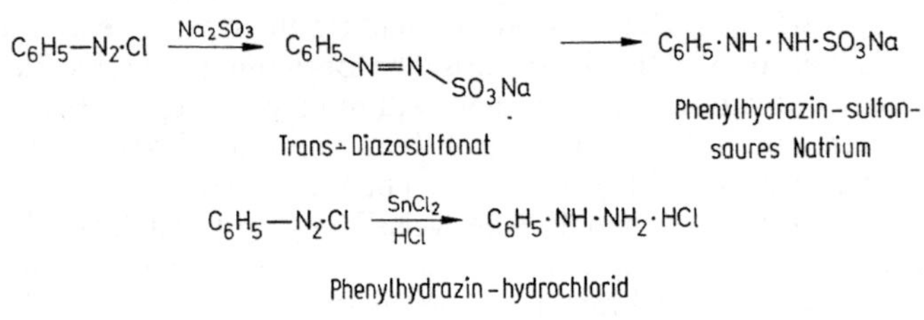

Auch Alkalixanthogenate haben sich auf Grund ihrer reduzierenden Eigenschaften als ausgezeichnete Reservierungsmittel von allgemeiner Anwendbarkeit erwiesen:

$$\underset{\text{Xanthogensäure}}{2\,ROCSSH} \rightarrow H_2 + \underset{\text{Dixanthogen}}{ROCSS \cdot SSCOR}$$

Auch Peregal OK gibt gute Reservierungseffekte, da dieses mit Naphtholaten unlösliche, nicht kuppelnde Niederschläge liefert (S. 765).

Buntreserven lassen sich, wie oben angegeben, mit Diazoniumsalzen sowie mit Indigosolen und Küpenfarbstoffen erzielen. Bei Verwendung der alkalisch zu entwickelnden Küpenfarbstoffe wird vorteilhaft die Sulfitreserve angewandt. Zum Schutz des Naphtholats setzt man in diesem Fall dem Grundierungsbad Harnstoff zu.

Seit dem Aufkommen der *Reaktivfarbstoffe* hat der Druck mit Entwicklungsfarbstoffen an Bedeutung verloren.

f) Reaktivfarbstoffe (S. 405ff., 460, 575f.)

Die Reaktivfarbstoffe haben sich in der Druckerei sehr gut eingeführt. Dies hängt damit zusammen, daß es sich meist um sehr leuchtkräftige Farbstoffe handelt. Die Farbstoffe sind weiß- und bunt-reservierbar und – wenn es sich um Azoderivate handelt – auch ätzbar. Sie können recht vorteilhaft neben einer ganzen Reihe anderer Farbstoffgruppen gedruckt werden. Als Verdickungsmittel kommen, da die Farbstoffe mit diesen teilweise reagieren, nur bestimmte Mittel, z. B. *Alginate*, in Betracht. Auch Emulsionsverdickungen (meist in Kombination mit Alginatverdickung) finden Verwendung („Halbemulsion").

Farbstoff-Handelsprodukte: Basazol-, Levafix-, Remazol-, Primazin-, Solidazol-, Xiron-, Cibacron-, Cibacron-Pront-, Reacton-, Drimaren Z-, Procion H-, Cavalite-, Reacna-Farbstoffe.

Direktdruck. Man löst den Farbstoff unter Verwendung von Harnstoff, fügt als Verdickungsmittel Alginat und dann Alkali zu. (Stärke und Derivate kommen als Verdickungsmittel so gut wie nicht in Betracht, da die Reaktivfarbstoffe mit diesen reagieren und unlösliche nicht auswaschbare Derivate ergeben, die den Warengriff verhärten.) Als Alkali kann je nach der Reaktionsfähigkeit des Farbstoffs Natriumhydrogencarbonat, Soda, Pottasche oder Natronlauge zugegeben werden. Bei schnell reagierenden Farbstoffen, z. B. Dichlortriazinfarbstoffen, ist die Lagerbeständigkeit der alkalihaltigen Druckpasten beschränkt. (Ein universell anwendbares, beim Dämpfen Alkali spendendes Produkt ist das *Remazol-Salz FD*, das Alkalisalz einer organischen Säure.)

Nach dem Drucken wird getrocknet und der Druck in verschiedener Weise entwickelt. Man kann entweder im Schnelldämpfer dämpfen oder durch Thermofixierung oder Infrarot-Strahlung oder im HT-Dämpfer entwickeln. Es besteht aber auch die Möglichkeit, mit alkalifreien Druckfarben zu drucken und nach dem Trocknen auf dem Foulard eine mit Natriumalginat etwas verdickte Hydrogencarbonat oder Sodalösung aufzupflatschen oder mit der 1000-Punkt-Walze aufzudrucken und schließlich auf dem Trockenzylinder oder durch Dämpfen zu entwickeln.

Zur Entfernung unfixierten Farbstoffs muß auf der Breitwaschmaschine sorgfältigst gespült und kochend geseift werden.

Bei entsprechender Auswahl der Reaktivfarbstoffe (z. B. Remazol-Farbstoffe) ist auch ein *2-Phasen-Kaltverweilverfahren* möglich (*W. Schidlo*). Die Druckfarbe wird ohne Zusatz eines Fixiermittels (Alkali) aufgedruckt. Nach dem Drucken und

Trocknen wird mit einer alkalischen elektrolythaltigen Flotte geklotzt, dann abgelegt oder aufgedockt.

Im Laufe der letzten Jahre wurde das Drucken mit den verschiedenen Typen der Reaktivfarbstoffe weiter ausgebaut. Zum Teil wurden Methoden entwickelt, die zu einer rascheren Fixierung führten, so z.B. das *Zweiphasen-Blitzdämpfverfahren* mit Remazolfarbstoffen, das eine Dämpfzeit von nur 4 sec benötigt.

Auf der anderen Seite wurde nach Methoden gesucht, um das Dämpfen der Drucke, das zu lästiger Kondensatbildung und damit verbundenem Abflecken des Drucks führen kann, überhaupt auszuschalten und durch *Infrarotheizung* zu ersetzen (*W. Gahlert*).

Ätz- und Reserverdruck. Sofern Azofarbstoffderivate vorliegen, können z.B. Monochlortriazinfarbstoffe mit folgender Ätzfarbe *geätzt* werden:

200 g	Rongalit C
460 g	Gummi arabicum 1:1
75 g	Zinkoxid
75 g	Titanweiß
150 g	Wasser
40 g	Glycerin
1000 g	

Falls erforderlich, kann die Ätzfarbe mit Pottasche alkalisch gestellt werden. Buntätzen können mit Küpenfarbstoffen nach dem normalen Rongalit C/Pottasche-Verfahren vorgenommen werden.

Beim *Reservedruck* (Ätzreserve) kann man z.B. mit folgender Druckfarbe arbeiten:

200 g	Rongalit C
500 g	Gummi arabicum 1:1
150 g	Zinkoxid
100 g	Wasser
50 g	Glycerin
1000 g	

(je nach Farbstoff mit Zusatz von Pottasche).

Nach dem Trocknen wird auf dem Foulard (bedruckte Seite nach unten) die mit Tragant verdickte Reaktivfarbstoffflotte aufgepflatscht, getrocknet, gedämpft und gewaschen. Buntreserven können mit Küpenfarbstoffen nach dem normalen Rongalit C/Pottasche-Verfahren ausgeführt werden.

Eine Reserve gelingt je nach angewandtem Farbstoff statt mit Reduktionsmittel auch durch Aufdrucken einer Säure, z.B. Zitronen-, Wein- oder Milchsäure.

Eine Reserve gelingt auch in der Weise, daß man mit einem Reaktantharz bedruckt und dieses sauer kondensiert. Da dadurch die Hydroxylgruppen der Cellulose blockiert werden, ist ein nachheriges Anfärben der bedruckten Stellen nicht mehr möglich. Wird der Reserve ein Reaktivfarbstoff zugesetzt, so wird dieser an den Stickstoff des Reaktantharzes gebunden. In dieser Weise resultieren also Buntreserven mit Reaktivfarbstoffen auf reaktivgefärbtem Fond (*Procion-Kunstharz-Reservedruckverfahren der I.C.I.*).

Die Reaktivfarbstoffe lassen sich nicht nur leicht reservieren, sondern können vorteilhaft auch als *Reservefarben*, z.B. unter Anilinschwarz oder Indigosolen, angewandt werden.

Die Fixierfarbstoffe (S. 417, 577). Die Bildung des Reaktivfarbstoffs und seine Bindung an die Faser können auch in *einem* Arbeitsgang beim Drucken ausgeführt werden in der Weise, daß man die einen geeigneten Farbstoff (*Basazolfarbstoff*) enthaltende Druckfarbe mit einem „Brückenbildner“ versetzt und aufdruckt. Der

Brückenbildner (S. 418) stellt eine mehrfunktionelle Verbindung dar, die auf Grund leichtbeweglicher Substituenten bzw. additionsfähiger Stellen sowohl mit dem Farbstoff als auch mit der Faser reagieren kann, so daß letzten Endes eine kovalente Bindung zwischen Faser und Farbstoff resultiert.

Die Farbstoffaufnahme geschieht in alkalischem Medium. Die Fixierung kann je nach der Reaktivität des Brückenglieds und des Farbstoffs bei verschiedenen Temperaturen vorgenommen werden; im Prinzip wird wie bei der Fixierung der Reaktivfarbstoffe selbst gearbeitet.

Der Vorteil der Fixierfarbstoffe besteht darin, daß bei einer etwaigen Hydrolyse durch das Wasser der Druckfarbe nicht der kostspielige Farbstoff, sondern das billigere Brückenglied hydrolysiert wird.

Fixier-Vorklotz-Verfahren. Anstatt den Brückenbildner (*Fixierer P 100*) der Druckfarbe zuzusetzen, kann man diesen auch aus wäßrigen, leicht ammoniakalischen Lösungen aufklotzen. Die so vorbereitete Ware wird mit Basazolfarben bedruckt, die keinen Fixierer enthalten. Auf diese Weise wird die Fixierung der Farbstoffe günstig beeinflußt; weiterhin sind Basazoldruckfarben ohne Fixiererzusatz, da sie nicht hydrolysieren, bei der Lagerung nahezu unbegrenzt haltbar.

g) Die Oxydationsfarbstoffe

Die Oxydationsfarbstoffe entstehen in chemischer Reaktion aus geeigneten Aminen durch Oxydation auf der Faser, so das Anilinschwarz aus Anilin, das Diphenylschwarz aus p-Amino-diphenylamin und das Paraminbraun aus p-Phenylendiamin.

1. Anilinschwarz (S. 487, 579)

Anilinschwarz bildet sich durch Oxydation von Anilin oder Anilinhydrochlorid in salzsaurem Medium. Es besitzt druckereitechnisch eine große Bedeutung, da es durch einfaches Verhängen oder rascher durch kurzes Dämpfen entwickelt und fixiert werden kann. Seine besonderen Vorteile liegen in der leichten Reservierbarkeit sowie in der Kombinationsmöglichkeit mit den verschiedensten Begleitfarbstoffen begründet. Wie in der Färberei, so besteht auch in der Druckerei die Gefahr der Faserschwächung, welche durch geeignete Vorsichtsmaßnahmen auf ein Minimum beschränkt werden muß (S. 580). Wegen dieser Gefahr wird Anilinschwarz auf regenerierten Cellulosefasern nicht angewandt.

Direktdruck. Das Prinzip des Direktdrucks entspricht den in der Färberei üblichen Methoden der Oxydationsschwarz- und Dampfschwarzerzeugung. Im ersteren Fall enthält die Druckfarbe Natriumchlorat als Oxydationsmittel und Ammoniumvanadinat als Katalysator, während beim Dampfschwarz (Prudhommeschwarz) Kaliumferrocyanid [Kaliumhexacyanoferrat(II)] als Katalysator fungiert. Das Oxydationsschwarz wird entweder durch Verhängen an der Luft, in der Oxydationsmaschine oder durch kurzes Dämpfen entwickelt; für das Dampfschwarz kommt als einzige Entwicklungsmethode ein kurzer Dämpfprozeß in Frage.

Da die Anilinschwarzdruckfarben praktisch farblos sind, werden sie, um den Druckprozeß verfolgen zu können, mit Säurefarbstoffen geblendet.

Nach dem Drucken und Trocknen wird durch 1–2tägiges Verhängen oder durch kurzes Dämpfen im Schnelldämpfer entwickelt. Anschließend wird chromiert, gespült und kochend geseift.

Beim Dampfschwarz-Verfahren wird nach dem Drucken und Trocknen 2 bis 3 min im Schnelldämpfer gedämpft, chromiert, gespült und kochend geseift.

Werden neben Anilinschwarz Begleitfarben gedruckt, welche ein längeres Dämpfen erfordern, dann wird die Ware zur Entfernung der Salzsäure im Interesse der Faserschonung nach dem für die Schwarzentwicklung notwendigen Dämpfen durch einen „Ammoniakkasten" passiert, wonach bis zur genügenden Fixierung der Begleitfarben gedämpft werden kann.

Reservedruck. Anilinschwarz läßt sich nicht ätzen, dafür aber um so leichter reservieren. Da sich Anilinschwarz durch Oxydation im mineralsauren Medium bildet, kann es durch Reduktionsmittel oder durch Säurebindemittel oder mittels einer Kombination dieser beiden reserviert werden. Als Säurebindemittel kommen Natronlauge, Pottasche, Soda, Natriumacetat, Calciumcarbonat, Calciumacetat, Zinkcarbonat, Zinkoxid usw. und als Reduktionsmittel Thiosulfat, Sulfit sowie Rongalit C in Betracht.

Die Klotzung der Reservedruckartikel wird üblicherweise nach dem Ferrocyandampfschwarzverfahren vorgenommen.

Die Reserve wird entweder auf die nichtpräparierte Ware gedruckt, worauf man nach dem Trocknen die Anilinschwarzlösung aufpflatscht und entwickelt (*Vordruckreserve*). Man kann aber auch nach der meist üblichen Methode so verfahren, daß man die Ware zunächst mit Anilinsalz klotzt, dann die Reserve aufdruckt und entwickelt (*Überdruckreserve*).

Die mit der Reserve bedruckte Ware kann vor dem Klotzen beliebig lange gelagert werden, während die geklotzte Ware sofort mit der Reserve bedruckt werden muß, wenn man eine vorzeitige Oxydation und damit ein mangelhaftes Weiß vermeiden will. Das Vordruckreservierungsverfahren hat den Nachteil, daß die aufgedruckten Reserven beim Klotzen zum Fließen neigen (Hofbildung), so daß das Drucken feinerer Muster nach diesem Verfahren in Frage gestellt ist.

α) *Vordruckreservierungsverfahren.* Zum Schutz der aufgedruckten Reserve wird das Klotzen in der Weise vorgenommen, daß man die Ware mit der Druckseite nach oben zwei Quetschwalzen einer Klotzmaschine passieren läßt, wobei die untere in der Klotzflotte laufende Walze mit einer Bombage versehen ist und damit die Klotzflotte auf die Druckware überträgt (Pflatschen, S. 689). Weiterhin ist es vorteilhaft, um ein Auslaufen der Reserven zu verhindern, schwerlösliche oder unlösliche Reserven anzuwenden (Zinkoxid, Calciumcarbonat, Magnesiumcarbonat).

Als *Weißreserve* sei die folgende genannt:

265 g	Britisch-Gummi mit
225 g	Gummiverdickung 1:1 und
150 g	Zinkoxid 1:1 verrühren und verkochen
100 g	Natriumacetat
50 g	Magnesiumcarbonat
50 g	Glycerin
156 g	Wasser und
4 g	Patentblau V zugeben
1000 g	

Nach dem Drucken wird mit folgendem Ansatz gepflatscht:

85 g	Anilinhydrochlorid mit
40 g	Tragantverdickung 60:1000
5 g	Anilinöl und
220 g	Wasser verrühren.
54 g	Kaliumferrocyanid
	= Kaliumhexacyanoferrat (II) in
220 g	Wasser gelöst und
30 g	Natriumchlorat in
320 g	Wasser gelöst zusetzen. Mit Wasser einstellen auf
1 l	

Nach dem Klotzen bzw. Pflatschen 3–5 min im Schnelldämpfer dämpfen, spülen und kochend seifen.

Als *Buntreservierungsfarbstoffe* können Küpen-, Rapidogen-, Rapidecht-, Reaktiv-, Pigmentfarbstoffe, Indigosole usw. Verwendung finden.

Der Vorteil des Vordruckreservierungsverfahrens ist der, daß man die aufgedruckten Buntreserven ohne eine Gefahr der Faserschwächung solange und unter solchen Bedingungen dämpfen kann, wie sie der Buntreservierungsfarbstoff zu seiner Fixierung erfordert.

Der Nachteil dieses Verfahrens gegenüber dem Überdruckreservierungsverfahren besteht, wie erwähnt, darin, daß feine Muster an Schärfe zu wünschen übrig lassen, da ein gewisses Fließen der Reserven nicht immer ganz vermieden werden kann.

β) Überdruckreservierungsverfahren. Bei dem häufiger angewandten Überdruckreservierungsverfahren wird die Ware zunächst mit der Anilinsalzlösung auf dem Foulard geklotzt und nach dem Trocknen sofort – um reine Reservierungseffekte zu bekommen – mit der Reserve bedruckt. Notfalls kann der Oxydation durch einen Rongalitzusatz vorgebeugt werden. Man kann im Prinzip die gleichen Reserven anwenden, wie sie für das Vordruckreservierungsverfahren üblich sind. Eine gebräuchliche Reserve ist die folgende:

200 g	Zinkoxid mit
400 g	Tragant-Verdickung 60:1000 verrühren
150 g	Natriumacetat in
150 g	Wasser gelöst und
100 g	Albuminlösung 1:1 zugeben
1000 g	

Die nach dem Dampfschwarzverfahren geklotzte Ware wird nach dem Trocknen sofort mit der obigen Weißreserve bedruckt, anschließend getrocknet, 3 bis 5 min gedämpft, chromiert, gespült und kochend geseift.

Als *Buntreservierungsfarbstoffe* können u.a. Küpen-, Rapidogen-, Rapidecht-, Reaktiv-, Pigmentfarbstoffe sowie Indigosole Verwendung finden. Bei Verwendung von Küpenfarbstoffen empfiehlt es sich, hochdisperse, leicht fixierbare Produkte zu verwenden, um die Farbstoffe unter den für sie weniger günstigen Dämpfbedingungen (kein Sattdampf, um das Fließen der Reserven zu verhindern) genügend zu fixieren.

2. Diphenylschwarz, Paraminbraun (S. 487, 580)

Diphenylschwarz und Paraminbraun können im Prinzip in ähnlicher Weise wie Anilinschwarz auf dem Druckweg erzeugt werden. Das Diphenylschwarz hat vor dem Anilinschwarz den Vorzug, daß man zu seiner Entwicklung nur organische Säuren benötigt, so daß keine Faserschwächung zu befürchten ist. Man kann auch aus Anilin und p-Aminodiphenylamin ein Kombinationsschwarz erzeugen, welches billiger ist als das reine Diphenylschwarz.

Auch die Reservierungsmethoden arbeiten nach den für Anilinschwarz beschriebenen Prinzipien. Wegen der raschen Entwicklung wird Diphenylschwarz jedoch nur nach dem Vordruckreservierungsverfahren reserviert.

3. *Solanilschwarz* (Noir solanile) wird aus diphenylaminosulfonsaurem Natrium entwickelt

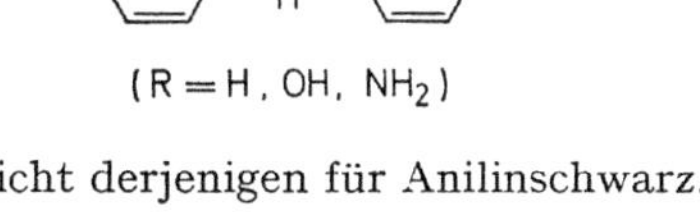

(R = H, OH, NH$_2$)

Die Druckmethode entspricht derjenigen für Anilinschwarz.

4. *Aminosolschwarz A und M.* Durch Oxydation entwickelbare Handelsprodukte sind weiterhin *Aminosolschwarz A* und *M.*

Die Druckfarbe enthält als Oxydationsmittel Chlorat, als Oxydationskatalysator Ammoniumvanadat und als Säurespender Ammoniumoxalat. Die Entwicklung der Drucke erfolgt durch Dämpfen.

h) Die Beizenfarbstoffe (S. 578)

Beizenfarbstoffe sind solche Farbstoffe, die sowohl Proteinfasern als auch Cellulosefasern nur nach einer entsprechenden Vorbeize mit Metallverbindungen anfärben. Da sie in der Färberei nur in sehr umständlicher und langwieriger Weise fixiert werden können, sind sie einschließlich des Türkischrots durch die einfacher zu fixierenden Küpen- und Reaktivfarbstoffe sowie Naphtol AS-Kombinationen abgelöst worden.

In der Druckerei konnten sich die Beizenfarbstoffe länger halten, da ihre Fixierung auf dem Druckweg einfacher verläuft; auf Grund der benötigten langen Dämpfdauer ($^1/_2$–$1^1/_2$ Std.) haben sie aber auch hier den rasch fixierbaren Reaktiv- und Küpenfarbstoffen, Naphtol AS-Kombinationen und Indigosolen Platz gemacht. Sie werden heute ihres niedrigen Preises wegen noch als Begleitfarben von Küpenfarbstoffen, Rapidogen- und Rapidechtfarbstoffen für großflächige Muster bei Dekorations- und Möbelstoffen angewandt, aber nur solche Vertreter, welche durch ein verhältnismäßig kurzes Dämpfen fixierbar sind.

Bei vielen Beizenfarbstoffen läßt sich die Lackbildung durch bestimmte Zusätze (z.B. Harnstoff) zur Druckfarbe so sehr beschleunigen, daß die Dämpfdauer auf 4–8 min gesenkt werden kann, was im Interesse einer gleichzeitigen Fixierung dampfempfindlicher Begleitfarben (Rapidogene) von großer Wichtigkeit ist.

Die Beizenfarbstoffe sind teils lösliche, teils unlösliche Körper, welch letztere üblicherweise in Teigform in den Handel kommen. Sie gehören den verschiedensten chemischen Farbstoffgruppen an. So handelt es sich um Azofarbstoffe, Triphenylmethanfarbstoffe, Oxazinfarbstoffe (Gallofarbstoffe) und Anthrachinonfarbstoffe. Ein Hauptvertreter der letzteren Gruppe ist das Alizarinrot (Türkischrot).

Das Chrom kann in den Handelsprodukten bereits in dem Farbstoff in komplexer Form enthalten sein, so daß sich ein besonderer Zusatz von Chromsalz zur Druckfarbe erübrigt.

Handelsprodukte: Chromo-, Novochrom-, Polytrop-, Panduran-Farbstoffe.

Direktdruck. Als Beizen kommen vorwiegend Chromsalze (namentlich basische Chromsalze) und Aluminiumsalze, letztere meist in Verbindung mit Zinn-und Calciumsalzen sowie Eisensalze in Frage. Beim Beizprozeß schlagen sich die hydrolytisch entstehenden Metallhydroxide in feinstverteilter Form auf dem Fasermaterial nieder und binden den Farbstoff in komplexer Form (S. 389, 455) zu einem unlöslichen Farblack. Während in der Färberei das Fasermaterial mit der Beize vorbehandelt und anschließend gefärbt wird, wird in der Druckerei üblicherweise die Beize der Druckfarbe beigemischt. Um eine vorzeitige Hydrolyse der Metallsalze und damit eine Farblackbildung in der Druckfarbe zu verhindern, werden die Druckfarben durch Zugabe von in der Dampfatmosphäre flüchtigen Säuren sauer gehalten. Als Verdickungsmittel verwendet man vorzugsweise Stärke-Tragant, während Gummi arabicum sowie Verdickungsmittel auf der Basis von Celluloseäthercarbonsäuren nicht immer verwendbar sind, da sie mit Chromacetat und anderen Metallbeizen unlösliche Fällungen und damit einen harten Warengriff ergeben.

Ersetzt man Chromacetat durch andere Chromsalze wie Chromlactat und Chromtartrat und arbeitet man gleichzeitig mit Harnstoffzusätzen, so tritt eine unlösliche Ausscheidung nicht ein, so daß kein Hartwerden der bedruckten Gewebestellen zu befürchten ist. Auch Zusätze von Aminoessigsäure, Glykolsäure und deren Derivate sowie Trilon A wirken in dieser Richtung.

Nach dem Drucken und Trocknen wird $^1/_2$–1 Std. gedämpft, gespült, zur Entfernung des Verdickungsmittels enzymatisch entschlichtet, geseift und getrocknet. Eine Thermofixierung zwischen 140 und 180 °C nimmt 4–2 min in Anspruch.

Durch Zusatz von Carbonamiden zur Druckfarbe läßt sich die Dämpfdauer, wie erwähnt, in vielen Fällen wesentlich abkürzen. Genannt seien Harnstoff, Formamid, Acetamid und Benzamid sowie Mischungen aus solchen Körpern. Auch der Ersatz von Chromacetat durch Ammoniumchromat ermöglicht bei den Chrombeizenfarbstoffen eine Abkürzung der Dämpfdauer. Allerdings sind die erzielten Echtheiten meist denjenigen eines lang gedämpften Drucks unterlegen.

Ätzdruck. Beim Ätzdruck kann entweder so verfahren werden, daß man die Beize lokal entfernt, so daß ein Anfärben an den geätzten Stellen ausbleibt oder so, daß man die fertige Färbung dem Ätzprozeß unterwirft. Im ersteren Falle druckt man auf die gebeizte Ware eine Säure, z. B. Citronensäure, auf, welche das Metallhydroxid in ein lösliches Citrat verwandelt, welches durch Spülen von der Faser entfernt werden kann. Im zweiten Falle kann man entweder mit Rongalit reduktiv oder mit Chlorat oxydativ ätzen. *Buntätzen* lassen sich entweder mit rongalitbeständigen Beizenfarbstoffen oder mit Küpenfarbstoffen erzielen.

Reservedruck. Den Reservedruck kann man in der Weise ausführen, daß man vor dem Überdrucken bzw. Klotzen mit dem Beizenfarbstoff eine nicht flüchtige organische Säure aufdruckt, welche die Farblackbildung verhindert, so daß der Farbstoff an den reservierten Stellen ausgewaschen werden kann (namentlich für Alizarinrot angewandt).

i) Die Schwefelfarbstoffe (S. 491, 571)

Die wasserunlöslichen Schwefelfarbstoffe spielen in der Druckerei mit Ausnahme einiger spezieller Schwarzmarken eine untergeordnete Rolle, was damit zusammenhängt, daß die Töne einmal nicht besonders lebhaft sind, und weiterhin damit, daß das zum Lösen der Schwefelfarbstoffe notwendige Natriumsulfid die Kupferwalzen der Rouleauxdruckmaschine schwärzt. Manche Schwefelfarbstoffe lassen sich zwar auch mit Rongalit C bzw. Glucose reduzieren; sofern sie selbst aber reaktionsfähigen Schwefel enthalten, greifen sie die Kupferwalzen auch unter diesen Bedingungen an. Von reaktionsfähigem Schwefel freie Schwefelfarbstoffe (z. B. Neosolfarbstoffe, Immedialdruckfarbstoffe) lassen sich unter Anwendung von Rongalit C bzw. Glucose als Reduktionsmittel im Direktdruck gut verwenden. Feindisperse Farbstoff-Marken sind für das Zweiphasen-Druckverfahren (S. 682) geeignet.

Obwohl heute verchromte Druckwalzen angewandt werden, die gegen Schwefelfarbstoffe indifferent sind, haben die Schwefelfarbstoffe auf Grund ihrer wenig lebhaften Farbtöne in der Druckerei keine große Bedeutung erlangt.

Beim *Direktdruck* wird die Reduktionsmittel und Alkali enthaltende Druckfarbe aufgedruckt und der Farbstoff analog der bei Küpenfarbstoffen üblichen Arbeitsweise durch Dämpfen und Oxydieren entwickelt und anschließend kochend geseift.

Ein *Ätzen* der Schwefelfarbstoffe kommt kaum in Frage, da die Schwefelfarbstoffe reduktiv meist schwer ätzbar sind und die oxydative Ätze zu Faserschwächungen führt, abgesehen davon, daß sie kein ganz reines Weiß liefert.

Dagegen hat der *Reservedruck* eine gewisse Bedeutung, da Schwefelfarbstoffe durch Metallsalze leicht reserviert werden können. Man druckt auf die zu färbende Ware eine verdickte Lösung von Mangan- oder Zinksalzen oder eine Kombination von beiden auf und färbt anschließend in einem normalen Färbebad aus. An den zu reservierenden Stellen wird der Farbstofflösung das Farbstofflösemittel Natriumsulfid durch die Metallsalze unter Metallsulfidbildung entzogen, so daß sich der Farbstoff unfixiert abscheidet und auswaschen läßt. Die gebildeten Metallsulfide bilden gleichzeitig eine mechanische Reserve.

Zur Schonung der aufgedruckten Reserven beim Färben klotzt man die Ware nach dem Trocknen zweckmäßig auf der Klotzmaschine in der Weise, daß man sie mit der Druckseite nach unten zwischen zwei Quetschwalzen passieren läßt, von denen die untere mit einer Bombage versehen ist und in der Klotzflotte läuft. Anschließend wird zur Entfernung der Metallsulfide abgesäuert und gewaschen. Buntreserven können mit Küpen- und Reaktivfarbstoffen oder Naphtol AS-Kombinationen erzeugt werden.

Für eine Weißreserve eignet sich z.B. folgende Druckfarbe, welche mit einer solchen für Küpenfarbstoffe identisch ist:

400 g	Gummiverdickung 1:1
100 g	Kaolin 1:1
300 g	Zinkchlorid
150 g	Mangan(II)-chlorid
50 g	Ludigol
1000 g	

Die *wasserlöslichen* Schwefelfarbstoffe sind sulfidfrei und frei von elementarem Schwefel. Damit wird beim Druck ein Angriff der Kupferdruckwalzen vermieden. In diesem Fall können allerdings Sulfide als Reduktionsmittel nicht verwendet werden. Vielmehr kommt hier beispielsweise Rongalit C/Soda als Reduktionsmittel in Betracht. Bei Anwendung verchromter Walzen kann die Verarbeitung normal erfolgen.

k) Die Pigmentfarbstoffe (S. 395, 583f.)

Pigmentfarbstoffe sind in Wasser und wäßrigen Medien unlösliche Farbkörper, welche weiterhin dadurch charakterisiert sind, daß sie zur Textilfaser keinerlei Affinität besitzen. Zu ihrer Fixierung benötigt man daher entsprechende Bindemittel, welche zusammen mit dem Farbstoff auf das Fasermaterial gebracht werden.

Als Pigmentfarbstoffe dienen z.B. anorganische Farbstoffe, unlösliche Azofarbstoffe, verlackte Farbstoffe, Küpenfarbstoffe in nichtreduzierter Form, Anilinschwarz, Phthalocyanine usw. Auch ungefärbte Pigmente wie Zinkoxid, Titandioxid (für Damasteffekte), Ruß sowie Metallpulver lassen sich analog den Pigmentfarbstoffen mit Hilfe von Bindemitteln auf der Faser fixieren.

Die Methoden des Pigmentdrucks entsprechen im Prinzip den beim graphischen Druck (Papierdruck, Tapetendruck) usw. üblichen Verfahren, bei denen die Farbkörper in einfacher Weise ohne Dämpfen und ohne eine Nachbehandlung in wäßrigen Bädern auf dem Substrat fixiert werden müssen.

Da die Pigmentfarbstoffe keiner Affinität zur Faser bedürfen, sondern mit Hilfe eines Bindemittels fixiert werden, lassen sie sich praktisch auf alle Faserarten und Fasermischungen drucken. Sie besitzen in vielen Vertretern den Vorteil *höchster Lichtechtheit.*

Das Fixieren von Pigmentfarbstoffen auf der Faser ist auch in der Färberei vereinzelt üblich, da dieses Prinzip eine einfache und rasche Färbungsart ermöglicht. Auch auf druckereitechnischem Gebiet liegt der Vorteil der Pigmentfarbstoffe in der einfachen Möglichkeit der Fixierung, welche weder ein Dämpfen noch eine Naßbehandlung des bedruckten Gewebes notwendig macht. Da die Farbstoffe auf Grund ihrer Unlöslichkeit nicht in die Faser eindringen, treten die Druckeffekte plastischer und konturenschärfer in Erscheinung als aus Farbstofflösungen heraus erzeugte Muster. Da weiterhin die Pigmentfarbstoffe eine große Deckkraft besitzen, besteht die Möglichkeit, helle Töne auf dunklen Grund (z. B. Weiß auf Schwarz) zu drucken, was mit den üblichen Farbstoffen nicht durchführbar ist.

So groß einerseits die Vorteile des Pigmentdrucks sind, so besitzt er andrerseits auch Nachteile, die seine Anwendungsmöglichkeiten wesentlich einschränken. Da der Farbstoff keine innige Verbindung mit der Faser eingeht, sondern lediglich durch das Bindemittel auf der Faser „festgeklebt" wird, ist die *Reibechtheit* der Drucke, namentlich *in nassem Zustand*, begrenzt. In dem Maß, in dem beim Gebrauch ein Abscheuern des Bindemittels eintritt, geht auch die Haftung des Farbstoffs auf der Faser zurück. Die Haftfähigkeit des Drucks ist demnach eine ausgesprochene Funktion des Bindemittels sowie der Art der Ablagerung des Bindemittels auf dem Substrat. Durch die Verwendung von Kunstharzen bzw. Polymerisaten als Bindemittel konnten die Echtheitseigenschaften der Pigmentdrucke wesentlich verbessert werden.

Ein weiterer Nachteil der Pigmentdrucke ist der, daß das Bindemittel die Geschmeidigkeit der Ware mehr oder weniger nachteilig beeinflußt, besonders dann, wenn das Bindemittel gleichzeitig die Funktion des Verdickungsmittels übernimmt und daher in höherer Konzentration angewendet werden muß. Bei den üblichen Druckmethoden wird das die Druckstellen versteifende Verdickungsmittel, wenn notwendig, entfernt, ein Weg, der im Pigmentdruck nicht ohne weiteres gangbar ist, namentlich dann, wenn das Verdickungsmittel gleichzeitig als Bindemittel fungiert oder wenn das Verdickungsmittel durch das Bindemittel ebenfalls eine Fixierung erfährt. Dieser Nachteil tritt besonders bei großflächigen Mustern (*Deckern*) auf feineren Geweben in Erscheinung und macht sich vor allen Dingen beim Filmdruck unangenehm bemerkbar, da hier große Druckfarbenmengen auf dem Gewebe abgelagert werden. Beim Rouleauxdruck wirkt sich dieser Nachteil bei Verwendung seichter Gravuren nicht in gleichem Maße nachteilig, aber doch mitunter merklich aus.

Das Hauptproblem beim Pigmentdruck ist daher neben der Echtheit des Drucks die Verwendung solcher Druckfarben, welche einen möglichst geringen Trockensubstanzgehalt besitzen, ohne dabei die Fixierung des Pigments zu beeinträchtigen. Diese Forderung ist weitgehend durch die Anwendung der „*Emulsionsverdickung*" gelöst worden, welche darauf beruht, daß man flüchtige Lösungsmittel mit Wasser in Kombination mit Kunststoffen zu Emulsionen von salbenartiger Konsistenz verarbeitet, wobei entweder das Wasser im Lösungsmittel oder umgekehrt das Lösungsmittel im Wasser emulgiert sein kann. Im ersteren Fall bildet das Lösungsmittel die äußere und im zweiten Fall das Wasser die äußere Phase („Wasser-in-Öl"- und „Öl-in-Wasser"-Emulsion). In einem solchen Fall wird die „Verdickung" bei höherer Temperatur durch Verdampfen aus dem Gewebe entfernt, so daß neben dem Farbstoff praktisch nur eine geringe Bindemittelmenge sowie der Emulgator auf dem Substrat zurückbleiben.

Die Fixierung der Pigmentfarben. Die Fixierung der Pigmentfarben beruht darauf, daß man sie zusammen mit solchen Substanzen auf das Gewebe aufdruckt, welche beim Trocknen bzw. Erhitzen die Druckstellen filmartig überziehen und damit den Farbstoff an die Faser binden. Als Bindemittel können daher alle zur Filmbildung befähigten Substanzen dienen, und zwar (vgl. S. 397):

1. *Eiweißkörper*, wie Casein, Albumin und Gelatine, welche beim Trocknen bzw. Dämpfen koagulieren, sowie alkalilösliche Cellulosederivate, die in Säure koagulieren.

2. *Leinölfirnis*, welcher durch Oxydation einen unlöslichen Überzug liefert sowie Kautschuk, der entweder in Lösung oder als Dispersion Verwendung finden kann.

3. *Kunststoffe, welche in organischen Lösungsmitteln gelöst werden* und nach dem Trocknen des Drucks einen filmartigen Überzug hinterlassen. Der Kunststoff kann, um die Druckstellen nicht zu sehr zu versteifen, mit einem Weichhaltungsmittel (S. 115) kombiniert werden. Der Kunststoff ist gleichzeitig Verdickungs- und Bindemittel.

4. *Kunststoffe in Form wäßriger Dispersionen*, nach Bedarf mit Weichmachungsmitteln kombiniert. Falls die verdickende Wirkung des Kunststoffes nicht ausreicht, werden solche Verdickungsmittel zugesetzt, welche bei geringem Trockensubstanzgehalt stark verdickend wirken, wie z. B. Tragant, Tylose, Alginat usw.

5. Eine wesentliche Verbesserung der Echtheitseigenschaften der Pigmentdrucke erreicht man in der Weise, daß man den als Bindemittel dienenden Kunststoff aus löslichen Komponenten oder Vorkondensaten durch *Polykondensation* auf der Faser erzeugt, da der Kunststoff dann gebrauchsechter auf der Faser abgelagert wird. Man verwendet dazu Kombinationen aus Phenolen, Harnstoff, Melamin einerseits und Formaldehyd andrerseits. Auch die Bildung von Polymerisaten bzw. einer Mischung aus Polykondensaten und Polymerisaten kommt in Betracht.

6. Mit Rücksicht auf die Erhaltung der Geschmeidigkeit der Druckstellen verwenden die modernen Verfahren nur so viel Bindemittel, als zur Fixierung der Pigmentfarbe eben notwendig ist. Der als Bindemittel dienende Kunststoff wird meist erst auf der Faser erzeugt. Zum Verdicken wird das Prinzip der *Emulsionsverdickung* angewandt. Die Emulsionsverdickung besitzt eine salbenartige Konsistenz und ist ebenfalls befähigt, den kapillaren Kräften des Gewebes entgegenzuwirken, also ein Fließen der Drucke zu verhindern.

Zu 1. Eiweißkörper, wie Albumin, Casein, Leim und Gelatine, dienen gleichzeitig als Verdickungs- und Bindemittel, wobei zusätzlich noch ein anderes nicht eiweißartiges Verdickungsmittel beigegeben werden kann. Sie werden durch heißes Trocknen, Dämpfen oder Säurebehandlung koaguliert oder durch formaldehydhaltigen Dampf gehärtet.

Zu 2. Leinöldruckfarben oxydieren und trocknen nur langsam. Sie ergeben nur wenig waschechte Drucke und erteilen der Ware einen harten Griff.

Zu 3. Eine gewisse Anwendung als Bindemittel finden bzw. fanden *Acetylcellulose* und *Nitratcellulose* in entsprechenden organischen Lösungsmitteln gelöst.

Nach dem Drucken wird zur Fixierung lediglich getrocknet. Gedämpft wird nur, wenn Begleitfarben dies notwendig machen.

Nitratcellulosedruckfarben werden vielfach im Spritzdruck (S. 736) angewandt, wobei die Nitratcellulose meist in Estern gelöst wird und mit Weichhaltungsmitteln (S. 115) kombiniert ist. Neben Cellulosederivaten finden auch Chlorkautschuk sowie Lösungen von Polymerisaten (z. B. Polyvinylacetat) Verwendung.

Das Arbeiten mit Kunststoffen in organischen Lösungsmitteln ist insofern mit Schwierigkeiten verbunden, als ein Reinigen der Druckereieinrichtungen nicht mit wäßrigen Mitteln möglich ist, sondern mit organischen Lösungsmitteln geschehen muß; außerdem sind Schutzmaßnahmen gegen das Einatmen und gegen die Entzündung flüchtiger Lösungsmittel zu treffen.

Beim Filmdruck besteht die Gefahr, daß durch Verdunsten des Lösungsmittels eine Ausscheidung des Kunststoffes eintritt, welcher die Schablonengaze verstopft („Einsitzen" der Druckfarbe).

Zu 4. Als Kunststoffe kommen Polyacrylsäureester, Polyvinylkörper usw. in Frage, welche in wäßrigen Dispersionen angewandt werden und beim Trocknen einen das Pigment fixierenden Film hinterlassen. Das Bindemittel wird üblicherweise mit einem Verdickungsmittel kombiniert.

Nach dem Drucken wird zur Fixierung lediglich getrocknet. Die Verwendung unlöslicher Kunststoffe in der Druckfarbe erschwert grundsätzlich das Auswaschen der Mitläufer. Werden die Kunststoffe aus wasserlöslichen Vorkondensaten in einem an das Trocknen angeschlossenen Kondensationsprozeß bei höherer Temperatur erzeugt, so ist die Auswaschbarkeit erleichtert, da ja nur die Druckware und nicht der Mitläufer dem Härtungsprozeß unterliegt.

Zu 5. Beispiel für eine Druckfarbe:

150 g	Lyofix A (Trimethylol-melamin) in
390 ccm	kochendem Wasser lösen
150 g	Pigment einrühren und Suspension in
300 g	Tragant-Verdickung 60:1000 verrühren
10 ccm	Monoammoniumphosphat 10%ig zugeben
1000 g	

Als Verdickungsmittel wählt man ein solches von geringem Trockensubstanzgehalt, da das Verdickungsmittel durch Lyofix ebenfalls unauswaschbar fixiert wird.

Nach dem Drucken und Trocknen wird bei etwa 140 °C kondensiert, wobei die aus dem Monoammoniumphosphat freiwerdende Phosphorsäure als Katalysator wirkt.

Zu 6. Die unter 5. erwähnten Druckfarben besitzen immerhin noch einen erheblichen Trockensubstanzgehalt, wobei die Verdickungsmittel durch die Bindemittel meist ebenfalls eine gewisse Fixierung erfahren, so daß die Druckstellen in ihrer Geschmeidigkeit namentlich bei großflächigen Mustern nachteilig beeinflußt werden können. Um diesen Nachteil auszuschalten, verwendet man heute sogenannte *Emulsionsverdickungen*, welche man durch Emulgieren einer mit Wasser nicht mischbaren Flüssigkeit (z. B. Xylol, Benzin, Chlorbenzol) in einem wäßrigen Medium erhält („Öl-in-Wasser"-Emulsion, Abb. 205). Man kann aber auch so verfahren, daß das wäßrige Medium die innere disperse Phase und die mit Wasser nicht mischbare Flüssigkeit die äußere zusammenhängende Phase bildet („Wasser-in-Öl"-Emulsion, Abb. 206). Als Bindemittel verwendet man meist „öllösliche",

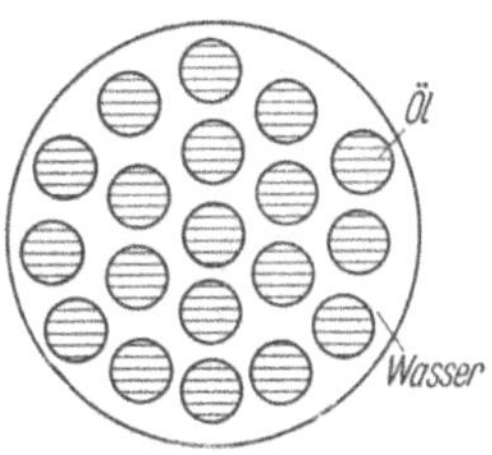

Abb. 205. „Öl-in-Wasser"-Emulsion.

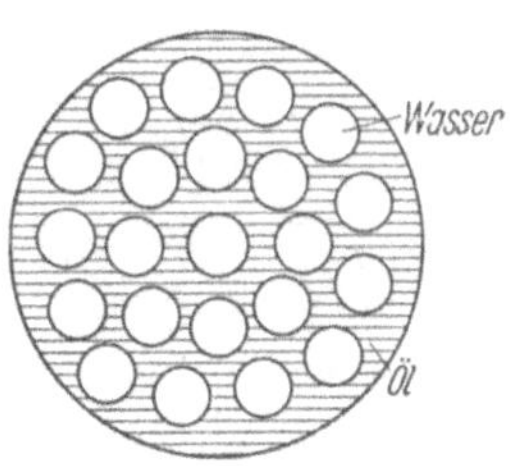

Abb. 206. „Wasser-in-Öl"-Emulsion.

d. h. in dem organischen Lösungsmittel lösliche Kunstharzvorkondensate bzw. Monomere und Oligomere, die bei einer angeschlossenen Kondensation bzw. Polymerisation zum Kunstharz kondensieren bzw. polymerisieren. Als Kunstharze kommen u. a. solche aus Harnstoff/Formaldehyd, Melamin/Formaldehyd, Glycecerin/Phthalsäure sowie auf der Basis von Polyurethanen in Betracht. Bedingt durch hohe Strukturviskosität besitzen die Wasser-in-Öl-Emulsionsdruckfarben eine hervorragende Druckschärfe. Beim Naß-auf-Naß-Druck zeigen sie ein sehr gutes Standvermögen, weil die Wassertröpfchen, die den Farbstoff enthalten, von einem Ölfilm umgeben sind. Dieser verhindert ein Zusammenlaufen der nacheinander aufgedruckten Farben (*G. v. Hornuff* und *G. Brechtel*).

An hierher gehörigen Verfahren seien u.a. die folgenden genannt: *Acramin-, Helizarin-, Imperon-, Oremasin-, Mikrofix-, Printofix-, Citol-, Aridye-, Aquabond-, Aquaprint-, Sherdye-, Metrotex-Verfahren.*

Das unter 6. beschriebene Verfahren ist die heute meist angewandte Methode. Die anderen Methoden haben nur noch eine ganz begrenzte Bedeutung.

Die mit dem Kunstharzvorkondensat hergestellten Druckfarben sind monatelang haltbar, wenn sich das Vorkondensat in der Ölphase und der Katalysator in der wäßrigen Phase befindet.

Wenn Wasser die äußere zusammenhängende Phase bildet („Öl-in Wasser"-Emulsion), dann lassen sich solche Druckfarben mit Wasser weitgehend verdünnen, ohne daß eine Entmischung eintritt. Im umgekehrten Fall („Wasser-in-Öl"-Emulsion) ist dies nicht möglich, so daß die Druckereieinrichtungen (Druckwalzen, Chassis usw.) nicht mit Wasser, sondern mit entsprechenden organischen Lösungsmitteln von der Druckfarbe gereinigt werden müssen.

Grundsätzlich ist die Verwendung von Lösungsmitteln im Hinblick auf die Atmung und eine eventuelle Feuergefährlichkeit als Nachteil dieser Verfahren zu werten. Es ist daher namentlich bei hohen Druckgeschwindigkeiten für einen guten Abzug der Dämpfe mit Hilfe eines Ventilators zu sorgen.

Im Filmdruck kann die vorzeitige Bildung der Kunstharze ein „Einsitzen" der Druckfarben in die Schablonengaze bewirken, wodurch die Reinigung der Schablonen erschwert ist.

Zu bemerken ist, daß in der chemischen Reinigung je nach der Art des verwendeten Lösungsmittels unter Umständen ein Ablösen des Bindemittels und damit auch des Farbstoffs eintreten kann.

Das auf der Basis von Polyurethanen als Bindemittel beruhende *Acramin-Verfahren* arbeitet z.B. in der Weise, daß die Druckfarbe in der Emulsionsverdickung (Acrapon A = 70%ige Benzin/Wasser-Emulsion) den Farbstoff, den Binder (Acramin SLN) sowie einen Säurespender enthält. Der letztere gibt oberhalb von 100 °C Säure frei, welche die Selbstvernetzung des Binders beschleunigt. Als Säurespender dienen Ammonchlorid oder Ammonnitrat sowie vorzugsweise Diammonphosphat. Die Fixierung erhält man durch trockene Wärme bei 125–160 °C während 2–10 min.

l) Die Phthalocyaninfarbstoffe

Die wichtigsten Vertreter der Phthalocyaninfarbstoffe sind die *Phtalogenfarbstoffe* (S. 501). Diese werden entweder aus *monomeren metallfreien Amino-imino-isoindoleninen* oder aus *Schwermetallpolyisoindoleninen* auf der Faser entwickelt. Mit geeigneten Basen lassen sie sich reservieren. Die erzielbaren Töne reichen von Grün, Türkis über Blau und Marineblau bis Schwarzblau.

Direktdruck. Die Phthalogene werden mit den vorgeschriebenen Lösungsmitteln (Levasole) gut angeteigt und in die Verdickung eingerührt (übliche Verdikkungsmittel).

Als Beispiel für eine Druckfarbe sei die folgende erwähnt:

50 g	Phtalogenfarbstoff (M-Marke = metallhaltig)
140 g	Levasol
10 g	Ammoniak (25%)
200 g	Wasser
600 g	Stärke/Tragant-Verdickung
1000 g	

Im Falle der Verwendung eines metallfreien Phtalogens wird außerdem eine Schwermetall-Komplex-Verbindung (Cu, Ni) zugesetzt (Phtalogen K).

Nach dem Drucken und Trocknen wird entwickelt, und zwar im Falle der metallhaltigen Polyisoindolenine entweder durch neutrales oder saures Dämpfen oder durch Kondensation bei 130–140 °C und im Falle der metallfreien Verbindungen auf dem Trockenzylinder oder durch Dämpfen. Nach der Entwicklung wird zur Entfernung der überschüssigen Metallverbindung auf der Breitwaschmaschine gesäuert, dann gespült und kochend geseift.

Die Haltbarkeit der Druckfarben ist auf Grund hydrolytischer Erscheinungen (S. 501) beschränkt.

Reservedruck. Mit Aminen reagieren die Phthalogene unter Bildung von substituierten Produkten, die nicht mehr oder nur sehr schwer polykondensieren:

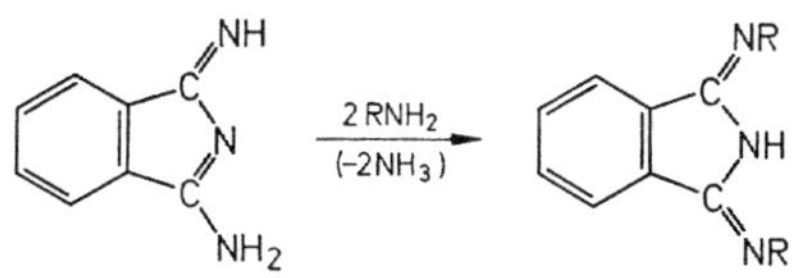

(Vorsicht beim Druck neben Anilinschwarz!)

Arbeitsweise: Man druckt die Reserve (Phtalotrop B)auf, trocknet, klotzt mit einer Phtalogenfarbstofflösung, trocknet wieder und dämpft bzw. entwickelt durch Erhitzen.

Eine Reservierung gelingt auch durch Aufdruck von Zinksalzen (Zinksulfat, Zinkacetat).

Die Phthalogenfarbstoffe lassen sich neben einer ganzen Reihe von anderen Farbstoffgruppen drucken. Beim Druck neben Küpenfarbstoffen stört die beim Dämpfen auftretende Formaldehydentwicklung (Rongalit C) dadurch, daß hierbei *Schiffsche Basen* entstehen, welche zur Farbstoffbildung nicht mehr befähigt sind:

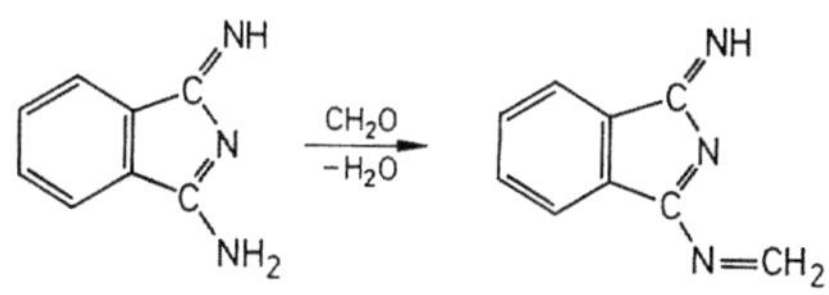

Man umgeht diese Schwierigkeit in der Weise, daß man entweder nach dem *Zwei-Phasen-Druckverfahren* (S. 682) arbeitet, wobei die Phtalogene vor dem Klotzen mit der Reduktionsflotte entwickelt werden oder nach dem *Rongalit C-Pottasche-Verfahren* (S. 680) in der Weise, daß man die Zylindertrocknung nach dem Druck bis zur Phthalocyaninbildung treibt und den Küpenfarbstoff anschließend durch Dämpfen entwickelt.

(Der Umstand der Bildung Schiffscher Basen ist auch bei der Buntreserve mit Küpenfarbstoffen zu beachten. Auch hier muß speziell verfahren werden.)

In der Reihe der Phthalocyaninfarbstoffe spielen neben den *Phthalogenen* einige *wasserlösliche* Vertreter eine Rolle, so der kationische Farbstoff Bafixantürkis BL, Rapidamintürkis B, sowie die Alcianfarbstoffe (S. 499). Die zunächst wasserlöslichen Farbstoffe werden nach dem Aufdruck durch thermische Prozesse zum Teil unlöslich fixiert.

Bei den Inthionfarbstoffen (S. 499) handelt es sich um Buntesalze auf Phthalocyaninbasis, deren Polykondensation durch Natriumsulfid ausgelöst wird.

m) Die Begleitfarben

Häufig besteht das Bedürfnis, bei einem Mehrfarbendruck neben einer bestimmten Farbstoffklasse Farben aus anderen Klassen als Begleitfarben zu drucken. Diese Notwendigkeit ist z.B. gegeben, wenn in einem Farbensortiment nicht alle für das betreffende Dessin notwendigen Farbnuancen enthalten sind. So fehlen z.B. bei den Indigosolen die lebhaften Rottöne. Man wählt solche Begleitfarben, welche in gleichartiger oder ähnlicher Weise nebeneinander oder nacheinander fixierbar sind, damit das Druckverfahren als solches nicht unrentabel wird. So lassen sich z.B. Indigosole mit Naphtol AS-Farben, Rapidogenen oder Rapidechtfarbstoffen als Begleitfarben kombinieren. Als Begleitfarben für Naphtol-AS-Farben kommen z.B. Küpenfarbstoffe, Anilinschwarz und Indigosole in Betracht.

n) Druck mit Farbstoffmischungen

Es besteht die Möglichkeit, in ein und derselben Druckfarbe Farbstoffe verschiedener Klassenzugehörigkeit unterzubringen. Ein solcher Fall ist z.B. gegeben bei der Herstellung bestimmter Mischtöne, z.B. von Grünnuancen aus Indigosolen und Rapidechtfarben bzw. Rapidogenen. Voraussetzung für eine Vermischung ist, daß die beiden Farbstoffe sich gegenseitig nicht beeinflussen und in einfacher Art nebeneinander oder nacheinander fixierbar sind. Als Beispiel sei die nachfolgende Druckvorschrift für einen Gründruck angegeben:

15 g	Indigosol 04B in
20 g	Glyezin A und
145 g	Wasser lösen, in
500 g	neutrale Stärke/Tragant-Verdickung einrühren und
80 g	neutrale Chromatlösung zugeben. Anschließend vermischen mit einer Lösung von
40 g	Rapidogengelb G in
20 g	Natronlauge 32,5%ig
30 g	Spiritus und
150 g	Wasser
1000 g	

Nach dem Drucken und Trocknen 5 Min. im Essigsäure-Ameisensäure-Dampf dämpfen und anschließend durch ein 60–70 °C heißes Bad mit 20 cm³ Schwefelsäure 96%ig pro Liter passieren, spülen und kochend seifen.

Auch für die Herstellung von Konversionseffekten spielen solche Mischungen (z.B. Indigosole und Küpenfarben) eine Rolle.

2. Das Bedrucken von Leinen und Halbleinen sowie von Jute und Kokos

Die Druckverfahren für *Leinen* und *Halbleinen* lehnen sich eng an die für Baumwolle beschriebenen Methoden an. Wegen der Härte der Leinenfaser ist eine reibechte Fixierung der Farbstoffe häufig mit gewissen Schwierigkeiten verbunden, welchen durch Auswahl von solchen Druckverfahren, die einen längeren Dämpfprozeß erfordern, begegnet werden kann. Wesentlich für eine einwandfreie Fixierung ist auch eine gute Vorreinigung des Fasermaterials.

Jute- und *Kokosgewebe* werden meist für billige Wandbespannstoffe, Läufer und Matten verwendet, d.h. für Artikel, an deren Echtheiten keine allzugroßen Anforderungen gestellt werden. Die Farbstoffe sollen also billig und vor allen Dingen lebhaft sein, da wenig lebhafte Farbtöne auf dem dunklen naturfarbigen Grund nicht zur Geltung kommen. Man verwendet daher vielfach kationische und saure Farbstoffe, welche zu diesen Fasern auf Grund deren Fremdstoffgehalts eine gute Affinität besitzen, so daß kationische Farbstoffe sogar ohne Tanninbeize gedruckt werden können.

3. Das Bedrucken der regenerierten Cellulosefasern (Reyon und Zellwolle)

Dem Drucken geht zunächst eine gründliche Vorreinigung voraus, um eine gute und gleichmäßige Aufnahme der Druckfarbstoffe zu gewährleisten. Sowohl bei der Vorbehandlung als auch beim Druck selbst und den entsprechenden Nachbehandlungsprozessen ist auf die Empfindlichkeit dieser Fasern gegenüber mechanischen Beanspruchungen in nassem Zustand Rücksicht zu nehmen. Starkes Ziehen und Quetschen ist daher zu vermeiden. Die für die Nachbehandlung der Baumwollgewebe üblichen Breitwaschmaschinen (S. 741) beanspruchen Reyon- und Zellwollgewebe zu stark, so daß entweder auf der Haspelkufe oder auf speziellen Maschinenaggregaten gearbeitet werden muß.

Beim Trocknen ist darauf zu achten, daß die Gewebe, namentlich bei feinfädiger Kunstseide, nicht zu sehr ausgetrocknet werden, da die Druckstellen sonst brüchig und spröde werden, was durch Verwendung harter Verdickungsmittel noch verstärkt wird. Vorteilhaft verwendet man daher keine Gummisorten und setzt in solchen Fällen der Druckfarbe hygroskopische Substanzen zu, welche dem Fasermaterial auch nach dem Trocknen eine gewisse Geschmeidigkeit belassen.

Vielfach beobachtet man namentlich bei grobfädiger Kunstseide auf Grund ihres glasigen Charakters eine im Vergleich zur Baumwolle geringere Affinität der Farbstoffe zur Faser, so daß die Druckfarbe während des kurzen Druckprozesses zunächst nur zwischen die einzelnen Fasern und nicht in die Fasern selbst eindringt. In solchen Fällen ist der Zusatz eines geeigneten Netzmittels zur Druckfarbe empfehlenswert.

Im großen und ganzen lehnen sich die Druckmethoden an die für Baumwolle beschriebenen Verfahren an. Zu beachten ist jeweils hinsichtlich der Zusammensetzung der Druckfarbe, daß die regenerierte Cellulose gegen Alkalien und Säuren empfindlicher als die Baumwolle ist. Stark alkalische Druckfarben sind daher zu vermeiden. Ebenso ist wegen der Gefahr der Säureschädigung von der Verwendung von Anilinschwarz abzusehen und dafür besser das Diphenylschwarz zu wählen (S. 701).

Es ist zu bemerken, *daß rongalithaltige Ätzfarben eine Faserschwächung auslösen können*, wenn eine mit der Ätzfarbe bedruckte Ware vor oder nach dem Dämpfen in feuchtem Zustand längere Zeit liegenbleibt, namentlich wenn zudem katalytisch wirkende Metallionen, wie solche von Eisen und Kupfer, zugegen sind (*Schönberger*). Durch Zusatz von Antoxydantien (aromatische Hydroxyverbindungen wie Sustinol FS, Polyhydroxy- bzw. Polyamino-Verbindungen) läßt sich eine Schädigung verhindern oder weitgehend zurückdrängen.

Es läßt sich nachweisen, daß die Schädigung in alkalischem Medium *oxydativer* Natur ist, während bei neutralem Ätzen die oxydative Schädigung von einer solchen hydrolytischer Art (Natriumhydrogensulfat) begleitet ist.

Die oxydative Schädigung wird durch ein aus Sulfoxylat und Luftsauerstoff sich bildendes Peroxid ausgelöst (*H. Rath* und *J. Rau*):

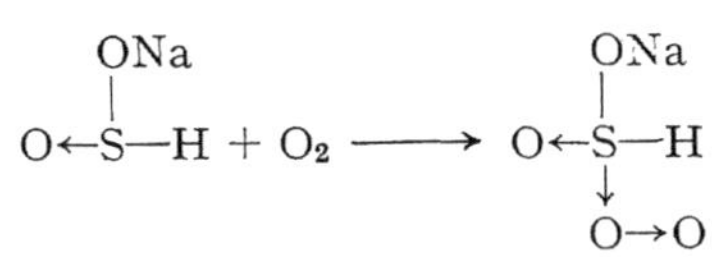

Dieses Peroxid bzw. daraus abgespaltenes Wasserstoffperoxid wirkt oxydierend einerseits auf Cellulose und andererseits auf noch nicht umgesetztes Sulfoxylat unter Erzeugung von Natriumhydrogensulfat.

Unter diesen Umständen bietet Natriumsulfit bei neutralen Ätzen einen guten Schutz gegen Ätzschäden, da es sowohl gegenüber Oxydation als auch gegenüber Säuren puffernd wirkt.

Säurefarbstoffe können auf Viscosegeweben durch Zugabe von Harnstoff zur Druckfarbe fixiert werden. Der Vorteil dieses Verfahrens liegt darin, daß auf diese Weise auf Cellulosefasern noch lebhaftere Drucke hergestellt werden können, als dies mit Hilfe der kationischen Farbstoffe möglich ist. Der Farbstoff wird durch einstündiges Dämpfen oder bei Zusatz hydrotroper Substanzen zur Druckfarbe durch kürzeres Dämpfen fixiert. Die Zahl der in Betracht kommenden Säurefarbstoffe ist verhältnismäßig beschränkt.

Beim Bedrucken von Mischgespinsten bzw. Mischgeweben aus Baumwolle bzw. anderen nativen Cellulosefasern einerseits und Reyon bzw. Zellwolle andererseits bedient man sich der für Baumwolle üblichen Druckmethoden, wobei aber hinsichtlich der Verfahrensausübung der Empfindlichkeit der Kunstseiden und Zellwollen gegenüber mechanischer und chemischer Beanspruchung Rechnung zu traten ist.

4. Das Bedrucken der Acetatfasern

a) Normalacetat

Für das Bedrucken der Acetatfaser kommen die auch für das Färben gebräuchlichen speziellen Acetatfarbstoffe, in erster Linie die wasserunlöslichen dispergierbaren Farbstoffe, in Frage. Daneben spielen auch einige substantive und Säurefarbstoffe sowie kationische Farbstoffe eine gewisse Rolle (s. S. 591).

Zur Erzeugung echter Drucke können namentlich Küpenfarbstoffe sowie Indigosole Verwendung finden. Grundsätzlich ist der starken Alkaliempfindlichkeit der Acetatfaser Rechnung zu tragen.

Dispersionsfarbstoffe (Cellitonfarbstoffe, Cibacet-, Setaceyl-, Artisil-, Vonteryl-, Setil-, Dispersol-, Acele-, Acetoquinone-Farbstoffe u.a.). Die Farbstoffe werden in feindisperser Form der Druckfarbe beigegeben und durch Dämpfen fixiert. Das Dämpfen kann entweder im Schnelldämpfer oder im geschlossenen Dämpfer unter Druck erfolgen. Im letzteren Fall scheiden eine Anzahl Farbstoffe auf Grund ihrer Sublimierbarkeit aus.

Nach dem Drucken und Trocknen wird durch Dämpfen fixiert und gewaschen. Beim Filmdruck beobachtet man bisweilen eine mangelhafte Fixierung der unlöslichen Farbstoffe. Diese kann durch Zugabe von Farbstofflösemitteln und Faserquellmitteln verbessert werden.

In ähnlicher Weise wie die Dispersionsfarbstoffe werden auch die löslichen Solacetfarbstoffe sowie die kationischen Farbstoffe (z.B. Astrazonfarbstoffe) gedruckt, welch letztere einen Zusatz eines Faserquellmittels, z.B. Celloxan, zur Druckfarbe und gegebenenfalls eine Nachbehandlung mit Katanol erfordern.

Procinylfarbstoffe sind reaktive Dispersionsfarbstoffe, welche *unter Zusatz von Harnstoff* wie Dispersionsfarbstoffe gedruckt werden und gute Echtheitseigenschaften liefern. (Auch die Fixierung von bestimmten *anionischen* sowie *1:2-Metallkomplex-Farbstoffen* unter Anwendung von Quellmitteln hat eine gewisse Bedeutung erlangt.)

Küpenfarbstoffe. Küpenfarbstoffe können zum Teil ebenfalls auf Acetatfasern nach dem Rongalit C-Pottasche-Verfahren (S. 680) gedruckt werden. Eine dabei eintretende geringe lokale Verseifung ist ohne wesentlichen Einfluß auf die Faserqualität; die Verseifung wird durch das vorhandene Verdickungsmittel weitgehend gedrosselt. Zweckmäßig arbeitet man nach dem *Küpensäure-Verfahren*, wobei eine

Verseifung der Faser umgangen werden kann, da die Küpensäuren sich in der Acetylcellulose lösen. Als Reduktionsmittel verwendet man dabei vorteilhaft Formamidinsulfinsäure (*Manofast*-Verfahren). Das *Rongalit-H-Verfahren* liefert zusammen mit Triäthanolamin in der Druckfarbe gleichwertige Resultate.

Indigosolfarbstoffe. Indigosolfarbstoffe sind für den Acetatdruckartikel ohne große Bedeutung; sie können nach dem Nitrit- oder dem Bichromatverfahren gedruckt werden, wobei aber im Interesse der Erzielung guter Echtheitseigenschaften ein Dämpfen vor der Naßentwicklung zu empfehlen und die Entwicklung hinsichtlich Temperatur und Dauer im Vergleich zu Baumwolle intensiver zu gestalten ist.

Pigmentfarbstoffe. Recht vorteilhaft lassen sich Pigmentfarben (Orema-, Aridye-) auf Acetatgewebe drucken (S. 704ff.).

Beim *Ätzen* von Acetatfärbungen bedient man sich reduktiver Methoden, verwendet aber an Stelle von Rongalit C die entsprechenden *Zinkverbindungen* (*Decrolin* löslich), S. 789. Ein besonderes Sortiment ätzbarer Acetatfarbstoffe sind die *Cellitonätzfarbstoffe*.

Das Ätzen der Acetatfarbstoffe stößt mitunter auf beträchtliche Schwierigkeiten, da der Farbstoff auf Grund seines Lösungszustandes von der Fasersubstanz umhüllt ist, das Ätzmittel daher nur sehr schwer an den Farbstoff herankommt. Durch Zugabe von Quellmitteln und Reduktionskatalysatoren zur Druckfarbe wird das Ätzen erleichtert.

Als *Buntätzfarbstoffe* kommen ätzbeständige kationische Farbstoffe, Beizen-, Dispersions-, Indigosol- sowie Küpenfarbstoffe in Betracht, wobei aber im letzteren Fall ein Teil des Decrolins durch Rongalit C ersetzt werden muß. Vorteilhaft arbeitat man mit *Formamidinsulfinsäure*, welche eine gute Ätzwirkung besitzt und gleichzeitig Küpen-Buntätzfarbstoffe fixiert. Letztere ziehen in Form der Küpensäure auf die Faser auf. Preislich günstiger ist das Arbeiten mit *Rongalit H* (Ca-Formaldehyd-sulfoxylat), welches zusammen mit Triäthanolamin und einem Quellmittel sehr gute Ätzeffekte liefert.

Da die Acetatfarbstoffe in der Acetylcellulose gelöst sind, lassen sie sich mit Tierkohle adsorptiv entfernen. Dieses Prinzip läßt sich zum Ätzen verwenden, indem man eine verdickte Tierkohledispersion aufdruckt, trocknet, dämpft und auswäscht, wonach die bedruckten Stellen weiß erscheinen.

Falls nach einem *Reserveverfahren* gearbeitet werden soll, bedient man sich der Indigosole oder der Oxydationsfarbstoffe (Diphenylschwarz, Paraminbraun).

b) Triacetat

Die gebräuchlichsten Farbstoffe zum Bedrucken von Triacetatgeweben sind die *Dispersionsfarbstoffe*, die zu ihrer Fixierung entweder die Mitverwendung von Carriern oder eine Erhitzung der bedruckten Ware auf über 205 °C während einiger Sekunden benötigen. Bei dieser Temperatur diffundieren die Farbstoffe rasch in die Faser hinein. Die Farbstoffe müssen daher hinsichtlich ihrer Sublimierechtheit sorgfältig ausgewählt werden. Die Bedingungen der Hitzebehandlung entsprechen denjenigen, wie sie auch für die Fixierung der Triacetatgewebe im Hinblick auf eine gute Knitterfestigkeit und Dimensionsstabilität angewandt werden.

Mit geeigneten Carriern (Alkylphenole) lassen sich auch *Indigosole* nach dem Nitrit-Schwefelsäure-Verfahren gut fixieren (*P. Diserens*). Ausgesuchte 1:2-Metallkomplexfarbstoffe sowie Säurefarbstoffe lassen sich unter Verwendung einer Mischung von Thioharnstoff/Benzoesäure/Resorcin in der Druckfarbe (Irgatrilverfahren) fixieren.

Für das Bedrucken von *Mischgespinsten* bzw. *Mischgeweben* aus Acetatfasern und Cellulosefasern (Unidruck) verwendet man entweder solche Farbstoffe, welche beide Fasertypen tongleich decken (Küpen-, Beizen-, Rapidogenfarbstoffe, kationische Farbstoffe und Diphenylschwarz). Man kann aber auch Farbstoffmischungen verwenden, deren eine Komponente nur die Acetatfaser und deren andere nur die Cellulosefaser anfärbt. Im letzteren Fall besteht die Möglichkeit, die eine Faser weiß zu lassen oder beide Fasern in verschiedenen Farbtönen anzufärben. Bei der Anwendung von Indigosolen hängt es von der Ausführung des Verfahrens ab, ob der Farbstoff nur auf einer der beiden Komponenten oder auf beiden Fasern tongleich fixiert wird.

Vorteilhaft verwendet man die *Remaron-Druckfarbstoffe*, eine Mischung von Reaktiv- (Remazol-) mit Dispersions- (Samaron-) Farbstoffen.

B. Das Bedrucken der Proteinfasern

1. Das Bedrucken der Wolle

Vorbehandlung. Der Wolldruck erfordert ebenfalls eine gründliche Warenvorbereitung. Die Art der Vorbereitung gleicht derjenigen von stückfarbigen Kammgarnartikeln, welche vor dem Färben eine Vorappretur erfahren, um sie gegenüber den Einwirkungen des Färbeprozesses unempfindlicher zu machen (S. 300). Bei Druckartikeln kommt noch eine spezielle Behandlung hinzu, welche die Aufnahmefähigkeit der Wollfaser für Farbstoffe erhöhen soll, da ohne eine solche Behandlung bei der kurzen Dauer des eigentlichen Druckvorgangs der Farbstoff nur unzureichend aufgenommen wird. Eine solche Veränderung wird durch *Chloren* (S. 295 f.) in sauren Hypochloritbädern erreicht.

Die Gewebe werden daher zunächst zur Entfernung abstehender Faserenden gesengt oder geschoren und anschließend üblicherweise auf dem Brennbock fixiert. Auf das Fixieren folgt ein gründliches Entschlichten mit angeschlossenem Waschen. Da Wolle eine mehr oder weniger starke Eigenfarbe besitzt, ist es notwendig, die Gewebe zu bleichen, was nach den üblichen für Wolle beschriebenen Bleichmethoden geschehen kann.

Das Chloren kann entweder vor oder nach der Bleiche erfolgen. Die Ware wird zu diesem Zweck kontinuierlich durch saure Chlorbäder genommen. Falls durch das Chloren eine gewisse Gelbfärbung verursacht wird, wird eine solche durch eine Behandlung mit Hydrogensulfit, Thiosulfat oder Blankit beseitigt. Das Chloren kann auch mit Aktivin (S. 52) oder mit Basolan DC (S. 296) geschehen. Nach dem Chloren und Trocknen ist die Ware druckfertig, falls sich nicht ein Bleichprozeß anschließen soll.

Druckverfahren. Umfangmäßig steht der Wolldruck hinter dem Druck der Cellulosefasern weit zurück. Dies rührt daher, daß Wolle vorwiegend auf Tuche sowie Strick- und Wirkwaren, welche selten bedruckt werden, verarbeitet wird. An die Stelle des früher beliebten bedruckten Wollmusselins sind heute zum großen Teil Artikel aus Synthesefasern und Zellwolle getreten. Für die Herstellung melangierter Garne wird vielfach der Wollkammzug bedruckt (S. 738).

Meist verwendet man für den Wolldruck die auch in der Wollfärberei üblichen Farbstoffe, so vor allen Dingen die Säurefarbstoffe und für dunkle Töne die Chromkomplexfarbstoffe. Vereinzelt finden für höhere Echtheitsanforderungen Chromierungsfarbstoffe oder Beizenfarbstoffe Verwendung. Auch substantive und kationische Farbstoffe sowie Indigosole und Reaktivfarbstoffe werden herangezogen. Bei Anwendung von Küpenfarbstoffen läßt sich eine nachteilige Beeinflussung der Wollfaser nicht vermeiden, so daß sie praktisch für den Wolldruck nicht in Frage kommen.

a) Die anionischen Farbstoffe (Säurefarbstoffe)

Direktdruck. Wie in der Färberei, so werden die Säurefarbstoffe auch in der Druckerei unter Verwendung von Säure fixiert. Von starker Säure (Schwefelsäure) wird meist abgesehen, da diese Mitläufer und Rakel angreift. Schwache Säuren begünstigen gleichzeitig die Erzielung gleichmäßiger Drucke. In Betracht kommen Essigsäure, Ameisensäure, Glykolsäure usw. Bei Egalisierungsschwierigkeiten verwendet man vorteilhaft Ammoniumacetat oder andere Ammoniumsalze, was namentlich bei „Deckern" (S. 671 f.) zu empfehlen ist.

Um den Griff der Wolle nicht zu gefährden, verwendet man möglichst leicht auswaschbare Verdickungsmittel, wie Tragant, Britisch-Gummi, Gummi arabicum oder Tylose. Um die Löslichkeit des Farbstoffes in der Druckfarbe zu begünstigen, werden der Druckfarbe entsprechende Farbstofflösemittel (S. 781 ff.) zugesetzt.

Die Säurefarbstoffe benötigen zu ihrer Fixierung ein längeres Dämpfen (1 Std.) mit gesättigtem Dampf, damit die Faser längere Zeit in einem für die Farbstoffaufnahme günstigen Quellzustand gehalten wird. Vorteilhaft wird die Ware vor dem Dämpfen in geeigneter Weise angefeuchtet. Man setzt weiterhin der Druckfarbe hygroskopische Substanzen zu, welche einerseits ein völliges Austrocknen des Drucks in der Trockenmansarde verhindern und zum andern die Feuchtigkeit des Dampfes schnell auf die Faser übertragen. Falls bei Azofarbstoffen die Gefahr der Reduktion des Farbstoffes in der Dampfatmosphäre durch die reduzierende Wirkung der Wolle besteht, beugt man einer solchen durch Zugabe von Natriumchlorat vor. Im Interesse einer guten Farbstoffausbeute und der Erzielung gut reibechter Drucke hat sich ein Harnstoffzusatz zur Druckfarbe mitunter als vorteilhaft erwiesen.

Druckfarbe:

60 g	Farbstoff mit
50 g	Glycerin
50 g	Glyezin A und
260 g	Wasser kochend lösen und in
500 g	Britisch-Gummi/Tragant-Verdickung und
30 g	Ammoniumoxalat einrühren. Nach dem Abkühlen
50 g	Essigsäure 50%ig zugeben
1000 g	

Nach dem Drucken, Trocknen und Anfeuchten 1 Std. mit Sattdampf bei 100 °C dämpfen und anschließend waschen.

Ätzdruck. Für das Ätzen wird die Rongalitätze angewandt. Das Ätzen geht meist leichter vonstatten, wenn gechlorte Wolle vorliegt. Dies hängt vermutlich damit zusammen, daß durch das Chloren die Oberfläche der Wolle eine Veränderung erfährt, welche sich in einer erhöhten Quellbarkeit auswirkt, so daß das Ätzmittel leichter in die Faser eindringen kann. Falls beim Färben gechlorter Wolle Egalisierungsschwierigkeiten zu befürchten sind, kann auch nach dem Färben gechlort werden.

Die Rongalitätze ist für die Wollfaser nicht besonders zuträglich, da durch sie eine irreversible Aufspaltung der Disulfidbrücken eintritt (S. 256). Gewisse Zusätze, wie Monochloressigsäure, lösliche Eiweißabbauprodukte, Harnstoff, Thioharnstoff, verringern die schädigende Wirkung. Macht man die Wolle vor dem Druck durch Einbau von Querverbindungen stabil, so bleibt ein Faserangriff aus (*Elöd* und *Zahn*), S. 268.

Da die Ätzstellen meist nicht rein weiß erscheinen, setzt man der Druckfarbe weiße Pigmente zu, welche man durch Zugabe von Albumin fixiert oder hellt den Fond durch optische Aufhellungsmittel auf (S. 797).

Druckfarbe:

200 g	Rongalit C
160 g	Wasser
250 g	Britisch-Gummi-Verdickung 1:1
150 g	Zinkoxid 1:1
100 g	Titandioxid 1:1
60 g	Albumin 1:1
80 g	Glycerin
1000 g	

Nach dem Drucken und Trocknen 3–5 min im Schnelldämpfer mit gesättigtem Dampf von 100 °C dämpfen und spülen.

Als *Buntätzfarbstoffe* finden, soweit sie rongalitbeständig sind, sowohl Säurefarbstoffe als auch kationische, substantive, Chromierungs- und Beizenfarbstoffe Verwendung.

b) Die Metallkomplexfarbstoffe

Im Gegensatz zu der Handhabung in der Färberei werden die 1:1-Chromkomplexfarbstoffe unter Zusatz *schwacher* Säuren gedruckt, ohne Unegalitäten befürchten zu müssen. (Zur Steigerung der Fixierung setzt man der Druckfarbe ein Chromsalz, meist Chromacetat, zu). Die Fixierung wird ebenfalls durch einstündiges Dämpfen bewirkt. Das Ätzen wird in der für Säurefarbstoffe üblichen Weise vorgenommen. 1:2-Metallkomplexfarbstoffe werden ohne Säure durch Dämpfen fixiert.

c) Die Chromierungs- und Beizenfarbstoffe

In ähnlicher Weise wie die Chromkomplexfarbstoffe werden die Chromierungs- und Beizenfarbstoffe fixiert. Die Druckfarbe hat z. B. folgende Zusammensetzung:

50 g	Farbstoff
30 g	Glycerin
450 g	Wasser
300 g	Britisch-Gummi
70 g	Essigsäure 50%ig
100 g	Chromacetat 20 °Bé
1000 g	

Nach dem Drucken und Trocknen 1 Std. dämpfen und spülen. Die Dämpfdauer läßt sich wesentlich abkürzen, wenn man der Druckfarbe größere Mengen Ammoniumoxalat oder Ammoniumtartrat zusetzt. Auch Harnstoffzusatz wirkt sich, abgesehen von der Erhöhung der Reibechtheit und Farbstoffausnutzung, in dieser Richtung aus. Der Fixierer WDHL, welcher für den Wolldruck mit Chromfarbstoffen empfohlen wird, ist eine Mischung aus Ammoniumoxalat, Harnstoff und Dextrin.

Das *Ätzen* kann entsprechend der bei Säurefarbstoffen üblichen Arbeitsweise vorgenommen werden.

d) Die Reaktivfarbstoffe

Zur Erzeugung echter und brillanter Drucke eignen sich die *Woll-Reaktivfarbstoffe*.

Handelsprodukte: Remazolan-, Cibacrolan-, Lanasol-, Drimalan-, Verofixfarbstoffe.

Eine besondere Klasse sind die *Metallkomplex-Reaktivfarbstoffe* (Procilanfarbstoffe).

e) Die substantiven und kationischen (basischen) Farbstoffe

Die *substantiven Farbstoffe* werden im Wolldruck selten angewandt. Sie besitzen wohl bessere Naßechtheitseigenschaften als die Saurefarbstoffe, sind aber nicht so lebhaft wie diese und egalisieren schlechter. Im Prinzip werden sie nach dem für Baumwolle üblichen Verfahren gedruckt. Bei im Dampf leicht reduzierbaren Azofarbstoffen setzt man zweckmäßig Natriumchlorat der Druckfarbe zu.

Ebenso sind die kationischen (*basischen*) *Farbstoffe* trotz ihrer Lebhaftigkeit ohne große Bedeutung, da sie nur mäßige Echtheitseigenschaften besitzen. Man druckt sie in schwach saurem Medium mit oder ohne Tannin und behandelt den fertigen Druck zweckmäßig mit Brechweinstein oder Katanol nach. Die Verwendung von Beizen ist von Vorteil, um ein Ausbluten im Spülbad zu verhindern.

f) Phthalocyanine

Lebhafte Blau-, Türkis- und Grüntöne werden mit Inthionfarbstoffen (Phthalocyaninbasis) erzielt.

g) Die Leukoküpenesterfarbstoffe (Indigosole)

Indigosole lassen sich ohne Gefahr für die Wollfaser verwenden. Das gebräuchlichste Fixierverfahren ist das Natriumchloratverfahren. Man arbeitet beispielsweise mit folgender Druckfarbe:

60 g	Farbstoff
30 g	Glyezin A
205 g	Wasser
500 g	Britisch-Gummi-Verdickung
75 g	Natriumchlorat 1:2
30 g	Solentwickler D (Diäthyltartrat)
100 g	Ammoniumvanadat 1:1000
1000 g	

Nach dem Drucken und Trocknen wird durch Dämpfen entwickelt und gespült.

h) Die Entwicklungsfarbstoffe

Die Verwendung der Entwicklungsfarbstoffe (Naphtol AS-Kombinationen) stößt wegen des benötigten Alkalis auf Schwierigkeiten. Dagegen lassen sich die Neocotone ohne stärkere Fasergefährdung auf Wolle drucken, da die Entwicklung ohne Verwendung eines ätzalkalischen Bades vorgenommen werden kann. Man druckt den Farbstoff zusammen mit Trinatriumphosphat auf und entwickelt durch einstündiges Dämpfen mit gesättigtem Dampf. Die Neocotone sind inzwischen aus dem Handel gezogen (S. 439). Auch wasserlösliche Naphthole in Form der Glucoside oder Schwefelsäureester sind geeignet (*H. Rath* und *E. Feess*) S. 427.

2. Das Bedrucken der Naturseide

Im Gegensatz zur Wolle ist das Bedrucken der Naturseide etwas vielgestaltiger, da diese auf Grund ihrer besseren Alkalibeständigkeit unter gewissen Vorsichtsmaßnahmen auch mit Küpenfarbstoffen sowie mit Entwicklungsfarbstoffen (Naphtol AS-Kombinationen) bedruckt werden kann. Da seidene Gewebe als Luxusartikel meist weniger beim Tragen beansprucht werden als solche aus Cellulosefasern, spielen die Wasch- und Lichtechtheit häufig eine weniger wichtige Rolle bei der Farbstoffauswahl, als vielmehr die Forderung nach lebhaften Tönen und nach einer entsprechenden modischen Musterung. Unter diesen Umständen kommt den lebhaften Säurefarbstoffen sowie den basischen (kationischen) Farbstoffen eine wichtige Bedeutung zu. Echtere Töne werden mit Chromkomplexfarbstoffen sowie mit Beizen- bzw. Chromierungsfarbstoffen gedruckt, wobei allerdings zu berücksichtigen ist, daß Chrombeizen Glanz und Geschmeidigkeit der Faser nachteilig beeinflussen. Auch substantive Farbstoffe lassen sich gut auf Seide fixieren. Für Artikel, an welche besondere Echtheitsanforderungen gestellt werden, können Indigosole sowie Küpenfarbstoffe und Naphthol AS-Kombinationen Verwendung finden.

Im Hinblick auf die Erhaltung der Geschmeidigkeit der seidenen Gewebe bedient man sich solcher Verdickungsmittel, welche leicht auswaschbar sind, so daß Stärke sowie Stärkekombinationen üblicherweise ausscheiden. In Frage kommen Britisch-Gummi, Tragant, Tylose MH 300 sowie Gummi arabicum, Kristallgummi usw.

Vorbehandlung. Meist werden die Gewebe gesengt, anschließend entbastet und wenn notwendig gebleicht. In der Regel wird die Seide in nicht erschwertem Zustande bedruckt, da erschwerte Seide beim Dämpfen eine Faserschädigung erleiden kann. Falls erschwerte Seide bedruckt wird, soll die Erschwerung 15 % ü. p. nicht übersteigen.

Druckverfahren. *Säurefarbstoffe* (anionische Farbstoffe) werden im Prinzip wie bei Wolle gedruckt und fixiert. Teilweise kann ohne Säurezusatz zur Druckfarbe gearbeitet werden. Das gleiche gilt auch für die *Chromkomplexfarben*. Auch *Beizen- und Chromierungsfarbstoffe* werden entsprechend der für Wolle üblichen Arbeitsweise angewandt. Die Fixierung der *substantiven Farbstoffe* deckt sich weitgehend mit den für Cellulosefasern und Wolle geltenden Arbeitsmethoden.

Zum *Ätzen* der genannten Farbstoffgruppen findet Rongalit C in der bei Wolle beschriebenen Weise Verwendung. Recht vorteilhaft arbeitet man beim Ätzen von Säure-Färbungen mit Rongalit H und Triäthanolamin, wobei gleichzeitig ätzbeständige Küpenfarbstoffe fixiert werden können (Buntätze).

Trotz ihrer geringen Lichtechtheit sind die kationischen (*basischen*) *Farbstoffe* im Seidendruck auf Grund ihrer lebhaften Töne beliebt. Bei Zusatz von Tannin zur Druckfarbe mit anschließendem Brechweinsteinieren erhält man gut wasserechte Drucke. An Stelle von Tannin-Brechweinstein kann auch Katanol ON in der Weise Verwendung finden, daß man nach dem Drucken katanolisiert.

Beim Drucken mit *Küpenfarbstoffen* ist darauf zu achten, daß die Alkalimenge der Druckfarbe auf ein Mindestmaß bemessen wird. In Frage kommen daher nur solche Farbstoffe, welche sich mit wenig Alkali verküpen lassen (indigoide und thioindigoide Farbstoffe). Gegebenenfalls behandelt man die Ware vor dem Bedrucken mit solchen Mitteln, welche in der Dampfatmosphäre Säure abspalten (Diäthyltartrat). Im übrigen entspricht die Arbeitsweise den bei Baumwolle angegebenen Richtlinien. Das Alkali der Druckfarbe kann, wenn notwendig, durch alkalisch reagierende Salze wie Natriumglykolat, Natriumaminosalicylat (*L. Diserens*), Natriumphenolat, Natriumnaphtholat ersetzt werden. Auch Triäthanolamin wird als Alkaliersatz empfohlen.

Indigosole können entweder nach dem Natriumchlorat-Dämpfverfahren oder nach dem Chromatverfahren fixiert werden. Das Nitritverfahren scheidet aus, da die salpetrige Säure wie bei Wolle ein Vergilben bewirkt.

Rapidecht- und Rapidogenfarbstoffe werden entsprechend der bei Baumwolle üblichen Arbeitsweise gedruckt, wobei die Alkalimengen auf ein Mindestmaß zu reduzieren sind. Für die Entwicklung kommt ausschließlich eine Dampfentwicklungsmethode in Frage.

Reaktivfarbstoffe lassen sich z. B. mit Hydrogencarbonat durch Dämpfen fixieren.

Auch *Polykondensationsfarbstoffe* auf Phthalocyaninbasis (Inthionfarbstoffe) sind für Blau- und Grüntöne verwendbar.

Reservedruck. Bei der Herstellung kunsthandwerklicher Artikel spielt der *Batikdruck* bei Seide eine besondere Rolle. Dieser besteht darin, daß man auf das Gewebe als Reserven geeignete Harz/Wachs-Kompositionen warm aufdruckt, welche anschließend unter kaltem Wasser gebrochen werden, so daß feine Risse und Sprünge in der Reserve entstehen, welche sich beim nachherigen Überfärben auf der Ware abzeichnen.

Damit beim Färben kein Schmelzen der Reserven eintritt, hat dieses kalt zu geschehen, so daß besonders Entwicklungsfarbstoffe (Naphtol AS-Kombinationen), Indigosole, Küpen- und Reaktivfarbstoffe sowie kationische Farbstoffe in Betracht kommen. Nach dem Färben wird die Reserve in heißem Wasser ausgeschmolzen, eventuelle Rückstände werden durch Extraktion mit Benzin entfernt.

Ätzdruck. Bei Verwendung ätzbarer Farbstoffe (Säure-, Metallkomplex-, Direktfarbstoffe) ist Ätzdruck möglich. Bei erschwerter Seide ist – da sich braunes Zinnsulfid bilden kann – die zusätzliche Anwendung von Zinkoxid erforderlich, welches das gebildete Zinnsulfid abdeckt.

Das *Bedrucken der künstlichen Proteinfasern* lehnt sich eng an die Methoden des Woll- und Seidendrucks an.

C. Das Bedrucken der Halbwolle und Halbseide

1. Wolle/Cellulosefasern

Da bei der Veredlung derartiger Mischtextilien auf die Alkaliempfindlichkeit der Wolle Rücksicht zu nehmen ist, lehnt sich die Vorbereitung für den Druck an die für Wollwaren übliche Arbeitsweise an (S. 714). Ein Chloren kommt nur in Frage, wenn der Wollanteil – bindungsmäßig bedingt – ganz oder überwiegend auf der Druckseite liegt oder mengenmäßig den Hauptanteil darstellt.

Die Auswahl der Farbstoffe für den Druck von Halbwollartikeln erfolgt nach den gleichen Gesichtspunkten wie beim Färben. Man druckt entweder mit solchen substantiven Farbstoffen, welche beide Fasern tongleich decken (Halbwollfarbstoffe) oder mit einer Mischung aus einem substantiven und einem neutral ziehenden Säurefarbstoff. Für echte Töne können Beizenfarbstoffe oder Reaktivfarbstoffe Verwendung finden.

Falls der Wollanteil mengenmäßig oder aber bindungsmäßig auf der Druckseite im Vordergrund steht, kann die Ware wie eine reinwollene Ware mit Säure-, Chromkomplex- oder Chromierungsfarbstoffen bedruckt werden. Im umgekehrten Fall kann man sich der Cellulosedruckverfahren bedienen, wobei aber bei Anwendung alkalischer Druckverfahren bestimmte Vorsichtsmaßnahmen gegeben sind.

Als Beispiel für eine Druckfarbe, wie sie zum Drucken von substantiven Farbstoffen (Halbwollfarbstoffen) sowie von Mischungen aus substantiven Farbstoffen und neutral ziehenden Säurefarbstoffen Verwendung findet, sei das nachstehende Rezept genannt:

50 g	Farbstoff oder Farbstoffmischung mit
590 g	Wasser
40 g	Glyezin A und
280 g	Britisch-Gummi-Pulver verkochen und nach Erkalten
40 g	Essigsäure 50%ig zufügen
1000 g	

Zur Fixierung wird nach dem Drucken und Trocknen gedämpft und anschließend gespült.

Das *Ätzen* von Halbwollfärbungen wird entsprechend den für Wollfärbungen üblichen Richtlinien vorgenommen (S. 715).

2. Wolle/Acetatfasern

Die Vorbehandlung solcher Artikel hat der Alkali- und Temperaturempfindlichkeit der Komponenten Rechnung zu tragen, so daß sich die Arbeitsweise an die für Acetatfasern einerseits und für Wolle andererseits geltenden Methoden anlehnt.

Für den Druck verwendet man Mischungen aus Dispersions- und Säurefarbstoffen, kann aber auch mit *einer* Farbstoffkomponente auskommen, falls diese beide Fasern tongleich deckt. Liegt die eine Faserkomponente einseitig auf der Druckseite der Ware, dann können entweder reine Wolldruck- oder reine Acetatdruckverfahren Verwendung finden. Vorteilhaft wendet man – wie bei Polyester-Wollmischungen – Lanestren-Farbstoffe (S. 723) an.

Das *Ätzen* wird entsprechend der bei Acetatfasern üblichen Arbeitsweise mit Decrolin lösl. vorgenommen (S. 713).

3. Halbseide

Für das Bedrucken von *Mischungen aus Seide- und Cellulosefasern* (*Halbseide*) gelten die für Halbwolle gegebenen Richtlinien, während Artikel aus *Seide und Acetatfasern* wie Mischungen aus Wolle und Acetatfasern behandelt werden.

D. Das Bedrucken der synthetischen Fasern

Grundsätzlich bereitet das Bedrucken der synthetischen Fasern auf Grund ihres *hydrophoben* Verhaltens die gleichen Schwierigkeiten wie das Färben. Auch beim Druck ist eine sorgfältige Farbstoffauswahl Voraussetzung für einen guten Druckeffekt. Weiterhin müssen die Druckbedingungen so intensiviert werden, daß die Diffusion in die Faser hinein gefördert wird, was einmal durch längeres und intensiveres Dämpfen und zum andern durch die Mitverwendung von *Carriern* in der Druckfarbe geschehen kann. Besondere Schwierigkeiten bereitet der Ätzdruck, da die üblichen wasserlöslichen Ätzmittel nur schwer in die Faser eindringen und daher den Farbstoff nur mühevoll angreifen können.

Eine bei synthetischen Fasern gerne benützte Farbstoffklasse sind die *Pigmentfarbstoffe*, da sie auf Diffusionseigenschaften der Fasser nicht anprechen, weil sie ja sowieso nur oberflächlich abgelagert werden. Besonders vorteilhaft erweist sich der Pigmentdruck naturgemäß beim Bedrucken von färberisch und druckereitechnisch unterschiedlich sich verhaltenden Materialien einer Faser-Mischung.

Wegen der hydrophoben Eigenschaften der Synthesefasern werden vielfach *körperreiche* Verdickungen angewandt, um den Farbstoff auf der Faser genügend festzuhalten.

1. Das Bedrucken von Polyacrylnitrilfasern (und Fasermischungen)

Die Vorbehandlung vor dem Drucken umfaßt das Waschen, Bleichen mit Natriumchlorit, Thermofixieren und Scheren.

An Farbstoffklassen kommen die folgenden in Betracht: Dispersions-, kationische, saure, sulfogruppenfreie Metallkomplex- und Küpenfarbstoffe. Als Verdikkungsmittel haben sich namentlich die Gummisorten, wie z. B. Kristallgummi, bewährt. Zur Fixierung der Drucke muß in der Regel unter Druck (0,5–1 atü) gedämpft werden.

Dispersionsfarbstoffe. Bei der Auswahl ist auf Druckdämpfbeständigkeit und Sublimierechtheit zu achten. Beim Druck von dunklen Tönen ist der Zusatz eines Carriers (z. B. Resorcin) zu der Druckfarbe zweckmäßig.

Kationische Farbstoffe. *Astra-, Astrazon-, Basacryl-, Deorlin-, Sevron-, Maxilon-, Genacrylfarbstoffe.* Diese Farbstoffe ergeben auf Polyacrylnitrilfasern beste Echtheitseigenschaften, wobei allerdings eine geeignete Auswahl zu treffen ist. Die kationischen Farbstoffe stellen die für Polyacrylnitrilfasern wichtigste Farbstoffgruppe dar.

Die von Hause aus vorhandene Affinität der Polyacrylnitrilfaser zu kationischen Farbstoffen ist bei den üblichen Handelsfabrikaten durch Copolymerisation mit anionischen Produkten verstärkt (S. 320).

Nach dem Drucken und Trocknen wird 20 min bei 0,3–0,5 atü (bis 115 °C) gedämpft.

Den Druckfarben wird gegebenenfalls Essigsäure oder Glykolsäure und zusätzlich ein Carrier zugesetzt.

Historische Bedeutung haben die **Säurefarbstoffe.** Diese können nach dem Kupfer(I)-ionen-Verfahren (*Sandocryl-Verfahren*) gedruckt werden. Als Kupferverbindung dient „Kupfer-Sandoz", ein Kupfer(I)-oxid-Präparat, als Säurespender z. B. Ammonsulfat. Letzteres führt während des Dämpfens zu folgenden Reaktionen:

$$Cu_2O \xrightarrow{SO_4^{--}} Cu + CuSO_4$$

$$Cu^{++} + Cu \longrightarrow 2\,Cu^{+} \quad \text{vgl. S. 631.}$$

Küpenfarbstoffe. Der Druck kann normal nach dem Rongalit C-Pottasche-Verfahren (Einphasen-Verfahren) oder dem Zweiphasen-Druckverfahren durchgeführt werden. Die Drucke lassen sich durch Dämpfen ohne Druck befriedigend fixieren. Die Reoxydation wird zweckmäßig in einem heißen sauren Natriumchloritbad vorgenommen.

Sulfogruppenfreie Metallkomplexfarbstoffe (1:2). Für die Fixierung ist ein Dampfdruck von 1,5 atü erforderlich. Bei Mitverwendung von Carriern in der Druckfarbe läßt sich der Druck auf 0,75–1 atü senken.

Ätzdruck. Der Ätzdruck stößt wie bei den meisten synthetischen Fasern auf Schwierigkeiten, da die wäßrigen Ätzmittel auf Grund der Hydrophobie der Faser nur schwer angreifen können. Als Fondfärbungen kommen mit ätzbaren Dispersionsfarbstoffen bzw. 1:2-Metallkomplexfarbstoffen hergestellte Färbungen in Betracht. Ätzmittel: Decrolin löslich.

Für die Buntätze kommen ätzbeständige Dispersionsfarbstoffe sowie Küpenfarbstoffe in Frage.

Modacrylfasern sind mit kationischen Produkten in höheren Prozentsätzen modifizierte Polyacrylnitrilfasern, die sich u. a. mit substantiven und sauren Farbstoffen bedrucken lassen.

Mischungen aus Polyacrylnitril- und Cellulosefasern können mit ausgesuchten Küpenfarbstoffen oder mit Mischungen aus Dispersions- und Reaktivfarbstoffen bedruckt werden.

Mischungen aus Polyacrylnitrilfasern und Wolle werden mit kationischen Farbstoffen bedruckt, wobei wie bei reinem Polyacrylnitril verfahren wird. Auf der Wollkomponente lassen die Farbechtheiten zu wünschen übrig. Auch Metallkomplexfarbstoffe bzw. Mischungen aus diesen mit Dispersionsfarbstoffen sind verwendbar, ebenso solche aus Dispersions- und Reaktivfarbstoffen. Auch die für Mischungen von Polyester und Wolle empfohlenen *Lanestrenfarbstoffe* sind für Mischungen aus Polyacrylnitril und Wolle geeignet.

2. Das Bedrucken von Polyesterfasern (und Fasermischungen)

Vorbehandlung. Entschlichten, Waschen, Fixieren. Das Fixieren macht das Gewebe nicht nur stabil gegen Schrumpfen und Knittern, sondern erhöht auch seine Farbstoffaffinität. Um die Farbstoffaufnahme weiter zu verbessern, kann man die Fasern vor dem Druck mit 20–40 g/l NaOH kochend vorbehandeln. Dabei verliert die Faser durch Verseifung einige Prozente an Gewicht, erhält aber seidenähnliches Aussehen und Griff (S-Finish).

Dispersionsfarbstoffe. Dispersionsfarbstoffe lassen sich bei erhöhtem Dampfdruck (1,5–1,8 atü) sowie mit Heißdampf (HT) bei 165–170 °C gut fixieren. Vorteilhaft ist auch eine Trockenhitzefixierung (Sublimierechtheit!). Zur Erhöhung der Diffusionsgeschwindigkeit können Carrier zugesetzt werden. Als Verdickungsmittel kommen Kristallgummi, Polyvinylalkohol sowie Alginat in Betracht.

Für Polyesterfasern geeignete Handelsprodukte sind u.a. Polysynthren-, Palanil-, Foron-, Latyl-, Resolin-, Samaron-, Setacyl P- und Terasil-Farbstoffe.

Ätzdruck. Man kann so verfahren, daß man die Fondfärbung, ehe der Farbstoff in das Gewebeinnere eingedrungen ist, ätzt (Ätzreserve-Verfahren). Man klotzt oder pflatscht das Gewebe mit dem Dispersionsfarbstoff. Nach dem Trocknen bei nicht zu hoher Temperatur bedruckt man mit folgender Ätze:

500 g	Polyvinylalkoholverdickung
50 g	Zinkoxid
50 g	Titandioxid
200 g	Wasser
150 g	Decrolin lösl. conz.
50 g	Albigen A
1000 g	

Als *Buntätzfarbstoffe* eignen sich Küpenfarbstoffe und Dispersionsfarbstoffe.

Nach dem Drucken und Trocknen wird sowohl die Fondfärbung fixiert als auch die Ätze entwickelt, was durch aufeinanderfolgendes Erhitzen (3 min 140 °C) und Dämpfen geschehen kann. Es besteht aber auch die Möglichkeit des Ätzens der fertigen Dispersionsfärbung.

Bei Anwendung von Formamidinsulfinsäure kann man auch ätzbeständige Dispersionsfarbstoffe als Buntätzfarbstoffe verwenden.

Kationische Farbstoffe lassen sich mit Hilfe von Zinn(II)-Salzen oder Zinksalzen fixieren (*R. Walter* und *H. Ilg*).

Entwicklungsfarbstoffe auf der Basis von Diazoaminoverbindungen oder trans-Diazotaten und Naphtholen lassen sich unter bestimmten Bedingungen fixieren (*R. Walter* und *H. Ilg*).

Küpenfarbstoffe. Küpenfarbstoffe lassen sich als Pigmente durch einen Heißfixierprozeß (Thermosolieren 30–60 sec bei 200 °C) fixieren. Evtl. Carrierzusatz. Verwendet man ausgewählte Küpenfarbstoffe (Polyestrendruckfarbstoffe), dann erzielt man auch ohne Carrier farbstarke Drucke. Nach der Thermofixierung wird zur Ablösung oberflächlich haftenden Farbstoffs mit Hydrosulfit/Natronlauge nachbehandelt.

Druckt man den Farbstoff zusammen mit Decrolin oder Rongalit H auf, dann bildet sich beim anschließenden Dämpfen die Küpensäure, die auf die Faser aufzieht. Anschließend wird mit H_2O_2/NH_3 reoxydiert.

Gute Effekte erhält man auch, wenn man nach dem Drucken des Küpenfarbstoffs und Trocknen mit Decrolinlösung klotzt, trocknet und dann bei 2–2,5 atü dämpft. Anschließend wird gespült, oxydiert und kochend geseift.

Auch *Indigosole* lassen sich befriedigend anwenden.

Das Bedrucken von Polyester/Cellulosefaser-Mischungen. Für das Bedrucken von solchen Fasermischungen kommen Kombinationen aus Dispersions- mit Reaktivfarbstoffen, Kombinationen von Dispersions- mit Küpenfarbstoffen sowie Pigmentfarbstoffe in Betracht.

Im ersten Fall kann man entweder einstufig arbeiten, wobei sich das zur Fixierung der Reaktivfarbstoffe notwendige Alkali in der Druckfarbe befindet, oder mehrstufig, wobei ohne Alkali in der Druckfarbe gearbeitet wird. Hierbei wird zunächst der Dispersionsfarbstoff fixiert und anschließend das Alkali aufgebracht und der Reaktivfarbstoff fixiert.

Bei den Mischungen aus Dispersions- und Küpenfarbstoffen kann das Alkali nicht in der Druckfarbe untergebracht werden, da gleichzeitig Reduktionsmittel zugegen ist. Ein Einstufenverfahren scheidet somit aus. In einem *Mehrstufenverfahren* wird zunächst der Dispersionsfarbstoff durch Heißluftbehandlung oder Dämpfen unter Druck fixiert. Anschließend wird mit Alkali und Reduktionsmittel geklotzt und der Küpenfarbstoff durch Dämpfen fixiert.

Mischgewebe aus Polyester und Baumwolle können auch mit ausgesuchten Küpenfarbstoffen (z.B. *Polyestrendruckfarbstoffe*) bedruckt und die Farbstoffe nach dem Trocknen zur Fixierung auf der Polyesterfaser bei 200 °C 45–60 sec thermofixiert werden. Anschließend wird zur Fixierung auf der Baumwolle mit Rongalit C/Soda geklotzt oder gepflatscht und gedämpft.

Fertige Mischungen von Dispersions- und Küpenfarbstoffen sind die *Cottestren-* und *Teracotonfarbstoffe*, deren Dispersionsfarbstoffkomponente durch Thermosolieren oder Druckdämpfen fixiert wird. Zur Fixierung des Küpenfarbstoffs auf der Cellulosefaser wird mit alkalischer Reduktionsmittellösung foulardiert und durch Dämpfen fixiert.

Auch Mischungen aus Dispersionsfarbstoffen und Indigosolen werden angewandt. Dabei werden die Dispersionsfarbstoffe auf der Polyesterfaser durch Thermosolieren und Indigosole auf der Cellulosefaser nach dem Nitrit/Schwefelsäure-Verfahren fixiert.

Dispersionsfarbstoffe und Indigosole können auch *gemeinsam durch Thermosolieren* entwickelt werden, wenn für die Fixierung der Indigosole auf der Cellulosefaser das Natriumchloratverfahren benützt wird.

Auch fertige Mischungen aus Dispersionsfarbstoffen und Reaktivfarbstoffen sind – in entsprechender Weise angewandt – geeignet. *Remarondruckfarbstoffe* sind fertige Handelsmischungen aus Reaktiv- (Remazol-) und Dispersionsfarbstoffen (Samaronfarbstoffe).

Wenn nicht spezielle Echtheiten verlangt werden, können *Pigmentfarbstoffe* Verwendung finden.

Das Bedrucken von Polyester/Wolle-Mischungen. *Mischungen aus Wolle und Polyesterfasern* können mit Kombinationen aus Reaktiv- und Dispersionsfarbstoffen sowie mit solchen aus Säure- bzw. Metallkomplex- und Dispersionsfarbstoffen bedruckt werden. *Remaronfarbstoffe* sind fertige Mischungen aus Reaktiv- und Dispersionsfarbstoffen. Die Fixierung kann entweder durch Druckdämpfen oder durch ein kombiniertes Thermosolier-Dämpf-Verfahren erfolgen. *Lanestrenfarbstoffe* sind Mischungen aus Dispersions- und 1:2-Metallkomplex- oder Säurefarbstoffen, die sich ebenfalls zum Bedrucken von Mischungen aus Wolle und Polyesterfasern gut eignen.

Nach einem Verfahren von *R. Walter* und *H. Ilg* können auch bestimmte *kationische* (*basische*) *Farbstoffe* Verwendung finden. Dabei wird der Druckpaste Zinkchlorid oder Zinn(II)-chlorid zugesetzt. Die Farbstoffe werden am besten durch einen Thermosolprozeß mit anschließendem Dämpfen unter Normaldruck fixiert.

Mischungen aus Polyester- und Polyacrylnitril-Fasern (Diolen/Dralon) bedruckt man mit einer Mischung aus Dispersions- und kationischen Farbstoffen, wobei besondere Vorsichtsmaßnahmen beim Mischen der Farbstoffe anzuwenden sind, um ein Ausfällen der basischen Farbstoffe zu vermeiden.

3. Das Bedrucken von Polyamidfasern (und Fasermischungen)

Vorbehandlung. Entschlichten, Waschen, evtl. Bleichen (Natriumchlorit), Fixieren.

Als *Verdickungsmittel* haben sich die verschiedenen Gummisorten sowie Polyvinylalkohol bewährt.

Als *Farbstoffgruppen* kommen die folgenden in Betracht:

- Dispersionsfarbstoffe
- Substantive Farbstoffe
- Säurefarbstoffe = anionische Farbstoffe
- 1:1- und 1:2-Metallkomplexfarbstoffe
- Küpenfarbstoffe
- Indigosole
- Reaktivfarbstoffe
- Pigmentfarbstoffe
- Entwicklungsfarbstoffe

Dispersionsfarbstoffe lassen sich durch Dämpfen ohne Druck mit feuchtem Dampf (30 min) oder mittels „Thermosolieren" fixieren. Auch *reaktive Dispersionsfarbstoffe* (Procinylfarbstoffe) sind geeignet.

Substantive und *Säurefarbstoffe* werden durch trockenen Dampf ($^1/_2$ Std.) fixiert.

Metallkomplexfarbstoffe werden durch $^1/_2$-stündiges Dämpfen mit nicht zu feuchtem Dampf fixiert.

Küpenfarbstoffe werden nach dem Rongalit C-Pottasche-Verfahren, dem Zweiphasendruck-Verfahren und vorwiegend nach dem Küpensäure-Verfahren gedruckt.

Beim *Rongalit C-Pottasche-Verfahren* erfolgt die Fixierung durch Dämpfen in luftfreiem Dämpfer bei 101–102 °C mit gesättigtem Dampf (5–7 min). Anschließend wird reoxydiert, gespült und geseift.

Beim *Zweiphasendruckverfahren* wird nach dem Aufdruck des Farbstoffs und Trocknen mit Rongalit *C*/Pottasche geklotzt, dann ohne Zwischentrocknung gedämpft und fertiggestellt.

Beim *Küpensäureverfahren* wird der Farbstoff in der Küpensäureform zusammen mit Decrolin lösl. konz. aufgedruckt. Fixiert wird durch Dämpfen bei 101 bis 102 °C (5–7 min).

Es hat sich gezeigt, daß die Farbintensität bei Küpenfarbstoffen durch ein Nachdämpfen bei 1–1,5 atü (15–30 min) wesentlich gesteigert werden kann.

Indigosole werden nach dem *Nitrit-Verfahren* gedruckt.

Entwicklungsfarbstoffe werden in der Weise erzeugt, daß man geeignete Diazoaminoverbindungen (Ofnaperlsalze) gemeinsam mit Naphtol AS-Komponenten aufdruckt, welche beim Dämpfen in die Polyamidfaser einwandern. Anschließend wird die Diazoaminoverbindung durch verdünnte warme Säure in die kuppelnde Diazoverbindung überführt, so daß es zur Azofarbstoffbildung kommt.

Ätzdruck. Als Ätzböden kommen Färbungen mit ätzbaren Dispersions-, Direkt-, Säure- und Metallkomplexfarbstoffen in Betracht.

Ätzmittel sind je nach Verfahren Rongalit C, Decrolin und Formamidinsulfinsäure (Manofast). Rongalit C verhält sich weniger vorteilhaft als die beiden andern. Die Entwicklung der Ätzen geschieht durch Dämpfen. Als gutes Ätzmittel hat sich Rongalit H (S. 389) erwiesen, welches zusammen mit Triäthanolamin und einem Quellmittel Verwendung findet, wobei gleichzeitig Küpenfarbstoffe fixiert werden können.

Mischungen aus Polyamid- und Cellulosefasern werden vorteilhaft *mit ausgesuchten Reaktivfarbstoffen sowie Küpenfarbstoffen* echt bedruckt. Weniger echte Drucke erhält man mit Mischungen aus Säurefarbstoffen und substantiven Farbstoffen. Man kann auch Säurefarbstoffe oder Metallkomplexfarbstoffe mit Indigosolen kombinieren und die letzteren nach dem Chloratverfahren entwickeln.

Mischungen aus Polyamid- und Wollfasern können z.B. mit geeigneten Reaktivfarbstoffen bedruckt werden, ebenso mit Säure- und Chromkomplexfarbstoffen.

Qiana. Die aromatisch-aliphatische Polyamidfaser *Qiana* läßt sich mit Dispersionsfarbstoffen bedrucken.

4. Das Bedrucken der Polypropylenfasern

Nicht modifizierte Polypropylenfasern lassen sich nur schwer bedrucken. Vorteilhafter verhalten sich mit Metallverbindungen modifizierte Fasern, die geeignete Farbstoffe als Metallkomplexe binden. Eine mit Nickel modifizierte Polypropylenfaser läßt sich z.B. mit *Petraminfarbstoffen* bedrucken. Beim Dämpfen bildet sich ein wasserunlöslicher Farbstoff/Nickel-Komplex.

5. Das Bedrucken von Polyvinylchloridfasern (Rhovyl, Fibravyl, Thermovyl)

Im Hinblick auf den niedrigen Schmelzpunkt dieser Fasern ist ein Dämpfen der Drucke nicht möglich.

Nach dem *Citofixverfahren* werden wasserunlösliche Farbstoffe (Orasol- bzw. Oracetat-Farbstoffe) aus organischem Lösungsmittel aufgedruckt, welche die Farbstoffe lösen und die Fasern zum Quellen bringen.

Auch Dispersionsfarbstoffe sind nach besonderem Verfahren geeignet.

6. Transfer- oder Thermodruck (Sublistatic-Verfahren)

Vgl. S. 747, Star-Druck-Verfahren.

Bei diesem Verfahren wird zuerst auf eine Papierbahn gedruckt und dann wird das Druckmuster auf die Textilware übertragen. Als Farbstoffe kommen Dispersionsfarbstoffe in Betracht, die bei Temperaturen von ca. 200 °C in ca. 30 sec vom Papier auf die Stoffbahn übergehen (sublimieren). Als Faserbahn kommen solche aus temperaturstabilen Synthesefasern (z.B. Polyesterfasern) in Betracht. Auch Fasermischungen, in denen die Synthesefaser überwiegt, z.B. Polyester/Wolle 70:30 sind anwendbar.

E. Das Bedrucken der Glasfaser

Wie beim Färben, so lassen sich auch beim Drucken der Glasfaser die Farbstoffe vorteilhaft mit Hilfe von Bindemitteln fixieren, so daß man zweckmäßigerweise die Methoden des Pigmentdrucks in Anwendung bringt (S. 704f.).

F. Spezielle Drucktechnik

Ton-in-Ton-Effekte. Druckt man auf Baumwollgewebe lokal verdickte Natronlauge auf, so färben sich die bedruckten Stellen nach dem Auswaschen tiefer an als die Umgebung. Damit keine Kräuseleffekte entstehen, ist die Natronlauge nicht zu stark zu wählen und außerdem die Laugeneinwirkung einschließlich Spülen in gespanntem Zustand vorzunehmen. Für das Färben kommen solche Verfahren in Betracht, welche auf die unterschiedliche Affinität von bedruckten und nicht bedruckten Stellen kräftig reagieren, d.h. also substantive Farbstoffe, Schwefel- und Küpenfarben. Ton-in-Ton-Effekte können auch durch unvollkommenes Ätzen einer Färbung erzeugt werden (Halbätzen).

Lokale Kräuseleffekte. Druckt man auf ein Baumwollgewebe lokal starke Natronlauge ohne gleichzeitige Ausübung einer Spannung auf, so zieht sich das Gewebe an den bedruckten Stellen zusammen, was eine Kräuselung der nicht bedruckten Partien auslöst (*Kräuselkrepp*).

Der Kräuselkrepp kann auch in der Weise hergestellt werden, daß man lokal eine laugenbeständige Reserve (Gummi arabicum) eventuell unter Zusatz von laugenbindenden Metallsalzen aufdruckt und anschließend ohne Spannung laugiert, wobei ein Zusammenziehen der nicht reservierten Stellen eintritt. Nach dem Laugieren wird gründlich gespült, wobei die Reserve abgelöst wird und eine Kräuselung der reservierten Stellen erfolgt.

Ausätzeffekte (Ausbrennartikel). In Mischgeweben aus Wolle und Cellulosefasern kann der Wollanteil durch lokalen Aufdruck verdickter Natronlauge mustergemäß herausgeätzt werden. Man kann aber auch so verfahren, daß man durch Aufdruck von verdickten Säuren oder sauren Salzen eine lokale mustergemäße Carbonisation (S. 287) der Cellulosefasern auslöst.

Druckfarbe:

15 g	Aluminium-sulfat oder -chlorid
245 g	Wasser
40 g	Glycerin
30 g	Gummiverdickung 1:1
670 g	Tragantverdickung 60:1000
1000 g	

Nach dem Drucken und Trocknen oberhalb 100 °C carbonisieren oder dämpfen und ausbürsten. Acetatfasern widerstehen hierbei der Carbonisation.

Auch Serodit D-haltige Druckfarben eignen sich vorteilhaft zum Ausbrennen der Cellulosefasern bei gleichzeitiger Schonung der Acetatfaser, und zwar namentlich dann, wenn es sich um feinere Gewebe handelt und wenn die zurückbleibenden Fasern gleichzeitig bunt bedruckt werden sollen. Serodit D ist eine Dibutyl-naphthalin-sulfosäure.

In acetatfaserhaltigen Mischgeweben kann die Acetatkomponente durch Aufdruck von Benzoylperoxid mustergemäß entfernt werden. Benzoylperoxid zerstört nur die Acetatfasern, ohne Cellulosefasern oder tierische Fasern anzugreifen.

Druckfarbe:

200 g	Benzoylperoxid
200 g	Benzylacetat
50 g	Ammoniumsulforicinat
550 g	Tragantverdickung
1000 g	

Drucken, trocknen, auf 110–115 °C erhitzen und ausklopfen.

Mit Hilfe von *Aluminiumperchlorat* können Acetatfasern und Cellulosefasern unter Schonung der tierischen Fasern ausgebrannt werden. Die mit Aluminiumperchlorat präparierte Ware ist leicht entzündlich und muß daher in trockenem Zustand vorsichtig gehandhabt werden.

Heute kommen als Grundgewebe solche aus Cellulose- und Synthesefasern (Polyester-, Polyamid-) in Betracht. Als Ätzmittel für die Cellulosefaser finden Aluminiumsulfat oder Alkylnaphthalinsulfosäuren Verwendung.

Nachtrag

Druck aus organischem Medium

Wie in der Färberei, so interessieren auch in der Druckerei die organischen Lösungsmittel als Druckfarbenmedium.

G. Die Einrichtungen der Druckerei

Der wichtigste Zweig der Druckerei ist der Gewebedruck. Daneben spielt der Druck auf Maschenware in letzter Zeit eine zunehmend größere Rolle. Eine gewisse Bedeutung kommt auch dem Kammzugdruck (Vigoureuxdruck) sowie dem Garndruck zu.

1. Der Gewebedruck

Die größte Produktion ermöglicht – da sie kontinuierlich arbeitet – die *Rouleauxdruckmaschine*, so daß mit ihr im allgemeinen Massenartikel hergestellt werden. Voraussetzung für das Arbeiten auf der Rouleauxdruckmaschine ist das Vorliegen großer Auftragsmengen. Wegen des zunehmenden Bedarfs an individuelleren Druckmustern und der sich hieraus ergebenden kleineren Auftragsmengen erlangte auch der *Flachfilmdruck* große Bedeutung, weil er ein schnelleres Umrüsten der Maschinen auf andere Dessins ermöglicht. Außerdem ist die Herstellung einer Filmdruckschablone weniger aufwendig als das Gravieren von Druckwalzen. Neuerdings tritt auch der *Rotationsfilmdruck*, der einige wesentliche Vorteile des Rouleaux- und Flachfilmdrucks miteinander verbindet, in den Vordergrund. Der *Spritz- und Modeldruck* sind Verfahren, die nur in sehr begrenztem Maße für die Herstellung von Spezialartikeln zur Anwendung gelangen.

Die Produktionsleistungen der wichtigsten Druckeinrichtungen sind etwa die folgenden:

	m/Std.
Rouleauxdruckmaschine	2400
Rotationsfilmdruckmaschine	1800
Flachfilmdruckmaschine	500
Tischschablonendruck	40
Modeldruck	10

Eine mechanisierte, aber noch diskontinuierlich arbeitende Art des Modeldrucks ist bzw. war der *Perrotinedruck*. Der Druck mit der *Reliefdruckmaschine*, welche im Gegensatz zur Rouleauxdruckmaschine mit erhaben bemusterten Walzen arbeitet, stellt ebenfalls ein kontinuierliches Verfahren dar. Spezielle Arten der Erzeugung von Druckmustern sind der *Orbisdruck*, der *Photodruck* und der *Spektraldruck*.

a) Der Rouleauxdruck

Die Rouleauxdruckmaschine liefert die höchste Produktion und die schärfsten Drucke. Der Rouleauxdruck ist nur wirtschaftlich bei großen Auftragsmengen. Seine Rentabilität hängt weiterhin eng mit der Zahl der Farben und daher mit der Zahl der herzustellenden Druckwalzen zusammen, da jede Walze nur eine Farbe druckt. Die zu druckende Ware passiert die einzelnen Druckwalzen kontinuierlich nach einander mit einer Geschwindigkeit, welche je nach Musterung und Farbenzahl 600–2000 m pro Stunde betragen kann. Unter besonderen Voraussetzungen der Trocknung (Zylindertocknung, Infrarottrocknung) sowie der Lagerung von Presseur und Druckwalzen in Walzlägern läßt sich die Geschwindigkeit auf 100 bis 200 m pro Minute erhöhen. Derartige Geschwindigkeiten machen besondere Beobachtungsvorrichtungen des Rapports notwendig, wie sie z.B. in der Verwendung des *Stroboskops* gegeben sind.

Der Walzenumfang bewegt sich üblicherweise zwischen 45 und 50 cm, die Walzenbreite zwischen 90 und 100 cm, wodurch Breite der Druckware und Größe des Rapports beschränkt sind. Es gibt auch Druckmaschinen für 100–160 cm breite Ware (z.B. Bettzeugdruck 130–160 cm, Dekorationsdruck bis 160 cm, Schürzendruck bis 120 cm).

Der *Rapport* ist diejenige kleinste Figur, welche durch Aneinanderreihung in Längs- und Querrichtung das Muster (Dessin) ergibt. Meist ist der Rapport mehrfach im Walzenumfang und vielfach in der Walzenbreite enthalten.

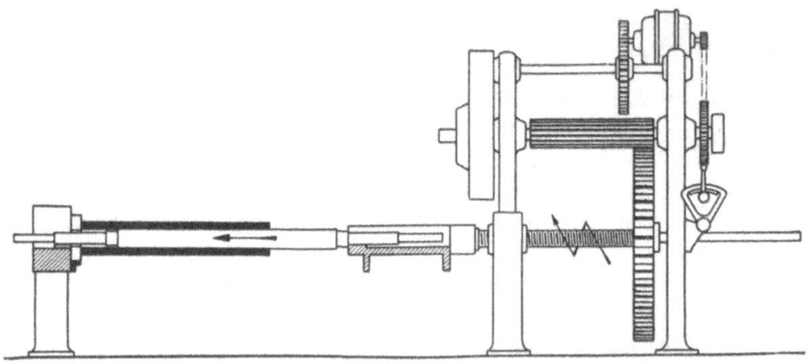

Abb. 207. Walzen-Aufspindelmaschine (Zimmers Erben).

Die Druckwalzen bestehen im allgemeinen aus einem Kupfermantel von 3 bis 4 cm Stärke, in welchen das Muster vertieft eingraviert ist. Der an der Innenseite konisch gearbeitete Kupfermantel wird mit Hilfe einer Spindelpresse auf eine ebenfalls konische Stahlspindel aufgespindelt (Abb. 207). Wenn das Muster ausgebraucht bzw. abgenutzt ist, wird der Mantel abgedreht und neu graviert. Meist wird der kupferne Mantel, um die Gravur gegen mechanische Beanspruchungen und aggressive Druckfarben widerstandsfähig zu machen, verchromt. Statt Kupferwalzen können auch Stahlwalzen Verwendung finden, welche vor dem Gravieren einen galvanischen Kupferüberzug erhalten.

Bei Flächenmustern ist die Gravurfläche durch viele Rillen (16–32 pro cm), welche als *Hachuren* bezeichnet werden, unterbrochen, da sonst einmal die Druckfarben dem Gefälle nachfließen und zum anderen auf Grund ihrer Kohäsion von der Rakel aus der Gravur herausgezogen würden. Die Hachuren verlaufen schräg zur Druckrichtung und bilden etwa einen Winkel von 30° zur Rakelrichtung. Nur punkt- und linienartige Gravuren sind ununterbrochen. Kleinere Muster werden mitunter nicht in Rillen, sondern in Punkte (*Picots*) aufgeteilt.

In der Rouleauxdruckmaschine (Abb. 208–210) sind die Druckwalzen um einen Stahlzylinder (*Presseur*) herum angeordnet und werden gemeinsam von einem Zentralrad aus angetrieben. Die Druckwalzen werden elastisch gegen den Druckzylinder gepreßt, so daß dieser automatisch mitgenommen wird. Der Druck zwischen Presseur und Druckwalzen muß elastisch sein, damit die Druckware in die

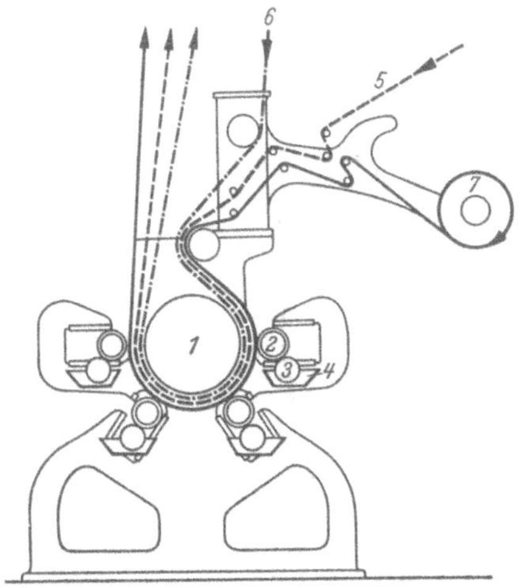

Abb. 208. Vierfarben-Druckmaschine, schematisch (Zimmers Erben). *1* = Presseur; *2* = Druckwalze; *3* = Farbauftragwalze; *4* = Chassis; *5* = Mitläufer; *6* = Gummituch (Drucktuch); *7* = Druckware.

Gravuren hineingepreßt wird und sich mit der in der Gravur befindlichen Farbe vollsaugen kann. Diese Art des Drucks ermöglicht im Gegensatz zu denjenigen Verfahren, welche mit erhabenen Mustern arbeiten, die Erzeugung schärfster Drucke. Im Interesse der notwendigen Elastizität ist der Presseur mit einer *Bombage* (Lapping) versehen, welche meist aus einem eine Ramiekette und einen Wollschuß – heute auch Polyamid – enthaltenden Gewebe besteht. Um den Presseur läuft weiterhin ein endloses *Gummituch*. Zwischen Gummituch und Druckware läuft der *Mitläufer*, welcher die überschüssige Druckfarbe aufnimmt und damit das Gummituch vor den schädlichen Einwirkungen der in der Druckfarbe enthaltenen

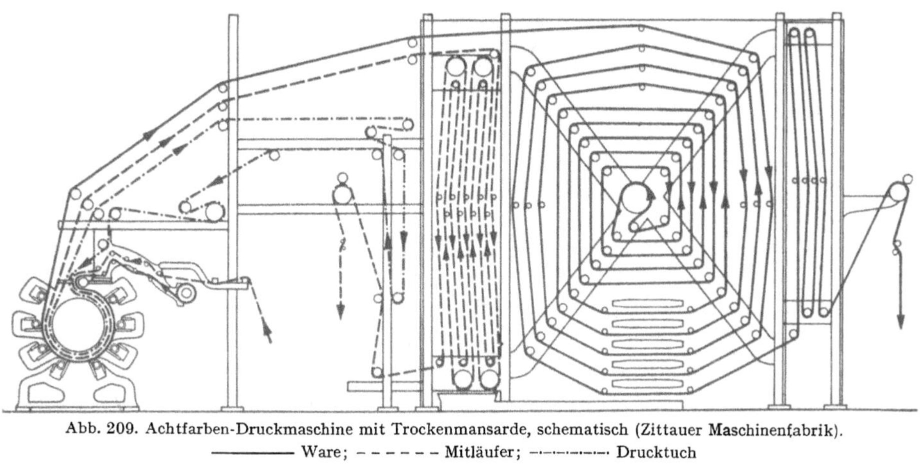

Abb. 209. Achtfarben-Druckmaschine mit Trockenmansarde, schematisch (Zittauer Maschinenfabrik).
———— Ware; - - - - - - Mitläufer; —·—·—·— Drucktuch

Chemikalien schützt und außerdem ein Verschmieren der Warenrückseite mit durchgedruckter Farbe verhindert. Der Mitläufer muß von Zeit zu Zeit ausgewaschen werden, kann aber auch in einem „Mitläuferwäscher“ kontinuierlich gewaschen und getrocknet werden, so daß er bis zum Verschleiß in der Maschine verbleibt.

Verwendet man ein Gummituch, dessen Oberfläche gerillt ist, dann kann der Mitläufer entfallen. Durch die Rillung ist das Gummituch aufnahmefähig für die Druckfarbe, welche kontinuierlich durch einen *Druckdeckenwäscher* (Blanket-Washer) ausgewaschen wird. Bei Verwendung von Darex-Drucktüchern (endlos) kann das Lapping entfallen.

Abb. 210. Zehnfarben-Rouleauxdruckmaschine (Kleinewefers).

Schließlich kann in bestimmten Fällen auch ohne Gummituch und ohne Mitläufer gearbeitet werden, wenn der Druckzylinder eine Gummibombage besitzt, die durch eine geeignete an dem Presseur angebrachte Reinigungsvorrichtung kontinuierlich während des Druckens gesäubert wird.

An Stelle des großen Druckzylinders werden bei der *Heliofast-Maschine* kleine Gegendruckwalzen benutzt. Hierdurch werden die Berührungsfläche und Berührungszeit von Druckware und Druckwalze verringert und damit schärfere Drucke erzielt.

Neuerdings wird eine Mehrfarbenwalzen-Druckmaschine in den Handel gebracht, bei der die zu jeder Druckwalze gehörenden Einzelpresseure in einem starren Schrägrahmen und die Farbwerke in einem schwenkbaren Rahmen angeordnet sind (Brückner).

Als Neuheit ist die Rouleauxdruckmaschine von *Saueressig* zu erwähnen, bei der die Walzen, die alle einen Presseur haben, vertikal übereinander angeordnet sind[1].

Das Auftragen der Farben. Die Druckfarbe befindet sich in einem Farbtrog (*Chassis*). In diesem läuft eine Farbauftragwalze oder -bürste, welche die Druckfarbe auf die Walzenoberfläche aufträgt. Durch eine elastisch an die Druckwalze angelegte scharfe Stahlschiene (*Rakel*) wird die überschüssige Druckfarbe von der Walze abgestreift und fließt in das Chassis zurück, so daß diese nur in den Gravuren verbleibt. Die Rakel bewegt sich mit Hilfe einer exzentrisch montierten Rakel-

[1] Teppichdruckanlagen benötigen entsprechend mehr Raum. Das Eindringen der Druckfarbe wird mit Vakuum oder statischem Druck gefördert.

schubvorrichtung hin und her, wodurch einmal ein möglichst vollkommenes Abstreifen und zum andern eine Schonung von Gravur und Rakel gewährleistet ist. Auf eine einwandfreie Beschaffenheit der Rakel muß sorgfältig geachtet werden, da sonst fehlerhafte Drucke entstehen können (Rakelstreifen).

Zu Beginn des Drucks müssen die einzelnen Druckwalzen so aufeinander abgestimmt werden, daß die einzelnen Farben in ihrer Lage streng mustergemäß gedruckt werden (*Rapportieren*). Zum Zweck des Rapportierens können die einzelnen Walzen der Höhe bzw. dem Umfang nach sowie seitlich und einseitig in der Höhe gegenüber der Druckware verstellt werden, was neuerdings elektromagnetisch geschieht.

Die „Übertragung" der Druckfarben. Durch die aufeinanderfolgende Passage der Ware unter den einzelnen Druckwalzen kommt die zweite Walze mit der von der ersten Walze bedruckten Ware in Berührung, wobei der Druck, da er noch feucht ist, auf diese zweite Walze abschmiert. Dies wiederholt sich von der zweiten zur dritten, von der dritten zur vierten Walze usw. Abgesehen davon, daß damit eine laufende Schwächung der Drucks verbunden ist, gelangen schließlich gewisse Farbmengen der ersten Druckfarbe in das Chassis der zweiten Farbe usw., wodurch deren Nuancen beeinflußt werden. Um einer solchen Übertragung in ihrer Auswirkung vorzubeugen, druckt man zuerst die hellen und dann die dunklen Farben. Falls Komplementärfarben (z.B. Rot-Grün) nacheinander zu drucken sind, schaltet man zweckmäßig zwischen beide Druckwalzen eine sogenannte *Wasserwalze*. Diese besteht aus einer glatten Walze, welche in mit etwas Stärke oder Tragant verdicktem Wasser läuft und die überschüssige Farbe aufnimmt. Man kann auch entgegen der Laufrichtung der Walze eine Rakel (*Kontrerakel*) anbringen, welche die Farbe abstreift (und zudem von der Ware abgeschiedenen Faserflaum, welcher den Druckprozeß stören würde, zurückhält). Die Kontrerakel hat, da sie gegen die Laufrichtung der Walze arbeitet, den Nachteil, daß sie die Gravuren abnutzt.

Das Trocknen der Druckware. Die Druckvorrichtung ist mit einer Trockeneinrichtung (*Trockenmansarde*) kombiniert. Die Druckware läuft spiralförmig in

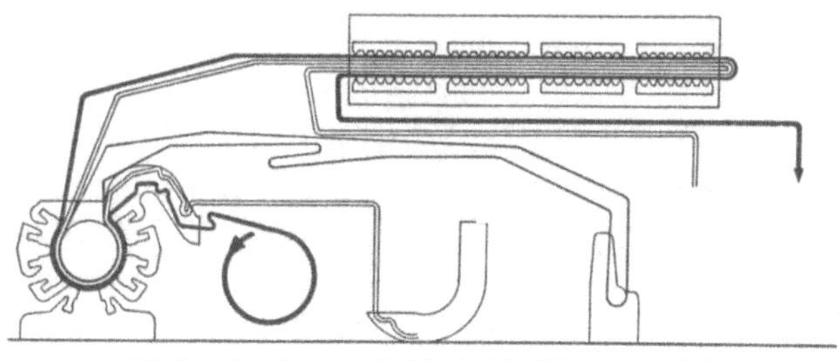

Abb. 211. Druckmansarde (Monforts) „Düsenmansarde".

einen Heißluftraum und wird anschließend auf dem gleichen Weg wieder zurückgeführt (Abb. 209). Da die Ware auf diese Weise zunächst, d.h. solange der Druck noch feucht ist, mit ihrer bedruckten Seite nicht mit den Führungswalzen in Berührung kommt, wird ein Verschmieren des Drucks vermieden. Der Mitläufer wird in einer Vorkammer getrocknet. Auch die Hotflue (S. 162) findet mit Vorteil Verwendung. Der Druck muß bis zur 1. Umlenkwalze oberflächlich soweit getrocknet sein, daß kein Abschmieren eintritt. Es wird daher nach dem Düsenprinzip gearbeitet.

Vorteilhaft gestaltet sich der Trocknungsprozeß und einfacher die Warenführung bei Verwendung des *Düsenprinzips* in der „Düsenmansarde" (Abb. 211).

Die *Duplexdruckmaschine* (Abb. 212) ermöglicht ein beidseitiges gleichmäßiges Bedrucken von Geweben. Dünnere Gewebe werden auch auf der gewöhnlichen Rouleauxdruckmaschine durchgedruckt.

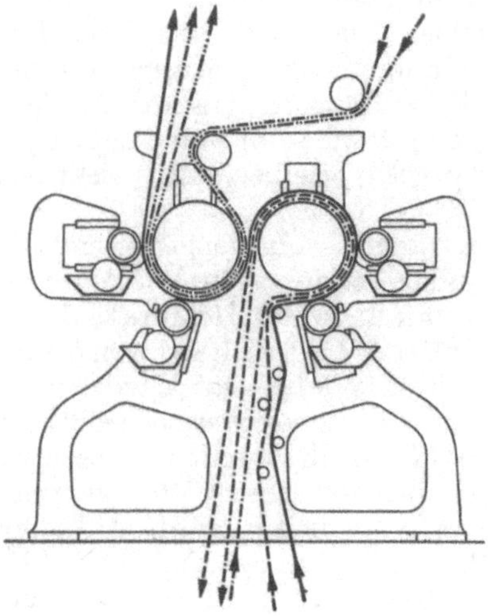

Abb. 212. Zweifarben-Duplex-Druckmaschine schematisch (Zimmers Erben).

Die Walzengravur. *Das Gravieren von Hand* wird nur selten vorgenommen, und zwar nur dann, wenn das Muster sich auf der Walze nicht wiederholt. Dabei wird das Muster auf die Walze aufgepaust, die Walze mit einem säurefesten Lack überzogen, dieser von Hand mit dem Grabstichel mustermäßig beseitigt, worauf man die Walze in verdünnter Säure (Salpetersäure) laufen läßt, welche je nach Einwirkungsdauer eine mehr oder weniger tiefe Gravur auslöst (Ätzverfahren).

Wenn sich das Muster auf der Walze mehrfach wiederholt, wird das *Pantographenverfahren* angewandt. Dabei wird das Muster in 2–5facher Vergrößerung in eine Zinkplatte eingeritzt. Durch Nachfahren dieser Zeichnung wird das Muster mit Hilfe einer Hebelarmvorrichtung durch Diamantspitzen über die ganze Walzenbreite auf die lackierte Kupferwalze übertragen und in Säure ausgeätzt.

Bei vielfacher Wiederholung des Musters wird das *Molettierverfahren* angewandt. Das Muster (Rapport) wird in eine kleine Walze aus nicht gehärtetem Stahl, deren Umfang und Breite mehrmals in dem Umfang und der Breite der Druckwalze enthalten sind, eingraviert. Nach dem Härten dieser Walze (Muttermolette) wird diese gegen eine gleichartige ungehärtete Stahlwalze (Tochtermolette, Reliefmolette) auf der Reliviermaschine unter hohem Druck gepreßt, bis auf der Tochtermolette ein Relief des Musters entstanden ist. Nach dem Härten der Tochtermolette wird diese auf dem Molettierstuhl gegen die Kupferwalze gepreßt, wobei das Relief der Tochtermolette in dem Kupfer die entsprechende Gravur erzeugt. Durch Versetzen der Reliefmolette in Breite und Höhe wird die Kupferwalze auf ihrem gesamten Umfang graviert. Nach dem Molettieren werden Unebenheiten abgeschliffen und poliert.

Der Vorteil des Molettierverfahrens liegt darin, daß abgenutzte Walzen jederzeit durch Nachpressen wieder erneuert werden können und daß weiterhin das Verfahren die schärfste Gravur und damit die schärfsten Linien- und Punktmuster ermöglicht, während das Ätzverfahren, wie es beim Pantographenverfahren üblich ist, keine besonders scharfen Drucke ergibt, dafür aber schneller arbeitet.

Die *Photogravur* arbeitet in der Weise, daß man die Walze mit einer lichtempfindlichen Chromgelatineschicht überzieht und nach Abdecken der zu bemusternden Stellen belichtet. Während die Chromgelatine an den belichteten Stellen unlöslich wird, kann sie von den lichtgeschützten Stellen abgewaschen werden. Nach dem Verstärken der Gelatineschicht mit einem säurebeständigen Lack wird durch Säureätzung graviert. Das Ätzen kann auch mit Eisen(III)chlorid oder elektrolytisch vorgenommen werden. Die Photogravur ermöglicht eine rasche Arbeitsweise.

Das eigentliche Wesen der Photogravur besteht darin, daß die für das Abdecken der Chromgelatineschicht erforderlichen Muster *auf photographischem Weg* erzeugt werden, und zwar durch photographische Rasteraufteilung eines Musters in für den Stoffdruck geeignete größere und kleinere Punkte. Diese Bildzerlegung gestattet die naturgetreue Wiedergabe eines komplizierten Musters, da entsprechende Schattierungsmöglichkeiten gegeben sind. Zum Schutz der Kupfergravur werden die Walzen *verchromt* und erhalten damit eine bessere mechanische und chemische Widerstandsfähigkeit.

b) Der Flachfilmdruck

Während der Rouleauxdruck das Massenproduktionsverfahren darstellt, ist der Flachfilmdruck auch für mittlere und kleine Produktionen geeignet. Wegen der im Vergleich zum Rouleauxdruck wesentlich niedrigeren Anschaffungskosten wird der von Hand ausgeführte Flachfilmdruck auf Tischen besonders von kleinen Betrieben bevorzugt. Auch Großbetriebe machen davon Gebrauch, wenn es sich um kleinere Druckaufträge handelt. Solche liegen häufig bei Vielfarbendrucken, und zwar namentlich auf hochwertigen Geweben vor. Bei größeren Aufträgen werden jedoch auch im Flachfilmdruck *automatisch arbeitende Maschinen* eingesetzt, die bereits eine beachtliche Produktionsgeschwindigkeit ermöglichen. Der Filmdruck stellt eine Art Schablonendruck dar, wobei die zu bemusternden Stellen aus einem filmartigen Überzug, der sich auf einem farbdurchlässigen Gewebe befindet, ausgespart sind.

Die Schablonen werden in folgender Weise erzeugt: Ein Holz- oder Metallrahmen wird mit einer Gaze aus Kupfer, Messing, Bronze, Naturseide oder neuerdings aus synthetischen Fasern bespannt. Die Gaze wird durch Aufrakeln bzw. Tränken mit einer Gelatine-Chromat-Lösung und anschließendes Trocknen mit einem *Chromgelatinefilm* überzogen. Nach dem Abdecken der zu bemusternden Stellen wird belichtet, wodurch die Chromgelatine außerhalb der abgedeckten Stellen unlöslich wird. Der Gelatineansatz enthält zweckmäßig etwas Zirkonoxid, welches katalytisch die Gerbung des Gelatinefilms an den belichteten Stellen forciert. Die an dem Dessin befindliche Chromgelatine bleibt löslich und kann in warmem Wasser ausgewaschen werden, so daß die Dessinstellen farbdurchlässig sind. Die Gelatineschicht wird, um sie gegen mechanische und chemische Einwirkungen widerstandsfähig zu machen, mit einem geeigneten Lack verstärkt. Falls der Lack vor dem Belichten aufgebracht wird, muß er nach dem Auswaschen der Gelatine an den Dessinstellen mit Hilfe eines Lösungsmittels lokal entfernt werden. An Stelle von Gelatine wird neuerdings auch mit Ammoniumbichromat sensibilisierter Polyvinylalkohol als Filmbildner verwandt. Die Herstellung der Schablonen ist heute weitgehend mechanisiert.

Die zu druckende Ware befindet sich – in der ursprünglichen Ausführungsform – auf einem Drucktisch, welcher mit einer Wollfilzunterlage und einem Wachstuch versehen ist, auf welches die Ware, damit sie sich nicht verschiebt, aufgeklebt oder aufgenadelt wird. Die Druckfarbe wird direkt auf die Schablone gegeben und mit Hilfe einer Rakel von Hand oder mechanisch durch die Aussparungen hindurchgestrichen (Abb. 213). Durch rapportmäßiges Versetzen der Schablone kann die Ware auf ihrer ganzen Länge bedruckt werden. Beim Versetzen wird jeweils ein Rapport ausgelassen, welcher auf dem Rückweg, wenn der Druck etwas angetrocknet ist und nicht mehr verschmieren kann, bedruckt wird. Zweckmäßig wird das Trocknen mit Warmluft gefördert.

Für jede Farbe ist eine besondere Schablone erforderlich. An Drucktisch und Schablone befinden sich entsprechende Rapportvorrichtungen, welche ein mustergemäßes Versetzen und Zusammenfügen der einzelnen Farben zum Dessin ermöglichen. Das Trocknen der bedruckten Ware erfolgt meist in der Weise, daß diese in langen horizontalen Bahnen über dem Drucktisch aufgehängt und mit Warmluft getrocknet wird. Das Trocknen wird vorteilhaft auch in einer geeigneten Trokkenmansarde vorgenommen.

Während der Filmdruck ursprünglich auf reiner Handarbeit beruhte, wurde er allmählich immer mehr mechanisiert (Abb. 214). Sein Hauptvorteil liegt darin, daß hohe Farbstoffmengen aufgetragen werden können und auf diese Weise sehr *satte*

Drucke entstehen, welche nicht wie beim Rouleauxdruck mit zunehmender Farbenzahl immer mehr geschwächt werden. Es liegt im Wesen des Filmdrucks, daß feine Linienmuster nicht gedruckt werden können. Seine Stärke liegt in der Erzeugung von kräftigen Mustern *mit großem Rapport.*

Abb. 213. Filmdruckvorrichtung (Candela).

Während früher die Druckware auf langen Tischen ausgebreitet wurde, welche viel Platz benötigten, läßt man heute das Gewebe rapportweise weiterwandern, so daß die Schablonen nicht auf der Ware versetzt, sondern nur gehoben und gesenkt zu werden brauchen. Alle Farben eines Dessins können daher am gleichen Platz gedruckt werden. Dabei ergibt sich aber die Notwendigkeit des „Naß-in-Naß"-Drucks, welcher hohe Anforderungen sowohl an die Eigenschaften der Druckfarbe als auch an die Saugfähigkeit des Gewebes stellt, wenn fehlerhafte Drucke vermieden werden sollen (mechanisierter Filmdruck).

Abb. 214. Automatische Filmdruckmaschine zum Bedrucken von Geweben bis zu 10 Farben (Gerber).

c) Der Rotationsfilmdruck

Neben dem vorstehend beschriebenen diskontinuierlich arbeitenden *Flachfilmdruck* beansprucht der kontinuierliche Druck mit Hilfe einer Rundschablone (*Rotationsfilmdruck*) steigendes Interesse. Bei diesem Verfahren wird die Druckpaste mittels einer feststehenden oder rollenden Rakel aus dem Innenraum der zylinderförmigen Schablone auf die sich mit dem Drucktuch fortbewegende Gewebebahn gedrückt. Die Druckgeschwindigkeit kann bis zu 70 m/min – auch für komplizierte Dessins – betragen. Die Rotationsfilmdruckmaschine zeichnet sich gegenüber der Flachfilmdruckanlage durch eine wesentlich höhere Produktionsgeschwindigkeit aus und erreicht z.T. die Geschwindigkeit des Walzendrucks. Die Rotationsschablone besteht üblicherweise aus Nickel. Als Photoschicht finden im Prinzip die gleichen Materialien wie bei der Flachfilmschablone Verwendung. Die Abb. 215 zeigt eine Rotationsfilmdruckmaschine.

Abb. 215. Rotationsfilmdruck-Maschine (Stork).

Es besteht auch die Möglichkeit der Anordnung der Rundschablonen um einen Tambour als Presseur. Im Gegensatz zum Rouleauxdruck ist hier der Presseur angetrieben, so daß die Rundschablonen mitlaufen. Die Druckware wird zusammen mit einem Drucktuch eingeführt.

d) Der Flockdruck

Beim Flockdruck wird *Fasermaterial* (0,7–12 mm Länge) mit Hilfe von Bindemitteln auf dem Substrat (Web- oder Wirkware, Folien, Vliese) fixiert. Man arbeitet heute in folgender Weise: Man bringt den Binder mit Hilfe einer Filmdruckschablone oder auch Druckwalze auf das Substrat. Die zu bindende Kurzfaser (Flocke) befindet sich in einem über dem Drucktisch angeordneten Sieb, durch welches die Faser auf das Substrat fällt. Das Schüttelsieb ist isoliert und an ein Netzspannungsgerät angeschlossen, das eine Gleichspannung von 20000 bis 100000 Volt erzeugt. Unter dem Substrat befindet sich als Gegenplatte eine geerdete Metallfolie.

Die durch vorherige Avivage leitend gemachten Fasern fallen in dem elektrischen Feld *ausgerichtet* auf das Substrat und werden an den beklebten Stellen fixiert. Es entsteht also ein senkrecht zum Substrat ausgerichteter Flor. Als *Bindemittel* für die Kurzfasern kommen härtbare Kunststoffe, z. B. Polyurethane, in Betracht.

e) Der Spritzdruck

Beim Spritzdruck arbeitet man mit Zinkblechschablonen, welche die Muster ausgespart enthalten und spritzt gegen die Aussparungen mit Hilfe einer mit Druckluft betriebenen „Spritzpistole" durch eine Düse die Druckfarbe, welche für diesen Zweck besonders dünnflüssig beschaffen sein muß. Durch kürzeres oder längeres Bespritzen derselben Stelle können Farbschattierungen erzeugt werden, so daß der Spritzdruck eine besondere Bedeutung für kunstgewerbliche Arbeiten besitzt.

Neben den gewöhnlichen Druckverfahren spielen die Pigmentdruckfarben beim Spritzdruck eine bevorzugte Rolle, da sie in einfacher Weise fixierbar sind. Man arbeitet meist mit in organischen Lösungsmitteln gelösten Kunststoffen als Bindemitteln (Acetylcellulose, Nitratcellulose, Polymerisate). Die Farben kommen teils druckfertig in den Handel und brauchen nur noch mit dem Lösungsmittel und einem Weichmacher verdünnt zu werden (*Kasarakofferfarben*). Auch Kombinationen von spritlöslichen Farben mit Zaponlack sind im Handel.

f) Der Modeldruck (Handdruck)

Der Modeldruck ist die älteste Form des Textildrucks. Er besteht darin, daß man Holzmodel, welche das Muster ausgestochen oder ausgebrannt in erhabener Form enthalten, mit Farbe versieht, auf die Ware bringt und den Model mit einem Holzhammer abklopft. Für Linien und Punktmuster werden Messingblechstreifen bzw. Messingstifte in das Holz eingefügt. Großflächige Muster müssen im Interesse einer gleichmäßigen Farbaufnahme und damit eines egalen Druckausfalls mit Filz ausgelegt werden. Zum mustergetreuen Versetzen der Schablonen dienen an den Ecken des Models angebrachte Rapportstifte.

g) Der Perrotinedruck

Bei der Perrotine ist das Prinzip des Handdrucks völlig mechanisiert. Die Druckstöcke werden maschinell auf die diskontinuierlich rapportweise vorrückende Ware gepreßt. Da auf Grund der erhabenen Musterung keine Schwächung der Farben eintritt, können sehr satte mehrfarbige Druckmuster erzeugt werden. Die Produktion der Maschine ist verhältnismäßig klein, so daß sie mit der Rouleauxdruckmaschine nicht konkurrieren konnte und nur noch ganz vereinzelt anzutreffen ist.

h) Der Reliefdruck

Der Reliefdruck, welcher im Tapetendruck üblich ist, gestattet ein kontinuierliches Drucken von Textilien mit erhabenen Mustern, welche sich üblicherweise auf Holzwalzen befinden. Wie bei allen Druckverfahren, welche sich erhabener Muster bedienen, liefert auch der Reliefdruck satte, aber nicht besonders scharfe Drucke. Der Hauptvorteil gegenüber der Rouleauxdruckmaschine ist der äußerst geringe Kraftbedarf, da nur schwache Pressionen notwendig sind. Ein weiterer Vorteil ist darin zu erblicken, daß man mit jeder Walzenmusterung praktisch jede Ware bedrucken kann, während beim Rouleauxdruck Gravurtiefe und Warenqualität in gewissem Umfang aufeinander abgestimmt sein müssen. Da das Verfahren mit gewissen technischen Unvollkommenheiten behaftet ist, hat es keine größere Verbreitung gefunden.

i) Der Orbisdruck

Das Orbisdruckverfahren ist ein Walzendruckverfahren, das sich weder einer erhabenen noch einer vertieften Musterung bedient. Es kann daher zu den Flachdruckverfahren gerechnet werden. Die Druckwalze selbst wird mustergemäß mit einer druckfähigen Masse mosaikartig in mehreren Farben belegt, welche während des Drucks allmählich verbraucht werden. Nach Verbrauch der Druckmasse muß die Walzenauflage erneuert werden. Da die verschiedenen plastischen Farben mustergemäß ausgestochen und zur Druckwalze zusammengesetzt werden, können alle Farben mit nur *einer Druckwalze* gedruckt werden. Die Ware passiert die Druckwalze in feuchtem Zustand. Hierher gehörige Verfahren sind das *Englander*-Druckverfahren und der *Devin-Vielfarbendruck* (Heyne-Offenbach).

Auf ähnlicher Basis arbeitet das *Chromostyle-(Sark-) Verfahren.*

k) Der Photodruck

Es existieren verschiedene Arten von Photodruck. Man versteht darunter ganz allgemein solche Druckmethoden, bei denen das Muster durch Lichteinwirkung auf die Ware übertragen wird. So läßt sich z. B. eine indigosolgeklotzte Ware durch lokales Belichten mit UV-Licht bei Gegenwart von Thiocyanaten als Sensibilisatoren entwickeln. Trans-Diazoniumsulfonate kann man durch Belichten in kuppelnde Diazoniumverbindungen umwandeln (Prinzip der *Photorapidfarbstoffe.*

Das Prinzip eines Photodruckverfahrens besteht darin, daß man das Gewebe mit einer aus besonders lichtempfindlichen Farbstoffen bestehenden Mischfarbenlösung, welche einen neutralen Ton ergibt, färbt und gewisse Farbanteile durch Belichten mustergemäß ausbleicht, wodurch die gewünschten Farbeffekte (Komplementärfarben) entstehen. Die Farbstoffe müssen durch Sensibilisatoren besonders lichtempfindlich und nach der Belichtung lichtbeständig gemacht werden. Man arbeitet in der Weise, daß man das auf einem transparenten Material befindliche Druckmuster um eine Glaswalze legt, in deren Achse sich eine starke ultraviolette Lichtquelle befindet. Die Druckware wird um die Walze geführt und belichtet, wobei gewisse Farbenanteile mustergemäß zerstört werden. Nach dem Belichten müssen die Restfarben durch eine geeignete Nachbehandlung desensibilisiert werden.

l) Der Offsetdruck (Spektraldruck)

Der Offsetdruck ist ein Flachdruckverfahren, welches beim Papierdruck angewandt wird und die Druckfarbe (Pigmentfarbe) einer Druckform indirekt mit Hilfe eines Gummituchs auf das Substrat überträgt. Es wird versucht, dieses Prinzip auch für den Textildruck nutzbar zu machen.

m) Das Stardruckverfahren

Das Stardruckverfahren ist ein Umdruckverfahren, wobei ein auf Papier mit Textilfarben ausgeführter Druck durch Anwendung von Druck und Wasser auf ein textiles Gewebe übertragen wird. Damit die Druckfarbe vom Papier nicht aufgesaugt wird, wird dieses vorher mit Gelatine überschichtet. Hierher gehörige Verfahren sind das Mirror-Eye-Catch-, das Thermochrome- und das Sublistatic-Verfahren (S. 725).

Das Bedrucken in den verschiedenen Verarbeitungsstadien. Der Gewebedruck spielt mengenmäßig weitaus die größte Rolle, doch können auch Strick- und Wirkwaren, Vliese, sowie Garne und schließlich auch Vorgespinste bedruckt werden.

Das Bedrucken von *Strick- und Wirkwaren* stößt auf gewisse technische Schwierigkeiten, da diese auf Grund ihrer Konstruktion zum seitlichen Einrollen und Verziehen neigen. Man druckt diese Artikel daher vorteilhaft nach dem Filmdruck- oder Handdruckverfahren, wobei sie – um ein Verziehen zu vermeiden – auf die Druckunterlage aufgeklebt werden. Beim Druck auf der Rouleauxdruckmaschine ist ein Ankleben an den Mitläufer empfehlenswert. Auf besonderen Einrichtungen gelingt es, Schlauchware auf ihrem ganzen Umfang gleichmäßig zu bedrucken.

2. Der Garndruck (Stranggarn)

An Stelle eines Zwirns, welcher aus einem schwarzen und einem weißen Faden oder aus zwei verschiedenfarbigen Fäden besteht, kann man ähnliche Effekte auch mit einem Garn erzielen, welches mit farbigen Querstreifen versehen wurde. Die Querstreifen werden nach den üblichen Druckverfahren mit Hilfe von Reliefdruckwalzen aufgedruckt.

Eine besondere Art des „Garndrucks" besteht darin, daß man die Garne zunächst zu Strickware verarbeitet, diese mit entsprechenden Streifen bedruckt, trocknet und die Farbstoffe fixiert. Anschließend wird das Gestrick aufgezogen (Aufriffeln) und das nunmehr unregelmäßig „angefärbte" Garn der Verarbeitung zugeführt (*space-dyeing-Verfahren, knit-deknit-Prozeß*) (vgl. S. 346).

3. Der Kettdruck (Chinédruck)

Der Kettdruck ist aus dem Bestreben heraus entstanden, stärkere Gewebe, welche an und für sich nicht durchgedruckt werden können, beidseitig gleichartig zu bemustern. Dies ist insbesondere wichtig für Gardinen- bzw. Vorhangstoffe, welche beide Warenseiten zur Schau tragen.

Zu diesem Zweck wird lediglich das für die Herstellung des Gewebes bestimmte Kettfadensystem bedruckt. (Manchmal sind in bestimmten Intervallen Schußfäden eingezogen, welche die Lage der Kettfäden fixieren sollen.) Unter diesen Umständen hat die Druckfarbe die Möglichkeit, den ganzen Fadenumfang anzufärben. Das Bedrucken kann auf der Rouleauxdruckmaschine oder nach dem Film- bzw. Handdruckverfahren geschehen. Dabei ist ein Verziehen der bedruckten Kettfäden möglichst zu vermeiden, da sonst das Muster beeinträchtigt wird. Aus diesem Grunde verschiebt man die Nachbehandlung des Drucks meist bis zum fertigen Gewebe. Die bedruckte und getrocknete Kette geht also in die Weberei, wo das Schußmaterial eingeschossen wird und das Fertiggewebe kehrt in die Ausrüstung zur Fertigstellung des Drucks zurück. (Vgl. S. 665, 682.)

Da auch bei größter Vorsicht gewisse Verschiebungen der Kettfäden nicht zu vermeiden sind, zeigen so erzeugte Muster keine streng linienartigen, sondern mehr oder weniger gezackte Konturen und besitzen daher in ihrem Aussehen Ähnlichkeit mit einem jacquardbemusterten Gewebe. Für den Indanthrendruck ist in diesem Fall das Zweiphasendruckverfahren besonders geeignet.

Für die Herstellung von Florteppichen wird die Polkette auf der sogenannten Trommeldruckmaschine mit Querstreifen bedruckt.

4. Kammzugdruck (Vigoureuxdruck)[1]

Melangierte Garne kann man entweder in der Weise erzeugen, daß man schwarz gefärbtes und weißes loses Material oder verschieden gefärbte Fasermaterialien in der Flocke oder im Kardenband bzw. Kammzug miteinander vermischt (melangiert). Man kann aber auch so verfahren, daß man Kammzug (Wolle, Woll/Zellwoll-Mischungen, Zellwolle, Synthesefasern) mittels Reliefdruckwalzen mit Querstreifen bedruckt und die so bedruckten Kammzüge dubliert und verstreckt. Die so erhaltene Melange ist wesentlich homogener, da schon die einzelne Faser die einzelnen Farbkomponenten der Melange enthält.

[1] Nach dem Erfinder *Vigoureux* benannt.

Die zu bedruckende Wolle wird hier nicht gechlort, um ihre Spinn- und namentlich Filzfähigkeit zu erhalten, da sie meist zu walkfähigen Tuchen verarbeitet wird. Vor Passieren der Druckmaschine wird das Fasermaterial durch ein Stahlkammsystem (*Gilbox*) zu einem feinen Vlies ausgebreitet, welches bedruckt wird. Das bedruckte Material kann, ohne getrocknet zu werden, in Körbe oder Netze verpackt gedämpft werden, da ein gewisses Abflecken nicht störend wirkt. Um Wollfarbstoffe trotz fehlender Chlorierung gut zu fixieren, ist eine längere Dämpfdauer (2–3 Std.) erforderlich. Die Nachbehandlung wird auf der *Lisseuse* (S. 280) vorgenommen.

5. Die Dämpfeinrichtungen

Die meisten Druckfarben erfordern zu ihrer Fixierung ein Dämpfen. Farbstoffe, welche ein längeres Färben bei höherer Temperatur benötigen (substantive Farbstoffe, Säurefarbstoffe) bedürfen auch einer langen Dämpfdauer, während Farbstoffe, welche sich durch einfaches Klotzen und Entwickeln fixieren lassen (Naphthole, Indigosole), auch ohne Dampf oder in einem kurzen Dämpfprozeß fixiert werden können. Das Dämpfen ersetzt die Heißbehandlung in wäßrigem Medium, wie es beim Färben üblich ist.

In der Dampfatmosphäre treten alle diejenigen Veränderungen ein, welche sowohl die Faser als auch die Druckfarbe in einen für die Farbstoffixierung optimalen Zustand versetzen. Die Verdickung wird dünnflüssig, die Teilchenbewegung beschleunigt, so daß eine Diffusion der Farbstoffteilchen und der sonstigen Reagenzien zu der in Quellung befindlichen Faser und in diese hinein möglich ist. Die Reaktionspartner treten miteinander in Reaktion, so daß z.B. Küpenfarbstoffe unter der Einwirkung der in der Druckfarbe enthaltenen Verküpungsmittel reduziert werden und auf die Faser aufziehen.

Unter diesen Umständen spielt die Beschaffenheit des Dampfes eine ausschlaggebende Rolle, da das aus dem Dampf sich bildende Kondensat als Reaktions- und Quellmedium benötigt wird. Gesättigter Dampf, welcher dem Taupunkt nahe ist, wird daher im allgemeinen bevorzugt, da er in Berührung mit der zunächst kalten Ware leicht kondensiert. Nur in Sonderfällen, d.h. wenn ein solcher Dampf ein Fließen der Drucke bewirkt, wird mäßig überhitzter Dampf angewandt. Auf der einen Seite ist die Verwendung von etwas überhitztem Dampf von Vorteil, damit im Dämpfer keine Tropfenbildung eintritt, welche Flecken hervorruft; der Dampf soll aber andererseits nur ganz wenig überhitzt sein, damit er sich in Berührung mit der Ware leicht kondensiert. Um letzteres zu beschleunigen, sollen die bedruckten Gewebe abgekühlt in den Dämpfer gelangen. In manchen Fällen ist ein Befeuchten der bedruckten Gewebe vor dem Dämpfen von Vorteil.

Der Schnelldämpfer (Mather-Platt). Der Mather-Platt (Kontinuedämpfer) ist eine Dämpfeinrichtung für kurzes Dämpfen (1–15 min) und damit die meistangewandte Dämpfeinrichtung. Er besteht aus einer gußeisernen Kammer, durch welche die Ware in vertikaler Richtung über Leitrollen kontinuierlich geführt wird (Abb. 216). Die Decke der Kammer ist als Doppelwand gearbeitet und dampfbeheizt, um eine Tropfenbildung zu vermeiden. Aus dem gleichen Grunde sind unter den an der Decke befindlichen perforierten Dampfeinleitungsrohren Auffangmulden angebracht.

Perforierte Dampfrohre befinden sich auch am Boden der Kammer. Besonders leicht kann eine Tropfenbildung an der Wareneintrittsstelle eintreten, welche daher als Vorkammer zum Anwärmen der Ware ausgebildet ist. Diese Vorkammer ist an einen Saugschlot angeschlossen; ihre obere Doppelwand ist ebenfalls dampfbeheizt.

Falls notwendig, wird überhitzter Dampf durch geeignete Maßnahmen abgekühlt, damit er dem Taupunkt nahekommt. Die Dampftemperatur bewegt sich meist zwischen 101–103 °C.

Das Dampfkondensat sammelt sich am Boden der Kammer an. Sein Niveau kann mit Hilfe eines an der Außenwand befindlichen Drehrohrs so variiert werden,

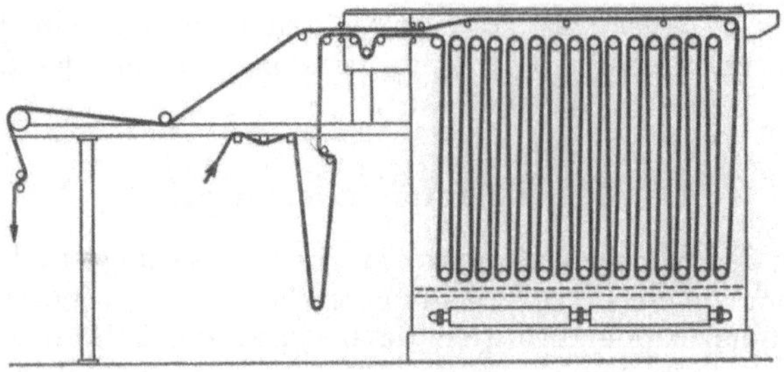

Abb. 216. Schnelldämpfer (Zittauer Maschinenfabrik).

daß die Dampfrohre in das Kondensat eintauchen, was einmal ein Dämpfen mit Sattdampf und zum anderen, z. B. bei Zugabe einer flüchtigen Säure, ein Dämpfen in einer sauren Atmosphäre (S. 694) ermöglicht.

Für kurzes und langes Dämpfen eignet sich z. B. der „*Festoon*"-*Kontinuedämpfer*. Für das *Zweiphasendruckverfahren* mit Küpenfarbstoffen (S. 682) werden spezielle Konstruktionen mit kleinem Wareninhalt gebaut, so der *Bogendämpfer*, der *Monforts-Reaktor* und der *Shirley-Flash-Dämpfer*.

HT-Druckdämpfer. Zur Fixierung von Drucken auf Synthesefasern und Fasermischungen werden vielfach höhere Temperaturen benötigt. Man benützt dazu HT-Druckdämpfer, auf denen mit Sattdampf bis 140 °C kontinuierlich gedämpft werden kann.

Neuerdings ist es üblich, mit stark überhitztem Dampf ohne Druck kontinuierlich zu arbeiten (Hochtemperaturdämpfen).

Thermofixiereinrichtungen. Zum Fixieren von Drucken auf Geweben aus Synthesefasern werden neuerdings auch Spannrahmen mit Temperaturen bis zu 220 °C angewandt.

Der Runddämpfer. Der Runddämpfer ermöglicht eine lange Dämpfdauer; er wird, da heute Druckverfahren von kurzer Dämpfdauer bevorzugt sind, kaum mehr

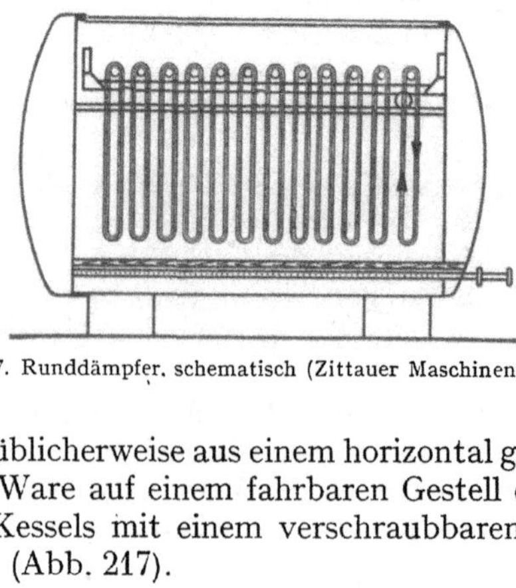

Abb. 217. Runddämpfer, schematisch (Zittauer Maschinenfabrik).

angewandt. Er besteht üblicherweise aus einem horizontal gelagerten zylindrischen Kessel, in welchen die Ware auf einem fahrbaren Gestell eingehängt wird. Nach dem Verschließen des Kessels mit einem verschraubbaren Deckel kann beliebig lange gedämpft werden (Abb. 217).

Universaldämpfer nach von der Wehl. Der von der Wehl-Dämpfer eignet sich besonders für kleinere Film- und Handdruckbetriebe. Die zu dämpfende Ware wird zusammen mit einem Mitläufer auf einen perforierten Metallzylinder aufgewickelt, welcher in einen zylindrischen Kessel vertikal eingesetzt wird. Der eingeblasene Dampf durchströmt die aufgewickelte Ware und tritt durch die Achse des Zylinders aus.

Dämpfer für Filmdruckware. Da im Filmdruck besonders viel Farbe aufgetragen wird, kann die Ware beim Dämpfen mit ihrer bedruckten Seite nicht über Leitrollen geführt werden, da sonst ein Abschmieren des Druckes eintritt. Es sind daher für diesen Zweck besondere Einrichtungen erforderlich. Die Ware wird analog der Führung in der Trockenmansarde spiralförmig, d.h. nur mit einseitiger Warenanlage an die Leitrollen, durch den Dampfraum geführt (*Krostewitz-Dämpfer* [Abb. 218], *Gerber-Dämpfer*).

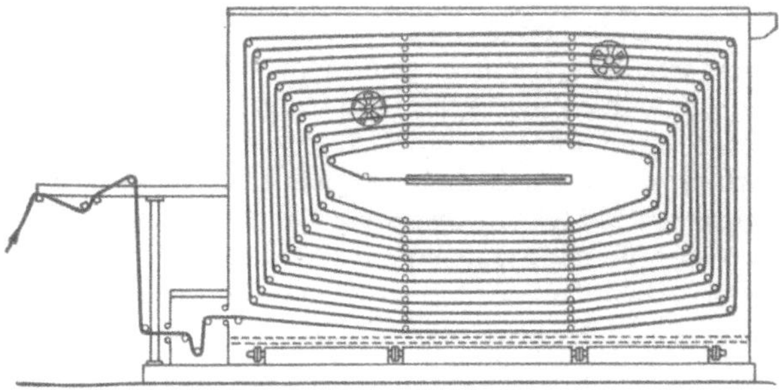

Abb. 218. Krostewitz-Dämpfer, schematisch (Zittauer Maschinenfabrik).

Sterndämpfer. Eine weitere Möglichkeit ist im Sterndämpfer gegeben. Die Ware wird spiralförmig an den Häkchen eines Sternreifs aufgehängt und dieser in einen eisernen verschließbaren Kessel eingesetzt und gedämpft. Da kein Verziehen eintritt, eignet sich diese Dämpfeinrichtung speziell für zugempfindliche Gewebe.

6. Wascheinrichtungen

Zum Spülen, Waschen, Seifen und zu sonstigen Nachbehandlungsarbeiten der Drucke dient bei kleiner Produktion die Haspelkufe und bei großer Produktion die kontinuierlich arbeitende Strangwaschmaschine oder besser die *Breitwaschmaschine* (Abb. 219). Auf der letzteren kann die Ware schonend und gleichmäßig gewaschen werden. Eine Behandlung in breitem Zustand ist häufig erforderlich, um ein eventuelles Abflecken noch nicht fixierter Drucke zu vermeiden. Die Breit-

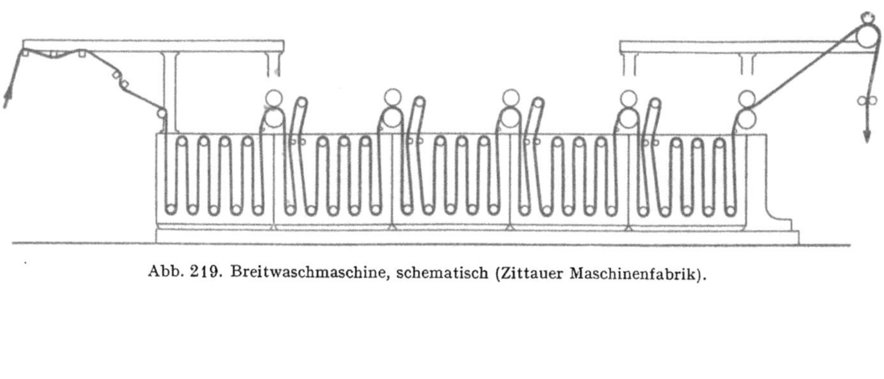

Abb. 219. Breitwaschmaschine, schematisch (Zittauer Maschinenfabrik).

waschmaschine besteht aus mehreren hintereinander angebrachten Flottenbehältern, durch welche die Ware kontinuierlich über Leitrollen geführt und jeweils beim Übergang zu dem nächsten Behälter abgequetscht wird.

7. Vorrichtungen zur Herstellung der Druckfarbe

Zur Herstellung der Verdickungen dienen doppelwandige dampfbeheizte Kupferkessel von 50–400 Liter Inhalt oder Autoklaven, in welchen die Verdickung je nachdem mehr oder weniger lange gekocht wird. Zur kontinuierlichen Bereitung von Verdickungen dient der „Votator", bei dem das mit Wasser angerührte Verdickungsmittel dampfbeheizte Zylinder passiert und dann abgekühlt wird.

Farbstoffe und sonstige Chemikalien werden meist in die erkaltete Verdickung eingerührt. Die so hergestellte Druckfarbe muß sorgfältig gesiebt werden, da ungelöste oder unlösliche Partikelchen Fehlererscheinungen beim Druck hervorrufen (S. 670). Das Sieben oder Passieren geschieht in sogenannten *Passiermaschinen*, bei welchen die Druckfarbe durch ein engmaschiges rotierendes oder feststehendes Drahtsieb mit Hilfe einer in entgegengesetzter Richtung laufenden Bürste hindurchgedrückt wird. Man kann auch in einer Vakuumvorrichtung durch Nesseltuch saugen. Druckfarben, welche unlösliche Pigmentteile enthalten, werden vorteilhaft in einer geeigneten Mühle (*Tellermühle*) durchgemahlen. Gröbere harte Teilchen können zu einer Beschädigung der Rakel oder der Gravur führen (Rakelstreifen, Anreißer).

VIII. Die Textilhilfsmittel

Unter dem Begriff der Textilhilfsmittel werden solche speziellen chemischen Produkte verstanden, welche für die textilen Prozesse notwendig sind, d. h. welche ihre Durchführung ermöglichen, erleichtern oder in irgendeiner Weise günstig beeinflussen. Eine scharfe Trennungslinie zwischen Textilhilfsmitteln und in der textilen Verarbeitung alltäglich benutzten Chemikalien, wie Säuren, Basen, Salzen, Bleichmitteln usw., kann nicht gezogen werden. Textilhilfsmittel sind spezielle Produkte, welche gerade im Hinblick auf ihre textile Verwendung in den Handel gebracht werden, wobei aber nicht gesagt sein soll, daß sie nicht gleichzeitig auch in anderen Industriezweigen (z. B. Leder, Papier) Verwendung finden.

Die Textilhilfsmittel rekrutieren sich zum größten Teil aus Verbindungen der organischen Chemie, und zwar handelt es sich vorwiegend um aliphatische Körper und in gewissem Umfang auch um aromatische Substanzen, während die rein anorganischen Produkte mengenmäßig in den Hintergrund treten.

Nach *G. Schwen* beträgt der Verbrauch an Textilhilfsmitteln mindestens 10 % des gesamten Faserverbrauchs.

Wenn im folgenden Handelsprodukte der Textilhilfsmittel genannt werden, dann ist es naturgemäß im Rahmen des vorliegenden Lehrbuchs auch nicht annähernd möglich, alle handelsüblichen Produkte aufzuzählen. Es wurde im Rahmen einer systematischen Darstellung lediglich eine zweckdienliche Auswahl getroffen, um dem Leser konkrete Beispiele zu dem Chemismus der einzelnen Textilhilfsmitteltypen zu vermitteln. Dabei sei aber noch dahingestellt, ob die gegebene Formulierung bzw. die chemische Charakterisierung in jedem Fall dem genannten Handelsprodukt auch streng entspricht, da einmal die Fabrikationsmethoden wechseln und zum andern bei der Reaktion sich bildende Nebenprodukte bzw. absichtlich gegebene Zusätze vielfach beigemischt sind. Auch Mischungen verschiedener Textilhilfsmittel, deren Kombination sich für irgendwelche Zwecke günstig auswirkt, sind im Handel. Darüber hinaus sind die in der Literatur von den Herstellerfirmen gemachten Angaben teilweise unvollständig und deuten unter Umständen das Herstellungsprinzip nur an. Da und dort wurde, um eine gewisse historische Entwicklung aufzuzeigen, ein heute u. U. überholtes Produkt eingestreut.

Die aufgeführten Handelsprodukte bzw. Handelsbezeichnungen sind gerade in den letzten Jahren einem vielfachen Wechsel unterzogen worden, so daß diese unter Umständen nicht in allen Fällen den neuesten Stand wiedergeben. Vereinzelt sind ältere Bezeichnungen zusammen mit den neuen Namen aufgeführt.

Viele hierher gehörige Produkte wurden bereits im Rahmen der Veredlungsverfahren genannt und beschrieben, so daß ihre nochmalige Aufzählung entfallen kann.

A. Netz-, Dispergier- und Waschmittel (Tenside)

Bei den Netz-, Dispergier- und Waschmitteln handelt es sich um die wichtigste Gruppe von Textilhilfsmitteln. Da die Netz-, Dispergier- und Waschvorgänge bei den verschiedensten Prozessen der textilen Verarbeitung eine Rolle spielen, kommt diesen Produkten eine universelle Bedeutung zu. Sie können in eine Gruppe zusammengefaßt werden, weil dieser Typ von Produkten die Eigenschaften des Netzens, des Dispergierens und Waschens mehr oder weniger in sich vereinigt, d.h. bei dem einen Produkt ist die Netzwirkung, bei dem anderen die Waschwirkung und beim dritten die Dispergierwirkung besonders ausgeprägt. Daneben besitzen sie, bedingt durch ihre faser- bzw. farbstoffaffinen Eigenschaften, auch noch andere, z. B. für Färberei und Druckerei vorteilhafte Funktionen, welche sie als Egalisier- und Durchfärbemittel sowie als Weichmachungsmittel geeignet machen. Diese Vielgestaltigkeit von Funktionen hängt mit einer allen gemeinsamen Eigenschaft, nämlich der *Grenzflächenaktivität* zusammen, so daß diese Produkte zusammenfassend als *grenzflächenaktive Produkte* bezeichnet werden (Internationale Bezeichnung: Tenside).

Bauprinzip. Den Netz-, Dispergier- und Waschmitteln ist ein gleichartiges Bauprinzip gemeinsam. Sie bestehen aus einem mehr oder weniger langen *hydrophoben* Molekülteil, welcher aliphatischer, aromatischer oder gemischt aliphatisch-aromatischer Natur sein kann, und einem *hydrophilen* Molekülteil, welcher die Wasserlöslichkeit des gesamten Moleküls bedingt. Diese „doppelseitige" Konstitution führt sowohl zu einer „Sympathie" als auch zu einer „Antipathie" gegenüber dem Lösungsmittel Wasser (Amphipathie). Als Beispiel seien die Seifen genannt, welche als hydrophobe Gruppe einen Alkylrest enthalten, dessen Kohlenstoffzahl sich etwa zwischen 10 und 20 bewegt und deren hydrophiler Bestandteil eine Carboxylgruppe ist:

$$CH_3(CH_2)_xCOONa \qquad x = 10—20$$

Andere Produkte sind durch die Gegenwart anderer hydrophiler Gruppen in ihren Eigenschaften definiert. So kommen u.a. noch in Frage die Sulfatgruppe ($—OSO_3Na$) und die Sulfonatgruppe ($—SO_3Na$). Es können in ein und demselben Molekül auch verschiedenartige hydrophile Gruppen gleichzeitig zugegen sein.

Durch den Wechsel der hydrophilen Gruppe wird das Produkt in bestimmten Eigenschaften, wie z.B. Kalk- und Säurebeständigkeit, wesentlich beeinflußt, während eine Variation des hydrophoben Anteils in dieser Richtung weniger ins Gewicht fällt. Wird z.B. in einem seifenartigen Körper der Alkylrest gewechselt, so tritt keine grundsätzliche, sondern nur eine graduelle Verschiedenheit der Eigenschaften ein. Ersetzt man jedoch die Carboxylgruppe durch eine andere, so entsteht ein Typ von andersartigen Eigenschaften:

$CH_3(CH_2)_xCOONa$	Seifen-Typ
$CH_3(CH_2)_xOSO_3Na$	Alkylsulfat-Typ
$CH_3(CH_2)_xSO_3Na$	Alkylsulfonat-Typ.

Die vorgenannten Typen werden als *anionaktive* Produkte bezeichnet (Aniontenside), da der die grenzflächenaktiven Eigenschaften bestimmende Molekülanteil das Anion bildet:

$$[CH_3(CH_2)_xCOO]^-Na^+ \quad [CH_3(CH_2)_xOSO_3]^-Na^+ \quad [CH_3(CH_2)_xSO_3]^-Na^+$$

Kationaktive Produkte sind solche, in denen der für die grenzflächenaktiven Eigenschaften maßgebliche Molekülteil das Kation darstellt (Kationtenside). Hydrophile und damit wasserlöslich machende Gruppe ist in diesen Körpern häufig die substituierte Ammonium- oder Pyridiniumgruppe.

Beispiele:

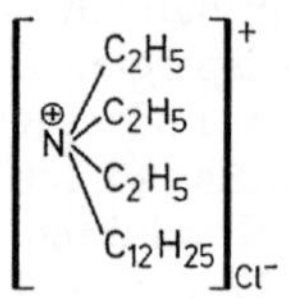

Triäthyl-lauryl-ammoniumchlorid

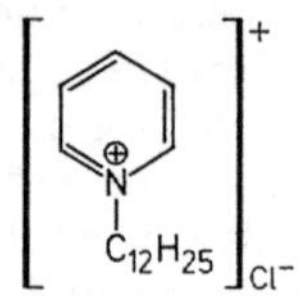

Dodecyl-pyridiniumchlorid

Die kationaktiven Produkte sind aus wirtschaftlichen Gründen im allgemeinen als Netz-, Dispergier- und Waschmittel weniger geeignet, spielen aber als Färberei- und Druckereihilfsmittel sowie als Aviviermittel eine wichtige Rolle.

Amphotere Verbindungen, die sowohl eine ionogene anionische als auch eine ionogene kationische Gruppe besitzen (Betainstruktur) werden *Ampholyte* bzw. Amphotenside genannt.

Beispiel:

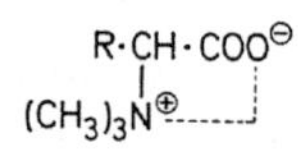

Neben den *ionogen-aktiven* Hilfsmitteln sind bestimmte *nichtionogene* Produkte von großer Bedeutung (nichtionische Tenside). Es ist dies vor allem der Typ der Polyätheralkohole

$$CH_3(CH_2)_xCH_2O(C_2H_4O)_xC_2H_4OH\,,$$

welche ihre Wasserlöslichkeit den Sauerstoffbrücken verdanken, die auf Grund der Anlagerung von Wassermolekülen zur Bildung von Polyoxoniumhydroxiden befähigt sind (*Schöller, Wurzschmitt*). In Anbetracht dieser Erscheinung dürften auch diesen Körpern in wäßriger Lösung gewisse, wenn auch geringe Ladungseigenschaften zuzuschreiben sein, so daß keine absolute Nichtionogenität vorhanden ist, die betreffenden Substanzen vielmehr unter bestimmten Bedingungen einen gewissen *kationaktiven* Charakter annehmen können (S. 747, 763f.).

Auch die gehäufte alkoholische Hydroxygruppe sowie die Peptidgruppen können Wasserlöslichkeit vermitteln, wie dies einerseits aus dem Beispiel des Polyvinylalkohols und andererseits aus dem Verhalten gewisser Eiweißstoffe hervorgeht.

Der hydrophobe Molekülteil kann auch aus einem *hydrophoben Polymerisat* und der hydrophile aus einem *hydrophilen Polymerisat* bestehen. Man stellt sich z.B. ein Mischpolymerisat her aus vorgebildetem Polystyrol bestimmter Kettenlänge und aus Polyvinylalkohol, so daß z.B. 20 Teilstücke Polystyrol mit 20 Teilstücken Polyvinylalkohol vereinigt sind. Nach *H. Mark* fungieren solche Substanzen als *Netzmittel.*

Grenzflächenaktivität. Stoffe, welche sich an einer Grenzfläche ansammeln und sich dort aktiv betätigen, werden *grenzflächenaktive* Stoffe genannt. Eine solche Grenzfläche kann sein

zwischen gasförmiger und flüssiger Phase, z. B. Luft/Wasser
zwischen flüssiger und flüssiger Phase, z. B. Öl/Wasser
zwischen fester und flüssiger Phase, z. B. Pigment/Wasser oder Faser/Wasser.

Grenzflächenaktive Mittel setzen die *Grenzflächenspannung* bzw. *Oberflächenspannung*, wie sie meist bei Flüssigkeit/Luft genannt wird, herab.

Wie kommt eine solche Beeinflussung der Grenzfläche zustande?

In Kontakt mit einer Grenzfläche tritt eine Ausrichtung der Moleküle des grenzflächenaktiven Mittels ein. In dem System Wasser/Seife z. B., welches gegen Luft grenzt, wird die eine Molekülhälfte, nämlich die hydrophobe Alkylgruppe vom Wasser weg, die andere, nämlich die hydrophile dissoziierte Carboxylgruppe, zum Wasser hinstreben. Hieraus ergibt sich eine sogenannte *orientierte Adsorption* (*Langmuir* und *Harkins*), welche dadurch gekennzeichnet ist, daß die Carboxylgruppen in das Wasser hinein- und die Alkylreste aus der Wasseroberfläche herausragen. Dies führt zu einer Erniedrigung der Grenzflächenspannung (Oberflächenspannung) Wasser/Luft, welche den Netzvorgang einleitet.

An der Grenzfläche Wasser/Öl bzw. Wasser/Fett tritt das gleiche ein: Die hydrophile Seite des im Wasser gelösten grenzflächenaktiven Mittels zieht zum Wasser, die hydrophobe bzw. lipophile Seite zieht zum Öl bzw. Fett hin. Dies löst eine Erniedrigung der Grenzflächenspannung (Zwischenflächenspannung) aus, so daß ein Übergang des Öls bzw. Fetts in die wäßrige Phase erleichtert ist, eine Erscheinung, welche die Grundlage des *Emulgierens* von Ölen und Fetten bildet.

Auch das *Dispergieren* von fettigen Schmutzteilchen in wäßrigen Medien kommt auf diese Weise zustande. Der hydrophobe Teil des Dispergiermittels ist zum Schmutz und der hydrophile zum Wasser hin gerichtet. Der Dispergierung von nicht fettigen Pigmentteilchen, an denen es zur Ausbildung einer aus entgegengesetzt gerichteten Seifenmolekülen bestehenden Doppelschicht kommt, liegt dieses Prinzip ebenfalls zugrunde.

Auch bei dem System Wasser/Faser wird die gleiche Erscheinung beobachtet. Das in Wasser gelöste grenzflächenaktive Mittel wird mit seinem hydrophoben Teil von der Faser adsorbiert, während der hydrophile Teil in das Wasser hineinragt und so eine Brücke von der Faser zum Wasser entsteht.

Wie wirken sich diese Erscheinungen bei der Behandlung eines hydrophoben (fetthaltigen) Fasermaterials in der Lösung eines grenzflächenaktiven Mittels aus?

Die Erniedrigung der Oberflächenspannung Wasser/Luft erleichtert das Eindringen der wäßrigen Flotte in die luftgefüllten kapillaren Räume des Fasermaterials (*kapillaraktive Wirkung*). Eine Erniedrigung der Grenzflächenspannung Wasser/Öl bzw. Fett in Gemeinschaft mit einer solchen der Grenzfläche Wasser/Faser ermöglicht einen Zutritt des Wassers zur Faser und ist damit die Voraussetzung und die Grundlage für den Netzvorgang (Umnetzung). Besitzt das betreffende Produkt gut dispergierende Eigenschaften, so werden gleichzeitig die fettigen und sonstigen Verschmutzungen abgetragen.

Die vorstehend entwickelten Vorgänge, welche schließlich zu einem Netzen und eventuellen Reinigen der Fasern führen, sind mit dem Auftreten gewisser elektrischer *Ladungserscheinungen* verbunden. Durch die orientierte Adsorption dissoziierter anionaktiver Moleküle erfolgt eine negative Aufladung der Grenzflächen; Öl-, Fett-, Pigment- und Schmutzteilchen erfahren eine negative Aufladung, die von Haus aus negative Ladung der Faser wird verstärkt. Die gleichsinnige Ladung von Faser und Faserverunreinigungen führt zu einer gegenseitigen Abstoßung und damit zu einem Abtragen der Verunreinigungen in das wäßrige Medium hinein (Dispergiervorgang). In diesem bleiben die dispergierten Teilchen fein zerteilt und somit in Emulsion bzw. Suspension, da eine Zusammenballung durch das Tragen gleichsinniger Ladungen nicht möglich ist.

Hinsichtlich des *Lösungszustandes* der ionogenen Produkte sind folgende Erscheinungen zu berücksichtigen: Auf Grund zwischenmolekularer Anziehungskräfte zwischen den hydrophoben Resten kommt es zur Zusammenballung von Molekülen und Ionen (*Micellbildung*), so daß die wäßrige Lösung eines ionogenaktiven Produkts durch folgende Gleichgewichte gekennzeichnet ist (*McBain, Chwala*):

$$\begin{array}{ccc} \text{einfache Ionen} & \rightleftarrows & \text{undissoziiertes einfaches Salz} \\ \upharpoonleft\downharpoonright & & \upharpoonleft\downharpoonright \\ \text{aggregierte Ionen} & \rightleftarrows & \text{undissoziiertes aggregiertes Salz} \\ \text{(ionische Micelle).} & & \end{array}$$

In stark verdünnten Lösungen liegen durchweg rein ionogendisperse Systeme vor (*Hartley*). Die Aggregierung beginnt aber schon in den technisch üblichen Waschmittelkonzentrationen.

Auf Grund ihres hydrophilen Rests verhalten sich demnach die ionogenen Produkte wie Elektrolyte, auf Grund des hydrophoben häufig wie Kolloide, so daß sie als *Kolloidelektrolyte* bezeichnet werden. Sie zeigen bei Dialysevorgängen das Verhalten von Kolloiden und in verdünnten Lösungen dasjenige der Elektrolyte (Ionisierung, elektrische Leitfähigkeit).

Für die grenzflächenaktiven Eigenschaften selbst sind die nicht assoziierten Teilchen maßgebend. Sie rekrutieren sich an der Grenzfläche aus den ionischen Micellen, mit deren Hilfe eine größere Anzahl von Ionen in dichtgepackter Form in die Nähe der Grenzfläche gebracht werden kann.

Die Konzentration der Hilfsmittel kann so an der Faser- oder Schmutzgrenzfläche 500–1000mal größer sein als im Inneren der Hilfsmittellösung (*Chwala*). Wären die Substanzen nur als Einzelionen zugegen, so ließe der osmotische Druck eine Konzentrierung an der Grenzfläche nicht zu. Die aggregierten Teilchen haben auf Grund ihres hohen Molekulargewichts einen kleinen osmotischen Druck und ermöglichen so eine Ansammlung an der Grenzfläche unter allmählichem Zerfall in die Einzelionen.

Der Waschvorgang. Die beim Waschen eines Textilmaterials sich abspielenden Vorgänge können demnach wie folgt beschrieben werden:

Zunächst tritt eine Herabsetzung der Oberflächenspannung Waschflotte/Luft durch das zugegebene Waschmittel ein, was das Eindringen der Waschmittellösung in die kapillaren Hohlräume des Waschguts und damit ein Netzen erleichtert.

Beim Waschen mit *anionaktiven* Produkten werden die Waschmittel-Anionen sowohl an die Faser- als auch Schmutzoberfläche adsorbiert und schieben sich so zwischen Faser und Schmutz, so daß letzterer auf Grund der gegenseitigen Abstoßung abgehoben wird. Durch Adsorption der Waschmittel-Anionen bzw. -Micellen sind die Schmutzteilchen gleichsinnig geladen und gleichzeitig umhüllt (*Schutzkolloidwirkung*), so daß sie in der Waschflotte fein zerteilt bleiben (*Solubilisation*) und beim Spülprozeß abgeschwemmt werden können.

(Dabei ist zu bemerken, daß bei zu weitgehender Dispersion der Schmutzteilchen, wie sie namentlich bei zu langer Waschdauer mit stark dispergierend wirkenden Waschmitteln eintreten kann, ein Wiederaufziehen des Schmutzes stattfindet. Man spricht in diesem Zusammenhang von mangelndem Schmutztragevermögen, eine Erscheinung, der durch Zusatz von schutzkolloiden Substanzen, z.B. Celluloseäthercarbonsäuren, abgeholfen werden kann.)

Schaumfähigkeit (Ausbildung einer von einer Tensid-Doppelschicht umhüllten Luftblase) ist nicht Voraussetzung für das Waschvermögen eines Waschmittels, unterstützt dieses aber, da der Schaum auf Grund seiner kapillaren Kräfte als Schmutzförderer wirkt (*H. Reumuth*); außerdem dient er zur Erkennung der Waschmittelreserve. Saponine z.B. sind stark schäumende Substanzen, ohne eine Waschwirkung zu besitzen. Alkalische Reaktion ist ebenfalls nicht erforderlich, da eine ganze Reihe von Waschmitteln auch in neutralem und saurem Medium wäscht. Als „Antischaummittel" (S. 786) kommen Kohlenwasserstoffe, höhere Alkohole sowie Alkylpolysiloxane in Betracht.

Beim Waschen mit *kationaktiven* Hilfsmitteln (Kationtenside) erhalten die Schmutzteilchen eine positive Aufladung, die unter normalen Bedingungen negative Ladung der Fasern wird verringert, ohne in eine positive Ladung umzuschlagen, da die Fasern sich auf diese Weise meist nur schwer umladen lassen. Unter diesen Umständen ist die Schmutzablösung erschwert, so daß kationaktive Hilfsmittel für das Waschen kaum in Frage kommen.

Die *nichtionogenen* Produkte lagern sich ebenfalls mit dem hydrophoben Kohlenwasserstoffrest an die Faser- bzw. Schmutzoberfläche an, während der hydrophile Polyäthylenoxidteil in das Wasser hineinragt und so die Brücke zur Faser bzw. zum Schmutz bildet.

Den geringfügigen Ladungserscheinungen dieser Körper dürfte keine besondere Rolle beim Waschprozeß zufallen; vielmehr scheint die Waschwirkung darauf zu beruhen, daß die in wäßriger Lösung zunächst vorhandenen Polyoxoniumhydroxide (S. 763) mit steigender Temperatur wieder zerfallen. Die dabei sich wieder zurückbildenden nichtionogenen Polyglykoläther lagern sich an das von der Faser zu entfernende Fett an bzw. lösen sich in diesem (sie sind lipophil). Beim Spülprozeß, der kalt erfolgt, bilden sich aufs neue Polyoxonium-hydroxide, die das Fett nunmehr auf dem Wege des Emulgierens von der Faser abschwemmen. Die Solvatisierwirkung der nichtionogenen Produkte ist so stark, daß eine Zusammenballung der umhüllten Teilchen auch ohne eine wesentliche elektrische Aufladung unterbleibt (*Schutzkolloidwirkung*).

Die Waschwirkung eines Waschmittels[1] ist in hohem Maß von dem pH-Wert der Waschflotte abhängig. Wäscht man z.B. Wolle mit einem säurebeständigen *anionaktiven* Waschmittel in stark saurem Medium, so wird die Wollfaser, welche oberhalb des isoelektrischen Punktes eine negative Ladung besitzt (S. 248, 276), positiv umgeladen, während die Schmutzteilchen durch die Adsorption der Waschmittelanionen eine negative Aufladung erfahren. Die Adsorption von Waschmittelanionen an die Faser vermindert wohl deren positive Ladung, kann sie aber nicht umladen, so daß starke Anziehungskräfte zwischen Schmutzteilchen und Faser auftreten, welche nur einen unvollkommenen Wascheffekt zulassen. Man kann daher Proteinfasern mit anionaktiven Waschmitteln nur in einem solchen Medium vorteilhaft waschen, in dem die Faser keine oder eine negative Ladung besitzt, d.h. im isoelektrischen Bereich oder oberhalb des isoelektrischen pH-Gebiets.

Neben dem Vorzeichen spielt auch die Größe des elektrischen Potentials, welche

[1] Es sei betont, daß die technischen Waschmittel (auch *Detergentien* genannt), nicht immer reine Individuen „waschaktiver Substanzen" sind, sondern in verschiedener Weise „konfektioniert", also mit ihre Eigenschaften in bestimmter Weise beeinflussenden Zusätzen versehen sein können.

pH-abhängig ist, für den Waschprozeß eine wesentliche Rolle, da mit wachsendem Potential auch die Abstoßungskräfte zunehmen.

Bei den *kationischen* Waschmitteln kehren sich die Verhältnisse um, weshalb sie auch als *Invertseifen* bezeichnet werden. Wäscht man alkalisch, dann besitzt die Proteinfaser eine stark negative Aufladung, welche sich durch Adsorption von Waschmittelkationen nicht ganz beseitigen läßt. Die Schmutzteilchen erhalten eine positive Aufladung, was den Waschprozeß unmöglich macht.

Wäscht man aber Wolle mit kationaktiven Mitteln bei pH-Werten unterhalb 3, so besitzen Faser- und Schmutzteilchen positive Ladungen, so daß ein Wascheffekt möglich ist. Indes sind die notwendigen Waschmittelkonzentrationen so hoch, daß auch unter diesen Umständen das Waschen mit kationaktiven Produkten unrentabel ist (*Chwala*).

Da bei den *nichtionogenen* Waschmitteln den Ladungserscheinungen nur eine geringe Bedeutung für den Waschprozeß zukommt, sind sie in ihrer Waschwirkung wesentlich unabhängiger vom pH-Wert als die ionogenen Produkte.

Wichtig für die Waschwirkung ist das „*Schmutztragevermögen*" des Tensids, d.h. die Verhinderung des Wiederaufziehens des abgelösten Schmutzes, was bei einer wiederholten Wäsche zu einer Vergrauung der Wäsche führen würde. Waschmittel müssen daher eine stabile Dispergier- und Schutzkolloidwirkung haben.

1. Die Seifen

Unter Seifen im weiteren Sinne werden die Metallverbindungen der höheren Fettsäuren verstanden. Seifen im engeren Sinne sind, da sie wasserlöslich sind, die Alkalisalze der höheren Fettsäuren (12–18 C-Atome). Sie finden als Netz-, Dispergier- und besonders als Waschmittel Verwendung, während die unlöslichen Metallseifen anderen textilen Zwecken, z.B. der wasserabweisenden Imprägnierung, dienen.

Zur Herstellung der Seifen geht man entweder von den Fetten und Ölen aus, welche man mit Alkalien verseift, oder neuerdings immer mehr von den nach dem Autoklaven- oder Twitchellverfahren oder synthetisch gewonnenen Fettsäuren, welche nur noch mit Alkali neutralisiert zu werden brauchen. Da die natürlichen Öle und Fette sowie die synthetischen Fettsäuren nicht einheitlich zusammengesetzt sind, sondern meist aus verschiedenen Fettsäuren bestehen, und darüber hinaus zur Seifenherstellung meist Mischungen handelsüblicher Fettprodukte zur Verwendung kommen, stellt eine technische Seife eine Mischung von Alkalisalzen verschiedener Fettsäuren dar. Unter ihnen sind die wichtigsten das

Natriumlaurat $C_{11}H_{23}COONa$, Natriummyristat $C_{13}H_{27}COONa$, Natriumpalmitat $C_{15}H_{31}COONa$, Natriumstearat $C_{17}H_{35}COONa$, Natriumoleat $C_{17}H_{33}COONa$.

Die *Natronseifen* entstehen bei der Verseifung mit Natronlauge oder Soda und werden aus dem Seifensud durch Steinsalzzusatz ausgesalzen und nach dem Erkalten abgestochen (*Kernseifen*). Die *Kaliseife* entsteht beim Verseifen mit Kalilauge oder Pottasche. Ihre Isolierung als feste Seife ist wegen der leichten Löslichkeit der Kaliumverbindungen mit Schwierigkeiten verknüpft, so daß sie meist in Form des erkalteten Seifensuds, d.h. also als Leimseife, in schmieriger Konsistenz in den Handel kommt (*Schmierseife*). Zur Gewinnung fester Kaliseife wird diese eventuell mit Kaliumacetat ausgesalzen, oder die zunächst anfallende Seifenlösung wird auf heißen Walzen zum festen Produkt getrocknet. Die Verseifung kann auch mit Ammoniak oder Triäthanolamin vorgenommen werden (*Ammonseife, Triäthanolaminseife*).

Für die textile Verwendung ist die Löslichkeit bzw. der Trübungspunkt der Seife von größter Bedeutung. Der *Trübungspunkt* ist derjenige Temperaturpunkt, bei welchem sich eine abkühlende Seifenlösung bestimmten Fettsäuregehalts zu trüben beginnt, was durch die Bildung grobdisperser, durch Assoziation entstandener waschinaktiver Seifenteilchen verursacht wird. Einen niedrigen Trübungspunkt besitzen die Seifen aus ungesättigten Fettsäuren (Marseiller Seife), sowie die Kaliseife, so daß sie sich zum Waschen bei mäßigen Temperaturen (20 bis 30 °C) gut eignen, während ihre Waschwirkung bei höheren Temperaturen abfällt. Für das Waschen bei niederen Temperaturen verwendet man daher besonders vorteilhaft eine Kaliumoleatseife. Seifen aus gesättigten Fettsäuren haben höhere Trübungspunkte und entwickeln ihr optimales Waschvermögen erst zwischen 40 und 60 °C und darüber.

Neben ihrer hervorragenden, von anderen Waschmitteln kaum übertroffenen Waschwirkung, die namentlich auf ihr ausgezeichnetes Schutzkolloidvermögen zurückzuführen ist, besitzt die Seife verschiedene schwerwiegende Nachteile, welche ihre textile Verwendungsmöglichkeit einschränken. So ist sie empfindlich gegen Metallionen mit Ausnahme von Alkaliionen, so daß sie *keine Härtebeständigkeit* besitzt (S. 805). Dies verursacht in hartem Wasser einmal einen Waschmittelverlust, da Kalk- bzw. Magnesiaseifen keine Waschkraft besitzen. Zum anderen besteht die Gefahr des Absetzens der unlöslichen Seifen auf den Textilien, was beim anschließenden Färben Unegalitäten auslösen kann. Außerdem verursachen die abgeladenen Metallseifen einen unangenehmen Griff.

Wird Haushaltwäsche laufend mit Seife und hartem Wasser gewaschen, dann „vergraut" die Wäsche allmählich, da die abgelagerten Kalk- und Magnesiaseifen Schmutzteilchen festhalten; sie wird weiterhin durch die Metallseifenauflage schwer und verliert ihre Porosität und damit ihre vorteilhaften hygienischen Eigenschaften. Die Tatsache, daß die unlöslichen Metallseifen wasserabweisenden Charakter besitzen, nimmt solcher Wäsche das Schweißaufsaugevermögen und Hand- bzw. Frottiertüchern das Trockenvermögen. Abgesehen davon ist eine mit unlöslichen Metallseifen beladene Wäsche dem Verschleiß stärker unterworfen als eine metallseifenfreie Wäsche.

Seifen sind weiterhin *nicht säurebeständig*, so daß sie beim Arbeiten in saurem Medium, wie dies in der Wollveredlung häufig verlangt wird, keine Verwendung finden können (S. 276).

In Wasser erleidet Seife eine hydrolytische Spaltung und nimmt damit *alkalische* Reaktion an, so daß Seifenlösungen von üblicher Konzentration (2–3 g pro Liter) zwischen 9 und 10 liegende pH-Werte aufweisen. Diese Alkalität fördert z.B. das Filzen der Wolle, so daß man wollene Haushaltwäsche (Strick- und Wirkwaren), um sie offenzuhalten, vorteilhaft mit neutralen Waschmitteln wäscht.

Seifen sind weiterhin *elektrolytempfindlich*, so daß sie durch Salze ausgesalzen werden und z.B. nicht „meerwasserbeständig" sind. Bei höherer Seifenkonzentration tritt sogar ein Aussalzen durch die eigenen Ionen ein, so daß eine Anwendung höherer Seifenkonzentrationen als 2–4 g pro Liter (vom Fettsäuregehalt der Seife abhängig) den Wascheffekt nicht fördert, sondern benachteiligt.

Unter den genannten Umständen werden die Seifen kaum noch für sich allein, sondern in Verbindung mit synthetischen Tensiden verwendet.

Harzseifen. Harzseifen sind Alkalisalze der Harzsäuren, welche – wie z.B. das Terpentinderivat Abietinsäure – aus natürlichen Harzen, z.B. aus Colophonium, durch Verseifen oder Destillation gewonnen werden können. Sie besitzen ein sehr gutes Schaumvermögen; ihr Waschvermögen ist aber wesentlich geringer als dasjenige der Seifen. Um das Schaumvermögen der letzteren zu erhöhen, werden sie gerne dem Seifensud zugesetzt. Sie eignen sich weiterhin zum Dispergieren von Baumwollwachs (S. 62), so daß sie mit Vorteil als Beuchhilfsmittel Verwendung finden.

2. Die sulfierten[1] Öle (Türkischrotöle)

Durch Sulfieren, d.h. durch eine Behandlung mit starker Schwefelsäure, SO_3 oder Chlorsulfonsäure erreicht man ein Wasserlöslichwerden von Ölen, Fetten und Fettsäuren, so daß die sulfierten Produkte sich im Wasser homogen zerteilen und daher in wäßrigen Veredlungsbädern Verwendung finden können.

Die Art der bei der Sulfierung eintretenden Reaktionen ist sehr mannigfaltig und hängt von der Natur bzw. Reaktionsweise der Fettsäuren des Rohstoffes sowie von den Sulfierbedingungen ab. Damit im Zusammenhang variieren auch die Fertigprodukte weitgehend in ihren Eigenschaften. In hydroxygruppenhaltigen Ölen wird die Hydroxygruppe durch Schwefelsäure verestert, so daß man von Sulfatieren und von sulfatierten Ölen sprechen müßte. An die Doppelbindung ungesättigter Fettsäuren wird Schwefelsäure angelagert, so daß ebenfalls sulfatierte Produkte entstehen. Sulfonate bilden sich, wenn Wasserstoffatome des Alkylrests durch die Sulfogruppe ersetzt werden. Die einzelnen Möglichkeiten seien nachstehend schematisch angedeutet:

$$R_1 \cdot \underset{\displaystyle OH}{\underset{|}{CH}} \cdot R_2 \rightarrow R_1 \cdot \underset{\displaystyle OSO_3H}{\underset{|}{CH}} \cdot R_2 \qquad \text{„Sulfat“}$$

$$R_1 \cdot CH{=}CH \cdot R_2 \rightarrow R_1 \cdot CH_2 \cdot \underset{\displaystyle OSO_3H}{\underset{|}{CH}} \cdot R_2 \qquad \text{„Sulfat“}$$

$$R_1 \cdot CH_2 \cdot R_2 \rightarrow R_1 \cdot \underset{\displaystyle SO_3H}{\underset{|}{CH}} \cdot R_2 \qquad \text{„Sulfonat“}$$

Je nach der Zusammensetzung der Fettsäuren und den angewandten Reaktionsbedingungen kann entweder nur eine dieser Reaktionen oder können auch alle drei gleichzeitig eintreten. Dabei geht die Veresterungsreaktion am leichtesten und die Anlagerung schwieriger vonstatten, während die Substitution meist energischere Sulfierungsbedingungen (z.B. Chlorsulfonsäure) erfordert. Da meist unter milderen Bedingungen gearbeitet wird, enthalten die Produkte auch noch ziemliche Mengen unverändertes Ausgangsmaterial.

Sulfierung von Ricinusöl. Ricinusöl wird gerne zur Sulfierung angewandt, da die Sulfierung auf Grund der vorhandenen Hydroxygruppen leicht erfolgt. Die Zusammensetzung des Fertigproduktes ist sehr komplexer Art, da die verschiedensten Umsetzungen bei der Sulfierung eintreten. Neben der bevorzugten Veresterung der Hydroxygruppen (Sulfatierung) tritt in gewissem Umfang – allerdings nur bei stärkerer Sulfierung – eine Anlagerung der Schwefelsäure an die Doppelbindungen der Ricinolsäure ein:

$$CH_3 \cdot (CH_2)_5 \cdot \underset{\displaystyle OH}{\underset{|}{CH}} \cdot CH_2 \cdot CH{=}CH \cdot (CH_2)_7 \cdot COOR \rightarrow$$

$$CH_3 \cdot (CH_2)_5 \cdot \underset{\displaystyle OSO_3H}{\underset{|}{CH}} \cdot CH_2 \cdot CH_2 \; \underset{\displaystyle OSO_3H}{\underset{|}{CH}} \cdot (CH_2)_7 \cdot COOR$$

R = Glycerinrest

[1] Die Nomenklatur wird nicht einheitlich gehandhabt. Im Interesse eindeutiger Begriffe sollte die Bezeichnung *Sulfurierung* für die Einführung von Schwefel in irgendeiner Form vorbehalten bleiben. Die Einführung von Schwefel in mercaptanartiger Bindung würde als *Sulfidierung*, die Einführung von $-SO_3H$ als *Sulfierung* bezeichnet. Je nachdem, ob die $-SO_3H$-Gruppe am Kohlenstoff oder am Sauerstoff sitzt, würde man von *Sulfonierung* oder von *Sulfatierung* sprechen. In analoger Weise müßten die Bezeichnungen *Sulfierungsgrad*, *Sulfonierungsgrad* und *Sulfatierungsgrad* gewählt werden (*Hintermaier*).

Die Schwefelsäure bzw. der angeschlossene Waschprozeß bewirken weiterhin eine teilweise Spaltung des Glycerids, so daß auch freie Fettsäure und freie sulfierte Fettsäure zugegen sind. Unter dem Einfluß der wasserentziehenden Wirkung der Schwefelsäure treten weiterhin Kondensationsreaktionen ein, welche u.a. zur Bildung von Diricinolsäuren und Polyricinolsäuren (Estolide) führen, welche teils in sulfiertem und teils in nichtsulfiertem Zustand vorliegen. Durch die Kondensation, welche Carboxylgruppen blockiert, wird das Produkt härte- und säurebeständiger. Die freien Fettsäuren, Schwefelsäureester und Sulfosäuren werden bei dem an die Sulfierung angeschlossenen Neutralisationsprozeß in Alkalisalze umgewandelt:

$$\underset{\text{Ricinolsäure}}{HOOC \cdot C_{17}H_{32} \cdot OH + HOOC \cdot C_{17}H_{32} \cdot OH} \xrightarrow{-H_2O} \underset{\text{Diricinolsäure}}{HOOC \cdot C_{17}H_{32} \cdot OOC \cdot C_{17}H_{32} \cdot OH}$$

$$HOOC \cdot C_{17}H_{32} \cdot OH + HOOC \cdot C_{17}H_{32} \cdot OSO_3H$$

$$\xrightarrow{-H_2O} \underset{\text{Diricinolschwefelsäure}}{HOOC \cdot C_{17}H_{32} \cdot OOC \cdot C_{17}H_{32} \cdot OSO_3H}$$

Sulfierung von Olivenöl. Bei der Sulfierung anderer Öle, welche keine Hydroxygruppen, dafür aber Doppelbindungen besitzen, wie z.B. Olivenöl, besteht die Sulfierungsreaktion in der Anlagerung der Schwefelsäure an die Doppelbindung der Ölsäure (Sulfatierung), wobei die sulfatierte Stearinsäure entsteht:

$$\underset{\text{Ölsäure}}{CH_3 \cdot (CH_2)_7 \cdot CH{=}CH \cdot (CH_2)_7 \cdot COOH} \xrightarrow{H_2SO_4} \underset{\text{sulfatierte Stearinsäure}}{CH_3 \cdot (CH_2)_7 \cdot CH_2{-}\underset{\displaystyle OSO_3H}{\underset{|}{C}H} \cdot (CH_2)_7 \cdot COOH}$$

Auch hier tritt in gewissem Umfang eine Spaltung des Gycerids ein.

Da nur Produkte mit *externer* (*endständiger*) Sulfogruppe bzw. Sulfatgruppe – also mit *ununterbrochener* langer Fettkette – eine gute Waschwirkung besitzen, ist das Türkischrotöl[1] als *interner* Schwefelsäureester kein Waschmittel, besitzt aber gute dispergierende Eigenschaften. Es ist einigermaßen härtebeständig, da seine Erdalkalisalze eine gewisse Wasserlöslichkeit besitzen und sich bildende Kalkseifen durch die Sulfonate dispergiert werden.

Ein stärker sulfiertes Produkt ist die Monopolseife; stärkst sulfierte Produkte sind Intrasol, Prästabitöl V. Mit wachsendem Sulfierungsgrad nimmt die Beständigkeit gegen Härtebildner und Säuren zu. Stärkst sulfierte Produkte erhält man durch Sulfieren mit Chlorsulfonsäure. Die Avivageeigenschaften lassen mit steigendem Sulfierungsgrad nach, das Dispergiervermögen dagegen nimmt zu.

Auf Grund ihrer weichmachenden Eigenschaften kommt den Türkischrotölen eine große Bedeutung für die Zwecke der Avivage und Appretur zu. Sie spielen weiterhin eine wichtige Rolle als Färbereihilfsmittel.

Die *technische Ausführung der Sulfierung* gestaltet sich etwa folgendermaßen: Man läßt langsam unter Rühren und Kühlen – um SO_2-Entwicklung zu vermeiden – konz. Schwefelsäure zu dem Öl zulaufen. Nach beendeter Sulfierung wird mit Wasser oder elektrolythaltigem Wasser gewaschen und anschließend üblicherweise mit Natronlauge neutralisiert. Der Alkalizusatz wird so bemessen, daß das Produkt eine einwandfreie Wasserlöslichkeit erhält.

Bei der Sulfierung von *gesättigten* Fettsäuren bzw. entsprechender Öle und Fette, welche zu echten Sulfonaten führt, sind energischer einwirkende Reaktionsmittel, wie Chlorsulfonsäure oder rauchende Schwefelsäure anzuwenden.

[1] Die Bezeichnung „Türkischrotöle" rührt daher, daß diese Produkte, namentlich sulfiertes Ricinusöl, beim Färben von Türkischrot Verwendung fanden (S. 578).

Während unter den üblichen Bedingungen der Sulfierung die Glyceride teilweise aufgespalten werden, kann die Sulfierung bei Einhaltung bestimmter Vorsichtsmaßnahmen auch so erfolgen, daß eine Spaltung unterbleibt (Neutralölsulfate bzw. -sulfonate). Die Fertigprodukte enthalten dann keine carboxylgruppenhaltigen Bestandteile und zeichnen sich durch eine bessere Härte- und Säurebeständigkeit aus.

Als Beispiele für *Handelsprodukte* von sulfierten Ölen seien die folgenden genannt:

Avirol DKM	Textilol KSH
Monopolbrillantöl	Quecol R
Vinkol AP III, RT	Türkischrotöl
Oleonat	Tinopolöl BH
Flerhenol	Calsolene Oil HS
Kufalin	Perminal KB
Cekit OM	Nopocastor
Diffusil S	

3. Die sulfierten Paraffine und Olefine (Alkylsulfonate)

Das Sulfieren von aliphatischen Kohlenwasserstoffen bereitete ursprünglich Schwierigkeiten, da der Austausch von Wasserstoffatomen gegen die Sulfogruppe sehr energische Reaktionsbedingungen erfordert (Einwirkung von Oleum). Man erhält die Alkylsulfonate auch durch Umsetzung der Alkylchloride mit Natriumsulfit. Eine einwandfreie und wirtschaftliche Methode der Sulfierung gelang erst, nachdem man die *Sulfochlorierung* kennengelernt hatte.

Nach dieser Methode werden n- und i-Paraffine sowie Olefine natürlicher oder synthetischer Herkunft mit etwa 15 Kohlenstoffatomen mit Schwefeldioxid und Chlor oder auch mit Sulfurylchlorid behandelt, wobei sich *Sulfochloride* (Mersole, Witole) bilden, welche durch eine nachträgliche Behandlung mit Natronlauge verseift werden (Mersolate, Witolate). Die Sulfochlorierung erfolgt unter intensiver Belichtung (UV-Licht) bei einer Temperatur von 45–50 °C:

$$CH_3(CH_2)_xCH_3 \xrightarrow{SO_2,\ Cl_2} \underset{\text{Mersol}}{CH_3(CH_2)_{x-1}\underset{\substack{|\\ SO_2Cl}}{CH} \cdot CH_3} (+\ HCl)$$

$$\xrightarrow{2NaOH} \underset{\text{Mersolat}}{CH_3 \cdot (CH_2)_{x-1} \cdot \underset{\substack{|\\ SO_3Na}}{CH} \cdot CH_3} + NaCl + H_2O$$

Bei dieser Reaktion handelt es sich um eine *Radikal-Kettenreaktion*. Primär erfolgt durch die UV-Bestrahlung eine Spaltung des Chlormoleküls in 2 Chloratome:

$$Cl—Cl + h \cdot \nu \rightarrow Cl \cdot + Cl \cdot$$

$$Cl \cdot + R—H \rightarrow H—Cl + R \cdot$$

$$R \cdot + SO_2 \rightarrow R—SO_2 \cdot$$

$$R—SO_2 \cdot + Cl—Cl \rightarrow R—SO_2—Cl + Cl \cdot$$

$$Cl \cdot + R—H \rightarrow H—Cl + R \cdot$$

$$R \cdot + SO_2 \rightarrow R—SO_2 \cdot$$

$$R—SO_2 \cdot + Cl—Cl \rightarrow R—SO_2—Cl + Cl \cdot$$

Die durch Belichtung erzeugten und verbrauchten Chloratome bilden sich in der Reaktionskette zurück, so daß sich das Verfahren trotz der teuren Energiequelle sehr wirtschaftlich stellt.

Der *Kettenabbruch* erfolgt durch folgende Reaktionen:

$$R{-}SO_2\cdot + Cl\cdot \rightarrow R{-}SO_2{-}Cl$$

$$2R\cdot \rightarrow R{-}R$$

$$2Cl\cdot \rightarrow Cl{-}Cl$$

Der Eintritt der Sulfogruppe läßt sich nicht ohne weiteres dirigieren, die Sulfonierung erfolgt daher willkürlich an verschiedenen Stellen des Moleküls (mittelständig und endständig). Die Produkte sind den Alkylsulfaten in ihrer Härtebeständigkeit und Waschwirkung unterlegen, sind aber auf Grund der Abwesenheit der Carboxylgruppe wesentlich härtebeständiger als die Seifen. *Handelsprodukte* sind u.a.: Levapon T, Melavin B, Wofapon AH. Neben der Grundsubstanz Mersolat enthalten diese Produkte gegebenenfalls noch weitere aktive Körper.

Eine weitere Möglichkeit zur Herstellung der Alkylsulfonate besteht in der Einwirkung von SO_2 und O_2 auf aliphatische Kohlenwasserstoffe bei Einstrahlung von UV-Licht, ein Prozeß, der als *Sulfoxydation* bezeichnet wird:

$$CH_3(CH_2)_xCH_3 + SO_2 + {}^1/_2\,O_2 = CH_3(CH_2)_xCH_2SO_3H,$$

wobei die Sulfonierung ebenfalls mittelständig und endständig erfolgen kann. Die Licht-Sulfoxydation läßt sich auch bei Derivaten von aliphatischen Kohlenwasserstoffen durchführen.

Neuerdings werden die Mersolate auch durch *Anlagerung von Nitrosylchlorid* an Olefine bei anschließendem Austausch des Chlors gegen die SO_3Na-Gruppe mittels Natriumsulfit hergestellt. So hergestellte Produkte sind durch eine der SO_3Na-Gruppe benachbarte NO-Gruppe gekennzeichnet:

$$CH_3(CH_2)_x\underset{\displaystyle NO}{\underset{|}{C}H}\cdot\underset{\displaystyle SO_3Na}{\underset{|}{C}H}\cdot CH_2\cdot CH_3$$

Interessant ist ein Verfahren zur Einführung der Sulfogruppen durch Umsetzung von Epoxyden mit Sulfit:

$$R{-}O{-}CH_2{-}\underbrace{CH{-}CH_2}_{O} + NaHSO_3 \rightarrow R{-}O{-}CH_2{-}\underset{\displaystyle OH}{\underset{|}{C}H}{-}CH_2{-}SO_3Na$$

4. Die Aralkylsulfonate

a) Alkylbenzolsulfonate

Benzolsulfonate besitzen keinerlei Netz- oder Waschwirkung, erhalten aber eine solche, wenn man höhermolekulare aliphatische Seitenketten in den Benzolkern einführt. Man kondensiert Benzol mit einem Alkylchlorid und sulfoniert das erhaltene Kondensat.

Beispiel:

$$\underset{\text{Dodecylchlorid}}{C_6H_6 + C_{12}H_{25}Cl} \longrightarrow \underset{\text{Dodecylbenzol}}{C_6H_5\cdot C_{12}H_{25}} \xrightarrow{\text{sulf.}} \underset{\text{Dodecylbenzolsulfonat}}{C_{12}H_{25}\cdot C_6H_4\;SO_3Na}$$

Die betreffenden Produkte stellen billige Waschmittel dar. Da die Alkylbenzolsulfonate mit geradkettigem Alkylrest *biologisch abbaubar* sind (S. 829), sind sie im Laufe der Zeit zu der mengenmäßig bedeutendsten Tensid-Gruppe geworden. Dies hängt namentlich auch mit dem verhältnismäßig niedrigen Preis zusammen.

Handelsprodukte sind:

Basopal NA,	Neopalin
Phenylsulfonat HSR	Spellin AS
Stokopol NB	Silastan AW
Marlon A-Marken	Tabanol B
Merpilan AM	Genopur A konz.
Ateban HLB	Supralan WF
Diseron SV	Nacconol-Marken

Interessant sind – weil auf petrochemischer Basis gewonnen – Produkte, die als aliphatischen Rest z.B. einen *Tetrapropylenrest* enthalten:

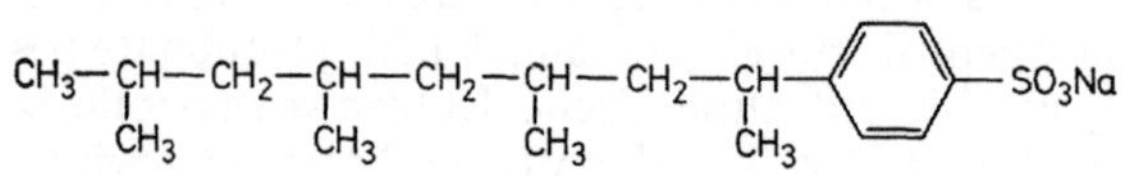

Die Bedeutung dieses Produktes, das auf Grund seiner „Verzweigungen" biologisch schwer abbaubar ist (S. 829), ist stark zurückgegangen.

Aromatische Sulfosäuren sind auch die Sulfitablaugepräparate, deren wirksame Bestandteile ligninsulfosaure Salze sind (Dekol N, Protectol II N, W).

Durch Alkylieren (Amylieren) von sulfoniertem Phthalsäureanhydrid entstehen ausgezeichnete Netzmittel (Invadin).

b) Alkylnaphthalinsulfonate

Naphthalinsulfosaure Salze zeigen wohl ein gewisses Schaumvermögen, besitzen aber keine Netzwirkung. Führt man in das Naphthalin aliphatische Seitenketten (Propyl-, Butyl-, Isopropyl-, Isobutyl-) ein, so bekommt man Substanzen mit ausgezeichnetem Netzvermögen. Man stellt die Produkte her aus Naphthalinsulfosäuren und aliphatischen Alkoholen, z.B. β-Naphthalinsulfosäure und Isopropylalkohol, bei Gegenwart von konz. Schwefelsäure. Anschließend wird gegebenenfalls neutralisiert. Die Stellung des eintretenden Alkylrests ist nicht in jedem Fall bekannt. Der Naphthalinkern kann auch mehrfach alkyliert sein.

Beispiel:

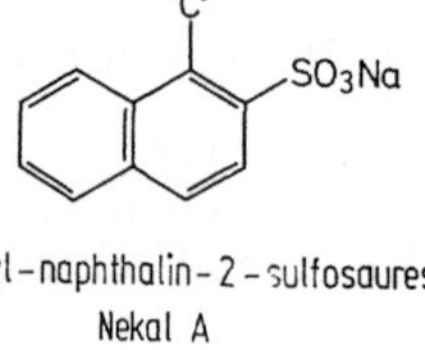

1-Isopropyl-naphthalin-2-sulfosaures Natrium
Nekal A

Die Produkte sind kalk- und säurebeständig; sie sind ausgezeichnete Netzmittel ohne Waschwirkung. Da die „Fettkette" verhältnismäßig kurz ist, neigen sie nur wenig zur Assoziation, so daß die Teilchen leicht in die Faserkapillaren eindringen und so eine schnelle Netzung bewirken. Da kein „Fett"-Rest zugegen ist, zeigen die Produkte keinerlei Aviviervermögen.

Handelsprodukte sind:

Nekal BX (Diisobutyl-naphthalinsulfosaures Na)	Invadin BL
Leonil DB	Resolin B
Avolan P	Perminal BX
Neomerpin L, N	Dispersol AC
Erkantol BX	Coptal BN
Uniperol S (wirkt egalisierend)	Dispergine CB
Präwozell N-BX trocken	Alkanol B
	Naccosol A

Weiter gehören hierher das Eunaphtol ASN sowie das Eulysin A, welche aber noch mit anderen Produkten kombiniert bzw. kondensiert sind. So scheint Eulysin A eine Kombination von Triäthanolamin mit einem Alkylnaphthalinsulfonat zu sein.

Auch die freien Alkylnaphthalinsulfosäuren sind wasserlöslich, so daß die Präparate auch in stark sauren Flotten, z.B. als Carbonisierhilfsmittel, Verwendung finden können (S. 287 f.).

Anhang. Leonil SB, welches besonders als Carbonisiernetzmittel in Frage kommt, ist ein benzylnaphthalinsulfosaures Natrium, also ein Ar-arylsulfonat.

Hydrierte Naphthalinsulfonate, z.B. Tetrahydronaphthalinsulfonat, zeigen auch ohne Alkylierung gute Netzeigenschaften.

Führt man in Naphthalinsulfosäuren hochmolekulare paraffinische Alkylgruppen ein, dann resultieren gute Waschmittel, z.B. Supralan.

Mit Formaldehyd kondensierte Naphthalinsulfonate sind ausgezeichnete Dispergiermittel, so z.B.:

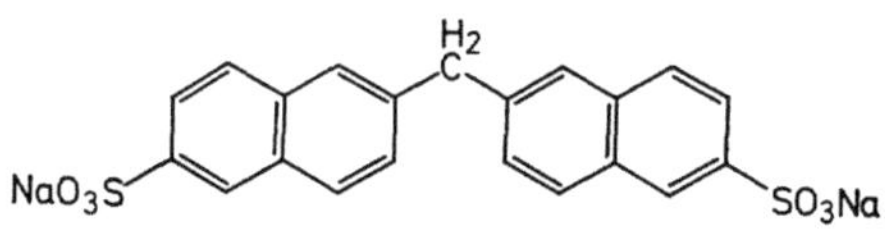

Setamol WS
Solegal A
Irgasol DA
Tamol N

5. Alkylsulfate

a) Primäre Alkylsulfate (Fettalkoholsulfate, Fettalkylsulfate, Fettalkoholsulfonate)

In den gewöhnlichen Seifen wirkt sich die Carboxylgruppe insofern störend aus, als durch sie Härteunbeständigkeit, Säureempfindlichkeit und – infolge hydrolytischer Spaltung – alkalische Reaktion bedingt sind. Man versucht daher in verschiedener Weise, die Carboxylgruppe entweder zu blockieren oder sie ganz auszuschalten, um zu Produkten zu gelangen, welche zwar die Vorteile der Seifen, aber nicht deren Nachteile besitzen. Um Substanzen von guter Waschaktivität zu bekommen, ist eine *endständige* Sulfat- oder Sulfonatgruppe erforderlich. Bei der Sulfierung der Öle und Fette resultieren jedoch meist Körper mit *internen* Gruppen, welche zwar eine gute Netz- und teilweise Dispergierwirkung, aber eine mangelhafte Waschwirkung entfalten.

Carboxylfreie Substanzen mit endständiger Sulfatgruppe erhält man durch Sulfatierung der Fettalkohole, wobei die *Alkylsulfate* entstehen, die bei den synthetischen Tensiden mengenmäßig nach den Alkylbenzolsulfonaten an zweiter Stelle stehen.

Fettalkohole werden vorwiegend durch *katalytische Hochdruckhydrierung* von Fettsäuren bzw. Fettsäuremethylestern (Kokos- und Talgfettsäuremethylestern) hergestellt. Man arbeitet bei zwischen 250 und 320 °C liegenden Temperaturen und einem Druck von 150–250 atü, meist in Gegenwart von Kupferchromit als Katalysator. Die Hochdruckhydrierung verläuft nach folgenden schematischen Gleichungen:

$$R{-}COOCH_3 + H_2 \xrightarrow[250\,\text{atü}]{\text{Kupferchromit}\; 300\,°C} R{-}\underset{\displaystyle OH}{\underset{|}{CH}}{-}OCH_3$$

$$R{-}\underset{\displaystyle OH}{\underset{|}{CH}}{-}OCH_3 + H_2 \longrightarrow R{-}CH_2OH + CH_3OH$$

Weitere Möglichkeiten zur Darstellung von Fettalkoholen sind die *Hydroformylierung* (Oxoreaktion):

$$R{-}CH{=}CH_2 + CO + H_2 \xrightarrow[C_2(CO)_8]{150\,\text{atü}\; 140-200\,°C} R{-}\underset{\displaystyle CH_3}{\underset{|}{CH}}{-}CH_2OH$$

sowie das *Ziegler-Verfahren* (Alfole).

Beim Ziegler-Verfahren wird Äthylen mit Aluminiumtriäthyl umgesetzt:

$$2\,Al + 3\,H_2 + 6\,C_2H_4 \rightarrow 2\,Al(C_2H_5)_3$$

Wachstumsreaktion:

$$3\,C_2H_4 + Al(C_2H_5)_3 \longrightarrow Al(C_4H_9)_3$$

$$Al(C_4H_9)_3 \xrightarrow{C_2H_4} Al[(C_2H_4)_nC_2H_5]_3$$

Das gebildete Aluminiumtrialkyl wird mit trockener Luft oder Sauerstoff zum entsprechenden Alkoholat oxydiert und anschließend zum primären Alkohol hydrolysiert:

$$2\,Al[(C_2H_4)_nC_2H_5]_3 + 3\,O_2 \rightarrow 2\,Al[{-}O{-}(C_2H_4)_n{-}C_2H_5]_3$$

$$2\,Al[O{-}(C_2H_4)_n{-}C_2H_5]_3 + 3\,H_2O \rightarrow C_2H_5(C_2H_4)_n{-}OH + 2\,Al(OH)_3$$

Die Fettalkohole sind wasserunlöslich und lassen sich durch Veresterung mit Schwefelsäure in wasserlösliche Produkte überführen, wobei man für die Sulfierung die gleichen Methoden benutzen kann, wie sie bei der Sulfierung von Ölen und Fetten üblich sind. Auch hier können bei kräftiger Sulfierung unter Substitution von Wasserstoffatomen zusätzlich Sulfonate entstehen. Bei ungesättigten Fettalkoholen kann sich die Schwefelsäure an die Doppelbindung anlagern, so daß neben der externen Sulfatgruppe auch solche interner Art vorhanden sein können (Disulfate). Nach der Sulfierung wird wie üblich neutralisiert, so daß in den Fertigprodukten die entsprechenden Natriumsalze vorliegen.

Die technisch in Frage kommenden Fettsäuren, Fettalkohole und Alkylsulfate sind in der Tab. 39 zusammengestellt.

Eigenschaften. Die niedermolekularen und ungesättigten Fettalkoholsulfate sind leichter löslich als die hochmolekularen bzw. gesättigten, so daß sich die ersteren wie bei den Seifen zum Waschen bei niedrigen Temperaturen eignen. Die höhermolekularen bzw. die gesättigten Fettalkoholsulfate erreichen ihre optimale Waschaktivität erst bei höheren Temperaturen. Die Erdalkalisalze der Fettalkoholsulfate sind in gewissem Umfang in Wasser löslich, so daß die Produkte innerhalb bestimmter Grenzen härtebeständig sind. Sie sind weiterhin säurebeständig und lösen sich in Wasser mit neutraler Reaktion. Die Produkte mit hoher C-Zahl besitzen eine ausgesprochene Faseraffinität, so daß sie sich zur Erzeugung

Tabelle 39. *Technisch wichtige Fettsäuren, Fettalkohole und Alkylsulfate*

Fettsäure	Fettalkohol	Alkylsulfat
$C_{11}H_{23}COOH$ Laurinsäure	$C_{11}H_{23}CH_2OH$ Laurylalkohol	$C_{11}H_{23}CH_2OSO_3Na$ Laurylsulfat
$C_{12}H_{25}COOH$ Tridecylsäure	$C_{12}H_{25}CH_2OH$ Tridecylalkohol	$C_{12}H_{25}CH_2OSO_3Na$ Tridecylsulfat
$C_{13}H_{27}COOH$ Myristinsäure	$C_{13}H_{27}CH_2OH$ Myristylalkohol	$C_{13}H_{27}CH_2OSO_3Na$ Myristylsulfat
$C_{14}H_{29}COOH$ Pentadecylsäure	$C_{14}H_{29}CH_2OH$ Pentadecylalkohol	$C_{14}H_{29}CH_2OSO_3Na$ Pentadecylsulfat
$C_{15}H_{31}COOH$ Palmitinsäure	$C_{15}H_{31}CH_2OH$ Palmitylalkohol Cetylalkohol	$C_{15}H_{31}CH_2OSO_3Na$ Palmitylsulfat Cetylsulfat
$C_{16}H_{33}COOH$ Heptadecylsäure Margarinsäure	$C_{16}H_{33}CH_2OH$ Heptadecylalkohol	$C_{16}H_{33}CH_2OSO_3Na$ Heptadecylsulfat
$C_{17}H_{35}COOH$ Stearinsäure	$C_{17}H_{35}CH_2OH$ Stearylalkohol Octadecylalkohol	$C_{17}H_{35}CH_2OSO_3Na$ Stearylsulfat Octadecylsulfat
$C_{17}H_{33}COOH$ Ölsäure	$C_{17}H_{33}CH_2OH$ Oleylalkohol	$C_{17}H_{33}CH_2OSO_3Na$ Oleylsulfat

von Avivageeffekten eignen (S. 108f., 216). Das Sulfat des Laurylalkohols ist besonders waschaktiv. Mit steigender Kohlenstoff-Zahl nimmt die *Avivierwirkung* zu.

Neben ihrer umfangreichen industriellen Verwendung als Netz-, Dispergier-, Wasch- und Färbereihilfsmittel lassen sie sich auch vorteilhaft zum Waschen von Feinwäsche im Haushalt verwenden (Fewa). Wäscht man nämlich Wollartikel (Strick- und Wirkwaren) mit Fettalkoholsulfaten in hartem Wasser, dann tritt einmal keine Ablagerung von Erdalkaliverbindungen ein, zum anderen ist die Verfilzungsgefahr auf Grund der neutralen Reaktion der Waschflotte stark zurückgedrängt. Weiterhin hat man die Möglichkeit, durch Essigsäure- bzw. Essigzusatz so zu waschen, daß einem Auslaufen der Säurefarbstoffe entgegengewirkt wird.

Handelsprodukte sind u. a.:

Levapon OL	Ditalan L, WO	Ebenin 67	Eriopon GO
Cyclanon LA, O	Jokalin	Omnipon OC 45	Primatex LM
Gardinol	Perrustol IW	Sulfetal W	Lissapol C
Produkt CFD	Rucopol FW	Silastol W	Duponol G, LS
Sapidan H	Quecopol F	Buranil LL	Supronyx
Adipon HD e.k.	Lavotan AS	Marvelan P	Maprofix
Genopur FAS	Alvapuron SO	Sandopan N	Pentrone T

Alkoholsulfate mit niedrigerer Kohlenstoffzahl (4–11) besitzen wegen der verhältnismäßig kurzen „Fett"-Kette kein Waschvermögen, eignen sich aber als Netzmittel für stark alkalische Flotten (S. 769).

Anhang

Pyrophosphorsäureester der Fettalkohole. Neben den Schwefelsäureestern spielen die Pyrophosphorsäureester der Fettalkohole eine gewisse Rolle:

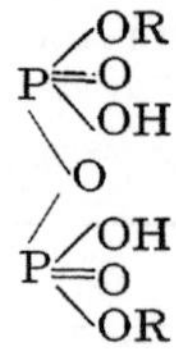

R = Alkylrest

Ihre Bedeutung liegt vor allen Dingen darin, daß sie neben einem gewissen Netz- und Waschvermögen stabilisierende Eigenschaften auf Wasserstoffperoxid- und Natriumperboratlösungen ausüben. Sie finden daher bei der Sauerstoffbleiche als Stabilisatoren (S. 96) Verwendung (Visçavin LCN).

Sulfierte Ester zweibasischer Säuren. Ausgezeichnete Netzmittel sind die Sulfobernsteinsäureester, Sulfomaleinsäureester und Sulfotricarballylsäureester, in welchen der Alkoholrest eine gerade oder verzweigte Kohlenstoffkette mit 6–9 C-Atomen darstellt. Die Sulfobernsteinsäureester (Sulfosuccinate) erhält man durch Umsetzung von Maleinsäureanhydrid mit Alkoholen und Anlagerung von Hydrogensulfit:

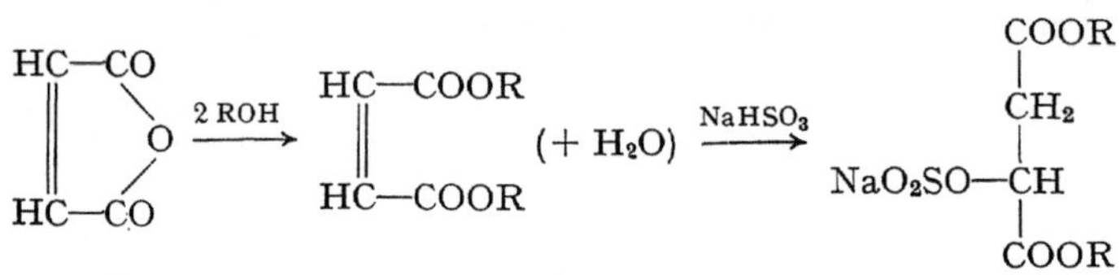

R = Fettalkylrest (8–13 C-Atome)

Handelsprodukte: Rapidnetzer BASF, Ruconetzer S, Aerosol OT (Dioctyl-succinat), Aerosol MA (Dihexyl-succinat), Anonaid DN (Na-dinonyl-sulfosuccinat), Rexowet SG-81 (Na-dioctyl-sulfosuccinat), Subitol SB.

b) Sekundäre Alkylsulfate

Sekundäre Alkylsulfate erhält man durch Sulfierung sekundärer Alkohole, welch letztere durch Ketonisierung der entsprechenden Fettsäuren mit angeschlossener Reduktion erhalten werden können:

$$R \cdot COOH + HOOC \cdot R \rightarrow R \cdot CO \cdot R \rightarrow R \cdot \underset{\substack{|\\ OH}}{CH} \cdot R \rightarrow R \cdot \underset{\substack{|\\ OSO_3Na}}{CH} \cdot R$$

Die betreffenden Verbindungen zeigen neben einer gewissen Waschwirkung gute Netzeigenschaften (Tergitol 7).

In anderer Weise lassen sich die sekundären Alkylsulfate durch Sulfieren von unverzweigten Olefinen gewinnen:

$$R—CH=CH—R \rightarrow R—CH_2—\underset{\substack{|\\ OSO_3Na}}{CH}—R$$

Liegen Olefine mit endständiger Doppelbindung vor, dann resultieren auch Sulfate mit endständigen Sulfatgruppen und damit gute Waschmittel (Teepol, Lensex).

6. Fettsäurekondensationsprodukte

Blockiert man die Carboxylgruppe der Fettsäuren in geeigneter Weise, so gelangt man zu härte- und säurebeständigen Produkten. Die Blockierung kann in der Weise geschehen, daß man die Fettsäuren entweder mit aminogruppenhaltigen oder mit hydroxygruppenhaltigen Körpern kondensiert.

a) Kondensate mit aminogruppenhaltigen Körpern

Kondensiert man Ölsäurechlorid mit dem Natriumsalz des *Sarkosins* (N-methyl-glykokoll), so gelangt man zum Medialan A:

$$C_{17}H_{33}\cdot COCl + \underset{\displaystyle CH_3}{\underset{|}{HN}}\cdot CH_2\cdot COONa \rightarrow C_{17}H_{33}\cdot CO\cdot \underset{\displaystyle CH_3}{\underset{|}{N}}\cdot CH_2\cdot COONa$$

Olsäure-sarkosid, Medialan A

Sarkosin kann synthetisch aus Chloressigester und Monomethylamin gewonnen werden.

Medialan A hydrolysiert schwächer als das entsprechende Natriumoleat, besitzt eine gute Waschwirkung und begünstigt die Filztendenz bei Wolle, so daß es vornehmlich als Walkmittel dient. Da sich in der Nähe der Carboxylgruppe die hydrophile $CONCH_3$-Gruppe befindet, ist die Verbindung einigermaßen kalkbeständig (bis 20 °dH).

Verwendet man an Stelle des Chlorids der Ölsäure dasjenige der Stearinsäure oder Kokosfettsäure, so gelangt man zu guten Avivagemitteln (z.B. Soromin B).

Durch Kondensation von Fettsäurechloriden, z.B. des Ölsäurechlorids, mit *Eiweißkörpern* (z.B. mit Alkali abgebaute Lederabfälle), kommt man zu Kondensaten, welche die Eigenschaften eines Eiweißkörpers mit jenen eines Fettkörpers verbinden:

$$C_{17}H_{33}\cdot COCl + HNH\cdot R\cdot COONa \rightarrow C_{17}H_{33}\cdot CO\cdot NH\cdot R\cdot COONa + 2\,HCl$$

R = Eiweißrest

Neben einigem Waschvermögen zeigen die Produkte eine gute Dispergier-, Schutzkolloid- und Faserschutzwirkung (S. 794). Die gehäuften Peptidgruppen des Eiweißrests, welche stark solvatisierend wirken, vermitteln Wasserlöslichkeit. Die Carboxylgruppe würde in Anbetracht des großen Moleküls hierfür nicht ausreichen. Unter diesen Umständen können die Produkte zu den nichtionogenen Hilfsmitteln gerechnet werden. Die Produkte sind gut kalkbeständig, aber beschränkt säurebeständig.

Handelsprodukte sind u.a.: Lamepon A, Lanasan CL, Lavatex, Ebropon N, Maypon.

Kondensiert man Fettsäuren mit *Ammoniak* bzw. *carboxylfreien Aminen*, so besitzen solche Produkte nicht die Nachteile carboxylhaltiger Körper. Wasserlöslichkeit solcher Substanzen wird durch nachträgliche Sulfierung erhalten:

$$CH_3\cdot(CH_2)_5\cdot\underset{\displaystyle OSO_3Na}{\underset{|}{CH}}\cdot CH_2\cdot CH{=}CH\cdot(CH_2)_7\cdot CONH_2$$

Sulfiertes Ricinusölsäureamid

Sulfiertes Ricinusölsäureanilid

Substanzen dieser Art liegen dem Handelsprodukt Humectol C zugrunde. An Stelle von Ricinusölsäure kann auch Ölsäure Verwendung finden. Humectol CX ist das sulfierte Diisobutylamid der Ölsäure.

Da die Sulfatgruppe intern gebunden ist, besitzen die Humectole keine besondere Waschkraft, aber ein ausgezeichnetes Netzvermögen.

Kondensiert man Fettsäuren mit *Mono-* bzw. *Di-alkylolaminen* bei nachfolgender Sulfierung, dann erhält man die „*Amidöle*":

$$\underset{\text{Fettsäure}}{RCOOH} + \underset{\text{Mono-äthanolamin}}{HNH \cdot CH_2 \cdot CH_2OH} \rightarrow RCONH \cdot CH_2 \cdot CH_2OH + H_2O$$

$$\xrightarrow{H_2SO_4} \underset{\text{„Amidöl"}}{RCONH \cdot CH_2 \cdot CH_2 \cdot OSO_3Na}$$

Die Amidöle haben ähnliche Eigenschaften wie die Alkylsulfate und finden hauptsächlich als Waschmittel Verwendung.

Kondensiert man Fettsäuren mit bestimmten basischen Körpern, z.B. Ölsäure mit Diäthyläthylendiamin, so gelangt man zu einem Verbindungstyp, welcher in Form seiner Salze (Chloride, Acetate) Wasserlöslichkeit besitzt (Sapamine). Es handelt sich hier um kationaktive Verbindungen:

$$\left[C_{17}H_{33} \cdot CONH \cdot C_2H_4 \cdot N \begin{matrix} \diagup C_2H_5 \\ - C_2H_5 \\ \diagdown H \end{matrix}\right]^+ {}^-OOC \cdot CH_3$$

Sapamin A

Die Produkte zeigen neutrale oder schwach saure Reaktion und sind härte- und säure-, aber nicht laugenbeständig, da die bei Laugeneinwirkung frei werdenden Basen unlöslich sind. Die Produkte entfalten ein gutes Netz-, Wasch-, Dispergier- und Schaumvermögen. Als Waschmittel kommen sie jedoch aus den angeführten Gründen (S. 748) üblicherweise nicht in Betracht, finden aber als Weichmachungs- bzw. Aviviermittel (z.B. Sapamin WL) und als Nachbehandlungsmittel für Färbungen (S. 776) eine ausgedehnte Verwendung. Als kationaktive Produkte zeigen sie zu den Fasern, die meist eine negative Ladung besitzen, eine besonders gute Affinität. Hierher gehört u.a. auch das Weichmachungsmittel Soromin HS.

Kondensate bzw. Addukte von Fettsäuren bzw. Fettsäureamiden mit *Polyaminen* bzw. *Äthylenimin* sind ebenfalls als Weichmacher im Handel:

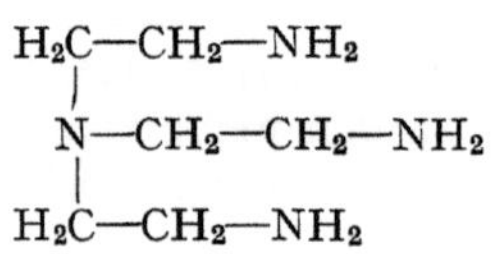

Triäthylentetramin

$$RCOO(CH_2CH_2NH)_xCH_2CH_2NH_2$$

Fettsäure-Polyäthylenimin-Kondensat

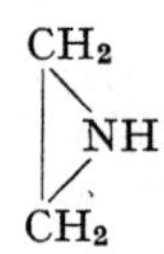

Äthylenimin

Diese Produkte werden meist nicht mit Hilfe von Äthylenimin, sondern durch Kondensation von Fettsäuren mit Polyaminen, z.B. Triäthylentetramin, hergestellt.

Kondensiert man Fettsäuren mit *sulfonatgruppenhaltigen aliphatischen Aminen*, so erhält man Produkte mit externen, also endständigen Sulfonatgruppen. Als geeignete Amine kommen Taurin oder Methyltaurin in Frage [Acylaminoalkansulfonate (Tauride)]:

$$H_2N \cdot CH_2 \cdot CH_2 \cdot SO_3Na$$

Aminoäthansulfonsaures Natrium
Taurin

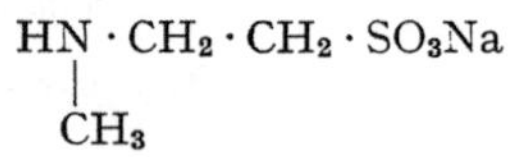

N-Methylamino-äthansulfonsaures Natrium
N-Methyltaurin

$$\underset{\text{Ölsäurechlorid}}{CH_3 \cdot (CH_2)_7 \cdot CH{=}CH \cdot (CH_2)_7 \cdot COCl} + \underset{\substack{| \\ CH_3}}{HN} \cdot CH_2 \cdot CH_2 \cdot SO_3Na$$

$$\rightarrow CH_3 \cdot (CH_2)_7 \cdot CH{=}CH \cdot (CH_2)_7 \cdot \underset{\substack{| \\ CH_3}}{CON} \cdot CH_2 \cdot CH_2 \cdot SO_3Na + HCl$$

Die Verwendung von Methyltaurin im Vergleich zu Taurin ist insofern von Vorteil, als im Falle des Taurins die CONH-Gruppe wegen Tautomerisation zur stark hydrophilen C(OH)N-Gruppe die grenzflächenaktiven Eigenschaften stört. Bei dem Methyltaurinkondensat ist eine Enolisierung nicht möglich. Dieser Gesichtspunkt trifft auch für das Medialan A zu, zu dessen Kondensation vorteilhaft nicht das Glykokoll, sondern das N-Methylglykokoll verwendet wird (S. 759).

Handelsprodukte sind Hostapon T, Lusynton T, Ebrolin BG, Lavotan NN.

Die Produkte sind, da ihre Erdalkalisalze leicht wasserlöslich sind, praktisch unbeschränkt kalkbeständig und besitzen auf Grund der weitgehenden Stabilität der CON-Gruppierung eine ausgezeichnete Alkali- und Säureresistenz. Lediglich konz. Schwefelsäure, wie sie z.B. beim Brennen im Carbonisierofen auftritt (S. 288), führt zur Spaltung, so daß eine Verwendung dieser Produkte als Carbonisierhilfsmittel nicht möglich ist. Sie finden Verwendung als Netz-, Wasch- und Dispergiermittel. Auch für die Haushaltwäsche werden sie in Form von Feinwaschpulvern in den Handel gebracht.

Auch aromatische *o-Diamine* eignen sich zur Kondensation mit Fettsäuren, wobei Benzimidazolderivate entstehen, die als Dispergier- und Waschmittel Verwendung finden:

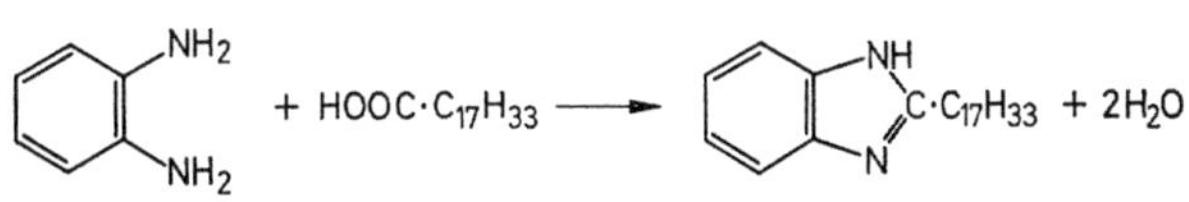

o-Phenylendiamin (bzw. Monomethyl-o-phenylendiamin) — Ölsäure — 2-Heptadecylbenzimidazol

Um die Kondensate wasserlöslich zu machen, wird anschließend sulfiert, wobei die Sulfogruppe in den Benzolkern eintritt. Ein Monosulfonat ist das Ultravon K, welches als Dispergiermittel Verwendung findet, ein Disulfonat ist das Wollwaschmittel Ultravon W. Die Stellung der Sulfogruppen ist nicht näher bekannt. Hierher gehört auch das Albatex PO, welches das Egalisieren sowie das Abziehen von Küpenfärbungen unterstützt (S. 787f.).

b) Kondensate mit hydroxygruppenhaltigen Körpern

Verestert man sulfierte Fettsäuren, z.B. Ricinolsäure, mit *aliphatischen Alkoholen* (Butylalkohol, Amylalkohol), so gelangt man zu den sogenannten *Esterölen*:

$$\underset{\text{Sulf. Ricinolsäure}}{CH_3 \cdot (CH_2)_5 \cdot \underset{\substack{| \\ OSO_3Na}}{CH} \cdot CH_2 \cdot CH{=}CH \cdot (CH_2)_7 \cdot COOH} + \underset{\text{Butylalkohol}}{HOCH_2 \cdot C_3H_7}$$

$$\rightarrow CH_3 \cdot (CH_2)_5 \cdot \underset{\substack{| \\ OSO_3Na}}{CH} \cdot CH_2 \cdot CH{=}CH \cdot (CH_2)_7 \cdot COO \cdot CH_2 \cdot C_3H_7 + H_2O$$

Als Ester sind diese Körper beschränkt säure- und laugenbeständig. Da die Sulfatgruppe *interner* Art ist, ist das Waschvermögen der betreffenden Produkte nicht besonders ausgeprägt; sie zeigen aber eine ausgezeichnete Netzwirkung. Durch die Blockierung der Carboxylgruppe besitzen sie eine gewisse Kalkbeständigkeit, wie sie auch den Neutralölsulfaten bzw. -sulfonaten zu eigen ist, in welchen die Fettsäure von Natur aus mit Glycerin verestert ist.

Handelsprodukte: Sandozol KB, Tinopolöl NE.

Verwendet man zur Kondensation ein *nicht* sulfiertes Öl und einen *sulfierten hydroxygruppenhaltigen* Körper, dann entstehen Produkte mit *externer* Sulfonatgruppe, welche eine gute Waschwirkung zeigen (Acyloxyalkansulfonate):

$$C_{17}H_{33}\cdot COCl + HOCH_2\cdot CH_2\cdot SO_3Na \rightarrow C_{17}H_{33}\cdot COO\cdot CH_2\cdot CH_2\cdot SO_3Na + HCl$$

Ölsäurechlorid (oder Ölsäure) — Hydroxyäthansulfonsaures Natrium

Als Ester sind die Produkte ebenfalls beschränkt säure- und laugenbeständig. Da ihre Erdalkalisalze so leicht löslich sind wie die Alkalisalze, sind sie weitgehend härtebeständig.

Handelsprodukt: Hostapon A.

Bei der Veresterung von Fettsäuren mit *Glycerin* und anschließender Sulfierung entstehen unter bestimmten Arbeitsbedingungen die *Monoglyceridsulfate*, in denen ebenfalls nicht der Fettrest, sondern der Alkoholrest sulfiert (verestert) ist:

$$\begin{array}{l} CH_2\cdot O\cdot OC\cdot C_{11}H_{23} \\ | \\ CHOH \\ | \\ CH_2OH \end{array} \xrightarrow{\text{sulfieren}} \begin{array}{l} CH_2\cdot O\cdot OC\cdot C_{11}H_{23} \\ | \\ CHOH \\ | \\ CH_2\cdot O\cdot SO_3Na \end{array}$$

Laurinsäure-monoglyceridsulfat

Auf Grund der externen Sulfogruppe zeichnen sich die Substanzen durch ein sehr gutes Waschvermögen aus, sind aber durch die Gegenwart der Esterbindung alkaliempfindlich. Sie finden als neutrale Feinwaschmittel im Haushalt Verwendung.

Verestert man Fettsäuren mit *Trialkylolaminen* und bildet aus den tertiären Basen quartäre Salze, so entstehen kationaktive Produkte, die besonders als Avivier- und Weichmachungsmittel Verwendung finden:

$$N\begin{cases} C_2H_4OH \\ C_2H_4OH \\ C_2H_4OH \end{cases} + HOOC\cdot R \rightarrow N\begin{cases} C_2H_4OH \\ C_2H_4OH \\ C_2H_4OOC\cdot R \end{cases}$$

$$\xrightarrow{\text{HCOOH}} \left[H{-}\overset{\oplus}{N}\begin{cases} C_2H_4OH \\ C_2H_4OH \\ C_2H_4OOC\cdot R \end{cases}\right]^{+} {}^{-}OOC\cdot H \qquad R{=}C_{17}H_{35}$$

Soromin A

Man kann die veresterten Alkylolamine aber auch durch Sulfieren in wasserlösliche Produkte (Weichmacher) überführen:

$$N\begin{cases} C_2H_4OSO_3Na \\ C_2H_4OH \\ C_2H_4OOC\cdot R \end{cases}$$

Kondensation mit Polyoxyverbindungen:

Bei der Kondensation von Fettsäure mit Polyoxyverbindungen (Glycerin, Polyglycerin, Glykol, Polyglykol, Sorbit usw.) erhält man Weichmacher und Aviviermittel. So ist Soromin DM ein Polyglycerin-mono-stearat, Pentamull ein Fettsäureester des Pentaerythrits (Weichmacher). (Polyglycerine entstehen durch Erhitzen von Glycerin in Gegenwart alkalischer Katalysatoren.)

c) Kondensate mit aromatischen Kohlenwasserstoffen

Kondensiert man Fettsäuren bzw. Fettsäurechloride mit aromatischen Kohlenwasserstoffen, z. B. Benzol, bei Gegenwart von Aluminiumchlorid, so gelangt man nach einer angeschlossenen Sulfierung zu Produkten mit externer Sulfogruppe, welche als Waschmittel geeignet sind:

$$\underset{\text{Palmitinsäurechlorid}}{C_{15}H_{31}\cdot COCl} + C_6H_6 \rightarrow \underset{\text{Palmito-phenon}}{C_{15}H_{31}\cdot CO\cdot C_6H_5} + HCl$$

$$\xrightarrow{\text{sulfieren}} C_{15}H_{31}\cdot CO\cdot C_6H_4\cdot SO_3Na$$

Handelsprodukt: Melioran F6.

7. Polyäthylenoxidverbindungen (Polyglykoläther)

Durch Anlagerung von Äthylenoxid (Oxäthylierung) an Verbindungen mit einem beweglichen Wasserstoffatom (Fettalkohole, Phenole, Naphthole, Mercaptane, Fettsäuren, Fettamine, Fettsäureamide usw.) erhält man sogenannte Polyglykoläther. Sie gehören zu der Gruppe der nichtionogenen Hilfsmittel (S. 744) und verdanken ihre Wasserlöslichkeit der Tatsache, daß durch Wechselwirkung zwischen den Äthersauerstoffatomen und den Wassermolekülen Polyoxoniumhydroxide entstehen. Bei höherer Temperatur bilden sich aus diesen die Polyglykoläther wieder zurück:

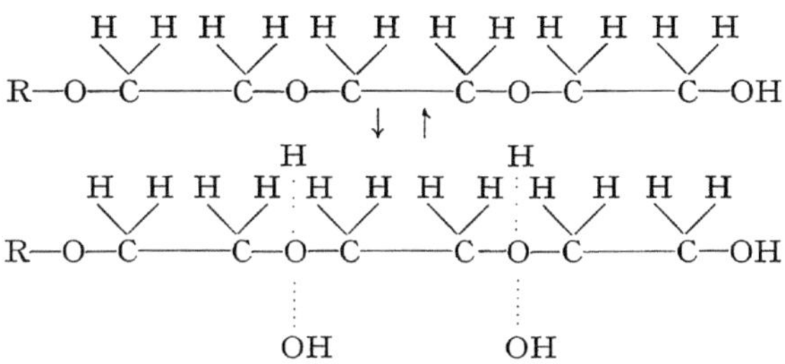

Unter diesen Umständen besitzen die Polyglykolkörper keine absolute Nichtionogenität, sondern äußern unter bestimmten Bedingungen in wäßriger Lösung gewisse, wenn auch schwache kationische Eigenschaften (S. 744f., 775f.):

$$\left[-(CH_2\cdot\overset{H}{\overset{\cdot\oplus}{O}}\cdot CH_2)-\right]_x^+ (OH)_x^-$$

Polyoxoniumhydroxid

Das Äthylenoxid ist eine sehr reaktionsfähige, bei gewöhnlicher Temperatur gasförmige Substanz (Kp 12,5 °C). Es wird hergestellt durch Behandlung von Äthylenchlorhydrin mit Kalilauge nach der Gleichung:

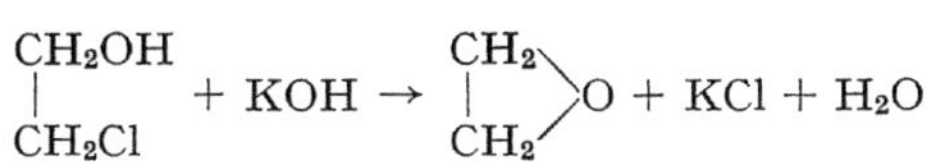

oder vorzugsweise durch Oxydation von Äthylen mit Sauerstoff am Silberkontakt.

Äthylenoxid läßt sich stufenweise an die obigen Körper anlagern, wobei sich durch eine graduelle Veränderung des Oxäthylierungsgrades die Eigenschaften der Reaktionsprodukte weitgehend variieren lassen. Selbstverständlich werden die Eigenschaften durch die Art der Grundsubstanz wesentlich mitbestimmt.

Die Zahl der addierten Äthylenoxidmoleküle ist sehr verschieden und differiert zwischen 3 und 30. Die technisch hergestellten Produkte sind in sich nicht einheitlich hoch oxäthyliert, so daß ihr Oxäthylierungsgrad als ein Durchschnittswert anzusehen ist. Auch hinsichtlich der Reaktionspartner, welche für die Addition geeignete bewegliche Wasserstoffatome besitzen, existiert eine mannigfache und praktisch unbeschränkte Variationsmöglichkeit. Im folgenden können nur die wichtigsten Typen dieser Verbindungen beschrieben werden.

Auf Grund ihrer praktisch nichtionogenen Natur sind die Produkte unbegrenzt metallbeständig, säure- und alkaliresistent und in ihren Funktionen weitgehend unabhängig vom pH-Wert.

Da die Wasserlöslichkeit an die Gegenwart der Polyoxoniumhydroxide gebunden ist, aus diesen sich aber in der Hitze die Polyglykole wieder zurückbilden, trüben sich manche Polyglykolätherlösungen beim Erhitzen, um beim Erkalten wieder klar zu werden. Diese Erscheinung ist für den Waschprozeß von wesentlichem Einfluß (S. 747).

Es handelt sich um ausgezeichnete Netz-, Dispergier- und Waschmittel, wobei je nach der spezifischen Konstitution und in Abhängigkeit vom jeweiligen Oxäthylierungsgrad das Schwergewicht auf der einen oder anderen dieser Eigenschaften liegt. Sie finden weiterhin Verwendung als Färbereihilfsmittel und als Avivagemittel für Kunstfasern (S. 216), wobei für den letzteren Zweck namentlich die Fettsäurepolyglykoläther in Frage kommen.

Beispiele:

$$RCH_2O(CH_2CH_2O)_xCH_2CH_2OH$$

Alkyl-polyglykoläther

R = Alkylrest x = 10–20 (30)

Nekanil-Marken
Peregal O
Avolan IW
Emulgator ELN
Emulphor O (Oleylalkohol + $2C_2H_4O$)
Diazopon A
Dispersogen AZ
Defindol konz.
Foryl D konz.
Tissocyl OA
Marlipal
Arbyl N

Ebrolin WT
Ebropal K
Eganal ON
Emulsogen P
Präwozell W-OFK, P-FO
Tinegal NA
Ekalin F
Sunaptol O
Lissapol N
Lubrol MOA
Merpol HC

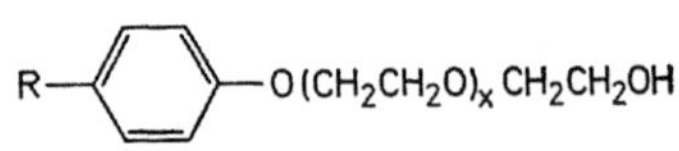

Alkyl-phenol-polyglykoläther
x = 5–10

Hostapal-Marken
Remol OK
Levegal K
Nekanil LN
Emulgator STS
Leonil RW hochkonz.
Marlophen
Stokopol NS 9
Witopal CO, WO, SO
Quesynthol N J

Arkopal N (Nonylphenol + xC_2H_4O)
Präwozell EO, W-ON 100, W-ON 33
Netzer NP-55
Lenetol NS
Perunisol AP
Sunaptol LT, OP
Lissapol NX
Neutronyx 600
Antarox CA-630
Poly Tergent G 300

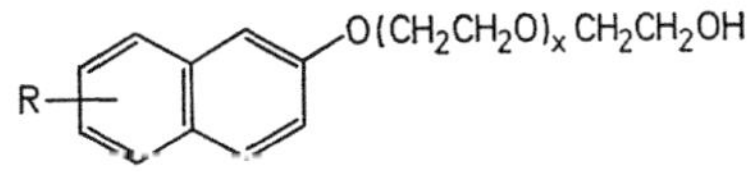

Alkyl-naphthol-polyglykoläther

Leonil FFO — Emulphor FFO (Hexyl-heptyl-β-naphthol + $9\,C_2H_4O$)

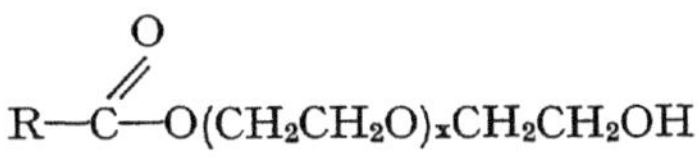

Fettsäure-polyglykoläther (Fettsäure-polyglykolmonoester)

Die Acylpolyglykoläther sind z.T. hervorragende Emulgiermittel. Sie sind indes mit stärkerer Lauge leicht verseifbar.

- Soromin SG
- Emulphor A (öllöslich, Ölsäure + $6\,C_2H_4O$)
- Leomin HSG
- Emulgator U
- Marlipal
- Felosan M 830
- Lavotan AST
- Präwozell P-FK
- Irgamin E
- Edunine OS
- Sunaptol A

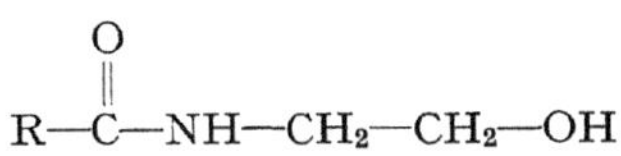

Fettsäuremonoäthanolamid
(Marlamid M 1218)

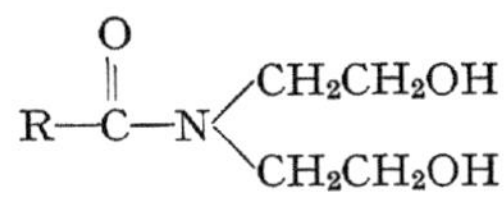

Fettsäurediäthanolamid
(Marlamid D 1218)

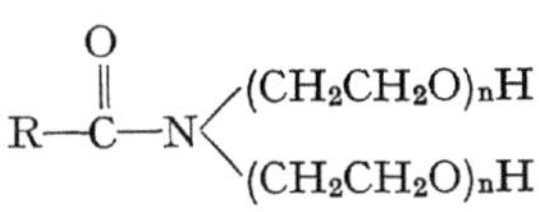

Fettsäureamidpolyglykoläther
(Dionil SH 100, W 100, OC, Avolan O, Katepol K)

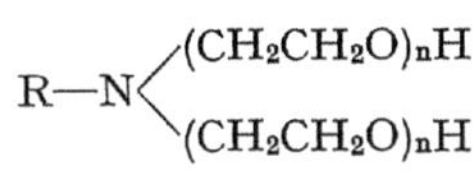

Fettaminpolyglykoläther
(Marlazin L 10, T 10, Sarabid DLO konz.)

Die Fettaminpolyglykoläther sind besonders gute Färberei-, Egalisier- und Retardiermittel.

Die Produkte bilden in wäßrigem Medium Oxoniumverbindungen und sind daher bei der Verwendung in der Küpe zu einer vorübergehenden Salzbildung mit dem Leukokörperanion befähigt, so daß sie als Egalisier- und Abziehmittel in der Küpenfärberei Verwendung finden können (S. 775).

Sulfate substituierter Polyglykoläther

Durch Sulfierung der endständigen OH-Gruppe erhält man bei geringer Oxäthylierung Tenside von erhöhter Wasserlöslichkeit und Schaumkraft, die aber dann in die Gruppe der gemischt-anionaktiven-nichtionogenen Verbindungen gehören:

$$RO(CH_2CH_2O)_xCH_2CH_2OSO_3Na$$

Alkyl-polyglykoläther-sulfat

Die sulfatierten Fettalkohol-äthylenoxid-Addukte sind ausgezeichnete Tenside und werden im Gegensatz zu den nachstehend genannten Alkylphenol-Derivaten leicht biologisch abgebaut (S. 829).

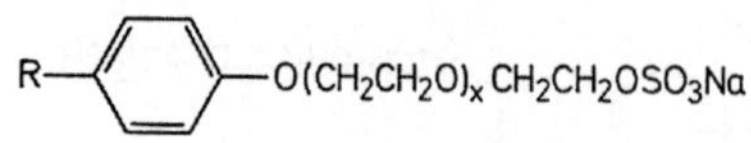

Alkyl-phenol-polyglykoläther-sulfat
Alkylphenyl-oxaethylsulfat
Hostapal B
x = 2

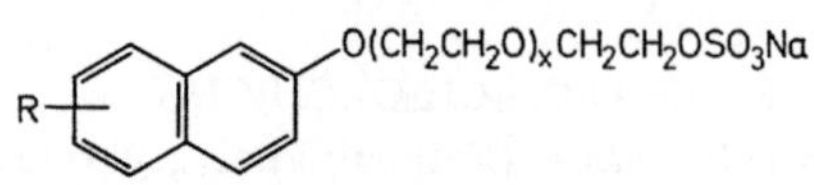

Alkyl-naphthol-polyglykoläther-sulfat
Alkyl-naphthyl-oxaethylsulfat
Nekanil LS

Hierher gehören auch die entsprechenden Phosphorsäureester von der Form:

$$[R{-}O{-}(CH_2CH_2O)n]_2{=}P(OM){=}O \qquad R{-}O{-}(CH_2CH_2O)n{-}P(OM)_2{=}O$$

R = Alkyl, Alkylphenyl
M = H, Na, NH_4, etc.

Diese zeichnen sich durch sehr gute Wasserlöslichkeit, Stabilität gegenüber Elektrolytlösungen, antistatische Wirksamkeit neben den üblichen grenzflächenaktiven Eigenschaften aus (*C. A. Bergmann* und *J. J. Robinson*).

Stickstoffhaltige Polyglykolderivate kann man u.a. auch in der Weise erzeugen, daß man Trialkylolamine mit Fettsäuren partiell verestert und dann oxäthyliert nach dem Schema:

$$N(C_2H_4OH)_3 + HOOC \cdot R \rightarrow N(C_2H_4OOC \cdot R)(C_2H_4OH)_2$$

Triäthanolamin

$$\xrightarrow{C_2H_4O} N\begin{cases} C_2H_4OOC \cdot R \\ C_2H_4O(CH_2CH_2O)_xCH_2CH_2OH \\ C_2H_4O(CH_2CH_2O)_xCH_2CH_2OH \end{cases} \qquad R{=}C_{17}H_{35}$$

Soromin AF (Aviviermittel)

Zur Herstellung solcher Verbindungen kann man auch umgekehrt in der Weise verfahren, daß man polyoxäthylierte mehrwertige Alkohole nachträglich verestert.

8. Polypropylenoxidaddukte (Polypropylenglykole)

An Stelle von Äthylenoxid kann man auch Propylenoxid zur Adduktbildung verwenden. Lagert man Propylenoxid an Wasser an, dann erhält man ein Polypropylenglykol:

$$HOH + n \cdot \underset{\diagdown O \diagup}{CH(CH_3){-}CH_2} \rightarrow HOCH(CH_3){-}CH_2OCH(CH_3){-}CH_2OCH(CH_3){-}CH_2O \cdots CH(CH_3)CH_2OH$$

Da in diesem Fall gegenüber den Polyäthylenglykolen ein Proton durch die hydrophobe CH_3-Gruppe ersetzt ist, sind diese Stoffe nicht hydrophil, sondern hydrophob, so daß die Polypropylenglykolketten an Stelle längerer Kohlenwasserstoffketten als Basis zur Herstellung von Tensiden dienen können.

Es ist aber auch eine nachträgliche Propoxylierung von äthoxylierten Stoffen möglich, so daß die Eigenschaften äthoxylierter Produkte durch Einbau von Propoxygruppen weitgehend variiert bzw. modifiziert werden können:

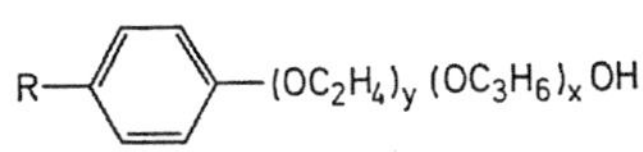

R = Alkylrest C_8 oder C_9
x = 5,8–20 y = 5–10

9. Alkylenoxid-Blockpolymerisate

Bei der Einwirkung von Propylenoxid auf Propylenglykol (1,2-Propandiol) entstehen Polypropylenoxide:

$$\begin{matrix} HO{-}CH{-}CH_3 \\ | \\ HO{-}CH_2 \end{matrix} + (y-1)\; O\begin{matrix} CH{-}CH_3 \\ | \\ CH_2 \end{matrix}$$

Propylenglykol (1,2-Propandiol) ↓ Propylenoxid

$$HO \cdot CH \cdot (CH_3) \cdot (C_3H_6O)_{y-1} \cdot CH_2OH$$

$$\text{oder} \quad (C_3H_6O)_x + H_2O$$

Polypropylenoxid

Die Wasserlöslichkeit der Polypropylenoxide nimmt mit zunehmendem Polymerisationsgrad ab. Durch Einwirkung von Äthylenoxid auf Polypropylenoxide erhält man wasserlösliche Tenside (Pluronics, Marlox).

$$HO \cdot (C_2H_4O)_x \cdot (C_3H_6O)_y \cdot (C_2H_4O)_zH$$

$$y = 26\text{–}70 \text{ Mol Propylenoxid}$$
$$x + z = 30\text{–}40 \text{ Mol Äthylenoxid}$$

Die Waschkraft dieser Tenside ist im schwach sauren, neutralen und alkalischen Gebiet etwa gleich groß.

10. Tenside auf Polysaccharidbasis (Zuckerseifen)

Nichtionogene Tenside auf „Zuckerbasis" sind u.a. die Fettsäureester des *Sorbits* und des *Mannits*, welch letztere die Reduktionsprodukte der Glucose und der Mannose darstellen.

Eine bemerkenswerte Rolle als Tenside spielen die Fettsäureester der *Saccharose*, die besonders als Waschmittel und Emulgatoren Bedeutung haben. Sie sind allerdings alkaliempfindlich.

Nach *F. Schneider* und *H. O. Geyer* erhält man durch Verknüpfung von hydrophilen Zuckerderivaten mit lipophilen Stoffen über eine Stickstoffbrücke grenzflächenaktive Verbindungen.

11. Hydroxyalkyl-sulfoxide

Hydroxyalkyl-sulfoxide lassen sich nach zwei verschiedenen Methoden erhalten:

1. Durch Umsetzung von Dimethylsulfoxid (DMSO) mit Alkylbromiden oder langkettigen 1,2-Alkylenoxiden in Gegenwart von starken Basen ($NaNH_2$, K, Na):

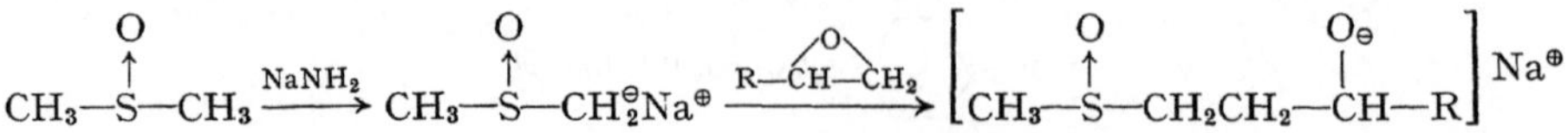

γ-Hydroxyalkyl-sulfoxid (als Na-Verbindung)

2. Durch Oxydation von Thioätheralkoholen, welche durch Addition von β-Hydroxyäthylmerkaptan an Olefine erhältlich sind (*H. Distler*):

$$R{-}CH{=}CH_2 + HS{-}CH_2{-}CH_2{-}OH \longrightarrow R{-}CH_2{-}CH_2{-}S{-}CH_2{-}CH_2{-}OH$$

$$R{-}S{-}CH_2{-}CH_2{-}OH + H_2O_2 \xrightarrow{< 50\,°C} R{-}\overset{\overset{O}{\uparrow}}{S}{-}CH_2{-}CH_2{-}OH + H_2O$$

β-Hydroxyalkyl-sulfoxid

Eigenschaften und Anwendung der β-Hydroxyalkyl-sulfoxide sind weitgehend durch die Art der Substituenten bestimmt. Die Produkte können als Mercerisierhilfsmittel, Emulgatoren, Netz- und Waschmittel sowie als Weichmacher Verwendung finden.

12. Aminoxide

Aminoxide entstehen durch Umsetzung von tertiären Aminen mit Wasserstoffperoxid oder Peroxosäuren.

Beispiel

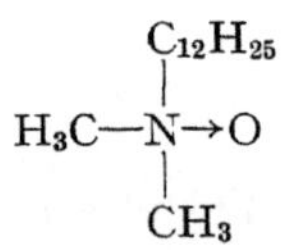

Dimethyldodecyl-aminoxid

Die wasserlöslichen Produkte haben bis jetzt nur eine beschränkte Bedeutung als Tenside erlangt.

13. Ampholyte (Amphotenside)

Tenside von der allgemeinen Formel

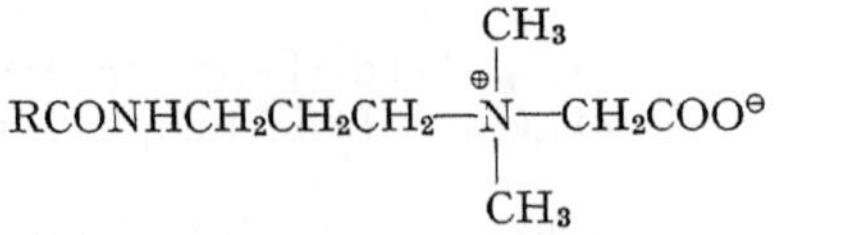

$R = C_{12}{-}C_{14}$

haben neben ihrem Tensidcharakter auf Grund der quaternären Ammoniumgruppe eine antibactericide und antistatische Wirkung (Tegobetain L 7).

14. Fettlöserseifen (Technische Fettlöser)

Auf Grund der dispergierenden Wirkung der Seifen, sulfierten Öle, Alkylsulfate usw. ist es möglich, organische Lösungsmittel in wäßrigen Medien so fein zu dispergieren, daß klar bzw. homogen erscheinende Dispersionen entstehen. Die Lösungsmittelmoleküle werden dabei in bzw. zwischen die Micellen des Dispergiermittels eingelagert.

Die technischen Fettlöser beanspruchen in solchen Fällen ein Interesse, in denen es sich darum handelt, stark mit Öl bzw. Fett behaftete Fasern zu reinigen. Sie ermöglichen eine solche Reinigung in *wäßrigem* Medium, so daß das kostspielige und bei großen Flottenmengen ohne entsprechende Einrichtungen nicht mögliche Arbeiten mit den wasserfreien flüchtigen organischen Lösungsmitteln umgangen werden kann.

Im Interesse einer genügenden Lösewirkung ist es allerdings erforderlich, mit verhältnismäßig hohen Konzentrationen der Fettlöserseifen zu arbeiten. Vorteilhaft werden sie bei der lokalen Entfernung von öligen bzw. fettigen Verschmutzungen angewandt (*Detachieren*). Ihre besondere Reinigungswirkung beruht darauf, daß sie das Dispergier- und Lösevermögen in sich vereinigen.

Es ist zunächst verwunderlich, daß das organische Lösungsmittel, obwohl es in den wäßrigen Flotten in sehr geringer Konzentration vorhanden ist, trotzdem eine gute Lösewirkung entfaltet. Man kann sich dies damit erklären, daß das Lösungsmittel, welches in die Dispergiermittelmicellen eingebaut ist, sich zusammen mit den letzteren in konzentrierter Form an der Faser ansammelt, während im Innern der Flotte normale Konzentrationen zugegen sind (S. 746).

Beispiele:

Lösungsmittelhaltige Seifen:

Tetralix NN	Effektol 4212
Terpuril TFS	Lanamerpin G

Lösungsmittelhaltige sulfierte Produkte:

Diadavin EP, WTS	Ateban HL	Melavin B
Cyclanon WNL	Diseron OF	Lanapex NA
Tetralix N	Pentasol D	Silvatol I
Felosan EF, TE	Limpigen 205	Astol A
Sulfolen Z	Dehaclin-Marken	Alkanol WXN
Miltopan DLM	Wofapon DL spez.	Prestofen T
Silastan AV		

Lösungsmittelhaltige nichtionogene Produkte:

Hostapal HL, Rucosal PG, Felosan WS, Quecotex 12XN, Quesynthol JM.

Als *Lösungsmittel* kommen u. a. in Betracht: Tetrachlorkohlenstoff, Terpentinöl, hydrierte Benzole (Cyclohexanol, Methylcyclohexanol), hydrierte Naphthaline wie Tetralin und Dekalin.

15. Netzmittel für stark alkalische Flotten

Die gewöhnlichen sulfierten Öle und sonstigen Netzmittel sind in starken Alkalien, wie z.B. in den Mercerisierlaugen, nicht beständig, da sie gespalten oder ausgesalzen werden; nur höchst sulfierte Produkte entsprechen den Anforderungen.

Ebenso eignen sich die Sulfate einiger niedrigmolekularer Alkohole (4–12 C-Atome, S. 757) bzw. entsprechender Alkoholgemische, wie sie z.B. dem Produkt Leophen BN zugrunde liegen. Auch sulfierte Äthanolamine sowie Butylglykol finden Verwendung. Auf Grund ihrer Alkalibeständigkeit dürften auch gewisse sulfierte Polyätheralkohole geeignet sein.

Weitere *Handelsprodukte* sind Eumercin S, Floranit, Inferol NL, OPM, Sultafon MBW, Mercerisin OR, Neopyridit V, Vivazit, Recondit MCJ, Tinophen CF, Invadin MET, Mercerol-Marken, Newalol-Marken, Mercirane SC, Mercerit B.

Im Gegensatz zu den nachstehend beschriebenen Produkten sind die hierher gehörigen Produkte *kresolfrei* und daher geruchlich praktisch indifferent.

Auf besonderer Basis arbeiten die *phenol- bzw. kresolhaltigen Mercerisiernetzmittel*.

Phenole lösen sich in Lauge unter Phenolatbildung. Diese zeigen einen nur schwachen Netzeffekt, sind aber in der Lage, in der Mercerisierlauge an und für sich unlösliche oder in der konz. Natronlauge sich abscheidende, netzend wirkende Stoffe so fein zu dispergieren, daß diese in der Mercerisierlauge praktisch gelöst sind (*Hydrotropie*). Auch Lösungsmittel, welche das Netzen hemmende Fettstoffe der Rohbaumwolle entfernen, können in das hydrotrope System miteinbezogen werden.

Das Mercerisierhilfsmittel besteht also aus dem hydrotrop wirkenden Mittel Phenol oder Kresol und dem in der Mercerisierlauge hydrotrop zu zerteilenden und als Netzmittel oder Lösungsmittel dienenden Stoff bzw. Stoffgemisch. Als solche kommen u.a. in Betracht: sulfierte Öle und Alkylnaphthalinsulfonate, alkylierte Sulfaminate, hydrierte Naphthaline, cyclische Alkohole wie Hexalin oder Methylhexalin, Polyglykole, Terpenderivate, Äthanolamine, Naphthensäuren. Es finden sowohl binäre als auch ternäre oder noch vielseitiger zusammengesetzte Kombinationen Verwendung.

Abgesehen von dem wenig angenehmen Geruch der kresolhaltigen Produkte ist Kresol schädlich für Fische, so daß die Abwässer der Mercerisation nicht ohne weiteres in den Vorfluter abgelassen werden können.

16. Netzmittel für stark saure Flotten

Säurebeständige Netzmittel spielen vor allen Dingen bei der Carbonisation (S. 287) eine Rolle. Im Interesse der schnellen und gleichmäßigen Durchnetzung mit der Carbonisierflotte ist die Verwendung eines Netzmittels von Vorteil. Außerdem kann die Säurekonzentration bei Gegenwart von Netzmitteln gesenkt werden. Das Netzmittel soll auch gegenüber konzentrierter Säure, wie sie sich im Carbonisierofen bildet, beständig sein, damit keine Auswaschschwierigkeiten entstehen. Nur wenige Mittel entsprechen diesen Anforderungen. Vor allem eignen sich solche auf Basis von Alkyl- und Benzyl-naphthalinsulfosäuren wie z.B. Nekal SBS und Invadin BL konz. (siehe auch S. 755):

Die Netzwirkung der Alkyl-naphthalinsulfonate wird durch Zugabe von Fettlösungsmitteln unterstützt. So ist das Eucarnit eine Kombination eines Alkyl-naphthalinsulfonats mit Trichloräthylen und Neomerpin N eine solche aus Alkyl-naphthalinsulfonat und Methylhexalin.

Weiterhin eignen sich sekundäre Alkylsulfate, wie Tergitol 7, höchstsulfierte Öle vom Typ des Prästabitöl V sowie Polyätheralkohole.

Für die Carbonisation mit Aluminiumchlorid kommen, da die anionaktiven Produkte unlösliche Aluminiumverbindungen liefern, nur nichtionogene Produkte (Perenin KN 82, Antarox CA-630) sowie gewisse kationaktive Netzmittel in Betracht.

17. Dispergiermittel auf heterocyclischer Basis

Die als Dispergiermittel dienenden Pyridinbasen weichen von dem für Netz-, Wasch- und Dispergiermittel üblichen Bauprinzip völlig ab. Bei den in Frage kommenden Produkten (z.B. Tetracarnit) handelt es sich um ein technisches Pyridin, welches neben Pyridin dessen Homologe, Picoline und Lutidine, enthält. Die Produkte sind in jedem Verhältnis mit Wasser mischbar und sind auf Grund ihrer nichtionogenen Natur kalk-, alkali- und säurebeständig. Sie besitzen gute netzende und namentlich dispergierende Eigenschaften, während ihre Wasch- und Reinigungskraft gering ist. Sie eignen sich besonders zum Lösen der Farbstoffe und, da sie eine Retardierwirkung ausüben, als Egalisiermittel in der Färberei (S. 776). Sie besitzen gegenüber anderen Dispergiermitteln den Nachteil eines unangenehmen Geruchs.

Zusammenfassende Übersicht über die Netz-, Dispergier- und Waschmittel

Voraussetzung für die *waschaktive* Wirkung einer organischen Substanz ist das Vorhandensein einer *langen ununterbrochenen hydrophoben Kette (Fettkette) in Kombination mit einer endständigen hydrophilen Gruppe*, eine Konfiguration, wie sie nachstehend für einige diesbezügliche Waschmitteltypen schematisch dargestellt sei:

$$CH_3 \xrightarrow{\text{11–18 C-Atome}} COONa$$

Seife

$$CH_3 \text{———————} SO_3Na$$

Alkyl-sulfonat mit endständiger Sulfogruppe

$$CH_3 \text{———————} ArSO_3Na$$

Aralkyl-sulfonat

$$CH_3 \text{———————} OSO_3Na$$

Alkyl-sulfat

Ist die hydrophobe Kette kurz oder ist die lange Fettkette durch eine interne hydrophile Gruppe – bei Abwesenheit einer endständigen hydrophilen Gruppe – unterbrochen, dann ist die Waschaktivität der betreffenden Verbindung gering, ihre Netzkraft dagegen stark ausgeprägt, wie dies die nachstehenden Beispiele veranschaulichen:

$$CH_3 \xrightarrow{\text{4–10 C-Atome}} OSO_3Na$$

Alkyl-sulfat
(Netzmittel für die Rohmercerisation)

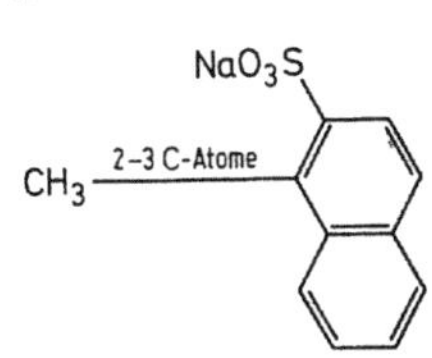

Alkylnaphthalinsulfonat

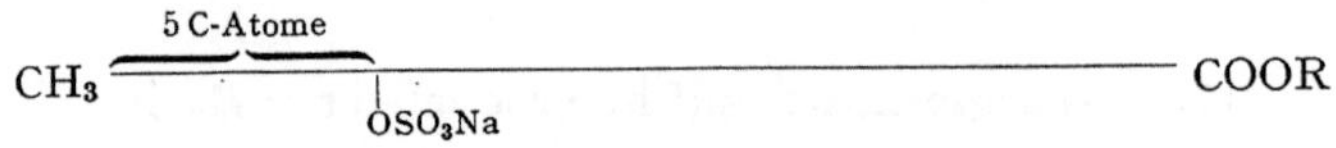

Sulfierte Ricinolsäure verestert
R = aliphatischer Alkohol

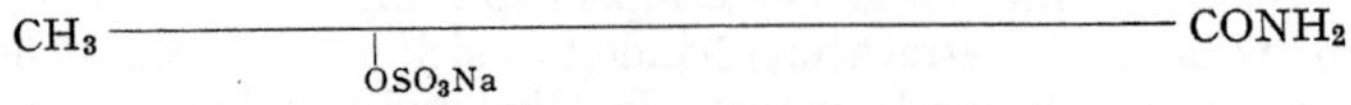

Amidierte und sulfierte Ricinolsäure

Eine *gute Dispergierwirkung* besitzen Verbindungen mit einer langen Fettkette, die sowohl eine *interne* als auch eine *externe* oder *zwei interne* hydrophile Gruppen enthalten. Das gleiche trifft auch für Produkte mit einer externen und zwei internen hydrophilen Gruppen zu:

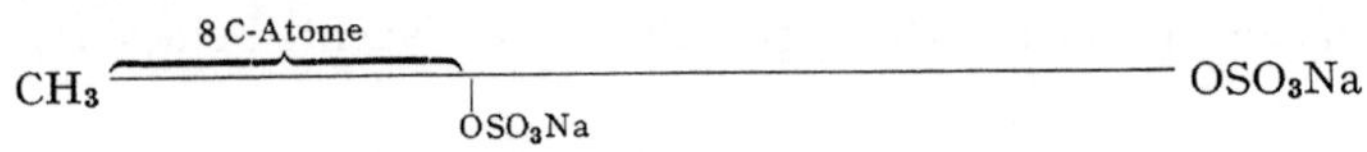

Oleylalkohol-disulfat (verringerte Waschkraft)

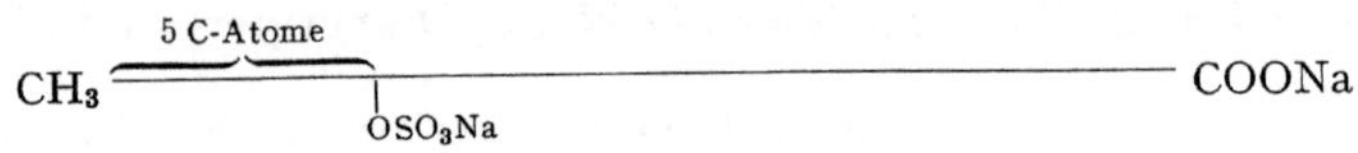

Sulfierte Ricinolsäure

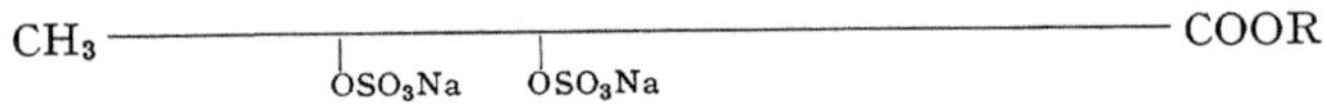

Blockierte Ricinolsäure mit zwei Sulfatgruppen

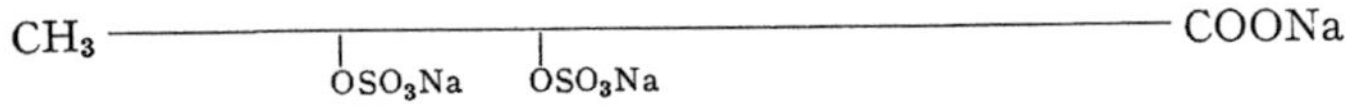

Na-ricinat mit zwei Sulfatgruppen

Was die Funktion der Art der hydrophilen Gruppe anbelangt, so nimmt die Waschwirkung in der Reihenfolge: Carboxyl-Sulfat-Sulfonat ab und die Netz- bzw. Dispergierkraft zu.

Daß manche technischen Produkte universell anwendbar sind, daß sie also eine gute Netz-, Wasch- und Dispergierwirkung in sich vereinigen, hängt damit zusammen, daß bei der Herstellung Komponenten der verschiedenen Typen nebeneinander entstehen, wie dies z.B. bei den Mersolaten der Fall ist. Natürlich können auch nachträglich verschiedene Typen miteinander gemischt werden.

Die *Blockierung der Carboxylgruppe* ergibt Verbindungen von im Vergleich zu den Seifen z.T. erheblich erhöhter *Beständigkeit gegenüber Erdalkaliionen*, was einmal damit zusammenhängt, daß die Erdalkalisalze solcher Substanzen leichter wasserlöslich sind als diejenigen der Seifen und zum andern damit, daß diese Produkte Niederschläge in statu nascendi feinst zu dispergieren in der Lage sind. Liegt zudem eine lange ununterbrochene Fettkette vor, dann ist eine gute Waschaktivität vorhanden, wie dies das Beispiel der Fettsäure-Kondensate zeigt:

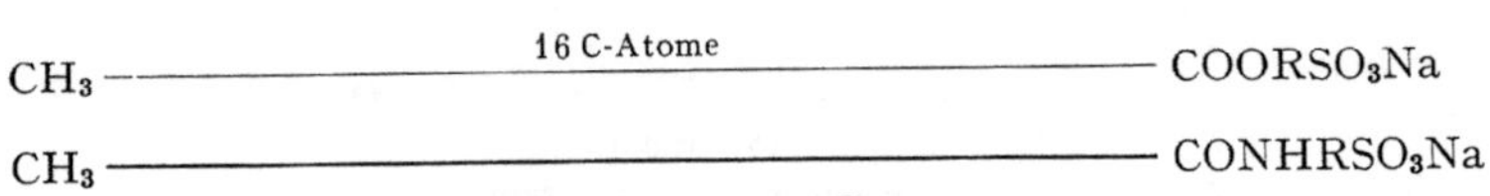

R = Kohlenwasserstoffrest

Die *ionogenen* Tenside besitzen den Nachteil, daß sie in ihrer Waschwirkung mehr oder weniger stark pH-abhängig sind. Dies führt dazu, daß man z.B. Wolle mit anionaktiven Produkten vorteilhaft nur im oder oberhalb des isoionischen pH-Gebiets waschen kann und daß kationaktive Verbindungen in alkalischem Medium keine Waschaktivität besitzen.

Einer solchen pH-Abhängigkeit sind die *nichtionogenen* Waschmittel nicht unterworfen. Sie haben weiterhin den Vorteil einer weitestgehenden *Elektrolyt-, Säure- und Alkalibeständigkeit.*

18. Sonstige grenzflächenaktive Mittel

Perfluorcarbonsäuren mit fünf und mehr C-Atomen finden als Netzmittel in stark oxydierenden Medien (z.B. Chromsäure) Verwendung. Sie sind härte- und säurebeständig.

Carboxylgruppenhaltige Organosilicium-Verbindungen sind ebenfalls grenzflächenaktiv und finden als Emulgatoren, z.B. für Siliconöle, Verwendung.

B. Färbereihilfsmittel

In der Färberei werden für die verschiedensten Zwecke spezielle Hilfsmittel benötigt. Meist entstammen sie der großen Gruppe der Netz-, Dispergier- und Waschmittel, welche sich auf Grund ihrer Grenzflächenaktivität an der Grenzfläche Farbstofflösung/Faser oder auch an der Grenzfläche Farbstofflösungsmittel/Farbstoff betätigen und damit die Vorbereitungs- und Färbeoperationen vorteilhaft beeinflussen können.

Schon beim Lösen der Farbstoffe ist es zweckmäßig, ein Netzmittel zuzugeben, um den Farbstoff schneller und vollkommener in Lösung zu bringen. Besonders bei nicht wasserlöslichen Farbstoffen, welche lediglich in Wasser aufgeschlämmt werden (z.B. Küpenfarbstoffe) empfiehlt sich der Zusatz eines Netz- oder Anteigemittels bzw. Dispergiermittels, welches die feindisperse Zerteilung des Farbpigments stark erleichtert und es damit auf Grund der Vergrößerung seiner inneren Oberfläche reaktionsfähiger macht.

Um ein gleichmäßiges Anfärben und eine gute Durchfärbung zu erzielen, müssen sich die Textilien mit der Färbeflotte gleichmäßig durchtränken, was eine einwandfreie Netzung durch die Färbeflotte voraussetzt. Eine solche erhält man entweder durch ein Vornetzen außerhalb des eigentlichen Färbebads oder durch Zusatz eines Netzmittels zur Färbeflotte selbst. Im letzteren Fall empfiehlt es sich, wenn der Färbeprozeß bei höheren Temperaturen verläuft, solche Netzmittel zu verwenden, welche ihre optimale Netzwirkung bei erhöhter Temperatur entfalten bzw. beibehalten (sogenannte *Heißnetzer*, zu denen u.a. die Humectole [S. 760] zählen). Die *Kaltnetzer* sind dadurch charakterisiert, daß sie schon bei gewöhnlicher Temperatur eine starke Netzwirkung entfalten, welche aber bei erhöhter Temperatur zurückgeht. Hierher gehören vor allem die Alkyl-naphthalinsulfonate.

Selbstverständlich ist eine gute Durchnetzung des Färbeguts nicht die alleinige Bedingung, um eine egale Anfärbung und eine einwandfreie Durchfärbung zu erzielen. Auch die übrigen Arbeitsbedingungen hinsichtlich Temperatur, pH-Wert, Elektrolytzusatz usw. müssen so bemessen sein, daß sie die Egalisierung und Durchfärbung fördern. In vielen Fällen genügen aber alle diese Faktoren noch nicht, um einen völlig einwandfreien Ausfall zu gewährleisten, so daß man zu speziellen Hilfsmitteln greifen muß.

Wenn die Gefahr einer ungleichmäßigen Anfärbung oder einer mangelhaften Durchfärbung besteht, so muß man den Färbeprozeß so lenken, daß der Farbstoff langsamer auf die Faser aufzieht, da ein rasches Aufziehen vielfach die Gefahr des ungleichmäßigen Aufziehens in sich birgt.

Dies hängt damit zusammen, daß bei schnellem Aufziehen des Farbstoffs die Bewegung des Färbeguts in der Farbflotte oder die Zirkulation der Farbflotte durch das ruhende Färbegut die durch das Aufziehen des Farbstoffs bedingten Konzentrationsunterschiede nicht genügend rasch auszugleichen vermögen. Auch bei an verschiedenen Stellen des Fasergutes unterschiedlicher Netzfähigkeit ist eine Verlangsamung des Färbeprozesses im Interesse eines egalen Farbausfalls von Vorteil.

Abgesehen von der Beeinflussung der Aufziehgeschwindigkeit durch die Faktoren Temperatur, Elektrolytzusatz, pH-Wert usw. hat man die Möglichkeit, das Aufziehvermögen der Farbstoffe durch besondere Hilfsmittel so zu dirigieren, daß eine optimale Färbung hinsichtlich Gleichmäßigkeit und Durchfärbung resultiert. Besitzen allerdings die in einer Textilware vorhandenen Fasern eine unterschiedliche Farbstoffaffinität, dann ist eine Egalisierung im allgemeinen nur bei entsprechender Auswahl der Farbstoffe bzw. der Färbeverfahren möglich (S. 587 f.).

Neben den Netz-, Egalisier- und Durchfärbemitteln spielen indes in der Färberei auch eine ganze Anzahl anderer Produkte, wie z. B. solche zur Erhöhung der Echtheitseigenschaften, eine bedeutende Rolle.

1. Egalisier- und Durchfärbemittel

Man kann zwei grundsätzlich verschiedene Typen von Egalisiermitteln unterscheiden, und zwar einmal die *faseraffinen* Mittel und zum anderen die *farbstoffaffinen* Produkte (*Nüsslein, Schwen*). Die ersteren führen durch eine Wechselwirkung mit der Faser zu einer Verlangsamung der Aufziehgeschwindigkeit, während die letzteren durch eine Wechselwirkung mit dem Farbstoff eine Drosselung bewirken. Im einzelnen hängt die Funktion dieser Mittel von der Faserart sowie von dem angewandten Färbeverfahren ab.

a) Die faseraffinen Egalisiermittel

Als solche kommen vor allen Dingen die Aniontenside wie Alkylsulfate und Fettsäurekondensate in Frage. Beim Färben der Wolle mit Säurefarbstoffen z. B. ist ihre Wirkungsweise die folgende:

In saurem Medium besitzt die Wolle eine gesteigerte Anzahl von positiv geladenen Aminogruppen, während die Dissoziation der Carboxylgruppen zurücksteht. Als Gegenionen zu den Ammoniumgruppen fungieren zunächst auf Grund ihrer großen Diffusionsgeschwindigkeit die zugesetzten Säureanionen, welche somit die für die Farbstoffanionen verfügbaren Plätze zunächst belegen. Erst allmählich dringen die schwer beweglichen Farbstoffanionen zur Faser vor und verdrängen auf Grund ihrer eigenen größeren Affinität zur Wollfaser die Säureanionen, so daß die Konzentration an Säureanionen in der Flotte zu- und diejenige an Farbstoffanionen abnimmt.

Bei Gegenwart eines grenzflächenaktiven Anions spielt sich nun folgendes ab: Sowohl die Beweglichkeit als auch die Affinität des grenzflächenaktiven Anions zur Wollfaser liegt zwischen denjenigen des Säureanions und des Farbstoffanions. Unter diesen Umständen tritt ein Wettstreit zwischen drei Partnern um die für Gegenionen an der Wolle verfügbaren Plätze ein (Abb. 220), was eine Verlangsamung der Farbstoffixierung zur Folge hat.

$\overset{\oplus}{N}H_3RCOOH$

$\uparrow A^{\ominus}$ $\quad A^{\ominus}$ = Säure-anion

$\uparrow G^{\ominus}$ $\quad G^{\ominus}$ = grenzflächenaktives Anion

$\uparrow F^{\ominus}$ $\quad F^{\ominus}$ = Farbstoff-anion

Abb. 220. Wechselwirkung zwischen Woll-Kation und Anionen.

Im Vergleich zu der Funktion des Natriumsulfats als Egalisiermittel beim Färben mit Säurefarbstoffen besitzt die Verwendung von Aniontensiden den Vorteil, daß die letzteren eine wesentlich größere Affinität zur Wolle besitzen als die Sulfationen (S. 602), so daß man mit wesentlich geringeren Mengen auskommt. Ein Aussalzen der Farbstoffe, wie dies bei der Verwendung von Glaubersalz in hoher Konzentration gelegentlich vorkommen kann, ist daher bei den anionischen Hilfsmitteln nicht zu befürchten.

Beim Färben von Cellulosefasern mit substantiven Farbstoffen finden die Aniontenside ebenfalls als Egalisiermittel Verwendung. Ihre Wirkung dürfte aber nicht so sehr auf einer faseraffinen Funktion beruhen, sondern im wesentlichen darauf zurückzuführen sein, daß sie auf Grund ihrer Netzwirkung das gleichmäßige An- und Durchfärben fördern. Allerdings wurde auch eine gewisse Aggregierung der Farbstoffe durch Fettsäurekondensate und Alkylsulfate beobachtet, so daß diese Produkte in gewissem Sinne auch farbstoffaffin sind.

b) Die farbstoffaffinen Egalisiermittel

Die farbstoffaffinen Mittel lösen eine Verlangsamung des Färbeprozesses dadurch aus, daß sie die Beweglichkeit des Farbstoffs hemmen und so eine rasche Diffusion zur Faser verhindern. Die Diffusionshemmung kommt dadurch zustande, daß die Produkte lockere Agglomerate mit den Farbstoffteilchen bilden, sich also gewissermaßen als Assoziationszentren betätigen. Die Addukte sind schwerbeweglich und zerfallen in Berührung mit der Faser namentlich bei erhöhter Temperatur, um damit den Farbstoff für die Fixierung auf der Faser freizugeben. Teilweise ist auch eine Salzbildung zwischen den kationischen Gruppen des Egalisiermittels und dem Farbstoffanion anzunehmen.

An Produkten, welche in dieser Art wirksam sind, sind zu nennen: Eiweißkörper, wie Leim, Gelatine, Eiweißspaltprodukte (Egalisal), Eiweißfettsäurekondensate (Lamepon) sowie Sulfitablaugeprodukte (Dekol). Dabei ist allerdings zu bemerken, daß die Eiweißkörper beim Färben mit Säurefarbstoffen auch auf Grund ihres Pufferungsvermögens das Aufziehen des Farbstoffes verlangsamen.

In besonderem Maße sind die Polyätheralkohole zu einer starken Aggregierung der Farbstoffe und damit zur Egalisierung befähigt. Die starke Bindung der Farbstoffteilchen an den Polyäther kann man durch Zusätze anionischer grenzflächenaktiver Produkte (z.B. Nekal) wieder aufheben, was die Möglichkeit bietet, den Farbstoff gegen Ende des Färbeprozesses zum Ausziehen zu veranlassen (*Schwen*). Diese Erscheinung kann damit erklärt werden, daß die Affinität der Polyäther zu den anionischen grenzflächenaktiven Produkten eine größere ist als zu den Farbstoffen. An Alkylpolyglykoläthern, welche in dieser Richtung besonders wirksam sind, sind zu nennen das Peregal O und OK, Avolan AV, Solidegal, Remol OK, Eganal ON, Vinkosal EV und Indegal. So beträgt z.B. die *Aggregationszahl* von Chikagoblau bei Gegenwart von Peregal O 22 und von Peregal OK 44. Die Produkte finden teils in der Küpenfärberei, teils in der Wollfärberei Verwendung.

Das Zustandekommen der Aggregation bzw. der Salzbildung kann man sich in der Weise erklären, daß die gehäuften Ätherbindungen des Hilfsmittels mit ihren Sauerstoffrestvalenzen basischen Charakter besitzen (S. 763) und zur Salzbildung (Oxoniumsalze) mit anionischen Verbindungen (z.B. Leukokörper von Küpenfarbstoffen oder anionischen kapillaraktiven Produkten, z.B. Nekal) befähigt sind. Unter diesen Umständen ist den nichtionogenen Polyglykoläthern ein gewisser kationaktiver Charakter zuzuschreiben (*Schöller, Wurzschmitt*). Die Bindung der Farbstoffe ist auch über H-Brücken denkbar.

Auch gewisse spezifische kationaktive Produkte, z.B. Egal D, Ritandin SW sowie das Lauryl-pyridiniumsulfat (Repellat D, C), sind in dieser Richtung wirksam.

Die Aggregation kann hier durch ein Alkylsulfat reduziert werden.

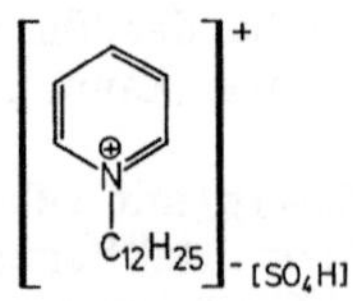

Lauryl-pyridinium-sulfat

Auf anderer Basis scheinen die als Egalisier- und Durchfärbemittel dienenden *Pyridinbasen* (z. B. Penetracit TN, D, Tetracarnit, Eutinctol N) zu wirken, welche den Disperitätsgrad des Farbstoffs in einer für die Egalisierung und Durchfärbung günstigen Weise beeinflussen.

c) Retarder (vgl. S. 632)

In den letzten Jahren hat sich – namentlich beim Färben von Synthesefasern – der Begriff „Retarder" eingeführt. Je nach Funktion des Retarders fällt dieser unter die vorangegangenen Abschnitte a bzw. b.

Beim Färben von Polyacrylnitril-Fasern mit kationischen Farbstoffen werden zum Teil kationische und zum Teil anionische Retarder (Bremsmittel) im Interesse einer guten Egalisierung benötigt. Die *kationischen* Retarder kompensieren die negative Faserladung bzw. konkurrieren mit dem Farbstoff um die anionischen Plätze auf der Faser.

Die *anionischen* Retarder binden den kationischen Farbstoff im Färbebad und geben diesen erst bei höherer Temperatur wieder frei.

2. Mittel zur Erhöhung der Naßechtheit von Färbungen

In manchen Fällen genügen die Wasserechtheit, Wasch- oder Schweißechtheit einer substantiven Färbung nicht ohne weiteres den Anforderungen der Fabrikation oder des Gebrauchs. Die betreffenden Anforderungen sind aber häufig nicht so, daß sich die Verwendung einer echteren Farbstoffgruppe kalkulatorisch rechtfertigen ließe. In solchen Fällen begnügt man sich mit einer entsprechenden Nachbehandlungsmethode (S. 546).

a) Nachbehandlung mit kationaktiven Produkten

Neben den Nachbehandlungen mit Metallsalzen oder Formaldehyd, die an bestimmte konstitutionelle Voraussetzungen gebunden sind (S. 389 ff.), kommen solche mit speziellen Hilfsmitteln für diesen Zweck in Betracht. In erster Linie handelt es sich hierbei um kationaktive Produkte, welche in Wechselwirkung mit den Farbstoffanionen schwerlösliche Farbsalze liefern nach dem Schema:

$$[Fb \cdot SO_3]^- Na^+ + \left[R{-}\overset{\oplus}{N}{\begin{smallmatrix} C_2H_5 \\ C_2H_5 \\ H \end{smallmatrix}} \right]^+ Cl^- \rightarrow [Fb \cdot SO_3]^- \left[R{-}\overset{\oplus}{N}{\begin{smallmatrix} C_2H_5 \\ C_2H_5 \\ H \end{smallmatrix}} \right]^+ + NaCl$$

Grundsätzlich können alle anionischen Farbstoffe in dieser Weise reagieren und daher in ihren Naßechtheitseigenschaften vorteilhaft beeinflußt werden. Das Maß der Verbesserung sowie die anzuwendenden Hilfsmittelmengen hängen indes einerseits vom Molekulargewicht des Farbstoffs und andererseits von der Anzahl der vorhandenen Sulfogruppen ab. Bei Protein- und Polyamidfasern ist die Behandlung unwirksam, da hier die reaktiven Gruppen des Farbstoffs bereits mit der Faser in Reaktion getreten sind.

Geeignete Produkte sind z.B. die Sapaminmarken, so das

Sapamin CH (Chlorid des Oleyl-diäthyl-äthylendiamins):

$$\left[C_{17}H_{33}\cdot CO\cdot NH\cdot C_2H_4-\overset{\oplus}{N}\begin{matrix}C_2H_5\\ C_2H_5\\ H\end{matrix}\right]^+ Cl^-$$

Das Produkt ist nicht laugenbeständig, da Lauge die wasserunlösliche Base in Freiheit setzt. Durch Überführung des Oleyl-diäthyl-äthylendiamins in quartäre Salze erhält man laugenbeständige Produkte. So entsteht bei der Einwirkung von Benzylchlorid das Sapamin BCH:

$$\left[C_{17}H_{33}\cdot CO\cdot NH\cdot C_2H_4-\overset{\oplus}{N}\begin{matrix}C_2H_5\\ C_2H_5\\ CH_2\cdot C_6H_5\end{matrix}\right]^+ Cl^-$$

Auch Pyridiniumverbindungen finden für diesen Zweck Verwendung, so das Fixanol C (Cetyl-pyridiniumchlorid) und das Repellat (Dodecyl-pyridiniumsulfat).

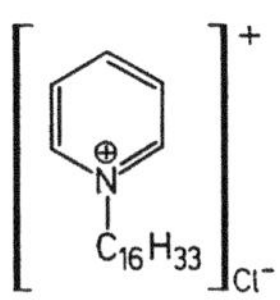

Fixanol C

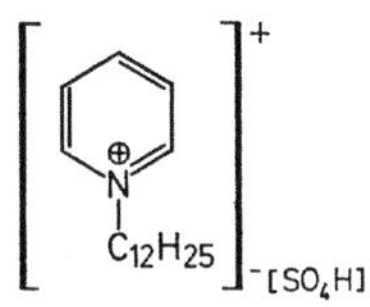

Repellat

Weiter gehören die Solidogene sowie das Levogen WW hierher. Solidogen B und BSE sind Kondensationsprodukte eines Chlorparaffins mit einem Polyäthylenimin (aus Äthylenchlorid und Ammoniak gewonnen) in Form des Hydrochlorids bzw. des Dimethylsulfats von der Formel:

$$\left[R\cdot NH\cdot (C_2H_4NH)_x\cdot C_2H_4-\overset{\oplus}{N}\begin{matrix}H\\ H\\ H\end{matrix}\right]^+ Cl^- \qquad \left[R\cdot NH\cdot (C_2H_4NH)_x\cdot C_2H_4-\overset{\oplus}{N}\begin{matrix}H\\ H\\ CH_3\end{matrix}\right]^+ {}^-[SO_4CH_3]$$

Solidogen B Solidogen BSE

R = Paraffinrest

Dem Solidogen BS, welches auch die *Waschechtheit* substantiver Färbungen beträchtlich zu erhöhen vermag, liegt ein Di-methylbenzimidazolyl-methan folgender Form zugrunde:

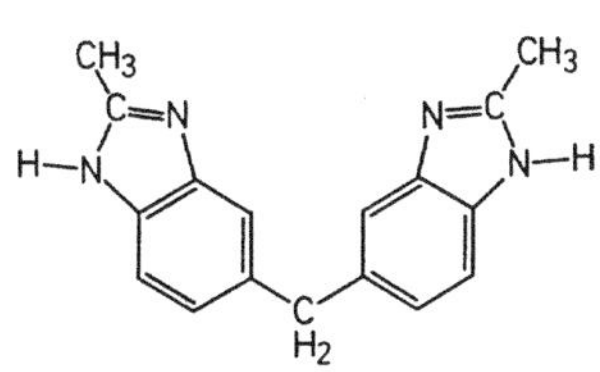

welches durch Umsetzung von 3,4,3′,4′-Tetraamino-diphenylmethan mit Essigsäure entsteht. An Stelle der Solidogene B, BS und BSE ist heute Solidogen FFL e.k. im Handel, eine kationaktive Verbindung auf Basis eines kettenförmigen, aliphatischen quaternären Ammoniumsalzes.

Irgamine sind Produkte, welche durch Kondensation von Polyäthyleniminen mit Fettsäuren entstehen. Ein weiteres Produkt ist Sandofix B, das Kondensationsprodukt eines Chlorhydrins mit einer stickstoffhaltigen Base. Fixogene T stellt eine quartäre Ammoniumbase dar, welche durch Kondensation von Harnstoffderivaten mit Äthanolaminen erhalten wird.

Weitere *Handelsprodukte* von kationaktiven Nachbehandlungsmitteln sind: Levogen FWN, HW, Lufixan LF, Wofafix S spez., Tinofix A, Sandofix-Marken, Resofix CU.

Zu bemerken ist, daß die Lichtechtheit substantiver Färbungen durch eine Nachbehandlung mit kationaktiven Hilfsmitteln vielfach verschlechtert wird (S. 546).

Die genannten kationaktiven Produkte können auch in der Form einer Vorbeize Verwendung finden, da die Faser durch Adsorption des Kations eine positive Ladung erhält und damit die Farbanionen besser anzieht und festhält.

Weiterhin besteht die Möglichkeit, die kationaktiven Produkte auch irgendwelchen wäßrigen Flotten, in denen fertige Färbungen eine bestimmte Behandlung erfahren sollen, zuzusetzen. So drängt z. B. ein Zusatz zur Schlichte das Auslaufen substantiver Färbungen zurück.

Grundsätzlich ist beim Arbeiten mit solchen kationaktiven Produkten zu beachten, daß sie z. B. mit Sulfationen oder mit Sulfonationen, d. h. also mit hartem Wasser sowie mit anionischen Hilfsmitteln, schwerlösliche Ausscheidungen ergeben können.

Auch kationaktive *Sulfonium- bzw. Phosphoniumverbindungen* sind geeignet, sind jedoch den Ammonium- und Pyridiniumverbindungen in ihrer Wirksamkeit unterlegen. Als Beispiele seien genannt das Dimethyl-dodecyl-sulfoniumchlorid sowie das Trimethyl-dodecyl-phosphoniumchlorid:

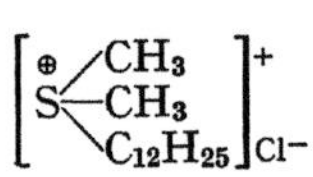

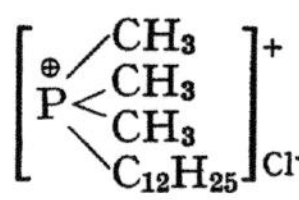

b) Nachbehandlung mit Kunstharzvorkondensaten (S. 546f.)

Eine Erhöhung der Naßechtheitseigenschaften kann auch in der Weise erzielt werden, daß man die Färbung oder den Druck mit Kunstharzvorkondensaten behandelt, wobei vermutlich schwerlösliche Addukte aus Farbstoff und Vorkondensat entstehen. In Frage kommen u. a. Vorkondensate auf Basis Harnstoff/Formaldehyd (Kaurit S), Melamin/Formaldehyd (Lyofix SB, Cassurit MKF), Dicyandiamid/Formaldehyd (Solidogen FRTe.k., Wofafix WWS).

Kationische Vorkondensate lassen sich z. B. gewinnen durch Umsetzung von Dimethylolharnstoff mit Alkylolamin in saurem Medium:

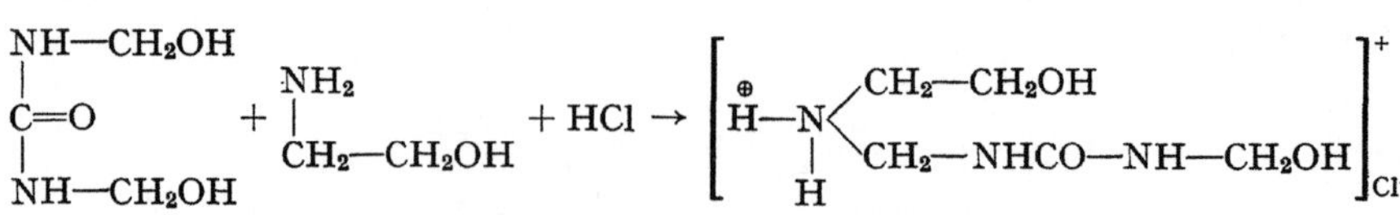

Ein auf der Basis einer Reaktant-Verbindung fungierendes Produkt ist Siriogen WK, das bei bestimmten substantiven Farbstoffen (Siriogenfarbstoffe) die Naßechtheit beträchtlich erhöht (S. 547). Über Mesitol NBS s. S. 620!

C. Druckereihilfsmittel

1. Verdickungsmittel

Als Verdickungsmittel finden in erster Linie solche Substanzen Verwendung, welche schon bei niedriger Konzentration hochviscose Lösungen liefern. Diese Eigenschaft ist jedoch nicht das alleinige Kriterium für die Eignung als Verdickungsmittel, es müssen vielmehr auch noch andere Bedingungen erfüllt sein, wie sie im Kapitel Druckerei näher beschrieben sind (S. 671 f.).

a) Verdickungsmittel natürlicher Herkunft

Stärken. Von den Stärken wird am meisten die Weizenstärke angewandt, da sie einen gut haltbaren Kleister liefert, während derjenige der Kartoffelstärke in seiner Viscosität leicht beeinflußbar ist.

Dextrin entsteht durch hydrolytischen, thermischen oder enzymatischen Abbau von Stärken.

Britisch-Gummi (z.B. Diatex) bildet sich beim Erhitzen von Mais- oder Reisstärke.

Gummi arabicum ist ein Akazienausscheidungsprodukt. Es gehört zu den Polysacchariden und zerfällt bei der Hydrolyse in ein Gemisch von Monosacchariden. Diese sind Galaktose, Arabinose und Rhamnosehydrat (Methylpentose). Weiterhin entsteht bei der Hydrolyse das Disaccharid Aldobionsäure, welchem die nachfolgende Konstitution zukommt:

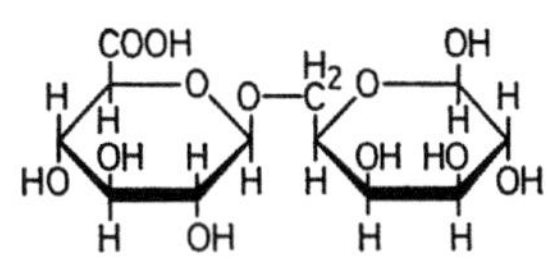

Glucuronsäure Galaktose
Aldobionsäure

Kristallgummi ist eine aus unlöslichen Gummisorten durch Erhitzen mit Wasser unter Druck wasserlöslich gemachte Gummiart. Ein hierher gehöriges, leicht lösliches modifiziertes Gummiprodukt ist Karagum, Lamegum, Nafka-Kristallgummi.

Alginsäurepräparate sind

Dialgin	Cecalginat-Marken
Cohäsol	Algum
Norgine	Sodalg HV
Protakyp K	Manutex-Marken
Lamitex	Kelgin

Die Alkalisalze der Alginsäure besitzen den Vorteil, daß sie sehr gut auswaschbar sind. Die Alginsäure wird aus Tang gewonnen und stellt ein Kohlehydrat der nachstehenden Konstitution dar (S. 241).

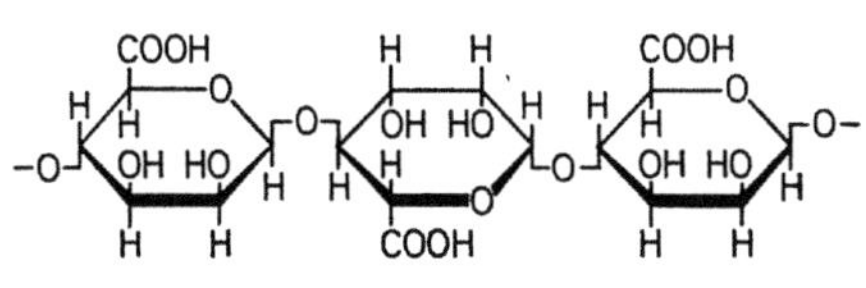

Poly-d-mannuronsäure (Alginsäure)

Alkalialginate geben mit den meisten Metallionen (nicht mit Magnesium und zweiwertigem Eisen) unlösliche Ausscheidungen, was bei der Verwendung in der Druckerei zu beachten ist.

Tragant (Leguminosenausscheidungsprodukt) ist ein Polysaccharidgemisch, das bei der Hydrolyse in Arabinose, Xylose und Galaktose zerfällt.

Johannisbrotkernmehlpräparate sind:

Diagum D	Meypro-Gum KN
Leicogummi	Meypro-Gum CRX (veräthert)
Lameprint A (veräthert)	Alkagum NS (veräthert)
Tragasol	Alkaprint (veräthert)
Ceratoniagummi	

Johannisbrotkernmehl enthält als Hauptbestandteil das *Carubin*, ein aus Mannose und Galaktose bestehendes Polysaccharid.

An *Eiweißkörpern* finden vereinzelt noch Leim, Casein, Eialbumin, Blutalbumin Verwendung.

b) Verdickungsmittel künstlicher oder synthetischer Herkunft

Alkylcellulosen. Die Alkylcellulosen, namentlich die Methyläther, liefern leicht auswaschbare Verdickungen.

Handelsprodukte mittleren Methylierungsgrades, welche in kaltem Wasser löslich und in heißem Wasser sowie in Ätzalkalien unlöslich sind, sind Tylose TWA und DKL[1] (S. 682).

Celluloseäthercarbonsäuren (*Celluloseglykolate*). Celluloseäthercarbonsäuren, welche in Form ihrer Alkalisalze im Handel sind, liefern Verdickungen, welche ebenfalls leicht auswaschbar sind. Das Natriumsalz der Cellulosemethyläthercarbonsäure entsteht bei der Einwirkung von monochloressigsaurem Natrium auf mit Natronlauge vorbehandelte Cellulose:

$$\text{Cell}\cdot CH_2ONa + ClCH_2COONa \rightarrow \underset{\text{Cellulose-glykolat}}{\text{Cell}\cdot CH_2OCH_2COONa}$$

Handelsprodukte sind:

Verdickung V extra	Cellcosan Standard
Cellcosan FF hochviskos	

Stärkeäther: Solvitose-Marken, Verdickung KL, Monagum N und Super.

An *synthetischen Produkten* finden Polyacrylate Verwendung (Plexileim) sowie Lutexal U.

Im Pigmentdruck spielen einige spezielle Produkte eine Rolle, welche gleichzeitig die Funktion des Bindemittels für das Pigment übernehmen. Zu nennen sind u.a.:

Acetylcellulose, Nitratcellulose, Polyvinylkörper, Polyacrylsäureester, Polykondensate. Des weiteren spielen Copolymerisate eine Rolle. Die Qualität des Pigmentbinderfilms kann durch Vernetzung der Copolymerketten verbessert werden (*S. Heimann* und *K. Dachs*).

c) Mineralische Verdickungsmittel

Kolloide Kieselsäure (Bentonit).

---

[1] Heute Tylose MH 300.

d) Emulsions-Verdickungen

Wenn es sich darum handelt, „substanzfreie“ Verdickungen zu verwenden, dann kommen hierfür die „Öl-in-Wasser“-Emulsionen oder die „Wasser-in-Öl“-Emulsionen in Betracht, die sich beim Trocknen verflüchtigen und nur den angewandten Emulgator zurücklassen (S. 707). Als „Öl“ kommt meist *Schwerbenzin* (120–160 °C) in Betracht.

Handelsprodukte u. a. Acrapon A, Luprintol P, S.

2. Lösungs- und Dispergiermittel sowie hydrotrop wirkende Substanzen

Bei der Bereitung der Druckfarben sowie von konzentrierten Farbstofflösungen, wie sie für das Klotzen Verwendung finden, ist es häufig erforderlich, ein „Farbstofflösungsmittel“ zuzusetzen, da die verhältnismäßig geringe Wassermenge, welche auch die anderen Zusätze in Lösung und das Verdickungsmittel in Quellung halten soll, zu einer beständigen Lösung des Farbstoffes nicht immer ausreicht. Druckfarben, welche unlösliche Farbstoffe in feiner Zerteilung enthalten, wie beispielsweise Küpendruckfarben, erhalten vielfach einen Zusatz eines Dispergiermittels bzw. einer hydrotropen Substanz (S. 679f.). Diese haben die Aufgabe, den Farbstoff in der Druckfarbe möglichst fein zu dispergieren und die Dispersion homogen und dauerhaft zu gestalten. Damit wird die reagierende Oberfläche des Farbstoffs vergrößert, so daß er in der Dampfatmosphäre schneller und vollkommener reduziert wird, wodurch bei gleichzeitiger Verkürzung der Dämpfdauer sattere und gleichmäßigere Drucke entstehen.

Je nach dem Druckverfahren bzw. dem angewandten Farbstoff kann ein und dasselbe Produkt je nachdem als Lösungs- oder Dispergiermittel fungieren. Manche von den verwendeten Substanzen, wie z. B. Glycerin üben zusätzlich eine hygroskopische Wirkung aus, was die Fixierbarkeit der Druckfarbe ebenfalls erleichtert. In den Handelsprodukten der Farbstoffteige übernehmen manche dieser Produkte, z. B. Glykol oder Glycerin, gleichzeitig die Rolle des Frostschutzmittels und des Hygroskopikums, um dem Eintrocknen entgegenzuwirken (S. 679).

Eine besondere Bedeutung kommt gewissen *Alkoholen und ihren Derivaten* als Löse- bzw. Dispergiermittel zu, wobei in manchen Fällen die hydrotrope Funktion der Produkte eine ausschlaggebende Rolle spielt.

Es finden u. a. Verwendung:

Äthylalkohol als Lösungsmittel für Naphthole, kationische und saure Farbstoffe.

Glykol als Lösungs- bzw. Anteigemittel für kationische und saure Farbstoffe sowie für Chromfarbstoffe, Küpenfarbstoffe und Indigosole.

Glykolmonoäthyläther (Solentwickler GAN, Cellosolve) als Lösungsmittel für kationische und saure Farbstoffe sowie für Indigosole und Rapidogene.

Diäthylenglykol (Polyglykol, Diglykol, Solutène DG) als Lösungsmittel für Indigosole und Anteigemittel für Küpenfarbstoffe. Das Produkt wird aus Glykol und Äthylenoxid gewonnen.

$$O\left\langle\begin{array}{l} CH_2 \cdot CH_2OH \\ CH_2 \cdot CH_2OH \end{array}\right. \qquad HO{-}(CH_2{-}CH_2{-}O)_2{-}H$$

Diäthylenglykol

Monoäthyläther des *Diäthylenglykols* als Farbstofflösemittel und Anteigemitte für Küpenfarbstoffe:

$$O\Big\langle\begin{matrix} CH_2\cdot CH_2OC_2H_5 \\ CH_2\cdot CH_2OH \end{matrix} \qquad C_2H_5{-}O{-}(CH_2{-}CH_2{-}O)_2{-}H$$

Äthyläther des Triäthylenglykols + Glykol als Anteigemittel für Küpenfarbstoffe:

$$\begin{array}{l} CH_2\cdot CH_2OH \\ | \\ OCH_2\cdot CH_2O \\ \qquad\qquad\;\; | \\ HOH_2C\cdot H_2C \end{array} \qquad HO{-}(CH_2{-}CH_2{-}O)_3{-}H$$

Triäthylenglykol

Thio-diäthylenglykol (Glyezin A, Lyoprint G, Solutène CI, Glydot BN) als Farbstofflösungsmittel sowie als Anteigungsmittel für Küpenfarbstoffe. Das Produkt wird hergestellt durch Umsetzung von Äthylenchlorhydrin mit Natriumsulfid gemäß der Gleichung:

$$2\,ClCH_2\cdot CH_2OH + Na_2S \rightarrow S\Big\langle\begin{matrix} CH_2\cdot CH_2OH \\ CH_2\cdot CH_2OH \end{matrix} + 2\,NaCl$$

Thio-diäthylenglykol

Es ist ein Zwischenprodukt bei der Lostherstellung, in welches es unter der Einwirkung von Chlorwasserstoff übergeht:

$$S\Big\langle\begin{matrix} CH_2\cdot CH_2OH \\ CH_2\cdot CH_2OH \end{matrix} + 2\,HCl \rightarrow S\Big\langle\begin{matrix} CH_2\cdot CH_2Cl \\ CH_2\cdot CH_2Cl \end{matrix} + 2\,H_2O$$

Lost

Thio-diäthylenglykol darf daher, um Vergiftungserscheinungen zu vermeiden, nicht mit Salzsäure zusammengebracht werden.

Glycerin als Lösungsmittel und Hygroskopikum. Auch Glycerinersatzmittel, wie Sorbit (Sorbitol, Karion), Dimethylolpropan, Dimethylformamid, 1,2,4-Butantriol (Triol) u.a. sind hier zu nennen.

Acetylglycerin (Acetin N) = Mischung von Mono-, Di- und Triacetyl-glycerin, als Lösungsmittel für kationische Farbstoffe.

Phenol, Resorcin als Lösungsmittel bzw. hydrotrope Mittel für kationische Farbstoffe.

Weitere hierhergehörige *Handelsprodukte* sind: Glyezin PFD, Remol TRD, Roglyr, Glycenit TH, Drucköl Leuna T, Irgasol DA, Printon A.

Als *Dispergiermittel für Küpenfarbstoffe* eignet sich eine ganze Reihe von hydrotrop wirkenden Substanzen, welche den Farbstoff so fein zerteilen, daß seine Reaktionsfähigkeit in der Dampfatmosphäre wesentlich erhöht und damit die Ergiebigkeit der Druckfarbe und die Gleichmäßigkeit des Drucks verbessert werden. U.a. sind zu nennen:

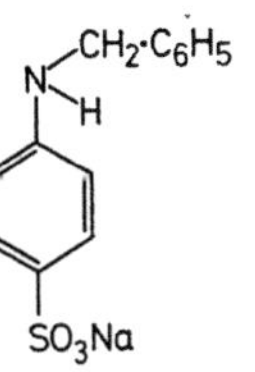

N-Benzyl-sulfanilsaures Natrium
(Solutionssalz B, Liovatin,
Sel Dissolvant B, Solutionssalz BN 200)

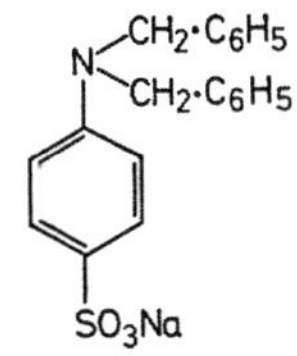

N-Dibenzyl-sulfanilsaures Natrium
(Solutionssalz SV)

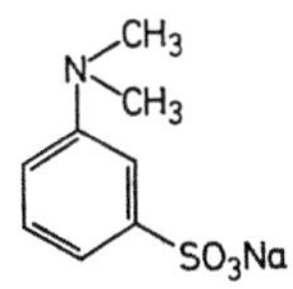

Dimethyl-metanilsaures Natrium (Dinaton)

Als weitere in dieser Richtung wirksame Produkte kommen Sulfitablaugepräparate sowie Harnstoff in Frage.

Das Wesen der Hydrotropie und die Bedeutung der hydrotropen Substanzen. Wegen der Bedeutung der Hydrotropie für die verschiedensten Zwecke der Textilveredlung, u.a. als Farbstoff- und Waschrohstoff-Lösevermittler, seien nachstehend einige grundsätzliche Bemerkungen über dieses theoretisch und technisch interessante Phänomen gemacht.

Hydrotrope Substanzen sind wasserlösliche Verbindungen, die durch ihre Gegenwart die Löslichkeit bzw. Zerteilung an sich wasserschwer- oder wasserunlöslicher Substanzen in Wasser erhöhen. Im allgemeinen handelt es sich hierbei um organische Verbindungen, während anorganische Substanzen nur vereinzelt in dieser Richtung wirksam sind. Die Erscheinung dieser lösenden Funktion wird *Hydrotropie* genannt. Sie ist an sich schon lange bekannt und wird seit geraumer Zeit technisch in größtem Umfang ausgewertet.

Die Verwendung hydrotroper Substanzen erbringt in der Technik die verschiedensten Vorteile, so z.B. die Möglichkeit chemischer Umsetzungen in homogener Phase ohne Verwendung teurer oder brennbarer organischer Lösungsmittel. Auch für Extraktionszwecke kann an Stelle organischer Lösungsmittel, die nicht immer verlustlos anwendbar sind, bei Gegenwart einer hydrotropen Substanz Wasser Verwendung finden.

Technische Extraktionen können sehr schonend durchgeführt werden, wenn sie unter Anwendung hydrotroper Mittel erfolgen. So läßt sich z.B. die Extraktion von Lignin und Pentosanen aus Holz (Bambusabfälle) für Papierzellstoff in vorteilhafter Weise mit Wasser unter Zusatz von Toluolsulfonat vornehmen. In der Farbenindustrie sind Kupplungen von Diazoniumsalzen mit wasserschwerlöslichen Komponenten in einfacher Weise möglich, wenn hydrotrope Substanzen zugegen sind.

Anwendung der Hydrotropie in der Textilveredlung. Bekannt ist die Verwendung z.B. des Harnstoffs in der Druckerei. Seine Funktion besteht darin, auftretende Lösungsschwierigkeiten des Farbstoffs zu überbrücken, da der Hauptteil des Wassers der Druckfarbe zur Quellung der Verdickungsmittel benötigt wird. Vielfach erbringt die Verwendung von Harnstoff eine Abkürzung des Dämpfprozesses und eine Verbesserung der Farbstoffausbeute neben der Erzielung eines gleichmäßigen Druckausfalls. In manchen Fällen hat der Harnstoff die Aufgabe, die Ausscheidung von „Farblacken" zu verhindern.

Im Rahmen der Verwendung der Küpenfarbstoffe in der Druckerei spielen aus den gleichen Gründen hydrotrope Substanzen sowohl für die Zurichtung der Druckfarbstoffe in der Farbenfabrik als auch für die Herstellung der Druckfarben in der Druckerei eine ausschlaggebende Rolle. Es seien hier die bekannten Derivate der Sulfanilsäure und der Metanilsäure genannt, wie das N-dibenzyl-sulfanilsaure Natrium (Solutionssalz SV), das N-dimethyl-metanilsaure Natrium und das N-benzyl-sulfanilsaure Natrium (Solutionssalz B).

Auch in der Färberei sind hydrotrope Verbindungen von großer Wichtigkeit, so u. a. für die Durchführung von kontinuierlichen Färbeverfahren namentlich mit substantiven Farbstoffen und Reaktiv-Farbstoffen. Bei solchen Kontinueverfahren werden verhältnismäßig hohe Farbstoffkonzentrationen benötigt, so daß die Wasserlöslichkeit der Farbstoffe durch Zusätze hydrotroper Substanzen verbessert werden muß.

Besonders geläufig ist die Verwendung von hydrotropen Substanzen (Kresolate) für die Zwecke der Roh- bzw. Trockenmercerisation. In den diesbezüglichen Hilfsmitteln haben die hydrotropen Substanzen die Funktion, gewisse organische Lösungsmittel oder auch sulfierte Öle in der Mercerisierlauge in homogener Lösung bzw. Zerteilung zu halten.

Da die hydrotropen Mittel auf hochmolekulare Substanzen quellend bzw. lösend wirken, besteht die Möglichkeit, das Inlösung- bzw. Inquellunggehen solcher Produkte, beispielsweise von Leim oder Stärke, zu beschleunigen.

Hydrotrope Stoffe können daher mit Vorteil beim Quellen der Stärke für Schlicht- und Appreturzwecke sowie beim Quellen von Leim und Gelatine Verwendung finden.

Auch in der Veredlung der synthetischen Fasern (Fixierung und Carrierwirkung) spielen hydrotrope Systeme eine Rolle.

Die hydrotropen Mittel und die hydrotrope Zerteilung. Es sei zunächst einmal eine Anzahl von hydrotropen Substanzen aufgezählt:

1. *Hydrotrope Salze*

   Natriumbenzoat
   Natriumbenzolsulfonat
   Natrium-p-toluolsulfonat
   Natrium-cumol-sulfonat
   Natrium-N-benzylsulfanilat

2. *Carbonylgruppenhaltige Verbindungen*

   Harnstoff
   Formamid
   Acetamid
   Aceton

3. *Alkohole und Phenolate bzw. Kresolate*

Zunächst erscheint es zweckmäßig, die Funktion eines hydrotropen Mittels derjenigen eines Lösungsmittels gegenüberzustellen:

Lösung bzw. Löslichkeit sind Funktionen des Zerteilungsgrades und damit mehr oder weniger Erscheinungen der optischen Wahrnehmung. Auf Grund der Teilchengröße können die Zerteilung als „grobdispers" – „kolloiddispers" – „molekulardispers" bezeichnet werden, wobei fließende Übergänge bestehen.

Der Zusammenhalt der Einzelmoleküle zu größeren Associaten wird durch zwischenmolekulare Kräfte bewirkt, als welche *Van der Waalssche* Kräfte, elektrostatische Kräfte, Dispersionskräfte sowie Wasserstoffbrücken-Bindungen in Betracht kommen.

Die Lösungsmittel sind in der Lage, solche Assoziate aufzuteilen, wenn die zwischen den Molekülen des Lösungsmittels und den Molekülen des zu lösenden Stoffes wirksam werdenden Kräfte größer sind als diejenigen, die zwischen den beiden Partnern je unter sich wirksam sind. Je nach der Größenordnung dieser Kräfte kann der Zerteilungsgrad zwischen einer monomolekularen Lösung und einer grobdispersen Zerteilung schwanken.

Die hydrotropen Mittel können in Verbindungen mit Wasser ebenfalls die Funktion eines Lösungsmittels übernehmen. Während aber im Falle eines üblichen Lösungsmittels und der darin löslichen Substanz ein *binäres* System vorliegt, liegen der Erscheinung der Hydrotropie *ternäre* Systeme zugrunde.

Versucht man einen wasserunlöslichen Stoff in Wasser zu „lösen", und verwendet man dazu ein Produkt mit langer Fettkette, also beispielsweise ein Fettalkylsulfonat oder ein Fettalkylarylsulfonat, so entstehen Addukte, welche durch die Umhüllung mit den langen Kohlenwasserstoffketten verhältnismäßig groß sind, so daß sie nur in eine Dispersion (Emulsion oder Suspension) übergeführt werden können. Führt man das „Lösen" mit kurzkettigen aromatischen Sulfonaten (Benzolsulfonat, Toluolsulfonat usw.) durch, dann entstehen Addukte von kleineren Dimensionen.

Schließlich besteht die Möglichkeit, hydrotrope Substanzen vom Typ des Harnstoffs oder Acetamids einzusetzen, die in der Lage sind, Assoziate des zu lösenden Stoffes *zu zerteilen* und damit Lösungen zu erzeugen, die durch die Gegenwart kleinster

Teilchen gekennzeichnet sind. In gleichartiger Weise läßt sich auch die hydrotrope Funktion von Alkoholen und Phenolen deuten.

Durch spektralphotometrische Untersuchungen konnte gezeigt werden, daß mit steigender Konzentration an hydrotroper Substanz die Löslichkeit von Farbstoffen zunimmt und gleichzeitig deren Assoziation (Dimere) zurückgeht, womit die skizzierten Vorstellungen bewiesen sind (*D. Wagner*).

Alle drei Typen von Zerteilungsmitteln besitzen ihre eigenen Anwendungsgebiete und ihre spezielle Anwendungszweckmäßigkeit.

Lösen mit hydrotropen Substanzen vom Harnstoff- und Phenoltyp. Im folgenden soll vorwiegend die Funktion der Substanzen vom Harnstofftyp sowie von Alkoholen und Phenolen als hydrotrope Mittel beleuchtet werden. Mit der Bezeichnung ,,Harnstofftyp" sind in diesem Falle Substanzen gemeint, die durch die Gegenwart einer Carbonylgruppe gekennzeichnet sind, also Verbindungen wie Harnstoff, Formamid, Acetamid, Aceton u.a.

Diese sind – um das Ergebnis bzw. die Hypothese voranzustellen – dadurch charakterisiert, daß sie in der Lage sind, Assoziate von wasserschwer- oder wasserunlöslichen Substanzen zu zerteilen und somit in Lösung zu bringen.

Mit großer Wahrscheinlichkeit erfolgt diese Zerteilung in der Weise, daß die mit einem verhältnismäßig großen Dipolmoment ausgestattete hydrotrope Substanz mit dem Assoziat in Wechselwirkung tritt und in den meisten Fällen H-Brücken ausbildet. Dadurch werden die zwischen den Substanzmolekülen wirkenden Kräfte (*Van der Waalssche* Kräfte, Dipolkräfte, H-Brücken) mehr oder weniger gelöst, und es tritt eine Teilchenverkleinerung ein. Wie weit diese Teilchenverkleinerung möglich ist, hängt von der Größe der Kräfte bzw. Stärke der Bindungen ab, die einerseits in den Substanzassoziaten wirksam sind und die sich andererseits zwischen hydrotroper Substanz und den Substanzassoziaten ausbilden können.

Ein wesentlicher Faktor bei der lösenden Wirkung hydrotroper Substanzen ist die Möglichkeit zur Ausbildung von H-Brücken zwischen hydrotroper Substanz, Lösungsmittel und der zu lösenden Verbindung. Die Wechselwirkungsenergien der H-Brücke nehmen teilweise relativ hohe Beträge an (Tab. 40) und müssen deshalb bei Deutungsversuchen der Hydrotropie in Betracht gezogen werden. Es ist aber nicht so, daß z.B. die O–H...O-Wasserstoffbrücke immer denselben Energiebetrag annimmt, sondern dieser hängt im wesentlichen von der Größe des Dipolmoments, der Basizität des Sauerstoffatoms, der Acidität des Protons und dem sich daraus ergebenden zwischenatomaren Abstand der beiden Sauerstoffatome ab. Diese Feststellung ist der Tab. 40 zu entnehmen.

Tabelle 40

H-Brücke	Substanz	Distanz	Wechselwirkungsenergien
		OH···O (Abstand O···O)	
—OH···O	H_2O	2,76 Å	4,5 kcal/Mol
	CH_3OH		6,2 kcal/Mol
	CH_3COOH	2,67 Å	8,2 kcal/Mol
		NH···N (Abstand N···N)	
—NH···N—	NH_3	3,38 Å	1,3 kcal/Mol
	NH_4N_3	2,98 Å	>1,3 kcal/Mol

Es ist deshalb nicht möglich, für eine bestimmte Wasserstoffbrücke einen immer gültigen Energiebetrag anzugeben. Die möglichen Wechselwirkungsenergie-Intervalle der bekannten Wasserstoffbrücken sind in der Tab. 41 zusammengefaßt.

Größere Farbstoff-Assoziate werden durch die hydrotropen Mittel, die sich ihrerseits mit Wassermolekülen assoziieren können, aufgeteilt. Dadurch wird der Lösungsvorgang gefördert.

Die Wirkung des hydrotropen Mittels

Die Wirkung der hydrotropen Substanz läßt sich auf *van der Waalssche* Kräfte zwischen hydrotropem Molekül umd gelöster Substanz zurückführen. Hydrotrope Moleküle und die zu lösenden Teilchen bilden ein Assoziat, das mehr hydrophile Gruppen besitzt als das zu lösende Molekül allein. Der apolare Rest des hydrotropen Moleküls tritt mit dem apolaren Rest der zu lösenden Verbindung in Wechselwirkung. Besonders wirksam sind hydrotrope Verbindungen mit einer ausgeprägten amphiphilen Struktur.

Tabelle 41

H-Brücke	Wechselwirkungs-energie (kcal/Mol)
—CH···N—	bis 3
—CH···O—	2–3
—NH···N—	1,3 und größer
—NH···O—	2–3
—NH···F—	ca. 5
—OH···N—	4–7
—OH···O—	4,5–8
—OH···F—	
FH···F—	ca. 7

In Abb. **221** sei schematisch die Adduktbildung aus Anilin einerseits und Natriumbenzolsulfonat sowie N,N-Dimethylharnstoff andererseits dargestellt. Diese Gruppierungen sind keineswegs starre Komplexe, sondern Anordnungen hoher Wahrscheinlichkeit, in denen alle Teilchen in der Lösung frei verschiebbar sind (*D. Wagner*).

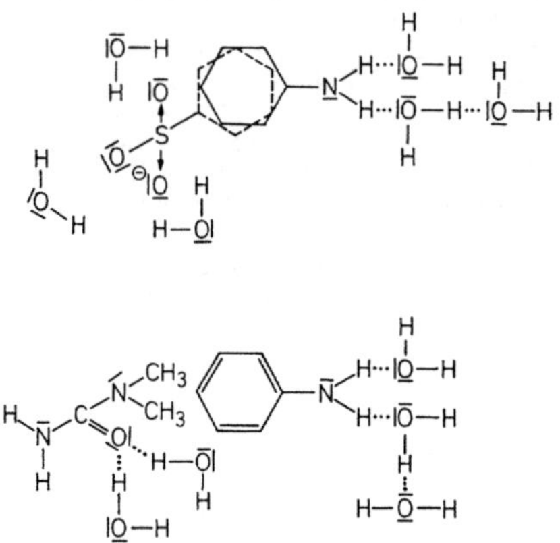

Abb. 221. Schema der Assoziatbildung (nach *D. Wagner*).

Das in Wasser schwerlösliche Anilin (die Wasserlöslichkeit kommt durch die Gegenwart der hydrophilen Aminogruppe zustande) erhält eine größere Löslichkeit durch Zerschlagung der Anilinassoziate und die Verbindung mit den hydrophilen hydrotropen Substanzen, welche die Zahl der hydrophilen Gruppen in dem Addukt erhöhen.

3. Antischäummittel

Zum Schäumen neigende Druckfarben liefern unscharfe Drucke. Das Schäumen kann durch bestimmte Zusätze verhindert werden. In Betracht kommen hierfür u. a. Öle, Fette, Mineralöle, Terpentinöl, unlösliche Metallseifen und in neuerer Zeit gewisse Silicone. Als Handelspräparate sind u. a. zu nennen:

Printogen W (Mineralöl in Kombination mit Emulgator)
Printegal C
Etingal A (Kombination aus Triisobutylphosphat und Isopropylalkohol)
Entschäumer HJ
Premanol D

Entschäumer ICS
Siotol AF (Aluminiumseife)
Silvatol I (emulgiertes Pine-oil)
Fumexol 2, AS
Aspumit A, TM (Lösungsmittelgemische mit Phosphorsäureester)
Opysat P
Respumit SI (Silicon-Basis)
Entschäumer SIW (Siliconbasis)
CHT-Entschäumer SIW (Siliconbasis)
Schaumverhüter TO-55-A (Polyoxyäthylen-sorbitan-trioleat)
Cyanatex 992 Antifoam (Silicon-Basis)

Selbstversändlich können die genannten Produkte nicht nur in Druckfarben angewandt, sondern auch in anderen Fällen eingesetzt werden, wenn Schaumbildung verhindert werden soll.

4. Mittel zur Erzeugung von Transparenteffekten

Im Gegensatz zu den Pergamentiereffekten (S. 150) erhält man *weiche* Transparenteffekte durch Bedrucken mit einer Kombination aus Acrafloc LU und Acrafloc LUS (modifizierte Polyester). Im Interesse eines waschbeständigen Effekts enthält die Druckpaste als Vernetzer Imprafix TRL (Polyisocyanat).

D. Hilfsmittel zum Abziehen und Ätzen von Färbungen

Die Abziehmethoden sind bereits in den Kapiteln über Färberei, die Ätzverfahren bei den entsprechenden Druckverfahren beschrieben worden. Auch das teilweise Abziehen (Aufhellen) wurde dort erörtert (S. 594, 612).

Besondere Hilfsmittel zum Abziehen bzw. Aufhellen sind u. a. bei den Küpenfärbungen erforderlich, um das Gleichgewicht

$$\text{Farbstoff/Faser} \rightleftarrows \text{Farbstoff/Flotte}$$

möglichst weit nach rechts zu verschieben; dies gelingt in der Weise, daß man der Hydrosulfit und Natronlauge enthaltenden Abziehflotte farbstoffaffine Produkte zusetzt, welche den abgezogenen Leukofarbstoff aggregieren bzw. chemisch binden und ihn damit am Wiederaufziehen hindern. Als hierfür geeignete Produkte sind u. a. zu nennen:

Peregal ON (Polyglykoläther)
Albatex PO (Benzimidazol-fettsäurekondensat)
Lissolamin V (Kationaktives quartäres Salz, Cetyl-trimethylammoniumbromid)
Albigen A (Kollidon).

Besonders wirksam ist das *Kollidon,* welches mit dem Leukofarbstoff Aggregate liefert, deren Zusammenhalt ein äußerst fester ist, so daß ein Wiederaufziehen des Leukofarbstoffs unterbunden ist (*J. Müller, G. Schwen*).

Kollidon ist ein Polyvinyl-pyrrolidon von nachstehender Formel:

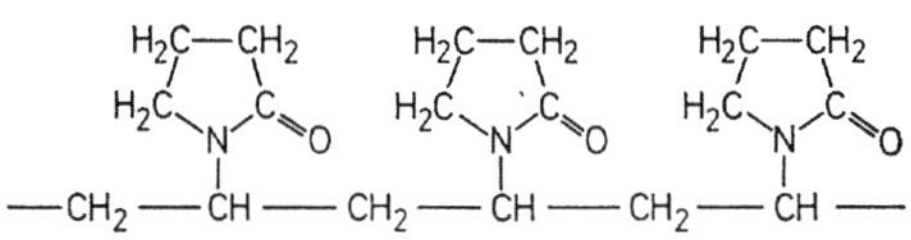

Seine Herstellung erfolgt durch Vinylierung von Pyrrolidon, welch letzteres nach der Alkinolsynthese aus Acetylen, Formaldehyd und Ammoniak gewonnen werden kann (*Reppe*). Das Produkt ist sowohl in Wasser als auch in vielen organischen Lösungsmitteln löslich.

Kollidon kommt unter der Bezeichnung *Albigen A* in den Handel und findet in Kombination mit blinder Küpe zum Aufhellen bzw. Abziehen von Küpen- und Schwefelfärbungen sowie zusammen mit Soda oder allein zum Aufhellen von substantiven Färbungen Verwendung. Auch beim Abziehen von Naphtol AS-Färbungen läßt sich der Abzieheffekt durch Zusatz von Albigen A zur anthrachinonhaltigen blinden Küpe steigern. Bei Woll- und Acetatfärbungen ist Albigen unwirksam.

Ein Abzieh- bzw. Ätzmittel von universeller Bedeutung ist das *Natriumdithionit* ($Na_2S_2O_4$), welches unter der Bezeichnung *Hydrosulfit* im Handel ist. Modifizierte Hydrosulfitpräparate sind Burmol = Hydrosulfit + Soda sowie Blankit IN, welch letzteres hauptsächlich in der Wollbleiche Anwendung findet. Hierher gehören auch die Produkte Ripulin und Blancolen.

Für bestimmte Zwecke, namentlich für den Ätzdruck, ist die Zersetzlichkeit des Hydrosulfits so groß, daß starke Reduktionsmittelverluste entstehen würden. Man arbeitet daher zweckmäßig mit stabilen Hydrosulfitpräparaten. Solche erhält man bei der Einwirkung von Formaldehyd auf Natriumdithionit, wobei letzteres disproportioniert:

$$Na_2S_2O_4 + 2\,CH_2O + H_2O = \underset{\text{Formaldehyd-bisulfit}}{NaHSO_3 \cdot CH_2O} + \underset{\text{Formaldehyd-sulfoxylat}}{NaHSO_2 \cdot CH_2O}$$

Diese Disproportionierung wird verständlich, wenn man die dithionige Säure als Disulfinsäure formuliert:

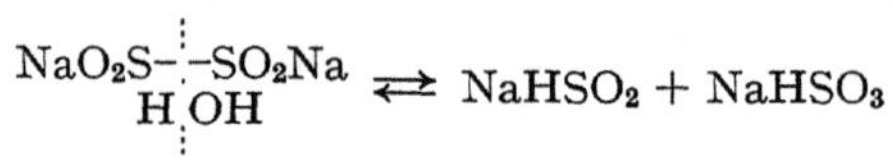

Natriumdithionit steht in wäßriger Lösung im Gleichgewicht mit Natriumsulfoxylat und Natriumbisulfit.

Die bei der Disproportionierung entstehenden Spaltprodukte, nämlich Formaldehydsulfoxylat und Formaldehydbisulfit, können entweder als substituierte Sulfoxylate bzw. Sulfite gemäß der Formulierung

oder auf Grund neuerer Erkenntnisse als Sulfinate bzw. Sulfonate gemäß der Formulierung[1]

aufgefaßt werden. Möglicherweise liegt auch eine Tautomerieerscheinung vor.

[1] Die jeweilige Bindungsart des Sauerstoffs ist an und für sich nicht gleichartig, da es sich entweder um eine Doppelbindung oder um eine semipolare Bindung handelt, so daß die Schreibweise für die in Betracht kommenden Verbindungstypen auf Grund der Elektronenformulierung die folgende wäre:

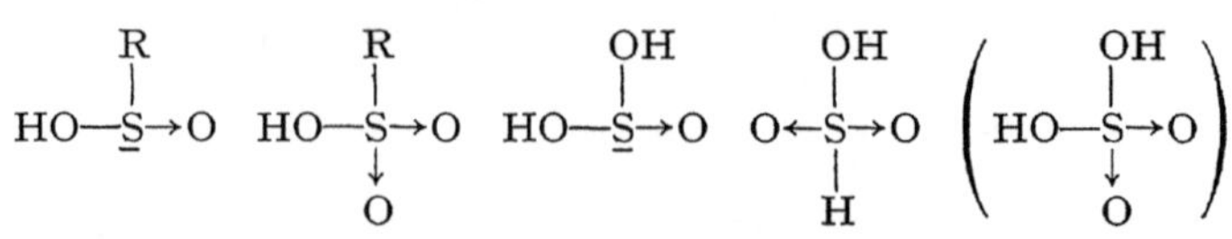

Sulfinsäure Sulfonsäure Schweflige Säure Schwefelsäure

Während die ersten stabilen Präparate aus Mischungen dieser beiden Produkte bestanden, gelangt man durch Weiterentwicklung des Herstellungsverfahrens zu den neueren einheitlich aus Formaldehydsulfoxylat bestehenden Präparaten, welche sich durch eine wesentlich höhere Reduktionswirkung und eine noch größere Beständigkeit auszeichnen. Handelsprodukte sind: Rongalit C, Brüggolit, Hydrosulfit R, Hydrosulfit FD, Hydrosulfit RF, Hydrosulfit RFN, Rongeol C, Sulfoxite, Erasol K, Formosul. Im Gegensatz zum Hydrosulfit, welches schon bei gewöhnlicher Temperatur reduzierend wirkt, setzt das Reduktionsvermögen dieser Produkte erst in der Wärme ein.

Bei Rongal A handelt es sich um ein mit Acetaldehyd und Ammoniak stabilisiertes Na-sulfoxylat, das jedoch beim Erwärmen seine reduzierende Wirkung sehr schnell entfaltet. Es wird vor allem beim 2-Phasendruckverfahren mit Küpenfarbstoffen eingesetzt.

Rongalit H ist das Ca-Formaldehyd-sulfoxylat. Rongalit FD ist ein speziell für den Filmdruck mit Küpenfarbstoffen geeignetes besonders stabiles Reduktionsmittel auf Sulfinsäurebasis, und zwar besteht es aus einer Mischung von $N(CH_2{-}SO_2{-}Na)_3$ und $NH(CH_2{-}SO_2{-}Na)_2$. Als Redoxkatalysator bewährt sich hierbei das Bis-(dimethylglyoximato)-diamincobalt(III)-nitrat (Fixierbeschleuniger 4099). Rongal HT (Sulfoxylsäurederivat) eignet sich besonders für das HT-Färben von Küpenfarbstoffen (S. 562).

Durch eine besondere Stabilität namentlich im sauren Medium zeichnen sich die *Zinksalze* der Formaldehydsulfoxylsäure aus. Diese finden hauptsächlich beim Abziehen bzw. Ätzen von Färbungen auf Protein- und Acetatfasern Verwendung (S. 612, 713).

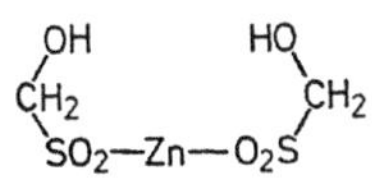

Primäres Salz

Decrolin löslich konz.
Deflavit ZA
Hydrosulfit Z wasserlöslich
Hydrosulfit AZL wasserlöslich
Hydrosulfit BZ wasserlöslich

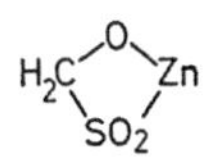

Sekundäres Salz
löslich in Essigsäure
bzw. Ameisensäure

Hydrosulfit Z

Ein beständiges Reduktionsmittel ist auch die *Formamidin-sulfinsäure*, ein Abkömmling des Thioharnstoffs bzw. Iso-thioharnstoffs, aus welchem die Formamidinsulfinsäure durch Oxydation entsteht:

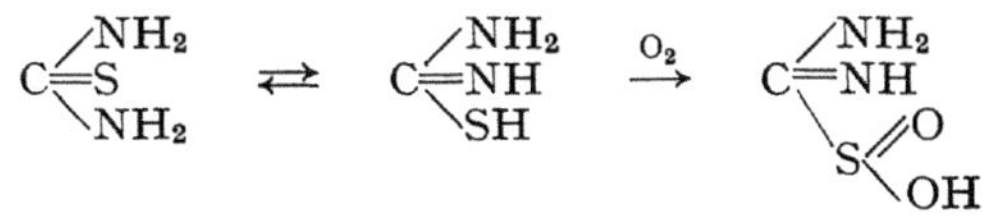

Thioharnstoff — Iso-thioharnstoff, Pseudo-thioharnstoff — Formamidin-sulfinsäure

Formamidinsulfinsäure ist stabiler als Na-Formaldehyd-sulfoxylat und ist besonders stabil in saurem Medium, während es alkalisch instabil ist. Das Produkt läßt sich vorteilhaft für Küpendrucke in saurem Medium auf Wolle, Seide, Acetat und namentlich auch auf synthetischen Fasern anwenden, zu denen die Küpensäuren Affinität haben.

Handelsprodukt: Manofast.

Wasserlösliche Benzylierungsmittel für das Ätzen von Küpenfärbungen

Das Ätzen von Küpenfärbungen (S. 683) stößt auf gewisse Schwierigkeiten, da die Leukoverbindungen in Berührung mit dem Luftsauerstoff sich sofort wieder oxydieren und damit erneut auf der Faser fixiert werden. Um dies zu verhindern, setzt man der Druckfarbe wasserlösliche Benzylierungsmittel zu, welche den Leukofarbstoff in der Dampfatmosphäre benzylieren und damit luftunempfindlich machen. Als Benzylierungsmittel kommen quartäre Ammoniumsalze in Frage, welche beim Dämpfen Benzylchlorid abspalten:

$$\left[C_6H_5-\overset{\oplus}{N}(CH_3)_2-CH_2C_6H_5\right]^+ Cl^-$$

Dimethyl-phenyl-benzyl-ammoniumchlorid

Leukotrop O — Reduzin NS
Ätzsalz Ciba O — Leucofixe J

Das Produkt entsteht durch Einwirkung von Benzylchlorid auf Dimethylanilin:

$$C_6H_5-N(CH_3)_2 + ClCH_2C_6H_5 \underset{\text{Dampf}}{\rightleftharpoons} \left[C_6H_5-\overset{\oplus}{N}(CH_3)_2-CH_2C_6H_5\right]^+ Cl^-$$

Während *Leukotrop O* mit den Leukokörpern von Küpenfarbstoffen *unlösliche und damit nicht auswaschbare Benzyläther* bildet, erhält man bei der Einwirkung von *Leukotrop W* auf Leukoküpenfarbstoffe *alkalilösliche und damit auswaschbare Benzyläther*, so daß unter Verwendung von Leukotrop W *Weißätzen* erzeugt werden können.

Leukotrop W entsteht durch Einwirkung von Chlortoluol-p-sulfosäure auf Dimethyl-metanilsäure und anschließende Neutralisation mit Calciumhydroxid:

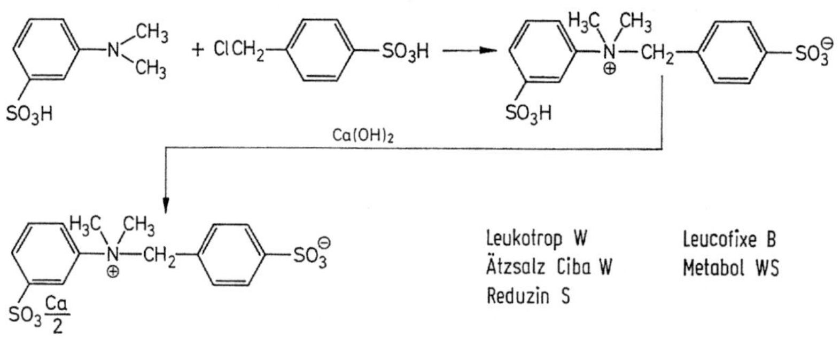

Mischungen aus Formaldehyd-sulfoxylat und dem Disulfonat des Dimethyl-phenyl-benzyl-ammoniumchlorids kommen unter der Bezeichnung Rongalit CL, Arostit RFL, Formosul CL usw. in den Handel.

E. Schlichtemittel

Die Basis der Schlichte (S. 57) für Baumwoll- und Zellwollgarne ist die Kartoffelstärke. Für Wollgarne kommt ebenfalls Kartoffelstärke, meist in Mischung mit Leim, in Frage. Neben der Kartoffelstärke sind noch eine ganze Anzahl anderer Naturstoffe sowie künstliche und synthetische Schlichtemittel im Handel, welch letztere namentlich beim Schlichten von Reyon und den synthetischen Fasern Verwendung finden (S. 231, 345).

Schlichtemittel natürlicher Herkunft

Kartoffelstärke und abgebaute Kartoffelstärkepräparate, wie Rabic 186 L, Diazet, Quellin, Rigidan RG, Ukamyl, Noredux-Marken, Mizellan-Schlichte R 30, Queco-Schlichte B2A, Deha-Schlichtepulver S, Rucogumm HFS, Quintex.

Kombinationen von Stärke bzw. Stärkeabbauprodukten mit anderen Substanzen.

Leim, Gelatine und abgebaute Eiweißstoffe wie Durasol TA, Silkovan, Queco-Schlichte DK, Gelatol TO, Locipan 139, Deha-Schlichtepulver A, B, Filaturol EW, Synsize W.

Johannisbrotkernmehlpräparate (Leicogummi, Diagum D, Rabic J 200).

Pektin.

Leinöl (in Form der Emulsions- oder Lösungsschlichte).

Sulfiertes Leinöl.

Schlichtemittel künstlicher und synthetischer Herkunft

Celluloseäther und Celluloseäthercarbonsäuren: Tylose, Fibrocol RT, Horsil-Marken, Zellfix spez., Rigidan Z, Mizellan VP, Filaturol DA, Prestofen AV, BV, MV.

Na-Cellulose-sulfat: SCS.

Polyvinylalkohol: Vinarol, Rhodoviol.

Polyvinylacetat: Terolin, Atebin.

Polyacrylsäurederivate: Texapret AM, A, C neu, Plexileim, Rohatex, Rohagit, Acrytex, Dicrylan C.

Polyglykole $CH_2OH\ (CH_2CH_2O)_xCH_2OH$: Textilwachs WL.

Neben den vorstehend genannten Steifungs- bzw. Verklebungsmitteln erhält die Schlichte häufig gewisse *Fettzusätze*, um den Faden geschmeidig zu erhalten. Hierfür kommen u.a. in Frage:

Wachs- und Paraffinemulsionen: Tallofin, Cerafil S 50, Ramasit I, III, Supporter DE, Velustrol HSP, Textal P, Glanzan PH, Novappret ZM, Cappagen L, Migasol PC, Ceranin P, Waxol PA, Nopco Hosiery Treatment.

Talg und sulfierter Talg: Tallosan SW, Talfurol A, Talvon T, Soromin TS, Queco-Appreturfett TS, Textal T 99, Nopco G.

Sulfierte Öle.

Als weitere *Schlichtehilfsmittel* sind gewisse Produkte zu nennen, welche die Kartoffelstärke in einen für das Schlichten vorteilhaften Quell- bzw. Abbauzustand überführen: Homolsan, Aktivin, Aktivin-S, Stokotabletten, Prosperin-Tabletten NO.

F. Appreturmittel

Die in der Appretur verwendeten Hilfsmittel sind bei den einschlägigen Appreturverfahren grundsätzlich beschrieben (S. 106). Nachstehend seien daher nur noch einige Spezialprodukte genannt. Die vorstehend aufgeführten Schlichtemittel werden zum großen Teil auch zum Appretieren angewandt.

Stand- bzw. Steifungsmittel (neben den vorgenannten Stärke- und Celluloseprodukten)

Basis Polyacryl- bzw. Polymethacrylsäure: Plextol, Plexigum, Plexisol, Perapret, Acralen, Acronal, Nopcosize N.

Basis Polyvinylacetat: Appretan EM, Simpra KNR, HKN, Arristan 100, Vibatex A, AN, Resovyl S, Calatac VA.

Basis Polyäthylen: A—C Polyethylene, Quadrasoft E, Polymul CS-41.

Weitere Kunststoffe für die Appretur: Perapret-Marken, Mollose FS, Sarpifan CA, BK, Atebin W, Polappret-Marken, Rigidan HA, Ukanol 1352, Rhenappret B, Merpicoll-AP, Polyfix N (Styrol-Kunstharz), BCI 800 Series Nylons, Calaton CA (Methoxyliertes Nylonpolymer), Elvanol (Polyvinylalkohol), Xyno-Resin RS (Alkydharz), Xyno Resin AA 40 (Polyvinylharzemulsion), Quadraset N (Polyvinylharzemulsion).

Antiseptische Mittel

Preventol-Marken (Phenole)
Germocid (quartäre Ammoniumverbindung)
Pentachlorphenol-Natrium
Afrotin P 100 (Pentachlorphenolester)
Mortisan CO 20 (Basis Cu-8-Oxychinolat)
Witophen P (Pentachlorphenol)
Konservan HC 2, FC 9 (Paraffinemulsion mit Pentachlorphenolfettsäureester)
Toralit A (organische Kupferverbindung)
Acryptol CU (Cu-8-Oxychinolin-Komplexverbindung)
Acryptol DA (Chlorphenolderivat)
Shirlan Pulver (Salicylsäureanilid)
Prestofen GD (Dihydroxy-dichlordiphenylmethan)
Raluben (Halogenphenol)

G. Mittel zum Avivieren und Präparieren der Chemiefasern

Die Chemiefasern sind nach ihrer Herstellung meistens wenig geschmeidig, so daß sie für die Zwecke der Verarbeitung und des Gebrauchs entsprechend präpariert werden müssen (S. 216). Als Mittel zum Avivieren und Präparieren finden vorzugsweise Fettkörper in geeigneter Form Verwendung.

So kommen u.a. in Frage:

Seifen
Partiell verseifte Neutralfette bzw. Fettsäuren (Softenings)
Sulfierte Öle und Fette
Alkylsulfate
Fettsäurekondensate
Fettsäure-polyglykoläther (Soromin SG)
Kationaktive Produkte (verschiedene Soromine, Sapamine)
Mineralöle (in Kombination mit Emulgatoren und Weichmachern)
Siliconavivagen

Antistatika (vgl. S. 341). Eine besondere Rolle spielen Faserpräparationsmittel, die einen Schutz gegen elektrostatische Aufladung vermitteln sollen. Ein solcher wird durch Produkte ausgelöst, die einmal den Faserreibungskoeffizienten erniedrigen und zum andern die Leitfähigkeit der Faseroberfläche sowie die Dielektrizitätskonstante des zwischen den reibenden Körpern befindlichen Dielektrikums erhöhen.

Im Prinzip eignen sich daher sowohl anionaktive als auch kationaktive „Weichmacher" und in gewissem Umfang auch nichtionogene Polyäthylenoxide und Polyäthylenoxidaddukte.

Handelsprodukte auf dieser Basis, die aber nicht bzw. nur beschränkt waschbeständig sind, sind u.a.:

Antistatin TT, C (Fettsäurederivate)
Statexan PAN (Phosphorsäureester)
Hostaphat-Marken (organische Phosphorsäureester)
Leomin PE (Kombination von Phosphorsäureestern mit Aminokarbonsäurederivaten)
Spreitan-Marken (z.T. Phosphorsäureester)
Setilon KN (Fett-Alkohol-Kombination)
Avistat AV 120, AZ
Gemmin 278
Biavin
Volturin
Tallopol CFB (Aminsalz eines hochmolekularen Phosphorsäureesters)
Tebestat-Marken
Wotamol WS
Polyfix N (organisches Phosphorderivat)
Amin O (Fettsäureimidazolinderivat)
Elfugin-Marken
Präkordal (kationaktiv)
Cirrasol SF 200 (Fettsäureäthylenoxidkondensat)
Dispersol VL (Fettalkoholäthylenoxidkondensat)
Zelec NE, NK (Fettalkoholphosphate)
Avitex R (quartäre Ammoniumverbindung)

Aston 108 (Polyamin)
Tubingal KWN (Fettsäurekondensat)
Reginal NL
Antistaticum ZS
Perrustol AST

Permanente Ausrüstungen kann man in verschiedener Weise erreichen, und zwar entweder durch unlösliche „Ausfällung" eines sich auf der Faser befindlichen kationaktiven Produktes mit einem anionischen Tensid oder durch eine vernetzende „Fixierung" von gleichartigen Molekülen (Kunstharzhärtung).

Permanente Antistatika sind u.a.:

Cassastat WF (aliphatische quartäre N-Verbindung)
Arkostat AC, C (Kondensationsprodukt mit reaktiven Gruppen)
Arkostat P (härtbares Kunstharzvorkondensat)
Polyfix WT
Nonax-Marken (modifizierte, synthetische Harze)
Zerostat P (Epoxy-Polyadditionsprodukt)
Zelec DP (organisches Polymerisationsprodukt)
Cirrasol Z
Sumistat N-1

H. Mattierungsmittel

Üblicherweise werden die Chemiefasern schon im Rahmen der Herstellung durch Zusatz weißer Pigmente, vor allem Titandioxid, zur Spinnlösung mattiert (S. 217). Soll eine zunächst glänzende Faser nachträglich glanzarm werden, so kann dies durch ein *Nachmattieren* geschehen (S. 233). Das Prinzip der Nachmattierung besteht darin, daß man ein weißes unlösliches Pigment auf der Faseroberfläche ablagert, welches entweder in chemischer Reaktion auf der Faser erzeugt oder in fertig vorgebildeter Form aufgebracht wird.

Die älteren Verfahren arbeiten zweibadig in der Weise, daß man durch eine aufeinanderfolgende Behandlung mit zwei Salzlösungen, z.B. Natriumsulfat und Bariumchlorid, das unlösliche Pigment auf der Faser erzeugte. Abgesehen davon, daß die Pigmentteilchen sich nicht immer sehr feindispers ausscheiden und so die Gebrauchstüchtigkeit der Textilien – da die Pigmente als Schmirgel wirken – nachteilig beeinflussen können, sind die Zweibadverfahren ihrer Umständlichkeit halber nicht besonders beliebt. An Stelle von Natriumsulfat finden auch Natriummolybdat und Natriumwolframat Verwendung.

Die heutigen Mattierungsverfahren arbeiten meist einbadig, und zwar in der Form, daß man unlösliche weiße Pigmente mit Hilfe von Fettkörpern auf der Faser fixiert. Das Mattierungsmittel enthält ein Pigment wie Kaolin oder Zinkoxid, ein sulfiertes oder emulgiertes Öl bzw. Fett sowie ein Schutzkolloid, welches die Beständigkeit der Dispersion erhöhen soll. Als Schutzkolloide kommen Eiweißkörper, Celluloseäther oder Polyätheralkohole (Emulphor) in Betracht. An Handelsprodukten sind u.a. zu nennen:

Helizarinweiß T, Mattweiß W, Quomattan P, Supramattan-Marken, Dullatone.

Die Pigmentteilchen werden nach dem Trocknen durch den Fettkörper an die Faser gebunden, haften aber nicht besonders gut, da sowohl Pigmentteilchen als auch Faser eine gewisse negative Ladung besitzen.

Arbeitet man mit positiv geladenen Pigmentsuspensionen, dann erzielt man eine innigere Haftung auf der Faser. Entsprechende Produkte lassen sich folgendermaßen herstellen: Das Pigment wird mit einem anionaktiven Dispergiermittel, z.B. Alkylsulfat, in Wasser dispergiert, so daß die Teilchen eine negative Ladung annehmen. Durch Zusatz einer Lösung eines kationaktiven Produktes entsteht eine das Pigment einschließende elektroneutrale Fällung. Nach der Separierung des Niederschlags wird dieser mit einem kationaktiven Hilfsmittel, z.B. Laurylpyridiniumsulfat, angeteigt, wodurch er eine positive Ladung annimmt. Eine solche Pigmentdispersion zeigt eine gute Affinität zur Cellulosefaser.

Handelsprodukte: Supramattan PE, Lepandin 20 neu, Delustran O.

Es sind weiterhin Mattierungsmittel im Handel, welche das den Matteffekt bewirkende Pigment einbadig erst auf der Faser entstehen lassen. So bilden z.B. Aluminiumphthalate in wäßriger Lösung bei höherer Temperatur unlösliche weiße basische Salze, welche der in dieser Lösung befindlichen Kunstfaser einen Matteffekt erteilen. Zirkoniumoxychlorid liefert in wäßrigem Medium weiße unlösliche Hydrolysate.

Tränkt man die Faser mit wäßrigen Stannatlösungen, so scheidet sich beim Trocknen mattierend wirkende Zinnsäure aus.

Durch oberflächliche Ablagerung von Harnstoff-Formaldehydharzen oder von anderen Polykondensaten, welche aus kolloiden bzw. feindispersen Vorkondensaten auf der Faser erzeugt werden, lassen sich ebenfalls Matteffekte erzielen. Meist werden zusätzlich weiße Pigmente in das Produkt eingearbeitet, welche durch das Kunstharz fixiert werden. Es entsteht hierbei eine weitgehend waschechte Mattierung.

J. Wollschutzmittel

Wolle erleidet bei der Behandlung in wäßrigen Bädern einen in seiner Höhe u.a. vom pH-Wert abhängigen Gewichtsverlust, welcher durch Inlösunggehen von abgebauten Wollbestandteilen verursacht wird. Um einer solchen Ablösung entgegenzuwirken, kann man die den Abbau veranlassenden H- oder OH-Ionen puffern oder durch Zusätze von löslichen Eiweißspaltprodukten das Lösungsgleichgewicht so verändern, daß weniger Wollbestandteile abgelöst werden.

Eiweißkörper und Eiweißspaltprodukte übernehmen die Funktionen der Verschiebung des Gleichgewichts und der Pufferung gleichzeitig. Verwendet werden Leim, Gelatine sowie durch alkalischen Abbau von Eiweißsubstanzen (Lederabfälle, Fischmehl u.a.) gewonnene lösliche Eiweißspaltprodukte (protalbinsaure und lysalbinsaure Salze), eventuell in Kombination mit sulfierten Fettkörpern.

Handelsprodukte dieser Art sind: Egalisal CF, Atefix, Perkolloid SF, Dispergin S, Pyridit LD, Meropan EW, Ebrolan F.

Auch Eiweiß-Fettsäure-Kondensate (S. 759) üben eine gute Schutzwirkung aus (Lamepon A, Lanasan CL, Ebrolin MA, Maypon).

Eine weitere Möglichkeit des Wollschutzes in wäßrigen Medien besteht darin, daß man den Bädern anionaktive Fettkörper (z.B. Sustilan N) zusetzt, welche auf die Wollfaser aufziehen und sie so mit einer Schutzschicht umgeben. Vorteilhaft verwendet man Alkylsulfate sowie Fettsäurekondensate.

Einen Schutz gegenüber aggressiven Bädern kann man auch in der Weise erzielen, daß man den Bädern gerbend wirkende Mittel zusetzt. Neben Formaldehyd kommen u.a. Sulfitablaugeprodukte (S. 196) in Betracht.

Handelsprodukte sind Protectol II N, Protectol W, Levana, Cellex, Unisol N.

K. Mottenschutzmittel

Die Verwendung von Naphthalin, Kampfer, Globol (p-Dichlorbenzol) als Mottenschutzmittel (Atemgifte) birgt den Nachteil in sich, daß diese Produkte sich rasch verflüchtigen und außerdem einen lästigen Geruch entwickeln. Verwendet man dagegen solche Substanzen, welche sich mit der Wollfaser chemisch bzw. elektrostatisch verbinden, dann erreicht man eine dauerhafte wasserechte und weitgehend waschechte Mottenschutzwirkung. An derartigen Produkten (Fraßabschreckungsmittel, Fraßgifte) sind u.a. zu nennen Eulan neu, Eulan CN bzw. CNA sowie Mitin FF. Diese Mittel, die z.T. nur noch historische Bedeutung haben, bieten nicht nur einen Schutz gegen die Motte, sondern auch gegen andere keratinfressende Insekten, wie z.B. solche aus der Gruppe der Dermestiden (Anthrenus- und Attagenuskäfer).

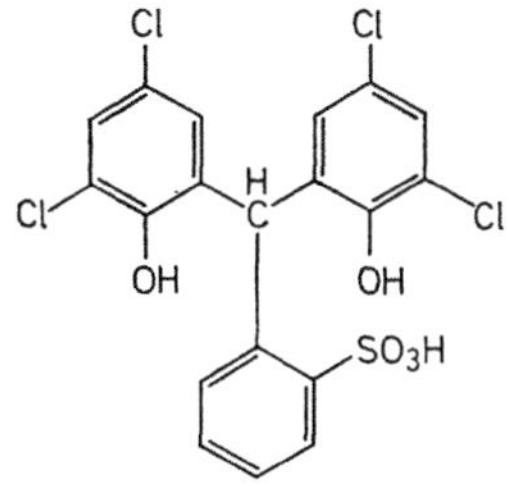

3, 5, 3', 5'-Tetrachlor-2, 2'-dihydroxytriphenylmethan-2''-sulfosäure
Eulan neu
(aus 2 Mol 2,4-Dichlorphenol und 1 Mol o-Sulfobenzaldehyd)

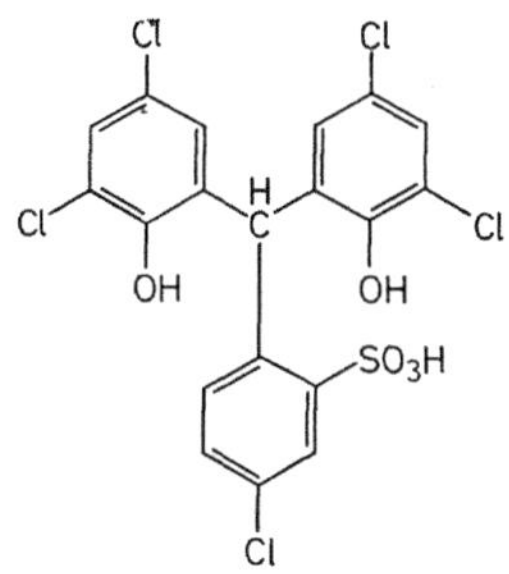

3, 5, 3', 5', 4''-Pentachlor-2,2'-dihydroxytriphenylmethan-2''-sulfosäure
Eulan CN, Lanoc CN, Prestofen M supra
(aus 2 Mol 2,4-Dichlorphenol und 1 Mol 4-Chlor-2-sulfobenzaldehyd)

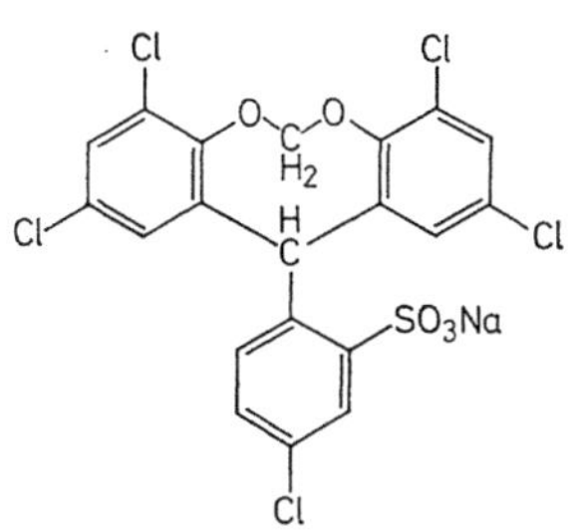

Eulan FLE
Bei Eulan CNA handelt es sich um einen Körper ganz ähnlicher Zusammensetzung mit gegenüber Eulan CN geringerem Chlorgehalt

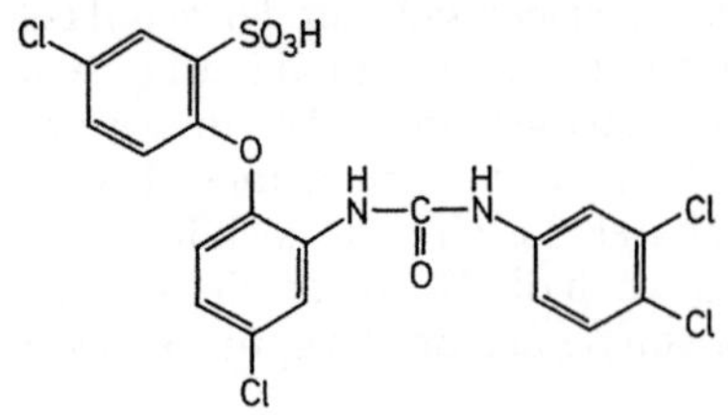

3, 3', 4'-Trichlor-6-(2"-sulfo-4"-chlor-phenoxy)-diphenyl-harnstoff
Mitin FF

Die betreffenden Produkte ziehen aus heißem wäßrigem Medium auf die Wollfaser auf und lassen sich demgemäß zusammen mit dem Farbstoff auf die Wolle aufbringen. Während Eulan neu aus saurem Medium aufgebracht wird, zieht das Eulan CN (CNA) auch aus neutraler Flotte auf die Wolle auf, so daß es sich sehr gut für die Halbwollbehandlung eignet. Es ist außerdem walk- und waschfester als Eulan neu.

Eine weitere Verbesserung scheint der Disulfobenzoesäureester des Heptachlordihydroxy-triphenylmethans (Eulan SN) zu erbringen.

Eulan NK zieht schon bei niederer Temperatur aus neutraler Lösung auf die Wollfaser auf und eignet sich daher vorteilhaft für die Nachbehandlung von Fertigerzeugnissen. Es ist zu beachten, daß Eulan NK als kationaktiver Körper mit anionaktiven Hilfsmitteln Fällungen ergibt, und daß seine Affinität zur Wolle bei Gegenwart von Säure auf Grund der positiven Aufladung der Wolle stark vermindert ist.

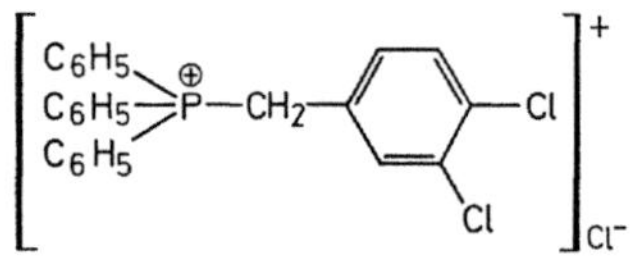

Triphenyl-3,4-dichlorbenzyl-phosphoniumchlorid
wirksamer Bestandteil von Eulan NK

Bei der Kombination von Triphenylmethankörpern mit einem Triphenylphosphin erhält man Spitzenprodukte für den Mottenschutz, die sich durch eine besonders hohe Waschbeständigkeit auszeichnen (*H. Stötter*).

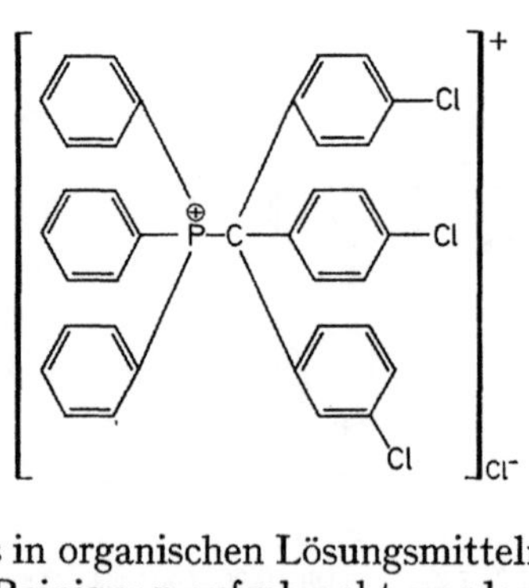

Das Eulan BL, welches in organischen Lösungsmitteln löslich ist und daher im Rahmen der chemischen Reinigung aufgebracht werden kann, enthält als wirksamen Bestandteil das 3,4-Dichlor-benzolsulfomethylamid.

Neuere Eulanmarken, die heute vorzugsweise Bedeutung haben, sind:

Eulan BLS konz. (Sulfanilid-Abkömmling) für chem. Reinigung
Eulan U 33 (aromat. Sulfonamid-Derivat)
Eulan WA neu (Sulfanilid-Derivat) für Tuchausrüstung
Eulan asept (Benzylalkylammonium-sulfonamid-Derivat) für Hygiene und Mottenschutz.

Auch gewisse Kontaktgifte erteilen der Wolle einen guten, wenn auch zeitlich etwas beschränkten Mottenschutz. Hier ist vor allem das DDT und das CCS zu nennen. DDT wird in organischen Lösungsmitteln gelöst auf die Faser aufgespritzt, dabei aber wenig waschecht fixiert.

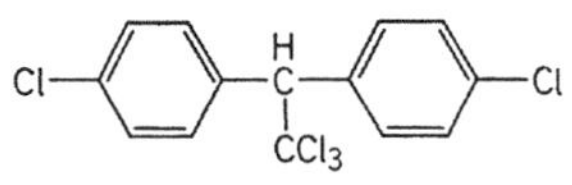

Dichlor-diphenyl-trichloräthan
DDT
(aus Chloral und 2 Mol Chlorbenzol)

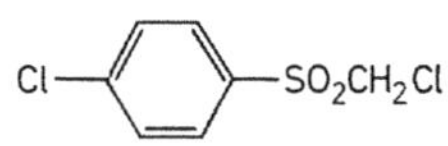

Chlorphenyl-chlormethyl-sulfon
CCS

Das dem DDT entsprechende Fluorprodukt Difluor-diphenyl-trichloräthan (DFDT) ist unter der Bezeichnung „Gix" im Handel.

Ein spezielles, auf der Basis DDT fußendes Handels-Mottenschutzmittel ist Trix.

Auch gewisse Silicifluoride, die allerdings ebenfalls nicht wasserbeständig sind, spielen als Fraßgifte für den Mottenschutz eine Rolle.

Dieldrin ist eine Mischung aus chlorierten Kohlenwasserstoffen, welche in Emulsion angewandt bei geringsten Anwendungsmengen einen sehr guten Mottenschutz liefern. Dieldrin wird zweckmäßig beim letzten Naßausrüstungsprozeß auf die Wolle aufgebracht. Es wird vermutlich durch *van der Waals*sche Kräfte festgehalten. Die Hauptkomponente dürfte die folgende sein:

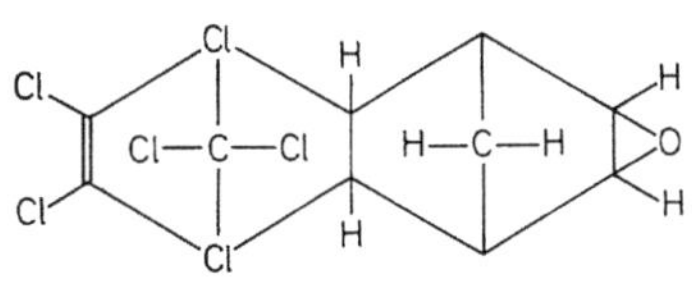

Hexachlor-epoxy-oktahydro-bisendomethylen-naphthalin

Da das Produkt toxisch wirkt, kommt es für Bekleidungszwecke allerdings nicht in Betracht.

Durch eine chemische Umwandlung des Keratins (Einbau von Thioätherbrücken) erreicht man ebenfalls einen Mottenschutz (S. 268).

L. Optische Aufhellungsmittel (vgl. S. 104)

Durch die Bläumittel (S. 104) wird der Weißeffekt einer Textilware dadurch erhöht, daß der noch vorhandene Gelbstich durch „Überfärben" mit einem Blau bzw. einem rotstichigen Blau, also durch *subtraktive Farbenmischung*, kompensiert wird. Die subtraktive Farbenmischung bedingt eine Zunahme der Lichtabsorption und daher eine gewisse Erhöhung des Graugehalts. Der Gelbstich wird durch einen Blaustich ersetzt, welcher trotz des vermehrten Graugehalts die Ware für das menschliche Auge weißer erscheinen läßt.

Drückt man den Gelbstich *additiv*, d.h. durch Spektralfarbenmischung, dann tritt eine Vergrauung nicht ein und man erreicht eine intensivere Aufhellung, als dies bei Anwendung der Bläufarbstoffe der Fall ist. Zu diesem Zweck behandelt man die Textilien mit solchen Substanzen, welche das ultraviolette Licht zu sichtbaren Strahlen transformieren, wobei eine lebhafte bläulichviolette oder rötlichviolette Fluoreszenz auftritt. Die durch Transformation entstandenen violetten Lichtstrahlen löschen die im Reflexlicht vorhandenen Gelbstrahlen additiv, d.h. ohne Lichtschwächung, aus. Durch die Zunahme des gesamten sichtbaren Reflexlichts wird der Weißgehalt erhöht.

An *Handelsprodukten*, die in dieser Art wirksame Substanzen enthalten, sind u.a. zu nennen:

Blankophor-, Ultraphor-, Hostalux-, Tinopal-, Leukophor-, Uvitex-, Fluolite-, Photine-, Tintofen-Marken.

Nachstehend sei eine Reihe von Produkten aufgeführt, die im Lauf der Jahre zum Teil durch qualitativ bessere Produkte ersetzt worden sind.

Den Blankophor RA- und BA-Marken, Tinopal BV, 2B, Tintofen D, X, Z liegen Stilbenderivate zugrunde, während die wirksamen Substanzen in Blankophor WT und Uvitex Imidazolderivate sind. Die Präparate ziehen substantiv auf und werden einigermaßen wasser- und waschecht fixiert. Bei manchen Produkten kann durch Formaldehyd-Nachbehandlung eine Verbesserung der Naßechtheiten erzielt werden.

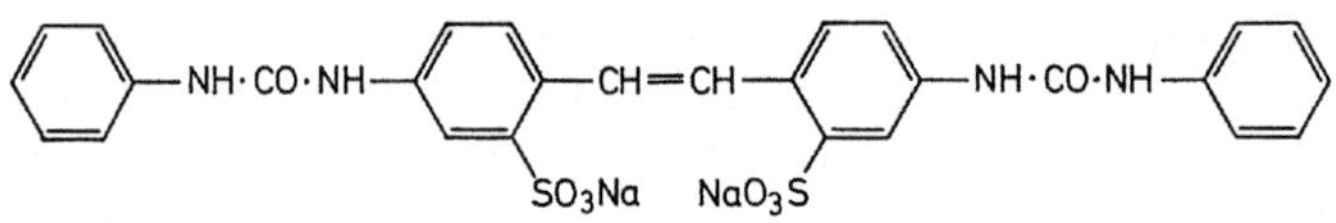

Blankophor R

(Aus 2 Mol Phenylisocyanat und 1 Mol Diaminostilben-disulfosäure.)

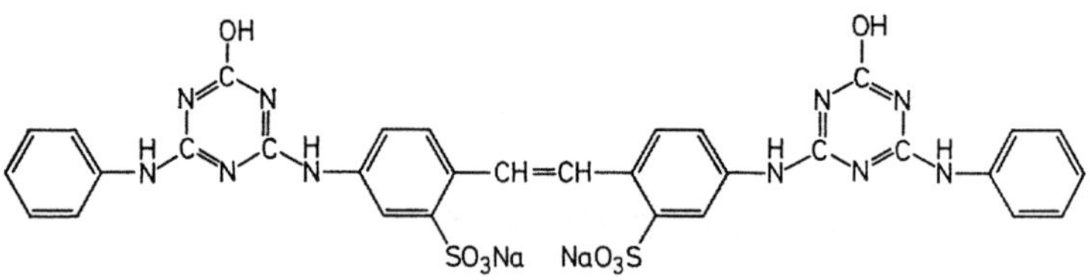

Blankophor B

(Erhältlich durch Umsetzung von 2 Mol Cyanurchlorid mit 1 Mol Diaminostilben-disulfosäure und 2 Mol Anilin, wobei das dritte Chloratom der beiden Cyanurchloridreste durch Verkochen mit Wasser oder ammoniakalischem Wasser gegen die OH-Gruppe ausgetauscht wird.)

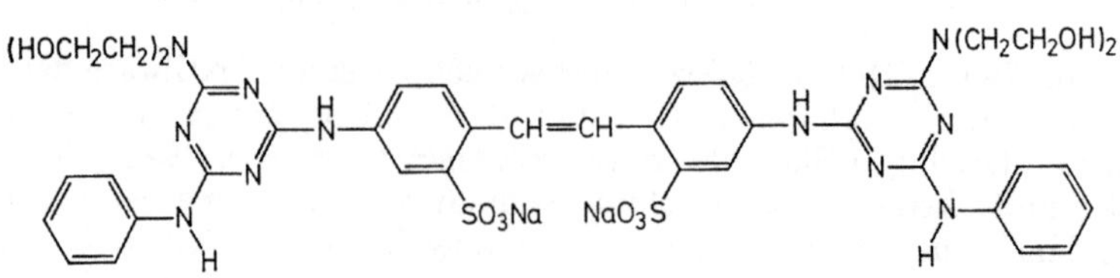

(*Wendt* und *Eggert*)

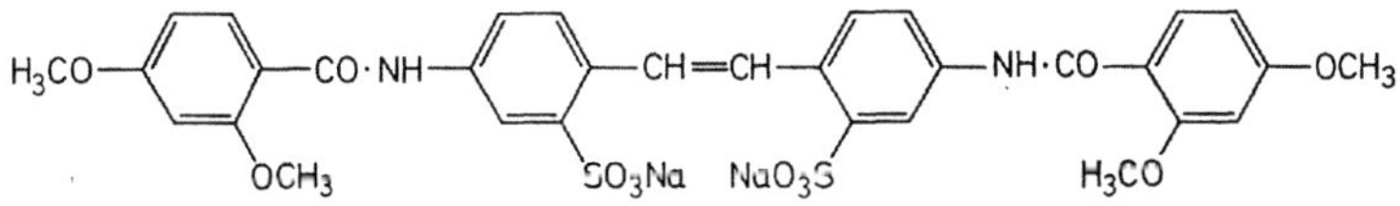

Pontamine White 2G

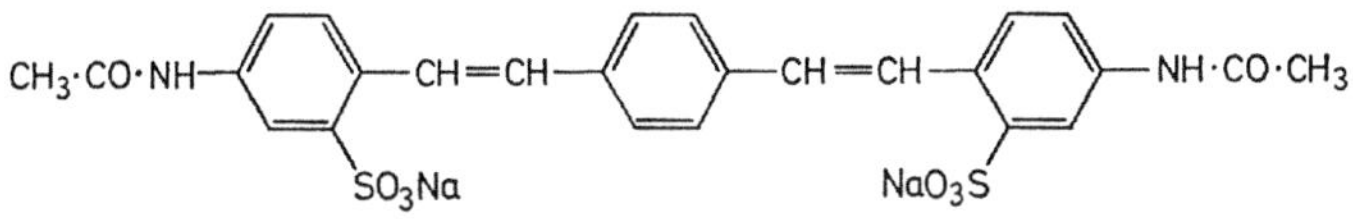

Distyrylverbindung

In den letzten Jahren sind Produkte mit verbesserten Eigenschaften auf den Markt gelangt, so z.B. 4,4′-bis(azolyl)-stilben-2,2′-disulfonsäuren sowie Stilbylnaphthotriazole.

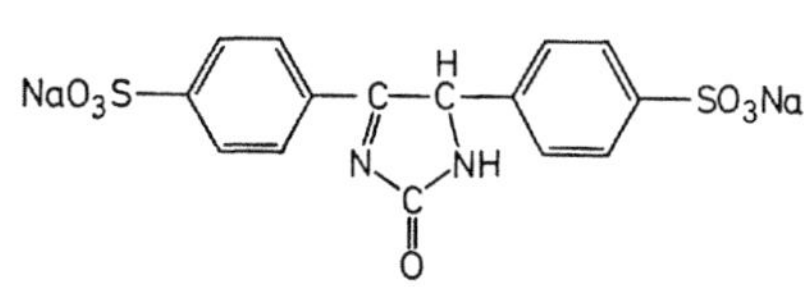

Ultraphor WT, Blankophor WT (für Wolle)

Herstellung: Benzoin wird mit Harnstoff zum Imidazol geschlossen und dann sulfiert.

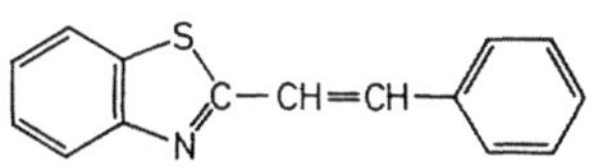

Uvitex RS

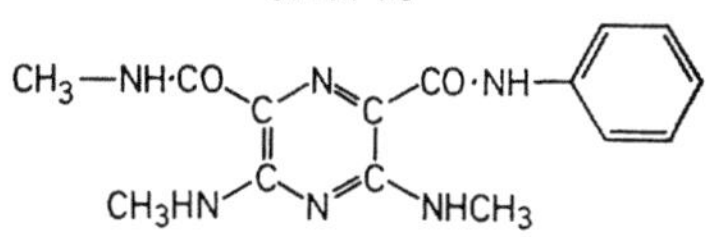

as. Pyrazin-Derivat

Weiterhin sind nach *R. Zweidler* technisch wichtig geworden die Bis-(benzimidazol-2-yl)-derivate sowie die Bis-(benzoxazol-2-yl)-derivate, die Monomethin-cyanine, die 1,3-Diarylpyrazoline, die 7-Amino-cumarine, die Naphthalimide sowie Derivate des 7-Amino-3-phenyl-carbostyryls. Diese Substanzen spielen z.T. bei den Synthesefasern eine bevorzugte Rolle. Zum Aufhellen von Polyacrylnitrilfasern werden besonders entsprechende Verbindungen mit einer *Ammoniumgruppierung* angewandt, die sich wie kationische Farbstoffe mit der Polyacrylnitrilfaser verbinden.

Auch Aminodiphenyl-indole sowie Aryl-dialkyl-cumarine (Blankophor ACF, Tintofen FGG, W) sind als optische Aufheller wirksam.

Außer den aufgeführten Verbindungstypen kommen zu diesem Zweck noch Derivate des Diaminodiphenylharnstoffs, des Diamino-dibenzyls u.a. in Frage.

Auch beim Waschen der Hauswäsche werden optische Aufhellungsmittel eingesetzt, was allerdings die Gefahr in sich birgt, daß bei häufiger Behandlung der Wäsche die Produkte sich allmählich ansammeln und dann zu unerwünschten Verfärbungen führen.

Konstitution und Ziehvermögen der optischen Aufheller in Abhängigkeit von der Faserart (nach *H. Herlinger*). Die Bezeichnung „Weißfärben" für optisches Aufhellen läßt erkennen, daß bei diesem Verfahren teilweise gleichartige Gesichtspunkte wie beim Färben der Faser eine gewisse Rolle spielen.

So läßt sich *Wolle* vorteilhaft mit solchen optischen Aufhellern behandeln, die saure Gruppen im Molekül enthalten, also z.B. mit Imidazolderivaten der folgenden Form:

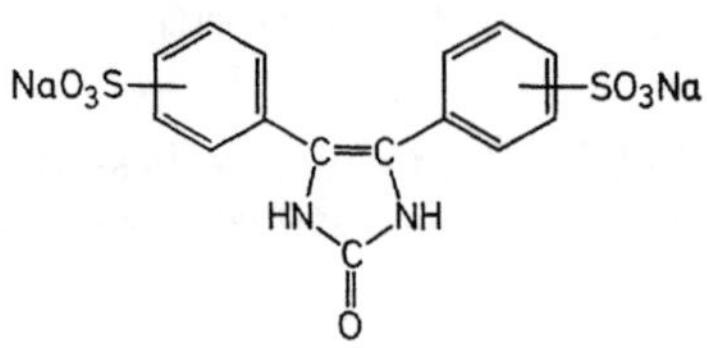

4,5-Diphenyl-imidazolon-disulfonsäure

Die wichtigsten Aufheller für *Cellulosefasern* leiten sich von der Bis-(triazinylamino-)stilben-disulfonsäure ab. Die textilen Eigenschaften sind durch die Wahl der am Triazinring haftenden Substituenten weit variierbar.

Die Applikation der optischen Aufheller erfolgt z.T. aus Färbebädern und in Kombination mit den verschiedensten Veredlungsprozessen, so z.B. beim Bleichen oder bei der Knitterfestausrüstung. Dabei muß die Konstitution des Aufhellers auf das Veredlungsverfahren abgestimmt sein (z.B. bleichechte Aufheller).

Durch Variation der Substituenten am Triazinring kann das Bis-triazinylamino-stilben-disulfonsäure-system den jeweiligen textilchemischen Erfordernissen angepaßt werden.

Für *Polyamide* kommt z.T. eine Reihe von Stilbendisulfonsäurederivaten in Betracht, die mit den basischen Endgruppen des Polyamids zur Salzbildung befähigt sind. Ein System, das vermutlich über Wasserstoffbrücken mit einer Sulfonamidgruppe an das Polyamid gebunden ist, ist das 1-[p-Sulfamido-phenyl-]-3-[p-chlorphenyl]-pyrazolin:

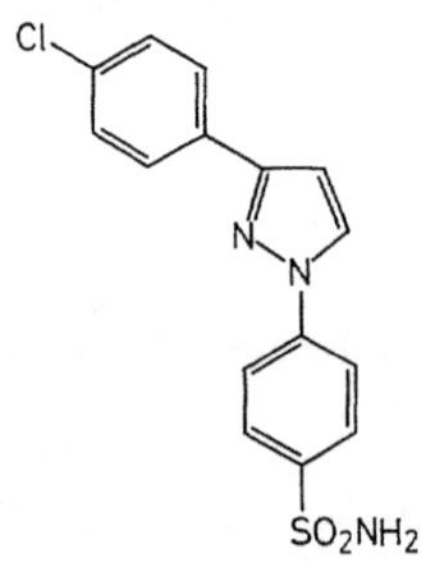

Eine spezielle Applikationsmethode für Polyamidfasern besteht darin, die Aufheller den Spinnschmelzen zuzusetzen.

Für das Aufhellen von *Polyesterfasern* kommen möglichst kleine Moleküle in Betracht, da die Diffusion erschwert ist. Meist handelt es sich um wasserunlösliche Körper, die aus dispersen Systemen aufgenommen werden:

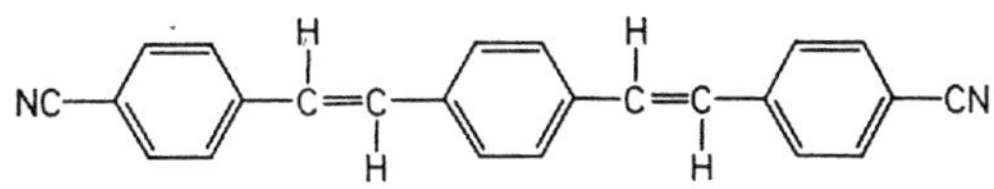

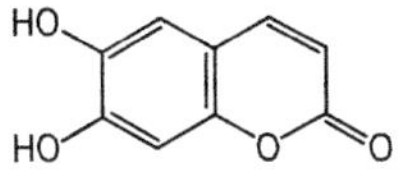

Aesculetin

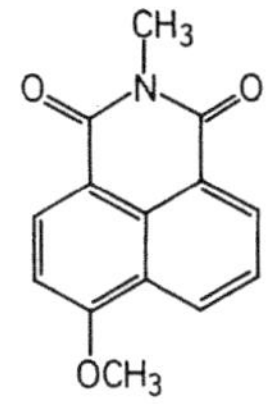

Eine wichtige Gruppe von Polyesteraufhellern ist diejenige der Bis-Benzoxalyl-äthylene.

Zum Aufhellen der *Polyacrylnitrilfasern* verwendet man vorwiegend basische Aufheller in Gestalt von Amino-, Ammonium- oder Cycloammoniumgruppierungen.

So erhält man geeignete Substanzen z.B. durch Umsetzung von Bis-[chlor-methyl-benzoxazolyl]-äthylenen mit Pyridin:

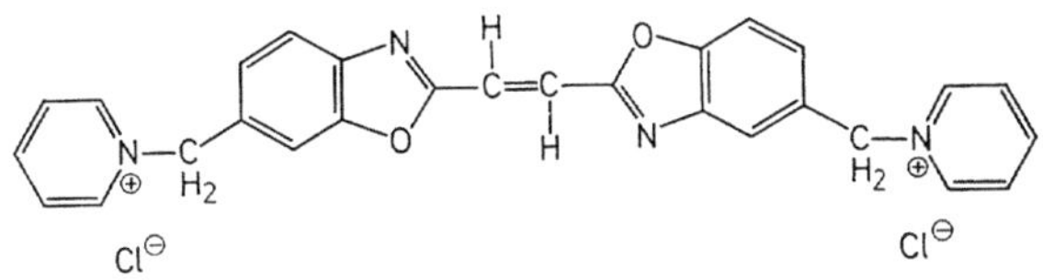

M. Komplexbildner

Zur Bindung bzw. Entfernung unerwünschter Metallverbindungen werden die störenden Ionen in leichtlösliche Komplexe eingebaut. So wird z.B. die Wasserhärte (S. 806) nach folgendem Prinzip unwirksam:

Macht man die die Härte verursachenden Ionen zu koordinativ gebundenen Bestandteilen eines größeren Komplexes, dann können sie mit den Fettsäureionen einer Seife nicht mehr unter Bildung unlöslicher Metallseife in Reaktion treten. Als geeignete Komplexträger kommen sowohl anorganische als auch organische Verbindungen in Betracht.

Anorganische Komplexe. Hier sind vor allem die komplexen Metaphosphate zu nennen (Calgon, Alcopon, Polyron, Hexatren C5, Tapolox, Sequonyx Tex, Quadrafos, Metafos). Das Handelsprodukt Calgon, welches durch Glühen und rasches Abschrecken von primärem Natriumphosphat NaH_2PO_4 erhalten wird, enthält hauptsächlich Tri-, Tetra- und Hexa-metaphosphat neben geringen Mengen Ortho- und Pyrophosphat in Form der Na-Verbindungen. Die wirksamen Bestandteile, welche zur Komplexbildung befähigt sind, sind neben dem Pyrophosphat das Tetra- und das Hexa-metaphosphat.

$Na_2[Na_2(PO_3)_4]$ Natriumtetrametaphosphat

$Na_2[Na_4(PO_3)_6]$ Natriumhexametaphosphat

Die beiden Salze dissoziieren derart, daß lediglich zwei der Natriumatome (die außerhalb der eckigen Klammern stehenden) abdissoziieren:

$$Na_2[Na_4(PO_3)_6] \rightleftarrows 2\,Na^{\cdot} + [Na_4(PO_3)_6]''$$

$$Na_2[Na_2(PO_3)_4] \rightleftarrows 2\,Na^{\cdot} + [Na_2(PO_3)_4]''$$

Die koordinativ gebundenen Na-Atome können durch andere Atome ersetzt werden:

$$Na_2[Na_2(PO_3)_4] + CaSO_4 \rightarrow Na_2[Ca(PO_3)_4] + Na_2SO_4$$
$$Na_2[Na_4(PO_3)_6] + CaSO_4 \rightarrow Na_2[CaNa_2(PO_3)_6] + Na_2SO_4$$
$$Na_2[Na_4(PO_3)_6] + 2\,CaSO_4 \rightarrow Na_2[Ca_2(PO_3)_6] + 2\,Na_2SO_4$$

Die koordinativ gebundenen Ca-Atome sind nicht dissoziierbar und können daher nicht als Härtebildner fungieren.

Die komplexe Bindung findet nicht nur bei der Einwirkung der Metaphosphate auf in Lösung befindliche Ionen statt, sondern auch bei deren Zusammentreffen mit ungelösten Substanzen, z. B. mit Calciumcarbonat oder Kalkseife:

$$Na_2[Na_2(PO_3)_4] + (C_{17}H_{35}COO)_2Ca \rightarrow Na_2[Ca(PO_3)_4] + 2\,C_{17}H_{35}COONa$$

$$Na_2[Na_4(PO_3)_6] + CaCO_3 \rightarrow Na_2[Na_2Ca(PO_3)_6] + Na_2CO_3$$

Auch andere aus Textilien zu entfernende Metallionen lassen sich in dieser Weise beseitigen, wie z. B. Kupfer und Mangan, was für die Vorbereitung von Textilien für die Gummierung von Wichtigkeit ist (S. 118):

$$Na_2[Na_2(PO_3)_4] + Cu^{\cdot\cdot} \rightarrow Na_2[Cu(PO_3)_4] + 2\,Na^{\cdot}$$

Während die Metaphosphate besonders leicht mit den Calciumionen reagieren, eignet sich das im Calgon zusätzlich vorhandene Pyrophosphat besonders gut zu einer Komplexbildung mit Magnesiumionen:

$$Na_2[Na_2(P_2O_7)] + MgSO_4 \rightarrow Na_2[Mg(P_2O_7)] + Na_2SO_4$$

Zu erwähnen ist, daß die Metaphosphate hitzeempfindlich sind und beim Kochen unter Hydrolyse in unwirksame Orthophosphate übergehen,

z. B. $$(NaPO_3)_6 + 6\,H_2O = 6\,NaH_2PO_4$$

Pro Liter zu enthärtenden Wassers ist ein Zusatz von 0,15 g Calgon pro Härtegrad notwendig.

Zu einer Komplexbildung mit Metallionen sind auch die Polyphosphate befähigt, denen die allgemeine Formel $Na_{n+2}P_nO_{3n+1}$ zukommt.

Organische Komplexe. Hier sind die Aminopolycarbonsäuren Trilon A und Trilon B zu nennen:

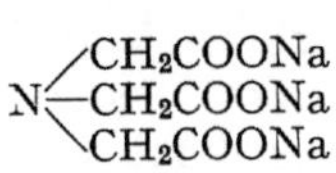

Nitrilo-triessigsaures Natrium
Trilon A

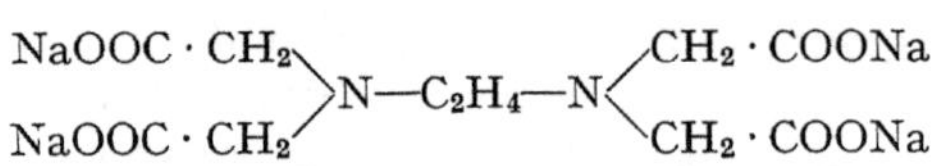

Na-Salz der Äthalendiamin-tetraessigsäure:
Trilon B, Sel Complexant M, Nullapon C, Sequestrene AA

Sie sind in ähnlicher Weise wie Calgon zu einer komplexen Bindung von Metallionen befähigt und finden daher eine gleichartige Anwendung wie die Metaphosphate:

$$2\left\{\underset{\text{Trilon A}}{Na_2[N(CH_2COO)_3Na]}\right\} + CaSO_4 \rightarrow 2\left\{Na_2\left[N(CH_2COO)_3\,\frac{Ca}{2}\right]\right\} + Na_2SO_4$$

oder $Na_4[N(CH_2COO)_3Ca(CH_2COO)_3N]$

Die Anwendungsmengen betragen für Trilon A je nach der Arbeitstemperatur 0,3–0,12 pro Liter Wasser und Härtegrad, wobei bei Kochtemperatur 0,12 g und bei gewöhnlicher Temperatur 0,3 g anzuwenden sind. Trilon B ist temperaturunempfindlich und erfordert einen Zusatz von 0,16 g pro Liter und Härtegrad des Rohwassers.

Zu nennen ist weiterhin das folgende Produkt:

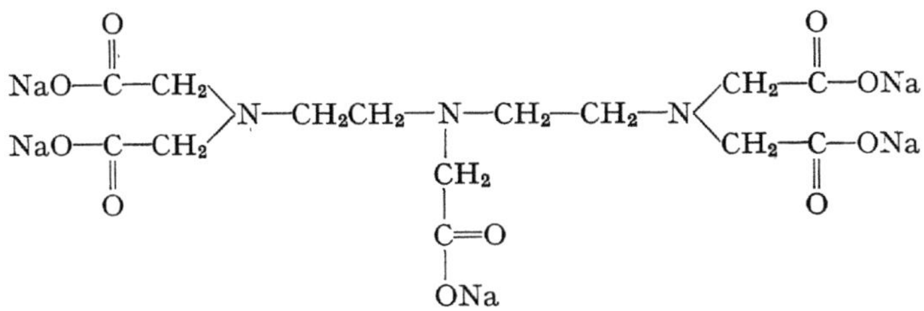

Pentanatriumsalz der Diäthylen-triamino-pentaessigsäure (Darotin DS)

Hierher gehören auch die *Produkte* Aquamollin, Halosal B, Plexophor, Irgalon, Versene, Nervanaid, Cyquest 40.

Anwendung der Komplexbildner. Einer allgemeinen Anwendung der Komplexbildner für die Ausschaltung der durch die Wasserhärte verursachten Komplikationen steht der verhältnismäßig hohe Preis dieser Produkte im Wege. Sie finden daher nur in Spezialfällen Verwendung, wenn es sich beispielsweise darum handelt, bei Fehlen von Weichwasser die Bildung von Kalkausscheidungen oder von Kalkseife zu verhindern. In gleicher Weise können auch andere Metalle, wie z. B. im Wasser vorhandenes Eisen, „inaktiviert" werden.

Die Stärke der Komplexbildner liegt vor allen Dingen darin, daß sie befähigt sind, auf der Ware abgeladene Kalkseife oder abgeschiedenen Kalk abzulösen, was ohne jede Gefährdung der Ware geschehen kann. Auch sonstige unerwünschte Metallverbindungen lassen sich mit Hilfe der Komplexbildner aus den Textilien entfernen. Zu erwähnen ist noch, daß es möglich ist, Seife und Komplexbildner in Substanz zu kombinieren und auf diese Weise „härtebeständige" Seifen zu erzeugen. Dabei ist aber der Komplexbildneranteil auf die vorhandene Wasserhärte abzustimmen.

N. Garnbefeuchtungsmittel

Da die Fasern im Rahmen der Garnbildung an Feuchtigkeit verlieren, wird diese auf die fertigen Garne wieder aufgebracht, was mit Hilfe spezieller Garnbefeuchtungsmittel geschieht. Diese setzen sich in der Regel aus einem Hygroskopikum (Glycerin u. a.), einem Netzmittel und einem Konservierungsmittel zusammen. Sie werden mit Wasser entsprechend verdünnt und auf die fertigen Garne entweder auf einer Garnbefeuchtungsmaschine oder beim schichtweisen Einpacken in die Garnkisten aufgespritzt. Für die Verarbeitung der Garne ist, da sie so geschmeidiger sind, ein höherer Feuchtigkeitsgehalt von Vorteil.

Handelsprodukte sind u. a.: Avirolit, Hygrolit, Zeranol.

O. Radioaktive Isotope und ionisierende Strahlung als „Textilhilfsmittel"

Radioaktive Isotope und ionisierende Strahlung können für die verschiedensten Zwecke als „Textilhilfsmittel" eingesetzt werden. So lassen sich namentlich *Dickenmessungen* der verschiedensten Materialien nach der „Durchstrahlmethode" vornehmen. Das Material wird radioaktiv bestrahlt bzw. durchstrahlt und die Intensität der durchgehenden Radioaktivität mit einem Geiger-Müller-Zähler (Detektortyp) bestimmt.

Auf diese Weise kann man z.B. die Gleichmäßigkeit von Faservliesen in der Spinnerei oder den gleichmäßigen Auftrag von Appreturmassen kontrollieren. Die radiometrische Kontrolle läßt daher eine leichte Automatisierung der Kontrollmaßnahmen zu.

Das Verfahren der Dickenmessung von Filmen mit Hilfe der Absorption von β-Strahlen wird in der Praxis bereits angewandt.

Beim Imprägnieren und Ausrüsten von Geweben können die *Auftragsmengen* mit Hilfe der Strahlung radioaktiver Stoffe gemessen und geregelt werden (*H. Strobel*).

Bei der Kontrolle der Appreturmassenbestimmung, z.B. Latex-Beschichtung, kann die Flächengewichtsbestimmung durch Absorption von β-Strahlen ausgeführt werden.

Für quantitative Messungen, z.B. Gleichmäßigkeit der aufgenommenen Farbstoffmenge bei kontinuierlichen Färbeprozessen, können radioaktive Substanzen als „*Indikatoren*" angewandt werden. Die beigemischte radioaktive Substanz muß dabei eine hohe Zerfallskonstante besitzen, damit nicht physiologische Nachteile auftreten können.

Waschprozesse können in der Weise kontrolliert werden, daß man den Schmutz mit einem geeigneten Radionucleid markiert und die Strahlung der Oberfläche vor und nach dem Waschen mißt (*H. J. Born*).

Schmälzmittelmengen können bezüglich der Gleichmäßigkeit des Auftrags durch Beigaben von nachträglich aktivierbarem Tracem bestimmt werden. Hierbei genügen Messungen von Fadenproben von weniger als einem Meter Länge (*I. P. Vidal*).

Von ionisierenden Strahlen bewirkte Vernetzungs- und Pfropfungsprozesse lassen die Möglichkeit in Betracht ziehen, das langwierige thermische, die Zuführung von Katalysatoren erfordernde klassische „Permanent-Preß-Verfahren" durch Bestrahlung zu regulieren (*U. Cazzaniga, M. B. Luboz*).

Ein weiteres Anwendungsgebiet der ionisierenden Strahlung ist die *Sterilisation* und *Desinfektion* von textilen Rohstoffen (Tierhaare).

IX. Das Wasser im Textilbetrieb

Der Wasserfrage kommt im Textilveredlungsbetrieb eine besonders wichtige Bedeutung zu, und zwar nicht nur im Hinblick auf das für die Veredlung benötigte *Betriebswasser*, sondern auch hinsichtlich des für den Kesselbetrieb erforderlichen *Kesselspeisewassers*.

A. Das Betriebswasser

An das Betriebswasser müssen einmal mit Rücksicht auf den Warenausfall und zum anderen im Interesse der Wirtschaftlichkeit gewisser Veredlungsverfahren bestimmte Anforderungen gestellt werden.

Zunächst muß das Wasser *farblos* und *klar* sein, darf also keinerlei Schwebe- und Trübungsstoffe enthalten, da sich diese auf dem Textilgut absetzen können. Diese Forderung gilt besonders dann, wenn das Wasser für die Veredlung von

Wickelkörpern (Kreuzspulen und Kettbäume) verwendet wird, da diese als Filter wirken, so daß die Schwebestoffe je nach Zirkulationsrichtung der Flotte auf der Außen- oder Innenseite des Wickelkörpers abgefangen werden. Wasser, welches Schwebestoffe enthält, bedarf also üblicherweise einer Filtration.

Auch im Hinblick auf eine reibungslose Enthärtung, namentlich mit Hilfe der Austauscherverfahren, ist eine Entfernung der Schwebestoffe erforderlich.

Falls der Warencharakter nicht nachteilig beeinflußt wird, kann auf eine Entfernung der Schwebestoffe verzichtet werden.

Eisen und *Mangan* sollen abwesend sein, da diese zu Ausscheidungen, Verfärbungen und Fleckenbildung führen. Diese Metalle bzw. ihre Ionen können besonders in der Bleicherei gefährlich werden, da sie die Zersetzung der Bleichbäder katalytisch beeinflussen. Mangan wirkt außerdem als „Kautschukgift" (S. 118). Beim Arbeiten mit Tannin stört Eisen, da es mit Tannin dunkelgefärbte Eisengallusverbindungen liefert (S. 582). Unter diesen Umständen ist bei Gegenwart von Eisen und Mangan im Wasser eine Enteisenung bzw. Entmanganung angebracht, sofern deren Menge eine solche Höhe erreicht, daß technische Schwierigkeiten obengenannter Art auftreten.

Im allgemeinen soll das Wasser möglichst *weich* sein, damit beim Kochen oder bei Gegenwart von Seife bzw. Alkali keine lästigen Ausscheidungen, welche sich auf der Ware ablagern, eintreten können.

Beim Kochen von carbonathaltigem Wasser entstehen aus den löslichen Bicarbonaten unlösliche Carbonate:

$$Ca(HCO_3)_2 \rightarrow CaCO_3 + CO_2 + H_2O$$

$$Mg(HCO_3)_2 \rightarrow MgCO_3 + CO_2 + H_2O$$

Beim Kochen in saurem Medium, wie dies in der Wollfärberei üblich ist, tritt diese Ausscheidung nicht ein, da die Bicarbonate durch den Säurezusatz in beim Kochen in Lösung bleibende Verbindungen übergeführt werden („Wasserkorrektur"):

$$Ca(HCO_3)_2 + 2\,CH_3COOH = Ca(CH_3COO)_2 + 2\,H_2O + 2\,CO_2$$

$$Mg(HCO_3)_2 + H_2SO_4 = MgSO_4 + 2\,H_2O + 2\,CO_2$$

Durch Wechselwirkung zwischen Calciumsalzen und Soda bilden sich ebenfalls unlösliche Ausscheidungen:

$$CaSO_4 + Na_2CO_3 = CaCO_3 + Na_2SO_4$$

Bei Gegenwart von Seife verbindet sich diese mit im Wasser vorhandenen Calcium- und Magnesiumionen zu unlöslicher *Kalk-* bzw. *Magnesiaseife:*

$$\underset{\text{Na-stearat}}{2\,C_{17}H_{35}COONa} + CaSO_4 = \underset{\text{„Kalkseife"}}{\begin{matrix} C_{17}H_{35}COO \\ C_{17}H_{35}COO \end{matrix}\!\!>\!Ca} + Na_2SO_4$$

$$\underset{\text{Na-palmitat}}{2\,C_{15}H_{31}COONa} + Mg(HCO_3)_2 = \underset{\text{„Magnesiaseife"}}{\begin{matrix} C_{15}H_{31}COO \\ C_{15}H_{31}COO \end{matrix}\!\!>\!Mg} + 2\,NaHCO_3$$

Da Kalk- und Magnesiaseife sich am Waschprozeß nicht beteiligen, geht eine von dem Härtegrad des Wassers abhängige Seifenmenge nutzlos verloren. Diese Menge beträgt bei 1 Härtegrad (d.H.) pro 100 l Wasser etwa 16 g Seife, so daß bei einem mittelharten Wasser von 15 Härtegraden 240 g Seife pro 100 l Wasser als Verlust zu buchen sind.

Abgesehen hiervon können sich die Ausscheidungen noch in verschiedener Richtung nachteilig bemerkbar machen. Sie können zur Entstehung von Kalkseifenflecken und damit im Zusammenhang zu einem unegalen Anfärben, mangelhafter Reib- und Waschechtheit der Färbung und weiterhin zu einem schlechten Griff der Ware führen.

Beim Waschen von Haushaltwäsche bewirkt die Kalkseife im Laufe der Zeit eine Vergrauung der Wäsche, da sie sich auf dem Textilgut festsetzt und gleichzeitig adsorbierte Schmutzteilchen festhält. Durch die abgelagerte Kalkseife werden die Poren des Wäscheguts verstopft; die Wäsche wird also in hygienischer Beziehung verschlechtert, abgesehen davon, daß sie einen schlechten Griff erhält und schwerer wird. Auf Grund der hydrophoben Eigenschaften der Kalk- und Magnesiaseifen nimmt das Textilgut einen gewissen wasserabweisenden Charakter an, was im Hinblick auf das Schweißaufsaugevermögen von Unterwäsche unerwünscht ist und was bei Frottierwaren, Handtüchern usw. die Fähigkeit zur Wasseraufnahme herabsetzt.

Solange die Seife im Überschuß ist, scheidet sich die Kalkseife nicht grobflockig aus, sondern wird durch die gelöste Alkaliseife in Dispersion gehalten, so daß die Gefahr eines Festsetzens auf der Ware während des eigentlichen Waschens in geringerem Umfang besteht als beim anschließenden Spülprozeß, wo ein Überschuß an Härtebildnern die gelöste Seife vollkommen ausfällt.

Eine noch bessere Dispergierung entfalten naturgemäß härtebeständige Hilfsmittel, namentlich *Fettsäurekondensate und Polyätheralkohole.* Voraussetzung für die Dispergierung ist jedoch, daß die Dispergiermittel im Augenblick der Kalkseifenbildung bereits zugegen sind, da fertiggebildete Kalkseifen nicht mehr genügend fein dispergiert werden können.

Hinsichtlich der Wirtschaftlichkeit der Kalkseifendispergierung mit Hilfe von Dispergiermitteln ist jedoch zu berücksichtigen, daß die für die Dispergierung der Kalkseife notwendige Menge an Hilfsmitteln für die Funktion des Waschens naturgemäß ausscheidet. Abgesehen davon sind die nachteiligen Folgen der Kalkseifenbildung nur gemildert und nicht völlig ausgeschaltet. Unter diesen Umständen besitzt dieses Prinzip allenfalls nur dort Bedeutung, wo keine Möglichkeit der Wasserenthärtung besteht, die ausschließliche Anwendung kalkbeständiger Reinigungsmittel aber wirtschaftlich nicht tragbar ist.

Beim Lösen der Farbstoffe sowie beim Färben stören die Härtebildner insofern, als sie mit den gelösten Farbstoffen schwer- bzw. unlösliche Calcium- bzw. Magnesiumverbindungen liefern können. Es ist daher zweckmäßig, mit möglichst weichem Wasser zu arbeiten.

Für manche Veredlungsverfahren ist eine gewisse Wasserhärte erwünscht. So wirken Magnesiumionen bei der Wasserstoffperoxidbleiche in Kombination mit Wasserglas als Stabilisiermittel. Beim Türkischrot-Färben wird die Fixierung des Farbstoffs durch anwesende Calciumionen gefördert.

Definition der Wasserhärte. Die Wasserhärte wird in Härtegraden angegeben, wobei bedeuten:

1 Grad deutscher Härte (1 °d.H.) = 10 mg CaO/Liter Wasser einschließlich der äquivalenten Mengen MgO und etwaiger anderer Härtebildner.

1 Grad französischer Härte = 10 mg $CaCO_3$/Liter Wasser einschließlich der äquivalenten Menge $MgCO_3$.

1 Grad englischer Härte = 10 Grain $CaCO_3$ in 1 Gallone Wasser = 10 mg $CaCO_3$ je 0,7 Liter Wasser.

Das Umrechnungsverhältnis ergibt sich aus der Tabelle 42.

Bei Wasser von nur wenigen Härtegraden wird eine Enthärtung im allgemeinen nicht erforderlich sein, sie kommt aber in Frage, sobald sich die Wasserhärte irgendwie störend auswirkt.

Wasserarten bis zu 10 °d.H. gelten üblicherweise als weich, solche zwischen 10 und 20 als mittelhart und über 20 Härtegrade besitzende als hart, wobei naturgemäß die Einstufung auch durch den Verwendungszweck bestimmt wird.

Tabelle 42. *Umrechnungsverhältnis der Härtegrade*

Grad d.H.	Grad fr.H.	Grad engl. H.
1	1,79	1,25
0,56	1	0,7
0,8	1,43	1

Die Härtebildner. Als Härtebildner werden die im Wasser gelösten Salze der Erdalkalien, vorwiegend also des Calciums und Magnesiums bezeichnet sowie eventuell vorhandene Salze des Eisens und Mangans. Fast alle in der Natur vorkommenden Wasserarten, also Grund- und Quellwasser, Oberflächenwasser aus Flüssen und Seen sowie Meerwasser enthalten Härtebildner.

In Wasser gelöste Alkalisalze fallen nicht unter den Begriff der Härtebildner, da sie mit Seifenlösungen oder Alkalien oder beim Kochen keine unlöslichen Ausscheidungen liefern.

Als hauptsächlichste Härtebildner kommen in Frage:

$Ca(HCO_3)_2$, $Mg(HCO_3)_2$ } *vorübergehende oder temporäre Härte,* da sich diese Salze beim Kochen als unlösliche Carbonate ausscheiden

$CaSO_4$, $MgSO_4$, $CaCl_2$, $MgCl_2$ } *bleibende oder permanente Härte,* da diese Salze beim Kochen gelöst bleiben

Art und Menge der vorhandenen Härtebildner hängen von der Zusammensetzung der Bodenschichten ab, mit denen das betreffende Wasser in Berührung gekommen ist. Der Gehalt an Calcium- und Magnesium-bicarbonat ist darauf zurückzuführen, daß unlösliches bzw. schwerlösliches Calcium- und Magnesiumcarbonat mit der in Wasser gelösten Kohlensäure folgendermaßen reagieren und in lösliche Bicarbonate übergehen kann:

$$CaCO_3 + CO_2 + H_2O = Ca(HCO_3)_2$$

$$MgCO_3 + CO_2 + H_2O = Mg(HCO_3)_2$$

In manchen Gegenden ist das Grundwasser eisen- und manganhaltig. Eisen und Mangan gelangen ebenfalls durch vorherige chemische Wechselwirkung aus zunächst unlöslichen Bestandteilen (Fe_2O_3, Fe_3O_4, $Fe(OH)_3$, FeS_2, MnO_2) als Bicarbonate, $Fe(HCO_3)_2$ und $Mn(HCO_3)_2$, in das Wasser. Die in Wasser gelösten Salze des zweiwertigen Eisens und Mangans fallen leicht der Oxydation anheim, wobei sich unlösliche Hydroxide bzw. Oxide bilden.

B. Das Kesselspeisewasser

Im Interesse des reibungslosen Betriebs und der Wirtschaftlichkeit der Dampferzeugung sowie im Hinblick auf die Korrosionsbeständigkeit der Kesselanlagen ist der Qualität des Kesselspeisewassers ein Hauptaugenmerk zu schenken. Es ist dies insbesondere wichtig bei den modernen Hoch- und Höchstdruckkesseln (über 15–20 bzw. über 50 atü), die einer sorgfältigen Wartung bedürfen.

Während man sich bei Kesseln für niedere und mittlere Drücke üblicherweise mit einer bloßen Enthärtung begnügte, hat man erkannt, daß bei Hochdruckkesseln auch andere Fremdstoffe des Rohwassers zu schweren Schäden führen können und daher beseitigt werden müssen.

Das Kesselspeisewasser soll also möglichst arm an jedweden Fremdstoffen sein, als da sind: Härtebildner, Salze ganz allgemein, sauer wirkende Verbindungen, freie und gebundene Kohlensäure, Silicate, Alkali, Sauerstoff, Schwebe- und Trübungsstoffe, organische Stoffe, Öle.

Das Maß der Anforderungen hängt von der Kesselart, ob Höchst-, Hoch-, Mittel- oder Nieder-Druckkessel, sowie von betriebsinternen Faktoren ab. Im einzelnen ist hinsichtlich der Auswirkung der Fremdstoffe folgendes auszuführen:

Härtebildner und andere Salze, Silicate. Die Härtebildner geben zur Entstehung des lästigen *Kesselschlamms* und des gefährlichen *Kesselsteins* Anlaß. Der Kesselschlamm wird vorwiegend durch die beim Kochen grobkörnig sich ausscheidenden Carbonate gebildet, und zwar besteht der Kesselschlamm meist aus Calciumcarbonat und einem basischen Magnesiumcarbonat der Zusammensetzung $MgCO_3 \cdot 2\,Mg(OH)_2$.

Das Magnesiumhydroxid ist als Hydrolysenprodukt des schwach löslichen Magnesiumcarbonats aufzufassen:

$$MgCO_3 + H_2O = Mg(OH)_2 + CO_2$$

Fester *Carbonatkesselstein* bildet sich in der Regel nur dort, wo kein Verdampfen und keine turbulente Wasserbewegung stattfindet, z. B. in Warmwasserleitungen. Der Carbonatkesselstein ist indes im Vergleich zum Sulfat- und Silicatkesselstein der harmloseste, da er gegenüber diesen die größte Wärmeleitfähigkeit zeigt und daher am wenigsten zu Überhitzungen Anlaß gibt.

Durch die dauernde Wasserverdampfung reichern sich die zunächst noch löslichen Salze im Kesselwasser an und beginnen, sobald ihre Löslichkeitsgrenze überschritten ist, sich auszuscheiden. Die Ausscheidung wird dadurch begünstigt, daß diese Verbindungen, z. B. Calciumsulfat, Calciummetasilicat und Magnesiummetasilicat einen negativen Temperaturkoeffizienten besitzen, d. h. mit wachsender Temperatur unlöslicher werden. Sie scheiden sich in Form eines feinen, aber sehr dichten und harten Belags an den Kessel- bzw. Rohrwandungen ab (Kesselstein). Die Abscheidung von Calciumsulfat kann durch Sodagegenwart zugunsten der Carbonatausscheidung beeinflußt werden. Bei hohen Drücken, welche zu einer Zersetzung der Soda führen, ersetzt man diese durch Natriumphosphat, da Calciumphosphat ebenfalls im Kessel als Schlamm ausfällt.

Der *Silicatkesselstein* ist wegen seiner geringen Wärmeleitfähigkeit die gefährlichste Ablagerung, da sie zu einer besonders starken Überhitzung führt, so daß das Wasser für Höchstdruckkessel möglichst vollkommen von Kieselsäure befreit werden muß. Diese Forderung ist um so mehr zu beachten, als die Kieselsäure aus dem Wasser von Höchstdruckkesseln sich dem Dampf mitteilt und sich auf den Turbinenschaufeln abscheidet und damit deren Leistung vermindert.

Örtliche Überhitzungen können zu einer mit einer Korrosion des Eisens verbundenen thermischen Spaltung des Wassers führen, wenn dieses bei oberhalb 430 °C liegenden Temperaturen mit Eisen in Berührung kommt:

$$3\,Fe + 4\,H_2O = Fe_3O_4 + 4\,H_2$$

Die örtlichen Überhitzungen werden durch die mangelhafte Wärmeleitfähigkeit des Kesselsteinbelags hervorgerufen; sie bewirken Ausbeulungen und allmähliche Korrosion der Rohrwandungen.

Abgesehen von den Härtebildnern soll auch der Gehalt des Kesselwassers an anderen Salzen möglichst gering sein, da er sonst im Zuge der Wasserverdampfung eine allzu schnelle Eindickung bedingt, welche durch Abschlämmen und Neuzufuhr von Reinwasser geregelt werden muß. Auf diesen Faktor ist bei der Auswahl und Lenkung der Enthärtungsverfahren zu achten. Die Enthärtung soll so geschehen, daß die Härtebildner in Form unlöslicher Verbindungen abgeschieden werden, dafür aber möglichst keine oder nur geringe Mengen anderer Salze an ihre Stelle treten.

Saure Stoffe, Alkali. Schon chemisch reines Wasser wird spurenweise durch Eisen zersetzt, da letzteres eine gewisse Lösungstension unter Ausbildung von $Fe^{\cdot\cdot}$-Ionen zeigt:

$$H_2O \rightleftarrows H^{\cdot} + OH'$$

$$Fe + 2H^{\cdot} + 2OH' = Fe^{\cdot\cdot} + 2H + 2OH'$$

Die Aggressivität steigt naturgemäß mit wachsender H-Ionenkonzentration, so daß eine saure Reaktion des Kesselspeisewassers vermieden werden muß.

Als säureliefernde Substanzen kommen u. a. solche in Frage, welche bei höheren Temperaturen durch hydrolytische Zersetzung freie Säure abspalten, also Calciumchlorid, Magnesiumchlorid, Nitrate sowie Humate. Da Magnesiumchlorid sich aus Magnesiumsulfat und Natriumchlorid bilden kann, sollen Magnesiumsalze im Kesselwasser grundsätzlich abwesend sein.

Freie Kohlensäure wird immer eine Korrosion auslösen, weshalb diese im Speisewasser grundsätzlich nicht anwesend sein darf. *Gebundene Kohlensäure* ist bei niederen und mittleren Kesseldrücken bei entsprechender Alkalität des Speisewassers ohne Gefahr.

Wohl kann sich im Kessel aus Carbonaten und Hydrogencarbonaten bei höheren Drücken durch Zersetzung freie Kohlensäure bilden; diese beeinflußt aber den pH-Wert nur wenig, wirkt also normalerweise nicht aggressiv, solange sie im Gleichgewicht mit ihren Salzen steht und mit ihnen ein Puffersystem bildet („zugehörige" Kohlensäure). Als aggressiv wird lediglich diejenige Kohlensäuremenge bezeichnet, welche die zugehörige übersteigt. Eine entsprechende Alkalität des Kesselwassers schaltet also eine Korrosionsgefahr aus, aber nur solange der Kesseldruck keine besonders hohen Werte erreicht (S. 816).

Bei extrem hohen Drücken, also oberhalb von 50 atü kann jedoch die durch Carbonatzersetzung entstandene freie Kohlensäure trotz genügender Alkalität lokal aggressiv wirken, wenn sie z. B. in Dampfblasen eingeschlossen ist und damit rein örtlich eine Erhöhung der Wasserstoffionenkonzentration bedingt.

Die freie Kohlensäure übt eine *rostschutzhindernde* Wirkung insofern aus, als die im Wasser vorhandenen Erdalkali-hydrogencarbonate zusammen mit Eisenhydroxid eine dichte Rostschutzschicht bilden, deren Zustandekommen durch freie Kohlensäure verhindert wird.

Um die Aggressivität des Kesselwassers möglichst auszuschalten, ist wie erwähnt die Aufrechterhaltung einer gewissen *Alkalität* erforderlich. Diese soll aber, namentlich bei Höchstdruckkesseln, eine gewisse obere Grenze nicht überschreiten, da sonst verschiedene andere störend wirkende Faktoren auftreten können. So bewirkt die durch Sodaspaltung entstandene Natronlauge, namentlich an Nietnähten, eine „Laugenbrüchigkeit" und wirkt außerdem als Schaumstabilisator.

Das Maß der Alkalität wird durch die *Alkalitätszahl* (AZ) oder *„Natronzahl"* = mg NaOH/l ausgedrückt, wobei die durch Hydrolyse alkalisch reagierenden Überschüsse an Enthärtungsmitteln (Soda, Trinatriumphosphat) mit eingeschlossen sind.

Für Höchstdruckspeisewasser sind daher alle Enthärtungsmittel zu vermeiden, welche dessen Alkalität übermäßig erhöhen, also Natronlauge und Soda. Eine nachträgliche Neutralisation des Alkalis z. B. durch Einspeisung von Phosphorsäure bzw.

Phosphaten sowie von schwefliger Säure ist wohl möglich, doch hat dies ein Ansteigen des Salzgehaltes zur Folge. Wässer mit Carbonathärte werden daher vorteilhaft zuerst mit Kalk entcarbonisiert und dann mit Hilfe eines Austauschverfahrens weiter enthärtet.

Sauerstoff. Kommt Eisen in saurem Medium mit Wasser in Berührung, dann bilden sich unter Entladung von Wasserstoffionen bzw. Hydroxidionen Wasserstoff und Eisen(II)-hydroxid:

$$Fe + 2H^{\cdot} = Fe^{\cdot\cdot} + 2H$$
$$Fe^{\cdot\cdot} + 2OH' = Fe(OH)_2$$

Der gebildete Wasserstoff hüllt in atomarem Zustand die Eisenoberfläche ein und schützt sie so vor weiterer Korrosion. Ist aber Sauerstoff im Wasser zugegen, so oxydiert dieser den Wasserstoff, und die Eisenoberfläche wird weiteren Korrosionen zugänglich.

Der Sauerstoff oxydiert gleichzeitig das gebildete $Fe(OH)_2$ zu $Fe(OH)_3$, welches sich auf dem unveränderten Eisen ablagert. Dadurch entstehen Eisen/Eisenoxid-Lokalelemente, wobei das Eisen auf Grund seines unedleren Charakters in Lösung geht. Diese Erscheinung führt zu einer tiefgreifenden lokalen Korrosion (Lochfraß). Der Sauerstoff muß daher durch *Entgasung* entfernt werden, wobei Hoch- und Höchstdruckkessel eine völlige Sauerstofffreiheit des Speisewassers verlangen.

Mechanische Verunreinigungen, Schwebestoffe, organische Kolloide. Die *mechanischen Verunreinigungen* und *Schwebestoffe* des Rohwassers würden sich im Kessel ablagern und einen wärmeisolierenden und daher zur Überhitzung Anlaß gebenden Wandbelag bilden; Austauschfilter würden durch sie verschlammt. Sie müssen daher durch Filtration oder chemische Klärung entfernt werden.

Tabelle 43. *Ungefähre Richtzahl für Speise- und Kesselwasser nach Wesly* (Zulässige Höchstwerte)

Kessel	:	Flammrohr-	Wasserrohr-	Hochleistungs-	Höchstdruck-	
atü	:	5–15	15–25	25–50	50–100	über 100
			Speisewasser			
Härte	° d.H.	4–5	0,5	0,2	0,1	0,05
Öl	mg/l	10	5	0,5	0,5	0,5
CO_2 (frei)	mg/l	0	0	0	0	0
CO_2 (geb.)	mg/l	keine *Begrenzung*			13	13
SiO_2	mg/l	20	20	10	5	0,5
O_2	mg/l	0,5	0,2	0	0	0
			Kesselwasser			
Alkalität	A.Z.	400–1000	200–600	100–300	25–75	10–30
P_2O_5	mg/l	nützlich, aber nicht nötig		10–50	10–50	10–30
Permanganatverbrauch	mg/l	500	200	100	50	
SiO_2	mg/l	keine Begrenzung, wenn A.Z. und P_2O_5 nach Vorschrift			5	5
Abdampfrückstand	mg/l	20000	10000	10000 besser 5000	3000	
Dichte	°Bé	2	1	1–0,5		0,3

Kolloid gelöste organische Stoffe hemmen häufig die Ausfällung der Härtebildner und fungieren als Schäumungserreger, was u.a. zu einer „Versalzung" der Turbinen führen kann. Bei Überschreitung eines gewissen Permanganatverbrauchs müssen die organischen Stoffe beseitigt werden.

Öl. Sofern das Kondenswasser, welches in den Kessel zurückgeführt werden soll, Öl enthält, ist dieses vorher abzutrennen, da Ölrückstände im Kesselwasser ebenfalls einen wärmeisolierenden Wandbelag bedingen, welcher zu Überhitzungen und damit zu Ausbeulungen und zum Reißen der Rohre führen kann.

Wenn in der Tab. 43 zwischen *Kesselwasser* und *Speisewasser* unterschieden wird, dann ist unter Kesselwasser das im Kessel eingedampfte Speisewasser zu verstehen, welches eine mit der Zeitdauer der Verdampfung zunehmende Veränderung seiner Zusammensetzung erfährt.

C. Die Wasserreinigung

Wie die vorstehenden Ausführungen gezeigt haben, muß sowohl das Betriebswasser für die Veredlung als auch das Kesselspeisewasser bestimmte Bedingungen hinsichtlich der Zusammensetzung erfüllen, um den jeweiligen Anforderungen der Verwendung in technischer und wirtschaftlicher Hinsicht gerecht zu werden.

Die Art der gestellten Anforderungen wird durch den vorgesehenen Verwendungszweck bestimmt. Wie gezeigt, werden an die Qualität des Speisewassers neuzeitlicher Hoch- und Höchstdruckkessel besondere Maßstäbe angelegt. Art und Zahl der anzuwendenden Reinigungsverfahren hängen demnach einerseits von der Zusammensetzung des vorhandenen Rohwassers und zum anderen, was das Betriebswasser anbelangt, von der Art der Veredlungsverfahren, und was das Speisewasser betrifft, von Kesselart und Kesseldruck sowie in gewissem Umfang von internen Betriebsverhältnissen ab. Die Betriebswasser- und Speisewasserbereitung kann je nach den herrschenden Betriebsverhältnissen miteinander kombiniert werden.

Unter den obigen Umständen werden die Methoden der Wasserreinigung in den verschiedenen Betrieben mehr oder weniger stark voneinander abweichen. Nachstehend werden die verschiedenen Methoden der Wasserreinigung beschrieben, wie sie für die Bereitung des Textilbetriebswassers und des Kesselspeisewassers in Frage kommen und deren jeweilige Auswahl und Reihenfolge durch die aufgezeigten Faktoren bestimmt sind.

1. Klärung und Filtration

Rohwässer, welche Schwebe- und Trübungsstoffe enthalten, werden, wenn durch diese technische Komplikationen entstehen, einer Filtration, eventuell in Verbindung mit einer Klärung unterworfen. Die Art der Aufbereitung hängt in erster Linie von Art und Menge der vorhandenen Schwebe- und Trübungsstoffe ab.

Die Klärung erfolgt vor der Filtration und soll die leicht absetzenden Schwebestoffe entfernen, um die nachherige Filtration zu erleichtern. Die Klärung geschieht teils rein mechanisch in Absetzbecken oder unter Zusatz von Chemikalien (*chemische Klärung*), die das Absetzen fördern. Namentlich feinste Schwebeteilchen, wie Huminstoffe, lassen sich durch bloßes Absetzenlassen nicht beseitigen.

Man befördert das Absetzen in der Weise, daß man durch Zusatz gewisser Salze eine Niederschlagsbildung mit den Härtebildnern hervorruft; durch den gebildeten Niederschlag sollen die Schwebestoffe mit zu Boden gerissen werden. Die Kolloidteilchen organischer Stoffe besitzen meist eine negative Ladung und werden durch die positiv geladenen Teilchen des Niederschlags adsorbiert und damit ausgeflockt und zu Boden gerissen.

Das am häufigsten benutzte Fällungsmittel ist Aluminiumsulfat, welches mit der Carbonathärte folgendermaßen reagiert:

$$Al_2(SO_4)_3 + 3\,Ca(HCO_3)_2 = 2\,Al(OH)_3 + 3\,CaSO_4 + 6\,CO_2$$

Die Fällung kann, namentlich bei carbonatarmen Wässern, durch Zusatz von Kalk oder Soda gefördert werden. Das zunächst entstehende Aluminiumhydroxidsol geht langsam in den Gelzustand über, wobei sich allmählich immer gröbere Flocken ausscheiden, welche die Schwebestoffe mit zu Boden reißen. Neben Aluminiumsulfat finden auch Eisensalze für die Erzeugung von Niederschlägen Verwendung, wobei in Gegenwart von Hydroxidionen adsorbierendes Eisen(III)-hydroxid entsteht.

Da bei der Klärung nicht alle Trübungsstoffe entfernt werden können, hat das Wasser eventuell noch eine als Filter dienende Sandschicht zu passieren.

2. Die Enthärtungsverfahren

Die Art des anzuwendenden Verfahrens richtet sich vor allem nach der Zusammensetzung des Rohwassers; sie wird aber auch durch betriebsinterne und kalkulatorische Gesichtspunkte mitbeeinflußt.

a) Die Fällungsverfahren

Die Fällungsverfahren arbeiten in der Weise, daß die Härtebildner durch bestimmte Prozeduren, und zwar namentlich durch Zusatz geeigneter Fällungsmittel in unlöslicher Form ausgeschieden werden. Da es absolut unlösliche Stoffe nicht gibt, ist eine restlose Ausfällung allerdings nicht möglich.

Je nach dem angewandten Fällungsverfahren und der Art der vorhandenen Härtebildner treten an Stelle der ausgeschiedenen Härtebildner Alkalisalze in das Weichwasser über. So gelangen z.B. beim Kalk/Soda-Verfahren – mit Ausnahme der Carbonathärte – für die abgeschiedenen unlöslichen Salze entsprechende Mengen Alkalisalze in das Wasser:

$$CaSO_4 + Na_2CO_3 = CaCO_3 + Na_2SO_4$$

$$Ca(HCO_3)_2 + Ca(OH)_2 = 2\,CaCO_3 + 2\,H_2O$$

Je geringer demnach die bleibende Härte ist, um so weniger Alkalisalze enthält das enthärtete Wasser. Zur restlosen Ausfällung muß ein Überschuß an Fällungsmitteln angewandt werden, was die Menge der im Wasser gelösten Salze ebenfalls erhöht.

Die Fällung wird im allgemeinen in einem Rührbehälter, welcher mit einer Dosiervorrichtung versehen ist, bei kurzer Verweilzeit vorgenommen. Die Abscheidung der unlöslichen Reaktionsprodukte nimmt häufig eine längere Zeit in Anspruch, so daß man diese zweckmäßig in geeigneten Absetzbehältern vonstatten gehen läßt.

Durch bestimmte Maßnahmen kann die Absetzzeit verkürzt und der Restgehalt an Härtebildnern vermindert werden. Als solche kommt eventuell eine *Erhöhung der Zusätze* in Betracht, welche aber den Nachteil hat, daß einmal der Salzgehalt und zum andern der Alkaligehalt des Reinwassers ansteigt. Vorteilhafter ist die Anwendung von

Kontaktkörpern, welche als Kristallisationskeime dienen, oder das Arbeiten bei *erhöhter Reaktionstemperatur*. Gegen Ende der Reaktion wird die Reaktionsgeschwindigkeit besonders klein, da die Konzentration der Härtebildner stark abgenommen hat. Im Interesse einer später (z. B. im Filter oder im Kessel) vor sich gehenden „Nachenthärtung" ist jedoch auf eine völlige Ausscheidung zu achten.

Gehemmt wird die Bildung leicht abtrennbarer grobdisperser Teile durch im Wasser vorhandene und als Schutzkolloide wirkende organische Substanzen, welche die Fällungen in kolloider Zerteilung belassen. Unter diesen Umständen ist bei einem größeren Gehalt an organischer Substanz diese vorher aus dem Wasser zu entfernen.

Zur völligen Beseitigung der Niederschläge passiert das Wasser ein Kiesfilter oder, wenn es sich um entkieseltes Wasser handelt, ein solches aus Magnomasse, welche aus Calciumcarbonat und Magnesiumoxid besteht.

Die Vorteile der Fällverfahren sind die folgenden: Alle Härtebildner einschließlich Eisen und Mangan werden ausgeschieden. Des weiteren werden Kieselsäure und freie Kohlensäure praktisch vollständig entfernt und organische Substanzen sowie Öle teilweise ausgeschieden. Der zur restlosen Ausfällung der Härtebildner notwendige Alkaliüberschuß verringert eine Korrosionsgefahr, wobei allerdings zu beachten ist, daß dieser bei Speisewasser für Höchstdruckkessel nur minimal sein darf.

Bei Temperaturen um 70 °C erreicht man eine Enthärtung auf 1–2 °d. H. Liegt die Rohwassertemperatur über 95 °C, dann kann die Enthärtung auf 0,3 °d. H. gesteigert werden. Eine angeschlossene Phosphatnachenthärtung reduziert die Härte auf 0,1° und weniger. Bei niedriger Temperatur ist die Enthärtung weniger vollkommen.

Den Vorteilen stehen auch gewisse *Nachteile* gegenüber insofern, als die Absetzbehälter viel Raum benötigen und die Fällmittel einen hohen Salz- und eventuell zu hohen Alkaligehalt verursachen. Weiterhin fällt sehr viel Fällungsschlamm an, welcher beseitigt werden muß.

α) *Kalk/Soda-Verfahren*

Prinzip. *Ausfällung der Härtebildner und der freien Kohlensäure durch Zusatz von Kalkwasser und Sodalösung.* Es ist das am häufigsten angewandte Verfahren, da es für die meisten Wasserarten geeignet ist. Die bei der Enthärtung sich abspielenden Umsetzungen sind die folgenden:

1. $Ca(HCO_3)_2 + Ca(OH)_2 = 2\,CaCO_3 + 2\,H_2O$
2. $CaSO_4 + Na_2CO_3 = CaCO_3 + Na_2SO_4$
3. $CaCl_2 + Na_2CO_3 = CaCO_3 + 2\,NaCl$
4. $Mg(HCO_3)_2 + Ca(OH)_2 = MgCO_3 + CaCO_3 + 2\,H_2O$
5. $MgSO_4 + Na_2CO_3 = MgCO_3 + Na_2SO_4$
6. $MgCl_2 + Na_2CO_3 = MgCO_3 + 2\,NaCl$

Da Magnesiumcarbonat merklich wasserlöslich, Magnesiumhydroxid aber wasserunlöslich ist, bildet sich aus dem Magnesiumcarbonat durch Wechselwirkung mit Calciumhydroxid unlösliches Magnesiumhydroxid:

7. $MgCO_3 + Ca(OH)_2 = CaCO_3 + Mg(OH)_2$,

so daß die Ausfällung der Magnesiahärte zweckmäßig folgendermaßen zu formulieren ist:

8. $Mg(HCO_3)_2 + 2\,Ca(OH)_2 = Mg(OH)_2 + 2\,CaCO_3 + 2\,H_2O$
9. $MgSO_4 + Ca(OH)_2 = Mg(OH)_2 + CaSO_4$
10. $MgCl_2 + Ca(OH)_2 = Mg(OH)_2 + CaCl_2$

Bei 9. und 10. gebildetes lösliches $CaSO_4$ und $CaCl_2$ setzen sich gemäß 2. und 3. um.

11. $CO_2 + Ca(OH)_2 = CaCO_3 + H_2O$

12. $2\,Fe(HCO_3)_2 + 4\,Ca(OH)_2 + O = 2\,Fe(OH)_3 + 4\,CaCO_3 + 3\,H_2O$

Letzten Endes werden Carbonathärte und Magnesiahärte einschließlich Eisen und freier Kohlensäure durch *Kalk* und die permanente Kalkhärte durch *Soda* gefällt. Als unlösliche Produkte entstehen demnach *Calciumcarbonat* und *Magnesiumhydroxid*. An ihre Stelle treten in das Reinwasser entsprechende Mengen von Natriumsalzen (Chlorid, Sulfat) über. Man kann also mit dem billigen Kalk einen großen Teil der Härtebildner ausfällen. Calciumsulfat und Calciumchlorid werden durch Kalk nicht gefällt und müssen durch Soda ausgeschieden werden.

Die *Zusätze an Fällungsmitteln* lassen sich auf Grund einer Härtebestimmung berechnen. Man nimmt einen Überschuß an Fällungsmitteln, damit die Ausscheidung möglichst vollkommen wird. Überschüssiges Calciumhydroxid wird durch überschüssige Soda folgendermaßen umgesetzt:

$$Ca(OH)_2 + Na_2CO_3 = CaCO_3 + 2\,NaOH$$

Im Interesse einer einwandfreien Enthärtung und zur Vermeidung einer Überdosierung sind die Rohwasserhärte, die Dosierung sowie die Enthärtung des Wassers laufend zu überwachen.

Die Absetzzeiten der Niederschläge können durch verschiedene Methoden, welche zu einer Beschleunigung der Bildung großer Teilchen führen, abgekürzt werden. Nach dem *Katalytverfahren* gibt man bereits abgesetzten Schlamm, welcher die Kristallisationskeime liefert, in den Reaktionsbehälter. Das *Kurzschlußverfahren* arbeitet in der Weise, daß die zunächst entstehenden geladenen Kolloidteilchen durch entgegengesetzt gerichtete schwache elektrische Ströme entladen und daher zusammengeballt werden.

In Abhängigkeit von der Rohwassertemperatur liefert das Kalk/Soda-Verfahren folgende Enthärtungsgrade:

Temperatur des Rohwassers °C	Härtegrade d.H.
50–60	3–4
70	2
80	0,8
90	0,5
100	0,3

Die Anwendung des Kalk/Soda-Verfahrens ist gegeben, wenn das Rohwasser *überwiegend Carbonathärte* und viel freie Kohlensäure enthält, da dann der Großteil der Enthärtung mit dem billigen Kalk vorgenommen werden kann. Es ist weiterhin dort am Platze, wo viel warmes Betriebswasser benötigt wird, da die Enthärtung im Interesse einer weitgehenden Reinigung tunlichst heiß erfolgt. Das Verfahren bedarf einer stetigen Überwachung und exakten Dosierung der Zusätze.

Das Kalk/Soda-Verfahren ist *stark im Rückgang begriffen*, ebenso die nachstehend beschriebenen Fällungsverfahren, denen nur noch eine geringe Bedeutung zukommt.

β) Ätznatronverfahren

Prinzip. *Ausfällung der Carbonathärte, Magnesiahärte und der freien Kohlensäure durch Ätznatron und der bleibenden Kalkhärte durch die bei der Ausfällung sich bildende Soda:*

1. $Ca(HCO_3)_2 + 2\,NaOH = CaCO_3 + Na_2CO_3 + 2\,H_2O$
2. $Mg(HCO_3)_2 + 4\,NaOH = Mg(OH)_2 + 2\,Na_2CO_3 + 2\,H_2O$
3. $MgSO_4 + 2\,NaOH = Mg(OH)_2 + Na_2SO_4$
4. $MgCl_2 + 2\,NaOH = Mg(OH)_2 + 2\,NaCl$
5. $CO_2 + 2\,NaOH = Na_2CO_3 + H_2O$
6. $CaSO_4 + Na_2CO_3 = CaCO_3 + Na_2SO_4$
7. $CaCl_2 + Na_2CO_3 = CaCO_3 + 2\,NaCl$

Soda braucht daher nicht besonders zugesetzt zu werden, wenn die Carbonathärte des Rohwassers einschließlich freier Kohlensäure etwa so groß ist wie seine Nichtcarbonathärte, da bei der Umsetzung der Carbonathärte und der freien Kohlensäure mit Ätznatron Soda entsteht, welche die äquivalente Menge Nichtcarbonathärte ausfällt.

Eignung. Das Verfahren eignet sich besonders zur Enthärtung eines Rohwassers, bei welchem die Carbonathärte und die freie Kohlensäure *etwa ebenso groß oder größer sind* als die Nichtcarbonathärte, bei welchem also die Beziehung gilt:

$$C + K \geqq N$$

C = Carbonathärte
K = freie Kohlensäure
N = Nichtcarbonathärte

Bei Wasser mit größerer Nichtcarbonathärte, d. h. wenn die Beziehung gilt: $C + K < N$, muß Soda besonders zugesetzt werden (*Ätznatron/Soda-Verfahren*).

Der Vorteil des Ätznatronverfahrens gegenüber dem Kalk/Soda-Verfahren besteht darin, daß Soda gespart wird und daß das umständliche Lösen des Kalks in Wegfall kommt. Ätznatron ist aber teurer als Kalk.

γ) *Das Sodaverfahren*

Bei alleinigem Sodazusatz zum Rohwasser wird die Kalkhärte ausgeschieden, während die Magnesiahärte zu einem großen Teil im Reinwasser verbleibt. Es treten folgende Umsetzungen ein:

1. $CaSO_4 + Na_2CO_3 = CaCO_3 + Na_2SO_4$
2. $CaCl_2 + Na_2CO_3 = CaCO_3 + 2\,NaCl$
3. $MgCl_2 + Na_2CO_3 = MgCO_3 + 2\,NaCl$
4. $Ca(HCO_3)_2 + Na_2CO_3 = CaCO_3 + 2\,NaHCO_3$
5. $Mg(HCO_3)_2 + Na_2CO_3 = MgCO_3 + 2\,NaHCO_3$

Das nach 3. und 5. entstehende Magnesiumcarbonat ist merklich wasserlöslich und würde im Kessel durch die dort vorhandene, aus Natriumhydrogencarbonat bzw. Soda bei höheren Drücken gebildete Natronlauge als Magnesiumhydroxid abgeschieden. Das Sodaverfahren kann daher nur Verwendung finden, *wenn Magnesiumhärte abwesend ist.*

δ) *Kesselwasser-Rückführungsverfahren (Neckarverfahren)*

Das Neckarverfahren ist eine Abart des Ätznatron/Soda-Verfahrens, arbeitet jedoch *mit alleinigem Sodazusatz.* Durch Rückführung eines Teils des abgeschlämmten Kesselwassers in den Reiniger wird die für die Abscheidung der Magnesiahärte notwendige Natronlauge beigebracht. Diese entsteht nämlich aus überschüssiger Soda im Kessel durch hydrolytische Spaltung:

$$Na_2CO_3 + H_2O \rightleftarrows 2\,NaOH + CO_2$$

Bei der Ausfällung der Carbonathärte durch Natronlauge bildet sich Soda zurück, welche wieder in den Kessel gelangt. So beschreibt die Soda einen Kreislauf und kann entsprechend eingespart werden.

Die Spaltung der Soda im Kessel ist abhängig von dem im Kessel herrschenden Druck. Sie beträgt (nach *Wesly*):

bei atü	% Spaltung
3	Beginn
6	20
10	40
12	50
15	65
20	78
30	85
50	95

Dem Vorteil der Einsparung von Soda und Natronlauge steht der Nachteil gegenüber, daß sich durch die Kesselwasserrückführung Neutralsalze (Natriumchlorid, Natriumsulfat) sowie Silicate anreichern.

Die *Kesselwasserrückführung* ist auch für andere Fällverfahren von Bedeutung, da sie durch die Entnahme von Kesselwasser einmal die Möglichkeit des Abschlämmens, der Regulierung der Alkalität und der Einsparung von Fällungsmitteln bietet, und da zum anderen beim Vermischen des heißen Kesselwassers mit dem kalten Speisewasser dessen Temperatur auf eine für die Ausfällung optimale Höhe gebracht wird.

ε) *Entcarbonisierung*

Bei Verwendung von Soda als Fällungsmittel entsteht aus dem Sodaüberschuß im Kessel Kohlendioxid. Daher sind Fällverfahren, welche sich der Soda bedienen, für Höchstdruckspeisewasser zu vermeiden. Da außerdem auch die Alkalität niedrig sein soll, ist möglichst auch auf Natronlauge als Fällmittel zu verzichten. Man arbeitet vorteilhaft in der Weise, daß man das Wasser nach vorheriger Entcarbonisierung, wodurch freie und gebundene Kohlensäure entfernt werden, über Austauscher leitet. Die erforderliche Alkalität des Speisewassers wird zweckmäßig mit Trinatriumphosphat eingestellt.

Die Beseitigung der freien und gebundenen Kohlensäure kann auf thermischem und chemischem Weg geschehen. *Thermisch* arbeitet man in der Weise, daß man das Wasser in Kaskadenvorwärmern erhitzt, wobei die Carbonate in unlöslicher Form unter Freisetzung von Kohlensäure, welche entweicht, abgeschieden werden:

$$Ca(HCO_3)_2 = CaCO_3 + CO_2 + H_2O$$
$$Mg(HCO_3)_2 = MgCO_3 + CO_2 + H_2O$$

Da Magnesiumcarbonat merklich löslich ist, muß dieses durch längeres Kochen in unlösliches Magnesiumhydroxid übergeführt werden:

$$MgCO_3 + H_2O = Mg(OH)_2 + CO_2$$

Bei der *chemischen Entcarbonisierung* wird dem Wasser gesättigtes Kalkwasser oder Kalkmilch zugesetzt. Dabei treten die folgenden Umsetzungen ein:

$$Ca(HCO_3)_2 + Ca(OH)_2 = 2\,CaCO_3 + 2\,H_2O$$
$$Mg(HCO_3)_2 + 2\,Ca(OH)_2 = Mg(OH)_2 + 2\,CaCO_3 + 2\,H_2O$$
$$MgCl_2 + Ca(OH)_2 = Mg(OH)_2 + CaCl_2$$
$$MgSO_4 + Ca(OH)_2 = Mg(OH)_2 + CaSO_4$$

Die Kalkzugabe ist genauestens zu überwachen. Das Verfahren ist besonders geeignet für Wässer von hoher Carbonat- und Magnesiahärte. Eine Beseitigung der Sulfathärte tritt hierbei nicht ein. Diese wird mittels eines angeschlossenen Austauschverfahrens beseitigt.

Der Vorteil der thermisch und durch Ausfällung mit Kalk vorgenommenen Entcarbonisierung ist darin zu erblicken, daß sowohl das Kation als auch das Anion der Carbonathärte ausgeschieden werden, ohne daß andere Ionen, welche den Salzgehalt des Wassers erhöhen, an ihre Stelle treten.

ζ) *Das Barytverfahren*

Das Barytverfahren arbeitet mit Bariumverbindungen (Hydroxid, Carbonat, Chlorid) als Fällmittel. Dabei werden gelöste Sulfate als unlösliches Bariumsulfat ausgeschieden. Der Vorteil des Barytverfahrens besteht darin, daß bei der Abscheidung der Sulfate (mit Bariumhydroxid) als Bariumsulfat an dessen Stelle keine löslichen Salze in das Reinwasser gelangen, die sonst eintretende Anreicherung an Natriumsulfat also unterbleibt. Unter diesen Umständen eignet sich das Barytverfahren besonders gut zur Enthärtung sulfatreicher Wässer.

Bei Verwendung von Bariumhydroxid als Fällungsmittel entsteht bei der Umsetzung mit Calciumsulfat Calciumhydroxid, welches die vorübergehende Härte ausfällt, so daß ein besonderer Kalknachsatz unterbleiben kann, wenn Carbonathärte und Sulfathärte im Rohwasser etwa in äquivalenten Mengen vorhanden sind. Wird das entstehende Calciumhydroxid bei geringer Carbonhärte nicht ganz verbraucht, dann muß der Überschuß durch Sodazusatz entfernt werden.

Die Anwendung von Bariumhydroxid sei durch nachstehende Formulierungen skizziert:

1. $CaSO_4 + Ba(OH)_2 = Ca(OH)_2 + BaSO_4$
2. $MgSO_4 + Ba(OH)_2 = Mg(OH)_2 + BaSO_4$
3. $Ca(HCO_3)_2 + Ca(OH)_2 = 2\,CaCO_3 + 2\,H_2O$

Das Barytverfahren erbringt keine geringeren Resthärten als die vorerwähnten Verfahren; außerdem sind Bariumverbindungen teurer als Kalk, Soda und Ätznatron. Da es bei sulfatreichen Wässern salzarmes Speisewasser liefert, ist seine Verwendung allenfalls bei solchen Wasserarten angebracht.

η) *Das Phosphatverfahren*

Prinzip. *Ausfällung sämtlicher Resthärtebildner mit Trinatriumphosphat.*

Da die gebildeten Phosphate noch weniger löslich sind als Carbonate bzw. Hydroxide, erfolgt bei diesem Verfahren eine Enthärtung, wie sie bei den bisher beschriebenen Methoden graduell nicht erreicht wird. Da Trinatriumphosphat ein verhältnismäßig teures Fällungsmittel ist, wird das Verfahren üblicherweise nur zur *Nachenthärtung*, d.h. zur Eliminierung der *Resthärte* von Speisewasser für Hoch- und Höchstdruckkessel angewandt. Vorteilhaft macht sich der Umstand bemerkbar, daß die Ausfällung rasch erfolgt und daß die Niederschläge großflockig und leicht filtrierbar anfallen. Die Reaktionen sind folgendermaßen zu formulieren[1]:

1. $3\,Ca(HCO_3)_2 + 2\,Na_3PO_4 = Ca_3(PO_4)_2 + 6\,NaHCO_3$
2. $3\,Mg(HCO_3)_2 + 2\,Na_3PO_4 = Mg_3(PO_4)_2 + 6\,NaHCO_3$
3. $3\,CaSO_4 + 2\,Na_3PO_4 = Ca_3(PO_4)_2 + 3\,Na_2SO_4$
4. $3\,MgCl_2 + 2\,Na_3PO_4 = Mg_3(PO_4)_2 + 6\,NaCl$

[1] Die Zusammensetzung der Niederschläge scheint nicht immer dem formulierten Triphosphat, sondern teilweise einem basischen Triphosphat zu entsprechen (*Daneel* und *Froehlich*).

Die Vorteile des Phosphatverfahrens sind die folgenden: Schnelle Enthärtung, welche bei 90 °C bis auf 0,1 °d.H. und darunter gesteigert werden kann. Ein Phosphatüberschuß im Kessel verhindert die Abscheidung der restlichen Gipshärte als Kesselstein. An dessen Stelle scheidet sich Calciumphosphat schlammförmig ab (S. 808). Außerdem wird überschüssiges Phosphat im Kessel nicht gespalten, wie dies bei Soda der Fall ist. Ein zu hoher Überschuß ist jedoch zu vermeiden, da Trinatriumphosphat die Eigenschaften eines Schäumungsstabilisators besitzt.

In neuerer Zeit wird an Stelle des Trinatriumphosphats im Falle von Höchstdruckspeisewasser auch Trikaliumphosphat eingesetzt.

Während die vorstehend beschriebenen *Fällungsverfahren* im Laufe der letzten Jahre an Bedeutung verloren haben, sind die nachstehend skizzierten *Austauschverfahren* stark in den Vordergrund getreten.

b) Die Austauschverfahren

Prinzip. Man passiert das Wasser durch eine poröse Substanzschicht, welche die Fähigkeit hat, eigene Ionen gegen in Wasser gelöste Ionen auszutauschen. Je nach der Zusammensetzung der Austauscher können diese Kationen oder Anionen austauschen (*Kationenaustauscher, Anionenaustauscher*). Es sind sowohl Austauscher anorganischer Zusammensetzung (Zeolithe) als auch solche organischer Zusammensetzung (Organolithe) im Handel. Bei den anorganischen Austauschern handelt es sich um solche auf Natriumaluminiumsilicat-Basis (Permutit, Invertit) und bei den organischen Austauschern um solche auf der Basis modifizierter Kunstharze (Lewatit, Wofatit). Je nach ihrer Zusammensetzung können die organischen Austauscher sowohl für einen Kationen- als auch für einen Anionenaustausch herangezogen werden.

Der für die Wasserenthärtung in erster Linie wichtige *Kationenaustausch* kann folgendermaßen formuliert werden, wobei A den Austauscher bedeutet:

$$Ca(HCO_3)_2 + Na_2\text{—}A \rightleftarrows 2\,NaHCO_3 + Ca\text{—}A$$
$$CaSO_4 + Na_2\text{—}A \rightleftarrows Na_2SO_4 + Ca\text{—}A$$

Nach Erschöpfung des Austauschfilters wird dieses in der Weise *regeneriert*, daß man das Filter mit einer Natriumionen enthaltenden Lösung (NaCl) spült. Damit der Rückaustausch stattfindet, muß die Konzentration der Natriumchloridlösung entsprechend hoch sein.

Regeneration: $Ca\text{—}A + 2\,NaCl \rightleftarrows Na_2\text{—}A + CaCl_2$

Die *Vorteile der Austauschverfahren* gegenüber den Fällverfahren sind die folgenden:

Leichte Handhabung, Dosiereinrichtungen fallen weg, da sie unabhängig von der Wasserhärte arbeiten. An Stelle der Härtebildner werden nur die entsprechenden äquivalenten Mengen an Alkaliionen in das Wasser gebracht, so daß keine Vermehrung des Salzgehalts stattfindet, wie dies bei manchen Fällverfahren der Fall ist, welche einen Überschuß an Fällungsmitteln erfordern. Es fällt kein Schlamm von ausgeschiedenen Härtebildnern an und es können keine Nachreaktionen stattfinden. Die Enthärtung ist eine sehr weitgehende, so daß Resthärten unter 0,1 °d.H. resultieren und im günstigsten Falle solche bis 0,01 °d.H. erreichbar sind.

Die Austauscher sind empfindlich gegen Verschlammung, so daß ihnen nur klares Wasser vorgelegt werden darf. Es ist auch sorgfältig darauf zu achten, daß bei einem etwa vorausgegangenen Fällverfahren die Ausscheidung eine vollkommene ist und nicht etwa eine Nachreaktion im Austauschfilter stattfindet. Bei stark eisenhaltigem Wasser ist eine vorherige *Enteisenung* angebracht, da sonst eine Verstopfung durch sich ausscheidendes Eisenhydroxid eintreten kann. Der Kochsalzverbrauch für die Regeneration ist sehr hoch, da etwa die 5–8fache Menge im Vergleich zu den entfernbaren Härteionen an Kochsalz angewandt werden muß.

Die Austauscher eignen sich – neben einer universellen Verwendbarkeit – besonders zum Enthärten von Wasser schwankender Härtegrade, da sie ohne jede Dosiereinrichtung eine einwandfreie Enthärtung bewirken. Sie werden vorteilhaft auch für weiche Wasser angewandt, bei denen wegen der geringen Härtekonzentration die Geschwindigkeit der Ausfällung langsam verläuft.

Bei der Verwendung der Austauscher für die Bereitung von Speisewasser für Höchstdruckkessel ist folgendes zu beachten:

Wird bei hoher Carbonathärte der Natriumhydrogencarbonatgehalt und der daraus hervorgehende Alkaligehalt zu hoch, dann ist eine Alkalivernichtung durch Einspeisung von Phosphorsäure oder Schwefeldioxid notwendig (S. 825). Die durch thermische Zersetzung entstehende freie Kohlensäure wirkt ebenfalls störend. Vorteilhaft wird das Wasser daher, bevor es den Austauscher passiert, *entcarbonisiert*, was sich insofern auch wirtschaftlich günstig auswirkt, als der für die Entcarbonisierung notwendige Kalk billiger ist als das für die Regeneration erforderliche Natriumchlorid.

Bei geringer Carbonathärte und niedrigem Gehalt an freier Kohlensäure stellt sich das Austauschverfahren, da in diesem Fall keine Entcarbonisierung erforderlich ist, besonders günstig.

Was die Bereitung des Betriebswassers für die Veredlung anbelangt, so sind hierfür die Austauschverfahren besonders vorteilhaft, da sie einen mengenmäßig wechselnden Bedarf leicht decken, einfach zu handhaben sind und der Salzgehalt des Austauschwassers nicht stört. Dort, wo in der Veredlung viel Heißwasser benötigt wird, ist eventuell einem Fällverfahren, welches heiß arbeitet, der Vorzug zu geben.

α) *Die Silicataustauscher*

Die Silicataustauscher sind Kationenaustauscher und tauschen Calcium-, Magnesium-, Eisen-, Manganionen usw. gegen Natriumionen aus. Als Silicataustauscher (*Permutit, Invertit*) finden entweder natürliche Natrium-Aluminiumsilicate (*Zeolithe*) oder solche synthetischer Herkunft, welche durch Zusammenschmelzen von Alkali und Silicaten hergestellt werden, Verwendung. Während die synthetischen Produkte nur mit kaltem Wasser beschickt werden können, sind die natürlichen Produkte (Neopermutit) gegen Wasser bis zu 35 °C beständig. Der Verschleiß an Filtermaterial beträgt bei natürlichem Permutit ca. 2% im Jahr, während er sich bei dem künstlichen Produkt auf 4–5 % jährlich beläuft. Die erzielbare Resthärte bewegt sich zwischen 0,1 und 0,05 °d.H.

Silicate werden von den Silicataustauschern nicht zurückgehalten; es gehen sogar geringe Mengen an Silicaten aus dem Austauscher in das Wasser über, welche sich aber maximal auf 0,2 mg pro Liter Wasser belaufen. Dieser Gehalt ist unschädlich, da auf Grund der nahezu restlosen Enthärtung Calcium- und Magnesiumionen abwesend sind und daher keine Möglichkeit zur Bildung des gefürchteten Silicatkesselsteins (S. 808) besteht.

β) *Die Kunstharzaustauscher* (*Lewatite, Wofatite*)[1]

Die Kunstharzaustauscher arbeiten im Falle der Kationenaustauscher im Prinzip gleichartig wie die Silicataustauscher. Es sind verschiedene Austauschertypen

[1] Weitere Handelsprodukte sind Necrolithe, Permutite, Iuvione, Amberlite, Duolite u.a.

im Handel, welche sich einmal durch ihre Leistungsfähigkeit und zum anderen durch ihre Temperaturbeständigkeit unterscheiden, welch letztere bei einigen Sorten bis auf 97 °C ansteigt. Verlust und Abrieb belaufen sich im Jahr auf höchstens 5%. Wegen einer gewissen Alkaliempfindlichkeit soll der pH-Wert des zu enthärtenden Wassers, welches auf Grund einer vorausgehenden Enthärtung nach einem Fällverfahren alkalisch reagieren kann, nicht höher als 9 sein.

Die erreichbare *Resthärte* beträgt 0,02°, in besonders günstigen Fällen 0,01° d.H.

Den organischen *Kationenaustauschern* liegen u. a. Kondensationsprodukte von mehrwertigen Phenolen oder natürlichen Gerbstoffen mit Formaldehyd zugrunde, welche durch Einführung saurer Gruppen (OH, COOH, SO_3H) zum Kationenaustausch befähigt sind. Im Prinzip kann man ihnen folgenden Bautyp zuschreiben (nach *Griessbach*):

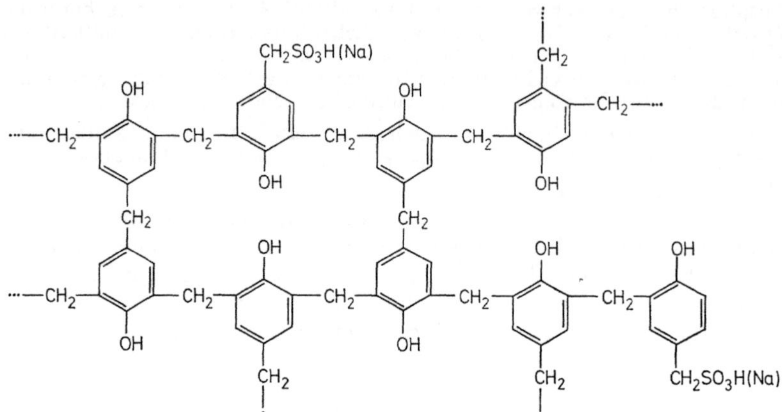

Kationenaustauscher

Auch Copolymerisate aus Styrol und Divinylbenzol oder *Polyacrylate*, die bewegliche Kationen besitzen, sind für den Austausch geeignet. Sie haben die Polykondensate weitgehend verdrängt.

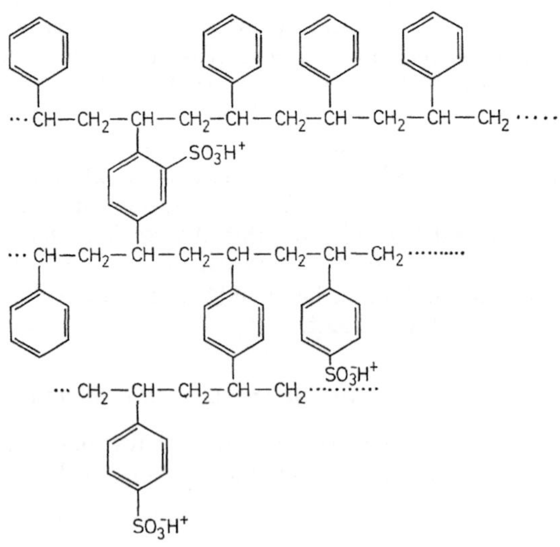

Außer bei Polyacrylaten, wo aktive —COOH-Gruppen bereits vorliegen, werden solche, z.B. Sulfogruppen, durch Sulfonierung eingebaut.

Je nach Verwendungszweck sind die H-Atome der Säuregruppen durch Na-Atome ersetzt, welch letztere wie die H-Atome austauschbar sind:

$A{-}Na_2 + Ca(HCO_3)_2 \rightleftarrows A{-}Ca + 2\,NaHCO_3$		Austausch
$A{-}Na_2 + CaSO_4 \rightleftarrows A{-}Ca + Na_2SO_4$		Austausch
$A{-}Ca + 2\,NaCl \rightleftarrows A{-}Na_2 + CaCl_2$		Regeneration
$A{-}H_2 + CaSO_4 \rightleftarrows A{-}Ca + H_2SO_4$		Austausch
$A{-}Ca + 2\,HCl \rightleftarrows A{-}H_2 + CaCl_2$		Regeneration

A = Austauscher

Bei den *Anionenaustauschern* handelt es sich um Kondensate von meist aromatischen Aminen mit Aldehyden von folgendem Bauprinzip:

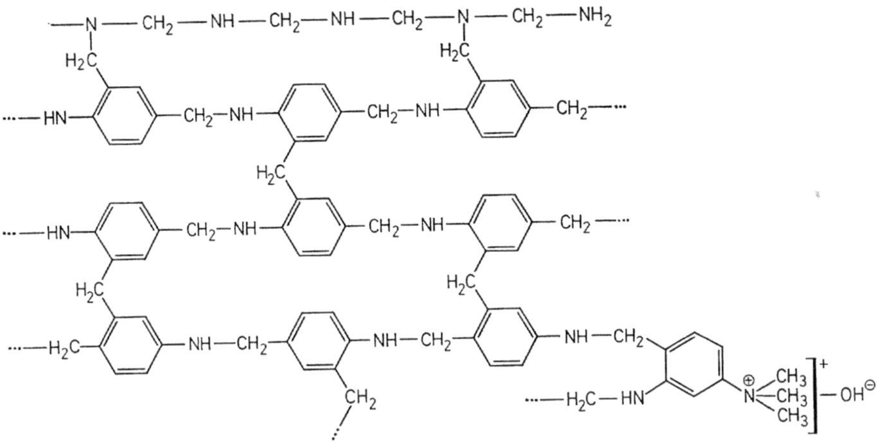

Anionenaustauscher

Den modernen Anionenaustauschern liegen ebenfalls Co-Polymerisate aus z.B. Styrol und Divinylbenzol zu Grunde. Durch Überführung in die quartäre Ammoniumbase erhält man den Anionenaustauscher mit beweglichen Anionen.

Die Anionenaustauscher sind zu einem Austausch der endständigen quartären OH-Gruppen gegen Anionen oder zur Bindung von Säuren durch die Amino- und Imino-Gruppen befähigt.

$A{-}OH + HCl \rightleftarrows A{-}Cl + H_2O$	Austausch
$A{-}Cl + NaOH \rightleftarrows A{-}OH + NaCl$	Regeneration
$A{-}NH_2 + HCl \rightleftarrows A{-}NH_2\cdot HCl$	Anlagerung
$A{-}NH_2\cdot HCl + NaOH \rightleftarrows A{-}NH_2 + NaCl + H_2O$	Regeneration

A = Austauscher

Vollentsalzung. Bei einer Kombination eines Kationenaustauschers mit einem Anionenaustauscher eignen sich die Austauscher für eine *Vollentsalzung*. Der Kationenaustauscher wird in Form der „Austauscher-Säure", welche die Kationen gegen Wasserstoffionen austauscht, angewandt. Das Filtrat enthält die freien Mineralsäuren einschließlich der Kohlensäure. Dieser Verfahrensteil wird *Entbasung* genannt.

Das Filtrat des Kationenaustauschers wird über einen Anionenaustauscher geführt („Austauscher-Base"), welche die Mineralsäure, aber nicht die Kohlensäure bindet.

Dieses Verfahren nennt man *Entsäuerung*. In der Gesamtheit erhält man also ein *entsalztes* Wasser, welches im Falle des Kesselspeisewassers ein Abschlämmen unnötig macht. Kieselsäure, Öl und organische Stoffe müssen vor der Entsalzung anderweitig entfernt werden.

Die sich abspielenden Reaktionen lassen sich folgendermaßen formulieren:
Entbasung

$$\begin{array}{llll} \mathrm{Ca(HCO_3)_2} & + \mathrm{H_2{-}A} \rightleftarrows & \mathrm{Ca{-}A} & + 2\,\mathrm{CO_2} + 2\,\mathrm{H_2O} \\ \mathrm{MgCl_2} & + \mathrm{H_2{-}A} \rightleftarrows & \mathrm{Mg{-}A} & + 2\,\mathrm{HCl} \\ \mathrm{Na_2SO_4} & + \mathrm{H_2{-}A} \rightleftarrows & \mathrm{Na_2{-}A} & + \mathrm{H_2SO_4} \end{array}$$

Die Regenerierung wird mit Salzsäure (50–70 g je Liter) vorgenommen:

$$\begin{array}{l} \mathrm{Ca{-}A} + 2\,\mathrm{HCl} \rightleftarrows \mathrm{H_2{-}A} + \mathrm{CaCl_2} \\ \mathrm{Mg{-}A} + 2\,\mathrm{HCl} \rightleftarrows \mathrm{H_2{-}A} + \mathrm{MgCl_2} \\ \mathrm{Na_2{-}A} + 2\,\mathrm{HCl} \rightleftarrows \mathrm{H_2{-}A} + 2\,\mathrm{NaCl} \end{array}$$

Entsäuerung. Das entbaste Wasser wird zunächst durch Entgasen von Kohlensäure befreit, anschließend läuft es über den *Anionenaustauscher:*

$$\mathrm{NH_2{-}A} + \mathrm{HCl} \rightleftarrows \mathrm{HCl \cdot NH_2{-}A}$$

Zur Regeneration wird das Filter mit Natronlauge (20 g/l) oder mit Soda (100 g/l) gespült:

$$\begin{array}{l} \mathrm{HCl \cdot NH_2{-}A} + \mathrm{NaOH} \rightleftarrows \mathrm{NH_2{-}A} + \mathrm{NaCl} + \mathrm{H_2O} \\ \mathrm{HCl \cdot NH_2{-}A} + \mathrm{Na_2CO_3} \rightleftarrows \mathrm{NH_2{-}A} + \mathrm{NaHCO_3} + \mathrm{NaCl} \end{array}$$

Ammoniumaustauscher. Eine Entsalzung kann man auch in der Weise erreichen, daß man das Wasser zunächst über einen *Ammoniumaustauscher* und anschließend über einen *Anionenaustauscher* leitet (*Reichelt*).

Der Vorgang läßt sich schematisch wie folgt darstellen:

$$\mathrm{KA}\begin{smallmatrix} \diagup \mathrm{NH_4} \\ \diagdown \mathrm{NH_4} \end{smallmatrix} + \mathrm{CaSO_4} \rightleftarrows \mathrm{KA \cdot Ca} + \mathrm{(NH_4)_2SO_4}$$

$$\mathrm{AA}\begin{smallmatrix} \diagup \mathrm{OH} \\ \diagdown \mathrm{OH} \end{smallmatrix} + \mathrm{(NH_4)_2SO_4} \rightleftarrows \mathrm{AA \cdot SO_4} + \mathrm{NH_4OH}$$

KA = Kationenaustauscher, AA = Anionenaustauscher

Teilentsalzung. Die Teilentsalzung ist dadurch charakterisiert, daß man die Carbonathärte durch H-Ionen-Austauscher beseitigt und die bleibende Härte in Natriumsalze umwandelt. Es stehen dazu verschiedene Wege zur Verfügung:

1. Leiten des Wassers über H-Ionenaustauscher und Neutralisation der entstehenden Mineralsäuren:

$$\begin{array}{lll} \mathrm{Ca(HCO_3)_2} & + \mathrm{H_2{-}A} \rightleftarrows & \mathrm{Ca{-}A} + 2\,\mathrm{CO_2} + 2\,\mathrm{H_2O} \\ \mathrm{MgSO_4} & + \mathrm{H_2{-}A} \rightleftarrows & \mathrm{Mg{-}A} + \mathrm{H_2SO_4} \end{array}$$

Kohlensäure durch Entgasen und Mineralsäuren durch Neutralisation mit Natronlauge oder Soda beseitigen.

2. Wasser in zwei Teilströmen über einerseits Wasserstoff-Austauscher und andererseits über Natrium-Austauscher leiten und beide Teilströme vermischen. Bei entsprechender Dosierung der Teilströme enthält der saure Teilstrom gerade so viel Säure, als zur Zersetzung des Natriumhydrogencarbonats im neutralen Teilstrom notwendig ist. Die hierbei entstehende freie Kohlensäure wird durch Entgasung beseitigt.

3. Das Verfahren 2, welches *zwei* Austauscher erfordert, kann auch in *einen* Austauscher verlegt werden, wenn dieser sowohl als Wasserstoff- als auch als Natrium-Austauscher fungiert. Als solcher dient ein Kationen-Austauscher, welcher mit einer Mischung von Kochsalz und Salzsäure entsprechend dem Verhältnis der Carbonat- zur

Nichtcarbonathärte regeneriert wurde. Er kann demnach sowohl Na-Ionen als auch H-Ionen abgeben. Entstehende Kohlensäure muß durch Entgasung entfernt werden.

Die in dieser Weise (1–3) vorgenommene Teilentsalzung führt etwa zu dem gleichen Ergebnis wie eine Entcarbonisierung mit Kalk mit angeschlossenem Basenaustausch.

γ) *Kohleaustauscher*

Bestimmten, als Basenaustauscher fungierenden Produkten liegen kohleartige Ausgangsstoffe (Holz, Torf, Braunkohle) zugrunde, die durch eine Behandlung mit Schwefelsäure und Phosphorsäure die Fähigkeit zum Basenaustausch erhalten haben (SD-Permutit, Orzelith S). Es entstehen dabei humusartige Körper, weshalb man das Herstellungsverfahren als ,,Humifizieren" bezeichnet.

3. Die Enteisenung

Die Entfernung der Eisensalze ist notwendig, wenn deren Gehalt eine bestimmte Grenze überschreitet und dadurch technische Schwierigkeiten entstehen. Die Eisensalze werden üblicherweise zu unlöslichem Eisen(III)-hydroxid oxydiert, welches durch Absitzenlassen und Filtration durch Kiesfilter abgetrennt wird:

$$4\,Fe(HCO_3)_2 + O_2 + 2\,H_2O = 4\,Fe(OH)_3 + 8\,CO_2$$

Die Oxydation geschieht entweder durch Einblasen von Luft oder in der Weise, daß man das Wasser durch Zerstäubungseinrichtungen oder Rieseleinrichtungen mit großer Oberfläche in innige Berührung mit Luft bringt. Man kann auch so verfahren – was besonders bei einem Gehalt an Eisenhumaten, welche als Schutzkolloide wirken, empfehlenswert ist –, daß man dem Wasser bei Gegenwart von Flockungsmitteln (Kalk, Aluminiumsalz) Oxydationsmittel wie Permanganat oder Chlor zusetzt.

4. Die Entmanganung

Mangan wird häufig als Begleiter des Eisens angetroffen, ist aber in wesentlich geringerer Menge im Wasser vorhanden als das letztere. Die Entmanganung läßt sich im Prinzip wie die Enteisenung durch Oxydation, eventuell unter Zusatz von Alkali, durchführen:

$$2\,Mn(HCO_3)_2 + O_2 = 2\,MnO_2 + 2\,H_2O + 4\,CO_2$$

Unter bestimmten Voraussetzungen wird daher das Mangan zusammen mit dem Eisen abgetrennt. Die Entmanganung durch Belüftung stößt jedoch auf Schwierigkeiten, wenn dieses in Form von Humaten vorliegt, oder wenn als Schutzkolloide wirkende Stoffe im Wasser zugegen sind. In diesem Fall benötigt man zur Entfernung des Mangans besondere Filtermassen, welche als Oxydationskontakte wirken. Man schlägt z.B. hydratisches Mangandioxid auf einem Sandfilter nieder, und zwar derart, daß man das Filter mit Kaliumpermanganat behandelt; durch die im Wasser vorhandenen oxydierbaren Bestandteile wird dann die Reduktion des Permanganats ausgelöst:

$$4\,KMnO_4 + 6\,H_2O = 4\,KOH + 4\,MnO(OH)_2 + 3\,O_2$$

Das im Wasser gelöste Mangan(II)-Salz reagiert dann mit dem Mangandioxidhydrat unter Bildung von unlöslichem Mangan(III)-hydroxid:

$$Mn(HCO_3)_2 + MnO(OH)_2 + H_2O = 2\,Mn(OH)_3 + 2\,CO_2$$

Als Filtermaterial kann man auch direkt den als Manganerz vorkommenden Braunstein benutzen oder einen in geeigneter Weise präparierten *Manganpermutit* (MnP), welcher folgendermaßen erhältlich ist: Man behandelt den gewöhnlichen Natriumpermutit (Na_2P) mit einem Mangan(II)-Salz:

$$MnCl_2 + Na_2P = MnP + 2\,NaCl$$

Wird nun der Manganpermutit mit Kaliumpermanganatlösung behandelt, dann bildet sich Mangandioxidhydrat:

$$2\,KMnO_4 + 3\,MnP + 7\,H_2O = 5\,MnO(OH)_2 + K_2P + 2\,H_2P$$

Ist nach einer längeren Arbeitszeit das Mangandioxidhydrat verbraucht, dann wird dieses durch Spülung mit Kaliumpermangant unter Mitwirkung der im Wasser vorhandenen Kohlensäure regeneriert:

$$3\,Mn(OH)_3 + KMnO_4 + CO_2 = 4\,MnO(OH)_2 + KHCO_3$$

Magno-Verfahren. Bei diesem Verfahren findet eine aktive Schicht von Mangandioxidhydrat Verwendung, die mit den im Rohwasser gelösten Mangansalzen unter Bildung von Manganomanganit reagiert, das in Anwesenheit von Sauerstoff zu Mangandioxidhydrat oxydiert wird.

Bei der *biologischen Entmanganung* wird die Fähigkeit mancher Algenarten (z.B. Clonotrix fusca) ausgenutzt, Eisen und Mangan zu speichern. Zur Entfernung des Mangans (einschließlich des Eisens) wird das Wasser durch Kiesfilter gedrückt, welche mit Algen durchsetzt sind.

5. Die Entgasung

Die Entgasung, welche die Entfernung von Sauerstoff und Kohlendioxid bezweckt, ist wichtig, da diese Gase schwere Korrosionen in Leitungen und Behältern hervorrufen können (S. 809, 810). Ihre restlose Beseitigung spielt namentlich bei Speisewasser für Höchstdruckkessel eine Rolle.

Die Entfernung des Sauerstoffs kann bis zu einem gewissen Grade *auf thermischem Weg* erfolgen, und zwar in der Weise, daß man das Wasser in einem geschlossenen zylindrischen Behälter über kaskadenartig angeordnete Tropfschalen abrieseln läßt, wobei man dem Wasser Heißdampf entgegenschickt. Der Sauerstoff zieht zusammen mit dem Kohlendioxid durch ein im oberen Teil des Behälters angebrachtes Entlüftungsventil ab. Die Entfernung des Sauerstoffs kann auch bei niedrigeren Temperaturen unter Anwendung von Unterdruck vorgenommen werden.

Eine restlose Beseitigung des Sauerstoffs ist indes nur durch eine *chemische* Entgasung möglich. Man verfährt in der Weise, daß man reduzierend wirkende Mittel wie Natriumsulfit, Natriumhydrogensulfit, Natriumdithionit oder Pyrogallol zusetzt. Bei Anwendung von Natriumsulfit wird der Sauerstoff unter Oxydation des Sulfits zum Sulfat verbraucht:

$$2\,Na_2SO_3 + O_2 = 2\,Na_2SO_4$$

Handelt es sich darum, gleichzeitig die Alkalität des Speisewassers zu drosseln, dann arbeitet man zweckmäßig in der Weise, daß man an Stelle von Natriumsulfit eine wäßrige Lösung von Schwefeldioxid dem Speisewasser zusetzt, wodurch sowohl Alkali als auch Sauerstoff gebunden werden:

$$2\,NaOH + H_2SO_3 = Na_2SO_3 + 2\,H_2O$$

$$2\,Na_2SO_3 + O_2 = 2\,Na_2SO_4$$

Seit etlichen Jahren ist *Hydrazin* das meist angewandte Mittel zur Sauerstoffbindung:

$$N_2H_4 + O_2 \rightarrow N_2 + 2\,H_2O$$

Der Vorteil ist der, daß bei der Umsetzung zwei indifferente und flüchtige Substanzen entstehen.

Eine von der Temperatur abhängige Selbstzersetzung des Hydrazins

$$3\,N_2H_4 \rightarrow 4\,NH_3 + N_2$$

gibt ebenfalls keine störenden Stoffe.

Kohlendioxid. Bei denjenigen Enthärtungsverfahren, welche die Carbonathärte entfernen, wird gleichzeitig auch das freie Kohlendioxid beseitigt. Findet keine vorherige Enthärtung statt, so wird, wie im Falle des Kondenswassers, das Kohlendioxid durch besondere Verfahren eliminiert. Wie bei der Austreibung des Sauerstoffs kann eine Entfernung des Kohlendioxids ebenfalls auf *thermischem Weg* erfolgen. Auch durch Verrieseln des Wassers in einem Vakuumbehälter kann das Kohlendioxid ausgetrieben werden, wobei gleichzeitig eine Abnahme des Sauerstoffgehalts erreicht wird. Eine restlose Befreiung des Kondenswassers von Kohlendioxid ist indes nur in der Weise möglich, daß man den Restgehalt z. B. durch Zusatz von Ammoniak oder von Ammoniumsalzen, welche im Kessel Ammoniak abspalten, neutralisiert:

$$CO_2 + 2\,NH_3 + H_2O = (NH_4)_2CO_3$$

Falls ein gewisser Gehalt an Carbonationen nicht stört, kann das Kohlendioxid auch durch Überführung in lösliches Calciumhydrogencarbonat gebunden werden. Man verfährt in der Weise, daß man das Wasser über Marmor filtriert oder dem Wasser gelöschten Kalk zusetzt. Die Dosierung muß allerdings sehr sorgfältig und in der Weise geschehen, daß nur das lösliche Hydrogencarbonat entsteht und nicht Trübungen durch ausgeschiedenes Carbonat auftreten:

$$CaCO_3 + CO_2 + H_2O \rightleftarrows Ca(HCO_3)_2$$

$$Ca(OH)_2 + 2\,CO_2 \rightleftarrows Ca(HCO_3)_2$$

Eine Entsäuerung kann auch durch Filterung über Magnesit oder über dolomitisches Gestein (*Magno-Filterverfahren*) erfolgen.

Auch eine *mechanische* Entcarbonisierung (Entsäuerung) ist möglich, und zwar durch eine Rieselung des Wassers über Steinkaskaden oder Kunststoffroste.

6. Die Entkieselung

Für Höchstdruckkessel muß das Speisewasser wegen der Bildung des gefährlichen Silicatkesselsteins weitgehend entkieselt werden. Ein gewisser Alkali- und Phosphatgehalt verringert dessen Ausscheidung. Das Prinzip der Entkieselung beruht auf der Bindung der Kieselsäure (vermutlich durch Adsorption) an Magnesiumoxid und

Magnesiumoxid/Calciumoxid-Mischungen, Magnesiumaluminat, Eisenhydroxid, Aluminiumhydroxid oder Tonerdegele. Vorteilhaft entkieselt man durch Anwendung eines stark basischen Anionen-Austauschers.

7. Alkaliregulierung

Diese kommt eventuell in Frage für Höchstdruckkessel-Speisewasser, welches nur eine geringe Alkalität aufweisen soll (Tab. 41). Die Bindung des Alkalis kann durch Einspeisung von verdünnter Phosphorsäure geschehen, welche die Natronlauge zu Trinatriumphosphat bindet. Das letztere läßt die Resthärte schlammig ausfallen, so daß sie sich nicht an Wandungen festsetzen kann. Auch Di- oder Mono-natriumphosphat können hierfür Verwendung finden.

Die Alkalibindung kann auch durch Einspeisung von Schwefeldioxidgas oder durch Einspritzen von schwefliger Säure oder Natriumhydrogensulfitlösung erfolgen. Das entstehende Sulfit dient gleichzeitig der Vernichtung des im Wasser gelösten Sauerstoffs. Die Alkalibindung kann man auch in der Weise vornehmen, daß man dem Speisewasser Ammonsalze zusetzt, die sich thermisch unter Bindung der Natronlauge zersetzen:

$$3\,NaOH + (NH_4)_2HPO_4 = Na_3PO_4 + 2\,NH_3 + 3\,H_2O$$

$$2\,NaOH + (NH_4)_2SO_4 = Na_2SO_4 + 2\,NH_3 + 2\,H_2O$$

8. Die Entölung des Kondenswassers

Kondenswasser ist häufig mit Schmierölresten verunreinigt, welche in dem Wasser mehr oder weniger fein verteilt (emulgiert) sind. Vor der Rückführung in den Kessel muß es, da das Öl zu den auf S. 811 erwähnten Komplikationen führt, entölt werden.

Die Entölung kann in *mechanischer Weise* geschehen derart, daß man das Wasser eine Reihe von Absetzbecken passieren läßt, wobei es seine Fließrichtung dauernd ändert. Dadurch erreicht man eine Abscheidung des Öls auf der Oberfläche und kann es durch Abziehen und eventuelles zusätzliches Filtrieren durch Putzwolle oder Holzwolle absondern.

Bei der *chemischen Klärung* verfährt man so, daß man durch Zusätze von Aluminium- oder Eisensalzen bei Gegenwart von Alkali Niederschläge von Aluminiumhydroxid oder Eisenhydroxid erzeugt, welche auf Grund ihrer positiven Ladung die negativ geladenen Öltröpfchen adsorbieren und zu Boden reißen. Die Abtrennung kann durch Filtern vervollständigt werden. Der Nachteil dieses Verfahrens besteht darin, daß eine entsprechende Anreicherung von gelösten Salzen stattfindet.

Eine solche bleibt aus, wenn man das ölhaltige Wasser durch besonders präparierte *Aktivkohlefilter* (Hydroraffin) passiert, welche bei 50–80 °C 15–20% ihres Eigengewichts an Öl aufnehmen können.

Bei der *elektrolytischen Entölung* wird das zur Erhöhung der Leitfähigkeit mit etwas Natronlauge versetzte Wasser langsam an Eisenelektroden vorbeigeführt. Unter Zersetzung der Emulsion bilden sich Öltröpfchen, welche von dem gleichzeitig an der Eisenanode entstehenden Eisenhydroxid adsorbiert und zu Boden gerissen werden.

9. Das Kreislauf-Dejektorverfahren

Bei diesem Verfahren erfolgt die Ausfällung der temporären Härte durch Druck und Wärme und diejenige der permanenten Härte durch Soda im Kessel selbst. Die sich im tiefsten Punkt des Kessels ansammelnden Ausscheidungen werden dort mit einem Teil des Kesselwassers abgezogen und durch den außerhalb des Kessels angebrachten

Dejektor geführt. Hier findet einerseits eine Abtrennung der Ausfällungen und andrerseits eine Beimischung von Soda statt. Das gereinigte sodahaltige Wasser wird dem Kessel wieder zugeführt.

Der Vorteil dieses Verfahrens liegt in den niedrigen Anschaffungskosten, den kleinen Ausmaßen der Dejektoreinrichtung und den niedrigen Betriebskosten. Eine vollkommene Befreiung des Wassers von störenden Fremdstoffen und Ausfällungen, wie sie für Hochdruckkessel erforderlich ist, ist bei diesem Verfahren nicht gewährleistet.

10. Wasserreinigung durch kolloide Stoffe

Von dem Gedanken ausgehend, daß bei Gegenwart kolloider Stoffe die Ausscheidung der Härtebildner als beständige Dispersion erfolgt, diese sich also nicht in kompakter Form als Stein an der Kesselwand absetzen, hat man versucht, die kostspielige Wasserenthärtung dadurch zu umgehen, daß man kolloide Stoffe neben Alkalien dem Kesselwasser zusetzt. In Frage kommen z. B. Kartoffelstärke oder Alginate. Das Alkali fällt die Härtebildner aus, und das Kolloid hält sie in feindisperser Verteilung.

Durch einen solchen Zusatz kann wohl der Kesselsteinansatz bis zu einem gewissen Grad ausgeschaltet werden, doch sind die Nachteile dieses Verfahrens mannigfaltiger Art. Als solche sind zu nennen: Ausscheidung der Härtebildner im Kessel, Verstopfungen, Schäumen und Spucken des Kesselwassers, keine Beseitigung korrodierender Gase usw.

Unter diesen Umständen sind solche „Kesselsteingegenmittel" für Hochleistungskesselwasser abzulehnen und kommen allenfalls bei Kleinkesseln mit geringem Wasserbedarf, für die sich eine Enthärtungsanlage nicht lohnt, in Frage.

D. Die Abwasserreinigung

Im Hinblick auf die Lebensfähigkeit der Fische und aus Gründen der Hygiene können die textilen Abwässer nicht immer ohne eine gewisse Vorreinigung in die Flußläufe abgelassen werden. Die Abwässer enthalten häufig den Fischen unzuträgliche Chemikalien sowie organische Stoffe, die sauerstoffzehrend bzw. fäulnisfähig sind.

Art und Umfang der Reinigung hängen einerseits von den in den Abwässern enthaltenen Chemikalien und sonstigen Verunreinigungen ab und letzten Endes von dem Grad der Verdünnung, welchen das Abwasser beim Ablassen in den Flußlauf erfährt. Wenn die Möglichkeit besteht, ist der Anschluß an eine städtische Kläranlage oder eine sonstige Gemeinschaftsanlage zweckmäßig. Trifft dies nicht zu, dann ist die Errichtung einer eigenen Werkskläranlage erforderlich.

Die Zusammensetzung der textilen Abwässer ist je nach den ausgeführten Veredlungsverfahren eine sehr verschiedene; sie enthalten neben Säuren, Laugen und Salzen u. a. Reduktionsmittel, Oxydationsmittel, Farbstoffe und Substanzen auf Fettbasis. Schon beim Zusammentreffen der in einem Betrieb anfallenden Abwässer tritt daher häufig eine weitgehende Neutralisation sowie gegenseitige Eliminierung von Reduktions- und Oxydationsmitteln ein. Des weiteren erfolgen bei der Wechselwirkung zwischen Metallsalzen und Alkalien Niederschlagsbildungen, welche vorhandene Schwebestoffe beim Aufenthalt des Abwassers im Absetzbecken mit zu Boden reißen.

Die weitere Reinigung kann in Anlehnung an die üblichen Methoden der industriellen Abwasserreinigung vorgenommen werden.

Diese sind:

1. *Die Grobreinigung durch Siebvorrichtungen.*

2. *Die Klärung in Absetzbecken*, in denen die Wassergeschwindigkeit bis auf 1–2 cm pro Sekunde herabgesetzt wird. Von solchen Absetzbecken können nach Bedarf mehrere hintereinander angebracht werden. Der hierbei anfallende und zu

beseitigende Schlamm enthält vielfach organische Bestandteile, welche fäulnis- und gärungsfähig sind.

Die nach 1. und 2. oder eventuell nur nach 1. vorgenommene Reinigung genügt in solchen Fällen, in denen das vorgereinigte Abwasser beim Ablassen in den Flußablauf (Vorfluter) schnell eine starke Verdünnung erfährt, also beim Ablassen in Ströme bzw. Flüsse mit bedeutender Wasserführung. Das Abwasser ist hierbei unterhalb des Wasserspiegels in entsprechender Entfernung vom Ufer direkt in die Strömung einzuleiten. Bei einer Verdünnung auf 1:30 bis 1:60 und höher verlieren die meisten Abwässer ihre Fäulnisfähigkeit.

3. *Chemische Klärung*. Die chemische Klärung beruht darauf, daß man Fällungen erzeugende Chemikalien in die Absetzbecken gibt, wobei durch die Niederschläge Schwebestoffe und Farbstoffe zu Boden gerissen werden. Als Zusätze kommen Calciumhydroxid sowie Eisensalze, namentlich das billige Eisen(II)-sulfat, in Frage. Bei sauren Abwässern ist ein gleichzeitiger Zusatz von Calciumhydroxid und Eisensalz erforderlich. Der Kalkzusatz ist genau zu dosieren, da größere Mengen überschüssigen Kalks ein Fischsterben auslösen. Bei Verwendung von Eisen(II)-Salzen ist für eine genügende Belüftung zu sorgen, um eine ausreichende Bildung von wirksamem Eisen(III)-hydroxid zu ermöglichen. Bei Verwendung von Eisensalzen werden auch Sulfide (Na_2S) als Eisensulfid ausgeschieden. Der anfallende Schlamm wird in einem angeschlossenen Klärbecken zurückgehalten.

Da bei Verwendung von Eisensalzen das Abwasser saure Reaktion annimmt, verfährt man nach *Jung* vorteilhaft in folgender Weise:

Man belüftet das Abwasser bei Gegenwart von Eisenspänen (Schrott) stark, wobei sich Eisen(III)-hydroxid bildet. Dabei ist intermediär unter dem Einfluß der Luftkohlensäure und der in jedem Wasser gelösten Kohlensäure die Bildung von Eisen(II)-carbonat anzunehmen.

Aluminiumchlorid bzw. Aluminiumsulfat spielen heute für die Abwasserreinigung ebenfalls eine Rolle. Hierbei flockt ein Aluminiumhydroxid-Schlamm aus.

Die chemische Klärung vermag die Fäulnisfähigkeit des Abwassers nicht ganz zu beseitigen. Wohl werden organische Schwebestoffe und in kolloider Verteilung befindliche organische Substanzen mitausgeflockt; niedrigmolekulare echt gelöste organische Körper werden aber nicht ausgeschieden.

4. *Verwendung von Adsorbentien*. Man hat vielfach versucht, die Inhaltsstoffe des Abwassers durch Filtration über Kohlefilter, Koksasche usw. oder durch Zugabe von Braunkohlenbrei zu adsorbieren, Verfahren, die keine große Verbreitung gefunden haben, da die Aufnahmefähigkeit solcher Stoffe bald erschöpft ist.

5. *Biologische Abwasserreinigung*. Diese beruht darauf, daß das vorgeklärte Wasser mit Luftsauerstoff in großer Oberfläche zusammengebracht wird. Unter der Einwirkung von bakteriell gebildeten Fermenten wird der Sauerstoff aktiv und oxydiert die organischen Substanzen, die teilweise stickstoffhaltig sind (Proteinfasern) zu Carbonat, Nitrat und Wasser.

Die technische Durchführung kann verschieden vorgenommen werden. Es kommen in Betracht: *Oberflächenrieselung, Bodenfiltration, Passieren des Wassers durch biologische Füll-, Tropf- und Tauchkörper*.

Das allgemeine Prinzip dieser Vorrichtungen besteht darin, daß das Abwasser in möglichst großer Oberfläche mit Luftsauerstoff in Berührung kommt, wodurch eine rasche Bildung und Vermehrung der wirksamen aeroben Bakterien erfolgt. Für die Beschickung der Füll-, Tropf- und Tauchkörper kommen u.a. Schlacke, Sand, Kies usw. in Frage, auf denen sich die aeroben Bakterien bei ausreichender Belüftung rasch entwickeln.

Hinsichtlich der Wirksamkeit der biologischen Reinigung ist zu sagen, daß sich die Zumischung anfallender Fäkalabwässer zu den textilen Abwässern günstig auswirkt, da die ersteren einmal geeignete Nährböden für das Bakterienwachstum bilden und zum anderen baktericide, aus der Bleiche stammende Oxydationsmittel verbrauchen.

Die biologische Reinigung kann auch durch das sogenannte *Belebtschlammverfahren* erfolgen. Das Prinzip ist folgendes: Beim Einblasen von Luft in vorgeklärtes Abwasser flocken Kolloide aus, die sich schnell mit aeroben Bakterien besiedeln und sich dadurch stark vergrößern. Dieser Schlamm (Belebtschlamm) wirkt, wenn er dem Abwasser zugegeben wird, ebenfalls biologisch reinigend.

Von den erwähnten biologischen Methoden haben das Belebtschlammverfahren und das Tropfkörperverfahren eine gewisse Bedeutung für die Reinigung textiler Abwässer erlangt. Zweckmäßig geht der biologischen Reinigung eine chemische Klärung durch Fällung voraus. Enthält das Abwasser größere Mengen baktericider Stoffe, dann ist das Gedeihen von Kleinlebewesen gehemmt oder bleibt unter Umständen ganz aus, so daß in solchen Fällen die biologische Reinigung illusorisch ist.

Eine restlose Beseitigung der Inhaltsstoffe des Abwassers ist im Rahmen dieser Verfahren nicht möglich, sie wird aber mehr oder weniger rasch vervollständigt durch die *Selbstreinigung* der Gewässer.

Die Selbstreinigung der Gewässer. Bekanntlich tritt beim Einleiten von Abwasser in die Flußläufe oder Seen eine in ihrer Geschwindigkeit von verschiedenen Faktoren abhängige *Selbstreinigung* des Wassers ein. Diese Selbstreinigung ist auf verschiedene chemische und biologische Funktionen zurückzuführen. In chemischer Hinsicht treten die aus verschiedenen Abwässern stammenden Reagenzien miteinander in Wechselwirkung, wodurch eine mehr oder weniger weitgehende gegenseitige Eliminierung erfolgt.

Der biologische Reinigungsprozeß vollzieht sich in mehreren Stufen. Im ersten Stadium des Prozesses, bei dem auf Grund vorhandener Reduktionsstoffe des Abwassers das Abwasser sauerstoffarm ist, stehen von anaeroben Bakterien begünstigte Spaltungs- und Reduktionsreaktionen der organischen Substanzen im Vordergrund (*Bioreduktion*). Nimmt der Sauerstoffgehalt im Zuge der Verdünnung des Abwassers zu, dann tritt an die Stelle der Bioreduktion eine durch aerobe Bakterien, Pilze und Algen ausgelöste *Biooxydation*.

In der dritten Stufe werden die organische Restsubstanz sowie die abgestorbenen und überschüssigen Bakterienzellen durch das *Plankton* sowie andere pflanzliche und tierische Lebewesen, denen diese Stoffe als Nährstoffe dienen, beseitigt. Diese wiederum fallen schließlich den höher organisierten Kerbtieren und Fischen zum Opfer.

Störung der Abwasserklärung durch Waschmittel

Die modernen Dispergier- und Waschmittel verhindern auf Grund ihrer Stabilität gegenüber den verschiedensten Einflüssen ein rasches Absetzen der Verunreinigungen und Flockungen und führen außerdem zu „Schaumbergen". Diese Umstände stellen heute besondere Probleme an die Abwasserreinigung. Es ist vorgesehen, im Laufe der Zeit nur noch diejenigen Waschmittel im Handel zu belassen, die bei der „biologischen Klärung" abgebaut werden. In diesem Zusammenhang sind Versuche interessant, Waschmittel aus biologisch abbaufähigen Kohlehydraten herzustellen.

Biologisch „weich", d.h. biologisch abbaubar, sind Seifen und natürliche Seifenderivate mit geradzahliger Kohlenstoffkette. Biologisch abbaubar sind weiterhin alle sonstigen linearen Produkte, wie n-Alkylsulfate, n-Alkansulfonate und n-Alkylbenzolsulfonate. Das bisher als Hauptrohstoff der Waschmittelindustrie benützte *Tetrapropylenbenzolsulfonat* ist auf Grund seiner verzweigten Struktur schwer abbaubar. Ebenso verhalten sich alle anderen Produkte mit verzweigter Struktur.

E. Die Verwertung textiler Abwässer

Die Gewinnung von Inhaltsstoffen textiler Abwässer läßt eine solche in einzelnen Fällen rentabel erscheinen, und zwar dort, wo hochwertige Produkte in verhältnismäßig konzentrierter Lösung in dem Abwasser enthalten sind.

Dies trifft beispielsweise zu für die aus Wollwäschereien und Tuchfabriken stammenden Abwässer, welche *Seifen* sowie *Wollfett* in einer Menge enthalten, welche eine Rückgewinnung unter bestimmten Voraussetzungen lohnenswert macht. Über die Methoden der Rückgewinnung von Fettsäuren bzw. Wollfett siehe S. 276f.

Bei der Aufbereitung von Flachs bzw. Hanf zu Flockenbast fallen in den Aufschlußflotten *Pektinstoffe* an. Der Pektingehalt der Flotten ist zwar gering, kann aber unter Umständen bei geeigneter wirtschaftlicher Aufbereitung als Viehfutter Verwendung finden (S. 190).

Aus den Abfallwässern der Seidenindustrie (Entbastungsbäder) kann das *Sericin* großtechnisch als Trockenpulver gewonnen werden (*Rauch*). Das Sericin kann als Ersatzprodukt für Agar-Agar zur Herstellung von Nährböden für mikrobiologische Zwecke Verwendung finden (S. 302).

Beim Färben mit *Küpenfarbstoffen* ziehen die Flotten nicht ganz aus, so daß in Anbetracht der hohen Preise für Küpenfarbstoffe große Werte in das Abwasser fließen. Eine Ausscheidung der Küpenfarbstoffe aus der Küpe ist durch Zusätze von Oxydationsmitteln und Säure oder von Salpetersäure an und für sich möglich, so daß im Prinzip einer Rückgewinnung der Küpenfarbstoffe nichts im Wege stünde. In technischer Beziehung stößt diese aber auf Schwierigkeiten, da einmal die Verarbeitung dieser großen und vielfältigen Flotten nicht ohne weiteres in wirtschaftlicher Weise durchführbar ist und zum andern bei der Isolierung und Trocknung der Farbstoffe diese zusammenbacken und daher nicht mehr in jenem feindispersen und reaktionsfähigen Zustand vorliegen, in dem sie von der Farbenfabrik geliefert werden (*O. Mecheels*).

X. Die Werkstoffe für Veredlungsmaschinen

Was die Art und Zahl der für den Bau von Veredlungsmaschinen verwendeten Werkstoffe anbelangt, so ist hierbei in den letzten Jahrzehnten eine merkliche Wandlung zu verzeichnen. Während früher Eisen, Kupfer und Holz vorherrschend waren und daneben Porzellan und Gummi eine gewisse Bedeutung zukam, sind an die Seite dieser Werkstoffe heute eine ganze Anzahl von *Metallegierungen* und *Kunststoffen* getreten.

Bei den Maschinen für die Naßveredlung spielt die Korrosionsfestigkeit eine besondere Rolle, während diese bei den Einrichtungen für die Trockenausrüstung in den Hintergrund tritt. Bei diesen letzteren steht daher nach wie vor Eisen bzw. Stahl im Vordergrund, ebenso Kupfer und Messing, denen auf Grund ihrer hervorragenden Wärmeleiteigenschaften eine besondere Bedeutung für den Bau von Trockenmaschinen zukommt.

Für den Bau von Naßveredlungsmaschinen benötigt man in erster Linie korrosionsfeste Werkstoffe. Die Korrosionsfestigkeit der Metalle läßt sich in verschiedener Weise steigern. Die Hauptrolle spielen heute verschiedenartige Legierungen, namentlich Eisenlegierungen. Daneben besitzen die *Plattierung* sowie die *Oberflächenbehandlung* (Phosphatieren, Eloxieren) ein gewisses Interesse.

A. Die metallischen Werkstoffe

Eisen. Unter den metallischen Werkstoffen kommt dem Eisen seiner Billigkeit wegen eine Hauptbedeutung zu. Es besitzt den Nachteil, daß es nur absolut trocken und in alkalischem Medium korrosionsbeständig ist. Es findet daher vorwiegend Verwendung für den Bau von Beuchkesseln, Mercerisiermaschinen und sonstigen Einrichtungen für in alkalischem Medium sich abspielende Veredlungsarbeiten.

In anderen Fällen, in denen eine mehr oder weniger große Korrosionsbeständigkeit Voraussetzung ist, spielen heute die *rostfreien Stähle* eine überragende Rolle. Sie bieten weiterhin den nicht zu unterschätzenden Vorteil, daß die Maschinenteile immer glattwandig bleiben und daher weder farbstoffspeichernd noch scheuernd wirken. Im Gegensatz zum Eisen katalysieren sie die Zersetzung von Bleichflotten nicht, so daß sie u.a. eine große Bedeutung für den Bau von Bleichereieinrichtungen besitzen.

An *Eisen- bzw. Stahllegierungen,* welche sich durch eine hohe mechanische Widerstandsfähigkeit und Korrosionsbeständigkeit auszeichnen und auch im sauren Medium verwendbar sind, sind zu nennen:

Rapidstahl mit 90% Eisen, 8% Wolfram, 2% Chrom.
Nirosta mit 85% Eisen, 15% Vanadin.
V2A mit 74% Eisen, 18% Chrom, 8% Nickel.
V4A enthält zusätzlich noch Molybdän.
(Auch Titan, Tantal und Niob spielen als Zusätze eine gewisse Rolle.)

Thermisilid besteht aus Eisen mit 14–18% Silicium und eignet sich besonders für die Herstellung von Rohrleitungen und Pumpen für Färberei- und Bleichereieinrichtungen.

Bei allen diesen Legierungen ist ein Hauptaugenmerk auf glatte Schweißnähte zu richten, da rauhe Metallstellen Keimzellen für Korrosionen sind (*O. Mecheels* und *H. Müller*).

Neben der Legierung wird auch die *Plattierung* zur Herstellung von korrosionsbeständigen Werkstoffen herangezogen, wobei das Eisen mit entsprechend edleren Metallen oder mit den obigen Metallegierungen plattiert wird. Auch der *Phosphatierung,* bei der durch Erzeugung einer oberflächlichen feinen Phosphatschicht ein korrosionsbeständiges Eisen entsteht, kommt eine erhöhte Bedeutung zu.

Auch *Kunstharzüberzüge,* welche durch Streichen mit Vorkondensaten und anschließende Säure- oder Hitzehärtung erzeugt werden, haben sich auf Grund ihrer mechanischen und chemischen Widerstandsfähigkeit bewährt.

Eiserne Maschinenteile, welche nicht direkt mit den Veredlungsflotten und der Textilware in Berührung kommen, werden zweckmäßig durch entsprechende Lackanstriche gegen Korrosion geschützt.

Kupfer. Die ersten, namentlich in der Wollfärberei benutzten Apparate bestanden aus Kupfer, da dieses gegenüber den Säuren der Wollfärberei einigermaßen beständig ist. Spurenweise geht es jedoch in Lösung und verursacht dabei unerwünschte Nuancenänderungen des Farbtons, welche jedoch bei Zusatz von Ammonium- oder Kaliumrhodanid zum Färbebad vermieden werden können, da dann die abgelösten Kupferionen unter Bildung des unlöslichen Kupfer(I)rhodanids gebunden werden:

$$Cu + H_2SO_4 = CuO + H_2O + SO_2$$

$$CuO + H_2SO_4 = CuSO_4 + H_2O$$

$$CuSO_4 + 2\,KCNS = Cu(CNS)_2 + K_2SO_4$$

$$2\,Cu(CNS)_2 + SO_2 + 2\,H_2O = 2\,CuCNS + H_2SO_4 + 2\,HCNS$$

Das zunächst sich bildende Kupfer(II)-rhodanid geht auch ohne Unterstützung von SO_2 allmählich in Kupfer(I)-rhodanid über.

Ungeeignet ist Kupfer beim Färben von Schwefelfarbstoffen, da unter der Einwirkung des Natriumsulfids eine immer tiefergreifende Korrosion unter Bildung von Kupfersulfid eintritt. Auch für den Bau von Bleichereieinrichtungen kommt es wegen seiner katalytischen Funktionen nicht in Frage. Unter diesen Umständen sind Kupfer und Messing (Legierung aus 60 % Kupfer und 40 % Zink) aus der Färberei und Bleicherei praktisch ausgeschieden. Dagegen kommt der *Kupferbronze* (einer Legierung aus 80 % Kupfer und 20 % Zinn, deren Säurebeständigkeit durch Beimischungen von Aluminium, Blei oder Nickel erhöht werden kann) für den Bau von Pumpen und Rohrleitungen eine wesentliche Bedeutung zu. Dabei können aber gewisse Korrosionserscheinungen, die gelegentlich zu Fleckenbildungen auf der Ware führen, nicht immer ganz vermieden werden.

Blei. Blei ist chemisch weitgehend widerstandsfähig und bildet daher einen geeigneten Werkstoff zur Herstellung von Heizschlangen, Rohrleitungen, Pumpen usw. Auf Grund seiner Säurebeständigkeit spielt es zur Auskleidung von Carbonisiereinrichtung eine große Rolle. Für den Bau ganzer Maschinen ist es in mechanischer Beziehung zu wenig widerstandsfähig. Heiße saure Flotten, wie sie in der Wollfärberei üblich sind, lösen spurenweise Blei, welches mit dem Schwefel der Wolle unter Sulfidbildung Farbtontrübungen hervorruft. Solche Verfärbungen durch Bleispuren (Bleiflecken) können dort entstehen, wo die Flotte sonstige Schwefelionen bildende Bestandteile (Na_2S) enthält.

Aluminium. Aluminium ist säure- und alkaliempfindlich und auch in mechanischer Beziehung nicht besonders widerstandsfähig, so daß es für den Bau von Veredlungseinrichtungen keine besondere Rolle spielt.

Als Auskleidungsmaterial für Wollbleichbottiche tut es gute Dienste, da es gegenüber der schwach alkalischen Peroxid-Bleichlösung bei mäßiger Temperatur beständig ist und die Zersetzung des Wasserstoffperoxids nicht katalysiert.

Seine chemische Beständigkeit und mechanische Widerstandsfähigkeit können durch Legieren mit anderen Metallen erhöht werden. So ist das *Hydronalium* mit 80 % Aluminium und 20 % Magnesium gut korrosionsbeständig und das *Duraluminium* mit 95 % Aluminium und 5 % Kupfer einschließlich Magnesium und Mangan in mechanischer Beziehung sehr widerstandsfähig.

Auch durch eine elektrolytische Oxydation des Aluminiums (*Eloxalverfahren*), wodurch eine etwa 0,02 mm starke Oxidschicht entsteht, wird die chemische und mechanische Widerstandsfähigkeit des Aluminiums bedeutend erhöht. Da die Eloxierung durch die Verarbeitung des Werkstoffs Schaden leidet, wird eine solche erst nach der Fertigverarbeitung der Apparaturteile durchgeführt.

Nickel. Nickel ist ein gegenüber Veredlungsflotten wohl sehr beständiger, aber teurer Werkstoff. In Mischung mit anderen Metallen bildet es ein in sauren Bädern beständiges Material. Zu nennen sind: Nickelin mit 32 % Nickel und 68 % Kupfer sowie Monelmetall mit 67 % Nickel, 28 % Kupfer und 5 % Eisen.

Titan. Neuerdings scheint dem Titan als bleichbeständigem Werkstoff eine Bedeutung zuzukommen. Man kann auch Titan auf Stahlbleche aufwalzen.

Dieses Metall besitzt stahlähnliche Festigkeitseigenschaften bei niedrigem spezifischem Gewicht und zeigt eine hohe Korrosionsbeständigkeit. Da das Metall bei hoher Temperatur oxydationsempfindlich ist, bereitet die Warmverarbeitung, namentlich das Schweißen, gewisse Schwierigkeiten.

Tantal. Vermöge des Elektronenschmelzverfahrens ist heute die großtechnische Erzeugung von Tantal in wirtschaftlichem Rahmen möglich. Wegen seiner hohen Korrosionsbeständigkeit kann es ähnlich wie Titan eingesetzt werden.

B. Die nichtmetallischen Werkstoffe

Holz. Wegen seiner universellen Verwendbarkeit, Billigkeit und leichten Bearbeitung war das Holz lange Zeit der führende Werkstoff für den Bau von Bottichen und Kufen in der Bleicherei, Färberei und Appretur. Auch jetzt noch wird es auf Grund der obigen Faktoren viel angewandt. Da es jedoch unter der Einwirkung von Veredlungsflotten allmählich einen hydrolytischen und oxydativen Abbau erfährt, werden die Kufen und Bottiche aus Holz häufig mit korrosionsfesten Metallen oder Porzellan ausgekleidet.

Für Färbereizwecke hat Holz den Nachteil, daß es die Farbstoffe, namentlich Cellulosefaserfarbstoffe, aufsaugt und so bei einem aufeinanderfolgenden Färben verschiedener Farbtöne Nuancenänderungen hervorruft, falls die Kufe vorher nicht mit Farbstoffabziehmitteln ausgekocht wird. Ungünstig wirkt sich auch das mit der Zeit eintretende Aufspleißen des Holzes aus, da hierdurch bei naßempfindlichen Fasern (Kunstseiden und Zellwollen) durch Gleiten an den Holzwänden der Kufen schwere Beschädigungen des Fasermaterials eintreten können. Diesen Übelständen läßt sich durch eine entsprechende glattwandige Auskleidung (VA-Stahl, Porzellan) begegnen.

Keramische Werkstoffe (Steinzeug, Porzellan). *Steinzeug* (Pyroton) ist in chemischer Beziehung weitgehend unempfindlich, war aber ursprünglich nicht besonders widerstandsfähig gegen Stoßeinwirkung und plötzliche Temperaturwechsel. Heute besteht die Möglichkeit, die Widerstandsfähigkeit gegen Temperaturwechsel durch einen Zusatz von Berylliumoxid wesentlich zu steigern und durch einen solchen von Zirkoniumoxid das Material nahezu indifferent gegen chemische Einflüsse zu machen. Infolgedessen bildet das Steinzeug einen vorzüglichen Werkstoff für die Herstellung von Bleich- und Färbebottichen, Rohrleitungen, Pumpen, Hähnen, Ventilen usw. Sofern notwendig, können einzelne Teile durch eine *Eisenarmierung* gegen mechanische Beanspruchung geschützt werden.

Das für Steinzeug Gesagte gilt in vermehrtem Maße für *Porzellan*, welches sich gegenüber dem Steinzeug durch eine noch höhere Beständigkeit gegenüber Temperaturwechsel auszeichnet. Bei der Auskleidung von Bottichen und Kufen mit Porzellanplättchen wird die an und für sich vorhandene chemische Indifferenz des Porzellans durch den verwendeten *Fugenkitt* eventuell geschmälert. Hier besteht vor allen Dingen die Schwierigkeit der Herstellung solcher Kittmassen, welche auch starken Alkalien und höheren Temperaturen gegenüber resistent sind.

Hartgummi (Ebonit). Hartgummi zeichnet sich durch eine weitgehende chemische und mechanische Resistenz aus und wird daher vielfach zur Auskleidung von Kufen und Zentrifugen, vor allem auch bei Carbonisiereinrichtungen, verwendet. Das gleiche gilt für aus Buna S hergestellten Hartgummi, welcher gegenüber dem Naturgummi noch den Vorteil einer größeren Hitzebeständigkeit aufweist. Bei Rundumkleidung (z.B. Führungswalzen) besitzt Hartgummi eine ausgezeichnete Haftung, während in anderen Fällen eine solche auf die Dauer nicht immer gewährleistet ist.

Haveg. Haveg ist eine aus einer Mischung von Asbest mit einem Phenolformaldehydharz hergestellte Preßmasse, welche eine gute Beständigkeit gegenüber sauren und alkalischen Bädern besitzt, aber empfindlich gegen Salpetersäure und konz. Schwefelsäure ist. Auf Grund seiner Eigenschaften ist es ein beliebter Werkstoff für die Herstellung von Stranggarnfärbekufen und Stückfärbebottichen, wobei die Tatsache, daß das Haveg-Material eine immer glatte, nichtsaugende Oberfläche besitzt, gegenüber Holz als wesentlicher Vorteil zu werten ist, da dunkle und helle Farben auf solchen Einrichtungen nacheinander gefärbt werden können. Das Material ist außerdem gegen schroffe Temperaturwechsel beständig.

Thermoplastische Kunststoffe. Die thermoplastischen Kunststoffe zeichnen sich z.T. durch eine völlige chemische Indifferenz aus, so daß sie den idealen Werkstoff zum Auskleiden von Veredlungseinrichtungen darstellen würden, sofern einer solchen Verwendung ihre Temperaturempfindlichkeit nicht im Wege stünde. Dort, wo das Auskleidungsmaterial temperaturmäßig nicht besonders beansprucht wird, kann es mit Erfolg eingesetzt werden. So kann z.B. das *Polyvinylchlorid* (Vinidur, Igelit) an Stelle von Blei für die Auskleidung von Carbonisiereinrichtungen mit Ausnahme der Carbonisieröfen dienen. Seine Temperaturbeständigkeit reicht allerdings nur bis etwa 60 °C. Unter diesen Umständen könnte es auch für das Auskleiden von Wollveredlungsmaschinen (Leviathan, Walke) herangezogen werden, falls auf diesen Einrichtungen eine Veredlung im sauren Gebiet (isoelektrische Wollwäsche, Säurewalke) stattfinden soll.

Wesentlich temperaturbeständiger ist das *Polyisobutylen,* welches unter der Bezeichnung Oppanol im Handel ist. So besitzt das Oppanol ORG eine Temperaturbeständigkeit bis 110 °C. Unter diesen Umständen läßt sich Oppanol ORG zur Auskleidung von Dämpfern verwenden, in welchen bei Säuregegenwart gedämpft werden soll (*G. Schwen*). Besonders vorteilhafte Auskleidungsstoffe sind die Silicone. Neuerdings wird auch *Polypropylen* als Auskleidungsmaterial angewandt.

Verzeichnisse der im Text erwähnten Handelsprodukte nebst Herstellern

I. Farbstoff-Handelssortimente

(Die Herstellerfirmen [abgekürzt] sind kursiv gesetzt.[1])

Acele – *Du Pont* 712
Acetamine – *Du Pont* 590
Acetanil – *York* 615
Acetofil – *Sandoz* 218
Acetoquinon – *Francolor* 590, 712
– acide – *Francolor* 601
Acidol – *BASF* 619
Acidol M – *BASF* 605, 629
Acilan – *Bayer* 601
Acna-Basen – *Acna* 552
Acna-Naphthol – *Acna* 552
Acramin – *Bayer* 583, 708
Acridin – *Rohner* 581
Acronal – *ICI* 581
Agoron – *Sandoz* 620
Alcian – *ICI* 557, 709
Alfanil – *Acna* 614
Algosol – *GDC* 569
Alizarin – *Bayer, Hoechst, Acna* 601, 606
Alizarinlicht – *Sandoz* 601
Alphanol – *Cassella* 601
Amichromlicht – *Francolor* 620
Anthra – *BASF* 463, 558
Anthralan – *Hoechst* 601
Anthrasol – *Hoechst* 484, 569
Antinol – *Acna* 464, 607
Aquabond – *Interchemical* 708
Aquamin – *Sandoz* 601
Aquaprint – *Interchemical* 708
Aridye – *Interchemical* 708, 713
Armanthren – *Koppers* 558
Artisil – *Sandoz* 590, 712
Artisildiazo – *Sandoz* 433, 591
Astra – *Bayer* 581, 632, 721
Astrazon – *Bayer* 497, 581, 632, 721
Autazolchrom – *Hoechst* 614
Autochrom – *Campbell* 606
Avilonlicht – *Ciba* 394, 620
Azanilsalze – *Hoechst* 556

Basacryl – *BASF* 632, 721
Basazol – *BASF* 417, 697, 698
Basolan – *BASF* 601
Basolanchrom – *BASF* 606
Basolanecht – *BASF* 601
Benzamin – *Bayer* 547
Benzo – *Bayer* 540
Benzochrom – *Bayer* 545
Benzocupren – *Bayer* 545
Benzocuprol – *Bayer* 545
Benzoechtkupfer – *Bayer* 404
Benzopara – *Bayer* 548
Benzoviskose – *Bayer* 587
Benzyl – *Ciba* 601
Benzylecht – *Ciba* 601
Bleu solane – *Francolor* 574
Brentacet – *ICI* 591
Brentamine – *ICI* 432, 552
Brentaminecht – *ICI* 692
Brenthole – *ICI* 552
Brentogene – *ICI* 436, 693
Brentosyn – *ICI* 627

Calcobond – *Cyanamid* 409
Calcochrome – *Calco* 606
Calcocid – *Calco* 601
Calconyl – *Calco* 693
Calcozine – Calco 581, 632
Calcozine Acrylic – *Calco* 581
Caledon – *ICI* 558
Capracyl – *Du Pont* 394, 605, 620
Carbid – *Ciba* 546
Carbindon – *ICI* 558
Carbolane – *ICI* 506, 601
Cavalite – *Du Pont* 412, 577, 697
Celanthren – *Du Pont* 590
Celatene – *South. Dy.* 590
Celcot – *Sandoz* 552
Cellitazol – *BASF* 433, 591
Celliton – *BASF* 590, 622, 712
Cellitonätz – *BASF* 713
Cellitonecht – *BASF* 590
Chloramin – *Sandoz* 540
Chloraminlicht – *Sandoz* 540
Chlorantinlicht – *Ciba* 404, 540
Chlorazol – *ICI* 540
Chlorazol Diazo – *ICI* 547
Chromacyl – *Du Pont* 605
Chromecht – *Wolfen* 606, 621
Chromintra – *Vond.* 605
Chromo – *Dur. Hug.* 702
Ciba – *Ciba* 558
Ciba-Basen – *Ciba* 552
Cibacet – *Ciba* 590, 712
Cibazetdiazo – *Ciba* 433, 591
Cibacrolan – *Ciba* 609, 716

[1] Abkürzungen siehe S. 851 ff. Die Farbenfabriken Ciba und Geigy sind zu einer einheitlichen Firma „Ciba-Geigy AG“ zusammengeschlossen.

Cibacron – *Ciba* 410, 577, 609, 697
Cibacron-Pront – *Ciba* 577, 697
Cibagen – *Ciba* 433, 439, 692
Cibalan – *Ciba* 394, 605, 620
Cibalanbrillant – *Ciba* 408, 609
Cibanaphtol – *Ciba* 552
Cibaneutren – *Ciba* 438, 694
Cibanogen – *Ciba* 436, 693
Cibanon – *Ciba* 463, 558
Cibasalze – *Ciba* 432
Ciren – *Acna* 601
Citazen – *Acna* 435
Citazin – *Acna* 433, 692
Citazol – *Acna* 693
Citol – *Acna* 708
Colorants Naphthazogènes – *Francolor* 436, 693
Columbia – *Wolfen* 540
Coomassie – *ICI* 601
Coprantin – *Ciba* 403, 545, 675
Cotolan – *Bayer* 614
Cotolanchrom – *Bayer* 614
Cotolanecht – *Bayer* 614
Cotolankupfer – *Bayer* 614
Cottestren – *BASF* 628, 723
Cupramin – *Wolfen* 545
Cuprofix – *Sandoz* 545
Cuprophenyl – *Geigy* 545
Cuproxon – *Wolfen* 545

Dekatyl – *Du Pont* 628
Delfacet – *Delft* 590
Deorlin – *Ciba* 632, 721
Devolbasen – *Sandoz* 552
Devolsalze – *Sandoz* 432
Diacrom – *Acna* 606
Diacromat – *Acna* 606
Diact-Color – *Japan* 577
Diagene – *Du Pont* 693
Diamant – *Bayer* 606
Diamin – *Cassella* 540
Diaminlicht – *Cassella* 540
Diazamin – *Sandoz* 547
Diazaminlicht – *Sandoz* 547
Diazo – *Bayer, Ciba, Acna* 547
Diazoechtsalze – *Rohner* 432
– diazol – *Francolor* 540
Diazolchrom – *Francolor* 545
– diazol lumière – *Francolor* 540
Diazomicrosetil – *Acna* 591
Diazophenyl – *Geigy* 547
Diazophenylecht – *Geigy* 547
Difibranecht – *Delft* 614
Dimacide N – *FMC* 619
Diphenyl – *Geigy* 540
Diphenylecht – *Geigy* 540
Direkt – *Geigy, Acna* 540
Dispersol – *ICI* 590, 627, 712
Drimalan – *Sandoz* 413, 609, 716
Drimaren – *Sandoz* 411, 558
Drimaren Y – *Sandoz* 577
Drimaren Z – *Sandoz* 697
Du Pont Anthraquinone – *Du Pont* 601
Du Pont Basic – *Du Pont* 581
Duramine – *Town End* 601
Duranol – *ICI* 590, 627
Durazol – *ICI* 540
Durindon – *ICI* 558
Dycolite – *South. Dy.* 420

Echtbasen – *Hoechst, Francolor* 428, 552
Echtsalze – *Hoechst, Francolor, Acna* 432, 434
Eclips – *Geigy* 573
Elanyl – *Ciba* 620
Eliamin – *Acna* 540
Eliaminlicht – *Acna* 540
Elisiane – *Francolor* 412
Erie – *Allied* 540
Erio – *Geigy* 601
Erioanthracen – *Geigy* 601
Eriochrom – *Geigy* 606, 621
Eriochromal – *Geigy* 606
Erionyl – *Geigy* 601, 619, 624
Erionylchrom – *Geigy* 621
Esterophil – *Francolor* 627
Esteroquinone – *Francolor* 627

Fanal – *BASF* 396, 444
Fast Salts – *GDC, Koppers, Pharma* 432
Formal – *Geigy* 546
Formalan – *Tertre* 394
Formalecht – *Geigy* 546
Foron – *Sandoz* 627, 722
Foronthren – *Sandoz* 628
Forosyn – *Sandoz* 629
Furreine – *Ciba* 487

Genacryl – *GDC* 632, 721
Giuba – *Acna* 547

Halbwoll – *Geigy, Vond., Delft* 614
Halbwollchrom – *Sandoz* 614
Halbwollcuprofix – *Sandoz* 614
Halbwollcuprophenyl – *Geigy* 614
Halbwollecht – *Geigy* 614
Halbwollechtchrom – *Ciba* 614
Halbwolleriochrom – *Geigy* 614
Helindon – *Hoechst* 464, 607
Helindonküpenpulver – *Hoechst* 607
Helioecht – *Bayer* 584
Heliogen – *BASF* 584
Helizarin – *BASF* 583, 708
Hostalan – *Hoechst* 409, 609
Hostaperm – *Hoechst* 584
Hydron – *Cassella* 492, 573
Hydronblau f. Sol – *Cassella* 573
Hydronblau Stabilosol – *Cassella* 574
Hydrosol – *Cassella* 574
Hydrosollicht – *Cassella* 574

Icyl – *ICI* 587
Immedial – *Cassella* 573
Immedialdruck – *Cassella* 703
Immedialleuko – *Cassella* 573
Immediallicht – *Cassella* 573
Imperon – *Hoechst* 583, 708
Indanthren – *BASF, Bayer, Cassella, Hoechst* 463, 558
Indazin – *Cassella* 584

Indigosol – *Dur. Hug.* 484, 569, 608, 686
Indocarbon – *Cassella* 573
Indoin – *Allied* 581
Inochrom – *Francolor* 605
Inthion – *Hoechst* 557, 709
Intramin – *Hoechst* 591, 627
Iragen – *Geigy* 693
Iratral – *Geigy* 438, 694
Irgacet – *Geigy* 218
Irgalan – *Geigy* 394, 605, 620
Irganol S – *Geigy* 601
Irgatron – *Geigy* 620
Irgazin – *Geigy* 584
Isolan – *Bayer* 394, 605, 620

Janus – *Bayer* 486
Java – *Vond.* 601
Javachrom – *Vond.* 606

Kasarakoffer – *Bayer* 736
Kiton – *Ciba* 601

Lanaperl – *Hoechst* 619, 624
Lanasol – *Ciba* 609, 716
Lanasyn – *Sandoz* 394, 605, 620
Lanasynrein – *Sandoz* 409, 601
Lanavisco – *Acna* 614
Lanestren – *BASF* 629, 722, 723
Lanestren M – *BASF* 629
Latyl – *Du Pont* 590, 627, 722
Leucosol – *Du Pont* 680
Levafix – *Bayer* 411, 577, 697
Levafix E, P – *Bayer* 411, 412
Levalan K – *Bayer* 605
Lissamine – *ICI* 601
Luracet – *BASF* 218
Lurantinlicht – *BASF* 540
Lutetia – *FMC* 584
Luxanthol – *BASF* 218
Lycraminlicht – *FMC* 632

Maxilon – *Geigy* 632, 721
Metachrom – *Wolfen* 606
Metomegachrom – *Sandoz* 606
Metrotex 708
Mezzalan – *Acna* 614
Microsetil – *Acna* 590
Mikacion – *Mitsubishi* 410, 577
Mikrofix – *Ciba* 708
Mikrosol – *Ciba* 218
Momentogen – *Sandoz* 433, 439, 692
Monastral – *ICI* 584
Monochrom – *Bayer* 606

Nacelan – *Allied* 590
Nailan – *Acna* – 624
Naphthalin – *ICI* 601
Naphthanile – *Du Pont* 552
Naphtanilide – *Rohner* 552
Naphthazol – *Francolor* 552
Naphthazoldirekt – *Francolor* 433
Naphtochrom – *Ciba* 606, 621
Naphtogen – *Wolfen* 547
Naphtol AS – *Hoechst* 548, 552
Naphtol AS-LL – *Hoechst* 550
Neocoton – *Ciba* 439, 695
Neogenal – *Sandoz* 439, 695
Neolan – *Ciba* 605
Neonyl – *Ciba* 619, 620, 624
Neopalatin – *BASF* 394, 605
Neosol – *Ciba* 573, 703
Neraldol – *Acna* 546
Neutrilan – *Francolor* 605, 620
Neutrogene – *Francolor* 438, 694
Neutroprint – *Sandoz* 438, 694
Neutrosels – *Francolor* 694
Nitramin – *Acna* 548
Novalon – *Geigy* 622
Novalonecht – *Geigy* 620
Novamin – *Acna* 605
Novazol – *Geigy* 601
Novochrom – *Dur. Hug.* 702
Nylomin – *ICI* 619
Nyloquinone – *Francolor* 622
Nylosan – *Sandoz* 619

Ofnacet – *Hoechst* 591
Ofnalan – *Hoechst* 610
Ofnaperlsalz – *Hoechst* 621
Omegachrom – *Sandoz* 606, 621
Optima – *Francolor* 680
Oracetat – *Ciba* 725
Oralith – *Ciba* 584
Orasol – *Ciba* 725
Orema – *Ciba* 713
Oremasin – *Ciba* 583, 708
Ortolan – *BASF* 394, 605, 620

Palanil – *BASF* 627, 722
Palatinecht – *BASF* 605
Panduran – *Dur. Hug.* 702
Pantochrome 606
Para – *Francolor* 548
Parasulfon – *Sandoz* 548
Perlamin – *Cassella* 619
Perlamin W – *Cassella* 619, 624
Perlitazol – *BASF* 622
Perliton – *BASF* 622
Pernithren – *Vond.* 558
Petramin – *Bayer* 725
Pharmanthren – *Pharma* 558
Pharmasole – *Pharma* 693
Phtalogen – *Bayer* 556, 708
Phtalogen K, M – *Bayer* 556, 709
Pluramin – *Acna* 615
Polar – *Geigy* 601
Polyestren – *Cassella* 627, 628, 722, 723
Polysynthren – *Cassella* 590, 627, 722
Polytrop – *Dur. Hug.* 702
Ponsol – *Du Pont* 558
Ponsol Soluble – *Du Pont* 569
Pontachrome – *Du Pont* 621
Pontacyl – *Du Pont* 601
Pontamine – *Du Pont* 540
Pontamine Diazo – *Du Pont* 547
Primazin – *BASF* 408, 577
Primazin P – *BASF* 412, 697
Printofix – *Sandoz* 708
Printosole – *Allied* 433, 692

Procilan – *ICI* 609
Procinyl – *ICI* 412, 622, 712
Procion – *ICI* 577
Procion H – *ICI* 410, 577
Procion M – *ICI* 410
Pyrogen – *Ciba* 573, 697

Rapidazol – *Hoechst* 435, 693
Rapidecht – *Hoechst* 433, 692
Rapidogen – *Bayer* 436, 438, 693
Rapidogen N – *Bayer* 694
Rapidogen NA – *Bayer* 694
Rapidol – *Intercolor* 693
Reacna – *Acna* 697
Reactofil – *Geigy* 577
Reactolan – *Geigy* 413
Reacton – *Geigy* 411, 577, 697
Reatex – *FMC* 412, 577
Redon – *Vond.* 573
Remacen – *Hoechst* 629
Remacryl – *Hoechst* 632, 633
Remalanecht – *Hoechst* 394, 605, 609, 620
Remalan – *Hoechst* 414
Remaron – *Hoechst* 714, 723
Remastral – *Hoechst* 540
Remazol – *Hoechst* 413, 414, 577, 633, 697
Remazolan – *Hoechst* 609, 716
Resacron – *Ciba* 578
Resofix – *Sandoz* 545
Resolamin – *Bayer* 629
Resolin – *Bayer* 627, 722
Resolin P – *Bayer* 622
Rhodamin – *BASF* 451, 581
Rigan – *Ciba* 587
Romanthren – *Acna* 463, 558
Ronagen – *Rohner* 436, 693
Ronasyn – *Rohner, Dur. Hug.* 627
Rosanthren – *Ciba* 547

Salicinchrom – *Hoechst* 606
Samaron – *Hoechst* 627, 722
Sandocryl B – *Sandoz* 632
Sandogen – *Sandoz* 436, 693
Sandolan – *Sandoz* 601, 605, 620
Sandolen – *Sandoz* 584
Sandon – *Sandoz* 574
Sandothren – *Sandoz* 463, 558
Sandozol – *Sandoz* 484, 569
Schwefel – *Wolfen* 573
Serilene – *York* 627
Serinyl – *York* 622
Serisol – *York* 590
Serisol Diazo – *York* 591
Setacyl – *Geigy* 590, 712, 722
Setacyldiazo – *Geigy* 433, 591
Setarolen – *Geigy* 629
Setaron – *Geigy* 627
Setil – *Acna* 712
Sevron – *Du Pont* 632, 721
Sherdye – *Sherwin* 583, 708
Sinagen – *Rohner* 694
Siriogen – *Bayer* 547
Sirius – *Bayer* 540
Siriuslicht – *Bayer* 540
Siriuslicht LL – *Bayer* 540
Solacet – *ICI* 386, 591
Solamin – *Wolfen* 540
Solaminlicht – *Wolfen* 540
Solanthrène – *Francolor* 558
Solantine – *Allied* 540
Solar – *Sandoz* 540
Solasol – *Francolor* 569
Soledon – *ICI* 569
Solidazol – *Cassella* 410, 577, 697
Solinden – *Acna* 558
Solindol – *Acna* 569
Solochrom – *ICI* 606, 621
Solochromat – *ICI* 606
Solophenyl – *Geigy* 540
Stenamin – *Acna* 605
Stenolan – *Acna* 605
Sulfanol – *Francolor* 573
Sulfanosol – *Francolor* 573
Sulfanthrene – *Du Pont* 558, 574
Sulfatin – *Chemapol* 573
Sulfer – *Vond.* 573
Sulfogene – *Du Pont* 573
Sumifix – *Sumitomo* 577
Sumilight – *Sumitomo* 540
Supracen – *Bayer* 601
Supracet – *Holliday* 590
– supracide – *Francolor* 601
Suprafix – *BASF, Bayer, Cassella, Hoechst* 680
Supramin – *Bayer* 601
Supranol – *Bayer* 601
Synchromat – *Ciba* 606

Tectilon – *Ciba* 619
Telasol – *Sandoz* 218
Telogen – *Bayer* 620
Telonchrom – *Bayer* 621
Telonecht – *Bayer* 619, 624
Telonlicht – *Bayer* 619, 624
Teracoton – *Ciba* 628, 723
Teralan – *Ciba* 629
Terasil – *Ciba* 627, 722
Terindosol – *Sandoz* 629
Tertroxyl – *Tertre* 624
Tetra – *Sandoz* 463, 558
Tetramin – *Sandoz* 614
Tetraminlicht – *Sandoz* 614
Thional – *Sandoz* 573
Thionol – *ICI* 573
Thionol M – *ICI* 574
Thiononе – *Holliday* 573
Thiotinon – *Geigy* 574
Tina – *Geigy* 558
Tinalden – *Acna* 574
Tinofil – *Geigy* 218
Tinogen – *Geigy* 439
Tinogenal – *Geigy* 439, 695
Tinon – *Geigy* 463, 558
Triacetol STN – *Vond.* 590
Triantin – *Vond.* 540
Trimal – *Vond.* 545
Trisulfon – *Sandoz* 540

Uhopid – *Tientzin* 577
Unichrom – *Vond.* 606

Unilon – *Pharma* 624
Ultrafix – *Sandoz* 680
Ultralan – *ICI* 605
Ursol – *Wolfen* 487

Variogene – *Hoechst* 555
Vegan – *Wolfen* 614
Vegancuproxon – *Wolfen* 614
Veganecht – *Wolfen* 614
Veganmetachrom – *Wolfen* 614
Verilan – *ICI* 606, 621
Verofix – *Bayer* 413, 609, 716
Vialonecht – *BASF* 394, 620
Viscofil – *Sandoz* 218
Viscolanecht – *Sandoz* 614
Vitrolan – *Sandoz* 605
Vonteryl – *Vond.* 712

Wofalan – *Wolfen* 605

Xiron – *Wolfen* 577, 697
Xylen – *Sandoz* 601

II. Farbstoff-Handelsprodukte und Vorprodukte

Acilanechtmarineblau R 388
Acilanechtviolett FB
s. Wollechtviolett B
Acilanponceau RR s. Ponceau 2R
Acilanrot 3BS 400
Acilansaphirol B s. Alizarinsaphirol B
Acridingelb G 497
Acridinorange NO 497
Alcian Blue 8GS 499
Alciangelb GX 491
Algolbordo RT 467
Algolgelb WG 465
Algolorange RF 482
Algolrot 5B 482
Alizarinblauschwarz B 457
Alizarinbordo B 456
Alizarinbrillantreinblau R 457
Alizaringelb R 391
Alizarinirisol 104
Alizarinreinblau B 457
Alizarinrot 369, 454
Alizarinrot S 457
Alizarinrubinol 104, 458
Alizarinsaphirol A 457
Alizarinsaphirol B 457
(Acilansaphirol B)
Alizarinschwarz S 456
Alizarinwalkblau SL 457
Amanil Developer 421
Aminosolschwarz A, M 702
Anilinblau 370
Anilingelb 385
Anilinschwarz 487, 579
Anthrasolblau IBC 484
Anthrasolbraun IRRD 484
Anthrasolbrillantrosa I3B 484
Anthrasoldruckgelb I3G 440
Anthrasolgoldgelb IGK 484
Anthrasolgrün IB 484
Anthrasol O 484
Anthrasol O4B 484
Anthrasolrotviolett IRH 484
Astraphloxin FF 497
Astrazonrosa FG 498
Auramin 452
Auramin O 452
Autolrot RLP 395
Azanilschwarz 627
Azogène Jaune solide G 428
Azonin R 385

Bafixantürkis BL 499, 709
Baumwollbraun R 532
Benzobraun B 401
Benzobrillantreinblau 8GS
s. Brillantreinblau 8G extra
Benzobrillantrosa GGNS s. Erika 2GN
Benzocongorot s. Congorot
Benzoechtgelb 5GL 400
Benzoechtschwarz L 401
Benzoflavin 497
Benzogelb GZ s. Thiazolgelb
Benzolichtgelb G 422
Benzopurpurin 4B 400, 504, 517
Benzotiefschwarz E 401
Bismarckbraun 385
Bordobase Ciba III 429
Brenthol AS 424
Brillantalizarinreinblau D 489
Brillantgrün N 446, 677
Brillantindigo 4B 481, 484
Brillantindigo BASF/B 481
Brillantreinblau 8G extra 444
(Benzobrillantreinblau 8GS)
Buttergelb 397

Caledonblau RC 472
Caledonblau X2N 470
Caledon Brilliant Purple R 484
Caledongelb G 472
Caledon Jade Green 2B 484
Caleosolblue RS 470
Capriblau 488
Celcot RF 424
Cellitazol B 433
Cellitazol 5R 433
Cellitonätzblau 5G 386
Cellitonätzblau RRF 386
Cellitonechtblau FFR 459
Cellitonechtgelb 386
Cellitonechtgrün 5B 459
Cellitonrubin BF 386
Cellitonscharlach B 386
Chicagoblau 6B 400, 403, 504
Chinolingelb 496
Chloramingelb C 491

Chloramingelb GG 491
Chlorantinlichtblau 8GL 531
Chlorantinlichtgrün BL 531
Chlorantinlichtgrün BLL 402
Chlorantinlichtgrün FGLL 458
Chlorantinlichtgrün 5GLL 402, 458
Chlorantinlichtrot 5GL 538
Chlorazol Fast Blue 8GS 499
Chromgelb 370
Chromoxanreinblau B 448
Chrysamin G 400
Chrysoidin 385, 677
Chrysophenin G 422, 505
Cibablau 2B 481, 484
Cibabordo B 482
Cibabraun G 484
Cibagelb 3G 481
Cibaheliotrop B 481
Cibanaphtol RF 424
Cibanaphtol RP 427
Cibanonblau 3G 474
Cibanonblau RS 470
Cibanonbrillantorange GK 475
Cibanongelb G 472
Cibanongrün B 568
Cibanonorange 6R 466
Cibanonrot RK 468
Cibanonschwarz 2B 474
Cibanonviolett R 474
Cibantinrot B 432
Cibarosa B 482
Cibarosa BG 482
Cochenillerot A 370, 456
Congoorange G 528
Congorot 400, 504
Cotolangelb G 422

Développeur A 421
Développeur NB 421
Développeur NJ 421
Développeur NMC 421
Développeur NO 421
Développeur NON 421
Devolorange B 428
Diamantchromblauschwarz B 457
Diamantreinblau B 448
Diamantschwarz F 401
Diamantschwarz PV 391
Diaminkatechin 3G 402
Diaminreinblau 504
Diaminreinblau FF 400, 504
Diaminrosa B extra 491
Diaminrosa GN 395
Diaminschwarz RO 420
Diazoechtgelb 3GLL 531
Diazoechtgrün BL 531
Diphenylschwarz 487
Diphenylschwarzbase 487, 580, 701

Echtblau B Base 429
Echtblau BB Base 693
Echtgelb GC Base 428
Echtlichtgelb G 422
Echtorange GR Base 428
Echtorangesalz GGD 430
Echtorangesalz GR 432
Echtorangesalz RD 691
Echtrot A 388
Echtrot B 441
Echtrot FG Base 429
Echtrot GL Base 428
Echtrot 3GL Base 693
Echtrot ITR Base 429
Echtrot KB Base 438, 693
Echtrotsalz AL 429
Echtsäureblau B 448
Echtscharlachsalz GG 432
Echtschwarzsalz G 429
Echtviolett B Base 696
Entwickler A 421, 433, 547
Entwickler F 421
Entwickler H 421
Entwickler J 421
Entwickler N 547
Entwickler ONL 421, 433
Entwickler Z 421
Eosin A 450
Eosin S 450
Erika 2GN 395, 491
Eriochromazurol B 448
Eriochromblauschwarz R 393
Erythrosin J 450

Fast Orange GR Base 428
Fettbraun s. Sudanbraun
Fixiersalz VII 421
Flavanthren 472, 532, 567
Flavazin L 422
Fluorescein 450
Fuchsin 370, 446, 677
Furrein D 487

Gelbbase Ciba I 428

Helindongelb CG 478
Helindonorange R 482
Helindonrot BB 482
Heliogenblau B 499
Hydronblau G 492
Hydronblau R 492

Immedialgelb GG 493
Immediallichtbrillantgrün BBL 499
Immedialpurpur C 494
Immedialreinblau B 493
Indanthrenblau BC 472, 484
Indanthrenblau CLB 469
Indanthrenblau 5G 470
Indanthrenblau GC 472
Indanthrenblau GCD 472
Indanthrenblau GPZ, RPZ 104
Indanthrenblau RS 470
Indanthrenblaugrün FFB 474
Indanthrenbordo B extra 467
Indanthrenbordo RR 477
Indanthrenbraun BR 468
Indanthrenbraun R 468
Indanthrenbraun RRD 482, 484
Indanthrenbrillantblau 4G 499
Indanthrenbrillantgrün B 484

Indanthrenbrillantgrün GG 474
Indanthrenbrillantorange GK 475
Indanthrenbrillantorange GR 477
Indanthrenbrillantorange RK 475
Indanthrenbrillantrosa 3B 484
Indanthrenbrillantrosa R 482
Indanthrenbrillantviolett 2R 474
Indanthrendirektschwarz RB 467
Indanthrendruckblau FG 469
Indanthrendruckbraun 5R 477
Indanthrendunkelblau BO 474
Indanthrengelb G 472, 567
Indanthrengelb 6GD 478
Indanthrengelb GF 469
Indanthrengelb 3GF 465
Indanthrengelb GGF 466
Indanthrengelb 4GK 469
Indanthrengelb 5GK 465
Indanthrengelb 7GK 476
Indanthrengoldgelb GK 474, 484
Indanthrengoldgelb RK 475
Indanthrengoldorange G 473, 566
Indanthrengoldorange 3G 468
Indanthrengoldorange GN 469
Indanthrengrau 6B 482
Indanthrengrau K 467
Indanthrengrün BB 470
Indanthrengrün G 474
Indanthrenkhaki GG 468
Indanthrenkorinth RK 467
Indanthrenmarineblau R 474, 567
Indanthrenoliv R 468
Indanthrenolivgrün B 474
Indanthrenorange RRT 473
Indanthrenorange 6RTK 467
Indanthrenrot FBB 469
Indanthrenrot GG 477
Indanthrenrot 5GK 465
Indanthrenrot RK 468
Indanthrenrotviolett RH 484
Indanthrenrotviolett RRK 469
Indanthrenscharlach GG 477
Indanthrenscharlach R 477
Indanthrenschwarz 2B 474
Indanthrentürkisblau 3GK 469
Indanthrenviolett FFBN 469
Indanthrenviolett R extra 474
Indigo MLB 478, 481
Indigo MLB/4B 481
Indigo MLB/T 481
Indigocarmin 481
Indigosolblau IBC 484
Indigosol O 483
Indigosol O4B 710
Indigosol OR 609
Indigosolrot AB 440
Indirubin 481
Indocarbon CL 464, 494, 573
Indocarbon Cl f. Sol 573
Indocarbon CLG 573
Irganaphthol RF 424

Janusblau G 486

Karminsäure 370, 456
Krapprot 369, 454
Kristallviolett 446, 453
Küpenrot 5B 482

Litholrubin B 396

Malachitgrün 375, 445, 503
Mauvein 370
Metachromorange R 391
Metanilgelb 387
Methylenblau B 489
Methylengrün B 489
Methylenviolett BN 486
Methylgrün 446, 453
Methylviolett B 446
Mikadogelb G 532
Mikadoorange G 532
Monastral Fast Blue 499

Naftolo Acna C 424
Naphthamingelb G 532
Naphthanil AS-SH 424
Naphthazarin 456
Naphthazol A, NA 424
Naphtholblauschwarz B 398
Naphtol AS 424, 518, 548, 690, 692, 693
Naphtol AS-BO 424, 518
Naphtol AS-BR 425, 532, 550, 551, 695
Naphtol AS-BT 425
Naphtol AS-D 424, 438, 548, 690, 693
Naphtol AS-FGGR 426
Naphtol AS-G 426, 532, 550, 693, 695
Naphtol AS-GR 425, 548, 550, 551
Naphtol AS-ITR 424
Naphtol AS-LB 425
Naphtol AS-LG 532, 695
Naphtol AS-L3G 426, 532
Naphtol AS-RL 693
Naphtol AS-S 548
Naphtol AS-SG 425, 548, 551
Naphtol AS-SR 425, 548, 551
Naphtolgelb S 496
Naphtolrot O 441
Neolanblau B 393
Neublau R 488
Neutralrot extra 486
Neuviktoriagrün O 445
Nigrosin 485
Nilblau A 488
Nitrazol CF 421, 548
Nitrosaminrot 421, 548
Noir réduit 668
Novazolsäureblau-Marken 486

Orange I 387, 389, 503
Orange II 389
Orangebase Irga II 428

Palatinechtgrün BLN 393
Pandurantürkisblau 499
Paraminbraun 487
Pararot 395, 423
Paraschwarz R 421
Parazol FB extra 421, 548
Patentblau A 448

Patentblau V 448
Phenolphthalein 449
Phenosafranin 486
Phosphin 497
Phtalogenblau IB 501
Phtalogenblau IRM 503
Phtalogenblauschwarz IVM 503
Phtalogenbrillantblau IF3G 500
Phtalogenbrillantblau IF2GK 501
Phtalogenbrillantblau IFGM 503
Phtalogenbrillantgrün IFFB 501
Phtalogenmarineblau IRM 503
Phtalogentürkis IFBK 501
Pigmentbraun 397
Polarblau-Marken 486
Polarbrillantrot 3B 528
Polarorange R 528
Ponceau 2G 441
Ponceau 2R (Acilanponceau RR) 441
Ponceau 4R 441
Pontamine Developer TN 421
Pontaminentwickler ZN 421
Primulingelb 490
Primulinrot 490
Pyranthron 473, 529

Rapidamintürkis B 709
Rapidazolblau IB 436, 693
Rapidazolschwarz B 693
Rapidechtrot GG 435
Rapidogenblau B 693
Rapidogengelb G 710
Rapidogenmarineblau IB 438
Rapidogenrot G 438, 693
Rapidogenscharlach R 693
Remastralblau F3GL 488
Rheonin A 497
Rhodamin B 451
Rhodamin 3B 451
Rhodamin 6GP 451
Rhodulinblau 6G 446
Rhodulingelb T 490
Rhodulinorange N 497
Rhodulinorange NO 676
Rhodulinreinblau 3G 676
Rhodulinviolett B 486

Sächsischblau 481
Säureanthracenrot 3B 400
Safranin B extra 486
Sandothrenblau NRS 470
Sandothrengoldgelb NGK 474
Sandothrenorange N6R 466
Setacyldirektrot 5GBN 386
Siriuslichtblau FFRL 488
Siriuslichtblau 3RL 404
Siriuslichttürkisblau GL 499
Solacetechtrubin 3BS 387
Solanilschwarz 701
Solanthrengelb JF 469
Solargrün 3LB 458
Soledon Brilliant Purple RR 484
Soledon Jade Green 484
Sudanbraun 397
Sulfo-Brilliant-Green 499
Sulfonsäureblau R 388
Sulforhodamin B 451
Supranolblau BL s. Wollechtblau BL
Supranolbrillantrot 3B 388

Thiazinrot R 491
Thiazolgelb (Benzogelb GZ) 532
Thioflavin S 491
Thioflavin T 490
Thioindigo 482
Thionol Ultra Green B 499
Tinonchlorblau RS 470
Tinonorange 6R 466
Tuchrot O 441
Türkisblau B 446
Türkischrot 369, 454, 578

Uranin 450
Ursol D 487
Ursol DD 487
Ursol GG 487
Ursol SC 487

Variaminblau B Base 429, 438, 530, 555, 693, 696
Variaminblausalz B 696
Variaminblausalz RT 555
Viktoriablau B 447, 677
Violanthron 474

Wollechtblau BL (Supranolblau BL) 486
Wollechttürkisblau SW 500
Wollechtviolett B (Acilanechtviolett FB) 486
Wollgrün S 448

Xylenrot B 451

III. Textilhilfsmittel-Handelsprodukte

(Die Herstellerfirmen [abgekürzt] sind kursiv gesetzt. Abkürzungen siehe S. 851 ff.)

Vorbemerkung:

Bei den an den verschiedenen Stellen des Buches genannten Textilhilfsmitteln handelt es sich um eine willkürliche Auswahl, die selbstverständlich keinerlei Anspruch auf Vollständigkeit erheben kann. Auch Zahl und Reihenfolge der aufgeführten Produkte ist völlig willkürlich. Sie sind nur als Beispiele für die chemische Zusammensetzung bzw. technische Anwendung zu werten.

Im allgemeinen sind nur solche Produkte aufgeführt, die in ihrer chemischen Natur bzw. Zusammensetzung bekannt sind. Häufig sind daher auch ältere Produkte genannt, die heute vielleicht nicht mehr im Handel sind.

Für den Studierenden sowohl als auch für den Forscher ist die Kenntnis von *formelmäßigen Zusammenhängen* von Wichtigkeit. Mit den Handelsnamen allein ist der Lehre und Forschung nicht gedient. Im übrigen lernt der Leser damit auch die historische Entwicklung der Textilhilfsmittel kennen.

Acetan – *Bayer* 591
Acetin – *BASF* 677, 782
A-C Polyethylene – *Allied* 791
Acrafloc LU – *Bayer* 787
Acrafloc LUS – *Bayer* 787
Acralen-Marken – *Bayer* 110, 791
Acramin SLN – *Bayer* 708
Acrapon A – *Bayer* 708, 781
Acrisin – *Röhm* 135, 136
Acronal – *BASF* 110, 791
Acryptol CU, DA – *Francolor* 792
Acrytex – *Röhm* 791
Adipon HD e.k. – *Henkel* 757
Aerosol OT, MA – *Cyanamid* 758
Aerotex Resin M-3 – *Cyanamid* 136
Aerotex Resin 23 – *Cyanamid* 136
Ätzsalz Ciba O – 790
Ätzsalz Ciba W – *Ciba* 790
Aflamman – *Quehl* 147
Afrotin P100 – *S & S* 792
Aglutan P extra – *S & S* 56
Akaustan A – *BASF* 147
Akaustan PC – *BASF* 150
Aktivator N – *Degussa* 92
Aktivin – *Heyden* 52, 63, 73, 296, 714, 791
Aktivin S – *Heyden* 791
Albatex BD – *Ciba* 65, 676, 685
Albatex PO – *Ciba* 561, 761, 787
Albatex WS konz. – *Ciba* 614
Albigen A – *BASF* 595, 787, 788
Alcopon – *Uetikon* 801
Alg-gum HV – *Maton* 779
Alkagum NS – *Diamalt* 780
Alkanol B – *Du Pont* 755
Alkanol WXN – *Du Pont* 769
Alkaprint – *Diamalt* 780
Alvapuron SO – *Düren* 757
Amin O – *Geigy* 792
Anonaid DN – *Evans* 758
Antarox CA-630 – *Antara* 764, 770
Anthrasolsalz NO – *Hoechst* 569, 688
Anthydrin – *Z & S* 124
Antisoil Agent A – *ICI* 355
Antistaticum ZS – *Z & S* 793
Antistatin C, TT – *BASF* 792
Appretan EM – *Hoechst* 110, 791
Apranal H88 – *Düren* 125
Aquamollin – *Cassella* 803
Aquaperle G – *Francolor* 124
Arbyl N – *Grünau* 764
Arcofix CA – *Hoechst* 141
Argyrofelt EL – *Degussa* 274
Arkopal N – *Hoechst* 764
Arkostat AC, C, P – *Hoechst* 793
Arostit RFL – *Sandoz* 684, 790
Arristan 100 – *CHT* 791
Arristan SR300 – *CHT* 355
Aspumit A, TM – *Quehl* 787
Astol A – *ICI* 769
Aston 108 – *Onyx* 793
Astragal PAN – *Bayer* 632
Atco Reserve Salt L – *Atlantic* 65
Ateban HL – *ATB* 769
Ateban HLB – *ATB* 754
Atebin – *ATB* 791
Atebin W – *ATB* 791
Ateblanc NH – *ATB* 92
Atefix – *ATB* 794
Autochrombeize – *Campbell* 607
Avebe-Amylopektin – *Avebe* 54
Avebe-Amylose – *Avebe* 54
Aversin T – *Henkel* 124
Avirol DKM – *Henkel* 752
Avirolit – *J & P* 803
Avistat AV120, AZ – *CHT* 792
Avitex R – *Du Pont* 792
Avolan AV – *Bayer* 775
Avolan IW – *Bayer* 764
Avolan O – *Bayer* 765
Avolan P – *Bayer* 755
Axil C – *Bayer* 92

Bactolase – *Ferment* u. *S & S* 56
Banflame – *Bancroft* 148
Basolan DC – *BASF* 296, 714
Basopal NA – *BASF* 754
Baypren – *Bayer* 120
Baysilon – *Bayer* 128
BCI 800 Series Nylons – *BCI* 791
Bedafin – *ICI* 234
Beetle Textile Resin BT 309, BT 321, BT 325 – *BIP* 136
Beetle Textile Resin BT 324 – *BIP* 137
Bentonit – *Bentonit* 780
Benzalkon B – 154
Benzocuprolsalz – *Bayer* 545
Biavin – *CHT* 792
Biolase-Marken – *Hoechst* 56
Biolase N extra – *Kalle* 55
Blancolen spezial – *Brüggemann* 281, 788
Blankit D, DA – *BASF* 282
Blankit IN – *BASF* 788
Blankophor-Marken – *Bayer* 104, 798
Blankophor ACF – *Bayer* 799
Blankophor B, R, WT, RA, BA – *Bayer* 798, 799
Bleichsalz Bayer – *Bayer* 88
Brüggolit C – *Brüggemann* 675, 680, 789
Buna N – *Buna* 120
Buna S – Buna 120
Buna Latex S 213 – *Buna* 120
Buna Latex SS spezial 50 – *Buna* 120
Buranil LL – *Baur* 757

Burapret H – *Baur* 136
Burmol – *BASF* 788

Calaroc EU – *ICI* 137
Calaroc UFB – *ICI* 136
Calatac MMP – *ICI* 234
Calatac VA – *ICI* 791
Calaton CA – *ICI* 791
Calgon – *Benckiser* 118, 801, 802
Calsolene Oil HS – *ICI* 752
Camalt – *Campbell* 56
Cappagen L – *KMSt* 791
Cappagen T – *KMSt* 124
Cassapret SR – *Cassella* 355
Cassastat WF – *Cassella* 793
Cassurit MKF – *Cassella* 135, 136, 778
Cassurit MLP – *Cassella* 136
Cassurit RI – *Cassella* 137
CCS 797
Cecalginat-Marken – *Maton* 779
Cekit OM – *Stockhausen* 752
Cellana-Schmälze – *Z & S* 279
Cellcosan FF – *Svenska* 780
Cellcosan Standard – *Svenska* 780
Cellex – *Ciba* 593, 794
Cellosolve – *Carbide* 781
Celloxan – *Bayer, BASF* 591
Cerafil S50 – *ATB* 791
Ceranin P – *Sandoz* 791
Ceratoniagummi – *Kästner* 780
Cerol T, Z – *Sandoz* 124, 125
Cerol WB – *Sandoz* 126
Chemisap MR – *KMSt* 234
Chloregal – *Geigy* 298
Chlorit 80% – *Degussa* 88
Chlorparaffine, Witten K-Marken – *Nobel* 116
Chromosol – *Sandoz* 607
CHT-Carrier GR – *CHT* 626
CHT-Entschäumer SIW – *CHT* 787
Cibacron-Katalysator CCB – *Ciba* 577
Cibaphasol AS, C, 8526 – *Ciba* 603
Cirrasol PT – *ICI* 355
Cirrasol SF200, Z – *ICI* 792, 793
Cloritane – *Schweiz. Sodafabrik* 88
Cohäsol – *Laue* 779
Colloresin DK s. Tylose DKL
Contraqua EN – *Quehl* 124
Contrastol W – *Bayer* 610
Coprantex B – *Ciba* 546
Coprantinsalz – *Ciba* 545
Coptal BN – *Francolor* 755
Coraclin – *Quehl* 355
Cubimet AH – *KMSt* 147
Cuprofix SL – *Sandoz* 546
Cyanatex 992 Antifoam – *Cyanamid* 787
Cyclanon LA, O – *BASF* 757
Cyclanon WNL – *BASF* 769
Cyquest 40 – *Cyanamid* 803

Darotin DS – *Degussa* 803
DDT – *Geigy* 797
Decrolin lösl. konz. – *BASF* 619, 713, 789
Defindol konz. – *Henkel* 764
Deflavit ZA– *BASF* 789
Degomma DK – *Röhm* 55
Degomma D-, HB-Marken – *Röhm* 56
Dehaclin-Marken – *Deha* 769
Deha-Schlichtepulver A, B – *Deha* 791
Deha-Schlichtepulver S – *Deha* 791
Dehazym P – *Deha* 56
Dekol N – *BASF* 754, 775
Dellatol – *Bayer* 116
Delustran O – *Sandoz* 794
Depco Carrier P – *De Paul* 626
Depco-Retarder – *De Paul* 632
Depsoline RL, S – *Francolor* 582
Desamulon N – *Francolor* 56
Desmodur – *Bayer* 112
Desmolin – *Bayer* 112
Desmophen – *Bayer* 112
Diadavin EP, WTS – *Bayer* 769
Diaferman – *Diamalt* 56
Diagum D – *Diamalt* 682, 780, 791
Dialgin – *Diamalt* 779
Diamonine AF, SPA – *Francolor* 136
Diastafor extra stark – *Diamalt* 55, 56
Diatex – *Diamalt* 779
Diazet – *Diamalt* 791
Diazopon A – *BASF* 555, 764
Dicrylan C – *Ciba* 110, 791
Dieldrin – *Shell* 294, 797
Diffusil S – *ATB* 752
Diglykol – *Buna* 781
Dilatin DB – *Sandoz* 626, 629
Dinaton 783
Dionil SH, W – *Hüls* – 765
Dipsanil V – *ICI* 124
Diseron OF – *Rudolf* 769
Diseron SV – *Rudolf* 754
Dispergin S – *Quehl* 794
Dispergine CB – *Francolor* 755
Dispersogen AZ – *Hoechst* 555, 599, 605, 764
Dispersol AC – *ICI* 755
Dispersol VL – *ICI* 792
Ditalan-Marken – *KMSt* 757
Dodigen 226 – *Hoechst* 153
Dowicide A, I – *Dow Chem., Du Pont* 626
Dragotex – *Dragoco* 107
Drucköl Leuna T – *Leuna* 782
Dullatone – *Onyx* 793
Duponol G, LS – *Du Pont* 757
Du Pont Retarder LAN – *Du Pont* 632
Durasol TA – *Henkel* 791
Durozell KN – *Z & S* 136

Ebenin 67 – *Eberle* 757
Ebrolan F – *Hard* 794
Ebrolin BG – *Hard* 761
Ebrolin MA – *Hard* 794
Ebrolin RE – *Eberle* 632
Ebrolin WT – *Eberle* 764
Ebropal K – *Hard* 764
Ebropon N – *Hard* 759
Edolan A extra – *Bayer* 623
Edunine OS – *Francolor* 765
Effektol 4212 – *ATB* 769
Egal D – *Stein* 775
Egalisal – *Grünau* 775

Egalisal CS – *Grünau* 794
Eganal ON – *Hoechst* 764, 775
Ekalin F – *Sandoz* 764
Elastofix A – *ATB* 136
Elastofix M – *ATB* 136
Elastofix RF – *ATB* 137
Elfugin-Marken – *Sandoz* 792
Elvanol – *Du Pont* 791
Emboset – *Atlantic* 137
Emulgator ELN – *Hoechst* 764
Emulgator STS – *Hoechst* 764
Emulgator U – *Bayer* 765
Emulphor A öllöslich – *BASF* 765
Emulphor FFO – *BASF* 765
Emulphor O – *BASF* 764
Emulsogen P – *Hoechst* 764
Entschäumer HJ – *Hoechst* 786
Entschäumer ICS – *Stein* 786
Entschäumer SIW – *CHT* 787
Enzylase – *Diamalt* 56
Epikote 812 – *Shell* 141
Erasol K – *Holliday* 789
Eriochromalbeize – *Geigy* 607
Erional L neu – *Geigy* 614
Eriopon GO – *Geigy* 757
Erkantol BX – *Bayer* 755
Estarfin GN – *Stockhausen* 125
Etadurin M, P – *Düren* 136
Etadurin V 63, V 500, V 800 – *Düren* 137, 138
Etingal A – *BASF* 786
Eucarnit- 770
Eulan asept – *Bayer* 153, 797
Eulan BL – *Bayer* 294, 796
Eulan BLS – *Bayer* 294, 797
Eulan CN, CNA – *Bayer* 795, 796
Eulan FL – *Bayer* 795
Eulan neu – *Bayer* 293, 795, 796
Eulan NK – *Bayer* 293, 294, 796
Eulan SN – *Bayer* 796
Eulan U 33 – *Bayer* 294, 797
Eulan WA neu – *Bayer* 294, 797
Eulysin A – *BASF* 571, 755
Eumercin S – *Pfersee* 770
Eunaphthol ASN- 755
Eutinctol N – *Francolor* 776
Evoral FL, KW – *S & S* 124, 125
Exocoll T – *KMSt* 56

F-Donator 64 – *Rotta* 141
Felosan EF, TE, WS – *CHT* 769
Felosan M 830 – *CHT* 765
Feran-Marken – *Rudolf* 355
Ferment D – *Ferment* 56
Fewa – *Böhme* 757
Fibradurit FSN – *Cassella* 572
Fibrocol RT – *Sichel* 791
Filaturol DA, EW – *KMSt* 791
Finish EN, LCR – *Sandoz* 136, 137
Finish NSW – *Sandoz* 234
Fixan – *Rotta* 234
Fixanol C – *ICI* 546, 776
Fixapret 140 – *BASF* 138
Fixapret AH, CPN, PH, PCL – *BASF* 137
Fixapret CPF, CPK – *BASF* 138
Fixapret BU – *BASF* 136, 141
Fixapret TN – *BASF* 141
Fixierbeschleuniger 4099 – *BASF* 789
Fixierer WDHL – *Dur. Hug.* 716
Fixierer P – *BASF* 418
Fixogène T – *Francolor* 778
Flacavon-Marken – *S & S* 147
Flammentin AS – *Quehl* 147
Flerhenol – *Z & S* 752
Flexin D – *Henkel* 234
Floranit – *Henkel* 770
Flovan FD, PF – *Pfersee* 147
Fluolite-Marken – *ICI* 104, 798
Fluorescenzsalz GD, RD – *Bayer* 670
Formosul – *Brotherton* 789
Formosul CL – *Brotherton* 790
Fornax 80 – *Pfersee* 234
Foryl D konz. – *Henkel* 764
Fumexol 2, AS – *Ciba* 787
Fungitex B – *Ciba* 153

Gardinol – *Henkel* 757
Gelatol TO – *Pfersee* 791
Gemmin 278 – *Stein* 792
Genopur A konz. – *Hoechst* 754
Genopur FAS – *Hoechst* 757
Germocid – *BASF* 153, 792
Gix – *Hoechst* 797
Glanzan PH – *Quehl* 791
Glazamine CC – *Francolor* 137
Globol – *Schulz* 293, 794
Glycenit TH – *Quehl* 782
Glydot BN – *ICI* 782
Glyezin A – *BASF* 674, 715, 717, 782
Glyezin PFD – *BASF* 782

Halosal B – *Ciba* 803
Helizarinweiß T – *BASF* 793
Hexatren C 5 – *Giulini* 801
Homolsan – *Baumann* 791
Horsil-Marken – *Henkel* 791
Horsil Z 25 – *Henkel* 107
Hostalux-Marken – *Hoechst* 104, 798
Hostapal-Marken – *Hoechst* 764
Hostapal BV – *Hoechst* 766
Hostapal HL – *Hoechst* 769
Hostaphat-Marken – *Hoechst* 792
Hostapon A – *Hoechst* 762
Hostapon T – *Hoechst* 761
Humectol C – *Cassella* 760
Humectol CX – *Cassella* 760
Hydrophobol BWF – *Pfersee* 125
Hydrophobol L1300 – *Pfersee* 129
Hydrophobol OLU – *Pfersee* 127
Hydrophobol Z-Marken – *Pfersee* 125
Hydrosolfixierer KT – *Cassella* 575
Hydrosulfit AZL wasserlöslich – *Rohner* 789
Hydrosulfit BASF – *BASF* 675, 788
Hydrosulfit BZV wasserlöslich – *Ciba* 619, 789
Hydrosulfit FD – *Geigy* 789
Hydrosulfit Pulver – *Brüggemann* 788

Hydrosulfit R – *Ciba* 789
Hydrosulfit RF – *Sandoz* 675, 680, 789
Hydrosulfit RFN – *Sandoz* 789
Hydrosulfit Z – *Geigy, Sandoz* 789
Hydrosulfit Z wasserlöslich – *Geigy* 789
Hygrolit – *MAB* 803

Impermin CR – *KMSt* 129
Imprägnol CDL – *Pfersee* 124
Imprägnol 89 – *Pfersee* 127
Imprafix-Marken – *Bayer* 112, 113
Imprafix TH – *Bayer* 113
Imprafix TRL – *Bayer* 787
Impranil-Marken – *Bayer* 112
Indegal – *Angele* 775
Inferol NL, OPM – *ATB* 770
Intrasol – *Stockhausen* 751
Invadin BL – *Ciba* 755, 770
Invadin MET – *Ciba* 770
Invalon PR – *Ciba* 626
Irgalon – *Geigy* 803
Irgamin E – *Geigy* 765
Irgasalz AP – *Geigy* 614
Irgasan DP 300 – *Geigy* 152
Irgasol DA – *Geigy* 755, 782
Irgasol DAM – *Geigy* 632
Isomerpin S – *Kempen* 279

Jokalin – *Baur* 757

Karagum – *Diamalt* 779
Karion – *Merck* 782
Katanol ON – *Cassella* 582, 677, 718
Katanol SLN – *Cassella* 614
Katepol K – *GDC* 765
Kaurit M 90 – *BASF* 136
Kaurit S – *BASF* 136, 778
Kaurit W – *BASF* 136
Kelgin – *Kelco* 779
Knittex AV, POM I – *Pfersee* 141, 142
Knittex everfit – *Pfersee* 137
Knittex M-Marken – *Pfersee* 136
Knittex OC, POM III R – *Pfersee* 138, 141
Kollamin – *Fesago* 580
Konservan FC 9, HC 2 – *Quehl* 792
Kufalin – *Baur* 752
Kupfer-Sandoz – *Sandoz* 721
Kuppal A konz. – *Stein* 555

Lamegum – *Grünau* 779
Lamepon A – *Grünau* 96, 759, 775, 794
Lamepon HZ – *Grünau* 234
Lameprint A – *Grünau* 780
Lamitex – *Protan* 779
Lanaestrol CAR – *Baumheier* 626
Lanamerpin G – *Kempen* 769
Lanapex NA – *Francolor* 769
Lanapress PW – *BASF* 263
Lanasan CL – *Sandoz* 759, 794
Lanaset Resin – *Cyanamid* 135
Lanoc CN – *ICI* 795
Latyl Carrier A – *Du Pont* 626
Lavatex – *ATB* 759
Lavotan AS – *CHT* 757
Lavotan AST – *CHT* 765
Lavotan NN – *CHT* 761
Leicogummi – *Leico* 780, 791
Lenetol NS – *Francolor* 764
Lensex – *Shell* 758
Leomin HSG – *Hoechst* 765
Leomin PE – *Hoechst* 792
Leonil DB – *Hoechst* 755
Leonil FFO – *Hoechst* 765
Leonil RW – *Hoechst* 764
Leonil SB – *Hoechst* 755
Leophen BN – *BASF* 770
Lepandin 20 neu – *Degussa* 794
Leucofixe B, J – *Francolor* 790
Leukophor-Marken – *Sandoz* 104, 798
Leukotrop O – *BASF* 683, 684, 790
Leukotrop W – *BASF* 532, 676, 683, 684, 689, 790
Levalin SR – *Bayer* 574
Levana – *Sandoz* 794
Levapon OL – *Bayer* 757
Levapon T – *Bayer* 753
Levasol – *Bayer* 556, 708
Levegal K – *Bayer* 561, 764
Levegal ON, PT, TBE – *Bayer* 626
Levegal PAN – *Bayer* 632
Levogen FWN, HW – *Bayer* 778
Levogen WW – *Bayer* 546, 777
Lewatit – *Bayer* 818, 819
Limanol EM – *S & S* 279
Limpigen 205 – *KMSt* 769
Liovatin – *Sandoz* 783
Lissapol C – *ICI* 757
Lissapol N – *ICI* 764
Lissapol NX – *ICI* 764
Lissolamin V – *ICI* 595, 787
Locipan 139 – *Pfersee* 791
Lubrol MOA – *ICI* 764
Ludigol – *BASF* 65, 668, 676, 685
Lufibrol KB – *BASF* 64
Lufibrol W – *BASF* 282, 345
Lufixan LF – *BASF* 778
Luprintol P, S – *BASF* 781
Lurotex A 25 – *BASF* 361
Lusynton T – *BASF* 761
Lutexal U – *BASF* 780
Lutonal-Marken – *BASF* 110
Lutonal A 50 – *BASF* 116
Lutonal I 60 – *BASF* 116
Lutonal M 40 – *BASF* 116
Lyofix A – *Ciba* 135, 136, 707
Lyofix CH – *Ciba* 135
Lyofix DM – *Ciba* 136
Lyofix NC – *Ciba* 137
Lyofix SB – *Ciba* 778
Lyoprint G – *Ciba* 782

Manofast – *Hardman* 789
Manutex-Marken – *Alginate* 779
Maprofix – *Onyx* 757
Marlamid D 1218, M 1218 – *Hüls* 765
Marlazin – *Hüls* 765
Marlipal – *Hüls* 764, 765
Marlon A-Marken – *Hüls* 754
Marlophen – *Hüls* 764

Marlox – *Hüls* 767
Marvelan P – *KMSt* 757
Mattweiß W – *Hoechst* 793
Maypon – *Maywood* 759, 794
Medialan A – *Hoechst* 759
Melavin B – *Leuna* 753, 769
Melioran F 6 – *Hexoran* 763
Mercerisin OR – *Quehl* 770
Mercerit B – *Chemapol* 770
Mercerol-Marken – *Sandoz* 770
Mercirane SC – *Francolor* 770
Meropan EW – *CHT* 794
Merpicoll AP – *Kempen* 791
Merpigum S – *Kempen* 120
Merpilan AM – *Kempen* 754
Merpol HC – *Du Pont* 764
Mesamoll – *Bayer* 116
Mesitol NBS – *Bayer* 620, 778
Mesitol WL – *Bayer* 614
Metabol WS – *ICI* 790
Metachrombeize – *Wolfen* 607
Metafos – *Rumford* – 801
Meypro-Gum CRX – *Meypro* 780
Meypro-Gum KN – *Meypro* 780
Migasol PC – *Ciba* 791
Migasol PJ – *Ciba* 124
Miltopan – *Henkel* 769
Mitin FF – *Geigy* 294, 795, 796
Mizellan-Schlichte R 30 – *Pfersee* 791
Mizellan-VP – *Pfersee* 791
Mollose FS – *Stockhausen* 791
Moltopren – *Bayer* 112, 356
Monagum Super, N – *Diamalt* 780
Monochrombeize – *Bayer* 607, 614
Monopolbrillantöl – *Stockhausen* 752
Monopolseife – *Stockhausen* 751
Mortisan CO 20 – *Pfersee* 792
Mowilith – *Hoechst* 110

Nacconol-Marken – *Nacco* 754
Naccosol A – *Nacco* 755
Nafka-Kristallgummi – *Scholten* 779
Naphthazogenentwickler N – *Francolor* 694
Natriumchlorit EWM – *EWM* 88
Natriumchlorit „Hoechst“ – *Hoechst* 88
Nekal A – *BASF* 754
Nekal BX – *BASF* 623, 755, 775
Nekal SBS – *BASF* 770, 775
Nekanil-Marken – *BASF* 764
Nekanil LN – *BASF* 764
Nekanil LS – *BASF* 766
Neolansalz P konz. – *Ciba* 599, 605
Neomerpin L – *Kempen* 755
Neomerpin N – *Kempen* 755, 770
Neopalin-Marken – *Eberle* 754
Neopren – *Du Pont* 111
Neopyridit V – *Rudolf* 770
Nervanaid – *Evans* 803
Netumid – *Z & S* 234
Netumid E – *Z & S* 128
Netumid S extra – *Z & S* 234
Netumidpaste – *Z & S* 125
Netzer NP-55 – *Hefti* 764
Neuperm AP, MD – *KMSt* 136
Neuperm GFN – *KMSt* 137
Neuperm ON – *KMSt* 141
Neutronyx 600 – *Onyx* 764
Newalol-Marken – *Z & S* 770
Nonax-Marken – *Henkel* 793
Nopco G – *Nopco* 791
Nopocastor – *Nopco* 752
Nopco Hosiery Treatment – *Nopco* 791
Nopcosize N – *Nopco* 791
Nopyron-Marken – *Hoechst* 147
Noredux-Marken – *Henkel* 791
Norgine – *Norgine* 779
Novappret ZM – *Quehl* 791
Nullapon C – *Gen. Dy.* 802

Oleonat – *Pfersee* 752
Ombrophob C – *Sandoz* 129
Omnipon OC 45 – *Z & S* 757
Ondalon – *Henkel* 63, 562
Oppanol B – *BASF* 111
Oppanol ORG – *BASF* 834
Opysat P – *Pfersee* 787

Palanilcarrier A, B, PE – *BASF* 626
Palatinechtsalz O – *BASF* 599, 605
Palatinol AH, C, K, O – *BASF* 115
Panalon CR – *Du Pont* 136
Paraffion – *Röhm* 127
Paralin N – *Rotta* 124
Penetracit D, TN – *Henkel* 776
Pentachlorphenol-Natrium – *Hoechst* 792
Pentamull – *Heyden Co.* 762
Pentasol D – *Hansa* 769
Pentrone T – *Glovers* 757
Peraktivin – *Heyden* 63, 73, 296
Perapret D – *BASF* 355
Perapret-Marken – *BASF* 110, 791
Perbunan – *Bayer* 120
Peregal O – *BASF* 764, 775
Peregal OK – *BASF* 697, 775
Peregal ON – *BASF* 561, 787
Perenin KN 82 – *ATB* 770
Perkolloid SF – *Holtmann* 794
Perlit AC neu – *Bayer* 125
Perlit DW – *Bayer* 129
Perlit SI – *Bayer* 128
Perloryl G – *Francolor* 129
Permalose-Marken – *ICI* 355
Permel Resin B – *Cyanamid* 127
Perminal BX – *ICI* 755
Perminal KB – *ICI* 752
Perrustol AST – *Rudolf* 793
Perrustol IW – *Rudolf* 757
Persil – *Henkel* 73
Persistol-Marken – *BASF* 125
Persistol SIN – *BASF* 128
Perstabilisator BASF – *BASF* 96
Perunisol AP – *Francolor* 764
Phenylsulfonat HSR – *Hoechst* 754
Phobotex CR – *Ciba* 129
Phobotex FT – *Ciba* 127
Photine-Marken – *Hickson* 798
Phtalogen K – *Bayer* 709
Phtalotrop B – *Bayer* 709
Plastol LB 100 116

Plastomoll DOA – *BASF* 116
Plexiglas – *Röhm* 115
Plexigum – *Röhm* 110, 791
Plexileim – *Röhm* 780, 791
Plexisol – *Röhm* 791
Plexophor – *Sandoz* 803
Plextol-Marken – *Röhm* 110, 791
Pluronics – *Wyandotte* 767
Pluvion B, BA, OL – *ATB* 124, 125
Polappret-Marken – *Z & S* 791
Polappret CS – *Z & S* 355
Polyfix N – *Francolor* 791, 792
Polyfix WT – *S & S* 793
Polyglykol – *BASF* 781
Polymul CS-41 – *Nopco* 791
Polyron – *Albert* 801
Polysynthrensalz M – *Cassella* 630
Poly Tergent G 300 – *Olin* 764
Pontamine White 2G – *Du Pont* 799
Präkordal – *De Ha* 792
Praeparol AS, LA – *Stockhausen* 279
Praestabitöl V – *Stockhausen* 751, 770
Praestogen PS – *BASF* 100
Präwozell EO, W-ON 100, W-ON 33 – *Buna* 764
Präwozell N-BX trocken – *Buna* 755
Präwozell P-FK – *Buna* 765
Präwozell P-FO, W-OFK – *Buna* 764
Premanol D – *S & S* 786
Preska – *Rotta* 236
Preska Permanent PAG – *Rotta* 136
Preska Permanent 540 – *Rotta* 136
Preska Reactant – *Rotta* 137
Prestofen AV, BV, MV – *Antara* 791
Prestofen GD – *Antara* 792
Prestofen M supra – *Antara* 795
Prestofen T – *Antara* 769
Preventol-Marken – *Bayer* 108, 792
Primatex LM – *Francolor* 757
Primenit VS – *Hoechst* 127
Printegal C – *Cassella* 786
Printogen W – *Holtmann* 786
Printon A – *Stein* 782
Produkt CFD – *Z & S* 757
Prosperin-Tabletten NO – *Pfersee* 791
Protakyp K – *Protan* 779
Protectol IIN – *BASF* 598, 754, 794
Protectol W – *Wolfen* 754, 794
P-Silicone – *Pfersee* 128
Pyridit LD – *Rudolf* 794
Pyroset – *Cyanamid* 148
Pyrovatex CP – *Ciba* 150
Pyrovatex Grund und Base – *Ciba* 148

Quadrafos – *Rumford* 801
Quadraset N – *Rumford* 791
Quadrasoft E – *Rumford* 791
Queco-Appreturfett TS – *Quehl* 791
Quecodur B – *Quehl* 136
Quecodur DM – *Quehl* 136
Quecodur TV konz. – *Quehl* 137
Quecol R – *Quehl* 752
Quecopol F – *Quehl* 757
Queco-Schlichte B 2 A – *Quehl* 791
Queco-Schlichte DK – *Quehl* 791
Quecotex 12 XN – *Quehl* 769
Quecozym E 10 – *Quehl* 56
Quellin – *Sichel* 791
Quesynthol JM – *Quehl* 769
Quesynthol NI – *Quehl* 764
Quilon – *Du Pont* 129
Quintex – *Herth* 791
Quintolan W – *ICI* 129
Quomattan P – *Quehl* 793

Rabic 186, J 200, L – *Pfersee* 791
Raluben – *Raschig* 152, 792
Ramasit I, III – *BASF* 791
Ramasit K konz. – *BASF* 124
Rapidase – *Rapidase* 56
Rapidnetzer BASF – *BASF* 758
Rapidogenentwickler N – *Bayer* 591, 694
Rapidogensalz A – *Bayer* 694
Reaknitt AH extra – *CFT* 137
Reaknitt F – *CFT* 141
Recondit MCJ – *Deha* 770
Reduzin NS – *Sandoz* 790
Reduzin S – *Sandoz* 790
Reginal NL – *Pfersee* 793
Remazolsalz FD – *Hoechst* 697
Remol AC – *Hoechst* 632
Remol AS – *Hoechst* 555
Remol OK – *Hoechst* 561, 764, 775
Remol PeCe – *Hoechst* 626, 629
Remol TRD – *Hoechst* 782
Remol TRF – *Hoechst* 626
Repellat D, C 546, 595, 775, 777
Repel-O-Flame SP – *Onyx* 147
Repelotex GT, ST – *Onyx* 128
Reservesalz G – *Geigy* 685
Reservol B – *BASF* 685
Resistone KW – *Glovers* 614
Resistsalz L – *ICI* 65, 676
Resloom E 50 – *Monsanto* 136
Resofix CU – *Sandoz* 778
Resolin B – *Sandoz* 755
Resovyl S – *Francolor* 791
Respumit SI – *Bayer* 787
Retarder A – *Ciba* 632
Revatol S – *Sandoz* 65, 676, 685
Revertex – *Kautschuk* 119
Revultex – *Kautschuk* 119
Rexowet SG-81 – *Emkay* 758
Rhenappret B – *Quehl* 791
Rhodoviol – *Rhône* 791
Rhonite Resins – *Rohm* 136
Rhoplex SR 488 – *Röhm* 355
Rigidan HA – *S & S* 791
Rigidan RG, Z – *S & S* 791
Rigidan S – *S & S* 234
Ripulin – *Brüggemann* 788
Ritandin SW – *Baumheier* 775
Roglyr – *Rotta* 782
Rohagit – *Röhm* 791
Rohatex – *Röhm* 791
Ronagenentwickler N – *Rohner* 694
Rongal A – *BASF* 564, 789
Rongal HT – *BASF* 562, 789

Rongalit C – *BASF* 680f., 789
Rongalit CL – *BASF* 684, 790
Rongalit FD – *BASF* 680, 789
Rongalit H – *BASF* 713, 718, 725, 789
Rongeol C – *Francolor* 675, 680, 789
Rongeol NCL – *Francolor* 684
Rotal M, Super – *Rotta* 125
Rotal Si – *Rotta* 128
Rotta-Carrier – *Rotta* 626
Rottafix L 57 – *Rotta* 136
Rucocarrier POL – *Rudolf* 626
Rucoegalisierer PAN – *Rudolf* 632
Rucogumm HFS – *Rudolf* 791
Rucon – *Rudolf* 136, 137
Rucon hydrophob CHR – *Rudolf* 129
Ruconetzer S – *Rudolf* 758
Rucopol FW – *Rudolf* 757
Rucosal PG – *Rudolf* 769

Sandofix-Marken – *Sandoz* 778
Sandofix WE, B – *Sandoz* 546, 778
Sandopan N – *Sandoz* 757
Sandospace R – *Sandoz* 347
Sandozol KB – *Sandoz* 762
Sapamin-Marken – *Ciba* 546, 760, 777
Sapamin BCH – *Ciba* 777
Sapamin CH – *Ciba* 777
Sapamin WL – *Ciba* 760
Sapidan H – *ATB* 757
Sarabid DLO – *CHT* 765
Sarpifan BK, CA – *Stockhausen* 791
Schaumverhüter TO-55-A – *Hefti* 787
Schiebefestappretur ATB – *ATB* 234
Schiebefestappretur GH h.k., LD – *Deha* 234
Schmälze M-55-E – *Hefti* 279
Scotchgard – *Minnesota* 152
Scotchgard Oleophobol P 68 – *Pfersee* 152
SCS – *Eastman* 791
Sel Complexant M – *Francolor* 802
Sel Dissolvant B – *Francolor* 783
Sequestrene AA – *Alrose* 802
Sequonyx Tex – *Onyx* 801
Serodit D – *BASF* 726
Servital SGW – *Hoechst* 279
Setacylsalz – *Geigy* 591
Setamol WS – *BASF* 564, 755
Setilon KN – *Henkel* 792
Shirlan – *ICI* 792
Silastan AV – *S & S* 769
Silastan AW – *S & S* 754
Silastol W – *S & S* 757
Siliconavivagen – *Angele* 792
Silicon-Imprägniermittel WS – *Wacker* 128
Siligen B 25 – *BASF* 234
Silkofix KH – *Quehl* 234
Silkovan – *Röhm* 791
Silvatol I – *Ciba* 769, 787
Simpra HKN, KNR – *Pfersee* 791
Siotol AF – *ICI* 787
Sipalin AOC – *Dehydag* 116
Siriogen WK – *Bayer* 547, 778
Siroset NC, NS – *ATB* 262, 263
Sitol – *Du Pont* 65

Sodalg HV – *Bretonne* 779
Soledonentwickler T – *ICI* 686
Solegal A – *Hoechst* 564, 755
Solentwickler D – *Hoechst* 686, 717
Solentwickler GAN – *BASF* 694, 781
Solidegal – *Cassella* 561, 775
Solidogen-Marken – *Cassella* 546
Solidogen B, BS, BSE – *Cassella* 777, 778
Solidogen FFL – *Cassella* 572, 575, 778
Solidogen FRT e.k. – *Cassella* 778
Solidol N – *Francolor* 65, 676, 685
Solidurit IH – *Cassella* 572, 575
Solochrombeize – *ICI* 607
Soltex 28 – *Degussa* 234
Solutène CI, DG – *Francolor* 781, 782
Solutionssalz BN 200 – *ICI* 783
Solutionssalz SV – *ICI* 783
Solutionssalz B – *BASF* 679, 696, 783
Solvant FT – *Francolor* 626, 629
Solvaperle TD – *Francolor* 124
Solvitose-Marken – *Sichel* 780
Sorbitol – *Atlas Powder* 782
Soromin AF – *BASF* 766
Soromin B – *BASF* 759
Soromin DM – *BASF* 762
Soromin HS – *BASF* 760
Soromin SG – *BASF* 765, 792
Soromin TS – *BASF* 791
Spellin AS – *KMSt* 754
Spirazol-Marken – *ATB* 279
Spreitan-Marken – *Henkel* 792
Stabilisator 9028 – *ATB* 96
Stabilisator T – *Grünau* 96
Stabilol D – *Henkel* 96
Stabitex C 35 – *Henkel* 141
Stabitex FRD – *Henkel* 138
Stabitex WW – *Henkel* 137
Statexan PAN – *Bayer* 792
Stokopol NB – *Stockhausen* 754
Stokopol NS 9 – *Stockhausen* 764
Stokotabletten – *Stockhausen* 52, 791
Styrofan – *BASF* 110
Subitol SB – *CHT* 758
Sulfetal W – *Z & S* 757
Sulfix A – *ICI* 37
Sulfolen Z – *Rotta* 769
Sulfoxite – *Du Pont* 789
Sulfoxit C – *Du Pont* 680
Sultafon MBW – *Stockhausen* 770
Sumipel Resin SE conc. – *Sumitomo* 128
Sumistat N-1 – *Sumitomo* 793
Sumitex Resin-Marken – *Sumitomo* 137
Sunaptol A – *Francolor* 765
Sunaptol LT, OP – *Francolor* 764
Sunaptol O – *Francolor* 764
Supporter DE – *Rudolf* 124, 791
Supralan-Marken – *Z & S* 754
Supramattan-Marken – *Z & S* 793
Supramattan PE – *Z & S* 794
Supronyx – *Onyx* 757
Sustilan N – *Bayer* 794
Sustinol FS – *Bayer* 566
Syl-mer – *Dow Corning* 128
Synchromatbeize – *Ciba* 607
Synsize W – *ICI* 791

Synthappret LKF – *Bayer* 298
Syntharesin K 30, S 15 – *Bayer* 234
Syton 2-X – *Monsanto* 234

Tabanol B – *ATB* – 754
Talfurol A – *ATB* 791
Tallofin – *Stockhausen* 791
Tallopol CFB – *Stockhausen* 792
Tallosan SW – *Stockhausen* 791
Talvon T – *Z & S* 791
Tamol N – *Rohm* 755
Taninol BMN – *ICI* 582
Taninol WR – *ICI* 614
Tapolox – *KMSt* 801
Tebestat-Marken – *ATB* 792
Teepol – *Shell* 758
Tegobetain L7 – *Goldschmidt* 768
Tergitol 7 – *Carbide* 758, 770
Terhyd B-Marken – *Pfersee* 56
Terhyd MA – *Pfersee* 56
Terolin – *Rotta* 791
Terpuril TFS – *Pfersee* 769
Tetracarnit – *Sandoz* 770, 776
Tetralix N, NN – *Stockhausen* 769
Texapret A, AM, C neu – *BASF* 791
Textal P – *Pfersee* 791
Textal T 99 – *Pfersee* 791
Textilol KSH – *ATB* 752
Textilwachs WL – *BASF* – 791
Textone – *Olin* 88
Thianol – *Pfersee* 279
Thiotan MS – *Sandoz* 582
Thiotan RS – *Sandoz* 614
Tinegal NA – *Geigy* 764
Tinegal W – *Geigy* 632
Tinofix A – *Geigy* 778
Tinopal-Marken – *Geigy* 104, 798
Tinopal BV, 2B – *Geigy* 798
Tinophen CF – *Geigy* 770
Tinopolöl BH – *Geigy* 752
Tinopolöl NE – *Geigy* 762
Tintofen-Marken – *Antara* 798
Tintofen D, X, Z – *Antara* 798
Tintofen FGG, W – *Antara* 799
Tissocyl OA – *Z & S* 764
Toralit A – *Cassella* 792
Tragasol – *Tragasol* 780
Trilon A – *BASF* 802
Trilon B – *BASF* 802, 803
Triol 782
Trix – *Geigy* 797
Trocklin S – *Baumheier* 124
Tubingal KWN – *CFT* 793
Türkischrotöl – *Eberle* 752
Tumescal D, OP, PH – *ICI* 626
Tylose-Marken – *Kalle* 107, 791
Tylose DKL = MH 300 – *Kalle* 671, 682, 691, 780
Tylose 4S – *Kalle* 107, 636
Tylose TWA – *Kalle* 780

Ukadan DH – *S & S* 137
Ukadan K 13 konz. – *S & S* 136
Ukadan NV – *S & S* 141
Ukafix M – *S & S* 263
Ukamyl – *S & S* 791
Ukanol 1352 – *S & S* 791
Ultrabeschleuniger-Marken – *Metallgesellschaft* 119
Ultramid A, 6A, B – *BASF* 111
Ultraphor-Marken – *BASF* 104, 798
Ultraphor WT – *BASF* 799
Ultravon K, W – *Ciba* 761
Unipan A – *Dur. Hug.* 569
Uniperol S – *BASF* 755
Unisol N – *Francolor* 794
Ureol P – *Ciba* 136
Uvitex-Marken – *Ciba* 104, 798
Uvitex RS – *Ciba* – 799

Vegansalz A – *Wolfen* 614
Velan PF – *ICI* 126, 690
Velustrol HSP – *Hoechst* 791
Verdickung KL, V extra – *Grünau* 780
Versene – *Dow Chem.* 803
Vestinol AH, C, N – *Hüls* 115
Vestolit – *Hüls* 110
Vibatex A, AN – *Ciba* 234, 791
Vinarol-Marken – *Hoechst* 231, 682, 791
Vinidur 834
Vinkol AP III, RT – *S & S* 752
Vinkosal EV – *S & S* 775
Vinnapas – *Wacker* 110
Vinnol – *Wacker* 110
Viscavin LCN – *CHT* 95, 758
Vivazit – *Baumheier* 770
Viveral – *Kalle* 56
Volturin – *KMSt* 792
Vonteryl – *Vond.* 712
Vulcollan – *Bayer* 111, 112
Vulkacite – *Bayer* 119

Waxol PA – *ICI* 791
Witamol 60, 150, 320 – *Nobel* 115, 116
Witopal CO, WO, SO 764
Witophen P – *Nobel* 792
Witten K-Marken – *Nobel* 116
Wofafix S spez. – *Wolfen* 778
Wofafix WWS – *Wolfen* 778
Wofapon AH – *Wolfen* 753
Wofapon DL spez. – *Wolfen* 769
Wofatit – *Wolfen* 818
Wollperman SM – *CHT* 263
Wotamol WS – *Wolfen* 792

Xyno Resin AA 40 – *Onyx* 791
Xyno Resin RS – *Onyx* 791

Zelan – *Du Pont* 126
Zelec NE, NK, DP – *Du Pont* 792, 793
Zellfix spezial – *Herth* 791
Zeranol – *J & P* 803
Zerostat P – *Ciba* 793
Zeset MC – *Du Pont* 136
Zeset S – *Du Pont* 137
Ziturol D konz. – *Henkel* 279

IV. Abkürzungen der Farben- und Textilhilfsmittel-Hersteller

Aachen	Aachener Chemische Werke KG., 51 Aachen
Acna	Aziende Colori Nazionali Affini, Mailand
Albert	Chemische Werke Albert, 6202 Wiesbaden-Biebrich
Alginate	Alginate Industries Ltd., London
Allied	Allied Chemical & Dye Corp., New York
Alrose	Alrose Chemical Co., Providence, R. I., USA
Angele	Textilchemie Dr. Angele KG., 7441 Linsenhofen/Württ.
Antara	Antara Chemical Sales Div., Verkaufsabt. der General Dyestuff Corp., New York
ATB	Dr. Th. Böhme KG., Chemische Fabrik, 8192 Gartenberg/Obb.
Atlantic	Atlantic Chemical Corp., Nutley 10, N. J./USA
Atlas Powder	Atlas Powder Co., Wilmington, Del., USA
Avebe	Avebe G. A., Veendam, Holland
Bancroft	Joseph Bancroft & Sons Co., Wilmington, Del., USA
BASF	Badische Anilin- & Sodafabrik AG., 67 Ludwigshafen
Baumann	Chemische Fabrik A. H. Baumann, 7418 Metzingen/Württ.
Baumheier	R. Baumheier KG., Chemische Fabrik, 6731 Weidenthal/Pfalz
Baur	Baur, Gaebel & Cie., Chem. Fabrik, 5 Köln-Radertal
Bayer	Farbenfabriken Bayer AG., 509 Leverkusen-Bayerwerk
BCI	Belding Cortelli Industries, New York, USA
Benckiser	Joh. A. Benckiser GmbH., Chemische Fabrik, 67 Ludwigshafen
Bentonit	Deutsche Bentonit-Gesellschaft, 315 Peine
BIP	BIP Chemicals Ltd., Manchester, England
Bretonne	Soc. Bretonne de Produits Chimiques et Pharmaceutiques, Quimpers, Frankreich
Brotherton	Brotherton & Co., Ltd., Leeds, England
Brüggemann	L. Brüggemann KG., Chemische Fabrik, 71 Heilbronn
Buna	VEB Chemische Werke Buna, X 4212 Schkopau
Calco	Calco Chemical Division, Bound Brook, N. J., USA
Campbell	John Campbell & Co. Inc., Perkasie, Pa./USA
Carbide	Carbide and Carbon Chemicals Co., New York, USA
Cassella	Cassella Farbwerke Mainkur AG., 6 Frankfurt/M.-Fechenheim
Chemapol	Chemapol AG, Prag, ČSSR
CHT	Chemische Fabrik Tübingen GmbH., 74 Tübingen
Ciba	Ciba AG.[1], 4 Basel, Schweiz
Cyanamid	American Cyanamid Company, New York, USA
Degussa	Deutsche Gold- und Silberscheideanstalt, vormals Roessler, 6 Frankfurt/M.-1
Deha	Deha-Chemie GmbH., 7333 Ebersbach-Fils
Dehydag	Deutsche Hydrierwerke GmbH., 4 Düsseldorf
Delft	Nederlandsche Verfen Chemikalien Fabriek, N.V., Delft, Niederlande
De Paul	De Paul Chemical Co., Long Island City-1, N.Y./USA
Diamalt	Diamalt AG., 8 München-13
Dow Chem.	Dow Chemical Corp., Midland, Mich., USA
Dow Corning	Dow Corning Corp., Midland, Mich., USA
Dragoco	Dragoco Gerberding & Co., 345 Holzminden
Düren	Hoesch-Chemie GmbH., 516 Düren
Du Pont	E. I. Du Pont de Nemours & Co., Wilmington, Del., USA
Dur. Hug.	Durand & Huguenin AG, 4 Basel, Schweiz
Dynamit	Dynamit Nobel AG., 5 Köln-Mülheim-1

[1] Ciba u. Geigy sind inzwischen zu einer einheitlichen Firma „Ciba-Geigy" A.G. zusammengeschlossen.

Eastman	Eastman Kodak, Rochester, N.Y., USA
Eberle	Dr. G. Eberle & Cie, Chemische Fabrik, 7 Stuttgart-1
Emkay	Emkay Chemical Comp., Elizabeth, N.J., USA
Evans	Norman Evans & Rais Ltd., Woodley, Chest., England
EWM	Elektrochemische Werke München AG., 8021 Höllriegelskreuth
Ferment	Schweizerische Ferment AG, 4 Basel, Schweiz
Fesago	Fesago, Dr. Gossler GmbH., Chemische Fabrik, 69 Heidelberg
Francolor (FMC)	Francolor-Compagnie Française des Matières Colorantes et Produits Chimiques, Paris
Geigy	Geigy AG[1], 4 Basel, Schweiz
GDC	General Aniline & Film Corp., New York 14, N.Y. USA
Giulini	Gebr. Giulini GmbH., Chemische Werke, 67 Ludwigshafen
Glovers	Glovers Chemicals Ltd. Leeds 12, England
Goldschmidt	Th. Goldschmidt AG, Essen
Grünau	Chemische Fabrik Grünau GmbH., 7918 Illertissen
Hansa	Hansawerke Lürmann, Schütte & Co., 28 Bremen-2
Hard	Chemische Fabrik Hard Dr. G. Eberle, Bregenz-Hard, Österreich
Hardman	Hardman & Holden Ltd., Manchester, England
Hefti	Dr. Hefti AG., Chemische Fabrik, Zürich-48
Henkel	Henkel & Cie. GmbH., 4 Düsseldorf-1
Herth	Hans Herth, Chemische Fabrik, 7317 Wendlingen
Hexoran	The Hexoran Co., Ltd., Belper, Derbyshire, England
Heyden	Chem. Fabrik von Heyden AG., 8 München-19
Heyden Co.	Heyden Co., USA
Hickson	Hickson & Welch Ltd., Castleford, Yorkshire, England
Hoechst	Farbwerke Hoechst AG, 623 Frankfurt/M-Hoechst
Holliday	L. B. Holliday & Co. Ltd., Deighton, Huddersfield, England
Holtmann	A. Holtmann & Co. KG, Chemische Fabrik, 1 Berlin-Charlottenburg-9
Hüls	Chemische Werke Hüls AG., 437 Marl
ICI	Imperial Chemical Industries Ltd., Manchester-9, England
Interchemical	Interchemical Corp., Colors & Chemicals Div., Hawthorne, N. J., USA
Intercolor	Intercolor GmbH, Aachen
J & P	Joeres & Pferdmenges, 407 Rheydt/Rhld.
Kästner	J. G. Kästner, 6 Frankfurt/M., Liebigstr. 8
Kalle	Kalle & Co., AG., 6202 Wiesbaden-Biebrich (Farbwerke Höchst)
Kautschuk	Kautschuk-Gesellschaft mbH, 6 Frankfurt/M.-1
Kelco	Kelco-Co., New York-5, USA
Kempen	Elektrochemische Fabrik Kempen GmbH., 4152 Kempen
KMSt	VEB Fettchemie, X-901 Karl-Marx-Stadt
Koppers	Koppers Company, Inc. Chemicals and Dyestuff Division, Pittsburgh-19, USA (früher American Aniline Products)
Laue	Herm. Laue, 2 Hamburg-6
Leico	Leico GmbH., 6 Frankfurt/M.
Leuna	VEB Leuna-Werke, „Walter Ulbricht", Leuna, Kr. Merseburg
MAB	Maschinen- und Apparate-Bauanstalt Rheydt, 405 M.-Gladbach
Maton	Alginate Maton Frères S.A., Paris
Maywood	Maywood Chemicals Works, Maywood, N. J., USA
Merck	E. Merck AG., Chemische Fabrik, 61 Darmstadt
Metallgesell.	Metallgesellschaft AG., 6 Frankfurt/M.-1

[1] Siehe Fußnote auf S. 851.

Meypro	Meyhall Chemical AG., 8280 Kreuzlingen, Schweiz
Minnesota	Minnesota Mining & Manufacturing Co., Saint Paul, Minn., USA
Mitsubishi	Mitsubishi Chemicals, Tokio, Japan
Monsanto	Monsanto Chemical Company, St. Louis-4, Mo./USA
Nacco	National Aniline Div., Allied Chemical & Dye Corp., New York-6, USA
Nopco	Nopco Chemical Company, Harrison, N. J., USA
Norgine	Deutsche Pharmazeut. Ges. Norgine mbH., 355 Marburg
Olin	Olin Mathieson Chemical Corp., Baltimore, Maryland, USA
Onyx	Onyx Oil & Chemical Co., Belleville, N. J., USA
Pfersee	Chemische Fabrik Pfersee GmbH., 89 Augsburg-8
Pharma	Pharma Chemical Corp., Bayonne, N. J./USA
Protan	A/S Protan, Drammen, Norwegen
Quehl	Dr. Quehl & Co. GmbH, Speyer/Rh.
Rapidase	Soc. Rapidase, Séclin (Nord), Frankreich
Raschig	Dr. F. Raschig GmbH, Ludwigshafen/Rh.
Rhône	Soc. des Usines Chimiques Rhône Poulenc, Paris
Röhm	Röhm & Haas GmbH., Chemische Fabrik, 61 Darmstadt
Röhm	Röhm & Haas Comp., Philadelphia, Penn., USA
Rohner	Rohner AG., Chem. Fabrik, 4133 Pratteln, Schweiz
Rotta	Chemische Fabrik Theodor Rotta, 68 Mannheim
Rudolf	Rudolf & Co., Chem. Fabrik GmbH., 8192 Geretsried
Rumford	Rumford Chemical Works, Rumford, Rhode Island, USA
Sandoz	Sandoz AG., 4 Basel-13, Schweiz
Scholten	W. A. Scholten's chemische Fabrieken N. V., Foxhol, Niederlande
Schulz	Globus-Werke, Fritz Schulz jun., 8858 Neuburg
Schweiz. Sodafabrik	Schweiz. Sodafabrik, 8 Zürich-22, Schweiz
Shell	Deutsche Shell-Chemie GmbH., 6 Frankfurt/M.
Sherwin	Sherwin-Williams Corp., New York-16/USA
Sichel	Sichel-Werke AG., 3 Hannover-Limmer
South. Dy.	Southern Dyestuff Corp., Charlotte, N. C., USA
S & S	Schill & Seilacher, Chem. Fabrik, 7030 Böblingen
Stein	Industrie-Chemie Stein GmbH., 745 Hechingen
Stockhausen	Chemische Fabrik Stockhausen & Cie., 415 Krefeld
Sumitomo	Sumitomo Chemical Co., Ltd., Osaka, Japan
Svenska	Svenska Cellulose, Stockholm, Schweden
Tertre	Soc. Carbochimiques S.A., Tertre, Belgien
Town End	Town End Chemical Works Ltd., Leeds-13, England
Tragasol	Tragasol, Gum, Suply Co., Hootan, Chester, England
Uetikon	Chem. Fabrik Uetikon, 8707 Uetikon-Zürich/Schweiz
Vond.	N.V. Fabriek van Chemische Producten Vondelingen-plaat, Vondelingenplaat/Niederlande
Wacker	Wacker-Chemie GmbH, 8 München
Wolfen	VEB Farbenfabrik Wolfen, Wolfen, Kr. Bitterfeld
Wyandotte	Wyandotte Chemicals Corp., Wyandotte Mich./USA
York	The Yorkshire Dyeware & Chemical Co., Leeds, England
Zimmerli	G. Zimmerli AG., Chem. Fabrik 4663 Aarburg, Schweiz
Z & S	Zschimmer & Schwarz, Chem. Fabrik, 542 Lahnstein

V. Chemfetaser-Handelsprodukte (Reyon und Zellwolle sowie synthetische Fasern) nebst Herstellerfirmen

(Die Herstellerfirmen sind kursiv gesetzt.)

Acetat – *Deutsche Rhodiaceta AG, 78 Freiburg; Lonzona GmbH, 788 Säckingen* 208, 210
Acrilan – *Monsanto Co, USA; u.a.* 322
Acrybel – *Fabelta, Brüssel, Belgien* 321
Adimin-Faser – *UdSSR* 335
Aerolen – *Deutsche Schaumfadenwerke, E. H. Pläcking, 56 Wuppertal-Langerfeld* 356
Agilon – *Deering Milliken, USA; ICI Fibres Ltd., England* 345
Airon PL – *Chatillon S.p.A., Italien* 205
Akulon – *Enka N. V., Niederlande* 326
Alastin – *Fabelta, Brüssel, Belgien* 210
Albene – *Soc. Rhodiaceta S. A., Paris, Frankreich* 208
Albula – *Snia Viscosa, Italien* 204
Algil – *Shawinigan Chemicals Ltd., Kanada; Polymers Inc., USA* 324
Algoflon – *Montecatini-Edison, Spinetta Marengo, Italien* 324
Amilan – *Toray Industries Inc., Japan* 326
Anid – *Chemiefaserkombinat Klin, Klin, UdSSR* 326
Antron – *E. I. Du Pont de Nemours & Co., Inc., USA* 338
Aralac – *Aralac Inc. National Dairy Products Corp., USA* 308
Ardil – *ICI Ltd., London, England* 307, 310
Arnel – *Celanese Corp. of America, USA; Chemcell Ltd., Kanada; u.a.* 209
Astralene C – *H. Scragg & Co.; Cheslene & Crepes Ltd., England* 345
A-Tell – *Nippon Rayon Co., Japan* 353
Avisco – *American Viscose Div., FMC Corp., USA* 204, 210
Avisco-Acetat – *American Viscose Div., FMC Corp., USA* 208
Avitron – *Phrix-Werke AG, Hamburg* 352

Ban-Lon – *Jos. Bancroft & Sons, USA* 345
Bemberg – *J.P.Bemberg AG, 56 Wuppertal-Oberbarmen; Beaunit Fibers Div. of Beaunit Corp., New York, N. Y.* 206, 219
Beslon – *Toho Beslon Co., Ltd., Japan* 321
Biolan – *Institut für Organische Synthese, UdSSR* 323
BNS-Nylon – *ICI-Fibres Ltd., England; u.a.* 326
Brulon – *ICI-Fibres Ltd., England* 326
Brunsmet – *Brunswick Corp., USA* 367

Caprolan – *Allied Chemical Co., USA* 326
Casein – *Fabelta, Belgien* 309
Cashmilon – *Asahi Chemical Industry Co., Ltd., Japan; u.a.* 321
Celafil – *Celanese Corp., USA; Courtaulds Ltd., England* 210
Celairese – *Celanes Corp., USA; Courtaulds Ltd., England* 210
Celanese – *British Celanese Ltd., England; u.a.* 208
Celcos – *Celanese Corp., USA* 208
Celta – *Viscousuisse, Emmenbrücke, Schweiz* 204
Ceolon – *Ceolon Gesellschaft K. E. Merckle, Leonberg* 356
Cetea – *CTA, Paris, Frankreich* 204
Chemstrand-Nylon – *Monsanto Co., USA* 326
Cisalfa – *Snia Viscosa, Italien* 219
Clevyl T – *Sté. Rhovyl S. A., Frankreich* 315
Clorene – *Sté. Rhovyl S. A., Frankreich* 317
Colva – *Glanzstoff-Köln GmbH, 5 Köln-Weidenpesch* 210
Colvadur – *Glanzstoff-Köln GmbH, 5 Köln-Weidenpesch* 213
Colvera – *Spinnfaser AG, 35 Kassel-Bettenhausen* 205
Corval – *Courtaulds (Canada) Ltd., Kanada* 220
Courlene – *Courtaulds Ltd., England* 317
Courlene X3 – *British Celanese Ltd., England* 317
Courtelle – *Courtaulds Ltd., England* 321
Cremona – *Kurashiki Rayon Co. Ltd., Japan* 323
Creslan – *American Cyanamid Co., USA* 322
Crimplene – *ICI Ltd., London, England* 345
Crinovyl – *Sté. Rhovyl S. A., Frankreich* 315
Crylor – *Crylor S. A., Frankreich/Rhodia; u.a.* 321
Cuprama – *Farbenfabriken Bayer AG., 509 Leverkusen-Bayerwerk* 210
Cupresa – *Farbenfabriken Bayer AG., 509 Leverkusen-Bayerwerk* 206

Dacron – *E. I. Du Pont de Nemours & Co. Inc., USA* 352
Danufil – *Süddeutsche Chemiefaser AG., 842 Kelheim/Donau* 210
Danuflor – *Süddeutsche Chemiefaser AG, 842 Kelheim/Donau* 210
Danulon – *Süddeutsche Chemiefaser AG, 842 Kelheim/Donau* 205
Darlan – *Celanese Corp. of America, USA* 323
Darvan – *B. F. Goodrich Chemical Co., USA* 323
Dawbarn – *Dawbarn, USA* 317

Dayan – *Perlofil S. A., Spanien* 326
Decalon – *Rhodiatoce S.p.A., Italien* 326
Dederon – *VEB Chemiefaserwerk Friedr. Engels, DDR*
VEB Chemiefaserwerk Wilh. Pieck, DDR
VEB Filmfabrik, Wolfen, DDR
VEB Chemiefaserkombinat, Guben, DDR
VEB Kunststoffwerk Aceta, Berlin-Lichtenberg, DDR 326
Delustra – *Courtaulds Ltd., London, England* 204
Diolen – *Spinnfaser AG, 35 Kassel-Bettenhausen; Glanzstoff AG, 56 Wuppertal-Elberfeld* 352
Dolan – *Süddeutsche Chemiefaser AG, 842 Kelheim/Donau* 321
Dorlastan – *Farbenfabriken Bayer AG, 509 Leverkusen-Bayerwerk* 359
Dorlon – *Farbenfabriken Bayer AG, 509 Leverkusen-Bayerwerk* 356
Dralon – *Farbenfabriken Bayer AG, 509 Leverkusen-Bayerwerk* 321
Ducilon – *Ducilo S.A.I.C., Argentinien* 326
Du Pont-Nylon – E. I. Du Pont de Nemours & Co. Inc., USA 326
Durabass – *E. B.* and *A. C. Whiting Co., USA* 324
Duraflox – *Spinnfaser AG, 35 Kassel-Bettenhausen* 213
Durastran FTA – *E. B. and A. C. Whiting Co., USA* 319
Dynel – *Union Carbide Corp., USA* 316, 322

Eftrelon – *VEB Chemiefaserwerk Wilh. Pieck, DDR* 334
Enkalon – *Enka N. V., Niederlande; u.a.* 326
Enka-Nylon – *American Enka Corp., USA* 326
Enkasa 309
Enkatherm – *Akzo Researches Laboratories, 8753 Obernburg* 353
Envilon – *Toyo Chemical Co. Ltd., Japan* 315
Espa – *Toyobo Co. Ltd., Japan* 359
Estron – *Eastman Chemical Prods., USA* 208
Exlan – *Japan Exlan Co. Ltd., Japan* 322

Fabelta-Nylon – *Fabelta, Brüssel, Belgien* 326
Fefesa – *FEFASA, Spanien* 326
Fibrana – *Safa, Spanien* 210
Fibravyl – *Sté. Rhovyl S. A., Frankreich* 629, 725
Fibrenka – *Enka,* Niederlande 210
Fibro – *Courtaulds Ltd., London, England; u.a.* 210
Fibrolane – *Courtaulds Ltd., London, England* 309
Fliro – *Kalle & Co. AG, 62 Wiesbaden* 221
Flox – *Spinnfaser AG, 35 Kassel-Bettenhausen* 210
Fluon – *ICI Fibres Ltd., England* 323
Forticel – *Celanese Corp. of America Co., USA* 209
Fortiflex – *Celanese Corp. of America Co., USA* 317
Fortisan – *Celanese Corp. of America Co., USA* 208
Fortrel – *Celanese Corp. of America Co., USA* 352

GE-Faser – *General Electric Co., USA* 322
Glanzstoff-Elastomer – *Glanzstoff AG, 56 Wuppertal-Elberfeld* 359
Glanzstoff-Reyon – *Glanzstoff AG, 56 Wuppertal-Elberfeld* 204
Grilamid 12 – *Emser Werke AG,* Schweiz 333
Grilene – *Grilon S. A., Schweiz* 352, 353
Grilon – *Grilon S. A., Schweiz; u.a.* 326
Grisuten – *VEB Chemiefaserwerk Schwarza, DDR* 352
VEB Chemiefaserwerk Friedr. Engels, DDR 352

Harlan – *Phönix Gummiwerke AG, 2 Hamburg-Harburg* 317
Helanca – *Heberlein & Co. AG, Schweiz* 345
Hipolan – *Mitsubishi Rayon Co. Ltd., Japan* 205
Hoechst-Elastomer – *Farbwerke Hoechst AG, 623 Frankfurt/Main-Hoechst* 359
Hostalen G, PP, HD – *Farbwerke Hoechst AG, 623 Frankfurt/Main-Hoechst* 317, 319
Hyten – *E. I. Du Pont de Nemours & Co. Inc., USA* 326

IRC-Nylon – *Midland Ross, IRC-Fibers Div., USA* 326
Iriden – *Snia Viscosa, Mailand, Italien* 210
Isovyl – *Sté. Rhovyl S. A., Frankreich* 315

Jägatex – *E. Jäger, 4 Düsseldorf* 319

Kanekalon K, N – *Kanegafuchi Chem. Ind. Co. Ltd., Japan* 322
Kapron – *Kapron Zavody, UdSSR* 326
Khlorin – *UdSSR* 315
Kodel, Kodel II – *Eastman Chemical Products Inc., USA* 353, 628
Krilion – *Snia Viscosa S.p.A., Italien* 321
Kuralon – *Kurashiki Rayon Co. Ltd., Japan* 323
Kynol – *Carborundum Co.* 360

Lanabeta – *Snia Viscosa S.p.A., Italien* 219
Lanese – *Celanese Corp. of America, USA* 210

Lanital – *Les Textiles Nouveaux et le Lanital Belge Réunis, Anvaing, Belgien* 307, 308
Lastex – *Lastex Yarn, England; u.a.* 359
Lawsan – *Chemiefaserkombinat Kursk, UdSSR* 352
Leacril – *ACSA, Italien; u.a.* 322
Leavil 315
Lilion – *Snia Viscosa S.p.A., Italien; u.a.* 326
Lonzona – *Lonzona Gesellschaft für Acetatprodukte mbH, 788 Säckingen* 208
Luron – *ICI Fibres Ltd., England* 326
Lycra – *E. I. Du Pont de Nemours & Co. Inc., USA* 359

Medifil – *CTA, Frankreich* 205
Meraklon – *Polymer S.p.A., Italien; u.a.* 319
Merinova – *Snia Viscosa S.p.A., Italien* 307, 309
Meryl – *CTA*, Frankreich 205
Mewlon – *Nichibo Co. Ltd., Japan; u.a.* 323
Moltopren – *Deutsche Schaumfadenwerke, E. H. Pläcking, 56 Wuppertal-Langerfeld* 356
Movil – *Polymer S.p.A., Italien* 315
MP-Faser – *Wacker-Chemie GmbH, 8 München* 316
Mtilon – *UdSSR* 43, 219

Neva-Nylon – *Glanzstoff AG, 56 Wuppertal-Elberfeld* 326
Neva-Perlon – *Glanzstoff AG, 56 Wuppertal-Elberfeld* 326
Nitron – *UdSSR* 321
Nomex – *E. I. Du Pont de Nemours & Co. Inc., USA* 335, 624
Norfil – *ICI Fibres Ltd., England* 317
Novalene – *Novaceta, Italien* 208
Numa – *American Cyanamid Co., USA* 359
Nylon – *Rhodiaceta S.A., Frankreich* 326
Nylon Deutsche Rhodiaceta – *Deutsche Rhodiaceta AG, 78 Freiburg* 326
Nylon Viscosuisse – *Viscosuisse, Emmenbrücke, Schweiz* 326
Nymcrylon – *Nyma N.V., Niederlande* [321
Nymplex – *Nyma N.V., Niederlande* 317

Opelon – *Toyo Products Co. Ltd., Japan* 359
Orlon – *E. I. Du Pont de Nemours & Co. Inc., USA; u.a.* 321
Orlon Sayelle – *E. I. Du Pont de Nemours & Co. Inc., USA* 320

PeCe – *VEB Filmfabrik Wolfen, DDR* 315, 629
PCU-Draht – *VEB Filmfabrik Wolfen; VEB Kunststoffwerk „Aceta", DDR* 315
Pelargon – *UdSSR* 330
Perlon – *Farbenfabriken Bayer AG; Farbwerke Hoechst AG; Spinnstoffabrik Zehlendorf AG* 326
Perlon, Neva- – *Glanzstoff AG* 326
Perlon Siks – *Phrix-Werke AG, 2 Hamburg* 326
Phrilan – *Phrix-Werke AG, 2 Hamburg* 210
Phrix Reyon – *Phrix-Werke AG, 2 Hamburg* 204
Phryon – *Phrix-Werke AG, 2 Hamburg* 205
Piviacid – *VEB Filmfabrik Wolfen, DDR* 315
Plavia – *VEB Chemiefaserwerk Friedr. Engels, u.a. DDR* 210
Poliafil – *Sauquoit Fibers Co., USA* 326
Polyfen – *UdSSR* 324
Polyfiber – *Dow Chemical Co., USA* 324
Polyfluff – *Polymers Inc., USA* 324
Polynosic BX – *CTA Frankreich; u.a.* 205
Polynosic Z 54 – *Fabelta, Brüssel, Belgien; u.a.* 205
Prolene – *Riverside Yarns Ltd., USA und Kanada; u.a.* 319
Pulon 321

Qiana – *E. I. Du Pont de Nemours & Co. Inc., USA* 334, 624, 725

Redon – *Phrix-Werke AG, 2 Hamburg* 321
Reevon-Polyethylene – *Alamo Industries Inc., USA* 317
Reevon-Polypropylene – *Reeves Bros. Co., USA* 319
Regàn – *VEB Chemiefaserwerk Friedr. Engels; u.a. (DDR)* 206
Rhodastic – *Sté. Rhodiaceta S.A., Frankreich* 359
Rhodia – *Deutsche Rhodiaceta AG, 78 Freiburg; u.a.* 210
Rhodiafil – *Deutsche Rhodiaceta AG, 78 Freiburg* 208
Rhovyl – *Soc. Rhovyl S.A., Frankreich* 315, 629
Rilsan – *CTA, Frankreich* 331
Rotwyla – *Deutsche Rhodiaceta AG, 78 Freiburg* 204
Rovana – *Dow Badische Chemical Company, USA* 317
Royalene – *U.S. Rubber Co., USA* 319

Saniv – *UdSSR* 322
Saran – *Asahi-Dow Ltd., Japan; u.a.* 317
Sarelon – *Southern Regional Research Lab., USA* 310
Sarlane – *Fabelta, Brüssel, Belgien* 359
Seraceta – *Britisch Celanese Ltd., England* 208
Seraceta JPS – *British Celanese Ltd., England* 209
Seresa – *CTA, Frankreich* 219
Setilose – *Fabelta, Brüssel, Belgien* 208

Shalon – *Shawinigan Chem. Ltd., Kanada; u.a.* 324
Siks Perlon – *Phrix-Werke AG, 2 Hamburg* 326
Silkool – *Showa Sangyo Kiasha, Japan* 310
Sillook – *Toyo Rayon Co. Ltd., Japan* 352
Silon – *CSSR* 326
Silpearl – *Teijin Ltd., Japan* 352
Sobreta – *Enka N.V., Niederlande* 204
Sowiden – *UdSSR* 317
Soybean-Fibre – *Showa Sangyo Kiasha, Japan; u.a.* 310
Spandex 357, 625
Spanzelle – *Courtaulds Ltd., England; u.a.* 359
Steelon – *Polen* 326
Styroflex – *Norddeutsche Seekabelwerke AG, 289 Nordenham* 324
Survon – *ICI Fibres Ltd., England* 326
Synthofil – *Wacker-Chemie GmbH, 8 München* 323

Tacryl – *Schweden* 321
Talon – *Toyo Chemical Co. Ltd., Japan* 315, 629
Taslan – *E. I. Du Pont de Nemours & Co. Inc., USA; u.a.* 345
Tecron – *Inquitex, Spanien* 326
Teflon – *E. I. Du Pont de Nemours & Co. Inc., USA* 323
Teklan – *Courtaulds Ltd., England* 322
Tenasco – *Courtaulds Ltd., England* 213
Tergal – *Sté. Rhodiaceta S.A., Frankreich; u.a.* 352
Terital – *Rhodiatoce S.p.A., Italien* 352
Terlenka – *Enka N.V., Niederlande* 352
Ternel – *Polymer Industrie Chimiche S.p.A., Italien* 315
Terylene – *ICI Fibres Ltd., England; u.a.* 352
Tetoron – *Teijin Ltd., Japan; Toray Industries Inc., Japan* 352
Teviron – *Teijin Ltd., Japan* 315
Thermovyl – *Sté. Rhovyl S.A., Frankreich* 725
Thiozell – *Polen* 308
Tiolan – *VEB Chemiefaserwerk Friedr. Engels, DDR* 308
Tohalon – *Toho Rayon Co. Ltd., Japan* 209
Topel – *Courtaulds North America Inc., USA* 220
Toray-Nylon 12 – *Toray Industries Inc., Japan* 333
Travis – *Farbwerke Hoechst AG, 623 Frankfurt/M.-Hoechst* 323
Trevira – *Farbwerke Hoechst AG, 623 Frankfurt/M.-Hoechst* 352
tri-a-faser – *Deutsche Rhodiaceta AG, 78 Freiburg* 209
Trialbene – *Rhodiaceta S.A., Frankreich* 209
Tricel – *British Celanese Ltd., England* 209
Trilan – *Canadian Celanese, Kanada* 209
Trofil H, P – *Dynamit Nobel AG, 5 Köln-Mülheim* 317, 319
Tynex – *E. I. Du Pont de Nemours & Co. Inc., USA* 326

Ulstron – *ICI Fibres Ltd., England* 319
Uralon – *Beaunit Corp., USA* 359
Urylon – *Toyo Koatsu Inds. Inc., Japan* 359

Velon – *Firestone Synthetic Fibers Co., USA* 317
Verel – *Eastman Chemical Products Inc., USA* 320, 322
Vestamid – *Chemische Werke Hüls AG, 437 Marl* 333
Vestan – *Chemische Werke Hüls AG, 437 Marl; Farbenfabriken Bayer AG, 509 Leverkusen-Bayerwerk* 353, 628
Vestolen A, P – *Chemische Werke Hüls AG, 437 Marl; Farbenfabriken Bayer AG, 509 Leverkusen-Bayerwerk* 317, 319
Vicara – *Virginia-Carolina Chem. Corp., USA* 309
Vilon – *Nihon Vinylon Co. Ltd., Japan* 323
Vincel Type 28 – *Courtaulds (Canada) Ltd., Kanada und England* 205
Vinylan – *Nihon Vinylon Co. Ltd., Japan* 323
Vinylon – *Nichibo Co. Ltd., Japan; u.a.* 323
Vinyon HH, ST – *FMC Corporation, American Viscose Div., USA* 316
Vinyon N – *FMC Corporation, American Viscose Div., USA* 316, 322
Viscolan – *Chemiefaser Lenzing AG, Österreich* 205
Viscor – *Viscosuisse, Emmenbrücke, Schweiz* 213
Vistra – *VEB Filmfabrik, Wolfen, DDR* 210
Vistra Hochnaßfest – *VEB Filmfabrik, Wolfen, DDR* 213
Vonnel – *Mitsubishi Rayon Co. Ltd., Japan* 231
Vycron – *Beaunit Corp., USA* 353
Vyrene – *Uniroyal Inc., USA; Lastex Yarn, England; u.a.* 359

Wetrelon – *VEB Chemiefaserwerk „Wilh. Pieck", DDR* 334
Wipolan – *Polen* 309
Wolpryla – *VEB Filmfabrik, Wolfen, DDR* 321
Woolon – *Japan Synthetic Fibre Co. Ltd., Japan* 323

Zefran – *Dow Chemical Co., USA* 322
Zehla – *Spinnstoffabrik Zehlendorf AG, 1 Berlin-37* 210
Zycon – *Virginia-Carolina Chem. Corp., USA* 307, 309

VI. Hersteller von im Text erwähnten Veredlungsmaschinen und Zubehör

Adolff, Emil, Spulen- und Hülsenfabrik, 741 Reutlingen
Artos Maschinenbau, Dr. Ing. Meier-Windhorst, 2 Hamburg-33

Bellmann, Eugen, Maschinenfabrik, GmbH., 58 Hagen-Haspe
Benninger, Maschinenfabrik, AG., Uzwil-SG/Schweiz
Benteler-Werke AG., 48 Bielefeld
Bieger, Apparate- und Maschinenbau KG., 6235 Okriftel/M.
Böhler & Weber K.G. Augsburg (Böwe)
Bradford Machine Co., Ltd., Bradford-4/England
Butterworth Manufactoring Co., Bethayres, Pa./USA

Candela GmbH., Apparatebau, 82 Rosenheim

Deutsche Steinzeug- und Kunststoffwarenfabrik, 68 Mannheim-Friedrichsfeld
Dornier, Lindauer, GmbH., 899 Lindau
Dungler, Ets., et Schneidecker Rénis, (heute AMDES) Thann, Ht.-Rhin/Frankreich
Dupuis & Co., D., Dampfkesselfabrik und Apparatebau-Anstalt, 405 Mönchengladbach

Erckens & Brix KG., Maschinenfabrik, 407 Rheydt

Famatex GmbH., 7014 Kornwestheim
Farmer-Norton, Sir James & Co., Ltd., Salford-3, Lancas./England
Finishtex, Appreturmaschinen 7316 Köngen
Fleissner GmbH & Co., 6073 Egelsbach
Frank'sche Eisenwerke AG., 634 Adolfshütte bei Dillenburg
Frauchinger, Hans, Zofingen/Schweiz

Geidner, Wilhelm, Metallwarenfabrik, 896 Kempten
Gerber & Co., GmbH., 415 Krefeld
Goller, Max, Maschinenfabrik, 8676 Schwarzenbach/Saale
Grünewald, Heinrich, 5912 Hilchenbach/Westf.

Haas, Friedrich, Maschinenfabrik GmbH. & Co. KG., 563 Remscheid-Lennep
Heberlein & Co. AG., Maschinenbau, Watwil/Schweiz
Henriksen, Vald., A/S., Kopenhagen-Soeborg/Dänemark
Heraeus, W. C., GmbH., 645 Hanau

Jagri GmbH., Maschinen- und Apparatebau, 4423 Gescher/Westf.

Kalander-Union Haubold-Eck, Maschinenfabrik Joseph Eck & Söhne, 4 Düsseldorf-Heerdt
Kleinewefers, Joh., Söhne, 415 Krefeld
Krantz, H., Maschinenfabrik, 51 Aachen
Krumpex GmbH., Textilausrüstungsmaschinen, 7477 Tailfingen
Küsters, Eduard, Textilmaschinen, 415 Krefeld

Langen, Hans, Maschinen- und Apparatebauanstalt, 407 Rheydt

Mather & Platt, Ltd., Manchester-10/England
Mayer & Co., Maschinenfabrik, 7477 Tailfingen
Mezzera S. p. A., Milano/Italien
Monforts, A., Maschinenfabrik 405 Mönchengladbach
Morrison Machine Co., Paterson-3, N. J./USA
Müller, Franz, Maschinenfabrik, 405 Mönchengladbach

Obermaier & Cie., Maschinenfabrik, 673 Neustadt/Weinstr.
Olbersdorf, Maschinenfabrik, VVB, Olbersdorf, Sachsen

Poensgen, Gebr., GmbH., 4 Düsseldorf-Rath

Quade, Maschinenfabrik und Eisengießerei, Wilhelm-Pieck-Stadt Guben

Dr. Ramisch & Co., 415 Krefeld
Rieter AG., Maschinenfabrik, Winterthur/Schweiz

Saueressig KG. Wüllen/Ahaus
Scholl AG., Zofingen/Schweiz
Sistig, Leo, KG. Maschinenfabrik, 415 Krefeld
Standfast Dyers & Printers Ltd., Lancester/England
Stork H., Boxmeer/Holland
Svenska, AB., Textilmaskinfabriken (SVETEMA), Göteborg/Schweden

Then, Rudolf, Färbereimaschinenfabrik GmbH., 7172 Schwäb.-Hall-Hessental
Thies, B., Spezialmaschinenfabrik, 442 Coesfeld/Westf.

Vits-Elektro GmbH., Maschinenfabrik, 4 Düsseldorf-10

Weisbach, VEB Gewebeausrüstungsmaschinen, Karl-Marx-Stadt

Zimmers Erben, Textilmaschinen, Kufstein und Klagenfurt/Österreich
Zittauer Maschinenfabrik, VEB Textilmaschinenwerke Zittau, Zittau/Sachsen

Literaturverzeichnis

a) Nachschlagewerke

Alexander, P., u. *R. F. Hudson:* Wool, its Chemistry and Physics (1954). – *Battista, O. A.:* Fundamentals of High Polymers (1958). – *Batzer, H.:* Einführung in die makromolekulare Chemie (1958). – *Baumann, H.*, u. *H. R. Hensel:* Metallkomplexfarbstoffe (1967). – *Bernard, W.:* Appretur der Textilien (1967). – *Bernard, W.:* Bleichen und Färben von Textilien (1966). – *Bernard, W.:* Druck von Textilien (1969). – *Bobeth, W.*, *W. Böhme* u. *J. Techel:* Anorganische Textilfaserstoffe (1955). – *Bodenbender, H. G.:* Zellwolle/Kunstspinnfasern, ihre Herstellung, Verarbeitung, Verwendung und Wirtschaft (1943). – *Bueren, H.*, u. *H. Grossmann:* Grenzflächenaktive Substanzen (1970). – Chimia 1968, Schweizerischer Chemiker Verband: 3. Internationales Farbensymposium (1967). – *Chwala, A.:* Textilhilfsmittel, ihre Chemie, Kolloidchemie und Anwendung (1939). – *Cockett, S. R.*, u. *K. A. Hilton:* Dyeing of Cellulose Fibres and Related Processes (1961). – Colour Index Third Edition (1971). – The Society of Dyers and Colourists. – The American Association of Textile Chemists and Colorists. – Deutscher Färberkalender – Veredlerjahrbuch. – Deutsche Rhodiaceta: Chemiefasern auf dem Weltmarkt (1969). – *Diserens, L.:* Neueste Fortschritte und Verfahren in der Technologie der Textilfasern (1957). – *Eistert, B.:* Tautomerie und Mesomerie (1938). – *Eistert, B.:* Chemismus und Konstitution (1948). – *Festerling, W.:* Praxis der Baumwollfärberei (1957 und 1959). – *Dorfner, K.:* Ionenaustauscher (1963). – *Fierz-David, H. E.*, u. *E. Merian:* Abriß der chemischen Technologie der Textilfasern (1948). – *Fierz-David, H. E.*, u. *L. Blangey:* Grundlegende Operationen der Farbenchemie (1952). – *Fieser, L.*, u. *M. Fieser:* Lehrbuch der organischen Chemie (1965). – *Fischer-Bobsien, C.-H.:* Lexikon Textilveredlung und Grenzgebiete (1966). – *Fourné, F.:* Synthetische Fasern, Herstellung und Verarbeitung (1964). – *Frank, G. H.*, u. *R. Vogel:* Die Herstellung von Zwischenprodukten und Farbstoffen (1955). – *Frotscher, H.:* Chemie und physikalische Chemie der Textilhilfsmittel (1954). – *Georgievics, G.*, *R. Haller* u. *L. Lichtenstein:* Handbuch des Zeugdrucks (1930). – *Gerstner, H.:* Die Chemie der Applikation von Komplexfarbstoffen (1959). – *Gnamm, H.:* Die Lösungsmittel und Weichmachungsmittel (1950). – *Götze, K.:* Chemiefasern nach dem Viskoseverfahren (1967). – *Golowa, P. O.*, u. *W. I. Iwanow:* Über das Molekulargewicht der Zellulose (1953). – *Günther, H.:* Die Bedeutung der modernen Werkstoffchemie für den Textilveredler (1941). – *Heermann, P.*, u. *A. Agster:* Färberei- und textilchemische Untersuchungen (1967). – *Hermans, P.:* Physics and Chemistry of Cellulose Fibres (1949). – *Hill, R.:* Fibres from Synthetic Polymers (1953). – *Hill, R.:* Fasern aus synthetischen Polymeren (1956). – *Holzach, K.:* Die aromatischen Diazoverbindungen (1947). – *Homann, D.:* Kunststoff-Schaumstoffe (1966). – *Hopff, H.*, *A. Müller* u. *F. Wenger:* Die Polyamide (1954). – *Houben-Weyl*, herausgegeben von *E. Müller:* Die Methoden der organischen Chemie (1952–1972). – *Hummel, D.:* Analyse der Tenside (1962). – *Hummel, D. O.*, u. *F. Scholl:* Atlas der Kunststoffanalyse (1968). – *Jansen, H.:* Die Textilhilfsmittel (1950). – *Johannsen, O.:* Die textilen Faserstoffe (1948). – *Jordan, P.:* Eiweiß-Moleküle (1947). – *Kehren, M.:* Wasser und Abwasser in der Textilindustrie (1951). – *Klages, F.:* Lehrbuch der organischen Chemie (1. Bd. 1952/53; 2. Bd. 1954; 3. Bd. 1958). – *Klare, H.*, *E. Fritzsche* u. *V. Gröbe:* Synthetische Fasern aus Polyamid (1963). – *Kleilein, O.:* Das Siebdruckverfahren (1955). – *Kortüm, G.:* Kolorimetrie, Photometrie und Spektrometrie (1955). – *Krähenbühl, E.:* Der Zeugdruck (1946). – *Krischer, O.*, u. *K. Kröll:* Trockner und Trocknungsverfahren (1959). – *Künzl, R.:* Der Filmdruck auf Textilien (1953). – *Laux, K.:* Die grenzflächenaktiven Stoffe (Buchbeitrag zu Chemische Technologie, Organische Technologie II *v. Winnacker-Küchler*) 1960). – *Lieser, Th.:* Kurzes Lehrbuch der Cellulosechemie (1953). – *Lindner, K.:* Tenside, Textilhilfsmittel, Waschrohstoffe (1964, 1971). – *Lubs, H. A.:* The Chemistry of Synthetic Dyes and Pigments (1955). – *Machu, W.:* Wasserstoffperoxid und die Perverbindungen (1951). – *Marsh, J. T.:* An Introduction to Textile Finishing (1957). – *Marsh, J. T.:* Self-Smoothing Fabrics (1962). – *Mecheels, O.:* Praktikum der Textilveredlung (1949). – *Meier, G.:* Jahrbuch der Textilveredlung (Bd. 3, 1956; Bd. 4, 1959). – *Meredith, R.:* The Mechanical Properties of Textile Fibres (1959). – *Meyer, K. H.*, u. *H. Mark:* Makromolekulare Chemie (1950). – *Micheel, Fr.:* Chemie der Zucker und Polysaccharide (1956). – *Mohler, H.:* Das Absorptionsspektrum der chemischen Bindung (1943). – *Münzinger, W. M.:* Kunstlederhandbuch (1954). – *Münzinger, W. M.:* Weichmachungsmittel für Kunststoffe und Lacke (1959). – *Noll, W.:* Chemie und Technologie der Silicone (1960). – *Ott, E.*, u. *H. M. Spurlin:* Cellulose and Cellulose Derivatives (in der Reihe „High Polymers" [1954]). – *Paquin, A. M.:* Epoxydverbindungen und Epoxydharze (1958). – *Peter, M.:* Grundlagen der Textilveredlung (1964). – *Peters, R. H.:* Textile Chemistry (1963, 1967). – *Press, J. J.:* Man-Made Textile Encyclopedia (1959). – *Pummerer, R.:* Chemische Textilfasern, Filme und Folien (1953). – Ratgeber und Handbücher der Farbenfabriken. – *Rochow, E. G.:* Einführung in die Chemie der Silikone (1952). – *Rys, P.*, u. *H. Zollinger:* Leitfaden der Farbstoffchemie (1970). – *Schaeffer, A.:* Handbuch der Färberei (1950). – *Schaeffer, A.:* Technologie der Färberei und Textilveredlung (1954). – *Schmidlin, H. U.:* Vorbehandlung und Färben von synthetischen Fasern (1958). – *Schmidt, P.:* Beschichten mit Kunststoffen (1967). – *Schweizer, H. R.:* Künstliche organische Farbstoffe und ihre Zwischenprodukte (1964). – *Schwerdtner, H.:* Chemische und physikalische Grundlagen textiler Faserstoffe (1954). – *Seidenfaden, W.:* Künstliche organische Farbstoffe und ihre Anwendungen (1957). – *Speel, H. C.*, u. *E. W. K. Schwarz:* Textile Chemicals and Auxiliaries (1957). – *Stather, F.:* Leder und Kunstleder (1959). – *Staudinger, H.:* Organische Kolloidchemie (1950). – Textile Institute: Review of Textile Progress. – *Stein, H. J.:* Die wichtigsten synthetischen Faserstoffe (Textilveredlung *4*, 1969). – *Thiele, H.:* Praktikum der Kolloidchemie (1950). *Thinius, K.:* Hochpolymere, Herstellung, Eigenschaften und Anwendung als Kunststoffe (1952). – *Ullmann, F.:* Enzyklopädie der technischen Chemie (3. Auflage, 1951 bis 1970). – *Ulrich, H. M.:* Handbuch der chemischen Untersuchung der Textilfaserstoffe (Bd. 1, 1954; Bd. 2, 1956; Bd. 3, 1962; Bd. 4, 1967). – *Valkó, E.:* Kolloidchemische Grundlagen der Textilveredlung (1937). – *Venkataraman, K.:* The Chemistry of Synthetic Dyes (1952 u. 1970). – *Vickerstaff, T.:* The Physical Chemistry of Dying (1954). – *Walz, F.:* Die moderne Baumwollspinnerei (1960). – *Ward, K.:* Chemistry and Chemical Technology of Cotton (1955). – *Weber, F.*, u. *F. Gassner:* Die Praxis der Färberei (1954). – *Weber, F.*, u. *A. Martina:* Die neuzeitlichen Textilveredlungsverfahren der Kunstfasern (1951; 1. Ergänzungsbd. 1954). – *Weiss, F.:* Die Anwendung der Kunststoffe in der Textilveredlung (1949). – *Weiss, F.:* Die Küpenfarbstoffe und ihre Verwendung in der Färberei und im Zeugdruck (1953). – *Weiss, F.:* Spezial- und Hochveredlungsverfahren der Textilien aus Cellulose (1951). – *Weyrich, P.:* Das Färben und Bleichen der Textilfasern in Apparaten (1956). – *Whistler, R. L.:* Methods in Carbohydrate Chemistry Vol. II (1963). – *Winnacker, K.*, u. *L. Küchler:* Chemische Technologie, Organische Technologie II (1960). – *Woroskzow, N. N.:* Grundlagen der Synthese von Zwischenprodukten und Farbstoffen (1966). – *Zart, A.:* Kunstseide und Stapelfaser (1950). – *Zollinger, H.:* Chemie der Azofarbstoffe (1958). – *Zollinger, H.*, u. *P. Rys:* Leitfaden der Farbstoffchemie 1970.

b) Fachzeitschriften

American Dyestuff Reporter – Angewandte Chemie – Chemiefasern – Chemiker-Zeitung – Chemische Apparatur – Chemische Berichte – Chemisches Zentralblatt – Chimia – Das Papier – De Tex – Deutsche Textiltechnik – Die Makromolekulare Chemie – Die Angewandte Makromolekulare Chemie – Faserforschung und Textiltechnik – Helv chim. Akta – Journal of the Textile Institute – Kolloidzeitschrift – Kunststoffe – Melliand Textilberichte – Spinner, Weber, Textilveredlung – SVF – Fachorgan für Textilveredlung – Teintex – Revue Générale des Matières Colorantes – Tenside – Textile Research Journal – Textile World – Textilpraxis – Textil-Rundschau – Textilveredlung – The Journal of the Society of Dyers and Colourists – Tinctoria-Mailand – Zeitschrift für die gesamte Textilindustrie.

Namenverzeichnis

Abderhalden, E. 246
Adolph 94
Agster, A. 26, 60, 76f., 88f., 97, 100, 187
Albrecht, W. 220
Alexander, P. 255, 256, 261, 273, 296, 297
Alneri, E. 350
Anacker, K. 512
Andrews 137
Angeli, A. 434
Arndt, F. 375
Asquith, R. S. 259
Astbury, W. T. 252, 253, 254, 255

Back, G. 513, 599, 603
Bader, M. 370, 482
v. Baeyer, A. 369, 370, 479
Bahra, M. 298
Baier, E. 419
Baier, H. 92, 97
Bandel, W. 37
Batzer, H. 350
Baumann, H. 510
Baumgarte, U. 509, 510
Bayer, O. 112, 120, 208, 265, 319, 356, 477
Bechter, D. 442
Beckmann, W. 630, 631
Beerens 189
Behmann, F. W. 362
Bendel 189
Bener, Ch. 145
Benerito, R. R. 152
Benz, J. 406
Berestnova, G. H. 365
Berg, G. 274
Berge, J. W. 364
Berger, W. 324, 352, 375
Bergmann, C. A. 766
Bergs, H. 346
Bernheim, W. 152
Berni, R. J. 152
Bernthsen, A. 489
Berzelius, J. J. 201
Bestian, H. 333, 334
Beutler, H. 347, 353, 635
Bird, C. L. 521
Black, W. B. 366
Blaschke, F. J. 11
Bock, H. 44
Bodenbender, H. G. 211
Böhringer, H. 338, 361
Böttiger, P. 370
Bohn, R. 370, 468
Bohnert, E. 521
Bolland, E. 338
Bonkáló, T. 157
Born, H. J. 804
Bouillon, G. 347
Boulton, J. 516
Braidy 198
Brannan, M. A. F. 41
Branson, H. R. 253, 254
Brechtel, G. 708
Bredereck, K. 27, 28, 42, 43
Brenschede, W. 359
Brielmaier, H. 531
Brill, R. 336
Brink, G. 29
Brintzinger, H. 309
Brode, A. 482
Broecker, B. 428
Brown, A. E. 266
Brunschweiler, E. 636
Bühler, M. 342
Burley, R. W. 260, 261
Bury, C. R. 375
Buskies, D. 347
Butz, K. 103

Caldwell, J. R. 364
Carlène, P. W. 513, 618
Caro, H. 370
Carothers, W. H. 246, 312, 325, 328
Carter, T. 621
Casty, R. 603
Cazzaniga, U. 804
Cellarius 657
Centola, G. 23, 303
Chardonnet, H. 193
Chwala, A. 746, 748
Claasz 470
Clavel, R. 521
Clibbens, D. A. 77, 78
Clouett, S. 172
Coleman 351
Condsen, R. 262
Conix, A. 364
Connick, W. J. 152
Conrad, C. M. 18
Corey, R. B. 253, 254
Corfield, M. C. 258
Cuthbertson, W. R. 257, 262

Dachs, K. 780
Daneel 817
Daruwalla, E. H. 522
Das, P. C. 191
Derbyshire, A. N. 507, 510, 516
Deuschle, G. 103
Diamantoglou, M. 42
Dickson, J. T. 349
Diehl, J. F. 297
Dietrich, W. 564
Dilthey, W. 375, 444
Diserens, P. 713
Distler, H. 768
Dittmar, F. 187
Dolmetsch, H. 10, 13, 14, 15, 18, 43, 197
Drake, G. L. 148
Droste, W. 112
Du Pré, E. F. 37

Eareckson, W. M. 364
Eckert, P. S. 190
Edwards, J. O. 32
Eggert, 798
Ehret, H. 99
Eichengrün, A. 193
Einsele, U. 35, 146, 148, 509, 622
Eisele, J. 589
Eisenhut, O. 11, 83
Eisenmann, G. 143
Eistert, B. 270, 373, 375, 376, 452, 518
Ellzey, S. E. 152
Elöd, E. 17, 80, 81, 220, 248, 251, 255, 256, 261, 268, 270, 297, 303, 307, 343, 356, 507, 508, 511, 513, 520, 587, 596, 597, 617, 618, 625
Elzer, P. 576
v. d. Eltz, H. U. 66
Ender, W. 507, 598
Enders, H. 152
Eripp 48
Essig, K. A. 612

v. Falkai, B. 354
Farthing, A. C. 363
Federkiel, W. 589
Feess, E. 427, 428, 439, 591, 610, 612, 681, 717
Feild, T. A. 631
Fern, A. S. 513, 618
Ferretti, A. 307
Ferrini, B. G. 508

Fiebig, D. 34, 143, 352, 442, 568
Fikentscher, H. 303
Fiolka, D. 406, 428
Fischer, E. 245, 246
Flath, H.-J. 320, 509
Förster, Th. 376
Formhals, A. 208
Forziati, F. H. 27
Frank, D. 353
Frazer, A. H. 364
Fremery, M. 193
Fremon, G. H. 631
Freudenberg, K. 45, 53
Freyermuth, H. B. 145
Freytag, H. 636
Freytag, R. 60
Frey-Wyssling, A. 15, 17
Frick 137
Friedländer, P. 369, 370
Fröb, G. 271, 273, 283
Froehlich 817
Fröhlich, H. G. 270, 303, 307, 343, 356, 507, 508, 511, 513, 587, 617, 618, 625
Fuchs, F. 149
Fueld, M. 303

Gahlert, W. 698
Garcia-Dominguez, J. J. 258, 259
de Gaudemaris, G. P. 366
Geiger, A. 35
Geiger, W. B. 251
Geyer, H. O. 767
Giles, G. H. 516
Gilkey, R. 364
Ginsburg, O. F. 446
Girad 370
Gleitsmann, G. B. 360
Glenz, O. 630
Gminder, E. 103, 187, 189
Gnehm, R. 493
Godfrey 220
Götze, K. 198, 201, 202
Golowa, O. P. 9, 12
Gordon, A. H. 262
Goring, D. A. 13
Gräbe, C. 369, 370, 454
Graf, R. 333
Gralén, N. 12
Griess, P. 370
Griessbach 820
Grotjahn, H. 353
Gruber 224
Gude, H. 333
Gund, F. 636
Guthrie, J. D. 41, 148
Gyalog, K. 28

Haelters, M. 629
Hägglund, E. 195
Hagelloch, G. 612
Hall, H. K. 364
Haller, R. 251
Happich, W. F. 268
Harkins, W. D. 342, 745
Harms, J. 35
Harris, B. 521
Harris, M. 248, 264, 265, 266, 270
Hartley, G. S. 746
Hartmark, B. 599
Hartung, K. 309
Hassan, A. S. A. 516
Haworth, W. N. 7
Haylett, T. 252
Head, F. S. H. 41
Hees, W. 339, 344, 430, 554, 623
Heid, C. 496, 574, 575
Heidrich, K. 221
Heimann, S. 780
Helmholtz, H. 340
Hendrix, H. 625
Henglein, F. A. 44, 183
Henry, P. S. H. 340
Hensel, H. R. 418
Herlinger, H. 314, 800
Hermans, P. H. 17, 18
Hess, K. 48, 337
Heumann, K. 369, 479, 480
Heyna, J. 413
Highfield 208
Hildebrand, D. 258, 276
Hilgers, F. 204
Hille, E. 289, 510
Hintermaier 750
Hirsbrunner, H. R. 603
Höchtlen, A. 112
Hoffmann, H. 419
Horio, M. 251
v. Hornuff, G. 49, 62, 346, 352, 509, 708
Hoyer 424
Hünig, S. 441
Hundt, W. A. 97, 99
Husemann, E. 9, 11

Iijima, T. 507
Ikeda, K. 366
Ilg, H. 442, 682, 722, 724
Iwanow, W. I. 9, 12

Jäger, K. 238
Jassnikow 79
Jayme, G. 11, 12, 190, 194
Joarder, G. K. 41
Johannsen, O. 67, 188, 190
Johnsen, A. 569
Johnson, D. J. 251
Jung 828

Karrer, P. 27, 33, 594
Kaufler, F. 493
Kern, H. 347
Kerres, P. 233
Kersten, H. 297
Kessler, H. J. 258, 276
Keuper, H. W. 258
Kharasch, N. 258
Kiel, E. G. 455
Kirner, H. 627
Kirst, W. 264, 265, 609
Klages, F. 32
Klauditz, W. 202
Klemm, O. 58, 303
Kling, W. 48, 49
Klink, H. 81, 84, 200, 515, 588
Klitzsch, R. 627
Köberle, K. 475, 566
Koch, H. J. 114
Koch, H. 657
Koch, P. A. 362
Köhnlein 596, 597
König, W. 375, 497
Köster 620
Kollek, L. 361
Kondo, E. T. 251
Konkin, A. 335
Kornreich, E. 530
Korshak, V. V. 365
Krabbe, B. 495, 572
Krähenbühl, E. 403, 404, 603
Kränzlein, G. 474
Kramer, B. 386, 456
Kratky, O. 15
Krause, K. H. 147
Krentz, V. 682
van Krevelen, D. W. 221
Krieble, J. G. 27
Kronganz, E. S. 365
Krüger, D. 275
Krusche, E. 572
Krzikalla, K. 518
Kubitzky, C. 226f., 238, 239
Kubitzky, P. 427, 551, 609
Kuhn, H. 372, 376, 470
ter Kuile, J. 23, 240
Kunitz, F.-W. 263
Kunz, M. A. 475, 530, 531, 566
Kurihara, M. 366
Kurtz, P. 319
Kurz 331
Kurz, E. 177
Kusch, P. 298

Lang, R. 636
Langmuir, I. 342, 745
Lauchenauer, A. 133
Lehmann, E. 251
Lemin, D. R. 506
Lenher, S. 505
Leube, H. 233
Leuchs, O. 115
Leupin, O. 599
Liebermann, C. 369, 370, 454

Lindberg, J. 251
Linden, P. 37
Lindley, H. 257
Lineken, E. E. 37
Lockett, A. P. 569
Luboz, M. B. 804
Luck, W. 343, 516, 526, 618
Ludewig, H. 334
Lüdtke, M. 183
Lützel, G. 418

Mahl, H. 48, 49
Maichelbeck, H. 295
Manchester, F. 521
Mark, H. 20, 44, 744
Martin, A. J. P. 262
Martin, H. 93
Martius, C. 370
Marton, G. L. 148
Marvel, C. S. 365
Marx, M. 11, 12
Marx-Figini, M. 12
Masson, I. C. 320
Mathes 11
Matthes, M. 329
McBain, J. W. 746
McCall, E. R. 37
McDowell, W. 522
Mecheels, J. 362, 636
Mecheels, O. 67, 70, 147, 218, 306, 362, 830, 831
Meffezzioni, N. 350
Mehta, P. C. 37
Meier, P. 133
Meininger, F. 460
Mella, K. 510, 513
Mellentin, J. 324
Menzel 188
Mercer, E. H. 251
Mercer, J. 67
Mertens, P. 501
Messik, K. 157
Meybeck, J. 91
Meyer, H. 612
Meyer, K. H. 19, 44, 303
Meyer, W. 81, 188
Micheel, F. 9
Miller, L. A. 298
Milligan, B. 258, 419
Minajew, W. 76
Mody, J. R. 37
Möck, U. 39
Möck, W. 39, 42, 406
Mohler, H. 372
Moillet, J. L. 505
Monastyrskij, A. 219
Moore 48
Mora 9
Morgan 325, 335
Moruzzi, P. 303
Mühlethaler 15
Müller, A. 507, 598
Müller, D. 37
Müller, E. 329, 375, 434
Müller, H. 831
Müller, J. 472, 474, 560, 564, 568, 621, 630, 787
Mulvaney, J. E. 365
Myrbäck, M. 53

Naghski, Y. 268
Nakahara, Y. 520
Nakanishi, R. 366
Natta, G. 318
Neale, S. M. 621
Neber, P. 427, 551, 609
Neveling, V. 91
Ney, P. 86, 98
Nicolet, B. H. 258
Niederhauser, J. P. 512
Noguchi, J. 348
Nowotny, H. 256
Nuessle, A. C. 20
Nüsslein, J. 774

O'Connor, R. T. 37
Oertel 215
Okuda, T. 258
Osterloh, F. 258, 509, 510
Otto, C. 352

Parker, A. J. 258
Pacsu, E. 9
Päßler, M. 520
Pauli, O. 153
Pauling, L. 253, 254
Paulus, W. 153
Pechhold, W. 313
Penzel, E. 12
Perkin, W. 370
Peschke, W. 60
Peters, L. 516, 603
Peters, R. H. 261, 343, 511, 516, 517, 519, 617
Petersen, H. 131, 138f.
Pettersson, B. A. 14
Pfeiffer, P. 390
Pfeil, E. 505, 516, 519, 520
Pfleger, J. 479, 480
Philip, B. 251
Philips, F. J. 152
Phillips, H. 257, 261, 262
Pietsch 94
Popper, P. 375
Prati, G. 303
Preston, C. 506
Preston, J. 366
Prett, K. 99

Rademacher, H. 200
Ragg 201
Ranby, B. G. 15
Randall, D. J. 145
Rao, S. S. 522
Rath, H. 13, 14, 23, 26, 35, 58, 59, 81, 84, 133, 169, 170, 171, 172, 174, 187, 197, 200, 225, 228, 232, 238, 239, 240, 266, 273, 427, 428, 439, 495, 515, 520, 531, 572, 591, 609, 610, 612, 631, 711, 717
Rau, J. 711
Rauch 830
Reeves, W. A. 27, 148
Rehm, H. 631
Reichelt 822
Reid 137
Rein, H. 319
Reinert, G. 513
Reinking, K. 683
Reppe, W. 111, 327, 329, 332, 350, 788
Reumuth, H. 251, 747
Reynolds, R. J. W. 360
Rezk, A. A. 352
Richter, H. 49, 62
Ridge, B. P. 77, 78
Riggert, K. 349
Rinke, H. 348, 351, 357
Ris, H. 629, 603
Ritter, H. 492, 494
Robinson, C. 505
Robinson, J. J. 604, 766
Rochas, P. 625
Rösch, G. 91, 99
Rogovin, S. A. 43, 153, 219
Rollins 48
Rouette, H. K. 267
Rouette, P. F. 509, 513
Rowen, J. W. 27
Rowland, S. P. 41
Rudall 261
Rudolf, H. 297
Rückert, Ch. 531
Ruile, H. 152
Rusanov, A. L. 365
Rys, P. 137, 143, 423, 427, 521, 522

Salvin, V. S. 590
Samec, M. 53
Satlow, G. 361
Saur, W. 42
Schäfer, R. 636
Schaeffer, A. 421, 615
Schaible, H. 60
Schaub, H. P. 577
Schetty, G. 393
Schidlo, W. 697
Schiecke, H. E. 263
Schiemann, G. 441
Schilling, E. 179
Schilling, J. 34
Schilow, E. 76, 79
Schimmelschmidt, K. 419
Schirm, E. 517
Schlack, P. 246, 325, 328, 330, 331
Schmid, G. 27, 297
Schmid, W. 375
Schmitz, P. 559
Schnabel, E. 303
Schneider, F. 767
Schneider, G. 44, 188

Schnell, H. 354
Schöberl, A. 257, 264, 265, 510
Schöller, C. 97, 744, 775
Schönberger, W. 711
Schork, Chr. 322
Schramek, W. 67
Schramm, G. 9
Schreiber-Gastell 208
Schubert, A. 258
Schubert, C. 67
Schubert, M. 492, 494
Schubutija, M. 219
Schulz, G. V. 11
Schumacher, W. 413
Schwartz, E. 11
Schwarz, H. 11
Schwen, G. 742, 774, 787, 834
Schwertassek, K. 520
Segal, L. 18
Seidenfaden, W. 550
Sello, S. B. 37
Senn, R. 521
Senner, P. 559, 625, 636, 654, 660
Shashoua, V. E. 364
Sheehan, W. L. 365
Shipman, A. J. 360
Siggel, E. 353
Signer, R. 11
Sillion, J. B. 366
Simon, G. 103
Sippel, A. 208
Sisson, W. A. 253
Smith, J. E. 505
Sookne, A. M. 248
Speakman, J. B. 254, 261, 262, 263, 269, 270, 298
Speakman, P. T. 251
Stamm, O. A. 42, 521
Stapf, S. 37
Staudinger, H. 8, 10, 12, 14, 17, 20, 27, 81, 82, 197, 224, 312, 315
Stearn, Ch. H. 193
Steele, R. 41
Stefaniak, S. 415
Stephens, W. C. 364
Steurer, E. 27
Stevens, C. B. 603
Stoll, O. 636
Stott, E. 269
Stötter, H. 294, 796
Street, A. 253
Strobel, H. 804
Stroink 189
Strunk, K. 29
Sünder 370
Sumner, H. H. 517, 519, 530
Svedberg, T. 10
Swah, J. M. 419
Swan, I. W. 193
Swan, J. M. 261
Swart, W. S. 252
Szabó, K. 157

Tesoro, G. C. 37
Theilacker, W. 375
Tilak, B. D. 522
Timell, T. E. 13
Todtenhaupt, F. 307
Tohyama, S. 366
Tovey, H. 132
Treiber, E. 14
Tristram, G. R. 510
Tschekalin, M. A. 510
Turner, H. A. 516

Ulrich, G. 146, 275
Ulrich, P. 577
Urban, I. 193

Valk, G. 138, 296, 352
Valkó, E. 343, 504, 522, 523, 525, 530
Vansheidt 363
Vaucher 370
Verguin 370
Vetter, H. 83
Vickerstaff, T. 506, 513, 516, 517, 520, 522, 523, 524, 530, 618, 622
Vidal, J. P. 804
Vigoureux 738
Vogel 80, 81
Vollmann, H. 501
Vosburgh, W. G. 365

Wagner, D. 785, 786
Wagner, W. 221
Walbrecht, H. 66
Wallenberger, F. T. 363, 364
Walker, R. A. 590
Walter, R. 722, 724
Walz, F. 188
Ward, K. 18
Warwicker, J. O. 530
Wasley, W. L. 298
Waters, E. 530
Wearmoreland 621
Weber, O. H. 10
Wegmann, J. 411, 416, 419, 500, 520, 525, 530, 631
Wehrli, W. 33
v. Weinberg, A. 492
Weingarten, R. 522
Weltzien, W. 587
Wenderoth, H. 35
Wendt 798
Werner, A. 390
Werner, F. 354
Werner, R. 9
Wesley, W. 810, 816
Whinfield, J. R. 349
Whitfield, R. E. 298, 299
Whittaker, L. T. 512, 516, 624
Whitwell, J. C. 27
Wilke, G. 332
Windeck-Schulze, K. 587
Windemuth, E. 113, 359
Windus, W. 268
Wippel, H. G. 386
Wirnik, A. D. 510
Wirth, G. 60, 100
Witt, O. N. 370, 373, 374
Wittbecker 325
Wizinger, R. 375, 394, 444
Wolf, F. 415
Wolff, H. 309
Woods, H. J. 253
Wurzschmitt, B. 744, 775

Yoda, N. 366

Zahn, H. 191, 247, 251, 255, 256, 258, 259, 260, 261, 262, 263, 265, 267, 268, 276, 289, 297, 298, 303, 306, 313, 360, 509, 510, 513, 611, 636
Zart, A. 336
Zerweck, W. 492, 494
Ziegler, K. 318, 332, 786
Ziegler, K. 258, 297, 302
Zimmermann 604
Zollinger, H. 37, 41, 42, 133, 137, 139, 143, 346, 382, 389, 390, 423, 427, 507, 508, 509, 512, 513, 520, 521, 522, 523, 525, 526, 599, 603, 618
Zuber, H. 306
Zweidler, R. 799

Sachverzeichnis

Handelsbezeichnungen für Chemiefasern, Farbstoffe, Farbstoffsortimente sowie Textilhilfsmittel sind in separaten Verzeichnissen zusammengestellt, ebenso die Hersteller der im Text erwähnten Farbstoffsortimente, Textilhilfsmittel und Textilveredlungsmaschinen.

Abbot-Cox-Verfahren 564
Abendfarbe 538
Abgasechtheit 589
Abkochen der Baumwolle 62
–, von buntgewebten Waren 65, 186
Absorption von Lichtstrahlen 372f.
Abwasserreinigung 827
–, biologische 828
–, Verwertung 829
Abziehen von Färbungen 594, 612
Abziehmittel 787
Acetatfaserfarbstoffe 590
Acetatfaser, Verhalten der 229f.
–, Färben der 588
Acetatreyon-Handelsprodukte 208, 209
Acetatverfahren 206
Acetatzellwolle-Handelsbezeichnungen 210
Acetylcellulose 9, 28, 207
Acetylierung, oberflächliche 151
Acramin-Verfahren 583, 708
Acridinfarbstoffe 496
Acylaminoalkansulfonate 760
Acylamino-anthrachinone 465
Acyloxyalkansulfonate 762
Additionspolymerisatfasern 356
Additive 133, 143
Aktivierungsenergie 90
Äthylenoxid 763
Ätzbarkeit 531
Ätzdruck 667, 675, 677, 683, 695, 698, 703, 713, 715, 719, 721, 722, 725
Ätzmittel 787
Ätznatronverfahren 814
Ätzspitzen 43
AH-Salz 328
A.K.U.-Verfahren 216
Alcianfarbstoffe 491, 499
Alfole 756
Alginatfaser 240, 595
Alginsäure 241, 595
Alkaliregulierung 826
Alkalitätszahl 809
Alkaprintverfahren 682
Alkylbenzolsulfonate 753
Alkylenoxid-Blockpolymerisate 767
Alkylnaphthalinsulfonate 754
Alkyl-naphthol-polyglykoläther 765
Alkyl-naphthol-polyglykoläther-sulfat 766
Alkyl-phenol-polyglykoläther 764
Alkyl-phenol-polyglykoläther-sulfat 765
Alkyl-polyglykoläther 764
Alkyl-polyglykoläthersulfat 765
Alkylsulfate, primäre 755
–, sekundäre 758
Alkylsulfonate 752
Amberlite 819
Ameisengänge 235
Amidöle 760
Amingarn 33, 594
Aminierung 36
Aminocellulose 442
Aminosäuren 243
Aminosole 702
Aminotriphenylmethan-Farbstoffe 445
Aminoxide 768
Ammoniumaustauscher 822
Amphipathie 743
Ampholyte 744, 768
Amphotenside 744, 768
Amylasen 56
Amylopektin 54
Amylose 54
Anilinschwarz 487, 579
– in der Druckerei 699
Animalisieren 218
Anionaktive Produkte 744
Anionaustauscher 821
Anionische Farbstoffe 384, 387, 448, 457
– – auf Polyacrylnitrilfasern 631
– – auf Polyamidfasern 617f.
– – auf Seide 611
– – auf Wolle 596, 601
– – in der Druckerei 712, 715, 718, 721, 723, 724
– –, metallisierbare 580
Aniontenside 744
Anreißer 742
Anthanthrone 475
Anthrachinoide Küpenfarbstoffe 462
Anthrachinoide Reaktivfarbstoffe 460
Anthrachinon-acridone 468
Anthrachinon-Farbstoffe 453f.
Anthrachinon-imidazole 469
Anthrachinon-imine 466
Anthrachinon-oxazole 469
Anthrachinon-sulfosäuren 457
Anthrachinon-thiazine 469
Anthrachinon-thiazole 469
Anthrachinon-thioxanthone 469
Anthrapyridon-derivate 469

Anthrapyrimidin-derivate 476, 469
Anthrimide 466
Anthrone 473
Antiauxochrome 375
Antichlor 85, 185
Antidiazotate 433, 692
Antidiazosulfonate 435, 693
Antimikrobielle Ausrüstung 153
Antipilling-Ausrüstung 343
Antischäummittel 786
Antiseptische Mittel 108, 792
Antisnag-Ausrüstung 343
Antisoil-Finish 152
Antistatische Mittel 341
Antistatische Präparation 341
Apolare Bindungen 255
Appretbrechen 109
Appretbrechmaschine 109
Appretur von Baumwolle 105f.
– – Flachs 186
– – Reyon und Zellwolle 232
– – Seide 305
– – Synthesefasern 321, 343f., 352
– – Trikotwaren 175
– – Wolle 292
– der Garne 108, 168
–, waschbeständige 107
Aquabond-Verfahren 708
Aquaprint-Verfahren 708
Aralkylsulfonate 753
Aridye-Verfahren 708
Asbestfaser 367
–, Färben der 636
Assoziation von Farbstoffen 504
Assoziationsgrad 504
Ataktische Struktur 318
Aufhellen, optisches 104
Aufhellungsmittel, optische 104, 797
Aufstecksystem 645
Ausätzeffekte 726
Ausbrennartikel 726
Ausmalzen 53
Ausrüstung in organischen Lösungsmitteln 104, 177, 236, 300, 360, 636, 664, 727
Ausschrumpfen 215, 331
Austauschverfahren 818f.
Automation in der Färberei 665
Auxochrome 375
Avivieren 108
– von Reyon und Zellwolle 216
Azaverbindungen 474
Azinfarbstoffe 485f.
Azodicarbonamid 117
Azo-Farbstoffe 379ff.
Azo-Farbstoffe, auf der Faser erzeugte 422f., 548f., 690f.
Azo-Reaktiv-Farbstoffe 405f.

Backverfahren 492
Bakterizide (bakteriostatische) Ausrüstung 152
Bakterienamylase 56
Bancora-Verfahren 298
Barotor 656
Barytverfahren 817
BASF-P2-Verfahren 145
Basische (= kationische) Farbstoffe 384, 445, 497, 508
– – auf Acetatfasern 591
– – auf Baumwolle 580
– – auf Polyacrylnitrilfasern 631
– – auf Seide 611
– – auf Wolle 599, 604
– – in der Druckerei 676, 717, 718, 721, 722
Basolan DC-Verfahren 296
Bastfasern 178f.
Bastseife 304
Bastseifenbad 304
Bathochrome Gruppen 376
Batikdruck 719
Batschen 191
Baumwolle 45f.
–, Appretur 105f.
–, Abkochen, Beuchen, Brühen 61
–, Bedrucken 673f.
–, Beschichten 109f.
–, Bleichen 73f.
–, Bleichen in organischem Lösungsmittel 104
–, chemische Zusammensetzung 49
–, Entschlichten 52f.
–, Färben 538f.
–, Gewinnung 45
–, histologischer Bau 48
–, Kapseln 46
–, Knitterfestausrüstung 129f.
–, Krumpffestausrüstung 168
–, Linters 47
–, Mercerisation 67
–, naturbunte 47
–, Pergamentieren 25, 150
–, Philanieren 25
–, Quellfestausrüstung 129f.
–, Samen 46
–, Sengen 50f.
–, Sorten 47
–, tote 47
–, unreife 47
–, Veredlung 50f.
–, Vorkommen 45
–, Wachs 61
Bedrucken von Baumwolle 673f.
– – Acetatfasern 712
– – Glasfasern 726
– – Halbleinen 710
– – Halbseide 720
– – Halbwolle 719
– – Jute 710
– – Kokos 710
– – Leinen 710
– – künstlichen Proteinfasern 719
– – Polyacrylnitrilfasern 720
– – Polyacrylnitrilfaser-Mischgespinsten 721
– – Polyamidfasern 724
– – Polyamidfaser-Mischgespinsten 725
– – Polyesterfasern 722
– – Polyesterfaser-Mischgespinsten 723

Bedrucken von Polypropylenfasern 725
– – Polyvinylchloridfasern 725
– – Proteinfasern 714f.
– – Reyon 711
– – Seide 717
– – synthetischen Fasern und Fasermischungen 720f.
– – Wolle 714
– – Zellwolle 711
Beetlekalander 167
Beetlemaschine 167
Begleitfarben 710
Beizen von Kaninhaaren 274
Beizenfarbstoffe 390, 454, 578, 605, 702
Bekleidungsphysiologie 362
Bel-O-fast-Verfahren 142
Benzanthrone 473
Benzochinonfarbstoffe 478
Benzylierungsmittel 790
Beschichten von textilen Substraten 109f.
Betriebswasser 804f.
Beuchechtheit 529
Beuchen 61
Beuchkessel 63
Bicolor-Färberei 635
Bifasern 320, 346
Bikomponentenfasern 347
Bindemittel für Pigmentfarben 396, 583, 705
Biologische Abbaubarkeit von Tensiden 829, 754
Blanket-Washer 730
Bläuen 104
Blauholzschwarz 611
Bleichen von Baumwolle 73f.
– – Flachs 184f.
– – Polyamidfasern 345
– – Reyon und Zellwolle 231
– – Seide 305
– – Synthesefasern 321, 345, 352
– – Synthesefasern in Mischung mit anderen Fasern 363
– – Wolle 281f.
Bleichereirichtlinien 84, 98
Bleichschädigung 80f., 97
Blockierungseffekt 620
Blockpolymerisation 320
Bogendämpfer 740
Bombyx mori 301
Bondieren, Bondings 346
Bornitrid-Faser 314
Bourettegarn 302
Brechen 179, 184
Breitbleiche 87, 92, 101
Breitstrecken 167
Breitwaschmaschine 281
Brennbock 286
Brennen 286
Britisch-Gummi 671, 779
Bronzieren 571
Brückenbildner für Fixierfarbstoffe 417, 577, 698
Brühen 62
Bügelfalte 262
Buna 120
Buntätzdruck 676, 678, 684, 696, 698, 703, 713, 716, 721, 722
Buntesalze 419, 557, 709
Buntreservedruck 678, 685, 697, 701

ε-Caprolactam 328
Capryllactam 332
Carbamate (Urethane) der Cellulose 39, 141
Carbeniumstruktur 375
Carbonisation 287f.
Carbonisieranlage 288
Carbonisierhilfsmittel 770
Carrier 625
Carrotieren 274
Caseinfaser 307f.
–, Handelsnamen 307, 309
Ce-Es-Bleiche 103
Cellobiose 6f.
Cellohexaose 7
Cellotetraose 7
Cellotriose 7
Cellulose und Cellulosefasern 5f.
–, Abbau 6, 24f., 80f.
–, Anisotropie 14, 18
–, Begleitstoffe 43
–, Benzylierung der 36
–, chemische Modifizierung 29, 129f.
–, chemisches Verhalten 23f.
–, Divinylsulfonäther der 37
–, fehlerhafte 82
–, Fibrillen 16
–, Formalisierung 41
–, funktionelle Gruppen 8, 83
–, Halogenderivate der 29
–, hygroskopisches Verhalten 22
–, Kettengliederzahl 14
–, Knitter- und Quellfestausrüstung der 129f., 187, 235
–, Konstitution 6f.
–, Kristallite 14f.
–, Löslichkeit 23f.
–, Micelle 16
–, Molekulare Struktur der 6
–, native und regenerierte 20
–, Orientierungsgrad 16
–, Pfropfpolymerisate der 43
–, Polymerisationsgrad 9f.
–, Polymerisationsgradbestimmung 11
–, Polymolekularität 13
–, Quellung 21, 169f.
–, Synthese 9
–, Übermolekulare Struktur der 14
–, Verbindungen 9, 28
–, Xanthogenat 200f.
Chappe 301
Chasingkalander 165
Chassis 657
Chevillieren 71
Chevilliermaschine 71, 168
Chinédruck 738
Chinolin-Farbstoffe 496
Chinoniminfarbstoffe 485
Chinoniminschwefelfarbstoffe 492

Chintzappretur 123, 145
Chloramine 61, 85
Chlorbleiche 74f., 185f.
Chlordioxid, Bleichen mit 93
Chloregal-Verfahren 298
Chloren der Wolle 295, 714
Chloritbleiche 87, 186, 232
Chlorkalk 74
Chlorretention 136
Chlorzurückhaltung 136
Chrombeizen-Farbstoffe 597, 605
Chromgelatinefilm 733
Chromierungsfarbstoffe 389f., 457
– auf Polyamidfasern 620
– auf Seide 611
– auf Wolle 597, 604
– in der Druckerei 716, 718
Chromkomplexfarbstoffe 389f.
– auf Polyamidfasern 620
– auf Seide 611
– auf Wolle 598, 604
– in der Druckerei 716, 718, 724
Chromogene 374
Chromophore 373f.
Chromostyle-Verfahren 737
Cibaphasol-Verfahren 603
Cis-Diazoverbindungen 433f., 692, 693
Citofix-Verfahren 725
Citol-Verfahren 708
Clarino 117
Cloqués 234
Cochenille 370
Colloresinverfahren s. Zweiphasendruckverfahren 682
Colour-Index 369
Computersteuerung 646
Confining-Passage-Maschine 175
Copolyesterfaser 353
Copolymerisation 315, 317, 320
Corfam 117
Cottonin 187f.
Cottonisieren 187f.
Cottonova 130
Coupuren 670
Coupureverdickung 670
Crestin-Verfahren 151
Cyanäthylierung 36, 151
Cyanin-Farbstoffe 497
Cyanurierung 33
Cysteingehalt von Wolle 260
Cystinbrücke 254f.
–, Spaltung der 256

Dämpfeinrichtungen 739
Dämpfer für Filmdruckware 741
Dampfschwarz 580, 699
Darex-Drucktuch 730
Dauerwellen 263, 268
Decker 672, 705
Defitherm-Verfahren 632
Degummieren 191, 301
Dehalogenierung 470, 559
Dejektorverfahren 825
Dekatieren 286
Denier 221
Denitrierung 199
Depolymerisation der Cellulose 80
Desaminierung 271, 597
Desinfektion von textilen Rohstoffen 804
Desintegrieren 301
Detachieren 769
Devin-Vielfarbendruck 737
Dianthrone 475
Diazoaminoverbindungen 380, 436, 555 556, 693
Diazoeinbadverfahren 615
Diazoniumsalze 379
Diazoniumsalze, stabile 431
Diazoreaktion 379f.
Diazotieren 379, 430, 553
Diazotierungs-Farbstoffe 420, 547, 676
Diazozweibadverfahren 614
Dibenz-pyrenchinone 474
Differential-Dyeing-Fasern (Multicolortechnik) 322, 347, 353, 635
–, Färben von Mischungen mit 635
Dinaphthofurandion-Farbstoffe 478
Diphenylmethanfarbstoffe 451
Diphenylschwarz 487, 580, 701
Direktdruck 666
Direktspinnverfahren 210
Disazofarbstoffe 398f.
Dispergieren 745
Dispergiermittel 679, 743, 781
Dispersionsfarbstoffe 385, 432, 459, 496
– auf Acetatfasern 590
– auf Polyacrylnitrilfasern 630
– auf Polyamidfasern 622
– auf Polyesterfasern 626
– auf Polyvinylchloridfasern 629
– in der Druckerei 712, 713, 720, 721, 722, 723, 724
Disulfidaustauschreaktion 260
Divinylsulfon 37
Dockenkammer 101
Donnansches Membrangleichgewicht 524, 508
Dopmittel 205
Drahthülsen 647
Dreikantspindeln 646
Druck aus organischem Medium 727
Druckdämpfer 99
Druckdeckenwäscher 730
Druckereihilfsmittel 779
Druckfarben 669
–, Blenden der 670
Druckfarbstoffe 668
–, Fixierung der 673
Druckwalzen 728
Dry-sol-Verfahren 296
Duhamel-Verfahren 277
Duolite 819
Duplexdruckmaschine 732
Dura-Mercerisage 72
Durable-Press-Verfahren 143
Duraset-Verfahren 145
Durchfärbemittel 774
Dureta-Verfahren 206, 216
Düsen 213
Düsenappretiermaschine 109

Düsengefärbte Fasern 218
Düsenmansarde 731
Düsentrocknung 158, 161
Düsenwaschmaschine 275
DWI-Verfahren 298
Dylan-Verfahren 297

Easy care 130
Echtheit und Farbstoffkonstitution 526
Echtheitseigenschaften 526, 536
Ecru-Seide 304
Edelzellstoff 196
Egalisieren 167, 604
Egalisiermittel 774
–, farbstoffaffine 774
–, faseraffine 775
Egalisierungs-Farbstoffe 602
Egrenieren 47
Einbad-Chromierverfahren 607
Einbadschwarz 579
Einphasendruck-Verfahren 680
Einsprengen 167
Einsternen 664
Eisfarben 423
Eisengarne 168
Eiweißfasern 242f.
–, künstliche 306f.
–, Färben der künstlichen 611
Eiweißkörper 242f.
–, Aufbau 245
–, amphotere Natur 247
–, isoelektrischer Zustand 248
–, isoionischer Zustand 248, 303
–, Molekülgröße und Molekülaufbau 247
–, Synthese 247
–, Zusammensetzung 245
Elastomerfäden 357f.
Elastomerfasern, Färben von 625
Elektrische Aufladung 230, 340
Elektrische Senge 51
Elektrolytisches Färbeverfahren 566
Elektronengasmodelle von Farbstoffen 376
Elektrostatische Aufladung 216, 340
Elementarfibrillen 15
Eloxalverfahren 832
Emulgieren 745
Emulsionsverdickung 706, 781
Englander-Druckverfahren 737
Entbasten 304
Entcarbonisierung 816
Entchloren 85
Enteisenung 823
Entgasung 824
Enthärtungsverfahren 812f.
Entkieselung 825
Entkletten 287
Entmanganung 823
Entölung des Kondenswassers 826
Entschlichten 53f., 231
Entschlichtungsmittel 55
Entschwefeln 203
Entwässern 156
Entwickeln 553, 691
Entwickler 421
Entwicklungsfarbstoffe 422f.
– auf Acetatfasern 591
– auf Baumwolle 548
– auf Polyamidfasern 621
– auf Polyesterfasern 627
– auf Seide 611
– auf Wolle 609
– in der Druckerei 690, 718, 722, 724
Enzyme 56
Erdnuß-Eiweißfaser 306, 309
Erdnußprotein 246
Erifonverfahren 147
Erschweren 305
Erschwerungshöhe 305
Erucasäure 331
Erweichungspunkt von Synthesefasern 363
Estercellulose 26, 72
Everglace 145, 167

Fabulized-Verfahren 362
Fadenaufnahmeorgane 214
Fadenspannung, Konstanz der 215
Fällbad 203
Fällungsverfahren 812
Farbe und Konstitution 371
Färbeapparate 637
– für loses Material 640
Färbebasen 428
Färben von Acetatfasern 588
– – Acrilan 633
– – Acrilan-Mischgespinsten 633, 634
– – Alginatfasern 595
– – Asbestfasern 636
– – Baumwolle 538f.
– – Creslan 634
– – Darvan 634
– – Differential-Dyeing-Fasern 635
– – Dynel 634
– – Elastomerfasern 625
– – Glasfasern 636
– – Halbseide 613
– – Halbwolle 613
– – Hanf 584
– – Jute und Kokos 585
– – Leinen 584
– – Modacrylfasern 632
– – Polyacrylnitrilfasern 630
– – modifizierten Polyacrylnitrilfasern 632
– – Polyacrylnitrilfaser-Mischgespinsten 633
– – Polyamidfasern 616f.
– – speziellen Polyamidfasern 624
– – Polyamidfaser-Mischgespinsten 622
– – Polyesterfasern 626
– – modifizierten Polyesterfasern 628
– – Polyesterfaser-Mischgespinsten 628
– – Polyolefinfasern 634
– – Polyvinylalkoholfasern 634
– – Polyvinylchloridfasern 629
– – Proteinfasern 595f.
– – künstlichen Proteinfasern 611
– – Polyureidfasern 625
– – Polyurethanfasern 625

Färben von Reyon 585
– – Seide 610
– – synthetischen Fasern 616f.
– – Tierhaaren 610
– – Travis 634
– – Verel 634
– – Wolle 595f.
– – Zefran 634
– – Zellwolle 585
Färben in der Flocke 638
– von Kammzug 642
–, Kardenband 641
–, Kettbäume 651
–, Kreuzspulen 645
–, Stranggarn 642
–, Stückware 652
Färben in organischem Lösungsmittel 177, 236, 360, 636, 664
Färbefoulard 657
Färbegeschwindigkeit 522
Färbeigel 649
Färbemaschinen 637
Färbeplatte 649
Färberei-Einrichtungen 637
Färberei-Hilfsmittel 773
Färberezeptvorausberechnung 538
Färbesalze 431, 555
Färbestern 664
Färbevorgänge beim Färben der Synthesefasern 510f.
Farbstoffe, anionische 503
–, kationische 503
–, zwitterionische 504
Farbstoff-Flug 536
Farbstoff-Handelsprodukte 534
Farbstoff-Konstitution und Echtheit 526
Färbevorgänge bei Acetatfasern 521
– – Cellulosefasern 514
– – Polyamidfasern 510
– – Polyurethanfasern 514, 618
– – sonstigen Synthesefasern 514
– – Proteinfasern 506, 595
Faserschädigung 76, 80f.
– durch Küpenfarbstoffe 566
Faserschutz durch Küpenfarbstoffe 566
Faservliesstoffe 154
Felisol-Gütezeichen 464
Festoon-Kontinuedämpfer 740
Fettalkohole 756
–, Pyrophosphorsäureester der 758
Fettalkoholsulfate 755
Fettalkoholsulfonate 755
Fettalkylsulfate 755
Fettaminpolyglykoläther 765
Fettfarbstoffe 397
Fettlöserseifen 769
Fettlöser, technische 769
Fettsäureamidpolyglykoläther 765
Fettsäurekondensationsprodukte 759
Feuchtigkeitsgehalt von Faserstoffen 22, 362
Feuchtvernetzung 142
Fibe-Breitfärbemaschine 658
Fibrillen 15, 251, 253
Fibroin 246, 302
Ficksches Gesetz 523
Fifulon 155
Filmdruck 733f.
Filmdruckmaschine 734
Filzen der Wolle 272
– – Kaninhaare 274
Filzfrei-Ausrüstung 295
Filzkalander 162
Finish-Dekatur 286
Fischgeruch 133ff.
Fixaform-Verfahren 145
Fixieren von synthetischen Fasern 321, 343f., 352, 619
Fixierfarbstoffe 412, 417, 577, 698
Fixierungsquote 509
Fixierverfahren für Wolle 262, 285
– – Polyamidfasern 343f., 619
– – Polyesterfasern 352
– – Polyacrylnitrilfasern 321
Fixier-Vorklotz-Verfahren 699
Flachfilmdruck 733
Flachs 178f.
–, Appretieren 186
–, Bleichen 184f.
–, Chemische Zusammensetzung 181
–, Cottonisieren 187
–, Färben 584
–, Gewinnung 182
–, Rösten 182
–, Veredlung 184f.
Flachsstengel, der Aufbau des 179
Flammfeste Cellulosefasern 219
Flammschutz, Fasern mit 220
Flammsichere Ausrüstung 146
Flaschenspulen 650
Flash-Method 683
Flavanthren 472
Flockdruck 735
Flockenbast 181, 187f.
Florette 301
Flottendurchsatz 564
Flottenverhältnis 541
Fluid-Bed-Anlage 663
Folienkaschierverfahren 110
Formacylfarbstoffe 394
Formalisierung von Jute 191
Formamidinsulfinsäure 713, 789
Foulard 657
Foulardmattierung 233
Fraßgifte 795
Friktionskalander 165
Fungicide Ausrüstung 152
Funktionelle Gruppen der Cellulose 8, 83

Galette 214
Ganaloc-Verfahren 37
Garnbefeuchtungsmittel 803
Garndruck 738
Garnmercerisiermaschine 70
Gasfadingechtheit 589
Gasieren 51
Gassenge 51
Gaufrierkalander 167
Geiger-Müller-Zähler 543

Gelierung von Polyvinylchlorid 122
Gerberwolle 249
Germicide Ausrüstung 153
Germistatische Ausrüstung 153
Gewebemercerisiermaschine 71f.
Gewichtsverlust 62, 539
Gitterbaufehler 313
Glasbatist 150
Glasfaser 366
–, Färben der 636
α-Glucose 6
β-Glucose 6
α-Glucopyranose 6, 7
β-Glucopyranose 6, 7
Gminderlinnen 189
Gravieren der Druckwalzen 732
Grègeseide 301
Grenzflächenaktivität 745
Grenzflächenpolykondensation 325
Grenzflächenpolymerisation 298
Grenzflächenspannung 745
Grünflachs 184
Gummi arabicum 671, 779
Gummierung 118
Gummikalander 122
Gummirakel 121
Gummituch 729

Haarfärbemittel 488
Hachuren 728
Halbseide, Bedrucken der 720
–, Färben der 616
Halbwolle, Bedrucken der 719
–, Färben der 613
Halbwolleinbadchromierverfahren 614
Halbwoll-Farbstoffe 614
Hammerwalke 285
Handdruck 736
Hanf 190
Härtebildner 807
Härtegrade 806
Hartseide 304
Harzseifen 749
Haspelkufe 652f.
Heat-Setting 344
Heberlein-Verfahren 43
Hecheln 184
Heißluft-Trockenmaschine 162
Heißnetzer 773
Heißöl-Färbeverfahren 564, 662
Heißsiegelausrüstung 118
Heliofastmaschine 730
α-Helix 253
Helizarin-Verfahren 583, 708
Hemicellulosen 43
Henry-Nernstscher Verteilungssatz 524
Hercosett-Verfahren 298
High bulk yarn 345
Hitzebeständige Ausrüstung 151
Hitzebeständige Fasern und Folien 363f.
Hochbauschgarne 345
Hochdruckbreitbleichanlage 101
Hochdruckhydrierung 756
Hochfrequenztrocknung 164
Hochtemperatur-Färbeanlage 661
Hochtemperatur-Haspelkufe 654
Hochtemperatur-Verfahren (HT-Verfahren) 93, 542, 562, 604, 626, 651
Höchstdruckspeisewasser 810
Hohlfaser 220
Holz-Zusammensetzung 194f.
Hotflue 162, 660
HT-Apparate 651
HT-Druckdämpfer 660, 740
HTD-Verfahren 65, 99, 660, 740
HT-Stückfärbemaschine 656
H-Transfer-Polymerisation 347
Hülsen, perforierte 646
Hydrazin als Sauerstoffbindemittel 825
Hydrocellulose 24
Hydro-Dry-Färbeanlage 663
Hydrofixierung 344, 654
Hydroformylierung 756
Hydron-Farbstoffe 492, 573
Hydrophilierung 355, 361
Hydrophobierung 123
Hydrosol 122
Hydrotrope Substanzen 781f., 679
Hydrotropie 783f.
Hydroxyalkylsulfoxide 768
Hydroxyanthrachinone 454
Hydroxynaphthoesäuren 424f.
Hydroxytriphenylmethanfarbstoffe 448
Hypochloritbleiche 74f., 185
Hypsochrome Gruppen 376

Immacula-Verfahren 263
Immunisieren von Cellulosefasern 593
– der Wolle 612
Immungarn 33, 594
Imperon-Verfahren 583, 708
Imprägnierung, wasserabweisende 123f., 292
Indanthren 469f.
Indanthrenecht 464, 568
Indanthrenetikett 568
Indican 478
Indigoide Farbstoffe 478
Indigo-Synthesen 479
– auf der Faser 480
Indigosole 482
– auf Baumwolle 568
– auf Polyamidfasern 622
– auf Polyacrylnitrilfasern 630
– auf Seide 611
– auf Wolle 608
– in der Druckerei 686, 717, 718, 724
Inflos-Verfahren 125, 293
Infrarot-Absorption von Farbstoffen 536
Infrarottrocknung 163
Inhibitoren 589
Insulinsynthese 247
Intermicellare Räume 17
–, Reaktionen 18
Inthionfarbstoffe 420, 499, 709
Invertit 818
Invertseifen 748
Ionische Strahlung als Textilhilfsmittel 803
Irga-Pad-Verfahren 603

Irgasolvent-Verfahren 603
Irgatril-Verfahren 713
I-Säure 399
Isoelektrische Wollwäsche 276
Isoelektrischer Zustand 248
Isoionischer Zustand 248, 303
Isotaktische Struktur 318
Isotope, radioaktive 803
ITW-Verfahren 632

Jacqueminsches Phänomen 448
J-Box 59, 65
Jet air 657
Jet-Dye-Maschine 654
Jigger 655
Johannisbrotkernmehläther 672, 780
Jute 191
–, chemische Modifizierung von 191
Juvione 819

Kael-Verfahren 151
Kalandern 165
Kaliko 109
Kalkseife 805
Kalk-Soda-Verfahren 843
Kaltbleiche 99
Kaltdauerwelle 268
Kaltnetzer 773
Kalt-Verweil-Verfahren 544, 576
Kammgarnverfahren 249
Kammzugdruck 738
Kammzug, Waschen von 280
–, Färben von 642
Kaninhaare, Filzen 274
Kapillaraktive Wirkung 745
Kapillarentwässerung 157
Kapok 178
Kapton 111
Karbonisieren s. unter Carbonisieren
Kardenband, Färben von 641
Kardenbandzettelmaschine 641
Kardenrauhmaschine 290
Kaschieren 118, 123
Kaschiermaschine 123
Kasein 246
Kaseinfaser s. Caseinfaser
Katalysatoren bei der Vernetzung 143
Kationaktive Produkte 744
Kationaustauscher 820
Kationische Farbstoffe 384, 445, 497, 508
– – auf Acetatfasern 591
– – auf Baumwolle 580
– – auf Polyacrylnitrilfasern 631
– – auf Seide 611
– – auf Wolle 604
– – in der Druckerei 676, 717, 721
Kationtenside 744, 747
Kautschuk 118f.
Kautschukgifte 118
Kenaffaser 191
Keratin 246, 252
–, Selbstvernetzung bei 259
α-Keratin 252
β-Keratin 253
Kernfasern 204
Kesseldekatur 286
Kesselschlamm 808
Kesselspeisewasser 807
Kesselstein 808
Kesselwasser-Rückführung 815
Keto-Enol-Umlagerung 560
Ketozone 560
Kettbäume, Färben 651
Kettbaumfärbeapparate 651
Kettbaummaterialträger 651
Kettdruck 665, 682, 738
Kettenfaltungen bei Cellulose 15
Kettenglättemittel 53
Kettengliederzahl 14
Kettenlängendiagramm 13, 197
Kinken 313
Klopfwolf 288
Klotzen 543, 562
Klotz-Dämpf-Verfahren 544, 564, 576, 660
Klotz-Kaltverweil-Verfahren 544
Klotz-Roll-Verfahren 544, 576
Klotz-Thermofixier-Verfahren 576
Kluppenkette 160
Knickbruchfestigkeit von Faserstoffen 361
Knit-Deknit-Ausrüstung 346, 738
Knitterfeste Ausrüstung von Baumwolle 129f.
– – von Leinen 187
– – von Reyon und Zellwolle 235
Koagulationsmethode 117
Koazervatschicht 604
Kodel-Faser, Färben der 628
Kohle-Austauscher 823
Kokon 301
Kokosfaser 178
Kollodiumwolle 199
Kombinierte Bleiche 101
Komplementärfarbe 372
Komplexbildner 801
Kompressive Krumpfung 172
Konditionieren 23
Konformation, axiale und äquatoriale 7
Konjugate Base 427
Konstitution und Farbe 371
Kontaktgifte 797
Kontinuebleiche 64f., 86, 100
Kontinuedämpfer 740
Kontinueentschlichtung 59
Kontinuefärbeanlagen 659
Kontinuefärbemaschine 661
Kontinuierliches Färben 543, 562, 576, 603
Kontrerakel 731
Kopsfärberei 649
Körperfarben 396
Koratron-Verfahren 145
Kortebleiche 188
Kottonin s. Cottonin
Kottonisieren s. Cottonisieren
Kratzenrauhmaschine 290
Kräuseleffekte 219, 726
Kräuselkrepp 726
Kreppen 144, 234

Kreuzspulen, Färben von 645
–, konische 648
–, zylindrische 648
Kreuzspulfärbeapparate 648f.
Kristallgummi 671, 779
Kristallite der Cellulose 14
Krumpex-Maschine 176
Krumpfen 168
Krumpffreie Ausrüstung 168
Krumpfvorgang 171f.
Kuljian-Verfahren 216
Kunstharzaustauscher 819
Kunstharzeinlagerung 130
Kunstharzvorkondensaten, Nachbehandlung mit 546, 778
Kunstleder 109f.
Kunstseide s. Reyon
Küpen-Druckfarbstoffe 679f.
Küpendruck-Fixierverfahren-Du Pont 683
Küpenfarbstoffe 462f., 478f.
– auf Acetatfasern 591
– auf Baumwolle 557
– auf Polyacrylnitrilfasern 630
– auf Polyamidfasern 621
– auf Polyesterfasern 627
– auf Seide 611
– auf Wolle 599, 607
– in der Druckerei 678, 718, 721, 722, 724, 725
–, Handelsbezeichnungen 463
Küpensäure-Verfahren 564
Kupfer(I)-ionen-Verfahren 631, 721
Kupferbare Farbstoffe 389, 403
Kupferkomplexfarbstoffe 403
Kupplungsfarbstoffe 421, 548
Kupferreyon-Handelsprodukte 206
Kupferverfahren 205
Kupferzellwolle-Handelsbezeichnungen 210

Lackfarbstoffe 395
Lactam 328
Lactamkondensationen 331
Lanaset-Verfahren 297
Lanfix-Verfahren 297
Langflachsfaser 180
Langmuir-Isotherme 525
Lanolin 276
Lanthionin 245
–, -Bildung 257f.
Lapping 729
Latex 119
Laufmaschenfestmachen 234
Laugieren 73, 232
Laurinlactam 332
Lävoglucosan 146
Legierungstrocknung 165
Leinen 178
Leukoküpenesterfarbstoffe 482
– auf Baumwolle 568, 686
– auf Polyacrylnitrilfasern 630
– auf Polyamidfasern 622, 724
– auf Polyesterfasern 627
– auf Polyolefinfasern 635
Leukoküpenesterfarbstoffe auf Seide 611
– auf Wolle 608
Leviathan 275
Lewatit 819
Lichtechtheit 530
Lichtschutz 567
Lignin 45
Linksappretur 108
Lisseuse 280
Lissieren 280
Lösungsmittelausrüstung 104, 177, 236, 300, 360, 636, 664, 727
Lösungsmittel für Druckerei 781
Lufibrol-KB-Verfahren 64
Lufibrol W-Verfahren 282, 345
Luftseide 220
Luftspitzen 289
Luftrakel 121
Lundgren-Verfahren 273
Lüstrieren 71
Lüstriermaschine 168
Lysinoalaninbildung 258

Mackey-Test 279
Magnesiaseife 805
Magno-Verfahren 824
Mako 47
Mako-Imitat 47
Malimo-Verfahren 154
Malipol-Verfahren 154
Maliwatt-Verfahren 154
Maltose 53
Malzamylase 56
Mangeln 166
Manipulieren 600
Mannich-Kondensation 131
Manofast-Verfahren 725
Mantelfasern 204
Markalprozeß 360
Mather-Platt 739
Mattieren 233
Mattierungsmittel 793
Mattkalander 165
Mattseiden 217
Mehrkomponenten-Faserstoffe 347
Melafix-Verfahren 298
Melangen 50
Melangierte Garne 600
Mercerisation 67, 186
–, automatische 71
–, spannungslose 73
– der Mischgespinste 237f.
Mercerisiergrad 67
Mercerisiermaschinen 70f.
Mercerisiernetzmittel 769
Mercerisierte Baumwolle 67
Mersole 752
Metallbad, Färben im 663
Metallfasern 367
Metallisierbare Farbstoffe 389, 403
Metallisierbare Säurefarbstoffe 580
Metallisieren 154
Metallkomplexfarbstoffe 389f., 403f., 498f., 598, 604, 605, 611, 620, 633, 634, 716, 721, 724

Metallkomplex-Reaktivfarbstoffe 716
Metamerie 538
Methylolierungsgleichgewicht 137
Metrotex-Verfahren 708
Micelle 15
Mikrofix-Verfahren 708
Mikrokristalle 15
Mikro-Stretch-Verfahren 133
Mild-cure-Verfahren 143
Mineralfarben 370
Minicare 130
Mirror-Eye-Catch-Verfahren 737
Mischgespinste, Bedrucken der, Färben der siehe unter Bedrucken von, Färben von
–, Mercerisation 237
–, Veredlung 178, 236, 300, 310, 352, 353, 363
Mischpolyamide 334
Mischpolymerisation 315, 317, 320
Mitläufer 729
Modacrylfasern 320
–, Bedrucken der 721
–, färberisches Verhalten der 632f.
Modalfasern 205
Modeldruck 736
Modifier 205
Modifizierte Polyesterfasern 353, 628
Modifizierung, chemische der Cellulose 29ff., 129f.
Modifizierung, chemische der Jute 191
Modifizierungsmittel 205
Moirée-Effekt 166
Moirierkalander 166
Molekularsiebverfahren 14
Molettierverfahren 732
Moltopren 112, 356
Monoazo-Farbstoffe 384
Monforisieren 175
Monforts-Reaktor 740
Monofile Fäden 335
Monoglyceridsulfate 762
Monomerenwäsche 329
Mottenschutzmittel 293, 794f.
Mottensichermachen 293
Muldenkalander 167
Muldenpresse 291
Müllerbad 203
Multicolortechnik 322, 347, 353, 635
Multifile Fäden 335
Mungo 249
Musterfärben 537
Mylar 111

Nachbehandlungsmethoden für Färbungen 544, 571f.
Nachbehandlungsmittel für Färbungen 544, 571f., 776f.
Nachchromierverfahren 606
Nachmattierung 233, 345, 793
Nachreife 202
Nadelkette 160
Naphthalintetracarbonsäure-Farbstoffe 477
Naphthochinonfarbstoffe 478
Naphthole 423f.
Naphtol AS-Einbadverfahren 555
Naßdekatur 286
Naßknitterechtheit 142
Naßmodul 205
Naßspinnverfahren 211
Naßvernetzung 142
Natriumborhydrid als Reduktionsmittel 257, 561
Natriumbromitentschlichtung 60
Natriumchloritbleiche 87f.
Natriumcumolsulfonat 784
Natriumhypochlorit 74f.
Natriumperoxid 93f.
Natriumtoluolsulfonat 784
Natronbleichlauge 74f.
Natroncellulose 200
Natronverfahren 196
Natronzahl 809
Naturfarbstoffe 369f.
Naturseide 301
Necrolithe 819
Nelson-Verfahren 216
Netzmittel 743
– für stark alkalische Flotten 769
– für stark saure Flotten 770
Netzvorgang 745
Neutralentwicklungsverfahren 694
Neutralölsulfate 752
Neutralölsulfonate 752
Neutromercer 71
Newi-Stranglos-Waschmaschine 281
Nichtbrennbare Fasern 220, 353, 355, 360
Nichtionogene Produkte 744
Nikrulan-Verfahren 297
Nitraminate 439, 694
Nitratcellulose 28
Nitrat-Verfahren 199
Nitro-Farbstoffe 496
Nitrosamine 433
Nitroso-Farbstoffe 496
N-Methylolverbindungen, Konstitution und reaktives Verhalten 137
No iron 130
Nomexfaser 335, 624
Non woven fabrics 154
Nuancieren 537
Nylon 326
Nylon *13* 331
Nylon *1313* 331
Nylonisieren 361

Oberflächenspannung 745
Offsetdruck 737
Oligomere 303, 313, 352, 360, 626
Oniumfarbstoffe 557
Opaleffekt 150
Optisches Aufhellen 104
Optische Aufhellungsmittel 797
–, Konstitution und Ziehvermögen 800
Orbisdruck 736
Oremasin-Verfahren 708
Organdy 150
Organolithe 818

Organischen Lösungsmitteln, Färben bzw. Verdeln aus 104, 177, 236, 300, 360, 636, 664, 727
Organosole 122
Orientierungsgrad 16, 19
Orthokortex 251
Ortix 117
Oxäthylierung 763
Oxazin-Farbstoffe 488
Oxyanthrachinone (= Hydroxyanthrachinone) 454
Oxycellulose 27, 83
Oxydationsfarbstoffe 487
– in der Druckerei 699
– in der Färberei 579
Oxydationsschwarz 487, 579, 699
Oxytriphenylmethanfarbstoffe (= Hydroxytriphenylmethanfarbstoffe) 448
Ozonbleiche 103
Ozonisieren 135

Pacific-Converter 210
Packsystem 640, 644
Pad-Jig-Verfahren 564
Pad-Roll-Maschine 101f.
Pad-Roll-Verfahren 92, 101, 544, 576, 664
Pad-Steam-Verfahren 544, 564, 660
Pad-Thermofix-Verfahren 570
Pad-Thermosol-Kaltverweilverfahren 629
Palmer 163
Pankreasamylase 56
Panthographenverfahren 732
Paraffinöl, Färben in 564, 662
Parakortex 251
Paraminbraun 487, 701
Partialkondensation 145
Passer 672
Passiermaschine 742
Pektin 44, 182, 791
Pelzfarbstoffe 487
Peptidbindung 246
Peptidyl-Verschiebung 289
Peressigsäurebleiche 99
Perfluorcarbonsäuren 151, 773
Pergamentieren 25, 150
Perlon 328
Perlonisieren 361
Perlon-Spinnmaschine 335
Permanent-Press-Verfahren 143
Permutitaustauscher 819
Permutoide Reaktionen 18
Peroxidbleiche 94f., 186, 282
Perrotinedruck 736
Perylentetracarbonsäurederivate 477
Pflatschen 689
Pflegeleichtausrüstung 105, 129
Pfropfcopolykondensate 347
Pfropfcopolymerisate 312, 347
Pfropfpolymerisation 43, 320
Pfropfung von Viskosefasern 219
Philanieren 25
Phosphatierung 831
Phosphatverfahren 817
Photochromie 143, 568
Photodruck 737
Photogravur 732
Phthaleine 449
Phtalocyanin-Farbstoffe 498, 500, 556, 708
Phthalogene 501, 556, 708
Picker 46
Picots 729
Pigmentfarben 397
–, Drucken mit 704, 713
–, Färben mit 583
–, Fixierung der 705
Pigment-Färbeverfahren 563
Pigment-Farbstoffe 396, 499, 583, 668, 704, 713, 724
Pigmentklotzverfahren 564
Pillingbildung 367
Pilling-Effekt 343
Pilzamylasen 56
Plastisole 122
Plastizitätsbereich 339, 344
Plastizitätszone 345, 363
Plattensenge 51
Plattierung 831
Pleionomere 313
Plissées 352
Polyätheresterfaser 353
Polyäthylen-Faser 317
Polyäthylenoxidverbindungen 763
Polyacrylnitril-Faser 319
–, anionisch modifizierte 633
–, kationisch modifizierte 633
–, Bedrucken der 721
–, Färben der 633
–, Veredlung der 321
Polyacrylnitrilfaser-Mischungen mit Cellulosefasern 363
–, Bedrucken der 721
–, Färben der 633
Polyacrylnitrilfaser-Mischungen mit Wolle 363
–, Bedrucken der 721
–, Färben der 633
Polyacrylsäureester 110
Poly-β-alanin-Faser 347
Polyamide 111
Polyamid-Fasern 325
–, Bleichen 345
–, Bedrucken 724
–, Eigenschaften und Verwendung 338f.
–, Färben 616f.
–, Färben spezieller 624
–, Fixieren 343f., 619
–, Herstellung 325f.
–, Schlichten 345
–, Stapelfasern 337
–, Statische Aufladung 340
–, Veredlung 343f.
Polyamid *3* 624
Polyamid *4* 624
Polyamid *12* 624
Polyamidfasern, aromatisch-aliphatische, Qiana, Färben 624
–, Bedrucken 725

Polyamidfasern aromatische, Nomex Färben 624
Polyamid/Cellulosefaser-Mischungen 363
–, Bedrucken 725
–, Färben 623f.
Polyamid/Wolle-Mischungen 363
–, Bedrucken 725
–, Färben 624f.
Polyaminotriazol-Fasern 348
Polyazo-Farbstoffe 401
–, auf der Faser erzeugte 420
Polycarbonat-Fasern 354
Poly-d-mannuronsäure 779
Polyester/Cellulosefaser-Mischungen 352, 363
–, Bedrucken der 723
–, Färben der 628
Polyester-Fasern 349
–, aromatische phosphorhaltige 355
–, Bedrucken 722
–, Eigenschaften und Verarbeitung 352
–, Färben 626f.
–, modifizierte 353, 628
–, Oligomere in 352
Polyester/Wolle-Mischungen 353, 363
–, Bedrucken der 723
–, Färben der 629
Polyglutaminsäure-methylester-Faser 347
Polyglykoläther 763
Polyisobutylen 111
Polykondensat-Fasern 325f.
Polykondensationsfarbstoffe 419, 557, 611, 719
Polymerisat-Fasern 314
Polymerisationsgrad 9f.
–, Bestimmung 9f.
– von Cellulosefasern 9f.
Polymethacrylsäureester 110f.
Polymethin-Farbstoffe 497
Polymolekularität der Cellulose 13
Polynose-Fasern 205
Polyolefinfasern 317
–, Färben der 634
Polypropylen-Faser 318
–, Bedrucken der 725
–, Färben der 634
Polypropylenglykole 766
Polypropylenoxidaddukte 766
Polystyrolaustauscher 820
Polystyrol-Faser 324
Polytetrafluoräthylen-Faser 323
Polyureide 359
Polyureid-Fasern
–, Färben von 625
Polyurethane 112, 356, 357
Polyurethan-Elastomere 112, 357, 625
Polyurethan-Faser 356
–, Färben der 625
Polyvinylalkohol-Faser 323
–, Färben der 634
Polyvinylchlorid-Faser 314
–, Bedrucken der 725
–, Färben der 629
Polyvinylfluorid-Faser 324
Polyvinylidenchlorid-Faser 316
Polyvinylidencyanid-Faser 322
–, Färben der 634
Polyvinylverbindungen 110f.
Postcure-Verfahren 144
Prägekalander 167
Präparieren von Reyon und Zellwolle 216
– – Polyamiden 341, 331
Precure-Verfahren 144
Prepolymere 112, 298
Pressen 291
Presseur 729
Preßlauge 200
Printofix-Verfahren 708
Proban-Verfahren 148
Procionresinprozeß 577
Profilierte Polyamidfasern 338
Profilierte Polyesterfasern 338
Programmieren 665
Proteine, Chemie der 242
Proteinfasern 242
–, Bedrucken 714f.
–, Färben 595f.
Protofibrille 251
Prudhommeschwarz 699
Purpurfarbstoff 369, 481
Pyranthron 473
Pyrazol-anthrone 476
Pyrazolon-Farbstoffe 422
Pyridinbasen 771, 776

Quellfeste Ausrüstung von
– – – Baumwolle 129f.
– – – Leinen 187
– – – Reyon und Zellwolle 235
Quellung der Fasern 21, 170
Querbindungen im Wollkeratin 254, 261
Qiana, Bedrucken von 725
–, Färben von 624
–, Herstellung 334
Quox 117

Radioaktive Isotope 803
Rakel 730
Rakelappretur 108
Rakelstreifen 670, 731, 742
Raketenspule 650
Ramiefaser 191
Rapid iron 130
Rapport 728
Rapportieren 731
Rasenbleiche 185
Ratinieren 292
Rauhen der Baumwolle 167
– – Wolle 290
Raumfahrtkleidung 111, 324, 340
Reaktantharze 136f.
Reaktiv-Dispersionsfarbstoffe 632
Reaktivfarbstoffe 405f., 460, 488, 496, 499, 509
–, auf Cellulosefasern 520
–, auf Polyamidfasern 513, 622
–, auf regenerierten Cellulosefasern 588
–, auf Seide 611
–, auf Wolle 609

Reaktivfarbstoffe, in der Druckerei 697, 716, 718, 724
Reaktivfarbstoffe, Metallkomplex- 716
Reaktivnaphthole 428
Reaktiv-Oniumfarbstoffe 417
Reaktivwirkstoffe 153
Reaktormaschine 663
Recuring-Verfahren 145
Redoxpotential 90
Redoxpotential bei Küpenfarbstoffen 559
Regenschutzkleidung 118
Reißfestigkeit von Faserstoffen 223, 361
Reißwolle 249
Reliefdruck 736
Remissionskurven 538
Repellent-Finish 152
Reservedruck 667, 685, 688, 696, 698, 700, 703, 709
Retarder 632, 776
–, anionische und kationische 632, 776
Retardiermittel 632, 776
Reversible Querbindungen 42
Reyon 192
–, Acetatverfahren 206
–, Appretieren 232
–, Avivieren und Präparieren 216
–, Bedrucken 711
–, Bleichen 231
–, Eigenschaften 221
–, Färben 585f.
–, Kreppen 234
–, Kupferverfahren 205
–, Laufmaschenfestmachen 234
–, Löslichkeit in Alkalien 225f.
–, Mattieren 233
–, Nitratverfahren 199
–, Polymerisationsgrad 224
–, Quellfest- und Knitterfestausrüstung 235
–, Schiebefestausrüstung 234
–, Veredlung 230f.
–, Viscoseverfahren 200f.
Rhodamine 451
rH-Wert 559
Riechstoffkompositionen 107
Riffelkalander 166
Rigmel-Verfahren 174
Rilsanfaser 331
–, Färben der 622
Rohmercerisation 69
Rohseide 301
Rollenkufe 661
Rollenkammer 101
Rollkalander 166
Rongalit C -Pottasche-Verfahren 680
Rongalit H-Verfahren 713, 718, 722, 725
Rongalit-Sodaverfahren 572
Röntgenkleinwinkelstreuung 15
Rösten 182
Rostverfahren 336
Rotationsfilmdruck 735
–, maschine 735
Rotowa-Breitwaschmaschine 65
Rouleauxdruck 728
Rouleauxdruckmaschine 728
Rumpel 288
Runddämpfer 740

Salpetersäureverfahren 196
Sandocryl-Verfahren 721
Sanforisieren 172
Sanforlan-Verfahren 297
Sanforset-Verfahren 41, 145
Sanitized-Verfahren 152
Sark-Verfahren 737
Sättigungswert 511
Sauglufttrockner 162
Säurefarbstoffe (anionische Farbstoffe) 387f., 448, 457
– auf Polyacrylnitrilfasern 631
– auf Polyamidfasern 619
– auf Seide 611
– auf Wolle 596f.
– in der Druckerei 715, 718, 721, 724
–, metallisierbare 580
Säurewalke 283
Savagraph-Verfahren 683
Schädigungsfaktor 83
Schafschur, chemische 250
Schaumfäden 356
Schaumfähigkeit 747
Schaumkunststoffe 116, 356
Schaumstoffe 112, 356
Schaumstoffbeschichtung 116
Scheben 184, 189, 190
Scheren 167, 290
Schermaschine 290
Scherzylinder 290
Schiebefestausrüstung 234
Schleifen 167
Schlichten 52, 231
Schlichtemittel 790
Schmälzen 278
Schmälzmittel 279
Schmelzpunkt von Synthesefasern 363
Schmelzspinnverfahren 330
Schmirgeln 51, 167
Schmutzabweisende Ausrüstung 151, 295
Schmutztragevermögen 748
Schmutzwalke 284
Schnellbleich-Verfahren 282
Schnelldämpfer 739
Schnellfärbemethode für Astrazonfarbstoffe 632
Schnellpolymerisation 330
Schönen von Färbungen 581
Schutzkolloidwirkung 747
Schwebetrockner 162
Schwefelfarbstoffe 491
– auf Baumwolle 571
– auf Polyamidfasern 622
– auf Seide 611
– auf Wolle 610
– in der Druckerei 703
Schwefelfarbstoffe, wasserlösliche 495, 574, 588, 622, 704
–, wasserunlösliche 491, 571, 610, 611, 703
Schweißaufsaugevermögen 361
Schweißwolle 275

Schwingen 179, 184
Seide 301f.
–, Appretur 305
–, Äquivalentgewicht 303
–, Bedrucken 717
–, Bleichen 305
–, Chemische Zusammensetzung 302
–, Chemisches Verhalten 303
–, Degummierung 301
–, Desintegrieren 301
–, Entbasten 304
–, Erschweren 305
–, Färben 610
–, Gewinnung 301
–, Oligomere in 303
–, Souplieren 304
–, Veredlung 304
Seidenbast 302, 304, 610
Seidenfibroin, Vernetzen des 306
Seidenfinish 145
Seidenfinishkalander 166
Seidenspinner 301
Seidenwolle 296
Seifen 748
Selbstreinigung der Gewässer 829
Selbstvernetzung von Polyacrylsäureestern 114
Selbstvernetzung von Wolle 259
Sengen der Baumwolle 50
– der Wolle 291
Sericin 302, 304
Sesselform 7
S-Finish 233, 722
Sherdye-Verfahren 708, 583
Shirley-Flash-Dämpfer 740
Shoddy 249
Shrinken 292
Siebtrommelwaschmaschine 275
Signier-Farbstoffe 584
Siliciumhaltige Azofarbstoffe 441
Silicone 111, 127, 299
Silikataustauscher 819
Silylcellulose 29
Simili-Mercerisierkalander 165
Similimercerisage 177
Similisieren 177
Simplex-Xanthat-Maschine 204
Si-Ro-Fix-Verfahren 298
Sironized-Verfahren 297
Siroset-Verfahren 262
Skai 117
Skailen 117
Sled-Verfahren 46
Sodaentwicklungsverfahren 555
Sodaverfahren 815
Softenings 216
Sohio-Prozeß 319
Soil-Redeposition 355
Soil-Release-Ausrüstung 152, 355
Soil-Repellancy 355
Solanilschwarz 702
Solomatic-Verfahren 101
Solubilisation 746
Souple 304
Souplieren 304
Sover-Waschverfahren 278
Space-Dyeing-Verfahren 738
Spandexfäden 357, 625
Spannrahmen-Trockenmaschine 160f.
Spanpresse 291
Spannungslose Mercerisation 73
Spektromat 538
Spezifisches Gewicht von Faserstoffen 362
Spindeln, perforierte 646
Spindelpresse 728
Spinnband-Reißmaschine 210
Spinndüsen 213
Spinnkräuselung 339
Spinnkuchen 214, 645
Spinnmattierung 217
Spinnreife 202
Spinntopf 214
Spinnvliesverfahren 155
Spinnzentrifuge 214
Spontankräuselung 274
Spritzdruck 736
Spulkranz 645
Stahlfaser 367
Stain-Release 355
Stammküpe 561
Stampfkalander 167
Standfast-Maschine 663
Stapeldiagramme 188
Stardruck-Verfahren 725
Stärke 53f., 671, 791
Stärkeabbau, der enzymatische 56
Stärkeäther 671
Steam-cure-Verfahren 143
Stellmittel 432, 534
Stereoisomerisierung der Cellulose 27
Stereoreguläre Polymere 318
Stereospezifität 318
Sterifast-Verfahren 152
Sterilisation von textilen Rohstoffen 804
Sterilon-Verfahren 152
Sterndämpfer 741
Sternreif 664
Sternwaschmaschine 275
Stilben-Farbstoffe 422
Strahlung, ionisierende 803
Stranggarn-Färbeapparate 643
Stranggarn-Färbemaschinen 642
Stranggarn, Färben von 642
Streckspinnfasern 213
Streckspinnverfahren 212
Streichgarnverfahren 249
Streichmassen 119
Streichstuhl 121
Stretch-Artikel 357
–, aus Viskosezellwolle 236
Stretchgarne 73
Stripper 46
Sublistatic-Verfahren 725
Substantive Farbstoffe auf Baumwolle 540
– – – Halbwolle 613
– – – Polyamidfasern 620
– – – Seide 611
– – – Wolle 599, 604
– – in der Druckerei 674, 717, 718, 724

Substantivität 505, 515f.
Sulfatierung 750
Sulfatverfahren 196
Sulfidierung 200
Sulfierte Ester zweibasischer Säuren 758
Sulfierte Öle 750
Sulfierung 750
Sulfitablauge 195
Sulfitverfahren 195
Sulfochloride 752
Sulfochlorierung 752
Sulfonierung 750
Sulfoxydation 753
Supercordreyon 204
Superkontraktion 261, 274
Superwash-Ausrüstung 298
Syndiazosulfonate 435
Syndiazotate 433, 692
Syndiotaktische Struktur 318
Synthesefasern, Ausrüsten
aus organischer Lösung 360
Synthesefaser, Stereospezifität 318
–, Struktur 312f.
–, thermisches Verhalten 314
Syntheseleder 110, 117
Synthetische Fasern 312f.

Tachikawa-Verfahren 205
Tagesfarbe 538
Tannin 581
Tasterkluppenkette 160
Tauchlauge 200
Teb-x-Cell-Verfahren 142
Teilentsalzung 822
Tellermühle 742, 670
Temperaturstufen-Verfahren 561
Tenside 743
Teppichdruck 730
Teppichfärben 656
Tetra-aza-porphinfarbstoffe, schwefelhaltige 501
Tetrapropylen-benzolsulfonat 754, 829
Tex-System 223
Textilhilfsmittel 742f.
Textilverbundstoffe 154
Texturierte Garne 345, 352
Texturierung 145, 345, 352
Thermochrome-Verfahren 737
Thermochromie 442
Thermodruck 725
Thermofixierung 344
Thermofixiereinrichtungen 740
Thermoplastpulver 118
Thermosolieranlagen 660
Thermosolieren 724
Thermosol-Verfahren 626, 627
Thermo SR-Verfahren 544
Thiazin-Farbstoffe 489
Thiazol-anthrone 476
Thiazol-Farbstoffe 490
Thioindigoide Farbstoffe 482
THPC-Verfahren 148
Titandioxid 217
Titer 221
Ton-in-Ton-Effekte 726
Tootaprest-Verfahren 145
Topfspinnverfahren 214
Tote Baumwolle 47
Tragant 671, 780
Trans-Diazoverbindungen 433, 435, 692, 693
Transferbeschichtung 116
Transferdruck 725
Transparenteffekte 150, 787
Treibmittel 117
Triacetatfaser 209
–, Veredlung der 232
Triacetylcellulose 9, 207
Triarylmethan-Farbstoffe 443
Triazenfarbstoffe 498
Trikotkalander 176
Trikresylphosphat 115
Trimethylaminbildung 133
Triphenylmethan-Farbstoffe 443
Trockenausrüstung 177, 236, 300, 636
Trockendekatur 268
Trockenhänge 162, 176
Trockenknitterechtheit,
Trockenvernetzung 142
Trockenmansarde 731
Trockenmercerisation 69
Trockenspinnverfahren 208, 210f.
Trocknen 155f., 289
Trocknen mit überhitztem Wasserdampf 163
Trubenisieren 151
Trübungspunkt 749
Tuchausrüstung 290f.
Tufting 155
Turbopumpe 649
Türkischrotöle 750
Tussahseide 306
Tybet 249
Tyox-Verfahren 100

Überdruckreserve 666, 688, 700
Überreduktion 470, 559
Übersetzen von Färbungen 581, 583
Übertragung der Druckfarben 731
Umkehrverfahren 116
Umweltschutz 113
Universaldämpfer 741
Universalkalander 166
Unreife Baumwolle 47

Vakuum-Xanthat-Kneter 204
Vapocol-Verfahren 592, 626
Vaporloc-Verfahren 65
Variogene 555, 691
Vat-Craft-Verfahren 563, 570
Verarbeitungsstadien 637
Verdickungsmittel 671f., 779
Veredlung aus organischen Lösungsmitteln (Trockenausrüstung) 177, 236, 300, 360, 636, 664, 727
Vergilben 76
Verkochen der Farbstoffe 614
Verküpen 559
Vernetzung der Cellulose 29f., 129f.
– der Wolle 263f.

Verschnitte 670
Verteilungsgleichgewicht 603
Vigoureuxdruck 738
Vinylsulfonfarbstoffe 407, 415, 513
Viscosereyon-Handelsprodukte 204
Viscoseverfahren 200
Viscosezellwolle-Handelsbezeichnungen 210
Viscosezellwolle, Stretchartikel aus 236
Vistram 113
Vlieseline 154
Vliesstoffe 154
Vollappretur 108
Vollentsalzung 821
Vollmantelfasern 204
Volumentwicklung 360
Vorappretur 300, 600
Vorchromierverfahren 606
Vordruckreserve 688, 700
Vorkondensate, kationische 778
Vorreife 200
Votator 742
V-Trog 657
Vulcollan 112
Vulkanisieren 119

Wachstuch 109f.
Walkeinrichtungen 284f.
Walken 282f.
Walzen-Aufspindelmaschine 728
Walzengravur 732
Walzenmühle 670
Wanderhänge 162
Wandern der Farbstoffe 545
Wannenform 7
Warenspeicher 87
Waschechtheit 537
Wascheinrichtungen für Druckwaren 741
Waschmittel 747
Waschvorgang 746
Wash and wear 130
Wasserabweisende Imprägnierung 123f., 292
Wasseraufnahme von Fasern 361
Wasserdichte Ausrüstung 118
Wasserhärte 806
Wasserkalander 156
Wasserreinigung 811f.
– durch kolloide Stoffe 827
Wasserstoffperoxid 93f.
– Aktivatoren 95
– Katalysatoren 95
– Stabilisatoren 95
Wasserstoffperoxidbleiche 97
–, saure 99
Wasserwalze 731
Wegwerfartikel 155
Weichhaltungsmittel 115
Weichmachungsmittel 107
–, permanente 107
Weißausrüstung 176
Weißreserve 685, 689, 696, 698, 700, 703, 719
Weltraumfahrt, Fasern und Filme für die 111, 314, 324, 335, 363
Werg 184
Werkstoffe für Veredlungsmaschinen 830
–, keramische 833
–, metallische 830
–, nichtmetallische 832
Wildlederimitation 167
Williams-Einheit 662
Wischer 673
Wofatit 819f.
Wollausrüstung, Ablauf der 299
Wolle 249f.
–, Äquivalentgewicht 270
–, Ausrüstung in organischen Lösungsmitteln 300
–, Bedrucken 714f.
–, Bleichen 281
–, Brennen 286
–, Carbonisieren 287f.
–, Chemisches Verhalten 269f.
–, Chloren 295
–, Cysteingehalt der 260
–, Dekatieren 286
–, Desaminierung 271
–, Färben 595f.
–, Feinheit 250
–, Filzen 272
–, Filzfreie Ausrüstung 295
–, Fixierung der 262
–, Fluordinitrobenzol, Umsetzung mit 265
–, Histologischer Bau 250
–, Lanthioninbildung bei 257
–, Lysinoalaninbildung bei 258
–, Mottensichermachen 293, 794
–, Pressen 291
–, Ratinieren 292
–, Rauhen 290
–, Reinigen in organischen Lösungsmitteln 300
–, Scheren 290
–, Schmälzen 278
–, Selbstvernetzung von 259
–, Shrinken 292
–, Sorten 249
–, Stretchgewebe aus 263
–, Veredlung 274f.
–, Vernetzung der 263f.
–, Vorsensibilisierung der 263
–, Walken 282f.
–, Waschen 275f.
Wollfett 275
Wollgarn, Waschen von 280
Wollküpenfarbstoffe 464, 599, 607
Wollschutzmittel 794
Wollschweiß 275
Wollstückware, Waschen von 280
Wollwaschmaschine 275
Wurlan-Verfahren 298

Xanthen-Farbstoffe 443, 449
Xanthogenat 202
Xylee 117

Zeinfaser 309
Zellstoff 195
–, Alkalisierung 200

Zellstoff, Analyse 198
–, Beurteilung 197
–, α-Cellulosegehalt 197
–, Gewinnung 195f.
–, Kupferzahl 198
–, Viscosität 197
Zellwolle 209
–, Acetatverfahren 206
–, Animalisieren 218
–, Appretieren 232
–, Avivieren und Präparieren 216
–, Bedrucken 711
–, Bleichen 231
–, Eigenschaften 221
–, Färben 585f.
–, Handelsbezeichnungen 210
–, Herstellung 209
–, Kräuselung 219
–, Kupferverfahren 205
–, Löslichkeit in Alkalien 225f.
–, Mattieren 233
Zellwolle, Polymerisationsgrad 224
–, Quellfest- und Knitterfestausrüstung 235
–, Viscoseverfahren 200f.
–, Waschen 230
Zellwollspinnmaschine 212
Zentrifugenspinnverfahren 215
Zeolithe 819
Ziegler-Katalysatoren 318
Ziegler-Verfahren 756
Zuckerseifen 767
Zügigkeit der Druckfarbe 670
Zweiphasendruckverfahren 682
Zweiphasen-Blitzdämpfverfahren 698
Zweiphasen-Kaltverweilverfahren 697
Zweiphasen-Kondensationsspinnen 328
Zwirnwickel 645
Zwischenflächenspannung 745
Zwischenmicellare Räume 17
–, Reaktionen 18
Zylindertrockenmaschine 159
Zylinderwalke 285

GPSR Compliance

The European Union's (EU) General Product Safety Regulation (GPSR) is a set of rules that requires consumer products to be safe and our obligations to ensure this.

If you have any concerns about our products, you can contact us on ProductSafety@springernature.com

In case Publisher is established outside the EU, the EU authorized representative is:

Springer Nature Customer Service Center GmbH
Europaplatz 3
69115 Heidelberg, Germany

Batch number: 10683448

Printed by Printforce, the Netherlands